Gesamtverzeichnis des deutschsprachigen Schrifttums (GV) 1700 – 1910

Bearbeitet unter der Leitung von
Hilmar Schmuck und Willi Gorzny
Bibliographische und redaktionelle Beratung:
Hans Popst und Rainer Schöller

29

Dien - Dom

K · G · Saur München · New York · London · Paris 1981

CIP-Kurztitelaufnahme der Deutschen Bibliothek

Gesamtverzeichnis des deutschsprachigen Schrifttums :
(GV). – München, New York, London, Paris : Saur.
Bd. 1 – 6 bearb. unter d. Leitung von Peter Geils
u. Willi Gorzny.
ISBN 3-598-30000-X

1700 – 1910 / bearb. unter d. Leitung von Hilmar
Schmuck u. Willi Gorzny. Bibliograph. u. red.
Beratung: Hans Popst u. Rainer Schöller

NE: Schmuck, Hilmar [Bearb.]

29. Dien – Dom. – 1981.

Techn. Realisierung und Druck: Norbert Gärtner, Mainz-Kastel
Binden: Karl Schaumann, Darmstadt
Printed in the Federal Republic of Germany
ISBN 3-598-30000-X (Gesamtwerk)

Dienast, Hieronymus: T h e s e s tumultuariae ex jure naturali. (Resp.: Hieronymus Burckhardt). 5 S.–
Basel, Phil.Diss.v. 21.Dez.1729.

Dienast, Philipp Jakob: De p a c t i s , s. W e n t z , Ludwig (Praes.)

Diendorfer, Joh. Ev.

Ansprache an die Studierenden des K. Lyceums am Beginn des Studienjahres 1897/98. (Beigabe zum Jahresbericht des K. Lyceums.) – Von Dr. Joh. Ev. Diendorfer, L.-R. — 1898, Passau, Aktieng. Passavia. — P. 13—22.
Progr. Passau, K. Lyzeum, K. Gymn.

Diendorfer, Joh. Ev., die Aufhebung d. Jesuitenordens im Bisth. Passau, nach den Akten d. k. b. allgemeinen Reichsarchivs zu München u. d. bischöfl. Ordinariatsarchivs zu Passau dargestellt. Ein Beitrag zur Geschichte der Aufhebg. d. Jesuitenordens in Süddeutschland, sowie zur Charakteristik der beiden Kardinäle Firmian u. Migazzi. gr. 8. (81 S.) München 891. R. Abt. — 75

Die Aufhebung des Jesuitenordens im Bistum Passau nach den Akten des K. b. allgemeinen Reichsarchivs zu München und des bischöfl. Ordinariatsarchivs zu Passau, dargestellt von — Dr. J. Ev. Diendorfer, L.-R. und Biblioth. — 1891, Passau ebenda. — S. 3—81.
Progr. Passau, K. Lyzeum

Diendorfer, J. Ev., die Baupflichtsfrage bei den organisirten Pfarreien in Bayern m. besond. Rücksicht auf die Hand- u. Spanndienstleistung der Pfarrgemeinden nach bayerischem Landrechte. Ein Beitrag zur Lösung der Streitfrage. [Aus: „Archiv f. kathol. Kirchenrecht".] gr. 8. (51 S.) Mainz 882. Kirchheim. — 75

Zur Feier des 70. Geburtsfestes von Dr. Johann Diendorfer, Lyzealrektor und bischöfl. geistl. Rat; Festbericht. (Chronik des Lyzeums.) — Von Dr. Joh. Ev. Diendorfer, L.-R. — 1903, Passau, Buchdr.-Aktien-Gesellschaft Passavia. — P. 15-17.
Progr. Passau, K. Lyzeum

Gedächtnisrede auf Herrn Dr. Karl Hoffmann, weiland K. Lycealrektor in Passau, gest. am 14. August 1893 in München, gehalten von — Dr. J. Ev. Diendorfer, L.-R. — S. 11—22.
Progr. Passau, K. Lyzeum

Diendorfer, J. Ev., der staatliche Schulzwang in der Theorie u. Praxis. Ein Beitrag zur Schulfrage. Passau 868. Elsässer & Waldbauer. gr. 8. (62 S.) 7½ ngr.

Giambattista Vico und seine Ideen. Eine biographisch-rechtshistorische Studie mit Rücksicht auf Montesquieu und Herder. — Von Dr. Joh. Ev. Diendorfer, L. P. — 1877, Passau, ibid. — S. 3—41[b].
Progr. Passau, K. Lyzeum

Diene dem Ewigen! Was nützt die theosoph. Gesellschaft ihren Mitgliedern? (Von Hübbe-Schleiden.) 8. (148 S.) Berlin 902. C. A. Schwetschke & Sohn. n. 2. —

Ⓑ **Diene** dem Ewigen. 902. Jetzt: Leipzig, M. Altmann. Erm. Pr. 1.—; geb. 2. —

Dienel, Hans, a. Berlin: Über α-Anthracenderivate und das 1,4-Anthrachinon. (Berlin 1907: F. Schade.) (65 S.) 8°
Berlin, Phil. Fak., Ref. Gabriel, Diss. v. 2. Febr. 1907
[Geb. 3. April 81 Berlin; Wohnort: Berlin; Staatsangeh.: Preußen; Vorbildung: Kaiser-Wilhelms-Realgymn. Berlin Reife M. 00; Studium: Berlin T.H. 6, Univ. 5 S.; Rig. 17. Jan. 07.]

Dienel, Otto, Choralmelodien f. Seminarien, Präparandenanstalten, Gymnasien, Töchter-, Volks- u. andere Schulen, zunächst f. das königl. Seminar f. Stadtschullehrer zu Berlin unter Berücksicht. der vom königl. Konsistorium der Prov. Brandenburg vorgeschriebenen Fassg. zusammengestellt. 8. (48 S.) Berlin 891. Bibliograph. Bureau. n. — 30

Dienel, Otto, Choralmelodien f. Seminarien, Präparandenanstalten, Gymnasien, Töchter-, Volks- u. andere Schulen, zunächst f. das königl. Seminar f. Stadtschullehrer f. Berlin, unter Berücksicht. der vom königl. Konsistorium der Prov. Brandenburg vorgeschrieb. Fassg. zusammengest. Neue Titelausg. 12. (48 S.) Berlin, Hannemann's Buchh. [891.] (902.) Kart. n. — 50

Dienel, Otto, patriotische Lieder für Männerchor. gr. 8. (23 S.) Quedlinburg 881. Vieweg's Buchh. cart.

— die moderne Orgel, ihre Einrichtung, ihre Bedeutung f. die Kirche u. ihre Stellung zu Sebastian Bach's Orgelmusik. gr. 8. (VIII, 90 S.) Ebd. 891. n. 1. 50

Dienel, O., die moderne Orgel, ihre Einrichtung, ihre Bedeutung f. die Kirche u. ihre Stellung zu Sebastian Bach's Orgelmusik. Neue [Titel-]Ausg. (VIII, 90 S.) gr. 8. Berlin [891] 903. Hannemann's Buchh. n. 1. 50; geb. n. 2. 50

Dienel, O., die Stellung der modernen Orgel zu Seb. Bach's Orgelmusik. Unter Zugrundelegg. e. am 2. April 1889 im Berliner Organisten-Vereine geh. Vortrages beleuchtet. gr. 8. (19 S.) Berlin 889. (Leipzig, Wiesenthal.) — 30

Dienel, Richard: Beiträge zur Textkritik des Taciteischen Rednerdialoges. S. 3—10. 8. K. k. Staats-Gymn. *Mähr.-Trübau* 1903.
Progr.

Dienel, Richard: Quae rationes inter libellum περὶ ὕψους et Taciti dialogum de oratoribus intercedere videantur S. 105—120. 8.
In: Festschrift zur Feier des 100jähr. Bestandes K. k. Staatsgymn. *Mähr.-Trübau* 1903.
I. De aetate scriptoris περὶ ὕψους incerti. II. De parte dialogi Taciteі iam in libello περὶ ὕψους adumbrata.
Progr.

Dienel, Richard (Hrsg.), s. T a c i t u s : Rednerdialog.

Dienel Richard: Untersuchungen über den T a c i t e i s c h e n Rednerdialog. 49. (18). 26. St. Pölten 95. 97. 01.
Progr.

Dienel, Rich., Untersuchgn. üb. d Tacitoischen Rednordialog. Progr. gr. 8. (51 S.) St. Pölten 895. Selbstverlag. 1. —

— dasselbe. (II.) Progr. gr. 8. (20 S.) Ebd. 897. — 40

Dienel, Vinc., s. v. **Plenciz**, medicin. Beobachtt.

Dienemann, der hl. Geist als Inspirator, — die hl. Taufe im Lichte des göttl. Worts u. der Gegenwart, } s.: Sammlung theologischer u. sozialer Reden u. Abhandlungen.

Dienemann, Predigt am außerordentlichen allgemeinen Bettage, den 27. Juli 1870 in der Klosterkirche zu Arendsee in der Altm. gehalten über Psalm 27, V. 1—6. 8. (15 S.) Osterburg 870, Doeger.

Dienemann, Carl (Loesnicensis), De exceptione ad jus tertii pertinente plane inutili. Diss. jur. Präs. Rud. Christ. Henne. Erfurt (H. R. Nonne) 20. VII. 1778. 28 S. (5.—) 6437

— Carl Benjamin (Schoemb.), De valore donationum inter parentes et liberos. Disp. jur. Präs. Chn. Gottlob Einert. Lpz. (Langenheim) 31. III. 1773. 22 S. (4.80) 6438
Gewidmet: Carl Heinrich Grf. v. Schönburg (Glauchau . .).

Dienemann, Ernst: Die Romfahrtfrage in Wenzels Politik. T. 1. ⟨bis z. Tode Urbans VI.⟩. Halle a. S. 1909: Kaemmerer. VIII, 127 S. 8°
Halle, Phil. Diss. v. 21. Okt. 1909, Ref. Lindner
[Geb. 28. Aug. 82 Krüssau; Wohnort: Reesen; Staatsangeh.: Preußen; Vorbildung: Gymn. Burg Reife M. 01; Studium: Theol. Greifswald 3, Halle 3, Phil. 7 S.; Rig. 24. Juli 09.] [U 10. 1719

Dienemann, Franz [aus Pössneck]: Ein Beitrag zur Kasuistik der arteriell-venösen Aneurysmen ... Erlangen, Druck v. A. Vollrath's k. b. Hofbuchdr., 1892; 21 S., 1 Bl. 8.
Erlangen, Med. Fak., Inaug.-Diss. v. 7. März 1892

Dienemann, Franz: B r i e f e eines Arztes über Ernährung an einen Laien. Mit e. Geleitw. des (Rudolf) Abel.
Jena: Fischer 1819. IV, 94 S. 8°

Dienemann, Max, aus Krotoschin: Sumerisch-babylonische Hymnen der von George Reisner herausgegebenen Berliner Sammlung umschrieben, übersetzt und erklärt. *Breslau 1898: S. Schottlaender.* (31 S.) 8° ¶ (Erscheint vollst. in: Beiträge zur Assyriologie u. semit. Sprachwissenschaft, Bd 4.)
Breslau, Phil. Diss. v. 14. Nov. 1898

Dienemann, Otto: Die Besitzpolitik König Wenzels. Halle a. S. 1910: Kaemmerer. 71 S. 8°
Halle, Phil. Diss. v. 13. Mai 1910, Ref. Lindner
[Geb. 8. Mai 85 Reesen; Wohnort: Reesen; Staatsangeh.: Preußen; Vorbildung: Gymn. Burg Reife O. 05; Studium: Halle 2, Berlin 2, Tübingen 1, Halle 5 S.; Rig. 14. Febr. 10.] [U 10. 1720

Diener, der, am Altar unter d. Privatmesse, vollständig unterrichtet. 8. Frburg, Wagner. 2 ℳ

Diener der Barmherzigkeit. (Erweiterter Charitasbote.) Katholische Monatsschrift zur Förderg. der Werke der Barmherzigkeit, bes. der Kranken-, Armen- u. Waisenpflege f. Klöster, Kranken- u. Erziehungshäuser, Geistliche, Lehrpersonen, Familien u. Vereine. Hrsg. v. M. Kinn. Jahrg. 1893. Juli—Decbr. 6 Hfte. (2 Bog.) gr. 8. Münster, A. Russell. n. 1. —

Diener der Barmherzigkeit ⟨Erweit. Charitasbote⟩. Kath. Monatsschrift z. Förderung d. Werke d. Barmherzigkeit, bes. d. Kranken- Armen- u. Waisenpflege f. Klöster, Kranken- u. Erziehungshäuser ... Hrsg. von M[atthias] Kinn, Rektor. Jg. 1. [Mehr nicht erschienen.] Münster i. W.: A. Russell 1893. (176 S.) 8° [F.] [07. 14937

Diener, der, sein Benehmen u. seine Thätigkeit im Hause u. außerhalb desselben. 8. (48 S.) Oldenburg 877. Schulze. n. — 80

Diener, Ein fleissiger. Komischer Vortrag. Wien [1890]. V: *Reiner, Joseph.* (EB)

Diener u. Freunde Gottes, verklärte, sammt kurzer Lebensbeschreibung. Deutsch u. böhmisch. 10 Jahrgg. à 24—25 Abbildb. 8. Prag, Bohmanns Erb. 3 ℳ 8 ℳ ill. 7 ℳ 4 ℳ Ein einzeln. Jahrg. 12 ℳ ill. 20 ℳ

Diener, Der fromme, christlichen Dienstbothen zum neuen Jahr mitgetheilt. Augsburg 1773. V: *Teller, Wilh. Abrah.*[?] H: *Steiner, Matthias Jacob Adam.* (BB)

Diener, der, Gottes. Ein Gebet- und Erbauungsbuch mit der heil. Messe, wie sie der Priester am Altare liest, mit der Vesperandacht für Sonn- und Festtage 2c. Deutsch u. Latein nach dem römischen Brevier. Saarlouis (855). Stein. 12. (288 S. u. 1 Holzschn.) 5 ngr

— **der, Gottes. Ein Gebet- u. Erbauungsbuch m. der hl. Messe, wie sie der Priester am Altare liest, m. der Vesper-Andacht f. Sonn- u. Festtage, m. kirchl. Litaneien, Todtenvesper, Psalmen, Seelenmesse 2c. Deutsch u. Latein nach dem röm. Brevier. Ausg. 2. 7. Aufl. 16. (352 S. m. Titelbild.) Saarlouis 893. F. Stein Nachf.** — 40

[F. u. Ant.] Der **Diener Gottes.** E. Gebet- u. Erbaugsb. m. d. heil. Messe ... Deutsch u. Latein nach d. röm. Brevier. Ausg. 2. ... 7. Aufl. *Saarlouis: Hansen & C. [1894].* (352 S.) 1 Bd 8. [98. 4110

[F.] Der **Diener Gottes.** Kathol. Gebetbüchl. f. Kinder ... *Dülmen: A. Laumann 1896.* (VIII. 119 S.) 1 Bd 8. [96. 7479

Diener, der, Gottes. Ein Gebet- u. Erbauungsbuch m. der hl. Messe, wie sie der Priester am Altare liest, m. der Vesper-Andacht f. Sonn- u. Festtage, m. kirchl. Litaneien, Todtenvesper, Psalmen, Seelenmesse etc. Deutsch u. Latein nach dem röm. Brevier. 9. Aufl. (352 S. m. Titelbild.) 16. Saarlouis (901). F. Stein Nachf. n. — 45; geb. in Leinw. n. — 55

Diener, der, Gottes. Katholisches Gebetbüchlein f. Kinder. (VIII, 119 S.) 32. Dülmen 906. A. Laumann. Geb. n. — 15

Diener, Der, zweier Herren nach Goldoni. Schw. 1749. V: *Brockelmann, Joh. Hnr. Heeren.* (GGr)

Diener, der, zweyer Herrn. Lustsp. nach Goldoni. 8. Schw. Bödner. 794.

Diener, der herrschaftliche. Anleitung zur Erwerbung der für einen gewandten herrschaftlichen Diener nöthigen Kenntnisse u. Fertigkeiten. Auch zur Selbstinstruction. Von P. v. S. Berlin 866. v. Decker. 8. (96 S.) n. 10 ngr

— der herrschaftliche. Anleitung zur Erwerbung der f. e. gewandten herrschaftl. Diener nöth. Kenntnisse u. Fertigkeiten. Auch zur Selbstinstruktion. Von P. v. S. 2. Aufl. 8. (88 S.) Berlin 879. v. Decker. geb. n. 1. —

Diener, der herrschaftliche. Anleitung zur Erwerbg. der f. e. gewandten herrschaftl. Diener nöth. Kentnisse u. Fertigkeiten. Auch zur Selbstinstruktion. Von P. v. S. 3., verb. Aufl. 8. (VIII, 80 S.) Berlin 887. v. Decker. cart. n. 1. —

Diener, d. herrschaftliche. Anleitg. z. Erwerbg. d. f. e. gew. herrschaftl Diener wie f. Offizierburschen nöth. Kenntnisse u. Fertigkeiten. Auch z. Selbstinstruktion. Von P. v. S. 4., verb. Aufl. (VIII, 84 S.) Berlin 896. R. v. Decker. Kart. n. 1. —

Diener, der herrschaftliche, wie er sein soll. Ein Lehrbuch zum Selbstunterricht. Hrsg. v. der deutschen Diener-Akademie zu Berlin. 12. (45 S.) Berlin 891. (Verlag des Fröbel-Oberlin-Vereins.) n. 1. —
2. Aufl. s.: Manthel, G.

Diener, Ihr, des Evangelii. beherzigt es! ... Berlin 1845. H: *Dielitz, Carl.* (Ky)

Diener, Der, Nebenbuhler seines Herrn. Ein Lustspiel in zween Aufzügen. Nach dem Französischen des Le Sage. Wien 1775. V: *Brahm, Moriz von.* (GGR V/313 Nr. 26/8) (BiblPort)

— **der treue, als Straßenräuber, in 3 Acten. 8. Leipz. Compt. f. Lit. 799.**

Diener, die, des Worts. 3. Aufl. 8. (28 S.) Straßburg 868. (Berlin, Beck.)

Diener, Andre: Die Behandlung des feindlichen Privateigentums im Landkriege. Cöln: Greven 1909. 72 S. 8°
Heidelberg, Jur. Diss. v. 24. April 1909, Ref. Jellinek
[Geb. 24. Febr. 84 Rheinberg; Wohnort: Cöln; Staatsangeh.: Preußen; Vorbildung: Friedrich-Wilhelms-Gymn. Cöln Reife O. 04; Studium: Freiburg i. B. 1, Bonn 5 S.; Rig. 13. Febr. 09.] [U 09. 1773

Diener, August [pr. Arzt Neudietendorf]: Die Creosotbehandlung bei Phthise. ... Würzburg, Anton Boegler'sche Buchdr., 1889; 21 S. 8°
Würzburg, Med. Fak., Inaug.-Diss. v. 1889

Diener C. H.: Lord B y r o n's Pessimismus. 12. Bregenz 05.
Progr.

Diener, Carl, d. Äquivalente d. Carbon- u. Permformation im Hymalaya. [Aus: „Sitzungsber. d. k. Akad. d. Wiss."] gr. 8. (19 S.) Wien 897. (C. Gerold's Sohn.) n. — 40

Diener, Carl, Bau u. Bild der Ostalpen u. des Karstgebietes, s.: Bau u. Bild Österreichs.

Bau und Bild Österreichs von Carl **Diener**, Rudolf Hoernes, Franz E. Suess u. Victor Uhlig. Mit e. Vorw. von Eduard Suess. Mit 4 Titelbild., 250 Textabb. u. 8 Karten. *Wien: F. Tempsky; Leipzig: G. Freytag 1903.* (XXIV, 1110 S.) 4°(8°) [03. 11748

Diener, C., ein Beitrag zur Geologie der Westküste d. Ochotskischen Meeres, s.: Bogdanowitsch, K.

— **Beiträge zur Kenntnis der mittel- u. obertriadischen Faunen v. Spiti. (22 S. m. 1 Tab.) gr. 8. Wien 906. (A. Hölder.) n. — 75**
Sonderabdruck aus: „Sitzungsber. d. k. Akad. d. Wiss."

Diener, Carl, s.: Beiträge zur Paläontologie u. Geologie Österreich-Ungarns u. des Orients.

— triadische Cephalopodenfaunen d. ostsibir. Küstenprovinz. [Mémoires de comité géologique, vol. XIV, nr. 3.] (Russisch u. deutsch.) gr. 4. (III, 59 S. m. 5 Taf. u. 5 Bl. Erklärgn.) St. Petersburg 895. (Eggers & Co.) n. 7. 80

— **Der Entwicklungsgedanke in der Paläontologie, s.: Vorträge des Vereines zur Verbreitung naturwiss. Kenntnisse in Wien. 49. Jahrg. 2. Heft.**

— Entwurf e. Gliederg. d. pelagischen Sedimente d. Trias-Systems, s.: Mojsisovics, E. v.

— **Entwurf e. Systematik der Ceratitiden des Muschelkalkes. (42 S.) gr. 8. Wien 905. (A. Hölder.) n. — 80**

Diener, Carl, Ergebnisse e. geolog. Expedition in d. Central-Himalaya v. Johar, Hundes u. Painkhanda. [Aus: „Denkschr. d. k. Akad. d. Wiss."] Imp.-4. (76 S. m. 16 Fig., 7 Taf. u. 1 geolog. Karte.) Wien 895. (C. Gerold's Sohn.) n. 13. —

The fauna of the Himalayan Muschelkalk. By Carl **Diener**, Prof., Vienna. Pl. 1 to 17. Calcutta: Office of the Geol. Survey; Berlin: Friedländer & Sohn 1907. (140 S.) 4° [Umschlagt.]
= **Memoirs** of the Geological Survey of India. Palaeontologia Indica. Ser. 15. Vol. 5, Memoir 2. [07. 12871

The Fauna of the Traumatocrinus limestone of Painkhanda. (By Carl **Diener**, Prof., Vienna.) Pl. 1 to 5. Calcutta: Off. of the Geol. Survey; Berlin: Friedländer 1909. 37 S. 2°
(Memoirs of the Geological Survey of India. Palaeontologia Indica. Ser. 15. Vol. 6, Nr 2.) [10. 2130

— **die triadische Fauna des Tropitenkalkes v. Byans (Himalava). (12 S.) gr. 8. Ebd. 905. n. — 30**

Fauna of the Tropites-Limstone of Byans. (By Carl **Diener**, phil. Dr., Prof.) Pl. 1 to 17. Calcutta: Off. of the Geol. Survey; Berlin: Friedländer & Sohn 1906. (201 S.) 2°
= **Memoirs** of the geological survey of India. Ser. 15. Vol. 5, No 1. [07. 100

— **Die Faunen d. tibetanischen Klippen v. Malla Johar (Zentral-Himalaya). (12 S.) gr. 8. Wien 907. (A. Hölder.) — 40**
Sonderabdr. a.: „Sitzungsber. d. k. Akad. d. Wiss."

Diener, Carl, der Gebirgsbau der Westalpen. gr. 8. (V, 243 S. m. 2 Karten-Beilagen.) Prag 891. F. Tempsky. — Leipzig, G. Freytag. n. 7. —

Diener, Carl. Zum Gebirgsbau der „Centralmasse d. Wallis". Lex.-8. (19 S. m. 2 Taf.) Wien 889, (Tempsky). * — 80
Aus: Sitzungsberichte d. k. Akademie d. Wissensch., besonders abgedruckt.

— **über einige Konvergenzerscheinungen bei triadischen Ammoneen. (25 S.) gr. 8. Ebd. 905. n. — 50**
3 Sonderabdrucke aus: „Sitzungsber. d. k. Akad. d. Wiss."

Diener, Carl, Libanon. Grundlinien der phys. Geographie und Geologie von Mittel-Syrien. gr. 8. (X, 412 S. mit 1 geolog. Karte, 6 Lichtdr.-Bildern und 16 Text-Abbild.) Wien 886, Hölder. *

— Mittheilgn. üb. triadische Cephalopodenfaunen v. d. Ussuri-Bucht u. d. Insel Russkij in d. ostsibir. Küstenprovinz. [Aus: „Sitzungsber. d. k. Akad. d. Wiss."] Lex.-8. (7 S.) Ebd. 895. n. — 20

— s.: **Mitteilungen der geolog. Gesellschaft in Wien.**

— **Paläontologie u. Abstammungslehre, s. a. Sammlung Göschen.**

Paläontologie und Abstammungslehre. Von Dr. Karl **Diener**, Prof. Mit 9 Abb. Leipzig: Göschen 1910. 140 S. 8°
(Sammlung Göschen. 460.) [11. 1113] 11

Diener, Carl, die Structur des Jordanquellgebietes. Lex.-8. (10 S. mit 2 lithogr. Taf.) Wien 886, (Gerold's Sohn.) *

—— geologische Studien im südwestlichen Graubünden. Lex.-8. (45 S. mit 4 Taf. und 3 Textfig.) Wien 888, (Tempsky.) *
Vorstehende zwei Schriften sind aus: Sitzungsberichte der k. Akademie der Wissenschaften, besonders abgedruckt.

Über e. Vorkommen v. Ammoniten u. Orthoceren i. südtirol. Bellerophonkalk. [Aus: „Sitzungsber. d. k. Akad. d. Wiss."] gr. 8. (16 S. m. 1 Steintaf.) Ebd. 897. n. — 60

Diener Carl: Das Zemmtal und seine Umrandung. D: Selbstverlag 1882.
1883 PN 283 Diss. Wien, Univ.

DIENER, Carl Wilhelm (Obertürkheim): De operationis fistulae lacrymalis ratione, adjectis quibusdam cogitationibus pathologicis.- Landishuti: Storno 1821. 16 S., 4 Bl.
17.7.1821 - Pe 386; F 58
Diss. Ingolst.-Landsh.-Mchn.

Diener, Eduard, u. Arth. Heßlein, Ahasver. Einakterzyklus m. Prolog. (Prolog v. D. — Johannes v. Gischala v. D. — Der gelbe Ring v. H. — Der vergoldete Löwe v. D. u. H.) (72 S.) gr. 8. Bamberg (905). Handels-Druckerei u. Verlagsh. n. 1. 50

Diener, Ed., Rosamunde. Geschichtl. Trauerspiel in 1 Akte. 8. (26 S.) Weimar 901. (Bamberg. Schmidt.) n. — 50

Diener, Ernst [von Männedorf (Kt. Zürich)]: Das Haus Landenberg im Mittelalter. Mit Tab. Zürich 1898. 163 S. 2 Bl. 8°.
Zürich. Phil. Diss. I. S. 1898/99.

Diener, Ernst, das Haus Landenberg im Mittelalter. Mit besond. Berücksicht. des 14. Jahrh. gr. 8. (164 S. m. 5 Stammtaf.) Zürich 898. Schulthess & Co. n. 3.20

Diener, E[rnst]. Schweiz bis 1517. (Jahresberichte der Geschichtswissenschaft [Jahrg. 23,] 1900. Sonderdruck [d. i. Ausschnitt].) § 24 A, S. II, 138—157. 8. (Berlin, R. Gaertner, [1902].)

Die Zürcher Familie Schwend c. 1250–1536 von Ernst **Diener**. *Zürich: Orell Füssli (1901).* (53 S.) 4° [F.]
= **Neujahrsblatt** hrsg. v. d. Stadtbibliothek Zürich auf d. J. 1901. [01. 470

Diener. Ernst. Wappen und Siegel der Herren von Landenberg im Mittelalter. [Mit Illustrationen und 4 Tafeln. SA.] 4. [Zürich 1899.]

Diener, Gust., Kubiktabelle f. runde Hölzer m. Doppelregister zum schnellen sicheren Arbeiten, auf e. Anregg. v. Reichert-Facilides in prakt. Weise ausgearb. u. zusammengestellt. (53 S.) kl. 8. Rauscha (907). G. Diener. In Leinw. kart. — 70

Diener. Heinrich I. Beschreibung des in sieben Abtheilungen aus Erdenstoffen in Reliefs herausgegebenen Werkchens [der Medailleure Caspar und Heinrich Bruppacher:] A: der Schweizerbund im Reutlj. B: Wilhelm Tells Geschichte. von H. D. in Manedorf.... 8. *Lithographiert. o. O. u. J.* [ca. 1807].

Diener. H[einrich] *II* [geb. 1826]. Geschichte der Gemeinde Oberglatt im Bezirke Regensberg, dargestellt von H. D.... 8. Zürich 1863.

Diener. Johann Heinrich: De bronchitide maligna. Tur. typ. Or. Fuessl. et soc. 1836. 35 S. Zürich. Med. Diss. v. 3. Sept. 1836.

Diener, Johann Kaspar: De menstruatione. Tur. typ. C. Koehleri 1846. 26 S., 1 Bl. 8°
Zürich, Med. Diss. v. 29. Aug. 1846.

Diener, Joh. Ludw., Aufklärungen üb. die Schleim-, Nerven- u. typhösen Fieber oder üb. den Typhus, nebst Krankentisch f. das Volk. 12. (134 S.) Glarus 860. J. Vogel. Kart. 1. 50

Diener, Joh. Ludw., That und Rath bei Unglücksfällen. Für das Volk. gr. 8. (XIII und 190 S.) Zürich 864, Schultheß.

Diener, Mietze, Reise in das moderne Mexico. Erinnerungen an den X. internat. Geologen-Kongress in Mexico. Mit 30 Illustr. (nach Orig.-Aufnahmen) u. 1 Karte. (VII, 112 S.) 8. Wien 908. A. Hartleben. 3.—; geb. 4.—

Diener, Osvaldus [Mittelдorfiensis]: De sermone Thucydidis quatenus cum Herodoto congruens differat a scriptoribus Atticis . . . Lipsiae, *Frommannsche Buchdr. (Hermann Pohle) Jena,* 1889; 2 Bl. + 79 + 1 S. 8°
Leipzig, Phil. Fak., Inaug.-Diss. v. 5. Jul. 1889

Diener, O., de sermone Thucydidis, quatenus cum Herodoto congruens differat a scriptoribus atticis. Diss. inaug. gr. 8. (79 S.) Leipzig 889. (Gräfe.) n. 1. 20

Diener, Rich., neue praktische Vermehrungsmethode f. Rosen. 12. (8 S. m. 1 Taf.) Bergedorf 894. (C. Winterberg's Nachf.) u.n. 3. 50

Diener, Rich., neue prakt. Vermehrungsmethode f. Rosen. E. leicht faßl. Darstellg. f. Gärtner u. Rosenliebhaber. 2. Aufl. 12. (8 S. m. 1 Taf.) Bergedorf 894. (A. Schauder.) n.n. 3. 50

Diener, W., f. Adreßbuch für die Stadt Erfurt.

Diener-Wyss, H[einrich]. (Jean) Calvin, ein aktengetreues Lebensbild. [Mit Porträt-Tafel.] VIII + 138 S. 8. Zürich, Komm. Orell Füssli, (1904). [fr. 1. 50]

Diener-Wyss, H[einrich]. (Johann) Calvin, ein aktengetreues Lebensbild. (Neue, um einen Nachtrag vermehrte Ausgabe zum 400jährigen Geburtstag des Reformators den 10. Juli 1909.) [Mit Porträt-Tafel.] VIII + 138 + *Nachtrag* 51 S. 8. Zürich, Orell Füssli, [1909]. [fr. 1. 50]

Dienerbuch, fürstlich Württembergisch, vom IX. bis zum XIX. Jahrh. Hrsg. von Eberh. Emil v. Georgii-Georgenau. gr. 8. (XXII, 812 S.) [Stuttgart,] Herzberg a. H. 877, Simon. *

— für die Trains im Kriege. gr. 8. (VII, 159 S. m. 3 Tab.) Ebend. 877. n. 1. 60

Dienerowitz, C., pädagogisches Hilfsbuch f. angehende Handarbeitslehrerinnen, f.: Schulz, M.

Diener's, des, Dank u. andere Geschichten. (80 S.) 8. Bonn (907). J. Schergens. — 25

Dienes, Heinr., Ritter Schreckensteins Bekehrung, f.: Fastnachts-Bühne.

Agnes von Eltz. Dramat. Gedicht in 3 Akten von Heinrich **Dienes**. Berlin: Selbstverl. 1906. (80 S.) 8° [F.]

Manlius. Hist. Tragödie in 1 Akt von H[einrich] **Dienes**. 2. Aufl. Berlin: Kühling & Güttner [1899]. (31 S.) 8° [F.]

Posthornklänge. Gedichte von Heinrich **Dienes**, Berlin. *Berlin: Verband Deutscher Post- u. Telegr.-Assist. in Komm. 1900.* (62 S.) 8° [F.]

Dienes, Heinr., Posthornklänge. Gedichte. 8. (64 S.) Berlin 900. (R. F. Funcke). n. 1.—

„Dienet einander." Eine homilet. Zeitschrift m. besond. Berücksicht. der Kasualrede. Unter Mitwirkg. v. Herm. Jacoby, Heinr. Rocholl, Wilh. Thiel, Wilh. Wiener u. a. hrsg. v. Wilh. Rathmann. Zugleich e. Ergänzg. zu den Predigtwerken v. Emil Ohly u. Wilh. Wiener. Nebst Beiblatt: Litteratur-Bericht f. Theologie. Hrsg. v. V. Müller. (12 Nrn.) 1. u. 2. Jahrg. Oktbr. 1892 bis Septbr. 1894. à 10 Hfte. (à ca. 3 Bog.) gr. 8. Leipzig, G. Strübig. à Jahrg. n. 3.—

„Dienet einander." E. homilet. Zeitschrift m. bes. Berücksicht. d. Kasualrede. Unt. Mitwirkg. v. Herm. Jacoby, Heinr. Rocholl, Wilh. Thiel, Wilh. Wiener u. a. hrsg. v. Wilh. Rathmann. Nebst Litteratur-Bericht f. Theologie v. V. Müller als Beiblatt. (12 Nrn.) Zugl. e. Ergänzg. z. d. Predigtwerken v. Emil Ohly u. Wilh. Wiener. 3. u. 4. Jahrg. Oktbr. 1894—Septbr. 1896. à 10 Hfte. (à ca. 3—4 Bog.) gr. 8. Leipzig, G. Strübig. à Jahrg. n. 3.—

— dasselbe. 5.—7. Jahrg. Oktbr. 1896—Septbr. 1899. à 10 Hfte. (à 3—4 Bog.) gr. 8. Ebd. à Jahrg. n. 3.—; m. homilet. Sonderbeigabe (à Hft. ca. 32 S.) n. 6.—

„Dienet einander". Eine homilet. Zeitschrift. Unter Mitwirkg. v. Wilh. Faber, Herm. Jacoby, Heinr. Rocholl, Wilh. Wiener u. a. hrsg. v. Wilh. Rathmann. Nebst Litteratur-Bericht f. Theologie als Beiblatt. gr. 8. (12 Nrn. à ca. 16 S.) 8.—11. Jahrg. Oktbr. 1899—Septbr. 1903. à 10 Hfte. (11: VIII, 339 S.; 12: VIII, 352 S. u. 13: VII, 344 S.) Leipzig, G. Strübig. à Jahrg. n. 3.—; m. homilet. Sonderbeigabe à Jahrg. n. 6.—

„Dienet einander". Eine homilet. Zeitschrift. Unter Mitwirkg. v. Wilh. Faber, Herm. Jacoby, Heinr. Rocholl, Wilh. Wiener u. a. hrsg. v. Wilh. Rathmann. Nebst Litteratur-Bericht f. Theologie als Beiblatt. (10 Nrn.) 12—15. Jahrg. Oktbr. 1903—Septbr. 1907. à 10 Hefte. (à Jahrg. VII, 328 u. 160 S.) gr. 8. Leipzig, G. Strübig. à Jhrg. n. 3.—; m. homilet. Sonderbeigabe n. 6.—

„Dienet einander!" Eine homilet. Zeitschrift. Unter Mitwirkg. v. Wilh. Faber, Herm. Jacoby, Heinr. Rocholl, Wilh. Wiener u. a. hrsg. v. Wilh. Rathmann. Nebst Literaturber. f. Theologie als Beiblatt (10 Nrn.). 16—18. Jhrg. Oktbr. 1907—Septbr. 1910 à 10 Hefte. (VIII, 332; VIII, 328 u. VIII, 336 S.) gr. 8. Leipzig, G. Strübig. à Jhrg. 4.—; geb. 5.—; m. homilet. Sonderbeigabe 7.—

Dienger, Joseph

Dienger, J., Abbildung krummer Oberflächen auf einander u. Anwendung derselben auf höhere Geodäsie. Mit in den Text gedr. Holzschn. Braunschweig 858. Vieweg u. Sohn. gr. 8. (VII, 79 S.) n. 20 ngl

— Ausgleichung der Beobachtungsfehler nach der Methode der kleinsten Quadratsummen. Mit zahlreichen Anwendungen, namentlich auf geodätische Messungen. Mit in den Text eingedr. Holzschn. Braunschweig 857. Vieweg u. Sohn. gr. 8. (VIII, 168 S.) n. 1 ß 5 ngl

—— die Differential- und Integralrechnung, umfassend und mit steter Berücksicht. der Anwendung dargestellt. gr. 8. (XIX und 600 S. mit 59 in den Text gedr. Holzschn.) Stuttgart 857, Metzler'sche Buchh. Verlags-Conto. *

Dienger, J., die Differential- und Integralrechnung, umfassend und mit steter Berücksichtigung der Anwendung dargestellt. 1. und 2. Bd. 2., umgearb. Aufl. gr. 8. (XXXVIII und 798 S. mit 67 in den Text gedr. Fig. in Holzschn.) Stuttgart 862, Metzler's Verlag. *

—— dass. — 3. Bd. A. u. d. T.: Integration der partiellen Differentialgleichungen. gr. 8. (XVI und 203 S.) Ebendas. 862. *

Dienger, J., die Differential- und Integralrechnung umfassend und mit steter Berücksicht. der Anwendung dargestellt. 1. und 2. Bd. 3. verb. Aufl. gr. 8. (XII, 459; 416 S.) Stuttgart 868, Metzler's Verlag.
3. Bd. Ebendas. 1863. ℳ 4,50.

—— Grundriss der Variationsrechnung. gr. 8. (IX und 195 S. mit in den Text eingedr. Holzst.) Braunschweig 867, Vieweg und Sohn. *

Dienger, J., Grundzüge der algebraischen Analysis. Als Leitfaden bei öffentlichen Vorträgen u. zum Selbststudium. gr. 8. (XVI u. 216 S.) Karlsruhe 851, Braun. n. 1 ℛ

Dienger, J., theoretisch-praktisches Handbuch der ebenen und sphärischen Trigonometrie, mit zahlreichen Anwendungen derselben auf reine und prakt. Geometrie, phys. Astronomie, geograph. Ortsbestimmung und höhere Geodäsie, so wie Untersuchungen über den Einfluss der Beobachtungsfehler und die Mittel, denselben zu vermindern. gr. 8. (XX und 361 S. mit 81 in den Text eingedr. Fig. in Holzschn.) Stuttgart 855, Metzler'sche Buchh. *

Dienger, J., Handbuch der ebenen und sphär. Trigonometrie, mit zahlreichen Anwendungen derselben auf reine und prakt. Geometrie, phys. Astronomie, geograph. Ortsbestimmung und höhere Geodäsie, sowie Untersuchung über den Einfluss der Beobachtungsfehler und die Mittel, denselben zu vermindern. 2., durchgeseh. Aufl. gr. 8. (XX und 367 S. mit 81 in den Text gedr. Holzschn.) Stuttgart 861, Metzler'sche Buchh. Verlags-Conto. Thlr. *

—— Handbuch der ebenen und sphärischen Trigonometrie, mit zahlreichen Anwendungen derselben auf reine und prakt. Geometrie, phys. Astronomie, geograph. Ortsbestimmung und höhere Geodäsie etc. 8., verb. Aufl. gr. 8. (XX und 364 S. mit 86 in den Text eingedr. Fig. in Holzschn.) Stuttgart 867, Metzler's Verlag. *

Dienger, J., die Laplace'sche Methode der Ausgleichung v. Beobachtungsfehlern bei zahlreichen Beobachtungen. [Aus: „Denkschriften d. k. Akad. d. Wiss."] Imp.-4. (42 S.) Wien 875. Gerold's Sohn in Comm. n. 2. —

Dienger, Joseph: M e t h o d e der kleinsten Quadrate. Braunschweig, 1857.

— die ebene Polygonometrie vollständig dargestellt und durch zahlreiche Beispiele erläutert. Mit 32 in den Text eingedr. Fig. in Holzschn. Stuttgart 854. Metzler. gr. 8. (VIII, 80 S.) n. 14 ngr

—— die Sätze von Bürmann und Lagrange. gr. 4. (25 S.) Prag 869, (Calve'sche Universitäts-Buchh.) *
Aus: Abhandlungen der k. böhm. Gesellschaft der Wissenschaften, besonders abgedruckt.

—— Studien zur analytischen Mechanik. Die allgemeinen Gesetze der Bewegung. gr. 8. (VIII und 96 S.) Stuttgart 863, Metzler's Verlag. *

— — Studien zur Theorie der Covarianten u. Invarianten der binären Formen. Prag 1870. 4°.

Dienger, J., Theorie und Auflösung der höhern Gleichungen. gr. 8. (XII und 104 S.) Stuttgart 866, Metzler's Verlag. *

—— Theorie der elliptischen Integrale und Funktionen, für die Bedürfnisse der Anwendung dargestellt. Zugleich als Zugabe zu dessen Differential- und Integralrechnung. gr. 8. (VIII und 127 S.) Stuttgart 865, Metzler's Verlag. *

Dienger, Joseph (Sinsheim)
Zur sphärischen Trigonometrie.
(In: Grunert. Archiv der Mathematik und Physik ... Bd 7, 1846, S. 225-238.)
Dr. phil. Giessen 18.8.1845.

Dienger, Karl: Beiträge zur Lehre von den arithmetischen u. geometrischen Reihen höherer Ordnung. Rastatt (1910): Greiser. 16 S. 4°
Rastatt, großh. Ludwig-Wilhelm-G P 1910 (849)

Dienhart, J. P.

Bekämpfung des Heu- und Sauerwurms unter bes. Berücks. d. Abfangens d. Motten beider Generationen mittels Klebfächer u. Lampen nach den in Wehlen gemachten Erfahrungen. Den Winzern gewidmet von J. P. **Dienhart**. *Trier 1900: J. P. Hegner.* (19 S.) 8° [J.] [oo. 8666

--- Ders.: Denkschrift über die 'Wehlener Methode' zur Bekämpfung des Heu- und Sauerwurms. Trier: Hegner 1900. 29 S., mit Taf. --

--- Ders.: Denkschrift über die 'Wehlener Methode' zur Bekämpfung des Heu- und Sauerwurms. (Mit 2 farb. Taf. u. 1 Kt. 2. Aufl.) Trier: Hegner 1901. 35 S.

Dienhart, Joh. Fastenpredigten, gehalt. in d. Domkirche zu Grätz. gr. 8. (5 B.) Grätz 837, Damian u. Sorge.

Dienhart, Th., Predigten f. Sonn- u. Festtage. Vorgetragen d. Hörern d. Rechts in d. akadem. Kirche zu Grätz im Studien-Jahre 1829. gr. 8. (13¼ B.) Grätz 832, Damian u. Sorge.

Dienheims dreifache chymische Fackel. m. K. 8. Nrnb. Stein.

Dieninghoff, Antonius, Referendar in Charlottenburg: Der Grenzüberbau nach gemeinem Recht und Bürgerlichem Gesetzbuch. Borna-Leipzig 1908: R. Noske. (IX, 81 S.) 8° [J.]
Leipzig, Jur. Fak., Diss. v. 10. Febr. 1908
[Geb. 18. Jan. 79 Coesfeld i. W.; Wohnort: Charlottenburg; Staatsangeh.: Preußen; Vorbildung: Gymn. Coesfeld Reife O. 98; Studium: Heidelberg 1, Berlin 2, München 1, Kiel 1, Leipzig 1, Göttingen 2 S.; Rig. 1. Febr. 08.]

Dieninghoff, Joseph: Die Umschreibungen aktiver Vergangenheit mit dem Participium Praeteriti im Althochdeutschen. *Bonn 1904: C. Georgi.* (66 S.) 8°
Bonn, Phil. Diss. v. 18. [vielm. 19.] Mai 1904

Dienst [Sachl. OW]

Dienst, über den, von e. ehemal. preuß., jetzt amerikan. Offizier, (A. W. L. v. Rahmel). 8. Boston 783. Gutsch in Bresl.

Dienst d. Anzeiger b. Schulschießen. Von H. 12. (14 S.) Berlin 895. Liebel. n. — 20

Dienst für das XII. (königl. sächsische) A r m e e - C o r p s. (Mit 1 Tabelle.)
8. Berlin 1883.

Dienst, Der, der Artillerie wesentlich praktisch. Hamburg 1827. V: *Hoffmann, Carl.* (Gel. Berl. S. 154) (Zeitschr. f. Büch. 1923, S. 82)

Dienst, Der, der Artillerie wesentlich praktisch. Hamb. 1827. V: *Schoene, Carl Friedrich.* (schr)

Dienst der Bezirkskommandos, Hauptmelde- u. Meldeämter. Ein Hülfsbuch für das Personal der Bezirkskommandos &c. von v. B. 3. Aufl., umgearb. u. mit einem Anhang „Bestimmungen über die Aufnahme von Knaben in das preuß. Kadettenkorps" versehen von v. Runkel, Hptm. z. D. Hannover 1891. 436 S.
(1. Aufl. i. u. d. T.: Das Landwehr-Bezirks-Kommando.

Dienst, der, der Bezirkskommandos, Hauptmelde- u. Meldeämter. Ein Hülfsbuch f. das Personal der Bezirkskommandos u. sämmtl. Offiziere u. Mannschaften d. Beurlaubtenstandes, nebst Anleitg. zur Anfertigg. sämmtl. schriftl. einschläg. Arbeiten von v. B. 3. Aufl. Unter Berücksicht. der neuesten Bestimmgn. umgearb. u. m. e. Anh. „Bestimmgn. üb. die Aufnahme v. Knaben in das königl. preuß. Kadettenkorps" versehen von v. Runkel. gr. 8. (XIX, 436 S.) Hannover 891. Helwing's Verl. n. 7. —

Dienst, der einjährig freiwillige, von der Erlangung der Qualifikation bis zum Avancement zum Reserve-Offizier. 1. und 2. Aufl. gr. 8. (VI, 84 S.) Oldenburg 874, Schulze'sche Buchh. *

Dienst, der, der Engel, nebst dem Ursprung, Wirken und Schicksal Satans. 2. gänzlich umgearb. deutsche Ausg. 8. (134 S.) Basel 888, Internat. Traktat-Gesellschaft.

—— der, im Felde, auf Grund der Felddienst-Ordnung vom 23. Mai 1887 und der Schieß-Vorschrift vom 22. Febr. 1887 für Unteroffiziere und Mannschaften bearb. von einem Kompagnie-Chef. 1. Aufl. (51 S.) 1887; 2., mit Abbild. verseh. Aufl. 12. (55 S.) Berlin 888, Eisenschmidt. *

— der, im Felde, f. Unteroffiziere u. Mannschaften bearb. von e. Kompagnie-Chef. 3., umgearb. u. mit Abbildgn. verseh. Aufl. 12. (56 S.) Berlin 889. Eisenschmidt. n. — 12

Dienst, der, im Felde f. Unteroffiziere aller Waffen. Auszug aus der neuen Felddienst-Ordng. vom 22. III. 1908. Zusammengestellt v. e. Kompagniechef. 2. Aufl. (97 S.) 16. Berlin 908. Zuckschwerdt & Co. — 50

— über den, d. Fetischen Götter, oder Vergleichung d. alten Religion Egyptens mit d. heutigen Religion Nigritiens; aus d. Französ. (v. C. B. H. Pistorius). 8. Berl. 785. Lange. 21 gr

Über den **Dienst** der Frauen. Nach d. Französ. v. F. P. 2. Aufl. — Elberfeld: Brockhaus 1899. 27 S. 8° (Schriften z. Erbauung d. Gläubigen. 224.]

— 3. Aufl. 1908. 29 S.

Dienst u. Gegendienst; od. Walltrons 2r Thl. Ein militair. Schausp. in 5 Act. nach Meysel, v. Schildbach. 8. Wien, Wallishäußer. 804.

Dienst, Ueber den, des Generalstabs der Armee. Ein freier Auszug aus dem französischen Werke des General Grimoard über denselben Gegenstand. Herausgegeben und mit einigen Zusätzen begleitet von einem ehemaligen Officier eines deutschen Generalstabs. (Mit 7 Tab. und 3 Skizzen.) 8. Weimar 1810.

Dienst, der, der Gerichtsvoigte. Eine Zusammenstellung der Bestimmungen der neuen Hannov. Justizgesetze nebst erläut. Bemerkungen v. Twele. gr. 8. (VIII u. 70 S.) Clausthal 851, Schweiger. 1/4 Thlr

— Gottes, der, in Gebet u. Arbeit, in dem Beispiele d. heil. Isidor, den Bauersleuten ans Herz gelegt. 8. Landsh. 823. Thomann. 4 gr Schrbp. 5 gr

— Gottes für alle Zeiten. Ein kathol. Gebetbuch zum Gebrauche am Morgen, bei d. heil. Messe, zur Vesper rc., (v. J. E. Wohlfahrtsstädter). 8. Salzb. 793. Mayr. 8 gr

Dienst Gottes für alle Zeiten. Ein kathol. Gebetbuch zum Gebrauche am Morgen, bey der heil. Messe, zur Vesper rc. 8. Salzburg, Mayr. 817.

Der **Dienst** des Hafenarztes in Hamburg. Bericht 2 ⟨umfassend d. Jahre 1895–1902⟩. Mit 6 Abb. u. 1 Kt. [Mehr nicht ersch.] (Unterzeichnet: Dr. [Bernhard] Nocht, Hafenarzt.) Hamburg: Voß 1903. 62 S. 4°

Bericht 1 ersch. in: Verwaltungsbericht d. Medizinalkollegiums d. Freien u. Hansestadt Hamburg. Beth. [11. 8961

— der, des Jägers zu Pferde. Zusammengestellt aus Dienstvorschriften f. den Gebrauch des Mannes. 2. neu bearb. u. verb. Aufl. (60 S. m. Fig.) 12. Berlin 904. G. Heinicke. n. — 60

Der Dienst des bayer. Infanterie-Unteroffiziers. Aus den Dienstes-Vorschriften rc. zsgst. Mit Abb. Bergzabern 1865. 376 S.

Dienst, der, des preuß. Infant.-Unteroffiziers. Von d. Verf. des Leitfadens bei d. Instruktion des Infanteristen. 8. (16½ B.) Berlin 843, Plahnsche Buchh. *

—— der, des Infanteristen im Felde. Gedrängte Zusammenstellung des für Mannschaften der Infanterie Wissensnöthigen aus dem Entwurf der „Felddienst-Ordnung". Ein Suppl. zu den Mannschafts-Instruktionsbüchern. Von einem aktiven Offizier. 8. (20 S.) Düsseldorf 886, F. Bagel.

Innerer Dienst für Inf. Hannover 1893.

Dienst, Innerer, der königlich württembergischen Reiterei. (1 Bd. Text und 1 Bd. mit 60 Schemas.) 8. Stuttgart 1819.

— internationaler phytopathologischer. Zeitschr. zur Pflege der internation. Entwicklg. des Pflanzenschutzes. Hrsg. v. Paul Sorauer. Beigabe zur Zeitschr. f. Pflanzenkrankhtn. 1. Jahrg. 8 Bog. (1. Stück. 32 S.) gr. 8. Stuttgart 908. E. Ulmer. 5. —
Erscheint nicht mehr.

Dienst, Vom, der leichten Cavallerie im Felde, besonders für den Subaltern-Officier. Mit (6) Kupfern. 8. Dresden 1784.
— — (Neuer Abdruck.) 8. Dresden 1802.

— vom, d. leichten Kavallerie im Felde, (v. ... v. Seidl). 2 Thle, mit Plan. gr. 8. Dresd. 784. Walther. 16 gr

— v., d. leichten Cavallerie im Felde. 2 Theile. mit Pl. gr. 8. Dresd. Walther. 803.

Dienst, vom, im Land u. Felde bei d. sächs. Landwehr. gr. 12. Leipz. Rein u. Comp. 814.

Dienst. Im D' des Meisters. Züge aus dem Leben des † Pfr. Rud. Wenger. Basel 1899 s. [Wenger, Albert].

Dienst, der Ministranten in der heiligen Charwoche. Mit e. Anh. v. Gebeten. 24. (32 S.) Freising 892, Datterer. — 15

Dienst, Der praktische, im Felde. Als Handbuch bearbeitet ... Wien 1865. V: *Hess, Heinrich Fre'h. von.* (KA)

Dienst, der praktische, im Felde. 4 Abthlgn. 1–4. Aufl. Wien 865—67. Mechithar.-Congreg.-Buchhdlg. (Kirsch.) 8. (XXXI, 973 S. u. 1 lith. Taf. in 4.) 1 Thlr 10 ngr

(F) Der staatsanwaltschaftliche Dienst bei den Bezirksgerichten. Eine Anleitung für die staatsanwaltschaftlichen Organe herausgegeben vom k. k. Justizministerium. Wien. 1900. Manz. 8°. 107 S. Cart. K 1.20

Dienst, Der treue, des hochheil. dreieinigen Gottes ... Salzburg 1906. V: *Huch, Emilie.* (MARGR)

Dienst, der treue, des hochheiligen dreieinigen Gottes. Ein Gebet- u. Unterrichtsbuch f. kathol. Christen. (Ausg. f. Unverheiratete.) (VI, 273 S. m. Titelbild.) 16. Salzburg 906. Kathol. Universitätsverein. (Nur direkt.)
Geb. in Leinw. n. 1. 50; in Ldr. m. Goldschn. n. 2. 50; Ausg. f. Verheiratete. (VI, 293 S. m. Titelbild.) Geb. in Leinw. n. 1. 75; in Ldr. m. Goldschn. n. 2. 60

—— der, des bayerischen Unterofficiers. Aus den Dienstes-Vorschriften, Verordnungen und Rescripten zusammengestellt. (Mit erläut. Abbild.) 9 Lfgn. 8. (1.—5. Lfg. VII und 292 S. mit 4 Stnt. in 4. und qu. Fol.) Bergzabern 865. (Speyer, Bregenzer.) Subscr.-Pr. * 26 Ngr.; Ladenpr.

Dienst d. Unteroffiziers der Feld-Artillerie im Frieden. Als Mscr. gedr. 8. (IV, 79 S.) Dresden 877. (Höckner.) n. 1. 50

— der, am Wort. Eine Sammlg. evangel. Predigten u. Reden gläub. Zeugen der Gegenwart. Hrsg. v. Joh. Rump. 1–9. Bd. 8. Leipzig, Krüger & Co. à n. 2. —; geb. n. 2. 50

1. Fasten- u. Passionspredigten Mit Beiträgen v. Bard, Braun, Faber u. a. (V, 225 S.) 905. 2. [Tit.-]Aufl. (VI, 225 S.) 906.
2. Oster-, Himmelfahrt- u. Pfingstpredigten. Mit Beiträgen v.: Boehmer, Gmelin, J. Gros u. a. (III, 190 S.) 905; 2. [Tit.-]Aufl. (VI, 190 S.) 906.
3. Grabreden. Allgemeine Fälle. (172 S.) 906.
4. Leichenpredigten u. Grabreden. Besondere Fälle. (VIII, 197 S.) 906.
5. Advent, Weihnachten, Sylvester, Neujahr, Epiphanien. (VI, 212 S.) 905.
6. Innere Mission. (VI, 233 S.) 905.
7. Aeußere Mission. (VI, 228 S.) 905.
8. Leichenpredigten u. Grabreden. Seltene Fälle. (VII, 182 S.) 906.
9. Reformationsfest. Bußtag. Totenfest. (IV, 188 S.) 906.

— der, am Wort. Eine Sammlg. evangel. Predigten u. Reden gläub. Zeugen der Gegenwart. Hrsg. v. Joh. Rump. 10. -14. Bd. 8. Leipzig, Krüger & Co. à Bd. 2.—; geb. 2. 50

10. Leichenpredigten u. Grabreden. Kindheit u. Jugend. Mit e. Generalregister f. d. ersten 10 Bde. v. „Der Dienst am Wort". (IX, 180 S.) 907.
11. Antritts- u. Abschiedspredigten. (VI, 188 S.) 907.
12. Perikopen, die Eisenacher, aus dem Alten Testament. 1. Tl. Erster Adventsonntag bis Oculi einschl. (V, 181 S.) 907.
13. Perikopen, alttestamentliche. II. Tl. Sonntag Lactare bis 5. Sonntag nach Trinitatis einschl. (V, 183 S.) 908.
14. Dasselbe. III. Tl. 6. bis 27. Sonntag nach Trinitatis. (IV, 188 S.) 908.

Dienst [Verfasser]

Dienst, Arthur, Dr., Oberarzt an d. Kgl. Univ.-Frauenklinik: Aus d. Kgl. Universitäts-Frauenklinik zu Breslau. Über den Bau und die Histogenese der Placentargeschwülste. *Stuttgart 1903: Union.* (71 S.) 8°
Breslau, Med. Hab.-Schr. v. 10. Jan. 1903
(Nicht für den Austausch)

Dienst, Arthur: Über Divertikel der Harnblase. *Erlangen 1896: (Breslauer Gen.-Buchdr.).* (30 S.) 8°
Erlangen, Med. Diss. v. 28. Juli 1896

Dienst, Arth., neuere Untersuchungen üb. das Wesen der Eklampsie u. Gesichtspunkte über die Behandlg. der Krankheit, s. a. Sammlung klinischer Vorträge.

Dienst, Arthur: Neuere Untersuchungen über das Wesen der Eklampsie und Gesichtspunkte über die Behandlung der Krankheit.
Leipzig: Breitkopf & Härtel 1902. (26 S.) 8°
(Sammlung Klinischer Vorträge. N. F. No 342.)

Dienst, E., Erste Leipziger Accordeon- und Musikwerke-Fabrik: Haupt-Katalog. Leipzig-Gohlis 1901—1902

Dienst, Friedrich [app. Arzt aus Weilmünster]: Ein Fall von Leberkrebs ausgehend von der Gegend der Gallenblase ... München, Buchdr. v. J. Fuller, 1893; 15 S. 8.
München, Med. Fak., Inaug.-Diss. v. 1893

Dienst, Frdr., die Gewißheit des Todes Jesu am Kreuze mit Andeutungen zu einem gründlichen Beweise der am dritten Tage erfolgten Auferstehung u. deren Folgen. Klare Widerlegung eines seit 272 Jahren von Just. Lipsius bis auf Renan herab in der theolog. Welt herrschenden Irrthums. Ansbach 866. Junge in Comm. gr. 8. (51 S.) 6 *ngr.*

Dienst, J. Der Kinderfreund. Ein Lehr- u. Lesebuch f. die kathol. Volksschulen Sachsens. 2. u. 3./4. Schulj. gr. 8. Dresd., (Schmidt). [2. Schulj. (XVI, 112 S.) 891. ** — 65; 3./4. Schulj. (XII, 276 S.) 892. * — 85; geb. ** 1 20.] * 1 50
Nicht mehr im Handel. — 1. Schuljahr nicht erschienen.

Dienstag, Paul, Führer durch die social-wissenschaftlichen Zeitschriftenliteratur.
8°. Dresden, O. V. Böhmert, 1907.

Dienstag, Paul, cand. iur. et cam. a. München: Die rechtliche Natur des pignus in causa judicati captum. Ein Beitrag zur Lehre von der Zwangsvollstreckung nach römischem Rechte. München 1908: M. Steinebach. (122 S.) 8°
Heidelberg, Jur. Fak., Ref. Bekker, Diss. v. 1908
[Geb. 17. Mai 85 Berlin; Wohnort: München; Staatsangeh.: Preußen; Vorbildung: Gymn. Deutsch-Krone (Westpr.) Reife O. 04; Studium: Berlin 4, Heidelberg 1, Straßburg 1 S.; Rig. 14. Febr. 08.]

— Soziale Tendenzen im deutschen Studentenleben. Ihre Bildg. u. ihre Fortentwicklg. (VII, 32 S.) gr. 8. München (909). Bavaria-Verlag. — 75

— Die deutsche Uhrenindustrie, s. a. Monographien, techn.-volkswirtschaftliche. 11. Bd.

Die deutsche Uhrenindustrie. Eine Darstellung d. techn. Entwickelung in ihrer volkswirtschaftl. Bedeutung von Dr. Paul **Dienstag**. Leipzig: W. Klinkhardt 1910. 240 S. 8°
(Technisch-volkswirtschaftl. Monographien. Bd 11.) 10. 5352

— s.: Zeitschriftenführer, sozialwissenschaftlicher.

Diens-Tags Journal. — Ordinari Diens-Tags Journal. — Stuttgart. — 1702 (1709) — ? .
Fortges. u. d. T.: Stuttgardisches Ordinari DiensTags (Frey-Tags) Journal.

DiensTags (FreyTags) **Journal.** — Stuttgardisches Ordinari DiensTags (FreyTags) Journal.— ? — 1711.
Vorh. u. d. T.: Ordinari Diens-Tags Journal.
Fortges. u. d. T.: Die neue Kuriose Friedens- und Kriegsfama.

Di[e]nstags-Zeitung: Lucernerische Dienstags-Zeitung
⑤ 31. 12. 1743—? ⑥ 8° ⑦ Wochenblatt. Im Jahre 1745 erschien ergänzend noch ein «Samstags-Vortrag Zu der Lucernerischen Zeitung» und ab 1746 die «Lucernerische Samstags-Zeitung» ⑧ Luzern: Buchdruckerei Hautt ⑨ Lucernerisches AVIS und Nachricht-Blatt: 1744 52 Nrn., 1746 2 Nrn., 1747 2 Nrn. ⑩ erster Herausgeber: Hch. Ignaz Nicodemus Hautt, später wahrscheinlich sein Vetter Benedikt Hautt ⑬ BGSZ: 229, 1027, 1028, 1033 ⑭ Lu: Z (1744, 1746, 1747, 1748 und je 1 Nummer der Jahrgänge 1745 und 1749) ⑮ Ab 1746 nennt sich die Zeitung «Lucernerische Dienstags-Zeitung». Ob in den Ratsverhandlungen von 1758 unter «Avis-Blättli» die Dienstags-Zeitung gemeint ist, scheint fraglich.

Dienstalters-Liste der kgl. sächs. höheren Justizbeamten einschließlich der Assessoren. Auf Grund des Staatshandbuchs u. des Justizministerialblattes zusammengestellt, nebst Angaben üb. die Dienstlaufbahn. Mit e. Anh., die Bestimmgn. üb. das Aufrücken im Gehalt, das Dienstalter, die Höhe des Gehalts u. des Wohnungsgeldzuschusses enth. (VIII, 88 S.) 8. Leipzig 904. Roßberg'sche Verlags-Buchh. n. 2. —

Dienstalters-Liste der Officiere der königlich preussischen Armee und des XIII. (königlich württembergischen) Armeecorps 1897/98, 1899/1900. Im engen Anschluss an die Reihenfolge der Rangliste unter Angabe des erst- und letztertheilten Patents zusammengestellt I. nach Stäben, Truppentheilen u. s. w., II. nach Chargen. Abgeschlossen am 28. November 1897, 20. November 1899. (2 Bde.)
8. Berlin 1897—1899.

Dienstalters-Liste d. Offiziere d. kgl. preuß. Armee u. d. XIII. (kgl. württemberg.) Armeekorps 1898/99. Im engen Anschl. an d. Reihenfolge d. Rangliste unt. Angabe d. erst- u. letztertheilten Patents zusammengest. I. n. Stäben, Truppentheilen u. s. w., II. n. Chargen. Abgeschl. a. 15. X. 1898. gr. 8. (VIII, 357 S.) Berlin 898. E. S. Mittler & Sohn. n. 5. —; geb. in Leinw. n. 6. —; u. durchsch. n. 6. 75

— — 1900/1901, 1901/1902. Im Anschluss an die Rang- und Quartierliste. 4. Jahrgang (1900/1901). Abgeschlossen am 1. Dezember 1900. 5. Jahrgang (1901/1902), vermehrt durch die Dienstalterlisten des Reitenden Feldjägerkorps, der Gendarmerie, Zeugsoffiziere, Feuerwerksoffiziere und Invaliden. Abgeschlossen am 9. November 1901. (2 Bde.) 8. Berlin 1900—1901.

Dienstalters-Liste der Offiziere der königl. preuß. Armee u. des XIII. (königl. württemb.) Armeekorps 1902/1903. Im Anschluß an die Rangliste. 6. Jahrg. Abgeschlossen am 31. X. 1902. gr. 8. (IV, 175 S.) Berlin 902. E. S. Mittler & Sohn. n. 2. 25; geb. in Leinw. n.n. 3. —; durchsch. n.n. 3. 60

Dienstalters-Liste der Offiziere der königl. preußischen Armee u. des XIII. (königl. württembergischen) Armeekorps 1906/1907. Im Anschluß an die Rangliste. 10. Jahrg. Abgeschlossen am 1. XI. 1906. (IV, 189 S.) Lex.-8. Berlin (906). E. S. Mittler & Sohn. n. 2. 25; geb. in Halbleinw. n. 2. 75; in Leinw. n. 3. —; durchsch. n. 3. 60

— der Offiziere der königl. preußischen Armee u. des XIII. (königl. württemberg.) Armeekorps 1910/1911. Im Anschluß an die Rangliste. 14. Jahrg. Abgeschlossen am 5. X. 1910. (IV, 202 S.) Lex. 8. Berlin (910). E. S. Mittler & Sohn. 2.50; geb. 3. —

— der Offiziere des Beurlaubtenstandes der königl. preuß. Armee m. Angabe der Patente jedes Dienstgrades, nach Waffengattgn. zusammengestellt v. Ashelm. Abgeschlossen Sommer 1900. gr. 8. (XV, 515 S.) Ebd. 900. n. 5. —; geb. in Leinw. n. 5. 75

— dasselbe. Nach dem Stande vom 1. VI. 1902. 2. Aufl. gr. 8. (IV, 556 S.) Berlin-Schöneberg 902. Gev. Hahn. Geb. in Leinw. n. 6. 50

— der königl. sächsischen Offiziere, Sanitätsoffiziere, Stabsveterinäre, Oberveterinäre u. Oberapotheker des Beurlaubtenstandes. 1906. (107 S.) 8. Dresden (C. Heinrich.) n. — 80

Dienstaltersliste der königl. sächsischen Offiziere, Sanitätsoffiziere, Stabsveterinäre, Oberveterinäre u. Oberapotheker des Beurlaubtenstandes. 1909. (111 S) 8. Dresden (C. Heinrich). — 80
Fortsetzg., s.: Rangliste der königl. sächsischen Armee.

Dienstaltersliste des roßärztl. Personals d. deutschen Armee. Nach amtl. Quellen zusammengest. v. Koenig. (Aus: „Ztschr. f. Veterinärkde.") 8. (43 S.) Bln.: Mittler 1898. Früher u. d. T.: Anciennetäts-Liste d. roßärztl. Personals

— des roßärztlichen Personals der deutschen Armee. Nach amtl. Quellen zusammengestellt v. Grammlich. gr. 8. (50 S.) Berlin (902). E. S. Mittler & Sohn. n. — 75
Sonderabdruck aus: „Zeitschr. f. Veterinärkunde".

Dienstaltersliste der charakterisierten Post- und Telegraphensekretäre, die die Sekretärprüfung bestanden haben. [1.] (Beginnend mit d. 1. Okt. 1903, abgeschlossen am 30. Sept. 1905.) Berlin: Verband Deutscher Post- u. Telegr.-Assist. 1905. 8° [7. 1751]

— der königl. Revierförster u. Förster m. Revier bei der königl. Hofkammer der königl. Familiengüter u. der preuß. Staatsforstverwaltung nach dem Stande vom 31. XII. 1908, zusammengestellt v. der Geschäftsstelle der deutschen Forst-Zeitung nach amtlichen Quellen, u. Jahrbuch f. preußische Forstbeamte u. Forstanwärter, enth. e. Sammlg. v. allgem. Bestimmngn., Entscheidgn. u. Gesetzen aus dem Bereiche der Staatsforstverwaltg., zusammengestellt u. hrsg. v. E. Kalkbrenner. (160 S.) gr. 8. Neudamm 909. J. Neumann. 2. —

Dienstalters-Liste der Stabshoboisten, Stabstrompeter, Stabshornisten d. deutschen Reichsheeres u. der kaiserl. Marine. Nach den Mittheilgn. der königl. Kriegs-Ministerien v. Preußen, Bayern, Württemberg, der königl. sächs. Truppentheile u. d. kaiserl. Ober-Commandos der Marine. Hrsg. v. der Redact. der Deutschen Militair-Musiker Zeitg. [Emil Prager]. qu. 4. (29 S.) Berl. 892, Prager. * 1 40

— der mittleren (Subaltern-) Beamten I. Klasse aller Centralbehörden Preußens u. d. Deutschen Reichs. Abgeschlossen am 31. Mai 1893. Hrsg. v. der Expedition der Monatschrift f. deutsche Beamte. Lex.-8. (15 S.) Grünberg 893. H. Söderström. n.n. — 70

— der Veterinäre der deutschen Armee. Nach amtl. Quellen zusammengestellt v. A. Grammlich. (55 S.) 8. Ebd. 906. n. — 75
2 Sonderabdrucke aus: „Ztschr. f. Veterinärkde".

— der Veterinäre der deutschen Armee. Nach amtl. Quellen zusammengestellt v. A. Christiani. (56 S.) 8. Ebd. 909. — 75
2 Sonderabdrucke aus „Ztschr. f. Veterinärkde."

— der Veterinäre der königl. bayerischen Armee. Nach amtl. Quellen zusammengestellt v. A. Grammlich. (9 S.) 8. Berlin 906. E. S. Mittler & Sohn. n. — 20

— der Veterinäre der königl. bayerischen Armee. Nach amtl. Quellen zusammengestellt v. A. Christiani. (10 S.) 8. Berlin 909. E. S. Mittler & Sohn. — 20

Vollstaendige Dienstalters-Liste (vor 1900 Anciennetätsliste) der Offiziere der Kgl. bayer. Armee. Jhrg. 1–19, 23–30, 32, 35–44. Zsgst. v. G. Wittje). Burg 1870–1912. 4°, bis 1874: 8°

— (Anciennetäts-Liste), vollständige, der Offiziere der Feld- u. Fußartillerie des deutschen Reichs-Heeres u. der Zeug- u. Feuerwerks-Offiziere, m. Angabe des Datums der Patente zu den früheren Dienstgraden, zusammengestellt v. G. W. 4. (54 S.) Burg 902. A. Hopfer. n. 1. 50

— vollständige, der Offiziere der Feld- u. Fußartillerie des deutschen Reichsheeres u. der Zeug- u. Feuerwerksoffiziere, m. Angabe des Datums der Patente zu den früheren Dienstgraden, zusammengestellt v. G. W. (53 S.) Lex.-8. Burg 906. A. Hopfer. n. 1. 50

Dienstaltersliste, vollständige, der Offiziere der Feld- u. Fußartillerie des deutschen Reichsheeres u. der Zeug- u. Feuerwerksoffiziere, m. Angabe des Datums der Patente zu den früheren Dienstgraden, zusammengestellt v. G. W. (56 S.) Lex. 8. Burg 910. A. Hopfer. 1.50; geb. 2. —

Dienstalters-Liste, Vollständige, (Anciennetäts-Liste) der Offiziere des deutschen Reichs-Heeres, der kaiserl. Marine und der Schutztruppen mit Angabe des Datums der Patente zu den frühren Dienstgraden, und der Armee-Eintheilung nach den verschiedenen Waffengattungen zusammengestellt von G. W., Major z. D. 42.–47. Jahrg. (Dem 43. Jahrg. beigebunden ein Nachtrag.) (6 Bde.) hoch 4. Burg 1899–1904.

Dienstalters-Liste (Anciennetäts-Liste), vollständige, der Offiziere des deutschen Reichs-Heeres, der kaiserl. Marine u. der Schutztruppen, m. Angabe des Datums der Patente zu den früheren Dienstgraden, nach den verschiedenen Waffengattgn. zusammengestellt v. G. W. 4. Abthlgn. 45. Jahrg. Mit Anh.: Vollständige Dienstalters-Liste der activen Sanitäts-Offiziere des deutschen Reichs-Heeres, der kaiserl. Marine u. der kaiserl. Schutztruppen m. Angabe der Befördergn. zu den früheren Dienstgraden. 21. Jahrg. 4. (II, 208; 34, 21, 18 u. 55 S.) Burg 902. A. Hopfer. n. 6. —; geb. n. 6. 75; ohne Anh. n. 5. —; geb. n. 5. 75
Hieraus einzeln:
1. Die Offiziere der königl. preuß. Armee, des XIII. (königl. württemb.) Armeekorps u. der kaiserl. Schutztruppen. 45. Jahrg. (208 S.) n. 2. 75; geb. n. 3. 50; m. den Marine-Offizieren. (18 S.) n. 3. 25; geb. n. 4. —
2. Die Offiziere d. kgl. bayer. Armee. 34. Jahrg. (34 S.) n. 1. —
3. Die Offiziere d. königl. sächs. Armee. 34. Jahrg. (21 S.) n. — 75
4. Die Offiziere der kaiserl. deutschen Marine. 45. Jahrg. (18 S.) n. — 50
Anh.: Vollst. Dienstalters-Liste der activen Sanitäts-Offiziere, zusammengestellt v. B. Jahn. 21. Jahrg. (55 S.) n. 1. 20

— (Anciennetätsliste), vollständige, der Offiziere des deutschen Reichsheeres, der kaiserl. Marine u. der kaiserl. Schutztruppen, m. Angabe des Datums der Patente zu den früheren Dienstgraden, nach den verschiedenen Waffengattgn. zusammengestellt v. G. W. 4 Abthlgn. 49. Jahrg. Mit Anh.: Vollständige Dienstaltersliste der activen Sanitäts-Offiziere des deutschen Reichs-Heeres, der kaiserl. Marine u. der kaiserl. Schutztruppen m. Angabe der Befördergn. zu den früheren Dienstgraden. 25. Jahrg. (II, 212, 35, 21, 22 u. 62 S.) Lex.-8. Burg 906. A. Hopfer. n. 6. —; geb. n. 6. 75; ohne Anh. n. 5. —; geb. n. 5. 75
Hieraus einzeln:
1. Die Offiziere der königl. preußischen Armee, des XIII. (königl. württemb.) Armeekorps u. der kaiserl. Schutztruppen. 49. Jahrg. (212 S.) n. 2. 75; geb. n. 3. 50; m. den Marine-Offizieren. (22 S.) n. 3. 25; geb. n. 4. —
2. Die Offiziere der königl. bayerischen Armee. 38. Jahrg. (35 S.) n. 1. —
3. Die Offiziere der königl. sächsischen Armee. 38. Jahrg. (21 S.) n. — 75
4. Die Offiziere der kaiserl. deutschen Marine. 49. Jahrg. (22 S.) n. — 50
Anh.: Vollständige Dienstalters-Liste der activen Sanitäts-Offiziere, zusammengestellt v. B. Jahn. 25. Jahrg. (62 S.) n. 1. 20

— (Anciennetätsliste), vollständige der Offiziere des deutschen Reichsheeres, der kaiserl. Marine u. der kaiserl. Schutztruppen, m. Angabe des Datums der Patente zu den früheren Dienstgraden, nach d. verschiedenen Waffengattgn. zusammengestellt v. G. W. 4 Abtlgn. 53. Jahrg. Mit Anh.: Vollständige Dienstaltersliste d. aktiven Sanitätsoffiziere u. der in aktiven Stellen befindl. Sanitätsoffiziere z. D. des deutschen Reichsheeres, der kaiserl. Marine u. der kaiserl. Schutztruppen m. Angabe der Befördergn. zu den früh. Dienstgraden. 29. Jahrg. (II, 216, 35, 23, 26 u. 76 S.) Lex. 8. Burg 910. A. Hopfer. 6.—; geb. 6.75; ohne Anh. 5.—; geb. 5. 75

Hieraus einzeln:

1. Die Offiziere d. königl. preußischen Armee, des XIII. (königl. württemb.) Armeekorps u. d. kaiserl. Schutztruppen. 53. Jhrg. (216 S.) 2.75; geb. 3.50; m. den Marine-Offizieren. (26 S.) 3.25; geb. 4. —
2. Die Offiziere der königl. bayerischen Armee. 42. Jahrg. (35 S.) 1. —
3. Die Offiziere der königl. sächsischen Armee. 42. Jahrg. (23 S.) — 75
4. Die Offiziere der kaiserl. deutschen Marine. 53. Jahrg. (26 S.) — 50

Anh.: Vollständige Dienstaltersliste der aktiven Sanitätsoffiziere. Begründet v. B. Jahn, hrsg. v. Fr. Jahn. 29. Jahrg. (76 S.) 1. 50

Dienstaltersliste, Vollständige, d. akt. Sanitätsoffiz. d. D. Reichs-Heeres, d. K. Marine u. d. K. Schutztruppe. Hrsg. v. B. Jahn. 18.–24. Jahrg. Burg 1898–1905.

Vollständige Dienstaltersliste der aktiven Sanitätsoffiziere des Deutschen Reichs-Heeres, der Kaiserlichen Marine und der Kaiserlichen Schutztruppe. Hrsg. von B. Jahn. Burg 1905 bis 1910. Jahrg. 24 bis 29. 6 Bde.

Dienstanleitung f. die schweizerischen Truppen im Felde. Abschnitte I, IV u. VII. Entwurf. Durch Beschluss d. schweizer. Bundesrathes vom 4. Febr. 1879 provisorisch eingeführt. 16. (XVI, 281 S. m. 3 lith. Karten.) Frauenfeld 879. (Bern, Jenni.) cart. n. 2. —

Dienstanleitung für die schweizer. Truppen im Felde. Abschn. 1. 4. 7. Frauenfeld 1879. 8°. Dass. 1881. 1882.

Dienstanleitung für die Schweizerischen Truppen im Felde. Bundesratsbeschluss vom 31. März 1882. 3. Aufl. [Mit 32 Figuren.] XII + 301 S. 8. A[ffoltern a. A.]. H. H[agenbüchli], 1. 1901. [fr. –.60]

Dienstanweisung für das Feuerschiff A d l e r g r u n d. Berlin 1894. Fol.

Dienstanweisung für das Feuerschiff Adler Grund. Genehmigt unter Aufhebung d. bisherigen Dienstanweisung v. 28. März 1894. Berlin d. 17. Juni 1905. [Berlin: Reichs-Marine-Amt 1905.] (V, 120 S.) 8° [F.] [autogr.]
(D. E. No 30.) [05. 13375

Allgemeine **Dienstanweisung** für die dienenden Brüder der Loge „Friedrich zum Goldenen Zepter". [Dat.:] Breslau, den 22. Sept. 1908. 2 Bl. 8° [Kopftit.]

Dienst-Anweisung. – A l l g e m e i n e Dienstanweisung, betreffend das Kassen- und Rechnungswesen für die Vereinnahmung, Ablieferung und Verrechnung der in der eigenen Verwaltung der Stadt vom 1. April 1899 ab zur Erhebung kommenden Schlachtsteuer, Wildpret- und Geflügelsteuer, sowie der Biersteuer. (Potsdam 1899: Krämer). (15 S.) 4° (Kopft.)

—— allgemeine, für Post und Telegraphie. 1., 2., 3. Abschn. 1. und 2. Abtl., 5. Abschn. 1., 4. und 5. Abtl., 7. Abschn. 1.—3. Abtl., 8., 9., 10. Abschn. 1. und 2. Abtl., 11. Abschn. 1.—3. Abtl. gr. 4. Berlin, (v. Decker's Verlag.) *

Inhalt:

Abschn. 1. Gliederung der Verwaltung des Reichs-Post- und Telegraphenwesens. (132 S.) 884. * ℳ 1.23.
" 2. Gesetzliche Grundbestimmungen über das Reichs-Post- und Telegraphenwesen. (67 S.) 884. * 60 Pf.
" 3. 1. Abtl.: Gebührentarif für den Postverkehr, Portovergünstigungen, Portofreiheitswesen. — 2. Abtl.: Gebührentarif für den Telegraphenverkehr, Bestimmungen über die gebührenfreie Beförderung von Telegrammen. (48; 14 S.) 886. * 75 Pf.
" 5. 1. Abtl.: Postordnung, nebst Ausführungs-Bestimmungen. (232 S.) 886. * ℳ 2.70.
" 5. 4. Abtl.: Telegraphenordnung vom 13. Aug. 1880, nebst Ausführungs-Bestimmungen. (72 S.) 887. * 90 Pf.
" 5. 5. Abtl.: Telegraphen-Betriebsdienst. (94 S.) 887. * ℳ 1.20.
" 7. 1. Abtl.: Telegraphen-Linien und Leitungen. — 2. Abtl.: Technische Einrichtung der Telegraphenanstalten. — 3. Abtl.: Apparate und Batterien. (306 S.) 884. * ℳ 2.73.
" 8. Kassen- und Rechnungswesen bei den Post- und Telegraphenanstalten. (IV, 306 S.) 888. * ℳ 3.64.
" 9. Verwaltungsdienst bei den Post- und Telegraphenanstalten. (37 S.) 889. * 35 Pf.
" 10. 1. Abtl.: Vorschriften über die Annahme und Anstellung von Anwärtern als Beamte im Post- und Telegraphendienste, vom 1. October 1882. (73 S.) 882. * 65 Pf.
" 10. 2. Abtl.: Dienstverhältnisse der Beamten und Unterbeamten der Post und Telegraphie. (XVI, 372 S.) 883. * ℳ 3.22.
" 11. 1. Abtl.: Geschäftsbetrieb bei den Ober-Postdirectionen. — 3. Abtl.: Verfahren bei den Ober-Postdirectionen mit unbestellbaren Postsendungen und herrenlosem Reisegepäck. (69 S.) 888. * 63 Pf.
" 11. 2. Abtl.: Rechnungswesen und Revisionsgeschäft bei den Ober-Postdirectionen. (156 S.) 888. * ℳ 1.40.

4. und 5. Abschn. 2. und 3. Abtl., sowie 6. und 12. Abschn. sind vergriffen und sollen demnächst neu erscheinen.

— allgemeine, für Post- u. Telegraphie. I. Abschn., III. Abschn. 1. u. 2. Abth., V. Abschn. 2.—5. Abth., VIII., IX., XI. Abschn. gr. 4. Berlin, v. Decker. n. 15. 92

I. Gliederung der Verwaltung d. Reichs-Post- u. Telegraphenwesens. (135 S.) 890. n. 1. 80
III. 1. Gebührentarif für den Postverkehr, Portovergünstigungen, Portofreiheitswesen. 2. Gebührentarif f. d. Telegraphenverkehr, Bestimmungen üb. d. gebührenfreie Beförderg. v. Telegrammen. (48 u. 14 S.) 886. n. — 75
V. 2. Post-Betriebsdienst. (VIII, 362 S.) 890. n. 4. 40
3. Zeitungswesen. (49 S.) 890. n. — 70
4. Telegraphenordnung v. 13. Aug. 1880, nebst Ausführungs-Bestimmungen. (72 S.) 887. n. — 90
5. Telegraphen-Betriebsdienst. (94 S.) 887. n. 1. 20
VIII. Kassen- und Rechnungswesen bei den Post- u. Telegraphenanstalten. (IV, 306 S.) 888. n. 3. 64
IX. Verwaltungsdienst bei den Post- und Telegraphenanstalten. (37 S.) 889. n. — 50
XI. 1. Geschäftsbetrieb bei den Ober-Postdirectionen. — 3. Verfahren bei den Ober-Postdirectionen mit unbestellbaren Postsendungen u. herrenlosem Reisegepäck. (69 S.) 888. n. — 63
2. Rechnungswesen u. Revisionsgeschäft bei den Ober-Postdirectionen. (156 S.) 888. n. 1. 40

— allgemeine, f. Post u. Telegraphie. I. Abschn., III. Abschn., 1. u. 2. Abth., IV. Abschn., 1.—3. Abth., V. Abschn., 1., 4. u. 5. Abth., VI. Abschn., 3. Abth., VII. Abschn., 1.—3. Abth., VIII. Abschn., X. Abschn., 1. u. 2. Abth., XII. Abschn. u. Anh. gr. 4. Berlin, (R. v. Decker). n. 29. 60

I. Gliederung der Verwaltg. d. Reichs-Post- u. Telegraphenwesens. (135 S.) 890. n. 1. 80
III, 1. Gebührentarif f. den Postverkehr, Portovergünstigungen, Portofreiheitswesen. — 2. Gebührentarif f. den Telegraphenverkehr, Bestimmungen üb. die gebührenfreie Beförderung v. Telegrammen. (48 u. 14 S.) 891. n. — 75
IV, 1. Post- u. Telegraphengebäude u. Diensträume. (66 S.) — 2. Ausstattungsgegenstände. (42 S.) — 3. Amtsbedürfnisse, Verpackungsgegenstände, Aufbewahrung u. Verkauf unbrauchbarer Papiere. (43 S.) 894. n. 1. 80
V, 1. Postordnung nebst Ausführungs-Bestimmungen. (232 S.) 891. n. 2. 70
V, 4. Telegraphenordnung vom 15. Juni 1891, nebst Ausführungs-Bestimmungen. (78 S.) 892. n. 1. —
V, 5. Telegraphen-Betriebsdienst. Ausg. 1893. (106 S.) n. 1. 25
VI, 3. Postwagen. (91 S.) 892. n. 1. 20
VII, 1. Telegraphen-Linien u. Leitungen. (IV, 263 S. m. Fig.) 893. n. 3. 20
VII, 2. Technische Einrichtung der Telegraphenanstalten. — 3. Apparate u. Batterien. (122 u. 107 S. m. Abbildgn.) 892. n. 2. 70
VIII, Kassen- u. Rechnungswesen bei den Post- u. Telegraphenanstalten. Gültig vom 1. Apr. 1893 ab. (VI, 274 S.) 893. n. 3. 30
X, 1. Vorschriften üb. die Annahme u. Anstellung v. Anwärtern als Beamte im Post- u. Telegraphen-Dienst vom 1. Oktbr. 1882. — 2. Dienstverhältnisse der Beamten u. Unterbeamten der Post u. Telegraphie. (75 u. XIX, 412 S.) 891. n. 6. —
XII, Geschäftsbetrieb bei den Ober-Postkassen. (IV, 286 S.) 891. n. 3. 50
Anh.: Besondere Bestimmgn. f. Postagenturen m. Telegraphenbetrieb. (32 S. m. 3 Fig.) 893. n. — 40

— dasselbe. Sach-Register, bearb. v. R. Hüner. gr. 8. (138 S.) Reichenbach i/Schl. 893. (R. Hoefer.) n.n. 1. 60

— dasselbe. 2., verm. Aufl. gr. 8. (IV, 172 S.) Berlin 893. P. Kittel. n.n. 1. 60

— dasselbe. Alphabetisches Sachregister. Zusammengestellt v. W. Bönning. gr. 8. (142 S.) Cassel 893. A. Freyschmidt. n. 1. 50

— allgem., f. Post- u. Telegraphie. II. Abschn., III. Abschn. 1. u. 2. Abth., V. Abschn. 4. Abth., VI. Abschn. 1. u. 2. Abth., IX. Abschn. u. XI. Abschn. 1.—3. Abth. gr. 4. Berlin 895. R. v. Decker. 8. 20

II. Gesetzl. Grundbestimmgn. üb. d. Reichs-Post- u. Telegraphenwesen. (94 S.) 897. n. 1. —
III. 1. Gebührentarif f. d. Postverkehr, Portovergünstiggn., Portofreiheitswesen. 2. Gebührentarif f. d. Telegraphenverkehr, Bestimmgn. üb. d. gebührenfreie Beförderg. v. Telegrammen. (59 u. 12 S.) 895. n — 60
V. 4. Telegraphenordng. v. 9. VI. 1897, nebst Ausführungs-Bestimmgn. (75 S.) 898. n. — 75
VI. 1. Postfuhrwesen. (93 S.) 895. n. 1. 20
2. Postkurswesen. (114 S.) 895. n. 1. 35
IX. Verwaltungsdienst b. d. Post- u. Telegraphenanst. Ausg. 1898. (35 S.) n. 50
XI. 1. Geschäftsbetrieb b. d. Ober-Postdirectionen. 2. Rechngswesen u. Rechnungs-Revisionsgeschäft b. d. Ober-Postdirectionen. 3. Verfahren b. d. Ober-Postdirection m. unbestellbaren Postsendgn. u. herrenlosem Reisegepäck. (59, 202 u. 21 S.) 897. n. 2. 80

— dasselbe. Sach-Register, bearb. v. R. Hüner. 3., verb. u. vervollst. Aufl. (Novbr.-Ausg. 1895.) gr. 8. (221 S.) Berlin 895. [P. Kittel.] Rosenbaum & Hart. n.n. 1. 50

— dasselbe. Alphabet. Sachregister. Zusammengest. v. W. Bönning. gr. 8. (150 S.) Cassel 895. A. Freyschmidt. n. 1. 50; geb. n.n. 1. 90

— allgemeine, f. Post u. Telegraphie. 1. Abschn. Gliederung u. Verwaltg. des Reichs-Post- u. Telegraphenwesens. gr. 4. (125 S.) Berlin 899. (R. v. Decker.) n. 1. 20

— dasselbe. Mit Genehmigg. des Reichs-Postamts. I—IV. Abschn.; V. Abschn., 5 Abthlgn. u. VI.—XII. Abschn. gr. 8. Ebd. 900. Kart. n. 30. 55

I. Gliederung u. Verwaltung des Reichs-Post- u. Telegraphenwesens. (II, 116 S.) n. — 80
II. Gesetzl. Grundbestimmungen üb. das Reichs-Post- u. Telegraphenwesen. (II, 110 S. m. Fig.) n. 1. 20
III. 1. Abth. Gebührentarif für den Postverkehr, Portovergünstigungen, Portofreiheitswesen. 2. Abth. Gebührentarif f. den Telegraphenverkehr, Bestimmungen üb. die gebührenfreie Beförderg. v. Telegrammen. (II, 48 u. 11 S.) n. — 50
IV. 1. Abth. Post- u. Telegraphengebäude u. Diensträume. 2. Abth. Ausstattungsgegenstände. 3. Abth. Amtsbedürfnisse, Verpackungsgegenstände, Aufbewahrg. u. Verkauf unbrauchbarer Papiere. (II, 66, 51 u. 40 S. m. Fig.) n. 1. 20
V. 1. Postordng. vom 20. III. 1900 m. Ausführungsbestimmgn. (II, IV, 247 S.) 901. n. 2. —
2. Postbetriebsdienst. (II, VII, 305 S. m. Fig.) n. 3. —
3. Zeitungswesen. (V, 66 S.) 902. geb. n. 1. —
4. Telegraphenordnung vom 9. VI. 1807, nebst Ausführungsbestimmungen. (II, 74 S. m. Fig.) n. — 75
5. Telegraphenbetriebsdienst. (82 S. m. Fig.) n. — 80
VI. 1. Abth. Postfuhrwesen. 2. Abth. Postkurswesen. 3. Abth. Postwagen. (II, 79, 100 u. 71 S. m. Fig.) n. 2. 40
VII. 1. Abth. Telegraphenlinien u. Leitungen. 2. Abth. Technische Einrichtg. der Telegraphenanstalten. 3. Abth. Apparate u. Batterien. (V, 217, 115 u. 59 S. m. Abb. u. 2 Taf.) n. 4. 50
VIII. Kassen- u. Rechnungswesen bei den Post- u. Telegraphenanstalten. (II, V, 281 S.) n. 2. 25
IX. Verwaltungsdienst bei den Post- u. Telegraphenanstalten. (II, 29 S.) n. — 40
X. 1. Abth. Vorschriften üb. die Annahme u. Anstellg. v. Anwärtern als Beamte im Post- u. Telegraphendienste vom 1. X. 1882. 2. Abth. Dienstverhältnisse der Beamten u. Unterbeamten der Post u. Telegraphie. (II, 99 u. XV, 432 S.) n. 4. 75
XI. 1. Abth. Geschäftsbetrieb bei den O.-P.-Direktionen. 2. Abth. Rechnungswesen u. Rechnungs-Revisionsgeschäft bei den O.-P.-Direktionen. 3. Abth. Verfahren bei den O.-P.-Direktionen m. unbestellbaren Postsendgn. u. herrenlosem Reisegepäcke. (II, 42, 172 u. 17 S.) n. 2. 40
XII. Geschäftsbetrieb bei den Ober-Postkassen. (II, IV, 245 S.) n. 2. 60

— allgemeine, für Post u. Telegraphie. Abschn. III. Abschn. V. 1, 2, 4 u. 5 u. Abschn. VII. Lex.-8. Berlin, 903. R. v. Decker. Geb. in Leinw. n. 10. 70

III. Abt. 1. Gebührentarif f. den Postverkehr, Portovergünstiggn., Portofreiheitswesen. Abt. 2. Gebührentarif für den Telegraphenverkehr, Gebührenfreiheiten im Telegraphenverkehr. (Neue Aufl.) (II, V, 52, II, 16 S.) 903. Geb. n. 1. —
V. 1. Postordnung vom 20. III. 1900 m. Ausführungsbestimmgn. Mit Genehmigg. des Reichs-Postamts veranstalteter Neudr., in den die Berichtiggn. bis Nr. 143 einschließlich eingedr. sind. (VI, 295 S.) 903. Geb. n. 3. —
2 Postbetriebsordnung. (Neue Aufl.) (XIV, 288 S.) 904. Geb. n. 2. 50
4. Telegraphenordnung vom 16. VI. 1904 nebst Ausführungsbestimmgn. (II, IV, 93 S.) 905. Geb. n.n. 1. 10
5. Telegraphen-Betriebsdienst. (V, 107 S.) 906. Geb. nn. 1. 10
VII. Abt. 1. Telegraphenlinien u. -Leitungen. Abt. 2. Apparate, Batterien u. Zimmerleitg. (XI, 220 u. III, 100 S. m. Fig.) 905. Geb. n. 2. —

— dasselbe. Nachtrags-Dienstanweisung zu Abschn. V Abteilung 1 u. Abschn. V Abteilung 2. Sonderbestimmgn. für den Oberpostdirektionsbezirk Berlin. (VIII, 94 S.) Lex.-8. Ebd. 905. n. — 80; geb. in Leinw. n. 1. 20

— dasselbe. Alphabetisches Sachregister, zusammengestellt v. H. Bester u. W. v. Oven. (III, 217 S.) Lex.-8. Berlin 906. C. Heymann. n. 3. – ; geb. n. 3. 60; ermäßigter Preis n. 2. 75; geb. n. 3. 25

— dasselbe. Alphabetisches Sachregister v. H. Bester u. W. v. Oven. Nachträge u. Berichtiggn. Jan. 1907. (8 Bl. u. S.) Lex. 8. Berlin 907. C. Heymann. nn – 25

— dasselbe. 2. Nachtrag (Juli 1908). (20 Bl. u. S.) Lex. 8. Ebd. (908). — 40

Allgemeine Dienstanweisung für Post und Telegraphie in 12 Abschnitten. Abschn. 1. Berlin 1908: Reichsdr. 4° [F.] 108. 13569

— allgemeine, f. Post u. Telegraphie. Abschn. IV, 1; V, 1, 3, 4, 6; VII—IX u. X, 1—3. Lex. 8. Berlin, R. v. Decker. Geb. in Leinw. 15. 15

IV, 1. Post- u. Telegraphengebäude u. Diensträume. (VII, 180 S.) 908. Geb. 1. 35
V, 1. Postordnung vom 20. III. 1900 m. Ausführungsbestimmgn. (VIII, 310 S.) 910. Geb. 2. —
3. Zeitungswesen. (II, V, 62 S.) 908, Geb. 1. —
4. Telegraphenordnung vom 16. VI. 1904 nebst Ausführungsbestimmgn. (VI, 106 S.) 910. Geb. nn 1. 10
6. Fernsprechbetriebsdienst. (VI, 103 S.) 907. Geb. nn 1. 10
VII. Abt. 1 Telegraphenlinien u. Zeitungen. Abt. 2. Technische Einrichtg. der Telegraphen- u. der Fernsprech-Betriebstellen. (VIII, 231 u. IV, 132 S.) 910. Geb. 2. 15
VIII. Kassen- u. Rechnungswesen bei den Verkehrsämtern. (XIV, 415 S.) 908. Geb. 2. 25
IX. Verwaltungsdienst bei d. Verkehrsämtern. (VI, 40 S.) 910. Geb.. — 80
X, 1. Personal der Reichs-Post- u. Telegraphenverwaltung: Annahme, Ausbildg. u. Anstellg. (XI, 207 S.) 909. Geb. 1. 50
2. Dasselbe. Dienst- u. Besoldungsverhältnisse. (XIV, 360 S.) 910 Geb. 2. —
3. Dasselbe: Reisegebühren usw. (VIII, 85 S.) 909. Geb. 1. —

Dienstanweisung, allgemeine, für Post u. Telegraphie. Nachtrags-Dienstanweisg. zu den Abschnitten V, 1 u. V, 2. Sonderbestimmgn. f. d. Ober-Postdirektionsbez. Berlin. (IX, 105 S.) Lex. 8. Berlin 909. R. v. Decker. Geb. 1.50; f. Postbeamte 1. —

Dienstanweisung, allgemeine, f. Post u. Telegraphie. Berichtigungen. 1900. (Novbr. 1899—Oktbr. 1900.) 4 Hfte. gr. 8. Berlin (R. v. Decker). n. 1. —

— dasselbe. Oktbr. 1900—Septbr. 1901. gr. 8. Ebd. n. 1. 50

— dasselbe. 3. Jahrg. 1902. gr. 8. Ebd. 1. 50
Erscheinen in zwanglosen Blättern.

— dasselbe. Berichtigungen. 4.—6. Jahrg. gr. 8. Ebd. 903—906. à n. 1. —

— dasselbe. Berichtigungen zur Deckerschen Handausg. 8.—10. Jahrg. à 4 Hefte. gr. 8. Ebd. 908—10. à Jahrg. 1. —

— dasselbe. Berichtiggn. zur amtl. Oktavausg. einschließlich der Berichtiggn. zur Dienstanweisung f. Postagenturen, des Handbuchs f. Post u. Telegraphie u. aller Abschnitte der Quartausg. 1.—3. Jahrg. Ebd. 903—906. à n. 1. —

— dasselbe. Berichtiggn. zur amtl. Oktavausg. einschließlich der Berichtiggn. zur Dienstanweisg. f. Postagenturen, des Handbuchs f. Post- u. Telegraphie u. aller Abschn. der Quartausg. 4.—7. Jahrg. à 4 Hefte. Lex. 8. Ebd. 907—10. à Jahrg. 1. —

Dienst-Anweisung f. die großherzogl. Amtsgerichtsdiener, nebst den die Gebühren, Tagegelder u. Reisekosten der Amtsgerichtsdiener betr. Bestimmgn. Amtliche Handausg. gr. 8. (39 S.) Darmstadt 891. (Jonghaus' Verl.) n.n. — 50

Dienstanweisung betr. Ausbildung u. Beschäftigung d. Milit.-Telegraphisten b. d. Staats-Telegraphen-Anstalten. München 1881.

Dienst-Anweisung f. d. Bagagen. Munit.-Kolonnen u. Trains. Berlin 1889.

Dienst-Anweisung f. d. Bagagen, Munitions-Kolonnen u. Trains. München 1890.

[F.] Anhang zur Dienstanweisung für die Bagagen, Munitionskolonnen und Trains. *Berlin: E. S. Mittler & Sohn 1897.* (VI, 217 S.) 1 Bd 8. [97. 4713

Dienstanweisung für Bagagen, Munitionskolonnen u. Trains. (Bag. Kol. Tr.) (D. V. E. Nr. 321.) (221 S. m. Fig.) kl. 8. Berlin 908. E. S. Mittler & Sohn. 1.—; geb. 1. 30

Dienstanweisung für die königl. Bauinspectoren der Hochbauverwaltung. Lex.-8. (XXIV, 477 S.) Berlin 888, (v. Decker's Verlag.) *

— dasselbe. Nachtrag. 1890. gr. 8. (72 S.) Ebd. 890. Geb. n.n. 2. 50; durchschossen n.n. 3. 50

— f. die königl. Bauinspectoren der Hochbauverwaltung. Mit Genehmigg. d. königl. Ministeriums der öffentl. Arbeiten nach dem Druck der Reichsdruckerei vom J. 1888 photolithographisch hergestellt. Lex.-8. (XXIV, 477 S.) Berlin 891. W. Ernst & Sohn. Geb. in Leinw. n.n. 10. 50

— dasselbe. 1. Nachtrag. Erlasse vom 18. u. 27. Juni u. 2. u. 4. Juli 1893. gr. 8. (4 S.) Ebd. 893. n. — 20

— f. d. Beamten d. Anschlußbahnen v. Steinkohlenbergwerken u. d. dazu gehör. Polizei-Verordng. d. kgl. Oberbergamts z. Dortmund v. 16. IV. 1892. 12. (18 S.) Gelsenkirchen 897. C. Bertenburg. n. — 20

Dienstanweisung für die Beamten der städtischen Bibliothek und Lesehalle. *Cassel (1898): E. Asshauer.* (8 S.) 8° [F.] [0.. 6619

Dienstanweisung für die Beamten des Milchw. Vereins im Allgäu.
Memmingen o. J.

Jura-Simplon-Bahn. Dienstanweisung betreffend Bedienung und Unterhalt des Stellwerks und der Riegelungsanlage auf der Station Kerzers. Vom 1. Juni 1901. [Mit 1 Tabelle.] 22 S. 8. Bern, Steiger, 1901.

[F.] Dienstanweisung für die Bekleidungsämter. '(Bkl. D.)' *Berlin: E. S. Mittler & Sohn 1897.* (XII, 537 S.) 1 Bd 8. [97. 4714

Dienstanweisung f. d. Bekleidungsämter. München 1898.

Dienstanweisung f. die Bekleidungsämter. (Bkl. D.) Vom 10. III. 1904. D. V. E. Nr. 337. (X, 307 S. u. Muster V u. S. 309—667.) gr. 8. Berlin 904. E. S. Mittler & Sohn. n.n. 6. —; kart. n.n. 6. 50

— dasselbe. D. V. E. Nr. 337. Beilage 7 zu § 42. Septbr 1904. Vorschrift f. die Auswahl der Größennummern der wichtigsten Groß-Bekleidungsstücke. (S. 257—270 u. 270a—l.) 8. Ebd. 904. n. — 20

Dienstanweisung und Besoldungsordnung für die dienenden Brüder. (Kattowitz 1906.) 2 Bl. 2°. [Kopftit.] [Steindruck.]

Dienstanweisung und Besoldungsordnung für die dienenden Brüder. [Dat.:] Kattowitz, Sept. 1906. 1 Bl. 2° [Autogr.] [Kopftit.]

Dienstanweisung und Besoldungsordnung für den Logenkastellan. [Kattowitz 1906.) 2 Bl. 2°. [Kopftit.] [Steindruck.]

Dienstanweisung u. Besoldungsordnung für den Logenkastellan. [Dat.:] Kattowitz Sept. 1906. 2 Bl. 2° [Autogr.] [Kopftit.]

Besondere Dienstanweisung für Unterbeamte im Bahnpostdienste. Berlin 1908: Reichsdr. (38 S.) 8° [F.] [08. 11167

Dienstanweisung zur Beurtheilung d. Dienstfähigkeit f. d. Marine u. z Ausstellg v. marineärztl. Zeugnissen. (D. A.) Vom 31. Juli 1895. gr. 8. (X, 186 S.) Berlin 1895. E. S. Mittler & Sohn.

Dienstanweisung zur Beurtheilung der Militär-Dienstfähigkeit u. zur Ausstellung v. Attesten. Vom 8. April 1877. gr. 8. (VII, 128 S.) Berlin 877. Mittler & Sohn. n. 1. —

Dienstanweisung zur Beurtheilung der Militär-Dienstfähigkeit und zur Ausstellung von Attesten. Vom 8. April 1877. 1. und 2. Nachtrag. gr. 8. Berlin, Mittler und Sohn. [1. Nachtrag. (14 S.) 879. 15 Pf.; 2. Nachtrag. (27 S.) 882. ** 30 Pf.] **
Hauptwerk. Ebendas. 1877. * M 1.

Dienstanweisung zur Beurtheilung der Militär-Dienstfähigkeit u. zur Ausstellung von Attesten. Tekturen. 8. (5 Bl.) Berlin 886. Mittler & Sohn. n.n. — 5

Dienst-Anweisung zur Beurtheilung der Militär-Dienstfähigkeit u. zur Ausstellung v. militärärztl. Zeugnissen. (D. A.) Vom 1. Febr. 1894. 8. (X, 176 S.) Berlin 894. E. S. Mittler & Sohn. n. 1. 35; kart. n. 1. 60

— dasselbe. Beilage dazu. 8. Ebd. 894. n. — 35
Alphabetische Anordnung der bei der Untersuchung v. Militärpflichtigen u. Rekruten in Betracht kommenden Fehler m. Bezugnahme auf die Heerordnung vom 22. Novbr. 1888 u. ihre Abänderungen vom J. 1893. Zum Gebrauch beim Ersatzgeschäft u. bei Einstellgn. zusammengestellt v. Körting. 4., umgearb. Ausg. (17 S.)

— z. Beurtheilg. d. Militär-Dienstfähigkeit u. z. Ausstellg. v. militärärztl. Zeugnissen. V. 1. Febr. 1894. (Alphabet. Sachreg.) 8. (8 S.) Ebd. 895. — 15 (Hauptwerk m. Sachreg. n. 1. 50; kart. n. 1. 80; m. Körting, Fehlerverzeichn. n. 1. 80; kart. n. 2. —)

Dienstanweisung zur Beurteilung der Militärdienstfähigkeit u. zur Ausstellung v. militärärztlichen Zeugnissen (D. A. zur Beurt. d. Mdstf.) vom 13. X. 1904. (D. V. E. Nr. 251.) (X, 196 S.) 8. Berlin 904. E. S. Mittler & Sohn. n. 1. 40; kart. n. 1. 60

— dasselbe. Alphabetisches Sachregister. (Neue Ausg.) (8 S.) 8. Ebd. 906. n. — 15

Dienstanweisung zur Beurteilung der Militärdienstfähigkeit und zur Ausstellung von militärärztlichen Zeugnissen. ⟨D. A. MdF.⟩ Vom 9. Febr. 1909. Berlin: Mittler 1909. IX, 244 S. 8°
(D. V. E. Nr 251.) [09. 12000

Dienstweisung f. die Bezirksgeometer. Vom 15. X. 1903. (XVI, 236 S.) gr. 4. Karlsruhe 903. (Ch. F. Müller.) Kart. n. 4. —

Dienstanweisung für die Bezirks-Kommissare der Schleswig-Holsteinischen Landesbrandkasse. Gebäude-Versicherung. Kiel 1902: Vollbehr & Riepen. (172 S.). 8° [F.] [05. 2598

Kantonale Heilanstalt Breitenau Schaffhausen. Dienstanweisung.... 8. [1902.]
... für den Gärtner. 3 S. — ... für den Heizer. 2 S. — ... für das Küchenpersonal. 3 S. — ... für die Lingère. 3 S. — ... für den Portier. 3 S.

Dienstanweisung für den Brückenmeister der Rheinschiffbrücke bei Coblenz. Vom 16. März 1906. Coblenz 1906: H. L. Scheid. (14 S.) 8° [F.] [07. 14938

Dienst-Anweisung für die Brückentrains eines Armee-Korps. Berlin 1874. 8°.

Dienst-Anweisung f. d. Brückentrains e. A.-K. München 1877.

Dienst-Anweisung für die dienenden Brüder der Loge Bruderkette zu den drei Schwanen i. O. v. Zwickau. [Zwickau] o. J. 7 S. 8⁰ [Kopftit.]
Abgedr. in: Gesetzbuch d. L. Bruderkette z. d. drei Schwanen, Zwickau. 1910 S. 44—47.

Dienst-Anweisung für die dienenden Brüder und den Br. Kastellan [der Loge zu den drei Gleichen]. [Arnstadt] o. J.: [Bussjaeger]. 4 S. 8⁰ [Kopftit.]

Dienst-Anweisung für die Bücherei-Kommission des Christlichen Vereins Junger Männer zu Berlin. (Berlin 1906.) (4 S.) 8° [Kopft. F.] [c6. 7381

Dienstanweisung für das Feuerschiff 'Bülk.' Berlin: (Reichs-Marine-Amt) 1906. (IV, 93 S.) 8° [autogr.]
(D. E. No 385.) [c6. 9197

Dienstanweisung f. d. bayer. Delegierten d. freiw. Krankenpflege. München 1906. 188 S.

Dienstanweisg f. d. Delegierten d. freiw. Krankenpflege. Berlin 1898.

— für die Delegierten der freiwilligen Krankenpflege. Ausg. vom 1. I. 1904. Mit Genehmigg. des Kriegsministeriums zusammengestellt im Auftrage des kaiserl. Kommissars u. Militär-Inspekteurs der freiwill. Krankenpflege. (IV, 116 S. m. 1 Taf.) 12. Berlin 904. E. S. Mittler & Sohn. Geb. n. 1. 60

Dienstanweisung für die Delegierten der freiwilligen Krankenpflege. (D. f. d. Deleg.) Ausg. v. 22. Okt. 1907. Berlin: E. S. Mittler & Sohn 1907. (VIII, 100 S.) 8° [F.] [c8. 11717

— f. Desinfektoren. gr. 8. (8 S.) Emmendingen 895. A. Dölter. n. — 10

Dienstanweisung für die Direktoren und Lehrer an den höheren Lehranstalten für die männliche Jugend v. 12. Dez. 1910. Halle a. S.: Waisenhaus 1910. 24 S. 8° [11. 13040

— f. die Direktoren u. Lehrer an den höheren Lehranstalten f. die männliche Jugend in Preußen. (25 S.) gr. 8. Berlin 910. J. G. Cotta Nachf., Zweigniederlassg. — 30

— f. die Domanial- u. Kommunal-Forstwarte im Großherzogt. Hessen, s. a. Land- u. Forstwirtschaft. 8. Hft.

Dienstanweisung für die Domanial- und Kommunalforstwarte... vom 20. September 1905. Amtliche Handausgabe. - Darmstadt 1905. 50 S. - (Land-u. Forstwirtsch. 3)

Dienstanweisung für die Königlichen Einfahrer im Bezirke des Kgl. Oberbergamtes zu Breslau vom 15. April 1900. Breslau, 1900. 15 S.

Dienst-Anweisung für den leichten Feld-Brücken-Train eines Armee-Corps. (Mit 1 Taf.) 8. Berlin 1870.

Dienst-Anweisung f. d. Feld-Kriegs-Kasse e. A.-C. Berlin 1848.

Dienst-Anweisung für die Feld-Kriegs-Casse eines Armee-Corps. München 1873. 8.

— für die Feld-Kriegskassen. gr. 8. (47 S.) Berlin 890. Mittler & Sohn. n. — 40; cart. n. — 65

— f. die Feldschützen vom 17. XII. 1904, nebst Anleitg. f. die Ortspolizeibehörden zur Ausführung der den Feld- u. Forstschutz betr. Gesetzgebung, s. a. Land- u. Forstwirtschaft. 2. Hft.

Dienstanweisung für die Feldschützen vom 17. 12. 1904, nebst Anleitung für die Ortspolizeibehörden zur Ausführung der den Feld- und Forstschutz betreffenden Gesetzgebung. Amtliche Handausgabe. - Darmstadt 1905. 46 S. - (Land- u. Forstwirtsch. 2)

— f. d. Feldzeugmeisterei. Entwurf. gr. 8. (V, 23 S.) Ebd. 898. — 15; kart. — 30

— für das Fernsprechwesen. gr. 4. (51 S.) Berlin 890. (v. Decker.) n.n. — 65

— f. d. Fernsprechwesen. 1895. gr. 4. (49 S.) Berlin 895. (R. v. Decker.) n. — 60

— — üb. den Fischereischutz, nebst den hauptsächlichsten Bestimmungen üb. Jagd- u. Vogelschutz in Württemberg. gr. 16. (49 S.) Stuttg. 892, (Gerschel). — 75

Dienstanweisung für die lübeckischen Forstbeamten als Forst- und Jagdschutzbeamte. - o. O. o. J. 114 S.

Dienst-Anweisung für die Forsteinrichtungs-Anstalt und die bei der Forsteinrichtung mitwirkenden Forstbeamten. Vom 1. Januar 1881. - Braunschweig 1881. 11 S.

Dienstanweisung f. die Forstschutzbeamten des Großherzogth. Baden. Amtl. Ausg. 8. (56 S.) Karlsruhe 900. Macklot. n. — 60

Dienstanweisung für die Königlich Württembergischen Forstwächter. - Stuttgart 1881. 74 S.

Dienstanweisung für die Königlich Württembergischen Forstwarte. - Stuttgart 1894. 80 S. - Dasselbe ebd. 1911. 83 S.

Dienstanweisung f. d. Führer v. Personenselbstfahrer-Parks. Vorläuf. Entw. Berlin 1903.

Dienst-Anweisung f. Garnison-Backmeister. Berlin 1855.

Dienstanweisung für die Garnison-Backmeister. Amtlich. gr. 8. (24 S.) Berlin 879, Bath. *

Dienst-Anweisung f. d. Garn.-Backmeister. München 1880.

— f. die Garnison-Backmeister. Beilage 12 zu § 57 der Proviantamts-Ordng. 8. (21 S.) Berlin 893. E. S. Mittler & Sohn. n. — 20

— f. d. Garnison-Backmeister. (Beilage 11 z. Proviantamts-Ordng.) 8. (21 S.) Berlin 897. E. S. Mittler & Sohn. n. — 20; kart. — 40

— f. d. Garnison-Mühlenmeister. (Beilage 9 zur Proviantamts-Ordng.) 8. (21 S.) Ebd. 897. n. — 20; kart. — 40

— f. die Gemeinde-Einnehmer. Aus d. Regierungsblatt Nr. 30 v. 6. VIII. 1898. gr. 4. (128 S.) Darmstadt (899). (G. Jonghaus.) n. 1. 60

— f. die Gerichtsstellen u. Justizbeamten der kaiserl. Marine (D. A. G.) (VIII, 261 S.) gr. 8. Berlin 904. (E. S. Mittler & Sohn.) n. 3. —: kart. n. 3. 50

— für die Gerichtsvollzieher [Zustellungs- und Vollstreckungsbeamten] in Württemberg, nebst der Gerichtsvollzieherordnung, der Ministerialverfügung betr. die vereinfachte Zustellungsweise, der Gebührenordnung für Gerichtsvollzieher und einem Auszug aus dem Ausführungsgesetze zum Reichs-Gerichtsverfassungsgesetze. Amtliche Handausg. 8. (IV, 152 S.) Stuttgart 879, Kohlhammer. geb. *

Dienstanweisung für den katholischen Geschwaderpfarrer bei der Hochseeflotte. Genehmigt Berlin, d. 14. Sept. 1907. Berlin: E. S. Mittler & Sohn 1907. (8 S.) 8° [F.]
(D. E. No 405.) [c8. 3051

Dienstanweisung für Hauptlehrer an drei- und mehrklassigen Volksschulen des Regierungsbezirks Cassel. Cassel 1909. 8⁰.

Universität Tübingen. **Dienst-Anweisung** für die **Hausmeister** der Kgl. Württ. **Universitätskliniken**, beschlossen von dem akademischen Verwaltungs-Ausschuss am 18. Januar 1900... *Tübingen 1900: G. Schnürlen.* (22 S.) 8° [F.]
(Nicht für den Austausch)

— f. die Hebammen d. Königr. Bayern. 8. (40 S.) München 891. R. Oldenbourg. Abteilg. f. Schulbücher. Kart. n n — 30

Dienstanweisung f. die Hebammen des Königreichs Bayern. (88 S.) Ebd. 1899. R. Oldenbourg. Kart. —.25

— f. die Hebammen des Großherzogt. Hessen, s.: Gesundheitspflege. 1. Hft.

Dienstanweisung für die Hebammen des Königr. Württemberg vom 6. Mai 1884. 8. (40 S.) Stuttgart 884, Kohlhammer. cart.

—— für die Infanterie-Bagage im Kriege. gr. 8. (VIII, 114 S. mit 4 Stnt.) Berlin 875, Stankiewicz. *

Dienst-Anweisung für die Infanterie-Bagage im Kriege. München 1876. 8.

Dienstanweisung für den Kanzlisten und Hausinspektor der Kgl. Technischen Hochschule zu Aachen (v. 23. 5. 1901).

— f. die Kassenbeamten der Stadthaupt- u. der Stadtsparkasse in .... gr. 8. (15 S.) Merseburg 902. (F. Stollberg.) n. — 30

— f. die Kassenbeamten der Stadthaupt- u. der Stadtsparkasse in .... 2. Abdr. (15 S.) 8. Merseburg 908. F. Stollberg. — 30

Dienst-Anweisung für den Kassirer und Controleur der Kreis-Spar- u. Darlehnskasse zu Gersfeld. (Gersfeld 1898.) (37 Bl.) 4⁰ (Kopft.)

— f. evangelische Kirchenbeamte (Küster, Kantoren u. Organisten) in der Prov. Sachsen vom 15. IX. 1902. (8 S.) gr. 8. Merseburg 902. F. Stollberg. n.n. — 15

Dienst-Anweisung für die Kontrolbeamten der Invaliditäts- und Altersversicherungsanstalt Schleswig-Holstein vom 15. Juli 1892, und besondere Bestimmungen für die in bestimmten Bezirken ständig angestellten Kontrolbeamten vom 15. Juli 1892. Kiel. 1892. 8⁰.

—— f. die Korps-Bekleidungsämter. [Bekl. D.] gr. 8. (IX, 315 S.) Berl. 890, Mittler u. Sohn. * 3 20; cart. * 3 60
—— dass. — Nachtrag zu Abschnitt II, III, IV zu Beilage 4. (Vergl. S. 113 der Bkl. D.) gr. 8. (31 S.) Ebd. 891. * — 35

Dienst-Anweisung für die telegraphische Correspondenz auf den Linien des Deutsch-Österreichischen Telegraphen-Vereins. Berlin 1853. 4⁰.

Dienst-Anweisung für die telegraphische Correspondenz auf den Linien des deutsch-österreichischen Telegraphen-Vereines. (Mit 17 Anlagen.) 4. Berlin 1855.

Dienstanweisung für die telegraphische Korrespondenz auf den Linien des deutsch-österreichischen Telegraphen-Vereins. 4⁰ Berlin 1865

Dienst-Anweis. für d. Krankenwärter u. Krankenwärterinnen d. Kgl. Charité-Krankenhauses in Berlin. Berlin 1854.

Dienstanweisung f. d. Krankenwärter i. d. Großhzgl. badisch. Militär-Hospitälern. Karlsruhe 1866. 1 Bd.
Entwurf dazu. 1864. (Handschr.) 1 Bd.

— f. die Kreisärzte. Nebst e. Anh., enth. Formulare u. e. Auswahl v. Gesetzen, Verordngn. u. Ministerialerlassen. gr. 8. (IX, 279 S.) Berlin 901. R. Schoetz. n. 4. —

— f. die Kreisärzte. Nebst e. Anh., enth. Formulare u. e. Auswahl v. Gesetzen, Verordngn. u. Ministerialerlassen. (XI, 227 S.) Lex. 8. Berlin 909. R. Schoetz. 3.75; geb. in Leinw. 4. 75

Dienstanweisung für die Kreisärzte vom 1. September 1909 nebst Kreisarztgesetz v. 16. Sept. 1899 u. Geschäftsanweisung f. d. Gesundheitskommissionen v. 13. März 1901. Berlin: Fischer's Med. Buchh. (1909). 66 S. 8⁰ [11. 14680

— f. die der Aufsicht der königl. Regierung, Abteilung f. Kirchen- u. Schulwesen, unterstehenden Lehrer u. Lehrerinnen im Reg.-Bez. Merseburg. gr. 8. (8 S.) Merseburg 902. (F. Stollberg.) n. — 15

Dienstanweisung für die der Aufsicht der Königl. Regierung, Abteilung für Kirchen- und Schulwesen, unterstehenden Lehrer und Lehrerinnen im Regierungsbezirk Merseburg. 3. Ausg. unter Berücks. d. erfolgten Zusätze. Merseburg 1906: F. Stollberg. (8 S.) 8⁰ [F.] [06. 5113

—— für die Leichenschauer. Nach der königl. Verordnung vom 24. Jan 1882 und der Ministerialverfügung vom 3. Febr. 1882 im wörtl. Abdruck, mit genauem Inhaltsverzeichniß und Sachregister. 16. (VI, 55 S.) Stuttgart 882, Metzler'sche Buchh.

Dienstanweisung f. d. Lokalbaubeamten d. Staatshochbauverwaltg. (2 Tle.) gr. 8. Berlin 898. W. Ernst & Sohn. Geb. in Halbfrz. n. 13. —; in 1 Halbfrzbd. n. 12. —
1. (Text.) (XXXI, 266 S. m. 1 farb. Plan.)
2. (Anh.) (304 S.)

Dienstanweisung für die Lokalbaubeamten der Staatshochbauverwaltung. Berlin 1901.

—— f. das Lootsenpersonal an der Jade behufs Unterstützung des Hafen-Kapitäns bei Ausübung der Seepolizei im Reichskriegshafengebiet v. Wilhelmshaven. 12. (41 S.) Ebd. 889. * — 50

—— für die Magazin-Aufseher. Amtlich. gr. 8. (11 S.) Berlin 879, Bath. *

— f. die Magazinaufseher. Beilage 13 zu § 57 der Proviantamts-Ordng. 8. (8 S.) Ebd. 893. — 10

— f. d. Magazinaufseher. (Beilage 12 z. Proviantamts-Ordng.) 8. (10 S.) Berlin 897. E. S. Mittler & Sohn. — 10; kart. n. — 20

— f. die Manöver-Proviantämter. Beilage 1 zu § 2 der Proviantamts-Ordng. 8. (27 S.) Ebd. 893. n. — 20

— f. d. Manöver-Proviantämter. (Beilage 1 zur Proviantamts-Ordng.) 8. (31 S.) Ebd. 897. — 30; kart. n. — 40

—— für Marineärzte zur Ausstellung von Attesten an Bord. gr. 8. (9 S.) Berlin 880, Mittler und Sohn. **

— für Marineärzte zur Beurtheilung der Dienstfähigkeit u. zur Ausstellung von Attesten. Vom 10. April 1884. 8. (VII, 108 S.) Berlin 884. Mittler & Sohn. n. 1. 50

— für die Marinebekleidungsämter (Bekl. A. D.) Hrsg. vom Reichs-Marine-Amt. (D. E. Nr. 256.) (XII, 418 S.) gr. 8. Berlin 909. E. S. Mittler & Sohn. 4.50; kart. 5. —

— f. den Maschinisten e. Garnisonmühle. Beilage 11 zu § 57 der Proviantamts-Ordng. 8. (19 S.) Ebd. 893. n. — 20

— f. d. Maschinisten e. Garnisonmühle. (Beilage 10 z. Proviantamts-Ordng.) 8. (21 S.) Ebd. 897. n. — 20; kart. — 40

Dienstanweisung für den Materialien-Verwalter des städtischen Armen- und Krankenhauses zu Kiel. Kiel 1901: Vollbehr & Riepen. (7 S.) 8⁰ [F.] [07. 17106 8

Dienstanweisung für d. Militär-Transport-Kolonne. 1812.

— für die großherzogl. Notare. Aus d. Regierungsblatt Nr. 59 v. 28. XI. 1899. gr. 4. (55 S.) Darmstadt (899). (G. Jonghaus). n.n. — 65

— f. die Oberfeuerwerkerschule. Neugedr. i. J. 1891 m. Abändergn. gr. 8. (VI, 86 S.) Ebd. 891. n. — 40; kart. n. — 60

[F.] Dienstanweisung für die Oberfeuerwerkerschule. *Berlin: E. S. Mittler & Sohn 1897.* (51 S.) 1 Bd 8. [97. 4715

Universität Tübingen. Dienst-Anweisung für die Oberköchinnen der Kgl. Württ. Universitätskliniken, beschlossen von dem akademischen Verwaltungs-Ausschuss am 18. Januar 1900... *Tübingen 1900: G. Schnürlen.* (7 S.) 8⁰ [Umschlagt.] [F.]
(Nicht für den Austausch)

Dienst-Anweisung f. d. Ober-Controleure.
München 1834.

Dienstanweisung für die Offiziere, Sanitätsoffiziere und oberen Militärbeamten des Landwehrbezirks. Bonn: C. Georgi 1904. (39 S.) 8° [F.]
[05. 13376 5

Dienstanweisung für die Offiziere, Sanitätsoffiziere und oberen Militärbeamten des Landwehrbezirks. Bonn: Georgi 1906. 43 S. 8°
[10. 5640

Dienstanweisung für die Ortsbaubeamten der Staats-Hochbauverwaltung. 3., neubearb. Aufl. [Nebst] Anh. Berlin: Ernst 1910. 8°
[11. 14060

— für die großherzogl. Ortsgerichte. Aus dem Regierungsblatt Nr. 61 vom 2. XII. 1899. gr. 4. (112 S.) Ebd. (899). n. 1.—

Dienstanweisung für die Polizeianwalte im Bezirke des königl. Appellationsgerichts zu Celle vom 1. Novbr. 1868. gr. 8. (67 S.) Hannover 869, Meyer.

Dienst-Anweisung für die Ponton-Colonne eines Armee-Corps. (Mit 1 Taf.) 8. Berlin 1870.

— f. Postagenturen. gr. 4. (50 S.) Berlin 890. (R. v. Decker.) n.n. — 65

— für Postagenturen. gr. 4. (88 S.) Berlin 897. (R. v. Decker.) 1.—

Dienstanweisung für die Postagenturen über den Post-Überweisungs- und Scheckverkehr. Berlin 1908: Reichsdr. III, 13 S. 4°(8°)
(Postscheckordnung vom 6. Nov. 1908 mit Ausführungsbestimmungen. [Anh.])
[10. 6604

Dienstanweisung für den Postprotest. Berlin (1908): Reichsdr. 53 S. 4° (8°).

— für den Postprotest. 2. Aufl. (53 S.) Lex. 8. Berlin 908. R. v. Decker. Geb. in Leinw. 1.—

Dienstanweisung für den Postprotest. (Ausg. für P.Ag.) Berlin 1908: Reichsdr. 37 S. 4° (8°).

Dienstanweisung für die Postscheckämter über den Post-Überweisungs- und Scheckverkehr. Berlin (1909): Reichsdr. VI, 123 S. 4° (8°)

Dienstanweisung, provisorische, für d. neu errichtenden Bataillone d. Nationalgarde 3r Klasse im Isarkreise. 8. Landsh. 814. Krüll. 12 kr.

Dienst-Anweisung für die Rectoren an der Knaben-Mittelschule und den städtischen Bürgerschulen in Eckernförde. Eckernförde. (1898.) 8°

Dienstanweisung für die Rectoren an den städt. Volksschulen zu Elmshorn. Elmshorn. 1898. 8°

Dienstanweisung für die Remontedepot-Administrationen. ⟨D. f. Rem.⟩ v. 12ten Juni 1897. [Nebst] Muster. Berlin: E. S. Mittler & Sohn 1897–1906. 2 Bde 8° [F.]
([D. V. E. No 343.])
[06. 8878

Dienstanweisung für die Saaldiener der Kgl. Technischen Hochschule zu Berlin (v. 30. 6. 1888).

Dienstanweisung für die Saaldiener der Kgl. Technischen Hochschule zu Berlin (v. 4. 8. 1900).

Dienstanweisung für die Schiffbrückenaufseher, Maschinisten und Schiffbrückenwärter der Rheinschiffbrücke bei Coblenz. Vom 16. März 1900. Coblenz 1906: H. L. Scheid. (18 S.) 8° [F.]
[07. 14939

Dienstanweisung für die Schleusenmeister des Kaiser Wilhelm-Kanals. (Kiel. 1897.) 8° [Kopft.]

Dienst-Anweisung für die Schulärzte der Stadt Charlottenburg. Charlottenburg 1903: A. Gertz. (4 Bl.) 8° [F.]
[07. 17578

Dienst-Anweisung für die Schuldiener an der Bürgermädchenschule und den Gemeindeschulen Charlottenburgs. Charlottenburg 1907: A. Gertz. (10 S.) 8° [F.]
[07. 17579

Dienstanweisung für die Sections-Ingenieure der schweiz. Nordostbahn. ca. 1860. fol.

— für die großherzogl. Standesbeamten. Aus dem Regierungsblatt Nr. 63 vom 14. XII. 1899. gr. 4. (76 S.) Ebd. (900). n. — 60

— f. Stations-, Nacht- u. Arbeits-Aufseher. gr. 8. (28 S.) [Berl. 890], Hbg., Verlagsanstalt u. Druckerei. * — 40

— f. Steinsetzer. Amtl. Ausg. 12. (22 S.) Karlsruhe 894. (G. Braun.) n.n. — 15

— für die m. der Ausstellung u. dem Umtausch der Quittungskarten beauftragten Stellen. Vom 19. II. 1900. gr. 8. (49 S.) Darmstadt (900). (G. Jonghaus). n.n. — 50

— für die m. Einziehg. u. Verwendg. der Invalidenversicherungs-Beiträge beauftragten Stellen. Vom 15. XII. 1899. gr. 8. (20 S. m. 8 Anlagen.) Darmstadt (900). (G. Jonghaus.) n. — 40

Dienstanweisung für die städtischen Steuer-Aufseher. (Potsdam 1899.) (22 S.) 8° (Kopft.)

Dienstanweisung für Steuererheber. (Potsdam 1899.) (8 S.) 8° (Kopft.)

Dienst-Anweisung für die zur Unterhaltung der Staats-Straßen aufgestellten Straßenwärter. 1. Abdr. 1857. und 2., ergänzter Abdr. 16. (64 S.) Stuttgart 859, (Metzler'sche Buchh. Verlags-Conto.) *

— für städtische u. Gemeinde-Straßen- u. Wegewärter. (7 S.) 4. Flöha (906). A. Peitz & Sohn. n. — 50

Dienstanweisung für die Strommeister des Regierungs-Bezirks Posen vom 6. Mai 1907, nebst 3 Anl., enth. die f. d. Geschäftsbereich d. Strommeister in Betracht kommenden gesetzl. u. polizeil. Vorschriften. Posen 1907: Merzbach. (Getr. Pag.) 8° [F.]
Anl. 3 u. d. T.: Strom- u. Schiffahrts-Polizeiverordnung f. d. Wasserstraßen zwischen Oder u. Weichsel.
[07. 16687

Dienstanweisung für die Strommeister der Königlichen Rheinstrombauverwaltung. Vom 15. Aug. 1903. Coblenz 1903: H. L. Scheid. (18 S.) 8° [F.]
[07. 14960

— für die Sturmwarnungsstellen der deutschen Seewarte (IV. Ausg.), die Windsemaphorstationen u. die Windmeldestellen. Hrsg. v. der Direktion der deutschen Seewarte. gr. 4. (VIII, 33 S. m. 4 Formularen u. 1 Karte.) Hamburg 902. (L. Friederichsen & Co.) n.n. 2.—

— f. Taucher. (D. f. T.) gr. 8. (59 S. m. Abbildgn.) Berlin 898. E. S. Mittler & Sohn. n. 1.—

— für Taucher. (D. f. T.) (D E. Nr. 61.) (59 S. m. 7 Taf.) gr. 8. Berlin 910. E. S. Mittler & Sohn. 1.25; geb. n 1.75

Dienst-Anweisung für das Train-Bataillon eines Armee-Corps im Kriege. Berlin 1859. 8°.

Dienst-Anweisung f. d. Trains i. Kriege. Berlin 1872. 1877.

Dienst-Anweisung f. die Trains i. Kriege. Mit Beil. München 1873—1877.

—— für die Trains im Kriege. gr. 8. (VII, 159 S. mit 3 Tab.) (Ebendas.) 877. *

Dienst-Anweisung für die Turndiener. Charlottenburg 1903: A. Gertz. (3 Bl.) 8° [F.]
[07. 17580

Dienstanweisung für Unterbeamte der Reichs-Post- und Telegraphenverwaltung. Berlin 1908: Reichsdr. (VI, 108 S.) 8° [F.]
[08. 14…

Dienstanweisung für Unterbeamte der Reichs-Post- und Telegraphenverwaltung. ⟨Ausz. f. Orts- u. Landbesteller.⟩ Berlin 1908: Reichsdr. (S. 81–96.) 8° [𝔉.] [08. 12166

— f. d. Verkehr d. Schiffe d. kaiserl. Marine auf d. Kaiser Wilhelm-Kanal. 8. (III, 32 S. m. farb. Fig.) Ebd. 898. n. — 60

Dienstanweisung über Vermarkung und Vermessung im Großherzogthum Baden. - Karlsruhe 1874. 82 S.

(Invaliditäts- und Altersversicherungsanstalt Schleswig-Holstein.) **Dienst-Anweisung** für die Vertrauensmänner der Invaliditäts- und Altersversicherungsanstalt Schleswig-Holstein, und

Gesetz, betreffend die Invaliditäts- und Altersversicherung vom 22. Juni 1889. (Breslau. 1889.) 8°.

—— Kiel. 1890. 8°.

Dient zugleich als: Legitimation für den Vertrauensmann aus dem Kreise der Versicherten.

Dienstanweisung f. d. Verwalter d. Schiffslazarett-Depots. (Umdruck.) 4.

Dienst-Anweisung für die Verwaltungs-Inspection der Königlichen Universitäts-Kliniken zu Halle a. S. [Am Ende:] ausgefertigt in Gemässheit des Ministerial-Rescripts vom 11. September 1885. Der Kurator der Universität. Schrader. Dat. Halle 23. Nov. 1885. 9 Bl. + 47 Bl. Formulare. 4° (2°)

Fehlt im Jahresverzeichnis der an den Deutschen Universitäten erschienenen Schriften. 1. 1885/86. Berlin 1887.

Dienst-Anweisung (Dienst-Instruction) f. d. Verwaltungs-Kommission d. Schießplatzes Lechfeld. Mit 1 Pl. München 1886. 1890.

— **für die Vollstreckungsbeamten der Staatsverwaltungsbehörden. 12. (76 S.) Dresden (900). C. Heinrich. Kart. n. 1. —**

— **für die Vollstreckungsbeamten der Staatsverwaltungsbehörden. (Ausg. 1903.) (116 S.) 12. Dresden, C. Heinrich. Kart. n. 1. —**

Dienstanweisung für die Wachtmeister der königlich Württembergischen Forstschutzwache. - Stuttgart 1859. 119 S.

Dienstanweisung für sämmtliche Waldhüter des Großherzogthums Baden. - Karlsruhe 1887. 40 S.

Dienstanweisung für die W a l d s c h ü t z e n d. Gemeinden, Stiftungen, Kirchen- und Pfarrgemeinden. 12 . (136 S.) Stuttgart 1894. W. Kohlhammer.

— **für die Waldschützen der Gemeinden, Stiftungen, Kirchen- u. Pfarrgemeinden. (Anastatischer Neudruck.) (144 S.) kl. 8. Stuttgart 904. W. Kohlhammer. Geb. n. — 65**

Dienstanweisung für die Wasserbauwarte der Königlichen Rheinstrombauverwaltung. Vom 15. Aug. 1903. Coblenz 1903: H. L. Scheid. (33 S.) 8° [𝔉.] [07. 14961

Dienst-Anweisung zur Weinsteuerordnung. Karlsruhe 856. Müller. 8. (122 S.) 1 ℳ

Dienstanweisung für die Wildschadensschätzer im Großherzogtum Baden vom 20. 1. 1910.- Karlsruhe 1910. 36 S.

Dienst-Anweisung f. d. Zollschutzwache. München 1834.

Dienstanweisungen für die Direktoren und die Lehrer an den Kgl. Preuss. Fachschulen für das Baugewerbe u. f. d. Eisen- u. sonst. Metallindustrie. *Berlin: C. Heymann (1901).* (18 S.) 8° [𝔉.] [01. 11569

Dienstanweisungen und Geschäftsverteilung für den Kastellan, die Pedellen und die Hausdiener der Rhein. Friedrich-Wilhelms-Universität, genehmigt durch Kuratorial-Verfügungen v. 10. Dez. 1894 u. 5. April 1902. *Bonn 1902: J. F. Carthaus.* (38 S.) 8° [𝔉.] [02. 6082 5

Dienstanweisungen für das Haus-Personal [der Grossen National-Mutterloge zu den drei Weltkugeln]. Berlin 1891: Büxenstein. 24 S. 8° [Umschlagtit.]

Dienstanweisungen für die Vorsteherin, Pensionatsvorsteherin, Lehrpersonen u. d. Schuldiener an den Königl. Handels- u. Gewerbeschulen f. Mädchen i. Preussen. -- (Berlin 1903: Sittenfeld). 20 S. 8°

Dienstbach, M., ausgeführte moderne Möbel. Eine Sammlg. meist einfacher Möbel, ausgeführt v. hervorrag. Möbeltischlern. Zugleich Serie IV der Sammlg. „Aus der Werkstatt". 36 Lichtdr.-Taf. gr. Fol. Berlin 893. Hessling & Spielmeyer. In Mappe. n. 30. —

Dienstbach, M., aus der Werkstatt. Abbildungen moderner, meist einfacher Möbelstücke, ausgeführt in hervorragenden Tischler- und Bildhauer-Werkstätten. 1. und 2. Serie à 3 Lfgn. Fol. (à Lfg. 12 Lichtdr.-Taf.) Berlin 886—88, Claesen und Comp. In Mappe à Lfg. *
compl. in Mappe à Serie *

—— dass. — 3. Serie. 1. und 2. Lfg. Fol. (à Lfg. 12 Bl.) Ebendas. 888. In Mappe à Lfg. *

Dienstbach, M. Aus der Werkstatt. Abbildungen moderner, meist einfacher Möbelstücke, ausgeführt in hervorrag. Tischler- u. Bildhauer-Werkstätten. 3. Serie. 3. Lfg. Fol. (12 Lichtdr.-Taf.) Berl. 889, [Claesen u. Comp.], Hessling u. Spielmeyer. In Mappe * 10 —
1. u. 2. Serie u. 3. Serie 1. u. 2. Lfg. Ebd. 1886—88. * 80 —.

Münster'sche Bijoux-Tafeln. Lichtdruck von 617 Logen-Abzeichen und freimaurerischen Denkmünzen [von Martin Dienstbach]. Hrsg. von der Loge zu den drei Balken in Münster i. W. Münster i. W.: Seblstverl. d. Loge 1894. 14 Taf. 1 Bl. 2° [Kopftit.] [Dasselbe.] Lichtdr. von 930 Logenzeichen u. frmrischen Denkmünzen. 2 Aufl. Ebendas. 1894. 22 Taf. 1 Bl. 1897. 2°

cf. f. 1. Aufl.: Bh. 37 (1894) S. 208 (C. Gotthold); Bbl. 8 (1894) S. 265; f. 2. Aufl. DrL. 26 (1896—1897) S. 2394; Bh. 40 (1897) S. 96 (C. Gotthold).

Dienstbach, Max: Über Jodoso-, Jodo- und Jodonium-Verbindungen des m-Xylols. *Karlsruhe 1897: F. Gutsch.* (30 S.) 8°
Heidelberg, Naturw.-math. Diss. v. [12. Jan.] 1898

Dienstbach, Oskar, a. Usingen: Über Salzbildung, Umlagerung und Aufspaltung des 1-Phenyl-4-oximido-5-triazolons. München 1908 (Nördlingen: C. H. Beck). (VIII, 78 S.) 8°
München, Phil. Fak., Ref. v. Baeyer, Diss. v. 3. April 1908
[Geb. 18. Sept. 83 Usingen; Wohnort: Usingen; Staatsangeh.: Preußen; Vorbildung: Kaiserin-Friedrich-Gymn. Homburg v. d. H. Reife O. 03; Studium: München 10 S.; Rig. 3. April 08.]

Dienstbach, Wilhelm M(artin). Nassau-Saarbrücken und Mörs. Ein Beitrag zur Geschichte des oranischen Successionsstreites. Nach archivalischen Quellen dargestellt und als Diss. Phil. I. Univ. Zürich vorgelegt von W' M. D' aus Frankfurt a. M. [Mit 1 Facsimile-Tafel.] 266 S. 8. Frankfurt a. M., Voigt & Gleiber, 1905.

Dienstbarkeit, Die süsse, ein ländliches Sinngedicht. Danzig 1766. V: *Glummert, Johann Daniel.* (ML)

Schaffhauser Centenarfeier 1901. Dienstbefehl für die Festwache. (1901 August 1.) 7 S. 8. Schaffhausen, H. Meier & Cie., 1901.

Dienstbestimmungen f. die Herren Bataillons-Commandanten. gr. 8. (8 S.) (Prag 850, Calve.) n. 1/12 ℳ

Dienstbier, J. V., Gefahren der Liebe. Ein Führer für Jünglinge und Jungfrauen auf dem rosigen Pfade der Liebe, ein Rathgeber für Brautleute, Eltern, Erzieher u. Lehrer. Nürnberg (858. Korn.) 16. (2 Bl., 236 S.) n. 15 ngr

DIENSTBIER, J. V., Gefahren der Liebe. Ein Führer für Jünglinge und Jungfrauen auf dem rosigen Pfade der Liebe, ein Rathgeber für Brautleute, Eltern, Erzieher und Lehrer. Nürnberg, W. Tümmel, 1858. 8⁰. (In München: Paed. 80 bm.)

Dienstbote, der. Zur Unterhaltg. u. Belehrg. der Jüngeren einfach niedergeschrieben v. e. im Dienste ergrauten Collegen. 2 Thle. gr. 8. Leipzig 885 (Chemnitz, Ernesti.) à 1. 50

1. Der treue Diener. Ein Handbuch f. männl. Dienstboten. (IV, 152 S.)
2. Das brave Mädchen. Ein Handbuch f. weibl. Dienstboten. (IV, 168 S.)

Dienstbothe, der rechtschaffene, e. Buch f. männl. u. weibl. Dienstboten, (v. Karl Zober). 8. Berl. 798. Maurers B. 8 K

Dienstboten, unsere! E. krit. Beleuchtg. d. jetz. Zustände. Von E. G. & Cl. Sch. 8. (27 S.) Leipzig 897. P. Ehrlich. n. — 50

Dienstbothen, d. verkehrten, 8. Halle, Renger.

Dienstbotenbewegung, Die, im Kanton Bern. Die Dienstboten-Ordnung für den Kanton Luzern. Bern 1864. V: *Scherer, Heinrich.* (Bibliogr. d. Schweiz. Landeskunde. Bern 1892 ff. V, 9 a b.)

Dienstboten-Buch. 8. (2 B.) Hildburghausen 832, (Kesselring.)

Diestboten-Buch, oder Beispiele d. Guten. 1. u. 2. Jahrg., jeder in 52 sonntägl. Lfgn., mit 52 Kpfr. (aus d. bibl. Gesch.) gr. 8. (13 B.) Augsburg 832, Schlosser. à J. Thlr.

Dienstbotenbuch, das, od. Beispiele d. Guten, hrsg. v. Chr. v. Schmid. 3—5. Jahrg. 1834—36. à 52 Lfgn. M. 52 Kpfr. gr. 8. Augsburg, Schlosser. à J. ¾ Thlr.
1. u. 2. J. 1832, 33. Ebendas. à J. 1 Thlr. 2 Gr.

—— dass. 1—5. Jahrg. 1832—36. 3. Aufl. gr. 8. Ebds. 836.

Dienstboten-Buch, das, od. Beispiele des Guten. Hrsg. von Schlosser. 9. (Titel-) Aufl. ohne Kpfr. gr. 8. (208 S.) Augsburg 850, Schlosser. ¼ ℛ︁

— oder Wanderbuch für Dienende. 8. Ulm, Ebner. 2 gr

Das **Dienstboten-Edikt** für das Herzogtum Lauenburg vom 22. Dezember 1732, wie es von Neujahr 1900 an gilt, nebst den zubehörigen Gesetzen mit Verzeichnissen und Bemerkungen hrsg. von W. Ch. Francke. Lübeck: E. Schmersahl Nachf. 1899. (54 S.) 8⁰.

Dienstbotenfrage, Die, und deren Lösung durch Gründung einer Philanthropie zur Heranbildung tüchtiger Dienstboten. Wien 1880. V: *Leidesdorf, Moses.* (Lager-Kat. Joseph Baer & Co., Frankf. a. M. Nr. 552, S. 162.)

Dienstbotenfreund. Katholische Wochenschrift f. die dienend. Stände. Unter Mitwirkg. v. Geistlichen u. Laien hrsg. u. red. v. Ludw. Leopold. 6.—8. Jahrg. 1900—1902. à 52 Nrn. gr. 8. (à ca. 8 S.) Warendorf (J. Schnell). à Jahrg. 1. 20

Dienstbotenfreund. Katholische Wochenschrift für die dien. Stände. Unter Mitwirkung v. Geistlichen u. Laien hrsg. u. red. v. Ludw. Leopold. 9.—12. Jahrg. 1903—1906 à 52 Nrn. (à Jahrg. 414 S.) gr. 8. Warendorf (J. Schnell). à Jhrg. 1. 20

Dienstbotenfreund. Kathol. Wochenschrift f. die dien. Stände. Unter Mitwirkg. v. Geistlichen u. Laien hrsg. u. red. v. Ludw. Leopold. 13. u. 14. Jahrg. 1907 u. 1908. à 52 Nrn. (412 u. 414 S.) gr. 8. Warendorf, (J. Schnell). à Jhrg. 1. 20
Fortsetzg., s.: Leitstern f. christliche Jungfrauen.

Dienstboten-Gesetz, das. In der durch die Verordng. vom 20. VIII. 1898 bewirkten Fassg. 8. (12 S.) Freiburg i/B. 898. (F. P. Lorenz.) n. — 20

Dienstboten-Kalender f. d. J. 1890—1893. 12.—15. Jahrg. 16. (à Jahrg. 96 S. m. Illustr.) Donauwörth, Auer. à Jahrg. * — 20

Dienstboten-Kalender, Fortsetzg., s.: Notburga-Kalender.

Dienstboten-Kalender, kleiner, auf die J. 1879 und 1880. (1. und 2. Jahrg.) 16. (à 96 S.) Donauwörth, Buchh. des kathol. Erziehungs-Vereins. à Jahrg. *

Dienstboten-Kalender, kleiner, auf die J. 1881—1885. 3.—7. Jahrg. 16. (96 S.) Donauwörth 880, [Buchhandlung des kathol. Erziehungsvereins.] Auer. à Jahrg. *

Dienstboten-Kalender, kleiner, für die J. 1886 und 1887. 8. und 9. Jahrg. 16. (à Jahrg. 96 S. mit Illustr.) Donauwörth, Auer. à Jahrg. *
—— dass. — für die J. 1888 und 1889. 10. und 11. Jahrg. 16. (à Jahrg. 96 S. mit Orig.-Zeichnungen von A. Dürmiller.) Ebendas. à Jahrg. *

Dienstboten-Catechismus für die Schulen des Frauen-Vereins. Weimar 1819. V: *Ludecus, Johanna Car. Amal. geb. v. Kotzebue.* (Ky) (Schl) (MGT)

Dienstboten-Katechismus für d. Schulen des Frauenvereins. 8. Weimar 819. Industr.-Compt. 4 gr

Dienstbotenmörder, die, von Wien, Franz u. Rosalie Schneider, s.: Kriminal-Bibliothek, internationale.

Dienstboten-Ordnung. (Neudr.) (Gesetz vom 19. März 1874, L.-G.-Bl. Nr. 14.) Redaktionelle Beilage d. kärntn. Gemeindeblattes. gr. 8. (14 S.) Klagenfurt 892. (F. v. Kleinmayr.) n. — 30

Dienstbotenordnung. 12. (23 S.) Hamburg 898. O. Meißner's Verl. — 80

Dienstbotenordnung vom 7. Dec. 1898 nebst Abänderungen vom 11. Oct. 1901 u. Ausführungsgesetz vom 27. März 1899. Mit Anh.: Vorschriften f. d. Geschäftsbetrieb d. Gesindevermiether u. Stellenvermittler v. 30. April 1902. Textausg. *Hamburg: C. Boysen 1902.* (53 S.) 8° [F.] = Sammlung, Boysens, Hamburger Gesetze. No 4. [c.a. 10450

— m. Anh.: Vorschriften f. den Geschäftsbetrieb der Gesindevermiether u. Stellenvermittler, s. a. Boysen's Sammlung Hamburger Gesetze. Nr. 4.

Dienstbotenordnung u. die wichtigsten Bestimmungen aus den Vorschriften f. den Geschäftsbetrieb der Gesindevermiether u. Stellenvermittler. 12. (30 S.) Hamburg 902. O. Meißner's Verl. n. — 40

Die **Hamburger Dienstboten-Ordnung** vom 7. Dez. 1898 nebst den zubehör. Gesetzen, wie sie von Neujahr 1900 angelten, mit Bemerkungen u. Verzeichnissen hrsg. von W[ilh.] Ch[r.] Francke, Oberlandesger.R. a. D. *Hannover, Berlin: C. Meyer 1899.* (74 S.) 8° [F.]

Dienstbotenordnung. — Hamburgische Dienstbotenordnung vom 7. Dez. 1898 in d. Fassung vom 11.Okt. 1901, in Kraft getreten am 15. April 1899, nebst d. Statut. d. Dienstbotenkrankenkasse u. d. Vorschriften f. d. Geschäftsbetrieb d. Gesindevermieter vom 30. April 1902. Für d. prakt. Gebr. bearb. von Ad. Röpke. 2. verm. Aufl. Hamburg u. Leipzig: Voß 1908. VIII, 104 S. 8⁰.

Dienstboten-Ordnung für die Landdrostei-Bezirke Hannover, Hildesheim, Lüneburg u. für den Harzbezirk. Vom 15. Aug. 1844. 16. Hannover 844, Pockwitz. 1/24 rℬ

Dienstboten-Ordnung für die Landdrostei-Bezirke Hannover, Hildesheim, Lüneburg u. f. den Harzbezirk. 8. (15 S.) Hannover 877. Meyer. n. — 20

Dienstboten-Ordnung für die Regierungsbezirke Hannover, Hildesheim und Lüneburg nach dem vom 1. Jan. 1900 an geltenden Rechte. Text-Ausg. von A. Stegemann. Hannover: Helwing 1899. (30 S.) 8°.

Dienstboten-Ordnung für das Herzogthum Kärnten. Klgft., Leon, 1864. Duodez. 43 S. (Umschlagtitel: Gesetzsammlung für das Herzogthum Kärnten II. — siehe Handausgabe der kais. sankt. Landes-Ges. f. Kärnten.)

—— für das Herzogthum Kärnten. gr. 8. (10 S.) Klagenfurt 877, Bertschinger und Heyn. *

Dienstbotenordnung, die churbayerische, nebst der sie ergänzenden Instruktion vom 21. Dezember 1858 u. den weiteren auf sie Bezug habenden Verordnungen. Bamberg 859. Buchner. 8. (40 S.) 6 ngr.

Dienstbotenordnung f. d. Markgrafsch. Mähren, s. Landesgesetze, mährische.

Dienstboten-Ordnung für den Regierungsbezirk Osnabrück nach dem vom 1. Jan. 1900 an geltenden Rechte. Text-Ausg. von A. Stegemann. *Melle i. H.: F. E. Haag 1899.* (40 S.) 8° [F.] [00. 9366 7

Dienstboten-Ordnung, die, für das Erzherzogth. Oesterreich unter der Enns [mit Ausnahme des Wiener Polizeirayons]. Gesetz vom 22. Jänner 1877, Nr. 6 L. G. B. Mit alphabet. Nachschlageregister. 8. (20 S.) Wien 884, Manz'sche Hofverlagsb. †

Dienstbotenordnung für Ostfriesland und Harlingerland vom 10. Juli 1859. Gemeinverst. dargest. ... u. erl. von J. Knoop, Ger.-Aktuar. Aurich: D. Friemann 1907. (30 S.) 8° [F.] [08. 11718 7

Dienstboten-Ordnung, Provisorische, für das Herzogthum Kärnten mit Ausschluß der Landeshauptstadt Klgft. Villach, Hoffmann, 1856. 16 S.

Dienstboten-Ordnung, provisorische, f. d. Landeshauptstadt Klagenfurt. 12. (27 S.) Klagenf. 890, v. Kleinmayr. ** — 20

Dienstboten-Ordnung, provisorische — für das Kronland Mähren, mit Ausschluß der Städte Olmütz und Brünn. Brünn, 1857. Gedr. und zu haben bei Fr. Gastl. (23 S. 8.)

Dienstboten-Ordnung, provisorische — für die Städte und Märkte, so wie für das offene Land in Tirol und Vorarlberg. Innsbruck, 1857. Druck und Verlag der Wagner'schen Buchhandl. (16 S. 8.)

Dienstboten-Ordnung, provisorische, für die Städte und Märkte, sowie für das offene Land in Tirol und Vorarlberg. 16. (20 S.) Innsbruck 873, Wagner'sche Universitäts-Buchh. *

Dienstboten-Ordnung, die, für das Herzogth. Schlesien vom 25. März 1867, sammt den im Nachhange zu derselben erschienenen Gesetzen vom 16. Febr. 1874, Nr. 14, und vom 19. Novbr. 1882, Nr. 36 (Schles. Gesetz- und Verordnungs-Blatt) und Gesetz vom 24. Mai 1885, womit strafrechtl. Bestimmungen in Betreff der Zulässigkeit der Anhaltung in Zwangsarbeits- und Besserungs-Anstalten getroffen werden, enth. im Reichsgesetzblatt, Jahrg. 1885, XXVIII. Stück Nr. 89. Mit einem alphabet. Sachregister. 8. (32 S.) Freiwaldau 887, Blažek. *

Dienstboten-Ordnung, die, f. das Herzogth. Schlesien vom 25. III. 1867, sammt den im Nachhange zu derselben erschienenen Gesetzen v. 16. II. 1874, Nr. 14, u. v. 18. XI. 1882, Nr. 36 (Schles. Gesetz- u. Vdgs.-Blatt) u. Gesetz v. 24. V. 1885, womit strafrechtl. Bestimmgn. in Betreff der Zulässigkeit der Anhaltg. in Zwangsarbeits- od. Besserungs-Anstalten getroffen werden, enth. im Reichsgesetzblatt, Jahrg. 1885, XXVIII. Stück Nr. 89 u. Gesetz v. 22. IX. 1899, betr. die Ergänzg. u. theilweise Abänderg. der Dienstboten-Ordng. v. 25. III. 1867. (L.-G. u. V.-Bl. Nr. 12.) Aus den gesetzl. Orig.-Texten. (32 u. 8 S.) kl. 8. Freiwaldau 900. A. Blažek. — 45

—— für die Städte und Märkte, sowie für das offene Land in Tirol vom 22. Jänner 1879. gr. 16. (24 S.) Innsbruck 879, Wagner'sche Universitäts-Buchh. *

—— für Steiermark mit Ausschluß der Landeshauptstadt Graz. 8. (16 S.) Graz 885, Leykam. *

— die, f. Wien. u. die im Wiener Polizei-Bezirke gelegenen Ortschaften. Zum Gebrauche f. Dienstgeber, Dienstleute u. Behörden nach dem jetz. Stande der Gesetzgebg. bearb. 8. (IV, 112 S.) Wien 874. Manz. n. 1. 20

(F) Die in Oesterreich geltenden (24) Dienstboten-Ordnungen sammt dem Entwurfe der neuen Wiener Dienstboten-Ordnung und einigen allgemeinen, das Gesinde betreffenden Gesetzen und Verordnungen. Redigiert nach dem gegenwärtigen Stande der Gesetzgebung von Dr. Hugo Morgenstern. [Manz'sche Gesetz-Ausgabe Nr. 22.] Wien. 1901. Manz. 8°. XII, 212 S.
K 2.40, geb. K 3.—

Dienstboten-Ordnungen, die hannoverschen, unter Berücksicht. der neueren Gesetzgebung, insbesondere der Verordnung vom 16. Septbr. 1867 über die Zulässigkeit des Rechtsweges, mit Anmerkungen versehen von einem prakt. Juristen. 8. (77 S.) Hannover 882, Meyer. †

Dienstboten-Ordnungen. – Die Hannoverschen Dienstboten-Ordnungen wie sie von Neujahr 1900 an gelten, nebst den zubehör. Gesetzen. Hrsg. in 4 Heften mit Verz. u. Bemerk. von W(ilh.) Ch(r). Francke, H. 1-4. Hannover, Berlin: C. Meyer 1899. 8°.

1. Die Dienstboten-Ordnung der Reg. Bez. Hannover, Hildesheim u. Lüneburg. 2. ... d. Reg. Bez. Stade. 3. ... d. Reg.-Bez. Osnabrück. 4. ... d. Reg. Bez. Aurich.

Dienstboten-Preise (Die) des landwirthschaftlichen Vereines in Baiern, nebst geschichtlichen Notizen über ihre Herkunft und ihre Gemeinnützigkeit. 16°. München, Jacquet. s. a.

Dienstbotenstand, Der. (81 S.) Barmen 1868. Klein.

Dienstbotenstand, der. 3. Aufl. Barmen 868. Buchh. d. ev. Gesellsch. in Comm. 8. (31 S.) n. 2 ngr.

Berliner **Dienstbotenzeitung.** Zeitschrift für die Interessen des gesamten Gesindestandes. (2-3 u. d. T.: Unser Blatt. Zentralorgan für die Interessen aller Dienenden; Jg. 3, Nr 25-52 u. d. T.: Die Hausgehilfin.) Red. v. Emil Perlmann. Jg. 1-3. [Mehr nicht ersch.] — Berlin 1898-1900. 4°

Dienstboten-Zeitung, deutsche, hrsg. v. Marie Heller unter Mitwirkg. von Elisab. v. Oertzen, Freiin Elly zu Putlitz. Gräfin Münster, geb. v. Rheinbaben u. a. 1. u. 2. Jahrg. 1908 u. 1909. à 52 Nrn. (à ca. 8 S. m. Abbildgn.) Lex. 8. Berlin, H. Pilger. à Jhrg. 3.—
Fortsetzg., s.: Hauspersonal das.

Deutsche Dienstbotenzeitung. Hrsg. v. Marie Heller. (Jg. 3 ff. u. d. T.: Das Hauspersonal. Erstes Fachblatt f. d. häusl. Beruf. Offizielles Organ d. Verb. Dt. Haushaltungsgehilfinnen. Hrsg. v. Emma Föllmer.) Jg. 1–7. [Mehr nicht ersch.] — Berlin: Pilger 1908–1914. 8° u. 4°

Dienstboten–

-Zucht und -Lehren. Von F***. (23 S.) Charlottenb. 1892. Michow.

Dienst- u. Lohn-Buch, s. Sauermann, M.

Dienst- und Lohn-Buch, enthaltend die vollständ. preuß. Gesinde-Ordnung mit den dazu erschienenen Erläuterungen, zur Vermeidung von oft vorkommenden falschen Auslegungen, aus denen Streitigkeiten zu entstehen pflegen; ferner: Rubriken zum Einschreiben der hauptsächlichsten Punkte des Dienst-Vertrages; Quittungs-Buch rc. Zusammengestellt für Herrschaften wie für Dienstboten von M. Sauermann. 8. (86 S.) Freistadt in N.-Schl. 859. (Glogau, Reisner'sche Buchh.) *

Dienstbuch f. bayerische Staatsverwaltungs- u. Gemeinde-Beamte, s.: Reger, A.

Schweizerische Eidgenossenschaft. **Dienstbüchlein....** ([Mit] Vorschriften ..., [nebst] Anhang: Militärstrafartikel ... [und] Anhang für den Wehrmann.) 56 S. 8. [Bern,] St[ämpfli] & Cie., III. 1901.

Dienste, Die, der Engel, und der Priester. Eine Ehrenrede in der Stiftskirche ... zu Griess ... Brixen [1794]. V: *Nagele, Augustin.* (margr)

Im **Dienste** des Höchsten. (Kassel: J. G. Oncken Nachf. 1905.) (48 S.) 8° [F.]
— Daheim u. Auswärts. H. 11. [06. 1080 4

Diensteinkommen, das, d. Geistlichen. Kirchengesetz u. Staats-Gesetz v. 2. VII. 1898 m. Satzgn. betr. d. Alterszulagekasse f. evang. Geistliche d. i. Gebiete d. Preuß. Staats vorhand. evang. Landeskirchen u. d. Allerhöchsten Verordng. üb. d. Inkrafttreten d. Gesetzes. gr. 8. (16 S.) Berlin 898. F. Heinicke. — 50

Diensteinkommen, das, der Offiziere [aktiven, inaktiven u. d. Beurlaubtenstandes] im Frieden. Von G. v. B. 8. (101 S.) Burg 900. A. Hopfer. n. 1.—

Die **Diensteinrichtung** der sächsischen Staatsforsten. *Olbernhau 1902: R. Schneider.* (23 S.) 8° [F.] [04. 10859

Aargauische Centenarfeier 1903. **Dienst-Einteilung** für das Polizei-Komitee. (1903 Juni 15.) 12 S. quer-8. Aarau, Sauerländer.

Dienst-Entlassungs- und Process-Geschichte des herzoglich wirtemb. Staats-Ministers Freyherrn von Wöllwarth... Frankf. u. Leipz. 1803. V: *Troll.* (Heyd)

Allgemeine Dienstes-Instruction f. d. topograph. Bureau. München 1850. 4°

Dienstes-Instruktion für die politischen Behörden im Kronlande Ungarn, nebst der Verordnung des Ministeriums des Innern vom 13. September 1850 über die Einrichtung der politischen Verwaltungsbehörden in diesem Kronlande. 8. Ofen 1851.

Dienstes-Instruktion f. d. Beobachtungs-Cordon an der sächs. Gränze v. Hof bis Thann. Bayreuth 1832.
(Ausgegeben v. Kdo d. 3. Jäger-Batl. Bayreuth.)

Dienstes-Instruktion f. die beim Bürger-Militär angestellten Chyrurgen. München 1808.

Dienstes-Instruction f. die Forstaufseher in den Gemeinde-, Stiftungs- u. Körperschafts-Waldungen im Reg.-Bez. v. Unterfranken u. Aschaffenburg. gr. 16. (11 S.) Würzburg 871. Stahel. — 20

Dienstes-Instruction f. d. Gendarm.-Mannschaft i. d. Haupt- u. Res.-Stadt München. München 1868.

Dienstes-Instruction f. d. Gendarmerie-Mannschaft i. d. Haupt- u. Res.-Stadt München. Vom 9. 12. 79. München 1880.

Diensteinstruktion, revidirte, f. die Gemeindediener d. Reg.-Bez. Niederbayern. [Aus: „Kreisamtsbl. f. Niederbayern".] gr. 8. (16 S.) Landshut 893. J. Thomann. n. — 30

Dienstes-Instructionen für das bayerische Staats-Forstpersonale, s. Instruction.

Dienstes-Observanz f. d. mediz.-chyrurg. u. pharmaceut. Personal d. sämtl. Garnisonen. München 1819. 4°

Dienstes-Unterricht für das Gefangenaufsichts-Personale des k. k. Landes- als Strafgerichtes Prag, zu Folge Anordnung des §. 100 der hohen Justiz-Ministerial-Verordnung vom 16. Juni 1854 Z. 165 des R. G. B. Prag, 1855. K. k. Hofbuchdruckerei von Gottlieb Haase Söhne. (30 S. 8.)

Dienstes-Vorschriften für die Artillerie. Für die Mannschaft vom Feuerwerker abwärts. 16 (119 S.) Wien. Typ. lit. art. Anstalt. 40 kr.
1861

Dienstes-Vorschriften für die Beamten u. Diener der Stadtgemeinde Klgft. Klgft., v. Kleinmayr, 1897. 48 S.

Dienstes-Vorschriften f. d. Kgl. Baierische Bürger-Landwehr d. Haupt- u. Residenz-Stadt München. Hrsg. v. d. Kgl. Baier. Landwehr-Regiments-Kommando München. 8. (13¾ B.) München 824, (Franz.)
Einzeln:
Unterricht f. d. Landwehr-Infanterie. 1 Thlr. — Cavallerie. 16 Gr. — Artillerie. 12 Gr.

Dienstesvorschriften f. Hebammen. Erlassen m. d. Verordng. d. k. k. Ministeriums d. Innern v. 10. IX. 1897 (R. G. Bl Nr. 216). 8. (59 S.) Wien 897. Hof- u. Staatsdruckerei. n. — 40

—— für die k. k. Infanterie. Für die Mannschaft vom Feldwebel abwärts. (Auszug aus dem officiellen Dienst-Reglement 1. und 2. Theil.) 32. (102 S.) Ebds. 1861 30 kr.

—— für die k. k. Cavallerie. Für die Mannschaft vom Wachtmeister abwärts. (Auszug aus dem officiellen „Dienst-Reglement 1. u. 2. Theil.") 16. (105 S.) Ebds. cart. 1861 40 kr.

Diensthandbuch f. das bayer. Zoll- u. Steuerpersonal f. das J. 1895. 12. Jahrg. Bearb. v. e. höheren Zollbeamten. 12. (IV, 466 S.) Ansbach, C. Brügel & Sohn. Geb. in Leinw. n. 2.—

Diensthandbuch f. d. bayer. Zoll- u. Steuerpersonal f. d. J. 1899. 16. Jahrg. Bearb. v. Max Jos. Himmelstoß. 12. (III, 424 S.) Ansbach 898. C. Brügel & Sohn. Geb. in Leinw. n. 2.—

Diensthandbuch f. das bayer. Zoll- u. Steuerpersonal f. d. J. 1902. 19. Jahrg. Bearb. v. Max Jos. Himmelstoß. 12. (IV, 378 S.) Ansbach, C. Brügel & Sohn. Geb. in Leinw. n. 2.—

Diensthandbuch f. d. bayer. Zoll- u. Steuerpersonal f. d. J. 1904. 21. Jahrg. bearb. v Himmelstoss. (III, 465 S.) 12. Ansbach, Brügel & Sohn. Geb. 2. —

Diensthandbuch f. d. bayer. Zoll- u. Steuerpersonal t. d. J. 1905. 22. Jahrg. bearb. v. Himmelstoss. (III, 505 S) 8. Ansbach, Brügel & Sohn. Geb. 2. —

Diensthandbuch f. das bayer. Zoll- u. Steuerpersonal für das J. 1906. 23. Jahrg. Bearb. v. Max Jos. Himmelstoß (III, 360 S.) kl. 8. Ansbach, C. Brügel & Sohn. Geb. in Leinw. n. 2. —

Diensthandbuch f. das bayer. Zoll- u. Steuerpersonal f. d. J. 1909. 26. Jahrg- Bearb. v. M. J. Himmelstoss. (III, 433 S.) kl. 8. Ansbach, C. Brügel & Sohn. Geb. in Leinw. 2. —

Diensthandbuch f. das bayer. Zoll- u. Steuerpersonal f. d. J. 1910. 27. Jahrg. Bearb. v. Max Jos. Himmelstoß. (III, 489 S.) kl. 8. Ansbach, C. Brügel & Sohn. Geb. in Leinw. 2. —

Diensthandel, über den, deutscher Fürsten, s. J. **Moser.**

Diensthandel, üb. d., deutscher Fürsten. 8. Frft. Schwan. 786.

Diensthaus, das, der höheren und der mittleren Stände. Ein Wort an Herrschaften und Dienstboten. 16. (III und 215 S.) Stuttgart 856(57,) Quack. Thlr.

Dienstherrschaften, wer trägt die Schuld, s. a. Schutzengelbrief.

(*U.-Titel:*) Dienstherrschaften, | wer trägt die Schuld? | Von Gräfin N. | Donauwörth. | Druck und Verlag der Buchhandlung L. Auer. | Agentur in New York bei Jos. Schaefer, | 60 Barclay Street 60. (- *Schutzengelbrief*, 126).
o. J. (um 1890), 14 S. + 2 S. Anzeigen, 118 × 82.
Diöz.-B. Rottenburg.

Achtzig **Dienstjahre** des Kaisers und Königs Wilhelm. Eine von Seiner Majestät wiederholt revidierte .... Denkschrift. Mit einem photographischen Portrait. Berlin 1887. 8°.

Dienstjahre, 70, Sr. Maj. des Kaisers u. Königs Wilhelm, allerhöchstem Kriegsherrn der deutschen Armee u. Marine. Zum 70jähr. Dienstjubiläum Sr. Majestät am 1. Jan. 1877. Mit e. photogr. Portr. Sr. Maj. des Kaisers u. Königs. 2.–10. Aufl. gr. 8. (40 S.) Berlin 877. Militaria. n. 1. —

Dienstinstruktion, die allgemeine, in 150 Fragen u. Antworten metrisch in Reimen bearb. Ein Leitfaden zur häusl. Selbstbelehrung, sowie zur Wiederholung d. dienstlich vorgetragenen Lehrstoffes v. H. H. gr. 8. (VII, 22 S.) Berlin 880. Mittler & Sohn. n. — 40

Dienst-Instruction, allgemeine, für die Königlich Preußischen Consular-Beamten. gr. 8. (IX und 143 S. mit 5 Stnt., wovon 2 in Buntdr., in gr. 4. und qu. Fol.) Berlin 862, G. Reimer. *

—— allgemeine, für die Konsuln des Norddeutschen Bundes vom 15. März 1868. gr. 4. (56 S. mit 2 chromolithogr. Taf. in Tondr.) Berlin 868, v. Decker'sche Geh. Ober-Hofbuchdr. *

—— allgemeine, für die Konsuln des deutschen Reichs vom 6. Juni 1871. gr. 4. (56 S.) Berlin 871, v. Decker'sche Geh. Ober-Hofbuchdr. *

—— dass. — Nebst Nachtrag vom 22. Febr. 1873. gr. 4. (73 S.) Ebendas. 874. *

Dienst-Instruction, allgemeine, f. die Konsuln d. deutschen Reichs vom 6. Juni 1871. gr. 4. (56 S.) Berlin. 874. v. Decker. n. 1. 50

Dienstinstruktion f. d. Armen-Medizinal-Beamten. Berlin 1845.

Dienst-Instruktion für die Armen-Verwaltungs-Commission und deren Abtheilungen, für die Stadt Aachen. *Ebend,* Leuchtenrath 1822

Dienstinstruktion für die Baumwärter. Würzburg 1877.

Dienstinstruktion für die Berggeschworenen im Bezirke des Kgl. Bergamts zu Siegen. Amtlicher Abdruck. Bonn, 1846. 176 S.

Dienst-Instruction für die Berggeschworenen im Bezirke des Königl. Berg-Amtes zu Siegen. Amtl. Abdr. gr. 8. (VI und 56 S.) Bonn 859. (Köln, Affenheimer und Comp.) *

Dienst-Instruction f. d. Feld-Briefträger. Berlin 1854.

Dienst-Instruction für die Feldgendarmerie; mit Dienst-Journal. Berlin 1872. 8.

Dienstinstruktion für die Feldgendarmerie. 8. (13 S.) Berlin 880, Mittler und Sohn.

Dienst-Instruction für das Königlich Reitende Feldjäger-Corps vom 1. August 1874. - Berlin 1874. 34 S.

— für das königl. reitende Feldjäger-Corps. Vom 1. August 1874, nebst den bis zum Novbr. 1881 ergangenen, neueren Bestimmungen. gr. 8. (34 S.) Ebend. 882. n. — 60

Dienst-Instruktion für das königl. Reitende Feldjäger-Korps. Vom 1. Juli 1888. gr. 8. (31 S.) Berlin 888, Mittler und Sohn. * 35 Pf.; cart. *

Dienstes- u. Disciplinar-Vorschriften, militärische, aus dem Dienst-Reglement d. k. k. Armee zusammengestellt f. die k. k. Landes-Gendarmerie vom Wachtmeister abwärts. gr. 8. (VI u. 138 S.) Wien 852. (Leipzig, Hübner.) n. 16 ngr

Dienstes-Vorschriften, die, der Wiener freiwilligen Rettungs-Gesellschaft. 4., verm. Aufl. gr. 16. (X, 286 S. mit 15 Taf.) Wien 887. (Huber & Lahme.) geb. n. — 60

Wiener Freiwillige Rettungs-Gesellschaft. Dienstes-Vorschriften. *Wien: Rett.-Gesellsch. 1900.* (114 S.) 8°

Dienstes-Vorschriften f. die landschaftlichen Thierärzte u. Bestimmungen üb. die Vergütung v. thierärztlichen Verrichtungen der landschaftlichen Thierärzte in Kärnten. Redactionelle Beilage d. „Kärntner. Gemeindeblattes". gr. 8. (4 S.) Klagenfurt 891. (F. v. Kleinmayr.) n. — 12

Dienstes-Vorschriften für den Unteroffizier und Gemeinen. Aus dem Dienst- u. Exercier-Reglement zusammengestellt, und mit den übrigen darauf Bezug nehmenden Vorschriften ergänzt. (Mit 4 Plänen.) 8. Prag 1843.

Dienstetat. Dienst- und Beamten-Etat des eidgenössischen Obersten Friedrich Frey von Brugg [1800–1884]. 4. Brugg *o. J.* [1872 84].

Dienstfertig, Josef, a. Breslau, Referendar bei d. kgl. Staatsanwaltschaft zu Breslau: Die rechtliche Mitwirkung des Bundesrats und des Reichstags auf dem Gebiete der auswärtigen Angelegenheiten des Deutschen Reiches. Breslau 1907: H. Fleischmann. (76 S.) 8°
Erlangen, Jur. Fak., Ref. Rieker, Diss. v. 1. Aug. 1907
[Geb. 6. Apr. 83 Breslau; Wohnort: Breslau; Staatsangeh.: Preußen; Vorbildung: König-Wilhelms-Gymn. Breslau Reife O. 01; Studium: Berlin 3, Breslau 9 S.; Rig. 9. Juli 07.]

Die rechtliche Mitwirkung des Bundesrats und des Reichstags auf dem Gebiete der auswärtigen Angelegenheiten des Deutschen Reiches. Von Dr. Josef **Dienstfertig**, Ref. Breslau: Koebner 1907. (IX, 76 S.) 8° [Erschien als Inaug.-Diss. Erlangen 1907.] [o8. 67

Dienstfertig, Marcus (*geb. Bojanowo in Pos. [19. 12. 1830]*): Die menschliche Freiheit nach Spinoza. Th. 1. Der freie Mensch. Breslau 1872. (31 S.) 8° (*Th. 2 sollte unt. d. T.: „Die menschliche Freiheit als moralische Idee" erscheinen, ist aber nicht erschienen.*)
Breslau, Phil. Diss. v. 1. Juli 1872

Dienstfertig, Meyer [aus Breslau]: Die Prophetologie in der Religionsphilosophie des ersten nachchristlichen Jahrhunderts, unter bes. Beachtg d. Verschiedenheit in d. Auffassgn d. Philon v. Alexandrien u. d. Flavius Josephus ... Breslau, Druck v. Th. Schatzky, 1892; 2 Bl., 33 S. 8.
Erlangen, Phil. Fak., Inaug.-Diss. v. 1892

Dienstfertige, Die. Ein Lustspiel in drey Aufzügen. A. d. Französischen. Wien 1781. V: *Schletter, Fch. Salomo.* (GGr V/322, Nr. 54/9) V: *Wieland, Joh. Andreas von.* (Allg. Theater-Almanach 1782. Wien. S. 174) (Bespr. J. F. Schink, Dramaturg. Fragmente. Graz 1781/4. I. Bd., 281/5) (BiblPort)

Dienstfertige, der,; od. er mengt sich in alles. Lustsp. in 3 Akt., v. von Apell. 8. Cassel, Griesbach. 798. Rthlr. -

Dienst-Gebaeude für das Haus der Abgeordneten zu Berlin. Taf. 1—27. Berlin-Lichterfelde-West 1899. 2°.

Dienstgebäude, das, des Vereins f. die bergbaulichen Interessen im Oberbergamtsbez. Dortmund in Essen, Ruhr. (15 S. m. 34 Taf. in Lith. u. Heliograv.) 32× 40,5 cm. Berlin 902. J. Springer.
Geb. in Leinw. n.n. 30. —

Dienstgeschäfte, d. tägl. vorkommenden, eines Kavallerie-Offiziers. Aus d. Französ. v. e. hess. Offizier (Reinh. Frhr. v. Dalwigk). 16. Darmst. 824. Heyer. 6 gl

Dienst- und Verhaltungs-Grundregeln, für das löbliche bürgerl. Artillerie-Bombardier-Corps. (Donation Liechtenstein.)
8. Wien 1799.

Dienst-Handbuch f. d. deutschen Bürgergarden zur Selbstbelehrung. Von ein. deutsch. Offizier. M. 1 ill. Titkpfr. gr. 8. (11½ B.) Stuttgart 836, [Scheible, Rieger u. Sattler.] –

Dienst-Handbuch, alphabetisch geordnetes, für Infanterie, Cavallerie und Artillerie. Nach den officiellen Dienstvorschriften. Zusammengestellt von einem höheren Officier. 16. (XIV und 180 S.) Wien 863, Leo. *

—— dass. — Mit Notizblättern auf alle Tage des Jahres. Ebendas. 863.
geb. *

Diensthandbuch für das bayer. Zoll- und Steuerpersonal für das Jahr 1884. 1. Jahrg. Bearb. von einem höheren bayer. Zollbeamten. gr. 16. (VIII, 459 S.) Ansbach, Brügel und Sohn.
geb. (* M 2,40.)
—— dass. — für das Jahr 1885. 2. Jahrg. gr. 16. (XIV, 420 S.) Ebendas. *

Diensthandbuch für das bayer. Zoll- und Steuerpersonal für die J. 1886—1889. 3.—6. Jahrg. Bearb. von einem höheren bayer. Zollbeamten. gr. 16. (VIII, 304; VIII, 364; XVIII, 466; 360 S.) Ansbach, Brügel und Sohn. geb. à Jahrg. *

Diensthandbuch f. das bayer. Zoll- u. Steuerpersonal f. d. J. 1890—1893. 7.—10. Jahrg. gr. 16. (XII, 458; XII, 438; XII, 581; VI, 510 S.) Ansbach, Brügel u. Sohn.
7.—9. Jahrg. geb. in Leinw. à * 1 50; 10. Jahrg. * 2 —

Dienst-Instruction f. d. Feld-Intendanten e. A. C. Berlin 1867.

Dienst-Instruction f. d. Feld-Intendanten e. A.-C. München 1873.

Dienst-Instruction für die Feldpost-Anstalten vom 9. April 1831, vom 1. Septbr. 1848, nebst Nachtrag vom 29. September 1850; von 1. Mai 1854; vom 21. Mai 1862, nebst Instruction für die Feld-Briefträger und Feldpost-Schaffner. Berlin. 4 Bde.

Dienst-Instruction für die Feldpost-Schaffner. Berlin 1854.

Dienst-Instruktion f. d. Feld- u. Res.-Feld-Telegraphen-Abtheilungen. Berlin 1875.

Dienst-Instruktion f. d. Feld- u. Res.-Feld-Telegraphen-Abtheilungen. München 1876.

—— für die k. k. Förster. [2. Aufl. von Dienstinstruction für die k. k. Forstwarte.] gr. 8. (8 S.) Wien 888, (Frick.) *

Dienst-Instruction für die Königlich-Preussischen Förster vom 23. Oktober 1868. - Berlin 1868. 12 S. - Dasselbe, unter Berücksichtigung der bis zum 1. December 1880 ergangenen abänd. Verfügungen. ebd. 1881. 23 S. - Dasselbe, u. Berücks. d. b. z. 1. Nov. 1886 erg. abänd. Verf. ebd. 1886. 23 S. - Dasselbe, u. Berücks. d. b. z. 1. Mai 1902 erg. abänd. Verf. ebd. 1902. 24 S. - Dasselbe, u. Berücks. d. b. z. 1. 6. 1912 erg. abänd. Best. sowie unter teils wortgetreuer teils auszugsweiser Beigabe v. Verf. usw., d. z. den Vorschr. d. Dienstinstruktion i. Beziehung stehen. ebd. 1912. 42 S.

Dienst-Instruktion für die königl. preußischen Förster vom 23. Octbr. 1868. Berlin 869. v. Decker. Fol. (12 S.) 3 ngr.

—— für die königl. preußischen Förster vom 23. Oktbr. 1868. [Unter Berücksicht. der bis zum 1. Decbr. 1880 ergangenen abänd. Verfügungen.] 4. (23 S.) Berlin 881, Springer. **

—— für die königl. preußischen Förster vom 23. Oktbr. 1886. [Unter Berücksicht. der bis zum 1. Novbr. 1886 ergangenen abändernden Verfügungen.] 4. (23 S.) Berlin 886, Springer. **

Dienst-Instruktion f. die königl. preußischen Förster vom 23. Oktbr. 1868. (Unter Berücksicht. der bis zum 1. Novbr. 1893 ergangenen abänd. Verfügn.) 4. (22 S.) Berlin 893. J. Springer. n.n. — 30

Dienst-Instruktion f. die königl. preuß. Förster v. 23. X. 1868. (Unter Berücksicht. der bis zum 1. V. 1902 ergangenen abänd. Verfügn.) 4. (24 S.) Berlin 902. J. Springer. n.n. — 50

Dienst-Instruktion für die Königlich-Preußischen Förster vom 23. Okt. 1868. (Unter Berücks. der bis z. 1. Mai 1902 ergangenen abändernden Verfügungen.) (Berlin: J. Springer [1905]. (24 S.) 4° (Kopft.)

Dienst-Instruktion für die Fürstlich-Wittgensteinschen Forstverwalter und Oberförster vom 5. November 1844. - Siegen 1844. 64 S.

—— für die k. k. Forst- und Domänen-Verwalter [Oberförster und Förster]. gr. 8. (VI, 240 S.) Wien 884, (Frick.) *

Dienstinstruktion für die k. k. Forst- und Domänenverwaltungen. - Wien 1909. 75 S.

Dienst-Instruction für die k. k. Forstwarte. - Wien 1884. 8 S. - 2. Aufl. u. d. T.: Dienstinstruction für die k. k. Förster. ebd. 1888. 8 S.

Dienst-Instruction für die k. k. Gendarmerie der im Reichsrathe vertretenen Königreiche und Länder vom 26. Febr. 1876. Mit einem ausführl. alphabet., nach Schlagwörtern abgefaßten Sachregister. 8. (100 S.) Prag 876, Mercy. *

Dienstinstruction für die Gendarmerie-Mannschaft in der Haupt- und Residenzstadt München. München 1868. 8.

Dienstinstruktion f. die k. k. Generalinspektion der österr. Eisenbahnen unt. Berücksicht. der m. dem Erlasse des k. k. Eisenbahnministeriums vom 29. VI. 1904, Z. 7096 ex 1903, getroffenen Ergänzungen u. textlichen Richtigstellungen. (17 S.) kl. 8. Wien (904). Hof- u. Staatsdruckerei. n. — 20

— für die großherzogl. Gerichtsvollzieher. Amtliche Handausg. gr. 8. (55 S.) Darmstadt 879. Jonghaus. n.n. — 50

Dienst-Instruktion f. die großherzogl. Gerichtsvollzieher. Amtl. Handausg. gr. 8. (64 S.) Darmst. 890, (Jonghaus Verlag). ** — 90

Dienst-Instruktion für die k. k. Wiener Gewölb-Schutzwache. 8. (10 S.) Wien, k. k. Hof- und Staatsdruckerei 1853.

— für die Kanoniere der Königl. Württemberg. Artillerie. Ludwigsburg 861. Balmer & Riehm in Comm. 16. (256 S.)
n. 16 ngr.

Dienst-Instruction für den Kastellan der Grossen National-Mutter-Loge in den preussischen Staaten gen. Zu den drei Weltkugeln. Berlin [1874]: Büxenstein. 9 S. 8° [Umschlagtit.]

Dienstinstruction f. d. Commandanten zu Babenhausen . . . Darmstadt 1823.

(F) **Dienstinstruktion** für den Kommandanten einer Schanzzeugkolonne. 8°. (95 S.) K 2.70
Wien: Hof-u.Staatsdruckerei 1903

Dienst-Instruktion f. d. Kommunal-Polizei-Beamten in Preußen. **Dienst-Instruktion** für die Polizei-Beamten d....... Hrsg. von Polizei-Insp. a. D. F. Retzlaff. 3. Aufl. (Recklinghausen: Selbstverl. [1906].) (70 S.) 8° [F.]

Dienst-Instruktion f. d. Korps-Stabs-Apotheker. Berlin 1868.

—— für katholische Küster zunächst der Stadt Köln. Hrsg. vom kölnischen Pfarrer-Collegium. 8. (20 S.) Köln 878, Bachem.

Dienst-Instruction für die Landes-Gensd'armerie. 8. Wien 1850.

Dienst-Instruction für die k. k. Landpostbriefträger. 8. 1858. (83 S.) Wien, k. k. Hof- und Staatsdruckerei. 20 kr.

—— für die k. k. Legstatts-Verwalter. gr. 8. (10 S.) Wien 884, (Frick.) *

Dienst-Instruction für das Kgl. 6. Linien-Infanterie-Regiment. Glogau 1824. 8°. (Lithogr.)

Dienstinstruktion für die konzessionierten Markscheider im Bezirke des Königl. Oberbergamts zu Bonn vom 1. April 1878. Bonn, 1878. 37 S.

Dienst-Instruction für das k. k. österr. Militär-Polizeiwach Corps. Wien 1853.

Dienst-Instruction für die Nachtwächter und Nachtwachtmeister der Residenz Berlin (vom 10.Febr. 1853). Berlin: Zschiesche 1853.

Dienst-Instruktion für die Königlich Preussischen Oberförster. - Gegeben Berlin den 21. April 1817. 35 S.

Dienst-Instruktion für die Ober-Post-Directionen. 3 Bde. gr. 4. (XXXVIII u. 998 S., m. Sach-Register 55 S. u. Dienst-Buch f. den Postillon. 8. 57 S.) Erfurt 850, Bartholomäus. n. n. 3 ℛ

— f. die Orts-Schul-Vorstände in der Fassung der Bekanntmachung des Oberpräsidenten v. Westfalen vom 25. IV. 1903. (15 S.) 8. Arnsberg 903. F. W. Becker. n. — 20

Dienst-Instruction für die Pedelle der Königlichen Universität in Breslau (dat.: Breslau, den 10. April 1831, bestätigt: Berlin, den 28. May 1831). [Breslau 1831.] (7 S.) 4° [F.]

— für Pionnier-Unterofficiere über die Gebarung m. der technischen Ausrüstung im Felde. (VI, 122 S.) 8. Wien 903. (Hof- u. Staatsdruckerei.) n. 3. 30

Dienst-Instruction für die Königl. Hannover'schen Post-Anstalten. Hannover. 1863. 4.

Dienst-Instruction für die Post-Expeditionen. Im 1. Bde. Text und 1 Bd. Formulare. (1854.) 2. Ausg. Berlin, Decker 1863. 4. (129 1/4 B.)

— für die Revierbeamten im Bezirke des königl. Oberbergamts zu Bonn. Amtlicher Abdr. Bonn 865. (Marcus.) gr. 8. (VI, 40 S.) n. 7½ ngr

—— für die Revier-Beamten im Bezirk des Königl. Oberbergamts zu Dortmund, nebst einem Anhang, enth.: die dort zur Zeit in Kraft stehenden Polizei-Verordnungen. 8. (64 S.) Essen 866, Bädeker. *

Dienst-Instruction f. d. Revier-Beamten im Bezirk d. O.-Bergamts zu Halle. Halle 866.

Dienst-Instruktion für die Königlich Preussischen Revierförster. Gegeben Berlin den 21. April 1817. 24 S.

— f. die Schultheißen des Herzogth. Gotha, siehe: Instruction.

Dienstinstruktion f. Spritzenmeister. (15 S. m. Abbildgn.) kl. 8. Stuttgart 907. W. Kohlhammer. — 10

Technische Dienst-Instruction f. d. Eisenbahn-Batl. (Rgt). Abschn. 1—9. Berlin 1873—1886.

Dienst-Instruktion f. den Telegraphen-Inspector. gr. 4. (14 S.) Berlin 851, Decker. n. n. 1/12 ℛ

— für die Telegraphen-Verwaltung. Abschnitt VI.: Verwaltung der Kasse u. Buchführung bei den Telegraphen-Stationen. gr. 4. (49 S.) Ebd. 851. n. n. 7 ngr

—— dieselbe. — Abschnitt VIII.: Beschaffung und Verwaltung der Büreau-Bedürfnisse und Batterie-Gegenstände. gr. 4. (24 S.) Ebdf. 851. **

— dies. Abschnitt X.: Beschaffung u. Unterhaltung der Inventarien. gr. 4. (8 S.) Ebd. 851. n. 2 ngr

— dies. Abschnitt XII. Nr. 1.: Das Rechnungswesen bei der Telegraphen-Direction. gr. 4. (IV u. 85 S.) Ebd. 851. n. n. 11 ngr

— dies. Abschnitt XII. Nr. 2.: Führung der Haupt-Telegraphen-Kasse bei der Ober-Post-Kasse in Berlin. gr. 4. (13 S.) Ebd. 851. n. 6 ngr

Dienst-Instruction für die Telegraphen-Verwaltung. Abschnitt VI. Verwaltung der Kasse und Buchführung bei den Telegraphen-Stationen. Berlin 855. Decker. gr. 4. (VII, 64 S. u. 70 Bl.) n. 27 ngr

Dienst-Instruktion für die Telegraphen-Verwaltung in 2 Bdn. Text und 1 Bd. Formulare. Berlin, Decker. 1860. gr. 4.

— f. die gerichtlichen Unterbeamten. Aus dem Justiz-Minist.-Blatte abgedr. 4. (16 S.) Berlin 850, C. Heymann. n. 6 ngr

—— für die gerichtlichen Unterbeamten vom 2. Aug. 1850. Nebst Instruktion vom 3. Juni 1854 und Tarif zur Erhebung der Kosten für Auktionen. 8. (48 S.) Berlin 864, v. Decker'sche geheime Ober-Hofbuchdruckerei. *

Dienst-Instruktion für die Königlich Preussischen Unterförster und Waldwärter. - Gegeben Berlin den 21. April 1817. 12 S.

—— für die Unteroffiziere der königl. württemberg. Artillerie. 16. (328 S.) Ludwigsburg 861, (Riehm.) *

(F) **Dienstinstruktion** für die bei den Pionierreserveanstalten und Spezialformationen zur Manipulation mit den Spreng- und Zündmitteln eingeteilten Unteroffiziere. 8°. (71 S. mit 6 Tafeln) K 2.70
Wien: Hof-u.Staatsdruck.1903

— f. die Waisenräthe. 3., verb. Aufl. 16. (13 S.) Lingen 892. J. Veldmann. — 15

—— für die bayer. Waldaufseher. [Vom 31. März 1854.] gr. 16. (8 S.) Würzburg 871, Stahel'sche Buchh. *

Dienst-Instruction für sämmtl. Waldhüter des Großherz. Baden. 8. Karlsruhe 854. Groos. ⅛ ℛ

Dienstinstruktion im Wirkungskreise für die k. k. Direktion der Güter des Bukowiner griechisch-orientalischen Religionsfondes in Czernowitz. Wien 1875. Verl. d. Czernowitzer Güterdirektion.

Dienst-Instruktionen für das Königlich-Württembergische Finanzminist. -Forstpersonal. - Stuttgart 1818

Dienst-Instructionen f. das königl.-baierische Forstpersonal. Ulm 1806. (69) S. 54 Tab. Fol.
(Bestaar af 4 Afdelinger, m. særsk. Tit. og Pag., samt Tab.).

Dienst-Instructionen f. d. kgl. Baierische Forst-Personal d. äußern Dienstes. Hrsg. v. St. Behlen u. C. P. Laurop. (1. Hft.) — A. u. d. T.: Dienst-Instruction f. d. kgl. Baier. Oberförster. gr. 8. (11¼ B.) Karlsruhe 832, Marx.

—— dies. (2. Hft.:) Dienst-Instruction f. d. kgl. Baier. Revierförster. gr. 8. (6½ B.) Ebds. 832.

—— dies. (3. Hft.:) Dienst-Instruction f. d. kgl. Baier. Forstwarthe. gr. 8. (1¼ B.) Ebds. 832.

Dienst-Instruktionen für das Königlich Württembergische Forst-Personal. - Stuttgart 1822. - Enthält: Instruktionen für die Königl. Forstwarte und Waldschützen. 22 S., 39 Form. - Dienstinstruktion für die Königl. Oberförster. 28 S., 24 Form. - Technische Anweisung für den Vollzug der voranstehenden Dienstinstruktion. 76 S. - Anh.: Nutzungs- und Kultur-Plan. 32 S., 14 Muster

Dienst-Instructionen für d. k. k. Forst- u. Domänen-Verwalter. (Oberförster u. Förster.) gr. 8. (VI u. 240 S.) Wien, *Wilhelm Frick. 1 fl. 50 kr. 1885

Dienstjubelfeyer, zur 50jährigen, des Herrn J. F. von Seegebarth am 24. November 1817. Gr. Fol. Berlin, Maurersche Buchhdl. 818.

Dienstjubelfeier Görcke Johann

Dr. Johann Görcke's funfzigjährige Dienst=jubelfeier am 16.Oktober 1817. Ausführlich beschrieben und begleitet von den dazu er=schienenen Gedichten, der Lebensbeschrei=bung des Jubelgreises in einem Musikblatte. Ein Denkmal für Görcke's Freunde und Vereh=rer. 163 S.,gbd., Abb.

Berlin: Unger 1818

Dienst-Jubiläum, das 60jährige, Sr. Exc. des königl. preuß. General der Cavallerie, General-Adjutanten S. M. des Königs, Militair-Gouverneur der Bundesfestung Luxemburg, Leopold Heinrich v. Wedell, gefeiert am 15. April 1856 zu Luxemburg. gr. 12. (60 S.) Luxemburg 856, Bück. *

Dienst-Kalender f. d. Armee. München 1852. 4°

Dienst-Kalender für eine Escadron der Linien-Cavallerie. Zusammengestellt nach den darüber gegebenen Allerhöchsten Befehlen, Kriegsministeriellen Erlassen rc., welche von 1815—1842 erschienen sind. (Von Thdr. v. Dolffs.) Imp.-Fol. Lithogr. Berlin 844, Mittler. n. ⅓ ß

Dienst- und Notiz-Kalender für Infanterie-Offiziere. 1860—61. 1. Jahrg. 12. (CVII und 168 S.) Koblenz 860, Hergt. geb. Subscr.-Pr. *
Ladenpr. *

—— dass. — 1861—62. 2. Jahrg. 12. (CLVII und 254 S.) Berlin 861, Mittler's Sortimentsbuchh. geb. *

Dienst- und Notiz-Kalender für Infanterie-Offiziere. 1863. 3. Jahrg. 12. (CLII und 279 S.) Berlin, Bath. geb. *

—— für Offiziere aller Waffen. 1863—68. 8.—8. Jahrg. 12. (1863. CXXXVI und 285 S., 1864. CL und 272 S., 1865. CLIV und 276 S., 1866. CLIV und 282 S., 1867. CLVI und 286 S., 1868. CLXVIII und 307 S.) Berlin, Bath. geb. à Jahrg. *
Jahrg. 1868 wurde von F. A. Paris bearbeitet.

Dienst- und Notiz-Kalender für Officiere aller Waffen bearb. von F. A. Paris. 9.—12. Jahrg. 1869—1872. 16. (à Jahrg. CLX, 330—340 S.) Berlin, Bath.
In Leder geb. à Jahrg. *

—— dass. — 13.—15. Jahrg. 1873—1875. 16. (CLX, 366; CXLIV, 380; CXIV, 362 S.) Ebendas. à Jahrg. geb. *

Dienst- und Notiz-Kalender für Offiziere aller Waffen, bearb. von F. A. Paris. 1876 und 1877. 16. und 17. Jahrg. 16. (90, IV, 344; 176, 346 S.) Berlin, Bath.
geb. à Jahrg. **

—— —— dass. — 1878. 18. Jahrg. 16. (182, VIII, 361 S.) Magdeburg, (E. Baensch jun.) geb. *

—— —— für Offiziere aller Waffen, Sanitäts-Offiziere und Militär-Beamte, bearb. von F. A. Paris. 1879 und 1880. 19. und 20. Jahrg. gr. 16. (176, VIII, 415; 138, 375 S.) (Ebendas.) geb. à Jahrg. *

Dienst- und Notiz-Kalender der Offiziere aller Waffen, Sanitäts-Offiziere und Militair-Beamte, bearb. von F. A. Paris. 1881. 21. Jahrg. gr. 16. (154, VIII, 383 S.) Magdeburg, E. Baensch jun. geb. *
Nicht weiter erschienen.

Dienst-Kalender für Zoll- und Steuer-Beamte auf die J. 1858—62. Hrsg. von E. Grün. 1—5. Jahrg. 16. Merseburg, [Stollberg.] [1. Jahrg. (II und 288 S.) 2. (IV und 383 S.) 3. (II und 320 S.) 4. (II und 304 S.) 5. (400 S.)] à Jahrg. *
Der 4. Jahrg. enthält die Beilage: Grün, E., die Buchführung bei Erhebung der Getränkesteuer.

Dienst-Kalender für Zoll- u. Steuer-Beamte auf das Jahr 1859. Herausg. von E. Grün. 2. Jahrg. Merseburg, Garcke. (Stolberg.) 16. (2 Bl., 383 S.) n. 18 ngr.

Dienst-Kalender f. Zoll- u. Steuer-Beamte d. sämmtl. Bundesstaaten d. deutschen Reiches, sow. d. Großherzogth. Luxemburg f. d. J. 1899, hrsg. v. Teßmer. 4. Jahrg. gr. 16. (XII S., Schreibkal. u. 202 S.) Greifswald, J. Abel. n. 1. —; geb. n. 1. 50

Dienst-Kalender f. Zoll- u. Steuer-Beamte der sämmtl. Bundesstaaten des deutschen Reiches, sowie des Großherzogth. Luxemburg f. d. J. 1900, hrsg. v. Teßmer. 5. Jahrg. 12. (XII S., Schreibkalender u. 205 S. m. Fig. u. 1 Karte.) Greifswald, J. Abel. n. 1. —;
geb. in Leinw. n. 1. 50

Dienst-Kalender der Zoll- u. Steuer-Beamten f. das Jahr 1907. Hrsg. v. Teßmer. 12. Jahrg. (VI, 111 S. m. Abbildgn. u. Schreibkalender.) kl. 8. Oranienburg, W. Möller. n. — 75; geb. in Leinw. n. 1. —; in Ldr. n. 1. 50

Dienst-Kalender der Zoll- u. Steuer-Beamten f. das J. 1909. Begründet v. Teßmer. 14. Jahrg. (IV, 64 S. m. Abbildgn. u. Schreibkalender.) kl. 8. Oranienburg, W. Möller. — 75; geb. in Leinw. 1. —
Erscheint nicht mehr.

Dienst-Kalender f. Zoll- u. Steuer-Beamte d. deutschen Reichs u. Zollvereins f. d. J. 1875. Hrsg. v. C. U. Treu. gr. 16. (IV, 376 S.) Wismar 875. Hinstorff. geb. 1. 50

Dienst-Kalender für Zoll- und Steuer-Beamte des deutschen Reichs und Zollvereins für die J. 1876—1880. 3.—7. Jahrg. Hrsg. von C. U. Treu. gr. 16. (288; 312; 258; 248; 256 S.) Rostock, (Stiller'sche Hofbuchh.) à Jahrg. * M 1.; geb. à

Dienst-Kalender für Zoll- und Steuer-Beamte des deutschen Reichs und Zollvereins für die J. 1881—1885. 8.—12. Jahrg. Hrsg. von C. U. Treu. gr. 16. (à Jahrg. ca. 256 S.) Rostock, (Stiller'sche Hofbuchh.) geb. à Jahrg.
geb. in Ldr. à Jahrg. *

Dienst-Catechismus für die Mannschaft des Herzogl. Braunschw. Husaren-Regiments. Braunschweig 1838. 8°.

Dienst-Kenntniß, allgem., f. d. Pionier. 8. (VIII, 130 S. m. Fig.) Berlin 895. A. Bath. n. — 60

Dienstkenntnis für die II. Werftdivision. (223 S.) kl. 8. Wilhelmshaven 906. F. Schmidt. Kart. n. — 60

Dienstkleidung, die, der Post- und Telegraphen-Beamten des Deutschen Reichs. Lex.-8. (15 S. mit eingedr. planotyp. Schnittzeichnungen.) Dresden 879, Exped. der Europ. Modenzeitung. *

Dienstkleidung, die, der Post- u. Telegraphen-Beamten d. Deutschen Reiches. Lex.-8. (15 S. mit eingedr. planotyp. Schnittzeichnungen.) Dresden 880. Exped. der Europ. Moden-Zeitung. n. 1. —

Dienstlaufbahn der preußischen Richter- u. Staatsanwälte. Bearb. im Bureau des Justizministeriums. gr. 8. (VIII, 162 S.) Berlin 902. C. Heymann. Kart. n. 2. —

Dienstlaufbahn der preußischen Richter u. Staatsanwälte. Bearb. im Bureau des Justizministeriums. 2. Ausg. (VIII, 170 S.) 8. Berlin 905. C. Heymann. Kart. n. 2.—

Dienstlaufbahn der Preußischen Richter und Staatsanwälte. Bearb. im Bureau d.Justizminist. 2. Ausg. Berlin: C.Heymann 1906. (VIII, 170 S.) 8° [F.]

Dienstlaufbahn der preußischen Richter u. Staatsanwälte. Bearb. im Bureau des Justizministeriums. 3. Ausg. (VIII, 191 S.) 8. Berlin 909. C. Heymann. Kart. 2. —

Dienstmädchen oder Fabrikarbeiterin? Ein Wort an die Mütter und an alle, welche für Töchter unseres Volkes ein Herz haben. gr. 8°. Berlin, Buchhdlg. d. deutsch. Lehrerztg. in Komm., 1900.

Dienstmädchen od. Fabrikarbeiterin? Ein Wort an die Mütter u. an alle, welche f. die Töchter unseres Volkes e. Herz haben. gr. 8. (20 S.) Berlin 900. F. Zillessen. n. — 20

DIENSTMÄDCHEN, Die, in München .... in der Methschenke .... 2. Aufl. O. O. u. J. (um 1835?). 8°. (In München: Bav. 2152, 4.)

Dienstmädchen, d. tüchtige, s. a. Auerbach's, R., hauswirthschaftl. Volksbibliothek.

Das tüchtige Dienstmädchen, gute Führung u. Leistg im Hause ... Berlin-Steglitz: R. Auerbach [1896]. (15 S.) 1 Bd 8. = Volksbibliothek, Auerbach's Hauswirthschaftliche. H. 4.

Dienstmädchen, zwei. Gritli's Briefe aus d. Stadt. Hrsg. v. M. H. 16. (73 S.) Zür. 889, [Schröter u. Meyer.] Schröter. cart. * — 80

Dienstmädchen-Zeitung, deutsche, u. Romanbibliothek. Hrsg.: Paul Staberow. 1. Jahrg. Nr. 1—16. (à 2 Bog. m. Abbildgn.) gr. 8. Berlin 894. Deutscher Volksverlag. à — 10 Erschien nicht weiter.

Dienstmädchen-Zucht und Lehren. Von Dr. Friedrich ***. — Charlottenburg: Michow 1892. 23 S. 8°

Dienst-Mägde, Die listigen u. ungetreuen .... 1749, s. Schuppius, J. B.

Dienstmann, der Bremer, in der Westentasche. Wegweiser durch Bremen. 2. Aufl. Bremen 865. Kaiser. (1 Bgn. in qu. Fol. mit Holzschn. u. lith. Plan.) 6 ngr.

Dienstmann, der Dresdener, in der Westentasche. Wegweiser durch Dresden u. Umgegend. Leipzig 863. Hirschfeld. (1 Bgn. in Fol. mit Holzschn. im Text u. 1 Plan in Kpfrst.) n. 5 ngr.

Dienstmann, der praktische, in der Brusttasche. Neuester Schnell-Wegweiser für Wien und Vororte: Alfabetisch geordnetes, einfachstes und sicherstes Hilfsmittel, die Straßen und Plätze der Stadt und Vororte ohne Führer sofort auffinden zu können. [1.—3. vollständig ergänzte Aufl.] 8. (IV, 91 S.) Wien 878, Steckler und Erben. *

Dienstmann, der Würzburger, als Fremdenführer. qu. Fol. (1 Plan 7 Ansichten in Steindr. u. 16 S. Text in 16. auf der Rückseite.) Würzburg 875. Kressner. n. — 70

Dienstmann-Ordnung für die Stadt Würzburg. Ortspolizeiliche Vorschrift vom 29. März 1881. 12. (8 S.) Würzburg 881, Stahel'sche Universitäts-Buchh. *

Dienstnächte, die sechs, einer jungen Dame, erzählt in Briefen; ein Seitenstück zu Althings Schriften. m. Kpf. 8. St. Martino. (Simon in Frankf.)

SECHS Dienstnächte einer jungen Dame. O. O. u. J. (1887). 8°.
Sotadikum.

Dienstnotizbuch f. die Führer d. Maschinengewehr-Truppen. (163 u. 31 S.) 16. Wesel 910. C. Kühler. Geb. in Leinw. 2. —

Dienst-Notiz-Buch für den Kompagnie-Chef für die Dienstj. 1878/1879 und 1879/1880. 1. und 2. Jahrg. 16. (à 95 S. mit 4 Anlageheften 96, 104, 88, 72 lithogr. S.) Potsdam, Döring. geb. à Jahrg. *

Dienst-Notiz-Buch für den Kompagnie-Chef für das Dienstj. 1880/81, 1881/82, 1882/83 und 1883/84. 3.—6. Jahrg. 16. (à Jahrg. ca. 95 S. mit Anlageheften ca. 300 S.) Potsdam, Döring. geb. à Jahrg. *

Dienst-Notiz-Buch für den Kompagnie-Chef für die Dienstj. 1884/85 und 1885/86. 7. und 8. Jahrg. 16. (à Jahrg. ca. 90 S. mit 4 Anlageheften ca. 350 S.) Potsdam, Döring. geb. à Jahrg. *
Die Fortsetzung ohne Bezeichnung des Jahrgangs u. d. T.:

—— für den Kompagnie-Chef der Infanterie. [5 Hefte mit Tabellen.] 16. (372 S. und Notizbuch.) Ebendas. 886. In Leder-Futteral *

Dienstordnung der militär-technischen Akademie (Mt. D.) vom 8. X. 1903. (D. V. E Nr. 381.) (28 S.) 8. Berlin 903. (E. S. Mittler & Sohn.) n. — 30: kart. n. — 40

— der militärtechnischen Akademie (Mt. D.) v. 23. 6. 1909. (D. V. E. Nr. 381.) (VI, 35 S.) 8. Ebd. 909. — 20; kart. — 40

Consumverein Olten. Allgemeine Dienstordnung für die Arbeiter und Arbeiterinnen. (1901 März 17.) 6 S. 8.

Dienst-Ordnung, Allgemeine, für das Hüttenberger-Bergrevier. Klgft., Bertschinger, 1872. 20 S.

Dienst-Ordnung für das Aufsichts- u. Arbeiter-Personale des Rosthorn & Dickmann'schen Kohlenbaues in Liescha. Klgft., Leon, (1862). 64 S. — Klgft., Bertschinger, (1885). 58 S.

Dienst-Ordnung für das Bergrevier Bleiburg in Unter-Kärnten. Klgft., v. Kleinmayr, 1862. Quart. 21 S. (Deutsch u. slovenisch.) — Klgft., Bertschinger, (1901). 32 S.

Dienstordnung für sämtliche dien. BBr. der vereinigten Altstädter Logen. [Dresden 1893: Ramming.] 7 S. 8° [Kopftit.]

Dienst-Ordnung des ilegenden Corps der jüngeren Kaufmannschaft. Lithographirt. 1 Bl. Fol. Flugblatt. Berlin. 15. Sept. 1848.

Dienst-Ordnung und Dienst-Instruktionen für die Beamten bei dem Untersuchungsgefängnisse zu Berlin (Alt-Moabit). Berlin: Starke 1886.

Dienstordnung f. d. Equitations-Anstalt. München 1889. 1901.

Dienstordnung, evangelische militärkirchliche (E. M. D.) (vom 17. X. 1902), m. Ausführungsbestimmungen. (D. V. E. No. 372.) gr. 8. (VII, 78 S.) Berlin 902. E. S. Mittler & Sohn. n. — 80; kart. n. 1. —

Evangelische militärkirchliche Dienstordnung. ⟨E. M. D.⟩ Textausg. mit d. Ausführungsbestimmungen d. Kriegsminist. u. mit Anm. Hrsg. von Dr. M[artin] Richter, Reg.-Ass. *Berlin: E. S. Mittler & Sohn 1903.* (XI, 94 S.) 8° [F.] [04. 9477

– evangelische militärkirchliche. Anh. (Zu D. V. E. No. 372.) (26 S.) 8. Ebd. (905). n. — 20
Hauptwerk Ebd. 902. n. — 80: kart. n. 1. —

Dienst-Ordnung f. die Feld-Magazin-Verwaltungen. gr. 8. (VIII, 220 S. m. 6 Steintaf. u. Tab.) Berlin 880. (Liebel.) n.n. 2. —

Dienst-Ordnung f. die Feld-Magazin-Verwaltungen vom 5. Febr. 1880. Nachtrag I. gr. 8. (56 S.) Berlin 882. (Liebel.) n.n. — 50

Dienst-Ordnung für die Feld-Magazin-Verwaltungen vom 5. Febr. 1880. Nachtrag II. gr. 8. (7 S. mit Stnt.) Berlin 886, Stankiewicz. *

Dienstordnung f. d. Feld-Magazinverwaltungen.
Berlin 1887.

Dienst-Ordnung für die Feld-Postanstalten. Berlin 1862. 8°.
Dass. 1867.
Dass. u. d. T.: Feldpost-Dienstordnung. 1873. (Mit) Ausführungs-Bestimmungen.

Dienst-Ordnung für die Feld-Proviant-Aemter. Berlin 859. v. Decker. gr. 8. (VIII, 203 S. mit Holzschn.) n. 20 ngr.

Dienst-Ordnung für die Feld-Proviant-Ämter. (Vom 18. 11. 1873.) München 1874. 8°.

Dienstordnung f. d. Festungsbauschule. 8. (VII, 120 S.) Berlin 895. E. S. Mittler & Sohn. n. — 90; kart. n. 1. 10

-- für das großherzogl. Gendarmeriekorps. Amtliche Handausg. (116 u. III S.) gr. 8. Darmstadt 904. G. Jonghaus. n. — 80

Dienstordnung für die Gerichtsboten und Vollstreckungsbeamten im Großherzogthum Baden. Amtliche Ausg. Karlsruhe 851. Müller. 8. (99 S.) n. 8 ngr

Dienst- und Geschäftsordnung für die Militärgerichtsstellen der höheren und niederen Gerichtsbarkeit. *Berlin: E. S. Mittler & Sohn 1900.* (IV, 72 S.) 8° [F.] [00. 6334

Dienst- u. Geschäftsordnung f. d. Militärgerichtsstellen d. höh. u. d. nied. Gerichtsbarkeit.
München 1900.

Dienstordnung für Hausbesorger. Gr.-8. (6 S.) —.15
Wien: Perles 1894

Dienstordnung für die technischen Institute ⟨D. O. f. t. J.⟩ vom 31. Okt. 1907. [Nebst] Beilagen. Berlin: E. S. Mittler & Sohn 1907. 2 Bde 8° [F.]
(D. V. E. No 16.) [08. 4511

Dienstordnung des bayer. Kadetten-Korps. München 1890. 33 S.

- d. K. B. Kadetten-Corps. (Abkürzg. = D. O.) 8. (40 S.) München 897. (Literarisch-artist. Anstalt.) n. 1. 10

Dienst-Ordnung für das Berg-Revier Kappel in Unterkärnten. Klgft., Leon, 1863. Folio. 16 S.

Katholische militärkirchliche Dienstordnung. ⟨K. M. D.⟩ (v. 17. Okt. 1902) mit Ausführungsbestimmungen. *Berlin: E. S. Mittler & Sohn 1902.* (VII, 72 S.) 8° [F.]
(D. V. E. No 373.) [03. 2784

Katholische militärkirchliche Dienstordnung. ⟨K. M. D.⟩ Textausg. mit d. Ausführungsbestimmungen d. Kriegsminist. u. mit Anm. von Dr. Martin Richter, Reg.Ass., u. Heinrich Vollmar, Feldpropst. Berlin: Germania 1904. (X, 104 S.) 8° [F.] [04. 2813

— katholische militärkirchliche. Anh. (Zu D. V. E. No. 373.) (23 S.) 8. Berlin (905). E. S. Mittler & Sohn. n. — 20
Hauptwerk Ebd. 902. n. — 80; kart. n. 1. —

Dienstordnung der Kriegs-Akademie. gr. 8. (36 S.) Berlin 888. Mittler & Sohn. n.n. — 25; cart. n.n. — 35

Dienstordnung der Kriegsakademie. ⟨K. A. O.⟩ Vom 19. Dez. 1901. *Berlin: E. S. Mittler & Sohn 1901.* (28 S.) 8° [F.]
(D. V. E. No 125.) [03. 11756

— — d. (bayer.) Kriegs-Akademie.
München 1889. 29 S.

—— für die königl. Kriegsschulen. gr. 8. (24 S.) Berlin 859, Decker'sche geheime Ober-Hofbuchdruckerei. *

—— für die königl. Kriegsschulen. 2. Aufl. 8. (16 S.) Berlin 885, v. Decker's Verlag.

--- d. Kriegsschulen. (Kr. O.) 8. (VI, 66 S.) Berlin 898. E. S. Mittler & Sohn. n. — 60; kart. n. — 75

Dienstordnung der Kriegsschulen ⟨Kriegsschul-Ordnung.⟩ ⟨Kr. O.⟩ vom 10. Dez. 1906. Berlin: E. S. Mittler & Sohn 1906. (VII, 74 S.) 8° [F.]
(D. V. E. No 41.) [07. 14930

[F.] Dienstordnung für den Truppenübungsplatz Lockstedt. *Itzehoe: Dr. v. G. J. Pfingsten 1897.* (86 S.) 1 Bd 8. [98. 2878

Dienstordnung f. d. Luftschiffer-Abteilung. Entw.
München 1896.

[F.] Dienst-Ordnung für die Kaiserlichen Marine-Schiffsposten '(an Bord S. M. Kriegsschiffe in fremden Gewässern)'. *(Berlin: Gedr. in d. Reichsdr. 1897.)* (23 S.) 1 Bd 4. [97. 5741

Dienstordnung für die Kaiserlichen Marine-Schiffsposten ⟨an Bord S. M. Kriegsschiffe in fremden Gewässern⟩. Gültig v. 1. Okt. 1907 ab. (Berlin: Reichs-Marine-Amt 1907.) (36 S.) 8° [F.]
(D. E. No 289.) [07. 14949

-- für die Militär-Magazin-Verwaltungen. Berlin 855. Decker. gr. 8. (X, 169 S. u. 102 Bl.) n. 17 ngr

Dienst-Ordnung für die Militär-Magazin-Verwaltungen. gr. 8. (XII, 400 S.) Berlin 879, Bath. *

—— für die Militär-Magazin-Verwaltungen. Nachtrag. gr. 8. (9 S.) Berlin 888, Mittler und Sohn. **
Hauptwerk. Berlin 1879, Bath. *M 1.25.

Dienstordnung f. die Militär-Magazin-Verwaltungen v. 8. Jan. 1879. Nachtr. I. gr. 8. (4 S.) Berl. 890, (Mittler u. Sohn). — 10
Hauptwerk. Berlin 1879, Bath. * 1 25.

Dienstordnung für das Militär-Reitinstitut. (D. O. f. M. R.) 8. (39 S.) Berlin 889. Mittler & Sohn. n. — 40; cart. n. — 60

Dienstordnung für das Militär-Reit-Institut. ⟨D.O.f.M.R.I.⟩ *Berlin: E. S. Mittler & Sohn 1900.* (47 S.) 8° [F.] [01. 9940

Dienstordnung f. d. Oberfeuerwerkerschule. München 1876, 17 S. 4°.

Dienst-Ordnung für die königl. Oberfeuerwerkerschule. gr. 8. (27 S.) Berlin 869, Voßische Buchh. **

Dienstordnung für den Prosektor des anatomischen Institutes der Hochschule Bern. Bern 1904. 4 S. 8°.
Bern. Univ.-Schr. 1903/1904.

Dienst-Ordnung für die Stadt-Schulkommission der Residenzstadt Cassel. Cassel 1904: Gebr. Gotthelft. (11 S.) 8° [F.] [05. 8319 4

Dienstordnung für die dem Ministerium des Innern unterstellten Strafanstalten und größeren Gefängnisse vom 14. Nov. 1902. *Berlin 1902: Strafanstalts-Verwalt.* (XIV, 138 S.) 8° (4°) [F.] [03. 1873 11

Dienstordnung für die dem Ministerium des Innern unterstellten Strafanstalten und größeren Gefängnisse vom 14. Nov. 1902. 2. Aufl. Berlin 1906: Strafanstaltsverwaltung. (XV, 153 S.) 4° [F.] [07. 13936 II

Dienstordnung, betreffend die besonderen dienstlichen Verhältnisse der Provinzialständischen Beamten der Provinz Posen. Posen. 1890. 8°.

Dienstordnung für die Wallmeisterschule vom 10. Juni 1910. Berlin: Mittler 1910. IV, 25 S. 8°
(D. V. E. Nr 235.) [10. 11701

Dienstordnung f. die kaiserl. Werften, s.a. Werftdienstordnung.

—— für die kaiserl. Werften. gr. 8. (XI, 1175 S.) Berlin 882, Mittler und Sohn. cart.

Dienstpflicht. Schausp. v. Iffland. 8. Leipz. Göschen. 796. -

Dienstpflichten u. Verhaltungen f. den Militärstand in kleinen fürstl. Staaten. 8. Bonn 787. Hermann. 10 ɣ

Dienst-Reglement. T. 1. 2. Mit Tabellen.
Wien 1807. 1808. — 1860. T. 1. 2.
— — 1860. Bd 1. 2. 4°

Dienst-Reglement. Felddienst. 8. Solothurn 1860.
— — (Neuauflage.) 16. Aarau 1863.

Dienst-Reglement. Innerer Dienst. 16. Aarau 1863.

— — Innerer Dienst. Anhang vom 31. Juli 1863. Zusammenstellung der Obliegenheiten der einzelnen Grade für den inneren Dienst. 16. Chur 1864.

Dienst-Reglement. T. 2. 3. Wach- u. Vorposten-dienst. Entwurf. Aarau 1866.

Dienst-Reglement. 3 Thle. in Fragen u. Antworten für Unteroffiziere u. Unteroffiziers-Bildungsschüler des k. u. k. gemeinsamen Heeres, der k. k. u. k. Landwehr. Zusammengest. v. E. R. gr. 16. Budapest 902. C. Grill. n.n. 1.30
1. (VI, 142 S.) n.n. — 70. — 2. (45 S.) n.n. — 40. — 3. (III, 18 S.) n.n. — 20.

— allgemeines, für die eidgenössischen Truppen. 8. St. Gallen 835. Scheitlin u. Zollikofer. 1/4 ɳ

Dienstreglement für die Kgl. Preuss. Armee. 4°. Berlin 1788.

Dienst-Reglement für die k. k. Artillerie. 1. Thl. 32. (369 S.) Wien 860, Hof- und Staatsdruckerei.

—— dass. — 4. (228 S.) Ebendas. 860.

Dienst-Reglement für die k. k. Artillerie. 2 Thle. 16. (LXIII und 589 S. mit 7 Tab. in 4. und qu. Fol.) Wien 860,61. (Leipzig, Denicke.) **

Dienst- und Betriebsreglement für die holsteinischen Eisenbahnen. Gültig vom 1. Jan. 1849. Altona. 1849. 8°

Dienst-Reglement für Bürgerwehrmänner. gr. 8. (8 S.) Schwerin 848, Kürschner (jetzt: Hildebrant). baar 1/21 ɳ

Dienst- und Exercier-Reglement für die sämmtliche Kayserl. Königliche Infanterie. Aus: „Schriften, das österr. Militär betreffend, 2. Bd." — Frankfurt und Leipzig 1786.

Dienst- u. Exercier-Reglement für d. k. k. Infanterie, mit Kpf. gr. 8. Leipz. 786. (W. Vogel). 2 ɳ 12 ɣ

— in Fragen u. Antworten f. Unteroffiziere u. Unteroffiziers-Bildungsschüler d. k. u. k. gemeins. Heeres, d. k. k. u. k. ung. Landwehr. Zusammengest. v. E. R. 3 Tle. 12. Budapest 895. C. Grill. n.n. 1. 30
1. (VI, 112 S.) n.n. — 70. — 2. (III, 52 S.) n.n. — 40. — 3. (III, 18 S.) n.n. — 20.

— das, für d. Gemeinen, Gefreiten, Tambours, Korporals u. Feldwaibels d. k. k. österr. Armee in Fragen u. Antworten, nebst Erklärung d. Bestandtheile d. Feuergewehrs u. d. Verhaltungen beim Tirailliren. 16. Wien 824. Geistinger. (Landsh., Krüll). 12 ɣ

Dienst-Reglement, Das, für die Gemeinen, Gefreyten, Tambours, Korporale und Feldwäbels der k. k. österreichischen Armee in Fragen und Antworten. Nebst Erklärung der Bestandtheile eines Feuergewehres und der Verhaltungen beym Tirailliren. (Donation Liechtenstein.) kl. 8. Wien und Triest 1833.

Dienstreglement, das, für die Gemeinen, Patrouilleführer, Trompeter, Unterjäger u. Oberjäger des k. k. Jägerregiments, in Fragen u. Antworten. Mit Tabellen. 16. Innsbruck 836. Wagner. 1/8 ɳ

Dienst-Reglement für die k. k. Genie-Waffe (siehe auch „Dienst-Reglement für das k. k. Heer" III. Th.,) 8. Wien 1853.

Dienstreglement für die Gerichtsvoigte. Mit Genehmigung des königl. Justizministeriums veranstaltete Ausg. gr. 8. (107 S.) Hannover 852, Helwingsche Hofbuchh.

— dass. Mit Hinzufügung der darnach f. die Gerichtsvoigte zur Anwendung kommenden gesetzl. Vorschriften u. angehängten Beispielen hrsg. von E. H. Ebhardt. gr. 8. (IV u. 88 S.) Hannover 852, Gebr. Jänecke. 1/3 ɳ

Dienstreglement für d. Guiden. Bern 1863.

Dienstreglement für die Guiden. (Vom 22. 12. 1862.) Bern 1876. 8°.

Dienst-Reglement für das k. k. Heer, s.a. Militair-Vorschriften, Taschen-Ausg.

Dienst-Reglement. Slovenisch-deutsch für das k. u. k. Heer. Klgft., St. Hermagoras-Druck., 1873—(80). 3 Tle. — 1. Tl.: 2. Aufl. 1888. 288 S.

Dienst-Reglement, deutsch-slovenisch, für das k. k. Heer. I. Thl. 2. Auflage des Reglement vom Jahre 1873. Ins Slovenische übersetzt von Andreas Comel Edler von Socebran. 8. (143 S.) —.80
— — II. Thl. 2. Auflage des Reglement vom Jahre 1874. (Felddienst ins Slovenische übersetzt von Andreas Comel Edler von Socebran. 8. (132 S.) —.80
— — III. Thl. Infanterie- und Jägertruppe. 8. (35 S.) Klagenfurt: Raunecker 1889 —.20

Dienst-Reglement für das kaiserlich-königliche (k. u. k.) Heer. 1. Th. 1873. Beigeb.: Ergänzungen des Dienst-Reglements für das k. k. Heer in seiner Anwendung auf die k. k. Landwehr. (Genehmigt mit a. h. Entschliessung vom 20. August 1875.) — 2. Aufl. des Reglements vom Jahre 1873. 1888. Beigeb.: Ergänzungen zum Reglement für das k. k. Heer in seiner Anwendung auf die k. k. Landwehr. 1887. 1. Nachtrag. 1889 2 Nachtrag. 1891. 3. Nachtrag. 1892. — Sammlung von in Kraft stehenden Circular-Verordnungen, Erlässen und sonstigen Bestimmungen zur 2. Auflage des 1. Theiles des Dienst-Reglements für das k. k. Heer. 1887. — 2. Th. 1874. (Mit 5 Beilagen.) Beigeb.: Ergänzungen des Dienst-Reglements für das k. k. Heer, in seiner Anwendung auf die k. k. Landwehr. (Genehmigt mit a. h. Entschliessung vom 20. August 1875.) — 2. Aufl. des Reglements vom Jahre 1874. 1887. Beigeb.: Ergänzungen zum Reglement in seiner Anwendung auf die k. k. Landwehr. 1889. — 3. Th. Infanterie und Jäger-

Truppe. 1876. 2. Aufl. des Reglements vom Jahre 1876. 1889. Beigeb.: Ergänzungen zum Reglement in seiner Anwendung auf die k. k. Landwehr-Fusstruppen. 1889 und 1894. — 3. Th. Cavallerie. 1876. 2. Aufl. des Reglements vom Jahre 1876, 1889 u. 1890. — 3. Th. Artillerie. 1877. 2. Aufl. des Reglements vom Jahre 1877. 1892. — 3. Th. Genie-Waffe. 1877. — 3. Th. Pionnier-Regiment. 1876. (Neue Ausgabe:) Pionnier-Truppe und Anstalten des Pionnier-Zeugwesens. 1894. — 3. Th. Eisenbahn- und Telegraphen-Regiment. 1893. — 3. Th. Sanitäts-Truppe. 2. Aufl. des Reglements vom Jahre 1877. 1892. — 3. Th. Militär-Fuhrwesens-Corps. 1877. Anhang. 1878. Beigeb.: 1. Nachtrag vom Jahre 1886. — Train-Truppe und Anstalten des Train-Zeugswesens. 1891. — 3. Th. Militär-Verpflegs-Mannschaft. 1882. 2. Aufl. des Reglements v. J. 1882. 1891. — Anhang. 1878 Beigeb.: 1. und 2. Nachtrag, 1886 und 1895.
8. Wien 1873—1895.

Dienst-Reglement für das k. u. k. Heer. 1. Th. 2. Auflage des Reglements vom Jahre 1873. 1888. (Ergänzung.) Beigeb.: Nachtrag 4. (1893.) 5. (1896.) 6. (1900.) 7. (1903.) 8. (1904.) — 2. Th. 3. Auflage des Reglements vom Jahre 1874. 1896. — 3. Th. Infanterie und Jägertruppe. 2. Auflage des Reglements vom Jahre 1876. 1890. (Ergänzung.) Beigeb.: Nachtrag 1. (1894.) — 3. Th. Cavallerie. 2. Auflage des Reglements vom Jahre 1876. 1890. (Ergänzung.) Nachtrag 1. (1904.) — 3. Th. Artillerie. 2. Auflage des Reglements vom Jahre 1877. 1892. (Ergänzung.) Beigeb.: Nachtrag 1. (1904.) — 3. Th. Pionnier-Truppe und Anstalten des Pionnierzeugwesens. 1894. (Ergänzung.) Beigeb.: Nachtrag 1. (1904.) — 3. Th. Eisenbahn- und Telegraphen-Regiment. 1893. (Ergänzung.) Beigeb.: Nachtrag 1. (1904.) — 3. Th. Train-Truppe und Anstalten des Train-Zeugswesens. 1891. (Ergänzung.) Beigeb.: Nachtrag 1. (1904.) 8. Wien 1893—1904.

Dienst-Reglement für das k. k. Heer. T. 1—3. Wien 1873—77. 8°.
Dass. 2. Aufl. T. 1. 2 mit Kirchhammer's Wort- und Sach-Register zu T. 1. 1886—87.
Dass. T. 1. Nachdruck 1897.

Dienst=Reglement für das kaiserlich königliche Heer. 1. Thl. 8. (366 S.) Wien 873, k. k. Hof= und Staatsdruckerei. **

Dienst=Reglement f. das kaiserlich königliche Heer. 1. Thl. 8. (366 S.) Wien 873. (Teschen, Prochaska.) n.n. 1. 50

Dienst=Reglement für das kaiserlich königliche Heer. 2. Thl. 8. (232 S. mit 4 Taf.) Wien 874, k. k. Hof= und Staatsdruckerei. *

— dasselbe. 3. Thl. Pionnier=Reglement. 8. (63 S.) Ebend. 876. n. — 40

— dasselbe. 3. Thl. Genie=Waffe. 8. (80 S.) Ebend. 877. n. — 60

—— dass. — 3. Thl. 7 Hefte und Anhang. 8. Ebendas. *
Inhalt:
Heft 1. Artillerie. (78 S.) 877. * 40 Pf.
" 2. Fuhrwesen. (64 S.) 878. * 40 Pf.
" 3. Genietruppe. (80 S.) 878. * 60 Pf.
" 4. Infanterie und Jäger. (68 S.) 876. * 40 Pf.
" 5. Kavallerie. (66 S.) 876. * 40 Pf.
" 6. Pionniere. (63 S.) 877. * 40 Pf.
" 7. Sanitätstruppe. (46 S.) 877. * 40 Pf.
Anhang: Statuten des Militär Maria-Theresien-Ordens. (36 S.) 878. * 30 Pf.
1. Thl. Ebendas. 1873. * ℳ 1,20.

Dienst=Reglement für das k. k. Heer. 3. Thl.: Militär=Verpflegs=Mannschaft. 8. (27 S.) Wien 882, Hof= und Staatsdruckerei.

Dienst=Reglement f. das k. k. Heer. Wort= u. Sach=Register zum 1. Thl. 8. (70 S.) Wien 884. Seidel & Sohn. n. — 80

Dienst=Reglement f. das k. u. k. Heer. 3. Thl.: Eisenbahn= u. Telegraphen=Regiment. 8. (VI, 96 S.) Wien 893. (Hof= u. Staatsdruckerei.) n. — 60

— dasselbe. 3. Thl.: Pionnier=Truppe u. Anstalten d. Pionnier=Zeugswesens. 8. (VI, 89 S.) Ebd. 894. n. — 80

Dienst=Reglement f. das k. u. k. Heer. III. Thl. Pionnier=Truppe u. Pionnier=Zeugsanstalten. Mit Nachtrag 1, 2. (Neue Aufl.) (VI, 88 S.) 8. Wien 894. Hof= u. Staatsdruckerei. 1. —

Dienst-Reglement f. d. k. u. k. Heer. 2. Thl. Alphabet. Sach-Reg. Von V. M. 8. (22 S.) Wien 897. (L. W. Seidel & Sohn.) n. — 70

(F) Dienst-Reglement I. Theil für das kaiserliche und königliche Heer. Applicatorisch bearbeitet von Oberstlieutenant Uhle. Wien und Leipzig. 1899. Braumüller. 16°. 64 S. fl. —.40

(F) Dienst-Reglement für das kaiserliche Heer. I. Theil. 2. Auflage des Reglements vom Jahre 1873. Nachdruck-Ausgabe vom Jahre 1900 mit Berücksichtigung der Nachträge 1—6. (Zu Praes. Nr. 2839 vom Jahre 1886 — Normal-Verordnungsblatt für das k. u. k. Heer, 22. Stück.) Wien. 1900. Hof- und Staatsdruckerei. 8°. VIII, 402 S. K 1.20

(F) Nachtrag zum Dienst-Reglement für das k. u. k. Heer, I. Theil. (Zu Praes. Nr. 2486 vom Jahre 1900 — Normal-Verordnungsblatt für das k. u. k. Heer. 25. Stück.) [Wien. 1900. Hof- und Staatsdruckerei.] 8°. 21 S. K —.16

Dienstreglement. 2. Teil. (Taschenausgabe.) [Taschenbibliothek für Offiziere der k. u. k. Fußtruppen.] 16°. (V, 111 S.)
Preßburg: Heckenast 1904 K 1.30

(F) Dienstreglement für das k. u. k. Heer. 3. Teil. Pioniertruppe und Pionierzeugsanstalten. 8°. (88 S.) K 1.—
Wien: Hof-u.Staatsdruck. 1909

Dienst-Reglement für die Infanterie der Insurrection des Adels von Ungarn. Auf höchsten Befehl Sr. k. k. Hoheit des Erzherzog Palatinus entworfen. 8. Pesth 1809.

Dienst-Reglement für die sämmtlich-Kaiserlich-Königliche Infanterie. 1. Th. Compagnie-Reglement. 2. Th. Regiments-Reglement. Siguirt: Maria Theresia und Moritz Graf v. Lacy.
4. Wien 1769.

Dienst-Reglement für die k. k. Infanterie. T. 1. 2. (Mit) Formularien. Wien 1806—07. 8° u. 4°.
Dass. T. 1. 2. 1860. 4°.

Dienst-Reglement für die k. k. Infanterie. 1. u. 2. Th. Signirt: Erzherzog Carl, Generalissimus. (Beigeb. dem 1. Exempl. Ergänzungen v. Jahre 1825, 1835 und 1852.) 2 Bde.
4. Wien 1807—1808.

—— für die k. k. Infanterie. 2 Thle. 16. (XLIII und 548 S. mit 7 Tab. in 4. und qu. Fol.) Wien 860. (Leipzig, Denicke.) **

—— für die k. k. Infanterie. 1. Thl. 8. 1860. (293 S.) Wien 860, Hof= und Staatsdruckerei.

—— dass. — 4. (186 S.) Ebendas. 860.

Dienstreglement für die Kur-Braunschweigische Infanterie, Kavallerie und Artillerie. 4 Bde. 4. Hannover 1785—88. 17,00.

Dienstreglement f. d. Justizoffiziere (der) Schweiz. Armee. (Beschluß des schweizer. Bundesrathes vom 15. März 1892.) Bern 1892.

— f. die Cavallerie der Schleswig=Holsteinischen Armee. 2 Thle. 8. 1. Thl. Dienst=Instructionen. (VIII u. 278 S. m. 1 Tab. in qu. Fol.) — 2. Thl. Exerzir=Reglement. (XII u. 168 S.) Schleswig 849. (Bruhn.) (1. Thl. n. 18 ngr 2. Thl. n. 16 ngr) n. 1 ß 4 ngr

Dienst-Reglement für die Cavallerie der Insurrection des Adels von Ungarn. Auf höchsten Befehl Sr. k. k. Hoheit des Erzherzog Palatinus entworfen. 8. Pest 1809.

Dienst-Reglement für die k. k. Cavallerie. Wien den 1. Januar im Jahre 1807. Erzherzog Carl, Generalissimus. 1. u. 2. Th. (Mit 16 Taf.) (2 Bde.) 4. Wien 1807—1808.

—— für die k. k. Kavallerie. 1. Thl. 32. (361 S.) Wien 860, Hof- und Staatsdruckerei.

—— dass. — 4. (220 S.) Ebendas. 860.

Dienst-Reglement für die k. k. Kavallerie. 2 Thle. 16. (XLIII und 609 S. mit 5 Tab. in 4. und gr. 4.) Wien 860. (Leipzig, Denicke.) **

Dienstreglement für die Kursächsische Kavallerie. 8. Dresden 1753.

Dienst-Reglement für die Festung Königstein, im Friedensstande. Dresden 1846. 8°.

Dienst-Reglement f. d. Hochfürstl. Wirzburgische Kriegs-Mannschaft sowohl in Garnison als im Feld. Wirzburg 1772.

Dienst-Reglement für die k. k. Kriegs-Marine. I. Th. Allgemeine Bestimmungen. II. Th. Dienst zu Lande. III. Th. Dienst zur See. (3 Bde.) 8. Wien 1879.

Dienst-Reglement, Auszug aus dem, für die k. k. Kriegs-Marine. II. Th. Dienst zur See. (Mit 2 Beilagen auf 4 Blättern.) Fortsetzung des Auszuges. II. Th. Dienst zur See. (2 Bde.) 8. Wien 1877—1878.

Dienst-Reglement für die k. u. k. Kriegs-Marine. 2. Auflage des Reglements vom Jahre 1879. 1. Th. Allgemeine Bestimmungen. — 2. Th. Dienst zu Lande. Beigeb.: Nachtrag 1. 1901. — 3. Th. Dienst zur See. — 1. Nachtrag zum 3. Th. 1904. Beigeb.: 1. Nachtrag 1904. (4 Bde.) 8. Wien 1901—1904.

Dienst-Reglement, Ihro Königl. Majestät in Pohlen und Chur-Fürstl. Durchl. zu Sachsen etc. allergnädigst approbirtes, im Lande und im Felde, vor Dero Infanterie-Regimenter. (Mit 8 Tafeln.) 8. Dressden 1753.

Ihro Königl. Majestät in Pohlen und Chur-Fürstl. Durchl. zu Sachsen Dienst-Reglement ... vor Dero Cavallerie- und Dragoner-Regimenter. Dresden 1753. 8°.

Dienstreglement für die Klagenfurter National-Garde. Klgft., v. Kleinmayr, 1848. 24 S.

Schaffhauser Centenarfeier 1901. Dienstreglement für das Polizei-Komite. (Genehmigt 1901 April 27.) II + 17 S. 8. Schaffhausen, H. Meier & Cie., 1901.

Anhang z. provis. Dienst-Reglement f. d. Inf. u. Fuß-Art. z. Gebrauch f. d. Reiterei. Karlsruhe 1832.

—— für die unter der Bezeichnung „Schutzverein" gebildete Sicherheitswache der Residenz. 12. (24 S.) Cassel 848, J. G. Luckhardt.

Dienst-Reglement für die eidgenössischen Truppen. Beschluß der schweizerischen Bundesversammlung vom 19. Juli 1866. Aarau 1866. 8.

Dienst-Reglement für die grossherzoglich-hessischen Truppen. 1. Th. Allgemeine Dienstbestimmungen für die Truppen aller Waffengattungen. 2. Th. Besondere Dienstbestimmungen für die Truppen der einzelnen Waffengattungen. (2 Bde.) 8. Darmstadt 1825.

— für d. großherzogl. hess. Truppen. 2 Thle. gr. 8. Darmst. 825. Leske. 2 Thlr 6 gr

Dienstreglement für sämmtl. königl. hannov. Truppen. 1r od. allgem. Thl. gr. 8. Hannov. 824. Helwing. 1 Thlr 8 gr

Dienst-Reglement für sämmtliche Chur-Braunschweig-Lüneburgische Truppen. T. 1. 2. Hannover 1787. 8°.
Dass. u. d. T.: Dienst-Reglement für sämmtliche Kgl. Hannov. Truppen. T. 1. 1824.

Dienstreglement für sämmtl. kurbraunschw.-lüneburg. Truppen. 4 Thle. gr. 8. Hannov. 787. Helwing. 5 Thlr 16 gr

Dienstreglemente für die diversen Beamten der schweiz. Nordostbahn. 1855.

Dienst-Unterricht der Ersatz-Reservisten der Infanterie. Auf Grund des Weißhun'schen „Dienst-Unterricht des Infanterie-Gemeinen" bearb. 1.—4. Aufl. 8. (74 S. mit Abbild.) Potsdam 885—87, Döring. **

Dienst-Unterricht d. Ersatz-Reservisten der Infanterie. Auf Grund d. Weißhun'schen „Dienst-Unterricht d. Inf.-Gemeinen" bearb. 5.—7. Aufl. 8. (VI, 76 S. m. Abbildgn.) Potsd. 889, Döring. ** — 25

Dienst-Unterricht für die k. k. Forstämter. Druck der k. k. Hofbuchdruckerei von Gottlieb Haase Söhne in Prag 1856. (7 Bl. 4.)

Dienst-Unterricht für die Forstkassen der k. k. Forstämter Drozdov und Straschitz. Druck der k. k. Hofbuchdruckerei von Gottlieb Haase Söhne in Prag, 1856. (2 Bl. 4.)

Dienst-Unterricht für die k. k. Forstwarte. Druck der k. k. Hofbuchdruckerei von Gottlieb Haase Söhne in Prag, 1856. (5 Bl. 4.)

Dienst-Unterricht für Gerichtsdiener, Gerichtsvollzieher, Gefangenaufseher, sowie für Amts- und Kanzleidiener bei allen Staats- und Gemeinde-Behörden der deutschen, böhmischen, galizischen und ungarischen Kronländer. Mit einer Darstellung aller gesetzlichen Vorschriften über die Anstellung u. Versorgung des Dienerschaftspersonales und deren Witwen und Waisen. Wien 855. Manz. 8. (VI, 160 S.) 16 ngr

Dienst-Unterricht des preußischen Infanterie-Gemeinen. Ein Leitfaden für den Offizier u. Unteroffizier beim Ertheilen des Unterrichts, sowie ein Hülfs- u. Handbuch für den Gemeinen zur Belehrung über seine Dienstobliegenheiten. Von W. Mit 24 in den Text gedr. Holzschn. 21—27. Aufl. Potsdam 869, 70. Döring. 8. (VI, 82 S.) n. 3 ngr

—— des preußischen Infanterie-Gemeinen. Ein Leitfaden für den Offizier und Unteroffizier beim Ertheilen des Unterrichts, sowie ein Hülfs- und Handbuch für den Gemeinen zur Belehrung über seine Dienstobliegenheiten. Von Hauptm. W. [Mit 24 in den Text gedr. Holzschn.] 1.—35. Aufl. 8. (VI, 82 S.) Potsdam 869—71, Döring. **

—— d. württembergischen Infanterie-Gemeinen. 16. (VI, 179 S.) Tübingen 891, Fues. cart. * — 80

Dienst-Unterricht d. württembergischen Infanterie-Gemeinen. V. Jahrg.: 1892/93. gr. 16. (VI, 179 S.) Tübingen 892. F. Fues. Kart. n.n. — 60

—— für den sächsischen Infanteristen. Lehrbüchlein für Soldat und Recrut. Zusammengestellt von einem Militär des XII. k. sächs. Armeecorps. 8. (80 S.) Pirna 871, Diller und Sohn. *

Dienstunterricht für den deutschen Kavalleristen. Von e. Stabsoffizier. Mit zahlr., zum Thl. bunten Abbildgn. 53. völlig umgearb. Aufl. gr. 8. (216 S.) Berlin 901. R. Eisenschmidt. n. — 60

Dienstunterricht für den Deutschen Kavalleristen von e. Stabsoffizier. Bearb. (seit 1893) von Fritz v. Unger. Mit zahlr. Abb. 55. Aufl. Berlin: R. Eisenschmidt 1903. (216 S.) 8°.

Dienstunterricht für den Deutschen Kavalleristen. Von e. Stabsoffizier. Bearb. (seit 1893) von Fritz v. Unger, Major. Mit zahlr. Abb. 56. Aufl. Berlin: R. Eisenschmidt 1904. (216 S.) 8° [F.] [06. 6]

Dienstunterricht für den Deutschen Kavalleristen von e. Stabsoffizier. Bearb. (seit 1893) von Fritz v. Unger, Major. Mit zahlr. Abb. 57. Aufl. Berlin: R. Eisenschmidt 1905. (216 S.) 8° [F.] [07. 103]

Dienstunterricht f. den deutschen Kavalleristen, v. e. Stabsoffizier. Bearb. [seit 1893] von Fritz v. Unger. 58. Aufl. (216 S. m. Abbildgn., 4 farb. Taf. u. 1 farb. Bildnis.) 8. Berlin 906. R. Eisenschmidt. n. — 60

Dienstunterricht f. den deutschen Kavalleristen, v. e. Stabsoffizier. 60. Aufl. (224 S. m. Abb., 4 farb. Taf. u. 1 farb. Bildnis.) 8. Berlin 908. R. Eisenschmidt. n — 60

Dienst-Unterricht für den sächsischen Cavaleristen. Lehrbüchlein für Soldat und Recrut. Zusammengestellt von einem Militär des k. sächs. XII. Armeecorps. 8. (80 S.) Pirna 871, Diller und Sohn. *

— bei dem württembergischen Pionier-Bataillon Nr. 13. II. Jahrg.: 1892/93. gr. 16. (VI, 179 S.) Ebd. 892. Kart. n.n. — 50

Dienst-Unterricht, der, des Soldaten im herzogl. Sachsen-Coburg-Gothaischen Infanterie-Regiment. Gotha 1858. 8. (VII und 152 S. mit 3 Stnt. in 4.) Berlin 858, Decker'sche geheime Ober-Hofbuchdruckerei. *

Dienstunterricht für die angehenden u. wirklichen Unteroffiziere des Garde-Füsilier-Bataillons. Berlin 1816. 96 S.

Dienstverhältnisse,

—— die allgemeinen, der Offiziere des Beurlaubtenstandes. Eine Zusammenstellung der offiziellen Bestimmungen, begleitet von erläuternden Bemerkungen. gr. 8. (92 S.) Berlin 878, C. Feicht. *
Aus: Militär-Zeitung der Reserve- und Landwehr-Offiziere des deutschen Heeres, besonders abgedruckt.

Dienstverhältnisse, die allgemeinen, der Offiziere des Beurlaubtenstandes. Eine Zusammenstellung der offiziellen Bestimmungen, begleitet von erläut. Bemerkungen. 2. gänzlich umgearb. Aufl. 8. (VI, 128 S.) Berlin 884, Eisenschmidt. *

Dienstverhältnisse, die allgemeinen, der Offiziere des Beurlaubtenstandes. Eine Zusammenstellung der offiziellen Bestimmungen, begleitet von erläut. Bemerkungen. 3. nach den neuesten Bestimmungen umgearb. Aufl. 8. (VI, 127 S.) Berlin 887, Eisenschmidt. *ℳ 1.50.; geb. *

Dienstverhältnisse, die allgem., der Offiziere d. Beurlaubtenstandes. Eine Zusammenstellg. der amtl. Bestimmgn., begleitet v. erläut. Bemerkgn. 4., umgearb. Aufl. gr. 8. (IV, 148 S.) Berlin 889. Eisenschmidt. n. 1. 60; geb. n. 2. 20

Dienstverhältnisse in der k. bayer. Armee. Ehrenbezeugungen. Mit Aenderungen. München 1872. 8.

— — in der k. bayer. Armee. Inspizirungen und Musterungen. München 1872. 8. Hiezu abgeänderte Beilage 4. München 1874.

Dienstverhältnisse in der k. b. Armee. Instruction für die Dienstesstellen der Ingenieure und Pioniere. München 1872. 8.

Dienst-Verhältnisse in der k. bayer. Armee. Instruction für die Remonte-Inspection. München 1872. 8.

— — in der k. bayer. Armee. Personal- und Qualifications-Berichte. München 1872. 8.

— — in der k. bayer. Armee. Verordnung über die Ergänzung der Offiziere des stehenden Heeres. München 1872. 8.

Dienstverhältnisse in der k. bayer. Armee. Militär-Apotheker. München 1873. 8.

— — in der rc. Militär-Veterinäre. München 1873. 8.

— — in der rc. Sanitätscorps. München 1873. 8.

Dienstverhältnisse in der k. bayer. Armee. Instruction für die Dienstesstellen des Trains. München 1874. 8.

— — in der k. bayer. Armee. Instruction für die Remonte-Inspection. München 1874. 8.

— — in der k. bayer. Armee. Beschwerden. München 1875. 8.

— — in der k. bayer. Armee. Garnisons-Wachdienst. München 1875. 8. Mit Aenderungen.

Dienstverhältnisse in der k. bayer. Armee. Instruction für die Dienstes- rc. Stellen der Artillerie. München 1875. 8.

— — der k. b. Armee. Instruction für die Dienstes- rc. Stellen der Ingenieure und Pioniere. München 1877. 8.

Dienstverhältnisse für den Genie-Dienst bei dem Etappenwesen der k. bayer. Armee. Ingolstadt 1870. 8°.

Dienstverhältnisse. — Major to der Horst Dienstv. Prozess und Duell. Von einem Augenzeugen Stade. 1826. 8°.

Dienstverhältnisse, die, der Mannschaften des Beurlaubtenstandes einschließlich der Rekruten und Ersatzreservisten, zusammengestellt auf Grund gesetzl. Bestimmungen und gegebener Vorschriften. 1. Aufl. (32 S.) * 20 Pf.; 2. revid. Aufl. 16. (31 S.) Bautzen 877, Rühl. *

Dienstverhältnisse d. Milit.-Pharmazeuten. München 1884.

Dienst-Verhältnisse, die, der Officiere d. Beurlaubtenstandes u. der dienstliche Verkehr derselben m. dem vorgesetzten Bezirks-Commando. Zusammengestellt von G. W. v. E. gr. 8. (24 S.) Breslau 876. Schletter's Sort. n. — 60

—— die, der Offiziere des Beurlaubtenstandes und der dienstliche Verkehr derselben mit dem vorgesetzten Bezirks-Kommando. Zusammengestellt von G. W. v. E. 5. verm. und verb. Aufl. gr. 8. (33 S.) Breslau 886, Schletter'sche Buchh. *

Dienstverhältnisse der Train-Batl. München 1892. 1901.

Dienstverhaltungen f. sämmtl. Compagnie-Offiziere. gr. 8. (12 S.) (Prag 850, Calve.) n. 1/12 ℳ

—— für den Inspektions-Feldwebel. gr. 8. (23 S.) (Prag 850, Calve'sche Brlgsh.) *

Dienstvertrag. Sonntagsruhe. Laden- u. Kontorschluß. Handels-Inspektoren. 3 österreich. Gesetzentwürfe, s. a. Schriften des deutschnationalen Handlungsgehilfen-Verbandes 17. Bd.

Dienstvertrag, Sonntagsruhe, Laden- und Kontorschluss, Handels-Inspektoren. 3 Gesetzentwürfe u. ihre Begründ. d. österreich. Abgeordnetenhause überreicht [von d. Berufsgenossenschaft d. Deutschnationalen Handlungsgehilfen-Verbandes]. Hamburg (1907.) 8°.
(Schriften d. Deutschnat. Handlungsgehilfen-Verband. Bd 17.)

Dienstvertrag. Sonntagsruhe. Laden- und Kontorschluß. Handelsinspektoren. 3 Gesetzentwürfe u. ihre Begründung. Dem österreich. Abgeordnetenhause überreicht. Hamburg: Deutschnat. Handlungsgehilfen-Verband (1909). 121 S. 8°.
(Schriften d. Deutschnat. Handlungsgehilfen-Verbandes. Bd. 17.)

— der, der Privatangestellten, s. a. Schriften der Gesellschaft f. soziale Reform.

Dienstvertrag, der, der Privatangestellten. I. II. (Schriften der Gesellschaft für soziale Reform. 26. 27) Jena 1908

Allgemeine Dienstvorschrift für die Königliche Schutzmannschaft in Berlin. Berlin (1902): R. Kühn. 46 S. 8° A 12 :058]

Dienstvorschrift (Regulativ) f. d. Arbeiter-Abtheilung. München 1874—1899.

Dienstvorschrift f. die Arbeiter-Abtheilungen. 8. (VIII, 76 S.) Berlin 881. Mittler & Sohn. n. — 80

Dienstvorschrift f. die Arbeiter-Abtheilungen vom 31. Aug. 1881. Nachtrag 1. Abgeschlossen Ende Dezbr. 1884. 8. (15 S.) Berlin 885. Mittler & Sohn. n. — 20 (Hauptwerk u. Nachtrag I: n. 1. —)

Dienstvorschrift für die Arbeiter-Abtheilungen. Beigeb.: Nachtrag 1. 1885, und Tekturen bis November 1888. 8. Berlin 1881—1888.

Dienstvorschrift f. d. Arbeiter-Abtheilungen. (D. f. A.) 8. (IX, 94 S.) Berlin 897. E. S. Mittler & Sohn. n. — 50; kart. n. — 70

Dienstvorschrift f. Armee-Bekleidungsdepots. (Vom 13. VI. 1902.) (D.V.E. No. 173.) gr. 8. (VI, 50 S.) Berlin 902. E. S. Mittler & Sohn. n. — 40

Dienstvorschr. f. d. Armee- u. Korps-Telegraphen-Abteil. Berlin 1888.

— f. die Artillerieschulschiffe. Entwurf. gr. 8. (48 S.) Ebd. 898. n. — 75

Dienstvorschrift f. d. Bau u. d. Betrieb v. Telephon- u. Telegraphenleitungen d. schmalspurigen Feldbahnen. Berlin 1895.

Entwurf. Dienstvorschrift für die Deckoffizierschule. (Deckoffz. Sch. V.) *Berlin: Reichs-Marine-Amt 1904.* (VI, 93 S.) 8° [F.] (D. E. No 132.) [04. 14155

Dienstvorschrift für die Einrichtung der Betriebs-, der Oberbau- u. der Baumaterialien-Verwaltung, sowie für das Buch- u. Rechnungswesen derselben. [Aus: „Eisenbahn-Verordnungsblatt".] 4. (85 S.) Berlin 880. C. Heymann's Verl. in Comm. n. 2. —

— für die Einrichtung der Betriebs-, der Oberbau- u. der Baumaterialien-Verwaltung, sowie f. das Buch- u. Rechnungswesen derselben, nebst den dazu ergangenen Aendergn. [Aus: „Eisenbahn-Verordnungsbl."] 2. Aufl. 4. (85 S.) Berlin 885. C. Heymann's Verl. n. 1. 60

— für die Einrichtung der Werkstätten- u. Werkstattsmaterialien-Verwaltung, sowie für das Buch- u. Rechnungswesen derselben. [Aus: „Eisenbahn-Verordnungsblatt".] gr. 4. (77 S.) Ebend. 880. n. 1. 60

Dienstvorschrift f. die Einrichtung der Werkstätten- und Werkstattsmaterialien-Verwaltung, sowie für das Buch- u. Rechnungswesen derselben. 2. Aufl. [Aus: „Eisenbahn-Verordnungsbl."] 4. (83 S.) Berlin 889. C. Heymann's Verl. n. 2. —

— für die Feld-Gendarmerie der k. k. Armee. 8. (V, 32 S.) Wien 884. Hof- u. Staatsdruckerei. n. — 20

— f. das königl. reitende Feldjägerkorps. Vom 30. XI. 1899. gr. 8. (33 S.) Ebd. 900. — 40; kart. — 60

[F.] Entwurf. Dienstvorschrift für die Feldzeugmeisterei. *Berlin: E. S. Mittler & Sohn 1898.* (2 Bl., 23 S.) 1 Bd 8. [98. 7048

— dasselbe. Entwurf. gr. 8. (V, 23 S.) Ebd. 899. — 15; kart. — 30

— für die Feldzeugmeisterei. 8. (VI, 25 S.) Ebd. 899. — 15; kart. — 30

Dienstvorschrift f. die Feldzeugmeisterei. Vom 22. III. 1906. (D. V. E. Nr. 346.) (VI, 80 S.) 8. Berlin 906. E. S. Mittler & Sohn. n. — 15; kart. n. — 30

Dienst-Vorschrift in Frag- und Antworten für Gemeine und Unterofficiere der Cavallerie der Insurrection des Adels von Ungarn. Nebst einem Anhange von Plänkeln, und von den Schuldigkeiten der Unterofficiere. Auf höchsten Befehl Sr. k. k. Hoheit des Erzherzog Palatinus entworfen. 8. Pest 1809.

Dienstvorschrift f. Führer u. Heizer d. Feldbahnlokomotiven. Berlin 1894.

Dienst-Vorschrift für den General-Quartiermeisterstab. Fol. Wien, 1. October 1805.

Dienst-Vorschrift f. d. Generalstab d. VIII. A. C. Stuttgart 1845.

Dienst-Vorschrift für den Generalstab des achten deutschen Armee-Corps. (Mit 2 Tabellen.) 8. Stuttgart (1857).

Dienstvorschrift für das Güterdepot einer Sammelstation. *Berlin: E. S. Mittler & Sohn 1903.* (52 S.) 8° [F.] (D. V. E. No 34.) [04. 1.451

Dienstvorschrift f. Herstellung v. Feldbahnbrücken a. unvorbereitetem Material. Berlin 1895.

Dienstvorschrift für Herstellung von Feldbahnbrücken aus unvorbereitetem Material. Berlin 1897. 8°.

Dienstvorschrift für das technische Hilfspersonal der k. u. k. Montur-Verwaltungsanstalten. Gr.-8°. (4 S.) K —.04
Wien: Hof-u.Staatsdruck. 1903

— f. d. Infanterieschule. (Dv. f. d. Inf.-Sch.) 8. (VIII, 105 S.) Ebd. 895. n. — 80; kart. n. 1. —

— für die Infanterieschulen. (Dv. f. d. Inf. Sch.) Vom 27. VI. 1903. Neudr. (D. V. E. Nr. 285.) (VIII, 94 S.) gr. 8. Ebd. 903. n. — 80; kart. n. 1. —

— für die königl. sächs. Infanterieschulen. (Dv. f. d. k. s. Inf.-Sch.) Nr. 62 des S. V. D. E. 8. (108 S.) Dresden 900. (C. Heinrich.) n. 1. —

Dienstvorschrift für die Ingenieur- und Deckoffizierschule. (Ing. u. Deckoffz. Sch. V.) Berlin: Reichs-Marine-Amt; Mittler [in Komm.] 1910. VII, 121 S. 8° (D. E. Nr 132.) [11. 6001

Dienstvorschrift und Instruction für das Feld-Telegraphen-Wesen des k. k. Heeres. (Mit 16 Taf.) 1885. Beigeb.: Anhang I. Bestimmungen für die Instandhaltung, Verwaltung und Verrechnung des Telegraphen-Materiales im Frieden, dann für die Verfassung der Telegraphen-Bau-Anträge und Bau-Rechnungen. (Als Manuscript gedruckt.) 1889. Anhang II. Organisation, Material, Baudienst, Train- und Packordnung der mit dem Linienmateriale M. 1891 ausgerüsteten Gebirgs-Telegraphen-Abtheilungen. (Als Manuscript gedruckt.) (Zu Abth. 5, Nr. 1688 vom Jahre 1892.) III. Th. Oekonomisch-administrativer Dienst. (Zu Abth. 5, Nr. 4258 [vom Jahre 1894] vom Jahre 1895, N.-V.-Bl. für das k. u. k. Heer, 3. Stück.) 8. Wien 1885—1895.

— u. Instruction f. d. Feldtelegraphenwesen d. k. u. k. Heeres. III. Thl. Ökonom.-administrat. Dienst. 8. (VII, 99 S.) Wien 895. (Hof- u. Staatsdruckerei.) n. — 80

Nachtrag I zu der Dienst-Vorschrift und Instruction für das Feldtelegraphenwesen des k. u. k Heeres. III. Thl. Oekonomisch-administrativer Dienst. 8. (5 S.) .06
Wien: Hof-u.Staatsdruckerei 1898

[F.] Entwurf. Dienstvorschrift für die Kadettenschulschiffe sowie für die Spezialkurse auf dem Artillerie- und Torpedoschulschiff. *Berlin: E. S. Mittler & Sohn 1898.* (VI, 115 S.) 1 Bd 8. [98. 9263

(D.V.E.Nr. 366.) Dienstvorschrift für die Kavallerie-Telegraphenschule (Kav.Tel.Sch.) vom 11. Mai 1901. *Berlin: E. S. Mittler & Sohn 1901.* (23 S.) 8° [F.] [01. 10200

Dienstvorschrift f. d. Communalgarde, zu dem, mittelst allerh. Mandats v. 29. Nov. 1830, bekannt gemachten Regulative gehörig. gr. 8. (1 B.) Dresden 831. (Leipzig, Fr. Fleischer.)

Dienstvorschrift für die freiwillige Krankenpflege ⟨D. fr. K.⟩ vom 12. März 1907. Berlin: E. S. Mittler & Sohn 1907. (74 S.) 8° [F.]
D.V.E. No 413.) [08. 12160

Dienst-Vorschrift für das k. k. Kriegs-Archiv. (ad C. V. Präs.-Nr. 440 vom Jahre 1876. Punkt VII. — N. V. Bl. Stück 9.) Als Manuscript gedruckt. (Mit Zusatz zur Dienstvorschrift als Beilage.) 8. Wien 1889.

— — für das k. und k. Kriegs-Archiv. (ad C. V. Präs.-Nr. 6810 vom Jahre 1889, Punct V. — N. V. Bl. 2. Stück ex 1890.) Als Manuscript gedruckt. 4. Wien 1899.

Dienst-Vorschrift für das Landes-Beschreibungs-Bureau des k. k. Generalstabes. (Mit 5 Tafeln.) 8. Wien 1875.

Dienst-Vorschrift f. d. Landjäger. Stuttgart 1840.

— f. die k. k. Landwehr-Rechnungskontrollsbeamten, s.: Taschenausgabe der Vorschriften der k. k. Landwehr. 27. Hft.

Dienst-Vorschrift für die k. u. Landwehr-Thierärzte und Landwehr-Curschmiede. 4. Wien 1898.

Dienstvorschrift f. d. Luftschiffer-Abtheilung. Berlin 1890.

Dienstvorschrift für die Marineakademie. *Berlin: E. S. Mittler & Sohn 1900.* (14 S.) 8° [F.] [00. 6335

Dienstvorschrift für die Marineakademie. ⟨Mar. Ak. V.⟩ Neudruck 1902. *Berlin: Reichs-Marine-Amt 1902.* (13 S.) 8° [F.] [03. 9087

— für die Marineakademie. (Mar. Ak. V.) Hrsg. v. Reichs-Marine-Amt. (D. E. Nr. 138.) (V, 14 S.) gr. 8. Berlin 910. E. S. Mittler & Sohn. nn — 25; geb. nn — 50

Dienstvorschrift für die Marine-Artilleriedepots. ⟨A. D. V.⟩ Berlin: Reichs-Marine-Amt 1905. (XVI, 510 S.) 8° [F.]
(D. E. No 163.) [07. 12288

Dienstvorschrift für die Marineschule. *Berlin: E. S. Mittler & Sohn 1900.* (57 S.) 8° [F.] [00. 6336

— für die Marineschule. (Mar. Sch. V.) Hrsg. vom Reichs-Marine-Amt. (D. E. Nr. 135.) (VI, 45 S.) gr. 8. Ebd. 910. nn — 70; geb. nn 1. —

Dienstvorschrift ü. Marschgebührnisse bei Einberufungen . . . München 1887.

—— über Marschgebührnisse bei Einberufungen zum Dienst, sowie bei Entlassungen. 8. (VIII, 106 S.) Berlin 887, Mittler und Sohn. ** 55 Pf.: cart. **

—— dass. — Ausg. für die kaiserl. Marine. 8. (VII, 108 S.) Ebendas. 887. *
Vgl.: Zusammenstellung der für die Marine nothwendigen Zusätze.

Dienstvorschrift über Marschgebührnisse bei Einberufungen zum Dienst sowie bei Entlassungen. Mit Tecturen bis Juni 1888. 8. Berlin 1887—1888.

Dienstvorschrift üb. Marschgebührnisse bei Einberufungen zum Dienst, sowie bei Entlassungen. [Marschgebührniß-Vorschrift.] 1887. Neuabdr. v. 1890. 8. (VIII, 108 S. m. 13 Blatt Tekturen.) Berlin 891. E. S. Mittler & Sohn. n. 1. —; kart. n. 1 20

— f. d. Militär-Bauingenieure u. d. Hilfspersonal f. d. Militärbaudienst. 4. (III, 44 S.) Wien 894. (Hof- u. Staatsdruckerei.) n. — 48

— für die k. u. k. Militärbauingenieure, Militär-Baurechnungsbeamten, Militär-Bauwerkführer u. Militär-Bauwerkmeister. (Zu Praes. Nr. 8630 vom J. 1906 — Normalverordnungsblatt f. d. k. u. k. Heer, 2. Stück v. 1907.) (IV, 47 S.) Lex. 8. Wien 907. (Hof- u. Staatsdruckerei). — 60

- dasselbe, s.: Militär-Vorschriften.

—— für die Militär-Geistlichkeit. 8. (VIII, 96 S.) Wien 887, Hof- und Staatsdruckerei. *

Dienstvorschrift für die Militär-Geistlichkeit. (Zu Präs.-Nr. 3401 vom Jahre 1887. Norm.-Verord.-Bl. für das k. k. Heer 23. Stück.) Beigebunden: 1. Nachtrag (zu Präs.-Nr. 2545 vom Jahre 1889. Norm.-Verord.-Bl. für das k. k. Heer 17. Stück). 8. Wien 1887—1889.

— f. die Militärgeistlichkeit. (VIII, 108 S.) 8. Wien 904. (Hof- u. Staatsdruckerei.) n. — 50

Dienstvorschrift für die Militär-Registratur-Beamtenbranche. (Zu Präs.-Nr. 3387 vom Jahre 1897 — N. V. Bl. für das k. und k. Heer, 21. Stück.) 4. Wien 1897.

Dienstvorschrift für die Militär-Verpflegsbeamten. Wien 1892.

-- f. die Militär-Verpflegsbeamten. 8. (IV, 74 S.) Wien 893. (Hof- u. Staatsdruckerei.) n. — 80

(F) **Dienstvorschrift** für die Militärverpflegsbeamten vom Jahre 1892. [Taschenausgabe der Militärvorschriften. Heft 4.] 8°. (60 S.) K —.80
Wien: Hof-u.Staatsdruck. 1906

— neue, für die Straßenwärter auf den österreichischen Reichsstraßen. (24 S.) gr. 8. Wien 906. Druckerei u. Verlags-Aktiengesellschaft vorm. R. v. Waldheim. n. — 60
Sonderabdruck aus: „Oesterr. Wochenschr. f. d. öffentl. Baudienst."

Dienstvorschrift für die Oberfeuerwerkerschule. ⟨Dv. Ofwsch.⟩ Berlin: E. S. Mittler & Sohn 1907. (VIII, 53 S.) 8° [F.]
(D. V. E. No 180.) [07. 14951

— dasselbe vom 1. VII. 1908. Entwurf! (D. V. E. Nr. 189.) (VI, 58 S.) 8. Ebd. 908. — 35; kart. — 50

Dienst-Vorschrift für das technische Personal des k. u. k. militär-geographischen Institutes. (Zu Praes. Nr. 2381 v. J. 1898 — N. V. Bl. f. d. k. u. k. Heer, 19 Stück.) 4. Wien 1898.

Dienstvorschrift für die Platz-Commanden, die quartierregulirenden und die Proviant-Officiere der Haupt- (Stabs-) Quartiere bei der Armee im Felde. (N.-V.-Bl. für das k. k. Heer 11. Stück ex 1887.) (Zur „Armee im Felde".) 8. Wien 1887.

— f. die Platz-Commandanten, die quartierregulirenden und die Proviant-Offiziere der Haupt-[Stabs-]Quartiere bei der Armee im Felde. 8. (III, 31 S.) Ebd. 887. n. — 30

„— für die k. k. Postanstalt". II. Bd. 3. Abt.; III. Bd. 1. Abt.; VI. Bd. 1—4. Abt. u. VI. Bd. (2. Abtlg.) Nachtr. I. Hrsg. v. k. k. Handelsministerium. gr. 8. Wien, Manz. 8. 31
II, 3. Betriebsvorschriften f. den Postanweisungsdienst. (V. 145 S.) 908. Kart. 1. 40
III, 1. Verträge u. Übereinkommen des Weltpostvereines ddo. Rom, 26. V. 1906 u. den zugehörigen Reglements. (XII, 340 S.) 910. Geb. in Halbleinw. 2. 90
VI. 1. Abtlg.: Telegraphenordnung. 2. Abtlg.: Betriebsvorschriften f. den Telegraphendienst. (V, 217 S.) 909. Kart. 2. 10
VI. (2.) I. Betriebsvorschriften f. den Telegraphendienst. I. Nachtrag. (35 Bl. u. S.) 910. — 41
VI, 3. Internationaler Telegraphenvertrag (abgeschlossen zu St. Petersburg am 10./22. VII. 1875) u. Reglement f. den internationalen Dienst (Lissaboner Revision 1908). 4. Abtlg. Internationales Funkentelegraphenüberein-

kommen (abgeschlossen zu Berlin am 3. XI. 1906) nebst Zusatzabkommen, Schlussprotokoll u. Reglement. (V, 168 S.) 909. Kart. 1. 50
I–II,2, IV u. V sind noch nicht erschienen.

Provisorische Dienstvorschrift ü. Ausrüstung . . . d. Geschütze . . . d. Feldart. Karlsruhe 1853.

Dienst-Vorschrift, Provisorische, für das k. k. Marine-Central-Archiv. (Hinausgegeben mit Erlass P. K./M. S. Nr. 645 vom 25. März 1884.) (Lithographirt.) 4. (Wien 1884.)

Provisorische Dienstvorschrift ü. Munit.-Ausrüstung u. -Transport f. Inf. u. Reiterei. Vom 22. 11. 1854. Karlsruhe 1855.

Provisorische Dienstvorschrift ü. Pack-Ordnung i. d. Art.-Brig. Karlsruhe 1850.

— — Provisorische, der in Bosnien und der Herzegowina aufgestellten Zoll- und Finanzwache. 8. Wien 1879.

Dienstvorschrift, Provisorische, für die Zoll- und Finanzwach-Inspectoren in Bosnien und der Herzegowina. 8. Wien 1879.

Dienstvorschrift f. d. Sammel- u. Ersatzmagazine. München 1888.

Dienstvorschrift für die Sanitäts-Inspektionen (Dv. f. San.Insp.). Vom 1. Juni 1906. Berlin: E. S. Mittler & Sohn 1906. (12 S.) 8° [F.]
(D. V. E. No 408.) [06. 11854]

— f. d. Schiffsbücherkistendepot. gr. 8. (12 S.) Berlin 895. E. S. Mittler & Sohn. n. — 20

— f. d. Schiffs-Prüfungskommission. gr. 8. (32 S.) Ebd. 895. n. — 40; geb. in Leinw. n.n. — 90

— für die Schiffsprüfungskommission. (Schiffsprüfungskommissions-Vorschrift.) (S. P. K. V.) Neudr. (D. E. Nr. 6.) (52 S.) gr. 8. Berlin 910. E. S. Mittler & Sohn. — 60

Dienstvorschrift für die Schutzdeputationen des Landsturms in dem Bergischen General-Gouvernement. (Düsseldorf 1814.) 4°.

Dienstvorschrift für die Deutsche Seewarte. (*Berlin: Reichs-Marine-Amt 1904.*) (IV, 22 S.) 8° [F.]
(D. E. No 104.) [04. 1411]

Dienstvorschrift für die Deutsche Seewarte. [Neue Ausg.] Berlin: Reichs-Marine-Amt 1908. (IV, 24 S.) 8° [F.]
(D. E. No 104.) [08. 18146]

Dienstvorschrift f. d. Stationscommandanten des Landjägercorps. Mit Beil. Stuttgart 1850. 8° u. 4°

Dienstvorschrift f. Stations-, Zug- u. Strecken-personal. Berlin 1895.

— — Dienstvorschrift für die Torpedowerkstatt zu Friedrichsort. Berlin 1891. Reichs-Marine-Amt

Dienstvorschrift f. Unterbringung . . . d. Armee-Feldbahnmaterials nebst Beschreibung d. Armee-Feldbahnwagens. Berlin 1895.

—— für d. Unteroffiziere d. Kgl. Preuß. Artillerie. Auf Befehl Sr. Kgl. Hoheit d. Prinzen August v. Preußen. M. 6 Kpfr. 16. (27 B.) Berlin 832, Laue.

Dienstvorschrift für die Unteroffiziere d. Königl. Preuß. Artillerie. Auf Befehl Sr. Königl. Hoheit des Prinzen August von Preußen. Mit 6 Kpfrtaf. 16. Berlin 836. Heymann. Cart. in Leinw. n. 1⅙ ℛ — dass. auch Reimer in Berlin. 2⅙ ℛ

Dienstvorschrift für die Unteroffiziere der Königl. Preußischen Artillerie. 2. Aufl. Mit 8 (lith.) Kpfrtaf. Berlin 858. Mittler u. Sohn. 16. (VII. 425 S.) n. 28 ngr

Dienstvorschrift für die Unteroffiziere der k. preuß. Feld-Artillerie. Berlin 1868. 8.

Dienstvorschrift für die Unteroffiziere der königl. preußischen Feld Artillerie. Berlin 869. Voß. 16. (XX, 463 S. m. Holzschn. im Text.) n. 28 ngr

— — für die Unteroffiziere der k. preuß. Feld-Artillerie. Abänderungen. Berlin 1870. 8.

Dienstvorschrift für die Unteroffiziere der königl. preußischen Feld-Artillerie. gr. 16. (XVI, 443 S. mit eingedr. Holzschn.) Berlin 877, Voßische Buchh. *

Dienstvorschrift f. d. Uffze d. Feld.-Art. München 1881—1887.

Dienstvorschrift für die Unteroffiziere des königl. preußischen Trains. 8. (IV und 148 S. mit eingedr. Holzschn.) Berlin 866, Voßische Buchh. *.

Dienstvorschrift f. d. Unteroffiziersschule. München 1893.

[F.] **Dienstvorschrift** für den Verkehr der Schiffe der Kaiserlichen Marine auf dem Kaiser Wilhelm-Kanal. *Berlin: E. S. Mittler & Sohn 1897.* (2 Bl., 32 S.) 1 Bd 8. [98. 7049]

— f. d. Verkehr d. Schiffe d. kaiserl. Marine auf d. Kaiser Wilhelm-Kanal. 8. (III, 32 S. m. farb. Fig.) Berlin 898. E. S. Mittler & Sohn. n. — 60

Dienstvorschrift f. d. Waffenmeister d. Feldart. Mit Anh. München 1886–1903.

— für die Waffenmeister der Feld-Artillerie. 8. (IV, 99 S.) Berlin 886. Mittler & Sohn. n. 1. —

— f. die Waffenmeister der Feld-Artillerie. gr. 8. (V, 181 S.) Berlin 892. E. S. Mittler & Sohn. n. 1. 60; kart. n. 1. 90

— f. d. Waffenmeister d. Feldartillerie. 8. (V, 192 S.) Ebd. 894. n. 1. 70; kart. n. 2. —

Dienstvorschrift für die Waffenmeister der Feldartillerie. *Berlin: E. S. Mittler & Sohn 1899.* (IV, 136 S.) 8° [F.] [00. 315]

— f. die Waffenmeister der Feldartillerie (W. Dv.) vom Febr. 1903. (D. V. E. Nr. 277.) (IV, 166 S.) gr. 8. Berlin 903. E. S. Mittler & Sohn. n. 1. 60; kart. n. 1. 80

— für die Waffenmeister der Feldartillerie (W. Dv.) vom 30. IX. 1908. (D. V. E. Nr. 277.) (IV, 165 S.) 8. Ebd. 908. — 80; kart. 1. —

Dienstvorschrift für die Civil-Landes-Commissäre und Civil-Commissäre bei der Armee im Felde und bei den Commanden der in Kriegsausrüstung gesetzten grösseren festen Plätze. 8. Wien 1885.

Dienstvorschriften,

— allgem., für den Schützen-Unterricht. Ausz. aus den Vorschriften f. d. Waffenübungen. 12. Münch., Jaquet. 3 K.

Dienstvorschriften, Anderweite, (über Disciplin und Disciplinar-Strafen) für die Königlich-Sächsische Armee. Dresden ca. 1822, 8°.

Dienstvorschriften für die k. k. Armee, enthaltend: Aenderungen des bisherigen Urlauber-Bekleidungs-Systems. Gerichtsherrliche Rechte der Truppen-Divisions- und Militär-Commandanten. Inspicirungs-Vorschrift für das k. k. Heer; Auflassung der General-Verpflegs-Inspection; Auflösung des Kriegs- und Verpflegs-Commissariats. Anwendung der Inspicirungs-Vorschrift für die k. k. Grenz-Truppen und Aenderung der Inspicirungs-Normen in Landes-Verwaltungs-Angelegenheiten der Militär-Grenze. 4. Wien 869, k. k. Hof- und Staatsdruckerei. *

Dienst-Vorschriften der Königl. Preußischen Armee. Herausg. von einem Vereine von Officieren und redig. von Karl v. Helldorf. 3 Thle. Mit 4 (lith.) Figurentaf. Berlin 856—58. Mittler's Sortbhdlg. gr. 8. (XIV, 828; XXXVII, 920; XXVI, 616 S. u. 5 Tab. in Fol.) n. 8 *ℛ* 20 *ngr*

Dienst-Vorschriften der Königl. Preußischen Armee. Herausg. von einem Verein von Offizieren u. redigirt von Karl v. Helldorff. 4. Thl. oder Nachträge zum 1. Thl. Mit 1 (lith.) Figurentafel (in 4.). Berlin 860. (Bath.) gr. 8. (XIV, 528 S.) n. 2 *ℛ* 15 *ngr.*

— — 5. Thl. od. Nachträge zum 2. u. 3. Thl. Ebend. 861. gr. 8. (XXIII, 586 S.) n. 2 *ℛ* 20 *ngr.*

Dienst-Vorschriften der Königlich Preußischen Armee. Hrsg. von Karl .v. Helldorf. Fortges. mit Autor. des Königl. Kriegs-Ministeriums. Th. 1. Ergänzungswesen. Berlin: Bath 18(74)–84.
Abt. 1. Militair-Verfassung. Wehr- u. Militairpflicht. Ersatz- u. Kontrol-Wesen. (Nebst) Nachtr. 1. 2. 4. Aufl. 1879-83.
Abt. 2. Nachtr. 2. Ergänzung d. Offiziere des Friedensstandes. 1883.
Abt. 3. Nachtr. 2. Das Militair-Erziehungs- u. Bildungs-Wesen. 1883.
Abt. 5. Verabschiedung u. Entlassung. Civil-Versorgung. (Nebst) Nachtr. 1. 2. 3. Aufl. 1874-83.
Abt. 6. Nachtr. 2 Remontewesen. 1883.
Alphabt. Sachreg. 1884.

Dienstvorschriften f. d. königl. sächs. Armee. Ausg. 1895. gr. 16. (122 S. u. XII S. m. 1 Formular.) Dresden, C. Heinrich. Geb. in Leinw. n. 80

Dienstvorschriften f. die königl. sächsische Armee. Ausg. 1895 m. Berücksicht. der bis m. Mai 1899 ergangenen Abändergn. u. Nachträgen. 12. (128 u. XII S. m. 1 Formul.) Dresden 899. C. Heinrich. Geb. in Leinw. n. 1.—

— dasselbe. Deckblätter Nr. 11 bis 72. März 1899. 12. (12 Bl.) Ebd. 899. n. —20

— dasselbe. Neuer Abschnitt IX. Verehelichung. (K. M. V. 6402 I. v. 8. XII. 99. M. V. Bl. v. J. 1899. S. 233.) Nebst: Muster 4. Zu Ziffer 102. 12. (14 u. 6 S.) Ebd. (900). n. —20

Dienstvorschriften f. die königl. sächsische Armee. (D. V.) Ausg. 1903. (VIII, 125 S.) 12. Dresden, C. Heinrich. geb. in Leinw. n. 1.—

— dasselbe. Deckblätter Nr. 1—56 u. handschriftlich auszuführ. Berichtiggn. Nr. I–LXII. Nr. 8 des S. D. V. E. 12. Ebd. n. —55
1—27 bezw. I—XI. Vom 31. VII. 1903. Nr. 2234. I. B. (8 S.) 903. n. — 10
28—37 bezw. XII—XXI. Vom 29. II. 1904. Nr. 564. I. B. (10 Bl. u. S.) 904. n. —15
38—45 bezw. XXII—XLII. Vom 23. VI. 1905. Nr. 1427. I. A. (6 Bl.) n. — 10
46 bezw. XLIII—XLV. Vom 8. XI. 1905. Nr. 2682. I. A. (3 Bl.) n. — 10
47—56 bezw. XLVI—LXII. Vom 14. Juli 1906. Nr. 2376. I. A. (7 Bl.) n. — 10

Dienstvorschriften f. die königl. sächsische Armee. (D. V.) (S. d. V. E. Nr. 8.) Ausg. 1907. (157 S.) kl. 8. Dresden, Druckschriften-Verwaltung des kgl. sächs. Kriegsministeriums. Geb. in Leinw. 1.—

Dienstvorschriften für das königl. sächsische [XII.] Armee Corps. Dresden 869. Meinhold & S. 8. (60 S.) n. 4 *ngr.*

— — II. Ebend. 869. 8. (128 S.) 7½ *ngr.*

Dienstvorschriften f. das XII. [königl. sächs.] Armee-Korps. gr. 8. (67 S. m. 1 Formular.) Dresden 883. (Höckner.) n.n. — 75

Dienstvorschriften f. d. XII. <K. Sächs.> A.-K. Dresden 1884.

Dienstvorschriften f. d. XII. [K. Sächs.] Armee-Korps. Ausg. 1891. 12. (148 S. m. e. Tab.) Dresd. 891, Heinrich. geb. * 1 —

Dienstvorschriften f. das XII. (königl. sächs.) Armee-Korps. Ausg. 1893. 12. (149 S. m. 1 Tab.) Dresden, (C. Heinrich). Geb. in Leinw. n. 1. —; Abänderungen zu früh. Ausg. (5 Bl.) — 15

Dienstvorschriften betr. die Ausführung des Stempelsteuergesetzes. Vom 14. II. 1896. Nebst Nachtrag vom 28. VIII. 1900. 8. (S. 147—189.) Berlin 901. E. S. Mittler & Sohn. n. — 20
(Gesetz m. den Dienstvorschriften: n. — 90; kart. n. 1.10)

Dienstvorschr. üb. d. Ausrüstg d. 4 Feld-Lazarette älteren Modelles. Karlsruhe 1868.

Dienstvorschriften ü. Ausrüstung d. thierärztl. Medicamenten-Kiste f. e. Art.-Batt. Karlsruhe 1855.

Dienstvorschr. über d. Ausrüstg d. Taschen d. Wundarzneidiener, Verbandzeugträger u. Blessiertenträger bei d. Großherz. bad. Truppen u. Feldhospitälern. Karlsr. 1855.

Dienstvorschr. üb. d. Ausrüstg d. Verband-Arznei-Kastens f. ein Großherzogl. bad. Füsil.-Bataillon. Karlsruhe 1868.

Dienstvorschr. über d. Ausrüstg. d. Verbandarznei-Kisten für eine Großherzogl. bad. Batterie od. Munitions-Kolonne. Karlsruhe 1866.

Dienstvorschriften ü. Ausrüstung d. Verbandarznei-Wagens f. e. Inf.-Batl. Vom 19. 12. 54. Karlsruhe 1855.
— — 1855: Desgl. f. e. Drag.-Rgt.

Dienstvorschr. über die Ausrüstg. des Verband-Arznei-Wagens älteren Modelles f. ein Großherzogl. bad. Dragoner-Reg., Grenadier- u. Musketier-Bat. Karlsr. 1868.

Eisenbahndirektionsbezirk Königsberg i. Pr. **Dienst-Vorschriften** für die Bahnagenturen. Königsberg i. Pr. 1898: R. Leupold. (66 S.) 8° [J.] [Umschlagt.:] Vorschriften über d. Wahrnehmung d. Dienstes auf d. Bahnagenturen d. Nebeneisenbahnen. Gültig v. 18. Okt. 1895. Ausg. 1898. (Dienstanweisung No K. 509.) [illegible] 10

Dienst-Vorschriften für den äußeren Betriebsdienst auf den engl. Eisenbahnen. Aus d. Engl. von H. Textor. Berlin 1882. 8°. (Orig. 1880.)

Dienst-Vorschriften für d. königl. baier. Bürger-Landwehr der Haupt- u. Residenzstadt München ꝛc. 8. Münch. 824. (J. Lindauer).

— für Dampffaß-Wärter. Plakat. Fol. Hagen 899. O. Hammerschmidt. —80; aufgezogen u. lackiert n.n. —75; auf Blech gedr. n. 2. —

Dienst-Vorschriften für Dampfkesselwärter. 2. Aufl. Fol. Hannover 888, Schmorl und v. Seefeld.

Dienst-Vorschriften für Dampfkesselwärter. 3. Aufl. Plakat. qu. gr. Fol. Hannover 890. Schmorl & v. Seefeld Nachf. n. — 30

— f. Dampfkesselwärter. Polizei-Verordng. vom 29. Septbr. 1883. 4. Aufl. Plakat. 41 × 52,5 cm. Hannover 892. Schmorl & v. Seefeld Nachf. n. — 30

— dasselbe. Zusammengestellt u. hrsg. vom Verbande der Dampfkessel-Ueberwachungs-Vereine. Plakat. 48,5 × 63,5 cm. Charlottenburg 892. F. Kortkampf. n. — 50

Dienstvorschriften etc. für Dampfkesselwärter ..... Cassel: F. Scheel (1898). (12 S.) 8°.

Dienst-Vorschriften für die Diener der Armen-Direktion zu Stettin. Stettin (1899): L. Pasenow. (8 S.) 8°

Dienstvorschriften der Eisenbahnen zu der Militär-Transport-Ordnung u. zum Militärtarif für Eisenbahnen vom 18. I. 1899. München 1904. 63 S.

— — Zusatzbestimmungen hiezu. München 1904. 16 S.

8. dtsch. Armee-Korps. Dienstvorschr. f. d. gemeinschaftl. Feldhospitäler. Karlsr. 1866.

Dienst-Vorschriften für Fleischschau-Kommissionen u. Fleischschauer in Württemberg. 12. (45 S.) Stuttgart 879. Kohlhammer. n. — 30

Dienstvorschriften für die Fürstlich Fürstenbergische Forstverwaltung. - Karlsruhe 1858. 163 S.

Dienstvorschriften für die Fürstlich Fürstenbergische Forstverwaltung. Gültig ab 1.7. 1865. - Karlsruhe 1865. 212 S. - ...Gültig ab 1.7.1883. Donaueschingen 1883. VII, 155 S.

— f. die **Gefängniß-Beamten**, enth.: a) das Gefängniß-Reglement vom 16. März 1881 u. im Auszuge: b) das Reglement üb. die Bekleidg. u. Lagerg. der Gefangenen vom 1. Septbr. 1887; c) das Regulativ f. die Verpflegg. der gerichtl. Gefangenen; d) die Instruktion, betr. die Beschäftigg. der Strafgefangenen außerhalb der Anstalt vom 30. Mai 1854. 4. (65 S.) Posen 888. W. Decker & Co. n. 1. 20

Dienstvorschriften f. die württembergischen Gemeindegerichte nebst der Gebührenordnung, s.: Gesetzessammlung, württembergische.

— dasselbe, s.: Zivilprozeßordnung, Gerichtsverfassungsgesetz nebst den Einführungs- u. Abänderungsgesetzen usw.

Dienstvorschriften f. Gepäcks-Fuhrwesen d. Jäg.-Batl. Karlsruhe 1863.

— f. die **Gerichtsschreibereien** im Großherzogt. Baden. Amtl. Ausg. gr. 8. (XVI, 262 S.) Karlsruhe 902. (Ch. F. Müller..) Kart. n. 2. 40

— für die **Gerichtsvollzieher** im Großherzogt. Baden. Amtl. Ausg. gr. 8. (XVII, 350 S.) Ebd. 900. Geb. in Leinw. n. 2. 40

Dienstvorschriften f. Hebammen v. 10. Sept. 1897. (59 S.) Wien 1897. Hof- und Staatsdruckerei.

Dienstvorschriften für Hebammen. Italienisch. 8. (59 S.) —.20
— — Croatisch. 8. (55 S.) —.20
— — Polnisch. 8. (59 S.) —.20
— — Rumänisch. 8. (59 S.) —.20
— — Ruthenisch. 8. (55 S.) —.20
— — Slovenisch. 8. (55 S.) —.20
Wien: Hof-u.Staatsdruck.1898

Dienst-Vorschriften f. **Kesselheizer**. Mit preuß. Gesetz, den Betrieb der Dampfkessel betr. gr. Fol. Liegnitz 874. Krumbhaar. — 50

—— für **Kesselwärter** nebst Gesetz vom 3. Mai 1872, den Betrieb der Dampfkessel betr. Hrsg. vom hannover. Bezirksverein deutscher Ingenieure. 1.—3. Aufl. Fol. (1 Bl.) Hannover 872—74, Schmorl und v. Seefeld.

— für **Kesselwärter**. (Aufgestellt vom Dampfkessel-Revisionsverein f. den Reg.-Bez. Aachen.) Plakate in Imp.-Fol. Essen 882. Bädeker. n. — 25

— für **Kesselwärter**. Hrsg. vom hannov. Bezirksvereine deutscher Ingenieure. 4. Aufl., rev. u. verm. v. Rühlmann. Plakat. gr. Fol. Hannover 883. Schmorl & Seefeld. — 30

—— für den **Kesselwärter**. 4. Hagen 888, Hammerschmidt. *
aufgezogen und lackirt *

— f. **Kesselwärter**. Neue Ausg. m. Gesetz v. 3. V. 1872 betr. Betrieb d. Dampfkessel u. Auszug a. d. Strafgesetzbuch f. d. deutsche Reich. qu. Fol. Hagen 898. O. Hammerschmidt. — 30; auf Pappe n.n. — 75; auf Blech gedruckt n. 2. —

— für **Kesselwärter**. Nach den Beschlüssen des Zentralverbandes der preuß. Dampfkessel-Überwachungs-Vereine vom 5. VI. 1903. Plakat. 86×48 cm. Hagen (903) O. Hammerschmidt. n. — 30; auf Pappe u. lackiert n.n. — 75; auf Blech n. 2. —

— für **Kesselwärter** des Verbandes der Dampfkessel-Ueberwachungs-Vereine. 40×50 cm. Ebd. (903). n. — 30; auf Pappe n.n. — 75; auf Blech n. 2. —

— der **Leichenschauer** in Württemberg. (40 S.) kl. 8. Stuttgart 907. W. Kohlhammer. — 40

(Dienstvorschriften der Militäreisenbahn.) Berlin 1875. 8°.

Dienstvorschriften für die Schweizerischen Militär-Radfahrer. Beschluss des schweizerischen Bundesrates vom 5. November 1901. [Mit 1 Tabelle.] VI + 114 S. 8. [Bern,] H[aller]-B[ion], XII. 1901.

— für den **subalternen Oberofficier** d. k. u. k. Heeres. 2 Thle. Unter Zugrundelegg. d. „Dienst-Reglements für das k. u. k. Heer, 1. u. 2. Thl.", sowie m. Beziehg. auf das „Instructions-Buch f. die Einjährig-Freiwilligen des k. u. k. Heeres", bearb. als Lernbehelf für die Einjährig-Freiwilligen-Schulen aller Waffen u. Truppen. gr. 8. Wien 891. Hof- u. Staatsdruckerei. n. 1. 90
1. Allgemeine Dienstvorschriften. (X, 162 S.) n. 1. —
2. Felddienst-Vorschriften. (X, 141 S. m. 5 Taf.) n. — 90

— für die bei dem Volksschulwesen im Großherzogthum Sachsen-Weimar-Eisenach thätigen einzelnen Personen und Behörden. Weimar 852. Böhlau. gr. 8. (IV, 90 S.) n. 12 ngl.

Dienstvorschriften, Die, der Wiener freiwilligen Rettungs-Gesellschaft. 4. verm. und veränderte Aufl. gr. 16. (X, 286 S. mit 15 Tafeln.) Wien: Huber u. Lahme. 1887.

Dienstvorschriften der Stadt Rixdorf [1.] (Rixdorf 1910.) 8°.

Dienstvorschr. üb. d. Sanitäts-Ausrüstg d. Großherzogl. Jäger-Bataillons. Karlsr. 1863.

— f. die **Schiffs-Prüfungskommission**. gr. 8. (18 S.) Berlin 888. Mittler & Sohn. n.n. — 50

—— für die in der Prov. Hannover beschäftigten **Spezialkommissare** u. Vermessungsbeamten der königl. Generalkommission f. die Prov. Hannover u. Schleswig-Holstein zu Hannover. 3 Thle. gr. 8. (XII, 452; VII, 184; VII, 266 S. m. 3 Plänen.) Berl. 891, Parey. * 25 —

— f. d. in d. Prov. Hannover beschäftigten Spezialkommissare u. Vermessungsbeamten d. kgl. Generalkommission f. d. Provv. Hannover u. Schleswig-Holstein z. Hannover. 4. Thl. Anweisg. f. d. Ausführg. v. Schätzgn. b. d. Geschäften d. kgl. Generalkommission f. d. Provv. Hannover u. Schleswig-Holstein. gr. 8. (VII, 110 S.) Berlin 896. P. Parey. n. 3. 50 (1—4.: n. 28. 50)

— für die in der Prov. Hannover beschäftigten **Spezialkommissare**, Vermessungsbeamten ꝛc. der kgl. Generalkommission f. die Provv. Hannover u. Schleswig-Holstein zu Hannover. 5. Thl. Anweisung f. die Behandlg. der bei Auseinandersetzgn. vorkomm. Meliorationen u. Folgeeinrichtgn. gr. 8. (VII, 104 S. m. 18 Taf.) Berlin 900. P. Parey. n. 8. — (1.—5.: n. 36. 50)

— f. die **Standesbeamten**, s.: Vorschriften üb. die Beurkundung des Personenstandes.

— für den Train. Beilage 4. 6. 7. 8. 10. 11. 12 der „Dienst-Anweisg. f. die Trains im Kriege" vom 14. Nov. 1872. 8. (94 S. m. 3 Formularen in qu. Fol.) Berlin 873. Mittler & Sohn. n. 1. —

Dienstvorschriften für den Train im Frieden. 8. (VII, 294 S.) Berlin 874, E. Pfeiffer. *

— — für den Train im Kriege. Berlin 1874. 8.

Dienstvorschriften für die königlich-bayerischen Truppen aller Waffengattungen. 1. Th. Allgemeine Dienst-Vorschriften. IV. Th. Felddienst. (2 Bde. Text in 8. und 1 Bd. mit 66 Beilagen und Dienst-Signale in Fol.) München 1823 und 1864.

Dienstvorschriften für den Unteroffizier der Infanterie und der Jägertruppen. 35. Aufl. 8°. (ill. XV, 606 S. mit 5 Tafeln)
Linz: Feichtinger 1909

Die badische Dienstweisung für Grundbuchämter erl. von Julius Helbling, Oberamtsrichter. Bd 1. 2. Karlsruhe: G. Braun 1905. 2 Bde 8° [F.] 105. 2245

Dienstweisung f. die Hebammen des Großherzogth. Baden vom 2. I. 1902. Amtl. Ausg. 8. (66 S.) Karlsruhe 902. Ch. F. Müller. Kart. n. — 50

Dienstzeit, Ueber die dreijährige, bei der preussischen Kavallerie. Beihft. z. „Milit.-Wochenbl. Berlin 1848.

Meine Dienstzeit. Erinnerungen aus meinem Soldatenleben. Jg. [1.] Berlin: 'Meine Dienstzeit' 1908. 8° 11. 2231

Dienstzeit, meine 5jähr., auf engl. Kriegsschiffen, ein Beitrag zur neuern Kriegsgesch., von e. Leipziger Kaufmann. 8. Leipz. 822. Ind.-Compt. 12 ₰

Dienstzeit, die zweijährige, und die heutige Militair-Organisation in Preußen. Ein Wort zur Verständigung von einem alten Offizier. 2 Hefte. 8. (61 S.) Berlin 862, Janke. à Heft * 5 Ngr. *

Dienz, Saar u. Mosel, s.: Clotten.

Dienz, D., Anleitung zur Erteilung des Schreib-Unterrichts. Unter Berücksichtigung der vom königl. Ministerium der geistl., Unterrichts- u. Medizinal-Angelegenheiten hrsg. Regeln u. Wörter-Verzeichnis f. die deutsche Rechtschreibung. Text u. 4 Hfte. m. 47 (lith.) Taf. 4. (16 S.) Leipzig 880. Reinhard. In Carton. 2. —

— Schönschreibeheft. Nr. 1—10. 4. (à 24 S.) Ebend. 880. à n. — 10

Diepen, Herman: Die störenden Bewegungen der Dampflokomotive. [1903.] 55 S. 4° ¶ Mit unwesentl. Änderungen in: Annalen f. Gewerbe u. Bauwesen. Bd 54. 1904. Hannover, Dr.-Ing.-Diss. v. 9. 4. 1903

Diepenbeck, Rudolf, aus Mettmann (Rhpr.): Beiträge zur Kenntnis der altfranzösischen Umgangssprache des späteren Mittelalters. Kiel 1900: P. Peters. (58 S.) 8° ¶ (Teil d. eingereichten Arbeit.)
Kiel, Phil. Diss. v. [10. März] 1900

Diepenbrock, Melchior v., s. Reinkens, Jos. Hub.

Diepenbrock's, Melchior v., Lebensbild, s.: Röttscher, A.

Diepenbrock, Cardinal und Fürstbischof Melchior v. Ein Lebensbild. Von seinem Nachfolger auf dem bischöflichen Stuhle (Heinr. Förster). Breslau 859. Hirt. 8. (VIII, 275 S.) n. 1 ₰

— — Miniatur-Ausgabe. Ebend. 859. 16. (XII, 294 S.) n. 20 ngr.

Diepenbrock, Cardinal u. Fürstbisch. Melchior v. Ein Lebensbild. Von seinem Nachfolger auf dem bischöfl. Stuhle (Heinr. Förster). 3. Aufl. Mit dem Bildnisse des Cardinals (in Stahlst.). gr. 8. (VIII, 202 S.) Regensburg 878. Manz. n. 2. 50

Diepenbrock, des Fürstbischofs von Breslau, Melch. Freih. v., feierliche Einholung zu Breslau, am 16. Juli 1845. Nebst biograph. Skizzen aus d. Leben dieses hochverdienten Kirchenfürsten. 2. Aufl. 8. (1 1/4 B.) Breslau 845, Günther. *

Diepenbrock, A. F. M., L. Annaei Senecae Philosophi Cordubensis vita. Diss. 1888. 211 S. 3.—

Diepenbrock, C. J., Constantinopels Fall. Geschichtliches Trauerspiel in 4 Aufzügen. Leipzig 862. Thomas in Comm. 8. (2 Bl., 115 S.) n. 20 ngr.

— Germania. Einfältig Schau-, Lust- u. Trauerspiel. Philosophisch u. lyrisch in 5 Aufzügen. Mit einem Vorspiel im Himmel. Frankfurt a. M. 863. (Leipzig, C. F. Fleischer.) 8. (219 S.) n. 21 ngr.

Diepenbrock, C. J., ein deutscher Gil Blas oder das abenteuerliche Leben Friedrichs v. Horst. Leipzig 857. O. Wigand. 8. (VIII, 416 S.) 1 ₰ 24 ngr.

—— Huß. Sein Tod in Constanz. Geschichtl. Trauerspiel in 5 Aufzügen. (Als Mscr. gedr.) 1. Aufl. 16 Ngr. und 2. Aufl. 8. (127 S.) Darmstadt 861, Küchler.

—— frische Lieder. 16. (IV und 62 S.) Ilmenau 858. (Erfurt, Otto'sche Buchh.)

Diepenbrock, C. J., deutscher Mentor. Humoristischer Versuch einer Philosophie über den Umgang mit der Welt. 16. (XII und 162 S.) Stuttgart 855, Göpel.

— praktischer Reitunterricht für Schule und Feld. Basel 855. Schweighauser'sche Verlhdlg. 16. (2 Bl., 62 S.) 9 ngr.

—— Rosen und Dornen. Gedichte. 16. (VIII und 328 S.) Leipzig 857, O. Wigand. *

Diepenbrock, J. B., Geschichte d. vormal. münsterschen Amtes Meppen, od. d. jetzigen hannover. Hrzgth. Arenberg-Meppen, mit besond. Berücksichtig. d. früh. Völkersitze u. Alterthümer zwischen d. Ems u. Hase, der Einführung d. Christenthums, d. Religionswechsels zur Zeit d. Reformation, d. Leistungen d. Jesuiten rc. 8. (48 B.) Münster 838, Coppenrath'sche Buchh.

Diepenbrock, J. B., Geschichte d. vormaligen münsterschen Amtes Meppen od. d. jetzigen hannoverschen Herzogth. Arenberg-Meppen, m. besond. Berücksicht. der früheren Völkersitze u. Alterthümer zwischen der Ems u. Hase, der Einführung d. Christenthums, d. Religionswechsels zur Zeit der Reformation, der Leistgn. der Jesuiten: erstens, als Missionäre im Emslande, Saterlande, Ostfriesland, den Grafschaften Bentheim u. Lingen, dann als Stifter u. Lehrer d. Gymnasiums zu Meppen rc. Auf Wunsch d. Verstorbenen unverändert in 2. Aufl. hrsg. 1—5. Lfg. 8. (S. 1—787.) Lingen 885. van Acken. Subscr.-Pr. à n. 1. —

Diepenbrock, J. B., Geschichte des vormaligen münsterschen Amtes Meppen oder des jetzigen hannoverschen Herzogth. Arenberg-Meppen, mit besond. Berücksicht. der früheren Völkersitze und Alterthümer zwischen der Ems und Hase, der Einführung des Christenthums, des Religionswechsels zur Zeit der Reformation, der Leistungen der Jesuiten: erstens, als Missionäre im Emslande, Saterlande, Ostfriesland, den Grafschaften Bentheim und Lingen, dann als Stifter und Lehrer des Gymnasiums zu Meppen rc. Auf Wunsch des Verstorbenen unverändert in 2. Aufl. hrsg. gr. 8. (787 S.) Lingen 886, van Acken.
Die Ausg. erfolgte in 5 Lfgn. zum Subscr.-Pr. à * ℳ 1.—.

Diepenbrock, J. C., s. Producte der rothen Erde.

Diepenbrock, Konr. Jos., Deutschlands Sieg und Herrlichkeit in staatlicher, sittlicher und sprachlicher Bedeutung. Patriotische Vorlesung. gr. 8. (11 S.) Freiburg 870, (Herder'sche Verlagsh.)

Diepenbrock, Melch., zum Andenken an Alfr. Stolberg, d. Grafen Friedr. Leopold zu Stolberg sel. Sohn. gr. 8. (3½ B.) Regensburg 835, Pustet.

[F.] Zum Andenken an Alfred Stolberg des Grafen Friedrich Leopold zu Stolberg sel. Sohn. Von Melchior v. Diepenbrock. *Frankfurt a. M.: P. Kreuer 1897.* (301—332 S.) 8.
= Broschüren, Frankfurter zeitgemässe. N. F. Bd 18. H. 10. [98. 5488

Diepenbrock, Melch., geistlicher Blumenstrauß, s. Blumenstrauß.

Diepenbrock, M., geistl. Blumenstrauß, aus span. u. deutschen Dichtergärten. (Enth.: Ein allegor.-religiöses Festspiel von Calderon de la Barca. Geistl. Lieder von span. u. deutschen Dichtern.) gr. 12. Sulzb. 829. v. Seidel. 1 ₰ Velinp. 1 ₰ 8 gr.

Diepenbrock, Melch., geistlicher Blumenstrauß aus christlichen Dichter-Gärten den Freunden heiliger Poesie dargeboten. 3. Aufl. Mit dem Bildnisse des Verf. (in Stahlst.) Sulzbach 854. v. Seidel. gr. 16. (XXXII, 496 S.) 1 ₰ 10 ngr

Diepenbrock, Melchior v., geistlicher Blumenstrauß aus christlichen Dichter-Gärten den Freunden heil. Poesie dargeboten. 4., verm. Aufl. 16. (XL und 542 S. mit dem Bildnisse des Verf. in Stahlst.) Sulzbach 862, v. Seidel'sche Buchh.

[F.] Geistlicher Blumenstrauss v. Melchior v. Diepenbrock. '(Auswahl)'. *Hamm i. W.: Breer & Thiemann [1897].* (VIII, 62 S.) 1 Bd 8.
= Bibliothek, Kleine. No 10. [98. 8120

Diepenbrock, M., Briefe, s. Gedenkblätter an Joh. Carl Passavant.

— s. H. Conscience, Flämisches Stillleben. — Hirtenbrief.

v. Diepenbrock, (Fürstbischof von Breslau), Melchior Frhr., Hirtenbrief an den gesammten ehrwürdigen Clerus und Gläubigen des Bisthums bei seinem Amts-Antritte erlassen. gr. 8. Breslau 845. (Ph. Aderholz.) n. 1/12 ₰

— dass. 4. Ebend. 845. ⅓ ₰

v. Diepenbrock, Melch., Hirtenbrief, die Missionen betreffend. [Abgedr. aus dem Prediger u. Katecheten.] gr. 8. (8 S.) Regensburg 852, Manz. 1 ngr

(—) Hirtenbriefe Sr. Eminenz des Cardinal-Fürstbischofs von Breslau, Melchior Freiherrn v. Diepenbrock. Mit Genehmigung Sr. Eminenz d. Cardinal-Fürstbischofs. Münster 853. Aschendorff. gr. 8. (2 Bl., 142 S.) n. 10 ngr

—— Heinrich Suso's, gen. Amandus, Leben u. Schriften. Nach d. ältesten Handschriften u. Drucken mit unveränd. Texte in jetziger Schriftsprache. Mit e. Einleit. v. J. Görres. 2. Aufl. gr. 8. (34 B.) Regensburg 837. [Augsburg, Kollmann.]

Diepenbrock, Melch., Leben u. Tod, nach Schein u. Seyn betrachtet. Zwei Predigten. 2r Abdruck. gr. 8. Regensb. 837. Pustet. 1/6 ₰

Diepenbrock, Melch. v., geistliche Lieder. Taschenausg. m. großer Schrift. (144 S. m. Bildnis.) 12. Breslau (903). F. Goerlich. n. — 50; geb. in Leinw. m. Goldschn. n. 2.—

Geistliche Lieder von Melchior v. Diepenbrock, Kardinal. Mit d. Bildn. d. Dichters. Taschenausg. mit großer Schrift. *Breslau: F. Goerlich [1904].* (141 S.) 8° [F.] [04. 5753 2

—— List pasterski do całego duchowienstwa i wszystkich prawowiernych Dyecezyi przy objeciu urzedu wydani. Tlomaczenie z niemieckiego. gr. 8. (2 B.) Breslau 845, Schletter. Verl. *

— Predigt bei der Jubelfeier des 100jährigen Bestandes der Diöcese Regensburg, s. Predigten, acht.

— s. Predigten, acht, bei d. Jubelfeier rc.

—— gesammelte Predigten. gr. 8. (10 B.) Regensburg 841, Manz. *

— s. H. Suso, Leben u. Schriften.

—— der Tempelbau Gottes in d. Menschheit. Rede, bei d. feierl. Wiedereröffnung d. Domes zu Regensburg am heil. Pfingstfeste 1839 gehalten. gr. 8. (2 B.) Regensburg 839, Manz. * 4 Gr., m. 1 Ansicht, Kpfrst. *

—— Trauerrede auf den Hintritt d. Hochwürd. Hrn. Frz. Xaver v. Schwäbl, Bischofs v. Regensburg rc.; gehalten d. 3. August 1841. 2., verm. Aufl. (Mit Bildn., Stahlst.) gr. 8. (3 B.) Regensburg 841, Manz. *

— Trauerrede auf den Tod Sr. päpstl. Heil. Pius VIII. 4. Regensburg. (Augsb., Kollmann.) ⅛ ₰

—— Trauerrede auf d. Tod seiner päbstl. Heiligkeit Pius VIII. gehalt. 22. Dec. 1830. 4. ... Regensburg, Pustet.

— Trauerrede auf den verstorb. Georg Michael Wittmann, Bischof von Miletopolis rc. gr. 4. Stadtamhof 833. (Landsh., Krüll.) 1/6 ₰ bei v. Seidel in Sulzbach. ⅛ ₰

Diepenbrock, Melch., die Zeichen d. Zeit. Predigt, am Sylvesterabend 1840 gehalten. gr. 8. (2 B.) Regensburg 841, Manz. Thlr. *

v. Diepenbroick-Gruter, Gst., s. v. Schiller, Fr., Lied von der Glocke.

Diepenhorst, Fritz, Die handelspolitische Bedeutung der Ausfuhrunterstützungen der Kartelle mit besonderer Rücksicht auf ihre Bedeutung für die reinen Walzwerke. 8°. Leipzig, A. Deicherts Verlag, 1907.

Diepenhorst, Fritz, die handelspolitische Bedeutung der Ausfuhrunterstützungen der Kartelle m. besond. Rücksicht auf ihre Bedeutung f. die reinen Walzwerke. (54 S.) Lex. 8. Leipzig 908. A. Deichert Nachf. 1.20

Diepenhorst, F., Die wirtschaftliche Bedeutung der Mosel- und Saarkanalisierung. München, 1907. 21 S.

Diepenhorst, Fritz. Zwei Fragen der Kaliindustrie: A) Die Besitzverhältnisse der Kalisalze; B) Das Kalisyndikat und seine Bedeutung. Eine staats- und volkswirtschaftliche Studie. Diss. Phil. Basel. 160 S. 8. Melle i. Hann., F. E. Haag, 1909.
(Die vollständige Arbeit erscheint unter dem Titel: «Die deutsche Kaliindustrie» später im Buchhandel.)

Diepenhorst, F., Der neue Stahlwerksverband. Leipzig, 1907. 15 S.

Diepgen, (Gotth.) Hugo (geb. Mettmann im Rheinl. 20. 5. 1837): De tuberculosi cerebri. Berolini (1862). (32 S.) 8°
Berlin, Med. Diss. v. 25. Juli 1862

Diepgen, Paul, Arnold v. Villanova als Politiker u. Laientheologe, s. Abhandlungen zur mittleren u. neueren Geschichte. 9. Hft.

Diepgen, Paul, Dr. med.: Arnold von Villanova als Politiker und Laientheologe von 1299 bis Herbst 1308. Berlin & Leipzig: Rothschild 1909. 56 S. 8° ¶(Erscheint vollst. als: Abhandlungen zur mittleren und neueren Geschichte. H. 9.)
Freiburg i. B., Phil. Diss. v. 1909, Ref. Finke
[Geb. 24. Nov. 78 Aachen; Wohnort: Freiburg i. B.; Staatsangeh.: Baden; Vorbildung: Gymn. Aachen Reife O. 97; Studium: Med. Tübingen 4, Leipzig 1, Bonn 4, Freiburg i. B. 4, Geschichte Freiburg i. B. 2 S.; Rig. 27. Okt. 08.]
[U 09. 996

Diepgen, Paul, über zwei Fälle v. Thoracopagus. Diss. gr. 8. (47 S. m. 3 Fig. u. 1 Taf.) Freiburg i/B. 902. Speyer & Kaerner. n. 2.—

Diepholdt, Ludwig von s. a. Diepold, Johann Ludwig von

Diepholdt, Ludw. v., Sittenpredigten a. alle S. u. Festt. d. Jahrs. 1r Jahrg. 2 Thle. 8. Kempten, Kösel. 792.

Diepholz [Schlagwort]
Diepholz, s.: Deutschland. Karte (Abt. Preussen). — Preussen. Messtischblätter.

Diepholz, s.: Deutschland. Karte (Abt. Preussen). — Westfalen. Generalkarte.

Diepholz, s.: Osnabrück, Bez.

Diepholzer Urkundenbuch, s. Hodenberg, W. v.

Diepholzer Urkundenbuch. Herausgeg. von Wlh. v. Hodenberg. (2 Abtheil.: Diepholzer Hausarchiv. — Archiv des Klosters Burlage.) gr. 4. (Mit 4 Steintf.) Hannover 842, Hahn'sche Hofbuchh. n. 1 2/3 ₰

Diephuis, G., disquisitio litteraria inauguralis de jure et ratione divortiorum apud antiquissimos Romanos. 8maj. (4 1/2 B.) Groningae 842. (Emden, Rakebrand.) *-

Diepold, Johann Ludwig von, s. a. Diepholdt, Ludwig von

v. Diepold, Jh. Ldw., (†...) Sittenpredigten auf alle Sonn- u. Festtage d. Jahres, für d. Landvolk eingerichtet. 1r Jahrg. 2 Thle. gr. 8. Kempt. 792. Kösel. 1 ₰ 8 ℊ

Diepold, Klemens: Katalog der Lehrerbibliothek. 19, 15 u 14 S. Wien, VI. St. G., P 1901–1903

Diepolder, Alfred [Rechtspraktikant]: Umfang der Steuerfreiheit der Standesherren in Bayern ... Augsburg, Druck d. F. C. Kremer'schen Buchdr., 1892; 2 Bl., 30 S. 8.
Erlangen, Jur. Fak., Inaug.-Diss. v. 1892

Diepolder, Alfr., Umfang der Steuerfreiheit der Standesherren in Bayern. gr. 8. (III, 30 S.) München 894. J Schweitzer, Verl. n. 1. —

Diepolder, Emil [aus München]: Zur Kenntnis einiger Nitrosamine und Nitrosobasen ... Augsburg, Druck d. F. C. Kremerschen Buchdr., 1895; 1 Bl., 41 S. 8.
Erlangen, Phil. Fak., Inaug.-Diss. v. 1895

Diepolder, Joh. Nep., der Tempelbau der vorchristlichen und christlichen Zeit, oder die bildenden Künste im Dienste der Religion bei den Heiden, Juden, Mohammedanern und Christen. Zur Einführung in die Geschichte und das Studium der kirchl. Kunst für Zöglinge theolog. und techn. Lehranstalten und verwandter Schulen, sowie für Gebildete aller Stände. gr. 8. (VIII, 295 S. mit 200 Text-Illustr. und 1 bunten Titelbilde.) Leipzig 881, Spamer. ℳ 3,50.; geb. *

Diepolder, Joh. Nep., der Tempelbau der vorchristlichen u. christl. Zeit od. die bild. Künste im Dienste der Religion bei den Heiden, Juden, Mohammedanern u. Christen. Zur Einführg. in die Geschichte u. das Studium der kirchl. Kunst f. Zöglinge theolog. u. techn. Lehranstalten u. verwandter Schulen sowie f. Gebildete aller Stände. Wohlf. [Titel-]Ausg. Mit 200 Text-Illustr. u. 1 bunten Titelbilde. gr. 8. (VIII, 296 S.) Leipzig [891.] (900). O. Spamer. n. 2. 50; geb. in Leinw. n. 3. 50

Diepolder, Joh. Nep., Theologie und Kunst im Urchristentum, oder die ersten provisorischen Blätter zu einer systematischen Geschichte der christlichen Monumentaltheologie. Ein historisch-exegetischer Versuch. Mit 5 Textillustr. und aus 3 Beilagen bestehender Anhang. Augsburg, Kranzfelder, 1882, gr. 8°, VII, 83 S., 2,20 Mk.

Diepolder, Joh. Nep., das Wesen des eucharistischen Opfers und die vorzüglichsten katholischen Theologen der drei letzten Jahrhunderte. Eine historisch-dogmat. Abhandlung. gr. 8. (VIII, 214 S.) Augsburg 877, Kranzfelder. +

Diepow, Paul [aus Calau]: Ueber den Uebergang von Quecksilber in die Galle bei interner Darreichung von Kalomel ... Würzburg, Etlinger's Buchdr., 1893; 25 S. 8.
Würzburg, Med. Fak., Inaug.-Diss. v. 1893

Dieppe, N., Leichte Art u. Weis, aus der hl. Schrift u. hl. Kirchenvätern Ketzereien zu bestreiten, u. zu erweisen, daß die kath. Kirche die wahre Kirche Christi sei. Übersetzt von G. Pernauer. Linz 1738, 2 Teile in 1 Bde, 4°.

Dier: Die Gesetze der Elektrodynamik. 10 S.– Unghvár, Progr. 1859.

Dier, Matthias

Dier, Matth., unter den Schwarzen. Mitteilungen aus Togo üb. Land u. Leute, Sitten u. Gebräuche. 8. (192 S. m. Abbildgn.) Steyl 899. Missionsdruckerei. n. — 75; geb. in Leinw. n. 1. 25

— dasselbe. 2. verm. u. erweit. Aufl. 8. (397 S. m. Abbildgn. u. 1 Farbdr.) Ebd. 901. Geb. in Leinw. n. 2. —

— dasselbe. 3., erweit. Aufl. (512 S. m. Abbildgn. u. 1 Farbdr.) kl. 8. Ebd. 906. Geb. in Leinw. n. 1. 70; in Ldr. m. Goldschn. n. 2. 60

Dier, Matthias, S. V. D., wo gehst du hin? Ein kleiner Wegweiser in Exerzitien-Betrachtgn. im Anschluß an den hl. Kreuzweg, nebst e. kleinen Gebetsanh. (320 S. m. Abbildgn. u. Titelbild.) 12. Steyl 904. Missionsdruckerei. Geb. in Leinw. n. 1. 50

Dierauer, Johannes (Hrsg.), s. Akten, Zwei, zur Geschichte d. Stadtbibliothek St. Gallen.

Dierauer, Johannes. St. Gallische Analekten. Hrg. von J' D'. [2. Folge.] (Heft) 11—18. 8. St. Gallen, Zollikofer & Cie., 1902—1911.

(Heft) 18: Aus der Sonderbundszeit. [Teil] 7. Mit einem Porträt [Tafel]. IV + 13 S. 1911.
Mit Heft 18 ist die Sammlung »St. Gallische Analekten« *abgeschlossen.*

Neujahrsblatt für die St. Gallische Jugend, herausgegeben vom historischen Verein in St. Gallen. Mit einer Tafel. 24 Stn. gr. 4. St. Gallen, Zollikofer'sche Buchdruckerei 1876.
* Inhalt: (Prof. Dierauer) St. Gallens Antheil an den Burgunderkriegen.

Dierauer, Johannes. Aufzeichnungen des Schultheissen Joh(ann) Jakob Wirth in Lichtensteig. 1789–1817. [Mit Porträt-Tafel.] St. Gallische Analekten. [Heft] 6. 8. St. Gallen 1896.

Die Befreiung des Rheinthals 1798. E. Denkschr. v. Johannes Dierauer. M. Ill. nach Federzeichn. v. Karl Mooser. *Berneck: Buchdr. E. Marthaler 1898.* (39 S., 1 Portr.) 1 Bd 8. [98. 11764

Dierauer, Dr. phil. Johannes, [von Berneck, Kt. St. Gallen], Professor an der Kantonsschule zu St. Gallen: Beiträge zu einer kritischen Geschichte Trajans. Gekrönte Preisschrift. (S. A. aus: Untersuchungen zur Röm. Kaisergeschichte [— Büdinger], Bd I. S. 1—219). Leipz. B. G. Teubner 1868. 1 Bl., 219 S., 1 Bl. 8°.
[Zürich, Phil. Diss. v. 7. Aug. 1868].

Dierauer, Johannes. (Johann Peter) Panigarola's Bericht über die Schlacht bei Murten. 8. Frauenfeld 1892.
Extrabeilage zur „Schweizerischen Monatschrift für Offiziere aller Waffen". [Jahrg. 4.]

Dierauer, Joh. (Hrsg.), s. Briefe. – Berner Briefe.

Dierauer, Joh. (Hrsg.), s. Briefe aus d. Helvet. Consulta.

Dierauer, Johannes. St. Gallische Analekten. Hrg. von Johannes Dierauer. [Heft] 12: Briefe aus der Helvetischen Consulta. 1802—1803. 26 S. 8. St. Gallen, Zollikofer, 1903.

Briefe an Dr. Anton Henne. 1818–1850. (Hrsg. von Joh. Dierauer.) *St. Gallen 1902: Zollikofer.* (25 S.) 8°
= Analekten, St. Gallische. 11. [03. 33-5

Dierauer, Johannes. Briefe eines St. Gallischen Staatsmannes (Gallus Jakob Baumgartner). 1829–1833. St. Gallische Analekten. [Heft] 5. 8. St. Gallen 1893.

Dierauer, Johannes. St. Gallische Analekten. Hrg. von J' D'. [Heft] 15: Briefe aus der Zeit der Freischarenzüge. 1845. Mit einem Porträt [Tafel]. 18 S. 8. St. Gallen, Zollikofer, 1906.

Dierauer, Johannes. Aus dem Briefwechsel zwischen Pfarrer Joh[ann] Rudolf) Steinmüller und (Hans Konrad) Escher von der Lint. Ein Vortrag. [Mit 2 Porträt-Vignetten.] SA. 8. St. Gallen 1889.

Dierauer, Johs., s.: Chronik der Stadt Zürich.

Quellen zur Schweizer Geschichte. Herausgeg. von der Allgem. Geschichtsforschenden Gesellschaft der Schweiz. 18. Band. Chronik d. Stadt Zürich. Mit Fortsetzungen. Herausgeg. von *Johannes Dierauer*. Gr. 8°. XLVIII, 308 S. Basel, Ad. Geering. 1900 8 60

[Dierauer, Johannes.] Die Entstehung des Kantons St. Gallen. Mit einer Karte. Njbl. Hist. Ver. St. Gallen. 4. St. Gallen 1870.

(D[ierauer], J[ohannes].) Erinnerung an Joachim von Watt ⟨Vadianus⟩ 1484—1551. Überreicht vom Verwaltungsrate der Stadt St. Gallen am 7. Juli 1904. [Mit 1 Tafel.] 8 S. 8. St. Gallen, Honegger.

Dierauer, Johannes: Ueber die Gartenanlagen im St. Gallischen Klosterplan vom Jahre 830. Mit 1 Tafel. (Abdruck aus dem Jahresbericht der St. Gallischen Naturw. Gesellsch. 1872/73. St. Gallen. 1874. 8°.

Dierauer, Johs. Geschichte der schweizerischen Eidgenossenschaft. s. Geschichte der europäischen Staaten.

— Geschichte der schweizerischen Eidgenossenschaft, s. a. Staatengeschichte, allgemeine.

Dierauer, Johannes. Geschichte der Schweizerischen Eidgenossenschaft. 3 Bände. 8. Gotha, Friedrich Andreas Perthes, 1887—1907. (zus. M. 30.—)

Band 1: Bis 1415. XXII + 443 S. 1887 [Titel-Ausg. 1907]. (M. 9.—)
Band 2: Bis 1516. II + XVI + 503 S. 1892 [Titel-Ausg. 1907]. (M. 9.—)
Band 3: 1516—1648. IV + XVI + 567 S. 1907. (M. 12.—)

Allgemeine Staatengeschichte. Hrg. von K(arl) Lamprecht.... Abteilung I: Geschichte der europäischen Staaten. Hrg. von A[rnold] H[ermann] L[udwig] Heeren, F[riedrich] A[ugust] Ukert, W[ilhelm] v[on] Giesebrecht und K(arl) Lamprecht. Werk 26.... [Liefg. 48, 2 *u.* 53, 1 *u.* 75.] 3 Bände.

Dasselbe, Band 1 *u.* 2 *in den Orig.-Ausg.*

Dierauer, Johs., politische Geschichte des Kantons St. Gallen 1803—1903. Mit 1 Farbendr.-Bild, 1 Ansicht u. 12 Portr. (VII, 163 S.) Lex.-8. St. Gallen 904. Fehr. n. 3. 60

Ernst Götzinger. E. Lebensbild v. Johannes Dierauer. M. Portr. Hrsg. v. Histor. Verein in St. Gallen. *St. Gallen: Fehr 1897.* (89 S., 1 Portr.) 1 Bd 4.
= Neujahrsblätter d. Histor. Vereins in St. Gallen. 1897. (98. 1530

Dierauer, Johannes. Vor hundert Jahren: Aus dem Tagebuch Joseph Bühlers von Brunnadern. 1799. St. Gallische Analekten. [Heft] 10. 8. St. Gallen 1900.

— Georg Jenatsch. Ein Vortrag. [Aus: „St. Galler Blätter".] 12. (40 S.) St. Gallen 894. Zollikofer'sche Buchdr. Nicht im Handel.

— Georg Jenatsch. Ein Vortrag. 2. Aufl. gr. 8. (40 S. m. 1 Bildn.) Ebd. 896. n. — 80

Dierauer, Johannes: Die Kantonsschule in St. Gallen 1830-1906. Mit 2 Ansichten u. 6 Portr.-Taf. St. Gallen: Selbstverl. der Hrsg.; Fehr in Komm. (1906). (108 S.) 8°.

Dierauer, Johannes (Hrsg.), s. Korrespondenz zwischen Arnold Otto Aepli und Karl Anton v. Hohenzollern.

Aus der Lebensbeschreibung Georg Leonhard Hartmanns. (Hrsg. von Joh. Dierauer.) T. 1-3. *St. Gallen 1890 92: Zollikofer.* 3 Bde 8°
1. 1890. 2. 1891. 3. 1892.
= Analekten, St. Gallische. 2-4. (93. 3854

— Lehrbuch der Welt- u. Schweizergeschichte, s.: Schelling, J.

Dierauer, Johs., Müller-Friedberg. Lebensbild, s. Mittheilungen zur vaterländischen Geschichte.

Dierauer, Johannes. (Karl) Müller-Friedberg. Lebensbild eines schweizerischen Staatsmannes ⟨1755—1836⟩. Bearb. von Dr. J' D'. Mit M'-Friedbergs Portrait. (Illustrationen. [1 Facsimile-Doppeltafel.] Verzeichnis der gedruckten Schriften und Reden M'-Friedbergs) und Briefen von Johannes (von) Müller. (Mitteil. z. Vaterl. Gesch. St. Gallen. [Heft] 21. 3. Folge [Heft] 1.) 8. St. Gallen 1884.

(D[ierauer]. J[ohannes].) Die St. Gallischen Obervögte auf Rosenberg bei Bernegg. Mit einer Tafel. (Njbl.) Hist. Ver. St. Gallen. 4. St. Gallen 1881.

Dierauer, Johannes. St. Gallische Analekten. Hrg. von Dr. Johannes Dierauer. [Heft] 13: Aus den Papieren des Landammanns (Arnold Otto) Aepli ⟨Beziehungen zum fürstlich-Hohenzollern'schen Hause 1866⟩. Mit zwei Portraits [Tafeln]. 20 S. 8. St. Gallen, Zollikofer, 1904.

— Heinrich Pestalozzi. Vortrag, geh. b. d. Pestalozzi-Feier in St. Gallen a. 12. Jan. 1896. gr. 8. (28 S. m. 1 Bildn.) St. Gallen 896. Huber & Co. n. — 40

Dierauer, Johannes, siehe: *Quellen.*

— Rapperswil u. sein Übergang an die Eidgenossenschaft, s. a. Neujahrsblatt, St. Gallisches.

Dierauer, J. Rapperswil und sein Uebergang an die Eidgenossenschaft. Mit 1 color. Tafel. Hrsg. vom Historischen Verein in St. Gallen. Gr. in-4°. 40 S. St. Gallen, Huber & Co. (E. Fehr). 1892. 2 40

—— Ruotger und der Aufstand von 953. Eine kritische Untersuchung. gr. 8. (52 S.) Leipzig 871, Teubner.
Aus: Untersuchungen zur mittlern Geschichte, besonders abgedruckt.

(D[ierauer]. J[ohannes].) Der Kanton St. Gallen in der Mediationszeit. Mit einer [Porträt-] Tafel. Njbl. Hist. Ver. St. Gallen. 4. St. Gallen 1877.

Dierauer, Johannes. Der Kanton St. Gallen in der Regenerationszeit ⟨1831—1840⟩. Mit zahlreichen Illustrationen [und 1 Porträt-Tafel]. IV + 68 S. 4. St. Gallen, Fehr, 1902. (fr. 2. 40)
(Neujahrsblatt.) Hrg. vom Historischen Verein in St. Gallen.

(D[ierauer], J[ohannes].) Der Kanton St. Gallen in der Restaurationszeit. Mit einer [Porträt-] Tafel ([und] Beilage). Njbl. Hist. Ver. St. Gallen. 4. St. Gallen 1878.

— die Stadt St. Gallen im J. 1798. Mit 2 Taf. in Farbendr. Hrsg. vom histor. Verein in St. Gallen. gr. 4. (68 S. m. Abbildgn.) St. Gallen 899. Fehr. n. 2.—

Die Stadt St. Gallen im Jahre 1798. Von Johannes Dierauer. M. 2 Taf. in Farbendr. Hrsg. vom Histor. Ver. in St. Gallen. *St. Gallen: Zollikofer'sche Buchdr. 1899.* (67 S., 2 Taf.) 1 Bd 4.
= Neujahrsblätter d. histor. Vereins in St. Gallen. 1899. (99. 1161

Die Stadt St. Gallen im Jahre 1799. Von Johannes Dierauer. Mit 3 Taf. Hrsg. vom Hist. Ver. d. Kantons St. Gallen. *St. Gallen: Fehr 1900.* (56 S.) 4°
= Neujahrsblätter d. historischen Vereins in St. Gallen. [1900.] (00. 181

Dierauer, Johannes. Aus der Sonderbundszeit. [Teil 1]—4. St. Gallische Analekten. [Heft] 1 *u.* 7—9. 8. St. Gallen 1889—1899.
[Teil 1:] 1889. — [Teil] 2—4: 1897—1899.

Dierauer, Johannes. St. Gallische Analekten. Hrg. von J' D'. [Heft] 14: Aus der Sonderbundszeit. [Teil] 5. 20 S. 8. St. Gallen, Zollikofer, 1905.

Dierauer, Johannes. St. Gallische Analekten. Hrg. von J' D'. [Heft] 17: Aus der Sonderbundszeit. [Teil] 6. Mit einem Porträt [Tafel]. 19 S. 8. St. Gallen, Zollikofer & Cie., 1910.

Dierauer, Johannes *s.* Schelling, J[ohannes]. Lehrbuch der Welt- und Schweizergeschichte. St. Gallen — Steinmüller, Johann Rudolf, und Escher von der Linth, Hans Conrad. Briefwechsel. St. Gallen 1889.

Dierauer, Johannes. St. Gallische Analekten. Hrg. von J' D'. [Heft] 16: Studentenbriefe eines Toggenburgers (Jakob Weber) aus Heidelberg und Göttingen, 1824—1826. Mit einem Porträt [Tafel]. 24 S. 8. St. Gallen, Zollikofer & Cie., 1908.

(D[ierauer]. J[ohannes].) Das Toggenburg unter äbtischer Herrschaft. Mit einer Tafel. Njbl. Hist. Ver. St. Gallen. 4. St. Gallen 1875.

Dierauer, Joh. Das Treffen bei Wolfhalden. In-8°. 12 S. Chur. 1895.
*** Separatabdruck aus den „Rheinquellen."

Dierauer, Johannes. Pfarrer Gabriel Walser (1695–1776), der Chronist und Geograph. Vortrag gehalten in Berneck an der Hauptversammlung des St. Galler Historischen Vereins am 16. Oktober 1895. 8. St. Gallen 1896.

Dierauer, Johannes. Die Wissenschaften. ([Ausschnitt aus: Der Kanton St. Gallen 1803—1903. Denkschrift.... Abschnitt 8:] Wissenschaft, Literatur und Kunst im Kanton St. Gallen 1803—1903,) Abteilung 1. [Illustriert.] S. 365—398. gr.-8. [St. Gallen, Zollikofer, 1903.]

Dierauer, Johannes. Der Zug der Schweden gegen Konstanz 1633. Eine Verletzung der schweizerischen Neutralität im dreissigjähr. Kriege. Separatabdruck aus den Schriften des Vereins für Geschichte des Bodensees. Heft 35. 1906.... 16 S. gr.-8. [Frauenfeld, Huber & Co.]

Dierbach, Carl, ueber Schichtstaarbehandlung. Diss. Berlin 1887, Mayer & Müller. 8°. 30 S.

Dierbach, Carl [aus Berlin]: Ueber Schichtstaarbehandlung.... Berlin, Buchdr. v. Gustav Schade (Otto Francke) (1887); 30 S. + 1 Bl. 8°. Berlin, Med. Fak., Inaug.-Diss. v. 9. Apr. 1887.

Dierbach, Ernestus (geb. Sagan 13.12.1790): Historia morbi, qui ulcera syphilitica secundaria ex medorrhoea syphilitica prodire posse testatur, subiunctis meletematibus nonnullis gonorrhoeam spectantibus. Vratislaviae (1820). (16 S.) 4°
Breslau, Med. Diss. v. 18. Nov. 1820

Dierbach, Johann Heinrich

Dierbach, Joh. Heinr., Abhandlung üb. d. Arzneikräfte d. Pflanzen, verglichen mit ihrer Structur u. ihren chemischen Bestandtheilen. gr. 8. (25½ B.) Lemgo 831, Meyer.

— Anleit. zum Studium d. Botanik. Mit 13 Kpft. gr. 8. Heidelb. 820, Groos. 2 ₰

Dierbach, J(ohann) H(einrich): Die Arzneimittel des Hippokrates, oder Versuch einer systematischen Aufzählung der in allen hippokratischen Schriften vorkommenden Medikamenten. 270 S., gbd.

Heidelberg: Groos 1824

— Beitr. zu Deutschlands Flora, gesammelt aus d. Werken der ältesten deutschen Pflanzenforscher. 1r Thl. Mit Hieron. Tragus Bildn. gr. 8. Heidelberg 826, Groos.

—— Beiträge zu Deutschlands Flora, gesammelt aus d. Werken d. ältesten deutschen Pflanzenforscher. 2—4. (letzt.) Thl. gr. 8. Heidelberg, Groos. [2. (6 B. u. L. Fuchs Bildn.) 828. 18 Gr., 3. (6 B. u. C. Clusius B.) 830. 16 Gr., 4. (10½ B. u. Conr. Gessner's B. u. Regist.) 833. 1 Thlr.] 1. Thl. Ebendas. 1825. 1 Thlr. — 4 Thle. zusamm. gen. nur 3 Thlr.

Dierbach, Jo. Henr., Codex medicamentarius Germanorum, od. Versuch ein. systemat. Uebersicht der in den jetzt gesetzl. eingeführten Pharmakopöen Deutschlands enthalt. Arzneimittel. gr. 16. (23 B.) Heidelberg 845, C. F. Winter.

— d. neuesten Entdeckt in d. materia medica, f. prakt. Aerzte. 2 Abtheill. gr. 8. Heidelb. 827. Groos. 3 ₰

Dierbach, Johann Heinrich: Die neuesten Entdeckungen in der Materia medica. Für praktische Aerzte geordnet. Abth. 1 - 2, gbd.

Heidelberg u. Leipzig: Groos 1828

Dierbach, Joh. Heinr., die neuesten Entdeckungen in der Materia Medica. Für prakt. Aerzte geordnet. 2 Bde. 2. durchaus neue u. bis auf d. jüngsten Zeiten fortges. Ausg. gr. 8. Heidelberg, Groos. [1. (42 B.) 837. 3 Thlr., 2. (63 B.) 842. 4 Thlr.]

—— die neuesten Entdeckungen in der Materia medica. Für prakt. Aerzte geordnet. 2. Bd. Bog. 51—Ende. gr. 8. (36⅛ B.) Heidelberg 843, Groos. Als rest. Nachschuss
Der Preis beider Bände ist jetzt 8 Thlr. — Vgl. 9 Bd. 1. Abthl. S. 200.

—— dass. 3. Bd. 1. Abthl. gr. 8. (38½ B.) Ebds. 845.

— die neuesten Entdeckungen in der materia medica. 2. Bd. u. 3. Bd. 1. Abtheil. gr. 8. Ebend. 842 u. 846. 7 ₰ 1.—3. 10 ₰

Dierbach, Joh. Heinr., († d. 9. Mai 1845), die neuesten Entdeckungen in der Materia medica. Für prakt. Aerzte geordnet. III. Bd. 2. Abth. gr. 8. (XXII u. 766 S.) Heidelberg 847, Groos. 3 ₰ (1—III., 2.: 13 ₰)

—— Flora Apiciana. — Ein Beitrag z. näheren Kenntniss d. Nahrungsmittel d. alten Römer; mit besond. Rücksicht auf d. Bücher d. Caelius Apicius de Opsoniis et Condimentis sive Arte Coquinaria. gr. 8. (5½ B.) Heidelberg 831, Groos.

Dierbach J. H.: Flora Heidelbergensis ... Pars I. Heidelb. 1817. 123 S. 1 Kt.

— Flora Heidelbergensis plantas sistens in praefectura Heidelbergensi et in regione adfini sponte nascentes secundum systema sexuale Linnaeanum digestas. II Pts., accedit mappa geograph. 12maj. Heidelb. 819. (Groos). 2 ₰ 6 gr

DIERBACH, Johann Heinrich: Flora Heidelbergensis plantas sistens in praefectura heidelbergensi et in regione adfini sponte nascentes secundum systema sexuale linnaeanum digestas. II Partes acc mappa geograph. - Heidelberg 1819-1820. XII, 406 S., m. Kt.

— flora mythologica, oder Pflanzenkunde in Bezug auf Mythologie u. Symbolik der Griechen u. Römer. Ein Beitrag z. ältesten Geschichte der Botanik, Agricultur u. Medizin. gr. 8. Frankfurt a/M. 833. Sauerländer. 1⅓ ₰

— s. Geiger, Ph. Lor., Handbuch d. Pharmacie.

—— Grundriss d. allgem. ökonom.-techn. Botanik, od. systemat. Beschreib. d. nutzbarsten Gewächse aller Himmelsstriche. Ein Handb. f. alle Freunde d. Pflanzenreichs. 2 Thle. gr. 8. Heidelberg, Groos. [1. (17½ B.) 836. 1⅙ Thlr., 2. (38 B.) 839. 2⅔ Thlr.]

— Grundriß d. Receptirkunst zum Gebr. bei seinen Vorlesungen. gr. 8. Heidelb. 818. (Groos; a. Mohr). 20 gr

Dierbach J. H.: Handbuch d. medicinisch-pharmaceutischen Botanik od. system. Beschreib. sämmtlicher officinellen Gewächse ... Heidelb. 1819. 492 S.

— Handb. d. medicin.-pharmaceut. Botanik, oder systemat. Beschreib. sämmtl. officinellen Gewächse. Zum Gebr. bei academ. Vorlesungen. gr. 8. Heidelb. 819. (Groos). 3 ₰

— dies. u. Dr. Simon, s. Jahresbericht über die Fortschritte der gesammten Pharmacie, Pharmacognosie, Toxicologie, medicin. Chemie u. Pharmacologie im In- u. Auslande.

—- Martius u. Simon, Jahresbericht üb. die Fortschritte der gesammten Pharmacie, Pharmacognosie, Toxicologie, medicin. Chemie u. Pharmacologie im In- u. Auslande 2 Hfte. gr. Lex.-8. (1. Hft. 7⅞ B., 2. Hft. ... B.) Erlangen 843, Enke. *
Aus: Canstadt, Jahresbericht, Leistungen d. J. 1842, besond. abgedruckt.

— u. Prof. Martius, s. Jahresbericht über die Fortschritte der gesammten Pharmacie und Pharmacologie im In- und Auslande.

—— u. Martius, Jahresbericht üb. die Fortschritte der gesammten Pharmacie u. Pharmacologie im In- u. Auslande. gr. Lex.-8. (13¼ B.) Erlangen 843, Enke. *
Aus: Canstadt, Jahresbericht, Leistungen d. J. 1842, besond. abgedruckt.

—— pharmacolog. Notizen f. prakt. Aerzte. 12. (4¼ B.) Heidelberg 834, Mohr.

—— Repertorium botanicum, oder Versuch e. systemat. Darstell. d. neuesten Leistungen im ganzen Umfange d. Pflanzenkunde. gr. 8. (17½ B.) Lemgo 831, Meyer.

— über die eßbaren Schwämme. Mit Kpfr. 8. Ebd. 821. ...

—— Synopsis materiae medicae, od. Versuch e. systemat. Aufzähl. d. gebräuchl. Arzneimittel. 2 Abthln. gr. 8. Heidelberg 841, Groos. [1. (39¾ B.) 3 Thlr., 2. (40¼ B.) 3 Thlr.]

Dierbach, Johann Heinrich: Synopsis materiae medicae oder Versuch einer systematischen Aufzählung der gebräuchlichsten Arzneimittel. Abth.1 - 2, gbd.

Heidelberg u.Leipzig: Groos 1841 - 1842

Jo. Heinr. Dierbach die botanische Terminologie älterer Zeiten im Auszuge. Heidelberg 1824. 8.

— systemat. Uebersicht d. um Heidelberg wild wachs. u. häufig zum ökonom. Gebrauche cultivirten Gewächse. 1s Heft. (Aus Geiger's Magazin rc. abgedr.) gr. 8. Karlsr. 812. Müller. 12 gGr.

—— systemat. Uebersicht d. um Heidelberg wild wachsenden, u. häufig z. ökonom. Gebr. cultivirten Gewächse. 1. Hft. Aus „Geiger's Magazin f. Pharmacie" abgedr. gr. 8. (8 B.) Karlsruhe 827, Müller.

Dierbach, J.H.: Die Weinrebe (Vitis vinifera). 1838. -- [Zit. nach Simon: Bibliotheca vinaria]

Dierbach, Richard

Dierbach, Rich., der Betriebs-Chemiker. Ein Hilfsbuch f. die Praxis des chem Fabrikbetriebes. (X, 357 S. m. 117 Abbildgn.) gr. 8. Berlin (904). J. Springer. Geb. in Leinw. n. 8. —

Der Betriebs-Chemiker. Ein Hilfsbuch f. d. Praxis d. chem. Fabrikbetriebes. Von Dr. Richard Dierbach, Fabrikdir. 2., verb. Aufl. Mit 117 Textfig. Berlin: J. Springer 1908. (XII, 340 S.) 8° 08. 11129

Dierbach, Richard [aus Cottbus]: Über die Einwirkung von Anilin auf Diazosalicylsäure ... Greifswald, Druck v. J. Abel, 1892; 36 S. 8.
Rostock, Phil. Fak., Inaug.-Diss. v. [20. Juli] 1892

Dierberger, Josef [aus Waldkirch i. Br.]: John Drydens Reime. E. Beitr. z. Geschichte d. engl. Tonvokale ... Freiburg i. Br., Universitätsbuchdr. v. Ch. Lehmann, 1895; 115 S. 8.
Freiburg i. B., Phil. Fak., Inaug.-Diss. v. 1895

Diercke, C., vgl. D i e r c k e , E.

[C.] Diercke: Atlas für Kieler Schulen. Bearb. u. hrgg. unter Mitwirkung von Kieler Lehrern. 50 Haupt- u. 69 Nebenkarten auf 54 Kartenseiten nebst Textanhang von 12 Seiten. Braunschweig. [1908.] 4°

Diercke, C., zur Geschichte der Schulatlanten u. Schulwandkarten, s.: Mehr, C., Geschichte der Methodik des deutschen Volksschulunterrichtes.

Diercke, C., u. K. Schröder, Heimatskunde der Herzogtümer Bremen u. Verden u. des Landes Hadeln. Ausg. m. 1 (chromolith.) Karte v. Henry Lange. gr. 8. (VIII, 135 S.) Stade 880. Pockwitz. n. 2. —

Diercke, C. und Gaebler, E. Karte der Provinz Hannover. Hannover. 1886.

Diercke und Gäbler. Karte des Harzes. Hannover. 1883.

C. Diercke: Karten zur Heimatkunde der Provinz Schleswig-Holstein. Braunschweig. [1908.] 4°

Diercke, Schul-Atlas für höhere Lehranstalten. Bearb. u. hrsg. von C. Diercke u. E[d.] Gaebler. 36. Aufl. 3. Abdr. 157 Haupt- u. 152 Nebenkarten. *Braunschweig: G. Westermann 1900.* (VIII S., 154 Karten.) 4° 00. 4490

Diercke, C., u. E. Gaebler, Schul-Atlas üb. alle Teile der Erde. Zum geograph. Unterricht in höheren Lehranstalten. 54 Haupt- u. 138 Nebenkarten. Chromolith. gr. 4. (1 Bl. Text.) Braunschweig 885. Westermann. n. 5. —; Einbd. n. n. — 60

C. Diercke: Schulwandkarte der Provinz Schleswig-Holstein. 1 : 150000. Braunschweig. [1907.] 6 Bl. Groß-Fol., zsgeklebt, auf Leinen gezogen an Stäben.

Diercke, E., vgl. D i e r c k e , C.

Diercke, E., und H. Jastram, Hannover. Eine Heimatskunde in Lebensbildern. Als Anhang zu dem Eb. Brockschen und andern Lesebüchern bestimmt. gr. 8. (46 S.) Breslau 884, F. Hirt. *

—— und K. Schröder, Heimatskunde der Herzogtümer Bremen und Verden und des Landes Hadeln. Ausg. mit 1 (chromolithogr.) Karte von Henry Lange. gr. 8. (VIII, 135 S.) Stade 880, Pockwitz. *

Diercks, Bruno, pract. Arzt, Neckarbischofsheim (Baden): Ueber die Tenacität des Masern- und Röthelnvirus. *Strassburg i. E. 1901: C. & J. Goeller.* (26 S.) 8°
Strassburg, Med. Diss. v. 1901

Diercks, E. A. G., die neue Lehrverpflichtung der Geistlichen in der evangelisch-lutherischen Kirche Hamburgs. Ein Wort dagegen aus der Gemeine. Vortrag. gr. 8. (24 S.) Hamburg 872. Koch. n. — 30

Diercks, Gustav

Diercks, Gust., die Araber im Mittelalter und ihr Einfluss auf die Cultur Europa's. Ein Essai. gr. 8. (VIII, 121 S.) Annaberg 875. (Leipzig, Ehrlich.) *

Diercks, Gust., die Araber im Mittelalter und ihr Einfluß auf die Cultur Europa's. 2. Aufl. gr. 8. (VII, 232 S.) Leipzig 882, O. Wigand.

Diercks, Gust., Entwicklungsgeschichte des Geistes der Menschheit. In gemeinverständl. Darstellung. 2 Bde. 8. [Berlin, Th. Hofmann.] Hamburg, Glogau Sohn. à Bd. ℳ 5. Herabges. Pr. 2 Bde.

Inhalt:
Bd. 1. Das Alterthum. (VII, 417 S.) 881.
» 2. Das Mittelalter und die Neuzeit. (V, 438 S.) 882.

Diercks, Gust., das moderne Geistesleben Spaniens. Ein Beitrag zur Kenntniß der gegenwärt. Kulturzustände dieses Landes. gr. 8. (VII, 195 S.) Leipzig 883. O. Wigand. n. 5. —

Geschichte Spaniens von den frühesten Zeiten bis auf die Gegenwart. Von Gust. Diercks. Bd 1. 2. Berlin: Cronbach 1895—1896. 8°
1. VIII, 442 S. 1895; 2. IV, 707 S. 1896.
Bd 2 S. 488, 489, 515, 557, 646 erwähnt die Frmrei in Spanien.

Diercks, Gust., Geschichte Spaniens v. d. frühesten Zeiten b. auf d. Gegenwart. 2. (Schluss-)Bd. gr. 8. (IV, 707 S.) Berlin 895. S. Cronbach. n. 12. 50; (kplt.: n. 20 —)

— spanische Geschichte, s.: Sammlung Göschen. Nr. 266.

Diercks, Gust., lehrreiche Geschichten, s.: Zehnpfennig Bibliothek.

— nordisch-germanische Göttersagen. 3. Aufl. 12. (44 S.) Ebd. 894. n. — 75

Diercks, Gust. Helgoland, s. Sammlung gemeinverständlicher wissenschaftlicher Vorträge.

Diercks, Gustav: Helgoland (Sammlung gemeinverständlicher wissenschaftlicher Vorträge N F Heft 121.) Hamburg 1891. 33 S. 8°.

— e. Jahrhundert nordamerikanischer Kultur, s.: Lesser's Handbibliothek f. Zeitungsleser.

Die Jesuiten. Den Brr Freimaurern gewidmet von G[ust.] Diercks. Berlin [1903]: De ter & Nicolas. 28 S. 8° [Umschlagtit.]
Aus: Bbl. 17 (1903) S. 137—149, 191—204.
cf. Augsburger Postztg. 1903 Nr 107; L. 26 (1903) S. 85.
Fordert zum Schluss die Frmr auf, den Bestrebungen der Jesuiten mit aller Tatkraft entgegenzuwirken.

Kreuz und Halbmond. Von Dr. Gustav **Diercks**. Mit 14 Abb. Berlin: Allg. Ver. f. Deutsche Lit. 1910. 348 S. 8°
(Allgemeiner Verein f. Deutsche Literatur. Abt. 36, 2.) [11. 11456

Diercks, Gust., die arabische Kultur im mittelalterlichen Spanien, s.a. Sammlung gemeinverständlicher wissenschaftlicher Vorträge.

Diercks G, die arabische Kultur des mittelalterlichen Spanien. (Sammlung gemeinverständlicher wissenschaftlicher Vorträge Neue Folge II, 8) Hamburg 1887

— Kulturbilder aus den Vereinigten Staaten. gr. 8. (V, 378 S.) Berlin 893. Allg. Verein f. deutsche Litteratur. n. 6. —; geb. n. 7. —

Diercks, G. Kulturbilder der VS. 2d ed. Berlin, 1893.

—— die schöne Literatur der Spanier, s.a. Sammlung gemeinverständlicher wissenschaftlicher Vorträge.

Diercks G, die schöne Litteratur der Spanier. (Slg wiss. Vortr. 372) Berlin 1881

—— Literatur-Tafeln. Synchronistische Darstellung der Weltliteratur in ihren hervorragendsten Vertretern. gr. 8. (25 S. mit 8 Tab. in Imp.-Fol.) Dresden 878, Pierson. *
I. Abthl.: Alterthum. (8 S. mit 2 Tab.) allein *

Diercks, Gust., s.: Männer der Zeit.

— Marokko. Materialien zur Kenntnis u. Beurteilg. des Scherifenreiches u. der Marokko-Frage. 8. (VIII, 228 S.) Berlin 894. S. Cronbach. n. 3. —

— **Marokko** u. die deutschen Interessen, s.: Aus geistigen Werkstätten.

Die Marokkofrage und die Konferenz von Algeciras. Von Dr. Gustav **Diercks**. Berlin: G. Reimer 1906. (248 S.) 8° [F.] [06. 6480

—— die nordisch-germanische Mythologie. Ein Vortrag. 1. und 2. Aufl. 16. (44 S.) Ebendas. 879.

—— die pädagogischen Naturgesetze. Ein Culturblatt, dem Andenken Frdr. Froebels zu seiner 100jähr. Geburtstags-Feier gewidmet. gr. 8. (14 S.) Wiesbaden 882. Limbarth. n. — 30

—— Nordafrika im Lichte der Kulturgeschichte. In gemeinverständl. Darstellung. 8. (VII, 404 S.) München 886, Callwey. *

— das arabische Ornament, s.a. Sammlung kunstgewerblicher u. kunsthistorischer Vorträge.

Diercks, Gustav. Das arabische Ornament. (Sammlung kunstgewerblicher und kunsthistorischer Vorträge. No. 9.) Leipzig 1883. 8°.

— Soma u. Psyche. Eine Legende. Festschrift zum 1. deutschen Schriftstellertag zu Dresden vom 4. bis 6. Octbr. 1879, im Namen des Localcomité's verfasst. gr. 8. (19 S.) Dresden 879. Pierson. n. 1. —

Spanien. Kulturgeschichtl. u. wirthschaftspolit. Betrachtungen von Dr. Gustav **Diercks**. *Berlin: J. Guttentag 1901.* (123 S.) 8°
= Schriften d. Centralstelle f. Vorbereitung von Handelsverträgen. H. 16. [01. 7011

Das moderne Spanien von Gustav **Diercks**. Mit 96 Ill. Berlin: H. Paetel 1908. (376 S.) 4°(8°) [08. 18240

— Taschenwörterbuch d. span. u. deutschen Sprache, s.: Moesch, F.

— poetische Turniere, s.a. Sammlung gemeinverständlicher wissenschaftlicher Vorträge.

Diercks G, poetische Turniere. (Slg wissenschaftlicher Vorträge 447) Berlin 1884

Diercks, Gust., englisches Vocabular für die kaufmännische Correspondenz enth. die hauptsächlichsten Worte und Redensarten derselben englisch-deutsch und deutsch-englisch in alphabet. Ordnung. Mit einem Anhang über die gebräuchlichsten Briefanfänge und Schlüsse etc. 8. (IV, 134 S.) Königsberg 874, Braun und Weber.

Diercks, Reimer, (†...), s. Etwas über Süder- u. Norderdithmarschen.

(**Diercks**, Reimer:) Etwas über die beiden Landschaften Süder- und Norderdithmarschen und den Verfall des dasigen Credits. Altona. 1791. 8°.

Diercks, W., s. a. Dierks, W.

Diercks, W., pflanzenbiologisches Praktikum. Jetzt: Berlin, Union, Zweigniederlassg.

Wahrhaftige Beschriewung woans und würüm uns leev Vaderstad Niestadt vor sösshunnertföftig Jahr grünnt is. Denn Chronisten sien Nam' wier leider von de Müüs wegfreten (v.) **C. Diercksen.** Neustadt, den 14. Oct. 1894. Neustadt. (1894.) 1 Bl. Fol. geb. in 8°.

Dierdorf [Schlagwort]

Dierdorf, s.: Preussen. Messtischblätter.

Dieren, B., die Meistersinger v. Nürnberg als Drama betrachtet. gr. 8. (21 S.) Leipzig 873. Klein. — 50

Dieren, E. van, f. Ärzte u. Laien. Wenn ich tuberculös wäre, ich würde mich nicht m. dem Koch'schen Mittel einspritzen lassen, m. e. Fortsetzg.: „Das Koch'sche Mittel verursacht Tuberculosis anstatt dieselbe zu heilen". Nach der 2. niederländ. Ausg. gr. 8. (64 S.) Amsterdam 891. Cleve, Knipping. n. 1. —

Dieren, Hans, Referendar: Die Außerkurssetzung von Währungsgeld nach deutschem Reichsrecht. Greifswald 1907: F. W. Kunike. (53 S.) 8°
Greifswald, Jur. Fak., Ref. Stoerk, Diss. v. 13. April 1907
[Geb. 8. Febr. 80 Treptow a. T.; Wohnort: Greifswald; Staatsangeh.: Preußen; Vorbildung: Gymn. Stettin Reife O. 99; Studium: Berlin 4, Greifswald 3 S.; Rig. 13. März 07.]

Diereville: Reise nach Portroyal in Acadien oder Neu-Frankreich. Aus dem Französischen übersetzt. 150 S.
in: Sammlung neuer und merkwürdiger Reisen zu Wasser und zu Lande. Th. 3. S. 157—306. Göttingen 1751. 8°.

Dierfeld, Gustav: Rat und Gemeinde in Breslau vor der preussischen Besitzergreifung. Breslau: Fleischmann 1909. 65 S. 8°
Breslau, Phil. Diss. v. 28. Mai 1909, Ref. Kaufmann
[Geb. 29. März 84 Schubin; Wohnort: Schubin; Staatsangeh.: Preußen; Vorbildung: Gymn. Bromberg Reife O. 03; Studium: Breslau 12 S.; Rig. 19. Dez. 08.] [U 09. 590

Diergardt, Car. Frid. Ludov. (geb. Langenberg im Rheinl. 20. 9. 1834): De epilepsia. Berolini (1858). (31 S.) 8°
Berlin, Med. Diss. v. 17. Aug. 1858

Diergardt, Conrad. Carolus (geb. 1805 in Langenberg bei Elberfeld): De pericarditidis acutae diagnosi ... Bonnae, typ. H. Knirenschild (1828). 38 S., 1 Bl. 4.
Bonn, Med. Fak., Diss. v. 12 Juli 1828

Diergart. Paul. s.: Beiträge aus der Geschichte der Chemie.

Diergarten, Marie, s. a. Paschke-Diergarten, Marie

Diergarten, Marie, Herbststürme. Gedichte. II. verm. Aufl. 12. (160 S.) Lüdenscheid (899). W. Crone jr.
Geb. in Leinw. m. Goldschn. n. 2. 50

Dierich, Carolus (Theophilus) *(geb. Stolz bei Frankenstein in Schles. 8. 11. 1835)*: De polypis naso-pharyngeis eorumque operationibus. Vratislaviae (1861). (30 S.) 8°
Breslau, Med. Diss. v. 30. Aug. 1861

Dierich, Johannes *Paul* [cand. theol.]: **Die Quellen zur Geschichte Priscillians ... (Theil d. eingereichten Abh.: Priscillian, Bischof v. Abila. Sein Leben u. seine Lehre. — Soll vollst. ersch.)** Breslau, Druck d. Bresl. Gen.-Buchdr., 1897; 42 S., 1 Bl. 8.
Breslau, Ev.-theol. Fak., Lic.-Diss. v. 26. Apr. 1897

Dierich , Johs., die Quellen z. Geschichte Priscillians. Diss. gr. 8. (42 S.) Breslau 897. (Schlotter.) n. — 80

Dierich, Paul. **Beiträge zur Kenntnis prähistorischer Hirsche, mit besonderer Berücksichtigung des Erkennens der Hirschknochen unter subfossilen Tierresten. Aus dem zootechnischen Institut der Universität Bern.... Diss. Vet.-Med. Bern. 64 S. 8. Bonn, Heinrich Ludwig, 1910.**

Diericke, Otto Friedrich von

— s. Fragmente e. alten Offiziers.

(F. O. v. Diericke's) Fragmente üb. d. Veredl. der Soldaten; 1r Bd. nebst e. Anh. jugendl. Gedichte u. ein. pros. Aufss. ***Königsb.,*** **Nicolovius. 798. 8° 1 ß 8 gl - 1 ß 16 gl**

v. **Diericke,** Otto Fr., († d. 17. April 1819.) an meine lieben Mitbürger! über d. Nothwendigkeit unserer neuen Zeitschriften. 8. Königsb. 808. Unzer. 8 gl

v. **Diericke,** Otto Fr., s. Eduard Montrose.

— e. Wort an d. preuß. Adel. 8. Berl. 817.

Diericke, Friedr. O. von: „Ein Wort über den Preussischen Adel, weder Schutz- noch Lobschrift, sondern freimüthiges Wort eines wahrheitsliebenden Mannes", (Berlin) 1817. 2., mit einem nachträgl. Anh. verm. Auflage, Berlin 1818. — Beide vorh.: Bibl. des Kammergerichts Berlin —

Dierig, Günth., die Koalitionsfreiheit der Gewerbetreibenden u. gewerblichen Arbeiter, s. a. Abhandlungen aus dem Staats-, Verwaltungs- u. Völkerrecht. VI. 2.

Dierig, Günther: Die Koalitionsfreiheit der Gewerbetreibenden und gewerblichen Arbeiter. Tübingen 1909: Laupp. IX, 62 S. 8° ¶ (Ersch. auch als: Abhandlungen aus d. Staats-, Verwaltungs- u. Völkerrecht. Bd 6, H. 3.)
Breslau, Jur. Diss. v. 12. Okt. 1909, Ref. Brie, Meyer
[Geb. 2. Aug. 85 Ober-Langenbielau; Wohnort: Ober-Langenbielau; Staatsangeh.: Preußen; Vorbildung: Maria-Magdalena-Gymn. Breslau Reife O. 04; Studium: Bonn 2, Berlin 2, Breslau 3 S.; Rig. 24. Mai 09.] [U 10. 478

Dierig, Günther, Die Koalitionsfreiheit d. gewerbtreibenden und gewerblichen Arbeiter. 8°. Tübingen, J. C. B. Mohr, 1909. (Abhdlg. aus d. Staats-, Verwaltg.- u. Völkerrecht, Heft 2.)

Dierig, Wolfgang, aus Oberlangenbielau i. Schl.: **Aus d. chemischen Institut d. Universität Breslau. Ueber den Einfluß von p-Toluylaldehyd auf α-Picolin und α-Methyl-α'-Phenyl-Pyridin.** *Breslau 1902: H. Fleischmann.* (46 S.) 8°
Breslau, Phil. Diss. v. 25. Okt. 1902

Diering, Linus, approb. Arzt aus Poppe (Posen), z. Z. Volontär-Assist. an d. chirurg. Klinik: Aus d. chirurg. Klinik zu Marburg. **Ein Fall von traumatischem Hirnabscess mit vollständiger, doppelseitiger Taubheit.** *Marburg 1900: R. Friedrich.* (28 S.) 8°
Marburg, Med. Diss. v. 25. Aug. 1900

Dieringer, Franz Xaver (Red.), s. Borromäus-vereins-Blatt.

Dieringer, Franz Xaver, Das Epistelbuch der katholischen Kirche theologisch erklärt. Mainz, Kirchheim, 1863, 8°, 3 Bände. X, 572, 654 u. 580 S., 18 Mk.

Dieringer, Fr. X(av.), dogmatische Erörterungen mit einem Güntherianer. gr. 8. (56 S.) Mainz 852, [Kirchheim.]

Sacram memoriam ... Friderici Guilelmi III ... natali eius III Non. Aug. ... ab litt. universitate Fridericia Guilelmia Rhenana ... celebrandam indicit Dr. Franc. Xaverius **Dieringer**, ord. theol. cath. h. t. decanus. — Inest expositio doctrinae Tertulliani de republica et de officiis ac iuribus civium christianorum. Bonnae, litt. Georgianis 1850. 23 S. 4.

— Kanzelvorträge an gebildete Katholiken auf alle Sonn- u. Festtage des Kirchenjahres. (In 2 Bdn.) 1. Bd. Vom ersten Sonntage des Advents bis Ostern. 2. Bd. Vom 1. Sonnt. nach Ostern bis zum Schluß des Kirchenjahres. gr. 8. Mainz 844, Kirchheim, Schott u. Thielmann. pro 2 Bde. 2½ ß

Dieringer, F. X(av.), d. heil. Karl Borromäus u. die Kirchenverbesserung seiner Zeit. gr. 12. (17 B. u. B's. Bildn.) Köln 846. (Bachem.) *

— der Katholik, s. Katholik.

Dieringer, F. X., Laienkatechismus über Religion, Offenbarung u. Kirche. Mainz, Kirchh., 1865, 8°, XII, 607 S., 5 Mk. — 2. Aufl.: 1868, XVI, 616 S.

— Lehrbuch der kathol. Dogmatik. gr. 8. (XII u. 668 S.) Mainz 847, Kirchheim & Schott. — 2. verm. u. verb. Aufl. 2 Abthlgn. 8. (XII u. 675 S.) Ebd. 850. 2⅔ ß

Dieringer, F. X., Lehrbuch der katholischen Dogmatik. 3. verm. u. verb. Aufl. 853. (XX, 744 S.) — 4., sehr verm. rc. Aufl. Mainz 858. Kirchheim. gr. 8. (XVI, 741 S.) 2 ß 26 ngr

Dieringer, F. X., Lehrbuch der katholischen Dogmatik. 5. verm. u. verb. Aufl. Mainz 865. Kirchheim. gr. 8. (XV, 750 S.) 2 ß 26 ngr

— offenes Sendschreiben „über die kirchl. Zustände der Gegenwart" an Prof. Dr. J. B. v. Hirscher. gr. 8. (31 S.) Mainz 849, Kirchheim und Schott.

DIERINGER, Franz Xaver (Speyer): System der göttlichen Thaten des Christentums, oder: Selbstbegründung des Christenthums, vollzogen durch seine göttlichen Thaten. Bd. 1: Polemik der göttlichen Thaten. VIII, 479 S.- Bd. 2: Dialectik der göttlichen Thaten. VI, 468 S.- Mainz: Kupferberg 1841
7.8.1841 - Urk (Titel: De divinis religionis christianae factis.); F 43
Diss. Ingolst.-Landsh.-Mchn.

Dieringer, Franz Xav., System der göttlichen Thaten des Christentums, als Lehre von der Selbstbegründung des Christentums, vollzogen durch seine göttlichen Thaten. Mainz, Kupferberg, 1857, gr. 8°, VIII, 647 S., 2. verb. Aufl, 8 Mk.

Dieringer, F. X., die Theologie der Vor- und Jetztzeit. Ein Beitrag zur Verständigung. [In Form einer Besprechung der Kleutgen'schen „Theologie der Vorzeit", 1. Bd. 2. Aufl. Aus dem Bonner theolog. Literaturblatt. Mit einem Vorwort.] 1. Aufl. (XV, 55 S.) 868. 75 Pf., und 2. verm. Aufl. gr. 8. (XXI, 79 S.) Bonn 869, Henry.

— s. Zeitschrift, kathol., f. Wissenschaft u. Kunst.

Dierkes, A., militärische Gelegenheits-Reden [Toaste]. gr. 8. (32 S.) Wien 885. (Seidel & Sohn.) n. — 40

Dierkes, Adalb., Leitfaden des Unterrichts im Säbelfechten, mit Berücksicht. der theoret.- pract. Ausbildung nach der neuesten Fechtmethode, nebst einem Anhang über das Manchettiren und der Vertheidigung mit dem Säbel gegen das gepflanzte Bajonnet. gr. 8. (39 S. mit 12 Stnt. in qu. Fol.) Prag 857, Heß.

Dierkes, Adalbert, Leitfaden des Unterrichts im Säbelfechten, mit Berücksichtigung der theoretisch-praktischen Ausbildung nach der neuesten Fechtmethode, — nebst einem Anh. über das Manchettiren und der Vertheidigung mit dem Säbel gegen das gepflanzte Bajonnet. Neue Ausg. 8. (39 S. mit 12 Figurentaf.) Troppau 866, Kolck. *

DIERKES, Joseph (Paderborn): Beitrag zur Lösung der Frage: Soll Coxitis conservativ-exspectativ oder conservativ-operativ behandelt werden?- München: Gradinger 1882. 60 S.
21.7.1882 - Urk (Titel: De methodis coxitidis curandae.); Chr 1882/83,16
Diss.Ingolst.-Landsh.-Mchn.

Dierkesmann, J.

— u. G. Hoischer, „Allweg gut Zollre". Ein Festspiel in 4 Bildern. Zum 18. I. 1901. Unserer lieben Jugend gewidmet. 8. (16 S. m. eingedr. Bildnissen.) Hamm (900). Breer & Thiemann. n.n. — 10

Zum 18. Jan. 1901. Allweg gut Zollre. Ein Festspiel in 4 Bild. Unserer Jugend gewidmet von J. Dierkesmann u. G. Hoischen. *Hamm: Breer & Thiemann [1901]*. (8 Bl.) 8° [F.] [01. 3808 6

Dierkesmann, J., die Erben des Heidehofs, s.: Volks-Bibliothek, kathol. 4. Bd.

Dierkesmann, J., Feierklänge. Eine Auswahl v. Gedichten als Ergänzg. zum W. Crüwellschen Lesebuch f. die Oberklassen kathol. Volksschulen. (96 S. m. Abbildgn.) 8. Dortmund 907. W. Crüwell. — 60

— u. A. Koch, Führer durch die pädagogische Literatur. Ein Handkatalog f. Lehrer u. Lehrerinnen z. Fortbildg. u. Vorbereitg. auf Prüfgn. In Verbindg. m. sachkund. Schulmännern hrsg. (Umschlag: 1. Tl.) (II, 184 S.) kl. 8. Hamm 910. Reimann & Co. p — 40

— s.: Grimm, Jak., u. Wilh. Grimm, Märchen.

— Markanermut, s.: Jugend-Bibliothek, Laumann'sche.

Dierkesmann, J., s.: Schematismus kathol. Lehrer u. Lehrerinnen Westfalens.

[F.] Der Sohn des Wilderers. E. Erzählg aus d. Volksleben. Von J. Dierkesmann. *Hamm i. W.: Breer & Thiemann [1897]*. (76 S.) 1 Bl 8.
= Bibliothek, Kleine. No 2. [97. 4776

— Leonhard Werner. Scheiden u. Wiedersehen, s.: Jugend-Bibliothek, Laumann'sche.

Dierking, H., d. prakt. Grammatik z. Erlernung d. engl. Sprache f. d. Schul-, Privat- u. Selbstunterricht. gr. 8. (XII, 243 S.) Straßburg 897. Straßburger Druckerei u. Verlagsanstalt. Kart. n. 2. 50

Dierks, Alex, Brüssel u. die Weltausstellung 1910. Zur Erinnerg. u. Führg. Mit Titelb., zahlreichen Abbildgn. u. farb. Plan v. Brüssel u. der Weltausstellg. Ausflug nach Waterloo. (IV, 109 S.) 8. Bielefeld (910). Freiburg i/B., F. P. Lorenz. 1. 50

Dierks, Herm. (geb. Gross-Holzhausen in d. Altm. 16. 2. 1855): Einiges über scrofulös-tuberculöse Lymphdrüsengeschwülste am Halse bei Erwachsenen. Berlin (1883). (30 S.) 8°
Berlin, Med. Diss. v. 9. Aug. 1883

Dierks, Herm., de tragicorum histrionum habitu scaenico apud Graecos. gr. 8. (51 S.) Göttingen 883. Akademische Buchh. Diss. n. 1. 20

Dierks, Hermann [Dr.]: Houdons Leben und Werke. Eine kunsthistorische Studie. Gotha, E. F. Thienemanns Hofbuchh., 1887; 2 Bl. + 92 S. 8°.
Jena, Phil. Fak., Hab.-Schr. v. 1887.

Dierks, Herm., Houdons Leben und Werke. Eine kunsthistor. Studie. gr. 8. (VII, 148 S. mit 6 Abbild. in Lichtdr.) Gotha 887, Thienemann. *

Dierks, Th., Prüfung d. im Herzogth. Oldenburg errichteten Wittwen- u. Waisen-Cassen. Nebst e. Anhange, die Untersuchungen des Dr. phil. Tiarks üb. die Oldenburger Wittwen-Casse enthaltend. gr. 8. (Mit 1 Tab.) Jever 846. (Leipzig, Orthaus.) n. 2/3 ₰

Dierks, Th., Versuch einer richtigen Bestimmung des Pflichttheils aus geschlossenen Stellen in Verbindung mit allodialem Vermögen nach Oldenburgischem Particular-Rechte. Bevorwortet von Christ. Ldw. Runde. gr. 8. Oldenburg 842, Schulze'sche Buchh. (W. Berndt.) 1/2 ₰

Dierks, W., s. a. D i e r c k s , W.

Dierks, W.

— unsere Nahrungsmittel vor Gericht, s.: Jugend- u. Volksbibliothek, naturwissenschaftliche, 13. Bdchn.

Dierks, W., pflanzenbiologisches Praktikum. (102 S. m. 75 Abbildgn.) gr. 8. Leipzig 910. Dürr'sche Buchh. 1.40; geb. 1. 70

Das Problem der künstlerischen Erziehung. Von Lehrer W. Dierks. Berlin: Gerdes & Hödel 1905. (40 S.) 8°
= Bausteine, Pädagogische. H. 23. [06. 6714

Von der Vererbung und ihrer Bedeutung für die Pädagogik. Von W. Dierks (in Wettringen). *Bielefeld: A. Helmich [1903]*. (19 S.) 8° [F.]
= Abhandlungen, Pädagogische. N. F. Bd 9, H. 2. [03. ...

Wie ein gutes Lesebuch sein sollte. Von W. Dierks. Bielefeld: A. Helmich [1902]. (28 S.) 8° [F.]
= Abhandlungen, Pädagogische. N. F. Bd 8, H. 4. [03. 13360

Dierks & Möllmann, Maschinen-Fabrik: Catalog über Specialitäten für Milchwirthschaft. Osnabrück (1897?)

Dierksen, Hermann, appr. Arzt a. Beverstedt, Prov. Hannover: Ueber einen Fall von Pankreascyste nach Trauma. Aus der Privatpraxis des Herrn Prof. Schmitt zu München. München 1905: C. Wolf & Sohn. (39 S.) 8°
München, Med. Fak., Ref. v. Angerer, Diss. v. 12. Aug. 1905
[Geb. 14. Febr. 80 Beverstedt, Prov. Hannover; Wohnort: Beverstedt; Staatsangeh.: Preußen; Vorbildung: Gymn. Verden a. Aller Reife O. 99; Studium: Göttingen 4, München 1, Kiel 1, Berlin 1, München 2 S.; Coll. 13. März 05; Approb. 3. Okt. 04.]

Dierlamm, Ghilf., die Flugschriftenliteratur der Chartistenbewegung u. ihr Wiederhall in der öffentl. Meinung, s.a. Beiträge, Münchener, zur roman. u. engl. Philologie. 46.

Dierlamm, Gotthilf: Die Flugschriftenliteratur der Chartistenbewegung und ihr Widerhall in der öffentlichen Meinung. Naumburg a. S. 1909: Lippert. XIII, 107 S. 8° ¶(Ersch. auch als: Münchener Beiträge z. roman. u. engl. Philol. 40.)
Tübingen, Phil. Diss. v. 29. Mai 1909, Ref. Franz
[Geb. 13. Nov. 86 Bernloch; Wohnort: Tübingen; Staatsangeh.: Württemberg; Vorbildung: Ev.-theol. Sem. Urach Reife M. 04; Studium: Tübingen 7 S.; Coll. 11. Febr. 09.] [U 09. 3953

Dierlich, Carolus (Franciscus Johannes) (*geb. Biskupitz bei Beuthen in Oberschles. 21. 2. 1834*): De prosopalgia ope galvanocaustica curata atque de causis et cura neuralgiarum. Vratislaviae (1858). (29 S.) 8°
Breslau, Med. Diss. v. 30. Aug. 1858

Dierling, Hugo: Aus d. Ohren- u. Kehlkopfklin. d. Univ. Rostock. Beiträge zur Kenntnis der Schmerzen im Ohre und am Warzenfortsatze bei Hysterischen. Rostock 1908: Adler. 38 S. 8°
Rostock, Med. Diss. v. 12. Juni 1909, Ref. Körner
[Geb. 29. Juli 80 Kl. Bentwisch; Wohnort: Rostock; Staatsangeh.: Mecklenburg-Schwerin; Vorbildung: Realgymn. Rostock Reife O. 00; Studium: Halle 5, Berlin 3, Rostock 2 S.; Coll. 31. Juli 08; Approb. 24. Juni 09.] [U 09. 3718

Diermissen, Johannes

Diermissen, J., ut de Mußkist. Plattdeutsche Reime, Sprüche und Geschichtchen für Jung und Alt aus Nordalbingien. 8. (80 S.) Kiel 862, Homann. *

Diernacher, Ludw., Blüthen aus Salem. Ein kathol. Gebet- u. Erbauungsbuch in Prosa u. Poesie, hrsg. aus Eigenem u. Fremdem. 8. (53 3/8 B., 3 Stahlst. u. verziert. Ttl.) Passau 844, Pustet'sche Buchh.

Diernacher, Ludw., Blüthen aus Salem. Ein katholisches Gebet- u. Erbauungsbuch in Poesie und Prosa herausg. aus Eigenem u. Fremdem. Neue (Titel-) Ausg. Passau (844) 853. Pleuger. 8. (838 S., 3 Stahlst. u. lith. Titel.) 21 ngr

Dierner, Andr., kurzgefaßte Erdbeschreibung von Ungarn, für Schule und Haus. 2., verb. Aufl. gr. 8. (103 S. mit 1 chromolithogr. Karte in qu. Fol.) Pest 862, Kilian's Universitäts-Buchh. *

—— Geschichte von Ungarn zum Schulgebrauche. Nach A. Dierner neu bearb. von Ludw. Hanthó, deutsch durch Gust. Berky. 8. (89 S. mit 1 Stammtaf.) Pest 862, Kilian's Universitäts-Buchh. *

Dierner, Andr., Leitfaden beim Unterrichte in der deutschen und ungarischen Sprache. 3., verb. und verm. Aufl. gr. 8. (VIII und 218 S.) Pest 861, Kilian. *

Dieroff, Kurt: Über Turmalinführung in Gesteinen der Umgegend von Neudek in Böhmen. Leipzig 1909: Sturm & Koppe. 48 S. 8°
Leipzig, Phil. Diss. v. 24. Aug. 1909, Ref. Zirkel, Credner
[Geb. 12. April 83 Plauen i. V.; Wohnort: Plauen; Staatsangeh.: Sachsen; Vorbildung: Gymn. Wurzen Reife O. 04; Studium: München 2, Leipzig 7 S.; Rig. 14. Juli 09.] [U 10. 3114

Diers, Marie, die Briefe des alten Josias Köppen. (156 S.) 8. Dresden (909). M. Seyfert. 2.—; geb. 3. —

— Fräulein Doktor, s.: Kürschner's Bücherschatz.

Diers, Marie: Fräulein Doktor, Roman. Mit Ill. von H. Binde. Berlin, Leipzig: Hillger (1908). 111 S. 8°. (Kürschners Bücherschatz. Nr. 644).

Diers, Marie, Frau Elsbeth. Roman. (223 S.) kl. 8. Berlin (905). H. Krüger. n. 2. —; geb. n. 3. —

(B) — Frau Elsbeth. 905. Jetzt: Berlin, R. Eckstein Nachf.

Frau Elsbeth. Roman von Marie Diers. 2. Aufl. Berlin: H. Krüger [1906]. (223 S.) 8° [J.] [06. 11478 II

— Fritzchen. Die Geschichte einer Einsamen. (239 S.) 8. Dresden 907. M. Seyfert. 3.—; geb. 4. —

Diers, Marie, Karl Henning u. sein Haus. Roman. 8. (256 S.) Berlin (902). Freund & Jeckel. n. 2.—; geb. n. 3.—

— im Herrenhaus v. Luckmühlen, s.: Engelhorn's allgemeine Roman-Bibliothek.

— die Kinder v. Heckendamm. Ein deutscher Familienroman. (373 S.) 8. Braunschweig 904. G. Westermann. n. 3. 60; geb. n. 4. 60

— Michael Laurentius. Eine Lebensgeschichte. (276 S.) 8. Ebd. 905. n. 4. —; geb. n. 5. —

— Tante Lütte. Roman. (257 S.) 8. Ebd. 909. 3.—; geb. 4. —

Die Mutter des Menschen. Gedanken z. Frauenfrage von Marie Diers. *Berlin: A. Duncker 1903.* (88 S.) 8° [J.] [04. 3:

— die Mutter des Menschen. Gedanken zur Frauenfrage. 2. verb. Aufl. (III, 87 S.) 8. Berlin 905. A. Duncker. 1. —; geb. in Leinw. 2. —
1. Aufl. (88 S.) 903. n. 1. —.

— Moderne Nomaden. Roman. (223 S.) kl. 8. Berlin (906). [H. Krüger.] R. Eckstein Nachf. 2.—; geb. n 3. —

Diers, Marie: Moderne Nomaden, Roman. Berlin: Krüger. (1907). 223 S. 8°.

— die liebe Not. Geschichte e. Frauenherzens. 1. u. 2. Aufl. (à 254 S.) 8. Stuttgart 906. Deutsche Verlags-Anstalt. n. 3. —; geb. n. 4. —

Sonnenkinder. Roman von Marie Diers. Berlin: H. Krüger [1905]. (352 S.) 8° [J.] [06. 11479 II

— Sonnenkinder. Roman. 2. Aufl. (352 S.) kl. 8. Berlin (905). H. Krüger. n. 3. —; geb. n. 4. —

— Die sieben Sorgen des Doktor Joost. Roman. 2. Aufl. (252 S.) 8. Dresden 908. M. Seyfert. 3.—; geb. 4. —

— Der Spießbürger. Roman. (899 S.) 8. Ebd. 910. 5.—; geb. 6. —

— Der alte Timm u. seine Nachbarn, s.: Engelhorn's allgemeine Roman-Bibliothek. XXVI, 3.

Marie Diers. Jüngling Tod. Eine Geschichte v. Leben u. Sterben. Berlin: O. Janke (1906). (282 S.) 8° [J.] [07. 4...

— Jüngling Tod. Eine Geschichte vom Leben u. Sterben. (282 S.) 8. Berlin (907). O. Janke. (Urspr. Pr. 3. —)

— wer bist du?, s.: Engelhorn's allgemeine Roman-Bibliothek.

Diersburg, s.: Röder v. Diersburg.

Diersch, J. Jac., gute Gedanken v. d. Sabbathsfeyer. 8. Frft. Bierling. 758.

Diersch, J. L. v. d., die heil. Geschichten des Alt. u. Neuen Testamentes f. kathol. Schulen u. Familien. Sprüche aus den Lehrb. des Alt. u. Neuen Test. 2c. 4. Aufl. 8. (25½ B.) Crefeld 840, Funcke u. Müller. *

Diersch, Johann Paul (Querfurt), Animadversiones chemico therapeuticae de ferro. Präs. Joh. Gottfried Leonhardi. Wittbg. (A. Ch. Charisius) 24. X. 1785. 28 S. (5.—) 6441
Gew.: Christian Theophil Gottschald.

Diersche, Max, aus Mohorn: Beitrag zur Kenntniss der Gesteine und Graphitvorkommnisse Ceylons. Mit 1 Taf. *Wien 1898: Brüder Hollinek.* (58 S.) 4° ¶ Aus: Jahrbuch d. k. k. geol. Reichsanstalt, 1898, Bd 48, H. 2.
Phil. Diss. v. [12. Sept.] 1898

Dierschke, Alfons, Dr.: Ortsstatutarische Bauverbote. Berlin: C. Heymann 1907. (IV, 92 S.) [J. u. Ant.]
Breslau, Jur. Fak., Hab.-Schr. v. [25. Mai] (1907)

Dierschke, Alfons, ortsstatutarische Bauverbote. Die Bedeutg. des § 12 d. preuß. Fluchtliniengesetzes f. Praxis u. Theorie. (IV, 92 S.) gr. 8. Berlin 907. C. Heymann. 2. 40

Dierschke, Alfons, Referendar: Zur Lehre von der Exhibitionspflicht. *Jena: G. Fischer 1901.* (37 S.) 8° [J.] ¶ Erschien vollst. u. d. T.: 'Die Vorlegung von Sachen zur Besichtigung nach dem BGB' als: Abhandlungen zum Privatrecht u. Civilprozess d. Dt. Reiches, Bd 8, H. 3.]
Breslau, Jur. Diss. v. 20. Juli 1901

Die Vorlegung von Sachen zur Besichtigung nach d. BGB. f. d. Deutsche Reich. Von Dr. Alfons Dierschke. *Jena: G. Fischer 1901.* (91 S.) 8° [J.]
= Abhandlungen z. Privatrecht u. Civilprozess d. Dt. R. Bd 8, H. 3.

Dierschke, Josef. Progressive Besteuerung des Grossbetriebes bei einigen Verbrauchssteuern. Diss. Staatsw. Univ. Zürich. 98 S. 8. Breslau, Buchdr. der Schlesischen Volkszeitung, 1903.

Diersen, Friedr. Heinr. (Strel. Mecklenb.), De regibus inservientibus. Präs. Jo. Wilh. v. Berger. Wittenbg. (Ephr. Gottlob Eichsfeld) 7. V. 1739. 66 S. (5.20) 6442

Dierssen, Heinrich: Über die zuckerartigen Abbauprodukte der Stärke bei der Hydrolyse durch Oxalsäure, mit besonderer Berücksichtigung der Lintnerschen Isomaltose. Berlin: Springer 1903. 14 S. 4⁰ ¶ Aus: Zeitschrift f. angewandte Chemie. Jg. 16.
Hannover, Dr.-Ing.-Diss. v. 18. 12. 1902

Diertins, P. Ign., S. J., s.: **Loyola,** Ign. de, historia exercitiorum spiritualium.

Diery, Karl [aus Offenbach a. M.]: **Beiträge zur Kenntnis des Dimesityltrichloräthans und des α-Dinaphtyltrichloräthans.** ... Freiburg i. B., Buchdr. v. Chr. Ströcker, 1890; 86 S., 1 Bl. 8⁰
Freiburg i. B., Phil. Fak., Inaug.-Diss. v. 1890

Dies (Sachliches Ordnungswort)

Dies Buch gehört dem Auswanderer, s. Buch

—— Buch gehört dem König. (Von Bettina v. Arnim.) 2 Thlr. 8. (38½ B.) Berlin 843, Schröder's Verl. *

—— Buch gehört dem Vaterland. (Von Graf Zay.) gr. 8. (24½ B.) Leipzig 845, Otto Wigand.

—— Buch gehört dem Volke, s. Buch.
Vgl. Buch.

Dies Buch gehört dem Volke, s. Nickelchens Tagebuch.

—— Buch gehört den Damen. Ein Toiletten-Geschenk f. die feine Welt. Nach dem Engl. des „The Ladies Hand-Book of the Toilet" bearb. 16. (4 B., 1 col. Kpfr. u. farb. Ttl.) Frankfurt a. M. 844, Jügel. *

Dies Buch ist verboten, s.a. Buch

Dies Buch ist verboten! Flugschrift an die Genossen der constitutionellen und Fortschritts-Partei. Berlin 863. Fahlisch. 8. (31 S.) 4 *ngr.*

Dies u. **Das** u. noch etwas, s.: Kinderbücher, neue.

Dies u. **Das**, f. alle was! 8. (8 Farbdr. m. eingedr. u. 2 S. Text auf Pappe.) Duisburg 897. J. A. Steinkamp. Kart. — 50

Dies Dominica ceteraque Domini festa praecipua ... Graecii 1777. V: *Jenamy, Guillaume.* (JES)

Dies und noch etwas. Wien 1907. V: *Schwartz, Moritz.* (EB)

Dies gehört dem Volke! Eine kurze Würdigung der Parteien unserer Zeit und ihres Strebens. Glarus 1844. 34 S. 8.

Dies Irae, nebst Uebersetzung. Münster 816. Theissing. 1 ℛ

Dies Irae, Hymnus auf das Weltgericht ... hsg. von F. G. Lisco. Berlin 1840—43. V: *Celano, Thomas de.* (BrMm)

Dies irae. Erinnerungen eines französ. Offiziers an die Tage v. Sedan. 8. (120 S.) Stuttgart 882. Krabbe. n. 2. —; geb. n. 3. —

Dies irae. Eine Vision. 8. (171 S.) Dresden 889. Pierson. n. 2. —

— — **sancta sacerdotis Petrini, seu Sacerdos orans, meditans et celebrans etc.** 12. **Augsburg,** Wagner. 792.

Dies ist das Bilderbuch f. gute kleine Knaben; wer „Bitte! Bitte!" sagt, soll zum Geschenk es haben. br. 8. (9 ill. Kpfrt. u. ½ B. Text.) Leipzig. (H. Fritzsche.) *

—— ist das Bilderbuch, f. Mädchen gut u. klein; sprich: „Bitte! Bitte!" Kind, so soll's dein eigen sein. br. 8. (9 ill. Kpfrt. u. ½ B. Text.) Leipzig. (H. Fritzsche.) *

Dies ist das Titel-Blat: Ein winziger Tractat ... [Heidelberg?] 1739. V: *Ochsenkun, Sebast.* (BrMm)

Dies. Dis ist das Vrban der kilchgenosen vnd nachgepurschafft des kilchspels zu Buchs. A. 1484. Abgeschrieben und veröffentlicht von Nikolaus Senn.... 8. Buchs 1882.

Dies ist der Frommen Lotterie, Wobey man kan verlieren nie ... Solingen 1743. V: *Tersteegen, Gerhard.* (BrMm)

Dies sancta pii Sacerdotis ... Aug. Vind. 1757. V: *Claus, Jos. Ign.* (ML) (BR)

Dies sancta sacerdotis. 8. Augsb. Wolf. 757.

Dies schickt euch das Christkind. Eine Erzählung für die Jugend zum Weihnachtsfeste. **Schreiberhau 863. (Hirschberg,** Resener.) 32. (24 S.) n. 1 *ngr.*

Dies Wort gehört dem Erbprinzen von Augustenburg. Die wirklichen Interessen Schleswig-Holsteins und der deutschen Demokratie. Von einem Schleswig-Holsteiner. Hamburg. o. J. [1864?] 8⁰

Dies Wort gehört dem Erbprinzen von Augustenburg. Die wirklichen Interessen Schleswig-Holsteins und der deutschen Demokratie, von einem Schleswig-Holsteiner. 2. Aufl. 8. Hamburg 869, Richter. *

Dies (Verfasser)

Dies, Belehrungen d. Arithmetik, s. Belehrungen.

Dies, A., Briefe an Kritter, die Grundsätze der Wittwenkassen betreffend. 4⁰. Hannover, Hahn, 1769.

Dies, A. C., Collection ou suite de vues pittoresques de l'Italie, s.a. Reinhart, Charles.

Dies, A. C., Charles **Reinhart,** Jaques **Mechau,** collection ou suite de vues pittoresques de l'Italie dessinées d'après nature et gravées à l'eau forte à Rome. [Contenant 72 pl.] (18 Livrs.) 1. Livr. gr. Fol. (4 Stahlst. m. 1 Bl. Text.) Nürnberg 875. Lotzbeck. In Mappe. 6. —

Dies, Alb. Chr., (†...,) biograph. Nachrr. von Jos. Haydn. 8. Wien 810. Camesina. 1 ℛ 4 gl.

Dies, Friedr., Otto v. Guericke und sein Verdienst. gr. 8. (54 S.) Magdeburg 862, Creutz'sche Buchh. *
mit photogr. Portr. *

Dies, P. C., s. Bemerkk. über d. Charakter d. Italiener.

Diesbach, Heinrich von, a. Freiburg in d. Schweiz: Über Derivate substituierter Malonsäuren. München 1907: V. Höfling. (80 S.) 8⁰
München, Phil. Fak., Ref. v. Baeyer, Diss. v. 21. Dez. 1906
[Geb. 15. Mai 80 Romont, Kanton Freiburg, Schweiz; Wohnort: Freiburg Staatsangeh.: Schweiz; Vorbildung: Kantonalgymn. Freiburg Reife Juli 99 Studium: Freiburg i. Schw. 5, München 10 S.; Rig. 21. Dez. 06.]

Diesbach, Johann

Diesbach, Jh., († d. 2. Dec. 1792.) Institutiones philosophicae attribut. ad mentem Rogerii Boscowichii. 8. Prag 761. Ed. II. Ebd. 764.

Diesbach, J., Geneal. Tabellen durchlauchtiger Häuser der Fürsten und Grafen von Kaunitz. Mit Tfln. Prag 1770. fol.

Diesbach, Jh., Tabularium Bohemo - genealogic. Bohuslai Balbini, recognitum et usque at aetatem nostram continuatum. 4. Prag 770.

Diesbach, Max de. Louis d'Affry, premier landamman de la Suisse, et la diète fédérale de 1803. [Sep.-Abdr. aus dem Jahrbuch für Schweizerische Geschichte ..., Band 29.] S. 169—188. 8. [Zürich, Fäsi & Beer, 1904.]

Diesbach, Max de. Les dernières années du régiment de Diesbach (1789–1792). E. 8. Fribourg 1890.

Diesbach, Max de. Le Château de Greng. [Avec 2 planches.] E. 8. Fribourg 1900.

Diesbach, Max de. Châtel-Saint-Denis. Fondation de la ville. Notice lue à l'assemblée de la Société d'histoire du canton de Fribourg... le 11 juillet 1901. [Illustré.] 30 p. 8. Fribourg, (Impr. de l'Œuvre de Saint-Paul,) 1901.

Diesbach, Max de. La contribution du 19 germinal an VI ⟨8 avril 1798⟩ publiée par M' de D'.... E. 8. [Fribourg 1900.]

Diesbach, Max de. Les pèlerins fribourgeois à Jérusalem ⟨1436–1640⟩. Étude historique. E. 8. Fribourg 1891.

[Diesbach, Max de.] Henri de Schaller. Conseiller d'État (1828–1900). ([Notice biographique avec Liste des] Ouvrages publiés par H. de Sch'.) [E.] 8. [Fribourg 1900.]

Diesbach, Max de. Les troubles de 1799 dans le Canton de Fribourg. (E.) 8. Fribourg 1888.

Diesbach, Max de. La vie mondaine à Fribourg et le Cercle de la Grande Société. 38 p. 8. Fribourg, Fragnière Frères, 1904.

Diesbach, Max de. Le général Charles-Emmanuel Von der Weid, 1786–1845. Notice biographique. [Avec 1 portrait hors texte.] E. 8. Fribourg 1893.

(Diesbach, N[iclaus] Bernhard von.) Mon voyage de Burgdorf à Parme. ([Par] N. Bernard de Diessbach.) 8. *s. l.* (1799).

Diesbach, Roger de. L'utilisation des forces hydrauliques par l'État dans le canton de Fribourg. Thèse Dr. Fribourg. [Avec 1 carte.] 172 p. 8. Fribourg, Fragnière frères, 1904.

Diesch, [in der Vita: Kaulfuss-Diesch], Carl Hermann: Die Inszenierung des deutschen Dramas an der Wende des sechzehnten und siebzehnten Jahrhunderts. Ein Beitrag zur älteren deutschen Bühnengeschichte. Leipzig: R. Voigtländer 1905. (238 S.) 8° [ℌ.] ¶[— Probefahrten Bd 7.]
Leipzig, Phil. Fak., Ref. Köster, Volkelt, Diss. v. 21. Okt. 1905
[Geb. 13. Nov. 80 Sorau; Wohnort: Altenburg; Staatsangeh.: Sachsen-Altenburg; Vorbildung: Gymn. Altenburg Reife O. 00; Studium: Tübingen 4, Leipzig 6 S.; Rig. 26. Mai 05.]

Diesch, Carl Hermann (Saulgau), Observationes circa doctrinam de acrimonia humorum. Diss. med. Präs. Herm. Friedr. Autenrieth. Tübing. (Ernst Eifert) April 1827. 55 S. (4.80) 6447

Diescher, Wilhelm. Erstlingsblüten: Gedichte. 2d ed. Hamb. 1882.

Diesdorf [Schlagwort]

Diesdorf, s.: Preussen, Messtischblätter.

Diese Damen, s. Croquis, Wiener. 2. Heft.

Diesel M.: Erlustierende Augenweide in Vorstellung herrlicher Garten- u. Lustgebäude theils inventiert u. angelegt, theils nach dahmahligem Sito gezeichnet. [2 Th.]. U. St. o. A. 169 Tvl. i 1 Vol. St. Fol.

Diesel. Marie, poetische Postkarten-Grüsse f. alle Gelegenheiten, bes. f. Reise, Geburtstage, Namenstage, Verlobungn., Hochzeiten, Neujahr, Weihnacht., Ostern u. Pfingsten. (328.) 16. Leipz. (910). S. Schnurpfeil. — 10

Diesel, Rud., genossenschaftliche Eigenproduktion. Wie kann der organisierte Konsum den Übergang zur Eigenproduktion beschleunigen? Nach e. Vortrag, geh. auf dem 1. ordentl. Genossenschaftstag des Zentralverbandes deutscher Konsumvereine am 14. VI. 1904 in Hamburg. (25 S.) gr. 8. München 904. E. Reinhardt. n. — 30

— Solidarismus. Natürliche wirtschaftl. Erlösg. des Menschen. (VII, 124 S.) gr. 8. München 908. R. Oldenbourg. n. 1. 80

Diesel, Rud., Theorie u. Konstruktion e. rationellen Wärmemotors zum Ersatz der Dampfmaschinen u. der heute bekannten Verbrennungsmotoren. gr. 8. (VI, 96 S. m. 13 Fig. u. 3 Taf.) Berlin 893. J. Springer. n. 4. —

Diesel, Rud., u. M. Schröter, Diesels ration. Wärmemotor. 2 Vorträge. [Aus: „Ztschr. d. Vereins deutscher Ingenieure".] gr. 4. (19 S. m. 17 Fig.) Berlin 897. J. Springer. n.n. 1. 40

Diesel, Th., Magnetotherapie. Der animal. oder Lebens-Magnetismus als Heilmethode u. Heilmittel. Einfach darzulegen versucht. gr. 8. (34 S.) München 882. (L. Finsterlin.) n. — 40

Dieseldorff, Arthur, aus Hamburg: Beiträge zur Kenntniss der Gesteine und Fossilien der Chathaminseln sowie einiger Gesteine und neuer Nephritfundorte Neu-Seelands. *Marburg 1901: R. Friedrich.* (57 S.) 8°
Marburg, Phil. Diss. v. [18. Sept.] 1901

Dieseldorff, E. P., der Kaffeebaum. Praktische Erfahrgn. üb. seine Behandlg. im nördl. Guatemala. (36 S. m. 1 Abbildg.) 8. Berlin (908). H. Paetel. 1. 25

Dieseldorff, J. P. D., Wegweiser nach Südaustralien in seiner jetzigen Gestalt. Nach eigener Anschauung während eines mehrjährigen Aufenthalts besonders für Auswanderer geschildert. gr. 8. (IV u. 63 S.) Hamburg 849, Kittler. n. 12 ngr

Diesend, [Carl]: Beschreibung des neuen Realschulgebäudes. *Elmshorn 1898: J. Schüthe.* (1—4 S.) 4°
Elmshorn, st. R, P 1898 (309)

Diesener, H., kleine Architekturen in Holz. Fol. (330 Fig. auf 85 Taf. m. 4 S. Text.) Halle 895. L. Hofstetter. Geb. in Leinw. n. 14. —

Diesener, H., kleine Architekturen in Holz. II. (unveränd.) Aufl. 85 Taf. m. zusammen 330 Entwürfen. Fol. (IV S. Text.) Halle 902. L. Hofstetter Verl. Geb. in Leinw. n. 14. —

(B) — Kleine Architekturen. 902. Jetzt: Leipz., B. F. Voigt.

Diesener, H.: Die Arithmetik, s. a. Otto, C.

— d. Arithmetik. Prakt. Unterrichtsbuch z. leichten Erlerng. d. 4 Rechnungsarten m. ganzen Zahlen, gewöhnl. Brüchen u. Dezimalbrüchen, unt. Berücksicht. d. Eigenschaften u. d. Theilbarkeit, d. Zerlegg. e. Zahl in Faktoren u. d. grössten gemeinschaftl. Maßes d. Zahlen. M. e. großen Zahl vollst. ausgerechn. prakt. Beispiele f. d. Selbstunterr. u. z. Gebrauche an Bau-, Gewerbe- u. Fortbildungsschulen. 2. Aufl. gr. 8. (IV, 64 S.) Ebd. 897. n. 1. 50; geb. n. 2. —

Diesener, H., Aufgaben aus der Baukonstruktionslehre f. Baugewerksschulen, Handwerkerschulen, Fortbildungsschulen u. sonstige technische Lehranstalten, sowie zum Selbstunterricht. Zum Gebrauche beim Unterricht, f. die Reifeprüfg. u. zum Selbstunterricht. (III, 87 S. m. 119 Abbildgn.) gr. 8. Leipzig (907). C. Scholtze. 3.—; geb. 3. 80

— dasselbe f. die Reifeprüfung an Baugewerkschulen u. ähnl. techn. Lehranstalten sowie auch z. Gebrauche beim Unterrichte in allen techn. Lehranstalten u. zum Selbstunterricht. I. u. II. Bd. gr. 8. Ebd. 7.50; geb. 9, 10
I (III, 115 S. m. 149 Abbildgn.) 907. 4.—; geb. 4. 80
II (IV, 99 S. m. 79 Abbildgn.) 907. 3.50; geb. 4. 30

[F.] Die Baukonstruktionen des Maurers, einschl. d. Baumaterialienkunde, d. Fundirungen . . . F. d. Praxis u. z. Schulgebr. bearb. v. H. Diesener, Architekt . . . zu Varel a. d. Jade. 3. verb. Aufl., m. 274 Holzschn. *Halle a. S.: L. Hofstetter 1897.* (VIII, 189 S., 1 Bl.) 1 Bd 8.
= Diesener, H.: Prakt. Unterrichtsbücher f. Bautechn. [Bd] IV. [97. 7433

Die Baukonstruktionen des Maurers, einschl. d. Baumaterialienkunde, d. Fundierungen, d. Eindeckung d. Dächer . . . Für d. Praxis u. z. Schulgebr. bearb. von H. Diesener, Architekt. 4. verb. Aufl., mit 274 Holzschn. *Halle a. S.: L. Hofstetter 1903.* (VIII, 194 S.) 8° [F.]
— Diesener: Prakt. Unterrichtsbücher f. Bautechniker. 4. [03. 13938 3

[F.] Die Baukonstruktionen des Zimmermanns unt. Berücks. d. wichtigsten Eisenkonstruktionen, sowie d. hölzernen u. massiven Brücken . . . f. Schulgebr. u. Praxis dargest. v. H. Diesener, Architekt . . . zu Varel a. d. Jade. 3. verb. u. verm. Aufl. M. 508 Holzschn. *Halle a. S.: L. Hofstetter 1896.* (VIII, 223 S.) 1 Bd 8.
= Diesener, H.: Prakt. Unterrichtsbücher f. Bautechn. [Bd] V. [97. 6573

Diesener, H., die Baustile, dargestellt f. Bautechniker. 2., verm. Aufl. gr. 8. (VI, 128 S. m. 86 Holzschn.) Halle 894. L. Hofstetter. n. 4. —

Die Baustile dargestellt für Bautechniker von H. Diesener, Architekt. 3. verb. Aufl. Mit 86 Holzschn. Halle a. S.: L. Hofstetter 1904. (VI, 168 S.) 8° [F.]
— Diesener: Prakt. Unterrichtsbücher f. Bautechniker. 7, 2. [05. 9475 3

Diesener, H.: Die Buchstabenrechnung, u. Algebra, s. a. Otto, C.

— d. Buchstabenrechnung u. Algebra einschließl. d. Logarithmen u. d. Rechnens m. dens. Prakt. Unterrichtsbuch z. leichten Erlerng. d. 4 Operationen m. Buchstabengrößen, d. Potenzen, d. Gleichgn., d. Ausziehens d. Quadrat- u. Kubikwurzel, d. Rechnens m. Wurzelgrößen, d. Verhältnisse u. Proportionen, u. der Anwendg. auf d. prakt. Rechnen. M. e. großen Zahl vollst. ausgerechn. Beispiele u. Aufgaben, bearb. f. d. Selbstunterr. u. z. Gebrauche an Bau-, Gewerbe- u. Fortbildungsschulen. 2. Aufl. gr. 8. (IV, 236 S.) Ebd. 895. n. 4. —; geb. n. 4. 60

Diesener, H., die Buchstabenrechnung u. Algebra einschließlich der Logarithmen u. des Rechnens m. denselben. Praktisches Unterrichtsbuch zur leichten Erlerng. der 4 Operationen m. Buchstabengrößen, der Potenzen, der Gleichgn., des Ausziehens der Quadrat- u. Kubikwurzel, des Rechnens m. Wurzelgrößen, der Verhältnisse u. Proportionen, u. deren Anwendg. auf das prakt. Rechnen. Mit e. großen Zahl vollständig ausgerechneter Beispiele u. Aufgaben, bearb. f. den Selbstunterricht u. zum Gebrauche an Bau-, Gewerbe- u. Fortbildungsschulen. 3. Aufl. (IV, 276 S.) gr. 8. Halle 903. L. Hofstetter, Verl. n. 4. —

Diesener, H., Buchstabenrechnung. — Jetzt: Leipzig, B. F. Voigt.

Diesener, H.: Das Entwerfen der Fassaden und Grundrisse für städtische und ländliche Wohn- und Geschäftshäuser. 3. verb. Aufl. M. 17 Taf. u. 395 Holzschn. Hallea, S.: L. Hofstetter 1899. (3 Bl. 179 S., 17 Taf.) 8.(Diesener, H.: Prakt. Unterrichtsbücher f. Bautechn. 3. Aufl. (Bd.) VIII .)

Diesener, H.: Die Festigkeitslehre u. die Statik im Hochbau, s. a. Unterrichtsbücher, praktische, f. Bautechniker.

[F.] Die Festigkeitslehre und die Statik im Hochbau m. zahlr. Beisp., ausführl. Berechngn u. Tabellen zu Holz-, Stein- u. Eisenkonstruktionen. Unt. Berücks. d. deutschen Normalprofile . . . bearb. v. H. Diesener, Archit. 3. verb. Aufl. M. 233 Holzschn. *Halle a/S.: L. Hofstetter 1895.* (VIII, 254 S.) 1 Bd 8.
= Diesener, H.: Prakt. Unterrichtsbücher f. Bautechn. [Bd] III. [96. 2630

[F.] Die Festigkeitslehre und die Statik im Hochbau m. zahlr. Beispielen, ausführl. Berechngn u. Tabellen zu Holz-, Stein- u. Eisenkonstruktionen. Unt. Berücks. d. deutschen Normalprofile f. d. Bedürfnisse d. Praxis, z. Selbstunterr. u. z. Schulgebr. bearb. v. H. Diesener. 4. verb. Aufl. M. 238 Holzschn. *Halle a. S.: L. Hofstetter 1898.* (VIII, 263 S.) 1 Bd 8.
= Diesener, H.: Prakt. Unterrichtsbücher f. Bautechniker. [Bd] III.
[98. 11224 II3

Die Festigkeitslehre und die Statik im Hochbau mit zahlreichen Beispielen Bearb. von H. Diesener, Architekt, Varel. 5. verb. Aufl. Mit 233 Holzschn. *Halle a. S.: L. Hofstetter 1903.* (VIII, 271 S.) 8° [F.]
— Diesener: Prakt. Unterrichtsbücher f. Bautechniker. 3. [03. [illegible] 3

Diesener, H.: Darstellende Geometrie, s. a. Unterrichtsbücher, praktische, für Bautechniker.

[F.] Darstellende Geometrie. Das geometrische Zeichnen. Die Projektionslehre. — Die Lehre vom Steinschnitt. Die Schattenkonstruktionen. Die Perspektive und die Farbenlehre, leicht fasslich zsgst. f. Selbstunterr. u. Schulgebr. v. H. Diesener. 4. verb. Aufl. M. 300 Holzschn. *Halle a. S.: L. Hofstetter 1898.* (VI S., 1 Bl., 148 S., 2 Bl.) 1 Bd 8.
= Diesener, H.: Prakt. Unterrichtsbücher f. Bautechniker. [No] 1. [98. 5768

Diesener, H., Darstellende Geometrie. Das geometr. Zeichnen. Die Projektionslehre. Die Lehre vom Steinschnitt. Die Schattenkonstruktionen. Die Perspektive u. d. Farbenlehre. 5. verb. Aufl. Mit 300 Holzschn. Halle a. S.: L. Hofstetter 1902. (VI, 157 S.) 8°. (Diesener: Prakt. Unterrichtsbücher f. Bautechniker. 1.)

Diesener, H.: Die ebene Geometrie, s. a. Otto, C.

— die ebene Geometrie. Praktisches Unterrichtsbuch zur leichten Erlerng. der Planimetrie. Mit e. großen Zahl vollständig ausgerechneter Beispiele u. Uebungsaufgaben, bearb. f. den Selbstunterricht u. zum Gebrauche an Baugewerkschulen u. Fortbildungsschulen. 2., verb. Aufl. gr. 8. (III, 138 S. m. 244 Holzschn.) Ebd. 894. n. 2. 70

Die ebene Geometrie. Prakt. Unterrichtsbuch z. leichten Erlernung d. Planimetrie. Mit e. grossen Zahl . . . Beispiele u. Uebungsaufgaben bearb. von H. Diesener, Dir. zu Varel. Mit 247 Holzschn. 4. verb. Aufl. *Halle a. S.: L. Hofstetter 1902.* (140 S.) 8° [F.] [02. 4652

— die Kontorarbeiten d. Bautechnikers u. Bauhandwerkers. Mit e. leichtfaßl. Anleitg. zur Buchführg. u. e. Rathgeber f. Rechtssachen, sowie e. Anweisg. f. die im Kontor nothwendigen Zeichenmaterialien. gr. 8. (IV, 250 S.) Halle a/S. 890. Hofstetter. n. 4. 80; geb. n. 5. 50

— die Kontorarbeiten des Bautechnikers u. Bauhandwerkers. Hilfsbuch zur Abfassg. v. Verträgen, Eingaben, Briefen, Gutachten, Zeugnissen, Schuld- u. Bürgschaftsscheinen, Cessionen, schriftl. Verpflichtgn., Verdingungsformularen, Quittgn., Vollmachten, Anweisgn. u. aller anderen geschäftl. Schriftstücke. Mit e. leichtfaßl. Anleitg. zur Buchführg. u. e. Rathgeber f. Rechtssachen, sowie e. Anweisg. f. die im Kontor nothwend. Zeichenmaterialien. Für die Bedürfnisse des prakt. Meisters hrsg. 2., verb. Aufl. gr. 8. (IV, 260 S.) Ebd. 894. n. 4. 80; geb. n. 5. 40

Die Kontorarbeiten des Bautechnikers und Bauhandwerkers . . . Mit e. leicht faßl. Anleitung z. Buchführung . . . Für d. Bedürfnisse d. prakt. Meisters hrsg. von H. Diesener, Architekt. 3. verb. Aufl. *Halle a. S.: L. Hofstetter 1904.* (IV, 314 S.) 8° [F.]
= Diesener: Prakt. Unterrichtsbücher f. Bautechniker. 9. [04. [illegible] 3

Diesener, H.: Die technische Naturlehre u. die Mechanik, s. a. Unterrichtsbücher, praktische, f. Bautechniker.

[F.] Die technische Naturlehre und die Mechanik. F. Selbstunterr. u. Schulgebr. bearb. v. H. Diesener, Architekt ... zu Varel a. d. Jade. 2. Aufl. M. 81 Holzschn. *Halle a. S.: L. Hofstetter 1896.* (V, 110 S.) 1 Bd 8.
= Diesener, H.: Prakt. Unterrichtsbücher f. Bautechn. [Bd] II. [97. 6574

— die Säulenordnungen, dargestellt f. Bautechniker. 2., verb. Aufl. gr. 8. (VII, 52 S. m. 73 Holzschn.) Ebd. 894. n. 2.50

Die Säulenordnungen dargest. f. Bautechniker von H. Diesener. Mit 73 Holzschn. 3. verb. Aufl. *Halle a. S.: L. Hofstetter 1899* (auf d. Umschl.: *1900*). (52 S.) 8° [F.]
= Diesener: Prakt. Unterrichtsbücher f. Bautechniker. 7, Abth. 1. [00. 5536 3

[F.] Die Stereometrie. Prakt. Unterrichtsbuch ... M. vielen ... Beisp. u. Aufgaben bearb. f. d. Selbstunterr. u. z. Gebr. an Bau-, Gewerbe- u. Fortbildgsschulen v. H. Diesener, Archit. ... zu Varel a. d. Jade. 2. Aufl. M. 93 Holzschn. *Halle a. S.: L. Hofstetter 1895.* (VI, 87 S.) 1 Bd 8. [96. 2631

— Die Stereometrie. Prakt. Unterrichtsbuch z. leicht. Erlerng. der Körperberechng. u. der Verhältnisse d. Linien u. Flächen im Raum. Mit vielen vollst. ausgerechneten prakt. Beispielen u. Aufgaben, bearb. f. den Selbstunterricht u. zum Gebrauche an Bau-, Gewerbe- u. Fortbildungsschulen. 3. Aufl. (IV, 98 S. m. 93 Abbildgn.) gr. 8. Leipzig 909. B. F. Voigt. 2.50; geb. 3. —

— die Stereometrie,
— die ebene Trigonometrie u. die Goniometrie, } s. a. Otto, C.

[F.] Die ebene Trigonometrie und die Goniometrie. Prakt. Unterrichtsbuch ... Nebst e. Zsstellg d. wichtigsten Formeln u. e. grossen Zahl vollst. gelöster prakt. Uebgs-Aufgaben. F. d. Selbstunterr. sowie z. Gebr. an Bau-, Gewerbe- u. Fortbildgsschulen bearb. v. H. Diesener, Archit. ... zu Varel a. d. Jade. 2. Aufl. M. 103 Holzschn. *Halle a. S.: L. Hofstetter 1895.* (2 Bl., 118 S.) 1 Bd 8. [96. 2632

Die ebene Trigonometrie und die Goniometrie. Prakt. Unterrichtsbuch z. leichten Erlernung d. Benennung d. trigonometr. Funktionen ... Nebst e. Zusammenstellung d. wichtigsten Formeln ... Für d. Selbstunterr. ... bearb. von H. Diesener, Dir. zu Varel. 3. Aufl. Mit 103 Holzschn. Halle a. S.: L. Hofstetter 1907. (131 S.) 8° [F.] [07. 13987

— Die ebene Trigonometrie u. die Goniometrie. Prakt. Unterrichtsbuch zur leichten Erlerng. der Benenng. der trigonometr. Funktionen, Einrichtg. d. trigonometr. Tfln., Berechng. d. rechtwinkl., gleichschenkl. u. schiefwinkl. Dreiecke u. der regulären Vielecke, ferner der Goniometrie u. ihrer Anwendg. Für den Selbstunterricht sowie zum Gebrauch an Bau-, Gewerbe- u. Fortbildungsschulen bearb. 3. Aufl. (III, 131 S. m. 103 Holzschn.) gr. 8. Halle 907. Leipzig, B. F. Voigt. 2. —; geb. n 2.50

Diesener, H., praktische Unterrichtsbücher für Bautechniker. 1.—8. Bd. gr. 8. Halle, Hofstetter. *
geb. *

Inhalt:

Bd. 1. Darstellende Geometrie. Das geometr. Zeichnen. — Die Projectionslehre. — Die Lehre vom Steinschnitt. — Die Schattenconstructionen. — Die Perspective und Farbenlehre, leicht faßlich dargestellt für Selbstunterricht und Schulgebrauch. (IV, 128 S. mit 296 Holzschn.) 886. *M 4.—.; geb. *M 4.50.
" 2. Die technische Naturlehre und die Mechanik. Für Selbstunterricht und Schulgebrauch bearb. (VII, 104 S. mit 81 Holzschn.) 886. *M 2.80.; geb. *M 3.30.
" 3. Die Festigkeitslehre und die Statik im Hochbau. Mit zahlreichen Beispielen, ausführl. Berechnungen und Tabellen zu Holz-, Stein- und Eisenconstructionen. Für die Bedürfnisse der Praxis, zum Selbstunterricht und Schulgebrauch bearb. (VIII, 250 S. mit 231 Holzschn.) 887. *M 6.80.; geb. *M 7.80.
Bd. 4. Die Bauconstructionen des Maurers, einschließlich der Baumaterialienkunde, der Fundirungen und der Erker und Balkone. Für die Praxis und zum Schulgebrauch bearb. (VII, 134 S. mit mit 202 Holzschn.) 887. *M 4.—.; geb. *M 4.60.
" 5. Die Bauconstructionen des Zimmermanns, unter Berücksicht. der wichtigsten Eisenconstructionen, sowie der hölzernen und massiven Brücken, der Abdämmungsarbeiten, der Uferbefestigungen und des Wehr- und Schleusenbaues für Schulgebrauch und Praxis dargestellt. (VIII, 174 S. mit 453 Holzschn.) 887. *M 4.80.; geb. *M 5.40.
" 6. Das Veranschlagen und Entwerfen von Hochbauten. Für Praxis und Schulgebrauch bearb. (VII, 164 S. mit 18 Holzschn. und 5 Taf.) 888. *M 3.60.; geb. *M 4.20.
" 7. Die Säulenordnungen und die Baustile, dargestellt für Bautechniker. (IV, 60 S. mit 86 Holzschn.) 888. *M 2.50.; geb. *M 3.—.
" 8. Das Entwerfen der Façaden und Grundrisse für städtische und ländliche Wohn- und Geschäftshäuser. Hilfsbuch und Vorlagen für die Praxis und den Selbstunterricht zur Herstellung gefäll. und stilgerechter Façaden, Anleitung zu zweckentsprechender Grundrißdisposition und correcter Ausbildung der Gesimse. (IV, 142 S. mit 336 Holzschn.) 888. *M 9.—.; geb. *M 10.50.

— praktische Unterrichtsbücher f. Bautechniker. 1., 3.—5. u. 8. Bd. gr. 8. Ebd. n. 29.60; geb. n. 33.90

1. Darstellende Geometrie. Das geometr. Zeichnen. — Die Projektionslehre. — Die Lehre vom Steinschnitt. — Die Schattenkonstruktionen. — Die Perspektive u. die Farbenlehre, leicht faßlich dargestellt f. Selbstunterricht u. Schulgebrauch. 2., verb. Aufl. (VI, 146 S. m. 300 Holzschn.) 891. — 3. Aufl. (VI, 150 S. m. 300 Holzschn.) 894. n. 4. —; geb. n. 4.60
3. Die Festigkeitslehre u. die Statik im Hochbau. Mit zahlr. Beispielen, ausführl. Berechngn. u. Tabellen zu Holz-, Stein- u. Eisenkonstruktionen. Unter Berücksicht. der deutschen Normalprofile f. die Bedürfnisse der Praxis, zum Selbstunterricht u. zum Schulgebrauch bearb. 2., verb. Aufl. (VIII, 250 S. m. 233 Holzschn.) 891. n. 6.80; geb. n. 7.80
4. Die Baukonstruktionen d. Maurers, einschließlich der Baumaterialienkunde, der Fundirgn., der Eindeckg. der Dächer u. der Erker u. Balkone. Für die Praxis u. zum Schulgebrauch bearb. 2., verb. Aufl. (VIII, 187 S. m. 274 Holzschn.) 892. n. 4.40; geb. n. 5. —
5. Die Baukonstruktionen d. Zimmermanns, unter Berücksicht. der wichtigsten Eisenkonstruktionen, sowie der hölzernen u. massiven Brücken, der Abdämmungsarbeiten, der Uferbefestiggn. u. d. Wehr- u. Schleusenbaues f. Schulgebrauch u. Praxis dargestellt. 2., verb. Aufl. (VIII, 215 S. m. 503 Holzschn.) 892. n. 5.40; geb. n. 6. —
8. Das Entwerfen der Fassaden u. Grundrisse f. städtische u. ländliche Wohn- u. Geschäftshäuser. Hilfsbuch u. Vorlagen f. die Praxis u. den Selbstunterricht zur Herstellg. gefäll. u. stilgerechter Fassaden, Anleitg. zu zweckentspr. Grundrißdisposition u. correcter Ausbildg. der Gesimse. 2., verb. Aufl. (V, 179 S. m. 17 Taf. u. 395 Holzschn.) 893. n. 9. —; geb. n. 10.50

— prakt. Unterrichtsbücher f. Bautechniker. I.—V. Bd. gr. 8. Ebd. n. 23.40; geb. n. 26.80

I. Darstell. Geometrie. D. geometr. Zeichnen. D. Projektionslehre. D. Lehre v. Steinschnitt. D. Schattenkonstruktionen. D. Perspektive u. d. Farbenlehre, leicht faßl. dargest. f. Selbstunterr. u. Schulgebr. 4., verb. Aufl. M. 300 Holzschn. (VI, 149 S.) 898. n. 4. —; geb. n. 4.60
II. D. techn. Naturlehre u. d. Mechanik. F. Selbstunterr. u. Schulgebr. bearb. 2. Aufl. (V, 110 S. m. 81 Holzschn.) 896. n. 2.80; geb. n. 3.40
III. D. Festigkeitslehre u. d. Statik im Hochbau m. zahlr. Beispielen, ausführl. Berechngn. u. Tabellen z. Holz-, Stein- u. Eisenkonstruktionen. Unt. Berücksicht. d. deutschen Normalprofile f. d. Bedürfnisse d. Praxis, z. Selbstunterr. u. z. Schulgebr. bearb. 4., verb. Aufl. M. 233 Holzschn. (VIII, 263 S.) 898. n. 6.80; geb. n. 7.80
IV. D. Baukonstruktionen d. Maurers, einschließl. d. Baumaterialienkunde, d. Fundirgn., d. Eindeckg. d. Dächer u. d. Erker u. Balkone. F. d. Praxis u. z. Schulgebr. bearb. 3., verb. Aufl. m. 274 Holzschn. (VIII, 189 S.) 897. n. 4.40; geb. n. 5. —
V. D. Baukonstruktionen d. Zimmermanns, unt. Berücksicht. d. wichtigsten Eisenkonstruktionen, sow. d. hölz. u. massiven Brücken, d. Abdämmungsarbeiten, d. Uferbefestiggn., d. Wehr- u. Schleusenbaues u. d. Deiche u. Siele f. Schulgebr. u. Praxis dargest. 3., verb. u. verm. Aufl. (VIII, 223 S. m. 508 Holzschn.) 896. n. 5.40; geb. n. 6. —

— praktische Unterrichtsbücher f. Bautechniker. I. V. VI. VII. 1. u. VIII. gr. 8. Ebd. n. 24.90; geb. n. 28.70

I. Darstellende Geometrie. Das geometr. Zeichnen. Die Projektionslehre. Die Lehre vom Steinschnitt. Die Schattenkonstruktionen. Die Perspektive u. die Farbenlehre, leicht faßlich dargestellt f. Selbstunterricht u. Schulgebrauch. 5. verb. Aufl. Mit 300 Holzschn. (VI, 157 S.) 902. n. 4. —
V. Die Baukonstruktionen des Zimmermanns, unter Berücksicht. der wichtigsten Eisenkonstruktionen, sowie der hölzernen u. massiven Brücken, d. Abdämmungsarbeiten, d. Uferbefestiggn., des Wehr- u. Schleusenbaues u. der Deiche u. Siele f. Schulgebrauch u. Praxis dargestellt. 4. verb. Aufl. (VIII, 229 S. m. 508 Holzschn.) 902. n. 5.40; geb. n. 6. —
VI. Das Veranschlagen der Hochbauten, einschließlich der Beschreibg. d. Baumaterialien u. Bauarbeiten, deren Kenntniß zum Veranschlagen erforderlich ist. Für Praxis u. Schulgegebrauch. 3. verb. u. m. Berücksicht. der vom königl. preuß. Ministerium erlass. Anweisg. vom 1. X. 1888 bearb. Aufl. (VII, 209 S. m. 48 Abb. u. 6 Taf.) 900. n. 4.—; geb. n. 4.60
VII. 1. Die Säulenordngn., dargestellt f. Bautechniker. Mit 73 Holzschn. 3. verb. Aufl. (VII, 52 S.) 899. n. 2.50; geb. n. 3.—
VIII. Das Entwerfen der Fassaden u. Grundrisse f. städtische u. ländliche Wohn- u. Geschäftshäuser. Hilfsbuch u. Vorlagen f. die Praxis u. den Selbstunterricht zur Herstellg. gefäll. u. stilgerechter Fassaden, Anleitg. zu zweckentsprech. Grundrißdisposition u. correcter Ausbildg. der Gesimse. 3. verb. Aufl. Mit 17 Taf. u. 895 Holzschn. (V, 179 S.) 899. n. 9. —; geb. n. 10.50

— praktische Unterrichtsbücher f. Bautechniker. III., IV., VII. 2 u. IX. gr. 8. Ebd. n. 21. 20; geb. n. 23. 90

III. Die Festigkeitslehre u. die Statik im Hochbau m. zahlreichen Beispielen, ausführl. Berechngn. u. Tabellen zu Holz-, Stein- u. Eisenkonstruktionen. Unter Berücksicht. der deutschen Normalprofile f. die Bedürfnisse der Praxis, zum Selbstunterricht u. zum Schulgebrauch bearb. 5. verb. Aufl. Mit 233 Holzschn. (VIII, 271 S.) 903. n. 6. 80; geb. n. 7. 80

IV. Die Baukonstruktionen des Maurers, einschließlich der Baumaterialienkunde, der Fundirgn., der Eindeckg. der Dächer u. der Erker u. Balkone. Für die Praxis u. zum Schulgebrauch bearb. 4. verb. Aufl. m. 274 Holzschn. (VIII, 194 S.) 903. n. 4. 40; geb. n. 5. —

VII. 2. Die Säulenordnungen u. die Baustile. 2. Abtlg.: Die Baustile, dargestellt f. Bautechniker. Mit 86 Holzschn. 3. verb. Aufl. (VI, 168 S.) 904. n. 4. —; geb. 4. 60

IX. Die Kontorarbeiten des Bautechnikers u. Bauhandwerkers. Hilfsbuch zur Abfassg. v. Verträgen, Eingaben, Briefen, Gutachten, Zeugnissen, Schuld- u. Bürgschaftsscheinen, Zessionen, schriftl. Verpflichtgn., Verdingungsformularen, Quittungen, Vollmachten, Anweisgn. u. aller anderen geschäftl. Schriftstücke. Mit e. leicht faßl. Anleitg. zur Buchführg. u. e. Ratgeber f. Rechtssachen, sowie e. Anweisg. f. die im Kontor notwend. Zeichenmaterialien. Für die Bedürfnisse des prakt. Meisters hrsg. 3. verb. Aufl. (IV, 314 S.) 901. n. 6. —; geb. n. 6. 50

Diesener, H.: Prakt. U n t e r r i c h t s b ü c h e r. Jetzt: Leipzig: B. F. Voigt.

Diesener, H., das Veranschlagen der Hochbauten, einschließlich der Beschreibung der Baumaterialien u. Bauarbeiten, deren Kenntniß zum Veranschlagen erforderlich ist. Für Praxis u. Schulgebrauch. 2., verb. u. m. Berücksicht. der vom kgl. preuß. Ministerium erlassenen Anweisg. vom 1. Okt. 1888 bearb. Aufl. gr. 8. (VII, 205 S. m. 48 Holzschn. u. 6 Taf.) Halle 893. L. Hofstetter. n. 4. —

Das **Veranschlagen** der Hochbauten, einschl. d. Beschreibung d. Baumaterialien u. Bauarbeiten, deren Kenntniss z. Veranschlagen erforderlich ist. Für Praxis u. Schulgebr. von H. **Diesener**. Mit 48 Holzschn. u. 6 Taf. 3. verb. Aufl. *Halle a. S.: L. Hofstetter 1900.* (VII, 209 S.) 8° [F.]
— **Diesener**: Prakt. Unterrichtsbücher f. Bautechniker. 6. [01. 4491 3

Diesener, H., mathematische Vorschule zu den praktischen Unterrichtsbüchern f. Bautechniker, s.: Otto, C.

Diesener, Helene, Gedichte (IV, 64 S.) gr. 8. Dresden 904. E. Pierson. n. 1. 50; geb. n. 2. 50

Diesener, Helene, Gedichte. 2., verm. Aufl. (VII, 100 S.) 8. Dresden 910. E. Pierson. Geb. in Leinw. m. Goldschn. 2. 50

Dieses Blatt gehört dem Könige. Der alte Fritz an seine lieben Berliner. Ein Brief aus dem Elysium. — Druck von E. Litfaß. 1 Bl. Fol.

Flugblatt. Berlin, 30. Juni 1848.

Dieses Buch gehört meinem Kinde, s. a. B u c h

Dieses Buch gehört meinem Kinde. Die Lebensalter dargestellt in farbigen Bildern mit Versen. Frankfurt a. M. 856. Krebs-Schmitt. 16. (8 Bl. m. lith. u. color. Bildern.) n. 7 ngl

אלה תולדת בני ישראל **Dieses** sind die Geschichten d. Kinder Israel. (Mit eingedr. Holzschn.) gr. 12. (5 B.) Stuttgart 837, (J. F. Steinkopf.) *

Aphorismen über Christenthum. Eine Bibelstudie gegen d. Fanatismus auf verschiedenen Gebieten. Alexander C. M. **Diesfeldt**. 2. Aufl. Hamburg: Selbstverl. 1895. (38 S.) 8° [08. 13370 11

Aphorismen über Christenthum. Eine Bibelstudie gegen d. Fanatismus auf verschied. Gebieten. A l e x a n d e r C. M. **Diesfeldt**. 2. Aufl. *Hamburg 1895: J. Tolunjor.* (38 S.) 8° [03. 779 6

v. Dieshorn, Edw., geograph. Nachr. von Ostindiens gewisser Beschaffenheit. 8. Celle 758. Gsellius. 8 gl

Diesing, ..., Domainen-Secretair, s. 1) Anleit. zur Kenntniß &c. d. Schafe. 2) E. H. Blumenhein. 3) Glasschmelzkunst bei d. Lampe. 4) K. M. Gniseid. 5) H. M. Freundberg. 6) H. L. v. Heimthal. 7) A. H. Kormann. 8) K. H. Lambach. 9) Seidenmahlereien, die. 10) A. E. Winter.

Diesing, Ernst *Friedrich Hermann* [app. Arzt aus Magdeburg]: Aus d. Laboratorium d. pharmakognost. Sammlung in Kiel. Beitrag zur Kenntnis der Wirkung des Furfuräthanpiperidin ... Kiel, Druck v. A. F. Jensen, 1893; 22 S., 1 Bl. 8.
Kiel, Med. Fak., Inaug.-Diss. v. [27. Juni] 1893

Diesing, Ernst, Christus Monist? (40 S.) gr. 8. Magdeburg (908). R. Hesse & Co. 1. 50

Das Licht als biologischer Faktor. ⟨Eine Physiologie u. Pathologie d. Farbstoffwechsels.⟩ Von Ernst **Diesing**, Stabsarzt a. D. Freiburg i. Br. & Leipzig: Speyer & Kärner 1909. 113 S. 8° [11. 13039

— Die einheitliche Weltanschauung in gemeinverständlicher Darstellg., s. a. Flugschriften des deutschen Monistenbundes. 22.

Die einheitliche Weltanschauung in gemeinverständlicher Darstellung. Von Dr. Ernst **Diesing**. Berlin & Leipzig: Deutscher Monistenbund [1909]. 32 S. 8°
(Deutscher Monistenbund. Flugschriften d. Ortsgruppe Groß-Berlin. 2.)
(Flugschriften d. Deutschen Monistenbundes. Nr 22.) [10. 10446

Diesing, Johann Gottfried (Wittenberg), Supplementa ad Jutrebogam literatam 1777 et 79 inchoatam. Präs. Carl Gottfr. Weber. Wittbg. (A. Ch. Charisius) 1794. 58 S. (6.—) 6448
Gew.: Heinr. Ferd. v. Zedtwitz, Carl Chn. Tittmann, Frz. Volkm. Reinhard, Casp. Ferd. Gottschalk, C. Friedr. Behrisch, Joh. Chn. Koehler, Joh. Chph. Raedler, Chn. Gottfr. Körner, Gg. Steph. Wiesand, C. Ludw. Nitzsch, Mart. Theoph. Pauli, E. Gottfr. Chn. Klügel, Pet. Karl Wilh. v. Hohenthal, Friedr. v. Kleist, Chn. Gottlieb Schulze, Chph. Traug. Arnold, K. Gottlieb Ettmüller, Joh. Chn. Richter, Joh. Aug. Nathusius, K. Frdr. Walther, Chn. Gottlob Schüler, Joh. Paul Herold, Joh. Karl Gottlieb Flemming, Joh. Tob. Arnold, Joh. Ehr. Frobenius, Chn. Aug. Alberti, Joh. Jak. Koreuber.

Diesing, Karl Moritz

— s. A b h a n d l u n g e n aus d. A n n a l e n d. Wiener Museums.

— 50 A r t e n von Cephalocotyleen. gr. 4. (16 S. mit 6 chromolith. Taf.) Wien 856, (Gerold's Sohn.) *

— neunzehn A r t e n von T r e m a t o d e n. Mit 2 (lith.) Taf. (in Farbendr.) Aus den Denkschriften der k. Akad. der W. Ebend. 856. gr. 4. (1 Bl., 12 S.) n. 1 ₰ 10 ngl

— sechzehn A r t e n von N e m a t o i d e e n. Mit 4 (lith. u. in Farben gedr.) Taf. Aus den Denkschriften der k. Akad. der W. Wien 857. Gerold in Comm. gr. 4. (1 Bl., 21 S.) n. 1 ₰ 10 ngl

— vierzehn A r t e n von B d e l l i d e e n. Mit 3 (lith.) Taf. (in Farbendr.) Aus den Denkschriften der k. Akad. der W. zu Wien. Wien 858. Gerold in Comm. gr. 4. (1 Bl., 18 S.) n. 1 ₰

— zwanzig A r t e n von C e p h a l o c o t y l e e n. Mit 6 (lith. u. in Farben gedr.) Taf. Aus den Denkschriften der k. Akad. der W. Wien 856. (Gerold.) gr. 4. (1 Bl., 16 S.) n. 1 ₰ 6 ngl

Diesing, Karl Mor., zwölf A r t e n von A c a n t h o c e p h a l e n. Mit 3 (lith. u. color.) Taf. Aus den Denkschriften der k. Akad. der W. Wien 856. (Gerold.) gr. 4. (1 Bl., 16 S.) n. 20 ngl

Diesing, Karl Moritz: Helmintolog. B e i t r ä g e, s. a. A c t a nova phys.-med. Acad. Caes. Leopold. Carol. XVIII.

Diesing C. M.: Helminthologische Beiträge. (1836). 14 S. 1 Tvl. (Særtr.). 4°.

— Beschreibung von zwei neuen Arten der Gattung *Aulastomum* aus warmen Quellen Ungarns. S. 45. f. 481 . . . . vgr.
Separatabdruck

— Beschreibung eines neuen Kratzers aus dem Lotsenfische *(Naucrates ductor)* (mit 1 Taf.). S. 12. 651 . . . . vgr.
Separatabdruck

— Charakteristik und systematische Stellung einiger Binnenwürmer. S. 10. 31 . . . —.40
Separatabdruck

— sechzehn Gattungen von Binnenwürmern und ihre Arten. Mit 6 (lith.) Taf. (in Farbendr.) Aus den Denkschriften der k. Akad. der W. Wien 855. (Gerold.) gr. 4. (1 Bl., 15 S.) n. 1 ₰ 24 ngr

— Kleine helminthologische Mitteilungen. S. 43. I. 269 . . . . vgr.
Separatabdruck

Diesing, Karl Moritz: Monographie der Gattung Tristoma, s. a. Acta nova phys.-med. Acad. Caes. Leopold. Carol. XVIII.

— Monographie d. Gattung *Tristoma*. [1836]. 16 S. 1 Tvl. (Særtr.). 4º.

Diesing, K. M., Revision der Cephalocotyleen. Abth.: Cyclocotyleen. (Aus den Sitzungsberichten der k. Akad. der Wissensch. abgedr.) Wien 864. Gerold in Comm. gr. 8. (74 S.) n. 8 ngr.

—— dass. — Abthl.: Paramecocotyleen. Lex.-8. (146 S.) (Ebendas.) 864. *

— Revision der Cercarieen. S. 15. 377 . . . . vgr.
Separatabdruck

— Berichtigungen und Zusätze zur Revision der Cercarieen. (Aus den Sitzungsberichten der k. Akad. der W.) Wien 858. Gerold in Comm. gr. 8. (54 S.) n. 8 ngr

— Revision der Myzhelminthen. Abth.: Bdellideen. (Aus den Sitzungsber. 1858 der k. Akad. der Wissensch.) Ebend. 859. gr. 8. (43 S.) n. 6 ngr.

— — Abth.: Trematoden. Mit 2 (lith.) Taf. (Aus den Sitzungsber. 1858 der k. Akad. der Wissensch.) Ebend. 858. gr. 8. (86 S.) n. 20 ngr.

— — Nachträge und Verbesserungen zur Revision der Myzhelminthen. (Aus den Sitzungsber. 1859 der k. Akad. der Wissensch.) Ebend. 859. gr. 8. (33 S.) n. 4 ngr.

— Revision d. Nematoden. (Wien 1861). (142) S. 1 Tvl. (Særtr.).

— Revision der Nematoden. S. 42. 565 . . . . vgr.
Separatabdruck

Diesing, K. M., Revision der Prothelminthen. Abth.: Amastigen. (2 Hefte.) [Aus d. Sitzungsber. der kais. Akad. d. Wiss. abgedr.] Wien 866. (Gerold's Sohn in Comm. gr. 8. (75; 97 S.) 1.: n. 10 ngr.; 2.: n. 15 ngr.

— — Abth.: Mastigophoren. Ebend. 866. gr. 8. (115 S.) n. 18 ngr.

— Revision der Rhyngodeen (mit 3 Taf.). S. 37. 710 . . . . vgr.
Separatabdruck

Diesing, K(arl) M(or.), Revision der Turbellarien. Abthl.: Rhabdocoelen. Lex.-8. (128 S.) Wien 862, (Gerold's Sohn.) *
Aus: Sitzungsberichte der k. Akad. der Wissenschaften, besonders abgedruckt.

— Nachträge zur Revision der Turbellarien. S. 46. I. 178 . . . . vgr.
Separatabdruck

Diesing, Car. Maur., Systema Helminthum. 2 voll. gr. 8. (I: XVI u. 680 S. II: VI u. 591 S.) Vindobonae 850. 51, Braumüller in Comm. (I: n. 4 ₰ II: n. $2^2/_3$ ₰) n. $6^2/_3$ ₰

— Über das erste Heft seiner Arbeit: *„Systema Helminthum"*. S. 1. 567 . . . . vgr.
Separatabdruck

Diesing Karl Moritz, Dr.: Systematische Übersicht der *Foraminifera monostegia* und *Bryozoa anopisthia*. S. 1. 494 . . . . vgr.
Separatabdruck

— Über eine naturgemäße Verteilung der Cephalocotyleen. S. 13. 556 . . . . vgr.
Separatabdruck

— Zwei Worte über Diporpa und Diplozoon. S. 28. 260 . . . . vgr.
Separatabdruck

Diesing, M. A., über d. frühzeit. Bildung d. Kinder in d. Klein-Kinderschulen, eigentl. Bewahrungs- u. Bildungs-Anstalten im Allgem., u. d. erste dieser Anstalten im Kaiserthum Oesterreich zu Ofen im Königr. Ungarn eingerichtet v. d. Frau Gräfin Therese v. Brunswik nach Wilderspin's, Wilson's, Brown's Grundsätzen überh., u. Wertheimer's Anleitn. u. Zusätzen insbesond. Mit e. Anh., d. üb. d. erste in Wien am Rennwege No. 185. erricht. Klein-Kinder-Bewahr- u. Bildungsanstalt Nachricht enthält. gr. 8. (6 B.) Wien 830, Gerold.

Diesing, (M. A.,) Griechenlands ursprüngl. Geschichte, s. Rabaud.

— s. Handlungs- u. Industrie-Zeitung. 2r Jahrg.

Diesing, Max: Aufgaben aus der synthetischen Geometrie der Kegelschnitte. S. 155—181, 7 Fig. im Texte. 8.
In: Festschrift beim Einzug in das neue Gebäude der städt. Oberrealschule zu Halle a. S. Verfaßt vom Direktor und Lehrern der Schule. Städt. Oberrealschule *Halle a. S.* 1908.
Progr.

Diesing, Max, Beitrag zur Lehre von der sectio alta. Diss. Erlangen 1886, Th. Blaesing. 8º. 23 S.

Diesing, Max [appr. Arzt]: **Beitrag zur Lehre von der sectio alta** ... Erlangen, Druck v. E. Th. Jacob, 1886; 23 S. 8º.
Erlangen, Med. Fak., Inaug.-Diss. v. 1886.

Diesing, Max, über eine gewisse Cremonasche Verwandtschaft vierter Ordnung und eine neue lineare Construction der Oberflächen zweiten Grades auf 9 Punkten. Diss. Jena 1887, G. Neuenhahn. 8º. 37 S. mit einer Taf.

Diesing, Paul [aus Braunschweig]: Beiträge zur Untersuchung von Cacao-Präparaten. ... Braunschweig, Druck v. Albert Limbach, 1890; 15 + 1 S. 8º
Erlangen, Phil. Fak., Inaug.-Diss. v. 1890

Dieskau [Schlagwort]

Dieskau, s.: Geologische Karten. Karte (Preussen).

Dieskau, s.: Preussen. Messtischblätter.

Dieskau (Verfasser)

DIESKAU, C.H.J.E.v.: Der besorgte Forstwirth oder Anleitung zu einer regelmässigen Bewirthschaftung der Privatwaldungen. - Coburg 1801. 180 S.

v. Dieskau, C. H. J. E., d. besorgte Forstwirth, in 2 Abtheill. 8. Coburg 801. (Riemann). 12 gr.

Dieskau, C. H. J. E. v., d. besorgte Forstwirth in 2 Abth. 8. Coburg, Ahl. 802.

Dieskau, C. H. J. E. von: „Der besorgte Forstwirth", 2 Abteilungen, Coburg 1802 (Biedermann).

Dieskau, Carl Christian von

— — De simultanea investitura adscendentibus ad successionem feudalem apud Saxones necessaria. Diss. feudalis. Präs. Lüder Mencken. Lpz. (Imm. Titius) 28. IX. 1702. 32 S. (5.—) 6450
Gew.: Wolfg. Dietr. Grf. v. Beuchlingen (Hoyerswerde, Tschorna).

— — Dasselbe. Lpz. (Christian Emmerich). 9 Bl. o. Widm. (4.50) 6451

Dieskau, Carl Christian von (Eques Misn.), Juris publici Rom. Germanici. Disp. jur. publ. Präs. Christian Weidling. Lpz. (Chn. Göz) 23. XII. 1700. 12 Bl. (5.—) 6449

— **Christian Erdmann von** (Eq. Saxon.), De eo quod est justum circa legationes assiduas. Diss. jur. naturae ac gentium. Präs. Jo. Christoph Dorn. Jena (Müller) Okt. 1716. 22 S. (4.80) 6452

Dieskau, Christian Johann Friedrich von, s. a. Diesskau, Christian Johann Friedrich von

Dieskau, Christian Johann Friedrich von

— Naturgeschichte d. Nachtigall, mit Kpf. 8. Römhild 779. (Coppenrath in Münster. 12 gl. Mit n. Titel. Leipz. 799. (W. Rauck). 12 gl.

— Naturgesch. d. Nachtigall. m. K. 8. Lpz. Sommer. 799.

DIESKAU, Christian Johann Friedrich v.: Das regelmässige Versetzen der Bäume in den Wäldern und Gärten. - Meiningen 1776. 167 S. - 2. Aufl. ebd. 1789. 160 S.

— d. regelmässige Versetzen d. Bäume in Wäldern u. Gärten. 8. Meiningen, 1776. 2. Aufl. Leipzig, 1788. (E. Fleischer). — 7⅓

— das regelmäßige Versetzen d. Bäume in Wäldern u. Gärten. 8. Meining. 776. 2e Aufl. 8. Ebd. 789. Hanisch. 6 gl.

Dieskau, Christ. Joh. Friedr. v., Vortheile in d. Gärtnerei in vermischten Abhandl. 6 Samml. 8. Coburg, 1779—86. 2. Aufl. vermehrte Abhandl. 2 Bde, besorgt v. Chr. Phil. Pezold. Coburg, 1794. (Riemann's Hofbuchhdlg). 1. 20

Dieskau, Julius von

Dieskau, v., Entwurf einer demokrat.-republikan. Verfassung von Deutschland, s. a. Entwurf.

(Dieskau, Abgeordneter zur constituirenden deutschen National-Versammlung), Entwurf einer demokratisch-republikanischen Verfassung für die vereinigten Staaten von Deutschland. Frankfurt a. M., Meidinger, 1849. 64 S. 8°.

Dieskau, Konr. v., wie sollen wir die Sozialdemokratie bekämpfen? Ein Beitrag zum Verständnis u. zur Lösg. der sozialen Frage. gr. 8. (107 S.) Berlin 894. R. Eckstein Nachf. n. 1. 50

Dieskau, M. v., e. Quedlinburger Abtissin. 8. (192 S. m. 1 Bild.) Quedlinburg 889. Vieweg. 3. —; geb. n. 4. —

Dieskau, M. v. Jochen Albrecht. Eine Erzählg. a. d. Reformations-Zeitalter. 8. (293 S.) Quedlinb. 891, Vieweg. 3 60; geb. * 4 50

Dieskau, Margarete v., Thankmar. 8. (240 S.) Gotha 886. F. A. Perthes. n. 3. —

Diesmal hat dei Mann den Willen. Ein Originalsingspiel in einem Aufzuge. Die Musik ist von Herrn Ordonez. Wien 1778. V: *Schmid(t), Joh. Fch.* (Kurzgefasste Nachrichten v. d. bekannten Deutschen Nationalbühnen, S. 50) (Allg. Theater-Almanach vom Jahre 1782. Wien. S. 62) (GGr IV³/657 Nr. 14/4)

Diesmal meint er's so. Lustsp. in 3 Akt., nach d. Franz. d. Lanchamps v. Sonnleither. 8. Wien, Pichler, 805.

Diesner, L., Schreiblese-Fibel. Mit vielen Bildern (in eingedr. Holzschn.). gr. 8. (IV, 100 S.) Halle 875, Buchh. des Waisenhauses. *

Diesner, L., s.: Vorbereitungen u. Entwürfe aus dem gesamten Unterrichtsgebiete der deutschen Volksschule.

Diesner, Leberecht, die Fortbildung des Lehrers im Amte. Konferenz-Vortrag im Seminar zu Ottweiler, am 16. Aug. 1886 gehalten. 8. (26 S.) Neuwied 887, Heuser's Verlag.
Aus: Rheinischer Schulmann, besonders abgedruckt.

Diesner, [Leberecht]: Gedanken über den Religionsunterricht in der Volksschule. Vortrag. Neuwied u. Leipzig: Heuser 1893. (30 S.) 8°.
[Schule, Für die, aus der Schule. H. 27.]

Dieß, J. Frz., das Feuer-Versicherungswesen in Preußen. Eine Zusammenstellung aller bis zum August 1861 über das Feuer-Versicherungswesen ergangenen Gesetze und Verordnungen. Zum Gebrauche für Beamte und Agenten der Feuer-Versicherungs-Gesellschaften, Polizei-Beamte und zur Belehrung für Jedermann. 8. (IV und 75 S.) Halle 861, (Pfeffer'sche Buchh.) *

— Taschenbuch über gewerbliche und Dampfkessel-Anlagen in Preußen. Eine Zusammenstellung aller in Preußen über die Errichtung gewerbl. Anlagen, sowie über die Anlage und den Betrieb von Dampfkesseln gültigen Gesetze und Verordnungen. Zum Gebrauch für Fabrikunternehmer, Bau- und Polizei-Beamte. gr. 16. (IV und 89 S.) Halle 862, Pfeffer'sche Buchh. cart.

Diess, Wilhelm, Rechtsprakt.: Das Reichs-Vereinsgesetz vom 19. April 1908 und das Bayerische Vereinsgesetz vom 26. Februar 1850 / 15. Juni 1898. Eine Vergleichung. München 1909: Birk. 57 S. 8°
Erlangen, Jur. Diss. v. 27. Nov. 1909, Ref. Rieker
[Geb. 25. Juni 84 Höhenstadt; Wohnort: München; Staatsangeh.: Bayern; Vorbildung: Gymn. Landshut Reife 04; Studium: München 8 S.; Rig. 19. Okt. 09.] [U 10. 674

Diessbach s. Diesbach.

Diesseits u. jenseits d. Meeres, s. a. Schriften, ausgewählte, v. der Verf. der Familie Schönberg-Cotta.

Diesseit und jenseit des Meeres. Eine Geschichte aus der Zeit der Republik und der Wiederherstellung des Königthums in England. Von der Verfasserin der Familie Schönberg-Cotta. (Schluss der „Draitons und Davenants.") 2 Bde. 650 Stn. 12. Basel. F. Schneider. 1871 6. 40

Diessel, Gerhard

Diessel, G., die Arbeit, betrachtet im Lichte d. Glaubens. Ein Beitrag zur Lösg. der socialen Frage. gr. 8. (IV, 300 S.) Regensburg 891. F. Pustet. n. 2. —

Diessel, G., C. Ss. R., d. Arbeit betrachtet im Lichte d. Glaubens. E. Beitrag zur Lösg. d. socialen Frage. 2. Aufl. gr. 8. (IV, 303 S.) Regensburg 897. F. Pustet. n. 2. —; geb. in Halbchagrin n. 2. 60

Diessel, Gerh., C. Ss. R., die Arbeit betrachtet im Lichte des Glaubens. Ein Beitrag zur Lösg. der sozialen Frage. 3. Aufl. (IV, 303 S.) 8. Regensburg 904. F. Pustet. n. 2. —; geb. in Halbchagrin n. 2. 60

— das größte Denkmal der göttlichen Liebe. Predigten u. Betrachtgn. über das hochheil. Sakrament des Altars. 2 Bde. (XVI, 511 u. VIII, 636 S. m. 2 Farbdr.) gr. 8. Ebd. 904. n. 8. 40; geb. in Halbchagrin n. 10. —

Diessel, Gerh., C. Ss. R., das größte Denkmal der göttlichen Liebe. Predigten u. Betrachtgn. üb. das hochheil Sakrament des Altars. 2. verb. Aufl. (3. u. 4. Tauf.) 2 Bde. (XL, 511 u. VIII, 636 S. m. 2 Farbdr.) 8. Regensburg 908. F. Pustet. 8.40; geb. in Halbldr. 11.80

— d. letzten Dinge d. Menschen. Fastenpredigten. 3.—5. Cyklus. gr. 8. Ebd. à 1.40; geb. in Halbldr. à n. 1.80
3. D. große Tag d. Ernte. 2. Aufl. (VIII, 176 S.) 898.
4. D. Leiden in ewiger Nacht. 2. Aufl. (VIII, 150 S.) 898.
5. D. glückliche Jenseits. (VIII, 175 S.) 897.

— die letzten Dinge des Menschen. Fastenpredigten. 1. Cyklus: Der Tod der Sünde Sold. 3. Aufl. gr. 8. (VIII, 144 S.) Ebd. 902. 1.20; geb. in Halbldr. n. 1.60

— dasselbe. 2. Cyklus. Die Rechenschaft nach dem Tode. 3. Aufl. gr. 8. (VIII, 168 S.) Ebd. 902. 1.40; geb. in Halbchagrin n. 1.80

— die letzten Dinge des Menschen. Fastenpredigten. 5. Cyklus. Das glückl. Jenseits. 2. unveränd. Aufl. (VIII, 175 S.) gr. 8. Ebd. 903. n. 1.40; geb. in Halbldr. n. 1.80

— Die letzten Dinge des Menschen. Fastenpredigten. 3. u. 4. Zyklus. 8. Ebd. 2.80; geb. in Halbfrz. n 3.80
3. Der große Tag der Ernte. 3. Aufl. (VIII, 180 S.) 907. 1.40; geb. in Halbfrz. n 1.90
4. Das Leiden in ewiger Nacht. 3. Aufl. (VIII, 152 S.) 907. 1.40; geb. in Halbfrz. n 1.90

Diessel, G., die Erde die Heimat d. Kreuzes. 7 Fastenpredigten u. e. Charfreitagspredigt. gr. 8. (VII, 128 S.) Regensburg 890. Pustet. 1.—

— d. Erde d. Heimat d. Kreuzes. 7 Fastenpredigten u. e. Charfreitagspredigt. 2., unveränd. Aufl. gr 8. (VI, 128 S.) Ebd. 895. 1.—; geb. in Halbchagrin n. 1.40

— die Erde, die Heimat des Kreuzes. 7 Fastenpredigten u. 1 Charfreitagspredigt. 3., unveränd. Aufl. gr. 8. (VI, 128 S.) Ebd. 899. 1.—; geb. in Halbldr. n. 1.40

— die Erde die Heimat des Kreuzes. Sieben Fastenpredigten u. e. Charfreitagspredigt. 4., unveränd. Aufl. (VI, 128 S.) gr. 8. Ebd. 903. n. 1.—; geb. in Halbldr. n. 1.40

— Die Erde, die Heimat des Kreuzes. 7 Fastenpredigten u. 1 Karfreitagspredigt. 5., unveränd. Aufl. (9—10. Tauf.) (VII, 133 S.) 8. Ebd. 910. 1.—; geb. in Leinw. n 1.70

Die unerschöpfliche Goldgrube. Ein Beitrag z. christl. Hausbibliothek von G. **Diessel**, Priester d. Kongr. d Allerh. Erlösers. Münster i. W.. Alphonsus-Buchh. (1905). (268 S.) 8° [F.] [06. 10067]

— die große Gottesthat auf Golgatha. Fastenpredigten üb. den Tod Jesu Christi. gr. 8. (VIII, 171 S.) Ebd. 900. 1.40; geb. in Halbchagrin n. 1.80

— die große Gottesthat auf Golgatha. Fastenpredigten üb. den Tod Jesu Christi. 2. Aufl. (VIII, 171 S.) gr. 8. Regensburg 903. F. Pustet. n. 1.40; geb. in Halbldr. n. 1.80

— auf Horebs Höhen. Ein Wegweiser in den Tagen der geist. Einsamkeit. 8. (XXXI, 679 S.) Mainz 893. F. Kirchheim. n. 6.—

— auf Kalvarias Höhen. Ein Wegweiser in den Tagen der geist. Einsamkeit. (XXVIII, 594 S. m. 1 Farbdr.) 8. Ebd. 905. n. 4.50; geb. in Leinw. n. 5.20

— auf Tabors Höhen. Ein Wegweiser in den Tagen der geist. Einsamkeit. (XXIV, 588 S. m. farb. Titelbild.) 8. Ebd. 905. n. 4.—; geb. in Leinw. n. 4.70

Diessel, G., C. Ss. R., der Charfreitag m. seiner tiefbedeutsam. Liturgie. Fastenpredigten. gr. 8. (VI, 184 S.) Regensburg 900. F. Pustet. 1.40; geb. n. 1.80

— der Karfreitag m. seiner tiefbedeutsamen Liturgie. Fastenpredigten. 2. Aufl. (VI. 184 S.) 8. Ebd. 906. n. 1.40; geb. n. 1.80

— d. Leiden in ewiger Nacht, s.: D., d. letzten Dinge.

— Maria, der Christen Hort. 2 Bde. gr. 8. Ebd. 900. 8.—; geb. in Halbchagrin n. 9.40
1. Predigten üb. die hochgebenedeite Mutter des Herrn. (XIV, 490 S. m. 1 Farbdr.) — 2. Predigten f. alle Muttergottesfeste im Laufe des Jahres. (XV, 720 S. m. 1 Farbdr.)

— Maria, der Christen Hort. 2 Bde. 2., verb. Aufl. gr. 8. Ebd. 903. n. 8.—; geb. in Halbchagrin n. 9.40
1. Predigten üb. die hochgebenedeite Mutter des Herrn. (XIV, 490 S. m. 1 Farbdr.)
2. Predigten f. alle Muttergottesfeste im Laufe des Jahres. (XV, 720 S. m. 1 Farbdr.)

— Maria, der Christen Hort. 3. Aufl. (5—6. Tauf.) 2 Bde. 8. Ebd. 909. 8.—; geb. in Halbldr. 11.40
1. Predigten üb. die hochgebenedeite Mutter des Herrn. (XIV, 490 S. m. farb. Titelbild.)
2. Predigten f. alle Muttergottesfeste im Laufe des Jahres (XV, 723 S. m. farb. Titelbild.)

— Die betrachtende Ordensfrau. Handbuch f. barmherz. Schwestern. 2., verb. Aufl. 2 Bde. (XV, 474 u. XIII, 502 S.) 8. Freiburg i/B. 909. Herder. 8.40; geb. in Kunstldr. 10.40
1. Aufl. (XIV, 463 u. XIII, 490 S.) 908. 8.—

Diessel, C. Ss. R., praktische u. wohlgemeinte Ratschläge f. die gläubige Menschheit. Ein Hausbuch f. alle christl. Familien. 12. (84, 90, 83, 111 u. 112 S.) Münster 902. Alphonsus-Buchh. n. 2.10; geb. n.n. 2.50
Hieraus einzeln:
Ein Wort an die Frauenwelt. (90 S.) n. —40
Ein Wort an die Männerwelt. (84 S.) n. —40
Ein Wort an die gebildete Welt. (112 S.) n. —45
Ein Wort an die heiratslustige Welt. (111 S.) n. —45
Ein Wort an die junge Welt. (83 S.) n. —40

Wohlgemeinte Ratschläge für die gläubige Menschheit. Von G[erhard] **Diessel**, Redemptoristenpriester. 2. Aufl [1–5.] Münster i. W.: Alphonsus-Buchh. 1903. 5 Bde 8° [F.]
[1.] Ein Wort an d. gebildete Welt. [2.] .. an d. Männerwelt
[3.] ... an d. Frauenwelt. [4.] ... an d. junge Welt. (Jünglinge.)
[5.] . an d. heiratslustige Welt. [05. 13774 G]

— die Rechenschaft nach dem Tode. Fastenpredigten. gr. 8. (VI, 168 S.) Regensburg 893. F. Pustet. 1.40; geb. in Halbchagrin n. 1.80

— d. Rechenschaft n. d. Tode. Fastenpredigten. 2. Aufl. gr. 8. (VI, 168 S.) Ebd. 897. 1.40; geb. in Halbchagrin n. 1.80

— der Rettungsanker der Sünder. Fastenpredigten. gr. 8. (VI, 171 S.) Ebd. 902. 1.40; geb. in Halbchagrin n. 1.80

— Der Rettungsanker der Sünder. Fastenpredigten. 2. Aufl. (3. u. 4. Tauf.) (VI. 171 S.) 8. Regensburg 909. F. Pustet. 1.40; geb. n 2.10

— der Schlüssel zum Himmel. Fastenpredigten. gr. 8. (VI, 170 S.) Ebd. 903. 1.40; geb. in Halbchagrin n. 1.80

— Der Schlüssel zum Himmel. Fastenpredigten. 2., unveränd. Aufl. (VII, 170 S.) 8. Ebd. 910. 1.40; geb. in Leinw. n 2.10

— der große Tag der Erndte. Fastenpredigten. gr. 8. (VI, 176 S.) Ebd. 894. 1.40; geb. in Halbchagrin n. 1.80

— Der Tod der Sünde Sold. Fastenpredigten. gr. 8. (VI. 144 S.) Ebd. 892. 1.20

— d. Tod d. Sünde Sold. Fastenpredigten. 2. Aufl. gr. 8. (VI, 144 S.) Ebd. 896. n. 1. 20; geb. in Halbchagrin n. 1. 60

Die wahre Toleranz. Ein Beitrag z. Aufklärung über d. konfessionellen Frieden. Von G. Diessel, C. Ss. R. Münster i. W.: Alphonsus-Buchh. [1905]. (128 S.) 8° [F.]

Wegweiser für gläubige Eltern. Ein Beitrag z. christl. Hausbibliothek von Gerh. Dießel, Priester. Münster i. W.: Alphonsus-Buchh. 1903. (263 S.) 8° [F.]

— ein Wort an die Frauenwelt. (Wohlgemeinte Ratschläge f. die gläub. Menschheit.) 2. Aufl. (90 S.) gr. 16. Ebd. 903. n. — 40

— ein Wort an die Männerwelt. (Wohlgemeinte Ratschläge f. die gläub. Menschheit.) 2. Aufl. (84 S.) gr. 16. Ebd. 903. n. — 40

— ein Wort an die eingebildete Welt. (Wohlgemeinte Ratschläge f. die gläub. Menschheit.) 2. Aufl. (105 S.) gr. 16. Ebd. 903. n. — 45

— ein Wort an die heiratslustige Welt. (Wohlgemeinte Ratschläge f. die gläub. Menschheit.) 2. Aufl. (111 S.) gr. 16. Ebd. 903. n. — 45

— ein Wort an die junge Welt. (Jünglinge.) (Wohlgemeinte Ratschläge für die gläub. Menschheit.) 2. Aufl. (83 S.) gr. 16. Ebd. 903. n. — 40

Diesselhorst, Georg [aus Peine]: Zur Kenntnis der Phosphaminsäureester ... Göttingen, Druck d. Dieterichschen Univ.-Buchdr., 1892; 44 S., 1 Bl. 8.
Göttingen, Phil. Fak., Inaug.-Diss. v. [22. Febr.] 1892

Diesselhorst, Geo. Zur Kenntnis der Phosphaminsäureester. Diss. gr. 8. (45 S.) Gött. 892, (Vandenhoeck u. Ruprecht). 1 —

Diesselhorst, Hermann

Dießelhorst, H: Analyse elektrischer Schwingungen mit dem Glimmlichtoszillographen. Braunschweig 1907 (Mitteil. a. d. Physik.-Techn. Reichsanst.)

Diesselhorst, Hermann: Über eine absol. B e s t i m m u n g d. Ausdehnung d. Wassers, s. T h i e s e n , M.

Dießelhorst, H: Erzeugung phasenverschobener Hochfrequenzströme. Braunschweig 1908 (Mitteil. a. d. Physik.-Techn. Reichsanst.)

Diesselhorst, H: Ueber ballistische Galvanometer mit beweglicher Spule. Leipzig 1902

Diesselhorst, Hermann: Neue G r u n d l a g e n f. d. Werte d. Leitvermögen v. Elektrolyten, s. K o h l r a u s c h , F.

Diesselhorst, H: Thermokraftfreier Kompensationsapparat mit fünf Dekaden und konstantem kleinem Widerstand. Berlin 1908 (Mitteil. a. d. Physik.-Techn. Reichsanst.)

Diesselhorst, H: Über einen Kompensationsapparat mit kleinem Widerstand. Berlin 1906 (Mitteil. a. d. Physik.-Techn. Reichsanst.)

Dießelhorst, H: Über thermokraftfreie Kompensationsapparate mit kleinem Widerstand. Berlin 1906 (Mitteil. a. d. Physik.-Techn. Reichsanst.)

Diesselhorst, H: Kompensationswiderstand für das Kadmium-Normalelement. Berlin (1908) (Mitteil. a. d. Physik.-Techn. Reichsanst.)

Dießelhorst, H: Absolute Messung der Wellenlänge elektrischer Schwingungen. Leipzig (1907) (Mitteil. a. d. Physik.-Techn. Reichsanst.)

Dießelhorst, H: Zu Maxwells Methode der absoluten Messung der Kapazitäten. Leipzig 1906 (Mitteil. a. d. Physik.-Techn. Reichsanst.)

Diesselhorst, Hermann [aus Peine]: Ueber das Potential von Kreisströmen m. e. Anwendg auf d. Helmholtzsche Elektrodynamometer ... Berlin, C. Vogts Buchdr., 1896; 31 S. 8.
Berlin, Phil. Fak., Inaug.-Diss. v. 8. Aug. 1896

Diesselhorst, H: Photographische Registriermethode für den zeitlichen Verlauf von Galvanometerausschlägen. Braunschweig 1905 (Mitteil. a. d. Physik.-Techn. Reichsanst.)

Diesselhorst, H., Wärmeleitung etc. einiger Metalle, s.: Jaeger, W.

D i e s s e n h o f e n. dargestellt nach seinem gegenwärtigen Zustand und seinen bisherigen Schicksalen. Njbl. 1827 s. [P u p i k o f e r, Johann Adam].

Diesshom, O. J. F.: Das regelmäßige Versetzen der Bäume in Wälderungen und Gärten.
Memmingen 1775.
Vgl.Diesskau, C.J.F.von

Diessing, Jh. Gf., Versuch e. astronom. Lehrbuchs, zum Gebr. in Schulen. 8. Bautzen 799.

Diesskau, Christian Johann Friedrich von, s. a. D i e s k a u , Christian Johann Friedrich von

Diesskau, Christian Joh. Friedrich von: N a t u r g e s c h i c h t e der Nachtigall.
Römhild: Brückner 1779. 208 S. 8°

Diesskau C. J. F. v.: Das regelmässige Versetzen d. Bäume in Wäldern u. Gärten. 2. verb. Aufl. Meiningen 1788. 158 S.
Vgl.Diesshom, O.J.F.

Diesskau C. J. F. v.: Vortheile in der Gärtnerey in vermischten Abhandlungen. 6 Samml. Coburg 1779-86, à c. 200-300 S.

Dießl Alois: Die Impersonalien bei H e r o d o t. 81. Wien XIX. 99. Progr.

Dießl, Eduard, ausgedient. (Patriotisches) Volksstück m. Gesang in 3 Akten. 2. u. 3. Akt in 2 Bildern. Musik v. Vincenz Wagner. (54 S. m. Bildnis.) kl. 8. Weipert (908). (F. Thoms.) 2. 50

— Der rote Doktor. Volksstück m. Gesang in 4 Akten u. 1 Vorspiel. Der 2. Akt in 2 Aufzügen. (75 S. m. Bildnis.) 8. Ebd. (910). 2. 50

Dießl, Eduard, Kaisers Geburtstag auf der Alm od.: Eine patriotische Sennerin. Festspiel m. Gesang in 1 Akt m. 3 Aufzügen. Zum 60 jähr. Regierungsjubiläum Sr. Maj. d. Kaisers im J. 1908. (44 S. m. Bildnis.) kl. 8. Weipert (907). (F. Thoms.) 2. 50

— Verbotene Lieb'. Volksstück m. Gesang m. 1 Vorspiel u. 3 Akten. 1. u. 2. Akt in 2 Bildern. (Umschlag: Musik v. Vinz. Wagner.) (88 S. m. Bildnis.) 8. Ebd. (910). 2. 50

Diessl, Eduard, die Tochter des Veteranen. Volksstück m. Gesang in 4 Akten. (53 S. m. Bildnis.) 8. Weipert (906). (F. Thoms.) n. 2. 50

Dießl, Karl, approb. Arzt aus München: Ueber akute Alkoholvergiftung mit tödlichem Ausgang. *München 1902: C. Wolf & Sohn.* (39 S.) 8°
München, Med. Diss. v. 1902

Dießner, Bruno, d. künstliche Zucht d. Bachforelle. gr. 8. (57 S. m. 29 Abb.) Leipzig-R. 895. A. Hoffmann. 1. 50

Dießner, Bruno, die künstliche Zucht der Forelle. 2., sehr verm. u. verb. Aufl. gr. 8. (XI, 209 S. m. Abbildgn.) Neudamm 902. J. Neumann. n. 4.—; geb. in Leinw. n. 5.—

Dießner, Georg, Ref. in Leipzig: Das Recht der stillen Gesellschaft nach dem Handelsgesetzbuche vom 10. 5. 1897. Borna-Leipzig 1900: R. Noske. (IX, 50 S.) 8° [F.]
Leipzig, Jur. Fak., Diss. v. 30. Juli 1900
[Geb. 16. Okt. 78 Leipzig; Wohnort: Leipzig; Staatsangeh.: Sachsen; Vorbildung: Nikolai-Gymn. Leipzig Reife O. 98; Studium: Leipzig 10 S.; Rig. 12. Juli 00.]

Dieſt, Fr., noch ein heiliger Krieg. Ein Mittel zur Vereinigung aller Partheien. 8. (Münſter 816. Coppenrath), 6 ℊ · Elberf. 822. (Schönian). 5 ℊ

Diest, Friedr. Gottfr. Joh. v. (Köln), De comitibus palatii. Von den Pfaltz=Graffen des Römischen Reichs. Disp. jur. publ. Präs. Eberh. Otto. Utrecht 26. V. 1734. Neudr.: Halle (J. Ch. Hilliger) 1739. 40 S. (5.—) 6476

— — Dasselbe. Helmstedt (P. D. Schnorr) 1744. 40 S. (5.—) 6477
Gew.: Chph. Raabe (Duisburg), Eberhard Otto.

Dieſt, Guſt. v., ſ.: Aus der Zeit der Not u. Befreiung Deutſchlands.

Aus der Zeit der Not und Befreiung Deutschlands in den Jahren 1806 bis 1815. Hrsg. von Gustav v. Diest, Reg.Praes. a.D. Berlin: E. S. Mittler & Sohn 1905. (VIII, 270 S.) 4°(8°) [F.] [05. 8174

Dieſt, Guſt. v., Heinrich v. Dieſt, weil. General=Inſpekteur der Artillerie. Ein Lebensbild nebſt Mittheilgn. z. Geſchichte der Familie v. Dieſt. gr. 8. (IV, 124 S.) Berlin 899. E. S. Mittler & Sohn. n. 2. 50; geb. in Leinw. n.n. 3. 75

[F.] Meine Erinnerungen an Kaiser Wilhelm den Grossen. Von Gustav v. Diest, Merseburg. *Berlin: E. S. Mittler & Sohn 1898.* (49 S.) 1 Bd 8. [98. 3360

[F.] Meine Erlebnisse im Jahre 1848 u. d. Stellg d. Staatsministers v. Bodelschwingh vor u. and. 18. März 1848. Von Gustav v. Diest. *Berlin: E. S. Mittler & Sohn 1898.* (79 S.) 1 Bd 8. [98. 3097

— aus dem Leben eines Glücklichen. Erinnerungen e. alten Beamten. (VIII, 592 S. m. Bildnis.) Lex.=8. Berlin 904. E. S. Mittler & Sohn. n. 8. —; geb. n. 10. —

— meine Orientreiſe im Frühj. 1899. gr. 8. (67 S.) Ebd. 899. n. 1. 25; geb. in Leinw. n.n. 2. 50

Dieſt, Heinr. v., zur Geſchichte u. Urzeit des Landes Daber. (IV, 89 S. m. 8 Taf. u. 2 farb. Karten.) gr. 8. Stettin 904. (L. Saunier). n. 3. —

Diest, Johann Julius

— — Von Vermächtnüssen, welche unter gewissen Bedingungen, auf den Todes Fall an andere zu vererben, errichtet werden, u. wer dieselben zu erlangen fähig. Neudruck (Heller) 1737. 39 S. (5.—) 6479

— **Leonhard Reinhard von** (Cleve), De jure futuro. Diss. jur. Präs. Justus Henning Boehmer. Halle (J. F. Grunert) 30. VI. 1741. 72 S. (5.20) 6480
Gew.: Carl Grf. v. Wied (Runckel . .), Ambrosius Frz. Friedr. Chn. Adelbert Grf. v. u. z. Virmont u. Bretzenheim (Neersen . .).

von Diest, Walther, und M. **Anton**: Neue Forschungen im nordwestlichen Kleinasien. Mit Beiträgen von Leutnant Graf Götzen, A. Körte und G. Türk. Mit einer Karte in drei Blättern. Gotha 1895. (II), 132 S.
= Ergänzungsheft zu Petermann's Geographischen Mittheilungen. No. 116 8°.

Diest, W. v, u. M. Anton, neue Forschgn. im nordwestl. Kleinasien, m. Beiträgen v. Graf Götzen, A. Körte u. G. Türk, s.a. Petermann's, A., Mittheilgn. aus Just. Perthes' geograph. Anstalt.

Karte des nordwestlichen Kleinasien in 4 Blättern, nach eigenen Aufnahmen u. unveröffentl. Material auf Heinrich Kiepert's Grundlage neu bearb. von Walther v. **Diest**, Oberst a. D. Nach d. Originalen gez. von E. Döring, Berlin. Massst. 1:500,000. Bl. C. *Berlin: A. Schall [1901].* gr. 2° [kol.] [02. 1623

Karte des nordwestlichen Kleinasiens (in 4 Bl.) nach eigenen Aufnahmen u. unveröffentl. Material auf Heinrich Kiepert's Grundlage neu bearb. von Walther v. **Diest**, Oberst a. D. Nach d. Originalen gez. von E. Döring, Berlin. Maßst. 1:500,000. (Bl. A–D.) *Berlin: A. Schall 1903; Photolith. E. Döring.* (4 Kartenbl. je 60×49 cm mit Legende, III S.) 8° [kol.] [04. 260

Dieſt, Walther v., von Biebrich nach Antwerpen. Eine freie Rheinfahrt. Mit 50 Illuſtr. (eingedr. Zinkogr., 6 Lichtdr. u. chromolith. Titelblatt). Lex.=8. (XII, 116 S.) Düſſeldorf 883. Voß & Co. geb. n. 13. 50

Diest, W. v., v. Pergamon üb. den Dindymos zum Pontus, s.a. Petermann's, A., Mittheilungen aus J. Perthes' geographischer Anstalt.

von Diest, Walther: Von Pergamon über den Dindymos zum Pontus. Mit zwei Karten. Gotha 1889. (II), 100 S.
= Ergänzungsheft zu Petermann's Geographischen Mittheilungen. No. 94. 8°.

Diest, Walth. v., von Tilsit nach Angora, m. Anh. v. E. Oberhummer, s.a. Petermann's A., Mitteilungen 125. Ergänzungsheft.

Von Tilsit nach Angora. Forschgsreise zweier preussischen Stabsoffiz. im Frühjahr 1896. Von Walther v. **Diest,** Major im Drag.-Reg. 'Prinz Albrecht'. M. e. Anh. v. Prof. Dr. E(ugen) Oberhummer. M. 3 Kt. u. 2 Sk. im Text . . . *Gotha: J. Perthes 1898.* (IV, 98 S., 3 Kt.) 1 Bd 4.
= **Mitteilungen,** Petermanns, aus J. Perthes' Geogr. Anstalt. Ergzgsh. No 125. [98. 8169

Dieſt-Daber, Otto v. Lebensbild e. muth. Patrioten, zu ſeinem 80. Geburtstage dargeſtellt v. einem Deutſchen. gr. 8. (84 S.) Berlin 901. Herm. Walther. n. 1. —

Diest-Daber, Otto von

Dieſt-Daber, v., Berichtigung v. Unwahrheiten ꝛc. in den Erinnerungen des Fürſten Bismarck u. deutſches Rechtsbewußtſein. gr. 8. (248 S.) Zürich 899. C. Schmidt. n. 3.—

Dieſt=Daber, v., Bismarck u. Bleichröder. Deutſches Rechtsbewußtſein u. d. Gleichheit vor d. Geſetze. Lebens=erfahrgn. aus Acten, Tagebüchern u. Briefen. E. ernſter Mahnruf an jeden wahrhaften u. feſten deutſchen Patrioten. gr. 8. (III, 201 S.) München 897. Verlag d. Deutſchen Volksblattes, Th. Wenna. n. 3. —

Dieſt=Daber, Otto v., der ſittliche Boden im Staatsleben. 1. Heft: Eine Auseinanderſetzung mit dem Abgeordneten Lasker. 1. und 2. Aufl. gr. 8. (56 S.) Berlin 876, Puttkammer und Mühlbrecht. *

Dieſt=Daber, Otto v., Entgegnungen auf die Angriffe der Herren Lasker, v. Bennigſen u. A., nebſt Aufklärung über die Privilegien der Central=Boden-Credit Geſellſchaft. gr. 8. (63 S.) Berlin 876. Puttkammer & Mühlbrecht. n. 1. —

— drei Monate Gefängniß. Petition an den deutſchen Reichstag im Intereſſe deutſcher Rechtspflege. gr. 8. (38 S.) Bern 878. Magron in Comm. n. — 80

Dieſt=Daber, Otto v., Geldmacht und Socialismus. Einzelne Schlagſchatten auf die innere Politik des Fürſten Bismarck mit Orig.=Correſpondenzen deſſelben. 1. Aufl. (III, 107 S.), und 2. verb. und mit einem Vorwort verm. Aufl. gr. 8. (XVI, 107 S.) Berlin 875, Puttkammer und Mühlbrecht. *

— zur Klarſtellung des anonymen Schriftſtückes — [verleſen von dem Vertreter der königl. Ober=Staatsanwaltſchaft im Audienztermin contra v. Dieſt=Daber wegen Bismarck=Beleidigung am 22. Novbr. vor dem königl. Kammergericht] — und der Angriffe des Abgeordneten Lasker. Einige Worte der vorläuf. Abwehr. gr. 8. (30 S.) Daber 878. (Dresden, v. Zahn's Verlag.) *

Diestel, Die moabitische Gedenktafel. Eine kritische Uebersicht. SA. aus J. f. deutsche Theologie XVI. S. 215–251. 1871.

Diestel, Kilometerzeiger für das Gebiet der freien und Hansestadt Lübeck. Januar 887. 4. (8 S.) Lübeck, Max Schmidt. *

Diestel, neuere Krankenhäuser in Wien u. Budapest, s.: Lorenz.

Diestel: Die Theokratie Israels. Greifsw. 44 S. Schul-/Univ.-Schrift 1864.

Diestel, Erich: Die Anfechtung wegen Irrtums (aus § 119 II B.G.B.) unter dem Gesichtspunkt der Gesetzeskonkurrenz. Heidelberg 1909: Rössler & Herbert. 37 S. 8°
Heidelberg, Jur. Diss. v. 13. Juli 1909, Ref. Endemann
[Geb. 24. Jan. 87 Hamburg; Wohnort: Hamburg; Staatsangeh.: Hamburg; Vorbildung: Johanneum Hamburg Reife O. 05; Studium: Heidelberg 3, Berlin 4 S.; Rig. 9. März 09.] [U 09. 1774

Diestel, Ernst, Buddhismus u. Christentum. — Gedanken üb. d. Karma, s.: Schriften, theosophische.

— Gerechtigkeit, Gnade u. Wiederverkörperung. gr. 8. (46 S.) Braunschweig 896. C. A. Schwetschke & Sohn. n. — 50

(B) **Diestel,** Ernst, Gerechtigkeit, Gnade u. Wiederverkörperung. 896. Jetzt: Leipzig, M. Altmann.

Ist Jesus für den modernen Menschen eine überwundene Persönlichkeit? Nach dem Darmstadter Vortrag des Prof. Herrmann beantwortet von [Ernst] Diestel. Berlin 1905: Mittler & S. 16 S. 8° [Umschlagtit.]
Aus: BZC. 84 (1905) No 9.
Rekt. Kneisner, Hamburg.

Lied [der Loge Zum Widder in Berlin]. [Unterz.: Ernst] Diestel. Berlin o. J.: Sieble. 1 Bl. 8°.
Ohne Noten: „Dem Kaiser klinge unser Lied" . . .

Diestel, Ernst (Hrsg.), s. Trede, Th.: Wunderglaube im Heidentum u. in d. alten Kirche.

Diestel, F. [aus Göttingen]: **Beiträge zu der Interpolationsrechnung.** . . . Göttingen, Druck d. Dieterich'schen Univ.-Buchdr. (W. Fr. Kaestner.), 1890; 1 Bl. + 47 + 1 S. 8°
Göttingen, Phil. Fak., Inaug.-Diss. v. 23. Nov. 1889

Diestel, F., Beiträge zu der Interpolationsrechnung. Inaug.-Diss. gr. 8. (47 S.) Göttingen 890. (Vandenhoeck & Ruprecht's Verl.) n. 1. 20

Diestel, F. [Hrsg.], s. Licht zur Abendzeit . . .

Diestel, Fried.: Über die Nacht des Hellenenthums. 24 S.– Lyck, Progr. 1853.

Diestel, G., ill. Geschichte d. Mittelalters, s.: Spamer's illustr. Weltgeschichte.

Diestel, G., s. Schmidt's E. A., Grundriß der Weltgeschichte.

Diestel, G., s.: Spamer's illustr. Weltgeschichte.

Diestel, Heinrich, a. Hamburg: Die schuldlos verdächtigte Frau im elisabethanischen Drama. Rostock 1909: Hinstorff. VIII, 53 S. 8°
Rostock, Phil. Diss. v. 4. Juni 1909, Ref. Lindner
[Geb. 11. Febr. 88 Mölln; Wohnort: Rostock; Staatsangeh.: Preußen; Vorbildung: Realgymn. d. Johanneums Hamburg Reife O. 06; Studium: Freiburg i. B. 1, München 2, Berlin 1, Halle 2, Rostock 1 S.; Rig. 25. Mai 09.] [U 09. 3744

Diestel, Henr. (geb. Borchertsdorf in Ostpr. 18. 4. 1815): De methodo medicamenta ad cutem applicandi. Berolini (1839). (31 S.) 8°
Berlin, Med. Diss. v. 3. Jan. 1839

Diestel, Heinr. Georg, das Problem der Todesstrafe. Mit Berücksichtigung der Verhandlung der ständischen Ausschüsse wissenschaftlich zu lösen versucht. Lex. 8. (195 S.) Königsberg 848, Pfitzer & Heilmann. n. 2/3 Thlr.

Diestel, H(einr. Geo.), das Problem der Todesstrafe. Mit Berücksichtigung der Verhandlung der ständischen Ausschüsse wissenschaftl. zu lösen versucht. Lex.-8. (195 S.) Königsberg 848, (Bon's Buchh.) *

Diestel, Heinr., zur Scheidung u. Unterscheidung, ein Merkzeichen, gestellt d. gegenwärt. Christenheit. 8. (6 B.) Königsberg 834, (Bon.) Thlr.

— schicket euch in die Zeit! Ein Wort z. Schlusse d. Kirchenjahres 1832. 8. (1¼ B.) Königsberg 833, (Bon.)

— die rationelle Sprachforschung. Auf ihrem gegenwärtigen Standpunkte geprüft u. psychologisch begründet. Eine Vorbereitungsschrift zu einer auf Subscription herauszugebenden deutschen Sprachlehre. gr. 8. Königsberg 845. (Mangelsdorf.) n. 2/3 Thlr.

— Staat u. Kirche in ihrer Würde gegen die unwürdigen und zweideutigen Urtheile in Prof. Olshausens Schrift: Was ist von den neuesten kirchlich. Ereignissen in Schlesien zu halten? vertreten. 8. Berlin 835. Reimer. 5/6 Thlr.

— Ursache u. Wirkung auch im Bereich d. Glaubens geltend gemacht u. erwiesen. 8. (10 B.) Königsberg 835, (Bon.) *

— und Johs. Ebel, Verstand u. Vernunft im Bunde mit d. Offenbarung Gottes durch das Anerkenntniß d. wörtl. Inhalts d. heil. Schrift. 2 Abhandln. (Mit d. Beil.: Der Schlüssel zur Erkenntniß d. Wahrheit in Entwicklung u. offener Darlegung e. Ansicht üb. J. H. Schönherr's Aufschlüsse d. Bibel u. Natur-Offenbarung, dargeboten v. Joh. Wilh. Ebel. Nebst e. Anh. fremder, jedoch verwandter Gedanken.) gr. 8. (32¾ B.) Leipzig 837, (W. Vogel.)

— was es heiße: „den rechten St. Veits-Tanz haben." Ein Lutherwort, an Dr. Rupp's „freier evang. Kirche" verdeutlicht. gr. 8. (XI und 134 S.) Königsberg 847, (Bon's Buchh.) *

Diestel H(einr. Geo.), was ist Christenthum? was ein „christlicher" Staat? Gegenüber der am 15. Oktbr. v. J. von J. Rupp gehalt. Rede „über den christl. Staat" in Frage gestellt. gr. 8. (7½ B.) Königsberg 843. (Bon.) *–

Diestel, Hnr., wie das Evangelium entstellt wird in unserer Zeit. Mit Hinsicht auf Prof. Olshausens „Wort der Verständigung über die Stellung des Evangeliums zu unserer Zeit." Beleuchtet. 8. Königsberg 833. (Bon.) ¼ Thlr.

— ein Zeugenverhör im Criminalprocesse geg. d. Prediger Ebel u. Diestel. Mit d. darüber laut geword. Publicität angestellt. gr. 8. (30⅛ B.) Leipzig 838, (W. Vogel.)

— Zeugniß der Wahrheit, s. Ebel, J.

Diestel, Ioann. Ern. Ludov. Herm. (geb. am 28 Sept. 1825 in Königsberg Pr.): Theses controversae . . . ad obtinendum gradum licentiati SS. theologiae . . . Bonnae, typ. C. Georgii (1851). 2 Bl. 4.
Bonn, Ev.-theol. Fak., Thes. v. 7 Febr. 1851

Diestel, Kurt, deutsche Baukunst zu Ende des 19. Jahrh. (47 S.) gr. 8. Dresden 907. Holze & Pahl. 1.—

Diestel, Ludw., Geschichte des Alten Testamentes in der christlichen Kirche. Jena 868. Mauke's Verlag. gr. 8. (XVI, 817 S.) n. 4 Thlr. 20 ngr.

Diestel, Ludw., der Segen Jakobs in Genes. XLIX historisch erläutert. Braunschweig 853. Schwetschke u. Sohn. gr. 4. (VI, 128 S.) 22½ ngr.

Diestel, L., die Sintflut und die Flutsagen des Alterthums, s. Sammlung gemeinverständl. wissenschaftl. Vorträge.

Diestel L, die Sintflut und die Flutsagen des Altertums. (Sammlung gemeinverständlicher wissenschaftlicher Vorträge 137) Berlin 1871

Diestel, P., Zur Stellungslosen-Unterstützung. 8⁰. Berlin, Bund der industr. Beamten, 1904.

Diestel-Lämmer, W*aldemar* [aus Klingelbeutel, Kr. Ratibor]: Schusswundenbehandlung nach Heinrich von Mondeville ... Berlin, C. Vogts Buchdr., *1896;* 33 S., 1 Bl. 8.
Berlin, Med. Fak., Inaug.-Diss. v. 19. Mai 1896

Diestelbarth, C. H., s. Rondelet, Anleitung z. Kunst zu bauen.

Diestelhorst, Otto [app. Arzt aus Dresden]: Zur Aetiologie und Diagnose der kryptogenetischen Septiko-Pyaemie ... Altenberg i. sächs. Erzgeb., gedr. bei F. A. Kuntzsch, 1894; 27 S. 8.
München, Med. Fak., Inaug.-Diss. v. 1894

Diestelkamp, Ludwig

Diestelkamp, L., Abschieds-Predigt geh. am Sonntag den 10. März 1872 zu Voerde. 8. (10 S.) Schwelm 872. (Barmen, Klein.) n. — 25

—— **Antwort auf das Sendschreiben Pius IX. vom 13. Septbr. 1868, an alle Akatholiken gerichtet. 1.—6. Aufl. (20 S.) Gütersloh 868—70, Bertelsmann's Verlag.** *

Erlebnisse eines Lazarettpredigers. Erinnerungen aus d. Kriegsjahren 1870/71 von L[udwig] Diestelkamp, Pfarrer in Berlin. *Gütersloh: C. Bertelsmann 1903.* (IV, 79 S.) 8° [F.] [03. 5700

—— **Fehlbar oder unfehlbar. Zweites Schreiben an Pius IX. Zugleich ein Wort zur Beherzigung an alle Nichtevangelische. 8. (16 S.) Ebendas. 870.** *

— Freuden u. Leiden e. geistlichen freiwilligen Krankenpflegers im glorreichen Feldzuge d. J. der Gnade 1870 aus der Erinnerg. erzählt. 8. (80 S.) Gütersloh 871. Bertelsmann in Comm. n. 1. —

Freuden und Leiden eines geistlichen freiwilligen Krankenpflegers im glorreichen Feldzuge des Jahres der Gnade 1870 aus der Erinnerung erzählt von L[udwig] Diestelkamp. Gütersloh: C. Bertelsmann in Komm. [1903]. (80 S.) 8° [F.] [07. 5751

Diestelkamp, L., „der rechte Helfer wider unsere Feinde." Predigt gehalten am großen Bettage den 27. Juli 1870 zu Voerde. Schwelm 870. (Barmen, Klein.) 8. (9 S.) n. 2 ngr.

Diestelkamp, L. **Jetzt fort mit der Kirchennoth Berlins! oder die Hauptaufgabe für die vereinigten Kreissynoden Berlins.** gr. 8. (21 S.) Berl. 890, (Buchh. der deutschen Lehrer-Zeitg.). * — 40

Sieben Jahre Kampf um Kapernaum. Von L[udwig] Diestelkamp. Mit d. Bilde d. Kapernaumkirche. *Gütersloh: C. Bertelsmann 1903.* (62 S.) 8° [F.] [03. 5701

Diestelkamp, L., Mart. **Luthers kleiner Katechismus** (in d. v. kgl. Konsistorium vorgeschrieb. Eisenacher Redaktion) nebst Sprüchen, f. d. Konfirmandenunterricht einger. 6. Aufl. 12. (64 S.) Berlin 895. [Burmeister & Roesner.] Buchh. d. ostdeutschen Jünglingsbundes. n. — 30

Diestelkamp, L., Dr. Martin Luthers kleiner Katechismus (in der vom kgl. Konsistorium vorgeschrieb. Eisenacher Redaktion) nebst Sprüchen, f. den Konfirmandenunterricht eingerichtet. 7. Aufl. 8. (64 S.) Berlin 901. Buchh. des ostdeutschen Jünglingsbundes. n. — 40

Diestelkamp, L., die Umkehr. Erzählung. 8. (16 S.) Berlin 879, (Deutsche evangel. Buch- und Tractat-Gesellschaft.)

Diestelkamp, L., Vortrag üb. Mission in Deutsch-Ostafrika, geh. am 24. Febr. 1886. gr. 8. (III, 9 S.) Berlin 886. (Dresden, Dieckmann.) n — 40

—— dunkle Wege oder durch Nacht zum Licht. Erzählung. gr. 8. (32 S.) Ebendas. 879. *

— dunkle Wege od. durch Nacht zum Licht. Erzählung. 2. Aufl. 8. (33 S.) Berlin 889. Deutsche evangel. Buch- u. Tractat-Gesellschaft. n. — 25

—— die Wohnungsverhältnisse unserer ärmeren Klassen, s. Zeitfragen, soziale.

Diestelkamp, L., Wohnungsverhältnisse ärmerer Klassen. (59 S.) Berlin 1886. George u. Fiedler.

Diestelmann, Rich., Johann Bernhard Basedow, s.: Erzieher, große.

Diestelmann, Th., **Beleuchtung des Lebens Jesu für das deutsche Volk von David Friedrich Strauß. Dem christl. Volke deutschen Namens gewidmet. gr. 8. (IV und 96 S.) Hannover 864, Schmorl und v. Seefeld.** *

Diestelmann, Th., zwei **Festpredigten** am 74. Geburtstage Sr. Maj. d. Kaisers u. Königs Wilhelm's I. 22. März 1871 u. am Friedens-Dankfeste 18. Juni 1871 in der Garnison-Kirche zu Celle geh. gr. 8. (30 S.) Celle 871. Schulze. — 50

—— **das Jugendleben des Saulus und seine Bekehrung und apostolische Berufung. Ein Vortrag am 12. März 1866 zu Celle gehalten. gr. 8. (48 S.) Hannover 866, Schmorl und v. Seefeld.** *

Diestelmann, Th., die Katechismus-Angelegenheit in der evangelisch-lutherischen Landeskirche Hannovers, ihre vorläufige Entscheidung und der Weg zu ihrer endgültigen Erledigung. Ein theologisches Votum. 1. u. 2. Aufl. (VIII, 102 S.) — 3. erweiterte Aufl. Celle 862. Schulze. gr. 8. (XV, 126 S.) n. 15 ngr.

—— **die Katechismus-Angelegenheit in der evangelisch-lutherischen Landeskirche Hannovers, ihre vorläuf. Entscheidung und der Weg zu ihrer endgült. Erledigung. Ein theolog. Votum. 1.—3., erweit. Aufl. gr. 8. (VIII und 120 S.) Celle 862,63, Schulze'sche Buchh.** *

— offenes Sendschreiben an Herrn Pastor Dr. Münkel, zur Widerlegung persönlicher Beschuldigungen und sachlicher Angriffe in Angelegenheiten des Katechismus und der Synode. Ebend. 862. gr. 8. (40 S.) n. 5 ngr.

—— **offenes Sendschreiben an Hrn. Pastor Dr. Münkel, zur Widerlegung persönl. Beschuldigungen und sachl. Angriffe in Angelegenheiten des Katechismus und der Synode. gr. 8. (40 S.) Celle 863, Schulze'sche Buchh.** *

Diestelmann, Th., **die letzte Unterredung Luthers mit Melanchthon über den Abendmahlsstreit, nach geschichtl. Zeugnissen und den darüber ergangenen Urtheilen, sowie mit Rücksicht auf Luther's ganze Stellung im Abendmahlsstreit. gr. 8. (XII, 367 S.) Göttingen 874, Vandenhoeck und Ruprecht.**

Diesterweg. Rede, am 30. Januar vor dem ersten Berliner Wahlkreis — Gedruckt bei G. Schade. 4 Bl. 4.
Flugblatt. Berlin, 30. Jan. 1849

Diesterweg's neusprachl. Reformausgaben, hrsg. v. Max Frdr. Mann. 1—15 u. 17—20. 8. Frankfurt a/M., M. Diesterweg. Geb. 26. 40

Arène, Paul. contes de Provence. Choisis et annotés par L. Petry. (VII, 72 u. 56 S.) 908. (Nr. 3.) Geb. u. geh. 1. 60
Au bruit du canon. Récits et nouvelles (1793—1815). Annotés par A. Robert-Dumas et Ch. Robert-Dumas. (VIII. 52 u. 54 S.) 909. (Nr. 6.) Geb. u. geh. 1. 20
Balzac, Honoré de, trois nouvelles. Précédées d'une étude sur la vie et les oeuvres de l'auteur et annotées par Charles Robert-Dumas. (XXXIV, 60 u. 44 S. m. Bildnis.) 909. (Nr. 11.) Geb. 1. 60
Contes de France. Recueil pour la jeunesse. Annoté par A. et Ch. Robert-Dumas. (62 S.) 909. (Nr. 5.) Geb. 1.—; m. Annotations. (62 u. 45 S.) 1.2 ; Annotations allein — 20; Wörterbuch (6 S.) (909.) — 40
Diderot, Denis, sur la peinture. Pages choisies et annotées par L. Petry. (XII, 68 u. 26 S. m. 4 Taf.) 909. (Nr. 7.) Geb. u. geh. 1. 40
Gobineau, les amants de Kandahar. Annotés par M. F. Mann. Édition exclusivement autorisée pour les pays de langue allemande. (IX, 59 u. 16 S.) 908. (Nr. 1)

Geb. u. geh. 1. 20

— la guerre des Turcomans. Annotée par M. F. Mann. Édition exclusivement autorisée pour les pays de langue allemande. (IX, 64 u. 25 S.) 908. (Nr. 4) Geb. u. geh. 1.40

Maupassant, Guy de, contes et nouvelles. (Ier recueil.) Annotés par Charles Robert-Dumas. Seule édition autorisée pour les pays de langue allemande (VIII, 56 u. 46 S.) (909.) (Nr. 12) Geb. 1. 40

— dasselbe. (IIème recueil.) Annotés par Charles Robert-Dumas. Seule éd. autorisée pour les pays de langue allemande. (XV. 67 u. 36 S.) 910. (Nr. 15) Geb. u. geh. 1.40

Mühe, Thdr., five stories from English literature. Arranged for beginners. Ed. with notes and glossary. (IV, 67 S.) 910. (Nr. 18) Geb. 1. 20

Robert-Dumas, A., u. Ch. Robert-Dumas, petits Français. Scènes de la vie familière. (VI, 80 S.) 910. (Nr. 17) Geb. in Leinw. — 95

— — Petites Françaises. Scènes de la vie familière. (VII, 64 S.) 910. (Nr. 20) Geb. — 85; Wörterbuch (31 S.) — 40

Shakespeare, William, loves labour's lost. (With introduction and notes by William Henry Hudson. The Elizabethan Shakespeare.) (LIII, 174 u. 28 S.) (909.) (Nr. 10) Geb. 1. 80

— The merchant of Venice. (With introduction and notes by William Henry Hudson. The Elizabethan Shakespeare.) (XLVII, 181 u. 26 S.) (909.) (Nr. 8) Geb. 1. 80

— The tragedie of Julius Caesar. (With introduction and notes by William Henry Hudson. The Elizabethan Shakespeare.) (XLI, 168 u. 27 S.) (909.) (Nr. 9) Geb. 1. 80

— The winters tale. (With introduction and notes by William Henry Hudson. The Elizabethan Shakespeare.) (XLIX, 238 S.) (910.) (Nr. 14) Geb. 1. 80

Stories for beginners by various authors. Edited with notes and glossary by Kurt Lincke. (III, 52 u. 43 S.) 908. (Nr. 2) Geb. u. geh. 1.20; Wörterb. (53 S.) (909.) — 50

Tocqueville, Alexis de, l'ancien régime et la révolution. Pages choisies et annotées par Louis André. (XII, 80 u. 48 S.) 908. (Nr. 13) Geb. u. geh. 1. 60

Walther, G., choix de poésies françaises. (VI, 86 S.) 910. (Nr. 19) Geb. 1. 20

Nr. 16 ist noch nicht erschienen.

— deutsche Schulausgaben. Hrsg. v. E. Keller. 1. bis 4. Bd., 5. Bd. A u. B u. 6—20. Bd. 8. Ebd. Geb. 30. 10

Arndt, Ernst Mor., meine Wanderungen u. Wandelungen m. dem Reichsfreiherrn Heinrich Karl Friedrich v. Stein. Für d. deutsche Jugend hrsg. v. Karl Altendorf. (231 S.) 908. (Bd. 1) Geb. 1. 60

Frauenbriefe, deutsche, aus 2 Jahrhunderten. Von Emil Burger. (VI, 249 S.) 908. (Bd. 4) Geb. 1. 60

Friedrich der Große. Briefe u. Erlasse. Hrsg. v. Ferd. Reinhold. (IV, 213 S.) 909. (Bd. 14) Geb. 1. 60

Goethe, Kampagne in Frankreich 1792 u. Belagerung v. Mainz 1793. Für Schule u. Haus bearb. v. Chr. Waas. (XXVIII, 219 S. m. 2 Karten.) 910. (Bd. 20) Geb. 1. 60

— im Elsaß. Das 9., 10. u. 11. Buch in „Dichtung u. Wahrheit". Hrsg. v. Christian Schmitt. (XVI, 238 S.) 910. (Bd. 19) Geb. 1. 60

Grillparzer's, Frz., Selbstbiographie. Mit Anmerkgn. hrsg. v. Albr. Keller. (IX, 228 S.) 908. (Bd. 13) Geb. 1. 60

Homer's Ilias. In d. Übersetzg. W. Jordans u. m. Anmerkgn. versehen v. Ed. Prigge. Als Anh.: Goethes Achilleïs. (VII, 197 S.) 908. (Bd. 6) Geb. 1. 40

— Odyssee. In d. Übersetzg. W. Jordans hrsg. u. m. Anmerkgn. versehen v. Ed. Prigge. 2. Aufl. (VII, 208 S.) 910. (Bd. 5) Geb. in Leinw. 1. 40

— dasselbe. Ausg. B. Als Anh.: Proben aus d. Ilias. 2. Aufl. (VII, 238 S.) 910. (Bd. 5) Geb. 1. 50

Horn, Karl, deutsche Balladen. (XV, 206 S.) 908. (Bd. 11) Geb. 1. 60

Jordan's, W., Nibelunge. 1. Lied: Sigfridsage. Hrsg. v. Ed. Prigge. 3. Aufl. (XXXI, 197 S.) 908. (Bd. 3) Geb. 1. 40

— dasselbe. 2. Lied: Hildebrants Heimkehr. Hrsg. v. Ed. Prigge. (IV, 150 S.) 909. (Bd. 8) Geb. 1. —

Platter's, Thom., Selbstbiographie. (XX, 106 S.) 910. (Bd. 18) Hrsg. v. Bruno Stehle.

Plutarch's Cäsar. Übers., m. e. Einltg. u. Anmerkgn. vers. v. Rich. Hennesthal. (XVIII, 133 S.) 910. (Bd. 17) Geb. 1. 20

Reuter, Fritz, ut mine Festungstid. Für d. deutsch. Jugend hrsg. v. C. A. Hinstorff. (V, 186 S.) 908. (Bd. 12) Geb. 1. 60

Sachs, des Hans, ausgewählte Werke. Eingeleitet u. in uns. Schreibg. hrsg. v. Albr. Keller. (218 S.) 908. (Bd. 9) Geb. 1. 60

Sallwürk, Edm. v., moderne Lyrik. Eine Auswahl z. Einführg. in das Verständnis der lyr. Dichtg. (120 S.) 908. (Bd. 2) Geb. 1. 40

— Deutsche Romantik. (VII, 248 S.) 910. (Bd. 16) Geb. 1. 60

Seilacher, Carl, Schillers Heimatzeit. Eine Urkundensammlg. (VIII, 151 S.) 909. (Bd. 15) Geb. 1. —

Sophokles' Antigone. Übers. u. eingeleitet v. Otto Altendorf. (93 S. m. Abbildgn. u. Titelbild.) 908. (Bd. 7) Geb. 1. —

Wolzogen, des königl. preuß. Generals d. Infanterie Ludw. Frhr. v., Memoiren. Für Schule u. Haus bearb. v. Ernst Keller. Mit 1 Haupt- u. 4 Seitenkarten. (VII, 215 S.) 908. (Bd. 10) Geb. 1. 60

Diesterweg's deutsche Volksausgaben. Hrsg. v. E. Keller. 1. bis 4. Bd. 8. Frankfurt a/M., M. Diesterweg. 5.80; geb. in Leinw. 9. 40

Arndt, Ernst Mor., meine Wanderungen u. Wandelungen m. dem Reichsfreiherrn Heinrich Karl Friedrich v. Stein. Für die deutsche Jugend hrsg. v. Karl Altendorf. (231 S.) 908. (Bd. 1) 1.50; geb. in Leinw. 2. 40

Frauenbriefe, deutsche, aus zwei Jahrh. Von Emil Burger. Mit 4 Bildn. (VI, 219 S.) 908. (Bd. 4) 1.50; geb. in Leinw. 3.—

Jordan, W., Sigfridsage. Gekürzte Ausg. Hrsg. v. Ed. Prigge. 3. [Titel-]Aufl. (XXXI, 197 S.) [907.] 908. (Bd. 3) 1.40; geb. in Leinw. 2. —

Sallwürk, Edm. v., moderne Lyrik. Eine Auswahl z. Einf. in das Verständnis der lyr. Dichtg. (120 S.) 908. (Bd. 2) 1.40; geb. in Leinw. 2. —

Diesterweg, A., Ueber Astrologie. (Vorträge, gehalten in der polytechnischen Gesellschaft zu Berlin im Winter 1854—55.) Berlin 1855.

Diesterweg, A., Ueber Geologie und Geognosie. Berlin 1855.

Diesterweg, Adolf

Vgl.: Bartholomäus, W. — Böhme, A. — Cassel, Henry. — Feier, die, d. 100jähr. Geburtstages. — Halben, Johs. — Hausse, Gust. — Krause, Mich. — Langenberg, Ed. — Lüttge, Ernst. — Müller, Egbert. — Pohlandt, Max. — Rebhuhn, A. u. E. Wilke. — Richter, Karl. — Rudolph, Ludw. — Scherer, H. — Schwarz, Gfr. — Wese-Schwerin. — Wigge, H. — Wille, Edwin. — Zingg, Ed. Zum 100. Geburtstage A. D.'s.

Diesterweg, Ad(olph. Friedr. Wilh.), Alaaf Preußen! Zur Begrüßung der neuen Epoche in dem preußischen, hoffentlich deutschen Erziehungswesen, eingeleit. durch die Cabinetsordre vom 6. Juni d. J., die allgem. Einführung d. gymnastischen Uebungen betreffend. Ein Vortr. in d. pädagog. Gesellsch. in Berlin geh. 8. (2 B.) Berlin 842, Th. Enslin. *

Diesterweg, (F. A. (W.), Anleitung zu e. method. Unterr. in d. Erdkunde. 1. Thl. Heimaths- u. Provinzkunde. — A. u. d. T.: Beschreib. d. Preuß. Rheinprovinzen. Zum Gebr. in Schulen u. z. Selbstunterr. abgefaßt u. m. 1 Landkarte (lith., in gr. Fol.) versehen. 8. (13¼ B.) Crefeld 829, Funcke.

—— Ansichten über Methodik der einzelnen Unterrichtsgegenstände und über den Unterricht im allgemeinen, s. Sammelmappe, pädagogische.

Diesterweg, Adolf, s. Anti-Piper.

—— Anti-Pieper. Die Anklage auf Irreligiosität, Jugend- u. Lehrer-Verführung, erhoben von Gustav W. Pieper, in ihrer Unwahrheit u. Bestandlosigkeit wie auch in ihrer bösen Wurzel nachgewiesen, von dem Angeklagten A. D. (Mit d. Umschlagsttl.: Der wiedererstandene Hauptpastor Melchior Göze. 8. (7 B.) Essen 841, Bädeker.

[F.] Auswahl pädagogischer Aufsätze aus den Schriften v. Adolf Diesterweg. Sammlg 1. *Leipzig: Siegismund & Volkening [1897].* 8.
= Sammelmappe, Pädagogische. II. 167/68. (Reihe 14. H. 11 u. 12.)
[97. 8003

(D[iesterweg], A[dolph].) Die Bedeutung der deutschen Pestalozzi-Stiftungen für den Lehrerstand. [Mit] Anhang: Die jetzt bestehenden deutschen Pestalozzi-Stiftungen. [A.] 8. (Berlin 1851.)

—— Beiträge zur Lösung d. Lebensfrage rc., s. unten, dess. die Lebensfrage.

—— Beleuchtung d. 4 Abhandlungen rc., s. Beleuchtung.

Diesterweg, F. A. W., Bemerkungen u. Ansichten auf einer pädagogischen Reise nach den dänischen Staaten im Sommer 1836, für seine Freunde u. für die Beobachter d. wechselseitigen Schuleinrichtung niedergeschrieben. 8. Berlin 836. Plahn. (H. Schultze.) 2/3 ß

Diesterweg, (Friedrich Adolf Wilhelm) Beschreibung der preussischen Rheinprovinzen. Zum Gebrauch in Schulen und zum Selbstunterricht abgefasst und mit einer Handkarte versehen. (Anleitung zu einem methodischen Unterrichte in der Erdkunde. Erster Theil. Heimaths- und Provinzkunde. Bearbeitet von F. A. W. Diesterweg.) Crefeld 1829. XX, 190 S. 8°.

Diesterweg, Adph. (F. A. W.), Bischof und Pädagog. (Abdr. a. Diesterweg's „Pädagogischem Jahrbuche für 1859.") Berlin, Diesterweg's Selbstverlag. gr. 8. (1 Bl., 68 S.) 9 ngl

Diesterweg, (F.) Adph. (W.), Bischof und Pädagog. gr. 8. (68 S.) Leipzig. (Berlin 858.) [Frankfurt a. M., Hermann'sche Buchh.]
Aus: Diesterweg's „Pädagogischem Jahrbuch", Jahrg. 1859, besonders abgedruckt.

—— Rheinische Blätter, s. a. Klassiker, pädagogische.

--- rheinische Blätter. Mit e. Einleitg.: F. A. W. Diesterweg. Ausgew. u. m. Einleitg. vers. v. A. Chr. Jessen. 2. (Titel-)Aufl. gr. 8. (III; XXXII, 293 S.) Wien 890, Pichler's Wwe. u. Sohn. * 2 50

Diesterweg, Adph., s.: Blätter, rheinische, f. Erziehung u. Unterricht.

Diesterweg, Adf., Briefe, im Auftrage des Vorstandes des deutschen Schulmuseums m. Anmerkgn. hrsg. v. Adf. Rebhuhn. Mit e. Nachbildg. d. Handschrift Diesterwegs u. d. Karikatur „Diesterweg unter s. Gegnern". (VIII, 156 S.) gr. 8. Leipzig 907. Quelle & Meyer. 2.—; geb. in Leinw. 2. 60

—— das pädagog. Deutschland, s. Deutschland.

Diesterweg, Adolf. Bearb. v. Konr. Fischer, s.: Greßler's, F. G. L., Klassiker der Pädagogik. 19. Bd.

Diesterweg, Adph., Leben u. Lehre, sowie Auswahl aus seinen Schriften, hrsg. von E. v. Sallwürck, s.: Bibliothek pädagog. Klassiker. 36. u. 38. Bd.

— — über Erziehung im Allgemeinen und Schul-Erziehung im Besonderen. 8. Elberfeld, Büschler. 820.

— über Erziehung im Allgemeinen u. Schul-Erziehung im Besonderen. 8. Elberf. 820. (Schönian). 10 gl

—— über Erziehung im Allgem. u. Schul-Erziehung im Besonderen. 2. Ausg. 8. (9 B.) Elberfeld 839, Schönian'sche Buchh.

-- Kalisch u. Maßmann, die Feier des 100sten Geburtstages Heinrich Pestalozzi's in Berlin am 12. Januar 1845. Vorfeier des 100jährigen Jubiläums seiner Geburt am 12. Jan. 1846. gr. 8. Berlin 845, Vossische Buchh. n. 1/2 ß

(D[iesterweg], A[dolph].) Friedrich Fröbel (geb. 1782). [A.] 8. (Berlin 1851.)

Diesterweg, (F.) Adph. (W.), astronomische Geographie und populäre Himmelskunde. Zum Schulgebrauch und Selbstunterricht. 4., verm. und verb. Aufl. Mit Fig. und Sternkarten. gr. 8. (XXXIV und 348 S. mit 10 Kpfrt. in qu. Fol.) Berlin 852, Th. Enslin. *

Diesterweg, Adph., elementare Geometrie für Volksschulen und Anfänger überhaupt. Mit 76 in den Text gedr. Abbildungen (Holzschn.). 860. (XV, 90 S.) -- 2., verb. u. verm. Aufl. Frankfurt a. M. 864. Hermann'sche Buchhdlg. gr. 8. (V, 98 S.) n. 12 ngr

—— Commentar dazu. Für Lehrer. gr. 8. (37 S.) Frankfurt a. M. 864, Hermann'sche Buchh. *

Diesterweg, Adph., elementare Geometrie für Volksschulen u. Anfänger überhaupt. Mit 76 in den Text gedr. Abbildungen (Holzschn.). 3. Aufl. Frankfurt a. M. 867. Hermann'sche Buchhdlg. gr. 8. (V, 98 S.) n. 12 ngr

Diesterweg's, Adf., elementare Geometrie f. Volksschulen u. Anfänger überhaupt. Nach dem metr. System neu bearb. v. E. Langenberg. Mit 79 in den Text gedr. Abbildgn. (in Holzschn.) 4. verm. Aufl. gr. 8. (V, 104 S.) Frankfurt a. M. 872. Diesterwea. n. 1. 20

— dasselbe. Commentar. Für Lehrer. Neu hrsg. v. E. Langenberg. gr. 8. (43 S.) Ebend. 872. n. — 50

Diesterweg, (Friedr.) Adph. Wilh.), die Göthe-Stiftung. Ein Antrag. I. Die Göthe-Stiftung nach den Anforderungen der Gegenwart. II. Die Göthe-Stiftung nach Frdr. Fröbel's Erziehungs-Bestrebungen. gr. 8. (24 S.) Essen 849, Bädeker. n. 4 ngr

— u. P. Heuser, method. Handbuch für den Gesammt-Unterricht im Rechnen. Als Leitfaden beim Rechnenunterr. u. zur Selbstbelehrung. 1r Thl., bearb. v. Diesterweg. gr. 8. Elberf. 829. Büschler. 1 ß 12 gl 2r Thl. 1e u. 2e Abthl. bearb. v. P. Heuser. 8. Ebd. 830. 16 gl

Diesterweg, Adolf, u. P. Heuser: Method. Handbuch f. d. Gesammt-Unterr. im Rechnen. 2 Thle. (od. 3 Abthln.) gr. 8 Elberfeld, Büschler. (1. Thl. Bearb. v. v. Diesterweg. 1. Aufl. (28 1/2 B.) 1829. 2., verb. A. (20B.) 1835. 2. Bearb. v. Heuser. 1. Abthl. (14 B.) 1830. 2. Abthl. (12 B.) 1831.

— u. P. Heuser, methodisches Handbuch für den Gesammt-Unterricht im Rechnen. Als Leitfaden beim Rechnenunterrichte u. zur Selbstbelehrung. 2 Abthll. 2e verb. Aufl. Lex.-8. Elberfeld 835, 36. Büschler. (à 1 1/6 ß) 2 1/3 ß — 1 Abthl. 3e verb. Aufl. v. Diesterweg. gr. 8. Ebd. 839. 1 1/6 ß — 2e Abthl. 3e Aufl. bearb. v. Heuser. Ebd. 840. 1 1/6 ß

— --- dies. method. Handbuch für den Gesammt-Unterricht im Rechnen. Als Leitfaden beim Rechenunterrichte und zur Selbstbelehrung. In 2 Abthl. 1. Abthl. bearb. von Dr. Diesterweg. 4. verb. Aufl. gr. 8. Ebend. 844. 1 1/6 ß — 2. Abthl., bearb. von P. Heuser. 4. verb. Aufl. gr. 8. Ebend. 845. 1 1/6 ß

—— u. P. Heuser, method. Handbuch f. den Gesammt-Unterr. im Rechnen. Als Leitf. beim Rechnenunterr. u. z. Selbstbelehrung. In 2 Abthl. 1. Abthl. bearb. v. Diesterweg u. 2. Abthl. bearb. v. Heuser. 4., verb. Aufl. gr. 8. (21 u. 19 1/2 B.) Elberfeld 845, Büschler'sche Vrlsbuchh. à 1 Thlr. 5 Ngr.

—— —— methodisches Handbuch für den Gesammt-Unterricht im Rechnen. Als Leitfaden beim Rechenunterrichte und zur Selbstbelehrung. In 2 Abthlgn. 1. Abthl. bearb. von F. A. W. Diesterweg. 5., verb. Aufl. gr. 8. (XVI und 316 S.) Elberfeld 850, Friederichs.

— und P. Heuser, methodisches Handbuch für den Gesammt-Unterricht im Rechnen. Als Leitfaden beim Rechenunterrichte und zur Selbstbelehrung. 2. Abth., bearb. von P. Heuser. 5., verb. Aufl. Gütersloh 853. Bertelsmann. gr. 8. (312 S.) 1 ß 5 ngr

Diesterweg, F. Adph. W., und P. Heuser, methodisches Handbuch für den Gesammt-Unterricht im Rechnen. Als Leitfaden beim Rechen-Unterrichte und zur Selbstbelehrung. 2. Abthl. bearb. von P. Heuser. 6., verb. Aufl. nach des Verf. Tode besorgt von E. Langenberg. gr. 8. (344 S.) Gütersloh 866, Bertelsmann. *

— populäre Himmelskunde oder astronomische Geographie. 5., verm. rc. Aufl. Mit Figuren und Sternkarten. Berlin 855. Th. Enslin. gr. 8. (XXXIV, 340 S. u. 10 Kpfrtaf. in qu. Fol.) n. 1 ß 15 ngr

—— populäre Himmelskunde und astronomische Geographie. 6., verm. und verb. Aufl. gr. 8. (XXXII und 344 S. mit Fig. und Sternkarten auf 10 Kpfrt. in gr. 4. und qu. Fol.) Berlin 860, Th. Chr. Fr. Enslin. *

—— populäre Himmelskunde und astronomische Geographie. 7. Aufl. Hrsg. von F. Strübing. gr. 8. (XVI und 310 S. mit 10 Taf. Abbild. in Kpfrst. in qu. gr. 4.) Berlin 868, Th. C. F. Enslin. *

—— populäre Himmelskunde und astronomische Geographie. 8. Aufl. Hrsg. von F. Strübung. gr. 8. (XVI, 328 S. mit 10 lithogr. Taf. Abbild. in qu. Fol.) Berlin 873, Th. C. F. Enslin. *

—— populäre Himmelskunde und astronomische Geographie. 9. Aufl. Hrsg. von F. Strübing. Mit vielen in den Text gedr. (Holzschn.=)Abbild. und (lithogr.) Sternkarten. 6 Lfgn. gr. 8. (XVI, 352 S. mit 1 lithogr. Karte in Fol.) Berlin 876, Enslin. à Lfg. * ℳ 1. *

—— dass. — Hrsg. von F. und C. Strübing. 10. Aufl. 6 Lfgn. gr. 8. (XVI, 354 S. mit vielen in den Text gedr. Abbild. und 3 Sternkarten.) Ebendas. 879. à Lfg. * ℳ 1. *

— populäre Himmelskunde u. mathematische Geographie, s.a. Meisterwerke f. die Schulpraxis. 5. Bd.

—— populäre Himmelskunde u. mathematische Geographie. Neu bearb. v. M. Wilh. Meyer, unter Mitwirkg. v. B. Schwalbe. 11.–15. Aufl. Mit 6 Karten, 10 Taf. u. 97 in den Text gedr. Abbildgn. gr. 8. (VIII, 427 S.) Berl. 889–91, C. Goldschmidt. 11.–13. Aufl. * 6 — 14. u. 15. Aufl. ** 7 50; geb. * 8 30 u. ** 9 —

— populäre Himmelskunde u. mathematische Geographie. Neu bearb. v. M. Wilh. Meyer u. B. Schwalbe. 11.–13. Aufl. Mit 4 Sternkarten, 2 Übersichtskarten d. Planeten Mars, e. farbig ausgeführten Darstellung e. Sonnenfinsternis, e. Heliograv., e. farb. Spektral=Taf., 6 Vollbildern, 97 in den Text gedr. Abbildgn., sowie dem Bildnis d. Verf. in Kpfrst. gr. 8. (IX, 426 S.) Berlin 890. C. Goldschmidt. n. 6. —; geb. in Leinw. n.n. 6. 80; in Orig.=Bd. n.n. 7. 50

Diesterweg's, Adf., populäre Himmelskunde u. mathematische Geographie. Neu bearb. v. M. Wilh. Meyer unter Mitwirkg. v. B. Schwalbe. 14.–18. Aufl. Mit 4 Sternkarten, 2 Übersichtskarten des Planeten Mars, e. farbig ausgeführten Darstellg. e. Sonnenfinsternis, e. Heliograv., e. farb. Spektral=Taf., 6 Vollbildern, 97 in den Text gedr. Abbildgn., sowie dem Bildnis des Verf. in Kpfrst. gr. 8. (VIII, 428 S.) Berlin 891–893. C. Goldschmidt. n. 7. 50; geb. in Schul=Bd. n.n. 8. 30; in Orig.=Bd. n.n. 9. —

— populäre Himmelskunde u. mathemat. Geographie. Neu bearb. v. M. Wilh. Meyer unt. Mitwirkg. v. B. Schwalbe. 19., verb. Aufl. M. 4 Sternkarten, 2 Übersichtskarten d. Planeten Mars, e. farbig. ausgef. Darstellg. e. Sonnenfinsternis, e. Heliograv., e. farbig. Spektral=Taf., 6 Vollbild., 97 in d. Text gedr. Abb., sowie d. Bildnis d. Verf. in Kpfrst. gr. 8. (VIII, 428 S.) Hamburg 898. H. Grand. n. 7. —; geb. in Leinw. n.n. 8. —

Populäre Himmelskunde und mathematische Geographie. Von Adolf Diesterweg. Neue, zeitgemässbearb. Ausg. 2. verb. Aufl. Mit 2 Karten u. 116 Abb. *Langensalza: F. G. L. Gressler 1902.* (XVI, 390 S.) 8° [J.]
= Meisterwerke f. d. Schulpraxis. Bd 5. [03. 908]

Diesterweg's, Adf., populäre Himmelskunde u. mathematische Geographie. Neu bearb. v. M. Wilh. Meyer unter Mitwirkg. v. B. Schwalbe. 20. verb. u. verm. Aufl. Von M. Wilh. Meyer. Mit 2 Sternkarten u. 2 zu diesen geh. Pausekarten, 2 Uebersichtskarten des Planeten Mars, e. farbig ausgeführten Darstellg. e. Sonnenfinsternis, e. Heliograv., 2 farb. Spektraltaf., 8 Vollbildern, üb. 100 in den Text gedr. Abbildgn., sowie dem Bildnis des Verf. in Kpfrst. (X, 458 S.) gr. 8. Hamburg 904. H. Grand. n. 7. —; geb. in Leinw. n.n. 8. —

Diesterweg's populäre Himmelskunde u. mathemat. Geographie. Neu bearb. v. M. Wilh. Meyer unter Mitw. v. B. Schwalbe. 21., verb. Aufl. Von M. Wilh. Meyer. Mit 2 Sternkarten u. 2 zu diesen gehör. Pausekarten, 2 Übersichtskarten des Planeten Mars, e. farb. ausgef. Darstellg. e. Sonnenfinsternis, e. Heliograv., 2 farb. Spektraltaf., 8 Vollbildern, üb. 100 in den Text gedr. Abb., sowie dem Bildnis des Verf. in Kpfrst. (X, 458 S.) gr. 8. Hamburg 909. H. Grand. 7. —; geb. in Leinw. n 8. —

Diesterweg, Adolf, Friedrich Ludwig Jahn, Berlin 1854, 97 S., 8°.

—— Jahrbuch für Lehrer, s. Jahrbuch.

—— pädagogisches Jahrbuch, s. Jahrbuch, pädagogisches.
Vgl. auch: Blätter, rheinische, für Erziehung und Unterricht.

Diesterweg, A.: Über Inspektion, Stellung und Wesen der neuen (modernen) Volksschule. Essen 1846. 147 S. Sonderdr. aus: Rhein. Blätter. 34, 2.

— über Inspection, Stellung u. Wesen d. neuen (modernen) Volksschule. Den Schul=Leitern, besonders den geistl. Schul=Inspectoren zu erneuerter Prüfung vorgelegt. Aus den Rhein. Blättern Bd. XXXIV. Hft. 2 abgedr. gr. 8. (147 S.) Ebd. 847. n. 9 ngl

Diesterweg, Adph., Pädagogische Kernsprüche. Zusammengest. v. Wilh. Sommerlad. 8. (117 S.) Frankfurt a/M. 897. M. Diesterweg. Kart. n. — 80

Diesterweg, F. A. W., geometrische Combinationslehre. Zur Beförderung des Elementar=Unterrichts in der Formen= und Größenlehre, nebst einer Sammlung von Aufgaben. Mit 2 Kupfert. 8. Elberfeld, Büschler. 820.

— geometr. Combinationslehre. Zur Beförderung d. Elementar=Unterrichts in d. Formen= u. Größenlehre, nebst e. Samml. von Aufgaben. Mit 2 Kpft. 8. Elberf. 820. (Schönian). 16 ggl

—— geometr. Combinationslehre. Zur Beförderung d. Elementar=Unterr. in d. Formen= u. Größenlehre, nebst e. Samml. v. Aufgaben, zu zweckmäß. Beschäftig. mehrerer Abthln. e. Schulklasse. 2. Ausg. M. 2 Stnt. 8. (12⅛ B.) Elberfeld 839, Schönian'sche Buchh.

Diesterweg, F(riedr.). A(do.). W(ilh.), die Lebensfrage d. Civilisation. 1—3. Beitrag. 8. Essen 836, Bädeker. Thlr.
Beitr. 1. Ueber die Erziehung d. untern Klassen d. Gesellschaft. (7½ B.) 10 Gr.
„ 2. Werden wir vom 3. August d. J. nichts lernen? (3 B.) 4 Gr.
„ 3. Ueber das Verderben auf d. deutschen Universitäten. (5½ B.) 8 Gr.

—— dass. — 2., fortges. Aufl. u. d. T.: Beiträge zur Lösung d. Lebensfrage d. Civilisation, ein. Aufgabe dies. Zeit. (1—3. Beitr.) gr. 8. (15¼ B.) Ebds. 837.

—— dass. — 4. Beitrag.: 1. Ueber Erziehung zum Patriotismus. 2. Ueber deutsche Universitäten. gr. 8. (5¼ B.) Ebds. 838.

—— Lehrbuch d. mathemat. Geographie u. popul. Himmelskunde. Zum Schulgebr. u. Selbstunterr. M. 41 lith. Fig. (auf 5 halbe Bog.) gr. 8. (14 B.) Berlin 840, Th. Enslin.

—— Lehrbuch d. mathemat. Geographie u. populären Himmelskunde. Zum Schulgebr. u. Selbstunterr. 2., verb. u. verm. Aufl. Mit 42 lith. Figuren (auf 5 Taf.) u. 3 Sternkarten. gr. 8. (17 B.) Berlin 844, Th. Enslin. *

— Lehrbuch der mathemat. Geographie u. populären Himmelskunde. Zum Schulgebrauch u. Selbstunterricht. 2. verb. u. verm. Aufl. Mit 42 lith. Fig. (auf 5 Taf.) u. 3 Sternkarten. gr. 8. Berlin 845, Th. Chr. Fr. Enslin. n. 1⅙ ℳ

— Lehrbuch der mathemat. Geographie u. populären Himmelskunde. Zum Schulgebrauch u. Selbstunterricht. 3. verb. u. verm. Aufl. Mit (7) lith. Fig.=Taf. (in qu. gr. 4.) u. 3 (lith.) Sternkarten (in qu. gr. 4.) gr. 8. (XXX u. 312 S.) Berlin 848, Th. Enslin. n. 1⅓ ℳ

—— Lehr= u. Sprachbuch f. mittlere Schulklassen u. gehobene Elementarschulen. 3. Aufl. 8. (13½ B.) Essen 837, Bädeker.

—— zur Lehrer=Bildung. Der in Berlin vom 15. Jan. 1849 ab stattfindenden Seminarlehrer=Conferenz überreicht. 8. (46 S.) Essen 849, Bädeker. *

—— prakt. Lehrgang f. d. Unterr. in d. deutschen Sprache. Ein Leitfaden f. Lehrer, welche d. Muttersprache naturgemäß lehren wollen. 1. Thl. — A. u. d. T.: Die Wortbild., Rechtschreib. u. erste Anleitung z. Satz= u. Aufsatzbildung, mit vielen prakt. Aufgaben z. Förderung d. schriftl. Darstell. u. d. Denkens in d. Sprache. 1. Aufl. 828. 20 Gr., 2., verb. u. verm. Aufl. 829. (à 18 B.) 8., 3., verb. u. verm. A. (14 B.) gr. 8. Crefeld 834, Funcke. à

— prakt. Lehrgang für den Unterr. in d. deutschen Sprache. Ein Leitfaden für Lehrer, welche d. Muttersprache naturgemäß lehren wollen. 1r Thl. die Wortbildung, Rechtschreibung u. erste Anleit. z. Satz- u. Aufsatzbildung, mit vielen prakt. Aufgaben ꝛc. 8. Crefeld 1e u. 2e A. 829. Funcke. 16 Gr 2r Thl. die Wortformen u. d. Satzlehre. 8. Ebd. 830. 1 Thlr 3r Thl. Anleit. zum Verstehen d. Lesestücke: Dynamik, Melodik u. Rhythmik d. Lesens. A. u. d. T.: Beitr. zur Begründung d. höhern Leselehre, oder Anleit. zum lyrischen u. euphonischen Lesen. 8. Ebd. 830. 16 Gr

— prakt. Lehrgang für den ersten Unterricht in der deutschen Sprache. Ein Leitfaden für Lehrer, welche die Muttersprache naturgemäß lehren wollen. 1r Thl. A. u. d. T.: Die Wortbildung, Rechtschreibung u. erste Anleitung zur Satz- u. Aufsatzbildung ꝛc. 3e verb. u. verm. Aufl. gr. 8. Elberfeld 834. 4e Aufl. 838. Funke in Crefeld. 2/3 Thlr — 2r Thl. A. u. d. T.: die Wortformen- u. die Satzlehre. 2e ganz umgearb. u. verm. Aufl. gr. 8. Ebd. 834. 2/3 Thlr 3e verb. Aufl. Ebd. 838. 2/3 Thlr — 3r Thl. A. u. d. T.: Beiträge zur Begründung der höhern Leselehre, oder Anleitung zum logischen u. euphonischen Lesen. 2e verb. u. verm. Aufl. gr. 8. Ebd. 834. 2/3 Thlr 3e verb. Aufl. gr. 8. Ebd. 839. 2/3 Thlr

Diesterweg, A(do.) F(riedr.) W(ilh.), prakt. Lehrgang f. d. Unterr. in d. deutschen Sprache. Ein Leitfaden, f. Lehrer, welche die Muttersprache naturgemäß lehren wollen. 1. Thl. A. u. d. T.: Die Wortbild., Rechtschreibung u. erste Anleit. zur Satz- u. Aufsatzbildung, mit vielen prakt. Aufgaben zur Beförderung d. schriftl. Darstell. u. des Denkens in der Sprache. 5. Aufl. gr. 8. (14½ B.) Bielefeld 845, Velhagen u. Klasing. Thlr.

— prakt. Lehrgang f. den Unterricht in der deutschen Sprache. Ein Leitfaden für Lehrer, welche die Muttersprache naturgemäß lehren wollen. 2. Thl. 4. verm. u. verb. Aufl. Die Wortformen u. die Satzlehre. gr. 8. (XIV u. 258 S.) Bielefeld 848, Velhagen & Klasing. — 3. Thl. 4. verm. u. verb. Aufl. Beiträge zur Begründung der höheren Leselehre, od. Anleitung zum logischen u. euphonischen Lesen. gr. 8. (XIV u. 191 S.) Ebd. 849. à 2/3 Thlr

— praktischer Lehrgang für den Unterricht in der deutschen Sprache. Ein Leitfaden für Lehrer, welche die Muttersprache naturgemäß lehren wollen. 1. Thl. A. u. d. T.: Die Wortbildung, Rechtschreibung und erste Anleitung zur Satz- und Aufsatzbildung, mit vielen praktischen Aufgaben zur Beförderung der schriftlichen Darstellung und des Denkens in der Sprache. 6., verb. Aufl. Bielefeld 852. Velhagen u. Klasing. gr. 8. (XVI, 207 S.) n. 20 Ngr

—— praktischer Lehrgang für den Unterricht in der deutschen Sprache. Ein Leitfaden für Lehrer, welche die Muttersprache naturgemäß lehren wollen. 1. Thl. 6., verb. Aufl. A. u. d. T.: Die Wortbildung, Rechtschreibung und erste Anleitung zur Satz- und Aufsatzbildung, mit vielen prakt. Aufgaben zur Beförderung der schriftl. Darstellung und des Denkens in der Sprache. 6., verb. Aufl. gr. 8. (XVI und 207 S.) Bielefeld 853, Velhagen und Klasing. *

—— über d. Lehrmethode Schleiermacher's. Ein Vortrag. 8. (1½ B.) Berlin 834, Reimer.

— Leitfaden für den Unterricht in d. allgem. u. prakt. Arithmetik, so wie in d. algebr. ꝛc. 3 Thle, mit 4 Steint. 1r Thl. Theorie d. Arithmetik. 2r Thl. Praxis d. Arithmetik, m. 3 Steint. 3r Thl. Algebra, mit 1 Steindr. 8. Bonn 823. Weber. Alle 3 Thle 1 Thlr

— Leitfaden für den ersten Unterricht in d. Formen-, Größen- u. räumlichen Verbindungslehre, oder Vorübungen z. Geometrie; f. Schulen. Mit 1 Steint. 4. Bonn 822. Büschler.

—— Leitfaden f. d. Unterr. in d. Formen-, Größen- u. räuml. Verbindungslehre. Für Schüler, welche an mathemat. Gegenständen denken lernen wollen. 2., umgearb. Aufl. m. 1 Stnt. gr. 8. (5 B.) Elberfeld 829, Büschler.

—— Anweisung z. Gebr. d. Leitfadens. Für Lehrer, welche mathemat. Gegenstände als Mittel z. allgem. Bildung benutzen wollen. M. 3 Stnt. gr. 8. (13 B.) Elberfeld 829, Büschler.

— Leitfaden für den Unterricht in der Formen-Größen- u. räumlichen Verbindungs-Lehre. Für Schüler, welche an mathematischen Gegenständen denken lernen wollen. 3e verb. Aufl., mit 1 Steintaf. gr. 8. Elberfeld 836. Büschler. (Leipz. Crayen.) ½ Thlr

— Anweisung zum Gebrauche des Leitfadens für den Unterricht in der Formen-, Größen- u. räumlichen Verbindungs-Lehre Für Lehrer, welche mathematische Gegenstände als Mittel zur allgemeinen Bildung benutzen wollen. Mit 3 Steintaf. gr. 8. Leipzig 837. Crayen. 1 Thlr

—— Anweisung zum Gebr. des „Leitfadens f. d. Unterr. in d. Formen-, Größen- u. räuml. Verbindungslehre." Für Lehrer, welche mathemat. Gegenstände als Mittel zur allgem. Bildung benutzen wollen. M. 3 Stnt. gr. 8. (14½ B.) Leipzig 837, [Friedlein u. Hirsch.]

—— Leitfaden f. den Unterr. in d. Formen-, Größen- u. räumlichen Verbindungslehre. Für Schüler. 4., verb. Aufl. gr. 8. (5 B. u. 10 eingedr. Holzschn.) Leipzig 845, Friedlein u. Hirsch.

—— Deutsches Lesebuch, s. Lesebuch.

— Lese- u. Sprachbuch f. mittlere Schulklassen u. gehobene Elementarschulen. Zur Beförderung e. verständigen Lese- u. eines bildenden Sprachunterrichts. gr. 8. Essen 826, Bädeker.

—— Lese- u. Sprachbuch f. mittl. Schulklassen u. gehobene Elementarschulen. Zur Beförder. e. verständ. Lese- u. e. bildenden Sprachunterrichts. 2. Aufl. 8. (19 B.) Essen 832, Bädeker.

Die höhere Leselehre. Anleitung z. schönen Lesen. Von Adolf Diesterweg. Neue, zeitgemäss bearb. Aufl. *Langensalza: F. G. L. Gressler 1899.* (VIII, 252 S.) 8° [F.]
= Meisterwerke f. d. Schulpraxis. 7. [00. 9909 3

— Lichtstrahlen aus seinen Schriften, s.: Langenberg, E.

—— Lieblinge und Vorbilder, s. Sammelmappe, pädagogische.

— die innere Mission in ihrer Gefährlichkeit für Nationalität, Sittlichkeit, Geistesfreiheit u. Entwicklung überhaupt dargestellt. [Abdr. aus dem pädagog. Jahrbuch für 1852.] gr. 8. (IV u. 80 S.) Berlin 852, Schroeder in Comm. n. 1/3 Thlr

Diesterweg, Adolf, s. J. L. Ossyra: Naturgemäße Gymnastik.

Adolf Diesterwegs Pädagogik. Wegweiser zur Bildung für deutsche Lehrer. 2 Tle. Bearb. u. hrsg. von Karl Richter, ([Schuldir. a. D.], Leipzig). T. 1. 2. Frankfurt a. M.: M. Diesterweg 1907. 2 Bde 8° [F.]
1. Das Allgemeine. 7., durchges., verm. u. in d. Literatur bis 1906 fortgeführte Aufl. Der Jubiläumsausg. zu Diesterwegs 100jähr. Geburtstage 2. Aufl.
2. Das Besondere. 6. Aufl. [08. 3427

—— Heinr. Pestalozzi, s. a. Pestalozzi.

—— Heinrich Pestalozzi. Rede bei d. Männer-Feier seines 100jähr. Geburtstages am 12. Jan. 1846 in Berlin gehalten. gr. 8. (2 B.) Berlin 846, Th. Enslin. *

(D[iesterweg]. A[dolph].) [Johann Heinrich] Pestalozzi und die Pestalozzi-Stiftungen. [A.] 8. (Frankfurt a. M. 1863.)

— s. Pestalozzi's Vorträge u. Reden. — H. Pestalozzi, ein Wort.

— Raumlehre, oder Geometrie, nach den jetzigen Anforderungen d. Pädagogik, für Lehrer u. Lernende bearb., mit 9 Steint. gr. 8. Bonn 828. Weber. 1 Thlr

—— Raumlehre od. Geometrie, nach den jetzigen Anforderungen der Didaktik f. Lehrende u. Lernende. 2., verb. u. verm. Aufl. gr. 8. (19¾ B. u. 9 Stnt.) Bonn 843, Weber.

— u. P. Heuser, prakt. Rechenbuch für Elementar- u. höhere Bürger-Schulen. 1s—3s Bdchen Uebungsbuch. (1s 2e u. 3e A. 827. 4e Aufl. 829.) 8. Elberf. 825—29. Büschler. (à 6 Gr)

Diesterweg, F. A. W., u. P. Heuser, Auflösungen d. Aufgaben in d. prakt. Rechenbuche f. Elementar- u. höh. Bürgerschulen. 1—3. Uebungsbuch. gr. 8. (6½ B.) Elberfeld 830, Büschler.

— — prakt. Rechenbuch f. Elementar- u. höh. Bürger-Schulen. 3 Uebungsbücher. 8. Elberfeld, Büschler. [1. 7. Aufl. (11 B.) 832., 2. 3. Aufl. ... 830., 4., verb. A. (10 B. u. 1 Tab. Nebst 1 B. Anh. z. 1. Uebungsb.) 835., 3. 1. Aufl. (12 B.) 828., 2., verb. A. (5½ B.) 835. à 5⅔ Gr.]

—— —— prakt. Rechenbuch f. Elementar- u. höh. Bürger-Schulen. 3 Uebungsbücher. 8. Elberfeld, Büschler'sche Vrlsb. [1. 8—14., verm. Aufl. (à 12 B.) 834—42. à * 5⅔ Gr., 2. 4—7., verm. u. verb. A. (à 10 B. u. 1 Tab.) 835—43. à * 5⅔ Gr., 3. 3., verm. u. verb. A. (9 B.) 839. * 5⅔ Gr.] Thlr. *

— u. P. Heuser, prakt. Rechnenbuch für Elementar- u. höhere Bürgerschulen. — 1s Uebungsbuch. 11e verb. Aufl. 8. Elberfeld 838. Büschler. 5⅔ ℊ 12e sehr verm. Aufl. 8. Ebd. 839. 5⅔ ℊ — 2s Uebungsbuch. 4e verb. Aufl. Mit 1 Tab. u. 1 Anhang zum 1. Uebungsbuche. 8. Ebd. 835. (5e verm. u. verb. Aufl. 837. 6e Aufl. 840.) 5⅔ ℊ — 3s Uebungsbuch. 2e verb. Aufl. 8. Ebd. 835. 5⅔ ℊ 3e verm. u. verb. Aufl. 8. Ebd. 839. 5⅔ ℊ

Diesterweg, F(riedr.). A(do.). W(ilh.). u. P. Heuser, Auflösungen d. Aufgaben in d. prakt. Rechenbuche f. Elementar- u. höhere Bürger-Schulen. 3., verb. Aufl. gr. 8. (8½ B. u. 15 geomet. Fig.) Elberfeld 841, Büschler'sche Vrlsb.

— — Auflösungen der Aufgaben in dem prakt. Rechenbuche für Elementar- u. höhere Bürger-Schulen. 3. nach den neuesten Aufl. des 1., 2. u. 3. Uebungsbuches verb. u. sehr verm. Aufl. Mit 15 geometr. Figuren (auf 3 Steintaf.) gr. 8. Ebend. 842. ½ ℛ

—— —— prakt. Rechenbuch f. Elementar- u. höhere Bürger-Schulen. 1. Uebungsbuch. 15., verm. Aufl. 8. (12½ B.) Elberfeld 844, Büschler'sche Vrlsbuchh. *

—— —— dass. 2. Uebungsbuch. 7., verm. u. verb. Aufl. 8. (10 B. u. 1 Tab.) Ebds. 843. *

—— —— dass. 3. Uebungsbuch. 4., verm. u. verb. Aufl. 8. (9 B.) Ebds. 846.

— — praktisches Rechenbuch für Elementar- u. höhere Bürger-Schulen. 1. Uebungsbuch. 17. verm. Aufl. 8. (198 S.) Ebd. 848. — 18. verm. Aufl. 8. (224 S.) Ebd. 851. — 2. Uebungsbuch. 9. verm. Aufl. 8. (155 S. m. 1 Tab. in qu. gr. 4.) Ebd. 852. (à n. 7 ngr) 1. u. 2. n. 14 ngr

Diesterweg, F(riedr.) Adolph W(ilh.) und P. Heuser, Auflösungen der Aufgaben in dem prakt. Rechenbuche für Elementar- und höhere Bürgerschulen. 4., nach der neuesten Aufl. des 1., 2. und 3. Uebungsbuches verb. und verm. Aufl. Mit 15 geometr. Figuren. gr. 8. (156 S. mit 3 Stnt.) Elberfeld 850, Friederichs.

— — praktisches Rechenbuch für Elementar- und höhere Bürger-Schulen. 1. Uebungsbuch. 19. verm. Aufl. 853. (191 S. u. 2 Holzschn.) - 2. Uebungsbuch. 10. verm. Aufl. 857. (154 S. u. 1 Tab. in Fol.) — 3. Uebungsbuch. 5. verm. Aufl. 854. (108; 22 S.) Gütersloh, Bertelsmann. 8. Jeder Thl. n. 7 ngr

—— und P. Heuser, Auflösungen der schwierigsten Aufgaben in dem praktischen Rechenbuche für Elementar- und höhere Bürgerschulen. 5., nach den neuesten Aufl. des 1., 2. und 3. Uebungsbuches verb. und sehr verm. Aufl. gr. 8. (128 S. mit 15 geometr. Fig. auf 3 Stnt.) Gütersloh 862, Bertelsmann. *

—— und P. Heuser's praktisches Rechenbuch für Elementar- und höhere Bürgerschulen. Nach dem für den norddeutschen Bund gült. Maaß- und Gewichtssystem, sowie nach den neuern Legirungsbestimmungen und den jetz. Geld-Währungen und Wechselcoursen neu bearb. von E. Langenberg. 2. Uebungsbuch. 8. (176 S.) Gütersloh 870, Bertelsmann's Verlag.
Resultate hierzu, vgl.: Langenberg, Ed.

— u. P. Heuser's, praktisches Rechenbuch f. Elementar- u. höhere Bürgerschulen. 24. Aufl. nach dem neuen deutschen Münz-, Maß- u. Gewichtsystem gänzlich neu bearb. v. Ed. Langenberg. 1—5. Thl. 8. Gütersloh 874. 75. Bertelsmann. geb. n. 2. 70

1. Für die Unterklasse. [Resolution, Reduction, die 4 Species in benannten ganzen Zahlen, die Rechng. m. Zeiträumen, Anhang: die röm. Ziffern.] (48 S.) n. — 30
2. Für die mittleren Classen. [Die gewöhnl. Bruchrechng.] (72 S.) n. — 45
3. Für die mittleren Classen. [Die Decimalbruchrechng. Die Regel de tri, die Gesellschafts-, Zins-, Rabatt- u. Gewinn- u. Verlust-Rechng. Vermischte Aufgaben.] (80 S.) n. — 45
4. Für die Oberklasse. [Elementare Geometrie.] Mit 54 geometr. Figuren. (78 S.) n. — 60
5. Für Mittel- u. höhere Bürgerschulen. 13. Aufl. (160 S.) n. — 90

Diesterweg, F. A. W., und P. Heuser, praktisches Rechenbuch für Elementar-, höhere Bürger- und Mädchenschulen neu bearb. von Ed. Langenberg und A. Roth. 27. Aufl. 1.—3. Tl. 8. Gütersloh 888, Bertelsmann. *

Inhalt:
Tl. 1. Für die Unterklasse. [Resolution, Reduktion, die vier Species in benannten ganzen Zahlen, die Rechnung mit Zeiträumen. Anhang: Die römischen Ziffern.] (56 S.) cart. * 30 Pf.
„ 2. Für die mittleren Klassen. [Die gewöhnliche Bruchrechnung.] (68 S.) cart. * 45 Pf.
„ 3. Für die mittleren Klassen. [Wiederholung und Vervollständigung der Decimalbruchrechnung. Die Regel de tri, die Gesellschafts-, Zins-, Rabatt- und Gewinnrechnung. Vermischte Aufgaben. (96 S.) cart. * 50 Pf.
4. und 5. Tl. Ebendas. 1874,75. cart. * ℳ 1.50.

— — Vorkursus dazu, s.: Roth, A.

Diesterweg, F.A.W. (Mitarb.), s. Auflösung der Aufgaben in dem 1. Thl. d. prakt. Rechenbuchs f. Elementar-u. höh. Bürgerschulen.

—— und P. Heuser's praktisches Rechenbuch für Elementar- und höhere Bürgerschulen: Beantwortungen der Aufgaben — Resultate und Auflösungen, s. a. Langenberg, Ed.

—— —— prakt. Rechenbuch f. die unt. u. mittl. Klassen d. Elementarschulen, so wie auch für Mädchen-Schulen. 1—3., verm. u. verb. Aufl. 8. (à 7½ B.) Elberfeld 838—42, Büschler'sche Vrlsb. à *

— — praktisches Rechenbuch für die unteren u. mittl. Klassen der Elementarschulen, so wie auch für Mädchen-Schulen. 4. verm. u. verb. Aufl. 8. (119 S.) Elberfeld 849. (Friderichs, jetzt: Leipzig, Fr. Fleischer.) n. ⅙ ℛ

— und P. Heuser, praktisches Rechenbuch für die unteren und mittleren Klassen der Elementarschulen, so wie auch für Mädchen-Schulen. 5. Aufl. Gütersloh 860. Bertelsmann. 8. (96 S.) n. 5 ngr

Diesterweg-Heuser. Praktisches Rechenbuch für Volks-, Mittel-, höhere Bürger- u. Mädchenschulen. Beantwortungen der Aufgaben, gänzlich neu bearb. v. Ed. Langenberg u. Aug. Roth. 1.—3. Abtl. 8. (99 S.) Gütersloh 891, Bertelsmann. * — 60

— u. Heuser's praktisches Rechenbuch, f. Volks-, Mittel-, höhere Bürger- u. Mädchenschulen gänzlich neu bearb. v. Eduard Langenberg u. Aug. Roth. 1. u. 3. Tl. kl. 8. Gütersloh, C. Bertelsmann. Kart. n. — 80
1. (Resolution, Reduktion, die 4 Spezies in benannten [vorzugsweise] ganzen Zahlen, die Rechnung m. Zeiträumen. Anh.: Die röm. Ziffern.) 28. Aufl. (56 S.) 904. n. — 30
3. (Wiederholung u. Vervollständigg. der Decimalbruchrechng. Die Regel de tri, die Gesellschafts-, Zins-, Rabatt- u. Gewinn- u. Verlustrechnung. Vermischte Aufgaben.) 28. Aufl. (96 S.) 905. n. — 50

—— und Kalisch, Rechenschaftsbericht, s. Pestalozzi-Stiftung.

— die drei Preußischen Regulative. I. (Heft.) Würdigung derselben. — 2., unveränd. Aufl. — II. (Heft.) Würdigung ihrer Vertheidiger. — III. (Heft.) Würdigung ihrer Vertheidiger. (II. Herr Stiehl.) Berlin 855. Schroeder. (97; 134; 166 S.) I. u. II.: à n. 12 ngr; III.: n. 16 ngr

Diesterweg, Adolph. Confessioneller Religionsunterricht in den Schulen oder nicht? Ein Votum, seinen Mitbürgern zur Ueberlegung und Besprechung empfohlen. Berlin, Th. Chr. Fr. Enslin 1848. 36 S. 8.

Diesterweg's, Adph., ausgewählte Schriften, hrsg. von Ed. Langenberg. 20 Lfgn. gr. 8. (1. Bd. VI, 400, 2. Bd. IV, 400, 3. Bd. IV, 300, 4. Bd. IV, 396 S.) Frankfurt a/M. 877. 78. Diesterweg. à n. — 75

— ausgewählte Schriften, hrsg. v. Ed. Langenberg. 2., durchgeseh. Aufl. (In 4 Bdn. od. 20 Lfgn.) 1. Bd. gr. 8. (VIII, 400 S. m. Portr. in Kpfrst.) Frankfurt a/M. 890. Diesterweg. n. 3. —; geb. n. 4. 50

— ausgewählte Schriften, hrsg. v. Ed. Langenberg. 2., durchges. Aufl. 2—4. (Schluß-) Bd. gr. 8. (IV, 400; IV, 396 u. IV, 396 S.) Frankfurt a/M. 890. 891. M. Diesterweg. à n. 3. —; geb. à n. 4. 50

—— Schul-Lesebuch in sachgemäßer Anordnung, nach d. Regeln d. Lesens f. Schüler bearb. (6 Gr.) — Nebst Anleit. z. Gebr. (12 Gr., 2 Abthln.) 8. (27½ B.) Crefeld 831, Funcke.

—— dass. 2 Thle. 2., verb. u. verm. Aufl. gr. 12. (8½ B.) Ebds. 833.

— Schul-Lesebuch in sachgemäßer Anordnung, nach d. Regeln des Lesens f. Schüler bearb. 2e verb. u. verm. Aufl. gr. 12. Crefeld 833. Funke. ¼ ℛ 5e Aufl. 2e Abthl. Ebd. 839. ¼ ℛ

—— Schul-Lesebuch. 2 Thle. gr. 12. Crefeld. [Bielefeld, Velhagen u. Klasing.]

Thl. 1. In sachgemäß. Anordnung, nach d. Regeln d. Lesens f. Schüler bearbeitet. 2 Abthln. 6., verm. Aufl. (19½ B.) 841. [Einzeln geb.: 1. = 3 Gr., 2. = 4½ Gr.] 6 Gr.

" 2. Nach d. Verwandtschaft d. Inhalts zusammengest. (13 B.) 840. 8 Gr.

Diesterweg, F. A. W., Anleitung zum Gebrauche dieses Schul-Lesebuches. Für Lehrer. gr. 12. Crefeld 841, Funcke'sche Buchh. ⅓ ℛ (1. 2.: ⅚ ℛ)

Diesterweg, F(riedr.). A(do.). W(ilh.)., Anleitung zum Gebr. des „Schul-Lesebuchs" rc., f. Lehrer bearb. (1. u. 2. Abthl.) gr. 12. Crefeld. [Bielefeld, Velhagen u. Klasing.] [1. 2. u. 3., umgearb. u. verm. Aufl. (11⅓ u. 18 B.) 836, 42, à ½ Thlr., 2. (4½ B.) 841. ⅓ Thlr.]

—— Schul-Lesebuch. 1. Thl. In sachgemäßer Anordnung nach d. Regeln d. Lesens f. Schüler bearb. 1. u. 2. Abthl. 8. Bielefeld, Velhagen u. Klasing.

Abthl. 1. Das Lesen der Laute, Sylben u. Wörter. 7. Aufl. 843, u. 8. A. (10⅓ B.) 844. 3¾ Ngr.

" 2. Das Lesen der Sätze u. Aufsätze. 7. Aufl. (5⅓ B.) 843. 5 Ngr.

Diesterweg, (Friedr. Adph. Wilh.), Anleitung zum Gebr. des 2. Thls. des Schul-Lesebuches. Für Lehrer. 12. (99 S.) Bielefeld 847, Velhagen & Klasing. ⅓ ℛ

— Schul-Lesebuch. 1. Thl. In sachgemäßer Anordnung nach den Regeln des Lesens für Schüler bearb. 1. Abthlg.: Das Lesen der Laute, Silben u. Wörter, u. 2. Abthlg.: Das Lesen der Sätze u. Aufsätze. 11. Aufl. 8. (253 S.) Bielefeld 850, Velhagen & Klasing. ¼ ℛ — 2. Thl. Nach der Verwandtschaft des Inhalts zusammengestellt. 2. verm. u. verb. Aufl. 8. (VIII u. 379 S.) Ebd. 847. — 3. verb. Aufl. gr. 8. (VIII u. 379 S.) Ebd. 849. ¼ ℛ (1. u. 2: ½ ℛ)

— Schul-Lesebuch. 2. Thl. Nach der Verwandtschaft des Inhalts zusammengestellt. 4. unveränd. (Titel-) Aufl. Bielefeld (849) 854. Velhagen u. Klasing. 8. (VIII, 379 S.) n. 10 ngr

—— Schulreden u. pädagog. Abhandln. Ein Nachlaß v. seinem Wirken an d. Lehrer-Seminar in Mörs, f. Freunde z. Druck beförd. v. ...r... 8. (23 B.) Crefeld 832, Funcke.

— Selbstbeurtheilungen. Aus seinen Schriften gesammelt v. E. Langenberg. Ein Beitrag zur Feier d. 50jähr. Jubiläums d. Seminars in Mörs. gr. 8. (IV, 60 S.) Mörs 872. Spaarmann. — 80

—— Selbstbeurtheilungen. Aus seinen Schriften gesammelt von E. Langenberg. Ein Beitrag zur Feier des 50jähr. Jubiläums des Seminars in Mörs. gr. 8. (IV, 60 S.) Mörs 873, Spaarmann.

—— Streitfragen auf d. Gebiete d. Pädagogik. I. II. 8. Essen, Bädeker.

I. Abfertigung d. Gegenschriften v. Peters, Rönnenkamp u. Zerrenner, so wie über Unterrichtsmethoden im Allgemeinen. (10⅛ B.) 837. 16 Gr.

II. Gegen Friedr. Thiersch. 1. Zur Charakteristik seiner Person. 2. Gegen seine Sache. (5 B.) 838. 8 Gr.

—— prakt. Uebungsbuch f. d. Unterr. in d. deutschen Sprache. Für Schüler, welche richtig schreiben u. denken lernen wollen. 1. Thl. 1. u. 2. Aufl. (à 7½ B.) 828, 29., 3. A. (8½ B.) 830., 4. A. (6¼ B.) 8. Crefeld 833, Funcke.

— prakt. Uebungsbuch für den Unterricht in der deutschen Sprache. Für Schüler, welche richtig schreiben u. denken lernen wollen. 1r Thl. 4e verb. u. verm. Aufl. 8. Crefeld 833. Funke. ⅙ ℛ 6e verb. u. verm. Aufl. 8. Ebd. 837. ⅙ ℛ

—— prakt. Uebungsbuch f. d. Unterr. in d. deutschen Sprache. Für Schüler, welche richtig schreiben u. denken lernen wollen. 1. Thl. 6., verb. u. verm. Aufl. 8. (6⅓ B.) Crefeld 837. [Bielefeld, Velhagen u. Klasing.]

— prakt. Uebungsbuch für den Unterricht in der deutschen Sprache. Für Schüler, welche richtig schreiben und denken lernen wollen. 1. Thl. 8. verb. u. verm. Aufl. gr. 12. Bielefeld 843, Velhagen u. Klasing. ⅙ ℛ

—— praktisches Uebungsbuch für den Unterricht in der deutschen Sprache. Für Schüler, welche richtig schreiben und denken lernen wollen. 1. Thl. 9. Aufl. gr. 8. (VI und 98 S.) Bielefeld 851, Velhagen und Klasing.

—— praktisches Uebungsbuch für den Unterricht in der deutschen Sprache. Für Schüler, welche richtig schreiben und denken lernen wollen. 1. Thl. 10. Aufl. 8. (VI und 98 S.) Bielefeld 868, Velhagen und Klasing. *

—— der Unterricht in d. Klein-Kinder-Schule, od. d. Anfänge d. Unterweis. u. Bildung in d. Volksschule. 1. Aufl. (13 B. u. 5 Stnt.) 829., 2., verb. A. (13 B. u. 5 Stnt. in gr. 4.) 8. Crefeld 832, Funcke.

—— der Unterricht in d. Klein-Kinder-Schule, od. d. Anfänge d. Unterweis. u. Bildung in d. Volksschule. 3., verb. Aufl. gr. 8. (9 B. u. 5 Taf.) Crefeld 838. [Bielefeld, Velhagen u. Klasing.]

—— der Unterricht in der Klein-Kinder-Schule od. die Anfänge d. Unterweisung u. Bildung in d. Volksschule. 4., verm. u. verb. Aufl. 8. (10 B. u. 3 Tab.) Bielefeld 845, Velhagen u. Klasing.

—— der Unterricht in der Klein-Kinder-Schule oder die Anfänge der Unterweisung und Bildung in der Volksschule. 5., verb. und verm. Aufl. 8. (XX und 148 S.) Bielefeld 852, Velhagen und Klasing.

—— Unterrichtsplan d. Elementarschulen in Mörs. Eine Anweisung f. Volksschullehrer z. gesegn. Wirksamkeit in ihrem Amte. (Aus d. „Rhein. Blättern" abgedr.) 8. (4¼ B.) Schwelm 829, Scherz.

Diesterweg, F. A. W., Urtheil über die wechselseitige Schuleinrichtung, s. a. H. Peters.

DIESTERWEGS, [F. A. W.], Urtheil über die wechselseitige Schuleinrichtung in Erwägung gezogen von HARTWIG PETERS. Altona. 1837.

Diesterweg, Adolf, s. Urtheile über J. Th. Scherr.

— Wandkarte der preuß. Rheinprovinz. Zunächst für den Schulgebrauch. In 6 Bl. .. Crefeld ... Funke. 1 ℛ

—— Wegweiser, s. a. Wegweiser.

— Wegweiser zur Bildung für Lehrer u. die Lehrer werden wollen. In Gemeinschaft mit Bormann, Hentschel, Lüben, Mädler u. Schubart bearb. 4 Lfrgg. gr. 8. Essen 1834, 35. Bädeker. Subscr.-Pr. 2 Thlr — N. Aufl. in 2 Bdn. u. d. T.: Wegweiser f. deutsche Lehrer. In Gemeinschaft mit Bormann, Hentschel, Hill, Knebel, Knie, Lüben, Mädler, Meyer u. Prange bearb. gr. 8. Ebd. 838. 3⅚ Thlr

—— Wegweiser zur Bildung für deutsche Lehrer. In Gemeinschaft mit Bormann, Hentschel, Hill, Knebel, Knie, Lüben, Mager, Mädler (Reinbott) und Prange bearb. und herausg. 4., verb. und in der Literatur fortgeführte Aufl. 2 Bde. (10 Lfgn.) gr. 8. Essen, Bädeker. [1. (730 S.) 2. (XL und 814 S.) 850. à Lfg. 15 Ngr.] Thlr.

—— Wegweiser zur Bildung für deutsche Lehrer. 5. Aufl. in neuer, zeitgemäßer Bearbeitung hrsg. von dem Curatorium der Diesterwegstiftung. Mit dem lithogr. Bildnisse Diesterwegs. (In 3 Bdn.) 1.—10. Lfg. gr. 8. Essen 873,74, Bädeker. à Lfg. * M. 1. *

Inhalt:

Bd. 1. Lfg. 1— 4. Das Allgemeine bearb. von Ludw. Rudolph. (X, 304 S.)
" 2. " 5—10. Das Besondere. I. Religion von L. W. Seyfarth. (S. 1—480.)

—— Wegweiser zur Bildung für deutsche Lehrer. 5. Aufl. in neuer, zeitgemäßer Bearbeitung hrsg. von dem Curatorium der Diesterwegstiftung. 11.—21. (Schluß-)Lfg. gr. 8. (2. Bd. X, S. 481—543; 3. Bd., 12.—21. Lfg., X, 816 S.) Essen 875—79, Bädeker. à Lfg. * M. 1. * compl. geb. *

1.—10. Lfg. Ebendas. 1873,74. à M. 1.

— Wegweiser zur Bildung für deutsche Lehrer. 5. Aufl., in neuer, zeitgemäßer Bearbeitung hrsg. von dem Curatorium der Diesterwegstiftung. 19—21. (Schluß-)Lfg. gr. 8. (3. Bd. X u. S. 561—816.) Essen 877. Bädeker. à n. 1. —

—— Wegweiser zur Bildung für deutsche Lehrer. 6. verm. u. in der Litteratur fortgeführte Aufl. Als Jubiläumsausg. zu Diesterwegs 100jähr. Geburtstage am 29. Oktbr. 1890 bearb. u. hrsg. v. Karl Richter. 1. Bd.: D. Allgemeine. gr. 8. (XXIV, 356 S. m. Kupferst.-Portr.) Frankf. a. M. 890, Diesterweg. * 3 60; geb. * 4 80

Adolf Diesterwegs Wegweiser zur Bildung für deutsche Lehrer. Bearb. u. mit e. Einl. versehen von Dr. K[arl] Wacker, Sem.Dir. in Saarburg. Allgem. Teil. *Paderborn: F. Schöningh 1900.* 8° [F.]
= Sammlung d. bedeutendsten pädag. Schriften. Bd 26. [01. 1996

Adolf Diesterwegs Wegweiser zur Bildung für deutsche Lehrer. Bearb. u. mit e. Einl. versehen von Dr. K[arl] Wacker, Sem.Dir. 2. Aufl. Paderborn: F. Schöningh 1904. (LXIII, 240 S.) 8° [F.]
= Sammlung d. bedeutendsten pädag. Schriften. Bd 26. [05 1223

— Wegweiser zur Bildung f. deutsche Lehrer. 7., durchgeseh., verm. u. in der Literatur bis 1906 fortgeführte Aufl. der Jubiläumsausg. zu Diesterwegs hundertjähr. Geburtstage am 29. X. 1890. 2. Aufl, bearb. u. hrsg. v. Karl Richter. (XXIV, 396 S.) gr. 8. Frankfurt a/M. 906. M. Diesterweg. n. 3. —; geb. in Leinw. n. 4. —

Adolf Diesterwegs Wegweiser zur Bildung für deutsche Lehrer. Bearb. u. mit e. Einl. versehen von Dr. K[arl] Wacker, Sem.Dir. (3. Aufl.) Mit Portr. Diesterwegs. Paderborn: F. Schöningh 1906. (224 S.) 8° [F.]
= Sammlung d. bedeutendsten pädag. Schriften. Bd 26. [07. 14468

Adolf Diesterwegs Wegweiser zur Bildung für deutsche Lehrer. Mit e. Einl., mit Anm. u. Aufgaben versehen von Otto Gerstenhauer. Breslau: F. Hirt 1908. (152 S.) 8° [F.]
= Schriften hervorragender Pädagogen. H. 16. [08. 13027

Diesterweg, Adolf: Wegweiser zur Bildung für deutsche Lehrer. Bearb. von Dr. Karl Wacker. 4. Aufl. Mit Portr. Diesterwegs. Paderborn: Schöningh 1909. LXII, 224 S. 8°
(Sammlung d. bedeutendsten pädag. Schriften. Bd. 20.)

Adolf Diesterwegs Wegweiser zur Bildung für deutsche Lehrer. Bearb. u. m. e. Einl. vers. von Dr. K[arl] Wacker, Seminardir. Mit 1 Portr. 5. Aufl. Paderborn: Schöningh 1910. LXII, 224 S. 8°
(Sammlung d. bedeutendsten pädag. Schriften. Bd 26.) [11. 10344

— über den Weltuntergang, e. Abhandl. 8. Frankf. a. M. 816.

—— —— und Fuchs, Joh. Friedr. Wilberg, der „Meister an dem Rhein." Blätter zum wohlverdienten Lorbeer-Kranze. Den Bürgern Elberfelds und seinen Schülern, Schülerinnen und Freunden zunächst gewidmet! gr. 8. (VII und 188 S.) Essen 847, Bädeker. *

—— pädagogisches Wollen und Sollen. Dargestellt für Leute, die nicht fertig sind, aber eben darum Lust haben, nachzudenken. 1. und 2., unveränd. Abdr. gr. 8. (VII und 179 S.) Leipzig [und Magdeburg] 856(57,) Gebr. Baensch. *

—— pädagogisches Wollen- und -Sollen. Dargestellt für Leute, die nicht fertig sind, aber eben darum Lust haben, nachzudenken. 2., mit Nachträgen und zeitgemäßen Ergänzungen versehene Aufl. von Wichard Lange. gr. 8. (VII, 259 S.) Frankfurt a. M. 875, Diesterweg. *

Diesterweg, A.: Einige Worte über gymnastische Übungen als Gegenstand des Schulunterrichts. Berlin 1843. 16 S.

— Th. Friedleben u. J. H. M. Poppe, über den Zweck u. d. Einrichtung guter Lehranstalten für Handwerker. Kleine Beitr. z. Verbesserung d. technischen Künste in Deutschland. gr. 8. Frkf. a. M. 817. Sauerländer. 9 Gr.

Diesterweg, Alexander

Diesterweg, Alex., über die Anwendung der Wellenlehre auf die Lehre vom kleinen Kreislauf und über die Unterschiede der Blutbewegung in beiden Kreislaufshälften. gr. 8. (32 S.) Berlin 867, A. Hirschwald. *

—— kritische Beiträge zur Physiologie und Pathologie. Mit besond. Berücksichtigung des Lehrbuchs der speciellen Pathologie und Therapie des Prof. Dr. F. von Niemeyer. 1. Heft. Der Lungenkreislauf. gr. 8. (55 S.) Frankfurt a. M. 866, Hermann'sche Buchh. *

Diesterweg, Alex., kritische Beiträge zur Physiologie und Pathologie mit besond. Berücksicht. des Lehrbuchs der speciellen Pathologie und Therapie des Prof. Dr. Felix v. Niemeyer. 2. und 3. Heft. Entwurf einer Cellularphysiologie. I. und II. gr. 8. Frankfurt a. M. 869, Hermann'sche Buchh. [2. Heft (62 S.) * M. 1.; 3. Heft (116 S.) * M. 1,50.] *

1. Heft. Ebendas. 1866. * M. 1.

—— dass. — mit besond. Berücksicht. der medicin. Facultät zu Berlin und der in derselben befindl. Parteien. 1. Anti-Virchow. 2. Der deutsche Kreislauf. 3. Ueber die Anwendung der Wellenlehre auf die Lehre vom kleinen Kreislauf. 4. Ein Wort an Emile Du Bois-Reymond. 2. gänzlich umgearb. und verm. Aufl. gr. 8. (VII, 175 S.) Frankfurt a. M. 875, Diesterweg. *

Diesterweg, Alex., die National-deutsche Medicin im Gegensatze zur Französischen. Die cellulare Hämatophysiologie in ihren Kämpfen für die Einheit des menschlichen Wesens. gr. 8. (VII, 208 S.) Berlin 873, Janke. *

Diesterweg, Alex. Car. Guil. Eduard. (geb. Orsoy im Rheinl. 8. 11. 1839): De resectione articuli cubiti. Berolini (1863). (32 S.) 8°
Berlin, Med. Diss. v. 3. Okt. 1863

Diesterweg, Friedrich Adolf Wilhelm, s. Diesterweg, Adolf

Diesterweg, Gustavus (geb. am 5 Apr. 1813 in Mannheim): De cognitione morborum medullae spinalis ... Bonnae, typ. C. Georgii 1836. VI, 36 S., 2 Bl. 8.
Bonn, Med. Fak., Diss. v. 23 Juni 1836

Diesterweg, Gust., de jure coloniarum graecarum. Dissert. inaug. historica. Berlin 865. (Calvary & Co.) gr. 8. (49 S.) n. 10 Ngr.

DIESTERWEG, JULIUS. Beiträge zur Kenntniss der Azonverbindungen. (Basel) Wiesbaden, 1888.

Diesterweg, (Ern. Ferd. Ludov.) Julius (geb. Meurs 15. 12. 1821): De aetheris sulfurici in organismum per vias respiratorias inducti efficacitate. Berolini (1847). (31 S.) 8°
Berlin, Med. Diss. v. 22. Apr. 1847

Diesterweg, Karl

Diesterweg, K., Beschreibung d. Bergreviers Wied. Bearb. im Auftrage d. königl. Oberbergamts zu Bonn. Nebst e. Übersichtskarte d. Vorkommens nutzbarer Minerallagerstätten im Bergrevier Wied. gr. 8. (IV, 106 S.) Bonn 888. Marcus. n. 4. —

Diesterweg, Car. (Adolphus) (geb. Mörs 22. 11. 1824): De aortae obliteratione singulari modo involutionis ductus arteriosi botalli perfecta. Berolini (1849). (40 S.) 8°
Berlin, Med. Diss. v. 26. Mai 1849

Diesterweg, M., auf feuriger Erde. Erzählung. 8. (III, 140 S.) Berlin 885. Janke. n. 1. —

Diesterweg, M
Es hat nicht sollen sein. Erzählung. Berlin 1880.
In: Roman-Zeitung, Deutsche. Bd 3

Diesterweg, M., es hat nicht sollen sein. Erzählung. 8. (105 S.) Berlin 882. Janke. n. — 50

Diesterweg, M., Es hat nicht sollen sein. Erzählg. 2. Aufl. 8. (80 S.) Berlin 898. O. Janke. n. — 50

Diesterweg, M
Auf der Sirenen-Insel. Erzählung. Berlin 1882.
In: Roman-Zeitung, Deutsche. Bd 3.

Diesterweg, M., auf der Sirenen-Insel. Erzählung. 8. (84 S.) Berlin 882, Janke.

Diesterweg, M., auf der Sirenen-Insel. Erzählung. 2. Aufl. 8. (84 S.) Berlin 890. O. Janke. n. — 50

— die Strandprinzessin. Erzählung. 8. (162 S.) Ebend. 881. n. 1. —

— d. Strandprinzessin. Erzählg. 2. Aufl. 8. (160 S.) Ebd. 898. n. 1. —

Diesterweg, Mor., aus dem Pionier-Leben während meines 20jährigen Aufenthaltes in Süd-Afrika. (VIII, 227 S. m. Bildnis, 5 Taf. u. 1 Karte.) gr. 8. Burg 903. A. Hopfer. n. 3. —; geb. n. 3. 50; auch in 5 Lfgn. à n. — 60

Diesterweg, W. A., zur geometr. Analysis. Vorwort, Lehrsätze u. Aufgaben. M. 2 Stnt. (in Fol. u. 4.) 8. (8¾ B.) Bonn 834, (Weber.)

Diesterweg, W. A., s. Apollonius v. Perga: de inclinationibus. – de sectione rationis – de sectione spatii – de sectione determinati.

Diesterweg, (W. A.) geometrische Aufgaben, nach d. Methode d. Griechen bearb. Mit 14 Kpfrtaf. gr. 8. Berlin 825, Reimer. Rthlr.

— geometr. Aufgaben, nach d. Methode d. Griechen. Andere Samml., m. 6 Stnt. in Fol. gr. 8. (14 B.) Elberfeld 828, Büschler.
1. Samml. (ohne Angabe.) Berlin, Reimer. 1825. 1 Thlr. 16 Gr.

— geometrische Aufgaben, nach der Methode der Griechen bearb. Mit 5 Steintaf. gr. 8. Elberfeld 828. (Leipz., Craven.) 1⅓ ₰

— Beiträge zu d. Lehre v. d. posit. u. negat. Grössen. (M. 4 Stnt. in qu. Fol.) gr. 8. (15½ B.) Bonn 831, Habicht.

— Etwas über d. geometr. Analysis. 8. Manh. 815.

— trigonometrische Formeln. gr. 8. Bonn 822. Weber. 4 gr.

Diesterweg, W. A., s. J. W. Grimm: an alle Christen.

— Lehrbuch d. ebenen sphär. Trigonometrie, e. Leitfaden für d. Unterr. Mit 2 Steint. 8. Bonn 824. Weber. 10 gr.

— de methodo tractandi capita arithmetice practicae, dissert. 8. Heidelb. 809.

Diesterweg, W. A., s. Wisseler: Lehrbuch.

Diesterweg, Walter: Ueber die Verbiegungen der Diaphysen nach Osteomyelitis acuta. Halle a. S. 1882: Plötz. 28 S., 1 Taf. 8°
Halle-Wittenberg, Med. Diss. v. 20. Dez. 1882
Geb. Berlin 15. 1. 1858. V.

Diesterweg, Wilhelm (Heiligenbach / Westf.), De rheumatismo infantum. Dissert. med. Berlin (Brüschck) 21. IX. 1830. 32 S. mit Biogr. (M.: L. E. Seel.) (4.50) 6481
Oppon.: E. v. Seckendorf, E. A. Groos, F. Weinbrenner. — Gew.: F. A. u. J. Diesterweg.

Diesterweg's Gedächtnißfeier in Berlin. Hrsg. von dem Comité für die Diesterweg-Stiftung. Frankfurt a. M. 867. Hermann'sche Buchhdlg. gr. 8. (31 S.) n. 5 ngr.

Diestling, J. G., s. Martial, funfzig Epigrammata.

Diet, Leo, über die Kongruenz u. d. Kongruenzgefühl u. üb. die graphische Darstellung körperl. Objekte. (18 S. m. Fig.) Lex. 8. Wien 907. A. Schroll & Co. 1.20

Dietach, seine Bewohner und Umgebung. Eine kurze Skizze, zusammengestellt aus Anlass d. 600jähr. Bestandes des Schlosses. kl. 8. (52 S. mit 2 Abbildungen) Wels, Joh. Haas. 30 kr. 1883

Diète, Jésuites & Sonderbund. Lausanne 1848 s. Leresche, Jean-Louis-Benjamin].

Diète, Jésuites et Sonderbund. Récit des événements qui ont amené l'expulsion des Jésuites et la chute du Sonderbund en Nov. 1847. Av. 2 cartes. Lausanne 1848. — Rapport général du commandant en chef des troupes fédérales sur l'armement et la campagne de 1847. Av. 5 cartes et 1 plan. Berne 1848. cart. 8. 4. —

Diete, Heinr., technisch-praktische Anweisung üb. das geometrische Uebertragen od. Nachzeichnen d. Patronenmodelle aus d. Modejournalen ꝛc. nebst dem dazu nöth. geometr. Maaßstabe. Hierzu als Erläut. 2 Taf. Zeichngn. 8. (½ B. u. 2 Stnt.) Erfurt 846, Bartholomäus.

Diete, Heinr., technisch-praktische Anweisung über das geometrische Uebertragen oder Nachzeichnen der Patronenmodelle aus den Modejournalen, so wie der Kleidermuster aller Art, für jede beliebige Körpergröße; nebst dem dazu nöthigen geometr. Maaßstabe ꝛc. Hierzu als Erläuterungen 2 (lith.) Taf. Zeichnungen (in Fol.). 2. Aufl. Erfurt (855). Bartholomäus. 8. (7 S.) 7½ ngr.

Diete, Heinr., vollständ. theoret.-prakt. Anweisung zum Zuschneiden u. Bearbeiten von Oberröcken, Fräcken, Westen, Mänteln, Paletots u. Uniformen ꝛc. für regelmäß. u. unregelmäß. Körperbau. M. 9 Stnt. 4. (2¼ B.) Weimar 841, Voigt.

Diete, Heinr., Corporismetrie oder die Kunst des Maaßnehmens nach Hrn. Prof. Fontaine zu Paris. Hierzu 2 Taf. lith. Zeichn. 4. Mühlhausen 841. (Heinrichshofen.) n. ½ ₰

— das Ganze der Corporismetrie od. gründl. Selbstunterr. der Körpermessungs-Lehre. Nach der Lehre v. Fontaine père. 4. (10½ B. u. 12 Stnt.) Erfurt 845, Bartholomäus.

Diete, Heinr., das Ganze der Corporismetrie oder gründlicher Selbstunterricht bei der trigonometr. Körpermessungslehre für Civil- und Militair-Kleidermacher. Nebst einem Anhange über die Buchführung für Kleidermacher u. einige Formulare zu Wechseln, Anweisungen u. Creditscheinen. Hierzu 16 (lith.) Taf. Zeichnungen (in qu. Fol.). 2., gänzlich umgearb. Aufl. Erfurt (857). Bartholomäus. Lex.-8. (74 S.) 1 ℳ

— die Lehre d. Mannsschneiderei, s. Schauplatz d. K. u. H. 121. Bd.

— s. Maaß-Notiz-Buch.

Diete, Heinr., das Reductions-Schema oder Proportions-Tabelle von 24—60 Cent. halber Oberweite. Eine Anweisung zum Uebertragen oder Nachzeichnen von Kleider-Schnittmustern. Für Herren- und Damenschneider. Mit 4 erklär. Abbild. (auf 1 Holzschntaf.). 8. (7 S. mit 1 Stnt. in gr. Fol.) Berlin 872, Mode's Verlag.

Diete, H., das Reductions-Schema od. Proportions-Tabelle von 24—60 Cent. halber Oberweite. Eine Anweisung zum Übertragen od. Nachzeichnen v. Kleiderschnittmustern jeder Art. Für Herren- u. Damenschneider. Mit 4 erklär. Abbildgn. 6., verb. Aufl. 8. (7 S. m. 1 Tab.) Berlin 889. Mode's Verl. n. — 75

—— die geometrische Zuschneide-Kunst f. Damen-Kleidermacher u. Nätherinnen. 8. (1¾ B. u. 6 Stnt.) Erfurt 845, Bartholomäus.

—— und Rob. Hovallick, die verbesserte mathematisch-geometrische Zuschneidekunst für Damen-Schneider und Schneiderinnen. Enthaltend die Kunst des Maßnehmens unter Berücksicht. der verschiedenen abnormen körperl. Verhältnisse, das mathematisch-geometr. und prakt. Modell- oder Muster-Zeichnen für den regelmäßigen und unregelmäßigen Körperbau nach einer ganz neuen Methode. Anleitung zum Muster-Zeichnen mit Schnittmustern zu Taillen, Zeichnungen zu Jaquettes, Paletots ꝛc. Mit 2 Holzschn., 1 Proportions-Maß-Tabelle von 24—60 Centimeter halber Oberweite und vielen Abbild. auf 2 großen Imp.-Taf. 2. ganz neu bearb. Ausg. gr. 8. (VIII, 38 S.) Berlin 871, Mode's Verlag.

Diete H und R Hovallick, Zuschneidekunst für Damenschneider. 2. Auflage. Stuttgart 1890

—— die verbesserte mathematisch-geometrische und corporismetrische Zuschneidekunst, nebst einer ausführlichen Beschreibung des praktischen Zuschneidens und die Bearbeitung aller Arten Civil- und Militair-Kleidungsstücke für den regelmäßigen und unregelmäßigen Körperbau und Wuchs. Hierzu 6 große (lithogr.) Imp.-Taf.-Zeichnungen. 10. ganz neu bearb. Ausg. gr. 8. (88 S.) Berlin 869, (Grieben.) *

—— dass. — nebst einer ausführlichen Beschreibung des praktischen Zuschneidens und der Bearbeitung aller Arten Civil- und Militair-Kleidungsstücke für den regelmäßigen und unregelmäßigen Körperbau. Mit vielen Abbild. auf 6 großen Imp.-(Holzschn.)Taf. 11. Ausg. Lex.-8. (86 S.) Berlin 872, Mode's Verlag.

Diete, Heinr., d. verbesserte mathemat.-geometr. u. corporismetr. Zuschneidekunst, nebst trigonometr. Construction u. d. Bearbeitg. aller Arten Civil- u. Militair-Kleidungsstücke f. d. regelmäß. u. unregelmäß. Körperbau u. Wuchs. Hierzu 9 große Imperial-Tafel-Zeichngn. 12., ganz neu bearb. u. verm. Aufl. gr. 8. (125 S.) Berlin 895. S. Mode's Verl. 7. 50

Diete, Kurt, Wanderheil! Eine Sammlg. v. Wanderfahrt-Berichten u. allgem. Aufsätzen üb. d. Wandern. (116 S.) gr. 8. Halle (909). C. A. Kaemmerer & Co. 1. —

Dietel, Liederbuch, s. Liederbuch.

Dietel, Alwin Woldem. v., kein Duell mehr! Ein Mahnruf an das deutsche Volk u. seine Fürsten, vorab des Kaisers Majestät. gr. 8. (17 S.) Dresden 901. v. Zahn & Jaensch. n. — 50

Dietel, C. B., De Atheniensibus civitatem suam sanguine humano lustrantibus. Diss. 1739. 84 S. 4°. 2.—

Dietel, F., Basidiomycetes: Hemibasidii (Ustilagineae u. Tillotiineae), Uredinales, s.: Engler, A., u. K. Prantl, die natürlichen Pflanzenfamilien. I. 1.

Dietel, Gust., Gewerbestreitigkeiten. Eine Auswahl v. Entscheidgn. d. Gewerbeschiedsgerichts der Stadt Leipzig. gr. 8. (VIII, 96 S.) Leipzig 882. Duncker & Humblot. cart. n. 2. —

DIETEL, Joh. Caspar, Liebes-Geschichte, oder das drey Männer zugleich im Leben habende Eheweib. Im Verlag des Autors. O. O. 1749. 8°. Grosse Seltenheit! In Versen abgefasst. (Bibl. J. J. Schwabii.)

Dietel, Jul., von der Nothwendigkeit, Wirklichkeit und Begrenzung der übernatürlichen Offenbarung Gottes im Worte. Drei Vorträge, gehalten in der Predigerconferenz zu Neumark. gr. 8. (III, 69 S.) Reichenbach i. V. 877, Haun und Sohn.

Dietel, Jul., Tobias. Geistliches Schauspiel in 5 Abtlgn. 8. (VII, 95 S.) Leipzig 887, Buchh. des Vereinshauses. * geb. *ℳ 1.80.; Velin-Ausg. * geb. mit Goldschn. *

Prinzessin Grete oder: Christkind in der Köhlerhütte. Weihnachts-Märchen mit Tanz in 2 Aufzügen von Mary **Dietel**. *Mühlhausen i. Th.: G. Danner [1898].* (20 S.) 8° [ℱ.] = Jugendbühne, G. Danner's Deutsche. No 4. [ca. 1898]

Dietel, Mor., Prinzessin Grete od.: Christkind i. d. Köhlerhütte, s.a. Danner's, G., deutsche Jugendbühne.

Dietel, P., u. R. Göhler, Aufsatzstoffe f. d. Volksschule. In Themen, Skizzen u. ausgef. Arbeiten dargeboten. 2., verb. Aufl. gr. 8. (XV, 143 S.) Leipzig 897. J. Klinkhardt. n. 1. 40

— u. R. Göhler, Aufsatzstoffe f. d. Volksschule. In Themen, Skizzen u. ausgeführten Arbeiten dargeboten. 3. Aufl. gr. 8. (X, 166 S.) Leipzig 900. J. Klinkhardt. n. 1. 50; geb. n.n. 2. —

Dietel, P., u. R. Göhler, Aufsatzstoffe f. die Volksschule. In Themen, Skizzen u. ausgeführten Arbeiten dargeboten. 4. Aufl. (X, 201 S.) gr. 8. Leipzig 905. J. Klinkhardt. n. 1. 80; geb. in Leinw. n. 2. 25

Dietel, P., zur Behandlung der Lesestücke. Anregungen f. den deutsch. Sprachunterricht im Anschlusse an Stufe III des deutsch. Lesebuches. gr. 8. (128 S.) Leipzig 900. Dürr'sche Buchh. n. 2. 40

Dietel, Paul, Beiträge zur Morphologie und Biologie der Uredineen. Diss. Jena 1887. 8°. 26 S.
Sonder-Abdruck aus: Botanisches Centralblatt, hrsg. von Osc. Uhlworm und W. J. Behrens. Jahrgang 1887. Cassel, Gebr. Gotthelft.

Dietel, P[aul], Dr.: Bemerkungen über die Verteilung der Rostpilze auf ihren Nährpflanzen. *Halle a. S. 1899: E. Karras.* (10 S.) 8°
Reichenbach i. V., R m. PG, Festschr. 1899 (613)

Dietel, P., Verzeichnis sämtlicher Uredineen, nach Familien ihrer Nährpflanzen geordnet. gr. 8. (IV, 56 S.) Leipzig 888. Serig. n. 1. 50

Dietel, R. W., Begräbnislieder f. gemischten Chor. 8. (16 S.) Leipzig 891. Böschel & Trepte. n. — 30

— Begräbnislieder f. Männerchor. 8. (20 S.) Ebd. 892. n. — 30

— Maria v. Magdala, die „reine" Jüngerin d. Herrn. Ein bibl. Gedicht. 12. (24 S.) Leipzig 891. Fr. Richter. n. — 30

Dietel, R. W., Missionsstunden. 1.—3. Heft. 8. (IV, 108; III, 148; III, 148 S.) Leipzig 885—87, [Lehmann.] Fr. Richter. à Heft *ℳ 1.20. *

Dietel, R. W., Missionsstunden. 1.—6. Hft. 8. Leipzig, Fr. Richter. n. 9.20
1. 2. Aufl. (114 S.) 888. n. 1.20. — 2. 2. Aufl. (III, 142 S.) 890. n. 1.60. — 3. (III, 148 S.) 886. n. 1.20. — 4. (III, 181 S.) 887. n. 2.—. — 5. (III, 141 S.) 889. n. 1.60. — 6. (III, 137 S.) 890. n. 1.60.

—— dass. — 4. Heft. 8. (III, 181 S.) Leipzig 888, Fr. Richter. *

—- Missionsstunden. 2.—6. Heft. 8. Ebd. * 8 40
2. 2. Aufl. (III, 142 S.) 889. * 1 60. — 3. 2. Aufl. (III, 148 S.) 892. * 1 60. — 4. 2. Aufl. (III, 181 S.) 892. * 2 —. — 5. (III, 141 S.) 889. * 1 60. — 6. (III, 137 S.) 890. * 1 60.
1. Heft. Ebd. 1888. * 1 20; 1.–6. Heft geb. in Hldfrz. * 11 —.

— Missionsstunden. 1. u. 3.—5. Hft. 8. Ebd. n. 6.40
1. 3. Aufl. (120 S.) 894. n. 1.20. — 3, 2. Aufl. (III, 148 S.) 892. n. 1.60. — 4. 2. Aufl. (III, 181 S.) 892. n. 2.—. — 5. 2. Aufl. (III, 141 S.) 893. n. 1.60.

Dietel, R. W., Missionsstunden. 2. Hft.: Hinterindien, Madagaskar, Jamaika. 3. Aufl., durchges. u. erweit. v. C. Paul. 8. (IV, 195 S.) Leipzig 898. Fr. Richter. n. 2.—

Dietel, R. W., Missionsstunden. 4. u. 5. Hft. 8. Leipzig. Dresden, Fr. Richter. à n. 2.—
4. Süd-Afrika. 3. Aufl., durchgesehen u. erweitert v. C. Paul. (IV, 211 S.) 899.
5. Abessinien. (Früher 6. Hft.) 2. Aufl., neu bearb. v. C. Paul. (V. 148 S.) 901.

Dietel, R. W., Missionsstunden. 5. Heft. 8. Dresden 905. C. L. Ungelenk. n. 1.50
Abessinien. 2. Aufl., neu bearb. v. C. Paul. (Umschlag: Abessinien u. die evangel. Kirche, v. Carl Paul.) (X, 148 S.)

— dasselbe, Fortsetzg., s.: Paul, Carl, d. Mission in uns. Kolonien.

Dietel, Reinhard: Die **Begründung der deutschsprachlichen Forderungen im 17. Jahrhundert mit Rücksicht auf Unterricht und Wissenschaft.** *Dresden 1904: B. G. Teubner.* (57 S.) 8° [F.]
Leipzig, Phil. Diss. v. 1904

Dietel, Rudolf (Gera), De osteosteatomate. Disput. med. Präs. Carl Gottlob Kühn. Lpz. (Glück) 12. IV. 1822. 30 S. u. 3 Abb. (J. F. Schröter del & sc.) (4.80) 6482
Gew.: Ludw. John, Carl Gust. Adolph Gruner, Carl Gottl. Kühn, Ludw. Cerutti.

Dietel, Rudolf: Commentatio anatomico-pathologica de Osteosteatomate. Lipsiae: Reclam [1822] 30 S. 8°
(Erschien zuerst als Med. Diss. Leipzig v. 12. 4. 1822.)

GEORG PAUL DIETELMAIR, Denkschrift auf ein früh entschlafenes Mitglied des Pegnesischen Blumenordens Herrn Joh. Christoph Jakob Wilder, ersten Pfarrer an der Kirche zum heiligen Geist in Nürnberg, und ersten Ordensconsulenten, geschrieben im Namen und Auftrag des Ordens. Nürnberg, 1838. 4°.

Dietelmair, Geo. Paul, Predigt, gehalten am letzten Tage d. J. 1816. 8. Nürnb., (v. Ebner). 2 gr

Dietelmair, G. Paul, Predigt, gehalten am letzten Tage des letzten Jahres 1816. gr. 8. Nürnberg, Lechner. 816.

Dietelmair (auch Dietelmaier, Dietelmayer, Dietelmayr,), Johann Augustin

Dietelmayr, Jh. Augustin, († d. 6. April 1785.) Abhandll. aus allen Theilen d. Theologie. 2 Bde oder 12 Sammll. 8. Altdorf 763—68. Monath u. K. in Nürnb. 2 ℔

Dietelmayer, J. Aug., Abhandlungen aus all. Thl. d. Theologie. 2 Bde. od. 12 Samml. 8. Altdorf, (Monath., Nürnbg.) 764—68.

Dietelmair, Joh. Aug., De *ΑΠΟΚΑΤΑΣΤΑΣΕΙ ΠΑΝΤΩΝ* scripturaria et fanatica. Diss. theol.-hist. exeg. exercit. Altdorf (Joh. Gg. Meyer) 15. IX. 1746. 32 S. (5.—) 6483

Dietelmaior, J. A., de Archippo. Altorf. 1751. 4.

— Bedenken über einige vorgeschlagene Verbesserungen d. evangel. Gottesdienstes in Franken. 8. Altdorf 778. Schüpfel. 3 gr

— Bedenken üb. einige vorgeschl. Verbesser. d. evangel. Gottesdienstes in Franken. 8. Altd. Schüpfel. 780.

— theol. Betracht. vermischten Inhalts, 2 Bde in 12 Stücken. 8. Altdorf 769—75. (Monath u. K.) 2 ℔

— kurzer Grundriß d. Zergliederung d. Epistel Pauli an d. Philipper. 8. Altd. 750. Monath u. K. 6 gr

— Grundrisse u. Zergliederungen d. Episteln Pauli an d. Galater u. Epheser. 8. 763.

— commenti fanatici de rerum omnium ἀποκαταστάσεως historia antiquior. 8. ibid. 769.

Dietelmaier, J. A., historia dogmatis de descensu Chr. ad inferos literaria. Norimb. 1741; rec. Altorf. 1762. 8.

— historia dogmatis de descensu Christi ad inferos literaria, cum praef. J. B. Bernholdi. Ed. IIa. 8. Altdorf 762. Monath u. K. 16 gr

Dietelmaier, J. A., dogmatis christiani de conjugio historia quinquesecularis. Altorf. 1746. 4.

— — De phrasibus s. scripturae opticis. Disquis. hermeneut. Altdorf (J. Gg. Meyer) 29. IX. 1757. 24 S. (4.80) 6484

— s. Samml. der bei Michaelles Jubiläi gehalt. Reden.

— Samml. v. Jubelacten Michaellis. 4. Altdorf. Ebend. 768.

Dietelmaier, J. A., veterum in schola Alexandr. doctorum series. Altorf. 1746. 4.

Dietelmayer, J. Aug., Zerglieder. d. Epistel Pauli an die Philipper rc. 8. Ebend. 763. Rthlr.

— öffentl. Zeugnisse v. Geschäften d. Lehramts in Predigten. 8. Uffenh. 748.

Dietelmair,

— Paul August (Altdorf), De Blityri et Scindapso. Diss. philos. Präs. Joh. Andreas Michael Nagel. Altdorf (J. P. Meyer) 16. VI. 1772. 16 Seiten. (4.80) 6485

Dieter, Erich. Württembergs Geschichte von der Urzeit bis zur Gegenwart. Dem Volke erzählt. 8. (163 S. m. 1 Bildnis.) Schorndorf 892. (Stuttg., Rud. Roth.) * 1 —; cart. * 1 20

Dieter, Ferd., s.: Laut- u. Formenlehre der altgerm. Dialekte.

Dieter, F. Ueber sprache und mundart der ältesten englischen denkmäler, der Epinaler und Cambridger glossen, mit berücksichtigung des Erfurter glossars. (I. der Vocalismus.) Diss. Göttingen 1885. 47 S.

Dieter, Ferd., üb. sprache u. mundart der ältesten englischen denkmäler, der Epinaler u. Cambridger glossen, m. berücksicht. d. Erfurter glossars. Studien zur altengl. grammatik u. dialektologie. gr. 8. (98 S.) Göttingen 885. Akadem. Buchh. v. G. Calvör. n. 2.40

Dieter, H. E., Merkbüchlein, nach Eiselen's Turntafeln bearbeitet. Zunächst f. die Turner in den Franke'schen Stiftungen zu Halle a/S. 16. (11½ B.) Halle 845, Buchh. d. Waisenhauses.*

Dieter, H. E., Merkbüchlein nach Eiselen's Turntafeln bearb. Zunächst für die Turner in den Franckeschen Stiftungen zu Halle a. d. S. 2., verb. und verm. Aufl. 16. (X und 271 S.) Halle 847, Buchhandlung des Waisenhauses. *

Dieter, H. E., Merkbüchlein, nach Eiselen's Turntafeln bearb. Zunächst für die Turner in den Francke'schen Stiftungen zu Halle a/S. 3. verb. u. verm. Aufl. Halle 853. Buchhandlung des Waisenhauses. 16. (1 Bl., VIII, 279 S.) n. 10 ngr

Dieter's, H. E., Merkbüchlein für Turner. Herausg. von Ed. Angerstein. 4. Aufl. 862. (XII, 292 S.) — 5. Aufl. Halle 863. Buchhdlg. des Waisenhauses. 16. (XII, 300 S.) n. 10 ngr.

Dieter's, H. E., Merkbüchlein für Turner. Hrsg. von Ed. Angerstein. 6. Aufl. (XII, 242 S.) 1871, und 7. vielfach umgeänd. und verm. Aufl. 8. (XII, 264 S.) Halle 875, Buchh. des Waisenhauses. cart. *

Dieter, Heinr., die Feier des 50jährigen Amtsjubiläums des Hrn. Aug. Radnitzky als Collegiatstifts-Verwalter in Mattsee am 24. u. 25. Juni 1893. [Aus: „Salzbg. Zeitg."] 8. (12 S.) Salzburg 893. H. Dieter. n. — 20

Dieter, Heinrich, Jugend-Liebe. Rückschau einer glücklichen Braut. 12. (36 S.) Ebda. 1895

— v. meinem Lebensweg. Lieder u. Uebersetzgn. 8. (VIII, 117 S.) Ebd. 894. n. 1. 60

Von meinem Lebensweg. Lieder u. Uebersetzungen von Heinrich Dieter. 2. Aufl. Salzburg: H. Dieter 1894. (VIII, 120 S.) 8° [F.] [07. 8677

Dieter, Heinr., von meinem Lebensweg. Lieder u. Uebersetzgn. 3., verm. Aufl. 12. (VIII, 193 S.) Salzburg 897. H. Dieter. n. 2. —; geb. n. 3. 60

Dieter, Heinrich, Junge Liebe. Rückschau einer glücklichen Braut, getreu in Versen nacherzählt. 2. Auflage. 12. (38 S.) Ebda. 1895

Junge Liebe. Rückschau e. glückl. Braut getreu in Versen nacherzählt von Heinrich Dieter. 3. Aufl. Salzburg: H. Dieter 1896. (38 S.) 8° [F.] [07. 8678

Dieter, Heinrich, Junge Liebe. Rückschau einer glücklichen Braut, getreu in Versen nacherzählt. 4. u. 5. Aufl. 12. (38 S.)
Dasselbe gebunden mit Goldschnitt —.90
Salzburg: H.Dieter 1896

— junge Liebe. Rückschau e. glückl. Braut, getreu in Versen nacherzählt. 6. Aufl. 12. (36 S.) Ebd. 898. n. 1. —; geb. n. 1. 80

Dieter, Heinr., junge Liebe. Rückschau e. glückl. Braut, getreu in Versen nacherzählt. 7. Aufl. (39 S.) gr. 16. Salzburg 903. H. Dieter. n. 1. 20; geb. in Leinw. m. Goldschn. n. 2. —; Geschenkausg. auf Velinpap., geb. m. Goldschn. n. 3. —

— August Radnitzky, der „Fink v. Mattsee", Nestor der österreich. Dialect-Dichter u. zweitältester der österreich. Poeten überhaupt. Vortrag. [Aus: „Salzb. Zeitg."] 1.—6. Aufl. 8. (15 S. m. Bildnis.) Salzburg 893. H. Dieter. n. — 40

Dieter, Heinr., das Soldatenlied d. Radetzki-Zeit. (11 S.) gr. 8. Salzburg 908. H. Dieter. — 80
Sonderabdruck aus „Danzer's Armee-Ztg."

Dieter, Heinr., Soldaten-Liederbuch für das k. k. Heer. 16. (IX, 166 S.) Salzburg 881, Dieter.

— dasselbe. Mit Singweisen, besorgt von Jos. Wörnhart. 1—3., unveränd. Aufl. 12. (VIII, 192 S.) Ebend. 882. n. 1. 50

Dieter, Heinr., Soldaten-Liederbuch f. d. k. k. Heer. Singweisen besorgt v. Jos. Wörnhart. 4. Aufl. 16. (VIII, 192 S.) Salzburg 884. Dieter. cart. n. 1. 20

Dieter, Heinr. Soldaten-Liederbuch für das k. k. Heer. Singweisen, besorgt v. Jos. Wörnhart. 5. unveränd. Aufl. 12. (VIII, 192 S.) Salzburg 889, Dieter. cart. * — 80

Dieter, Heinr., Soldaten-Liederbuch f. das k. u. k. Heer. Singweisen besorgt v. Jos. Wörnhart. 6., unveränd. Aufl. 12. (VIII, 192 S.) Salzburg 893. H. Dieter. Kart. n. — 80

— Soldaten-Liederbuch f. d. k. u. k. Heer. Singweisen besorgt v. Jos. Wörnhart. 8., unveränd. Aufl. gr. 16. (VIII, 192 S.) Ebd. 897. Kart. n. 1.—

Dieter, Heinr., Soldaten-Liederbuch f. das k. u. k. Heer. Singweisen besorgt v. Jos. Wörnhart. 9., unveränd. Aufl. gr. 16. (VIII, 192 S.) Salzburg 901. H. Dieter. Kart. n. 1.—

— Soldaten-Liederbuch f. das k. u. k. Heer. Singweisen besorgt v. Jos. Wörnhart. 10. Aufl. (VIII, 194 S.) kl. 8. Ebd. 904. Kart. n. 1.—

—— dass. — Ausg. für vier Männerstimmen, besorgt von Jos. Wörnhart. qu. gr. 16. (III, 124 S.) Ebendas. 884. *

— dasselbe. Ausg. f. 4 Männerstimmen, besorgt v. Jos. Wörnhart. 2. Aufl. (13. Gesamtaufl.) (126 S.) qu. kl. 8. Ebd. (904). n. 1.—

— dasselbe. Der Ausg. ohne Noten. 2. Aufl. (11. Gesamtaufl.) gr. 16. (VIII, 152 S.) Ebd. 902. n. — 50

Dieter, Heinrich, Franz Stelzhamer und seine Beziehungen zu Groß-Piesenham und Salzburg. Vortrag, gehalten in der Gesellschaft für Salzburger Landeskunde. Mit einem Porträt. Gr.-8. (23 S.) Salzb.: H.Dieter 1895 * —.20

Dieter, Heinrich, Franz Stelzhamer und seine Beziehungen zu Groß-Piesenham und Salzburg. Vortrag, gehalten in der Gesellschaft für Salzburger Landeskunde. 2. Auflage. 8. (23 S.) —.20
Salzburg: H.Dieter 1895

Dieter, Heinrich, Franz Stelzhamer und seine Beziehungen zu Groß-Piesenham und Salzburg. Vortrag, gehalten in der Gesellschaft für Salzburger Landeskunde. 3. und 4. Auflage. 8. (23 S.) Ebda. 1895 —.20

— Franz Stelzhamer u. seine Beziehungen zu Groß-Piesenham u. Salzburg. Vortrag, geh. i. d. Gesellschaft f. Salzburger Landeskunde. [Aus: „Linzer Tagespost".] 5.—7. Aufl. gr. 8. (23 S. m. Bildn.) Ebd 895. n. — 40

Der Salzburgische Dichter Sylvester Wagner. Eine Skizze s. Lebensganges mit Proben s. Mundartdichtungen. Vortrag geh. in d. Gesellsch. f. Salzb. Landeskunde 1896 von Heinrich Dieter. Mit Portr. d. Dichters. Salzburg: H. Dieter 1897. (29 S.) 8° [F.] [07. 8818

— Anton Wallner. Ein Cypressenzweig, auf sein frisches Grab gelegt v. seinem trauernden Freunde. (8 S. m. 1 Bildnis.) kl. 8. Ebd. 905. n. — 20

— Wegweiser auf d. Gisela- u. Salzkammergutbahn, s.: Wegweiser etc.

— wie ich den Weg in die kathol. Kirche fand. Erinnerungen aus meinem Leben. (16 S.) kl. 8. Ebd. 905. n. — 20
Sonderabdruck aus: „Universitätsblatt".

Dieter, J. C., Geschichte Württembergs f. Familien, Lehrer u. Schüler. In gebund. Rede bearb. 8. (3½ B. u. 1 Bildn.) Heilbronn 845. (Drechsler'sche Buchh.) Thlr. *

Dieter, J. C., Vorschriften. 48 Bl. 4. Stuttg. 829. Hoffmann. 1 ℔

Dieter, Karl, deutsche Siedelung i. uns. tropischen Schutzgebieten. Eine koloniale Flugschrift. gr. 8. (26 S.) Leipzig 895. W. Friedrich. n. — 50

Dieter, Kurt, Parlaments- u. Wahlrechts-Reform. 1.—5. Taus. (80 S.) gr. 8. Hannover 906. Berenberg'sche Buchdr. n.n. — 60

Dieterich, vgl. Died(e)rich. – Dieterichs. – Dietrich. – Diterich. – Dittrich.

Dieterich, die Ernährung u. Pflege d. Kindes im ersten Lebensjahre. 8. (23 S.) Oels 873. Grüneberger & Co. — 30

v. Dieterich, Frhr., s. J. J. Ferber, Briefe.

Dieterich, Lieder für die deutsche Volksschule, s. Rabe, A.

Dieterich, Adolf (*geb. Breslau 23. 11. 1845*): Der Krebs des Gebärmutterhalses als Complication der Geburt. Breslau (1868). (38 S.) 8°
Breslau, Med. Diss. v. 25. Apr. 1868

Dieterich, Albrecht

Dieterich, Albr., Abraxas. Studien zur Religionsgeschichte des späteren Altertums. Festschrift, Hermann Usener zur Feier seiner 25jähr. Lehrthätigkeit an der Bonner Universität dargebracht vom klassisch-philolog. Verein zu Bonn. gr. 8. (VI, 221 S.) Leipzig 891. B. G. Teubner. n. 4. 40

Dieterich, Albr. Einige Abschnitte aus einer hebräischen Elementargrammatik für Gymnasien. 12 S. Progr. G. *Hersfeld* 1877.

Dieterich, Albr., s.: Archiv f. Religionswissenschaft.

Dieterich, Albrechtvs: De hymnis Orphicis capitvla qvinqve ... Marpvrgi Catt., Elwert, 1891; 2 Bl., 56 S., 1 Bl. 8.
Marburg, Phil. Fak., Hab.-Schr. v. [24. Okt.] 1891

Dieterich, Albrecht: Mutter Erde. 1 u. 2. Leipzig: Teubner 1905. 50 S. 8° [Umschlagt.]
Aus: Archiv f. Religionswissenschaft. 8.

Mutter Erde. Ein Versuch über Volksreligion von Albrecht Dieterich. Leipzig, Berlin: B. G. Teubner 1905. (XI, 123 S.) 8° [05. 9476 3

Dieterich, A., Euripides. (Pauly-Wissowa.) S.-A. 1905. 20 S. 1.20

Dieterich, Albr., d. Grabschrift d. Aberkios, erklärt v. D. 8. (VII, 55 S.) Leipzig 896. B. G. Teubner. n. 1. 60

Eine Mithrasliturgie (Ἀπαθανατισμός). Erl. von Albrecht Dieterich. *Leipzig: B. G. Teubner 1903.* (230 S.) 8° [03. 8202

— Eine Mithrasliturgie. Erläutert. 2. Aufl. (X, 248 S.) 8. Leipzig 910. B. G. Teubner. 6.—; geb. 7. —

— Nekyia. Beiträge zur Erklärg. der neuentdeckten Petrusapokalypse. gr. 8. (VI, 238 S.) Leipzig 893. B. G. Teubner. n. 6. —

Dieterich, Albrechtus [Hassus]: Papyrus magica musei Lugdunensis Batavi quam C. Leemans edidit in papyrorum Graecorum tomo II (V) Denuo edidit commentario critico instruxit prolegomena scripsit ... Bonnae, typ. Caroli Georgi univ. typogr., 1888; [nur Titelbl., Vita u. Thesen] 3 Bl. 8°
Bonn, Phil. Fak., Inaug.-Diss. v. 14. Aug. 1888

Dieterich, Albr., Papyrus magica musei Lugdunensis Batavi quam C. Leemans edidit in papyrorum graecarum tomo II (V). Denuo edidit, commentario critico instruxit, prolegomena scripsit A. D. gr. 8. (80 S.) Leipzig 888, Teubner. *
Aus: Jahrbücher für classische Philologie, besonders abgedruckt.

Dieterich, Albrechtus [Hassus]: Prolegomena ad papyrum magicam Musei Lugdunensis Batavi . . . (Aus: Jahn's Jahrb. f. class. Phil. Suppl. Bd. XVI) Lipsiae, typ. B. G. Teubneri, 1888; 3 Bl. + S. 749–782 8° [vgl. 1887/88 Bonn Nr. 69]
Bonn. Phil. Fak., Inaug.-Diss. v. 14. Aug. 1888

Pulcinella. Pompejanische Wandbilder u. römische Satyrspiele. Von Albrecht Dieterich. *Leipzig: B. G. Teubner 1897.* (X, 306 S., 1 Bl., 3 Taf.) 1 Bd 8. [97. 3366

— Sommertag. Mit 8 Abbildgn. im Text u. auf 1 Taf. (38 S.) gr. 8. Ebd. 905. n. 1. —

Dieterich, Albr., s.: Versuche u. Vorarbeiten, religionsgeschichtliche.

— über Wesen u. Ziele der Volkskunde. — Usener, Herm., Ueber vergleichende Sitten- u. Rechtsgeschichte. (67 S.) gr. 8. Leipzig 902. B. G. Teubner. n. 1. 80
Sonderabdruck aus: „Hess. Blätter f. Volkskde."

Dieterich, Alfred

Dieterich, springende Punkte der Schießausbildung. 12. (VII, 132 S.) Berlin 902. R. Eisenschmidt. Kart. n. 1. —

Springende Punkte der Schießausbildung. Von [Alfred] Dieterich, Major u. Adj. d. 16. Div. 2., verm. u. verb. Aufl. Berlin: R. Eisenschmidt 1905. (VIII, 200 S.) 8° [F.] [05. 12815

Springende Punkte der Schießausbildung. 3. verm. u. verb. Aufl. von [Alfred] Dieterich, Major. Mit 3 Zeichn. Berlin: R. Eisenschmidt 1908. (VII, 182 S.) 8° [F.] [08. 17832

Dieterich's, C., illustr. Führer durch Bäder, Kurorte u. Heilanstalten, unt. Berücksichtigung d. schönsten u. interessantesten Zwischenstationen. Ratgeber f. Kranke u. Erholungsbedürftige. Handbuch f. Aerzte. 3., verm. Aufl. 12. (204 S.) Stuttgart (897). C. Dieterich. Geb. in Leinw. 1. 50

— s.: Hof- u. Offizier-Adressbuch, königl., für Württemberg.

Dieterich, C. Fr., neueste Anleitung den Weinstock, Pfirsich-, Aprikosen-, Feigen- und Mandelbaum an Spalieren, Mauern, in Lauben, Pyramiden u. Töpfen, sowie als Zwergbäume zu erziehen. Nach eigenen Erfahrungen, sowie den neuesten und besten Quellen bearb. Ulm 856. F. Ebner. 12. (95 S.) 10 ngr

Dieterich,

— Chph. Wilh., De jure principis et imprimis statuum protestantium circa causas matrimoniales. Diss. jur. Präs. Wilh. Hieron. Bruckner. Jena (Müller) 1. II. 1714. 42 S. (5.—) 6191

— Elias Gottlieb (Ulm), De actis et fatis Gebhardi Truchsessii archiepiscopi et electoris Coloniensis infausti mariti. Präs. Jo. David Koeler. Altdorf, 18. VI. 1723. (Steph. Grebner) 1745. 40 S. (5.—) 6192

— — De imperio peregrinorum principum maxime in Germania. Diss. prior. Präs. Jac. Carl Spener. Wittbg. (Gerdes Wwe.) 7. XII. 1726. 40 S. (5.—) 6193

Dieterich, Erwin, vom Sonnenland. (Drei Feiertage des Glücks u. der Keuschheit.) (IV, 116 S.) 8. Stuttgart 905. Strecker & Schröder. n. 1. 50; geb. n. 2 50

Dieterich, Eug., s.: Annalen, Helfenberger.

Erstes Dezennium der Helfenberger Annalen 1886/1895. E. Zsstellg d. Werte, Methoden u. Studien. Hrsg. v. Eugen Dieterich, Kgl. Sächs. Hofr. *Berlin: J. Springer 1897.* (XV, 462 S., 1 Bl.) 1 Bd 8. [97. 3139

Dieterich, Eug., neues pharmaceutisches Manual. gr. 8. (III, 844 S.) Berlin 887, Springer. cart. *
—— dass. — 2. verm. Aufl. gr. 8. (IV, 449 S.) Ebendas. 888. geb. *
Mit Schreibpap. durchsch. *

Dieterich, Eug. Neues pharmaceutisches Manual. 3. Aufl. (VI, 515 S.) 890; 4. verm. Aufl. gr. 8. (VI, 594 S.) Berl. 891, Springer. geb. in Leinw. * 10 — ; durchschossen * 11 50

— dasselbe. 5. verm. Aufl. gr. 8. (VIII, 717 S. m. Abbildgn.) Ebd. 892. Geb. in Leinw. n. 12. —; m. Pap. durchsch. n. 14. —

— dasselbe. Unter Beihilfe v. E. Bosetti hrsg. 6., verm. Aufl. 12 Lfgn. gr. 8. (VII, 740 S. m. Holzschn.) Ebd 894. à n. 1. —

— neues pharmaceut. Manual. 6. Aufl. Nachtrag. gr. 8. (73 S. m. Holzschn.) Ebd. 896. Geb. n. 2. — (Hauptwerk u. Nachtrag: n. 14. —)

Dieterich, Eug., neues pharmaceut. Manual. 7., verm. Aufl. gr. 8. (VI, 842 S. m. Holzschn.) Berlin 897. J. Springer. Geb. in Moleskin n. 16. — ; m. Schreibpap. durchsch. n. 18. —

Dieterich, Eug., neues pharmazeutisches Manual. 8., verm. u. verb. Aufl. gr. 8. (VI, 848 S. m. Holzschn.) Berlin 901. J. Springer. n. 14. —; geb. in Moleskin n. 16. —; u. durchsch. n. 18. —
Erschien auch in 14 Lfgn. à n. 1. —.

Dieterich, Eug., neues pharmazeutisches Manual. 9., verm. u. verb. Aufl. (IV, 749 S. m. Holzschn.) Lex.-8. Berlin 904. J. Springer. n. 14. —; geb. in Moleskin n. 16. —; u. durchsch. n. 18. —
Erschien auch in 14 Lfgn. à n. 1. —.

Dieterich, Eug., neues pharmazeutisches Manual. 10., verm. Aufl. Hrsg. v. Karl Dieterich. (IV, 796 S. m. 98 Fig. u. Bildnis.) Lex. 8. Berlin 909. J. Springer. 16. — : geb. in Moleskin n 18. — : u. durchsch. n 20. —

Dieterich, F. A., u. C. F. v. Jenisch d. Jüng., vier-, fünf- u. sechsprocentige Zinsen u. Zinslisten-Tabellen für Capitalisten u. Cameralisten nach d. Schärfe auf mehrere Jahre bis zur Verdoppelung d. Capitals von 1 bis 100,000 Fl. 8. Augsb. 818. v. Jenisch u. St. 1 ℛ 8 gℊ

Dieterich (F. G.). Oekonomisch-botanische Bemerkungen, ueber verschiedene neue Getreidearten, und schaedliche Pflanzen . . . Weimar, 1795. 8°.

Dieterich, Fr.

— Versuch in d. Dichtkunst. ...

Dieterich, Fr., Werke d. Nebenstunden. 8. Straßb. 781.

Dieterich's [Fr. Wilh.] Anweisung, wie die Wirkung des Feuers in den Stubenöfen u. Küchen zu verstärken u. zu vermehren. Berlin 1766. 8.

Dieterich, Friedrich Christian: Über die Verwundungen des Linsensystems. Nebst e. Vorr. von Leopold Sokrates Riecke. Tübingen: Laupp 1824. XIV, 100 S. 8°

Dieterich, G., Neuere Drahtseilbahnen für Zechenbetriebe. Essen-Ruhr 1904. 15 S. mit 20 Abb.

Dieterich, G., die Erfindung der Drahtseilbahnen. Eine Studie aus der Entwicklungsgeschichte des Ingenieurwesens. (104 S. m. Abbild.) gr. 8. Leipzig 908. H. Zieger. Geb. in Leinw. 5. —

Dieterich, G: Elektrische Hängebahnen. Berlin 1904

Dieterich, G: Elektrisch betriebene Schwebetransporte. Berlin 1904

Dieterich, G. A., zehn Alpenlieder, s. Alpenlieder.

Dieterich, G. A., 22 Alpenlieder für Männerstimmen, s. Alpenlieder.

Dieterich, G. A., zwölf Alpenlieder für Männerstimmen vier- und fünfstimmig eingerichtet. 1. u. 2. Sammlung. Partitur und Stimmen. Stuttgart (851, 53). Göpel. (Partitur: 64 S.; 4 Singstimmen: jede 31 S.) Jede Sammlung 1 ℛ; Partitur allein 22 1/2 ngℊ; Quartettstimmen à 22 1/2 ngℊ: einzelne Stimmen à 7 1/2 ngℊ

Dieterich, Georg Ludwig

Dieterich, G. Ludw., das Aufsuchen d. Schlagadern behufs d. Unterbind. z. Heilung v. Aneurysmen, nebst Geschichte d. Unterbindungen. gr. 8. (27 B. u. 1/3 B. in gr. 4.) Nürnberg 831, Stein.

Dieterich, G. Ludw., Beobachtung u. Behandl. d. wandernden Brechdurchfalles in München. gr. 8. (6 B.) Nürnberg 837, Campe'sche Buchh.

Dieterich, G. Ludw., Briefe üb. die 20. Versammlung deutscher Naturforscher u. Aerzte zu Mainz, wie üb. seine Hin- u. Rückfahrt. gr. 8. (13 B.) Landshut 842. [München, Literar.-artist. Anstalt.]

—— der Kanizer Brunnen bei Partenkirchen nebst seinen Umgebungen. M. 1 Abbild. u. Karte (in gr. 4.) gr. 12. (12 B.) München 834, Lindauer.

—— bengalisches Feuer z. Beleuchtung d. homöopath. Wunderkur d. Hrn. D. Roth. gr. 8. (1 1/4 B. u. Titvign.) München 833, Fleischmann.

— die Merkurialkrankheit in allen ihren Formen, geschichtlich, pathologisch, diagnostisch u. therapeutisch dargestellt. gr. 8. Leipzig 837. O. Wigand. 2 1/2 ℛ

—— Skizzen zur Geschichte d. Unterbindung ein. grössern Arterien. Inaug.-Abhandl. gr. 8. (2 B.) Erlangen 830, (Heyder.)
Vgl. Dietrich, Dittrich.

—— die Krankheits-Familie Syphilis. 2 Bde. gr. 8. Landshut 842. [München, Literar.-artist. Anstalt.] à 2 Thlr.
Bd. 1. Allgemeiner Theil. (24 1/4 B.)
„ 2. Besonderer Theil. (25 1/2 B.)

Dieterich, G(eorg) Ludwig: Die Krankheits-Familie Syphilis. Bd 1 - 2, gbd.

Landshut: v.Vogel 1842

Dieterich, Gerhard, appr. Arzt a. Stettin: ⟨Aus d. Univ.-Augenklinik zu Jena.⟩ Bericht über die vom Jahre 1893—1903 behandelten Fälle von Kalkverletzung des Auges. Jena 1904: Frommann. (35 S.) 8°
Jena, Med. Fak., Ref. Wagenmann, Diss. v. 1. Aug. 1904
[Geb. 24. April 79 Wobbermin, Kr. Pyritz; Wohnort: Völklingen; Staatsangeh.: Preußen; Vorbildung: Gymn. Stargard Reife O. 98; Studium: Marburg 1, Leipzig 3, München 1, Berlin 1, Jena 3 S.; Coll. 8. Juni 04; Approb. 24. Apr. 03.]

— **Gottlob Balthasar** (Görlitz), De continuatione possessionis per successores. Diss. jur. Rector Phil. Wilh. Grf. v. Boineburg. Erfurt (Joh. Heinr. Grosch) 29. VIII. 1713. 31 S. (5.—) 6494

Dieterich, Hermann, aus Danzig, Unterarzt im 2. Nassauischen Feldart.-Reg. No 63: Die paroxysmale **Pulsation oder intermittierende** Erweiterung der **Bauchaorta.** *Berlin (1902): G. Schade.* (29 S.) 8°
Berlin, Med. Diss. v. 26. Juni 1902

Dieterich, J., Lehrbericht zum Gebrauche an den Volksschulen. (24 S.) 35,5×24 cm. Leipzig 909. O. Nemnich. nn —75

— Der Lehrplan der Volksschule als Organismus. (III, 110 S.) gr. 8. Ebd. 909. 2.—; geb. 2. 60

— Lernlust, s.: Göbelbecker, L. F.

Dieterich, J. A. A., Bildung d. deutschen Nationalcharakters. 8. Essen u. Duisb. 815. Bädecker. 6 gl.

Dieterich, J. C. W., z. Geschichte Simsons, Richter XIV—XVI. 3 Stück. 8. Gotha. (Dieterich, Götting.) 778. 79.

Dieterich, J. G., s. J. G. Bergemann, Weidmanns-Curiositäten.

— hebräische Grammatik. 8. Lemgo. Meyer. 782.

Dieterich, J. S., Unterweisungen z. Glückseligkeit rc. 8. Heidelb. Braun.

— Unterweis. z. Glückseligkeit nach d. Lehre Jesu. 8. Ebend. 792.

— — Auszug daraus. 8. Ebend. 781.

Dieterich, J. Gtl., De anima brutorum. Witenb. 4°. 1704

Dieterich, J. S., Initia doctrinae christ., velut institutio virtutis consequendae. Lat. vert. M. Tekusch. Edit. IV. nonnihil immutata et aucta. 8. Posonii 832, C. F. Wigand.

Dieterich, J. Sam., Andachten f. Christ. d. z. h. Abendmahl gehen. 8. Berl. Haude. 781.

— kurz. Entwurf d. christl. Lehre. 8. Ebend. 762.

— Gesangbuch f. d. häusl. Andacht. 8. Berl. Nicolai. 787. Schrbp.

— Selbstermunterungen z. Verehr. Gottes. 8. Grottkau, (Belitz in Berl.) 790.

Dieterich, Johann Christian: Briefwechsel, s. Bürger, Gottfried August

Dieterich, Johann David

— **Joh. Dav.,** De genuina quasi notione juridica. Götting. (Joh. Christ. Lud. Schulze) 26. IV. 1740. 40 S. (5.—) 6499

Dieterich, Johann Georg Nicolaus. Phytanthoza-Iconographia, sive conspectus aliquot millium, tam indigenarum quam exoticarum, ex quatuor mundi partibus, ... a J. Guil. Wienmanno ... collectarum plantarum, arborum ... quae ... aeri incisae, et ... vivis coloribus ... excusae ... per B. Scuterum, J. E. Ridingerum et J. J. Haidium ... quorum denominationes ... et descriptiones ... ordine ac serie alphabetica ... Latino et Germanico idiomate ... explicantur a Joanne Georgio Nicolao Dieterico. ... Ratisbonae 1737-45. MV: *Dieterich, Ludwig Michael* & *Ambr. Carl Bieler.* V (Vorrede): *Haller, Albr. v.* (BrMm)

— **Joh. Hieronymus** (Bayreuth), Continuata disquisitio in jura majestatis Caesareae in Italiam competentia. Präs. Joh. Wolffg. Jaeger. Tübing. (J. C. Reis) 1718. 16 S. (5.—) 6500
Gew.: Joh. Adam, Joh. Gg. u. Chph. Wilh. Dieterich (Brüder).

Dieterich, Julius Reinhard

Dieterich, Jul. Rhard., s.: Archiv f. hessische Geschichte.

— **u. Karl Bader,** Beiträge zur Geschichte der Universitäten Mainz u. Giessen. Hrsg. im Auftrage des histor. Vereins f. das Grossherzogt. Hessen. (VIII, 532 S. m. Abbild. u. 1 Taf.) gr. 8. Giessen 907. (E. Roth.) 5.—; geb. 6. —

— — dasselbe, s.: Archiv f. hess. Geschichte u. Altertumskunde.

Dieterich, Jul. Rhard., die Geschichtsquellen d. Klosters Reichenau b. zur Mitte d. 11. Jahrh. gr. 8. (VII, 303 S.) Giessen 897. v. Münchow'sche Hof- u. Univ.-Buchdr. n. 8. —

Dieterich, Julius Reinhard (Hrsg.), s. Hotz, Wilhelm: Die Flurnamen d. Grafschaft Schlitz.

Dieterich, *Julius Reinhard* [Dr.]: Die Polenkriege Konrads II. und der Friede von Merseburg ... Giessen, grossh. Hess. Hof- u. Univ.-Dr. C. v. Münchow, 1895; 46 S. 8.
Giessen, Phil. Fak., Hab.-Schr. v. 1895

Dieterich, Jul. Rhard., Streitfragen der Schrift- u. Quellenkunde des deutschen Mittelalters. Mit 12 Schriftproben. gr. 8. (XII, 180 S.) Marburg 900. N. G. Elwert's Verl. n. 6. —

Dieterich, Julius Reinhard *Georg Christian* [aus Eckelshausen]: Die Taktik in den Lombardenkriegen der Staufer ... Marburg, 1892; 1 Bl., 67 S. 8.
Marburg, Phil. Fak., Inaug.-Diss. v. [9. März] 1892

Dieterich, K., Hohenneuffen. In Ruhm u. Glanz. Bilder aus der Vergangenheit der Festg. Mit 2 Abbildgn. u. e. Wegweiser. gr. 8. (26 S.) Stuttgart 894. J. B. Metzler's Verl. —30

Dieterich, Karl, Analyse der Harze, Balsame u. Gummiharze nebst ihrer Chemie u. Pharmacognosie. Zum Gebrauch in wissenschaftl. u. techn. Untersuchungslaboratorien unter Berücksicht. der älteren u. neuesten Litteratur hrsg. gr. 8. (XVI, 286 S.) Berlin 900. J. Springer. Geb. in Leinw. n. 7. —

— s.: Annalen, Helfenberger.

Dieterich, Karl, aus dem Balkanwinkel. Erzählungen aus dem griech., rumän. u. südslav. Volksleben, ausgewählt u. übertr., in Verbindung m. O. Franz u. A. Dorić. (VII, 165 S.) 8. Leipzig 908. C. F. Amelang. 2.—; geb. in Leinw. 3.—

Dieterich, Pf. C., der Bauernkrieg im Jahr 1525. Beschrieben f. d. Volk. gr. 12. (3¾ B.) Eßlingen 840, Dannheimer'sche Bh. *

Dieterich, Carl, (II.), der Bauernkrieg im Jahre 1525. Beschrieben f. das Volk. 2., umgearb. Aufl. Eigenthum d. württemberg. Volksschriften-Vereins. 16. (10½ B.) Ulm 844. (Heerbrandt u. Thämel.)

Dieterich, Karl, (Dr.) Beschreibung einiger Abnormitäten des Menschenschädels. Inauguraldissertation. Mit 1 lith. Taf. gr. 8. Basel 842, Schweighauser'sche Buchh. 1/3 rf

—— Briefwechsel zwischen Gottfried u. seinem Hrn. Pfarrer üb. die schwere Kunst, Kinder zu erziehen. Eine Volksschrift. 1. Aufl. (4 B.) u. 2. Aufl. 16. (6½ B.) Ulm 842, Rübling. à

— Byzantinische Charakterköpfe, s.: Aus Natur u. Geisteswelt.

Dieterich, C. Herzog Christoph zu Würtemberg. 8. Ulm 1846.

Dieterich, Karl, Geschichte der byzantin. u. neugriech. Litteratur, s.: Literaturen, die, des Ostens in Einzeldarstellungen. 4. Bd.

— vaterländische Geschichte v. Großen Kurfürsten bis zur neuesten Zeit. Mit Bildern. 8. (64 S.) Ebd. 900. —30

Dieterich, Karl (Pfarrer), Vater Gottfried, oder die schwere Kunst Kinder zu erziehen. Eine Volksschrift. 2. mit Zusätzen verm. Aufl. gr. 16. Ulm 844, Rübling. 1/8 rf

Dieterich, Carl, geschichtlicher Hausschatz für's Volk. 1. u. 2. Thl. gr. 16. 1. Geschichte der Märtyrer. Eine Volksschrift. (138 S.) 2. Geschichte der Kreuzzüge. Eine Volksschrift. (154 S.) Ulm 851, Gebr. Rübling. (à 4½ ngr) 9 ngr

Dieterich, Carl, geschichtlicher Hausschatz für's Volk. 3—6. Thl. Ulm 860. Gebr. Rübling. 16. Jeder Thl. 6 ngr.
3. Thl.: Geschichte der Waldenser vom Jahre 1160 bis 1848. Beschrieben für das Volk. (168 S.)
4. Thl.: Der Bauernkrieg im Jahre 1525. (166 S.)
5. Thl.: Conrad Wiederhold und der 30jährige Krieg. (120 S.)
6. Thl.: Christof vierter Herzog von Wirtenberg. (127 S.)

Dieterich, Carl, geschichtlicher Hausschatz für's Volk. 4.—6. Thl. gr. 16. Ulm, Gebr. Rübling. à Thl. 60 Pf.
Inhalt:
Theil 4. Der Bauernkrieg im J. 1525. 3. Aufl. (132 S.) 868.
" 5. Konrad Wiederhold und der 30jähr. Krieg. 3. Aufl. (120 S.) 870.
" 6. Christof, vierter Herzog von Württemberg. 2. Aufl. (128 S.) 868.

Dieterich, Carl, geschichtlicher Hausschatz für's Volk. 6 Thle. 12. Ulm 883, Gebr. Rübling. à Thl. 50 Pf.
Inhalt:
Thl. 1. Geschichte der Märtyrer. 2. (Titel-)Aufl. (138 S.)
" 2. Geschichte der Kreuzzüge. 2. (Titel-)Aufl. (154 S.)
" 3. Die Waldenser. 2. (Titel-)Aufl. (168 S.)
" 4. Der Bauernkrieg im J. 1525. 4. (Titel-)Aufl. (130 S.)
" 5. Konrad Wiederhold. 4. (Titel-)Aufl. (120 S.)
" 6. Herzog Christof. 3. (Titel-)Aufl. (128 S.)

Dieterich, Karl: Der Kautschuk (Gummi elasticum). Berlin 1903

Dieterich, Karl, der Kraftwagen als Verkehrsmittel, s.: Küster's autotechnische Bibliothek.

Dieterich, K., Neugriechische und romanische Lauterscheinungen in ihrem Verhältnis zur Vulgär- κοινή und zum Vulgärlatein sowie zueinander. S.-A. 1908. 56 S. 1.25

— Das Leben des Johann Brenz in 8 Erzählungen für Jugend u. Volk. gr. 12. Eßlingen 841, Dannheimer. 1/8 rf

DIETERICH, KARL. Ueber das Palmendrachenblut. Bern, 1896.

Dieterich, Karl: Zur Pharmakodiakosmie und chemischen Analyse der Hausen- und Fischblasen. Mit 3 Taf. Dresden 1909. 45 S. 4°
Dresden, Vet.-med. Hab.-Schr. v. 1909.

Dieterich, Karl, Dr. phil.: Die präpositionalen Präfixe in der griechischen Sprachentwicklung mit besonderer Berücksichtigung des Mittel- und Neugriechischen. Kap. 1. 'Από. Straßburg: Trübner 1909. S. 87—157. 8° ¶ (Aus: Indogermanische Forschungen. Bd 24.)
Leipzig, Phil. Hab.-Schr. v. 5. Febr. 1909 [U 09. 3095

Kais. Akad. d. Wissensch. Sprache und Volksüberlieferungen der südlichen Sporaden im Vergleich mit denen der übrigen Inseln des Ägäischen Meeres von Karl **Dieterich**. Wien: A. Hölder 1908. (VIII S., 526 Spalten). 4°
= Dialektstudien, Neugriechische. H. 2.
= **Schriften** d. Balkankommission. Linguist. Abt. 3, H. 2. [08. 4229

— **Taschenwörterbuch der neugriechischen Umgangs- u. Schriftsprache. Mit Angabe der Aussprache nach dem phonet. System der Methode Toussaint-Langenscheidt. 2. Tl. Deutsch-Neugriechisch. (XXV, 768 u. 40 S.) kl. 8. Berlin-Schöneberg (909). Langenscheidt's Verl.**
Geb. in Leinw. 3.50
Neugriechisch-Deutsch, s.: Mitsotakis, Johs. K.

Dieterich, Karl: Untersuchungen zur Geschichte der griechischen Sprache von der hellenistischen Zeit bis zum 10. Jahrh. n. Chr. *Leipzig 1898: B. G. Teubner.* (XX, 34 S.) 8° ¶ (Erscheint vollständig in: Byzantinisches Archiv, H. 1.)
München, Phil. Diss. v. 1898

Untersuchungen zur Geschichte der griechischen Sprache von der hellenistischen Zeit bis z. 10. Jh. n. Chr. v. Karl **Dieterich**. M. 1 Kt. *Leipzig: B. G. Teubner 1898.* (XXIV, 326 S., 1 Kt.) 1 Bd 4.(8.)
= Archiv, Byzantinisches. H. 1. [98. 10654

— **was ist feuergefährlich? Nach e. Vortrage des Autors, den derselbe als stellvertret. Branddirektor der Feuerwehr der chem. Fabrik Helfenberg A.-G. geh. hat. 1. u. 2. Aufl. (à 15 S.) 8. München (903. 904). (Ph. L. Jung.) n. —50**

—— Conrad Wiederhold u. der 30jährige Krieg. Eine vom württemberg. Volksschulverein gekrönte Preisschrift. gr. 16. (7⅝ B. u. 1 Kpfr.) Ulm 844, Rübling.

—— Conrad Wiederhold und der dreißigjähr. Krieg. Eine vom württemberg. Volksschriftenverein gekrönte Preisschrift. 2. Aufl. gr. 16. (120 S.) Ulm 851, Gebr. Rübling.

Dieterich, Karl Friedrich

DIETERICH, Carl Friedr.: Anfangsgründe der Pflanzenkenntniß. - Erfurt 1771. 1 Alph., 12 Taf. - 2. verb. u. verm. Aufl. Leipzig 1785. 1 Alph., 12 Taf.

— Anfangsgründe d. Pflanzenkenntniß, mit Kpf. 8. Erfurt 771. 2e Aufl. gr. 8. Leipz. 785. Hahn. 1 rf

Dieterich, Carl Friedr., Solemnia inauguralia candidati Moritz Bachmann Heiligenstadt / Eichsf.), „capitulationis Caesareae". Erfurt (Heinr. Rud. Nonne) 1. X. 1779. 20 S. mit Biogr. B.'s. (M.: M. C. Herold.) (3.50) 6487

— Compendium Juris naturae. 12. Argentorati, Levrault. 788.

— — Solemnia inauguralia . . Friedr. Hieron. Rud. Ziegler (Erfurt). „De jure majestatico sanciendi pacem nomine imperii R. Germanici praefatur." Erfurt (Joh. Christ. Goerling) 15. XI. 1798. 8 S. mit Biogr. Z.'s. (M.: F. D. Schorch.) (3.—) 6489

Dieterich, C. F., jurisprudentia ecclesiastica. 2 Tmi. 8. Marb. Krieger. 791.

— primae lineae Juris publ. ecclesiastici. 8. ibidem. 786.

— das Pflanzenreich nach d. Linné'schen System. 2 Thle. 8. Erf. 770. Regensb. 775. Montag u. W. 2 ℛ

— Pflanzenreich, nach Linné's Natursystem. 2e verm. Ausg., mit Zusätzen von Chr. Fr. Ludwig. 3 Bde. gr. 8. Leipz. 798, 99. Hahn. 4 ℛ 8 gl

— — Viri .. Carl Friedr. Koch (Erfurt) sol. inauguralia. „De potestate civili eminenti praefatur." Erfurt (Joh. Christ. Goerling) 19. VIII. 1802. 8 S. mit Biogr. K.'s. (M.: C. E. Strahl.) (3.—) 6490

— Schöpfung u. Schöpfer, oder Anleit. zur Kenntniß d. Natur, Geschöpfe u. Hinführung auf ihren Schöpfer. 8. Erfurt 788. Keyser. 1 ℛ 8 gl

— — Solemnia inauguralia .. canditati Franz. Phil. Franck (Aschaffenburg) „de systemate ecclesiae catholicae et protestantium". Erfurt (Heinr. Rud. Nonne) 9. XI. 1779. 12 S. mit Biogr. F.'s. (M.: A. M. Cammer [Obernburg].) (3.50) 6488

Dieterich, K. F.: Systema element. jurisprud. cath.- ecclesiast., tam priv. quam publ. comm. sec. principia Congressus Emsani. *Erf.*, gedr. b. Gradelmüller. (784.) 791. 8. (1 Thl. 8 Gr.)

Dieterich, Karl Fr., († d. 31. Aug. 1805.) systema elementare jurisprudentiae civilis privatae communis Imp. Rom. Germanici. 8. Erfurt 772.

Dieterich, Konr., Grundzüge der Metaphysik. gr. 8. (VIII, 85 S.) Freiburg i. Br. 885, Mohr. *

Dieterich's, Conr., institutiones catecheticae, d. i. gründl. Auslegg. d. Katechismus Mart. Luthers in Frage u. Antwort u. m. Anmerkgn. vers. Aus d. Lat. übers. v. Frdr. Wilh. Aug. Notz. 2., verb. u. verm. Aufl. gr. 8. (XVI, 526 S. m. Bildn.) St. Louis, Mo., 896. (Leipzig, E. Bredt.) n. 5. —

Dieterich, Konr., Kant und Newton. gr. 8. (XIII, 294 S.) Tübingen 876, Laupp'sche Buchh. *

—— Kant und Rousseau. gr. 8. (XIII, 200 S.) Ebendas. 878. *

—— die Kant'sche Philosophie in ihrer inneren Entwicklungsgeschichte. 2 Thle. gr. 8. Ebendas. *

Inhalt:

Thl. 1. Naturphilosophie und Metaphysik. [2. (Titel-)Ausg. von: Kant und Newton.] (IX, 294 S.) (876)885. * ℳ 3.50.

» 2. Psychologie und Ethik. [2. (Titel-)Ausg. von: Kant und Rousseau.] (VI, 200 S.) (878)885. * ℳ 2.—.

Dieterich, Konr., Philosophie u. Naturwissenschaft, ihr neustes Bündniss u. die monist. Weltanschaug. gr. 8. (X, 90 S.) Tübingen 875. Laupp. n. 1. 60

—— Philosophie und Naturwissenschaft, ihr neustes Bündniss und die monistische Weltanschauung. 2. (Titel-)Ausg. 8. (XI, 90 S.) Ebendas. (875)885. *

Dieterich, Ludw., s.: Gesundheitswesen, das öffentliche, des Reg.-Bez. Posen.

Dieterich, Ludw., das öffentliche Gesundheitswesen des Reg.-Bez. Stettin in den J. 1883, 1884 und 1885. 5. Verwaltungsbericht. gr. 8. (266 S.) Stettin 887, Hessenland. *

—— die Krankenkassen des Reg.-Bez. Stettin im J. 1886. gr. 8. (32 S. mit 1 Tab.) Leipzig 887, G. Thieme. *

Dieterich, Ludovicus (*geb. Poraschowitz bei Rybnik in Oberschles. 21 I 1837*): De partu praematuro artificiali. Vratislaviae (1860). (24 S.) 8°

Breslau, Med. Diss. v. 11 Juli 1860

Dieterich, L., s. Zeitung, neue medicin.-chirurgische.

Dieterich, M. Beschreibung der Stadt Ulm. M. K. u. Krte. 8. Ulm 1825.

Dieterich, M., Histor. Nachricht von denen Grafen zu Lindow und Ruppin. Berlin 1725. 8.

Dieterich, Michael

Dieterich, Mch., histor.-physikal. Abhandl. von dem berühmten Wildbade zu Abach in Niederbaiern. 8. Münch. 754. Lentner. 4 gl

Dieterich, Michael, s. Benutzung d. Rieds.

Dieterich, Mich., naturhist., ökonom., technologisches Handwörterbuch üb. alle 3 Reiche d. Natur. 2 Bde. gr. 8. Ulm Stettin. 816. (à 2 Rthlr. 8 gr.)

Dieterich, Mich., naturhistor.-ökonom.-technolog. Handwörterbuch ꝛc. 2 Bde. gr. 8. Ulm 816, 17. Stettin. 4 2/3 ℛ, jetzt nur 1 1/2 ℛ

Dieterich, Michael, s. M. J. Schmidt: Gesch. d. deutschen Register.

Dieterich, Osc., Lungen-, Hals- u. Nasenleiden, ihre Heilung durch Inhalation antiseptischer u. heilender Stoffe vermittelst Vergasungs-System Oscar Dieterich. (2. Aufl.) (192 S. m. 4 Taf.) gr. 8. Stuttgart (906). (F. Stahl.) n. 1. —

Dieterich, Otto, Referendar: Die Rechte der Gläubiger gegenüber dem Nießbraucher am Vermögen des Schuldners. Pasewalk 1908: J. Scheidling. (VI, 102 S.) 8°

Heidelberg, Jur. Fak., Ref. Heinsheimer, Diss. v. 1908

[Geb. 25. Dez. 83 Danzig; Wohnort: Pasewalk; Staatsangeh.: Preußen; Vorbildung: Stadtgymn. Stettin Reife O. 04; Studium: München 2, Leipzig 1, Berlin 3 S.; Rig. 23. Juli 07.]

Dieterich, Rud., Signal-Fahnen, Signal-Laternen u. Abzeichen d. k. u. k. Heeres. Nach den diesbezügl. Vorschriften zusammengestellt. qu. 4. (5 farb. Taf.) Wien 891. R. Lechner's Sort. n. 1. 20

Dieterich, Th. v., die krankhafte Erweichung und Durchlöcherung des Magens und Darmkanals mit Berücksichtigung ähnl. Krankheiten, in ihrem ganzen bisher bekannten Umfange wissenschaftl. bearb. nebst Mittheilung eig. Erfahrungen. gr. 8. (XVI und 82 S.) Mitau 848, Reyher'sche Vrlgsh.

— Traugott (Dresden), De principe litis causa haerede instituto. Spec. acad. Präs. Lüder Mencken. Lpz. (J. Chph. Brandenburger) 31. VII. 1703. 24 Seiten. (5.—) 6502

— — Dasselbe. Lpz. (Chn. Emmerich). 8 Blatt. (5.—) 6503

Dieterich, Udo Waldemar, kurze Anweisung zur leichten Erlernung d. schwedischen Sprache, nebst den nothwendigsten Gesprächen. 8. (6½ B.) Stockholm 844, Fritze. *

Dieterich, Udo Waldemar, s. Auswahl n. Schwedisch. Gedichte.

Dieterich, U. W., Enträthselung des Odinischen ᚠᚢᚦᚬᚱᚴ durch das semitische Alphabet. Stockholm 864. Maass. S. (VIII, 95 S.) n. 18 ngr.

Dieterich, Udo Waldemar, s. Felddienst, der.

Dieterich, Udo Waldemar, s. Geijer, E. G.: Carl XIV. Johann, König v. Schweden. Dess. über die innern gesellschaftl. Verhältnisse uns. Zeit.

Dieterich, Udo Waldemar, ausführl. schwed. Grammatik, nebst e. gedrängt. Litteraturgesch., u. e. aus d. vorzügl. neueren Schriftstellern Schwedens gesammelten Chrestomathie mit zugehör. Wörterbuche. 8. (29 B.) Stockholm 840, [Fritze.] *
Vgl. Dietrich, Dittrich.

Dieterich, Udo Waldemar, ausführl. Schwedische Grammatik nebst einer gedrängten Litteraturgeschichte, u. einer aus den vorzügl. neueren Schriftstellern Schwedens gesammelten Chrestomathie mit zugehörigem Wörterbuch. gr. 8. (VI u. 447 S.) Stockholm 848, Fritze. n. 2 ℔

Dieterich, Udo Waldemar, s. Maiblumen des jungen Skandinaviens.

Dieterich, Udo Waldemar, s. Oskar, Kronprinz von Schweden: Von Strafen und Strafanstalten.

Runenkunde. T. 1. [Jena.] o. J. 8° [Umschlagt.]
Runen-Sprach-Schatz oder Wörterbuch über die ältesten Sprachdenkmale Skandinaviens, in Beziehung auf Abstammung und Begriffsbildung v. Udo Waldemar **Dieterich.** Stockholm u. Leipzig. (1844.) 8°

—— **Runen-Sprach-Schatz. Od. Wörterbuch üb. die ältesten Sprachdenkmale Skandinaviens, in Beziehung auf Abstimm. u. Begriffsbildung. gr. 8. (25¼ B.) Stockholm 845, Fritze.** *
Vgl. Dietrich.

— **Svensk språklära med jemförande häntydningar till Norges och Danmarks Språkbruk. 1. Häftet: Bokstafs och Ordböjnings-Lära. gr. 8. (89 S.) Stockholm 850, Bagge. (Leipzig, Brockhaus.) n. 16** ngr

Dieterich, Veit: Summarien zur Bibel, s. Biblia mit den Summarien V. Dieterichs.

Dieterich, Wilhelm, approb. Arzt aus Aub: **Ueber Gastrostomie im Anschluß an 29 Fälle, welche in den Jahren 1890—1902 in der chirurgischen Universitätsklinik zu München operiert wurden.** *München 1902: C. Wolf & Sohn.* (67 S.) 8°
München, Med. Diss. v. 1902

Dieterich, Willy, a. Flomborn: **Das Intestinalemphysem, insbesondere ein Beitrag zu dieser Erkrankung beim Menschen.** Heidelberg 1909: Dörr. 15 S. 8°
Heidelberg, Med. Diss. v. 10. Sept. 1909, Ref. Ernst
[Geb. 15. April 85 Göllheim; Wohnort: Mannheim; Staatsangeh.: Hessen; Vorbildung: Gymn. Worms Reife O. 03; Studium: Freiburg i. B. 1, Gießen 4, München 2, Heidelberg 3 S.; Coll. 6. Mai 09; Approb. 3. Sept. 09.] [U 10. 2050

Dieterich-Helfenberg, K., s. Dieterich, Karl

Dieterichs, vgl. Died(e)rich. – Diet(e)rich. – Diterich. – Dittrich.

Dieterichs, Geschichte d. 2. hessischen Infanterie-Regiments Nr. 82 u. des kurhess. Stammregiments. Mit vielen Bildern. Auf Befehl des Regiments zusammengestellt. 8. (147 S.) Berlin 900. A. Schall. Kart. n. 1. —

Geschichte des 2. Hessischen Infanterie-Regiments Nr. 82 und des Kurhessischen Stammregiments (2. Regt. gen. Landgraf Wilhelm v. Hessen). Mit Bildern. Auf Befehl d. Reg. zsgest. von **Dieterichs,** Lt. 2. Aufl. *Berlin: A. Schall 1902.* (152 S.) 8° [F.] [02. 9945 4

Vaterländische Geschichte vom Grossen Kurfürsten bis zur neuesten Zeit mit Bildern. Zsgest. von **Dieterichs,** Lt. im 2. Hess. Inf.-Reg. Nr. 82. *Berlin: A. Schall 1900.* (64 S.) 8° [F.] [00. 10192

Dieterichs, Conr., Institutiones catecheticae d. i. gründliche Auslegung des Katechismus D. Martin Luthers in Frage und Antwort und mit Anmerkungen versehen. Aus dem Latein. übers. von Friedr. Wilh. Aug. Notz. gr. 8. (XII, 505 S. mit Portr. in Holzschn.) St. Louis, Mo. 876. (Leipzig, Bredt.) *

Dieterichs, C., kurze Anleitung f. Wirthschafts-Beamte, welche nach Dieterichs'scher Methode Buch führen. gr. 8. (36 S.) Hannover 892. (Leipzig, H. Voigt.) Geb. in Leinw. n. 1. —

Dieterichs, C., einfache landwirthschaftliche Buchführung. Zunächst bestimmt für den norddeutschen Landwirth. Hrsg. unter Mitwirkung von F. Brügmann und Chrn. Jenssen. Fol. (75 S.) Hannover 882, Schmorl und v. Seefeld. cart. *

Dieterichs, C., einfache landwirthschaftliche Buchführung. Unter Mitwirkung von F. Brügmann und Chrn. Jenssen hrsg. 2. verm. und verb. Aufl. Fol. (IV, 116 S.) Berlin 885, Parey. geb. *

—— Einfache landwirtschaftliche Buchführung. 3. neubearb. Aufl. Fol. (IV, 132 S.) Berl. 891, Parey. geb. * 4 50

— dasselbe. 4., neubearb. u. verm. Aufl. Fol. (IV, 183 S.) Ebd. 894. Geb. n. 5. 50

— **Geld-Rechnung f. den kleineren Landwirt zur Ermittelung des Ertrages seines Wirtschafts-Betriebes u. steuerpflichtigen Einkommens. Hrsg. auf Veranlassg. d. land- u. forstwirtschaftlichen Provinzial-Vereins f. das Fürstenth. Lüneburg. gr. 4. (121 S.) Hannover 892. (Leipzig, H. Voigt.) Geb. in Leinw. n. 2. —**

Haushalts-Rechnung der Frau des Landwirts m. besond. Berücksicht. d. neuen Einkommensteuergesetzes. Fol. (57 S.) Ebd. 892. Geb. n.n. 1. 25

Dieterichs, C., der Landwirt als Rechnungsführer. Handbuch der einfachen u. doppelten Buchführg. m. prakt. Mustern u. Beispielen. gr. 8. (VI, 602 S.) Berlin 889. Parey. geb. n. 12. —

— d. Landwirts Steuereinschätzung u. Buchführung. Eine durch Beispiele aus der Praxis erläuterte Anleitung zur übersichtl. Führung der Bücher auf Grund d. neuen preuß. Einkommensteuer-Gesetzes. gr. 8. (46 S.) Ebd. 893. n. 1. —

Dieterichs, E. H. F. (Bremen), De fructibus ultimi anni, et utrum veteri utrum novo calendario sint adjudicandi. Diss. jur. Götting. (Grape) 30. V. 1800. 34 S. (4.80) 6504
Gew.: Ernst Gg. Dieterich (Vater).

Dieterichs, F. W. Anweisung, die Wirkung des Feuers in Stubenöfen und Küchen zu vermehren. Berlin, 1766.

Dieterichs, **Geo. Sept., († 1807.) Bibliotheca s. Catalogus librorum quibus utitur. VII Ptes. 8. Regensb. 760—63.**

Dieterichs, Johann (Joachim?) Friedrich Christian

Dieterichs J. F. C.: Anleitung das Alter d. Pferde nach dem natürlichen Zahnwechsel u. d. Veränderungen d. Zähne zu erkennen ... Berl. 1822. 88 S. 12 Tvl.
— — 2. verb. u. verm. Aufl. Sst. 1837. 80 S. 12 Tvl.

Dieterichs, (J. F. C.,) Anleitg., das Alter d. Pferde nach dem natürl. Zahnwechsel u. d. Veränderungen der Zähne zu erkennen u. in dieser Hinsicht gegen Betrug im Pferdehandel sich zu schützen. 2e unveränd. wohlfeile Ausg. mit 12 Kupfertaf. gr. 8. Berlin 824. (Mittler.) Rthlr.

Dieterichs, Joh. F. Chr., Anleitung, das Alter d. Pferde, d. Rinder u. d. Schafe nach d. natürl. Zahnwechsel u. den Veränderrn. d. Zähne zu erkennen ꝛc.; nebst: Anmerkn. üb. d. Koppen u. üb. einige Krankheiten, die mit d. Durchbruche d. Zähne vorkommen. 2., verb. u. verm. Aufl. M. 12 Kpfrt. gr. 8. (5½ B.) Berlin 837, Hayn.

Dieterichs, J. F. C., Anleitung zum Erkennen, Verhüten und Tilgen der Rinderpest. Für Landwirthe u. Viehbesitzer bearb. Berlin 856. K. Wiegandt. (Bosselmann.) 8. (48 S.) n. 10 ngr

Dieterichs, J. F. C., Behandlung der ansteckenden Krankheiten der Hausthiere bis zur Ankunft des Thierarztes, mit Berücksichtigung der betreffenden gesetzl. Bestimmungen. Für Jedermann, besonders für Orts-Behörden, Landwirthe und Thierbesitzer. 1 Bog. in Imp.-Fol. Berlin 858, Gebr. Scherk's Verlag. *

Dieterichs, Joh. F. Chr., Beiträge zur Veterinair-Chirurgie u. Akiurgie, als Nachtrag zu den ältern Auflagen obiger Werke. Für die Besitzer derselben. gr. 8. (11 B. u. 1 Taf. Abbildgn.) Berlin 844. (A. Hirschwald.)

— Benennungen der einzelnen Regionen und Theile des äußern Pferdekörpers und Angabe des Sitzes der daran vorkommenden Fehler und Krankheiten. Mit Hinweisung auf das dazu gehörende Werk: Die Fehler und Gewährsmängel bei den Pferden zu erkennen. Leipzig 853. Baumgärtner. (1 Bgn. in gr. Fol. mit 1 lith. Abbildg. im Text.) 6 ngl

Dieterichs, Joh. Friedr. Christ., thierärztliche Erfahrungen, oder: Der Eintritt eines jungen Thierarztes in die Praxis. Mit 1 (lith.) Abbildung. 8. (IV u. 153 S.) Berlin 851, Hayn. 1/2 ₰

— die Fehler und Gewährsmängel und deren Kennzeichen bei den Pferden. Ein Leitfaden zum Gebrauche für Käufer und Verkäufer von Pferden ꝛc. Mit Abbildungen. gr. 8. (126 S. mit 5 Stnt. und 1 Tab. in gr. Fol.) Leipzig 853, Baumgärtners Buchh.

Dieterichs J. F. C.: Ueber Gestüts- u. Züchtungskunde. Nebst einer Anleitung die Gestüts-Krankheiten vorzubeugen, sie zu erkennen u. zu heilen, desgleichen die Geburtshülfe bei den Pferden auszuüben. Berl. 1824. 414 S.
— — Neue wohlfeilere [Tit.-]Ausg. Sst. 1827. 414 S.

— über Gestüts- u. Züchtungskunde. Nebst e. Anleit., den Gestüts-Krankheiten vorzubeugen, sie zu erkennen u. zu heilen, desgleichen d. Geburtshülfe bei den Pferden auszuüben. gr. 8. Berl. 824. Burchhardt. 2 ₰ 8 ℊ Amelang. Hbg. Pr. 1 ₰ 16 ℊ

— — Über Gestüts- und Züchtungskunde. Nebst einer Anleitung, die Gestütskrankheiten vorzubeugen, sie zu erkennen und zu heilen, desgleichen die Geburtshilfe bei den Pferden auszuüben. gr. 8. Berlin 27. Amelang. M. 5.—

— Handbuch d. allgem. u. besondern, sowohl theoret. als prakt. Arzneimittellehre, für Thierärzte u. Landwirthe. gr. 8. Berl. 825. 2e A. 830. Amelang. 1 ₰ 8 ℊ

Dieterichs, Joh. F. Chr., Handbuch d. allgem. u. besond., sowohl theoret., als prakt. Arzneimittellehre f. Thierärzte u. Landwirthe. Oder allgem. verständl. Unterr. üb. d. in d. Thierheilkunde zu benutz. Arzneimittel, ihre Kennzeichen, Bestandtheile, Wirkungen u. Bereitungsart; mit Bestimmung d. Gabe u. Form, in welcher die Heilmittel geg. d. verschied. Krankheiten anzuwenden sind. 2., verm. u. verb. Aufl. gr. 8. (22 B.) Berlin 830, Amelang.

— Handbuch d. allgem. u. besond., sowohl theoret., als prakt. Arzneimittellehre f. Thierärzte u. Landwirthe. Oder: allgem. verständl. Unterr. üb. die in d. Thierheilkunde zu benutz. Arzeneimittel, ihre Kennzeichen, Bestandtheile, Wirkungen u. Bereitungsart; mit Bestimmung d. Gabe u. Form, in welcher d. Heilmittel, geg. die verschied. Krankheiten, anzuwenden sind, 3., verm. u. verb. Aufl. gr. 8. (22 1/2 B.) Berlin 839, Amelang.

Dieterichs, Jh. F. Chr., Handbuch der praktischen Geburtshülfe bei den größeren Hausthieren. gr. 8. Berlin 845, Hayn. 1 1/4 ₰

— Handbuch der gesammten Hausthierzucht für Landwirthe. gr. 8. (XVI und 417 S.) Leipzig 848, Brockhaus.

Dietrichs J. F. C.: Handbuch d. speziellen Pathologie u. Therapie f. Thierärzte u. Landwirthe ... Berl. 1828. 675 S.

— Handbuch d. speciellen Pathologie u. Therapie für Thierärzte u. Landwirthe. Oder: die Kunst, die innern Krankheiten d. Pferde, Rinder u. Schafe zu erkennen, zu verhüten u. zu heilen. gr. 8. Berl. 828. Amelang. 2 ₰ 16 ℊ

Dieterichs, J(oachim) F(riedrich) C(hristian): Handbuch der speziellen Pathologie und Therapie für Thierärzte und Landwirthe. Oder: die Kunst, die innern Krankheiten der Pferde, Rinder und Schafe zu erkennen, zu verhüten und zu heilen. 2.verbess.Aufl. 676 S., gbd.

Berlin: Amelang 1835

— Handbuch der speziellen Pathologie u. Therapie für Thierärzte u. Landwirthe. Oder: Die Kunst, die innern Krankheiten der Pferde, Rinder, Schafe, Schweine u. Hunde zu erkennen, zu verhüten u. zu heilen. 3. völlig umgearb. u. verm. Aufl. gr. 8. (XVIII u. 718 S.) Berlin 851, Hayn. 2 2/3 ₰

Dieterichs, J. F. C.: Handbuch der praktischen Pferdekenntniss. Für Offiziere d. Kavalerie u. Artillerie bearb. Mit erl. Abb. Berlin 1834. VI, 280 S.

— Handbuch d. prakt. Pferdekenntniß. Oder: Beurtheilung d. Pferdes sein. gesund. u. fehlerhaften Baue nach, mit Angabe d. Kennzeichen, d. Fehler seiner Theile, d. Alters, d. gewöhnl. Krankheiten bei denen schnelle Hülfe nöthig ist, deren Verhütung u. Beseitigung, so wie der Fouragen ꝛc. Für Offiziere d. Kavalerie u. Artillerie u. f. jeden Pferdeliebhaber. Mit erläut. Abbild. (auf 3/4 lith. Bog.) 2., durchges. Ausg. gr. 8. (17 3/4 B.) Berlin 835, Hayn.

— Handbuch d. prakt. Pferdekenntniß. Für Offiziere d. Kavalerie u. Artillerie u. f. jeden Pferdeliebhaber. 3., verm. u. verb. Aufl. gr. 8. (18 3/4 B. u. 3 Stnt.) Berlin 845, Hayn.

Dieterichs J. F. C.: Handbuch d. Veterinair-Akiurgie, od. die Lehre v. den wichtigsten, an Hausthieren vorkommenden blutigen Operationen. Berl. 1842. 520 S. 1 Tvl.

— Handbuch der Veterinair-Akiurgie, oder: Die Lehre von d. wichtigsten, an Hausthieren vorkomm., blutigen Operationen. Mit Abbild. gr. 8. Berlin 842, Hayn. 2 1/2 ₰

— Handbuch der Veterinair-Akiurgie, oder: Die Lehre von den wichtigsten, an Hausthieren vorkommenden blutigen Operationen. 2. verb. u. verm. Aufl. Mit Abbildgn. gr. 8. (XVI u. 592 S. m. 1 lith. Taf. in gr. Fol.) Ebd. 851. 2 1/2 ₰

Dieterichs J. F. C.: Handbuch d. Veterinair-Chirurgie ... Berl. 1822. 616 S. 2 Tvl.
— — 2. verm. u. verb. Aufl. Sst. 1825. (12) 635 S. 2 Tvl.
— — 4 do. Sst. 1836. (14) 652 S. 2 Tvl.
— — 6. sehr verm. u. verb. Aufl. Sst. 1845. 681 S. 2 Tvl.

— Handbuch der Veterinair-Chirurgie, oder: die Kunst, die äußeren Krankheiten d. Pferde u. anderer Hausthiere zu erkennen u. zu heilen. 2e Aufl. Mit 2 Kupfert. gr. 8. Berl. 825, Christiani in Hamburg.

— Handb. d. Veterinair-Chirurgie, od.: die Kunst, d. äußeren Krankheiten d. Pferde u. and. Hausthiere zu erkennen u. zu heilen. 3., verm. u. verb. Aufl. M. 2 Kpfrt. (in Fol.) gr. 8. (43 B.) Hamburg 830, Christiani. (Berlin, Trautwein.)

— Handbuch d. Veterinär-Chirurgie, od.: Die Kunst, die äuß. Krankheiten d. Pferde u. anderer Hausthiere zu erkennen u. zu heilen. 4., verm. u. verb. Aufl. M. 2 Kpfrt. (43 B.) 836. 5., verm. u. verb. Aufl. M. 2 Kpfrt. gr. 8. (44 1/2 B.) Berlin 841, Hayn. à

— Handbuch d. Veterinair-Chirurgie, od.: Die Kunst, die äußern Krankheiten der Pferde u. anderer Hausthiere zu erkennen u. zu heilen. 6., verm. u. verb. Aufl. gr. 8. (41 B. u. 2 Kpfrt.) Berlin 846, Hayn.

— Handbuch der Veterinair-Chirurgie oder die Kunst, die äußeren Krankheiten der Pferde und anderer Hausthiere zu erkennen und zu heilen. 7., sehr verm. ꝛc. Aufl. Mit 2 Kpfrtaf. (in Fol.) Berlin 856. Hayn. gr. 8. (XXIII, 681 S.) 2 ₰ 20 ngl

— d. Hufbeschlagskunst, oder Anleit., sowohl d. gesunden, als auch fehlerhaften Hufe d. Pferde zweckmäßig zu behandeln u. zu beschlagen. Mit 2 Kpf. gr. 8. Berl. 823. Christiani in Hamb. 20 ℊ

— die Kaninchenzucht. 8. (10 S.) Leipzig 831, Baumgärtner.

— Katechismus der Pferdezucht. Oder vollständiger, leichtfaßl. Unterricht üb. d. Zucht, Behandlung u. Veredlung d. Pferde. (Gekrönte Preisschrift.) gr. 8. Berlin 825, Amelang.

— Katechismus d. Pferdezucht ... (Preisschr.). Berl. 1826. 142 S.

— — Uber die häufig herrschende Lungenseuche des Rindviehes, nebst Beweisen für die Nichtansteckbarkeit dieser Krankheit d. Impfversuche, für Ärzte, Tierärzte und Landwirte. Mit 1 Kupfertaf. 8. Ebd. 21. Späthen. (Logier.) M. 1.50

— über Milch- und Kuhwirthschaft im nördlichen Deutschland in Nähe großer Städte. Berlin 856. K. Wiegandt. (Bosselmann.) 8. (32 S.) 6 ngr

—— die Pferdezucht, od. vollständ. Anweis. z. Erzieh. u. Wartung d. Pferde. Nebst e. kurzen Anh. üb. d. Esel- u. Maulthierzucht, f. Gutsbesitzer u. Landleute bearb. M. 4 Kpfrt. (in gr. 4.) 8. (11 B.) Leipzig 831, Baumgärtner.

— — Prodromus einer Veterinär-Polizei, siehe: Laubender, B.

— Rath und Hülfe bei plötzlich eintretenden Krankheiten der größeren Hausthiere bis zur Ankunft des Thierarztes. Für Landwirthe, Besitzer von Thieren, für Gemeinde-Vorsteher u. Schulzen. Berlin 857. Gebr. Scherk. (1 Bgn. in gr. Fol.) n. 8 ngr

Dieterichs, Joh. F. Chr., Sammlung von Abhandlungen, betr. alle Theile der prakt. Thierheilkunde und den Stand der Thierärzte. 8. (IV und 246 S.) Berlin 851, Hayn.

—— Thierheilkunde, od. Beschreib. u. Behandl. sowohl d. äußerl. Krankheiten uns. Hausthiere, als auch d. innern Krankheiten d. Schafe, Rinder u. d. Pferde. M. 1 Kpfrt. (in gr. 4.) 8. (17½ B.) Leipzig 831, Baumgärtner.

—— neuestes Vieharzneibuch, od.: Anweis., wie d. Landmann u. Viehbesitzer die Zucht u. Wartung d. Pferde, Rinder, Schaafe, Schweine u. Hunde leiten, ihre Krankheiten verhüten, erkennen u heilen soll. M. 1 Taf. Abbild. 8. (14¼ B.) Berlin 836, Hayn.

—— neuestes Vieharzneibuch, od.: Anweisung, wie d. Landmann u. Viehbesitzer die Krankheiten der Hausthiere verhüten, erkennen u. heilen, so wie die Zucht u. Wartung ders. leiten soll. 2., verm. u. verb. Aufl. 8. (16 B. u. 1 Stnt.) Berlin 842, Hayn.

—— Zeitschrift f. Thierheilkunde u. Viehzucht, s. Zeitschrift.

Dieterichs, Joh. F. Chr., von d. Zucht d. Federviehes, als: der Gänse, Enten, Hühner, Puten u. Tauben, so wie von d. Krankheiten ders. 8. (3½ B.) Leipzig 831, Baumgärtner. Thlr.

Dieterich J. F. C.: Von der Zucht d. Hunde, ihren vorzüglichsten Rassen u. den wichtigsten Krankheiten derselben. Leipz. 1831. 30 S. P.
(Ein integrirender Th. d. allgem. Encyclopädie d. gesammten Land- u. Hauswirthschaft d. Deutschen).

—— von d. Zucht d. Hunde, ihren vorzügl. Rassen u. d. wichtigsten Krankheiten ders. 8. (2 B.) Leipzig 831, Baumgärtner.

—— von d. Zucht d. Schweine, dem Mästen, u. von d. Behandl. d. Krankheiten ders. 8. (3½ B.) Leipzig 831, Baumgärtner.

—— von d. Zucht d. Seidenwürmer u. d. Maulbeerbäume, od. vom Seidenbaue. Nach eig. Erfahrn. u. d. besten Quellen bearb. 8. (3½ B. u. 1 Kpfrt. in gr. 4.) Leipzig 831, Baumgärtner.
Die letzten Schriften sind aus der „Allgem. Encyklopädie d. ges. Land- u. Hauswirthschaft rc., hrsg. v. Putsche," besond. abgedruckt.

—— die Zucht der Vollblut- u. Landpferde, so wie unserer Hausthiere überhaupt, nebst Belehrgn. üb. die Krankheiten d. Pferde u. Füllen u. üb. die Geburtshülfe ders. Für Landwirthe u. jeden Pferdebesitzer. 3., gänzl. umgearb. Aufl. gr. 8. (21½ B.) Berlin 842, Amelang, Vrlsb.

Dieterichs, Johann Georg

— — Commentatio de usu recepto ultimarum voluntatum et successionum haereditariarum tollendo. Regensburg (Zunkel) 1769. 100 Seiten. (6.—) 6506

Dieterichs, Jh. Geo., Diss. I. II. III. (Praes M. G. Wernhero): Justitia ac aequitas canonis: ubi rem meam invenio, ibi vindico. 4. Erlang. 767. (Heyder). 3 gr

— Johann Georg (Regensburg), Thes. quaed. jur. de celebr. tituli de donationibus controversiis nec non quaestione an simplex depositio instrumenti donationis aequipolleat insinuationi penitus decisa. Präs. Joh. Bapt. Simon. Erlangen (Walther) 1768. 12 S. (4.—) 6505

Dieterichs, Joh. Georg Nicolaus (Regensburg)
Dissertatio inauguralis medico-forensis de erroribus in vero termino partus ejusque causis commissis.
Giessae Hassorum 9. Sept. 1707: Joh. Reinh. Vulpius. (4), 32 S. 4°
pro licentia summis in medicina ac chirurgia honoribus ac privilegiis doctoralibus rite ... consequendis.

Dieterichs, Johann Georg Nikolaus, s. Phytanthoza-iconographia.

Dieterichs, Ludw. Michael: Histor.-physikal. Abhandlung von dem berühmten Wild-Bade zu Abach in Nieder-Bayern. Regensburg: Joh. Gastl. 1754. 8°
13 Bll. Vorst. u. 74 S., nebst 52 S. Anhang: „Kurtze Geschichte der Bade-Cur der Durchlauchtigsten Frau Chur-Fürstin in Bayern" (Gemahlin Max Joseph's III., dem die Schrift gewidmet ist.) Mit 1 Kpftaf. von Geo. Chp. Kilian, in 4°.

Dieterichs, Ludwig Michael: De fratribus Italis ad epigastrium connatis. 20 S., gbd., 1 Taf.

Ratisponae: Neubauer 1749

Dieterici, vgl. Dieterich. – Dieterichs. – Dietrich.

Dieterici, Arthur Leonhard: Ueber Hernia foraminis ovalis. Halle (1872): Hendel. 31 S. 8°
Halle-Wittenberg, Med. Diss. v. 31. Juli 1872
Geb. Hattingen (Westf.) 17. 6. 1846. V.

Dieterici, Carl, zur Geschichte der Steuer-Reform in Preußen von 1810 bis 1820. Archiv-Studien. gr. 8. (XII, 442 S.) Berlin 875, G. Reimer. *

Dieterici, Car. Ferd. (geb. Berlin 27. 12. 1835): Num recte Ad. Smithius contenderit, sortem in agricultura positam et singulorum et universorum opulentiae esse commodissimam. Berolini (1858). (63 S.) 8°
Berlin, Phil. Diss. v. 23. Juni 1858

Dieterici, Carl Friedrich Wilhelm

Dieterici, C. F. W., über die Anzahl der Geburten in den verschiedenen Staaten Europa's überhaupt, und im preussischen Staate insbesondere. Aus d. Abhdlgn. d. k. Akad. d. W. zu Berlin 1855. Berlin 855. Dümmler's Verlhdlg. in Comm. gr. 4. (55 S.) n. 20 ngr

Dieterici, C. F. W., über die Anzahl der Geburten in den verschiedenen Staaten Europa's überhaupt, und im preussischen Staate insbesondere. gr. 4. (58 S.) Berlin 856, (Dümmler's Verlag.) *

Dieterici, Carl Friedr. Wilh., über Auswanderungen u. Einwanderungen letztere in besond. Beziehung auf den Preuß. Staat, vom statist. Standpunkte. Eine im wissenschaftl. Verein zu Berlin gehalt. Vorlesung. gr. 8. (X u. 51 S.) Berlin 847, Mittler & Sohn. ½ ₰

Dieterici, C. F. W., über den Begriff der mittleren Lebensdauer und deren Berechnung für den preussischen Staat. (Aus den Abhandlungen der k. Akad. der Wissensch. zu Berlin 1858.) Berlin 859. Dümmler's Verlhdlg. in Comm. gr. 4. (75 S.) n. 24 ngr

Dieterici, C. F. W.: „Ueber den Begriff der Uebervölkerung", Berlin 1849. 4°. — Vorh.: Com. Bibl. Hamburg.

— die Bevölkerung des preuß. Staats nach der amtl. Aufnahme des J. 1846. gr. 4. (19 S.) Berlin 848, Nicolai. n. ⅓ ₰

—— Exposé des réformes de la Prusse, s. Moreau de Jonnès.

—— über die Fortschritte der Industrie und die Vermehrung des Wohlstandes unter den Völkern in besond. Beziehung auf die ethischen Verhältnisse und die geistige Entwickelung der Menschen. gr. 4. (29 S.) Berlin 856, (Dümmler's Verlag.) *

Vorstehende zwei Schriften wurden aus: Abhandlungen der k. Akademie der Wissenschaften zu Berlin J. 1855, besonders abgedruckt.

Gedächtnissrede gehalten am 3. Aug. 1852 von Carl Friedr. Wilh. Dieterici, Rector der Königl. Friedrich-Wilhelms-Universität zu Berlin. [Zur Stiftung der Universität zu Berlin.] Berlin 1852. (21 S.) 4°

—— Handbuch der Statistik des preußischen Staats. 8 Hefte. gr. 8. (XV und 718 S.) Berlin 858—61, Mittler und Sohn. [1—7. Heft à 15 Ngr., 8. Heft 12 Ngr.]

Dieterici, Carl Friedr. Wilh., geschichtl. u. statist. Nachrichten üb. d. Universitäten im preuss. Staate. gr. 8. (12¼ B.) Berlin 836, Duncker u. Humblot.

Dieterici, C. F. W.: „Ueber die Sterblichkeitsverhältnisse in Europa", Berlin 1851. 4°. — Vorh.: Com. Bibl. Hamburg.

— die statistischen Tabellen des Preuß. Staats nach d. amtl. Aufnahme d. J. 1843. gr. 4. Berlin 845, Nicolai'sche B. n. 3 ℛ

Dieterici, K. Fr. Wilh., neueste Uebersicht der Bodenfläche, der Bevölkerung u. des Viehstandes der einzelnen Kreise des Preuß. Staats. Nach den zu Ende des Jahres 1843 amtlich aufgenommenen Verzeichnissen. gr. 4. Berlin 845, Nicolai'sche Buchh. n. 3 ℛ

—— statist. Uebersicht d. wichtigsten Gegenstände d. Verkehrs u. Verbrauchs im preuß. Staate u. im deutsch. Zollverbande, in d. Zeitraume v. 1831 bis 1836. Aus amtl. Quellen dargest. Als Fortsetz. d. Ferberschen Beiträge. Lex.-8. (30¾ B.) Berlin, Posen u. Bromberg 838, Mittler. *

—— dass. — in d. Zeitraum v. 1837—39. Aus amtl. Quellen dargest. 1. Forts. Lex.-8. (26¾ B.) Ebds. 842. *

Dieterici, Carl Friedr. Wilh., statistische Uebersicht der wichtigsten Gegenstände des Verkehrs u. Verbrauchs im deutschen Zollvereine. 2. Fortsetzung. Zeitraum von 1840 bis 1842. gr. 8. (40⅞ B.) Berlin 844, Mittler, Verl. *

— statist. Uebersicht der wichtigsten Gegenstände des Verkehrs u. Verbrauchs im deutschen Zollvereine. Aus amtl. Quellen dargestellt. Dritte Fortsetzg. Zeitraum v. 1843 bis 1845. gr. 8. (X u. 591 S.) Berlin 848, Mittler & Sohn. n. 4 ℛ

— dies. 4. Fortsetzung. Zeitraum v. 1846 bis 1848. gr. 8. (XII u. 608 S.) Ebd. 851. n. 4⅓ ℛ (cpl. n. 17⅔ ℛ)

— statistische Uebersicht der wichtigsten Gegenstände des Verkehrs u. Verbrauchs im deutschen Zollvereine. Aus amtl. Quellen dargestellt. 5. Fortsetzung. Zeitraum von 1849 bis 1853. Berlin 857. Mittler u. Sohn. gr. 8. (VIII, 839 S.) n. 5 ℛ 20 ngl

— über das Verhältniss der neu geschlossenen Ehen zu der Anzahl der gleichzeitig Lebenden. Aus den Abhdlgn. d. k. Akad. d. W. zu Berlin. Berlin 857. Dümmler's Verlhdlg. in Comm. gr. 4. (69 S.) n. 24 ngl

Dieterici, Car. Frid. Guil.: De via et ratione oeconomiam politicam docendi. Berolini: Duncker et Humblot 1835. (15 S.) 8°
Berlin, Phil. Fak., Antrittsprogr. v. 1835

— der Volkswohlstand im Preuß. Staate. In Vergleichungen aus den Jahren vor 1806 u. v. 1828 bis 1832, so wie aus d. neuest. Zeit, nach statist. Ermittelungen u. dem Gange d. Gesetzgebung aus amtl. Quellen dargestellt. gr. 8. Berlin 846, Mittler. n. 2 ℛ

— über die Zunahme der Bevölkerung im preussischen Staate in Bezug auf Vertheilung derselben nach Stadt u. Land. Aus d. Abhdlgn. d. k. Akad. d. W. zu Berlin. Berlin 857. Dümmler's Verlhdlg. in Comm. gr. 4. (67 S.) n. 22½ ngl

Dieterici, (Carl Friedrich) Wilhelm. Ueber preußische Zustände, über Arbeit und Capital. Politisches Selbstgespräch. Berlin u. Posen, Mittler u. Sohn 1848. 76 S. 8.

Dieterici, Conrad

Dieterici, C., epitome catechetica. Lateln. u. deutsch. 8. Bresl. 752. W. G. Korn. 3 ℳ

Dieterici, Conr., die Grundempfindungen in normalen u. anomalen Farbensystemen u. ihre Intensitätsverteilung im Spektrum, s.: König, Arth.

Dieterici, Conr., institutiones catecheticae. 8. Frft. Brönner. 742.

Dieterici, Conr., institutiones catecheticae depromptae e b. Lutheri catechesi et variis notis illustratae annexis quatuor symbolis oecumenicis et Augustana confessione sive catechismi Lutheri expositio. Primum edid. Conr. Dietericus a. 1613 — ex edit. a. 1640 ab Dieterici filio curata denuo edid. Aug. Guil. Dieckhoff. Berlin 864. Schlawitz. 8. (XXVIII, 680 S.) n. 1 ℛ

Vgl. Dietrich, Joh. Conr.

— institutiones Rhetoricae. 8. Francforti, Hermann. 752.

Dieterici, Conr. (Heinr.) (geb. Berlin 26. 11. 1858): Ueber Messung kleiner electrischer Widerstände. Berlin (1882). (27 S.) 8°
Berlin, Phil. Diss. v. 20. März 1882

Dieterici, Fedorus Aemil. (geb. Löbejün bei Halle a. S. 1. 5. 1813): De haemorrhoidibus. Berolini (1840). (26 S.) 8°
Berlin, Med. Diss. v. 19. Okt. 1840

Dieterici, Friedrich

Dieterici, Fr., die Abhandlungen der Ichwân Es-Safâ in Auswahl. Zum ersten Mal aus arab. Handschriften hrsg. 1. und 2. Heft. gr. 8. (S. 1—368.) Leipzig 883,84, Hinrichs'sche Buchh. à Heft *ℳ 6. *

Dieterici, Fr., die Abhandlungen der Ichwân Es-Safâ in Auswahl. Zum ersten Mal aus arab. Handschriften hrsg. 3. (Schluss-)Heft. gr. 8. (XIX, S. 369—623.) Leipzig 886, Hinrichs'sche Buchh. *
1. und 2. Heft. Ebendas. 1883,84. à *ℳ 6.—.

Dieterici, Frdr., s.: Alfârâbi's philosophische Abhandlungen.

Dieterici, F., s.: Alfârâbi, die Staatsleitung.

Dieterici, Frid. Henr. (geb. Berlin 5. 7. 1821): De anthologia Arabica Tsaalebii unio aetatis appellata. Berolini (1846). (34 S.) 8°
Berlin, Phil. Diss. v. 7. Jan. 1846

Dieterici, Friedr., die Anthropologie der Araber im 10. Jahrh. n. Chr. gr. 8. (IX, 222 S.) Leipzig 871, Hinrichs' Verlag. *

Dieterici, Friedrich (Bearb.), s. Aristoteles: Die sogenannte Theologie.

Über das älteste Bekenntniss der Christenheit v. Prof. Dr. Fr[iedrich] Dieterici, Orientalist. *Berlin: K. G. Wiegandt [1895].* (2 Bl., 94 S., 1 Bl.) 1 Bd 8. [96. 5133

Dieterici, Fr., Chrestomathie ottomane précédée de tableaux grammaticaux et suivie d'un glossaire turc-français. Berlin 854. G. Reimer. gr. 8. (IV, XXXVIII, 164 S.) n. 1 ℛ 10 ngl

Dieterici, Friedr., der Darwinismus im 10. und 19. Jahrh. 8. (XII, 228 S.) Leipzig 878, Hinrichs'sche Buchh. *

Dieterici, Fr., über die arabische Dichtkunst u. das Verhältniss des Islam zum Christenthum. Eine im wissenschaftlichen Verein zu Berlin am 9. Febr. gehalt. Vorlesung. gr. 8. (29 S.) Berlin 850, Mittler & Sohn in Comm. n. ⅙ ℛ

— arabisch-deutsches Handwörterbuch zum Koran u. Thier u. Mensch. gr. 8. (IV, 180 S.) Ebend. 881. n. 5. 50

Dieterici, Fr., arabisch-deutsches Handwörterbuch zum Koran u. Thier u. Mensch vor dem König der Genien. 2., verm. Aufl. gr. 8. (IV, 183 S.) Leipzig 894. J. C. Hinrichs' Verl. n. 6. —

Dieterici, Friedrich, Die Lehre von der Weltseele bei den Arabern im X. Jahrhundert. Leipzig 1872

— die Lehre von der Weltseele bei den Arabern im 10. Jahrh. gr. 8. (XI, 196 S.) Leipzig 878, Hinrichs' Verlag. *

Dieterici, Frdr., die Logik u. Psychologie der Araber im 10. Jahrh. n. Chr. Leipzig 868. Hinrichs. gr. 8. (XI, 196 S.) n. 2 ₰ 16 ngr.

— Mirjam. Orientalischer Roman in 3 Bdn. 8. (310; 244; 305 S.) Leipzig 886, Friedrich. *

Dieterici, Friedr. Mirjam. Roman in 3 Bdn. Neue wohlf. (Titel-) Ausg. in 1 Bd. 8. (III, 310; III, 244, 305 S.) Lpz. 890, W. Friedrich. * 3 —

Dieterici, Mutanabbi und Seifuddaula aus der Edelperle des Tsaâlibi nach gothaer und pariser Handschriften dargestellt. gr. 8. (VI und 200 S.) Leipzig 847, Vogel. *

Dieterici, Fr., die Naturanschauung und Naturphilosophie der Araber im 10. Jahrhundert. Aus den Schriften der lautern Brüder übers. Berlin 861. Nicolai'sche Sortbdlg. (Posen, Jagielski.) gr. 8. (XVI, 216 S.) n. 1 ₰ 10 ngr.

— die Naturanschauung und Naturphilosophie der Araber im 10. Jahrh. Aus den Schriften der lautern Brüder übersetzt. gr. 8. (XVI, 216 S.) Posen 864, Jagielski. [Leipzig, Hinrichs' Verlag.]

— die Philosophie der Araber im 10. Jahrh. n. Chr. 1., 2., 4. und 5. Thl. gr. 8. Ebendas. *

Inhalt:
Thl. 1. Einleitung und Makrokosmos. (VII, 227 S.) 875. *M 8.
» 2. Mikrokosmos. (VIII, 204 S.) 879. *M 7,60.
» 4. Die Logik und Psychologie. (206 S.) 878. *M 7,60.
» 5. Die Naturanschauung und Naturphilosophie der Araber im 10. Jahrh. 2. (Titel-)Aufl. (XVI, 216 S.) (861)76. *M 4.
3. und 6. Bd. Berlin 1865,58, Mittler und Sohn. à M 4,50.
7. und 8. Bd. Leipzig 1871,73, Hinrichs'sche Buchh. à *M 7,60.
Compl. in 8 Bdn. *M 51,40.

— die Philosophie der Araber im 10. Jahrh. n. Chr. 1. Thl. Einleitung u. Makrokosmos. gr. 8. (VII, 227 S.) Ebend. 876. n. 8. —

— die Propaedeutik der Araber im 10. Jahrh. Mit 1 (lith. u. color.) Karte u. 2 (lith.) Schrifttaff. (in Fol.) Berlin 865. Mittler & S. gr. 8. (XI, 201 S.) n. 1 ₰ 15 ngr.

— Reisebilder aus dem Morgenlande. 2 Thle. 1. Thl.: Egypten. Mit 1 (lith.) Kartenskizze (in Fol.). — 2. Thl.: Sinai, Petra, Palästina. Berlin 853. Wiegandt u. Grieben. 8. (XVIII, 339; 3 Bl., 376 S.) n. 3 ₰

Dieterici, F., der Streit zwischen Mensch und Thier, s. Streit, der.

Dieterici, Dr. Fr., Der Streit zwischen Mensch und Thier, ein arabisches Mährchen aus den Schriften der lauteren Brüder übersetzt und mit einer Abhandlung über diesen Orden, sowie mit Anmerkungen versehen. Berlin, Mittler & Sohn. 1858. 8. VIII. 297 S.

— die sogenannte Theologie des Aristoteles, aus arabischen Handschriften zum ersten Mal hrsg. gr. 8. (XII, 184 S.) Ebend. 882. n. 6. —

Dieterici, Fr., die sogenannte Theologie des Aristoteles. Aus dem Arab. übers. und mit Anmerkungen versehen. gr. 8. (XVIII, 224 S.) Leipzig 883, Hinrichs'sche Buchh. *

Dieterici, Friedr., Thier und Mensch vor dem König der Genien. Ein arabisches Märchen aus den Schriften der Lautern Brüder in Basra, im Urtext hrsg. und mit einem Glossar versehen. Lex.-8. (VIII, 146 und 110 S.) Leipzig 879, Hinrichs'sche Buchh. *

— Thier und Mensch vor dem König der Genien. Ein arab. Märchen aus den Schriften der Lauteren Brüder in Basra, im Urtext hrsg. 2. Ausg. gr. 8. (IV, 146 S.) Ebendas. 881. *

Dieterici, Frdr., über den Zusammenhang der arab. u. griech. Philosophie, s.: Alfārābī, der Musterstaat.

Dieterici, G., Bibliotheca s. catalogus libror disput. program. et opusculor. VII vol. 8. maj. Regensburg. 760-63.

— observat. quaed. rarior. de calculis, in corp. hum. inventis. 8. Halae, Franke. 788.

Dieterici, G. G., duodecimum sacrum de Urim et Thummim. 4. Nrub. Löffler. 714.

Dieterici, I., lectiones quotidianae de vitis patrum. 8. Lps. 709.

Dieterici, I. Conr., analysis evangelior. dominical. c. observationib. et doctrinis ex. S. S. Scripturae fundamentis. III. pts. 4. Frft. et Lps. Gleditsch. 725.

Dieterici, I. G., justitia et aequitas canonis ubi rem meam invenio ibi vindico. 4. maj. Erl. Walther. 767.

— philos. moralis eaque ecclesiast. 8. Norimb. 719.

— Johann Tobias, De tumoribus singularibus a mensium suppressione obortis. Diss. med. Präs. Daniel Wilhelm Triller. Wittbg. (E. G. Eichsfeld) 20. XII. 1758. 22 S. (5.—) 6508

Dieterici, K., Joseph. Ein idyllisch-episches Gedicht in fünf Gesängen. 853. n. 12 ngr — 2. Aufl. Tangermünde (855). Doeger. 8. (143 S.) n. 15 ngr

— Volkmar und Rosa oder das Landleben. gr. 16. (IX und 143 S.) Tangermünde 856(57,) Doeger'sche Buchh. *

Dieterici, Mor., Afrika. Unsere Allmutter Erde u. ihre Kinder. Geograph. Studien in erzähl. volkstüml Fassg., der heranwachs. Jugend gewidmet. (126 S. m. 8 S. Abbildgn.) 8. Neuweißensee (905). E. Bartels. n. 2. —

— zwei kühne Amerikaner in Sibirien. Geographisch-kulturhist. Skizzen nach dem Orig.-Werke Kennans üb. seine Reisen in Sibirien, besonders den russisch. Deportationsländern. (128 S. m. 8 S. Abbildgn.) 8. Ebd. (905). n. 2. —

— der Krieg. Der russ. Goliath u. der japan. David. Kriegsbilder aus dem fernen Ostasien. 2 Hfte. (Je 32 S.) kl. 8. Ebd. (905). à n. — 50

— Nord-Amerika. Unsere Allmutter Erde u. ihre Kinder. Geograph. Studien in erzähl. volkstüml. Fassg., der heranwachs. Jugend gewidmet. (127 S. m. 8 S. Abbildgn.) 8. Ebd. (905). n. 2. —

Dieterici, W., s. Denkmal d. Liebe d. Pr. Hanstein geweiht.

Dieterici, W., die Waldenser u. ihre Verhältnisse zu d. Brandenburg.-Preuß. Staate. M. 1 Plan u. 1 (gest. u. ill.) Karte (in Fol.) gr. 8. (27¼ B.) Berlin 831, Mittler.

W. C. Dieterici, Mittheilungen des statistischen Büreaus in Berlin. Berlin, 1849—1860. hoch 4. 13 Bde. Vgl. (Karl Klecke) Allgm. Bücherkunde u. s. w. S. 15 f.

Dieterici, Wilh., der wahre inwendige und auswendige Christ, in zwey Theilen ꝛc. 8. Frkt. Brönner. 766

Dietering, Paul, a. Leipzig: Die Herbartsche Pädagogik vom Standpunkte moderner Erziehungsbestrebungen gewürdigt. ⟨Ein Beitrag zur Herbartforschung.⟩ Leipzig: F. Eckardt 1908. (XVIII, 222 S.) 8°

Leipzig, Phil. Fak., Ref. Volkelt-Heinze, Diss. v. 13. Juni 1908

[Geb. 4. Dez. 80 Leipzig; Wohnort: Leipzig; Staatsangeh.: Sachsen; Studium: Leipzig 6 S.]

Dietering, Paul, die Herbartsche Pädagogik. Jetzt: Leipzig, Fel. Meiner.

Beschreibung der Einweihung des Neubaues der Johannisloge Johannes zum wiedererbauten Tempel im Or. Ludwigsburg. Sonntag den 3. Juni 1888. Zsgest. vom Br.·. Ad[olf] Dieterle. Ludwigsburg 1888: Greiner & Ungeheuer. 43 S. 8⁰

Reden von F. Löwe, R. Hoffmann, C. Palm, H. Dieterle.

Dieterle, Chrn, die Botschaft Gottes. 25 Predigten. In 25 Nrn. gr. 8. Cannstatt 897. A. Rebmann.
Subskrpt.-Pr. à n.n. — 10; f. 25 Nrn. n.n. 2. 25; Einzelpreis à n.n. — 12 (Kplt.: n. 2. 70; geb. in Leinw. n. 3. 50)

1. Die Boten Gottes. E. Ordinations-Predigt. 2. Aufl. (16 S.)
2. Saat u. Ernte. (S. 17—28.)
3. Erfolgloses Gebet. (S. 29—40.)
4. Zwei gleiche Gebote. (S. 41—52.)
5. Schicksal d. Verächter. (S. 53—64.)
6. Rechtfertigung. (S. 65—76.)
7. D. verheißene Ruhe. (S. 77—88.)
8. E. alte Frage. (S. 89—102.)
9. Gerettet. 1. u. 2. Aufl. (S. 103—114.)
10. Der große Schaden. (S. 115—126.)
11. Göttliche Liebe. (S. 127 – 138)
12. Die zweite Gnade. (S. 139 – 150)
13. Väterliche Erziehung. (S. 151 – 162)
14. Der wartende Christus. (S. 163 – 174)
15. Unser Retter. (S. 175 – 188)
16. Wettlauf m. Christus. (S. 189 – 200)
17. Saphir. (S. 201 – 212)
18. Schatz u. Perle. (S. 213 – 224)
19. Symbol. Lehren. (S. 225 – 236)
20. Verstockung. (S. 237 – 248)
21. Unser.Wissen (S. 249 – 260)
22. Ohne Verständnis keine Christentum. (S. 261 – 272)
23. Wo fehlt's? (S. 273 – 284)
24. Träume. (S. 285 – 296)
25. Glückl. Reise. (V u. S. 297 – 307 m. Bildn.)

— Jesus u. e. Sozialist. Ein Vortrag. 2. u. 3. Aufl. gr. 8. (16 S.) Cannstatt 895. Verlag der Wesleyan. Methodisten-Gemeinschaft. n. 20

Dieterle, Hans [aus Vöhringen, O.-A. Sulz, Württemb.]: Henri Estienne. '(Henricus Stephanus.)' Beitrag zu seiner Würdigg als französ. Schriftsteller u. Sprachforscher ... Strassburg i. E., Buchdr. W. Friedrich, 1895; 94 S., 1 Bl. 8.
Strassburg, Phil. Fak., Inaug.-Diss. v. 1894

Dieterle, Joh. Chr., 80 Jahre auf der Goldküste. Blätter aus dem Tagebuch. Bearb. v. P. Steiner. 8. (72 S. m. Abbildgn.) Basel 900. Missionsbuchh. n. — 25

Dieterle, Paul [aus Cannstatt]: I. Ueber die Condensationsprodukte des Propylens aus Propylalkohol. II. Weitere Untersuchungen über gechlorte und gebromte Anetholderivate ... Stuttgart, Druck v. Ch. Scheufele, *1892;* 40 S. 8.
Erlangen, Phil. Fak., Inaug.-Diss. v. 1892

Dieterle, Paul. Studien in der Diphenazonreihe. Diss. Phil. Basel. 68 S. 8. Loerrach, Ad. Schelle, 1904.

Dieterle, Th., s.: Jahresbericht des Kinderspitals in Basel.

Dieterle, Theophil. Über endemischen Kretinismus und dessen Zusammenhang mit anderen Formen von Entwicklungsstörung. Diss. Med. Basel. [Illustriert.] (Sonder-Abdruck aus dem Jahrbuch für Kinderheilkunde. Bd. 64.) *Kopftitel:* Aus der patholog.-anat. Anstalt⟨Prof. E[duard] Kaufmann⟩ und dem Kinderspital ⟨Prof. E[duard] Hagenbach(-Burckhardt)⟩ in Basel. 42 S. 8. Berlin, S. Karger, 1906.

Dieterle, W. Ueber die Oxidationsprodukte reiner Stearinsäure durch Salpetersäure. etc. Cannstadt 1883.

DIETERLEN, Fritz (Ulm): Ueber congenitale Ektropien und Erosionen am Muttermund.- München: Wolf 1903. 21 S.
12.2.1903 - Chr 1902/03,24; Jv 1902/03,303
Diss.Ingolst.-Landsh.-Mchn.

Dieterlen, J., praktische Beispiele zum Kopfrechnen nebst Andeutungen zur Auflösung derselben. Für die Oberklassen der Volksschulen. 4 Hefte. 12. Stuttgart 853, Mäcken. à Heft 3¾ Ngr. Thlr

Inhalt:
Heft 1. Theilungsrechnung. (48 S.)
" 2. Zusammengesetzte Verhältnisse (Regel quinque) und Gewinn und Verlust. (50 S.)
" 3. Die Zinsrechnung. (43 S.)
" 4. Tauschrechnung. (41 S.)

Dieterlen, Pierre, Gustave Steinheil 1818—1906. (VII, 153 S. m. 1 Bildnis.) 8. Strassburg 907. Buchh. der ev. Gesellschaft. n. 2. —

Dieterlen, Pierre, Gustave Steinheil 1818—1906. (Ed. populaire. [Titel-Ausg.]) (VII, 153 S. m. 1 Bildnis.) 8. Strassburg [907] 908. Buchh. der ev. Gesellschaft. 1. —

— dasselbe. Aus dem Franz. frei übers. v. Paul Werner. (119 S. m. 1 Bildnis.) 8. Ebd. 910. Kart. 1.80; geb. 2.40

Dietert, Die Stellung der Gemeinde-Waisenräthe nach d. Bürgerl. Gesetzbuch. Vortrag, gehalten i. d. Versammlungen d. Berliner Gemeinde-Waisenräthe i. J. 1899. 8. (46 S.) Berlin, Druck v. W. & S. Loewenthal. Nicht im Handel.
1900

Dietert, Fr., das Elend der Kritik. Ein Weckruf an den neuen deutschen Geist, an Künstler, Kritiker u. Publikum. (23 S.) gr. 8. Danzig-Zoppot 903. Charlottenburg. F. W. Dietert. n. — 50

Dietert, Fr. (Hrsg.), s. Grenzfragen einer neuen Zeit.

Sonnensehnsucht ⟨Randbemerkungen zu neuem Menschentum⟩. Grenzfragen einer neuen Zeit. Flugworte von Antarktis [d. i. Fr. Dietert-Zoppot]. *Danzig-Zoppot: F. W. Dietert [1903].* (16 S.) 8° [F.]
= Grenzfragen e. neuen Zeit. Flugbl. 1. [03. 13643

Im Werden und Reifen. Eine Pfingstepistel von Fr. Dietert-Zoppot. ([Zoppot um 1905]: C. Otte in Meerane.) (12 S.) 8° [06. 6738

Dietert-Dembowski, Frdr., Reisebilder aus dem deutschen Osten. Ein Heimat- u. Wanderbuch. Mit etwa 50 Bildern u. Orig.-Zeichngn. ostdeutscher Künstler. 1. u. 2. Aufl. (128 u. 32 S.) 8. Frankfurt a/M. (909). Danzig-Zoppot. Dtschr. Heimatverl. 1.80; geb. 3. —

Dietfurth, F. Frhr. v., die historischen Volkslieder des bayerischen Heeres von 1620—1870. Nördlingen 1871. 8.

Dieth-Locher, F., s.: Bürgerbuch d. Stadt St. Gallen.

Dietharz [Schlagwort]

Dietharz, s.: Thüringen.

Diethe, A., vier Weihnachtsbilder. Nach Aquarellen von A. D. unter Benutzung der Bibelbilder von J. Schnorr v. Carolsfeld. Mit begleit. Text von Rud. Kögel. Fol. (4 S.) Leipzig 888, G. Wigand.
In Mappe *
Ohne Text *

Diethe, W. J., Deutschlands Dichter der Liebe, s. Deutschlands Dichter.

Diethelm, A . Die neue Heilanstalt Scheideck-Rigi, Gebiet Gersau, — nebst Beschreibung der dort befindlichen kohlensauern eisenhaltigen Mineralquelle, malerisch und therapeutisch dargestellt von Dr. A. D'.... Mit 2 Ansichten [wovon 1 Tafel]. 8. Zürich 1840.

[F.] Der schweizerische Bauernkrieg. Trauersp. in 5 Akten v. Arnold Diethelm. *Aarau: H. R. Sauerländer & C. 1897.* (131 S.) 1 Bd 8. = Bibliothek vaterländischer Schauspiele. [Bdch.] 54. [97. 6037

Diethelm, Arnold, ehrlich währt am längste od. d'Großratswahl in Grünfeld. Dialektstück in 5 Akten. (2. [Umschlag-]Aufl. 8. (88 S.) Aarau (902). H. R. Sauerländer & Co. n. 1.20

Diethelm, Arnold. Erziehungssünden. Schauspiel in 5 Akten. 102 S. 8. Aarau, H. R. Sauerländer & Co., 1902. [fr. 1.50]

Die letzte Hexe. Dramat. Kulturbild aus d. vorigen Jh. Trauersp. in 5 Akten. Von Arnold Diethelm. *Aarau: H. R. Sauerländer & Co. [1901].* (50 S.) 8° [F.] = Bibliothek vaterländischer Schauspiele. 76. [01. 4159

Diethelm, Arnold. Die letzte Hexe. Dramatisches Kulturbild aus dem 18. Jahrhundert. Trauerspiel in fünf Akten. 2. Aufl. IV + 61 S. 8. Aarau, H. R. Sauerländer & Co., 1906. (fr. 1.—)
(Bibliothek vaterländischer Schauspiele. 76.)

Diethelm, Arnold. Die Linden und die Harten. Vaterländisches Trauerspiel in fünf Akten. 62 S. 8. Aarau, H. R. Sauerländer & Co., [1901]. (fr. 1. —)
(Bibliothek vaterländischer Schauspiele. 75.)

Diethelm, Arnold. Nemesis. Trauerspiel in 5 Akten. 87 S. 8. Aarau, H. R. Sauerländer & Co., 1906. [fr. 1.20]

[F.] Alois Reding oder Der Schwyzer letzter Freiheitskampf. Vaterländ. Schausp. in 4 Aufz. v. Arnold Diethelm. (2. Aufl.) *Aarau: H. R. Sauerländer 1895.* (92 S.) 1 Bd 8. = Bibliothek vaterländischer Schauspiele. [No] 42. [96. 135

[F.] Der Rütihofbur oder Trennig u. Wiederfinde. Dialektstück in 5 Akten v. Arnold Diethelm. *Aarau: H. R. Sauerländer & C. 1896.* (222 S.) 1 Bd 8. = Bibliothek vaterländischer Schauspiele. [No] 44. [96. 136

Diethelm, A(rnold). Der Rütihofbur oder Trennig und Wiederfinde. Dialektstück in 5 Akten. 2. Aufl. IV + 122 S. 8. Aarau, H. R. Sauerländer & Co., 1906. (fr. 1.—)
Bibliothek vaterländischer Schauspiele. (Bändchen) 44.

Diethelm, Arnold. Der verlorene Sohn. Schauspiel in fünf Akten. (*Umschlag:* 2. Aufl.) 78 S. 8. Aarau, H. R. Sauerländer & Co., 1902. [fr. 1.50]

Diethelm, Arnold, med. pract. [von Lachen, Kt. Schwyz]: Ueber angeborene Struma-Stenose. Zür. Zürcher u. Furrer Dr. 1890. 47 S. 1 Bl., 1 Taf., 1 Bl. 8°.
Zürich, Med. Diss. [v. 26. April 1890].

Diethelm, Bernardo. Die elektrolytische Reduktion von Titansulfatlösungen. Diss. Phil. [II.] Univ. Zürich. [Mit Figuren.] 185 S. 8. Borna-Leipzig, Robert Noske, 1908.

Diethelm, Hans: Kritische Besprechung der Auflagerkonstruktionen eiserner Balkenbrücken nach Form und Berechnung. 1906. 40 S., 20 Taf. 4°
Braunschweig, Dr.-Ing.-Diss. v. 16. 3. 1906

Diethelm, Hans. Ueber acutes universelles angioneurotisches Oedem. Diss. Med. [Univ.] Zürich. [Mit Figuren und 1 graphischen Tabelle.] *Kopftitel:* Aus der medizinischen Universitätspoliklinik Zürich. 64 S. 8. Zürich, Juchli & Beck, 1905.

Diethelm, Joh. Casp.: Dissertatio medica inauguralis de selectis ex antimonio remediis.
Basel, med. Diss. 1726.

Diethelm, Marcell. Über Osteologische Charakteristika der Strigiformes. Ein Beitrag zur Osteologie der Nachtraubvögel. Diss. Phil. Bern ... von Marzell D'.... [Mit Figuren und 6 Tafeln.] IV + 58 S. 8. Aarau, Huber Anacker & Cie., 1907.

Diether v. Isenburg, Erzbischof u. Kurfürst zu Mainz, eine Geschichte aus d. 15. Jahrh. 2 Thle. Mit 2 Kpf. 8. Mainz 789. (Hermann in Frankf. a. M.); (a. Fr. Fleischer in Leipz.). 1 ♯ 12 ℛ

Diether von Isenburg, Erzbischof und Kurfürst von Mainz, eine Geschichte aus den funfzehnten Jahrhundert, 2 Theile, mit 1 Kupf. 8. Mainz, 789. Sartorius. 1 Rthl. 15 sgl.

Diether, Friedr., die Zaubereisünde der Sympathie. Eine Warnung vor Irrthum und Sünde. 8. (24 S.) Cincinnati 859. (Philadelphia, Schäfer und Koradi.) *

Diether, M., Erwiederung auf das v. einem kathol. Pfarrer als Antwort auf „die Gründe meines Uebertritts zur evangelischen Kirche" an mich gerichtete „offene Sendschreiben". gr. 8. (16 S.) Neuwied 852, van der Beeck in Comm. n. 2 ngr

Diether, M., die Gründe meines Uebertritts zur evangelischen Kirche. gr. 8. (V und 38 S.) Köln 851, (Lengfeld.) *

Diether, Otto, a. Neuwied: Leopold von Ranke als Politiker. (Kap. 4.) (Altenburg 1910: Pierer.) 80 S. 8° ¶ (Ersch. vollst. als Buch b. Duncker & Humblot, Leipz.)
Berlin, Phil. Diss. v. 13. Juli 1910, Ref. Delbrück
[Geb. 28. Dez. 77 Düsseldorf; Wohnort: Charlottenburg; Staatsangeh.: Preußen; Vorbildung: Gymn. Neuwied Reife O. 98; Studium: Bonn 5, Berlin 16 S.; Rig. 3. März 10.] [U 10. 141

Diether, Otto, Leopold v. Ranke als Politiker. Historisch-psycholog. Studie üb. das Verhältnis des reinen Historikers zur prakt. Politik. (XV, 615 S.) gr. 8. Leipzig 911. Duncker & Humblot. 15.—

Diether, Paul Bürger- s. Bürger-Diether. [10. 8413 11

Christophorus Dietherich. Theses ex logica et methaphysica, quas praeside Christophoro Dietherich aa. ll. et philosophiae eiusdemque in principali Athenaeo Marchio-Badensi professore publico et ordinario propugnandas susceperunt nobiles ac eruditi primi defendentes: I. Ludovicus Lumpp, Ettlinganus, II. Conradus Krafft, Badensis, III. Franciscus Kohmann, Badensis, IV. Nicolaus Straub, Acherensis, logices et metaphysices auditores.
Badenae anno MDCCLXX. die 22. Augusti.
In aula principalis Athenaei horis ante et post meridiem consuetis.
Rastadii typis Magdalenae Schellin vid., typogr. aulic. 4°. 12 S.
Rastatt, P 1770

Dietherr, M., und E. Graf, deutsche Rechtssprichwörter, s. Graf, E.

DIETHERR, Mathias (Altötting): Ueber den Einfluss der subjectiven Concurrenz im Strafrechte auf Zuständigkeit und Verfahren.- München: Stahl 1866. 3 Bl.,68 S.
12.6.1866 - Urk (Titel: De concursu delictorum.); F 49
Diss. Ingolst.-Landsh.-Mchn.

Diethoff, Ernestine, edle Frauen der Reformation und der Zeit der Glaubenskämpfe. gr. 8. (VIII, 444 S. mit 130 in den Text gedr. Abbild. in Holzschn. und 5 Tonbildern.) Leipzig 875, Spamer. *M. 7.; geb. *

Diethoff, Ernestine, edle Frauen der Reformation und der Zeit der Glaubenskämpfe. In Lebens- und Zeitbildern. Durchges. und mit einem Vorwort begleitet von Karl Zimmermann. 2. wohlf. (Titel-)Ausg. gr. 8. (X, 441 S. mit 130 Text-Abbild. und 5 Tonbildern.) Leipzig 882, Spamer. geb. 6

Diethoff, Ernestine. Edle Frauen der Reformation u. der Zeit der Glaubenskämpfe. In Lebens- u. Zeitbildern. Durchgesehen u. m. e. Vorwort begleitet v. Karl Zimmermann. 3. verb. Aufl. Mit 37 Text-Abbildgn. u. 1 Titelbilde. gr. 8. (VII, 402 S.) Lpz. 892, Spamer. * 5 50; geb. in Leinw. ** 7 —

Diethoff, E., unter der harten Hand, s.: Collection Spemann.

—— der Löwe des Dorfes, } s. Volksbibliothek des Lahrer hinkenden Boten.

Diethoff, Ernestine s. (Otto, Franz.) Heinrich Zschokke.

— Rot, Schwarz u. Gold, }
— der Täuferhof, } s.: Volksbibliothek d. Lahrer Hinkenden Boten.

Diethoff, Ernestine, der Sohn des Schwarzwaldes, s.: Otto, Frz.

Diethoff, Ernestine, der Veilchen-Bund. Erlebnisse eines Freundschaftskreises. Eine Mitgabe für junge Töchter. In Erzählungen. gr. 8. (VIII, 333 S. mit 50 Text-Illustr. in Holzschn. und 5 Tonbildern.) Leipzig 876, Spamer. * ℳ 5,50.; geb. *

— — der Veilchen-Bund. Erlebnisse eines Freundschaftskreises. Eine Mitgabe für junge Mädchen. In Erzählungen. 2. (Titel-)Aufl. gr. 8. (VIII, 333 S. mit 50 Text-Illustr. und 5 Tonbildern.) Leipzig 882, Spamer. geb. *

—— Der Veilchen-Bund. Erlebnisse e. Freundschaftskreises. Eine Mitgabe f. junge Mädchen. In Erzählgn. 3. Aufl. Mit Textabbildgn. u. e. Titelb. gr. 8. (VI, 323 S.) Ebd. 891. * 4 50; geb. * 6 —

Dietholm, J. A., allgem. hydrograph. Wörterbuch aller Ströme in Ober- und Niederdeutschland. m. Kupf. gr. 8. Frkf. Eßlinger. 768.

Dietich's historische Einleitung z. Rechtsgelahrtheit gr. 8. Strasb. Levrault.

Dietiker, W[alther]. Waldblumen. Gedichte und Skizzen. II + 88 S. 8. Bern, Stalder & Sieber, (1903). [fr. 1. 20]

Dietl, A.

— Über die Kinetik der Sorption. S. 123. IIb. 317 . . . . vgr.
Separatabdruck

Dietl A.: Über die Sorption einiger Säuren und Nichtelektrolyte durch Wolle. S. 123. IIb. 309 . . . . vgr.
Separatabdruck

— und Georgievics G. von: Studien über Adsorption in Lösungen. 7. Abhandlung: Zur Kenntnis der Kinetik der Sorption (mit 5 Textfiguren). S. 123. IIb. 163 . . vgr.
Separatabdruck

Dietl, A. Maurus, Testament d. Schullehrers Thomas Bruckmayr, gest. d. 5. July 1834. Mit e. kurzen Umriß sein. 45jähr. Wirkens an d. Pfarrschule zu Ohlstadt. gr. 12. (1⅙ B.) München 839, (Franz.) *

Dietl, Aegid., Exhortationen, oder kurze Vorträge auf alle Sonn- u. Festtage des ganzen Kirchenjahres. Nach dem Tode des Verf. herausg. und zu einem vollständ. Jahrgange komplettirt von Ludw. Mehler. 1. Jahrg. 1. Thl. 854. (IV, 432 S.) 2. vielfach verm. u. verb. Aufl. 858. (VII, 456 S.) — 2. Thl. 854. (388 S.) 2. Aufl. 858. (2 Bl., 393 S.) Schaffhausen, Hurter. 8. Jeder Thl. 27 ngr

— — 2. Jahrg. 2 Thle. Schaffhausen 856. Hurter. 8. (418; 399 S.) Jeder Thl. 27 ngr

Dietl, Aegid, Exhortationen, oder kurze Vorträge auf alle Sonn- und Festtage des ganzen Kirchenjahres. Nach dem Tode des Verf. herausg. u. zu einem vollständigen Jahrgange komplettirt von Ludw. Mehler. 2., verm. u. verb. Aufl. 2. Jahrg. 2 Thle. Schaffhausen 860. Hurter. 8. (IV, 822 S.) Jeder Thl. 27 ngr

Dietl, Aegid, die Kreuzschule. Neu bearb. u. verm. 8. (221 S.) Regensburg 852, Manz. 5/12 ℛ

— über die sieben Todsünden. Kurze Vorträge. 1. und 2. (Titel-)Ausg. 8. (VIII und 232 S.) Schaffhausen 853(56,) Hurter'sche Buchh.

Dietl, Carl, farbige Entwürfe f. Decken u. Wandmalereien, sowie zur Bemalung v. Façaden etc. Vorlagen im Renaissance-, Barock- u. Rococo-Styl, sowie im pompejan., japan., Louis XVI- u. Empire-Charakter. 1. u. 2. Lfg. gr. Fol. (à 8 Taf.) Berlin 891. 894. Hessling & Spielmeyer. à n. 16. —

Dietl, Ferdinand Adolf: Taschenbuch zur leichten u. schnellen Namensbestimmung sämmtlicher im Kronlande Steiermark cultivirten Reben-Sorten, nebst erschöpfender Nachweisung über Ursprung, verschiedene Benennung, Erziehungsweise, Bodens-Erforderniß, Blüthe- und Reife-Zeit, Bau, Form und Farbe der einzelnen Theile, Fruchtbarkeit, Eignung für unser Clima als Tafel- oder Kelter-Traube und Gehalt des Products jeder einzelnen Rebe, mit Benützung der besten Werke des In- und Auslandes und eigener 10jähriger Beobachtungen und Erfahrungen nach der analytischen Methode zsgest. Wien: Gerold 1850. 251 S., 4 Taf. -- UB Brünn*
Bibliotheca oenologica: 1849.

Dietl, Georg Alois

— Briefe über d. mytholog. Dichtungen d. Griechen u. Römer. 8. Münch. 800. J. Lindauer. 1 ℛ Schrbp. 1 ℛ 8 gr

— s. Briefe, freundschaftl., eines Geistlichen.

— freundschaftl. Briefe eines Geistlichen in Baiern an seine Freunde und Freundinnen, e. Pend. z. d. vertrauten Briefen. 8. Münch. Fleischmann. 790.

— nachgelassene freundschaftl. Briefe, (herausg. von v. Ehlingensberg). 8. Münch. 810. J. Lindauer. 1 ℛ

Dietl, Geo. Aloys, († d. 17. Mai 1809.) vertraute Briefe e. Geistlichen in Baiern an seinen Freund. 8. Münch. 2e A. 805. 3e A. 816. Fleischmann. 20 gr (vergl. Briefe.)

(Dietl, Geo. Aloys, geb. 1752, † 1809) Vertraute Briefe eines Geistlichen in Baiern an seinen Freund. 3. Aufl. München, bei Ernst Aug. Fleischmann, 1815. 8°. Unbeschn. in Ppb., wie neu.
VI—246 S. Briefe eines freisinnigen kathol. Pfarrers, meist philos.-ästhet. Inhalts, Nichts speciell Bayern Betreffendes. — Ed. I. ib. 1805.

— Gespräche e. Pfarrers auf dem Lande mit seinen Pfarrkindern. 8. Münch. 789. Fleischmann. 4 gr

— Gespräch eines Pfarrers m. s. Pfarrkindern. 8. Ebend. 802.

— Homilien über d. Evangelien. 8. Münch. 789. 2e A. ... 3e A... 4e A., mit e. Vorr. v. J. M. Sailer. gr. 8. Ebd. 817. Fleischmann. 22 gr

— Homilien üb. die Evangelia. 8. Ebend. 810.

Dietl, G. A., Homilien üb. d. sonntägl. Evangelien. Mit ein. Vorrede v. J. M. Seiler u. Dietls Bildniß. 2te Aufl. 8. Ebend. 811.

Dietl, G. A., Homilien über die sonntäglichen Evangelien. Mit einer Vorrede von J. M. Sailer. Vierte, mit der Lebensbeschreibung und dem Bildnisse des Verfassers vermehrte Aufl. gr. 8. München, Fleischmann. 817.

— d. schönen Künste u. Wissenschaften bilden zur Humanität: e. Antrittsrede. 8. Landsh. 801. Krüll. 4 gr

— Predigten an seine Pfarrgemeinde. gr. 8. Münch. 786. 2e A. 792. 3e A. 802. 4e A. 829. Fleischmann. 20 gr

Dietl, Geo. Aloys, Predigten an seine Pfarrgemeinde. 4., verb. Aufl. gr. 8. (17½ B.) München 829, Fleischmann.

— Rede, als d. Universität zu Landshut d. ehemal. Domainenkirche in Besitz nahm. 8. Landsh. 802. Krüll. 3 gr

Dietl, Hroznata Jos., die ideale Einheit der Wissenschaft, sow. d. d. histor. Fakultätsordng. uns. Universitäten. Academ. Rede. Mit wissenschaftl. Anmerkgn. v. Autor versehen. gr. 8. (22 S.) Eger 897 J. Kobrtsch & Gschihay. n. 1. —

— vor 70 Jahren. Allegor. Festspiel in 2 Abteilgn. 8. (XII, 22 S.) Ebd. 898. n. 1. —

Dietl, Hroznata Jos., die Lustigen v. Weimar. Dramatisches Gedicht u. Festspiel in 1 Aufzuge. (V, 24 S.) gr. 8. Eger 905. J. Kobrtsch & Gschihay. n. 1. 20

Dietl, Joseph: Der Aderlaß in der Lungenentzündung klinisch und physiologisch erörtert. 128 S., gbd.

Wien: Kaulfuß & Prandel 1848

Dietl, Jos., der Aderlass in der Lungenentzündung. Klinisch und physiologisch erörtert. Lex.-8. (VII und 128 S.) Wien 849, Kaulfuss Witwe, Prandel und Comp.

— erster statistischer Beitrag zum Aderlasse in der Lungenentzündung. [Aus der „Wiener Mediz. Wochenschrift" 1852 abgedr.] gr. 8. (46 S.) Wien 852. (Seidel.) n. 1/3 ₰

Dietl, Jos., Chronik der Marktgemeinde Mais. Hrsg. von Cölestin Stampfer. 12. (44 S.) Meran 885, Jandl. *
Aus: Der Burggräfler, besonders abgedruckt.

Dietl Jos. Dr. Kritische Darstellung Europäischer Krankenhäuser. Wien, C. Gerold und Sohn 1852. 8.

Dietl, Jos., zur Diagnose und Therapie des Typhus. (Abdr. aus der „Wiener medizin. Wochenschrift.") Wien 856. (Seidel.) gr. 8. (46 S.) n. 10 ngr

Dietl, Josephus: Dissertatio inauguralis medica sistens quaedam circa medicinae securitatem.
Vindobonae 1829: A.Strauss. 41 S.

Dietl, Jos., *Dr.*, *Prof. d. med.Klin. an d. k.k. Univ. zu Krakau.* Die Heilquellen von Bartfeld in Ungarn. *Krakau* 1858. *Univ.-Buchdr.* 35 S. 8°. 10 kr.

Dietl, Jos., anatomische Klinik d. Gehirn-Krankheiten. Lex.-8. (25 B.) Wien 846, Kaulfuss Wittwe, Prandel u. Comp.

Dietl, *Prof. in Krakau.* Der Kurort Krynica in den galiz. Karpathen des Neusandecer Kreises in histor-, topogr. u. therapeut. Beziehung. *Krakau* 1857, *k. k. Universit.-Buchdruck.* 217 S., 2 Bl. 8.

DIETL, Joseph (Straubing): Ueber Nachgeburtsverzögerungen und deren Behandlung.- München: Mühlthaler 1870. 29 S.
Urk (Titel: De retentione placentae ejusque therapia.); F 72; Chr 1869/70,12
Diss. Ingolst.-Landsh.-Mchn.

DIETL,Joseph (Regenstauf): De ophthalmia Aegyptiaca.- Monachii: Fleischmann (1833). 11 S.
22.8.1833 - Urk
Diss. Ingolst.-Landsh.-Mchn.

Dietl, Dr. Josef —. Klinische Vorträge über die Cholera von — —. (Separat-Abdruck aus der „Wiener medizinischen Wochenschrift.") Wien, 1855. Gedruckt bei A. Pichler's Witwe & Sohn. L. W. Seidl. (50 S. 8.)

Dietl, Dr. Josef — Klinische Vorträge über die Cholera von — —. (Seperatabdruck aus der „Wiener medizinischen Wochenschrift.") Zweite Auflage. Krakau, 1855. Gedruckt in der Buchdruckerei des „Czas." (63 S. 8. Sammtband.)

Dietl, M. J., casuistische Beiträge zur Morphologie der Nervenzellen. Mit 1 (lith.) Taf. [Aus dem physiolog. Institute zu Innsbruck.] [Aus: „Sitzungsber. d. k. Akad. d. Wiss."] Lex.-8. (5 S.) Wien 874. (Gerold's Sohn.) n. — 40

Dietl, M. J., Beiträge zur leichteren Einbürgerung rationel zusammengestellter Receptformeln im metrischen Gewichte. gr. 8. (20 S.) Innsbruck 874, Wagner'sche Universitäts-Buchh. *

— Beobachtungen üb. Theilungsvorgänge an Nervenzellen. Mit 1 (lith.) Taf. (in qu. 4.) [Aus dem physiolog. Institute zu Innsbruck.] [Aus: „Sitzungsber. d. k. Akad. d. Wiss."] Lex.-8. (8 S.) Ebend. 874. n. — 50

Dietl, M. J., und C. v. Heidler-Heilborn, der Curort Marienbad. Eine Darstellung seiner Heilmittel, deren Bedeutung und Anwendung. 4. verm. und verb. Aufl. von C. v. Heidler-Heilborn. gr. 8. (VIII, 187 S.) Marienbad 888, Gschihay. *

Dietl, M. J., u. C. v. Heidler-Heilborn, der Curort Marienbad. Eine Darstellg. seiner Heilmittel, deren Bedeutg. u. Anwendg. 5 verm. u. verb. Aufl. von C. v. Heidler-Heilborn. gr. 8. (VIII, 197 S.) Marienbad 897. F. Gschihay. n. 2. 50

Dietl, M. J., experimentelle Studien über die Ausscheidung des Eisens. [Aus dem physiolog. Institute zu Innsbruck.] Lex.-8. (12 S. mit 1 Tab. in qu. gr. 4.) Wien 875, (Gerold's Sohn.) **

Dietl, M. J., Untersuchungen über die Organisation des Gehirns wirbelloser Thiere. 1. u. 2. Abth. [Aus der k. k. zoolog. Station zu Triest u. dem physiolog. Institute zu Innsbruck.] [Aus: „Sitzungsber. d. k. Akademie der Wiss."] Lex.-8. Wien 878. (Gerold's Sohn.) n. 4. 60
1. Cephalopoden, Tethys. [Mit 9 (lith. u. color.) Taf.] (52 S.) n. 4. —
2. Crustaceen. [Mit 1 (lith. u. color.) Taf.] (20 S.) n. — 60

—— Untersuchungen über Tasthaare. (I.) Mit 2 (lithogr. und chromolithogr.) Taf. (in qu. 4.). Lex.-8. (15 S.) Wien 872, (Gerold's Sohn.) *
—— dass. — II. Das Verhalten der Nerven. Mit 1 (lithogr.) Taf. (in qu. 4.). Lex.-8. (15 S.) Ebendas. 872. *
—— dass. — III. [Aus dem physiolog. Institute zu Innsbruck.] Lex.-8. (16 S. mit 1 lithogr. Taf. in qu. 4.) Ebendas. 874. *
Vorstehende fünf Schriften sind aus: Sitzungsberichte der k. Akademie der Wissenschaften, besonders abgedruckt.

—— Untersuchungen über das Verhalten der Temperatur im Magen, s. Vintschgau, M. R. v.

Dietlein, Festrede am 17. März 1863. Güters!.
Schul-/Univ.-Schrift

Dietlein, J. F. W., Auszug aus Naviers Abhandll. über d. Hängebrücken. Mit 10 Steint. gr. 4. Berl. 825. Reimer. 2 ₰

— Beitrag zur Statik d. Kreuzgewölbe. Mit 1 Kpft. 4. Halle 823. Schwetschke u. S. 18 gr

Dietlein, J. F. W., s. O. Gregory: Darstellung....

Dietlein, J. F. W., Grundzüge d. Vorlesn. üb. Strassen-, Brücken-, Schleussen-, Canal-, Strom-, Deich- u. Hafen-Bau; geh. in d. Kgl. Bau-Akademie zu Berlin in d. J. 1824—31. Mit einigen Anmerkn. u. Zusätzen v. A. L. Crelle, u. besond. abgedr. a. d. letztern „Journal f. d. Baukunst." Bd. 3, 4 u. 5. M. 14 Kpfrt. (in qu. gr. Fol.) gr. 4. (50 B.) Berlin 832, Reimer.

Dietlein, J. F. W., s. Peronet: Werke.

Dietlein, (H.) Rudolf

Dietlein, Rud., kurze Anleitung für den zweckmäßigen Unterrichtsbetrieb der kombinierten Schreiblese- und Normalwörter-Methode, mit besond. Bezugnahme auf Dietleins „Deutsche Fibel", Ausg. A, B und C. gr. 8. (35 S.) Berlin 883, Th. Hofmann. *

Dietlein, Rud., kurze Anleitg. f. d. zweckmäß. Unterrichtsbetrieb d. verein. Anschauungs-, Sprech-, Schreib- u. Leseunterrichts u. d. kombin. Schreiblese- u. Normalwörter-Methode, m. bes. Bezugnahme auf Dietleins „Deutsche Fibel", Ausg. A, B u. C. 2., verb. Aufl. gr. 8. (32 S.) Gera 897. Th. Hofmann. n. — 25

Dietlein, (H.) Rud., der vereinigte Anschauungs-, Sprech-, Schreib-, Lese-Unterricht auf der Unterstufe, e. Begleitwort zur „Deutschen Fibel“ v. R. u. W. Dietlein, bearb. unter Mitwirkg. v. Woldem. Dietlein. gr. 8. (IV, 90 S.) Wittenberg 873. Herrosé's Verl. n. 1. —

Dietlein, Rud., der vereinigte Anschauungs-Sprech-Schreib-Lese-Unterricht auf der Unterstufe. Begleitwort zur „Deutschen Fibel“ von R. u. W. Dietlein. 2. Aufl. gr. 8. (IV, 92 S.) Wittenberg 878. Berlin, Th. Hofmann. n. 1. —

Dietlein, (H.) Rud., der vereinigte Anschauungs-Sprech-Schreib-Lese-Unterricht auf der Unterstufe. Begleitwort zur „Deutschen Fibel“ von R. und W. Dietlein. 2. Aufl. gr. 8. (IV, 92 S.) [Wittenberg 879, Herrosé Verlag.] Berlin, Th. Hofmann. *

Dietlein, Rud., s.: Aus deutschen Lesebüchern.

Aus deutschen **Lesebüchern**. Dichtungen in Poesie u. Prosa erl. f. Schule u. Haus. Unter Mitw. namhafter Schulmänner hrsg. von Rudolf Dietlein, weil. Rektor, Woldemar Dietlein, weil. Rektor, u. Friedrich Polack, Schulrat a. D. 6., verm. u. verb. Aufl. Bearb. von Dr. Paul Polack, Sem.Dir. Bd 2. Leipzig & Berlin: Th. Hofmann 1904. 8° [F.] [07. 8406

Aus deutschen **Lesebüchern**. Dichtungen in Poesie u. Prosa erl. f. Schule u. Haus. Unter Mitw. namhafter Schulmänner hrsg. von Rudolf Dietlein, weil. Rektor, Woldemar Dietlein, weil. Rektor, u. Friedrich Polack, Schulrat a. D. 7., verm. u. verb. Aufl. Bearb. von Dr. Paul Polack, Sem.Dir. Bd 2. Leipzig & Berlin: B. G. Teubner 1907. 8° [F.] [07. 13443 II

Dietlein, (H.) Rudolf, u. Wold. Dietlein,

—— —— deutsche Fibel. Gemeinsame Unterlagen für den vereinigten Anschauungs-Sprech-Schreib-Leseunterricht. Mit vielen Abbild. (in eingedr. Holzschn.) zur Förderung der Anschauung und Lernfreudigkeit. Hrsg. unter Mitwirkung namhafter Schulmänner und erfahr. Elementarlehrer. In 2 Heften. 1. Heft. 3. umgearb. Aufl. (60 S.) 1873, und 4.—7. Aufl. gr. 8. (64 S.) Wittenberg 874,75, Herrosé. *

—— —— dass. — 2. Heft. 3.—5. umgearb. Aufl. (62 S.) 1873,74, und 6. verm. Aufl. gr. 8. (IV, 68 S.) Ebendas. 875. *

—— und Wold. Dietlein, deutsche Fibel. Gemeinsame Unterlagen für den vereinigten Anschauungs-Sprech-Schreib-Leseunterricht. Mit vielen (eingedr. Holzschn.-)Abbild. zur Förderung der Anschauung und Lernfreudigkeit. Hrsg. unter Mitwirkung erfahrener Schulmänner und prakt. Elementarlehrer. 2 Hefte. gr. 8. [Wittenberg, Herrosé's Verlag.] Berlin, Th. Hofmann. [1. Heft. 8.—29. Aufl. (64 S.) 875—79; 2. Heft. 7.—14. Aufl. (IV, 68 S.), 15.—23. Aufl. (IV, 72 S.) 876—79.] à Heft * 30 Pf. *
geb. à Heft ** 40 Pf. **

—— —— dass. — Ausg. A in 1 Hefte. gr. 8. (96 S.) Ebendas. 877. *

—— und Wold. Dietlein, deutsche Fibel. Gemeinsame Unterlagen für den vereinigten Anschauungs-, Sprech-, Schreib-, Lese-Unterricht. Mit vielen (eingedr. Holzschn.-)Abbild. zur Förderung der Anschauung und Lernfreudigkeit. Ausg. A in 1 Hefte. 2.—6. Aufl. Mit genauer Berücksicht. der amtlich festgestellten Orthographie. gr. 8. (96 S.) Berlin 878—80, Th. Hofmann. *

—— —— dass. — Gemeinsame Unterlagen für den vereinigten Anschauungs-, Sprech-, Schreib- und Lese-Unterricht nach der kombinierten Schreiblese- und Normalwörter-Methode. Ausg. A in 1 Hefte. [Schreiblesefibel.] 7. verb. Aufl. gr. 8. (96 S. mit eingedr. Holzschn.) Ebendas. 883. *

—— —— dass. — Gemeinsame Unterlagen für den vereinigten Anschauungs-, Sprech-, Schreib-, Lese-Unterricht. Ausg. B. in 2 Heften. Mit genauer Berücksicht. der amtlich festgesetzten Rechtschreibung. Mit eingedr. Holzschn. gr. 8. Ebendas. 880—83. [1. Heft. 30.—56. Aufl. (64 S.); 2. Heft. 24.—29. Aufl. (72 S.)] à Heft * 30 Pf. *

—— —— dass. — Ausg. C. 2 Hefte. [Normalwörter-Fibel.] 43.—56. Aufl. gr. 8. (64; 72 S. mit eingedr. Holzschn.) Ebendas. 880—83. à Heft * 30 Pf. *

—— deutsche Fibel. Gemeinsame Unterlagen für den vereinigten Anschauungs-, Sprech-, Schreib- und Lese-Unterricht nach der kombinierten Schreiblese- und Normalwörter-Methode. Ausg. A [in 1 Hefte]. [Schreiblesefibel.] 8. Aufl. gr. 8. (96 S. mit Illustr.) Ebendas. 883. *

—— dass. — Ausg. B. 1. Heft. [Schreiblesefibel.] 57. Aufl. gr. 8. (64 S. mit Illustr.) Ebendas. 884. *

—— dass. — Ausg. C. 1. Heft. [Normalwörterfibel.] gr. 8. (64 S. mit Illustr.) Ebendas. 883. *

—— dass. — Ausg. B und C. 2. Heft. 44. Aufl. gr. 8. (72 S. mit Illustr.) Ebendas. 884. *

—— dass. — [in Lateinschrift: Kursiv und Antiqua]. Nach der vereinigten Schreiblese- und Normalwörter-Methode bearb. 2. unveränd. (Titel-)Ausg. gr. 8. (112 S. mit eingedr. Holzschn.) Wittenberg 884, Herrosé Verlag. *

Dietlein, Rud., deutsche Fibel. Gemeinsame Unterlagen für den vereinigten Anschauungs-, Sprech-, Schreib- und Lese-Unterricht nach der kombinierten Schreiblese- und Normalwörter-Methode. Ausg. A. [in 1 Hefte]. [Schreiblesefibel.] 9.—12. Aufl. gr. 8. (96 S. mit Illustr.) Gera 885—88, Th. Hofmann. *

—— dass. — Ausg. B. [in 2 Heften]. 1. Heft. [Schreiblesefibel.] 58.—80. Aufl. gr. 8. (64 S. mit Illustr.) Ebendas. 885—88. *

—— dass. — Ausg. B. und C. 2. Heft. 45.—59. Aufl. gr. 8. (72 S. mit Illustr.) Ebendas. 885—88. *

—— dass. — Vereinfachte Ausg., im Auftrage der Stadt-Schul-Deputation zu Stettin hrsg. von Alb. Bendziula. 2. verb. Aufl. gr. 8. (96 S. mit Illustr.) Ebendas. 886. *

— dasselbe. Vereinfachte Ausg., im Auftrage der Stadt-Schul-Deputation zu Stettin hrsg. v. Alb. Bendziula. 4. Aufl. gr. 8. (96 S. m. Holzschn.) Ebd. 889. n. — 40;
geb. n.n. — 50

Dietlein, R., deutsche Fibel. Gemeinsame Unterlagen f. den vereinigten Anschauungs-, Sprech-, Schreib- u. Lese-Unterricht nach der kombinierten Schreiblese- u. Normalwörter-Methode. Ausg. A (in 1 Hft.). [Schreiblesefibel.] 14. Aufl. gr. 8. (96 S. m. Holzschn.) Gera 890. Th. Hofmann. n. — 40; geb. n.n. — 52

— dasselbe. Ausg. B. 2 Hfte. gr. 8. Ebd. 890. à n. — 30;
geb. à n.n. — 40

1. [Schreiblesefibel.] 86. Aufl. (64 S. m. Holzschn.)
2. 63. Aufl. (72 S. m. Holzschn.)

Dietlein, Rud. Deutsche Fibel. Gemeinsame Unterlagen f. den vereinigten Anschauungs-, Sprech-, Schreib- u. Lese-Unterricht nach der kombinierten Schreiblese- u. Normalwörter-Methode. Ausg. A (in 1 Heft). [Schreiblesefibel.] 16. Aufl. gr. 8. (96 S. m. Holzschn.) Gera 892, Hofmann. * — 40; geb. ** — 52

—— dass. — Ausg. B. 2 Hefte. gr. 8. Ebd. 892. * — 70; geb. ** — 90

1. [Schreiblesefibel.] 94. Aufl. (64 S. m. Holzschn.) * — 30; geb. * — 40.
2. 68. Aufl. (72 S. m. Holzschn.) * — 40; geb. * — 50.

—— dass. — Ausg. C [in 1 Hefte]. [Normalwörter-Fibel.] Neue verb. Aufl. gr. 8. (96 S. m. Bildern.) Ebd. 889. * — 40
geb. ** — 50

—— dass. — Vereinfachte Ausg., im Auftrage der Stadt-Schul-Deputation zu Stettin hrsg. v. Alb. Bendziula. 5. Aufl. gr. 8. (96 S. m. Holzschn.) Ebd. 891. * — 40; geb. ** — 50

— deutsche Fibel. Gemeinsame Unterlagen f. den vereinigten Anschauungs-, Sprech-, Schreib- u. Lese-Unterricht nach der kombinierten Schreiblese- u. Normalwörter-Methode. Ausg. A (in 1 Hfte.). [Schreiblesefibel.] 17. Aufl. gr. 8. (96 S. m. Holzschn.) Gera 893. Th. Hofmann. n. — 40;
geb. n.n. — 52

— dasselbe. Ausg. B. [Schreiblesefibel.] 2 Hfte. gr. 8. Ebd.
n. — 70; geb. n.n. — 94

1. 103. Aufl. (64 S. m. Holzschn.) 894. n. — 30; geb. n.n. — 42
2. 73., verm. Aufl. (104 S. m. Holzschn.) 894. n. — 40; geb. n.n. — 52

— dasselbe. Ausg. C (in 1 Hfte.). (Normalwörter-Fibel.) 3. Aufl. gr. 8. (96 S. m. Abb.) Ebd. 895. n. — 40;
Einbd. in Halbleinw. n.n.n. — 10

— dasselbe in Lateinschrift (Kursiv u. Antiqua). 3., vielfach verb. Aufl. gr. 8. (II, 108 S. m. Abb.) Wittenberg 896. R. Herrosé. n. — 50

— deutsche Fibel. Gemeins. Unterlagen f. d. verein. Anschauungs-, Sprech-, Schreib- u. Lese-Unterricht nach d. kombin. Schreiblese- u. Normalwörter-Methode. Ausg. A (in 1 Hfte.). (Schreiblese-Fibel.) 20. Aufl. gr. 8. (96 S. m. Abb.) Gera 896. Th. Hofmann. n. — 40; geb. n.n. — 55

— dasselbe. Ausg. B. 2 Hfte. (Schreiblesefibel.) gr. 8. (M. Abb.) Ebd. 898. n. — 70; Einbde. à n.n.n. — 10; in 1 Bd. geb. n. — 90
1. 113. Aufl. (64 S.) n. — 30
2. 81. Aufl. (104 S.) n. — 40

Dietlein, Rud., deutsche Fibel. Gemeins. Unterlagen f. d. verein. Anschauungs-, Sprech-, Schreib- u. Lese-Unterricht nach d. kombin. Schreiblese- u. Normalwörter-Methode. Vereinf. Ausg., i. Auftrage d. Stadt-Schul-Deputation zu Stettin hrsg. v. Alb. Bendziula. 10. Aufl. gr. 8. (96 S. m. Abb.) Gera 898. Th. Hofmann. n. — 40; Einbd. n.n.n. — 10

— dasselbe. Ausg. B. 2 Hfte. (Schreiblese-Fibel.) gr. 8. (Mit Abbildgn.) Ebd. n. — 70; Einbde. à n.n.n. — 10; in 1 Bd. geb. n. — 90
1. 116. Aufl. (64 S.) 900. n. — 30
2. 83. Aufl. (104 S.) 899. n. — 40

— deutsche Fibel. Gemeinsame Unterlagen f. den vereinigten Anschauungs-, Sprech-, Schreib- u. Lese-Unterricht nach der kombinierten Schreiblese- u. Normalwörter-Methode. Ausg. A. (in 1 Hfte.). (Schreiblesefibel.) 23. Aufl. gr. 8. (96 S. m. Abbildgn.) Gera 900. Leipzig, Th. Hofmann. n. — 40; Einbd. n.n.n. — 12

— dasselbe. Ausg. C (in 1 Hfte.). (Normalwörter-Fibel.) 5. Aufl. gr. 8. (96 S. m. Abbildgn.) Ebd. 900. n. — 40; Einbd. n.n.n. — 10

— dasselbe. Vereinfachte Ausg., im Auftrage der Stadt-Schul-Deputation zu Stettin hrsg. v. Alb. Bendziula. 14. Aufl. gr. 8. (96 S. m. Abbildgn.) Leipzig 902. Th. Hofmann. Geb. n.n. — 50

— deutsche Fibel. Gemeinsame Unterlagen f. den vereinigten Anschauungs-, Sprech-, Schreib- u. Lese-Unterricht nach der kombinierten Schreiblese- u. Normalwörter-Methode. Neubearbeitung v. E. Diez u. H. Müller. Ausg. A. Mit Orig.-Illustr. v. P. Krieger. 27. Aufl. Der Neubearbeitg. 1. Aufl., des ersten Schulbuches (Ausg. A) 8. Aufl. (II, 112 S.) 8. Leipzig 904. [Th. Hofmann.] B. G. Teubner. Geb. n.n. — 55

— dasselbe. Ausg. B. I. u. II. 8. Ebd. 904. Geb. n.n. 1. —
I. Mit Orig.-Illustr. v. P. Krieger. 124. Aufl. Der Neubearbeitg. 1. Aufl. (II, 80 S.) n.n. — 40
II. Mit Orig.-Illustr. von P. Krieger (überklebt: Ludw. Richter). 89. Aufl. Der Neubearbeitg. 2. Aufl. (IV, 112 S.) n.n. — 60

— dasselbe. Ausg. C. Mit Orig.-Illustr. v. P. Krieger. Der Neubearbeitg. 1. Aufl. (II, 128 S.) 8. Ebd. 904. Geb. n.n. — 50

— dasselbe. Vereinfachte Ausg., im Auftrage der Stadt-Schul-Deputation zu Stettin hrsg. v. Alb. Bendziula. 16. Aufl. (96 S. m. Abbildgn.) gr. 8. Ebd. 905. Geb. n. — 60

— dasselbe. Neubearbeitung v. E. Diez u. H. Müller. Mit Orig.-Illustr. v. P. Krieger. Ausg. A. 28. Aufl. der Neubearbeitg. 2. Aufl. des 1. Schulbuches. (Ausg. A.) 4. Aufl. (II, 112 S.) 8. Ebd. 908. Geb. — 60

— Deutsche Fibel. Gemeinsame Unterlagen f. den vereinigten Anschauungs-, Sprech-, Schreib- u. Lese-Unterricht. Vereinfachte Ausg., im Auftrage der Stadt-Schul-Deputation zu Stettin hrsg. v. Alb. Bendziula. 17. Aufl. (96 S. m. Abbild.) gr. 8. Leipzig 909. B. G. Teubner. Geb. — 60

— dasselbe. Mit Anh. f. höhere Schulen. (136 S. m. Abbildgn.) gr. 8. Ebd. 909. Geb. nn — 85

— dasselbe. Neubearbeitung v. E. Diez u. H. Müller. Mit Orig.-Illustr. v. P. Krieger. Ausg. B I. 125. Aufl. Der Neubearbeitg. 2. Aufl. (II, 80 S.) 8. Ebd. 909. Kart. nn — 45

Dietlein, Rud., deutsche Fibel. Ausg. D f. die Volksschulen v. Magdeburg u. Umgegend. 126. Aufl. Der Neubearbeitg. 3. Aufl. (II, 80 S.) 8. Leipzig 909. B. G. Teubner. Geb. nn — 45

— dasselbe. Ausg. E f. die Bürgerschulen v. Magdeburg u. Umgegend. 126. Aufl. Der Neubearbeitg. 3. Aufl. (II, 104 S.) 8. Ebd. 909. Geb. nn — 55

— deutsche Fibel in Rundschrift. Nach der vereinigten Schreiblese- u. Normalwörter-Methode bearb. gr. 8. (112 S.) Wittenberg 881. Herrosé's Verl. n. — 50; Erläuterungen u. Fingerzeige dazu (16 S.) n. — 10

Dietlein, H. R., Führer durch das Gebiet des Sprech-Schreib-Leseunterrichts oder des vereinigten Elementarsprachunterrichts. Mit steter Berücksichtigung seines „Des Kindes erstes Schulbuch ꝛc." Leipzig 861. Klinkhardt. gr. 8. (XI, 48 S.) $7\frac{1}{2}$ ngr.

— Grundsätze, Plan u. Einrichtung der Normalwörterfibel. Mit besond. Berücksicht. der „Deutschen Fibel", Ausg. C [zugleich den ersten Tl. bildend d. „Deutschen Lesebuches f. sechs- u. mehrklass. Schulen" v. R. u. W. Dietlein u. G. Schumann]. gr. 8. (31 S.) Ebd. 890. — 15

—— des deutschen Kriegers Heimkehr aus Frankreich. Ein Cyclus von 25 patriot. Gesängen und beliebten Kriegs-, Soldaten- und Volksliedern mit verbind. Declamation. Für vierstimm. Männergesang arrangirt und componirt von Carl Stein. Liederbuch 1. und 2. Aufl. gr. 8. (48 S.) Wittenberg 871, Herrosé. *
Textbuch. 8. (52 S.)

— Lehr- u. Übungsstoffe zum sichern u. schnellen Erlernen der neuen Schulorthographie. Für die Hand der Schüler bearb. gr. 8. (68 S.) Berlin 881. Th. Hofmann. n. — 30

—— und Woldem. Dietlein, deutsches Lesebuch für die Unter-, Mittel- und Oberstufe der Bürger- und Volksschulen des deutschen Reichs. 1. Thl.: Deutsche Fibel. Gemeinsame Unterlagen für den vereinigten, elementaren Anschauungs-, Sprech-, Schreib-, Lese- und Sprachunterricht. Mit vielen Abbild. (in eingedr. Holzschn.) zur Förderung der Anschauung und Lernfreudigkeit. 8. (VIII, 80 S.) Wittenberg 872, Herrosé. *

— dasselbe. Mit Begleitwort f. Lehrer 8. (XXIV, 80 S.) Ebend. 872. n. — 50

—— —— dass. — 2. Aufl. Mit Begleitwort für Lehrer. 8. (XXIV, 80 S.) Ebendas. 872. *

—— —— dass. — [III. Oberstufe.] Ausgabe für Oesterreich. gr. 8. (VIII, 352 S.) Ebendas. 871. *

—— —— deutsches Lesebuch für mehrklassige Bürger- und Volks-Schulen. Mit vielen Abbild. (in eingedr. Holzschn.) zur Förderung der Anschauung und Lernfreudigkeit. 3 Hefte. gr. 8. Wittenberg, Herrosé. *

Inhalt:

I. Unterstufe. Zugleich im Anschluß an jede Fibel: Lesebuch für die Mittelklasse der ein-, zwei- und dreiklass. Volksschulen. 1. Aufl. 1872, und 2. verb. Aufl. (VIII, 152 S.) 874. * 75 Pf.

II. Mit Orig.-Beiträgen von Fr. Ed. Keller, Karl Möbius, E. Polack etc. Mittelstufe. 1. Aufl. 1872, und 2. verb. Aufl. (288 S.) 874. *M. 1,10.

III. Unter Mitwirkung der Herren Keller, Polack, K. Ruß etc. Oberstufe. (VIII, 360 S.) 873. *M. 1.40.

Von diesen 3 Heften erschien Ausgabe A für evangelische Schulen und Ausgabe B für Simultanschulen zu gleichen Preisen.

— dasselbe. Ausgabe f. Oesterreich. gr. 8. (VIII, 352 S.) Ebend. 873. n. 1. 40

Dietlein, H. Rud., und Wold. Dietlein, deutsches Lesebuch für mehrklassige Bürgerschulen. Mit vielen Abbild. (in eingedr. Holzschn.) zur Förderung der Anschauung und Lernfreudigkeit. 3 Hefte. gr. 8. [Wittenberg, Herrosé's Verlag.] Berlin, Th. Hofmann. *

Inhalt:

Heft 1. Unterstufe. Zugleich in Anschluß an jede Fibel: Lesebuch für die Mittelstufe der ein-, zwei- und dreiklass. Volksschulen. 3. und 4. unveränd. Aufl. (VIII, 152 S.) 875,77. * 75 Pf.

" 2. Mittelstufe. Mit Orig.-Beiträgen von Fr. Ed. Keller, Karl Möbius, E. Polack etc. 3.—5. Aufl. (IV. 288 S.) 875—87. *M 1,10.

" 3. Oberstufe. Mit Orig.-Beiträgen von Fr. Ed. Keller, Karl Möbius, E. Polack etc. hrsg. 2.—4. unveränd. Aufl. (VIII, 400 S.) 874—78. *M 1,40.

Von diesen 3 Heften erschienen Ausg. A. für evangelische Schulen und Ausg. B. für Simultanschulen zu gleichen Preisen.

—— —— deutsches Lesebuch für mehrklassige Bürger- und Volksschulen. Mit Orig.-Beiträgen von Fritz Beyer, Fr. Ed. Keller, Ernst Lausch u. A. Ausg. in 3 Bdn. Nach den Quellen berichtigt. [Mit genauer Berücksicht. der amtlich festgestellten Rechtschreibung.] gr. 8. Ebendas. 879—84. *

Inhalt:

Bd. 1. Unterstufe. 5.—11. Aufl. (160 S.) * 75 Pf.

" 2. Mittelstufe. 6. Aufl. (XXIV, 290 S.); 7.—10. Aufl. (XVI, 288 S.) *M 1,10.

" 3. Oberstufe. 5.—7. Aufl. (XVI, 416 S.) *M 1,40.

—— und Wold. Dietlein, deutsches Lesebuch für mehrklassige Bürger- und Volks-Schulen. Ausg. in 3 Bdn. gr. 8. (Mit eingedr. Holzschn.) Gera 885—88, Th. Hofmann. *

Inhalt:

Bd. 1. Unterstufe. 12.—17. Aufl. (160 S.) * 75 Pf.

" 2. Mittelstufe. 11.—14. Aufl. (XVI, 288 S.) *M 1.10.

" 3. Oberstufe. 8.—11. Aufl. (XVI, 416 S.) *M 1.40.

Dietlein, R., u. W. Dietlein, deutsches Lesebuch für mehrklassige Bürger- u. Volks-Schulen. Ausg. A in 3 Bdn. gr. 8. (Mit Abbildgn.) Gera 890. Th. Hofmann. n. 3. 25; geb. n.n. 3. 88

1. Unterstufe. 20. Aufl. (160 S.) n. — 75; geb. n.n. — 93
2. Mittelstufe. 17. Aufl. (XVI, 288 u. Anh. 16 S.) n. 1. 10; geb. n.n. 1. 30
3. Oberstufe. 13. Aufl. (XVI, 416 u. Anh. 16 S.) n. 1. 40; geb. n.n. 1. 65

—— u. Wold. Dietlein. Deutsches Lesebuch für mehrklassige Bürger- u. Volks-Schulen. Ausg. A in 3 Bdn. gr. 8. (Mit Abbildgn.) Gera 892, Hofmann. * 3 45; geb. ** 4 20

1. Unterstufe. 23. Aufl. (160 S.) * — 75; geb. ** — 95.
2. Mittelstufe. 20. neu bearb. Aufl. (351 S.) * 1 20; geb. ** 1 45.
3. Oberstufe. 15. neu bearb. Aufl. (495 S.) * 1 50; geb. ** 1 80.

— u. Wold. Dietlein, deutsches Lesebuch f. mehrklassige Bürger- u. Volks-Schulen. Ausg. A in 3 Bdn. gr. 8 (Mit Abbildgn.) Gera, Th. Hofmann. Geb. in Halbleinw. n.n. 4. 30

1. Unterstufe. 26. Aufl. (160 S.) 895. n.n. — 95
2. Mittelstufe. 23. Aufl. (351 S.) 895. n.n. 1. 50
3. Oberstufe. 17. Aufl. (495 S.) 894. n.n. 1. 85

— u. Wold. Dietlein, deutsches Lesebuch f. mehrklassige Bürger- u. Volks-Schulen. Ausg. A in 3 Bdn. gr. 8. (M. Abb.) Gera, Th. Hofmann. n. 3. 45; Einbde. n.n.n. — 73

1. Unterstufe. 29. Aufl. (160 S.) 898. n. — 75; Einbd. n.n.n. — 18
2. Mittelstufe. 26. Aufl. (351 S.) 897. n. 1. 20; Einbd. n.n.n. — 25
3. Oberstufe. 20. Aufl. (495 S.) 897. n. 1. 50; Einbd. n.n.n. — 30

— u. Wold. Dietlein, deutsches Lesebuch f. mehrklassige Bürger- u. Volks-Schulen. Ausg. A in 3 Bdn. gr. 8. (Mit Abbildgn.) Ebd. 3. 45; Einbände n.n.n. — 73

1. Unterstufe. 32. Aufl. (160 S.) 902. n. — 75; Einbd. n.n.n. — 18
2. Mittelstufe. 27. Aufl. (351 S.) 900. n. 1. 20; Einbd. n.n.n. — 25
3. Oberstufe. 21. Aufl. (495 S.) n. 1. 50; Einbd. n.n.n. — 30

— u. Wold. Dietlein, deutsches Lesebuch f. mehrklassige Bürger- u. Volks-Schulen. Ausg. A in 3 Bdn. II. Mittelstufe. 28. Aufl. nach der neuen Rechtschreibg. v. 1902. (351 S. m. Abb.) gr. 8. Ebd. 903. Geb. n. 1. 50

R[udolf] u. W[oldemar] **Dietleins** Deutsches Lesebuch. Neu hrsg. von F[riedrich] W[ilhelm] Jenetzky, Schulrat, u. E[rnst] Hellmuth, Rektor, unter Mitarbeit von … Buchschmuck von P. Bürck. Ausg. A (in 3 T.) f. mehrklass. Volksschulen. 33. Aufl. Der Neubearb. 1. Aufl. T. 1–3. (Ausg. f. Magdeburg.) Leipzig & Berlin: B. G. Teubner 1907. 3 Bde 8° [F.] [07. 8864

— — dasselbe. Ausg. C. Vorstufe. 33. Aufl. Der Neubearbeitg. 1. Aufl. (VIII, 149 S.) gr. 8. Ebd. 907. Geb. — 80

— u. W. Dietlein, deutsches Lesebuch. Neu hrsg. v. F. W. Jenetzky u. E. Hellmuth unter Mitarbeit v. G. Götze, H. Schrader. Buchschm. v. P. Bürck. Ausg. A f. mehrklass. Volksschulen. I. Tl. 34. Aufl. Der Neubearbeitg. 2. Aufl. (VIII, 149 S.) gr. 8. Leipzig 909. B. G. Teubner. Geb. — 80

— — dasselbe. Ausg. A in 3 Tln. f. mehrklass. Volksschulen. Ausg. f. Magdeburg. II. u. III. Tl. gr. 8. Ebd. Geb. 3. 80

II. 34. Aufl. Der Neubearbeitg. 2. Aufl. (XIV, 477 S.) 909. Geb. 1. 80
III. 33. Aufl. Der Neubearbeitg. 1. Aufl. (XII, 530 S.) 907. 2. —

— — dasselbe. Ausg. B in 3 Tln. f. mehrklass. Volksschulen. Ebd. gr. 8. Geb. 4. 60

I. 34. Aufl. Der Neubearbeitg. 2. Aufl. (VIII, 149 S.) 909. Geb. — 80
II. 33. Aufl. Der Neubearbeitg. 1. Aufl. (XIV, 473 S.) 908. Geb. 1. 80
III. 33. Aufl. Der Neubearbeitg. 1. Aufl. (538 S.) 908. Geb. 2. —

— — dasselbe. Ausg. C in 1 Bde. Der Neubearbeitg. 2. Aufl. (XVI, 634 S.) gr. 8. Ebd. 910. Geb. 2. 30

— — dasselbe. Ausg. D in 4 Tln. f. Mittelschulen. Der Neubearbeitg. 1. Aufl. gr. 8. Ebd. 909. Geb. 10. 40

I. (XII, 270 S.) Geb. 1. 80
II. (XIV, 400 S.) Geb. 2.60: Ausg. f. parität. Schulen. (XIV, 400 S.) Geb. 2. 60
III. (XII, 451 S.) Geb. 3.—; Ausg. f. parität. Schulen. (XII, 451 S.) Geb. 3. —
IV. (XX, 478 S.) Geb. 3.—; Ausg. f. parität. Schulen. (XX, 478 S.) Geb. 3. —

— — dasselbe f. Mittelschulen des deutschen Ostens. II. Tl. Der Neubearbeitg. 1. Aufl. (XIV, 400 S.) gr. 8. Ebd. 909. Geb. 2. 60

— — dasselbe f. Mittelschulen der Prov. Sachsen. II. Tl. Der Neubearbeitg. 1. Aufl. (XIV, 400 S.) gr. 8. Ebd. 909. Geb. 2. 60

— — dasselbe. Auf Grund der Bestimmgn. üb. d. Neuordng. des Mittelschulwesens in Preußen v. 3. II. 1910 neu hrsg. v. F. W. Jenetzky u. E. Hellmuth unter Mitarbeit v. G. Götze u. H. Schrader. Buchschmuck v. P. Bürck. Ausg. D. In 4 Tln. I., III. u. IV. Tl. Der Neubearbeitg. 1. Aufl. gr. 8. Ebd. Geb. nn 6. 85

I. (VIII, 163 S.) 910. Geb. nn 1. 10
III. Für das 6. u. 7. Schulj. (VIII, 447 S.) 911. Geb. 2. 75
IV. Für das 8. (u. 9.) Schulj. (XXIII, 500 S.) 911. Geb. 3. —

— — dasselbe. Ausg. D in 4 Tln. f. Mittelschulen der Prov. Sachsen. II. Tl. f. das 3., 4. u. 5. Schulj. Der Neubearbeitg. 1. Aufl. (XVI, 505 S.) gr. 8. Ebd. 910. Geb. in Halbleinw. nn 2. 90

—— —— u. G. Schumann. Deutsches Lesebuch f. sechs- u. mehrklass. Schulen. Ausg. B in 7 Tln. gr. 8. Ebd. * 6 35; geb. ** 8 30
1. 1. Schulj. Deutsche Fibel f. den vollständig vereinigten Anschauungs-, Sprech-, Schreib- u. Leseunterricht nach der kombinierten Schreiblese- u. Normalwörter-Methode. (96 S. m. Bildern.) 889. * — 40; geb. ** — 55.
2. 2. Schulj. 2. Aufl. (128 S.) 892. * — 50; geb. ** — 70.
3. 3. Schulj. (176 S.) 889. * — 70; geb. ** — 95.
4. 4. Schulj. (224 S.) 889. * — 90; geb. ** 1 20.
5. 5. u. 6. Schulj. (264 S.) 889. * 1 —; geb. ** 1 30.
6. 7. u. 8. Schulj. (344 S.) 889. * 1 25; geb. ** 1 60.
7. Für d. Oberklasse d. Bürger- u. Mittelsch. (520 S.) 891. * 1 60; geb. ** 2 —.

— — u. G. Schumann, deutsches Lesebuch für sechs- u. mehrklassige Schulen. Ausg. B in 7 Tln. gr. 8. Ebd. n. 6. 35; geb. n.n. 8. 30
1. 1. Schulj. Deutsche Fibel f. d. vollst. verein. Anschauungs-, Sprech-, Schreib- u. Lese-Unterr. n. d. kombin. Schreiblese- u. Normalwörter-Methode. 2. Aufl. (96 S. m. Abb.) 895. n. — 40; geb. in Halbleinw. n.n. — 55
2. 2. Schulj. 5. Aufl. (128 S.) 897. n. — 50; geb. n.n. — 70
3. 3. Schulj. 4. Aufl. (176 S.) 897. n. — 70; geb. n.n. — 95
4. 4. Schulj. 4. Aufl. (224 S.) 897. n. — 90; geb. n.n. 1. 20
5. 5. u. 6. Schulj. 4. Aufl. (264 S.) 898. n. 1. —; geb. n.n. 1. 30
6. 7. u. 8. Schulj. 8. Aufl. (360 S.) 896. n. 1. 25; geb. n.n. 1. 60
7. Für Mittelschulen. 3. Aufl. (520 S.) 897. n. 1. 60; geb. n.n. 2. —

— — u. G. Schumann, deutsches Lesebuch f. sechs- u. mehrklassige Schulen. Ausg. B in 7 Tln. 1.—4. 6. u. 7. Tl. gr. 8. Ebd. Geb. n.n. 7. 05
1. 1. Schulj. Deutsche Fibel f. den vollständig vereinigten Anschauungs-, Sprech-, Schreib- u. Lese-Unterricht nach der kombinierten Schreiblese- u. Normalwörter-Methode. (Ausg. C: Normalwörter-Fibel.) 4. Aufl. (96 S. m. Abbildgn.) 900. n. — 40; geb. n.n. — 55
2. 2. Schulj. 8. Aufl. (128 S.) 902. Geb. n.n. — 75
3. 7. Aufl. (176 S.) 902. Geb. n.n. — 95
4. 4. Schulj. 6. Aufl. (224 S.) 902. Geb n.n. 1. 20
6. 4. Aufl. (360 S.) 898. n. 1. 25; geb. n.n. 1. 60
7. 4. Aufl. (520 S.) 899. n. 1. 60; geb. n.n. 2. —

— W. Dietlein, u. G. Schumann, deutsches Lesebuch f. sechs- u. mehrklassige Schulen. Ausg. B in 7 Tln. 8. Ebd. Geb. n.n. 8. 85
I. 1. Schulj. Deutsche Fibel f. den vollständig vereinigten Anschauungs-, Sprech-, Schreib- u. Lese-Unterricht nach der kombinierten Schreiblese- u. Normalwörter-Methode. (Ausg. C.: Normalwörter-Fibel.) 5. Aufl. (96 S. m. Abbildgn.) 903. Geb. n.n. — 55
II. 2. Schulj. 11. Aufl. (128 S.) 905. Geb. n.n. — 75
III. 3. Schulj. 10. Aufl. (176 S.) 905. Geb. n.n. — 95
IV. 4. Schulj. 7. Aufl. (224 S.) 905. Geb. n.n. 1. 20
V. 5. Schulj. 7. Aufl. (264 S.) 905. Geb. n.n. 1. 30
VI. 6. Schulj. 7. Aufl. (360 S.) 905. Geb. n.n. 1. 60
VII. 5. Aufl. (520 S.) 903. Geb. n.n. 2. —

— — — dasselbe. I. Tl. (Ausg. D.) gr. 8. Ebd. Geb. n.n. — 65
1. Schulj. 1. Schulbuch f. den vereinigten Anschauungs-, Sprech-, Schreib-, Lese-Unterricht auf Grundlage Heyscher Fabeln u. einiger ähnl. Dichtgn. v. R. Dietlein. (Ausg. D: Fibel m. besond. Berücksicht. der Phonetik.) 2. Aufl. Nach der neuen Rechtschreibg. v. 1902. (112 S. m. Abbildgn.) 903.

— — u. G. Schumann, deutsches Lesebuch f. sechs- u. mehrklassige Schulen. Ausg. B in 7 Tln. II.—IV. u. VI. Tl. 8. Ebd. Geb. nn 4. 50
II. 2. Schulj. 13. Aufl. (128 S.) 908. Geb. nn — 75
III. 3. Schulj. 11. Aufl. (176 S.) 908. Geb. — 95
IV. 4. Schulj. 8. Aufl. (224 S.) 908. Geb. nn 1. 20
VI. 6. Schulj. 8. Aufl. (360 S.) 908. Geb. nn 1. 60

— des Kindes 1. Lesebuch. Illustrierte Fibel m. farb. Bildern. Auf Grundlage d. m. dem Anschauungsunterrichte innig verbundenen ersten Sprech-, Schreib- u. Lese-Unterrichts nach der vereinigten Schreiblese- u. Normalwörter-Lehrmethode bearb. f. Schule u. Haus. gr. 8. (80 S.) Eßlingen 893. J. F. Schreiber. Kart n. 1. —

— des Kindes erstes Lesebuch. Ill. Fibel m. farb. Bild. Auf Grundlage d. m. d. Anschauungsunterr. innig verbund. ersten Sprech-, Schreib- u. Lese-Unterr. nach d. verein. Schreiblese- u. Normalwörter-Lehrmethode bearb. f. Schule u. Haus. 2. Aufl. gr. 8. (80 S., auch m. schwarzen Bild.) Eßlingen 897. J. F. Schreiber. n. 1. —

— des Kindes erstes Lesebuch. Illustrierte Fibel m. farb. Bildern. Auf Grundlage des m. dem Anschauungs-Unterricht innig verbundenen Sprech-, Schreib- u. Lese-Unterrichts nach der vereinigten Schreiblese- u. Normalwörter-Lehrmethode bearb. f. Schule u. Haus. 3. verm. Aufl. gr. 8. (112 S., auch m. schwarzen Abbildgn.) Eßlingen 900. J. F. Schreiber. Kart. n. 1. 20

Dietlein, Rud., des Kindes erstes Lesebuch. Illustr. Fibel m. farb. Bildern. Auf Grundlage des innig verbundenen ersten Anschauungs-, Sprech-, Schreib- u. Lese-Unterrichts f. Schule u. Haus. 4., nach der neuen Rechtschreibg. umgearb. Aufl. (111 S., auch m. schwarzen Abbildgn.) gr. 8. Eßlingen (903). J. F. Schreiber. Kart. n. 1. 20

— Des Kindes erstes Lesebuch. Illustrierte Fibel m. farb. Bildern. Auf Grundlage des innig verbundenen ersten Anschauungs-, Sprech-, Schreib- u. Lese-Unterrichts f. Schule u. Haus. 5. nach der neuen Rechtschreibg. umgearb. Aufl. (111 S., auch m. schwarzen Abbildgn.) gr. 8. Eßlingen (909). J. F. Schreiber. Kart. 1. 20

—— Plan u. Einrichtung der Normalwörterfibel. Mit besond. Berücksicht. d. „Deutschen Fibel", Ausg. C. gr. 8. (31 S.) Ebd. 890. — 15

Dietlein, Rud., der Rechtschreibschüler. Übungsstoffe zur Wiederholung und Befestigung in der neuen Schulorthographie. gr. 8. (8, 47 S.) Wittenberg 885, Herrosé's Verlag. *

—— Der Rechtschreibschüler. Diktier- u. Übungsstoffe zur Wiederholg. u. Befestigg. in der neuen Schulorthographie. 4. verb., u. 5. Aufl. 8. (8; 47 S.) Wittenberg 889,91, Herrosé Verlag. * — 20

— der Rechtschreibschüler. Diktier- u. Ubungsstoffe zur Wiederholg. u. Befestigg. in der neuen Schulorthographie. 6. Aufl. gr. 8. (47 S.) Wittenberg 893. R. Herrosé. n. — 20

— der Rechtschreibschüler. Diktier- u. Übungsstoffe zur Wiederholg. u. Befestigg. in der neuen Schulorthographie. 8. Aufl. gr. 8. (47 S.) Wittenberg 901. R. Herrosé. n. — 20

— der Rechtschreibschüler. Diktier- u. Uebungsstoffe zur Wiederholg. u. Befestigg. in der neuen Schulorthographie. 8. nach der neuen amtl. Orthographie umgearb. Aufl. (48 S.) gr. 8. Wittenberg 903. R. Herrosé. n. — 30

Dietlein, (H.) Rud., die Schlacht bei Wartenburg. Eine Festgabe zur 50jähr. Jubelfeier und zur Enthüllung des Denkmals der Schlacht von Wartenburg. Dem Volke und der reiferen Jugend erzählt. 8. (VI und 83 S.) Wittenberg 863, (Herrosé.)

— erstes Schulbuch f. den vereinigten Anschauungs-Sprech-Schreib-Leseunterricht auf Grundlage Hey'scher Fabeln u. einiger ähnlichen Dichtungen m. besond. Berücksicht. der Forderg n. der Phonetik. Ausg. A in e. Tle. Mit 49 Orig.-Illustr. v. Paul Krieger. gr. 8. (112 S.) Gera 900. Leipzig, Th. Hofmann. n. — 50; geb. n.n. — 65

— Erstes Schulbuch f. den vereinigten Anschauungs-, Sprech-, Schreib-, Leseunterricht auf Grundlage Heyscher Fabeln u. einiger ähnlichen Dichtungen, m. besond. Berücksicht. der Fordergn. der Phonetik. Ausg. B in 2 Tln. II. Tl. (144 S.) 8. Leipzig (902). Th. Hofmann. Geb. — 60 (Vollständig: 1.—)

— erstes Schulbuch f. den vereinigten Anschauungs-, Sprech-, Schreib-, Leseunterricht auf Grundlage Heyscher Fabeln u. einiger ähnlichen Dichtungen, m. besond. Berücksicht. der Fordergn. der Phonetik. Ausg. A in 1 Tle. Mit 49 Orig.-Illustr. v. Paul Krieger. 2. Aufl. Nach der neuen Rechtschreibg v. 1902. (112 S.) gr. 8. Leipzig (903). [Th. Hofmann.] B. G. Teubner. Geb. n.n. — 65

— dasselbe. Ausg. B in 2 Tln. 1. Tl. Mit 49 Orig.-Illustr. v. Paul Krieger. 2. Aufl. Nach der neuen Rechtschreibg. v. 1902. (80 S.) gr. 8. Ebd. 903. Geb. n. — 40

—— des Kindes erstes Schulbuch oder Sprech-Schreib-Lesestoffe für den vereinigten Elementarsprachunterricht in den Grundklassen der Bürger- und Volksschulen. 1. Heft: Die Schreibschrift. Der einfache Satz. gr. 8. (56 lithogr. S.) Leipzig 861, Klinkhardt. geb.

—— der Sprachschüler, ein Lehr-, Lern- und Uebungs-Buch beim Unterricht in der Muttersprache für alle Klassen der Elementarschulen insbesond. auch für ungetheilte Volksschulen. 1. Thl.: für Elementar- und Mittelklassen. gr. 8. (VIII, 111 S.) Wittenberg 869, Herrosé. *

—— dass. — für die obern Klassen gehobener Volks- und Bürgerschulen und die unteren Klassen höherer Schulen, insbes. auch für Handwerker- und Fortbildungsschulen, für Präparanden-anstalten und Lehrerseminare, sowie auch zum Selbstunterricht. Bevorwortet von C. Kehr. 2. Thl. gr. 8. (XV, 200 S.) Ebendas. 871. *

—— dass. — ein Lehr-, Lern- und Uebungsbuch beim Unterricht in der Muttersprache. Ausg. A. Mit einem Vorwort von C. Kehr. I. Für die Unter- und Mittelstufen der Volksschulen. 2. Aufl. (VIII, 79 S.) * 35 Pf., und 3. Aufl. gr. 8. (VI, 96 S.) Ebendas. 874. *

—— dass. — Ausg. A. II. Für die Oberstufe der Volksschulen. gr. 8. (VIII, 84 S.) Ebendas. 872. *

—— dass. — Ausg. B. I. für die unteren Klassen mehrklass. Bürgerschulen. 2. umgearb. und verm. Aufl. gr. 8. (VIII, 112 S.) Ebendas. 872. *

—— dass. — Ausg. B. II. für die Mittelstufe mehrklass. Bürger- und gehobener Volksschulen. 3. umgearb. und verm. Aufl. gr. 8. (XV, 152 S.) Ebendas. 873. *

—— dass. — Ausg. B. III. für die Oberstufe mehrklass. Mittel-, Bürger- und gehobener Volksschulen. 3. umgearb. und verm. Aufl. gr. 8. (VIII, 200 S.) Ebendas. 873. *

— der Sprachschüler, e. Lehr-, Lern- u. Uebungsbuch beim Unterricht in der Muttersprache. Ausg. A. I. u. II. Mit e. Vorwort v. C. Kehr. 3. Aufl. gr. 8. Ebend. 874. 76. à n. — 40

1. Für die Unter- u. Mittelklassen der Volksschulen. (VIII, 96 S.)
2. Für die Oberstufe der Volksschulen. (VIII, 84 S.)

—— dass. — Ausg. A. 2. Heft: Für die Oberstufe der Volksschulen. Mit einem Vorwort von C. Kehr. 2. und 3. Aufl. gr. 8. (VIII. 84 S.) Ebendas. 872.75. *

— dasselbe. Ausg. B. I—III. Mit e. Vorwort v. C. Kehr. gr. 8. (VIII, 112 S.) Ebend. 872—76. n. 2. 40

I. Für die unteren Klassen mehrklass. Bürgerschulen. 2. umgearb. u. verm. Aufl. (VIII, 112 S.) n. — 60
II. Für die Mittelstufe mehrklass. Bürger- u. gehobener Volksschulen. 4. unveränd. Aufl. (XV, 152 S.) n. — 80
III. Für die Oberklasse mehrklass. Mittel-, Bürger- u. gehobener Volksschulen. 3. umgearb. u. verm. Aufl. (VIII, 200 S.) n. 1. -

—— dass. — Ausg. B. 1. Heft: Für die Unterstufe mehrklass. Mittel-, Bürger- und gehobener Volksschulen. 3. und 4. Aufl. gr. 8. (III, 112 S.) Ebendas. 873,77. *

— dasselbe. Ein Hilfs- u. Uebungsbuch beim Unterricht in der Muttersprache. Ausgabe A. I. für die Unter- u. Mittelstufe der Volksschulen. 4. Aufl. gr. 8. (VII, 96 S.) Ebend. 877. n. — 40

—— der Sprachschüler. Konzentrisch sich erweiternde Lehr- und Uebungsstoffe für den deutschen Sprachunterricht. Ausg. A in 6 Heften. 8. Ebendas. 880—83. [1. Heft. 5. Aufl. (48 S.) * 20 Pf.; 2. Heft. 4. und 5. Aufl. (64 S.) * 25 Pf.; 3. und 4. Heft. 1.—5. Aufl. (72; 80 S.) à * 30 Pf.; 5. und 6. Heft. 1.—5. Aufl. (88; 96 S.) à * 40 Pf.] *

—— dass. — Ein Hilfs- und Übungsbuch beim Unterricht in der Muttersprache. Ausg. B für mehrklass. Bürger- und gehobene Volksschulen in 3 Heften. [Mit genauer Berücksicht. der amtlich festgestellten Orthogr.] gr. 8. Ebendas.

Inhalt:
Heft 1. Unterstufe. 5. verb. Aufl. (IV, 112 S.) 881. * 60 Pf.
" 2. Mittelstufe. Mit einem Vorwort von C. Kehr. 5. verm. und verb. Aufl. (XVI, 192 S.) 880. * ℳ 1.
" 3. Oberstufe. 4. verm. und verb. Aufl. (IV, 204 S.) 881. * ℳ 1.

— der elementare Sprachunterricht im ersten Schuljahre nach den didaktischen Forderungen der Gegenwart, zugleich Begleitschrift zum „Ersten Schulbuche" f. den vereinigten Anschauungs-, Sprech-, Schreib- u. Leseunterricht auf Grundlage Heyerscher Fabeln u. m. besond. Berücksicht. der Phonetik. gr. 8. (VIII, 127 S.) Ebd. 900. n. 1. —

—— Sprech-Schreib-Lesestoffe für den vereinigten Elementar-Sprach-Unterricht. 1. Heft. 2., gänzlich umgearb. und verb. Aufl. gr. 8. (70 S.) Langensalza 867, Verlags-Comptoir. * geb. *

—— dass. — Zugleich als Anschluß an jede Fibel. Vollständiges Elementarsprachbuch für die 3 ersten Schuljahre. 2. Heft. Die Druckschrift. Der einfach erweiterte und der zusammengezogene Satz. gr. 8. (VIII und 136 S.) Ebendas. 866. geb. *

— Sprech-Schreib-Lesestoffe f. den vereinigten Elementar-Sprachunterricht auf der Mittelstufe; zugleich als Anschluß an jede Fibel: vollständ. Elementar-Sprachbuch f. Mittelklassen u. einklass. Volksschulen. 2. Hft. 2. verb. Aufl. gr. 8. (XII, 144 S.) Langensalza 871. Beyer & Söhne. n.n. — 65

—— Sprech-Schreib-Lesestoffe für den vereinigten Elementar-Sprachunterricht auf der Mittelstufe; zugleich als Anschluß an jede Fibel: vollständ. Elementar-Sprachbuch für Mittelklassen und einklass. Volksschulen. 2. Heft. 2. verb. Aufl. gr. 8. (XII, 144 S.) Langensalza 872, Verlags-Comptoir. geb. **

Dietlein, (H.) Rudolf, u. Wold. Dietlein,

—— —— deutsches Volksschul-Lesebuch. Mit Originalbeiträgen von Fr. Ed. Keller, Karl Möbius, E. Polack u. A. Mit vielen Abbild. (in eingedr. Holzschn.) zur Förderung der Anschauung und Lernfreudigkeit. Ausg. A. 1. Aufl. (XVI, 432 S.) 1873, und 2. verm. und verb. Aufl. gr. 8. (XII, 476 S.) Wittenberg 875, Herrosé. *

— — deutsches Volksschul-Lesebuch. Mit Orig.-Beiträgen v. Fr. Ed. Keller, Karl Möbius, E. Polack ꝛc. Mit vielen Abbildgn. (in eingedr. Holzschn.) zur Förderg. der Anschaug. u. Lernfreudigkeit. Ausg. A. 3. unveränd. Aufl. gr. 8. (XVI, 476 S.) Ebend. 876. n. 1. 25

— dasselbe. Ausg. B. [Für Simultanschulen.] gr. 8. (XVI, 476 S.) Ebend. 875. n. 1. 25

—— —— dass. — Ausg. B. [Für Simultanschulen.] gr. 8. (XVI, 476 S.) Ebendas. 876. *

—— —— dass. — Ausg. C. in 2 Bdn. gr. 8. Ebendas. 876. *

Inhalt.
Bd. 1. Für die Mittelklasse. (VIII, 216 S.) * 64 Pf.
" 2. Für die Oberstufe. (XVI, 368 S.) * ℳ 1.

—— —— deutsches Volksschul-Lesebuch. Mit Orig.-Beiträgen von Fritz Beyer, Fr. Ed. Keller, Ernst Lausch ꝛc. Ausg. A in 1 Bde. [Für evangel. Schulen.] 4.—8. nach den Quellen bericht. Aufl. [Mit genauer Berücksicht. der amtlich festgesetzten Orthographie.] gr. 8. (XVI, 464 S.) Ebendas. 880—84. *

—— dass. — Ausg. B in 1 Bde. [Für Simultanschulen.] 2. und 3. nach den Quellen bericht. Aufl. [Mit genauer Berücksicht. der amtlich festgesetzten Orthographie.] gr. 8. (XVI, 464 S.) Ebendas. 880,81. *

—— —— dass. — Ausg. C in 2 gesonderten Bdn. [Für evangel. Schulen.] Nach den Quellen berichtigt. [Mit genauer Berücksicht. der amtlich festgesetzten Rechtschreibung.] gr. 8. Ebendas. 881—84. *

Inhalt:
Bd. 1. Mittelstufe. 2.—5. Aufl. (XVI, 216 S.) * 70 Pf.
" 2. Oberstufe. 2.—4. Aufl. (XVI, 368 S.) * ℳ 1.

—— —— deutsches Volksschul-Lesebuch. Ausg. C. in 2 gesonderten Bdn. gr. 8. Ebendas. 885-88. *

Inhalt:
Bd. 1. Mittelstufe. 6.—12. Aufl. (XV, 216 S.) * 70 Pf.
" 2. Oberstufe. 5.—7. Aufl. (XV, 368 S.) * ℳ 1.—.

— — dasselbe. Ausg. C in 2 gesonderten Bdn. gr. 8. Ebd. 890. n. 1. 70; geb. n.n. 2. 15

1. Mittelstufe. 14. Aufl. (XV, 216 u. Anh. 16 S.) n. — 70; geb. n.n. — 90
2. Oberstufe. 8. Aufl. (XV, 368 u. Anh. 16 S.) n. 1. —; geb. n.n. 1. 25

—— —— Deutsches Volksschul-Lesebuch. Ausg. A in 1 Bde. [Für evangel. Schulen.] 14. Aufl. gr. 8. (XVI, 464 u. Anh. 16 S. m. Abbildgn.) Ebd. 892. * 1 25; geb. ** 1 55

—— —— dass. — Ausg. B in 1 Bde. [Für Simultan-Schulen.] 7. Aufl. gr. 8. (XVI, 464 u. Anh. 16 S. m. Abbildgn.) Ebd. 892. * 1 25; geb. ** 1 55

—— —— dass. — Ausg. C in 2 gesonderten Bdn. gr. 8. (Mit Abbildgn.) Ebd. 892. * 1 95; geb. ** 2 45
1. Mittelstufe. 16. neu bearb. Aufl. (255 S.) * — 70; geb. ** — 90.
2. Oberstufe. 10. neu bearb. Aufl. (479 S.) * 1 25; geb. ** 1 55.

— — deutsches Volkschul-Lesebuch. Ausg. A in 1 Bde. [Für evangel. Schulen.] 15., neu bearb. Aufl. gr. 8. (XVI, 479 S m. Abbildgn.) Ebd. 898. n. 1.25; geb. n.n. 1.55

— — dasselbe. Ausg. B in 1 Bde. [Für Simultanschulen.] 8., neu bearb. Aufl. gr. 8. (479 S. m. Abbildgn.) Ebd. 898. n. 1.25; geb. n.n. 1.55

— — dasselbe. Ausg. C in 2 gesonderten Bdn. gr. 8. (Mit Abbildgn. Ebd. 894. Geb. in Halbleinw. n.n. 2.55
1. Mittelstufe. 18. Aufl. (255 S.) n.n. — 95
2. Oberstufe. 12. Aufl. (479 S.) n.n. 1.60

— — deutsches Volksschul-Lesebuch. Ausg. A in 1 Bde. (Für evangel. Schulen.) 18. Aufl. gr. 8. (479 S. m. Abb.) Ebd. 898. n. 1.25; Einbd. n.n.n. — 30

— — dasselbe. Ausg. B. in 1 Bde. (Für Simultanschulen.) 11. Aufl. gr. 8. (479 S. m. Abb.) Ebd. 898. n. 1.25; Einbd. n.n.n. — 30

— — deutsches Volksschul-Lesebuch. Ausg. B in 1 Bde. (Für Simultanschulen.) 12. Aufl. gr. 8. (479 S. m. Abbildgn.) Ebd. 898. n. 1.25; Einbd. n.n.n. — 30

— — dasselbe. Ausg. C in 2 gesonderten Bdn. gr. 8. (M. Abb.) Ebd. 898. n. 1.95; Einbde. n.n.n. — 50
1. Mittelstufe. 22. Aufl. (255 S.) n. — 70; Einbd. n.n.n. — 20
2. Oberstufe. 15. Aufl. (479 S.) n. 1.25; Einbd. n.n.n. — 30

— — dasselbe. Ausg. C in 2 gesonderten Bdn. gr. 8. (Mit Abbildgn.) Ebd. 900. n. 1.95; Einbde. n.n.n. — 50
1. Mittelstufe. 24. Aufl. (255 S.) n. — 70; Einbd. n.n.n. — 20
2. Oberstufe. 16. Aufl. (479 S.) n. 1.25; Einbd. n.n.n. — 30

— — dasselbe. Ausg. C in 2 gesonderten Bdn. Nach der neuen Rechtschreibg. v. 1902. gr. 8. Ebd. 903. Geb. n.n. 2.75
I. Mittelstufe. 25. Aufl. (255 S. m. Abbildgn.) n.n. — 95
II. Oberstufe. 17. Aufl. (479 S. m. Abbildgn.) n.n. 1.80

— — deutsches Volksschul-Lesebuch. Ausg. B in 1 Bde. (Für Simultanschulen.) 13. Aufl. (479 S. m. Abbildgn.) gr. 8. Ebd. 904. Geb. n.n. 1.60

— deutsche Wand-Fibel f. den vereinigten Anschauungs-, Sprech-, Schreib-, Lese-Unterricht nach der reinen Schreiblese-Lehrmethode, enth. 10 Taf. m. deutscher Schreibschrift u. 7 Taf. in deutscher Druckschrift. Mit Federzeichngn. v. F. W. Heine. gr. Fol. Wittenberg 874. Herrosé's Verl. n. 5. —

—— deutsche Wand-Fibel für den vereinigten Anschauungs-, Sprech-, Schreib-, Lese-Unterricht nach der reinen Schreiblese-Lehrmethode, enthaltend 10 Taf. mit deutscher Schreibschrift und 7 Taf. mit deutscher Druckschrift. Mit Federzeichnungen von F. W. Heine. 2. nach der amtlich festgestellten Rechtschreibung bericht. Ausg. Fol. Berlin 880, Th. Hofmann. *

— deutsche Wandfibel f. den vereinigten Anschauungs-, Sprech-, Schreib-, Lese-Unterricht nach der kombinierten reinen Schreiblese- u. Normalwörter-Lehrmethode, enth. 10 Taf. m. deutscher Schreibschrift u. 7 Taf. m. deutscher Druckschrift. Entworfen, geschrieben u. hrsg. v. D. 3. Ausg. gr. Fol. Mit Text. gr. 8. (8 S.) Ebd. 898. n. 5. —; Taf. 1—3 (als Ergänzg. älterer Aufl. od. f. kleinere Verhältnisse) n. 1. —

Dietlein, (Herm.) Rud., Wegweiser für den Schreibunterricht. Eine theoretisch-prakt. Anweisung zur Begründung u. Durchführung einer allseitig naturgemäßen Schreiblehr-Methode, mit besonderer Berücksichtigung der Volksschule, für Lehrer aller Schulanstalten, welche Schreibunterricht zu ertheilen haben. Mit 22 lith. Taf. Leipzig 856. Klinkhardt. gr. 8. (VIII, 184 S.) 20 ngr

—— Wegweiser für den Schreibunterricht. Eine theoretisch-prakt. Anweisung zur Begründung und Durchführung einer allseitig naturgemäßen Schreiblehr-Methode, mit besond. Berücksicht. der Volksschule, für Lehrer aller Schulanstalten, welche Schreibunterricht zu ertheilen haben. 2. verb. Aufl. gr. 8. (IV, 172 S. mit 16 lithogr. Taf.) Leipzig 876, Klinkhardt. *

Dietlein, Rud., Wegweiser für den Schreibunterricht. Eine theoretisch-prakt. Anweisung zur Begründung und Durchführung einer allseitig naturgemäßen Schreiblehr-Methode mit besond. Berücksicht. der Volksschule, für Lehrer aller Schulanstalten, welche Schreibunterricht zu erteilen haben. 3. verb. Aufl. gr. 8. (VI, 176 S. mit 16 lithogr. Taf.) Leipzig 882, Klinkhardt. *

— Wegweiser f. d. Schreibunterricht. E. theoret.-prakt. Anweisg. z. Begründg. u. Durchführg. e. allseit. naturgemäß. Schreiblehr-Methode m. bes. Berücksicht. d. Volksschule, sow. f. Lehrer aller Schulanst., welche Schreibunterr. zu erteilen haben. 4., umgearb. u. verm. Aufl. gr. 8. (VIII, 239 S. m. 16 lith. Taf.) Leipzig 896. J. Klinkhardt. n. 3. —

Dietlein, Rud., welche Anforderungen stellen die Pädagogik u. die heutige Unterrichtskunde an den 1. Leseunterricht in der Elementarklasse u. an die demselben zu Grunde zu legende zweckentsprechende Fibel? Ein Vortrag, geh. im Halleschen Lehrerverein. gr. 8. (32 S.) Wittenberg 893. R. Herrosé. n. — 50

—— welche Schriftart sollen wir beibehalten, die Rundschrift oder die Eckenschrift? 8. (31 S.) Ebendas. 886. *

—— wie ist der Vorschrift der „Allgemeinen Bestimmungen" über die Volksschule § 31. „Diktate sind nicht zu gestatten, ebenso ist das rein mechanische Einlernen der Geschichtszahlen, Regentenreihen ꝛc., Länder- und Städtenamen, Einwohnerzahlen, von Namen, Merkmalen von Pflanzen, Maß- und Verhältnißzahlen in der Naturlehre verboten" aufzufassen und zur Ausführung zu bringen? Vortrag, gehalten in der General-Versammlung zu Lauchstädt. 8. (16 S.) Quedlinburg 876, Huch. *
Aus: Schulblatt der Provinz Sachsen, besonders abgedruckt.

Dietlein, W. Neue Beiträge zum Zahnwechsel u. verwandten Fragen. In-8°. 34 S. Basel. These. 1896

Dietlein, Wilhelm Otto

Dietlein, W. O., evangelisches Ave Maria. Ein Beitrag zur Lehre von der selig zu preisenden Jungfrau. 8. (VIII und 180 S.) Halle 863, Fricke.

Dietlein, W. O., die katholischen Briefe, ausgelegt. 1. Thl. A. u. d. T.: Der zweite Brief Petri. 8. (X u. 244 S.) Berlin 851, Wohlgemuth's B. (W. Schultze.) n. 28 ngr

Dietlein, W. O., die berliner Erklärung v. 15. Aug. 1845 u. deren Literatur. gr. 8. (2 B.) Berlin 846, Herbig.
Aus: Allgem. Repert. f. theol. Literatur u. kirchl. Statistik, 14. Jahrg. besond. abgedruckt.

— die bremische Kirche, ihre Noth, ihr Recht u. ihre Pflicht. gr. 8. (59 S.) Bremen 850, Heyse. 1/3 rf

—— die reformirte Kirche und ihr Bekenntnißrecht. Mit Rücksicht auf den Beschluß der bremischen Gemeinde von St. Stephani; (und unter Abweisung der Schrift: „Die St. Stephanigemeinde in Bremen am 22. Oct. 1850. Von R. Dulon.") gr. 8. (23 S.) Bremen 850, Heyse.

—— das Reich Gottes. Eine bibl.-theolog. Erörterung mit besond. Beziehung auf die Kirchenfrage. gr. 8. (7 B.) Berlin 846, Müller's Verl. * —

Dietlein, Guil. Otto: Theses theologicae. Berolini (1845). (2 Bl.) 4°
Berlin, Theol. Thes. v. 16. Aug. 1845

—— das Urchristenthum. Eine Beleucht. der v. der Schule des Dr. v. Baur in Tübingen üb. d. apostol. Zeitalter aufgestellten Vermuthungen. 8. (21 B.) Halle 845, Mühlmann.

Dietlein, W. O., Vorträge über Protestantismus und Katholicismus. Halle 854. Anton. gr. 8. (IV, 243 S.) 22½ ngr.

Dietlein, Woldemar

Dietlein, Wold., s.: Aus deutschen Lesebüchern.

Dietlein, Wold., Bilder aus der Weltgeschichte. Ein Hilfsbuch beim biograph. Geschichtsunterrichte für Lehrer und ein Lesebuch für Schüler. gr. 8. (VIII, 424 S.) Braunschweig 871, Wreden. M. 4.; geb. *

Dietlein, Wold., Deutschland über Alles! Deutsches Land und Volk in Charakterbildern. Zusammengestellt für Alt und Jung in Haus und Schule. gr. 8. (VIII, 277 S. mit 90 Text-Illustr. und 1 Titelbilde in Tondr.) Leipzig 877, Spamer. *
cart. *

Dietlein, Wold., Deutschland über Alles! Deutsches Land und Volk in Charakterbildern. Zusammengestellt für Alt und Jung in Haus und Schule. 2. wohlf. (Titel-)Ausg. gr. 8. (VIII, 277 S. mit 90 Text-Illustr. und 1 Titelbilde.) Leipzig 881, Spamer. cart. *

Dietlein, Wold. Deutschland üb. alles! Deutsches Land u. Volk in Charakterbildern. Zusammengestellt f. alt u. jung in Haus u. Schule. 3. verb. Aufl. gr. 8. (VIII, 261 S. m. 90 Illustr. u. 1 Titelbilde.) Lpz. 890, Spamer. * 2 50; geb. * 3 —

— Deutschland üb. alles! Deutsches Land u. Volk in Charakterbildern. Zusammengest. f. alt u. jung in Haus u. Schule. 3., verb. Aufl. Wohlf. (Titel-)Ausg. gr. 8. (VIII, 262 S. m. 90 Illustr. u. 1 Titelbild.) Leipzig (890) 896. O. Spamer. n. 1. 50; geb. in Leinw. n. 2. —

Dietlein, W., die Dichtungen der deutschen Volks-Schullesebücher. Materialien zur schulgemäßen Behandlg. v. Lesestücken aus den verbreitetsten Lesebüchern f. Volksschulen. Unter Mitwirkg. prakt. Schulmänner hrsg. 1. Bd. Unter- u. Mittelstufe. gr. 8. (XI, 267 S.) Wittenberg 886. Herrosé Verl. n. 2. 40

— die Dichtungen der deutschen Volks-Schullesebücher. Materialien zur schulgemäßen Behandlg. v. Lesestücken aus den verbreitetsten Lesebüchern f. Volksschulen. 2. Bd. Oberstufe. gr. 8. (IX, 271 S.) Wittenberg 887. Herrosé Verl. n. 2. 40 (1. 2.: n. 4. 80)

Dietlein, W., Einleitung in die deutsche Dichtung. Ein Hilfsbuch für Freunde der Poesie, sowie insbesond. für Volksschullehrer u. die Oberklassen höherer Schulanstalten. Braunschweig 868. Bruhn. gr. 8. (XII, 219 S.) n. 26 ngr; cart. n. 28 ngr.

—— Einleitung in die deutsche Dichtung. Ein Hilfsbuch für Oberklassen höherer Schulanstalten, sowie insbesondere für Volksschullehrer und Freunde der Poesie. 2. verb. Aufl. (232 S.) 1873; 3. verb. Aufl. gr. 8. (VIII, 248 S.) Braunschweig 878, H. Bruhn. *

— Entwürfe zu Lehr-, Stoff- u. Zielplänen f. vier-, drei- u. zweiklassige Bürger- u. Volksschulen, zunächst f. die evangel. Bürgerschulen der Stadt Hildesheim bearb. gr. 8. (III, 44 S.) Hildesheim 871. Gerstenberg. n. — 50

—— dass. — für fünf-, vier- und dreiklassige Bürger- und Volksschulen, nach Konferenz-Berathungen zunächst für die evangel. Bürgerschulen der Stadt Hildesheim hrsg. 2. Aufl. nach den allgemeinen Bestimmungen 2c. des Herrn Kultusministers Dr. Falk vom 15. Octbr. 1872 bearb. 8. (47 S.) Ebendas. 873. *

— Entwürfe zu Lehr-, Ziel- u. Stoffplänen f. drei bis achtklassige Volks- u. Bürgerschulen. 3. erweiterte Aufl. gr. 8. (V, 59 S.) Hildesheim 881. Gerstenberg. n. — 60

Dietlein, Wold., Ergebnisse des deutschen Sprachunterrichts in Volks- und Bürgerschulen. Ein Wiederholungsbuch für Schüler. gr. 8. (32 S.) Berlin 870, Stubenrauch. *

—— Ergebnisse des geographischen, geschichtlichen und naturkundlichen Unterrichts in Volks- und Bürgerschulen. Ein Wiederholungsbuch für Schüler. 1. und 2. verb. Aufl. 8. (162 S.) Braunschweig 870,73, Bruhn. *

—— dass. — 3., nach den ministeriellen „Allgemeinen Bestimmungen vom 15. Octbr. 1872" umgearb. Aufl. 8. (175 S.) Ebendas. 874. *

—— Ergebnisse des geographischen, geschichtlichen und naturkundlichen Unterrichts in Volks- und Bürgerschulen. Ein Wiederholungsbuch für Schüler. 4.—8. Aufl. 8. (IV, 52, 46, 61 und 28 S.) Ebendas. 877. *
Mit Anhang für das Großherzogth. Hessen. (7 S.) *
Mit Anhang für die Prov. Hessen-Nassau. (15 S.) *
Mit Anhang für die Großherzogthümer Mecklenburg. (16 S.) *
Mit Anhang für das Großherzogth. Oldenburg. (8 S.) *
Mit Anhang für die Prov. Schlesien. (16 S.) *
Mit Anhang für Schleswig-Holstein. (16 S.) *
Mit Anhang für das Königr. Württemberg. (34 S.) *

— Ergebnisse des geographischen, geschichtlichen u. naturkundlichen Unterrichts in Volks- u. Bürgerschulen. Ein Wiederholungsbuch f. Schüler. 9. Aufl. 8. (IV, 52; 46, 61 u. 28 S.) Braunschweig 881. Bruhn's Verl. n. — 90; mit Anhang für das Großherzogth. Hessen (7 S.) n. — 90; f. die Provinz Hessen-Nassau (15 S.) n. — 90; für die Großherzogthümer Mecklenburg (16 S.) n. — 90; f. das Großherzogthum Oldenburg (8 S.) n. — 90; für die Provinz Schlesien (16 S.) n. — 90; f. Schleswig-Holst. (16 S.) n. — 90; f. das Königreich Württemberg (34 S.) n. 1. —

Dietlein, Wold., Ergebnisse des geographischen, geschichtlichen und naturkundlichen Unterrichts in Volks- und Bürgerschulen. Ein Wiederholungsbuch für Schüler. 9.—11. vollständig umgearb. Aufl. 8. (212 S.) Braunschweig 881—84, Bruhn.

Für die Provinzen Hessen-Nassau, Schlesien, Schleswig-Holstein, die Großherzogthümer Hessen, Oldenburg, Mecklenburg und das Königreich Württemberg sind Ausgaben vorhanden, welchen ein Abriß der Geographie und Geschichte der betr. Provinz, resp. des betr. Landes angehängt ist.

— Ergebnisse d. geographischen, geschichtlichen u. naturkundlichen Unterrichts in Volks- u. Bürgerschulen. Ein Wiederholungsbuch f. Schüler. 12. Aufl. 8. (212 S.) Braunschweig 885. Bruhn's Verl. n. — 90

— Ergebnisse des geograph., geschichtl. u. naturkundl. Unterrichts in Volks- u. Bürgerschulen. Ein Wiederholungsbuch f. Schüler. 13. Aufl. 8. (219 S.) Braunschweig 887. Bruhn's Verlag. n. — 90

— Ergebnisse d. geographischen Unterrichts in Volks- u. Bürgerschulen. Ein Wiederholungsbuch f. Schüler. 3., nach den ministeriellen „Allgemeinen Bestimmgn. vom 15 Octbr. 1872" umgearb. Aufl. 8. (50 S.) Braunschweig 874. H. Bruhn. n. — 40

Dietlein, W., Ergebnisse d. geschichtlichen Unterrichts in Volks- u. Bürgerschulen. Ein Wiederholungsbuch f. Schüler. 3., nach den ministeriellen „Allgemeinen Bestimmgn. vom 15. Octbr. 1872" umgearb. Aufl. 8. (40 S.) Ebend. 874. n. — 40

—— Ergebnisse des geschichtlichen Unterrichts. 8. (46 S.) Ebendas. 877. *

—— Ergebnisse des naturgeschichtlichen Unterrichts in Volks- und Bürgerschulen. Ein Wiederholungsbuch für Schüler. 3., nach den ministeriellen „Allgemeinen Bestimmungen vom 15. Octbr. 1872" umgearb. Aufl. 8. (59 S.) Braunschweig 874, Bruhn. *

—— Ergebnisse des naturgeschichtlichen Unterrichts. 8. (61 S.) Ebendas. 877. *

—— Ergebnisse des Unterrichts in der Naturlehre in Volks- und Bürgerschulen. Ein Wiederholungsbuch für Schüler. 3., nach den ministeriellen „Allgemeinen Bestimmungen vom 15. Octbr. 1872" umgearb. Aufl. 8. (26 S.) Braunschweig 874, Bruhn. *

—— Ergebnisse des Unterrichts in der Naturlehre. 8. (28 S.) Ebendas. 877. *

— deutsche Gedichte der Neuzeit u. Gegenwart. Zum Schulgebrauche ausgewählt u. kurz erläutert. gr. 8. (VIII, 131 S.) Neuwied 891. Heuser's Verl. n. 1. 50

Dietlein, W., die deutsche Geschichte. Ein Wiederholungsbuch für Mittelklassen. Quedlinburg 864. Franke. gr. 8. (IV, 87 S.) n. 8 ngr.

—— die deutsche Geschichte mit Berücksicht. der preußischen. Ein Wiederholungsbuch für Schulen. 2. Aufl. gr. 8. (IV, 92 S.) Quedlinburg 869, Franke. *

Dietlein, Woldemar. Deutsche Geschichte im Gewande vaterländischer Dichtung ... Langensalza 1892. H: *Dietlein, Rud.* (Berl)

— deutsche Geschichte im Gewande vaterländischer Dichtung. (Ein Anhang zu jedem Geschichtswerke.) Für Schule u. Haus. Mit kurzen, erläut. Anmerkgn. versehen. gr. 8. (VI, 129 S.) Langensalza 892. H. Beyer & Söhne. n. 1.20

Dietlein, W., Leitfaden zur deutschen Literaturgeschichte. Mit Berücksichtigung der poet. Gattungen und Formen für höhere Töchter- und Bürgerschulen hrsg. 8. (XIV und 148 S.) Quedlinburg 859, Franke.

—— Leitfaden zur deutschen Literaturgeschichte. Mit Berücksichtigung der poet. Gattungen und Formen für höhere Töchter- und Bürgerschulen hrsg. 2. Aufl. 1863. und 3., verb. Aufl. gr. 8. (VIII und 136 S.) Quedlinburg 866, Franke. *

—— Leitfaden zur deutschen Literaturgeschichte. Mit Berücksicht. der poet. Gattungen und Formen für höhere Töchter- und Mittelschulen. 4. Aufl. 1870, und 5. verb. Aufl. [Auch als Commentar zu des Verf. „Lesebuch zum Unterrichte in der deutschen Sprache und Literaturgeschichte" zu benutzen.] gr. 8. (VIII, 132 S.) Quedlinburg 873, Franke. *

—— Leitfaden zur deutschen Literaturgeschichte. Mit Berücksicht. der poet. Gattungen und Formen. Für höhere Töchter- und Mittelschulen hrsg. 6. verb. Aufl. gr. 8. (144 S.) Quedlinburg 877, Franke. *

—— Leitfaden zur deutschen Litteraturgeschichte. Mit Berücksicht. der poetischen Gattungen und Formen. Für höhere Töchter- und Bürgerschulen hrsg. 7. verb. Aufl. [Auch als Kommentar zu des Verf. „Lesebuch zum Unterricht in der deutschen Sprache und Litteraturgeschichte" zu benutzen.] gr. 8. (144 S.) [Quedlinburg 881, Franke.] Altenburg, Pierer. *

— Leitfaden zur deutschen Litteraturgeschichte. Mit Berücksicht. der poet. Gattgn. u. Formen. Für höhere Töchter- u. Bürgerschulen hrsg. 8. verb. Aufl. [Als Kommentar zu d. Verf. „Lesebuch zum Unterricht in der Litteraturkunde" u. zur „Poesie in der Schule" zu benutzen.] gr. 8. (160 S.) Altenburg 885. Pierer. n. 1. 10

— Leitfaden zur deutschen Litteraturgeschichte. Mit Berücksicht. d. poet. Gattgn. u. Formen. Für höhere Töchter- u. Bürgerschulen. 9., verb. Aufl. [Als Kommentar zu d. Verf. „Lesebuch zum Unterricht in d. Litteraturkunde" u. zur „Poesie in der Schule" zu benutzen.] gr. 8. (160 S.) Altenburg 888. Pierer. n.n. 1. 10

— Leitfaden zur deutschen Litteraturgeschichte. Mit Berücksicht. der poet. Gattgn. u. Formen. Für höhere Töchter- u. Bürgerschulen hrsg. 10., verb. Aufl. Bearb. v. Rich. Jordan. (Als Kommentar zu des Verf. „Lesebuch zum Unterricht in der Litteraturkunde" u. zur „Poesie in der Schule" zu benutzen.) gr. 8. (VIII, 164 S.) Altenburg 893. H. A. Pierer. n.n. 1. 10

— Leitfaden z. deutschen Litteraturgeschichte. M. Berücksicht. d. poet. Gattgn. u. Formen. F. höh. Töchter- u. Bürgerschulen hrsg. 11., verb. Aufl. Bearb. v. Rich. Jordan. (Als Kommentar z. d. Verf. „Lesebuch zum Unterr. i. d. Litteraturkunde" u. z. „Poesie in d. Schule" zu benutzen.) gr. 8. (VIII, 164 S.) Altenburg 897. H. A. Pierer. n. 1. 10

— Leitfaden zur deutschen Literaturgeschichte. Mit Berücksicht. der poet. Gattgn. u. Formen. Für höhere Töchter- u. Bürgerschulen hrsg. 13. verb. Aufl., bearb. v. Max Dietlein. (VIII, 167 S.) gr. 8. Altenburg 903. H. A. Pierer. n. 1. 10

— Leitfaden zur deutschen Literaturgeschichte. Mit Berücksicht. der poet. Gattgn. u. Formen. Für höhere Töchter- u. Bürgerschulen hrsg. 14. Aufl., durchgesehen v. Max Dietlein. (Als Kommentar zu des Verf. „Lesebuch zum Unterricht in der Literaturkunde" u. zur „Poesie in der Schule" zu benutzen.) (VIII, 167 S.) gr. 8. Altenburg 909. H. A. Pierer. 1. 10

— methodischer Leitfaden f. den geographischen Unterricht in gehobenen Schulanstalten u. besonders in höheren Töchterschulen. gr. 8. (VIII, 214 S.) Berlin 871. Stubenrauch. n. 1. 50

—— methodischer Leitfaden für den geographischen Unterricht in gehobenen Schulanstalten, besonders in höheren Bürger- und Töchterschulen, Seminarien und Präparanden-Anstalten. 2. umgearb. Aufl. gr. 8. (VIII, 211 S.) Berlin 879, Stubenrauch. *

— Leitfaden der Weltgeschichte. Ein Handbuch f. die Schüler in Bürger-, Mittel- u. höheren Mädchenschulen. Nach den „allgemeinen Bestimmgn. vom 15. Octbr. 1872." Mit 8 color. Karten. gr. 8. (159 S.) Braunschweig 874. H. Bruhn. n. 1. 60

—— Leitfaden der Weltgeschichte. Ein Handbuch für die Schüler und Schülerinnen in Bürger-, Mittel- und höheren Mädchenschulen. 2. verb. und verm. Aufl. gr. 8. (VI, 182 S. mit 8 kolor. Karten.) Braunschweig 882, Bruhn. *

— Lernstoffe f. den Religionsunterricht in evangelischen Schulen. gr. 8. (46 S.) Halle 871. Buchh. d. Waisenh. n. — 25

— Lesebuch zum Unterrichte in der Literaturkunde f. höhere Lehranstalten, insbesondere f. die Oberklassen höherer Töchterschulen. 2. verb. Aufl. gr. 8. (X, 498 S.) Altenburg 875. Pierer. n. 3. 75

—— Lesebuch zum Unterrichte in der Litteraturkunde für höhere Lehranstalten, insbesondere für die Oberklassen höherer Töchterschulen bearb. 3. verb. Aufl. gr. 8. (III, 466 S.) Altenburg 883, Pierer. *

— Lesebuch z. Unterr. i. d. Litteraturkunde f. höh. Lehranst., insbes. f. d. Oberklassen höh. Töchterschulen. 4., verb. Aufl. Bearb. v. Rich. Jordan. gr. 8. (IV, 470 S.) Ebd. 895. n. 2. 80

— Lesebuch zum Unterrichte in der Literaturkunde f. höhere Lehranstalten, insbesondere f. die Oberklassen höherer Töchterschulen. 5. Aufl. Bearb. v. Max Dietlein. (IV, 466 S.) gr. 8. Ebd. 903. n. 2. 80

— Lesebuch zum Unterrichte in der deutschen Sprache und Literaturgeschichte für Oberklassen höherer Töchterschulen zusammengestellt. A. u. d. T.: Perlen deutscher Dichtungen von den ältesten Zeiten bis zur Gegenwart, nebst einem Anhang der schönsten poetischen Produkte des Auslandes alter und neuer Zeit, ausgewählt zur Lectüre für die reifere weibliche Jugend. Stuttgart 861. Mäcken. gr. 8. (VII, 592 S.) n. 1 ₰ 17½ ngr.

—— Lesebuch zum Unterrichte in der deutschen Sprache und Literaturgeschichte für Oberklassen höherer Töchterschulen. A. u. d. T.: Perlen deutscher Dichtungen von den ältesten Zeiten bis zur Gegenwart, nebst einem Anhang der schönsten poet. Produkte des Auslandes alter und neuer Zeit, ausgewählt für die Lectüre für die reifere weibl. Jugend. 2. (Titel-)Ausg. gr. 8. (V, 592 S.) Stuttgart (861)68, Mäcken's Verlag. [Altenburg, Pierer.] *

—— der realistische Lesestoff. Handreichung bei der Behandlung schwieriger Prosastücke aus deutschen Lesebüchern. gr. 8. (X, 277 S.) Dortmund 884, Köppen'sche Buchh. *

Dietlein, W., Litteraturbilder. Kurze Lebensbeschreibungen der wichtigsten deutschen Dichter u. Schriftsteller. Ein Lehr- u. Lesebuch für die deutsche Jugend. gr. 8. (IV, 124 S.) Berlin 882. Th. Hofmann. n. 1. 20

Dietlein, Wold., das neue Maß und Gewicht. Aufgaben zum schriftl. Rechnen. Ergänzungen zu jedem Rechenbuche, für Schulen hrsg. 1. Aufl. 1869, und 2. Aufl. 8. (32 S.) Nordhausen 869,70, Haacke. *
Ausg. mit den Auflösungen (43 S.) **

—— Materialien zur schulgemäßen Behandlung v. Lesestücken aus den verbreitetsten Lesebüchern f. Volksschulen. 1. Bd.: Unter- u. Mittelstufe. [Billige Ausg. v.: Die Dichtungen d. Deutschen Volksschullesebuches ꝛc.] 8. (XI, 267 S.) Wittenb. 889, Herrosé Verlag. * 1 50

—— dass. — 2. Bd.: Oberstufe. 8. (IX, 271 S.) Ebd. 889. * 1 50

—— die Poesie in der Schule. Auswahl deutscher Dichtungen für die Jugend. [Ein Anhang zu jedem Lesebuche.] 8. verm. und verb. Aufl. der „Poesie in der Volksschule [Schülerheft]". gr. 8. (126 S.) Ebendas. 883. cart. *

—— die Poesie in der Schule. Auswahl deutscher Dichtungen für die Jugend. [Ein Anhang zu jedem Lesebuche.] 9. und 10. Aufl. gr. 8. (126 S.) Gera 885,87, Th. Hofmann. *

—— Die Poesie in der Schule. Auswahl deutscher Dichtgn. f. die Jugend. [Ein Anhang zu jedem Lesebuche.] 11. Aufl. gr. 8. (126 S.) Gera 889, Hofmann. * — 50; geb. ** — 60

— die Poesie i. d. Schule. Ausw. deutscher Dichtgn. f. d. Jugend. (E. Anhang z. jedem Lesebuche.) 14. Aufl. gr. 8. (126 S.) Gera 897. Th. Hofmann. Kart. n. — 60

— die Poesie in der Schule. Auswahl deutscher Dichtgn. f. die Jugend. (Ein Anh. zu jedem Lesebuche.) 16. Aufl. (126 S.) 8. Leipzig 904. [Th. Hofmann.] B. G. Teubner. Kart. n.n. — 60

Dietlein, Woldem., die Poesie in der Schule. Auswahl deutscher Dichtgn. f. die Jugend. (Ein Anh. zu jedem Lesebuche.) 17. Aufl. (126 S.) 8. Leipzig 908. B. G. Teubner. Kart. — 80

—— die Poesie in der Volksschule. Vierzig vaterländ. Dichtungen ausgewählt und erläutert. [Ein Anhang zu jedem Lesebuch für Volks- und Bürgerschulen.] I. Ausg. für Schüler. gr. 8. (III, 47 S.) Wittenberg 870, Herrosé. **
II. Ausg. für Lehrer. (XIV, 199 S.) 1870, und 2. verb. Aufl. gr. 8. (XI, 240 S.) 1874. *

—— dass. — 33 vaterländ. Dichtungen ausgewählt und erläutert. 2. Thl. gr. 8. (VII, 247 S.) Ebendas. 872. *

— die Poesie in der Volksschule. 73 vaterländ. Dichtgn. ausgewählt u. erläutert. 1. u. 2. Bd. 2. verb. Aufl. gr. 8. (XI, 240 u. IV, 259 S.) Wittenberg 874. 76. Herrosé's Verl. à n. 2. 40

— dasselbe. 40 vaterländ. Dichtgn. ausgewählt u. erläutert. [Ein Anh. zu jedem Lesebuche f. Volks- u. Bürgerschulen.] I. Ausg. f. Schüler. 5. durchgeseh. Aufl. gr. 8. (IV, 47 S.) Ebend. 876. n. — 25

Dietlein, Wold., die Poesie in der Volksschule. Schülerheft. Ein Anhang zu jedem Lesebuche für Volks- und Bürgerschulen. 5. durchgeseh. Aufl. gr. 8. (IV, 27 S.) [Wittenberg 876, Herrosé's Verlag.] Berlin, Th. Hofmann. *

—— die Poesie in der Volksschule. 3 Bde. gr. 8. [Wittenberg, Herrosé's Verlag.] Berlin, Th. Hofmann. à Bd. * ℳ 2,40. *
Inhalt:
Bd. 1. 40 vaterländische Dichtungen, ausgewählt und erläutert. 3. verb. Aufl. (IX, 240 S.) 877; 4. verb. Aufl. (VII, 247 S.) 879.
" 2. 33 vaterländ. Dichtungen, ausgewählt und erläutert. 2. verb. Aufl. (IV, 259 S.) 876; 3. verb. Aufl. (IV, 248 S.) 878.
" 3. 40 vaterländische Dichtungen, ausgewählt und erläutert. (III, 238 S.) 879.

—— dass. — Schülerheft. [Ein Anhang zu jedem Lesebuche.] 6. und 7. aus den Quellen geschöpfte und um 80 Gedichte verm. Aufl. [Mit genauer Berücksicht. der für preuß. Schulen vorgeschriebenen Orthographie.] gr. 8. (90 S.) Ebendas. 878,80. cart. *

—— die Poesie in der Volksschule. 3 Bde. gr. 8. Ebendas. 880. à Bd. * ℳ 2,40. *
Inhalt:
Bd. 1. 40 vaterländische Dichtungen, ausgewählt und erläutert. Neue Ausg. (245 S.)
" 2. 33 vaterländische Dichtungen, ausgewählt und erläutert. 4. erweit. Aufl. (IV, 266 S.)
" 3. 40 vaterländische Dichtungen, ausgewählt und erläutert. Neue Ausg. (III, 236 S.)

—— die Poesie in der Volksschule. Volkstümliche und klass. Gedichte, für Schulen erläutert. 2 Bde. 5. neu bearb. Aufl. gr. 8. Ebendas. 885. *
Inhalt:
Bd. 1. Für die Unter- und Mittelstufe. (VII, 258 S.) * ℳ 2.60.
" 2. Für die Oberstufe. Mit einem Anhang, enthaltend: Das Wichtigste aus der Poetik. (VIII, 296 S.) * ℳ 2.80.

—— die Provinz Sachsen in geschichtlichen und geographischen Bildern. Separat-Abdr. des Anhanges zum vaterländ. Lesebuch für die evangel. Volksschule Norddeutschlands. 2. neu bearb. Aufl. gr. 8. (48 S.) Halle 877, Buchh. des Waisenhauses. *

—— die Prov. Sachsen in geschichtlichen und geographischen Bildern. Anhang zum vaterländ. Lesebuch, hrsg. von H. Keck und Chr. Johansen. gr. 8. (48 S.) Halle 883, Buchh. des Waisenhauses. ** 25 Pf.; allein *

—— die Prov. Sachsen in geschichtlichen und geographischen Bildern. 4. Aufl. (Anhang zum vaterländ. Lesebuch von H. Keck und Chr. Johansen.) gr. 8. (48 S.) Halle 888, Buchh. des Waisenhauses. als Anhang **
apart *

Dietlein, Wold., die Prov. Sachsen in geschichtlichen u. geographischen Bildern. 6. Aufl. gr. 8. (48 S.) Halle 893. Buchh. des Waisenhauses. n. — 40

—— kleine Schulgeographie. Heimatskunde der Provinz Sachsen. gr. 8. (24 S.) Schleswig 869, Schulbuchh. [Halle, Buchh. des Waisenhauses.]

—— die Thierkunde in Charakterbildern. Texte zu dem zoolog. Atlas von Ad. Lehmann nach Aquarellen von H. Leutemann [Verlag von F. E. Wachsmuth in Leipzig], aus den Werken vorzügl. Naturhistoriker für Lehrende und Lernende in Schule und Haus bearb. gr. 8. (VIII, 287 S.) [Wittenberg 879, Herrosé's Verlag.] Berlin, Th. Hofmann. *

— die Weltgeschichte. Ein Handbuch f. Schüler u. Schülerinnen in Bürger-, Mittel-, Präparanden- u. höheren Mädchenschulen. 3., verm. Aufl. gr. 8. (VII, 229 S. m. 8 color. Karten.) Braunschweig 891. Appelhaus & Pfenningstorff. n. 1. 80; geb. n. 2. 20

—— Wiederholungsbuch für den Unterricht in der Literaturkunde an mehrklassigen Volks- und Bürgerschulen. Nach den „allgemeinen Bestimmungen ꝛc. vom 15. Octbr. 1872". gr. 8. (24 S.) Wittenberg 874, Herrosé. **

—— Wiederholungsbuch für den Unterricht in der Literaturkunde an mehrklassigen Volks- und Bürgerschulen. 2. und 3. verb. Aufl. gr. 8. (32 S.) Ebendas. 875,77. *

—— Wiederholungsbuch für den Unterricht in der Litteraturkunde an mehrklassigen Volks- und Bürgerschulen. 4.—7. verm. Aufl. [Die Orthographie nach der amtl. Festsetzung.] gr. 8. (40 S.) Berlin 881—84, Th. Hofmann. cart. *

—— Wiederholungsbuch für den Unterricht in der Litteraturkunde an mehrklassigen Volks- und Bürgerschulen. 8. und 9. Aufl. gr. 8. (40 S.) Gera 886,88, Th. Hofmann. cart. *

Dietlein, Wold. Wiederholungsbuch für den Unterricht in der Litteraturkunde an mehrklassigen Volks- u. Bürgerschulen. 10. verb. Aufl. gr. 8. (40 S.) Gera 890, Hofmann. cart. * — 35

— Wiederholungsbuch f. den Unterricht in der Litteraturkunde an mehrklassigen Volks- u. Bürgerschulen. 12 Aufl. gr. 8. (40 S.) Gera 894. Th. Hofmann. Kart. n.n. — 35

— Wiederholungsbuch f. d. Unterr. i. d. Litteraturkunde an mehrklass. Volks- u. Bürgerschulen. 14. Aufl. gr. 8. (40 S.) Ebd. 898. Kart. n.n. — 35

Wiederholungsbuch für den Unterricht in der Literaturkunde an mehrklassigen Volks- und Bürgerschulen. Bearb. von W[oldemar] **Dietlein.** 17. Aufl. Leipzig & Berlin: Th. Hofmann 1905. (40 S.) 8° [F.] [05. 11195

Wiederholungsbuch für den Unterricht in der Literaturkunde an mehrklassigen Volks- und Bürgerschulen. Bearb. von W[oldemar] **Dietlein.** 18. Aufl. Leipzig & Berlin: B. G. Teubner 1908. (40 S.) 8° [F.] [08. 113,4

— kleines mythologisches Wörterbuch zu den deutschen Klassikern. Für Jedermann im Volke. Braunschweig 869. Bruhn. 16. (95 S.) n. 7½ ngr.

— kleines mythologisches Wörterbuch zu den deutschen Klassikern. Für Jedermann im Volke. 2. Aufl. gr. 16. (95 S.) Braunschweig 871. H. Bruhn. n. — 75

DIETLEN v.: Andeutungen in Betreff der dauernden Sicherung eines der Nutzungsnachhaltigkeit entsprechenden Eichenvorrathes und der diesem Zweck angemessenen Bewirthschaftungsweise. - Gmünd 1856. 87 S.

Dietlen, Herstellung e. biblischen Lesebuches, s.: Bericht üb. die XXIV. allgemeine Pastoralkonferenz evangelisch-lutherischer Geistlicher Bayerns.

Dietlen, Christian Wilhelm

Dietlen, Instruktion f. Gemeinde rc. Wald-Meister, auch Wald-Schützen rc., so wie die Orts-Vorsteher selbst. Unter Benütz. d. vorlieg. Dienst-Instruktionen rc. entworfen. 4. Aufl. 4. (7½ B.) Rottenburg 840, Gack'sche Buchh.

Dietlen, H., casuistische Beiträge für Syphilidologie des Auges, s. Monatsblätter, klinische, für Augenheilkunde.

Dietlen, J., geschichtl. Darstellung der Gründung d. christlichen Kirche in den süddeutschen Kreisen des Königr. Baiern überhaupt, insbesondere aber in der Umgegend v. Eichstädt an bis Wassertrüdingen, Synodalrede. 8. Nürnb. 838. Raw. 1/12 rf

DIETLEN, Johannes (Alesheim): Über einige Methoden des Nachweises von Blei im Harn.- München: Wolf 1902. 31 S.
22.7.1902 - Chr 1902/03,23; Jv 1902/03,303
Diss. Ingolst.-Landsh.-Mchn.

Dietlen, Johs., unser Glaube ist der Sieg, der die Welt überwindet, nämlich der Glaube, der da glaubet, daß Jesus Gottes Sohn ist. Unserem lieben Christen-Volke zu Trost wider Johs. Ronge, Dr. Ghillany u. Consorten vorgelegt. 8. (16 S.) Erlangen 849, Bläsing. 1½ ngr

Dietlen, Rudolf (Plattenhardt/Württbg.), Ueber die Funktion der Gelenke speciell d. Kniegelenks mit folgender Karbolausspülung. Diss. med.-chir. Bln. (G. Lange [P. Lange]) 19. VI. 1880. 32 S. mit Biogr. (4.—) 6509
Oppon.: O. Lütkemüller, R. Pölchen, R. Gerstacker.

Dietler, Johann Friedrich D' (1804–1874). Maler. von Solothurn. Njbl. s.a[Pestalozzi, Friedrich Otto].

Dietler, Johann Fr., Maler, von Solothurn. Traugott Schiess, Landschaftsmaler, von Herisau. [Zürich 1876.] V (Dietler): *Pestalozzi, F. Otto.* V (Schiess): *Steffan, Johann Gottfried.* (Cat. d. Stadtbibl. Zürich. Zürich 1864—97.)

Dietler, Frz. Xav., Jugendklänge! Münchener Schul-Liederbuch f. jugendl. Chorgesangsklassen. Ein- u. zweistimm. Gesänge m. u. ohne Klavierbegleitg. in 2 Bdchn. m. grundleg. Vorübgn. Im Anschlusse an die vorbereit. Uebgn. der Grell'schen Gesanglehre u. anderer ähnlich angelegter Lehrbücher, d. i. im allgemeinen nach System u. Methode der Münchener städt. Zentral-Singschule, f. den unterrichtl. Gebrauch zusammengestellt. I. Bdchn. (VI, 72 S.) qu. 16. München (906). C. A. Seyfried & Co. n.n. — 40

Dietler, Frz. 70 Übungen zur Förderg. des zwei- u. mehrstimmigen Gesanges, s.: Grell, Frdr.

Dietler, H., die schweizerische Eisenbahnfrage, s. Zeitfragen, schweizerische.

Dietler, H. Ueber Regulirung der Emme und Birs. Solothurn 1868.

Dietler, H. Die rechtliche Stellung der Verwaltung der Aktiengesellschaft nach den Bestimmungen des schweizer. Obligationenrechts. In-8°. 94 S. Bern. These. 1896

(**Dietler,** H[ermann].) Die Rickenbahn. Gutachten erstattet an das Eidgenössische Post- und Eisenbahndepartement. (1900 Dez.) [Mit 2 Anlagen, 2 Karten und 1 graphischen Tabelle.] VI + 90 [+ 3] + 10 S. 4. (Luzern, H. Keller, 1901.)

Dietler, H[ermann]. Die Eisenbahn Solothurn-Münster ⟨Weissensteinbahn⟩. Gutachten über die gegenwärtigen Rentabilitätsaussichten des Unternehmens. (1902 Februar/1903 September 21.) II + 20 S. 8. Solothurn, Zepfel, 1902.

Dietler, Seraphin, O. S. B., Gebweiler Chronik, zum 1. Male vollst. hrsg. v. Joh. v. Schlumberger. gr. 8. (XXXII, 402 S. m. 2 Vollbildern u. 1 Fksm.) Gebweiler 898. J. Boltze. n. 8. —

[F.] Seraphin **Dietler's** Chronik des Klosters Schönensteinbach. Auf Wunsch mehrerer Altertumsfreunde hrsg. v. Staatsrat Dr. Joh. v. Schlumberger. *Gebweiler: J. Boltze 1897.* (XXV, 502 S., 17 Bl., XXVIII—XXXVII S., 2 Taf., 1 Facs.) 1 Bd 8. [97. 2179

Dietler, Wilhelm

— Bemerkk. über d. Größe des Menschen. 8. Mainz 786.

— Bemerk. über philosoph. Unterricht. 8. Frankf. Gebhardt. 792.

— Bemerkk. über philosoph. Unterricht. 8. Frkf. 793. Gebhardt u. K. 4 gl

Dietler, Wlh., (†... 1797.) Gerechtigkeit gegen Thiere. 8. Mainz 787. Kupferberg; a. Varrentrapp in Frkf. 5 gl

— Skizze d. Philosophie. 8. Mainz 786.

Dietler, Wilh. (Mainz), **Herm. Diller** (Mainz), **Casp. Gehlert** (Aschaffenburg), **Math. Hagen** (Mainz), **Jos. Helfferich** (Miltenberg), **Joh. Kleinschmidt** Frankfurt), **Lothar Marx** (Mainz), **Gg. Scheiblein** (Aschaffenburg), **Gg. Webel** (Weissenau), Ex psychologia tentamen publicum. Mainz (J. J. Aleff/Haeffner Erb.) 1783. 16 S. (4.80) 6510

— s. J. H. Vogt, e. Denkmal. 2) Vorbereitung z. Vernunftwissenschaft.

DIETMAIR, Bernhard (Au): Über plötzlichen Tod nach Unfall.- München: Wolf 1894. 26 S.
20.7.1894 - Chr 1894/95,19; Jv 1893/94,195
Diss. Ingolst.-Landsh.-Mchn.

Dem Freunde der Wahrheit. Gedanken aus d. Leben f. d. Leben. Von Hermann Heinrich [d. i. Hermann **Dietmann,** Cöln]. 3. Aufl. *Regensburg: Nationale Verl.-Anst. [1902].* (54 S.) 8° [F.] [02. 12,40

Dietmann, Herm., s.: Regel-Büchlein der Brüder v. der göttlichen Liebe.

[Dietmann, Hermann:] Regel-Büchlein der Brüder von der göttlichen Liebe – 'Graue Brüder' genannt. Als Ms. gedr.
Leutkirch 1902: R. Roth & Cie. (79 S.) 8°
[Umschlagt.]

Dietmann, Joh(ann) Maximilian: Gründliche Untersuchung des Nieder-Oesterreichischen Badner-Bades, dessen Gebrauch u.Mißbrauch. Anfänglich in Lateinischer Sprache heraus gegeben, nunmehro aber...ins Teutsche übersetzet... 96 S., gbd.

Wien: Schmidt 1734

Dietmann, Karl Gottlob

Dietmann, Karl Glo., († d. 4. Dec. 1804.) das Andenken an d. vorigen Zeiten. 4. Lauban 755. Wirthgen. 4 gr

Dietmann, Karl Gottlob, s. Denker, der, e. Wochenschrift.

Dietmann, Karl Gottlob, s. Erinnerungen and. Merkwürdigkeiten d. J. 1755, 56, 57.

— die von Jesu ergriffene Jugend. 8. Lauban 766. 2e A. 762.

— Kirchen und Schulgesch. der Grafschaft Henneberg. gr. 8. Gotha, Ettinger. 780.

— Kirchen- u. Schulgeschichte d. Grafschaft Henneberg. gr. 8. Gotha 781. Ettinger. 12 gr

— Kirchen- u. Schulgeschichte d. Gräfl. Schönburg. Länder in d. Markgrafth. Meißen. 8. Bresl. 787. Gutsch. 6 gr

— gesammte Priesterschaft d. Oberlausitz. 2 Thle. 8. Dresd. 777 u. 78. Richter. 1 rthl 14 gr

— die jetzt lebende Kursächs. Priesterschaft. 5 Bde. 8. Dresd. 753, 63. Richter. 8 rthl 8 gr

Dietmann, Karl Gottlob, s. Staats- u. Reise-Geographie.

— Taabera Laubana, d. i. des schreckl. Lauban. Brandes im J. 1760 aufgericht. Denkmal. In e. ausführl. Beschreibung. 4. Lauban 763.

— Zion im Feierkleide, d. i. geschichtl. Nachrr. v. dem 2ten Religionsfriedensfeste d. L. K. 1755. 4. Lauban 756.

Dietmar, s. Dittmar.

Dietmar, anmuthige Sagen u. lehrr. Erzählungen f. d. Jugend beiderlei Geschlechts. Aus d. „Jugendfreund." gr. 12. (5 B. u. Titlbild.) Wien 844, Grund.

Dietmar, Theater-Briefe v. Goethe u. freundschaftl. Briefe v. Jean Paul. Nebst e. Schilderung Weimars in seiner Blüthezeit. 8. (10¾ B.) Berlin 835, Vereins-Buchh.

Dietmar, Johann Wilhelm

— — De quibusdam defferentiis processus possessorii summariissimi in specie talis et inhibitivi Saxonici. Jena (J. Friedr. Ritter) April 1749. 24 S. (4.—) 6512

— — Programma . . cand. Jac. Fels (Lindau/Bod.) inaug. diss. de confoederatione civitatum imperialium. Jena (Schill) 26. III. 1752. 8 S. mit Biogr. F.'s. (M.: Fel. Frey.) (3.50) 6513

Dietmar, Joh. Wilhelm, De inutilibus sponsaliorum divisionibus. Diss. jur. Präs. Christian Wildvogel. Jena (Jo. Ad. Müller) April 1702. 28 S. (5.—) 6511
Gew.: Jo. Chph. Frh. v. Wolzogen (Neuhauss . .), Paul Heinr. Tilemann, Jo. Chph. Trier.

— — Progr. de coheredis institutione in codicillis facta valida. — Inaug. disp. cand. Joh. Thom. Ritter (Augsburg) de juribus civitatum imperial. praesertim de juribus ac privileg. liberae imper. civit. Augustae Vindelicorum. Jena (Tennemann) 13. IV. 1754. 8 S. mit Biogr. R.'s. (M.: J. M. v. Stetten.) (3.50) 6515

— — Progr. de loco honor. . . Disp. cand. Chph. Conr. Wilh. Friderici (Hannover). „De dote ac vitalitio filiarum . ." Jena (Tennemann) 16. II. 1754. 8 S. mit Biogr. F.'s. (M.: S. L. Rhoden.) (3.50) 6514

— — Programma de praeventione et litis pendentia. Disp. . . Joh. Chn. Gruner (Osnabrück) de retractu gentilitio. Präs. Jo. Casp. Heimburg. Jena (Marggraf) 21. IX. 1757. 16 S. mit Biogr. G.'s. (M.: M. Ch. M. v. Langen.) (3.50) 6518

Dietmar, Johann Wilhelm: Programma quo opinio Bynckershoekiana de legato poenae nomine relicto expenditur.
Jenae (1726).

— — Programma de successionibus in feudis regalibus ad agnoscenda debita . . Disp. Helmer. Herm. Nath. Wilcken (Norda/Ostfriesl.) de jure accrescendi. Jena (Fickelscherr) Mai 1754. 8 S. mit Biogr. W.'s. (M.: R. J. Ortgies.) (3.50) 6516

— — Progr. de usu et utilitate juris civilis. Disp. . . cand. Jo. Phil. Dresser (Hamburg) de pactis evictionis causa initis secund. jus. commune et statuta Hamburgensia. Jena (Schill) 28. IV. 1757. 8 S. mit Biogr. D.'. (M.: A. S. Koehnen.) (3.50) 6517

Dietmar, Siegmund Gottfried

Dietmar, S. G., Meteorik oder Witterung- und Wetterkunde, zur Erläuterung alltäglicher Erscheine im Dunstkreise und deren Voraussicht. Aus dem Französischen übersetzt und nach den tellurischen Gründen und neuesten physischen Ansichten bearbeitet. Mit 32 erläuternden Zeichnungen und colorirtem Plane zu einem Wetter-Telegraphen. Ilmenau 1832.

Dietmar, S. G., Meteorik od. neue Witterungslehre. Herausg. von seinen Erben. 13 Hfte. gr. 8. (Mit Steintaf. Guben u. Cottbus 837, 38. (Meyer.) 3¼ rthl Schreibp. 4⅓ rthl

Dietmar, S. G., Meteorik od. neue Witterungs-Lehre. Hrsg. v. sein. Erben. gr. 8. (52⅛ B., D's. lith. Portr. u. 7 Stnt.) Guben (838,) Fechner. (Cottbus, Meyer.) * 3¼ Thlr., Schrbp. *

Dietmar, Siegm. Gtfr., der Polarschein, oder: Das Nordlicht. Nach e. neuen, naturgemäßen Theorie erklärt. M. 4 lith. col. Zeichn. 8. (3¼ B.) Berlin 831, Struve.

Dietmar, S. G., der Polarschein, oder: Das Nordlicht. Nach einer neuen naturgemäßen Theorie erklärt. Mit 4 lith. color. Zeichn. gr. 8. Halle 831, Colditz'sche Buchh. ¼ rthl

— Voraussicht der Beschaffenheit eines jeden künftigen Winters für Europa und Asien zwischen dem 30. und 79. Grade nördlicher Breite. Aus der Form des Erdballes und seines äussern Baues hergeleitet. Mit einer illuminirten Witterungskarte. Berlin 1820.

—— Witterung- u. Wetterkunde, s. Meteorik.
Vgl. Dittmar.

Dietmar's, Barthol., Leben, s.: Wirth, B.

Dietrich der Bedrängte,
Graf v. Weissenfels. Hohenzollern [Wien] 1791. V: ***Heinse, Glob Hnr.*** **(Wr) (Ky) (MGT)**

Dietrich d. Bedrängte. Graf v. Weißenfels, (v. Gli. H. Heinse). 2 Thle. 8. Gotha 791. Ettinger. 1 ℔ 6 gr

Dietrich v. Bern (Sigenot), s.: Drucke, seltene, in Nachbildungen.

Dietrich, Der, dessen sich die römische Kirche anstatt der Schlüssel Petri bedient ... (A. d. Franz.) Cöln 1727. N. A. 1728. 30. 41. Stuttgart 1829. V: *Gavin, Ant.* Ü: *Beger, J. G.* (wr)

Dietrich von Plienningen, od. vertraute Briefe e. niederbayerschen Landstandes üb. die wichtigsten Angelegenheiten seines Vaterlandes. 8. Regensb. Montag. 802.

Dietrich, vgl. Died(e)rich. – Dieterich(s). – Diterich. – Dittrich.

Dietrich, s.: Bericht der X. Kommission (des Reichstags) üb. den Entwurf e. Gesetzes, betr. die gemeinsamen Rechte der Besitzer v. Schuldverschreibungen.

Dietrich's Bibliothek f. die reifere Jugend u. deren Freunde. 1.—12. Bd. 8. Dresden, R. H. Dietrich. Geb. in Leinw. à Bd. 1.50

Ankerstock, L., der falsche Prinz. Erzählung. — Kettner, Emma, die Stiefmutter. Novelle. — Knecht Ruprechts Abenteuer. Humoreske aus dem Volksleben. (220 S. m. 4 [1 farb.] Vollbildern.) (910.) (Bd. 3)
Brand, Hedw., der Wildfang. Erzählung aus der Gegenwart. (236 S. m. 4 [1 farb.] Vollbildern.) (910.) (Bd. 9)
Hobann, Valerie, auf rauhen Pfaden. Schicksale e. deutschen Farmerstochter in Deutsch-Südwest-Afrika. (240 S. m. 4 [1 farb.] Vollbildern.) (910.) (Bd. 11)
Kettner, Emma, Bergmannsblut. Erzählung. — Hobann, Valerie, durch Nacht zum Licht. Erzählung. (240 S. m. 4 [1 farb.] Vollbildern.) (910.) (Bd. 5)
Nieritz, Gust., die Auswanderer. Erzählung aus der Mitte des vor. Jahrh. Neubearb. v. R. Thiele. — Ehrgeiz u. Geldgier. — Der Arbeit Segen. Erzählungen; neu bearb. v. R. Thiele. (230 S. m. 4 [1 farb.] Vollbildern.) (910.) (Bd. 12)
— Der Dorfschulmeister. Historische Erzählg. — Tobias. Histor. Erzählg. (240 S. m. 4 [1 farb.] Vollbildern.) (910.) (Bd. 6)
— Aus der Franzosenzeit. Erzählung, neu bearb. v. R. Thiele. — Das Fischermädchen v. Helgoland. Erzählung, neu bearb. v. R. Thiele. (231 S. m. 4 [1 farb.] Vollbildern.) (910.) (Bd. 10)
Relham, der Sohn des Tagelöhners. Erzählung aus dem Leben. — Kleine, A., der Hampelmannhändler v. Mozambique. Humoristisch-abenteuerliche Erzählg. (240 S. m. 4 [1 farb.] Vollbildern.) (910.) (Bd. 1)
Theissen, Fdr., Lorenz Baumgartner, ein bayerischer Held. Erzählung nach e. wahren Begebenheit. (230 S. m. 4 [1 farb.] Vollbildern.) (910.) (Bd. 7)
Thiele, R., die Bären v. Augustusburg. Historische Erzählg., frei nach Nieritz. — Der Kuhhirte v. Oggersheim. Unter fahrenden Leuten. Frei nach Nieritz. (239 S. m. 4 [1 farb.] Vollbildern.) (910.) (Bd. 2)
— Nach Sibirien verbannt. Frei nach Nieritz. — Thiele, R., die beiden Schwestern. Ein Lebensbild, frei nach Nieritz. — Der vornehme Gast. Humoreske aus dem Kleinstadtleben der guten alten Zeit. (240 S. m. 4 [1 farb.] Vollbildern.) (910.) (Bd. 8)
— Die Türken vor Wien. Eine Erzählg. aus dem 16. Jahrh. Frei nach Nieritz. (220 S. m. 4 [1 farb.] Vollbildern.) (910.) (Bd. 4)

Dietrich's Familienblatt f. Stadt u. Land. 1.—3. Jahrg. Oktbr. 1904—Septbr. 1907. à 80 Hfte. (à 16 S. m. Abbildgn.) 4. Dresden, R. H. Dietrich. à Hft. — 10

— Familienblatt. 4. u. 5. Jahrg. Oktbr. 1907—Septbr. 1908 u. 1909. à 80 Hefte. (à ca. 12 S. m. Abb.) Lex. 8. Ebd. à Hft. — 10
Fortsetzg., s.: Heimat u. Fremde.

Dietrich's Führer durch Leipzig u. Umgebg. (105 S. m. Abbildgn. u. 1 farb. Plan.) kl. 8. Leipzig (908). O. Dietrich. — 50; kart., m. 2 farb. Plänen 1. —

(Dietrich): Der medicinische Haupt-Schlüssel oder gründliche Einleitung zur vernünfftigen Cur aller innerlichen Kranckheiten des menschlichen Leibes...nach denen neuesten und gründlichsten Principiis, besonders aber des... Doctor Stahls... 782 S., gbd., Abb.

Leipzig: Deer 1729

(Dietrich): Der medicinische Haupt-Schlüssel oder gründliche Einleitung zur vernünfftigen Cur aller innerlichen Kranckheiten des menschlichen Leibes...nach denen neuesten und gründlichsten Principiis, besonders aber des... Doctor Stahls... Andere verm. Aufl. 738 S., gbd., Abb.

Leipzig: Deer 1739

(Dietrich): Der medicinische Haupt-Schlüssel, oder: gründliche Einleitung zur vernünfftigen Cur aller innerlichen Kranckheiten des menschlichen Leibes...nach denen neuesten und gründlichsten Principiis, besonders aber des... Doctor Stahls... 3...verbess. Aufl. 738 S., gbd., Abb.

Leipzig: Deer 1752

Dietrich, die Pflege d. geistlichen Lebens. Referat, geh. a. d. Hamburger Oster-Konferenz (21.—23. IV. 1897) gr. 8. (13 S.) Hamburg, Schriften-Niederlage d. christl. Vereins junger Männer. n.n. — 15

Dietrich's neuester Plan von Leipzig. 1 : 10 000. Leipzig 1889. 1 Bl. c. L. mit Text.

Dietrich's Töchterbibliothek 1. u. 2. Buch. 8. München, G. W. Dietrich. Geb. in Leinw. 6. —
1. Was sie erreichte. Von Ellen May. Mit Buchschmuck u. Bildern v. Rolf Winkler. (254 S.) (910.) Geb. 3. —
2. Prinzeß Type. Von Ada v. Schmidt. Mit reichem Buchschmuck u. Bildern v. Rolf Winkler. (244 S.) (910.) Geb. 3. —

Dietrich: Urkundl. z. Gesch. d. Gymn. zu Hirschberg im 1. Jahrh. s. Besteh. Hirschb. 1863.
Schul-/Univ.-Schrift

Dietrich's humorist. Volks-Kalender f. d. J. 1898. M. e. Transparentbild u. Gratis-Almanach. 21. Jahrg. 4. (64 u. 16 S. m. Abb.) Dresden, R. H. Dietrich. — 50

Dietrich's humoristischer Volkskalender f. d. J. 1902. Mit e. Oeldruckbild u. Gratis-Almanach. 25. Jahrg. 4. (64 u. 15 S. m. Abbildgn.) Dresden. R. H. Dietrich. — 50

— humoristischer Volkskalender f. d. J. 1903. Mit e. Oeldruckbild u. Gratis-Almanach. 26. Jahrg. (64 u. 15 S. m. Abbildgn.) 4. Ebd. — 50
Erscheint nicht mehr.

Dietrich's Illustrirter Volkskalender für 1878—1880. 1.—3. Jahrg. 4. (à 72 S. mit 1 Oeldruckbilde.) Dresden, Dietrich. à Jahrg.

Dietrich's illustrirter Volkskalender für die J. 1881—1885. Mit je 1 Oeldruckbild als Gratisbeilage. 4.—8. Jahrg. 4. (à Jahrg. ca. 72 S. mit eingedr. Abbild.) Dresden, Dietrich. à Jahrg. *

Dietrich, deutsches Volksliederbuch. (48 S.) 16. Leipzig 908. G. Freytag. — Wien, F. Tempsky. — 25

Dietrich's (III.) Wanderbuch f. die Umgebung Leipzigs. Mit 12 Kartenbeilagen (in Farbendr.). Text v. Friedr. Streissler. 12. (64 S.) Lpz. 892, O. Dietrich. cart. 1 20
Daraus einzeln (à Heft 8—16 S. m. 1—2 Karten) 892:
Grimma. — 30. — Halle a. S. — 50. — Kösen, Naumburg a. S., Freiburg a. U. — 30. — Leisnig, Borna, Frohburg, Kohren, Lausigk. — 30. — Muldenthal von Rochlitz—Penig. — 30. — Oschatz, der Colmberg, Hubertusburg, Colditz. — 30. — Zschopauthal. — 30.

— Wanderbuch f. die nähere u. weitere Umgebung Leipzigs. Neubearb. u. verm. v. Paul Benndorf. (IV, 113 S. m. Abbildgn. u. 2 [1 farb.] Karten.) kl. 8. Ebd. (910.) 1.—; m. 15 farb. Kartenbeilagen 1. 80

— Deutsches Wanderliederbuch. 2. Abdr. (6.—15. Taus.) (48 S.) 16. Ebd. 907. Kart. — 10

Dietrich's illustrierte alte u. neue Welt. Der Unterhaltg. u. dem Frohsinn gewidmet. 3. Jahrg. 1889. 52 Hfte. (2 B.) gr. 4. Dresden, R. H. Dietrich. n. 7. —; einzelne Hfte. à — 15

Einige Worte der Liebe am Verbindungs-Tage der Jungfer Emilie Blümel mit dem Herrn Heinrich Grauer von Ihrer Pflege-Mutter Med.-Rätnin Dietrich. Den 15. April 1823. o. O. [1823]. 2 Bl. 8°.
„Gewiss du siehst es gerne, wenn dem Tag der Freude“ ...

Dietrich, A., die Bedeutung der Vererbung f. die Pathologie. Nach e. Vortrage. gr. 8. (32 S.) Tübingen 902. F. Pietzcker. n. 1. —

Dietrich, A., Ueb. die Berechtigung des Unterrichts in den alten klass. Sprachen auf unsern Gymnasien. Pr. 1861 9 S. 4°. — .75

Dietrich, A., die Elektricitätsverhältnisse der Atmosphäre und der Erdoberfläche unter dem Einfluß der Eisenbahnen u. der elektrischen Telegraphie. Eine Untersuchung u. Darstellung des Zusammenhanges derselben mit den in unserer Zeit so verschiedenartig hervorgetretenen Leiden der Pflanzenwelt. Dresden 858. Meinhold u. Söhne. gr. 8. (38 S.) n. 5 ngl

Dietrich, A., s. Ingemann, sämmtl. Schauspiele.

Dietrich, A., und Werkenthin, Reden, s. Werkenthin.

Dietrich-Koblenz, A., wie hat sich n. d. Fordergn. d. Psychologie u. auf Gr. d. neueren Lehrmittel d. Anschauungs-Unterricht gegenwärtig zu gestalten?, s.a. Aus d. Schule f. d. Schule.

[F.] Wie hat sich nach den Forderungen der Psychologie und auf Grund der neueren Lehrmittel der Anschauungs-Unterricht gegenwärtig zu gestalten? Von A. Dietrich-Koblenz. *Neuwied [&] Leipzig: Heuser 1895.* (20 S.) 1 Bd 8.
= Schule, Aus der, für die Schule. H. 65. [96. 5350

Dietrich, A., durch die Zeitung od. Albertstr. 7. Schwank in 1 Akt. gr. 8. (31 S.) Leipzig 891. O. Mutze. n. — 50

Dietrich, A. L., die Kunst-Feuerwerkerei, oder gründliche Anweisung zum Anfertigen, Aufstellen und Abbrennen von Land u. Wasserfeuerwerk rc. gr. 8. (Mit 11 lithogr. Taf.) Potsdam 845, Stuhr'sche Buchh. Subscr.-Pr. n. 1 ₰ Ladenpr. 1 1/3 ₰

Dietrich, Adolf

Dietrich: Mathematische Abhandlung. (Planimetrie). 22 S.–Greiffenberg, Progr. 1868

Dietrich, Adolf Anfangsgründe der Geometrie mit besonderer Berücksichtigung der parallelen graden Linien. 14 S. *Greifenberg i/P.* 1878. Progr.

Dietrich, Ad. Über den Bau des Trauerspiels Emilia Galotti. 15 S. Progr. *Weissenfels* 1882

Dietrich, Adf. Landgraf Friedrich. Bilder aus der Geschichte der Wettiner. gr. 16. (60 S.) Dresd. 890, Pierson. * — 75

Dietrich, Adf., Friedrich der Freidige. Ruhmesblätter u. Sagenklänge aus Thüringen. 8. (141 S.) Dresden 892. E. Pierson. n. 2. —; geb. in Lenw. n. 3. —

Dietrich, A., Sonne. Lyrik. (VIII, 223 S.) 8. Dresden 903. E. Pierson. n. 1. 50; geb. n. 2. 50

Dietrich, Albert

Dietrich, Alb. Commentationis de quibusdam consonae V in lingua latina affectionibus particula. 8 S.
Pforta, Progr. 1843

Dietrich, A., Commentationis de quibusdam consonae v in lingua latina affectionibus particula. S.-A. 1846. 8 S. 4°.

Dietrich, Alb. De vocalium quibusdam in lingua latina affectionibus. 16 S.
Hirschberg, Progr. 1855

Dietrich, Alb., s.: Archiv f. Religionswissenschaft.

Dietrich, Albert, Dr., Ueber die europäischen Arten der Gattung „Gladiolus.“ Berlin 1832.

Dietrich, Albert, Dr., 1. Assistenzarzt am pathol.-anat. Inst. Tübingen: Beruht die bacterienvernichtende Wirkung bacterieller Stoffwechselproducte nach den von Emmerich und Löw dafür angeführten Beweisen auf proteolytischen Enzymen (Nucleasen)? Zugleich ein Beitrag zur Empfindlichkeit d. Bacterienzellen. *Braunschweig [1901]: A. Limbach.* (48 S.) 8°
Tübingen, Med. Hab.-Schr. v. 1901
(Nicht für den Austausch)

Dietrich, Alb., Botanik für Gärtner u. Gartenfreunde. 3 Thle. gr. 12. Berlin 838—40. Herbig. 5 7/12 ₰ Vgl. Handbibliothek für Gärtner rc.

Dietrich, Alb., Botanik f. Gärtner u. Gartenfreunde. (Abth. d. Handbibliothek f. Gärtner etc.) 3 Thle. gr. 12. Berlin, 1839. Herbig. — 5 17½

— Classes Triandriae ordin. Monogyn, s. Linné Species Plantarum etc. Vol. II.

Dietrich, Albertus: Commentationis de Clisthene Atheniensi deque iis, quae ille in republica instituit, particula. Halis Saxonum (1840): Semmler. 34 S. 8°
Halle-Wittenberg, Phil. Diss. v. 4. April 1840
Geb. [Staritz (Kr. Torgau) 2. 11. 1816] — Datum des Diploms IV. Non. Apr. = 2. April.

Derselbe Commentationis grammaticae duae. 50 S. 1. De litterarum in lingua latina transpositione. 2. De vocalibus latinis subjecta litera l. affectis.
Pforta, Progr. 1846

— s. Du Breuil, theoret.-pract. Anleitung. —

Dietrich, A., die Elemente des Herzmuskels, s. a. Sammlung anatomischer u. physiologischer Vorträge u. Aufsätze.

Die Elemente des Herzmuskels. Von Prof. Dr. A[lbert] Dietrich, [Prosektor], Charlottenburg. Mit 3 Textfig. Jena: Fischer 1910. 46 S. 8°
(Sammlung anatom. u. physiolog. Vorträge u. Aufsätze. H. 12) [10. 1044

[F.] Erinnerungen an Johannes Brahms in Briefen bes. aus seiner Jugendzeit. Von Albert Dietrich, Hofcapellm. a. D. M. 1 Jugendbildn. *Leipzig: O. Wigand 1898.* (IV, 76 S., 1 Portr.) 1 Bd 8. [98. 3740

Dietrich, Alb., Erinnerungen an Johannes Brahms, in Briefen, besonders aus seiner Jugendzeit. 2. Aufl. Mit e. Jugendbildnisse. 8. (IV, 76 S.) Leipzig 899. O. Wigand. Geb. 1. 50

Dietrich, Alb., Flora d. Gegend um Berlin. Für Apotheker, Gärtner u. Liebhaber d. Botanik. Mit e. Vorrede von H. F. Link. 1r Thl. 1e u. 2e Abthl. 8. Berl. 824, 25. Nauck. 2 ₰

— Flora Marchia, od. Beschreib. d. in d. Mark Brandenburg wildwachs. Pflanzen. (1. u. 2. Hälfte.) gr. 12. Berlin 841, L. Oehmigke. [1. (15 B.) 1 Thlr., 2. (21 B.) 1½ Thlr.]

Dietrich, Alb., Flora Regni Borussici. — Flora d. Königr. Preussen, od. Abbild. u. Beschreibung d. in Preussen wildwachs. Pflanzen. 1. u. 2. Bd. à 12 Hfte. Jed. m. 6 col. Stnt. schmal gr. 4. Berlin, Oehmigke. [1. (14 B.) 832, 33., 2. (18 B.) 834. à Hft. 16 Gr. od. à Bd. 8 Thlr.]

—— Flora Regni Borussici. Flora d. Königr. Preussen, od. Abbildung u. Beschreib. d. in Preussen wildwachs. Pflanzen. 3—10. Bd. à 12 Hfte., od. Jahrg. 1835 — 42. Jeder m. 72 col. Abbildn. gr. Lex.-8. (à ca. 18 B. Text.) Berlin, L. Oehmigke. à Bd. *
1. u. 2. Bd. J. 1833, 34. Ebendas. à * 8 Thlr.

Dietrich, Albert, Flora regni borussici. Flora d. Königr. Preussen od. Abbild. u. Beschreibung der in Preussen wildwachsenden Pflanzen. 11. u. 12. Bd. à 6 Doppelhefte od. Jahrg. 1843 u. 44. Mit col. Abbildgn. gr. Lex.-8. Berlin, L. Oehmigke. à Bd. *
1—10. Bd. Ebendas. 1833—42. à Bd. * 8 Thlr.

—— allgem. Gartenzeitung, s. Gartenzeitung.

—— Handbuch d. pharmaceut. Botanik. Ein Leitfaden zu Vorlesn. u. zum Selbststudium. gr. 8. (28 B.) Berlin 837, Nauck'sche Buchh.

Dietrich, A., Handbuch d. Contorkunde, s. Bibliothek, kaufmännische, 6., 7. Hft.

—— Handbuch d. kaufm. Terminologie, s. Bibliothek, kaufmännische, 5. Hft.

Dietrich, A.: „Handbuch der kaufmännischen Terminologie", Aachen und Leipzig 1838. — Vorh.: Bücherei der Industrie- und Handelskammer Leipzig.

—— allgem. Naturgeschichte u. specielle Zoologie f. Pharmaceuten u. Mediciner. gr. 8. (13½ B.) Berlin 842, Th. Enslin.

Dietrich, Alb., guter Rath zu Weihnachten über Bücher, welche sich zu Geschenken für die Jugend eignen. 1. und 2. Aufl. gr. 8. (17 S.) Erfurt 876, Otto'sche Buchh. *

Dietrich, A., Terminologie d. phanerogam. Pflanzen, durch mehr als 600 Figuren erläutert, u. besonders zum Unterricht für Seminarien u. Realgymnasien bestimmt; nebst e. Anleit. für d. Lehrer, wie er in d. Botanik mit Nutzen zu unterrichten hat. Mit 8 Steint. gr. qu. Fol. Berl. 829. Th. Enslin. 1 ₰

—— Terminologie d. phanerogam. Pflanzen; zum Unterr. in d. Botanik f. Lehranstalten. Nebst e. Anleit. z. Selbststud. u. f. d. Lehrer, wie er in d. Botanik mit Nutzen zu unterrichten hat. 2., durchaus umgearb. Aufl. M. 24 lith. Taf., worauf mehr als 1200 Fig. befindlich sind. gr. 8. (8½ B.) Berlin 838, Th. Enslin. *

—— über den deutschen Unterricht im Gymnasium. Ein Beitrag. gr. 8. (III, 60 S.) Jena 875, [Dufft.] Fischer. *

Dietrich, Albert (Hrsg.):

s.: Willdenow, Karl Ludwig: Anleitung zum Selbststudium der Botanik, ein Handbuch zu öffentlichen Vorlesungen. Nach der von...(Heinrich Friedrich) Link besorgten 3.Aufl: 4.verm.u.verbess.Aufl. Berlin: 1832

Dietrich, Alb., Winke über die Hauptgrundlagen der Erziehungskunst. Ein Vortrag, in Hirschberg gehalten. 16. (46 S.) Hirschberg 868, (Nesener's Buchh.) *

Dietrich, Alfred: Wertung der Volksschule. Ihre Stellung z. Leben d. Gegenwart u. zu d. übrigen Schulgattungen. Zur Abwehr d. Aprilsturmes gegen d. Volksschule. Aachen: Quadflieg (1907). 47 S. 8°

Dietrich, A., Wertung der Volksschule. Ihre Stellg. zum Leben der Gegenwart u. zu den übr. Schulgattgn. Zur Abwehr des Aprilsturmes gegen die Volksschule. (47 S.) kl. 8. Aachen (908). Hubertus-Buchh. — 50

Dietrich, Amalie, Tagebuch-Bemerkungen in Reim u. Prosa. 854. n. 1 ₰ — Neue Titel-Ausg. Berlin 856. Hoevel. 8. (2 Bl., 164 S.) n. 20 ngr

Johann Friedrich der Großmütige. Zur Erinnerung an seine vor 350 Jahren bestandenen Glaubenskämpfe. Festspiel in 5 Aufz. von Anna Dietrich. *Altenburg: S. Geibel 1897.* (111 S.) 8° [F.] (94. 1715) 10

Dietrich, Ant., Braga, s. Braga.

Dietrich, Ant., Handbuch zum Lesebuch f. die Mittelklassen katholischer Volksschulen der Prov. Schlesien. (152 S.) 8. Dortmund (909). W. Crüwell. 2.—; geb. 2.40

— dasselbe f. die Oberklassen katholischer Volksschulen der Prov. Schlesien. (XVI, 358 S.) 8. Ebd. 910. 4.50; geb. 5. —
Für Unterklassen s.: Handbuch.

Dietrich, Ant., s. Volksmährchen, russische.

Dietrich, Armin Fried. Rob., s. Dietrich, Robert

Dietrich, Arthur, Referendar am Kgl. Landgericht Leipzig: Die Auslobung nach dem Bürgerlichen Gesetzbuch für das Deutsche Reich. Borna-Leipzig 1904: R. Noske. (XVI, 110 S.) 8° [F.]
Leipzig, Jur. Fak., Diss. v. 16. Dez. 1904
[Geb. 20. Sept. 77 Schönefeld b. Leipzig; Wohnort: Leipzig-Neustadt; Staatsangeh.: Sachsen; Vorbildung: Gymn. Leipzig Reife O. 97; Studium: Leipzig 6, München 1 S.; Rig. 19. Juli 01.]

Dietrich, August (geb. am 11 Juli 1849 in Theesen Westf.): Die Carbolsäure in ihrer Verwendung zu parenchymatösen Injectionen ... Bonn, Druck v. C. Georgi 1875. 30 S., 1 Bl. 8.
Bonn, Med. Fak., Diss. v. 4 Aug. 1875

Dietrich, (Aug.,) Klopstocks 100jähr. Geburtsfeier. Eine Erzählung. 16. Leipz. 824, Kayser.

Dietrich, Auguste, les maitresses de Louis XV. La duchesse de Châteauroux et ses sœurs, Madame de Pompadour, La du Barry. 8. (VI, 60 S.) Wien 881, (Schmid.) *

Dietrich, Auguste, les maîtresses de Louis XV. La duchesse de Châteauroux et ses soeurs, Madame de Pompadour, La du Barry. 8. (VI, 60 S.) Wien 881. (Steckler.) n. 1. —

Dietrich, Bernhard

Dietrich, die Geheimhaltung der Geschmacksmuster u. die Zentralisation der Musterhinterlegung. Eine Untersuchg. üb. den Musterschutz. (161 S.) 8. Plauen i/V. 907. Syndikus Dr. Dietrich. 2.50

Deutsche Sektion, Gesellschaft für Soziale Reform. — Gutachten über eine internationale Regelung der Arbeitszeit in der hausindustriellen Schiffchenstickerei. Der deutschen Sektion der Internationalen Vereinigung für gesetzlichen Arbeiterschutz erstattet von Dr. DIETRICH, Handelskammersyndikus in Plauen. ib. —. Als Manuskript gedruckt. 8°.

Dietrich, Bernh. u. Max Quarck. Die sociale Lage d. Handlungsgehülfen u. ihre Verbesserg. durch d. kaufmänn. Vereine. Zwei Preisarbeiten, preisgekr. u. hrsg. vom Kaufmänn. Verein Frankfurt a. M. gr. 8. (III, 49 S.) Frankf. a. M. 890, Mahlau u. Waldschmidt. * 1 —

Dietrich, Bernh., u. Max Quarck, die sociale Lage der Handlungsgehülfen u. ihre Verbesserung durch die kaufmännischen Vereine. Zwei Preisarbeiten, preisgekrönt u. hrsg. vom Kaufmänn. Verein Frankfurt a/M. gr. 8. (III, 49 S.) Frankfurt a/M. 891. Mahlau & Waldschmidt. n. 1. —

Die Regelung der Arbeitszeit in den Schiffchen-stickerei-Kleinbetrieben. Von Dr. DIETRICH, Syndikus der Handelskammer in Plauen. Sonderabdruck aus der Zeitschrift „Soziale Praxis und Archiv für Volkswohlfahrt" für die 7. Generalversammlung der Internationalen Vereinigung für gesetzlichen Arbeiterschutz. ib. —. 8°.

Dietrich, Bernhard: Das Spiel und die Klassenlotterie .... Dresden, Druck v. C. Heinrich, 1887; 2 Bl. + 41 S. + 1 Bl. 8°.
Leipzig, Phil. Fak., Inaug.-Diss. v. 8. Aug. 1887.

Dietrich, Bernhard, das Spiel und die Klassenlotterie. Diss. Leipzig 1887, Gustav Fock. 8°. 41 S.

Dietrich, Bernh., die Spitzenindustrie (Industrie des tulles et dentelles) in Belgien u. Frankreich zu Ende des XIX. Jahrh. Mit Abbildgn. belg., französ. u. deutscher Spitzentypen auf 8 Lichtdr.-Taf. gr. 8. (VI, 98 S.) Leipzig 900. Duncker & Humblot. n. 8. —
Sonderabdruck aus: „Schmoller's Jahrbuch."

Dietrich B, Kleinasiatische Stickereien. (152 S 16 T) Plauen 1910

Das kaufmännische Unterrichtswesen im Königreich Sachsen und in den Thüringischen Staaten. Denkschr. verf. ... von Dr. [Bernh.] Dietrich. Sekr. d. Handelskammer in Plauen. *Braunschweig 1897: A. Limbach.* (55 S.) 8° [F.]
= Veröffentlichungen d. Deutschen Verbandes f. d. Kaufmännische Unterrichtswesen. Bd 5. [00. 10093

Dietrich, Bruno: Morphologie des Moselgebietes zwischen Trier und Alf. [Bonn: Cohen] 1910. S. 84—181, 2 Taf. 8°
¶ (Aus: Verhandlungen d. Naturhist. Ver. d. preuß. Rheinl. u. Westf. Jg. 67.)
Heidelberg, Phil. Diss. v. 0. Dez. 1910, Ref. Hettner
[Geb. 14. Mai 86 Potsdam; Wohnort: Potsdam; Staatsangeh.: Preußen; Vorbildung: Oberrealsch. Steglitz Reife M. 06; Studium: Berlin, Freiburg i. B., Heidelberg zus. 7 S.; Rig. 12. Jan. 10.] [U 11. 2344

Dietrich, C., ein Beitrag zur Geschichte des Friedländischen Gymnasiums in Mecklenburg-Strelitz. Neubrandenburg 855. Brünslow in Comm. gr. 4. (II, 46 S.) n. 12 ngr

Dietrich, C., Erklär. d. Prediger Salomonis. 2 Thle. Fol. Nürnb. Stein 714.

Dietrich, C. F., Anfangsgr. zur Pflanzenkenntniß. 8. m. K. Lpz. Fritsch. 785.

— Pflanzenreich n. d. neuest. Natursyst. Linnés. 2 Thle. gr. 8. Ebend. 775.

— Pflanzensystem n. Linnés Natursyst. m. Zus. v. Ludw. 5 Thle. gr. 8. Lpz. Fritsch. 798—99. (1r. 1 Rthlr. 16 gr., 2r u. 3r 2 Rthlr. 16 gr.)

— Schöpfung u. Schöpfer, od. Anleit. z. Kenntn. d. Natur. 8. Erf. Keyser. 788.

Dietrich, (C. Fr.,) Versuch e. vollständigen, alphabetisch geordneten Sammlung der gleich- u. ähnlich-lautenden Wörter der deutschen Sprache, für d. Unterricht. 8. Freiberg 823, Craz u. G. Rthlr.

Dietrich, C. G. E., Original-Vieh-Studienblätter, nach d. Natur gezeichnet im J. 1744, mit 12 Kpf. v. Otto. 2 Hefte. 4. Leipz. 810. Magazin f. Ind. 3 Thlr Hbg. Pr. 2 Thlr

— C. W., Quaestiones grammaticae. Pr. 1861. 27 S. 4°.

Dietrich, C. W. E., 7 Ansichten aus Sachsens Schweiz und Erzgebirge als Blätter der Erinnerung. Gest. von Adr. Zingg. Mit erläut. Texte. qu. gr. 4. Hamburg 844, Heubel. 1/2 Thlr

—— Monographie, s. Linck, J. F.

Dietrich, Chr., kirchliche Fragen der Gegenwart. Ein Laienwort. Mit Vorwort von Th. Schmalenbach. gr. 8. (IV, 107 S.) Kassel 888, Röttger. *

—— kirchliche Fragen der Gegenwart. 2. Aufl. (IV, 130 S.) Ebendas. 888. *M 1.20.; cart. *

—— dass. — Anmerkungen und Zusätze zur 1. Aufl. gr. 8. (27 S.) Ebendas. 888. **

Dietrich, Chr., Perlenschatz. Eine Sammlg. v. christl. Spruch- u. Liederperlen. 8. (386 S.) Stuttgart (900). Buchh. „Philadelphia". Geb. in Leinw. n. 3. —; m. Goldschn. n. 4. —

Dietrich, Chr., u. Ferd. Brockes, die Privat-Erbauungsgemeinschaften innerhalb der evangelischen Kirchen Deutschlands. (248 S.) gr. 8. Stuttgart 903. Buchh. des deutschen Philadelphia-Vereins. n. 1. 75

Dietrich, Chr., die erste Stufe des elementaren Lese- und Schreibunterrichts. Mit 12 Tabellen für den ersten Lese-Unterricht. 8. (28 S.) Eßlingen 878. Weismann. *

—— zwölf Wandtabellen für den ersten Lese-Unterricht. Imp.-Fol. Ebendas. 878. *

Dietrich, Chr. Die Zeichen unserer Zeit. Ein Vortrag. 8. (31 S.) Stuttg. 890, J. F. Steinkopf. * — 20

Dietrich, Chr. Heinrich

— u. Jh. Sedlaczeck, prakt. Anweis. zum Anbaue sehr erträgl., aber nicht genug bekannter Erdgewächse, oder Mittel, in kurzer Zeit wohlhabend u. reich zu werden. gr. 8. Leipz. 804. (W. Nauck). 14 gr 2e Aufl. unt. d. T.: Mittel, in kurzer Zeit wohlhabend u. reich zu werden rc. u. unt. d. T.: Sedlaczeck, Unterr. über den Anbau d. Erdmandel rc. gr. 8. Leipz. 807. Mit n. T. 811. 3e A. 820. (W. Nauck). 14 gr

Dietrich, Chr. Heinr., (F. C. Touchy), neue Erfindung, wie man mitten im Winter Ananas, Spargel, Melonen, Gurken, Erdbeeren, Radischen u. andere Vegetabilien, desgl. Rosen, Veilchen, Hyazinthen etc. ohne Mistbeet, u. sogar im Zimmer erziehen u. z. Reife bringen kann. Aus dem Engl. Mit 1 Kpf. gr. 8. Berlin, 1801. 3. Aufl. Leipzig, 1805. Neue T.-Aufl. 1811. 4. Aufl. 1819. (Nauck.) — 7½

Dietrich, Chr. Heinr., (F. C. Touchy), d. Ganze d. Gartenbaues, od. prakt. Anweis., wie man seine Küchen-, Baum- u. Blumengärten, ohne Hülfe e. gelernten Gärtners, selbst aufs Beste besorgen, alle nützl. Küchengewächse erbauen etc. u. auch schöne Gartenblumen erziehen könne. 2 Bde. gr. 8. Leipzig, 1802. 2. Aufl. 1806. 3. Aufl. 1810. (Nauck.) 2. —

Dietrich, C. H., Mittel in kurzer Zeit wohlhabend und reich zu werden; od. Anweisung zum Anbaue einträglicher Erdgewächse. gr. 8. Leipz. Sommer. 815.

— Christ. Gotthold (Lunavia/Misn.), Ex theol. naturali quaestionem utrum de argumentis pro existentia dei allatis dubitare liceat. Präs. Jo. Casp. Thor-Specken. Wittbg. (Gerdes Erb.) Sept. 1729. 35 S., tlws. dtsch. (5.—) 6520

Dietrich, D. F. C., über die Lungenseuche des Rindviches nebst Beweisen für die Nichtansteckbarkeit dieser Krankheit, durch Impfversuche, für Aerzte, Thierärzte und Landwirthe. 8. Berlin, Sydthen. 821. Rthlr.

Dietrich, David (Nathan Friedr.)

Dietrich, Dav. (Nath. Friedr.), Abbildungen von mehr als 30000 Pflanzenarten, s. Abbildungen.

Dietrich, (Nath. Fr.) Dav., Abbildungen von mehr als 30000 Pflanzenarten, nach dem Linné'schen System geordnet mit Angabe der natürl. Familien. Als besond. Abdruck aus dessen Encyclopädie d. Pflanzen, und durch neue Tafeln vermehrt, nebst einem systemat. Inhaltsverzeichniß. 1. Hft. Taf. 1—30. gr. 4. Jena 840, Schmid. n. 3 Thlr — col. n. 5 1/3 Thlr

Dietrich, Dav. (Nath. Friedr.), Abbildungen von mehr als 30,000 Pflanzenarten, nach dem linnéischen System geordnet mit Angabe der natürl. Familien. Als besonderer Abdruck von Dietrich's Encyklopädie der Pflanzen, u. durch viele neue Tafeln vermehrt, nebst einem systemat. Inhaltsverzeichnisse. 8. Heft. Jena 855. Schmid. (Leipzig, Friedlein.) gr. 4. (S. 77—98. u. 30 lith. Taf.) n. 3 ℛ; color. n. 5 ℛ 10 ngr
1—7. Heft Ebend. 1847—52.

Dietrich, (Nath. Fr.) Dav., Encyclopädie d. Pflanzen. Enthalt. d. Beschreib. aller bis jetzt bekannten Pflanzen. Nach d. linneischen Pflanzensystem geord. 1. u. 2. Bd. 1—6. Lfg. gr. 4. Jena 841, Schmid. [1. (82¾ B. u. 73 Kpfrt.) * 14 Thlr., ill. * 23 Thlr., 2. 1—6. (23¼ B. u. 40 Kpfrt.) à L. * 1 Thlr., ill. * 2 Thlr.] * 20 Thlr., ill. *
Vgl. Loudon.

Dietrich, (Nath. Fr.) Dav., Encyclopädie der Pflanzen, enthalt. die Beschreibung aller bis jetzt bekannten Pflanzen. Nach d. linnéischen Pflanzensystem geordnet. 2. Bd. 7—11. Lfg. gr. 4. (20 B. u. 30 Kpfrt.) Jena 844—47, Schmid. à Lfg. * 1 Thlr., illum. *
1. u. 2. Bd. 1—6. Lfg. Ebendas. 1841. * 20 Thlr., ill. * 35 Thlr.

Dietrich, D(av. Nath. Friedr.), Encyclopädie der Pflanzen. Nach dem linneischen Pflanzensystem geordnet. 2. Bd. 12—14 Lfg. gr. 4. (92 S. und 18 Stn.- und Kpfrt.) Jena 848—52, Schmid. à Lfg. *
ill. à Lfg. *
1. Bd. und 2. Bd. 1—11. Lfg. Ebendas. 1841—47. * 25 Thlr., ill. * 45 Thlr.

—— Encyclopädie der Pflanzen. Nach dem linneischen Pflanzensystem geordnet. II. Bd. 15—22. Lfg. gr. 4. (280 S. und 47 Stn.- und Kpfrt.) Jena 852—55, Schmid. à Lfg. * 1 Thlr. *
ill. à Lfg. * 2 Thlr. *
1. Bd. und 2. Bd. 1—14. Lfg. Ebendas. 1841—52. * 28 Thlr. Mit ill. Taf. * 51 Thlr.

— Encyclopädie der Pflanzen, enth. die Beschreibung aller bis jetzt bekannten Pflanzen, welche durch mehr als 20,000 Abbildungen erläutert werden. Nach dem linnéischen Pflanzensystem geordnet. II. Bd. 16—22. Liefg. Jena 853—55. Schmid. (Leipzig, Friedlein.) gr. 4. (S. 533—756. u. 39 lith. u. Kpfrtaf.) Jede Liefg. n. 1 ℛ; color. n. 2 ℛ

Dietrich, David, Deutschlands Farrnkräuter. M. 26 kolor. Kpfrt. Jena 1843. 8.

Dietrich, (Nath. Fr.) Dav., Deutschlands Flora. Nach natürl. Familien beschr. u. durch Abbildn. erläut. Ein Handb. f. Botaniker überh., so wie f. Aerzte, Apotheker, Forstmänner, Oekonomen u. Gärtner insbesond. 1. Bdchn. 1—18. Hft. gr. 8. (Jedes Hft. m. 5 ill. Kpfrt. u. Text B. 1—7.) Jena 833—35, Schmid. à Hft. schw. 8 Gr., ill.

—— Deutschlands Flora. Nach natürl. Familien beschrieben u. durch Abbildn. erläut. Ein Handb. f. Botaniker überh., so wie f. Aerzte, Apotheker, Forstmänner, Oekonomen u. Gärtner insbesond. 1. Bd. 19—45. Hft., 2. Bd. 1—50. Hft. u. 3. Bd. 1—25. Hft. Jed. m. 5 ill. Kpfrt. gr. 8. Jena 836—42, Schmid.
6 Hfte. zusamm. genomm. * 3 Thlr., einzeln à H. * 16 Gr.

Dietrich, (Nat. Fr.) Dav., Deutschlands Flora. Nach natürl. Familien beschrieben u. durch Abbild. erläutert. 3. Bd. 26—47. Hft. Jedes Hft. m. 5 ill. Kpfrt. gr. 8. Jena 844, Schmid.
In 3 Bdn. compl. (57 B. u. 711 ill. Taf.) 71 Thlr., hrbges. Pr. 43 Thlr. 6 Hfte. zusammengen. * 3 Thlr., einzeln à Hft. * 20 Ngr. Fortsetzung s. dess. Deutschlands kryptogamische Gewächse.

— Deutschlands Flora. Nach natürl. Familien beschrieben u. durch Abbildungen erläutert. 1. Hft. 2. Ausg., mit 10 color. Kupfertaf. 2. Abthl. 26.—43. u. 3. Abthl. 48 Hefte. Jedes mit 5 Kupfertaf. gr. 8. Ebd. 841—846. à H. n. ½ ℛ

— Deutschlands Flora. Nach natürl. Familien beschrieben u. durch Abbildgn. erläutert. 4. Bd. 36 Hfte. gr. 8. (... S.) 5. Bd. 54 Hfte. gr. 8. (... S.) Ebd. 848—51. à Hft. n. ½ ℛ

Dietrich, D(av. Nath. Friedr.), Deutschlands Flora. Nach natürl. Familien beschrieben und durch Abbildungen erläutert. 4. Bd. (36 Hefte) und 5. Bd. 1—54. Heft. gr. 8. (196 S. und 439 ill. Kpfrt.) Jena 849—51, Schmid. à Heft * 15 Ngr. Thlr. *

—— Deutschlands Flora oder Beschreibung und Abbildung der phanerogamischen in Deutschland wildwachsenden und daselbst im Freien cultivirten Pflanzen. Ein Taschenbuch auf botanischen Excursionen. 1—5. Heft. 8. (S. 1—80 und 80 ill. Kpfrt.) Jena 847—52, Schmid. à Heft * 1 Thlr. *

—— Deutschlands Flora oder Beschreibung und Abbildung der phanerogamischen in Deutschland wildwachsenden und daselbst im Freien cultivirten Pflanzen. Ein Tagebuch auf botan. Excursionen. 6—11. Heft. 8. (S. 49—176 mit 96 ill. Kpfrt.) Jena 851—54, Schmid. à Heft * 1 Thlr. *
1—5. Heft. Ebendas. 1847—52. * 5 Thlr.

— Deutschlands Flora oder Beschreibung und Abbildung der phanerogamischen in Deutschland wildwachsenden u. daselbst im Freien cultivirten Pflanzen. Ein Taschenbuch auf botanischen Excursionen. 10. u. 11. Heft. Ebend. 854. (Leipzig, Friedlein.) 16. (S. 145—176. u. 31 color. Kpfrtaf.) Jedes Heft n. 1 ℛ

DIETRICH, David Nathanael Friedrich: Deutschlands ökonomische Flora oder Abbildung aller für Land- und Hauswirthe wichtigen Pflanzen. - Jena 1841-1844. 3 Bd. - Bd. 1: Die Futterkräuter. XIV, XVI, 203 S., 50 Taf. - Bd. 2: Die Unkräuter. 8 Bog., 50 Taf. - Bd. 3: Getraidearten, Oelgewächse usw. 9 1/2 Bog., 46 Taf.

—— Deutschlands ökonom. Flora rc. 1. Bd. Die Futterkräuter. 1. u. 2. Abthl. 8. Jena, Schmid. *
Abthl. 1. Die Futtergräser. (19 ill. u. 1 schw. Kpfrt. u. 6 B.) 840. * 1 Thlr. 12 Gr.
" 2. Die Klee- u. Weidepflanzen. (30 ill. u. 1 schw. Kpfrt. u. 8¼ B.) 841. 1 Thlr. 6 Gr.

—— Deutschlands ökonomische Flora rc. 2. u. 3. (letzter) Bd. 8. Jena, Schmid. à Bd. * 3 Thlr. *
Bd. 2. Die Unkräuter. (8 B. u. 50 ill. Kpfrt.) 843.
" 3. Die Getreidearten, Oelgewächse, Handelspflanzen, Kohl-, Wurzel- u. Knollengewächse. 2 Abthlgn. (9¼ B. u. 46 ill. Kpfrt.) 843, 44. à Abthl. * 1 Thlr. 15 Ngr. * 3 Thlr.
1. Bd. Ebendas. 1840, 41. * 3 Thlr. 5 Ngr.

Dietrich, (Fr. D.,) Flora Jenensis, od. Beschreib. d. Pflanzen, welche in d. Umgegend v. Jena wachsen. 1r Bd. 1r u. 2r Thl. gr. 12. Jena 826, Schmid. à 1 Rthlr.

Dietrich, David (Nathan Friedr.), s. Flora medica.

—— Flora medica, od. d. officinellen Pflanzen in Abbildn.; — als ein Commentar zu d. neuern Pharmacopoeen, so wie überh. zu d. Werken eines Richard, Buchner, Trommsdorff, Hagen, Dierbach u. A. hrsg. 18 Hfte. gr. 4. (180 ill. Kpfrt. u. Erklär.) Jena 828—31, (Schmid.) à 16 Gr., zusamm. genomm.

—— dies., neue, ganz umgearb. Aufl. u. d. T.: Flora medica, od. Abbild. d. offic. Pflanzen. 1—4. Hft. Fol. (à 10 ill. Kpfrt. u. Erklär.) Ebds. 831—35. à

DIETRICH, David Nathanael Friedrich: Flora universalis in colorirten Abbildungen. - Jena 1831-1854. 15 Bd. bzw. 476 H. à 10 Taf. - Neue Folge, welche größtentheils neu entdeckte noch nicht abgebildete Pflanzen enthält. Jena, Leipzig 1849-1855. 9 H. - Neue Serie 1861. H. 1 u. 2

—— Flora universalis in color. Abbildn., ein Kupferwerk zu d. Schriften Linné's, Willdenow's, De Candolle's, Sprengel's, Römer u. Schultes u. A. I. Abthl. 1. Bd. 1—48. Hft. u. 2. Bd. 1—25. Hft. (à 10 ill. Kpfrt. u. Erklär.) Fol. Jena 831—35, Schmid. à Hft.

Dietrich, (Nath. Fr.) Dav., **Flora** universalis in colorirt. Abbildungen. Ein Kupferwerk zu d. Schriften Linné's, Willdenows, De Candolle's, Sprengels, Römers u. Schultes u. A. 1. Bd. 44—54. Hft., 2. Bd. 26—80 Hft. 3. Bd. 1—62. Hft. : Jedes Hft. m. 10 ill. Kpfrt. u. Erklär. Fol. Jena 835—43, Schmid. à H. Thlr. *

—— **Flora** universalis in color. Abbildungen. Ein Kupferwerk zu den Schriften Linné's, Willdenow's, De Candolle's, Sprengel's, Romer's u. Schultes u. A. I. Bd. 55—64. Hft. II. Bd. 81—115. Hft. u. III. Bd. 63—111. Hft. Jedes Heft m. 10 ill. Kpfrt. u. 1 Bl. Text. Fol. Jena 843—47, Schmid. à H. *

—— **Flora** universalis in color. Abbildungen. I. Abthl. 65—88. Heft, II. Abthl. 116—161 Heft und III. Abthl. 112—161. Heft. gr. Fol. (à 10 ill. Kpfrt. und 1 Bl. Text.) Jena 847—52, Schmid. à Heft *

—— **Flora** universalis in ill. Abbildungen. I. Abthl. 89—90. Heft und II. Abthl. 162—186. Heft und III. Abthl. 162—192. Heft. (à 10 Kpfrt. und 1 Bl. Text.) gr. Fol. Jena 852—55, Schmid. à Heft *

— dies. Neue Folge, welche grösstentheils neuentdeckte noch nicht abgebildete Pflanzen enthält. I. Abth. 1—4. Hft. gr. Fol. (Jedes Heft m. 10 gest. u. color. Taf. u. 1—2 Blatt Text.) Ebd. 849—51. à Heft n. 2⅓ ℛ

Dietrich, Dav. (Nath. Friedr.), **Flora** universalis in ill. Abbildungen. Neue Folge, welche neuentdeckte noch nicht abgebildete Pflanzen enthält. 5—8. Heft. (à 10 Kpfrt. und 1 Bl. Text.) gr. Fol. Jena 852—55, Schmid. à Heft Thlr. *

Neue Folge 1. Abthl. 1—4. Heft. Ebendas. 1849—51. à Heft * 2 Thlr. 10 Ngr.

Dietrich, Dav. (Nath. Friedr.), **Flora** universalis in colorirten Abbildungen. Ein Kupferwerk etc. Neue Folge, welche grösstentheils neuentdeckte noch nicht abgebildete Pflanzen enthält. 5—8. Heft. Ebend. 854, 55. (Leipzig, T. O. Weigel.) Fol. Jedes Heft von 1 Bl. Text u. 10 lith. u. color. Taf. n. 2 ℛ 10 ngr

Dietrich, Dav., Flora universalis in color. Abbildungen, ein Kupferwerk zu den Schriften Linné's, Willdenow's, de Candolle's etc. Neue Serie. 1. und 2. Heft. Fol. (à Heft 10 ill. Kpfrt. und 1 Bl. Text.) Jena 861, Suckow. à Heft * 2 Thlr. *

Dietrich, (Nath. Fr.) Dav., **Forst-Flora**, od. Abbild. u. Beschreibung d. f. den Forstmann wicht. Bäume u. Sträucher. 1—23. Hft. gr. 8. (Jedes Hft. m. 4 ill. Kpfrt. u. ½ B. Text.) Jena 828—33, (Schmid.) à Thlr.

Vom 1—4. Hfte. erschien 1831 eine 2., umgeänd. Aufl.

—— **Forstflora**, od. Abbild. u. Beschreib. der f. d. Forstmann wichtigen Bäume u. Sträucher, welche in Deutschland wild wachsen, so wie der ausländ., daselbst im Freien ausdauernden. 2 Bde. (29 Hfte.) 2., verb. Aufl. gr. 4. (285 ill. Kpft. u. 172 Bl. Text.) Jena 838—40, Schmid. à * 1 Thlr. *

—— **Forst-Flora oder Abbildung und Beschreibung der für den Forstmann wichtigen wildwachsenden Bäume und Sträucher sowie der nützl. und schädl. Kräuter. 3., verb. und verm. Aufl. (In 30 Lfgn. von je 10 Kpfrt.) 1—28. Lfg. hoch 4. (1. Bd. VI und 144 S. mit 120 ill. Kpfrt. und 2. Bd. S. 1—152 mit 160 ill. Kpfrt.) Leipzig 860. 61, [Wilh. Baensch Verlag.] à Lfg. * 1 Thlr.** *

Dietrich, Dav., Forst-Flora oder Abbildung und Beschreibung der für den Forstmann wichtigen wildwachsenden Bäume und Sträucher, sowie der nützl. und schädl. Kräuter. 3., verb. und verm. Aufl. 29. und 30. (Schluss-)Lfg. hoch 4. (2 Bde.) (à 10 ill. Kpfrt.) Leipzig 862,63, Baensch. à Lfg. * 1 Thlr. *

1.—28. Lfg. Ebendas. 1860,61. * 28 Thlr.

—— — 4. verb. u. verm. Aufl. (In 60 Liefgn.) 1—12. Liefg. Ebend. 864. 4. (1. Bd.: S. 1—72. u. 60 color. Kpfrtaf.) Jede Liefg. 15 ngr.

Dietrich, Dav., Forst-Flora oder Abbildung u. Beschreibung der für den Forstmann wichtigen wildwachsenden Bäume u. Sträucher, sowie der nützlichen u. schädlichen Kräuter. 4. verb. u. verm. Aufl. 13—60. (letzte) Liefg. Leipzig 865—67. Baensch. 4. (1. Bd.: S. 73—142; 2. Bd.: 152 S.) Jede Liefg. mit 5 color. Kpfrtaff. 15 ngr.

Dietrich, David, Forst-Flora oder Abbildung und Beschreibung der für den Forstmann wichtigen wildwachsenden Bäume und Sträucher. Mit 300 color. Kpfrt. 4. verm. und verb. Aufl. 2 Bde. in 60 Lfgn. gr. 4. (VI, 142 S. mit 127 illum. Kpfrt.; 152 S. mit 175 illum. Kpfrt.) Leipzig 870—72, Baensch. à Lfg. ℳ 1.

—— dass. — Vollständig in 60 Lfgn. 1. Bd.: Bäume und Sträucher, mit 127 illum. Kpfrt. 5. verm. und verb. Aufl. 1. Lfg. 4. (16 S. mit 4 color. Kpfrt.) Ebendas. 874.

Dietrich's, Dav., Forst-Flora. Beschreibung u. Abbildg. der f. den Forstmann wichtigeren wildwachs. Bäume u. Sträucher, sowie der nützl. u. schädl. Kräuter, Gräser u. Sporenpflanzen. Mit 300 color. Kpfrtaf. (In 60 Lfgn.) 1. Bd. Bäume u. Sträucher. Mit 127 color. Kpfrtaf. 6. umgearb. Aufl. von Felix v. Thümen. 1—50. Lfg. hoch 4. (1. Bd. 202 S. u. 2. Bd. S. 1—80 m. 240 Taf.) Dresden 885. 86. Baensch. à 1. 50

Dietrich's, D., Forst-Flora. Beschreibung u. Abbildg. der f. den Forstmann wichtigeren wildwachs. Bäume u. Sträucher, sowie der nützl. u. schädl. Kräuter, Gräser u. Sporenpflanzen. Mit 300 color. Kupferstaf. 6., neu bearb. Aufl. von Felix v. Thümen. 51.—60. (Schluss-) Lfg. hoch 4. (2. Bd. XIX u. S. 81—146 m. 40 Taf.) Dresden 887. Baensch. à 1. 50 (cplt.: n. 90. —)

—— **Deutschlands kryptogamische Gewächse, od. Deutschlands Flora. VI. Bd. (12 Hfte.) u. VII. Bd. 1—8. Hft. Kryptogamie. Jena. (Schmid.) à Hft. * 2 Thlr. 15 Ngr.** *

Bd. VI. Farnkräuter, Laubmoose, Lebermoose. 12 Hefte. (16 B. u. 300 ill. Taf.) 843—47. * 30 Thlr.
VII. Flechten, Algen u. Schwämme. 1—8. Hft. (5 B. u. 200 ill. Taf.) 846, 47. * 20 Thlr.

—— **Deutschlands kryptogamische Gewächse, oder Deutschlands Flora. Mit 200 ill. Stnt. gr. 8. Jena 847, Schmid.**

Bd. VII. Kryptogamie. Flechten. 9—13. Heft. (S. 86—125. und 105 ill. Kpfrt.) 849. (à Heft * 2 Thlr. 15 Ngr.) * 12 Thlr. 15 Ngr.
VIII., IX. Kryptogamie. Schwämme. 8. Bd. 13 Hefte und 9. Bd. 1—10. Heft. (179 S. und 575 ill. Kpfrt.) 847—49. (à Heft * 2 Thlr. 15 Ngr.) * 57 Thlr. 15 Ngr.
Bildet eine Fortsetzung von des Verf. Deutschlands Flora.

— dies. 8. Bd. Kryptogamie [Schwämme.] 13 Hfte. gr. 8. (XX u. 99 S. u. jedes Heft m. 25 color. Kpfrtaf.) Ebd. 846—49, in Comm. à Heft n. 2⅓ ℛ

—— Deutschlands **kryptogamische Gewächse**, oder Deutschlands Flora. 9. Bd. Kryptogamie: Schwämme. 11—13. Heft. gr. 8. (S. 81—208 mit 58 ill. Kpfrt.) Jena 853, Schmid. à Heft *

— Deutschlands **kryptogamische Gewächse** oder Deutschlands Flora 9. Bd. Kryptogamie. Schwämme. 11—13. (letztes) Heft. Mit 58 color. Kpfrt. Ebend. 853. (Leipzig, Friedlein.) 8. (S. 81—208.) Jedes Heft n. 2 ℛ 15 ngr

Dietrich, Dav., **Deutschlands kryptogamische Gewächse** in Abbildungen. 2. Ausg. 1. Bd. Die Farrnkräuter, Laub- u. Lebermoose. 1—12. Heft. (à 10 color. Kpfrtaf.) Jena 863. Suckow. gr. 4. Jedes Heft n. 18 ngr.

—— **Deutschland's kryptogamische Gewächse in Abbildungen. 2. Ausg. 1. Bd. Die Farnkräuter, Laub- und Lebermoose. 12 Hefte. (à 10 ill. Kpfrt.) gr. 4. Jena 864, Suckow. à Heft * 18 Ngr.** *

DIETRICH, David Nathanael Friedrich: Deutschlands Giftpflanzen, nach natürlichen Familien aufgestellt. - Jena 1826. VIII, 64 S., 24 Taf.

— Deutschlands Giftpflanzen nach natürl. Familien aufgestellt, mit 24 ill. Abbildd. gr. 8. Jena 826. Schmid. 1 ₰ 8 gl.

—— Handbuch d. Botanik, od. systemat. Beschreib. aller deutschen Pflanzen, so wie auch derjen. ausländ., welche f. d. Arzt, Apotheker, Landwirth, Forstmann, Gärtner, Schulmann rc. wichtig sind. 1. Thl. in 2 Abthln. 8. (1. Abthl. 22 B., 2. Abthl. fehlt noch.) Jena 828, Schmid.

— Herbarium Florae Germanicae, oder Deutschlands Flora in getrockneten Exemplaren. 16—23s Heft. Nr. 1—1115. (A. u. d. T.: Deutschlands cryptogamische Gewächse). gr. 4. Jena 826—32. Schmid. à H. 1 ₰ 8 gl. 30 ₰ 16 gl.

Dietrich (D.). Herbarium pharmaceuticum . . . Jena, 1880. 8°.

—— Lichenographia Germanica, od. Deutschlands Flechten in naturgetr. Abbild. nebst kurzen Beschreibn. 1. u. 2. Hft. (Tab. 1—50, in Kpfrst. u. col.) gr. 4. (1½ B.) Jena 832, 34, Schmid. à

—— Lichenographia Germanica, od. Deutschlands Flechten in naturgetreuen Abbildn., nebst kurzen Beschreibn. 3—9. Hft. gr. 4. (à 25 ill. Kpfrt. u. ca. ½ Bog. Text.) Jena 834—37, Schmid. à *
1. u. 2. Hft. Ebendas. 1832, 34. à * 3 Thlr.

DIETRICH, David Nathanael Friedrich: Lichenographia germanica oder Deutschlands Flechten in naturgetreuen Abbildungen nebst kurzen Beschreibungen. - Jena 1833-1837. 9 H. 46 S., 225 Taf. - 2. Aufl. ebd. 1860. VII, 138 S., 303 Abb.

— s. Loudon, Encyclopädie d. Pflanzen.

Dietrich, David (Nath. Friedr.), s. Musci thuringici.

(——) Regnum animale, s. Regnum.

— Sammlung deutscher Laubmoose, Lebermoose und Flechten. 5. Aufl. Jena (856.) Schmid. (Frommann.) 8. (43 Bl. mit getrockneten u. aufgeklebten Moosen.) 3 ₰

—— Sammlung deutscher Laubmoose, Lebermoose und Flechten. 6., umgeänd. Aufl. 8. (48 Bl. mit aufgeklebten Pflanzen.) Jena 858(60), (Doebereiner.) *

—— Synopsis plantarum seu enumeratio systemat. plantar. plerumque adhuc cognitar. c. differentiis specificis et synonymis selectis ad modum Persoonii elaborata. Sect. I—III. Class. I—XV. 8maj. Vimariae, Voigt.
Sect. I. Class. I—V. (56⅓ B.) 839. 7 Thlr.
II. — VI—X. (48⅓ B.) 840. 6 Thlr.
III. — XI—XV. (46⅓ B.) 843. 6 Thlr.

— Synopsis Plantarum seu enumeratio systematica plantarum plerumque adhuc cognitarum cum differentiis specificis et synonymis selectis ad modum Persoonii elaborata. Sect. III. (Classis XI—XV.) 8maj. Vimariae 840, Voigt. 6 ₰ (I. et II.: 13 ₰)

—— Synopsis plantarum seu enumeratio systematica plantarum plerumque adhuc cognitarum cum differentiis specificis et synonymis selectis ad modum Persoonii elaborata. Sect. IV.: Classis XVI—XIX. et Sect. V.: Classis XX—XXIII. 8maj. Vimariae, Voigt. [IV. (IV und S. 731—1694) 847. 7 Thlr. 15 Ngr., V. (IV und 587 S.) 852. 3 Thlr. 15 Ngr.]
Sectio I—III. Classis I—XV. Ibid. 1839—43. 19 Thlr.

—— Taschenbuch d. ausländ. Arzneigewächse. 2 Abthln. 8. Jena 839, Schmid. [1. (50 ill. Kpfrt. u. 14¼ B.) * 3½ Thlr., 2. (19 ill. Kpfrt. u. 6¾ B.) * 1¼ Thlr.] *

— Taschenbuch der Arzneigewächse des Auslandes. 1e u. 2e Abthl. Mit 69 ill. Kpfrtaf. 8. Jena 839, 40. Schmid. n. 5¼ ₰

—— Taschenbuch d. Arzneigewächse Deutschlands. M. 50 ill. Kpfrt. 8. (17¼ B.) Jena 838, Schmid. *

—— Taschenbuch der pharmaceutisch-vegetabil. Rohwaarenkunde f. Aerzte, Apotheker u. Droguisten. 1. Bd. 1—6. Hft. 8. (24 B. u. 60 col. Kpfrt.) Jena 840—46, Schmid. à Hft. * 22½ Ngr. *

—— das Wichtigste aus d. Pflanzenreiche f. Landwirthe, Fabrikanten, Forst- u. Schulmänner rc., od. naturgetr. Abbildn. d. in Hinsicht auf Land- u. Hauswirthschaft, Künste u. Gewerbe, so wie auf Hausarzneikunde u. Diätetik wicht. u. interessanten Gewächse, nebst genauer Beschreib. u. Nachweis. üb. Nutzen u. Schaden, Anbau u. Ausrottung ders. 1—13. Hft. kl. Fol. (Jedes m. 4 ill. Kpfrt. u. 1 Bl. Text.) Jena 831—34, Schmid. à
Vgl. Dieterich, Dittrich.

—— das Wichtigste aus d. Pflanzenreiche f. Landwirthe, Fabrikanten, Forst- u. Schulmänner, so wie f. Liebhaber d. Pflanzenkunde überh. 14—22. Hft. gr. 4. (à 4 ill. Kpfrt. u. ½ B. Text.) Jena 834—38, Schmid. à *
1—13. Hft. Ebendas. 1831—34. à * 8 Gr.

— das Wichtigste aus d. Pflanzenreiche, oder naturgetreue Abbildung der in Hinsicht auf Künste u. Gewerbe, sowie auf Hausarzneikunde u. Diätetik wichtigen u. interess. Gewächse, nebst genauer Beschreibung u. Nachweisung über Nutzen und Schaden, Anbau u. Ausrottung derselben. 16 Hft. Mit 10 ill. Kpfrtaf. gr. 4. Jena 840. Schmid. n. ⅔ ₰

Dietrich, (Nath. Fr.) Dav., das Wichtigste aus dem Pflanzenreiche, oder naturgetreue Abbildungen der in Hinsicht auf Künste u. Gewerbe, so wie auf Hausarzneikunde u. Diätetik wichtigen Gewächse rc. 2. Heft. 2. Aufl. u. 3. Hft. Mit 20 color. Kupfertaf. gr. 4. Jena 845, Schmid. à n. ⅔ ₰ — 1. Heft. 840. n. ⅔ ₰

— Zeitschrift für Gärtner, Botaniker u. Blumenfreunde. 16—56 Hft. Mit 21 Kpfrtaf. gr. 4. Jena 840. Schmid. n. 3⅓ ₰ 12 Hefte nur n. 6 ₰

—— Zeitschrift f. Gärtner, Botaniker u. Blumenfreunde. — A. u. d. T.: Repertorium botan. exot. systemat. sistens diagnoses gener. et specier. novar. 1. Jahrg. (12 Hfte.) u. 2. Jahrg. 1—9. Hft. M. ill. Kpfrt. gr. 4. Jena 840, 41, Schmid. à H. *
Vgl. Dieterich, Dittrich.

—— Zeitschrift f. Gärtner, Botaniker u. Blumenfreunde. — A. u. d. T.: Repertorium botan. exot. systemat. sistens diagnoses gener. et species novarum. 2. Bd. (Jahrg.) 10—12. Hft., 3. Bd. 12 Hfte. u. 4. Bd. 1. Hft. (Jedes Hft. m. 6 ill. Kpfrt. u. ¾ B. Text.) gr. 4. Jena 1841—46, Schmid. à Hft. *
1. Bd. 12 Hfte. u. 2. Bd. 1—10. Hft. Ebendas. 1840, 41. à H. * 20 Ngr.

—— Zeitschrift für Gärtner, Botaniker und Blumenfreunde. 4. Bd. 2—12. Heft und 5. Bd. 1—6. Heft. gr. 4. (à 4 S. mit 6 ill. Stnt.) Jena 847—50, (Schmid.) à Heft * 15 Ngr. *

Dietrich, Dorothea, Medizinalpraktikantin a. Dresden: Aus d. Säuglings-Abteilung d. Städt. Krankenanstalt-Altstadt zu Magdeburg. Ueber einen Fall von doppelseitiger metastatischer Ophthalmie. Leipzig 1908: B. Georgi. (19 S.) 8°
Leipzig, Med. Fak., Ref. Sattler, Diss. v. 6. Juli 1908
[Geb. 25. Sept. 80 Dresden; Wohnort: Magdeburg; Staatsangeh.: Sachsen; Vorbildung: Kgl. Gymn. Dresden-N. Reife M. 01; Studium: Freiburg i. B. 1, Heidelberg 1, Leipzig 8 S.; Coll. 16. Juli 08; Approb. 6. Juni 07.]

Dietrich, E., der Bauernkrieg im Jahre 1525. Beschrieben für das Volk. .. Eßlingen 840. Dannheimer. n. ⅙ ₰

Dietrich, E., biblische Betrachtungen für gute und böse Tage. Eine Handreichung zur einsamen und gemeinsamen Erbauung dargeboten. Bielefeld 861. Velhagen & Klasing. gr. 8. (VI, 388 S.) 1 ₰ 6 ngr.

Dietrich, E., Bibliotheca hydriatica oder Verzeichniss der wichtigsten bis zur Jubilate-Messe 1842 erschienenen Werke und Schriften über Wasserheilkunde, nebst den neuesten Schriften über vorzügliche Mineralbäder und dem Verzeichniss bereits vorhandener Wasserheilanstalten. Leipzig 1842. 8. . . . . (D.)

Dietrich, E., s.: Festschrift zur Eröffnung des Kaiserin Auguste-Victoria-Hauses.

Dietrich, E., Gedichte. 6. Meissen, Gödsche. 820.

Dietrich, E., Passionsbetrachtungen für jeden Tag in der heil. Passionszeit. 8. (IV und 192 S.) Bielefeld 868, Velhagen und Klasing. geb. *

Dietrich, E., Quaestiones Tibullianae et Propertianae. Diss. 1873. 32 S. 2.—

Dietrich, E. R., Handbuch f. Militäranwärter. Ein Hilfsbuch bei Erlerng. der Geographie zwecks Vorbereitg. zum Postdienst. (VII, 152 S.) kl. 8. Worms 905. H. Kräuter. n. 2. —

Dietrich, E. Th., über den dermaligen Zustand des Branntweinbrennereibetriebes im Saal-Eisenberger Kreise des Herz. Sachsen-Altenburg. Vortrag. 8. (32 S.) Eisenberg 847, Schöne. n. 1/3 ₰

Dietrich, Edmund Gustav

Unterm Akazienbaum. Eine Sammlung maurerischer Ansprachen von E[dm.] G[ust.] **Dietrich.** Altenburg: Bonde 1887. VIII, 141 S. 8⁰
Recens: DrL. 17 (1887—1888) S. 1348; BrL. 6 (1887—1888) S. 72; Bh. 31 (1888) S. 65—66 (J. G. Findel); Bbl. 2 (1888) S. 34; FZ. 42 (1888) S. 60; SL. 8 (1888) S. 15.
18 Vorträge. 23. 25

Bericht über die 150jährige Jubelfeier der St. Johannisloge Archimedes zu den drei Reissbretern im Or. von Altenburg am 30. und 31. Jan. 1892. [Hrsg. v. Edm. Gust. **Dietrich.**] Ms. f. Brr. Mit 2 Lichtdr.-Taf., die Stifter und Meister vom Stuhle darst. Altenburg [1892]: Bonde. VII, 121 S. 8⁰
Recens: Bh. 35 (1892) S. 206 (C. Gotthold). 25.

Blätter der Erinnerung. Beiträge zur Geschichte der Loge Archimedes zu den 3 Reissbretern im Or. Altenburg. Hrsg. von E[dm.] G[ust.] **Dietrich.** Altenburg 1889: Bonde. 117 S. 8⁰
Recens: SL. 9 (1889) S. 192.
cf. Bh. 32 (1889) S. 397—399.
2 Abhandlungen: 1. Die Fürsten Altenburgs in ihren Beziehungen zur Loge Archimedes. 2. Fürst Blücher u. die Loge Archimedes. 1813 u. 1814. 23. 25.

Gesangbuch für Freimaurer. Mit Melodien, für Männerchor gesetzt, und mit biographischen Notizen über Dichter und Komp. Bearb. von E[dm.] G[ust.] **Dietrich** und hrsg. von der Literarischen Komm. [der Loge Archimedes zu den drei Reissbretern in Altenburg]. Ms. f. Frmr. Altenburg: Tittel 1906. XV, 256 S. 8⁰
Recens: BayrBbl. 6 (1905—1906) S. 419; ML. 34 (1905—1906) S. 198 (O. Henckel); Bh. 49 (1906) S. 232; Bbl. 20 (1906) S. 291; FZ. 60 (1906) S. 142; ArSt. 3 (1906) S. 126; Brh. 4 (1907) S. 101 (W. Kunis).
cf. DrL. 30 (1905—1906) S. 255—256 (A. Denecke); Z. 36 (1905—1906) S. 420 (H. Glücksmann); L. 29 (1906) S. 127—128 (P. Fischer); R. 33 (1906) S. 80 (G. Schauerhammer); S. 13 (1906) S. 39 (H. Merker).
141 Lieder, für 4stimmigen Männerchor bearb. von F. Hempel.

Geschichte der unabhängigen Loge Archimedes zu den drei Reissbretern in Altenburg vom 31. Jan. 1742 bis zum 30. Jan. 1901 von Edm. Gust. **Dietrich.** Ms. f. Brr. [Altenburg]: Tittel in Komm. [1901]. VIII, 200 S. 53 Taf. 4⁰
Recens: Bh. 44 (1901) S. 220 (C. Gotthold); FZ. 55 (1901) S. 175—176 (K. Pilz); SL. 21 (1901) S. 83; R. 28 (1901) S. 56; BZC. 30 (1901) S. 293—296.

Letzter Gruss an meine Brüder. In der Loge nach meinem Tode vorzulesen. [Unterz.:] E[dm.] G[ust.] **Dietrich.** [Altenburg 1903.] 2 Bl. 4⁰ [Kopftit.]
Gedicht: Schlummerfrieden! Heil'ge Stille kreist . . ." 430.

[Lied. Unterz.:] [Edm. Gust.] **Dietrich.** [Altenburg 1884.] 1 Bl. 4⁰
Ohne Noten: „Was kraucht denn unter uns herümmer?" Zum 25jährigen Mrjubiläum von K. Erler u. K. Ranniger.

Deutsches Logenleben. Beiträge zur Geschichte der Loge Archimedes zu den 3 Reissbretern i. O. Altenburg. Hrsg. v. E[dm.] G[ust.] **Dietrich.** (Ms. f. Brr.) Altenburg 1890: Pierer. 208 S. 1 Taf. 8⁰
Recens: Bh. 34 (1891) S. 6 (J. G. Findel); L. 15 (1891) S. 18 (B. Cramer); SL. 11 (1891) S. 17—18.
cf. Bh. 34 (1891) S. 73—75.
Erg. u. Berichtigung zu Zumpes Schrift „Zur Frage üb. mrische Werktätigkeit nebst Mittheil. über die Werktätigkeit der Loge Archimedes". 1876.

Noli turbare circulos! Eine Sammlung freimaurerischer Ansprachen zur Lehr und Wehr von E[dm.] G[ust.] **Dietrich.** M. d. Bildn. d. Verf. Altenburg: Tittel 1899. VII, 152 S. 8⁰
Recens: Bh. 42 (1899) S. 328 (C. Gotthold); BstF. 8 (1899) S. 193—194; Brk. 18 (1899) No 61 (M. Corens); Bbl. 13 (1899) S. 420 (G. Diercks); FZ. 53 (1899) S. 336 (K. Pilz); L. 22 (1899) S. 120; R. 26 (1899) S. 88; BZC. 28 (1899) S. 477—478 (W. Wald); HL. 33 (1900) S. 2864 (O. Meissner).
cf. S. 6 (1899) S. 82 (J. G. Findel); Frmr. 7 (1904) S. 34.

Reich' uns, Bruder, deine Hand! Comp. [von] [Edm. Gust.] **Dietrich.** [Altenburg] o. J. 1 Bl. 8⁰ [Autogr.] [Kopftit.]
Lied mit Noten: „Reich' uns, Bruder, deine Hand!" 8.

Dietrich, E. G., humoristische Reise-Betrachtungen u. Erinnerungen. (23 S.) gr. 8. Altenburg (904). R. Fuchs. n. — 35

Aus vergangenen Tagen. Stimmen aus der Halle des Archimedes zu den 3 Reissbretern im O. Altenburg. Eine Sammlung von Biographieen, Abhandlungen, Ansprachen und Gedichten, hrsg. von E[dm.] G[ust.] **Dietrich.** Mit 3 Lichtdruckbildern. Altenburg: Bonde 1889. VII, 295 S. 8⁰

[Dasselbe.] Mit 12 Photogr. Ebendas. 1889. VII, 295 S. 8⁰
Recens: Bh. 32 (1889) S. 246; FZ. 43 (1889) S. 271—272; L. 12 (1889) S. 144 (B. Cramer); SL. 9 (1889) S. 120; DrL. 19 (1889—1890) S. 1523—1524 (Chr. Klötzer); ML. 18 (1889 bis 1890) S. 9.

Die Verbindung der Loge Archimedes zu den drei Reissbretern i. O. Altenburg mit der Gr. Landesloge von Deutschland in den Jahren 1775—1785. Ein Beitrag zur Geschichte unserer Loge von E[dm.] G[ust.] **Dietrich.** [Altenburg 1900.] 15 S. 8⁰ [Umschlagtit.]
Abgedr. in: Bericht d. L. Archimedes, Altenburg. 1899—1900 S. 15—31; HL. 40 (1906 bis 1907) S. 213—215, 229—241.
(Vgl. auch Nr 7775.) 193.

Verzeichnis der Mitglieder der Loge Archimedes zu den 3 Reissbretern i. O. Altenburg vom 31. Jan. 1742 bis zur Gegenwart. Unter Mitw. der litterarischen Kommission bearb. von E[dm.] G[ust.] **Dietrich** u. O[sk.] **Jacob.** Altenburg 1903: Fuchs. XII, 201, V S. [Umschlagtit.:] Mitgliederverzeichnis ... 1742—1903.
(Aus d. Archive d. L. Archimedes. 2.)

Dietrich, Eduard

Dietrich, Ed., s.: Beiträge z. e. Reform d. geburtshilfl. Ordnung i. preuß. Staate.

Dietrich, die f. das Pflegepersonal wichtigsten Bestimmungen der deutschen Reichs- u. Landesgesetzgebung. Beiheft zum deutschen Kalender f. Krankenpflegerinnen u. Krankenpfleger. 12. (36 S.) Frankfurt a/M. 901. J. Rosenheim. n. 1.—

Dietrich, Ed. (I.), die Beziehungen der Landwirthschaft in Sachsen zum Verkehrswesen. Vortrag, gehalten in der Oekonom. Gesellschaft im Königr. Sachsen, Dresden, am 1. Febr. 1884. gr. 8. (26 S.) Dresden 884, Schönfeld's Verlag.

Dietrich, Ed., Bilder aus der Vergangenheit der Grafschaft Stolberg, mit besonderer Berücksichtigung der Umgegend von Roßla, gezeichnet. 8. (52 S.) Roßla 878. (Nordhausen, Haacke.) n. — 50

E. D. Das Distanzschätzen nach dem Entwurfe zur Schieß-Instruktion vom Jahre 1902 von E. D. Klgft., Leon, (1903). 58 S. (Verf.: E. Edl. v. Dietrich.)

Dietrich, Eduard: Ueber die Einwirkung des Rubidium- und Cassiumchlorids auf den quergestreiften Muskel des Frosches. Halle a. S. 1884: Plötz. 65 S., 1 Taf. und je 5 lith. Bl.: Curven der Versuche am isolierten Muskel, I—XVII, [diese nur im Exemplar des U.-Arch.] und der Versuche am Froschcarroussel, I—XIV. 8⁰
Halle-Wittenberg, Med. Diss. v. 4. Nov. 1884
Geb. Sittendorf (Kr. Sangerhausen) 10. 10. 1860. V.
Erschien, von Erich Harnack & dem Verf. umgearb. u. d. T.: Ueber die Wirkungen (usw.); in: Archiv f. experimentelle Pathologie u. Pharmakologie. Bd 19. Leipzig 1885. S. 153/84.
Verf. erlebte die Diplomerneuerung 1934 als D. theol., Ministerialdirektor a. D., Wirklicher Geheimer Obermedizinalrat und Professor in Berlin-Steglitz.

Dietrich, Ed., s. Erinnerungstafel.

Dietrich, Ed., die Grundsteuerveranlagung und die zu ihrer Berichtigung dienenden Vorschläge. Vortrag, gehalten in der Oekonom. Gesellschaft im Königr. Sachsen, Dresden, am 10. Jan. 1877. gr. 8. (22 S.) Dresden 878, Schönfeld's Verlag. **

— d. Hebammenwesen in Preußen, m. bes. Berücksicht. f. geschichtl. Entwicklg. u. Vorschlägen zu s. Reform. gr. 8. (VIII, 128 S.) Merseburg 896. F. Stollberg. n. 2.—

Dietrich, Ed., s.: Krankenpflege-Zeitung, deutsche.

—— die landschaftlichen und geschichtlichen Merkwürdigkeiten der Güldenen Aue, besonders der hochgräfl. Residenz Roßla und der dazu gehörigen Orte. Nach einer alten Chronik von Joh. Conr. Kranoldt, abgeschlossen im J. 1740, und unter Berücksicht. der Gegenwart gezeichnet. 8. (188 S.) Roßla 879. (Halle, Fricke's Verlag.)

— die Ordnung der Feldpolizei im Interesse der Landescultur. Ein Vortrag, geh. in der Oekonomischen Gesellschaft im Königreich Sachsen. gr. 8. (20 S.) Ebend. 880. n. — 40

— Ärztliche Rechts- u. Gesetzeskunde, s.: Rapmund, O.

Dietrich, Ed. Die Reformbestrebungen auf dem Gebiete des Steuerwesens vom Standpunkte des Landwirtes betrachtet. 8⁰. Leipzig 1872.

— Reisebilder nach eigenen Erlebnissen zu christlicher Unterhaltung gezeichnet. 8. (VII, 169 S.) Breitungen i/Harz 881. (Berlin, Deutsche evangel. Buch- u. Tractat-Gesellschaft.) n. 1.—

— Reisebilder. Nach eigenen Erlebnissen. 2. Aufl. 8. (201 S.) Ebd. 889. n. 1.—

Dietrich, Ed., schnurrige Sachen a. Sachsens Bergen. 12. (92 S.) Dresden 897. [Hönsch & Tiesler.] E. H. Meyer. n. 1.—

Dietrich, Ed. Edl. v., Schiess-Tableaux u. Schiess-Spiel f. den Repetir-Carabiner M. 1890 u. Schiess-Tableau f. den Revolver, s.: Högg, Carl.

Steuerpflicht und Steuererklärung der deutschen Aerzte, Militärärzte und Zahnärzte von Dr. E[duard] **Dietrich**, Kreisphys. Leipzig: B. Konegen 1899. (64 S.) 8° [07. 10864 11

Dietrich, Ed., von Breitungen im Harz bis Kimberley in Südafrika. Reisebilder, nach eigener Anschauung u. den Briefen seiner Tochter zusammengestellt. 8. (IV, 160 S.) Breitungen 880. (Halle, Fricke's Verl.) n.n. 1. 20

— dass. — Reisebilder und Schilderungen von Land und Leuten, nach eigenen Erlebnissen, sowie aus den Tagebüchern und Briefen seiner Tochter zusammengestellt. 2. verb. Aufl. 8. (IV, 200 S.) Halle 881, Fricke's Verlag.

Dietrich, Ed. Von Breitungen im Harz bis Kimberley in Südafrika. Reisebilder u. Schildergn. v. Land u. Leuten, nach eigenen Erlebnissen, sowie aus den Tagebüchern u. Briefen seiner Tochter zusammengestellt. 3. Aufl. 8. (IV, 230 S.) Berl. 889, Deutsche Evangel. Buch- u. Tractat-Gesellschaft. * 1 20

— Vorschläge zur Erweiterung des Geschäftskreises der Landes-Kultur-Rentenbank. Vortrag, geh. in der Oekonomischen Gesellschaft im Königreich Sachsen, Dresden, am 8. Decbr. 1880. gr. 8. (17 S.) Ebend. 881. n. — 40

— **Die Vorschriften üb. die staatliche Prüfung v. Krankenpflegepersonen.** (29 S.) gr. 8. Leipzig 907. G. Thieme. 1. 20
Sonderabdruck aus „Deut. med. Wochenschr."

Dietrich, Eduard, Weihnachtsbilder. Ein Märchenspiel in 4 Abtlgn. (64 S.) kl. 8. Schwarzenberg (905). M. Helmert. n. — 80

Dietrich, Emil

Dietrich, E., die Asphalt-Strassen. Beschaffung der Rohmaterialien, Bau der Fahrdämme u. Fusswege. Reinigung u. Reparatur der Asphalt-Strassen m. allen Hülfsgeräthschaften etc. gr. 8. (IV, 207 S.) Berlin 882. Bohne in Comm. n.n. 10. —

— die Baumaterialien der Asphaltstrassen. Ihre Gewinnung, Verarbeitung u. Nachahmung. Amtlicher Bericht mit in den Text gedruckten Holzschn. gr. 8. (III, 56 S.) Ebend. 881. n.n. 2. 50

Dietrich, E., die Baumaterialien der Steinstrassen. Beschaffenheit, Vorkommen u. Gewinng. derselben. Mit zahlreichen Abbildgn. Preisschrift d. Vereins zur Beförderg. d. Gewerbfleisses. Lex.-8. (VIII, 289 S.) Berlin 885. Bohne. n. 16. —

Dietrich, Emil, Ing.-Chemiker, aus Hannover: Ueber zwei structuridentische **Dimethyluracile** und Aufklärung der Constitution der δ Methylharnsäure. *Hannover 1899: G. Jacob.* (35 S.) 8°
München, Phil. Diss. v. 1899

— die zukünftige Entwicklung der Berliner Verkehrsverhältnisse [Straßenbahn- und Omnibuswesen]. (14 S.) 1880. 40 Pf.; 2. Aufl. gr. 8. (23 S.) (Ebendas.) 881.
Aus: Baugewerks-Zeitung, besonders abgedruckt.

Dietrich, E., der Erweiterungsbau des Landwehr-Kanals, mit vorhergehenden Betrachtungen über die Brochüre vom Geh. Ober-Berg-R. a. D. Hartwich, betr. Schifffahrts- und Vorfluths-Verhältnisse in und bei Berlin, mit Anschluss eines Projectes zu einem Kanal von der Oberspree nach der Havel bei Wannsee. gr. 8. (19 S.) Berlin 875, Bohne. *

[F.] Die Hausschwammfrage vom bautechnischen Standpunkte. Von E[mil] Dietrich, Prof. . . . zu Berlin . . . Nach e. Vortr. im Grundbes.-Ver. Südwest u. Süd in Berlin. *Berlin: J. Bohne* (a. d. Umschl. aufgest.: *Siemenroth & Troschel) 1895.* (17 S.) 1 Bd 8. [97. 584

Dietrich, E., die Hausschwammfrage v. bautechn. Standpunkte. E. Mahnwort an Hauskäufer u. Eigenthümer. 2. Aufl. gr. 8. (24 S.) Berlin 898. Siemenroth & Troschel. n. 1. —

Dietrich, E. Oberbau u. Betriebsmittel der Schmalspurbahnen im Dienste v. Industrie u. Bauwesen, Land- u. Forstwirthschaft u. A. hoch 4. (V, 69 S. m. Fig.) Berl. 889, Bohne. * 5 —

Dietrich, E. (I.), Reise-Skizzen, gesammelt auf einer im Sommer 1876 bei Gelegenheit der Philadelphia-Ausstellung im Auftrage Sr. Exc. des Hrn. Handelsministers ausgeführten Studienreise nach Nordamerika über England. Auszug aus dem amtl. Berichte. gr. 8. (III, 65 S. mit 74 Holzschn., eingedr. und auf 1 Taf., und mit 1 Stnt.) Berlin 879, (Bohne.) **
Aus: Baugewerks-Zeitung, besonders abgedruckt.

— Umdruck-Zeichnungen von Brücken in Stein, Eisen und Holz. Für den Unterricht an der königl. Bau-Akademie zu Berlin zusammengestellt. Imp.-Fol. (15 Bl.) (Ebendas.) 878. *

Die Bruchstücke der **Skeireins** hrsg. u. erkl. von Dr. Ernst Dietrich. Mit e. Schrifttaf. *Strassburg: K. J. Trübner 1903.* (LXXVIII, 36 S.) 4°
— **Texte** u. Untersuchungen z. altgerman. Religionsgeschichte. Texte. Bd 2. [03. 9473

Dietrich, Ernst, aus Tornau ⟨Anhalt⟩: Die **Skeireinsbruchstücke.** [T. 1:] Text u. Übersetzung. *Strassburg: K. J. Trübner 1900.* (15 S.) 4° ¶ (Erscheint vollst. im gleichen Verl.)
Kiel, Phil. Diss. v. [9. Aug.] 1900

Dietrich, Ernst August, die Palpation der Lymphdrüsen bei Gesunden und Kranken. Diss. Erlangen 1886, Th. Blaesing. 8°. 30 S.

Dietrich, Ernst August [aus Arnswalde i. Preussen]: Die Palpation der Lymphdrüsen bei Gesunden und Kranken . . . . Erlangen, Druck d. Univ.-Buchdr. v. E. Th. Jacob, 1886; 30 S. 8°.
Erlangen, Med. Fak., Inaug.-Diss. v. 30. Jul. 1886.

Dietrich, *Ewald Alwin Maximilian* Gedanken und Skizzen aus einigen Schriften Lucians für Schüler der oberen Gymnasialklassen zusammengestellt und erläutert. I. Teil. 4 (17 S.).
Progr. Prg. *Lauenburg in Po.* 1886 (zu 123).

Dietrich, Ewald Christian Victorin

— s. a. E. Wahrmann. (Ps.)

Dietrich, Ewald Chr. Victorin, Abenteuer eines deutschen Auswanderers u. seines Sohnes in Nordamerika. Für d. liebe Jugend erzählt. (M. 4 Bild.) 8. (4¼ B.) Prag, Leitmeritz u. Teplitz 839, Medau.

— Abhandlung üb. d. Bleichsucht, od. faßl. Belehr. wie dies. Leiden vorzubeugen, u. feinen Zufällen durch Heilmittel u. Lebensordn. zu begegnen sei, nach d. besten Quellen gegeben. 8. (7 B.) Leipzig 836. [Hamburg, Engel.]

— Abhandlung über die Bleichsucht, oder faßl. Belehrung, wie diesem Leiden vorzubeugen, u. seinen Zufällen durch Heilmittel u. Lebensordnung zu begegnen sei, nach d. besten Quellen gegeben. 8. Leipzig 836. Meißner. ½ ℛ

— Abhandlung über d. Keuchhusten, die ärztl. Behandlung desselben u. die bei derselben zu befolgende Lebensordnung und Krankenpflege 12. Nordhausen 837. Fürst. ⅓ ℛ

— prakt. Abhandlung üb. d. Bandwurm u. and. Würmer in den Eingeweiden menschl. Körper, od. allgemeinfaßl. Anweis., die davon herrühr. Krankheiten zu erkennen, ihnen vorzubeugen u. sie in d. meisten Fällen sicher zu heilen. Nach d. neuesten Beobachtn. u. Erfahrn. d. Aerzte u. Naturforscher dargest. Mit nach d. Natur gezeichn. Abbild. (1 Kpfr.) 8. (6¼ B.) Leipzig 835, [Jackowitz.]

— prakt. Abhandlung über d. Bandwurm u. andere Würmer in den Eingeweiden menschlicher Körper, oder allgemeinfaßl. Anweisung, die davon herrühr. Krankheiten zu erkennen, ihnen vorzubeugen u. sie in den meisten Fällen sicher zu heilen. Mit 1 Kpfr. 8. Leipzig 835. Vetter u. Rostosky. ½ ℛ

Dietrich, Ewald Chr. Vict., Albrecht der Bär, s. Original-Romane, histor., 6. Bd.

Dietrich, Ewald V., Herzog Albrecht d. Beherzte, Stammvater d. sächs. Königshauses als Fürst, Held u. Familienvater. Ein Lebensgemälde f. das sächs. Volk. Nebst 2 (lith.) Abbildgn. (in 8. u. 4.) 8. (64 S.) Meissen 851, Goedsche. 1/4 Thlr

Dietrich, Ewald Chr. Victorin, Album deutscher Typographen, s. Album.

Dietrich, E. V., das Schloß Ambras im Tirol. Topographische Skizze. gr. 8. (8 S.) Innsbruck 850, (Pfaundler.) *

— kurze u. faßl. Belehrung über den wichtigen u. vortheilhaften Runkelrübenbau. Nebst e. Darstellung d. Runkelrüben-Zucker-Fabrikation. Nach den besten franz. u. deutsch. Werken für Landwirthe, Gärtner u. Zuckerfabrikanten herausgegeben. 1s Hft. Der Runkelrüben-Bau. Mit 1 Steintaf. 8. Leipzig 836. Klein. 1/4 Thlr — 2s Hft. Fabrikation des Runkelrübenzuckers im Großen und Kleinen; nebst der Bereitung des Syrups zum Hausbedarf. Mit 1 Abbild. 8. Ebd. 837. 1/4 Thlr (1. u. 2.: 1/2 Thlr)

— d. Bergchronik d. königl. sächs. Erzgebirges, neu bearb. nach Mollerus, nebst e. dichterischen Darstell. d. berühmt. Städte d. Erzgebirges u. e. tabellar. Uebersicht derselben. 8. Annab. 818.

—— Beschreibung d. Feier d. Gutenbergsfestes zu Leipzig am 24., 25. u. 26. Juni 1840. Eine Erinnerung an d. vierte Säcularfeier d. Erfindung d. Buchdruckerkunst. Mit Abbild. d. Festhalle. 8. (3 B.) Leipzig 840, Polet. *

Dietrich, Ewald Christian Victorin, s. Blicke auf d. Leben etc. Friedrich August's d. Gerechten.

—— Blicke auf Schleswig-Holstein und den dortigen Kriegsschauplatz. Zunächst für Zeitungsleser und Solche, die ihr Beruf dorthin führt, bearb. gr. 8. (24 S.) Dresden 848, Adler und Dietze.

mit Karte

— — Das Blutgericht u. seine Vergeltung, oder die Patrizier zu Zwickau. Eine Begebenheit der Vorzeit, nach glaubwürdigen Nachrichten erzählt. Ebd. 1839 13 Bog. 8°.

— d. guten Brunnen von Niederzwönitz, nach ihrer Geschichte, Lage, Gebrauch u. Heilkräfte dargestellt. 8. Annab. 818.

—— Chitava, Zittaus Begründerin, s. Original-Romane, histor., 3. Bd.

Dietrich, Ewald Christian Victorin, s. Chronik, Meißner.

—— die Meißner Chronik v. Erbauung d. Stadt bis z. J. 1588. 2. Thl. 8. (20 B.) Meißen 830, (Klinkicht u. Sohn.)
1. Thl. vgl. Grünewald, Mor.

— s. Clara u. Mathilde.

— Clara u. Mathilde, Reise nach Tharand, s. unten Gedichte.

— Clara u. Mathilde, der Jung-Frauen Reise in die sächs. Schweiz u. nach Karlsbad. Eine idyll. Erzählung. 8. Meiß. 822. Goedschr. 14 Gr

— u. F. Dn. Reichel, Darstell. d. Heilquellen, Kur- u. Badeorte d. Königr. Sachsen. Mit 3 Kpf. 12. Dresd. 824.

— Catharina della Bondiera, die kühne Seeräuberin. 2 Thle. Mit 2 Steindr. 8. Meißen 827, Gödsche.

Dietrich, Ew. Chr. Vict., Diss. inaug. de fontibus Auschwiciensibus in Bohemia sitis et balneo Sanctae Mariae sacrato. 4. Jena 817. Deutsch unt. d. T.: die Brunnen von Auschwitz, e. Idylle. 8. . . . 819.

—— das Elbethal von Leitmeritz in Böhmen bis Meissen in Sachsen. M. 1 lith. Panorama, 2′ 5″ lang u. 8″ hoch. gr. 8. (5½ B. u. Ttlvign.) Prag, Leitmeritz u. Teplitz 839, Medau.

Dietrich, Ew. Chr. Vict., d. Elbethal, od.: Panorama d. Elbe u. ihrer Ufer von Obristwy bei Melnik in Böhmen bis Meißen in Sachsen. Histor., statist. u. pitoresk beschrieben. 2., verb. u. verm. Ausg. Mit 1 nach d. Natur gezeichn. Elbekarte (100 Zoll lang u. 9 Z. br.) gr. 8. (7⅛ B. u. 1 Tab.) Leitmeritz 843, Medau.

Dietrich, E. V. —. Das Elbethal. Oder: Panorama der Elbe und ihrer Ufer von Dresden bis Leitmeritz. Historisch-statistisch und pittoresk beschrieben. V. verbesserte und vermehrte Auflage. Mit einer nach der Natur gezeichneten Elbekarte und 4 Ansichten. 12. (XII, 126 S.) In Schuber. Leitmeritz. Druck und Verlag von C. W. Medau. 1854.

Dietrich, E. V., das Elbethal. Oder: Panorama der Elbe und ihre Ufer von Leitmeritz bis Dresden. Historisch, statistisch und pittoresk beschrieben. 6., verb. und verm. Ausg. 16. (XII und 111 S. mit 1 nach der Natur gez. lithogr. Elbe-Karte in Imp.-Fol. und 6 lithogr. Ansichten.) Leitmeritz 862. (Prag, Silber und Schenk.) *

ohne Elbekarte *

—— Erzstufen. Sagen u. Erzähln. vaterländ. Begebenheiten, in romant. Gewande dargest. 2 Bde. M. 1 ill. Kpfr., e. Bergaufzug darstell. 8. (35 B.) Freyberg 830, Craz u. Gerlach.

Dietrich, Ew. Chr. Vict., Ritter Feige v. Bomsen, od. deutsche Kraft u. Redlichkeit. 8. Meißen 836. Goedsche. 1⅙ Thlr

— d. Festtage d. Erzgebirges bei d. Jubelfeier des Königs v. Sachsen. 8. Annab. 818. Freyer.

das Friedrich August-Monument in Dresden u. seine feierliche Enthüllung am 7. Juni 843. gr. 8. Dresden 843, Adler u. Dietze. 3 Ngr

— der Führer zu d. vorzüglichsten Heilquellen u. Curorten Böhmens: Teplitz, Karlsbad, Franzensbrunnen bei Eger u. Marienbad. gr. 12. Leipzig 837. Drobisch. 1/3 Thlr

—— Führer durch die sächs. Schweiz u. in d. Riesengebirge. M. 32 lith. Ansichten. 16. (6½ B.) Meißen 835, Klinkicht u. Sohn.

— der treue Führer in d. Böhmisch-Sächsischen Schweiz, od.: Reisetouren durch das Elbehochland von Teplitz bis Dresden. (Mit 8 Ansichten.) gr. 12. Prag, Leitmeritz u. Teplitz 839. Medau. 3/4 Thlr

— getreuer Führer durch die sächs. u. böhm. Schweiz bis nach Teplitz od. Wegweiser durch das Meißner Elbhochland u. die nachbarl. böhm. Gauen bis nach Teplitz. 3. Aufl., angeschlossen in e. Fahrplan der verschied. Gelegenheit m. Dampfwagen, Dampfschiffen u. Post, welche in den Sommermonaten in die sächs. Schweiz führen. Mit 1 (lith.) Reisekarte u. 13 (lith.) Ansichten. 16. (96 S.) Meißen 849, Goedsche. In Engl. Einb. 1/2 Thlr; color. 1/2 Thlr — 4. neu umgearb. u. verm. Aufl. Mit 1 (lith.) Karte (in qu. gr. 8.), 12 (lith.) Ansichten u. den Fahrplänen der Dampfschiffe u. Eisenbahn. 16. (119 S.) Ebd. 852. In Engl. Einb. 1/2 Thlr; color. u. 2/3 Thlr

— Frauenmuth, Ritterinn und Bürgertreue. Historisch-romantische Bilder aus Leben und Zeit Friedrichs (mit der gebissenen Wange) u. Dietzmanns, Landgrafen von Thüringen u. Markgrafen von Meißen. 8. Leipzig 844, Metzer. 1¼ Thlr

—— Fürstenmuth, Rittersinn u. Bürgertreue. Histor.-romantische Bilder aus Leben u. Zeit Friedrichs (mit d. gebissenen Wange) u. Dietzmanns, Landgrafen v. Thüringen ꝛc. 8. (20 B.) Leipzig 844. [Braunschweig, Westermann.]

—Gedichte. 8. Annab. 812. 2e A. 8. Meißen 820. Goedsche. 1 rß 4 gl Daraus apart: Clara u. Mathilde, d. Jungfrauen Reise nach Tharand, in d. sächs. Schweiz ꝛc. 8. Ebd. 822. 14 gl

—— die Gesundheit des Soldaten im Felde. Eine kurze Anleitung wie der junge Soldat sich auf dem Marsche und beim Bivouak, in der Garnison und beim Festungsdienst, gegen Strapazen abhärten kann ꝛc., zum Besten unserer neu ausgehobenen und einberufenen Mannschaften hrsg. 16. (60 S.) Grimma 851, Verlags-Comptoir.

—Gräfenberg, wie es ist, oder: die Wasserheilanstalten des Herrn Vincenz Prießnitz zu Gräfenberg u. des Herrn Joseph Weiß zu Freiwaldau, nach d. neuesten Beobachtungen u. Nachrichten u. wahr dargestellt. kl. 8. Neiße u. Rawicz 840. Locbell. 1 rß — dass. 8. Leipzig 840. Fort. 5/6 rß

—— Gräfenberg, wie es ist, od.: die Wasserheilanstalten d. Hrn. Vincenz Prießnitz zu Gräfenberg u. d. Hrn. Jos. Weiß zu Freywaldau, nach d. neuesten Beobachtn. u. Nachrichten u. wahr dargestellt. 8. (11 B.) Neiße 840. [Bautzen, Reichel.]

—Griechenland u. die Türkei. 8. Annab. 821. Freyer. (Enobloch in Leipz.) 6 gl

—— Hausarzneikunde f. Stadt u. Land. Eine Samml. ärztl. Beobachtn. u. erprobter Recepte z. Erhalt. d. Gesundheit u. z. Verlängerung d. Lebens. Alphabet. geord. 2., veränd. Aufl. in 8 Hftn. 8. Meißen 829. [Leipzig, Vetter u. Rostosky.]

Dietrich, (E.,) allgem. Haus- u. Wirthschaftsschatz u. (Hausarzneikunde) f. Stadt u. Land. 2 Theile in 8 Heften. 8. Meißen 826—27, Gödsche.

—— allgem. Haus- u. Wirthschaftsschatz, od. d. Reichthum unsrer Haushaltung. Ein Rathgeb. f. alle Hausväter ꝛc. 8 Hfte. 2., unveränd. Aufl. 8. ... Meißen 829. [Leipzig, Vetter u. Rostosky.)

—— die vier Jahreszeiten, od.: Das Lob d. Herrn. Ein Buch f. Kinder zur Bildung d. Geistes u. Herzens. M. 12 Abbildn. gr. 12. (6½ B.) Prag, Leitmeritz u. Teplitz 839, Medau.

— Immortellen um Freybergs Bürgerkrone. (Ist e. Gesch. d. St. Freyberg.) 8. Freyberg 827, Craz u. G.

—— die Influenza (Grippe), Ruhr, epidem. Diarrhoe u. asiat. Brechruhr (Cholera) in Hinsicht ihrer Geschichte, ihres Verlaufs, ihrer Behandl. u. Krankenpflege f. Aerzte u. Nichtärzte, nach d. besten Quellen und eigner Erfahr. dargest. 8. (7 B.) Leipzig 837. [Hamburg, Engel.]

—die Influenza (Grippe), Ruhr, epidemische Diarrhoe u. asiat. Brechruhr (Cholera) in Hinsicht ihrer Geschichte, ihres Verlaufs, ihrer Behandlung u. Krankenpflege für Aerzte und Nichtärzte. 8. Leipzig 837. Meißner. 5/12 rß

Johann Friedrich der Großmüthige, Churfürst von Sachsen. 8. Jüterbog 841, Coldltz. 1 rß

—— Jutta von Duba. Eine Skizze d. Vorzeit d. meißn. Hochlandes, d. Lausitz u. d. nördl. Böhmens. Nach alten Chroniken bearb. 2. Ausg. Mit Ttlkpfr. 16. (12 B.) Pirna 835, Diller.

— Jutta von Duba. Eine Skizze der Vorzeit des meißn. Hochlandes, der Lausitz u. des nördl. Böhmens. Nach alten Chroniken bearbeitet. Mit 1 Kupf. 12. Pirna 822, (Leipz., Kollmann.)

Dietrich, E. V., s.: Knohll, Joh. Paul.

— der Kuckukstein, oder die Ritter des Elbhochlandes. Ein histor. Roman aus den Zeiten der Donaer-Fehde u. des Hussitenkrieges. Mit 1 Steindr. u. 1 Vign. 8. Meißen 825, Gödsche.

Wahrmann, Theodor (d. i. *Ewald Christian Victorin Dietrich*), Friederichs Freiherrn von der Trenck Leben, Kerker und Tod. Nach Originalquellen neu dargestellt. (Auch u. d. Tit.: Die Trenck's. 1 Band.) Leipzig, Schreck, 1837. 8°. 254 S. (6 Mk., mit dem folgenden, in Orig.-Umschl., O. Rauthe, Berlin, 1909.)

Dietrich, Ewald Christian Victorin

Des Arztes Lehr- und Wanderjahre auf Reisen und im Felde. Hist. Roman. Aus den Zeiten der Feldzüge in den Jahren 1809 - 1815.
Meißen: Goedsche 1823. 263 S. 8°

—— Lindenblüthen, s. Lindenblüthen.

—— Lyeungz, Thronräuber von China. — Sturz d. chinesischen Kaiserhauses Fo u. Eroberung China's durch die Tartaren. Histor.-romant. dargestellt. 8. (13½ B.) Leipzig 842, E. Klein.

Dietrich, Ewald Christian Victorin, s. Mittheilungen über die Fortschritte uns. Jahrhunderts.

—über die Natur, Erkenntniß, Mittel, Vorbauung u. Heilart der Scropheln und des Kropfes, mit besond. Hinsicht über die Krankheiten des Drüsensystems im Allgemeinen bearbeitet. 8. Altenburg 837. Expedition d. Eremiten. (Fr. Gleich.) ¼ rß

—— über d. Natur, Erkenntniß, Mittel, Vorbauung u. Heilart d. Scropheln u. d. Kropfes, mit besond. Hinsicht üb. d. Krankheiten d. Drüsensystems im Allgemeinen bearb. 8. (4 B.) Altenburg 837, [Pierer.]

—— Die Nonne, oder: die Erstürmung v. Vera Cruz-nuova durch die Franzosen. Amerikanische Zeitbilder. Ebd. 1840. 8°. (1 Mk. Franz Teubner, 1898.)
Tit. u. 283 S. — *A. E.:* Druck von Fr. Oldecop's Erben in Oschatz.

—— Noth- und Hülfsbüchlein für Krankenpfleger und Krankenpflegerinnen. 8. (VIII und 175 S.) Meißen 847, Goedsche'sche Buchh.

Dietrich, Ew. Chr. Vict., Caspar Pflug v. Rabenstein, od.: Der Böhmen Blutgericht u. Sühne. Ein Charaktergemälde aus d. Zeitperiode d. Regierung Kaiser Ferdinand I. v. J. 1526 bis 1564. gr. 8. (19 B. u. 1 Abbild.) Prag 841. Leitmeritz, Medau. Thlr.

—— die Ritter d. Aarhorstes, od.: Die Mühle im Schwarzthale. Eine Erzähl. nach ein. alten böhm. Volkssage bearb. Mit d. Abbild. v. Kamaik u. d. Todtenwarte bei Woparn im Schwarzthale, nebst d. Einsiedelei bei Skalitz. 8. (9 B.) Prag, Leitmeritz u. Teplitz 839, Medau.

— u. A. Textor, s. romant. Sagen d. Erzgebürges

—u. A. Textor, romantische Sagen d. Erzgebirges. 2 Bdchen. Annab. 818—22. (Enobloch in Leipz.) 2 rß 6 gl

—(u. A. Textor: J. A. Weber), die romant. Sagen des Erzgebirges. Wahrheit u. Dichtung. 3 Bde. 8. Annab. 822—825. Freyer. 2 rß 6 gl

— vaterländ. Sagen, mit 1 Steindr. u. 1 Vign. 8. Meißen 826, (Leipz, Mittler.)

—— die Tafelrunde d. Burg Döben an d. Mulde; od.: die Ritter d. Oster- u. Pleißnerlandes. Eine Rittergesch. aus d. Zeiten Otto d. Reichen. (Ein Seitenstück zu Hasper a Spade.) 8. (13½ B.) Meißen 835, Goedsche.

Dietrich, Ewald Victorin, Taschenbibliothek der Lustreisen durch Deutschlands schönste Gegenden u. nach dessen besuchtesten Badeorten. 2. verb. Aufl. Bdchn. 1. 2. Grimma o. J. [1845] 12. . . . . (D.)
1. Bdchn. a. u. d. T.: Taschenbuch für Lustreisende in die Rheingegenden u. Taunusbäder.
2. „ a. u. d. T.: Taschenbuch für Lustreisende in das Riesengebirge u. die schlesischen Bäder.

—— **Taschenbuch d. Frühlings- u. Sommerkuren, od. Anweis., wie man dieselben mit Erfolg gebrauchen u. seine Gesundheit dadurch erhalten u. befestigen kann. 16. (9 B.) Leipzig 835, [Jackowitz.]**

— Taschenbuch d. Frühlings- u. Sommerkuren, oder Anweisung, wie man dieselben mit Erfolg gebrauchen u. seine Gesundheit dadurch erhalten u. befestigen kann. 16. Leipzig 835. Vetter u. Rostosky. 1/2 ₰

Dietrich, E. V., die Kur- und Badeorte Teplitz und Schönau in Böhmen. Ein treuer Führer und Anleitung zum Gebrauche der verschied. Heilanstalten daselbst, nebst topograph. Darstellung der Umgebungen, so wie der dorthin führenden Wege von Dresden aus zu Wasser und zu Lande, sowie ein Ueberblick der sächsisch-böhm. Schweiz. 1. Ausg. (IV und 156 S. mit 8 Stnt.) 847. 16 Ngr. und 2., verm. Ausg. 16. (IV und 156 S. mit 9 Stnt.) Meißen 851, Goedsche'sche Buchh. Thlr. III.

—— **der Kur- u. Badeort Teplitz u. seine Umgebungen. Ein Wegweiser f. Kurgäste u. Reisende. M. 1 Kpfr. 12. (3 B.) Pirna 827. (Dresden, Arnold.)**

—— **Teplitz in d. Vorzeit u. Gegenwart. (Gedichte.) 8. (2 B.) Prag, Leitmeritz u. Teplitz 838, Medau.**

Dietrich, Ewald Christian Victorin

Des Pfarrers Tochter in Taubenhayn. Volkssage nach Bürgers Ballade dargestellt. 2.Aufl.
Meißen: Klinkicht 1834. 216 S. 8°

— u. Gotth. Aug. Weber, kurze Uebers. d. Gesch. d. Bergbaues im königl. sächs. Erzgebürge. gr. 8. Annab. 822, Freyer.

— u. A. Textor, kurze Uebersicht d. Gesch. d. Bergbaues im königl. sächs. Erzgebirge. Nach Albinus Meißn. Bergchronik in gedrängtem Ausz. frei bearb. gr. 8. Annab. 822. Freyer. 1 ₰

—— **Sächsische Vaterlandskunde, in tabellar. Uebersicht, z. Gebr. f. Elementarschulen dargest. Ein großes Blatt, mit Einfass. Leipzig (829), Teubner.**

Dietrich, Ewald Chr. Vict., die Verlobung am Hochgericht, u. des Pfarrers Tochter in Taubenheim. Vaterländische Sagen. 8. (15 B. u. Ttlkpfr.) Meißen 829, [Klinkicht u. Sohn.] Thlr.

— die Vorzeit, od. Volks- u. Rittersagen Böhmens; gesammelt im Bereich böhm. Heilquellen. A. u. d. Titeln: 18 Bdchen. Die Hirschjagd des wilden Jägers auf dem Pascopole. — Herrnhuld u. Dienertreue, oder: die Belagerung von Töplitz. — Bruderliebe u. Heldengröße. Erzähll. aus den Umgebungen des Heil-Quells von Pillnau. — 2s Bdchen. Hrostnata, od. Urgeschichte des Maria Kreuzbrunnens. — Vaterzorn u. Kindesliebe. Mit 1 Steindr. 8. Meiß. 826. Gödsche. 1 ₰ 12 ℊ

DIETRICH, Ewald Chrn. Vict., Des Jägers Waffenglück und Minne, oder das Forsthaus auf der Heinzelbank bei Wolkenstein. Ein historischer Roman aus den Zeiten des Bauernkrieges im J. 1525. (1325 ist Druckf.) Mit 1 Steindruck u. 1 Vignette. Meissen, Goedsche, 1826. 8°. Zahm.

Dietrich, E. v Der Wanderer zu den berühmtesten Kurorten Böhmens, als: Teplitz, Karlsbad, Marienbad, Franzensbrunn und Liebwerda. Neue Ausgabe. Mit 6 lithogr. Abbild. 8. (92 S.) Prag u. Leitmeritz, C. W. Medau 1853.

HORVATH, G. F. (d. i. *Ewald Christian Victor Dietrich* Dr. der Medicin in Leipzig, vorher in Moritzburg, geb. zu Grünhayn am 10. Juli 1785), Der Wandrer zu den Pyramiden, oder der geheimnißvolle Retter vom Hochgerichte. Eine Geister- und Räubergeschichte. 2 Thle. Mi 2 Titelkpfrn. Meißen, Friedr. Goedsche 1829. 25 Bog. 8° (1 Mk. 50 Pfg. Franz Teubner, c. 1898.)

—— **Wegweiser durch d. sächs.-böhmische Schweiz, s. Wegweiser.**

Dietrich, Ewald Chr. Victorin, die Werschowitze. Histor.-romant. Gemälde aus Böhmens Vorzeit. 2 Abthln. (3 Bde.) Leipzig, E. Klein. Thlr.
Abthl. 1. Größe u. Fall dies. Geschlechtes in grauer Vorzeit. — A. u. d. T.: Werschowitze, od. d. Schwur d. Rache an d. Todtengrüften d. Schreckensteins. Ritter- u. Geistergesch. aus d. Vorzeit Böhmens. (15 B.) 836. 1 Thlr.
2. Wiedererhebung dies. Geschlechtes im Mittelalter. 2 Bde. — A. u. d. Ttln.:
1. Bd. Die hochherzigen Räuber d. Poscopole. Ritter- u. Räuber-Geschichte aus d. Ende d. 13. Jahrh. (12 1/2 B.) 836. 20 Gr.
2. „ Der Einsiedler d. Lochotins, od. Pilsens Bürgertreue u. Tapferkeit im 14. Jahrh. (13 1/2 B.) 837. 22 Gr.
Vgl. Bibliothek v. Unterhaltungsschriften, 29—31. Bdchn.

Dietrich, Ewald, die Wrschowitze. Historisch-romant. Gemälde aus Böhmens Vorzeit. 2 Bde. 16. (VI, 209; 146 S.) Aussig 881, (Grohmann.) *

—— das Zahnen d. Kinder u. die beim ersten Zahndurchbruche sich zeigenden Zufälle u. Leiden, nebst d. dagegen sicher wirkenden Mitteln 2c. Allen Eltern dringend empfohlen. Nach d. Ansichten d. erfahrendsten Aerzte dargest. 12. (3 1/2 B.) Nordhausen 836, Fürst.

— das Zahnen der Kinder u. die sichersten Mittel, dasselbe zu erleichtern u. die krankhaften in der Zahnperiode eintretenden Leiden zu heilen. 2. Aufl. 12. Nordhausen 845, Fürst. 1/2 ₰

—— das Zahnen der Kinder und die sichersten Mittel, dasselbe zu erleichtern und die krankhaften, in der Zahnperiode eintretenden Leiden zu heilen. Allen Eltern dringend empfohlen. Nach den Ansichten der erfahrensten Aerzte und langen Beobachtungen in der Kinderwelt. 2. (Titel-)Aufl. 12. (IV und 106 S.) Quedlinburg 850, Ernst'sche Buchh.

Dietrich, F. Anglo-Saxonica, quae primus edidit —. Univ. Marburg 1854. 16 S. 4.

Dietrich, F., Morgengebete, s. Morgengebete.

Dietrich, F. (Hrsg.), s. Verhandlungen des Botanischen Vereins d. Prov. Brandenburg.

Dietrich F. J.: Praktisches Handbuch d. gesammten Milchwirthschaft . . . 2 Th. (1 Vol.). Berl. 1862. (306) S. Fig.

Dietrich, F. O., die Buchführung des Landwirtes unter Berücksicht. der Einkommen- u. Ergänzungs-Steuer. Eine Anleitg. zur einfach. u. combiniert. Buchführg. 8. (96 S.) Prenzlau 899. Berlin-Carlshorst, H. Friedrich. n. 2. —

Dietrich, Felix

Dietrich's, F., Auswahl-Bibliothek. 1. Bd. 8. Leipzig (906). Fel. Dietrich. n. 1. 25
Herder-Worte. (Herder unser geist. Zeitgenosse.) Ausgewählt u. m. Einleitg. versehen von Achim v. Winterfeld. (183 S.)

Dietrich's, F., Auswahl-Bibliothek. 2.—5. Bd. 8. Gautzsch, Fel. Dietrich. 6. 25
Heine, Heinr., Auswahl aus seinen prosaischen u. poetischen Schriften von Achim v. Winterfeld. (205 S.) (907.) (2. Bd.) 2. —
Jean Paul-Worte. (Erziehung.) Ausgewählt u. m. Einleitg. versehen von Achim v. Winterfeld. (56 S.) Leipzig (907). (3. Bd.) — 75; geb. 1. 25
J. J. Rousseau-Worte. Ausgewählt u. m. Einleitg. versehen von Achim v. Winterfeld. (124 S.) Leipzig (907). (4. Bd.) 1.50; geb. 2. —
Schopenhauer-Worte. Ausgewählt u. m. Einleitg. versehen von Achim v. Winterfeld. (160 S.) Leipzig (907). (5. Bd.) 2 —; geb. 2. 50

— s.: **Bibliographie der deutschen Zeitschriften-Literatur.**

— s.: **Katalog v. Verlags- u. Preisänderungen usw.**

Katalog von Verlags- und Preisänderungen, Rest-, Partie- und Gelegenheits-Artikeln im deutschen u. ausländ. Buch- u. Kunsthandel nach d. Stande v. J. 1908 mit Einschluß e. Anzahl vergriffener, aus d. Handel zurückgezogener, nicht im Buchh. erschienener, anonym oder pseudonym erschienener sowie verbotener Schriften u. Drucksachen. Hrsg. von F(elix) **Dietrich.** 1. Gautzsch bei Leipzig: F. Dietrich 1908. 4° (08.1330

Dietrich, Fr.

— s. Campe, W. G., gemeinn. Briefsteller.

Dietrich, Fr., Encyclopädie d. Handlungswissenschaften od. gedrängter Unterr. f. Handlungslehrlinge u. Commis zur Erlern. d. kaufmänn. Wissenschaften; nebst gründl. Anleit. in kurzer Zeit eine schöne, geläufige u. feste kaufmänn. Handschrift zu erlangen; durch 4 Mustervorschriften erläut. gr. 8. (13 B. u. 2 Tab.) Leipzig 845, Voigt u. Fernau. -
Hieraus besonders:

—— Grundzüge u. Alphabete der systemat. Kalligraphie. Durch 4 Mustervorschriften erläutert. 4. (1 B. u. 4 Stnt.) Ebds. 846.

Dietrich, Fr., Fremdwörterbuch, s. Metz, W.

Dietrich, Fr., Gallerie der neuesten See- und Landreiseabenteuer im nördl. Eismeere, auf Ceylon, Batavia rc. Mit Illustr. von C. Patzschke. 1. Bd. A. u. d. T.: Van der Roemers See- und Landreiseabenteuer aus den Papieren eines deutsch-holländ. Arztes. 1. und 2. Bdchn. 8. (X und 256 S. mit 2 Stnt.) Jüterbog 851(52,) Colditz.

— vollständiges Handbuch f. Kaufleute, zur Erlernung aller kaufmännischen Wissenschaften, als der Handelsgeographie, Handelsgeschichte, Münz-, Maaß- u. Gewichtskunde rc., nebst gründl. Anleitg. in kurzer Zeit eine schöne, geläufige u. feste kaufmänn. Handschrift zu erlangen, m. 4 lith. Vorschriften. Als 2. (Titel-)Aufl. der Encyclopädie der Handlungswissenschaften. 8. (204 S. m. 1 Tab. in qu. 4.) Leipzig 850, Voigt. 3/4 ℛ

Dietrich, F., Heimatkunde der Stadt u. des Kreises Merseburg. s.: Neuschert. O.

Dietrich, F., der gebildete Kleidermacher als Geschäftsmann, in Bezug auf seine schriftl. Arbeiten. Ein Taschenb. zum Selbstunterr. 12. (6 B.) Quedlinburg 841, Ernst'sche Buchh.

Dietrich, Fr., Lehrbuch der Naturkunde, s.: Schirlitz, P.

— Methode der rationellen Kalligraphie nebst lehrreichen Bemerkungen üb. Schrift u. die zum Schreiben nothwend. Materialien, erläut. durch 4 (lith.) Taf. Vorschriften, enth.: die Grundzüge, die Uebungen, das deutsche u. engl. Alphabet so wie dessen Gesammtwirkung. gr. 8. (14 S.) Leipzig 850, Thomas. 1/8 ℛ

—— 41 Musterbriefe f. Kleidermacher, z. Nachbildung ihrer Geschäftsbriefe. Nebst 24 Formularen zu Anweisungen, Quittungen, Rechnungen rc. Neue Ausg. 12. (6 B.) Quedlinburg 844, Ernst'sche Buchh.

—— der gebildete Professionist als tüchtiger Geschäftsmann nach den Anforderungen unserer Zeit. Ein Handbuch zum Selbstunterrichte. 1. Aufl. 850. * 1 Thlr. 10 Ngr. und 2. Aufl. gr. 8. (XIV und 379 S. mit 4 kalligraph. Taf.) Leipzig 851, Thomas.

—— des Kindes erstes Rechnenbuch enth. die vier Species die Addition, Subtraction, Multiplication und Division gleichbenannter Zahlen für den Schul- und Privatunterricht. Die reichste Sammlung von 2300 genetisch geordneten Aufgaben nebst den hauptsächlichsten dazu gehörigen Regeln und Vortheilen. 1. Cursus. 8. (IV und 92 S.) Leipzig 850, Thomas. *.

—— Facitbüchlein hierzu. 1. Cursus. 8. (VI und 26 S.) Leipzig 850, Thomas. *

Dietrich, Fr., der deutsche Rinaldo, oder die Entführung aus der Räuberhöhle. 2 Bde. kl. 8. Quedlinb. 842, Ernst. 1 5/6 ℛ

—— die Familie Sawney. Historischer Roman nach W. Harrison Ainsworth. 3 Bde. 8. (646 S.) Leipzig 850, Thomas.

—— kleine Schulgeographie. Heimatskunde der Provinz Schlesien. Mit 1 (chromolithogr.) Specialkarte (in qu. 4.) von Schlesien von R. Menzel. gr. 8. (36 S.) Schleswig 869, Schulbuchhandlung. [Halle, Buchh. des Waisenhauses.] *

Dietrich, Fr., Wanderungen durch die Sternenwelt. Frei nach dem Französ. Ein Geschenk für die reifere Jugend. 2., verm. Aufl. 8. (XI und 300 S. mit 12 ill. Kpfrt.) Leipzig 852, Thomas. *

Dietrich, Fr. A., der Blumengarten. Praktischer Rathgeber für Dilettanten in der Blumenzucht. Enthält die Einrichtung eines Hausgartens, welche Blumen- und Zierpflanzen darin zu verwenden sind, mit Anweisung über die Cultur des Weinstocks und 64 goldene Regeln, sowie 26 Garten-Geheimnisse für Gärtner und Gartenfreunde. 8. (VI, 150 S.) Quedlinburg 879, Ernst'sche Buchh.

Dietrich, F. A., der Zimmer-Garten, od.: Kurze Anweisung, die beliebtesten in- u. ausländ. Blumen u. Zierpflanzen im Zimmer zu ziehen, pflegen u. durchwintern zu können, nebst einem Blumenkalender etc. 8. (14 B.) Quedlinburg 844, Ernst'sche Buchh.

Dietrich, F. A., der Zimmer-Garten, od.: Kurze Anweisung, von 250 der beliebtesten in- u. ausländ. Blumen u. Zierpflanzen im Zimmer zu ziehen, pflegen u. durchwintern zu können, nebst einem Blumen-Kalender u. Angabe der vorzüglichsten Blumen, welche im Freien fortkommen. 2. (Titel-) Aufl. 8. (IV u. 219 S.) Quedlinburg 849. Ernst. 2/3 ℛ

Dietrich, Fr. W., Betrachtungen üb. d. alten u. neuen Pietisten, veranlaßt durch „die Pietisten als Revolutionaire, eine Hypothese d. Justizcomm. D. Weidemann." 8. (3½ B.) Zerbst 831, (Kummer.)

Dietrich, Franz

— von Abwehrung d. Brandes im Weitzen. 8. Brünn 804.

— Anleit., Branntwein von Zwetschen, oder sogen. Sleinwritza zu brennen u. aus Zwetschensteinen Mandelöl zu pressen. 8. Brünn 803.

v. Dietrich, Frz., Anleit. zur Zwetschenbaum-Pflanzung, zum allgem. Gebrauch. 8. Brünn 803.

Dietrich, Franz, Beiträge zur Kenntniss der Pyrostritarsäure. Diss. Erlangen 1887, Th. Blaesing. 8°. 31 S.

Dietrich, Franz [aus Klein-Steinheim (Hessen)]: Beiträge zur Kenntniss der Pyrotritarsäure .... Mainz, Druck v. Dietzel u. Schwenck, 1887; 31 S. 8°.
Erlangen, Phil. Fak., Inaug.-Diss. v. 1887.

Dietrich, Frz., die deutsche Normalschrift, s.: Schneider, Chrn.

Dietrich, Franz Eduard Christoph

Dietrich, Frz. Ed. Cph., Abhandlungen zur hebr. Grammatik. gr. 8. Leipzig 846, W. Vogel. n. 2 ℛ

Dietrich, Frz. Ed. Chrph., Abhandlungen für Semitische Wortforschung. gr. 8. (23 B.) Leipzig 844, Vogel.

Dietrich, Franc., Kynewulfi poetae aetas aenigmatum fragmento e codice Lugdunensi edito illustrata. gr. 4. (26 S. mit 1 Stnt.) Marburg 860, Elwert'sche Universitäts-Buchh.

Dietrich, Frz., über die Aussprache des Gothischen während der Zeit seines Bestehens. Eine sprachgeschichtliche Abhandlung nebst einem kritischen Anhang über die Namen des Jornandes. Marburg 862. Elwert. gr. 8. (IV, 116 S.) 20 *ngr.*

Dietrich, Frz. Ed. Chrph. über die Aussprache des Gothischen während der Zeit seines Bestehens. Eine sprachgeschichtl. Abhandlung nebst einem krit. Anh. über die Namen des Jornandes. gr. 8. (IV und 116 S.) Marburg 862. [Frankfurt a. M., Völcker.]

Dietrich, (Franz E. C.), über die Bedeutung der germanistischen Studien für die Gegenwart. Festrede am 20. Aug. 1851, dem Geburtstage Sr. königl. Hoh. des Kurfürsten von Hessen Friedrich Wilhelm, gehalten. gr. 8. (30 S.) Marburg 851, Elwert'sche Universitäts-Buchh.

Dietrich, Frz. Ed. Christ., de cruce Ruthwellensi et de auctore versuum in illa inscriptorum qui ad passionem domini pertinent. Addita tabula lapide excusa. Marburg 865. Elwert. 4. (19 S.) 10 *ngr.*

—— Frau und Dame. Ein sprachgeschichtl. Vortrag. gr. 8. (23 S.) Marburg 864, Elwert'sche Universitäts-Buchh.

—— die Blekinger **Inschriften**, der Stein von Tune, und andere deutsche Runen in Skandinavien entziffert und erläutert. gr. 4. (36 S. mit 1 Stnt.) Marburg 863. [Frankfurt a. M., Völcker.]

—— zwei sidonische **Inschriften**, eine griechische aus christlicher Zeit und eine altphönizische Königsinschrift zuerst hrsg. und erklärt. Lex.-8. (VIII und 128 S. mit 4 Stnt. in Fol.) Marburg 855, Elwert'sche Universitäts-Buchh.

—— de **inscriptionibus** duabus runicis ad Gothorum gentem relatis. gr. 4. (20 S. mit 1 Stnt.) Marburg 860. [Frankfurt a. M., Völcker.]

—— altnordisches Lesebuch. Aus der scandinavischen Poesie u. Prosa bis zum XIV. Jahrh. zusammengestellt u. mit übersichtl. Grammatik u. einem Glossar versehen. gr. 8. ($21\frac{5}{8}$ B) Leipzig 843, Brockhaus. *

Dietrich, Frz. Ed. Chrph., altnordisches Lesebuch. Aus der skandinavischen Poesie u. Prosa bis zum 14. Jahrhundert zusammengestellt u. mit literarischer Uebersicht, Grammatik u. Glossar versehen. 2., durchaus umgearb. Aufl. Leipzig 864. Brockhaus. Lex.-8. (LXXXVIII, 620 Sp.) n. 2 ₰ 10 ngr.

Dietrich, Francisc., de Sanchoniathonis nomine. Additis inscriptionum aliquot Citiensium lectionibus. gr. 4. (16 S.) Marburg 872. Elwert's Verl. n. — 80

Dietrich, Franc., de sermonis chaldaici proprietate. 8maj. ($3\frac{3}{4}$ B.) Lipsiae 839, Vogel.

—— Codicum syriacorum specimina quae ad illustrandam dogmatis de coena sacra nec non scripturae syriacae historiam facerent, e museo britannico elegit, explicuit. 4maj. (29 S. mit 6 Stnt.) Marburgi 855, libr. Universit. Elwert.

— de psalterii usu publico et divisione in ecclesia syriaca. Marburg 862. Elwert. gr. 4. (16 S.) 8 ngr.

—— de psalterii usu publico et divisione in ecclesia **syriaca**. gr. 4. (16 S.) Marburg 862. [Frankfurt a. M., Völcker.]

Dietrich, Fr[anz Hugo], Dr.: Eine Reise nach Spitzbergen. Hamburg 1907: Lütcke & Wulff. (45 S., 1 T.) 8°
Hamburg, HM St. Johannis OP 1907 [116]

Dietrich, Fr., eine Reise nach Spitzbergen. (Progr.) (45 S. m. 1 Karte.) gr. 8. Hamburg 907. (Herold.) 1. 60

[F.] **Dietrich**, *Franz Hugo* [Dr.]: Festländische Reliefformen auf dem Meeresboden. E. Beitr. z. Kenntnis d. Morphologie d. Meeresbodens. *Hamburg*, gedr. bei Lütcke & Wulff, *1895*; 1—19 S., 1 Taf. 4.
Hamburg, Unterr.-A d. Klost. St. Johannis. HM u. Sm f. Lehrerinnen an HM, OP 1895**

Dietrich, F. H., festländ. Reliefformen auf d. Meeresboden. E. Beitrag zur Kenntnis der Morphologie des Meeresbodens. Progr. gr. 4. (19 S. m. 1 Taf.) Hamburg 895. (Herold's Verl.) n.n. 2. —

Dietrich, Franz *Hugo* [wiss. Lehrer an d. Handelslehranst. in Zwickau]: Untersuchungen über die Böschungsverhältnisse der Sockel oceanischer Inseln. Ein Beitr. z. Morphologie d. Meeresbodens ... (Erscheint vollst. u. d. T.: Unters. üb. d. Böschgsverh. d. Meeresbodens.) Greifswald, Druck v. J. Abel, 1892; 2 Bl., 48 S., 1 Kte; 8.
Greifswald, Phil. Fak., Inaug.-Diss. v. 12. Aug. 1892

Dietrich, Friedrich

Dietrich, Friedr., Anweisung zur Oel-Malerei, zur Fresko- und zur Miniatur-Malerei. Nebst 40 Geheimnissen für Zeichner, Maler u. Lackirer ꝛc. 4. verb. Aufl. Quedlinburg 857. Ernst. 16. (VIII, 132 S.) $12\frac{1}{2}$ ngr

Dietrich, Frdr., Anweisung zur Oel-Malerei, zur Fresko und zur Miniatur-Malerei. Nebst 40 Geheimnissen für Zeichner, Maler u. Lackirer, als: Ueber Farbenlehre u. Harmonie der Farben, bestes Verfahren Zeichnungen zu copiren, ꝛc. 5. verb. Aufl. Quedlinburg 859. Ernst. 16. (VIII, 189 S.) 15 ngr.

Dietrich, Anweisung zur Oel-Malerei, zur Aquarell-, Fresco- und zur Miniatur-Malerei. Nebst 40 Geheimnissen für Zeichner, Maler und Lackirer, als: Ueber Farbenlehre und Harmonie der Farben, — bestes Verfahren, Zeichnungen zu copiren, — Kupferstiche und Lithographien auf Papier, Holz und Glas abzuziehen ꝛc. 6. Aufl. 1871, und 7. verb. Aufl. gr. 16. (VIII, 150 S.) Quedlinburg 875, Ernst'sche Buchh.

Dietrich, Friedr. (II.), Anweisung zur Oel-Malerei, zur Aquarell-, Fresco- und Miniatur-Malerei. Nebst 40 Geheimnissen für Zeichner, Maler und Lackirer als: Ueber Farbenlehre und Harmonie der Farben, — bestes Verfahren Zeichnungen zu copiren — Kupferstiche und Lithographien auf Papier, Holz und Glas abzuziehen ꝛc. 8. verb. Aufl. 8. (VIII, 152 S.) Quedlinburg 876, Ernst'sche Buchh.

—— Anweisung zur Oel-Malerei, zur Aquarell-, Fresco-, Miniatur- und Holz-Malerei. Nebst 26 Geheimnissen für Zeichner, Maler und Lackirer, über Farbenlehre und Harmonie der Farben, bestes Verfahren Zeichnungen zu copiren ꝛc. 9. verb. Aufl. 8. (VIII, 204 S.) Ebendas. 876.

Dietrich, Friedr., Anweisung zur Oel-Malerei, und Anleitung zur Aquarell-, Fresco-, Miniatur- und Holz-Malerei, einschließlich der Spritzarbeiten, durch welche natürl. Blumenarrangements auf Holz- und Zeugstoffe übertragen werden. Nebst 26 Geheimnissen für Zeichner, Maler und Lackirer über Farbenlehre und Harmonie der Farben, bestes Verfahren Zeichnungen zu copiren ꝛc. 10. verb. Aufl. 8. (VIII, 213 S.) Quedlinburg 881, Ernst'sche Buchh.

—— dass. — Nebst 27 Geheimnissen für Zeichner, Maler und Lackirer, über Farbenlehre und Harmonie der Farben, bestes Verfahren, Zeichnungen zu copiren ꝛc., Kupferstiche und Lithographien auf Papier, Holz und Glas abzuziehen, über Pariser Malerei, chines. Malerei, Portrait-Malerei, oriental. Malerei, Verfertigung der Firnisse zum Ueberziehen von Gemälden und Anweisung, Oelgemälde zu reinigen. 11. verb. Aufl. 8. (VIII, 216 S.) Quedlinburg 884, Ernst'sche Buchh.

Dietrich, Friedr., Anweisung zur Oel-Malerei und Anleitung zur Aquarell-, Fresco-, Miniatur- und Holzmalerei, einschließlich der Spritzarbeiten, durch welche natürl. Blumenarrangements auf Holz und Zeugstoffe übertragen werden. Nebst 27 Geheimnissen für Zeichner, Maler und Lackirer, über Farbenlehre und Harmonie der Farben, bestes Verfahren, Zeichnungen zu copiren, Kupferstiche und Lithographien auf Papier, Holz und Glas abzuziehen, über Pariser Malerei, chines. Malerei, Portrait-Malerei, oriental. Malerei, Verfertigung der Firnisse zum Ueberziehen von Gemälden und Anweisung, Oelgemälde zu reinigen. 12. verb. Aufl. 8. (VIII, 184 S.) Quedlinburg 886, Ernst'sche Buchh.

Dietrich, F., Anweisung zur Oel-Malerei u. Anleitg. zur Aquarell-, Fresco-, Miniatur- u. Holzmalerei, einschließl. der Spritzarbeiten, durch welche natürl. Blumenarrangements auf Holz u. Zeugstoffe übertragen werden. Nebst 27 Geheimnissen f. Zeichner, Maler u. Lackierer, über Farbenlehre u. Harmonie der Farben, bestes Verfahren, Zeichnungen zu kopieren, Kupferstiche u. Lithographien auf Papier, Holz u. Glas abzuziehen, üb. Pariser Malerei, chines. Malerei, Porträt-Malerei, oriental. Malerei, Verfertigg. der Firnisse zum Ueberziehen von Gemälden u. Anweisg., Oelgemälde zu reinigen. 13., verb. Aufl. 8. (VIII, 188 S.) Quedlinburg 889. Ernst. 2. —

Dietrich, Frdr., Anweisung zur Oel-Malerei u. Anleitung zur Aquarell-, Fresco-, Miniatur- u. Holzmalerei, einschließlich der Spritzarbeiten, durch welche natürl. Blumenarrangements auf Holz u. Zeugstoffe übertragen werden. Nebst 27 Geheimnissen f. Zeichner, Maler u. Lackierer, üb. Farbenlehre u. Harmonie der Farben, bestes Verfahren, Zeichngn. zu kopieren, Kupferstiche u. Lithographien auf Papier, Holz u. Glas abzuziehen, üb. Pariser Malerei, chines. Malerei, Porträt-Malerei, oriental. Malerei, Verfertigg. der Firnisse zum Ueberziehen v. Gemälden u. Anweisg., Oelgemälde zu reinigen. 14., verb. Aufl. 8. (VIII, 188 S.) Halberstadt 893. Ernst. 2. —

Dietrich, Frdr., Anweisg. zur Oel-Malerei, Aquarell-, Holz-, Fresko- u. Miniatur-Malerei, sow z. Spritzarbeiten ꝛc. Nebst prakt. Winken f. angeh. Künstler. 15., verb. Aufl. 8. (VIII, 182 S.) Leipzig 897. Ernst. 2. —

Dietrich, Frdr., Anweisung zur Oel-Malerei, Aquarell-, Holz-, Fresko- u. Miniatur-Malerei, sowie zu Spritzarbeiten rc. Nebst prakt. Winken f. angeh. Künstler. 16. verb. u. verm. Aufl. 8. (VIII, 182 S.) Leipzig (901). Ernst. 2. —

Dietrich, Frdr., Aquarell-, Holz-, Tempera-, Fresko- und Öl-Malerei auf Stoffe, Spritzarbeiten usw. Wertvolle Winke aus der Praxis f. angeh. Künstler. 17. verb. Aufl. (VII, 142 S.) 8. Leipzig (909). Ernst. 2. —

Dietrich (I.). Fibel, nach der Schreiblese- u. Normalwortmethode bearb. 2. Aufl. gr. 8. (112 S. m. Bildern.) Braunschw. 892, Appelhans u. Pfenningstorff. geb. * — 60

Dietrich, Fr., Fibel, nach der Schreiblese- u. Normalmethode bearb. 3. Aufl. gr. 8. (112 S. m. Abbildgn.) Braunschweig 894. Appelhans & Pfenningstorff. Geb. n. — 60

Dietrich, Fibel, n. d. Schreiblese- u. Normalwortmethode bearb. 4. Aufl. gr. 8. (112 S. m. Abb.) Braunschweig 895. Appelhans & Pfenningstorff. Kart n. — 60

Dietrich, 34 entdeckte Geheimnisse f. Zeichner, Maler u. Lackirer. Aus den nachgelass. Papieren eines Lehrers d. Zeichnen- u. Malkunst bearb. gr. 12. (1½ B.) Quedlinburg 842, Ernst'sche Buchh.

—— 40 entdeckte Geheimnisse für Zeichner, Maler und Lackirer, als: Ueber Farbenlehre und Harmonie der Farben, bestes Verfahren Zeichnungen zu copiren rc. Aus den nachgelass. Papieren eines Lehrers der Zeichnen- und Malerkunst bearbeitet. 2. Aufl. (VIII und 53 S.) 850. und 3., verm. Aufl. 8. (VIII und 56 S.) Quedlinburg 852, Ernst'sche Buchh.

—— und Fr. Dürr, biblische Geschichten alten und neuen Testaments. Nebst Ergänzungen aus der Weltgeschichte, Anmerkungen und einem Anhang enth. Zeittafel für die bibl. Geschichte und die Kirchengeschichte. Im Auftrage der städt. Schuldeputation in Breslau unter Mitwirkung einer Lehrer-Kommission bearb. gr. 8. (VIII, 140 S.) Breslau 874, Korn. * geb.

Dietrich, Friedr. (II.), und Fr. Dürr, biblische Geschichten alten und neuen Testaments. Nebst Ergänzungen aus der Weltgeschichte, Anmerkungen und einem Anhang, enth.: Zeittafel für die bibl. Geschichte und die Kirchengeschichte. Im Auftrage der städt. Schul-Deputation zu Breslau unter Mitwirkung einer Lehrer-Kommission bearb. 2. Aufl. 8. (VIII, 140 S.) Breslau 876, Korn. *

—— und Fr. Dürr, biblische Geschichten alten und neuen Testaments. Nebst Ergänzungen aus der Weltgeschichte, Anmerkungen und einem Anhang, enthaltend: Zeittafel für die bibl. Geschichte und die Kirchengeschichte. Im Auftrage der städt. Schul-Deputation zu Breslau unter Mitwirkung einer Lehrer-Kommission bearb. 3. und 4. Aufl. gr. 8. (VIII, 140 S.) Breslau 883,84, Korn.

—— und Fr. Dürr, biblische Geschichten alten und neuen Testaments. Nebst Ergänzungen aus der Weltgeschichte, Anmerkungen und einem Anhang, enthaltend: Zeittafel für die bibl. Geschichte und die Kirchengeschichte. Im Auftrage der städt. Schuldeputation zu Breslau unter Mitwirkung einer Lehrerkommission bearb. 5. und 6. Aufl. gr. 8. (VIII, 140 S.) Breslau 885,87, Korn. *

Dietrich, F., u. F. Dürr, biblische Geschichten alten u. neuen Testaments. In 7. Aufl. neu bearb. v. F. Dürr. gr. 8. (XII, 157 S.) Breslau 888. Korn. n. — 55

Dietrich, Fr. u. Fr. Dürr. Biblische Geschichten alten u. neuen Testaments. In 9. Aufl. neu bearb. v. Fr. Dürr. gr. 8. (XII, 157 S.) Bresl. 891, Korn. * — 55

— u. Fr. Dürr, biblische Geschichten alten u. neuen Testaments. Neu bearb. v. Fr. Dürr. 11. Aufl. 8. (X, 157 S.) Breslau 894. W. G. Korn. n. — 55; geb. n.n. — 70

Dietrich, Fr., u. Fr. Dürr, bibl. Geschichten alten u. neuen Testaments. Neu bearb. v. Fr. Dürr. 14. Aufl. 8. (X, 157 S.) Breslau 898. W. G. Korn. n. — 55; Einbd. n.n.n. — 15

— u. Fr. Dürr, biblische Geschichten alten u. neuen Testaments. Neu bearb. v. Fr. Dürr. 18. Aufl. 8. (X, 157 S.) Breslau 901. W. G. Korn. n. — 55; Einbd. n.n.n. — 15

Biblische Geschichten alten und neuen Testaments von Fr[iedrich] **Dietrich** u. Fr[iedrich] Dürr. Neu bearb. von Fr. Dürr. 19. Aufl. Breslau: W. G. Korn 1903. (143 S.) 8° [F.] [07. 16863 2

Biblische Geschichten alten und neuen Testaments von Fr[iedrich] **Dietrich** u. Fr[iedrich] Dürr. Neu bearb. von Fr. Dürr. 20. Aufl. Breslau: W. G. Korn 1904. (143 S.) 8° [F.] ;05 15338 2

Dietrich, Fr., u. Fr. Dürr, biblische Geschichten alten und neuen Testaments. Neu bearb. v. Fr. Dürr. 22. Aufl. (143 S. m. 2 Karten.) 8. Breslau 909. W. G. Korn. — 55; geb. — 75

— Handfibel f. den ersten Leseunterricht nach der Schreiblesemethode, s. a. Lesebuch, deutsches, f. Stadt- u. Landschulen.

Dietrich, Fr., Handfibel für den ersten Leseunterricht nach der Schreiblesemethode. Unter Mitwirkung einer Lehrer-Kommission bearb. 3. Aufl. gr. 8. (IV, 92 S.) Breslau 878. Korn. n. — 40

Dietrich, Fr., Handfibel f. den ersten Leseunterricht nach der Schreiblesemethode. Unter Mitwirkg. e. Lehrerkommission bearb. 8. Aufl. gr. 8. (IV, 92 S.) Breslau 886. Korn. — 45

—— s. Lesebuch, deutsches, für Stadt- und Landschulen.

— Lesebuch f. die Unterstufe, } s.: Lesebuch, deutsches, f. Stadt- u. Landschulen.

—— der kleine Zeichner, Colorist und Maler als Herenmeister, oder die angenehmste und gründlichste Belehrung, in wenigen Wochen die schönsten Zeichnungen und Gemälde in Wasser- und Oelfarben, auf Papier, Seide, Sammet rc. verfertigen, Zeichnungen, Lithographien und Kupferstiche auf letztere übertragen, und die hierzu passenden Farben selbst zubereiten zu lernen. Ein Beitrag zur Erweckung und Belehrung des jugendl. Schönheitssinnes und des Geschmacks. (VI und 90 S. mit 1 Kpfrt.) Leipzig 850, Hirschfeld.

— Friedr. Erdmann (Lunavia Misn.), De hypocrisi oratoria seu eloquentia corporis. Diatr. histor. Präs. Jo. Wilh. Berger. Wittbg. (Creusig) 18. XII. 1723. 50 S. (5.—) **6521a**

Dietrich, Friedrich Gottlieb

Dietrich, F. G., d. Apothekergarten, od. Anweisung in Apotheken brauchb. Gewächse zu erziehen rc. 8. Berlin, Oehmigke. 802.

Dietrich, Friedr. Gli., der vollständige Apotheker-Garten. Anweisung für Apotheker, Aerzte, Gartenbesitzer rc. die in Deutschland wachsenden officinellen Pflanzen zu erziehen u. dadurch die Garteneinkünfte sehr zu vermehren. Höchst nützliches Handbuch für Apotheker, Aerzte rc. Neue sehr verm. Aufl. Ulm 856. F. Ebner. 12. (332 S.) 1 ℛ 8 ngl

— Beschreib. d. vorzügl. Gärten in u. bei Eisenach. Mit Kpf. 8. Eisenach. 2. Aufl. 1808. 3. Aufl. 1811. (Bärecke.) 1. —

— d. weimarische Flora, od. Verzeichniss d. im herzogl. Park z. Weimar befindl. Bäume, Sträucher u. Stauden. 8. Eisenach, 1800. (Bärecke.) — 20

— weimarische Flora. gr. 8. Eisenach. Mittekind. 800.

Dietrich, Friedr. Gtli., neues vollständ. Gartenbuch, s. Gartenbuch.

Dietrich, Fr. G., Gartenjournal, neues botanisches, s. a. Gartenjournal.

— ökonom.-botan. Gartenjournal. 6 Bde à 2 Stcke. gr. 8. Eisen. 795–803. (Bärecke). 9 ℛ Neues botan. Gartenjournal. 1r Bd. 1s Heft. Mit 2 ill. Kpf. gr. 8. Ebd. 813. 18 gl

—— die Gemüse- u. Fruchtspeisewärterin, s. Gemüse- u. Fruchtspeisewärterin.

— Gemüse- und Fruchtspeisenwärterin. 8. Berlin, Gädicke. 802.

— d. Linné'schen Geranien, od. Modeblumen f. Botaniker u. Blumenliebhaber, durchaus neu u. nach d. Natur abgebildet u. beschrieben. 6 Hfte. 6. Hft a. u. d. T.: Darstellung d. vorzügl. Zierpflanzen etc. Mit ausgem. Kpf. gr. 4. Weimar, 1801—3. (Berlin, Gädicke). 6. —

— Handb. d. schönen Gartenkunst, od. gründl. Anleit. z. Kenntniss u. gefälligsten Anordnung d. Zierpflanzen, sowohl im Freien, als in Gewächshäusern. 2 Bde. gr. 8. Giessen, 1815. Heyer.

Dietrich F. G.: Handbuch d. botanischen Lustgärtnerei ... Hamb. 1826. 460 S.

Dietrich, Fr. G., Handbuch d. botan. Lustgärtnerei, oder Anleit. zur Kultur d. Pflanzen überhaupt, u. d. zweckmäß. Bauart d. Gewächshäuser, Behälter u. Treibbeete insbesondere; nebst e. Unterr. von d. Anordnung d. Gewächse im freien Garten nach natürl. Verwandtschaften. gr. 8. Hamb. 826. Campe. 1 rß 12 gr 2r Thl. A. u. d. T.: d. prakt. Gartenbau, oder Anleit. zur Kultur u. Benutzung d. Gewächse, welche in Feldern u. Gärten mit Fleiß gebaut worden; auch solcher, die zu Arzneien u. zur Zierde dienen, nach natürl. Verwandtschaften geordnet. gr. 8. Hamb. 827. Campe. 1 rß 12 gr

Dietrich F. G.: Handbuch d. botanischen Lustgärtnerei. Th. 2. Hamb. 1828. 499 S.

—— Handbuch d. botan. Lustgärtnerei. 2. Thl. — A. u. d. T.: Der prakt. Gartenbau, od. Anleit. zur Kultur u. Benutz. d. Gewächse, welche in Feldern u. Gärten mit Fleiß gebaut werden; auch solcher, die zu Arzneien u. zur Zierde dienen, nach natürl. Verwandtschaften geord. gr. 8. (31½ B.) Hamburg 828, A. Campe.
1. Thl. (ohne Angabe.) Ebendas. 1826. 1 Thlr. 12 Gr.

Dietrich, Friedr. Gtli., Handlexikon d. Gärtnerei u. Botanik, od. alphabet. Beschreib. vom Bau, Wartung u. Nutzen d. vorzügl. in- u. ausländ., ökonom., offizinellen u. zur Zierde dienenden Gewächse, nach d. neuesten Stande d. Wissenschaft bearb. 1. u. 2. Bd. Abama bis Heritiera. gr. 8. (à 38½ B.) Berlin 829, 30, Bethge. à 3 Thlr.
Ist ein Auszug a. dess. „Lexikon d. Gärtnerei," 23 Bde. Das Ganze soll 5 Bde. bilden.

Dietrich, Friedr. Glieb., die Herbst- u. Winterflora in Gewächshäusern, Zimmern u. Sälen. 12. (8⅙ B.) Ulm 843, Ebner'sche Buchh. -

Dietrich F. G.: Vollständiges Lexicon d. Gärtnerei u. Botanik ... M. e. Vorr. v. K. Sprengel. 10 Bd. + General-Register. 1-4 Weimar, 5-10 + Reg. Berl. 1802-11. Forts. Portr.
— — Nachtrag. 10 Bd. (Gen.-Reg. i 10). Berl. 1815-24.
— — Neuer Nachtrag. 10 Bd. (Gen.-Reg. i 10). 1-2 Berl., 3-10 Ulm 1825-40. (O. m. Tit.: Neu entdeckte Pflanzen ...).

— vollständ. Lexikon d. Gärtnerei u. Botanik. Mit e. Vorrede von Kurt Sprengel. 10 Bde. gr. 8. Berl. 802—10. (1r, 2r Bd. 2e A. 820, 21. Gädike. (Ebner in Ulm). 30 rß Nachträge dazu 10 Bde. gr. 8. Ebd. 815—24. (Ebd.) 30 rß Deutsches Generalregister zu dem 1n bis 10n Bde. gr. 8. Ebd. 811. 2 rß Neuer Nachtrag. 2 Bde. A. u. d. T.: Neu entdeckte Pflanzen. 2 Bde. gr. 8. Ebd. 825—27. (Ebd.) 6 rß

— — neuer Nachtrag, a. u. d. T.: Neu entdeckte Pflanzen, ihre Charakteristik, Benutzung u. Behandlung, hinsichtl. d. Standorter, Fortpflanzung u. Vermehrung. 10 Bde. gr. 8. 1. u. 2. Bd. Berlin, 1825 u. 26. 3—10. Bd. Ulm, 1834—40. (Ebner).
30. — cplt. 31 Bde. (100. —) 40. —

—— neuer Nachtrag zum vollständ. Lexikon d. Gärtnerei u. Botanik, od. alphabet. Beschreib. vom Bau, Wartung u. Nutzen aller in- u. ausländ., ökonom., officin. u. zur Zierde dienenden Gewächse. 3. u. 4. od. d. ganzen Werkes 23. u. 24. Bd. — A. u. d. T.: Neu entdeckte Pflanzen, ihre Charakteristik, Benutz. u. Behandlung, hinsichtl. d. Standörter, Fortpflanz. u. Vermehrung. 3. u. 4. Bd. gr. 8. Ulm, Ebner. [3. (41 B.) 834., 4. (43 B.) 835. à 3 Thlr.]
„Vollständ. Lexikon d. Gärtnerei" ꝛc. 10 Bde. (Berlin.) 1802—10. à Bd. 3 Thlr. — Generalregister dazu. Ebendas. 1811. 2 Thlr. — Nachtrag. 10 Bde. Ebendas. 1815—24. à Bd. 3 Thlr. — Neuer Nachtrag. 1. u. 2. Bd. Ebendas. 1825, 26. à 3 Thlr. — Diese 22 Bde. mit Regist. zusamm. hrdgs. Pr. 23 Thlr. 4 Gr. — Das Ganze ist jetzt Verlag v. Ebner in Ulm.

—— neuer Nachtrag zum vollständ. Lexikon d. Gärtnerei u. Botanik, od. alphabet. Beschreib. vom Bau, Wartung u. Nutzen aller in- u. ausländ., ökonom., officiellen u. zur Zierde dienenden Gewächse. 5—7. Bd. od. des ganzen Werkes 25—27. Bd. — A. u. d. T.: Neu entdeckte Pflanzen ꝛc. gr. 8. Ulm, Ebner'sche Buchh. à *
Bd. 5. Jungia — Momordica. (38 B.) 836.
" 6. Monachantus — Phytoxys. (37 B.) 837.
" 7. Picina — Rytiphloea. (35¼ B.) 837.
1—4. Bd. Ebendas. 1825—35. à * 3 Thlr. —

—— neuer Nachtrag zum vollständ. Lexicon der Gärtnerei u. Botanik, od. alphabet. Beschreib. vom Bau, Wartung u. Nutzen aller in- u. ausländ., ökonom., offizinellen u. zur Zierde dienenden Gewächse. 8—10. Bd. S—Z. od. des ganzen Werkes 28—30. Bd. A. u. d. T.: Neu entdeckte Pflanzen, ihre Charakteristik, Benutzung u. Behandlung ꝛc. gr. 8. (à ca. 30 B.) Ulm 837—41, Ebner'sche Buchh. à *
Dess. Lexikon 10 Bde. u. (1.) Nachtrag 10 Bde. à Bd. * 3 Thlr., * 60 Thlr. Neuer Nachtrag 1—7. Bd. Ebendas. 1825—37. à Bd. * 4 Thlr.

— Modeblumen, s. oben Geranien.

— Nachträge, Zusätze u. Berichtigungen zu M. Borkhausens botan. Wörterbuch. gr. 8. Gießen 816. Heyer. 12 gr (vergl. Borkhausen.)

— ästhetische Pflanzenkunde, od. Auswahl d. schönsten Zimmerpflanzen; nach d. Bedürfnissen d. Blumenfreunde in Klassen eingetheilt; nebst Angabe ihrer Behandlung in Zimmern, Gewächshäusern u. freien Gärten. 1. Bd. 8. Berlin, 1812. (Greitz, Henning.) 1. 5

—— der Sommergärtner, od. Beschreib. d. Zierpflanzen, welche in uns. Gärten unt. freiem Himmel gedeihen. Nebst Anleit. zu ihrer Erzieh. u. Wartung ohne Gewächshäuser. gr. 12. (12½ B.) Ulm 841, Ebner'sche Buchh.

— Unterhaltungen f. Gärtner u. Gartenfreunde, in e. Samml. vermischter Aufsätze, Beobacht. u. Erfahr., d. Gartenwesen u. d. Landökonomie betreffend. 1. Bdchn. gr. 8. Stuttgart, 1797. Cotta. — 15

DIETRICH, F.G.: Weimar. Flora oder Verzeichniß der im herzoglichen Park in Weimar befindlichen Bäume, Sträucher und Stauden. - Eisenach 1800

— d. Wintergärtner, oder Anweis., Modeblumen u. ökonom. Gewächse ohne Treibhäuser ꝛc. zu überwintern. 2 Thle. 8. Weimar 800. 4e A. 8. Berl. 818. Gädike. 1 rß 5e Aufl. 8. Ulm, 832. Ebner. 1 rß

Dietrich F. G.: Der Wintergärtner od. Anweisung die beliebtesten Modeblumen u. ökonom. Gewächse ... zu überwintern. (2 m. lidt anden Tit.). Th. (1)-2. Weim. 1801-03. (542) S. 1 Tvl.

— d. Wintergärtner, od. Anweis., d. beliebtesten Modeblumen od. Zierpflanzen ohne Treibhäuser u. Mistbeete in Zimmern, Kellern u. a. frostfreien Behältern z. überwintern, od. f. d. offenen Garten vorzubereiten. 8. Weimar, 1801. 2. Aufl. 1802. 3. Aufl. 1808. 4. Aufl. Berlin, 1818. 1. —

—— der Wintergärtner, od. Anweis., die beliebt. Modeblumen od. Zierpflanzen ohne Treibhäuser u. Mistbeete in Zimmern, Kellern u. a. frostfreien Behältern zu überwintern, od. für d. offenen Garten vorzubereiten. Nach eig. Erfahrungen bearb. 5., verb. u. verm. Aufl. 8. (19½ B.) Ulm 833, Ebner.

—— die Wunder d. Pflanzenwelt, od. Beobacht. u. Schilderung der wunderbaren formellen Erscheinungen im vegetabilischen Reiche. 8. (14¾ B. u. 2 Taf. Abbild.) Ulm 844, Ebner'sche Bh.

Dietrich, Friedr. Otto, u. Alb., Gartenzeitung ꝛc., s. Gartenzeitung.

Dietrich, Friedrich Wilhelm

Dietrich, Fr. Wlh., († d. 13. Dec. 1782.) Anweis., wie d. Wirkung d. Feuers in Stuben- u. Küchenöfen durch wenig Holz zu verstärken. Mit Kpf. 8. Berl. 766. Horvath in Potsd. 8 gr

Dietrich, Fritz, kein Tag ohne Gottes Wort. Tägl. Andachten f. d. ganze Kirchenjahr. M. Vorwort von Wilh. Baur. gr. 8. (VII, 700 S.) Schwerin 895. F. Bahn. Geb. in Leinw. n. 4. —; m. Goldschn. n. 5. —

Dietrich, Fritz, ein Tag ohne Gottes Wort. Tägliche Andachten. f. das ganze Kirchenjahr. Mit Vorwort v. Wilh. Baur. 2. Aufl. (VII, 700 S.) gr. 8. Frankfurt a/O. 908. Trowitzsch & Sohn. Geb. in Lw. 4.—; m. Goldschn. 5.—

Dietrich, Fritz, appr. Arzt: **Aus d. chir. Klin. zu Erlangen. Zur Radikaloperation großer Nabel- und Bauchwandbrüche.** Halle a. S. 1909: **Wischan & Burkhardt.** 42 S. 8°
Erlangen, Med. Diss. v. 5. Juli 1909, **Ref. Graser**
[Geb. 7. Juli 80 Grünstadt; Wohnort: Völklingen; Staatsangeh.: Bayern; Vorbildung: Gymn. Neustadt a. H. Reife Juli 99; Studium: München 3, Erlangen 1, Berlin 1, Erlangen 1 S.; Coll. 14. Juli 08; Approb. 1. Aug. 04.] [U 09. 707

Dietrich, Fritz, die Tanzstunde. Szenen aus froher Zeit. Zeichnungen v. Rhold. Pfaehler. (57 S.) Lex. 8. Bamberg 907. Handelsdruckerei u. Verlagsh. 2. —

— Im Verein! Szenen aus dem Vereinsleben. Zeichnungen v. Rhold. Pfaehler. (56 S.) Lex. 8. Ebd. 907. 2. —

Dietrich, Fritz *Victor* [aus Greifenberg in Pomm.]: Ein Beitrag zur Kenntnis der Epithelialauskleidung alter Necrosenhöhlen und der Spontanfrakturen an diesen Stellen ... Greifswald, Druck v. J. Abel, 1894; 31 S. 8.
Greifswald, Med. Fak., Inaug.-Diss. v. 27. Juli 1894

Dietrich, G. Th., erster Bericht über einige Arbeiten der agriculturchemischen Versuchsstation des landwirthschaftlichen Central-Vereins für Kurhessen zu Heidau. Im Auftrage des Vorstandes des Central-Vereins mitgetheilt. Kassel 862. (Freyschmidt.) Lex.-8. (VIII, 134 S. u. 1 Tab. in Fol.) n. 22½ ngr.

Dietrich, Ghrd. Ant., Klopstocks 100jähr. Geburtsfeier. Eine Erzählung. 12. Leipz. 824. Kaysers B. 4 gr.

— s. J. M. Kemper, Versuch.

Dietrich, *Gervasius* [aus Altenach]: **Beitrag zur Statistik** des Mammacarcinoms ... (Aus: Deutsche Zeitschr. f. Chir. XXXIII. Bd.) Leipzig, Druck v. J. B. Hirschfeld, 1892; 50 S. 8.
Strassburg, Med. Fak., Inaug.-Diss. v. 1892

— **Gottfr. Gottlob** (Mittweida), De nobile non mercatore. Diss. jur. Germ. Präs. Chn. Heinr. Breuning. Lpz. (Langenheim) 1. IX. 1759 16 Seiten. (4.—) 6521b
Gew.: Joh. Gg. v. Polgk (Ringenthal ..)

— **Gottlob Ehrenfried**, Zur gen. Theilnahme an d. 300j. Jubelfeier d. städt. Schulanstalten, a. 7. VIII. 1840 i. ob. Saale d. Gewandhauses ladet ein .. Meissen (M. Chn. Klinkicht jun.) 8 Seiten (3.—) 6522

— — Zur geneigten Theilnahme a. d. Schlimpertschen, Beuchelschen u. Kittlauschen Gedächtnißfeier, welche v. d. Stadtschule begangen wird, ladet ein .. — Ueber d. städtische Schuleinrichtung II. Meissen (M. Chn. Klinkicht jun.) 9. XII. 1841. 8 S. (3.—) 6523

Dietrich, Gottlob Siegfried

Dietrich, Glo. Siegfr., Diss. inaug. Duae observat. de calculis in corpore hum. inventis. 8. Görlitz 788. Anton in Halle. 9 gr.

Dietrich, G. S., Groß-Glogaus Schicksale v. 1806—814, gr. 8. Glog. Günther. 815.

Sprache des Herzens eines 50jährigen Freimaurers an seine Brüder von Gottlob Siegfr. **Dietrich.** Glogau 1837. 15 S. 8°

— s. d. Wissenswürdigste d. Kuhpockenimpfung.

Dietrich, *Gottwalt* [Dr.]: Biblische Lesestücke am Anfang und Schluss der Wochen von Ostern 1896 bis dahin 1897. [Vgl. P-Beil. 1893—96.] *Greiz, 1897;* S. 9. 4.
Greiz, st. G m. Realabt. u. VS, OP 1897 (741)

Dietrich, Gottwalt: De enuntiationum temporalium Homericarum ex antiquissima structura paratactica transitu in hypotacticam. Halis Saxonum 1885: Karras. 49 S. 8°
Halle-Wittenberg, Phil. Diss. v. 6. März 1885
Geb. Sittendorf am Kyffhäuser (Kr. Sangerhausen) 12. 9. 1862. V.

Dietrich, Gust., die Meerfahrt. Episch-lyrisches Gedicht. 8 (36 S.) Weida 852. (Leipzig, E. L. Fritzsche.) ¼ Thlr.

Dietrich, H., die Anschaulichkeit im Rechen-Unterrichte. [Aus: „Schulbl. f. Hessen-Nassau, Hannover u. Westfalen".] 12. (44 S.) Fulda 883. (Rehrkorn.) n. — 40

Dietrich, H. Belehrungen u. Rechenaufgaben betr. die Kranken-, die Unfall- u. die Invaliditäts- u. Altersversicherung der Arbeiter. Abdruck aus dem Hefte IV A d. Rechenbuches f. Volksschulen. 8. (II, 48 S.) Fulda 892. [Rehrkorn.] Actien-Druckerei. * — 40

Dietrich, H., Rechenbuch für Volksschulen. 1. und 2. Heft, und 3. Heft, Ausg. A. und B. 8. Fulda, Rehrkorn. [1. Heft. (72 S.) 886. * 30 Pf.; 2. Heft. (104 S.) 886. * 40 Pf.; 3. Heft. Ausg. A. für drei- und mehrklass. Schulen. (IV, 108 S.) 887. * 40 Pf.; Ausg. B. für Schulen mit weniger als 3 Klassen. (IV, 150 S.) 888. * 50 Pf.] *

— dasselbe. Berechnungsergebnisse zum 2. Hft. 8. (38 S.) Ebd. 887. n. — 50

—— Rechenbuch f. Volksschulen. 4. Heft. Ausg. [A] f. mehrklass. Schulen. 8. (IV, 144 S.) Ebd. 892. geb. ** — 60
—— dass. — Berechnungsergebn. z. 3. u. 4. Heft A. 8. Ebd. 889. [3. Heft. (33 S.) * — 50; 4. Heft. (44 S.) * — 60.] * 1 10
—— dass. — Berechnungsergebn. z. 3. Heft B. 8. (42 S.) Ebd. 889. * — 50
1. u. 2. Heft, 3. Heft A u. B u. Berechnungsergebn. z. 2. Heft. Ebd. 1886—88. * 2 50.

— Rechenbuch f. Volksschulen. 1. u. 2. Hft. 8. Ebd. Geb. n.n. — 90
1. 13. Taus. (72 S.) 889. n.n. — 40
2. 10. Taus. (104 S.) 892. n.n. — 50

Dietrich, H., Rechenbuch f. Volksschulen. 3. Hft. Ausg. (B) f. Schulen m. 3 od. weniger als 3 Klassen. 7. Taus. 8. (IV, 155 S.) Fulda 893. Fuldaer Actiendruckerei. Geb. n.n. — 60

— Berechnungsergebnisse, nebst Andeutungen zu den Lösungen der Aufgaben üb. die Arbeiterversicherungen. gr. 8. (12 S.) Ebd. 893. n. — 20

— dasselbe. Berechnungsergebnisse zum 4. Hft. Ausg. A., nebst Andeutgn. zu den Lösgn. der Aufgaben. gr. 8. (44 S.) Ebd. 893. n. — 60

Dietrich, H., Rechenbuch f. Volksschulen. Berechnungsergebn. nebst Andeutgn. z. d. Lösgn. d. Aufgaben in Heft IV, Ausgabe A. 2. Aufl. 8. (44 S.) Fulda 896. (Actiendruckerei.) n. — 60

[F.] **Dietrich, Hans Christian: Evangelisches Ehescheidungsrecht nach den Bestimmungen der deutschen Kirchenordnungen** des 16. Jahrhunderts ... **Erlangen, Druck v. A. Vollrath, 1892;** 62 S. 8.
Erlangen, Jur. Fak., Inaug.-Diss. v. 1892

Dietrich, Heinrich

Dietrich, Heinr., die Heirathskandidaten, s.: Theater, kleines.

Dietrich, *Heinrich* [Gerichtsref. aus Fulda]: Die Straflosigkeit ärztlicher Eingriffe ... Fulda, Druck d. Fuldaer Aktiendr., 1896; 1 Bl., 89 S. 8.
Marburg, Jur. Fak., Inaug.-Diss. v. [29. Juni] 1896

Dietrich, Heinrich: Untersuchungen über die bei der Elektrolyse von Nickelsalzen auftretenden periodischen Erscheinungen. **Münster i. W. 1910: Bredt. 94 S. 8°**
Münster, Phil. Diss. v. 8. April 1910, Ref. Thiel
[Geb. 28. Mai 85 Belecke; Wohnort: Münster i. W.; Staatsangeh.: Preußen; Vorbildung: Realgymn. Lippstadt Reife O. 05; Studium: Freiburg i. B. 1, Münster 8 S.; Rig. 15. Dez. 09.] [U 10. 3768

Dietrich, Heinrich August

Dietrich, Heinr. Aug., Blicke in die Cryptogamenwelt der Ostseeprovinzen. Lex.-8. (158 S.) Dorpat 856, Gläser. *
Aus: Archiv für die Naturkunde Liv-, Ehst- und Kurlands, 2. Serie, Bd. 1., besonders abgedruckt.

Dietrich, Heinr. Aug., Blicke in die Cryptogamenwelt der Ostseeprovinzen. 2. Abth. [Aus dem Archiv für die Naturkunde Liv-, Ehst- u. Kurlands abgedr.] Dorpat 859. (Glaeser.) gr. 8. (54 S.) n. 10 ngr.

Dietrich, Heinrich Rudolf

Dietrich, H(einr.) R(ud.), unser Dankopfer am heutigen Friedensfeste. Predigt am Sonnt. Exaudi 1856 über Psalm 100 gehalten. gr. 8. (14 S.) Breslau 856, Leuckart. **

Dietrich, Heinr. Rud., zur dankbaren u. ehrenden Erinnerung an die am 18. u. 19. März in Berlin gefall. Opfer f. Preußens u. Deutschlands Wiedergeburt. Eine Predigt am Sonntage Oculi, den 26. März 1848 gehalten. gr. 8. (14 S.) Breslau 848, Leuckart. n. 2 ngr.

—— Festpredigt, s. Schmeidler, J. C. H.

Dietrich, H. R., das Reformationswerk in unsern Tagen. Eine Predigt über Eph. 2, 19—22 am Reformationstage, den 31. Octbr. 1874, in der Haupt- und Pfarrkirche zu St. Bernhardin gehalten. gr. 8. (10 S.) Breslau 874, (Leuckart'sche Buchh.) **

Dietrich, H. R., das Reformationswerk in unsern Tagen. Eine Predigt üb. Eph 2, 19—22 am Reformationstage, den 31. Octbr. 1874, in der Haupt- u. Pfarrkirche zu St. Bernhardin geh. gr. 8. (10 S.) Leipzig 875. (Leuckart.) n.n. — 25

Dietrich, H. R., Wo ist Christus nicht? — J. C. H. Schmeidler, Von dem Gräuel der Verwüstung an heil. Stätte. — H. Rhode, Jesu Prophezeihung v. Schicksale d. Liebenden u. Lieblosen. — C. W. A. Krause, die Arglist. 4 Zeitpredigten. gr. 8. Breslau 845, Leuckart. n. 1/6 ℳ

—— Woran die Noth, die über uns gekommen ist, uns mahnen solle? Predigt am 11. Sonnt. nach Trin. 1854 über Ev. Luc. 18, 9—14, gehalten. gr. 8. (16 S.) Breslau 854, Leuckart.

[F.] **Dietrich**, Hermann [Referendar am Landger. zu Elberfeld]: Die rechtliche Stellung der Gläubiger eines überschuldeten Nachlasses zu einer von dem Erblasser abgeschlossenen Kapitalversicherung des eigenen Lebens auf den Todesfall ... Leipzig, Druck v. M. Hoffmann, 1893; VI S., 1 Bl., 52 S. 8.
Göttingen, Jur. Fak., Inaug.-Diss. v. [7. März] 1893

Dietrich, Herm., die rechtliche Stellung der Gläubiger e. überschuldeten Nachlasses zu e. v. dem Erblasser abgeschlossenen Kapitalversicherung d. eigenen Lebens auf den Todesfall. Diss. gr. 8. (VII, 52 S.) Göttingen 893. (Vandenhoeck & Ruprecht.) n. 1. —

Dietrich, Hermann Paul. Casuistischer Beitrag zu den Bauchkontusionen. Diss. Med. Basel. *Kopftitel:* Aus der chirurgischen Klinik in Basel. 40 S. 8. Basel, G. Böhm, 1907.

Dietrich, J., wahrhaftig auferstanden! Predigt üb. Ev. Marci 16, 1—8. (16 S.) gr. 8. Dresden 905. C. L. Ungelenk. n. — 20

Dietrich, J. F., Handbuch der Milchwirthschaft rc., s. Bibliothek der gesammten haus- u. landwirthschaftlichen Viehzucht.

Dietrich, J. Fr. W., Kirche und Schule im idealen Bunde. Gedanken u. Rathschläge zur Beförderung einer gedeihlichen Entwickelung des Volksschulwesens. Ein ehrlich u. offen Wort an alle Freunde der Volksschule, insbesondere aber an die Wächter u. Lehrer derselben. Breslau 863. Ziegler. (Ratibor, Thiele.) gr. 8. (VI, 44 S.) n. 6 ngr.

Dietrich, J. H., d. wohlerfahrene Gärtner, s.: Diterich, J. H.

Dietrich, J. L., Wegweiser für confirmirte Christen. gr. 16. (32 S.) Chicago, Ill. 878. (Philadelphia, Schäfer und Koradi.) *

Dietrich, J. Sam., s. Dieterich, J. Sam.

Dietrich, J. U. Garten-Kalender oder kurzgefasste Zusammenstellung der im ländlichen Gemüse-, Blumen- und Baumgarten vorkommenden Arbeiten. Mit besonderer Berücksichtigung schweizerischer Verhältnisse. In-8°, 28 S. Romanshorn, J. Juker. 1882 **— 40**

Dietrich. Gartenkalender mit besonderer Berücksichtigung schweizerischer Verhältnisse. In-8°, 28 S. Zürich, Th. Schröter. 1882 — 40

Dietrich, Joachim

Dietrich, Joach., dienet dem Herrn m. Freuden. Geschichte des ältesten evangel. Männer- u. Jünglingsvereins in Berlin, gegründet 1851. Zur 50jähr. Jubelfeier am 2. u. 3. XI. 1901 hrsg. vom derzeit. Vereins-Vorsitzenden D. gr. 8. (IV, 64 S. m. Abbildgn.) Berlin 901. (Buchh. des ostdeutschen Jünglingsbundes.) n. 1. 50

[F.] Dienet einander! Gesch. d. Evangel. Ver. f. kirchl. Zwecke in Berlin v. 1848–1898. Denkschr. z. fünfzigj. Jubelfeier am 14. Juni 1898. Hrsg. im Auftr. d. Vorstandes v. Joachim **Dietrich**, Pastor u. Hausgeistl. d. Ev. Ver. *Berlin: Sellostv. d. Ev. Ver.: (Dr. d. Sonntagsblattes) 1898.* (4 Bl., 128 S., 4 Taf.) 1 Bd 4. [98. 5489

Dietrich, Joachim (Hrsg.), s. Gang. – Der Gang d. Kirche.

[Umschlagt.:] Die Mission an der männlichen Jugend in Berlin. Von Joachim **Dietrich**-Berlin. *Berlin: Buchh. d. Ostdeutschen Jünglingsbundes 1896.* (24 S.) 1 Bd 8. [97. 919

Dietrich, Jh. Chr., († ... 1796.), s. Versuch e. Gesangbuchs.

Dietrich, Joh. Dav. (Präs.), s. Bley, Andr. Chn.: De oratoriae genuina natura et indole.

Dietrich, Jh. Fr., s. Clermont u. Amalie.

— Joh. Friedr., De admonitione reorum rite instituenda. Dresden (Heinr. Wilh. Harpeter) 1792. 16 S. (4.—) 6524
Gew.: Friedr. Adolf v. Burgsdorf.

Dietrich, Johann Friedrich, s. Bilderjagd, poet.

— carmina latina. 8. Leipz. 805. Joachim. 18 gl.

— Friderico Augusto, Sax. Regi, Patri Patriae optimo, quinta Decennalia regiminis gloriosissimi etc. 4 maj. Hain 818.

— insula fortunata, sive Deliciae Mauritioburgenses, carmen elegiacum. 8 mai. Meissen 822. Goedsche. 4 gl.

(Dietrich, Joh. Friedr.), Jugendstreiche u. Altersbelustigungen, s. Jugendstreiche.

JUGENDSTREICHE u. Altersbelustigungen, oder: Scherz u. Ernst, Wahrheit u. Dichtung. Von einem Veteran *(Joh. Friedr. Dietrich).* 2 Thle. Meissen 1829. 8°. (In Dresden.) Zahm. (2 Mk. 50 Pfg. Scheible, vor 1890.)
U. a.: Die Geistererscheinung in der Kirche zu K**. — Die Erscheinung in der Peterskirche und dem heil. Grabe in Görlitz. — Wunderbare Belebungsgeschichte durch ebenso wunderbare Veranlassung. — Bin ich im Himmel? — Einige Züge aus Nathes Leben, nebst e. beachtenswerthen Geschichte aus d. Gebiet d. Physiognomik. — Sonderbarkeit aus d. Geschichte d. Träume. — Chr. N. Naumann, oder der Oberlausitzer Robinson etc. etc.

—— Opuscula poetica latina, denuo lustrata et aucta. Accessit Epistola de elementaria lat. poeseos discendae tractandaeque methodo. 12 maj. (9½ B.) Misniae 829, [Klinkicht et fil.]

Dietrich, Joh. Friedr., der Traum v. d. Unterwelt, s. Traum, der.

Dietrich, Johann Friedrich, s. Unterhaltungen, neue.

—— die Vorjagd, od.: Des Amtmanns Geburtstag am 29. Aug. 1828. Eine idyll.-kom. Erzähl. in 4 Abthln. 12. (2 B.) Meißen 829, [Klinkicht u. Sohn.]

Dietrich, Johann Gottlieb, CUM DEO ET DIE ! // Goldene Schaa= // len // Voll heiligen Rauchwercks / // GOtt zu einem süssen Geruch /// Nach denen sieben Tagewercken deß all- mäch= //tigen Schöpffers und Erhalters Himmels // und der Erden /// In täglichen musicalischen // Morgen=Andachten/ // Auf deß Durchl. Fürsten und Herrn /// Herrn CARLS /// Marggrafens zu Baden und Hochberg / Land= //grafens zu Sausenberg / Grafens zu Sponheim und // Eberstein / Herrn zu Rötelen / Badenweiler / Lahr und Mahl= //berg etc. etc. Der Röm. Kayserl. und Königl. Cathol. Majestät /// wie auch deß Löbl. Schwäbischen Creyses respectivè General= // Feld=Marschalls und General=Feld=Zeugmeisters /// auch auch Christens über ein Kayserl. Regiment zu Fuß etc. // Christ=Fürstlichen gnädigsten Befehl // gläubig anzuzün- den /// Denen Worten nach verfasset // von // J. G. D. // Und in der Hochfürstl. Hof=Capelle zu Carols=Ruh // musicalisch aufgeführet / von Johann Philipp Käfer /// Hochfürstl. Capellmeistern. // Durlach / druckts und verlegts Andreas Jacob Maschenbauer /// Hochfürstl. Hof=Buchdr. M DCC XVIII. - 175 Seiten.

- - , Musicalische // Seelen=Er= //bauung // aus // denen gewöhnlichen // Sonn= und Fest=Tags= // Episteln /// Auf // Hochfürstl. gnädigsten Befehl // in der // Hochfürstl. Hof=Capelle // zu // Carols=Ruhe // bey denen // Epistel= Predigten // Nach musicalischer Composition Mr. Kä= // fers / deß Jüngern / Anno 1718. das er= //ste mal aufgefüh- ret /// Und zu fernerm Gebrauch jetzo von // neuem zusam- men gedruckt // M DCC XIX. // Durlach / druckts Andreas Jacob Maschenbauer /// Hochfurstl. Hof=Buchdrucker. - 3 Blatt (nicht paginiert) Titelblatt, Widmung, Joh. Gottlob Dietrich unterzeichnet, und Vorwort. - 248 S. und noch 1 Blatt (nicht paginiert) Nachricht u.s.w.

— **Johann Jacob Emil** (Megalo-Hainensis), De haemorrhoidibus. Diss. med. Wittbg. (Chn. Heinr. Graessler) 21. III. 1815. 32 S. (4.80) 6525

Dietrich, Johann Conrad

Dietrich, Joh. Conr., Dr. Mart. Luthers kleiner Katechismus in Frage und Antwort gründlich ausgelegt, mit Zusätzen aus dem dresdner Kreuz-Katechismus und den Bekenntnißschriften der evangel.-luther. Kirche, und mit Sprüchen der heil. Schrift versehen, nebst dreifachem Anhang. Für Schule und Haus. Hrsg. von der deutschen evangel.-luther. Synode von Missouri, Ohio u. a. St. 16. (VI und 248 S.) St. Louis, Mo. 858. (Philadelphia, Schäfer und Koradi.) geb. *

Dietrich, Joh. Conr., Dr. M. Luthers kleiner Katechismus in Frage u. Antwort gründlich ausgelegt mit Zusätzen aus dem Dresdner Kreuz-Katechismus u. d. Bekenntnißschriften der evangel.-luther. Kirche u. mit Sprüchen der heil. Schrift versehen, nebst dreifachem Anhange. Für Schule und Haus. Hersg. von der deutschen evangel.-luther. Synode von Missouri, Ohio u. a. St. St. Louis, Mo. 868. (Dresden, Naumann.) 16. (V, 216 S.) n. 20 ngr.
Vgl. Dieterici, Conr.

Dietrich, Joh. Conr., Dr. Martin Luthers kleiner Katechismus in Frage und Antwort gründlich ausgelegt, mit Zusätzen aus dem Dresdner Kreuz-Katechismus und den Bekenntnißschriften der evangelisch-luther. Kirche, und mit Sprüchen der heil. Schrift versehen, mit dreifachem Anhang. Für Schule und Haus. Hrsg. von der deutschen evangelisch-luther. Synode von Missouri, Ohio u. a. St. 20.—25. Aufl. 8. (V, 216 S.) St. Louis, Mo. 875—78. (Dresden, Naumann.) *

—— dass. — 26. Aufl. gr. 16. (V, 293 S.) (Ebendas. 879.) *

—— dass. — Ausg. für Pastoren und Lehrer. Mit Ausdruck sämmtl. citirten Schriftstellen. 8. (308 S.) (Ebendas.) 878. *

Dietrich, Joh. Conr., Dr. Martin Luthers kleiner Katechismus, in Frage und Antwort gründlich ausgelegt, mit Zusätzen aus dem Dresdner Kreuz-Katechismus und den Bekenntnißschriften der evangelisch-luther. Kirche, und mit Sprüchen der heil. Schrift, nebst dreifachem Anhang. 32. Aufl. 8. (V, 293 S.) St. Louis, Mo. 885. (Dresden, H. J. Naumann.) *

Dietrich, Joh. Conr., Martin Luthers kleiner Katechismus in Frage u. Antwort gründlich ausgelegt, m. Zusätzen aus dem Dresdner Kreuz-Katechismus u. den Bekenntnißschriften der evangelisch-luther. Kirche, u. m. Sprüchen der hl. Schrift versehen, nebst dreifachem Anh. Ausg. f. Pastoren u. Lehrer. Mit Ausdruck sämmtl. citirten Schriftstellen. 8. (308 S.) St. Louis, Mo. 889. (Zwickau, Schriftenverein.) n. 1.50; geb. n. 2.50

Dietrich, Josef, Hilfsbüchl für den Genie-Unteroffizier am Uebungsplatz. 2. Aufl. 82. (249 S. mit vielen Zeichnungen.) Verona 862, Münster. geb. *

Dietrich, Julius, Medizinalprakt.: ⟨Aus der med. Klinik d. Univ. Jena.⟩ Über die Conus- und Caudaerkrankungen des Rückenmarkes nebst Mitteilung von 5 Fällen. Mit 4 Abb. im Text. Jena 1908: Kämpfe. 59 S. 8°
Jena, Med. Diss. v. 31. Dez. 1908, Ref. Stintzing
[Geb. 19. Juli 82 Wien; Wohnort: Jena; Staatsangeh.: Sachsen-Weimar; Vorbildung: Gymn. Jena Reife O. 02; Studium: Jena 2, Graz 1, Zürich 1, Jena 4, München 1, Jena 1 S.; Coll. 2. Apr. 08; Approb. 31. Dez. 08.] [U 09. 2132

Dietrich, Julius, prakt. Arzt in Essen: **Der Gebärmutterkrebs und seine Metastasen besonders im Peritonaeum.** *Erlangen 1904: H. Vollrath.* (42 S.) 8°
Erlangen, Med. Diss. v. 8. Juni 1904

Dietrich, Just., das Vorhalten d. Aloin im Thierkörper. gr. 8. (33 S.) Dorpat 885. (Schnakenburg.) 1.—

Dietrich, K. A., die Schußwaffe. Eine Anleitung über die einzelnen Bestandtheile des Gewehrs und der Büchse, wie sie auseinandergenommen, gereinigt und wieder zusammengesetzt werden müssen sowie über Zielschießen und den dabei vorkomm. Kunstausdrücken für Bürgerwehrmänner, insbesond. für Communalgarden. 12. (VIII u. 44 S.) Leipzig 848, (Klinkhardt.) **

Dietrich, K. D. Über das Palmendrachenblut. In-8°. 39 S. Bern. These. 1897

Dietrich, Karl, Kant's Auffassung der physischen Geographie als Grundlage der Geschichte, mit besond. Beziehung auf seine Schriften zur Natur- und Geschichtsphilosophie dargestellt. Inaugural-Dissertation. gr. 8. (33 S.) Crimmitschau 875. (Jena, Deistung's Buchh.) *

Dietrich, Karl, Byzantinische Charakterköpfe. Leipzig 1909. 8°.
(A. Natur u. Geisteswelt. Bd 244.)

Dietrich, Karl, das Christentum als Staatsreligion. Offenes Sendschreiben an Se. Durchlaucht den Reichskanzler Fürsten v. Bismarck. gr. 8. (21 S.) Hamburg 886, (König und Schulz.) *

Dietrich, K., Dispositionen über Bibeltexte, ein Hilfsbuch für den Lehrer bei dem Religionsunterrichte. Mit einem Vorwort versehen von K. G. Petermann. 2., verb. u. verm. Aufl. Dresden 864. Adler. 8. (XXVI, 310 S.) 20 ngr.

Dietrich, Karl, Dispositionen über Bibeltexte, ein Hilfsbuch für den Lehrer bei dem Religionsunterrichte. Mit e. Vorw. versehen von K. G. Petermann. 3. unveränd. Aufl. Zschopau 870. Hermann. 8. (XXVI, 310 S.) n. 10 ngr.

Dietrich, Carl. Eberhard. Drama in 3 Aufzügen. 12. (III, 115 S.) München 889. L. Finsterlin. n. 1.—

— die Einheit der Wissenschaft. Offenes Sendschreiben an die deutschen Universitäten in Verfolg u. als Schutzschrift d. denselben unterbreiteten Apriorischen Wissenschaftssystems [„Urkunde der Wissenschaft"]. 2., um den Zusammenhang in Kunst u. Religion ergänzte Ausg. gr. 8. (XIX, 47 S.) Ebend. 886. n. 2.—

Dietrich, Carl, Gedichte. Erzählungen. Dramen. Mit einigen Orig.-Skizzen u. dem Bilde des Verf. (IX, 221 S.) 8. München 908. H. Hugendubel. 2.—

Dietrich, Karl, analytische Geometrie auf der Kugel. 8. (Mit 1 lith. Taf.) Berlin 844. (Heymann.) n. 1/3 ₰

Dietrich, Karl. Die preußische Gerichtsbarkeit u. das Christenthum. Offenes Sendschreiben an Se. Maj. den Deutschen Kaiser u. König v. Preußen. gr. 8. (15 S.) Hamb. 891, König u. Schulz. * — 50

Dietrich, Carl, Grundlagen der Völkerverkehrssprache. Entwürfe f. den Auf- u. Ausbau e. denkricht., neutralen Kunstsprache als zukünft. Schriftsprache eventuell auch Sprechsprache f. den internation. Verkehr. gr. 8. (70 S.) Dresden 902. G. Kühtmann. n. 3. —

Dietrich, Karl, Hamlet, der Konstabel der Vorsehung. Eine Shakespeare-Studie. gr. 8. (V, 114 S.) Hamburg 883, Nolte. *

Dietrich, Karl, das Leben d. Joh. Brenz in acht Erzähln. f. Jugend u. Volk. gr. 12. (3⅙ B.) Eßlingen 841, Dannheimer'sche Buchh.

—— praktisches Rechnen für Gewerbtreibende, sowie für Sonntagsschulen. Ein kurzer Leitfaden, enth.: Zins-, Zinseszins-, Gewinn- und Verlust- 2c. Berechnung. 8. (VII und 72 S.) Leipzig 866, E. Fleischer. 7½ Ngr.; cart.

Dietrich, K., an die deutschen Universitäten. Protest gegen die moderne Wissenschaft. [Buchausgabe.] Lex.-8. (24 S. mit 1 Tab.) Hamburg 887. (König & Schulz.) n. 1. —

—— Die Urheberschaft d. Lucasevangeliums u. die kritisch-historische Theologie. gr. 8. (32 S.) Lpz. 892, Fock. * — 60

Dietrich, Karl August

Dietrich, K. A., Erläuterung über Mr. v. Prassens mathemat. Lehrsätze. 8. Leipz. 816.

Dietrich, Carl Aug., de etymologia vocis religio comment. 8maj. (4 B.) Schneebergae 836, Schumann. *

— matheseos laus. 4. Leipz. 181.. Weygand. 4 gl

Dietrich, Carl August (Hohenlohe b. Pegau), Matheseos laus. Dissertatiuncula. Lpz. (Hirschfeld) 1814. 20 S. (4.80) 6519

Dietrich, Karl Benjamin

Dietrich, K. Benj., einige Briefe theolog. Inhalts, nebst e. Predigt. 8. o. O. 815.

Dietrich, Carl Benj., kleine Chronik von d. freien Bergstadt Scheibenberg, zur Vorbereitung auf d. im J. 1839 bevorsteh. Jubelfest d. Einführung d. Reformation in Scheibenberg geschrieben. M. 1 Stnt. gr. 8. (5 B. u. 1 Vign.) Leipzig 830, (C. H. Reclam.) *.

Dietrich, Karl Benj., Lesebuch für den wißbegierigen Bürger u. Landmann, welche ihre u. die vergangnen Zeiten, nebst den denkwürd. Ereignissen u. Erscheinungen derselben, so wie gegenwärtige Zustände etwas näher kennen lernen wollen. 1. Bdchn. 8. Annaberg 845, Rudolph und Dieterici in Comm. n. ⅓ ℛ

Dietrich, Karl Wilhelm

Dietrich, K. W., Comment. criticae de quibusdam locis M. T. Ciceronis. Pr. 1850. 14 S. 4°.

Dietrich, Karl Wlh., Quaestiones grammat. et crit. de locis aliquot Ciceronis. 8. Leipz. 835. Focke. ⅜ ℛ

Dietrich, Karl Wlh., s. K. Hnr. Sintenis, Hülfsbuch zu Stylübungen 2c.

Dietrich, Caspar. Beitrag zur Kenntniss der Insekten-Fauna des Kantons Zürich: Käfer. Von K' D'. 4. (Zürich 1865.)
Ausg. A. (N Denkschr. Schweizer. Ges. für Naturwiss. Band 21.)
Ausg. B. [SA]

Dietrich, Kasp., systematisches Verzeichniss der bisher im Kanton Zürich aufgefundenen Käfer als Beitrag zur Kenntniss der schweizer. Insekten-Fauna überhaupt und der des Kantons Zürich insbesond. zusammengestellt und mit mannigfachen biolog. und synonym. Notizen begleitet. gr. 4. (240 S.) Zürich 865. (Basel, Georg.) **
Aus: Neue Denkschriften der allgemeinen schweizerischen Gesellschaft für gesammte Naturwissenschaft, besonders abgedruckt.

Dietrich, Klaus, in gefährlicher Mission, s.: Herman, Henry.

Dietrich, Clemens, appr. Arzt a. München: Die croupöse Pneumonie auf der I. med. Klinik und Abteilung des Herrn Prof. Dr. Ritter v. Bauer in den Jahren 1899—1903 inkl. München 1904: C. Wolf & Sohn. (25 S.) 8°
München, Med. Fak., Ref. v. Bauer, Diss. v. 24. Okt. 1904
[Geb. 5. Aug. 79 München; Wohnort: München; Staatsangeh.: Bayern; Vorbildung: Luitpoldgymn. München Reife Juli 98; Studium: München 10 S.; Coll. 20. Juli 04; Approb. 26. Mai 04.]

Dietrich, Konrad Gottfried

Dietrich, Conr. Gfried., Beiträge zur Kenntniss des römischen Staatspächtersystems. gr. 8. (VII, 66 S.) Leipzig 877, (Stauffer.) *

Dietrich, Conr. Gfr., Beiträge zur Kenntniss d. römischen Staatspächtersystems. gr. 8. (VII, 66 S.) Leipzig 879. Stauffer in Comm. n. 1. —

Dietrich [Oberl. Dr.]: Die rechtlichen Grundlagen der Genossenschaften der römischen Staatspächter. I. Die rechtliche Natur der societas publicanorum. Meissen, gedr. bei C. E. Klinkicht & Sohn, 1889; S. 1—25; 4°
Meissen, Fürsten- u. Landes-S St. Afra, P 1889 (516)

Dietrich, (Konrad): Die rechtliche Natur der societates publicanorum. 2. T. ([Umschlagt.:] Die rechtlichen Grundlagen der Genossenschaften der römischen Staatspächter. II.) *Meissen 1898: C. E. Klinkicht & Sohn.* (1—23 S.) 4° ¶ (Fortsetzung d. P-Beilage 1889.)
Meissen, Fürsten- u. Landes-S St. Afra, MP 1898 (567)

Dietrich, Conr. G., Übungsbuch zum Übersetzen aus dem Deutschen ins Lateinische, s.: Warschauer-Dietrich.
— dasselbe. Vokabularium, s.: Warschauer, Herm.

Dietrich, Kurt, Kammergerichtsreferendar: Hat das Bürgerliche Gesetzbuch in den Gesetzesbestimmungen über die Rechtsgeschäfte der in der Geschäftsfähigkeit Beschränkten ⟨§§ 107 ff. B.G.B.⟩ den Gedanken, auch den Gegner des beschränkt Geschäftsfähigen beim Abschlusse von Rechtsgeschäften zu schützen, folgerichtig durchgeführt? Berlin 1908: W. Pilz. (70 S.) 8°
Heidelberg, Jur. Fak., Ref. Bekker, Diss. v. 1908
[Geb. 22. Mai 84 Forst (Nieder-Lausitz); Wohnort: Berlin; Staatsangeh.: Preußen; Vorbildung: Gymn. Soest Reife O. 03; Studium: Berlin 1, Heidelberg 3, Berlin 4 S.; Rig. 29. Mai 08.]

Dietrich, L., Erlebnisse auf meinen Wanderungen durch Nordamerika u. Westindien, siehe: Bibliothek, Europäische, 416. Bd.

Dietrich, L., s.: Mawe, Thom.

Dietrich, L., Skizzen zur Geschichte d. Unterbindung einiger größern Arterien. Inaug.-Abhandl. gr. 8. Erlang. 830. (Heyder). 4 gl

Dietrich, L. F., die neuesten und bewährtesten Arten der Kitte und sonstigen Klebmittel für Holz, Metalle, Stein, Glas 2c. bei Dampf-, Gas-, Luft- 2c. Leitungen, zum Lutiren, Emailliren, Dichtmachen 2c. Nach den besten Quellen u. eigenen Erfahrungen bearb. Leipzig 861. Gerhard. 8. (70 S.) 10 ngr.

Dietrich, L. F., Encyklopädie der gesammten niederen und höheren Gartenkunst, s. a. Encyklopädie.

Dietrich, L. F., Encyklopädie der gesammten niederen und höheren Gartenkunst. Eine ausführliche u. auf die neuesten Erfahrungen begründete Darstellung der Obst-, Gemüse-, Blumen- u. Landschafts-Gärtnerei, des Weinbaues u. der Treiberei in allen ihren Formen 2c. Unter Mitwirkung von Gelehrten u. Fachmännern bearb. u. herausg. 3. Aufl. Leipzig 866. Arnold. Lex.-8. (IV, 1027 S.) 2 ℛ 15 ngr.

Dietrich, L. F., Encyklopädie der gesammten niederen und höheren Gartenkunst. Eine ausführliche und auf die neuesten Erfahrungen begründete Darstellung der Obst-, Blumen- und Landschafts-Gärtnerei, des Weinbaues und der Treiberei in allen ihren Formen nebst Belehrung über die zu den verschiedenen Zweigen der Gärtnerei dienenden Bauwerke und Geräthe; Lebensbeschreibung der um die Gartenkunst und Pflanzenkunde verdienten Männer; Erläuterung der botan. Systematik 2c. Unter Mitwirkung von Gelehrten und Fachmännern bearb. und hrsg. 4. Aufl. gr. 8. (IV, 1027 S.) Leipzig 873, Arnoldische Buchh. (ℳ 3.)

illustrirte Encyklopädie praktischer Recepte und Belehrungen aus den Gesammtgebieten der Künste und Gewerbe, mit Einschluß der Arzneikunde, Pharmazie u. häuslichen Ökonomie. 24 Hefte. Leipzig 862, 63. Payne. 4. (IV, 768 S. m. Holzschn. im Text.) Jedes Heft n. 5 ngr.

—— illustrirte Encyklopädie praktischer Recepte und Belehrungen aus den Gesammtgebieten der Künste und Gewerbe, mit Einschluß der Arzneikunde, Pharmazie und häusl. Oekonomie. 24 Hefte. hoch 4. (IV und 768 S. mit eingedr. Holzschn.) Leipzig 862—64, Payne. à Heft * 5 Ngr. *

—— Geschichte des Gartenbaues in allen seinen Zweigen von den frühesten Zeiten bis zur Gegenwart. Nach den Quellen bearb. 16. (VIII und 280 S.) Leipzig 863, E. Schäfer.

Dietrich, L. G. E., Viehstudien aus d. Natur. 2 Hfte. auf Stein, von Chr. Otto. Querfol. Velinp. Leipz. Ind. Comt. 811. (à 1 Rthlr. 12 gr.)

Dietrich, L. H., Mittel, in kurzer Zeit wohlhabend und reich zu werden, oder praktische Anweisung zum Anbauen sehr einträglicher, aber nicht genug bekannter Erdgewächse. Ein Buch für Landwirthe, Garten- und Grundbesitzer, und für Liebhaber des Landbaues. 3te Aufl. gr. 8. Leipzig, Sommer. 820.

Dietrich, L. L., Handbuch des Gärtners. Eine gedrängte, aber vollständ. u. nach den neuesten Erfahrgn. berichtigte Belehrg. üb. alle Arbeiten bei der Obst-, Küchen- u. Blumengärtnerei. In alphabet. Ordnung. 2. unveränd. (Titel-)Aufl. gr. 8. (331 S.) Plauen (841) 849, Schröter. 1 ß

Dietrich, L. L., Handbuch d. Gärtners, s. Bibliothek, neue ökonom.-technologische. 1. Bd. — Handbuch des Saamengärtners. s. Ebend. 4. Bd. — Die Veredlungsarten der Bäume 2c. s. Ebend. 4. Thl.

— Handb. d. Samengärtners. Eine gedrängte aber vollständ. u. nach d. neuesten Erfahr berichtigte Anweis., v. d. in Deutschland angebauten Küchengewächsen e. guten u. richtigen Samen z. erzielen. (Aus d. neuen ökonom.-technolog. Bibliothek). gr. 8. Nordhausen, 1846. 2 T.-Aufl. 1849. Ebend. — 15

—— Handbuch des Samen-Gärtners. Eine gedrängte aber vollständige und nach den neuesten Erfahrungen berichtigte Anweisung, von den in Deutschland angebauten Küchengewächsen einen guten und richtigen Samen zu erzielen 2c. 2., unveränd. (Titel-)Aufl. gr. 8. (122 S.) Plauen 849, Schröter.

— illustrirtes Haus- u. Wirthschaftslexicon oder Encyklopädie prakt. Recepte u. Belehrungen aus den Gesammtgebieten der Künste u. Gewerbe, mit Einschluß der Arzneikunde, Pharmazie u. häuslichen Oekonomie. 2. Aufl. (In 24 Heften. à 2 Bgn. m. Holzschn. im Text.) Leipzig 865. Payne. 4. Jedes Heft n. 5 ngr.

—— illustrirtes Haus- und Wirthschaftslexicon oder Encyklopädie prakt. Recepte und Belehrungen aus den Gesammtgebieten der Künste und Gewerbe, mit Einschluß der Arzneikunde, Pharmazie und häusl. Oekonomie. 2. Aufl. 24 Hefte. hoch 4. (IV und 768 S. mit eingedr. Holzschn.) Leipzig 865,66, Payne. *

—— Illustrirtes Haus- und Wirthschaftslexicon oder Encyklopädie praktischer Recepte und Belehrungen aus den Gesammtgebieten der Künste und Gewerbe, mit Einschluß der Arzneikunde, Pharmazie und häuslichen Oekonomie. 3. Aufl. 24 Hefte. 4. (768 S. mit eingedr. Holzschn.) Leipzig 869,70, Payne. à Heft 50 Pf.

— die Kartoffelkrankheit, od.: endliche Enthüllung des wahren Wesens, der Ursachen u. sichern Vermeidung derselben. Nach mehrjähr. Beobachtungen. gr. 12. (36 S.) Nordhausen 850, Büchting. 1/4 ß

— s. Persoz.

Dietrich, L. L., Veredlungsarten d. Bäume etc., s. a. Bibliothek, ökon.-technolog. 4. Th.

— d. Veredlungsarten d. Bäume, Sträucher u. krautart. Gewächse, namentl. d. Propfen, Oculiren, Copuliren u. Ablactiren, nach allen ihren Abweich. beschrieben u. durch Abbild. verdeutlicht. Mit 1 Steintaf. gr 8. Nordhausen, 1846. 2. T.-Aufl. 1849. Ebend. -- 15

—— die Veredlungsarten der Bäume, Sträucher und krautart. Gewächse, namentl. das Pfropfen, Oculiren, Copuliren und Ablactiren, nach allen ihren Abweichungen beschrieben und durch zahlreiche Abbildungen verdeutlicht. 2., unveränd. (Titel-)Aufl. gr. 8. (95 S. mit 1 Stnt. in 4.) Plauen 849, Schröter.

— die Vermehrungsarten der Ziergewächse, besonders durch Saamen, Stecklinge, Senker, Wurzeltheilung, Zwiebelbrut 2c. 8. (8 B.) Nordhausen 844, Fürst.

—— die Vermehrungsarten der Ziergewächse besonders durch Samen, Stecklinge, Senker, Wurzeltheilung und Zwiebelbrut 2c. Unter genauer Aufzählung aller Kunstgriffe 2c. bearb. 2., unveränd. (Titel-)Aufl. gr. 8. (VI und 118 S.) Plauen 849, Schröter.

Dietrich, Ludw., Verzeichnis der deutschen Privat-Erziehungsinstitute, Handels-, Kloster- u. Töchterschulen Mit Benützung amtlicher Quellen bearb. 2. Abteilg. Die deutschen Staaten [mit Ausnahme Bayerns]. 8. (VII, 60 S.) Miltenberg 880. Halbig. n. — 80

Den 1. Thl. s.: Schul-Kalender für die deutschen Privat-Erziehungs-Institute etc. 1. Jahrg. 1. Thl. n. 1. 20

Dietrich, Ludw., s.: Zeitschriftenschau, volkskundliche.

Dietrich, M. (Hrsg.), s. Jahresberichte d. vogtländischen altertumsforschenden Vereins . . .

Dietrich, Martin, a. Berlinchen: Das Ausscheiden des Gesellschafters aus der Gesellschaft und die sich daran knüpfenden Rechtsfolgen nach Bürgerlichem Gesetzbuche. Erlangen 1907: E. Th. Jacob. (VIII, 53 S.) 8°

Erlangen, Jur. Fak., Ref. Binder, Diss. v. 11. Juni 1907

[Geb. 29. Juli 75 Berlinchen; Wohnort: Berlin; Staatsangeh.: Preußen; Vorbildung: Gymn. Landsberg a. W. Reife O. 97; Studium: Marburg 1, München 2, Berlin 13 S.; Rig. 11. Jan. 07.]

Dietrich, Matthäus

Einiges über die Tangenten und Assymptoten der algebraischen Flächen. Mit Zeichnungen. — Von M. Dietrich, G.-R. — 1877, Regensburg, Demler (Wasner). — S. 1—17.

Progr Regensburg, Realgymn.

Einleitung zum Jahresbericht des Kgl. Realgymnasiums zu Regensburg. — Von Matthäus Dietrich, G.-R. — 1875, Stadtamhof, J. Mayr. — S. 3—19.

Progr. Regensburg, Realgymn

Dietrich, Matthäus „Fragmente aus der analytischen Geometrie". pg 3 - 21 4°. Mit einer Tafel. Dr. C Wolf & Sohn.
München, Progr. 1860/61

Dietrich, Matthäus „Ueber das bestimmte Integral". pg. 3—31. 4°. Dr. C. Wolf & Sohn.
München, Progr. 1959/60

Die Krümmung der Flächen dargestellt durch deren Krümmungskreise. – Von M. Dietrich, G. P. — 1884, Regensburg, ibid. — S. 1—39 mit einer Figurentafel.

Progr. Regensburg, K. Neues Gymn.

Dietrich, Matthäus „Analytisch-geometrische Parallelen". pg. 3—18. 4°. Dr. C. Wolf & Sohn.
München, Progr. 1862/63

Dietrich, Matth. „Ueber gewisse Verbindungen von Funktionen komplexer Zahlen". pg. 3—19. 4°. Dr. C. Wolf & Sohn.
München, Progr. 1858/59

Dietrich, Max, der moderne Dampfkessel der Kriegs- u. Handelsschiffe, seine Konstruktion, Wirkungsweise, Behandlung u. Bedienung. Ein Handbuch f. Schiffsoffiziere, Konstrukteure u. Studierende. (IV, 506 S. m. Abbildgn. u. 1 Taf.) gr. 8. Rostock 908. C. J. E. Volckmann Nachf. 12.—; geb. in Leinw. 14.—; auch in 6 Lfgn. à 2. —

Dietrich, Max, die Dampfturbine der A. E. G. (Allgem. Elektrizitäts-Gesellschaft in Berlin.) Die Riedler-Stumpf- u. die Curtis-Turbine. Mit 25 Abbildgn. u. Tab. (58 S.) Lex.-8. Rostock 905. J. C. E. Volckmann Nachf. n. 1. 50

— die Dampfturbine v. Parsons m. besond. Berücksicht. ihrer Verwendung als Schiffsmaschine. Mit 17 Abbildgn. u. 1 Tab. üb. Dampfbetrieb. (48 S.) Lex.-8. Ebd. 905. n. 1. 50

— die Dampfturbine v. Rateau m. besond. Berücksicht. ihrer Verwendung als Schiffsmaschine. Mit 15 Abbildgn. u. Tabellen. (43 S.) Lex.-8. Ebd. 905. n. 1. 50

— die Dampfturbine v. Schulz f. Land- u. Schiffszwecke. Mit besond. Berücksicht. der Kriegsschiffe. (64 S. m. 39 Abb. u. 4 Tab.) Lex.-8. Ebd. 906. n. 2. —

— die Dampfturbine v. Zoelly. Mit 9 techn. Abbildgn. (15 S.) gr. 8. Ebd. 904. n. — 80

— dasselbe. 2. erweit. u. 3. Aufl. (24 S. m. 14 Abbildgn. u. 1 Taf.) Lex.-8. Ebd. 904. 905. n. 1. —

— die gebräuchlichsten Dampfturbinen-Systeme f. Land- u. Schiffszwecke nach Konstruktion u. Wirkungsweise. Mit 151 Abbildgn. u. zahlreichen Tabellen. (VII, 314 S.) Lex.-8. Ebd. 906. n. 8. —; geb. in Leinw. n. 9. —

Dietrich, Max: Die Entwicklung des Strassenbahngleises infolge Einführung des elektrischen Betriebes. Berlin: Berliner Union Verlagsgesellschaft 1906. 51 S. 4°
¶ Aus: Eisenbahntechn. Zeitschrift. Jg. 12.
Berlin, Dr.-Ing.-Diss. v. 13. 10. 1905

Dietrich, Max (Hrsg.), s. Jahrbuch d. Dt. Straßen- u. Kleinbahnzeitung.

Dietrich, Max: Straßenbau einschl. der Straßenbahnen. Bearb. von Max Dietrich u. F(riedrich) v. Laißle † hrsg. von Leo v. Willmann. Mit 426 Textabb., vollst. Sachverzeichn. u. 17 lithograph. Taf. sowie e. kurzen Lebensbeschreibung u. d. Bilde von F. v. Laissle. 4., verm. Aufl. Leipzig: W. Engelmann 1907 – 12. XXII, 508, VIII S. 4° (8°)
(Handbuch d. Ingenieurwissenschaften. T. 1., Bd. 4.)

Dietrich, Mich., hist. physik. Abhandlung von d. berühmt. Wildbade z. Abach in Niederbaiern. 8. München, Lentner. 754.

Dietrich, Mich.: „Naturhistorisches ökonomisch-technologisches Handwörterbuch über alle drei Reiche der Natur", zwei Bände, Ulm 1816, 1817.

Dietrich, Nathanael Friedrich David, s. Dietrich, David (Nathanael Friedrich)

Dietrich, O., Fibel, nach der Schreiblese- u. Normalwortmethode bearb. 12.—14. mehrfach verb. u. nach der Lautlehre bearb. Aufl. (100 S. m. Abbildgn.) gr. 8. Braunschweig 903. E. Appelhans & Co. Geb. n. — 60

Dietrich, O., Précis de l'histoire d'Allemagne, s.: Marggraff, E.

Dietrich, O., wie kann die Schule bei der Fürsorge um die schulentlassene männliche Jugend mitwirken? s. a. Magazin, pädagogisches.

Dietrich, O.: Wie kann die Schule bei der Fürsorge um die schulentlassene männliche Jugend mitwirken? Langensalza: Beyer 1907. 31 S. 8°
(Pädagogisches Magazin. H. 308.)

Dietrich, O. Ueber die Wiederholungen in den altfranzösischen Chansons de geste. Diss. Erlangen 1881. 48 S.

Dietrich, [Otto:] Die geographischen Anschauungen einiger Chronisten des XI. und XII. Jahrhunderts. (Jahresbericht des Kaiserin Augusta-Gymnasiums zu Charlottenburg. 15.) Berlin 1884. 34 S. 8°

Dietrich, Otto [Dr.]: Beiträge zur Geschichte Arnolfs von Kärnthen und Ludwigs des Kindes. Berlin, Druck v. A. Haack, 1890; 30 S. 4°
Berlin, Collège Royal Français, OP 1890

Dietrich, Otto Der neue Normallehrplan des Gymnasiums nebst Mitteilungen aus den Beratungen des Lehrerkollegiums über denselben. Erster Teil. 19 S. Progr. *Luckau* 1884.

Dietrich, Otto: Quaestiones Thucydideae. Halis Saxonum (1873): Ploetz. 35 S. 8°
Halle-Wittenberg, Phil. Diss. v. 4. Juli 1873
Geb. Arnswalde (Neumark) 21. 8. 1849. V.

Dietrich, Otto [aus Horla (Prov. Sachsen)]: Der Triumphus St. Remacli eine Quelle für die Geschichte des 11. Jahrhunderts.... Halle, Buchdr. d. Waisenhauses, 1887; 2 Bl. + 40 S. + 1 Bl. 8°.
Halle, Phil. Fak., Inaug.-Diss. v. [7. Febr.] 1887.

Dietrich, Otto, Weissagung u. Erfüllung. Vier liturg. Feiern zum Hl. Advent. (16 S.) gr. 8. Hamburg 910. Agentur des Rauhen Hauses. — 20

— **Otto Wilhelm** (Oederan), De haemospasia seu de antlia pneumatica in corpus humanum adhibita. Diss. med. Lpz., 28. X. 1847. Dresden (C. H. Gaertner). 24 S. (4.20) 6526
Gew.: Carl Adolph Eduard v. Zobel, Carl Gottfried Grohmann.

Dietrich, P: Jll. Catalog über Dietrichs patentirte Stahlbahnen. 3. Ausg. Berlin 1884

Dietrich, Paul, Anleitung für den Gebrauch von Drill-Maschinen und deren Anwendung beim Anbaue unserer bekanntesten Getreide-Arten und Handels-Gewächse. gr. 8. (36 S.) Stettin 870, (Saunier's Buchh.) *

Dietrich, P: Erfahrungen mit Dampfpflügen in Deutschland. Dresden 1872

Dietrich, Paul, Erfahrungen m. Dampfpflügen in Deutschland. 4. (39 S.) Stettin 874. Saunier. n. 1. 20

Dietrich, Paul, Essays über Dampfbodencultur. gr. 4. (III, 100 S. m. 1 lith. Portr. u. 1 lith. Tab.) Bromberg 881. (Berlin, Bohne.) n.n. 5. —

Dietrich, Paul, in der Gewalt der Frengi. Geschichtliche Erzählg. 12. (63 S.) Reutlingen 892. R. Bardtenschlager. n. — 25

— der schweigsame Jäger u. andere Erzählungen. 12. (62 S.) Ebd. 892. n. — 25

— Kolina od. der Untergang der Creeks. Eine Erzählg. aus der Zeit der indian. Freiheitskriege. 12. (64 S.) Ebd. 892. n. — 25

— der Kundschafter. Eine Erzählg. aus der Zeit der indian. Freiheitskriege. 12. (64 S.) Ebd. 892. n. — 25

Dietrich, P: Der elektrische Pflug. Neue Folge. 2. Ausg. Halle a. S. (1902?)

Dietrich, Paul Ueber die Tendenz des Taciteischen Agricola. 4 (17 S.). **Progr.** Rg. *Stralsund* 1887 (138).

Dietrich, R., s.: Indianer-Bücher.

Dietrich, R., Die auf Selbsthilfe mit voller Selbstverantwortlichkeit gegründeten deutschen Consumvereine. Vortrag. 8⁰. s. l. s. a. (1894).

Die Rache Utalissis. Eine Erzählung aus d. Vergangenheit Louisianas von R. **Dietrich.** *Berlin: Tessaro-Verl. (1901).* (64 S.) 8° [J.]
= **Indianer-Bücher.** 27. [o3. 13304

Dietrich, Richard

Dietrich, Rich., üb. die Darstellung der Wurzeln der algebraischen Gleichungen durch unendliche Reihen. gr. 8. (44 S.) Greifswald 883. (Jena, Deistung.) n. — 60

Lebeweltnächte der Friedrichstadt von **Satyr** [d. i. Richard Dietrich]. 4. Aufl. Berlin: H. Seemann Nachf. [1908]. (87 S.) 8° [J.]
= **Großstadt-Dokumente.** Bd 30. [08. 14980

Dietrich, Rich., Rosen u. Disteln. Liederklänge. 12. (32 S. m. Bildnis.) Leipzig 895. J. Wilde. Geb. in Leinw. 1. —

— auf einsamer Straße. Gedichte. 8. (64 S.) Dresden 898. E. Pierson. n. 1. —

Dietrich, Rich., die Weltgeschichte in Bildern. Ein Sammelwerk der hervorragendsten Künstler. Darstellgn. auf dem Gebiete der Geschichts-, Länder- u. Völkerkunde sowie der Kunstbauten u. Kunstschätze aller Nationen in Holzschn.-Reproduktion. (In 40 Hftn.) 1. Hft. hoch 4. (1. Bd. S. 1—20.) Dresden (902). R. H. Dietrich. — 30

Dietrich, Rich., die Weltgeschichte in Bildern, Fortsetz., s.: Weltgeschichte, die, in Bildern.

Dietrich, Robert, aus Zürich: Zur Kenntnis der Paranitrodiazobenzolsäure. — Einiges über das Inden. Zür. J. Schabelitz Dr. 1894. 58 S. 8°.
Zürich, Phil. Diss. [v. 29. Dec. 1894].

Dietrich, (Armin. Frid.) Rob. (geb. Staritz 20. 1. 1815): De tinea capitis. Berolini (1838). (29 S.) 8°
Berlin, Med. Diss. v. 27. Sept. 1838

Dietrich, Rudolf: Beiträge zu Artemidorus Daldianus. Rudolstadt 1910: Hofbuchdr. 13 S. 8°
Rudolstadt, fürstl. G u. RPG OP 1910 (982)

Dietrich, Rud., die Hohenzollern u. der Protestantismus. Festrede, geh. zum 40. Geburtstag Sr. Maj. des Kaisers, den 27. I. 1899 in der Stoyschen Erziehungs-Anstalt zu Jena. gr. 8. (15 S.) Jena 899. B. Döbereiner. — 30

Dietrich, Rud., lateinische Sprüche. 14 Nrn. kl. 8. Rudolstadt 909. Müller. Jede Nr. — 10
1. De temperantia (v. der Mäßigung). (4 S.) — 2. De silentio (vom Stillschweigen). (8 S.) — 3. De amicitia (v. der Freundschaft). (7 S.) — 4. De Deo (v. Gott). 1. Tl. (15 S.) — 5. De justitia (v. der Gerechtigkeit). (15 S.) — 6. De schola (v. der Schule). (17 S.) — 7—14. (7, 7, 8, 8, 8, 8, 9 u. 8 S.)

Lateinische Sprüche von Dr. Rudolf **Dietrich**, Oberl. in Rudolstadt. Nr 1–14. Rudolstadt: Müller in Komm. 1909. 8°
1. 2. Aufl. [11. 2348

Dietrich, Rudolphus, h. t. magister in instituto Stoyano Jenensi: **Testimonia de Herodoti vita praeter itinera.** *Lipsiae 1899: A. Hoffmann.* (44 S.) 8°
Leipzig, Phil. Diss. v. [21. Dez.] 1898

Dietrich, Rud., Testimonia de Herodoti vita praeter itinera. Diss. gr. 8. (41 S.) Leipzig 899. (Simmel & Co.) n. 1. —

Dietrich, Rud., schweizerisches Volksschulwesen. gr. 8. (III, 76 S.) Wiesbaden 896. E. Behrend. n. 1. —

Dietrich, Selmar *Adolf* **[app. Arzt aus Hamburg]: Aus d. patholog. Institute zu Kiel. Ein Fall von Schwefelsäurevergiftung ... Kiel, Druck v. P. Peters, 1896; 18 S., 1 Bl. 8.**
Kiel, Med. Fak., Inaug.-Diss. v. [7. Apr.] 1896

Dietrich, Th. (I.), die Branntweinfabrikat-Steuer in ihrem Verhältniß zur bestehenden Maischbottichsteuer und zu den übrigen Branntweinbesteuerungsformen im deutschen Reiche, ihre Bedeutung in nationalwirthschaftl. und finanzieller Beziehung und ihr Einfluß auf das Brennereigewerbe und die Bodenkultur; Angabe und Beleuchtung der Mittel zu ihrer Einführung. Mit Formularen, Tabellen und der (lithogr.) Zeichnung eines neuen — nicht mechan. — Spiritus-Meßapparates. Für Steuerbeamte, Brennerei- und Brauereiinhaber, Rübenzuckerindustrielle, Destillateure, Maschinen- und Brennapparate-Fabrikanten. gr. 8. (X, 190 S.) Altenburg 879. (Leipzig, Schneider.) *
geb. *

Dietrich, Th. (II.), die Chemie des Düngers, | s. **Jahresbericht über die Fortschritte auf dem Gesammtgebiete der Agricultur-Chemie.**
—— die Chemie des Bodens und der Luft, |

Dietrich Th.: Festschrift z. Feier d. 25jährigen Bestehens d. Versuchsstation d. landw. Centralvereins für den Regierungsbezirk Cassel. Cassel 1882. 33 S. P.

Dietrich, Th., s.: Jahresbericht üb. usw. Agrikultur-Chemie.

Dietrich Th.: Versuche über die chemische Einwirkung v. Wasser, Kohlensäure, Ammonsalzen etc. auf einige Gesteine u. Erdarten. [Leipz. 1858]. (19) S. (Særtr.). P.

—— und J. König, Zusammensetzung und Verdaulichkeit der Futterstoffe. Mit Angabe der Quellen nach den neueren Analysen. Mit 2 (chromolithogr.) Farbentaf., die procent. Zusammensetzung und Verdaulichkeit der Futterstoffe graphisch darstellend (in gr. Fol.). 8. (XII, 84 S.) Berlin 874, Springer's Verlag. geb. *

Dietrich, Th. u. J. König. Zusammensetzung u. Verdaulichkeit der Futtermittel. Nach vorhand. Analysen u. Untersuchgn.. 2. vollst. umgearb. u. verm. Aufl. 2 Bde. Lex.-8. (XVIII, VI, 1417 S.) Berl. 891, Springer. geb. * 50 —

Dietrich, Theoph. Christian. (geb. Klein-Rosenburg bei Barby 13. 2. 1832): De febris intermittentis causis et therapia. Berolini (1855). (30 S.) 8°
Berlin, Med. Diss. v. 21. Apr. 1855

Dietrich, B., Keine Gicht mehr! Eine Belehrung über die Entstehung des Rheumatismus und der Gicht, sowie deren Heilung im Allgemeinen; nebst Angabe eines Mittels, welches den Leidenden obiger Krankheit in allen Fällen hilft u. die frühere Gesundheit wieder herstellt. 1—3. Aufl. 859. (21 S.) n. 5 ngr. — 4. u. 5. verm. Aufl. Breslau 861. Fürst. 8. (32 S.) 6 ngr.

Dietrich's, Veit, Betstundenbuch oder Summarien über auserlesene Kapitel der heiligen Schrift. Auf's neue für den kirchlichen u. häuslichen Gebrauch mit zwei Formularien der Betstunden-Ordnung herausg. von J. L. Geiger. Nürnberg 859. Sebald. 8. (IV, 298 S.) n. 14½ ngr.

Dietrich, Veit, Haus-Postille, d. i.: Predigten üb. alle Sonn- u. Festtags-Evangelien, sowie üb. die Leidensgeschichte Christi. Neu hrsg. v. Joh. Tob. Müller. gr. 4. (59 B.) Stuttgart 845, S. G. Liesching, Verl. *

Vgl. Dieterich.

—— das Hohelied Salomonis erklärt. 8. (2 B.) Ansbach 845, Brügel. (Gummi.)

Der Veit Dietrich-Kodex Solgeri 38 – zu Nürnberg. Rhapsodia seu Concepta in Librum Justificationis aliis obiter additis 1530. Veröffentl. von Pfarrer Dr. Georg Berbig in Neustadt-Koburg. Leipzig: M. Heinsius Nachf. 1907. (VI, 50 S.) 8° [07. 11261 3

DIETRICH, Vincenz: Das Ganze der Verkohlung in stehenden Meilern oder die sogenannte italienische Köhlerei. . . - Graz 1847. 140 S., 7 Taf.

Dietrich, Volkmar, Rathgeber für deutsche Einwanderer u. Deutsch-Amerikaner. 8. (28 S.) New-York 882. (Hamburg, Boysen.) n. — 50

Dietrich, W., Gedichte. 8. (VII, 100 S.) Berlin 894. Besser. n. 2. —; geb. n. 3. —

Dietrich, W., Züge aus d. Missionsarbeit in China, s.: Missions-Traktate, rhein.

Dietrich, W. M.: Uebersichtliche Darstellung des Landwirthschaftsrechtes im Bezug auf den Weinbau und die dazu verwendeten Landgrundstücke im Königreiche Sachsen. Grimma: Verl. des Verlags-Comptoirs 1840. 93 S.

Dietrich, Waldemar

Dietrich, Gualdemarus, Lipsiensis: Quaestionum Vitruvianarum specimen. Misniae 1906: Klinkicht. (84 S.) 8°

Leipzig, Phil. Fak., Ref. Lipsius, Marx, Diss. v. 9. Juli 1906

[Geb. 6. Jan. 82 Leipzig; Wohnort: Meißen; Staatsangeh.: Sachsen; Vorbildung: Fürstensch. Meißen Reife O. 01; Studium: Bonn 3, Leipzig 6 S.; Rig. 19. 20. Dez. 05.]

Dietrich, Walther: Beiträge zur Entwicklung des bürgerlichen Wohnhauses in Sachsen im 17. und 18. Jahrhundert. 1903. 83 S., 1 Taf. 4⁰ ¶ Auch bei Gilbers in Leipzig 1904.

Dresden, Dr.-Ing.-Diss. v. 27. 5. 1903

Dietrich, Walter: Über die Leitfähigkeit elektrischer Isolatoren und ihre Änderung durch Licht, Feuchtigkeit, Temperatur etc. Göttingen 1909: (Buchdr. d. Anst. Bethel, Bielefeld). 105 S. 8°

Göttingen, Phil. Diss. v. 30. Dez. 1909, Ref. Riecke

[Geb. 10. Jan. 84 Bielefeld; Wohnort: Bielefeld; Staatsangeh.: Preußen; Vorbildung: Gymn. Bielefeld Reife O. 03; Studium: Göttingen 3, Marburg 2, Göttingen 7 S.; Rig. 30. Juni 09.] [U 10. 1404

Dietrich, Walther, aus Luckau: Kants Raumlehre und ihr Verhältnis zur Geometrie. Halle a. S. 1904: H. John. (26 S.) 8°

Erlangen, Phil. Fak., Ref. Hensel, Diss. v. 13. Juli 1904

[Geb. 1. Aug. 80 Luckau N.-L.; Staatsangeh.: Preußen; Vorbildung: Paedagogium Züllichau Reife M. 99; Studium: Halle a. S 7 S.; Rig. 13. Juli 04.]

Dietrich, Wilh., die Anwendung des Vierordt'schen Doppelspalts in der Spectralanalyse. gr. 8. (71 S.) Stuttgart 881. Wittwer. n. 1. 60

Dietrich, Wilhelm, Medizinalprakt.: Ätiologie und Therapie des Nabelschnurvorfalls nach den Erfahrungen aus der geburtshilflichen Universitätsklinik in München in den Jahren 1890—1908. Stuttgart 1909: Scheufele. 38 S. 8°

München, Med. Diss. v. 25. Jan. 1909, Ref. Döderlein

[Geb. 10. März 72 Stuttgart; Wohnort: München; Staatsangeh.: Württemberg; Vorbildung: Gymn. Tübingen Reife Juni 02; Studium: Tübingen 10 S.; Coll. 25. Jan. 08; Approb. 1. Jan. 09.] [U 10. 3493

Dietrich, Wilhelm, aus Senden: Aelteste Donauschotter auf der Strecke Immendingen-Ulm. *Stuttgart: E. Schweizerbart 1904.* (39 S.) 8° ¶ (Aus: N. Jahrbuch f. Mineral., Beil.-Bd 19.)

Tübingen, Naturw. Diss. v. 1904

Dietrich, Wilhelm: ⟨Aus d. Zool. Inst. d. Univ. Leipzig.⟩ Die Facettenaugen der Dipteren. Leipzig: W. Engelmann 1909. 77 S. 8° ¶ (Aus: Zeitschr. f. wiss. Zool. Bd 92.)

Leipzig, Phil. Diss. v. 8. April 1909, Ref. Chun, Pfeffer

[Geb. 18. Nov. 81 Frauenhain b. Großenhain; Wohnort: Frauenhain; Staatsangeh.: Sachsen; Vorbildung: Sem. Oschatz bis O. 02, Wahlfähigkeits-Zeugnis O. 05; Studium: Leipzig 7 S.; Rig. 11./12. Dez. 08.] [U 09. 2942

Dietrich, Wilhelm, prakt. Arzt a. Schwebda bei Cassel, Unterarzt beim 2. Kurhessischen Inf.-Reg. No 82: Vier Fälle von perforierender Uterusruptur. Berlin (1906): G. Schade. (29 S.) 8°

Berlin, Med. Fak., Ref. Bumm, Diss. v. 28. Febr. 1906

[Geb. 24. Sept. 79 Schwebda bei Eschwege; Wohnort: Göttingen; Staatsangeh.: Preußen; Vorbildung: Gymn. Hohensalza Reife O. 00; Studium: Berlin Kaiser Wilh.-Akad. 9 S.; Coll. 26. Febr. 06; Approb. 15. Febr. 06.]

Dietrich, Wilhelm, Rechtspraktikant a. Ludwigshafen a. Rh.: Der Gefahrübergang beim Kauf. Borna-Leipzig 1907: R. Noske. (VIII, 51 S.) 8°

Heidelberg, Jur. Fak., Ref. Bekker, Diss. v. 1907

[Geb. 22. April 83 Ludwigshafen; Wohnort: Ludwigshafen; Staatsangeh.: Bayern; Vorbildung: Gymn. Mannheim Reife Juli 02; Studium: Freiburg i. B. 1, München 5, Erlangen 1 S.; Rig. 27. Nov. 07.]

Dietrich, Wilhelm: Karte der Bayer. Eisenbahnen rechts des Rheines. Maasst. 1:75000. München: Commv. v. Mey & Widmayer 1896. 1 Ktnbl. gr. 2.

Dietrich, Wilhelm: Der Platonische Dialog Parmenides und die Ideenlehre. Nürnberg 1910: Hilz. 59 S. 8°

Erlangen, Phil. Diss. v. 15. März 1910, Ref. Falckenberg, Hensel

[Geb. 17. Okt. 84 Fürth i. B.; Wohnort: Fürth; Staatsangeh.: Bayern; Vorbildung: Gymn. Fürth Reife 03; Studium: Erlangen 5, München 5 S.; Rig. 7. Febr. 10.] [U 10. 844

Dietrich, Wilh., Tierarzt: Aus d. pharmakol. Inst. d. Tierärztl. Hochsch. zu Hannover. Leiter: Künnemann. Untersuchungen über die Wirkung des Atoxyls bei Pferd und Hund. (Stuttgart [1909]: Liebich.) 64 S. 8°

Gießen, Veterinär-Med. Diss. v. 15. Juli 1909, Ref. Geppert

[Geb. 3. Dez. 83 Brötzingen; Wohnort: Brötzingen; Staatsangeh.: Baden; Vorbildung: Oberrealsch. Pforzheim Reife Juli 02; Studium: Tierärztl. Hochschulen Stuttgart 3, Hannover 5 S.; Rig. 12. Febr. 09.] [U 09. 1143

DIETRICH, Willibald (Ketzin): Ueber Hernia epigastrica und praeperitoneales Lipom.- München: Kastner & Callwey 1903. 25 S.
19.6.1903 - Chr 1902/03,26; Jv 1903/04,321
Diss. Ingolst.-Landsh.-Mchn.

Dietrich, Wolfram, ein Opfer. Trauerspiel in 4 Akten. (63 S.) 8. Leipzig 908. Modernes Verlagsbureau. 1,50

Dietrich & Hannack, Ansicht zweier trag- und stellbarer Barren, Chemnitz, 1 Bl.

Dietrich und Hannack, Privat-Turnplatz-Einrichtung, Chemnitz, 1 Bl., 4°.

Dietrich v. Hermannsthal, Friedrich, Hauptm. des k. k. Inft.-Reg. Graf Jellacić Nr. 46. Geschichte des Tyroler Feld- und Land-, später 46. L.-Inft.-Reg. Errichtet 1745, reducirt 1809. Im Auftrage nach den Acten mehrerer Archive zusammengestellt. (Mit 1 Tabelle.) kl. 4. Krakau 1859.

Dietrich v. Hermannsthal, Gustav, k. k. Oberst. Unter Oesterreichs Doppeladler. Kriegsgeschichtliche Erinnerungen an und für seine Landsleute. (Aus: „Archiv des Vereines für siebenbürgische Landeskunde". Neue Folge. XVI. Band. 3. Heft. XVII. Band. 1. und 3. Heft.) gr. 8. Hermannstadt 1882—1883.

Von Wellen umspült. Irrfahrten. Erzählungen von M. **Dietrich**-Melander. Mit 4 Ill. Berlin: Schriftenvertriebsanst. 1903. (102 S.) 8° [J.]
= **Volksbücher**, Neue. Bdch. 74. [03. 15657

Dietrich-Schenk, H. Klimatischer Luftkurort Weggis am Vierwaldstättersee. 8. (Luzern) *o. J.* [1876, 89].

Dietrich & Voigt, Villa bei München, s.: Villa, die deutsche.

Dietrichkeit, O., Fundamental-Zahlen f. Invaliditäts-Versicherg., auf Grundlage d. Tabellen d. Vereinsblattes f. deutsches Versicherungswesen, Jahrg. 1892 Nr. 5 u. 1894 Nr. 1 u. 2, sow. e. Zinsfusses v. 3 1/2 % berechnet. gr. 8. (41 S.) Elberfeld 894. (F. Müller Söhne.) Geb. u. 15. –

Dietrichkeit, O., 7stellige Logarithmen u. Antilogarithmen aller 4stelligen Zahlen u. Mantissen v. 1000—9999 bezw. 0000—9999, m. Rand-Index u. Interpolations-Einrichtung f. 4- bis 7stelliges Schnell-Rechnen. gr. 8. (64 S.) Berlin 903. J. Springer. Geb. in Leinw. n. 3.—

Dietrichkeit, O. Verwaltungskosten und Rentabilität des deutschen Lebensversicherungsgeschäftes in 1898. Berlin 1900.

Dietrich's erste Ausfahrt, s.: Bibliothek d. litterar. Vereins in Stuttgart. 52.

Dietrichs Flucht, s. Heldenbuch, deutsches.

Dietrichs (II.) Andachtsbuch für Wallfahrer. 1. 8. (395 S.) Freiwaldau 890, Titze. geb. 1 50

Dietrichs, Herm., und Ludolf Parisius, Bilder aus der Altmark. Mit 140 Orig.-Holzschn. [aus der xylograph. Anstalt von J. F. Richter in Hamburg]. 12 Lfgn. oder 2 Bde. gr. 4. (280; VIII, 282 S.) Hamburg 882,83, J. F. Richter. à Lfg. *M 2.

Dietrichs, Herm., u. Ludolf **Parisius**, Bilder aus der Altmark. Mit 140 Orig.-Holzschn. [aus der xylograph. Anstalt von J. F. Richter in Hamburg]. (In 12 Lfgn.) 1—5. Lfg. gr. 4. (S. 1—240.) Hamburg 882. J. F. Richter. à n. 2. —

Dietrichs, Herm., u. Ludolf **Parisius**, Bilder aus der Altmark. 6—12. (Schluß-)Lfg. gr. 4. (1. Bd. S. 241—280 u. 2. Bd. VIII, 282 S. m. eingedr. Holzschn.) Hamburg 883. 84. J. F. Richter. à n. 2. — (2 Bde. geb. à n. 15. —)

Dietrichs, J. F. C., s. Dieterichs, J. F. C.

Dietrichsdorf [Schlagwort]

Dietrichsdorf, s.: Kiel. Lipsius u. Tischer.

Dietrichson, Lorentz

Dietrichson, L., Antinoos. Eine kunstarchäolog. Untersuchg. gr. 8. (XIV, 357 S. m. 18 Steintaf. u. 1 Lichtdr.) Christiania 884. (Aschehoug & Co.) n. 7. —

Dietrichson, L., u. H. Munthe, die Holzbaukunst Norwegens in Vergangenheit u. Gegenwart. Mit 1 Übersichtskarte u. 31 Taf. nach alten Denkmälern u. nach Ausführgn. v. H. E. Schirmer, G. Bull, Thrap-Meyer, B. Lange, v. Hanno sen. u. H. Munthe, sowie üb. 220 Textabbildgn. gr. Fol. (XII, 128 S.) Berlin 893. Schuster & Bufleb. Kart. n. 45. -

Dietrichson, L., u. H. Munthe, die Holzbaukunst Norwegens in Vergangenheit u. Gegenwart. Mit 1 Übersichtskarte u. 31 Taf. nach alten Denkmälern u. nach Ausführgn. v. H. E. Schirmer, G. Bull, Thap-Meyer etc., sowie üb. 220 Textabbildgn. 2. [Titel-]Aufl. gr. Fol. (XII, 128 S.) Dresden [893.] (901). G. Kühtmann. Kart. n. 45. —

Diels, H., u. A. Rehm, Die Parapegmenfragmente aus Milet. Gel. 1904. 13 S. 1 Taf.

Dietsch, Prediger F., der neueste Metzer Geschichtsforscher u. „Evangelische-Bundes"-Bruder. Beleuchtet v. Heinrich. [Aus: „Metzer Presse".] gr. 8. (81 S.) Trier 889. Paulinus Druckerei. n. — 50

Dietsch, A., Tagebuch und Reisenotizen. 8°. Aarau 1845.

Dietsch, Christoph

Dietsch, Chrph., Leitfaden der darstellenden Geometrie. Mit 93 Fig. u. vielen Aufgaben. gr. 8. (V, 130 S.) Erlangen 886. Deichert. n. 2. 40

Dietsch, Chr., Leitfaden d. darstellenden Geometrie. 2., verm. Aufl. gr. 8. (V, 136 S. mit 93 Fig. u. vielen Aufgaben.) Leipzig 889. Deichert Nachf. n. 2. —

Dietsch, Chrph., Leitfaden d. darstell. Geometrie. M. 88 i. d. Text eingedr. Fig. u. sehr viel. Aufgaben. 3., verm. u. verb. Aufl. gr. 8. (IV, 152 S.) Leipzig 898. A. Deichert Nachf. n. 2. 20

Dietsch, Christoph, Leitfaden der darstellenden Geometrie. Mit 88 in den Text eingedr. Fig. u. sehr vielen Aufgaben. 4., nach der neuen Rechtschreibg. verb., sonst fast unveränd. Aufl. gr. 8. (IV, 152 S.) Leipzig 903. A. Deichert Nachf. n. 2.20

Dietsch, Christoph, Leitfaden der darstellenden Geometrie. Mit 91 in den Text eingedr. Fig. u. sehr vielen Aufgab. 5. Aufl. (IV, 159 S.) gr. 8. Leipzig 909. A. Deichert Nachf. 2.20

Dietsch, Curt, Schiffsarzt d. Hamburg-Amerika-Linie: Aus d. pathol. Institute zu Kiel. Über einen Fall von Oesophagusfistel nach einem Trachealdivertikel. *Kiel 1900: H. Fiencke.* (21 S.) 8°
Kiel, Med. Diss. v. [10. Juli] 1900

Dietsch, David Karl Philipp

Dietsch, Dav. K. Ph., dreißig orfische Hymnen. 8. Nürnb. 820. Zeb. 8 gr. (Eine vollständ. Ausg., s. Orpheus, Hymnen).

Einige metrische Uebersetzungen nach griechischen Dichtern. Von Dr. Dav. Karl Philipp Dietsch. Stdl. — 1852. B., Höreth. — S. 3—16.
Progr. Bayreuth

Dietsch, E.

Die lateinische und die griechische Sprache im Gymnasialunterricht. Vortrag, gehalten bei der Jahresschlussfeier des K. Realgymnasiums Würzburg von — E. Dietsch, G.-P. — 1889, Würzburg, ebenda. — S. 40—50.
Progr. Würzburg, Realgymn.

Dietsch, Friedrich

Dietsch, F., u. H. Tollin, Geschichte der Hugenotten von Metz, s.: Geschichtsblätter des deutschen Hugenotten-Vereins. X. 1. 2.

Dietsch, F., die evangelische Kirche v. Metz. Entstehung, Verfolgg., Untergang u. Auferstehen. Mit e. einleitenden Theile über die staatl. u. kirchl. Zustände in Metz unmittelbar vor der Reformationszeit. Nach den Quellen dargestellt. gr. 8. (XVI, 406 S.) Wiesbaden 888. (Bechtold & Co.) 4. 50

Die evangelische Kirche von Metz. Entstehung, Verfolgung, Untergang u. Auferstehen auf Grund zuverlässiger hs. u. gedr. Zeugnisse, erzählt von F[riedrich] Dietsch, Pfarrer. 2. Aufl. Metz: Scriba 1910. 379 S. 8° [10. 1903]

Dietsch, F. Des Archivdirektors vom Bezirk Lothringen Dr. Wolfram zu Metz neueste Kritik der „Evangelischen Kirche v. Metz", beleuchtet v. Verf. d. Buches. gr. 8. (16 S.) Metz 889, (Deutsche Buchh.) * — 40

Dietsch, F., Verfolgung u. Leiden der evangelischen Kirche von Metz von ihrer Gründung bis heute. Eine Volksausg. d. im J. 1888 erschienenen Buches „Die evang. Kirche von Metz etc.". 8. (185 S.) Metz 890. Deutsche Buchhandlg. n. 1. —

Dietsch, Gust., Château du Hoh-Koenigsbourg. Nouvelle éd. refondue et illustrée en photogravures par D. Cellarius. (63 S. m. 2 Taf.) 8. Sainte-Marie-aux-Mines 904. (Leipzig, G. Hedeler.) Kart. n. 1. —

Dietsch, Gust., die Hoh-Kœnigsburg als Ruine. (Eigentum S. M. des Kaisers.) Aus dem Franz. übers. Verm. u. umgearb. Aufl. Mit 12 Illustr. in Autotyp. u. e. Grundrisskarte. (72 S.) 8. Markirch 905. (Leipzig, G. Hedeler.) n. 1. —

Dietsch, H. R., s. Dietsch, (Heinrich) Rudolf

Dietsch, Jo. Friedr. Wilh. Carl (Nordhausen), Quaedam ad rheumatismi naturam spectantia. Diss med. Jena (Schreiber & Co.) 29. IX. 1824. 32 S. (4.50) 6527
Gew.: Clem. Aug. Bartels.

Dietsch, Julius, Medizinalprakt.: Aus d. II. gynaekol. Klinik in München. Dir.: Amann. Zur Kasuistik der Doppelbildungen des weiblichen Genitale. München 1909: Kastner & Callwey. 34 S. 8°
München, Med. Diss. v. 15. Febr. 1910, Ref. Döderlein
[Geb. 22. Sept. 83 Augsburg; Wohnort: München; Staatsangeh.: Bayern; Vorbildung: Gymn. Hof Reife Juli 03; Studium: Würzburg 6, München 4 S.; Coll. 15. Febr. 10; Approb. 15. Jan. 10.] [U 10. 3494

Dietsch, Julius Erdmann Christoph

Dietsch, Julius E. Chr. „Entstehung und Schicksale der frühesten christlichen Kirchen und Kapellen in Hof und seiner Umgebung". pg. 3—36 und 1 Bl. Nachtrag. 4°. Mintzel (H. Hörmann).
Hof, Progr. 1853/54

Glückwunsch zum dritten Jubelfeste des K. Gymnasiums in Hof am 25. August 1846, dargebracht von der K. Landwirthschafts- und Gewerbschule erster Klasse daselbst. — Ohne Druckort. — 4 sechszeil. Strophen [von Pfr. Dietsch] — ½ Bog.
Progr. Hof

Historia linguae hebraicae a primordiis generis humani usque ad sacrorum christianorum emendationem summatim exposita a D. Julio Erdmanno Christoph. Dietsch, G. P. — 1853. Curiae Regnitianae, typ. Mintzel. — S. 3—16.
Progr. Hof

Historia linguae hebraicae summatim exposita. Pars II. Scrips. Dr. Jul. Erdm. Christoph. Dietsch, G. P. — 1854. Ibid. — S. 3—16.
Progr. Hof

Predigt am dritten Jubelfeste des K. Gymnasiums zu Hof, den 25. Aug. 1846, als dem allerh. Geburts- und Namensfeste Sr. Majestät des Königs, in der St. Michaelskirche daselbst gehalten von Julius Erdmann Dietsch u. s. w. Auf Verlangen und zu einem wohlthätigen Zwecke für das Gymnasium dem Drucke übergeben. — 1846. H., Grau. — S. 1—16 in 8.
Progr. Hof

Texte zu den Festgesängen bei der dritten Jubelfeier des K. Gymnasiums in Hof am 25. und 26. Aug. 1846 und Glückwunsch der K. Landwirthschafts- und Gewerbschule erster Klasse daselbst verfaßt von Jul. Erdm. Christoph Dietsch, zweitem Pfarrer an der St. Michaelisk., P. am G. u. L. d. Rel. u. deutsch. Spr. an der Gewerbsch. Zu einer milden Stiftung am Gymnasium bestimmt. 1846. H., Grau. — ½ Bog. in 8.
Progr. Hof

Dietsch, Jul. Erdm. Chr., Texte zu den Festgesängen bei der 3. Jubelfeier des Königl. Gymnasiums in Hof am 25. und 26. Aug. 1846. gr. 8. Hof 846 (847), Grau. 1½ ngl

Dietsch, Jul. Erdm. Chrph., die christlichen Weihestätten in und bei der Stadt Hof. Geschichtliche Darstellung der allda befindlichen Kirchen, Kapellen u. Friedhöfe. Mit 3 Taf. lith. Abbildgn. Hof 856. (Nürnberg, Riegel u. Wießner.) gr. 4. (VIII, 165 S.) nn. 1 ℛ 15 ngl

Dietsch, K., kurze Predigten auf mehrere Sonn- u. Festtage. 8. Augsb. 818. Bolling. (Leipz., Herbig). 14 kr

[F.] **Dietsch,** Karl [Rektor]: Beiträge zur Geschichte des Gymnasiums in Hof. Tl 1. Aus Anlass d. 350jähr. Jubelfeier d. Gymn. hrsg. *Hof, Druck d. Mintzel'schen Buchdr., 1896;* 57 S. 8.
Hof, k. humanist. G, P 1896*

[F.] **Dietsch,** Karl [Rektor]: Beiträge zur Geschichte des Gymnasiums in Hof. Tl 2. Aus Anlass d. 350jähr. Jubelfeier d. Gymn. hrsg. (Forts. d. P-Beil. 1896.) *Hof, Druck d. Mintzel'schen Buchdr., 1897;* 1 Bl., 63—173 S. 8.
Hof, k. humanist. G, P 1897*

Dietsch, Karl: Beiträge zur Geschichte des Gymnasiums in Hof. T. 3. Aus Anlass der 350jährigen Jubelfeier des Gymnasiums herausgegeben. *(Hof 1898: Mintzel.)* (177—211 S.) 8° ¶ (Fortsetzung d. P-Beilagen 1896. 97.) [F.]
Hof, k. humanist. G, P 1898*

Dietsch, Karl, Festrede, geh. bei der Bismarckfeier der Stadt Hof am 1. Apr. 1885. 8. (14 S.) Hof 885. Lion. n. — 20

Zur Methodik des lateinischen Unterrichts. I. Das Nomen und der einfachste Satz in der untersten Lateinklasse. — Von Karl Dietsch, Stdl. — 1879, Hof, ibid. — S. 3—45
Dasselbe. II. Der einfache und der zusammengesetzte Satz in der Lateinschule. — 1880, Hof, ibid. — S. 3—54
Progr. Hof, K. Gymn.

Zur Methodik des lateinischen Unterrichts. III. Einige Kapitel aus einem Lehrgang der lateinischen Syntax für die vierte Lateinklasse. — Von Karl Dietsch, Stdl. — 1886, Hof, ebenda. — S. 1—45.
Progr. Hof, K. Gymn.

Nekrolog auf den K. Gymnasialprofessor Dr. Wilhelm Herding. — Von Karl Dietsch, G.-R. — Jahresbericht p. 37—38.
Progr. Erlangen, K. Gymn.

Nekrolog auf Dr. Adolf Westermayer. (Beigabe zum Jahresbericht 1900.) — Von Karl Dietsch, G.-R. — — P. 36—37.
Progr. Erlangen, K. Gymn.

Dietsch, Karl, lateinisches Übungsbuch, s.: Buchner's Sammlung lateinischer Übungsbücher.

Dietsch, (Heinrich) Rudolf

Dietsch, Rud., Abrisz der Brandenburgisch-Preuszischen Geschichte. Mit 3 (lith. u. color.) Karten. Beigabe zu des Verf. Grundrisz d. allgem. Geschichte. Leipzig 858. Teubner. gr. 8. (VI, 122 S.) 12 ngl

Dietsch, Rud., Abrisz der brandenburgisch-preuszischen Geschichte. Mit 3 (lith. u. color.) Karten. Beigabe zu des Verf. Grundrisz der allgemeinen Geschichte. 2. durchgesch. u. verbesz. Aufl. Leipzig 860. Teubner. gr. 8. (VII, 125 S.) 12 ngr

Dietsch, Rud., Abriss der brandenburgisch-preussischen Geschichte. Beigabe zu des Verf. Grundriss der allgemeinen Geschichte. 3., durchgesch. und verb. Aufl. gr. 8. (V und 126 S. mit 3 chromolithogr. Karten.) Leipzig 865, Teubner.

Dietsch, Rud., Abriss der brandenburgisch-preussischen Geschichte. Mit 4 (lithogr. und color.) Karten. [Beigabe zu des Verf. Grundriss der allgem. Geschichte.] 4. bis zur Gegenwart fortgeführte Aufl. gr. 8. (VI, 162 S.) Leipzig 870, Teubner.

Dietsch's, Rud., Abriss der brandenburgisch-preussischen Geschichte. Neu bearb. von Max Hoffmann. gr. 8. (IV, 116 S. mit 4 chromolithogr. Karten.) Leipzig 882, Teubner.

Dietsch's, Rud., Abriss der brandenburgisch-preussischen Geschichte. Neu bearb. v. Max Hoffmann. 2. Ausg., m. Anh.: Die Entwickelg. des Deutschen Reichs u. der europ. Politik von 1871—1888 im Überblick v. Gust. Richter. gr. 8. (IV, 116 u. 12 S.) Leipzig 893. B. G. Teubner. n. 1. 60

Dietsch, (Heinr. Rud.), Bericht über die Versammlung sächs. Gymnasiallehrer zu Leipzig am 17., 18. und 19. Juli 1848. Aus den Protokollen zusammengestellt. gr. 8. (35 S.) (Leipzig 848, Teubner.)

Dietsch, R., Beschreibung d. Albrechtsfestes, s. Beschreibung.

—— übersichtl. Darstellung d. Geschichte von Tahiti. Vortrag, im evang. Missionsverein zu Grimma am 1. April 1844 geh. gr. 8. (3¾ B.) Grimma. (Gebhardt.)

Dietsch, (H.) Rud., Grundriss der allgemeinen Geschichte für die oberen Gymnasialclassen. 3 Thle. gr. 8. (IV und 408 S.) Leipzig 854, Teubner. [1. 11¼ Ngr., 2. 12 Ngr., 3. 12 Ngr.]

—— Grundriss der allgemeinen Geschichte für die oberen Gymnasialklassen. 1. Thl. 2., verm. und verb. Aufl. 1857. und 3. Aufl. gr. 8. (III und 131 S.) Leipzig 859, Teubner.

—— dass. — 2. und 3. Thl. 2., verb. und verm. Aufl. 1858. (333 S.) und 3., von neuem durchgeseh. Aufl. gr. 8. (359 S.) Leipzig 860. 61, Teubner. à Thl. 12 Ngr.

— — 4. von neuem durchgesch. Aufl. 1. u. 2. Thl. Ebend. 862, 63. gr. 8. (140; 162 S.) Jeder Thl. 12 ngr.

—— dass. — 2. Thl. 4. Aufl. 1864. und 5., von neuem durchgeseh. Aufl. gr. 8. (164 S.) Ebendas. 867.

— Grundriss der allgemeinen Geschichte für die obern Gymnasialklassen. 3 Thle. Ebend. gr. 8. Jeder Thl. 12 ngr.
1. Thl.: 5. Aufl. 865. — 6. von neuem durchges. Aufl. 868. (142 S.) — 2. Thl.: 5. Aufl. 867. (164 S.) — 3. Thl.: 4. Aufl. 864. (185 S.) — 5. von neuem durchges. Aufl. 868. (200 S.)

—— Grundriss der allgemeinen Geschichte für die oberen Gymnasialklassen. 1. Thl. 7. von neuem durchgeseh. Aufl., und 2. Thl. 6. von neuem durchgeseh. Aufl. gr. 8. (142; 164 S.) Leipzig 872, Teubner. à Thl. ℳ 1,20.
—— dass. — 3. Thl. Neu bearb. von Gust. Richter. 6. Aufl. gr. 8. (VIII, 159 S.) Ebendas. 874.

Dietsch, R. Grundriss d. allgemeinen Geschichte, s. Richter, Gust.

Dietsch's, Rud., Grundriss der allgemeinen Geschichte für die oberen Klassen von Gymnasien und Realschulen. Neu bearb. von Gust. Richter. 1. und 2. Thl. gr. 8. Leipzig, Teubner. [1. Thl. 8. Aufl. (VIII, 175 S.) 876; 2. Thl. 7. Aufl. (X, 160 S.) 878.] à Thl. ℳ 1,20.

Dietsch, (Heinrich) Rudolf (Hrsg.), s. Herodotus.

Dietsch, Rud., das Leben Herzog Albrechts des Beherzten. Als Einladungsschrift zu der 400jähr. Feier seiner Geburt im Schlosse zu Grimma am 27. Juli 1843 im Auftrag des Fest-Comité herausgegeben. Mit 1 Lithogr. gr. 8. Grimma 843, Verlags-Compt. n. ⅓ ℛ

Dietsch, Heinr. Rud., Lehrbuch der allgemeinen Geschichte f. die obern Klassen der Gymnasien u. zum Selbststudium. 3 Thle. gr. 8. 1. Thl. Die Zeit vor Christi Geburt. (VIII u. 332 S.) 2. Thl.: Das Mittelalter. (IV u. 407 S.) 3. Thl.: Neuere Geschichte. (IV u. 474 S.) Leipzig 847—51, Teubner. (I: 1 ℛ II u. III: à 1¼ ℛ) 3½ ℛ

— Lehrbuch der Geschichte für die oberen Klassen der Gymnasien und zum Selbststudium. 2. vollständig neu bearb. Aufl. (In 3 Bdn.) Ebend. gr. 8.
1. Bd. 1. Abth.: Die Geschichte des Orients u. Griechenlands. 860. (VII, 311 S.) 1 ℛ
1. Bd. 2. Abth.: Geschichte der Römer u. der mit ihnen in Beziehung getretenen Völker. 861. (IV, 422 S.) 1 ℛ 10 ngr.
2. Bd. 1. Abth.: Die Zeit von Christi Geburt bis zum Regierungsantritt Karls des Großen. (IV, 312 S.) 1 ℛ

—— Lehrbuch der Geschichte für die obern Klassen der Gymnasien und zum Selbststudium. 2., vollständig neu bearb. Aufl. 2. Bd. 1. und 2. Abthl. gr. 8. Leipzig 864,66, Teubner.
Inhalt:
Bd. 2. Abthl. 1. Die Zeit von Christi Geburt bis zum Regierungsantritt Karls des Großen. (IV und 312 S.) 1 Thlr.
" 2. " 2. Die Zeit von Karl dem Großen bis zu den Kreuzzügen. (VI und 415 S.) 1 Thlr. 12 Ngr.
1. Bd. 1. und 2. Abthl. Ebendas. 1860,61. 2 Thlr. 10 Ngr.

—— Lehrbuch der Geschichte für die obern Klassen der Gymnasien und zum Selbststudium. 1. Bd. 1. Abthl. A. u. d. T.: Geschichte des Orients und Griechenlands. 3. verb. Aufl. gr. 8. (VIII, 317 S.) Leipzig 869, Teubner.
1. Bd. 2. Abthl. ℳ 4.; 2. Bd. 1. Abthl. ℳ 3., und 2. Abthl. ℳ 4,20.

—— Lehrbuch der Geschichte in neuer Bearbeitung. 1. Bd. 2 Abthl. A. u. d. T.: Geschichte der Römer. Neu bearb. von M. Hoffmann. gr. 8. (VIII, 386 S.) Ebendas. 879.
1. Bd. 1. Abthl. Ebendas. 1869. ℳ 3.; 2. Bd. 2 Abthlgn. 1864,66. ℳ 7,20.

—— Lehrbuch der Geschichte in neuer Bearbeitung. 2. Bd. 3. Abthl. und 4. Abthl. 1. Hälfte: Geschichte des Mittelalters. Bearb. von Horst Kohl. gr. 8. Ebendas. à Abthl. ℳ 6,60.
Inhalt:
Abthl. 3. Dritte Periode. [1096—1273.] (XII, 469 S.) 881.
" 4. 1. Hälfte. Vierte Periode. [1273—1492.] (XI, 415 S.) 884.
1. Bd. 1. und 2. Abthl., 2. Bd. 1. und 2. Abthl. Ebendas. 1864—79. ℳ 14,70.

Dietsch, H. R., Observationes criticae in C. Sallustii Crispi Jugurthae partem extremam. Pr. 1845. 34 S. 4°. 1.20

Dietsch, H. R., De Sophoclis Oedipode Coloneo. Pr. 1872. 8 S. 4°.

— Quo tempore quoque consilio Sallustius Catilinam scripsisse videatur. Pr. 1856. 16 S. 4°. 1.25

— s. Sallust., C. Crisp., Catilina et Jugurtha.

Dietsch, R., Schulrede, s. Schulreden, zwei.

—— Theologumenon Vergilianorum particula. gr. 4. (37 S.) Grimae 853, (Gebhardt.) *

— Uebungsbuch zum Uebersetzen aus dem Deutschen in's Lateinische, zunächst beim Gebrauche der Schulzischen Grammatik. 2. Cursus. — A. u. d. T.: Erzählungen aus der alten Geschichte. Mit besonderer Berücksichtigung des Cornelius Nepos. 1. Thl. gr. 8. Halle 841, Buchhandlung des Waisenhauses. ⅔ ℛ

— Uebungsbuch zum Uebersetzen aus dem Deutschen in's Lateinische, zunächst beim Gebrauche der Schulzischen Grammatik. 2. verb. Aufl. 1. Cursus. Halle 853. Buchhandlung des Waisenhauses. gr. 8. (VI, 376 S.) 25 ngr.

Dietsch, (H.) Rud., Versuch über Thukydides. gr. 8. (67 S.) Leipzig 856, Teubner.

Dietsch, Th., Sächsischer Rechtsfreund. Handbuch d. vaterländ. Gesetzkunde f. das Sächs. Volk. 1—5. Hft. gr. 8. (1 Bd. VI u. 320 S.) Meißen 847. 48, Gödsche. (à n. ⅙ ℛ) n. ⅚ ℛ

DIETSCH, Woldemar (Rothenburg o.T.): Therapeutische Versuche mit Eucalyptus globulus.- München: Schreiber 1874. 37 S., Tab.
29.7.1874 - Urk (Titel: Experimenta de eucalypti globuli usu instituta.); Chr 1874/75,12
Diss. Ingolst.-Landsh.-Mchn.

Dietsche, Otto. Studien in den Reihen des Triphenylmethans und Phenylfluorens. Diss. Math.-Naturw. Freiburg in der Schweiz. 69 S. 8. Freiburg ⟨Schweiz⟩, St.-Paulus-Druckerei, 1905.

Dietschi, Herm., Excelsior od. 190 Tage Gefängnis. gr. 8. (399 S.) Venlo 893. Zürich, Kirchgasse 24, Selbstverl. Geb. in Leinw. 4. 50

(D[ietschi], H[ugo].) Siegel und Wappen von Olten. Separatabdruck aus dem «Oltner Tagblatt». 12 S. 8. Olten, Buchdr. des «Oltner Tagblatt» ..., 1902.

Dietschi, Pet., kleines Lehrbuch der Weltgeschichte in vorzugsweise biographischer Form. Für den ersten Unterricht in der Geschichte und besonders für schweizer. Sekundar- und Bezirksschulen. 1. Aufl. 1870. *ℳ 2,40.; 2. Aufl. 1872. *ℳ 2., und 3. verb., verm. und bis auf die neuesten Ereignisse fortgeführte Aufl. gr. 8. (XVI, 240 S.) Solothurn 872, Jent und Gaßmann. *

Dietschi, Peter, kleines Lehrbuch der Weltgeschichte in vorzugsweise biographischer Form. Für den ersten Unterricht in der Geschichte und besonders für schweizer. Sekundar- und Bezirksschulen. 4.—6. verb., verm. und bis auf die neuesten Ereignisse fortgeführte Aufl. gr. 8. (XV, 259 S.) Solothurn 875—79, Jent und Gaßmann. *
geb. *

Dietschi, Peter, kleines Lehrbuch der Weltgeschichte in vorzugsweise biographischer Form. Für den ersten Unterricht in der Geschichte u. besonders f. schweizer. Sekundar- u. Bezirksschulen. 5. verb., verm. u. bis auf die neuesten Ereignisse fortgeführte Aufl. gr. 8. (XV, 254 S.) Solothurn 876. Jent & Gaßmann. n. 1. 80; geb. n. 2. 20

Dietschi, Pet., kleines Lehrbuch der Weltgeschichte in vorzugsweise biographischer Form. Für den ersten Unterricht in der Geschichte und besonders für schweizer. Sekundar- und Bezirksschulen verfaßt. 7. verb., verm. und bis auf die neuesten Ereignisse fortgeführte Aufl. (XV, 261 S.) 1881; 8. verb. und bis auf die neuesten Ereignisse fortgeführte Aufl. gr. 8. (XVI, 263 S.) Solothurn 883, Jent. geb. *

Dietschi, Pet., kleines Lehrbuch der Weltgeschichte in vorzugsweise biographischer Form. Für den ersten Unterricht in der Geschichte u. besonders f. schweizer. Sekundar- u. Bezirksschulen verf. 9. verb. u. bis auf die neuesten Ereignisse fortgeführte Aufl. gr. 8. (XVI, 263 S.) Solothurn 886. Jent. geb. n. 2. 20

Dietschi, Peter. Kleines Lehrbuch der Weltgeschichte... verfasst von P. D. 8. Solothurn.
8. verbesserte und bis auf die neuesten Ereignisse fortgeführte Aufl. 1883.
9. verbesserte... Aufl. 1886.
10. verbesserte... Aufl. 1888.

Dietschi, Pet., kleines Lehrbuch der Weltgeschichte in vorzugsweise biographischer Form. Für den ersten Unterricht in der Geschichte u. besonders f. schweizer. Sekundar- u. Bezirksschulen verf. 11., verb. u. bis auf die neuesten Ereignisse fortgeführte Aufl. gr. 8. (XVI, 268 S.) Solothurn 891. Jent & Co. Geb. n. 2. 20

Dietschi, Peter. Kleines Lehrbuch der Weltgeschichte... verfasst von P. D. 8. Solothurn.
12. verbesserte und bis auf die neuesten Ereignisse fortgeführte Aufl. 1893.
13. verbesserte... Aufl. 1896.

Dietschi, Pet., kl. Lehrbuch d. Weltgeschichte in vorzugsweise biograph. Form. F. d. ersten Unterr. i. d. Geschichte u. bes. f. schweizer. Sekundar- u. Bezirksschulen verf. 13., verb. u. b. auf d. neuesten Ereignisse fortges. Aufl. gr. 8. (XVI, 271 S.) Solothurn 896. Jent & Co. Geb in Halbleinw. n. 2. 20

Dietschi, P. Kleines Lehrbuch der Weltgeschichte in vorzugsweise biographischer Form. Für den ersten Unterricht in der Geschichte u. besonders f. schweizer. Sekundar- u. Bezirksschulen verf. 14. Aufl. Gr. 8⁰. XVI, 272 S. Solothurn, A. Lüthy. 1899 Geb. 2 20

Dietschi, Pet., kleines Lehrbuch der Weltgeschichte in vorzugsweise biographischer Form. Für den ersten Unterricht in der Geschichte u. besond. f. schweizer. Sekundar- u. Bezirksschulen verf. 15. verb. u. bis auf die neuesten Ereignisse fortgeführte Aufl. gr. 8. (XVI, 279 S.) Solothurn 902. A. Lüthy. Geb. in Halbleinw. n. 2.20

Dietschi, Peter, und Weber, Leo. Walther Munzinger (1830–1873). Ein Lebensbild. [Mit Porträt-Tafel.] 8. Olten 1874.

Dietschi, Peter. Werner Munzinger-Pascha (1832–1875). Rede bei der Gedächtnissfeier in Olten... den 21. Dezember 1875. gehalten von P. D. 8. Olten 1876.

Dietschi, P., Werner Munzinger-Pascha Rede bei der Gedächtnissfeier in Olten, Dienstag den 21. Dezember 1875. 48 Stn. 8. Olten, Buchdruckerei des Volksblatt vom Jura. 1876

Dietschi, Peter, Sokrates und Plato in den Dialogen Protagoras, Apologie, Symposion und Phädon. Solothurn 1864. Progr.

(Dietschy, J[oseph] V[ictor].) Guide du baigneur aux eaux salées de Rheinfelden les Bains, Suisse, Canton d'Argovie. [Avec des illustrations, 2 planches et 1 carte.] 8. Bâle 1886.

Dietschy, J(os[eph]) V[ictor]. Rheinfelden, Schweiz. Soolbad. Dietschy's Hôtel Krone am Rhein. Rhein Soolbad Etablissement = Bains Salins. Hôtel Dietschy au Rhin. Hôtel de la Couronne. Etablissement des Bains Salins du Rhin. [Hrg. von] J. V. D.... [Mit illustriertem Titel, 4 Tafeln, 2 Karten und 1 Panorama.] 8. Zürich *o. J.* [1880 85].
Deutsche Ausg. (*Umschlag:* Soolbad Rheinfelden.)
Französische Ausg. (*Umschlag:* Bains Salins de Rh'.)

Dietschy, J[oseph] V[ictor]. Soolbad Rheinfelden. Hrg. von J. V. D. [Mit Illustrationen und 1 Tafel.] 8. Basel 1887.

Dietschy, J[oseph] V[ictor]. Soolbad Rheinfelden. Hrg. von J. V. D. Beschrieben von Freunden. Gewidmet den Kurgästen. [Mit Illustrationen, 6 Tafeln und 1 Karte.] 8. Aarau *o. J.* [ca. 1889].

Rheinfelden, Soolbad. Herausgeg. von J. V. Dietschy, illustrirt. Gr. in-8⁰, 110 S. Aarau, Sauerländer. Eleg. geb. — —

Soolbad Rheinfelden. Hrsg. von J. V. **Dietschy**. Basel 1895: Birkhäuser. 82 S. 8° (tr. 7242 11

Soolbad Rheinfelden mit den Kuranstalten von J(os.) V. **Dietschy**. Grand Hôtel des Salines, die Villen Concordia, Flora u. du Parc, Hôtel Dietschy & Krone am Rhein. *(Aarau & Lausanne: Müller & Trüb [1903].)* (39 S.) quer-8° (04. 8907

Dietschy, Richard [aus Basel]: Über einige Nitro- und Nitroso-Abkömmlinge aus der Benzolreihe. Basel 1900. 40 S. 8⁰.
Basel. Phil. Diss. 1899/1900.

Dietschy, Rudolf. Die Albumosurie im Fieber. Diss. Med. Basel. 38 S. 8. Basel, Emil Birkhäuser, 1906.

Dietter, Bernh., üb. drei Fälle generalisierter Vaccine, s. a. Abhandlungen, Münchener medicinische.

DIETTER, Bernhard (Roth): Ueber drei Fälle von generalisierter Vaccine.- München: Lehmann 1893. 30 S., 2 Taf.
16.3.1893 - Chr 1892/93,17; Jv 1893/94,195
Diss. Ingolst.-Landsh.-Mchn.

Dietter, Fd., das Chamäleon Francis Osbaldistone. Geschichtlich getreue Darstellung der Freibeutereien Dick Turpins u. seiner Genossen, aus den Annalen Großbritanniens erhoben und frei bearbeitet. 4 Thle. Mit 4 Titelbildern. gr. 16. Stuttg. 839. Friz. $2^{11}/_{12}$ ₰

Dietter, Ferd., das Chamäleon Francis Osbaldistone. Geschichtl. getreue Darstell. d. Freibeutereien Dick Turpins u. seiner Genossen, aus d. Annalen Grosbritanniens erhoben u. frei bearb. 4 Thle. gr. 16. ($62\frac{1}{2}$ B. u. 4 Titbild.) Stuttgart 839, [Gärtner.]

Dietter, F. Vergeltung, oder die Württemberger in Frankreich. Darstellung der Feldzüge 1814–15. 8. Stuttgart 1840.

Burkhardswalde (Ephorie Pirna). Geschichte d. Kirchfahrt u. der vier zu ihr gehörenden Dörfer Burkhardswalde, Biensdorf, Grossröhrsdorf, Nenntmansdorf. Von Dr. phil. Johannes A[ugust] **Dietterle**, Pfarrer zu Burkhardswalde. *Dresden; (aufgestemp.: Pirna: C. Diller & Sohn) 1900.* (XII, 244 S.) 8° [F.] (00. 9/10

Dietterle, Johs., die Reform des Religionsunterrichtes in d. Volksschule. Vortrag, geh. im Bez.-Lehrerverein Pirna. (71 S.) gr. 8. Leipzig 907. J. Klinkhardt. 1. —

Dietterle, *Johannes August* [cand. rev. min.]: Die franziskanischen „Summae confessorum“ und ihre Bestimmungen über den Ablass. (Wird fortgesetzt.) Döbeln, Druck v. J. W. Thallwitz, 1893; I—XXXVIII S., 1 Bl. 4.
Döbeln, k. RG u. Landwirtschafts-S, OP 1893 (550)

Dietterle, Joh. A., die franziskanischen „Summae confessorum“ u. ihre Bestimmungen üb. den „Ablass“. Progr. gr. 4. (II, XXXVIII S.) Döbeln 893. (C. Schmidt.) n. 1. 50

— „Was kann v. unserer Seite geschehen, um dem Sonntage seine sociale Bedeutung zu sichern?“ Vortrag, geh. auf der Pirnaer Diöcesanversammlg. am 15. XII. 1898. gr. 8. (37 S.) Pirna 899. (C. Diller & Sohn.) n. —40

Dietterlein W, Stammbaum des württembergischen Fürstenhauses. 1595. Autographiert von Max Bach. grfol Auf Leinwand mit Stäben. Stuttgart 1874

Dietterlein, Wendel v., Austheilung, Symetrie u. Proport. der 5 Säulen. gr. Fol. mit 209 K. Nürnb. Schneider u. W.

Dietterlin, Wendel, Buch der Architectur über die Regeln, Verhoeltnisse und Anwendung der 5 Soeulenordnungen und der daraus folgenden Kunstarbeiten. Fenstern, Kamine, Thürgesimse etc. Nach der zu Nürnberg im J. 1598 erschienenen Orig.-Ausg., auf Stein gez. von Carl Claesen. 40 Lfgn. gr. Fol. (209 Stnt. in Tondr., lithogr. Portr., 5 lithogr. Titel mit 18 S. Text.) Lüttich 860—62. Brüssel, Schnée. à Lfg. * 1 Thlr. *

Dietterlin, Wendel, das Buch der Architectur. Eintheilung, Symmetrie und Verhältnisse der fünf Säulen-Ordnungen in ihrer Anwendung bei Kunst-Arbeiten. 2. Aufl. In Facs.-Druck nach der 1598 erschienenen Orig.-Ausg. (In 20 Lfgn.) 1.—4. Lfg. Fol. (à Lfg. 10 Taf. mit 1 Bl. Text.) Berlin 884, Claesen und Comp. à Lfg. *M 6. *

Dietterlin, Wendel, das Buch der Architektur. Deutsche Renaissanceformen auf Basis der 5 Säulen-Ordnungen in ihrer Anwendung bei Kunst-Arbeiten. 2 Aufl. In Facs.-Druck nach der 1598 erschienenen Orig.-Ausg. 5.—20. (Schluss-)Lfg. Fol. (à Lfg. 10 Taf.) Berlin 886, Claesen und Comp. à Lfg. *M 6.—. *
1.—4. Lfg. Ebendas. 1884. à *M 6.—. — Das Werk wird nur noch compl. zum Preise von *M 120.—. abgegeben.

Diettrich, s. a. Dietrich. — Diterich. — Ditterich. — Dittrich.

Diettrich, C., poetische Bagatellen aus dem Muldenthale. 8. Penig 820. Diezc. 21 gr

Diettrich, F., die Jahreszeiten. Kinderscenen. Wien 864. Paterno. gr. 4. (12 lith. u. color. Taf. m. Text.) 1 ℳ

Die neusten Angriffe auf die religiösen und sittlichen Vorstellungen des Alten Testamentes. Ein Vortrag aus d. Kampfe um Babel u. Bibel von Lic. Dr. G[ustav] **Diettrich,** Pastor, Berlin. *Giessen: J. Ricker 1903.* (24 S.) 8° [F.] [03. 6041

Diettrich, Gust., die neuesten Angriffe auf die religiösen u. sittlichen Vorstellungen des Alten Testamentes. Ein Vortrag aus dem Kampfe um Babel u. Bibel. (24 S.) gr. 8. Gießen 903. A. Töpelmann. n. — 50

Ein Apparatus criticus zur Pešitto zum Propheten Jesaia hrsg. von Lic. Dr. G(ustav) **Diettrich,** Pastor. Gießen: A. Toepelmann 1905. (XXXII, 222 S.) 8°
— **Zeitschrift** f. alttestamentl. Wissenschaft. Beih. 8. [05. 8788

Eine jakobitische **Einleitung** in den Psalter in Verbindung mit zwei Homilien aus dem grossen Psalmenkommentar [Puššaq mezmorē] des Daniel von Şalaḥ z. ersten Male hrsg. übs. u. bearb. von Lic. Dr. G(ustav) Diettrich, Pfarrer zu London. *Giessen: J. Ricker 1901.* (XLVII, 167 S.) 8°
= **Zeitschrift** f. d. alttestamentl. Wissenschaft. Beih. 5. [01. 7315

— die **Massorah** der östlichen u. westlichen Syrer in ihren Angaben zum Propheten Jesaia. Nach 5 Handschriften des British Museum in Verbindg. m. 2 Tractaten üb. Accente hrsg. u. bearb. 8. (LVII, 134 S.) London 899. Williams & Norgate. n.n. 8. 50

Išô'dâdh's **Stellung** in der Auslegungsgeschichte des Alten Testamentes an seinen Commentaren zu Hosea, Joel, Jona, Sacharja 9—14 u. einigen angehängten Psalmen veranschaulicht von Lic. Dr. [Gustav] Diettrich, Pfarrer zu Berlin. *Giessen: J. Ricker 1902.* (LXV, 163 S.) 8°
= **Zeitschrift** f. d. alttestamentl. Wissenschaft, Beih. 6. [02. 8016

Die nestorianische Taufliturgie. (Verf.: Ješu'jahb III. Ḥedājābājā) ins Deutsche übers. u. unter Verwertung d. neusten hs. Funde hist.-krit. erforscht von Lic. Dr. G[ustav] Diettrich, Pfarrer zu Berlin. *Gießen: J. Ricker 1903.* (XXXI, 103 S.) 8° [03. 10980

— die nestorianische Taufliturgie, ins Deutsche übers. u. unter Verwertg. der neuesten handschriftlichen Funde historisch-kritisch erforscht. (XXXI, 103 S.) gr. 8. Giessen 903. A. Töpelmann. n. 4. —

Diettrich, Gustav, aus Gehofen (Prov. Sachsen), Pfarrer in London u. Dr. phil.: Theologische **Thesen** ... zur Erwerbung des Grades eines Licentiaten der Theologie ... *Berlin (1900): G. Schade.* (2 Bl.) 4°
Berlin, Theol. Thes. v. 30. Juli 1900

— der besondere Wert des Alten Testamentes f. den Arbeiter im Reiche Gottes der Gegenwart. Ein Vortrag. gr. 8. (15 S.) Giessen 901. J. Ricker. n. — 40

Diettrich, J. F., Bemerkungen auf einer Reise durch Nieder-Schlesiens schönste Gegenden. 8. Bresl. Korn d. ält. (in Comm.) 815.
Schreibp.

Diettrich, J. F., Bemerkungen auf einer Reise durch die Grafschaft Glatz und das angrenzende Schlesien. 8. Breslau, J. F. Korn d. ä. (in Comm.) 816. Ist der Preis Schreibp.

Diettrich-Kalkhoff, Frz., Geschichte der Notenschrift. (In ca. 7 Lfgn.) 1. Lfg. (S. 1—32 m. 2 Taf.) gr. 8. Jauer (906). O. Hellmann. n. — 50

Diettrich-Kalkhoff, Frz., Geschichte der Notenschrift., m. 3 Abbildgn., 18 Tab. u. zahlreichen Notenbeispielen im Text. 2—8. (Schluß-)Lfg. (VII u. S. 33—151.) gr. 8. Jauer 907. Glogau, Hellmann. à — 50; (Kplt. geb. 6. —)

Diez, s. a. Dietz.

Dietz, Pfarrer, ..., s. Käß, ...

Dietz u. v. Sohlern, Bad Kissingen als Terrainkurort f. Fettleibige u. Kranke m. Kreislaufstörungen. 8. (22 S.) Kissingen 886. (Hailmann.) — 75

Dietz (I.), Beiträge zur Kenntniss der Substratrichtung der Pflanzen, s. Untersuchungen aus dem botanischen Institut zu Tübingen.

Dietz, Frhr., der Dicken Dickster, s.: **Volksbibliothek,** deutsche.

Dietz, das Invalidenversicherungsgesetz vom 13. VII. 1899, m. den zu seiner Durchführung, insbesond. f. das Großherzogth. Hessen, erlass. Vorschriften. 8. (V, 480 S.) Mainz 900. J. Diemer, Verl. Geb. in Leinw. n. 4. 50

Dietz, Frhr., gesegnete Mahlzeit! Mittag-Speise-Zettel auf alle Tage des Jahres für die Küche des wohlhabenden Mittelschlages. 12. (386 S., 24 Bl. mit Illustr.) Hannover 888, Klindworth. geb. *

Rede am Johannisfeste 1852, gehalten in der □ zu den drei Pfeilen in Nürnberg von **Dietz.** [Nürnberg 1852.] 8 S. 8° [Kopftit.]
Abgedr. in: FZ. 7 (1853) S. 105—108.
Tt. 1984. Von dem Segen der Frmrei. 193.

— Versuch, den Begriff des Differenzials zu entwickeln. 28 S.
Progr. Schleusingen 1832

Dietz: Wanderung in den Trümmern von Pompeji.
30 S.–Hedingen, Progr. 1857

Dietz, A., Gelegenheitsgedichte a. d. Goethe-Textor. Familienkreise. [Aus: „Berichte d. Freien Deutschen Hochstiftes".] gr. 8. (15 S.) Frankfurt a/M. 894. Gebr. Knauer. n. 1. —

Dietz, A., die Reichs-Gewerbe-Ordnung, das gewerbliche Versicherungsrecht, sowie d. hessische Gewerbesteuergesetz, unter besond. Berücksicht. der hess. Ausführungs-Vorschriften erläutert, nebst e. Anh., enth. verschiedene das Gewerbewesen betreff. Gesetze u. Verordngn. gr. 8. (XII, 514 S.) Darmstadt 887. Jonghaus. n. 5. —

Touristen-Karte von Landshut und seiner Umgebung mit Berücks. d. Fusswege sowie der z. Radfahren geeign. Strassen. Nach offiz. Quellen bearb. von A. **Dietz**, K. Major, im Massst. 1:55,000. *Landshut: F. P. Attenkofer [1901].* (2 Bl., 1 Kartenbl. 45 × 72 cm.) 8° [Umschlagt.] [farbig]
[01. 9715

[Umschlagt.:] Touristenkarte für das Spessartgebiet nebst Anschluss an d. Gebiet d. Odenwaldes. Massst. 1:120,000. Entw. v. A. **Dietz**, k. Major z. D. M. farbig bezeichn. Touristenwegen ... 2., bedeut. verb. u. verm. Aufl. *Würzburg: J. Staudinger [1896].* (1 Ktnbl. ♃) 1 Bd 8. [96. 5360

Touristenwegkarte für das Spessart-Gebiet (nebst Anschluss an d. Gebiet d. Odenwaldes. Maßst. 1:120,000) entworfen von A. **Dietz**, Major z. D. (Mit eingezeichneten Touristenwegen ... Neue bedeutend verb. u. verm. Aufl. Würzburg: J. Staudinger 1906.) (1 Kartenbl. 52 × 54 cm.) 8° [Kopft. lith.] [kol.]
[06. 9744

Dietz, Ad., Wegweiser durch den Spessart, m. Touristenweg-Karte in farb. Ausführg. der Haupt- u. Neben-Routen durch den Spessart, nebst e. Anh. m. Notizen f. Radfahrer hinsichtlich Erhebg. u. Senkg. des Strassennetzes u. der örtl. Entferng. unter sich, im Einzelnen wie im Ganzen, sowie der Anschluss-Routen durch den Odenwald, 1 : 150,000. 12. (69 S.) Würzburg 893. J. Staudinger. n. 2. —

Dietz, Ad., Wegweiser durch d. Spessart m. Touristenweg-Karte in farb. Ausführ. d. Haupt- u. Neben-Routen durch d. Spessart u. dessen westl. Vorgelände (Hahnenkamm), nebst e. Anh. m. Notizen f. Radfahrer hinsichtl. Erhebg. u. Senkg. d. Strassennetzes u. d. örtl. Entferngn. unter sich, sow. d. Anschluss-Routen durch d. Odenwald, 1 : 120,000. 2., bedeut. verm. Aufl. 8. (83 S.) Würzburg 898. J. Staudinger's Verl. n. 2. —; ohne Karte n. 1. —; Karte all. n. 1. 20

Dietz, Ad., Wegweiser durch den Spessart m. Touristenweg-Karte in farbiger Ausführg. der Haupt-, Neben- u. Verbindungs-Routen durch den Spessart, dessen westl. Vorgelände (Hahnenkamm) u. nordöstl. Theile (Orber-Reissig), nebst e. Anh. m. Notizen f. Radfahrer hinsichtlich Erhebg. u. Senkg. des Strassennetzes u. der örtl. Entferngn. unter sich, sowie der Anschluss-Routen durch den Odenwald, 1 : 120,000. 3. bedeut. verm. u. verb., sowie m. Wegskizzen ausgestattete Aufl. 8. (116 S.) Würzburg 902. J. Staudinger's Verl.
n. 2. 60; ohne Karte n. 1. 60; Karte allein n. 1. 20

DIETZ, Adelbert (Bad Kissingen): Verhalten der Reflexe bei Nephritis und Uraemie.- München: Wolf 1910. 17 S.
13.2.1911 - Chr 1910/11,25; U 11.3605
Diss. Ingolst.-Landsh.-Mchn.

Dietz, Adam, Postheft. Belehrgn. üb. Post- u. Bahn-Sendgn., Telegramm- u. Telephon-Verkehr. Zum Gebrauch in Schulen, auf Veranlassg. des Vorstandes der kgl. Kreisbaugewerkschule, Aign in Würzburg, zusammengestellt. Nebst e. Mappe m. Formularen. (IV, 23 S.) 4. Würzburg (905). Stabel's Verl. n. 1. 30

Dietz, Adolf, appr. Arzt a. Bad Kissingen: Weitere Beiträge zur Frage der sekundären konzentrischen Hyperostose am Schädel. Würzburg 1908: Verlagsdruckerei. (39 S.) 8°
Würzburg, Med. Fak., Ref. Rieger, Diss. v. 13. Juni 1908
[Geb. 29. Okt. 80 Kissingen; Wohnort: Bamberg; Staatsangeh.: Bayern; Vorbildung: Gymn. Schweinfurt Reife Juli 00; Studium: Würzburg 10, München 1 S.; Coll. 29. April 08; Approb. 28. Jan. 07.]

Dietz, Alexander

Dietz, Alex., Frankfurter Bürgerbuch. Geschichtl. Mittheilgn. üb. 600 bekannte Frankfurter Familien aus d. Zeit vor 1806. 4. (IX, 197 S.) Frankfurt a/M. 897. A. Osterrieth. n. 8. —

Die Handelsbeziehungen zwischen Lothringen und Frankfurt a. M. Von Dr. jur. Alexander **Dietz**, Frankfurt a. M. *Frankfurt a. M.: Frankf. Societäts-Dr. (1901).* (40 S.) 8° [F.]
Aus: Frankfurter Zeitung v. 7. Jan. 1901.
[01. 807 5

Dietz, Alex., Frankfurter Handelsgeschichte. 1. Bd. (XVII, 425 S. m. Abbildgn. u. 1 Taf.) Lex. 8. Frankfurt a/M. 910. H. Minjon. Geb. in Leinw. 26. —

— Stammbuch der Frankfurter Juden. Geschichtliche Mitteilgn. üb. die Frankfurter jüd. Familien von 1349—1849, nebst e. Plane der Judengasse. (XII, 481 S.) Lex. 8. Frankfurt a/M. 907. J. St. Goar. Kart. 18.—; auf Büttenpap. n 40.—; auf Japanpap. n 80. —

Dietz A, das Frankfurter Zinngiessergewerbe und seine Blütezeit im 18. Jahrhundert. (32 S 1 T) 4° Frankfurt a. M. 1903

Dietz, August

Dietz, Aug., 1815. Was der Nußbaum v. Mundolsheim vom General Rapp erzählt. Lex.-8. (11 S.) Straßburg 897. Schlesier & Schweikhardt. n. — 50

Dietz, Aug., der Alkoholismus in Elsaß-Lothringen an der Wende des 19. u. 20. Jahrh (1880—1903). Vorhandensein, Charakter, Ursachen, Folgen, Mittel der Bekämpfg. dieser Volkskrankheit, nebst Seitenblicken auf den dermal. Stand der Alkoholfrage überhaupt. Ein Beitrag zur Sittengeschichte unserer Zeit. (XII, 164 S.) gr. 8. Straßburg 903. J. H. E. Heitz. n. 3. 50

Dietz, Pfarrer. Der Anteil des Geistlichen am Kampf gegen den Alkoholismus. Strassburg 1898. 41 S. 8°.

Dietz, A., Bergstimmen, s. Schriften des protestantischen liberalen Vereins in Elsaß-Lothringen.

Dietz, Aug., Ernst u. Humor, s.: Schriften des protestantischen liberalen Vereins in Elsaß-Lothringen.

Dietz, Aug., Gedächtnißreden zu Ehren der Kaiser Wilhelm und Friedrich am 18. März und 24. Juni 1888 in der Kirche von Mundolsheim gehalten. gr. 8. (15 S.) Straßburg 888, Heitz. *

Dietz, Aug., M. G.-A. Hirn. Notice nécrologique. [Aus: „Bulletin de la société des sciences, agriculture et arts de la Basse-Alsace".] 8. (8 S.) Strassburg i/E. 891. (Treuttel & Würtz.) n. — 25

Dietz, August Katalog der Bibliothek des Grofsh. Gymnasiums in Bruchsal. Beilage zu den Jahresberichten der Schuljahre 1890/1 und 1891/2. 8 (VIII, 111 S.).
Progr. Grofsh. bad. G. *Bruchsal* 1892 (597).
Nicht im Tauschverkehr.

— die Katastrophe von Zug. Lyrisch-epische Dichtg. 8. (8 S.) Ebd. 887. n. — 40

— die Katastrophe v. Zug. Lyrisch-epische Dichtg. 2. Aufl. 12. (8 S.) Straßburg i/E. 890. J. H. E. Heitz. n. — 40

Dietz, Aug., Klänge aus dem Elsaß. Gedichte. 8. (151 S.) Straßburg 886. Heitz. n. 3. —

Dietz, Aug., Klänge aus dem Elsaß. Gedichte. 2. völlig umgearb. u. sehr verm. Aufl. 8. (230 S.) Straßburg 900. Schlesier & Schweikhardt. n. 3. —

— das elsässische Konferenzgesangbuch, gegen den Angriff des Prof. Spitta verteidigt. [Aus: „Archiv der Straßb. Pastoral-Konferenz".] gr. 8. (47 S.) Mundolsheim (Unter-Elsaß) 894. Selbstverlag. (Straßburg, J. H. E. Heitz.) n. 80

— M. Rodolphe de Türckheim. Notice nécrologique. [Aus: „Bulletin de la société des sciences, agriculture et arts de la Basse-Alsace".] 8. (8 S.) Strassburg i/E. 891. (Treuttel & Würtz.) n. — 25

Dietz, A., was — für wen — daß — wo Gott ist. Vier Betrachtungen über den Eingang des Vaterunsers, nebst Einleitung ins Vaterunser. 8. (35 S.) Straßburg 882, (Treuttel und Würtz.) *

Dietz, Benjamin, s. Abriß d. Gesch. d. Elsasses.

Dietz, Benjamin, s. Farges-Mericourt.

Dietz, Benj., Gedichte. 2., verm. u. verb. Aufl. gr. 12. (7 B.) Straßburg 830, Levrault.

Dietz, Benjamin, s. Jack, der kleine.

Dietz, Benjamin, s. Meister Bernhard: Unterhaltungen über Geschichte.

Dietz, Benj., Opferflammen auf des Vaterlands Weihaltar. (Gedichte.) gr. 12. Straßb. 834. Levrault. 2/3 ℔

Dietz, (B.,) Samml. kl. Gedichte. gr. 12. Straßburg 826, Levrault.

Dietz, C., üb. Simulation v. Geistesstörung. Ein reiner Fall bei e. geistig Gesunden. [Aus: („Illenau.) Festschrift z. 50jähr. Jubiläum".] Lex.-8. (19 S.) Heidelberg 892. C. Winter. n. — 60

— dasselbe. s.: Illenau. Festschrift etc.

Dietz, C., Vertragsbruch im Arbeits- u. Dienstverhältniß. gr. 8. (67 S.) Berlin 890. Puttkammer & Mühlbrecht. n. 1. 60

Dietz, C. A., de mentis alienationum sede et causa proxima. Commentatio medica. 8maj. Frburg 828. Herder. 8 gl

Dietz, Carl, Direktor Prof. Dr.: Aufgaben, Ziele, Berechtigungen der Oberrealschule in Bremen. Mit e. Anhang: Die Lehrverfassungen der höheren Schulen der Stadt Bremen. Bremen 1907: A. Guthe. (32 S.) 8°
Bremen, OR P 1907 (906)

Dietz, Carl, Aufgaben, Ziele, Berechtigungen der Oberrealschule in Bremen. Mit e. Anh.: Die Lehrverfassgn. der höh. Schulen der Stadt Bremen. (32 S.) gr. 8. Bremen 907. (G. Winter Verl.) — 50

Dietz, Carl: Drei Entlassungsreden. Bremen 1910: Guthe. S. 1—15. 4°
Bremen, OR P 1910 (992)

Dietz, Carl: Zur Erinnerung an den Heimgang von Elard Hugo Meyer und Hermann Kasten. Bremen 1908: Guthe. S. 3—8. 4°
Bremen, OR P 1908 (944)

Dietz, Carl [app. Arzt aus Giessen]: Aus d. patholog. Institut zu Giessen. Zur Casuistik der Nebenhornschwangerschaft. . . . Giessen, *Brühl'sche Druckerei (Fr. Chr. Pietsch)*, 1888; 38 S. 8°
Giessen, Med. Fak., Inaug.-Diss. v. 1888

—: [Professor Dr. F. Koch † am 9. Juli 1909.] S. 32. 4.
Progr. Oberrealschule *Bremen* 1910 (992).

Dietz, Carl, aus Sondershausen, Gerichtsref. a. D.: Die Stellvertretung beim Strafantrage; insbesondere die Antragsberechtigung des Bevollmächtigten. *Stuttgart 1900: Greiner & Pfeiffer.* (51 S.) 8°
Erlangen, Jur. Diss. v. 20. Juli 1900

—: Der Umbau der Schule und die Neueinrichtung der naturwissenschaftlichen Unterrichtsräume. S. 22—27. 4.
Progr. Oberrealschule *Bremen* 1908 (944).

Dietz, Carl *Bernhard* [aus Coburg]: Die Lateinische Vorlage Des Althochdeutschen Tatian ... (1. Th. d. eingereichten Arb.: Zur Entstehgsgesch. d. ahd. Tatian ...) Leipzig-R., Druck v. O. Schmidt, 1893; 37 S., 1 Bl. 8.
Leipzig, Phil. Fak., Inaug.-Diss. v. [27. Juni] 1893

Dietz, Christian

Dietz, Chrn., Leitfaden zur Anfertigung von 100 verschiedenen Hafner-(Töpfer-)Glasuren. Zusammengestellt u. herausg. in 2 Thln. München 853. (Finsterlin.) 4. (1. Thl.: 30 S. u. 5 lith. Taf.; 2. Thl.: 24 S.) n. 1 ℔ 6 ngr

Dietz, Chrn., Leitfaden zur Anfertigung von 100 verschiedenen Hafner-(Töpfer-)Glasuren. Zusammengestellt und hrsg. in 2 Thln. 4. (54 S. mit 5 Stnt.) München 853(58), (Finsterlin.) à Thl. * 18 Ngr. *

Dietz, Christian [aus Worms]: Ein recidivierendes Sarcom des Fettpfropfs der rechten Wange ... Würzburg, Druck v. F. Fromme, 1894; 21 S. 8.
Würzburg, Med. Fak., Inaug.-Diss. v. 1894

Dietz, Eduard

Das Frankfurter Attentat vom 3. April 1833 und die Heidelberger Studentenschaft. Ein Stück deutscher Kultur- u. Rechtsgeschichte von Dr. jur. Ed[uard] Dietz. Mit 5 Abb. Heidelberg: O. Petters 1906. (70 S.) 8°
[F.] [06. 8104

— neue Beiträge zur Geschichte des Heidelberger Studentenlebens. (V, 104 S.) gr. 8. Ebd. 908. n. 1. 50
geb. in Leinw. n.n. 2. —

Dietz, Ed., die deutsche Burschenschaft in Heidelberg. Ein Beitrag zur Kulturgeschichte deutscher Universitäten. Mit 13 Abbildgn. im Text u. 3 Vollbildern. gr. 8. (III, 162 S.) Heidelberg 895. O. Petters. n. 3. —; kart. n. 3. 50

Dietz, Emil [aus Barr, Elsass]: Neue Beobachtungen über die Hernien des Zwerchfells. Strassburg, Buchdruckerei von R. Schultz & Comp., 1881. 8. 31 S.

Dietz, Emile, le climat de l'Alsace-Lorraine de 1888—1891. [Aus: „Bulletin de la société des sciences, agriculture et arts de la Basse-Alsace".] gr. 8. (75 S.) Strassburg 892. Treuttel & Würtz. n. 1. 20

Dietz, E., le climat du Ban-de-la-Roche [vallée de la Bruche] au siècle dernier et dans la première moitié de ce siècle, suivi d'une notice sur l'introduction de la pomme de terre dans cette contrée. [Aus: „Bulletins de la Société des sciences, agriculture et arts de la Basse-Alsace"]. gr. 8. (36 S.) Strassburg 887. Treuttel & Würtz. n. — 80

Dietz, Emile, un explorateur africain. Auguste Stahl, mort au Gabon pendant l'expédition française de 1880. Son voyage et sa correspondance. [Avec 2 (lith.) cartes.] Notice présenté à la Société des Sciences de Strasbourg. gr. 8. (64 S.) Strassburg 884. Vomhoff. n. 1. 20; m. Photogr. n. 1. 60

Dietz, Emile, les pluies en Alsace-Lorraine de 1870 à 1880. Communication faite à la Société des sciences, agriculture et arts de la Basse Alsace. 8. (37 S. mit 5 autogr. Taf.) Strassburg 883, Treuttel und Würtz. *

— vie de Gustave-Adolphe, racontée à la jeunesse à l'occasion du 300e anniversaire de sa naissance. 12. (52 S. m. Abbildgn.) Strassburg 894. C. A. Vomhoff. n. — 30

Dietz, Ernst. Ueber die Anwendung der darstellenden Geometrie bei Figuren der astronomischen Geographie. Diss. Phil. Basel. [Mit Figuren.] 76[+ *Figuren* 21] S. 8. Davos, Buchdr. Davos A.-G., 1907.

Dietz, Eugen: Ein Beitrag zur Kenntnis der deutschen Zechsteinschnecken. Berlin (übergekl.: Halle a. S.) 1909: A. W. Schade. 65 S. 8° ¶(Aus: Jahrbuch d. Kgl. Preuß. geol. Landesanst.)

Halle, Phil. Diss. v. 14. Juli 1909, Ref. Walther

[Geb. 13. Aug. 80 Berlin; Wohnort: Halle a. S.; Staatsangeh.: Preußen; Vorbildung: Friedrichs-Werdersche Oberrealsch. Berlin Reife O. 00; Studium: Berlin 8 S.; Rig. 7. Juli 08.] [U 09. 1641

Dietz, Eugen, Tierarzt: Aus d. Zool. Mus. d. Univ. zu Königsberg i. P. Die Echinostomiden der Vögel. ⟨Mit 8 Textfig.⟩ Königsberg i. P. 1909: Leupold. 37 S. 8° ¶(Auszug aus d. gleichbetit. Abhandlung im: Zool. Anzeiger. Bd 34, Nr 6.)

Königsberg, Phil. Diss. v. 5. Aug. 1909, Ref. Braun

[Geb. 1. Aug. 83 Frankfurt a. M.; Wohnort: Königsberg i. P.; Staatsangeh.: Preußen; Vorbildung: Realgymn. Wiesbaden Reife Juli 02; Studium: Berlin 5, Königsberg 4 S.; Rig. 16. Juni 09.] [U 09. 2391

- Dietz, F., *Antwort* auf die *kultur-histor. Briefe über die deutsche Kunstausstellung in München.* (Allg. Ztg. vom 26. Juli bis 14. Nov. 1858.) Der deutschen Künstlergenossenschaft gewidmet von —. München 1859. Druck von Dr. C. Wolf & Sohn. 8°. 21 S. Cart.

Dietz, F. W., Liedlohns-Berechnungen oder der bey der Entlassung der Dienstboten vor der bedungenen Zeit, schon ausgezeigte Lohnesbetrag; nebst einer Tabelle zur Auffindung der von denselben schon abgedienten Wochen u. Tage, ohne Beyhilfe des Kalenders rc. Zur Beseitigung dieser Rechnungsmühen u. der dabey schon oft vorgekommenen Irrungen und Zwistigkeiten. München 856. Kaiser in Comm. 4. (3 Bl., 100 lith. Bl.) n. 18 ngr

Dietz, F[eodor]. Album gesammelt im Feldzuge in Schleswig 1848 und den preussischen Regimentern, welche dort gefochten, gewidmet von F. Dietz. Berlin, in Commission bei Carl Reimarus [1848—1849].
9 Taf. in kol. Lithogr. 2°.

Dietz, F., Album gesammelt im Feldzuge in Schleswig 1848 u. den preuss. Regimentern, welche dort gefochten gewidmet. 3 Hfte. qu. Fol. (9 lith. Bl. in Tondr.) Berlin 850, Reimarus in Comm. (jetzt: Ernst & Korn.) (à Hft. n. 2 ℛ) n. 6 ℛ

Dietz, Fr., Ueberblick u. Gesichtspunkt d. beim kaiserl. Reichskammergericht eingeführten Appellation d. Diakonen d. luth. Domgemeinde rc. 8. Wetzlar 803.

— Uebersicht u. Gegenbericht in Sachen sämmtl. Diakonen d. luth. Domgemeinde rc. 8. Wetzlar 805.

Dietz, Franz Max

Dietz, Frz. Max., allgem. Post-, Lauf- u. Straßenbuch durch das ganze heil. röm. Reich. 8. Frankf. 791. 10 gr N. A. unt. d. T.: allgem. Postbuch, nebst 1 Postkarte. 8. Ebd. 795. Verf. 2 ℛ 12 gr

Dietz, Friedrich, aus Münster i. E.: Zwei Fälle von idiopathischer Atrophie der Haut. *Strassburg i. E. 1902: C. & J. Goeller.* (30 S.) 8°

Strassburg, Med. Diss. v. 1902

<u>Dietz</u>, Friedrich (Giessen)
Altspanische Romanzen, besonders von Cid und Kaiser Karls Paladinen. (... besonders die darin enthaltene Abhandlung über den Ursprung und die Fortbildung der altspanischen Dichtkunst.)
Berlin: Reimer 1821. 8°
Dr. phil. Giessen 30.12.1821.

Dietz, Friedrich, bacc. iur., a. Lichtenberg b. Berlin: Wesen und rechtliche Wirkungen des Kontokurrentvertrages. Borna-Leipzig 1905: R. Noske. (VIII, 53 S.) 8°

Leipzig, Jur. Fak., Diss. v. 2. Aug. 1905

[Geb. 12. Aug. 79 Lichtenberg b. Berlin; Wohnort: Charlottenburg; Staatsangeh.: Preußen; Vorbildung: Gymn. Guben Reife O. 99; Studium: München 3, Berlin 5 S.; Rig. 18. Juni 04.]

Dietz, Friedrich Reinhold

Frid. Reinhold. Dietz analecta medica ex libris mss. Fasciculus I., in quo insunt: Elenchus materiae medicae Ibn Beitharis Malacensis secundum codices Mss. Arabicos Escorialenses, Matritenses, Parisiensem, Hamburgensem. Catalogus codicum Mss. de re medica Sanscritorum Londinensium. Lips. 1833. 8. (Non secutus est alter fasciculus, cum D. jam anno 1836 fato functus est; cfr. *Bücherkunde f. d. ältere Medicin*, 2. *Aufl.* S. 412.)

Dietz, Friedr. Reinhold., Analecta medica ex libris mss. primum edita. Fasc. I., in quo insunt: Elenchus materiae medicae Ibn Beitharis Malencensis secund. cod. mss. Arabicos Escorial., Matritens., Paris., Hamburg. Pars I. — Catalogus cod. mss. de re medica Sanscritorum Londinensium. 8 maj. (11½ B.) Lipsiae 834, Cnobloch.

Dietz, Friedrich Reinhold, s. Apollonius Citiensis.

Dietz, Fr. Reinh., s. *Galeni* de dissectione etc.

Dietz, Friedrich Reinhold, s. Severus Jatrosophista: De Clysteribus liber.

Dietz, Friedrich Reinhold, s. Soranus Ephes: De Arte obstetricia.

Dietz, Frid. Reinh., † (Don Federico Vagamundo,) Strenae clinicae scholae clinicae medicae Regimontanae. Strena I. 4maj. (5 B.) Regimontii Pruss. 835, (Fratr. Borutraeger.) *

<u>Dietz</u>, Fridericus Robertus (Gnadenbergensis)
De medicorum experientia recte aestimanda commentatio.
Giessae: Schröder 1824. 30 S.
Diss. med. 31.8.1824.

Dietz, Fritz, Referendar: Die zivilrechtliche Behandlung des Wuchers nach dem BGB. Borna-Leipzig 1909: Noske. VIII, 31 S. 8°

Leipzig, Jur. Diss. v. 17. April 1909

[Geb. 11. Juni 83 Kempfeld; Wohnort: Malstatt; Staatsangeh.: Preußen; Vorbildung: Gymn. Trarbach Reife O. 02; Studium: Heidelberg 1, Würzburg 2, Berlin 1, Bonn 3 S.; Rig. 4. Aug. 05.] [U 09. 2489

Dietz, Fritz (Hrsg.), s. Postkalender, Hallescher.

Dietz, Fritz [aus Utphofen]: Die politische Stellung der deutschen Städte von 1421—1431 mit besonderer Berücksichtigung ihrer Betheiligung an den Reformbestrebungen dieser Zeit. . . . Giessen, C. v. Münchow, Univ.-Druckerei, 1889; 8 Bl. + 106 S. 8°
Giessen, Phil. Fak., Inaug.-Diss. v. 1889

Dietz, G., Ueber die rechtliche Natur der Grundstückezusammenlegung und die Fortführung der Grund- und Hypothekenbücher im Falle einer Zusammenlegung der Grundstücke. gr. 8°. Berlin, O. Liebmann, 1893.

Dietz, G. A., Evangelien-Predigten. Nach seinem Tode herausgeg. als Denkmal seiner gesegneten Wirksamkeit u. als Beitrag z. Gründung einer Kinderrettungsanstalt. 1. Hälfte. Lex.-8. Karlsruhe 845, Groos. n. ¾ ℛ

— dies. 1. Bd. 2. Hälfte. A. u. d. T.: Evangelien-Predigten auf alle Sonn- u. Festtage. Mit d. Lebenslaufe des Seligen. 2. Hälfte. Lex.-8. Ebend. 845. n. 11/12 ℛ

Dietz, G. A., die weltüberwind. Kraft d. Glaubens an Jesum, an d. Sohn Gottes. Eine Predigt, gerichtet an d. gegenwärt., von diesem Glauben abgefall. Geschlecht. gr. 8. (1 B.) Speyer 833. (Carlsruhe, Marx.)
Vgl. Diez.

Dietz, G. A., die Passion unsers Herrn Jesu Christi, in 15 Predigten. [Abdr. aus dess. Evangel.-Predigten.] 12. (VIII u. 244 S.) Straßburg 851, Wwe. Berger-Levrault & Sohn. 12 ngl.

Dietz, G. A., aus seinem Nachlasse herausgeg. Predigten. 1. Bd. 2 Hälften. A. u. d. T.: Evangelien-Predigten auf alle Sonn- u. Festtage. Mit d. Lebenslaufe des Seligen. Lex.-8. (62 B.) Karlsruhe 845, Groos. *

Dietz, G. A., aus seinem Nachlasse herausgegebene Predigten. 2. (letzter) Bd. A. u. d. T.: Epistel-Predigten auf alle Sonn- und Fest-Tage. Lex.-8. (VI und 712 S.) Karlsruhe 852, (Groos.) *
1. Bd. Ebendas. 1845. * 1 Thlr. 20 Ngr.

Dietz, Georg Wilhelm. Commentatio de nonnullis Franconiae pagis. Altd. 1800. H: *Göss, Carl Georg Friedrich.* (Fiker) (MGT)

Dietz, Georg Wilhelm (ehem. Rektor z. Windsheim), Commentationes geographicae de nonnullis Franconiae pagis ob argumenti praestantiam nunc in unum collectae fasciculum. Altdorf u. Nürnberg (C. B. Hessel, in Commiss. I. L. S. Lechner) 1799. 55 S. (6.—) 6528

Dietz, H., das Interesse des Staates an der Erhaltung der evangelischen Volksschule. Vortrag, geh. auf der Jahresversammlung des Vereins für Erhaltung der evangelischen Volksschule im Vereinshause zu Barmen. gr. 8. (33 S.) Langenberg 878. Joost. — 25

Dietz, H., die europäisch. u. oriental. Möven-Tauben, s.: Prütz, Gust.

Dietz, H., Mühlenbau- und Maschinengeschäft: Preiscourant. Berlin 1887

Dietz, H., Frau Schwiegermama wider Willen; aus der Schule des Lebens, s.: Jüngst's Reisebibliothek.

Dietz, H., französische Sprech- und Sprachübungen, s. Tröger, C.

Dietz, H., und G. Prütz, die Tümmler- und Purzlertauben. Ein Beitrag zum Mustertauben-Buch. gr. 8. (IV, 107 S.) Stettin 883, (Dannenberg.) *

Dietz, H. Adlf. J., Versuch e. Prüfung d. in dem Sonntagsbuche f. Christen enthaltenen Beweises für d. Göttlichkeit d. Bibel. 8. Rostock 816. Stiller. 5 gr.

Dietz, Heinrich

Dietz, Heinr., s.: Archiv f. Militärrecht.

— Die Disziplinarstrafordnung f. das Heer vom 31. X. 1872. Erläutert v. D. (XXIII, 336 S.) Mannheim (909). J. Bensheimer's Verl. Geb. in Leinw. 6.—

— Die Ehrengerichtsverordnugen, Neufassg. 1910, enth. die allerh. Verordngn. üb. Ehrengerichte der Offiziere u. Sanitätsoffiziere im preuß. Heere (v. 2. V. 1874 bezw. 9. IV. 1901), der Offiziere u. Sanitätsoffiziere d. Kommandos der Schutztruppen im Reichskolonialamt u. der kaiserl. Schutztruppen (vom 15. VI. 1897 bezw. 7. XI. 1901), die Ergänzungsorder (v. 1. I. 1897) nebst ergänz. Erlassen u. Bestimmgn. Hrsg. u. erläutert. (XV, 260 S.) 8. Rastatt 910. H. Greiser. Geb. in Leinw. 3. 50

— Die Militärstrafrechtspflege im Lichte der Kriminalstatistik f. das deutsche Heer u. die kaiserl. Marine. Mit 54 Tab., 3 Kartenskizzen u. 12 Skizzen. 2. durch e. Nachtrag erweit. Aufl. (VIII, 120 S.) gr. 8. Oldenburg 908. G. Stalling's Verlag. 2.—; geb. n 3.—
1. Aufl. (VIII, 108 S.) 908. 4.—

Dietz, Heinr., wer hilft dem Bauernstande, s.: Zeitfragen d. christlichen Volkslebens.

Dietz, H., s.: Zeitfragen d. christl. Volkslebens.

Dietz, Heinrich Fr. von, s. Ahmet: Berichte.

v. Dietz, Hnr. Fr., († d. 7. April 1817.) Apologie d. Duldung u. Preßfreiheit. 8. Magdeb. 781. Mit neuem Titelbl. 798. Creutz. 6 gr.

— Archiv Magdeb. Rechte. 1r Bd. gr. 8. Magdeb. 781. Mit n. Titel 800. Creutz. 1 Rthlr.

— Beobachtt. über d. sittl. Natur d. Menschen. 8. Halle 773. Schwetschke u. S. 5 gr.

— wesentl. Betrachtt. oder Geschichte d. Krieges zwischen d. Osmanen u. Russen in d. Jahren 1768—74, von Resmi Ahmed Effendi; aus d. Türk. übers. u. mit Anmerkk. erläutert. gr. 8. Halle 813. (Waisenhaus-B.) 1 Rthlr.

— das Buch d. Kabus, oder Lehren d. persischen Königs Kjekjawus f. seinen Sohn Ghilon Schach. Aus d. Türk.-Pers.-Arabischen übersetzt u. mit Anmerkk. bereichert. gr. 8. Berl. 811. Nicolai. 3 Rthlr. 8 gr. (Waisenh.-B. in Halle). 1 Rthlr. 16 gr.

Dietz, Heinrich Fr. von, s. Cicero: tuskulan. Untersuch. 1s Bdchen.

— der neu entdeckte oghuzische Cyklop, verglichen mit dem Homerischen. gr. 8. Berl. 811, (Halle, Waisenh.-B.) 4 gr.

— Denkwürdigkeiten aus Asien, in Künsten, Wissenschaften, Sitten, Gebräuchen ꝛc. 1r u. 2r Bd. gr. 8. Berl. 811 u. 15. (Waisenh.-B. in Halle). 2 Rthlr. 12 gr.

— Ermahnungen an Islambol, oder Strafgedicht d. türkischen Dichters Uweißi über die Ausartung d. Osmanen ꝛc., übers. u. erläut., nebst d. türk. Text. gr. 8. Berl. 811. Nicolai. 14 gr. (Waisenh.-B. in Halle.) 7 gr.

v. Dietz, Hnr. Fr., üb. Inhalt u. Vortrag, Entstehung u. Schicksale des königl. Buchs, eines Werks von d. Regierungskunst, nebst Probe; aus d. Türk.-Pers.-Arabischen d. Waasi Aly Dschelebi. gr. 8. Berl. 811. Nicolai. 1 Rthlr. (Waisenh.-B. in H.) 12 Rthlr.

Dietz, Heinrich Fr. von, s. Juden, über die.

(Dietz, H. F.): Kann d. von jüd. Vätern verbot. Glaubensveränd. ihrer Kinder den angedrohten Verlust d. Erbtheils nach sich ziehen? (o. O.) 787. 8.

Dietz, Heinrich Fr. von, s. Kann die ... Glaubensveränderung....

Dietz, Heinrich Fr. von, s. Raynal: Gemälde.

— Benedict v. Spinoza nach seinen Leben u. Lehre. 8. Dessau 783. Gelehrten-B. 3 gr.

— über deutsche Sprache u. Schreibart. 8. Dessau 783. Mit n. Titelbl. 8. Magdeb. 787. Creutz. 6 gr.

Dietz, Heinrich Fr. von, s. Stand d. Natur.

— vom Tulpen- u. Narcissenbau in d. Türkei; aus d. Türk. des Scheich Muhamed Lalezari. gr. 8. Halle 815. (Waisenhaus-B.) 3 gr.

— Unfug u. Betrug in d. morgenländ. Literatur, gegen Hrn. v. Hammer. gr. 8. Halle 816. Waisenh.-B. 20 gr.

H. F. v. Dietz: Vers. üb. d. Patriotismus. *Frkf.* u. *Lpz.*, 774. 8°

Dietz, Hermann [prakt. Arzt in Bromberg-Schleusenau]: Zur Kasuistik des skoliotisch-rhachitischen Beckens .... Erlangen, Druck d. Univ.-Buchdr v. E. Th. Jacob, 1887; 24 S. u. 1 Taf. 8°
Erlangen, Med. Fak., Inaug.-Diss. v. 1887

Dietz, J. A., christkathol. Unterr.- u. Erbauungsbuch, s. Goffine, L.

Dietz, J. H. W. (Hrsg.) s. G e r i c h t s z e i t u n g.

D i e t z, J. S., u. J. S. Ohm, Bericht üb. die Versammlg. d. deutsch. Naturforscher, s. B e r i c h t.

Dietz, Jakob.

Bonner Bürgerbuch. Enth. e. Sammlung d. Ortsstatute u. Polizei-Verordnungen f. d. Stadtkr. Bonn u. vieler sonstiger Bestimmungen. Hrsg. von J[akob] Dietz, Oberstadtsecr. *Bonn: J. F. Carthaus 1900.* (VIII, 250 S.) 8° [F.] (oo. 5270 5

Dietz, Jak., ältere u. neuere Epoche des Fürstl. Thurn- u. Taxischen Postwesens; e. Versuch. 8. Regensb. 806.

Dietz, Johann: Aus dem pathologischen Institut zu Giessen. Zur Casuistik der rudimentären Ovarialparasiten. *Giessen 1897: v. Münchow.* (32 S.) 8°
Giessen, Med. Diss. v. 1897

— **Johann Christian,** De arte poetica in bonitate carminis operosa. Spec. comment. luculentae. Giessen (Eberh. Heinr. Lammers) 1753. 34 S. (5.—) 6530

Dietz, Joh. Christian: Exercitatio academica exhibens tirocinium Zinzendorfianum verum et fictum, s. B e n n e r , Johann Hermann [Praes.]

Dietz, Johann Christian: De E x t e n s i o n e universi corporei finita, s. N e b e l , Heinrich Christoph (Präs.)

— — **De praecipuis stili cultioris proprietatibus via evidentiae demonstratis ad potiora membra cel. Heineccii fundam. stili capitis sec. ill.** Giessen (Joh. Phil. Krieger) 1753. 20 S. (4.50) 6531

Dietz, Johann Christian Friedrich

— Abhandlung über die Folge der Temporum, als Fortsetzung des Beitrags. Ratzeb. 808. 8.

J. Ch. F. **Dietz**: Anti-Theätet oder Vers. e. Prüf. des v. Tiedemann in sm. Th. aufgestellten philos. Syst., mit ein. eingewebten Nebenerläutt. *Rost.*, Stiller. 798. 8° 12gl

Dietz, Johann Christian Friedrich, s. A u f s ä t z e e. Jünglings.

— Beantwortung d. idealistischen Briefe Hrn. Hofr. Tiedemanns. 8. Gotha 801. Ettinger. 8 gl

D i e t z, J. C. F., Beitrag zur genauern Bestimmung der Lehre von dem Gebrauche der Zeiten, besonders in der latein. Sprache. Ratzeb. 807. 8.

Dietz, Johann Christian Friedrich, s. B e i t r ä g e z. genaueren Bestimmung d. Lehre von dem Gebrauch der Zeiten.

Dietz, Johann Christian Friedrich, s. B e i t r ä g e z. Theater.

Dietz, Johann Christian Friedrich, s. B e m e r k k . üb. Sprachunterricht.

Dietz, Johann Christian Friedrich, s. J o u r n a l , Mecklenburg.

Dietz, Johann Christian Friedrich, s. M u s e u m , Mecklenburg.

— d. Philosoph u. d. Philosophie aus dem wahren Gesichtspunkte betrachtet. gr. 8. Leipz. 802. Schmidt. 20 gl

J. Ch. F. **Dietz**: d. Philosoph u. d. Philosophie, a. d. wahren Gesichtspuncte u. m. Hins. auf d. heut. Streitigkk. betrachtet. *Lpz.*, Wolf. 802. 8° 20gl

— Predigten. 8. Rost. (Linke; Lpz.) 795.

J. Ch. F. **Dietz** üb. Wissen, Glauben, Mysticismus u. Skepticismus; e. Vorles. in d. literar. Gesellsch. zu Ratzeburg gehalten. *Lübeck*, Niemann. 808. 8° 4gl

J. Ch. F. **Dietz** üb. Wissen, Glauben, Mysticism. u. Skepticismus. (*Lüb.*, Niemann.) 809. 8° 4gl

Dietz, Johann Georg

Dietz, Jh. Geo., Leitfaden beim Unterricht für Privatisten in Bürgerschulen. 8. Neust. a. d. O. (797.) Wagner. (Leipz., Joachim; a. W. Nauck). 6 gl

— Lesebuch für d. obern Klassen in Bürgerschulen, auch als Hauslektüre. 8. Neust. 802. Wagner. 10 gl

Dietz, Johann Gottlieb (Frankfurt a. M.)
Dissertatio inauguralis juridica qua praecipuae quaedam differentiae juris Romani et Francofurtensis circa tutelas expenduntur.
Gissae 13. Nov. 1766: Braun. 22 S. 4°
pro summis in jure honoribus et privilegiis doctoralibus rite consequendis.

Dietz, Johann Hector: C o m m e r c i u m mentis et corporis . . ., s. V e r d r i e s , Johann Melchior (Präs.)

Dietz, Johann Hector; De T h e o l o g i a polemica . . ., s. B i e l e f e l d , Johann Christoph (Präs.)

— **Johann Heinrich** (Wetzlar), **De bonis adventitiis liberis sui juris factis a patre restituendis nec non de praemio emancipationis hodie cessante vel non cessante.** Diss. jur. Präs. Emil Ludw. Hombergk zu Vach. Marburg (Ph. Cas. Müller) 9. XII. 1756. 40 S. (5.—) 6533

— **Johann Jacob Christian** (Wetzlar), De spolio qualificato. Diss. jur. Präs. Emil Lud. Hombergk zu Vach. Marburg (Müller) 12. VII. 1771. 31 S. (5.—) 6534

Dietz, Joh. Ludw. Friedr. (Darmstadt)
Dissertatio inauguralis medica ideam generalem differentiae fetus ab adulto sistens.
Giessae [9.] Nov. 1770: Braun. 36 S. 4°
pro impetrandis summis in medicina honoribus.

Dietz, Jo. Lud. Fr., Pr. quaedam de irritabilitate proponit. Giss. 4°.

1781

— **Johann Nicolaus Hector** (Frankfurt/M.), **De electivo ut ferunt concursu actionis redhibitoriae cum actione quanti minoris.** Diss. jur. Präs. Jo. Gottfr. Sigism. Albr. Büchner. Giessen (Braun) 13. X. 1789. 28 S. (5.—) 6535

Dietz, Johann W. Herbstblätter; Gedichte. Chicago, 1888.

Dietz, Josef

Krumau St. G.: Katalog der Lehrerbibl. 98. 99. v. Josef Dietz. (28). 16. Progr.

Dietz, Just. Lor., (†...) succincta historia ecclesiastica novi testamenti usque ad Ph. Melanchthonem. 8. Amsterd. 726. Mit neuem Titel. 8. Hildburgh. 750. Hanisch. 8 gl

Dietz, K., Goldene Jubelfeier des Turnvereins Neuwied, E. V., 31. 7., 1.—2. 8. 1909, Vorbereitung u. Verlauf d. Feier, Geschichte d. Ver. bis 1882, Neuwied 1909, 56 S., Kl.-8°.

Dietz, Karl Imm., (†d. 1. Juni 1796.) rudimenta methodologiae medicae. Acced. tabulae pharmacolog. medicament. dosin et pretium sistentes. 8. Tübing. 795. (Osiander). 9 gl

Dietz, L., neues Wörterbuch der deutschen und französischen Sprache. Nach dem Wörterbuche von Schuster und Regnier bearb. und mit einer großen Anzahl neuer Wörter und mit Belegstellen aus den besten class. Schriftstellern verm., nebst alphabet. Tab. der unregelmäßigen Haupt-, Zeit- und Eigenschaftswörter, der Zeitwörter der starken Form rc. — Nouveau dictionnaire des langues allemande et française. — 2 Thle. gr. 8. (XXIX und 1283 S.) Leipzig 863, Weber. *

Dietz, Ludw., über Heizung u. Lüftung der Schulräume. (28 S. m. 7 Abbildgn.) gr. 8. Charlottenburg 905. P. J. Müller & Co. n. — 50
Sonderabdruck aus: „Das Schulzimmer".

Dietz, Ludw., Ventilations- u. Heizungsanlagen, s.: Oldenbourg's technische Handbibliothek. 11. Bd.

Dietz, M., Die Zeugnisse heidnischer Schriftsteller des 2. Jahrh. über Christus und das Christentum. Hedingen 1874, 4°, 17 S., Gymnas.-Progr.

Die Ferienkurse in Lausanne v. Marie Dietz. Altona. 1899. 4°

Dietz Maximilian: Geschichte des musikalischen Dramas in Frankreich während der Revolutionszeit bis zum Direktorium 1789—1795, in künstlerischer, sittlicher und politischer Beziehung. Diss. Wien, Univ.
D: Wien, 1885.
1883 PN 319

Dietz, Max, Geschichte d. musikalischen Dramas in Frankreich während der Revolution bis zum Directorium [1787 bis 1795] in künstlerischer, sittlicher u. politischer Beziehung. 8. (IX, 472 S.) Wien 885. Groscher & Blaha. n. 7. —

Dietz, Max: Schiller. Stuttgart: Frommann 1905.

DIETZ, Otto (Laubach): Beitrag zu den Operationen mit glühenden Instrumenten.- München: Grassl 1883. 27 S.
28.7.1883 - Urk (Titel: De operationibus instrumentis candentibus faciendis.): Chr 1883/84,12
Diss. Ingolst.-Landsh.-Mchn.

Dietz, Paul, im Banne der Dichtung. 12. (VII, 133 S.) Kassel 900. M. Siering. Geb. in Leinw. n. 2. —

— Kunst bringt Gunst! Dichtung. gr. 8. (9 S.) Cassel 902. E. Hühn. n.n. — 25

Dietz, Paul, Mosaik. Wachen u. Träumen, meiner Gedichte. 2. Tl. (VII, 172 S.) 8. Leipzig 904. B. Elischer Nachf. n. 2. —; geb. in Leinw. n. 2. 50

Dietz, Peter

Dietz, Pet., de Reis' nohm Nordpol, s. Heidelmann's A., Theaterbibl.

De Reis' nohm Nordpol. Kölner Lokalposse mit Gesang in 3 Aufz. von Peter Dietz. Bonn: Heidelmann [1900]. 24 S. 8°
(A. Heidelmann's Theaterbibliothek 288.) [09. 5570 B]

— dasselbe, s. a. Theaterbibliothek.

De Reis' nohm Nordpol. Kölner Lokalposse mit Gesang in 3 Aufz. von Peter Dietz. 2. Aufl. Bonn a. Rh.: Heidelmann [1910]. 24 S. 8°
(Theaterbibliothek. 288.) [10. 9971 B]

Dietz, Philipp

Dietz, Ph., s.: Dichter u. Quellen, die, der Lieder des Gesangbuchs f. die evangelisch-lutherische Kirche in Bayern.

Die Dichter und Quellen der Lieder des Gesangbuchs für die evangelisch-lutherische Kirche in Bayern. (Von Ph[ilipp] Dietz.) Nürnberg: U. E. Sebald [1908]. (IV, 74 S.) 8° [J.] [08. 3438 B]

Dietz, Philipp, tabellarische Nachweisung des Liederbestandes der jetzt gebräuchlichen Landes- u. Provinzialgesangbücher des evangelischen Deutschlands. (VII, 144 S.) gr. 8. Marburg 904. N. G. Elwert's Verl. n. 3. —

Dietz, Philipp, die Restauration des evangelischen Kirchenliedes. Eine Zusammenstellg. der hauptsächl. literar. Erscheingn. auf hymnolog. Gebiete, namentlich dem Gebiete der Gesangbuchslitteratur seit d. Wiedererwachen des evang. Glaubenslebens in Deutschland. gr. 8. (XII, 806 S.) Marburg 903. N. G. Elwert's Verl. n. 10.—

— Dr. August Friedrich Christian Vilmar, weil. ord. Professor der Theologie zu Marburg, als Hymnolog. Eine Zusammenstellg. seiner hauptsächlichsten Leistgn. auf hymnolog. Gebiet. gr. 8. (VII, 160 S.) Ebd. 899. n. 2. 40

Dietz, Ph., Wörterbuch zu Dr. Mart. Luthers deutschen Schriften. (In 6—8 Lfgn.) 1. und 2. Lfg. Lex.-8. (S. 1 —384.) Leipzig 868, Vogel. à Lfg. * 1 Thlr. *

Dietz, Ph., Wörterbuch zu Dr. Martin Luthers deutschen Schriften. 1. Bd. 4 Lfgn. und 2. Bd. 1. Lfg. Lex.-8. Leipzig, F. C. W. Vogel. [1. Bd. 1. und 2. Lfg. (S. 1—384.) 868. à *M 3.; 3. Lfg. (S. 385—624.) 869. *M 4,50.; 4. Lfg. (LXXXVII, S. 625—772.) 870. *M 5. — 2. Bd. 1. Lfg. (S. 1—208.) 872. *M 4,50.] *

Dietz, R., Anleitung zur Handwerker-Buchführung. (18 S. m. 1 Tab.) gr. 8. Stotternheim (902). R. Jntrau. (Nur direkt.) n. — 40

Dietz, R: Die Löslichkeit der Halogensalze des Zinks und Cadmiums. Hamburg und Leipzig 1899

— Nachschlagebuch f. Rohstoff-Genossenschaften. Dem Verband deutscher Schlosser-Jnngn. zur Feier u. zum Andenken an den 17. deutschen Schlossertag in Erfurt gewidmet. (102 S. m. 2 Tab.) gr. 8. Ebd. (902). Geb. in Leinw. n. 1. 50

Dietz, R., Referat über Uhren, s. Bericht der Beurtheilungs-Commission zu München.

Dietz, R. J. K., Versuch einer Prüfung d. in dem Sonntagsbuche für Christen enthaltenen Beweises für die Göttlichkeit der Bibel. 8. Rostock, Stiller. 816.

Dietz, Rudolf

Dietz R, Ber. ü. d. Gew.-Ausst. f. d. Grossh. Baden. Karlsruhe 1846. Karlsruhe 1847.

Dietz, Rud., deham is deham! Neueste Scherzgedichte in nassauischer Mundart. Mit Bildern v. v. C. J. Frankenbach. 1—5. Taus. 4 Hefte. (128 S.) 8. Wiesbaden (Schützenhofstr. 14), 908—10. Selbstverlag. à — 60

Dietz R, Ergebnisse der Statistik des Grossherzogtums Baden in Beziehung auf die Gewerbe aus den Jahren 1852-62. Karlsruhe 1863

Dietz, Rud., 20 biblische Geschichten f. die ersten Schuljahre erzählt. 2. Aufl. gr. 16. (32 S.) Freiendiez bei Diez 892. Selbstverlag d. Verf. n. — 20

Dietz, Rud., Biblische Geschichten nebst Gebetchen u. Bibelsprüchen f. d. ersten Schuljahre. Mit Bild. von Ludw. Richter u. a. 6.—10. Taus. 12. (48 S.) Limburg 897. H. A. Herz. n. — 20

Dietz, Rud., biblische Geschichten f. die ersten Schuljahre. Mit Bildern v. Ludw. Richter u. a. 8. Aufl. (16.—20. Taus.) (48 S.) gr. 16. Limburg 903. H. A. Herz. n. — 20

— Biblische Geschichten f. die ersten Schuljahre. Mit Bildern v. Ludw. Richter u. a. 11. Aufl. (81—85. Tauf.) (48 S.) 16. Limburg 910. H. A. Herz. — 20

Dietz, Rud., die Gewerbe im Großherzogth. Baden. Ihre Statistik, ihre Pflege, ihre Erzeugnisse. Im Auftrage des großh. bad. Handelsministeriums bearb. gr. 8. (XVIII und 785 S.) Karlsruhe 863, Braun'sche Hofbuchh.
geb. *

Dietz, Rudolf, Dr. phil.: Ueber die Gewinnung von Strohzellstoff nach dem Sulfitverfahren. 1905. 71 S. 8° ¶ Ausz. in: Zeitschrift f. angewandte Chemie. Jg. 18, 1. Dresden Te. H., Hab.-Schr. v. S.-S. 1905

Dietz, R., Heimatskunde d. Rheinprovinz. gr. 8. (16 S. m. 2 Karten.) Gera 890. Th. Hofmann. n. — 20

— Heimatkunde der Prov. Westfalen. gr. 8. (16 S. m. 2 farb. Karten.) Gera 894. Th. Hofmann. n. — 20

— Heimatskunde d. Reg.-Bez. Wiesbaden. Mit 1 Karte d. Reg.-Bez. Wiesbaden, e. Stadtplan v. Wiesbaden u. e. Spezialkarte d. Rheingaus. gr. 8. (20 S.) Ebd. 889. n. — 25

— Heimatkunde des Reg.-Bez. Wiesbaden. Mit e. Karte des Reg.-Bez. Wiesbaden, e. Stadtplan v. Wiesbaden u. e. Spezialkarte des Rheingaues (in Farbendr.). 2., verm. Aufl. gr. 8. (24 S.) Ebd. 893. n. — 25

— Heimatkunde d. Reg.-Bez. Wiesbaden. M. 1 Karte d. Reg.-Bez. Wiesbaden, 1 Stadtplan v. Wiesbaden u. 1 Spezialkarte d. Rheingaus (auf 2 farb. Taf.). 3., verb. u. verm. Aufl. gr. 8. (24 S.) Gera 897. Th. Hofmann. n. — 25

Dietz, Rud., Heimatkunde des Reg.-Bez. Wiesbaden. Mit 1 Karte des Reg.-Bez. Wiesbaden, 1 Stadtplan v. Wiesbaden u. 1 Spezialkarte des Rheingaus (auf 2 farb. Taf.). 4. Aufl. gr. 8. (24 S.) Gera 900. Leipzig, Th. Hofmann. n. — 25

— Heimatkunde des Reg.-Bez. Wiesbaden. Mit 1 Karte des Reg.-Bez. Wiesbaden, 1 Stadtplan v. Wiesbaden u. 1 Spezialkarte des Rheingaus. 6. Aufl. (26.—33. Tauf.) (24 S.) 8. Leipzig 906. B. G. Teubner. n. — 25

— Heimatkunde des Reg.-Bez. Wiesbaden. Mit e. Bilderbeilage n. Aufnahm. d. Verf., sowie 1 (farb.) Karte d. Reg.-Bez. Wiesbaden, 1 (farb.) Stadtplan v. Wiesbaden u. 1 (farb.) Sonderkarte d. Rheingaus. 7. Aufl. (34—40. Tauf.) (24 S.) 8. Leipzig 909. B. G. Teubner. — 25

Dietz, Rud.: Hohenzollernfürsten. 11 Lebensbilder f. d. ersten Geschichtsunterr. gr. 8. (56 S. m. 11 Holzst.) Hannover 1895. C. Meyer.

Dietz, Rudolf [aus Neuwied a. Rh.]: Ueber Imidoäther des Trimethylencyanids und deren Derivate .... Berlin, Druck v. M. Driesner (1888); 42 S. 8°
Erlangen, Phil. Fak., Inaug.-Diss. v. 1887

— die Kyffhäuserzwerge. Festspiel zur Feier des 200-jähr. Gedenktages der Erhebg. Preußens zum Königreich. gr. 8. (16 S. m. eingedr. Bildnissen.) Wiesbaden (900). R. Bechtold & Co. — 30

Dietz, Rudolf, aus Darmstadt: Ueber acute Leukaemie. *Straßburg i. E. 1903: C. & J. Goeller.* (52 S.) 8°
Straßburg, Med. Diss. v. 1902

— lustige Leut. Neue Scherzgedichte in nassauischer Mundart. Buchschmuck v. C. J. Frankenbach. 1.—5. Tauf. (In 4 Heften.) 1. u. 2. Hft. (S. 1—64.) 8. Wiesbaden (Schützenhofstr. 14), 906. Rud. Dietz. à n. — 60

— Lustige Leut. Neue Scherzgedichte in nassauisch. Mundart. Buchschmuck v. C. J. Frankenbach. 3. u. 4. (Schluß-) Heft. (S. 65—128.) 8. Wiesbaden (Schützenhofstr. 14), (907). Selbstverlag. à — 60; (Kplt. geb. 3. —

Lustige Leut. Neue Scherzgedichte in Nassauischer Mundart von Rudolf Dietz. Buchschmuck von C. G. Frankenbach. 1. bis 5. Taus. (In 4 H.) Wiesbaden: Selbstverl. 1906(-08). (128 S.) 8° [F.] [08. 1964

— Märchen u. Tiergeschichten. Illustr. v. Paul Krieger. gr. 8. (71 S.) Gera 900. Leipzig, Th. Hofmann. Geb. in Leinw. n. 1.50

— nix for ungut! Lustige Gedichte in nassauischer Mundart. Illustr. v. F. Nitzsche. 1.—3. Aufl. 12. (à 47 S.) Wiesbaden 900—902. Lützenkirchen & Bröcking. n. — 80

— dasselbe. Neue Folge. 1. u. 2. Aufl. 12. (à 47 S.) Ebd. 901. n. — 80

— dasselbe. 3. Bdchn. 12. (47 S.) Ebd. (902). n. — 80

— Nix for ungut! Lustige Gedichte in nassauischer Mundart. Illustriert v. F. Nitzsche. I.—III. Bdchn. kl. 8. Wiesbaden (906). A. Deffner. à n. — 80
I. (Umschlag: 5. Aufl.) (47 S.) — II. (Umschlag: 5. Aufl.) (47 S. m. Abbildgn.) — III. (Umschlag: 3. Aufl.) (47 S. m. Abbildgn.)

— Nix for ungut! Lustige Gedichte in nassauischer Mundart. Mit Bildern v. Ferd. Nitzsche. 7. verm. Aufl. (96 S.) 8. Ebd. 910. Geb. in Leinw. 3. —

Das Porzellan. Von Dr. R[udolf] Dietz, Dresden. Halle: W. Knapp 1907. (VIII, 94 S.) 8°
— Monographien über chem.-techn. Fabrikationsmethoden. Bd 4. [07. 6687 8

— Siwwesache for ze lache. Neueste Scherzgedichte in nassauischer Mundart. Buchschmuck v. Ferd. Nitzsche. 1 bis 5. Tauf. (82 S. m. Abbildgn.) 8. Ebd. 907. — 60

— kleiner Sängerfreund. 200 Liedertexte f. die Schuljugend. Ausgewählt u. hrsg. 16. (IV, 128 u. VI S.) Wiesbaden 894. R. Bechtold & Co. n. — 50

Steinzeug, Steingut, Töpferwaren von Dr. R[udolf] Dietz. Mit 5 Fig. Halle a. S.: W. Knapp 1907. (VIII, 106 S.) 8°
— Monographien über chem.-techn. Fabrikations-Methoden. Bd 9. [07. 16431 8

— neue Tannenzweige. Gedichte. gr. 8. (85 S. m. Vignetten.) Wiesbaden 900. R. Bechtold & Co. n. 1. —

— Tannenzweige f. d. Weihnachtstisch d. Lehrerhauses. Gedichte. 8. (87 S. m. Vignetten.) Bad Ems 897. (R. Sommer.) 1.50

— Wilhelm d. Große. Schulfeier u. Lebensbild z. 22. III. 1897. 1.—3. Aufl. 8. (16 S.) Düsseldorf 897. L. Schwann. n. — 30

Dietz, Rud., Worte d. Lebens od. d. Kirchenjahr in Spruch u. Lied. E. Strauß religiöser Gedichte. 12. (VIII, 112 S) Straßburg 895. C. F. Schmidt. n. 1.20; geb. n. 1.75; m. Goldschn. n. 2. —

Dietz, S., über die Entwickelung der Blüthe u. Frucht v. Sparganium Tourn. u. Typha Tourn., s.: Bibliotheca botanica.

Dietz, W., Asthma. Kurze allgemein verständl. Abhandlg. üb. Ursachen, Wesen u. Behandlg. 8. (30 S.) Kissingen 889. Weinberger. n.n. — 50

Dietz, W., die Kurmittel u. Indikationen Kissingens b. d. Erkrankgn. d. Herzens. [A.: „Deut. Medizinal-Zeitg."] gr. 8. (16 S.) Bad Kissingen 898. F. Weinberger. n. — 50

Dietz, W., die Kurmittel Kissingens bei den Erkrankgn. der Athmungsorgane u. des Halses. 3. Aufl. gr. 8. (24 S.) Kissingen 899. F. Weinberger. n. — 50

Bewegliche Brücken. Von Wilhelm **Dietz**, Prof. ... in München. M. 106 Textfig. *Leipzig: W. Engelmann 1897.* (VII, 132 S.) 4.(8.)
= **Fortschritte** d. Ingenieurwissenschaften. Gruppe 2. H. 5. [97. 4130

Bewegliche Brücken. Bearb. von W[ilhelm] **Dietz**, Prof. in München, hrsg. von Th[eodor] Landsberg, Prof. in Darmstadt, in 1. u. 2. Aufl. von Dr. Th. Schäffer u. Ed. Sonne. 3. verm. Aufl. Mit 262 Textfig., Sachreg. u. 3 Taf. Leipzig: W. Engelmann 1907. (XIV, 312 S.) 4°(8°)
= **Handbuch** d. Ingenieurwissenschaften. Bd 2, Abt. 4. [07. 11908

Dietz, Wilhelm, a. Barmen: Über eine umkehrbare Fermentreaktion im heterogenen System. Esterbildung und Esterverseifung. Straßburg: K. J. Trübner 1907. (47 S.) 8°
¶(Aus: Zeitschrift f. Elektrochemie Bd 12.)
Leipzig, Phil. Fak., Ref. Le Blanc-Beckmann, Diss. v. 20. Juli 1907
[Geb. 11. Jan. 83 Barmen; Wohnort: Barmen; Staatsangeh.: Preußen; Vorbildung: Oberrealsch. Barmen Reife O. 02; Studium: Leipzig 10 S.; Rig. 1. Mai 07.]

Dietz, W., die Kaiser Wilhelm-Brücke üb. die Wupper bei Müngsten im Zuge der Eisenbahnlinie Solingen-Remscheid. Mit Genehmigg. der königl. Eisenbahn-Direktion Elberfeld hrsg. v. Vereinigte Maschinenfabrik Augsburg u. Maschinenbaugesellschaft Nürnberg, A.-G., Werk Nürnberg. 2 Bde. Mit 194 Textfig. u. 48 lith. Taf. (XII, 174 u. VII S.) gr. 4. Berlin 901. J. Springer. Geb. in Leinw. n.n. 50. —

Dietz, Wilh., Untersuchungen über die Einwirkung von Cyankalium auf das bei 56° schmelzende Bromnitrobenzol. Inaugural-Dissertation. 8. (25 S.) Tübingen 875, (Fues'sche Sortimentsh.) *

Dietz von Bayer, Friedrich, Referendar: Der Kauf auf Probe nach dem BGB. unter besonderer Berücksichtigung des Kaufs mit Umtauschklausel. Borna-Leipzig 1909: Noske. X, 92 S. 8°
Heidelberg, Jur. Diss. v. 13. Juli 1900, Ref. Endemann
[Geb. 23. Juli 87 Saarburg i. Lothr.; Wohnort: Königswinter; Staatsangeh.: Preußen; Vorbildung: Gymn. Hagenau i. E. Reife Sommer 05; Studium: Lausanne 1, Göttingen 3, Berlin 1, Straßburg 2 S.; Rig. 27. Mai 09.] [U 09. 1775

Dietze, Fleischextrakt, Suppenwürze u. Saucen, s.: **Corstiaens, St.**

Dietze, Handbuch des Steuerkassen- u. Gemeinderechnungswesens in Elsaß-Lothringen. Nach den erlassenen Bestimmungen zusammengestellt. (III, 301 S.) gr. 8. Gebweiler 909. J. Boltze. 7: —

Dietze, üb. d. Mithilfe d. Kirchen-Vorstände in d. Seelsorge. Vortrag, auf d. 28. Diöcesan-Versammlg. der Ephorie Glauchau a. 20. X. 1897 geh. gr. 8. (22 S.) Hohenstein-Ernstthal 898. (Glauchau, A. Peschke.) n. — 30

Dietze, A., neuestes dresdner Kochbuch zum Gebrauch für Stadt und Land. Oder: Anweisung, die mannigfaltigsten Speisen auf möglichst sparsame, einfache und gute Art zuzubereiten. Nebst einem Anhang, die Bereitung von Getränken rc. enthaltend. Für deutsche Hausfrauen und Mädchen verfaßt. 16. (95 S.) Dresden 855, Breyer.

Dietze, A., neuestes dresdner Kochbuch zum Gebrauch für Stadt und Land. Oder: Anweisung, die mannigfaltigsten Speisen auf möglichst sparsame, einfache und gute Art zuzubereiten. Nebst einem Anhang, die Bereitung von Getränken u. s. w. enthaltend. Für deutsche Hausfrauen und Mädchen verfaßt. 2. Aufl. 16. (96 S.) Dresden 857, Breyer.

Dietze, A., neuestes Dresdner Kochbuch zum Gebrauch für Stadt u. Land. Oder: Anweisung, die mannigfaltigsten Speisen auf möglichst sparsame, einfache u. gute Art zuzubereiten. Nebst e. Anh. die Bereitung von Getränken u. s. w. enthltb. 3. verb. Aufl. Dresden 866. Breyer. (Tittel.) 16. (136 S.) 5 ngr.

Dietze, A., neuestes Dresdner Kochbuch zum Gebrauch für Stadt und Land. Oder: Anweisung, die mannigfaltigsten Speisen auf möglichst sparsame, einfache und gute Art zuzubereiten. Nebst einem Anh. die Bereitung von Getränken u. s. w. enth. 3., verb. Aufl. 16. (136 S.) Dresden 866, [A. Wolf's Verlag.]

Dietze, A., die deutsche Köchin. Praktische Anweisung zur Bereitung wohlschmeckender und nahrhafter Speise auf möglichst billigste und gute Art. Gewidmet allen Frauen und Mädchen, welche auf Ersparniß im Haushalte bedacht sind. 4. verb. und verm. Aufl. gr. 16. (152 S.) Dresden 875, A. Wolf.

Dietze, A., üb. d. Wertschätzung d. Stenographie sonst u. jetzt, s.: **Zeit- u. Streitfragen, stenographische.**

Dietze, Albert, approb. Arzt: Einfluss von Bariumoxydhydrat, Calciumoxydhydrat, Strontiumoxydhydrat auf die tryptische Verdauung. *Leipzig 1900: Langer & Winterlich, Riesa.* (33 S.) 8°
Leipzig, Med. Diss. v. 16. Nov. 1899

Dietze, Anna, Notizen zur Geschichte der Mäßigkeitsbewegung in England, s.: **Aus alter u. neuer Zeit.**

Dietze, Anna. Notizen zur Geschichte der Mässigkeitsbewegung in England. Leipzig 1894. 16 S. Mk. —.20.

Dietze, August. Beiträge zur Kenntniss des Weselsky'schen Diazo-Resorcins und Diazoresorufins. (Basel) Wiesbaden, 1889.

Dietze, Bruno, noch sind die Tage der Rosen. Bilder u. Lieder der Freundschaft u. Liebe. 10 Photographien nach Gemälden v. D. gr. 8. Berlin (900). G. Liersch & Co. In Leinw.-Mappe 10. —

Dietze, E., graphische Tafeln zur Bestimmung des Umfangswiderstandes und des Zahndruckes bei Rädern. gr. 8. (8 S. mit 3 Stnt. in qu. Fol. und qu. gr. Fol.) Leipzig 876, Ruhl. *

Dietze, E., Graph. Tafeln z. Bestimmg. d. Umfangswiderstandes u. Zahndruckes bei Rädern. 2. [Titel-] Aufl. gr. 8. (8 S. m. 3 Taf.) Leipzig (876) 897. M. Ruhl. n. 1. 50

Dietze, Ernst, s.: **Aus alter u. neuer Zeit.**

Dietze, Kirche u. Kultur in sozialer Beleuchtung, s.: **Volksschriften zur Umwälzung der Geister.**

Kirche und Kultur in soziologischer Beleuchtung mit Berücks. d. Weltkongresses f. Freies Christentum zu Berlin im Aug. 1910. Von Dr. E[rnst] **Dietze**. Bamberg: Handels-Dr. (1910). 16 S. 8° [11. 10351

Dietze, Ernst, s.: **Rocheflamme.**

Dietze, Erwin, Paul Kröher, Paul Starcke u. Otto Wagner, Ratgeber f. das Studium des Französischen u. Englischen. Mit besond. Berücksicht. der Fachprüfgn. in Sachsen u. Preussen. 2. verm. u. verb. Aufl. (III, 79 S.) 8. Dresden 910. C. Winter. nn 1. 40
Die 1. Aufl. erschien u. d. T.: Ratgeber.

Dietze, F., Medizin im Gegensatz zur Natur-Heilkunde. Vortrag mit einigen Erläuterungen, Behandlungen von Krankheiten und durch die Naturheilkunde erzielte Resultate. gr. 8. (40 S.) Berlin 874, Grieben. *

Dietze, F., die Natur heilt! Ueber Zwangs-Impfung und Medicinismus, nebst interessanten Enthüllungen von Geheimmitteln und Erlebnisse vom 5. und 12. Jan. 1874 in Altenburg. gr. 8. (IV, 83 S.) Zeitz 876. (Berlin, Grieben.) *

Dietze, Georg Martin, a. Oberpesterwitz b. Dresden: Aus d. chirurg. Abt. d. Diakonissenhauses Leipzig-Lindenau, Oberarzt: Prof. Dr. H. Braun. Ueber Inhalationsanalgesie (Stadium analgeticum der Narkose.) Leipzig 1905: B. Georgi. (39 S.) 8°
Leipzig, Med. Fak., Ref. Trendelenburg, Diss. v. 6. Juni 1905
[Geb. 1. Febr. 74 Oberpesterwitz b. Dresden; Wohnort: Leipzig-Lindenau; Staatsangeh.: Sachsen; Vorbildung: Kreuzgymn. Dresden Reife M. 94; Studium: Leipzig 9 S.; Coll. 7. Juli 05; Approb. 31. Apr. 00.]

Dietze, Gottfried Leberecht (Mildenau/Misn.), De arbitris honorariis ad historiam juris civilis illustrandam dissertatio. Präs. Joh. Theophil Seger. Lpz. (Buschel) 14. IV. 1777. 34 Seiten. (4.80) 6536

Dietze, H. J., kleine deutsche Liederhalle, s. Liederhalle.

Dietze, H. J., neuestes Taschen-Fremdwörterbuch. 16. (IV u. 315 S.) Leipzig 848, Schmidt. — 2. Aufl. 16. (IV u. 315 S.) Ebd. 850. n. 1/3 *ß*

Dietze, Herm., zur socialen Frage. Wiesbaden, F. J. Bergmann.
Als Mskr. gedruckt u. nicht im Handel.

[F.] Soziales. Von Hermann **Dietze**, General-Dir. d. Ver. f. chem. Industrie. Als Ms. gedr. *Würzburg: Dr. d. Kgl. Universitätsdr. 1894.* (53 S.) 1 Bd 8. [96. 1605

Dietze, Hugo: Das umschreibende do in der neuenglischen Prosa ... Jena, Frommannsche Hof-Buchdr., 1895; 3 Bl., 83 S. 8.
Jena, Phil. Fak., Inaug.-Diss. v. [3. Juli] 1895

Die Geschichte der öffentlichen Handelslehranstalt der Dresdner Kaufmannschaft. 1854–1904. Festschrift z. 50jähr. Jubiläum d. Schule verf. im Auftr. d. Schulvorst. von Dr. Hugo **Dietze**, Oberl. Dresden 1904: H. B. Schulze. (144 S.) 8° [07. 10751

Dietze, **J. A., select english Plays. 8 maj. Götting. 767. Bossiegel. 20 *ℊ***

(**Dietze**, J. G.): „Geschichtliche Darstellung des alten und neuen teutschen Münzwesens und Vorschläge zur Gründung einer dauerhaften Münzverfassung in den teutschen Bundesstaaten" (aus der „Nemesis", 9. Band, 3. Stück), Weimar 1817.

Dietze, J. G.: „Patriotische Gedanken und Vorschläge, den gegenwärtigen Verfall des Kreismünzwesens und dessen Verbesserung betreffend", Frankfurt a. M. 1802.

— s. Gedanken über den Verfall d. Kreismünzwesens.

Dietze, J. G.: „Versuch einer münzwissenschaftlichen Beantwortung der Fragen: wie ist eine Geldschuld abzutragen und wie hat man bei Valvierung aller eherdessen in Gold als Silbergeld angelegten Kapitalien zu verfahren ......", Frankfurt am Main 1790.

Dietze, J. G.: Vers. e. münzwissenschaftl. Beantwort. d. Fragen: wie ist eine Geldschuld abzutragen, u. wie hat man b. Valvirung aller ehedessen sowohl in Gold- als Silbergeld angelegten Capitalien zu verfahren, damit weder d. Gläubiger, noch d. Schuldner beschwert werde, nach d. zeither dabei beobachteten Verfahren ganz entgegenstehenden Grundsätzen behandelt u. vorgetragen. *Frkf. a. M.*, Pech. 791. 8. (10 Gr.)

— Vertheidigung gegen e. Kritik seiner Schrift: geschichtl. Darstell. des alten u. neuen deutschen Münzwesens. gr. 8. Manh. 822. Schwan u. G. 6 *ℊ*

Dietze, J. G.: „Wie ist eine Geldschuld abzutragen, und wie hat man bei Valvirung aller ehedessen sowohl in Gold- als Silbergeld angelegten Capitalien zu verfahren, damit weder der Gläubiger, noch der Schuldner beschwert werden?" Offenb. 1792. — Vorh.: Com. Bibl. Hamburg.

Dietze, Johannes, Dr.: Komposition und Quellenbenutzung in Ovids Metamorphosen. Festschrift zur Begrüßung der 48. Versammlung deutscher Philologen und Schulmänner in Hamburg, Oktober 1905. Hamburg 1905: Lütcke & Wulff. (62 S.) 4°
Hamburg, GelehrtenS des Johanneums P 1905 (875)

Dietze, Johs., Komposition u. Quellenbenutzung in Ovids Metamorphosen. (Festschrift zur Begrüssg. der 48. Versammlg. deutscher Philologen u. Schulmänner in Hamburg, Oktbr. 1905.) (62 S.) Lex.-8. Hamburg 905. (Herold.) n.n. 2. 50

Dietze, Johs. Quaestiones Hyginianae. Diss. gr. 8. (55 S.) Kiel 890. (Altona, Lorenzen.) * 1 50

Griechische Sagen. Von Johannes **Dietze**. Bd 1. Berlin: H. Paetel 1908. 8° [F.]
= **Sammlung** belehrender Unterhaltungsschriften f. d. deutsche Jugend. Bd 25. [08. 116,1

Dietze, Johannes Andreas

Dietze, Jh. Andr., († d. 14. Sept. 1785.), s. 1) P. A. de la Puenta, Reisen. 2) A. v. Ulloa, histor.-physikal. Nachrichten. 3) L. J. Velazquez, Gesch. d. span. Dichtkunst.

Dietze, K. C. und A. H. Jäger, das neueste u. vollständigste Post- und Reise-Handbuch durch ganz Deutschland und die angrenzenden Länder, oder der itinerarische Rathgeber in ausführlichen Regeln, allen Postcursen, topographischen Beschreibungen, in der Bestimmung der verschiedenen Münzsorten, des Flächenmaaßes etc. 8. Lpz. Joachim. 805.

Biologie der Eupithecien. Von Karl **Dietze**. T. 1. Berlin: Friedländer in Komm. 1910. 2° [11. 4810

Dietze, Carl, die Rechte u. Pflichten des Beurlaubtenstandes des deutschen Heeres. Ein Rathgeber f. die Reserve, Landwehr, Ersatzreserve u. Dispositionsurlauber. Nach den neuesten Bestimmgn. bearb. 12. (33 S.) Leipzig (901). O. Weber. u. — 40

Dietze, Karl August

Kritische Bemerkungen zur neusten Auflage von A. Drews 'Christusmythe'. Von Dr. phil. K[arl] A[ugust] **Dietze**, Oberl. Bremen: Storm 1910. 69 S. 8° [10. 9613

Dietze, Carolus Augustus, Francofurtensis: De Philemone comico. *Gottingae 1901: Dieterich.* (96 S.) 8°
Göttingen, Phil. Diss. v. [2. Aug.] 1901

Dietze, Carol. Aug., de Philemone comico. Diss. gr. 8. (94 S.) Göttingen 901. (Vandenhoeck & Ruprecht.) n. 2. 40

Dietze, Kurt, Gerichts-Ref.: Die **Beschränkung** der Gattungsschuld auf eine bestimmte Sache. *Rostock 1903: C. Hinstorff.* (79 S.) 8°
Rostock, Jur. Diss. v. [12. Febr.] 1904

Dietze, Ludov., de sermone Catoniano. gr. 8. (37 S.) Anklam 871, Dietze's Verlag. *

Dietze, Ludov., de sermone Catoniano. gr. 8. (37 S.) Anklam 871. Wriezen, Riemschneider. n. — 60

Dietze, M., Ausblicke e. Atheisten ins Reich des Geistes. — Vulkane u. Weltsysteme, s.: Volksschriften zur Umwälzung der Geister.

Dietze, M., Gott u. die Welt, s.: Volksschriften zur Umwälzung der Geister. 56. Hft.

— die Schulden der europäischen Staaten, s.: Volksschriften zur Umwälzung der Geister. 52. Hft.

Dietze, Oskar

Aretin. Trauerspiel in 5 Aufz. u. 1 Vorspiel von Carl **Oscar** [d. i. Oskar Dietze]. Leipzig: O. Mutze 1907. (145 S.) 8° [F.] [08. 11243

Dietze, Osk., s.: Leitsätze f. soziale Unterrichtskurse.

Dietze, Otti, eine Gastspielreise nach Süd-Amerika. Tagebuchblätter, bearb. v. Curt Winkler. (186 S. m. Bildn.) 8. Berlin (909). Schöneberg. C. Duncker. 3. —

Dietze, Paul, Geschichte des Klosters Lausnitz. (117 S.) gr. 8. Eisenberg (903). (P. Bauer.) n. 1. 50
Sonderabdruck aus: „Mitteilgn. des geschichts- u. altertumsforsch. Ver. zu Eisenberg".

Dietze, Paul Richard, Referendar in Roßwein: Das Speditionsgeschäft. *Borna-Leipzig 1903: R. Noske.* (VI, 70 S.) 8°
Leipzig, Jur. Diss. v. 1903

Dietze, Rich., Eichendorff's Ansicht über romantische Poesie im Zusammenhange mit der Doktrin der romantischen Schule, aus den Quellen dargestellt. Inaugural-Dissertation. gr. 8. (70 S.) Leipzig 883, (Fock.) *

Dietze, Rich., die Berechnung eiserner Balken- u. Bogendächer. Ein Lehrbuch f. Techniker des Eisenhochbaues. (IV, 107 S. m. Fig.) 8. Düsseldorf 910. A. Bagel. 3. 50

Dietze, Richard (Hrsg.), s. Eichendorff, Joseph Frh. v.: Werke.

Dietze, W., s. Alfr. v. d. Aue.

Dietze, Woldemar. (geb. Bleesern bei Wittenberg 1819): De cystitide. Berolini (1843). (29 S.) 8°
Berlin, Med. Diss. v. 12. Jan. 1843

Dietzel, Adolf [aus Göhrendorf bei Merseburg]: Condensation von Acetessigester mit brenzweinsaurem Natrium .... Strassburg, Buchdr. v. R. Schultz & Comp., 1887; 36 S. 8°
Strassburg, Math.-Naturw. Fak., Inaug.-Diss. v. 1887

Dietzel, Adolf, Condensation von Acetessigester mit brenzweinsaurem Natrium. Diss. Strassburg i. Els. 1887, Trübners Buchh. u. Antiqu. (E. d'Oleire). 8°. 36 S.

Dietzel, C. F., Leitfaden für den Unterricht im technischen Zeichnen an Real-, Gewerbe-, Handwerker- und Baugewerkenschulen. 4 Hefte. Leipzig 864. Seemann. gr. 8. n. 1 ℛ 10½ ngr.
1. Heft: Die Elemente der Projectionslehre. Mit 62 Holzschn. (VIII, 73 S.) n. 10 ngr.
2. Heft: Die Elemente der Schattenconstruction. Mit 54 Holzschn. (59 S.) n. 8 ngr.
3. Heft: Die Elemente der Perspective. Mit 51 Holzschn. (78 S.) n. 10 ngr.
4. Heft: Die angewandte Projectionslehre mit besonderer Rücksicht auf den Hochbau nebst den Grundzügen der axonometrischen Projectionsmethode. Mit 73 Holzschn. (IV, 96 S.) n. 12½ ngr.

Dietzel, C. F., Leitfaden im Unterricht im technischen Zeichnen an Real-, Gewerbe-, Handwerker- und Baugewerkschulen. Mit (eingedr.) Holzschn. 4 Hefte. 8. Leipzig, Seemann. [Gebhardt's Verlag.] *
Inhalt:
Heft 1. Die Elemente der Projectionslehre. 2. verb. und verm. Aufl. (VIII, 81 S. mit 87 eingedr. Holzschn.) 869. *ℳ 1.
" 2. Die Elemente der Schattenconstruction. 2. verb. und verm. Aufl. (VII, 71 S. mit 60 eingedr. Holzschn.) 870. * 80 Pf.
" 3. Die Elemente der Perspective. 2. verm. und verb. Aufl. (91 S. mit 64 eingedr. Holzschn.) 871. *ℳ 1.
" 4. Die angewandte Projectionslehre mit besonderer Rücksicht auf den Hochbau nebst den Grundzügen der axonometr. Projectionsmethode. 2. verb. und verm. Aufl. (VIII, 97 S. mit 78 eingedr. Holzschn.) 872. *ℳ 1,20.

—— dass. — 1. Heft: Die Elemente der Projectionslehre. Zum Gebrauch für Real-, Gewerbe-, Handwerker- und Baugewerkschulen. 3. verb. und verm. Aufl. gr. 8. (VIII, 96 S. mit 120 eingedr. Holzschn.) Leipzig 873, Gebhardt's Verlag.

Dietzel, C. F., Leitfaden für den Unterricht im technischen Zeichnen an Real-, Gewerbe-, Handwerker- und Baugewerkenschulen. 4 Hefte. gr. 8. Leipzig, Gebhardt's Verlag. *
Inhalt:
Heft 1. Die Elemente der Projectionslehre. 4. verb. und verm. Aufl. (VIII, 96 S. mit 120 eingedr. Holzschn.) 876. *ℳ 1.
" 2. Die Elemente der Schattenconstruction. 3. verb. und verm. Aufl. (71 S. mit 60 eingedr. Holzschn.) 875. * 80 Pf.
" 3. Die Elemente der Perspective. 3. verm. und verb. Aufl. (96 S. mit 70 eingedr. Holzschn.) 876. *ℳ 1.
" 4. Die angewandte Projectionslehre mit besonderer Rücksicht auf den Hochbau, nebst den Grundzügen der axonometr. Projectionsmethode. 3. verb. und verm. Aufl. (VIII, 96 S. mit 78 eingedr. Holzschn.) 879. *ℳ 1,20.

Dietzel, C. F., Leitfaden für den Unterricht im technischen Zeichnen an Real-, Gewerbe-, Handwerker- und Baugewerkenschulen. 1. Heft: Die Elemente der Projektionslehre. 5. verb. Aufl. gr. 8. (VIII, 96 S. mit 120 eingedr. Holzschn.) Leipzig 883, Gebhardt's Verlag. *
2.—4. Heft. Ebendas. 1875—79. *ℳ 3.

Dietzel, C. F., Leitfaden für den Unterricht im technischen Zeichnen an Real-, Gewerbe-, Handwerker- und Baugewerkenschulen. 2. und 3. Heft. 8. Leipzig, Gebhardt's Verlag. *
Inhalt:
Heft 2. Die Elemente der Schattenkonstruktion. 4. verb. Aufl. (71 S. mit 60 Holzschn.) 885. * 80 Pf.
" 3. Die Elemente der Perspektive. 4. verm. und verb. Aufl. (96 S. mit 70 Holzschn.) 887. *ℳ 1.—.
1. und 4. Heft. Ebendas. 1876,79. *ℳ 2.20.

Dietzel, C. F. Leitfaden f. den Unterricht im technischen Zeichnen an Real-, Gewerbe-, Handwerker- u. Baugewerkschulen. 1. Heft: Die Elemente der Projektionslehre. 6. verb. Aufl. Mit 120 Holzschn. gr. 8. (VIII, 96 S.) Lpz. 891, Gebhardt. * 1 —

Dietzel, C. F., Leitfaden f. d. Unterr. im techn. Zeichnen an Real-, Gewerbe-, Handwerker- u. Baugewerkschulen. M. 328 Holzschn. II. u. IV. Hft. 8. Leipzig, J. M. Gebhardt. n. 2. —
II. D. Elemente d. Schattenkonstruktion. 5., verb. Aufl. Mit 60 Holzschn. (71 S.) 897. n. — 80
IV. D. angew. Projektionslehre m. bes. Rücksicht a. d. Hochbau, nebst d. Grundzügen d. axonometr. Projektionsmethode. M. 78 Holzschn. 4., verb. Aufl. (VIII, 96 S.) 896. n. 1. 20

Dietzel, C. F., Leitfaden f. den Unterricht im technischen Zeichnen an Real-, Gewerbe-, Handwerker- u. Baugewerkschulen. 1. u. 3. Hft. 8. Leipzig, J. M. Gebhardt. à n. 1.—
1. Die Elemente der Projektionslehre. 7. verb. Aufl. (VIII, 96 S. m. 120 Holzschn.) 899.
3. Die Elemente der Perspektive. 5. verb. Aufl. (96 S. m. 70 Holzschn.) 902.

Dietzel, Carl, die Besteuerung der Actien-Gesellschaften in Verbindung mit der Gemeinde-Besteuerung. Köln 859. Du Mont-Schauberg. gr. 8. (VI, 163 S.) n. 18 ngr.

Dietzel, Carl, Straßburg als deutsche Reichsuniversität u. die Neugestaltung d. jurist. u. staatswissenschaftl. Studiums. gr. 8. (IV, 172 S.) Frankfurt a. M. 871. Sauerländer. 2. 70

Dietzel, Carl, das System der Staatsanleihen im Zusammenhang der Volkswirthschaft betrachtet. Heidelberg 855. Mohr. gr. 8. (IV, 227 S.) 21 ngr.

— die Volkswirthschaft und ihr Verhältniß zu Gesellschaft und Staat. Frankfurt a. M. 864. Sauerländer's Verlag. gr. 8. (XII, 396 S.) 2 ℛ

Dietzel, Erich: Der Erwerb der Schutzgewalt über die deutschen Schutzgebiete. Riesa 1909: Langer & Winterlich. 94 S. 8°
Leipzig, Jur. Diss. v. 3. Febr. 1909
[Geb. 3. Febr. 84 Riesa; Wohnort: Radeberg; Staatsangeh.: Sachsen; Vorbildung: Wettiner-Gymn. Dresden Reife O. 03; Studium: Freiburg i. B. 1, Leipzig 1, Tübingen 1, Leipzig 4 S.; Rig. 5. Juli 06.] [U 09. 2490

Dietzel, F., Sammlung praktischer Rechen-Aufgaben,
—— Auflösungen nebst Erläuterungen zu den praktischen Rechenaufgaben,
} s. Röthlich, H.

Dietzel, Franz, a. Wachbach, O.-A. **Mergentheim: Die** Mundart des Dorfes Wachbach im Oberamt Mergentheim. 1. Lautlehre. Freiburg i. Br. 1908: C. A. Wagner. (64 S.) 8°
Würzburg, Phil. Fak., Ref. Brenner, Diss. v. 4. Mai 1908
[Geb. 21. Aug. 77 Wachbach; Wohnort: Mergentheim; Staatsangeh.: Württemberg; Vorbildung: Gymn. Ehingen Reife August 98; Studium: Tübingen 4, Lyon 1, München 1, Würzburg 2 S.; Rig. 13. Mai 06.]

Dietzel, Frz., die Theorie d. bifilären Aufhängung. (Programm der Gewerbeschule zu Zittau 1850.) Lex. 8. (48 S. m. 1 lith. Taf.) Zittau 850. (Schöps.) n. ⅓ ℛ

— Gust. (Altenburg), De actione funeraria. Lpz. (Giesecke & Devrient) 12. II. 1853. 30 Seiten. (4.50) 6538
Gew.: Gg. Wilh. Luce (Bremen).

— — Praelectionem pro venia legendi obtinenda auct. ill. ictorum ord. — Inest quaestio de mandato post mortem collato. Lpz. Giesecke & Devrient) 16. III. 1853. 15 S. (4.—) 6539

Dietzel, Gust., das Senatus consultum Macedonianum. Eine civilistische Monographie. Leipzig 856. Hirzel. 8. (3 Bl., 154 S.) 24 ngr.

Dietzel, Gust. Vide: Staatsbürger (Der freie).

Dietzel, Heinrich

Dietzel, Heinr., bedeutet Export v. Produktionsmitteln volkswirtschaftlichen Selbstmord?, s.a. **Zeitfragen, volkswirtschaftliche.**

Bedeutet Export von Produktionsmitteln volkswirtschaftlichen Selbstmord? Unter besond. Berücks. d. Maschinen- u. Kohlenexports Englands. Von Dr. Heinrich **Dietzel**, Prof. Berlin: L. Simion Nf. 1907. (II, 65 S.) 8°
Aus: Volkswirtschaftl. Zeitfragen. H. 227/228.
= **Mitteilungen** d. Vereins z. Förderung d. Handelsfreiheit. 1907, No 1. [07.13780

Dietzel, Heinr., s.: Festgaben f. Adolph Wagner.

Dietzel H, die Gehestiftung zu Dresden in den ersten 15 Jahren ihrer Tätigkeit. (42 S) (Anhang zu Dietzel, Weltwirtsch. u Volkswirtsch.) Dresden 1900

Der deutsch-amerikanische Handelsvertrag und das Phantom der amerikanischen Industriekonkurrenz. Von Dr. Heinrich **Dietzel**, Prof., Bonn. Berlin: L. Simion Nf. 1905. (51 S.) 8°
= **Mitteilungen** d. Vereins z. Förderung d. Handelsfreiheit. 1905, No 1. [05.13795

Dietzel, Heinr.: Der deutsch-amerikanische Handelsvertrag u. d. Phantom d. amerikan. Industriekonkurrenz. 2. Aufl. Berlin 1905. 8°

Dietzel, Heinr., das 19. Jahrh. u. das Programm des Liberalismus. Rede zur Feier des 27. I. 1900, geh. in der Aula der Universität zu Bonn. gr. 8. (38 S.) Bonn 900. Röhrscheid & Ebbecke. n. — 60

— **Kornzoll u. Socialreform, s.a. Zeitfragen, volkswirthschaftliche. 177. 178.**

Kornzoll und Socialreform. Vortrag geh. 1900 in Berlin von Dr. Heinrich Dietzel, Prof., Bonn. *Berlin: L. Simion 1901.* (50 S.) 8°
= **Mitteilungen** d. Vereins z. Förderung d. Handelsfreiheit. 1901. No 1. [01. 2958

— **s.: Lehr- u. Handbuch der polit. Oekonomie.**

— **das Produzenteninteresse der Arbeiter u. die Handelsfreiheit. Ein Beitrag zur Theorie vom Arbeitsmarkt u. vom Arbeitslohn. (VIII, 118 S.) gr. 8. Jena 903. G. Fischer.** n. 3. —

— **Reichsnachlasssteuer od. Vermögenssteuer?, s.a. Zeitfragen, volkswirtschaftliche.**

Dietzel, Heinrich: Reichsnachlaßsteuer oder Reichsvermögenssteuer?
Berlin: Simion 1909. 60 S. 8°
(Volkswirtschaftl. Zeitfragen. Heft. 241. 242.)

Dietzel, H., Karl Rodbertus. Darstellung seines Lebens u. seiner Lehre. 1. Abtlg. Darstellung seines Lebens. gr. 8. (VI, 92 S.) Jena 886. Fischer. n. 2. —

Dietzel, H., Karl Rodbertus. Darstellg. seines Lebens u. seiner Lehre. 2. Abtlg. Darstellg. s. Socialphilosophie. gr. 8. (VII, 240 S.) Jena 888. Fischer. n. 4. 50 (cplt.: n. 6. 50)

Dietzel, H., theoret. Socialökonomik, s.: Lehr- u. Handbuch d. polit. Oekonomie.

— **Socialpolitik u. Handelspolitik, s.: Zeitfragen, volkswirthschaftliche. 188—190.**

Die Theorie von den drei Weltreichen. Von Prof. Dr. Heinrich **Dietzel**, Bonn. *Berlin: H. S. Hermann 1900.* (60 S.) 8° [J.]
Aus: 'Die Nation'. [00. 11583

Vergeltungszölle Von Dr. Heinrich **Dietzel**, Prof., Bonn. *Berlin: L. Simion Nf. 1904.* (60 S.) 8°
= **Zeitfragen, Volkswirtschaftliche.** H. 204–05. [04. 11541 3

Dietzel, Heinr. (geb. Leipzig 19. 1. 1857): Ueber das Verhältniss der Volkswirthschaftslehre zur Socialwirthschaftslehre. Berlin 1882. (60 S.) 8°
• Fortsetzung erschien in: Zeitschr. f. d. gesammte Staatswiss. Bd 39 1883.
Berlin, Phil. Diss. v. 3. Juli 1882

Dietzel, über das Verhältniss der Volkswirthschaftslehre zur Socialwirthschaftslehre. Inaugural-Dissertation. gr. 8. (VIII, 60 S.) Berlin 882. (Puttkammer & Mühlbrecht.) n. 1. 50

Weltwirtschaft und Volkswirtschaft von Dr. Heinrich **Dietzel**, Prof., Bonn. *Dresden: v. Zahn & Jaensch 1900.* (VIII, 120 S.) 8°
= **Jahrbuch** d. Gehe-Stiftung zu Dresden. Bd 5. [00. 7864

Dietzel, J. J., von den Aufschlüssen, welche Gottes Wort über den Zustand der Gerechten nach der Auferstehung gibt. Predigt über Lucas 24, 13—35 gehalten am 2. Osterfeiertage. gr. 8. (14 S.) Nürnberg 856, Raw'sche Buchh.

Dietzel, J. J., prüfet Alles, und das Gute behaltet. Predigt zur Verständigung über die neue Gottesdienst-Ordnung gehalten am 2. Advent 1856. gr. 8. (15 S.) Nürnberg 856(59), Raw'sche Buchh.

Dietzel, J. J., wie selig man in Christi Gnade ruhe. Gedächtnißpredigt auf den hochehrwürd. Herrn Joh. Chrn. Mich. Vorbrugg, ersten Pfarrer an der Kirche zum heil. Geist in Nürnberg, gehalten den 30. Decbr. 1866. gr. 8. (10 S.) Nürnberg 867, Raw'sche Buchh. *

Dietzel, Johannes [app. Arzt aus Neudorf i. Harz]: Ein Beitrag zur Lehre von den Kopfverletzungen ... Wiesbaden, Druck v. R. Bechtold & C., 1894; 19 S. 8.
Würzburg, Med. Fak., Inaug.-Diss. v. 1894

Dietzel, K. Eudil, Fragmente für Jagdliebhaber. 1s Bdchen. 8. Würzb. 821. 2e verb. Aufl. u. 2s Bdchen. 8. Leipz. 823. Rein. à 1 ₰ 8 g/. 2 ₰ 16 g/.

— s. **Zeitschrift** f. Forst- u. Jagdwesen.

Dietzel, R., Griechisch. s.a. **Bibliothek** Schüler-Versetzung.

Griechisch. Leicht lernbare Regeln ... bearb. von R. **Dietzel**. (1.) Berlin-Schöneberg: Mentor-Verl. [1905]. 8°
= **Schüler-Versetzung**, Bibliothek. Bdch. 13. [06. 9938

Dietzel, R., Griechisch für Obertertianer, Untersekundaner, Obersekundaner, Unterprimaner, Oberprimaner u. Abiturienten, s.a. Bibliothek Schüler-Versetzung. 14. Bdchn.

Griechisch für Obertertianer ... Oberprimaner u. Abiturienten. Leicht lernbare Regeln mit übers. Beispielsätzen ... Für d. Schüler aller höh. Schulen bearb. von R. **Dietzel**. Berlin-Schöneberg: Mentor-Verl. [1905]. (X, 88 S.) 8°
= **Schüler-Versetzung**, Bibliothek. Bdch. 14. [06. 4940

Dietzel, R., üb. d. Staatsrechnungskontrolle. gr. 8. (39 S.) Dresden 896. W. Baensch. n. 1. —

Dietzel, Wilhelm Ferdinand

Dietzel, Guil. Ferd. (geb. Greisfeld bei Eisleben 30. 1. 1813): De respirationis semiotice. Berolini (1840). (27 S.) 8°
Berlin, Med. Diss. v. 1. Dez. 1849

Dietzell, B. E.: Über die Beschaffung eines brauchbaren Saatgutes.
Augsburg 1874.

Dietzell-Augsburg, B. E., Th. **Pfeiffer**-Jena, Paul **Wagner**-Darmstadt, Forschungen üb. d. zweckmässigste Behandlg. d. **Stallmistes**, ausgef. auf Veranlassg. der deutschen Landwirtschafts-Gesellschaft, Dünger- (Kainit-) Abteilg. [Aus: „Landw. Versuchs-Stationen."] gr. 8. (200 S. m. 1 Abb. u. 2 Taf.) Berlin 897. P. Parey. n. 6. —

Dietzendanner, Julius. Die Episteln und Evangelien nebst kirchlichen Belehrungen und Gebeten für alle Sonn- und Festtage. Ein Handbuch für Priester und Laien. In-8°, 520 S. Einsiedeln, Wyss, Eberle & Cie. 1886

Dietzendanner, Jul. Kilian, die interessante Oase im Oberland oder das Valserthal im Kanton Graubünden in der Schweiz. 16. (VI, 98 S. mit 3 chemigr. Taf.) Waldsee 881, Liebel. *

Dietzer, Forstwissenschaftstabellen, wor. d. Stammholz berechnet ist, von Kling. 2 Thle. gr. 8. Mannheim, Schwan. 790. 91.

Dietzer, Forstwissenschaftst. 2 Thle. Fol. Mannheim, Löffler. 791. (1r 1 Rthlr. 20 gr. 2r 1 Rthlr. 4 gr.) Rthlr.

Dietzer, Iulius (geb. 1835 in Bensberg bei Köln): Symbola ad penitiorem diagnosim hydrocephali acuti ... Bonnae, ex typogr. C. Krueger 1857. 38 [vielm. 39] S. 8.

Bonn, Med. Fak., Diss. v. 8 Aug. 1857

Dietzer, L., der Orden der Ehrenlegion. Wandtafel. (Scheffler's Sachbogen 4.) 55,5 × 80,5 cm. Farbdr. Dresden (904). A. Müller-Fröbelhaus. n. 1.50

Dietzer, Wilhelm (Bergheim/Rheinprov.), Über Carcinom der weiblichen Urethra. Diss. med.-chir. Bln. (V. Vogt [E. Ebering]) 7. III. 1893. 39 S. mit Liter. u. Biogr. (M.: H. Bodewig.) (4.50) 6541
Oppon.: P. Röseler, A. Reckmann, J. Felgenauer.

Dietzfelbinger, Heinrich, appr. Arzt a. Graefenberg: Beitrag zur Lehre vom Hydrocephalus. Nürnberg 1906: J. L. Stich. (VIII, 31 S.) 8°

Erlangen, Med. Fak., Ref. Penzoldt, Diss. v. 8. Jan. 1907

[Geb. 8. Sept. 74 Gräfenberg; Wohnort: Vogelsang b. Magdeburg; Staatsangeh.: Bayern; Vorbildung: Gymn. Erlangen Reife 93; Studium: Erlangen 12 S.; Coll. 6. Okt. 06; Approb. 28. Juli 05.]

Dietzgen, Eug., Max Stirner u. Josef Dietzgen, s.: Dietzgen, Jos., Streifzüge e. Sozialisten in das Gebiet der Erkenntnistheorie.

Dietzgen, Josef

Dietzgen, Jos., d. Acquisit d. Philosophie u. Briefe üb. Logik, spez. demokrat.-proletar. Logik. 8. (VI, 232 S. m. Bildn.) Stuttgart 895. J. H. W. Dietz. n. 1.50; geb. 2.—

Dietzgen, Jos., das Acquisit der Philosophie u. Briefe üb. Logik, speziell demokratisch-proletarische Logik. 2. Aufl. (VIII, 242 S.) 8. Stuttgart 903. J. H. W. Dietz Nachf. n. 1.50: geb. n. 2.—

— s.: Briefe u. Auszüge aus Briefen von Joh. Phil. Becker usw.

Dietzgen, Jos., Erkenntnis u. Wahrheit. Des Arbeiterphilosophen universelle Denkweise u. naturmonist. Anschaug. üb. Lebenskunst, Ökonomie, Philosophie, Religion u. Sozialismus. Zu seinem 20. Todestag gesammelt u. hrsg, v. Eug. Dietzgen. (XIV, 428 S.) 8. Stuttgart 908. J. H. W. Dietz Nachf. 4.—; geb. 5.—

Dietzgen, J., die bürgerliche Gesellschaft. 8. Leipzig 875, Genossenschaftsbuchdr.

Dietzgen, Jos., die bürgerliche Gesellschaft. Ein Vortrag, geh. vor freireligiösen Arbeitern d. Wupperthals in Elberfeld-Barmen. 8. (12 S.) Leipzig 876. Genossenschaftsbuchdr. — 20

Dietzgen, Jos., die bürgerliche Gesellschaft. Ein Vortrag, geh. vor freireligiösen Arbeitern des Wupperthals in Elberfeld-Barmen. 8. (14 S.) Leipzig 877. Genossenschaftsbuchdruckerei. — 10

—— National-Oekonomisches. 8. Leipzig 874, Genossenschaftsbuchdr.

—— National-Oekonomisches. Zweiter Vortrag. 8. (8 S.) Ebendas. 876.

Sozialdemokratische Philosophie. Eine Artikel-Serie. Von Josef Dietzgen. Mit e. Vorw. von E[ugen] Dietzgen. Berlin: Vorwärts 1906. (63 S.) 8° [F.] [07. 4083

—, die Religion der Sozialdemokratie. Zweite Kanzelrede von — —. (Sep.-Abdr. aus Nr. 37 u. 38 des „Volksstaat".) O. O. u. J. (187?). Kl. 8°. Cart.
6 S. — Verboten von d. kgl. sächs. Kreishptmsch. Leipzig. d. 25. Octob. 1878.

—— die Religion der Sozialdemokratie. 5 Kanzelreden. 1.—3. Aufl. 8. Leipzig 873—75, Genossenschaftsbuchdr.

—— die Religion der Sozial-Demokratie. Kanzelreden. 4. verm. Aufl. 8. (48 S.) Ebendas. 877.

Dietzgen, Jos., die Religion d. Sozialdemokratie. Kanzelreden. 5. verm. Aufl. gr. 8. (48 S.) Berlin 891. Buchh. Vorwärts. n. — 20

Die Religion der Sozialdemokratie. Kanzelreden von Josef Dietzgen. 7. verm. Aufl. Mit e. Vorw. von Eugen Dietzgen. Berlin: Vorwärts 1906. (61 S.) 8° [F.] [07. 103

Josef Dietzgens kleinere philosophische Schriften. Eine Auswahl. Stuttgart: J. H. W. Dietz Nachf. 1903. (272 S.) 8° [F.] [07. 10752

— Streifzüge e. Sozialisten i. d. Gebiet d. Erkenntnißtheorie. gr. 8. (60 S.) Hottingen-Zürich 887. Ebd. n. — 25

— Streifzüge e. Sozialisten in das Gebiet der Erkenntnistheorie. Neu hrsg. m. e. Anh.: Max Stirner u. Josef Dietzgen. Von Eug. Dietzgen. (98 S.) 8. Berlin 905. Buchh. Vorwärts. n. 1.—

Dietzgen, Jos., Socialpolitische Vorträge. I. Nationalökonomisches. II. Die bürgerl. Gesellschaft. 8°. Hottingen-Zürich, Verlagsbuchhandl., 1886. (Socialdemokrat. Bibliothek, VII.)

Dietzgen, J., das Wesen der menschlichen Kopfarbeit, s. a. Wesen, das ꝛc.

Das Wesen der menschlichen Kopfarbeit. Eine abermalige Kritik d. reinen u. prakt. Vernunft von Josef Dietzgen. Mit e. Einl. (Die Stellung u. Bedeutung von J. Dietzgens philos. Arbeiten) von Anton Pannekoek. (Vorr.: Eugen Dietzgen.) Stuttgart: J. H. W. Dietz Nachf. 1903. (XXVII, 151 S.) 8° [F.] [07. 10733

— Die Zukunft der Socialdemokratie Neuer Abdr. mit einem Vorwort u. Nachtrag. 8°. Hottingen-Zürich. Volksbibl., 1885. (Socialdemokrat. Bibl. 3) und 8°. Berlin. Verlag des „Vorwärts". Berliner Volksblatt, 1891.

Dietzgen, J. Die Zukunft der Sozialdemokratie. Neuer Abdr. m. Vorw. u. Nachtr. 8. (16 S.) Berl. 891, Verl. d. „Vorwärts". * — 10

Dietzgen, J., die Zukunft der Sozialdemokratie. Neuer Abdr. m. e. Vorwort u. Nachtrag. gr. 8. (16 S.) Berlin 894. Buchhdlg. des „Vorwärts". n. — 10

Die Zukunft der Sozialdemokratie. Von J[osef] Dietzgen. Neuer Abdr. mit e. Vorw. u. Nachtrag. Berlin: Vorwärts 1907. (20 S.) 8° [F.] [07. 6110

Dietzi, Hedwig. Uf der Alp. Berndeutsche Szene. 34 S. 8. Aarau, H. R. Sauerländer & Co., 1904. [fr. —. 80]

Dietzi, Hedwig. Der Altjahrabe vo der Familie Hähnli. Berndeutsche Scene. 27 S. 8. Aarau, H. R. Sauerländer & Co., 1901. [fr. —. 60]

Die Ansichtskarte. Berndeutsche Scene von Hedwig Dietzi. Bern: Schmid & Francke 1899. (20 S.) 8° [F.]
= Liebhaberbühne, Berner. H. 5. [06. 8017

— ds Chränzli. Berndeutsche Szene. 8. (82 S.) Ebd. 899. n. — 60

Dietzi, Hedwig. Ds Chränzli. Berndeutsche Szene. 2. Aufl. 31 S. 8. Aarau, H. R. Sauerländer & Co., 1907. [fr. —. 60]

Dietzi, Hedwig. E berüehmti Frau. Berndeutsche Scene für junge Mädchen. 21 S. 8. Aarau, H. R. Sauerländer & Co., 1902. [fr. —. 60]
Berndeutsche Jugendbühne. [Heft 1.]

E kuriose Geburtstag. Berndeutsche Szene von Hedwig Dietzi. Bern: A. Francke 1907. (28 S.) 8° [F.]
= Liebhaberbühne, Berner. H. 13. [07. 8819

Die drei Grazie. Brüni hül Jungi Fraue. 3 berndeutsche Szenen von Hedwig Dietzi. 2. Aufl. Bern: Schmid & Francke 1905. (28 S.) 8° [F.]
= Liebhaberbühne, Berner. H. 6. [06. 8018

D'Grindlwaldner-Gibe. Berndeutsche Szene von Hedwig Dietzi. Aarau: H. R. Sauerländer & Co. 1905. (18 S.) 8° [F.] [05. 4661

Dietzi, Hedwig. Der Heldetenor. Berndeutsche Scene. 28 S. 8. Aarau, H. R. Sauerländer & Cie, 1901. [fr. —. 60]

— Hüratsgeschichte. Berndeutsche Scene. 8. (26 S.) Ebd. 900. n. — 50

Dietzi, Hedwig. Dr Hus-Tyrann. E Bärnergschicht von Hedwig Dietzi-Bion. Mit Buchschmuck von E[rnst] Linck. IV + 115 S. 8. Bern, Neukomm & Zimmermann, 1904. [fr. 2. 50, geb. fr. 3. 50]

Dietzi, Hedwig. D'r Max oder Nume nid yfersüchtig! Berndeutsche Szene. 20 S. 8. Aarau, H. R. Sauerländer & Co., 1903. [fr. —. 50]

— Möntschelebi. Berndeutsche Scene. 8. (22 S.) Ebd. 900. n. — 50

Dietzi, Hedwig. Möntschelebi. Berndeutsche Szene. 2. Aufl. 20 S. 8. Aarau, H. R. Sauerländer & Co., 1909. [fr. —. 50]

Dietzi, Hedwig. Prolog zur Eröffnung des Bazars zu Gunsten des Theaterbetriebs-Fonds am 8. Mai 1903. 20 S. 8. Bern, H. Jent. [fr. —. 50]

Dietzi, H., ds Raritätekabinet vo der Frou Mümpfeli. (N. berühmten Mustern.) Berndeutsche Scene. 8. (16 S.) Bern 898. (Nydegger & Baumgart.) n. — 50

Dietzi, Hedwig. Das Raritätekabinet vo de Frou Mümpfeli. (Nach berühmten Mustern.) Berndeutsche Szene. Kl. 8°. 16 S. Bern. Schmid & Francke. 1899 — 60

Dietzi, Hedwig. Ds Raritätekabinet vo der Frau Mümpfeli. Berndeutsche Scene. 2. durchgesehene Aufl. 24 S. 8. Bern, Schmid & Francke. 1901. (fr. —. 80)
Berner Liebhaberbühne. Heft 8.

Dietzi, Hedwig. Sanitätsmannschaft. Berndeutsches Lustspiel. 45 S. 8. Aarau, H. R. Sauerländer & Co., 1902. [fr. —. 80]

Ds Stüdi uf em Märit. Berndeutsche Scene von Hedwig Dietzi. *Aarau: H. R. Sauerländer & Co. 1900.* (18 S.) 8° [F.] [00. 4419

Dietzi, Hedwig. Dür ds Telephon. Berndeutsche Scene. 31 S. 8. Aarau, H. R. Sauerländer & Co., 1902. [fr. —. 80]

Dietzi, Hedwig. Dür ds Telephon. Berndeutsche Szene. 2. Aufl. 31 S. 8. Aarau, H. R. Sauerländer & Co., 1907. [fr. —. 80]

— wär hett glütet? Berndeutsche Szene. 8. (21 S.) Aarau 899. H. R. Sauerländer & Co. n. - 50

Dietzi, Hedwig. Wär hett glütet? Berndeutsche Szene. 2. Aufl. 21 S. 8. Aarau, H. R. Sauerländer & Co., 1904. [fr. —. 50]

— „Zibelemäritspuk". Ein Berner Wintermärchen. Singspiel m. eingeschalt. bekannten Liedern. Musik zu den Reigen u. einigen Liedern v. W. Rennefahrt. 8. (34 S.) Bern 900. Ch. Künzi-Locher. n. 1. —

Dietzius, Hans, s.: Kalender f. Ingenieure des Maschinenbaues.

— s.: Kalender f. Maschinentechniker.

Dietzius Robert, Dr Einige Ergebnisse der in Wien bei antizyklonaler Wetterlage vorgenommenen Pilotballonaufstiege (mit 2 Textfiguren) S. 121 IIa 581 . . .
Separatabdruck

-- Die Variabilitat der Steiggeschwindigkeit von Registrier- und Pilotballonen. S. 122. IIa. 583 . . .
Separatabdruck

Dietzler, Wilhelm: Über einen Fall von krebsiger Infiltration der Corpora cavernosa penis bei Rektumkarzinom. Erlangen 1909: Junge. 25 S. 8°
Erlangen, Med. Diss. v. 15. Nov. 1909, Ref. Hauser
[Geb. 22. Okt. 66 Schneppenbach, Rheinprov.; Wohnort: Erlangen; Staatsangeh.: Preußen; Vorbildung: Gymn. Kreuznach Reife O. 88; Studium: München 4, Marburg 2, Würzburg 5 S.; Coll. 28. Okt. 09; Approb. 19. März 94.] [U 10. 793

Dietzmann, R.: Plan von Meissen. Ausführung von J. J. Arnd. Massst. 1 : 6000. (Leipzig): Leipziger Geogr. Inst. 1901. (1 Kartenbl. 37 x 31 cm.) quer-2° (kol.)

Dietzsch, A., das tausendjährige Reich. 8. (48 S.) Leipzig 849, Weller. 6 ngr

Dietzsch, Ad. Wilh., Predigten u. Reden bei feierl. Gelegenheiten gehalten. 8. Worms 821.

Dietzsch, Aug., Adam u. Christus. Röm. V, 12—21. Eine exeget. Monographie. gr. 8. (IV, 214 S.) Bonn 871. A. Marcus. n. 3. —

Dietzsch, Barb. Reg., Fruchtstücke, sowohl die Blüthe, als d. Frucht n. d. Nat. m. ausgem. Kpf. Fol. Nürnberg, Campe.

— Samml. meist. deutsch. Vögel. mit nicht illum. Abbild. 5 Hefte. m. illum. K. u. Text z. d. ersten 2 Heften. Ebend. (1r und 2r à 8 Rthlr. 5 gr., 3r u. 4r à 6 Rthlr. 16 gr., 5r 2 Rthlr. 3 gr.)

Dietzsch, Barbara Regina: Sammlung meistentheils deutscher Vögel, gemahlt von B. R. Dietzschin, gestochen und herausg. durch Ad. L. Wirsing, beschrieben und mit einer Vorrede begl. von B. Chr. Vogel H. 1. 2. Mit 100 kolor. Kupfertaff. Nürnberg. 1772 – 77. Fol.

Dietzsch, E. Hellmuth

Dietzsch, E. H., China in Liquidation u. Deutschlands Forderung. 8. (16 S.) Berlin 900. (E. Ebering). n. — 40

China in Liquidation und Deutschlands Forderung. Von E. H. Dietzsch. *Berlin: Belletrist. Inst. 1900.* (16 S.) 8° [00. 9367

Dietzsch, E. Hellmuth, die Praxis des Erbbaurechts. Ein Handbuch f. Staats- u. Kommunal-Verwaltgn., Landesversicherungsanstalten, Hypotheken- u. Immobilienbanken, Versicherungsgesellschaften, Baugenossenschaften, Bau- u. Terraingesellschaften u. Vereiniggn. zur Förderg. der Wohnungsfürsorge. (XV, 382 S.) gr. 8. Berlin 907. Herm. Walther. 15.—; geb. n 16. 50

— s.: Rundschau, kommunale.

Dietzsch, Emil: Geschichte der Deutschamerikaner in Chicago. Chicago 1881.

Dietzsch, Emil, Kraft und Stoff aus der Geschichte des deutschen Volkes. gr.-8. (VIII, 196 S.) Chicago 884, Hinstorff. geb.

--Kaiser Wilhelm I.: Der Schöpfer des neuen dten Reiches. Chi, 1888.

Dietzsch, Fr. Wlh. Karl, s. Germanus.

Dietzsch, Gust. Adph., Gebete vor und nach den Berathungen des Pfarrgemeinderaths [Kirchen-Aeltesten-Collegiums]. Stuttgart 861. Belser. 8. (71 S.) 6 ngr.

Dietzsch, Gust. Adph., Grabreden und Gebete an Gräbern. gr. 8. (VIII und 232 S.) Stuttgart 862, Schiller.

—— Hochzeits-Predigten mit biblischen Texten. gr. 8. (VIII und 214 S.) Stuttgart 862, Schiller.

Dietzsch, Gust. Adph., Hochzeit-Predigten mit biblischen Texten. 2. verb. Aufl. gr. 8. (X, 205 S.) [Stuttgart 876, C. Müller.] Leipzig, Drescher. (M 3.) **

Dietzsch, Gust. Adph., Hochzeit-Predigten mit biblischen Texten. 2. und 3. (Titel-)Aufl. gr. 8. (X, 205 S.) Leipzig 874,84, Drescher. *

Dietzsch, Hans Hub., bunte Blätter. Novellen u. Gedichte. 1.–4. Taus. (70 S. m. Bildnis.) 8. Freiburg i/B. 905. E. Thomaß. n. 1.50

Dietzsch, Karl Friedrich

Dietzsch, Karl Fr., Andachtsbuch für gebild. junge Christen vor, bei u. nach ihrer Confirmation. Mit 1 Kpf. 8. Tübing. 820. Osiander. 20 gl. N. Ausg. 830. Ebd. 14 gl.

Dietzsch, Carl Friedr., Andachtsbuch f. gebild. junge Christen, vor, bei u. nach ihrer Confirmation, theils aus d. Reinhardischen Predigten gesammelt, theils neu verfaßt. Neue Ausg. Mit Titlkpfr. 8. (20 B.) Tübingen 830, Osiander.

Dietzsch, Karl Fr., Andeutungen zu Vorträgen über die in Würtemberg neu eingeführten Evangelien an Sonn-, Fest- u. Feiertagen. 1r u. 2r Bd. à 3 Hfte. 8. Stuttgart 833–35. Löflund. (Beck u. Fränkel.) (à H. 2/3 rℓ) 4 rℓ

— allgem. Beicht- u. Communionbuch. s. Sam. Baur.

Dietzsch, C. F., Reinhardisches Beicht- u. Communionbuch, aus den Schriften desselben gezogen. 8. Frankf. am M. Brönner. 814.

— Reinhardsches Beicht- u. Communionbuch, oder Betrachtungen für Communicanten. Aus dessen Schriften gezogen. 2e Aufl. 8. Frankf. a. M. 820. Brönner. 10 gl. Schrbp. mit 1 Kpf. 20 gl.

— homilet. Beiträge. 1s—3s Stück. 8. Oehringen 810—12. (à 16 gl.) 2 rℓ

— homiletische Beiträge. 1s—3s Stück. 8. Heidelb. Mohr u. Winter. (in Comm.) 813. (à 16 gr.)

Dietzsch, Karl Fr., Belehrungen für d. Jugend über d. 300jähr. Gedächtnißfeier des Augsburg. Glaubensbekenntnisses, für d. Diöcese Oehringen entworfen. 2e Aufl. 831.

— Beschreibung des am 7. Aug. 1817 in Oehringen gefeierten Erndtefestes, nebst e. dabei gehaltenen Rede. 817.

— christl. Erbauungsbuch in Predigten. gr. 8. Heidelb. 819. Oswald. 12 gl.

— Fragen u. Antworten für eine zweckmäßige Confirmationsfeier. 810.

— d. Göttlichkeit d. Christenthums in 5 Predigten, vom 1sten Adventsonntage bis 1sten Weihnachtstage 1825. gr. 8. Sulzbach 826. v. Seidel. 9 gl. 2s Heft 828. Ebd. 9 gl.

Dietzsch, Carl Friedr., Grabreden, od. Materialien zu Vorträgen bei Beerdigungen. 1. u. 2. Thl. 8. (26 u. 25½ B.) Ulm 841, 42, Ebner'sche Buchh. à 1½ Thlr.

—— Grabreden, od. Materialien zu Vorträgen bei Beerdigungen. 3. u. 4. (letzter) Thl. 8. Ulm, Ebner'sche Buchh. [3. (26 B.) 843. 1 Thlr. 15 Ngr., 4. (27½ B.) 45. 1 Thlr.

—— der Prediger an den Gräbern, od. Materialien zu Vorträgen bei Beerdigungen 2 Bde. 8. (... B.) Ulm 845, Ebner'sche Buchh.

Besond. Abdruck aus dem Vorhergehenden.

— homilet. Handbuch oder Materialien für alle Theile d. Amtsführung eines Predigers. 2 Bde. 8. Heilbr. 813—20. Deubold in Werthh. 1 rℓ 12 gl. Hbg. Pr. 1 rℓ

— homiletisches Handbuch für Prediger. 8. Heilbron, Claß. 815.

— prakt. Handbuch für Prediger über d. Leidensgeschichte Jesu, oder Auswahl von Materialien u. Vorträgen über diese Gesch. 8. Tübing. 817. Osiander. 1 rℓ 2 gl.

—— homiletisches Journal, s. Journal.

— Länder- u. Völkerkunde für d. Jugend, in Auszügen aus d. neuesten u. merkwürdigsten Reisebeschreibungen. 3 Bdchen. gr. 8. Stuttg. 822—26. Metzler. (à 20 gl.) 2 rℓ 12 gl.

— Leitfaden zur Katechisation über d. Reformationsgeschichte. 8. Heilbr. 825. Drechsler. 2½ gl.

— Magazin von Fest-, Epistel- u. Gelegenheitspredigten, mit angehängten Entwürfen. 1r Bd. gr. 8. Heidelb. 818. Oswald. 22 gl.

—— homilet. Magazin, s. Magazin.

— homiletisches Magazin. 1r Bd. 1s Hft. gr. 8. Leipz. 838. L. Schumann. ¾ rℓ

— Materialien zu Vorträgen über d. neuen Würtembergischen Perikopen. 1s u. 2s Heft. 8. Tüb. 816—20. Osiander. 1 rℓ 12 gl.

— homilet. Mittheilungen. 1s—3s Heft. 8. Stuttg. 821—25. Metzler. à 14 gl. 1 rℓ 18 gl.

— homilet. Mittheilungen. 1s—3s Heft. 8. Stuttg. 822—25, Metzler. à 14 gr.

— kurze histor. Notizen von d. Einführung d. Reformation in Hohenlohe. 817.

— Passions-Predigten als Beiträge zur Kenntniß des menschl. Herzens. 1s u. 2s Hft. gr. 8. Leipzig 836. Kaysers Buchh (Beyer.) à ⅜ rℓ

—— Passions-Predigten als Beiträge zur Kenntniß d. menschl. Herzens. 1. u. 2. Hft. gr. 8. (7½ u. 7 B.) Leipzig 836, [Peter.] à * 9 Gr.

Dietzsch, Karl Friedrich: Der Prediger an d. Gräbern ..., s. Dietzsch: Grabreden

—— Predigten üb. d. Göttlichkeit d. Christenthums. 2. Hft. gr. 8. (4½ B.) Sulzbach 828, v. Seidel.

1. Hft. (ohne Angabe.) Ebendas. 1826. 9 Gr.

— skizzirte Predigten. 8. Heidelb. Mohr u. W. (in Comm.) 812

—— Predigten durch d. neuesten Weltbegebenheiten veranlaßt u. in d. Stiftskirche zu Oehringen vorgetragen. (Aus dess. „Predigt-Skizzen" abgedr.) gr. 8. (3 B.) Leipzig 831, Kayser.

—— zwei Predigten vor u. an d. Jubelfeste, wegen Uebergabe d. Augsburg. Glaubensbekenntnisses. 8. (2½ B.) Heilbronn 831, Drechsler.

Dietzsch, C. F., Predigtentw. üb. d. gewöhnlichen Evangelien an Feiertagen. 8. Heilbr. Claß. 806.

— — derselben 2te Hälfte. 8. Oehringen, (Monath u. K. in Nürnb. in Commission.) 810.

— Predigtentwürfe über d. gewöhnl. Evangelien an Feiertagen. 8. Heilbr. 806. (Deubold in Werthh.) 12 gr Hbg. Pr. 8 gr Dieselb., 2e Hälfte. A. u. d. T.: Skizzirte Predigten an Feiertagen. 8. Oehringen 810. (Mohr in Heidelb. Mit Jahrz. 813.) 16 gr

—— Predigt-Entwürfe üb. d. gewöhnl. Evangelien an Feiertagen. Neue, wohlf. Ausg. 8. (11 B.) Rothenburg 830. (Werthheim, Deubold.)

— Predigt-Skizzen. I. 1s u. 2s Heft. gr. 8. Leipz. 827, Kayser. 19 gr. Vel.-Pap.

—— Predigt-Skizzen. 1. Bd. 3—6. Hft. u. 2. u. 3. Bd. (à 6 Hfte.) gr. 8. Leipzig, Kayser. [1. 3—6. (29¾ B.) 829., 2. (30½ B.) 831., 3. (33 B.) 832.] à Hft. einzeln 9 Gr., à Bd. od. 6 Hfte. nur

— Predigt-Skizzen. 3 Bde, jeder in 6 Heften. gr. 8. Leipz. 827—33. Kaysers B. (à Bd. 2 Thlr) 6 Thlr

— Predigt-Skizzen. 4r u. 5r Bd. à 2 Hälften. A. u. d. T.: Neue Predigt-Skizzen. 1r u. 2r Bd. à 2 Hfte. u. 6r Bd. 1e u. 2e Hälfte od. 3r Bd. 1e u. 2e Hälfte. gr. 8. Leipz. 833—36. Kaysers Buch. (Beyer.) (à 1 Thlr) 6 Thlr (6 Bde. 12½ Thlr)

—— dass. 4. u. 5. Bd. (à 2 Hälften.) — A. u. d. T.: Neue Predigt-Skizzen. 1. u. 2. Bd. gr. 8. Leipzig, Kayser. [4. (32¼ B.) 833., 5. (31⅛ B.) 834, 35.] à Hälfte

—— Predigt-Skizzen. 6. Bd. 2 Hälften. — A. u. d. T.: Neue Predigt-Skizzen. 3. Bd. 2 Hälften. gr. 8. (16¾ u. 16 B.) Leipzig 835, 36, [Peter.] à * 1 Thlr. *
1—5. Bd. 1. Hälfte. Ebendas. 1829—35. * 10 Thlr. 18 Gr.

— Predigt-Skizzen. 1. Bd. 1.—4. Liefg. 2. verb. Aufl. gr. 8. Leipzig 843, Peter (Kößling.) à ⅓ Thlr

— dies. 2. Bd. 1. Hälfte oder 1.—3. Hft. 2. verb. Aufl. gr. 8. Ebend. (846), 847. 1 Thlr

v. Dietzsch, Carl Friedr. Predigt-Skizzen. 2. Bd. 2. Hälfte. 2. verb. Aufl. gr. 8. (VIII S. u. S. 243—449.) Leipzig 847, Kößling (jetzt: Luckau, Kutzscher.) 1 Thlr (1. u. 2. Bd.: 4 Thlr)

Dietzsch, Karl Friedrich, s. Frz. B. Reinhardt: Belehrung.

— christl. Religionslehre für d. reifere Jugend, aus Reinhard's Glaubens- u. Sittenlehre größtentheils gesammelt. 8. Sulzb. 825. v. Seidel. 8 gr

—— homiletisches Repertorium, s. Repertorium.

— homilet. Repertorium, oder Samml. d. Wissenswürdigsten auf d. Felde d. neuesten homilet. Literatur. 1r Bd., 2 Hefte. 8. Heilbr. 826. Drechsler. 1 Thlr 12 gr 2r Bd., 1e Hälfte. 8. 829. Ebd. 18 gr

—— Taschenbuch der Entdeckungs-Reisen, s. Taschenbuch.

Dietzsch, Carl Friedr., christl. Verpflichtungen zur Zeit e. verheerenden Seuche. Eine Predigt. 8. (1 B.) Heilbronn 831, (Drechsler.) Thlr.

— Vorschläge zu Predigten auf das Jubelfest d. evangel. Kirche. 8. Tübing. 817. Osiander. 12 gr

Dietzsch, Oskar

Dietzsch, O., die Kuhmilch. Ihre Behandlg. u. Prüfg. im Stall u. in der Käserei. Mit e. Anh. über Marktmilch u. Rahm. gr. 8. (VI, 68 S. m. 1 Formular.) Zürich 889. Orell Füssli & Co. Verl. n. 2. —

Dietzsch, Osc., die wichtigsten Nahrungsmittel u. Getränke, deren Verunreinigungen u. Verfälschungen. Praktischer Wegweiser zu deren Erkennung. Nebst einem Anh.: Untersuchungen hausräthlicher Gegenstände in Bezug auf gesundheitsschädliche Stoffe oder Verfälschungen. gr. 8. (XIII, 160 S.) Zürich 877. Orell, Füßli & Co. Verl. n. 3. —

Dietzsch, Osc., die wichtigsten Nahrungsmittel u. Getränke, deren Verunreinigungen u. Verfälschungen. Praktischer Wegweiser zu deren Erkennung. Nebst einem Anh.: Untersuchungen hausräthlicher Gegenstände in Bezug auf gesundheitsschädliche Stoffe oder Verfälschungen. 2., verm. u. verb. Aufl. gr. 8. (V, 196 S.) Zürich 878. Orell, Füssli & Co. Verl. n. 4. —

— dasselbe. 3., stark verm. u. verb. Aufl. gr. 8. (IV, 254 S.) Ebend. 879. n. 5. —

Dietzsch, Osc., die wichtigsten Nahrungsmittel u. Getränke, deren Verunreinigungen u. Verfälschungen. Praktischer Wegweiser zu deren Erkenng. Nebst e. Anh.: Untersuchungen hausräthl. Gegenstände in Bezug auf gesundheitsschädl. Stoffe. 4. Aufl. gr. 8. (VI, 352 S.) Zürich 884. Orell Füssli & Co. Verl. n. 6. —

Dietzsch, O., die Prüfung der Milch in der Käserei mit einem Anhang „Prüfung der Marktmilch". 8. (53 S. mit 1 Tab.) Zürich 888, Orell, Füßli und Comp., Verlag. *

Dietzsch, Osc., die Reblaus [Phylloxera vastatrix] und die von ihr verursachte Rebenkrankheit. gr. 8. (34 S. mit 1 Chromolithogr. in qu. gr. 4.) Zürich 875, Orell, Füßli und Comp. *

Dietzsch, O., Zusammenstellung der bewährtesten Fleckvertilgungs-Mittel und deren richt. Gebrauchs-Anweisung, um alle Flecken von Fett, Butter, Oel, Talg 2c. aus Seide, Wolle, Baumwolle 2c. vollständig und sicher entfernen zu können; nebst einem Anh., kleine prakt. Hülfsmittel beim Waschen und Putzen häusl. Gegenstände. 1. Aufl. 1872, und 2. verm. Aufl. 8. (II, 21 S.) Schaffhausen 873, Brodtmann'sche Buchh.

Dietzsch, Rud., Uebungsbuch zum Uebersetzen a. d. Deutschen in's Lateinische, zunächst beim Gebr. d. Schulzischen Grammatik. 1. u. 2. Curs. gr. 8. Halle, Buchh. d. Waisenhauses. [1. (24¼ B.) 839. ⅚ Thlr., 2. (15 B.) 841. ⅔ Thlr.]
2. Curs. a. u. d. T.: Erzählungen a. d. alten Geschichte. Mit besond. Berücksichtig. d. Cornelius Nepos. 1. Thl.

Dietzschold, Curt

Dietzschold, C., der Cornelius Nepos der Uhrmacher. 82 Bildnisse u. 88 Lebensbeschreibgn. hervorrag. Uhrmacher u. Gelehrter, die auf die Entwicklg. der Uhrmacherei richtunggebend gewirkt haben. Ein Beitrag zur Gewerbeförderg., bearb. u. erweitert. (72 S.) gr. 8. Krems a/Donau (Heinemannstr. 10), 910. Selbstverlag. 2. 40

Dietzschold, Curt, praktisches Handbuch für Uhrmacher, s.: Grosch, Herm.

Dietzschold, C. die Rechenmaschine. [Aus: „Allgem. Journal der Uhrmacherkunst".] gr. 8. (III, 44 S. mit Holzschn.) Leipzig 882. Schlag. n. 1. —

Dietzschold, Curt, die Tabellen der Uhrmacherkunst, s.: Golcich, Eug.

Dietzschold, Curt, die Turmuhren m. Einschluß der sogenannten Kunstuhren. Praktisches Handbuch f. Großuhrmacher. Mit e. Atlas v. 12 Foliotaf. gr. 8. (XIV, 353 S.) Weimar 894. B. F. Voigt. 9. —

Dietzschold, C: Uhren und Uhrenfabrication. Prag 1888

— Uhrmacher-Bibliothek. I. u. II. Bd. gr. 8. Krems. (Leipzig, W. Diebener.) Kart. n. 9. 10
I. Die Hemmungen der Uhren, ihre Entwicklung, Konstruktion, Reparatur u. Behandlung vor der Reglage,
Allg. Bücher-Lexikon. XXXIII. Band. (XIV. Supplement-Band nebst zugehör. Tabellen, zahlreichen Abbildgn. u. 6 Portr. Allgemein verständlich f. Uhrmacher, Ingenieure, Techniker u. s. w. bearb. (X, 234 S.) 905. Kart. n. 4. 50
II. Abriss der Getriebelehre m. besond. Anwendung auf die Uhrmacherei u. Feinmechanik. Mit zahlreichen Abbildgn., Fkams. u. Porträts. Bearb. für Uhrmacher, Feinmechaniker, Ingenieure, Techniker u. alle Freunde der Uhrmacherei. (XV, 220 S.) 905. Kart. n. 4. 60

Dietzschold, Curt, d. Verzahnungen der Uhren u. mechan. Apparate u. d. Berechng. der Räderwerke. Nebst zahlr. Uebungsbeispielen. Prakt. Handbuch f. Uhrmacher, Mechaniker, Techniker u. z. Gebrauche d. gewerbl. Lehranst. gr. 8. (IV, 190 S. m. 38 Holzschn.) Bautzen 895. E. Hübner. n. 2. 80; geb. n. 3. 20

— **Vorlagen** f. das Uhrmachergewerbe. Mit erläut. Texte. Zum Gebrauche beim Unterrichte im Fachzeichnen an gewerbl. Lehranstalten u. beim prakt. Werkstätten-Unterrichte, sowie zum Selbststudium. Unter Mitwirkg. v. Karl Zarbl. (XII, 159 S. m. 21 Fig. u. 33 z. Tl. farb. Taf.) 31×24 cm. Wien 910. A. Hartleben. Geb. in Leinw. 9. —

Dietzschold, Richard: Das durchstrichene Accept. Ein Beitrag zur Lehre von der Perfektion des Wechselaccepts. *Berlin 1898: A. Sayffaerth.* (31 S.) 8°
Erlangen, Jur. Diss. v. 5. März 1898

Dieu, l'homme et la nature, ou tableau d'une somnambule. 8. Strassb. 788. Acad. B. 12 gl.

Dieu, réponse de Voltaire au systême de la nature. gr. 8. Berl 770 Rottmann. 6 gl.

Dieudonné, Adolph [appr. Arzt aus Stuttgart]: Zur Behandlung der Gaumendefecte .... München, Druck v. M. Ernst (vorm. G. Pollner), 1888; 30 S. + 1 Bl. 8°
München, Med. Fak., Inaug. Diss. v. 1888

Dieudonné, [Adolf]: Experimentelle und kritische Beiträge zur Kenntniss der agglutinirenden ⟨paralysirenden⟩ Stoffe der Immunsera. *Würzburg 1898: H. Stürtz.* (51 S.) 8°
Würzburg. Med. Hab.-Schr. v. 1898

Dieudonné, Adf., Bericht üb. die Thätigkeit d. z. Erforschg. der Pest nach Indien entsandten Kommission, s.: Gaffky.

Dieudonné, A., Ergebnisse d. Sammelforschg. üb. das Diphtherieheilserum f. d. Zeit v. Apr. 1895—März 1896. [Aus: „Arbeiten aus dem kaiserl. Gesundheitsamte".] Lex.-8. (III, 39 S.) Berlin 897. J. Springer. n. 1. 20

— Immunität u. Immunisierung, s.a. Abhandlungen, Würzburger, a. d. Gesamtgebiet d. prakt. Medizin. I. 8.

Dieudonné, A: Immunität und Immunisierung. Würzburg 1901

Dieudonné, Adf., Immunität, Schutzimpfung u. Serumtherapie. Zusammenfassende Uebersicht üb. die Immunitätslehre. 4. umgearb. Aufl. (VI, 210 S.) gr. 8. Leipzig 905. J. A. Barth. n. 6. —; geb. in Leinw. n. 7. —
3. Aufl. (VIII, 168 S.) 903. n. 5. —; geb. n. 6. —.

Immunität, Schutzimpfung und Serumtherapie. Zusammenfassende Übersicht über d. Immunitätslehre. Von Oberstabsarzt Prof. Dr. A[dolf] **Dieudonné.** 5. umgearb. Aufl. Leipzig: J. A. Barth 1908. (VII, 234 S.) 8° 〔ob. 9443

Dieudonné, A., Immunität, Schutzimpfung u. Serumtherapie. Zusammenfassende Übersicht üb. die Immunitätslehre. 6. umgearb. Aufl. (VII, 240 S.) gr. 8. Leipzig 909. J. A. Barth. 6.80; geb. in Leinw. 7. 80

— hygienische Massregeln bei ansteckenden Krankheiten, s.a. Abhandlungen, Würzburger aus dem Gesamtgebiet der prakt. Medizin. IV. 7. 8.

Dieudonné, A. Hyg. Maßregeln bei ansteckenden Krankhn. Würzburg 1894.

Dieudonné, A., die bakteriellen Nahrungsmittelvergiftgn., s: Abhandlungen, Würzburger, aus dem Gesamtgebiet der prakt. Medizin. VIII. 3. 4.

— Schutzimpfung u. Serumtherapie. Zusammenfass. Uebersicht üb. d. Immunitätslehre m. bes. Berücksicht. d. Blutserumtherapie. 8. (V, 136 S.) Leipzig 895. J. A. Barth. n. 2. 50; geb. in Leinw. n.n. 3. 25

— Schutzimpfung u. Serumtherapie. Zusammenfassende Übersicht üb. die Immunitätslehre. 2., gänzl. umgearb. Aufl. gr. 8. (VIII, 192 S.) Leipzig 900. J. A. Barth. n. 5. —; geb. in Leinw. n. 6 —

Dieudonné, Franz

Dieudonné, Frz., die Kölnische Zeitung u. ihre Wandlungen im Wandel der Zeiten. (104 S.) gr. 8. Berlin 903. Herm. Walther. n. 1. 50

Dieulafoy, Olympia, s.: Mode's Opern-Text-Bibliothek.

Dieulafoy, Marcel, die topographische Beschreibung des Achašveroš-Palastes im Buche Esther u. die Burg zu Susa, s.: Jampel, Sigm., das Buch Esther.

Indo-Chine pittoresque & monumentale. Ruines d'Angkor, Cambodge. Indo-China picturesque and monumental. Ruins of Angkor ⟨Cambodge⟩. Indo-China malerisch u. monumentalisch. Ruinen von Angkor, Cambodge. By P. **Dieulefils**, Photo Publisher. (Vorr.: Étienne Aymonier.) (2. Aufl.) ⟨Hanoi⟩ Tonkin: Dieulefils (1909). 7 Bl., 67 Taf., 1 Bl. quer-4° 〔11. 6338

Dievenow [Schlagwort]

Dievenow, s.: Flaggenkarte.

Dievenow, s.: Usedom.

Dievenow [Verfasser]

Dievenow, die Aufhebung des Cölibats oder des Papstthums Grab. Getreue Schilderung des Wesens, Treibens und der Politik des Papstthums, seines infallibilist. Clerus, der Jesuiten und Ultramontanen. 8. (45 S.) Chemnitz 880, Hager.

Diewald, Anna, u. Helene J. Zeller, Palmenwald-Kochbuch. (288 S.) 8. Stuttgart (909). Holland & Josenhans. Geb. in Leinw. 2. —

Diewald, F. N. [Bearb.], s. Tardieu, Jean Bapt. Pierre fils: Carte des routes de postes de l'Empire français ...:

Diewald, J. N. oder F. N.?. General-Charte von Deutschland, mit beigefügten Postrouten. Nach den neuesten astronomischen Ortsbestimmungen und vorzüglichsten Spezialcharten entworfen. Kolor. Nürnberg. Schneider u. Weigel (Bauer u. Raspe). 1832. Imp.-Fol.

Diewald, J. N. General-Charte vom Königreich der Niederlande. Nürnberg 1825. 1 Bl. c. K. Ff.

Diewaldt, J., Atlas der alten Welt, nach den besten Hülfsquellen, in 20 Blättern. Leipz. 819. f. 2 rthl. 12 gr.

Diewitz, Katechismus des hamburgischen Budget-, Kassen- u. Rechnungswesens, Repetitorium f. hamburgische Staatsbeamte. (79 S.) 8. Hamburg 901. Herold. n. 1. --

Diewitz, Georg [pr. Arzt aus Labbuhn]: Ein Beitrag zur Dauer der Schutzkraft der Vaccine nach der Kuhpocken-Impfung ... Greifswald, Druck v. J. Abel, 1891; 32 S. 8.
Greifswald, Med. Fak., Inaug.-Diss. v. 20. Aug. 1891

Diez [Sachliches Ordnungswort]

Diez, Frdr., soin Lebon, seine Werke u. deren Bodeutung für dio Wissenschaft, s.: Breymann, II.

Q. F. F. F. Q. S. Collegae ... carissimo Friderico **Diez** ... civs diei qvo ante hos L annos ab ordine phil. Gissensi doctoris phil. nomen impetravit reditvm semisaecvlarem ... congratvlantvr rector et senatvs vniversitatis Fridericiae Gvilelmiae Rhenanae ... d. XXX m. Dec. a. 1871 ... [Bonnae], form. C. Georgi (1871). 1 Bl. 2.

Diez [Schlagwort]

Diez. s.: Deutschland. Kürschner-Peip.

Diez [Verfasser]

Diez, s. a. Dietz

Diez, Aug., Beiträge zur rationellen Feldverpflegung d. Soldaten, s.a. Zeit- u. Streitfragen, militair.

Diez, August, Secondelieut. im 1. Landw.-Bataillon des k. bayer. 1. Inft.-Reg. Beiträge zur rationellen Feldverpflegung des Soldaten. (Aus: „Militärische Zeit- und Streitfragen". Heft 8.) 8. Leipzig 1872.

Diez, C. Zusammenstg d. gegenw. geltenden Gesetze, Verordngn, Instrukt. u. Entscheidgn üb. d. Medizinalwesen i. Grherzogt. Baden. Karlsruhe 1857.

Diez, Carl August

Diez, C. A., de mentis alienationum sede, et causa proxima. Comment. med. 8 maj. (4½ B.) Friburgi 828, Herder.

Diez, C. A., der Selbstmord, seine Ursachen u. Arten, vom Standpunkte d. Psychologie u. Erfahrung dargest. gr. 8. (29 B. u. 1 Tab.) Tübingen 838, Laupp.

...**Diez:** Versuch e. theoret. Begründ. d. Physiognomik; Vorlesung. *Freiburg*, Wagner. 830. gr 8° 6 gl

Diez, C. A., über Verwaltung und Einrichtung der Strafanstalten mit Einzelhaft u. die Verbesserungen deren diese Haftart bedürftig u. fähig ist. Mit 8 (lith.) Blättern Zeichnungen. Karlsruhe 857. Malsch u. Vogel. gr. 8. (2 Bl., 228 S.) 27 ngr

Diez, Carl Aug., üb. die Vorzüge der einsamen Einkerkerung, als Mittel zur Besserung der Verbrecher in den Strafanstalten. (10½ B.) gr. 8. (5 B.) Carlsruhe 842, Bielefeld.

Diez, David Gottfried (Stolberg/Misn.), De emenda Saxonica injuste incarcerato praestanda. Von der Sachsen=Buße. Diss. jur Präs. Georg Adolph Schuberth. Lpz. (I. Titius) 28. IX. 1719. 46 S. (5.—) 6544
Gew.: Joh. Dietr. v. Schoemberg (Tammenhayn . .).

Diez, David Gottlob: Perpetui mobilis mechanici Impossibilitas methodo mathematica demonstrata. (Res.:) Johann Gottlieb Herrmann. Lipsiae (1722) Titius. 36 S. 8°
Leipzig, Phil. Disp. v. 25. Apr. 1722.

— — De jure senioratus metallici metallicolis in tractu ad metalla effodienda concesso concurrentibus (von ältern u. jüngern im Felde). Disp. jur. metallici. Erfurt (Limprecht) 10. V. 1727. 56 S., tlws. dtsch. u. gefalt. Kupf. (6.—) 6546

— **David Gottlob,** De probatione desertionis metallifodinarum. (Von Freymachen u. Freyfahren.) Lpz. (I. Titius) 1727. 4 Bl. (2.50) 6545

— — De proventibus partium metallicarum. (Von der Ausbeute.) Lpz. (Titius) 1729. 4 Bl. (2.—) 6548

— — De rescriptis principum autoritatem rei judicatae habentibus. Lpz. (Titius) 31. V. 1727. 4 Bl. (2.50) 6547

Diez. E., deutsche Fibel, s.: Dietlein, Rud.

Diez, E. F. Jul., Jubilate! Neue Grüße von der Ramsau und an dieselbe. gr. 8. (21 S.) Klagenfurt 884, (Heyn's Buchh.) *

Diez, E. F. Jul., Passionsblumen, gepflückt am Leidens- u. Todesweg unseres Herrn Jesu Christi. 8. (VII, 147 S.) Wiesbaden 885. Niedner. geb. n. 2.—

— meine Umschau in der Abschiedsstunde. Abschiedspredigt, geh. am Sonntage Quasimodogeniti [1. Apr. 1883] zu Eferding. gr. 8. (10 S.) Klagenfurt 884. (Heyn.) n. — 40

Diez, E. F. Jul., von hoher Warte. Predigten auf alle Sonn- und Festtage des Kirchenjahres, bevorwortet von Karl v. Gerok. Lex.-8. (VIII, 624 S.) Wiesbaden 878, Niedner. *

Diez, Ernst, der Hofmaler Bartholomäus Spranger, s.a. Jahrbuch der kunsthistor. Sammlgn. des allerh. Kaiserhauses.

Diez, Ernst: Der Hofmaler Bartholomäus Spranger. Mit 8 Taf. u. 39 Textabb. Wien: Tempsky; Leipzig: Freytag 1909. S. 93 – 151. 2° (4°)
(Jahrbuch d. kunsthist. Sammlungen d. Allerh. Kaiserhauses Bd 28, H.3)

— Umbrien, s.: Stefan, Paul.

Ursprung und Sieg der altbyzantinischen Kunst. Beiträge von Dr. Ernst **Diez** u. Dr. Josef Quitt. Mit e. Einl. von Josef Strzygowski. 4 Taf. u. 13 Abb. *Wien: Mechitaristen-Kongreg. 1903.* (XXVIII, 126 S.) 4°
— Denkmäler, Byzantinische. Hrsg. von J. Strzygowski. 3. [03-7437]

Diez, F. A., s. Liguori, Besuchungen des allerheil. Sakrament des Altars.

Diez, Franz Maximilian

Diez, F. M., Deutschland, s.a. Stülpnagel, F. v., und J. C. Bär.

Diez, F. M., Deutschland, Königr. der Niederlande, Belgien und die Schweiz nebst Theilen der angrenzenden Länder rc. Nach A. Stieler's Entwurf. Zum Reisegebrauch eingerichtet, gezeichnet von F. v. Stülpnagel und J. C. Bär. Fol. 4 Blätter. Gotha 843, J. Perthes. n. 2½ rß — Aufgezogen u. in Mappe n. 3 rß

(Diez, Franz Maximil.,) Allgemeines Postbuch von Deutschland und den angränzenden Ländern. Frankfurt a. M. 1791. 8. 1795.

Diez, F. M., allgem. Postbuch und Karte von Deutschl. 8. Frft. Verf. 795.

—, — 7. verb. Aufl. Ebda 1821. 8.

Diez, F. M., s.: Post- u. Eisenbahn-Karte. —

— Post- u. Eisenbahn-Karte von Deutschland und den anliegenden Ländern. Unter Leitung entw. u. gezeichn. von J. C. Bär. (in 4 Blatt.) Ebend. 846. n. 2½ rß aufgez. n. 3 rß

Diez, F. M., Post- und Eisenbahn-Karte von Deutschland und den anliegenden Ländern. . . . 1848. . . . .
—, — Gezeichnet von J. C. Bär. Neue Ausgabe. Gotha. J. Perthes. 1853. Roy.-Fol.

—, — Dsgl. Ebenda 1856.
—, — Neue Ausgabe. 1858. . . . .
—, — Ebenda 1860.

Diez, F. M., große Post- u. Reisekarte von Deutschland u. den umliegend. Ländern, bis London, Havre de Grace, Tours, Lyon, Genua, Bologna u. s. w. In 4 Bl. gr. Real-Fol. Gotha. N.A. 831. Perthes. 2 rß 16 gr Aufgezogen in Futteral 3 rß 12 gr

Diez, F. M., große Post- u. Reise-Karte von Deutschland u. den anliegenden Ländern, nebst den Haupt-Routen durch d. übrige Europa. Geographisch entworfen von Ad. St. durchaus revidirt u. berichtigt bis 1. Juli 1827. Mit Nachträgen im Jahre 1837. gr. Imp.-Fol. Gotha 837. J. Perthes. 2 1/6 ₰ Auf Leinwand in Etuis n 3 ₰

— kleine Post- u. Reisekarte von Deutschland u. den umliegenden Ländern, bis Kopenhagen, Rouen, Venedig u. Krakau, entworfen u. gezeichn. v. J. C. Bär. 1 ill. Bl. in gr. Real-Fol. Gotha 831. Perthes. 1 ₰ 12 gr Aufgezogen in Futteral 2 ₰ 20 gr

— kleinere Post- u. Reisekarte von Deutschland. Neueste Ausg. Ebd. 837. 1 1/2 ₰ In Futteral 1 5/6 ₰

Diez, Frz Maximil., Neue Postkarte von Teutschland zum Allgemeinen Postbuch von Teutschland. Frankfurt a. M. 1795. Kupf. u. kol. . . . .

Diez, Neueste Postkarte von Deutschland und dessen angrenzenden Ländern. . . . 1811. Kupf., kolor. . . . .

Diez, F. M., Post- und Reisekarte von Deutschland und den anliegenden Ländern, nebst den Hauptrouten durch das übrige Europa, mit Bezeichnung aller Brief-, fahrenden und Extrapostrouten, so wie der Eilwagen. Gotha, Perthes, 1825. 4 Bll.

—, — Revid. u. bericht. bis 1827. Ebda. 1833. . . . .
—, — Nach F. M. Diez . . . entw. u. gez. von J. C. Bär. Ebda. 1835. . .

— Post- und Reisekarte von Deutschland und den anliegenden Ländern. Gezeichnet von J. C. Bär. Fol. Gotha 843, J. Perthes. Aufgez. u. in Mappe n. 1 1/2 ₰

— dies. in 1 Bl. aufgez. u. in Carton. Ebend. n. 1 1/2 ₰

Diez, F. M. Post- und Reise-Karte von Deutschland, den Niederlanden, Belgien, der Schweiz und den anliegenden Ländern. Gotha 1825. 1 Bl. c. K. Gotha 1846 und 1853. Je 1 Bl. c. L. Ff.

— Allgemeines Postlauf- und Strassenbuch durch das ganze heilige römische Reich und einige angränzende Landen herausg. Frankfurt a. M. 1790. 8. . . . . . .

— allgem. Postlauf- u. Straßenbuch d. d. ganze heil. römisch. Reich. 8. Frkf. Brönner. 791.

Diez, Friedrich

Diez, Friedr., kleinere Arbeiten und Recensionen, hrsg. von Herm. Breymann. gr. 8. (XVI, 351 S. mit Portr.) München 883, Oldenbourg. *

Diez, Fr., Beitr. zur Kenntniß d. romant. Poesie. 1s Heft. 8. Berl. 825. Reimer. 12 gr

Diez, Friedr., zwei altromanische Gedichte berichtigt und erklärt. gr. 8. (58 S.) Bonn 852, Weber.

Diez, Friedr., zwei altromanische Gedichte berichtigt und erklärt. Unveränderter Abdr. der Ausg. von 1852. gr. 8. (58 S.) Bonn 876, Weber's Verlag. *

Diez, Frdr., altromanische Glossare berichtigt u. erklärt. Bonn 865. E. Weber. gr. 8. (125 S.) n. 24 ngr

Diez, Friedr., französische Grammatik, s. Collmann.

Diez, Friedr., französische Grammatik f. Gymnasien u. Studirende bearb. v. E. Collmann. 1. Abth. Formenlehre. Lex.-8. Marburg 846, Elwert'sche Universit.-Buchh.

Diez, Fr., Grammatik der romanischen Sprachen, s. Zange.

Diez, Friedr., Grammatik d. roman. Sprachen. 2 Thle. gr. 8. Bonn, Weber. [1. (21 B.) 836. 1 1/2 Thlr., 2. (26 1/4 B.) 838. 2 1/6 Thlr.) Thlr.

— Grammatik d. romanischen Sprachen. 3. Thl. (Schluß.) gr. 8. (29 B.) Bonn 844, Weber.
1. u. 2. Thl. Ebendas. 1836, 38. 3 Thlr. 20 Ngr.

Diez, Friedr., Grammatik der Romanischen Sprachen. 1. Thl. 2. neu verf. Ausg. — 2. Thl. 2. umgearb. Ausg. Bonn 856, 58. Weber. gr. 8. (2 Bl., 471; VI, 482 S.) Jeder Thl. 2 ₰ 15 ngr

— dass. — 3. (Schluß-)Thl. 2. Ausg. gr. 8. (VI und 476 S.) Ebendas. 860.
1. Thl. Ebendas. 1856. 2 Thlr. 15 Ngr.

Diez, Friedr., Grammatik der romanischen Sprachen. 3 Thle. 3., neu bearb. und verm. Aufl. gr. 8. (VIII, 514; IV, 502; VII, 488 S.) Bonn 870—72, Weber.
à Thl. *M 7.50. *

— Grammatik der romanischen Sprachen. 3 Thle. mit Anhang. 4. Aufl. gr. 8. Ebendas. [1. Thl. (VIII, 514 S. mit Anhang: Romanische Wortschöpfung VIII, 98 S.) 876; 2. Thl. (501 S.) 876; 3. Thl. (VII, 488 S.) 877.] à Thl. *M 8. *
Anhang zum 1. Thl. allein *

— Grammatik der romanischen Sprachen. 3 Thle. in 1 Bde. 5. Aufl. gr. 8. (XIX, 1134 S.) Bonn 882, Weber's Verlag. *M 21.; geb. *

Diez, Frdr., Grammatik der romanischen Sprachen. 3 Thle. in 1 Bde. 5. Aufl. 2. (Titel-)Ausg. gr. 8. (XIX, 1134 S.) Bonn 889. Weber. n. 12.—; geb. in 3 Bde. n. 16.—
37*

— Introduction à la grammaire des langues romanes traduite de l'allemand par Gaston Paris. gr. 8. (XXIV und 163 S.) Paris und Leipzig 863, Franck. *

— über die erste portugiesische Kunst- und Hofpoesie. 8. (V und 142 S.) Bonn 863, Weber. *

— Leben u. Werke d. Troubadours. Ein Beitrag zur nähern Kenntniß d. Mittelalters. gr. 8. Zwickau 829. (Barth in Lpz.) 3 ₰ Velinp. 4 ₰

Diez, Fr., Leben u. Werke der Troubadours. Ein Beitrag z. nähern Kenntniß d. Mittelalters. gr. 8. (39 1/2 B.) Zwickau 829, Gebr. Schumann.

— Leben und Werke der Troubadours. Ein Beitrag zur nähern Kenntniss des Mittelalters. 2. verm. Aufl. von Karl Bartsch. gr. 8. (XVI, 506 S.) Leipzig 882, Barth. *

— d. Poesie d. Troubadours. Nach gedruckten u. handschriftl. Werken dargestellt. gr. 8. Zwickau 826. (Leipz., Barth.) 1 ₰ 15 gr

— die Poesie d. Troubadours. Nach gedruckten u. handschriftl. Werken dargestellt. gr. 8. Zwickau 826. Schumann.

— die Poesie der Troubadours. Nach gedruckten u. handschriftl. Werken derselben dargestellt. 2. verm. Aufl. v. Karl Bartsch. gr. 8. (XXIII, 314 S.) Leipzig 883. Barth. n. 6. 40

— s. Romanzen, altspanische.

— altromanische Sprachdenkmale berichtigt u. erklärt nebst ein. Abhandlung üb. d. epischen Vers. gr. 8. (8 1/2 B.) Bonn 846, Weber.

Antiquissima germanicae poeseos vestigia. Commentatio qua ad audiendam orationem pro aditu muneris professoris ord. in facultate artium d. XVII Mart. . . . a se habendam . . . invitat Fridericus Diez . . . Bonnae, ex off. Neusseriana 1831. 15 S. 4. ¶ Wieder abgedr. in des Verf. Kl. Arbeiten u. Recensionen hrsg. v. Breymann 1883 S. 85 ff.

— etymologisches wörterbuch der romanischen sprachen. Bonn 853. Marcus. gr. 8. (XXVI, 782 S.) n. 4 ₰

Diez, Friedr., kritischer anhang zum etymologischen wörterbuche der romanischen sprachen. gr. 8. (86 S.) Bonn 859, Marcus. *

— etymologisches Wörterbuch der romanischen Sprachen. 2 Thle. 2., verb. und verm. Aufl. gr. 8. (1. Thl. XXXII und 448 S., 2. Thl. 475 S.) Bonn 861. 62, Marcus. *

—— etymologisches Wörterbuch der romanischen Sprachen. 3. verb. und verm. Aufl. 2 Thle. gr. 8. (XXXII, 451; 493 S.) Bonn 870, Marcus.

Diez, Friedr., etymologisches Wörterbuch der romanischen Sprachen. 4. Ausg. Mit einem Anhang von Aug. Scheler. Lex.-8. (XXVI, 820 S.) Bonn 878, A. Marcus. *

Diez, Friedr., etymologisches Wörterbuch der romanischen Sprachen. 5. Ausg. Mit einem Anhang von Aug. Scheler. gr. 8. (XXVI, 866 S.) Bonn 887, Marcus. *

—— Etymolog. Wörterb. d. roman. Spr., Index, s. Jarnik, Joh. Urb.

Diez, Gust., zur Lehre vom Miteigenthum nach römischem Recht und nach dem Entwurfe eines bürgerlichen Gesetzbuches für das deutsche Reich. gr. 8. (66 S.) Leipzig 888, E. H. Mayer. *

Diez, Gust., über die rechtliche Natur der Grundstückszusammenlegung u. die Fortführung der Grund- u. Hypothekenbücher im Falle einer Zusammenlegung der Grundstücke. gr. 8. (VI, 65 S.) Berlin 893. O. Liebmann n. 1. 50

Diez, Heinrich Friedrich von

Diez, H. F. v., Apologie d. Duldung und Preßfreyheit. 8. Magdeb. Creuz. 798.

Diez, Heinrich Friedrich: Archiv Magdeburgischer Rechte. Bd. 1. (einz.) Magdeburg 1781.

— Archiv Magdeb. Rechte. gr. 8. Ebend. 800.

— Beobacht, üb. die sittliche Natur des Menschen. 8. Halle. Hemmerde. 773.

Diez, H. Fr. von, wesentliche Betrachtungen od. Geschichte d. Krieges zwischen d. Osmanen u. Russen in d. Jahren 1768—774, von Resmi Achmed Effendi, aus d. Türk. übers. u. mit Anmerk. erläutert. gr. 8. Halle, Waisenhausbuchh. (in Comm.) 813.

— das Buch d. Kabus, od. Lehren d. persischen Königs Kiekiawus f. seinen Sohn gr. 8. Ebend. 811.

Diez, H. Fr. von, der neu entdeckte oghuzische Cyklop, verglichen mit dem Homerischen. gr. 8. Halle, Waisenhaus. 816.

— Denkwürdigkeiten aus Asien, in Künsten, Wissenschaften, Sitten, Gebräuchen 2c. 1r u. 2r Bd. gr. 8. Ebend. 811 u. 815. (1r 20 gr. 2r 1 Rthlr. 18 gr.)

— Ermahnung an Islambal, od. Strafgedicht des türkischen Dichters Uweisi üb. d. Ausartung d. Osmanen 2c. gr. 4. Berl. Nicolai. 811.

Diez, Heinrich Friedrich von: Über Inhalt und Vortrag, Entstehung und Schicksale des königlichen Buchs, eines Werkes von der Regierungskunst, als Ankündigung einer Uebersetzung nebst Probe aus dem Türkisch-Persisch-Arabischen des Waassi Aly Dschelebi. Berlin: Nicolai 1811.

Diez, Heinrich Friedr.: Kann die von jüdischen Vätern verbotne Glaubensänderung ihrer Kinder den angedrohten Verlust des Erbtheils nach sich ziehn? Dessau u. Leipzig 1783.

— Benedict v. Spinoza n. s. Leb. u. Lehre. 8. Dessau, Gel. Handl. 783.

— über deutsche Sprache und Schreibart. 8. Magdeb. Creutz. 787.

Diez, H. Fr., s.: Tulpen- u. Narcissenbau.

Diez, H. Fr., vom Tulpen- u. Narcissenbau in d. Türkey, aus d. Türk. des Sche.ch Muhamed Lalezari. gr. 8. Halle, Waisenhausbuchh. (in Comm.) 815. Rthlr.

— Unfug u. Betrug in d. morgenländ. Literatur gegen Hrn. v. Hammer. gr. 8. Ebend. 815.

Diez, [Heinrich Friedrich] von, Unfug und Betrug in der morgenländischen Litteratur nebst vielen hundert Proben von der groben Unwissenheit des H. v. Hammer zu Wien in Sprachen und Wissenschaften. Halle und Berlin 1815.

— — Unfug und Betrug in der morgenländ. Literatur. 2c. gr. 8. Ebendas. 816.

Diez, Herm., das Zeitungswesen, s. Aus Natur u. Geisteswelt.

Das Zeitungswesen. Von Dr. Hermann Diez. Leipzig: Teubner 1910. 145 S. 8°
(Aus Natur u. Geisteswelt. Bdch. 328.) [10. 17334

Diez, J., Festgruß an die evangelische Kirche Oesterreichs zum 13. Octbr. 1881, dem Jubeltag der Toleranz. 8. (8 S.) Klagenfurth 881. Heyn. n.n. — 20

Diez, J. Chr., († d. 22. Febr. 1784.) Abhandl. von den Grenzen d. körperl. Welt. 8. Marb. 773. Krieger. 4 gl.

— Abhandl. von d. Sünde wider den heil. Geist, mit e. Vorrede von Benner. 8. Marb. 773. Krieger. 4 gl.

— commentatio nervosa de praecipuis stili cultioris proprietatibus via evidentiae demonstratis, ad potiora membra cel. Heineccii fundam. stili capitis secundi illustranda. 4. Giessen 754.

— succincta historiae eccles. 8. Hldbh. Hanisch, 750.

— s. Pompon. Mela, drei Bücher.

— meletemata sacr. de theologia speciatim systematica. 4. Marb. 772. Krieger. 2 gl.

— parochus non jurans etc. 8. Giessen 767. Krieger. 4 gl.

Diez, I. C., rudimenta methodologiae med. 8. Tübing. Heerbrand, 795.

Diez, J. G.

— Leitfaden beim Unterricht f. Privatisten in Bürgerschulen. 8. Lpz. Joachim. (a. Wagner in Neustadt.) 802.

Diez, J. G., Vers. e. Beantw. der Frage: wie ist eine Geldschuld abzutragen? 8. Frkf. Pech. 791.

Diez, J. Hect., († ... 1780.) Begebenheiten in d. Reiche Jesu in einer Rede bei d. Taufe e. Rabbiners, Isaak Weil; nebst e. Beschreib. d. Feierlichkeit. 8. Frankf. 759. Andreä. 4 gl.

— d. bösen u. guten Gerüchte treueifriger Lehrer. Fol. Ebd. 761. 4 gl.

— Rede bei der Taufe eines Rabbiners. 8. Ebend. 759.

Diez, J. S., s. Bericht, amtl., über die 23. Versammlung deutscher Naturforscher.

Diez, Johann Adam

Diez, J. A., das geistl. Firmpathen-Geschenk; oder Erklärung d. heil. Sakraments d. Firmung nach P. Canisius, nebst d. Ceremonie seiner Ausspendung. Mit 1 Kpf. 8. Würzb. 823. Stahel. 4 gl.

— das Gebet- u. Gesangbuch nach d. Sinne d. h. römisch-kathol. Kirche. 1r Thl. Mit 1 Kpf. 8. Würzb. 824. Stahel. 1 gl. Weiß P. 1 gl. 8 gl.

Diez, J. A., s. Goffine, L., katholisches Unterrichts- und Erbauungsbuch.

Diez, Jul. Ernst, meine ersten Grüße an die Gemeinde Ramsau. gr. 8. (20 S.) Klagenfurt 874, Bertschinger und Heyn. *

—— der Knecht geht, der Herr bleibt. Abschiedswort an seine lieben Gnesauer. gr. 8. (10 S.) Klagenfurt 874, Bertschinger und Heyn. **

Diez, Jul. Ernst, der Knecht geht, der Herr bleibt. Abschiedswort an seine lieben Gnesauer. gr. 8. (10 S.) Ebend. 875. n.n. — 25

Diez, Katharina: Kaiserin Adelheid, s.a. Oehmigke's Jugendbibliothek.

Diez, Katharina, Kaiserin Adelheid, s.a. Spiegelbilder a. d. Leben u. d. Geschichte d. Völker.

Diez, Katharina, Kaiserin Adelheid, Gemahlin Otto des Großen. Eine Erzählung für die reifere Jugend und das Volk. 16. (95 S. mit 1 lithogr. Titelkpfr.) Stuttgart 862, Gebr. Scheitlin. cart.

Diez, Katharina, Agnes Bernauer. Gedicht. Berlin 857. Decker. 16. (2 Bl., 202 S.) 24 ngr

Diez, Katharina, Dichtungen nach dem Alten Testament. 16. (XII u. 194 S.) Berlin 852, Decker. In Engl. Einb. m. Goldschnitt. 1 ℛ

—— Editha. 2 Bde. 8. (726 S.) Berlin 867, v. Decker'sche geheime Ober-Hofbuchdruckerei. 1

Diez, Katharina, die heilige Elisabeth von Ungarn, Landgräfin v. Thüringen. (Gedicht.) gr. 16. (14¼ B.) Essen 845, Bädeker.*

Diez, Katharina, Erzählungen für die Jugend und das Volk. 1.—8. Bdchn. gr. 16. Stuttgart 873, Risch. cart. à Bdchn.

Inhalt:
Bdchn. 1. Kaiserin Adelheid, Gemahlin Otto des Großen. 2. Aufl. (103 S. mit 1 Titelbild, Holzschn.)
" 2. Die Zeiten sind nicht mehr, wo Bertha spann! (131 S. mit 1 Titelbild, Holzschn.)
" 3. Das Lied an die Freude. Aus dem Leben eines deutschen Dichters. (88 S. mit 1 Titelbild, Holzschn.)
" 4. Wengi, der Bürgermeister von Solothurn. 2. Aufl. (100 S. mit 1 Titelbild, Holzschn.)
" 5. Jung Stilling. Ein Lebensbild. (106 S. mit 1 Titelbild, Holzschn.)
" 6. Joachim Neander. Ein Dichterbild aus dem 17. Jahrh. für die erwachsene deutsche Jugend. (152 S. mit 1 Titelbild, Holzschn.)
" 7. Theodor Mintrop. Ein Lebensbild. (116 S. mit 1 Titelbild, Holzschn.)
" 8. Zwei Diakonissinen ohne Ordenskleid. Nach dem Leben gezeichnet. (98 S. mit 1 Titelbild, Holzschn.)

Diez, Katharina, Erzählungen für die Jugend und das Volk. 9.—12. Bdchn. gr. 16. (Mit je 1 Titelbild in Holzschn.) [Stuttgart 876, Hofmann und Hohl.] Eßlingen, Schreiber. cart. à Bdchn. 75 Pf.

Inhalt:
Bdchn. 9. Aus der Kindheit eines berühmten Mannes. (103 S.)
" 10. Bilder aus dem Siegerland. (90 S.)
" 11. Stephanie, Königin von Portugal. Lebensbild einer deutschen Fürstentochter aus unserer Zeit. (111 S.)
" 12. Thoms. Eine Dorfgeschichte. Wie dem armen Klaus geholfen wird. Zwei Erzählungen. (116 S.)
1.—8. Bd. Ebendas. 1873. à 75 Pf.

Diez, Katharina, Erzählungen f. die Jugend u. das Volk. 1—12. Bdchn. gr. 16. Stuttgart 873. Hofmann & Hohl. à — 75
1. Kaiserin Adelheid, Gemahlin Otto d. Großen. Mit 1 Titelbild. (Holzschn.) 2. Aufl. (103 S.)
2. Die Zeiten sind nicht mehr, wo Bertha spann! Mit 1 Titelbild. (Holzschn.) (131 S.)
3. Das Lied an die Freude. Aus dem Leben e. deutschen Dichters. Mit 1 Titelbild. (Holzschn.) (88 S.)
4. Wengi, der Bürgermeister v. Solothurn. Mit 1 Titelbild. (Holzschn.) 2. Aufl. (100 S.)
5. Jung Stilling. Ein Lebensbild. Mit 1 Titelbild. (Holzschn.) (106 S.)
6. Joachim Neander. Ein Dichterbild aus dem 17. Jahrh. f. die erwachsene deutsche Jugend. Mit 1 Titelbild. (Holzschn.) (152 S.)
7. Theodor Mintrop. Ein Lebensbild. Mit 1 Titelbild. (Holzschn.) (116 S.)
8. Zwei Diakonissinen ohne Ordenskleid. Nach dem Leben gezeichnet. Mit 1 Titelbild. (Holzschn.) (98 S.)
9. Aus der Kindheit e. berühmten Mannes. Mit 1 Titelbild. (Holzschn.) 2. Aufl. (103 S.)
10. Bilder aus dem Siegerland. Mit 1 Titelbild. (Holzschn.) 2. Aufl. (90 S.)
11. Stephanie, Königin v. Portugal. Lebensbild e. deutschen Fürstentochter aus unserer Zeit. Mit 1 Titelbild. (Holzschn.) 2. Aufl. (111 S.)
12. Thoms. Eine Dorfgeschichte. Wie dem armen Klaus geholfen wird. 2 Erzählgn. Mit 1 Titelbild. (Holzschn.) 2. Aufl. (116 S.)

— Erzählungen und Märchen für die reifere Jugend. Mit 1 Stahlst. Stuttgart (858). Scheitlin. 4. (VII, 248 S.) n. 1 ℛ 18 ngr

—— Erzählungen und Märchen für die reifere Jugend. 2. Aufl. 4. (VI, 248 S. mit 4 chromolithogr. Illustr. von Konr. Weigand.) Stuttgart 874, Risch. cart.

—— biblische Frauen. 12. (143 S. mit 1 Stnt.) Berlin 864, v. Decker'sche geheime Ober-Hofbuchdruckerei.

Diez, Katharina, Frithjof. Schauspiel in 5 Aufzügen, mit freier Benutzung von Tegnér's Frithjofsage. 8. (81 S.) Düsseldorf 879. (Schaub.) n. 1. —

Diez, Katharina, Frühlings-Mährchen. Mit einer Vorrede von Wilibald Alexis. gr. 16. (164 S. mit 1 Stnt.) Berlin 851, Krüger's Separat-Conto.

— und Elisabeth Grube, geb. Diez, Gedichte. Stuttgart 857. Scheitlin. gr. 16. (VIII, 216 S.) 21 ngr

—— Joseph. Gedicht nach dem alten Testamente. gr. 16. (XX und 299 S. mit 1 Titlbld. in Holzschn.) Berlin 852, Decker'sche geheime Ober-Hofbuchdr.

— Joseph. Gedicht nach dem alten Testamente. Mit 1 Titelbilde (in Holzschn.). Berlin 855. Decker. 16. (XX, 299 S.) 1 ℛ

—— für die Jugend. Erzählungen und Mährchen. 8. (III und 175 S. mit 1 lithogr. und ill. Titelkpfr.) Stuttgart 862, Gebr. Scheitlin. cart. –

—— eine Jugendfreundschaft. 8. (164 S.) Stuttgart 861, Gebr. Scheitlin.

—— vom Kinde Jesu. Geschichten und Legenden für die Jugend. qu. gr. 4. (24 S. mit 12 lithogr. und ill. Bildern gez. von L. Itzel.) Stuttgart 863, Gebr. Scheitlin. cart.

—— aus der Kindheit eines berühmten Mannes. Erzählung für die Jugend und das Volk. 8. (132 S. mit 1 Titelkpfr.) Stuttgart 863, Gebr. Scheitlin. cart.

Diez, Katharina

Heinrich Heine's erste Liebe. Roman. Berlin 1870.

In: Roman-Zeitung, Deutsche. Bd 3.

— Heinrich Heine's erste Liebe. Roman. Berlin 870. Janke. 8. (344 S.) 1 ℛ 15 ngr

—— das Lied an die Freude. Aus dem Leben eines deutschen Dichters. Eine Erzählung für die reifere Jugend und das Volk. 16. (86 S. mit 1 lithogr. Titelkpfr.) Stuttgart 862, Gebr. Scheitlin. cart.

—— neue Märchen aus Wald, Feld und Wiese. gr. 16. (V und 237 S.) Berlin 854, Decker'sche geheime Ober-Hofbuchdr.

—— Onkel Martin. 8. (302 S.) Stuttgart 859, Gebr. Scheitlin. –

— Onkel Martin. Eine Dorfgeschichte. 2. Aufl. 8. (248 S.) Stuttgart 871. Hofmann & Hohl. 2. 25

— Onkel Martin. Eine Dorfgeschichte. 2. Aufl. 8. (248 S.) Stuttgart 871, Risch.

— Onkel Martin. Eine Dorfgeschichte. 2. Aufl. 8. (248 S.) [Stuttgart 879, Hofmann und Hohl.] Eßlingen, Schreiber. cart. *

— nach Merito und zurück in die Heimath. Eine Erzählung nach Briefen bearb. gr. 16. (III, 218 S.) Stuttgart 868, Gebr. Scheitlin. [Risch.]

— Jephtha's Opfer. Trauerspiel in 5 Akten mit einem Vorspiel. gr. 8. (160 S.) Berlin 874, v. Decker'sche Geh. Ober-Hofbuchdr.

— Stephanie, Königin von Portugal. Lebensbild einer deutschen Fürstentochter aus unserer Zeit. 8. (127 S.) Stuttgart 864, Gebr. Scheitlin.

— Thoms. Aus einem Dorfleben. Zwei Erzählungen für das Volk. 8. (126 S.) Stuttgart 860, Gebr. Scheitlin.

— Wengi, der Bürgermeister von Solothurn. Eine Erzählung für die Jugend und das Volk. 16. (91 S. mit 1 lithogr. Titelkpfr.) Stuttgart 862, Gebr. Scheitlin. cart.

Diez, Katharina, und Elis. Grube geb. Diez, Wiesenblumen von der Sieg und Feldblumen vom Rheine. 1. und 2. Thl. 8. (XII und 720 S.) Düsseldorf 847, (Schaub'sche Buchh.) Thlr. *

Diez, Katharina: Die Zeiten sind nicht mehr, wo Bertha spann, s.a.Oehmigke's. Jugendbibliothek.

Diez, Katharina, die Zeiten sind nicht mehr, wo Bertha spann, s.a. Spiegelbilder aus dem Leben u. der Geschichte der Völker.

— die Zeiten sind nicht mehr wo Bertha spann! Eine Erzählung für die Jugend und das Volk. Mit 1 (lith.) Titelkpfr. Ebend. 859. 16. (130 S.) 7½ ngr.

— die Zeiten sind nicht mehr wo Bertha spann! Eine Erzählung für die Jugend und das Volk. 16. (130 S. mit 1 lithogr. Titelkpfr.) Stuttgart 862, Gebr. Scheitlin. cart.

Diez, M. J. C., über die Methode in der Arzneymittellehre. 8. Jena, Academ. Bchh. 793.

Diez, M. J. C., über d. Methode in d. Arzneimittellehre. 8. Jena 793. (Hennings in Neiße). 2 gl.

Diez, Martin [app. Arzt]: Über einen Fall von Aneurysma traumaticum der Arteria iliaca externa ... Erlangen, k. b. Hof- u. Univ.-Buchdr. v. F. Junge, 1892; 30 S., 1 Bl. 8.
Erlangen, Med. Fak., Inaug.-Diss. v. Apr. 1892

Diez, Max, allgemeine Ästhetik, s.a. Sammlung Göschen.

Allgemeine Ästhetik von Prof. Dr. Max Diez. Leipzig: Göschen 1906. 180 S. 8°
(Sammlung Göschen. 300.) A12.1232 II

— Goethe. (180 S.) 8. Stuttgart 905. F. Frommann. n. 2. —

Diez, Max, Julius Klaiber. Ein Lebensbild. 8. (40 S. m. 4 Bildern.) Stuttgart 893. F. Frommann. n. — 60

Schiller von Max Diez. Stuttgart: F. Frommann 1905. (184 S.) 8° [S.]

Diez, Max, Prof. Dr.: Theorie des Gefühls zur Begründung der Aesthetik. Stuttgart: Frommann 1892. XII, 172 S. 8°
¶ Auch als Buch. S
Stuttgart Te. H., Hab.-Schr. v. 25. 7. 1891

Diez, Max [Prof. Dr.]: Über den Unterschied von empirischer, mathematischer und philosophischer Erkenntnis. Stuttgart, Buchdr. d. Paulinenpflege, 1893; 80 S. 4.
Stuttgart, k. RA, P 1893 (590)

Diez, Max [Prof. Dr.]: Friedrich Vischer und der ästhetische Formalismus. Stuttgart, Buchdr. d. Paulinenpflege, 1889; S. 3—58; 4°
Stuttgart, k. RA, P 1889 (567)

— Friedrich Vischer u. der ästhetische Formalismus. gr. 4. (58 S.) Stuttg. 889. (Tübingen, Fues Verlag.) * 2 —
Aus: Festschrift d. k. Realanstalt Stuttgart, besonders abgedruckt.

Nikodemus Diez. Gedenkwort an diejenigen Schüler, die unsere Anstalt verlassen wollen. S. 3—5 des Programms. Villingen, P 1850

DIEZ, Philipp: Femelartige Wirthschaft mit Horsten von ungleichartigem Wachstum. - Hamburg 1888. 20 S., 1 Taf.

Diez, Rob., stilles Wasser u. stürmische Wogen. Zwei Monumentalbrunnen. Ausgeführt auf Kosten der Dr. Güntz-Stiftg. in Dresden. gr. Fol. (10 Lichtdr.-Taf. m. 1 Bl. Text.) Dresden-A. 894. Blasewitzerstr. 17, E. Römmler & Jonas. In Leinw.-Mappe. n. 20. —

Diez, Rudolf

Diez, Rud., die Anfangsgründe der analytischen Geometrie des Raums. Zum Gebrauch an höheren Lehranstalten u. zum Selbstunterricht. (IV, 160 S. m. 27 Fig.) 8. Heilbronn 910. E. Salzer. 1. 40

Diez, Rudolf [aus Karlsruhe i. B.]: Ueber die Knospenlage der Laubblätter .... (Aus d. „Flora", Jahrg. 1887.) Regensburg, Druck d. F. H. Neubauer'schen Buchdr. (F. Huber), 1887; 97+1 S. u. 1 Taf. 8°
Freiburg i. B., Phil. Fak., Inaug.-Diss. v. 1887

Diez, Rud., Untersuchungen üb. d. Skulptur d. Flügeldecken bei d. Gattung Carabus, s.a. Arbeiten, Tübinger zoolog.

Diez, Rudolf [Prof.]: Untersuchungen über die Skulptur der Flügeldecken bei der Gattung Carabus auf Grund d. Gesetze organ. Wachsens. (Th. 1.) Reutlingen, Buchdr. v. Ebner & Lieb Nachf., 1896; 1—70 S., 1 Bl., 1 Taf. 4.
Reutlingen, k. G. P 1895 (602)

— Samuel (Ulm), De jure epitaphiorum. Dissert. jur. Präs. Nicolaus Pragemann. Jena (Fickelscherr) 23. XII. 1719. 42 S. (5.—) 6549
Gew.: Heinr. v. Besserer z. Thalfingen (Leipheim), Jo. Gg. Diez, Wolffg. Thom. Schellnegger, Matth. Zech. — Widm. v.: Joh. Theophil Bonz (Ulm), Gg. Wilh. Schoepperlin (Nördlingen), Joh. Jac. Beck (Ravensburg), Servatius v. Schad z. Mittel Biberach, G. F. Thomas, Joh. Conr. Mausselin (Ravensburg, dtsch.).

— — Dasselbe. 57 S. mit Biogr. Anhg. üb. d. Familie d. Verf. (6.—)

Diez, W., Ansichten üb. d. specif. Curmethode od. Homöopathie u. ihr Verhältniß zu and. Heilarten, gestützt auf d. Ergebnisse ein. mehrjähr. Praxis, mit ein. Anh. vieler als Belege dienender Krankengeschichten. gr. 8. (12½ B.) Stuttgart 839, Ebner u. Seubert.

Diez, W., Versuche üb. d. Wirkungen d. Mutterkorns auf d. thier. Organismus u. seine Entstehungsart. Nebst e. Zusammenstell. d. bisher. Ansichten, Erfahrn. u. Versuche üb. d. Natur u. Wirkungen dieser Substanz. Eine gekr. Preisschr. gr. 8. (10 B.) Tübingen 832, Osiander.
Vgl. Dietz.

Diez, W[ilhelm], appr. Arzt aus Hattingen a. d. Ruhr: **Beitraege zur Aetiologie der Keratitis parenchymatosa.** *Berlin: S. Karger 1899.* (28 S.) 8°
Würzburg, Med. Diss. v. 1899

— **Wolfgang Friedrich** (Stuttgart), **De praerogativis Wurtenbergici ducatus, praesertim adversus adpellationes, evocationes, austregas. Präs. Joh.** Pet. Ludewig. **Halle (J. Chn. Hilliger) 6. V. 1719.** 108 S., tlws. dtsch. (8.—) **6551**

Dieze, (J. G.,) Vertheidigung gegen eine Critik seiner Schrift: geschichtl. Darstell. des alten u. neuen deutschen Münzwesens. gr. 8. Mannh. 822, Schwan u. G.

Dieze, Joh. Andr. (Leipzig) u. (Respond.) **Carl Aug. Saltzmann** (Merseburg), De imperii administrandi forma a Constantino M. recte atque sapienter mutata. Disp. philos. Lpz. (Langenheim) 18. X. 1752. 34 S. (5.—) **6552**

Diezel, C. A., ungedruckte Briefe Goethes. Nach der Zeitfolge geordnet. 4. (50 S.) Leipzig 873. Wartig in Comm. n. 2. —

Diezel, Carl Emil

Diezel, C. E., Erfahrungen aus dem Gebiete der Nieder-Jagd. gr. 8. (X u. 572 S.) Offenbach 849. (Aschaffenburg, Pergay.) n. 1¾ rß

Diezel, C. E., Erfahrungen aus dem Gebiete der Niederjagd. 2. verb. u. sehr verm. Aufl. 2 Abthlgn. Gotha 856. Scheube. gr. 8. (XII, 452; 2 Bl., 396 S.) n. 3 rß 18 ngr

[ö.] C(arl) E(mil) **Diezels** Erfahrungen aus dem Gebiete der Niederjagd ... 4. Aufl. M. e. Bildn. Diezels u. vielen Abb. nach d. 3. von C. E. Diezel selbst vorbereiteten Aufl. hrsg. v. d. Redaktion d. 'Deutschen Jäger-Zeitg'. *Neudamm: J. Neumann 1896.* (XVI, 616 S., 1 Portr.) 1 Bd. 8. (Jagdliche Klassiker.) [96. 4601

Diezel's, C. E., Erfahrungen aus d. Gebiete der Niederjagd. 5. Aufl. Mit e. Bildnis Diezels u. vielen Abb., darunter 14 ganzseit. Taf. v. W. Arnold, B. v. Bassewitz, Carl Ritter v. Dombrowski ꝛc. Nach der 3. v. C. E. Diezel selbst vorbereit. Aufl. hrsg. v. der Red. der „Deutschen Jäger-Zeitg." (Jagdliche Klassiker.) gr. 8. (XX, 616 S.) Neudamm (900). J. Neumann.
Geb. in Leinw. n. 6. —; in Halbfrz. n. 7. —; auch in 10 Lfgn. à — 50

Diezel, C. E., Erfahrungen aus dem Gebiete der Niederjagd. Nach den neuen Ergebnissen der Jagdkunde bearb. v. F. Bergmiller. (VII, 330 S. m. Abbildgn. u. 7 Taf.) Lex. 8. Stuttgart 907. Franckh. 3.50; geb. 4.50

DIEZEL, Carl Emil: Fragmente für Jagdliebhaber. - Leipzig 1821 u. 1823. 2 Bdchen. - 2. Aufl. d. 1. Bd. ebd. 1823. 304 S.

Diezel, (C. E.,) Fragmente für Jagdliebhaber. 1s Bdchn. 2te verb. Aufl. u. 2s Bändchen. 8. Leipzig 822, Rein. à 1 Rthlr. 8 gr.

Diezel's, C. E., Niederjagd. 3. Aufl. 1872, und 4. verm. und verb. Aufl. in 12 Lfgn. gr. 8. (XIV, 768 S. mit Diezel's Portr. und 15 Illustr. in Holzschn.) Berlin 874, Wiegandt, Hempel und Parey. à Lfg. * ℳ 1. *
geb. *

Diezel's, C. E., Niederjagd. 4. verm. u. verb. Aufl. 12 Lfgn. gr. 8. (XIV, 768 S. m. eingedr. Holzschn.) Berlin 875. Wiegandt, Hempel & Parey. à n. 1. —

Diezel's Niederjagd. 5. Aufl., neu bearb. von E. v. der Bosch. Mit in den Text gedr. Holzschn. (In ca. 12 Lfgn.) 1. Lfg. gr. 8. (S. 1—64) Berlin 879, Wiegandt, Hempel und Parey. *

Diezel's Niederjagd. 5. Aufl., neu bearb. von E. v. d. Bosch. Mit Diezel's Portr. (in Holzschn.) und 180 in den Text gedr. Holzschn. 2.—15. (Schluß-)Lfg. gr. 8. (VIII, S. 65—998.) Berlin 880, [Wiegandt, Hempel und Parey.] Parey.
à Lfg. * ℳ 1. *
compl. geb. *
1. Lfg. Ebendas. 1879. * ℳ 1.

Diezel's Niederjagd. 6. Aufl., hrsg. von E. v. d. Bosch. Mit zahlreichen in den Text gedr. Abbildgn., farb. Kapitel-Vignetten u. 10 Jagdhund-Racebildern in künstler. Fcsm.-Farbendr. nach Oelbildern v. H. Sperling. Lex.-8. (XI, 889 S.) Berlin 886. Parey. n. 18. —; geb. n. 20. —

Diezel's Niederjagd. 6. Aufl., hrsg. von E. v. d. Bosch. In 18 Lfgn. Lex.-8. (XI, 889 S. mit 112 in den Text gedr. Abbild., 22 farb. Kapitel-Vignetten und 10 Jagdhund-Racebildern in künstler. Facs.-Farbendr. nach Oelbildern von H. Sperling.) Berlin 887, Parey. à Lfg. * ℳ 1.—. *
compl. geb. *

Diezel's Niederjagd. 7., umgearb. Aufl., hrsg. v. G. Frhr. v. Nordenflycht. Mit 12 Jagdhund-Rassebildern in Farbendr., 68 Holschn. u. 22 farb. Kapitel-Vignetten. 18 Lfgn. gr. 8. (VII, 814 S. m. Bildnis.) Berlin 892. P. Parey. à n. 1. — (kplt. geb. in Halbfrz.: n. 20. —)

Diezel, C. E., Niederjagd. 8. Aufl. hrsg. v. Gust. Frhr. v. Nordenflycht. Prachtausg. Mit 16 farb. Jagdhundbild. n. Aquarellen v. H. Sperling, 20 Vollbild. in Kunstdr. u. 206 Textabb. gr. 8. (XII, 807 S.) Berlin 898. P. Parey. Geb. in Leinw. n. 20. —
Erschien auch in 18 Lfgn. à n. 1. —.

Diezel's Niederjagd. 9. Aufl., hrsg. v. Gust. Frhr. v. Nordenflycht. Prachtausg. Mit 16 farb. Jagdhundbildern nach Aquarellen v. H. Sperling, 24 Vollbildern in Kunstdruck u. 253 Textabbildgn. (XII, 823 S.) gr. 8. Berlin 903. P. Parey. n. 18. —; geb. in Leinw. n. 20. —
Erschien auch in 18 Lieferungen à n. 1. —.

— Niederjagd. 10. Aufl., hrsg. von Gust. Frhr. v. Nordenflycht. Prachtausg. Mit 16 farb. Jagdhundbildern nach Aquarellen v. H. Sperling, 24 Vollbildern in Kunstdruck u. 814 Textabbildgn. (XII, 800 S.) Lex. 8. Berlin 909. P. Parey. 18.—; geb. in Leinw. 20.—; auch in 18 Lfgn. à 1. —

Diezel, C. E., die Waldschnepfe, s. Jäger, der, ein Unterhaltungsblatt.

Diezel, C. E., die Waldschnepfe. (Neue Ausg.) gr. 8. (5 B. u. 2 Stnt.) Leipzig 842, Fest'sche Vrlsbuchh.

Diezel, Gustav

— s. Ausland, das belletristische, von K. Spindler, 32. 37. 38.—40. Bdchen.

Diezel, Gustav, Meine Ausweisung aus Nürnberg. Mit einer Einleitung über mein Verhältniß zum Correspondenten v. u. f. Deutschland. Zur Geschichte der Reaktionsperiode in der deutschen Revolution. Bamberg, Fränkischer Merkur, 1848. 56 S. 8°.

Diezel, Gust., meine Ausweisung aus Nürnberg. Mit einer Einleitung über mein Verhältniß zum Correspondenten von und für Deutschland. Zur Geschichte der Reaktionsepisode in der deutschen Revolution. gr. 8. (56 S.) Bamberg 848. (Nürnberg, Korn'sche Buchh.)

Diezel, Gustav, Baiern und die Revolution. Zürich, Kiesling, 1849. IV, 300 S. 8°.

Diezel, Gust., die Bildung einer nationalen Partei in Deutschland, eine Nothwendigkeit in der jetzigen Krisis Europa's. gr. 8. (VIII und 139 S.) Gotha 855, Scheube. *

— siehe: Deutschland u. die abendländische Civilisation.

— die Frage der deutschen Zukunft. Zweifel und Lösungsversuche dem deutschen Volke vorgelegt. Stuttgart 854. Göpel. gr. 8. (2 Bl., 224 S.) 1 ₰ 10 ngr

Diezel, Gust., Frankreich, seine Elemente und ihre Entwicklung. Mit einer Einleitung über Form und Freiheit in der Geschichte. gr. 8. (VIII und 269 S.) Stuttgart 853, Göpel. Thlr.

—— die katholische Kirche als geschichtliche Macht und die politische Unfähigkeit der protestantischen Richtungen in Deutschland. Ein Wort zu den „Zeichen der Zeit." gr. 8. (VII und 142 S.) Göppingen 856, Diezel.

— die katholische Kirche als geschichtliche Macht und die politische Unabhängigkeit der protestant. Richtungen in Deutschland. Ein Wort zu den „Zeichen der Zeit." Göppingen 856. (Leipzig, O. Wigand.) 8. (VII, 142 S.) n. 20 ngr

Diezel, Gustav [Übers.]
s. Lambert, C.E.: Ella oder des Kaisers Sohn. 1839.

Diezel, Gust., Leben u. Abenteuer d. Joh. Steininger, ehemal. herzogl. würtemb. u. kaiserl. österr. Soldaten v. 1770—1790, späteren Tambour-maitres u. Kanoniers unt. d. französ. Republik u. d. Kaiserr. v. 1791—1815, nachher. königl. würtemberg. Regiments-Tambours u. jetzigen 79jähr. Invaliden auf Hohenasberg. Mit Steiningers Bildn. 8. (9½ B.) Stuttgart 841, Wachendorf's Vrlsb.

Diezel, Gustav, Ein Protest aus Süddeutschland gegen die angemaßte Hegemonie des Königs von Preußen. Nürnberg, Fr. Campe, 1848. 12 S. 8⁰.

—— die deutsche Reichsverfassung und die pfälzische Anklageacte. Beleuchtung der Schrift: „Anklageacte, errichtet durch den k. Generalprocurator der Pfalz rc. in der Untersuchung gegen Mart. Reichard, entlassenen Notär zu Speyer und 332 Consorten, wegen bewaffneter Rebellion gegen die bewaffnete Macht, Hoch- und Staatsverrath rc. Zweibrücken, Ritter 850." Zur Charakteristik der Bewegung und der Parteien. gr. 8. (71 S.) Zürich 851, Kiesling's Vrlgsb.

Diezel, Gust., politische Resultate der letzten zehn Jahre für Deutschland. gr. 8. (XVI und 128 S.) Gotha 857(59). [Leipzig, Vernitzsch.]

— Rußland, Deutschland und die östliche Frage. Stuttgart 853. Göpel. 8. (2 Bl., 103 S.) 15 ngr

DIEZEL, JOHS. AUG. HENR., Diss. inaug. sistens pathologiam Diabetis melliti. Kiliæ. 1804. P.

Diezelsky, Hans v., s.: Rode, Hans v.

Diezenhofer, W., 28 genealog. Tafeln der Böhm. Fürsten, Herzoge u. Könige, mit Anmerkk. erläutert. Nebst e. chronolog. Tafel der böhmisch-mährischen Fürsten u. Markgrafen. gr. 4. Prag 805. (Eggenberger.) 2 ₰

DIEZER, Johann Jakob: Forstwirthschafts- Tabellen, worinn das Stammholz vom geringsten bis zum stärksten Stamme berechnet ist, nämlich: 1. wie viel Klafter Holz ein Stamm von bestimmter Länge und Dicke gebe; 2. wie viel Kubikschuhe solcher beschlagen, und wie viel er dergleichen Schuhe rund enthalte; 3. was der ganze Stamm rund koste, wenn der Preis für einen Kubikschuh festgesetzt ist. - Mannheim 1790. 2 Tl. - 1. Tl. 76 S. - 2. Tl. 42 S.

Diezer, Jh. Jak., (†...) Forstwirthschaftstabellen; herausg. v. J. Pt. Kling. 2 Thle. Fol. Manh. 790. Löffler. 3 ₰

Diez-Felwinger, D. W., Beschreibung der neuen Kirche zu Haidhausen u. des Lebens ihres Gründers, Pfarrers *Joh. Gg. Walser* (gen. „Bettler von Haidhausen"), mit e. kurzen Geschichte der Vorstadt Haidhausen selbst. Festschrift zur Einweihung dieser Kirche am 24. Aug. 1879. München 1879. 8⁰. Cart.
27 S. u. 1 Bl. m. Holzsch.-Abbild. d. Kirche. — Mit Gedichten.

Diezfelwinger, Wilh., das germanische Museum, als National-Denkmal deutscher Geschichte, Wissenschaft und Kunst in 3 Abthlgn. poetisch beschrieben. Mit 2 Abbildgn. (Holzschn. in 8. u. 4.) Nürnberg 856. v. Ebner'sche Sorthdlg. 8. (VI, 19 S.) 7½ ngr

Diezfelwinger, Wilh., Sagen des Frankenlandes. Aschaffenburg 1855. 8.

Dieziger, P. Adelrich. Kurze Geschichte der Probstei St. Gerold in Vorarlberg. Zur Erinnerung an die neunhundertjährige Jubelfeier des hl. Gerold im Jahre 1878. [Mit 1 Illustration.] 8. Einsiedeln, New-York... 1878.

Diezmann, A., s. unten: Joh. Aug.

Diezmann, Fr., s. Sammlung französ. Autoren.

Diezmann, Johann August

— s. W. H. Ainsworth, Offenbarungen von London. — Bibliothek der älteren Romandichter Englands. — Boz, eine Weihnachtsgabe. — v. Cüstine, Rußland im Jahre 1839. — Dumas, A., sämmtliche Werke. — v. Féréal, Geheimnisse der Inquisition. — Féval, Paul, Werke. — Geschichte Ludwig Philipps I. — Grandville's Bilder aus dem Staats- u. Familienleben. — Houssaye, A., Geschichte der flamländischen u. holländischen Malerei. — Jugendschriften. — de Kock, P., Moustache. — Lefebvre, Arm., Gesch. d. Cabinette Europa's rc. — v. Meneval, Napoleon u. Marie Louise. — Mérimée, Pr., Colomba. — Moden-Zeitung, allgem. — Montholon, Geschichte der Gefangenschaft Napoleons. — Reise, malerische, in Asien. — Reise, malerische, in Süd- u. Nord-Amerika. — Sammlung der besten neuesten französ. Bühnenstücke. — Sammlung der neuern und besten Romane der Franzosen. — Sterne, Lor., Yoricks sentimentale Reise durch Frankreich rc. — E. Sue, der ewige Jude. — dess. Mathilde. — dess. Paula Monti. — dess. Therese Dunoyer. — dess. sämmtl. Werke. — Taschenwörterbuch, neues englisch-deutsches. — Taschenwörterbuch, neues italienisch-deutsches. — Warren, Sam., aus d. Tagebuche eines Arztes. — Wanderungen, malerische, um die Welt. — Welt, die belletristische. — Welt und Zeit.

— s. 1) Bibliothek der Romandichter Englands. 2) Bilder-Magazin. 3) Bourgnon de Lenre. 4) Boz, Leben Nicl. Nickelby. — Dess. Oliver-Twist. — Dess. humoristische Genrebilder. 5) Courrier du beau monde. 6) Jardine, naturgeschichtl. Cabinet. III. IV. V. 7) Kabinets-Bibliothek, Edinburger. 1r, 2r, 5r, 6r, 9r u. 10r Thl. 8) the Library of the english Novels. 9) Marryat's sämmtl. Werke. 72r u. 73r Bd. 10) Memoiren d. Friedensfürsten. 11) Moden-Zeitung, allgemeine. 12) Pfennig-Encyclopädie für Kaufleute. 13) Reise, maler., in Asien u. Afrika. 14) Reise in Süd- u. Nordamerika. 15) Reise, maler., um d. Welt. 16) Reisen u. Seefahrten. 17) M. Russel, Ländergemälde d. Orients. 18) G. Sand, d. Uskoke.

Diezmann, (Joh.) A(ug.), Aus Weimars Glanzzeit, s. Aus.

Diezmann, Johann August [Übers.]
s. Bellemarre, L. de: Amerikanische Reisenovellen. 1847.

Diezmann, Joh. Aug., Bilder-Magazin in Miniatur, s. Bilder-Magazin.

Diezmann, Joh. Aug., Blätter a. d. Gegenwart rc., s. Blätter.

Diezmann, Jh. Aug., Blätt. aus d. Gegenwart, s. Welt u. Zeit.

Diezmann, Aug., leichtes Blut. Roman. 8 Bde. 8. (663 S.) Jena 864, Costenoble.

Diezmann, Aug., leichtes Blut. Roman. 8 Bde. 2. (Titel-) Ausg. 8. (210; 229; 224 S.) Jena (864)69, Costenoble.

Diezmann, Johann August [Übers.]
s. Dickens, Ch.: Boz's Gesammelte Werke. 1839.

Diezmann, Jh. Aug., nouv. Dictionnaire de poche etc., s. oben: Vollständ. Taschenwörterbuch. 2r Thl.

—— nouveau Dictionnaire portatif franç.-allemand. Edit. stéréotype. 8. (33¾ B.) Leipzig 836, Baumgärtners Buchh.

Diezmann, (Joh.) Aug., Dictionnaire supplementaire cont. les mots nouveaux, les gallicismes, les locutions figurées, familières, proverbiales et populaires de la langue française. Complément de tous les dictionnaires français. gr. 8. (184 S.) Leipzig 851, Mayer.

Diezmann, Johann August [Übers.]
s. Dumas, A.: Die Fünfundvierzig. 1847.

—— Frauenschuld. Roman. 2 Bde. 8. (532 S.) Jena 867, Costenoble.

—— Frauenschuld. Roman. 2 Bde. 2. (Titel-)Ausg. 8. (272; 261 S.) Jena (867)69, Costenoble.

Diezmann, Johann August [Übers.]
s. Gérard, J.: Der Löwenjäger. 1855.

— Goethe und die lustige Zeit in Weimar. Mit 1 (lith.) Plane vom damaligen Weimar (in 4.) und mit einer bisher ungedruckten Abhandlung von Goethe. Leipzig 857. Keil. 8. (VII, 296 S.) n. 1 ℛ 10 ngr

Diezmann, Aug., Goethe u. die lustige Zeit in Weimar. Neubearb. Ausg. 1. u. 2. Aufl. 8. (à III, 216 S.) Weimar 900. 901. Gablonz, H. Lüstenöder. n. 1. 50 geb. n. 2. 40

Diezmann, Aug., Goethe u. die lustige Zeit in Weimar. 3. Aufl. 3. Taus. (VIII, 269 S. m. 1 Bildnis.) gr. 8. Weimar (904). H. Große. n. 1. 50; geb. n. 2. —

Diezmann, Aug., Goethe u. die lustige Zeit in Weimar. 4., reich illustr. Aufl. 5—6. Taus. (VIII, 269 S. m. 1 Plan.) 8. Weimar (909). H. Große. 1.60; geb. 2. 20

—— Goethe-Schiller-Museum, s.a. Goethe-Schiller-Museum.

Diezmann, Aug., Goethe-Schiller-Museum. Leipzig 858. Gumprecht. 8. (IV, 156 S.) n. 24 ngr

— Leipzig, s. Conversations- u. Reisebibliothek.

— englisches technologisches Lesebuch für die höhern Classen von technischen Lehranstalten, Handels- und Realschulen, sowie zum Privatgebrauch. Mit Anmerkungen u. einem Wörterbuche herausg. Leipzig 853. O. Wigand. gr. 8. (IV, 284 S.) n. 1 ℛ

Diezmann, A., englisches Lesebuch für technische Lehranstalten, Handels- und Realschulen, sowie zum Privatgebrauch. Mit Anmerkungen und einem Wörterbuche. 2. (Titel-)Aufl. gr. 8. (284 S.) Leipzig (853)63, O. Wigand.

— Goethe's Liebschaften u. Liebesbriefe. Leipzig 868. O. Wigand. 16. (IV, 391 S.) n. 1 ℛ 10 ngr

Diezmann, Johann August, s. Masaniello.

Diezmann, Nachtseiten der Gesellschaft, s. Nachtseiten.

Diezmann, Johann August
Nachtseiten der Gesellschaft. Eine Gallerie merkwürdiger Verbrechen und Rechtsfälle. Hrsg. von Johann August Diezmann, Wilhelm Jordan und Ludwig Meyer. Th. 1-12.
Leipzig: Wigand 1844. 8°

—— W. Jordan u. L. Meyer, Nachtseiten der Gesellschaft. Eine Gallerie merkwürd. Verbrechen u. Rechtsfälle. 1—18. Thl. (1—8. Thl. 2. Aufl.) gr. 16. (122 B.) Leipzig 844—46, Otto Wigand. à Thl. 6 Ngr.

— neuer Plutarch, s. Plutarch.

Diezmann, Johann August [Übers.]
s. Reid, Mayne: Das Haus in der Wüste ... 1852.

Diezmann, Johann August: Mal. Reise in Süd- u. Nordamerika. Leipzig 1841.

—— die berühmtesten Staatsmänner u. Diplomaten uns. Zeit Polit. Charakterskizzen in Copien u. Originalen. 1—3. Hft. gr. 8. Leipzig 835, Otto Wigand. à 1/2 Thlr.
Hft. 1. Lord Brougham. — Casimir Perier. — Villèle. — Sebastiani. (7½ B.)
„ 2. Benj. Constant. — Guizot. — O'Connell. (8 B.)
„ 3. Francia, Dictator v. Paraguay. — Pozzo di Borgo. — Mehemed Ali. (7 B.)

DIEZMANN, A. Die Straßen von Paris, oder Schilderung der denkwürdigsten Schicksale, Sitten, Gebräuche, Personen und Gebäude dieser Stadt .... Nach dem französischen Werk »Les rues de Paris« bearbeitet. Zweite Ausgabe der Malerischen Wanderungen durch Paris. Illustriert mit ca. 300 nach Originalzeichnungen von den ersten Künstlern in Paris ausgeführten Holzschnitten. Leipzig o. J. Gr. 8°.

Diezmann, Johann August [Übers.]
s. Sue, Marie-Joseph-Eugène: Die Curaracha. 1844.

Diezmann, Johann August [Übers.]
s. Sue, Marie-Joseph-Eugène: Die Geheimnisse von Paris. 1843.

—— neues deutsch-französ. Taschenwörterbuch. N. d. besten Hülfsmitteln bearb. Stereotyp-Ausg. br. 8. (23¾ B.) Leipzig 836, Baumgärtners Buchh.

—— vollständ. Taschenwörterbuch d. vier Hauptsprachen Europa's. Nach d. best. Hülfsmitteln bearb. Deutsch-Engl.-Franz.-Italienischer Thl. (1. Abdruck. 832.) — 2., neu durchges. Abdr. Mit Stereotypen gedr. (Im Anh.: Verzeichn. d. gewöhnl. Eigennamen v. Männern u. Frauen. — Verzeichn. d. vorzügl. Völker, Länder, Staaten etc. — Verzeichn. d. einfachen unregelmäss. deutschen Zeitwörter.) breit 8. (à 50¼ B. ohne Pag.) Leipzig (834), Baumgärtner. à

—— nouveau Dictionnaire de poche des quatres langues principales de l'Europe. Français Allemand-Anglais-Italien. — A. u. d. T.: Vollständ. Taschenwörterbuch d. vier Hauptsprachen Europa's. N. d. besten Hülfsmitteln bearb. II. Franz. Deutsch-Engl.-Italien. Thl. Mit Stereotypen gedr. 8. (67 B.) Leipzig 836, Baumgärtners Buchh. *
1. Thl. Ebendas. (1834.) * 1 Thlr. 16 Gr., hrbgs. Pr. * 1 Thlr.

Diezmann, Jh. Aug., vollständ. Taschenwörterbuch der vier Hauptsprachen Europa's. III. Englisch-Deutsch-Französisch-Italienischer Theil. 1. u. 2. Abthl. 8. Leipzig 844, Baumgärtner. à n. 1⅔ ℛ

—— dass. IV. italienisch-deutsch-englisch-französischer Theil, v. Jac. Heinr. Kaltschmidt. 8. (61 B.) Ebds. 844. *
Thl. II. Ebendas. 1836. * 2 Thlr. 10 Ngr.

Diezmann, Joh. Aug., vollständ. Taschenwörterbuch d. 4 Hauptsprachen Europa's. Nach d. besten Hülfsmitteln bearb. I. Deutsch-engl.-französ.-italienischer Thl. (3., neu durchges. Abdr.) M. Stereot. gedr. Lex.-8. (50⅝ B.) Leipzig 846, Baumgärtners Buchh.

—— Wanderungen durch Paris, s. a. Wanderungen.

DIEZMANN, A. Malerische Wanderungen durch Paris. Nach dem französischen Werk: »Les rues de Paris« bearbeitet. Illustriert mit ca. 300 nach Original-Zeichnungen von den ersten Künstlern in Paris ausgeführten Holzschnitten (darunter Daumier). Leipzig o. J. Lex.-8°.
Interessant zur Kultur- und Sittengeschichte, behandelt u. a. ausführlich das »Palais Royal«.

—— Weimar-Album. Blätter der Erinnerung an Carl August und seinen Musenhof. Eine geschichtl. Schilderung. 22 Lfgn. Imp.-4. (IX und 125 S. mit 22 Stahlst. und eingedr. Holzschn.) Leipzig 858—60, Voigt und Günther. à Lfg. * 10 Ngr. cpl. geb. * Prachtausg. à Lfg. * 20 Ngr. *

Diezmann, Aug., Weimar-Album. Blätter der Erinnerung an Carl August und seinen Musenhof. Eine geschichtl. Schilderung. 12 Lfgn. Fol. (136 S. mit 23 Stahlst.) Leipzig 886, Schmidt und Günther. à Lfg. * 75 Pf. * compl. geb. *

Diezmann, Max, Deutschlands aussereuropäischer Handel. gr. 4. (100 S.) Chemnitz 882. Bülz. n. 3. 60

Diezmann, M., Deutschlands Waarenausfuhr nach den Vereinigten Staaten, s.a. Zeitfragen, volkswirthschaftliche.

Diezmann, Max: Deutschlands Waarenausfuhr nach den Vereinigten Staaten. Berlin 1891. 8°
(Volksw. Zeitfr. H. 101 = Jhg. 13. H. 5.)

Diezmann, M., Deutschlands Waarenhandel mit dem Auslande in den J. 1872—1887, s.a. Zeitfragen, volkswirthschaftliche.

Diezmann, Max, Deutschlands Waarenhandel mit dem Auslande in den Jahren 1872—87. Berlin 1888. 8.
A. u. d. T.: Volksw. Zeitfr. H. 77—78. . . . . (D.)

Diezmann, Susanne, Kochbuch, s.: Gebauer, Emma.

Difenbach

— s. a. **Dieffenbach.**

Difenbach, Georg Gustav (Frankfurt/M.), De feimeris, veteris Westphalorum judicii scabinis, ad illustr. patriae urbi a papa Nicolao v. a. 1451 adversus illos concessum privilegium. Präs. Jo. Burchard Mencken. Lpz. (Fleischer jun.) 31. V. 1707. 46 S. (5.50) 6553
Widm. v.: Adam Rechenberg, Präs.

— — De emendandis quibusdam litium protractionibus, in materia juramenti parti a parte in judicio delati, hactenus receptis. Diss. jur. Präs. Christian Thomasius. Halle (Salfeld) 8. V. 1717. 52 S. (5.—) 6554

Difenbach, Mart., Iudaeus convers. od. Erzähl. d. Bekehr. eines... hingerichteten Juden. 4. Frankf. 709.

— — Synodum Francicam a. 742 sub Carolomanno habitam, perperam nonnullis, dici Francofurtensem. Präs. Burcard Gotthelff Struve. Jena (Müller) Dez. 1708. 55 S. (5.50) 6556
Gew.: Joh. Adolph v. Glauburg, Joh. Phil. Orth, Conr. Hier. Eberhard gen. Schwind, Joh. Chph. Ochs. — Widm. v.: Joh. Andr. Danz, Präs.

Differentiae juris civilis et canonici, subjuncta praxi moderna, methodo Institutionum strictim propositae. Halae Magdeb. 1704. Nova ed. 1712. V: *Ludewig, Johann Peter de.* (KGBerlin I, 281)

Differentiae juris civilis et canonici. 4. Halae, Fritsch. 712.

Differentiae juris veteris novissimi et praxeos ad ordinem Novellarum. [Halle?] s. a. Halae Magd. 1712. V: *Ludewig, Johann Peter de.* (KGBerlin I, 312)

Differentialtarife, die, der Eisenbahnen. Hrsg. vom Industriellen Club. gr. 8. (34 S.) Wien 876. Manz. n. — 80

— die, der Eisenbahnen. Zur Beurtheilung der betr. Schrift des Herrn Assessor Krönig. Hrsg. auf Veranlassung der Handelskammer zu Münster. 8. (29 S.) Münster 878, Aschendorff'sche Buchh. *

Differential-Tarife, Die, der schweizerischen Eisenbahnen ... Zürich 1862. V: *Kaiser, Simon.* (BSchwLk V, 9 h) (Cat. d. Stadtbibl. Zürich. Zürich 1864 ff.)

Differentialzoll, ein, auf Getreide. Nach e. Denkschrift d. Vorsteher-Amtes der Kaufmannschaft zu Danzig. gr. 8. (19 S.) Danzig 890, Kafemann. * — 50
Aus: Danziger Zeitung, besonders abgedruckt.

Differentialzoll auf Getreide. Nach einer Denkschrift d. Vorsteher-Amtes der Kaufmannschaft zu Danzig. Danzig 891.

Differentialzölle, über, im Verhältniß des deutschen Zollvereins zu andern Ländern. Von H. L. W. (Heinr. Ludw. Wiersack.) gr. 8. (127 S.) Frankfurt a. M. 847, Literarische Anstalt. 17 ngr

Differentialzoll - System, Das, nach den bei mehreren Nordseestaaten Deutschlands zur Erörterung gekommenen Vorschlägen ... Hamb. [1847]. V: *Kirchenpauer, Gustav Heinrich.* (Schr)

Differentialzoll-System, das, nach den bei mehreren Nordseestaaten Deutschlands zur Erörterung gekomm. Vorschlägen f. die Errichtung e. deutsch. Schifffahrts- u. Handels-Vereins. hoch 4. (126 S.) Hamburg 847, Herold. n. 1 ℔ — Neue unveränd. Aufl. mit beigefügtem Abdruck der Vorschläge selbst. hoch 4. (VIII u. 126 S.) Ebd. 847. n. 1/3 ℔

* . * Ueber Differenz und Börse. Für das grosse Publikum. Berlin 1900.

Differenz, Die, der Schellingschen und Hegelschen Philosophie. Leipzig 1842. V: *Glaser, Johann Carl.* (Koner)

Differenz der Schelling'schen u. Hegel'schen Philosophie. 1. Bd. 1. Abthl. gr. 8. (15 1/2 B.) Leipzig 842, Otto Wigand. *

Differenz, die Russisch-Türkische, 1853 und 1854. Aufgefaßt vom Gesichtspunkte eines Oesterreichers. Wien 854. Grund. 8. (16 S.) 3 ngr

Die Russ.-Türk. Differenz 1853 u. 1854, vom Gesichtspunkte e. Oesterreichers. (16.) 8. Wien 1855. 0.20.

Differenzen (Die) zwischen der badischen Fabrik-Inspektion und den christlichen Gewerkschaften. Aktenmässige Darstellung des Verlaufs der Verhandlungen zwischen der badischen Fabrik-Inspektion u. dem Gesamtverband der christlichen Gewerkschaften betreffend die Differenzen aus dem Streik des christlichen Metallarbeiterverbandes in B.-Rheinfelden. 8°. Cöln, Generalsekretariat der christl. Gewerkschaften, 1910.

Differenzen, die, zwischen dem Offiziers-Corps d. kgl. sächs. 1. leichten Reiter-Regiments Prinz Ernst u. einigen Bergakademisten zu Freiberg dargestellt v. dem Offiziers-Corps. gr. 8. (8 1/4 B.) Dresden 846, Gottschalck. *

Differenzgeschäft, das. Erklärung seiner Natur u. seines Zusammenhangs m. dem Terminhandel. [Aus: „Hamburg. Börsen-Halle".] gr. 8. (28 S.) Hamburg 893. Actiengesellsch. „Neue Börsen-Halle". n. — 50

Differenzgeschäft u. Börsentermingeschäft in Gesetzgebung u. Rechtsprechung. Juristische Glossen zu den unter der Herrschaft des Börsengesetzes vom 22. VI. 1896 ergangenen börsenrechtl. Reichsgerichtsentscheidgn. Im Auftrage des Centralverbandes des deutschen Bank- u. Bankiergewerbes veröffentlicht. (60 S.) gr. 8. Berlin 904. J. Guttentag. n. 1. 20

„Das Differenzial-System nach den bei mehreren Nordseestaaten Deutschlands zur Erörterung gekommenen Vorschlägen für die Errichtung eines deutschen Schifffahrts- und Handelsvereins", Hamburg 1847. 4°. — Vorh.: Com. Bibl. Hamburg.

Differenzpunkte, den öffentl. Cultus betreffende, zwischen den verschied. religiösen Partheien in den israelit. Gemeinden des Großherzogth. Mecklenburg-Schwerin, dargestellt vom israelit. Oberrathe. gr. 8. (19 S.) Schwerin 850, Stiller. n. n. 1/12 ₰

Differt, H., ein Wiedersehen. Dramatischer Scherz in 1 Acte. 8. (40 S.) Halle 878, Differt. *

Difese. Diffese per l'Illmo. Signor Dn. Guglielmo Castelli. Coira 1783 s. (Stampa, Giambattista).

Diffinizione morale dell' uomo. 8. Braunschw. 760. Schulbuchh. 1 ℊ

Diffmeyer, L.

— Untersuchungen über einige Handschriften und lateinische Uebersetzungen der Aristotelischen Tiergeschichte. Pr. 1902. 51 S. 1.20

Diffret, A., Adam. Ein dramat. Gedicht. 12. (71 S.) Heidelberg 887, Burow's Verlag. geb. mit Goldschn. *

— das Lied der Glocke. gr. 16. (48 S.) Ebd. 886. geb. m. Goldschn. n. 1. 50

Diffret, Armand de, Gedanken üb. Nationalökonomie, Politik, Philosophie. Aphorismes et pensées diverses. Economie politique, Politique, Philosophie. I—III. gr. 8. Heidelberg 886. Burow. n. 5. 70
I. Économie politique et Finances. — Nationalökonomie u. Finanzen. (VII, 127 S.) n. 2. 40
II. Politique. Politik. (IV. 91 S.) n. 1. 80
III. Philosophie. (V, 72 S.) n. 1. 50

Diffret, Le Prince. Etude polit. Leipz. 881.

Diffret, Armand de, le prince. Etude politique. gr. 8. (XII, 486 S.) Leipzig 882. Rübe. n. 6. 40

Diffurth: Gymnastik u. ihre militärische Verwertung. 2. Aufl. 1906. Berlin. 59 S. 8°

Difrage, Johann Rosenreich (Hrsg.), s. Achates.

Digalen ⟨Digitox. solub. Cloetta⟩. Auszüge aus der medizinischen Literatur. [Hrg. von] F. Hoffmann-La Roche & Co., Basel..., Grenzach.... [Mit illustriertem Umschlag.] 83 S. 8. [Basel, Schweizer. Verlags-Druckerei G. Böhm, 1907.]

Digatto, Eros. Roman. 8. (202 S.) Leipzig 898. W. Friedrich. n. 2. —; Einbd. n.n.n. — 90

— e. Frauenschicksal. E. Häßliche. 2. Erzählgn. gr. 8. (190 S.) Ebd. 897. n. 2. —

Digby, Gr. K., Eröffnung unterschiedl. Heimlichkeiten d. Natur. 8. Frankf. 756. Hermann. 4 ℊ

– dass. s. a. Digby, Kenelm

Digby, Henry, das Haus-Wassergeflügel, s.: Marten, H.

Digby, Kenelm

Digby, K., Eröffnung unterschiedlicher Heimlichkeiten d. Natur, vornehmlich v. d. Heilung der Wunden durch Sympathien. Frkf. u. Lpz. 1744.

– dass. s. a. Digby, Gr. K.

Digby, Kenelm, Heimlichkeiten der Natur, Reden über Sympathie, a. d. Engl. übersetzt. Frkf. 684. 8. 700. 8. Leipz. 714. 8. Rateb. 718. 8. von Hupka. s. l. 724. 8. mit Kpf.

Digby's, Kenelm Henry. Mores catholici. Auszug daraus, s. Kobler, Andr. Kathol. Leben im Mittelalter.

STUDIEN über die Klöster des Mittelalters. Aus d. Englischen (des *Kenelm Henry Digby*) übersetzt von Andreas Kobler. Regensburg 1867.
Anon.-Lex. V. p. 280. (Eigenbericht.)

(Digeon v. Monteton, O.) Gedanken über die Vergangenheit, Gegenwart und Zukunft der preuß. Cavallerie. Stendal 1866. 8°.

(Digeon) v. Monteton, O. Die Pferdezucht. Hamburg 1893. 8°.

Digeon v. Monteton, O. Über die Reitkunst. Abt. 1. 2. Stendal 1877—79. 8°.

Digeon von Monteton, Otto. Ueber das Ertheilen von Reitunterricht. gr. 8. Berlin 1881.

Digesta

Digestorum lib. I—IX recogn. Th. Mommsen, s. Corpus juris civilis.

Digesta juris Saxonici, s.a. Heym et Richter.

Digesta juris Saxonici, oder vollständiger Auszug der neuesten Sächs. Rechte ... Leipz. 1774. V: *Richter, Joh. Tob.* (Engl)

Digesta juris Saxon.; oder vollständ. Auszug d. neuesten sächs. Rechte, wie solche in dem fortgesetzten Codice Augusteo enthalten sind. gr. 8. Leipz. 774. (Brockhaus). 2 ₰ 12 ℊ

Digeste, le, ou Pandectes de l'empereur justinien, av. l'original latin. Tom. I—III. Paris et Strasb. Treuttel et W. (à 1 Rthlr. 12 gr.)

Digg, W. O. Hab' Acht Wien! Ein Weckruf f. Alle, so es hören wollen. gr. 8. (15 S.) Wien 891, Hasbach. * — 10

Diggelmann, August. Ueber Gonococcen im Blut bei Polyarthritis gonorrhoica. Diss. Med. Univ. Zürich. *Kopftitel:* Aus dem Laboratorium der medizinischen Universitätsklinik in Zürich. Direktor: Prof. Dr. H[ermann] Eichhorst. 28 S. 8. Affoltern a. A. & Zürich, H. Hagenbüchli, 1902.

Die Reden Gotamo Buddho's aus der längeren Sammlung Dīghanikāyo des Pāli-Kanons übers. von Karl Eugen Neumann. B. 1. München: R. Piper & Co. 1907. 4°(8°) [07. 4036

Nicolaus Digmann, aa. ll. et philosophiae magister. Theses ex pneumatologia. Propugnabit ornatus et eruditus Georgius Henckel, Rastadiensis, ethices, physices et metaphysices auditor. Oppugnabunt Nicolaus Digmann aa. ll. et philosophiae magister, professor rhet. et poët., ornati et eruditi Ignatius Pfeiffer, Rastadiensis, Franciscus Debano, Otterswiranus, ethices, physices et metaphysices auditores.
Badenae in aula principalis Athenaei die 25. Januarij 1760. Hora ante et post meridiem consuetis. 1 S. Fol. Rastatt. P 1760

Dignité et avantages de la prière. Paris et Manheim 1814. V: *Dielitz, Johann Gottlieb Ludwig Carl.* (MGT) (Ky)

Dignité et avantages de la prière, (par J. G. L. K. Dielitz). 8. Paris u. Manh. 814.

Digo, D., die Naturwissenschaft auf Grund v. Gottes Wort. gr. 8. (24 S.) Offenbach a/M. 893. (Th. Steinmetz.) n. 1. —

Digruber, Carl „Geschichtliche Uebersicht über die Entstehung und weitere Entwicklung des deutschen Bürgerthums mit einem Blick auf die Gegenwart". pg. 1—10. 4°. Georg Schröder.
Ingolstadt, Progr. 1859/60

Dihle: Nachrichten üb. d. Stadtschule zu Seehausen in d. Altmark. Stend. 1863.
Schul-/Univ.-Schrift

Dihle, Aug.

Dihle: De lege Publilia a. u. 282. 18 S.–Nordhausen, Progr. 1859

Dihle, Aug., Materialien zu griechischen Exercitien behufs Einübung der Formenlehre nebst deutsch-griechischem Wörterverzeichnisse für die mittleren Gymnasial-Classen. gr. 8. (IV und 279 S.) Leipzig 860, Fr. Fleischer.

Dihle, Aug., Materialien zu griechischen Exercitien behufs Einübung der Formenlehre nebst deutsch-griechischem Wörterverzeichnisse für die mittleren Gymnasial-Classen. 2., verb. Aufl. gr. 8. (VI und 279 S.) Leipzig 867, F. Fleischer.

Dihle, A., Materialien zu griechischen Exercitien nebst deutsch-griechischem Wörterverzeichnisse für die mittleren Gymnasialklassen. 1. Heft: Materialien zu griechischen Exercitien behufs Einübung der regelmäßigen Formenlehre für Quarta. gr. 8. Berlin 873, Weidmann'sche Buchh. *

Dihle, Aug., Materialien zu griechischen Exercitien, nebst deutsch-griech. Wörterverzeichnisse für die mittleren Gymnasial-Klassen. 2. Heft: Einübung der Verba auf μι, der unregelmäß. Verba und der Syntax der Casus. 3. verm. Aufl. gr. 8. (IX, 296 S.) Berlin 875, Weidmann'sche Buchh. *
1. Heft. Ebendas. 1873. *ℳ 1,60.

Dihle, Aug., und Aug. Haacke, Materialien zu griechischen Exercitien, nebst deutsch-griech. Wörterverzeichnisse. 4. verb. Aufl. 3 Hefte. gr. 8. Berlin, Weidmann'sche Buchh. *
Inhalt:
Heft 1. Dihle, Aug., Materialien behufs Einübung der regelmäßigen Formenlehre. (VIII, 136 S.) 882. *ℳ 1,40.
" 2. —— Materialien zu griechischen Exercitien behufs Einübung der Verba auf μι, der unregelmäßigen Verba und der Syntax der Casus. (VIII, 296 S.) 880. *ℳ 2,40.
" 3. Haacke, Aug., Materialien für die oberen Gymnasialklassen, nebst kurzer Anleitung zum Übersetzen. (347 S.) 884. *ℳ 3.

Dihle, Aug., und Aug. Haacke, Materialien zu griechischen Exercitien, nebst deutsch-griech. Wörterverzeichnisse. 2. Heft: Materialien zu griechischen Exercitien behufs Einübung der Verba auf μι, der unregelmäßigen Verba und der Syntax der Kasus, von Aug. Dihle. 5. durchgeseh. und verm. Aufl. gr. 8. (VIII, 313 S.) Berlin 886, Weidmann. *
1. und 3. Heft. Ebendas. 1882,84. *ℳ 4.40.

Dihle, August Verzeichnis der Lehrer und der Abiturienten des Königlichen Gymnasiums zu Quedlinburg aus den Jahren 1840 - 1890. 4 (19 S.).
In: Festschrift zur Feier des 350jähr. Bestehens des G.
Progr. *Quedlinburg* 1890.
Nicht im Tauschverkehr.

Dihm: Exposé d'une méthode pour enseigner la langue française dans les écoles dites réales plus conformément aux circonstances de l'époque. 9 S. – Torgau, Progr. 1858.

Dihm. Peilungs-Plan der Bagger-Rinnen im westlichen Stralsunder Fahrwasser. Stralsund 1840. 1 Bl. Hz.

Dihm. Versuche mit verschiedenen Eisenbahn-Wagenachsen. Berlin 1850. 4.

Dihm, Chr. F.

— Elementarkatechismus f. Volksschulen, zu e. Leitfaden f. Lehrer; nebst Vorlegeblättern f. Schüler. 1r Thl. Welt- u. Naturkunde enthaltend. gr. 8. Glogau 821. C. F. Günther. 1 ꞵ 8 gr.

Dihm, Chr. F., Grundriß d. neuesten Geographie für Schulen. 8. Glogau ... 2e A. 810. 5e A. 824. Chr. Fr. Günther. 10 gr.

Dihm, C. F., Grundriß d. neuesten Geographie. 3te Aufl. 8. Glogau, Günther. 813.

Dihm, C. F., Grundriß der neuesten Geographie für Schulen. 4te Aufl. 8. Glogau, C. F. Günther. 819.

— Grundriß d. Völkergesch. 8. Glogau 812. C. F. Günther. 14 gr.

Dihm, Hugo [aus Lähn bei Hirschberg in Schles.]: Untersuchungen über den Annulus der Laubmoose ... (Aus: Flora od. allg. Bot. Zeitg, 1894, Ergänzgsbd.) München, Druck v. V. Höfling, 1894; 68 S., 3 Taf. 8.
München, Phil. Fak., Inaug.-Diss. v. 1894

Dihm, J. W. G. Der Retzat-Kreis nach Landgerichten und Rentämtern. Nürnberg 1821. 1 Bl. c. K. Ff.

Dihm, P., Konfirmanden-Buch. Leitfaden f. den Konfirmanden-Unterricht nach dem v. dem königl. Konsistorium der Prov. Schlesien vorgeschrieb. Memorierstoffe u. unter Berücksicht. der namhaften Katechismuserklärgn. nebst e. Anh.: „Die wichtigsten Unterscheidungslehren der evangel. u. röm.-kathol. Kirche u. die bedeut. Ereignisse aus der Geschichte der christl. Kirche". 9. Aufl. (95 S.) kl. 8. Hirschberg i/Schl. 906. J. Schmidt. (Nur direkt.) Kart. nn — 30

Dihm, R., Hilfsbuch zur Erlernung des Wortschatzes der französischen Sprache in einer genealogischen Uebersicht des französischen Wortgebäudes, hrsg. von R. Hoburg. gr. 8. (XXXII, 77 S.) Frankfurt a. M. 881, Sauerländer's Verlag.

Dihm, R., Onomatik der englischen Sprache zum Gebrauche neben der Grammatik, enth. e. Vocabular nach neuen Principien u. e. Abriß der wissenschaftl. Wortkunde. gr. 8. (XIV, 143 S.) Berlin 876. Springer's Verl. n. 2. —

—— französisches Vokabular. Eine genealog. Uebersicht des französ. Wortgebäudes, als Grundlage für eine vollständ. französ. Sprachlehre. gr. 8. (IV, 83 S.) Breslau 879, Gosohorsky's Verlag. *

— dasselbe. 2. verm. Aufl., hrsg. von R. Hoburg. gr. 8. (XXVIII, 124 S.) Frankfurt a/M. 881. Sauerländer. n. 1. 60

Dihn, Lor., heut. Lehre von der Welt. 8. Wismar, Bödner. 748.

Dihrik, Arthur: Vergleichende Messung der Neigung d. weibl. Beckens ..., s. Brainin, Simon.

Dihrik, J., erster Unterricht in der russischen Sprache. gr. 8. (VII, 173 S.) Dorpat 879. (Leipzig, K. F. Köhler.) cart. n. 2. 70

Dijarbekri

— — Geschichte der Tödtung des Chalifen Omar aus der Chronik des Dijarbekri arabisch und deutsch mitgetheilt von Otto von Platen. Berlin 1837.

Dijck, J. v., s. Dyck.

Djidroff, Peter [aus Stip (Macedonien)]: **Der Polizei- und Rechtsstaat in Deutschland. Sophia 1901.** 125 S. 8°.
Zürich. Jur. Diss. 1900/1901.

Djidroff, Peter. Der Polizei und Rechtsstaat in Deutschland. Diss. Staatsw. Univ. Zürich. IV + 128 S. 8. Sophia, Iwan K. Zuzeff, 1901.

Dijk, H. A. van, s. Dyk

Dijkstra, R., s. Dykstra.

Dijon [Sachliches OW]

Dijon, über, nach Paris; angehängt ist e. Meilenzeiger, (v. Karl Müller). 8. Leipz. 814. Bruder u. Hoffmann; (a. Arnold in Dresd.) 2 gl

Dijon [Schlagwort]

Dijon, s.: Europa. Liebenow.

Dijon [Verfasser]

Dijon, Nic. de, der Geist eines Weltgeistl. Religiös. u. e. Christen. 3 Thle. 8. Augsb. Wolf. 740.

— Predigten auf Sonn- und Festtage und andern Gelegenheiten. 3 Thle. Fol. Ebendas. 737.

Dijon, Frh. v. Monteton, E. A. W. Geschichte des Königlich Preussischen Sechsten Kürassier-Regiments gen. Kaiser von Russland. Brandenburg, Adolph Müller 1842. Tit., 3 Bl., 361 S.; 4 Taf. in kol. Lithogr. 4°.

Dijon-Röschen, Das: Erinnerungen, hg. von Rainold. Wien u. Prag. 4. Bd. (1824), S. 105/67. V: *Clauren, H.* (*Carl Gottlieb Samuel Heun*). Nachdruck aus dessen »Vergissmeinnicht« für 1822, S. 331ff. (DARP)

Diis manibus

D. M. Friederici II. S. Viennae 1786. V: *Birkenstock, Joh. Melch. v.* (MGT)

D. M. Josephi secundi, Imperatoris S. Dem Geist Joseph des Zweyten, Römischen Kaisers, geweiht. Berlin 1791. V: *Jenisch, Daniel.* (MGT)

Dik, A. M.

— — Der unzeitiger Besuch un der lestiger Gast. [Auch russischer Titel.] Wilna. 1878.

D[ik], A. M., Die Gaster Geschichten. [Auch russischer Titel.] Wilna 1871.

— — Die Grisetke oder die Neiterks un Pusmacherin. [Auch russischer Titel.] Wilna 1877.

Dik, Walter: Eine Schulreise nach Norwegen. 39 S. 8. Progr. Honterus-Gymn. u. verb. Lehranstalten *Brassó (Kronstadt)* 1910.

Dikäophilos (psdn.), des Bischofs Dr. Dräseke Wesen u. seine Feinde, oder: Kritik über drei ihn infamirende Schriften. 8. Leipzig 842. (Hartknoch.) n. 1/4 ₰

Dikaeopolitik oder neue Restauration der Staatswissenschaften mittels des Rechtsgesetzes. Leipzig 1824. V: *Krug, Wilhelm Traugott.* (MGT)

Dikenmann, Ulrich, aus Hagenwil, Pfarrer zu Wigoltingen, Kt. Thurgau: Die Stellung der Stadt Konstanz in der Landgrafschaft Thurgau von 1417—1499 und die daraus hervorgehenden Beziehungen der Stadt zu Oesterreich und den Eidgenossen. Zürich 1910. 123 S. 8°. [19. V. 10.]
Zürich. Univ. Phil. Diss. I. S. 1909/10.

Dikenmann, Ulrich. Die Stellung der Stadt Konstanz in der Landgrafschaft Thurgau von 1417—1499 und die daraus hervorgehenden Beziehungen der Stadt zu Oesterreich und den Eidgenossen. Diss. Phil. I. Univ. Zürich. 123 S. 8. Zürich, Gebr. Leemann & Co., 1910.

Dikinsoni, C., Physica vetus et nova, c. fig. 8. Hamb. Bohn. 785.

Diko, W., Schul-Atlas über alle Theile der Erde in 29 (lithogr. und ill.) Karten. 2. Aufl. qu. gr. 4. Neu-Ruppin 865, Oehmigke. *.

Diko, W., Schul-Atlas über alle Theile der Erde in 29 (lith.) Karten. 2. Aufl. 866. n. $17\frac{1}{2}$ ngr. — 3. vollständig verb. Aufl. Neu-Ruppin 868. Oehmigke. qu. Fol. n. 20 ngr.

Dikreiter, Heinr. G., das Altenburger Landtags-Wahlrecht. Ein histor. u. agitator. Beitrag zum Kampfe um das allgemeine gleiche geheime u. direkte Wahlrecht im Herzogt. Altenburg. Im Auftrage des Landesvorstandes der sozialdemokrat. Partei im Herzogt. Altenburg verf. (69 S.) 8. Altenburg 906. (Leipzig, Leipziger Buchdruckerei.) n. — 50

Das Altenburger Landtags-Wahlrecht. Ein hist. u. agitator. Beitrag z. Kampfe um d. allgem. gleiche geheime u. direkte Wahlrecht im Herzogt. Altenburg. Im Auftr. d. Landesvorst. d. Sozialdemokr. Partei im Herzogt. Altenburg verf. von Heinrich G. Dikreiter. Altenburg: F. Stritzke 1906. (69 S.) 8° [F.] [od. 9000

Diktate f. die Hand des Lehrers im Anschlusse an die Übungshefte v. Schreff, Löhr u. Wischmeyer u. an J. Stahls Sprachhefte, bearb. v. prakt. Schulmännern. (32 S.) 8. Arnsberg 904. F. Stahl. n. — 50

Diktate zu den Paragraphen der „Regeln f. d. deutsche Rechtschreibung". 1. u. 2. Heft. gr. 8. Leipzig 910. Dürr'sche Buchh. 1.70
1. Hrsg. v. L. Nagel. (51 S.) — 90
2. Und zur Zeichensetzung f. Schul- u. Privatübung. Hrsg. v. Fr. Hildebrand. (47 S.) — 80

Der Diktator. Zeitschrift für Stenographen aller Systeme. Jg. 1 — Hamburg-Hohenfelde: J. V. Peters 1892- 8°

Diktator, der, Zeitschrift f. Stenographen aller Systeme. Enth. nach Sylben ausgezählte Diktatstoffe. Hrsg.: J. Val. Peters. 5.—7. Jahrg. 1896—1898. à 12 Nrn. (Bog.) gr. 8. Hamburg-Hohenfelde (Martin-Allee 16). J. V. Peters. à Jahrg. n. 4. —

Diktator, der. Zeitschrift f. Stenographen aller Systeme. Enth. nach Silben ausgezählte Diktatstoffe. Hrsg.: J. Val. Peters. 8.—10. Jahrg. 1899—1901. à 12 Nrn. gr. 8. (à ca. 12 S.) Hamburg-Hohenfelde (Martin-Allee 16). J. V. Peters. à Jahrg. 4. —

— dasselbe. 11. Jahrg. 1902. 12. Nrn. gr. 8. (à ca. 16 S.) Berlin, Frz. Schulze. n. 4. —

Diktator, der. Zeitschrift f. Stenographen aller Systeme. Enth. nach Silben ausgezählte Diktatstoffe. 12.—15. Jahrg. 1903—1906. à 12 Nrn. (à Jhrg. IV, 144 S.) 8. Berlin, Frz. Schulze. à Jhrg. n. 4. —

Diktator, der. Zeitschrift f. Stenographen aller Systeme. Enth. nach Silben ausgezählte Diktatstoffe. 16—19. Jhrg. 1907—1910. à 12 Nrn. (à Jahrg. 144 S.) 8. Berlin, Frz. Schulze. à Jahrg. 3. —

Diktier-Buch, neues. Zum Gebrauch in stenograph. Übungskursen hrsg. vom allgem. schweizer. Stenographenverein (Stolze-Schrey). gr. 8. (80 S.) Wetzikon 901. (Leipzig, J. H. Robolsky). Kart. n. 1.25

Diktier-Übungen, s. Dictir-Übungen.

Diktier-Übungsbücher, prakt., f. Stenographen aller Systeme, zum Gebrauch in schnell-schriftl. Kursen u. f. die Selbstausbildg. eingerichtet. Nr. 1—10. gr. 8. (à 32 S.) Berlin (900—902). Fr. Schulze. à n.n. — 15

Diktier-Übungsbücher, praktische, f. Stenographen aller Systeme, neue Aufl., s.: Bungenstock, Hermann

Diktirübungen, s.a. Dictir.

Diktir-Uebungen, angenehme orthographische, z. Erleichterung f. Lehrer u. Lernende, in neuen gereimten Fabeln u. moral. Erzählungen, (v. Fr. Maisch). 2e verm. u. verb. A. 8. Heilbr. 825. Drechsler. 12 ℊ

— nach den Regeln d. Orthographie geordnet. 8. Landsh. 822. Krüll. 3 ℊ

Dikzionnär für Pferdeliebhaber, Pferdehändler, Bereiter, Kur- und Hufschmiede, oder vollständiges Handwörterbuch der sämtlichen Rosskunde... Thl 1—4. Leipzig 1797—1806.
1—3. Bearb. von Karl Friedrich Buschendorf.
1. (A—C.) 1797.
2. (D—J.) 1797.
3. (K—L.) Mit Kupfern. 1801.
4, Abth. (1.) 2. Von Conrad Gustav Philipp v. Arnim. 1806.
Abth. (1.) (M—S.)
Abth. 2. (S—Z.)

Dil oma. (yar tunun.) dak: fieweger. 1893. 1894. à 12 Nrn. (à ca. 1 Bog.) 8. Breslau, G. P. Aderholz. à Jahrg. n. 2.40

Dil oma (yar zanun) dak, flowoger. 1895. 12 Nrn. (à ca. 8 S.) 8. Breslau, G. P. Aderholz. n. 2.40

Dilawar Chan, ein afghanischer Christophorus. 1. und 2. Aufl. 8. (24 S.) Basel, 878,83 Missionsbuchhandlung.

Dilcher, A., W. Schwarzhaupt, G. Walther, Erdkunde f. Volks- u. Mittelschulen. Nach Landschaftsgebieten bearb. Mit erläut. Skizzen u. Abbildgn. (VII, 172 S.) gr. 8. Frankfurt a/M. (904). Kesselring. Kart. n.n. — 80

— — dasselbe. Ausg. B. Nach Landschaftsgebieten bearb. Mit erläut. Skizzen. (VIII, 104 S.) 8. Ebd. (906). Kart. n. — 60

— W. Schwarzhaupt, G. Walther, Erdkunde f. Volks- u. Mittelschulen. Ausg. A. Nach Landschaftsgebieten bearb. Mit erläut. Skizzen. 3. Aufl. (VIII, 172 S.) 8. Frankfurt a/M. (907). Kesselring. Kart. 1. —

Dilcher, A., Geschichte f. Mittelschulen, s.: Kahnmeyer.

Dilcher, A., Frankfurter Lesebuch f. Fortbildungsschulen, s.: Neuschäfer, Herm.

Dilcher, Hans, im Todestal. Aus den Erinnergn. eines Naturforschers. Illustriert v. Arth. Heyer. (43 S.) 8. Leipzig (905). Baum's Verlagsbuchh. Kart. n. — 80

Dilettant. Illustrirtes Journal für unterhaltenden Zeitvertreib. 1. Jahrg. 1867. 12 Nrn. (1/2—1 Bog. mit eingedr. Holzschn. und 2 lithogr. Beilagen in Imp.-Fol.) Fol. München, Mey und Widmayer.

Dilettant, der. Illustrirtes Journal für unterhaltenden Zeitvertreib. 2. Jahrg. 1868. 12 Nrn. (1 1/2—2 Bog. mit eingedr. Holzschn. und 2 lithogr. Beilagen in Imp.-Fol.) Fol. München, Mey und Widmayer.

— Illustrirte Zeitschrift für häusliche Kunstarbeiten u. Unterhaltungs-Beschäftigung. 3. Jahrg. 1869. Red.: Heinr. Baumgartner u. H. Traitteur. 12 Nrn. — 4. Jahrg. 1870. Red.: Jos. v. Schmädel. 24 Nrn. (à 1 Bgn. mit Holzschn. u. 1 lith. Beilage.) Ebend. Fol. Jeder Jahrg. 3 ₰

— Illustrirte Zeitschrift f. häusl. Kunstarbeiten u. Unterhaltungs-Beschäftigg. Red.: Heinr. Baumgartner u. Joh. Bergmeister. 5—9. Jahrg. à 24 Nrn. (B. m. eingedr. Holzschn. u. 1 lith. Beilage.) Fol. Ebend. 871—75. à Jahrg. 10. 80

Dilettant, der. Musterblätter f. Laubsäge-, Schnitz- u. Einlegearbeiten, Holzmalerei u. verwandte häusl. Kunstarbeiten. Red.: Jos. Bergmeister. Neue Folge. 1. Jahrg. 1876. 12 Nrn. (1/2 B. m. 2 Steintaf. in gr. Fol.) gr. 4. München, Mey & Widmayer. n. 4. —

Dilettant, der. Musterblätter für Laubsäge-, Schnitz- u. Einlegearbeiten, Holzmalerei u. verwandte häusliche Kunstarbeiten. Red.: Jos. Bergmeister. Neue Folge. 2—7. Jahrg. 1877—1882. à 12 Nrn. (1/2 Bg. m. 2 Steintaf. in gr. Fol.) gr. 4. München, Mey & Widmayer. à Jahrg. n. 4. —

Dilettant, der. Musterblätter f. Laubsäge-, Schnitz- u. Einlegearbeiten, Holzmalerei u. verwandte häusl. Kunstarbeiten. Red.: Jos. Bergmeister. Neue Folge. 8—11. Jahrg. 1883—1886. à 12 Nrn. (1/2 B. m. 2 Steintaf. in gr. Fol.) gr. 4. München 883. Mey & Widmayer. à Jahrg. n. 4. —

Dilettant, der. Musterblätter für Laubsäge-, Schnitz- u. Einlegearbeiten, Holzmalerei u. verwandte häusl. Kunstarbeiten. Red.: Jos. Bergmeister. Neue Folge. 12.—15. Jahrg. 1887—1890. à 12 Nrn. (1/2 B. m. 2 Steintaf. in gr. Fol.) gr. 4. München, Mey & Widmayer. à Jahrg. n. 4. —

Dilettant, der. Musterblätter für Laubsäge-, Schnitz- u. Einlegearbeiten, Holzmalerei u. verwandte häusl. Kunstarbeiten. Red.: Jos. Bergmeister. Neue Folge. 16.—19. Jahrg. 1891—1894. à 12 Nrn. (1/2 Bog. m. Abbildgn. u. Taf.) gr. 4. München, May & Widmayer. à Jahrg. n. 4. —

Dilettant, der. Musterblätter für Laubsäge-, Schnitz- u. Einlegearbeiten f. Flach- u. Kerbschnitt, Holzbrand, Holzmalerei u. verw. häusl. Kunstarbeiten. Red.: Jos. M. Bergmeister. N. F. 20.—23. Jahrg. 1895—1898. à 12 Nrn. (à ca. 1/2 Bog. m. Abb. u. Taf.) gr. 4. München, Mey & Widmayer's Verl. à Jahrg. m. Extrabeilage n. 4. —
Kann auch halbjährlich (ohne Extrabeilage) bezogen werden.

Dilettant, der. Zeitschrift f. häusl. Kunst-Arbeiten. Red.: Jos. M. Bergmeister. Neue Folge. 24.—27. Jahrg. 1899—1902. à 12 Nrn. gr. 4. (à ca. 4 S. m. Abb. u. Taf.) München, Mey & Widmayer. à Jahrg. n. 4. —

Dilettant, der. Zeitschrift für häusl. Kunstarbeiten. Red.: Jos. M. Bergmeister. Neue Folge. 28.—31. Jahrg. 1903—1906. à 12 Nrn. (à Jhrg. IV, 48 S. mit Abbildgn. u. je 26 Taf.) Lex.-8. München, Mey & Widmayer. à Jhrg. n. 4. —

Dilettant, der. Zeitschrift f. häusl. Kunstarbeiten. Red.: Jos. M. Bergmeister. Neue Folge. 32—35. Jahrg. 1907—1910. à 12 Nrn. (à Jahrg. IV, 48 S. m. Abbildgn. u. 26 Taf.) Lex. 8. München, Mey & Widmayer. à Jahrg. 4. —

Dilettant, d. musikalische; e. Wochenschrift. 2 Thle. 4. Wien 770. (Heubner). 4 ₰ 8 ℊ

Dilettante, der musikalische, eine Wochenschrift. 2 Thle. 4. Wien, Camesina. 770.

Dilettantenbühne
s.a. *Almanach* für Privatbühnen.

Dilettanten-Bühne, die. Eine Sammlung leicht ausführbarer Theaterstücke für Gesellenvereine u. ähnliche Corporationen. Hrsg. von P. Norrenberg. 1—7. Hft. 8. (VIII, 96, 120, 72, 124, 130, 112 u. 93 S.) Düsseldorf 877—80. Deiters. à n. — 80

Dilettanten-Bühne, die. Eine Sammlung leicht ausführbarer Theaterstücke für Gesellenvereine und ähnl. Corporationen. Hrsg. von P. Norrenberg. 1. und 2. Heft. 2. Aufl. 8. (VIII, 94; 120 S.) Düsseldorf 886, Deiters. à Heft *

3.—7. Heft. Ebendas. 1877—80. à * 80 Pf.

Dilettanten-Bühne, die. Eine Sammlg. leicht ausführb. Theaterstücke ernsten u. laun. Inhalts f. Gesellenvereine u. ähnl. Corporationen. 4., 13. u. 14. Hft. 2. Aufl. 8. Düsseldorf (894). W. Deiters. n. 1. 60

4. Maler u. Componist. Schauspiel in 3 Akten. Autor. freie Bearb. a. d. Franz. nach M. C. Levêque v. Rich. Bertram. (48 S.) n. — 60
13. Der eingebild. Kranke. Lustsp. i. 2 Aufzgn. u. Frz. Xavier Jann. (48 S.) n. — 60
14. D. mißvergnügte Holzhacker. Lustsp. in 2 Akten u. Frz. Xavier Jann. (24 S.) n. — 40

Dilettanten-Bühne, die. Eine Sammlg. leicht ausführbarer Theaterstücke ernsten u. laun. Inhalts f. Gesellenvereine u. ähnl. Corporationen. 6. Hft. 12. Düsseldorf 894. W. Deiters. n. — 80

Eustachius. Tragödie in 5 Aufzügen v. Ferd. Ludwigs. 2. Aufl. (112 S.)

Dilettanten-Bühne, die. Eine Sammlung leicht ausführbarer Theaterstücke ernsten u. laun. Inhalts f. Gesellen-Vereine u. ähnl. Korporationen. 2., 5., 7., 8., 11. u. 14.—18. Heft. 8. Düsseldorf, W. Deiters. n. 6. 40

Bertram, Rich., Brenner, Durstig & Comp. Schwank in 2 Aufzügen. 4. Aufl. (24 S.) (904.) (Hft. 11.) n. — 50
— der Geizhals. Lustspiel in 5 Akten. Nach Molière frei bearb. 3. Aufl. (95 S.) (903.) (Hft. 5.) n. — 80
— des Vaters Fluch. Schauspiel in 3 Akten. Autoris. freie Bearbeitg. aus dem Franz. nach M. C. Levêque. 6. Aufl. (64 S.) (904.) (Hft. 2.) n. — 80
Breininger, J., Natusius Sauertopf od. Der geleimte Junggeselle. Lustspiel in 2 Akten. (26 S.) (905.) (Hft. 17.) n. — 60
Dirkink, A., der Schelm im Gasthof. Posse in 2 Aufzügen. 4. Aufl. (48 S.) (903.) (Hft. 8.) n. — 60
Erbschaft, e. Posse in 3 Aufzügen. Zunächst f. Gesellenvereine v. e. Freunde derselben. (F. d. G.) 2. [Titel-]Aufl. (S. 45—93.) [880.] (903.) (Hft. 15.) n. — 60
Günther, Aug., ein Frühlingstag beim Redakteur. Schwank m. Gesang in 1 Akt. 1. u. 2. Aufl. (Je 19 S.) (904.) (Hft. 16.) n. — 60
Jann, Frz. Xav., der mißvergnügte Holzhacker. Lustspiel in 2 Akten. (3. Aufl.) (24 S.) (904.) (Hft. 14.) n. — 50
— der eingebildete Tote. Lustspiel in 2 Aufzügen. 2. [Titel-] Aufl. (44 S.) [880.] (903.) (Hft. 7.) n. — 60
Sevening, Jos., die Umsturzmänner. Soziales Drama aus der deutschen Arbeiterbewegg. in 4 Aufzügen mit Gesangeinlagen. Musik v. Gust. Kahnt. (55 S.) (906.) (Hft. 18.) n. — 80

Dilettanten-Bühne, die. Eine Sammlg. leicht ausführbarer Theaterstücke ernsten u. laun. Inhalts f. Gesellen-Vereine u. ähnl. Korporationen. 6. u. 18—21. Heft. 8. Düsseldorf, W. Deiters. p 3. 80

Faßbender, Paul, das Familienfest. Burleske in 1 Aufzuge. (18 S.) (910.) (Hft. 20.) — 60
— Der Heiratsvermittler. Lustspiel in 1 Akt. (16 S.) (910.) (Hft. 21.) — 60
Faßbender, Paul, der falsche Onkel. Lustspiel in 1 Aufzuge. (22 S.) (910.) (Hft. 19.) — 60
Ludwigs, Ferd., Eustachius. Tragödie in 5 Aufzügen. 5. Aufl. (112 S.) (910.) (Hft. 6.) 1. 20
Sevening, Jos., die Umsturzmänner. Soziales Drama aus der deutschen Arbeiterbewegg. in 4 Aufzügen m. Gesangeinlagen. Musik v. Gust. Kahnt. 2. Aufl. (55 S.) (909.) (Hft. 18.) — 80

Dilettanten-Bühne, katholische. 4. Heft: Sebastian. Trauerspiel in 5 Aufzügen, nach Wiseman's Fabiola bearb. von Fr. Jos. Ferd. Hochmuth. 8. (76 S.) Kempten 879, Kösel'sche Buchh.

Das 1.—3. Heft bilden: 1. Heft: Meister Faustgerecht. Schauspiel in 3 Aufzügen. Von Ant. de Waal. Mit Musikbeilage von F. X. Haberl. (46 S. mit 2 Musikbeilagen in qu. 4.) 872. 50 Pf. Vgl. XV. Bd. 2. Abthl. S. 811. — 2. Heft: Eine Martyrerfamilie. Drama von P. Heinr. Balle. Aus dem Italien. (79 S.) 877. 60 Pf. — 3. Heft: Silach oder die Stiftung des Klosters Ottobeuren. Historisches Ritterschauspiel mit Gesang in 4 Aufzügen von P. Kasp. Kuhn. (103 S.) 877. 70 Pf.

— katholische. 2—7. Hft. 8. Kempten 877—82. Kösel. 4. 70 (1—7.: 5. 20.)

2. Eine Martyrerfamilie. Drama, von Heinr. Balle. Aus dem Ital. (79 S.) — 60
3. Silach oder die Stiftung des Klosters Ottobeuren. Historisches Ritterschauspiel mit Gesang in 4 Aufzügen von Kasp. Kuhn. (103 S.) — 70
4. Sebastian. Trauerspiel in 5 Aufzügen, nach Wiseman's Fabiola bearb. v. Fr. Jos. Ferd. Hochmuth. (76 S.) — 70
5. Die Miethserhöhung. Lustspiel in 4 Akten von Peter Vogel. (71 S.) — 70
6. Die beiden Hauptleute oder die Verlobung am Christbaume. Schauspiel in 5 Aufzügen v. Wilh. Kayser. (207 S.) 1. 50
7. Das diamantene Herz. Lustspiel in 2 Akten von Pet. Vogel. (43 S.) — 50

— katholische. 8—13. Hft. 8. Kempten, Kösel. 3. 45

8. Albrecht Dürer in Venedig. Lustspiel in 1 Aufzuge von Ed. v. Schenk. Durchgesehen u. auf's Neue hrsg. v. D. Gronen. (56 S.) 883. — 60
9. Diplomatik der Liebe. Lustspiel in 1 Akt v. D. Gronen. (56 S.) 883. — 60
10. Arm u. Reich. Lustspiel in 3 Aufzügen v. D. Gronen. (79 S.) 883. — 70
11. Doctor Wunderlich od. der Universalerbe. Lebensbild in 4 Aufzügen v. Wilh. Kayser. (104 S.) 885. — 75
12. Am 1. April. Schwank in 1 Aufzug v. Wendelin Kiefer. (40 S.) 885. — 45
13. Die Excellenz im Forsthaus. Schwank in 1 Aufzuge v. Wendelin Kiefer. (27 S.) 886. n. — 35

—— katholische. 2.—4. und 11.—14. Heft. 12. Kempten, Kösel'sche Buchh.

Inhalt:

Heft 2. Balle, Heinr., eine Martyrerfamilie. Drama. Aus dem Italien. übers. von Peter Macherl. 2. Aufl. (79 S.) 888. 60 Pf.

Dilettanten-Bühne, katholische 2c.

Heft 3. Kuhn, Kasp., Silach oder die Stiftung des Klosters Ottobeuren. Histor. Ritterschauspiel mit Gesang in 4 Aufzügen. (103 S.) 888. 70 Pf.
" 4. Sebastian. Trauerspiel in 5 Aufzügen. Nach Wiseman's Fabiola bearb. von Fr. Jos. Ferd. Hochmuth. Text-Ausg. (80 S.) 887. 70 Pf. (Vgl.: 14. Heft.)
" 11. Kayser, Wilh., Doctor Wunderlich oder der Universalerbe. Lebensbild in 4 Aufzügen. (104 S.) 885. 75 Pf.
" 12. Kiefer, Wendelin, am 1. April. Schwank in 1 Aufzug. (40 S.) 885. 45 Pf.
" 13. —— die Excellenz im Forsthaus. Schwank in 1 Aufzug. (27 S.) 886. * 35 Pf.
" 14. Sebastian. Trauerspiel in 5 Aufzügen. Nach Wiseman's Fabiola bearb. von Fr. Jos. Ferd. Hochmuth. 2. etwas veränd. Aufl. Musikbeilage. [Partitur und Singstimmen.] (Partitur 24 S.; Stimmen 51 S.) 887. *M 1.60. (Vgl.: 4. Heft.)

1. Heft. Ebendas. 1872 * 50 Pf. 5.—10. Heft. Ebendas. 1880—83. *M 5.60.

Dilettanten-Bühne, katholische. 5., 6. u. 15.—23. Heft. 12. Kempten 889—92, Kösel. 6 75

5. Vogel, Pet. Die Miethserhöhung. Lustsp. in 4 Akten. 2. Aufl. (68 S.) — 70.
6. Kayser, Wilh. Die beiden Hauptleute oder die Verlobung am Christbaume. Schauspiel in 5 Aufzügen. 2. Aufl. (130 S.) 1 10.
15. Kiefer, Wendelin. Der kurirte Weinfälscher oder Studentenrache. Schwank in 1 Aufzuge. (36 S.) — 40.
16. Zientner, Joh. Bapt. Missionsspiel. Schausp. in 4 Akten. (53 S.) — 60.
17. Kuhn, Kasp. Lustig u. listig. Lustsp. m. Ges. in 3 Aufz. 2. Aufl. (47 S.) — 50.
18. —— Der heil. Eustachius u. die Seinigen. Histor. Schauspiel in 5 Aufzügen m. 1 Vorspiele. (58 S.) — 50.
19. Kayser, Wilh. Deutsche Treue. Volksstück in 5 Aufz. (68 S.) — 70.
20. Meitingen, J. N. v. E. Weihnachts-Vorabend. Volksschsp. in 3 A. (44 S.) — 50.
21. —— Belohntes Gottvertrauen oder der Mensch denkt u. Gott lenkt. Volksschauspiel in 4 Akten. (72 S.) — 70.
22. Kuhn, Kasp. Clemens Hofbauer. Dramat. Bilder in 5 Abthlgn. (64 S.) — 60.
23. Treß, G. Das Gebet d. Mutter. Weihnachtsstück in 3 Aufz. (40 S.) — 45.

— katholische. 5., 6., 16.—34. Hft. 12. Kempten, J. Kösel. 11. 50

5. Die Miethserhöhung. Lustspiel in 4 Akten v. Maler Pet. Vogel. 2. Aufl. (68 S.) 891. — 70
6. Die beiden Hauptleute oder die Verlobung am Christbaume. Schauspiel in 5 Aufzügen v. Wilh. Kayser. 2. Aufl. (130 S.) 892. 1. 10
16. Missionsspiel. Schauspiel in 4 Akten v. Joh. Bapt. Klentner. Zum 1. Male aufgeführt in Hopferau Weihnachten 1889. (63 S.) 891. — 60
17. Lustig u. listig. Lustspiel m. Gesang in 3 Aufzügen v. Kasp. Kuhn. 2. Aufl. (47 S.) 891. — 50
18. Der heil. Eustachius u. die Seinigen. Historisches Schauspiel in 5 Aufzügen m. 1 Vorspiele v. Kasp. Kuhn. (68 S.) 892. — 50
19. Deutsche Treue. Volksstück in 5 Aufzügen v. Wilh. Kayser. (68 S.) 892. — 70
20. Ein Weihnachts-Vorabend. Volksschauspiel in 3 Acten von J. N. v. Meitingen. (44 S.) 892. — 50
21. Belohntes Gottvertrauen od. der Mensch denkt u. Gott lenkt. Volksschauspiel in 4 Akten von J. N. v. Meitingen. (72 S.) 892. — 70
22. Clemens Hofbauer. Dramatische Bilder in 5 Abtheilgn. v. Kasp. Kuhn. (64 S.) 892. — 60
23. Das Gebet der Mutter. Weihnachtsstück in 3 Aufzügen v. G. Treß. (40 S.) 893. — 45
24. Der Vetter v. Amerika. Schwank in 1 Aufzuge v. Wendelin Kiefer. (35 S.) 893. — 45
25. Blinder Eifer schadet nur. Schwank in 1 Aufzuge v. Wendelin Kiefer. (20 S.) 893. — 35
26. Getheiltes Leid, halbes Leid! Schwank in 1 Aufzuge v. Wendelin Kiefer. (14 S.) 893. — 30
27. Hansl od. der verlorne Sohn. Singspiel in 2 Thln. Zunächst für Gesellenvereine, dann für jede im christl. Sinn geleitete kleinere Bühne. Musik v. P. Rampis. 2 Aufl. (24 S.) 893. — 25
28. — dasselbe. 8 Musiknummern. Componirt von Pancrat. Rampis. 2. Aufl. qu. Lex.-8. (29 S.) 893. 1. —
29. Laurentius. Religiöses Schauspiel in 7 Aufzügen v. J. Vogtl. (36 S.) 893. — 45
30. Die Königin Esther. Biblisches Schauspiel in 5 Aufzügen v. Gebhard Treß. (80 S.) 893. — 70
31. Die Wahrsagerin. Lustspiel in 1 Aufzuge v. L. Remmo. (24 S.) 894. — 30
32. Die Weltausstellung in Chicago od. kurirt. Schwank in 1 Aufzuge v. L. Remmo. (30 S.) 894. — 30
33. Der verlorene Sohn. Biblisches Schauspiel in 5 Aufzügen v. Gebh. Treß. (108 S.) 894. — 70
34. Simplicius Langohr oder dessen Rasier-Uebung an seinem Namenstage. Lustspiel in 2 Aufzügen v. Bernard Deppe. (44 S.) 894. — 35

— katholische. 1., 2., 4., 6., 7., 11., 13., 15., 17., 23. u. 35.—73. Hft. 12. Kempten, J. Kösel. n. 32. 95

Inhaltsübersicht in alphabet. Ordnung:

Auf den Fluren v. Bethlehem. Weihnachtsspiel in 3 Akten, verf. v. e. Bruder d. christl. Schulen. (35 S.) 899. (Hft. 72.) n. — 35
Bronner, Frz. Jos., d. Pilgrim od. Sylvester in d. Gebirgshütte. Dramat. Märchen Festspiel. (31 S.) 899. (Hft. 73.) n. — 35
Buse, Joh., d. Verlobung. Militär-Humoresken in 1 Akt. (37 S.) 898. (Hft. 62.) n. — 30
Capitleri, Wilh., d. Wundertraum. Orig.-Zaubermärchen m. Ges. u. Tanz in 6 Bildern. (75 S.) 898. (Hft. 64.) n. — 60
Elz, Armand v., Meister Filz u. Maler Fuchs od. d. Revolte i. d. Küferwerkstätte. Lustspiel in 2 Akten. (40 S.) 898. (Hft. 66.) n. — 30
Eschebach, Hans, Antiochus. Drama in 3 Akten. (196 S.) 896. (Hft. 54.) n. 1. 60
— Gelegenheits-Gedichte. (VIII, 368 S.) 899. (Hft. 69.) 2. 40; geb. in Leinw. n. 3. —
Fries, Paul Mart., Lioba. Schausp. in 5 Akten. (61 S.) 896. (Hft. 53.) — 60
Gapp, Jul., d. hl. Hippolytus, Märtyrer. Christl. Drama in 3 Aufzgn. u. 1 leb. Bilde (nebst musikal. Beilage: 3 Stücke.) (55 S.) 898. (Hft. 56.) — 60
— d. hl. Philomene. Christl. Schausp. in 3 Akten u. 1 Lebensbilde (m. e. Musikbeilage.) (48 S.) 896. (Hft. 52.) — 45
Grupp, Bernh., d. Kind d. Landwehrmannes. Familien-Drama a. d. J. 1870 als Melodram in Deklamation u. Ges. (27 S. in qu. Lex.-8.) 895. (Hft. 44.) n. — 50
Hochmuth, Jos. Ferd., Sebastian. Trauersp. in 5 Aufzgn. nach Wiseman's Fabiola bearb. 3. Aufl. (80 S.) 895. (Hft. 4.) — 70
Hostert, Maria Michel, Kunegund. Geschichtl. Drama in 5 Akten. (160 S.) 895. (Hft. 43.) n. 1.
Kayser, Wilh., d. beiden Hauptleute od. d. Verlobung am Christbaume. Schausp. in 5 Aufzgn. 3. Aufl. (130 S.) 899. (Hft. 6.) n. 1. 10
— Doktor Wunderlich od. d. Universalerbe. Lebensbilder in 4 Aufzgn. 2. Aufl. (104 S.) 898. (Hft. 11.) — 50
Kiefer, Wendel, d. Excellenz im Forsthaus. Schwank in 1 Aufz. 2. Aufl. (27 S.) 897. (Hft. 13.) n. — 35
— d. kurierte Weinfälscher od. Studentenrache. Schwank in 1 Aufz. 2. Aufl. (36 S.) 895. (Hft. 15.) — 40
Kieselamp, H., d. Liebe siegt! Lustsp. in 1 Aufz. gr. 8. (27 S.) Münster 897. (Hft. 59.) — 30
Kuhn, Kasp., O.S.B., d. letzte Jahr aus Erding's Schreckenzeit. Histor. Schausp. m. Ges. in 5 Aufzgn. (84 S.) 898. (Hft. 63.) — 60
— Lustig u. listig. Lustsp. m. Ges. in 3 Aufzgn. 3. Aufl. (56 S.) 899. (Hft. 17.) — 50
— Nichts als Hindernisse od. d. verunglückte Oktoberfest-Reise. Lustsp. m. Ges. in 3 Aufzgn. 2. Aufl. (79 S.) 894. (Hft. 35.) — 60
— d. hl. Willebold. Hist. Schausp. m. Ges. in 3 Aufzgn. 2. Aufl. (45 S.) 896 (Hft. 50.) — 45
Mey, Benedikt, Barabbas. E. bibl. Schausp. (56 S.) 895. (Hft. 40.) n. — 50
Remmo, L., d. Brautführer. Lustsp. in 1 Aufz. (56 S.) 897. (Hft. 58.) — 45
— e. Kneipp'sche Kur. Lustspiel in 3 Aufzgn. (48 S.) 895. (Hft. 38.) n. — 50
Schäuble, P., O. S. B., Maximilian v. Mexiko. Trauersp. in 5 Aufzgn. (88 S.) 898. (Hft. 60.) — 60
Theuern, Max v., Absalom. Bibl. Tragödie in 5 Aufzgn. (134 S.) 896. (Hft. 45.) 1. 20; geb. in Leinw. n. 1. 80
— Dasselbe. Musikbeilagen. Composition v. J. G. Stehle. Klavier-Ausz. qu. gr. 4. (28 S.) 896. (Hft. 46.) n. 4. 50
— Dasselbe. Musikbeilage. 4 Sing-Stimmen. qu. gr. 4. (à 4 S.) 896. (Hft. 47.) n. 1. 50
— Herzogin Barbara. E. Münchener Legende. Schausp. in 3 Aufz. (40 S.) 896. (Hft. 48.) — 45
Treß, Gebh., im letzten Augenblick. Dramat. Zeitbild. in 5 Aufzgn. f. d. Weihnachtsfeier in Gesellenvereinen. (48 S.) 895. (Hft. 37.) n. — 50
— d. Bettler am Christabend. Weihnachtsstück in 3 Aufzgn. (55 S.) 899. (Hft. 70.) — 45
— Enttäuschung u. Ueberraschung. E. dramat. Verlobungsgeschichte am Christabend in 5 Aufzgn. (51 S.) 899. (Hft. 71.) — 45
— d. Erbin v. Siegenstein. Schausp. in 5 Aufzgn. (88 S.) 897. (Hft. 55.) — 60
— d. Gebet d. Mutter. Weihnachtsstück in 3 Aufzgn. 2. Aufl. (40 S.) 898. — 45
Treß, Gebh., d. Hochzeit v. Kana. Bibl. Schausp. in 3 Aufzgn. (46 S.) 894. (Hft. 36.) n. — 50
— d. hl. Odilia. Religiös. Spiel in 5 Aufzgn. (68 S.) 899. (Hft. 67.) — 60
Valle, Heinr., S. J., e. Märtyrerfamilie. Drama. A. d. Ital. übers. v. Pet. Macherl. 3. Aufl. (79 S.) 898. (Hft. 2.) — 60
Vogel, Pet., d. diamantene Herz. Lustsp. in 2 Akten. 2. Aufl. (43 S.) 896. (Hft. 7.) n. — 50
Vogtl, J., St. Joseph. Geistl. Schausp. (32 S.) 895. (Hft 39.) n. — 35
Waal, Ant. de, Meister Faustgerecht. Schausp. in 3 Aufzgn. 2., neu bearb. Aufl. (52 S. m. Musikbeilage, 4 S. in qu. 8.) 897. (Hft. 1.) — 60
Weitzenmiller, Marie, d. hl. Andreas. Geistl. Schausp. in 3 Akten. (48 S.) 898. (Hft. 61.) n. — 35
Wengenmayr, Florian, d. Arbeit Preis. Schausp. in 3 Aufzgn. (32 S.) 896. (Hft. 49.) — 30
— d. Bergfexen. Lustsp. in 3 Aufzgn. (30 S.) 895. (Hft. 42.) — 30
— d. Macht d. christl. Nächstenliebe. E. leicht aufführbares Weihnachtssp. zun. f. Krippenanstalten, Waisenhäuser u. ähnl. Wohlthätigkeitsanst. (23 S.) 899. (Hft. 68.) — 30
— O dolce Napoli od. Sieh Neapel u. stirb! Ein Lustsp. in 4 Aufzgn. (45 S.) 896. (Hft. 51.) — 45
— d. Welt ist ein Lump od. d. Bandit vom Albanersee. E. Lustsp. a. d. Umgeg. Roms in 2 Aufzgn. (16 S. m. 1 Abb.) 895. (Hft. 41.) — 25
— Im Zukunftsstaate. Dramat. Scherz in e. Aufzge. (24 S.) 898. (Hft. 65.) — 30
Wieland, Frz., liebet eure Feinde! Dramat. Legende in 5 Aufzgn. Frei nach Wiseman's Fabiola bearb. (102 S.) 897. (Hft. 57.) — 70

Dilettantenbühne, katholische. 15., 37. u. 74.—169. Hft. 12. Kempten, J. Kösel. 51. 05

Inhaltsübersicht in alphabetischer Ordnung:

Abenteuer, die, des Herrn v. Schweinbach. Lustspiel in 3 Akten nach Molière. Aus d. Franz. übers. u. bearb. v. Felix. (79 S.) 899. (Hft. 83.) — 60
Bergervoort, B. M., der Martyrertod des hl. Pankratius. Historisches Drama in 3 Akten. (101 S.) 902. (Hft. 168.) — 60
Bouty de Lesdain, die Ohren d. Midas. Schwank in 1 Aufzug. Aus dem Franz. übertr. v. Jos. Ritzerfeld. (40 S.) 900. (Hft. 112.) — 40
Bühl, Frdr., die Lampe des Cajus od.: Gottes Wege sind wunderbar. Drama in 3 Akten aus der Zeit der Christenverfolggn. unter Kaiser Nero. (63 S.) 899. (Hft. 79.) n. — 50
Calderon de la Barca, der standhafte Prinz. Trauerspiel in 5 Akten. Für Dilettantenbühnen bearb. v. O. Fink. (78 S.) 900. (Hft. 114.) — 60
Catharina, die hl., od. Heidenthum, Christenthum u. Marterthum. Ein religiöses Schauspiel in 3 Akten v. ***. (64 S.) 899. (Hft. 90.) — 45
Daisenberger, J. A., die Bayern im deutschen Bauernkriege. Scenen a. d. Vaterlandsgeschichte. (29 S.) 900. (Hft. 125.) — 30
— die Stiftung Ettals od. Kaiser Ludwigs Bedrängniß u. Trost. Scenen a. d. Vaterlandsgeschichte. (59 S.) 900. (Hft. 123.) — 45
— Theodolinde. Scene aus der bayer. Vaterlandsgeschichte in 1 Akte. (21 S.) 900. (Hft. 126.) — 30
— Otto v. Wittelsbach an der Veroneser-Klause. Scene aus der Vaterlandsgeschichte. (16 S.) 900. (Hft. 130.) — 25
Dempf, A., der Burgamolscht'r v. Lamplhausa'. Lustspiel in 3 kurzen Akten. (24 S.) 900. (Hft. 143.) — 30
— bayerische Einquartierung im Feindesland. Weihnachtsbild a. d. Kriegsj. 1870 in 2 Aufzügen. (22 S.) 901. (Hft. 148.) — 30

Dreyer, A., Knecht Ruprecht. Dramatisches Märchen in 1 Aufzuge. (43 S.) 902. (Hft. 166.) n. — 35

Eulalia. Religiöses Schauspiel in 2 Akten v. ***. (35 S.) 899. (Hft. 92.) — 35

Felix, der Geizhals. Lustspiel in 3 Akten nach Molière. Uebers. u. ohne Frauenrollen bearb. (70 S.) 900. (Hft. 138.) — 60

— Scapin's Schurkenstreiche. Lustspiel in 3 Akten nach Molière. Aus dem Franz. übers. u. ohne Frauenrollen bearb. (86 S.) 900. (Hft. 139.) — 60

Fries, Paul Mart., der poetische Backfisch. Lustspiel in 1 Akte. (27 S.) 901. (Hft. 161.) — 30

— der Herr Hoflieferant. Lustspiel in e. Akte. (30 S.) 899. (Hft. 75.) — 30

Frölich, Ed., die Braut. Ein Studentenstreich in 1 Akt. (34 S.) 902. (Hft. 165.) — 30

— zwei Briefe. Schwank in 1 Akt. (26 S.) 901. (Hft. 153.) — 30

— eine Christnacht. Weihnachtsspiel in 1 Aufzug. (27 S.) 901. (Hft. 145.) — 30

— Leyer u. Schwert. Singspiel in 1 Akt. (30 S.) 901. (Hft. 163.) — 25

— die Schicksalsbrüder. Comödie in 1 Akt. (28 S.) 901. (Hft. 150.) — 30

— Verlobungsfatalitäten. Eine lust. Comödie in 1 Akt. (44 S.) 901. (Hft. 162.) — 30

Gallus. Religiöses Schauspiel in 2 Aufzügen, f. kathol. Gesellenvereine verf. v. J. D. (31 S.) 899. (Hft. 88.) — 30

Genofeva. Schauspiel in 5 Aufzügen v. ***. (80 S.) 899. (Hft. 80.) — 60

Grein, Rud., ein neues Gift od. Warum Herr Tintenschwitz nicht zum Oberamtmann befördert wurde. Schwank in 4 Aufzügen. (40 S.) 901. (Hft. 142.) n. — 35

— mißglückte Speculation od. Ippelberger u. Levy in Klautschau. Humoristische Aufführung in 2 Aufzügen u. 1 Nachspiele. (40 S.) 901. (Hft. 141.) n. — 35

Grün, Mathias, Pater Engelbert. Ein dramat. Gedicht in 3 Aufzügen. (64 S.) 900. (Hft. 109.) n. 50

Grupp, Bernh., verloren u. wiedergefunden. Eine Familien-Scene aus der Jetztzeit. Als Melodrama bearb. (gedichtet u. komponiert). (23 S.) 900. (Hft. 135.) — 30

— dasselbe. Musikbegleitg. gr. 4. (11 S.) 901. (Hft. 155.) n. 1. —

Heckmayer, Al., Jery u. Bätely. Singspiel in 2 Akten. Nach Göthe bearb. u. in Musik gesetzt. (45 S.) 899. (Hft. 102.) — 45

— dasselbe. Musikbegleitung. Partitur u. Stimmen. hoch 4. (28, 6, 4, 3 u. 2 S.) 901. (Hft. 137.) n. 3.50; Partitur einzeln 2.50; Singstimmen zusammen n. 1. —; einzelne Singstimme n.n. — 25

Hohnerlein, Max, die Belagerung v. Troja. Fastnachts-Posse in 4 Aufzügen m. nur männl. Rollen. Nach L. Holberg frei bearb. (66 S.) 901. (Hft. 147.) — 60

— irren ist menschlich. Schwank in 2 Aufzügen, frei nach e. älteren Idee. (66 S.) 899. (Hft. 110.) n. — 50

— Schuster bleib' bei deinen Leisten! Lustspiel in 4 Aufzügen, nach e. Komödie des dän. Dichters L. Holberg frei bearb. (87 S.) 899. (Hft. 94.) — 60

Horváth, L., die Preisarbeit. Schauspiel in 3 Akten f. Jugendbühnen. (23 S.) 899. (Hft. 93.) — 30

Hunerer, J. Geo., Nothburga. Dramatisirte Legende in 5 Aufzügen. 2. Aufl. (91 S.) 901. (Hft. 146.) — 70

Karst, Geo., die verhängnisvollen Kleckse od. Weiberlist. Militärischer Schwank in 3 Aufzügen u. 1 Tableau. (31 S.) 899. (Hft. 84.) — 30

— das lustige Kleeblatt od. Ein fideles Gefängnis. Lustspiel m. Gesang in 3 Aufzügen. (44 S.) 899. (Hft. 85.) — 40

Kiefer, Wendel, der kurirte Weinfälscher od. Studentenrache. Schwank in 1 Aufzuge. 3. Aufl. (36 S.) 899. (Hft. 15.) — 40

Kraus, L., Dora. Lustspiel in 4 Akten. (59 S.) 899. (Hft. 98.) — 45

— der glückliche Pechvogel. Lustspiel in 1 Akt. (21 S.) 899. (Hft. 87.) — 30

Kraus, L., Theorie u. Praxis. Schauspiel in 4 Akten. (30 S.) 900. (Hft. 128.) — 30

— wider Wissen u. Willen. Schauspiel in 4 Akten. (47 S.) 899. (Hft. 89.) — 40

Kuhn, Kasp., die mißglückte Weiberkur. Lustspiel m. Gesang in 4 Aufzügen. 2. Aufl. (129 S.) 901. (Hft. 154.) — 90

— dasselbe. 5 Lieder dazu. qu. gr. 8. (7 S.) 901. (Hft. 156.) n. — 35

Kujawa, J. T., Kurirt. Militär-Lustspiel in 1 Akt. (72 S.) 900. (Hft. 144.) — 60

Kurz-Elsheim, Frz., Dämon Geld. Schauspiel in 3 Akten. (80 S.) 899. (Hft. 82.) — 60

Lehnen, W., eine angenehme Nacht. Lustspiel in 3 Akten. (18 S.) 900. (Hft. 105.) — 30

Lettenberger, O., der kleine Missionär. Dramatisches Gedicht in 2 Abtlgn. (40 S.) 900. (Hft. 140.) n. — 35

Löhr, Jos., Hochmuth kommt vor dem Falle. Schauspiel in 4 Akten. (75 S.) 900. (Hft. 107.) — 60

— der Kandidat. Schwank in 1 Akt. (23 S.) 900. (Hft. 108.) — 30

Ludwig, Joh., ein Tag aus dem Leben zweier Studenten od. die unverhoffte Erbschaft. Lustspiel in 1 Akt. (40 S.) 900. (Hft. 113.) — 40

Marienkind, das. Schauspiel in 1 Akt v. L. K. (15 S.) 901. (Hft. 160.) — 20

Marterthum, das, der hl. Cäcilia. Religiöses Schauspiel in 3 Akten v. ***. (57 S.) 899. (Hft. 91.) — 60

Meir, J. B., 's Aveglöckerl. Schauspiel in 1 Akt. (40 S.) 900. (Hft. 136.) — 30

Metzler, C. Otto, die Weisen aus dem Morgenlande. Ein Weihnachtsspiel in 3 Aufzügen u. 4 leb. Bildern. (46 S.) 900. (Hft. 134.) — 40

Mey, Bened., der Esel von Schönau. Ein Fastnachtsschwank. (31 S.) 899. (Hft. 97.) — 30

— das Postgeheimniß od. der verhexte Brief. Schwank in 1 Akte. (35 S.) 899. (Hft. 101.) n. — 35

Miller, Elise, der Geiger v. Gmünd. Religiöses Singspiel in 5 Abteilgn., nach d. gleichnam. Legende v. Just. Kerner. Frei gedichtet f. Soli, Chor, Melodramen, Kinderstimmen, Violine u. Klavier. Komp. v. Aug. Reiser. Partitur u. Stimmen. gr. 4. (52 S.) 901. (Hft. 158.) 2.40

Molière, Michael u. Jose, die beid. Savoyardenknaben. Lustspiel in 1 Aufzug, nach M. Aus dem Franz. übers. v. Felix. (55 S.) 899. (Hft. 96.) — 45

Moll, Karl, Klärchen od. verschiedene Ansichten. Lustspiel in 1 Akt. (32 S.) 900. (Hft. 116.) — 30

— der Mann der Freiheit. Schauspiel in 3 Akten. (112 S.) 900. (Hft. 119.) — 75

Nazl, der gescheidte, od. Schuster bleib bei deinen Leisten! Singspiel in 3 Akten. Zunächst f. Gesellenvereine, dann f. jede im christl. Sinne geleitete kleine Bühne. Musik von P. Rampis. 3. Aufl. (VIII, 117 S.) 899. (Hft. 86.) — 90

Nemo, J., der ungeschliffene Diamant. Schauspiel in 1 Akt. (88 S.) 900. (Hft. 121.) — 60

— das verhängnißvolle Fragment. Lustspiel in 1 Akte. (85 S.) 900. (Hft. 124.) — 60

— der zerstreute Gelehrte. Lustspiel in 1 Akt. (30 S.) 900. (Hft. 115.) — 30

— nur keine Übertreibung. Lustspiel in 1 Akt. (59 S.) 900. (Hft. 127.) — 45

— verloren u. wiedergefunden. Schauspiel in 1 Akt. (51 S.) 900. (Hft. 120.) — 45

Rafael, L. (H. Kieseкamp), der Geburtstag. Lustsp. in e. Aufzuge. (44 S.) 899. (Hft. 77.) — 45

Rampis, Pankratius, 10 Musiknummern zum Singspiel: Der gescheidte Nazl. 3. Aufl. qu. gr. 8. (32 S.) 900. (Hft. 95.) n. 1.40

Remagen, H. v., der Raubmörder. Lustspiel in e. Akte. (28 S.) 899. (Hft. 76.) — 30

— die zerbrochene Uhr. Lustspiel in 1 Akt. (38 S.) 900. (Hft. 106.) — 40

Ritzerfeld, Jos., der Baron v. Froschbein od. das leb. Bild. Lustspiel in 2 Akten. Nach dem Franz. bearb. (78 S.) 900. (Hft. 131.) — 60

— die Violine des Stradivarius. Komische Scene in 3 Aufzügen. Aus dem Franz. übertr. (35 S.) 900. (Hft. 104.) — 30

Ritzerfeld, M. J., Neon od. die Märtyrer der Katakomben. Aus dem Franz. übers. Autoris. Uebersetzg. (77 S.) 900. (Hft. 132.) — 60

Romuald, Adjutus, Chlodwig od. d. Sieg des Christenthums. Drama in 5 Aufzügen. (128 S.) 900. (Hft. 129.) — 75

Senn, Wilh., die lustigen Wirtskinder. Lustspiel in 2 Aufzügen. (51 S.) 899. (Hft. 99.) — 45

Siebertz, Paul, ringende Mächte. Schauspiel in 5 Akten. Unter Zugrundelegg. des Roman „Quo vadis" v. H. Sienkiewicz bearb. (159 S.) 901. (Hft. 159.) 1.60

Simonis, der Schergen-Kaspar v. Schorndorf. Ein Volksstück in 4 Akten. (39 S.) 902. (Hft. 169.) — 40

Strauß, A., der Deserteur. Ein Volksstück in 3 Aufzügen. (70 S.) 902. (Hft. 164.) — 45

Tejas, die Regales od. die königstreuen Cubaner. Studentenschwank in 2 Aufzügen. Nach e. älteren Idee. (20 S.) 901. (Hft. 152.) — 30

Testa, Gherardi del, Gold u. Flittergold. Lustspiel in 2 Akten. Deutsch v. Paul Blaschke. (111 S.) 901. (Hft. 157.) — 60

Theuern, Max v., die Sclaven des Scheik v. Moezzia. Schauspiel in 4 Aufzügen. (68 S.) 901. (Hft. 151.) — 70

Treß, Gebh., im letzten Augenblick. Dramatisches Zeitbild in 5 Aufzügen f. die Weihnachtsfeier in Gesellenvereinen. 2. Aufl. (48 S.) 900. (Hft. 37.) n. — 50

— Heinrich v. Kempten. Nach e mittelalterl. Sage aus dem Leben e. deutschen Ritters dramatisiert in 5 Aufzügen. (84 S.) 900. (Hft. 118.) — 60

Treß, Gebh., aus Kolpings Leben. Eine bescheidene Gabe zum Jubelfest e. Gesellen-Vereins in 5 dramat. Bildern. (87 S.) 902. (Hft. 167.) — 60

— Papst Leo vor Attila. Dramatisches Geschichtsbild in 3 Aufzügen. (53 S.) 900. (Hft. 122). — 45

— priesterlicher Heldenmut. Schauspiel für die Gesellenvereine in 5 Aufzügen. (48 S.) 901. (Hft. 149.) — 45

— des Saulus Bekehrung. Biblisches Schauspiel in 5 Aufzügen. (94 S.) 900. (Hft. 133.) — 60

— ein edler Tiroler. Volksstück in 3 Aufzügen. (67 S.) 900. (Hft. 103.) n. — 50

— der Vorläufer des Herrn. Dramatische Scenen aus dem Leben des hl. Johannes des Täufers in 5 Aufzügen. (79 S.) 899. (Hft. 100.) — 60

— Kloster Wiblingen. Festspiel m. e. Vorspiel zur 800 jähr. Erinnerg. an die Stiftg. des Klosters Wiblingen 1099/1899. (96 S.) 999. (Hft. 74.) — 60

Treu dem Verein. Festspiel f. Feste kathol. Arbeiter- u. Männervereine. Verf. v. J. E. u. G. H. (20 S.) 899. (Hft. 78.) — 25

Waldemar, G. L., die Heiratsannonce od. Alter schützt vor Thorheit nicht. Lustspiel in 2 Akten. (27 S.) 900. (Hft. 111.) — 30

Walter, Joh., der Vaterlandsretter. Schwank in 2 Aufzügen. (13 S.) 900. (Hft. 117.) — 30

Zietner, Joh. B., das Prinzenlöschen v. Wolkenstein. Tragikomisches Schauspiel in 3 Akten. (63 S.) 899. (Hft. 81.) — 45

— katholische. 3., 4., 23., 37. u. 170.—198. Heft. 12. Kempten, J. Kösel. n. 23. 75

Alexander, Paul, Kindergebet. Schauspiel in 3 Akten. (32 S.) 906. (Hft. 192.) — 30

Bansa, J. Fernando, aus der Heimat od. Die Meineidbauern. Volksdrama in 3 Akten. (39 S.) 903. (Hft. 173.) — 45

Benziger, Augustin, O. S. B., Abt Salomon III v. St. Gallen. Historisches Schauspiel in 3 Akten. (79 S.) 905. (Hft. 181.) — 60

Dörfler, Pet., der Kinderkreuzzug. Historisches Schauspiel in 5 Aufzügen. Mit 2 Musikbeilagen v. Gottfr. Nesl. (VIII, 88 u. 3 S.) 905. (Hft. 187.) — 75

Fries, Paul Mart., Markgraf Bernhard v. Baden. Schauspiel in 4 Akten. (59 S.) 903. (Hft. 172.) — 50

Frölich, Eduard, Elektra. Elektrotechnische Allegorie. (16 S.) 905. (Hft. 186.) — 25

— das Erbe. Romantisches Neujahrs-Spiel. (24 S.) 905. (Hft. 182.) — 30

— der Findling. Ein Weihnachtsspiel. (16 S.) 906. (Hft. 197.) — 25

— Inkognito. Kirchweihkomödie. (24 S.) 906. (Hft. 196.) — 30

Geisterburg, die. Posse in 5 Aufzügen, v. e. ehemal. Gesellenvereinspräses. (35 S.) 906. (Hft. 191.) — 45

Hochmuth, Frz. Jos. Ferd., Sebastian. Trauerspiel in 5 Aufzügen nach Wiseman's Fabiola bearb. 4. Aufl. (80 S.) 903. (Hft. 4.) — 70

Hohnerlein, Max, es ist erreicht! Posse in 1 Aufzuge. Nach A. v. Kotzebue frei bearb. (32 S.) 906. (Hft. 195.) — 30

— der verwunschene Prinz. Schwank in 3 Aufzügen. Nach J. v. Plötz, f. nur männl. Rollen frei bearb. (68 S.) 906. (Hft. 198.) — 60

Kiefer, Aug., u. Ferd. Beck, Kämpfe um Liebe. Lustspiel in 3 Aufzügen. (50 S.) 903. (Hft. 171.) — 45

Körber, Paul, Jägersleut. Volksstück in 5 Aufzügen. (91 S.) 906. (Hft. 194.) — 75

Krämer, Alfons, Weihnachts-Märchen. Schauspiel in 5 Bildern f. klein u. groß. Mit Gesangs-Einlagen. 2. Aufl. (32 S.) 904. (Hft. 179.) — 45

— dasselbe. 3 Gesangseinlagen dazu: Die Heinzelmännchen. Musik v. Eug. Jochum. (13 S.) (905.) (Hft. 180.) — 75

Krieg, J. J., Rudolph v. Schwaben. Ein Trauerspiel in 5 Aufzügen. (72 S.) 904. (Hft. 176.) — 50

Kuhn, Kasp., O. S. B., Silach od. die Stiftung des Klosters Ottobeuren. Historisches Ritterschauspiel m. Gesang in 4 Aufzügen. 3. Aufl. (82 S.) 905. (Hft. 3.) — 70

— dasselbe. Gesänge, gedichtet u. komp. v. K. Direktions-Stimme. (7 S.) qu. kl. 8. (905.) (Hft. 188.) — 60

Rademacher, Kath., Agnes Bernauer, der Engel v. Augsburg. Ein Trauerspiel in 5 Aufzügen. (54 S.) 906. (Hft. 190.) — 60

Reiser, Alb., Sancta Cäcilia. Melodramatische Legende nach Just. Kerner. Frei gedichtet. Für Soli, Chor, Kinderstimmen, Violine u. Pianofortebegleitg. m. verbind. Declamation (Melodramen) comp. v. Aug. Reiser. (48 S.) gr. 4. (903.) (Hft. 170.) 2. 40

Sartory, Anna, Katharina v. Alexandrien. Schauspiel in 5 Akten. (92 S.) 905. (Hft. 183.) — 75

Schlicht, Jos., die Kavalierwette. Bühnenstück in 4 Aufzügen. (32 S.) 904. (Hft. 174.) — 30

— der Planetentoni. Lustspiel in 3 Aufzügen. (28 S.) 904. (Hft. 175.) — 30

Sutter, P., heut ist Pankrazitag od. O weh, meine Ohren! Posse in 2 Akten, nach dem Franz. (52 S.) 901. (Hft. 178.) — 45

Tischlerfamilie, die musikalische, od. Die unruhige Nachbarschaft. Lustspiel in 2 Akten v. Anonymus. (71 S.) 905. (Hft. 184.) — 45

— dasselbe. Musikbeilage. (12, 8, 8, 8, 8, 3, 4, 4, 4, 4, 2, 2, 2, 2, 1, 1, 2, 4, 2, 2, 2, 4, 2, 2, 2, 2, 6 u. 3 S.) 4. 905. (Hft. 189.) 6. —

Treß, Gebh., im letzten Augenblick. Dramatisches Zeitbild in 5 Aufzügen f. die Weihnachtsfeier in Gesellenvereinen. 3. Aufl. (48 S.) 905. (Hft. 37.) — 50

— das Gebet der Mutter. Weihnachtsspiel in 3 Aufzügen. 3. Aufl. (40 S.) 903. (Hft. 23.) — 45

— die wandernde Geldrolle od. Der bekehrte Geizhals. Weihnachtsspiel in 4 Aufzügen. (56 S.) 905. (Hft. 185.) — 50

Trück, Frdr., Harald Gormsohn. Ein histor. Drama in 5 Aufzügen (nach Oehlenschläger.) (72 S.) 906. (Hft. 193.) — 60

Walfrid, E., die letzten Flavier. Historisches Trauerspiel in 4 Aufzügen. Mit teilweiser Benützg. v. De Waal's Erzählg. „Domitianus" (Katakombenbilder, I. Bd.) bearb. (111 S.) 904. (Hft. 177.) — 70

Dilettanten-Bühne, katholische. 42. 115. 144 u. 199—237. Heft. kl. 8. Kempten, J. Kösel. p 25. 45

Adolf, Paulus, wer andern e. Grube gräbt. Schwank in 3 Akten. (108 S.) 906. (Hft. 207.) — 60

Berge, Felicitas vom (Schw. M. Gabriela, O. S. D.), die hl. Katharina v. Siena. Dramatische Legende in 3 Akten (9 Bildern). (78 S.) 907. (Hft. 210.) — 75

Clute-Simon, Frz., Ulrich v. Württemberg. Romantisches Schauspiel in 5 Akten frei nach Hauff's „Lichtenstein". (168 S.) 906. (Hft. 208.) 1. 20

Collet, Fr., Kunst bringt Gunst. Singspiel in 1 Aufzuge. Musik v. Joh. Lindlau. (45 S.) 909. (Hft. 231.) — 60

— Dasselbe. 7 Musiknummern dazu. (15 S.) 17×21,5 cm. 909. (Hft. 232.) — 60

Domanig, Karl, die liebe Not. Schauspiel in 5 Akten. (156 S.) 907. (Heft 217.) 1. 20

Dörfler, Pet., Heimkehr. Weihnachtsmärchen in 1 Akt. (18 S.) 906. (Heft 212.) — 30

Hahn, Maria, die sieben Sakramente. Festspiel in 7 Bildern. (28 S.) 909. (Heft 234.) — 35

Helder, Erich, Claudia Procula. Religiöses Drama in 3 Aufzügen. (43 S.) 907. (Heft 211.) — 50

Helrut, C. J., das Meer. Einakter. (26 S.) 907. (Heft 213.) — 35

Hohnerlein, Max, die gute, alte Zeit in Krähwinkel. Lustspiel in 4 Aufzügen. Nach A. v. Kotzebue frei bearb. (107 S.) 906. (Heft 205.) — 75

Hopfner, Isidor, S. J., Savonarola. Geschichtl. Trauerspiel in 5 Akten. (80 S.) 908. (Heft 225.) — 90

Koch, Fanny, man hat es gesagt. Lustspiel in 1 Akt. (22 S.) 908. (Heft 224.) — 30

— Der Traum vom Glück. Eine Parabel in 3 Bildern, zunächst f. Arbeiterinnen-Vereine. (32 S.) 908. (Heft 223.) — 50

Körber, Paul, der Herrenbur. Volksstück in 5 Aufzüg. (244 S. u. Musikbeil. 6 S. 17×21 cm.) 908. (Heft 228.) 1. 50

— Mutter Agnes. Soziales Zeitbild in 1 Akt f. die Mädchen-Bühne. (58 S.) 909. (Heft 235.) — 60

Körner, Thdr., Zriny. Ein Trauerspiel in 5 Aufzügen. Für die Dilettantenbühne m. nur Männerrollen bearb. v. W. Leer. (83 S.) 906. (Heft 202.) — 75

Krämer, Alfons, Frau Schule. Festspiel m. Gesang u. Reigen. Geeignet f. Mai- od. Schlußfeiern sowie zu Schuljubiläen. (16 S. u. Musikbeil. 4 S.) 17×21,5 cm. 909. (Heft 230.) — 30

— Der Lenz ist da! Dramat. Märchen in 1 Aufzuge. (Für Maifeiern u. Faschingsaufführgn. geeignet.) Mit 2 Musikbeilagen. (14 u. 2 S.) 907. (Heft 219.) — 50

— Ein Maskenfest. Ein lust. Stücklein f. lust. Leutchen zur lust. Faschingszeit. (11 S.) (909.) (Heft 229.) — 50

— Vermißt. (Weihnachtsstück.) Volksschauspiel im oberbayer. Dialekt in 4 Aufzügen (f. e. kleine Bühne passend). (52 S.) 906. (Heft 204.) — 60

Kujawa, J. T., kuriert. Militär-Lustspiel in 1 Akt. 2. Aufl. (63 S.) 910. (Heft 144.) — 60

Lang, Joh., Kasperl als Herero. Burleske in 2 Auftritten. Nach e. älteren Idee bearb. (23 S.) 909. (Heft 237.) — 35

Lengtor, M., Blumensprache. Lustspiel in 1 Akt. (39 S.) 907. (Heft 221.) — 60

Lorent, Kurt, Richter in Vertretung. Lustspiel in 1 Aufzuge. (38 S.) 906. (Heft 203.) — 50

Mankowski, H., der Nibelungen Heunenfahrt. Altgerman. Trauerspiel in 5 Aufzügen. (90 S.) 907. (Heft 214.) — 90

Naumann, Anna, eine Schulrevision nach fünfzig Jahren. Lustspiel in 1 Akt (passend zum Jubiläum e. Lehrerin od. f. Lehrerinnenvereine). (12 S.) 907. (Heft 220.) — 30

Nemo, J., der zerstreute Gelehrte. Lustspiel in 1 Akt. 2. Aufl. (27 S.) 910. (Heft 115.) — 30

Nestroy, Joh., hinüber — herüber. Scherzspiel in 1 Aufzuge v. N., f. nur männl. Darsteller bearb. v. M. Gründer. (27 S.) 906. (Heft 201.) — 30

Oberhuber, Jos., die Heimatlosen. Volksstück in 4 Aufzügen. (180 S.) 908. (Heft 227.) 1. 50

Paulus, Adf., vergib uns unsere Schuld! Volksstück aus den oberbayer. Bergen in 4 Akten. (155 S.) 908. (Heft 226.) 1. 20

Ponholzer, Judith, die Heldin v. Israel. Bibl. Schauspiel m. Gesang in 2 Akten. 2. Aufl. (63 S.) 907. (Heft 216.) — 60

Ritter, Emil, Jesus Messias. Ein Weihnachts-Festspiel. (17 S.) 906. (Heft 215.) — 40

Roth, A. F., ein gemütlicher Abend. Posse in 1 Akt. (27 S.) 906. (Heft 206.) — 30

Siebert, Klara, die Kinder Bethlehems. Ein Weihnachtsspiel m. e. Prolog. (18 S.) 906. (Heft 209.) — 35

Siebert-Ritter, Klara, die Hirten auf dem Felde. Ein Weihnachtsspiel. (17 S.) 908. (Heft 222.) — 30

Sutter, P., der Arzt wider Willen. Lustspiel in 3 Akten. Nach Molière übers. u. bearb. (58 S.) 906. (Heft 200.) — 50

— Wie man Erbe wird. Lustspiel in 4 Akten. Nach Regnard übers. u. bearb. (66 S.) 906. (Heft 199.) — 60

Treß, Gebh., Fluch u. Segen. Volksstück in 5 Aufzügen. (112 S.) 907. (Heft 218.) — 75

Triebswetter, A., der Lohn der Liebe. Zwei Bilder aus dem Arbeiterleben. Frei nach dem „Engerl" der Baronin Handel-Mazzetti. (34 S.) 909. (Heft 233.) — 40

Weddigen, Otto, Doktor Eisenbart. Schalkskomödie in 3 Akten m. Prolog u. Epilog. (70 S.) 909. (Heft 236.) — 75

Wengenmayr, Florian, die Bergfexen. Lustspiel in 3 Aufzügen. 2. Aufl. (42 S.) 910. (Heft 42.) — 30

Dilettanten-Bühne, rheinische. Nr. 9, 10, 12, 18, 20 u. 22. 8. Düsseldorf, J. P. Mischel. à n. 2. —

9. Die Verlobung en der Wäschköch. Kölnische Posse in 1 Akt. Von Nik. Klöcker. (11 S.) (904.)
10. Die nervöse Frau od. E krank Ferke. Kölnische Posse in 1 Akt. Von Nik. Klöcker. (15 S.) (904.)
12. Wärm Aedäppel od. Die Liebe om kromme Böchel. Kölnische Posse in 1 Akt. Von Nik. Klöcker. (21 S.) (904.)
18. Der jecke Votterweck. Kölnische Posse in 1 Akt. Von Nik. Klöcker. (15 S.) (904.)
20. E kölsch Hänsel un Gretel. Kölner Volksstück in 3 Akten. Von Nik. Klöcker. (22 S.) (904.)
22. Stradella. Parodie zur gleichnam. Oper. Plattkölnische Operette in 3 Akten. Von Karl Baudewin. Musik von Fr. v. Flotow. (34 S.) (904.)

Dilettanten=Mappe. Hrsg. von Friedr. Zipf. Nr. 1—39. 8. Berlin, Zipf. à Nr. *

Inhalt:

Nr. 1. Zipf, E. F., er hat Schulden. Schwank in 1 Aufzuge. (32 S.) 885.
= 2. Crome=Schwiening, C., Kaiser's Geburtstag. Lustspiel in 1 Aufzuge. (20 S.) 885.
= 3. Kolbe, Thdr., lang', lang' ist's her. Liederspiel in 1 Akt. (22 S.) 885.
= 4. Reimar, F. L., Doch. Lustspiel in 1 Aufzuge. (24 S.) 885.
= 5. Zipf, Friedr., der Säbel des Herrn Majors. Schwank in 1 Akt. (31 S.) 885.
= 6. Palmé=Paysen, H., meine Nachbarin zur Rechten. Lustspiel in 2 Akten. (28 S.) 885.
= 7. —— Monsieur Lafaire. Lustspiel in 1 Akt. (23 S.) 885.
= 8. Radmacher, W., die Duellanten. Lustspiel in 1 Akt. (14 S.) 885.
= 9. Rembe, Anatole, der Strohmann. Lustspiel in 1 Aufzuge. (50 S.) 885.
= 10. —— Pillen. Lustspiel in 1 Aufzuge. (24 S.) 885.
= 11. Paullóva, Arth., Reinhold Lenz. Charakterbild in 1 Akt. (31 S.) 885.
= 12. Kirchner, Gust., der letzte Antrag. Lustspiel in 1 Akt. (42 S.) 885.
= 13. Grans, Heinr., mein Freund in Alexandrien. Schwank in 1 Aufzuge. (35 S.) 885.
= 14. Gerling, Rhold., im hohen Norden. Scene von den Nordseeinseln nach einer Erzählung von H. Pichler. Für die Bühne bearb. (12 S.) 885.
= 15. —— eine Judith. Causerie in 1 Akt. (18 S.) 885.
= 16. Schätzler, Gebh., in Feindesland. Schwank in 1 Aufzuge. (20 S.) 885.
= 17. Ely, Leop., der Packesel. Schwank in 1 Akt. (22 S.) 885.
= 18. —— X. 85. Liederspiel in 1 Akt. (19 S.) 886.
= 19. Schulz, Hugo, Charakteristisch. Genrebild mit Gesang in 1 Akt. Musik von G. Wende. (27 S.) 886.
= 20. Paullóva, Arth., der Sangesbruder. Lustspiel in 1 Akt. (36 S.) 886.
= 21. Grothe, Rich., eine diplomatische Frage. Lustspiel in 1 Aufzuge. (32 S.) 886.
= 22. Zalten, Geo., gänzlich curirt. Schwank in 1 Akt. (25 S.) 886.
= 23. Rembe, Anatole, die Erbtante. Lustspiel in 1 Aufzuge. (20 S.) 887.
= 24. Helbig, F., ein Küßchen. Schwank in 1 Akt. (19 S.) 887.
= 25. Kolbe, Thdr., am Silber=Hochzeitsmorgen. Schwank mit Gesang in 1 Akt. (22 S.) 887.
= 26. Rembe, Anatole, der Millionenraub. Lustspiel in 1 Aufzuge. (19 S.) 887.
= 27. Schaumberg, Geo., kleine Geheimnisse oder Donna Clara. Schwank in 1 Aufzuge. (35 S.) 887.
= 28. Zipf, Friedr., Röschen's Locke. Orig.=Posse in 1 Akt. (27 S.) 887.
= 29. Rossi, E., Schnelldampfer Luise. Schwank in 1 Akt. (30 S.) 887.
= 30. Laurent, Jules, die blaue Dame. Kom. Operette in 1 Akt. Für die deutsche Bühne eingerichtet von A. v. Weber. Musik von Max Wolff. (38 S.) 887.
= 31. Jacobson, E., was den Frauen gefällt. Liederspiel in 1 Akt. Musik von Ernst Jonas. (24 S.) 887.
= 32. Schaumberg, Geo., Backfischstreiche. Schwank in 1 Aufzuge. (32 S.) 887.
= 33. Weber, Gust., der jüngste Rekrut. Militär. Lustspiel in 1 Aufzuge. (28 S.) 888.
= 34. Schätzler, Gebh., Onkelchen hilft! Burleske in 1 Akt. (23 S.) 888.
= 35. Dörffel, Reinh., der Oberst kommt! Militär. Schwank in 1 Akt. (21 S.) 888.
= 36. —— Unser Wilhelm! Schwank in 1 Akt. (21 S.) 888.
= 37. Gerling, Reinh., Boulanger. Schwank in 1 Akt. (32 S.) 888.
= 38. —— Auf Kanonen! Schwank in 1 Aufzuge nach einer älteren Idee. (23 S.) 888.
= 39. Kluge, Eug. Ad., Hoheit auf Reisen. Schwank in 1 Aufzuge. (24 S.) 888.

Dilettanten=Oper. E. Sammlg. leicht aufführb. Operetten u. Singspiele f. Privatkreise u. Gesangvereine. Hrsg. v. Edm. Wallner. 2. u. 3. Lfg. gr. 8. Erfurt (898). Berlin, E. Bloch. à n. 3.—

2. Der Maskenball od. Meine Tante, Deine Tante. Komische Operette. Von Alex. Dorn. Op. 15. (87 S.)
3. D. Testament. Kom. Operette. Von Alex. Dorn. Op. 18. (82 S.)

Die 1. Lfg. ist in 1. Aufl. vergriffen u. in 2. Aufl. nur als Klavier=Partitur erschienen.

Der Dilettanten-Orchester-Verein in Leipzig. Festbericht zur Feier der 100. Aufführung. 11. December 1857 — 1. Februar 1880.

Dilettanten=Theater. Sammlung leicht ausführbarer Theaterstücke ernsten und laun. Inhalts zum Gebrauche für gesell. Kreise, namentl. kathol. Gesellen=Vereine. 1.—7. Heft. 8. Paderborn, F. Schöningh. *

Inhalt:

Heft 1. Almert, C., die Bürgschaft. Schauspiel in 3 Akten, nach Shakespeares Kaufmann von Venedig bearb. (40 S.) 887. * 30 Pf.
= 2. —— Peter im Frack. Kom. Gemälde in 4 Abtlgn. (47 S.) 887. * 40 Pf.
= 3. Esser, Fritz, Vielgestalts Rache. Scherz in 1 Aufzuge. Preisgekrönt. (38 S.) 888. * 80 Pf.
= 4. Münich, Walter v., nur drei Beine. Schwank. Mit Erlaubnis des Autors dramatisiert von A. Billigmann. (15 S.) 888. * 50 Pf.
= 5. Steinhauer, J., eine Verschwörung. Posse in 2 Aufzügen. (15 S.) 888. * 50 Pf.
= 6. Sommer, M., im Arrest. Militär. Schwank in 1 Akt. (16 S.) 888. * 50 Pf.
= 7. Jordaens, Hans, im Wirtshaus „Zum schwarzen Schaf“ Lustspiel in 1 Aufzuge. (31 S.) 888. * 60 Pf.

Dilettanten=Theater. Sammlung leicht ausführbarer Theaterstücke ernsten u. laun. Inh. z. Gebrauche f. gesell. Kreise, namentl. kathol. Gesellenvereine. 8.—29. Heft. 8. Paderb. 889—92, F. Schöningh. * 12 90

8. Owerlipp, J. Zobel a. D. Lustspiel in 3 Akten. (41 S.) * — 60.
9. Alderfingen, Alfr. v. Der Nachtwächter von Derendingen. Lustspiel in 4 Akten. Mit 1 Musikbeilage. (39 S.) * — 60.
10. Das gemeinschaftliche Zimmer. Schwank in 1 Aufz. v. H. Sch. (23 S.) * — 50.
11. Marion, E. Frack Nr. 1, Nr. 2 u. 3. Lustspiel in 1 Akt. (23 S.) * — 50.
12. Hoffmann=Schaumberg, Geo. Die Nihilisten. Schwank i. 3 A. (32 S.) * — 60.
13. Disse, Ferd. Das Preisausschreiben oder Professor Medikus. Schwank in 1 Aufzug. (56 S.) * — 60.
14. Freericks, M. Der verlorene Sohn. Schausp. in 5 Aufz. (52 S.) * — 60.
15. Körner, Carl Thdr. Zriny. Trauerspiel in 5 Akten. Für Gesellen- oder ähnl. Vereine bearb. Mit 1 Musikbeilage. (73 S.) * — 80.
16. Dramatische Scherze f. Freunde unschuldigen Humors. Mit Musikbeilagen. 2. Aufl. (61 S.; Musikbeil. 16 S.) * 1 —.
17. Lagemann, C. D. De Poggenstöhle. 'Ne Buerenkameedigge in eenem Uptaog. (32 S.) * — 60.
18. Zum Kirchenbauverein. Schwank in 1 Akt v. A. B. (30 S.) * — 50.
19. Weber, J. L. Bei dem Musikdoktor. Lustspiel in 3 Aufz. (19 S.) * — 50.
20. —— Nicht ohne Schnurrbart. Ein Lustspiel in 2 Aufzügen. (24 S.) * — 50.
21. Zum 1. April. Schwank m. Gesang in 1 Akt. [Nach M. Barack.] Mit 1 Musikbeilage v. P. Thamm. (20, 4 S.) * — 50.
22. Kieser, Wendelin. Der Sturz v. Pegasus. Schwank in 1 Aufz. (34 S.) * — 50.
23. Waal, Ant. dr. Tim, der Negerknabe. Schauspiel in 3 Aufzügen. Ohne weibl. Rollen. 2. verb. Aufl. (44 S. u. 3 Musikbeil. 80 S.) * — 80.
24. Die Fabel v. Schnabel. Schwank in 3 Akten. B. Germ. Jovialis. (30 S.) * — 60.
25. Kuhn, Kasp. Kolping, der Gesellenvater. Dramat. Bilder in 3 Abtlgn. 2. Aufl. (48 S.) * — 60.
26. Unter dem Schutze der Mutter Gottes. Bühnenspiel in 4 Aufzügen. [Ohne Frauenrollen.] Ein Beitrag z. Verehrg. d. Himmelskönigin. (17 S.) * — 50.
27. Kiesgen, C. C. Palmatius. Festspiel in 5 Aufzügen. (38 S.) * — 80.
28. Kieser, Wendelin. Der Ziegenheimer. Schwank in 1 Aufz. (19 S.) * — 50.
29. —— Das geplagte Schneiderlein. Zauberposse in 3 Aufzügen. (32 S.) * — 50.

Dilettanten=Theater. Sammlung leicht ausführbarer Theaterstücke ernsten u. laun. Inhalts zum Gebrauche f. gesell. Kreise, namentlich kathol. Gesellen=Vereine. 1.—22. Hft. 8. Paderborn 887—890. F. Schöningh. n. 12.50

Inhaltsübersicht in alphabet. Ordnung:

Alderfingen, A. v., der Nachtwächter v. Derendingen. Lustspiel in 4 Akten. Mit e. Musikbeilage. (39 S.) (Hft. 9.) n. — 60
Almert, C., die Bürgschaft. Schauspiel in 3 Akten, nach Shakespeare's Kaufmann v. Venedig bearb. (40 S.) (Hft. 1.) n. — 30
— Peter im Frack. Komisches Gemälde in 4 Abteilgn. (47 S.) (Hft. 2.) n. — 40
Disse, F., das Preisausschreiben oder Professor Medikus. Schwank in 1 Aufzuge. (56 S.) (Hft. 13.) n. — 60
Esser, F., Vielgestalts Rache. Scherz in 1 Aufzuge. Preisgekrönt. (38 S.) (Hft. 3.) n. — 80
Freericks, M., der verlorene Sohn. Schauspiel in 5 Aufzügen. (52 S.) (Hft. 14.) n. — 60
Hoffmann=Schaumberg, G., die Nihilisten. Orig.=Schwank in 3 Aufzügen. (32 S.) (Hft. 12.) n. — 60
Jordaens, H., im Wirtshaus „Zum schwarzen Schaf“. Lustspiel in 1 Aufzuge. (31 S.) (Hft. 7.) n. — 60
Kieser, W., der Sturz vom Pegasus. Schwank in 1 Aufzuge. (34 S.) (Hft. 22.) n. — 50
Körner, C. Th., Zriny. Trauerspiel in 5 Akten. Für Gesellenvereine oder ähnl. Vereine bearb. von e. Präses des kathol. Gesellenvereins. Mit e. Musikbeilage. (73 S.) (Hft. 15.) n. — 80
Lagemann, C. D., de Poggenstöhle. 'ne Buerenkameedigge in eenem Uptaog. (32 S.) (Hft. 17.) n. — 60
Marion, E., Frack Nr. 1, Nr. 2 u. 3. Lustspiel in 1 Akt. (23 S.) (Hft. 11.) n. — 50
Münich, W. v., nur drei Beine. Schwank. Mit Erlaubnis d. Autors dramatisiert v. A. Billigmann. (15 S.) (Hft. 4.) n. — 50
Owerlipp, J., Zobel a. D. Lustspiel in 3 Akten. (41 S.) (Hft. 8.) n. — 60
Scherze, dramatische, f. Freunde unschuldigen Humors. Mit Musikbeilagen. 2. Aufl. (61 u. Musikbeilagen 16 S.) (Hft. 16.) n. 1. —
Sommer, M., im Arrest. Militärischer Schwank in 1 Akt. (16 S.) (Hft. 6.) n. — 50
Steinhauer, J., eine Verschwörung. Posse in 2 Aufzügen. (15 S.) (Hft. 5.) n. — 50
Weber, J. L., bei dem Musikdoktor. Ein Lustspiel in 3 Aufzügen. (19 S.) (Hft. 19.) n. — 50
— nicht ohne Schnurrbart. Ein Lustspiel in 2 Aufzügen. (24 S.) (Hft. 20.) n. — 50
Zimmer, das gemeinschaftliche. Schwank in 1 Aufzuge v. H. Sch. (23 S.) (Hft. 10.) n. — 50
Zum 1. April. Schwank m. Gesang in 1 Akt. [Nach M. Barack.] Mit e. Musikbeilage v. P. Thamm. (20 u. 4 S.) (Hft. 21.) n. — 50
Zum Kirchenbauverein. Schwank in 1 Akt v. A. B. (20 S.) (Hft. 18.) n. — 50

Dilettanten-Theater. Sammlg. leicht ausführbarer Theaterstücke ernsten u. launigen Inhalts zum Gebrauche für gesell. Kreise. 2., 3., 6., 23.—34. Hft. 12. Paderborn, F. Schöningh. n. 8. 20

2. Peter im Frack. Komisches Gemälde in 4 Abteilgn. v. E. Almert. 2. Aufl. (47 S.) 894. n. — 40
3. Vielgestalts Rache. Scherz in 1 Aufzug, bearb. v. Fritz Esser, 2. Aufl. (38 S.) 894. n. — 80
6. Im Arrest. Militärischer Schwank in 1 Akt v. M. Sommer. 2. Aufl. (16 S.) 894. n. — 50
23. Tim, der Negerknabe. Schauspiel in 3 Aufzügen v. Ant. de Waal. Ohne weibl. Rollen. 2., verb. Aufl. (44 S. m. 3 Musikbeilagen 8 S.) 891. n. — 80
24. Die Fabel vom Schnabel. Schwank in 3 Akten. Von Germanus Jovialis. (30 S.) 891. n. — 60
25. Kolping, der Gesellenvater. Dramatische Bilder in 3 Abteilgn. v. Kasp. Kuhn. 2. Aufl. (48 S.) 892. n. — 60
26. Unter dem Schutze der Mutter Gottes. Bühnenspiel in 4 Aufzügen. Zur Aufführg. in kathol. Vereinen. [Ohne Frauenrollen.] Ein Beitrag zur Verehrg. der Himmelskönigin, verf. v. e. eifr. Verehrer. (17 S.) 892. n. — 50
27. Palmatius. Festspiel in 5 Aufzügen v. C. C. Kiesgen. (38 S.) 892. n. — 50
28. Der Ziegenheimer. Schwank in 1 Aufzuge v. Wendel Kiefer. (19 S.) 892. n. — 50
29. Das geplagte Schneiderlein. Zauberposse in 5 Aufzügen v. Wendel Kiefer. (32 S.) 892. n. — 50
30. Der Sklaven Rache od. zu späte Reue. Schauspiel aus der Zeit der Diokletian. Christenverfolg. in 3 Aufzügen. Von Jos. Wald (M. Borniger). (32 S.) 893. n. — 50
31. Ein kleines Mißverständnis. Schwank in 2 Aufzügen v. Wendel Kiefer. (22 S.) n. — 50
32. Musketier Selzer im Krämerladen. Friedliches Charakterbild aus dem Kriege 1870/71 in 1 Akt v. J. T. Kujawa. (30 S.) 894. n. — 50
33. Durch Kampf zum Sieg. Episode aus dem Leben des hl. Aloysius. Schauspiel in 3 Aufzügen v. Aloysia M. . . . (28 S.) 891. n. — 50
34. Vor Gericht. Posse in 1 Akt v. J. T. Kujawa. (34 S.) 894. n. — 50

Dilettanten-Theater. Sammlg. leicht ausführbarer Theaterstücke ernsten u. laun. Inhalts z. Gebrauche f. gesell. Kreise. 4., 5., 7., 8., 9., 12., 15., 29. u. 35.—52. Hft. 8. Paderborn, F. Schöningh. n. 14. 30

Inhaltsübersicht in alphabet. Ordnung:

Aldefingen, A. van, Als der Cylinder zur Welt kam. Lustsp. in 1 Akt. (32 S.) 897. (Hft. 39.) n. — 50
— d. Nachtwächter v. Derendingen. Lustsp. in 4 Akten. M. 1 Musikbeilage. 2. Aufl. (42 u. 2 S.) 895. (Hft. 9.) n. — 50
Bourset, A., Ernst u. Scherz in leb. Bildern. M. e. Anltg. z. Darstellg. leb. Bilder. (40 S.) 898. (Hft. 50.) n. — 80
Feier, d., d. Menschwerdg. d. Sohnes Gottes. Weihnachtssp. m. Deklamationen, leb. Bildern u. Gesängen in 3 Tln. M. Musikbeilage. (46 u. 4 S.) 898. (Hft. 52.) n. — 80
Grimme, Frdr. Wilh., d. Kinder a. d. Musengasse. Lustsp. in 2 Akten. (48 S.) 898. (Hft. 49.) n. — 80
Hoffmann-Schaumberg, Geo., d. Nihilisten. Orig.-Schwank in 3 Aufzgn. 2. Aufl. (32 S.) 895. (Hft. 12.) n. — 60
Jordaens, Hans, im Wirtshaus „Zum schwarzen Schaf". Lustsp. in 1 Aufz. 2. Aufl. (31 S.) 897. (Hft. 7.) n. — 60
Kiefer, Wendel, d. Geprellten. Schwank in 1 Aufz. (19 S.) 896. (Hft. 37.) n. — 50
— d. beiden Nero. Schwank in 1 Aufz. (16 S.) 898. (Hft. 48.) n. — 40
— d. Schein trügt. Schwank in 1 Aufz. (25 S.) 895. (Hft. 36.) n. — 50
— d. geplagte Schneiderlein. Zauberposse in 5 Aufzgn. 2. Aufl. (32 S.) 897. (Hft. 29.) n. — 50
Kolpingssohn, der rechte. Kl. Festsp. f. kathol. Gesellenvereine z. Aufführg. m. leb. Bild., verf. v. e. ehemal. Präses. (20 S.) 895. (Hft. 35.) n. — 50
Körner, K. Th., Zriny. Trauersp. in 5 Akten. F. Gesellenvereine od. ähnl. Vereine bearb. v. e. Präses d. kathol. Gesellenvereins. M. e. Musikbeilage. (72 u. 1 S.) 896. (Hft. 15.) n. — 80
Kujawa, J. T., Soldat u. Bauer. Charakterbild in 1 Akt. (40 S.) 898. (Hft. 44.) n. — 60
— Stange u. Lange od.: d. beiden Musketiere. Lustsp. in 1 Akt. (40 S.) 898. (Hft. 45.) n. — 60
— Meister Zunkel. Weihnachtsstück in 1 Akt. (36 S.) 897. (Hft. 40.) n. — 50
Machts, K., d. Hirten v. Bethlehem. Weihnachtssp. in 1 Aufz. (26 S.) 898. (Hft. 51.) n. — 50
— Kuriert. Schwank in 3 Aufzgn. (16 S.) 898. (Hft. 46.) n. — 40
— d. Weisen a. d. Morgenlande. Schausp. in 4 Akten. (38 S.) 898. (Hft. 47.) n. — 60
Münich, Walt. v., nur 3 Beine. Schwank. M. Erlaub. d. Autor. dramat. v. A. Billigmann. 2. Aufl. (15 S.) 897. (Hft. 4.) n. — 50
Owerlipp, J., Zobel a. D. Lustsp. in 3 Akten. 2. Aufl. (41 S.) 896. (Hft. 8.) n. — 60
Scheuten, Thdr., d. reiche Leutenant. Lustsp. m. Ges. in 1 Akt. (16 S.) 898. (Hft. 42.) n. — 40
Seidenbusch, Chr., vor der Audienz. Gevatter Blitz. Zwei heitere Wein-Scenen. (24 S.) 897. (Hft. 41.) n. — 50
— d. weiße Jaquet. Weihnachtsbild. (16 S.) 896. (Hft. 38.) n. — 30
Steinhauer, J., e. Verschwörung. Posse in 2 Aufzgn. 2. Aufl. (15 S.) 897. (Hft. 5.) n. — 50
Stolz, P., gesühnte Schuld. Dramat. Skizze in 2 Aufzgn. (16 S.) 896. (Hft. 43.) n. — 40

Dilettanten-Theater. Sammlg. leicht ausführbarer Theaterstücke ernsten u. laun. Inhalts zum Gebrauche f. gesell. Kreise. 3., 6., 9., 10., 12., 14., 15., 20., 22., 23., 26., 31., 40. u. 53.—67. Hft. 12. Paderborn, F. Schöningh. n. 15. 80

Inhaltsübersicht in alphabetischer Ordnung:

Alderfingen, Alfr. v., der Nachtwächter von Derendingen. Lustspiel in 4 Akten. Mit 1 Musikbeilage. 3. Aufl. (42 u. 2 S.) (901.) (Hft. 9.) n. — 60
Esser, Fritz, S. J., Vielgestalts Rache. Scherz in 1 Aufzug. Preisgekrönt. 3. Aufl. (38 S.) (899.) (Hft. 3.) n. — 80
Freericks, M., der verlorene Sohn. Schauspiel in 5 Aufzügen. 2. Aufl. (52 S.) (901.) (Hft. 14.) n. — 60
Hägeli, Alb., Garcia Moreno's Tod. Historisches Drama in 5 Akten. 3. Aufl. (85 S.) (899.) (Hft. 53.) n. 1. 60
Hartmuth, Th., Hochmut kommt vor dem Fall. Schwank in 3 Akten. (14 S.) (900.) (Hft. 58.) n. — 40
— Herr Jeremias Kunkel od. Der verbrannte Zopf. Lustspiel in 5 Akten. (22 S.) (900.) (Hft. 62.) n. — 50
— Eine Million. Lustspiel in 2 Akten. Nach der gleichnamig. Humoreske v. Ferd. Bonn umgearb. u. f. Theater eingerichtet. (22 S.) (900.) (Hft. 57.) n. — 50
— Herr Scheibler in der Klemme od. Der neue Cylinder. Lustspiel in 1 Akt. Nach der Humoreske v. Gerh. Hennes umgearb. (9 S.) (900.) (Hft. 59.) n. — 30
— So kann man sich irren od. Eine lust. Mordgeschichte. Lustspiel in 1 Akt. (9 S.) (900.) (Hft 66.) n. — 30
— So wird's gemacht. Lustspiel in 3 Akten. (14 S.) (900.) (Hft. 61.) n. — 40
— Eine Verlobung m. Hindernissen od. Der falsche Dienstmann. Lustspiel in 2 Akten. (24 S.) (900.) (Hft. 64.) n. — 50
— Weiberlist geht üb. alle List. Lustspiel in 2 Akten. (12 S.) (900.) (Hft. 65.) n. — 40
— Herr Zwirn, der Raketenredacteur. Lustspiel in 2 Akten. (13 S.) (900.) (Hft. 63.) n. — 40
Hoffmann-Schaumberg, Geo., d. Nihilisten. Orig.-Schwank in 3 Aufzügen. 3. Aufl. (32 S.) 900. (Hft. 12.) n. — 60
Kiefer, Wendel, die „hohle Gasse" od.: Ein kleines Mißverständnis. Schwank in 2 Aufzügen. 2. Aufl. (22 S.) (902.) (Hft. 31.) n. — 50
— Der Sturz vom Pegasus. Schwank in 1 Aufzuge. 2. Aufl. (34 S.) (901.) (Hft. 22.) n. — 50
Körner, Karl Thdr, Zriny. Trauerspiel in 5 Akten. Für Gesellenvereine od. ähnl. Vereine bearb. v. e. Präses des kathol. Gesellenvereins. 3. Aufl. Mit e. Musikbeilage. (72 u. 1 S.) (901.) (Hft. 15.) n. — 80
Kujawa, J. T., Meister Zunkel. Weihnachtsstück in 1 Akt. 2. Aufl. (36 S.) (901.) (Hft. 40.) n. — 60
Scheuten, H. Th., die Welt geht unter! Lustspiel in 1 Akt. (16 S.) (899.) (Hft. 55.) n. — 40
Sommer, M., „Im Arrest". Militärischer Schwank in 1 Akt. 3. Aufl. (16 S.) 898. (Hft. 6.) n. — 50
Tage, drei, aus dem Leben e. Vereinsmitgliedes. Schauspiel in 3 Akten. Von E. M. (14 S.) (900.) (Hft. 60.) n. — 40
Unter dem Schutze der Mutter Gottes. Bühnenspiel in 4 Aufzügen. Zur Aufführg. in kathol. Vereinen. (Ohne Frauenrollen.) 2. Aufl. Ein Beitrag zur Verehrg. der Himmelskönigin, verf. v. e. Bruder der christl. Schulen. (17 S.) (899.) (Hft. 26.) n. — 50
Vogelsang, Jos., Daniel, e. bibl. Schauspiel in 5 Akten m. Musikeinlage. 2., wesentlich veränd. Aufl. (60 u. 2 S.) (899.) (Hft. 54.) n. — 80
Waal, Ant. de, Tim, der Negerknabe. Schauspiel in 3 Aufzügen. Für Gesellen-Vereine u. ähnl. Kreise; ohne weibliche Rollen. Mit 3 Musikbeilagen. 3., verb. Aufl. (48 u. VIII S.) (902.) (Hft. 23.) n. — 80
Weber, J. L., aus Ärger od.: Nicht ohne Schnurrbart. Ein Lustspiel in 2 Aufz. 2. Aufl. (24 S.) (898.) (Hft. 20.) n. — 50
Wolff, Franziska, auf Bethlehems Fluren. Krippenspiel in 3 Akten m. Musikbeilage. (26 u. 6 S.) (900.) (Hft. 67.) n. — 60
— Die hl. Nacht. Ein Krippenspiel. Mit e. Musikbeilage. (20 u. 4 S.) 899. (Hft. 56.) n. — 60
Zimmer, das gemeinschaftliche. Schwank in e. Aufzuge v. H. Sch. 2. Aufl. (24 S.) 898. (Hft. 10.) n. — 50

Dilettanten-Theater. Sammlg. leicht ausführbarer Theaterstücke ernsten u. laun. Inhalts zum Gebrauche f. gesell. Kreise. 1. 6. 9. 11. 12. 15. 16. 26. 28. 29. 38.—40. 45. 53. u. 68.—77. Hft. 12. Paderborn, F. Schöningh. n. 15. 70

Alderfingen, Alfr. van, als der Cylinder zur Welt kam. Lustspiel in 1 Akt. 2. Aufl. (32 S.) (903.) (Hft. 39.) n. — 50
— Grünschnabel u. Gelbschnabel. Lustspiel in 1 Akt. (25 S.) (905.) (Hft. 74.) n. — 50
— die Nachtwächter von Derendingen. Lustspiel in 4 Akten. Mit 1 Musikbeilage. 4. Aufl. (42 u. 2 S.) (906.) (Hft. 9.) n. — 60
Almert, C., die Bürgschaft. Schauspiel in 3 Akten, nach Shakespeares Kaufmann v. Venedig bearb. (Umschlag 2. Aufl.) (40 S.) (906.) (Hft. 1.) n. — 30
Alwin, Th., Musketier Friedrich Wilhelm Krause. Lustspiel m. Gesang in 1 Akt. Mit 5 Musikbeilagen. (23 u. 8 S.) 901. (Hft. 73.) n. — 60
Arntzen, Johanna, dem König entgegen! Biblisches Drama in 5 Akten. (44 S.) (904.) (Hft. 72.) n. — 60
Fenger, Th., Chlodwig. Schauspiel in 4 Akten. (46 S.) (906.) (Hft. 77.) n. — 80
— Fräulein Leutnant. Militärisches Lustspiel in 2 Akten. (20 S.) (906.) (Hft. 76.) n. — 50

Weyser, Anton, S. J., Schuld u. Strafe. Geschichtliches Trauerspiel in 3 Aufzügen. (60 S.) (904.) (Hft. 69.) n. — 80
Hägeli, Alb., Garcia Morenos Tod. Historisches Drama in 5 Akten. 4. Aufl. (85 S.) (906.) (Hft. 53.) n. 1. 60
Hoffmann-Schaumberg, Geo., die Nihilisten. Orig.-Schwank in 3 Aufzügen. 4. Aufl. (32 S.) (904.) (Hft. 12.) n. — 60

Kiefer, Wendel, das geplagte Schneiderlein. Zauberposse in 5 Aufzügen. 3. Aufl. (32 S.) (903.) (Hft. 29.) n. — 50
— die Ziegenheimer. Schwank in 1 Aufzuge. 2. Aufl. (19 S.) (903.) (Hft. 28.) n. — 50
Konen, Raoul, Tilly, Historisches Drama in 5 Aufzügen u. 1 Vorspiel. (95 S.) 904. (Hft. 68.) n. 1. —
Körner, Karl Thdr., Zriny. Trauerspiel in 5 Akten. Für Gesellenvereine oder ähnl. Vereine bearb. von e. Präses des kathol. Gesellenvereins. 4. Aufl. Mit e. Musikbeilage. (72 u. 1 S.) (906.) (Hft. 15.) n. — 80
Kujawa, J. T., Stange u. Lange od. Die beiden Musketiere. Lustspiel in 1 Akt. 2. Aufl. (40 S.) (905.) (Hft. 45.) n. — 60
— Meister Zunkel. Weihnachtsstück in 1 Akt. 4. Aufl. (36 S.) (906.) (Hft. 40.) n. — 50
Marlon, E., Frack Nr. 1, Nr. 2 u. Nr. 3. Lustspiel in 3 Aufzügen (Umschlag: in 1 Akt). 2. Aufl. (23 S.) (905.) (Hft. 11.) n. — 50

Rader, P. H., Janmichels Jörgens Hannes vor dem Friedensrichter. Eine Gerichtsszene aus der guten alten Zeit. Für das Vereinstheater bearb. (12 S.) (906.) (Hft. 75.) n. — 40
Rüdy, J., Bassist Brummel oder Die geschwänzte Singstunde. Schwank in 1 Akt. (12 S.) (904.) (Hft. 71.) n. — 40
Scherze, dramatische, f. Freunde unschuldigen Humors. Mit Musikbeilagen. 3. Aufl. (60 u. 16 S.) (905.) (Hft. 16.) n. 1. —
Seidenbusch, Christian, das weiße Jackett. Weihnachtsbild. 2. Aufl. (16 S.) (905.) (Hft. 38.) n. — 30
Sommer, M., im Arrest. Militärischer Schwank in 1 Akt. 4. Aufl. (16 S.) (905.) (Hft. 6.) n. — 50
Walde, Paul vom, die Madonna v. Liesse. Historisches Schauspiel in 5 Aufzügen. Mit 5 Musikbeilagen. (50 u. 4 S.) (904.) (Hft. 70.) n. — 80
— unter dem Schutze der Mutter Gottes. Volkstümliches Drama in 4 Aufzügen. 3., neubearb. Aufl. (34 S.) (906.) (Hft. 26.) n. — 50

Dilettanten-Theater. Sammlung leicht ausführb. Theaterstücke ernsten u. laun. Inhalts zum Gebrauche f. gesell. Kreise. 2., 3., 8., 12., 15., 22., 26., 27., 29., 31., 40., 44., 47., 51. u. 78.—80. Heft. kl. 8. Paderborn. F. Schöningh. p 9. 70

Alderfingen, Alfr. v., der Nürnberger Trichter. Lustspiel in 1 Akte. (20 S.) (907.) (Heft 78.) — 50
Almert, C. (Umschlag: E.), Peter im Frack. Komisches Gemälde in 4 Abtlgn. 3. Aufl. (47 S.) 909. (Heft 2.) — 40
Ambrosius, Fr., unter dem Schutze der Mutter Gottes. Volkstümliches Drama in 4 Aufzügen. 4. Aufl. (34 S.) (910.) (Heft 26.) — 50
Esser, Fritz, S. J., Vielgestalts Rache. Scherz in 1 Aufzug. Preisgekrönt. 4. Aufl. (38 S.) (907.) (Heft 3.) — 80
Fenger, Th., Rentner Wuppdich od.: Wenn man zerstreut ist. Lustspiel in 1 Akt. (23 S.) (907.) (Heft 80.) — 50
Hoffmann-Schaumberg, Geo., die Nihilisten. Orig.-Schwank in 3 Aufzügen. 5. Aufl. (32 S.) (908.) (Heft 12.) — 60
Kiefer, Wendel, „die hohle Gasse" od.: Ein kleines Mißverständnis. Schwank in 2 Aufzügen. 8. Aufl. (22 S.) (900.) (Heft 31.) — 50
— Das geplagte Schneiderlein. Märchenschwank in 5 Aufzügen. 4. Aufl. (32 S.) (907.) (Heft 29.) — 50
— Der Sturz vom Pegasus. Schwank in 1 Aufzuge. 3. Aufl. (34 S.) (908.) (Heft 22.) — 50
Kiesgen, C. C., Palmatius. Festspiel in 5 Aufzügen. 2. Aufl. (38 S.) (907.) (Heft 27.) — 60
Körner, Karl Thdr., Zriny. Trauerspiel in 5 Akten. Für Gesellenvereine od. ähnl. Vereine bearb. v. e. Präses des kathol. Gesellenvereins. 5. Aufl. (72 S. u. 1 Bl.) (910.) (Heft 15.) — 80
Kujawa, J. T., Meister Zunkel. Weihnachtsstück in 1 Akt. 5. Aufl. (36 S.) (909.) (Heft 40.) — 50
— Soldat u. Bauer. Charakterbild in 1 Akt. 2. Aufl. (40 S.) (907.) (Heft 44.) — 60
Machts, K., die Hirten v. Bethlehem. Weihnachtsspiel in 1 Aufzuge. 2. Aufl. Mit 1 Musikbeilage. (20 u. 2 S.) (907.) (Heft 51.) — 50
— Die Weisen aus dem Morgenlande. Schauspiel in 4 (Umschlag: 3) Akten. 2. Aufl. (36 S.) (907.) (Heft 47.) — 60
Owerlipp, J., Zobel a. D. Lustspiel in 3 Akten. 3. Aufl. (40 S.) (909.) (Heft 8.) — 60
Schnellen, Eberh., Dornenkronen. Schauspiel aus der Zeit der Eroberg. Roms 1870 in 4 Aufzügen u. 1 leb. Bilde. (41 S.) (907.) (Heft 79.) — 80

Dilettanten-Theater. Neue Folge. Sammlung leicht ausführbarer Theaterstücke m. gemischten Rollen. 1—3. 8. Paderborn, F. Schöningh. n. 1. 60

1. Abgeblitzt! Posse in 1 Akt. Von Fr. Wiebach. (23 S.) (901.) n. — 40
2. Ansichtskarten. Lustspiel in 3 Akten. Von J. S. Holmeger. Nach dem Motiv seiner gleichnam. Humoreske. (43 S.) (901.) n. — 60
3. Es lebe die Kunst! Lustspiel in 3 Akten. Von Ed. Jos. Müller. Mit e. Musikbeilage. (43 u. 2 S.) (901.) n. — 60

Dilettanten-Theater. Neue Folge. Sammlung leicht ausführbarer Theaterstücke m. gemischt. Rollen. 4.—15. Heft. 8. Paderborn, F. Schöningh. n. 6. 80

Alwin, Th., Kreuz u. Kelle. Trauerspiel in 5 Akten. (40 S.) (903.) (Hft. 4.) n. — 60
Cornelius, F., die vielgeplagte Wirtin. Schwank in 2 Aufzügen. (12 S.) (905.) (Hft. 11.) n. — 60
Deutschmann, Maria, Claudia. Drama in 3 Aufzügen. (58 S.) (906.) (Hft. 15.) n. — 80
Groenewald, Christian, im Krug zum grünen Kranze. Lustspiel in 2 Aufzügen. (31 S.) (905.) (Hft. 12.) n. — 80
Grubert, Otto, Amor im Kontor! Lustspiel in 1 Akt. (18 S.) (904.) (Hft. 8.) n. — 40
— so wird studiert! Orig.-Schwank in 1 Akt. (15 S.) (904.) (Hft. 9.) n. — 40

Hery, Berta, der Doktor u. sein Vertreter. Schwank in 1 Akt. (14 S.) (904.) (Hft. 6.) n. — 40
Kiefer, Wendel, Edelmann u. Bandit. Romantisches Drama in 5 Aufzügen. (48 S.) (903.) (Hft. 5.) n. — 60
Neumann, Bernh., es wird immer toller! od. Die verflixten Visitenkarten. Lustspiel in 2 Akten. (23 S.) (905.) (Hft. 10.) n. — 60
Prim, J. v., der Charakter seiner Zukünftigen. Lustspiel in 1 Aufzug. Nach dem Franz. (20 S.) (904.) (Hft. 7.) n. — 40
Roth, A. F., Tante Eulalia. Posse in 1 Akt. (13 S.) (905.) (Hft. 13.) n. — 60
— Onkel Leopolds Überraschung. Lustspiel in 1 Akt. (14 S.) (905.) (Hft. 14.) n. — 60

— dasselbe. Neue Folge. Sammlung leicht ausführbarer Theaterstücke m. gemischten Rollen. 16.—23. Heft. kl. 8. Ebd. p 4. 80

Becker, Rich., die Generalprobe. Lustspiel in 1 Aufzuge. (19 S.) (909.) (Heft 20) — 60
Heinrich, Karl, der richtige Blick. Schwank in 1 Aufzuge. (22 S.) (910.) (Heft 22) — 50
Hillmann, Rob., der Südpolforscher od. Ein toller Tag. Lustspiel in 1 Akt. (42 S.) (909.) (Heft 21) 1. —
— Das Verhängnis des 1. Mai. Schwank in 1 Akt. (26 S.) (909.) (Heft 19) — 60
Jacoby, Alinda, Kaiser Rudolfs Dank. Historischer Schwank in 1 Aufzug. (24 S.) (909.) (Heft 17) — 60
Rademacher, K., auf Bethlehems Fluren. Ein Weihnachtsspiel in 3 Aufzügen. (17 S.) (907.) (Heft 16) — 60
Roth, A. F., Eifersucht. Lustspiel in 1 Akt. (15 S.) (909.) (Heft 18) — 30
Wiebach, Frdr., der Triumph d. neuen Musikrichtung od. Das gestörte Ständchen. Eine kleine, aber ergreif. Komödie aus dem Musikleben (m. 3 Verwandlgn.) (18 S.) (Heft 23) — 60

Dilettanten-Theater für Damen. Begründet v. P. Rüthling. Hrsg. v. Clara Eppert. 18.—21. Hft. (III. Sammlung. 1.—4. Hft.) 8. (S. 1—192.) Stuttgart 898. Levy & Müller. Einzelpr. à n. — 75; Subskr.-Pr. à — 60

— f. Damen. Begründet v. P. Rüthling. Hrsg. v. Clara Eppert. 22.—32. Hft. (III. Sammlg. 5.—8. Hft. u. IV. Sammlg. 1.—7. Hft.) 8. (S. 193—384 u. S. 1—336.) Stuttgart (900—902). Levy & Müller. Einzelpr. à n. — 75; Subskr.-Pr. à — 60

— dasselbe, s. a.: Rüthling.

Dilettanterien. O.O. 1785. V: *Neefe, Chn Gottlob.* (Ky)

Dilg, Georg Joseph (Baden) "ohne Vorsitz"
Theses ex universo jure.
Giessae 9. April 1767.
pro Lic. Juris.

Dilg, Jh. Bapt., s. 1) Girard, Predigten. 2) de la Neuville, Predigten. 3) Predigten für d. Landvolk. 4) Schevassu, Sonntagspredigten. 5) Thiebaut, Homilien.

Dilg, Carl. Beiträge zur Kenntnis der Morphologie und postembryonalen Entwicklung des Schädels bei Manatus inunguis Natt. Diss. Phil. Bern. [Mit 1 Figur, 4 Tafeln und 2 Karten.] (Sonderabdruck aus Gegenbaurs Morphol. Jahrbuch, Band 39, Heft 1.) IV S. + S. 83—145. 8. Leipzig, Wilhelm Engelmann, 1909.

Dilg, Math., das Urtheil d. Paris; e. Beitrag zur geheimen Geschichte d. Götter. 2 Thle. 8. Wien 811. Gerold. 1 ß 16 ℊ Schrbp. 2 ß

Dilg, Mth., der Korb. Schspl. in 2 A. gr. 8. Wien 820. Wallishausser. 6 ℊ

Dilg, Paul: Untersuchungen über die Bang'sche Zuckertitrationsmethode und Vergleich derselben mit einigen älteren Titrationsanalysen. Heidelberg 1909: Hanzelky. 18 S. 8°
Heidelberg, Med. Diss. v. 20. Jan. 1910, Ref. Krehl
[Geb. 16. Juni 85 Heidelberg; Wohnort: Bremen; Staatsangeh.: Baden; Vorbildung: Gymn. Heidelberg Reife 03; Studium: Heidelberg 10 S; Coll. 15. Dez. 08; Approb. 12. Jan. 10.] [U 10. 2051

Dilg, Wilh., die landwirthschaftliche Fohlenzucht. Mit 46 in den Text gedr. Holzschn. gr. 8. (IV, 120 S.) Wien 871. Faesy & Frick. n. 2. 80

Dilg, Wilh., Die landwirtschaftliche Fohlenzucht. Mit 46 in den Text gedruckten Holzschnitten. Wien 71. 8°. (120 S.) C. Fromme. M. 2.80

Dilg, Wilhelm. Gedichte v Henricus vom See (pseud.). Milw, 1866.

Dilger, Arnold (Danzig), De unionis, qua Poloniae jungitur Prussia, indole. Diss. jur. publ. Präs. Samuel Friedrich Willenberg. Danzig (Th. Joh. Schreiber) 8. V. 1727. 46 S. (5.50) 6557

Dilger, Eugen [pr. Arzt aus Wiesbaden]: Über einen seltenen Fall von tödlicher Cholelithiasis ... Wiesbaden, Druck v. W. Zimmet, 1893; 30 S. 8.
Jena, Med. Fak., Inaug.-Diss. v. [11. Dez.] 1893

Dilger, J., in Trübsal bewährt. Aus dem Leben e. chines. Christen. Zugleich e. Bild aus der chines. Gerichtspflege. 8. (24 S. m. Abbildgn.) Basel 894. Missionsbuchhdl. n. — 10

Dilger, J. In Trübsal bewährt. Aus dem Leben eines chines. Christen. Zugleich ein Bild aus der chines. Rechtspflege. 2. Aufl. Mit Abbild. In-8°. 20 S. Basel, Missionsbuchh. 1897. — 10

Dilger, J., in Trübsal bewährt. Aus dem Leben e. chines. Christen. Zugleich e. Bild aus der chines. Rechtspflege. 3. Aufl. 8. (24 S. m. Abbildgn.) Basel 901. Missionsbuchh. n. — 10

Dilger. Mathias· Oenologie oder kurze Anleitung zur Weinkultur in 3 Hauptabtheilungen. Constanz: Glükher 1839. 71 S. -- 16.21.25. Frei 100°

Dilger, Matth., Oenologie, od. kurze Anleit. z. Weinkultur, in 3 Hauptabtheil. gr. 12. Constanz, 1839. (Meck.) — 10

Die Erlösung des Menschen nach Hinduismus und Christentum. Eine vergl. Untersuchung auf Grund d. beiderseit. Urkunden von Wilhelm Dilger. Preisschr. *Basel: Missionsbuchh. 1902.* (VIII, 404 S.) 8° [os. 385 9

Dilger, Wilh., Krischna od. Christus?, s.a. Missions-Studien, Basler. 26. Hft.

Dilger, Wilhelm. Krischna oder Christus? Eine religionsgeschichtliche Parallele. (Referat beim Missionskurs in Eisenach am 16.—18. Mai 1904 vorgetragen.) 44 S. 8. Basel, Missionsbuchh., 1904. (fr. —. 75)
Basler Missions-Studien. Heft 26.

Dilger, W., Probleme der Missionsarbeit im heutigen Indien, s.a. Missions-Studien, Basler. 35 Heft.

Dilger, W[ilhelm]. Probleme der Missionsarbeit im heutigen Indien. Vortrag beim Missionskurs in Freudenstadt vom 12.—15. Oktober 1908. 36 S. = [Band 5,] S. 115—150. 8. Basel, Basler Missionsbuchh., 1909. (fr. —. 60)
Basler Missions-Studien. Heft 35.

— das Ringen mit der Landessprache in der indischen Missionsarbeit, s.a. Missions-Studien, Basler. 13. Hft.

Dilger, W[ilhelm]. Das Ringen mit der Landessprache in der indischen Missionsarbeit. (Referat, vorgetragen b. Missionskurs in Freudenstadt, 6.—9. Okt. 1902.) 40 S. 8. Basel, Missionsbuchh., 1903. (fr. —. 65)
Basler Missions-Studien. Heft 13.

— Der indische Seelenwanderungsglaube, s.a. Missions-Studien, Basler. 37. Heft.

Dilger, W[ilheim]. Der indische Seelenwanderungsglaube. 28 S. = [Band 5,] S. 207—234. 8. Basel, Basler Missionsbuchh., 1910. [fr. —. 60]
Basler Missions-Studien. Heft 37.

Dilger, Wilhelm, approb. Arzt aus Caub: **Uterus** bicornis septus cum vagina septa. *Wiesbaden 1902: W. Zimmet.* (27 S.) 8°
Giessen, Med. Diss. v. 1902

Dilgskron, Carl, **Foederis** arca. Mai-Monats-Predigten üb. die allerseligste Jungfrau u. Gottesmutter Maria. gr. 8. (VIII, 219 S.) Regensburg 883. Pustet. n. 2. —

Neun Betrachtungen für die Novene zu Ehren des hl. Laienbruders Gerard Majella aus d. Kongregation d. allerheil. Erlösers. Von e. Priester derselben Kongr. [P. Karl Dilgskron: Leben d. sel. Gerard Majella, Ausz.] Münster i. W.: Alphonsus-Buchh. 1905. (180 S.) 8° [J.] [06 1069

Dilgskron, Carl, Geschichte der Kirche unserer lieben Frau am Gestade zu Wien. Mit vielen Holzschn. u. 2 Lichtdruck-Bildern. gr. 8. (X, 256 S.) Wien 882. Mayer & Co. n. 4. —

Dilgskron, Carl, die Heimsuchung der allerseligsten Jungfrau Maria. Mai-Monats-Predigten. gr. 8. (IV, 231 S. mit 1 Farbendr.) Regensburg 885, Pustet. *

Dilgskron, C., Leben d. heil. Bischofs u. Kirchenlehrers Alfonsus Maria de Liguori. 2 Bde. Nebst 1 Bilde des Heiligen in Stahlst. gr. 8. (VIII, 544 u. IV, 556 S.) Regensburg 887. Pustet. n. 8. —

Dilgskron, Carl, Leben d. seligen Peter Alois Maria Chanel, s.: Nicolet, Claud.

— Leben des sel. Gerard Majella, Profeß-Laienbruders der Congregation des allerheiligsten Erlösers. 2. u. 3. unveränd. Aufl. 8. (VIII, 504 S. m. Bildnis.) Dülmen 893. 894. A. Laumann. 3. —; geb. n 3. 50

Dilgskron, Karl, C. SS. R., Leben des hl. Gerard Majella, Laienbruders der Kongregation des allerheiligsten Erlösers. 5. Aufl. (VIII, 400 S. m. 1 Bildnis.) 8. Dülmen 905. A. Laumann. n. 2. 25; geb. n. 3. —

Dilgskron, Karl, C. SS. R., Leben des hl. Gerard Majella, Laienbruders der Kongregation des allerheiligsten Erlösers. 6. Aufl. (VIII, 400 S. m. 1 Bildnis.) 8. Dülmen (909). A. Laumann. 2.25; geb. 3. —

— der „gute Pater Tendler". Ein Lebensbild. (VI, 176 S. m. Abbildgn. u. 1 Bildnis.) gr. 8. Wien 905. (H. Kirsch.) n. 2. —

—— Stille Tugend. Leben d. hochwürd. P. Eichelsbacher aus der Congregation d. allerheil. Erlösers. 16. (VII, 232 S. m. 1 Portr. in Lichtdr.) Dülmen 890, Laumann. — 60; geb. — 80

Dilherr, Johann Michael. Christliche // Betrachtungen // deß // Glantzenden Himmels /// flüchtigen // Zeit= und nichtigen Welt= // Lauffs: // Darinnen // Die schöne und wunderbare Geschöpf= //fe deß Allmächtigen Himmlischen // Werck= Meisters // Dem andächtigen Leser / zu heilsamer // Erbauung seines Christenthums /// fürgestellet worden: // Von // Johann Michael Dilherrn / wey= //land Predigern und Professorn // in Nürnberg. // Zweyte Auflag. // Nürnberg /// In Verlegung / Wolffgang Moritz Endters. // Gedruckt bey Johann Ernst Adelbulnern. // An. 1712. - Mit Kupfern und Noten. - 6 Blatt (nicht paginiert) Titelblatt, Zuschrift und Vorrede.- 731 S. und noch 47 Blatt (nicht paginiert) Register.
Mit Kupfern zu Seite 12, 26, 210, 308, und 311, 344, 369, 393, 419, 457, 494, 522, 559, 589, 621, 655, 698 und 702.
Vor dem 2. Teil, der mit Seite (309) beginnt, ist der Untertitel:
Zweyter Theil // Der // Christlichen // Betrachtungen // Deß // Glantzenden Himmels / flüchtigen // Zeit= und nichtigen Weltlauffs; // in sich haltend // Eine Betrachtung eines jeglichen Monats // insonderheit /// Biblische Sprüch auf alle Tage / nach Ordnung // der Glaubens= Artickeln / und Christlicher // Lehr=Puncten; // samt // Vielerley Historien / so bey den Namens= // Tagen zu mercken / oder in einem jeden Monat // geschehenen.
B. S. .. 8°.176.

Dilherr, Joh. Mich., Betrachtungen u. Seufzer e. Christenmenschen. Aus dem Latein. übers. v. J. A. F. W. Müller. Mit e. Vorwort v. C. F. W. Walther. gr. 16. (XXIV, 328 S. m. e. Stahlst.) St. Louis, Mo., 874. (Leipzig, Bredt.) geb. m. Goldschn. n. 3. 50

B. Jo. Mich. Dillherri ... De Historia Priscae Germaniae commentatio posthuma, Nunc demum cum observationibus selectis edita. Adjuncta est B.Jo. Henr. Hagelgansii ... De Prisca Germanorum Aetate Dissertatio; cui accessit Ulrici Hutteni ... Arminius. Francofurti et Lipsiae Apud Phil. Wilhelmum Stockium. Ao. 1718.

Dilherrn, Zeit- u. Weltlauf. m. L. s.: Menb. Stein.: vaa.

Dilia Helena, Gedichte. (Mit verziert. Anfangs-Buchstaben u. Titvign.) 8. (6 B.) Berlin 841, Schlesinger.

Dilia Helena (Branco, geb. Rödlich), Lieder. Mit e. Vorw. von Ludw. Tieck. 8. (IV u. 101 S.) Berlin 848, Nicolai. 2/3 ₰ — 2. verm. Ausg. 16. (X u. 184 S. mit lith. Titel in Tondr.) Ebd. 852. In Engl. Einb. m. Goldschn. n. 1 2/3 ₰

Dilia Helena, Lieder. Mit einem Vorwort von Ludw. Tieck. 3. verm. Ausg. gr. 16. (IX, 184 S.) Berlin 869, Nicolai's Verlag. geb. mit Goldschn. *

—— neuere Lieder. 8. (III und 55 S.) Berlin 849, Nicolaische Buchh.

Dilich, Wilhelm. Ansichten hessischer Städte aus dem Jahre 1591 ... Marburg 1902. H: *Theuner*, *E.* (Berl)

Dilich's, Wilh., Ansichten hessischer Städte aus dem J. 1591. Nach den Federzeichngn. in seiner Synopsis descriptionis totius Hassiae. Fol. (27 Lichtdr.-Taf. m. IX S. Text.) Marburg 902. N. G. Elwert's Verl. In Mappe n. 20.—; in Schweinsldr.-Mappe n. 25.—

— rheinische Burgen, nach Handzeichngn. D.'s. (1607). Hrsg. v. Carl Michaelis. Mit Beiträgen v. C. Krollmann u. Bodo Ebhardt. gr. Fol. (III, 78 S. m. Abb., 4 Taf. u. 1 Fksm.-Farbdr. in Imp.-Fol.) Berlin (900). F. Ebhardt & Co. n. 20. —

Wilhelm **Dilichs** Federzeichnungen kursächsischer und Meissnischer Ortschaften aus den Jahren 1626–1629 (Urbium et oppidorum et arcium aliquot septemviratus Saxonici et Misniae typi ac descriptionum isagoges). Hrsg. von Paul Emil Richter u. Christian Krollmann. 1–3. Dresden: C. C. Meinhold & Söhne 1907. 3 Bde quer-8°
= **Schriften** d. k. Sächs. Kommission f. Geschichte. 13. [07. 11560

Dilich, Wilh., urbs et academia Marpurgensis succincte descripta et typis efformata. Librum autographum brevibus annotationibus instructum edid. Jul. Caesar. Marburg 867. Elwert. gr. 4. (133 S.) 1 ₰ 10 ngr

Urbs et Academia Marpurgensis succincte descripta et typis efformata a Wilhelmo **Dilichio**. Suppl. ed. Caesarianae. Professorum Marpurgensium icones a Wilhelmo Dilichio delineatas ed. Ferdinandus Justi. *Marpurgi: N. G. Elwert 1898.* (1 Bl., 24 S.) 1 Bd 4. [98. 6987

Dilitz, Jos., Gedichte. Innsbruck 856. F. Rauch. 16. (1 Bl., 236 S.) 18 ngr

Dill, E., siehe: *Jugendthorheit.*

Dill, E. O. Die Gattung Chlamydomonas und ihre nächsten Verwandten. Mit 1 Taf. In-8°. 36 S. Basel. These. 1896.

Dill, E(mil). Ueber die Entwicklung der bildenden Künste, insbesondere derjenigen der Gegenwart. Eine Wegleitung. ([Theil] 1: Architektur [des Altertums].) 8.
Jahres-Bericht der kantonalen Industrieschule ... in Zug. Schuljahr 1902/1903. Zug, Hess, (1903). (Programm.) S. 3–41.

Dill, E(mil). Ueber die Entwicklung der bildenden Künste, insbesondere derjenigen der Gegenwart. Eine Wegleitung. (Teil) II. (Architektur [des Mittelalters und der Neuzeit].) 8.
Jahres-Bericht der kantonalen Industrieschule ... in Zug. Schuljahr 1903/1904. Zug, W. Zürcher, [1904]. (Programm.) S. 3–59.

Dill, E(mil). Ueber die Entwicklung der bildenden Künste, insbesondere derjenigen der Gegenwart. Eine Wegleitung. (Teil III. Plastik und IV. Malerei.) 8.
Jahres-Bericht der kantonalen Industrieschule ... in Zug. Schuljahr 1904/1905. Zug, J. Kündig, [1905]. (Programm.) S. 3–62.

Dill, E(mil). Ueber die Entwicklung der bildenden Künste, insbesondere derjenigen der Gegenwart. Eine Wegleitung. (Teil V. Moderne Malerei.) 8.
Jahres-Bericht der kantonalen Industrieschule ... in Zug. Schuljahr 1905/1906. Zug, Roy & Kalt, [1906]. (Programm.) S. 3–32 + (Berichtigung) S. 63.

Liesbet **Dill**. Unverbrannte Briefe. 2. Aufl. Stuttgart & Leipzig: Deutsche Verl.-Anst. 1909. 242 S. 8° [11. 1756 7

Dill, Liesb. (Frau Liesb. v. Drigalski), unverbrannte Briefe. 1.—5. Aufl. (Je 242 S.) 8. Stuttgart 909. 10. Deutsche Verlags-Anstalt. 3.50; geb. 4. 50

— Lo's Ehe. Roman. (376 S.) 8. Dresden. 903. [E. Pierson.] Stuttgart, Deutsche Verlagsanstalt. n. 3. 50; geb. n. 4. 50

— dasselbe. 5. [Titel-]Aufl. (395 S.) 8. Stuttgart [904]. 906. Deutsche Verlags-Anstalt. n. 3. 50; geb. n. 4. 50

— Lo's Ehe. Roman. 7. Aufl. (397 S.) 8. Ebd. 908. 4.—; geb. 5.—

— Eine v. zu vielen. Roman. 1.—6. Aufl. (346 S.) 8. Ebd. 907—10. 4.—; geb. 5. —

Dill, Liesbet (Frau Liesbet Seibert-Dill jetzt Frau Liesb. v. Drigalski), Oberleutnant Grote. Roman. 2. Aufl. (231 S.) 8. Stuttgart 904. Deutsche Verlags-Anstalt. n. 3. —; geb. n. 4. —

— Oberleutnant Grote. Roman. 3. Aufl. (281 S.) 8. Ebd. 908. 3.—; geb. 4. —

— das gelbe Haus. Ein Roman. 1. u. 2. Aufl. (à 323 S.) 8. Ebd. 906. n. 3. 50; geb. n. 4. 50

Dill, Liesb. (Frau Liesb. v. Drigalski), Schellen-Moritz, s.: Hesettel, Geo.

— Die kleine Stadt. Tragödie e. Mannes v. Geschmack. 1.—5. Aufl. (426 S.) 8. Stuttgart 907. 08. Deutsche Verlags-Anstalt. 4.—; geb. 5.—

— Suse. 1. u. 2. Aufl. (à 180 S.) 8. Ebd. 906. n. 2. —; geb. in Leinw. n. 3. —

Dill, Ludw., bunte Blätter. Gedichte. Neuere Sammlung. 12. (XII, 207 S.) Stuttgart 881, Greiner und Pfeiffer. geb. *

Dill, Ludw., Gedichte. 8. (VIII und 464 S.) Stuttgart 863, Oetinger. * 1 Thlr. 10 Ngr.; geb. mit Goldschn. *

Dill, Ludw., Humor u. Satire. Ein Buch der Unterhaltg. Gedichte. 12. (XVI, 206 S.) Stuttgart 883. Greiner. geb. n. 2. —

Dill, Ludw., für die deutsche Invaliden-Stiftung. Vaterländische Gedichte aus dem J. 1870/1871. 4. Aufl. gr. 16. (80 S.) Eichstätt 872, Krüll'sche Buchh. *

Dill, Ludw., der Kaisertag zu Freiburg. Enthüllung des Siegesdenkmals am 3. Octbr. 1876. Eine Festgabe. gr. 8. (7 S.) Karlsruhe 876, Macklot'sche Buchh. *

—— Paul und Therese. Idyllisches Epos in 12 Gesängen. 16. (168 S.) Eichstätt 869, Krüll'sche Buchh. geb. mit Goldschn.

—— Welt und Traum. Gedichte. Neue Sammlung. 16. (VIII, 248 S.) Eichstätt 869, Krüll'sche Buchh. geb. mit Goldschn.

Dill, Rudolf, Referendar: Die Ansprüche des Dritteigentümers aus unrechtmäßiger Mobiliarzwangsvollstreckung nach deren Vollendung. Borna-Leipzig 1910: Noske. X, 40 S. 8°
Marburg, Jur. Diss. v. 3. Juni 1910, Ref. André
[Geb. 11. Juni 85 Würzburg; Wohnort: Frankfurt a. M.; Staatsangeh.: Preußen; Vorbildung: Realgymn. Ettenheim Reife M. 04; Studium: Freiburg i. B. 3, Berlin 2, Marburg 2 S.; Rig. 30. April 10.] [U 10 3290

Zwei Vorträge gehalten an der 68. Versammlung deutscher Naturforscher und Ärzte in Frankfurt a. M., September 1896, von Th. Dill, Zahnarzt, Liestal. 1. Vorbereitung d. cariösen einwurzligen Zähne z. Aufnahme von künstl. Kronen u. Brücken. 2. Abnehmbare Brücken aus Edelmetall u. Edelmetall mit Kautschuk kombiniert. 28 Fig. u. 4 Tab. *o. O. (1897).* (15, 36 S.) 8° [Umschlagt.]
Aus: Schweizerische Vierteljahrsschrift f. Zahnheilkunde. Bd 6. 7 1896. 97.

Dillenburg [Schlagwort]

Dillenburg, s.a. **Deutschland. Karte (Abt. Preussen).** — **Geologische Karten. Karte (Preussen.)**

Dillenburg, s.a. **Preussen. Messtischblätter.**

Dillenburg. Karte der weiteren Umgebung v. Dillenburg (Herborn u. Haiger). 1 : 170,000. 31,5×43 cm. Farbdr. Dillenburg (903). Gebr. Richter. n. — 75

— **Plan der Stadt Dillenburg. 34,5×43,5 cm.** Lith. Ebd. (903). n. — 30

Dillenburg [Verfasser]

v. Dillenburg, Fr. s.a. **Widerlegung d. rc. Schrift, Frau v. Krüdener betreff.**

Dillenburg, Fr., v., freymüthige Widerlegung der in vaterländischen Blättern eluger. Schrift, Frau von Krüdener betreffend. 8. Erfurt, Maring. 817.

(Dillenburg, Fr v[on].) Freimüthige Widerlegung der in vaterländischen Blättern eingerückten Schrift Frau [Barbara Julie] v(on) Krudner betreffend. Gewidmet gefühlvollen edlen Seelen zur Berichtigung gewagter und ungerechter Urtheile uber diese Dame. [Neue Aufl.] 8. Helvetien [*d. i.* Freiburg i. B.] 1817.

Dillenburger und Franz Peters: Reden, gehalten bei der Einführung des Directors Dr. Franz Peters. 22 S. – Deutsch-Crone, Progr. 1856.

Dillenburger, Joh. Philipp (Frankfurt a. M.)
Theses inaugurales.
Giessae 14. 9. 1786: Braun. 8 S. 4°
pro gradu doctoris ac summis in utroque jure honoribus ... consequendis.

Dillenburger, Th.

Dillenburger, das Gesetz vom 27. Febr. 1880 betr. die Besteuerung des Wanderlagerbetriebes [G.-S. S. 174], nebst den Motiven zu der Vorlage der Staatsregierung, dem Berichte der XV. Kommission des Abgeordnetenhauses, der Ausführungsanweisung vom 4. März 1880 und der zu letzterer erlassenen Cirkularverfügung von demselben Tage. 8. (46 S.) Berlin 880, v. Decker's Verlag. cart. *

Dillenburger, Wilh., syntact. Beispielsamml. zu Buttmann's griech. Grammatik, als Erläuterung u. Ergänzung ders. beim Unterr. gr. 8. (9 B.) Bonn 839, Habicht. *

Dillenburger, W. Geschichte des Gymnasiums zu Emmerich 1te Abthl. 42 S. 2te Abthl. S. 43—62.
Emmerich, Progr. 1846, 1848

Dillenburger, W. Horatiana. (Krit. Untersuchungen über den Text der Horaz. Scholiasten.) 24 S. Progr. Aachen 1841

Dillenburger, W. Horatiana part. II. 28 S. [Enthält die Stellung von que, ne, ve. Carm. I. 6, 1. Sat. II. 2. 29. sq. II. 4. 37. Epist. II, 2. 26. A. P. 32. 197.] .
Emmerich, Progr. 1845

— **s. Horatii Fl. Opera.**

Dillenburger, W(ilhelm): Aus d. med. Klinik in Bonn. Ueber Osteogenesis imperfecta. Bonn 1908: E. Eisele. (36 S.) 8°
Bonn, Med. Fak., Ref. Schultze, Diss. v. 12. März 1908
[Geb. 4. Mai 78 Kastel; Wohnort: Bonn; Staatsangeh.: Preußen; Vorbildung: Gymn. Kreuznach Reife O. 98; Studium: Kaiser-Wilhelm-Akademie Berlin 9 S.; Coll. 12. März 08; Approb. 17. März 04.]

— **Quaestionum Horatianarum partic. I. 8maj. Coloniae Agripp. 838. (Bonnae, Habicht.)** n. 1/3 ℛ

Dillenburger, W. Quaestionum Horat. Part. I. (Zu 14 Stellen der Oden. Epod. 2, 23.) 42 S. 8. . . . .
Progr. Münstereiffel 1838

—— **Quaestionum Horatianarum Part. I. et II. 8maj. (9¾ B.) Bonnae 841, Habicht.**

—— griechisch-deutsche rc. Uebersetzungen, s. Litzinger, H. J.

Dillenburger, Wlh., Uebungsbuch zum Uebersetzen rc., s. H. J. Litzinger.

Dillenius, Eugen, appr. Arzt a. München: Ueber Sarkome der langen Röhrenknochen. München 1908: C. Wolf & Sohn. (37 S.) 8°
München, Med. Fak., Ref. v. Angerer, Diss. v. 9. März 1908
[Geb. 27. Juli 77 Weiler im Allgäu; Wohnort: München; Staatsangeh.: Bayern; Vorbildung: St. Anna-Gymn. Augsburg Reife Juli 96; Studium: Jura München 2, Med. München 4, Erlangen 1, Freiburg i. B. 1, München 8 S.; Coll. 9. März 08; Approb. 1. März 05.]

Dillenius, F., Florian Geyer v. Geyern, Hauptmann der schwarzen Schaar im großen Bauernkriege von 1525. Drama. 8. (XVI, 123 S.) Stuttgart 868, Metzler's Verlag. *

Dillenius, F. L. J., über d. Schwierigkeiten bei e. method. Gesangunterrichte in d. Schulen, bei Errichtung von Sing-Chören u. bei Einführung e. mehrstimm. Gesanges v. ganzen Gemeinden in d. evangel. Kirchen. 8. Tübing. 826. Osiander. 6 gr

Dillenius, F. L. J., Weinsberg, vormals freie Reichs-, jetzt württemberg. Oberamtsstadt. Chronik derselben. Lex.-8. (VII und 294 S. mit 1 Stnt.) Stuttgart 860, (Nitzschke.) *

Dillenius, F. L. J., mein letztes Wort üb. vierstimm. Gesang. In e. Beleuchtung d. sogen. „Widerlegung d. Schwierigkeiten rc. v. Nik. Gerber.“ 8. (3¼ B.) Tübingen 828, Osiander.

Dillenius, Friedr. Wilh. Jonathan

Dillenius, Fr. Wlh. Jonath., († d. 23. Mai 1815.) Antiquitätenwörterbuch für Schulen, worin d. griech. u. röm. Alterthümer erklärt sind. gr. 8. Leipz. 783. 2r Abdruck 801. Weygand. 1 ℛ 8 gr

Dillenius, F. W. J. (Hrsg.), s. Appianus Alexandrinus: Römische Geschichte.

BEITRAG, Neuer, zur Geschichte der Zärtlichkeit; eine wörtlich wahre Geschichte (von *Friedr. Wilh. Jonathan Dillenius*). Leipzig 1788.
Anon.-Lex. I. p. 166 (nach Kayser u. Meusel).

— chrestomathia Platoniana, griech. u. deutsch, mit Anmerkk. 8. Winterth. 782. Steiner. 1 ℛ Weiß P. 1 ℛ 6 gr

— **moral. Chrestomathie a. d. Cicero. m. Anmerk. von Scheller. 8. Lpz. Fritsch. 781.**

— moral. Chrestomathie aus d. Cicero, mit Anmerkk. v. Rector Scheller. 8. Leipz. 781. Hahn. 6 gr

— s. Glaubensbekenntniß, pädagogisches.

— s.a. Großmuth, über die.

— **über die Großmuth. 8. Lpz. Schwickert. 788.**

— s. Heldenmuth, Über den.

— s. Lipsius, von d. Standhaftigkeit.

— **Materialien aus d. alten u. neuen Gesch. zum Uebersetzen ins Lateinische. 8. Stuttg. 793. Metzler. 12 gr**

— s. Morgen- u. Abendgebete, Allgem.

— s. A. Schori, liber aureus et einsd. ratio.

-- s. a. Seelengröße, Über.

(F. W. Jth. Dillenius) über Seelengrösse u. Standhaftigkeit im Unglück. *Lpz.*, Jacobäer. (790.) 795. 8° 1 ß

Der Student, oder Fragmente aus dem Tagebuche eines armen Studenten (von *Friedr. Wilh. Jonath. Dillenius*). Leipzig 1788.
Anon.-Lex. IV. p. 129 (nach Kayser u. Meusel).

— specimen de studio linguae graecae. 8 maj. Tübing. 777. Heerbrandt. 6 gr

— specimen de studio linguae graecae. 8. maj. Tubingae, Heerbrand. 778.

— über d. Vortheile, die ein Professionist u. s. w. vom Lateinlernen hat. 8. Stuttg. 787. Metzler. 4 gr

— griech.-deutsches Wörterbuch für d. Jugend. gr. 8. Leipz. 784. 2e A. 792. 3e A. 807. Weygand. 4 ß

Dillenius, F. W. J., Griechisches Wörterbuch für die Jugend. Leipz. 784. 8. Ebend. 792. 8. 1 rthlr. 18 gr. Ebend. sehr verb. 807. 8. 3 rthlr.

— s. Xenophons Hauswesen.

Dillenius, Johann Jakob

DILLENIUS (J. J.). Catalogus pl. sponte circa Gissam nascentium . . . Francof. 1718. 8°. [Ed. 2.] 1718 and (with new title-page) 1719.
Pritzel only gives the [second] Ed., which contains the appendix and plates. My own copy is Ed. 1. with the addition of the appendix and map, the title-page differing from Ed. 2.

Dillenius, I. Iac., catal. plantar. sponte circa Giessam nascentium. c. fig. 8. Weim. Hofmann. 719.

Dillenius, J. Jak., horti Elthamensis plant. rarior. icon. et nomina etc. II Tom., cum fig. Fol. maj. Leyden 775. 24 ß

Dillenius, Johann Jakob (Darmstadt)
Dissertatio inauguralis medica de peste.
Gissae - Hass. Juni 1710: J. R. Vulpius. 32 S. 4°
pro summis in arte medica honoribus ... consequendis

v. Dillenius, Karl, Beobachtt. über d. Ruhr, welche im russischen Feldzuge 1812 in d. vereinigten Armee herrschte. gr. 8. Ulm 817. Stettin. 6 gr

Dillenius, L. W. J., s. Beitrr. zur Gesch. der Zärtlichkeit.

DILLENIUS, Ludwig (Ludwigsburg): De perforatione.- Ulmae: Nübling 1837. 14 S.
29.8.1837 - Urk; F 63.
Diss. Ingolst.-Landsh.-Mchn.

Dillenius, Philipp Eberhard (Giessen)
[De] Frictionis usu medico-practico dissertatio inauguralis.
Gissae [16.] März 1714: vidua J.R. Vulpii. 44 S. 4°
pro licentia,... privilegiis doctoralibus rite consequendis

Dillens u. Funck. Pläne und Journale der Belagerungen in den Niederlanden 1744—1748. (113.) 4. m. 24 Pl. Dresden 1750.

Dillenz, Joseph, Zahnarzt aus Ravensburg: Cocainum muriaticum. Tropacocainum und Cocainum phenylicum in der Zahnheilkunde. Erlangen A. Vollrath Dr. 1897. 47 S. 8°.
Zürich, Med. Diss. [v. 2. Juli 1897].

Diller, A., s. Diller, Eduard August

Diller, Eduard August, Carmen saeculare scholae regiae Afranae tribus saeculis feliciter exactis sollemnia festa. Meissen (C. E. Klinkicht & S.) 2./4. VII. 1843. 4 Bl. (3.—) 6558

Diller, Eduard August: Commentatio de consensu notionum . . . s. a. Baumgarten-Crusius, Detlev Carl Wilhelm

Diller, A., Commentatio de consensu notionum qualis est in vocibus eiusdem originis diversitate formarum copulatis Pr. 1842. 36 S. 4°. 1.20

Diller, Ed. Aug., Erinnerungen an Gotth. Ephr. Lessing, Zögling d. Landesschule zu Meissen in d. J. 1741—1746. Ein Wort zum Schutze d. Humanismus u. zur Erhalt. alter Zucht u. Lehre. gr. 8. (7 B.) Meissen 841, Klinkicht u. Sohn.

— Memoria Joannis Gutenbergii, s. Jo. Th. Kreyssig.

— s. Memoriam Joa. Gutenberg.

Diller, Ed. Aug., Monumenta Afrana, s. Monumenta.

—— Paraenetica seu poemata lat. de literar. studiis. Juventuti literar. studiosae scripsit. 8maj. (4 B.) Misenae 839, Klinkicht et fil.

Diller, Ernst [aus Horchheim bei Worms a. Rh.]: Zur Synthese des Luteolins. Bern 1901. 59 S. 8°.
Bern. Phil. Diss. 1901/1902.

Diller, Ernst. Zur Synthese des Luteolins. Diss. Phil. Bern. 59 S. 8. Bern, Stämpfli & Cie., 1901.

Diller, J. De longitudine et latitudine urbis Ratisbonae. 1801. 4.

Diller, Karl William, Referendar in Dresden, bacc. jur.: Der Zeichnungsschein im Aktienrecht. Borna-Leipzig 1908: R. Noske. (VII, 67 S.) 8° [J.]
Leipzig, Jur. Fak., Diss. v. 24. Juli 1908
[Geb. 7. April 86 Dresden; Wohnort: Dresden; Staatsangeh.: Sachsen; Vorbildung: Vitzthumsches Gymn. Dresden Reife O. 04; Studium: Lausanne 1, Leipzig 7 S.; Rig. 16. Jan. 08.]

Diller, W., wie e. Mensch e. Tiger wurde. — E. Abgefallener. gr. 16. (11 S.) Friedenau-Berlin 898. Buchh. d. Goßner'schen Mission. n n. — 05

Diller, W., wie e. Mensch e. Tiger wurde. Ein Abgefallener. 2. Aufl. 12. (15 S.) Friedenau-Berlin (901). Buchh. der Goßner'schen Mission. n.n. — 05

Dillert, Graf v. Brückenhann, der Wochenblattschreiber. Lustsp., v. Ignaz Joh. Gnad. 8. Prag, Schönfeld. 793.

Dilles Ludwig: Die Grundgedanken der Hegel'schen Logik und Dialektik und Trendelenburgs Kritik derselben.
II. 1898 PN 1132 **Diss.** Wien, Univ. 76

Weg zur Metaphysik als exakter Wissenschaft von Dr. Ludwig **Dilles.** T. 1. 2. Stuttgart: F. Frommann 1903–06. 2 Bde 8°
1. Subjekt u. Aussenwelt. Ihr wahres Wesen u. Verhältnis. 1903.
2. Die Urfaktoren d. Daseins u. d. letzte Weltprinzip. Grundlinien d. Ethik. 1906.
[06. 1915

Dillherr, s. Dilherr

Dillich, W., Kriegsbuch von d. alt. u. n. Militia. Fol. m. K. Frft. Eßlinger. 789.

Dillich, Wilh., s. Dilich, Wilhelm

Dilling: Über das symmetrische Paralleltrapez oder das Antiparallelogramm. 25 S.– Mühlhausen, Progr. 1865.

Dilling, Alb., Auflösungen und Resultate zu der Sammlung von Aufgaben und Beispielen aus der besonderen u. allgemeinen Arithmetik sowie aus Algebra, berechnet u. zusammengestellt ꝛc. Braunschweig 857. Schwetschke u. Sohn. gr. 8. (IV, 242 S.) 1 ß

Dilling, Alb., der rechnende Geometer. Sammlung von Aufgaben u. Beispielen aus der algebraischen Geometrie. Enthaltend Aufgaben über das gleichseitige, gleichschenkelige u. ungleichseitige Dreieck. Für Gymnasien, Realschulen, höhere Bürgerschulen ꝛc. bearb. Langensalza 860. Greßler. 8. (336 S.) 1 ß

Dilling, Alb.: Die Progressionen, figurierten Zahlen, Polygonal-Zahlen, Pyramidal-Zahlen, höheren Differenz-Reihen, Faktoriellen und Fakultäten. 24 S.–Mühlhausen, Progr. 1855.

Dilling, Alb., der praktische Rechner. Sammlung von Beispielen der prakt. Rechenkunst. Für Gymnasien, Realschulen, höhere Bürgerschulen ꝛc. zusammengestellt und berechnet. 4 Hefte. 8. Nordhausen 866, Büchting.

Inhalt:
Heft 1. Die vier Species mit unbenannten und ungleich benannten Zahlen, die gemeinen Brüche und die Decimalbrüche. (47 S.) 3 Ngr.
" 2. Die einfacheren Rechnungen des bürgerlichen Lebens. (42 S.) 3 Ngr.
" 3. Die wichtigeren Rechnungen des prakt. Lebens. (39 S.) 3 Ngr.
" 4. Auflösungen zu den 3 Beispiel-Heften. (45 S.) 6 Ngr.

Dilling, Alb., Resultate der Beispiele, welche zu der Sammlung von Aufgaben über das rechtwinkelige Dreieck gehören. gr. 8. (105 S.) Halle 859, Pfeffer. *

Dilling, Alb., Sammlung von Aufgaben und Beispielen aus der besonderen und allgemeinen Arithmetik sowie aus der Lehre von den Gleichungen oder Algebra. Zum Gebrauche der Gymnasien, Realschulen, höheren Bürgerschulen ꝛc. gr. 8. (XV und 431 S.) Braunschweig 856(57,) Schwetschke und Sohn.

—— Auflösungen und Resultate hierzu. gr. 8. (IV und 242 S.) Braunschweig 857, Schwetschke und Sohn.

—— Sammlung von Aufgaben und Beispielen aus der algebraischen oder rechnenden Geometrie. Enthaltend Aufgaben über das rechtwinkelige Dreieck. Für Gymnasien, Realschulen, höhere Bürgerschulen, Gewerb-, Bau- und Militärschulen u. s. w. bearb. und hrsg. gr. 8. (214 S.) Halle 858, Pfeffer. *

— Sammlung von Aufgaben und Beispielen aus der algebraischen oder rechnenden Geometrie. Enth.: Aufgaben über das Quadrat, das Rechteck, den Rhombus u. das Parallelogramm im Allgemeinen, nebst deren Auflösungen u. Resultaten. Für Gymnasien, Realschulen, höhere Bürgerschulen ꝛc. bearb. u. herausg. Paderborn 862. Schöningh. gr. 8. (279 S.) n. 1 ₰ 10 ngr.

—— Sammlung von Aufgaben und Beispielen aus der algebraischen oder rechnenden Geometrie. Enthaltend Aufgaben über den Kreis und die zu demselben gehörigen Linien. Für Gymnasien, Realschulen, höhere Bürgerschulen etc. bearb. und hrsg. gr. 8. (390 S.) Halle 867, Schmidt's Verlag. *

Dilling, A. Sammlung von Aufgaben und Beispielen aus der rechnenden Geometrie. Sammt Resultaten. Halle 1858—59.

—— Sammlung von Aufgaben und Beispielen aus der algebraischen und rechnenden Stereometrie. Enth.: Aufgaben über das Prisma, das Parallelopipedum, den Würfel etc. Für Gymnasien, Real- und höhere Bürgerschulen etc. bearb. und hrsg. gr. 8. (IV und 256 S.) Halle 866, Schmidt's Verlag. *

—— Sammlung von Beispielen zur Einübung der Grundoperationen der allgemeinen Arithmetik, der Bildung der Quadrat- und Cubikzahlen und der Ausziehung der Quadrat- und Cubikwurzeln. Für Gymnasien, Realschulen, höhere Bürgerschulen etc. gr. 8. (88 S.) Mühlhausen 867, Heinrichshofen'sche Buchh. *

— Sammlung von Beispielen zur Einübung der Grundoperationen der allgemeinen Arithmetik, der Bildung der Quadrat- u. Cubikzahlen u. der Ausziehung der Quadrat- u. Cubikwurzeln etc. Mühlhausen 870. Heinrichshofen. gr. 8. (33 B.) n. 5 ngr.

Dilling, Alb., algebraisch-trigonometrische Untersuchungen über die regulären Vielecke im Allgemeinen und im Besondern, enth. zugleich eine Sammlung von Aufgaben und Beispielen über das reguläre 5-, 6-, 7-, 8-, 9-, 10-, 12-, 15-, 16-, 18-, 20- und 24-Eck berechnet. gr. 8. (IV, 256 S.) Halle 869, Schmidt's Verlag. *

Dilling, C. A. A. Aphorismen aus der Differential- und Integral-Rechnung mit Rückblick auf die Lehre von den Kurven. 17 S. Figuren.

Mühlhausen, Progr. 1848

Dilling, Gust., über die verschiedenen Arten der Fortpflanzung im Thierreiche nach dem gegenwärtigen Stande der gonologischen Forschung. gr. 4. (90 S.) Hamburg 880, Hoffmann und Campe.

Dilling, G., Über die verschiedenen Arten der Fortpflanzung im Tierreiche. gr. 4°. Stuttgart 80. Hoffmann & Co. M. 2.—

Dilling, Gust. Landeskunde der freien u. Hansestadt Hamburg u. ihres Gebietes. Zunächst zur Ergänzg. der Ausgaben A u. B der Schulgeographie v. E. v. Seydlitz. Mit Bilderanh. u. Karten. gr. 8. (71 S.) Bresl. 891, F. Hirt. cart. * — 75

Dilling, Gust., Landeskunde der freien u. Hansestadt Hamburg u. ihres Gebietes. Zunächst zur Ergänzg. d. Schulgeographie von E. v. Seydlitz hrsg. 2., durchgeseh. Aufl. gr. 8. (71 S. m. Bildern u. Karten.) Breslau 893. F. Hirt. Kart. n. — 75

Dilling, Gust., Landeskunde d. freien u. Hansestadt Hamburg u. ihres Gebietes. Zunächst z. Ergänzg. d. Schulgeographie von E. v. Seydlitz hrsg. M. Bilderanh. u. Karten. 4., umgearb. Aufl. gr. 8. (86 S.) Breslau 898. F. Hirt. Kart. n. — 75

Landeskunde der freien Hansestadt Hamburg und ihres Gebietes. Zunächst z. Erg. d. Schulgeogr. von E. v. Seydlitz hrsg. von Prof. Dr. Gustav Dilling, Schulrat in Hamburg. Mit Bilderanh. u. Karten. 5., durchges. Aufl. *Breslau: F. Hirt 1903.* (88 S.) 8° [Deckelt. F.] [04 1333]

Landeskunde der freien und Hansestadt Hamburg und ihres Gebietes von Prof. Dr. Gustav Dilling. Mit 21 Karten u. Abb. 6., durchges. Aufl. Breslau: F. Hirt 1907. (92 S.) 8° [Umschlagt. F.]
(Landeskunden, zunächst z. Erg. d. Schulgeographie von E. v. Seydlitz.) [08. 3033]

—— Heinrich Gustav Reichenbach. Eine Skizze seines Lebens. Lex.-8. (20 S. m. Portr.) Hamb. 890, [Graefe.] (Gräfe u. Sillem). * 1 —
Aus: Jahrb. der Hamburg. wissenschaftl. Anstalten, besonders abgedruckt.

Dilling, J. M., Probeschrift e. leichtfaßl. logarithm. Systems zur Vermeidung d. weitläufigen Multiplicirens. 8. Leipz. 827. Magazin f. Ind. 9 gr.

Dilling, Joh. Balthasar (Kassel), De jure directorum in circulis Sacri Imperii Romano-Germanici. Diss. acad. Präs. Joh. Adolf Hartmann. Marburg (Phil. Casim. Müller) 9. IV. 1743. 22 Seiten. (5.—) 6560

Dilling, Carl. Statistische Uebersicht der preussischen Monarchie, vor dem Kriege mit Frankreich 1806 und nach dem Friedensschlusse zu Tilsit den 9. Julius 1807. Mit 2 Karten. Fol. Leipzig 1808.

Dilling, C., statist. Uebersicht d. preußischen Staaten. Fol. Lpz. Herzog. 808.

Dilling, Car. Aug. Alb.: De Graecis mathematicis. Berolini 1831 (78 S.).

Dilling, Lars, Begabt, s.a. Kürschner's, Jos., Bücherschatz.

— dasselbe, s.a. Weichert's Wochenbibliothek.

Begabt. Roman von L(ars) Dilling. Autor. Uebers. von Emil Jonas. Mit Ill. von W. Roegge. *Berlin, Eisenach, Leipzig: H. Hillger [1899.]* (128 S.) 8° [F.]
= Bücherschatz, Kürschners. No 136. [99. 10765]

Begabt. Roman von Lars Dilling. Aus d. Norwegischen von Bernhard Mann. Mit 3 Vollbildern. *Berlin: A. Weichert [1902].* (100 S.) 8° [F.]
— Wochen-Bibliothek, Weichert's. Bd 122. [03. 8726]

Dilling's, Lars, Novellen. Aus dem Norweg. von Jul. Stinde. 8. (VII, 146 S.) Berlin 887, Freund und Jeckel. *

—— neue Novellen. Deutsch von Emil Jonas. Autoris. Uebersetzung. 8. (110 S.) Berlin 888, S. Fischer Verlag. *

— häusl. Scenen u. Anderes, s.a. Weichert's Wochenbibl.

Häusliche Scenen und Anderes. Von Lars Dilling. Aus d. Norweg. von Ida Anders. Mit 3 Vollbildern. *Berlin: A. Weichert [1902].* (96 S.) 8° [F.]
— Wochen-Bibliothek, Weichert's. Bd 128. [03. 8334]

Dilling, Lars, Aldenbauers Witwe u. andere Erzählungen, s.: Universal-Bibliothek.

Atlas der Kristallformen und der Absorptionsbänder der Hämochromogene. Eine f. Physiologen, Pharmakologen u. Medizinalbeamte bestimmte Studie von Walter J. **Dilling**. Mit e. Vorw. von Prof. Dr. R[udolf] Kobert. Text in deutscher u. engl. Sprache. Mit 1 Textabb. u. 36 Taf. Stuttgart: Enke 1910. Getr. Pag. 4°(8°)
[Nebent.:] Atlas of the crystals and spectrum of haemochromogen ... by W. J Dilling ... [10. 11090

Dillingen [Sachliches OW]

Dillingen. Gemessen im Jahre 1824. Gravirt 1826 vom K. Steuer-Kataster. 1 : 2500. 1 Bl.

Dillingen [Schlagwort]

Dillingen, s.: Deutschland. Kürschner-Peip.

Der heilige Johann Baptist de la Salle als Pädagog. Von Fr[ater] Bernardin **Dillinger**, Prof. Mit 1 Titelbilde u. 1 Textfig. Dülmen: A. Laumann 1906. (140 S.) 8° [F.] [07. 5731 6

Dillinger, Georg Adam, s. Bildergeographie.

[DILLINGER, Georg Adam] 1746 - 1804
Nach dem jetzigen Staat eingerichtete Bilder-Geographie, darinnen von den vier Haupttheilen des Erdbodens Europas, Asia, Afrika und Amerika Nachricht gegeben, alle Nationen nach ihrer Kleidung in saubern Figuren vorgestellet, und die Länder nach ihrer Lage, Flüssen, Clima, Fruchtbarkeit, Einwohnern, Handlung, Macht, Regierungsform, vornehmsten Städten und Merkwürdigkeiten beschrieben werden; als ein bequemes Handbuch zum Gebrauch der neuesten geographischen Charten eingerichtet und mit doppeltem Register versehen.
Nürnberg: Christoph Riegels sel. Wittib. 1770. 74, 883 S. 8°.
Bayerische Staatsbibliothek München
2. Aufl. 1773, 3. Aufl. 1781.
Baginsky 451. Palmer: ohne Verfasser.

[DILLINGER, Georg Adam] 1746 - 1804
Nach dem jetzigen Staat eingerichtete und neu vermehrte Bilder-Geographie, darinnen von den vier Haupttheilen des Erdbodens Europa, Asia, Afrika und Amerika Nachricht gegeben, alle Nationen nach ihren Sitten und Gewohnheiten beschrieben und nach ihrer Kleidung in saubern Figuren vorgestellet, insgleichen die Länder nach ihrer Lage, Flüssen, Clima, Fruchtbarkeit, Einwohnern, Handlung, Macht, Regierungsform... vornehmsten Städten und Merkwürdigkeiten beschrieben werden; als ein bequemes Handbuch zum Gebrauch der neuesten geographischen Charten eingerichtet, und mit doppeltem Register versehen
Zweyte Auflage
Nürnberg: Riegel. 1773. 1300 S. 8°.
Bayerische Staatsbibliothek München
1. Aufl. 1770, 3. Aufl. 1781,
Frankfurt-Leipziger Meßkatalog, Ostermesse 1773, S. 493: ohne Verfasser.

[DILLINGER, Georg Adam] 1746 - 1804
Nach dem jetzigen Staat eingerichtete neu vermehrte Bildergeographie, darinnen von den vier Haupttheilen des Erdbodens, Europa, Asia, Afrika und Amerika Nachricht gegeben, alle Nationen nach ihren Sitten und Gewohnheiten beschrieben und nach ihrer Kleidung in saubern Figuren vorgestellet, ingleichen die Länder nach ihrer Lage, Flüssen, Clima, Fruchtbarkeit, Einwohner, Handlung, Macht, Regierungsform, wie auch denen Wappen und gangbahren Münzen, bekannten geist- und weltlichen Ritterorden, vornehmsten Städten und Merkwürdigkeiten beschrieben werden; als ein bequemes Handbuch zum Gebrauch der neuesten geographischen Charten eingerichtet, und mit einem doppelten Register versehen.
Dritte Auflage.
Nürnberg: Riegel. 1781. 72, 1296 S. 8°.
Badische Landesbibliothek Karlsruhe
1. Aufl. 1770, 2. Aufl. 1773,

– s. Handbuch d. alten Erdbeschreib. 5. Thl.

Dillinger, Geo. Adam, († d. 1. Juni 1804.) über d. Nürnberg. Kinderlehre. 8. Frankf. 791. (Monath u. K. in Nürnb.) 4 gr

Dillinger, Ge. Adam, üb. die nürnberg. Kinderlehre. 8. Frft. (Monath, in Nrnb.) 792.

– s. R. Nisbet, Versuch ꝛc.

– s. Unterhaltungen, Christl.

Dillinger, Joh., Papst Pius X., s.: Volksaufklärung.

Dillis, Georg von

v. Dillis, Geo. s.a. Verzeichniß d. Gemälde d. k. Bildergallerie in München.

(*Dillis*, Geo. v., k. b. Central-Gallerie-Director) Verzeichniss der *Gemälde der kgl. Bildergallerie in München*. Nach der neuesten Einrichtung. München, Jos. A. Finsterlin, 1825. 8°. Ppb. °) Tit., 1 Bl. Vorber. (dat. Octob. 1824), 176 S. Lat. Lett. — Enth. 913 Nrn.

—— Verzeichniss d. Gemälde in d. kgl. bayer. Gallerie zu Schleissheim. Verfasst im Jahre 1830. gr. 8. (20¼ B. u. 1 Grund- u. Aufriss d. k. Lustschlosses zu Schleissheim, in qu. gr. Fol.) München, Finsterlin. 1831.

Dillis, Geo. v., Verzeichniss d. Gemaelde in d. königl. Pinakothek zu München. Mit ein. Grund- u. Aufrisse d. k. Pinakothek. gr. 12. (15¾ B.) München 838, (Finsterlin.)

Verzeichniss der Gemälde in der königlichen Pinakothek zu München v. Georg von **Dillis**. 2. Aufl. Mit 1 Grund- und Aufrisse der Pinakothek. München. 1839. 12°.

Dillmann, Über eine neuentdeckte punische Inschrift. [Auszug aus den MBA.] [Berlin] 1881.

Dillmann. **Jean Baptiste Rousseau. Eine literarische Skizze. Wiesbaden, H. B., 1865. 11 S. 4. Progr.**

Dillmann, A., das christliche Adambuch des Morgenlandes, s. Adambuch.

Dillmann, A., die Anschauung im Bilde, in ihrer Anwendung auf den fremdsprachlichen Unterricht, insbesondere auf die prakt. Uebung im mündl. Ausdruck bearb. 12 lith. Taf. qu. Fol. Wiesbaden 890. Gebr. Petmecky. cart. n. 3. 30

— dasselbe. Englischer Text. gr. 8. (VIII, 135 S.) Ebd. 890. cart. n. 1. 20

— dasselbe. Französischer Text. gr. 8. (VIII, 135 S.) Ebd. 890. cart. n. 1. 20

Dillmann, A., Compendium de grammaire française, s. Magnin, J. P.

Dillmann, A., Elementarbuch der französischen Sprache für höhere Lehranstalten, s. Magnin, J. P.

Dillmann, A., französische Fibel, s. Magnin, J. P.

— kurzgefaßte systematische Grammatik der französischen Sprache, } s.: Magnin, J. P.

Dillmann, A., praktischer Lehrgang zur Erlernung der französischen Sprache, s.: Magnin, J. P.

—— englisches Lesebuch für höhere Lehranstalten, s. Benson, Chr.

—— English Spelling Book. Stufenweise Anleitung zum Erlernen der englischen Aussprache. 8. (88 S.) Wiesbaden 873, Limbarth. geb. *

Dillmann, A., Ueber die griechische Uebersetzung des Quoheleth. Akad. 1892. 16 S.

Dillmann, A., Verzeichniss d. abessin. Handschriften, s.: Handschriften-Verzeichnisse, die, d. kgl. Bibliothek z. Berlin.

Dillmann, Alexander, Dr., Rechtspraktikant: Die Handlungsfähigkeit der Minderjährigen nach dem Rechte des Bürgerlichen Gesetzbuches für das Deutsche Reich. München 1905: Wild. (80 S.) 8°
Rostock, Jur. Fak., Ref. Bernhöft, Diss. v. 30. Juni 1905
[Geb. 26. Aug. 78 München; Wohnort: München; Staatsangeh.: Bayern; Vorbildung: Maximiliansgymn. München Reife M. 97; Studium: München 8 S.; Rig. 30. Jan. 05.]

Dillmann, Aug., die Anfänge des Axumitischen Reiches. gr. 4. (64 S.) Berlin 879, (Dümmler's Verlagsh.) *
Aus: Abhandlungen der k. Akademie der Wissenschaften zu Berlin, besonders abgedruckt.

—— s. Ascensio Isaiae aethiopice et latine.

Dillmann, Aug., s.: Biblia veteris testamenti aethiopica.

Dillmann, Aug., Catalogus codicum mscr. bibliothecae Bodleianae Oxoniensis, s. Catalogus.

Dillmann, Aug., chrestomathia aethiopica edita et glossario explanata. Leipzig 866. T. O. Weigel. Lex.-8. (XVI, 291 S.) n. 3 ⅓ ß

Dillmann, Aug., die Bücher Exodus und Leviticus, s.a. **Handbuch,** kurzgefasstes exegetisches, zum Alten Testament.

Die Bücher Exodus und Leviticus v. August **Dillmann.** In 3. Aufl. hrsg. v. Dr. Victor Ryssel, ord. Prof. . . . in Zürich. *Leipzig: S. Hirzel 1897.* (XIV S., 1 Bl., 606 S.) 1 Bd 8.
= **Handbuch,** Kurzgefasstes exeget., z. Alten Testament. Lfg 12. [97. 5742

—— Gedächtnissrede auf Karl Richard Lepsius. gr. 4. (25 S.) Berlin 885, (G. Reimer.) *
Aus: Abhandlungen der k. preuss. Akademie der Wissenschaften zu Berlin, besonders abgedruckt.

Dillmann, A., die Genesis, s.: Handbuch, kurzgefasstes exegetisches, zum alten Testament.

— zur Geschichte des axumitischen Reichs im 4. bis 6. Jahrh. [Aus: „Abhandlgn. d. k. Akad. d. Wiss."] gr. 4. (51 S.) Berlin 880. Dümmler's Verl. in Comm. n. 2. 50

—— Grammatik der aethiopischen Sprache. Lex.-8. (XII und 435 S. mit 6 Tab., wovon 1 lithogr., in 8., 4., qu. gr. 4. und Fol.) Leipzig 857, T. O. Weigel. *

Dillmann, Aug., Grammatik der äthiopischen Sprache. 2. verb. u. verm. Aufl. v. Carl Bezold. gr. 8. (XIV, 488 S. m. 9 Taf.) Leipzig 899. Ch. H. Tauchnitz. n. 15. —

Dillmann, Aug., Handbuch der alttestamentl. Theologie. A. d. Nachlass d. Vorf. hrsg. v. Rud. Kittel. gr. 8. (VIII, 565 S.) Leipzig 895. S. Hirzel. n. 11. —

—— das Buch Henoch, s. Buch Henoch, das.

Dillmann, August (Hrsg.), s. Henoch, Liber, . . .

- Hiob, s. Handbuch, kurzgefasstes exegetisches, zum alten Testament.

Dillmann, Aug., von der Hochschule und den Hochschulen. Akademische Festrede. 4. (16 S.) Gießen 869, Ricker. *

—— die Idee der Realgymnasien und ihre Verwirklichung in dem Stuttgarter Realgymnasium. 4. (24 S.) Stuttgart 872. (Tübingen, Fues'sche Sortimentsh.) *

— u. Rud. **Kittel,** d. Prophet Jesaja, s.a. Handbuch, kurzgef. exeget., z. Alten Testament.

Der Prophet Jesaja. Erklärt v. Dr. August **Dillmann,** ord. Prof. . . . zu Berlin. F. d. 6. Aufl. hrsg. u. vielf. umgearb. v. Dr. Rudolf Kittel, ord. Prof. . . . zu Breslau. *Leipzig: S. Hirzel 1898.* (XXX S., 1 Bl., 534 S., 1 Bl.) 1 Bd 8.
= **Handbuch,** Kurzgefasstes exeget., z. Alten Testament. Bd 5. [98. 1772

Dillmann, Chr. Fr. Aug., lexicon linguae aethiopicae cum ex opere Ludolfiano tum e permultis manuscriptis et impressis collectum et digestum. Pars I. II. Leipzig 862, 63. T. O. Weigel. gr. 4. (1168 Sp.) I.: n. 12 ₰; II.: n. 8 ₰

—— Lexicon linguae aethiopicae cum indice latino. Adjectum est vocabularium Tigre dialecti septemtrionalis compilatum a Werner Munzinger. 3 Partes. gr. 4. Leipzig, T. O. Weigel. [Pars I. (Sp. 1—688.) 862. * 12 Thlr., Pars II. (Sp. 689—1168.) 863. * 8 Thlr., Pars III. (XXXII und Sp. 1169—1522 und VI und 64 Sp.) 865. * 6 Thlr. 20 Ngr.]. *

Dillmann, Chr. Fr. Aug., Lexicon linguae aethiopicae cum indice latino. Adiectum est vocabularium Tigre dialecti septentrionalis compilatum a Wern. Munzinger (in französ. Sprache). Pars III. (IV S., Sp. V—XXXII, 1169—1522, VI S. u. 64 Sp.) 33,5×25 cm. Leipzig 865. Ch. H. Tauchnitz. 20.- (Kplt.: 80. -)

—— Liber Jubilaeorum, s. Liber.

Dillmann, Aug., die Bücher Numeri, Deuteronomium und Josua, s. Handbuch, kurzgefasstes exegetisches, zum Alten Testament.

—— über die Regierung, insbesondere die Kirchenordnung des Königs Zar'a-Jacob. gr. 4. (79 S.) (Ebendas.) 884. *
aus: Abhandlungen der k. Akademie der Wissenschaften zu Berlin, besonders abgedruckt.

Über die Theologie als Universitätswissenschaft. Rede beim Antritt des Rectorats der Königl. Friedrich-Wilhelms-Universität zu Berlin am 15. Oct. 1875 gehalten von August **Dillmann.** Berlin 1875. (16 S.) 4°

—— über den Ursprung der alttestamentlichen Religion. Eine akadem. Rede gehalten den 8. Mai 1865. 8. (35 S.) Gießen 865, Ricker.

Der Verfall des Islâm. Rede zur Gedächtnissfeier der Friedrich-Wilhelms-Universität zu Berlin am 3. Aug. 1876 von August **Dillmann,** d. Z. Rector. Berlin 1876. (17 S.) 4°

Dillmann, C., Astronomische Briefe. D. Planeten. Neue bill. [Titel-]Ausg. 12. (VII, 228 S.) Tübingen (892) 898. H. Laupp. n. 1. 50; geb. n. 2. 50

Dillmann, C. v., astronomische Briefe. Neue Folge. Kometen, Sonne, Fixsterne. 8. (III, 234 S.) Tübingen 901. H. Laupp. n. 1. 80; geb. n.n. 2. 80

Dillmann, v., c. Gabe an den Kaufmanns-Stand. Rede zur Schlußfeier d. Schulj. 1887—88 am 27. Sept. 1888. 12. (12 S.) Ludwigsburg 889. Neubert. — 15

Dillmann, C., der Hagel. Gedanken über seine Entstehung und Verhütung. Ein Erinnerungsblatt an das schwere Hagelwetter am Pfingstfest, 19. Mai 1872. gr. 8. (23 S.) Stuttgart 872, Grüninger.

Dillmann, C., Ortschafts-Verzeichniß d. Reg.-Bez. Wiesbaden n. d. Kreisordng. v. 7. Juni 1885 (G.-S. S. 193). M. Genehmigg. d. Regierungs-Präsidenten bearb. 3., erweit. Aufl. gr. 4. (46 S.) Wiesbaden 895. (R. Bechtold & Co.) n.n. 1. 70

Dillmann, C. v., die Presse im Dienste d. Kaufmanns. Vortrag, geh. am 12. Dezbr. 1890. 8. (80 S.) Stuttgart 891. [G. J. Göschen.] Wiesbaden, M. Richter's Verl. n. — 30

Ⓢ **Dillmann, C. v., d. Presse im Dienste d. Kaufmanns. 891. (KBL 27.) Nebs.: Berlin, F. Wunder.**

—— die Reblaus. [Phylloxera vastatrix.] 8. (55 S. mit Illustr. in eingedr. Holzschn.) Reutlingen 875, Fehleisen. *

— Schulreden. gr. 8. (IV, 208 S.) Ebd. 901. n. 2. 80

Dillmann, Chr. Fr. Aug., s. Dillmann, August

Dillmann, Christian von

Dillmann, C., die Mathematik, die Fackelträgerin e. neuen Zeit. 8. (VII, 214 S.) Stuttgart 889. Kohlhammer. n. 3. —

Dillmann, C., das Realgymnasium. 1. und 2. Aufl. gr. 8. (III, 161 S.) Stuttgart 884, Krabbe.

[F.] Das Realgymnasium und die Württembergische Kammer der Abgeordneten. Von Oberstudienrat C[hristian v.] **Dillmann,** Rektor d. Stuttg. Realgymn. *Stuttgart: F. Doerr 1896.* (1 Bl., 107 S., 1 Taf.) 1 Bd 8. [96. 7910

— der Schulmeister v. Illingen. Ein Zeit- u. Sittenbild des 19. Jahrh. 8. (231 S.) Stuttgart 901. J. B. Metzler. n. 2. —; geb. n. 2. 80

Dillmann, C., die Volksbildung nach den Forderungen des Realismus. 8. (141 S.) Stuttgart 862, Schaber.

Dillmann, Ed. Eine neue Darstellung der Leibnizischen Monadenlehre auf Grund der Quellen. gr. 8. (X, 525 S.) Lpz. 891, Reisland. 10 —

Dillmann, Heinrich, aus Ober-Ingelheim a. Rh.: Über **Leukoplakia** linguae mit besonderer Berücksichtigung ihrer Histologie und Ätiologie. *Berlin (1902): G. Schade.* (48 S.) 8° Giessen, Med. Diss. v. 1902

Dillmann, Joseph Anton (Hilpoltstein. Mannheim), De obligatione a vasallo contracta, domino directo praestanda. Diss. jur. Präs. Johann Anton Dahmen. Heidelberg (J. J. Haener) 14. XII. 1767. 40 S. (5.—) 6561
Gew.: Frz. Albert Frh. v. Oberndorff.

Dillmann, Carl, Handb. f. Standesbeamte, s.: **Bender, H.**

Dillmont, Fanny v., gehäkelte Kanten. I. qu. 4. (30 S. m. 8 Taf.) Wien 894. J. Löwy. Kart. n. 3. —

Dillmont, Fanny v., Gehäkelte Kanten u. Spitzen. II. 4. (51 S. m. 47 Abb.) Wien 897. J. Löwy. Kart. n 2. 70 (I u. II: n. 5. 70)

Dillmont, Thérèse de

Dillmont, Th. de, album de broderies au point de croix. gr. 4. (32 Taf. m. 19 S. Text.) Dornach 885. Dillmont. n. 1. 20

Dillmont, Th. de, album de broderies au point de croix. I et II. gr. 4. Dornach, Dillmont. [I. (32 Taf. mit 19 S. Text.) 885. *ℳ 1.20.; II. (40 Taf. mit 19 S. Text.) 887. *ℳ 2.—.] *

Dillmont, Th. de, Album de broderies au point de croix. 3 séries. 4. Dornach 890. de Dillmont. In Mappe. n.n. 4. 40
1. (19 S. deutscher Text m. eingedr. Holzschn. u. 32 Taf.) n.n. 1. 20
2. (19 S. deutscher Text m. eingedr. Holzschn. u. 40 Taf.) n.n. 2. —
3. (3 Bl. Text m. 40 Taf.) n.n. 1. 20

Dillmont, Th. de. Album de broderies au point de croix. 3e série. 4. (40 Taf. m. 3 Bl. Text.) Dornach 890. — Biberach, Dorn. In Mappe ** 1 20
1re et 2e série. Ebd. 1885,87. * 3 20.

Dillmont, Th. de, Album de broderies au point de croix. 1. Serie. gr. 4. (32 Taf. m. 17 S. Text in deutscher Sprache.) Biberach (900). (Dorn.) In Mappe n. 1. 20

Dillmont, Thérèse de, Album für Kreuzstich-Stickerei. Heft I. Gr.-4. In Mappe .80
— — Heft II. Gr.-4. In Mappe 1.30
— — Heft III. Gr.-4. In Mappe —.80
— — Alphabete für di · Stickerin. Buchstaben,
Dornach: De Dillmont 1894.

Dillmont, The de, Album f. Kreuzstich-Stickerei. 2. Serie. gr. 4. (40 farb. Taf. m. Erläutergn. auf d. Rückseite u. 21 S. Text m. 80 Abb.) Dornach 897. (Biberach, Dorn.) In Mappe n. 3. 20
D. 1. Serie erscheint in dieser farb. Ausg. später.

Dillmont, Th. de, alphabet de la brodeuse. Lettres, chiffres, monogrammes et ornaments à points comptés. qu. 16. (62 S.) Dornach 892. (Biberach, Dorn.) n. — 40

Dillmont Th de, Alphabete und Monogramme. (60 T) 4° Dornach 1889

— Alphabete u. Monogramme. qu. hoch 4. (60 Taf. m. IV u. XII S. Text.) Ebd. 892. Kart. m. Goldschn. n. 2.—; franz. u. engl. Ausg. à n. 2. —

— Alphabete für die Stickerin. Buchstaben, Monogramme, Ziffern u. Ornamente, nach gezählten Fäden zu sticken. qu. 16. (62 S.) Ebd. 893. Kart. n. — 40

— Alphabete f. d. Stickerin. Buchstaben, Monogramme, Ziffern u. Ornamente, n. gezählten Fäden zu sticken, u. Muster m. Bausen f. Weiss-Stickerei. qu. gr. 8. (92 farb. Taf. m. 9 Bausen.) Ebd. 898. Kart. n. — 80

— **Alphabete f. die Stickerin. Buchstaben, Monogramme, Ziffern u. Ornamente, nach gezählten Fäden zu sticken, u. Muster m. Bausen f. Weiss-Stickerei. (Neue Ausg.) qu. gr. 8. (92 farb. Taf. m. 10 Bausen.) Dornach (901). (Biberach, Dorn.) Kart. n. — 40**

— l'art chrétien en Égypte. Motifs de broderie copte. 1.—3. partie. gr. 4. (à 30 Taf. m. 7, 5 u. 9 S. illustr. Text.) Ebd. 892. In Mappe. à n. 2. —

— die Bändchenspitze (Point-Lace). gr. 8. (76 S. m. Abbildgn., 10 Taf. u. 10 Pausen.) Mülhausen i/E. (902). (Biberach, Dorn.) n. 1. 20; französ. Ausg. n. 1. 20

— le crochet. Die Häkelarbeit. 1. Serie. gr. 4. (29 S. m. Abbildgn. u. 8 Taf.) Ebd. 894. In Mappe. n. 2. —

— le crochet. Die Häkelarbeit. 2. Serie. gr. 4. (32 S. m. 10 Abb. u. 8 Taf.) Ebd. 895. In Mappe à 2. —

Dillmont, Th. de, die Durchbrucharbeit. (Bibliothek D. M. C.) (56 S. m. Abbildgn. u. 20 Taf.) gr. 8. Mülhausen i/E. (904). (Biberach, Dorn.) n. — 40

— enciclopedia dei lavori femminili. gr. 8. (V, 614 S. m. Abbildgn.) Ebd. 894. Geb. in Leinw. n. 4. —

Dillmont, Thérèse de, Enciclopedia dei lavori femminili. Nuova ed. riveduta ed aumentata. (VIII, 820 u. VII S. m. Abbildgn. u. 12 farb. Taf.) 16. Mulhouse (Alsace) (908). (Biberach, Dorn.) Geb. in Leinw. 1. 20

— **Encyclopédie des ouvrages de dames. (Bibliothèque D. M. C.) Nouvelle éd. revue et augmentée. gr. 16. (VIII, 826 S. m. Abbildgn.) Ebd. (901). Geb. in Leinw. n. 1. 20**

— dasselbe. (Nouvelle éd.) gr. 8. (VIII, 742 u. VI S. m. Abb. u. 17 farb. Taf.) Ebd. (900). Geb. in Leinw. n. 3.—

— Encyclopédie des ouvrages de dames. Nouvelle ed. revue et augmentée. (VIII, 826 u. VII S. m. Abb.) 16. Ebd. (908). Geb. in Leinw. 1. 20

— Encyklopädie der weiblichen Handarbeiten. gr. 8. (IV, 614 S. mit eingedr. Fig.) Ebendas. 887. geb. *
Französ. und engl. Ausg. zu gleichem Preise.

— Encyklopädie der weiblichen Handarbeiten. (Ausg. 1893.) gr. 8. (614 S. m. Abbildgn.) Ebd. 893. Geb. in Leinw. n. 3. —

— dasselbe. (Auszug.) 16. (IV, 605 u. 4 S. m. Bildern.) Ebd. 893. Geb. in Leinw. n. 1. —

— Encyclopädie d. weiblichen Handarbeiten. Ungar. Uebersetzg. gr. 8. (VI, 585 S. m. Abb.) Ebd. 898. Geb. in Leinw. n. 3. 50

— Encyklopädie der weiblichen Handarbeiten. Neue verm. u. verb. Ausg. gr. 8. (VIII, 750 S. m. Abbildgn. u. 27 farb. Taf.) Dornach (901). (Biberach, Dorn.) Geb. in Leinw. n. 3. —

— le Filet-Richelieu. gr. 4. (30 Taf. m. 7 S. illustr. Text.) Ebd. 892. In Mappe. n. 2. —

— Die Häkelarbeit. III. Serie. (71 S. m. Abbildgn.) qu. 8. Ebd. (906). — 80

— die Knüpfarbeit. gr. 4. (32 Taf. m. 15 S. illustr. Text.) Ebd. 891. In Mappe. n. 2. —; engl. u. französ. Ausg. à n. 2. —

— Kreuzstich. Neue Muster. (1.—3. Serie.) qu. 8. Ebd. n. — 90
1. (24 farb. S.) 903. n. — 20
2. (20 farb. S.) (905.) n. — 35
3. (20 farb. S.) (906.) n. — 35

Dillmont Th de, Muster altchristlicher Kunst in Agypten. Koptische Stickereien. 3 Bde (90 T) 4° Dornach

Dillmont, Th. de. Muster altchristlicher Kunst in Egypten. Koptische Stickereien ... Verlag von Th. de Dillmont, Dornach (Elsass) ... [1894.]
2 Teile. 4°.
I: 7 S. m. 7 Abb.; 30 Taf.
II: 5 S. m. 8 Abb.; 30 Taf.

— die Netzstickerei. (34 S. m. Abbildgn. u. 20 farb. Taf.) gr. 8. Ebd. (903). n. — 40

Dillmont, Th. de, recueil d'ouvrages divers à exécuter avec les fils et les cotons D·M·C. I. série. qu. gr. 4. (24 Holzschntaf. m. VIII, 24 S. französ., deutschem u. engl. Text.) Dornach 888. de Dillmont. cart. n. 1. 60

— — La soutache et son embloi. 40 Tafeln mit 9 S. Text. Fol. In Mappe 1.30
Dornach: De Dillmont 1894.

— die Soutache u. deren Verwendung. gr. 4. (40 Taf. m. 9 S. illustr. Text.) Ebd. 891. In Mappe. n. 2. —

—— Die Soutache u. deren Verwendung. gr. 4. (40 Taf. m. 9 S. illustr. Text.) (Ebd.) 892. In Mappe * 2 —

— Irische Spitzen. (Bibliothek D. M. C.) (44 S. m. Abbildgn., 7 Taf. u. 9 Mustervorlagen.) 20×30 cm. Ebd. (908). 1. 40

— die Stickerei auf Netz-Canavas. 1. u. 2. Serie. gr. 4. Ebd. In Mappe. n. 3. 20
1. (20 Taf. m. 10 S. illustr. Text.) 891. n. 2. —
2. (20 Taf. m. 5 S. Text.) 893. n. 1. 20

Dillmont, Th[érèse] de. Die Stickerei auf Netz-Canavas. Verlag von Th. de Dillmont, Dornach (Elsass) ... [1892.]
10 S. m. 14 Abb.; 20 Taf. 4°.

—— Koptische Stickereien. — Muster der altchristl. Kunst in Egypten. 1. u. 2. Lfg. 4. (VIII; VII S. u. à Lfg. 30 Taf.) (Ebd.) 892. à Lfg. in Mappe * 2 —; * 6 —
Vorstehende Musterbücher in deutschen, englischen u. französ. Ausgaben zu gleichen Preisen.

— — Koptische Stickereien. I. Theil. Muster altchristlicher Kunst in Egypten. I. III. Heft mit je 29 Taf. u. 7 S. Text. Fol. In Mappe à 1.30
Dornach: De Dillmont 1894.

— — Die Strickarbeit. I. Serie. 10 Tafeln mit 41 S. Text. Fol. In Mappe 1.30
Dornach: De Dillmont 1894.

— die Teneriffaspitze. (Bibliothek D. M. C.) (14 S. m. Abbildgn. u. 20 Taf.) qu. 8. Ebd. (904). n. — 30

— le tricot. Die Strickarbeit. 1. u. 2. Serie. gr. 4. (41 u. 38 S. m. je 10 Taf.) Ebd. 893. 894. In Mappe. à n. 2. —

— Vorlagen f. die Plattstich-Arbeit. gr. 4. (7 S. m. 20 Taf. u. 20 Bausen.) Ebd. 893. In Mappe. n. 2. —

Dillmont, Th[érèse] de. Vorlagen für die Plattstich-Arbeit. Verlag von Th. de Dillmont, Dornach (Elsass) . . [1894.]
7 S. m. 6 Holzschn., 2 Bl.; 40 Taf. 4°.

— Vorlagen f. Stickereien. (1. Serie.) qu. gr. 8. (32 farb. Taf. m. Text auf der Rückseite, 6 u. 2 S. Text u. 16 Pausen.) Ebd. 900. Kart. n. 1. —

— dasselbe. (2. Serie.) qu. gr. 8. (32 farb. Taf. m. Text auf der Rückseite, 6 S. Text u. 32 Pausen.) Mülhausen (902). (Biberach, Dorn.) Kart. n. 1. —; französ. Ausg. zu gleichen Preisen.

— Vorlagen f. Stickereien. (III. Serie.) (20 farb. S. m. IV S. Text.) qu. 8. Ebd. (906). n. — 50

— Vorlagen f. Stickereien. (IV. Serie.) (Bibliothek D. M. C.) (20 farb. Taf. m. IV S. Text.) 20×30 cm. Ebd. (908). — 50

Dillnberger, Emil, Arzneimittellehre mit besonderer Berücksichtigung der österreichischen Pharmacopoe und der Wiener Schule. Wien 861. (Gerold.) Lex.-8. (XXII, 310 S.) 3 ₰

Dillnberger, Emil, therapeutisches Recept-Taschenbuch für Frauen- und Kinderkrankheiten nach der Wiener Schule. gr. 16. (XV und 246 S.) Wien 864, Braumüller. *

Dillnberger, Emil, therapeutisches Recept-Taschenbuch für Frauen- und Kinderkrankheiten nach der Wiener Schule. 2. Aufl. gr. 16. (XVI, 242 S.) Wien 870, Braumüller. *

Dillnberger's, E., therapeutisches Recept-Taschenbuch für Frauen- u. Kinderkrankheiten nach der Wiener Schule. 3. Aufl., nach dem metr. Gewichtssystem bearb. von L. Weiss. gr. 16. (XVIII, 226 S.) Wien 878. Braumüller. n. 3. —

Dillnberger, Dr. Emil, Therapeutisches Recept-Taschenbuch für äussere Krankheiten mit Einschlus der Augen-, Ohren- u. Hautkrankheiten nach der Wiener Schule, 16. (205 S.) Wien, Braumüller. 1 fl. 1860.

—— therapeutisches Recept-Taschenbuch für äussere Krankheiten mit Einschluss der Augen-, Ohren- und Hautkrankheiten nach der wiener Schule. gr. 16. (X und 157 S.) Wien 861, Braumüller's Verlags-Conto. *

—— dasselbe 2. umgearb. Aufl. 16. (IX. 210 S.) Ebds. 1 fl. 50 kr. 1861.

— therapeutisches Recept-Taschenbuch für innere und äussere Krankheiten mit Einschluss der Augen-, Ohren- u. Hautkrankheiten nach der Wiener Schule. 2. Aufl. Ebend. 862. 16. (XVII, 367 S.) n. 1 ₰ 20 ngr.

— therapeutisches Recept-Taschenbuch für innere u. äussere Krankheiten mit Einschluss der Augen-, Ohren- u. Hautkrankheiten nach der Wiener Schule. 3. verb. Aufl. Ebend. 867. 16. (XVI, 421 S.) n. 1 ₰ 20 ngr.

—— therapeutisches Recept-Taschenbuch für innere und äussere Krankheiten mit Einschluss der Augen-, Ohren- und Hautkrankheiten nach der Wiener Schule. 4. und 5. Aufl. 1869, 72, und 6. Aufl. gr. 16. (XIX, 442 S.) Wien 873, Braumüller. *

Dillnberger, Emil, therapeutisches Recept-Taschenbuch für innere und äussere Krankheiten mit Einschluss der Augen-, Ohren- und Hautkrankheiten nach der Wiener Schule. 7. Aufl. 12. (IX, 320 S.) Wien 880, Braumüller. *

—— therapeutisches Recept-Taschenbuch für innere Krankheiten nach der wiener Schule. 2., umgearb. Aufl. gr. 16. (IX und 210 S.) Wien 861, Braumüller's Verlags-Conto. *

—— therapeutisches Recept-Taschenbuch nach der wiener Schule für Aerzte und Studierende. 16. (XIII und 205 S.) Wien 859, Braumüller's Verlags-Conto. *

—— pharmacologisches Taschenbuch mit besond. Berücksichtigung der österreichischen Pharmacopöe vom J. 1869. gr. 16. (XVIII, 176 S.) Wien 869, Braumüller. *

Dillnberger, Emil, pharmacologisches Taschenbuch mit genauer Berücksicht. der österreichischen Pharmacopöe vom J. 1869. 2. verb. Aufl. gr. 16. (VI, 148 S.) Wien 879, Braumüller. *

Dillnberger, Dr. Emil, Therapeutisches Taschenbuch für Frauen- und Kinderkrankheiten nach der Wiener Schule. II. Auflage. kl. 8. (XIV u. 242 S.) Wien, Braumüller. 1870. 1 fl. 50 kr.

Dillner, Gröffel u. Günther, Altes u. Neues aus Pegau. Zur Erinnerung an das Heimatsfest am 13., 14., 15. VI. 1903. (138 Sp. m. Abbildgn.) Lex.-8. Leipzig (905). A. Strauch. n. 2.—
Sonderabdruck aus: „Neue sächs. Kirchengalerie. Ephorie Borna".

Dillner, Frz., ärztliches Hilfs- u. Merkbüchlein f. die Praxis im Königr. Sachsen. gr. 16. (IV, 109 S.) Plauen i/V. 893. F. E. Neupert's Verl. Kart. n. 1.20; Ausg. f. den vogtländ. ärztl. Bezirksverein. (V, 24 u. 109 S.) Kart. n. 1.50

Dillner, Franz Georg, Referendar a. Plauen i. V.: Das gesetzliche Erbrecht des Fiskus nach geltendem Reichsrechte. Borna-Leipzig 1908: R. Noske. (VIII, 51 S.) 8° [F.]
Leipzig, Jur. Fak., Diss. v. 15. April 1908
[Geb. 19. Dez. 80 Plauen; Wohnort: Dresden; Staatsangeh.: Sachsen; Vorbildung: Gymn. Plauen Reife O. 00; Studium: Kiel 1, München 2, Leipzig 4 S.; Rig. 9. Febr. 04.]

Dillon, C. F., s. a. D i l l o n , G. F.

Dillon, C. F., Dr. La Madonna del Buon Consiglio. Breve storia e descrizione dell' antico sanctuario di Genazzano o della maravigliosa traslazione dell' immagine miracolosa nell' anno 1467. Per cura della Sig^a *A. R. Bennett.* Volta in italiano dal Cav. *Michele Caracciolo* dei Principi di Torchiarola. Con licenza della Curia vescovile di Coira. In-16°, 212 p., con frontesp. e 12 illustrazioni. Einsiedeln, Benziger & Cie. 1888. Rilegato in tela 2 25

— Notre Dame de Bon Conseil. Histoire abrégée et description de l'antique sanctuaire de Genazzano et de la merveilleuse translation de l'image miraculeuse en l'année 1467, composée en anglais par *A. R. Bennett* et traduite en français par l'abbé *P. Chancerelle.* In-16°, 212 p., avec frontisp. et 12 illustr. Einsiedeln, ibidem. 1888. Relié en toile 2 25

Dillon, Emil J. v., die Umschreibung der eranischen Sprachen. 8. (16 S.) Leipzig 883. Gerhard. n. — 60

Dillon, Francois, englische Grammatik zum Gebrauch für Schulen und Privatunterricht. Nach einer neuen Methode bearb. und besonders darauf berechnet, den Lernenden schnell und leicht vorwärts zu bringen. Nebst reichhalt. Uebungsstücken. gr. 8. (VIII und 158 S.) Dresden 851, Adler und Dietze.

Dillon, Francis, englische Grammatik zum Gebrauch für Schulen und Privatunterricht. Nach einer neuen Methode bearb. u. mit reichhaltigen Uebungsstücken versehen. 2., unveränd. Aufl. Dresden 857. Adler u. Dietze. gr. 8. (X, 158 S.) 20 ngr

Dillon, Frz. Jul., großes illustr. Frauen-Lexikon, s.: **Krüger, Auguste.**

Dillon, G. F., s. a. D i l l o n , C. F.

—— Unsere Liebe Frau vom guten Rathe. Eine kurze Geschichte und Beschreibung des uralten Heiligthums in Genazzano und der wunderbaren Uebertragung des Gnadenbildes im J. 1467. Nach dem engl. Werke deutsch bearb. von R. v. Baumbach. 16. (206 S. mit 1 Chromo-Titelbild und 12 Illustr.) Ebendas. 887. geb.

Dillon, G. F., la Madonna del Buon Consiglio. Breve storia e descrizione dell' antico sanctuario di Genazzano o della maravigliosa traslazione dell' immagine miracolosa nell' anno 1467. Dall' opera inglese. Par cura della Sig^a A. R. Bennett. Volta in italiano dal Sacerdote Cav. Michele Caracciolo dei Principi di Torchiarolo. Con frontespizio in cromolit. e 12 illustrazione. 16. (206 S.) Einsiedeln 888. Benziger & Co. geb. 1.80

— Notre-Dame de Bon Conseil. Histoire abrégé et description de l'antique sanctuaire de Genazzano et de la merveilleuse translation de l'image miraculeuse en l'année 1467, composée en anglais par A. R. Bennett et traduite en français par P. Chancerelle. Avec frontispico chromé et 12 illustrations. 16. (210 S.) Ebd. 888. geb. 1.80

Dillon, J., s.: Christina od. die verfolgte Familie.

Dillon, John Talbot

— Regierungsgeschichte Peter des Grausamen; aus d. Engl. 2 Thle. 8. Leipz. 789. Weygand. 1 rthl 4 gr

Dillon, John Talbot. Reise durch Spanien ... A. d. Engl. übers. ... Leipzig 1782. Ü u. H: *Engelbrecht, Joh. Andreas.* (EBHN) (EngG) (Schr) (MGT) (BrMm)

Dillon, Jh. Talbot, Reise durch Spanien, welche wichtige Beobachtt. aus d. Naturgeschichte, über den Handel, Fabriken, Ackerbau u. s. w. enthält. Aus d. Engl. (v. J. A. Engelbrecht). 8. Leipz. 782. Weidmann. 1 rthl 12 gr

Dilloo, F. W. J., 95 Sätze f. das deutsche protestantische Volk. gr. 8. (23 S.) Amsterdam 885. Höveker & Zoon. — 30

Dilloo, F. W. J. Fünfundneunzig Sätze für das protestantische Volk. 8. (23 S.) Amsterd. 885, Scheffer u. Comp. * — 40

— das Wunder an den Stufen d. Ahas. Eine exeget. Studie. 8. (43 S.) Ebend. 885. n. — 70

Dilloo, Frid. Guil. Jac. (geb. Stralsund 18. 10. 1841): De Gerhoho praeposito Reicherspergensi. Gryphiswaldiae 1867. (84 S.) 8°
Berlin, Theol. Diss. v. 17. Jan. 1867

Dilloo, Frid. Guil. Jac.: Theses theologicae. Berolini (1867). (2 Bl.) 4°
Berlin, Theol. Thes. v. 17. Jan. 1867

Dilloo, Friedrich Wilhelm Ludwig Eugen, s. D i l l o o , Wilhelm

Dilloo, Josephine

Dilloo, J., geb. v. Hackewitz, Üb. d. Charakter der jungen Damen, sow. er aus ihrer Handschrift ersichtl. ist. I. d. gefühlvollen, natürlichen, II. die koketten, III. die denkenden Frauennaturen. Vortrag, geh. am Mittwoch, d. 3. XI. 1897, i. Saal „Verein d. jungen Kaufleute", Beuthstr. 201. gr. 8. (15 S. m. 11 Schriftproben.) Berlin 897. (R. Siegismund.) n. — 50; geb. n. 1.—

Dilloo, Josephine, u. Agnes Dilloo

— — Geheimnisse d. menschl. Seelenlebens auf Grundlage d. Graphologie. M. 144 Schriftproben z. Erklärg. d. Textes. 8. (VIII, 252 S.) Ebd. 898. n. 4.—; geb. in Leinw. n. 5.—

Dilloo, J. und A: Geheimnisse des menschlichen Seelenlebens auf Grundlage der Graphologie. Berlin (1901)

— Handschriften-Deutung. Kurze Anleitg. z. Selbstunterr. M. 208 Schriftproben z. Erklärg. d. Textes. 2. [Titel-]Aufl. gr. 8. (VII, 84 S.) Ebd. (896) 898. n. 2.—

[F.] Lebensbilder auf Grundlage der Graphologie. Von Frau Prof. J[osephine] Dilloo, ... Schreibsachverständige zu Berlin, u. ihrer Mitarb. Agnes Dilloo. M. 30 Schriftproben. *Berlin: K. Siegismund [1898].* (2 Bl, 84 S.) 1 Bd 8.

— u. Agnes **Dilloo**, welche Charaktere ergänzen sich i. tägl. Zusammenleben? 1. D. Verhältnis d. Freundes z. Freunde. 2. D. Verhältnis v. Geschäftsteilhabern zu- einander. 3. D. Verhältnis d. Hausfrau z. Dienstboten. M. 11 Schriftproben. 8. (31 S.) Berlin 898. K. Siegismund. n. — 50; geb. n. 1. —

Dilloo, J., geb. v. Hackewitz, u. Agnes **Dilloo**, wie ergänzen sich d. Charaktere d. Braut- u. Eheleute? 1. Paare, die sich ergänzen. 2. Paare, die sich nicht ergänzen. M. 8 Schriftproben. 8. (20 S.) Ebd. 898. n. — 50; geb. n. 1. —

Dilloo, Wilhelm

— **Pensionseinrichtungen f. Privatbeamte**, s.a. Schriften d. Centralstelle f. Arbeiter-Wohlfahrtseinrichtungen. Nr. 32.

Pensionseinrichtungen für Privatbeamte. Ein Wegweiser z. Schaffung u. Reorganisierung von Beamtenpensionseinrichtungen bei Privatunternehmungen von Dr. jur. Wilhelm **Dilloo**. Berlin: C. Heymann 1907. (VIII, 204 S.) 8° [F.]
= **Schriften** d. Zentralstelle f. Arbeiter-Wohlfahrtseinrichtungen. No 32.
[07. 6952 θ

Dilloo, *Friedrich* Wilhelm *Ludwig Eugen* [Kammerger.-Ref.]: Die Quittung im Recht und im Verkehr. Unter Berücks. d. deutschen u. ausländ. Gesetzgebgn ... *Zittau i. S., Buchdr. Haase & Boes, 1895;* 114 S., 1 Bl. 8.
Berlin, Jur. Fak., Inaug.-Diss. v. 30. Dez. 1895

Sollen die weiblichen Privatbeamten zur gesetzlichen Pensionsversicherung die gleichen Beiträge leisten wie die männlichen? von Dr. jur. Wilhelm **Dilloo**. Berlin: W. & S. Loewenthal 1907. (22 S.) 8° [F.]
Aus: Die Frauenbewegung. 1907, No 20/21. [08. 637

Dilloo, Wilh., der Staatsdienst (Berufswahl), s.a. Taschenbücher, illustr., f. die Jugend. 21. Bd.

Der Staatsdienst. Hrsg. von d. Redaktion d. Guten Kameraden. Bearb. von Dr. Wilhelm **Dilloo**. 5. Aufl. Mit 12 Abb. *Stuttgart, Berlin, Leipzig: Union [1903].* (126 S.) 8° [F.]
= Berufswahl. [4.]
= **Taschenbücher**, Illustrierte, f. d. Jugend. 21.

— Die Vorschläge des Hauptausschusses zur gesetzlichen Pensionsversicherung der Privatbeamten. (S.-A. aus der „Concordia", 15. Jan. 1908.) 8°. Berlin, C. Heymann, 1908.

Wie finde ich die beste Lebensversicherung? Eine Anleitung z. Prüfung u. Vergleichung d. Lebensversicherungsgesellschaften von Dr. jur. Wilhelm **Dilloo**. Berlin: C. Heymann 1908. (VII, 83 S.) 8° [F.] [08. 5819

Dilloo, Wilh., wo finde ich die beste Lebensversicherung? Eine Anleitg. zur Prüfg. u. Vergleichg. der Lebensversicherungsgesellschaften. (VII, 83 S.) kl. 8. Berlin 908. C. Heymann. Kart. 1. —
Aus dem Handel gezogen.

Dillschneider, Johann Josef, s. Dilschneider

Dilltal, das. Führer durch Luftkurort Dillenburg, Herborn, Haiger u. Umgebg. m. 25 Illustr., 1 Stadtplan u. 1 Karte des Dillgebietes. (131 S.) 12. Dillenburg (903). Gebr. Richter. Geb. n.n. 1. 20

Dillwyn, ..., Großbritanniens Conferven; für deutsche Botaniker bearb. von F. Weber u. M. H. Mohr. 4 Hefte, mit 19 Kpft. gr. 8. Götting. 803—5. Dieterich. 1 ₰ 16 gl.

Dilner, C.: Ein Beitrag zur Geologie der Westküste des Ochotskischen Meeres, s. Bogdanowitsch, K.

Dilock, Prinz von Siam: Die Landwirtschaft in Siam. Tübingen 1907: H. Laupp jr. (XI, 215 S., 8 Tab.) 8°
Tübingen, Staatsw. Fak., Ref. v. Schönberg, Diss. v. 9. März 1907
(Nur in beschränkter Anzahl für den Austausch)
[Geb. 3. Mai 84 Bangkok; Wohnort: Bangkok; Staatsangeh.: Siam; Vorbildung: Privatunterricht; Studium: München 4, Tübingen 3 S.; Rig. 9. März 07.]

Dilock Prinz v. Siam, die Landwirtschaft in Siam. Ein Beitrag zur Wirtschaftsgeschichte des Königr. Siam. (XII, 215 S. m. 8 Tab.) Lex. 8. Leipzig 908. C. L. Hirschfeld. 6. —

Dilsberg. 1 : 1,550. 1 Bl. Handzeichnung.

Dilschmann, F., Formularbuch. Eine Sammlg. v. 140 Musterformularen zu gerichtl. Eingaben, briefl. Benachrichtiggn., Verträgen ꝛc. nach dem bürgerl. Gesetzbuch u. der Civilprozeßordng. f. Laien u. Juristen. (IV, 108 S.) 8. Leipzig 903. W. Strübig. Kart. n. 1. —

— **unser Geschäfts- u Verkehrsleben nach dem bürgerlichen Gesetzbuche.** Eine systemat. Erklärg. des bürgerl. Gesetzbuches m. Ausschluß des Familien- u. des Erbrechtes f. jedermann, insbesondere Kaufleute, Industrielle, Landwirte u. Studierende der Rechte, nebst e. Formularanh. u. Sachregister. (X, 493 u. 64 S.) 8. Ebd. 903. Geb. in Leinw. n. 4. —; in Halbfrz. n. 5. 50

— **das bürgerliche Gesetzbuch f. das Deutsche Reich** nebst Einführungsgesetz vom 18. VIII. 1896. Mit Sachregister u. Randbemerkgn. versehen. 2 Tle. in 1 Bde. (VIII, 226, 288 u. XXVI S.) 8. Ebd. 905. Geb. n. 1 50; in 2 Bde. geb. (VIII, 226, XXVI u. VIII, 288, XXVI S.) n. 2. —

— dasselbe m. e. Formularanh. versehen. (XV, 228, 288, XXVI u. 108 S.) 8. Ebd. 905. Geb. n. 2. 50

— dasselbe u. m. systematischen Erklärungen versehen. (XV, 493, 456, XXVI u. 108 S.) 8. Ebd. 905. Geb. in Leinw. n. 7. —; in Halbfrz. n. 8. 50

Dilschmann, Im. latein. Syntax ꝛc. 8. Züllich. (Fromann in Jena.) 742.

Dilschmann, Imm., latein. Syntaxis. 8. Züllichau ... 2e Aufl. 757. Frommann in Jena. 3 gl.

Dilschmann, Joh. Fr.

Dilschmann, J. F., Vocabularium graeco-latinum in Gesneri chrestomathiam graecam, in Xenophontis Memorabilia et in Homeri libros IV priores Iliados. Stendal. 785. 8. 16 gr.

Dilschmann, Jh. Fr., vocabulorum graeco-latin. in Gessneri Chrestomath. graec. et Xenophontis memorabilia. 8. Stendal 785. Franzen u. Gr. 16 gl.

Dilschmann, Jh. Edw., († d. 3. Oct. 1809.) diplomat. Geschichte u. Beschreib. von d. Stadt u. Festung Spandau. 4. Berl. 785.

— s. Grundriß d. Erdbeschreib.

Dilschneider, J. W., Rubriken für Küster, Chorsänger und Chorknaben, in der Charwoche und an einigen andern besondern Tagen, aus dem römischen Missale ausgezogen. Aachen 851. Hensen u. Co. 12. (12 S.) 2½ ngr

Dilschneider, Johann Josef

Dilschneider, Jh. Jos., Abhandlungen über Klopstock's Frühlingsfeier und über Verdeutschungen. gr. 8. Köln 838. Renard. ⅜ ₰

Dilschneider, Joh. Jos., Abhandlungen üb. Klopstock's Frühlingsfeier u. üb. Verdeutschungen. gr. 8. (4 B.) Köln 838, [Welter.]

Dilschneider, Jh. Jos., Anfangsgründe d. Arithmetik, wissenschaftl. dargestellt. gr. 8. Köln 817. Rommerskirchen. 12 gr.

— Anfangsgründe d. Longimetrie u. Planimetrie, für Gymnasien. Mit eingedruckten Figuren. gr. 8. Köln 820. Rommerskirchen.

— Anleit. zur gemeinen Arithmetik. Als 2e Abtheil. d. Obigen. gr. 8. Köln 818. Rommerskirchen. 16 gr.

—— Anleitung zu deutschen Stilübungen auf höhern Bildungsanstalten. 8. (6 B.) Köln 840, Du Mont-Schauberg.

Dillschneider, J. J. Ueber Klopstocks Frühlingsfeier. Ein ästhet. Versuch. 28 S.
Progr. Cöln k. 1829

— u. Bd. Willmann, Commentar zur Seberschen Mustersammal. 1e u. 2e Abtheil. gr. 8. Köln 822 u. 28. Dü-Mont-Schauberg. 3 ℛ

—— und Willmann, Kommentar z. Seberschen Muster-Samml. deutscher Gedichte. Für Lehrer u. z. Selbstbelehr. II. Abthl: Erklär. d. Lieder, Elegien, Heroiden, Kantaten u. d. lyrischen, durch ihre Form besond. ausgezeichn. Dichtungsarten. gr. 8. (27 B.) Köln 828, DuMont-Schauberg.
I. Abthl. Ebendas. 1822. 1 Thlr. 12 Gr.

Dilschneider, Joh. Jos., Lehrbuch d. Elementar-Arithmetik. gr. 8. (13½ B.) Köln 830, P. Schmitz.

— Lehrbuch d. Elementar-Geometrie, enthalt. d. Longimetrie u. Planimetrie in Verbindung. Mit 3 Steindr. gr. 8. Köln 820. Rommerskirchen. 1 ℛ 6 gr.

—— Leitfaden f. d. Unterricht in d. Stillehre, z. Gebr. in d. obern Klassen d. Gymnasien. 8. (2 B.) Köln 828, DuMont-Schauberg.

— Musterlese aus dem Gebiete deutscher Dichtkunst, s. Arn. Jos. Schmitz

—— systemat. geordn. Musterlese, s. Schmitz, A. J.

—— Musterlese aus d. Gebiet d. Deutschen Prosa, s. Schmitz, Arn. Jos.

Dilschneider, J. J. Ueber die Poesie (im Allgemeinen). 14 S.
Progr. Cöln k. 1839

—— die deutsche Prosa in klass. Beispielen, z. Lesung u. Erklärung in d. obern Klassen d. Gymnasien. gr. 8. (21½ B.) Köln 829, DuMont-Schauberg.

Dilschneider, Jh. Jos, die deutsche Sprache in Proben aus allen Jahrhunderten; von Ulphilas bis Goethe, nebst e. Wörterbuche, zum Gebr. in den obern Klassen d. Gymnasien. gr. 8. Köln 826. P. Schmitz. 1 ℛ

—— bunte Scenen u. Bilder. gr. 12. (6 B. m. vielen Vign.) Köln 839, (Boisserée.)

— Umriß der Geschichte des deutschen Schriftenthums, für Schulen. gr. 8. Köln 835. Renard. ½ ℛ

Dilschneider, Joh. Jos., Umriß d. Geschichte d. deutsch. Schriftenthums, f. Schulen. gr. 8. (8¼ B.) Köln 835, [Welter.] Thlr.

—— deutsche Verslehre. 2., ganz neu bearbeitete Aufl. gr. 8. (13 B.) Köln 839, Du Mont-Schauberg.

— kleinere Verslehre d. deutschen Sprache, zum Gebr. in höhern Elementarschulen rc. 8. Köln 827. Dü-Mont-Schauberg. 10 gr.

— Verslehre d. deutschen Sprache. gr. 8. Köln 823. Dü-Mont-Schauberg. 18 gr.

Dilsner, Ludw., Jasminblüthe. Drama i. 5 Akten. (Mit e. Vorwort.) gr. 8. (111 S.) Berlin (898). (W. R. Berndt.) 3.—

Dilthey, Albert: Militärischer Dienst-Unterricht für einjähr. Freiwillige.., s.a. Abel, Paul

Dilthey, militairischer Dienst-Unterricht für einjährig Freiwillige, Offizier-Aspiranten und Reserve-Offiziere der Feld-Artillerie. Mit Unterstützung artillerist. Mitarbeiter hrsg. gr. 8. (IX, 492 S.) Berlin 875, Mittler und Sohn. *

Dilthey, militairischer Dienst-Unterricht für einjährig Freiwillige, Reserve-Offizier-Aspiranten u. Offiziere des Beurlaubtenstandes der Feld-Artillerie. Mit Unterstützung artillerist. Mitarbeiter hrsg. 2., völlig neu durchgearb. Aufl. gr. 8. (X, 570 S.) Berlin 877. Mittler & Sohn. n. 7. —

Dilthey, A. Dienst-Unterricht der Einjährig-Freiwilligen der Infanterie. 1. Aufl.
Berlin 1867. 166 S.
— — 2. Aufl. 1868. — 5. Aufl. 1871.
— — 10. Aufl. Mit Holzschn. u. 1 Taf. 1878.
— — 23. Aufl. 1892. — 38. Aufl. 1908.
— — k. preuss. Hauptm., aggregirt dem westphäl. Füsilier-Reg. Nr. 37. Militärischer Dienst-Unterricht für Einjährig-Freiwillige und jüngere Offiziere des Beurlaubtenstandes der Infanterie. 5., neu durchgesehene und verm. Auflage. (Mit 1 Taf.) 8. Berlin 1871.

—— militairischer Dienst-Unterricht für einjährig Freiwillige und jüngere Offiziere des Beurlaubtenstandes der Infanterie. 6. Aufl. (VIII, 268 S.) 1873, und 7. neu durchgeseh. und ergänzte Aufl. gr. 8. (XI, 276 S.) Ebendas. 874. *

Dilthey, militairischer Dienst-Unterricht f. einjährig Freiwillige, Reserve-Offizier-Aspiranten u. jüngere Offiziere d. Beurlaubtenstandes der Infanterie. 8. neu durchgearb. Aufl. gr. 8. (VII, 282 S.) Berlin 875. Mittler & Sohn. n. 2. 50

— dasselbe. 9., völlig neu durchgearb. Aufl. gr. 8. (VII, 297 S.) Ebend. 876. n. 3. —

—— militärischer Dienst-Unterricht für einjährig Freiwillige, Reserve-Offizier-Aspiranten und Offiziere des Beurlaubtenstandes der deutschen Infanterie. 10., völlig neu durchgearb. und mit ausführl. Sachregister verseh. Aufl. (XIV, 367 S. mit Holzschn. im Text und 1 lithogr. Taf.) 1878. *ℳ 4.; 11., völlig neu durchgearb. und mit ausführl. Sachregister verseh. Aufl. gr. 8. (X, 362 S. mit vielen Abbild. im Text.) Ebendas. 879.

Dilthey, militärischer Dienst-Unterricht für einjährig Freiwillige, Reserve-Offizier-Aspiranten und Offiziere des Beurlaubtenstandes der deutschen Infanterie. Mit vielen Abbild. im Text. 12. völlig neu durchgearb. und mit ausführl. Sachregister versehene Aufl. (VII, 358 S.) 1880; 13. Aufl. (X, 356 S.) 1881; 14. Aufl. (X, 364 S.) 1883; 15. völlig neu durchgearb. und mit ausführl. Sachregister versehene Aufl. gr. 8. (X, 361 S.) Berlin 884, Mittler und Sohn.

Dilthey, militärischer Dienst-Unterricht für einjährig Freiwillige, Reserve-Offizier-Aspiranten und Offiziere des Beurlaubtenstandes der deutschen Infanterie. 16. neu durchgearb. und mit ausführl. Sachregister verseh. Aufl. gr. 8. (XI, 383 S. mit vielen Abbild. im Text und 4 Taf. in Steindr.) Berlin 885, Mittler und Sohn. *ℳ 3.25.; geb. **

—— dass. — 17. nach den neuesten Vorschriften bearb. und mit ausführl. Sachregister verseh. Aufl. gr. 8. (XI, 397 S. mit vielen Abbild. im Text und 4 Taf. in Steindr.) Ebendas. 887. *
geb. **

—— dass. — Nachträge 1—4. gr. 8. (37; 61 S. mit eingedr. Abbild. und 7 Stnt.) Ebendas. 887. **

—— dass. — 18. neu durchgearb. und mit ausführl. Sachregister verseh. Aufl. gr. 8. (XII, 393 S. mit vielen Abbild. im Text und 4 Taf. in Steindr.) Ebendas. 887.
geb. **

—— dass. — 19. auf Grund der neuesten Bestimmungen und Vorschriften, insbesondere des neuen Exerzir-Reglements für die Infanterie umgearb. und mit ausführl. Sachregister verseh. Aufl. gr. 8. (XIII, 412 S. mit vielen Abbild. im Text und 4 Taf. in Steindr.) Ebendas. 888. *ℳ 3.50.; geb. *

Dilthey. Militärischer Dienst-Unterricht f. einjährig Freiwillige bei der Ausbildung zu Reserve-Offizieraspiranten, sowie zum Gebrauch für Letztere u. f. Offiziere d. Beurlaubtenstandes der deutschen Infanterie. 21., nach den neuesten Bestimmgn. [insbesondere dem Leitfaden, betr. das Gewehr 88, der Schießvorschrift f. die Infanterie v. 21. Novbr. 1889 u. der Allerhöchsten Ordre v. 1. Febr. 1890 über die Bildg. zweier neuen Armeekorps] gänzlich neu durchgearb. u. m. ausführl. Sachregister verseh. Aufl. Mit vielen Abbildgn. im Texte u. 1 Stnt. gr. 8. (XIII, 415 S.) Berl. 890, Mittler u. Sohn. * 3 50

Dilthey's, militärischer Dienst-Unterricht für einjährig Freiwillige bei der Ausbildung zu Reserve-Offizieraspiranten, sowie für Offiziere des Beurlaubtenstandes der deutschen Infanterie. Bearb. von O. v. dem Knesebeck. 25., nach den neuesten Gesetzen u. Bestimmgn. neu durchgearb. u. m. ausführl. Sachregister verseh. Aufl. Mit vielen Abbildgn. im Text u. 2 Steindr.-Taf. gr. 8. (XII, 316 S.) Berlin 894. E. S. Mittler & Sohn. n. 3. —; geb. in Leinw. n. 3. 50

22.—24. Aufl. 891—893. à n. 3. 50; geb. n. 4. —.

Dilthey's militär. Dienst-Unterricht f. Einjährig-Freiwill. b. d. Ausbildung zu Reserve-Offizieraspiranten, sow. f. Offiziere d. Beurlaubtenstandes d. deutschen Infanterie. Bearb. v. O. v. d. Knesebeck. 26., n. d. neuesten Gesetzen u. Bestimmgn. neu durchgearb. u. m ausführl. Sachreg. vers. Aufl. M. vielen Abb. i. Text u. 2 Steindr.-Taf. gr. 8. (XII, 324 S. u. Anh. 19 S. m. Abb. u. 1 Taf.) Berlin 895. E. S. Mittler & Sohn. Geb. in Leinw. n. 3. 50

[F.] **Dilthey's** Militärischer Dienst-Unterricht für einjährig Freiwillige bei der Ausbildung zu Reserveoffizier-Aspiranten sowie für Offiziere des Beurlaubtenstandes der deutschen Infanterie. Bearb. v. C. Lange, Oberstl. ... d. Inf.-Reg. ... No 27. 27., nach d. neuesten Gesetzen u. Bestimmgn völlig neu bearb. u. m. ausführl. Sachreg. vers. Aufl. M. 1 Titelb., 14 Taf., 4 autogr. Anl. u. 2 Steindrucktaf. *Berlin: E. S. Mittler & Sohn 1897.* (XII, 334 S., 1 Taf., 2 Kt., 8 Formul.) 1 Bd 8. [97. 2918

[F.] **Dilthey's** Militärischer Dienst-Unterricht für Einjährig-Freiwillige bei der Ausbildung zu Reserveoffizier-Aspiranten sowie f. Offiziere d. Beurlaubtenstandes d. deutschen Infanterie. Bearb. v. C. Lange, Oberstlt. ... d. Inf.-Reg. ... Nr. 27. 28. nach den neuesten Ges. u. Bestimmgn völlig neu bearb. u. m. ausführl. Sachreg. vers. Aufl. M. 1 Titelb., 14 Taf., 4 autograph. Anl. u. 2 Steindrucktaf. *Berlin: E. S. Mittler & Sohn 1898.* (XII, 338 S., 1 Taf., 2 Sk., 4 Beil.) 1 Bd 8. [98. 7288

Dilthey's militärischer Dienst-Unterricht f. Einjährig-Freiwillige bei der Ausbildung zu Reserveoffizier-Aspiranten, sowie f. Offiziere des Beurlaubtenstandes der deutschen Infanterie. 30., nach den neuesten Vorschriften u. Bestimmgn. völlig neu bearb. u. m. ausführl. Sachregister verseh. Aufl. Mit 19 Taf., 12 Abbildgn. im Text u. 2 Steindr.-Taf. gr. 8. (XII, 274 S.) Berlin 900. E. S. Mittler & Sohn. n. 3. —; geb. in Leinw. n.n. 3. 50

[Albert] **Dilthey's** Militärischer Dienst-Unterricht für Einjährig-Freiwillige bei der Ausbildung zu Reserveoffizier-Aspiranten sowie f. d. Offiziere d. Beurlaubtenstandes der deutschen Infanterie. 31. völlig neu bearb. ... Aufl. Mit 22 Taf. u. 21 Abb. Berlin: Mittler 1901. XIV, 266 S. 8° [01. 566 7

[Albert] **Dilthey's** Militärischer Dienst-Unterricht für Einjährig-Freiwillige bei der Ausbildung zu Reserveoffizier-Aspiranten sowie f. Offiziere d. Beurl.-Standes d. deutschen Infant. 32., nach d. neuesten Vorschriften u. Bestimmungen umgearb. u. mit ausführl. Sachreg. vers. Aufl. Mit 26 Taf. u. 23 Abb. *Berlin: E. S. Mittler & Sohn 1902.* (268 S.) 8° [F.] [03. 1831

[Albert] **Dilthey's** Militärischer Dienst-Unterricht für Einjährig-Freiwillige bei der Ausbildung zu Reserveoffizier-Aspiranten, sowie f. Offiziere d. Beurlaubtenstandes d. deutschen Infanterie. 34. nach d. neuesten Vorschriften u. Bestimmungen umgearb., verm. u. mit ausführl. Sachreg. versehene Aufl. Mit 27 Taf. u. 32 Abb. *Berlin: E. S. Mittler & Sohn 1904.* (XV, 288 S.) 8° [F.]
[Umschlagt.:] Dilthey. Der Einjährige d. Infanterie. [04. 13218

[Albert] **Dilthey's** Militärischer Dienst-Unterricht für Einjährig-Freiwillige bei der Ausbildung zu Reserveoffizier-Aspiranten, sowie f. Offiziere d. Beurlaubtenstandes d. deutschen Infanterie. [Nebst] Nachtrag. 36. nach d. neuesten Vorschriften u. Bestimm. umgearb., verm. u. mit ausführl. Sachreg. vers. Aufl. Mit 27 Taf. u. 32 Abb. Berlin: E. S. Mittler & Sohn 1906. (XIII, 288, 2 S.) 8° [F.]
[Umschlagt.:] Dilthey. Der Einjährige d. Infanterie. [06. 11480

Dilthey's militärischer Dienst-Unterricht f. Einjährig-Freiwillige bei der Ausbildung zu Reserveoffizier-Aspiranten, sowie f. Offiziere des Beurlaubtenstandes der deutschen Infanterie. 37., nach den neuesten Vorschriften u. Bestimmgn. völlig umgearb., verm. u. m. ausführl. Sachregister verseh. Aufl. Mit 27 Taf. u. 34 Abbildgn. im Text. (X, 296 S.) gr. 8. Berlin 907. E. S. Mittler & Sohn. n. 2. 60; geb. n. 3. —

[Albert] **Dilthey.** Der Einjährig-Freiwillige, der Reserveoffizier-Aspirant und der Offizier des Beurlaubtenstandes der Infanterie. 38., vollst. umgearb. Aufl. Mit 1 Übersichtskarte, 28 Taf., zahlr. Abb. u. e. ausführl. Sachverzeichn. Berlin: E. S. Mittler & Sohn 1908. (XI, 354, 18 S.) 8° [F.]
[Die früheren Aufl. u. d. T.:] Dilthey: Militär. Dienstunterricht f. Einjährig-Freiwillige.
[Umschlagt.:] Dilthey. Der Einjährige d. Infanterie. [08. 8073

[Albert] **Dilthey.** Der Einjährig-Freiwillige, der Reserveoffizier-Aspirant und der Offizier des Beurlaubtenstandes der Infanterie. Mit e. Anh. enth. Prüfungsaufgaben. 39., vollst. umgearb. Aufl. Mit zahlr. Abb. u. e. ausf. Sachverzeichnis. Berlin: Mittler 1909. XI, 370 S. 8° [09. 6067

[Albert] **Dilthey.** Der Einjährig-Freiwillige, der Reserveoffizier-Aspirant und der Offizier des Beurlaubtenstandes der Infanterie. Mit e. Anh., enth. Prüfungsaufgaben. 40., vollst. umgearb. Aufl. Mit zahlr. Abb. u. e. ausführl. Sachverzeichnis. Berlin: Mittler 1910. XVI, 367 S. 8° [10. 2616

Dilthey, der Einjährig-Freiwillige, der Reserveoffizier-Aspirant u. der Offizier d. Beurlaubtenstandes d. Infanterie. 41., vollst. umgearb. Aufl. Mit zahlr. Abbildgn. im Text u. e. ausführl. Sachverzeichnis. (XVI, 362 S.) gr. 8. Berlin 911. E. S. Mittler & Sohn. 2.60; geb. 3. —

— u. **Bahlkampf,** Handbuch zum Gebrauch für Offiziere des stehenden Heeres bei der Anfertigung der militärisch-schriftlichen Arbeiten. Berlin 867. Schlesier. gr. 8. (212 S.) n. 1 ₰ 10 ngr.

Dilthey. Leitfaden für den Unterricht der Einjährig-Freiwilligen. 3. Aufl. Berlin 1869. 8°. (1. Aufl. 1867.
Dass. u. d. T.: Militärischer Dienstunterricht. 17. Aufl. 1887.
Dass. 25. Aufl. von O. v. dem Knesebeck. 1894.
Dass. 31. Aufl. 1901.

Dilthey, Leitfaden für den Unterricht der einjährigen Freiwilligen bei der Ausbildung zum Offizier und für jüngere Offiziere des Beurlaubtenstandes bei Ausübung der militair. Dienst- und Standes-Pflichten. 3., nach den neuesten Bestimmungen bericht. und verm. Aufl. (XIII, 221 S.) 1869; 4. und 5. Aufl. gr. 8. (X, 231 S.) Berlin 870,72, Mittler und Sohn. *

Dilthey, Unterricht der einjährigen Freiwilligen bei der Ausbildung zum Landwehr-Offizier. gr. 8. (XIII und 166 S.) Berlin 867, Mittler und Sohn. *

— dass. 2. Aufl. Berlin 1868. 8°

— dass. 5. Aufl. Berlin 1871. 8°

— Unterricht der einjährigen Freiwilligen bei der Ausbildung zum Offizier der Reserve u. Landwehr. 867. (XIII, 166 S.) — 2., bericht. u. verm. Aufl. Ebend. 868. gr. 8. (XII, 212 S.) n. 22½ ngr.

Dilthey, Alfred, aus Rheydt ⟨Regbz. Düsseldorf⟩: 1. Über **Diazobenzidinverbindungen.** 2. Zur Salzbildung des p-Nitrosodimethylanilins. *Bonn 1900: Georgi.* (38 S.) 8°
Würzburg, Phil. Diss. v. 1900

Dilthey, F., praktische Rathschläge beim Ankauf von Landgütern u. Anleitung zur Verbesserung deteriorirter Güter. Ein Handbuch für angehende Gutsbesitzer. Glogau 855. Flemming. gr. 8. (XII, 195 S.) 22½ ngr.

Dilthey, Frdr. Otto, die niederrheinische Baumwollindustrie. I. Die Gesch. der niederrhein. Baumwollindustrie. (VIII, 55 S.) gr. 8. Jena 908. G. Fischer. 1. 60

Dilthey, Friedrich Otto, Regierungsassessor a. Allenstein: Die Entwicklung der Baumwollindustrie im niederrheinischen Industriebezirk bis zum Niedergang der Hausindustrie. Jena: G. Fischer 1908. (23 S.) 8° ¶ (Erscheint vollst. u. d. T.: „Die niederrheinische Baumwollindustrie".)
Heidelberg, Phil. Fak., Ref. Gothein, Diss. v. 24. Febr. 1908
[Geb. 19. Juli 77 Rheydt; Wohnort: Allenstein; Staatsangeh.: Preußen; Vorbildung: Gymn. Mülheim a. d. Ruhr Reife O. 96; Studium: Lausanne 1, Brüssel 1, Heidelberg 1, Berlin 2, Bonn 2 S.; Rig. 21. Dez. 07.]

Die Geschichte der niederrheinischen Baumwollindustrie von Friedrich Otto Dilthey. Jena: Fischer 1908. VIII, 55 S. 8°
[Ein T. erschien als Inaug.-Diss. Heidelberg 1908 u. d. T.: Die Entwicklung der Baumwollindustrie im niederrhein. Industriebezirk ...]
(Dilthey Die niederrheinische Baumwollindustrie. 1.) (o4. 6332 7

Dilthey, J. D., s. Müchler, J. G.: Briefe ...

Dilthey, Joh. Eberw. (Dillenburg/Nassau), De persona mandantis mandatario imposita. Disp. jur. Götting. (Abr. Vandenhoeck) 24. VIII. 1743. 24 S. (5.—) 6562
Gew.: Conr. Heinr. v. der Luehe, Wilh. Carl Heinr. Frisonis.

Dilthey, Joh. Friedr. Karl, s. Dilthey, Jul. Friedr. Karl

Dilthey, Isaak Dn.

— s. Briefe über d. baier. Erbfolge-Angelegenheiten.

Dilthey, Isaak Dn., († d. 3. Mai 1793.) Oden u. geistl. Lieder. 8. Bresl. 776. W. G. Korn. 4 gr

Dilthey, Jul. Friedr. Karl

Dilthey, Jul. Fr. Karl, Cicero, drei Bücher vom Redner, s. Cicero.

Dilthey, Jul. Fr. Karl, s. Cicero's Werke

Dilthey, J. F. C., De electro et eridano. Pr. 1824. 24 S. 4°.

— Diss. de electro eridano. 4. Darmst. 825. Leske. 6 gr

Dilthey, C., Platonicorum librorum de legibus examen quo, quonam iure Platoni vindicari possint adpareat. Gekr. Pr. 1820. 64 S. 4°. 2.—

— Platonicorum librorum de legibus examen, quo, quonam jure Platoni vindicari possint, adpareat. 4maj. Götting. 820. (Vandenhöck u. R) 12 gr

Dilthey, Joh. Friedr. Karl, über einen zeitgemäßen Fortschritt in d. höheren Bildung, e. Rede, d. rhein. naturforsch. Gesellschaft in Mainz zur Erwiderung f. d. Annahme unt. ihre Mitglieder gewid. gr. 8. (1½ B.) Darmstadt 840, Jonghaus.

— griech. Fragmente in Prosa u. Poesie, s. Fragmente.

Dilthey, Jul. Friedr. Karl, Geschichte d. Großhrzgl. Gymnasiums zu Darmstadt, 200 Jahre nach dess. Stiftung. 4. (27½ B.) Darmstadt 829, [Heyer'sche Brlsh.]

— s. Instruktion für d. Unterricht.

Dilthey, J. F. C., De legione Romanorum XXII. Pr. 1830. VIII, 147 S m. 2 Taf. 4°.

Dilthey, J. F. C., De Mileto et locis, quae circumiacent, disquisitio historica. Pr. 1829. VIII, 46 S. u. 1 Kte. 4°. 2.—

—— Oratio, habita qua viri generosiss. Carl de Wreden, et viri excellent. C. de Grolmann, de republica et literis optime meritorum memoriam commendavit. 4. (2½ B.) Darmstadii 829, Leske.

— Progr. des Großh. Gymnasiums zu Darmstadt. Einladung zu d. Schulfeierlichkeiten am 5n, 6n u. 7n April 1830. Darmst. 830. Progr. Einladung ꝛc. am 27n, 28n u. 29n Sept. 1830. Mit Anh.: ausführl. Erklärung d. Platon. Gastmahls, v. Ldw. Chr. Zimmermann. 16 Heft. 4. Darmst. 830.

— Rede gegen die auf Universitäten Statt findenden geheim. Verbindungen. 4. Darmst. 827. (Leske).

— s. Schulzeitung u. pädagog.-philolog. Literaturblatt.

— s. Tacitus de situ.

Dilthey, Jul. Fr. Karl, über das Verhältniß der Real- u. Gewerbschulen zu den Gymnasien, Universitäten u. zum Staatsdienst, und seine fernere Gestaltung in den teutschen Staaten. gr. 12. Darmstadt 839. Pabst. n. ⅓ ℛ

Dilthey, K.

Dilthey, C., Festrede am 11. Juni 1879. (Ueber Apulejus.) Pr. 1879. 19 S.

Dilthey, K., Festrede vom 14. Juni 1882: Ueber die Archäologie. Pr. 1882. 21 S. 4°.

Dilthey, K. Zur Gymnasialreform. Erstes Heft. Darmstadt, G., 1848. 46 S. 4.
Dasselbe. Zweites Heft. Ebd. 1849. 50 S. 4.
Dasselbe. Drittes Heft. Ebd. 1850. 4.
Progr.

Dilthey, K. (Hrsg.), s. Schulzeitung, Allgemeine.

Dilthey, Karl

Dilthey, Carol., Analecta Callimachea. gr. 8. (44 S.) Bonn 865, Cohen und Sohn. *

Dilthey, Carolvs (geb. am 18 März 1839 in Biebrich): Analecta Callimachea ... Bonnae, form. C. Georgi (1865). 2 Bl., 47 S. 8.
¶ Erschien zugleich selbständig bei Cohen & Sohn in Bonn.
Bonn, Phil. Fak., Diss. v. 30 März 1865

Index scholarum publice et privatim in academia Georgia Augusta per sem. hib. a d. XV. m. Oct. a. 1891 usque ad XV. m. Mart. a. 1892 habendarum. — Insunt Caroli **Diltheyi** coniectanea critica in anthologiam graecam. Gottingae, offic. acad. Dieterichiana typ. expr., *1891;* 28 S., 1 Bl. 4.

— Coniectanea crit. in Anthologiam Graecam. Pr. 1892. 18 S. 4°.

Dilthey, Carol., de Callimachi Cydippa. Accedunt Aristaeneti epistula I. 10, Ovidianae epistulae XX et XXI, Maximi Planudis graeca metaphrasis epistularum Ovidianarum XX et XXI. 1—12 nunc primum edita. Leipzig 863. Teubner. gr. 8. (VIII, 172 S.) n. 1 ℛ

Dilthey, C., Dipinti Pompeiani accompagnati d'epigrammi Greci. S.-A. 1876. 28 S. 1.—

Diltheyi, Caroli, epigrammata graeca in muris picta duo tabulis lithographis expressa et commentario inlustrata. 4. (21 S. m. 2 Steintaf. in qu. Fol.) Göttingen 878. (Dieterich's Verl.) n. 1.—

— Epigrammata graeca in muris picta. Pr. 1879. 21 S., 2 Taf. 4°.

Dilthey, Carl, de epigrammatis nonnullis graecis disputatio. 4. (12 S.) Göttingen 881, (Dieterich'sche Verlagsh.)

— De epigrammatis nonnullis graecis. Pr. 1882. 12 S. 4°.

—— s. a. Epistulae Gottingenses.

Index scholarum publice et privatim in academia Georgia Augusta per sem. hib. a d. XV. m. Oct. 1887 usque ad d. XV. m. Mart. a. 1888 hab. — Insunt Epistulae Gottingenses a Carolo Diltheyo editae. Gottingae, offic. acad. Dieterichiana typ. expr. Wilh. Fr. Kaestner (1887); 64 S. + 1 Bl. 4°

Dilthey, Karl, moral. Gängelband. 8. Rudolst. 798. (Hildebrand in Arnst.) 16 gr

Dilthey, K. mor. Gängelband. 8. Rudolst. Klüger. 798.

— d. thüringer Kinderfreund. 8. Frft. Keyser. 805.

— d. thüringische Kinderfreund. 8. Erfurt 805. Keyser. 9 gr
2r Thl. (A. u. d. T.: d. allgem. Kinderfreund. 8. Ebd. 806. 9 gr

Dilthey, Karl. Kutte und Küraß; dt-amisches hist Lustspiel in 5 Akten. NY. 1876.

Dilthey, Karl, die Ludewigssaule als architektonisches Kunstwerk. Im Namen und Auftrage des Grossherzogl. Burgermeisters u. Gemeinderaths von Darmstadt die vom 29. Septbr. bis 6. Octbr. 1845 daselbst versammelten Philologen, Orientalisten, Historiker u. Schulmänner bewillkommnet. Mit 1 Stahlstich, die Napoleons-, Alexanders- u. Ludewigs-Säule darstellend, von E. Rauch. Roy. 4. (16 S.) Darmstadt 845, Jonghaus n. 1/2 ℛ

— u. Wolfram, Magazin für Kinder. 8. Rudolst. 801. (Hildebrandt in Arnst.) 8 gr

Dilthey u. Wolfram, Magazin f. Kinder. 8. Rudolst. Klüger. 801.

— kleiner franzöſ. Materialiſt, oder franzöſ. Leſebuch für Lehrlinge d. Kaufmannſchaft. 8. Arnſt. 799. (Hildebrandt). 8 gr

Dilthey, Karl: Otfried Müller. *Göttingen 1898: Dieterich.* (40 S.) 8°
Göttingen, Rede z. Säcularfeier für O. Müller am 1. Dez. 1897

Otfried Müller. Rede z. Saecularfeier Otfried Müllers am 1. Dez. 1897 im Namen d. Georg-Augusts-Univ. geh. von Karl **Dilthey.** Göttingen: Vandenhoeck & Ruprecht 1898. 40 S. 8° [11.16904

— ſ. Naturgeſchichte f. Bürger- u. Landſchulen.

Dilthey, K., (J. Werner), Novellen und Erzählungen, s.a. Bibliothek, deutſch-amerikaniſche.

Dilthey, Karl. Novellen und Erzählungen. New York: Steiger, 1872. UC, GSP

—— Observationes criticae in anthologiam graecam. gr. 4. (20 S.) (Ebendas.) 878. *

Dilthey, Carl, observationum in epistulas heroidum Ovidianas particula I. gr. 4. (32 S.) Göttingen 884. (Dieterich's Verl.) n. — 80

Dilthey, Karl, Etymologisches Parallelwörterbuch der lateinischen Sprache und der alten Eigennamen zur Erklärung und Vergleichung der sanskrit, persischen, arabischen, ägyptischen, hebräischen, phönicischen, griechischen, lateinischen, italienischen, französischen, englischen und deutschen Sprache als Grundlage für das sprachlich-historische Studium bearbeitet. In einigen Proben ... mitgetheilt. Darmstadt 1845.

— d. kleine Sittenkatechismus. 8. Arnſt. 797. 2e Aufl. 12. Rudolſt. 798. Klüger. (Hildebrandt in Arnſt.) 4 gr (A. u. d. T.: Kinderalmanach.)

— kl. Sitten-Katechismus. 12. Ebend. 789.

Index scholarum ... per sem. aest. a d. XV. m. Apr. usque ad d. XV. m. Aug. a. 1887 hab. Inest Caroli Dilthey de epigrammatum graecorum syllogis quibusdam minoribus commentatio. Gottingae ... (1887); 35 + 2 S. 4°.

Dilthey, C., de epigrammatum graecorum syllogis quibusdam minoribus commentatio. hoch 4. (25 S.) Göttingen 887. Dieterich's Verl. n. — 80

Index scholarum ... per sem. aest. a d. XV. m. Apr. usque ad XV. m. Aug. a. 1891 habendarum. — Insunt Caroli Diltheyi symbolae criticae ad anthologiam graecam ex libris manu scriptis petitae. Gottingae ... *1891;* **33 S., 1 Bl. 4°**

Rector universitatis litterarum Turicensis commilitonibus certamina eruditionis propositis praemiis in annos MDCCCLXXVI–LXXVII. indicit. Inest epigrammatum Graecorum Pompeis repertorum trias in tabula lithographa expressa et **Caroli Diltheyi** commentariolo inlustrata. Tur. typ. Zürch et Furr. 1876. 1 Bl., 19 S., 1 Taf. 4°.

Dilthey, Karl (Darmstadt)
Ueber die bei Sectionen vorkommenden Vergiftungen.
Giessen: Brühl 1848. 51 S.
Diss. med. 1.7.1848. vorh. 26. 11.
Thesen in Δ.

Dilthey, Ludw., Ehre ſei Gott in der Höhe! Geiſtliche Gedichte. gr. 16. (VIII, 135 S.) Hamburg 871, Boyes und Geisler. [Graedener.] geb. *

—— ſ. Rechenſchaftsbericht über die Wirkſamkeit des hamburg. Hauptvereins der Guſtav-Adolf-Stiftung.

Dilthey, Max., Rede bei der Beiſetzung Ihrer Königl. Hoheit der nun in Gott ruhenden Frau Herzogin Pauline von Naſſau, geb. Prinzeſſin v. Würtemberg, gehalten am 12. Juli 1856 auf dem Todtenhofe der Stadt Wiesbaden. 1. u. 2. Aufl. Wiesbaden 856. Roth. 8. (8 S.) 2 ngr

Dilthey, Otto, Gerichtsref. aus Rheydt: **Vergleich der Wirkungen der gemeinrechtlichen exceptio rei venditae et traditae mit B.G.B. § 185 Abs. 2.** *Düsseldorf 1901: L. Schwann.* (61 S.) 8°
Erlangen, Jur. Diss. v. 5. Dez. 1900

Dilthey, Phil. Hnr., († ... 1781.), s. *Atlas* des Enfans etc.

Dilthey, Phil. Max., Obs. anat.-med.-pr. rariores. Herborn. 8°. 1741

Dilthey, Polixene Chr. Aug.

— Proben poetiſcher Uebungen eines Frauenzimmers. 8. Alt. 751.

Dilthey, Polixene Chr. Aug., († d. 22. April 1777.) Uebungen in d. Dichtkunſt. 8. Halle 752. Kümmel, 8 gr

Dilthey, Richard

Dilthey, Rich., die deutschen Ansiedelungen in Südbrasilien, Uruguay u. Argentinien. Reisebeobachtungen aus den Jahren 1880 u. 1881. gr. 8. (V, 53 S.) Berlin 882. Allgemeine Verlags-Agentur. n. 1. —

Dilthey, Rich., der wirthſchaftliche Werth v. Deutſch-Oſtafrika. 8. (47 S. m. 1 Karte.) Düſſeldorf 889. A. Bagel. n. — 60

Dilthey, Thdr., und Max **Ewald,** Bericht über die Verhandlungen des zweiten deutſchen Handelstages, namentlich in Betreff der Zolleinigung mit Oeſterreich und des Handelsvertrages zwiſchen dem Zollverein und Frankreich, dem Central Vorſtande des Gewerbe-Vereins für das Herzogthum Naſſau erſtattet. Wiesbaden 862. Limbarth. gr. 8. (22 S.) n. 4 *ngr.*

Dilthey, Walther, aus Rheydt: **Beiträge zur Kenntnis der Indone.** *Erlangen 1900: E. Th. Jacob.* (38 S.) 8°
Erlangen, Phil. Diss. v. 7. März 1900

Dilthey, Walther. **Metalloïde als Centralatome positiver Ionen.** Habilitationsschr. Phil. [II.] Univ. Zürich ... vorgelegt im Juni 1904. 114 S. 8. Zürich, Müller, Werder & Cie., 1904.

Der Aufbau der geschichtlichen Welt in den Geisteswissenschaften. Studien von Wilhelm **Dilthey.** Hälfte 1. Berlin: Akad.; G. Reimer in Komm. 1910. 4°
Aus: Abhandlungen d. Kgl. Preuss. Akad. d. Wiss. 1910. [11. 873

Dilthey [Wilh.], dichterische Einbildungskraft und Wahnsinn. Rede, gehalten zur Feier des Stiftungstages der militärärztl. Bildungsanstalten am 2. Aug. 1886. gr. 8. (30 S.) Leipzig 886, Duncker und Humblot. *

Dilthey, Wilh., Einleitung in die Geiſteswiſſenſchaften. Verſuch einer Grundlegung für das Studium der Geſellſchaft und der Geſchichte. 1. Bd. gr. 8. (XX, 519 S.) Leipzig 883, Duncker und Humblot. *

Dilthey, Wilh., die Entstehung der Hermeneutik, s.: Abhandlungen, philosophische.

Dilthey, Wilh., das Erlebnis u. die Dichtung. Lessing, Goethe, Novalis, Hölderlin. 4 Aufsätze. (VI, 405 S.) 8. Leipzig 906. B. G. Teubner. n. 4. 80; geb. in Leinw. n. 5. 60

Das Erlebnis und die Dichtung. Lessing. Goethe. Novalis. Hölderlin. 4 Aufsätze von Wilhelm **Dilthey**. 2. erw. Aufl. Leipzig: B. G. Teubner 1907. (455 S.) 8° [illegible]

— Das Erlebnis u. die Dichtung. Lessing, Goethe, Novalis, Hölderlin. 3. erweit. Aufl. (VII, 476 S.) 8. Leipzig 910. B. G. Teubner. 5.20; geb. in Leinw. 6.20
2. Aufl. (VII, 455 S.) 907. 5.—; geb. 6.—.

— die Funktion der Anthropologie in der Kultur des 16. u. 17. Jahrh. (32 S.) gr. 8. Berlin 904. (G. Reimer.) n. 1. —

— dasselbe. II. (32 S.) gr. 8. Ebd. 904. n. 1. —
2 Sonderabdr. aus: „Sitzungsber. d. preuss. Akad. d. Wiss."

Die Jugendgeschichte Hegels. Von Wilhelm **Dilthey**. Berlin: Akad. d. Wiss. 1905. (211 S.) 4°
Aus: Abhandlungen d. Kgl. Preuss. Akad. d. Wiss. v. J. 1905. [illegible]

Dilthey, Wilh., Leben Schleiermachers. (In 2 Bdn.) 1. Bd. in 2 Lfgn. gr. 8. Berlin, G. Reimer. [1. Lfg. (S. 1—160.) 867. *M. 2,40.; 2. Lfg. (XIV, S. 161—688.) 870. *M. 6,60.] *

— s.: Philosophie, systematische.

Dilthey, Guil. (geb. Biebrich a. Rh. 19. 11. 1833): De principiis ethices Schleiermacheri. Berolini (1864). (68 S.) 8°
Berlin, Phil. Diss. v. 16. Jan. 1864

—— das Schaffen des Dichters, Bausteine zu einer Poetik, s. Aufsätze, philosophische.

Dilthey, Wilhelm (Hrsg.), s. Aus Schleiermacher's Leben.

— Studien zur Grundlegung d. Geisteswissenschaften. (22 S.) Lex.-8. Ebd. 905. n. 1. —
Sonderabdruck aus: „Sitzungsber. d. preuss. Akad. d. Wiss."

Dilucidationes iuris publici de neutralitate ... Jenae 1747. V: *Hofmann, Johann Andreas.* (stri) (ML)

Dilucidationes, Necessariae, de statu praesenti rerum publicarum ducatuum Curlandiae. Mitaviae 1770. V: *Tottien, Christoph Anton.* (R-N)

Dilucidationes de neutralitate inter gentes liberas. 4. Ieniae, Croecker. 747.

Diluculum religionis in Dacia ... Claudiopoli 1716. V: *Thauer, Joh.* (Jes)

Dimanche: Le Dimanche
① Journal suisse, illustré, littéraire et politique ⑤ 3. 1. 1864—25. 12. 1864 (?) ⑥ in-4° ⑦ hebdomadaire ⑧ Berne: Haller ⑨ Corbillon (3. 1. 1864—25. 12. 1864 ?, in-4°, hebdomadaire, page humoristique avec caricatures politiques) ⑪ R. F. Haller fils ⑫ radical (?) ⑭ Be: L (1864) ⑮ Il contient des traductions des nouvelles de Gottfried Keller.

Dimand, Bernh., Ehren-Kodex, s.: Barbasotti, L.

Zur rumänischen Moduslehre. Von Dr. Bernhard **Dimand**. *Wien: C. Gerold's S. 1904.* (II, 250 S.) 4°
= Denkschriften d. Kaiserlichen Akademie d. Wiss. in Wien. Phil.-hist. Kl. Bd 49, 3. [illegible]

Dimand, Bernh., z. rumänischen Moduslehre. (II, 250 S.) gr. 4. Wien 904. (A. Hölder.) n. 14. 20
Sonderabdruck aus: „Denkschr. d. k. Akad. d. Wiss."

Ad-Dimašqi

— — Manuel de la cosmographie du moyen age, traduit de l'arabe „Nokhbet ed-dahr fi 'adjaib-il-birr wal-bah'r" de Shems Ed-din Abou-'Abdallah Moh'ammed de Damas ... par A. F. Mehren. Copenhague-Paris-Leipzic 1874.

DIMBACH, Carl, und Emilie Schierweg, oder wahre Geschichte zweyer Liebenden. Halberstadt, Gross'sche Erb., 1787. 8°. (2 Ggr.)
Anzeige der Verlagsfirma. — Fehlt bei Kayser.

Dimbeck, Wilh., Liebes-Briefsteller f. Herren. 8. (80 S.) Mülheim a/R. 898. J. Bagel. n. — 50

Liebes-Briefsteller für Herren. Von Wilhelm **Dimbeck**. *Mülheim a. d. Ruhr: J. Bagel [1900].* (80 S.) 8° [F.] [illegible]

Dimer, S. M., nach Afrika. Eine Weihnachts-Erzählg. f. brave Kinder. 16. (32 S. m. Abbildgn.) Münster (901). Alphonsus-Buchh. —10

Gertrud's Christgeschenk. Weihnachtserzählung von S. M. **Dimer**. *Münster i. W.: Alphonsus-Buchh. 1901.* (32 S.) 8° [F.] [illegible]

Dimichqui, s. Chems-ed-din Abou Abdallah Mohammed ed-Dimichqui.

Dimidow, Ign., d. Bergwerksträfling, s.a. **Indianer- u. Volksbibliothek.**

Der Bergwerksträfling oder Zwei Jahre in den Silberminen Sibiriens. Von Ignatz **Dimidow**. *Berlin: A. Weichert [1901].* (31 S.) 8° [F.]
= Indianer- u. Volksbibliothek. 330. [illegible]

Dimidow, Paul, Juden-Elend im Lande der Romanows, geschildert. gr. 8. (88 S.) Berlin 891. Friedrichs & Co. 1. 50

— wo hinaus? Mahnwort an die westeuropäischen Juden. Mit e. Vorwort v. Geo. Isaac u. e. erläut. Karte v. Palästina. gr. 8. (77 S.) Charlottenburg 891. R. Isaac. 1. —

Dimier, Louis, die französischen Bildnisse in der Porträtsammlung des Erzherzogs Ferdinand v. Tirol, s.a. **Jahrbuch der kunsthistor. Sammlungen des allerhöchsten Kaiserhauses. 25. IV.**

Die französischen Bildnisse in der Porträtsammlung des Erzherzogs Ferdinand von Tirol von Louis **Dimier**. Mit 3 Taf. u. 5 Textabb. Leipzig: G. Freytag 1905. (S. 219—225.) 2°(4°)
= Jahrbuch d. kunsthist. Sammlungen d. Allerhöchsten Kaiserhauses. Bd 25, H. 4, [2.] [illegible]

Dimitz, L., Grüne Zeit- und Streitfragen. I. Über Naturschutz und Pflege des Waldschönen. Gr.-8°. (28 S.) K —.60
Wien: Perles 1903.

Dimitresco, Const. D., der Schönheitsbegriff. Eine ästhetisch-psycholog. Studie. gr. 8. (VII, 81 S.) Leipzig 877, Matthes. *

Dimitrescu, Mich. (geb. Campo-lung in Rumänien 9. 5. 1847): Ueber Brüche der Kniescheibe. Berlin (1870). (37 S.) 8°
Berlin, Med. Diss. v. 28. März 1870

Dimitri Donskoj Tragödie in 5 Akten, nach dem Russ. des Hrn. v. Oseroff, von J. Th. Wiedeburg. gr. 8. Petersburg. (Halle, Hemmerde u. Schw. 815. Druckp. Schreibp.

Dimitriadis, Dimitrios Styl, üb. fremde Körper, Würmer u. Insekten im menschlichen Ohr u. ihre Behandlung von den ältesten Zeiten bis heute. Mit 47 in den Text gedr. Abb. u. 6 Taf. m. antiken chirurgisch-otolog. Instrumenten. (248 S.) Lex. 8. Athen 909. (Eleftheroudakis & Barth.) 8. —

Dimitriewicz, Nikolaus

Dimitriewicz, Nik., d. russische Alphabet. E. Anleitg. z. richt. u. verständl. Lesen, verf. f. d. Schul- u. Selbstunterr. gr. 8. (160 S.) Lomberg 895. (Gubrinowicz & Schmidt.) n. 2. —

Dimitriewicz, Nicolaus, Russische Fibel. Eine Anleitung zum verständlichen, richtigen Lesen. Für den Schul-, Privat- und Selbstunterricht, mit Berücksichtigung des Militärwesens. 8. (XII, 356 S.) Wien: Georg Szelinski 1891. 1.20

— — Russische Grammatik. Enthält nebst ausführlichen, übersichtlich dargestellten Sprachregeln, einschließlich der Accentlehre, zahlreiche Uebungs-Aufgaben und Lesestücke. Für den Schul-, Privat- und Selbstunterricht, mit Berücksichtigung des Militärwesens. 8. (396 S.) Ebd. 1891. 2.50

Dimitriewicz, Nik., russisches Lesebuch, enth. Fabeln, Erzählgn., Schildergn., geschichtl. Begebenheiten, Gedichte, Sprüchwörter, Räthsel, Gespräche, Briefmuster u. e. Sammlg characterist. Handschriften. gr. 8. (271 u. 36 S.) Lemberg 891. (Gubrynowicz & Schmidt.) n.n. 2. —

Dimitriewicz, Nik. Russisches Lesebuch, enth. Fabeln, Erzählgn. etc. u. eine Sammlg. characterist. Handschriften. gr. 8. (271, 36 S.) Lemb. 891, (Gubrynowicz u. Schmidt. — Lpz., Voss' Sort.). * 2 —

Dimitriewicz, Nic., über die Methoden der Samenprüfung landwirthschaftlicher Culturpflanzen. Inaugural-Dissertation. gr. 8. (40 S.) Wien 876, (Faesy und Frick.) *

Dimitriewicz, Nikolaus, Dr. der Philosophie etc. Russisch-deutsches Schulwörterbuch für den Schul- und Selbstunterricht, mit Berücksichtigung des Militärwesens. 8. Lemberg 1898.

— russisch-deutsches Sprachbuch. 1. u. 2. Thl. Für den Schul-, Privat- u. Selbstunterricht, m. Berücksicht. d. Militärwesens. gr. 8. Ebd. n.n. 7. 40

1. Fibel. (XII, 358 S.) 888. n.n. 2. 40
2. Russische Grammatik. Enth. nebst ausführl., übersichtlich dargestellten Sprachregeln, einschliesslich der Akzentlehre, zahlreiche Übungsaufgaben u. Lesestücke. Für den Schul-, Privat- u. Selbstunterricht, m. Berücksicht. d. Militärwesens. (XII, 396 S.) 891. n.n. 5. —

Dimitrijević, Milan: Hesiodi Opera v. 641—662. *Leipzig 1897.* in: Beiträge, Philologisch-histor., C. Wachsmuth z. 60. Geburtstage überreicht. [97. 3344

Dimitrijević, Milan R., Studia Hesiodea. gr. 8. (III, 234 S.) Leipzig 899. B. G. Teubner. n. 6. —

Dimitrijew, W. N., Kefir od. Kapir. Echter Kumyß aus Kuhmilch. Eine kurze Anleitg. zu seiner Bereitg. u. Verwendg. als Heilmittel f. Kranke. Mit Erlaubniß d. Verf. ins Deutsche übertr. v. Eug. Bothmann. gr. 8. (32 S.) Hannover 884. (Brandes.) n. — 80

Dimitriu, Vasile, u. Stef. G. **Gane**, das Handels-, Wechsel-, Konkurs- u. Seerecht Rumäniens, s.a. Handelsgesetze, die, des Erdballs.

Dreptul comercial, cambial, al falimentelor, şi maritim al Românici. Das Handels-, Wechsel-, Konkurs- u. Seerecht Rumäniens. Bearb. von Vasile **Dimitriu** u. Stefan G. Gane. Übers. u. durchges. von Georg Flaischlen. Berlin: v. Decker (1907) 165, 165 S. 4°(8°)
(Die Handelsgesetze d. Erdballs. Ausg. D. Bd 7, [5.]) [09. 3370

Dimitroff, Athanas, aus Gradetz ⟨Bulgarien⟩: Die psychologischen Grundlagen der Ethik J. G. Fichte's, aus ihrem Gesamtcharakter entwickelt. *Jena 1898: B. Vopelius.* (187 S.) 8°
Jena, Phil. Diss. v. (22. Juni) 1898

Dimitroff, Athanas, d. psychologischen Grundlagen d. Ethik J. G. Fichte's, aus ihrem Gesamtcharakter entwickelt. Diss. gr. 8. (VII, 187 S.) Jena 898. (F. Strobel.) n. 2. —

Dimitroff, Iwan, a. Stara-Sagora ⟨Bulgarien⟩: Al-ǵāmi' aṣ-ṣaġir. Abū 'Abdallāh Muḥammad Ibn Al-Ḥasan Asch-Schaibānī und sein corpus juris „al-ǵāmi' aṣ-ṣaġir". (Berlin 1908: Reichsdruckerei.) (147 S.) 8° [Arab. u. Ant.] ¶ (Erscheint in d. Mitteilungen d. Seminars f. oriental. Sprachen zu Berlin, Jg. 11 ⟨1908⟩ Abt. 2 „Westasiatische Studien".)
Berlin, Phil. Fak., Ref. Sachau, Diss. v. 16. Mai 1908
[Geb. 18. Juni 83 Stara-Sagora; Wohnort: Charlottenburg; Staatsangeh.: Bulgarien; Vorbildung: Knabengymn. Sofia Reife Juni 01; Studium: Sofia 2, Lazarewski-Inst. Moskau 2, Berlin 8 S.; Rig. 5. März 08.]

(D[imitroff], S[amuel].) Ein Bulgare über die Schweiz (Alexander Dimitroff Kiproff). [SA. aus: Berner Heim, Jahrg. 19, Nr. 45.] 8 S. 8. [Bern, Buchdr. Berner Tagblatt, 1908.]

Dimitroff, Zachary [aus Slivno (Bulgarien)]: Die Geringschätzung des menschlichen Lebens und ihre Ursachen bei den Naturvölkern.... Leipzig-Reudnitz, Druck v. M. Hoffmann, 1891; 213 S., 2 Bl. 8°
Leipzig, Phil. Fak., Inaug.-Diss. v. [6. Apr.] 1891

Dimitrov Luka: Beiträge zur geologischen und petrographischen Kenntnis des Vitoša-Gebietes in Bulgarien (mit 1 Karte und 3 Taf.). D 60 477 . . . . 5.10
Separatabdruck

Dimitrov, Luka: Beiträge zur geologischen und petrographischen Kenntniss des Vitoša-Gebietes in Bulgarien ... M. 1 geolog. Übersichtskt. u. 3 Taf. (Aus: Denkschr. d. math.-naturw. Cl. d. kais. Akad. d. Wiss., Bd LX.) *Wien, in Comm. bei F. Tempsky, Buchh. d. kais. Akad. d. Wiss., 1893;* 2 Bl., 54 S., 1 Bl., 3 Taf., 1 Kt. m. 1 Erl.-Taf. 4.
Leipzig, Phil. Fak., Inaug.-Diss. v. [31. Jan.] 1894

Dimitz, Aug., und Friedr. v. Formacher Edler auf Lilienberg, praktische Darstellung des neuen Stempel- und Gebühren-Gesetzes vom 13. Decbr. 1862 im Zusammenhange mit den Bestimmungen des Gebühren-Gesetzes vom 9. Febr. 1850. Mit dem vollständ. Tarife in österreich. Währung. gr. 8. (IV und 156 S.) Laibach 863, Giontini. *

Dimitz, Aug., Geschichte Krains von der ältesten Zeit bis auf das J. 1873. Mit besond. Rücksicht auf Culturentwicklung. gr. 8. (1. Bd. S. 1—198.) Laibach 874, v. Kleinmayr und Bamberg. *

Dimitz, Aug., Geschichte Krains von der ältesten Zeit bis auf das Jahr 1813. Mit besond. Rücksicht auf Culturentwicklung. 4 Thle. gr. 8. Laibach, v. Kleinmayr und Bamberg. *

Inhalt:

Thl. 1. Von der Urzeit bis zum Tode Kaiser Friedrichs III. [1493]. (336 S.) 874.
» 2. Vom Regierungsantritte Maximilians I. [1493] bis zum Tode Kaiser Ferdinand I. [1564]. (IV, 312 S.) 875.
» 3. Vom Regierungsantritte Erzherzogs Karl in Innerösterreich bis auf Leopold I. [1564—1657]. (483 S.) 875.
» 4. Vom Regierungsantritt Leopold I. [1657] bis auf das Ende der französ. Herrschaft in Illyrien [1813]. (396 S.) 876.

Dimitz, Aug., kurzgefaßte Geschichte Krains mit besond. Rücksicht auf Culturentwickelung. gr. 8. (V, 151 S.) Laibach 886, v. Kleinmayr und Bamberg. *

Dimitz, Aug., die Habsburger und ihr Wirken in Krain 1282—1882. Festschrift zur Feier des sechshundertjähr. Jubiläums der Vereinigung Krains mit Österreich. Hrsg. von dem Krainer Landesausschusse. gr. 4. (IV, 80 S. mit Holzschn.-Einfassung.) Laibach 883, v. Kleinmayr und Bamberg. †

Dimitz, A., und F. v. Formacher, Handbuch des Gebühren-Gesetzes vom 9. Febr. 1850, s. Formacher, F. v.

—— Urkunden zur Reformationsgeschichte Krains. [1540—1634.] In dem Laibacher Vicedomarchive gesammelt. [Aus den Mittheilungen des histor. Vereins abgedr. und mit einer Einleitung verm.] gr. 4. (VIII, 82 S.) Laibach 868, (v. Kleinmayr und Bamberg.) *

Dimitz, Ludw., s. a. Waldeck, Ludw.

Dimitz, Ludw., Forste u. Forstwirthschaft an der Wende d. 19. Jahrh. Vortrag, geh. im Club der Land- u. Forstwirthe zu Wien am 11. März 1892. Hrsg. vom Club der Land- u. Forstwirthe in Wien. Lex.-8. (27 S.) Wien 892. (W. Frick.) n. — 80

Dimitz, Ludwig (Hrsg.), s. Forstwesen, Österreichs, 1848 – 1888.

Dimitz, Ludw., die Jagd in Oesterreich m. besond. Rücksicht auf das Erzherzogth. Oesterreich ob der Enns. Beleuchtet aus volkswirthschaftl. Gesichtspunkten u. durch die Ergebnisse der officiellen Statistik. gr. 8. (60 S. m. Tab.) Linz 886. Ebenhöch. n. 1. 60

Dimitz, Ludw., s.: Jahrbuch d. Staats- u. Fondsgüter-Verwaltg.

— in welcher Weise wäre die bisherige Organisation d. forstwirthschaftlichen Versuchswesens zu ergänzen, um mindestens in jenen Staaten u. Staatsgebieten, welche ihren klimat. u. kulturellen Verhältnissen zufolge e. gemeinsame, d. h. auf gleicher Grundlage fuß. Behandlg. der zu lös. Fragen gestatten, unbeschadet der Selbstständigkeit der einzelnen Gebiete, e. einheitl. Versuchsvorgang u. e. einheitl. Verwerthg. der gewonnenen Resultate zu gewährleisten? [Aus: „Centralbl. f. d. ges. Forstwesen".] (Internationaler land- u. forstwirthschaftl. Congreß zu Wien 1890, Hft. 130.) gr. 8. (9 S.) Ebd. 890. n. 1. 20

— die Motive d. Waldschutzes. Nach e. im Club der Land- u. Forstwirthe in Wien am 25. Novbr. 1892 geh. Vortrage. [Aus: „Oesterr. Forstzeitg."] gr. 8. (15 S.) Ebd. 893. n. — 60

Dimitz, Ludw., s.: Oesterreichs Forstwesen 1848—1888.

— die forstlichen Verhältnisse u. Einrichtungen Bosniens u. der Hercegovina. Mit e. allgemein orientier. Natur- u. Kulturbilde u. e. Karte dieser Länder. (VIII, 389 S.) Lex.-8. Wien 905. W. Frick. n. 12. —

Dimitz, L. Das Wald- und Jagdwesen unter den Habsburgern. Wien 1883.

— grüne Zeit- u. Streitfragen. In zwangloser Folge gemeinverständlich besprochen. I. Ueber Naturschutz u. Pflege des Waldschönen. (28 S.) gr. 8. Wien (903). M. Perles. n. — 80

Dimler, Franz Josef

Difficultates in curatione morborum infantilium obvenientes. Gottingae (1782:) Dieterich. 22 S. 8°

Göttingen, Med. Diss. v. 3. Aug. 1782

Dimme(c)k, A., s. Zeitschrift für Forst- und Jagdwesen. Gesamtregister für Bd. 21 – 40.

Dimmer, Friedrich

Dimmer, F., der Augenspiegel u. die ophthalmoskopische Diagnostik. Mit 73 Abbildgn. im Text. gr. 8. (VIII, 175 S.) Wien 887. Deuticke. n. 5. —

Dimmer, F., der Augenspiegel u. die ophthalmoskopische Diagnostik. 2., verm. Aufl. gr. 8. (IX, 213 S. m. 91 Abbildgn.) Wien 893. F. Deuticke. n. 5. —

— Beiträge zur Anatomie u. Physiologie der Macula lutea des Menschen. gr. 8. (V, 133 S. m. 12 Fig. u. 1 Taf.) Ebd. 894. n. 5. —

— die ophthalmoskopischen Lichtreflexe der Netzhaut. Nebst Beiträgen zur normalen Anatomie der Netzhaut. gr. 8. (VIII, 240 S. m. 36 Abbildgn. u. 1 Taf.) Ebd. 891. n. 7. —

Dimmer, F., die Photographie des Augenhintergrundes. (17 S. m. 6 Fig.) gr. 8. Wien 905. (A. Hölder.) n. — 60
Sonderabdruck aus: Sitzungsber. d. k. Akad. der Wiss."

Dimmer, Frdr., die Photographie des Augenhintergrundes. (XI, 142 S. m. 53 Fig. u. 15 Taf.) Lex. 8. Wiesbaden 907. J. F. Bergmann. 14. —

Dimmer, Gottfried

Dimmer, Gfr., Üb. d. Absorptionsspectren v. Didymsulfat u. Neodymommonnitrat. [Aus: „Sitzungsber. d. Akad. d. Wiss."] gr. 8. (16 S. m. 1 Taf.) Wien 897. (C. Gerold's Sohn.) n. — 50

— Über die Fadenkorrektion bei Einschlußthermometern (mit 3 Textfiguren). S. 122. IIa. 1629 . . . . „ —.45
Separatabdruck

— Zur Frage der Abhängigkeit des Fadenfehlers bei Quecksilberthermometern von der Länge des herausragenden Fadens und der Temperaturdifferenz zwischen Bad und Umgebung (mit 2 Textfiguren). S. 122. II a. 1730 . . . . „ —.45
Separatabdruck

— Über die Korrektion des Fehlers durch den herausragenden Faden bei Quecksilberthermometern (mit 7 Textfiguren). S. 122. IIa. 1420 . . . . „ —.60
Separatabdruck

— Über die Polarisation des Lichtes bei der inneren Diffusion. 1. Mitteilung (mit 2 Textfiguren). S. 117. IIa. 913 . . . . „ —.50
— — 2. Mitteilung (mit 4 Textfiguren). S. 119. IIa. 1073 . . . . „ —.80
— — 3. Mitteilung (mit 8 Textfiguren). S. 120. IIa. 283 . . . . „ 1.—
— — 4. Mitteilung (mit 12 Textfiguren). S. 120. IIa. 937 . . . . „ 1.50
— — 5. Mitteilung (mit 1 Taf.). S. 121. IIa. 1517 . . . . „ 1.—
Separatabdruck

— Zur Theorie des Photopolarimeters von Cornu. S. 122. IIa. 913 . . . . „ —.70
Separatabdruck

Dimmer, Gottfr., u. Walt. Ritter v. Molo, wie mache ich e. österreichische Patentanmeldung? Eine Anleitg. zur Herstellg. der Patentunterlagen. (V, 58 S.) 8. Wien 905. Manz. n. 1. —

Dimmler, Emil, das Hohelied, s.: Bücherei, allgemeine.

Dimmler, H., Rede bei d. Beerdigung d. ermord. Wirths, Aegid Schmid, z. grünen Baum zu Mögglingen. Gehalt. d. 5. Sept. 1829. 8. ... Elwangen, Schönbrod.

Dimmler, Herm., Aristotelische Metaphysik. Auf Grund der Ousia-Lehre entwicklungsgeschichtlich dargestellt. (103 S.) gr. 8. Kempten 904. J. Kösel. n. 2. 40

Dimmler, Hermann: Die Ousia-Lehre des Aristoteles. [T. 1.] *Kempten 1903: J. Kösel.* (30 S.) 8°
München, Phil. Diss. v. 1902

Dimmler, Herm., s.: Volksbühne, die.

Dimnik, Jak., kleines Schulwörterbuch der slovenisch. u. deutschen Sprache, s.: Praprotnik.

Dimock, Susan J., aus Boston: Ueber die verschiedenen Formen des Puerperalfiebers. Nach Beobachtungen in der Züricher Gebäranstalt. Zür. Zürcher u. Furrer Dr. 1871. 1 Bl., 49 S. mit 6 Tabellen, 1 Bl. Thesen. 8°.
Zürich, Med. Diss. [v. 26. Oct. 1871].

Δημόπουλος, X. [Dimopulos.], ἡ στρατιωτίκη ζωὴ ἐν Ἑλλάδι. Χειρόγραφον ἐλλῆνος ὑπαξιωματίκου. 2 Thle. 8. Βραΐλαι 870. (Leipzig, Brockhaus' Sortiment und Antiquarium.) [1. Thl. (179 S.) **ℳ* 2.; 2. Thl. (183 S.) ***ℳ* 1,50.] **

Dimotika [Schlagwort]

Dimotika, s.: Europa. Generalkarte.

Dimpel, Dav. Isr., exeget. Einleit. in die Offenbar. Joh. 8. Lpz. (Frommann in Jena.) 730.

Dimpfel, Christian Christoph (Regensburg), De mercatore falso censum profitente. Dissert. jur. Präs. Jo. Philipp Slevogt. Jena (J. A. Müller) Nov. 1701. 48 S. (5.—) 6563

Dimpfl, Hans, a. München, städt. Sanitätstierarzt in Nürnberg: Die Teilung der Kloake bei Cavia cobaya. Leipzig: W. Engelmann 1905. (50 S.) 8° ¶ (Aus: Morpholog. Jahrbuch Bd 35, H. 1.)
Erlangen, Phil. Fak., Ref. Fleischmann-Solereder, Diss. v. 16. Jan. 1906
[Geb. 30. Dez. 66 München; Wohnort: Nürnberg; Staatsangeh.: Bayern; Vorbildung: Gymn. Burghausen Reife für 8. Klasse Mai 86; Studium: München Tierärztl. Hochsch. 8, Univ. 2, Erlangen 3 S.; Rig. 27. Febr. 05.]

Dimphna, die heilige, s. Heuckenkamp, Ferdinand.

Dimroth, Otto, Dr. phil.: Ueber direkte Einführung von Quecksilber in aromatische Verbindungen. *Tübingen: F. Pietzcker 1900.* (75 S.) 8°
Tübingen, Naturw. Hab.-Schr. v. 1900
(Nicht für den Austausch)

Dimroth, Otto: Versuche mit o- und p-Nitrobenzylchlorid München, Druck v. V. Höfling, 1895; 44 S. 8.
München, Phil. Fak., Inaug.-Diss. v. 1895

Dimsdale, Thom., n. Methode f. die Einpfropfung d. Pocken. a. d. Engl. 8. Zürich, Orell (u. Geßner). 768.

Dimsdale, Thomas (Baron): Neue Methode für die Einpropfung der Pocken. Welcher als ein Anhang beygefüget sind einige Versuche über den Erfolg einer ähnlichen Verfahrungsart bey den natürlichen Pocken. (The present Method of inoculating for the small-pox. To which are added some experiments, introduced with a view to discover the effects of a similar treatment in the natural small-pox. Dt.) Nebst einigen dieser Uebersetzung beygefügten Anmerkungen. 196 S., gbd.

Zürich: Füeßlin 1768

JB 4.889

— Schriften über die Einpfropfung der Blattern. gr. 8. Lpz. Fritsch. 782.

— Schriften über d. Einpfropfung d. Blattern. Aus d. Engl. gr. 8. Leipz. 782. Hahn. 20 gr.

Dimsdale, Thom., Unterr. von d. gegenwärt. Methode, d. Kinderblattern einzupfropfen; aus d. Engl. (v. K. F. Ziemann). 8. Leipz. (Zürich) 768. Geßner. 8 gr.

Dimse, J., das Gestüt zu Torgel oder die Pferdezucht in Livland. 8. (VII, 79 S.) Riga 869, (Fluthwedel und Comp.)

Dimter, Augustin Die lyrisch-epische Dichtung in der deutschen Litteratur. 15 S. 8. Progr. Rsch. Teschen 1881.

Dimter Joh.: Das Meteoreisen von Braunau. (Mit 2 Taf.). 28. Braunau 90. Progr.

Dimter, J. Das Meteoreisen von Braunau in Böhmen. Braunau, 1891.

Dimter J.: Meteoritenfälle. 20. Braunau 85. Progr.

Dimtsch, J. R., erprobte Verfahrungsarten, das Federharz (Gummi elasticum) in acht verschied. wohlf. Flüssigkeiten vollkommen u. auf einfache Art aufzulösen, wodurch dass. zu manscherlei Zwecken anwendbar gemacht werden kann; nebst Angabe verschied. sehr wohlf. Compositn., zur Anfertig. wasserdichter Tücher u. a. Zeuge rc. 8. (2 B.) Bremen 837, Geisler.

Dimtschoff, Radoslave M., das Eisenbahnwesen auf der Balkan-Halbinsel. Eine politisch-volkswirthschaftliche Studie. Mit 1 Karte u. 27 Taf. gr. 8. (V, 266 S.) Bamberg 894. C. C. Buchner, Verl. n. 6. —

Dimtschoff, Radoslave M. [aus Lovetsch '(Bulgar.)']: Zur Geschichte der Balkan-Eisenbahnen ... [Erschien vollst. 1894 u. d. T.: Das Eisenbahnwesen auf der Balkanhalbinsel ...] Würzburg, Druck d. Stahel'schen k. Hofbuchdr., 1894; 4 Bl., 100 S. 8.
Würzburg, Jur. Fak., Inaug.-Diss. v. 1894

Dimžait, Joan. Georg. Frid. (geb. Nidden in Ostpr. 13. 1. 1827): De hepatis abscessu. Berolini (1853). (29 S.) 8°
Berlin, Med. Diss. v. 10. Aug. 1853

Din, Lucas: De v i s i o n e ..., s. W e d e l , Johann Adolph [Praes.]

Dina, das Judenmädchen aus Franken; ein tragisches Familiengemälde, dramat. bearbeit. von F. Bischoff. 8. Fürth, Büreau f. Lit. (Campe in Nürnb.) 805.

Dina und Sichem. In zween Gesängen. Trosberg [Zürich] 1753. V: *Bodmer, Johann Jacob.* (vetter) (ML) (GGr)

Dina, Jugendblüthen. Dichtungen. 8. (204 S.) Leipzig 847, Lorck. (Berlin, Alex. Duncker.) n. 1 rthl.

Dina, ..., wider die Jugendlust. 8. Nürnb. 833. Raw. 1 gr.

— wider die Jugendlust. Neue Aufl. 8. (16 S.) Nürnberg 850, Raw. 1/24 rthl.

Siemens-Schuckert-Werke. Das Blitzableiter-Relais der Siemens-Schuckert-Werke. Von Alberto Dina. [Berlin: J. Springer 1905.] (4 S.) 2°

Dinah. Bilder aus der ersten Zeit des Christenthums. — Cölestine, oder der Traum einer Mutter. 8. (118 S.) Aachen 864, Cremer'sche Buchh.

Dinand, A., Taschenbuch der Heilpflanzen. Ein prakt. Ratgeber f. jedermann. Enth. e. Beschreibg. v. üb. 100 der gebräuchlichsten Heilpflanzen, e. genaue Anleitg. zum Sammeln u. Trocknen der Pflanzen, zur Bereitg. zahlreicher Tees, Pulver, Tinkturen, Extrakte, Weine, Salben, Öle, Sirupe u. sonst. Hausmittel, nebst e. ausführl. Verzeichnis der häufigsten Krankheiten unter Angabe der dagegen anzuwend. Mittel. 74 Pflanzenabbildgn. auf 46 feinen Farbdr.-Taf. u. 126 S. Text. (VIII, 118 S.) kl. 8. Eßlingen (910). J. F. Schreiber. 2. 50

Dinandar (Pseud.), s. K n ü p p e l n , Julius Friedrich

Dinarbas, a tale. Being a continuation of Rasselas, Prince of Abissinia. By Johnson. Mit Noten u. ein. Wörterbuche v. F. E. Feller. gr. 12. (9¾ B.) Leipzig 837, Müller.

Dinarchus

Dinarchi fragmenta, — orationes, } s. Oratores Attici.

Dinarchi Orationes III. Cum prior. editor. annotat. atque indicibus edid. suasque notas adjec. C. C. A. Schmidt. 8maj. Lips. 826, Hartmann.

Dinarchi Orationes III. Cum prior. editor. annotat. atque indicibus edid. suasque notas adjec. C. E. A. Schmid. 8maj. Leipz. 826. Lehnhold. 18 gr.

Dinarchi orationes III. Recogn. annotationem crit. et commentarios adjecit Ed. Maetzner. 8maj. (11½ B.) Berolini 842, Alex. Duncker.

Dinarchi orationes adjecto Demadis qui fertur fragmento ed. Frieder. Blass. 8. (XX, 80 S.) Leipzig 871. Teubner. n. 1. —

— orationes III. Ed. Th. Thalheim. 8. (VIII, 52 S.) Berlin 887. Weidmann. — 75

Dinarchi orationes adiectis Demadis qui fertur fragmentis ὑπὲρ τῆς δωδεκαετίας, iterum ed. F. Blass. 8. (XXIV, 95 S.) Leipzig 888. Teubner. n. 1. —

Dina's Fiedelbogen. — Heinr. Löschen u. Sohn. Von M. Rickmeyer. — Unser kleiner Diener. Aus d. Engl. übers. v. S. Krakewitz. 8. (120 S. m. 4 Farbendr.) Berlin 896. Verlag d. christl. Zeitschriftenvereins. Kart. 1. 20

Dinaux, die Geheimnisse von Paris, s. Geheimnisse.

Dinaux et E. Sue, les mystères de Paris, s. Théâtre franç. par Schütz. IV. Série. No. 5. — Répertoire du Théâtre français.

Dinckelberg, Hugo, Generalfeldmarschall Prinz Albrecht v. Preußen, Regent d. Herzogt. Braunschweig. E. Lebensbild. M. 1 Bildnis. gr. 8. (VII, 88 S.) Altenburg 898. St. Geibel. n. 1. 50; geb. n. 2. 25

Dinckelberg, Blankenburg am Harz. Führer u. Andenken. 12. (78 S. m. Holzschn., Plan u. Karte.) Blankenburg a/H. 894. (C. A. F. Brüggemann.) n. — 75

Blankenburg, Harz. Führer u. Andenken. Hrsg. von Hofrath [Hugo] Dinckelberg. (Mit Karten u. Holzschnittbildern. 3. Aufl.) *Blankenburg: Harzer Zeitung (1899).* (88 S.) 8°

Dinckelberg, Blankenburg, Harz. Führer u. Andenken. 12. (88 S. m. Abbildgn., Plan u. Karte.) Blankenburg (Harz) (900). „Harz-Zeitg." n. — 75

Dinckelberg, Hugo, Kriegs-Erlebnisse eines Kaiser Alexander-Garde-Grenadiers im Feld und im Lazaret 1870/71. Zur 20. Wiederkehr der Schlachttage von Gravelotte u. Sedan hrsg. 8. (IV, 252 S.) München 890. Beck. n. 2. 25; cart. n. 2. 80

Dinckelberg, Hugo, Kriegserlebnisse e. Kaiser Alexander Garde-Grenadiers im Felde u. im Lazarett 1870/71. 2. durchgeseh. Aufl. (IV, 252 S.) 8. München 908. C. H. Beck. 2.25; kart. 2. 80

Kriegserlebnisse eines Kaiser Alexander Garde-Grenadiers im Felde und im Lazarett 1870/71. Von Hugo **Dinckelberg.** 2. durchges. Aufl. München: Beck 1909. IV, 252 S. 8° [09. 9842

— Schwarzburger Lieder. 8. (II, 81 S.) Sondershausen 888. (Leipzig, Ed. Schmidt.) n. 1. 20; geb. n. 2. —

Dinckelberg, Hugo, Lorbeer- und Palmenblätter. Feldzugs-Plaudereien, Baracken-Memoiren und Gedichte. gr. 8. (213 S.) Magdeburg 874, Verlag der deutschen Kriegerzeitung.

— Nordlandsfahrt. E. Reise auf d. Hamburger Doppelschrauben-Schnelldampfer „Auguste Victoria" n. Norwegen b. z. Nordcap u. n. d. Insel Spitzbergen u. zwei Kaisertage in Bergen. gr. 8. (III, 129 S.) Hamburg 898. Verlagsanstalt u. Druckerei. n. 2. 50

Kaiser Wilhelm I. Dem Unvergeßlichen gewidmete u. zu s. 100jähr. Geburtstage gesammelte Gedichte von Hans vom Berge (Hofrat [Hugo] **Dinckelberg**). Wermelskirchen: Kenzler [1897]. 21 S. 8° [09. 16889

Aus grosser Zeit. Vaterländ. Schauspiel in 3 Aufzügen von Hugo Dinckelberg. *[Berlin: Selbstv.]: (Blankenburg [1899]: Harz-Zeitung.)* (90 S.) 8° [F.] [01. 8743

Dincklage, Amalie Ehrengarte Sophie Wilhelmine Freiin von
s. Dincklage, Emmy von

Dincklage, Emmy von, s. Dincklage-Campe, Emmy von

Dincklage, Friedrich Frh. von, s. Dincklage-Campe.

Dincklage, G., s.a. **Erinnerungsblätter d. Oldenburg. Infanterie-Regiments No. 91 aus dem Kriege 1870/71.**

Dincklage, G. Erinnerungsblätter des Oldenb. Inf.-Reg. Nr. 91 a. d. Kriege 1870/71. 15 Phot. 4. Oldenburg 1873. 18.00.

Dincklage, Klara von

Dincklage, Clara Freiin v., die verschmähte Braut. Verkannt, s.: Enßlin's Roman- u. Novellenschatz.

Dincklage, Clara v., die Erbtochter u. andere Novellen. 8. (III, 296 S.) Dresden 899. E. Pierson. 3. 50; geb. n. 4. 50

(S) — Die Erbtochter. 899. (KVL 31.) Jetzt: Berlin, Verl. Berlin-Wien.

Dincklage, C[lara] von s. Familienbibliothek, Schweizer. Nr. 40.

Dinoklage, C[lara] von s. Familienbibliothek, Schweizer. Nr. 58.

Dincklage, Clara von s. Familienbibliothek, Schweizer. Nr. 117.

Dincklage, Clara Freiin v., unter falscher Flagge, s.: Enßlin's Roman- u. Novellenschatz. 74. Bd.

Dincklage, Clara Freiin v. Durch Jahrhunderte. Gesammelte Novellen. 12. (III, 396 S.) Paderb. 892, Junfermann. 1 70; geb. * 2 50

— Nord-West. Erzählungen. 8. (255 S.) Lingen 898. R. van Acken. n. 2. —

Dincklage, Clara v., Thekla. E. Erzählung. 8. (75 S.) Stuttgart 898. Süddeutsches Verlags-Institut. n. — 75

— der Trotzkopf, s.a. Volksbücher, neue. 62 Bdchn.

Der Trotzkopf. Eine Küstengesch. von Klara v. **Dincklage.** Die Weberhütte. Erzählung von J[ulie] Westphal. Mit 4 Ill. *Berlin: Schriftenvertriebsanst. 1900.* (90 S.) 8° [F.]
— **Volksbücher, Neue.** Bdch. 62. [01. 9413

— ohne Vergangenheit. Dr. Hollmers Orientreise, s.: Enßlin's Roman- u. Novellenschatz. 102. Bd.

Dincklage, S. Frhr. v., s. Dincklage, Friedr. Frhr. v.

Dincklage-Campe, Emmy von

Dincklage-Campe, Emmy v., die echten Abberge, s. Bachem's Novellen-Sammlung.

Dincklage, Emmy v., die Amsivarier. Heimat-Geschichten. gr. 8. (318 S.) Leipzig 883. G. Fock, Verl. n. 5. —

Dincklage-Campe, Emmy v., die Amsivarier. Heimat-Geschichten. 8. (318 S.) Leipzig 883. Friedrich. n. 5. —

— fürstliches Blut, s.: Bachem's Novellen-Sammlung.

— Blutjung u. andere Erzählungen, s.a. Eckstein's Reise-Bibliothek.

Dincklage, E. v., Blutjung und andere Erzählungen. 8. (VII, 244 S.) Berlin 886, Stilke. *

Blutjung und andere Erzählungen von E[mmy] von **Dincklage.** 2. Aufl. *Berlin: R. Eckstein Nachf. [1899].* (136 S.) 8° [F.]
= **Reisebibliothek,** Ecksteins. No 180. [99. 9393

—— Jung Alarichs Braut, s. Eckstein's Reisebibliothek.

— jung Alarichs Braut. Je gelehrter — je verkehrter, s.: Enßlin's Roman- u. Novellenschatz. 49. Bd.

Dincklage, Emmy v., der lederne Bräutigam. — Wenn't Glücke kummt, s.a. Erzähler, unsere, 25. Buch.

Emmy v. **Dincklage.** Der lederne Bräutigam. Wenn't Glücke kummt! Münster i. W.: Aschendorff [1910]. 95 S. 8°
(Unsere Erzähler. Buch 25.) [10. 17396

— Am Dollart. Friesische Köpfe, s.a. Universal-Bibliothek.

Am Dollart. Friesische Köpfe. Zwei Novellen von Emmy v. **Dincklage.** Mit d. Bildn. d. Dichterin u. e. Einl. von Dr. Hermann Schönhoff. Leipzig: Reclam (1910). 115 S. 8°
(Universal-Bibliothek. 5201.) [10. 11573

Dincklage, Emmy v., die Dorf-Nihilistin. Novelle. Nebst 7 weitern Novellen derselben Verfasserin. 8. (IV, 380 S.) Köln 893. J. P. Bachem. 4. —; geb. n. 5. 50

Dincklage, E. v., Emsland-Bilder. (Die Bienenkönigin. Matrosen-Pan.) Erzählungen aus dem Emslande. 16. (144 S.) Stuttgart 874, Simon. geb. mit Goldschn.

Dincklage-Campe, Emmy v., Emsland-Bilder. Erzählungen aus dem Emslande. 2. Aufl. 16. (144 S.) Herzberg a/H. 881. Simon. geb. n. 1. —

— der Erb-Onkel, s.: Reiselectüre.

— Gesammelte Erzählungen. 1. u. 2. Bd. 8. Paderborn, F. Schöningh. à 1.80; geb. à 2. 40
1. 2. Geschichten aus dem Emslande. 2 Bde. 2. Aufl. (Neue [Titel-] Ausg.) (V, 251 u. V, 261 S.) [873.] (907.)

Gesammelte Erzählungen von E[mmy] v. **Dincklage.** (2. Aufl.) Bd 1. Paderborn: F. Schöningh [1904]. 8° [F.] [08. 8074

Dincklage, E. v., kurze Erzählungen. 8. (213 S. mit Stahlst.-Portr.) Leipzig 889. G. Meyer's Verl. n. 3. 50; geb. n.n. 4. 50; m. Goldschn. n.n. 4. 75

Dincklage, E. v. Kurze Erzählgn. 8. (213 S. m. Portr.) Lpz. 890, Geo. Meyer's Verlag. * 3 50; geb. ** 4 50; geb. m. Goldschn. ** 4 75

— Flachland. Novellen. 8. (III, 236 S.) Paderborn 894. Junfermann. n. 2. —; geb. in Leinw. n. 2. 80

—— die fünfte Frau. Roman. 2 Bde. 8. (220; 235 S.) Stuttgart 873, Simon. *

— Gedichte. 12. (IV, 128 S. m. Bildnis.) Paderborn 893. F. Schöningh. Geb. in Leinw. m. Goldschn. n. 2. 60

—— Geschichten aus dem Emsland. 8. (VII, 360 S.) Leipzig 872, Schlicke.
—— dass. — 2. Bd. 1. und 2. Aufl. 8. (III, 372 S. mit dem Portr. der Verf. in Lichtdr.) Ebendas. 873.

—— tolle Geschichten. Ein norddeutscher Roman. 2 Bde. 8. (III, 300; III, 412 S.) Leipzig 870, Schlicke. *

— u. C. v. Dincklage, Geschichtenbuch f. die Jugend. Wahre Erzählgn. Mit 4 Farbendr.-Bildern u. 6 Holzschn.(-Taf.) 8. (VII, 255 S.) Stuttgart 875. Kunstverl. 2. 60

— Il Gobbo u. sein Liebesleid u. Glück, s.: Reise-lectüre.

— Haide-Imme, s.: Eckstein's Miniaturbibliothek.

—— Heimath-Geschichten. 8. (283 S.) Paderborn 873, Schöningh.

—— „Hochgeboren." Roman. 8. (III, 294 S.) Leipzig 869, Schlicke. *

—— Kinder des Südens. Novellen. 2 Bde. 8. Stuttgart 873, Simon.

Inhalt:
Bd. 1. Aja-Lea. — Die Tochter des Magnaten. (189 S.)
" 2. Seine Excellenz. — Die Ungleichen. — In dreifachen Banden. (200 S.)

—— das Comtessel, s. Bachem's Novellen-Sammlung.

—— und Adf. Wilbrandt, Erich Lennep. Der Lootsenkommandeur. Zwei Erzählungen. Mit 1 (Holzschn.-)Bilde von Carl Röhling. 8. (117 S.) Bremen 878, Nordwestdeutscher Volksschriften-Verlag. cart. *

— Lieb' u. Länder. Nationale Erzählgn. Illustr. v. Ernst Roeber u. Ed. Kämpffer. gr. 8. (195 S.) Düsseldorf 885. F. Bagel. n. 6. —; geb. m. Goldschn. n. 7. —

— Nordlands-Geschichten. 1. Bd. 8. (348 S.) Jena 875. Costenoble. 6. —

—— Nordlands-Geschichten. 2. (Titel-)Aufl. 8. (348 S.) Jena 881, Costenoble.

Dincklage, E. v., Letzte Novellen. 8. (299 S.) Dresden 899. E. Pierson. n. 3. —: geb. n. 4. —

(B) — Letzte Novellen. 899. (KBL.) Jetzt; Berlin, Verlag Berlin-Wien.

—— neue Novellen. 1. und 2. Bd. 8. Leipzig 870, Schlicke. à Bd. *ℳ 4,50. *

Inhalt:
Bd. 1. Geborgenes Strandgut. (V, 303 S.)
" 2. „Treue Seelen". (V, 316 S.)

Dincklage, E. v., Sara. Roman. 2 Bde. 8. (III, 190; III, 207 S.) Leipzig 871, Schlicke.

Dincklage, Emmy von

Sara. Roman. Bd 1.2.
Leipzig: Schlicke 1872. 8°

—— die Schule des Herzens. Roman. 2 Bde. (293; 288 S.) 1876. ℳ 9.; 2. (Titel-)Aufl. 8. (293; 288 S.) Ebendas. 879.

— die Schule d. Herzens. Roman. 3. Aufl. 2 Thle. in 1 Bde. 8. (293 u. 288 S.) Jena 883. Costenoble. 2. 50

—— die Seelen der Hallas, s. Bachem's Roman-Sammlung.

—— „im Sirocco". Neue Novellen. [Masken-Freiheit. — Unter dem Damoklesschwert.] 8. (186 S.) Breslau 877, Schottländer. *

Dincklage-Campe, E. v., im Tramontan, s.a. Kürschner's, Jos., Bücherschatz.

Im Tramontan. Roman von E(mmy) v. Dincklage-Campe. (Vorr.: Friedrich F[rh.] v. Dincklage-Campe.) Berlin, Eisenach, Leipzig: H. Hillger [1904]. (112 S.) 8° [F.]
= Bücherschatz, Kürschners. No 432. [05. 10611

—— aus zwei Welttheilen. Novellen. 8. (205 S.) Lingen 882, Veldmann. *

—— Wir. Emsland-Geschichten. 1. und 2. Aufl. 8. (290 S.) Leipzig 882, Friedrich. *

— durch die Zeitung. Roman. 2 Bde. 8. (III, 262 u. III, 261 S.) Leipzig 871. Schlicke. n. 9. —

Dincklage-Campe, Friedrich Frhr. v.

Dincklage, Friedr. Frhr. v., s.a. Nagel v. Brawe, Hans.

Dincklage, F. Frhr. v. (Hans Nagel v. Brawe), Anker geschlippt, s.a. Hesse's, Max, Volksbücherei.

Dincklage, F. Frhr. v. (Hans Nagel van Brave), Anker geschlippt. Geschichte e. Marineoffiziers. Ill. v. W. Werner. 1.—3. Taus. 12. (181 S.) [Berlin 896. R. Eckstein Nachf.] Leipzig, G. Müller-Mann. n. 1. 50

Dincklage, F. Frhr. v. (Hans Nagel v. Brawe), Baroneß Dr. Roman. 2. [Titel-]Ausg. 8. (304 S.) Dresden [895]. 899. E. Reißner. n. 3. —

— Baroneß Dr. Roman. 2. Aufl. (232 S.) 8. Leipzig (910). G. Müller-Mann. 3. —

— in schwerer Bö. Novelle. 2. [Titel-]Aufl. (v. Nagel van Brawe, in schwerer Bö.) 8. (231 S.) Dresden (892) 895. E. Reißner. n. 2. —

Dincklage-Campe, Frdr. Frhr. v., Christfeier um Pfingsten, s.: Daheim. Stenographen-Bibliothek. 3. 4.

— Erbadel, s.a. Eckstein's Reisebibliothek.

[F.] Erbadel. Roman v. F[riedr.] F[rh.] v. Dincklage. '(Hans Nagel v. Brawe.)' (A. d. Umschl.: '(Hans v. Sudenburg.)') *Berlin: R. Eckstein Nachf. [1896].* (280 S.) 1 Bd 8. [97. 4869

Erbadel. Roman von F[riedrich] F[rh.] v. Dincklage[-Campe] ⟨Hans Nagel v. Brawe⟩. *Berlin: R. Eckstein Nachf. [1900].* (280 S.) 8° [F.]
= Reisebibliothek, Eckstein's. No 187–88. [00. 12035

— Erbadel. Roman. (174 S.) 8. Berlin (909). R. Taendler. 2.—; geb. 3. —

Dincklage, Frdr. Frhr. v., Ernstes u. Heiteres vom königl. Militär-Reit-Institut. Mitgeteilt als erweiterte u. vervollständigte Neuaufl. v. „Auf Reitschule". (144 S. m. Abbildgn. u. 3 Taf.) gr. 8. Hannover 906. [M. & H. Schaper.] E. Geibel. n. 9. —; geb. n. 10. —

Dincklage, F. Frhr. v. (Hans Nagel v. Brawe), falsch gepeilt. Geschichte e. Marineoffiziers. 1. u. 2. Aufl. 12. (172 S.) Berlin 894. R. Eckstein Nachf. n. 1. 50

— falsch gepeilt. Geschichte e. Marine-Offiziers. Illustr. v. E. Zimmer. 5—7. Taus. 12. (172 S.) [Ebd. 896.] Leipzig, G. Müller-Mann. n. 1. 50

— Falsch gepeilt. Geschichte e. Marineoffiziers. 8—11. Taus. (94 S.) 8. Leipzig (909). G. Müller-Mann. 1. —

Dincklage-Campe, F. Frhr. v., s.a. Helgoland.

Helgoland. Unsere Reichsinsel v. F. Freiherr von Dincklage-Campe. 15 Foliobilder in photographischem Kunstdruck. Aufgen. u. ausgeführt v. E. Mertens & Cie in Berlin. Berlin. [1894.] Fol.

— d. Jagd. — Duell- u. Ordenswesen, bearb. von Hans v. Kretschman. [Aus: „Düring-Oetken, zu Hause, in d. Gesellschaft u. b. Hofe".] 4. (154 S. m. Abb.) Berlin 896. F. Pfenningstorff. Geb. in Leinw. n. 4. —

— dasselbe, s.a. Düring-Oetken, Freiin Helene v., z. Hause, in d. Gesellschaft u b. Hofe.

— zehn Jahre in Gefangenschaft, s.a. Eckstein's Reisebibliothek.

— 10 Jahre in Gefangenschaft. (103 S.) 8. Ebd. (910). 1. —

200 Jahre unter der Königskrone. Festschr. z. 18. Jan. 1901 von [Friedrich] Frh. v. Dincklage-Campe, Generallt. z. D. *Berlin: C. M. A. Müller & Co. (1900).* (32 S.) 8° [Umschlagt. F.]

— nach 25 Jahren. Feldzugsnovelle. In vereinfachte deutsche Stenographie übertr. v. O. Schluder. gr. 8. (42 S.) Berlin (898). Frz. Schulze. n. — 60; geb. n.n. — 90

Vor 25 Jahren. Feldzugsnovelle von Friedr. Frh. v. Dincklage-Campe. In vereinf. deutsche Stenogr. übertragen von O. Schluder. *Berlin: F. Schulze (1899).* (42 S.) 8° [Text lith.]

— ein Jude, s.a. Schulze's Zehnpfennigbücher.

Ein Jude. Erzählung von Friedr. Frh. von Dincklage-Campe. In vereinf. Stenogr. (System Stolze-Schrey). *Berlin: F. Schulze (1899).* (16 S.) 8° [Text lith.]
= Zehnpfennigbücher, Schulzes. No 8.

— Kriegs-Erinnerungen: Wie wir unser eisern Kreuz erwarben. N. persönl. Berichten bearb. Illustr. v. ersten deutschen Künstlern. hoch 4. (VII u. 360 S. m. 15 farb. Taf.) Berlin 895. Deutsches Verlagshaus Bong & Co. n. 7. 50; geb. n. 10. —
Erschien auch in 15 Lfgn. à n. — 50.

— dasselbe. 2. Thl. (Nachtrag.) 5 Lfgn. hoch 4. (IV, 120 S. m. je 1 farb. Taf.) Ebd. 896. Geb. in Leinw. n. 4. —; 2 Bde. in 1 Bd. geb. n. 12. 50

— die verschleierte Kutsche, s.: Eckstein's Miniaturbibliothek.

— Paul Maria Lacroma (Maria Reichsedle v. Egger-Schmitzhausen), s.: Lacroma, Paul Maria, Dosta v. Dronthein.

— „Laternen brennen!" Novellen. 8. (VII, 301 S.) Oldenburg 902. G. Stalling's Verl. n. 3. —; geb. n. 4. —

— die liebe schöne Leutnantszeit. Schilderungen aus Heer u. Flotte. Illustriert v. C. Becker. Fr. Gehrke, H. Kuechler, W. Stöwer, E. Thiel, W. Zimmer. Imp.-4. (VIII, 252 S.) Berlin (899). R. Bong. Geb. in Leinw. m. Goldschn. 20. —

— Aus d. Mappe e. Veteranen, s.a. Veröffentlichungen d. Vereins d. Bücherfreunde.

[F.] Aus der Mappe eines Veteranen v. Friedr. Frh. v. Dincklage-Campe. 8. Taus. *Berlin: Schall & Grund [1897].* (2 Bl., 371 S.) 1 Bd 8.
= Verein d. Bücherfreunde. Jg. VI. [No] 8.

— Mausfall-Marie, s.a. Eckstein's Reisebibliothek.

— Mausfall-Marie. Roman. 2. Aufl. (228 S.) 8. Berlin 905. R. Taendler. n. 2. —; geb. n. 3. —

— Auf Posten und andere Erzählungen, s. Eckstein's Reisebibliothek.

Dincklage-Campe, Frdr. Frhr. v., deutsche Reiter in Südwest. Selbsterlebnisse aus den Kämpfen in Deutsch-Südwest-Afrika. Nach persönl. Berichten bearb. Mit zahlreichen Porträts u. Illustr. nach Orig.-Photographien u. Zeichngn. v. C. Becker, V. Huen, O. Merté. (XV, 480 S. m. 38 [21 farb.] Taf.) 30,5×21,5 cm. Berlin (908). Deutsches Verlagshaus Bong & Co. 12.—; geb. in Leinw. 15.—; auch in 20 Lfgn. à — 60

Dincklage, G. Frhr. v., „Auf Reitschule". Ernstes u. Heiteres v. kgl. Militär-Reit-Institute. gr. 8. (168 S. m. Abb. u. 7 Taf.) Hannover 899. M. & H. Schaper. n. 7. 50; geb. n. 8. —

— in Schnee u. Nebel. Novellen. 8. (V, 210 S.) Berlin 895. Freund & Jeckel. n. 3. —

— unter dem Schutze der Lanzen, s.: Eckstein's Reisebibliothek.

— Seekrank, s.: Eckstein's Miniaturbibliothek.

— besiegte Sieger, s.a. Eckstein's 50 Pfennig-Bibliothek.

— besiegte Sieger. Kriegs-Erinnergn. 2. [Titel-]Aufl. (von Nagel van Brawe, besiegte Sieger.) 8. (123 S.) Dresden (893) 895. C. Reißner. n. 1. —

— Besiegte Sieger. Kriegs-Erinnerungen. (Mit Umschlagszeichng. v. Hans Stubenrauch.) (117 S.) 8. Leipzig (910). G. Müller-Mann. 1. —

— aus alten u. jungen Tagen. Erinnerungen. Mit zahlr. Illustr. v. R. Knötel. gr. 8. (127 S. m. Bildnis.) Osnabrück 901. Meinders & Elstermann. n. 1. 50

— Tänzerin u. Fürstin. Wenn der Schuh drückt, s.a. Kürschner's, Jos., Bücherschatz.

Tänzerin und Fürstin. Wenn der Schuh drückt. 2 Erzählungen von Fr[iedrich] Frh. v. Dincklage-Campe. *Berlin, Eisenach, Leipzig: H. Hillger [1903].* (108 S.) 8° [F.]
= Bücherschatz, Kürschner's. No 363.

— Trotzdem, s. Hesse 's, Max: Volksbücherei.

— Waidmannsbrauch u. Jägerart. Skizzen u. Scenen. M. zahlr. Ill. v. Ernst Otto u. Carl Röhling. 2., völlig umgearb. Aufl. gr. 8. (VIII, 246 S.) Berlin 897. F. Pfenningstorff. Geb. n. 3. —

— zweimal getraut, s.a. Eckstein's Reisebibliothek.

[F.] Zweimal Getraut. Roman a. d. amerikan. Leben v. F[riedr.] Frh. v. Dincklage. '(Hans Nagel v. Brawe.)' *Berlin: R. Eckstein Nachf. [1896].* (157 S.) 1 Bd 8.

Zweimal getraut. Roman aus d. amerik. Leben von F[riedrich] Frh. v. Dincklage[-Campe] (Hans Nagel v. Brawe). *Berlin: R. Eckstein Nachf. [1900].* (137 S.) 8° [F.]
= Reisebibliothek, Eckstein's. No 189.

— Zweimal getraut. Roman aus dem amerikan. Leben. (118 S.) 8. Ebd. (910). 1. —

Dinckler, Gottlieb Wilhelm (Präs.), s. Auerbach, Johann Christian: De cura aetatis . . .

Dinckler, Gottl. Wilh. (Präs.), s. Crell, Christoph Ludwig: Calamitatem parentum in posteros continuandam.

— — Ad audiendam orationem qua demand. sibi autoritate regia profess. tractat. cursoriae pandectarum et juris Saxonici ordin. invit. Leipzig (Schede) 27. VIII. 1721. 8 Bl. (2.50) 6568

Dinckler, Gottlieb Wilhelm (Leipzig), De restricta testatoris potestate. Diss. jur. Präs. Joh. Chph. Schacher. Lpz. (Zeidler) 6. IV. 1713. 34 Seiten. (5.—) 6566
Gew.: Jo. Wilhelm Dinckler.

— — Bey vorkommenden Fällen auf Verlangen abgefaßete responsa. Jena (Joh. Adam Melchior) 1737. 104 S. (7.—) 6569

— — Terminum a quo usurae pretii tardius soluti currant. Lpz. (Imm. Titius) 30. IV. 1715. 40 S., z. Tl. dtsch. (5.—) 6567

Dinckler, Konst., s.a. D i n k l e r, Konst.

— Sprache der Menschen. 2 Theile. 8. Erfurt, Keyser. 780—85.

— Sprache der Menschen, nicht nach Regeln, u. nicht nach A B C-Ordnung, s. u. d. Leben aufgenommen. 16 Bdch. 8. Ebend. 780.

D i n c k l e r, Const., Sprache der Menschen in Sachsen und Thüringen. 1r Th. 8. Dessau, Ettinger. 785.

Dindorf

— s. a. **Dinndorf.**

Dindorf, G., s. D i n d o r f, Wilhelm

Dindorf, Gottlieb Immanuel

— s. J. A. E r n e s t i, lect. in epist. hebr.

D i n d o r f, Theoph. Im., nov. Lexicon linguae hebraico-chaldaicae c. comment. in libros Vet. Test. locuplet. II Part. 8. maj. Lps. Boehme. 801—4. (1r 5 Rthlr. 16 gr., 2r 4 Rthlr. 8 gr.)

Dindorf, Gli. Imm., († d. 19. Dec. 1812.) nov. Lexicon linguae hebraico-chaldaicae c. comment. in libros V. T. locuplet. II Ptes. 8 maj. Leipz. 801—4. (Cnobloch). 10 ₰

– s. M o r u s, S. F. N.: Recitationes in evang. Ioannis.

– s. M o r u s, S. F. N.: Versio et explicatio actuum apostolor.

— — Ad orationem qua munus professoris linguae Hebraicae ordinarii. „Quomodo nomen קהלת Salomoni tribuatur". Lpz. (Breitkopf) 20. IX. 1791. 15 S. (3.—) 6571

Dindorf, Theophil Immanuel, Ad orationem muneris adeundi causa. „Spec. animadv. in epistolam Syriacam Simeonis Beth-Arsamensis de Barsauma episcopo Nisibeno deque haeresi Nestorianorum". Lpz. (Klaubarth) 30. IV. 1788. 27 S. (4.—) 6570

Dindorf, Karl Wilhelm, s. D i n d o r f, Wilhelm

Dindorf, Ldw., s. 1) *Diodori* bibliotheca, 2) *Euripidis* fabulae. 3) *Hesiodus.*

Dindorf, Ldw., s. P a u s a n i a s.

Dindorf, Ldw., s. **Thesaurus Graecae linguae.**

– s. X e n o p h o n: De exped. Cyri – Historia Graeca – Institutio Cyri – Scripta minora.

Dindorf, Theophil Immanuel, s. D i n d o r f, Gottlieb Immanuel

Dindorf, Wilhelm

— Annott. in Aristophanis Comoed., s. Ἀριστοφάνης.

D i n d o r f, Guil., ad Sophoclis tragoedias annotationes. 8maj. (24¼ B.) Oxonii 836. (Lipsiae, T. O. Weigel.) *

– s. A r i s t o p h a n e s: Comoediae – Equites – Pax – Ranae.

– s. A e s c h i n e s: Orationes.

Dindorf, Wilhelm (Bearb.), s. A e s c h y l u s: Chorgesänge nach der Mediceischen Handschrift.

– s. A e s c h y l u s: Opera.

Dindorf, Wlh., s. A e s c h y l i Tragoediae.

Dindorf, W., Beiträge zur Kritik des Aeschylus. I. Gel. 1862. 14 S.

D i n d o r f, Wilh., nachträgliche Bemerkungen zu Hermas. gr. 8. (16 S.) Leipzig 857, T. O. Weigel. *
Aus: Leipziger Repertorium der deutschen und ausländischen Literatur, 1857. 1. Bd., besonders abgedruckt.

Dindorf, Wilh., nachträgliche Bemerkungen zu Hermas. II. Heft. (Abdr. aus Gersdorf's Repertorium.) Leipzig 857. T. O. Weigel. gr. 8. (16 S.) n. 5 *ngr*
Vgl.: A n g e r, — A n g e r u. D i n d o r f.

D i n d o r f i i, Guil., Commentarii in Aristophanis Comoediae, s. A r i s t o p h a n i s Comoediae ed. Invernizio, Vol. IX. P. II.

– s. C o r p u s scriptorum historiae Byzantinae.

– s. D e m o s t h e n e s: Orationes.

– s. E u r i p i d e s: Medea – Heraclidae.

— Wilhelm u. Wilhelm Braunhard (Sondershausen), **De Aristophanis fragmentis dissertatio I. Lpz. (Staritz) 25. IV. 1829. 72 S. (4.80) 6572**

D i n d o r f, (Wilh.,) Grammatici graeci, s. G r a m m a t i c i.

– s. H i s t o r i c i Graeci minores.

– s. H o m e r u s

– s. I s o c r a t e s

D i n d o r f, Guilelm., Lexicon Aeschyleum. Fasc. 1. Lex.-8. (VIII, S. 1—224.) Leipzig 873, Teubner. *

Dindorf, Wilh., l e x i c o n Aeschyleum. Fasc. 2. (Schluss.) Lex.-8. (S. 225—432.) Leipzig 876. Teubner. n. 8. — (cplt.: n. 16. —)

Dindorf, W., Lexicon Sophocleum. I—IV. S.A. 1869—1872. 18, 18, 86, 48 S.

Dindorf, Wilh., lexicon Sophocleum. Fasc. I. II. Leipzig 870. Teubner. Lex.-8. (VIII, S. 1—144.) Jedes Heft n. 16 *ngr.*

— l e x i c o n Sophocleum. III—VIII. Lfg. (Schluss.) Lex.-8. (S. 145—534.) Ebend. 871. à n. 1. 60

Dindorf, W., Miscellen. Ueb. die Originalhandschrift der Fabeln des Babrius im Brit. Museum. — Ueb. e. alte Handschrift d. Stobaeus in d. Bibliothek zu Escurial. S.-A. 1861. 20 S.

– s. P l a t o: Convivium.

– s. P o l l u x: Onomasticon.

Dindorf, G., s. a. S c h o l i a graeca in Homeri Iliadem.

— s c h o l i a graeca in Homeri Iliadem ex codicibus aucta et emendata. Tom. 1 et 2. gr. 8. (L, 434 u. 392 S. m. 2 phototyph. Fcsm. aus dem Codex Venetus in Imp.-4.) Oxonii 875. Leipzig 876. T. O. Weigel. n. 24. —

— s c h o l i a graeca in Homeri Iliadem ex codicibus aucta et emendata. Tom. III et IV. gr. 8. (XVI, 511 u. 413 S. m. 1 phototyp. Fcsm. aus dem Codex Venetus in Imp.-4.) Oxonii. Leipzig 877. T. O. Weigel. n. 26. — (cplt.: n. 50. —)

Dindorf, Wilh., scholia graeca in Euripidis tragoedias ex codicibus aucta et emendata. IV Tomi. Oxford 863. (Parker.) gr. 8. (XXX, 1592 S.) n. 11 ₰ 10 *ngr.*

D i n d o r f i u s, Gulielmus, Scholia graeca in Euripidis tragoedias ex codicibus aucta et emendata. 4 Tomi. gr. 8. (XXX und 1592 S.) Oxford 863. (Leipzig, T. O. Weigel.) *

– s. S o p h o c l e s: Oedipus.

– s. Stephanus Byzant.

– s. Themistius: Orationes.

– s. Thesaurus Graecae linguae.

– s. Xenophon: Convivium – Memorabilia.

—— s. Zonarae, J., epitome historiarum.

NACH DEM DINER. Junggesellen-Plaudereien. 2 Bde. Altona, Verlagsbureau (A. Prinz) 1874.
Verboten vom K.-G. Wels, 25. August 1876. § 516.

[Umschlagt.:] Josef Dinor-Dénes. Vergangenheit und Zukunft. Studien u. Eindrücke. *Berlin: S. Fischer 1896.* (188 S., 2 Bl.) 1 Bd 8. [97.1115

Diners, les, de Mr. Guillaume, av. l'histoire de son enterrement p. l'auteur de la vie de Voltaire, av. fig. 12. Leipz. Sommer.

Diners, les, de Mons. Guillaume avec l'histoire de son enterrement, par l'auteur de la Vie de Voltaire 12. Maync. Kupferberg.

Dinesen, Ridder A. B., Abd-el-Kader og Forholdene mellem Franskmaend og Arabere i det nordlige Afrika. Mit 1 Karte. 8. Kiöbenhavn 840. Reitzel, Universitets-Bogh. $1^1/_4$ ₰

Dinesen, A. W., Abd-el-Kader u. d. Verhältnisse zwischen Franzosen u. Arabern im nördl. Afrika. A. d. Dän. übers. v. Aug. v. Keltsch. Nebst 1 Karte. 8. ($13^3/_4$ B.) Berlin, Posen u. Bromberg 840, Mittler.

Dinesmann, M. Über die Ortho-Derivate des Mono- und Dialkylanilins. In-8⁰. 51 S. Basel (Georg & Co.). These. 1894.

Dinge, beachtenswerthe. Eine Ansprache an die weibliche Jugend, von der Verfasserin der „Kleinen Dinge." In treuer Uebersetzung aus dem Engl. 16. (102 S. mit 1 Holzschntaf.) Gütersloh 868, Bertelsmann.

Dinge, beachtenswerthe. Eine Ansprache an die weibl. Jugend, v. der Verf. der „Kleinen Dinge." In treuer Uebersetzg. aus dem Engl. 2. Aufl. 16. (102 S. m. 1 (Holzschn. Gütersloh 874. Bertelsmann. cart. m. Goldschn. n. 1. —

Dinge, beachtenswerthe. Eine Ansprache an die weibl. Jugend, von der Verf. der „Kleinen Dinge". In treuer Uebersetzung aus dem Engl. 3. Abdr. 16. (102 S.) Gütersloh 878, Bertelsmann. cart. mit Goldschn.

Dinge, beachtenswerte. Eine Ansprache an die weibl. Jugend v. der Verf. der „Kleinen Dinge". In treuer Übersetzg. aus dem Engl. 5. Abdr. 16. (102 S. m. e. Bild.) Gütersloh 889. C. Bertelsmann. Kart. m. Goldschnitt. n. 1. —

Dinge, beachtenswerthe für die Jugend. Von der Verf. der „Kleinigkeiten." Bremen 855. Strack. 16. (112 S.) $7^1/_2$ ngr

Dinge, die da kommen, oder prophetische Aussichten in dem neuen Jahrhundert. 8. Lpz. P. Vogel. 801.

— die zu bedenken sind. Von der Verf. der „Kleinen Dinge." Kiel 855. Schröder u. Co. 16. (119 S.) n. $6^1/_4$ ngr

— die zu bedenken sind. Der Jugend gewidmet von der Verf. der „Kleinen Dinge." Aus der engl. in 20000 Exemplaren verbreiteten Ausg. ins Deutsche übertragen. 16. (VII und 132 S.) Stendal 863, Franzen und Grosse.

— die zu bedenken sind. Für junge Mädchen von der Verf. der „Kleinen Dinge". gr. 16. (VII, 132 S.) Berlin 869, Beck. cart. mit Goldschn. *

Dinge, galante. Von Jean qui rit. 2. Aufl. 8. (119 S. mit Illustr.) Budapest 887. Grimm. n. 2. 50

Dinge, die kirchlichen, d. i. die Kirche mit ihren Hirten u. Lehrern, deren Art, Lage, Stand u. Wirksamkeit nebst Gedanken wie in Vielem zu helfen u. d. geistl.-sittl. Kultur d. Volks zu heben stehe; von Philadelphus Alethes. (J. A. Ch. Löhr.) 8. Leipzig 823, Brockhaus.

— kleine, s.a. Brosamen.

Dinge. – Kleine Dinge, s.a. Wilson, Henrietta

— kleine. Aus dem Englischen. 853. (62 S.) — 2. Aufl. 854. (60 S.) — 3. revid. Aufl. 855. (71 S.) — 4. Aufl. Eutin 857. Völckers. 24. (71 S.) 6 ngr

Dinge, Kleine. A. d. Engl. (7. Aufl.) Eutin 1855. V: *Arps, Adolph Hans Hermann.* (A)

— — In treuer Uebersetzung aus dem Englischen. Gütersloh 857. Bertelsmann. 16. (62 S.) 5 ngr; cart. 8 ngr

Dinge, kleine. Aus dem Engl. 5. Aufl. 16. (71 S.) Eutin 864, Völckers.

— kleine. In treuer Uebersetzung aus dem Engl. 3. Aufl. 16. (80 S. mit 1 Holzschntaf.) Gütersloh 867, Bertelsmann. cart. mit Goldschn. *

— kleine. In treuer Uebersetzg. aus dem Engl. 5. Aufl. 16. (80 S. m. e. Holzschntaf.) Ebend. 871. cart. m. Goldschn. — 80

— kleine. In treuer Uebersetzung aus dem Engl. 4. Aufl. 1871, und 5. Aufl. 16. (80 S. mit 1 Holzschntaf.) Gütersloh 873, Bertelsmann's Verlag. cart. mit Goldschn.

— kleine. In treuer Uebersetzung aus dem Engl. 6. und 7. Aufl. 16. (80 S.) Ebendas. 877,79. cart. mit Goldschn.

— kleine. In treuer Uebersetzung aus dem Engl. 7. Aufl. 16. (80 S.) Ebend. 878. cart. m. Goldschn. — 80

Dinge, kleine. A. d. Engl. 9. Aufl. 12. (80 S. m. Titelb.) Güters l. 888, Bertelsmann. cart. m. Goldschn. * — 80; geb. in Leinw. * 1 20

Dinge, Kleine. In treuer Übersetzung aus d. Engl. 12. Aufl. Gütersloh 1907. V: *Wilson, Henrietta.* (Berl)

Dinge, kleine. In treuer Übersetzg. aus dem Engl. 12. Aufl. (80 S. m. Titelbild.) 16. Gütersloh 907. C. Bertelsmann. Kart. m. Goldschn. —80; geb. 1. 20

Dinge, natürl., in einer Samml. von Erzählungen. 8. Lpz. 793. (W. Rauck). 10 gr

— natürliche in e. Sammlung von Erzählungen rc. 8. Lpz. Sommer. 793.

Dinge, die vier letzten, Oratorium in 3 Abtheilungen von J. Sonnleithner. 8. Wien, Wallishauser. 810.

Dinge, Max, Kammergerichts-Ref.: Das Verhalten des neuen Handelsgesetzbuches zum Immobiliarverkehr. *Berlin 1904: Möller & Borel.* (74 S.) 8°
Leipzig, Jur. Diss. v. 1904

Dingel, Eduard, Arzt aus Pankow: Ueber die Resultate der Nervennaht. *Halle a. S. 1899: C. A. Kaemmerer & Co.* (76 S.) 8°
Halle, Med. Diss. v. 16. Aug. 1899

Dingel, Friedrich, Kammergerichtsreferendar: Errichtung und Aufhebung letztwilliger Verfügungen im internationalen Privatrecht. Berlin 1904: G. Schade. (45 S.) 8°
Rostock, Jur. Fak., Ref. Matthiass, Diss. v. 20. Okt. 1904
[Geb. 22. Jan. 78 Berlin; Wohnort: Berlin; Staatsangeh.: Preußen; Vorbildung: Gymn. Spandau Reife O. 98; Studium: Berlin 6 S.; Rig. 26. Juni 03.]

Dingeldein, Otto, 300 kleine Aufsätze erzähl. Inhalts f. d. Unterkl. höh. Lehranstalten, für Bürger-, Mittel- u. Volksschulen. gr. 8. (VIII, 132 S.) Gießen 895. E. Roth. n. 1. 60; geb. n. n. 1. 80

— Erläutergn. z. Goethes Götz v. Berlichingen,
— Erläutergn. z. Goethes Hermann u. Dorothea,
} s.: König's, Wilh., Erläutergn. z. d. Klassikern.

Dingeldein, Otto, (Prof.) Dr.: Eine Ferienreise nach dem Goldnen Horn. Büdingen 1907: A. Heller. (37 S.) 8° [F.]
Büdingen, großh. Wolfgang Ernst-G OP 1907 (792)

Dingeldein, Otto Gleichklang und Reim in antiker Poesie. 4 (S. 3—20). Progr. G. *Büdingen* 1888 (592).
Erweiterte Umarbeitung in: Der Reim bei den Griechen und Römern. Ein Beitrag zur Geschichte des Reims. 8 (IV, 131 S.). Leipzig 1892, Teubner. ℳ 2,—.

—— Haben die Theatermasken der Alten die Stimme verstärkt?, s.a. Studien, Berliner, f. classische Philologie.

Haben die Theatermasken der Alten die Stimme verstärkt? Eine Untersuchung von Otto **Dingeldein**. Berlin: S. Calvary & Co. 1890. (46 S.) 8° =**Studien**, Berliner, f. classische Philologie u. Archaeologie. Bd 11, H. 1. [«6.77]

Dingeldein, Otto: Horaz und Rosenberg. Kritische Beiträge z. Erklärung d. Oden d. Horaz. Büdingen 1910: Heller. 15 S. 4°
Büdingen, großh. Wolfgang-Ernst-G OP 1910 (870) [S 10. 76

Dingeldein, Otto (Giessen)
De participio homerico quaestionum specimen.
Gissae: Keller 1884. 40 S.
Diss. phil. 1884, 20. Juni. vorh. 26. 7. la.

Dingeldein, Otto. Der Reim bei d. Griechen u. Römern. Beitrag z. Gesch. d. Reims. gr. 8. (IV, 131 S.) Lpz. 892, Teubner. * 2 —

Dingeldey, Friedr. [aus Darmstadt]: Ueber d. Erzeugung von Curven vierter Ordnung durch Bewegungsmechanismen.... Leipzig, Druck v. B. G. Teubner, 1885; VIII + 61 + 1 S. u. VI Taf. 8°.
Leipzig, Phil. Fak., Inaug.-Diss. v. 26. Sept. 1885.

Dingeldey, Frdr., s.: Gundelfinger, Sigm., Vorlesgn. a. d. analyt. Geometrie d. Kegelschnitte.

Dingeldey, Friedrich, Dr.: Über einen neuen topologischen Process und die Entstehungsbedingungen einfacher Verbindungen und Knoten in gewissen geschlossenen Flächen. Mit 5 lithogr. Taf. 1889. 31 S., 5 Taf. 8° ¶ Auch in: Sitzungsberichte d. math.-naturwiss. Classe d. Kais. Akademie d. Wissenschaften. Bd 98. Abth. 2a.
Darmstadt Te. H., Hab.-Schr. v. 9. 2. 1889

Dingeldey, Friedr. Ueber einen neuen topologischen Process u. die Entstehungsbedingungen einfacher Verbindungen u. Knoten in gewissen geschlossenen Flächen. [Mit 5 Taf.] Lex.-8. (28 S.) Wien 889, (Tempsky). * 1 60
Aus: Sitzungsberichte der k. Akademie der Wissenschaften, besonders abgedruckt.

Dingeldey, Frdr., Sammlung v. Aufgaben zur Anwendung der Differential- u. Integralrechnung, s.a. Teubner's, B. G., Sammlung v. Lehrbüchern auf dem Gebiete der mathematischen Wissenschaften. XXXII.

Sammlung von Aufgaben zur Anwendung der Differential- und Integralrechnung. Von Friedrich **Dingeldey**, Prof. T. 1. Leipzig & Berlin: Teubner 1910. 8°
(B. G. Teubners Sammlung von Lehrbüchern auf d. Geb. d. math. Wiss. Bd 32, 1.)
[10. 427

—— Topologische Studien über die aus ringförmig geschlossenen Bändern durch gewisse Schnitte erzeugbaren Gebilde. gr. 8. (VIII, 54 S. m. 37 Fig. u. 5 lithogr. Taf.) Lpz. 890, Teubner. * 2 40

Rede, bei der zur Nachfeier der Trauer-Loge am 8. Nov. 1875 gehaltenen Schwester-Loge. Mit Gedenksprüchen von Wilh. Karl Baur. Dem Vereine Charitas gewidmet von Herm. Dingeldey. Darmstadt 1875: Herbert. 14 S. 8° [Umschlagtit.]
Thema: „Weisheit im Leben! Stärke im Sterben! Schönheit im Anschauen des ewigen Lichts!" 100.

Dingeldey, Hugo, etymologisches Fachwörterbuch zur Mathematik, Physik, Chemie u. Mineralogie. (IV, 58 S.) 8. Breslau 910. F. Hirt. Kart. 1.60

Dingeldey, Jacob: Über die Sprache und den Dialekt des Joufrois .... Darmstadt, G. Otto's Hof-Buchdr., 1888; 2 Bl. + 44 S. + 1 Bl. 8°
Giessen, Phil. Fak., Inaug.-Diss. v. 1888

Dingeldey, Jac., über die Sprache und den Dialekt des Joufrois. Inaugural-Dissertation. gr. 8. (44 S.) Darmstadt 888. (Leipzig, Fock.) *

Dingelingelei, Bronsard v., s.: Dibelbumbei, allerlei.

Dingelstad, ein geistliches Schauspiel aus dem Anfange des 17. Jahrhunderts. Cleve. 4. *24 p.* 1867.
Schul-/Univ.-Schrift

Dingelstad, Herm., de Euripidis Helena. Commentatio philologica. gr. 8. (55 S.) Münster 865, (Mitsdörffer.) *

Dingelstad, Herm. Verzweiflung führt zur Verdammung. Religiöses Schauspiel von Tirso de Molina (Fray Gabriel Tellez). 80 S. Progr. *Vechta* 1878.

Dingelstädt [Schlagwort]

Dingelstädt, s.: Deutschland. Kürschner-Peip.

Dingelstädt, s.: Geologische Karten. Preussen 112.

Dingelstädt, s.: Preussen. Messtischblätter.

Dingelstädt [Verfasser]

Dingelstädt, Chr. Ad. Ldw., († d. 25. Dec. 1790.) nordische Casualbibliothek, oder Samml. heil. Reden bei Taufen, Copulationen, Begräbnissen u. s. w. 2 Bde. 8. Riga 785—87. Hartknoch in Leipz. 2 ℛ︀

Dingelstädt, Chr. Ad. Ldw., Unterhaltungen am Sonntage für d. Verstand u. das Herz des Christen, e. Wochenschr. 1r, 2r Bd. 8. Riga 780—82.

Dingelstädt, F. W., Vers. e. Anleit. z. Grubenzimmer. u. Mauerung f. Bergleute. m. K. 4. Dresden, Arnold. 796.

Dingelstedt, F. W. Versuch einer Anleitung zur Grubenzimmerung und Mauerung für angehende Bergleute. Theil I. Schneeberg, 1793.

Dingelstedt, Fr. Wlh., Versuch e. Anleit. zur Grubenzimmerung u. Mauerung für Bergleute. 1r Thl., mit Kpf. 4. Schneeberg 797. Arnold in Dresd. 15 gℓ

Dingelstedt, Franz

Dingelstedt, Frz., hessisches Album, s. Album.

Dingelstedt, Frz., die Amazone. Novelle. 2 Bde. 1. und 2. Aufl. gr. 8. (III und 203 S., III und 182 S.) Stuttgart 868, E. Hallberger.

Dingelstedt, Frz., die Amazone. Novelle. 2 Bde. 868. — 2. Aufl. Stuttgart 869. E. Hallberger. 8. (385 S.) 2 ℛ︀

Dingelstedt, Franz, die neuen Argonauten. Ein komischer Roman. 8. Fulda 839. Müller. (Euler.) 1 1/2 ℛ︀

Dingelstedt's, Frz., Münchener Bilderbogen. 8. (199 S.) Berlin 879. Paetel. n. 4. —

—— literarisches Bilderbuch, s. Verein, allgemeiner, für deutsche Literatur.

Dingelstedt, Franz. Blätter aus seinem Nachlaß. Mit Randbemerkgn. v. Jul. Rodenberg. 2 Bde. 8. (VII, 215; V, 242 S.) Berl. 891, Gebr. Paetel. * 8 —; geb. in 1 Leinw.-Bd. * 10 —

—— Unter der Erde. Ein Denkmal f. d. Lebendigen. (Roman.) 2 Thle. 8. (23 1/8 B.) Leipzig 840, Einhorn.

Dingelstedt, Frz., der Aerntekranz. Vorspiel für die Weimarische Jubelfeier. Weimar 857. Böhlau. 8. (66 S.) n. 10 ngℓ

Dingelstedt, Franz, sieben friedliche Erzählungen. 2 Bde. 8. (27½ B.) Stuttgart 844, Krabbe. Thlr.

—— eine Faust-Trilogie. Dramaturgische Studie. 8. (V, 162 S.) Berlin 876, Gebr. Paetel. * M 4.; geb. *

— Frauenspiegel. Mit 6 Kpfr. u. 1 Musikbeil. gr. 8. Nürnberg 838. Schrag. In Leinwand cart. n. 1⅔ Thlr

—— Gedichte. gr. 12. (8½ B.) Cassel 838, (Fischer.) *

— Gedichte. gr. 12. Cassel u. Leipzig 838. Kriegersche Buchh. (Fischer.) n. 1⅙ Thlr

—— Gedichte. 8. (30½ B.) Stuttgart 845, Cotta'sche Buchh.

— Gedichte. 2. Aufl. Stuttgart 858. Cotta. 16. (XII, 420 S.) 2 Thlr 20 ngr

—— Heptameron. Gesammelte Novellen. 2 Bde. gr. 12. (26½ B.) Magdeburg 841, Baensch.

—— sechs Jahrhundert aus Gutenbergs Leben, s. Jahrhundert.

— s. Immergrün.

Dingelstedt, Franz, s. Klassiker, moderne.

— zum Landtags-Morgen! Gruß an die hessischen Stände. gr. 8. Leipzig 841, Einhorn's Verlags-B. 1/12 Thlr

—— Licht u. Schatten in d. Liebe. Novellen. 8. (15⅛ B.) Kassel 838, Fischer.

— Lichtenstein. Oper in 5 Aufz., s. Lichtenstein.

Dingelstedt, Franz, jusqu'à la mer. Erinnerungen an Holland. 8. (286 S.) Leipzig 847, Weber. *

—— Nacht und Morgen. Neue Zeit-Gedichte. 8. (XIV und 221 S.) Stuttgart 851, Cotta'sche Buchh.

— Novellen-Buch. Leipzig 856. Einhorn. (Wien, Hartleben.) 8. (3 Bl., 256 S.) 1 Thlr

Dingelstedt, Frz., Freih. v., s.: Schiller's, Frdr. v., Lied v. der Glocke.

Dingelstedt, Frz., die Schule der Welt, s. Novellenschatz, neuer deutscher.

Dingelstedt, Franz. Studien u. Copien nach Shakspeare. *Pest* 1858. *E. A. Hartleben*. 2 Bl. 276 S. 8°.
Enthält: Die Bearbeitungen von »Macbeth« und »Der Sturm«, nebst Erläuterungen.

— Studien und Copien nach Shakspeare. Wien 858. Hartleben. 8. (2 Bl., 276 S.) 1 Thlr 18 ngr

—— Wanderbuch. 8. (19½ B.) Leipzig 839, Einhorn.

—— Wanderbuch. II. 8. (21½ B.) Leipzig 843. [Brandstetter.]
1 Thl. Ebendas. 1839. 1 Thlr. 15 Ngr.

— Wanderbuch. II. 8. Leipzig 843, Einhorn's Verlags-B. 1½ Thlr — Beide Bde. 3 Thlr

Dingelstedt's, Frz., sämmtliche Werke. 1. Gesammt-Ausg. in 12 Bdn. Berlin 877. Paetel. à n. 4. —
1—6. Bd. 1. Abth.: Erzählende Dichtungen. 1. Bade-Novellen. (301 S.) — 2. Künstler-Geschichten. (330 S.) — 3. Bunte Reihe. (383 S.) — 4. Unter der Erde. (238 S.) — 5. Wanderbuch. (397 S.) — 6. Die Amazone. Roman in 12 Kapiteln. (352 S.) — 7. u. 8. Bd. 2. Abth.: Lyrische Dichtungen. 1. u. 2. Bd. 8. (XII, 248 u. XI, 396 S.) — 9—12. Bd. 3. Abth.: Theater. 4 Bde. (VI, 377; 390, 470 u. 495 S.)

— das Weserthal, s.a. Deutschland, das maler. u. romant. Supplement.

Dingelstedt, Franz. Weserthal. Leipzig u. Kassel 1842. MV: *Landau, Joh. Georg.* (ADB)

— u. Jordan. Zeitstimmen aus Hessen, s.: Jordan, Sylv.

Fr(idericus) Guil(elmus) Ch[ristianus] Dingelstedt
De Morbo nigro. Berolini (1820:) Starck. 32 S. 8°
Berlin, Med. Diss. v. 1. Apr. 1820

Dingelstedt, Hans v., am Stammtisch. Allerlei Heiteres für Hagestolze. 1. und 2. Reihe. 12. (186; 171 S.) Dresden 887. Leipzig, Steffens. à Reihe

Dingenberg, Wilh. (Red.), s. Gewerkschafter, Der.

Dingor, Abraham Nicolaas, Militair-Arzt in Haarlem, Geb. in Patti (Java): Die Augen der Amsterdamer Schuljugend im Jahre 1899. *Amsterdam 1900: B. van Mantgem.* (39 S.) 8°
Freiburg i. B., Med. Diss. v. 1900

DINGER F[ ] K[ ] M[ ] Beichtspiegel für Regenten. Nach den Grundsätzen des Herrn de la Motte Fenelon. Von —. Hochenleitter, Wien 1784. 1 vol. 74 S.

Dinger, Hugo, Dramaturgie als Wissenschaft. 2 Bde. gr. 8. Leipzig, Veit & Co. à n. 7. 50
1. Die Dramaturgie als theoret. Wissenschaft. (XI, 326 S.) 904.
2. Die dramat. Kunst im System der Künste. (V, 304 S.) 905.

—— Richard Wagners geistige Entwickelung. Versuch e. Darstellg. der Weltanschauung Richard Wagners m. Rücksichtnahme auf deren Verhältnis zu den philosoph. Richtungen der Junghegelianer u. Arthur Schopenhauers. 1. Bd.: Die Weltanschauung Richard Wagners in den Grundzügen ihrer Entwickelg. gr. 8. (XXIV, 411 S.) Lpz. 892, Fritzsch. * 6 —; geb. in Hlbfrz. ** 7 50

Dinger, Hugo. Die Meistersinger v. Nürnberg. Eine Studie. 8. (98 S.) Lpz. u. B.-Baden 892, Wild's Verl. * 1 —; Franz. Ausg. (99 S.) * 1 25

[J.] **Dinger,** Hugo [Dr. aus Coelln i. S.]: Das Prinzip der Entwickelung als Grundprinzip einer Weltanschauung ... Jena, Druck v. A. Kämpfe, 1896; VIII, 75 S. 4.
Jena, Phil. Fak., Hab.-Schr. v. 1896

[J.] **Dinger,** Hugo *Moritz John* [aus Dresden]: Versuch einer Darstellung der Weltanschauung Richard Wagners m. Rücksichtnahme auf deren Verhältnis zu den philosoph. Richtgn d. Junghegelianer u. Arthur Schopenhauers ... [Erschien vollst. 1892 u. d. T.: R. Wagners geistige Entwickelg ... 1. Bd.] Leipzig, Druck v. C. G. Röder, 1892; 2 Bl., XVI, 193 S., 1 Bl. 8.
Leipzig, Phil. Fak., Inaug.-Diss. v. [8. Aug.] 1892

Dingerkus, Felix, Kinder-Lieder mit leichten Melodien z. Gebr. f. Kleinkinderschulen u. Familien. Aus d. Holländ. 8. (3⅛ B.) Wesel 845, Klönne. **

Dingerkus, Johann Eberhard (Attendorn / Westf.), Quid statuendum de doctrina: Status imperii Romano-Germanici in causis privatis utuntur jure communi, exemplis maxime circa tutelam personarum illustrium illustrata. Disquis. jur. Rector Melchior Friedr. Grf. v. Schönborn-Bucheim. Präs. Joh. Philipp Hahn. Mainz (Haeffner Erb./ El. Pet. Bayer) April 1751. 24 S. (4.80) 6573

— **Johann Theod.** (Attendorn/Westf.), De successione feudali. Spec. jur. Rector Friedr. Carl Joseph Frh. v. Ehrthal. Präs. Johann Horix. Mainz (Haeffner Erb. / Joh. Benj. Waylandt) 1762. 28 S. (4.80) 6574

Dinges, Geo., Untersuchungen zum Donaueschinger Passionsspiel, s.a. Abhandlungen, germanistische.

Untersuchungen zum Donaueschinger Passionsspiel von Georg **Dinges**. Breslau: Marcus 1910. 156 S. 8°
(Germanistische Abhandlungen. H. 35.) [10. 17829

Dinges, Heinrich. Geschichte des Bensheimer Gymnasiums nach den Urkunden dargestellt. Erster Teil. 4 (S. 3—50). Zweiter Teil. 4 (S. 3—39). **Progr.** G. *Bensheim* 1887 (582). 1888 (591).

Dinges, De divina rerum humanarum apud Aeschylum moderatione. Bensheim 1870, 4°, 22 S., Progr. des Gymn.

Dinges, Henr., de divina rerum humanarum apud Aeschylum moderatione. Pars I. 4. (22 S.) (Bensheim 872, Lehrmittelanstalt.) *

Dinges, J., das Relief in der geographischen Unterrichtspraxis. Theoretisch-prakt. Anleitg. zur Verwendg. der Terrainmodelle. Mit Lehrproben. Für d. Hand des Lehrers bearb. (99 S. m. 5 Abbildgn. u. 1 Kärtchen.) 8. Leipzig 907. K. G. Th. Scheffer. 1.40

Dinges, Jos.

Dinges, J. Die metrischen Masse u. Gewichte. Tabelle m. farb. Abbildgn. in 4 Blatt. Fol. Freising 890, Datterer.
Mit Stäben * 3 50; auf Leinw. m. Stäben ** 4 50

Dinges, Jos., die metrischen Masse u. Gewichte. Tabelle m. farb. Abbildgn. (2. Aufl.) 100×100 cm. Freising 893. Dr. F. P. Datterer. n. 2. 50; m. Leinw.-Streifen u. Stäben n.n. 3. 50; auf Leinw. m. Stäben n.n. 4. 50

[J. u. Ant.] **Dingfelder, Johann** [aus Lipprichhausen]: Beitrag zur Lehre von der Sehsphäre ... Würzburg, Buchdr. d. „Neuen Bayer. Landeszeitg", 1895; 30 S. 8.
Erlangen, Med. Fak., Inaug.-Diss. v. Juli 1895

Dingfelder, Simon, hebräische Lesefibel, s.: Liebmann, R.

Dingler, Maschinenfabrik, A.-G.: Sonderkatalog über Dampfüberhitzer. Zweibrücken 1905

Dingler, Aug. Heinr., Handschriften-Sammlung zur Uebung im Lesen verschiedener Handschriften für die ältesten Klassen der Volksschule. Schw. Hall (854.) (Stuttgart) Nitzschke. 4. (2 Bl. in 4. u. 26 lith. Taf. in Fol.) 10 ngr

Dingler, Emil Max., u. Jh. Gf. D., s. Journal, politechnisches. 2) Vitalis, Grundriß d. Färberei.

Dingler, Gottfr.

– s. Vaterlandskunde, Baierische.

DINGLER, Hermann (Zweibrücken): Zur Behandlung der Schusswunden.- München: Mühlthaler 1872. 17 S. 28.7.1870 – Urk (Titel: De curandis vulneribus sclopetariis.); F 72; Chr 1870/71,14
Diss. Ingolst.-Landsh.-Mchn.

Dingler, Herm. Die Bewegung der pflanzlichen Flugorgane. Ein Beitr. z. Physiologie d. passiven Bewegungen im Pflanzenr. Mit 8 Taf. gr. 8. (IX, 342 S.) Münch. 889, Th. Ackermann Verlag. * 12 —

Eine körperliche Darstellung der Gewebeentstehung im Stamme unserer Laub- und Nadelhölzer. Von Dr. Hermann Dingler, Prof. Mit 1 Taf. *Aschaffenburg: C. Krebs 1904.* (11 S.) 8° [Umschlagt.] [04. 8790 2

Dingler, Herm., die Flachsprosse der Phanerogamen. Vergleichend morphologisch-anatom. Studien. 1. Heft: Phyllanthus sect. Xylophylla. gr. 8. (V, 153 S. mit 3 lithogr. Taf.) München 885, Th. Ackermann's Verlag. *

Dingler, Herm., über das Scheitelwachsthum des Gymnospermen-Stammes. gr. 8. (85 S. mit 3 Stnt.) München 882, Th. Ackermann. *

DINGLER, Hermann: Über das Scheitelwachsthum des Gymnospermenstammes. - München 1885. 85 S., 3 Taf.

Dingler, Hugo, a. Aschaffenburg: **Beiträge zur Kenntnis der infinitesimalen Deformationen einer Fläche. Amorbach** 1907: G. Volkhardt. (62 S.) 8°
München, Phil. Fak., Ref. Voß, Diss. v. 1. Mai 1907
[Geb. 7. Juli 81 München; Wohnort: Aschaffenburg; Staatsangeh.: Bayern; Vorbildung: Gymn. Aschaffenburg Reife Juli 00; Studium: Erlangen 2 München 2, Göttingen 2, München 2 S.; Rig. 1. Mai 07.]

Dingler, Hugo, Grenzen u. Ziele der Wissenschaft. (125 S.) 8. Leipzig 910. J. A. Barth. 2.50

Grundlinien einer Kritik und exakten Theorie der Wissenschaften insbesond. der mathematischen. Von Hugo **Dingler**. München: Th. Ackermann 1907. (IV, 76 S.) 8° [07. 13928

Dingler, J. G. (Hrsg.), s. Zeitschrift, Oberdeutsche, für Haus- und Landwirthe, . . .

Dingler, Johann Gottfried (Hrsg.), s. Bancroft, Edward: Neues englisches Färbebuch.

Dingler, J. G., Beschreibung und Abbildung mehrerer Dampf-Apparate, zur Benutzung der Wasserdämpfe zum Kochen und Heitzen, in verschiedenen öffentlichen Anstalten, in der Haus- und Landwirthschaft, in Fabriken, Manufakturen, Gewerken rc. m. 4 Kupf. gr. 8. Augsburg, Jenisch Stage, auch Kummer in Leipzig. 818.

Dingler, J. G., Fragmente f. die Zitz-, Cattun-, Seiden- u. Zeug-Druckerei. gr. 8. Basel, Flick. 815.

Dingler, Jh. Gf., Fragmente f. die Zitz-, Cattun-, Seiden- u. Zeug-Druckerei. gr. 8. Basel 815. (Neukirch). 16 gl. bei Ebner in Ulm. 18 gl.

Dingler, Joh. Gtfr., neues Journal f. die Druck-Farbe- u. Bleichkunst rc., s.a. Journal.

— neues Journal f. die Druck-, Färbe- u. Bleichkunst, mit K. u. natürl. Zeugmustern. 2 Bde. jeder von 4 Heften. gr. 8. Augsb. Stage. 815. (jeder Bd. 3 Rthlr. 12 gr.)

Dingler, Jh. Gf., s.a. **Journal, neues, für die Indiennen- od. Baumwollendruckerei.**

Dingler JG, neues Journal f. d. Indienne- od. Baumwolldruckerei, d. Leinen-, Seiden- u Wollzeugdruckerei u Färberei, u d. Kunst zu bleichen. 4 Bde Augsburg 1815-18

Dingler, Joh. Gtfr., u. Emil Max Dingler, polytechn. Journal, s.a. Journal.

— — polytechnisches Journal, eine Zeitschrift zur Verbreitung gemeinnütziger Kenntnisse im Gebiete der Naturwissenschaft, der Manufakturen, Fabriken, Künste, Gewerbe, der Handlung, der Haus- und Landwirthschaft. Mit K. 1r und 2r Jahrg. 820 u. 21. 12 Hefte. gr. 8. Stuttgart, Cotta. à 9 Rthlr. 8 Gr.

Dingler, (J. G.,) polytechn. Journal; e. Zeitschr. z. Verbreit. gemeinn. Kenntnisse rc. Jahrg. 1822 bis 1827. Mit Kupf. gr. 8. Stuttgart, Cotta. à 9 Rthlr. 8 gr.

Dingler's polytechnisches Journal. Eine Zeitschrift zur Verbreitung gemeinnütz. Kenntnisse im Gebiete der Naturwissenschaft, der Chemie, der Pharmacie rc. Hrsg. von Joh. Zeman und Ferd. Fischer. Jahrg. 1875—1879 oder 215.—234. Bd. à Jahrg. 24 Hefte. gr. 8. (à Heft ca. 96—116 S. mit eingedr. Holzschn. und Stnt.) Augsburg und Stuttgart, Cotta'sche Buchh. à Jahrg. *

Dingler's polytechnisches Journal. Hrsg. von Joh. Zeman und Ferd. Fischer. Jahrg. 1880—1881. 235.—251. Bd. à Jahrg. 24 Hefte. gr. 8. (à Heft ca. 90—115 S. mit eingedr. Holzschn. und Stnt.) Stuttgart, Cotta'sche Buchh. à Jahrg. *

Dingler's polytechnisches Journal. Hrsg. von Joh. Zeman und Ferd. Fischer. 66. und 67. Jahrg. 1885 und 1886. 255.—262. Bd. à Jahrg. 24 Hefte. (à Heft 3—4 Bog. mit eingedr. Holzschn. und Stnt.) gr. 8. Stuttgart, Cotta'sche Buchh. à Jahrg. *
—— dass. — Unter Mitwirkung von C. Engler hrsg. von Joh. Zeman und H. Kast. 68. Jahrg. 1887. 263.—266. Bd. 52 Hefte. (à Heft 3—4 Bog. mit eingedr. Holzschn. und Stnt.) gr. 8. Ebendas. *

— dasselbe. Unter Mitwirkg. v. C. Engler hrsg. von A. Hollenberg u. H. Kast. 69.—71. Jahrg. 1888—1890. 267.—278. Bd. à Jahrg. 52 Hfte. gr. 8. (à Hft. 3—4 B. m. eingedr. Holzschn. u. Steintaf.) Ebd. à Jahrg. n. 36. —

Dingler's polytechnisches Journal. Unter Mitwirkg. v. C. Engler hrsg. v. A. Hollenberg u. H. Kast. 72.—75. Jahrg. 1891—1894. 279.—294. Bd. à Jahrg. 52 Hfte. (à Lit. ca. 3 Bog. m. Abbildgn.) gr. 4. Stuttgart. J. G. Cotta Nachf. à Jahrg. n. 36. —

Dingler's polytechnisches Journal. Unt. Mitwirkg. v. C. Englor hrsg. v. A. Hollenberg u. H. Kast. 76.—79. Jahrg. 1895—1898. 295.—310. Bd. à Jahrg. 52 Hfte. (à ca. 3 Bog. m. Abb.) gr. 4. Stuttgart, A. Borgsträssor. à Jahrg. (à 4 Bde.) n. 36. —
Kann auch vierteljährlich bezogen werden. — D. 79. Jahrg. ist von Hollenberg allein herausgegeben.

Dingler's polytechnisches Journal. Hrsg. v. W. Pickersgill. 80. Jahrg. 1899. 311.—314. Bd. 52 Hfte. gr. 4. (X, 212; VIII, 206; VIII, 206 u. XXIV, 206 S. m. Abb.) Stuttgart [A. Bergsträssor]. Berlin, R. Dietze. à Bd. n. 6. —

— dasselbe. 81.—83. Jahrg. 1900—1902. 315.—317. Bd. à 52 Hfte. gr. 4. (XII, 832; XII, 836 u. XII, 836 S. m. Abb.) Ebd. à Jahrg. n. 24. —
Erscheint seit 1. X. 1902 in Berlin unter Redaction von M. Rudeloff.

Dingler's polytechnisches Journal. Hrsg. v. M. Rudeloff. 84—87. Jahrg. 1903—1906. 318—321. Bd. à 52 Hefte. (832, 831, 831 u. 832 S. m. Abbildgn.) 4. Berlin, R. Dietze. à Jhrg. n. 24. —

Dingler's polytechnisches Journal. Hrsg.: M. Rudeloff. 88—91. Jahrg. 1907—1910. 322—325. Bd. à 52 Hefte. (XVI, 824; XVI, 816; XIV, 824 u. XIV, 820 S. m. Abb.) 31,5×22 cm. Berlin, R. Dietze. à Jhrg. 24. —

— s. Journal für Zitz-, Kattun- u. Indiennendruckerei.

— Magazin für die Druck-, Färbe- u. Bleichkunst u. die damit verwandten Hülfswissenschaften. 3 Bde., mit Kpft. gr. 8. Augsb. 818—20. v. Jenisch u. St. 6 ℳ 12 gℓ

— über die Nothwendigkeit d. Gründung e. polytechn. Academie in Augsburg. 8. Augsb. 822.

Dingler, Max: Über die Spermatogenese des Dicrocoelium lanceatum Stil. et Hass. ⟨Distomum lanceolatum⟩. Leipzig 1909: W. Engelmann. S. 675—715. 8° ¶(Aus: Archiv f. Zellforschung. Bd 4.)
Würzburg, Phil. Diss. v. 17. Dez. 1909, Ref. Boveri
[Geb. 14. Mai 83 Landshut; Wohnort: Würzburg; Staatsangeh.: Bayern; Vorbildung: Maximilians-Gymn. München Reife Juli 02; Studium: München 6, Berlin 3, Würzburg 5 S.; Rig. 29. April 09.] [U 10. 4381

Dingler Romuald: Beiträge zur Geschichte der neueren deutschen Historiographie.
H. 1896 PN 1020 Diss. Wien, Univ. 793

Dingler, Wilh., Küchen, Vorzimmer u. andere Weichholzmöbel. Farbige Orig.-Entwürfe f. den prakt. Gebrauch. I. Serie. 48 Taf. 2 Hälften. 50×38 cm. Wien (908. 09). F. Wolfrum & Co. In Mappe 60. —

— Türen, Tore u. andere Bautischlerarbeiten. Farbige Orig.-Entwürfe in einfacher, prakt. Ausführg. Hrsg. unt. Mitwirkg. verschied. Fachleute. I. Serie. 2 Hälften. (48 Taf.) 51×38,5 cm. Ebd. (909. 10.) In Mappe 60. —

Dingley Manor oder die Familie der Grafen Eserick. Roman, frei nach dem Engl. von G. Cleeves. 3 Bde. 8. (1393 S.) Hannover 853, Rümpler. à Bd. 1 Thlr. 10 Ngr.

Dinglinge, Georg Friedrich

Danck, Gottonius Frölicharpus, Neu — erfundene, doch altgewohnte deutliche — Teutsche Tauffnamen, oder: gottselig-teutscher Eltern christl. Namens-Erwehlung. Ulm 1708. gr. 8. . . . . (b.)

Dinglinger, Friedrich: Die staatliche und kommunale Einkommensbesteuerung der Aktiengesellschaften und Kommanditgesellschaften auf Aktien in Preußen und Baden. Schöneberg-Berlin 1905: Gebhard, Jahn & Landt. (168 S.) 8° [F.]
Tübingen, Staatsw. Fak., Ref. v. Neumann, Diss. v. 14. Nov. 1905
[Geb. 3. Sept. 81 Berlin; Wohnort: Berlin; Staatsangeh.: Preußen; Vorbildung: Oberrealsch. Berlin Reife M. 99; Studium: Leipzig Handelshochsch. 4, Tübingen 5 S.; Rig. 25. Mai 05.]
(Nicht für den Austausch)

Die staatliche und kommunale Einkommensbesteuerung der Aktiengesellschaften und Kommanditgesellschaften auf Aktien in Preußen und Baden. Von Dr. Friedrich **Dinglinger.** Berlin: F. Vahlen 1905. (168 S.) 8° [F.] [06. 1765

Dinglinger, Georg (Hrsg.), s. Der Verkehrsingenieur.

Was sind Verwaltungsingenieure? Eine Frage d. Organisation. (Verf.: G[eorg] **Dinglinger,** Kgl. Eisenbahn-Bauinsp. a. D.) Berlin: Verkehrstechn. Bureau (1910). 41 S. 8° A 12. 5210

Dinglinger, Georg Friedrich

— Abschiedspredigt, in Braunschweig gehalten. gr. 8. Helmst. 799. Fleckeisen. 2 gℓ

(Dinglinger G. F.): Die beste Art, Korn-Magazine u. Frucht-Böden anzulegen; auf welchen das Getrayde niemahls, weder vom weissen noch schwarzen Wurm, angestecket werden kann. Preis-Schr. Hann. 1768. 48 S. 5 Tvl.

Dinglinger, Geo. Fr., beste Art, Kornmagazine u. Fruchtboden anzulegen, mit Kpf. gr. 4. Hannov. 768. Helwing; (auch W. Rauck in Leipz.) 12 gℓ

Dinglinger, G. F., beste Art, Kornmagazine und Fruchtböden anzulegen. m. Kr. gr. 4. Hannov. Helwing. (auch Sommer in Lpz.) 768.

— Predigt, s. A. C. Bartels.

— Predigt am Dankfeste f. die Erhaltung d. Königs. gr. 8. Götting. 786. Vandenhöck u. R. 3 gℓ

Dinglinger, Georg Friedrich, Neu=erfundene /// Doch Alt=gewohnte // deutlich=Teutsche // Tauff=Namen /// Oder: // Gottselig=teutscher Eltern // Christl. Namens=Erwehlung/ // Darinnen gezeiget wird // Der Grund und Ursprung / die Art // und Beschaffenheit /// Wie auch // Der Zweck und Absicht / samt dem // Nutz derselben. // Endlich folgen // Etliche hundert auserlesene / Sinnreiche /// Trost=würckende und Seelen=vergnügende Namen. // Allen Christlichen Eltern / auch Söhnen und // Töchtern zu sonderbarem Gebrauch / und stets= wäh= //render Denckmahl ihres Tauff=Bundes vorgestellet. // Welche auch dienen // Sowohl getreuen Hirten und Lehrern / als // auch Schul=Bedienten / zur Einleitung dieser / in // Ubung zu bringenden / und auff die Ehre GOttes ziel= // ende / deutlich=teutsche Namen. // Auff vieler Gottseliger Hertzen offtmahliges // Ansinnen zum Druck befördert / von // Gottonius Frölicharpus Danck. // Ulm / im Jahr 1708. - 125 S.
Innen auf dem Vorblatt steht in Tinte geschrieben: Autor George Friedrich Dinglinger Hoff Emailler in Dreßden. 4. 1721.
[illegible]

Dinglinger, Joh. Conr. (Biberach/Schwaben), De juribus singularibus circa Judaeos maxime in Germania. Diss. jur. Präs. Jac. Aug. Francken-stein. Lpz. (Andr. Mart. Schede) 18. IX. 1722. 48 S., z. Tl. dtsch. (5.—) 6575
Gewidm.: Ernst Christoph Grf. v. Manteufel (Kerstin, Kruckebeeck . .). — Widm. v. Präs.

Dinglinger, Paul [aus Cöthen]: Einige Derivate des Benzophenons ... Halle a. S., Hofbuchdr. v. C. A. Kaemmerer & C., 1890; 31 S. 8.
Halle, Phil. Fak., Inaug.-Diss. v. [5. Dez.] 1890

Dinglreitor, Josef, cand. med. aus München: Ueber traumatische eitrige Meningitis. Ein Fall von Spätinfektion ⟨Tod 5 Monate nach d. Verletzung⟩. *München 1900: Kastner & Lossen.* (31 S.) 8°
München, Med. Diss. v. 1901

Dingolfing, gem. im J. 1827. grav. 1828. Vom K. St. K. 1:2,500. 1 Bl.

Dingrodel von Zarten. Freiburg 1826. Ü: *Leichtlen, Ernst Jul.* (BrMm)

Dingsleben [Schlagwort]

Dingsleben, s.: Geologische Karten (Preussen).

Dingstätten des Mittelalters. [SA.] s. [Brandstetter, Josef Leopold].

Din i, Jos.

Dini, Tagebuch d. Reise, s.a. **Tagebuch.**

Dini, Jos., Tagebuch e. Reise Pius VI. nach Wien. Aus d. Ital. 8. Bresl. 783. J. F. Korn. 8 ℋ

Dini, Ulisse. Grundlagen für eine Theorie der Functionen einer veränderlichen reellen Grösse. Mit Genehmigg. d. Verf. deutsch bearb. v. Jac. Lüroth u. Adf. Schepp. gr. 8. (XVIII, 554 S.) Lpz. 892, Teubner. * 12 —

Dini, U. Theorie der Functionen einer veränderlichen reellen Grösse. Leipzig. 1892.

Dinichert, Rob., **étude des courants faradiques à l'aide du galvanomètre et de l'électrodynamomètre. Diss. gr. 8. (56 S. m. Fig.) Bern 893. (H. Körber.) n. 1. 20**

Diniz, Julio, die Mündel des Herrn Pfarrers, s.a. **Welt, alle.**

Die Mündel des Herrn Pfarrers. Novelle von Julio Diniz. Aus d. Portug. von Franziska Panzer. *Berlin: A. Weichert [1900].* (48 S.) 8° [F.] = Welt, Alle. Bd 29. [02. 1191

Dinkel, G. M., vollständ. prakt. Anleitung z. Bienenzucht, auf 50jähr. Erfahr. gestützt. 8. (6 B.) Künzelsau 830. (Heilbronn, Claß.)

Dinkel, J., neueste Wagen, engl., französ. u. deutscher Bauart. 6 Hefte mit 14 col. Bl. Augsburg, Zanna u. Cp. à $1^5/_6$ ℛ

Dinkel, [M.]. Recueil de portraits et Costumes Suisses les plus élégants, usités dans les 22 Cantons accompagné d'un Supplément; exécutés par le célèbre Peintre et Dessinateur Dinkel. Publié par J. P. Lamy . . . à Berne et Bâle [um 1817].
Tit.; 22 Taf. m. 22 Bl. Text u. Supplement: 6 Taf. in Aqualinta m. 6 Bl. Text. 4°.
Stecher: Meichelt. Taf. Vaud u. Ury u. Taf. u. Text Hirsbrunnen fehlen.

(Dinkel, Pankraz,) katholisches Andachtsbuch zum Gebrauche bei dem öffentlichen Gottesdienste. 8. (IV und 184 S.) Erlangen 853, Palm's Verlag. *

Dinkel, Pankraz, die sonn- und festtäglichen Evangelien des katholischen Kirchenjahres, s. Evangelien, die sonn- und festtäglichen.

Dinkel, Pankraz, Homilien über die Episteln auf die Tage des Herrn im kathol. Kirchenjahre. 2 Bde. gr. 8. Erlangen 848, Palm's Vrlgsh. [1. (VIII und 400 S.) 1 Thlr. 5 Ngr., 2. (IV und 320 S.) 1 Thlr.]

—— Homilien über die Evangelien auf die Tage des Herrn im kathol. Kirchenjahre. 2 Bde. gr. 8. Erlangen 853, Palm's Verlag. [1. (VIII und 416 S.) 1 Thlr. 5 Ngr., 2. (VIII und 328 S.) 1 Thlr.]

—— Predigt bei Einsegnung der St. Clarakirche in Nürnberg am 13. Mai 1857. gr. 8. (19 S.) Erlangen 857, (Palm's Verlags- und Sortimentsh.) *

Dinkel, Pankraz, Predigten. 1—5. Bd. 8. Erlangen, Palm's Vrlsbuchh. à Bd. $22^1/_2$ Ngr.

A. u. d. Ttln.:

Bd. 1—3. Predigten auf die Tage des Herrn im kathol. Kirchenjahr. 1—3. Abthl.
Abthl. 1. Weihnachtskreis. ($15^1/_2$ B.) 843.
" 2. Osterkreis. ($20^1/_4$ B.) 844.
" 3. Pfingstkreis. ($26^1/_4$ B.) 844.
" 4., 5. Predigten auf die Festtage der Heiligen. — Predigten bei besond. Veranlassungen. ($37^3/_8$ B.) 845.

Dinkel, Pankraz, Predigten (1. Thl.) über die Evangelien auf die Tage des Herrn im kathol. Kirchenjahre. 2., verb. Aufl. gr. 8. (XV und 704 S.) Erlangen 849, Palm's Vrlgsh. Thlr.

—— dass. — (2. Thl.) auf die Feste der Heiligen, bei besonderen Anlässen, und Fastenpredigten. 2., verb. Aufl. gr. 8. (VIII und 424 S.) Ebds. 850.

—— zwei Predigten, durch das öffentl. Auftreten Ronge's in Erlangen veranlaßt. gr. 8. (30 S.) Erlangen 848, Palm's Vrlgsh.

—— Trauerrede auf den Tod J. Maj. der Königin Therese von Bayern. Gehalten zu Erlangen am 8. Novbr. 1854. gr. 8. (15 S.) Erlangen 854, Palm's Verlag. *

Dinkel, Pankr. (kathol. Stadtpfr. zu Erlangen), das Wesen der ordentl. priesterlichen Realbenediktionen in der kathol. Kirche. gr. 8. Erlangen 1846. Palms V. **$^1/_2$ Thlr. — 54 kr.**

Dinkelacker, Alfred, a. Calw: **Beiträge zur Kenntnis der Spitzenentladung. Tübingen 1907: G. Schnürlen. (38 S., 3 Taf.) 8°**
Tübingen, Naturw. Fak., Ref. Paschen, Diss. v. 26. Jan. 1907
[Geb. 13. Sept. 83 Calw; Wohnort: Eßlingen; Staatsangeh.: Württemberg; Vorbildung: Konkursprüfung Reife Sommer 01; Studium: Tübingen 9 S.; Coll. 26. Jan. 07.]

Dinkelacker, E[rnst]. Bonaberi, ein Stationsbild aus Kamerun. [Illustriert.] 46 S. 8. Basel, Missionsbuchh., 1904. (fr. —.25 = M. —.20)

Dinkelacker, Paul: Ueber Salze einer Acetato- und Formiatochrombase. Tübingen 1909: Laupp. 56 S. 8°
Tübingen, Naturwiss. Diss. v. 27. Juli 1909, Ref. Wislicenus
[Geb. 21. Juni 81 Tuttlingen; Wohnort: Tübingen; Staatsangeh.: Württemberg; Vorbildung: Realprogymn. Nürtingen, Pharmaz. Approb.; Studium: Tübingen 9 S.; Coll. 27. Juli 09.] [U 10. 4238

Dinkelmann, C., kurze Uebersicht der Kartoffelkrankheit und Anweisung durch die Cultur der Krankheit entgegen zu wirken nebst leichter u. zweckmäßiger Vermehrungs-Methode. gr. 8. Demmin 846. (Berlin, Mecklenburg.) n. $^1/_4$ ℛ

Dinkelsbühl [Sachliches OW]

Dinkelsbühl, gem. 1825. grav. 1827. Vom K. St. K. 1:2,500. 1 Bl.

Dinkelsbühl [Schlagwort]

Dinkelsbühl, s.: Deutschland, Kürschner-Pelp.

Dinkelsbühl [Verfasser]

Dinkelsbühl, Heinr. v. Eine Erzählung für die gesammte edlere Lesewelt, besonders für die reifere Jugend. Von dem Verf. der Beatushöhle. 5. Aufl. Mit 2 Stahlst. 8. (176 S.) Regensburg 879. Manz. 1. 15

Dinkelsbühl, Heinr. v., s.: Erzählungsschriften, sämtliche, d. Verf. d. Beatushöhle.

Dinkelspiel, Abr., Erzählungen der heiligen Schrift für Israeliten, s. Cohn, Abr. Jak.

Dinkhauser, Josef

Dinkhauser, Jos., über das molekulare Brechungsvermögen v. Salzen in wässeriger Lösung. (70 S.) gr. 8. Wien 905. (A. Hölder.) n. 1. 30
Sonderabdruck aus: „Sitzungsber. d. k. Akad. d. Wiss."

Dinkla, Matth. Pieters, Specimen medicum inaugurale, quo inquiritur: Quaenam sit natura hydrocephali acuti. 8 maj. ($2^3/_4$ B.) Groningae 844. (Leer, Praetorius u. Seyde.) *

Dinklage [Schlagwort]

Dinklage, s.: Preussen. Messtischblätter.

Dinklage [Verfasser]

Dinklage, Carl [aus Tetschen, Böhmen]: Ueber Osmium-Stickstoffverbindungen. Zürich 1902. 65 S. 8°.
Zürich. Phil. Diss. II. S. 1902/1903.

Dinklage, Carl. Ueber Osmium-Stickstoffverbindungen. Diss. Phil. [II.] Univ. Zürich von Karl Dinklage.... 65 S. 8. Zürich, Müller, Werder & Cie., 1902.

Dinklage, Karl, über Osmium-Stickstoffverbindungen. Diss. (65 S.) gr. 8. Zürich 902. (Tetschen, O. Henckel.) n. 1. 50

Rasche Reisen deutscher Segler. Von L[udwig] E[duard] Dinklage, Abth.-Vorst. d. Seewarte. *Berlin: E. S. Mittler 1902.* (56 S.) 4°(8°) = Annalen d. Hydrographie u. Marit. Meteorologie. H. 5, 1902, Beih. 1. [02. 6053

Dinkler, Konst., s. a. Dinckler, Konst.

— Sprache d. Menschen, ein Anhang dazu, nicht nach Regeln, auch nicht nach ABC-Ordnung, sondern nach d. Leben aufgenommen. 16 Bdchn. 8. Erfurt 780. Keyser. 8 gr.

Dinkler's, C., Sprache der Menschen oder allgemeine Sprachlehre. Goth. 793. 8. 12 gr.

Dinkler, Konst., (†d... März 1796.) Sprache d. Menschen in Sachsen u. Tübingen. 1r Thl. 8. Erf. u. Dessau 781. Mit n. Titel. Gotha 785. Ettinger. 10 gr.

— öffentl. Streitigkeiten über Schrift d. Deutschen. 2 Stcke. 8. Erfurt 783. (Ettinger in Gotha). 8 gr.

Dinkler, Max [aus Königsee]: Ueber Bindegewebs- und Gallengangsneubildung in der Leber bei chronischer Phosphorvergiftung und sog. acuter Leberatrophie .... Halle a. S., Hofbuchdr. v. C. A. Kaemmerer & Co., 1887; 46 S. + 1 Bl. 8°.
Halle, Med. Fak., Inaug.-Diss. v. 10. Febr. 1887.

Dinkler, Max, über Bindegewebs- und Gallengangsneubildung in der Leber bei chronischer Phosphorvergiftung und sog. acuter Leberatrophie. Diss. Halle 1887, Lippertsche Buchh. 8°. 46 S.

Dinkler, Max [Dr., 1. Assist. a. d. med. Klinik]: Zur Lehre von der Sclerodermie ... M. 3 Taf. (Aus: Deutsches Arch. f. klin. Med. Bd 48.) *Leipzig,* Druck v. J. B. Hirschfeld, 1891; 66 S., 2 Taf. 8.
Heidelberg, Med. Fak., Hab.-Schr. v. [31. Juli] 1890

Dinkler, Rudolf (Königsee), **Der Begriff der Naturgemässheit in den ersten Stadien seiner geschichtlichen Entwicklung, vornehmlich bei den Reformpädagogen d. 16. u. 17. Jahrh.** Dissert. philos. Lpz., Königsee (S. v. Ende) 1897. 79 S. mit Biogr. (4.50) 6576
Gew.: Rudolf Kittan.

Dinkler, Rudolf

— u. Anna Mittelbach, Grammatik zum 3. Tle. des Lehrbuchs der englischen Sprache f. höhere Mädchenschulen. (IV, 71 S.) 8. Leipzig 910. B. G. Teubner. Geb. — 80
Zum 1. u. 2. Tl. sind Grammatiken nicht erschienen.

— Lehr- u. Lesebuch der englischen Sprache f. Mittelschulen. Hrsg. unter Mitarbeit erfahrener Mittelschullehrer. 1. u. 2. Tl. 8. Leipzig 910. B. G. Teubner. Geb. 4.20
1. Mit 4 Vollbildern u. 14 Abbildgn. im Text u. m. 1 (farb.) Münztaf. (IV, 120 S.) Geb. 1.40
2. Mit 4 Taf., 3 Vollbildern, 25 Abbildgn. im Text u. 1 (farb.) Karte v. Großbritannien. (VI, 246 u. 54 S.) Geb. 2.80

— dasselbe. Einbändige Ausg. Mit 8 Taf., 3 Vollbildern, 32 Abbildgn. im Text, 1 (farb.) Karte v. Großbritannien u. 1 (farb.) Münztaf. 8. Ebd. 910. Geb. in Leinw. 2.80

Dinkler, Rud., u. Anna Mittelbach

— — Lehrbuch der englischen Sprache f. höhere Mädchenschulen. Auf Grund der neuen Lehrpläne bearb. 3 Tle. 8. Ebd. Geb. 6.40
1. Mit 10 Abbildgn. im Text u. 4 Vollbildern. (VIII, 112 S.) 909. Geb. 1.60
2. Mit 21 Abbildgn. im Text, 2 Vollbildern u. 1 (farb.) Münztafel. (IV, 176 S.) 910. Geb. 2.—
3. (II. u. I. Klasse.) (IV, 240 S. m. 30 Abbildgn., 6 Taf. u. 2 Vollbildern.) 910. Geb. 2.80

Dinkler, Rud., Lehrbuch der französischen Sprache, s.a. Boerner, Otto.

— u. Ernest Mueller-Bonjour, Lehrbuch der französischen Sprache f. Handelsschulen. Mit besond. Berücksicht. der Übgn. im mündl. u. schriftl. freien Gebrauch der Sprache hrsg. (Otto Boerners neusprachl. Unterrichtswerk.) 1. Tl. (VI, 133 S.) 8. Leipzig 905. B. G. Teubner. Geb. in Leinw. n. 1.80

— — dasselbe. Im Anschluß an Otto Boerners französ. Unterrichtswerk hrsg. (O. Boerners neusprachl. Unterrichtswerk.) 2. Tl. (IV, 172 S.) 8. Ebd. 906. Geb. n. 2.20

Lehrbuch der französischen Sprache für Handelsschulen. Im Anschluß an Prof. Dr. Boerners franz. Unterrichtswerk hrsg. von Dr. Rudolf **Dinkler** u. Ernest Mueller-Bonjour. 2. Aufl. T. 1. Leipzig & Berlin: B. G. Teubner 1907. 8° [F.]
(Dr. Boerners neusprachl. Unterrichtswerk.) [07. 14006

— u. Ernest Mueller-Bonjour, Lehrbuch der französischen Sprache f. Handelsschulen. Im Anschluß an Boerner's französ. Unterrichtswerk hrsg. (Boerner's neusprachl. Unterrichtswerk, nach den neuen Lehrplänen bearb. Französischer Tl.) I. u. II. Tl. 8. Ebd. Geb. 4.—
I. 3. Aufl. (VI, 135 S.) 909. Geb. 1.80
II. 2. Aufl. (IV, 176 S.) 910. Geb. 2.20

— Livre de lecture pour les écoles moyennes, s.: Boerner, Otto.

— Morceaux choisis pour les écoles de commerce, s.a. Sammlung kaufmännischer Unterrichtsbücher.

Morceaux choisis pour les écoles de commerce par Rudolf **Dinkler.** Leipzig & Berlin: B. G. Teubner 1907. (V, 182 S.) 8°
(Sammlung kaufmännischer Unterrichtsbücher.) [07. 7611

D'Innare, s. d'Innare.

Dinndorf

— s. a. Dindorf.

Dinndorf, Gottlieb Immanuel (Rotta-Saxo) u. **Christian Ludwig Lenz** (Gera), **Maximam versionum difficultatem in linguarum dissimilitudine sitam esse pars I.** Lpz. (Sommer) 18. X. 1783. 32 S. (4.80) 6577
Gew.: Carl Wilh. Müller (Leipzig).

Dinnendahl, August, approb. Arzt aus Cleve (Rheinl.): Aus d. chirurg. Klinik zu Kiel. Zur operativen Behandlung der Coccygodynie. *Kiel 1901: P. Peters.* (18 S.) 8°
Kiel, Med. Diss. v. [3. Juni] 1901

Dinnendahl, F.

Dinnendahl (Essen-Ruhr). Ein Beitr. z. Geschichte der Industrie im Ruhrthale. — Essen: Baedeker (1863). 28 S. 8° Aus: Essener Ztg. 1863, Nr. 1—5. 38 A.

Dinner, F[riedrich]. Zur Eidg. Grenzbesetzung von 1792—1795. Vortrag gehalten am Jahresfest der schweizerischen geschichtforschenden Gesellschaft am 6. August 1885 in Glarus. SA. 8. Zürich 1887.

Dinner, Hugo, aus Offenburg: Die Entwicklung der Frage nach der Grenze zwischen Tier- und Pflanzenreich und ihre heutige Lösung. *Freiburg i. B. 1900: Ch. Lehmann's Nachf.* (64 S.) 8°
Freiburg i. B., Phil. Diss. v. 1900

Dinner, Jacques. Über Intraoculäre Jodoform-Desinfektion, mit spezieller Berücksichtigung der Einführung des Jodoforms in den Glaskörper. Diss. Med. Univ. Zürich. *Kopftitel:* Aus der Züricher Universitäts-Augenklinik. 73 S. 8. Glarus, D. Hefti, 1903.

Dinner, Carl, eine neue Tonbildungs- u. Vokalisations-Lehre nach den Prinzipien des „primären Tones". gr. 8. (11 S.) Berlin 899. (A. Stahl). n. — 40

Dinocourt, die Kamisarden-Braut, od. Abentheuer im Schlosse Brück, s.a. Th. Hildebrand, Abentheuer im Schlosse Brück.

Dinocourt, die Kamisarden-Braut, oder Abenteuer im Schlosse Brück. Eine Gesch. aus den Hugenotten-Kriegen. Nach d. Franz. v. Th. Hildebrand. 2 Thle. 8. Leipz. 825, Lauffer.

Dinouart, **Abbé, exercitium diurnum seu manuale precum in usum et gratiam sacerdotum. 8. Wien 786. Al. Doll.** 8 ‹ℓ

Dinouart, A., exercitium diurn. s. manuale etc. 8. Viennae, Doll (u. Liebeskind in Leipzig.). 786.

— Handbuch f. Seelsorger; aus d. Französ. 2 Bde. gr. 8. Wien 790. Al. Doll. 2 ₰ 8 ‹ℓ

Dinse, Bernhard, Ref. in Berlin: Über die Wirkung der gutgläubig an den bisherigen Gläubiger bewirkten Leistung. (Ein Beitrag zur Interpretation des § 407 Abs. 1 B.G.B.) Borna-Leipzig 1905: R. Noske. (VIII, 33 S.) 8°
Leipzig, Jur. Fak., Diss. v. 7. Dez. 1905
[Geb. 10. Aug. 80 Berlin; Wohnort: Berlin; Staatsangeh.: Preußen; Vorbildung: Friedr.-Wilh.-Gymn. Berlin Reife M. 01; Studium: Berlin 6 S.; Rig. 24. Juli 05.]

Dinse, Henr. Ludov. Maximil., s. D i n s e , Maximil.

Dinse, M., Beiträge zur Kritik der Trostschrift Plutarchs an Apollonius. gr. 8. (20 S.) Berlin 874, Weidmann'sche Buchh. *
Aus: Festschrift zur dritten Säcularfeier des Berliner Gymnasiums zum grauen Kloster, besonders abgedruckt.

Dinse, M., De libello Plutarchi *γυναικῶν ἀρεταί* inscripto. Pr. 1868. 86 S. 4.

Dinse, (Henr. Ludov.) Maximil. (geb. Berlin 22. 10. 1830): De Antigenida Thebano musico. Berolini (1856). (74 S.) 8°
Berlin, Phil. Diss. v. 1. Aug. 1856

Eine wiedererstandene Bibliothek im Kreise Plön [Bibliothek des adligen Gutes Rantzau b. Plön] v. **P. Dinse.** Plön. o. J. 8°

Dinse, Paul, die Anfänge der Nordpolarforschung u. die Eismeerfahrten Henry Hudsons, s.a. **M e e r e s k u n d e. II, 2.**

Die Anfänge der Nordpolarforschung und die Eismeerfahrten Henry Hudsons von Dr. P[aul] **Dinse.** Berlin: Mittler 1908. 28 S. 8° [Umschlagt.]
(Meereskunde. Jg. 2, H. 2.) [09. 13606

Dinse, Paul *Ludwig* **[aus Berlin]: Die Fjordbildungen. E. Beitr. z. Morphologie d. Küsten ... [Erschien vollst. in: Zeitschr. d. Ges. f. Erdk. zu Berlin, Jg. 1894. — M. 3 Kt.] Berlin, Druck v. W. Pormetter, 1894; 2 Bl., 46 S., 1 Bl. 8.**
Berlin, Phil. Fak., Inaug.-Diss. v. 20. Jan. 1894

Dinse, Paul: Zum Gedächtnis Gerhard M e r c a t o r's. Vortrag gehalten in der Gesellschaft für Erdkunde zu Berlin am 8. December 1894. ([S.-A.] Verhandlungen der Gesellschaft für Erdkunde zu Berlin. Bd. 21. 1894.) Berlin 1894. 17 S. 8°.

Dinse, Paul, Kartenkunde, s.: G e l c i c h, Eugen

Dinse, Paul: Ein schwedischer Kartograph der Mark Brandenburg aus der Zeit des dreissigjährigen Krieges [Olaus Johannis Gothus Svart Ornehufvud til Heljö]. ([S.-A.] Zeitschrift der Gesellschaft für Erdkunde zu Berlin. Bd. 31. 1896.) Berlin 1896. 10 S. 8°.

Dinse, Paul, s.a. **K a t a l o g der Bibliothek der Gesellschaft f. Erdkunde zu Berlin.**

Katalog der Bibliothek der Gesellschaft für Erdkunde zu Berlin. Versuch e. Systematik d. geogr. Literatur. Im Auftr. d. Vorstandes bearb. von Dr. P a u l **Dinse**, Kustos am Inst. f. Meereskunde. *Berlin: E. S. Mittler & Sohn 1903.* (XXVII, 925 S.) 4°(8°) [04. 1026

Dinse, Paul (Red.), s. K o n g r e s s - T a g e b l a t t.

— **Der Seeraub,** s.a. **M e e r e s k u n d e. IV, 2.**

Der Seeraub. Eine geographisch-hist. Skizze von Dr. Paul **Dinse,** Kustos am Institut f. Meereskunde. Berlin: Mittler 1910. 40 S. 8° [Umschlagt.]
(Meereskunde. Jg. 4, H. 2.) [10. 11532

Zur Systematik der Erdkundlichen Literatur. Anordnungsplan d. Bibliothek d. Gesellsch. f. Erdkunde zu Berlin, aufgestellt u. angewandt bei d. Neubearbeitung d. Kataloges d. Bibliothek im J. 1903 von Dr. Paul **Dinse**, Kustos, Berlin. *Berlin 1904: J. Sittenfeld.* (20 S.) 4° [04. 3395

Dinser, J. G., leichtfaßliche theoretische Anfangsgründe für angehende Musiker. Mit einer Uebersicht des Tonumfangs der gebräuchlichsten Instrumente. 16. (IV und 60 S.) Sigmaringen 862, (Tappen.) *

Dinslage, Eduard, a. Münster i. W.: Zur Elektroanalyse des Kupfers. Münster i. W. 1907: J. Bredt. (63 S.) 8°
Münster, Phil. Fak., Ref. Salkowski, Diss. v. 14. Okt. 1907
[Geb. 30. März 76 Cöln; Wohnort: Münster; Staatsangeh.: Preußen; Vorbildung: Gymn. an Marzellen Cöln Reife O. 95; Studium: Münster 9 S.; Rig. 10. Juli 07.]

Dinspel, Anton: Der verspätete E h r e n g a s t, s. T h e a t e r b i b l i o t h e k f. Vereine.

Dinspel, A., der G e s c h ä f t s f ü h r e r, s.: Theater-Bibliothek.

— Papst G r e g o r I., der Große u. Heilige. Ein historisch-dramat. Gemälde in 6 Abthlgn. m. lebenden Bildern. 12. (122 S.) Trier 890, Paulinus-Druckerei. 1 80; cart. 2 40

— auf dem H e i r a t h s v e r m i t t l u n g s - B u r e a u, } s.: Theater-Bibliothek.
— H i r t e n u. K ö n i g e, }

[F.] Hirten und Könige. E. leicht aufführb. Weihnachtsspiel m. Gesang in 3 Akten f. gesell. Vereine. Von A[nton] **Dinspel**, Pfarrer. 4. Aufl. *Trier: Verl. d. Paulinus-Dr. 1895.* (47 S.) 1 Bd 8.
= Theater-Bibliothek. Bdch. 2. [96. 1209

— lustiges V e r e i n s b ü c h l e i n. Enth. 3 einakt. Schwänke u. 3 humorist. Solo-Vorträge. 8. (64 S.) Trier 889. Paulinus-Druckerei. n. — 70

— die städt. **W a s s e r f r a g e**, s.a. **Theater-Bibliothek.**

Dinspel, A., die städtische Wasserfrage oder der gequälte Rathsherr. Eine leicht ausführbare Posse für männl. Rollen in 1 Aufzuge für gesell. Vereine. 8. (35 S.) Trier 887, Paulinus-Druckerei. *

— der **W i l d d i e b**, s.: **Theater-bibliothek f. Vereine.**

— heiterer **W i r r w a r r**, s.a. **Theater-Bibliothek f. Vereine u. Dilettantenbühnen.**

[F.] Ein heiterer Wirrwarr. Lustsp. in 4 Akten f. gesell. Vereine. Nach d. Kotzebue'schen 'Die deutschen Kleinstädter' ganz neu ... bearb. v. A[nton] **Dinspel**, Pfarrer. *Trier: Paulinus-Dr. 1896.* (30 S.) 1 Bd 8.
= Theater-Bibliothek. Bdch. 25. [96. 7351

Dinstag Simon: Johann Peter Uzens „Versuch über die Kunst stets fröhlich zu sein".
II. 1906 PN 2080 Diss. Wien, Univ. 191

Dinstl sen. Finanzplan, mit Auflösung der priv. österreichischen Nationalbank und Ausgabe eines Staatspapiergeldes unter dem Namen: Hypotheken-Scheine. 8°. Krems 1848.

Dintemann, Adf., der Rathgeber. Handbuch f. den Grund- u. Hausbesitzer, Architecten u. Bauhandwerker, enth. e. Sammlg. einschläg. Gesetze, Regulative, Ortsstatute u. Polizei-Verordngn. nebst Erläutergn., m. Anführg. v. Beispielen, Gesuchen, Anträgen, Anzeigen etc. unter besond. Berücksicht. der Stadt Crefeld. Zusammengestellt und gemeinverständlich bearb. gr. 8. (III, IV, 206 S.) Crefeld 893. (Kramer & Baum.) Geb. in Leinw. n.n. 2. —

Dintenfaß, s. a. T i n t e n f a ß

Dintenfaß, das, od. Anleit. Arten von Farben-Tinte u. Tusche zu bereiten. 8. Stuttg. Mag. f. Lit. 803.

Dintenfaß, das, oder Anleit., alle Arten von Farben, Dinte u. Tusche zu bereiten. 8. Stuttg. 803. (Sonnewald). 4 ‹ℓ

Dinter, Gustav. Bearb. v. G. Fröhlich, s.a. **G r e ß l e r's Klassiker der Pädagogik. 21. Bd.**

Gustav **Dinter.** Bearb. von G[ustav] Fröhlich. Mit d. Bildn. Dinters. *Langensalza: F. G. L. Gressler 1902.* (VIII, 536 S.) 8° [F.]
= Klassiker, G r e s s l e r's, d. Pädagogik. Bd 21. [02. 7193

Dinter und Harms. Eine Sammlung von Schriften und Gegenschriften ... Altona 1839. V: *Schroeder, Friedr. Aug.* (A) (NN)

Dinter und Harms. Eine Samml. von Schriften u. Gegenschriften, zum Druck beförd. durch d. Redact. d. Itzehoer Wochenblattes. 2. Aufl. gr. 8. (3 B.) Altona 839. (Dessau, Aue.) *

Dinter als Pfarrer zu Kitscher, s. Jahr.

—— und seine Schullehrer=Bibel. (Aus d. „Evangel. Kirchenzeit." abgedr.) 8. (1½ B.) Berlin 829, Oehmigke.

Dinter, Albert, aus Posen: Definitive Bahnbestimmung des Kometen 1888 V. *Breslau (1903): Graß, Barth & Co.* (31 S.) 4°
Breslau, Phil. Diss. v. 18. März 1903

Dinter, Arthur, aus Mülhausen i. E.: [1.] Die Anlagerung von Ammoniak an die Muconsäure u. [2.] die Oxydation der Δ-β-γ-Hydromuconsäure. *Straßburg i. E. 1902: Elsäss. Druckerei.* (60 S.) 8°
Straßburg, Math.-naturw. Diss. v. 1902

Dinter, Arth., Herbariumschüssel, umfassend die Gefässpflanzen Deutschlands, Österreichs u. der Schweiz, nach neueren natürl. Systemen bearb. 8. (VIII, 423 S.) Strassburg 899. L. Beust. n. 4. 50

Dinter, Arth., Jugenddrängen. Briefe u. Tagebuchblätter e. Jünglings. 8. (304 S.) [München 897. A. Ackermann's Nachf.] Strassburg, L. Beust. n. 3. —

Dinter, Arth, d'Schmuggler. Elsässische Komödie in 4 Akten. Mit e. Deckenzeichng. v. B. Hartmann. 1. bis 3. Aufl. (188 S.) 8. Mülhausen i/E. 905. 906. Ch. Bahy. n. 2. —

Dinter, A., die Schmuggler. Elsäss. Komödie in 4 Akten. Vom Preisgericht f. elsäss. Bühnenwerke m. dem 1. Preise gekrönt. Für die hochdeutsche Bühne bearb. v. Verf. (144 S.) 8. München (907). Etzold & Co. 1. 50

Dinter, B., De P. Ovidii Nasonis ex Ponto libris commentatio. 2 Tle. Pr. 1858. 1865. 34. 44 S. 4°. 4.—

Dinter, Bernhard Gymnasium Argentinense per trecentos quinquaginta annos munere suo atque officio praeclare et feliciter perfunctum quo die originis suae memoriam celebrat optimis ominibus prosequitur schola regia Grimensis. 4 (4 S.).
Progr. Fürst.- u. Landessch. *Grimma* 1888.
Nicht im Tauschverkehr.

Dinter, B., Quaestiones Caesarianae: I. De codicibus Caesaris — II. De decem locis — III. De extremo commentario de Bello civili III. Pr. 1876. 38 S. 4°. 1.—

Dinter, Bernh., Quaestiones Caesarianae. gr. 4. (38 S.) Grimma 876, (Gensel.) *

Dinter, B., Satura grammatica (ad Sallust. Caesar. Horatium). Gel. 1872. 19 S. 4°.

Dinter, Bern., Satura grammatica. gr. 4. (19 S.) Grimma 872, (Hering.)

Dinter, F. G., s. a. Dinter, Gustav Friedrich

Dinter, F. G., die vorzüglichsten Regeln der Pädagogik, Methodik und Schulmeisterklugheit nebst Belehrungs=Blättern. 7. (Titel=)Aufl. 8. (XII, 126 S.) Ilmenau 890. Schröter. n. — 50

Dinter's, F. G., ausgewählte pädagogische Schriften, s. a. Bibliothek pädagogischer Klassiker.

Dinter's ausgewählte pädagogische Schriften. Mit Einleitungen und Anmerkungen hrsg. von Friedr. Seidel. 2 Bde. gr. 8. Langensalza, Beyer und Söhne. [1. Bd. (XVI, 396 S.) 880. *M* 3.; 2. Bd. (XII, 456 S.) 881. *M* 3,50.] *

Dinter, Ferd. Ern. Hugo, s. Dinter, Hugo

Dinter, G., die Heilquellen von Teplitz und Schönau in ihrer Anwendung und Wirkung. Winke und Rathschläge für Kurgäste. Nebst genauer Angabe aller Verhältnisse, Einrichtungen und Sehenswürdigkeiten des Kurortes und seiner Umgebung. Nach eigenen Anschauungen geschildert und beleuchtet. Dresden 858. Türk. 16. (VIII, 200 S. u. 1 lith. Karte.) n. 15 *ngr*

Dinter, G., die Heilquellen von Teplitz und Schönau in ihrer Anwendung und Wirkung. Winke und Rathschläge für Kurgäste. Nebst genauer Angabe aller Verhältnisse, Einrichtungen und Sehenswürdigkeiten des Kurortes und seiner Umgebung. Nach eigenen Anschauungen geschildert und beleuchtet. 1. Aufl. 1858. und 2., verb. und neu durchgeseh. Aufl. 16. (VIII und 200 S. mit 1 lithogr. Karte.) Dresden 861, Türk's Verlag. Thlr. *

Dinter, G. F.

Dinter's, G. F., Grundsätze u. Aussprüche üb. sittlich=relig. Erziehung u. sittl.=relig. Unterricht. Zusammengest. v. Aug. Süß. gr. 8. (32 S.) Straßburg 897. Straßburger Druckerei u. Verlagsanstalt. n.n. — 50

—— Vermächtniß als Führer z. Glückseligkeit. Ein Erbauungsbuch f. Alle, welche Wahrheit u. Tugend lieben, Trost u. Beruhigung suchen. Von H. F. W. e. Verehrer Dinter's. 8. (12 B.) Eisenberg 834, Schöne.

— Vermächtniß als Führer zur Glückseligkeit. Von H. F. W. 2. Aufl. 8. Eisenberg 841, Schöne. ½ *rß*

Dinter, Gust. Friedr., s. a. Dinter, F. G.

Dinter, G. F., A B C= und Lesebuch. 3te Auflage. gr. 12. Neustadt a. d. O., Wagner. 817.

Dinter, Gust. Friedr., ABC= u. Lesebuch. 5. Aufl. 12. ... Neustadt a. d. O. 829, Wagner. 25 Expl. 18 Gr., einzeln Thlr.

Dinter, Gust. Fr., Anrede eines Lehrers an seine Katechumenen. 8. Neustadt, Wagner. 815.

— letzte Anrede eines Lehrers an seine Katechumenen. 8. Neust. 803. 2e Aufl. 813. 3e Aufl. 827. Wagner. 3 *gr*

—— Ansichten u. Bilder d. Heiligen, Wahren u. Schönen. — Allen Verehrern d. Verklärten, besond. d. Söhnen seines Geistes in Kirchen u. Schulen ein theueres Vermächtniß. Gesammelt u. geord. v. Joh. Chr. Gthf. Schincke. 2 Bdchn. gr. 12. (41½ B.) Neustadt a. d. O. 833, Wagner.

— Anweisung zum Gebrauche d. Bibel in Volksschulen. 1r Thl. Grundsätze d. Behandlung. 2r Thl. Grundsätze d. Erklärung. 8. Ebend. 814 u. 15. (à 1 Rthlr.)

— Anweis. zum Gebr. d. Bibel in Volksschulen. 1r Thl. 8. Neust. 814. 3e Aufl. 822. Wagner. 1 *rß* 2r Thl. 815. 2e Aufl. 817. 1 *rß* 3r Thl. 817. 1 *rß* 12 *gr*

— — Anweisung zum Gebrauch der Bibel in Volksschulen. 3 Bde. 2te Aufl. gr. 8. Ebend. 817.
(1r Bd. Rthlr. 1. 2r Bd. Rthlr. 1. 3r Bd. 1 Rthlr. 12 Gr.

Dinter, Gust. Friedr., Anweisung z. Gebr. d. Bibel in Volksschulen. 3. Thl. Bibelunterredungen. — A. u. d. T.: Unterredn. üb. Stellen d. heil. Schrift, wie sie Lehrer in nicht vernachlässigten Elementarschulen halten können. 2., unveränd. Aufl. 8. Neustadt a. d. O. 839, Wagner. Thlr.
3 Thle. vollst. Ebendas. 1822—39, hrbgs. Pr. * 2 Thlr. 16 Gr.

— Anweisung z. Rechnen. Ebendas. 809.

— Anweis. zum Rechnen für preuß. Bürger= u. Landschulen 2c. 8. Neust. 819. 2e Aufl. 830. Wagner. 6 *gr*

— Anweis. z. Rechnen, f. Dorfschulen. 1r Bd. 8. Ebend. 806.

— Anweis. zum Rechnen für Sächs. Dorfschulen. 8. Neust. 802. 6e Aufl. 833. Wagner. 6 *gr*

— Anweisung zum Rechnen f. sächsische Dorfschulen. 8. Ebend. 811.

— — Anweisung zum Rechnen für sächsische Dorfschulen. 4te Aufl. 8. Ebend. 817.

(——) Anweis. z. Rechnen f. preuß. Schulen, s. Anweisung z. Rechnen rc.

—— Anweisung zum Tafelrechnen f. sächs. Stadt- u. Landschulen. 7., mit Rücksicht auf d. neue Münz-, Maß- u. Gewichtssystem u. mit der Lehre von d. Decimalbrüchen verm. Aufl. 8. (10 B.) Neustadt a. d. O. 844, Wagner.

— Auswendiglernereyen f. Rechenschüler. Ebend. 809.

— erklär. u. ergänz. Auszug aus d. Dresdener Katechismus. 12. Neust. 800. Wagner. 1½ gr Ders., mit hinzugefügten Spruchcrklärungen. gr. 8. Ebd. 801. Wohlf. Ausg. 823. 3 gr (Beide auch u. d. T.: Glaubens- u. Sittenlehre d. Christenthums.)

— — ders. mit hinzugefügten Sprüchen und Spruchcrklär. 8. Ebend. 805.
(diese beiden Ausgaben auch unter dem Titel: kurzgef. Glaubens- und Sittenlehre des Christenthums nach der Ordnung d. kl. Catechism. Lutheri.)

— erklärender u. ergänzender Auszug aus d. Dresdener Katechismus. 12. Ebend. 815.

— derselbe mit hinzugefügten Spruchcrklärungen. gr. 8. Ebend. 814.
Beide auch unt. dem Titel:
Glaubens- u. Sittenlehre d. Christenthums.

Dinter, (G. F.,) erklär. Auszug aus d. Dresdner Katechismus mit hinzugefügten Spruchcrklärungen. A. u. d. T.: Glaubens- u. Sittenlehren rc. Wohlf. Ausg. 8. Neustadt 823, Wagner.

— Belehrungsblätter, 1s Bl. An Ostpreußens Elementar-Schullehrer. 8. Neust. a. d. O. 818. Wagner. 1 gr 2s Bl. Ueber d. Unterricht im Schreiben. 8. 819. 1 gr 3s Bl. Minimum, od. so weit wenigstens sollte jedes Kind beim Austritt d. Elementar-Schule gebracht sein. 8. Ebd. 821. 1½ gr 4s Bl. Lautir-Methode. 8. Ebd. 822. 1½ gr

— — Belehrungsbogen für Elementarschullehrer. 1r über die Lehrstunden in d. Ober-Classe. 2r. über den Unterricht im Schreiben. 8. Ebendas. 821. à 1 Gr.

— — 3r Belehrungsbogen: das Minimum, oder, soweit wenigstens sollte jedes Kind beym Austritt aus der Elementarschule gebracht seyn. 8. Ebendas. 821.

(——) über Benutzung d. Wesentlichen d. Bell-Lancasterschen Lehrart, in jed. überfüllten Elementar-Schule. Ein Blatt f. Schul-Inspectoren u. Schullehrer. 8. (1½ B.) Neustadt a. d. O. 828, Wagner.

— die Bibel als Erbauungsbuch f. Gebildete, s. a. Bibel.

—— die Bibel als Erbauungsbuch f. Gebildete. 5 Bde. Lex.-8. Neustadt a. d. O., Wagner.
Bd. 1. Altes Testament. 1. Bd. (30½ B.) 831. 18 Gr.
" 2. " " 2. Bd. (27 B.) 832. 16 Gr.
" 3. " " Hrsg. v. Brockmann. 3. Bd. (25¾ B.) 833. 18 Gr.
" 4. Neues Testament. Bearb. v. Otto. Gus. Fischer. 1. Bd. (28½ B.) 832. 16 Gr.
" 5. Neues Testament. 2. Bd. (Nebst e. Anh. üb. d. verschied. Ansichten d. Christen v. Bibel u. Bibellehre. (20½ B.) 832. 12 Gr.

— Dankpredigt nach Vollendung d. Kirchenbaues in Görnitz. 8. Neust. 815. Wagner. 3 gr

– an Ostpreußens Elementarschullehrer, s. Dinter. Belehrungsbl.

— — etwas für Ostpreußens Elementarschullehrer. Nr. 1 u. 2. 8. Ebendas. 818 u. 819. à 1 Gr.

Dinter, Gust. Fr., Festverse. 8. Neust. 816. Wagner. 2 gr Mit Melod. 8 gr

—— Festverse. M. Melodieen. (4., unveränd. Aufl.) qu. 4. Neustadt a. d. O. 837, Wagner.

– Feuerbüchlein, s. a. Dinter Unterricht

— Feuerbüchlein. 8. Ebend. 811.

—— Gebete u. Einleitungen z. Religionsunterr., nach seiner kurzgef. Glaubens- u. Sittenlehre d. Christenthums in e. fortlauf. Cursus gehalten, f. Schullehrer, zum Druck beförd. v. Joh. Ludw. Haas. 8. (6¼ B.) Zwickau 833, Richter.

—— Gedächtniß-Uebungen, s. a. Gedächtniß-Uebungen.

— Gedächtnißübungen zur Nahrung f. Verstand u. Herz, für Kinder v. 6—9 Jahren. 32. Neust. 813. N. A. 821. Wagner. 1½ gr

— — Gedächtnißübungen zur Nahrung für Verstand und Herz für Kinder von 6 — 9 Jahren. N. A. in 32. Ebend. 818.

(——) Gedächtniß-Uebungen z. Nahrung f. Verstand u. Herz f. Kinder v. 6—9 Jahren. Unveränd. Aufl. kl. 16. (3 B.) Neustadt a. d. O. 830, Wagner.

—— Gedächtniß-Uebungen zur Nahrung f. Verstand u. Herz, f. Kinder v. sechs bis neun Jahren. Unveränd. Aufl. 16. (à 3 B.) Neustadt a. d. O. 838, 42, Wagner. à

— Gedächtniß-Uebungen zur Nahrung für Verstand u. Herz für Kinder von 6 bis 9 Jahren. Neueste rechtmäßige Orig.-Ausg. 16. (48 S.) Ebd. 851 2 ngr (Die früheren Auflgn. erschienen anonym; s.: Gedächtniß-Uebungen.)

Dinter's, G. F., Gedächtniß-Uebungen zur Nahrung für Verstand und Herz für Kinder von sechs bis neun Jahren. Neueste rechtmäß. Original-Ausg. Neustadt a. d. Orla 853. Wagner (Plauen, Schröter.) 16. (48 S.) 2 ngr

— Gedächtnißübungen f. Verstand u. Herz, für Kinder im 3ten u. 4ten Jahre. 8. Neust. 811. Wagner.

—— das Gefühl an d. Vernunft, (u. Antwort: Die Vernunft an d. Gefühl. — 2 Gedichte.) 2., unveränd. Aufl. gr. 8. (1½ B.) Neustadt a. d. O. 827, Wagner.

— der ächte Geist der Geschichte ist ein Geist der Wahrheit, der Einfalt, der Gerechtigkeit rc. gr. 8. Neust. 819. Wagner. 3 gr

— der Geist d. Religion weihe Dich heute am Altare d. Herrn f. d. akademische Leben. Rede e. Vaters an sn. Sohn. gr. 8. Neust. 826. Wagner. 3 gr

– kurzgefaßte Glaubens- u. Sittenlehre des Christenthums, s. a. Dinter Auszug aus d. Dresd. Katechismus.

—— kurzgefaßte Glaubens- und Sittenlehre des Christenthums nach der Ordnung des kleinen Katechismus Lutheri mit hinzugefügten Spruchcrklärungen. A. u. d. T.: Erklärender und ergänzender Auszug aus dem dresdner Katechismus. Neue rechtmäß. Originalausg. 8. (110 S.) Neustadt a. d. Orla 851, Wagner.

— über Gründlichkeit u. blos oberflächliches Dringen aufs Reinpraktische. 8. Neust. 819. Wagner. 3 gr

– s. Handbuch f gebildete Bibelfreunde. . .

—— Ideen üb. wicht. Stellen d. neuen u. alten Testam. (Aus d. „Schullehrer-Bibel" abgedr.) Lex.-8. (14 B.) Neustadt a. d. O. (828), Wagner.

— Katechisationen im Auszuge, s. Jh. Chr. Baurlegel.

—— Katechisationen in e. vollständ. Auszuge, s. Auszug.

- Lautirmethode, s. Dinter. Belehrungsblätter.

Dinter's, G. F., Leben, von ihm selbst beschrieben, s.a. Klassiker, pädagogische.

—— Leben, von ihm selbst beschrieben; ein Lesebuch f. Aeltern u. Erzieher, f. Pfarrer, Schul-Inspectoren u. Schullehrer. M. 1 Fac-Simile. 1. Aufl. 829., u. 2., unveränd. A. (à 24 B. incl. 1 Tab.) Lex.-8. Neustadt a. d. O. 830, Wagner.

Dinter's, G. F., Leben, von ihm selbst beschrieben; ein Lesebuch für Aeltern und Erzieher, für Pfarrer, Schulinspectoren u. Schullehrer. 3. Aufl. Plauen 860. Schröter. 8. (XII, 426 S.) 18 ngr.

— Leitfaden beym Unterricht für Privatisten in Bürgerschulen. Ebend.

—— Lieder-Homilieen. gr. 8. (19 B.) Neustadt a. d. O. 829, Wagner.

– s. a. Malvina: Ein Buch f. gebildete Mütter.

Dinter, Malwina. Ein Buch für gebildete Mütter. gr. 12. Neustadt a. d. O., Wagner, 820. Rthlr. Schreibp.

— Malwina. Ein Buch für gebildete Mütter. 2e verb. Aufl. Mit 1 Kupf. gr. 12. Neustadt 824, Wagner. 1 Rthlr. 6 gr. Vel.-Pap.

—— Malwina. Ein Buch f. gebild. Mütter. 3., verb. Aufl. Mit Titkpfr. gr. 16. (29 B.) Neustadt a. d. O. 829, Wagner.

Dinter, G. F., Malwina: Ein Buch für gebildete Mütter. 5. Aufl. 8. (VIII und 256 S. mit 1 Kpfr.) Plauen 860, Schröter.

— Materialien z. Unterr. über d. Glaubens- u. Sittenlehren. 8. Neust. 804. 7e Aufl. 831. Wagner. 9 gr

— Materialien zu Unterredungen üb. Glaubens- u. Sittenlehre. 3. Ebend. 815.

— — Materialien zu Unterredungen über Glaubens- und Sittenlehre rc. 4te Aufl. 8. Ebend. 819.

— Materialien z. Unterredung üb. d. Glaubens- u. Sittenlehren. 5e Aufl. 8. Neustadt 822, Wagner.

—— Materialien zu Unterredungen üb. Glaubens- u. Sittenlehre, z. Leitfad. b. Unterr. künft. Lehrer in Bürger- u. Landschulen bestimmt. 7., verb. Aufl. 8. ... Neustadt a. d. O. 831, Wagner.

– Minimum, s. Dinter: Belehrungsblätter.

—— Präparationen z. Unterr. üb. Religionswahrheiten. Ein Handb. f. Lehrer beim Gebr. d. luther. Katechismus. Nach dessen Tode hrsg. (v. Günther.) 1., u. 2. Aufl. (à 19½ B.) 8. Neustadt a. d. O. 833, 35, Wagner. à

— Predigt nach dem Brandunglück zu Görnitz üb. Jes. 61. 8. Ebend. 811.

— Predigt nach dem Brandunglücke zu Görnitz über Jes. 61. 8. Neust. 812. Wagner. 3 gr

* — — am 60 Geburtstage d. Königs v. Sachsen. gr. 8. Ebend. 810.

— Predigt am 60sten Geburtstage des Königs von Sachsen. 8. Neust. 811. 2e Aufl. 823. Wagner. 3 gr

— — nach dem Pfarrbau in Görnitz. 8. Ebend. 815.

— — Predigten für alle Familien. 3 Thle. 4. Ebend. mit Kupf.

— — Predigten auf alle Sonn-, Fest- und Bußtage eines ganzen Jahres. 4. Ebend. 821.

—— Predigten auf alle Sonn-, Fest- u. Bußtage e. ganzen Jahres z. religiös. Erbauung f. fromme Familien. — A. u. d. T.: Predigten z. Vorlesen in Landkirchen. 2 Bde. 4., v. Verf. selbst noch verb. Aufl. M. 1 Stnt. gr. 8. (91½ B.) Neustadt a. d. O. 834, 35, Wagner.

— Predigten über die im Königreich Sachsen statt einiger bisher gewöhnl. eingeführten Sonntags-Evangelien rc., als Zugabe zu den Predigten zum Vorlesen in Landkirchen. gr. 8. Neust. 815. Wagner. 6 gr

— — Predigten über fünf neue Texte. 8. Ebend. 816.

— Predigten zum Vorlesen in Landkirchen. 2 Bde. gr. 8. Neust. 809. 2e Aufl. 816. 3e Aufl., auch u. d. T.: Predigten auf alle Sonn-, Fest- u. Bußtage eines ganzen Jahres. 4. Neust. 821. Wagner. 3 Thlr 4 gr Dieselb. in 4. Ebd. 3 Thlr 4 gr

— — Predigten zum Vorlesen in Landkirchen. 2te verb. Aufl. 2 Bde. gr. 8. Ebend. 820.
— — dieselben in 4. Ebend.

— Diss. inaug. quatenus religio possit doceri. 4. Königsberg 819.

—— kleiner unentbehrl. Rechnenschüler mit genauer Uebersicht u. tabellar. Angabe d. Bestimmungen d. neuen sächs. Münz-, Maß- u. Gewicht-Systems f. Bürger- u. Landschulen ganz neu bearb. u. verm. von ein. sächs. Schulmanne. 12. (1½ B.) Neustadt a. d. O. 841, Wagner.
25 Exempl. nur 18 Gr.

— Rechnungs-Aufgaben für Ostpreuß. Bürger- u. Landschulen, nach der Anweis. zum Rechnen geordnet. 8. Neust. 819. Wagner. 1 Thlr 2e umgeänd. Aufl. 832. 15 gr

— — Rechnungs-Aufgaben für preuß. Bürger- und Landschulen, nach der Anweisung zum Rechnen geordnet. 8. Ebend. 819.

—— Rechnungs-Aufgaben f. preuß. Bürger- u. Landschulen, nach (dess.) Anweis. z. Rechnen geord. 2., nach d. neuesten preuß. Münzfuße umgeänd. Aufl. 8. (5 B. u. 12½ B. nur auf einer Seite bedr.) Neustadt a. d. O. 832, Wagner.

— Rechnungs-Aufgaben für Sächs. Bürger- u. Landschulen. 8. Neust. 806. 3e Aufl. 822. 4e Aufl. 831. Wagner. 21 gr

— Rechnungsaufgaben f. sächs. Bürger- u. Landschulen. 8. Ebend. 811.
geb. in Kutt.

(——) Rechnungs-Aufgaben f. sächs. Bürger- u. Landschulen nach d. in Neustadt erschien. Anweis. z. Rechnen geord. 8. (30½ B.) Neustadt a. d. O. 831, Wagner.

—— Rechnungsaufgaben f. sächs. Bürger- u. Landschulen rc. — Zugabe hierzu u. d. T.: Die nöthigsten Aufgaben im neu eingeführt. sächs. Münz- u. projectirt neuen Maaß- u. Gewichts-Systeme, als Aushilfe bis zur bevorsteh. neuen Aufl. d. vorgen. Werkes. 8. Neustadt a. d. O. 841, Wagner.
Dess. Rechnungsaufgaben (m. d. Zugabe) Ebendas. 831. zusamm. hrsgs. Pr. 12 Gr.

Dinter, Gust. Friedr., Rechnungsaufgaben f. sächs. Bürger- u. Landschulen zu seiner Anweisung zum Rechnen geordnet u. d. neuen sächs. Münz-, Maß- u. Gewichtsystem angepaßt, so wie mit Uebungsbeispielen der Decimalrechnung vermehrt v. ein. prakt. sächs. Schulmanne. 8. (24½ B., wov. 20 nur auf ein. Seite gedruckt sind.) Neustadt a. d. Orla 845, Wagner. Thlr.

— — Rechnungs-Aufgaben für sächsische Schulen. 8. Ebendas.

— drei Reden bei Einweihung des neuen Gymnasialgebäudes in Rastenburg. 8. Neust. 818. Wagner. 6 gr

Dinter, G. F., kleine Reden an künft. Volksschullehrer, s.a. Quellenschriften, pädagog.

— kl. Reden an künftige Volksschullehrer, vorzüglich zur Beförder. d. Weisheit in Lehre u. Leben. (Auch u. d. T.: Handb. f. Schul- u. Hauslehrer.) 4 Bde. 8. Leipz. 803—5. 2e A. 820. Wagner in Neustadt. 3 Thlr 16 gr

—— kleine Reden an künft. Volksschullehrer, vorzügl. zur Beförderung d. Weisheit in Lehr u. Leben. Ein Erbauungsbuch f. nicht ganz ungebild. Schullehrer. 4 Bde. 3., unveränd. Aufl. 8. Neustadt a. d. O. 837, 38, Wagner. *
Die 1. Aufl. erschien u. d. T.: Handbuch f. Schul- u. Hauslehrer rc.

[F.] Kleine Reden an künftige Volksschullehrer vorzügl. z. Beförderg d. Weisheit in Lehre u. Leben. Von Dr. G[ustav] F[riedr.] Dinter. (Neue Ausg.) Tl I—III. *(Langensalza: F. G. L. Gressler 1897.)* 3 Bde 8.
I. (VI, 361 S.) II. (3 Bl., 253 S.) III. (VIII, 264 S.)
= Quellenschriften, Pädagogische. Bd 6—8. [97. 5050

— vier Reden an meine Zöglinge, als Zugabe zu den 60 Reden des alten Pfarrers. 8. Neust. 819. Wagner. 8 gl

— Reden an Volksschullehrer vorzüglich zur Beförderung d. Weisheit in Lehre u. Leben. 4 Bde. 8. Leipz. Joachim. 815.

— die vorzügl. Regeln der Katechetik, als Leitfaden beim Unterricht künftiger Lehrer in Bürger- u. Landschulen. 8. Neust. 802. 8e Aufl. 832. Wagner. 6 gl

Dinter, Gust. Fr. d. vorzüglichen Regeln d. Katechetik, als Leitfaden b. Unterrichte künft. Lehrer in Bürger- und Landschulen. 8. Neustadt, Wagner. 810. Rthlr.

— — die vorzügl. Regeln der Katechetik, als Leitfaden beym Unterricht künftiger Lehrer in Bürger- und Landschulen. 4te Aufl. 8. Ebendas. 817.

(——) die vorzügl. Regeln d. Katechetik, als Leitfad. b. Unterr. künft. Lehrer in Bürger- u. Landschulen. 7., verb. Aufl. 8. (7½ B.) Neustadt a. d. O. 829, Wagner.

—— die vorzügl. Regeln d. Katechetik, als Leitfaden beim Unterr. künft. Lehrer in Bürger- u. Landschulen. 9., unveränd. Aufl. 8. Neustadt a. d. O. 836, Wagner.

—— die vorzüglichsten Regeln der Katechetik, als Leitfaden beim Unterrichte künftiger Lehrer in Bürger- und Landschulen. 13. Aufl. 8. (XVI und 88 S.) Plauen (861)62, Schröter.

— d. vorzügl. Regeln d. Pädagogik u. Methodik. 8. Neust. 806. 6e A. 831. Wagner. 6 gl

— d. vorzügl. Regeln d. Pädagogik, Methodik und Schulmeisterklugheit als Leitfaden beym Unterrichte künftiger Lehrer rc. 8. Ebend. 806.

— die vorzüglichsten Regeln d. Pädagogik, Methodik und Schulmeisterklugheit rc. Neue Aufl. 8. Neustadt, Wagner. 813.

— — die vorzügl. Regeln der Pädagogik, Methodik und Schulmeisterklugheit. 3te Aufl. Ebend. 818.

— d. vorzügl. Regeln d. Pädagogik u. Methodik. 4e Aufl. 8. Neustadt 822, Wagner.

(——) die vorzügl. Regeln d. Pädagogik, Methodik u. Schulmeisterklugheit, als Leitfad. b. Unterr. künft. Lehrer in Bürger- u. Landschulen bestimmt. 5., unveränd. Aufl. 8. (7 B. incl. 1 Tab.) Neustadt a. d. O. 827, Wagner. Thlr.

—— die vorzügl. Regeln d. Pädagogik, Methodik u. Schulmeisterklugheit, als Leibfaden beim Unterr. künft. Lehrer in Bürger- u. Landschulen bestimmt. 7., verb. Aufl. 8. Neustadt a. d. O. 830, Wagner.

Dinter, G. F. Die vorzüglichsten Regeln der Pädagogik, Methodik u. Schulmeisterklugheit nebst Belehrungs-Blättern. 7. (Titel-)Aufl. 8. (XII, 126 S.) Ilmenau 890, Schröter. * — 50

—— Religionsgeschichte als Anhang zur bibl. Geschichte, bearb. u. zum Gebr. d. Schulen u. des Privatgebrauchs hrsg. v. Wilh. Müller. 8. (11¾ B.) Neustadt a. d. O. 845, Wagner.

— Religionsgeschichte für Volksschulen u. ihre Lehrer. (Ist eine wohlfeile Aufl. v. dessen „Unterredungen," 9r Thl.) 12. Neust. 823. N. Aufl. 825. Wagner. 10 gl

—— Religions-Geschichte f. Volksschulen u. ihre Lehrer; auch als Lesebuch f. d. gebild. Bürger- u. Landmann zu gebrauchen. 3., unveränd. Aufl. 12. Neustadt a. d. O. 836, Wagner.

— s. Religionsgeschichte f. Volksschullehrer.

— s. Rodmann, J. F.: Keime.

Dinter, Gust. Friedr., Sammlung kleiner Schriften. Nach dess. Tode hrsg. (v. Leipnitz.) gr. 8. (23 B.) Neustadt a. d. O. 833, Wagner.

—— Ausgew. pädagog. Schriften, s. Bibliothek pädagog. Klassiker.

— kleine Schriften. Nach dessen Tode herausg. (von M. Leipnitz in Zöpen). gr. 8. Neustadt 833. Wagner. 1 ℛ

— sämmtl. Schriften. 1e Abthl. 1r Bd. Schullehrer-Bibel N. T. 1r Bd. 8. Neustadt 840. Wagner. n. ½ ℛ Vergl. Schullehrerbibel.

— dass. 2e Abthl. Katechetische Werke. 3r Bd. Durchgesehen u. geordnet von Joh. Christoph Basilius Wilhelm. A. u. d. T.: Unterredungen über die zwei ersten Hauptstücke des lutherischen Katechismus. 1r Bd., enthält: Unterredungen üb. die Pflichten gegen Gott. 8. Neust. 840. Wagner. Subscr.-Pr. n. ⅜ ℛ

— dass. 3e Abthl. 1s Bdchn. 1e u. 2e Hälfte. Regeln d. Pädagogik u. Belehrungsblätter. 1s—4s Hft. 8. Ebd. 840. n. 5 gl

Dinter, Gust. Friedr., sämmtl. Schriften. Durchges. u. geord. v. Joh. Chrstph. Basil. Wilhelm. I. Abthl. 6—9. Bd., II. Abthl. 1—5., 12. u. 13. Bd., III. Abthl. 1. Bd. 8. Neustadt a. d. O., Wagner.

Abthl. I. Exegetische Werke. 6—9. Bd. — A. u. d. T.:
Schullehrer-Bibel. Das Neue Testament. 4 Bde. (104 B.) 841, 42. Subsc.-Pr. * 2 Thlr. 3 Gr.

„ II. Katechetische Werke. 1—5. Bd. — A. u. d. Tteln.:
Bd. 1. Die vorzügl. Regeln d. Katechetik, als Leitfaden bei'm Unterr. künft. Lehrer in Bürger- u. Landschulen; nebst kurzgefaßt. Glaubens- u. Sittenlehre. (13 B.) 841. Subsc.-Pr. * 6 Gr.
„ 2. Präparationen z. Unterr. üb. Religionswahrheiten. (20 B.) 843. Subsc.-Pr. * 10 Gr.
„ 3—5. Unterredungen üb. d. zwei ersten Hauptstücke d. lutherschen Katechismus. 1—3. Bd. (42 B.) 840, 42. Subsc.-Pr. * 22 Gr.
„ 12., 13. Unterredungen üb. d. vier letzten Hauptstücke d. lutherschen Katechismus. 1. u. 2. Bd. (23½ B.) 842. Supsc.-Pr. * 12 Gr.

„ III. Pädagogische Werke. 1. Bd. — A. u. d. T.:
Bd. 1. Die vorzüglichsten Regeln d. Pädagogik, Methodik u. Schulmeisterklugheit, nebst Belehrungsblättern. 1. Bd., enth.: Pädagogik rc. u. Belehrungsblätter. (9¼ B.) 840. Subsc.-Pr. * 5 Gr.

Hieran wird sich noch eine vierte Abthl. „Homilet. Werke" schließen. Einzelne Schriften werden aus dieser Gesammtausgabe nicht abgelassen, sondern nur vollständige Abtheilungen.

Dinter, Gust. Friedr., sämmtl. Schriften. Durchgesehen u. geordn. v. Joh. Chrstph. Basil. Wilhelm. I. Abthl. 1., 2. u. 10—12. Bd., II. Abthl. 6—11. u. 14—16. Bd., III. Abthl. 2—9. Bd. u. IV. Abthl. 3. u. 4. Bd. 8. Neustadt a. d. O., Wagner.

Abthl. I. Exegetische Werke. 1., 2. u. 10—12. Bd. A. u. d. T.:
Bd. 1., 2. Schullehrer-Bibel, das alte Testament 1. u. 2. Bd. (58¾ B.) 846, 47. * 2 Thlr. 4½ Ngr.
„ 10—12. Anweisung z. Gebr. d. Bibel in Volksschulen. 3 Bde. (65½ B.) 844, 45. * 1 Thlr. 10½ Ngr.

Abthl. II. Katechetische Werke. 6—11. u. 14—16. Bd. A. u. d. Ttln.:
Bd. 6—10. Unterredungen üb. die zwei ersten Hauptstücke d. luther. Katechismus. 4—8. Bd. (72 B.) 843. * 1 Thlr. 15 Ngr.
„ 11. Religionsgeschichte, ein Lesebuch f. Bürgerschulen. Zugabe zu den Unterredungen üb. d. Hauptstücke d. luther. Katechismus. 9. Bd. (17 B.) 844. * 10 Ngr.
„ 14., 15. Unterredungen üb. die vier letzten Hauptstücke d. luther. Katechismus. 3. u. 4. Bd. (22½ B.) 844. * 13¾ Ngr.
„ 16. Materialien zu Unterredungen üb. Glaubens- u. Sittenlehre, zum Leitfaden beim Unterrichte künftiger Lehrer in Bürger- u. Landschulen bestimmt. (9½ B.) 844. * 6¼ Ngr.

Abthl. III. Pädagogische Schriften. 2—9. Bd. A. u. d. Ttln.:
Bd. 2. Malwina. Ein Buch f. gebildete Mütter. (16½ B. u. 1 Kpfrt.) 843. * 10 Ngr.
„ 3. Vorarbeiten f. Lehrer in Bürger- u. Landschulen. Mit zwei- u. vierstimm. Melodien zu den Festversen. (23 B.) 844. * 15 Ngr.
„ 4. Anweisung zum Rechnen, Rechnungsaufgaben m. Rücksicht auf d. neue Münz-, Maß- u. Gewichtssystem, nebst der Lehre von d. Decimalbrüchen, u. Facitbüchlein. (24½ B.) 844. * 15 Ngr.
„ 5. Die Schulconferenzen des Kirchspiels Ulmenhain, u. Schulverbesserungsplan f. Landschulen. (16 B. u. 2 Tab.) 845. * 11¼ Ngr.
„ 6—9. Kleine Reden an künftige Volksschullehrer vorzügl. z. Beförderung d. Weisheit in Lehre u. Leben. 4 Bde. (55 B.) 845. * 1 Thlr. 3¾ Ngr.

Abthl. IV. Asketische Werke. 3. u. 4. Bd. A. u. d. Ttln.:
Bd. 3. Liederhomilien. (13 B.) 845. * 8 Ngr.
„ 4. Kleine Werke: Einzelne Predigten, Reden, Vorlesungen, Gedichte, Aufsätze. (20 B.) 844. 12½ Ngr.

Dinter, Gust. Friedr., sämmtliche Schriften. 1. Abthl. Exegetische Werke. 3—5. Bd. Durchges. und geordnet von Joh. Chrph. Basilius Wilhelm. A. u. d. T.: Schullehrer-Bibel. Das alte Testament. 3—5. Bd. 8. Neustadt a. d. Orla, Wagner. [3. (VI und 706 S.) 27 Ngr., 4. (VIII und 808 S.) 1 Thlr. 2 Ngr., 5. (XII und 788 S.) 848. 1 Thlr. 1 1/3 Ngr.]

Dinter's, Gust. Friedr., sämmtl. Schriften. 1. Abth. Exegetische Werke. 4 u. 5. Bd. Durchges. u. geordnet von Joh. Chrph. Basilius Wilhelm. Schullehrer-Bibel. Das alte Testament. 4. u. 5. Bd. 4. Bd. enth.: die Propheten Jesaias, Jeremias, Hesekiel u. Daniel. 8. (VIII u. 808 S.) 5. Bd. enth.: Die Bücher v. d. kleinen Propheten an bis zum Gebete Manasse. 8. (XII u. 788 S.) Neustadt a. O. 848, Wagner. 4: 1 ₰ 2 ₰ 5: 1 1/21 ₰

— dies. 4. Abth. Asketische Werke. 1. u. 2. Bd. Durchgesehen u. geordnet v. Joh. Chrph. Bas. Wilhelm. 1. u. 2. Bd. A. u. d. T.: Predigten zum Vorlesen in Landkirchen. 2 Bde. 1. Bd. enth.: Predigten auf alle Sonn- u. Festtage d. Jahres, u. zwar bis zum Sonnt. Cantate. 8. (XVI u. 600 S.) Ebd. 849. 24 ₰ — 2. Bd. enth.: Predigten auf alle Sonn- u. Festtage d. Jahres u. zwar bis zu dem 27. Trinitatissonntag nebst Festpredigten. 8. (VIII u. 606 S.) Ebd. 850. 21 ₰

— 4. Abth.: Asketische Werke. 5. Bd. Durchgesehen u. geordnet v. Joh. Chrph. Bas. Wilhelm. A. u. d. T.: Dinter's Leben von ihm selbst beschrieben; ein Lesebuch für Aeltern u. Erzieher, f. Pfarrer, Schulinspectoren u. Schullehrer. Nebst Fac Simile (in Kpfrst.) 8. (XII u. 426 S.) Ebd. 851. 7/12 ₰ (1—IV, 5; 19 1/8 ₰)

— — Schulgebete. 2te Aufl. gr. 8. Ebendas. 819.

— Schulgebete. 3e Aufl. gr. 8. Neustadt 823, Wagner.

(——) Schulgebete. 4., verm. Aufl. 8. (2 B.) Neustadt a. d. O. 828, Wagner.

— Schulgebete f. Bürger- u. Landschulen. gr. 8. Neust. 811. 5e Aufl. 831. Wagner. 1½ gr

* — Schulgebete zu allen Jahreszeiten. 8. Ebend. 810.

— — Schulconferenzen des Kirchspiels Ulmenhayn. 8. Ebend. 821.

— die Schulconferenzen d. Kirchspiels zu Ulmenhayn. 2e Aufl. 8. Neust. 822. Wagner. 18 gr

—— die Schul-Conferenzen zu Ulmenhayn, mit Anmerkn. von e. Schullehrer in Süd-Deutschland, s. Ernst u. Laune.

— Schullehrer-Bibel d. Alten Testaments, 1r—3r Thl. gr. 8. Neustadt 826, Wagner. 2 Rthlr. 12 gr. Schreib-Pap.

(——) Schullehrer-Bibel. Des alten Testaments 4. Thl., enthalt. d. Propheten Jesaias, Jeremias, Hesekiel u. Daniel. Lex.-8. (29 B.) Neustadt a. d. O. 828, Wagner. 18 Gr., Schrbp.

(——) dass. 5. (u. letzt.) Thl., enthalt. die Bücher v. d. kleinen Propheten an bis z. Gebete Manasse. Lex.-8. (27 B.) Ebds. 828. 18 Gr., Schrbp.
1—3. Thl. Ebendas. 1826. 2 Thlr. 12 Gr., Schrbp. 3 Thlr. 8 Gr.

—— Schullehrer-Bibel. Das alte Testament. 5 Thle. 2. (3.), in Dinter's Geiste überarb. Aufl. Lex.-8. (31½ B.) Neustadt a. d. O. 833—37, Wagner. * 4 Thlr., Schrbp. *

— Schullehrer-Bibel d. neuen Testaments. 2 Thle. 2e Aufl. Lexicon 8. Neust. 826, Wagner. 1 Rthlr. 21 gr. Schreibp.

(——) Schullehrer-Bibel. Neues Testament. 4 Thle. 3., verb. Aufl. Lex.-8. (60½ B.) Neustadt a. d. O. 828, 29, Wagner. 2 Thlr., Vlnp.

(——) Schullehrer-Bibel. Das neue Testament. 4 Bde. (Separatabdruck aus d. Gesammtausg. v. J. Chr. B. Wilhelm). 8. Neustadt a. d. O. 841, 42, Wagner. *
Die Ausgabe in Lex.-8. fehlt gänzlich, dafür wird diese geliefert.

— Schulverbesserungsplan. 8. Ebend. 815.

— Schulverbesserungsplan auf Befehl des Domherrn u. Amtshauptmann von Carlowitz z. Privatgebrauch entworfen. 8. Ebend.

— Schulverbesserungs-Plan für Landschulen. (2e Ausg.) 8. Neustadt 823, Wagner.

— Schulverbesserungsplan f. Landschulen. (3e Aufl. d. Schulverbesserungs-Plans f. Sächs. Landschulen.) 8. Neustadt a. d. O. 823. Wagner. 9 gr

Dinter, Gust. Fr., ein gründliches Studium d. alten Classiker ist ein kräftiges Gegenmittel gegen die Schwärmerei unserer Tage. 8. Neust. 818. 2e Aufl. 822. Wagner. 3 gr

— das Unentbehrliche f. kl. Rechenschüler. 12. Ebend. 814.

— das Unentbehrlichste f. kl. Rechenschüler zum Auswendiglernen. 12. Ebd. 1 gr

— Unterredungen über die 4 letzten Hauptstücke des lutherischen Katechism.: Gebet, Taufe, Beichte, Abendmahl. 4 Thle. 8. Ebend. 806. (Ir Lehre vom Gebet wie sie mit der Oberklasse einer nicht vernachlässigten Land- oder niedern Bürgerschule gehalten werden können. 12 gr., II. über das Vater Unser. 16 gr., III. über Taufe, Buße, Beichte. 12 gr., IV. über das Abendmahl des Herrn. 12 gr.)

— Unterredd. über d. vier letzten Hauptstücke d. luther. Katechismus rc. 1r Thl. Auch u. d. T.: Unterredung über d. Lehre vom Gebet. 806. 3e Aufl. 818. N. Aufl. 833. 12 gr 2r Thl. Auch u. d. T.: Unterred. über d. Vater Unser rc. 806. 4e Aufl. 824. N. Aufl. 832. 16 gr 3r Thl. Auch u. dem T.: Unterred. über Taufe, Buße u. Beichte. 807. 4e Aufl. 824. N. A. 832. 12 gr 4r Thl. Auch u. d. T.: Unterred. über d. Abendmahl d. Herrn. 808. 4e Aufl. 824. N. Aufl. 832. 12 gr gr. 8. Neust., Wagner. 2 ₰ 4 gr (NB. Alle 13 Bde. kosten jetzt 6 ₰)

— Unterredungen üb. die vier letzten Hauptstücke d. luther. Katechismus, Gebet, Taufe, Beichte, Abendmal. 4 Bde. 2te Aufl. 8. Ebend. 811—14. (1r 12 gr. 2r 16 gr. 3r 12 gr. 4r 12 gr.)

— — Unterredungen über die vier letzten Hauptstücke des lutherischen Katechismus, Gebet, Taufe, Beichte, Abendmahl. 4 Thle. 3te Aufl. 816.
(1r Thl. Ueber das Gebet 12 Gr. — 2r Thl. Ueber das Vaterunser 16 Gr. — 3r Thl. Ueber Taufe, Buße und Beichte 12 Gr. — 4r Thl. Ueber das Abendmahl 12 Gr.)

— Unterredd. über d. zwei ersten Hauptstücke. 1r Thl. 819. 2e A. Auch u. d. T.: Unterred. über Gottes Dasein rc. 823. N. Aufl. 832. 21 gr 2r Thl. Auch u. d. T.: Unterred. über d. Pflichten gegen Gott. 820. N. Aufl. 832. 14 gr 3r Thl. Auch u. d. T.: Unterred. über d. Pflichten gegen unsere Nebenmenschen. 820. N. Aufl. 833. 15 gr 4r Thl. Auch u. d. T.: Unterred. über Menschenliebe. 824. N. Aufl. 833. 15 gr 5r Thl. A. u. d. T.: Unterred. über d. Pflichten gegen uns selbst. N. Aufl. 821 u. 31. 18 gr 6r Thl. A. u. d. T.: Unterred. über d. Begriffe v. Recht u. Unrecht. N. Aufl. 825. 18 gr 7r Thl. A. u. d. T.: Unterred. über d. Erlösung d. Menschen. N. Aufl. 825 u. 32. 18 gr 8r Thl. Auch u. d. T.: Unterred. über d. Heiligung u. Unsterblichkeit. N. Aufl. 825 u. 32. 21 gr 9r Thl. Auch u. d. T.: Religions-Geschichte, ein Lesebuch. N. Aufl. 825 u. 32. 21 gr 8. Neust., Wagner. Alle 9 Theile. 6 ₰ 17 gr

(——) Unterredungen über d. zwei ersten u. üb. d. vier letzten Hauptstücke d. luther. Katechismus. 13 Thle. Neue, unveränd. Aufl. Nebst: Verzeichniß d. Bibelstellen rc. 3. Aufl. 8. Neustadt a. d. O. 831—33, Wagner. 9 Thlr., hrbgs. Pr.
Einzeln:
Thl. 1. Ueber Gottes Daseyn u. Eigenschaften, auch üb. Erkenntniß Gottes aus Natur u. Bibel. (23½ B.) 832. 21 Gr.
" 2. Ueber d. Pflichten gegen Gott. (17 B.) 832. 14 Gr.
" 3. Ueber d. Pflichten geg. uns. Nebenmenschen. (19 B.) 833. 15 Gr.
" 4. Ueber Menschenliebe. Ueber Engel u. Teufel u. üb. d. pflichtmäß. Verhalten geg. d. Thiere. (17 B.) 833. 15 Gr.
" 5. Ueber d. Pflichten geg. uns selbst. (22 B.) 831. 18 Gr.
" 6. Ueber d. allgem. Begriffe v. Recht u. Unrecht rc. u. d. ersten Artikel. (20 B.) 832. 18 Gr.
" 7. Ueber d. Erlösung d. Menschen durch Christum. (20 B.) 832. 18 Gr.
" 8. Ueber Heiligung u. Unsterblichkeit. (21 B.) 832. 21 Gr.
" 9. Religions-Geschichte, ein Lesebuch rc. (24 B.) 833. 21 Gr.
" (10.) Ueber d. Lehre v. Gebet. (15½ B.) 831. 12 Gr.
" (11.) Ueber d. Vaterunser. (17 B.) 833. 16 Gr.

= (12.) Ueber Taufe, Buße u. Beichte. (14½ B.) 832. 12 Gr.
= (13.) Ueber d. Abendmahl d. Herrn. (17½ B.) 831. 12 Gr.
Verzeichniß aller Bibelstellen, welche in Hrn. D. Dinter's Anweis. z. Gebr. d. Bibel u. Katechisationen üb. sämmtl. Hauptstücke erklärt enthalten sind. (3¼ B.) 833. 8 Gr.

— Unterredungen über die zwei ersten Hauptstücke des luther. Katechismus. 8r Thl. A. u. d. T.: Unterredungen über Heiligung u. Unsterblichkeit. N. unveränd. Aufl. 8. Neustadt 834. Wagner. 7/8 ℛ
NB. Alle 13 Thle der Unterredungen ꝛc. kosten jetzt n. 5⅓ ℛ

— Unterricht im Schreiben, s. Dinter: Belehrungsblätter.

— Unterricht üb. Verhütung d. Feuersbrünste u. Bestrafung. 12 Neust. 812. Wagner. 1 gl (A. u. d. T.: Feuerbüchlein.)

—— Unterricht üb. Verhütung d. Feuersbrünste u. Bestrafung d. Brandstiftungen, z. Gebr. f. Schulen. 2—30. Aufl. 12. Neustadt a. d. O. 840—42, Wagner. à

— Vorarbeiten für Lehrer in Bürger- u. Landschulen. 1r Thl. 8. Neust. 811. 2e A. 832. Wagner. 12 gl 2r Thl. 8. Ebd. 816. 2e A., mit Melodien. 827. Ebd. 14 gl

Dinter, Gust. Fr., Vorarbeiten f. Lehrer in Bürger- u. Landschulen, mit Melodien zu d. Festversen. 2r Thl. 8. Neustadt, Wagner. 816.

— — Vorarbeiten für Lehrer in Bürger und Landschulen. 2 Bde. 3te Aufl. 8. Ebend. 831. (1r 12 Gr. 2r. 18 Gr.)

—— Vorarbeiten f. Lehrer in Bürger- u. Landschulen. 2 Bde. 8. Neustadt a. d. O., Wagner. [1. 4., verm. u. verb. Aufl. 832. ½ Thlr., 2. 3., unveränd. A. 839. 7/12 Thlr.]

Dinter, G. F., sämmtliche Werke. 4. Abthl. 3. 4. Bd. — A. u. d. T.: Liederhomilien. — Kleine Werke: Einzelne Predigten, Reden, Gedichte ꝛc. 8. Neustadt a/O. 844, 45, Wagner. Subscr. Pr. 3. Bd. 8 ngl 4. Bd. 5/12 ℛ (Der 1. 2. u. 5. Bd. sind noch nicht erschienen.)

Dinter, (Ferd. Ern.) Hugo (geb. Königsberg i. Pr. 12. 11. 1820): De thymo sano et morboso. Berolini (1842). (46 S.) 8°
Berlin, Med. Diss. v. 23. Juli 1842

Dinter, J. F., s. Dinter, Gustav Friedrich

Dinter, Joh. Glob., die Parochie u. Stadt Stolpen in ihrer geschichtl. Entwickelung bis zur Reformation. Durchgesehen, neubearb. u. m. zwei Anh. versehen unter Mithilfe v. Dinter. 8. (103 S.) Stolpen 899. Eißler & Springer. n. — 75

Dinter, K., Deutsch-Südwest-Afrika. Flora, forst- u. landwirtschaftl. Fragmente. (IX, 192 S. m. 1 Taf.) gr. 8. Leipzig 909. Th. O. Weigel. 3. 50

Dinter, R., deutsches Sprichwörter-Album. Eine Sammlung v. Sprüchen u. Denkversen üb. Beispiele u. Regeln des Lebens. (84 S.) 18×26 cm. Breslau (908). (Leipzig, G. Hedeler.) Geb. 1. 50

Dinter-Denkmal, das, in Borna, von mehreren seiner Freunde, Verehrer u. Schüler errichtet den 26. Sept. 844. 8. (2¾ B. u. 1 Stnt.) Neustadt a. d. O. 844. (Wagner.)

Dinter

——'s Leben. A. d. „homilet. liturg. Correspondenzbl." 1830. No. 8. besond. abgedr. 8. ... Nürnberg, Raw.

—— Todtenfeier im sächs. Erzgebirge. Am 23. Jul. 1831. gr. 8. (5⅓ B.) Neustadt a. d. O. 831, Wagner.

Dintzl, Erwin

—: Bemerkungen zu einem Beweise des pythagoreischen Lehrsatzes. S. 12—17. 8.
K. k. Erzherzog Rainer-Realgymn. im II. Gemeindebezirke *Wien* 1910.
Progr.

Dintzl, Erwin: Über einige Eigenschaften der Bernoullischen und analoger Zahlen. S. 3—11. 8.
K. k. Erzherzog Rainer-Realgymn. im II. Gemeindebezirke *Wien* 1910.
Progr.

Dintzl, Erwin: Einführung in die Funktionenlehre. Für Schüler der oberen Klassen an Mittelschulen dargestellt. (Umschlagtitel: ... Funktionenlehre.) S. 3—49. 8.
Progr. K. k. Erzherzog Rainer-Gymn. im II. Gemeindebezirke *Wien* 1908.

Dintzl, Erwin: Über den Satz vom Kräfteparallelogramm. S. 16 bis 24. 8.
K. k. Staatsrealschule im VI. Bezirke (vormals Gumpendorfer Kommunal-Oberrealschule) *Wien* 1903.
Progr.

Dintzl, Erwin, über die Legendre'schen Symbole f. quadrat. Reste in e. imaginären quadrat. Zahlkörper m. der Klassenanzahl 1. (16 S.) gr. 8. Wien 907. (A. Hölder.) — 40

— Der mathemat. Unterricht an den Gymnasien, s. a. Berichte üb. den mathemat. Unterricht in Österreich.

Der mathematische Unterricht an den Gymnasien. Von Dr. Erwin Dintzl, Prof. Wien: Hölder in Komm. 1910. VIII, 78 S. 8°
(Berichte über d. mathematischen Unterricht in Österreich. H. 3.) [10. 13149

— Über die Zahlen im Körper k (√—2), welche den Bernoulli'schen Zahlen analog sind. (29 S.) gr. 8. Wien 909. A. Hölder. — 85
2 Sonderabdrucke aus: „Sitzungsber. d. k. Ak. d. Wiss."

Dintzl F.: Die Elemente der allgemeinen Arithmetik. (50.) Krems R. 78.
Progr.

Dintzl F.: Die Inversion nebst Anwendungen. Mit Beschränkung auf die Ebene bearbeitet, mit 2 Tafeln. 39. Krems R. 88.
Progr.

Dinzbacher, Jak. Mich., Entgegnung auf Dr. Ghillany's Angriffe gegen die Juden. (Beilage zur Allg. Zeitg. vom 12. Aug. 1845.) München 1845. 8°. 16 S. Cart.
Die Ueberschrift des heftig angefochtenen Artikels lautet: „Das Judenthum u. die Kritik", mit Bezug auf eine 1844 von Ghillany herausg Schrift „Das Judenthum u. die Kritik, od. es bleibt bei d. Menschenopfern der Hebräer."

Dinzbacher, Jak. Mich., homiletisch-religiöser Vortrag am Laubhütten-Feste. 8. (III und 15 S.) München 864, (L. Finsterlin.) *

Dinzenhofer, Wenz., († d. 15. Aug. 1805.) genealogische Geschlechts-Tafeln d. böhm. Fürsten, Herzoge u. Könige, mit Anmerkk. erläut. gr. 4. Prag 805. Barth. (Hartmann). 3 ℛ

Dinzenhofer, Wenzel. XXVIII genealogische Tafeln der böhmischen Fürsten, Herzoge und Könige, mit Anmerkungen erläutert. 4. Prag 1805.

Dinzenhofer, W., 26. genealogische Tafeln der böhmischen Fürsten ꝛc. gr. 4. Prag, Barth. 805.

Dinzenhofer's, W., 25 genealogische Tafeln. gr. 4. 805. Ist jetzt Verlag von Hartmann in Prag.

Dinzenhoffer, J. Ch., De metallariis et metallis. o. O., 1780. 12 S.

Dio Cassius

Demokratie und Monarchie. Frey übersetzt aus Dio Cassius. Nebst einem Fragment über die Regierungsform im Uranos. Gedruckt in der Hauptstadt des Uranos 796. 8.

Dio-Cassius, Demokratie und Monarchie. a. d. Gr. 8. Carlsr. Macklott (a. Gbhardt. u. K. in Frkft.). 797.

Dio Cassius: Dio Cassius

— Uebersetzt mit Anmerkungen von Abr. Penzel. Leipz. 786-818. 2 B. (3 Abth.) 8. 8 rthlr. 12 gr.

— Graece. Lips. 818. 4 Tom. 12. 3 rthlr.

—— Fragment aus d. 71. Buche d. röm. Gesch., s. a. Fragment.

— Fragment aus dem ein u. siebenzigsten Buche der Röm. Geschichten des, in latein. Uebersetzung aufgefunden unter d. Handschr. d. Vatikan. Bibliothek zu Rom, von A. Majo u. nach d. Original ins Deutsche übers. gr. 8. Braunschw. 832. Vieweg. 6 gl

Dio's Cassius, Geschichte der Römer, s.a. Sammlung von Uebersetzungen griech. Geschichtsschreiber 1r Bd.

— Geschichte d. Römer, übers. u. mit kurzen histor. Anmerkk. begl. v. Fr. Lorenz. Mit e. Vorworte von Schlosser. 1r Thl. gr. 8. Jena 826. Schmid. 1 ℛ

Dio Cassius, römische Geschichte, s.a. Prosaiker, römische.

— röm. Geschichte v. Wagner, s.a. Sammlung der neuesten Uebersetzung d. Griech. 5r

Dio-Cassius. Römische Geschichte. Aus dem Griechischen übersetzt von Johann Augustin Wagner. (5 Bde.)
8. Frankfurt a. M. 1783—1796.

— röm. Geschichte; aus d. Griech. (v. J. A. Wagner). 4 Bde. 8. Frkf. a. M. 784—87. Hermann. 3 ℛ Hbg. Pr. 2 ℛ 12 gr

—— röm. Gesch., übers. v. L. Tafel, s.a. Prosaiker, griech.

— röm. Geschichte, übers. v. L. Tafel. 1s—4s Bdchn. 16. Stuttg. 832. Metzler. 16 gr

Dio Cassius. Römische Geschichte, übersetzt von Leonhard Tafel. 4 Bde. Stuttgart 1833—1844. 8°.

Dio, Cassius, röm. Geschichte, übers. v. L. Tafel. 5s—12s Bdchn. Stuttgart 833—39. Metzler. (à 1/6 ℛ) 1 1/3 ℛ

— römische Geschichte, übers. von L. Tafel. Vollständig in 16 Bdchn. 16. Stuttgart ... 846, Metzler. Subscr.-Pr. à 1/6 ℛ

Dionis Cassii, Historiae Romanae quae supersunt, graec. c. vers. lat. Xylandro-Leunclaviana cur. I. E. Faberico et Reimaro. II Vol. fol. Hamburg. (Weidmann in Leipz.) 750—752.

Dio Cocceianus, Cassius, Historiarum romanarum lib. LXXIX. LXXX quae supersunt, s.a. Codices e Vaticanis selecti.

Dionis Cassii Cocceiani historia romana. Cum annotationibus Lud. Dindorfii. IV Voll. Leipzig 863, 64. Teubner. 8. (XXII, 1127 S.) Jeder Thl. 24 ngr.

Dionis Cassii Cocceiani historia romana. Cum annotationibus Lud. Dindorfii. Vol. V. Leipzig 865. Teubner. 8. (LXXVIII, 286 S.) 24 ngr.

Dionis Cassii Cocceiani historia romana. Ed. primam curavit Ludw. Dindorf, recognovit Johs. Melber. Vol. I. 8. (XLIV, 604 S.) Leipzig 890. Teubner. 4. 50

Dio Cassius Cocceianus, historia romana. Ed. I. curavit Ludov. Dindorf, recognovit Ioa. Melber. Vol. II. 8. (IV, 481 S.) Leipzig 894. B. G. Teubner.
n. 3. 60 (I u. II.: n. 8. 10)

Dio Cassius, historiar. romanar. quae supersunt. — Graeca ex Cod. Mss. aliisque subsidiis supplevit et emend., Xiphilini epitomen libror. Dionis Cassii aeque emend. addid., Latina versio et graecis verbis magis respond. operam dedit, fragmenta et indicem graecum valde auxit, annotat. ex edit. Reimariana omnes repetiit multasque tam Joh. Jac. Reiskii et alior. quam suas notas adjec. Fr. Guil. Sturzius. VIII Vol. 8 maj. (384 B. u. 1 lith. Schrifttaf. in Fol.) Lipsiae 824, Kühn. 30 Thlr., Schrbp. 45 Thlr., Vlnp.

Dio Cassius, Historiarum romanarum quae supersunt. Gr. ex cod. Mss. aliisque subsidiis supplevit et emendavit, Xiphilini epit. libror. Dionis Cassii aeque emend. addid., lat. vers. ut gr. verbis magis respond. operam dedit, fragmenta et indic. gr. valde auxit, annotationes ex edit. Reimariana omnes repet. multasque tam Ioh. Iac. Reiskii et alior. quam suas notas adj. Frid. Guil. Sturzius. (Vol. IX.) — E. s. t.: Excerpta Vaticana ab Ang. Maio edita. 8maj. (17 B.) Lipsiae 830, libr. Kühn. [T. O. Weigel.] 1 1/2 Thlr., Schrbp. 2 1/4 Thlr., Vlnp.
Vol. I—VIII. Ebendas. 1824, 25. 30 Thlr., Schrbp. 45 Thlr., Vlnp. 60 Thlr.

Dionis Cassii Cocceiani historiae Romanae quae supersunt. Ad optimorum librorum fidem accurate edita. Edit. ster. 4 vol. 16. (109 Bog.) Leipzig 829,70, Holtze.
à Vol. M 1,50.

Inhalt:

Vol. 1. Fragmenta ex XXXV prioribus libris. Libri XXXVI—XLI a bello piratico usque ad bellum civile inter Pompeium et Caesarem.
» 2. Libri XLII—XLIX a pugna Pharsalica usque ad annum 721.
» 3. Libri L—LX ab anno 722 usque ad mortem Claudii imperatoris.
» 4. Excerpta per Xiphilinum et integra Dionis fragmenta inde a libro LXI usque ad LXXX. Incipiunt cum imperio Neronis et pertinent usque ad imperium Alexandri Severi.

Cassii Dionis Cocceiani Historiarum Romanarum quae supersunt ed. Ursulus Philippus Boissevain. Adiecta sunt specimina phototyp. Vol. 1—3. *Berolini: Apud Weidmannos 1895—1901.* 3 Bde 8°

Dio Cocceianus, Cassius, historiarum romanarum quae supersunt, edidit Ursulus Phpp. Boissevain. Vol. I. gr. 8. (CXXVI, 539 S.) Berlin 895. Weidmann. n. 24.—

— dasselbe. Vol. II. Adiecta sunt specimina phototypica duo librorum Laurentiani et Marciani. gr. 8. (XXXI, 690 S.) Ebd. 898. n. 28.—

Dio. Dionis Cocceiani, Cassii, historiarum romanarum quae supersunt, edidit Ursulus Phpp. Boissevain. Vol. III. Adiecta sunt specimina phototypica tria libri Vaticani N. 1288. gr. 8. (XVIII, 800 S.) Berlin 901. Weidmann. n. 32.—
Vol. I. u. II. Ebd. 895. 898 n. 52.—.

Cassii Dionis Cocceiani historiarum romanarum lib. LXXIX. LXXX quae supersunt. Codex Vaticanus graecus 1288. Praef. est P[io] Franchi de' Cavalieri. Lipsiae: O. Harrassowitz 1908. (14 S., 30 Taf.) gr. 2° = Codices e Vaticanis selecti phototypice expressi. Vol. 9.

Δίωνος τοῦ Κασσίου, τοῦ Κοκκηϊανοῦ, τῶν Ῥωμαικῶν ἱστοριῶν τὰ σωζόμενα. — Dionis Cassii Cocceiani historiarum Romanarum quae supersunt. Graeca ex cod. Mss. aliisque subsidiis supplevit et emendavit, Xiphilini epitomen librorum Dionis Cassii aeque emend. addidit, latina versio ut graecis verbis magis responderet operam dedit, Fragmenta et indicem graecum valde auxit, annotationes ex edit. Reimariana omnes repetiit multasque tam Ioh. Iac. Reiskii et aliorum quam suas notas adjecit Frid. Guil. Sturzius. Vol. IX, quod compl. Excerpta Vaticana ab Angelo Maio edita. 8maj. Lipsiae 843, T. O. Weigel. 1 1/2 ℛ — Schreibp. 2 1/4 ℛ — Velinp. 3 ℛ (I—IX: 1824—1843: 31 1/2 ℛ — Schreibp. 47 1/4 ℛ — Velinp. 63 ℛ)

— Jahrbücher d. röm. Geschichte; aus d. Griech., mit Anmerkk. v. A. J. Penzel. 1r u. 2r Bd. 1e, 2e Abthl. gr. 8. Leipz. 786—818. Schwickert. 8 ℛ 12 gr

— Opera graece. IV Voll. editio stereotyp. 16. Lpz. 818. Tauchnitz. 3 ℛ Hbg. Pr. 1 ℛ 8 gr Fein P. 4 ℛ 8 gr

Dionis, Cassii, rerum Romanarum libri octoginta ab Imm. Bekkero recogniti. 2 tomi. gr. 8. (I: VI u. 536 S. II: 491 S.) Lipsiae 849, Weidmann. (I: n. 3 ℛ II: n. 3 2/3 ℛ) n. 6 2/3 ℛ

Dio Chrysostomus

Dion Chrysostomos aus Prusa, s.a. Prosaiker, griech., in neuen Uebersetzungen.

— Ἐκδοθεὶς ὑπὸ Νεοφύτου Δούκα. III Voll. 8. Ἐν Βιέννῃ 810.

Dion Chrysostomos aus Prusa übers. von Karl Kraut, Ephoros a. D. [...] (Stück 1—40.) *Ulm: H. Kerler 1901.* (720 S.) 8° [J.]

ΔΙΩΝΟΣ ΤΟΥ ΧΡΥΣΟΣΤΟΜΟΥ ΛΟΓΟΙ. — Dionis Chrysostomi orationes. Recogn. et praefatus est Ludov. Dindorfius. 2 voll. Lipsiae 857. Teubner. 8. (XLIV, 435; 1 Bl., 392 S.) 1 ℛ 18 ngr; Velinp. 2 ℛ

Dio Chrysostomus, Ὀλυμπικός, ἢ περὶ τῆς πρώτης τοῦ θεοῦ ἐννοίας. Recens. et explicuit, commentar. de reliquis Dionis orationibus adj. Iac. Geelius. 8maj. (30 B.) Lugduni Batav. 840, Luchtmans. (Lipsiae, T. O. Weigel.) *

Dionis Prusaensis, quem vocant Chrysostomum, quae exstant omnia, edidit, apparatu critico instruxit J. de Arnim. gr. 8. (XL, 338 S.) Berlin 893. Weidmann. n. 14.—

Dionis Prusaensis, quem vocant Chrysostomum, quae exstant omnia, edidit, apparatu critico instruxit J. de Arnim. Vol. II. gr. 8. (XIV, 380 S.) Berlin 896 Weidmann. n. 14.—

Dionis Chrysost. opera graece. Ex recens. Adolphi Emperii. II Part. LXXX orationes. 8maj. Brunsvigae 844. Westermann. [I. (24 B.) II. (29¾ B.)] *

Dionis Chrysostomi, *Orationes.*
— — Graece. Ex rec. c. anim. J. J. Reiskii. *Lips. 782. 2 Tom. 8. 4 rthlr. Ib. 798. 2 Tom. 8. 4 rthlr. Beide Ausgaben sind einander gleich.

Dio Chrysostomus. Orationes ex recensione J. J. Reiske ... Lipsiae 1784. Editio secunda. Lipsiae 1798. H: *Reiske, Ernestine Christine.* (BrMm)

Dio Chrysostomus, orationes, gr. ex rec. animadv. J. J. Reiske. II Voll. 8 maj. Leipz. 785. (List in Berl.) 4 ℛ Schrbp. 5 ℛ bei Barth in Lpz. 5 ℛ 8 ℊ Schrbp. 8 ℛ

Dionis, Chrysost., orationes, ex rec. I. I. Reiskii. c. animadvers. et Federici Morelli Schol. in Dion. Vol. II. 8. maj. Lips. Sommer. 798.
Schreibp.

Dio Cocceianus, Cassius, s. Dio Cassius

Dio Prusaensis, s. Dio Chrysostomus

Dio, O. di, antike Münzwerthe u. Werthbezeichnungen. Numismat. Studie. gr. 8. (18 S.) Berlin 883. (P. Lehmann.) n. —35
Sonderabdruck aus: „Berliner Münzblätter".

Enoch Arden. Oper in 1 Aufz. nach d. Idee Lord Tennyons, v. Vittorio di Dio. Musik v. Robert Erben. [Textbuch.] *Berlin: L. Weber* (Aufgestempelt: *Charlottenburg: K. Köhler) [1895?].* (25 S.) 1 Bd 8. [96. 1859

Idalka. Oper in 1 Aufzug. Dichtg v. Vittorio di Dio. Musik v. Franz Neumann. [Textbuch.] *Berlin: L. Weber* (Aufgestempelt: *Charlottenburg: K. Köhler) [1895?].* (31 S.) 1 Bd 8. [96. 1900

Diobouniotis, Griechenland, s. Handelsgesetze d. Erdballs.

Diobouniotis, Geo., die griech. Handelsgesetzgebung, s.: Streit, Geo. v.

Diöcesan ..., s: **Diözesan** ...

Dioecesanum Labacense. Tergesti 1747. V: *Pogatschnig, Lorenz.* (Jes)

Diöcese, s.: Diözese.

Diocletianus, der Christenverfolger, und Phädra. 2 Trauerspiele v. Hubemann. 8. Wismar, Bödner. 754.

(Diodati, C[harles-]G[abriel].)

Diodati, C. G., Gustav Castan, s.a. Neujahrsblatt d. Kunstgesellschaft in Zürich.

Gustav Castan. (Vf.: C. G. Diodati.) Alfred Dumont. (Vf.: Alphonse Revilliod.) *[Zürich]: Dr. v. Ulrich & C. (1897).* (16 S., 2 Portr., 2 Taf.) 1 Bd 4.
— Neujahrsblatt d. Kunstgesellschaft in Zürich f. 1897. Neue Reihenfolge. [No] 57. [97. 317

Diodati, Edouard. Über Kinderschulen ... A. d. Franz. Leipzig 1828. Ü: *Gebhardt, Cora Natalia geb. Naumann.* (Ky) (MGT)

Diodori Siculi Fontibus, de, s. Collmann, Guil.

Diodorus Siculus

Diodorus Siculus, Biblioth. histor. libri qui supersunt, e recens. P. Wesselingii, c. interpret. lat. L. Rhodom. atq. annot., var. integris indicibusq. locupletiss. Nova Editio, c. commentat. III. C. G. Heynii et cum argumentis disputat. Jer. Nic. Eyringii. XI Voll. 8 maj. Bipont. 793—807. Treuttel u. W. in Strassb. 27 ℛ 22 ℊ Schrbp. 38 ℛ 22 ℊ Hbg. Pr. Schrbp. 22 ℛ

— — Gr. et lat. Ex ed. Wesselingii c. ejus et alior. notis cura Heynii et Eyringii. Bipont. et Argent. 793-809. 11 Vol. 8. 22 rthlr.

— id. Bb. gr. ex recens. Pt. Wesselingii, c. L. Wachler. Vol. 1. p. 1 et 2. 8 maj. Lemgo 795 u. 99. Meyer. 2 ℛ 16 ℊ

— bibliothecae histor. qui supersunt libri ac deperditorum fragmenta. Graec. emend. notatt. argument. subjecit, Latinum L. Rhodom. annot. interpretat. etc., cum suis animadvers., indic. locuplet. adjunxit H. K. A. Eichstaedt. II Tom. 8 maj. Halle 800—802. Schwetschke u. S. 5 ℛ 16 ℊ Schrbp. 7 ℛ 8 ℊ

Diodori Siculi bibliothecae histor. quae supersunt, ad opt. libr. fidem accur. edita. VI Tomi. Editio stereot. 12. Lipsiae 822, Tauchnitz. 4 Rthlr. Fein Pap.

— Bibliotheca historica edid. L. Dindorfius. IV Voll. 12 maj. Leipz. 826. Weidmann. 4 ℛ 20 ℊ Weiss Druckp. 5 ℛ 8 ℊ Hbg. Pr. 2 ℛ 12 ℊ Schrbp. 6 ℛ Hbg. Pr. 3 ℛ Velinp. 7 ℛ 8 ℊ Hbg. Pr. 3 ℛ 16 ℊ

Diodori Bibliotheca historica ex recens. Lud. Dindorfii. V Vol. — Vol. I. Pars I et II. L. I—V.; XI—XIV., Vol. II. P. I. L. XV—XX., P. II. Excerpta Hoeschelii, Photii, Valesii, Vrsini. Fragmenta. Vol. III. Excerpta Vaticana. Indices. Vol. IV et V. Annotationes interpret. ad L. I—V. et XI—XX. et Fragmenta. L. VI—X. et XXI—XL. (Cum Append. ad Vol. V.) 8 maj. (231 B.) Lipsiae 828—31, Hartmann. 25 Thlr., fein Patentp.

Diodori Bibliotheca historica L. VII—X. et XXI—XL. excerpta Vaticana ex recens. Lud. Dindorfii. Acced. A. Maji Annotat. 8 maj. (10 B.) Lipsiae 828, [Lehnhold.] Thlr.

Diodori Siculi bibliotheca historica. Ex recognitione Im. Bekkeri. IV tomi. Lipsiae 853, 54. Teubner. 8. (VIII, 555; XIV, 540; VIII, 571; 255 S.) 2 ℛ 27 ngr; Velinp. 4 ℛ 6 ngr

Diodori Siculi Bibliothecae historicae lib. XI cap. 1—12 e codice Patmio ed. R. Bergmann. Pr. 1867. 13 S. 4°. 1 —

Diodori bibliotheca historica. Ex recensione et cum annotationibus Ludov. Dindorfii. 5 Vol. 8. (CXXVIII und 450 S., LXIX und 532 S., LXXXIV und 618 S., XLVIII und 407 S., XXXI und 639 S.) Leipzig 867,68, Teubner. Vol. 1—4. à 1 Thlr., Vol. 5. 1 Thlr. 7½ Ngr.

Diodori bibliotheca historica. Editionem primam curavit Imm. Bekker, alteram Ludov. Dindorf, recognovit Frider. Vogel. Vol. I. 8. (XCVI, 533 S.) Leipzig 888, Teubner.

Diodori bibliotheca historica. Edit. I. curavit Imm. Bekker, II. Ludov. Dindorf, recognovit Friedr. Vogel. Vol. II. 8. (LXV, 461 S.) Lpz. 890, Teubner. 3 60
Vol. I. Ebd. 1888. 3 60.

Diodori bibliotheca historica. Ed. I. curavit Imm. Bekker, II. Ludov. Dindorf, recognovit Frdr. Vogel. Vol. III. 8. (XLIX, 497 S.) Leipzig 893. B. G. Teubner. n. 4. — (I—III.: n. 11.20)

Diodori bibliotheca historica. Ed. primam curavit Imm. Bekker, alteram Ludov. Dindorf, recognovit C. Th. Fischer. Vol. IV et V. 8. Leipzig, B. G. Teubner. n. 11. 80; geb. n. 13. —
IV. (II, 426 S.) 905. n. 6. 80; geb. n. 7. 40
V. (XX, 336 S.) 906. n. 5. —; geb. n. 5. 60

— Bibliothek d. Geschichte, übersetzt v. F. A. Stroth, fortgesetzt v. Kaltwasser. 6 Thle. 8. Frkf. 781—86. Hermann. 5 ₰ 12 gr. Hbg. Pr. 2 ₰ 16 gr. (vergl. Samml. d. Uebersetz. d. Gr. ꝛc.)

— — übers. von Stroth. 6 Thle. 8. Frankfurt, Hermann. 782—87.

Diodor's von Sicilien histor. Bibliothek, übers. v. J. F. Wurm, s.a. Prosaiker, griech.

— histor. Bibliothek, übers. v. J. F. Wurm. 1s—10s Bdchn. 16. Stuttg. 828—32. Metzler. 1 ₰ 16 gr.

Diodor's von Sicilien, histor. Bibliothek, übers. von Jul. Fr. Wurm. 11s—19s Bdchn. 16. Stuttgart 833—40. Metzler. (à 1/6 ₰) 1 1/2 ₰

Diodorus Siculus. Historische Bibliothek, übersetzt von Julius Friedrich Wurm. 4 Bde. Stuttgart 1831—1840. 8°.

Διοδώρου τοῦ Σικελιώτου βιβλιοθήκης ἱστορικῆς τὰ λείψανα. Diodori Siculi bibliothecae histor. quae supersunt. Ex nova recens. Ludov. Dindorfii. Graece et latine. Perditorum libr. excerpta et fragmenta ad integri operis seriem accommodare studuit rerum indicem locupletissimum adjecit Car. Müllerus. II Vol. Lex.-8. Parisiis, Didot Fratres. [I. (39 3/4 B.) 842. II. (17 7/8 B.) 44. à * 4 Thlr.] *

— et Pausaniae liber, s. Chrestomathia historica.

Diodor, übers. von Wahrmund, s. Bibliothek, Langenscheidt'sche, sämmtl. griech. und röm. Klassiker.

— — übersetzt von Kaltwasser, s. Samml. d. neuesten Uebers. d. Griech. ꝛc

Diodori fragmenta, siehe: Fragmenta historicorum Graecorum.

Diodor's von Sicilien Geschichts-Bibliothek, übersetzt von Adf. Wahrmund, s. Sammlung griechischer und römischer Classiker.

Diogena. Roman von Iduna Gräfin H.. H.. Leipzig 1847. V: *Lewald-Stahr, Fanny.* (Ky) (BrVV) (JStbBH)

Diogena. Roman v. Iduna Gräfin H. H. (Fanny Lewald.) 2. Aufl. 12. (180 S.) Leipzig 847, Brockhaus. n. 1 ₰ 6 ngr.

Diogène: Le Diogène (Be)
Ⓢ 1863 Ⓑ Delémont Ⓑ BGSZ: 961, 973.

Diogène, le moderne, ou le désapprobateur, tiré en partie du Manuscr. de Sir Max, Wolban et p. M. I. Castilhon. II Tom. gr. 8. Frft. Hermann. 770.

Diogenes oder allgemeine Gedanken von der Trennung der Christen. Frankfurt a. M. 1773. V: *Gerstenberg, Jacob Heinrich von.* (Ky) (ML)

— in ***, oder satyr. moral. Makulatur. 8. Berl. 774. Maurers B. 4 gr.

Diogenes oder der Mann mit der Laterne. 1. Quartal. Leipz. 1811. V: *Heidemann, Theoph. Albr.* (Ky) (MGT)

Diogenes, od. d. Mann mit d. Laterne in Leipzig. 1stes Quartal. 4. Leipz. Bauer. 811.

— oder d. Mann mit d. Laterne in Leipzig. 1s Quartal. 4. Leipz. 811. (Andrä). 20 gr.

Diogenes, Der die Welt beleuchtende, die Fehler und Thorheiten der Menschen . . . darstellend. Cölln 1742-43. H: *Lindenborn.* (BGE) (Wr)

Diogenes, Der die Welt beleuchtende, die Fehler und Thorheiten der Menschen in biblisch-historisch-poetischen, und sittlichen, lustig und ernsthaften Sinn- und Traum-Bildern etc. darstellend. 2. Aufl. Cölln 1743. H: *Lindenborn, Heinrich.* (BGE I³, 49)

Diogenes an die Braunschweiger am Tage ihrer Wiedergeburt. O. O. [1813]. V: *Säuberlich, Joh. Hnr.* (Mitth. Dr. H. Bäsecke.)

Diogenes und Crates; eine Unterredung im Cynosarges. [Hann. 1775.] V: *Göckingk, Leop. Friedr. Günther v.* (MGT)

Diogenes, Der Teutsche. (Satyrisch-moralische Danziger Wochenschrift, ganz in Versen. (52 Nrn., soviel erschienen.) Zwischen 2 Druckerstöcken: 1737. DANZIG, Druckts und verlegts durch (so!) Thomas Johann Schreiber, Es. Hoch-Edlen und Hochweisen Rahts (!), und des löbl. Gymnasii Buchdrucker. 4°. (In Danzig, Stadtbibl.) (35 Mk., sehr schönes Expl., Adolf Weigel, 1909.)
Tit., 3 Bll. Vorr., 420 S. (incl. 6 Bll. „Register über die Diogenischen Blätter" u. Druckf.). Weder Verfasser noch Herausgeber genannt. Stellenweise derb. — Ungemein rar!

Diogenes, der deutsche, od. der Philosoph nach der Mode, (v. K. F. Graf v. Limburg). 8. Wien 792. v. Mösle. 16 gr.

Diogenes, der deutsche, oder der Philosoph nach der Mode, ein Roman, mit Kupf. 8. Wien, (Leipzig) 793. (Gräff.) 23 fgl.

Diogenes, Der gestäupte Leipziger, oder kritische Urtheile über die erste Speculation des Leipziger Spectateurs. Zürich 1723. V: *Bodmer, Johann Jacob.* (ML) (GGr)

Diogenes, Der gestäupte Leipziger, oder kritische Urtheile über die erste Speculation des Leipziger Spectators. Zürich 1723. V: *Breitinger, Johann Jacob.* (Bächtold, Gesch. der Litt. in der Schweiz. Frauenf. 1891. S. 172.)

Diogenes-Laterne. Leipzig 1799. V: *Jenisch, Daniel.* (BGE) (Sauer, Säculardichtungen. Berl. 1901 S. 617.)

Diogenes, Der neue, oder Beurtheilung alltäglicher Weltbegebenheiten . . . Rostock 1777-83. V: *Neumann, Carl Gustav Friedrich.* (Ky) (ML)

Diogenes Laterne, mit Kpf. 12. Leipz. 799. Rein. 1 ₰ 12 gr.

— der neue, od. Beurtheilung alltägl. Weltbegebenheiten. 4 Thle. 8. Rostock 777—83. Koppe. (Stiller). 2 ₰ 16 gr.

— Romanus, Beherrscher d. Morgenländer; e. histor. rom. Gemälde, m. K. 2 Bde. (h. a. d. Titel: neues hist. Museum 7r 8r) 8. Prag, Polt. (Joachim in Lpz.) 803.

— Romanus, Beherrscher der Morgenlandes. 8. Prag 803. (Joachim in Leipz.) 1 ₰ 8 gr.

Diogenes Apolloniates. Cujus de aetate et scriptis disseruit, fragmenta illustr., doctrinam expos. Fr. Panzerbieter. 8 maj. (10 B.) Lipsiae 830, Hartmann.

Diogenes Laertius, s. Laertius.

— — Gr. et lat. ed. P. D. Longolius. C. Figg. Curiae. Regn. 739. 2 Tom. 8. 2 rthl. Curiae et Vienn. 791. 8. 2 rthl.

— philosoph. Geschichte, oder von d. Leben, Meinungen u. merkwürd. Reden d. berühmt. Philosophen Griechenlands. Aus d. Griech. übers. gr. 8. Leipz. 806. Schwickert. 1 ₰ 16 ℊ

— Dasselbe, aus d. griech. von C. A. Borheck. 2 Bde., mit Kpf. gr. 8. Wien u. Prag 807. (Haas). 2 ₰ Dass. Lpz. 809. Rein. 2 ₰ 8 ℊ

Diogenes Laertius, von d. Leben u. Meinungen berühmter Philosophen. a. d. Griech. von Borheck. 2 Bde m. K. gr. 8. Leipz. Rein. 809. Rthlr.

Diogenes Laertius, Leben u. Meinungen d. ersten griech. Philosophen, m. Anmerk. von Snell. 8. Giessen, Tasché u. Müller. 806.

Diogenes Laertius. Uebersetzt mit Anmerkungen von J. F. und P. L. Snell. Giefs 806. 8. 20 gr. (Es sind nur Auszüge.)

— Leben u. Meinungen d. ersten Griech. Philosophen. Uebers. u. mit histor.-philosoph. Anmerkk. begl. von J. F. u. Ph. Snell. gr. 8. Gießen 808. (Heyer). 20 ℊ Hbg. Pr. 12 ℊ

— Sokrates, frei übersetzt von C. W. Brumbey. 8. Lemgo 800. Meyer. 9 ℊ

Diogenes Laertius. Diogenis Laertii vita Platonis. Recensebant Hermannus Breitenbach, Fridericus Buddenhagen, Albertus Debrunner, Fridericus Vonder Muehll. XX + 52 p. 8. (Borna-Leipzig, Buchdr Robert Noske, 1907.)

Ausg. A: Anhang von: Juvenes dum sumus. Aufsätze zur klassischen Altertumswissenschaft, der 49. Versammlung deutscher Philologen und Schulmänner zu Basel dargebracht... Basel, [Verlag] Helbing & Lichtenhahn, 1907. *Ausg. im Buchh.* [fr. 4. —]

Ausg. B: Sonderabdruck aus Juvenes dum sumus... Basel, [Verlag] Helbing & Lichtenhahn, 1907. [fr. 1. 50]

— de vitis, dogmat. et apophtheg. lib. X. gr. et lat. 8. maj. (Sommer, Lips.) 791.

— de vitiis dogmatis et apophthegmatibus libri X. C. Epicurus gr. et lat. separatim editus atque adnotat. illustr. J. K. G. Nurnberger. 8 maj. Nürnb. 791. Ed. II. blos n. Titel. ibid. 808. Stein. 16 ℊ

Diogenis Laërtii de vitis, dogmatis et apophthegmatis claror. philosophor. lib. X. Graeca emend., edidit, notat. emendat., lat. Ambrosii interpret. castigata, appendice crit. atque indicibus instrux. H. G. Huebnerus. Vol. I. 8 maj. (25½ B.) Lipsiae 828, Köhler.

—— id. — Vol. II. Praemissa est praefatio God. Hermanni. 8 maj. (52½ B.) Ibid. 831.

—— id. — Commentarii. Vol. I. — E. s. t.: Is. Casauboni notae atque Aeg. Menagii observationes et emendat. in Diogenem Laërtium. — Addita est histor. mulier. philosoph. ab eodem Menagio scripta. Edit. ad exemplar Wetstenianum expressam atque indicibus instruct. cur. H. G. Huebnerus. Vol. I. 8 maj. (42½ B.) Lipsiae 830, Köhler.

— de vitis etc. cur. Hor. Gust. Hubnerus. — Commentarii. Vol. II. Et. s. tit.: Is. Casauboni notae atque Aeg. Menagii observatt. et emendatt. in Diogenem Laertium. Edit. ad exemplar Wetstenianum expressam atque indd. instruct. post Huebneri mortem absolvit Car. Jacobitz. Vol. II. 8 maj. Leipz. 833. Köhler. 3 ₰

Diogenes Laertius, de vitiis philosophor. libri X. graec. et latin. 8 maj. Wien 759. Mit n. Titel, 760, (Heubner). 2 ₰ id. lib. 8 maj. 791. (W. Nauck in Leipz.) 2 ₰

— de vitis philosophor. libri X. graec. et lat. 8. maj. Vien. Krauss. 760.

Diogenis Laertii de vitis philosophorum libri X. Graece. Cum indice rerum. Ad opt. libror. fidem accurate editi. Edit. stereotypa. II Tmi. 16 Leipz. 833. Tauchnitz. ¾ ₰

Diogenis Laertii de vitis philosophorum libri X cum indice rerum. Ad optimorum librorum fidem accurate editi. Edit. ster. C. Tauchnitii. Nova impressio. 2 vol. gr. 16. (296; 282 S.) Leipzig 870, Holtze.
à Thl. (ℳ 1,20.) ℳ 1,50. — (ℳ 2,40.)

Diogenis Laertii de vitis philosophorum libri X, cum indice rerum. Ad optimorum librorum fidem accurate editi. Editio stereotypa C. Tauchnitii. Nova impressio. 2 vol. 16. (296; 282 S.) Leipzig 884, Holtze.

Diogenis Laertii de vitis philosophorum libri X cum indice rerum. Adoptimorum librorum fidem accurate editi. Editio ster. C. Tauchnitii. Nova impressio. 2 tomi. 16. (296 u. 282 S.) Leipzig 894. O. Holtze's Nachf. à 1. 50

Diogenis Laertii de clarorum philosophorum vitis, dogmatibus et apophtegmatibus libri X. Ex italicis codd. nunc primum excussis recens. C. Gabr. Cobet. Accedunt Olympiodori, Ammonii, Jamblichi, Porphyrii et aliorum vitae Platonis, Aristotelis, Pythagorae, Plotini et Isidori, Ant. Westermanno, et Marini vita Procli J. F. Boissonadio edentibus. Graece et latine cum indicibus. [Bibliotheca scriptorum. Vol. XXXIV.] 8maj. (XI und 501 S.) Parisiis 850, Didot fratres.

Diogenis Oenoandensis fragmenta. Ordinavit et explic. Iohannes William Lipsiae B. G Teubner 1907 (XLVI, 105 S.) 8°
(Bibliotheca script. graec. et rom. Teubneriana.) [07. 1907]

Diogenes von Sinope, Dialogen, s.a. Wieland.

Diogenes v. Sinope, Dialogen, von Cph. M. Wieland. 8. Leipz. 770. Weidmann. 8 ℊ mit Kpf. 1 ₰

Diogenes, s.a. Wort, ein offenes. — Schulpolitische Briefe.

Diogenes Ein offenes Wort. Schulpolitische Briefe, allen Parteien den Vertretungskörpern u. den Regierenden zur Beleuchtung d. heutigen Schulzustände in Oesterreich gewidmet. 8° (37 S.) Zürich Fournier & Haberler. fl —.40. 1886

Diogenes, der Akadem., die Trinksucht, eine der sieben letzten Plagen d. Menschheit. Zur Lehre f. Jedermann geschrieben, insbesond. aber zur Warnung u. Bekehr. derjen. unglückl. Menschen, welche in Folge dies. schauderhaften Lasters dem Abgrunde d. Verderbens entgegen wanken. 8. (6 B.) Nordhausen 840, Fürst. Thlr.

– Dass., s.a Trinksucht

DIOGENES jun. (ps.), 1. Ein Abend im Mehlhause. 2. Ein Berliner Heirats-Bureau. Berlin 1856. 8°. (2 Mk. E. Frensdorff, 1906.) Rar!
16 S. Mit 1 Silhouette (Schattenspiele).

— des zweiten, Beleuchtungen der Menschheit mit der Laterne, bei Tage, oder wunderbare Reisen in die Gemächer d. Thorheit, herausg. v. D. E***. 8. (Leipz.) 800. Mittler. 1 ₰ 8 ℊ

DIOGENES des Zweiten Beleuchtungen der Menschheit mit der Laterne bey Tage. Oder wunderbare Reise in die Gemächer der Thorheit. Hrsg. von D. E***g Wien u. St. Petersburg (Leipzig, Supprian) 1800. 8° (1 fl. 50 xr. Gilhofer & Ranschburg, Wien, c. 1888.)
Tit., IV u. 482 S. — Selten!

Diogenes, Ant., s. Scriptores, erotici, graeci.

Diokles, e. Legende in vier Gesängen, (v. K. A. v. Boguslawsky). 8. Berl. 814. (Leipz., Centr.-Cpt.) 1 ₰ 3 ℊ

Diokles, eine Legende in vier Gesängen. (Von v. Boguslawsky). 8. Berlin, (Leipzig, Central-Compt. in Comm.) 817.

Diomedes

Diomedis artis grammaticae libri III., s. Grammatici latini.

Dion

— Trspl. in Jamben, (v. H. L. v. Nicolay). 8. Königsb. 808. (L. Schumann in Leipz.) 16 gl. Hbg. Pr. 12 gl.

Dion. Trauerspiel. Königsberg 1809. V: *Blech, Abraham Friedrich.* (GGr)

Dion. Trauersp. in Jamben, in 5 Akt. 8. Königsb. Nicolovius. 809.

Dion. Ein historisch dramatisches Gedicht in 5 A. Hamburg 1823. V: *Cohen, Salomon Jacob.* (GGr)

Dion. Ein histor.-dramat. Gedicht in 5 Akten, v. S. J. C. 8. Hamburg 823, Herold.

Dion, Peter, s. Dionis, Pierre

Dione. Trauersp. v. Gap. 8. Berlin, Rüdiger. 759.

Das **Dionin** und seine therapeutische Verwendung. ⟨In Litteratur-Auszügen zsgest.⟩ Darmstadt: E. Merck 1905. (42 S.) 8° [o4. 1083 S]

Dionis, Pierre

Dion, Pet., Anatomia corp. hum. c. fig. 8. Amst. 706.

Traité général des accouchemens. Deutsch:] Johannis Timmii [Timm] Vermehrter und erläuterter Dionis oder Anmerckungen über des Peter Dionis sehr curieusen Tractat von Erzeugung und Geburth der Menschen, socerlich aber der Geburths- Hülffe,.... Welchem noch hinbeygefüget sind Francisci Mauriceau [Aphorismes touchant la grossesse, l'accouchement. Deutsch:] Kurtze Lehr- Sätze von der Schwangerschaft und dem Gebähren,...([Übers.:] Johann Timm.) Franckfurt & Leipzig 1733. 696, 64 S. 8°

— von Erzeug. u. Geburt d. Menschen, verb. v. Timm. mit K. 8. Bremen, Saurmann. 745.

— chirurg. Operationen, von L. Heister verbess. m. K. 8. Augsb. 734.

Peter Dionis, [Cours d'opérations de chirurgie. Deutsch:] Chirurgische Operationes oder Ausführlicher Unterricht zur Wund- Artzney, mit vielen a. a. Th. gants neu- inventirt- chirurgischen Instrumenten... Auß d. Frantz. übers. von Selintes [d.i. Christian Weißbach] (Th.1.2.) Augspurg: Kühts 1712. 884 S. 1 Bd 8°

— opérations de chirurgie démontrées, c. fig. 8. Paris. (Pott et C. in Lausanne.) 777.

Dionis, Pierre. Sonderbarer und curieuser Tractat von Erzeugung und Geburt des Menschen . . . Aus dem Franz. Frankfurt und Leipzig [Bremen] 1723. Ü: *Timmius, Johann.* (BGG)

Dionysiaca. Dorpat 1814. H: *Asmuss, Martin.* (R-N) (MGT) (GGr) (Ky)

Dionysiaka, s. a. Dionysika.

Dionysiaka. Ein Beitrag für die deutsche Bühne. 1r Thl. v. Fr. Rambach. 8. Altenb. Schuphase. 802.

Dionysika, s. a. Dionysiaka.

Dionysika. Ein Beytrag f. d. deutsche Bühne. 1r Thl. v. Fr. Rambach. 8. Berlin, Quien. 802.

Dionysios An Kalliope. Bearb. u. mit griech. u. deutschem Text hrsg. von A[lberg] Thierfelder, Dr. phil. *Leipzig: Breitkopf & Härtel 1901.* (5 S.) 4° [01. 6461]

Dionysius und Odalia. [Leipz. 1817.] V: *Naubert, Christiane Benedicte Eugenia geb. Hebenstreit.* (schl)

Dionysius Areopagita, über die kirchliche Hierarchie, s. Bibliothek der Kirchenväter.

Dionysii, Sancti, Areopagitae, opera omnia quae extant studio Balth. Corderii. Brixiae 854. (Leipzig, Köhler.) 8. (VIII, 304 S.) nn. 1 ℳ

Dionysius, des Areopagiten, angebliche Schriften, übersetzt u. mit einer Abhandl. begleitet v. J. G. V. Engelhardt. 2 Bde. gr. 8. Sulzb. 823. v. Seidel. 3 ℳ

Dionysius Bar Salibi in apocalypsim, actus et epistulas catholicas, interpretatus est I. Sedlaček, s.: Corpus scriptorum christianorum orientalium.

Dionysius Bar Salibi. Commentarii in evangelia, s.: Corpus scriptorum christianorum orientalium.

— Expositio liturgiae, ed. Hieron. Labourt, s.: Corpus scriptorum christianorum orientalium.

Dionysius Byzantius

Dionysii Byzantii Anaplum Bospori ex Gillio excerptum ed. et illustr. O. Frick. Acced. tabula geographica. Pr. 1860. 88 S. u. 1 Karte. 4°.

Dionysius Cartusianus, D., himmlische Beredsamkeit od. Abhandlung vom Gebet. Frei übers. v. Alb. Dreier. Mit e. vollständ. Gebetbuch. (452 S. m. 1 Farbdr.) 16. Steyl 904. Missionsdruckerei. Geb. in Leinw. n. 1.20

Dionysius, von den letzten Dingen des Menschen, s. Leitsterne, neue, auf der Bahn des Heils.

Dionysius der Kartäuser, v. d. letzten Dingen d. Menschen. A. d. Lat. übers. v. J. Schröder. 2., verb. Aufl. 8. (XII, 311 S.) Regensburg 895. Nationale Verlagsanstalt. 1.50

Dionysii Cartusiani, opera omnia in unum corpus digesta ad fidem editionum Coloniensium cura et labore monachorum sacri ordinis Cartusiensis, favente Pont. Max. Leone XIII. Tomi I—IV. Lex.-8. Monstrolii. Unterrath bei Düsseldorf, Verl. d. Karthause Hain. à n. 12.—

I. Enarrationes in Genesim et Exodum (I—XIX). (XCIV, 684 S. m. Bildnis u. 1 Taf.) 896.
II. Enarrationes in Exodum (XX—XL), Leviticum, Numeros, Deuteronomium. (773 S.) 896.
III. Enarrationes in Josue, Iudices, Ruth, I—III Regum. (XV, 783 S. m. 1 Bild.) 897.
IV. Enarrationes in IV Regum, I—II Paralipomenon, Job (I—XXXVII). (749 S.) 897.

Dionysii Cartusiani, D., opera omnia in unum corpus digesta ad fidem editionum Coloniensium cura at labore monachorum sacri ordinis Cartusiensis, favente Pont. Max. Leone XIII. Tomi V—XV, XVII et XVIII, Lex.-8. Monstrolii. (Freiburg i/B., Herder.) à n.n. 12.—; geb. in Halb-Schweinsldr. à nn. 15.20

V. In Job (XXXVIII—XLII), Tobiam Judith, Esther, I—II Esdrae, I—II Machabaeorum, Psalmos (I—XLIII). (754 S.) 898.
VI. In Psalmos (XLIV—CL). (767 S.) 898.
VII. In Proverbia, Ecclesiasten, Canticum Canticorum, Sapientiam. (XVI, 629 S. m. 1 Taf.) 898.
VIII. In Ecclesiasticum, et in Isaiam. (830 S.) 899.
IX. In Jeremiam, et Ezechielem. (738 S.) 900.
X. In Danielem, et XII Prophetas minores. (780 S.) 900.
XI. In Matthaeum, Marcum, Lucam (I—IX). (XII, 651 S.) 900.
XII. In Lucam (X—XXI) et Joannem. (683 S.) 901.
XIII. In omnes b. Pauli epistolas, in VII epistolas canonicas (b. Jacobi, b. Petri I, II). (XIV, 762 S.) 901.
XIV. In VII epistolas canonicas (B. Joannis I, II, III, B. Judae), actus Apostolorum, et Apocalypsim. In VII psalmos poenitentiales. Monopanton. Epitome. (757 S.) 901.
XV. In libros S. Dionysii Areopagitae de coelesti seu angelica hierarchia, de ecclesiastica hierarchia. (XIX, 762 S. m. Titelbild.) Tornaci 902.
XVII. Summa fidei orthodoxae (libri I—III). (567 S. m. 1 Taf.) 899.
XVIII. idem (libri III, IV). Dialogion de fide. (574 S.) 899.

Tom. I—IV jetzt Ebd. 896. 897.

Dionysii Cartusiani, D., opera omnia in unum corpus digesta ad fidem editionum Coloniensium cura et labore monachorum sacri ordinis Cartusiensis, favente Leone XIII. Tomi XVI, XIX—XXIV et XXVI—XXXII. Lex.-8. Tornaci. (Freiburg i/B., Herder.) à n.n. 12. —; geb. in Halb-Schweinsldr. n.n. 15. 20
XVI. In libros S. Dionysii Areopagitae. De divinis nominibus, de mystica theologia, et in epistolas XI. (694 S.) 902.
XIX. In IV libros sententiarum (liber I, dist. 1—16). (605 S.) 902.
XX. Dasselbe. (Liber I, dist. 17—48). (688 S.) 902.
XXI. In IV libros sententiarum (Liber II, dist. 1—11.) (587 S.) (903.)
XXII. Dasselbe. (Liber II, dist. 12—44). (616 S.) 903.
XXIII. Dasselbe. (Liber III, dist. 1—40.) (672 S.) (904.)
XXIV. Dasselbe. (Liber IV, dist. 1—23.) (624 S.) 904.
XXVI. In V libros B. Severini Boetii, philosophi ac martyris, de consolatione philosophiae. (741 S. m. 1 Abbildg.) 906.
XXVII. In libros Joannis Cassiani presbyteri. De institutis ss. patrum, collationes ss. patrum. (503 S.) 904.
XXVIII. In scalam paradisi S. Joannis Climaci abbatis. (662 S.) 905.
XXIX. Sermones de tempore tam ad saecularis quam ad religiosos cum enarrationibus epistolarum et evangeliorum dominicalium. (Pars I) (XV, 647 S. m Titelbild.) 905.
XXX. Dasselbe. (Pars II.) (698 S.) 905.
XXXI. Sermones de sanctis. Pars I. (XI, 647 S.) 906.
XXXII. Dasselbe. Pars II. (733 S.) 906.
Tom. XXV ist noch nicht erschienen.

Dionysii Cartusiani, D., opera omnia in unum corpus digesta ad fidem editionum Coloniensium cura et labore monachorum sacri ordinis Cartusiensis, favente Leone XIII. Tom. XXXIII—XXXVIII. Opera minora I—VI (636, 640, 682, 778, 706 u. 681 S.) Lex. 8. Tornaci 907—09. (Freiburg i/B., Herder.) à Bd. nn 12. —; geb. in Halb-Schweinsldr. nn 15. 20

— pädagogische Schriften, s.: Colonna, Ägidius Romanus de.

Dionysius Cato

Dionysii Catonis Disticha ed. C. Zell, s. Auctores class., Vol. X.

—— Distichorum de moribus lib. IV. — Des Dionysius Kato vier Bücher moral. Doppelverse. In teutscher Uibersetz. v. I. M. Fleischner. (Latein. u. Deutsch.) 8. (7¼ B.) Nördlingen 832, Beck.

—— sententiae morales distichae de moribus ad filium. Lib. IV. (Böhmisch u. Latein.) 8. (4 B. u. Titkpfr.) Praze 834. (Leipzig, Central-Compt.)

Dionysius Exiguus

Dionysii Exigui lib. de ratione festi paschatos; cum notis Jani. Viteb. 1718. 4.

Dionysius Halicarnassensis

Dionysius, s.a. Aelius Dionysius.

— Abhandl. über die Rednergewalt des Demosthenes, vermittelst seiner Schreibart. Uebers. u. erläutert v. Alb. G. Becker. Nebst e. Abhandl. über Dinysios als ästhetisch-krit. Schriftsteller, u. den Lesearten der v. E. Gros verglichenen Pariser Handschriften. gr. 8. Wolfenb. 829. (Becker in Quedlinb.) 1 ℛ 12 gℊ

Dionysius von Halicarnass. Römische Alterthümer, aus dem Griechischen übersetzt von Johann Lorenz Benzler. 2 Bde. Lemgo 1771—1772. 8°.

Dionysius Halicarn., römische Alterthümer, aus dem Griech. v. Benzler. 2 Thle. gr. 8. Lemgo, Meyer. 771. 72. (1r 1 Thlr. 4 gr., 2r 1 Thlr. 12 gr.)

– Antiquitates Romanae, s.a. Ambrosch, Julius Athanasius

— — idem liber. Editio splendida, litteris graecis quadratis c. Dionysii imagine ex ambrosiano codice expressa, cumque exemplaribus selectis ac splendidioribus. Edebat Angel. Majus. 1 Vol. in 4. (Viennae, Volke).
in charta maj.
in charta vel.

Dionysii Halicarnassei romanar. antiquitatum pars hactenus desiderata nunc denique ope codicum Ambrosianorum ab Angelo Majo quantum licuit restituta graece. Ad edit. principem Mediolanens. 8maj. Frankfurt a. M., Hermann. 817.

Dionysii Halicarnassensis antiquitatum Romanarum capita undetriginta quae ad instituta et leges Romuli regis pertinent, e codicibus Mss. emend. et annotatione critica instruvit Iul. Athan. Ambrosch. 4maj. Vratislaviae 840, Hirt. n. ½ ℛ

— Ex Dionysii Halicarnassensis antiquitatibus Romanis capita, quae ad res Romuli pertinent, e codd. mss. emendata ed J. A. Ambrosch. Pr. 1844. 28 S. 4°. 1.20

Dionysii Halicarn. antiquitatum Romanarum capita, quae sacerdotia Numae continent u. codd. mss. emendata ab J. A. Ambrosch. Pr. 1845. 17 S. 4°.

Dionysii Halicarnassensis antiquitatum Romanarum libri I. capita XXX. priora emend. F. Ritschl. Pr. 1846. 41 S. 4°.

Dionysi Halicarnasensis antiquitatum Romanarum quae supersunt recensuit Adolph. Kiessling. Vol. I. Ebend. 860. 8. (XLVIII, 318 S.) 24 *ngr.*; Velinp. 1 ℛ 6 *ngr.*

Dionysii Halicarnasensis antiquitatum romanarum quae supersunt. Recens. Adph. Kiessling. Vol. II—IV. Leipzig 865—70. Teubner. 8. (XLVI, 328 S.; XXXVI. 329 S.; XXXVIII, 293 S.) Jeder Bd. 24 *ngr.*

Dionysi Halicarnasensis antiquitatum Romanarum quae supersunt recensuit Adolph. Kiessling. Vol. II et III. 8. (XLVI und 328 S., XXXVI und 329 S.) Leipzig 864,67, Teubner. à Vol. 24 Ngr.
Vol. I. Ebendas. 1860. 24 Ngr.

—— antiquitatum romanarum quae supersunt. Recensuit Adph. Kiessling. Vol. IV. [Schluss.] Lib. X—XI. Fragmenta. Indices. 8. (XXXVIII, 293 S.) Leipzig 870, Teubner. (ℳ 2,40.)
Vol. 1—3. Ebendas. 1860,64,67. à (ℳ 2,40.) ℳ 2,70.

Dionysi Halicarnasensis antiquitatum romanarum quae supersunt, ed. Carol. Jacoby. Vol. I. 8. (VIII, 403 S.) Leipzig 885 Teubner. 3. 60

Dionysi Halicarnasensis antiquitatum romanarum quae supersunt, ed. C. Jacoby. Vol. II. 8. (IV, 408 S.) Leipzig 888. Teubner. 3. — (I. et II.: 6. 60)

Dionysii Halicarnasensis antiquitatum romanarum quae supersunt, edit. Carolus Jacoby. Vol. III. 8. (III, 400 S.) Lpz. 891, Teubner. 3 —
Vol. I et II. Ebd. 1885—88. 6 60.

Dionysi Halicarnasensis antiquitatum romanarum quae supersunt ed. Carol. Jacoby. Vol. IV. (XII, 336 S.) 8. Leipzig 905. B. G. Teubner. n. 4. —; geb. n. 4. 60

— ex Dionys. Halic. archaeol. Rom. lib. IX. c. 1—8. expl. J. S. Horstig. 8. Leipz. 790. (List in Berl.) 6 gℊ

– Ars rhetorica, s. Dionysius: Τέχνη ῥητορική.

— *de structura orationis (compositione verborum).*
— — Gr. et lat. cum prior. editor. suisq. annotatt. ed. Schäfer. Acc. Ejusd. meletemata critica in Dionysii artem rhetoricam. Lips. 808. 8. 3 rthlr.

— de compositione verborum liber, graec. et lat., cum priorum editorum suisque annotatt. ed. G. H. Schäfer. 8 maj. Lpz. 808. Weidmann. 3 ℛ Schrbp. 4 ℛ Velinp. 6 ℛ 16 gℊ

— de compositione verborum Liber. E Copiis Bibliothecae Regiae Monacensis emendatius edidit Fr. Goeller. Acced. variae lectiones in Themestii orationibus quibusdam ex codice Monacensi excerptae a Fr. Jacobs. 8 maj. Jena 815. Frommann. 1 ℛ 12 gℊ Hbg. Pr. 1 ℛ

—— de compositione verborum libri epitome e germanicis exemplis edidit Frider. Hanow. gr. 4. (28 S.) Leipzig 868, Teubner. *

— Eclogae Ambrosianae quae ad Dionysii Hal. Antiquitatum Rom. librum X pertinent, ed. et annot. instr. J. A. Ambrosch. 1841. 18 S. 4°. 1.—

– Dass., s.a. Ambrosch, Julius Athanasius

Dionysii Halicarnassensis ad Ammaeum de Thucydidis idiomatis epistula ed. H. Usener. Pr. 1889. 19 S. 4°.

Dionysii, Halic., Epist. ad Cn. Pompeium de Platone et praecipuis historicis: Judicium de Thucydide; Epist. II. ad Ammaeum de iis, quae Thucididi propria sunt. Graece. Recogn. cum annotationibus priorum interpretum suisq. ed. C. W. Krüger. Acc. commentationes criticae et historicae de postrema parte historiae Thucydideae. Hal. 821. 8.

Dionysii Halicarnassensis fragmenta, s. Fragmenta historicorum Graecorum.

Dionysii, Aelii et Pausaniae atticistar. fragm., s. Schwabe, Ern.

— Historiographica, h. e. epistolae ad Cn. Pompejum. ad Q. Ael. Tuberonem et ad Amaeum altera. Cum prior edit. suisque annotat et C. G. Krüger. 8 maj. Halae 823, Gebauer. 3 Rthlr. Schreibpap.

— Historiographica, h. e. epistolae ad Cn. Pompejum, ad Q. Ael. Tuberonem et ad Amaeum altera. Cum prior. edit. suisque annotat. ed. C.G. Krieger. 8maj. Halle 824. Gebauer. 3 ₰ Schrbp. 3 ₰ 18 ℊ

Dionysii Halicarnassensis de imitatione librorum reliquiae coll. H. Usener. Pr. 1889. 27 S. 4°.

— librorum de imitatione reliquiae epistulaeque criticae duae, ed. Herm. Usener. 8. (143 S.) Bonn 889, Fr. Cohen. * 2 80

Dionysius Halicarnassensis. Opera omnia, Graece et Latine, cum annotationibus H. Stephani... Lipsiae 1774—77. H: *Reiske, Johann Jacob.* (BrMm)

Dionysius Halicarn., Opera omnia gr. et lat. cum annotatt. H. Stephani, Fr. Sylburgii ed. J. J. Reiskii, Frz. Porti, Is. Casauboni, F. Ursini, H. Valesii, J. Hudsoni. VI Tom. 8 maj. Lpz. 774—77. Weidmann. 16 ₰ Hbg. Pr. 10 ₰

Dionysius Halicarnassensis. Opera omnia . . . Editio stereotypa. Tom. IV-VI. Lips. 1823. H: *Jahn, Joh. Christian.* (MGT)

— opera omnia, quibus etiam acced. fragmenta ab A. Majo nuper reperta; ad opt. libr. fidem accur. edita. Editio stereotypa. VI Tom. 16. Lpz. 824. Tauchnitz. 3 ₰ 18 ℊ Hbg. P. 1 ₰ 18 ℊ Fein P. 5 ₰ 4 ℊ

Dionysii Halicarnassensis opera omnia, quibus etiam accedunt fragmenta ab Angelo Maio nuper reperta. Ad optimorum librorum fidem accurate edita. Edit. ster. 6 vol. 16. (128 Bog.) Leipzig 869—74, Holtze. à Vol. ℳ 1.

Inhalt:

Vol. 1. Antiquitatum Romanarum. Lib. I—III.
» 2. —— dass. — Lib. IV—VI.
» 3. —— dass. — Lib. VII—IX.
» 4. —— dass. — Lib. X—XI. Excerpta e lib. XII—XX.
» 5. De compositione verborum. Ars rhetorica. De veteribus scriptoribus censura. De oratoribus antiquis (Lysia, Isocrate, Isaeo, Dinarcho).
» 6. Ad Ammaeum de Demosthene et Aristotele. Ad Cn. Pompeium de Platone et de praecipuis historicis. Ad Ammaeum de iis, quae Thucydidi propria sunt. De Thucydide iudicium. De admirabili vi dicendi in Demosthene.

Dionysii Halicarnasei opvscvla. Ed. Hermannvs Vsener et Ludovicvs Radermacher. Vol. 1. *Lipsiae: B. G. Teubner 1898.* 8.
= Dionysii Halicarnasei quae exstant. Vol. v.
(Bibliotheca script. Graec. et Rom. Teubneriana.)

Dionysii Halicarnasei quae exstant. Vol. V. Opusculorum vol. I. Edd. Herm Usener et Ludov. Radermacher. 8. (XLIV, 438 S.) Leipzig 899. B. G. Teubner. n. 6. —

— quae exstant. Vol. VI, fasc. 1. Opusculorum vol. II fasc. I. Edd. Herm. Usener et Ludov. Radermacher. (387 S) kl. 8. Ebd. 904. n. 7. —; geb. n. 7. 60

– Über die Rednergewalt des Demosthenes, s. Dionysius: Abhandlung über die Rednergewalt des Demosthenes.

Dionysii Halicarnasensis, Aelii, reliquias collogit et illustr. Carol. Theophilus Phpp. Schwartz. gr. 8. (XLII, 164 S.) Utrecht 877. Kemink & Zoon. n. 5. —

– De structura orationis, s. Dionysius: De compositione verborum.

— archaeologiae romanae, quae ritus rom. expl. synopsis cum animadvers. Dav. Chr. Grimm. 8 maj. Leipz. 786 Weidmann. 1 ₰ 20 ℊ Schrbp. 2 ₰ 8 ℊ

— τέχνη ῥητορική tribuitur, emendata, nova versione latina et commentario illustrata auct. H. A. Schott. 8 maj. Leipz. 804. Schwickert. 1 ₰ 12 ℊ

— Werke, übers. v. J. G. Schaller u. A. H. Christian, s. a. Prosaiker, griech.

Dionysius von Halikarnass. Werke, übersetzt von Gottfried Jakob Schaller und Adolph Heinrich Christian. 3 Bde. Stuttgart 1827—1849. 8°.

— Werke, übers. v. G. J. Schaller. 16—46 Bdchn. 16. Stuttg. 827—32. Metzler. 16 ℊ

Dionysius von Halikarnaß, Werke, übersetzt v. G. J. Schaller und A. H. Christian. 56 Bdchn. 16. Stuttgart 833. Metzler. 1/6 ₰

Dionysius v. Halikarnaß Werke. 6—12. Bdchn. Urgeschichte der Römer, übers. von Adph. Heinr. Christian. 6—12. Bdchn. (Griechische Prosaiker in neuen Uebersetzungen. 221—223 u. 227—230. Bdchn.) 16. (380 u. 480 S.) Stuttgart 847—50, Metzler. à 1/8 ₰ (1—12: 1 1/2 ₰)

Dionysii v. Innsbruck, geistl. Schwemmteich, od. Predigten auf alle Sonn- u. Feyertage. 4. Augsb. Wolf. 716.

Dionysius Lambinus. In Q. Horatium Flaccum commentarii. Confluent. 1829. H: *Dronke, Ernst Friedr. Johann & Hermann Litzinger.* (Gd)

Dionysius Longinus, s. *Longinus.*

Dionysius Longinus. Vom Erhabenen, Griechisch und Teutsch, von Carl Heinrich Heineken. Leipzig und Hamburg 1738. 8°.

Διονυσίος ἢ Λογγίνος, Περὶ ὕψους. De sublimitate libellus. In usum scholarum ed. Otto Iahn a. MDCCCLVII. Tertium ed. a. MDCCCCV Ioa. Vahlen. (XX, 92 S.) gr. 8. Ebd. (905). n. 2. 80; geb. n. 3. 20

— v. Lützenburg, s. Lützenburg.

Dionysius v. Lützenburg (o. Capuc. praedic.), Leben Antichristi, od. ausführliche .... Beschreibung von den zukünftigen Dingen der Welt..... Es ist auch allhie der H. Propheten Henochs u. Eliä Wandel, Marter u. Himmelfahrt ausführl. beschrieben .... Anjetzo von neuem übersehen .... wie auch durch einen sonderbaren *Zusatz vom Jüdischen Messia* .... vermehret. Wien, verlegts Joh. Paul Krauss, Buchhdlr. nächst des kgl. Burg. Anno 1745. 8°. Eieg. Hpgmtb.

7 Bll., 417 S., 3 nicht num. S. S. 301 ff.: Der Jüdische Messias. — In der Vorr. heisst es: „Dieweil auch der gottlose Antichrist unfehlbarlich ein Jud, und zwar aus d. Stamm Dan ... sein wird: Als habe ich in den ... Historien sorgfältigst nachschlagen, und was das unseelige Volck von seinem zukünftigen Messia dem Antichrist hoffet, nicht ohne grosse Mühe gefunden." — Die erste seltene Ausgabe erschien Mainz 1683.

Dionysius von Lützenburg, verbess. Legende d. Heiligen, vermehrt v. Cochem. m. K. 4. Augsb. M. Rieger.

— — dass. 4. Bamb. Göbhard. 789.

Dionysius Periegetes ex recens. G. Bernhardy, s. Geographi graeci minor.

Dionysii, *Orbis decriptio.*
— — Gr. et lat. cum notis et indice edid. G. H. Ursinus. S. l. (Ratisb.) 705. 8. 16 gr.

Dionysius Periegetes, orbis terrarum descriptio. Recens. et adnotat. critica instrux. Fr. Passow. Access. tab. geograph. lap. inscripta. 12 maj. Lpz 825. Teubner. 10 ℊ Engl. Pap. 18 ℊ

— gr. et lat., c. vetustis commentariis et interpret. ex rec. G. Bernhardi. Prs. I et II. 8 maj. Lpz. 828. Weidmann. 5 ꝛß 6 gl Weiss P. 5 ꝛß 20 gl Schrbp. 6 ꝛß 12 gl Velinp. 8 ꝛß (vergl. *Geographi* gr. minores).

Dionysius Periegetes. Οἰκουμένης περιήγησις. Orbis terrae descriptio ... [Ratisbonae] 1705. H: *Hill, Will.* (BrMm)

Dionysius, Sanctus, s. D i o n y s i u s Areopagita

Dionysius von Stotzheim

Dionysius, O. Cap., eine gute G e n e r a l b e i c h t e ist nicht schwer, aber ungemein nützlich u. sehr tröstlich. (64 S.) 12×7,9 cm. Saarlouis 907. F. Stein Nachf. — 15

— M i s s i o n s f ü h r e r f. Jungfrauen während d. Volksmissionen der Kapuzinerpatres. (96 S.) 11,6×7,6 cm, Ebd. 908. — 25

Dionysius Thrax

Dionysii Thracis ars grammatica, qualem exemplaria vetustissima exhibent, subscriptis discrepantiis et testimoniis, quae in codicibus recentioribus scholiis erotematis apud alios scriptores interpretem armenium reperiuntur, ed. Gust. U h l i g. Praemissa sunt prolegomena: Adalberti Merxii de versione armeniaca disputatio atque syrii interpretis lectiones. Subjecta sunt: Supplementa artis Dionysianae vetusta, indices, tabulae photolithographicae duae. gr. 8. (C, 224 S.) Leipzig 884. Teubner. n. 8. —

Dionysius, Aelius, s. D i o n y s i u s Halicarnassensis

Diophantus Alexandrinus

Diophantus v. Alexandria, Arithmetik u. die Schrift üb. Polygonalzahlen. Übers. u. m. Anmerkgn. begleitet v. G. W e r t h e i m. gr. 8. (IX, 346 S.) Leipzig 890. Teubner. n. 8. —

— arithmet. Aufgaben, nebst dessen Schrift über d. Poligon-Zahlen; aus dem Griech. übers., mit Anmerkk. v. O. Schulz. gr. 8. Berl. 822. Schlesinger. 4 ꝛß 16 gl

Diophanti Alexandrini opera omnia cum graecis commentariis. Ed. et latine interpretatus est Paulus Tannery. Vol. I. Diophanti quae exstant omnia continens. 8. (IX, 481 S.) Leipzig 893. B. G. Teubner. n. 6. —

Diophanti Alexandrini opera omnia cum graecis commentariis. Ed. Paulus T a n n e r y. Vol. II. Continens pseudepigrapha, testimonia veterum, Pachymerae paraphrasin, Planudis commentarium, scholia vetera, omnia fere adhuc inedita, cum prolegomenis et indicibus. 8. (XLVII, 298 S.) Leipzig 895. B. G. Teubner. n. 5. —

Diophantus v. Alexandrien, über die Poligon-Zahlen, übersetzt v. Poselger. gr. 8. Berl. 810. (Rücker). 12 gl

D i o p h a n t u s v. Alexandrien, üb. die Poligon-Zahlen, übers. v. Poselger. gr. 8. Berlin, Salfeld. 810.

D i o r, R. Abr. Ben. commemorat. rer. romanar. 8. Stuttg. 724.

Diorama, Das, vor dem Altonaer Tor. [Der Hausfreund. Hamburg 1829, Nr. 29. S.-A.] V: *Lyser, Joh. Peter.* (Friedrich Hirth: J. P. Lyser. München u. Leipzig 1911. S. 572)

Diorama des Weltalls und des Lebens. Ein Dreiblatt zur Unterhaltung und Belehrung für Leser aller Stände. 1—26. Liefg. Dresden 861—63. Breyer. 4. Jede Liefg. (à 3 Bgn. u. 1 color. Lithogr.) 3½ ngr.; für Sachsen nur 3 ngr.

D i o r a m a des Weltalls und des Lebens. Ein Dreiblatt zur Unterhaltung und Belehrung für Leser aller Stände. 5.—26. Lfg. 4. (552 S. mit 22 ill. Stnt.) Dresden 862,63, [A. Wolf's Verlag.] à Lfg. 8½ Ngr. für Sachsen à Lfg. 3 Ngr.

1.—4. Lfg. Ebendas. 1861. 14 Ngr.

Dioramen s. Gedenke mein.

D i o r t h o s e d. gegenwärtigen Lage d. Reichsgräfl. (Aldenburg-) Bentinck'schen Rechtsstreites üb. d. Nachfolge in d. Reichsgräfl. (Aldenburg-) Bentinck'schen (s. d.) Fideicommiß-Herrschaften u. Güter Kniphausen, Varel, Garms u. s. w. 1. u. 2. Hft. gr. 8. Leipzig 840, (B. Tauchnitz jun.)

Djörup, Frants, Hilfe gegen Cholera. Verhaltungs-Massregeln aus dem Dänischen übersetzt. Redig. von Dr. Werinka. 8°. (24 S.) Wien, Gebrüder Rubinstein. fl. —.15. 1886.

Djörup, Frants, die Weltausstellung St. Louis 1904. (19 S. m. Abbildgn. u. 5 Taf.) gr. 8. Wien 903. Druckerei- u. Verlags-A.-G. vorm. R. v. Waldheim. n. — 90

Sonderabdruck aus: „Österr. Wochenschr. f. d. öffentl. Baudienst".

Djörup, Mich, de fungo articulari dissert. 8maj. Hauniae 836. (Reitzel.) n. 11 gl

Dioscuren, s. D i o s k u r e n.

Dioscurides Anazarbeus, Pedanius

Dioskurides, des Pedanios, aus Anazarbos, Arzneimittellehre in 5 Büchern. Übers. u. m. Erklärgn. versehen v. J. Berendes. gr. 8. (VIII, 52 S.) Stuttgart 902. F. Enke. n. 16. —

Dioscurides. Codex Aniciae Iulianae picturis illustratus, moderante Ios. de Karabecek praefati sunt Anton. de Premerstein, Carol. Wessely, Ios. Mantuani, s.: Codices graeci et latini. X.

D i o s c o r i d i s, Ped. Anazarbei, de materia medica, edid. C. Sprengel, s.a. O p e r a med. Graecor., Vol. XXV et XXVI.

Dioscorides, Pedanius: De materia medica libri quinque. Ad fidem codicum manuscriptorum ... rec. Curtius S p r e n g e l. T. 1. 2. Lipsiae 1829—30.

(Medicorum graecorum opera quae exstant. Vol. 25. 26.)

Dioscoridis, Ped. Anazarbei, de materia medica, libb. V. ed. C. Sprengel. II Voll. 8 maj. Lpz. 829. Cnobloch. 10 ꝛß (Auch d. Opera medicor. graecor. T. XXV et XXVI.)

Des Pedanios D i o s k u r i d e s [Pedacius Dioscorides] aus Anazarbos Arzneimittellehre [De medica materia] in 5 Büchern. Übers. u. mit Erklärungen vers. von Prof. Dr. J[ulius] B e r e n d e s. *Stuttgart: F. Enke 1902.* (VIII, 572 S.) 8°

Dioscuridis, Pèdanii, Anazarbei, de materia medica libri quinque ed. Max Wellmann. Vol. I quo continentur libri I et II. (VI, 255 S.) gr. 8. Berlin 907. Weidmann. 10. —

Vol. II. Ebd. 906. 14. —

Dioscuridis Anazarbei, Pedanii, de materia medica libri quinque ed. Max Wellmann. Vol. II quo continentur libri III et IV. (XXVI, 339 S.) gr. 8. Berlin 906. Weidmann. n. 14. —

Vol. I ist noch nicht erschienen.

Dioskorides (= Piéter Harting), Anno 2066. Ein Blick in die Zukunft. (Aus dem Holländischen.) 8°. Weimar 1866.

D i o s k u r e n. Für Wissenschaft u. Kunst. Schriften in bunter Reihe. Hrsg. v. Theod. Mundt. (Mit Beiträgen v. Ed. Gans, G. E. Guhrauer, H. Koenig, H. Laube, A. v. Maltitz, F. A. Märcker, Herrm. Marggraff, Th. Melas, W. F. Meyern, Karl Meyer, Th. Mügge, Th. Mundt, Karl Rosenkranz, Leop. Schefer, K. F. v. Strombeck, Heinr. Stieglitz, K. A. Varnhagen v. Ense, M. Veit, E. Willkomm.) 2 Bde. gr. 8. Berlin, Veit u. Comp. [1. (22 B.) 836. * $1\frac{2}{3}$ Thlr., 2. (25 B.) 837. * 2 Thlr.] *

Dioskuren, die. Zeitschrift für Kunst, Kunstindustrie u. künstlerisches Leben, redig. unter Mitwirkung einheimischer u. auswärtiger Kunstfreunde von Max Schasler. 1. Jahrg. April—December 1856. 18 Nrn. (à 1—2 Bgn.) mit Kunstbeilagen. Berlin (Nicolai). Imp.-4. n. 3 ℛ 3 ngr

— — 2. u. 3. Jahrg. 1857 u. 58. à 24 Nrn. (à 1—2 Bgn.). Mit Kunstbeilagen. Berlin, Nicolai in Comm. Imp.-4. Jeder Jahrg. n. 4 ℛ

Dioskuren, die. Zeitschrift für Kunst, Kunstindustrie und künstlerisches Leben. Unter Mitwirkung einheimischer und auswärtiger Kunstfreunde red. von Max Schasler. 4. Jahrg. 1859. 24 Nrn. (à 1—2 Bgn.) Mit Kunstbeilagen. Berlin, Nicolai'sche Verlhdlg. in Comm. gr. 4. n. 4 ℛ

—— dass. — Deutsche Kunst-Zeitung. Hauptorgan der deutschen Kunstvereine. Hrsg. und redig. von Max Schasler. 5. und 6. Jahrg. 1860 und 1861. à Jahrg. 52 Nrn. (à 1—2 Bog.) Mit eingedr. Holzschn. und Kunstbeilagen. gr. 4. Berlin, (Nicolai'sche Verlagsh.) à Jahrg. *

1. Jahrg. 1856. April—December. Ebendas. * 3 Thlr. 3 Ngr.

Dioskuren, die. Deutsche Kunstzeitung. Hauptorgan der deutschen Kunstvereine. Hrsg. und redig. von Max Schasler. 7.—12. Jahrg. 1862—67. à Jahrg. 52 Nrn. (à 1—1½ Bog.) Mit eingedr. Holzschn. und Kunstbeilagen. gr. 4. Berlin, (Nicolai's Verlag.) à Jahrg. *

—— die. Deutsche Kunst-Zeitung. Hauptorgan der deutschen Kunstvereine. Hrsg. und redig. von Max Schasler. 13.—15. Jahrg. 1868—1870. à Jahrg. 52 Nrn. (à 1—1½ Bog.) Mit eingedr. Holzschn. und Kunstbeilagen. gr. 4. Berlin, (Nicolai's Verlag.) à Jahrg. *

Vgl.: Kunst-Zeitung.

Dioskuren, die. Literarisches Jahrbuch des ersten allgemeinen Beamten-Vereines der österreichisch-ungar. Monarchie. 1. und 2. Jahrg. gr. 8. (XII, 483; VI, 554 S.) Wien 872,73, (Rosner.) à Jahrg. *
geb. *

—— dass. — 3. und 4. Jahrg. 1874 und 1875. Lex.-8. (538; XI, 513 S.) Wien, k. k. Hof- und Staatsdruckerei. à Jahrg. *
geb. *

Dioskuren, die. Literarisches Jahrbuch des ersten allgemeinen Beamten-Vereines der österreich-ungar. Monarchie. 5.—8. Jahrg. 1876—1879. Lex.-8. (VI, 528; IV, 532; 576; IV, 500 S.) Wien, (k. k. Hof- und Staatsdruckerei.) Jahrg. 1876—1878 à *
Jahrg. 1879 *

Dioskuren, die. Literar. Jahrbuch des ersten allgemeinen Beamtenvereins der österreichisch-ungar. Monarchie. 9.—13. Jahrg. 1880—1884. Lex.-8. (IV, 400; XIV, 457; IV, 474; IV, 502; IV, 496 S.) Wien, (Hof- und Staatsdruckerei.)
9.—12. Jahrg. à *
13. Jahrg. *

Dioskuren, die. Literarisches Jahrbuch des 1. allgemeinen Beamtenvereines der österreichisch-ungar. Monarchie. 14.—17. Jahrg. Lex.-8. (IV, 547; IV, 559; IV, 507; IV, 549 S.) Wien 885—88, Manz'sche Hof-Verlags- und Universitäts-Buchh.
à Jahrg. *
geb. à Jahrg. *

Dioskuren, die. Literarisches Jahrbuch d. 1. allgemeinen Beamtenvereins der österreich-ungar. Monarchie. 18.—20. Jahrg. u. 21. [Neue Folge 1.] Jahrg. Lex.-8. (IV, 559; IV, 532; IV, 540; IV, 408 S.) Wien, Gerold's Sohn. 18.—20. Jahrg. à * 7 —; geb. * 8 —
21. Jahrg. * 4 —; geb. in Leinw. * 6 —

Dioskuren, die. Literarisches Jahrbuch d. 1. allgemeinen Beamtenvereins der österreichisch-ungarischen Monarchie 21.—24. Jahrg. Lex.-8. (IV, 408; IV, 481; IV, 475; IV, 559 S.) Wien 892—895. C. Gerold's Sohn.
à n. 4. —; geb. in Leinw. n. 6. —

Dioskuren, die. Literar. Jahrbuch d. 1. allgem. Beamten-Vereines d. österreich.-ungar. Monarchie. 25. Jahrg. gr. 8. (XX, 499 S. m. 1 Bildn.) Wien 896. C. Gerold's Sohn. 4. —; geb. in Leinw. 6. —

Weiter nicht erschienen.

Diósy, Alex., zum russisch-japanischen Krieg. (68 S) gr. 8. Budapest 904. C. Grill. n. 1. —

Diotaleri, Alex., s. Diotalevi.

Diotalevi, Alex., Abriß eines büßenden Sünders. 8. Bamb. 778. (Wesché in Frankf.) 5 gr

— Abr. ein. büßend. Sünders. 8. Bamb. Göbhard. 778.

Diotaleri, Alex., Marian. Kirchengespräche, 3 Thle. 4. Augsb. Wolf. 766.

Diotalevi, Alex., marian. Kirchengespräche zur Beförd. d. Liebe u. des Dienstes Mariä ꝛc. 3 Thle. 4. Augsb. 766. Kranzfelder. 2 ℛ

Diotallevi, Giovanni, die Bildsäule u. andere Erzählungen. Deutsch v. K. Schröder. (VIII, 157 S.) 8. Dresden (906). E. Pierson. n. 2. —; geb. n. 3. —

Diotallevi, Giovanni, die Deutschen der Gegenwart, nach den Beobachtungen e. Italieners. Deutsch (autoris. Übersetzg.) v. Jos. Mayer. (VIII, 328 S.) 8. Dresden 907. C. Reißner. 4.—; geb. 5. —

Diouritch, Georges, L'Expansion des banques allemandes à l'étranger. Ses rapports avec le développem. économ. de l'Allemagne. Paris, Berlin 1909. 8°.

Diözesan-Archiv, Freiburger.

Diöcesan-Archiv, Freiburger. Organ des kirchlich-histor. Vereins der Erzdiöcese Freiburg für Geschichte, Alterthumskunde und christl. Kunst, mit Berücksichtigung der angrenzenden Bisthümer. 1. und 2. Bd. à Bd. 2 Hefte. gr. 8. (XXIV und 447 S., XVI und 476 S.) Freiburg im Br. 865—67, Herder'sche Verlagsh. à Bd. * 1 Thlr. 10 Ngr. *

Diöcesan-Archiv, Freiburger. Organ des kirchlich-historischen Vereins der Erzdiöcese Freiburg für Geschichte, Alterthumskunde u. christliche Kunst, mit Berücksichtigung der angrenzenden Bisthümer. 1—4. Bd. (à ca. 25 Bgn.) Freiburg i. Br. 866—69. Herder. gr. 8. Jeder Bd. n. 1 ℛ 10 ngr.

Diöcesan-Archiv, Freiburger. Organ des kirchl.-histor. Vereins der Erzdiöcese Freiburg für Geschichte, Alterthumskunde und christl. Kunst, mit Berücksichtigung der angrenzenden Bisthümer. 3. Bd. 2 Hefte und 4.—8. Bd. Lex.-8. (XV, 483; XV, 364; XV, 368; XV, 318 S. mit 1 lithogr. und color. Karte und 1 Holzschn.; XIV, 358; XIV, 378 S.) Freiburg i. Br. 869—73, Herder'sche Verlagsh. à Bd. * ℳ 4. *

1. und 2. Bd. Ebendas. 1865—67. à Bd. * ℳ 4.

Diöcesan-Archiv, Freiburger. Organ des kirchlich-histor. Vereins für Geschichte, Alterthumskunde und christl. Kunst der Erzdiöcese Freiburg mit Berücksicht. der angrenz. Bisthümer. 9.—12. Bd. gr. 8. (XVI, 380; XVI, 372; XVI, 324; XVI, 308 S.) Freiburg i. Br. 875—79, Herder'sche Verlagsh. à Bd. *

1.—8. Bd. Ebendas. 1865—73. à * ℳ 4.

Diöcesan-Archiv, Freiburger. Organ des kirchlich-histor. Vereins für Geschichte, Alterthumskunde und christl. Kunst der Erzdiöcese Freiburg mit Berücksicht. der angrenzenden Diöcesen. 13.—16. Bd. gr. 8. (XVI, 312; XVI, 304; XVI, 308; XVI, 344 S.) Freiburg i. Br. 880—83, Herder'sche Verlagsh. à Bd. *

FREIBURGER DIÖCESAN-ARCHIV. Organ des kirchlich-historischen Vereins für Geschichte, Alterthumskunde und christliche Kunst der Erzdiöcese Freiburg mit Berücksichtigung der angr(a)enzenden Bisthümer, später: Diöcesen.
Bd. 7—16. ib. 1873—1883. —

In Bd. 4: Namen- und Sachregister zu den vier ersten Bänden.

Diöcesan-Archiv, Freiburger. Organ des kirchlich-histor. Vereins für Geschichte, Alterthumskunde und christl. Kunst der Erzdiöcese Freiburg mit Berücksicht. der angrenzenden Diöcesen. 17.—19. Bd. gr. 8. (XVI, 306; XVI, 338; XXIII, 308 S.) Freiburg i. Br. 885—87, Herder'sche Verlagsh. à Bd. *

Diöcesan-Archiv, Freiburger. Organ d. kirchl.-histor. Vereins f. Geschichte, Alterthumskunde u. christl. Kunst der Erzdiöcese Freiburg m. Berücksicht. der angrenz. Diöcesen. 19. u. 20. Bd. gr. 8. Freiburg i/Br., Herder. à Bd. n. 4. — (1—20.: n. 80. —)
19. (XXIII, 308 S.) 887.
20. (XIX, 328 S.) 889.

Diözesan-Archiv, Freiburger. Organ d. kirchlich-histor. Vereins f. Geschichte, Alterthumskunde u. christl. Kunst der Erzdiözese Freiburg m. Berücksicht. der angrenz. Diözesen. 21.—23. Bd. gr. 8. (XIX, 336; XXIII, 843; XXIV, 870 u. 10 S.) Freiburg i/B. 891—893. Herder. à Bd. n. 4. —

Diözesan-Archiv, Freiburger. Organ d. kirchl.-histor. Vereins f. Geschichte, Altertumskunde u. christl. Kunst d. Erzdiöcese Freiburg m. Berücksicht. d. angrenz. Diöcesen. 24.—26. Bd. gr. 8. Freiburg i/B. Herder. à n. 4. —
24. (XXV, 315 S.) 895. — 25. (XXV, 328 u. 10 S.) 896. — 26. (XXIII, 353 S.) 898.

Diözesan-Archiv, Freiburger. Organ des kirchl.-histor. Vereins f. Geschichte, Alterthumskunde u. christl. Kunst der Erzdiöcese Freiburg m. Berücksicht. der angrenz. Diöcesen. 27. Bd. gr. 8. (XXIV, 362 S.) Freiburg i/B. 899. Herder. n. 4. —

Diözesan-Archiv, Freiburger. Organ des kirchl.-histor. Vereins f. Geschichte, Altertumskunde u. christl. Kunst der Erzdiöcese Freiburg m. Berücksicht. der angrenz. Diöcesen. Register zu Bd. I bis XXVII. Bearb. v. Heinr. Kleuz. gr. 8. (IX, 453 S.) Ebd. 902. n. 6. —

— dasselbe. Zeitschrift des kirchengeschichtl. Vereins f. Geschichte, christl. Kunst, Altertums- u. Litteraturkunde des Erzbist. Freiburg m. Berücksicht. der angrenz. Bistümer. Neue Folge. 1. u. 2. Bd. (Der ganzen Reihe 28. u. 29. Bd.) gr. 8. (XVI, 472 u. IV, 384 S.) Ebd. 900. 901. à Bd. n. 4. —

Diözesan-Archiv, Freiburger. Zeitschrift des kirchengeschichtl. Vereins f. Geschichte, christl. Kunst, Altertums- u. Literaturkunde des Erzbist. Freiburg m. Berücksicht. der angrenz. Bistümer. Neue Folge. 3. Bd. (Der ganzen Reihe 30. Bd.) (IV, 436 S.) gr. 8. Freiburg i/B. 902. Herder. n. 4. —

— dasselbe. Neue Folge. 4—7. Bd. (Der ganzen Reihe 31—34. Bd. (VI, 411; VI, 461; VI, 427 u. IV, 346 S.) gr. 8. Ebd. 903—906. à n. 5. —

Diözesan-Archiv, Freiburger. Zeitschrift des kirchengeschichtl. Vereins f. Geschichte, christl. Kunst, Altertums- u. Literaturkunde des Erzbist. Freiburg m. Berücksicht. der angrenz. Bistümer. Neue Folge. 8—11. Bd. (Der ganzen Reihe 35—38. Bd.) (VIII, 334; VI, 412; VI, 369 u. VI, 382 S.) gr. 8. Freiburg i/B. 907—10. Herder. à Bd. 6. —

Diözesan-Archiv v. Schwaben — zugleich Organ f. deutsche Kirchengeschichte — m. period. kirchengeschichtl. Weltschau. Regelmäßige Beilage zum Pastoralblatt f. die Diözese Rottenburg. Mit e. Vereine v. Geistlichen u. in Verbindg. m. Geschichtsgelehrten hrsg. v. Engelbert Hofele. 2. Jahrg. 1885. 12 Nrn. (B.) gr. 4. Stuttgart 885. Deutsches Volksblatt. n. 2. 40

— dasselbe. 3. Jahrg. 1886. 12 Nrn. (B.) gr. 4. Ebend. n.n. 3. 20
früher u. d. T.:
Diözesan-Archiv-Blätter f. kirchengeschichtl. Mittheilgn. u. Studien aus Schwaben.

Diözesan-Archiv v. Schwaben — zugleich Organ f. deutsche Kirchengeschichte — m. period. kirchengeschichtl. Weltschau. Regelmäßige Beilage zum Pastoralblatt f. die Diözese Rottenburg. Mit e. Vereine v. Geistlichen u. in Verbindg. m. Geschichtsgelehrten hrsg. v. E. Hofele. 4. Jahrg. 1887. 12 Nrn. (B.) gr. 4. Stuttgart, Deutsches Volksblatt. n.n. 3. 20

— dasselbe. 5.—7. Jahrg. 1888—1890. à 24 Nrn. ($^1/_2$ B.) gr. 4. Ebd. à Jahrg. n. 3. 20
s. a. Diöcesan-Archiv.

Diözesan-Archiv von Schwaben — zugleich Organ f. deutsche Kirchengeschichte — m. period. Kirchengeschichtl. Weltschau. Regelmäßige Beilage zum Pastoralblatt f. die Diözese Rottenburg. Mit e. Vereine v. Geistlichen u. in Verbindg. m. Geschichtsgelehrten hrsg. v. Engelbert Hofele. 8.—10. Jahrg. 1891—1893. à 24 Nrn. (à ca. 1 Bog.) gr. 4. Stuttgart, Verlag d. Deutschen Volksblatt. à Jahrg. n.n. 3. 20

— dasselbe. 11. Jahrg. 1894. I. Sem. Jan.—Juni. 12 Nrn (à ca. 1 Bog.) gr. 4. Ebd. n.n. 1. 60

— dasselbe. Organ f. Geschichte, Altertumskunde, Kunst u. Kultur der Diözese Rottenburg, besonders der zum früheren schwäb. Kreis u. Vorderösterreich gehör. Gebiete. Hrsg. u. Red.: Beck. 11. Jahrg. 1894. II. Sem. Juli—Dezbr. 12 Nrn. (à ca. 1 Bog.) gr. 4. Ebd. n. 1. 90

— v. Schwaben. Organ für Geschichte, Altertumskunde, Kunst u. Kultur d. Diöcese Rottenburg u. d. angrenz. Gebiete. Hrsg. u. red. v. Beck. 13.—16. Jahrg. 1895—1898. à 12 Nrn. (Bog.) Lex.-8. Ravensburg. Stuttgart (Verlag d. „Deutschen Volksblatt"). à Jahrg. n.n. 4. 20; einz. Nrn. n.n. — 40

— v. Schwaben. Organ f. Geschichte, Altertumskunde, Kunst u. Kultur der Diöcese Rottenburg u. der angrenz. Gebiete. Hrsg. u. red. v. Beck. 17.—20. Jahrg. 1899—1902. à 12 Nrn. Lex.-8. (à ca. 16 S.) Stuttgart (Deutsches Volksblatt). à Jahrg. n.n. 4. 20

— v. Schwaben. Organ f. Geschichte, Altertumskunde, Kunst u. Kultur der Diözese Rottenburg u. der angrenz. Gebiete. Hrsg. u. red. v. Beck. 21—24. Jahrg. 1903 bis 1906. à 12 Nrn. (à Jahrg. IV, 196 S.) Lex.-8. Stuttgart (Deutsches Volksblatt). à Jhrg. n.n. 4. 20

— v. Schwaben. Organ f. Geschichte, Altertumskunde, Kunst u. Kultur der Diözese Rottenburg u. der angrenz. Gebiete. Hrsg. u. red. v. Beck. 25. Jahrg. 1907. 12 Nrn. (IV, 192 S.) Lex. 8. Stuttg., (Dtschs. Volksbl.) nn 4. 20
Fortsetzg., s.: Archiv, schwäbisches.

Diözesan-Archiv-Blätter für kirchengeschichtliche Mittheilungen und Studien aus Schwaben. Regelmäßige Beilage zum Pastoralblatt für die Diözese Rottenburg. Mit einem Vereine von Geistlichen und in Verbindung mit Geschichtsgelehrten hrsg. von Engelbert Hofele. 1. Jahrg. 1884. 12 Nrn. (Bog.) gr. 4. Stuttgart, Deutsches Volksblatt. *

Diöcesanblatt. Hrsg.: Vieweg. 1—3. Jahrg. Octbr. 1876 — Decbr. 1879. à 12 Nrn. ($^1/_2$ B.) gr. 4. Plauen, Neupert. à Jahrg. n. 1. 50

Diöcesanblatt. Hrsgbr.: Vieweg. 4.—8. Jahrg. 1880—1884. à Jahrg. 12 Nrn. (à Nr. $^1/_2$ Bog.) gr. 4. Plauen, Wieprecht's Buchdruckerei. à Jahrg. *

Diöcesanblatt. Hrsgbr.: Vieweg. 9.—12. Jahrg. 1885—1888. à Jahrg. 12 Nrn. (à Nr. $^1/_2$ Bog.) gr. 4. Plauen, Wieprecht's Buchdr. à Jahrg. *

Diöcesanblatt. Hrsg.: Vieweg. 10.—13. Jahrg. 1886—1889. à 12 Nrn. ($^1/_2$ B.) gr. 4. Plauen, Wieprecht's Buchdr. à Jahrg. n. 1. 50

Diöcesan-Blatt, Bamberger. 1845 u. 1846. Verantwortl. Redakteur: G. C. Mayer. à 52 Numm. (à $^1/_2$—1 B.) gr. 4. Bamberg 845, 46, Züberlein. à n. $1^1/_3$ ß

Diöcesan-Blatt, bamberger. Redig. von G. C. Mayer. (3. und 4. Jahrg.) 1847 und 1848. à 52 Nrn. ($^1/_2$ Bog.) gr. 4. Bamberg, Züberlein. à Jahrg. *
1. und 2. Jahrg. 1845 und 1846. Ebendas. à Jahrg. * 1 Thlr. 10 Ngr.

Linzer Diözesanblatt Gedr. bei Joh. Huemers Witwe in Linz. 4 Erscheint in zwanglosen Nummern. Linz 1855.

Linzer Diözesanblatt. Druck von Joh. Huemer's Witwe. 4. Erscheint zwanglos. Linz 1856.

Linzer Diözesanblatt. Erscheint zwanglos. in 4. Druck von Huemers Witwe & Danner. 1857.

Linzer Diözesanblatt. Jahrg. 1858. Druck von *Huemer's Wtw. & Danner.*
Erscheint in **Linz**, zwanglos in 4°. Ohne Preisangabe.

Diözesanblatt, Strassburger, s.a. Ecclesiasticum argentinense.

— archivalische Beilage, s.: Quellenschriften der elsäss. Kirchengeschichte.

Diözesanblatt, Strassburger. Kirchliche Rundschau, hrsg. u. red. v. J. Chr. Joder, unter Mitwirkg. v. Ott u. Adloff, Lang u. Gass. XVIII—XXI. Jahrg. 1899—1902. Neue Folge. I.—IV. Bd. à 12 Hfte. gr. 8. (à ca. 40 S.) Strassburg (F. X. Le Roux & Co.). à Jahrg. n.n. 4. —

Diözesanblatt, Strassburger. Kirchliche Rundschau, hrsg. u. red. v. J. Chr. Joder, unter Mitwirkg. v. Ott u. Adloff, Lang u. Gass. XXII. Jahrg. 1903. Neue Folge: V. Bd. 12 Hefte. (480 S.) gr. 8. Strassburg (F. X. Le Roux & Co). n.n. 4. —

— dasselbe, hrsg. v. Ott unter Mitwirkg. v. Adloff, Lang u. Gass. Red.: I. V. J. Gass. 23. Jahrg. 1904. Neue Folge: 6. Bd. 3 Hfte. (à ca. 40 S.) gr. 8. Ebd. n.n. 4. —
Fortsetzung u. d. T.:

— Strassburger, u. kirchliche Rundschau, in Verbindg. m. der katholisch-theolog. Fakultät u. dem Priesterseminar zu Strassburg hrsg. v. Alb. Lang. 23. Jahrg. April—Dezbr. 1904. 1. Folge. 1. Bd. 9 Hfte. (416 S.) gr. 8. Ebd. n. 4. —; f. Abnehmer des 6. Bandes der N. F. unberechnet.

— dasselbe, 24. u. 25. Jahrg. 1905 u. 1906. à 12 Hfte. (IV, 576 u. IV, 576 S.) gr. 8. Ebd. à Jhrg. n.n. 4. —

Diözesanblatt, Strassburger, u. kirchliche Rundschau, in Verbindg. m. der katholisch-theolog. Fakultät u. dem Priesterseminar zu Strassburg hrsg. v. Alb. Lang. 26—29. Jahrg. 1907—1910. à 12 Hefte. (à ca. 48 S.) gr. 8. Strassburg, (F. X. Le Roux & Co.). à Jg. nn. 4. —

Diöcesanblatt, Wiener. Jahrg. 1868—1874. à Jahrg. 36 Nrn. (½ Bog.) gr. 4. Wien, Mayer und Comp. à Jahrg. *

Diöcesan-Convict, das bischöfliche, in Trier. Von einem ehemal. Convictoristen. 8. (31 S.) Trier [Linz] 873, Braun's Verlag. *

—— dass. — 2. Aufl. 8. (74 S.) Ebendas. 873. *

Diözesan-Gesangbuch, Breslauer.

— dasselbe, s.a. Gebet- u. Gesangbuch f. kathol. Christen.

— dasselbe, s.a. Gesang- u. Gebetbuch f. d. kathol. Jugend.

Diöcesan-Gesangbuch, Breslauer. Hrsg. v. Frz. Dirschke. 16. (XXII, 324 S.) Bresl. 892, Goerlich. ** — 50; geb. ** — 65 bis ** 1 —
Auch u. d. T.: Dirschke, Frz. Cäcilia. Kathol. Gesangbuch.
Orgelbuch dazu von Frz. Dirschke. * 6 —; geb. * 7 — od. * 8 —.

Diözesan-Gesangbuch, Breslauer. Hrsg. v. Frz. Dirschke. (Ausg. A.) 1.—5. Aufl. gr. 16. (XXII, 324 S.) Breslau 892—894. F. Goerlich. n.n. — 50; geb. in Leinw. n.n. — 65; m. Rotschn. n.n. — 75; m. Goldschn. n.n. 1. —

— dasselbe. Ausg. B. Mit größerer Druck- u. Notenschrift unter Weglassg. der latein. Gesänge. gr. 16. (XXIV, 264 S.) Ebd. 893. n. — 40; geb. in Leinw. n.n. — 60; m. Rotschn. n.n. — 70; m. Goldschn. n.n. — 90

— dasselbe. Ausg. C. Mit größerer Druckschrift ohne Noten unter Weglassg. der latein. Gesänge. gr. 16. (XVI, 179 S.) Ebd. 893. n.n. — 30; geb. n.n. — 40; in Leinw. n.n. — 45

— dasselbe. Auszug f. Kirche u. Schule. Ausg. ohne Noten. gr. 16. (IV, 60 S.) Ebd. 893. n.n. — 10; Ausg. m. Noten (128 S.) n.n. — 20; kart. n.n. — 25

Diözesan-Gesangbuch, Breslauer. Hrsg. v. Frz. Dirschke. Ausg. A. 8. Aufl. gr. 16. (XXII, 324 S.) Breslau 897. F. Goerlich. n.n. — 50; geb. in Leinw. n.n. — 65; m. Rotschn. n.n. — 75; m. Goldschn. n.n. 1. —

— Auszug, s.: Dirschke, Frz.

Diözesan-Gesangbuch, Breslauer. Hrsg. v. Frz. Dirschke. Ausg. A. 10. Aufl. gr. 16. (XXII, 327 S.) Breslau (900). F. Goerlich. Geb. in Leinw. n. — 70; m. Rotschn. n.n. — 80; m. Goldschn. n.n. 1. —

— dasselbe. Ausg. C. Mit größerer Druckschrift ohne Noten, unter Weglassg. der latein. Gesänge. Ster.-Aufl. gr. 16. (XVI, 175 u. 8 S.) Ebd. (901). Geb. in Leinw. n.n. — 50

Diözesan-Gesangbuch, Breslauer. Hrsg. v. Frz. Dirschke. Neue, f. den Gebrauch in Schule u. Haus erweit. Ausg. (Ausg. B, ohne latein. Gesänge.) (VIII, 312 S.) gr. 16. Breslau (903). F. Goerlich. n.n. — 40; geb. in Leinw. n.n. — 65

— dasselbe. Ausg. ohne Noten. (Ausg. C.) (216 S.) gr. 16. Ebd. (903). n.n. — 30; geb. in Leinw. n.n. — 45

Diözesan-Gesangbuch, Breslauer. Hrsg. v. Frz. Dirschke. Neue, f. den Gebrauch in Schule u. Haus erweit. Ausg. (Ausg. A.) (VIII, 316 u. 122 S.) 16. Breslau (906.) F. Goerlich. Geb. n.n. — 75

Diözesan-Gesangbuch, Breslauer. Hrsg. v. Frz. Dirschke. Neue, f. den Gebrauch in Schule u. Haus erweit. Ausg. Ster.-Aufl. (VIII, 312 S.) 16. Breslau (910). F. Goerlich. Geb. in Leinw. nn — 65; lateinische Gesänge dazu (IV, 124 S.) 16. nn — 20

— Brixener, m. Gebeten. 2. Aufl. (VIII, 520 S. m. Titelbild u. Musikbeilage 4 S.) 16. Innsbruck 906. F. Rauch. Geb. in Leinw. n.n. 1. 60; in Ldr. m. Goldschn. n.n. 2. 60

— f. Erwachsene, besonders zum Gebrauche bei dem öffentlichen Gottesdienste im Bist. Passau. Auf Anordng. des hochw. Hrn. Bischofes Antonius. 2., unveränd. Aufl. (IV, 928 S. m. Titelbild.) 16. Passau 907. (G. Kleiter.) Geb. in Leinw. 2. 40

Diözesan-Kalender, s. a. Diözesen-Kalender

Diöcesan-Kalender, kirchlicher, von München-Freysing für die J. 1874 und 1875. 1. und 2. Jahrg. gr. 16. (à V, 80 S.) München, Stahl. à Jahrg. *

Diöcesan-Kalender, kirchlicher, von München-Freising für die J. 1876—1880. 3.—7. Jahrg. 16. (V, 82; V, 83; VIII, 87; VIII, 86 S.) München, Stahl. à Jahrg.

Diöcesan-Kalender, kirchlicher, von München-Freising für die J. 1881—1885. 8.—12. Jahrg. 16. (à Jahrg. ca. VIII, 86 S.) München, Stahl. à Jahrg. *

Diöcesan-Kalender, kirchlicher, von München-Freising für das J. 1886. 13. Jahrg. 12. (VIII, 87 S.) München, Stahl sen. *

—— dass. — für das J. 1887. 14. Jahrg. 12. (VIII, 92 S.) Ebendas. *

—— dass. — für das J. 1888 und 1889. 15. und 16. Jahrg. 12. (VIII, 94; VIII, 92 S.) München, Lentner'sche Buchh. à Jahrg. *

Diöcesan-Kalender, kirchl., v. Münch.-Freising 1889—1893. 16.—20. Jahrg. 16. (à Jahrg. ca. 100 S.) Münch., Lentner. à Jahrg. * — 60

Diözesan-Kalender, kirchl., v. München-Freising f. d. J. 1899. 26. Jahrg. 12. (VIII, 82 S.) München, J. J. Lentner. n. — 60

Diözesan-Kalender, kirchlicher, v. München-Freising f. d. J. 1903. 30. Jahrg. 12. (103 S.) München, J. J. Lentner. n. — 60

Diözesan-Kalender, kirchlicher, v. München-Freising f. d. J. 1906. 33. Jahrg. (104 S. m. 1 Bildnis.) kl. 8. München, J. J. Lentner. n. — 50

Diözesan-Kalender, kirchlicher, v. München-Freising, Fortsetzg., s.: Kirchenkalender der Erzdiözese München-Freising.

—— Limburger, für das J. 1886. 1. Jahrg. gr. 8. (52 S. mit 2 eingedr. Bildnissen.) Mainz, Frey. *
Nicht weiter erschienen.

— Luxemburger. Vierstimmige Ausg. f. gemischten Chor. gr. 8. (XI, 255 S.) Luxemburg 894. St. Paulus-Druckerei. n. 1.—

Diözesan-Statuten f. d. Bisthum Mainz im Großhrzgth. Hessen u. bei Rhein. gr. 8. (7⅛ B. u. Ttlvign.) Mainz 837, Kirchheim, Schott u. Thielmann.

Diözesan-Statuten f. d. Bisth. Mainz. 6. Abschn. (Nach Abänderg. dieses Abschn. durch Verordng. d. bischöfl. Ordinariates v. 31. XII. 1897.) gr. 8. (S. 93—111.) Mainz 898. (F. Kirchheim.) n. — 30

Diözesansynode, die, und ihre Aufgabe in unserer Zeit. Eine Beleuchtung der Schrift J. B. Hirscher's: „Die kirchl. Zustände der Gegenwart." Von einem Priester der Erzdiözese Freiburg. gr. 8. (101 S.) Regensburg 849, Manz.

Diöcesanvereine, über die, in Würtemberg, ihren Zweck u. Geist, (v. J. Fr. Bahnmaier). 8. Tübing. 820. Laupp. 6 𝒦

Diöcesanverwaltung, die, vom Standpunkte des Kirchenrechtes und der Pastoral-Theologie, mit Berücksichtigung jetziger Zeitverhältnisse. gr. 8. (64 S.) Straubing 869, Attenkofer. *

Salzburger Diöcesan-Wandkalender für 1886. Mit Farbendruck-Illustr. Hoch-Folio. Salzburg, Anton Pustet. 75 kr.

Diöcesenblatt für den Clerus der fürstbischöflich Breslauischen Diöcese. Bresl. 1805-22. H (Jahrg. 1): *Hofmann*, *Tob.* & *Ant. Steiner* später: *Libor*, *Joh.* (MGT)

Diözesen-Kalender, s. a. Diözesan-Kalender.

Diözesen-Kalender, kirchlicher, v. München-Freising f. d. J. 1895. 22. Jahrg. gr. 16. (VIII, 80 S.) München, J. J. Lentner, Verl. n. — 60

Di Pauli, Andr. Frhr. v., die Irrisio des Hermias, s.a. Forschungen zur christlichen Literatur- u. Dogmengeschichte.

Die Irrisio des Hermias von Andreas F[rh.] v. **Di Pauli.** Paderborn: F. Schöningh 1907. (53 S.) 8°
= **Forschungen** z. Christl. Literatur- u. Dogmengeschichte. Bd 7, H. 2. [07. 14297]

— Kommentar zum Dekrete „Ne temere" (S. C. C. d. 2. VIII. 1907) m. besond. Berücksicht. der österr. Ehegesetzgebung. (VIII, 167 S.) 8. Graz 909. Styria. 2. —

Di Pauli, Frh. Andr., Untersuchungen zur Geschichte der altchristlichen Literatur. 1. Hft. (VII, 21 S.) gr. 8. Stuttgart 903. J. B. Metzler. n. 1. 50

Di Pauli v. Treuheim, Jos. Frhr., s.: Bericht des k. k. Handelsminister. üb. die Förderg. d. Kleingewerbes.

Dipavamsa, the: An ancient buddhist historical record. Edited and translated by Herm. Oldenberg. gr. 8. (227 S.) London 879. Williams & Norgate. n. 20. —

Diphtera Austriaca exercitium in genere exornativo . . . [Ratisb.] 1716. V: *Hueber*, *Ferdinand.* (Jes)

Diphtherie, die, s.a. Hausbibliothek, homöopathische.

Diphtherie. Zur Aufklärg. u. Beruhigg. f. Laien, s.a. Volkswohl-Schriften.

Diphtherie. Zur Aufklärung und Beruhigung von einem ältern praktischen Arzte. (Volkswohlschriften 13) Leipzig 1893

Diphtherie-Merkblatt. Bearb. im kaiserl. Gesundheitsamte. (4 S. m. 1 Abbildg.) schmal 4. Berlin (904). J. Springer. n.n.n. — 05; 10 Stück n.n. — 50

Diphtheritis (Diphtherie) od. Rachencroup od. brandige Halsbräune. Wie erkennt man rechtzeitig die Diphtheritis u. wie bekämpft man sie am zuverlässigsten? Hochwichtige Aufklärgn. f. alle Eltern, Pfleger u. Pflegerinnen v. G. S. gr. 8. (11 S.) Leipzig (900). Ficker's Verl. n. — 80

— u. Croup u. ihre Behandlung. 8. (4 S.) Genf (894). (M. Burkhardt.) n. — 10
Sonderabdruck aus: „Manual f. Electro-Homöopathie".

Diphtheritis, Kennzeichen der Krankheit, sichere, vollständige u. schnelle Heilg. durch schmerzlose Behandlg. Von e. prakt. Arzte. 8. (7 S.) Essen 883. (Fredebeul & Koenen.) — 50

Dipinti murali di Pompei. Illustrazione per l'Arch. Ed. Cerillo. Versione francese pel Cav. Giulio Cottrau. (Italienisch u. französisch.) gr. Fol. (IX, 20 S. m. 20 Chromolith.) Napoli 890. (Berlin, Schuster & Bufleb.) In Mappe. n. 160. —

(**Diplom,** ausgestellt von der Schleswig-Holsteinischen patriotischen Gesellschaft am 30. Nov. 1815 für ein neuaufgenommenes ordentliches Mitglied.) 1 Bl. Fol.

Schütz, Karl Heinr. Ferdin.: Dem Ehrwürdigen hochverdienten Bruder Carl Heinrich Ferdinand Schütz . . . widmet die Loge zum goldenen Apfel im Orient Dresden dieses **Diplom** der Ehrenmitgliedschaft . . . 3. 4. 1818. 1 Bl. 2°.

Diplom, das kaiserliche, und was die Bürger und Bauern dazu sagen. Oder wie der Michl Ganz-Lehner dem Steffl Halb-Lehner u. dem Seppl Viertel-Lehner den ganzen Inhalt des Diploms auf eine deutliche Weis' Punkt für Punkt explizirt ꝛc. Mitgetheilt von Hanns Achtel-Lehner. Wien 860. Mechitharisten-Congreg.-Buchhdlg. in Comm. gr. 8. (34 S.) n. 6 ngr.

Diplom, das Leopoldinische, vom 4. Dezember 1691, s. Landes-Gesetze, siebenbürgische.

Diploma Caroli M. Imperatoris de Scholis Osnabrugensis ecclesiae, graecis et latinis . . . 1717. Hannov. V: *Eccard*, *Joh. Georg von.* (Myl) (Huch)

Diploma Fridericianum, quo nobilibus Heinrico Sen. et Heinrico iun. Advocatis de Plauen, ius monetandi ac metalli fodinarum conceditur . . . Graitzae 1731. H: *Büchner*, *Joh. Gottfried.* (Myl)

Diploma Graec. S. Stephani Regis, ed. Szerdahelgi. 8. maj. Pest, Kilian. 804.

Diplomat, ein, ꝛc., s. Bibliothek deutscher Original-Romane.

Diplomat, der, und die Jesuiten. Ein social-polit. Roman aus der neueren Zeit. Mitgetheilt aus den Papieren eines Verstorbenen vom Verf. der „preußischen Novellen." 2 Bde. 8. (559 S.) Berlin 864, Foerster.

Diplomata, Bullae, Privilegia, Immunitates, Constitutiones et Statuta Universitatis Vindobonensis ab anno 1365. ed. 3. Viennae 1791. V: *Hell, Max.* (Strakosch-Grassmann, Bibliogr. z. Gesch. d. österr. Unterrichtsw. Wien 1892, II, 47.)

Diplomatum imperii Tom. I., s. Sickel, Th.

DIPLOMATVM REGVM ET IMPERATORVM GERMANIAE
Tomus I. Conradi I. Heinrici I. et Ottonis I. diplomata. Hannoverae 1879 — 1884. Impensis bibliopolii Hahniani.
A. u. d. T.:
DIE URKUNDEN DER DEUTSCHEN KÖNIGE UND KAISER herausgegeben von der Gesellschaft für ältere deutsche Geschichtskunde.
Bd. 1. Die Urkunden Konrad I. Heinrich I. und Otto I. Hannover 1879 — 1884. Hahnsche Buchhandlung. 4°.

Diplomataria sacra Ducatus Styriae Mariae Theresiae . . . dicata a Johanne Fekete de Galantha. Viennae 1756. H: *Frölich, Erasm.* & *Sigism. Pusch.* (EB)

Diplomatarium des Klosters Arensbök, Register dazu, s. Buchwald, G. v.

Diplomatarium Carniolicum. Namens des historischen Vereins für Krain herausgegeben von Dr. V. F. Klun. 1. Band. Laibach, 1855. Druck von Ignaz v. Kleinmayr und Fedor Bamberg. (S. 17—48. 8.)
Enthält: Diplomatarium Labacense. Aus dem Archive des Magistrates der Provinzial-Hauptstadt Laibach. (Fortsetzung.)

Diplomatarium Garstense emendatum, auctum et illustratum . . . Viennae 1754. V: *Frölich, Erasmus.* (ML)

—— Ileburgense. Urkunden-Sammlung zur Geschichte und Genealogie der Grafen zu Eulenburg. Im Auftrage der Familie veranstaltet und hrsg. von George Adb. v. Mülverstedt. 1. und 2. Thl. Lex.-8. Magdeburg, (E. Baensch jun.) *
Inhalt:
Thl. 1. Die Meißnisch-Sächsische, Niederlausitzische, Böhmische und ältere Preußische Linie der Edlen Herren v. Ileburg. Mit 7 Stammtaf., 7 (lithogr.) Grabstein-Abbild., 2 (lithogr. und chromolithogr.) Wappentaf., 7 (lithogr.) Taf. Abbild. Ileburg. Personalsiegel, 5 (lithogr.) Taf. Abbild. von Siegeln Ileburg. Städte, sowie des Familienklosters zu Mühlberg. 31 (lithogr.) Bl. Ansichten desselben, der Begräbnißkirche der böhm. Linie zu Charwatek und Ileburg. Schlösser und Städte, sowie 1 (lithogr.) Karte der Begüterung und Herrschaften des Geschlechts in Meißen, der Niederlausitz, Schlesien, Böhmen und Westpreußen und mit 4 Münzabbild. Auch mit einer chronolog. Uebersicht der Familiengeschichte, Erläuterungen zu den Siegel- und Wappentaf. sowie den Münzabbild., einem Verzeichniß des Grundbesitzes u. a. m. (XXXII, 812 S.) 877. *ℳ 20.
" 2. Die noch blühende preuß. Linie der Edeln Herren und Grafen zu Eulenburg. Mit 13 Stamm- und Ahnentaf., 7 Taf. facsim. Inschriften, 3 (lithogr. und chromolithogr.) Blättern mit Wappen- und Siegelabbild., 2 (lithogr.) Taf. mit Abbild. von Grabmonumenten und 19 (lithogr. und chromolithogr.) Abbild. gegenwärtiger und früherer Eulenburg. Kirchen, Schlösser, Herrenhäuser und Grabcapellen, sowie mit 1 herald. Stammbaum in Farbendr. (in Imp.-Fol.). (XIV, 935 S.) 879. *ℳ 30.

Diplomaten. Die entlarvten D', oder Bericht und Antrag der von der Tagsatzung niedergesetzten Kommission betreffend die Angelegenheit „Conseil" und das diesfällige Benehmen der französischen Gesandtschaft . . . . (Berichterstatter: F[riedrich] L[udwig] Keller.) 8. Zürich 1836.

Diplomaten, die entlarvten, od. Bericht u. Antrag d. von d. Tagsatzung niedergesetzten Kommission betreff. die Angelegenheit „Conseil" u. das diesfäll. Benehmen d. französ. Gesandtschaft, ꝛc. Nebst e. Vorw. 8. (3¼ B.) Zürich 830, Orell, Füßli u. Comp.

Diplomaten-Brevier. Von *r. Wien 1874. V: *Dumreicher, Armand Freih. von* [?]. (Auctions-Kat. Gilhofer & Rauschburg, Wien, XI.) *Meynert, Hermann Günther.* (Kat. Frdr. Meyer, Leipzig, 50, S. 7.)

Diplomaten-Brevier. Von *r. gr. 8. (86 S.) Wien 874, Hölder. *
Aus: Dioskuren, besonders abgedruckt.

Diplomatenklatsch. Ein Beitrag zur geheimen Geschichte der letzten 20 Jahre. Berlin 1890. V: *Robolsky, Hermann.* (Singer, A., Bismarck in d. Literatur. Würzburg 1909. S. 128.)

Diplomaten-Klatsch. Ein Beitrag zur geheimen Geschichte der letzten zwanzig Jahre. *** gr. 8. (III, 351 S.) Berlin 890. Eckstein Nachf. n. 4.—

Diplomatie, die deutsche, wider das deutsche Volk. Eine Sammlung wichtiger Aktenstücke. Zum Verständniß der Vergangenheit und zur Warnung für die Zukunft. Lex.-8. (IV und 44 S.) Wiesbaden 848, Friedrich'sche Buchh. *

Diplomatie. Die fremde D' in der Schweiz. Erste [einzige] Abtheilung: Zwanziger Jahre. 4. Basel 1853.

Diplomatik, die physikalische, gegen die Vitalität, s. Tische, die wandernden magnetisirten.

Diplome, Bullen und Statuten der Universität zu Wien in Österreich . . . Wien 1791. H: *Hell, Maximilian.* (Feil)

Diplomprüfungs-Ordnung der Abteilung für Architektur der Königlichen Technischen Hochschule zu Aachen. Durch Erlass . . . vom 13. 2. 03 mit Gültigkeit vom 1. 4. 03 in Kraft gesetzt. (Aachen 1903)

Diplomprüfungs-Ordnung für die Abtheilung für Architektur der Kgl. Technischen Hochschule zu Berlin. Durch Erlass v. 16. 6. 1902 in Kraft gesetzt. — [Dasselbe.] Durch Erlass v. 4. 7. 1902 in Kraft gesetzt.

Diplomprüfungs-Ordnung für die Abteilung für Architektur der Kgl. Technischen Hochschule zu Berlin. Vom 11. 4. 1907.

[Dasselbe.] Vom 18. 1. 1909.

Diplomprüfungs-Ordnung der Abteilung I für Architektur an der Kgl. Technischen Hochschule zu Danzig. Vom 12. 9. 1905. [Nebst] Deckblätter (zu S. 8) [u.] Deckblatt (zu § 7). 1905. [07. 09.]

Diplomprüfungs-Ordnung der Abteilung für Architektur der Kgl. Technischen Hochschule zu Hannover. Vom 29. 7. 1908.

Diplomprüfungs-Ordnung der Abteilung für Bau-Ingenieurwesen der Kgl. Technischen Hochschule zu Aachen. Durch Erlaß v. 13. 2. 1903 provisorisch in Kraft gesetzt.

Diplomprüfungs-Ordnung der Abteilung für Bau-Jngenieurwesen der Königlichen Technischen Hochschule zu Aachen. Durch Erlass . . . vom 28. 7. 10 mit Gültigkeit vom 1. 10. 10 in Kraft gesetzt. (Aachen 1910)

Diplomprüfungs-Ordnung für die Abtheilung für Bau-Ingenieurwesen der Kgl. Technischen Hochschule zu Berlin. — [Dasselbe.] Mit Abänderungen v. 29. 11. 1901. *Be**

Entwurf vom März 1902. **Diplomprüfungs-Ordnung** für die Abtheilung für Bau-Ingenieurwesen der Kgl. Technischen Hochschule zu Berlin. *Be**

Diplom-Prüfungs-Ordnung der Abteilung für Bau-Ingenieurwesen der Kgl. Technischen Hochschule zu Berlin. Vom 2. 6. 1908.

Diplomprüfungs-Ordnung der Abteilung für Bergbau, Hüttenkunde, Chemie und Elektrochemie der Kgl. Technischen Hochschule zu Aachen. Durch Erlaß v. 13. 2. 1903 provisorisch in Kraft gesetzt.

Grossherzogl. Badische Technische Hochschule Karlsruhe. **Diplomprüfungsordnung** der Abteilung für Chemie. Vom 22. 2. 1901. *K*

Diplomprüfungs-Ordnung der Abteilung V für Chemie an der Kgl. Technischen Hochschule zu Danzig. Vom 12.9.1905. [Nebst] Deckbl. [1 (zu § 8). 2 (zu § 6).] 1905. [07. 09.]

Diplomprüfungs-Ordnung der Abteilung für Chemie und Hüttenkunde der Kgl. Technischen Hochschule zu Berlin. Vom 4. 7. 1902.

[Dasselbe.] Vom 22. 6. 1904.

Diplomprüfungs-Ordnung der Abteilung für Chemie und Hüttenkunde der Kgl. Technischen Hochschule zu Berlin. Vom 4. 7. 1908.

Diplomprüfungsordnung der Abteilung für Chemie einschl. des Hüttenwesens und der Pharmazie an der Kgl. Technischen Hochschule zu Stuttgart. Vom 13. 7. 1904. [Nebst] Änderungen zu § 11 u. 15 v. 18. 2. 1910. *Änderungen: S*

Entwurf. **Diplomprüfungs-Ordnung** der chemischen Abteilung der K. Technischen Hochschule zu München. [1905.]

Diplomprüfungs-Ordnung der chemischen Abteilung der K. Technischen Hochschule zu München. Vom 14. 7. 1906. 1906. — [Neudr.] 1907.

Diplomprüfungs-Ordnung für die Abtheilung III. der Kgl. Technischen Hochschule zu Berlin [v. 31. 5. 1880].

Diplomprüfungs-Ordnung der Abteilung 1–5 an der Königlichen Technischen Hochschule zu Danzig. Durch Erlass d. Hrn. Minist. d. geistl., Unterr.- u. Medizinalangelegenh. v. 12. IX. (4: v. 25. Nov.) 1905 genehmigt. Danzig (1905): Schwital & Rohrbeck. 5 Bde 8° [J.]
1. Für Architektur. 2. Für Bauingenieurwesen.
3. Für Maschineningenieurwesen u. Elektrotechnik.
4. Für Schiff- u. Schiffsmaschinenbau. 5. Für Chemie. [06. 6481 10

Entwurf. **Diplomprüfungs-Ordnung** der Landwirtschaftlichen Abteilung der K. Technischen Hochschule zu München. [1905.]

Diplomprüfungs-Ordnung der Landwirtschaftlichen Abteilung der K. Technischen Hochschule zu München. Vom 23. 11. 1906 u. 13. 1. 1907. 1906.

[Dasselbe.] Vom 22. 2. 1912. 1912.

Diplomprüfungs-Ordnung der Abteilung III für Maschineningenieurwesen und Elektrotechnik an der Kgl. Technischen Hochschule zu Danzig. Vom 12. 9. 1905. [Nebst] Deckbl. [1 (zu § 8 u. 17). 2 (zu § 3 v. 2. 10. 09).] 1905. [09.] — [Veränderte Fassung.] 1912. [Nebst] Erläuterungen.

Diplomprüfungs-Ordnung der Abteilung für Maschinen-Ingenieurwesen der Kgl. Technischen Hochschule zu Aachen. Durch Erlaß v. 13. 2. 1903 provisorisch in Kraft gesetzt.

Diplomprüfungs-Ordnung der Abteilung für Maschinen-Ingenieurwesen der Kgl. Technischen Hochschule zu Aachen. Vom 12. 6. 1907.

Diplomprüfungs-Ordnung der Abteilung für Maschinen-Jngenieurwesen der Königlichen Technischen Hochschule zu Aachen. Durch Erlass . . . vom 28. 7. 10 mit Gültigkeit vom 1. 10. 10 in Kraft gesetzt. (Aachen 1910)

Diplomprüfungs-Ordnung. Abtheilung für Maschinen-Ingenieurwesen der Kgl. Technischen Hochschule zu Berlin. [1. Entwurf. Um 1900.] *Be*

Diplomprüfungs-Ordnung der Abteilung für Maschinen-Ingenieurwesen der Kgl. Technischen Hochschule zu Berlin. Vom 23. 11. 1905.

[Dasselbe.] Vom 3. 2. 1909.

[Dasselbe.] Vom 4. 5. 1912.

Diplomprüfungs-Ordnung für die Abtheilung für Schiff- u. Schiffsmaschinenbau der Kgl. Technischen Hochschule zu Berlin. Vom 4. 7. 1902. [Folgt:] Uebergangs-Vorschriften.

Diplomprüfungs-Ordnung der Abteilung für Schiff- und Schiffsmaschinen-Bau der Kgl. Technischen Hochschule zu Berlin. Vom 16. 9. 1907. (Nebst Deckbl. zu § 11 u. 15 v. 5. 11. 1909.)

Diplomprüfungs-Ordnung der Abteilung IV für Schiff- und Schiffsmaschinenbau der Kgl. Technischen Hochschule zu Danzig. Vom 25. 11. 1905. 1905.

Diplomprüfungs-Ordnung der Abteilung IV für Schiff- und Schiffsmaschinenbau der Kgl. Technischen Hochschule zu Danzig. Vom 5. 5. 1908. [Nebst] Deckbl. zu § 8 u. 11). 1908. [09.]

Entwurf. **Diplomprüfungs-Ordnung** der Architekten-Abteilung der K. Technischen Hochschule zu München. [1905.]

Diplomprüfungs-Ordnung der Architekten-Abteilung der K. Technischen Hochschule zu München. Vom 10. 1. 1906. 1906. — [Dasselbe.] Vom 10. 1. 1906 u. 5. 9. 1910. 1910.

Entwurf. **Diplomprüfungs-Ordnung** der Bauingenieur-Abteilung der K. Technischen Hochschule zu München. [1905.]

Diplomprüfungs-Ordnung der Bauingenieur-Abteilung der K. Technischen Hochschule zu München. Vom 18. 2. 1906. 1906. [Nebst] Beil. (v. 21. 8. 1909.) — [Dasselbe.] Vom 18. 2. 1906 u. 21. 8. 1909. 1909.

Diplomprüfungs-Ordnung der Bauingenieur-Abteilung der K. Technischen Hochschule in München. Vom 29. 12. 1910 u. 2. 3. 1911. 1911.

Diplomprüfungs-Ordnung für Bauingenieure an der Abteilung für Bauingenieurwesen der Kgl. Technischen Hochschule in Stuttgart. Provisorisch genehmigt 11. 1. 1908.

[Dasselbe.] Vom 14. 10. 1908.

Kgl. Preuß. Bergakad. in Berlin. **Diplomprüfungs-Ordnung** der Königlichen Bergakademie in Berlin für die Fachrichtung des Bergbaues v. 27. Sept. 1907. Berlin 1907: (A. W. Schade). (8 S.) 8° [07. 16866

Kgl. Preuß. Bergakad. in Berlin. **Diplomprüfungs-Ordnung** der Königlichen Bergakademie in Berlin für die Fachrichtungen der Hüttenkunde v. 27. Sept. 1907. Berlin 1907: (A. W. Schade). (8 S.) 8° [07. 16867

Diplomprüfungs-Ordnung der Königlichen Bergakademie in Clausthal für die Fachrichtungen der Hüttenkunde vom 27. September 1907. Clausthal 1907

Diplomprüfungs-Ordnung für die Fachrichtung des Bergbaues in der Abteilung für Bergbau- und Hüttenkunde, Chemie und Elektrochemie der Königlichen Technischen Hochschule zu Aachen. Durch Erlass ... vom 17. 7. 06 mit Gültigkeit vom 1. 10. 06 ab in Kraft gesetzt. (Aachen 1906)

Diplomprüfungs-Ordnung für die Fachrichtung der Chemie in der Abteilung für Bergbau- und Hüttenkunde, Chemie und Elektrochemie der Königlichen Technischen Hochschule zu Aachen. Durch Erlass ... vom 17. 7. 06 mit Gültigkeit vom 1. 10. 06 in Kraft gesetzt. (Aachen 1906)

Diplomprüfungs-Ordnung für die Fachrichtungen der Hüttenkunde in der Abteilung für Bergbau- und Hüttenkunde, Chemie und Elektrochemie der Königlichen Technischen Hochschule zu Aachen. Durch Erlass ... vom 17. 7. 06 mit Gültigkeit vom 1. 10. 06 in Kraft gesetzt. (Aachen 1906)

Diplomprüfungs-Ordnung der Grossherzogl. Badischen Technischen Hochschule Fridericiana zu Karlsruhe. Vom 8. 6. 1903. 1903.

Diplomprüfungs-Ordnung der Grossherzogl. Badischen Technischen Hochschule Fridericiana zu Karlsruhe. Vom 25. 9. 1906. Abteilung für Architektur. 1906. — [Dasselbe.] Vom 25. 9. 1906 u. 26. 3. 1910. 1910.

Diplomprüfungs-Ordnung der Großherzogl. Badischen Technischen Hochschule Fridericiana zu Karlsruhe. Vom 25. 9. 1906. Abteilung für Chemie. 1906.

Diplomprüfungs-Ordnung der Grossherzogl. Badischen Technischen Hochschule Fridericiana zu Karlsruhe. Vom 25. 9. 1906. Abteilung für Elektrotechnik. 1906. — [Dasselbe.] Vom 25. 9. 1906 bezw. 30. 4. 1908. 1906/08. — [Dasselbe.] Vom 25. 9. 1907 [vielmehr 1906] ... *1906: K*

Diplomprüfungs-Ordnung der Grossherzogl. Badischen Technischen Hochschule Fridericiana zu Karlsruhe. Vom 25. 9. 1906 u. 9. 3. 1908. Abteilung für Forstwesen. 1908.

Diplomprüfungs-Ordnung der Großherzogl. Badischen Technischen Hochschule Fridericiana zu Karlsruhe. Vom 25. 9. 1906. Abteilung für Ingenieurwesen. 1906.

Diplomprüfungs-Ordnung der Grossherzogl. Badischen Technischen Hochschule Fridericiana zu Karlsruhe. Vom 25. 9. 1906. Abteilung für Maschinenwesen. 1906. — [Neudr.] 1910. *1906: K*

Diplomprüfungs-Ordnung der Grossherzogl. Technischen Hochschule zu Darmstadt. Vom 20. 11. 1905.

Entwurf. **Diplomprüfungs-Ordnung** der Maschineningenieur-Abteilung der K. Technischen Hochschule zu München. [1905.]

Diplomprüfungs-Ordnung der Maschineningenieur-Abteilung der K. Technischen Hochschule zu München. Vom 14. 3. 1906. 1906. — [Neudr.] 1907. — [Dasselbe.] Vom 14. 3. 1906 u. 3. 8. 1909. 1909. [Nebst] Beil. (v. 7. 8. u. 5. 9. 1910.)

Diplomprüfungs-Ordnung für Maschinen- und Verwaltungsingenieure an der Abteilung für Maschineningenieurwesen einschließlich der Elektrotechnik der Kgl. Technischen Hochschule in Stuttgart. Provisorisch genehmigt 11. 1. 1908.
[Dasselbe.] Vom 14. 10. 1908.

Entwurf. **Diplomprüfungs-Ordnung** für Studierende der technischen Physik an der K. Technischen Hochschule zu München. [1905.]

Diplomprüfungs-Ordnung für Studierende der technischen Physik an der K. Technischen Hochschule zu München. Vom 12. 7. 1906. 1906.

Diplomprüfungs - Ordnung nebst Übergangs-Bestimmungen der Abteilung für Architektur der Kgl. Technischen Hochschule zu Hannover. Vom 25. 2. 1903.

Diplom-Prüfungs-Ordnung nebst Uebergangs-Bestimmungen der Abtheilung für Bau-Ingenieurwesen der Kgl. Technischen Hochschule zu Berlin. Vom 4. 7. 1902. (Nebst Deckbl. zu § 6 u. zu § 14 v. 17. 5. 03.) — [Dasselbe mit den entsprechenden Änderungen.]

Diplomprüfungs - Ordnung nebst Übergangs-Bestimmungen der Abteilung für Bau-Ingenieurwesen der Kgl. Technischen Hochschule zu Hannover. Vom 25. 2. 1903.

Diplomprüfungs - Ordnung nebst Uebergangs-Bestimmungen der Abtheilung für Maschinen-Ingenieurwesen der Kgl. Technischen Hochschule zu Berlin. [2. Entwurf. 1900.] *Be*

Diplomprüfungs - Ordnung nebst Übergangs-Bestimmungen der Abteilung für Maschinen-Ingenieurwesen der Kgl. Technischen Hochschule zu Berlin. Vom 4. 7. 1902.

Diplomprüfungs - Ordnung nebst Uebergangs-Bestimmungen der Abteilung für Maschinen-Ingenieurwesen der Kgl. Technischen Hochschule zu Berlin. Vom 27. 1. 1904. (Nebst hs. Änderungen zu § 6 u. 14 v. 23. 11. 1905.)

Diplomprüfungs - Ordnung nebst Übergangs-Bestimmungen der Abteilung für Maschinen-Ingenieurwesen der Kgl. Technischen Hochschule zu Hannover. Vom 25. 2. 1903.

Diplomprüfungs - Ordnung nebst Übergangsbestimmungen der Abteilung für Schiff- und Schiffsmaschinen-Bau der Kgl. Technischen Hochschule zu Berlin. Vom 17. 12. 1904.

Diplomprüfungs - Ordnung nebst Übergangs-Bestimmungen für Elektro-Ingenieure der Kgl. Technischen Hochschule zu Hannover. Vom 25. 2. 1903.

Diplomprüfungs - Ordnung nebst Übergangs-Bestimmungen für Ingenieure der Chemie der Kgl. Technischen Hochschule zu Hannover. Vom 13. 3. 1903.

Diplovatatzis, Thomas

Diplovatatii, Thomae, opus de praestantia doctorum, s.a. **Beiträge zur mittelalterlichen Rechtsgeschichte.**

Thomæ **Diplovatatii** opus de præstantia doctorum. Abt. 1. Proœmium. Justinianus. Isidorus Hispalensis. Accursius. Hrsg. von Dr. Gustav Pescatore. [Mehr nicht erschienen.] Berlin: R. L. Prager 1890. (48, CLXXXII S.) 8°
= **Beiträge** z. mittelalterl. Rechtsgeschichte. H. 3. 16. 60

Dipner, Georg, Urteil eines Arztes über das Turnwesen der Gegenwart, Würzburg 1868, 16 S., 8°.

Dipold, Georg. Roman aus der Zeit des Bauernkrieges. Gotha 1881. V: *Nonne, Ludwig.* (BMarsch 1000)

Dipold, Georg. Roman aus der Zeit des Bauernkrieges. (Von Ludw. Nonne.) 8. (V, 280 S.) Gotha 881. F. A. Perthes. n. 4. —

Dippe, Typhus abdominalis, s.: **Sonderabdrücke** der deutschen Medizinal-Zeitung.

Dippe, [Alfred], Prof. Dr.: Atomismus, Dynamismus und Energetik als Prinzipien der Naturphilosophie. Soest 1904: Nasse. (S. 1—18.) 4°
Soest, k. ArchiG OP 1904 (429)

Dippe, [Alfred], Prof. Dr.: Der **Begriff** des Schönen in der neueren Ästhetik. *Soest 1899: Nasse.* (S. 3—32.) 4° [Ant. u. J.]
Soest, Archi-G, OP 1899 (384)

Dippe, Alfred De canticorum Aeschyleorum compositione. 4 (S. 3—33). **Progr.** Archig. *Soest* 1886 (339)

Dippe, Alfr. Das Geschichtsstudium mit seinen Zielen u. Fragen. Ein Beitrag zur Philosophie der Geschichte. gr. 8. (132 S.) Berl. 891, Wiegandt u. Grieben. * 1 80

Dippe, Alfr., Naturphilosophie. Kritische Einführung in die modern. Lehren üb. Kosmos u. Menschheit. (IX, 417 S.) 8. Münch. 907. C. H. Beck. Geb. in Leinw. 5. —

Dippe, Alfr., Sozialismus u. Philosophie auf d. deutschen Universitäten. gr. 8. (38 S.) Leipzig 895. G. Fock. n. 1. —

Dippe, Alfred [Oberl. am Archigymn. zu Soest]: Untersuchungen über die Bedeutung der Denkform Idee in der Philosophie und Geschichte ... Jena, Druck v. A. Kämpfe, 1892; 61 S. 8.
Jena, Phil. Fak., Inaug.-Diss. v. 1892

— Untersuchungen üb. die Bedeutung der Denkform-Idee in der Philosophie u. Geschichte. (Sep.-Abdr. d. Diss.) gr. 8. (61 S.) Ebd. 893. n. 1. —

Dippe, Arminius: De nova via rhinoplastices, Halis (1843): Ruff. 32 S. 8°
Halle-Wittenberg, Med. Diss. v. 27. Juli 1843
Geb. Königsberg i. Pr. 14. 1. 1815. V.

Dippe, Edwin (Bitterfeld), Ruhe als Wundheilmittel. Diss. med.-chir. Bln., 7. II. 1876. Schmiedeberg (C. Schulze & Comp.). 31 S. mit Biogr. (4.—) 6580
Oppon.: P. Staege, E. Hohnbaum-Hornschuch, H. Taubner.

Dippe, Eug., die Bestimmungen über Tagegelder, Reisekosten und Umzugskosten in Preußen und dem Deutschen Reich. Auf Grund der veröffentl. amtl. Materialien mit Kommentar in Anmerkungen hrsg. 2 Abthlgn. gr. 8. Berlin 880, [Schneider und Comp.] Wilhelmi. *
Inhalt:
Abthl. 1. Die allgemeinen Bestimmungen. (V, S. 1—102.)
- 2. Die besonderen Bestimmungen. (II, S. 103—310.)

Dippe, Eug., die Bestimmungen über Tagegelder, Reisekosten u. Umzugskosten in Preußen u. dem Deutschen Reich. Auf Grund der veröffentlichten amtl. Materialien m. Kommentar in Anmerkungen hrsg. gr. 8. (VII, 310 S.) Berlin 880. 81. Schneider & Co. n. 7. —

Dippe, Gust. v., auf Großwild. Jagd- u. Reiseabenteuer in den Tropen. Mit 24 Vollbildern in Lichtdr. u. 125 Textillustr. (VII, 860 S.) gr. 8. Straßburg 911. J. Singer. Geb. in Leinw. 12. —

Dippe H, die Infektionskrankheiten. (211 S) (Gesundheitsbücher 27) Leipzig 1896

Dippe, H., d. Infektionskrankheiten. 12. (VIII, 211 S.) Leipzig 896. J. J. Weber. n. 2. 50; geb. in Leinw. n. 3. 50

Dippe, Hugo

Dippe, H., die wichtigsten Gesundheitsregeln f. das tägliche Leben. 1. u. 2. Aufl. (108 S.) 8. Leipz. 908. 09. S. Hirzel. 1. 50

Dippe, Hugo, innere Medizin m. Ausschluss der Nervenkrankheiten. Ein kurzes Lehrbuch f. Aerzte u. Studirende. 8. (VIII, 292 S. m. Fig.) Leipzig 893. A. Abel. n. 5. 50; geb. n. n. 6. 25

Dippe, H., s.: Schmidt's Jahrbücher der in- u. ausl. Medicin.

— der Vertrauensarzt der Lebensversicherungs-Gesellschaften, s. a. Thiersch, Just., der Kassenarzt.

Dippe, H. Der Vertrauensarzt der Lebensvers.-Ges. Leipzig 1895.

Dippe, Hugo, wie studirt man Medicin? — Wie studirt man Zahnheilkunde? Von Jul. Parreidt. Nebst genauen Studienplänen und einem Anhang, enth.: Die Bekanntmachungen über die ärztl. und zahnärztl. Prüfung und einen Auszug aus den Bestimmungen zur Erlangung der medicin. Doctorwürde. 2. verm. Aufl. 8. (58 S.) Leipzig 888, Roßberg'sche Buchh. *

— wie studirt man Medicin? — Wie studirt man Zahnheilkunde? V. Jul. Parreidt. Nebst genauen Studienplänen u. e. Anh., enth.: D. Bekanntmachungen üb d. ärztl. u. zahnärztl. Prüfg. u. e. Ausz. aus d. Bestimmgn. z. Erlangg. d. medicin. Doktorwürde. 3., verm. Aufl. 8. (63 S.) Leipzig 896. Roßberg. n. 1. —

Dippe, M. C., Beiträge zur Elementar-Mathematik. 1. Abth. Fünf Abschnitte aus der allgemeinen Arithmetik. — 2. Abth. Die ebene Trigonometrie. Mit 1 lith. Taf. Schwerin 854, 55. Hildebrand. gr. 4. (IV, 36; IV, 40 S.) 1.: n. 10 ngl; 2.: n. 15 ngl

Dippe, M. C., s. Euclid's Elemente. 8 Bücher.

Dippe, M. C., Dr., Tafeln zur Reduktion von Barometer-Beobachtungen auf ein anderes Niveau und zur Bestimmung von Höhen-Unterschieden aus Barometer-Beobachtungen. Eine Umkehrung und Erweiterung der Gauss'schen Tafeln. Altona 1856.

Dippe, Martinus: * De motu solidorum in medio, quod dicunt, resistente actorum. 44 S. 8° (4°)
Halle-Wittenberg, Phil. Diss. v. 7. Mai 1842
Geb. [Quedlinburg 11. 12. 1813]

Dippe, Oskar [Lehrer am Gymn. zu Wandsbeck]: Gefolgschaft und Huldigung im Reiche der Merowinger. Ein Beitrag zur Frage über die Entstehung des Lehenswesens. . . . Wandsbeck, Druck v. Fr. Puvogel, 1889: 2 Bl. + 50 S. + 1 Bl. 8°
Kiel, Phil. Fak., Inaug.-Diss. v. 7. März 1889

Dippe, Osk. Gefolgschaft u. Huldigung im Reiche d. Merowinger. Beitr. z. Frage üb. d. Entstehg. d. Lehenswesens. Diss. gr. 8. (50 S.) Wandsb. 889. (Altona, Reher. — Kiel, Lipsius u. Tischer.) * 1 20

Dippe, Oskar: Hagen von Tronje. *Wandsbek 1897: F. Puvogel.* (73—80 S.) 4°
Wandsbek, Matthias Claudius-G m. R u. VS, Festschr. 1897 (1898 Nr 300)

Dippe, Oskar, Prof. Dr.: Hugdietrich, die Hugenlieder und der Wodanmythus. *Wandsbek 1902: F. Puvogel.* (S. I—XIV.) 4°
Wandsbek, Matthias Claudius-G m. R u. VS, P 1902 (318)

Dippe, Oskar [Dr.]: Die fränkischen Trojanersagen. Ihr Ursprung u. ihr Einfluſs auf d. Poesie u. d. Geschichtschreibg im Mittelalter. Wandsbek, Druck v. F. Puvogel, 1896; I—XXX S. 4.
Wandsbek, Matthias Claudius-G m. R u. VS, P 1896 (203)

Dippe, Osk., d. fränkischen Trojanersagen. Ihr Ursprung u. ihr Einfluss auf d. Poesie u. d. Geschichtsschreibg. i. Mittelalter. Progr. gr. 8. (XXX S.) Wandsbeck 896. (Leipzig, G. Fock.) n. 1. —

Dippel, Joh. Konrad, s. Bender, Wilh.

Dippel (Bearb.), s. Naturwissenschaften, Die gesammten.

Dippel, Alma E., Silvesterglocken u. andere Novellen. (51 S.) 8. Leipz. 908. Modernes Verlagsbureau. 1. —

Alma E. Dippel. Silvesterglocken u. andere Novellen. Berlin-Leipzig: C. Wigand 1908. (51 S.) 8° [08. 18794

Dippel, Ernst, a. Cassel-Wilhelmshöhe: Abhängigkeit der spezifischen Wärme gewisser Legierungen von der thermischen Vorgeschichte und ihr Zusammenhang mit den magnetischen Eigenschaften bei Heuslerschen Legierungen. Marburg 1910: Friedrich. 44 S. 8°
Marburg, Phil. Diss. v. 11. Aug. 1910, Ref. Richarz
[Geb. 28. Mai 86 Wahlershausen; Wohnort: Marburg; Staatsangeh.: Preußen; Vorbildung: Wilhelms-Gymn. Kassel Reife O. 04; Studium: Göttingen 5 Marburg 8 S.; Rig. 2. März 10.] [U 10. 3349

Dippel, Frz. A. Edler von: „Über die allgemeine Einführung der Hypothekenscheine, zunächst im Königreiche Baiern" Bayreuth 1824 (Grau).

Dippel, Frdr. v., was der Jäger v. seinem Gewehre wissen muß! s. a. Für den deutschen Jäger. II.

Was der Jäger von seinem Gewehre wissen muß! Von Friedrich v. Dippel. Berlin-Schöneberg: Die Jagd [1906]. (41 S.) 8° [F.]
— Jäger, Für d. deutschen. 2. [06. 15056

Dippel, Heinr., Weihnachts-Buch für kleine Kinder von 4 bis 8 Jahren. 8. (26 S. mit 12 lithogr. und ill. Bildern.) Stuttgart 866, Chelius. cart.

Dippel, J. C., eröffnet. Weg zum Frieden mit Gott u. allen Kreaturen. 3 Thle. 4. Frankf. Varrentrapp. 747.

Dippel, J. P., Güter-Transport-Tarife der sämmtlichen deutschen und anschließenden Eisenbahnen so wie der Flußschifffahrten. Handbuch für Kaufleute, Fabrikanten, Spediteure, Eisenbahnbeamten &c. Zusammengestellt nach den neuesten offiziellen Tarifen und Betriebs-Reglements. 1—3. Liefg. (1. Jahrg. Nr. 1. December 1852. — Nr. 2. u. 3. April 1853.) Cassel, Fischer in Comm. 12. (120; IV, 168 S.) 19½ ngr

— — 2. Jahrg. Nr. 1. Mai 1854. Ebend. 12. (69 S.) 5 ngr

Dippel, J. P., s.: Mineralreichthum.

— die Ultramarin-Fabrikation nach ihrem gegenwärtigen technischen Standpunkte. Anleitung für Chemiker und Farben-Fabrikanten. Cassel 854. Fischer in Comm. gr. 8. (VII, 81 S. u. 1 Taf. in Holzschn. in qu. Fol.) n. 1 ℛ 10 ngr

[DIPPEL, JOH. CONRAD]. Ein Hirt und Eine Heerde: oder Ohnfehlbahre Methode, Alle Secten und Religionen zur einigen waren Kirch und Religion zu bringen . . . publiciret Durch CHRISTIANUM DEMOCRITUM, itzo . . . revidiret . . . gesäubert und verbessert. Auf Kosten etlicher Freunde gedruckt in Laodicea. 1707. Kl. 8°. Titelkupfer, gedr. Titel, 48 S. Neueres Hpgt. 75.—

Dippel, Jos., christliche Gesellschafts-Lehre. Oder: Principielle Erörtergn. üb. die social-polit. Grundfragen der Gegenwart in populärer Darstellg. 8. (XII, 404 S.) Regensburg 873. Pustet. 3. —

Dippel, Joseph, Die beiden Grundfragen der Gegenwart. Als Grundlagen jeder Religionsphilosophie für alle Gebildeten beantwortet. Freiburg, Herder, 1877, gr. 8°, XII, 264 S., 3 Mk.

— Handbuch der Aesthetik u. der Geschichte der bildenden Künste. gr. 8. (XVI, 872 S.) Regensburg 871. Manz. n. 10. 80

Dippel, Jos. Das katholische Kirchenjahr in seiner Bedeutung f. das christliche Leben. Praktische Materialiensammlung für Kanzelredner, geistl. Lesg. für Laien. Nach dem Brevier u. den Meßformularien dargestellt. 6 Bde. gr. 8. Regensb., Verlags-Anstalt. 45 50
1. Der Weihnachtsfestkreis. (XXVII, 602 S.) 889. 6 60.
2. Die heil. Fastenzeit. (XXXV, 725 S.) 889. 8 —.
3. Die heil. Passions- u. Osterwoche. (XXXIX, 792 S.) 889. 7 20.
4. Die nachösterliche u. heilige Pfingstzeit. (XLIII, 683 S.) 890. 7 65.
5. Nachfeier d. Pfingstfestkreises. 1. Tl. (LIX, 836 S.) 891. 7 50.
6. —— dass. — 2. u. 3. Tl. (LXX, 924 S.) 893. 8 55.

Dippel, J., das katholische Kirchenjahr in seiner Bedeutung f. das christliche Leben. Praktische Materialiensammlg. f. Kanzelredner, geistl. Lesg. f. Laien. Nach dem Brevier u. den Meßformularien dargestellt. 1.—5. Bd. gr. 8. Regensburg 889. 890. Verlags-Anstalt. 36. 95
1. Der Weihnachtsfestkreis. (XXVII, 602 S.) 6. 60
2. Die heil. Fastenzeit. (XXXV, 725 S.) 8. —
3. Die heil. Passions- u. Osterwoche. (XXXIX, 792 S.) 7. 20
4. Die nachösterliche u. heil. Pfingstzeit. (XLIII, 683 S.) 7. 65
5. Nachfeier d. Pfingstfestkreises. 1. Tl. (LIX, 836 S.) 7. 50

— dasselbe. Registerbd. gr. 8. (IV, 189 S.) Ebd. 894. n. 8. — (kplt. m. Reg.: n. 48 50)

Dippel, Jos., d. kathol. Kirchenjahr i. s. Bedeutg. f. d. christl. Leben. Prakt. Materialiensammlung f. Kanzelredner, geistl. Lesg. f. Laien. N. d. Brevier u. d. Meßformularien dargest. 6 Bde. u. Reg.-Bd. Neue Lieferungs-Ausg. (60 Lfgn.) gr. 8. Regensburg (889/894). 896. 97. Nationale Verlagsanstalt. à n. — 60
I. D. Weihnachtsfestkreis. (Lfg. 43—49.) (XXVII, 602 S.)
II. D. hl. Fastenzeit. (Lfg. 50—53.) (XXXV, 725 S.)
III. D. hl. Passions- u. Osterwoche. (Lfg. 1—10.) (XXXIX, 792 S.)
IV. D. nachösterl. u. hl. Pfingstzeit. (Lfg. 11—17.) (XLIII, 682 S.)
V. 1. Thl. d. Nachfeier d. Pfingstfestkreises. (Lfg. 20—30.) (LIX, 836 S.)
VI. 2. u. 3. Thl. d. Nachfeier d. Pfingstfestkreises. (Lfg. 31 – 42.) (LXX, 924 S.)
Reg.-Bd. (Lfg. 59 – 60.) (IV, 189 S.)

Dippel, Jos., der russische Nihilismus. Auf Grund zuverläss. Quellen dargestellt. 8. (174 S.) Passau 882, Waldbauer's Buchh. *

—— der neuere Pessimismus, s.a. Studien, katholische.

Dippel, Jos., der neuere Pessimismus. Aus seinen Hauptquellen dargestellt u. kritisch beleuchtet. gr. 8. (III, 140 S.) Würzburg 884. Woerl. 1. 80

– der neuere Spiritismus, s. a. Studien, Katholische.

— der neuere Spiritismus. In seinem Wesen aufgezeigt u. nach seinem Werthe geprüft. gr. 8. (127 S.) Würzburg 881. Woerl. n. 1. 70

— d. neuere Spiritismus, in s. Wesen dargelegt u. nach s. Werte geprüft. 2., gänzlich umgearb. u. erweit. Aufl. gr. 8. (280 S.) München 897. R. Abt. n. 3. 60

Dippel, Jos., Versuch einer systematischen Darstellung der Philosophie des Carolus Bovillus nebst einem kurzen Lebensabrisse. Ein Beitrag zur Geschichte der Philosophie des 16. Jahrh. gr. 8. (XVIII und 256 S.) Würzburg 865, Stuber. *

Dippel, Karl, Abhandlung über ausländ. Holzarten, welche in Deutschland im Freien ausdauern u. reifen Saamen bringen, als Gegenstände der deutschen Forstwissenschaft, Landwirthschaft u. schönen Gartenkunst &c. Eine gekr. Preisschrift. gr. 8. Heidelb. 821. Groos. 2 ℛ 12 gr

Dippel, Leopold

Dippel, Leop., Beiträge zur Kenntniss der in den Soolwässern von Kreuznach lebenden Diatomeen, sowie über Struktur, Theilung, Wachsthum und Bewegung der Diatomeen überhaupt. gr. 8. (III, 50 S. mit 3 Stnt.) Kreuznach 870, Voigtländer. *

Dippel, L., Beiträge zur vegetabilischen Zellenbildung. Mit 6 (lith.) Taf. in Farbendr. Leipzig 858. Engelmann gr. 4. (VII, 68 S.) n. 2 ℛ 20 ngr

—— die Blattpflanzen und deren Kultur im Zimmer. gr. 8. (XIV, 178 S. mit 44 vom Verf. nach der Natur gez. Abbild. in Stahlst. auf 6 Taf.) Weimar 869, B. F. Voigt.

Dippel, Leop., die Blattpflanzen und deren Kultur im Zimmer. 2. verb. und verm. Aufl. gr. 8. (XVI, 227 S. mit 44 in den Text eingedr. Holzschn.) Weimar 880, B. F. Voigt.

Dippel, Leop. Die Blattpflanzen u. deren Kultur im Zimmer. 3. (Titel-)Aufl. gr. 8. (XVI, 227 S. m. 34 Holzschn.) Weimar 890, Voigt. 3 75

Diatomeen der Rhein-Mainebene. Von Dr. Leopold **Dippel**, Prof. in Darmstadt. Mit 372 Abb. Braunschweig: F. Vieweg & Sohn 1904. (VI, 170 S.) 4°(8°) 105. 66

Dippel, Leop., die Entstehung der wandständigen Protoplasmaströmchen in den Pflanzenzellen und deren Verhältniss zu den spiraligen und netzförmigen Verdickungsschichten. gr. 4. (16 S. mit 2 lithogr. schwarzen Taf.) Halle 867, Schmidt's Verlag. *
Aus: Abhandlungen der naturforschenden Gesellschaft zu Halle, besonders abgedruckt.

Dippel, Leop., Grundzüge der allgemeinen Mikroskopie. gr. 8. (XIV, 524 S. mit 245 in den Text eingedr. Holzst. und 1 Taf.) Braunschweig 885, Vieweg und Sohn. *
geb. *

—— Handbuch der Laubholzkunde. Beschreibg. der in Deutschland heimischen u. im Freien kultivierten Bäume u. Sträucher. 2 Tle. gr. 8. Berl., Parey. * 35 —
1. Monocotyleae u. Sympetalae der Dicotyleae. (VIII, 449 S. m. 280 Textabbildgn.) 889. * 15 —.
2. Dicotyleae, Choripetalae [einschliesslich Apetalae]. Urticinae bis Frangulinae. (IV, 591 S. m. 272 Textabbildgn.) 891. * 20 —.

Dippel, Leop., Handbuch der Laubholzkunde. Beschreibung der in Deutschland heim. u. im Freien kultivierten Bäume u. Sträucher. Für Botaniker, Gärtner u. Forstleute bearb. 2. u. 3. Tl. gr. 8. Berlin, P. Parey. n. 46. — (kplt.: n. 60 —)
2. Dicotyleae, Choripetalae [einschliesslich Apetalae]. Urticinae bis Frangulinae. (IV, 591 S. m. 272 Textabbildgn.) 891. n. 20. —
3. Dicotyleae, Choripetalae [einschliesslich Apetalae]. Cistinae bis Serpentarieae. (VII, 752 S. m. 277 Textabbildgn.) 893. n. 25. —

—— das Mikroskop, s. Vorträge, populär-naturwissenschaftliche.

— das Mikroskop u. seine Anwendung. Braunschweig 867, 69. Vieweg & S. gr. 8.
1. Thl.: Bau, Eigenschaften, Prüfung, gegenwärtiger Zustand, Gebrauch [Allgemeines] u. s. w. Mit 240 in den Text eingedr. Holzst. u. 1 (lith.) Taf. in Farbendr. (XIV, 491 S.) n. 3 ℔ 20 ngr.
2. Thl.: Anwendung des Mikroskopes auf die Histiologie der Gewächse. Mit zahlreichen in den Text eingedr. Holzst. u. 8 lith. Taff. 1. Abth. (VIII, 328 S.) n. 4 ℔

Dippel, Leop., das Mikroskop u. seine Anwendung. 2. Thl. Anwendung d. Mikroskopes auf die Histiologie der Gewächse. Mit 294 in den Text eingedr. Holzst. u. 8 lith. Taf. 2. Abth. [Schluss.] gr. 8. (XV u. S. 329—465.) Braunschweig 872. Vieweg & Sohn. n. 8. —; (cplt.: n. 31. —)

— das Mikroskop u. seine Anwendung. 2. umgearb. Aufl. 1. Thl. 1. Abth. A. u. d. T.: Handbuch der allgemeinen Mikroskopie. Mit in den Text eingedr. Holzst. u. einer Taf. in Farbendr. 1. Abth. gr. 8. (VII, 336 S.) Braunschweig 882. Vieweg & Sohn. n. 10. —

— das Mikroskop u. seine Anwendung. 2. umgearb. Aufl. 1. Thl. Handbuch der allgemeinen Mikroskopie. Mit in den Text eingedr. Holzst. u. e. Taf. in Farbendr. 2. u. 3. Abth. gr. 8. (XVIII u. S. 337—1030.) Ebend. 882. 83. n. 24. — (1. Thl. cplt.: n. 34. —)

Dippel, Leop., d. Mikroskop u. s. Anwendg. 2., umgearb. Aufl. 2. Thl. 2 Abthlgn. gr. 8. Braunschweig 896. F. Vieweg & Sohn. n. 34. — (I. u. II.: n. 68. —)
1. Anwendg. d. Mikroskops auf d. Histiologie d. Gewächse. 1. Abtheilg. (XI, 443 S. m. 302 Holzst. u. 3 farb. Taf.) 896. n. 24. —
2. Dasselbe. (XVI u. S. 445—660 m. 152 Holzst.) 898. n. 10. —

— die neuere Theorie über die feinere Structur der Zellhülle, betrachtet an der Hand der Thatsachen. Mit 13 (lith. u. chromolith.) Taf. [Aus: „Abhandlgn. d. Senckenb. Ges."] gr. 4. (87 S.) Frankfurt a/M. 878. Winter. n. 12. —

—— Zelltheilung der Ulothrix zonata. gr. 4. (10 S. mit 1 ill. Stnt.) Halle 867, Schmidt's Verlag. *
Aus: Abhandlungen der naturforschenden Gesellschaft zu Halle, besonders abgedruckt.

Dippel, Reinhardus, Gruenbergensis: Quae ratio intercedat inter Xenophontis historiam Graecam et Plutarchi vitas quaeritur. *Gissae 1898: de Muenchow.* (116 S.) 8°
Giessen, Phil. Diss. v. 1898

Dippel, Rhard., Quae ratio intercedat inter Xenophontis historiam graecam et Plutarchi vitas quaeritur. Diss. gr. 8. (116 S.) Giessen 898. (C. Ricker.) n. 2. —

Dipper, E. Führer durch die Basler Missions-Litteratur. In-8°. 64 S. Basel, Missionsbuchh. Gratis 1896.

Dipper, Edmund [app. Arzt aus Stuttgart]: Über progressive Muskelatrophie ... Tübingen, F. Pietzcker, 1890; 25 S. 8.
Tübingen, Med. Fak., Inaug.-Diss. v. 1890

Dipper, Heinr., Abschiedspredigt, geh. am 24. VII. 1910 in der Stiftskirche zu Stuttgart. (23 S.) 8. Stuttgart 910. J. F. Steinkopf. — 20

Dippold, G. C., s. Paul Hennig.

Dippold, Gottfried Ehregott

Dippold, Gf. Ehg., hist. Beschr. d. Landschule zu Grimma. m. K. 8. Dessau. (Gräff in Lpz.) 783.

Dippold, Gf. Ehreg., (+ d. 24. Nov. 1804.) histor. Beschreib. d. Landschule zu Grimma, mit Kpf. 8. Dessau 783. (Wienbrack in Leipz.) 10 gr.

— Handbuch f. Unterofficiere u. gemeine Soldaten. 1s Bdchn. 8. 804. (Leipz., Wienbrack). 12 gr.

Dippolds Noth- und Hülfsbuch für deutsche Soldaten. 8. Dresden, Walther. (a. Gräff in Lpz.) 804.

Dippold, Gottfried Ehregott (Oschatz), De oleis. Diss. med. Präs. Daniel Wilhelm Triller. Wittenbg. (C. Ch. Dürr) 29. X. 1778. 26 S. (5.—) 6581

Dippold (Hrsg.), s. Quarll: Reisen durch Deutschland und Holland nach Surinam.

— Schulbuch. 8. Leipz. 801. Barth. 6 gr.

— über den Verfall d. Schulen in kleinen Städten, nebst Vorschlägen zu deren Verbesserung. gr. 8. Dresd. 792. Walther. 8 gr.

Dippold, H. K., s. Shakspeare, Werke v. Schlegel.

Dippold, Hans

Dippold, H., üb. einen dreyjähr. Anbau der Kartoffeln aus Blüthensamen. 8. Berlin, Lange. 803.

Dippold, Hans, über einen dreijährigen Anbau d. Kartoffeln aus Blüthensaamen ꝛc. 8. Berl. 803. (Reimer). 8 gr.

Dippold, Hans Karl

— u. F. A. Köthe, allgem. histor. Archiv. 1. Bd. 1s u. 2s Hft. gr. 8. Leipz. 811. Reclam. 2 ℔

— Beschreibung der Jubelfeste d. Universität Leipzig, s. A. Berch. Gesch. d. Grafen Egmont.

— Beschreib. d. Jubelfeste d. Universität Leipzig, s. Beschreibung d. Jubelfeste ꝛc.

Dippold, Hans K. Commentatio historica de fontibus historiae Caroli Magni et de scriptoribus eam illustrantium. 4. Dresdae 1808.

— s. Coxe, Will.: Geschichte des Hauses Österreich.

— Geschichte d. Grafen Egmond. 8. Leipz. 810.

— Leben Kais. Karl d. Großen. gr. 8. Tübing. 810. v. Cotta. 1 ℔ 12 gr.

Dippold, Hans Karl, (+ d. 30. Sept. 1811.) Skizzen d. allgem. Geschichte; Vorlesungen gehalten zu Danzig im Winter 1811. Nach seinem Tode herausg. 2 Bde. (1r, die ält. Zeiten bis auf d. Verfall des Röm. Reichs, 2r, Ausbreitung d. Christenthums bis auf d. neuesten Zeiten.) 8. Berl. 812. Dümmler. 3 ℔

Dippold, Hans Carl, Skizzen d. allgem. Geschichte. Vorlesn., gehalt. in Danzig im Winter 1811. Nach sein. Tode hrsg. 2 Bde. 2. Aufl. 8. (39¼ B.) Berlin 835, Dümmler.

Dippoldiswalde [Schlagwort]

Dippoldiswalde, s.: Deutschland. Grundkarte.

Dippoldiswalde, s.: Deutschland, Karte (Abt. Sachsen). — Sachsen. Karte.

Dippoldiswalde, s.: Freiberg.

Dippoldiswalde,
s. Sachsen. Messtischblätter.

Dippoldt, G. E., s. Riezolbt, Fr., vor hundert Jahren.

Dippoldt, H. K., s. Dippold, Hans Karl

Dippoldt, Hans Carl (Grimma) u. **Carl Friedrich Gottlieb Apelt,** De fontibus historiae Caroli Magni et scriptoribus eam illustrantibus. Comment. histor. Lpz., 26. III. 1808. Dresden (Meinhold). 40 S. (5.—) 6582
Gew.: Gottlob Adolph Ernst v. Nostiz u. Jänkendorf, Frz. Volkmar Reinhard.

Diptmar, Hans: Das Bild in der Schule. Ausblick u. Umschau vom Arbeitsfeld d. Humanistischen Gymnasiums. Zweibrücken 1908: Kranzbühler. 33 S. 8°
Zweibrücken, k. G P 1908* [S 08. 69

Diptmar, Hans, Prof.: Gymnasialarchäologie oder allgemeine Kunstgeschichte? Ein Beitrag z. Frage d. Kunsterziehung am Humanist. Gymnasium. Zweibrücken 1907: A. Kranzbühler. (32 S.) 8°
Zweibrücken, k. G P 1907*

Dir geschehe, wie Du geglaubt hast. 64. (16 S.) Carlsruhe 875 (Barmen, Klein.) — 9

Dir, wie mir, eine dramat. Kleinigkeit in 1 Akt, v. J. Sonnenleithner. 8. Wien, Wallishäuser. 812.

Dir wie mir, eine dramat. Kleinigkeit in 1 Akt v. J. Sonnleithner. 2te Aufl. 8. Ebend. 820.

Dirae saeculares sive satira in aevum Josephinum. Composuit Catus Iratus. gr. 8. (19 S.) Graz 877. Vereinsbuchdruckerei. n. — 80

—— saeculares sive satira in saeculum illuminatum. Composuit Catus Iratus. Edit. altera, castigata, uberior. 8. (27 S.) Ebendas. 878. *

Diraison-Seylor, Olivier, Marine. Roman. Mit dem Geleitworte zur französ. Ausg. v. Paul Adam. Einzig berecht. Übersetzg. aus dem Franz. v. Ilka Barnay. 2. Taus. 8. (312 S.) Wien 903. Wiener Verlag. n. 3.—; geb. n.n. 4.50

Dirbach, Joseph, Assistenzarzt am Conventhosp. d. Barmherzigen Brüder zu Breslau. Aus d. Conventhospital d. Barmherzigen Brüder zu Breslau. (Dirig. Arzt: Herr Prof. Dr. C. Partsch.) Ueber den Wert der Thiersch'schen Hautverpflanzungen bei Behandlung grosser Hautdefecte (mit besonderer Berücksichtigung der Unfallverletzungen). *Breslau 1898: Schles. Volkszeitungs-Buchdr.* (35 S.) 8°
Breslau, Med. Diss. v. 23. Nov. 1898

Dirbl, Fr., Abhandlungen üb. d. Haushaltungslehre des Landbaues, od. d. Verwaltungskunde d. Landgüter f. junge Landwirthe, welche sich d. Oberleit. d. Landwirthschaft auf Landgütern zu widmen beabsichtigen. gr. 8. (11 B.) Brünn 841, Winiker.

Dirck-Gherritz-Archipel [Schlagwort]

Dirck-Gherritz-Archipel, s.: Südpolargebiete.

Dirckinck, Johannes

Dirckink, Joa., horologium religiosum aureum in usum studiosae juventutis seu thesaurus recte vivendi fructuoseque studendi regularum atque copia bene orandi optimarum pietatis formularum, denuo restitutum hisque accommodatum temporibus ab Henr. Obermayer. Regensburg 867. Manz. 32. (431 S.) 12 ngr.

Dirckinck, Johs., das grosse Communionbuch, in welchem verschiedene entferntere und nähere Vorbereitungen zur heil. Communion, wie auch entsprechende Danksagungen nach derselben für die Hauptfeste des Jahres zusammengestellt und außerdem auch die sonst noch üblichen Gebete mitgetheilt sind. Neu bearb. und mit einigen Zusätzen versehen von einem Geistlichen der Diözese Paderborn. 8. (XVI und 438 S. mit 1 Stahlst.) Paderborn 852, Schöningh. *—

Dirckinck, Joa., semita perfectionis. Opusculum animarum directioni perutile typis denuo edi curavit Roh. Paderborn 862. Junfermann. 16. (271 S.) 7½ ngr.

Dirckinck, Joa., semita perfectionis, animarum directioni perutile typis denuo edi curavit Roh. Ed. II. 16. (256 S.) Paderborn 890. Junfermann. n. 1.—; geb. m. Rothschn. n. 1.75; m. Goldschn. n.n. 2.—

Dirckinck, Johs., der Weg zur Vollkommenheit, in seine Stufen abgetheilt und allen ihres Heiles beflissenen Christen zum Durchwandeln vorgestellt. Ein wahrhaft goldenes Büchlein. Neu bearb. von Mich. Sintzel. gr. 12. (276 S. und 1 Stahlst.) Passau 849, Elsässer und Waldbauer. Thlr.

Dirckinck, Joa., drei Wege zur christlichen Tugend und Vollkommenheit. Neu bearb. 12. (VII und 259 S.) Wien 859, Mayer und Comp.

[Gedicht.] Zur Weihe des neuen Logenhauses zu Hamm, den 23. Juli 1854. [Unterz.:] Heinr. Jos. v. Dirckinck-Holmfeld. [Unna 1854. Rubens.] 1 Bl. 8° [Kopftit.]
„Willkommen Brüder! ruft's in vollen Chören ..."

Dirckinck-Holmfeld, Karl, s. Dirckinck-Holmfeld, Konstant von

Dirckinck-Holmfeld, Konstant von

Dirckinck-Holmfeld, Baron Const., Alt-Katholiken-Stimme über Panslavismus, Türkenkrieg und seine Folgen, Bismarck's Abgang rc. mitgetheilt. Mai 1877. gr. 8. (22 S.) Hamburg 877, (Hoffmann und Campe.) *

Dirckinck-Holmfeld, C. Baron v., über d. Ansichten von d. nord. Vorzeit. Als allgem.-histor. Vorarbeit z. Erklär. d. nord. Mythen. gr. 8. (8 B.) Copenhagen 829, (Gyldendal.)

Dirckinck-Holmfeld, Baron C., Bedenken für und wider die Verbindung der Herzogthümer mit Dänemark. gr. 8. (28 S.) Hamburg 864, (J. P. F. E. Richter.) *

Dirckinck-Holmfeld, Constant, Beiträge zur Wortbildungslehre, nebst Widerlegung der Radikalsilbentheorie. gr. 8. (96 S.) Leipzig 880, Schulze und Comp. *

Beleuchtung der Schrift: für Holstein, nicht gegen Dänemark, und die Grundsätze, welche bei deren Vereinigung festzuhalten sind. Von C. Imanuel [d. i.: Constant Baron von **Dirckinck-Holmfeld**]. Itzehoe. 1835. 8°.

⊙ Bemerkungen in Veranlassung des Aufsatzes des Emil Gardthausen, betitelt: Die Krone Dänemarks — Dänemarks Krone in der Beilage zu Nr. 99 des Altonaer Mercurs vom 26. April d. J. v. C. D. [d. i.: Constant Baron **Dirckinck-Holmfeld**]. Flensburg. 1844. 8°

— der Christenspiegel; als Widerlegung der im „Judenspiegel," gegen die Emancipation der Juden, aufgestellten Behauptungen. Hamburg 862. Falcke. gr. 8. (48 S.) 5 ngr.

– Die Gräfin Louise Danner, geborene Rasmussen, Dänemarks Genius. Februar 1855.
Aus dem Dänischen. Hamburg 1855. 8°.

— das Dogma ewiger Verdammniß widerlegt nach Swedenborg, zusammt Vorstand Mittnachts [in Stuttgart] Lehre von der unmöglichen Umkehr der Unseligen nach dem Tode. gr. 8. (32 S.) Hamburg 876. Hoffmann & Campe Sort. in Comm. n. — 60

Dirckinck-Holmfeld, Baron C. v., die direkte Eisenbahn von Lübeck nach Hamburg beleuchtet. gr. 8. (23 S.) Kopenhagen 858. Kiel, [Homann.] *

Dirckinck-Holmfeld, Carl, die direkte Eisenbahn von Lübeck nach Hamburg beleuchtet. Copenhagen 858. (Kiel, Schwers.) 8. (23 S.) n. 6 ngr

— Raasløff's Entgegnung commentirt. April 1861. gr. 8. (19 S.) Hamburg 861, Falcke. *

Dirckinck-Holmfeld, Baron C., „entweder — oder". Versuch zur Entscheidg. der Lebensfrage. gr. 8. (IV, 108 S.) Hamburg 876. Hoffmann & Campe Sort. in Comm. n. 1. —

— Erfahrungen aus dem Rechts- und Staatsleben, nach Aufzeichnungen. Hrsg. von Louis Schepeler. 1. Heft. gr. 8. (III, 50 S.) Copenhagen 879. (Leipzig, Schulze und Comp.) *

Dirckinck-Holmfeld, Constant, Essai historique sur la question de la succession du Royaume de Dannemark et analyse de droit quant aux Duchés de Slesvig et de Holstein. gr. in-8. (3⅝ B.) Copenhague 844. (Leipzig, Michelsen.) *

– Scheels Fall. Betrachtung der Ursachen und Folgen der dänischen Ministerkrise im April 1857. Kopenhagen. o. J. 8°

Ueber Forst-Verwaltung, insbesondere über die Nothwendigkeit des Bestehens einer ausgedehnten Staats-Forst im Dänischen Staate. Von C. Christianson [d. i.: Constant Baron von Dirckinck-Holmfeld]. Hamburg. 1834. 8°.

— die Gegenwart. Beleuchtung der Gegensätze der Liebe und Selbstsucht mit Hinweisung auf Virgilius und dessen Ekloge IV. Nebst Gratisbeilage: Alt-Katholiken-Stimme etc. gr. 8. (32 S. und Beilage 22 S.) Hamburg 878. (Berlin, Bohne.) *

— über d. geist. Gehalt d. alten Religionen u. Mythen. Als Einleit. z. Erklär. d. nord. Mythen. gr. 8. (6 B.) Copenhagen 828, (Gyldendal.)

Dirckinck-Holmfeld, Constant, über den *geistigen Gehalt der alten Religionen u. Mythen.* Als Einleitung z. Erklärung der *nordischen Mythen.* Copenhagen 1828. Gedr. bey Fabritius de Tengnagel. 8°. Cart.

— Grossbritanniens u. d. Vereinigten Staaten neuere Handelspolitik. Mit Beziehung auf d. Grundsätze d. Canningschen Ministeriums. gr. 8. (9½ B.) Copenhagen 829, (Gyldendal.)

Dirckinck-Holmfeld, Const. (Hrsg.), s. Journal, Politisches.

— das Königthum von Gottes Gnaden. Einleitung in die Behandlung der Verfassungsfragen. gr. 8. (48 S.) Hamburg 863, Falcke.

— Kritik der Schrift „die Juden und der deutsche Staat." Als Fortsetzung des „Christenspiegels." gr. 8. (24 S.) Hamburg 862, Falcke.

— Kritik d. holsteinischen Rechtsverwahrung wider die Staatseinheit des dänischen Reichs. Sendschreiben an die braunschweig. Ständeversammlung üb. die schleswig-holsteinische Frage. gr. 8. (5 B.) Altona 845. (Leipzig, Michelsen.) *

– Kritik der Scheingründe für die Erbfolge der Collateralagnaten in Holstein, zur Widerlegung der Ansichten der Zachariä, Michelsen, Esmarch u. s. w. Januar 1864. Hamburg. (1864). 8°

— Macht und Recht. 1. Beitrag: Der Justizminister und der Krawall in Roskilde. gr. 8. (32 S.) Hamburg 862, Falcke. *

Dirckinck-Holmfeld, Frhr. C., geheime Note vom December 1869 von den Beichtvätern der Kaiserin Eugenie an den Kaiser gerichtet um ihn zum Krieg zu bestimmen. Aus dem Französ. übersetzt. gr. 8. (24 S.) Pinneberg 874. (Hamburg, Hoffmann und Campe's Sortiment.) *

— the Palmerston monument erected from the ruins of the destroyed Danish monarchy. gr. 8. (40 S.) Hamburg 864, J. P. F. E. Richter. *

— Preußens und Oestreichs Recht, oder: Gültigkeit des Thronfolgegesetzes vom 31. Juli 1853, Ständen, Agnaten und Bund gegenüber, im Hinblick auf die Parteistellung in Deutschland und Dänemark, erörtert. 2. (revid.) Aufl. Mai 1865. gr. 8. (48 S.) Hamburg 865, Schardius. *

Recht und Willkür in Schleswig. Ein Beitrag zur Sprachfrage (zugleich als Abwehr gegen [E. N.] Clausen) v. Baron Constantin von Dircking-Holmfeldt [!]. Leipzig. Hamburg. [1860.] 8°.

— Recht und Willkür in Schleswig. Ein Beitrag zur Sprachfrage (zugleich als Abwehr gegen Prof. Clausen.) 1. und 2. Aufl. gr. 8. (VIII und 28 S.) Hamburg 861, Falcke. *

— Recht und Willkür in Schleswig. Ein Beitrag zur Sprachfrage [zugleich als Abwehr gegen Prof. Clausen]. 862. (32 S.) — 2. Aufl. Ebend. 862. gr. 8. (VIII, 28 S.) n. 6 ngr

— freie Religionsübung in Holstein. Kritik der Verhandlung in der letzten Diät der Stände und der Stimme eines Katholiken. gr. 8. (48 S.) Hamburg 863, Falcke. *

— der dänische Skandinavismus, s.a. Hefte, skandinavische.

– (Conflikt mit Deutschland und Einfluss auf die Debatte in Holstein und mit der Ständeversammlung.) Der dänische Skandinavismus oder der Schleswig-Danismus im Conflikt mit der dänischen Monarchie, mit Deutschland und den Herzogthümern. Kopenhagen. 1857. = Skandinavische Hefte. 2. Kopenhagen. 1857. 8°

— der dänische Skandinavismus, oder der Schleswig-Danismus, im Conflikt mit der dänischen Monarchie, mit Deutschland und den Herzogthümern. Kopenhagen 857. (Kiel, Schwers.) gr. 8. (23 S.) n. 7½ ngr

— Socialdemokratie, deren Ursache u. Heilung Decbr. 1878. gr. 8. (16 S.) Pinneberg 879. (Leipzig, Schulze & Co.) n. — 20

— Spiritualism, its causes and effects. The last chapter of a yet unpublished book. Supplementary of Mr. William Howitt's History of the Supernatural, of 1863. Dedicated to the National British Association of Spiritualists. 8. (32 S.) Hamburg 875, (Hoffmann und Campe.) *

— Spiritualismus u. Spiritismus, ihr Werth u Zweck, u. kurze Theodicee zur Würdigung derselben. gr. 8 (64 S.) Leipzig 880. Schulze & Co. n. 1. —

Dirckinck-Holmfeld, Frh. Constant, der Dänische Staat u. die Separatisten, als Berichtigung irrthümlicher Partei-Ansichten in Geschichte u. Recht, nebst Belegen u. bisher nicht veröffentlichten Urkunden. 1. Thl. gr. 8. (X. 256 u. 132 S.) Altona 847. (Leipzig, Michelsen.) n. 1 ß

— Dänemarks und Nordamerikas Streit über den Sundzoll. Frei nach dem Dän. des Kammerherrn Fr. Feddersen. Kopenhagen 856. (Hamburg, Perthes-Besser u. Mauke.) 8. (55 S.) n. 10 ngr

— der deutsch-dänische Streit, Execution und Krieg u. w. d. a., nach des Verf. dänischer Schrift vom Febr. 1861. März 1861. gr. 8. (80 S.) Hamburg 861, Falcke. *

Dirckinck-Holmfeld, Baron C. v., Herrn v. Scheele's Sturz. Darstellung der Ministerkrisis im April 1857. Aus dem Dän. übers. gr. 8. (16 S.) Hamburg 857. (Altona, Verlagsbureau.) Thlr.

— Attic tracts on Danish and German matters. gr. 8. (IV und 116 S.) Leipzig 862, Brockhaus' Sortiment und Antiquarium. *

— das Unfehlbarkeits-Dogma oder römische Politik und deutsches Reich. gr. 8. (IV, 124 S.) Pinneberg 875. (Hamburg, Hoffmann und Campe's Sortiment.) *

Visite à St. Petersbourg. Remarques sur le principe réformateur du gouvernement russe et sur la question religieuse . . . par C[onstant] **Dirckinck-Holmfeld**. Mai 1867. — Altona (1867): Köbner. 64 S. 8°

—— wer hat Recht: König Christian IX. oder der Augustenburger? Zur Beleuchtung der Situation. gr. 8. (36 S.) Altona 863. (Hamburg, J. P. F. E. Richter.) *

Dänische Zustände aufgestellt in Litteratur-Briefen nebst Bemerkungen über die Aussprache des Dänischen v. Constant Freiherrn **Dirckinck-Holmfeld.** Altona. 1846. 8°.
Umschlag: Dänische Zustände. Literatur, Politik und Sprache etc.

—— dänische Zustände aufgehellt in Literatur-Briefen nebst Bemerkungen über die Aussprache des Dänischen. gr. 8. **(11 1/8 B.) Altona 846.** (Leipzig, Michelsen.)

Dircking-Hohnfeld, C. v., s. Dirckinck-Holmfeld, Konstant von

Dircking-Holmfeldt, Constantin v., s. Dirckinck-Holmfeld, Konstant von

Dirckink, Joa., s. Dirckinck, Johannes

Dirckink-Holmfeld, C., s. Dirckinck-Holmfeld, Konstant von

Dircks, Hans, aus Zingst: Mathematische **Untersuchungen** über Trajectorien von Lichtstrahlen durch Medien von variabler optischer Dichte. *Rostock 1900: C. Hinstorff.* (47 S.) 8°
Rostock, Phil. Diss. v. [19. März] 1900

Dircks, J. (Hrsg.), s. Gemeindebote, Evangelischer. . .

Dircks, J., u. Deert Jacobs, unser Prozeß wegen angeblicher Beschimpfung kirchlicher Einrichtungen. Nach den **Akten dargestellt.** gr. 8. (60 S.) Garding 885. Lühr & **Dircks.** n. — 75

Petrus **Dircks:** De respiratione adversaria quaedam. Kiliæ. 1805. 8°

Dircksen: Ueber Stadtbahnen. Vortrag. Berlin 1883

Dircksen, F: Der Brückenbau in den Vereinigten Staaten von Nordamerika. Berlin 1908

Dircksen, Fritz

Dircksen, F., Hilfswerte f. das Entwerfen der Brücken m. eisernem Ueberbau auf den preussischen Staatsbahnen. Fortsetzg. des Anh. zu den amtl. Vorschriften, enth. Tabellen f. die Berechng. des Eigengewichtes der Ueberbauten, der auf Druck beanspruchten Diagonalen u. Vertikalen der Hauptträger u. der Fahrbahn bei Durchführg. der Bettg. (22 S. m. 29 Abbildgn. u. 1 graph. Taf.) 4. Berlin 904. W. Ernst & Sohn.
n. 2. 80 (Hauptwerk u. Fortsetzg.: 3. 80)
Hauptwerk s.: Vorschriften f. d. Entwerfen d. Brücken.

— Hilfswerte f. das Entwerfen u. die Berechnung von Brücken m. eisernem Ueberbau als Ergänzung zu den preussischen Vorschriften f. das Entwerfen der Brücken m. eisernem Ueberbau vom 1. V. 1903. 2. erweit. Aufl. (42 S. m. 36 Abbildgn. u. 1 Taf.) 4. Ebd. 905. n. 4. —

Dircksen, F., Hilfswerte f. das Entwerfen u. die Berechnung v. Brücken m. eisernem Überbau als Ergänzung zu den preussischen Vorschriften f. das Entwerfen der Brücken mit eisernem Überbau vom 1. V. 1903. 3. verb. Aufl. (II, 42 S. m. 36 Abbildgn. u. 1 Taf.) 34,5×23 cm. Berlin 908. W. Ernst & Sohn. 4. —

Direction für die Anlage und Herstellung von Verpflegsschopfen und Flugdächern im Mobilisirungsfalle. Lex. 8. (27 S.) Mit 4 Plänen —.80
Wien: K. K. Hof- u. Staatsdruckerei 1891.

Direction der Disconto-Gesellschaft Berlin. — (Berlin o. J.: Erasmusdr.) 71 S. 8° **38 A.**

Direction, die, der Disconto-Gesellschaft unter dem Einflusse der gegenwärtigen polit. Constellation u. unt. besond. Berücksichtg. d. argentin. Emissionen u. d. Betheiligung an d. Popp'schen Luftdruck-Action-Ges. v. *. gr. 8. (15 S.) Berl. 892, (Cassirer u. Danziger).** * 1 -

Direction, Die k. k., der administrativen Statistik. Ein Kampf um das Dasein. Geharnischte Abwehr . . . Wien 1872. V: *Glatter, Eduard.* (WFM)

***Directiones** congregationis venerabilium sacerdotum sub invocatione s. Ignatii S. J. fund. in praepositura Eberndorfensi ejusdem societatis erectae. Clagenfurti, Kleinmayr, 1703. Duodez.

Directions **pour la fabrication d'une chaussure rationnelle. [Extrait de: G. H. Meyer, sur la forme normale du corps humain".] Trad. par les soins de la Commission de l'exposition suisse de chaussure, avec le consentement de l'auteur** et de l'éditeur **pour l'instruction des cordonniers.** 8. (14 S. mit eingedr. **Holzschn.) Bern 876, (Huber und Comp.)** *

Directions for playing the **Accordion etc. — Accordion.** Unterricht, dasselbe spielen zu lernen. Auch für diejenigen, welche keine Noten kennen, nebst einigen Melodien mit deutlicher Bezeichnung der Tasten. Lex.-8. Hamburg u. Itzehoe 835. Schuberth u. Niemeyer. 1/3 ℛ

Directiven, s. a. Direktiven.

Allgemeine Directiven für die Vorarbeiten in Betreff einer etwa im Laufe des Jahres 1861 auszuführenden Mobilmachung. Berlin 1861. 8°.

Directiven f. die Anlage v. Douchebädern in Militär-Gebäuden (m. 11 Stück Plänen). Lex.-8. (IV, 21 S.) Wien 892. (Hof- u. Staats-Druckerei.) n. 2. 40

Directiven (H—48) für die Anlage von Douchebädern in Militär-Gebäuden. (Mit 11 Stück Plänen). (Zu Abth. 8, Nr. 5896 von 1892, N.-V.-Bl. für das k. u. k. Heer, 11. Stück.) 4. Wien 1893.

Directiven (H—46) für die Anlage und Herstellung von Verpflegsschopfen und Flugdächern im Mobilisierungsfalle. (Zu Abth. 8, Nr. 1895 vom Jahre 1891, N.-V.-Bl. für das k. u. k. Heer, 22. Stück.) (Mit 4 Plänen.) 4. Wien 1891.

Directiven für die von der Fuß-Artillerie alljährlich abzuhaltenden Armirungs-Uebungen. München 1875. 8.

Directiven f. d. Aufnahme u. Vergütung v. Feld-, Wald- u. Wildschäden, welche infolge v. Waffenübgn. entstanden sind. 8. (31 S.) Wien 895. Hof- u. Staatsdruckerei. n. — 20

Directiven f. d. Brückenschlag bei Anmarsch der Brücken-Trains u. f. d. Brückendienst. München 1875.

— f. Dachconstructionen b. Militär-Hochbauten. hoch 4. (53 S. m. Fig. u. 9 Taf.) Ebd. 896. n. 2. 40

Directiven f. die Decken-Construction in Militair-Gebäuden. 3., umgearb. Aufl. gr. 4. (IV, 80 S. m. 6 lith. Plänen.) Wien 890. Hof- & Staatsdruckerei. n. 1. 60

Directiven (H—38) für die Decken-Constructionen in Militär-Gebäuden. 3. umgearb. Aufl. (Zu Abth. 8, Nr. 1387 von 1890, N.-V.-Bl. für das k. und Heer, 16. Stück.) (Mit 6 Taf.) Beigeb.: 1. Nachtrag. (Zu Abth. 8, Nr. 24 v. J. 1894. N.-V.-Bl. für das k. u. k. Heer, 10. Stück.) 4. Wien 1890—1894.

Directiven (H—38.) für die Decken-Constructionen in Militär-Gebäuden. 4. umgearbeitete Auflage. (Zu Abth. 8, Nr. 399, H. B. v. J. 1896. — N. V. Bl. f. d. k. u. k. Heer, 21. Stück.) Beigeb.: Nachtrag 1. (1899.) — Anhang zu den Direktiven (H—38.) für die Decken-Constructionen in Militär-Gebäuden. (Zu Abth. 8, Nr. 633/H. B. v. J. 1899. — N. V. Bl. f. d. k. u. k. Heer. 10. Stück.) (Mit 8 Plänen.) (2 Bde.) 4. Wien 1896—1899.

(F) H—38. Anhang zu den Directiven für die Decken-Constructionen in Militär-Gebäuden. (Zu Abtheilung 8, No. 633/H. B. — Normal-Verordnungsblatt für das k. u. k. Heer. 10. Stück.) Wien. 1899. Hof- und Staatsdruckerei. 4°. 75 S. mit 8 Tafeln. fl. 1.40

(F) H—38. 1. Nachtrag zu den Directiven für die Decken-Construction in Militär-Gebäuden. 4. Auflage vom Jahre 1896. (Zu Abtheilung 8. No. 633/H. B. von 1899. — Normal-Verordnungsblatt für das k. und k. Heer, 10. Stück.) Wien. 1899. Hof- und Staatsdruckerei. 4°. 1 Blatt. fl. —.01

Directiven (II—6a) zur Einführung des metrischen Maasses und Gewichtes in der k. k. Genie-Waffe und im Militär-Bauwesen. 4. Wien 1875.

(F) Directiven über Masse und Gewichte mit Zuhilfenahme der bestehenden Gesetze, Verordnungen und Aichvorschriften zusammengestellt von Ladislaus Potz. Separatabdruck aus dem „Pilsner Tagblatt". [2. Auflage. Im Anhange Ergänzungen bis 1901.] Pilsen. 1900. Maasch. 8°. 84 S. K 1.—

Directiven, Provisorische, (G—61—67.) für die Untersuchung und Uebernahme der 8 cm M. 94 Patronen-Hülsen, der M. 94 Hülsen-Zündschrauben und M. 94 Patronen-Kapseln. (Zu Erlass Abth., 7, Nr. 3975 vom Jahre 1896.) (Mit 4 lithographierten Tafeln.) (Lithographiert.) Fol. (Wien) 1896.

Directiven für die Schießübung der Artillerie-Brigaden. gr. 8. (27 S.) Berlin 870, Voßische Buchh. *

Directiven, Taktische, für die Formation und Führung der Cavallerie-Divisionen . . . Berlin 1885. V: *Hoenig, Frdr.* (KA)

Directiven, taktische, für die Formation und Führung der Kavallerie-Division. Vom Verf.: „Ueber die Bewaffnung, Ausbildung, Organisation und Verwandlung der Reiterei", sowie „Die Kavallerie-Division als Schlachtenkörper". gr. 8. (V, 112 S.) Berlin 885, F. Luckhardt. *

Directiven f. d. übungen d. Fuß-Art. im Festungskriege. München 1873.

Directiven f. den Vorstand d. Arbeiter-Unfall-Versicherungsanstalt. gr. 4. (8 S.) Wien 889, Hof- u. Staatsdruckerei. * — 20

Directoire du diocèse de Lausanne et Genève. In-12°, 86 p. Fribourg, impr. cathol. suisse. — 80 1893.

Directorialregierung, Die, in Frankreich. [Halberst. 1800]. V: *Fischer, Gottlob Nathanael.* (ML)

Directorialschreiben, Buchisches, d. d. 21. Jun. 1779 mit der gründlichen Abfertigung der grundlosen Belehrung des ohnbefangenen Publici . . . Meiningen 1779. V: *Schäfer, Conr.* (Holz)

Directorium Admontense Ordinis S. P. Benedicti Dioecesis Leobiensis ad annum Domini 1855. Graecii Literis J. A. Kienreich. (100 S. 16.)

Directorium admontense Ordinis S. P. Benedicti Dioecesis Leobiensis ad annum Domini bissextilem 1856. Græcii, literis J. A. Kienreich. (92 S. 16)

Directorium Admontense ordinis S. P. Benedicti Dioecesis Leobiensis ad annum Domini 1857. Græcii, literis J. A. Kienreich. (95 S. 8.)

Directorium archidioecesis Coloniensis juxta ritum Romanum pro anno MDCCCXCIII. De mandato rev. et ill. dom. Philippi, archiep. Colon. kl. 8. (80 S.) Köln 892, Rommerskirchen. * — 90
Erscheint alljährlich.

Directorium archidioecesis Coloniensis iuxta ritum romanum pro a. D. MDCCCXCVIII. De mandato eminentissimi et reverendissimi dom. Philippi card. Krementz archiepiscopi Coloniensis etc. 8. (XVIII, 76, 4 u. 61 S.) Köln (897). H. Theissing. n.n. 1. —; geb. u. durchsch. n.n. 1. 30

Directorium archidioecesis Coloniensis pro a. D. MCMIII. De mandato r. d. Petri Caroli Aloysii Kreutzwald vicarii capitularis sede Coloniensi vacante. 8. (XXIII, 74 u. 65 S.) Köln, H. Theissing. n.n. 1.—; geb. in Leinw. u. durchsch. n.n. 1.30

Directorium archidioecesis Coloniensis pro a. D. MCMVI. De mandato eminentissimi & reverendissimi domini Antonii s. r. e. tit. ss. Nerei & Achillei martyrum presbyteri cardinalis Fischer archiepiscopi Coloniensis s. sedis apostolicae legati nati &c. (XXII, 76 u. 68 S.) kl. 8. Köln, H. Theissing. n.n. 1. —; geb. in Leinw. u. durchsch. n.n. 1. 30

Directorium archidioecesis Coloniensis pro a. MCMX. De mandato eminentissimi & reverendissimi domini Antonii s. r. e. tit. ss. Nerei & Achillei martyrum presbyteri cardinalis Fischer archiepiscopi Coloniensis s. sedis apostolicae legati nati & c. (XX, 77, 72 u. 4 S.) kl. 8. Köln, H. Theissing. nn 1. 20; geb. in Leinw. u. durchsch. nn 1. 50

Directorium Benedictinum seu Ordo recitandi horas canonicas . . . ad usum Monast. S. Lamberti in Styria superiori pro 1853. kl. 8. (72 S.) Graecii, Tip. C. Tanzer.

Directorium Benedictinum seu Ordo recitandi horas canonicas, ac celebrandi Missas juxta ritum Breviarii et Missalis Romano-Benedictini ad usum Monasterii S. Lamberti in Styria superiori. 1854. 8. (72 S.) Graecii, Typis Caroli Tanzer.

Directorium Benedictinum seu Ordo recitandi horas canonicas, ac celebrandi Missas juxta ritum Breviarii et Missalis Romano-Benedictini ad usum Monasterii S Lamberti in Styria superiori, ec. ec. confectum pro anno Domini. 1855. 8. (72 S.) Graecii. Typis Caroli Tanzer.

Directorium Benedictinum monasterii ad S. Paulum in Carinthia. Clagenfurti, Leon, St. Hermagoras-Druck., Bertschinger & Heyn, v. Kleinmayr, St. Josefs-Druck., 1862—.

Directorium üb. alle an d. K. K. Kreisämter zu erstattend. periodisch. Berichte u. Tab., sammt Formular rc. Fol. Prag, Barth. 803.

Directorium Canonicorum Praemonstratensium collegiatae ecclesiae Plagae, p. anno com. 1853. 8. (44 S.) Lincii, acad typ. Joan. Huemer Viduae 1853.

Directorium Canonicorum Praemonstratensium Collegiatae Ecclesiae Plagae. Pro anno communi 1854. 8. (50 S.) Lincii, ex Acad. Typographia Joan. Huemer Viduae.

Directorium Canonicorum regularium Sacri, candidi canonici ordinis Praemonstratensium Collegiat. Eccles. Assumtae B. M. V. Plagae pro anno communi 1855. 8 (48 S.) Lincii ex Acad. Typographia Joan. Huemer Viduae.

Directorium Canonicorum Regularium Sacri Candidi et Canonici Ordinis Praemonstratensis Collegiat. Eccles. Assumtae B. M. V. Placae, pro anno bissextili 1856. in quo Lit. Dom. F. E. Num. aur. etc. Lincii. ex Acad. typografia Joan. Huemer Viduae. (63 S. 8.)

Directorium Canonicorum Regularium Sacri Candidi et Canonici Ordinis Praemonstratensium assumtæ B. M. V. Plagae anni 1857. Lincii, ex Acad. Typographia Huemer's viduae et Danner. (63 S. 8.)

Directorium Captus ad novam Rom. Breviarii Benedictini correctionem rest. 8. Kempt. 752. Kösel. 5 gr.

Directorium chori ad usum omnium ecclesiarum in quibus officium divinum juxta ritum s. Romanae ecclesiae cantari solet. Ad novam breviarii romani editionem exactum et recentioribus ac festis pro aliquibus locis adauctum. gr. 8. (VIII, 751 S.) Regensburg 874. Pustet. n. 8. —

Directorium diplomaticum, oder chronologisch geordnete Auszüge von sämmtlichen über die Geschichte Obersachsens vorhandenen Urkunden ... Altenburg 1819-23. H: *Schultes, Ldg. Aug.* (MGT)

Directorium Diplomaticum, oder chronolog. geordnete Auszüge von sämmtlichen über die Geschichte Obersachsens vorhandenen Urkunden bis zur Regierung Kaiser Otto I. 1. Bd. 1 Heft. 4. Altenburg, Hahn, 819.

— — Dasselbe. 1 Bds 2s — 4s Heft und Register. 4. Ebend. 820 u. 821. (2s 1 Rthlr. 8 Gr. 3s 1 Rthl. 4 Gr. 4s u. Reg. 1 Rthlr.)

Directorium diplomaticum, oder: chronologisch geordnete Auszüge von sämmtl. über die Geschichte Ober-Sachsens vorhandenen Urkunden. Bearbeitet von L. A. Schultes. IIr Bd. 1s—4s Heft. Mit einem vollständ. Register. 4. Rudolstadt 822—25, Hofbuchhdl.
(1r Band (Altenb., Schnuphase) u. 2r Band. 1—4s, 820—24, 9 Rthlr. 22 gr.

Directorium ecclesiasticum seu Ordo missas celebrandi ... ad usum Canonicorum in ecclesia Klaustroneoburgi 1853. 8. Vindobonae, C Ueberreuter.

Directorium ecclesiasticum seu Ordo missas celebrandi et horas canonicas recitandi ad usum canonicorum regularium Lateranensium in Collegiata ecclesia divae virginis a Sancto Leopoldo austriae Marchione Claustroneoburgi fundata pro 1854. 8. (Fals. 44 pag.) Vindobonae. Typ. Congregat. Mechitharist.

Directorium ecclesiasticum seu Ordo missae celebrandi et horas canonicas recitandi ad usum Canonicorum regularium Lateranensium in collegiata ecclesia divae Virginis a Sancto Leopoldo Austriae Marchione Claustroneoburgi fundata pro anno 1855. 8. (46 S.) Vindobonae. Typis Congregationis Mechitharisticae.

Directorium ecclesiasticum seu Ordo missas celebrandi et horas canonicas recitandi ad usum canonicorum regularium lateranensium in collegiata Ecclesia divae virginis a Sancto Leopoldo Austriae Marchione Claustroneoburgi fundata pro anno bissextili 1856. Vindobonae. Typis Congregationis Mechitharisticae. (50 S. 8.)

Directorium ecclesiasticum seu Ordo missas celebrandi et horas canonicas recitandi, ad usum Canonicorum regularium Lateranensium in collegiata Ecclesia divae virginis a Sancto Leopoldo Austriae Marchione Claustroneoburgi fundata pro anno communi 1857. Vindobonae. Typis Congregationis Mechitharisticae. (50 S. 8.)

Directorium ecclesiasticum, seu ordo diurnus officium divinum recitandi ac missas celebrandi usui Eccles. et Dioec. Lincensis accomodatus. 8 Lincii Typ. Joan. Huemer Vidua. 1853.

Directorium ecclesiasticum seu ordo diurnus officium divinum recitandi ac missas celebrandi usui Ecclesiae et Dioeceseos Linciensis accomodatus juxta ritum Breviarii, Missalisque Romani ac proprii Linciensis, etc. Pro anno Domini communi 1854. 8. (90 S. und 2 Blätter.) Lincii, ex Academica typographia Joannis Huemer Viduae.

Directorium ecclesiasticum seu ordo diurnus officium divinum recitandi ac missas celebrandi usui ecclesiae et Dioeceseos Linciensis accomodatus juxta ritum breviarii, missalisque Romani ac proprii Linciensis; Pro anno Domini communi 1855. 8. (96 S.) Lincii. Academica Typogr. Joannis Huemer Viduae.

Directorium ecclesiasticum seu ordo diurnus officium divinum recitandi ac missas celebrandi usui Ecclesiæ et Diœceseos Linciensis accomodatus juxta ritum breviarii, missalisque romani ac Proprii Linciensis; jussu et auctoritate Reverendissimi ac Illustrissimi Domini Domini Francisci Josephi, Dei et Apostolicæ Sedis Gratia Episcopi Linciensis. Pro anno Domini bissextili 1856. editus. Lincii. Ex Academica Typographia Joannis Huemer viduæ. (95 S. 8 Bl. 8.)

Directorium ecclesiasticum seu ordo diurnus officium divinum recitandi ac missas celebrandi usui Ecclesiæ et Dioeceseos Linciensis accomodatus juxta ritum Breviarii Missalisque romani ac Proprii Linciensis, jussu et auctoritate Reverendissimi ac Illustrissimi Domini Domini Francisci Josephi, Dei et Apost. Sedis gratia Episcopi Linciensis etc. Pro anno Domini communi 1857. Lincii. Ex Academica Typographia Huemer Viduæ et Danner. (94 S. 4 Bl. 8.)

Directorium ecclesiasticum pro Canonicis Reg Lat. S. Augustini collegiatæ ecclesiæ ad S. Michaelem Archangelum Reicherspergæ pro anno Domini 1857. Lincii. Ex officina typografica Feichtingeri. (62, 8 S. 8.)

— ecclesiasticum. Ad usum cleri dioecesis Rottenburgensis. Pro a. D. 1896 bissextili. Jussu atque auctoritate reverendissimi ordinarii Gulielmi episcopi Rottenburgensis. 8. (136 S.) Stuttgart 895. (Rottenburg, W. Bader.) 1 20

— ecclesiasticum. Ad usum cleri dioecesis Rottenburgensis. Pro a. D. 1902. Iussu atque auctoritate reverendissimi ordinarii Pauli Guilelmi episcopi Rottenburgensis. gr. 8. (XII, 126 S.) Stuttgartiae. (Rottenburg, W. Bader.) n. 1. 10

— ecclesiasticum. Ad usum cleri dioecesis Rottenburgensis. Pro a. D. 1906. Iussu atque auctoritate reverendissimi ordinarii Pauli Guilelmi episcopi Rottenburgensis. (XII, 125 S.) 8. Stuttgartiae. (Rottenburg, W. Bader.) n. 1. 40

— ecclesiasticum. Ad usum cleri dioecesis Rottenburgensis. Pro a. 1910. Jussu atque auctoritate reverendissimi ordinarii Pauli Guilelmi, episcopi Rottenburgensis. (XII, 126 S.) 8. Stuttgartiae. (Rottenburg, W. Bader.) 1. 40

— Herbipolense sive ordo recitandi horas canonicas missasque celebrandi juxta rubricas breviarii et missalis romani recogniti. Jussu et authoritate illustrissimi et reverendissimi domini d. Ferdinandi, episcopi Herbipolensis, domini domini nostri clementissimi, ad usum et commoditatem cleri Herbipolensis editum pro a. 1902. 8. (111 S.) Würzburg (V. Bauch). n.n. — 80

— Herbipolense sive ordo recitandi horas canonicas missasque celebrandi juxta rubricas breviarii et missalis romani recogniti. Jussu et auctoritate illustrissimi et reverendissimi domini d. Ferdinandi, episcopi Herbipolensis, domini domini nostri clementissimi. ad usum et commoditatem cleri Herbipolensis editum pro a. 1907. (107 S.) 8. Würzburg, (V. Bauch). n.n. 1. — ; durchsch. n.n. 1. 25

— Herbipolense sive ordo recitandi horas canonicas missasque celebrandi juxta rubricas breviarii et missalis romani recogniti. Jussu et auctoritate illustrissimi et reverendissimi domini d. Ferdinandi, episcopi Herbipolensis, domini domini nostri clementissimi, ad usum et commoditatem cleri Herbipolensis editum pro a. 1910. (103 S.) 8. Würzburg, (V. Bauch.) nn 1. —

Directorium ad horas canonicas persolvendas ac missam celebrandam juxta rit. S. R. E. ad usum fratrum minorum S. P. N. Francisci reformatis provinciae Tirol. D. Leopoldi accomodatum per anno Domini vulgari MDCCCLIII. 16. (63 S.) — Oenipont. Tip. Feliciani Rauch.

Directorium ad horas canonicas persolvendas ac missam celebrandam juxta ritum S. R. E. ad usum fratrum Minorum S. P. N. Francisci reformatae provinciae Tyrol. D. Leopoldi accommodatum pro anno Domini vulgari 1854. 8. (61 S.) Oeniponti. Typis Feliciani Rauch.

Directorium ad horas Canonicas persolvendas ac Missam celebrandam juxta Ritum S. R. E. ad usum fratrum Minorum S. P. N. Francisci reformatae provinciae Tyrol. D. Leopoldi accommodatum pro anno Domini vulgari 1855. 8. (64 S.) Oeniponti. Typis Feliciani Rauch,

Directorium ad horas canonicas persolvendas ac Missam celebrandam juxta ritum S. R. E. ad usum Fratrnm Minorum S. P. N. Francisci reformatae provinciae Tyrol. D. Leopoldi accommodatum pro anno Domini bissextili 1856. Superiorum permissu. Oeniponti, typis Feliciani Rauch. (67 S. 8.)

— itinerantium juxta stationes ex praecipuis locis inclytorum ad Districtum Cassoviensem spectantium Comit. etc. qu. 8. Kaschau 819. Wigand. 1 ₰ 8 ℊ

— Limburgense sive ordo recitandi officium divinum missamque celebrandi. Jussu et auctoritate reverendissimi ac illustrissimi Domini Jacobi Brand, p. ann. 1830. 8. Frankf. a. M. 830. Andreä. 12 ℊ

Directorium Limburgense sive ordo recitandi officium divinum missaque celebrandi jussu et auctoritate J. W. Bausch pro Anno 1837. 8. Frankf. a. M. 837. Andreä. 1/3 ₰

Directorium Liturgicum SS. ecclesiarum Tergestinae et Justinopolitanae unitarumque dioeceseon ad normam missalis et breviar. Rom. nec non proprii dioecesani editum ad annum 1854. 8. (XII et 70 S.) Tergesti, Typis Lloydianis.

Directorium liturgicum usui F. F. ordinis Servorum Provinciae Austriaco - Hungaricae 1853. 8. Vindobonae C. Ueberreuter.

Directorium A. † M. liturgicum usui FF. S. Ordinis servorum B. M. V. Provinciae Austriaco-Hungaricae adcommodatum pro anno Domini post bissextilem secundo a partu Virginis 1854. 8. (84 pag.) Vindobonae Typis Caroli Ueberreuter.

Directorium Liturgicum, A. † M. — usui FF. S. Ordinis servorum B. M. V. Provinciae Austriaco-Hungaricae adcommodatum pro anno domini post bissextilem tertio a partu Virginis 1855. 8. (66 S.) Vindobonae; Typ. Caroli Ueberreuter.

Directorium Liturgicum usui FF. S. Ordinis Servorum B. M. V. Provinciae Austriaco-Hungaricae accomodatum pro anno Domini bissextili a partu Virginis 1856. Vindobonae. Typis Caroli Ueberreuter. (76 S. Status personalis totius Provinciæ Austriaco-Hungaricæ Ord. Serv. B. M. V. pro anno 1856. 8 S. 8.)

Directorium für die Mechitharisten-Kongregation. Für das Jahr 1854. 8. (32 S.) Wien. Druck der P. P. Mechitharisten-Kongregation.

Directorium Monasterii B. V. Mariæ Matris Misericordiæ Desertinensis ad S. Martinum, Ordinis S. P. Benedicti. Illustrissimi ... Domini Benedicti II. Abbatis jussu editum. Pro anno Domini communi 1901. 75 p. 8. Curiæ Rhætorum, typis A.-G. Bünder Tagblatt.

Directorium Monasterii B. V. (*Dir' für 1902:* B. M.) Mariæ Matris Misericordiæ Desertinensis ad S. Martinum nec non Cœnobii monialium (*Dir' für 1903—1910:* S. Joann. Bapt.) Monasteriensis. ordinis S. P. Benedicti .... 8. Desertinae, typis Pl. (*Dir' für 1904—1910:* Jos.) Condrau.

Pro anno Domini communi 1902. 64 p. — Pro a' D' c' 1903. 75 p — Pro a' D' bissextili 1904. 77 p. — Pro a' D' communi 1905. 83 p. — Pro a' D' c' 1906. 74 p. — Pro a' D' c' 1907. [Additum est:] Directorii ... supplementum. 62 + 16 p. — Pro a' D' bissextili (*Umschlag:* communi) 1908. 59 p. — Pro a' D' communi 1909. 48 p. — Pro a' D' c' 1910. 48 p.

— morale sacerdotis, seu sententiae sanctor., patrum doctor., et concilior. in singulos anni dies ad dirigendos sacerdot. mores, collectae a Parocho dioec. Augustanae. 12 maj. Augsburgensi 826, Bolling. (Lipsiae, Herbig.)

Directorium officii divini ad usum Canonicorum regularium Ordinis Praemonstratensis ecclesiae Collegiatae Gerusenae pro anno Domini 1854. 8. (30 S.) Vindobonae. Tipis Congregationis Mechitharistiae.

Directorium officii divini ad usum Canonicorum regularium ordinis Praemonstratensis ecclesiae Collegiatae Gerusenae pro Anno Domini 1855. 8. (32 S.) Typis Congregat. Mechitharisticae.

Directorium officii divini ad usum Canonicorum regularium Ordinis Praemonstratensis Ecclesiæ collegiatæ Gerusenae pro anno Domini 1856. Typis congregationis Mechitharisticæ. (31 S. 8.)

Directorium divini officii celebrandi juxta rubricas S. Ordinis Cisterc. pro Monasterio Stams. Ad annum 1854. 8. (36 S.) Oeniponte. Typis. Feliciani Rauch.

— divini officii pro 1900, qui non est bissextilis, voluntate et decreto excellentissimi, reverendissimi, illustrissimi et eximi domini domini Emman. Joa. Bapt. Schoebel. Ab universo clero dioeceseos Litomericensae observandum. 4. (64 S.) Warnsdorf (A. Opitz). n. 2. —

Directorium officii Divini pro Dioesesi ad S. Hippolytum jussu et auctoritate Domini Feigerle, Editum pro Anno 1854. 8. (66 pag.) Ad S. Hippolytum. Typis Francisci Lorenz.

Directorium divini officii dioecesis Warmiensis jussu et auctoritate illustrissimi ac reverendissimi domini Philippi Krementz, Dei et Apostolicae Sedis gratia episcopi Warmiensis ad a. 1877 editum. 8. (92 S.) Braunsberg 877. Huye. n. 1. 36

Directorium divini officii dioecesis Warmiensis jussu et auctoritate illustrissimi ac reverendissimi domini Philippi Krementz, Dei et Apostolicae Sedis gratia episcopi Warmiensis ad annum 1879 editum. gr. 16. (98 S.) Braunsberg 879. Huye. n. 1. 60

Directorium officii divini in ecclesia collegiata ord. can. reg. S. Augustini Congreg. Lateranensis ad S. Georgium Hegemonopoli sive Ducumburgi in Austria pro anno Domini 1854. 8. (90 S.) Ad S. Hippolytum Typis Francisci Lorenz.

Directorium officii divini Mellicense juxta ritum breviarii Monastici recogniti Benedictini et decreta S. R. C. ad. annum Domini 1855 accommodatum. 8. Vindobonae, Typis Congregationis Mechitharisticae.

Directorium officii divini Mellicense juxta ritum Breviarii Monastici recogniti Benedictini et decreta S. Rit. Congregationis ad Annum Domini bissextilem 1856 accommodatum. Vindobonae. Typis haeredum a Ghelen. (29 Bl. 8.)

Directorium officii divini omnibus sub regula SS. P. Benedicti militantibus specialiter tamen Monasterio S Petri Salisburgi ad commodatum pro 1853 12. (88 et 12 S.) Salisburgi Typ Endl et Penker.

Directorium Officii divini Omnibus sub Regula SS. P. Benedicti Militantibus specialiter tamen Monasterio S. Petri Salisburgi ad commodatum, pro anno Domini 1854. 16. (92 S.) Salisburgi. Ex typografia Endl et Penker.

Directorium officii divini omnibus sub Regula Ss. P. Benedicti militantibus, specialiter tamen Monasterio S. Petri Salisburgi adcommodatum, pro anno Domini 1855. 16. (19, 14 und 4 S.) Salisburgi Ex typographia Endl et Penker

Directorium officii divini Omnibus sub regula SS. P. Benedicti Militantibus, specialiter tamen Monasterio S. Petri Salisburgi adcommodatum, pro anno Domini bissextili 1856. Auctoritate et jussu Superiorum. Salisburgi. Ex typografia Endl & Penker. (94 S. Proprium Ecclesiæ. 16 S. 16.)

Directorium officii divini omnibus sub regula Ss. P. Benedicti militantibus, specialiter tamen Monasterio S. Petri Salisburgi adcommodatum, pro anno Domini 1857. Auctoritate et jussu Superiorum. Salisburgi. Ex typografia Endl et Penker. (91, 10 S. 3 Bl. 3 S. 8.)

Directorium officii divini persolvendi, missasque celebrandi pro antiquissima Abbatia Gottwicensi Ordinis sancti Patris Benedicti ad annum domini communem 1854. 8. (26 Blätter.) Vindobonae. Typis Congregationis Mechitharisticae.

Directorium officii divini persolvendi, missasque celebrandi pro antiquissima Abbatia Gottwicensi Ordinis sancti Patris Benedicti ad annum 1855. 8. (48 S.) Vindobonae. Typis Congregationis Mechitharisticae.

Directorium officii divini persolvendi, missasque celebrandi pro antiquissima Abbatia Gottwicensi ordinis sancti patris Benedicti ad annum domini bissextilem 1856. Vindobonae. Typis Congregationis Mechitharisticae. (25 Bl. 8.)

Directorium divini officii recitandi ac sanctae Missae celebrandae pro Canonicis reg. lat. S. Augustini in Collegiata Ecclesia ad D. Thomam Apost. Voravii ad Annum Domini 1855. Graecii. Typis J. A. Kienreich. (96 S. 16.)

Directorium divini officii recitandi ac sanctae Missae celebrandæ pro Canonicis reg. lat. S. Augustini in Collegiata Ecclesia ad D. Thomam Apost. Voravii ad Annum Domini bissextilem 1856. Græcii. Typis J. A. Kienreich. (93 S. 8.)

Directorium divini officii recitandi ac sanctae Missae celebrandae pro Canonicis reg. lat. S. Augustini in Collegiata Ecclesia ad D. Thomam Apost. Voravii ad annum Domini 1857. Graecii. Typis J. A. Kienreich. (91 S. 8.)

Directorium divini officii recitandi, missasque celebrandi, juxta ritum Cisterciensem pro anno Domini 1855 ec. Graecii. Typ. haeredum A. Leykam. (76 S. 8. und 1 Tab. in 4.) geh.

Directorium divini officii recitandi, missasque celebrandi juxta Ritum Cisterciensem pro anno Domini 1856, qui est bissextilis, Pascha occurente 23. Martii. Græcii, Typis et Charta haeredum A. Leykam. (70 S. 8.)

Directorium divini officii recitandi missasque celebrandi juxta ritum cisterciensem pro anno Domini 1857, qui est communis. Pascha occurente 12. Aprilis. Graecii, 1857. Typis et charta haeredum A. Leykam. (83 S. 8.)

Directorium officii divini juxta ritum Sacri ordinis Praedicatorum pro 1853. 8. Viennae C. Gerold et Fil.

Directorium officii divini juxta ritum sacri Ordinis Praedicatorum pro anno Domini 1854. Secundo post bissextilem. 8. (54 pag.) Viennae. Typis Caroli Gerold et filii.

Directorium officii divini juxta ritum sacri ordinis Praedicatorum pro anno Domini 1855. 8. (56 S.) Viennae. Typis Caroli Gerold et filii.

Directorium officii divini juxta ritum Sacri Ordinis Praedicatorum pro anno Domini 1856. bissextili. Viennae. Typis Caroli Gerold filii. (56 S. 8)

Directorium officii divini juxta ritum sacri ordinis Praedicatorum pro anno Domini 1857 primo post bissextilem. Viennae. Typis Caroli Gerold filii. (52 S. 8.)

Directorium, Ordinis servorum B. M. V. provinciae Tirolensis pro anno Domini communi MDCCCLIII. 16. (76 S.) Oeniponti, Tip. Feliciani Rauch.

Directorium Ordinis Servorum B. M. V. provinciae Tirolensis pro anno Domini communi 1854. 8. (70 S.) Oeniponte. Typis Feliciani Rauch.

Directorium ordinis Servorum B. M. V. Provinciae Tirolensis pro anno Comuni 1855. 8. (76 S) Oeniponte. Typis Feliciani Rauch.

Directorium seu ordo officii divini ad usum F. F. Minorum conventualium Ser. P. Francisci. Almae provinciae Austriae junctaeque Stiriae juxta rubricas Breviarii et Missalis Rom. et propr. Vienn. et Secov. Pro anno Domini 1855. 8. (62 S.) Vindobonae. Typis Caroli Ueberreuter.

Directorium seu ordo officii divini ad usum F. F. Minorum conventualium ser P. Francisci almæ provinciæ Austriae junctæque Stiriæ juxta rubricas Breviarii et Missalis Rom. et propr. Vienn. et Secov. pro anno Domini bissext. 1856. Sub adm. R. P. Provinc. Ministro: Norberto Stanka. Vindobonæ. Typis Caroli Ueberreuter. (86 S. 8.)

Directorium seu ordo officii divini ad usum F. F. Minorum conventualium Ser. P. Francisci almae provinciae Austriae. junctaeque Stiriae juxta rubricas Breviarii et Missalis Rom. et Propr. Viennae et Secov. pro anno Domini 1857. Sub adm. R. P. Provinc. Ministro. Norberto Stanka. Vindobonae. Typis Caroli Ueberreuter. (57 S. 8)

Directorium seu ordo divini officii juxta ritum Monastico-Benedictinum persolvendi in commodum religiosissimarum Monalium Ord. SS. P. Benedicti Monasterii Staniątecensis dispositum pro anno domini 1854. 8. (50 S.) Vindobonae. Typis Congregationis Mechitharisticae.

Directorium seu Ordo divinum officium juta ritum Monastico-Benedictinum persolvendi xin commodum religiosissimarum Monalium Ord. S. S. P. Benedicti Monasterii Staniatecensis dispositum pro anno Domini 1855. 8. (58 S.) Vindobonae. Typis Congregat. Mechitharisticae.

Directorium seu ordo divinum officium juxta ritum monastico-benedictinum persolvendi in commodum religiosissimarum Monialium ord. SS. P. Benedicti monasterii Staniatecensis dispositum pro anno Domini 1856. (Bissextili.) Vindobonæ. Typis Congregationis Mechitharisticæ. (52 S. 2 Bl. 8.)

— seu ordo divini officii juxta ritum romanum ad usum dioecesis Monasteriensis pro a. 1909. Jussu et auctoritate illustrissimi ac reverendissimi domini Hermanni, episcopi Monasteriensis. (110, 7 u. 51 S.) kl. 8. Münster (909). (Regensberg.) nn 1. 30

Directorium seu Ordo divinum officium persolvendi et missas celebrandi juxta ritum Romano Monastico-Benedictinum. Usui Monasterii B. Mariae V. ad Scotos Vindobonae Ord. S. P. Benedicti destinatum pro anno communi 1854. 8. (80 S.) Vindobonae. Typis Congregationis Mechitharisticae.

Directorium seu ordo divinum officium persolvendi et missas celebrandi. Juxta ritum Romano-Monastico-Benedictinum usui Monasterii B. Mariae V. ad Scotos Vindobonae Ord. S. P. Benedicti destinatum pro anno communi 1855. 8. (90 S.) Vindobonae. Typis Congregat Mechitharisticae.

Directorium seu ordo divinum officium persolvendi et missas celebrandi juxta Ritum Romano-Monastico-Benedictinum usui Monasterii B. Mariæ V. ad Scotos Vindobonæ Ord. S. P. Benedicti destinatum pro anno bissextili 1856. Vindobonæ. Typis Congregationis Mechitaristicæ. (104 S. 3 Bl. 8.)

Directorium seu ordo divinum officium persolvendi et missas celebrandi juxta Ritum Romano-Monastico-Benedictinum usui Monasterii B. Mariæ V. ad Scotos Vindobonæ ord. S. P. Benedicti destinatum pro anno communi 1857. Vindobonæ. Typis Congregationis Mechitharisticæ. (102 S. 2 Bl. 8.)

Directorium sive Ordo in divinis officiis servandus

— dasselbe. penes ecclesias missionum septentrionalium Germaniae et Daniae a. D. 1898. Mandantibus superioribus ecclesiasticis. 12. (31 u. 11 S.) Ebd. 898. n.n. 1. 10

— sive ordo in divinis officiis servandus penes ecclesias missionum septentrionalium Germaniae et Daniae a. D. 1902. Mandantibus superioribus ecclesiasticis. 12. (40 u. 16 S. m. 1 Tab.) Ebd. n.n. 1. 10

Directorium sive Ordo in divinis officiis servandus penes ecclesias missionum septentrionalium Germaniae et Daniae anno Domini 1905. Osnabrugi. (1905.) 8°.

— **sive ordo in divinis officiis servandus penes ecclesias missionum septentrionalium Germaniae et Daniae a. D. 1906. Mandantibus superioribus ecclesiasticis. (42, 40 u. 4 S. m. 1 Tab.) kl. 8. Osnabrück, (G. Pillmeyer). n.n. 1. 10; durchsch. n.n. 1. 30**

Directorium sive Ordo in divinis officiis servandus penes ecclesias missionum septentrionalium Germaniae et Daniae anno Domini 1908. 1909. 1910. Osnabrugi. (1908. 1909. 1910.) 8°

— **sive ordo in divinis officiis servandus penes ecclesias missionum septentrionalium Germaniae et Daniae a. D. 1910. Mandantibus superioribus ecclesiasticis. (44, 48 u. 4 S. m. 1 Tab.) kl. 8. Osnabrück, (F. Schöningh.) nn 1. 25**

— sive ordo in divinis officiis servandus penes ecclesias vicariatus apostolici Daniae a. D. 1898. Mandantibus superioribus ecclesiasticis. 12. (31 u. 11 S.) Osnabrück 898. (F. Schöningh.) n.n. 1. 10

— **sive ordo in divinis officiis servandus penes ecclesias vicaratus apostolici Daniae a. D. 1902. Mandantibus superioribus ecclesiasticis. 12. (40 u. 16 S. m. 1 Tab.) Osnabrück (F. Schöningh.). n.n. 1. 10**

— **sive ordo in divinis officiis servandus penes ecclesias vicariatus apostolici Daniae a. D. 1904. Mandantibus superioribus ecclesiasticis. (36 u. 18 S. m. 1 Tab) 12. Osnabrück (F. Schöningh). n.n. 1. 10**

Directorium politicum, oder allgemeines Inventarium über die k. baier. Verordnungen ... Augsb. 1810. V: *Gebhardt, Mt. Ant.* (schmal)

Directorium secundum ritum Breviarii Benedictini Diocesis Lincensis ... ad 1853. kl. 8. Lincii. Typ. Feichtinger.

Directorium secundum ritum breviarii Benedictini Sacr. rit congreg. decreta, dioec. Lincensis statuta, ac congreg. Cassin. Indulta ad annum 1854. 8. (92 S.) Lincii. Typ. Feichtingeri.

Directorium secundum Ritum Breviarii Benedictini Sacr. Rit. Congreg. Dioecesis Lincensis statuta, ac Congreg. Cassin. indulta ad annum Christi 1855. Lincii. Feichtinger. (88 S. 8)

Directorium secundum ritum Breviarii Benedictini, Sacr. rit. congreg. Decreta, Dioecesis Lincensis Statuta, ac congreg. cassin. indulta ad annum Christi bissextilem 1856. Lincii. Ex officina typografica Feichtingeri. (88 S. 8)

Directorium secundum ritum Breviarii Benedictini, Sacr. Rit. Congreg. Decreta Dioecesis Lincensis Statuta ac Congreg. Cassin. indulta ad annum Christi 1857. Lincii. Ex officina typografica Feichtingeri. (95 S. 8.)

Directorium Romano-Curiense seu Ordo Missam celebrandi et horas canonicas recitandi iuxta ritum Missalis et Breviarii Romani ac Proprii Curiensis pro anno .... Jussu ... Joannis Fidelis Episcopi Curiensis.... 8. Curiæ Rhætorum, Actiengesellschaft Bündner Tagblatt. [*je* fr. 1. 40]

... 1901. Anno regiminis eiusdem 12. 84 p.
... 1902. Anno — — 13. ([Appendix:] Status cleri sæcularis Diœcesis Curiensis pro anno 1902.) 82 + *Appendix* XVII p.
... 1903. Anno — — 14. ([Appendix:] Status cleri ... pro anno 1903.) 83 + *Appendix* XVII p.

Directorium Romano-Curiense, seu Ordo missam celebrandi et horas canonicas recitandi iuxta ritum Missalis et Breviarii Romani ac Proprii Curiensis pro anno... . Iussu... domini Ioannis Fidelis (Battaglia), Episcopi Curiensis... . ([Cum appendice, *excepto anno 1901:*] Status Cleri Sæcularis Diœcesis Curiensis... .) 8. Curiæ Rhætorum, Typis Actienges. Bündner Tagblatt. [à fr. 1. 40]

... pro anno 1901... . 84 p. — (Loco Schematismi annui — *i. e. Appendicis — prodiit* hoc anno Schematismus decennalis; *v.* Schematismus... .)
... pro anno 1902... . 82 + *Appendix* XVII p. — ... pro anno 1903... . 83 + *App'* XVII p. — ... pro anno bissextili 1904... . 78 + *App'* XVIII p. — ... pro anno 1905... . 79 + *App'* XIX p. — ... pro anno 1906... . 77 + *App'* XX p.

Directorium Romano-Curiense, seu Ordo missam celebrandi et horas canonicas recitandi iuxta ritum Missalis et Breviarii Romani ac Proprii Curiensis pro anno .... Jussu ... domini Joannis Fidelis (Battaglia), Episcopi Curiensis .... ([Cum appendice:] Status Cleri Sæcularis Diœcesis Curiensis ....) 8. Curiæ Rhætorum, Typis Actiengesellschaft Bündner Tagblatt.

... pro anno 1907 .... 85 + XX p. — ... pro anno bissextili 1908 .... 86 + XX p.

Directorium Romano-Gurcense, v. a. Calendarium ecclesiasticum Romano-Gurcense.

— **Romano-Gurcense exhibens ordinem horas canonicas recitandi et missas celebrandi juxta ritum breviarii et missalis romani necnon proprii Gurcensis pro anno 1905. Jussu et auctoritate celsissimi ac reverendissimi domini, domini Josephi, principis-episcopi Gurcensis, ss. theologiae doctoris etc. (XX, 126 S.) 8. Klagenfurt, (Buch- u. Kunsth. des St. Josef-Vereins). n. 2. 80**

Directorium Romano-Lateranense et Lincense seu ordo Missas celebrandi et horas canonicas recitandi ... in usum Canonicorum Regularium Lateranensium O. S. P. Augustini coll. ecol. ad S. Florianum. — Richeriae pro 1853. 8. (98 S.) Lincii, trad. Tip. Joan. Huemer Viduae.

Directorium Romano-Lateranense et Lincense seu Ordo Missas celebrandi et horas canonicas recitandi juxta Missale et Breviarium Romanum, Proprium Lateranense et Lincense in usum Canonicorum Regularium Lateranensium O. S. P. Augustini Collegiatae Ecclesiae ad S. Florianum nec non ad S. Michaelem Archangelum Richeriae. Pro anno communi 1855. 8. (166 S.) Lincii. Ex Academia Typographia Joan. Huemer viduae.

Directorium Romano - Lateranense - Linciense, seu ordo missas celebrandi et horas canonicas recitandi juxta Missale et Breviarium Romanum, Proprium Canonicor. Regular. et Linciense in usum Canonicorum Regularium Lateranensium O. S. P. Augustini Collegiatae Ecclesiae ad S. Florianum, nec non ad S. Michaelem Archangelum Richeriae. Pro anno bissextili 1856. Lincii, ex Academica Typografia Joan. Huemer Viduae. (103 S. 8.)

Directorium Romano-Lateranense-Lincienae, seu ordo Missas celebrandi et horas canonicas recitandi juxta Missale et Breviarium Romanum, Proprium Canonicor. Regular. et Lincense in usum Canonicorum Reg. Later. O. S. P. Augustini Collegiatæ Ecclesiæ ad S. Florianum. Pro anno communi 1857. Lincii, ex typogr. Huemer Viduæ et Danner. (106 S. 5 Bl. 8.)

Directorium Romano-Lavantinum. Clagenfurti, Leon, 1826—59.

Directorium Romano-Lavantinum seu Ordo Missas celebrandi et Horas canonicas recitandi juxta ritum Missalis et Breviarii Romani et Proprii Lavantini pro anno Domini 1854. 8. (104 S.) Clagenfurti, Typis Joannis Leon.

Directorium Romano-Lavantinum seu Ordo Missas celebrandi et Horas canonicas recitandi juxta ritum Missalis et Breviarii Romani et Proprii Lavantini pro anno Domini bissextili 1856. Jussu et Auctoritate Celsissimi ac Reverendissimi Domini Domini Antonii Martini, Principis et Episcopi Lavantini. Clagenfurti. Typis Joannis Leon. (104 S. 8.)

— Romano-Monasteriense ad recitandas horas canonicas et s.s. missae sacrificium celebrandum pro anno Domini 1859. Munster, Cazin. 8. (52 S.) 15 *ngr.*

Directorium Romano-Osnabrugense sive ordo divini officii recitandi et sacri peragenti in civitate et dioecesi Osnabrugensi servandus pro a. D. 1885—1887. Ex mandato reverendissimi episcopi. 12. (à Jahrg. 91 S.) Osnabrück, [Veith.] Wehberg. geb. à Jahrg. *

Directorium Romano-Osnabrugense sive ordo divini officii recitandi et sacri peragendi in civitate et dioecesi Osnabrugensi servandus pro a. D. 1887. Ex mandato reverendissimi episcopi. 12. (91 S.) Osnabrück 887. Veith. geb. n. 2.—

— Romano-Osnabrugense sive ordo divini officii recitandi et sacri peragendi in civitate et dioecesi Osnabrugensi servandus pro a. D. 1898. Ex mandato reverendissimi episcopi. 12. (60 S.) Ebd. 898.
In Leinw. kart. n.n. 1. 30; durchsch. n.n. 1. 50

Directorium Romano-Osnabrugense sive ordo divini officii recitandi et sacri peragendi ad usum dioecesis Osnabrugensis servandus pro a. D. 1902. Jussu et auctoritate illustrissimi ac reverendissimi domini Huberti, episcopi Osnabrugensis. 12. (68 u. 33 S. m. 1 Tab.) Osnabrück (F. Schöningh). n.n. 1. 30; durchsch. n.n. 1. 50

— Romano-Osnabrugense sive ordo divini officii recitandi et sacri peragendi ad usum dioecesis Osnabrugensis servandus pro a. D. 1906. Jussu et auctoritate illustrissimi ac reverendissimi domini Huberti, episcopi Osnabrugensis. (74 u. 40 S. m. 1 Tab.) kl. 8. Osnabrück, (G. Pillmeyer). Geb. n.n. 1. 30; durchsch. n.n. 1. 50

— Romano-Osnabrugense sive ordo divini officii recitandi et sacri peragendi ad usum dioecesis Osnabrugensis servandus pro a. D. 1910. Jussu et auctoritate illustrissimi ac reverendissimi domini Huberti, episcopi Osnabrugensis. — Elenchus cleri dioecesis Osnabrugensis et missionum septentrionalium Germaniae pro a. D. 1910. (79 u. 43 S. m. 1 Tab.) kl. 8. Osnabrück, (F. Schöningh.) nn 1,25; geb. nn 1. 45

Directorium Romano-Salisburgense divini officii recitandi in Metropolitana Ecclesia et Archi-Dioecesi Salisburgensi ad annum Domini 1857. Auctoritate et jussu Reverendissimi, Celsissimi ac Excellentissimi Domini Domini Maximiliani Josephi Principis Archiepiscopi Salisburgensis etc. Salisburgi. Ex typographia Duyleana. (70 S. 8.)

Directorium Romano-Sangallense, sive Ordo recitandi officium divinum missamque celebrandi juxta Breviarium Romanum ac Proprium Sangallense. Jussu ... domini Augustini (Egger), Episcopi Sangallensis. ([Cum appendice:] Status Cleri sæcularis Diœcesis Sangallensis... .) 8. Ad S. Gallum, Typis «Ostschweiz».
Pro anno 1901. 62 + *Appendix* XIV p. — Pro anno 1902. 60 + *App'* XIV p. — Pro anno 1903. 60 + *App'* XIV p. — Pro anno 1904. 62 + *App'* XIV p. — Pro anno 1905. 62 + *App'* XIV p. — Pro anno 1906. 60 + *App'* XIV p.

Directorium Romano-Sangallense, sive Ordo recitandi officium divinum missamque celebrandi juxta Breviarium Romanum ac Proprium Sangallense. Jussu ... domini Ferdinandi (Rüegg), Episcopi Sangallensis. Pro anno 1907. ([Cum appendice:] Status Cleri sæcularis Diœcesis Sangallensis conscriptus initio mensis Decembris 1906.) 63 + *Appendix* XV p. 8. Ad S. Gallum, Typis «Ostschweiz».

Directorium Romano-Sangallense sive Ordo recitandi officium divinum missamque celebrandi juxta Breviarium Romanum ac Proprium Sangallense. Jussu ... domini Ferdinandi (Rüegg), Episcopi Sangallensis. ([Cum appendice:] Status Cleri sæcularis Diœcesis Sangallensis... .) 8. Ad S. Gallum, Typis «Ostschweiz».
Pro anno 1908. 62 + *Appendix* XVI p. — Pro anno 1909. 60 + *App'* XV p.

Directorium Romano-Sangallense sive Ordo recitandi officium divinum missamque celebrandi juxta Breviarium Romanum ac Proprium Sangallense. Jussu ... domini Ferdinandi (Rüegg), Episcopi Sangallensis. Pro anno 1910. ([Cum appendice:] Status Cleri sæcularis Diœcesis Sangallensis ... .) 61 + *Appendix* XVI p. 8. Ad S. Gallum, Typis «Ostschweiz».

Directorium Romano-Sangallense sive Ordo recitandi officium divinum missamque celebrandi juxta Breviarium Romanum ac Proprium Sangallense. Jussu ... domini Ferdinandi (Rüegg), Episcopi Sangallensis. Pro anno 1911. ([Cum appendice:] Status Cleri sæcularis Diœcesis Sangallensis ... .) 63 + XVI p. 8. Ad S. Gallum, Typis «Ostschweiz».

Directorium romano-Seccoviense, seu ordo missas celebrandi et horas cononicas recitandi juxta ritum missalis, et breviarii romani ac proprii Seccoviensis pro Anno Dom. 1853. 8. (83 S.) Graecii, tip. J. A. Kienreich 1853.

Directorium Romano-Seccoviense, seu Ordo missas celebrandi et horas canonicas recitandi juxta ritum missalis, et breviarii Romani ac proprii Seccoviensis pro anno 1854. 8. (84 pag.) Graecii, Typ J. A. Kienreich.

Directorium Romano-Seccoviense, seu Ordo Missas celebrandi et horas canonicas recitandi juxta Ritum Missalis et Breviarii Romani, ac proprii Seccoviensis pro anno Domini 1855 ec. ec. Graecii, typis J. A. Kienreich. (84 S. 8.)

Directorium Romano-Seccoviense, seu Ordo Missas celebrandi et horas canonicas recitandi juxta ritum missalis, et breviarii romani ac Proprii Seccoviensis pro anno Domini bissextili 1856. Authoritate et jussu Celsissimi ac Reverendissimi Principis ac Domini Domini Ottocari Mariae e Comitibus ab Attems, Episcopi Seccoviensis etc. Graecii. Typis J. A. Kienreich. (86 S. 8.)

Directorium Romano - Seccoviense, seu ordo missas celebrandi et horas canonicas recitandi juxta ritum missalis et breviarii romani, ac proprii Seccoviensis pro anno Domini 1857. Authoritate et jussu Celsissimi ac Reverendissimi Principis ac Domini Domini Ottocari Mariae e Comitibus ab Attems, Episcopi Seccoviensis etc. Graecii, Typis J. A. Kienreich. (84 S. 8)

— Romano-Trevirense. ibid. 841. n. 8 ngl 8 ♃

— Romano-Trevirense, seu ordo divini officii, juxta ritum breviarii et missalis jussu et authoritate rev. et illustr. domini Guilelmi, episcopi, dispositum et editum pro a. D. 1860. Trier, Lintz. 8. (X, 56 S.) n. 8 ngr.

Directorium Romano-Trevirense, seu ordo divini officii, juxta ritum breviarii et missalis, dispositum et editum pro a. d. 1862. 8. (X und 57 S.) Trier 862, Lintz' Verlag. *

— Romano-Trevirense seu ordo divini officii, juxta ritum breviarii et missalis jussu et authoritate Matthiae, episcopi Trevirensis, dispositum et editum pro anno 1869. Trier 869. Lintz. 8. (XII, 60 S.) 9¾ ngr.

— Romano-Treverense seu ordo divini officii jussu et auctoritate reverendissimi et illustrissimi domini domini Michaelis Felicis episcopi Treverensis dispositum pro a. 1898. 12. (64, XVI u. XII S.) Trier (897). (Paulinus-Druckerei.) n.n. —95; durchsch. n.n. 1.10; geb. n. 1.20; u. durchsch. n.n. 1.40; m. Notizpap. n.n. 1.50

— Romano-Treverense seu ordo divini officii jussu et auctoritate reverendissimi et illustrissimi domini domini Michaelis Felicis episcopi Treverensis dispositum pro a. 1902. 12. (72, 17 u. 10 S.) Trier (Paulinus-Druckerei). n.n. —95

Directorium Romano-Treverense seu ordo divini officii jussu et auctoritate reverendissimi et illustrissimi domini domini Michaelis Felicis episcopi Treverensis dispositum pro a. 1906. (70, 10 u. 18 S.) kl. 8. Trier, (Paulinus-Druckerei). n.n. —95

— Romano-Treverense seu ordo divini officii jussu et auctoritate illustrissimi reverendissimi et domini domini Michaelis Felicis episcopi Treverensis dispositum pro a. 1910. (79, 18, 11 u. 8 S.) kl. 8. Trier, (Paulinus-Druckerei.) nn —95; nn 1.10; nn 1.20; nn 1.40 u. nn 1.50

Directorium romanum seu ordo divini officii dicendi et sacrum faciendi a clero vicariatus apostolici Luxemburgensis juxta ritum romanum a. D. 1863. Luxemburg, (Brück.) 8. (99 S.) 18 ngr.

— — a. D. 1864. Ebend. 8. (105 S.) 18 ngr.

Directorium Romanum seu ordo divini officii dicendi et sacrum faciendi a clero vicariatus apostolici Luxemburgensis juxta ritum romanum a. d. 1865. Luxemburg 865. (Brück.) 8. (103 S.) 18 ngr.

— — juxta ritum romanum a. d. 1866. Ebend. 866. 8. (94 S.) 18 ngr.

— — juxta ritum romanum a. d. 1867. Ebend. 867. 8. (103 S.) 18 ngr.

Directorium für die Schwestern vom II. Orden des heil. Dominicus in Friesach. Wien 1895. V: *Unterforcher, Maria Josepha.* (EB)

Directorium pro Monasterio Stams. 1857. Oeniponto. Typis Feliciani Rauch. (32 S. 8.)

Directorium Trevirense, seu Ordo divini officii etc. pro A. 1841 et 1842. 8. Trier 841. Lintz. à n. 8 ngl 8 ♃

— Trevirense, seu ordo divini officii, juxta ritum breviarii et missalis jussu et authoritate rev. et illustr. domini Guilelmi, episcopi, dispositum et editum pro a. d. 1860. 8. (XII und 51 S.) Trier 860, Lintz' Verlag. *

Directorium Trevirense, seu ordo divini officii, juxta ritum breviarii et missalis, dispositum et editum pro a. d. 1862. 8. (XIII und 52 S.) Trier 862, Lintz' Verlag. *

— Trevirense, seu ordo divini officii, juxta ritum breviarii et missalis jussu et authoritate Matthiae, episcopi Trevirensis, dispositum et editum pro anno 1869. 8. (XIII, 56 S.) Trier 869, Lintz' Verlag.

— trevirense seu ordo divini officii auctoritate reverendissimi et illustrissimi domini Michaelis Felicis, episcopi trevirensis. Dispositum pro anno bis sextili MDCCCLXXXVIII. 8. (31 S.) Trier 888, Paulinus-Druckerei. **
Erscheint jährlich.

— trevirense seu ordo divini officii auctoritate reverendissimi et illustrissimi domini Michaelis Felicis, episcopi trevirensis. Dispositum pro anno bis sextili 1889. 8. (31 S.) Trier 889. Paulinus-Druckerei. n.n. —85
Erscheint jährlich.

— trevirense seu ordo divini officii auctoritate reverendissimi et illustrissimi domini Michaelis Felicis, episcopi treverensis. Dispositum pro anno MDCCCXCIII. 8. (31 S.) Trier 892, Paulinus-Druckerei. ** —85
Erscheint alljährlich.

Directorium Treverense seu ordo divini officii auctoritate reverendissimi et illustrissimi domini Michaelis Felicis episcopi Treverensis dispositum pro anno salutis 1894. 8. (32, XVI u. X S.) Trier 894. Paulinus-Druckerei. Mit Schreibpap. durchsch. n.n. 1.10

Directorium Treverense seu ordo divini officii auctoritate reverendissimi et illustrissimi domini domini Michaelis Felicis episcopi Treverensis dispositum pro a. 1898. 12. (31, XVI u. XII S.) Trier (897). (Paulinus-Druckerei.) n n. —95; durchsch. n.n. 1.10; geb. u. 1.20; u. durchsch. n.n. 1.40; m. Notizpap. n.n. 1.50

— Treverense seu ordo divini offici auctoritate reverendissimi et illustrissimi domini domini Michaelis Felicis episcopi Treverensis dispositum pro a. 1902. 12. (36, 17 u. 10 S.) Trier (Paulinus-Druckerei). n.n. 1.55

— Treverense seu ordo divini officii auctoritate reverendissimi et illustrissimi domini domini Michaelis Felicis episcopi Treverensis dispositum pro a. 1906. (36, 10 u. 18 S.) kl. 8. Trier (Paulinus-Druckerei). n.n. 1.55

— Treverense seu ordo divini officii auctoritate illustrissimi et reverendissimi domini domini Michaelis Felicis episcopi Treverensis dispositum pro a. 1910. (36, 18, 11 u. 8 S.) kl. 8. Trier, (Paulinus-Druckerei.) nn 1.55; nn 1.70; nn 1.80; nn 2.— u. nn 2.10

— od. Unterweisg., wie die vornehmsten Übgn. den ganzen Tag hindurch wohl u. nützlich zu verrichten sind. Zunächst f. die Novizen u. Professen d. St. Ursulinen-Ordens. 16. (VII, 400 S.) Wien 892. „St. Norbertus". n. 2.—; geb. in Leinw. n. 2.60

Directory, the, of Second-hand Booksellers and list of public libraries, British and foreign. Edited by James Clegg. 8. (VIII, 112 S.) Rochdale 888. (Leipzig, Hedeler.) geb. **
durchschossen **

Directory, the international, of second-hand booksellers and bibliophile's manual, including lists of the public libraries of the world; publishers, book collectors, learned societies and institutions, theological colleges burns clubs, &c. Ed. by James Clegg. (4. ed.) 8. (XII, 288 S.) Rochdale 894. (Leipzig, G. Hedeler.) Geb. in Leinw. n.n.n. 6.—; durchsch. n.n.n. 7.50

Clegg, James, The international Directory of booksellers and bibliophile's manual includ. Lists of the public libraries of the world publishers ... Rochdale, Leipzig 1906. 8°.

The international Directory of booksellers and bibliophile's manual, including lists of the public libraries of the world ... learned societies and institutions, universities ... Ed. by James **Clegg**. (8. ed.) Rochdale: Clegg; Leipzig: Hedeler 1910. XVIII, 516 S. 8° [09. 18184

Direktiven, s. a. Directiven

Direktiven für die Abhaltung der applikatorischen Uebungen der Artillerie im Festungskriege. 8. (III, 31 S.) Wien 875, Hof- und Staatsdruckerei. *

—— für die Anlage und Einrichtung von Schießplätzen. 8. (III, 38 S. mit 7 lithogr. Taf. und 1 Beilage.) Ebendas. 879. *

Direktiven (II—57.) für die Anlage und Errichtung von stabilen Reserve-Bäckereien mit gemauerten Reserve-Backöfen. (Mit 13 Plantafeln und 14 Beilagen.) (Zu Abtlg. 8/H. B. Nr. 3678 vom Jahre 1903. — N. V. Bl. f. d. k. u. k. Heer, 49. Stück.) 4. Wien 1903.

— für die Anlage u. Errichtung von stabilen Reserve-Bäckereien m. gemauerten Reserve-Backöfen. (Mit 13 Plantaf. u. 14 Beilagen.) (V, 106 S.) gr. 4. Wien 903. (Hof- u. Staatsdruckerei.) n. 5.—

Direktiven für die Erbauung von Friedens-Dynamit-Magazinen. Mit 3 Plänen. 4. Wien, im Juli 1878.

—— für die Erbauung von Friedens-Dynamit-Magazinen. 2. Aufl. 4. (4 S. mit 3 lithogr. Plänen.) Ebendas. 881. cart. *

Direktiven für die Conservirung des k. k. Feld-Artillerie-Materiales. M. 1875. kl. 8. Wien 1877.

Direktiven für Stall-Hygiene. (Zusatz zu den Vorschriften über das Pferdewesen des k. k. Heeres.) Wien o. J. 35 S.

Direktiven (E—12. a) für den Unterricht in der Taktik in den Cavallerie-Brigade-Officiers-Schulen. 8. Wien 1878.
— — (Neuauflage.) 8. Wien 1879.
— — (Neuauflage.) 8. Wien 1890.

Direktiven für die Untersuchung und Beurteilung der Bindehauterkrankungen bei Militärpflichtigen. (Erläuterungen zu d. Ziffern 20 u. 21 d. Anl. 1. d. Heerordnung.) [Berlin: E. S. Mittler & Sohn 1906.] (2 Bl.) 8° [06. 19817

Direktiven für die Verpflegung der mobilen Armee. Berlin 1870. 8°.

Auf Sr. Königl. Hoheit, unseres höchstzuverehrenden und weisesten ⊙ [Heermeisters, d. i. Karl, Herzog von Södermanland] gnädigsten Befehl, hat das ⚹ [Direktorium] des nordischen Priorats von der IX. Provz. [d. i. Schweden] nachstehenden Auszug aus dem Ceremoniel, das bey Höchstdero Installation, als Vicarius Salomonis in der IX. Provz. den 15. Merz im Jahr 1780 befolget worden, verfertigen lassen. [Braunschweig 1780: Kolb.] 7 S. 2° [Kopftit.]
Abgedr. in: Schröder, F. L.: Materialien z. Gesch. d. Frmrey seit der Wiederherst. d. gr. L. i. London. 3 (o. J.) S. 361—378. cf. Reichspostreuter. (Altona) 1780 No 70.

Dirichlet, Geo. Lejeune, de equitibus atticis. Dissertatio inauguralis philologica. gr. 8. (40 S.) Königsberg 882, (Hartung'sche Verlagsdruckerei.) *

Dirichlet, G. Lejeune, Paul Güßfeldt u. d. humanistische Gymnasium. 8. (28 S.) Königsberg i/Pr. 890. Koch. n. —50

Dirichlet, Georg Lejeune [Dr.]: **Der Philosoph Seneca als Quelle für die Beurteilung der ersten römischen Kaiser. Königsberg, Hartungsche Buchdr., 1890; S. 1—32; 4°**
Königsberg in Pr., Kneiphöfisches Stadt-G, OP 1890 (10)

Dirichlet, Gustav Lejeune

Dirichlet, P. G. L., s.a. Lejeune Dirichlet, P. G.

—— Über die Anziehung homogener Ellipsoide, s. Klassiker der exacten Wissenschaften.

Dirichlet, P. G. Lejeune, üb. die Anziehung homogener Ellipsoide, s.: Ostwald's, W., Klassiker der exakten Wissenschaften.

— De formarum binariarum secundi gradus compositione. (Commentatio.) Berolini 1851.

Dirichlet, Lejeune, die Darstellung ganz willkürlicher Functionen durch Sinus- u. Cosinusreihen, s.a. **Ostwald's, Wilh., Klassiker der exakten Wissenschaften.**

Die Darstellung ganz willkürlicher Functionen durch Sinus- und Cosinusreihen von [Gustav] Lejeune **Dirichlet** ⟨1837⟩ u. Note über e. Eigenschaft d. Reihen, welche discontinuirliche Functionen darstellen von Philipp Ludwig Seidel ⟨1847⟩. Hrsg. von Heinrich Liebmann. *Leipzig: W. Engelmann 1900.* (58 S.) 8°
= **Klassiker**, Ostwald's, d. exakten Wissenschaften. No 116. [00. 12521

Dirichlet, Gustavus Lejeune: De formis linearibus, in quibus continentur divisores primi quarumdam formularum graduum superiorum: Vratislaviae [1828]. (27 S.) 8° *[Die Disput. üb. diese Schrift war d. Verf. vom Min. erlassen; Probevorlesung am 10. 5. 1827. — Wiederabgedr. in d. Verf. Werken Bd 1. 1889.]*
Breslau, Phil. Fak., Hab.-Schr. v. 1828

— Untersuchungen üb. verschied. Anwendgn. d. Infinitesimalanalysis auf d. Zahlentheorie, s.a. Ostwald's, W., Klassiker d. exakten Wissenschaften.

Untersuchungen über verschiedene Anwendungen der Infinitesimalanalysis auf die Zahlentheorie von [Peter] G[ustav] Lejeune **Dirichlet**. '(1839—1840.)' Deutsch hrsg. von R[obert] Haussner. *Leipzig: W. Engelmann 1897.* (128 S.) 1 Bd 8.
= **Klassiker**, Ostwald's, d. exakten Wissenschaften. No 91. [97. 63181

Dirichlet, G Lejeune, Untersuchungen über ein Problem der Hydrodynamik. Aus dessen Nachlass hergestellt von R. Dedekind. gr. 4. (42 S.) Göttingen 860, Dieterich'sche Buchh. *
Aus: Abhandlungen der k. Gesellschaft der Wissenschaften zu Göttingen, besonders abgedruckt.

Dirichlet. P. G. Lejeune. Vereinfachung der Theorie der binären quadratischen Formen von positiven Determinanten. Berlin 1854. 4.

Dirichlet, P. G. Lejeune-, Vorlesungen über die im umgekehrten Verhältniss des Quadrats der Entfernung wirkenden Kräfte. Hrsg. von F. Grube. gr. 8. (VIII, 183 S.) Leipzig 876, Teubner. *

Dirichlet, P. G. Lejeune-, Vorlesungen über die im umgekehrten Verhältniss des Quadrats der Entfernung wirkenden Kräfte. Hrsg. von F. Grube. 2. Aufl. gr. 8. (VIII, 184 S.) Leipzig 887, Teubner. *

G[ustav] Lejeune-Dirichlets Vorlesungen über die Lehre von den einfachen und mehrfachen bestimmten Integralen. Hrsg. von Gustav Arendt. Mit Abb. *Braunschweig: F. Vieweg & Sohn 1904.* (XXIII, 476 S.) 8°
[04. 10861

Dirichlet. P. G. Lejeune. Vorlesungen über Zahlentheorie. Herausgeg. v. R. Dedekind. Braunschweig 1863.

— — Dasselbe. Herausgeb. u. mit Zusätzen versehen von Dedekind. Braunschweig 1870. 8°.

Dirichlet, P. G. Lejeune, Vorlesungen über Zahlentheorie. Hrsg. und mit Zusätzen versehen von R. Dedekind. 2. umgearb. und verm. Aufl. gr. 8. Braunschweig 871, Vieweg und Sohn. *

—— Vorlesungen über Zahlentheorie. Hrsg. und mit Zusätzen versehen von R. Dedekind. 3. umgearb. und verm. Aufl. 1. Abthl. gr. 8. (283 S.) Braunschweig 879, Vieweg und Sohn. *

Dirichlet, P. G. Lejeune, Vorlesungen über Zahlentheorie. Hrsg. und mit Zusätzen versehen von R. Dedekind. 3. umgearb. und verm. Aufl. 2. (Schluss-)Abthl. gr. 8. (XVI, S. 285—627.) Braunschweig 881, Vieweg und Sohn. *
1. Abthl. Ebendas. 1879. *M 6.

— **Vorlesungen üb. Zahlentheorie. Hrsg. u. m. Zusätzen versehen v. R. Dedekind. 4., umgearb. u. verm. Aufl. gr. 8. (XVII, 657 S.) Braunschweig 894. F. Vieweg & Sohn.** n. 14. —

G[ustav] Lejeune Dirichlet's Werke. Hrsg. auf Veranl. d. Kgl. Preuss. Akad. d. Wiss. In 2 Bdn. Bd 1. 2. *Berlin: G. Reimer 1889—97.* 2 Bde 4.
1. Hrsg. ... v. L[eop.] Kronecker. M. G. Lejeune Dirichlet's Bildn. 1889. (X S., 1 Bl., 644 S., 1 Portr.)
2. ... fortges. v. L[azarus] Fuchs. 1897. (X, 422 S., 1 Bl.) [97. 6038

Dirichlet, Peter Gustav Lejeune, s. Dirichlet, Gustav Lejeune

Dirichlet, Walter Lejeune, das verdammte Geld! Nach dem Französ. des Bastiat für die deutsche Gegenwart bearb. 1. und 2. Aufl. gr. 8. (24 S.) Berlin 885, Walther und Apolant. *

Dirimel und Laura. Melodrama in einem Akte. München 1784. V: *Nesselrode, F. G. Freih. v.* (GGr)

Diringer, A., die Tanz-Kunst. Kulturhistorische Skizze. Die Tänze der einzelnen Völker und die prakt. Lehre der modernen Salon-Tänze, nebst einem illustr. Cotillon. 8. (125 S. mit 50 Illustr. und 1 Titelbild.) München 886, Fritsch. *

Diringer, A. Die Tanzkunst. Kulturhistorische Skizze m. Tanz-Lexikon. Die Tänze der einzelnen Völker u. die praktische Lehre der modernen Salon-Tänze, nebst e. illustr. Cotillon. 3. vergröß. u. verb. Aufl. 8. (172 S. m. Illustr.) Münch. 889, Fritsch. * 2 —

Diringer, A., d. Tanzkunst. Kulturhistor. Skizze m. Tanz-Lexikon. D. Tänze d. einz. Völker u. d. prakt. Lehre d. mod. Salon-Tänze, nebst e. ill. Cotillon. 4., vergröß. u. verb. Aufl. 8. (172 S. u. 70 Ill. u. 1 Titelbild.) München (895). C. Fritsch. n. 2. —

Annales imperatorum et paparum Eistettenses. (Henrici Rebdorfensis annales imperatorum et paparum.) Übersetzt und erläutert. — Von Joseph Diringer, Stdl. — 1883, Eichstätt, ibid. — 8. III—VI, 1—105⁸.
Progr. Eichstätt, K. Gymn.

Diringer, Jos., die Periode oder der Gliedersatz in der deutschen Sprache. gr. 8. (60 S.) Eichstätt 878, (Krüll'sche Buchh.) *

Diringer, Jos., die Periode oder der Gliedersatz in der deutschen Sprache. gr. 8. (60 S.) Eichstätt 878. (Stillkrauth.) n. 2. —

Dirk, Albert, Arzt aus Niederorschel: Zwei Fälle von Heilung einer durch Laparotomie entstandenen Harnleiterverletzung durch Einpflanzung in die Blase. *Halle a. S. 1900: C. A. Kaemmerer & Co.* (30 S.) 8°
Halle, Med. Diss. v. 7. Juli 1900

von Dirke, (Herm.) Adolph (geb. Saarlouis 19. 2. 1851): Ueber Trichinenerkrankung mit Anschluss eines Falles. Berlin (1874). (31 S.) 8°
Berlin, Med. Diss. v. 18. März 1874

Dirking, Aug., der älteste Junge, — Er muß Manieren haben, — Siegespalmen, } s.: Vereins-Theater, kathol.

Dirking, Ioh., Triplex Horologium Iuventutis studiosae quotidianum etc. 12. Ofen, Univ. Bhdl. 741.

Dirking-Holmfeld, Constant von, s. Dirckinck-Holmfeld.

Dirkink, A., der Schelm im Gasthof, s.: Dilettanten-Bühne, die. 8. Hft.

Dirkink, J. v. (Frau Josefa Sandhage), die beiden Brune. Roman. (272 S.) 8. Köln (904). J. P. Bachem. n. 3. —; geb. n. 4. 20

— auf roter Erde u. andere Novellen, s. a. Aus Vergangenheit u. Gegenwart. 56. Bdchn.

Auf roter Erde u. andere Novellen. Von J. v. Dirkink [d. i. Josefa Sandhage]. Kevelaer: Butzon & Bercker [1905]. (96 S.) 8° [F.]
= Vergangenheit, Aus, u. Gegenwart. Bdch. 56. [06. 13384 b

Dirkink, J. v. (J. Sandhage), Ginsterblüten. Novellen u. Skizzen. 8. (272 S.) Steyl (901). Missionsdruckerei. Geb. in Leinw. n. 2. 50

— Heckenrosen. Novellen u. Skizzen. 8. (311 S.) Ebd. 899. Geb. in Leinw. n. 2. 50

Dirkink, J. v. (J. Sandhage), Heideblumen. Novellen u. Skizzen. 8. (288 S. m. Bildn.) Steyl 897. Missionsdruckerei. Geb. in Leinw. n. 2. 50

Dirkink, J. v. Im Kampf m. d. Welt, s. Bachem's Novellen-Sammlg.

— der Klosterschatz, s.: Für Herz u. Haus!

— um den Lorbeer, s.: Roman- u. Novellen-Schatz.

— Herm's Vermächtniß, s. Bachem's Novellen-Sammlung.

Dirks, Bernhard, a. Heiligenstadt (Eichsfeld): Über das 2-Aminoflavon und dessen Derivate. Rostock 1906: C. Hinstorff. (47 S.) 8°
Rostock, Phil. Fak., Ref. Michaelis, Diss. v. 2. April 1906
[Geb. 23. Mai 83 Heiligenstadt (Eichsfeld); Wohnort: Heiligenstadt; Staatsangeh.: Preußen; Vorbildung: Kgl. kath. Gymn. Heiligenstadt Prima-Reife O. 00; Studium: T.H. Hannover 2, Univ. Rostock 8 S.; Rig. 28. März 06.]

Dirks, Emil, aus Ohr: Ein Fall von Paralysis agitans traumatica beobachtet in der Königlichen medizinischen Universitäts-Klinik zu Göttingen. *Göttingen 1899: Dieterich.* (22 S.) 8°
Göttingen, Med. Diss. v. [24. Mai] 1899

Dirks, Fr., Servatius, ein Büchlein von der Hoffnung. Aus dem Fläm. übers. von Arno Grimm. 16. (XVI und 136 S.) Mainz 860, Kirchheim.

Dirks, Gust., der Tic im Kindesalter u. seine erziehliche Bedeutung, s. a. Beiträge zur Kinderforschung u. Heilerziehung 50. Heft.

Der Tic im Kindesalter und seine erziehliche Behandlung. Von Gustav Dirks. Langensalza: Beyer 1908. 29 S. 8°
(Beiträge z. Kinderforschung u. Heilerziehung. H. 50.) [09. 5803

Dirks, H., Statistik der Menn.-Gemeinden 1905

Dirks, Heinr., der Christ, wie er sein soll. In 8 Predigten üb. die Seligpreisgn. der Bergpredigt Jesu dargestellt. 8. (88 S.) Gnadenfeld, Südrußl. 891. J. & D. Reimer. n. 1. 20

— ist es recht, daß man sich noch einmal taufen läßt? 8. (18 S.) Ebd. 891. n. — 50

Dirks, Jac., De judicis vemicis. Amstelodami 1835. gr. 8. . . . . (BRU.)

Dirks, Joh. Fr., Struukwark. Riemels un Vertellsels. (VIII, 181 S.) 8. Norden (903). D. Soltau. n. 2. —; geb. in Leinw. n. 3. —

Ⓗ Dirks, Joh. Fr., Strukwark. 903. (KVB 83.) Jetzt: Leipz., O. Lenz.

DIRKS, Marie (Osterhusen): Ueber Beeinflussung der diabetischen Azidose.- München: Kastner & Callwey 1910. 27 S.- S.-Abdr.aus: Annalen der städtischen allgemeinen Krankenhäuser zu München. Bd.14. 16.1.1911 - Chr 1910/11,24; U 11.3606
Diss. Ingolst.-Landsh.-Mchn.

Dirks, Theodor, die Geschichte der Deutschen in 100 Versen für die Jugend deutscher Schulen u. Häuser. gr. 8. (30 S.) Oldenburg 847, Schulze. 6 1/4 ngl

Mitteilungen aus dem 'Plattdütschen Kleunner' nebst e. Zugabe in gleicher Mundart von Theodor **Dirks**. Jever: C. L. Wettker & Söhne 1901. (341 S.) 8° [F.] [06, 14643

Die Beredsamkeit Jesu am Kreuz am Charfreitage 1773 in der Königl. deutschen Gesellschaft zu Königsberg entwickelt von B. DIRKSEN ... ib. gedruckt bey G. L. Hartung. 40.

Dirksen, Bernhard, Kammergerichts-Ref. aus Berlin: Ein Beitrag zur Lehre des Rechts von der Firma. *Berlin 1898: L. Simion.* (48 S.) 8°
Erlangen, Jur. Diss. v. 16. Okt. 1898

Dirksen, C. W., der Wildmeister Grußdorf, oder: der letzte deutsche Jäger. Eine Biographie. br. 8. (219 S.) Potsdam 867, (Busch.)

Dirksen, C. W., s. Wohnungsanzeiger, allgemeiner, für die königl. Residenzstadt Potsdam.

Dirksen, E. Üb. Bleivergiftg a. Bord v. Kriegsschiffen. (S.-A.) 1894.

Dirksen, Eduard (Neu-Ruppin), Ueber Doppelfracturen der langen Knochen. Dissert. med.-chir. Bln. (M. Niethe) 2. VII. 1885. 107 S. mit Biogr. (5.—) 6583
Oppon.: Paulun, Rougemont, Hagen.

Dirksen, Ed., über Doppel-Fracturen der langen Knochen. Abhandlung. gr. 8. (104 S. mit 1 Tab.) Berlin 885, Fischer's medicin. Buchh. *

Dirksen, Enne Heeren, üb. d. Anwendung d. Analysis auf d. Rectification d. Curven, d. Quadratur d. Flächen u. d. Cubatur d. Körper. Eine in d. k. Academie d. Wissensch. geles. Abhandl. gr. 4. (6 B.) Berlin 835. (Dümmler.) *

— über die Darstellbarkeit der Wurzeln einer allgem. algebraischen Gleichung, mittelst expliciter algebraischer Ausdrücke von den Coëfficienten. Ein Versuch die Unmöglichkeit einer allgemeinen Auflösung der algebraischen Gleichungen zu beweisen. Eine in d. K. Acad. d. W. am 13. März 1834 gelesene Abhandl. gr 4. Berlin 836. Dümmler. n. 2/3 ßl

— analyt. Darstell. d. Variations-Rechnung, mit Anwendung derselben auf die Bestimm. d. Größten u. Kleinsten. 4. Berl. 823. Schlesinger. 3 ßl 12 gl

– dass. s.a. Dirksen, H. E.

—— über d. Darstellung d. Wurzeln, eine allgem. algebraischen Gleichung, mittelst expliciter algebra. Ausdrücke von d. Coëfficienten. Ein Versuch, d. Unmöglichkeit ein. allgem. Auflösung d. algebr. Gleichungen zu beweisen. Eine in d. k. Academie d. Wissensch. geles. Abhandl. gr. 4. Berlin 836, (Dümmler.) *

Enno Heeren Dirksen

Enno Heron Dirksen: Historiae progressuum instrumentorum, mensurae angulorum accuratiori inservientium, inde a Tob. Mayeri temporibus, adumbratio, nec non de artificio multiplicationis. Gottingae 1819: Dieterich . 38 S. 4°

Göttingen, Phil.Preisschr.v.4.Juni 1819

Dirksen, Enne Heeren, historica progressuum instrumentorum mensurae angulorum accuratiori inservientium, inde a T. Mayeri temporibus adumbratio, nec non de artificio multiplicationis. 4 maj. Götting. 820. Dieterich. 8 gl

Dirksen, E. H. Über die Methoden, den Werth eines bestimmten Integrals durch Näherung zu bestimmen. 1831. 4.

Dirksen, Enne Heeren, über d. Methoden, d. Werth eines bestimmt. Integrals näherungsweise zu bestimmen. Gelesen in d. Akademie d. Wissenschaften am 3. Febr. 1831. gr. 4. (6 B.) Berlin 832, (Dümmler.)

Dirksen, Enne Heeren, Organon d. gesammten transcendenten Analysis. 1. Thl. Transcendente Elementarlehre. gr. 8. (60 1/2 B.) Berlin 845, G. Reimer.

—— über d. Trennung d. reellen Wurzeln reeller numer. Gleichungen mit Einer Unbekannten. gr. 4. (7 B.) Berlin 837, (Crantz.) *
Aus: Abhandlg. d. Akademie zu Berlin, besond. abgedruckt.

Dirksen, H. D., Wappenbuch d. Landes Wursten, s.: Bauernwappen der deutschen Nordsee-Marschen.

Dirksen, H. E.

— analyt. Darstell. d. Variations-Rechnung, mit Anwendung derselben auf d. Bestimm. d. Größten u. Kleinsten. 4. Berlin 823, Schlesinger.

– dass. s.a. Dirksen, Enne Heeren

Dirksen, H. E., Ueb. die, durch die griech. u. latein. Rhetoren angewendete, Methode der Auswahl u. Benutzung v. Beispielen römisch-rechtlichen Inhalts. Ak. 1847. 80 S. 4°. 1.25

Dirksen, H. E., Ueb. ein, in Justinian's Pandekten enthaltenes, Verzeichnis ausländischer Waaren, von denen eine Eingangssteuer an d. Zollstätten d. röm. Reiches erhoben wurde. Ak. 1848. 50 S. 4°. 2.—

— Die Wirksamkeit d. Ehegelöbnisse, nach d. Bestimmung einzelner Ortsrechte im Bereiche d. röm. Herrschaft. Ak. 1848. 22 S. 4°. 1.20

—— über ein epigraphisches Zeugnis von der Weihung des, zur Zeit des Nero'nischen Stadtbrandes gelobten, Heiligthums in Rom. gr. 4. (8 S.) Berlin 861, (Dümmler's Verlagsh.) *
Vorstehende sechs Schriften des Verf. wurden aus: Abhandlungen der k. Akademie der Wissenschaften zu Berlin, Jahrg. 1856—61, besonders abgedruckt.

Dirksen, Harro Wilh., die Lehre v. d. Köpfen, namentlich v. dem witzigen u. schwärmerischen Kopf. gr. 8. (21 1/2 B.) Altona 833, Aue.

Dirksen, Harro Wlh., die Lehre v. d. Temperamenten, neu dargestellt. 8. Sulzb. 804. v. Seidel. 1 ßl

Dirksen, Harro Wlh., über die Stärke d. Seele. 8. Sulzb. 810. v. Seidel. 20 gl

— philosoph. Untersuchung über d. Einfluß d. Religiosität auf die Sittlichkeit. 8. Sulzb. 808. v. Seidel. 16 gl

— **Heinrich** (Neu-Ruppin), Beitrag zur Lehre von den Schluckgeräuschen. Diss. med.-chir. Bln. (M. Niethe) 23. V. 1885. 50 S. mit Literatur u. Biogr. (4.80) 6585
Oppon.: E. Dirksen, H. Roland, E. Baege.

Viro doctissimo et clarissimo Henrico Eduardo Dirksen ... diem quo ille summos in utroque iure honores capessivit post quinquaginta annos redeuntem ... gratulantur ordinis iureconsultorum universitatis Fridericae Guilelmae Berolinensis Decanus et Professores. Berolini, die 17. mens. Maii a. 1862. (2 Bl.) 4°

Dirksen, Heinrich Eduard

Dirksen, H. Ed., civilistische Abhandlungen. 2 Bde. gr. 8. Berl. 820 u. 21. Reimer. 4 Thlr 4 gGr

— Ueber die Adressen der Constitutionen römischer Kaiser. Gel. 1850. 84 S. 4°.

Dirksen, H. E., Die histor. Beispiel-Sammlung des Valerius Maximus, u. die beiden Auszüge derselben. Ak. 1845. 28 S. 4°. 1.20

Dirksen, H. E., ein Beitrag zur Auslegung der epigraphischen Urkunde einer Städteordnung für die latinische Bürgergemeinde zu Salpensa. Aus den Abhdlgn. d. k. Akad. d. W. zu Berlin. Berlin 857. Dümmler's Verlhdlg. in Comm. gr. 4. (29 S.) n. 10 ngr

— Beitrr. zur Kunde d. Röm. Rechts. gr. 8. Leipz. 825. Hinrichs. 1 Thlr 16 gGr Holl. Postp. 2 Thlr 8 gGr

Dirksen, H. Ed.: Bruchstücke aus den Schriften röm. Juristen. *Königsb.*, Nicolovius. 8. (12 Gr.)

— Bruchstücke aus d. Schriften d. röm. Juristen. 8. Königsb. 815. (Goedsche in Meißen). 12 gGr

— der Rechtsgelehrte Aulus Cascellius, ein Zeitgenosse Cicero's. Aus d. Abhdlgn. d. k. Akad. d. W. zu Berlin. Ebend. 858. gr. 4. (14 S.) n. 8 ngr

— Ueb. die Collatio legum Mosaicarum et Romanarum in Bez. auf d. Bestimmung dieser Rechtssammlung u. auf die Methode ihrer Redaction. Ak. 1846. 47 S. 4°. 1.--

— Manuale latinitatis fontium juris civilis Romanorum, thesauri latinitatis epitome. Fasc. 1—9. 4maj, Berolini 837—39. Duncker et Humblot. Subscr.-Pr. 9½ Thlr späterer Ladenpreis 12 Thlr

Dirksen, H. E., die römisch-rechtlichen Mittheilungen in des Tacitus Geschichtsbüchern. (Aus den Abhdlgn. d. k. Akad. d. Wissensch. zu Berlin 1860.) Berlin 860. Dümmler's Verlhdlg. in Comm. gr. 4. (11 S.) n. 8 ngr

Dirksen, Henr. Eduard.: Observationes ad selecta legis Galliae cisalpinae capita. Berolini (1812). (61 S.) 4°
Berlin, Jur. Diss. v. 27. Mai 1812

— Diss. inaug. jur. proponens Observationes ad selecta legis Galliae Cisalpinae capita. 4. Berl. 812. Reimer. 9 gGr

Dirksen, H. Ed.: Observatt. ad tab. Heracl. part. alt., quae vulgo aeris Neapolitani nomine venit. *Berol.*, Reimer. 817. 8. (20 Gr.)

Dirksen, H. E., der Rechtsgelehrte und Taktiker Paternus, ein Zeitgenosse der Antonine. gr. 4. (28 S.) Berlin 856, (Dümmler's Verlag.) Thlr. *

— der Rechtsgelehrte und Taktiker Paternus, ein Zeitgenosse der Antonine. Aus d. Abhdlgn. d. k. Akad. d. W. zu Berlin. Ebend. 856. gr. 4. (25 S.) n. 10 ngr

— Von den Pflichten der Pietät gegen d. Person des regierenden röm. Kaisers. Ak. 1849. 25 S. 4°.

— Das Polizei-Gesetz d. Kaisers Zeno, üb. d. bauliche Anlage d. Privathäuser in Constantinopel Ak. 1844. 85 S. 1.50

— die römisch-rechtlichen Quellen des Magister Dositheus. Aus d. Abhdlgn. d. k. Akad. d. W. zu Berlin. Ebend. 857. gr. 4. (24 S.) n. 10 ngr

— die Quellen der römisch-rechtlichen Theorie von der Auslösung der, in fremde Gefangenschaft gerathenen, Personen. Aus d. Abhdlgn. d. k. Akad. d. W. zu Berlin. Ebend. 858. gr. 4. (24 S.) n. 10 ngr

– Das Rechtsbuch des Constant. Harmenopulos u. die alte Glosse der Turiner Institutionen-Handschrift. 1847. (Gesammelte Abhandlungen zur röm. Rechtsgeschichte. Vorlesungen in der Akademie der Wissenschaften zu Berlin).

– Über einige, von Plutarch u. Suidas berichtete, Rechtsfälle aus dem Bereiche der röm. Geschichte. 1853. (Gesammelte Abhandlungen zur röm. Rechtsgeschichte. Vorlesungen in der Akademie der Wissenschaften zu Berlin.)

– Über Ciceros untergegangene Schrift: De iure civili in artem redigendo. 1842. (Gesammelte Abhandlungen zur röm. Rechtsgeschichte. Vorlesungen in der Akademie der Wissenschaften zu Berlin.)

Dirksen's, H. E., hinterlassene Schriften zur Kritik u. Auslegung der Quellen römischer Rechtsgeschichte u. Alterthumskunde. Hrsg. v. Frdr. Dan. Sanio. I. u. II. Bd. gr. 8. Leipzig 871. Teubner. n. 21. —
I. Bd. (VII, 844 S.) n. 8. —. — II. Bd. (IV, 551 S.) n. 13. —

Dirksen, Heinr. Eduard, vermischte Schriften. I. Thl. (9 Abhandln. aus d. röm. Rechte.) gr. 8. (16½ B.) Berlin 841, Besser. Thlr. *

Dirksen, Heinr. Eduard, die Scriptores Historiae Augustae. — Andeutungen z. Textes Kritik u. Auslegung derselben. gr. 8. (18 B.) Leipzig 842, Breitkopf u. Härtel.

— **H. E.**, Thesauri latinitatis fontium juris civilis Romanorum specimen. Lpz. (J. C. Hinrichs) 1834. 68 S. (5.—) 6584

Dirksen, H. Ed., System d. jurist. Lexicographie. gr. 8. (5½ B.) Leipzig 834, Hinrichs. Thlr.

— Uebersicht der bisherigen Versuche zur Kritik u. Herstellung des Textes d. Zwölf-Tafel-Fragmente. gr. 8. Leipz. 824. Hinrichs. Postp. 5 Thlr Weiß Druckp. 3 Thlr 18 gGr

— über die Verdienstlichkeit methodischer Sprachforschung, in Beziehung auf die Textes-Kritik und Auslegung römischer Rechts-Quellen. gr. 4. (22 S.) Berlin 855, (Dümmler's Verlag.) *
Letztere zwei Schriften wurden aus: Abhandlungen der k. Akademie der Wissenschaften zu Berlin J. 1855, besonders abgedruckt.

— Ueber einige, vereinzelt auf unsere Zeit gekommene, schriftl. Verfügungen der röm Kaiser. 3 Teile. Ak. 1846. 78 S. 4°. 2.75

— Versuche z. Kritik u. Auslegung d. Quellen d. röm. Rechts. gr. 8. Leipz. 823, Hinrichs. 1 Rthlr. 18 gr. Post-Pap.

Dirksen, Herbert von, Referendar a. Berlin: Die Geltendmachung bezw. Durchführung von Prozessen gegen einen rechtsfähigen Verein nach durchgeführter Liquidation. Berlin 1905: E. Streisand. (51 S.) 8°
Rostock, Jur. Fak., Ref. Wachenfeld, Diss. v. 30. März 1905
[Geb. 2. Apr. 82 Berlin; Wohnort: Berlin; Staatsangeh.: Preußen; Vorbildung: Wilhelmsgymn. Berlin Reife O. 00; Studium: Heidelberg 3, Berlin 4 S.; Rig. 18. Juli 03.]

Dirksen, J. P., Predigten über die Bekehrung des Apostels Paulus. gr. 8. (IV und 84 S.) Aurich 850, Prätorius und Seyde. *

Dirksen, Julius Emil Johannes Heinr., s. Dirksen, Heinrich

Dirksen, Carl, Meidericher Sprichwörter, sprichwörtliche Redensarten u. Reimsprüche m. Anmerkungen. 2. Aufl. 12. (56 S.) Königsberg i/Pr. 893. Hartung. n. 1. —

Dirksen, Carl. Ostfriesische Sprichwörter u. sprichwörtliche Redensarten m. historischen u. sprachlichen Anmerkungen. 1. Heft. 1. u. 2. Aufl.; 2. Heft. 8. (109; 95 S.) Ruhrort 889,91, Andreae u. Comp. à Heft * 1 80; * 3 60

Dirksen, Carl, Volkstümliches aus Meiderich (Niederrhein), s.a. Zur deutschen Volkskunde. Nr. 2.

Dirksen, Carl, Volkstümliches aus Meiderich (Niederrhein). [Aus: „Rhein. Geschichtsblätter 1."] gr. 8. (59 S.) Bonn 895. P. Hanstein. n. 1. —

Dirksen, M., d. Rechtsprechg. d. kgl. preuß. Oberverwaltungsgerichts, s.: Kampt, B. v.

Dirksen, M., s.: Rechtsprechung, die, des königl. preußischen Oberverwaltungsgerichts.

— tabellarische Zusammenstellung der gesetzlichen 2c. Bestimmungen zum Schutze A. der gewerblich tätigen Jugend, B. der gewerblichen Arbeiterinnen. (13 S.) gr. 4. Hannover 906. Gebr. Jänecke. (Nur direkt.) n. 1. —

Dirlam, Johann

Dirlam, J. K., Elemente d. Bau- u. Möbeltischlerei. Vorlagen f. d. Fachzeichnen an gewerbl. Fach- u. Fortbildungsschulen u. Handwerkerschulen. gr. Fol. (32 z. Tl. farb. Taf. m. 2 Bl. Text.) Wien 895. A. Pichler's Wwe. & Sohn. In Mappe n. 20. —

Dirlam, M., Jednoduché Části Strojů. Předlohy pro Rýsování Strojnické na školách Řemeslnických a Pokračovacích. 22 Bl. K 20. -

Wien: Pichler 1906.

Dirlam, M., u. M. Simerka, einfache Maschinentheile. Vorlagen f. das Maschinenzeichnen an allgem. Handwerker- u. gewerbl. Fortbildungsschulen. qu. gr. Fol. (22 farb. Bl. m. 1 Bl. Text.) Nebst: Erklär. Text. gr. 8. (28 u. 3 S.) Wien 899. A. Pichler's Wwe. & Sohn. In Mappe n. 17. —

Einfache Maschinentheile. Vorlagen für das Maschinenzeichnen an allgemeinen Handwerker- und gewerblichen Fortbildungs-Schulen. Zusammengestellt von M. Dirlam und M. Šimerka. 22 Blätter. Wien. [1900.] Pichler's W. & S. Quer-Fol. K 20.—

Dirlam, M., einfache Maschinenteile. Vorlagen f. das Maschinenzeichnen an allgemeinen Handwerker- u. gewerbl. Fortbildungsschulen. Hrsg. u. zusammengestellt m. Unterstützg. des Hohen k. k. Ministeriums f. Kultus u. Unterricht. 2. verb. Aufl. (22 farb. Bl. m. 1 Bl. Text.) 38,5×55,5 cm. Nebst: Erklärender Text. (28 S.) gr. 8. Wien 905. A. Pichler's Wwe. & Sohn. In Mappe n. 17. —

Dirmann, Felix, Sensationen. 2. Auflage. 8. (99 S.) Wien: Weiss 1896. 1 20

DIRMOSER, Eduard

Der Vomitus gravidarum perniciosus (Hyperemesis gravidarum). Von Dr. Eduard Dirmoser. Wien und Leipzig. 1901. Braumüller. Gr.-8°. 50 S. K 1.20

Dirmoser, I.H.: Anleitung zur Bestellung und Anfertigung zweckdienlicher Bandagen für Leistenbruchkranke. 32 S., gbd.

Wien: Ueberreuter 1845

Dirnagl, das Rettungswesen bei den Feuerwehren, s.: Jung's deutsche Feuerwehrbücher.

Dirnberger, Frz.

— s. de Ponte, L., Betrachtungen über die Geheimnisse des Glaubens.

Dirnberger, Frz., Predigt bei der Jubelfeier des 100jähr. Bestandes der Diöcese Regensburg, s. Predigten, acht.

Katalog von Dirnböck's Leihbibliothek in Graz. II. Abtheilung. (Länder- und Völkerkunde und Unterhaltungsschriften) Gratz. 1855. C. Tanzer'sche Druckerei. (44 S. 8) Falz

Dirnböck's Provinz-Adressbuch für das Kaiserth. Oesterreich. Mit Unterstützung der löbl. Handels- und Gewerbekammern, Handelsgremien und Bürgermeisterämter und unter Mitwirkung tücht. Fachmänner, redig. und hrsg. Enth.: ein vollständ. Verzeichniss sämmtl. Handels- und Gewerbsleute der Monarchie, ein alphabet. Orts-Lexikon und ein zum bequemen Auffinden der wichtigsten Geschäfte übersichtl. geordnetes Handels- und Fabriks-Register. Lex.-8. (XXVI und 463 S.) Wien 863, Dirnböck. cart.

Dirnböck-Schulz, J., Favianis. Roman aus der Zeit der Völkerwanderung. 8. (VI, 565 S.) * 2.50

Krems: F. Oesterreicher 1895.

Dirnböck-Schulz, J., Favianis. Roman aus d. Zeit d. Völkerwanderg. 3. Aufl. m. 4 Ill. v. Jos. Adf. Lang. Lex.-8. (VII, 346 S.) Wien 898. (A. Hölder.) n. 5. 60; geb. n. 7. 50

— d. Juwelen d. Ahnfrau. Erzählg. gr. 8. (175 S.) Wien 895. Leipzig, Literar. Anstalt, A. Schulze. n. 2. — ; geb. in Leinw. n. 3. —

— Schulmeisters Kalenderjahr. Erzählg. gr. 8. (133 S. m. Bildn.) Ebd. 895. n. 1. 60; geb. in Leinw. n. 2 60

Ein Todtenkranz, den Manen unserer Kaiserin Elisabeth am ersten Gedenktage ihres Todes 10. Sept. 1899 geweiht. Von J[ohanna] Dirnböck-Schulz. Linz: Mareis 1899. 74 S. 8° (11. 10349

DIRNEN- u. Gassenlieder, aufgelesen u. ausgelesen v. E. H. Strasburger. Mit zahlr. Illustr. v. R. Scholz, Zürich 1903. 8°. (2 Mk. 50 Pfg. der Vorige.)

Dirnenraub, Der, und der Bogenschütze. Scenen aus der Vorwelt. Frankfurt 1795. V: *Schreiber, Wilhelm Alois.* (BGE I³, 50)

Dirnenraub, der, und der Bogenschütze, Scenen aus der Vorwelt, 8. Frankf. 795. Eßlinger. 18 sgl.

Dirnenraub, der, u. der Bogenschütze. 8. Frankf. a. M. 795. (Schäfer). 14 gr.

VENEDIG. — Venezianischer Dirnenspiegel. Herausgegeben von Dr. G. Vorberg. Halbleinenmappe in Gr. 8°. Mit 12 Heliogravüren nach alten seltenen Kupferstichen und prachtvollem sehr seltenen Titelbild nach Holbein d. J.

Dirnentum, das, u. der Dirnengeist in der Gesellschaft. Ein Reformbuch der Sittlichkeit v. e. Freunde der Menschheit. gr. 8. (III, 97 S.) Leipzig 893. M. Spohr. n. 1. 50

— dasselbe. 2., vom Verf. verm. Aufl. gr. 8. (112 S.) Ebd. 894. n. 1. 50

Dirnentum, das, u. d. Dirnengeist in d. Gesellschaft. Ein Reformbuch d. Sittlichkeit v. e. Freunde d. Menschheit. 3., vom Verf. verm. Aufl. 8. (118 S.) Leipzig 897. M. Spohr. n. 1. 80

Dirnentum, das, u. der Dirnengeist in der Gesellschaft. Ein Reformbuch der Sittlichkeit v. e. Freunde der Menschheit. 4., vom Verf. verm. Aufl. gr. 8. (122 S.) Leipzig 899. M. Spohr. n. 1.80

DIRNENTYPEN. Charakteristische Grossstadt-Bilder. (190*.) 8°. (1 Mk. 50 Pfg. O. Rauthe, 1909.)
Aus dem Inhalt: Die Halbseidenen. — Zehn- und Dreimarkmädchen. — Witwen, Trinen und Nutten. — Die Perversen. — Verbrecherinnen etc.

Dirr, A.: Grammatik der vulgär arabischen Sprache f. den Selbstunterricht, s. a. Kunst, Die, der Polyglottie

Grammatik der vulgär arabischen Sprache für den Selbstunterricht. Theoret.-prakt. Sprachlehre f. Deutsche auf grammat. u. phonet. Grundlage von A. **Dirr.** *Wien, Pest, Leipzig: A. Hartleben [1893].* (VII, 180 S.) 8°
= **Kunst** d. **Polyglottie.** T. 41.
(Bibliothek d. Sprachenkunde.) [04. 1910

Dirr, A., theoretisch-praktische Grammatik der annamitischen Sprache, s.a. **Kunst, die, der Polyglottie.**

Theoretisch-praktische Grammatik der Annamitischen Sprache. Mit analys. Übungssätzen, e. Chrestomathie u. e. annamit.-deutschen Wörterbuch. Mit 9 Schrifttaf. Von A. **Dirr.** *Wien, Pest, Leipzig: A. Hartleben [1894].* (XIV, 164 S.) 8° [F.]
= **Kunst** d. **Polyglottie.** T. 42.
(Bibliothek d. Sprachenkunde.) [04. 1191]

Dirr, A., theoretisch-praktische Grammatik der modernen georgischen (grusinischen) Sprache, s.a. **Kunst, die, der Polyglottie.**

Theoretisch-praktische Grammatik der modernen georgischen ⟨grusinischen⟩ Sprache, mit Uebungsstücken, e. Lesebuch, e. Schrifttaf. u. e. Karte. Von A. **Dirr.** *Wien & Leipzig: A. Hartleben [1904].* (XIV, 170 S.) 8°
= **Kunst** d. **Polyglottie.** T. 81.
(Bibliothek d. Sprachenkunde.) [04. 1178

A. **Dirr.** Panstenographie. Allgem. Kurzschrift z. Gebr. in allen Sprachen. Méthode de Sténogr. internat. *Leipzig: Th. Wohlleben (1900).* (IV, 44.) 8° [01. 4162

Dirr, A., Panstenographie. Allgem. Kurzschrift zum Gebrauche in allen Sprachen. — Méthode de sténographie internationale. gr. 8. (IV, 44 u. XVI autogr. S.) Leipzig (901). [Th. Wohlleben.] Dürr'sche Buchh. Kart. n. 2. —

— dasselbe, s.a. **Kunst, die, der Polyglottie.**

Dirr, A., Panstenographie. Allgemeine Stenographie zum Gebrauch in allen Sprachen. [Die Kunst der Polyglottie. 75. Teil.] 8°. (VI, 166 S.) geb. K 2.20
Wien: Hartleben 1902.

[F.] Edle Poesie. Von A. **Dirr** ... *Berlin: Selbstv.: [Commo.] P. Möser [1898].* (80 S.) 1 Bd 8. [09. 1010

Dirr, A., Edle Poesie. 8. (80 S.) Berlin 898. (Verlagshaus f. Volkslitteratur u. Kunst.) n. 2. —

Dirr, Adf.: Die Erschliessung Japans, s. Perry

Dirr, L. C., Sieg d. Glaubens an den Gräbern unserer Lieben. Grabreden. gr. 8. (306 S.) Ulm 852, Fr. Ebner. 28 ngr

Dirr, Paul

Der Handelsvorstand Nürnberg 1560–1910. Von Dr. P. **Dirr.** Zur Erinnerung an s. 350jähr. Bestehen u. z. Einweihung seines neuen Hauses hrsg. vom Handelsvorstand Nürnberg. Nürnberg 1910: (Nister). 116 S. 8° [10. 17093

Dirr, P., der Handelsvorstand Nürnberg 1560—1910. Zur Erinnerg. an sein 350jähr. Bestehen u. zur Einweihg. seines neuen Hauses hrsg. v. Handelsvorstand Nürnberg. (IV, 116 S. m. 1 Abbildg. u. 19 [1 farb.] Taf.) gr. 8. Nürnberg 910. Fehrle & Sippel. 4. —

Dirr, Pius, Augsburg, s.a. **Stätten der Kultur 20. Bd.**

Augsburg. Von Pius **Dirr.** Leipzig: Klinkhardt & Biermann [1909]. 268 S. 8°
(Stätten d. Kultur. 20.) [10. 3

Dirr, Pius, aus Weisingen: **Zur Geschichte der Reichskriegsverfassung und der Laxenburger Allianz.** *München 1901: J. Fuller.* (43 S.) 8° [F.] ¶ (T. 1 einer demnächst erscheinenden Geschichte d. Laxenb. Allianz.)
Erlangen, Phil. Diss. v. 20. Dez. 1900

— Handschriften u. Zeichnungen Elias Holls. — Baum, das alte Augsburger Rathaus. (20 u. 11 S. m. 16 Taf.) gr. 8. Augsburg (907). (Schlosser.) nn 2. —
Sonderabdruck aus: „Ztschr. d. histor. Ver. f. Schwaben u. Neuburg."

Dirr, Pius, aus Augsburgs Vergangenheit. Gedenkblätter zur Jahrhundertfeier 1806/1906. (VIII, 100 S. m. Abbildgn. u. 2 Taf.) Lex.-8. Augsburg (906). (Gebr. Reichel.) n. 2. —

DIRRHEIM MARQUARDI: Lob und Leichpredigt Sr. Eminenz Christiani Augusti Erzbischoffes zu Gran. Stadt am Hof: Johann Franz Hanck. 1726. 26 S. - 4°

Dirschau [Schlagwort]

— s. a.: **Danzig, Reg.-Bez.**

Dirschau, Kreis, s.a. **Forstkarten.**

Dirschau-Eydtkuhnen, s.: **Automobilkarten. Mittelbach.**

Dirschau, Kreis. Baron, B., Spezial-Karte vom Kreise Dirschau. Rev. v. den zuständ. Behörden. 1 : 100,000. 40×33,5 cm. Farbdr. Ebd. Lissa (904). O. Eulitz. n. — 50; auf Leinw. in Taschenform. n. 1. —

Dirschau. Karte des Kreises Dirschau im Reg.-Bez. Danzig. 1 : 100,000. Hrsg. v. der kartograph. Abtheilg. der k. preuss. Landesaufnahme. Mit Nachträgen bis 1888. Lith. u. color. gr. Fol. Berlin 888. (Eisenschmidt.) n.n. 2. —

Dem Hochwürdigen Vorstande Titl. Herrn, Herrn J. Bapt. **Dirschedl,** nunmehrigen ord. Prof. der Philos. u. Relt. des Gym. u. der lat. Sch., die hocherfreuten Schüler der Studienanstalt zu Passau am 19. Juli 1845. — 3 achtzeil. Strophen. — Huldigung. — 8 vierzeil. Strophen. — Ebend. — 1 Bog. gr. Fol.
Progr. Passau.

Dirschedl, Jh. Bapt., Anrede an die Schulkinder in der Kloster-Kirche zu St. Klara in Regensburg, bei einer öffentl. Ablegung des kathol. Glaubensbekenntnisses; gehalten den 26. März 1844. gr. 8. Regensburg 844, Manz. 1/12 ℛ

Geschichte des musikalischen Vereins zu Passau, von Joh. Bapt. **Dirschedl,** Std. R. u. L. P. — 1847. Ebend. — S. 3—18.
Progr. Passau.

— zwei Geschichts-Predigten gehalt. zu Passau am Passions-Sonntage u. am Mariä Verkündigungsfeste 1850. 8. (32 S.) Passau 850, Elsässer & Waldbauer. 3 ngr

— **zwei Geschichts-Predigten gehalten zu Passau am Passions-Sonntage und am Mariä Verkündigungsfeste 1850. 8. (32 S.) Passau 851, Elsässer und Waldbauer.**

Dirschedl, Joh. Bapt., Bayern's Wissenschaft, Kunst und Poesie in der neuesten Zeit. gr. 4. (38 S.) (Passau 851, Elsässer und Waldbauer.) *

Dirscherl, Karl, die Anfänge e. wissenschaftlichen Seenkunde. s.a. **Studien, Münchener geographische.**

Dirscherl, Karl, a. Feuchten: Die Anfänge einer wissenschaftlichen Seenkunde. München: Ackermann 1910. 83 S. 8° ¶(Ersch. auch als: Münchener geogr. Studien. Stück 25.)
Erlangen, Phil. Diss. v. 16. Juli 1910, Ref. Pechuel-Loesche
[Geb. 23. Jan. 76 Oberergoldsbach; Wohnort: Erlangen; Staatsangeh.: Bayern; Vorbildung: Altes Gymn. Regensburg Reife 97; Studium: München Univ. 4, Techn. Hochsch. 2 S.; Rig. 1. März 10.] [U 10. 845

Dirschke, Frz., Cäcilia. Katholisches Gesangbuch. 16. (XXII, 324 S.) Breslau 892. F. Goerlich. n.n. — 50; geb. in Leinw. n.n. — 75; m. Goldschn. n. 1. — Erschien auch u. d. T.: Diözesan-Gesangbuch, Breslauer. Hrsg. v. F. Dirschke.

— s.a. **Diözesan-Gesangbuch, Breslauer.**

Breslauer Diöcesan-Gesangbuch. Hrsg. von Franz Dirschke. Neue für d. Gebr. in Schule u. Haus erw. Ausg. *Breslau: F. Goerlich [1903].* (VIII, 312, 122 S.) 8° [F.] [04. 16459

Breslauer Diöcesan-Gesangbuch. Hrsg. von Franz **Dirschke**. Neue... erw. Ausg.... Breslau: F. Goerlich [1906]. (VIII, 312, 122 S.) 8° [F.] [07. 40872

Breslauer Diöcesan-Gesangbuch. Hrsg. von Franz **Dirschke**. Neue, f. d. Gebr. in Schule u. Haus erw. Ausg. Ster. Aufl. Breslau: Goerlich [1910]. VIII, 312 S. 8° [11. 5435

Dirschke, Frz., Auszug a. d. Breslauer Diöcesan-Gesangbuche. F. Kirche u. Schule hrsg. Ausg. ohne Noten. 4. u. 5. Aufl. gr. 16. (à 64 S.) Breslau 897. F. Goerlich. n.n. — 10; kart. n.n. — 15

— dasselbe. Ausg. m. Noten. (Breslauer Diöcesan-Gesangbuch, Ausg. D.) 2. (Umschlag-)Aufl. gr. 16. (128 S.) Ebd. 898. n.n. — 20

— dasselbe, s.a. Gesang- u. Gebetbüchlein f. d. kath. Jugend.

Dirschke, Frz., Auszug aus dem Breslauer Diöcesan-Gesangbuche. Für Kirche u. Schule hrsg. Ausg. ohne Noten. Ster.-Aufl. gr. 16. (64 S.) Breslan (901). F. Goerlich. n.n. — 10

Dirschke, Frz., Auszug aus dem Breslauer Diözesan-Gesangbuch. Nebst den gebräuchlichsten Schulliedern. Für Kirche u. Schule hrsg. Ausg. ohne Noten. Ster.-Aufl. (64 u. 32 S.) gr. 16. Breslau (903). F. Goerlich. n.n. — 10; kart. n.n. — 15

— die wechselnden Gesänge zum Hochamte an den Sonntagen der Advents- u. Fastenzeit, für schwache Kirchenchöre eingerichtet u. hrsg. 12. (IV, 40 S.) Regensburg 892. F. Pustet. Kart. n. — 50

—— Kirchengesänge für den katholischen Gottesdienst. 5. verb. u. verm. Aufl. 8. (VIII, 66 S.) Lpz. 889, Leuckart. — 25

— **Kirchengesänge f. den kathol. Gottesdienst, zusammengestellt u. hrsg. 8. verb. u. verm. Aufl. 8. (VIII, 66 S.) Leipzig 899. F. E. C. Leuckart.** n. — 25

Dirschke, Frz., Kirchenlieder aus Mor. Brosig's Gesangbuch für den kathol. Gottesdienst zusammengestellt und hrsg. 1. Aufl. 1869, und 2. Aufl. 8. (IV, 44 S.) Leipzig 872, Leuckart. *

— Kirchen- u. Schullieder, s.a. Gesang- u. Gebetbuch f. die katholische Jugend.

Kirchen- und Schullieder. Hrsg. von Franz **Dirschke**, Musikdir. Ausg. ohne Noten. Ster. Aufl. Breslau: F. Goerlich [1907]. (32 S.) 8° [F.]
[Umschlagt.]: Auszug aus d. ... Breslauer Diözesan-Gesangbuch ... von F. Dirschke. [07. 11961

—— Orgelbuch, s.a. Diöcesan-Gesangbuch.

Orgelbuch zu dem von Sr. Eminenz dem ... Fürstbischof Georg Kardinal Kopp approbierten Breslauer Diözesan-Gesangbuch. Von Franz **Dirschke**, Musikdir. 2. verm. Aufl. Breslau: F. Goerlich (1904). (VIII, 172 S.) 4°
[Beigedr.:] Latein. Gesänge z. kirchl. Gebrauch. Ausg. f. Orgel bezw. vierstimm. Gesang. Von Franz Dirschke. (1904.) (64 S.) [05. 7153 2

Orgelbuch zu dem von Sr. Em. dem Hochw. Herrn Fürstbischof G. Kard. Kopp approbierten Breslauer Diözesan-Gesangbuch. Von Franz **Dirschke**. 3. Aufl. Breslau Goerlich [1910]. VIII, 172, 64 S. 4°
[Sondert.:] Dirschke, F.: Latein. Gesänge z. kirchl. Gebr. Ausz. f. Orgel ... [1910]. [11. 1905

Dirschl, Joseph, Artill.-Hauptm. und Prof. der Mechanik in der k. k. Artill.-Akademie. Lehrbuch der Mechanik zum Gebrauche der k. k. Artillerie- und der k. k. Genie-Akademie. 1. Th. Mechanik der festen Körper. Mit 12 lithogr. Tafeln. 2. Th. Mechanik der flüssigen Körper. Mit 7 lithogr. Tafeln. (2 Bde.)
8. Wien 1857—1858.

Dirsch, Materialien üb. d. würtembergischen Perikopen. 1s Heft. 8. Tübing. Osiander. 815.

Diruf, August, aus Bad Kissingen: Ein Beitrag zu den kongenitalen Difformitäten. *Erlangen 1900: F. Junge.* (21 S.) 8°
Erlangen, Med. Diss. v. (22.) Juli 1893

Diruf, Edm., die Lebensweise f. Gicht- u. Steinkranke nach Cantani's Methode. Für Nicht-Mediciner zusammengestellt. 8. (48 S.) Kissingen 891. Weinberger. n. 1. —

Diruf, Karl Jak., s. Diruff, Karl Jak. Cph. Jos.

Diruf, Oscar

Diruf sen., Osc., Kissingen. Its baths and mineral springs. Written principally for the use of visitors taking the waters. With a plan of the town and a map of the neighbourhood. 8. (VIII, 190 S.) Würzburg 887, Stuber's Verlag. *
geb. *

Diruf, sen., Osc., Bad Kissingen. Eine kurze Uebersicht seiner Heilmittel und ihrer Anwendung. 2. Aufl. mit einer Darstellung des Quellenkessels von Kissingen. 8. (IV, 80 S. mit chromolithogr. Plane in 4.) Würzburg 873, Stuber. *

—— Bad Kissingen und seine Heilquellen. Vorzugsweise zum Gebrauche für Curgäste bearb. Mit 1 Stadtplane und 1 Karte der Umgegend Kissingens. 5. Aufl. 8. (XII, 339 S.) Würzburg 884, Stuber's Verlag. *

Diruf sen., Osc., Bad Kissingen u. seine Heilquellen. Vorzugsweise zum Gebrauch f. Curgäste bearb. 6. Aufl. Mit 1 (farb.) Stadtplane u. 1 (farb.) Karte der Umgegend Kissingens. 8. (XII, 320 S.) Würzburg 892. A. Stuber's Verl. n. 2. —; geb. in Leinw. n. 2. 70

—— Kissingen und seine Heilquellen. Vorzugsweise zum Gebrauche für Curgäste bearb. 8. (VIII, 331 S. mit 1 chromolithogr. Karte der Umgegend Kissingens in Fol.) Kissingen 871, Schachenmayer. *
geb. *

—— dass. — [Neue Ausg.] Mit einem Anh. für 1872. 8. (VIII, 332 S. mit 1 chromolithogr. Karte der Umgegend Kissingens in qu. Fol.) Kissingen 871. (Würzburg, Stuber.) *

—— dass. — 2. Aufl. 8. (VIII, 304 S. mit 1 chromolithogr. Stadtplane und 1 chromolithogr. Karte der Umgegend Kissingens in 4. und gr. 4.) Würzburg 873, Stuber. *

Diruf sen., Osc., Kissingen und seine Heilquellen. Vorzugsweise zum Gebrauche für Curgäste bearb. Mit 1 (chromolithogr.) Stadtplane und 1 (chromolithogr.) Karte der Umgegend Kissingens. 3. Aufl. (290 S.) 1875; 4. Aufl. 8. (VIII, 301 S.) Kissingen 880. (Würzburg, Stuber's Verlag.) *
geb. *

—— die Kissinger Mineralwässer und ihre Anwendung. gr. 8. (IV, 48 S.) Kissingen 869, (Schachenmayer.)

Diruf, Oscar, historische Untersuchungen über das Chinoidin in chemischer, pharmaceut. und therapeut. Beziehung nebst Beobachtungen über seine Wirksamkeit in Krankheiten und Versuchen über dessen Verhalten zum thier. Organismus in toxicolog. Hinsicht. gr. 8. (IV und 71 S.) Erlangen 851, Bläsing. *

Diruff, Karl Jak. Cph. Jos.

— s. a. Geist d. 19n Jahrh.

(Carl Jac. Chph. Jos. Diruf) Der Geist des XIX. Jahrhunderts in medicinischer Hinsicht, den Freunden eines langen Lebens gewidmet. Süddeutschland (Heilbronn) 1802. 8.

— Grundlinien d. allgem. u. höhern Naturlehre des Menschen. gr. 8. Erlang. 810. (Palm). 1 rß 20 gl

• Diruf, K. J., Grundlinien d. allgem. Naturlehre des Menschen. Als Leitfaden f. Vorles. üb. Anthropologie an Hohen-: u. Mittelschulen ꝛc. gr. 8. Erlang. Palm. (in Comm.) 810.

Diruff, Karl Jak. Cph. Jos., Grundlinien zu e. landesherrl. Verordnung, zur sichersten Bezweckung der Ausrottung d. Pocken. 8. Götting. 807. Dieterich. 8 gl

— Ideen z. Naturerklärung d. Meteor- u. Luftsteine. 8. Götting. 804. Dieterich. 12 gl

Diruf (C. J.), Ideen zur Naturerklärung der Meteor- oder Luftsteine. Göttingen 1805. 8.

— Diss. inaug. qua ratione frigus in corpus animatum agere valeat. 8. Heidelb. 798.

Diruf, Karl Jak., Worte d. Trostes f. die von d. ostind. Brechruhr geängst. Gemüther d. deutschen Vaterlandes. gr. 8. (2 B.) Würzburg 831, (Stahel.)

Dirwald, Josef, s. a. Dirwaldt.

Dirwald, J., Atlas der alten Welt. Leipz. 819. f. 2 rthl. 8 gr.

Dirwald, Jsf, Das Königreich Baiern nebst den angrenzenden Ländern. . . ., Tr. Mollo. 1813. 9 Bll. . . . . (Br., Mus.)

Dirwald, Joseph. Topographische Karte von Deutschland und Italien. 4 Blatt. Wien 1813. . . . . (PBH.)

Dirwald, Joseph, Topographische Karte von Deutschland und Italien nebst den angrenzenden Ländern nach den neuesten astronomischen Ortsbestimmungen, trigonometrischen Vermessungen, besten Karten und andern sichern Hülfsmitteln bearbeitet. M. 1 : 1100000. 3. verb. Aufl. 4 Blatt. Wien 1816. Tranqu. Mollo.

Dirwaldt, Josef, s. a. Dirwald.

Dirwaldt, Jos., Atlas der alten Welt, nach den besten Hülfsquellen zum Gebrauch für Schulen eingerichtet. qu. Fol. (Er. Fleischer in Leipzig). 2 rß 8 gl

Dirwaldt, J., Topographische Karte des Rhein-Stroms von Basel bis Bonn, samt den umliegenden Gegenden, nach Delisle und Reinwald entworfen. Wien, T. Mollo, 1814. qu.-Fol. 4 Bll. Kupf. . . . . (D.)

Dirwaldt, Josephi. Mappa specialis Valachiae. Ex melioribus mappis et plurimis delineationibus specialibus deducta opera . . . . . Vindobona in officina Tranquilli Moller 1810. Milliaria germanica 15 in uno gradu. (2 Kartenblätter.) 8. 1810.

Dis, li, dou vrai aniel. Die Parabel von dem ächten Ringe. Französ. Dichtung des 13. Jahrh., aus einer Pariser Handschrift zum ersten Male hrsg. von Adf. Tobler. gr. 8. (XXXII, 32 S.) Leipzig 871, Hirzel. *

Disandt, Friedr. Wlh. Anastasius

Disandt, Fr. Wlh. Anastasius, Auslegung der Geschichte der Schöpfung der Welt, nach den Urkunden der heil. Schrift. 1. Mos. Cap. 1. u. 2. Den Seinen! gr. 8. Delitzsch 837. (Leipzig, Kummer.) n. 1/3 rß

Disceptatio de lapide physico, in qua tumbam Semiramidis...vacuam inveniet. 95 S., gbd.

O.O.: 1678

Disch, Hub., wie entstehen Kalamitäten in der Brauerei u. wie versucht man dieselben zu beseitigen? Nach prakt.-theoret. Erfahrgn. bearb. 2. verb. Aufl. gr. 8. (III, 75 S.) Leipzig 901. Eisenschmidt & Schulze. n. 1. 20

Disch, Hub., wie entstehen Kalamitäten in der Brauerei u. wie versucht man dieselben zu beseitigen? Nach praktisch-theoret. Erfahrgn. bearb. 3. neubearb. Aufl. (VII, 112 S.) 8. Leipzig 905. Eisenschmidt & Schulze. Kart. n. 2. 60

Disch, Johann Alfons, aus Thann (Els.): Über Beziehungen zwischen natürlicher und electromagnetischer Rotationsdispersion. *Freiburg i. B. 1903: H. Epstein.* (50 S.) 8°
Freiburg i. B., Phil. Diss. v. 1903

Disch, Maur., s. Konzilien-Lexicon.

Dischbadirhansel, der. Komische Scene aus d. dramatisch-musikal. Quodlibet: „die Seereisen," vorgetragen v. Scholz. .. Wien ... Mayer u. Comp. 1/12 rß

Dischendorfer, Frz.

— s. Fr. Jb. Schrötter, hinterlass. Manuscript.

Dischendorfer, Frz., krit. Staatsgeschichte von Oesterreich, angefangen von d. ersten Nachrichtsspuren ohngefähr 600 Jahre vor Chr. Geburt. 2 Thle. 8. Wien 783. Hörling. 16 gl

Dischendorfer Otto und Seer Christian: Über die drei isomeren Di-α-naphthoylbenzole. S. 122. Hh. 740. . . . . vgr.
Separatabdruck

Dischinger, B., Rechenübungsbüchlein f. das III. u. IV. Schulj. 8. Bonndorf 899. Spachholz & Ehrath. n.n. — 40
III. (37 S.) n.n. — 22. — IV. (29 S.) n.n. — 18.

Dischinger, B., Rechenübungsbüchlein f. das III—V. Schulj. Bearb. nach dem neuen bad. Unterrichtsplan. kl. 8. Bonndorf (910). Spachholz & Ehrath. nn — 70
III. Schulj. (46 S.) nn — 25. — IV. Schulj. (32 S.) — 20. — V. Schulj. (40 S.) nn — 25.

Dischinger, Joh. Nep.

—— Kritik des pantheistischen Anthropologismus von Dr. H. C. Lindemann, Prof. der Philosophie in München. Augsburg, Schmid, 1852, gr. 8°, 44 S., 30 Pf.

Dischinger, Max, das lustige Bayern. Sep.-Ausg. aus der „Witzchronik." (Anekdoten zur Weltgeschichte.) 16. (150 S.) München 863, J. A. Finsterlin. *

Dischinger, Max [cand. med. aus Oettingen]: Ueber die Entstehung und den Nachweis freier Salzsäure des menschlichen Magensaftes. . . . Nürnberg, Druck v. J. Grohrock, 1891; 20 S. 8°
Erlangen, Med. Fak., Inaug.-Diss. v. 24. Jul. 1890

Dischinger, Max, Witzchronik in heitern Memoiren aus dem Leben berühmter und berüchtigter Personen seit Vater Adam bis auf die Zeitgenossen. „Eine Weltgeschichte in Anekdoten". In zwanglosen Liefgn. I–XIII. (Heft). München 854–58. Finsterlin. 16. Jede Liefg. 3 ngl
I. Anekdoten von Friedrich dem Großen, König von Preußen, und dem alten Dessauer. (56 S.)
II. Anekdoten von Kaiser Joseph II. und Leopold II., Kaiserin Maria Theresia, Minister Kaunitz, Feldmarschall Loudon, Kaiserin Katharina II. von Rußland und Feldmarschall Potemkin. (48 S.)
III. Entstehung der Erde und des Menschen, Ursprung der Sprache und Bildung der Staaten. (48 S.)
IV. Sagen und Geschichten aus dem Morgenlande. (48 S.)
V. VI. Das alte Griechenland von der lachenden Seite. Abth. I. II. (104 S.)
VII. VIII. Geist und Humor der alten Römer, Gallier, Syrakuser, Mazedonier und Karthager. (104 S.)
IX. Geschichten und Schwänke aus dem Mittelalter. (48 S.)
X. Deutsche Kaiser von Karl dem Großen bis zu Sigmund's Tode (800—1437). (56 S.)
XI—XIII. Das lustige Baierland. 3 Abthlgn. (150 S.)
vgl. Witzchronik.

Dischler, Franz [pr. Arzt aus Freiburg i. B.]: Ueber Enuresis nocturna ... Freiburg i. B., Buchdr. v. Chr. Ströcker, 1891; 32 S., 1 Bl. 8.
Freiburg i. B., Med. Fak., Inaug.-Diss. v. 1891

Dischler, Carl Herrmann: Aus der Königlichen Frauenklinik in Dresden. Ueber subperitoneales Emphysem nach Ruptura uteri. (*Düsseldorf 1898: II. Hoch.*) (41 S.) 8°
Bonn, Med. Diss. v. [30.] Juli 1898

Dischner, *Hieronymus*: Ein Beispiel für den Zusammenhang des allgemeinen Integrals einer linearen homogenen Differentialgleichung mit einem Fundamentalsystem von Integralen. Erfurt, Ohlenroth'sche Buchdr., 1897; 15 S. 4.
Erfurt, st. R, OP 1897 (278)

Disciplin, s. Disziplin.

Disciplina clericalis a spirituali cleri junioris ... seminario ... commendata. Pesteni 1837. V: *Rácz, Andr.* (Pk)

Disciplinar ... s.: Disziplinar ...

Discipulus redivivus seu sermones Discipuli quadragesimales et festivales ... Aug. Vind. 1728. V: *Herolt, Joh.* (BrMm)

Discont, der, in den Jahren 1854 u. 1855 und die natürlichen Gesetze des Zinses von O. K. Hierbei 1 lith. Taf. (in Fol.). Frankfurt a. M. 856. Auffarth. gr. 8. (24 S.) n. 8 ngl

— der, im Jahre 1856. Von O. K. Hierbei 1 lith. Taf. (in qu. Fol.). Ebend. 857. gr. 8. (8 S.) n. 4 ngl

— der, im Jahre 1857. Von O. K. (Zuerst im „Bremer Handelsblatt" veröffentlicht.) Hierbei 1 lith. Taf. (in qu. Fol.). Ebend. 858. gr. 8. (11 S.) n. 4 ngl

Discont, der, im Jahre 1858 von O. K. [Zuerst im „Bremer Handelsblatt" veröffentlicht.] Hierbei 1 lith. Taf. (in qu. Fol.) Frankfurt a. M. 859. Auffarth. gr. 8. (8 S.) n. 4 ngl

— — im Jahre 1859. Mit 1 lith. Taf. (in qu. Fol.) Ebend. 860. gr. 8. (8 S.) n. 4 ngl

— — im Jahre 1860. Hierbei 1 lith. Taf. (in qu. Fol.) Ebend. 861. gr. 8. (7 S.) n. 4 ngl

Discontobewegungen. Die Discontobewegungen in der Schweiz von 1856—1900. Les Fluctuations de l'escompte en Suisse de 1856—1900. — Tableau zusammengestellt vom Inspectorat der schweizerischen Emissionsbanken. Tableau dressé par l'inspectorat des Banques d'émission Suisses. 1 Bl. fol. Bern, Lithogr. Kunst-Anstalt Lips, [1901].

Disconto-Gesellschaft, die, 1851—1901. Denkschrift zum 50jähr. Jubiläum. gr. 4. (V, 277 S. m. 1 Abbildg. u. 10 Taf.) Berlin 901. J. Guttentag. Geb. in Leinw. n. 10. —

Die **Disconto-Gesellschaft** 1851 bis 1901. Denkschr. zum 50jähr. Jubiläum. Berlin 1901: (Reichsdr.). 277 S. 4°

Die **Disconto-Gesellschaft** 1851 bis 1901. Denkschrift z. 50jähr. Jubiläum. *Berlin: [Selbstverl.] 1901.* (277 S.) 4° [illegible]

Disconto-Gesellschaft, Berlin. Kurs-Schwankungen an der Berliner Börse im Jahre 1909. Dasselbe im Jahre 1910. 1911.

Disconto-Gesellschaft, Berlin. Monatliche Übersichten über Wechselkurse und Zinssätze. Für 1910 ff.

Disconto-Gesellschaft, die, und ihre Schöpfungen. 8. (18 S.) Berlin 873, Bohne. *

Discontopolitik. [Zürich 1888.] V: *Wuhrmann, Ferdinand.* (Cat. d. Stadtbibl. Zürich. Zürich 1864—97.)

DISCONZI, Franciscus: De cultu sanctorum. — (1842) 88 S. 4° (Handschr.)
Diss. Wien, Univ. Diss. 89

Discordia Concors Seu Disceptatio Philosophico-Rhetorica ... Oblata Ab ... Oratoria Facultate Tyrnaviensi A. 1706. V: *Hávor, Stephan.* (SzMJ) (Jes)

Discours sur l'Amour propre comme principe de morale. 8. Berl. 770. Voss. 3 gl

Discours analytique sur la Cohérence imperturbable de l'Unité du Principe des trois premières Parties intégrantes ... Dresd. 1795. V: *Wiese, Chn Ludw. Gust. Freih. von.* (BrMm) (Ky) (ML)

— analyt. sur la Cohérence imperturbable de l'unité du principe des trois premiers parties intégrantes de la théorie musicale, par C. L. de Wiese. gr. 4. Dresd. Walther. 795.

— analytique sur la Cohérence imperturbable de l'Unité du Principe des trois premières Parties intégrantes de la Théorie musicale etc., (par Chr. L. G. de Wiese). gr. 4. Dresd. 796. Walther. 16 gl

Discours prononcé dans l'assemblée extraordinaire de la grande-loge des Francs-Maçons Teutons, pour célébrer la faveur signalée que Sa Majesté a daigné lui accorder, en lui donnant en acte formel et public de sa protection royale émané du trône le 16. Juillet 1774. Imprimé par Ordre de la grande-Loge. Berlin 1774. 8.

— lus dans l'Assemblée publique de l'acad. des sciences de Berlin sur la Culture et la perfection de la langue allem. gr. 4. Berl. 755. Haude u. Sp. 10 gl

Discours lûs dans l'assemblée publique de l'académie des Sc. de Berlin 26. Janv. 1792 ... Berl. 1792. V: *Hertzberg, Friedr. Ewald Graf v., Joh. Friedr. Zöllner & Karl Philipp Moritz.* (Gi) (ErschDL)

— d'Athenagore, sur la résurrection des morts. 8. Bresl 753. (Gosohorsky). 4 gr

— d'Athenagore, sur la résurrection des morts. 8. Bresl. Meyer. 758.

Discours sur les Batailles de Breitenfeldt et de Lützen . . . [Berlin 1772.] V: *Hennert, Carl Wilhelm.* (ML)

Discours tenu à l'occasion de la benédition du cimetière au camp de Lammsdorf. Falkenberg 1871. V: *Holubowicz, Joseph Victor.* (Jes)

Anonym: „Discours von Bestellung Geist- und Weltlicher Aemter", o. O. 1707. — Vorh.: StB Nürnberg.

Discours pour la célébration du jour anniversaire de la naissance de Sa Majesté le roi de Prusse le 24 janv. 1777. Prononcé dans la loge: La Royale Yorck de l'Amitié [à Berlin]. Berlin [1777]. V: *Le Bauld de Nans, Claude Etienne.* (Kl 958) (wolfstieg I, 777)

Discours pour la célébration de jour anniversaire de la naissance de Sa Majesté le roi de Prusse, le 24. janvier 1777 prononcé dans la Loge la royale Yorck de l'amitié, par le R. F. Orateur. Le B . . . A Berlin, chez G. J. Decker, imprimeur du roi. 8.

Discours prononcés au Château de Neuchâtel le premier jour de l'an 1831 *s.* (Guillebert, [Alphonse, et] Sandoz-Rollin, [Henri-Alphonse] de).

Z. den drei Schlüsseln: **Discours** prononcé en comité le 1. jan. 1770. Ratisbonne.
Die Loge wurde 1793 geschlossen.
[Neumüller, J. W.: Hs. Catalog d. Grloge Carl z. d. drei Schlüsseln, Regensburg. 1881 Nr 139.]

Discours prononcé en comité le jour de l'installation de la loge française de Ratisbonne. 1781. 4°
[Neumüller, J. W.: Hs. Catalog d. Grloge Carl z. d. drei Schlüsseln, Regensburg. 1881 Nr 12.]

— sur les Connaissances d'un Officier. gr.4. Frankf. 783. Streng. 6 gr

Discours des députés conservateurs sur la motion tendant à la révision de la constitution de Fribourg dans la séance du 15 mars 1853, suivis de quelques nouvelles considérations. 8. (Fribourg 1853.)

— deux, l'un sur les Satiriques et l'autre sur les libelles. 8. Berlin, Lange. 759.

Discours prononcé par le directeur du collège royal françois le jour de son installation. Berlin 1815. V: *Palmié, Jean Michel.* (Kat. der Bibl. der Akad. der Künste zu Berlin. Berlin 1893.)

Discours sur le droit maritime ancien, moderne, françois et étranger . . . [Bresl. 1782.] V: *Groult.* (CBH)

Discours prononcés à la □ Ferdinand aux IX Etoiles à l'O. de Strasbourg. [Strassburg] 1782. 62 S. 8°
Kl. 1047. Selten. 6 Reden.

— prononcé à l'occasion de la Fête de St. Jean dans la Loge franc. à Brunsvic. 8. Leips. Sommer.

Discours prononcés à la fondation de l'Union des loges suisses le 23 et 24 juin 1844 à Zürich. (Trad. de l'allemand.) Zürich 1844: Orell, Füssli & Co. 48 S. 8°

Discours pour les tres respectables frères de la Loge d'Absalon addressé au très cher & très vénérable frère [Gottfr. Jak.] [Jaenisch] par le plus humble de tous les membres de la Loge La Candeur, devenue loge allemande, à Hambourg. S. l. [1773]. V: *La Garde de Pontkal, Ludw. Phil. Thom. de.* (wolfstieg II, 371)

* DISCOURS, Ein Pour passer le tems geführter, Im Reiche der Todten, Uber einige passirte Quelsques Chosereyen Im Reiche der Lebendigen, Zwischen zweyen . . . . Personen . . . . Mit 2 Portraits (auf Titel). Gedruckt zu Spaßdorff 1731. 4°. (In Berlin: Yy 3771.)
60 S. Seltene Satyre, mit Reimen.

Discours d'un vieux général sur plusieurs objets militaires. 8. Altenbourg 1767.

— d'un vieux Général sur plusieurs sujets militaires. 8. Altenb. (Acad. Bchhdl. in Jena.) 766.

— d'un vieux Général sur plusieurs sujets militaires. 8. Altenb. 766. (Hennings in Neisse). 8 gr

Discours sur la guerre. Berlin 1765. V: *Wilhelm Adolph Prinz von Braunschweig-Lüneburg.* (Cat. d. Stadtbibl. Zürich. Zürich 1864—97.)

— sur les anciens Habitans des Marches. 4. Berl. 753. Haude u. Sp. 8 gr

— sur l'Histoire ancienne. 8. Vienne, Trattner. 765.

— sur l'histoire des Juifs. 8. Wien 763. Trattner. 9 gr

Discours sur les grands hommes . . . Berlin 1768. V: *Friedrich August, Herzog von Braunschweig-Oels.* (BrMm)

— sur l'Honneur. 8. Wien, Schrämblisch. 9 gr

Discours prononcé le 24 janv. 1777 jour de naissance de Frédéric le Grand dans la loge des trois globes à Berlin. Berlin [1777]. V: *Wöllner, Johann Christoph von.* (wolfstieg I, 777)

Discours prononcés à l'occasion de l'inauguration du monument érigé au cimetière catholique de Wiedikon en souvenir des soldats de l'armée française internés et morts en 1871. Zurich le 17 mars 1872 (*Umschlag:* Souvenir dédié aux parents et amis des soldats... morts à Zurich en 1871). [Avec 1 planche.] 8. [Zurich.]

Discours prononcé à l'installation de la loge de députation de la Royale Yorck de l'Amitié en la résidence royale de Potsdam, le Mercredi 29. Octobre 1777. Berlin. V: *Le Bauld-de-Nans, Claude Etienne.* (SJL)

Discours pour le jour anniversaire de la naissance de Sa Majesté le Roi de Prusse prononcé le 24 jan. 1778 par Le B. de N. dans la loge royale York de l'amitié [à Berlin]. Berlin 1778. V: *Le Bauld de Nans, Claude Etienne.* (wolfstieg I, 778)

Discours prononcé au jour memorable du glorieux aniversaire de la naissance de notre . . . Monarque le 24. Janv. 1762 dans la Loge de l'Amitié . . . Berlin. 4. (8 S.)

Discours prononcé au jour de naissance du roi le dimanche le 24 janv. 1779 par L. Potsdam 1779. 16 S. 8⁰
Selten. Üb. das Glück, das die Frmrei unter dem Schutze Friedrich d. Gr. geniesst, u. Aufforderung, ein echt mrisches Leben zu führen.

— sur la Législation. gr. 8. Berl. 789. Lagarde. (Köchly). 4 ℛ

Discours, prononcés dans la Loge de l'Amitié par le frère B. Berlin 1773: [Decker]. 37 S. 8⁰ [Kupfertit.]
Kl. 903 b. Rede zum Lobe der abtretenden Beamten u. des Br. Paturelle. Bruchstück einer Aufnahmerede.

Discours prononcé dans la loge françoise (St. Charles de la concorde à Braunschweig) Le jour de St. Charles: Fête de Son Altesse Sérénissime Monseigneur le duc régnant de Brunsvig et de Lunebourg [Karl I.] patron de la dite loge. Par M. Brunswig [ca. 1770]. V: *Mauvillon, Eleazar.* (Kl 879) (wolfstieg I, 834.

— d. Maler von allerh. curiösen Materien. 4 Thle. 8. Zürich. 721.

Discours prononcé à l'occassion du mariage de Monsieur E W Oswald ... *s.* [Vinet, Alexandre].

Discours prononcé à la Loge Mère et Royale des trois globes de Berlin à l'occasion de la réception d'un officier françois prisonnier de guerre par D. Le 18. May 1758. Berlin: Rudiger [1758]. 16 S. 8⁰ [Umschlagtit.]
Kl. 837. Feiert Friedrich d. Gr.

— en vers sur l'Origine des Société, etc. gr. 8. Petersb. (Böhme in Lpz.) 781.

Discours sur le progrès des armes romaines. 4. Berlin 1751.

Discours qui ont été lus dans l'assemblée publique de l'Académie des sciences de Berlin tenu le 26. Janvier 1792. On a ajouté le plan de Leibnitz sur la culture et la perfection de la langue allemande. Berlin 1792. 4. . . . . (D.)

— qui ont été lus dans l'Assemblée publique de l'Acad. des sciences de Berlin, tenue le 26 Janv. 1792. gr. 4. Berl. 792. Rottmann. 12 ℛ

Discours pour et contre la réduction de l'intérêt naturel de l'argent . . . Trad. de l'anglais. Wesel 1757. V: *Barnard, J., R. Walpole & andere.* Ü: *Guade Malves, J. P. de.* (CBH)

— sur la régeneration. 8. Halle 764. Waisenhaus B. 1½ ℛ

— von alt. u. neuen Staatsrevolutionen in d. vornehmsten Reichen rc. 8. Frankf. 735.

— sur l'utilité des sciences et des arts dans un Etat. 8. Berlin, Voss. 772.

Discours sur les vicissitudes de la litterature. Traduit de l'Italien. Berlin 1786. V: *Denina, Carlo Giovanni Maria.* (EB)

[Kurioese Discourse viele. Diskurse von denen Wundern der Natur bevor an denen Menschen nach ihren unterschiedlichen Beschaffenheiten wie solche mit vielen merckwürdigen Erzehlungen angefüllet, in 3 Th. verf. ... Mutmaßl. Verf.: Gottfried Christian Winckler. Leipzig: Kloß 1700.] 474 S. 8

[Unvollst. Titelbl. hs. ergänzt.]

Discourse, die, der Mahlern, s.a. Bibliothek älterer Schriftwerke der deutschen Schweiz.

Discourse der Mahlern, Die , s.a. Johann Jakob Bodmer.

Discourse: Die Discourse der Mahlern
② Die Mahler. Oder: Discourse Von den Sitten Der Menschen. (4. Teil) ⑤ 1. 5. 1721—März 1723 (1. Teil: 24; 2. Teil: 25; 3. Teil: 25 und 4. Teil: 20 Discourse) ⑥ 8⁰ ⑦ Wochenblatt ⑧ Zürich: Joseph Lindinner (1.—3. Teil), Bodmersche Druckerei (4. Teil) ⑩ J. J. Bodmer und J. J Breitinger ⑪ Bodmer und Breitinger ⑫ literarische Wochenschrift ⑬ BGSZ: 99, 230, 532, 546 ⑭ Zh: Z ⑮ Über die von den Herausgebern und Mitarbeitern gewählten Pseudonyme v. bei Vetter «Cronick der Gesellschaft der Mahler 1721—1722» (Bibliothek Älterer Schriftwerke der Deutschen Schweiz II, 1), S. 78—80. — Eine Neuausgabe (wenn auch mit bedeutenden Veränderungen) erschien 1746 unter dem Titel «Der Mahler Der Sitten». — v. dieses Stichwort!

— dass. s. a. Discurse...

Discourse der verneuerten Bernischen Spectateurs-Gesellschaft
⑤ 1725 ⑥ 8⁰ ⑧ Bern ⑬ BGSZ: 92 a (p. 534), 230 (Bodmer, p. 89), 973.

Discoursen. Gewüsser Vatterländischen Herren bedenkliche *s.* [Salis, Friedrich Anton von].

DISCRETES und Indiscretes. (187*.) 12⁰.
Zahm. (½ Rthl. Fischhaber etc., vor 1875.)

Discretion und Haftpflicht bei der kaufmännischen Auskunft. [Berlin 1894.] V: *Schimmelpfeng, Wilh.* (Berl)

Discurs, A. Charitini, von betrügl. Kennzeichen der Zauberey. Starg. 1708. Halle 1727. H: *Brunnemann, Jac.* (MP)

Discurs, Gedoppelter, Von denen von dem Durchlauchtigsten Chur- und Fürstlichen Hause zu Sachsen gestifteten Ritter- und andern Orden, wie auch Von denen Mutuellen Vermählungen höchsterwehnten Chur- und Fürstlichen Hauses Sachsen. Arnstadt 1708. V: *Juncker, Christian.* (BMarsch 1084)

Gründlicher physicalischer und medicinalisches Discurs [Diskurs] eines berühmten Medici in Berlin von den warmen Bädern und Sauer-Brunnen, darinnen sowohl derselben Natur-gemässe Beschaffenheit überhaupt nach ihren Principiis,...beschrieben, u. endlich, in was vor Kranckheiten sie bes. dienlich,... gewiesen wird. ...aus dem Lat. übers. Leipzig: Kyesel 1723. 30 S. 8°

Discurs, Historisch-politischer, von der Klage, dass die alte Eintracht unter den Eidgenossen durch die Verschiedenheiten der Religionen aufgehoben worden. Basel 1752. V: *Fries, Johann.* (ML)

DISCURS, Lustiger u. durstiger, 7 ehrbarer Frauen als Trinckschwestern, welche an einem Ort bei einer Jausen aus 10 Würths-Häusern jedesmahl 7 Seidel Kost-Wein holen lassen. Anon. Darstellung in Kupferstich u. 3 SS. Text. (Wien) Joh. C. Megerle (1707). (10 Mk. Jacques Rosenthal, c. 1903.)
Ungemein selten!

Discurs. Politischer D' zwischen Dinten-Sami, Notar zu R. bei Bf. und Nydlen-Peter, ab dem Knubel im Emmenthal, abgehalten auf der Haslebrücke am Montag vor der heiligen Weihnachtswoche im Jahr 1830. 8. Bern 1831.

Wohlmeinender wahrhafter **Diskurs** warum die Jesuiten abzuschaffen und in Deutschland nicht zu dulden seien. Warnung e. wahrheitsliebenden deutschen Katholiken an alle Katholiken Deutscher Nation. Neudr. einer i. J. 1619 erschienenen Schrift. Leipzig: F. Simon 1895. (25 S.) 8° [F.] [07. 695] 2

Discurs über des gemeinen Wesens Wol-Wesen. Zürich 1714. V: *Dürsteler, Erh.* (Cat. der Stadtbibl. Zürich. Zürich 1864—97.) (Doubletten-Anz. 1903. Nr. 7.)

Discurse, Einundzwanzig, über die Augspurgische Confession gehalten vom 15. Dez. 1747—3. Mart. 1748. Görlitz [1748]. V: *Zinzendorf und Pottendorf, Nic. Ludw. Graf.* (Kat. der ständ. Bibl. Stuttg. 1907. S. 75.)

Diskurse über Freidenkerei u. Unglauben. Augsburg, Rieger, 1797. 8°. 30 Bj.

Discurse ---, Fünff und funfftzig Discurse über die Sitten der heutigen Welt, Aus dem Englischen übersetzet von Ludwig Ernst von Faramund, Leipzig (1728) siehe Philipp Balthasar Sinold von Schütz.

Discurse, Die, der Mahlern. Th. 1-4. Zürich 1721-23. H: *Bodmer, Joh. Jac., Joh. Jac. Breitinger & andere.* (ML)

– dass. s. a. Discourse...

Diskurse, plattdütsche, äwer de Theologie un de Presters, of van Staats- un annern gelihrten Saken. För sien Landslüd upschreben von'n ollen Meckelbörger. I. II. 8. (98 S.) Leipzig 865, Häfele jun. à * 4 Ngr. *

DISCURSE, RÖMISCH-CATHOLISCHE, vom Evangel. Lutherischen Jubel-Jahr, zur christlichen Anleitung, wie man bey diesen bösen Zeiten geübte Sinnen zum Unterscheid des Bösen und Guten erlangen solle, vorgestellet von V. E. LÖSCHER, 1.—10. Gespräch. Mit Titelkupfer. Leipzig 1717—19. 8°. Ungebunden. 100.—
Offenbar alles Erschienene. Kirchner, Grundlagen 204 kennt nur Gespräch 1—4. Diesch unbekannt.

Discurse, Sieben, über Freydenkerey und Unglauben ... Augsburg 1796. V: *Komploier, Albert.* (MGT)

Discurse über M. Christian Gerbers unerkandte Sünden der Weld(!). Dreßden 1704. 8°. 15 Bog.
Bibl. Ludov. Vitemb. 1715.

Discurse, Vier verschiedene, zwischen zweyen reformirten Bürgern Hiob und Simson angestellte, über den sogenannten Reformirten Heidelberger Catechismum ... Bonn 1738. V: *Kaufmann, Georg.* (SO) (JES)

Discursus historico-iuridico-politici, qua iustitia ... Elector Brandenburg. castra regis Sueciae secutus fuerit. S. l. & a. V: *Crusius, Jac. Andr.* (HOLZ)

Discursus inquisitorius de inventoribus et defensoribus haereticae pravitatis ... S. l. & a. V: *Pauli, Broderus.* (SCHR)

Discursus medicus de abortu et medicamentis abortivis ... [Ültzen 1735.] V: *Lüders, J. N.* (BRMM)

Discursus Politicus et Consilium Catholico-Politicum von dem Aufnehmen ... des Churfürstl. Hauses Brandenburg ... Ingolstadt 1718. V: *Ulm, Levin von.* H: *Thomasius, Chn.* (HOLZ)

Discussio oratoria in eos, qui in librorum censuram invehuntur. S. l. [17??] V: *Martinovics, Georg.* (PK)

Discussio oratoria in eos qui in librorum censuram invehuntur. S. l. [1792]. V: *Laczkovics, Joh.* (SZMJ)

Discussio quaestionis, an princeps Imp. R. G. catholicus eccles. praesert. ordinis et in territorio suo legem, vigore cujus monasteria ab haereditatibus etc. 4. maj. Norimberg Göbhard. 750.

Discussion ..., s. Diskussion...

Discussion relative à une inscription romaine présentée à la Société jurassienne d'émulation. [Avec 1 planche.] E. 8. Porrentruy, Juillet 1852.

Discussions du Code civil dans le conseil d'Etat, précédées des articles corresp. du text. et du projet., par M. M Jounneau et Solon. II Vol. gr. 4. Paris et Strasb. Treuttel et W. 806.

Disdéri, die Photographie als bildende Kunst. Mit einer Einleitung von Lafon de Camarsac. Nach dem Französ. bearb. von A. H. Weiske. 8. (VIII und 389 S. mit in den Text gedr. Abbild. in Holzschn.) Berlin 864, Th. Grieben. *

Disentis [Sachliches OW]

Disentis. Bündner-Oberland.... Kuranstalt Disentiser-Hof.... [Prospect mit illustriertem Umschlag.] 8. *o. O.*
Ausg. A.: 14 Seiten. (1878.)
Ausg. B.: 16 Seiten. (1884.)

Disentis. Der Luftkurort D'... Bündner Oberland. Hôtel & Pension Krone.... [Prospect.] 8. Zürich 1900.

Disentis [Schlagwort]

Disentis, s.: Schweiz. Atlas.

Disentiser Kloster-Chronik, s. Bundi, Jak.

Disharmonia Doctrinae protestantium et Roman. Catholicorum in artic. de justificatione ... Giessae 1719. V: *Majus, Johann Heinrich*. (Adel)

Disibodenberg, Der. Blätter der Erinnerung für Einheimische und Fremde ... Kreuznach 1853. V: *Gerlach*. (EngG)

Disibodenberg, der. Blätter der Erinnerung für Einheimische und Fremde. Mit 1 (lith.) Situationsplane der Ruinen. Kreuznach 853. Voigtländer. 8. (59 S. u. 1 Stahlst.) n. 7½ ngr

Disjonval, Naturgeschichte d. Spinnen, s. Quatremère.

Der Diskont in den Jahren 1854 und 1855 und die natürlichen Gesetze des Zinses. Mit einer lithographischen Tafel. Von O. K. Frankfurt a. M. 1856.

Zur Diskontierung von Buchforderungen. Eine Stimme aus der Großindustrie. Melle i. H. (1910).

Diskurs ..., s. Discurs ...

Diskussion. Kultur-Parlament. Eine Monatsschrift für aktuelle Kulturfragen. Hrsg. von Hans Ostwald. Jg. (1). 1910. H 1. Berlin: Frowein 1910. 8°

Anf. s. Das Kultur-Parlament. [10. 6579

Diskussion. Kultur-Parlament. Eine Monatsschrift f. aktuelle Kulturfragen. Hrsg. u. red. v. Hans Ostwald. 1. Jahrg. April 1910—März 1911. 12 Nrn. (à 64 S.) 8. Berlin [E. Frowein], H. Bondy. 5. —

Discussion über den Ausbau der Wasserstraßen in Oesterreich u. insbesondere über die Herstellung e. Donau Oder-Canals, stattgefunden im Club der Land- u. Forstwirthe in Wien am 30. Jänner 1891. gr. 8. (16 S.) Wien 891, (Frick). * — 40

Aus: Wiener landw. Zeitg., besonders abgedruckt.

Diskussion üb. die Denkschrift der Regierung: Studien zur Reform der inneren Verwaltung. (25. I. bis 22. II. 1905.) Hrsg. v. der Wiener jurist. Gesellschaft. (110 S.) gr. 8. Wien '05, Manz. 1. 70.

Discussion, erste und zweite, des alten Schulmeisters und des in der Pädagogik vorherrschenden Geistes. (2 Hefte.) Duisburg 855. Ewich. 16. (1 Bl., 51; 2 Bl., 67 S.) Jedes Heft 5 ngr

Die 1. Discussion rc. erschien u. d. T.: Schulmeister, der alte, rc.

Diskussionen des Wiener psychoanalytischen Vereins. Hrsg. v. der Vereinsleitg. 1. Heft. Lex. 8. Wiesbaden 910. J. F. Bergmann. 1. 35

1. Über den Selbstmord, insbes. den Schüler-Selbstmord. Beiträge v.: Alfr. Adler, S. Freud, J. K. Friedjung, Karl Molitor, R. Reitler, J. Sadger, W. Stekel, Unus multorum. (60 S.)

Diskussionen, Zürcher. Nr. 1—9. gr. 4. Zürich, Verl. d. Zürcher Diskussionen. Für d. Jahresserie v. 12 Nrn. n. 6. —; Einzelpr. à n. — 60

1. Die Krankheit Heine's. Von Osk. Panizza (zur 100 jähr. Wiederkehr d. Geburtstages Heine's — 13. XII. 1797 —). (8 S.) 897.
2. Ein Kapitel aus Hans Jägers Christianiabohème, übers. u. eingel. v. Gust. Morgenstern. (8 S.) 897.
3. L'abstinence sexuelle comme principe créateur en art. Par Léon Bazalgette. (8 S) 897.
4. D. Frauenphantom d. Mannes. Von Ria Claaßen. (8 S.) 898.
5. Christus in psicho-patholog. Beleuchtg. Von Osk. Panizza. (8 S.) 898.
6. D. Männerphantom d. Frau. Von Fanny v. Reventlow. (8 S.) 898.
7. Pietro Aretino nella leggenda e nella storia di Giov. Rutti. (8 S.) 898.
8. D. Kleidg. d. Frau, e. erot. Problem. Von Hans Kistemaecker. (8 S.) 898.
9. Christus v. e. Juden v. *** (D. Farbstein). (10 S.) 898.

Diskussionen, Zürcher. Nr. 10.—17. gr. 4. Zürich. Paris, Verlag der Zürcher Diskussionen. à n. — 60

10. 11. Agnes Blannbekin, e. österreichische Schwärmerin aus dem 13. Jahrh. n. d. Quellen. Von Osk. Panizza. (16 S.) 898.
12. Tolstoi's Moral. Von Fina Zacharias. (15 S.) 898.
13.—15. Karl Ludwig Sand, e. biografisch-psicholog. Darstellg. Von Louis Andrée. (24 S.) 899.
16. 17. Heine u. Platen, e. Revision ihrer literar. Prozeßakten. Von Max Kaufmann. (16 S.) 899.

— dasselbe. (2. Jahrg.) Nr. 18.—24. gr. 4. Ebd. à — 60

18. 19. Brenelis Gärtli, e. Zürcher Begebenheit. Von Osk. Panizza. (16 S.) 899.
20. 21. Juliane Dery u. was sie gemordet. Von Sven Heidenstamm. (15 S.) 900.
22. Viragines od. Hetären? Von Fanny Gräfin zu Reventlow. (8 S.) 901.
23. 24. Das Rauschbedürfnis im Menschen. Von Heinr. Pudor. (III, 12 S.) 899.

Diskußionen, Zürcher. Flugblätter aus dem Gesamtgebiet des modernen Lebens. (3. Jahrg.) Nr. 25—32. gr. 4. Paris, Verlag Zürcher Diskussionen. à — 60

25. 26. Tristan u. Isolde in Paris. Von Hans Dettmar. (16 S.) (902.)
27. La danse du ventre. Eine Pariser Studie. Von Hans Kistemaecker. (8 S.) (902.)
28—32. Das Schwein in poetischer, mitologischer u. sittengeschichtl. Beziehung. Von Louis Andrée. (40 S. m. 1 Abb.) (902.)

Discussionen. Zürcher Diskußionen. ⟨Jahrg. 3.⟩ 1900. No. 25—32. 4. (Zürich, J. Schabelitz.) (Ersch. ca. alle 4 Wochen — wenn sie erscheinen — à fr. —. 75 pro Nummer; Jahresserie mit 12 Nrn. pränumerando fr. 7. 50)

No. 25—26: Tristan und Isolde in Paris. Von Hans Dettmar ⟨Paris⟩. (*etc.*) 16 S. (1902.) — No. 27. La danse du ventre. Eine Pariser Studie von Hans Kistemaecker ⟨Haag⟩. (*etc.*) 8 S. [1902.] — No. 28—32. Das Schwein in poetischer, mitologischer und sittengeschichtlicher Beziehung von Louis Andrée ⟨Paris⟩. [Illustriert.] (*etc.*) 40 S. (1902.)

Diskussionsfragen. 1. Hft. gr. 8. Bern 894. Schmid, Francke & Co. n. — 70

Zur Frage der unentgeltlichen Krankenpflege. Negationen u. Positionen. Von Gust. Beck. (63 S.)

Discussionsvorlage. ... Disk' [für die] Konferenz der Sekundarlehrer des Kantons Zürich s. Conferenz der Sek'....

Dislere, P., die Panzerschiffe. Aus dem Franz. übers. von Carl Frhr. v. Codelli. [Autor. deutsche Ausg.] gr. 8. (194 S. m. 7 Steintaf.) Wien 874. (Gerold's Sohn.) n. 4. 80

Dislere, P., die Panzerschiffe. Aus dem Französ. übers. von Carl Frhr. v. Codelli. [Autoris. deutsche Ausg.] gr. 8. (194 S. mit 7 Stnt.) Wien 875, (Gerold's Sohn.) *

— die Panzerschiffe der neuesten Zeit. Aus dem Französ. übers. von Const. Pott. [Autoris. deutsche Ausg., hrsg. von der Redaction der „Mittheilungen aus dem Gebiete des Seewesens".] gr. 8. (135 S. mit 52 Holzschn. im Texte.) (Ebendas.) 877. *

Dislocation ..., s. Dislokation ...

Dislokation der Königl. Preußischen Armee nach der Rang- und Quartierliste von 1845. 8. Magdeburg 845. (Mazzucchi.) n. 1/12 ℳ

Dislokation der kgl. preuß. Armee nach der Rang- u. Quartierliste von 1845. 8. (1 B.) Magdeburg 845. (Quednow.) *

Dislocation u. Eintheilung der französischen Armee. Nach authent. Quellen in übersichtl. Weise zusammengestellt. gr. 8. (40 S.) Leipzig 887. Ruhl. n. 1. —

Dislocation und Eintheilung des k. k. Heeres, S. M. Kriegsmarine, der k. k. Landwehr und der k. ungar. Landwehr. 21. Aufl. 16. (107 S.) Wien 876, (Seidel und Sohn.) **

Die 1.—20. Aufl. erschienen im Selbstverlage des Verfassers. Die 22. Aufl. erschien u. d. T.: Schematismus des k. k. Heeres. S. M. Kriegsmarine rc.

Forts. s. Seidels kleines Armee-Schema 1880 ff.

Dislokation und Einteilung des k. u. k. Heeres. [Seidel's kleines Armeeschema. Nr. 52.] 8°. (178 S.)

Wien: Seidel & Sohn. 1902.

Dislokation und Einteilung des k. u. k. Heeres. [Seidel's kleines Armeeschema Nr. 53.] 16°. (178 S.) Ebd. 1903. K 1.—

Dislokation und Einteilung des k. u. k. Heeres, der k. u. k. Kriegsmarine, der k. k. Landwehr und der königl. ungarischen Landwehr. [Seidel's kleines Armeeschema. Nr. 54.] 8°. (178 S.) Ebd. 1903 K 1.—

Dislokation und Einteilung des k. und k. Heeres. [Seidel's kleines Armeeschema. Nr. 55. Mai 1904.] 8°. (178 S.) K 1.— Ebd. 1904.

Dislokation und Einteilung des k. u. k. Heeres. [Seidels kleines Armeeschema. Nr. 56.] 8°. (178 S.) K 1.— Ebd. 1904.

Dislokation und Einteilung des k. u. k. Heeres, der k. u. k. Kriegsmarine, der k. k. Landwehr und der königlich ungarischen Landwehr. [Seidels kleines Armeeschema. Nr. 57.] 8°. (185 S.) Ebd. 1905. K 1.—

Dislokation und Einteilung des k. u. k. Heeres. [Seidel's Kleines Armeeschema. Nr. 58. 1905.] 8°. (191 S.) K 1.— Ebd. 1905.

Dislokation und Einteilung des k. u. k. Heeres, der k. u. k. Kriegsmarine, der k. k. Landwehr und der königl. ungar. Landwehr. [Seidels kleines Armeeschema. Nr. 59.] 8°. (192 S.) K 1.— Ebd. 1906.

Dislokation und Einteilung des k. u. k. Heeres, der k. u. k. Kriegsmarine, der k. k. Landwehr und der königl. ungar. Landwehr. [Seidels kleines Armeeschema, Nr. 60.] 8°. (191 S.) K 1.— Ebd. 1906.

Dislokation und Einteilung des k. u. k. Heeres, der k. u. k. Kriegsmarine, der k. k. Landwehr und der königl. ungar. Landwehr. [Seidels Kleines Armeeschema. Nr. 61.] 8°. (196 S.) K 1.— Ebd. 1907.

Dislokation und Einteilung des k. u. k. Heeres, der k. u. k. Kriegsmarine, der k. k. Landwehr und der königl. ungar. Landwehr. [Seidels kleines Armeeschema, Nr. 62, 1907.] 8°. (196 S.) K 1.— Ebd. 1907.

Dislokation und Einteilung des k. u. k. Heeres, der k. u. k. Kriegsmarine, der k. k. Landwehr und der königl. ungar. Landwehr. [Seidels kleines Armeeschema. 1908. Nr. 63.] 8°. (188 S.) Ebd. 1908. K 1.—

Dislokation und Einteilung des k. u. k. Heeres, der k. u. k. Kriegsmarine, der k. k. Landwehr und der königlich ungarischen Landwehr. [Seidels kleines Armeeschema. Nr. 64.] 1908.] 8°. (188 S.) Ebd. 1908. K 1.—

Dislokation und Einteilung des k. u. k. Heeres, der k. u. k. Kriegsmarine, der k. k. Landwehr und der königlich ungarischen Landwehr. [Seidels kleines Armeeschema. 1909. Nr. 65.] 8°. (188 S.) Ebd. 1909. K 1.—

Dislokation und Einteilung des k. u. k. Heeres, der k. u. k. Kriegsmarine, der k. k. Landwehr und der königlich-ungarischen Landwehr. [Seidels kleines Armeeschema. Nr. 66. 1909.] 8°. (188 S.) Ebd. 1909. K 1.—

Dislokation und Einteilung des k. u. k. Heeres. [Seidels kleines Armeeschema. Nr. 67. Mai 1910.] 8°. (188 S.) K 1.— Ebd. 1910.

Dislokation und Einteilung des k. u. k. Heeres, der k. u. k. Kriegsmarine, der k. k. Landwehr und der königl. ungar. Landwehr. [Seidel's kleines Armeeschema. Nr. 68. 1910.] 8°. (189 S.) K 1.— Ebd. 1910.

Dislocations- und Eintheilungskarte des k. k. Heeres, der k. k. Kriegsmarine u. beider Landwehren. Von Seidel. Berichtigt bis Ende Jänner 1888. Wien, L. W. Seidel & Sohn. In Umschl. 1 fl., aufgesp. in Taschenf. 2 fl., in Folio 2 fl. 20 kr.

Dislocationskarte des österr.-ungar. Heeres. 1902/1903. (Massst. 1:1,800,000.) *Wien: G. Freytag & Berndt 1902.* (1 Kartenbl. 94×65 cm.) quer-gr. 2° [kol.]
[Umschlagt.:] Übersichts-Karte d. Dislokation d. k. u. k. österr.-ung. Heeres, d. Landwehren u. d. Gendarmerie-Korps im J. 1902/1903. 10656

Dislokationskarte des k. u. k. österr.-ungar. Heeres, der Landwehren und der Gendarmeriekorps im Jahre 1904/1906. 1:1,800.000. 95×65 *cm* gefalzt in Umschlag K 1.80
Wien: Freytag & Berndt 1904.

Dislokationskarte des k. u. k. österr.-ungar. Heeres, der Landwehren und der Gendarmeriekorps im Jahre 1907. 1:1,800.000 gefalzt in Umschlag K 3.— Ebd. 1907.

Dislokationskarte des k. u. k. österr.-ungar. Heeres der Landwehren und der Gendarmeriekorps im Jahre 1908. 1:1,800.000 gefalzt K 3.— Ebd. 1908.

Dislokationskarte des k. u. k. österr.-ungar. Heeres, der Landwehren und der Gendarmeriekorps im Jahre 1910. 1:1,800.000 gefalzt in Umschlag K 4.—, auf Leinwand K 6.— Ebd. 1910.

Dislocationskarte der österr.-ungar. Monarchie. 1901/1902. (Massst. 1:1,800,000.) *Wien: G. Freytag & Berndt 1902.* (1 Kartenbl. 94×65 cm.) 8° [kol.]
[Umschlagt.:] Übersichts-Karte d. Dislocation d. österr.-ung. Heeres.

Dislokationskarten [Schlagwort]

Dislokationskarten, s.: Militärkarten.

Dislocations-Tabelle pro 1885. qu. gr. Fol. Wien, (Seidel & Sohn). n.n. — 60

Dislocations-Tabelle der k. k. österreichischen Artillerie. qu. gr. Fol. Wien 885. (Seidel & Sohn.) n. — 40

Dislokations-Tabelle des k. k. Heeres 1888. Wien 1888.

Dismas, der reuige Schächer, s.: Familien-Bibliothek, kleine, f. christliche Leser.

Dismembration, s. Leupert Taschenb. 2r Jahrg.

Dismembrations- und Ansiedelungsgesetz, das preußische, vom 25. August 1876, s.a. Gesetzsammlung für Landwirthe.

Das preußische Dismembrations- und Ansiedelungsgesetz vom 25. Aug. 1876 und das Gesetz vom 2. Juli 1875 betr. die Anlegung von Straßen und öffentlichen Plätzen in Städten und ländlichen Ortschaften. Nebst Ausf.-Bestimmungen. Berlin 1877.

Disnand Bernhard: Ueber Sprache und Metrik des altfranzösischen Benard le Contrefait, nebst einer Einleitung über dieses Werk und seinen Verfasser.
H. 1890 PN 600 **Diss.** Wien, Univ. 2218

**Internationaler Transportversicherungs-Verband.* Dispacheordnung für das deutsche Binnenschiffahrtsgebiet. Berlin 1902.

Dispeck, Abr. Levi, mathemat. begründetes Bedenken gegen das kopernikan. Weltsystem u. Ehrenrettung des Tycho de Brahe, so wie auch des wörtl. Sinnes der Bibel. Nebst Einleit. in die Astronomie, mit Steindr. 8. Frankf. 823. (Varrentrapp). 18 gr.

Dispek, A. L. Bedenken gegen das kopernikanische Weltsystem und Ehrenrettung von Tycho Brahe. Frankfurt 1822.

Dispek, A. L. Einleitung in die Astronomie. Frankfurt 1822.

Alphabetisch geordneter Führer durch das Bürgerliche Gesetzbuch und dessen Nebengesetze mit besond. Berücks. der für Bayern geltenden Bestimmungen u. unter vergleich. Bezugnahme auf d. röm.-rechtl. Benennungen von Dr. Siegfried **Dispeker**, Rechtsanw. in München. (In 4 Lfgn.) *München: J. Schweitzer (1899–)1900.* (VI, 372 S.) 8° [F.]

Dispeker, Siegfr., die Praxis der Zwangsversteigerung u. Zwangsverwaltung. Ein Handbuch des Verfahrens in der Zwangsversteigerung u. Zwangsverwaltg. nach dem Reichsgesetze vom 24. III. 1897. (VI, 110 S.) gr. 8. München 905. J. Schweitzer Verl. Geb. in Leinw. n. 8.60

Dispensation, Erzbischöfliche, in dem vierzigtägigen Fastengebothe sammt einem kurzen Unterrichte für das Jahr 1807. 1807. Aschaffenburg [1807]. V: *Dalberg, Karl von.* (StBFrankf I, 367)

Dispensatorium Argentoratense. fol. Argent. 735.

— od. Arzeney: Verzeichniß f. Arme, herausgegeb. v. J. G. Mikan. 8. Prag, Schönfeld, 786.

Dispensatorium regium et elect. Borusso-Brandenb.
— — — fol. Bresl. W. Korn. 744.

— regium et elect. Borusso-Brandenburgens. 4 maj. Berl. 782. Kunze. 2 ℛ

Dispensatorium regium et electorale Borusso-Brandenburgicum, juxta quod in provinciis regiis et electoralibus, medicamenta officinis familiaria dispensanda et praeparanda, auspiciis . . . collegii medici regii cura et opera iterato ed., revisum. Berolini 1713. fol.

Dispensatorium regium & electorale Borusso- Brandenburgicum, juxta quod provinciis regiis et electoralibus, medicamenta officinis familiaria praeparanda et dispensanda,...regii collegii medici superioris cura & opera denuo ed., rev.,em.et auctum. Berolini 1731: Michaelis. 302 S. 4°

Dispensatorium regium et electorale Borusso- Brandenburgicum, iuxta quod in provinciis regiis et electoralibus, medicamenta officinis familiaria praeparanda et dispensanda,... regii collegii medici superioris cura et opera denuo ed., rev., em. et auctum. Variis utillissimis annotationibus et observationibus, olim locupletatum ab Ernesto Fagino [Faginus], nunc vero in nova hac ed. praeter notas nonnullas, etiam quorundam medicamentorum utilissimorum praescriptiones... acc. Erfordiae: Iungnicolius 1747. 210 S. 4°

Beigeb.: General-Tax-Ordnung. Erfurt 1746.

Dispensatorium regium et electorale Borusso-Brandenburgicum, iuxta quod in provinciis regiis et electoralibus, medicamenta officinis familiaria praeparanda et dispensanda. Editio quarta ab Ernst Faginus. 230 S., gbd., Abb.

Erfordiae: Homeyer 1758
beigedr.: General-Tax-Ordnung so wohl für die Medicos und Chirurgos, als Apothecker...1758
General-Medizinal-Ordnung, Königl. Preußische. 1758

JB 1.697

Dispensatorium regium et electorale Borusso-Brandenburgicum, juxta quod in provinciis regiis et electoralibus medicamenta simplicia comparanda, et composita praeparanda ... cura et opera regii collegii medici superioris denuo editum, revisum, emendatum et auctum. Berolini 1781. VIII, 44, 139 S. 4°

Dispensatorium regium et electorale Borusso-Brandenburgicum iuxta quod in Silesia medicamenta officinis familiaria praeparanda et dispensanda. Denuo editum. 194 S., gbd.

Wratislaviae: Korn 1744

JB 1.696

— Brandenburgicum. Fol. Erf. 758. Homeyer. 2 ℛ 4 gl

— Brunsuicense pharmaceuticum in III Part. divis. 4 maj. Braunschw. 777. Schulbuchh. 2 ℛ 12 gl

— **Fuldense,** v. Schlereth.

— **Hamburgense,** conscr. a Iac. Kalde. fol. Hamb. 716.

Dispensatorium Electorale-Hassiacum, curavit P. J. Piderit. Marburg 1806. V: *Elias, Chph Friedrich.* (Ky) V: *Grandidier, Paul Franz, Conr. Grandidier, Phil. Hunold, Phil. Jac. Piderit & Johann Heinrich Flügger.* (Call)

— Elect. Hassiacum (a C. F. Elias), cur. P. J. Piderit. 8 maj. Marb. 806. Krieger. 1 ℛ 12 gl Dass., deutsch, durchgesehen v. P. J. Piderit u. übersetzt u. verm. von Chr. F. Elias. gr. 8. Ebd. 807. 1 ℛ 8 gl

Dispensatorium medico-pharmaceuticum. Jussu clementissimo ...Principis electoris Caroli Theodori succinctum in ordinem congestum, una cum taxa, ex justo et aequo statuta, in lucem emissum a concilio medico electorali palatino. Mannhemii 1764: Ex typogr. electorali aulico. 208, 10, 48 S. 4°

[Vort.:] Pharmacopoea palatina.

Dispensatorium electorale Hassiacum. Dt. Übers. von Christoph Fri(e)drich Elias und mit Zusätzen versehen von Philipp Jakob Piderit. 496 S., gbd.

Marburg: Krieger 1807

JB 1.664

Dispensatorium Monasteriense 1739. Münstersches Dispensatorium und Apothekertaxe. Münster 1739. V: *Hoffmann, C. Ldw.* (Call)

Neues Edinburger Dispensatorium. The new Edinburgh dispensatory. Fourth edition. Dt.) Übers. von Samuel Friedrich Christian) Hahnemann. Th.1 - 2, gbd., Abb.

Leipzig: Fleischer 1797 - 1798

JB 1.653

Dispensatorium, neues englisches, oder Apothekerbuch, nach der Londoner u. Edinburg. Pharmacopoe ausgearb. von W. Lewis. (3r Thl.) Aus d. Engl. übers. u. verm. v. Chr. E. Kapp. 3 Thle. gr. 8. Bresl. 783—86. J. F. Korn. 5 ℛ 12 gl

— **pauperum** a facultate Pragensi concinn., s. a. Mikan.

Dispensatorium pauperum. A facultate medica Pragensi concinnatum. Ed. J. G. Mikan. Pragae et Viennae 1783. 78 S.

— pharmaceut. **Ratisbonense.** fol. Regsb. Bader. 727.

Dispensatorium pharmaceuticum Austriaco-Viennense, in quo hodierna die usualiora medicamenta secundum artis regulas componenda visuntur. 292 S., gbd., Abb.

Viennae Austriae: typ. Kurtzböck 1737

JB 1.693

Dispensatorium pharmaceuticum Austriaco-Viennense, in quo hodierna die usualiora medicamenta secundum artis regulas componenda visuntur. 219 S., gbd.

Vindobonae: de Trattnern 1765

JB 1.694

Dispensatorium pharmaceuticum Brunsvicense . . . Brunosuici 1777. V: *Fabricius, Phil. Conr., Gfr. Chph Beireis, Wilh. Frdr. Cappel, Urb. Frdr. Bened. Brückmann, Chn Esaias Seebode, von Hagen, Joh. Frdr. Pott, Joh. Phil. du Roi & Reichmann.* H: *Martini, Joh. Bernh.* (call)

Dispensatorium pharmaceuticum universale sive thesaurus medicamentorum tam simplicium quam compositorum locupletissimus ex omnibus dispensatoriis...permultisque aliis libris de materia medica ac remediorum formulis et celeberrimorum denique medicorum... operibus congestus, digestus et variis observationibus practicis...instructus curante Daniel Wilhelm Triller. Tom. 1-2, 855 S., gbd.

Francofurti as Moenum: Varrentrapp 1764

JB 1,524

— pharmaceuticum Viennense. Fol. Wien 770. Trattner. 1 ₰ 8 ℊ

Dispensatorium pro pharmacopoeis Viennensibus in Austria. Ex mandato Sac. Caes. Mtatis a collegio medicorum Viennensium collectum et revisum. Das älteste Wiener offizinelle Dispensierbuch vom J. 1570. Nach der Urschrift im Archive des Wiener medizin. Doktoren-Kollegiums. Mit Unterstützg. des Wiener Apotheker-Haupt-Gremiums. Zum ersten Mal hrsg. u. eingeleitet v. Leop. Senefelder. (XXXVII, 204 S.) gr. 8. Wien 907. F. Deuticke. 7.—

— d. Königl. Sächs., s. Ph. J. Piderit, Pharmacia rationalis.

— üb. freye Texte a. den Werken d. neuesten Kanzelredner. gr. 8. Marburg, Krieger. 805.

Dispensatorium univ. Austriacum, nocom. redig. et ed. Chr. Mayer. II Tom. 4 maj. Wien 798. Kaulfuss. 4 ₰ 12 ℊ (Schaumburg et C.) Hbg. Pr. 2 ₰

Dispensatorium, neu verbessert., od. Arzneyb. in welchem alles was zur Apothekerkunst gehört rc. vorgetrag. wird 3 Thle. gr. 8. Bresl. Korn d. ält. 783—86. (1r 1 Thlr. 16 gr., 2r 2 Thlr. 12 gr., 3r 1 Thlr. 8 gr.) Rthlr.

— od. d. Werth aller Arzney. in den Pragischen Apotheken. Fol. Prag. 739.

— od. d. Werth aller Arzneyen, welche in den Wiener Apotheken gebräuchl. sind. Fol. Wien. 744.

— Westphalicum. 8. maj. Marb. Krieger. 807.

— — dasselbe deutsch, übers. v. Elias. gr. 8. Ebend. 807.

Dispersio gentium ex Sententia R. P. Kummet. 1790? 1 Bl. gezeichnet.

Disponibilität, Die, der Staatsbeamten in Österreich und ihre Folgen. Wien 1861. V: *Mitschka, Ernest.* (EB)

Disponibilität, die, der Staatsbeamten in Oesterreich und ihre Folgen, vom rechtlichen Standpuncte der Betheiligten, sowie vom höheren Standpuncte des Staats-Interesses betrachtet. Wien 861. (Gerold.) gr. 8. (68 S.) n. 10 ngr.

Disposition für die Ausrüstung der im Juni den Truppen zu überweisenden reitenden (8cm.) und Feld (9cm.) Batterien C/73 mit Geschützen. Berlin s. a. (1874.) 8.

Disposition wegen das Debarquements der Trouppen auf Rügen. 4. 1715.

Disposition des platonischen Dialogs Phaedros. 6 S. 4° – Troppau OG, Progr. 1872.

Disposition zu einem Schul-Manöver der k. b. 4. Armee-Division. Nürnberg am 7. Septbr. 1840. (Lithogr.) Nürnberg 1840. 3 Bl. 4°

Des Grafen Stenbock Disposition u. Veranstaltung, vermittelst welcher die Schwed. Armee die feindl. Linien in Pommern vorbey u. den Pass bey Damgartens am 23. Oct./3. Nov. 1712 glücklich passiret (½ B.) 4.

Disposition der militärischen und gymnastischen Übungen [des Freimaurer-Institutes zu Dresden], den 28. Juni 1846.
Zit. in einem handschriftl. Verzeichnis der Loge zur Bruderkette in Hamburg.

Dispositionen z. Beichtreden u. Bußtags-Predigten = s. u.: Taschenbuch, Homiletisches.

Dispositionen zur neuesten Geschichte 1815—1871. (15 S.) 8. Bremen 904. G. Winter. n. — 50

Dispositionen zu denen Potsdamschen Herbst-Manövern de anno 1764 bis incl. 1785. (Hrsg. von Schönermarck.) (Mit) Atl. (u.) Plan von Potsdam von 1774. (Merseburg 1856.) 4° u. 2°.

Dispositionen der Cavallerie Corpsmanöver im September 1857. (4 Hefte in 1 Bd.) (Lithographiert.) (Donation Liechtenstein.) 4. (ohne Ort.) 1857.

Dispositionen für die Manoeuvres der bei Lemberg und Grodek concentrirten kaiserl. königl. Truppen im Jahre 1839. (Lithogr.) 8. 1839.

Dispositionen und Ordre de bataille's für das Lager-Manoeuvre bei Pest im Jahre 1820. (Mit 3 Karten und 13 Bogen lithogr. Text in 1 Schuber.) (Donation Liechtenstein.) 4. (Pest 1820.)

Dispositionen über moral. Wahrheiten, ein homilet. Hülfsbuch aus d. Werken d. besten Kanzelredner gesammelt. 1r Thl. gr. 8. Marb. 805. Krieger. 2 ₰

Disputantur quaedam de ostracismo academico siue consilio abeundi. Goettingae [1751]. V: *Gesner, Joh. Matthias.* (Hauptkat. d. Univ.-Bibl. Tübingen. K. S. 4.)

Disputatio de dubit. contra historiam reditus Christi. Kiliae 1778. V: *Geyser, S. G.* (Collin, Anonymer. Kiobenh. 1869.)

Disputatio forensis I. de re inter alios judicata totum jus alii integrum relinquente . . . Hannov. 1756. V: *Grupen, Christian Ulrich.* (Rotermund, Gel. Hannover. Bremen 1823.)

Disputatio inauguralis de jure catastri. 4°. s. l. s. a.

Disputatio inaug. de pernionum sanandorum methodo ... Jenae 1810. V: *Stepner, E. J.* [?] (call)

Disputatio irenica de instauranda Lutheranos inter et Reformatos concordia. Lips. 1817—18. V: *Weigand, Georg Hnr. Frdr.* (Leipz. Lit.-Ztg. 1818. Nr. 97.)

Disputatio de locis nonnullis Phaedri Platonici. Vratislav. 1819. V: *Schneider, Carl Ernst Chph.* (HOff)

Disputatio de Philone Larissaeo, s.: Hermann, Karl Frdr.

Disputatio privata inter amicos de harmonia praestabilita ... Leipzig 1724. V: *Wolle, Christoph.* (ML)

Disputatio pro religione Mohammedanorum adversus Christianos. Textum arabicum e codice Leidensi cum varr. lectt. ed. F. J. van den Ham. Fasc. I. gr. 8. (VIII, S. 1—136) Leiden 877, Brill. **

Disputatio super Josephi de Christo testimonio. Göttingae 1781—82. V: *Less, Gottfried.* (ZÜrKL)

DISPUTATION, Curiöse, von der Braut auff der Nulliversität zu Labäths pro loco gehalten. O. O. u. J. (c. 1710). 6 Bll. 4°. (10 Mk., der Vorige, c. 1903.)
Eine Schrift voll drolliger Einfälle. Ebenfalls sehr rar!

Disputation, d. Leipziger, e. theolog. Denkschrift. 8. Leipz. 827. (Serig.)

Disputation, d. Leipziger, e. theolog. Denkschrift, (v. C. A. Hase). 8. Leipz. 827. (Sühring). 8 gl

Disputation, öffentliche, üb. die Vivisektion, geh. im physiolog. Institute der Universität Bern am 31. I. 1903. Nebst e. Vorwort. (32 S.) 8. Dresden 904. (Halensee, M. Schwantje.) n. — 25

Disputation. Oeffentliche D' über die Vivisektion, gehalten im Physiologischen Institute der Universität Bern am 31. Januar 1903. (Bericht,) Nebst einem Vorwort. (Sonder-Abdruck [aus] der Monatsschrift «Der Tier- und Menschenfreund», Jahrg. 1903, Nr. 5—8.) IV + 32 S. 8. Dresden, Verlag des «Internat. Vereins zur Bekämpfung der wissenschaftl. Tierfolter», 1904. [M. —. 25] N 3200[24]

Disputation, römische, zwischen Katholiken u. Protestanten üb. die These: war Petrus in Rom? Nach den stenograph., v. den Vorsitzenden beider Parteien beglaubigten Berichten vollständig u. wortgetreu übersetzt. gr. 8. (128 S.) Münster 872. Russell. 1. 50

Disputation, römische, zwischen Katholiken und Protestanten über die These: war Petrus in Rom? Nach den stenograph., von den Vorsitzenden beider Parteien beglaubigten Berichten vollständig und wortgetreu übersetzt. gr. 8. (128 S.) Münster 874, Russell's Verlag.

Disputation, Eine, zwischen dem Herrn W. und X., und einem Fremden über H. Pastor Alberti »Anleitung zum Gespräch über die Religion« ... O. O. 1772. V: *Claudius, Matthias.* (GGr)

Disputationem, Viri clarissimi J. Hertelii, ... pro gradu Doctoris, die XXIX Decembr. solemniter habendam indicit E. G. B. ... Jenae 1770. V: *Baldinger, Ernst Gottfried.* (BrMm)

Disputationen, die ältesten ethischen, Luthers, hrsg. von Carl Stange, s.: Quellenschriften zur Geschichte des Protestantismus. 1. Hft.

Disputationen Martin Luthers in d. J. 1535—1545 an d. Universität Wittenberg geh. Zum 1. Male hrsg. v. Paul Drews. 2 Hälften. gr. 8. (XLIV, VI, 999 S.) Göttingen 895. 896. Vandenhoeck & Ruprecht. n. 35. —

Disputationes anatomicae selectae. Collegit, ed., praefatus est A. v. Haller. 7 vol. + Index (8 Vol.). Gotting. 1746-52.

Disputationes forenses V. Hannov. 1756. V: *Grupen, Christian Ulrich.* (Adel)

Disputationes Fridericianæ in Academia Kiloniensi a mense Junio usqve ad finem anni 1701 a professoribus facultatis juridicæ habitæ. Kilonii et Lipsiiæ. 4.

Disputationes Fredericianæ, in Acad. Kiloniensi a mense Junio cusque ad finem An. 1701 a professoribus facultatis philosophicæ habitæ. Kilonii et Lipsiæ (Kilonii). 4.

Disputationes Fridericianæ in Acad. Kiloniensi a mense Junio usque ad finem A° 1701 a professoribus facultatis theologicæ habitæ. Kilonii. 4. (Heri indeholdes følgende Disp., hver med sit særskilte Titelblad. 1. Franckius, Cph., Disp. theol. de numero sacramentorum N. T. et de natura sacramenti. Kilonii. 1701. [Resp. Balth. Gerh. Hannekenius]; 2. Mayer, Jo. Frid., Diss. Fridericiana de hymno: Erhalt uns Herr bey deinem Wort etc. Kilonii. 1701. [Resp. Gregorius Langemak.]; 3. Opitius, Henr., Disp. theol. de Lutheranismo inter Papismum et Calvinismum medio adeoque tutissimo, uti in plerisque aliis, ita et in articulo de sacra coena demonstrato. Kilonii 1701. [Resp. Nic. Rochow]; 4. Muhlius, Henr., De apodixi s. demonstratione ac probatione scripturaria diss. Kilonii. 1701. [Resp. Joh. Masius]; 5. Dassovius, Theod., Missam Malach. 1. commate II non indicari. Diss. theol. Kilonii 1701. [Resp. Georg. Frid. Bohn]).

Disputatiuncula exhibens emortualem regis Christiani I. annum diemqve ... Kiliae 1781. V: *Christiani, Wilhelm Ernst.* (Bruun, Bibl. Danica. III, 43.) (Collin, Anonymer. Kiobenh. 1869.)

Disputatiuncula de Friderico primo. Kiliae 1783. V: *Christiani, Wilh. Ernst.* (Collin, Anonymer. Kiobenh. 1869.)

Disputatur de partibus noctis etc., s.a. Dissen, L. G.

Disputatur de partibus noctis et diei ex divisionibus veterum, (ed. ... Dissen). P. I. Fol. maj. Göttingen 836. Dieterich. 1/3 ℔

Disputatur de simultate, quam Plato cum Xenophonte exercuisse fertur. Berol. 1811. V: *Boeckh, August.* (Hoff)

Disputatur de Platonico systemate coelestium globorum et de vera indole Astronomiae Philolaicae. Heidelb. 1810-11. V: *Boeckh, August.* (Hoff)

Disqué, Ludwig

Disqué, naturgemäße Behandlung der Krankheiten (physikalisch-diätetische Heilmethode). gr. 8. (IV, 238 S. m. 91 Fig.) Chemnitz 892. (Berlin, G. Schuhr.) Kart. n. 2. —

— naturgem. Behandlung d. Krankheiten m. bes. Beschreibung d. versch. Heilfaktoren d. naturgem. Heilweise (physikal.-diätet. Heilmethode.) 5. [Titel-]Aufl. gr. 8. (VIII, 325 S. m. 40 Abb.) Leipzig (896). 897. O. Spamer. n. 2. 40; geb. in Leinw. n.n. 3. —

Disqué, Ludw., naturgemäße Behandlung der Krankheiten m. besond. Berücksicht. der physikalisch-diätetischen Therapie (Wasserheilverfahren, Licht- u. Luftbehandlung, Diätetik, Massage, Gymnastik, Elektrizität, Hypnose.) 6. verb. [Titel-]Aufl. gr. 8. (VIII, 325 S. m. 40 Abbildgn.) Leipzig [896.] 901. O. Spamer. n. 2. 40; geb. in Leinw. n.n. 3. —

Disqué, Ludw, naturgemäße Behandlung der Krankheiten durch die physikalisch-diätetische Therapie (Wasserheilverfahren. Licht-Luftbehandlung, Diätetik, Massage, Gymnastik, Elektrizität, Hypnose). Für Ärzte u. alle, die sich über die Bedeutg. der physikalisch-diätet. Therapie orientieren wollen. 8. verb. [Titel-]Aufl. (VIII, 363 S. m. 69 Abbildgn.) gr. 8. Leipzig [904] 905. O. Spamer. n. 3. —; geb. in Leinw. n. 3 60

— die diätetische Küche. Mit besond. Berücksicht. der Diät u. der physikal. Heilfaktoren bei Magen- u. Darmkrankheiten, Blutarmut, Nervosität, Korpulenz, Herzkrankheiten, Rheumatismus, Gicht u. Zuckerkrankheit. Für Ärzte u. Laien. 8. (IV, 176 S.) Leipzig 894. O. Spamer. n. 1. 50; kart. n.n. 1. 80

Disqué, Ludw., d. diätetische Küche. M. bes. Berücksicht. d. Diät u. d. physikal. Heilfaktoren b. Magen- u. Darmkrankheiten, Blutarmut u. Bleichsucht, Skrofulose u. Rachitis, Nervosität, Korpulenz, Herzkrankheiten, Rheumatismus, Gicht u. Zuckerkrankheit. Nebst e. Anh. üb. Kinderernährg. u. Diätetik d. Schwangeren u. Wöchnerinnen. F. Ärzte, sow. alle, denen e. vernünft. Ernährg. in gesunden u. kranken Tagen am Herzen liegt. 3. [Titel-]Aufl. 8. (VIII, 180 S.) Leipzig (896). 898. O. Spamer. n. 1. 50; kart. n.n. 1. 80

— die diätetische Küche. Mit besond. Berücksicht. d. Diät u. der physikal. Heilfaktoren bei Magen- u. Darmkrankheiten, Blutarmut u. Bleichsucht, Skrofulose u. Rachitis, Nervosität, Korpulenz, Herzkrankheiten, Rheumatismus, Gicht u. Zuckerkrankheit. Nebst e. Anh. üb. Kinderernährung u. Diätetik der Schwangeren u. Wöchnerinnen. Für Ärzte, sowie alle, denen e. vernünft. Ernährg. in gesund. u. kranken Tagen am Herzen liegt. 4. vollst. umgearb. Aufl. 8. (VIII, 183 S.) Ebd. 903. n.n. 1.70; kart. n.n. 2. —

— die diätetische Küche. Mit besond. Berücksicht. der Diät u. der physikal. Heilfaktoren bei Magen- u. Darmkrankheiten, Blutarmut u. Bleichsucht, Skrofulose u. Rachitis, Nervosität, Korpulenz, Herzkrankheiten, Rheumatismus, Gicht u. Zuckerkrankheit. Nebst e. Anhang über Kinderernährung u. Diätetik der Schwangeren u. Wöchnerinnen. Für Ärzte, sowie alle, denen e. vernünft. Ernährung in gesunden u. kranken Tagen am Herzen liegt. 5. [Titel-] Aufl. (VIII, 183 S.) 8. Ebd. [903] 905. n.n. 1. 70; kart. n.n. 2. —

Disqué, Ludwig [aus Speier]: Ueber Urobilin. Strassburg, Karl J. Trübner, 1878. 8. 16 S.

Disquisitio de analogia juris Germanici civilis communis cum jure provinciali Austriaco . . . quoad tutelam. Vindobonae 1761. V: *Banniza, Jos. Leonhard.* (Barbier)

Disquisitio, Brevis, de monogrammate, quod exstat in capite Kalendarii veteris . . . [Hamburg 1704]. V: *Richey, Michael.* (ML)

Disquisitio Canonica publica de capitulorum metropolitanorum et cathedralium archiepiscopatuum . . . origine et iuribus ... Amst., Francof. et Lips. 1758. V: *Ickstatt, Johann Adam Freih. von.* (Weber)

Disquisitio in Joelis cap. 3. Tüb. 1820. V: *Steudel, Joh. Chn Frdr.* (Winer)

Disquisitio Doctoris Theologi epistolica de licito concubinatu... Freystadt 1714. V: *Dreyer, Johann.* (Myl)

Disquisitio de tollendis regularum exceptionibus. 8. (Stettin in Ulm.) 778.

J. S.: Disq. de tollendis regularium exemtionis. *Frcf.* 777. 8.

Disquisitio historica, an S. Franciscus a Christo Domino . . . sacris stigmatibus fuerit insignitus . . . S. l. 1783. V: *Steyrer, Philipp Jacob.* (MGT) »Frib. 1779« (AarK)

Disquisitio historica de origine et progressu Archipincernatus Bohemici . . . Lipsiae 1731. V: *Panwitz, Friedr. Wilh.* (MS) (ML) (Weber)

Disquisitio de juribus regiae majestatis Borussiae in comitatus Meurssensem et Lingensem, cum ratione dominii ac proprietatis; tum ratione possessionis nec non de foro huius causae. Coloniae Brandenb. 1703. fol.

Disquisitio jur. de confirmatione judiciali, judicibus ac jureconsultis in electoratu Hannoverano dicata et consecrata. Hannoverae 1741.

Disquisitio iuris naturae et gentium de iusto Gyllenborgii et Goerzii... [Francof. & Lips.] 1717. V: *Glafey, Adam Friedr.* (ML) »iuris naturalis« (Oa)

Disquisitio. – Gothofredi Guglielmi Leibnizii... disquisitio.

Disquisitio, Goth. G. L. de origine Francorum. Hanovriae 1715. V: *Leibniz, Gottfr. Wilh. Freih. v.* (Barbier)

Disquisitio in locum Act. III, 18—26. Tubingae 1817. V: *Steudel, Joh. Chn Fch.* (Barbier)

Disquisitio ad locum Plutarchi περὶ θηριδίου δασύος ... S. l. [ca. 1720]. V: *Lochner von Hummelstein, Mich. Frdr.* (Will)

* Disquisitio de Magistratus in urbe Tigurina in reformationis opere praestito officio (a Sal. Hirzel) 8maj. Tiguri, Orell et Comp. 810.

— de Capitulorum metropolitanor. origine. 4. Ulm 758. Stettin. 12 ngr

Disquisitio de capitulorum metropolitanorum et cathedralium Germaniae origine, progressu ... S. l. 1759. V: *Ickstadt (Ickstatt), Johann Adam Freih. von.* (ML)

Disquisitio in Psalm. 16, 8—11. Tüb. 1821. V: *Steudel, Joh. Chn Frdr.* (Winer)

Disquisitio sacra numismatica de origine ... Numismatum ... Viennae 1743. V: *Ziegelbauer, Magnoald.* (WBl.)

Disquisitio, Usus fructus pecuniae an non utendo per statutum tempus pereat. Vratislaviae 1830. V: *Huschke, Gg Philipp Eduard.* (Nowack, Schles. Schriftst.-Lex. Breslau 1836—43. V, 81.)

— furtivae venationis, ad genuina juris principia etc. ac commod. 8. Nürnb. 767. Stein. 8 ngr

Disquisitiones

— in nov. Congregationum de Auxiliis Historiam. 8. Augsb. Wolf. 702.

Disquisitiones philosophicae oder historische Anmerckungen über die nützlichsten Sachen der Welt. Hrsg. von Detlev Cluverus. Th. 1–2. 52 bzw. 20 Nr. – Hamburg: Reumann, später Wiering 1707–11. 4°

Disquisitiones theologicae de anima etc. 8. ibid. 730.

Disraeli, Benj. [Lord Beaconsfield], ein Charakterbild, s. Brandes, Geo.

Disraeli, Benjamin, s. a. Beaconsfield, Benjamin Disraeli Earl of

– Alroy, s. a. Collection fo british Authors.

Disraeli, Benjamin

David Alroy. Frei nach dem Englischen von D'Israeli. Leipzig: Leiner 1862. 308 S. 8°

Disraeli, Benj., Lord Georg Bentinck. Eine politische Biographie. Aus dem Engl. übers. von **Ernst Susemihl.** Cassel 853. Balde. (Sondershausen, Neuse.) gr. 8. (2 Bl., 390 S.) n. 1 *ß 20 ngr

Vgl.: Bibliothek, neue politische.

Disraeli, B., Coningsby, siehe: Bibliothek, Europäische, 13. 14. u. 68. Bd.

Disraeli, B., Coningsby, s. Collection of british Authors.

—— Coningsby, s. Coningsby.

— Coningsby, s. Echo der neuesten engl. Tagespresse.

— Coningsby, s. Sammlung brit. Autoren, III.

PDisraeli's, Benj. [Earl of Beaconsfield] Dichtungen, s. Aronstein, Philipp

Disraeli, Benjamin

Endymion. Von Earl of Beaconsfield [d.i. Benjamin D'Israeli]. Aus dem Engl. von C. Böttger. Autor. deutsche Ausg. Th. 1–3. Leipzig: Brockhaus 1881. 8°

— Contarini Fleming, s.a. Bibliothek, Europäische, 90. u. 91. Bd.

– Contarini Fleming, s. a. Collection of british Authors.

— Contarini Fleming. Aus dem Engl. von A. Kretzschmar. 1. u. 2. Thl. 8. Grimma 846, Verlags-Compt. à n. ½ *ß

Disraeli, B., Vivian Grey, s. Collection of british authors.

—— die Juden. Eine Vertheidigungsschrift, s. Juden, die.

Disraeli, B., Lothair, s. Collection of British Authors.

Disraeli, B., Lothar. Roman. Aus dem Engl. v. Anna Wünn. 4 Bde. 8. (204, 228, 200 u. 214 S.) Leipzig 874. E. J. Günther. n. 10. 50

— Sybil od. die beiden Nationen, s.a. Bibliothek, Europäische, 65. 75. u. 78. Bd.

—— Sybil; or the two nations, s.a. Collection of british authors.

— Sybil, oder die beiden Nationen. Aus dem Engl. von F. Hermann. 1.—3. Thl. 8. Ebend. 846. à n. ½ *ß

Disraeli, Sybil. Socialpolit. Roman. Uebers. von Natalie Liebknecht. Mit e. Vorwort. gr. 8. (338 S.) Berlin 888. Bading. 2. —

Disraeli, B., Tancred, siehe: Bibliothek, Europäische, 137—139. Bd.

– Tancred, s. Collection of british Authors.

Disraeli, B., Henrietta Temple, s. Collection of British Authors.

— Venetia, s. Collection of British authors.

— neueste Werke. 1.—4. Bd. Sybille oder die gedoppelte Nation. Ein Roman. Aus d. Engl. von B. F. L. Petri. 1.—4. Bd. 8. Leipzig 846, Brauns. à n. ⅓ *ß

Diß & Co., Gesellschaft für Betonbau: Preis-Verzeichniß. Düsseldorf 1895—1896

Disse, Ferd. Das Preisausschreiben, s. Dilettanten-Theater.

Disse, (Conr.) Henr. (geb. Bielefeld 22. 2. 1828): De tussi convulsiva. Berolini (1853). (25 S.) 8°
Berlin, Med. Diss. v. 11. Febr. 1853

Disse, Jh. Andr., Pathologia et Therapia cacochymiae scrofulosae. 8maj. Sangerhusae 838. Dittmar. n. 1/2 ℳ

Disse, Jo. Andrea, Pathologia et therapia cacochymiae scrofulosae. 8maj. (6 1/8 B.) Sangerhusae 838, [Rohland.] *

—— die Skrofelkrankheit nach ihrem Wesen u. ein. darauf gegründ. bewährten Heilmethode. 8. (9 3/4 B.) Berlin 840, A. Hirschwald.

Disse, Josef

— Wilh. Nagel, Eberth, Holl, Anatomie d. Harn- u. Geschlechtsorgane, s.: Handbuch d. Anatomie d. Menschen.

Disse, J., Grundriss der Gewebelehre. Ein Compendium f. Studirende. gr. 8. (XIV, 134 S. m. 57 Holzschn.) Stuttgart 892. F. Enke. n. 3.—

Disse, J., Harnorgane, s.a. Handbuch der Anatomie des Menschen.

Harnorgane. Von Prof. Dr. J[osef] Disse, Marburg. Mit 86 Abb. *Jena: G. Fischer 1902.* (170 S.) 8°
= Handbuch d. Anatomie d. Menschen. Bd 7, T. 1. [01. 8978

Disse, J., Graf Spee, W. Krause, Skelettlehre, s.a. Handbuch der Anatomie des Menschen. 16. Lfg.

Skeletlehre. Von Prof. Dr. J[osef] Disse, in Marburg, Prof. Dr. F[erdinand] Graf Spee, in Kiel, Dr. [Ernst] Mehnert, in Straßburg, u. Prof. Dr. [Wilhelm] Pfitzner, in Straßburg. Abt. 1. Jena: G. Fischer 1896. 8°
= Handbuch d. Anatomie d. Menschen. Bd 1, Abt. 1. [96. 1401

Aus dem anatom. Inst. zu Marburg. Untersuchungen über die Umbildung der Kloake und die Entstehung des Kloakenhöckers bei Talpa europaea. Von J[osef] Disse, Marburg. Mit 7 Fig. im Text u. 9 Fig. auf d. Taf. 32/34. (Wiesbaden: J. F. Bergmann 1905.) (S. 481—532.) 4°(8°)
Aus: Anat. Hefte. Abt. 1, H. 82. (Bd 27, H. 2.) [05. 3610 4

Disse, Conr. Henr., s. Disse, Henr.

Disse, Lucie, das geheimnisvolle Männlein, s.a. Erzählungen f. Schulkinder. 12. Hftchn.

Das geheimnisvolle Männlein. Von Lucie Disse. *M. Gladbach & New York: A. Riffarth [1898].* (8 S.) 8° [Umschlagt. F.]
= Erzählungen f. Schulkinder. [Ser. 1,] H. 12. [00. 1407 5

Dissector, the Edinburgh, or system of practical Anatomy; for the use of Students in the dissecting room. By a fellow of the College of surgeons in Edinburgh. gr. 12. London 837. (Leipzig, T. O. Weigel.) n. 4 ℳ

Dissel, K., s.: Verhandlungen der 48. Versammlung deutscher Philologen u. Schulmänner.

Dissel, Karl Die sprachreinigenden Bestrebungen im siebzehnten Jahrhundert. S. 97—113. Progr. Wi. G. **Hamburg* 1885.

Disselius, Carolus: De Admeti et Alcestidis fabula commentatio archaeologica. Halis Saxonum 1882: Wiesike in Brandenburg. 39 S. 8°
Halle-Wittenberg, Phil. Diss. v. [20. Dez.] 1882
Geb. [Lengefeld b.] Korbach (Waldeck) 1. 3. 1857. V.
Latein. Uebers. von des Verf. Arbeit: Der Mythos von Admetos und Alkestis, seine Entstehung und seine Darstellung in der bildenden Kunst. Brandenburg a. d. H. 1882: Wiesike. 19 S., 1 Taf. 8° (4°) Alt- u. Neustädt. Gymn., Progr.

Dissel, Karl Der Mythus von Admetos und Alkestis, seine Entstehung und seine Darstellung in der bildenden Kunst. 19 S. u. Taf. Progr. G. *Brandenburg* 1882.

Dissel, Karl, der Opferzug der Ara Pacis Augustae. Nebst 3 Taf. (Progr.) (II, 18 S.) Lex. 8. Hamburg 907. (Herold.) nn 2. 50

Dissel, Karl (Prof. Dr.): Der Opferzug der Ara Pacis Augustae. Hamburg 1907: Lütcke & Wulff. (18 S., 3 Taf.) 4°
Hamburg, Wilhelms-G OP 1907 (914)

Dissel, Karl [Oberl. Dr.]: Philipp von Zesen und die Deutschgesinnte Genossenschaft. Hamburg, gedr. bei Lütcke & Wulff, 1890; 1 Bl., 66 S. 4°
Hamburg, Wilhelm-G, OP 1890 (715)

Dissel, Karl. Philipp von Zeesen u. d. Deutschgesinnte Genossensch. gr. 4. (58 S.) Hamb. 890, (Herold's Verl). ** 2 50

Disselbeck, H., das Glück der Einfalt, s. Theater, kleines.

Disselbeck, Herm. Zur Geschichte Rheinbachs. 2 Teile. 23, 20 SS. Progr. *Rheinbach* 1881. 1884

Disselhof, J.: D. rhein-westphäl. Diakonissen-Verein, s. Disselhoff, Julius

Disselhoff, A., Bethel u. Pniel oder Der Herr segne deinen Ausgang u. Eingang. Sylvester- u. Neujahrsbetrachtung. 8. (18 S.) Kaiserswerth 888. Buchh. der Diakonissen-Anstalt. n. — 15

Disselhoff, Aug., Christus ist auferstanden. Osterpredigt. gr. 8. (16 S.) Berlin 873, (Beck.) *

Disselhoff, Aug., Christus ist auferstanden! [Zwei Osterfragen.] Predigt. 2. Aufl. gr. 8. (15 S.) Berlin 881. Deutsche evangelische Buch- u. Tractat-Gesellsch. n. — 20

—— der Feuerprozeß des heiligen Geistes. Predigt. 2. Aufl. 8. (14 S.) Berlin 885, Deutsche Evangel. Buch- und Tractat-Gesellschaft. *

—— über die Geschichte des Teufels. Ein Vortrag. 1. Aufl. 1868, und 2. Aufl. gr. 16. (42 S.) Berlin 870, Beck. *

— dass. s. a. Disselhoff, Julius

Disselhoff, Aug., über die Geschichte des Teufels. Ein Vortrag. 3. Aufl. 16. (42 S.) Berlin 877, Beck's Verlag. *

— über die Geschichte d. Teufels. Vortrag. 4. Aufl. 8. (28 S.) Ebend. 885. n. — 40

Über die Geschichte des Teufels. Vortrag von A[ugust] Disselhoff, weil. Archidiakonus zu Berlin. 5. Aufl. Berlin: Deutsche Evang. Buch- u. Traktat-Gesellsch. 1907. (30 S.) 8° [F.] [07. 8860

—— das Glaubensbekenntniß des Petrus und sein moderner Leugner. Zeitpredigt, am Sonntag Estomihi 1873 gehalten. 8. (15 S.) Berlin 873, (Beck.) *

—— das Glaubensbekenntniß des Petrus und seine modernen Leugner. Zeitpredigt, am Sonntage Estomihi 1873 gehalten. 2. Aufl. 8. (16 S.) Ebendas. 885. *

—— Hülfsbüchlein für den Confirmanden-Unterricht. 8. (23 S.) Berlin 874, Beck. *

—— Hülfsbüchlein für den Confirmanden-Unterricht. 2. Aufl. 8. (24 S.) Ebendas. 877. *

—— die Hoffnung auf das tausendjährige Reich und ihre Bedeutung für die Gegenwart. Ein Vortrag. 8. (62 S.) Berlin 874, Beck. *

—— die Hoffnung auf das tausendjährige Reich und ihre Bedeutung für die Gegenwart. Ein Vortrag. 1. und 2. Aufl. 8. (55 S.) Ebendas. 884.

— das Königreich Gottes in seinen verschiedenen Perioden, nach der heil. Schrift geschildert. 2. Aufl. 8. (35 S.) Ebend. 882. n. — 40

—— das Licht der Welt. Predigt gehalten auf dem Rixdorfer Missionsfest am 25. Aug. 1872. 8. (15 S.) Berlin 872, (Beck.) *

—— das evangelische Pfarramt und die Diakonissensache. Vortrag auf der Berliner Pastoral-Conferenz 1874 gehalten. 8. (36 S.) Berlin 874, Beck. *
Aus: Evangelische Kirchenzeitung, besonders abgedruckt.

—— vier nothwendige Stücke zur Verbesserung unserer Häuser. 3. Aufl. 8. (15 S.) Ebendas. 885. *

— die Umkehrung der Welt. Reformationspredigt. 2. Aufl. 8. (16 S.) Ebend. 885. n. — 15

—— Vortrag, s. Vorträge, neun apologetische.

Disselhoff, D., die Wolke m. dem Silbersaum, s.: Roozemeyer, J. H. L.

Disselhoff, Deodat. Hagop Abouhajatian, martyr, et la communauté évangélique d'Urfa: Tableau de l'Eglise évangélique arménienne par Déodat D'.... Traduit de l'allemand sur la seconde édition revue et augmentée. [Illustré.] 8. Kaiserswerth, Genève, Bâle et Lyon 1897.

Disselhoff, Deodat, das Kaiserswerther Diakonissenhospital zu Alexandrien 1857—1907. Denkschrift zum 50jähr. Bestehen des Hospitals. (53 S. m. Abb.) 8. Kaiserswerth 907. Buchh. der Diakonissenanstalt. — 50

Disselhoff, Deodat (Hrsg.), s. Disselhoff, Julius: Alles ist Euer, Ihr aber seid Christi.

[F.] Alles ist Euer, Ihr aber seid Christi. Vorträge u. Abhdlgn üb. das Verhältnis d. Kunst, bes. d. Poesie, z. Offenbarg. Von D. Julius **Disselhoff**. Nach d. Heimgange des Autors gesamm. u. . . . hrsg. v. Deodat Disselhoff, Diakonus . . . zu Kaiserswerth. *Kaiserswerth a. Rh.: Diak.-Anstalt 1897.* (VIII S., 1 Bl., 355 S.) 1 Bd 8. [97. 35

Alles ist Euer, Ihr aber seid Christi. Vorträge u. Aufsätze über d. Verhältnis d. Kunst, besond. d. Poesie, z. Offenbarung. Von D. Julius **Disselhoff**. Hrsg. von Deodat Disselhoff, Pastor zu Kaiserswerth. 2. Aufl. Kaiserswerth: Diakonissen-Anst. 1905. (366 S.) 8° [F.] [05. 4660,

Disselhoff, Jul. (Hrsg.), s. Armenfreund, Der, und Krankenfreund.

Disselhoff (Jul.), die evangelische Bewegung in Ober- und Mittel-Italien. Ein Reise-Bericht. Hrsg. von dem protestant. Vereine. 8. (86 S.) Elberfeld 861, (Bädeker'sche Buchh.) Thlr. *

Disselhoff, Jul., die weibliche Diakonie, eine Tochter der Predigt von der freien Gnade, keine Nachahmung römisch-katholischer Institutionen. Vortrag, gehalten auf dem Lutherfest zu Wittenberg am 14. Septbr. 1883. Mit 1 Stahlst. des Pastors Dr. theol. Thdr. Fliedner, Erneuerers des apostol. Diakonissen-Amtes, und mehreren (eingedr.) Holzschn. gr. 4. (15 S.) Kaiserswerth 884, Diakonissen-Anstalt. *

—— das Diakonissen-Amt in der evangelischen Kirche. Ein Vortrag, auf Veranstaltung des evangel. Vereines für kirchliche Zwecke am 21. Febr. 1870 gehalten. 8. (49 S.) Berlin 870, Beck. *

Disselhoff, Jul., das Diakonissen-Mutterhaus zu Kaiserswerth a. Rhein u. seine Tochterhäuser. Neue, erweit. Ausg. gr. 8. (156 S. m. Holzschn.) Kaiserswerth 892. Buchh. der Diakonissen-Anstalt. n. — 75

Das Diakonissen-Mutterhaus zu Kaiserswerth a. Rhein und seine Tochterhäuser von † D. Julius **Disselhoff**. (Vorr.: Pastor [W.] Zoellner.) Neue Ausg. nach d. Stande von 1903. *Kaiserswerth a. Rh.: Diakonissen-Haus 1903.* (186 S.) 8° [F.] [04. 6150

Disselhoff, Jul., der rheinisch-westfälische Diakonissen-Verein u. seine Arbeitsstätten. Mit 30 (eingedr.) Holzschn. 8. (IV, 108 S.) Kaiserswerth 882. Diakonissen-Haus. n. n. — 50

Disselhoff, Jul., die classischen Dichtwerke des Alterthums und des Mittelalters in ihrer religiös-sittlichen Bedeutung. Ein Vortrag. 12. (46 S.) Barmen 862, Langewiesche's Verlag. *

— Albrecht Dürer, Luthers Freund u. Mitstreiter. 2., verm. Aufl. 8. (28 S. m. Abbildgn. u. Bildnis.) Ebd. 894. n. n. — 15

Disselhoff, Julius (Bearb.), s. Fliedner, Theodor: Diakonissen-Liederbuch.

[Umschlagt.:] [F.] Pastor D. Julius **Disselhoff**. Zum Gedächtnis . . . *Kaiserswerth a. Rh.: Diakonissen-Anst. [1896.]* (32 S.) 1 Bd 8. [97. 2920

Die Geschichte vom Vater Arndt, dem guten, alten, deutschen Gewissen. Von D. Julius **Disselhoff**. 2., durchges. Aufl. Kaiserswerth: Diakonissen-Anst. [1907]. (64 S.) 8° [Umschlagt. F.] [08. 68 B

—— die Geschichte König Davids, des Mannes nach dem Herzen Gottes. 14 Predigten nebst einem Anhang über die sogenannten Rachepsalmen u. s. w. 1. Aufl. 1862. und 2. Aufl. gr. 8. (VIII und 200 S.) Barmen 863, Langewiesche's Verlag. *

— die Geschichte König Davids, des Mannes nach dem Herzen Gottes. Vierzehn Predigten nebst e. Anh. über die sogenannten Rachepsalmen u. s. w. 3. Aufl. Kaiserswerth 868. (Berlin, E. Beck.) gr. 8. (VIII, 200 S.) n. 20 *ngr.*

Disselhoff, Jul., die Geschichte König Davids, des Mannes nach dem Herzen Gottes. Vierzehn Predigten nebst einem Anh. über die sogenannten Rachepsalmen u. s. w. 4. Aufl. gr. 8. (200 S.) Kaiserswerth 873. (Berlin, Beck.) *

—— dass. — 4. Aufl. gr. 8. (200 S.) Leipzig 873, Langewiesche's Verlagsh. *

Die Geschichte König Davids, des Mannes nach dem Herzen Gottes. 14 Predigten nebst e. Anh. über d. sog. Rachepsalmen u. s. w. von D. Julius **Disselhoff**. 7. Aufl. *Kaiserswerth: Diakon.-Anst. 1900.* (186 S.) 8° [F.] [01. 1999 B

— die Geschichte der preußischen Königin Elisabeth, od. wie Gott auf Erden e. Lilie gepflanzt, groß gezogen u. wieder zu sich genommen hat. Dem deutschen Volke erzählt. Neue Aufl. 12. (92 S. m. Bildern.) Ebd. 891. n. — 25

—— die Geschichte König Saul's, oder Halte was du hast, daß Niemand deine Krone nehme. 11 Predigten. 1. Aufl. 1859. und 2. Aufl. gr. 8. (VII und 136 S.) Kaiserswerth a. Rh. 860. (Berlin, Beck.) *

— die Geschichte König Sauls, oder Halte, was Du hast, daß Niemand Deine Krone nehme. 11 Predigten. 859. n. 15 *ngr.* — 2. Aufl. 861. n. 15 *ngr.* — 3. Aufl. Ebend. 864. gr. 8. (VII, 136 S.) n. 10 *ngr.*

—— die Geschichte König Sauls, oder Halte, was du hast, daß Niemand Deine Krone nehme. 11 Predigten. 3. Aufl. gr. 8. (VII und 136 S.) Barmen 864, Langewiesche's Verlag. *

—— dass. — 4. Aufl. gr. 8. (VII und 136 S.) Kaiserswerth 867. (Berlin, Beck.) * —

—— die Geschichte König Sauls, oder halte, was du hast, daß Niemand deine Krone nehme. Elf Predigten. 5. Aufl. gr. 8. (VII, 136 S.) Kaiserswerth 872. (Berlin, Beck.) **

—— dass. — 5. Aufl. gr. 8. (136 S.) Leipzig 873, Langewiesche's Verlagsh. *

[F.] Die Geschichte König Sauls, oder Halte, was du hast, dass niemand deine Krone nehme. Elf Predigten v. D. Julius **Disselhoff**. 8. Aufl. . . . *Kaiserswerth: Diakonissen-Anst. 1898.* (126 S.) 1 Bd 8. [99. 201

— über die Geschichte des Teufels. Ein Vortrag. 868. — 2. Aufl. Ebend. 870. 16. (42 S.) n. 5 *ngr.*

– dass. s. a. Disselhoff, Aug.

Die Geschichte des Reichsfreiherrn Karl vom und zum Stein. Von D. Julius **Disselhoff**. 2., durchges. Aufl. Kaiserswerth: Diakonissen-Anst. [1907]. (80 S.) 8° [Umschlagt. F.] [08. 79 B

—— Jubelbüchlein zu Dr. Martin Luthers 400jährigem Geburtstage in Wort und Bild, für Alt und Jung. 1. und 2. Aufl. 8. (120 S. mit eingedr. Holzschn. und 1 Holzschntaf.) Ebendas. 883.

— Jubelbüchlein zu Martin Luthers 400jährigem Geburtstage in Wort u. Bild, f. Alt u. Jung. 16. Aufl. 8. (127 S.) Ebd. 890. n. — 30

Disselhoff, J., Jubilate. Denkschrift zur Jubelfeier der Erneuerung d. apostol. Diakonissen-Amtes u. der 50jähr. Wirksamkeit d. Diakonissen-Mutterhauses zu Kaiserswerth am Rhein. Lex.-8. (VIII, 357 S. m. Abbildgn.) Kaiserswerth 886. Buchh. der Diakonissen-Anstalt. n. 5. —

— Kaiserbüchlein od. Kaiser Wilhelms Lehr- u. Meisterjahre. Dem deutschen Volke erzählt. 4. Aufl. 8. (168 S. m. vielen Abbildgn.) Ebd. 888. — 40

[F.] Kaiserbüchlein oder Kaiser Wilhelms Lehr- und Meisterjahre. Dem deutschen Volke erzählt v. D. Julius Disselhoff. 5., neu durchges. u. verm. Aufl. Kaiserswerth: Diakonissen-Anst. [1897]. (166 S., 2 Portr., 1 Taf.) 1 Bd 8. [97. 7157

—— der große Krieg zwischen Frankreich und Deutschland in den J. 1870 und 1871. Dem deutschen Volke erzählt. 1.—3. Aufl. 1872. * 40 Pf.; und 4. Aufl. gr. 16. (100 S. mit eingedr. Holzschn.) Kaiserswerth 873. (Berlin, Beck.) *

— der große Krieg zwischen Frankreich u. Deutschland in den J. 1870 u. 1871. Dem deutschen Volke erzählt. 6. Aufl. 12. (104 S.) Ebd. 892. — 30

— d. große Krieg zw. Frankreich u. Deutschland i. d. J. 1870 u. 1871. D. deutschen Volke erz. 7. Aufl. 8. (104 S. m. Abb.) Ebd. 895. n. — 25

Disselhoff, Jul., die gegenwärtige Lage der Cretinen, Blödsinnigen u. Idioten in den christlichen Ländern. Ein Noth- und Hülferuf für die Verlassensten unter den Elenden an die deutsche Nation. Herausg. von dem rheinischen Provinzial-Ausschuß für innere Mission. Bonn 857. Marcus. gr. 8. (XIV, 170 S.) n. 10 ngr

— Lebensgeschichte des Nürnberger Schusters u. Poeten Hans Sachs, s.: Schriften des sächsischen Volksschriften-Verlags.

— Lebensgeschichte des Oberpräsidenten Ludwig v. Vincke. 3. Aufl. 8. (62 S. m. Abbildgn. u. Bildnis.) Kaiserswerth 894. Buchh. der Diakonissen-Anstalt. n. — 20

[F.] Luise, Königin von Preussen, oder E. Geschichte v. grosser Freud u. tiefem Leid. Dem deutschen Volke erz. v. D. Julius Disselhoff. 2., durchges. Aufl. Kaiserswerth a. Rh.: Diakonissen-Anst. [1896]. (80 S.) 1 Bd 8. [97. 36

Luise Königin von Preußen oder Eine Geschichte von großer Freud und tiefem Leid. Dem deutschen Volke erzählt von D. Julius Disselhoff. 3. durchges. Aufl. Kaiserswerth a. Rh.: Diakonissen-Anst. 1910. 78 S. 8° [10. 10364

[F.] D. Martin Luther in Wort und Bild für alt und jung, v. D. Julius Disselhoff ... Geschenk-Ausg. Des Jubelbüchl. 18. Aufl. Kaiserswerth: Diakonissen-Anst. [1898]. (192 S., 1 Bl., 6 Portr., 5 Taf.) 1 Bd 8. [00 797

D. Martin Luther in Wort und Bild, für Alt und Jung. Von D. Julius Disselhoff. Des Jubelbüchleins 20. Aufl. Kaiserswerth: Diakonissen-Anst. [1905]. (126 S.) 8° [F.] [07. 8867

— D. Martin Luther in Wort u. Bild, f. Alt u. Jung. Des Jubelbüchleins 21. Aufl. (128 S. m. Abb. u. 1 Taf.) kl. 8. Ebd. — 30

[F.] Von der heiligen Macht des ungerechten Mammons. E. Auslegg d. Wortes Christi Luk. 16,9 v. D. Julius Disselhoff. Aus s. Nachl. hrsg. v. Deodat Disselhoff, Vorsteher d. Diakonissenhauses zu Arnheim. Kaiserswerth a. Rh.: Diakonissenhaus 1899. (79 S.) 1 Bd 8. [99. 793

Disselhoff, Jul., Paulus, der Knecht Jesu Christi, oder Seid doch wie ich, denn ich bin wie Ihr! 8. (156 S.) Kaiserswerth 877, Verlag des Diakonissenhauses. cart. *

— Paulus, der Knecht Jesu Christi, od. Seid doch wie ich, denn ich bin wie ihr! 3., neu durchgearb. u. erweit. Aufl. 8. (175 S.) Ebend. 883. n. 1. 10

[F.] Paulus, der Knecht Jesu Christi, oder Seid doch wie ich, denn ich bin wie ihr! Von D. Julius Disselhoff. 6. Aufl. Kaiserswerth: Diakonissenhaus [1896?]. (1 Bl., 174 S., 1 Bl.) 1 Bd 8. [96. 2019

Paulus, der Knecht Jesu Christi, oder Seid doch wie ich, denn ich bin wie ihr! Von D. Julius Disselhoff. 8. Aufl. Kaiserswerth: Diakonissenhaus [1904]. (174 S.) 8° [F.] [04. 6041

[F.] Die klassische Poesie und die göttliche Offenbarung. Beiträge z. Litteraturgesch. v. D. Julius Disselhoff. Aus d. Nachl. d. Autors z. Besten d. Disselhoff-Stiftg ... hrsg. v. Deodat Disselhoff. Kaiserswerth a/Rh.: Diakonissen-Anst. 1898. (VI, 562 S.) 1 Bd 8. [97. 6847

— Ernst Rietschel, der Schöpfer des Lutherdenkmals. 2. Aufl. 8. (72 S. m. Abbildgn. u. Bildnis.) Ebd. 894. n. — 25

—— Ruth, die Aehrenleserin aus Moab, oder Wunderanfang — herrlichs Ende. 1.—3. Aufl. 8. (VIII und 103 S.) Kaiserswerth 865—68. (Berlin, Beck.) cart. * — geb. mit Goldschn. —

Disselhoff, Jul., Ruth, die Aehrenleserin aus Moab, oder Wunderanfang — herrlichs Ende. 4. Aufl. 8. (VIII, 103 S.) Kaiserswerth 875. (Barmen, Klein.) cart. *

—— Ruth, die Ährenleserin aus Moab, oder Wunderanfang — herrlich's Ende. 6. Aufl. 8. (100 S.) Ebendas. 885. cart. * geb. mit Goldschn. *

— Ruth, die Ährenleserin aus Moab, od. Wunderanfang — herrlich's Ende. 7. Aufl. 8. (VIII, 100 S.) Ebd. (886). Kart. n. 1. 25; geb. m. Goldschn. n. 1. 50

Ruth, die Ährenleserin aus Moab, oder Wunderanfang herrlich's Ende. Von D. Julius Disselhoff. 8. Aufl. Kaiserswerth: Diakon.-Anst. [1901]. (VIII, 100 S.) 8° [F.] [02. 4034

— Shakespeare's Tragoedien — ein Wegweiser zum Glauben. Ein Vortrag, gehalten in Schwelm den 7. Decbr. 1858. Schwelm 859. Scherz in Comm. gr. 8. (28 S.) n. 7½ ngr

— Vortrag, s. Vorträge, neun apologetische.

— Wegweiser f. Diakonissen in u. nach d. Rüstzeit. gr. 8. (55 S.) Ebd. 895. n. — 60

[F.] Wegweiser für Diakonissen in und nach der Rüstzeit v. Pastor D. Julius Disselhoff. 2. Aufl. Kaiserswerth: Diakonissenhaus 1896. (55 S.) 1 Bd 8. [96. 2020

— Wegweiser für Diakonissen in u. nach der Rüstzeit. 3. Aufl. (63 S.) 8. Ebd. 899. Kart. n. — 75

Wegweiser für Diakonissen in und nach der Rüstzeit von Pastor D. Julius Disselhoff. 4. Aufl. Kaiserswerth: Diakonissenhaus 1905. (63 S.) 8° [F.] [07. 8808

Wegweiser für Diakonissen in und nach der Rüstzeit von Pastor D. Julius Disselhoff. 5. Aufl. Kaiserswerth: Diakonissenhaus 1909. 63 S. 8° [10. 10116

—— Wegweiser zu Joh. Geo. Hamann, dem Magus im Norden. gr. 8. (VIII, 412 S. mit 1 photogr. Bildnisse Hamanns.) Elberfeld [Leipzig] 870, Langewiesche's Verlagsh. *

—— Kaiser Wilhelm (a. u. d. T.: Kaiserbüchlein). 2 Bücher. 8. Ebendas. à Buch 20 Pf.

Inhalt:
Buch 1. Kaiser Wilhelms Lehrjahre. Zum 22. März 1887 dem deutschen Volke erzählt. 1.—3. Aufl. (80 S. mit Illustr.) 887.
" 2. Kaiser Wilhelms Meisterjahre. Dem deutschen Volke erzählt. 1. und 2. Aufl. (92 S. mit Illustr. und 1 Facs.) 888.

Disselhoff, L., Beschreibung eines neuen Freifallbohrapparates. Mit 1 (lith.) Zeichnung. Arnsberg 860. Grote. gr. 8. (V, 10 S.) 3/4 ngr

Disselhoff, L.: Das Quellwasserwerk der Stadt Hohenlimburg in Westfalen. Berlin 1886

Disselhoff, L.: Das städtische Wasserwerk zu Remscheid. Berlin 1885

Disselhoff, Ludw., das Wasserwerk der Stadt Arnsberg. Erbaut im J. 1885 nach den Plänen und unter Leitung von L. D. Fol. (4 S. mit 1 Taf. und Text-Abbild.) Berlin 888, (Dierig und Siemens.) *
Aus: Glaser's Annalen für Gewerbe und Bauwesen, besonders abgedruckt.

Disselhorst, Rudolf

Disselhorst, Rud., die Anatomie u. Physiologie der grossen Haussäugetiere mit besonderer Berücksicht. der Beurteilungslehre des Pferdes. Für Landwirte u. Tierzüchter bearb. (XII, 386 S. m. 373 Abbildgn.) gr. 8. Berlin 906. P. Parey. Geb. in Leinw. n. 12. —

— Ausführapparat u. Anhangsdrüsen der männlichen Geschlechtsorgane der Wirbeltiere, s.a. **Oppel, Alb., Lehrbuch der vergleichenden mikroskopischen Anatomie der Wirbeltiere. 4. Tl.**

Ausführapparat und Anhangsdrüsen der männlichen Geschlechtsorgane. Von Rudolf **Disselhorst**, Prof., Halle a. S. ⟨Aus d. anat.-phys. Abt. d. Landwirtsch. Inst. d. Kgl. Univ.⟩ Mit 435 Textabb. u. 7 Taf. *Jena: G. Fischer 1904.* (VII, 432 S.) 4°
= Lehrbuch d. vergleichenden mikroskop. Anatomie d. Wirbeltiere. T. 4. [14: 219]

[Umschlagt.:] **Disselhorst,** Rudolf [Dr. med. Prosektor in Tübingen]: Die accessorischen Geschlechtsdrüsen der Wirbeltiere. E. vergleich.-anatom. Untersuchg ... (Aus: Arch. f. wiss. u. prakt. Thierheilk., Bd. 23 Heft 4 u. 5.) Tübingen, *gedr. bei L. Schumacher in Berlin,* 1897; 36 S. 8.
Tübingen, Naturw. Fak., Inaug.-Diss. v. 1897

Die accessorischen Geschlechtsdrüsen der Wirbeltiere, m. bes. Berücks. des Menschen. Von Dr. Rudolf **Disselhorst** (Prosector) in Tübingen. '(Aus d. anatom. Anst. zu Tübingen.)' M. 76 Abb. auf Taf. I/XVI. *Wiesbaden: J. F. Bergmann 1897.* (VIII, 279 S., 8 Dopp.-Taf.) 1 Bd 4.(8.) [97: 351]

— die männlichen Geschlechtsorgane der Monotremen u. einiger Marsupialen, s.: Denkschriften der medicinisch-naturwissenschaftlichen Gesellschaft zu Jena. VI.

Disselhorst, R.: Der Harnleiter der Wirbeltiere. Mit 18 Abb. Wiesbaden 1894 S. 129—191. Taf. XIII—XV. 4°

Aus: Anatomische Hefte. Hrsg. von Fr. Merkel u. R. Bonnet.

Disselhorst, Rudolf [aus Rinteln]: Studien über Emigration .... Halle a. S., Druck d. Buchdr. d. Waisenhauses, 1887; 22 S. + 1 Bl. 8°.
Halle, Med. Fak., Inaug.-Diss. v. 24. März 1887.

Disselhorst, Rudolf, Studien über Emigration. Diss. Halle 1887, Lippertsche Buchh. 8°. 22 S.

Disselhorst, Rud., Studien über Emigration farbloser Blutzellen. gr. 8°. (8 S.) Berlin 87. Fischers med. Buchhandlung. M. —.50
Aus: Fortschritte der Medicin, besonders abgedruckt.

Disselhorst, Rud., die Tierseuchen, soweit sie unter das deutsche Reichsviehseuchengesetz vom 18.V.1909 fallen. In 21 Vorlesgn. f. Landwirte u. Studierende der Landwirtschaft. Mit 89 Abbildgn im Text, u. den Bestimmgn. des deutschen Reichsviehseuchengesetzes vom 18.V.1909. (V, 138 S.) gr. 8. Berlin 909. P. Parey. Geb. in Leinw. 4. —

Disselius, s. Dissel

Disselkamp, Peter, aus Barmen: Beitrag zur Kenntnis der Molekülverbindungen der organischen Zinn- und Bleihalogenide. Borna-Leipzig 1908. VIII + 66 S. 8°. [13. X. 08.]
Zürich. Phil. Diss. 11. S. 1908/09.

Disselkamp, Peter. Beitrag zur Kenntnis der Molekülverbindungen der organischen Zinn- und Bleihalogenide. Diss. Phil. [II.] Univ. Zürich. VIII + 66 S. 8. Borna-Leipzig, Robert Noske, 1908.

Disselkötter, H., Aachens grosse Heiligtümer u. ihre geschichtliche Beglaubigung. (95 S.) gr. 8. Bonn 909. C. Georgi. 1.20

Disselnkötter, Heinrich

Disselnkötter, H., Beiträge zur Kritik der Histoire de mon temps Friedrichs d. Grossen, s.a. Studien, historische.

Disselnkötter, Heinrich ⟨geb. am 14 Juni 1860 in Huckarde Westf.⟩: Beiträge zur Kritik der Histoire de mon temps Friedrichs des Grossen ... Leipzig, Veit & Comp. 1885. 2 Bl., 34 S., 1 Bl. 8.
¶ Sonderabdr. d. Anfangs einer gleichbetitelten Abh., die vollständig in dems. J. als 14 Heft d. Hist. Studien erschien.
Bonn, Phil. Fak., Diss. v. 11 [nach d. Akten v. 14] März 1885

Disselnkötter, Heinrich [Dr.]: Das Erziehungsideal Friedrichs des Grossen. Wesel, Buchdr. v. C. Kühler, 1892; 3—25 S. 4.
Wesel, k. G, P 1892 (404)

Die Grevenburg. Ein Beitrag zur Gesch. von Traben-Trarbach von Dr. H[einrich] **Disselnkötter,** Oberl. zu Trarbach. *Kreuznach 1899: R. Voigtländer.* (VII, 80 S.) 8° [00: 2515]

Dissen, Ludolph (Georg)

Dissen, Ldlf. Geo., kurze Anleit. f. Erzieher d. Odyssee mit Knaben zu lesen; herausg. u. mit e. Vorrede begl. v. Jh. Fr. Herbart. 8. Götting. 809. Dieterich. 12 gr.

— s. Bibliotheca gr. Sect. II. Vol. I.

Dissen, Ludolf, Briefwechsel, s.: Böckh, Aug.

— Carmen saeculare in sacris solennibus ab Acad. Georgia Augusta exacto primo post dedicationem saeculo A. D. XVII. Sept. Ann. CIↃIↃCCCXXXVII rite celebrandis publica auctoritate ed. Fol. maj. Gottingae 837. libr. Dieterich. n. 1/3 ℛ

— s. Demosthenis oratio.

Dissen, ..., s. Disputatur de partibus etc.

(——) Disputatur de partibus noctis et diei ex divisionibus veterum. Ps. I. Fol. maj. (4 B.) Gottingae 836. libr. Dieterich. *

— — Disquisitionum philologicarum spec. primum. Götting. (H. Dieterich) Okt. 1813. 32 S. (4.80) 6589

Dissen, L., Disquisitionum philologicarum specimen. Götting. 814. 4. 6 gr.

Dissen, Ludolph G., de ordine certaminum Olympicorum per quinque dies. 4 maj. (5 B.) Gottingae 841, libr. Dieterich. *

Dissen, Ludolph, De philosophia morali in Xenophontis de Socrate commentariis tradita. (Merseburg) Gött. (H. Dieterich) 1812. 28 S. (4.50) 6588
Gew.: Friedr. Borntraeger.

Dissen, Ludolph, kleine latein. u. deutsche Schriften. Nebst biograph. Erinnerungen an Dissen von Fr. Thiersch, F. G. Welcker, K. O. Müller. gr. 8. Göttingen 839. Dieterich. n. 2 ℛ

Dissen, L., Supplementum editionis Heynio-Wunderlichianae Tibulli Carminum. Lips. 819. 8. 12 gr.

Dissen. L. G., De temporibus et modis verbi Graeci et de constructione particularum modorum significatione constituenda. Diss. 1808. 60 S. 4°.

— Diss. de temporibus et modis verbi graeci. 4. Götting. 809. Dieterich. 9 gr.

— s. Tibullus: Carmina.

Dissensus **innocuus gallicanor. episcopor. sedis apostolicae communionem obtinentium. 8. Augsb. 801. Doll. 6 gr.**

Anonym: „Ueber die preussischen Dissenters und Orthodoxen und die Verschiedenheit ihrer beiderseitigen Kirchenadministration in dem letzten Jahrzehend", Heliopolis 1792. — Vorh.: Preuß Staatsbibliothek Berlin.

Dissenters, über die Preußischen, u. Orthodoxen, u. die Verschiedenheit ihrer Kirchen-Administration. 8. Heliopolis 792. (Vieweg in Braunschw.) 8 gr.

Disser, René, a. Altkirch ⟨Ob. Els.⟩: Über Nabelschnurvorfall. Altkirch 1906: E. Maßon. (58 S.) 8°
Straßburg, Med. Fak., Ref. Fehling, Diss. v. 26. März 1906
[Geb. 4. März 75 Altkirch; Wohnort: Mülhausen i. E.; Staatsangeh.: Elsaß-Lothringen; Vorbildung: Gymn. Baden-Baden Reife S. 99; Studium: Freiburg i. B. 6, Straßburg 6 S.; Coll. 30. Nov. 05; Approb. 18. Juli 05.]

Dissertatio analecta de dysenteria ... Nürnberg 1801. V: *Harles, Joh. Christian Friedr.* (MGT)

Dissertatio astronomica de cometa viso annis 1729 et 1730 ... Tyrnaviae 1736. V: *Grammatici, Nicasio.* (Margr)

Dissertatio astronomica de ratione corrigendi typos et calculos eclipsium solis et lunae ... Norimbergae 1734. V: *Grammatici, Nicasio.* (Margr)

Dissertatio brevis ac sincera hungari auctoris de gente serbica ... S. l. 1790. V: *Novakovics, Stephan.* (WBL) (Pk)

Dissertatio selecta capita de historia et iurisdictione Augusti cameralis iudicii exhibens. Gisssae 1742. V: *Senckenberg, Heinr. Christian von.* (ML)

— de contemplatione mundi physica, metaphysica, et morali, earumque ad religionem habitu. 4 maj. Wien 825. Heubner. 8 gl

Dissertatio exhibens criteria aquarum. Aug. Trev. 1782. V: *Heth, Benedict Caspar.* (MGT)

Dissertatio epistolaris, qua de Oleo Wittrebiano seu Kajaput ... exponit ... D. M. C. M. A. [Wolfenbüttel?] 1751. V: *Martini, Joannes Bernardus.* (BrMm)

Dissertatio epistolica de praecipuis Hisperidum scriptoribus. Norimbergae 1713. V: *Rausch, Erh.* (Barbier)

Dissertatio epistolica de servitute temporaria, locatione conductione constituta. Jena 1738. V: *Schierschmid, Johann Justin.* (ML)

Dissertatio epistolica de nouis et exoticis Thee et Cafe succedaneis ... Norimbergae 1717. V: *Lochner von Hummelstein, Michael Friedrich.* (Will)

Dissertatio sistens examen Bituminis Neconnensis. Basileae 1758. V: *L'Agascherie du Blé, Car. Lud.* (Gatterer, Repert. d. mineral. Litt. Giessen 1898—99. I, 174.)

Dissertatio, Claudii Fleurii, de superstitionibus sec. IX. X. XI. cum additamentis. Oenipotenti 1783. V: *Guentherod, Karl* (Margr)

Dissertatio forensis I. de re inter alios iudicata totum ius alii integrum relinquente ... Hannov. 1756. V: *Grupen, Christian Ulrich.* (ML)

Dissertatio historica de antiquitate et aliis quibusdam memorabilibus Cathedralis Ecclesiae Frisingensis ... Monachii [1824]. V: *Hechenstaller, Jos. Jac. v.* (Hayn, Thesaurus librorum Ph. Pfister. Mch. 1863.) (Hdschr. Mitth. von Friedrich Müller, München.)

— historico-theologica de Iubilaeo. 4. Augsb. Wolf. 759.

Dissertatio de igne sanguinis. 4. Lpz. 776. Hartknoch. 4 gl

Dissertatio inaug. jurid. qua leges succedendi consuetas ad iuris iustitiaeque normam examinatas ... proponit Sigm. Daniel Hartlieb dictus Mullsporn. Halae 1749. V: *Brenk, Joh. Wolfg.* (BB)

Dissertatio de indole et fatis artis homoeopathice medendi. Simul vita inventoris breviter enarratus.

s. a. Viro illustri medicinae homoeopathicae auctori Samueli Hahnemanno...faustum illum diem, quo ante hos quinquaginta annos Erlangae summis in medicina et chirurgia honoribus rite ornatus est...
Merseburgi: 1829

JB 5.836

Dissertatio de indole et fatis artis homoeopathice medendi simul vita inventoris enarratur. Merseburgi (1829:) Kobitzschius. 45 S. 8°

[Glückwunschschrift z. 50. jähr. Doktorjubiläum von Samuel Hahnemann, 10. Aug. 1829.]

Dissertatio iura egressus e potestate parentum Germanica ac Romana tractans. Giessae 1792. V: *Senckenberg, Heinr. Christian von.* (ML)

Dissertatio juridica de eo, quod justum est circa spiritus familiares feminarum, hoc est pulices. Autore Ottone Philippo Zaunschliffer, prof. ord. jur. utr. Marburgensi, [OPiZio Jocoserio]. Nach den ältesten u. vollständigsten Ausgaben revid. mit einer literarhistorischen Einleitung, bibliographischen Notizen, sowie erläuternden Anmerkungen versehen u. neu herausg. von Sabellicus. 16. (120 S.) Heilbronn 879. Henninger. n. 1. —

Dissertatio Iuris Ecclesiastici Germanici de Juribus Ecclesiae Germanicae ... Bonnae 1788. V: *Hedderich, Philipp.* (Jes)

Dissertatio iuris Germanici de servorum conditione. Gissae 1742. V: *Senckenberg, Heinr. Christian von.* (ML)

Dissertatio juris publici ecclesiastici ad concordata Germaniae de alternativa mensium sive de reservatione beneficiorum ex qualitate temporis vacantium juxta § de caeteris vero. Francofurti et Lipsiae 1776. V: *Schloer, Johann Georg.* (KGBerlin I, 1410)

Dissertatio de Jurisdictione Officialium in causis civilibus, speciatim de recursu ad Officialem Metropolit. Coloniensem ab Officiali Leodiensi et Monasteriensi. Wetzlariae 1724. V: *Ludolf, Georg Melchior von.* (StBKöln II, 66)

— liturgica inauguralis historico-critica de jure Andr. III. ad Coronam Hungariae. 8. maj. Posoni et Pest. Patzko.

Dissertatio metaphysica, qua existentia dei ... demonstratur. S. l. [17??] V: *Planck, Carl.* (Pk)

— de norma actionum studiosorum, seu von d. Burschen-Comment. 4. Halle 788. Hendel. 2 gr. id. lib. olim edita ab Renomista rerum burschicarum experientissimo eodemque interpido horibilique Martiali Schluck etc. 8. Essen 824. Bädecker. 4 gr.

Dissertatio de veterum profanae historiae scriptorum notitia ... Graecii 1743. V: *Andrian, Karl.* (Margr)

Dissertatio odorum consideratio pathologico-therapeutica. Erlangae 1800. V: *Harles, Joh. Christian Friedr.* (MGT)

Dissertatio philologica praefationem secundam eamque rhytmicam libri Masoret Hammasoret Eliae Levitae Germani continens. Altdorfii [1758]. Ü: *Nagel, Joh. Andr. Mich.* Ü (Th. 3. 4): *Münster, S. & Joh. Andr. Mich. Nagel.* (BrMm)

Dissertatio politica publica de regiae potestatis in Hungaria limitibus. S. l. 1791. V: *Hajnóczy, Joseph.* (SzMJ)

Dissertatio προπεμπτική eademque pariter gratulatoria ad Jo. Laur. Moshemium, de praedestinatione rerum humanarum. Helmst. 1727. V: *Losius, Johann Justus.* (Adel)

Dissertatio de non introducenda solemni benedict. in templum puerpera cathol. cujus proles non est a cathol. parocho baptizata. 8maj. (3½ B.) Lovanii 837. (Moguntiae, Kirchheim. Schott et Thielmann.) *

Dissertatio qua corpori nobilitatis ... jus collectandi in feudis consolidatis vindicatur ... Gött. 1793. V: *Seidensticker, Joh. Ant. Ludw.* (MGT)

Dissertatio qua examinatur brocardicum vulgare ... Hallae 1731. V: *Carrach, Joh. Tobias.* (ML)

Dissertatio, qua Hemicraniam sic dictam veram novo examini subiecit. Hal. 1791. V: *Junker, Joh. Chn Wilh.* (ML)

Dissertatio qua probatur veterum artificum opera veterum poetarum carminibus explicari. Monachii 1835. V: *Thiersch, Frdr.* (Bibl. des archäol. Instituts in Rom. Rom 1900—02.)

Dissertatio, qua probatur veterum artificum opera veterum poetarum carminibus optime explicari. C. 6 pulchris tabb. lapidi incis. (a *Guil. Sieyrist*). Monachii, mense Octobri anni MDCCCXXXV. (1835.) — *In fine:* Typis Caroli Wolf, Doctoris. Fol. Hpgmtb. m. Schwarzdrucktit. auf Deckel. (Taf. 2 doppelt vorhanden.)

Tit. u. 33 S. Prachtdruck auf grossem Papier. — „Ludovico I., Bavariae regi, ..., et Theresiæ reginæ, ..., tori genialis V lustra feliciter peracta, pie gratulatur Universitas Ludovico-Maximilianea Monacensis."

—— de quomodone seu von d. Burschen-Comment. Edita ab renomista rerum bursicosar. experientissimo eodemque intrepido horribilique Martiali Schluck Raufenfelsensi. Zum ersten Mal übers. u. neu hrsg. v. Ulrich Paulus. 16. (3½ B.) Stuttgart 840. [Griesinger'sche Buchh.]

Dissertatio scripturistica de induratione voluntatis humanae. Triersche Promotionsschrift, 1792, 4°, 22 S.

Dissertatio de Sectore quam ... proposuit Josephus Bullingerus ... S.l. 1767. V: *Amman, Cäsar.* (Jes)

Dissertatio secunda super ratione textus hebraici Vet. Test. in libris editis ... Lipsiae 1765. V: *Gläsener, Justus Julius.* (MGT)

Dissertatio de diversis subsidiis publicis. 1792.

Dissertatio quae sistit supplementa ad vitam J. Lufft. S. l. 1727. V: *Beyschlag, Friedr. Jacob.* (BrMm)

Dissertatio Theologi Saxonici de Facultatis Theologicae Leydensis Syllogismo falso ... habitae ... Freyberg. 1724. V: *Bachuysen, D. van.* (Myl)

— de timore poenitente etc. 8. ibid. 757

Dissertatio vera sinceri sectatoris Christi . . . Jenae 1733. V: *Treu, C. F.* (Collin, Anonymer. Kiobenh. 1869.)

Dissertation sur les antiquités de Russie, av. VI planch. gr. 8. Petersb. (Rottmann in Berl.) 2 ℔ 16 gr

Dissertation sur l'ennui, presenté à l'Académie. Berlin 1768. V: *Friedrich II., König von Preussen.* (BrMm)

— sur l'ennui, prés. à l'Académie Royale des Sciences et belles lettres. 8. Berl. Rottmann. 768.

— sur les évènemens fortuits. 4. Berl. 751. Voss. 16 gr

— sur la Génération du Nitre. 4. Berlin. 750.

Dissertation historique et critique pour servir à l'Histoire des premiers tems de la Monarchie Françoise. Colmar 1754. V: *Damiens de Gomicourt, A. P. gen. Durival.* (AarF)

— hygiénique sur la conservation des gens de mers. gr. 8. Petersb. (Hartknoch in Leipz.)

Dissertation sur l'influence des Sciences sur le Gouvernement et du Gouvernement sur les Sciences, qui a remporté le prix ... A Berlin 1780. V: *Herder, Johann Gottfried.* (schstr S. 49)

Dissertation sur une Medaille non publiée de l'Empereur Pertinax ... Dresde 1793. V: *Lipsius, Joh. Gfr.* (Kläbe, Neuestes Gel. Dresden. Leipz. 1796.)

— sur une medaille non publiée de l'Empereur Pertinax, qui se trouve au Cabinet de S. A. E. de Saxe. 4. Dresd. 793. Walther. 12 gl.

Dissertation sur le monument de la Reine Comosarge. St. Petersbourg 1805. V: *Köhler, Heinr. Carl Ernst v.* (Ky)

— sur le monument de la Reine Comosarge (par H. K. E. de Köhler). Mit 10 Bl. alten Inschriften u. 1 Kpf. gr. 8. St. Petersb. 805.

— sur le mouvement diurne de la terre. 4. Berl. 756. Haude u. Sp. 6 gl.

Dissertation sur les moyens d'allier le physique et les mathématiques à l'oeconomie rurale. Berlin 1770. V: *Meyen, Johann Jacob.* (EB)

— sur les moyens d'allier la physique et les mathématiques à l'économie rurale, av. fig. 4. Berl. 770. Haude u. Sp. 18 gl.

— sur la nutrition et la vie d'Archimède. 4. Berl. 767. Haude u. Sp. 14 gl.

Dissertation sur l'Optimisme. 4. Berl. 755. Haude u. Sp. 8 gl.

Beschreibung der Provençalischen Pest. (Dissertation de la peste de Provence. Dt.) Aufgesetzet von Hr. A * * *. D. und P. M. Wegen ihrer Vortrefflichkeit übersetzet, und mit Anmerkungen begleitet von Joh(ann) Jakob Scheuchzer. 77 S., gbd.

Zürich: typ. Bodmer 1721

JB 5.000

Dissertation de la peste de Provence, par M. A * * * *. - Dissertatio de peste Provinciali. (Frz. u. Lat.) Ex Gallico idiomate Latine reddita a Joh(ann) Jakob Scheuchzer. 65 S., gbd.

Tiguri: typ. Bodmer 1721

JB 5.001

— sur le Poëme dramatique. 8. Nürnb. 767. (Wolf in Augsburg). 1 gl 4 gl.

Dissertation préliminaire sur les Comtes Palatins du moyen âge par Mr. le D***. [Francfort 1740.] V: *Olenschlager, Joh. Daniel von.* (ML)

— sur le principe de l'action des muscles. 4. Berl. 753. Haude u. Sp. 12 gl.

— sur les Progrès des armes Romaines. 4. Berl. 751. Haude u. Sp. 16 gl.

— sur la question de l'Influence du language sur les opinions. 4. Berl. 760. 14 gl.

Diss. qui a remporté le prix sur l'Optimisme, avec les pièces qui ont concouru. *Berlin*, Haude. 755. 4° 8gl

Dissertation qui a remporté le prix proposé par l'Académie Royale ... de Prusse, sur la nature, les espèces et les degrés de l'evidence ... Berlin 1764. V: *Mendelssohn, Moses.* (MN)

Dissertation qui a remporté le prix proposé par l'academie royale des sciences et belles lettres sur les progrès des armes romaines en Allemagne. Berlin 1751. V: *Fein.* (EB)

Diss. qui a remporté le prix proposé par l'acad. roy. des sc. et belles lettres de Prusse, sur le principe de l'action des muscles, avec de pièces qui ont concourru. Brl. 4°. 1753.

Dissertation qui a remporté le prix proposè par l'academie royale des sciences et belles lettres sur le système des monades avec les pièces qui ont concourru. Berlin 1748. V: *Justi, Johann Heinrich Gottlob.* (EB)

Dissertation sur les raisons d'établir ou d'abroger les loix ... Francfort et Leipsic 1751. V: *Friedrich II., König von Preussen.* (EB)

Dissertation sur la résistance des fluides ... Berlin 1752. V: *Adami, Jacob.* (EB)

— sur la Résistance des fluides. 4. Berl. Haude. 752.

Dissertation sur les anciens Russes ... Petersbourg 1785. V: *Strube, Friedr. Heinr.* (ML)

— sur le Scorbut pour l'usage de chirurgien. gr. 8. Leipz. 787. Hartknoch. 8 gl.

Dissertation sur le son et sur l'ouie. Berlin 1764. V: *Beltz, Urban Nathanael.* (EB)

— sur le Système des Monades. 4. ibid. 748.

Abhandlung von dem Gebrauche der Alten, fürnehmlich der Griechen und Römer, ihre Geliebte zu schlagen [**Dissertation** sur l'usage de battre sa maîtresse]. Aus d. Franz. übers. u. mit einigen Anm. verm. (von Johann Karl Konrad Oelrichs). Berlin: F. W. Birnstiel 1766. [Neudr.] (Leipzig: Teutonia-Verl. [1906].) (9. 111 S.) 8° [F.]
(Eros. Sammlung kultur- u. literarhist. Neudrucke.) 06. 11855

Dissertationen-Archiv. Hrsg. v. Alfr. Brennwald. Nr. 1 u. 2. gr. 8. Berlin 892. C. Zieger Nachf. 2. 50
1. Die Sittenlehre F. E. Benekes. Ein Beitrag zur modernen Ethik. Von Thdr. Kühn. (61 S.) 1. 50
2. Ueber Coincidenz v. Lupus u. Syphilis hereditaria tarda. Von Mor. Simons. (36 S.) 1. —

Dissertationes academicae Upsaliae habitae sub praes. Chr. Pet. Thunberg. Tom. 1-3. Gottingae 1799-1801. II: *Persoon, Chn Hendrik.* (Ky) (EngM) (BrMm)

— acad. Upsaliae habitae sub praes. Chr. Pt. Thunberg. (ed. Persoon.) III Tom. Cum XX tabb. aeneis. 8. Götting. 799 – 801. Dieterich. 3 ₰ 12 gr

Dissertationes ex amoenitatibus Linnaei, s. Dissertationes, Selectae ex amoenitatibus ...

Dissertationes, altera de Coloniis Romanorum in genere. Altera de Coloniis Romanorum in Pannonia. Tyrnaviae 1753. V: *Csussen, Georg.* (Jes)

Dissertationum, et commentationum selectarum juris, s. Martin.

Dissertationnm et Commentationnm selectarnm juris criminalis collectio; moderatns et praefatns est Cph. Martin. Vol. I. *Jenae*, **Bran. 822. 8maj. (1 Thl. 18 Gr.)**

Dissertationes historico polemicae quibus bulla: Unigenitus contra novum testamentum P. Quesnelli ... defenditur. Aug. Vind. 1717. II: *Leopold, Christoph.* (EB)

— medicar. Italicar. Decas, partim e MStis auctor. edidit, partim recud. cur. et praef. est J. J. Roemer, cum tabb. aen. 8maj. Nürnb. 797. Baueru. R. 10 gr

— med. Marburg. vide collectio.

Dissertationes medicae selectae Tubingenses oculi humani affectus medico- chirurgicae consideratos vol. ... sistens. Denuo in lucem ed. cura et studio Christian Friedr[ich von] Reuss. Vol. 1 - 3. Tubingae: Cotta 1783 - 85. 8
Vol. 1.2: 1783.
Vol. 3: 1785.

Dissertationes medicae selectiores Pragenses. Quas coll. et ed. Josephus Thaddaeus Klinkosch (2: Ioannes Dionysius John). Vol. 1.2. Fragae & Dresdae 1775-93. 8°

Dissertationes medicae in Universitate Vindobonensi habitae ad morbos chronicos pertinentes et ex Max(imiliani) Stollii...praelectionibus potissimum conscriptae. Edidit et praefatus est Joseph Eyerel. Vol. 1 - 4, gbd.

Viennae: typ. Wappler 1788 - 1792

JB 2.176

Dissertationes morales de usu imaginum ..., s. Dissertationes, De usu imaginum ...

Dissertationes de variorum animalium natura et proprietatibus. Graecii 1740. V: *Andrian, Carl.* (So) (Jes)

Dissertationes philologae Vindobonenses. Vol. I. gr. 8. Prag 887, Tempsky. — Leipzig, Freytag. *
Inhalt:
Kunst, C., de Theocriti versu heroico. — Reiter, S., de syllabarum in trisemam longitudinem productarum usu Aeschyleo et Sophocleo. — Kubik, J., de M. Tullii Ciceronis poetarum Latinorum studiis. (348 S.)

— philologae Vindobonenses. Vol. II et III. gr. 8. Prag, Tempsky. — Lpz., Freytag. [vol. II. (III, 302 S.) 890. * 8 —; vol. III. (III, 373 S.) 891. * 10 —.] * 18 —
Vol. I. Ebd. 1887. * 7 —.

— dasselbe. Vol. IV. gr. 8. (IV, 203 S.) Wien 893. C. Gerold's Sohn. n. 4. —

— philologae Vindobonenses. Vol. V. gr. 8. (III, 184 S.) Wien 895. C. Gerold's Sohn. 4. —

Dissertationes philologae Vindobonenses. Vol. VI. gr. 8. (III, 190 S.) Wien 898. A. Hölder. n. 4. 80
(I—VI.: n. 37. 80)

— philologae Vindobonenses. Vol. VII et VIII à 3 partes. gr. 8. Wien, F. Deuticke. n. 12. —
(I—VIII: 49.80)
VII. 1. De Pontii Meropii Paulini Nolani re metrica. Auctore Adalb. Huemer. (78 S.) n. 2. —. — 2. De A. Cornelii Celsi rhetorica. Auctore Justin. Woehrer. (79 S.) n. 2. — — 3. Studia Iuvenaliana. Auctore Alfr. Kappelmacher. (41 S.) n. 2. —
VIII. 1. Alcibiades prior quo iure vulgo tribuatur Platoni. Auctore Ios. Paulu. — 2. De S. Aurelii Augustini praeceptis rhetoricis. Auctore Ios. Žůrek. — 3. De sermone Pacuviano et Acciano. Auctore L. Koterba. (192 S.) 905. n. 6. —

— philologae Vindobonenses. Vol. IX et X. (184 u. 180 S.) gr. 8. Wien 910. F. Deuticke. à 6. —

Dissertationes philologicae Argentoratenses selectae. Vol. I et II. gr. 8. Strassburg 879, Trübner. à Vol. * M 7. *
Inhalt:
Vol. I. Küllenberg, R., de imitatione Theognidea. — Schneidewin, H., de syllogis Theognideis. — Luckenbach, H., de ordine rerum a pugna apud Agospotamos commissa usque ad triginta viros institutos gestarum. — Buenger, G., de Aristophanis Equitum Lysistratae Thesmophoriazusarum apud Suidam reliquiis. — Hoffmann, M., Index grammaticus ad Africae provinciarum Tripolitanae Byzacenae Proconsularis titulos latinos. (III, 412 S.)
» II. Gneisse, Carol., de versibus in Lucretii carmine repetitis. — Sadee, Leonard., de Dionysii Halicarnassensis scriptis rhetoricis quaestiones criticae. — Thielmann, Ph., de sermonis proprietatibus quae leguntur apud Cornificium et in primis Ciceronis libris. (463 S.)

—— philologicae Argentoratenses selectae. Vol. III—VII. gr. 8. Strassburg, Trübner. †
Inhalt:
Vol. III. Rousch, Adam, de diebus contionum ordinariarum apud Athenienses. — Pickel, C., de versuum dochmiacorum origine. — Zarncke, Ed., de vocabulis graecanicis quae traduntur in inscriptionibus carminum Horatianorum. (259 S.) 880. * M 5.
» IV. Puchstein, Epigrammata graece in Aegypto reperta. Adjectae sunt tabulae duae. — Groth, de M. Terentii Varronis de lingua latina librorum codice Florentino. — Heydemann, de senatu Atheniensium quaestiones epigraphicae selectae. — Vogt, de metris Pindari quaestiones tres. — Pulch, de Eudociae quod fertur violaris. (411 S.) 880. * M 7.
» V. Hanson, Friedr., de arte metrica Commodiani. — Deipser, Bernh., de P. Papinio Statio Vergilii et Ovidii imitatore. — Wüst, Geo., de clausula rhetorica quae praecepit Cicero quatenus, in orationibus secutus sit. — Pohl, Aug., de oratione pro Polystrato Lysiaco. (III. 365 S.) 881. * M 7.
» VI. Schröder, Friedr., de iteratis apud tragicos graecos. — Müllensiefen, P., de titulorum Laconicorum dialecto. — Löffler, F. J., de Calphurnio Terentii interprete. (III, 330 S.) 882. * M 7.
» VII. Crohn, Herm., de Trogi Pompei apud antiquos auctoritate. — Cramer, Ad., de Manilii qui dicitur elocutione. — Galland, Carol., de Arcadii qui fertur libro de accentibus. — Ploen, Henr., de copiae verborum differentiis inter varia poesis antiquoris genera intercedentibus. (III, 318 S.) 882. * M 7.
Vol. I et II. Ebendas. 1879. à * M 7.

—— philologicae Argentoratenses selectae. Vol. VIII—X. gr. 8. Strassburg, Trübner. *

Inhalt:

Vol. VIII. Doermer, Guilelm., de Graecorum sacrificulis qui ἱεροποιοί dicuntur. — Luthmer, Joh., de choriambo et ionico a minore diiambi loco positis. — Scheele, Ludov., de Sorano Ephesio medico etymologo. — Schrader, Paul., de particularum — ne, anne, nonne apud Plautum prosodia. (300 S.) 885. *ℳ 6.—.

Vol. IX. Bartels, Enno, de Terentii memoria apud Nonium servata. — Grupe, Eduard., de Justiniani Institutionum compositione. — Feldmann, Wilh., analecta epigraphica ad historiam synoecismorum et sympolitiarum Graecorum. — Ritter, Carol., de Pindari studio nomina variandi. — Roehricht, Aug., quaestiones scaenicae ex prologis Terentianis petitae. — Lucius, Albert., de crasi et aphaeresi. (396 S.) 885. *ℳ 7.—.

» X. Herbrecht, Hugo, de sacerdotii apud Graecos emptione venditione. — Blase, Henric., de modorum temporumque. — Ehrismann, Henric., de temporum et modorum non Ammianeo. — Jacobsmuehlen, Henric. zur, Pseudo-Hephaestion de metris. (298 S.) 886. *ℳ 6.—.

Vol. I—VII. Ebendas. 1879—82. *ℳ 47.—.

— philologicae Argentoratenses selectae. Vol. XI. gr. 8. (III, 402 S.) Strassburg 894. K. J. Trübner Verl. n. 7. — (I—XI.: n. 72. —)

Dissertationes philologicae **Argentoratenses selectae. (Umschlag: Edd. B. Keil et R. Reitzenstein.) Vol. XII 4 Fasc., vol. XIII Fasc. 1—3 et vol. XIV Fasc. 1—3. gr. 8. Argentorati. Strassburg, K. J. Trübner.** 48. 20

Albertus, Jos., die *Παρακλητικοί* in der griechischen u. römischen Literatur. (111 S.) (908.) (XIII, 2) 3. 50

Bloch, Robert, de Pseudo-Luciani amoribus. (75 S.) 907. (XII, 3) 2. 40

Coulon, Vict., Quaestiones criticae in Aristophanis fabulas. (277 S.) 907. (Umschlag: 908.) 9. —

Heinemann, Max., Epistulae amatoriae quomodo cohaereant cum elegiis Alexandrinis. (III, 120 S.) 910. (XIV, 3) 4. —

Hindenlang, Ludw., sprachliche Untersuchungen zur Theophrasts botan. Schriften. (200 S.) 910. (XIV, 2) 6. 80

Hürth, Xaver., de Gregorii Nazianzeni orationibus funebribus. (VI, 159 S.) 907. (XII, 1) 5. —

Jeuckens, Rob., Plutarch v. Chaeronea u. die Rhetorik. (195 S.) 907. (XII, 4) 6. 50

Dissertationes philologicae Halenses cum praefatione Henrici Keilii. Vol. I. et II. gr. 8. Halle 874—76. Lippert'sche Buchh. n. 11. —

I. (IV, 334 S.) n. 6 —. — II. (305 S.) n. 5. —

—— philologicae Halenses. Vol. II—III, IV, pars 1, V, pars 1. gr. 8. Halle, Niemeyer. *

Inhalt:

Vol. II. Weingärtner, A., de Horatio Lucretii imitatore. — Votsch, G., Quaestiones de infinitivi usu Plautino. — Schmidt, J., de Herodotea quae fertur vita Homeri. — Doberentz, Aem., de scholiis in Thucydidem. — Matthias, E., de scholiis in Juvenalem. (305 S.) 876. *ℳ 5.

» III. Zacher, K., de nominibus graecis in ΑΙΟΣ ΑΙΑ ΑΙΟΝ. — (VIII, S. 1—278.) — Neidhardt, A., de Euripide poetarum maxime tragico. (S. 279—319.) 877. *ℳ 7.

» IV. Pars 1: Hendess, R., Oracula graeca quae apud scriptores graecos romanosque extant, collegit paucasque observationes selectas praemisit. (S. 1—107.) 877. *ℳ 2.

» V. Pars 1: Schmidt, J., de serviris Augustalibus. (VII, S. 1—132 und 1 Taf.) 877. *ℳ 4.

Vol. I. Ebendas. 1874. *ℳ 6.

—— philologicae Halenses. Vol. IV, pars 2, V, pars 2. gr. 8. Halle, Niemeyer. *

Inhalt:

Vol. IV. Pars 2: Hendess, H., Oracula graeca. — Huebner, B., de temporum qua Aeschylus utitur praesentis praecipue et aoristi varietate. — Voelcker, F., de Graecorum fabularum auctoribus. — Lange, E., Quid cum de ingenio et litteris tum de poetis Graecorum Cicero senserit. — Segebade, J., Observationes grammaticae et criticae in Petronium. — Hollaender, L., de militum coloniis ab Augusto in Italia deductis. — Karbe, H., de centurionibus Romanorum. (S. 111—434.) 880. *ℳ 6,60.

Vol. V. Pars 2: Schmidt, Jon., de seviris Augustalibus. — Baoge, M., de Ptolemaeo Ascalonita. — Jungblut, H., Quaestionum de paroemiographis pars prior: De Zenobio. — Koob, H., de mutis quae vocantur personis in Graecorum tragoediis. — Zimmermann, R., Quibus auctoribus Strabo in libro tertio geographicorum conscribendo usus sit, quaeritur. (S. 133—364.) 883. *ℳ 4.

Vol. I—III, IV, pars 1, V, pars 1. Ebendas. 1874—77. *ℳ 24.

Dissertationes philologicae Halenses. Vol. VI pars 1 et 2, Vol. VII—IX. gr. 8. Halle, Niemeyer. *

Inhalt:

Vol. VI. Pars 1: Roos, C., de Theodoreto Clementis et Eusebii compilatore. Accedit epimetrum de Platonis codicibus. — Karbaum, H., de auctoritate ac fide grammaticorum latinorum in constituenda lectione Ciceronis orationum in Verrem. — Schulze, E. Th., de Q. Aurelii Symmachi vocabulorum formationibus ad sermonem vulgarem pertinentibus. (S. 1—232.) 885. *ℳ 6.—.

» VI. Pars 2: Hauschild, O., de sermonis proprietatibus, quae in Philippicis Ciceronis orationibus inveniuntur. — Voigt, Th., de Atrei et Thyestae fabula. (S. 233—478.) 886. *ℳ 4.—.

» VII. Graetzel, P., de pactionum inter graecas civitates factarum ad bellum pacemque pertinentium apellationibus formulis ratione. — Brinck, A., inscriptiones graecae ad choregiam pertinentes. — Roellig, E., de codicibus Strabonianis, qui libros I—IX continent. (III, 396 S.) 887. *ℳ 10.—.

» VIII. Roellig, P., Quae ratio inter Photii et Suidae lexica intercedat. — Nebe, A., de mysteriorum Eleusiniorum tempore et administratione publica. — Kalkoff, G., de codicibus epitomes. Harpocrationeae. — Herforth, E., de dialecto Cretica. (III, 292 S.) 887. *ℳ 7.—.

» IX. Reinecke, G., de scholiis Callimacheis. — Rosenboom, J., Quaestiones de Orphei Argonauticorum elocutione. — Kausche, W., Mythologumena Aeschylea. (III, 312 S.) 888. *ℳ 8.—.

Vol. I—III, IV, 1. 2., V, 1. 2. Ebendas. 1874—83. *ℳ 34.60.

Dissertationes philologicae Halenses. Vol. X—XII pars 1. gr. 8. Halle a. S., Niemeyer. [vol. X. (306 S.) 889. * 8 —; vol. XI. (III, 402 S.) 890. * 9 —; vol. XII. pars 1. (176 S.) 891. * 4 80.] * 21 80

— philologicae Halenses. Vol. XII, 2 prts. gr. 8. Halle, M. Niemeyer. n. 10. — (I—XII.: n. 97. —)

1. (176 S.) 891. n. 4. 80. — 2. (III u. S. 177—387.) 894. n. 5. 20.

Dissertationes philologicae Halenses. Vol. XIII, 4 partes. gr. 8. Halle, M. Niemeyer. n. 8. 40

1. Questiones de elocutione Demosthenica. Von B. Kaiser. (106 S.) 895. n. 2. 80
2. Commentationes archaeologicae in Aeschylum. Von G. Haupt. (S. 107—160 m. 3 Taf.) 896. n. 2. —
3. De fabellis cum collegii septem sapientium memoria coniunctis quaestiones criticae. Von Harro Wulf (S. 161—216.) 896. n. 1. 60
4. De puerorum in re scaenica Graecorum partibus. Von Conr. Havm. (III u. S. 217—295.) 897. n. 2.

— dasselbe. Vol. XIV. Pars I et II. gr. 8. Ebd. 898. n. 4. 40 (I.—XIV, 2.: n. 109. 90)

I. De graecitate patrum apostolicorum librorumque apocryphorum novi testamenti quaestiones grammaticae. Von Henr. Reinhold. (114 S.) n. 2. 80

II. De Aristophanis nubibus prioribus. Von Geo Schwandke. (72 S.) n. 1. 60

Dissertationes philologicae Halenses. Vol. XIV. Pars 3 et 4, Vol. XV. Pars 1 et Vol. XVI. Pars 1. gr. 8. Halle, M. Niemeyer. n. 9. 40

XIV, 3. In Suetonii de viris illustribus libros inquisitionum capita tria. Auctore Gust. Körtge. (98 S.) 900. n. 2. 40

XIV, 4. De Varrone Vergilii in narrandis urbium populorumque Italiae originibus auctore Rud. Ritter. (III, 131 S.) 901. n. 2. —

XV, 1. Quae fuerint Justini Martyris ἀπομνημονεύματα quoque ratione cum forma evangeliorum syro-latina cohaeserint. Auctore Ernest. Lippelt. (IV, 102 S.) 901. n. 3. —

XVI, 1. Pauli epistolas qua forma legerit Johannes Chrysostomus. Auctore Seth K. Gifford. (88 S.) 902. n. 2. 40

Dissertationes philologicae Halenses. Vol. XV. Pars 2—4; vol. XVI pars 2 et 3 et vol. XVII pars 1. gr. 8. Halle, M. Niemeyer. n. 18. 20

XV, 2. De hymno in Venerem Homerico. Auctore Henr. Trueber. (79 S.) 903. n. 2. —

3. De tragicorum poetarum graecorum canticis solutis. Auctore Rud. Ebeling. (120 S.) 903. n. 3. —

4. Nova studia Euripidea. Auctore Rich. Lohmann. (III, 111, 162 S.) 905. n. 4. —

XVI, 2. Quaestiones criticae in Platonis Lachetem. Auctore Eduardus Turner. — De Boeotiae titulorum dialecto. Auctore Leop. Sadée. (S. 89—251.) 904. n. 4. —

3. De ratione codicum Laur. Plut. 69, 2 et Vatic. 126 in extrema Thucydidis historiarum parte. Auctore Rudolf Richter. (III u. S. 253—344.) 906. n. 2. 40

XVII, 1. De sermone Epicteteo quibus rebus ab attica regula discedat. Auctore Paul Melcher. (113 S.) 906. n. 2. 80

Dissertationes philologicae **Halenses.** Vol. XVII, pars 2—4, vol. XVIII, pars 1—3 et XIX, pars 1—3. gr. 8. Halle, M. Niemeyer. 22. 80

Bertheau, Ioa., de Platonis epistula septima. (III u. S. 115—230.) 907. (XVII, 2) 3. —

Eggerding, Frider., de heroidum Ovidianarum epistulis quae vocantur commentationes. Agitur imprimis de Didone, Phaedra, Penelopa. (S. 133—252.) 908. (XVIII, 3) 2. 80

Frick, Otto, Xenophontis quae fertur apologia Socratis num genuina putanda sit. (166 S.) 909. (XIX, 1) 4. —

Kluge, Frider., de Platonis Critia. (S. 246—295.) 910. (XIX, 3) 1. 60

Kroog, Guilelm., de foederis Thessalorum praetoribus. (V, 64 S.) 908. (XVIII, 1) 2. 40

Loercher, Adolph., de compositione et fonte libri Ciceronis, qui est de fato. (III u. S. 337—384.) 907. (XVII, 4) 1. 20 (Vol. XVII vollständig: 10. —)

Rensch, Gualterus, de manumissionum titulis apud Thessalos. (V u. S. 65—131 m. 2 Fig.) 908. (XVII, 2) 2. 40

Schamberger, Max., de P. Papinio Statio verborum novatore. (S. 231—336.) 907. (XVII, 3) 3. —

Schulte, Aug., de ratione quae intercedit inter Polybium et tabulas publicas. (S. 167—244.) 910. (XIX, 2) 2. 40

— philologicae, tres de vera Litterarum Graecarum pronunciatione etc. in usum auditor. suorum ed. B. L. Eskuche. 8. Rinteln 750.

Dissertationes physico mechanicae ex commentariis academiae imperialis petropolitanae excerptae. Viennae 1762. H: *Rangone, Gherardo Aldobrandino marchese di.* (EB)

Dissertationum phys.-mechanicarum ex comment. acad. Petropol. excerptar. III Tom. 4 maj. Wien 762. Gerold. 1 ℛ 2 gℊ

Dissertationes, Selectae ex Amoenitatibus Academicis Caroli Linnaei, ad universam naturalem Historiam pertinentes ... Graecii 1764. 1766. 1769. H: *Bilwald, Leopold.* (so)

Dissertationes ex amoenitatib. **Linnaei,** III Part. 4. Graecii. Felsecker. 764—70.

Dissertationes ex amoenitatibus Linnaei, III Ptes. 4. Nürnb. 764—70. (Felssecker). 3 ℛ

Dissertationes selectae Historico-Chronologico-Biblicae super Vetus Testamentum. Graecii 1730. V: *Andrian, Carl.* (so) (jes)

— VI, varii argumenti variorum auctorum. (Festschrift zum 25jähr. Jubiläum d. Prof. D. Luthardt in Leipzig.) gr. 4. Leipzig 881. Dörffling & Franke. n. 5. — 1. 1 Timoth. 3, 14—16. Von Diak. Gfr. Jäger. (XV, 21 S.) — 2. Das σκάνδαλον τοῦ σταυροῦ u. die μωρία τοῦ εὐαγγέλιον. Von Geo. Schnedermann. (S. 22—40.) — 3. Der Begriff der τελειότης im N. Testament. Von Bruno Hartung. (S. 41—67.) — 4. Zur Kritik d. Kant'schen Nomismus. Von Höhne. (S. 68—98.) — 5. Die Lehre des Alexandrinischen Clemens v. den Quellen der sittlichen Erkenntniss. Von F. J. Winter. (S. 99—137.) — 6. Das Wort Gottes als Gnadenmittel. Von Karl Richter. (S. 138—158.)

Dissertationes Theologico-Historico-Criticae de Conciliis Oecumenicis ... Graecii 1736. V: *Andrian, Carl.* (so) (jes)

Dissertationes, De usu imaginum, de origine ac usu vestium, morales. Aug. Trev. 1786. V: *Weber, Peter Joseph.* (EB)

Dissertations sur l'autorité paternelle ... Berlin 1788. V: *Villaume, Pierre, Pierre Claude Fréd. Daunou & Ernst Ferd. Klein.* (ErschDL)

„Huit dissertations, que le comte de Hertzberg a lues dans les assemblées publiques de l'académie royale des scinces et belles lettres de Berlin, tenues pour l'anniversaire du roi Frédéric II dans les années 1780—1787", Berlin 1787. — Vorh.: Com. Bibl. Hamburg.

Dissertations sur l'universalité de la langue française... Berlin 1784. V: *Rivarol, Antoine Comte de & Johann Christoph Schwab.* (ErschDL)

Dissertationum, s. Dissertationes.

Dissertatiuncula de Ubiorum Ara. Wetzlariae 1743. V: *Blum, Heinrich Balthasar von.* (stBKöln I, 46)

Dissident, der. Organ für Licht und Wahrheit. Redig. von C. O. Hoffmann. 1—4. Jahrg. 1853—56. à 52 Nrn. (à ½ Bgn.) Berlin. (Nelte.) gr. 4. Jeder Jahrg. nn. 1 ℛ 10 ngℊ

—— dass. — Redig. von Dems. 2—4. Jahrg. 1854—56. Berlin, Selbstverlag des Verf. à Jahrg. **

Dissident, der. Korrespondenzblatt für den Bund freireligiöser Gemeinden. Herausg.: Hetzer. Jahrg. 1861. 52 Nrn. (à ½ Bgn.) Gotha, Stollberg. gr. 4. n. 1 ℛ 10 ngr.

Dissidentengesetz — Gesetz v. 20. 6. 70, d. Einführung der Civilstandsregister für Personen, welche keiner im Königreiche Sachsen anerkannten Religionsgesellschaft angehören. Leipzig 870.

Dissinger, Paul, Anleitung für den Arbeitgeber zur Handhabung der Arbeiterversicherungsgesetze. (14 S.) kl. 8. Ludwigshafen 904. A. Lauterborn. n. — 15

— **Führer durch die Arbeiterversicherungsgesetze.** Für den deutschen Arbeiter hrsg. (VII, 30 S.) kl. 8. Ebd. 904. n.n. — 25

Dißmann, Berta, Rezepte zur Behandlung der Speisen in der Kochkiste. 2., verb. u. erweit. Aufl. (46 S.) 16. Dresden 905. C. L. Ungelenk. n. — 20

Dissmann, Carl ⟨geb. am 15 März 1848 in Kehlinghausen Rgbz. Köln⟩: Anwendung der Knie-Ellenbogenlage behufs Vermeidung eines Dammrisses während der Geburt ... Bonn, Druck v. J. F. Carthaus (1874). 2 Bl., 25 S., 1 Bl. 8.

Bonn, Med. Fak., Diss. v. 30 Juli 1874

Dissmann, Carolus ⟨geb. 1827 in Hunstig bei Gummersbach⟩: De eclampsia parturientium ... Bonnae, typ. C. Krüger 1852. 42 S., 1 Bl. 8.

Bonn, Med. Fak., Diss. v. 9 Aug. 1852

Dissmann, Carl ⟨geb. am 30 Dez. 1859 in Ründeroth Rgbz. Köln⟩: Die Hasenscharten der Bonner Klinik in den letzten zwanzig Jahren ... Bonn, Univ.-Buchdr. v. C. Georgi 1884. 43 [vielm. 42] S., 1 Bl. 8.

Bonn, Med. Fak., Diss. v. 21 Juli 1884

Dissmann, Oscar *Christian* [aus Odenspiel]: Aus d. Laboratorium d. medicin. Klinik zu Bonn. Untersuchungen der Faeces auf unverdautes Eiweiss ... Bonn, Buch- u. Steindr. J. Bach Wwe, 1897; 27 S., 1 Bl. 8.

Bonn, Med. Fak., Inaug.-Diss. v. [6. Febr.] 1897

Dissmann, Wilhelm, a. Mülheim-Ruhr: Siedelungen und Volksdichte im Siegerlande. Marburg a. d. Lahn 1907: (A.W. Zickfeldt, Osterwieck a. Harz). (111 S.) 8°

Marburg, Phil. Fak., Ref. Fischer, Diss. v. 9. Aug. 1907

[Geb. 10. Aug. 81 Wiehl (Kr. Gummersbach, Rheinprov.); Wohnort: Mülheim-Ruhr; Staatsangeh.: Preußen; Vorbildung: Gymn. Dillenburg, Mülheim a. R. Reife O. 01; Studium: Marburg 2, München 1, Marburg 2, Berlin 1, Marburg 4 S.; Rig. 11. Juli 06.]

Siedelungen und Volksdichte im Siegerlande. Von Dr. Wilh. **Dissmann.** Marburg a. d. Lahn; [Siegen: Montanus] 1907. 111 S. 8° A 12. 9358

Die DISTANCEN der vornehmsten Städte in Europa. An statt eines Wegweisers zu gebrauchen, nach dem Alphabet eingerichtet. Mit 4 gefalteten Karten (Europa, Frankreich, Deutschland, Italien). [Leipzig ca. 1710.]

Distanzen- und Höhen-Karte, officielle, der schweizerischen Eisenbahnen. In-fol. Lith. Lausanne, Benda. 1883. 1 85

Distanzenkarte der Schweiz in Marschstunden 1 : 500,000. 51,5×73 cm. Farbendruck. Mit Text u. 2 Uebersichtskarten auf der Rückseite. Bern, Schmid, Francke & Co. 1893. 3 50

Distanzenkarte der Schweiz. In Marschstunden. Distanzenberechnung von *A. Ringier*. 1 : 500,000. Ausg. 1894. 51 × 73 cm. Farbendruck. Bern, Schmid, Francke & Co. 3 50

Distanzenkarte der Schweiz in Marschstunden. 1 : 500000. Neue Ausgabe mit den Strassenprofilen sämmtl. Hauptrouten der Schweiz. Bern, Schmid, Francke & Co. 1896. 3 50

Distanzen-Karte der Schweiz in Marschstunden. Carte des distances de la Suisse en heures de marche. Neue Ausg. auf Leinwandpapier. (Massst. 1:500,000.) *Berne: Schmid & Francke [1899].* (1 Kartenbl. 47 × 70 cm.) quer-gr. 2° [Umschlagt.] [09. 10064]

Distanzenkarte der Schweiz in Marschstunden. Carte des distances de la Suisse en heures de marche. Massst. 1:500,000. *Berne: Schmid & Francke [1902]; H. & A. Kümmerly & Frey.* (1 Kartenbl. 69×48 cm.) 8° [kol.] [02. 4711]

Distanzenkarte der Schweiz in Marschstunden. Carte des distances de la Suisse en heures de marche. (Distanzenberechnung v. A. Ringier. Maßst. 1:500,000. Berne: Schmid & Francke [1905]; H. Kümmerly & Frey.) (1 Kartenbl. 69×48 cm.) 8° [lith.] [kol.] [05. 7458]

Distanzenmesser für artilleristische Zwecke. Lex.-8. (22 S. mit 1 Stnt.) Würzburg 861, Stahel'sche Buchh. *

— dass. s.a. Distanzmesser...

Distanzen-Tabelle für das Somogyer Comitat zusammengestellt auf Grundlage der im Jahre 1856 vorgenomm. Kettenvermessungen. Herausg. von der *k. k. Comitatsbehörde* für Somogy. *Gr. Kanischa* **1857.** Bei *J. Markbreiter*. 252 S. 8°.

Distanzen- und Höhenverzeichniss der schweizerischen Eisenbahnen nach d. Bestand am 1. Juli 1886. — Distances et altitudes des chemins de fer suisses. Situation au 1er Juillet 1886. Herausgegeben vom schweizer. Eisenbahn-Departement. In-12°, 31 S. Bern, Commissions-Verlag von Schmid, Francke & Cie. 1886. — 30

Distanzen- u. Höhenverzeichniss d. schweizer. Eisenbahnen. Stand auf 1. Oktbr. 1895. Hrsg. v. schweizer. Eisenbahndepartement. (Deutsch u französ.) gr. 16. (67 S.) Zürich 895. Art. Institut Orell Füssli, Verl. n. — 80

Distanzenzeiger für die Berechnung der Reiseentschädigungen. Gültig vom 1. Januar 1901 an. (Bundesratsbeschluss.... Vom 1. Februar 1901.) II + 55 S. 8. ([Bern, Stämpfli & Cie.,] 1901.)

Distanzenzeiger. Eidgenössischer Distanzenzeiger für die Berechnung der Reiseentschädigungen. Vom Bundesrate genehmigt am 1. Februar 1901. — Indicateur fédéral des distances pour le calcul des indemnités de route. Approuvé par le Conseil fédéral le 1er février 1901. 1. Aufl. XII + 195 S. 4. [Bern,] O[brecht] & K[äser], XII. 1900.

Distanzenzeiger gemäss der Verordnung über die Reiseentschädigung für Militärs. Bern 1867. 4.

Die **Distanzfahrt** Wien—Donaueschingen 1898. Zusammengestellt und herausgegeben nach den Berichten der Theilnehmer von Adolf Graf Gyulai. Wien. 1899. Selbstverlag. [Beck.] Gr.-8°. VIII, 111 S. mit 1 Tafel. * fl. 2.—

Distanzgehen als Gegenstück zum Distanzritt. Ein Vorschlag. Wien 1893. V: *Wimpffen, Max Freih. v.* (EB)

Distanzgehen als Gegenstück zum Distanzritt. Ein Vorschlag. 12. (23 S.) Wien 893. C. Konegen. n. — 60

Distanz- und Wegmarkirungskarte der hohen Veitsch. 19 2 Mtr. [1 : 8500. Herausgegeben von der alpinen Gesellschaft D' Veitschthaler in Wien.] Das Reinerträgnis dieser Ausgabe ist für Weihnachtsbescherungen armer Schulkinder im Gebirge bestimmt. Wien. 1899. R. Lechner (Wilh. Müller). Text. 8°. 9 S.
Auf Leinen gefalzt fl. 1.50

Distanz-Messer, der, nach seiner Theorie u. Einrichtung sowie d. Anwendung dess. in d. Topographie. M. 1 Stnt. (in gr. 4.) Karlsruhe 832, Groos.

Distanzmesser für artilleristische Zwecke. Mit 1 Taf. Würzburg 1861. 22 S.

— dass. s.a. Distanzenmesser...

Distanzritt Wien-Berlin im Octbr. 1892. Zusammengestellt nach Angaben der Theilnehmer. gr. 8. (24 S. m. 18 Tab.) Wien 893. F. Bock. n. 4. —

Distanz-Tabelle, für den Regierungs-Bezirk Köln, enthalt. alle Städte, Flecken, Dörfer, Mühlen 2c. 4. Köln, Imhof-Schwarz. 1 ɴ̃ʃ

Distel, A., Waldmeister, Mäsch und Meserich ut Mekelborg un de Nawerschaft. 8. (VIII, 152 S.) Berlin [Leipzig] 871, Heinersdorff. *

Distel, A., Waldmeister, Mäsch u. Meserich ut Mekelborg un de Nawerschaft. 8. (VIII, 152 S.) Bielefeld 871. Gülker & Co. n. 2. —

Distel, Paul [app. Arzt aus Isny]: Über Placenta praevia ... Tübingen, F. Pietzcker, 1891; 62 S. 8.
Tübingen, Med. Fak., Inaug.-Diss. v. 1891

Distel, Paul, üb. Placenta praevia. Diss. gr. 8. (62 S.) Tübingen 891. A. Moser. n.n. 1. 20

Distel, Thdr., der Flacianismus und die Schönburg'sche Landesschule zu Geringswalde. gr. 8. (95 S.) Leipzig 879, Barth. *

Distel, Thdr., aus Wilhelm v. Humboldts letzten Lebensjahren. [Eine Mittheilg. bisher unbekannter Briefe.] Mit dem (Lichtdr.-)Bildniß der Frau v. Humboldt nach Schick. gr. 8. (44 S.) Leipzig 884. Barth. 1. 50

Distel, Thdr., zur Todesstrafe gegen Wilderer in Kursachsen. Neues aus der Gesetzgebg. u. Spruchpraxis vor dem Mandate vom 10. Octbr. 1584. Eine Archivstudie. [Aus: „Zeitschr. f. d. ges. Strafrechtswiss."] gr. 8. (22 S.) Berlin 893. J. Guttentag. Nicht im Handel.

Distelblüten, zwanglose. Gesammelt vom Epigrammatiker der Zwanglosen. gr. 16. (32 S.) Leipzig 877, Leopold und Bär.

Disteldorf, J. B., die Auferstehung Jesu Christi. Eine apologetisch-bibl. Studie. (76 S. m. 1 Taf.) Lex.-8. Trier (906.) Paulinus-Druckerei. n. 1. 50
Sonderabdr. a.: „Festschrift z. Bischofs-Jubiläum Trier 1906".

Disteli, M.

— Abentheuer des berühmten Freiherrn von Münchhausen, gezlert mit 16 in Kupfer rad. Zeichnungen. gr. 8. Solothurn 841, Jent u. Gaßmann. 3/4 ℛ

Disteli, M., Schweizer-Bilderkalender, s. a. Bilderkalender.

Disteli, M., schweizer. Bilderkalender. 1r—3r Jahrg. 1839—1841 mit vielen Abbildd. 4. Solothurn, Jent u. Gaßmann. (à Jahrg. 1/6 ℛ) 1/2 ℛ

Disteli, M., schweizerischer Bilderkalender f. 1842—47. (4—9. Jahrg.) Mit Holzschn. u. Stnt. 4. Solothurn. (Jent u. Gaßmann.) à J. * 5 Ngr. *
Jahrg. 1839—41. Ebendas. * 15 Ngr.

Disteli, M. Zur Configuration der Wendepunkte der allgemeinen ebenen Curve dritter Ordnung. Zürich 1890.

— s. v. Münchhausen's Abentheuer.

— Thierzeichnungen, in Kupfer radirt. 4 Lfrgg. 1e u. 2e Lfrg. Bilder zu Reinike Fuchs, mit erläut. Text. — 3e u. 4e Lfrg. Lebensschicksale eines Heuschrecken, mit erläut. Text v. A. Hartmann. qu. Fol. Solothurn 840. Jent u. Gaßmann. (à Lfrg. 3/4 ℛ) 3 ℛ

M. Disteli's Umrisse zu A. E. Fröhlich's Fabeln. Aarau. 4°.

Disteli, Martin, von Olten [Kt. Solothurn]: Die Steiner'schen Schliessungsprobleme nach darstellend geometrischer Methode. [Erschien vollständig: Mit 10 lithographierten Tafeln. XII, 124 S. bei B. G. Teubner. Leipz. 1888]. Leipz. B. G. Teubner Dr. 1888. VIII. 79 S., Taf. I—VI. 8°.
Zürich, Phil. Diss. [v. 16. Juli 1888].

Disteli-Ausstellung. Martin-Disteli-Ausstellung Olten. Zum 100. Geburtstage Martin Distelis. 9 Postkarten, *in Couvert.* (2. Aufl.) 8. Aarau, H. R. Sauerländer & Co., [1902]. fr. 1. —

Distelikalender. Lustiger Distelikalender für das Jahr 1901. [Illustriert.] [IV + 96 S.] 4. Grüningen, J. Wirz. fr. —.40

Distelikalender. Lustiger Distelikalender für das Jahr 1902. [Illustriert.] [IV + 96 S.] 4. Grünigen, J. Wirz. fr. —. 40

Distelikalender. Lustiger Distelikalender für das Jahr 1903. [Illustriert.] [IV + 96 S.] 4. Grüningen, J. Wirz. fr. —.40

Distelikalender. Lustiger D'-K' für das Jahr .... [Illustriert.] 4. Grüningen, J. Wirz. fr. —. 40
... 1905 *u.* ... 1906 *u.* ... 1907. [*je* IV + 96 S.]
... für das Schaltjahr 1908. [IV + 96 S.]
... 1909. Jahrg. 14. [IV + 96 S.]
... 1910 *u* ... 1911. Jahrg. 15 *u.* 16. [*je* IV + 88 S.]
... für das Schaltjahr 1912. Jahrg. 17. [IV + 88 S.]

Neuer Distelikalender für 1874. Mit Illustrat. 54 Stn. 4. St. Gallen, Verlag der Expedit. d. Kal. 1873. —. 60

Disteli-Kalender, neuer, für 1874—1878 und 1880 von Frater Hilarius. 4. (à 53 S. mit eingedr. Holzschn. und 1 Holzschntaf.) Bern, Jenni's Buchh. Jahrg. 1874—1878 à *
Jahrg. 1880 *
Jahrg. 1879 nicht erschienen.

Disteli-Kalender, neuer, für 1881 von Frater Hilarius. 4. (48 S. mit eingedr. Holzschn.) Bern, Jenni's Verlag. *
Nicht weiter erschienen.

Distelmeyer, Lambert.: Etzliche Statute u. Gewohnheiten der Chur- und Mark Brandenburg, gezogen aus den Churf. Reversen, etc. Anno 609. 4. — mit Anmerk. *J. Scheplitzii* unt. d. Tit.: Consuetudines Electoratus et Marchiae Brandenburgensis. *Lips.* 1607. recogn. et auxit Chr. Benn. *Pape. Berl.* 744. Fol.

Disteln. (Gedichte.) 16. Kiel 843, Bünsow. n. 1/4 ℛ

Disteln. (Gedichte.) 16. (3 B.) Kiel 843. [Naeck.] *

Disteln für Schilda's Bürger. (Gedichte v. Toni Morchutt.) gr. 8. (72 S.) Fulda 850. (Henkel. — Müller.) n. 12 ngr

Disteln auf dem Pfade des menschlichen Elends gesammelt, Denkern und empfindsamen Seelen geweiht, von A. v. S. 8. Sulzbach, (Meissen) 797. Erbstein. 20 sgl.

Disteln auf d. Pfade des menschl. Elends gesammelt, Denkern u. empfindsamen Seelen geweiht, v. A. v. S. 8. Salzb. 797. (v. Seidel in Sulzb.) 16 gr

Disteln, auf d. Pfade des menschl. Elends gesdet. 8. Sulzb. (Erbstein in Meiß.) 797.

Disticha galeata von Anti-Janus. Dezember 1869. Augsburg, Kranzfelder, 1870, gr. 8°, 14 S., 30 Pf.
Über Verf. u. Inhalt der gegen Janus gerichteten disticha s. Hülskamp, Litt. Handw. 1870, S. 91. Bamberger Pastoralbl. 1870, S. 33—4.

Disticha, Aliquot, I. C. Stoekii Professoris ... Jenae 1752. V: *Töpfer, Frdr. August.* (BB) (MGT)

Distichen. Erstes Hundert. Ein neues Taschenbuch für Freunde des Scherzes und der Satyre, nicht von Falk. Germanien [Frankf. a. O.] 1806. V: *Krug, Wilhelm Traugott.* (GGr VIII, 64)

Distichen, 1s Jahrhundert; ein Taschenbuch des Scherzes u. der Satyre, nicht von Falk. 12. Deutschl. 806. (Frankf., Acad. B.) 16 gr

Distichen, erstes Jahrhundert. Ein Taschenbuch. 12. Jetzt Flittner in Berlin.

Distichen, Satirisch-Theologische. Nürnberg 1830. V: *Feuerbach, Ldw. Andreas & Joh. Adam Stein.* H: *Stein, Joh. Adam.* (ADB)

Distin-Maddick, E., die Harnröhren-Strictur, ihre Diagnose u. Behandlg., erleichtert durch die Anwendg. neuer u. einfacher Instrumente. Mit Genehmigg. d. Autors aus dem Engl. übers. v. G. Noack. Mit 32 Orig.-Holzschn. gr. 8. (X, 89 S.) Tübingen 889. Moser. n. 2. 40

Distler, Hans [aus Amberg]: Ueber einige Wirkungen des Pyridin .... Erlangen, Druck d. Univ.-Buchdr. v. Junge & Sohn, 1887; 30 S. 8°
Erlangen, Med. Fak., Inaug.-Diss. v. 22. Dez. 1886

Distler, Carl, s. Sprichwörter in Wort und Bild.

Distling, J. G., gegen die Furcht vor dem Tode. gr. 8. Frankfurt a/M. 841, Boselli. n. 1/6 ℛ

Distling, Joh. Ghrd.

Distling, (Joh. Gerh.) Gedichte, 2s Bdchn. A. u. d. T.: Neue Gedichte. 8. Frankfurt 826., Guilhaumann.

Distling, Joh. Gerh., Rede geg. d. Mißhandl. d. Thiere. 8. ... Frankfurt a. M. 829, Guilhaumann.

Reden moralischen Innhalts [!] für Maurer [2. Aufl.:] Freymaurer. Von Joh. Gerh. **Distling.** Frankfurt a. M.: Guilhauman 1804. 73 S. 8°
[Dasselbe.] 2. verm. Aufl. Ebendas. 1817. 127 S. 8°
Recens: f. 1. Aufl.: AJ. 1 (1804) S. 290. f. 2. Aufl.: AZ. 1824 S. 252—253.
Kl. 1143. Die 1. Aufl. enth. 5 Reden: Üb. die Bestimmung des Menschen. Üb. das Wesen u. die Hindernisse der Tugend. Üb. die Freundschaft. Üb. die Mittel, zur Tugend zu gelangen. Üb. Glück u. Unglück. Hierzu kommen in der 2. Aufl. Reden üb. Hoffnung, Mut, Wohltätigkeit, Vorsehung, Tod u. ein Festgesang ohne Noten.

— d. Reich Gottes. Gesangstücke. Frkf. a. M. Guilhaumann. 4 gr

— die Rheinfahrt, ein didactisches Gedicht. 8. Frkf. 824. Guilhaumann. 6 gr

Distling, Jh. Ghrd., Samml. einiger Gedichte. 8. Frankf. a. M. 820. Guilhaumann. 20 gr 2 ä Bdchen. Auch u. dem T.: neue Gedichte. 8. Ebd. 826. 16 gr

—— Versuche zu Sehen, od. Blicke auf d. Vergangenheit, Gegenwart u. in d. Zukunft. 8. (10 B.) Frankfurt a. M. 832, (Boselli.)

—— über d. Vorzüge u. d. Werth d. Alters. 8. ... Frankfurt a. M. 829, Guilhaumann.

Diston u. **Sons**, Handbuch für Holzarbeiter. Sägen-, Werkzeug-, Stahl- u. Feilenfabrikation. Mainz 1875. 8°.

Districh, Emma. Schloss Freienwert. Novelle. 116 S. 8. Aarburg, Buchdr. Aarburg, 1902. (fr. —.20)

District ..., s. Distrikt ...

Distrikte, die fünfzig, d. kgl. Haupt- u. Residenzstadt München mit d. Haus-Nummern, sammt e. alphabet. Verzeichn. d. Straßen, Gassen, Plätze, Brücken, Kirchen, kgl. u. städt. Gebäude u. Geschäfts-Lokalitäten, Sammln. f. Künste u. Wissenschaften u. a. gemeinnütz. Anstalten. (Mit stehender Schrift, 2. Abdr. (2¼ B. Text u. 51 lith. Plane.) 8. München 837, Franz. *

Districte, die, der königl. Haupt- und Residenzstadt München mit den Hausnummern, sammt einem alphabetischen Verzeichniß der Straßen, Gassen, Plätze, Brücken, Kirchen, königl. und städtischen Gebäude und Geschäfts-Lokalitäten, Sammlungen für Künste und Wissenschaften und anderer gemeinnütziger Anstalten. 2., verb. Aufl. 8. (IV und 39 S. mit 55 lithogr. Plänen in 8. und 4.) München 855, Franz. *

Distrikte, die, der k. Haupt- und Residenzstadt München mit den Haus-Nummern, sammt einem alphabetischen Verzeichniß der Straßen, Gassen, Plätze, Brücken, Kirchen, königlichen und städtischen Gebäude ꝛc. 2. verb. Aufl. Mit 54 lith. Distriktsplänen u. 1 (lith.) Plan der Stadt mit Distriktsgrenzen (in 4.). München 855. Franz. 8. (2 Bl., 40 S. und: Verzeichniß derjenigen Straßen ꝛc., welche seit dem Monat Mai 1854 neu numerirt worden sind ꝛc. 12 S.) n. 26 ngr

Districts-Eintheilung der den Regimentern und Corps in den Herzogthümern Schleswig und Holstein in Gemäsheit der allerhöchsten Verfügung vom 15ten Februar 1808 annectirten Bataillone. o. O. u. J. 4°.

Distriktsfinanzen, die bayerischen, s.a. Beiträge zur Statistik des Königr. Bayern. 75. Hft.

Die bayerischen **Distriktsfinanzen.** Hrsg. v. K. Statist. Landesamt. München: Lindauer 1910. X, 94, 156 S. 4°
(Beiträge z. Statistik d. Königr. Bayern. H. 75.) [10. 649] 3

Distrikts- u. Landraths-Gesetz vom 28. Mai 1852. Handausg. 8. (42 S.) Nördlingen 852, Beck. 4 ngr

Distrikts- und Landraths-Gesetz vom 28. Mai 1852. 2. Aufl. der Handausg. Nördlingen 856. Beck. 8. (42 S.) 3½ ngr

Distriktsrath Zusmarshausen, der, und seine Aufgabe im J. 1870. 8. (IV, 48 S. mit 1 Tab. in hoch 4.) Neu-Ulm 870, Helb'sche Buchh. *

Distrikts-Straßenwärter, der bayerische. Organ des Zentralverbandes der Distriktsstraßenwärter Bayerns. Red.: J. Martin u. seit 1906: Jul. Springer. 4. u. 5. Jahrg. 1905 u. 1906 à 52 Nrn. (à Jahrg. 208 S.) 4. Neumarkt i/Ob.-Pf., J. Boegl. à Jhrg. n. 2.40

Distrikts-Straßenwärter, der bayerische. Organ des Zentralverbandes der Distriktsstraßenwärter Bayerns. Red.: Jul. Springer. 6.—9. Jahrg. 1907—1910. à 52 Nrn. (à 4 S.) 32×24,5 cm. Neumarkt i/Ob.-Pf., J. Boegl. à Jhrg. 2.40

Distrikts-Zeitung. – Hildesheimische Distrikts-Zeitung. –
– 26.VI.1812–6.XI.1813.
Vorh. u.d. T.: Officielle Hildesheimische Districts-Zeitung.
Fortges. u. d. T.: Königl. Großbrittannische privilegirte allgemeine Zeitung.

Districts-Zeitung. – Officielle Hildesheimische Districts-Zeitung. –
– 28.IV.1812–25.VI.1812.
Vorh. u.d. T.: Hildesheimische Zeitung.
Fortges. u.d. T.: Hildesheimische Distrikts-Zeitung.

Distruzione, la, di Gerusalemme. Dramma sacro per Musica in 2 Atti. Wien 817. Wallishausser. 8 gr

Disziplin, humane, od. Das Züchtigungsrecht in d. Volksschule, s.: Vorträge u. Abhandlungen, pädagog.

Disciplin d. Lyceums in der Reichsstadt Rotweil. 8. Rotw. 798. Herder. 6 gr

DISZIPLIN im Mädchen-Pensionat. Intimes aus einer Besserungsanstalt für Töchter höherer Stände. Illustriert. (190*.) (Mk. 3—.) Vergriffen!

Disciplin und Muth von einem Preußischen Offizier. Brandenburg 861. Wiesike. 8. (61 S.) 7½ ngr

Disziplin, die, bei allen Völkern. Eine Geschichte der Körperstrafen aller Nationen. Hrsg. v. M. Sadow. 2. Bd. gr. 8. Leipzig, Leipziger Verlag. 5.—
Geissel u. Rute in Frankreich. Eine Geschichte der Körperstrafen u. der Anwendg. v. Stock u. Rute in franz. Volksgebräuchen. Von Jean Deries. (248 S.) (910.)
Vgl.: Sadow, M.

Disciplinar-Bestimmungen für die Studirenden der Grossherzogl. Technischen Hochschule zu Darmstadt. [1885.]

Disziplinar-Bestimmungen für die Studierenden der Grossherzogl. Technischen Hochschule zu Darmstadt (v. 20. 3. 1894).

Disciplinarbestimmungen für die Studirenden der polytechnischen Schule zu Darmstadt (v. 28. 9. 1869).

Das bayerische **Disziplinargesetz** für richterliche Beamte vom 26. März 1881 in der seit d. 1. Jan. 1909 geltenden Fassung. Textausg. mit Anm., bearb. von Joseph Bleyer, Staatsanw. München: C. H. Beck 1910. VI, 164 S. 8° A 12 1303

Disziplinar-Gesetz, für richterliche Beamte. Gesetz vom 26. März 1881. 8. (24 S.) Würzburg 881, Stahel'sche Universitäts-Buchh.

Diſziplinargeſetz für das k. k. katholiſche Gymnaſium zu Preßburg, nebſt einigen Vorſchriften für die Eltern der Schüler und die verantwortlichen Aufſeher. Preßburg, 1857. Druck von C. F. Wigant. (9 S. 4.)

Disziplinargesetz, Das Preußische, s. Gesetz vom 21. Juli 1852 betr. die Dienstvergehen der nichtrichterlichen Beamten, . . .

Disziplinar-Gesetze für das Bürgermilitär und die Landmiliz in dem Fürstenthum Schwarzburg-Sondershausen. Sondershausen 1823. 4°.

Disciplinargeſetze, die, d. deutſchen Gymnaſiums, zu Nutz u. Frommen der lieben Schuljugend in Verſe gebracht v. Euſebius. 16. (16 S.) Büdingen 876. Eberling. n. — 50

Disciplinar- u. Strafgeſetze für d. Landwehr der freien Stadt Frankfurt a. M. gr. 8. Frankf., Sauerländer. 2 ℊℊ

Disciplinar- u. Strafgeſetze für die Stadtwehr der fr. Stadt Frankfurt a/M. 8. Frankfurt ..., Krug. 1¾ ℊℊ

Disciplinar-Gesetze f. die Studirenden d. königl. sächs. Akademie für Forst- u. Landwirthe zu Tharand. (Dresd. 1853?). 20 S. P.

Disciplinargewalt, Die, öffentlicher Behörden über öffentliche Anwälte im Großherzogthum Hessen . . . Darmstadt 1833. V: *Eigenbrodt, Reinhard.* (HS) (Mitth. A. Rosenbaum.)

Disciplinargewalt, die, öffentl. Behörden üb. öffentl. Anwälte im Großherzogth. Heſſen, Beitrag zur Kenntniß der Stellung des Advocatenſtandes. (Beilageheft zum 1n Bde. der „Zeitſchrift für Geſetzgebung in Heſſen" ꝛc.) gr. 8. Darmſtadt 833. Leske. ⅓ ℊℊ

Disciplinargewalt, die, der öffentl. Behörden im Großherzogth. Heſſen über öffentl. Anwälte. 8. Darmſt. 832. Leske. 8 ℊℊ

Disciplinargewalt, die, öffentl. Behörden im Großhrzgth. Heſſen üb. öffentl. Anwälte. Beitr. z. Kenntniß d. Stellung d. Advokatenſtandes. (Beilagehft. z. 1. Bd. d. „Zeitſchrift f. Geſetzgebung ꝛc. in Heſſen u. Frankfurt.") gr. 8. (3¼ B.) Darmſtadt 833, Leske.

Disziplinar-Massregeln gegen den Vorsitzenden und die Mitglieder des Provinzialausschusses sowie gegen die Beamten der Provinz im Gebiete der Provinzialordnung. Im amtlichen Auftrage bearb. etc. v. Ludwig Möhring. Berlin. 1888. 8°.

Disciplinar-Ordnung der allgemeinen gewerblichen Fortbildungsſchule. 8. (7 S.) —.04
Brünn: Winiker 1896.

Disciplinarordnung d. evangel. Landeskirche A. B. in Siebenbürgen. gr. 8. (I, 14 S.) Hermannſtadt 870. (L. Michaelis). n.n. — 20

Mittelschule in Sursee. Disciplinarordnung. (1901 Oktober 15.) II + 8 S. 8. Sursee, Huber, 1901.

Disciplinarordnung, die, f. die kgl. Studienanſtalten u. Realgymnaſien. Kgl. Miniſterialentſchließgn. vom 24. Septb. 1874. 8. (8 S.) Würzburg 874. Stahel. — 12

Disciplinar-Regulativ f. d. Communalgarden, zu dem, mittelſt allerhöchſt. Mandats v. 29. Nov. 1830, bekannt gemachten Regulative gehörig. gr. 8. (1 B.) Dresden. (Leipzig, Fr. Fleiſcher.)

Disziplinar-Satzungen f. die k. bayeriſchen Gymnaſien u. Realgymnaſien, ſ.: Sammlung, Stahel'ſche, deutſcher Reichsgeſetze u. bayeriſcher Geſetze. Nr. 112.

Disciplinar-Satzungen für das königliche Hof- und National-Theater zu München. [München] 1842. V: *Küstner, Carl Theodor von.* (BrMm)

Disciplinar-Satzungen f. die Schüler der königl. Gymnaſien u. lateiniſchen Schulen der Oberpfalz u. v. Regensburg. gr. 16. (16 S.) Amberg 871. Habbel. — 25

Disciplinar-Satzungen für die Schüler der königl. Gymnaſien und lateiniſchen Schulen der Oberpfalz und von Regensburg. gr. 16. (16 S.) Amberg 871, Puſtet'ſche Buchh.

— f. die Schüler d. Realgymnaſien d. Königr. Bayern. gr. 8. (16 S.) München 885. R. Oldenbourg. n.n. — 10

Disciplinar-Satzungen für die Schüler der Realſchulen des Königr. Bayern. [Miniſterial-Ausſchreiben vom 18. Juli 1877.] 1. u. 2. Aufl. 8. (8 S.) Kempten 877. Köſel. n. — 10; Ausg. in 32. (28 S.) — 20

Disciplinar-Satzungen f. die Schüler der Realſchulen d. Königr. Bayern. [Miniſterial-Ausſchreiben vom 18. Juli 1877.] 3. Aufl. 12. (8 S.) Kempten 889. Köſel. n. — 10

Disziplinar-Satzungen f. die Schüler der Realſchulen d. Königr. Bayern. (Miniſterial-Ausſchreiben vom 18. Juli 1877.) 4. Aufl. 12. (8. S.) Kempten 892. J. Köſel. n. — 10

Disziplinar-Satzungen f. d. Schüler d. Realſchulen d. Königr. Bayern. (Miniſterial-Ausſchreiben v. 18. Juli 1877.) 6. Aufl. 12. (8 S) Kempten 896. J. Köſel. n. — 10

— dasſelbe. 12. (11 S.) Ludwigshafen 898. A. Lauterborn. n. — 20

— f. die Schüler der Realſchulen des Königr. Bayern. (Miniſterial-Ausſchreiben vom 18. VII. 1877.) 9. Aufl. 12. (8 S.) Kempten 899. J. Köſel. n. — 10

— **dasſelbe. gr. 8. (16 S.) München (901). R. Oldenbourg.** n.n. — 10

Disziplinar-Satzungen für die Schüler der Realſchulen des Königr. Bayern. (8 S.) 8. Ansbach (905.) (C. Brügel & Sohn.) n.n. — 05

— dasſelbe, f. die Schüler d. Studien-Anſtalten. [Miniſterial-Ausſchreiben vom 24. Septbr. 1874.] 9. Aufl. 12. (8 S.) Ebd. 889. n. — 10

—— für die Schüler der Studienanſtalten im Königreich Bayern. gr. 16. (16 S.) Amberg 874, Habbel.

—— daſſ. — [Miniſterial-Ausſchreiben vom 24. Septbr. 1874.] 16. (28 S.) Kempten 874, Köſel'ſche Buchh.
gr. 8. (7 S.) *
Plakat qu. Fol.
Aufgezogen auf Pappe *

— dasſelbe. [Miniſterial-Ausſchreiben vom 24. Septbr 1874.] 16. (28 S.) Kempten 875. Köſel. — 20; Plakat qu.-Fol. — 30; aufgezogen auf Pappe n. — 50

—— für die Schüler der Studien-Anſtalten des Königr. Bayern. [Miniſterial-Ausſchreiben vom 24. Septbr. 1874.] 2. Aufl. 8. (8 S.) Ebendaſ. 877. *

Disciplinar-Satzungen für die Schüler der Studien-Anſtalten des Königr. Bayern. 3.—6. Aufl. 8. (8 S.) Kempten 879—83, Köſel'ſche Buchh. *

Disciplinar-Satzungen f. die Schüler der Studien-Anſtalten d. Königr. Bayern. [Miniſterial-Ausſchreiben vom 24. Septbr. 1874.] 7. Aufl. 8. (8 S.) Kempten 885. Köſel. n. — 10

Disziplinar-Satzungen für die Schüler der Studienanſtalten des Königr. Bayern. [Miniſterial-Ausſchreiben vom 24. Septbr. 1874.] 8. (11 S.) Ludwigshafen 885, Lauterborn. *

— f. die Schüler der Studien-Anstalten des Königr. Bayern. (Ministerial-Ausschreiben vom 24. Septbr. 1874.) 15. Aufl. 12. (8 S.) Ebd. 894. n. — 10

— f. d. Schüler d. Studienanstalten d. Königr. Bayern. gr. 8. (16 S.) München 894. R. Oldenbourg, Abteilg. f. Schulbücher. n.n. — 10

— dasselbe. (Ministerial-Ausschreiben v. 24. Septbr. 1874. 17. Aufl. 12. (8 S.) Kempten 896. J. Kösel. n. — 10

— dasselbe. (Ministerial-Ausschreiben v. 24. IX. 1874.) 8. (11 S.) Ludwigshafen 897. (A. Lauterborn.) n. — 20

— für die Schüler der Studien-Anstalten des Königr. Bayern. (Ministerial-Ausschreiben vom 24. IX. 1874.) 20. Aufl. 12. (8 S.) Kempten 899. J. Kösel. n. — 10

— für die Schüler der Studienanstalten im Königr. Bayern. Amtlich veröffentlicht vom k. Staatsministerium des Innern für Kirchen- u. Schulangelegenheiten. (8 S.) 8. Ebd. (905). n n. — 07

Disziplinar-Satzungen für das k. k privil. Theater in der Josefstadt in Wien. Wien, 1855. Aus J. B. Wallishaussers k. k. Hoftheater-Druckerei. (66 S. 8.)

Revidirte Disciplinar-Statuten für die Studirenden auf der Landes-Universität zu Rostock nebst Ministerial-Rescript vom 8. October 1867 und mit den Aenderungen der Ah. Rescripte vom 9. März, 26. September 1881 und 19. December 1889. Rostock, Univ.-Buchdr. v. Adler's Erben, 1890; 41 S. 8°

Disciplinar-Strafordnung f. d. Gendarmerie. München 1868.

Die Disziplinarstrafordnung für das Heer nebst Anh., enth. d. Kriegsartikel u. diejenigen gerichtl. Vergehen, welche in leichteren Fällen im Disziplinarwege geahndet werden können, erl. von [Karl] Schlott, Kriegsger.R. Berlin: Eisenschmidt 1909. 160 S. 8° [09. 13611

Die Disziplinarstrafordnung für das Heer vom 31. Okt. 1872. Erl. von Heinrich Dietz, Kriegsger.R. Mannheim & Leipzig: Bensheimer (1909). XXII, 336 S. 8°
(Sammlung deutscher Gesetze.) [09. 11586

Disziplinar-Strafordnung f. die kaiserl. Marine. 12. (VIII, 57 S.) Berlin 891. E. S. Mittler & Sohn. n. — 60; kart. n.n. — 75

Disziplinar-Strafordnung f. die kaiserl. Marine. (D. Str. O.) 12. (IX, 96 S.) Berlin 902. (E. S. Mittler & Sohn.) n. — 60; kart n. — 75

Disziplinar-Strafordnung für die Kaiserliche Marine. (D. Str.O.) *Berlin: Reichs-Marine-Amt 1902.* (96 S.) 8° [F.] [03. 1063

Revidierte Disziplinar-Strafordnung für die hamburg. Garnison. Hamburg 1854. 19 S.

Disciplinar-Straf-Vorschrift für das k. k. (oesterreichische) Heer. Wien 869. (K. k. Hof- u. Staatsdruckerei.) gr. 4. (14 S.) n. 2 *ngr.*

Disciplinar-Strafvorschrift (A—11.) für die Militär-Beamten und die in keine Rangclasse eingereihten Militär-Gagisten des k. k. Heeres. (Zu Präs. Nr. 1609 vom Jahre 1887. Norm. Verord.-Blatt für das k. k. Heer 9. Stück.) 4. Wien 1887.

Disciplinar-Strafvorschrift für die Militärbeamten und die in keine Rangsklasse eingereihten Militärgagisten des k. u. k. Heeres. Lex.-8°. (15 S.) Wien: Gerold's Sohn 1903. K —.18

Disciplinarverfahren, ein. Rechtfertigung und Beitrag zur Ausbildung des Artikels 96 der Verfassungsurkunde vom 5. Dezbr. 1848. (Von Stahlknecht.) gr. 8. (37 S.) Oppeln 849. (Breslau, Graß, Barth und Comp. Sortimentsb.) *

Disciplinarverfahren, Das, gegen den Grafen Harry von Arnim in letzter Instanz vor dem Reichsdisziplinarhof zu Leipzig am 3. März 1877. Berlin 1877. V: *Quenstedt & Munckel.* (singerB S. 98)

Disciplinarverfahren, das, gegen den Grafen Harry v. Arnim in letzter Instanz vor dem Reichs-Disciplinarhof zu Leipzig am 3. März 1877. Nach stenograph. Niederschrift. gr. 8. (56 S.) Leipzig 877, Bidder. *

Disciplinar-Verfahren, Ein maurerisches, zugleich Beleuchtung einer von G. Wieber . . . veröffentlichten Schrift. Williamsburgh 1869. V: *Roehr, Eduard.* (Tt)

[F.] Das Disziplinarverfahren gegen Dr. Karl Peters. Zwei Aufsätze a. d. 'Dtsch. Wochenblatt'. *Berlin: H. Walther 1897.* (24 S.) 1 Bd 8. [97. 3000

Disciplinarverfahren, eine Rechtfertigung u. Beitrag zur Ausbildung des Art. 96 der Verfass.-Urkunde v. 5. Dec. 1848. Breslau 1849. V: *Stahlknecht.* (Ky) (wa)

Mittelschule in Münster. Disziplinar-Verordnung. (1901 November 14/21.) II + 9 S. 8. Luzern, J. Schill, 1902.

Disziplinarvorschrift für die an e. öffentlichen Volks- od. Bürgerschule in Steiermark angestellten Lehrpersonen. (11 S.) 8. Graz 905. Leykam. n. — 20

Disciplinar-Vorschrift f. d. mährisch. Mittelschulen. 8. (7 S.) Brünn, C. Winkler's Buchhandlung. 3 kr. *1885.*

Disciplinar-Vorschrift für die Schüler des k. k. Thierarznei-Institutes in Wien. 4. Wien 1853.

Disciplinar-Vorschriften für die Frequentanten der Wochenschule in der kaufmännischen Lehr- und Erziehungsanstalt zu Laibach. Statuti disciplinari per gli allievi che frequentano la scuola giornaliera nell' Istituto mercantile di Lubiana. 8. (16 S.) Laibach. Druck von Jos. Blasnik. 1854.

Disciplinar-Vorschriften, Provisorische, für die National-Garde zu Klgft. Klgft., v. Kleinmayr, 1848. 4 S.

Disciplinar - Vorschriften für die Schüler der Fachkurse der Großherzogl. technischen Schule zu Darmstadt (v. 26. 3. 1866).

Disciplinar-Vorschriften für die Schüler der beiden allgemeinen Classen der Großherzogl. technischen Schule zu Darmstadt (v. 26. 3. 1866).

Grossherzogl. Badische Technische Hochschule zu Karlsruhe. **Disciplinar-Vorschriften** für die Studierenden. 1896. — [Dasselbe u. d. T.:] . . . Disziplinar-Vorschriften. 1908. 1911. ¶ Aus: Vorschriften f. d. Studierenden [Nr 1936]. *1896: K*

Disziplinarvorschriften für die Studierenden der Universität zu Rostock. Rostock 1906: Adlers Erben. (27 S.) 8°
(Nicht für den Austausch)

Disciplinirung, ohne, den Volksschulen kein Heil von denselben. 8. Liegnitz (824). Leonhardt. 12 gr

Disciplins-Patent, welches des Hrn. Herz. von Hildburgshausen Hochfürstl. Durchl. bey Dero Ihro untergebenen Reichs-Executions-Armee unterm dato Hauptquart. Fürth d. 7. Aug. 1757 haben bekannt machen lassen. Nebst dem Mandat an den Magistrat der Stadt Naumburg d. d. Hauptquart. Dornburg d. 22 Oct. 1757. Erfurt 1757. 4.

Dit sint der Lando (Schleswig-Holstein) Privileige. (Kiel. 1817) 4° k.

Dit sind der Lande Privilegie. 4. Kiel 817. Acad. B.

Ditć, E. (Hrsg.), s. Zeitung, Oesterreichische illustrirte

Diterich, Achat. Matth.: Anrede an die Zuschauer, da die beyden Brüder die Müller, wegen der an Ihrer Muhme, Euphros. Fuchsin, Anno 1736 ausgeübten Mordthat, den Lohn ihrer Bosheit den 22. Jan. 1737 auf dem Gericht-Platz vor Berlin empfingen, gehalten. Berlin 1737.

Diterich, J. H., Natur- u. Kunstgarten. 8. Augsb. 806. Daisenberger. 1 ß

Diterich, J. H., Natur- u. Kunst-Gartenbuch f. Gärtner u. Gartenliebhaber, od. vollständ. Anleit. z. Pflanzung d. Küchen-, Obst- u. Blumengärten, s. u. d. T.: d. wohlerfahrene Gärtner. 3 Abth. 8. Augsburg, 1803. 2. Aufl. 1806. 3. Aufl. Regensburg, 1810. Daisenberger. — 27½

Diterich, Jh. Sam., († d. 14. Jan. 1797.) Andachten f. Christen bis zum heil. Abendmahl gehen. 8. Berl. 775. 2e Aufl. 776. 3e Aufl. 781. Haude u. Sp. 4 gr St. Gallen 801. Huber u. C. 4 gr

– dass. s. a. Diterich, S J

– s. Anleitung zu Betrachtt

Diterich, Johann Samuel, Archidiac. an der Marienkirche, Dankpredigt wegen des am 15. Febr. zu Hubertsburg glücklich geschlossenen Friedens über I. B. Könige 8, 56–58. Berlin 1763. 8. 38 S.

Diterich, Joh. Sam., Danckpredigt wegen des Sieges bei Rosbach. Berlin 1757. 8.

— kurzer Entwurf der christl. Lehre. 8. Berl. 754. 2e Aufl. 762. Nicolai. 8 gr

– s. Entwurf e. katechet. Unterrichts in d. christl. Lehre.

— Gesangbuch f. d. häusl. Andacht. 8. Berl. 787. Nicolai. 10 gr Schrbp. 16 gr

– s. Gesangbuch f. d. Preuß. Lande.

— Initia doctrinae christianae, velut institutio virtutis consequendae. Latine vertit M. Tekusch. 8. Posoni 807. Editio 4ta nonnihil immutata et aucta. Pressb. 832. C. F. Wigand. 5 gr

– s. Lieder, Alte geistl

– s. Lieder f d. öffentl. Gottesdienst.

Diterich, Joh. Sam., Predigt von der Beruhigung des Gemüths in unruhigen Zeiten. Berlin 1757. 8

Predigt zum Gedächtniss Friedrichs des Zweyten Königs von Preussen in der Marienkirche den 10. Sept. 1786 gehalten von Samuel Diterich Königl. Oberconsistorialrath und Beichtvater Ihro Majestät der verwittweten Königin. Berlin 1786. 8.

Diterich, Joh. Sam., Predigt von den Gesinnungen, die Christen bei anderer Noth anständig sind. Berlin 1762. 8.

— Selbstermunterungen z. Verehrung Gottes. 8. Grottkau 790. (Belitz in Berl.) 4 gr

— Unterweisung z. Glückseligkeit nach der Lehre Jesu. 8. Berl. 772. 2e Aufl. 782. 3e Aufl. 805. Nicolai. 4 gr Auszug daraus. 8. Ebd. 774. 2e Aufl. 781. 3e Aufl. 816. 2 gr

Diterich, L., s. a. Ditterich, L.

Diterich, L., s. Zeitung, medicin.-chirurgische.

Diterich, Mart., Berl. Kloster- u. Schulhistor. 8. Berlin. Nicolai. 750.

Diterich, S. J., Andachten f. Christen bis zum Abendmahl gehen. 8. St. Gallen, Huber. 801.

– dass. s.a. Diterich, Jh. Sam.

Ernestus Gustavus Ludovicus Diterichs: De febris Caussa [Causa] proxima. Ienae (1797): Fiedler. 31 S. 8°

Diterici, Jo. Fr., Opuscula, s. Dietrich, Joh. Friedr.

Ditfurt, C. De particulis aut, vel, sive. 22 S. Progr. Magdeburg D. 1840

Ditfurt, C., attische Syntax für Gymnasien, enthaltend den nothwendigsten Lernstoff. Ein Leitfaden beim griech. Unterrichte, mit Bezeichnung der Classen. gr. 8. (VII und 108 S.) Magdeburg 856, Creutz'sche Buchh. *

Ditfurt, C., attische Syntax für Gymnasien, enthaltend den nothwendigsten Lernstoff. Ein Leitfaden beim griech. Unterrichte, mit Bezeichnung der Classen. 2. Abthl. gr. 8. (S. 109–285.) Magdeburg 857, Creutz'sche Buchh. *
1. Abthl. Ebendas. 1856. * 12 Ngr.

Ditfurt, K., Chrestomathia Xenophontea. 8. (13½ B.) Berolini 838, Schultz.

—— und C. Kraeper, griechische Grammatik, s. Kraeper, C.

—— griechisches Vocabularium zum Auswendiglernen bestimmt, mit Bezeichn. d. Wörter f. drei Gymnasialklassen. gr. 8. (10¼ B.) Magdeburg 836, Heinrichshofen.

— griechisches Vocabularium zum Auswendiglernen bestimmt, mit Bezeichnung der Wörter für drei Gymnasialklassen. 2., verb. Aufl. Magdeburg 853. Heinrichshofen. 8. (XIII, 153 S.) 20 ngr

Ditfurt, K., griechisches Vocabularium zum Auswendiglernen bestimmt, mit Bezeichnung der Wörter für 3 Gymnasialklassen. 4., verb. Aufl. gr. 8. (XVIII und 156 S.) Magdeburg 865, Heinrichshofen'sche Buchh.

Ditfurt, K., griechisches Vocabularium zum Auswendiglernen bestimmt, mit Bezeichnung der Wörter für drei Gymnasialklassen. 5. verb. Aufl. 8. (XIX, 156 S.) Magdeburg 875, Heinrichshofen'sche Verlagsh. *M. 2.; geb. *

Ditfurth, v., Betrachtgn. üb. d. kleinen Krieg 1870/71, s.a. Beiheft z. Militär-Wochenblatt.

Betrachtungen über den kleinen Krieg 1870/71 Vortrag, geh. 1898 von v Ditfurth, Major im Inf Reg Nr 151 *Berlin: E S. Mittler & Sohn 1898.* (S. 455–482.) 8° [F.]
— Militär-Wochenblatt. 1898 Beiheft 10. (...)

[F.] Aus sturmbewegter Zeit. Briefe aus d. Nachl. d. Gen. d. Inf (Arthur) v Ditfurth 1810–1815. Hrsg v H[omar] v D[itfurth] *Berlin A Hofmann & C 1895.* (XI, 214 S., 2 Portr) 1 Bd. 8.

v. Ditfurth, Frz. Diedr., zwei Abstimmungen üb. die v. Riedesel'schen Verträge u. üb. wichtige kammergerichtl. Einrichtungen rc. gr. 8. Jena 792. Mauke. 9 gr

Ditfurth, Franz Wilhelm von

Ditfurth, Frz Wilh. Frh. von, 50 ungedruckte Balladen und Liebeslieder des 16. Jahrhunderts mit den alten Singweisen. Heilbronn 1876. 8.

Ditfurth, Frz. Wilh. Frhr. v., 50 ungedruckte Balladen und Liebeslieder des 16. Jahrh. mit den alten Singweisen. 8. (VIII, 125 S.) Heilbronn 877, Gebr. Henninger. *

Ditfurth, Frz. Wilh. v., 52 ungedruckte Balladen d. 16., 17. u. 18. Jahrhunderts. Aus fliegenden Blättern, handschriftl. Quellen u. mündl. Ueberlieferg. 8. (XII, 196 S.) Stuttgart 874. Göschen. n. 2. 80

— Kreuz u. Schwert. Zeitklänge aus den J. 1870 u. 1871. gr. 16. (VI, 81 S.) Berlin 871. Lipperheide. n. 1. —

—— 100 unedirte Lieder des 16. und 17. Jahrh. mit ihren zweistimm. Singweisen. 8. (X, 140 S.) Stuttgart 876, Göschen'sche Verlagsh. *

—— ein Pilgerstrauß. gr. 16. (55 S.) Ansbach 870, Junge.

Ditfurth, Frz. Wilh. Frhr. v., alte Schwänk u. Märlein. Neu gereimt. 8. (VIII, 218 S.) Heilbronn 877. Henninger. n. 3. 50

—— deutsche Volks- und Gesellschaftslieder des 17. und 18. Jahrhunderts. Wort und Weise gesammelt. gr. 8. (XVI, 344 S.) Nördlingen 872, Beck'sche Buchh. *

— historische Volks- u. volksthümliche Lieder d. Krieges von 1870—1871. Aus flieg. Blättern, handschriftl. Quellen u. dem Volksmunde gesammelt. 2 Thle. gr. 8. (XIV, 184 S.) Berlin 871. 72. Lipperheide. n. 4. 50

—— historische Volkslieder der Zeit von 1756 bis 1871. Aus fliegenden Blättern, handschriftl. Quellen und dem Volksmunde gesammelt und hrsg. 2 Bde. in 6 Heften. Berlin 871,72, Liv;erheide. *
geb. *

Inhalt:

Heft 1. Die historischen Volkslieder des siebenjährigen Krieges, 1756—1763. (VII, 145 S.) *M. 2.
" 2. Die historischen Volkslieder vom Ende des siebenjährigen Krieges, 1763, bis zum Brande von Moskau, 1812. (XIII, 416 S.) *M. 4.
" 3. Die historischen Volkslieder der Freiheitskriege, von Napoleon's Rückzug aus Rußland, 1812, bis zu dessen Verbannung nach St. Helena, 1815. (XIII, 163 S.) *M. 2.
" 4. Die historischen Volkslieder von der Verbannung Napoleon's nach St. Helena, 1815, bis zur Gründung des Nordbundes, 1866. (VIII, 224 S.) *M. 2,50.
" 5. 6. Historische Volks- und volksthümliche Lieder des Krieges von 1870—1871. 2 Thle. [1. Thl. (XIV, 184 S.) *M. 2.; 2. Thl. (XII, 232 S.) *M. 2,50.] *M. 4,50.

—— die historischen Volkslieder vom Ende des 30jährigen Krieges bis zum Beginn des 7jährigen. Aus flieg. Blättern, handschriftl. Quellen und dem Volksmunde gesammelt. gr. 8. (XIV, 376 S.) Ebendas. 877. *

— die historischen Volkslieder vom Ende d. siebenjährigen Kriegs 1763 bis zum Brande v. Moskau 1812. Aus flieg. Blättern, handschriftl. Quellen u. dem Volksmunde gesammelt. gr. 8. (XV, 416 S.) Ebend. 872. n. 4. —

— die historischen Volkslieder der Freiheitskriege, von Napoleon's Rückzug aus Rußland 1812, bis zu dessen Verbanng. nach Helena 1815. Aus flieg. Blättern, handschriftl. Quellen u. dem Volksmunde gesammelt. gr. 8. (XIII, 163 S.) Berlin 871. Lipperheide. n. 2. —

— die historischen Volkslieder d. bayerischen Heeres von 1620—1870. Aus fliegenden Blättern, handschriftl. Quellen u. dem Volksmunde gesammelt. gr. 8. (XIII, 160 S.) Nördlingen 871. Beck. n. 2. 40

—— die historischen Volkslieder des oesterreichischen Heeres von 1638—1849. Aus fliegenden Blättern, handschriftl. Quellen und dem Volksmunde gesammelt. gr. 8. (IV, 115 S.) Wien 874, Seidel und Sohn. *

Ditfurth, Franz Wilhelm Freiherr v. Die historischen Volkslieder des österreichischen Heeres von 1683—1849. Aus fliegenden Blättern, handschriftlichen Quellen und dem Volksmunde gesammelt und herausgegeben. 8. Wien 1874.

Ditfurth, F. W. Frh. von, Die historischen Volkslieder des 7jähr. Krieges. Berlin 1871. 8.
Ist: Ditfurth, Hist. Volkslieder a. d. J. 1756-1871. Bd. 1. (D)

Ditfurth, Frz. Wilh. v., die historischen Volkslieder d. siebenjährigen Krieges, nebst geschichtl. u. sonst. Erläutergn. Aus flieg. Blättern, handschriftl. Quellen u. dem Volksmunde gesammelt. gr. 8. (VII, 145 S.) Berlin 871. Lipperheide. n. 2. —

— die historischen Volkslieder von der Verbannung Napoleons nach St. Helena 1815, bis zur Gründung d. Norddbundes 1866. Aus flieg. Blättern, handschriftl. Quellen u. dem Volksmunde gesammelt. gr. 8. (VIII, 224 S.) Ebend. 872. n. 2. 50

— die historisch-politischen Volkslieder des dreißigjährigen Krieges. Aus fliegenden Blättern, sonstigen Druckwerken u. handschriftlichen Quellen gesammelt u. nebst d. Singweisen zusammengestellt. Hrsg. v. Karl Bartsch. gr. 8. (XVI, 355 S.) Heidelberg 882. C. Winter. n. 12. —;
geb. n. 15. —

—— einhundert historische Volkslieder des preußischen Heeres von 1675 bis 1866. Aus fliegenden Blättern, handschriftl. Quellen und dem Volksmunde gesammelt und hrsg. Mit Musikbeilagen. gr. 8. (VIII, 157 S.) Berlin 869, Mittler und Sohn.

— 110 Volks- u. Gesellschaftslieder d. 16., 17. u. 18. Jahrhunderts m. u. ohne Singweisen. Nach flieg. Blättern, handschriftl. Quellen u. dem Volksmunde. 8. (XIV, 382 S.) Stuttgart 874. Göschen. n. 3. 60

Ditfurth, Friedrich v.

Ditfurth, v., praktischer Ausbildungsgang f. sämtliche Frei- u. Gewehrübungen in stufenweiser Entwicklung unter besonderer Berücksicht. der 1904 eingeführten vorbereitenden Freiübungen ohne Kommando. (48 S.) kl. 8. Berlin 905. E. S. Mittler & Sohn. n. — 40

Praktischer Ausbildungsgang für sämtliche Frei- und Gewehrübungen in stufenweiser Entwicklung, unter besond. Berücks. der 1904 eingeführten vorbereitenden Freiübungen ohne Kommando von [Friedrich] v. **Ditfurth**, Major. 2., durchges. Aufl. Berlin: E.S. Mittler & Sohn 1905. (43 S.) 8° [F.] [05. 11630

Praktischer Ausbildungsgang für sämtliche Frei- und Gewehrübungen in stufenweiser Entwicklung unter besond. Berücks. der 1904 eingeführten vorbereitenden Freiübungen ohne Kommando von [Friedrich] v. **Ditfurth**, Oberstlt. 3., durchges. Aufl. Berlin: E. S. Mittler & Sohn 1908. (43 S.) 8° [F.] [08. 11378

— Gymnastik u. ihre militärische Verwertung. (44 S.) gr. 8. Ebd. 905. n. — 75

Gymnastik und ihre militärische Verwertung. Von [Friedrich] v. **Ditfurth**, Major. 2., erw. Aufl. Berlin: E. S. Mittler & Sohn 1906. (59 S.) 8° [F.]
Erw. aus: v. Wedel: Der Kompagnie-Chef. [06. 7383

Ditfurth, Friedrich Wilhelm von

Ditfurth, F. W. v., fränkische Volkslieder, s.a. Volkslieder, fränkische.

Ditfurth, Friedr. Wilh. v., fränkische Volkslieder mit ihren zweistimmigen Weisen, wie sie vom Volke gesungen werden, aus dem Munde des Volkes selbst gesammelt und herausg. 1. Thl.: Geistliche Lieder. — 2. Thl.: Weltliche Lieder. Leipzig 855. Breitkopf u. Härtel. Lex.-8. (IV, 154; XLII, 310 S.) 1.: 25 ngl; 2.: 1 ϸ 25 ngl

Ditfurth, Hoimar v. (Hrsg.), s. Ditfurth, Arthur v.: Aus sturmbewegter Zeit.

Ditfurth, L. v. (Frau Loulou Schmidt v. Ditfurth), u. A. Liebel-Monninger, zu Nürnberg. Zehn Geschichten aus alter u. neuer Zeit. Mit Illustr. von Fr. Trost. gr. 8. (178 S.) Dresden (898). E. Pierson. n. 3.—; geb. n. 4.—

Ditfurth, L. v., Paris. Menschl. Urkunden nach Emile Zola. 8. (104 S.) Leipzig 898. G. Körner. n. 1. —

v. **Ditfurth**, Max J. C., zur Berichtigung einiger in der neuesten Ausl. v. Frhr. v. Hormayr's Geschichte des Andreas Hofer abermals wiederholten Bezüchtigungen gegen den 1809 zu Insbruck an seinen Wunden verstorbenen königl. bayer. Obersten Karl Frhr. v. Ditfurth. gr. 8. Kassel 816, Krieger'sche Buchh. 6 ngl

v. Ditfurth, Max. J. C., die Dringlichkeit zeitgemäßer Reformen im vaterländ. Heere. Fingerzeige. 8. (16 S.) Kassel 848, Hotop. 4 ngl

Ditfurth, Maximilian v.

Ditfurth, Max. Frhr. v., Erzählungen aus der hess. Kriegs-Geschichte. Ein Lesebuch für Jung und Alt, sowie für hess. Vaterlandsfreunde jeden Standes. 2. Heft. 8. (IV und 164 S.) Cassel 861, Freyschmidt. *

1. Heft, s. Erzählungen aus der hess. Kriegsgeschichte.

v. Ditfurth, Max., die Hessen in den Feldzügen von 1793—1795 in Flandern, Brabant, Holland u. Westphalen. Ein Beitrag zur hessischen Kriegsgeschichte. (2 Bde.) — 1r Bd. Geschichte des Feldzugs von 1793 in Flandern. Mit 1 Uebersichts-Karte, 1 Plan u. 4 Tabellen. gr. 8. Kassel 839. Bohné. n. $1^1/_2$ ß — 2r Bd. Geschichte der Feldzüge von 1794 u. 1795. Mit 3 Plän., 1 Uebersichts-Karte (Plan) der Schlacht bei Tourcoin u. mehrern Beilagen. gr. 8. Ebd. 840. 3 ß

Ditfurth, Max. Frhr. v., die Hessen in den Feldzügen in der Champagne, am Maine und Rheine während der J. 1792, 1793 und 1794. Ein Beitrag zu deutscher, sowie ins Besondere zu hess. Kriegs-Geschichte. Aus Verf. Nachlasse hrsg. gr. 8. (XII, 456 S. mit Anlagen und 4 lithogr. Plänen.) Marburg 881. Elwert'sche Verlagsh.

Ditfurth, Max v., aus dem Leben des königl. bayer. Obersten Karl Frhrn. v. Ditfurth. Beitrag zur Geschichte der Kriege von 1792 bis 1809. gr. 8. (V und 122 S. mit 2 lithogr. Plänen in Fol.) Cassel 864, Krieger'sche Buchh. *

v. **Ditfurth, M.** Aus dem Leben des Kgl. bayerschen Obersten Karl Freiherr v. Ditfurth, 1792—1815. (V. 122) 8. Mit 2 Plän. Cassel 1864. 2,50.

— das kurhessische Leibgarde-Regiment. Eine geschichtliche Skizze. Mit einer (lith. u.) color. Taf. Aus Verfassers Nachlasse herausgegeben. gr. 8. (VII, 104 S.) Cassel 882. Klaunig. n. 2. 50

Ditfurth, Max Frhr. v., die Schlacht bei Borodino am 7. Septbr. 1812. Mit besond. Rücksicht auf die Theilnahme der deutschen Reiter-Contingente. Aus dem Nachlasse des Verf. hrsg. gr. 8. (VIII, 134 S. mit 3 Plänen und 5 Beilagen.) Marburg 887, Elwert's Verlag. *

Ditfurth, P., der Gylfenhof. Eine Erzählg. 8. (163 S.) Leipzig 895. A. Deichert Nachf. n. 2.40; geb. n.n. 3.20

— Sankt Katharinen. Eine Erzählg. 8. (240 S.) Ebd. 893. n. 2. 80; geb. n. 3. 60

Ditfurth, Thdr. v. Geschichte des Geschlechts von Ditfurth. 2 Thle. 4. Quedlinb., (Huch). * 15 —

1. Regesten u. Urkunden. Mit 1 Siegeltaf. (XV, 358 S.) 889. * 10 –.
2. Allgemeines. (XV, 146 S. m. 9 Lichtdr. Abbildgn. u. 1 farb. Wappentaf.) 892. * 5 –.

Ditfurth, Thrdr. v., Geschichte d. Geschlechts v. Ditfurth. 3. Thl. Chronik M. 23 Bildn., Ahnen- u. Stammtafeln. 4. (XV, 389 S.) Quedlinburg 894. (H. C. Huch.) n. 10. (1.–3.: n. 25.)

Zur Geschichte der Königlich Preußischen Ober-Rechnungskammer von Theodor v. **Ditfurth**. Mit 22 Abb. u. 1 Pl. Berlin: Reichsdr. 1909. III, 164 S. 4° [10. 1,04 2

Ditges. Die Feuerversicherung nach dem Entwurf eines Gesetzes über den Versicherungsvertrag. Jahresbericht des Vereins deutscher Papierfabrikanten für 1903/1904. Berlin 1904.

Ditges, Ant.

Ditges, A., der Bilderkreis der Kirche Groß St. Martin in Köln. 12. (40 S.) Köln 885, Theissing. *

Ditges, A., die Heiligen Pius' IX. Dargestellt für das kathol. Volk. 24. (32 S. m. Holzschn.-Portr. Pius' IX.) Köln 877. Bachem. — 20

— Hoch Pius IX.! Das Leben des hehren Jubelpapstes Pius IX. für das kathol. Volk. 2. Aufl. 32. (32 S. mit Holzschn.-Portr. Pius' IX.) Ebendas. 877.

— der heilige Petrus, der erste Papst. Für das kathol. Volk. 32. (32 S. mit Holzschn.-Portr. Pius' IX.) Ebendas. 877.

Ditges, Ant., Groß St. Martin in Köln. Eine Festschrift zur 7. Säcularfeier der Kirchweihe am 1. Mai 1872. gr. 8. (IV, 68 S. mit eingedr. Holzschn. und 1 Holzschntaf.) Köln und Neuß 872. Schwann's Verlag. *

— die Seligen Pius' IX. Dargestellt für das kathol. Volk. 32. (32 S. mit Holzschn.-Portr. Pius' IX.) Ebendas. 877.

Ditges, J., s. Ditges, Phil. Jak.

Ditges, Carl [app. Arzt aus Haus Noithausen, Reg.-Bez. Düsseldorf]: Beitrag zur Frage der Behandlung der carcinomatösen Gebärmutter durch Totalexstirpation und auf palliativem Wege ... *Strassburg, 1893;* 42 S. 8.
Strassburg, Med. Fak., Inaug.-Diss. v. 1893

Ditges, P. J.

Ditges: Nach dem peloponnesischen Kriege bis auf Philipp von Macedonien. 19 S. – Köln kth., Progr. 1868.

Ditges: Die epagogische oder induktorische Methode des Sokrates und der Begriff. 15 S.–Köln kth., Progr. 1864.

Ditges, Ph. Gedicht dem Höchstsel. Könige Friedr. Wilh. III. 2 S.
Progr. Neuß 1840

Ditges, Ph. Gedicht auf die Geburtsfeier Sr. Maj. des Königs. 3 S.
Progr. Neuß 1838

Ditges, Ph. Gedicht auf den Geburtstag Sr. Maj. des Königs. 3 S.
Progr. Neuß 1837

Ditges, Ph. Ueber antike Geschichtschreibung. 20 S.
Progr. Neuß 1839

Ditges, Ph. Ode auf den Geburtstag Sr. Maj. des Königs. 6 S.
Progr. Neuß 1836

Ditges, Phil.

Ditges: Einige Bemerkungen über den Unterricht im Griechischen. 18 S.– Köln kath., Progr. 1856.

Ditges, Phil.: Einige Bemerkungen über den Unterricht im Griechischen. 18 S. – Köln, kath. G., Progr. 1860.

Ditges, Phil. Ciceronis Catonem majorem sive de senectute dialogum juvenibus latinarum litterarum studiosis ad legendum commendat. 14 S.
Aachen, Progr. 1848

Ditges, Phil. Quae insunt in Iliade mitiora. 22 S.
Emmerich, Progr. 1851

Ditges, Phil.: Quae insunt in Iliade mitiora. 22 S. – Emmerich. Progr. 1851.

Ditges, Phil. Jak. Beziehungen der Reden über die Symmorieen, für Megalopolis und Rhodus und gegen Aristokrates auf die nationale antiphilippische Politik des Demosthenes. 13 S
Progr. Marz G. *Köln* 1878.

Vgl. des Verf. Philippische Reden des Demosthenes. (IV, 193 SS.) 8. Köln 1887, du Mont-Schauberg. 3 Mk 20 Pf.

Ditges, Phil. Jak., Hauptinhalt der Ilias und deren Einheit. Lex.-8. (33 S.) Köln 864, DuMont-Schauberg'sche Buchh. *

Ditges, Phil. J. De fati apud Herodotum ratione. 16 S.
Coblenz, Progr. 1842

Ditges, Phil. Iac., De fati apud Sophoclem ratione. Neuß 1835. Abhandlung im Jahresbericht über d. Kollegium daselbst.

Ditges, Phpp. Jak., Philippische Reden des Demosthenes. gr. 8. (V, 193 S.) Köln 887, Du Mont-Schauberg'sche Buchh. *

Zur Abänderung des Kranken-Versicherungsgesetzes. Im Auftr. d. Vorstandes verf. v. Gen.Sekr. Rudolf **Ditges**. Stettin 1900: F. Hessenland. (30 S.) 8° [Umschlagt. F.]
— **Veröffentlichungen** d. Vereins d. Industriellen Pommerns u. d. benachbarten Gebiete. No 2. [08. 14171 9

Die deutsche **Druckpapierindustrie**. Ein Beitrag z. Papierzollfrage. Nach Angaben d. Firma Kübler u. Niethammer in Kriebstein bearb. von Rudolf **Ditges**, Gen.Sekr. *Stettin 1901: F. Hessenland.* (31 S.) 8° [F.] [04. 1697

Die wirtschaftliche Entwickelung Deutschlands im Jahre 1900. Vortrag 1901 geh. v. Gen.Sekr. Rudolf **Ditges**. Stettin 1901: F. Hessenland. (21 S.) 8° [Umschlagt. F.]
— **Veröffentlichungen** d. Vereins d. Industriellen Pommerns u. d. benachbarten Gebiete. No 3. [08. 14172 9

Der Kampf um die Papierzölle. Materialien z. Beurtheilung d. Lage d. deutschen Papiererzeugung. Im Auftr. d. Vorstandes d. Ver. Deutscher Papierfabrikanten verf. vom Geschäftsführer Rudolf **Ditges**. *Berlin 1902: (Deutscher Verl.)* (92 S.) 4° [F.] [04. 1208

Die wirtschaftliche Lage und die Aufgaben des Vereins. Vortrag geh. 1900 zu Stettin durch Rudolf **Ditges**. (Stettin 1900: F. Hessenland.) (19 S.) 8° [Umschlagt. F.]
— [**Veröffentlichungen** d. Vereins d. Industriellen Pommerns u. d. benachbarten Gebiete. No 1.] [08. 14170 9

Dither von Isenburg, Erzbischof v. Maynz, eine Gesch. aus d. 15ten Jahrh. 2 Thle. 8. Maynz, Sartorius. (Hermann in Frankf.) 792.

Dithmar, s. a. Ditmar

Dithmar, ein Trauerspiel in 5 Aufzügen. Frankfurt und Leipzig 1771. V: *Zimmermann, Joseph Ignaz.* (Ky)

Dithmar, die landesmütterliche Fürsorge der Landgräfin Hedwig Sophie f. die Herrsch. Schmalkalden (1649—1683), s.: Warte-Bibliothek. Thüringer. 3. Hft.

Dithmar, G. Th., aus u. über Hans Wilhelm Kirchhoff. Zum Gedächtnis des Landgrafen Philipp des Grossmütigen, 300 Jahre nach seinem Tode. Marburg 867. Elwert. 4. (44 S.) 10 *ngr*

Dithmar, G. Th., aus der Vorzeit Marburgs u. seiner Umgegend. Denkwürdige Sagen u. Geschichten. gr. 8. (VIII, 104 S. m. e. Photogr.) Marburg 872. Braun. n. 1. —

Dithmar, G. Thdr., Beiträge zur Geschichte d. katechet. Unterrichts in Deutschland. Nebst Abdr. eines niederdeutschen Katechismus v. Lucas Lossius im J. 1545 m. geschichtl. Nachrichten über den Verf. u. dessen katechet. Schriften überhaupt. gr. 4. (45 S.) Marburg 848, Elwert. 1/2 *ß*

— Historienbuch. Bilder u. Denkmale der vaterländ. Vorzeit. Ein Lesebuch für Alt u. Jung. 8. (XVI u. 360 S.) Frankfurt a. M. 851, Brönner. n. 1 *ß*

Dithmar, G. Th., deutsches Historienbuch. Eine Sammlung von Erzählungen aus der deutschen Geschichte. 2., verm. Ausg. 8. (XIV und 510 S.) Frankfurt a. M. 860, Brönner. *

—— Schatzkästlein evangelischer Christen, bestehend aus Sprüchen der heil. Schrift und Worten Dr. Mart. Luthers. 8. (VI und 396 S.) Frankfurt a. M. 851, Brönner. *

Dithmar, H., Einleitung in die Geschichte der neuhochdeutschen Grammatik. Marburg 1862.
Progr.

Dithmar, H. H., Bemerkungen über die Beschaffenheit u. Anwendung der Ziegelfabrikate. Mit 1 Taf. Abbild. 8. Kiel 841, Bünsow. 5/8 *ß*

Dithmar, Justus Christoph

Dithmar, Just. Ch., Churmärk. Adelshistorie, od. Genealogie. m. K. Fol. Berlin, 737.

Dithmar, Just. Chrph.: **In succinctam deductionem jurium successionis serenissimae domui ac stirpi Palatinae Neoburgico-Solisbacensi in ducatus Juliae, Cliviae et Montium, comitatus Marchiae et Ravensbergae nec non dominium Ravenstein, ceterasque eorundem appertinentias . . . Manhemii nuper ed., breves animadversiones. Francofurti ad V. 1737.**

— **dissertat. academ. etc. 4. Lips. 737.**

Dithmar, Justus Christoph (Präs.), s. Dreger, Friedrich: Diss. de origine juris publici Germanici.

Dithmar, Just. Christ. Einleitung zum öconomischen-Cammer-Wissenschaften. 8°. Frankfurt, Conradi, 1732. 8°. Frankfurt, Kleib, 1746.

Dithmar, Justus Christoph: „Einleitung in die Oeconomische Policei- und Cameralwissenschaften, nebst Verzeichnis eines zu solchen Wissenschaften dienlichen Büchervorraths und ausführlichen Register". — Frankfurt a. d. Oder 1731, 1740, 1745, 1748, neue Auflagen von Daniel Gottfried Schreber 1755 und 1769. — Vorh.: Ausgabe 1731 Preußische Staatsbibliothek Berlin. — Signatur Fe 1479; Ausgabe 1740 UB Breslau. — Signatur Camer. I / Oct. 103 b; Ausgabe 1745 Preußische Staatsbibliothek Berlin. — Signatur Fe 1481; Ausgabe 1769 Preussische Staatsbibliothek Berlin. — Signatur Fe 1784.

Dithmar, Just. Chrph.: **Einleitung** in die öconomischen, Policey- u. Cameral-Wissenschaften. Mit neuen Anm. . . . verm. von Dan. Gottfr. Schreber. 6. Aufl. Frankfurt a. d. O. 1769.

Dithmar, Just. Chr., Einleit. in die ökonom. Polizei- u. Cameralwissenschaft. 8. Frankf. 769. Acad. B. 8 K

Dithmar, Just. Chrph.: Historischer Entwurff der alten und neuen Chur-Märckischen Land-Rechte und Gerichte, zu mehrerer Erklärung in einem Collegio darüber. Franckfurth a. d. O. 1735.

Dithmar, Justus Christoph: „Entwurf der Königlich Preussischen und Chur-Brandenburgischen Staatswissenschaft zu mehrerer Erklärung der darüber zu haltenden Lectionen", 2. verb. Auflage Frankfurt a. d. O. 1750 (bei Johann Christian Kleyh). — Vorh.: UB Bonn — Kd. 137.

Dithmar, Just. Christoph. Oekonomische Fama von allerhand zu den ökonomischen, Polizei- u. Cameral-Wissenschaften gehörigen Büchern, auserlesenen Materien, nützlichen Erfindungen, Projecten, Bedencken und andern dergleichen Sachen handelnd. 10 Hefte. Frankfurt a. M. 1729 ff. 8°. Frankfurt a. M. 1746. 2. Aufl. Ibid. 1749.

— **ökonomische Fama, 10 Thle n. Regist. 8. Frankf. Acad. Buchhdl. 743.**

Dithmar, Justus Christoph. Geschichte des Ritterlichen Johanniter-Orden ... worinn des am VII. April dieses Jahrs gehaltenen Ritter-Schlags Solennitaeten Verzeichniss der investirten Ritter und derselben Stamm-Wappen wie auch Ursprung des Ritterschlagens u. Ritterlichen Orden Anmerckungen von Ordens-Creutz Herrn Abt de Vertot ins Teutsche übersetzte Dissertation vom alten und neuen Gouvernement des Johanniter-Ordens enthalten und beschrieben. Franckfurth an der Oder, Bey Johann Gottfried Conradi 1728.
Tit., 6 Bl., 96 S., 3 Bl.: 12 Taf. in Kupferst. 8°.

Dithmar, J. C., Historia comitatus Teistorbund. Cum tab. geneal. Francofurti ad Viadr. 1716. 4.

—

Dithmar, Just. Chrph.: Cap. 50 des Richt Steiges des sächsischen Land Rechts. Von der Adpellation in der Marck. In die neuere Mundart der Hochteutschen Sprache übers. u. mit einigen geringen Anm. begleitet. [Hs. Übers. von J. F. Ludovici, Einleitung zum Lehns-Prozeß, Anh. S. 60 ff.] o. O. u. J. fol.

Dithmar, Justus Christoph. Justus Christoph Dithmars ... Nachrichten von dem ... Englischen Kriegs- und Ritterorden des Bades, Worinn desselben Ursprung ... erkläret, Und Der ... Ritter Namen, Titel und Wapenschilder ... dargestellet werden. Nebst den Gesetzen dieses Ordens. Aus dem Lateinischen und Englischen übersetzt ... Frankfurt an der Oder, Verlegts Johann Gottfried Conradi 1744.
Titelkupfer, Tit., 7 Bl., 16 + 28 S. m. 3 Kupferst., 1 Holzschn., 20 Taf. in Kupferst. m. 145 Wappen. 4°.
Latein. Original: Commentatio de honoratissimo ordine militari de Balneo 1729.

— Nachr. v. d. engl. Ritterord. d. Bades. m. K. Fol. Frankf. Acad. Buchhdl. 744.

— Nachrichten von d. Meistern des Johanniter-Ord. ꝛc. 4. Ebend. 740.

Dithmar, J. Chr. Commentatio de honoratissimo ordine militari de Balneo [Bath.] Francof. ad Viadr. 1729.

— comment. de ordine milit. de Balneo, c. fig. fol. Francof. Strauss. 729.

Elisabeth, Landgräfin von Thüringen u. Hessen, die Heilige. Von Karl **Dithmar**, Pfarrer. Eschwege: Verein f. hess. Geschichte, Zweigver. Eschwege 1908. (28 S.) 8° 108. 14699 4

Dithmar, L. J.

— **Chronicon. Ad fidem Codicis, qui in tabulario regio Dresdae servatur, denuo recens. J. F. Ursinii, J. F. A. Kinderlingii et A. C. Wedekindi passim et suas adj. not. Jh. A. Wagner. 4 maj. Nürnb. 807. Lechner; (v. Ebner).** 3 ℛ 8 gr Schrbp. 4 ℛ 12 gr

Dithmar, L. J., älteste deutsche Chronik; nebst dessen Lebensbeschreibung. Aus d. Latein. übers. u. mit Anmerkk. erläutert von J. F. Ursinus. Mit 1 Portr. gr. 8. Dresden 790. Walther. 1 ℛ 20 gr

Dithmar, L. J., Bischof zu Merseb., Chronik in acht Büchern ꝛc. a. d. Lat. v. Ursinus. gr. 8. Dresd. Walther. 790.

Dithmar, Th., Hessen-Nassau, s.: Verhältnisse, d. geschlechtl.-sittl., d. evang. Landbewohner i. Deutschen Reiche.

Dithmar, Past. Th., D. geschlechtl.-sittl. Verhältnisse d. ev. Landbewohner in d. Prov. Hessen-Nassau. (68 S.) Hann.-Münden 1896. R. Werther. 1.20

Dithmar, Theodor Jakob, s. a. Ditmar

— Beschr. Egyptens, s. d'Anville Handb. 2r Thl. 2r.

— Gesch. d. Israeliten bis auf d. Cyrus ꝛc. 8. Berl. Maurer. 788.

Dithmar, Th. Jac., Lehrb. der Gesch. f. d. jungen Adel ꝛc. 8. Berlin, Matzdorf. 791. Rthlr. Schreibp.

Dithmar, Th. Jac., Nachr. von d. Zust. Canaans, Arab. u. Mesopotam. 8. Küstr. Oehmigke. (Müller in Berl.) 786.

— üb. das Vaterland d. Chaldäer. 8. Berlin, Matzdorf. 790.

*** Dithmar, T. J., von d. kaukasischen Völkern der mythischen Zeit. gr. 8. Berl. Maurer. 789.**

Dithmarschen [Schlagwort]

Dithmarschen. Hansen's, Max, Karte v. Dithmarschen. (Umschlag: Neue Heimatskarte von Dithmarschen.) 1:125,000. 50×37,5 cm. Lith. Meldorf (900). M. Hansen. n. —50; Ausg. in Farbdr. n. 1.—; auf Leinw. n. 1.50

Dithmarschen's unantastbare Zollfreiheit, in rechtlicher, ethischer u. politischer Hinsicht. gr. 8. (Hamburg 836. Perthes, Besser u. Mauke.) n. 1/6 ℛ — Anhang dazu. 1837. n. 1/3 ℛ

Dithmer, Hans Heinrich

Dithmer, H. H., Bemerkungen üb. d. Beschaffenheit u. Anwend. d. Ziegelfabricate, mit Beziehung auf d. aufzuführ. Gebäude, nach vieljähr. Beobachtn. u. Erfahrn. niedergeschrieben. Versehen mit Verzeichnissen verschied. Ziegelfabricate, wie auch einigen Skizzen üb. mehr. Gegenstände aus gebranntem Thon. 8. (2½ B. u. 1 z. Thl. col. Stnt.) gr. Fol. Flensburg 840. (Kiel, Bünsow.)

Dithmer, Heinrich Clemens (Lüneburg), Commentatio de baccalaureis. Viro Ludolph Bernhard Kemna (Lüneburg) summos in philos. honores gratul. Lpz. (Langenheim) 20. II. 1738. 16 S. (4.50) 6590

Dithmer, *Paul* Leo [pr. Arzt aus Schwerte a. d. Ruhr]: Zur Aetiologie und Therapie der Rachitis ... Schwerte, Druck v. C. Saatmann, 1895; 23 S., 1 Bl. 8.
Bonn, Med. Fak., Inaug.-Diss. v. [2. Febr.] 1895

Dithyramben. Berlin 1763. 2. Aufl. Berlin 1766. V: *Willamow, Joh. Gottlieb.* (GGr) (EE) (Ky)

Dithyramben, 8. Berl. 763. Birnstiel. 6 gr

Dithyramben, nordische, (Champagnervinet af Thorild, Franzen och Atterbom. — Schwed. u. Deutsch,) übers. v. Gtli. Mohnike. gr. 8. (1½ B.) Stralsund 830, Trinius.

—— dass. — (Deutsch u. Schwed.) gr. 8. (1½ B.) Stralsund 830, Trinius.

Ditisheim, Max, med. pract. von Niederdorf '(Baselland)', in Binningen '(Baselland)': Ueber Morbus Basedowii. Basel Schweiz. Verlags-Dr. Dr. 1895. 92 S., 3 Taf. 8°.
Zürich, Med. Diss. [v. 26. April 1895].

Ditki, A., Grundriß d. christkathol. Glaubenslehre. Zunächst z. Gebr. f. die obern Klassen d. Gymnasien. I. Thl. 8. (7 B.) Königsberg 842, Gebr. Bornträger.

Ditki, Ant. Alb.

Ditki, A. A. De Ammiano Marcellino (ob Amm. Christ oder Heide gewesen). 10 S.
Progr, Rössel 1841

Ditki, Ant. Alb. Einige Bemerkungen über Progymnasien und deren Verhältniß zu den Gymnasien. 4 S.
Rössel, Progr. 1844

(Ditki, A. A.) Notizen über d. ehemalige Augustinerkloster in Rössel. (Ein Beitrag zur Gesch. des Königl. Progymnas. daselbst.) 121 S.
Progr. Rössel 1841

Ditki, Ant. Alb. Notizen über das ehemalige Augustinerkloster in Rössel. Forts. 16 S. — Forts. 34 S.
Rössel, Progr. 1842, 1845

Ditki, A. A. De sermone evangelii secund. Matth. authentico. 28 S.
Progr. Rössel 1837

Ditko, Anton (Hrsg.), s. Harmonia sacra.

Ditl, J., die Heilquellen von Iwonicz in Galizien im Sanokerkreise. 8. (65 S.) Krakau 860, Selbstverlag. *

Ditlevsen A.: Studien an Oligochäten. Leipz. 1904. (83) S. 3 Tvl. (Särtr.).

Ditlevsen, Wilh., Antrittspredigt über 2. Tim. 1, 9—12, geh. bei seiner Amtsweihe u. Amtseinführg. am Dienstag nach Quasimodogeniti, den 24. IV. 1906, in der St. Michaelis-Kirche zu Hamburg. (26 S.) 8. Hamburg 906. Herold. n. —50

Ditlevsen, Wilh., das Alte Testament als Zeugnis v. der vorchristlichen Offenbarungsreligion. Eine Übersicht üb. die wichtigsten Fragen der alttestamentl. Wissenschaft als Handreichg. f. Bibelfreunde. 3 Vorträge. (VIII, 135 S.) gr. 8. Braunschweig 911. H. Wollermann. 1.50

Ditmar, s. a. **Dithmar.**

Ditmar, s. a. Dittmar

*, Ditmar von Aarenstein, od. die Rächer in d. Todtenhalle. Szenen aus d. wahren Geschichte entlehnt, von Ludwig Dellarosa. 2 Thle. 8. Krems. (Leipz. Schmidt.) 804.

Ditmar von Bromsdorf, oder das Mooswelbchen. Histor.-romant. Erzählung aus d. Anfang d. 13. Jahrh., von d. Verfasser d. Novantiken. 8. Weimar 834. Gräbner; (jetzt Hennings u. Hopf.) ½ ℛ

Ditmar v. Cromsdorf, od. d. Moosweibchen. Histor.-romant. Erzähl. a. d. Anfang d. 13. Jahrh. v. d. Verf. d. „Novantiken." 8. (7½ B.) Weimar 834, Gräbner.

Ditmar, C. von, Ueber die Eismulden im östlichen Sibirien.

Ditmar, C. v., Ueber die Koräken und die ihnen sehr nahe verwandten Tschuktschen. 1855.

– Ein Paar erläuternde Worte zur geognostischen Karte Kamtschatka's.

Samml. neuerer Mecklenb.-Schwerin. Gesetze u. andrer auf d. Rechtsgel. Bezug hab. Urkunden; hrsg. v. C. Pt. F. DITMAR. 1. Bd. 9 Hfte. *Rostock*. Verf. 811—20. 4.

Ditmar, C., die Protestationen im Hypothekenbuche nach Preuß. Recht. Mit einem Anh.: Ueber die Wirkungen des Arrestes unter mehreren Gläubigern. 8. (94 S.) Berlin 850, C. Heymann. 12 gr.

Ditmar, Fr. Cr., († d. 9. Juli 1819.) Anweis. zu e. rechtsbeständ. Führung anvertrauter Vormundschaften u. Curatelen, vorzügl. nach Rostock. Rechten. 8. Rostock 784.

— erstes Supplement zu Spaldings Repertor. d. Mecklenb. Rechts. 4. Rostock 786. Zweites Suppl.; nebst Annal-Register rc. 4. Ebd. 789.

Ditmar, J. C., in Fl. Josephi testimonium de Christo. Fcft. ad V. 1715. 4.

Ditmar, Jac. Fr., s.a. Dittmar

*Ditmar, Jac. Fr., comment. I. (diss. historica philos.) de daemonibus eorumque existentia, natura atque operationibus. Helmst. 719. 4.

Ditmar, Jac. F. (pr. Chr. Breitenbauch) de Daemonibus eorumque existentia, natura atque operationibus. Helmst. 719. 4.

*Ditmar, Jac. Fr., comment. II. de existentia daemonum. Helmst. 722. 4

DITMAR, K. F. Wald.: De nomine, aetate, studiis ac scriptis Gaji. Spec. I. *Lpz.*, Tauchnitz. 820. gr. 8. (20 Gr.)

– Dass., s.a. Dittmar, G. A. H.

Ditmar, Karl von

Ditmar, K. v., Reisen u. Abenteuer in Kamtschatka, s.a. Beiträge z. Kenntniss d. Russ. Reiches. 8. Bd.

Ditmar, K. v., Reisen u. Aufenthalt in Kamtschatka in den J. 1851—1855, s.a. Beiträge zur Kenntniss d. Russischen Reiches u. der angrenzenden Länder Asiens.

von Ditmar, Karl: Reisen und Aufenthalt in Kamtschatka in den Jahren 1851—1855. Th. 1. Historischer Bericht nach den Tagebüchern. Mit einem Titelbilde, 2 Karten and 32 Holzschnitten im Text. (Beiträge zur Kenntniss des russischen Reiches und der angrenzenden Länder Asiens. Dritte Folge. Bd. 7.) St. Petersburg 1890 X, 867 S. 8°.

von Ditmar, Karl: Reisen und Aufenthalt in Kamschatka in den Jahren 1851—1855. Th. 2. Allgemeines über Kamschatka. Erste Abtheilung. St. Petersburg 1900. VI 275 S. 8°.

Ditmar, L. P. F., Die Pilze Deutschlands. II. 1—4. Nürnberg 1813—17. 12.

Ditmar, L. P. F.: Systematische Übersicht der mineralogisch-einfachen Mecklenburgischen Fossilien, s. Siemssen, A. C.

Ditmar, R., Rüböl und Petroleum mit Rücksicht auf ihre Leistungsfähigkeit. gr. 8. (37 S.) Wien 868, Gerold's Sohn. *

Ditmar, Rudolf

Ditmar, Rud., die Analyse des Kautschuks, der Guttapercha, Balata u. ihrer Zusätze, m. Einschluss der Chemie der genannten Stoffe. (VIII, 288 S. m. 42 Abbildgn. u. 4 Taf.) gr. 8. Wien 909. A. Hartleben. 10.—; geb. 12. —

— Über eine Aufspaltung des Kautschukkolloidmoleküls und Umwandlung in einen zyklischen Kohlenwasserstoff. 1. Mitteilung. S. 113. IIb. 88 . . . . vgr.
Separatabdruck

— Gummireifen, s.: Pearson, Henry.

Ditmar Rudolf: Über Methylglucoside und andere Derivate des Milchzuckers. S. 111. IIb. 685 . . . . vgr.
Separatabdruck

Ditmar, Rud., s.: Zeitschrift f. Chemie u. Industrie der Kolloide.

— der pyrogene Zerfall des Kautschuks. Aeltere u. neuere Studien üb. die Produkte der trockenen Destillation des Kautschuks. (41 S.) 8. Dresden 904. Steinkopff & Springer. n. 1. —

Ditmar, Theodor Jakob, s. a. Dithmar.

— Beschreibung d. alten Egyptens, s. Handbuch d. alten Erdbeschreibung.

— Geschichte d. Israeliten bis auf den Cyrus. Nebst e. Anhange, d. d. alte Geschichte d. Assyrer, Meder, Babylonier rc. enthält. 8. Berl. 788. Maurersche B. 1 ℛ 4 gr.

Ditmar, Theodor Jakob: Handbuch der alten Erdbeschreibung.
s. Hummel, Bernhard Friedrich

— Lehrbuch d. Geschichte für d. jungen Adel. 8. Berl. 791. Hahn in Hannov. 1 ℛ 12 gr.

Ditmar, Th. Jac., Commentatio de methodo, qua historia universalis doceri queat. Berol. 779. 4.

Ditmar, Thdr. Jak., († d. 7. Juli 1791.) Nachricht von dem Zustande Canaans, Arabiens u. Mesopotam. 8. Küstrin 786. Oehmigke. 6 gr.

Ditmar, Theodor Jakob, Ueber das Vaterland der Chaldäer. Berlin 1786.

— über d. Vaterland d. Chaldäer u. Phönizier. 8. Berl. 789. 2e verm. Aufl. 8. Ebd. 790. Matzdorf. 6 gr.

— von den kaukasischen Völkern der mythischen Zeit. gr. 8. Berl. 789. Maurersche B. 7 gr.

Ditmar, Wilhelm

Ditmar, W., die preuß. Branntweinsteuer. 2 Hfte. System d. Vorschriften üb. dieselbe. — Sammlung d. Gesetze u. Verordnungen. Für Steuerbeamte, Juristen u. Gewerbetreibende. 1. Aufl. (21 B.) u. 2., umgearb. Ausg. gr. 8. (25 B.) Köln 846. (Bachem.) *

W. Ditmar, Die preuß. Braumalzsteuer. Köln, 1852. 2 Hefte.

— Handbuch über die Preuß. Branntweinsteuer für Steuerbeamte, Juristen u. Gewerbtreibende. 2 Hefte. System der Vorschriften. — Sammlung der Gesetze u. Verordnungen. 1. u. 2. umgearb. u. verm. Aufl. gr. 8. Köln 846, Bachem. n. 1⅓ ℛ

Ditmar, W., Handbuch über die preußische Branntweinsteuer. [3. Aufl.] Posen 865. Rehfeld in Komm. gr. 8. (VIII, 274 S.) n. 1 ℛ 10 ngr.

Ditmar, W., Handbuch üb. die Ein-, Aus- u. Durchgangsabgaben d. deutschen Zoll- u. Handelsvereines m. besond. Bezugnahme auf die Preuß. Gesetzgebung. 2. Thl. (2 Abthlgn.) A. u. d. T.: Sammlung der f. das Königr. Preußen üb. Ein-, Aus- u. Durchgangszoll ergangenen, noch anwendbaren Gesetze, Verordnungen u. Verträge. Nebst vollständ. alphabet. Repertorio. gr. 8. (860 u. XL S.) Köln 847. 48, Bachem in Comm. n. 2⅔ ℛ (Der 1. Bd. ist noch nicht erschienen.)

Ditmar, W., Handbuch über das Strafrecht und das Strafverfahren die Zoll-, Steuer- und Kommunikationsabgabe-Vergehen betr. gr. 8. (XI und 224 S.) Posen 866, (Rehfeld.) *

Ditmar, W., Handbuch über die Zollgesetzgebung, so wie die Zoll- und Handels-Verträge des deutschen Zoll- u. Handelsvereins. Posen 858. (Berlin, Mittler u. Sohn.) gr. 8. (XV, 337 S.) n. 1 ℛ 20 ngr.

W. Ditmar, Sammlung der für das Königreich Preußen über Ein-, Aus- und Durchgangs-Zoll ergangenen, noch anwendbaren Gesetze, Verordnungen und Verträge. Nebst vollständigem alphabet. Repertorio. Köln, 1847—48. (860 u. XL. S.)

—— das Staatskassen- u. Rechnungswesen. gr. 8. (8⁵/₈ B.) Köln 844, J. u. W. Boisserée. –
Vgl. Dittmar.

Ditmar, W. Die preussische Tabakssteuer. 2 Hefte. gr. 8⁰. Köln 1852.

Ditmar, Wilhelm, Referendar: Wie gestalten sich Erwerb, Verlust und Ausübung des Besitzes bei nicht vollkommen Geschäftsfähigen und juristischen Personen? (Nach römischem Rechte u. BGB.) *Rostock 1903: C. Hinstorff.* (135 S.) 8°
Rostock, Jur. Diss. v. [25. Aug.] 1903

—— der deutsche Zollverein. Ein Handbuch für Zoll- und Steuerbeamte, Kaufleute und Gewerbtreibende. 2., durchaus umgearb. Aufl. 2 Bde. gr. 8. Leipzig, Brockhaus. *
Inhalt:
Bd. 1. Geschichte und Organisation des Zollvereins. (XV und 265 S.) 867. * 1 Thlr. 20 Ngr.
" 2. Die Gesetze, Verordnungen und Verträge. (XXIV und 490 S.) 868. * 2 Thlr. 20 Ngr.

Ditmar, Woldem. Karl Fr.

— De praecipuis fontibus juris provincialis Livonici campestris. Auch u. d. T.: Observationes generales in Livonicas leges domesticas et receptas peregrinas. 8. Dorpat 818.

— Gegenbemerkung auf eine Bemerkung von H. Prof. Fr. Rühs. (Aus d. Heidelb. Jahrb. abgedr.) gr. 8. Ebd. 817. 2 gl

v. Ditmar, Woldem. Karl Fr., († d. 12. Novbr. 1826.) commentatio juridica ad legis Atiniae de rerum furtivarum usucapione, histor. et interpretationem et observationes continens. 8 maj. Heidelb. 818. Mohr. 8 gl

— s. A. v. Löwis, d. Gegend um Heidelberg.

— Disquisitio de origine nominis Livoniae, historiae Livonorum prodomus. 8 maj. Ibid. 817. 12 gl

Ditmarsch, E., Gesammte Kindergarderobe; Knaben-Bekleidung; Mädchen-Bekleidung, s.: Klemm, H.

Ditmarschen. gr. 8. Lith. Kiel 847, Akad. Buchh. n. 3 ngr

Ditmarschen, Die Holsteinischen Elbmarschen, Kiel u. Rendsburg. Die Seen Wagriens. Kiel, akad. Buchh. 4 Bl.

Die Landschaft **Ditmarsen.** Nr. 299. [ca. 1 : 310000.] o. O. u. J. Kupferstich, kol. 1 Bl. 4°, 28,37 cm.
1791 von J. Albrecht in Wien gestochen.

Ditmer, R. (Hrsg.), s. Kolloid-Zeitschrift.

†Dito und †Idem [Elisabeth, Königin von Rumänien und Mite Kremnitz], s.a. †Carmen Sylva.

— s.a. Kremnitz, M.

— s.a. Sylva, Carmen.

Dito u. Idem (Königin Elisabeth v. Rumänien u. Mite Kremnitz), Astra. Roman. 3. Aufl. [3. Tausend.] 8. (385 S.) Bonn 887. Strauß Verl. n. 6. —; geb. n. 7. —

— — Feldpost. Roman. 2. Aufl. [2. Tausend.] 8. (432 S.) Ebd. 887. n. 6. —; geb. n. 7. —

— — in der Irre. Novellen. 1.—3. Aufl. 8. (371 S.) Ebd. 888—890. n. 5. —; geb. n. 6. —

Dito und Idem. [Elisabeth, Königin v. Rumänien u. Mite Kremnitz], s.a. Rache u. and. Nov.

— — Rache u. andere Novellen. 1. u. 2. Aufl. 8. (336 S.) Ebd. 889. n. 5. —; geb. n. 6. —

— — aus zwei Welten. 3. Aufl. 8. (360 S.) Ebd. 888. geb. n. 7. —

Dits, Schrutek und Lenk von Treuenfeld. Die Lehre der Situations-Zeichnung, zum Gebrauche für Anfänger. Mit Plänen. (1 Bd. Text in 8. u. 1 Atlas in Fol.) Wr. Neustadt 1837.

Ditsch, Straßburger, in 4 Jahrhunderten, s.: Volksschriften, elsässische. 59. Hft.

Matthias Eberhard, Bischof von Trier, im Kulturkampf. Von Dr. Ägidius **Ditscheid**, Domkapitular zu Trier. *Trier: Paulinus-Dr. 1900.* (VI, 144 S.) 8° [F.] [ov. 138]

Ditscheid, Hermann: Alkuins Leben und Bedeutung für den religiösen Unterricht. (T. 1.) *Coblenz 1902: Görres-Druckerei.* (19 S.) 4°
Coblenz, Kaiserin Augusta-G, OP 1902 (483)

Ditscheid, Hermann, Dr.: Alkuins Leben und Bedeutung für den religiösen Unterricht. T. 2. *Coblenz 1903: Görres-Druckerei.* (S. 23—40.) 4° ¶ (Forts. d. P-Beil. 1902.)
Coblenz, Kaiserin Augusta-G, P 1903 (498)

Ditscheiner, Joseph Alois

— leichtfaßliche Anleitung, alle im bürgerl. Leben vorkomm. Privat- u. Geschäfts-Aufsätze, ohne Beihülfe eines Andern verfassen zu lernen. Durch viele Formulare u. Beispiele erläutert. gr. 8. Ebend. 841. ²/₃ ℛ

Ditscheiner, Jos. Alois, prakt. Anleitung z. gründl. Kenntniß d. österreich. Wechselrechtes u. Wechselgeschäftes in seiner ganzen Ausdehnung. 1. Aufl. (7⁷/₈ B.) 843. 20 Ngr. u. 2., verm. u. verb. Aufl., in welche d. ungar. Wechselgesetz u. ital. Wechselrecht aufgenommen worden ist. gr. 8. (24¹/₄ B.) Wien 845, Singer u. Göring.

— prakt. Anleitung zur Kenntniß des österr. Wechselrechts u. Wechselgeschäftes in seiner ganzen Ausdehnung nach den österr. Wechselgesetzen u. kaufmänn. Wechsel-Usancen. gr. 8. Ebend. 843. ²/₃ ℛ — 2. verm. u. verb. Aufl., in welche das ungar. Wechselgesetz u. italien. Wechselrecht aufgenommen werden ist. gr. 8. Ebend. 845. 1⁵/₆ ℛ
Teilabdr. aus: Neuestes u. vollständigstes österr. Universal-National-Handbuch für den prakt. Lebensverkehr.

—— neuestes wiener Börsenbuch f. Staatspapier- u. Actien-Besitzer, Börsen-Speculanten u. Kapitalisten. Eine gründl. Anleitung z. Kenntniß sämmtl. in- u. ausländ. Staatspapiere, Bank- u. sonst. Actien, sowie des Effecten-Handels u. d. Börsen-Geschäfte. gr. 8. (27¹/₂ B.) Pesth 846. [Leipzig, Händel.]

Ditscheiner, Jos. Alois, neuestes Wiener Börsenbuch für Staatspapier- u. Actien-Besitzer, Börse-Speculanten u. Kapitalisten. Eine gründl. Anleitung zur Kenntniß sämmtl. in- und ausländ. Staatspapiere, Bank- u. sonst. Actien, sowie des Effecten-Handels u. der Börsen-Geschäfte. gr. 8. Pesth 846, Verlags-Magazin. 1¹/₆ ℛ

Ditscheiner, Joh. Alois, der Wiener Freiheitskampf, od. ausführl. Geschichte der ereignißvollen 8 Tage in Wien vom 12. bis 19. März 1848. Eine wahrheitsgetreue unparteiische Erzählg. aller Vorgänge während der großen Woche, nach den Mittheilgn. v. Augenzeugen. Mit sämmtl. Proclamationen, Publicationen u. gesetzl. Anordnungen, dann den gehalt. Reden. Zusammengestellt u. durch eigene Wahrnehmung ergänzt. 2. Aufl. gr. 8. (132 S.) Leipzig 848, Liebeskind in Comm. ¹/₂ ℛ

— neue wiener Handels-Schule oder Unterricht in den kaufmänn. Grundwissenschaften: Correspondenz, Aufsatzlehre, Rechenkunst, Münz-, Maaß- und Gewichtskunde und Buchhaltung, mit eingeschaltetem Wechsel-, Handels- und Seerechte und der neuen allgem. deutschen Wechselordnung. Ein encyklopäd. Comptoir-Handbuch zur Selbstbelehrung. 1. und 2. Bd. Lex.-8. Pesth 849, Heckenast. (Leipzig, G. Wigand.) *

Bd. 1. Systemat. Unterricht in der gesammten Correspondenz-Wissenschaft. (X und 286 S.)

» 2. Vollständ. Handbuch der Merkantil-Stylistik, oder kaufmänn. Aufsatzlehre. (VIII und 284 S.)

— dass. — 3. Bd. A. u. d. T.: Vollständiges Lehrbuch der kaufmänn. Arithmetik für Praktiker und Ungeübte. Eine gründl. gemeinfaßl. Anleitung zur Schnell-Rechenkunst, mit vielen in der Geschäftspraxis bewährten, leicht anwendbaren Rechnungs-Vortheilen und Abkürzungen. Lex.-8. (XVI und 412 S.) Ebds. 850. *

Ditscheiner, Jos. Alois, neue wiener Handels-Schule, oder Unterricht in den kaufmänn. Grundwissenschaften. Ein encyklopäd. Comptoir-Handbuch zur Selbstbelehrung. 4. Bd. 1. Thl. A. u. d. T.: Praktisches Lehrbuch der höheren Merkantil-Arithmetik für Bank-, Börsen- und Waaren-Geschäfte, nach den neuesten Münz-, Maaß- und Gewichts-Systemen. Enthaltend die Wechsel-, Fondspapiere und Waaren-Rechnungen, mit den erklärten Kurszetteln der wichtigsten Handelsplätze, und nahe an 1000 Aufgaben über alle Fälle des höheren kaufmänn. Verkehrs. Lex.-8. (VIII und 408 S.) Pesth 852, Heckenast's Verlag. Thlr. *

1—3. Bd. Ebendas. 1849—50. * 4 Thlr.

Ditscheiner, Jos. Alois, neue wiener Handels-Schule rc. 6. Bd.: Höhere Buchhaltungs-Wissenschaft. A. u. d. T.: Umfassender Unterricht in der doppelten Buchhaltung mit Rücksicht auf ihre Anwendung bei allen Geschäftszweigen, nebst prakt. Erörterungen selten vorkommender und schwieriger Buchungsfälle, dann dem Salda-Contisten, enthaltend eine kurzgefaßte, jedoch gründliche Anleitung zur zweckmäßigsten Einrichtung und Führung des Salda-Conti, nach allen in der Comptoir-Praxis üblichen Methoden, ohne und mit Zinsen, in einheimischen sowohl als fremden Valuten. Lex.-8. (XII und 408 S.) Pesth 855, Heckenast's Verlag. *

— dass. — 1. Bd. 2., umgearb. und verb. Aufl. A. u. d. T.: Systematischer Unterricht in der gesammten Correspondenz-Wissenschaft. Mit eingeflochtenem Handels-, Wechsel- und Seerechte und einem erklärendem Handwörterbuche der Kaufmanns-Sprache, dann Musterbriefen nach den besten Schriftstellern und Original-Concepten aus eigener Geschäfts-Praxis rc. 2., umgearb. und verb. Aufl. Lex.-8. (XIV und 386 S.) Ebds. 854. *

Ditscheiner, Joseph Alois —. Neue Wiener Handelsschule, oder: Unterricht in den kaufmännischen Grundwissenschaften: Korrespondenz, Aufsatzlehre, Rechenkunst, Münz-, Maß- und Gewichtskunde und Buchhaltung, mit eingeschaltetem Wechsel-, Handels- und Seerechte. Ein encyclopädisches Komptoir-Handbuch zur Selbstbelehrung für Komptoiristen, Kommis, Praktikanten, Lehrlinge und Alle die sich zu tüchtigen Kaufleuten bilden wollen. Von — —. 2. Band: Vollständiges Handbuch der Merkantil-Stylistik oder kaufmännische Aufsatzlehre in allen ihren Formen und Beziehungen, wie sie das praktische Bedürfniß im Geschäftsverkehre erfordert. Enthaltend: Eine gründliche Anleitung zur Selbstverfassung der verschiedenen im kaufmännischen Berufe vorkommenden schriftlichen Aussertigungen, als: Empfangscheine, Quittungen, Beipack-, Ausfolge-, Zinsen-, Amortisations-, Pfand- und Verwahrungsscheine; Reverse, Cessionen, Aufkündigungen und Zeugnisse über Personen oder Thatsachen; Parere, Frachtbriefe, Konnoissemente und Mauth-Deklarationen; Verträge oder Kontrakte aller Art, Kompromisse, Vergleiche, Accorde, und Kurrenden; Bittschriften, Vorstellungen und Beschwerden in Handels-Angelegenheiten; Wechselbriefe, Anweisungen, Accreditive, Platztratten, Billets und Bons; Facturen, Ein-, Verkaufs- und Platzrechnungen, Conti-finti, Inventarien, Bilanzen und Konto-Korrente, Retour- und Spesenrechnungen, Schiffsmanifeste und Speditionslisten, Preis-Kourante und Kurszettel, nebst beigefügten gesetzlichen Bestimmungen, somit zugleich ein praktischer Koder des Handels-, Wechsel- und Seerechtes. Nebst einer reichhaltigen Sammlung von mehr als 500 Aufsatz-Formularien und Beispielen, die in allen Fällen als Muster dienen können. Für Lehrlinge, Praktikanten, Kommis und Komptoiristen. Dem fortschreitenden Zeitgeiste angemessen bearbeitet von — —. 2., viel vermehrte und verbesserte Auflage. 8. (XII, 358 S.) Wien. 1854. Druck von Edl. v. Schmidbauer und Holzwarth. Pesth. Verlag von Gustav Heckenast.

Ditscheiner, Josef Alois —. Neue Wiener Handelsschule, oder Unterricht in den kaufmännischen Grundwissenschaften: Korrespondenz, Aufsatzlehre, Rechenkunst, Münz-, Maß- und Gewichtskunde und Buchhaltung, mit eingeschaltetem Wechsel-, Handels- und Seerechte. III. Band. Vollständiges Lehrbuch der kaufmännischen Arithmetik. Eine gründliche, gemeinfaßliche Anleitung zur Schnell-Rechenkunst mit vielen Vortheilen und Abkürzungen. Nebst einer gedrängten Münz-, Maß- und Gewichtskunde. Von — — Zweite verbesserte und vielvermehrte Auflage. Pesth, 1855. Druck von Edlen v. Schmidbauer und Holzwarth. Verlag von Gustav Heckenast. (XVI. 367 S. 4.

Ditscheiner, Jos. Alois —. Neue Wiener Handelsschule oder Unterricht in den kaufmännischen Grundwissenschaften: Korrespondenz, Aufsatzlehre, Rechenkunst, Münz-, Maß- und Gewichtskunde und Buchhaltung mit eingeschaltetem Wechsel-, Handels- und Seerechte rc. V. Bd. unter dem besonderen Titel: Vollständiges Lehrbuch der einfachen Buchhaltung für Groß- und Kleinhandlungen rc. rc. nach einer neuen kontrolirenden Methode. Nebst einer Anleitung zur Abfassung der Konto-Korrente rc. rc. 8. (XVI, 368 S.) Wien. Druck von Edl. v. Schmidbauer und Holzwarth. Pesth. Verlag von Gustav Heckenast. 1854. I. Band. Zweite umgearbeitete und verbesserte Auflage unter dem besonderen Titel: Systematischer Unterricht in der gesammten Korrespondenz-Wissenschaft. Ein praktischer, höchst nützlicher Handelsbriefsteller rc. rc. Mit eingeflochtenem Handels-, Wechsel- und Seerechte und einem erklärenden Handwörterbuche der Kaufmannssprache, dann Musterbriefen nach den besten Schriftstellern rc. rc. von — —.

Ditscheiner, Jos. Alois, neue Wiener Handels-Schule oder Unterricht in den kaufmänn. Grundwissenschaften: Korrespondenz, Aufsatzlehre, Rechenkunst rc. mit eingeschalt. Wechsel-, Handels- und Seerechte. 2., 5. und 6. Bd. Lex.-8. Pest, Heckenast's Verlag. à Bd. * 1 Thlr. 10 Ngr. *

Inhalt:

Bd. 2. Vollständiges Lehrbuch der Merkantil-Stylistik. Nebst einer reichhalt. Sammlung von fast 500 Aufsatz-Formularien und Beispielen, die in allen Fällen als Muster dienen können. Dem fortschreit. Zeitgeiste angemessen bearb. von Karl Porges. 3., mit besonderer Rücksicht auf das neue Handelsgesetz verm. und verb. Aufl. (XII und 358 S.) 864.

» 5. Vollständiges Lehrbuch der einfachen Buchhaltung für Groß- und Kleinhandlungen, bei Commissions- und Speditions-Geschäften, von Friedr. Ant. Strackerjan. 2., verb. Aufl. (XII und 344 S.) 863.

» 6. Vollständiges Lehrbuch der doppelten Buchhaltung mit Rücksicht auf ihre Anwendung bei allen Geschäftszweigen, nebst prakt. Erörterungen selten vorkomm. und schwieriger Buchungsfälle, dann dem Salda-Contisten rc. 2. Aufl., vollständig umgearb. und mit allen Neuerungen versehen von Joh. Karner. (VII und 328 S.) 867.

Ditscheiner, Joseph Alois, Neue Wiener Handelsschule oder Unterricht in den kaufmännischen Grundwissenschaften: Korrespondenz, Aufsatzlehre, Rechenkunst, Münz-, Maß- und Gewichtskunde und Buchhaltung, mit eingeschaltetem Wechsel-, Handels- und Seerechte. Ein encyklopädisches Comptoir-Handbuch zur Selbstbelehrung für Comptoristen, Commis, Praktikanten, Lehrlinge und Alle, die sich zu tüchtigen Kaufleuten bilden wollen. 1. Band, 1869. gr. 8. (XII u. 339 S.) Pest, Heckenast. 2 fl.
Inhalt: Systematischer Unterricht in der kaufmännischen Korrespondenz. Ein praktischer, höchst nützlicher Handels-Briefsteller für Alle, die sich schnell und gründlich zu sachkundigen und stylgewandten kaufmännischen Korrespondenten bilden wollen. Mit Berücksichtigung der Handels-, Wechsel- und Seerechte und einem erklärenden Handwörterbuche der Kaufmanns-Sprache, dann Musterbriefen nach den besten Schriftstellern und Original-Konzepten aus eigener Geschäftspraxis über alle im Comptoir-, Waaren-, Speditions-, Commissions-, Wechsel-, Geld-, Staatspapier-, Aktien- und Assekuranz-Geschäfte, sowie in Streitsachen, Falliten- und Konkurs-Angelegenheiten vorkommenden Fälle. 4. verbesserte Auflage, den Anforderungen unserer Zeit entsprechend bearbeitet von Carl Conleguer.

Ditscheiner, wiener Handelsschule. 3. Bd.: Vollständiges Lehrbuch der kaufmännischen Arithmetik für Praktiker und Ungeübte. Vollständig umgearb. von Joh. Karner. 8. (... S.) Pest 860, Heckenast.
1. und 2. Bd. Ebendas. 1849. 2 Thlr. 12 Ngr.

Ditscheiner's Wiener Handelsschule. 5. Bd. Vollständiges Lehrbuch der einfachen Buchhaltung für Groß- u. Kleinhandlungen, bei Commissions- u. Speditions-Geschäften, von Friedrich Anton Strackerjan. 2. verb. Aufl. gr. 8. (XII. 344 S.) Pest, Heckenast. 1863. 2 fl.

Ditscheiner's Wiener Handelsschule. 2. Bd. Vollständiges Lehrbuch der Merkantil-Stylistik. Dem fortschreitenden Zeitgeiste angemessen bearbeitet von Karl Porges. 3. Aufl. Lex.-8. (XII. 358 S.) Pest, Heckenast. 2 fl. 1864.

Ditscheiner's, Jos. Alois, grammatisch-orthographisch-stilistisches Handwörterbuch der deutschen Sprache mit besond. Rücksicht auf die Beugung, Fügung, Bedeutung und Schreibart der einzelnen Wörter, ihre Synonyme und Tropen und mit kurzen Worterklärungen und erläut. Beispielen. 2. verm. und verb. Aufl. bearb. von K. Schmuck. 16 Lfgn. gr. 8. (767 S.) Weimar 868—70, K. Voigt jun. à Lfg. * 50 Pf. *

Ditscheiner's, Jos. Alois, grammatisch-orthographisch-stilistisches Handwörterbuch der deutschen Sprache. 2., verm. u. verbesserte Auflage, besorgt v. K. Schmuck. 2. (Titel-) Ausg. gr. 8. (767 S.) Weimar (1870) 879. K. Voigt jun. n. 6. —

Ditscheiner, J. A., Neuestes u. vollständig grammatisch-orthographisch-stylistisches Hand- und Hilfswörterbuch der deutschen Sprache etc. Leipzig 1847. 8⁰.

—— der wohlerfahrene und sachkundige Kaufmann in seinem Wirkungskreise im Comptoir, im Magazin und im Verkaufsgewölbe. Ein kurzgefaßtes Unterrichtsbuch in den angewandten Handelswissenschaften ꝛc. Ganz neu mit Rücksicht auf das prakt. Bedürfniß im tägl. Verkehr bearb. I. (Thl.) A. u. d. T.: Schlüssel zur schnellen und gründlichen Erlernung der einfachen und doppelten Buchhaltung auf rein prakt. Wege. Durchgeführt in der vollständ. Verbuchung eines einmonatl. Geschäfts-Umsatzes in einer Engros-Handlung mit den verschiedensten Geschäftsvorfällen und Rechnungs-Beispielen. gr. 8. (128 S.) Wien 850, (Sallmayer und Comp.)

Ditscheiner, Jos. Alois, neuestes u. vollständigstes österreich. National-Handbuch f. d. prakt. Lebensverkehr, od. Real-Encyclopädie d. gesammten schriftl. Verfahrens in allen gesellschaftl. u. Geschäftsverhältnissen. Ein umfass. u. gründl. unterricht. Briefsteller u. Concipient, Haus- u. Landadvokat, Geschäfts-Sekretär u. Comptoirist, so wie e. unentbehrl. Hilfs- u. Auskunftsbuch f. Jedermann ꝛc. 1—8. Lfg. gr. 8. (à 8 B.) Wien 841. 42. Singer u. Goering. à Thlr.

Ditscheiner, Jos. Alois, das österreichische Post-, Eisenbahn- u. Dampfschiff-Fahrtswesen, mit allen darauf bezügl. Verordnungen, den vollständ. Personen- u. Frachtgebühren-Tariffen, den Abgangs- und Ankunftstagen und den Verbindungsfahrten ꝛc. gr. 8. Wien 843, Singer u. Göring. 2/3 Thlr.

— der augenblickliche Rathgeber in Stämpelsachen, oder: Ausführliche Darstellung des Stämpel- u. Tax-Gesetzes vom 27. Jänner 1840 nach dem Urterte, mit Berücksichtigung aller bis 1843 erschienenen nachträgl. Verordnungen u. mit erläut. Beispielen ꝛc. gr. 8. Wien 843, Singer u. Göring. 1/2 Thlr. — 2. verm. Aufl. gr. 8. Ebend. 845. 2/3 Thlr.

—— der augenblickl. Rathgeber in Stämpelsachen, od.: Ausführl. Darstellung d. Stämpel- u. Tax-Gesetzes v. 27. Jan. 1840, mit allen bis 1845 erschien. Verordnungen nebst ein. alphabet. Namenweiser. 1. Aufl. (8½ B.) 843. 15 Ngr. u. 2., verm. Aufl. gr. 8. (11⅛ B.) Wien 845, Singer u. Göring.

—— praktische Rede- und Schreib-Lehre der deutschen Sprache als Hilfsmittel zur grammatisch-stylistisch-richtigen Selbstverfassung von Briefen und anderen Aufsätzen im staatsbürgerlichen, vertrauten und Geschäftsverhältnisse nach den Anforderungen der Gegenwart. Mit einem deutschen und Fremdwörterbuche, worin über 60,000 Wörter ꝛc. angegeben sind. Ein unentbehrliches Nachschlage- und Auskunftsbuch ꝛc. gr. 8. (VIII und 472 S.) Wien 852, Gerold's Sohn.

—— Schnell-Rechenkunst und Rechnungs-Vortheile für den Handels- und Gewerbestand. Eine leichtfaßliche Anleitung in kürzester Zeit und ohne Hilfe eines Lehrers ein schneller und sicherer Rechner zu werden. Vervollständiget und hrsg. von Joh. Karner. gr. 8. (VII und 495 S.) Pesth 856(57,) Heckenast's Verlag. *

— der kaufmännische Secretair u. wohlunterrichtete Comptorist. Ein umfass. u. dringend nöthiges Bildungs- u. Unterrichtsbuch für angeh. Kaufleute ꝛc. gr. 8. Ebend. 841. ...

—— die deutsche Sprachkunde in ihrem ganzen Umfange, od. grammatisch stylistischer Hausbedarf z. Selbstunterr. f. Nichtstudirte u. Alle, welche schriftl. Aufsätze sprach- u. sachrichtig verfassen zu können wünschen. I. Abth. A. u. d. T.: Populär-prakt.-deutsche Sprach- u. Rechtschreibungs-Lehre zum Selbstunterr. Nach d. besten Sprachwerken, m. besond. Rücksicht auf den Bedarf d. gesell. u. Geschäftslebens. gr. 8. (15 B.) Pesth 846. [Leipzig, Händel.]

— die deutsche Sprachkunde in ihrem ganzen Umfange, oder grammatisch stylistischer Hausbedarf zum Selbstunterrichte für Nichtstudirte und Alle, welche schriftliche Aufsätze sprach- und sachrichtig verfassen zu können wünschen. I. Abthl. A. u. d. T.: Populär-praktische deutsche Sprach- und Rechtschreibungslehre z. Selbstunterrichte. Nach den besten Sprachwerken, mit besond. Rücksicht auf den Bedarf des geselligen und Geschäftslebens. gr. 8. Pesth 846, Verlags-Magazin. 5/6 Thlr.

—— die deutsche Sprachkunde in ihrem ganzen Umfange. 2. Abthl. A. u. d. T.: Neuestes und vollständ. grammat.-orthograph.-stylist. Hand- und Hilfs-Wörterbuch der deutschen Sprache, mit besond. Rücksicht auf die Schwierigkeiten, Zweifel und gangbaren Fehler in der Beugung, Fügung, Bedeutung und Schreibart der einzelnen Wörter, ihrer Synonyme, Homonyme und Tropen, mit kurzen Worterklärungen und erläut. Beispielen. gr. 8. (XII und 1177 S.) Leipzig 847—48, Haendel.
1. Abthl. Ebendas. 1846. 25 Ngr.

— dies. 3. Abth. Populär-prakt.-deutsche Aufsatzlehre, oder gründl. leichtfaßl. Anleitung zur Abfassung v. Briefen u. schriftl. Aufsätzen aller Art, nach den Regeln des guten Styles u. Geschmackes, für den Wohlstands-, Freundschafts- u. Geschäftsbedarf im Amts- u. Privatverhältnisse. Mit einer Sammlung v. Musterbriefen u. Formularen v. Geschäfts-Aufsätzen, nebst einer Abhandlung über die Dicht- u. Redekunst ꝛc. Zum Selbstunterricht. gr. 8. (XVI u. 672 S.) Ebd. 847. 1 5/6 Thlr.

—— populär-praktische deutsche Sprach- und Rechtschreibungslehre zum Selbstunterrichte, oder gründl., leichtfaßl. Anleitung, um schön und richtig zu sprechen und zu schreiben. Nach den besten Sprachwerken bearb. 2. Aufl. gr. 8. (XVI und 216 S.) Leipzig 849, Haendel.

Ditscheiner, J. A.: „Vollständige Terminologie des Handels, eine alphabetisch geordnete Uebersicht aller bei den Waaren-, Wechsel- und Seegeschäften und deren Rechten, sowohl in der teutschen selbstgebrauchten, als auch aus andern Sprachen in dieselbe aufgenommenen Wörter und Redensarten, mit ihrer Erklärung und Bedeutung", Wien 1823 (Tendler). — Vorh.: Com. Bibl. Hamburg.

Ditscheiner, (Jos. Al.,) vollständ. Terminologie des Handels, eine alphab. geordn. Uebersicht aller bei den Waaren, Wechsel- u. Seegeschäften ꝛc. aufgenommenen Wörter u. Redensarten mit ihrer Erklärung u. Bedeutung. 2 Thle. gr. 8. Wien 823, Tendler u. v. Mannstein.

Ditscheiner, Jos. Alois, allgem. Titulatur-Buch rc. gr. 8. ($6\frac{1}{8}$ B.) Wien 841, Singer u. Goering.
Aus dess., österr. National-Handbuch rc., besond. abgedruckt.

— allgemeines Titulatur-Buch rc. gr. 8. Ebend. 843. ½ ℛ

Teilabdr. aus: Neuestes u. vollständigstes österr. Universal-National-Handbuch für den prakt. Lebensverkehr.

—— neuestes umfassendes u. gründl. unterrichtendes Universal-Geschäfts-Handbuch f. d. prakt. Lebensverkehr, od. vollständ. Muster-Briefsteller u. Concipient, Haus- u. Landadvocat, Privat-Sekretär u. Comptoirist. 3 Bde. gr. 8. ($134\frac{1}{4}$ B.) Wien 843, Singer u. Göring.

Thl. 2. u. 3. a. u. d. Ttln.:

Thl. 2. Neuester u. vollständigster Haus- u. Geschäfts-Nothhelfer u. Rechnungsfaullenzer. (35 B.) 1 Thlr. 20 Ngr.
- 3. Der erfahrene Privat-Geschäfts-Sekretär, Rechtsfreund u. Rathgeber. (57 B.) 2 Thlr. $22\frac{1}{2}$ Ngr.

Ditscheiner, J. A., neuester Universal-Geschäfts-Sekretair, oder umfass. österr. Briefsteller u. Concipient, zugleich Haus- und Landadvocat. Ein vollständ. Comptoir- u. Auskunftsbuch, sowohl für Geschäftsleute, Beamten rc. gr. 8. Wien 840. Singer u. Göring. $2\frac{2}{3}$ ℛ

—— neuester u. vollständigster deutscher Universal-Muster-Briefsteller rc. Mit ein. großen Auswahl v. Musterbriefen nebst Eingangs- u. Schlußformeln f. alle Briefgattungen, so wie ein. vollständ. Titularbuche. Nach den Verhältnissen des bürgerl. Lebens bearb. gr. 8. ($32\frac{1}{4}$ B.) Wien 842, Singer u. Göring.

Teilabdr. aus: Neuestes u. vollständigstes österr. Universal-National-National-Handbuch für den prakt. Lebensverkehr.

— neuestes u. vollständigstes österr. Universal-National-Handbuch für den prakt. Lebensverkehr, oder: Real-Encyclopädie des gesammten schriftl. Verfahrens in allen gesellschaftlichen u. Geschäftsverhältnissen. Ein umfassender u. gründlich unterrichtender Briefsteller u. Concipient, Haus- u. Landadvokat, Geschäfts-Sekretär u. Comptoirist, so wie ein unentbehrl. Hilfs- u. Auskunftsbuch für Jedermann rc. 1.—9. Liefg. gr. 8. Ebend. 841—42. (à $\frac{5}{12}$ ℛ) $3\frac{3}{4}$ ℛ — Dass. 3 Bde. gr. 8. Ebend. 843. 5 ℛ — 2. Bd. A. u. d. T.: Neuester u. vollständigster Haus- u. Geschäfts-Nothhelfer u. Rechnungs-Faullenzer. gr. 8. Ebend. 843. $1\frac{2}{3}$ ℛ — 3. Bd. A. u. d. T.: Der erfahrene Privat-Geschäfts-Secretär, Rechtsfreund u. Rathgeber. gr. 8. Ebend. 843. $2\frac{3}{4}$ ℛ

— das allgemeine deutsche u. neue österreichische Wechselrecht, nebst dem commerziellen Wechselgeschäfte, dem Wechselprozesse u. Wechselstämpel; ausführlich erklärt u. durch viele Beispiele u. Formulare erläutert. Mit besond. Rücksicht auf das Bedürfniß der Kaufleute, Fabrikanten u. Gewerbtreibenden. Nebst einer vollständ. Sammlung aller üb. das Wechselfach neuerschienenen Gesetze u. Verordnungen. gr. 8. (XXII u. 510 S.) Wien 851, Gerold. 2 ℛ

– Neue Wiener-Handels-Schule...
s. Ditscheiner: Neue Wiener Handelsschule...

Ditscheiner-Wessely, deutscher Wortschatz. Grammatisch-stilistisch-orthograph. Hand- u. Fremdwörterbuch der deutschen Sprache v. Ign. Eman. Wessely. Neue (8.) gänzlich umgearb. Ausg. v. Jos. Al. Ditscheiner's „Handwörterbuch der deutschen Sprache". 12 Lfgn. gr. 8. (IV, 772 S.) Leipzig 892. R. Friese Sep.-Cto. 9.50; geb. in Halbfrz. 11.—

Ditscheiner, Jos. Al., Ign. Eman. Wessely u. Walth. Schmidt, deutscher Wortschatz. Grammatisch-stilistisch-orthograph. Handwörterbuch der deutschen Sprache nebst Fremdwörterbuch v. Ign. Eman. Wessely. 5., verm. Aufl. v. Jos. Al. Ditscheiners „Handwörterbuch der deutschen Sprache". Hrsg. v. Walth. Schmidt. (In 12 Lfgn.) 1.—9. Lfg. (S. 1—544.) gr. 8. Gotha 908—10. R. Schmidt. à Lfg. —75

Ditscheiner, L.
— mathematische u. physikalische Instrumente, s.: Ausstellungs-Bericht, officieller.

— die Telegraphen-Apparate, s.: Ausstellungs-Bericht, officieller.

Ditscheiner, Leander

— Über die Anwendung der optischen Eigenschaften in der Naturgeschichte unorganischer Naturprodukte. S. 43. II. 229 . . . . —.60
Separatabdruck

Ditscheiner, Leander, über eine **Anwendung** des **Spectralapparates** zur optischen Untersuchung der Krystalle. Mit 2 Holzschn. (im Text.) Wien 868. (Gerold's Sohn.) gr. 8. (16 S.) n. 4 *ngr*

Ditscheiner, L., über die **Aufsuchung** der Störungsstellen an nicht vollkommen isolirten Leitungen. [Mit 2 (eingedr.) Holzschn.] [Aus: „Sitzungsber. der ksl. Akad. d. Wiss."] Lex.-8. (8 S.) Wien 881. (Gerold's Sohn.) n.n. — 25

Ditscheiner, Leander, eine Bemerkung zu Herrn Lewis M. Rutherfurd's Construction des Spectroscopes. Lex.-8. 6 S. mit 1 Stnt.) Wien 866, (Gerold's Sohn.)

— — Weitere Bemerkungen über Raumcurven vierter Ordnung, zweiter Art. (S.-A.) gr. 8. (11 S. mit 1 Holzschn.) *Ebds. 12 kr. 1883.

—— **eine absolute Bestimmung der Wellenlängen der Fraunhofer'schen D-Linien durchgeführt im k. k. physikal. Institute. Lex.-8. (8 S.) Wien 865, (Gerold's Sohn.)** *

Ditscheiner, L., zur **Bestimmung** der Wellenlänge der Fraunhofer'schen Linien. [Aus „Sitzungsber. d. k. Akad. d. Wiss."] Lex.-8. (6 S.) Wien 871. (Gerold's Sohn.) n. — 20

—— **Bestimmung der Wellenlängen der Fraunhofer'schen Linien des Sonnenspectrums. Ausgeführt im k. k. physikal. Institute. Lex.-8. (46 S. mit 2 Stnt.) Wien 864, (Gerold's Sohn.)** *

— Die Brechungsquotienten einer Lösung des salpetersauren Wismutoxydes. S. 49. II. 326 . . . . K —.10
Separatabdruck

—— über die **Dispersion** der optischen Axen bei rhombischen Krystallen. Lex.-8. (10 S.) Wien 870, (Gerold's Sohn.) *

Ditscheiner, L., über die Electricitätsbewegung im Raume und die Nobili'schen Ringe. Lex.-8. (20 S.) Wien 878, (Gerold's Sohn.) *

—— über die Farben dünner Krystallblättchen. Lex.-8. (20 S. mit 2 eingedr. Holzschn.) (Ebendas.) 876. *
Vorstehende zwei Schriften sind aus: Sitzungsberichte der k. Akademie der Wissenschaften, besonders abgedruckt.

—— über den **Gangunterschied** und das Intensitätsverhältniss der bei der Reflexion an Glasgittern auftretenden parallel und senkrecht zur Einfallsebene polarisirten Strahlen. Lex.-8. (19 S.) Wien 870, (Gerold's Sohn.) *
Vorstehende vier Schriften sind aus: Sitzungsberichte der k. Akademie der Wissenschaften, besonders abgedruckt.

Ditscheiner, Leander, über die graphische **Hyperbel-Methode.** Mit 2 (lith.) Taf. (in 4.) (Aus den Sitzungsberichten der k. Akad. der W.) Wien 858. Gerold in Comm. gr. 8. (23 S.) n. 7 *ngr*

—— über das **Intensitätsverhältniss** und den Gangunterschied der bei der Beugung auftretenden senkrecht und parallel zur Einfallsebene polarisirten Strahlen. Lex.-8. (30 S.) Wien 873, (Gerold's Sohn.) *

—— über einige neue **Talbot'sche Interferenz-Erscheinungen.** Lex.-8. (25 S. mit 1 lithogr. Taf. in qu. Fol.) Wien 871, Gerold's Sohn. *
Vorstehende vier Schriften sind aus: [Sitzungsberichte der k. Akademie der Wissenschaften, besonders abgedruckt.

—— über die durch planparallele Krystallplatten hervorgerufenen Talbot'schen Interferenzstreifen. Lex.-8. (26 S. mit 1 lithogr. Taf. in qu. gr. Fol.) Wien 869, (Gerold's Sohn.) *

—— über einen Interferenzversuch mit dem Quarzprisma. Ausgeführt im k. k. physikal. Institute. Lex.-8. (9 S. mit 1 Stnt.) Wien 866, (Gerold's Sohn.) *

—— über die graphische Kreis-Methode. Lex.-8. (36 S. mit 6 Stnt. in 4., gr. 4. und qu. gr. 4.) Wien 858, (Gerold's Sohn.) *

—— über die Krümmung der Spectrallinien. Lex.-8. (16 S. mit 1 Stnt.) Wien 865, (Gerold's Sohn.) **

—— die Krystallformen einiger Platincyanverbindungen. Lex.-8. (3 S. mit 1 Stnt.) Wien 864, (Gerold's Sohn.) *

Ditscheiner, Leander, über die graphische Linien-Ellipsen-Methode. Mit 2 (lith.) Taf. (in 4.) (Aus den Sitzungsberichten der k. Akad. der W.) Wien 858. Gerold in Comm. gr. 8. (25 S.) n. 14 ngl

—— über eine neue Methode zur Untersuchung des reflectirten Lichtes. Lex.-8. (35 S. mit 1 lithogr. Taf. in qu. 4.) Wien 869, (Gerold's Sohn.) *

— über die graphische Parabel-Methode. Mit 2 (lith.) Taf. (in 4.) (Aus den Sitzungsberichten der k. Akad. der W.) Ebend. 858. gr. 8. (20 S.) n. 14 ngl

Ditscheiner, Leander, Revision der vorhandenen Beobachtungen an krystallinischen Körpern. (Aus d. Sitzungsber. d. kais. Akad. d. Wiss.) Wien 864. (Gerold.) gr. 8. (122 S.) n. 20 ngr.

—— über die Guébhard'schen Ringe. Lex.-8. (33 S. mit 3 lithogr. Taf.) (Ebendas.) 882. *
Vorstehende zwei Schriften sind aus: Sitzungsberichte der k. Akademie der Wissenschaften, besonders abgedruckt.

—— Theorie der Beugungserscheinungen in doppeltbrechenden Medien. Lex.-8. (31 S. mit 1 Stnt. in 4.) Wien 867, (Gerold's Sohn.) *
Vorstehende acht Schriften des Verf. wurden aus: Sitzungsberichte der k. Akademie der Wissenschaften, besonders abgedruckt.

— krystallographische Untersuchungen. Mit 2 (lith.) Taff. (in 4.) Ebend. 870. gr. 8. (13 S.) n. 10 ngr.
Diese sämmtlichen Schriften Ditscheiner's sind aus den Sitzungsberichten d. k. Akad. d. Wissensch. abgedruckt.

—— über eine einfache Vorrichtung zur Herstellung complementärer Farbenpaare mit Brücke's Schistoscop. Lex.-8. (11 S.) Wien 871, Gerold's Sohn. *
Vorstehende zwei Schriften sind aus: Sitzungsberichte der k. Akademie der Wissenschaften, besonders abgedruckt.

—— über die Zonenflächen. Lex.-8. (44 S. mit 2 Stnt. in qu. gr. 4. und qu. Fol.) Wien 858, (Gerold's Sohn.) **
Vorstehende fünf Schriften des Verf. wurden aus: Sitzungsberichte der k. Akademie der Wissenschaften, Jahrg. 1857 und 1858, besonders abgedruckt.

Ditscheiner-Wessely: Deutscher Wortschatz, s. Ditscheiner, Joseph Alois

Dittberner, Walter, a. Berlin: Issos. Ein Beitrag zur Geschichte Alexanders des Großen. (Kap. 4: Das Schlachtfeld und die Schlacht am Pinaros.) (Berlin: G. Nauck 1907.) (77 S.) 8° ¶ (Erschien vollst. 1908 im gleichen Verlage.)
Berlin, Phil. Fak., Ref. E. Meyer, Diss. v. 23. Nov. 1907
[Geb. 31. Juli 84 Berlin; Wohnort: Gr. Lichterfelde; Staatsangeh.: Preußen; Vorbildung: Gymn. Gr. Lichterfelde Reife O. 03; Studium: Berlin 9 S.; Rig. 18. Juli 07.]

Ditte, Alfr., kurzes Lehrbuch der anorganischen Chemie, gegründet auf die Thermochemie m. Benutzg. der thermochem. Daten. Autoris. deutsche Ausg. v. H. Böttger. Mit 111 Holzschn. gr. 8. (XXVI, 318 S.) Berlin 886. Springer. n. 6. —; geb. n. 7. —

Dittel: Plato's Anschauungen über die Methode des wissensch. Gespräches τὸ διαλέγεσθαι, dargestellt nach den Dialogen Prot. Gorg. Meno. 33 S. 8° —Salzburg, Progr. 1869

Dittel, A.: Über den gegenwärtigen Stand des Lateinschreibens, s. Dittel, Heinr.

Dittel, Cölestin

Dittel: Beitrag zur Ansicht vom Infinitiv als Locativ. (8) Salzburg Priv. 82. Progr.

Dittel, Cölestin, Beitrag zur Ansicht vom Infinitiv als Locativ. — Das Wichtigste üb. die Theile d. Satzes. Eine grammat. Plauderei. Von M. Zirwik. gr. 8. (18 S.) Wien 885. (Pichler's Wwe. & Sohn.) n. — 40

Dittel, Hans (in d. Vita: Johannes) *Otto* [aus Wanowitz '(O/S.)']: Aus d. chirurg. Klinik zu Greifswald. Zur operativen Behandlung veralteter Luxationen im Ellbogengelenk ... Greifswald, Buchdr. C. Sell, 1896; 39 S. 8.
Greifswald, Med. Fak., Inaug.-Diss. v. 31. Juli 1896

Dittel, Heinrich

Dittel, H.: Der Dativ bei Vergil. 22 S. 4°.– Innsbruck OG., Progr. 1873.

Dittel, Heinr. Über den gegenwärtigen Stand des Lateinschreibens. 26 S. 8. Progr. *Ried* 1879.

Dittel, Heinr. De dativi apud Horatium usu. 44 S. 8. *Landskron* 1878. Progr.

Dittel, H.: De infinitivi apud Horatium usu. 25 S. Ried, P 1888

Die Dehnungszone des schwangeren und kreissenden Uterus. E. Beitrag z. Lehre vom 'unteren Uterinsegmente'. Von Dr. Leopold v. Dittel jr., ehem. Assist. d. Klinik Chrobak in Wien. M. 17 Fig. im Text u. 1 Taf. *Leipzig & Wien: F. Deuticke 1898.* (81 S., 1 Taf.) 1 Bd 8. [98. 3748

Dittel, Leop., die Stricturen der Harnröhre, s. a. Chirurgie, deutsche.

Dittel, Leopold: Die Stricturen der Harnröhre. Mit 62 Holzschn. Stuttgart 1880. XXVII, 258 S. (Deutsche Chirurgie. Lfg. 49.)

Dittel, Leop., die Topographie der Halsfascien. Mit 3 lith. Taf. (in Fol.) Wien 857. Gerold. gr. 8. (2 Bl., 26 S.) n. 18 ngl

Ditten, Otto [app. Arzt aus Schollene a. Havel]: Beitrag zur Kenntnis des veralteten totalen Dammrisses ... Jena, Univ.-Buchdr. G. Neuenhahn, 1896; 46 S. 8.
Jena, Med. Fak., Inaug.-Diss. v. [18. Mai] 1896

Dittenberger, s. Dittenberger, Wilhelm

Dittenberger, Fr., geographisch-statist.-topograph. Beschreib. des Großherzogth. Baden, nach den neuesten Einrichtungen u. Quellen bearbeitet. gr. 8. Karlsr. 825. Müller. 21 gl

Dittenberger, Fr., s. Daub, Karl, philosoph. u. theolog. Vorlesungen.

Dittenberger, Fr.: Hand- u. Schulatlas..., s. Dittenberger, Th. Fr.

Dittenberger, G., Umrisse zu Schillers Toggenburg. 4. (9 Kpf. mit Text). Stuttg. 825. v. Cotta. 1 rß 4 gl

Gutachtliche Äußerungen zur Justiznovelle. Zsgest. u. eingeleitet von Heinrich Dittenberger, Rechtsanw. Halle a. S. 1909: Thiele. VII, 85 S. 8° [09. 10933 6

Wilhelm Dittenberger. Ein Gedenkblatt f. s. Freunde von Heinrich Dittenberger. (Halle a. S. 1903: Karras.) 15 S. 8° [09. 10309 3

Dittenberger, Heinrich (Hrsg.), s. Dittenberger, Wilhelm: Zur Kritik der neueren Fortschritte der Orometrie.

Dittenberger, Heinr., Entwurf e. Gesetzes betr. Ändergn. d. Gerichtsverfassungsgesetzes, der Zivilprozeßordng., des Gerichtskostengesetzes u. der Gebührenordng. f. Rechtsanwälte. Mit krit. Kommentar. (IX, 157 S.) gr. 8. Halle 908. M. Niemeyer. 1. 50

Dittenberger, Heinr., der Schutz des Kindes gegen die Folgen eigener Handlungen im bürgerlichen Gesetzbuch f. das Deutsche Reich. (III, 124 S.) gr. 8. Berlin 903. J. Guttentag. n. 3. —

Dittenberger, Heinrich, Referendar aus Halle a. S.: Das Verlöbnis-Recht im Bürgerlichen Gesetzbuch für das Deutsche Reich. *Halle a. S. 1901: E. Karras.* (61 S.) 8° ¶ (Erscheint vollst. bei M. Niemeyer in Halle.)
Halle, Jur. Diss. v. 26. Febr. 1901

Dittenberger, Heinr., das Verlöbnisrecht im bürgerl. Gesetzbuch f. das Deutsche Reich. Ein Beitrag zur Darstellg. des neuen Rechts. gr. 8. (VIII, 202 S.) Halle 901. M. Niemeyer. n. 5.—

Dittenberger, Rud., was wir bringen. Ein Festspiel zur Vorfeier der goldenen Hochzeit Ihrer Königl. Hoheiten d. Grossherzogs Carl Alexander u. der Frau Grossherzogin Sophie v. Sachsen-Weimar-Eisenach. 8. (19 S.) Eisenach 892. H. Brunner. n. — 50

Dittenberger, Th. Fr.

— geographisch-statist.-topograph. Darstell. des Großherzogth. Baden, nach den neusten Einrichtungen u. Quellen bearbeitet. gr. 8. Karlsruhe 825, Müller.

— Hand- u. Schul-Atlas, 1r Curs. von 21 Karten. Karlsr. 819. Braun. 2 rß 8 ggr ill. 2 rß 16 ggr N. A. mit Fr. Sommerlatt. 1e Abthl. 21 Bl. 831. 1 rß 8 ggr ill. 1 rß 12 ggr 2e Abthl. 24 Bl. 826. 1 rß 16 ggr ill. 2 rß qu. Fol. Ebd.

— u. Fr. Sommerlatt, Hand- u. Schul-Atlas. 1e u. 2e Abtheilg. in 45 lithogr. Blättern. 2e Ausg. qu. Fol. Karlsr. 825 u. 26, Braun. 3 Rthlr. 12 gr. illum.

Dittenberger's, Fr., Hand- u. Schul-Atlas der neuesten Erdbeschreibung, in 22 ill. Karten. 7e Aufl. qu. 1/2 gr. Fol. Carlsruhe 839. Braun. 1 1/8 rß

— — Land- und Schul-Atlas, erster Curs. von 21 Carten: 1) Planetensystem, 2) Planglobien, 3) Breite-Projection, 4) Europa, 5) Spanien, 6) Frankreich, 7) Italien, 8) Deutschland, 9) Großbrittanien, 10) Scandinavien, 11) Polen, 12) Rußland, 13) Ungarn, 14) Türkey, 15) Asien, 16) Afrika, 17) Nordamerika, 18) Südamerika, 19) Australien, 20) Oesterreich. Kaiser-Staat, 21) Preussen: Carlsruhe, Braun. 819. Mit schwarzen Abdrücken. Rthlr. illumin.

— geographisch-statist. Uebersichts-Tabellen f. Lehrer u. Lernende. gr. 8. Constanz 822. Wallis. 12 ggr

Dittenberger, Th. W., s. a. Dittenberger, W.

Dittenberger, Th. W., Abschiedspredigt gehalten am 8. Sonnt. nach Trin. den 1. Aug. 1852 in Heidelberg. gr. 8. (23 S.) Heidelberg und [Leipzig] 852, [C. F. Winter'sche Vrlgsh.]

— Antrittspredigt gehalt. am 12. Sonnt. nach Trin. den 29. Aug. 1852 zu Weimar. gr. 8. (22 S.) Weimar 852, Hoffmann. 3 ngr

— über die Ausschließung des Dr. Rupp. An die Mitglieder des Hauptvereins der Gust.-Ad.-Stiftung in Baden. gr. 8. (46 S.) Heidelberg 847, C. F. Winter. n. 1/6 rß

Dittenberger, Th. W., Predigt bei der 300jährigen Gedächtnißfeier des Todestages Kurfürst Friedrichs des Großmüthigen von Sachsen am Sonntag Invocavit den 5. März 1854 gehalten zu Weimar. Weimar, Böhlau. gr. 8. (14 S.) n. 3 ngr

—— Predigt gehalten am letzten Sonntag des Kirchenjahrs den 21. Novbr. 1852 zu Weimar. gr. 8. (16 S.) Weimar 852, Hoffmann.

— Predigt gehalten am Tage Mariä Reinigung den 30. Jan. 1853 in der Stadtkirche zu Weimar. Weimar 853. Hoffmann. gr. 8. (15 S.) 3 ngr

Dittenberger, Th. W., Predigt gehalten im Trauergottesdienste zum Gedächtniß Ihrer Kaiserl. Hoh. der Durchl. Höchstsel. Frau Großherzogin-Großfürstin Maria Pawlowna zu Sachsen-Weimar-Eisenach in der Haupt- und Stadtkirche zu St. Peter und Paul in Weimar den 17. Juli 1859. gr. 8. (16 S.) Weimar 859, Kühn. *

— Rede bei der Vermählung S. K. H. des Prinzen Wilhelm Friedrich Heinrich der Niederlande Prinzen von Oranien-Nassau mit J. H. der Prinzessin Amalia Maria da Gloria Augusta von S.-Weimar-Eisenach Herzogin zu Sachsen gehalten den 19. Mai 1853 in Weimar. Weimar 853. Böhlau. gr. 8. (15 S.) n. 3 ngr

– dass. s.a. Dittenberger, W.

—— Schicket euch in die Zeit, denn es ist böse Zeit. Landtags-Predigt gehalten den 17. Febr. 1856 zu Weimar. gr. 8. (15 S.) Weimar 856, Landes-Industrie-Comptoir.

—— Spruchbüchlein, s. Spruchbüchlein.

— Trauer- und Trost-Worte bei der Beisetzung und zum Gedächtniß S. K. H. des Höchstseligen Großherzogs Carl Friedrich zu Sachsen-Weimar-Eisenach gesprochen. Weimar 853. Böhlau. gr. 8. (23 S.) n. 4 ngr

Dittenberger, Th. W., Votum in der theologischen Facultät der Universität Heidelberg über den durch Pastor Dulon angeregten Kirchenstreit in Bremen. gr. 8. (20 S.) Heidelberg und [Leipzig] 852, [C. F. Winter'sche Vrlgsh.] Thlr.

—— Zeitpredigten in den Kirchen zu Weimar gehalten. gr. 8. (III und 60 S.) Weimar 854, Hoffmann. *

— Gottes und des Volkes Zuruf an die Abgeordneten des Vaterlandes. Predigt gehalten bei der Eröffnung des Landtages den 10. April 1853 in Weimar. Weimar 853. Hoffmann. gr. 8. (16 S.) 3 ngr

Dittenberger, Theophor Friedr., Biographie, von ihm selbst verfaßt. 1. Bd. 1. u. 2. Hft. gr. 8. Mannheim, Bensheimer. *
Hft. 1. Herkunft u. früheste Erziehung. (9 B. u. 2 lith. Abbild.) 839. * 12 Gr.
„ 2. Weitere Jugendbildung auf d. Lande u. im Frankeschen Waisenhause in Halle. (8 B.) 840. * 12 Gr.

Dittenberger, Thdr. Fr., Biographie, von ihm selbst verfaßt. Mit Abbild. 3. Hft. 8. Mannheim 841, Bensheimer. 1/2 rß

— der Bote vom Nekar u. Rhein, s. Bote.

Dittenberger, Theoph. Fr., Geographie f. Gymnasien, Mittelschulen u. Privatunterricht. 2e Aufl., mit latein. u. deutsch. Register u. 6 Versinnlichungskarten. gr. 8. Heidelb. 827. 3e Aufl. 831. Winter. 1 rß 4 ggr

— kleine Geographie nach natürl. Grenzen, mit e. Anhange d. polit. Erdbeschreib. gr. 8. Karlsr. 818. 1 rß (A. u. d. T.: Grundzüge des ersten wissenschaftl. Unterrichts f. Töchter ꝛc.)

Dittenberger, Th. Fr., kleine Geographie nach naturlichen Grenzen, mit einem Anhange der politischen Erdbeschreibung. gr. 8. Carlsruhe, Braun. 818.

Dittenberger, Theophor Friedr., Geographie f. Lyceen, Gymnasien od. Mittelschul. u. z. Privatunterr., nach natürl. Grenzen u. histor.-statist. bearb. 3., verm. u. neu umgearb. Aufl., mit Ergänzn. bis z. J. 1834. Mit ausführl. Tabn., latein. u. deutschen Registern u. 6 lith. Versinnlichungscharten (in gr. 4. u. qu. ½ Fol.) gr. 8. (36½ B.) Heidelberg 834, Winter.
Der 1. Abdruck der 3. Aufl. erschien 1831. Ebendas. (36 B.) 1 Thlr. 6 Gr.

— Geographie für Lyceen, Gymnasien oder Mittelschulen u. zum Privatunterricht, nach natürl. Grenzen u. histor.-statistisch bearbeitet. 3e sehr verm. u. neu umgearb. Aufl., mit Ergänzungen bis zum Jahr 1834. Mit Tabellen, Registern u. 6 Versinnlichungskarten. gr. 8. Heidelb. 834. Winter. 1 1/6 ₰ — 4e durchaus neu bearb. u. verb. Aufl. Mit 8 ausführl. Tabellen, latein. u. deutschem Register u. 9 (lithogr.) Versinnlichungskarten. gr. 8. Ebd. 837. n. 1 1/4 ₰

— — Hand- und Lehrbuch der reinen Geographie nach natürlichen Grenzen, nebst einem politisch-statistischen Anhange und einem Anhange und einem Fabrik- und Handelsregister über Europa. 2 Theile. gr. 8. Ebendas. 818.

— Hand- u. Lehrbuch der reinen Geographie nach natürl. Grenzen, nebst einem politisch-statistischen Anhange u. einem Fabrik- u. Handelsregister über Europa. 2 Thle. gr. 8. Karlsr. 820. Braun. 2 ₰

— d. Kaiser in Heidelberg, mit 1 Kpf. 8. Heidelb. 815. Mohr 16 ϗ

Dittenberger, Theophor. Guil., Conspectus introductionis in theologiam homilet. 4maj. Heidelberg. 836. Mohr. 7 ϗ

—— über Predigerseminarien. Mit Berücksichtig. d. zu Herborn, Loccum u. Wittenberg vorhand. u. in Bezug auf d. Errichtung e. solchen im Großhrzgth. Baden. gr. 8. (9¾ B.) Heidelberg 835, J. Ch. B. Mohr.

Dittenberger, W., s. a. Dittenberger, Th. W.

Dittenberger, W., s.a. Dittenberger, Wilhelm

Dittenberger, W: Ueber die Ausdehnung von Eisen, Kupfer, Aluminium, Messing und Bronze in hoher Temperatur. Berlin 1902 (Mitteil. a. d. Physik.-Techn. Reichsanst.)

Dittenberger, W., über die Ausschließung des Dr. Rupp. An die Mitglieder des Hauptvereins der Gustav-Adolf-Stiftung in Baden. gr. 8. (46 S.) Heidelberg 847, C. F. Winter. *

Dittenberger, W., die Universität Heidelberg im J. 1804. Ein Beitr. zu ihrer Geschichte. gr. 8. (6 B.) Heidelberg 844, J. C. B. Mohr.

Dittenberger, W., Predigt gehalten im Trauergottesdienste zum Gedächtniß Ihrer Kaiserl. Hoh. der Durchl. Höchstsel. Frau Großherzogin-Großfürstin Maria Pawlowna zu Sachsen-Weimar-Eisenach in der Haupt- und Stadtkirche zu St. Peter und Paul in Weimar den 17. Juli 1859. Weimar 859. Kühn. gr. 8. (16 S.) n. 3 ngr.

Rede bei der Vermählung des Prinzen Wilhelm Friedrich Heinrich der Niederlande Prinzen von Oranien-Nassau mit der Prinzessin Amalie Maria da Gloria Augusta von Sachsen-Weimar-Eisenach Herzogin zu Sachsen gehalten den 19. Mai 1813 zu Weimar von W. Dittenberger. Weimar. 1853. 8°.

– dass. s.a. Dittenberger, Th. W.

Dittenberger, W.: Über den Wärmedurchgang durch Heizflächen, s. Holborn, L.

— s. Zeitschrift für deutsch-protest. Kirchen-Verfassung.

Dittenberger, Wilhelm

Index scholarum ... per aest. a. 1894 ... habendarum. — Inest Guilelmi **Dittenbergeri** oratio d. XXVII. m. Ian. habita. [Über Albrecht von Brandenburg, Erzbischof von Mainz und Magdeburg.] Halis ... *1894*; x, 23 S. 4.

Chronik der K. vereinigten Friedrichs-Universität Halle-Wittenberg für das Jahr 1886. Programm für die von den Stipendiaten der Sigismund'schen, von Wolffframsdorff'schen und von Marschall'schen Stiftung i. J. 1887 zu haltenden Reden. Beigegeben ist die Antrittsrede des Rectors Prof. **Dittenberger.** Halle a. S., Gebauer-Schwetschke'sche Buchdr. (1887); 28 S. 4°.

Dittenberger, W., D. Ausgrabungen v. Olympia. S.-A. 1876. 16 S. m. 1 Taf. 4°.

Dittenberger, Exeget. u. krit. Bemerkungen zu einigen Stellen des Aristoteles. Pr. 1869. 22 S. 4°. 1.—

Dittenberger, Guil., s. Corpus inscriptionum atticarum.

Dittenberger, Guil., s.: Corpus inscriptionum graecarum Graeciae septentrionalis.

— Attische Ephebeninschriften. Gel. 1877. 22 S.

Dittenberger, Wilh., de ephebis Atticis. Dissertatio inauguralis. gr. 8. (III und 79 S.) Göttingen 863, Dieterich'sche Buchh. *

Index scholarum in universitate litteraria Fridericiana Halensi cum Vitebergensi consociata per hiem. a. 1893—1894 ... publice privatimque habendarum. — Inest Guilelmi **Dittenbergeri** de Philippi Arcadis Olympionicae epigrammate commentatiuncula. Halis, form. Gebauero-Schwetschkeianis, *1893;* x, 23 S. 4.

Dittenbergeri, W., De Philippi Arcadis Olympionicae epigrammate. Pr. 1894. 10 S. 4°. 1.—

— Die Inschr. v. Mantineia. S.-A. 1893. 4 S.

— u. K. **Purgold,** d. Inschriften v. Olympia, s.: Olympia.

Index scholarum ... per aest. a. 1888 a d. XVI. m. Apr. ad d. XV. m. Aug. ... hab. Inest Guilelmi **Dittenbergeri** commentatio de inscriptione Orchomenia. Halis ... (1888); X + 18 S. 4°

Index scholarum in universitate litteraria Fridericiana Halensi cum Vitebergensi consociata per hiem. a. 1891—1892 ... publice privatimque habendarum. — Inest Guilelmi **Dittenbergeri** commentatio de inscriptione Thisbensi ad empnyceuseos ius spectante. Halis, form. Gebauero-Schwetschkeianis, *1891;* XIV, 22 S. 4.

Dittenberger, Guil., Inscriptiones atticae aetatis romanae, s. Corpus inscriptionum atticarum.

Dittenberger, Wilh. Inscriptiones graecae Megaridis, Oropiae, Boeotiae, s. Corpus inscript. graec. Graeciae septentr.

Dittenberger, Wilh., Orientis graeci inscriptiones selectae. Supplementum sylloges inscriptionum graecarum. Ed. D. Vol. I et II. (Schluss.) gr. 8. Leipzig, S. Hirzel. n. 40.—; geb. n. 44.—
I. (VII, 658 S.) 903. n. 18.—; geb. n. 20.—
II. (VII, 750 S.) 905. n. 22.—; geb. n. 24.—
Hauptwerk. Ebd. 898—901. n. 46.—.

Zur Kritik der neueren Fortschritte der Orometrie. Von Dr. Wilhelm **Dittenberger.** (Hrsg.: Dr. jur. Heinrich Dittenberger.) Mit 3 Textfig. *Halle a. S.: Waisenhaus 1903.* (16 S.) 8° [03. 13206

Index scholarum in universitate litteraria Fridericiana Halensi cum Vitebergensi consociata per hiem. a. 1889—1890 a d. XV. m. Oct. a. 1889 ad d. XV. m. Mart. 1890 . . . hab. Inest Guilelmi **Dittenbergeri** commentatio de Thucydidis loco ad antiquitates sacras spectante. Halis, form. Gebauero-Schwetschkeianis (1889); XIII + 21 S. 4°

Index scholarum in universitate litteraria Fridericiana Halensi cum Vitebergensi consociata per hiem. a. 1892—1893 ... publice privatimque habendarum. — Inest Guilelmi **Dittenbergeri** commentatio de Herodis Attici monumentis Olympicis. Halis, form. Gebauero-Schwetschkeianis, *1892;* XVIII, 24 S. 4.

— Römische Namen in griechischen Inschriften und Literaturwerken. I. II. S.-A. o. J. 27, 33 S.

Index scholarum in univ. litt. Fridericiana Halensi cum Vitebergensi consociata per hiemem a. 1885—86 a d. XV. m. Oct. ad d. XV. m. Mart. 1886 ... hab. Insunt Guilelmi **Dittenbergeri** observationes epigraphicae. Halis, form. Gebauero-Schwetschkeianis (1885); XVI + 18 S. 4°.

Index scholarum in universitate litteraria Fridericiana Halensi cum Vitebergensi consociata per hiem. a. 1890—1891 a d. XV. m. Oct. 1890 ad d. XV. m. Mart. 1891 publice privatimque habendarum. — Insunt Guilelmi Dittenbergeri observationes de Herodoti loco ad antiquitates sacras spectante. Halis, form. Gebauero-Schwetschkeianis, 1890; X, 22 S. 4°

Index scholarum in Universitate litteraria Fridericiana Halensi cum Vitebergensi consociata per hiem. a. 1894—1895 ... publice privatimque habendarum. — Insunt Guilelmi **Dittenbergeri** de L. Annaei Senecae epistularum loco observationes. Halis, form. Gebauero-Schwetschkeianis, *1894;* VIII, 24 S. 4.

Dittenberger, W., De L. Annaei Senecae epistularum loco observationes. (Epist. LXXXIII. ad Lucil.) Pr. 1897. 8 S. 4°. 1.20

Index scholarum in universitate litteraria Fridericiana Halensi cum Vitebergensi consociata per hiem. a. 1888—89 a d. XV. m. Oct. 1888 ad d. XV. m. Mart. 1889 ... hab. Insunt Guilelmi Dittenbergeri observationes de sacris Amphiarai Thebanis et Oropiis. Halis, form. Gebauero-Schwetschkeianis 1888; VIII + 20 S. 4°

Index scholarum in universitate litteraria Fridericiana Halensi cum Vitebergensi consociata per hiem. a. 1886—87 a d. XV. m. Oct. 1886 ad d. XV. m. Mart. 1887 ... hab. Inest Guilelmi Dittenbergeri oratio d. XXII m. Mart. habita. Halis, form. Gebauero-Schwetschkeianis (1886); X + 19 S. 4°.

Index scholarum ... per aest. a. 1889 a d. XXIII. m. Apr. ad d. XV. m. Aug. ... hab. Inest Guilelmi Dittenbergeri oratio d. XXVII. m. Ian. habita. Halis ... (1889); X + 19 S. 4°

Index scholarum ... per aest. a. 1890 a d. XV. m. Apr. ad d. XV. m. Aug. ... hab. Inest Guilelmi **Dittenbergeri** oratio d. XXVII. m. Ian. habita. Halis ... (1890). XI + 20 S. 4°

Index scholarum ... per aest. a. 1891 a d. XV. m. Apr. ad d. XV. m. Aug. ... habendarum. — Inest Guilelmi **Dittenbergeri** oratio d. XXVII. m. Ian. habita. Halis ... *1891;* X, 21 S. 4°

Index scholarum in universitate litteraria Fridericiana Halensi cum Vitebergensi consociata per hiem. a. 1887—88 a d. XV. m. Oct. 1887 ad d. XV. m. Mart. 1888 ... hab. Inest Guilelmi **Dittenbergeri** oratio d. XXII. m. Mart. habita de universitatis Halensis rebus inde ab anno 1806 usque ad annum 1814. Halis, form. Gebauero-Schwetschkeianis (1887); X + 19 S. 4°

Rede zum Gedächtniss an Kaiser Wilhelm I. bei der akademischen Trauerfeier in der Aula der vereinigten Friedrichs-Universität Halle-Wittenberg am 22. März 1888 gehalten von Wilhelm **Dittenberger** Prof. Halle a. S., Gebauer-Schwetschke'sche Buchdr. (1888); 14 S. 4°

Dittenberger, Wilhelm, Rede zum Gedächtniss an Kaiser Wilhelm I. bei der akademischen Trauerfeier in der Aula der vereinigten Friedrichs-Universität Halle-Wittenberg am 22. März 1888 gehalten. Halle 1888, Lippertsche Buchh. 4°. 14 S.

Index scholarum ... per aest. a. 1892 ... habendarum. — Inest Guilelmi **Dittenbergeri** oratio d. XXVII. m. Ian. habita de Carolo Reisigio Thuringo. Halis ... *1892;* X, 23 S. 4.

Index scholarum ... per aestatem a. 1886 a d. XXVII. m. Apr. ad d. XV. m. Aug. ... hab. Insunt Guilelmi Dittenbergeri de sacris Rhodiorum commentatio. Halis, form. Gebauero-Schwetschkeianis (1886); XIV + 18 S. 4°.

Index scholarum ... per aest. a. 1887 a d. XV. m. Apr. ad d. XV. m. Aug. ... hab. Inest Guilelmi **Dittenbergeri** de sacris Rhodiorum commentatio altera. Accedit epimetrum de inscriptione quadam Coa. Halis, form. Gebauero-Schwetschkeianis (1887); XVI + 19 S. 4°.

Index scholarum ... per aest. a. 1893 ... habendarum. — Inest Guilelmi **Dittenbergeri** oratio d. XXVII. m. Ian. habita. [Über Säcularfeiern, bes. die der Univ. Halle.] Halis ... *1893;* X, 23 S. 4.

Index scholarum ... peraest. [!] a. 1895 ... habendarum. — Inest Guilelmi **Dittenbergeri** oratio die XXVII. m. Ian. habita. [Über die Streitfrage, ob die philosophischen Fakultäten in der bisherigen Form beizubehalten oder zu reformiren seien.] Halis ... *1895;* IX, 24 S. 4.

Dittenberger, Wilh., sylloge inscriptionum graecarum. 2 fascc. gr. 8. (VIII, 805 S.) Leipzig 833. Hirzel. n. 16. —

Sylloge inscriptionum graecarum iterum ed. Guilelmus **Dittenberger.** Vol. 1—3. [Nebst] Suppl. Vol. 1. 2. Lipsiae: S. Hirzel 1898—1905. 5 Bde 8° 1. 1898. 2. 1900. 3. 1901.
Suppl. = Orientis graeci inscriptiones selectae. Vol. 1. 1903. 2. 1905.

- Sylloge inscriptionum graecarum. Iterum ed. D. Vol. I. gr. 8. (X, 644 S.) Leipzig 898. S. Hirzel. n. 14. —

Dittenberger, Guilem., Sylloge inscriptionum graecarum. Iterum ed. D. Vol. II et III. gr. 8. Leipzig, S. Hirzel. n. 32. —
II. (V, 825 S.) 900. n. 18. —. — III. (462 S.) 901. n. 14. — Vol. I. Ebd. 898. n. 14. —.

Dittenberger, W., De titulis Atticis ad res Romanas spectantibus. S.-A. o. J. 14 S.

— De Menelai Pelagonis titulis. S.-A. 1879. 20 S.

Dittenberger, Wilhelm [aus Rudolstadt]: Ueber die specifische Wärme des Argon ... Halle a. S., Buchdr. O. Thiele, 1897; 25 S., 2 Bl., 1 Taf. 8.
Halle, Phil. Fak., Inaug.-Diss. v. 19. März 1897

v. Ditterich, Frz. Ant., **de quatuor praecipuis consilii Imperialis aulici processibus. 8 maj. Wien 775. Blumauer.** 8 ℊℊ

v. Ditterich, Frz. Ant., de remediis contra judicata Consilii Imperialis aulici. 8 maj Wien 775.

Ditterich, Franz Georg von

— Anmerkk. üb. e. Recension in d. Oberdeutschen allgem. Litt. Zeit. gegen St. J. de capit. Regum Francorum. **8. Strassb. 788.**

— compendium juris naturae. **8. Strassb. 780. Ed. n. 788. 12. Levrault.** 12 ℊℊ

— histor. Einleit. zu d. Rechtsgelehrsamkeit. **gr. 8. Straßb. 777. Levrault.** 8 ℊℊ

— jurisprudentia ecclesiastica. II Tom. 8. Marburg 791. Krieger. 1 ℛ 8 ℊℊ

— primae lineae juris publici ecclesiastici. 8 maj. Strassb. 778. Levrault 1 ℛ id. l. 8 maj. Manh., Löffler. 1 ℛ 20 ℊℊ

Ditterich, F. G., primae lineae juris publ. ecclesiast. 8. maj. Strasb. König. 779.

— mémoire pour l'église de Moutier contre la chambre de Finances de S. A. Msgr. **le Prince-Evêque de Bâle. 4.** Strassb. 788.

v. Ditterich, Frz. Geo., (+ im Oct. 1811.) **Tractatio juridica de legitimis natalibus inter Illustres praesumendis; commentarium perpetuum adj. Ph. Jak. Rühl. Fol.** Strassb. 776.

— s.a. Noch einmal.

NOCH einmal: Was ist der Papst? (von *Franz Georg Ditterich*). Strasburg 1782. (In Aarau, Cantonsbibl.)
Anon.-Lex. III. p. 213 (nach Brunnhofer, Kayser, Meusel).

Ditterich, Franc. Geo. de, De primatu Rom. Pontificis dissertationes tres I. Febronio abbreviato et emendato oppositae. Straßburg, Levrault, 1780, 4°, 19 S.
Nova biblioth. Frib. Vi, 314—20.

— s. Religionszustand in Sulzbach.

Ditterich, G. Ludw., Achselmannstein zu Reichenhall als Alpenkurort mit Soolenbädern, Mineralmoorbädern, Ziegenmolke und Kräutersaft, in topographischer, naturgeschichtlicher und medicinischer Beziehung geschildert. Mit 1 (lith.) Karte (in Fol.). München 855. Kaiser. 12. (XI, 276 S.) n. 1 ℔

Ditterich, G. Ludw., klinische Balneologie. (In 2 Bdn.) 1. Bd.: Eintheilung der Mineralwasser, Kurorte und Mineralquellen Gross-Deutschlands, der Schweiz, Belgiens, Frankreichs und Italiens. Lex.-8. (VIII und 891 S.) München 861, Fleischmann's Separat-Conto. *

Ditterich, G. Ludw., klinische Balneologie. 2. Bd.: Vorträge über akute und chronische Krankheiten, heilbar durch den method. Gebrauch von Brunnenwasser, Mineralwassern, Molken, Traubensaft etc. Lex.-8. (IX und 454 S.) München 862, [Merhoff's Verlag.] *

—— dass. — Anhang. gr. 8. (52 S.) Ebendas. 867. *
1. Bd. [Ebendas.] 1861. * 2 Thlr. 20 Ngr.

—— dass. — 2 Bde. 2., durch einen Anhang verm. (Titel-) Ausg. gr. 8. (XVII und 845 S.) Ebendas. (862)67. *

— Rosenheim in Oberbayern als Voralpen-Kurort mit Eisenwasser, Soole, Mutterlauge, Moorerde, Molken u. Kräutersaft. München 870. Exped. der Blätter für Heilwissensch. 8. (VIII, 290 S.) n. 25 ngr

Ditterich, G. Ludw., der Kurort Salzschlirf im Kurfürstenth. Hessen. gr. 8. (20 S.) Göttingen 863, Wigand.

—— Sulzbrunn im kemptener Waldgebirge, seine muriat. Jodquellen etc., Jodmilch, Jodmolke, Jodkumis und Kräutersäfte. 12. (X und 397 S.) München 863, Gummi. geb.

—— das Wildbad bei Hassfurt am Maine. (Orig.-Artikel aus dem „Aerztlichen Intelligenzblatte.") Nebst einem Vorworte des Besitzers des Wildbades, Frhrn. Ludw. v. Seefried. gr. 8. (59 S.) Bamberg 865, (Hepple.) *

—— die physiologische und therapeutische Wirkung des Rosenheimer Eisenwassers auf den menschlichen Organismus. 4. München 868, Stahl. *

Ditterich, L., s. a. Diterich, L.

Ditterich, L., Aktenstücke der ärztl. Berathungs-Kommission zu München, s. Aktenstücke.

—— Beschlüsse der ärztl. Berathungs-Kommission zu München, s. Beschlüsse.

Ditterich, L., s. Zeitung, neue medizin.-chirurgische.

Ditterich, Max, das „Va Banque!" Louis Napoleons III. oder der Kampf mit Deutschlands Erbfeind. Gedenkbuch des Krieges mit Frankreich im J. 1870. Dem deutschen Volke gewidmet. 34 Lfgn. 4. (804 S. mit 34 color. Stnt.) Dresden 870,71, Münchmeyer. à Lfg. 30 Pf.

Ditters v. Dittersdorf, Karl, s. Dittersdorf, Karl Ditters von

Dittersdorf, Carl von. Seine kurze Biographie und aesthetische Darstellung seiner Werke. Erfurt 1810. V: *Arnold, Ig. Ferdinand.* (BIBLPORT)

— seine kurze Biographie u. ästhet. Darstellung sr. Werke. Seitenstück zu J. Hädn. 8. Erf. 810. Müller. (Weygand in Leipz.) 16 gl.

Dittersdorf, Gott Mars, oder d. eiserne Mann. Sgspl. in 2 A. 8. Bresl. .., Gehr. 6 gl.

Dittersdorf, Karl von

v. Dittersdorf, Dr., kurzer Bericht über die Ermordung u. das Leichenbegängniß des Bischofes von Ermland Herrn Andreas Stanislaus v. Hatten, Doctors der Theologie u. Ritters des Königl. Rothen Adlerordens Erster Klasse, nebst der bei der feierlichen Bestattung gehaltenen Trauerrede. gr. 8. Braunsberg 841. (Model.) 1/8 ℔

Dittersdorf, Carl von, Index lectionum in lyceo regio Hosiano Brunsbergensi per aestatem anni 1839, die 10. aprilis. — Prooemium de errore qualitatis in personam redundantis. Braunsberg (Muttrai). 18 S. (4.—) 6593

— von der kathol. Kirche, s. Kirche.

Dittersdorf, Karl v., von der katholischen Kirche, s. Von.

—— Trauerrede am Grabe Sr. Durchl., d. Fürstbischofes v. Ermland, Abtes zu Oliva, ꝛc. Prinzen Joseph v. Hohenzollern-Hechingen, gesprochen zu Oliva, am 1. Oct. 1836. gr. 8. (3/4 B.) Braunsberg u. Mohrungen 837, Rautenberg.

—— Vertheidigung d. Theinerschen Werkes: Die Einführung d. erzwungenen Ehelosigkeit bei d. christl. Geistlichen u. ihre Folgen. 8. (2 B.) Breslau 828, Max u. Komp.

— s. Zeitschrift, Breslauer, f. kathol. Theologie.

Dittersdorf, Karl Ditters von

Ditters v. Dittersdorf, K., der Apotheker u. Doktor, s.: Mode's, G., Operntextbibliothek.

Ditters v. Dittersdorf, Karl u. Stephanie der Jüngere, Doktor u. Apotheker, s.a. Universal-Bibliothek.

Doktor und Apotheker. Kom. Oper in 2 Aufz. von Karl Ditters v. Dittersdorf. Dichtung von Stephanie dem Jüngeren (d. i. Gottlieb Stephan). Vollst. Buch. Durchgearb. u. hrsg. v. Carl Friedrich Wittmann. *Leipzig: Ph. Reclam jun. [1900].* (120 S.) 8° [F.]
— Opernbücher. Bd 45.
(Universal-Bibliothek. 4090.) [00. 7707

Ditters v. Dittersdorf, C., Hieronymus Knicker, s.: Mode's, G., Operntextbibliothek.

Ditters v. Dittersdorf's, Karl Ritter v., Lebensbeschreibung, s.a. Universal-Bibliothek.

Karl von Dittersdorfs Lebensbeschreibung. Seinem Sohne in die Feder diktirt. [Herausgegeben von Karl Spazier.] Leipzig 1801.

— Lebensbeschreib. v. ihm selbst. gr. 8. Leipzig, Breitkopf. 801.

Karl Ditters von Dittersdorfs Lebensbeschreibung. Seinem Sohne in d. Feder diktiert. Zum erstenmal neu hrsg. von Dr. Edgar Istel. Leipzig: Reclam [1909]. 224 S. 8°
(Universal-Bibliothek. 5103. 5104.) [09. 11374

Ausgewählte Orchesterwerke von Carl Ditters v. Dittersdorf. Zur Centenarfeier d. Todestages Dittersdorfs, 1799–31. Oct.–1899, hrsg. v. Josef Liebeskind. Bd 1–10. *Leipzig: Gebr. Reinecke (1899).* 10 Bde. 4° [99. 9011

Ditters a Dittersdorf, Carolus *(geb. Johannisberg bei Habelschwerdt 24. 6. 1793)*: De sanctissimi salvatoris nostri sermone Capharnaitico (Joann. 6. 26 seqq.) integre ad sanctissimam eucharistiam referendo. Vratislaviae: J. Max & comp. 1835. (40 S.) 4° *[Ohne öffentliche Disputation.]*
Breslau, Kath.-theol. Dr.-Diss. v. [23. Apr.] 1835

Dittes: D. dtsch. Unterr. in d. Oberklassen d. Realschule. Chemnitz. 1863.
Schul-/Univ.-Schrift

Dittes, Friedr., das Aesthetische nach seinem eigenthümlichen Grundwesen und seiner pädagogischen Bedeutung dargestellt. Eine gekrönte Preisschrift. gr. 8. (XIV und 137 S.) Leipzig 854, Klinkhardt.

—— das menschliche Bewußtsein, wie es psychologisch zu erklären und pädagogisch auszubilden sei. Eine gekrönte Preisschrift, Psychologen, Pädagogen und gebildeten Eltern zur Erwägung übergeben. gr. 8. (66 S.) Leipzig 853, Klinkhardt.

Dittes, Friedr., über die sittliche Freiheit, mit besond. Berücksicht. der Systeme von Spinoza, Leibnitz, Kant. Preisschrift. Nebst einer Abhandlung über den Eudämonismus. gr. 8. (VII und 128 S.) Leipzig 860, Klinkhardt.

— üb. die sittliche Freiheit m. besond. Berücksicht. der Systeme v. Spinoza, Leibniz, Kant. Gekrönte Preisschrift. Nebst e. Abhandlg. üb. den Eudämonismus. 2., neu durchgeseh. Aufl. gr. 8 (VI, 146 S.) Ebd. 892. n. 2.—

Dittes, Friedr. Zum Gedächtnis Adolf Diesterwegs. Gesprochen auf dem 8. deutschen Lehrertage am 27. Mai 1890. gr. 8. (20 S.) Lpz. 890, Klinkhardt. * — 30

Dittes, Friedr., Geschichte der Erziehung und des Unterrichtes. Für deutsche Volksschullehrer. 1. und 2. unveränd. Aufl. 1871. *M 2,40, und 3. verb. und verm. Aufl. gr. 8. (VIII, 247 S.) Leipzig 873, Klinkhardt. *

Dittes, Friedr., Geschichte der Erziehung und des Unterrichtes. Für deutsche Volksschullehrer. 4. Aufl. (VIII, 272 S.) 1875; 6. verb. Aufl. gr. 8. (VIII, 267 S.) Leipzig 878, Klinkhardt. *
Die 5. mit der 4. gleichlautende Aufl. ist in „Schule der Pädagogik" enthalten.

— dasselbe. 4. verb. Aufl. gr. 8. (VIII, 272 S.) Ebend. 876. n. 3. —

—— Geschichte der Erziehung u. d. Unterrichtes. F. deutsche Volksschullehrer. 9. verb. Aufl. gr. 8. (VIII, 272 S.) Ebd. 890. * 2 —

Dittes, Frdr., Geschichte der Erziehung u. des Unterrichtes. Für deutsche Volksschullehrer. 11. verb. Aufl. (VIII, 274 S.) gr. 8. Leipzig 903. J. Klinkhardt. n. 2.—

Dittes, Friedr., Grundriß der Erziehungs- und Unterrichtslehre. gr. 8. (VIII und 207 S.) Leipzig 868, Klinkhardt. *

—— Grundriß der Erziehungs- und Unterrichtslehre. 3. verb. Aufl. (IX, 243 S.) 1871. *M 2,40., und 4. verb. Aufl. gr. 8. (IX, 230 S.) Leipzig 874, Klinkhardt. *

— Grundriß der Erziehungs- u. Unterrichtslehre. 6., verb. Aufl. gr. 8. (IX, 230 S.) Ebend. 877. n. 3. —

—— Grundriß der Erziehungs- und Unterrichtslehre. 6. verb. Aufl. gr. 8. (IX, 230 S.) Ebendas. 878. *
Die 5. Aufl. ist in „Schule der Pädagogik" enthalten.

—— s. Jahresbericht, pädagogischer.

— Lehrbuch der praktischen Logik. 6. Ster.-Aufl. gr. 8. (77 S.) Ebend. 876. n. 1. 20

Dittes, Friedr., Lehrbuch der praktischen Logik. 7. Ster.-Aufl. gr. 8. (VIII, 69 S.) Leipzig 884, Klinkhardt. *

Dittes, Frdr., Lehrbuch der praktischen Logik. 7. Ster.-Aufl. 8. (VIII, 237 S.) Leipzig 884. Klinkhardt. n. 1. 20

— Lehrbuch der praktischen Logik. 9. Ster.-Aufl. gr. 8. (VIII, 69 S.) Ebd. 891. n. 1.—

Dittes, Frdr., Lehrbuch der prakt. Logik. 13. Aufl. gr. 8. (VIII, 70 S.) Leipzig 901. J. Klinkhardt. n. 1.—; geb. n. 1.50

Dittes, Frdr., Lehrbuch der prakt. Logik. 14. Aufl. (VIII, 70 S.) 8. Leipzig 908. J. Klinkhardt. 1.—; geb. n 1.50

—— Lehrbuch der Psychologie. gr. 8. (180 S.) Wien 873, Pichler's Wwe. und Sohn. *

Dittes, Frdr., Lehrbuch der Psychologie. 5. Ster.-Aufl. gr. 8. (VIII, 165 S.) Leipzig 876. Klinkhardt. n. 2. 40

—— Lehrbuch der Psychologie. 7. Ster.-Aufl. gr. 8. (VIII, 165 S.) Ebendas. 882. *
Die 6. Aufl. ist in Schule der Pädagogik enthalten.

—— Lehrbuch der Psychologie und Logik. Gesammt-Ausg. [Der „prakt. Logik" 4. Aufl., des „Lehrbuch der Psychologie" 2. Aufl.] gr. 8. (VII, 238 S.) Wien 874, Pichler's Wwe. und Sohn. *

Dittes, Frdr., Lehrbuch der *Psychologie u. Logik.* Gesammt-Ausgabe. (Der „praktischen Logik" 4. Aufl., des „Lehrbuchs der Psychologie" 2. Aufl. Leipzig 1876. 8º. Ppb. 1 Bll. IV—238 S.

—— Lehrbuch der Psychologie und Logik. Gesammt-Ausg. der „praktischen Logik". 4. Aufl., und des „Lehrbuchs der Psychologie" 2. Aufl. gr. 8. (IV, 238 S.) Ebendas. 878. *

—— Lehrbuch der Psychologie und Logik. Gesammt-Ausg. der „praktischen Logik" und des „Lehrbuchs der Psychologie". 8. Ster.-Aufl. gr. 8. (VII, 273 S.) Ebendas. 882. *

—— das Lehrer-Pädagogium der Stadt Wien. gr. 8. (60 S. mit 1 Holzschntaf. in qu. 4.) Wien 873, Pichler's Wwe. und Sohn. *

—— der Lehrplan des herzogl. Lehrerseminars zu Gotha. gr. 8. (III, 52 S.) Gotha 868, Thienemann. *

— praktische Logik. Besonders f. Lehrer. 2. Aufl. gr. 8. (VIII, 74 S.) Leipzig 872. Klinkhardt. n. 1. 20

—— praktische Logik. Besonders für Lehrer. 1. und 2. Aufl. gr. 8. (VIII, 74 S.) Wien 872, Pichler's Wwe. und Sohn. *

—— Methodik der Volksschule. Auf geschichtl. Grundlage. 1. Aufl. 1874, und 2. unveränd. Aufl. gr. 8. (IV, 284 S.) Leipzig 875, Klinkhardt. *

—— Methodik der Volksschule. Auf geschichtl. Grundlage. 4. verb. Aufl. gr. 8. (VI, 282 S.) Ebendas. 878. *
Die 3. mit der 2. gleichlautende Aufl. ist in „Schule der Pädagogik" enthalten.

— Naturlehre des Moralischen und Kunstlehre der moralischen Erziehung. Leipzig 856. G. Mayer. gr. 8. (VII, 144 S.) 18 ngl

Dittes, Fr., s. Paedagogium.
Vgl.: Holtz, O., die metaphysischen Grundlagen der Herbart'schen Psychologie und ihre Beurtheilung durch Dr. Dittes. — Kurth, E., Herr Dr. Dittes als philosophischer Kritiker beurtheilt. — Thilo, Ch. A., und O. Flügel, Dittes über die praktische und theoretische Philosophie Herbart's.

(D[ittes, Friedrich].) Pestalozzi für immer! [A.] 8. (Leipzig 1885.)

—— über Religion und religiöse Menschenbildung. gr. 8. (V und 183 S.) Plauen 855, Neupert.

Dittes, Frdr., gesammelte Schriften. In zwanglosen u. selbständ. Hftn. 1 Hft. gr. 8. Leipzig 893. J. Klinkhardt. n. 2. 40
I. Das menschliche Bewußtsein. II. Das Ästhetische. 2 gekrönte Preisschriften. (XII, 163 S.)

—— Schule der Pädagogik. Gesammtausgabe der Psychologie und Logik, Erziehungs- und Unterrichtslehre, der Methodik der Volksschule, Geschichte der Erziehung und des Unterrichtes. gr. 8. (XXIV, 1027 S.) Ebendas. 876. *
—— dass. — 2. verb. Aufl. In 20 Lfgn. gr. 8. (XXV, 1022 S.) Ebendas. 877—79. à Lfg. * 50 Pf. *

—— Schule der Pädagogik. Gesammt-Ausg. der Psychologie und Logik, Erziehungs- und Unterrichtslehre, Methodik der Volksschule, Geschichte der Erziehung und des Unterrichts. 3. verb. Aufl. gr. 8. (XXVI, 1024 S.) Ebendas. 880.

— Schule der Pädagogik. Gesamt-Ausg. der Psychologie u. Logik, Erziehungs- u. Unterrichtslehre, Methodik der Volksschule, Geschichte der Erziehg. u. d. Unterrichts. 4., verb. Aufl. Neue wohlf. Ausg. (In 17 Lfgn.) 1. Lfg. gr. 8. (XXVI u. S. 1—48.) Ebd. 890. n. — 40

— Schule der Pädagogik. Gesammt-Ausg. der Psychologie u. Logik, Erziehungs- u. Unterrichtslehre, Methodik der Volksschule, Geschichte der Erziehg. u. d. Unterrichts. 4., verb. Aufl. Neue wohlf. Ausg. 2.—17. (Schluß-)Lfg. gr. 8. (S. 49—1051.) Ebd. 891. à n. — 40 (kplt.: n. 7. —)

— dasselbe. 5., verb. Aufl. (In 17 Lfgn.) 1. u. 2. Lfg. gr. 8. (XVI u. S. 1—112.) Ebd. 894. à n. — 40

— Schule d. Pädagogik. Gesammt-Ausg. d. Psychologie u. Logik, Erziehungs- u. Unterrichtslehre, Methodik der Volksschule, Geschichte d. Erziehg. u. d. Unterrichts. 5., verb. Aufl. 3.—17. (Schluß-)Lfg. gr. 8. (XVII—XXVI u. S. 113—1050.) Leipzig 895. J. Klinkhardt. à n. — 40 (kplt.: n. 7. —; geb. in Leinw. n. 8. —; in Halbfrz. n. 8. 50)

— Schule der Pädagogik. Gesammtausg. der Psychologie u. Logik, Erziehungs- u. Unterrichtslehre, Methodik der Volksschule, Geschichte der Erziehg. u. des Unterrichts. 6. verb. Aufl. (Neue wohlf. Ausg.) gr. 8. (XXIV, 1049 S.) Ebd. 901. n. 7. —; geb. in Leinw. n. 8. —; in Halbldr. n. 8. 50
Erschien auch in 17 Lfgn. à n. — 40.

—— die deutsche Sprache und Literatur auf den sächsischen Lehrerseminaren. Vortrag, gehalten auf der 12. allgemeinen sächs. Lehrerversammlung zu Chemnitz am 3. Octbr. 1864. gr. 8. (20 S.) Chemnitz 864, Focke. *

—— s. Stauracz. — Witte, J. H.

Dittes Dr. Rudolf: Über den Gebrauch der Partizipien und des Gerundiums im Altprovenzalischen. (32). Budweis R. 02.
Progr.

Dittes Rudolf: Ueber die englischen König-Johann-Dramen mit bes. Ber. der vor-shakespearischen.
H. 1894 PN 840 Diss. Wien, Univ. 1927

v. Dittfurth, Fr. Dt.: Zwei Abstimm., deren eine üb. die Vorträge des Frhn. v. *Riedesel*, d. zweite aber üb. ein. wicht. K.-Gerichtl. Einrichtt., besond. d. Referirart abgegeben w. *Jena*, Mauke. 792. gr. 8. (9 Gr.)

DITTHEFFTS, Des Isländers Franz Severin —, merkwürdige und neuerliche Reisen zur See und desselben vierzigjähriger Aufenthalt auf der schwimmenden Davids-Insel. aus sehr vielen in englischer und anderen Sprachen enthaltenen Nachrichten übersetzt und in Ordnung gebracht von H... L... v. C... Frankfurt und Leipzig, 1756. 8°. (Besitzt Dr. Ullrich in Brandenb. a. Havel.)
143 S. (incl. Tit. in Roth u. Schwarz u. 1 unbez. Bl. „Vorbericht", unterz. „der Übersetzer"). Wohl deutsches Original.

Ditthefft, Franz. Sever., Reisen z. See. 8. Leipz. Gollner. 758.

Ditthorn, Ferd., die Bedeutung der Donauwasserstrasse f. die Petroleumeinfuhr, s.a. Verbandsschriften des deutsch-österreich.-ungar. Verbandes f. Binnenschiffahrt. N. F. 16.

Die Bedeutung der Donauwasserstraße für die Petroleumeinfuhr. Von Ferdinand Ditthorn, Magistratsrat in Regensburg. *Berlin-Grunewald: A. Troschel 1903.* (17 S.) 8°
= Deutsch-Oesterr.-Ung. Verband f. Binnenschiffahrt. Verbands-Schriften. N. F. No 18. [04. 468]

Ditthorn, Fritz [aus Regensburg]: Beiträge zur Kenntnis tierischer Kohlehydrate. Basel 1902. 44 S. 8°.
Basel. Phil. Diss. 1902/1903.

Ditthorn, Karl, mein Sommer in Liebes-Liedern. VI. 8. (40 S.) Nürnberg 885, Kühl. *

Ditthorn, Konr., poetische Klänge. V. 8. (40 S.) Nürnberg 888. Raw. n. — 40

Ditting, F., moderne Sitzmöbel. Polstermöbel in Renaissance, Rokoko u. engl. Stil. F. d. Praxis d. Tapezierer u. Möbelfabrikanten. (In 10 Lfgn.) 1.—5. Lfg. hoch 4. (à 8 Taf.) Ravensburg 897. O. Maier. à n. 1. 20

Dittl, Cajetan, Sprachlaute u. Lautschrift. Reine u. dialekt. Aussprache. Lateinisches Reformalphabet. Physiolog. Lautschrift. Naturschrift Volks-Phonopsychologie. M. 1 Übersichtstaf. 8. (14 S.) Graz 898. P. Cieslar. n. — 50

Dittler, Emil

— Über das Äthylenbiguanid. S. 117. IIb. 357 . . . . vgr.
Separatabdruck

Dittler, Emil, die Erstarrungskurven einiger Silikatschmelzen. (89 S. m. 10 Fig. u. 2 Taf.) gr. 8. Wien 908. (A. Hölder.) 1. 80
Sonderabdr. a.: „Sitzungsber. d. k. Akad. d. Wiss."

Dittler, G. Aug., Beiträge zur Ortsbestimmung in der Naphtalin-Reihe und über isomere Nitroacetnaphtalide. Inaugural-Dissertation. gr. 8. (35 S.) Göttingen 875, (Vandenhoeck und Ruprecht's Verlag.) *

Dittler, Georg. Hydrotechnische Bemerkungen . . . Karlsruhe 1835. H: *Lienin, F.* (Kat. d. Bibl. d. Techn. Hochsch. Berlin 1900.)

Dittler, Geo., hydrotechn. Bemerkungen, gesamm. auf e. Reise durch England, Holland, Nord- u. Süddeutschland im J. 1830. Nebst e. kurzen Biographie d. Verf. M. 18 Taf., 1 Karte u. d. Portr. d. Verf. gr. 4. (31 B.) Karlsruhe 835, Groos. *

Dittler, Rudolf, Medizinalpraktikant a. Höchst am Main: Ueber die Zapfenkontraktion an der isolierten Froschnetzhaut. (Altenburg) 1906: (Pierer). (34 S.) 8° ¶ (Aus: Archiv für die gesamte Physiologie Bd 117.)
Leipzig, Med. Fak., Ref. Hering, Diss. v. 19. Nov. 1906
[Geb. 2. Nov. 81 Höchst a. Main; Wohnort: Leipzig; Staatsangeh.: Preußen; Vorbildung: Gymn. Karlsruhe Reife Juli 00; Studium: Jura Freiburg i. B. 2, Med. 3, München 1. Berlin 1, Freiburg i. B. 1, Leipzig 2 S.; Coll. 21. Dez. 06; Approb. 20. Febr. 07.]

Dittlieb v. Alnpeke, s.: Alnpeke.

Dittmann & Schütze, allgemeine Dreizeichenschrift u. Dreizeichensprache. In längstens e. Stunde zu erlernen! 12. (38 S.) Berlin 900. Dittmann & Schütze. n. 1. 50

Dittmann, grammatische Formenlehre und eine kurze Satzlehre der deutschen Sprache, besonders für die unteren Classen der Gelehrten- und Real-Schule in Flensburg, ausgearb. nach Hjort, Heinsius, Heyse u. A. gr. 8. (47 S.) Flensburg 857(59), (Herzbruch.) geb. **

Dittmann, wer ist ein Lichtfreund? Predigt üb. Ev. Joh. 8, 12. gr. 8. (1 B.) Colberg 845, Post.

Gesellenfahrten. Ernste u. heitere Erinnerungen aus dem Wanderleben eines ehemaligen Handwerksburschen. Mitgeteilt v. A. Dittmann. Neumünster. 1889. 8°

Dittmann, A. F., die Erde ein Himmelskörper. Ein kritischer Hinblick auf die Geschichte und Wissenschaft der Astronomie. Kiel 856. Akademische Buchhdlg. 8. (192 S.) n. 1 ℳ

Dittmann, A. F., das Polar-Problem und ein Vorschlag zur Lösung desselben, in 105 Sätzen über den Umschwung der Erde. gr. 8. (44 S. mit eingedr. Holzschn.) Hamburg 869, Richter. *

Dittmann, A. F., die veränderliche Umdrehungsrichtung oder doppelte Axendrehung der Erde nebst den wichtigsten davon abhäng., durch Geologie und Geschichte constatirten Umgestaltungen, Vorgängen, Verhältnissen und Zuständen der Erdoberfläche, kurz dargestellt und veranschaulicht durch Zeichnungen und 1 (lithogr.) Karte (in Fol.). gr. 8. (43 S.) Schleswig 863, (Heiberg's Buchh.) *

— die großen Veränderungen der Erdoberfläche. I. Bisherige Muthmaßungen, Ansichten u. Theorien über die Entstehung des Erdkörpers, die Beschaffenheit seines Innern, die Bildung seiner Oberfläche u. die darauf vorgegangenen Veränderungen. II. Thatsachen, durch welche die großen Veränderungen der Erdoberfläche bestätigt werden. III. Nächste Ursache derselben, — entdeckt u. erläutert. Schleswig 858. Heiberg in Comm. gr. 8. (415 S.) nn. 2 ß

Dittmann, A. F., die großen Veränderungen der Erdoberfläche. I. Bisherige Muthmaßungen, Ansichten und Theorien über die Entstehung des Erdkörpers, die Beschaffenheit seines Innern, die Bildung seiner Oberfläche und die darauf vorgegangenen Veränderungen. II. Thatsachen, durch welche die großen Veränderungen der Erdoberfläche bestätigt werden. III. Nächste Ursache derselben, — entdeckt und erläutert. gr. 8. (415 S.) Schleswig 859, (Heiberg.) **

Dittmann, A. F., unsere Zeit u. die Naturwissenschaft. Zur Vorbereitung eines wissenschaftl. Unternehmens. gr. 8. (X u. 86 S.) Kiel 852, Akademische Buchh. n. 1/2 ß

Dittmann, Adolf: Ueber die durch Zinnerzpneumatolyse aus Granit entstehenden Umwandlungsgesteine. Heidelberg 1909: Rössler & Herbert. 59 S. 8°
Heidelberg, Naturw.-math. Diss. v. 7. Juni 1909, Ref. Rosenbusch
[Geb. 3. Jan. 82 Magdeburg; Wohnort: Magdeburg; Staatsangeh.: Preußen; Vorbildung: Realgymn. Magdeburg Reife O. 00; Studium: Klausthal Bergakad. 9, Heidelberg 8 S.; Rig. 30. Juli 08.] [U 09. 2039

Das Feuerlöschwesen in der Stadt und auf dem Lande. Ein Handbuch d. Einrichtung u. Organisation von Berufs-, freiwilligen u. Pflichtfeuerwehren. Von [Adolf Karl Wilhelm] **Dittmann** † u. Dr. [Bernhard] Reddemann, Branddir. Mit 29 Textfig. Berlin: Springer 1910. XXIII, 269 S. 8° 10. 7341

Dittmann, Alex v., Lehrbuch der Geographie. 1. Abth.: Vorbereitender Cursus. 5. bericht. Aufl. gr. 8. (77 S.) Leipzig 880, Siegismund und Volkening. *
1.—4. Aufl. erschienen im Selbstverlag des Verfassers.

Dittmann, Alex., Rurik. Historisches Schauspiel in 5 Acten. St. Petersburg 861. Hässel in Comm. gr. 8. (128 S.) nn. 1 ß 15 ngr

Dittmann, Alex., Rurik. Historisches Schauspiel in 5 Acten. (Den Bühnen gegenüber Mscr.) Lex.-8. (128 S.) St. Petersburg 862, (Hässel.) **

Dittmann, Alex. v., die Weltgeschichte, eine zusammenhängende Erzählung in 12 Büchern. 1.—3. Bd. gr. 8. Leipzig, [C. J. Günther's Nachf.] Siegismund und Volkening. *ℳ 12.; geb. *
Inhalt:
Bd. 1. Die Geschichte des Alterthums. — 1. und 2. Buch: Die Geschichte des Orients und der griechisch-macedonischen Welt. (VII, 454 S.) 877. *ℳ 3.; geb. *ℳ 4.
" 2. —— dass. — 3. Buch: Die römische Geschichte. (VII, 401 S.) 877. *ℳ 3.; geb. *ℳ 4.
" 3. 4.—7. Buch: Die Geschichte des Mittelalters. (VIII, 768 S.) 879. *ℳ 6.; geb. *ℳ 7,50.

— die Weltgeschichte, eine zusammenhäng. Erzählung in 12 Büchern. 1. u. 2. Bd. A. u. d. T.: Die Geschichte des Alterthums. 3 Bücher. gr. 8. Leipzig 879. Siegismund & Volkening. à n. 3. —; geb. à n. 4. —
1. 1. u. 2. Buch: Die Geschichte des Orients u. der griechisch-macedonischen Welt. (VII, 454 S.) — 2. 3. Buch: Die römische Geschichte. (VII, 401 S.)

— dasselbe. 3. Bd. Die Geschichte des Mittelalters. gr. 8. (VIII, 768 S.) Ebend. 880. n. 6. —

Dittmann, Alex. v., die Weltgeschichte, eine zusammenhängende Erzählung in 12 Büchern. 4. und 5. (Schluß-)Bd. gr. 8. Leipzig, Siegismund und Volkening. *ℳ 12.; geb. *
Inhalt:
Bd. 4. Die neue Geschichte. (VIII, 744 S.) 881. *ℳ 6.; geb. *ℳ 7.
" 5. Die neueste Geschichte. (XVI, 616 S.) 884. *ℳ 6.; geb. *ℳ 7,50.
1.—3. Bd. Ebendas. 1877—79. *ℳ 12.; geb. *ℳ 15,50.

Dittmann, August Friedrich (Hrsg.), s. Der Volksarzt.

Dittmann, C., Coordinaten- und Tangenten-Tafeln, nebst Anleitung zur Erleichterung und Abkürzung trigonometr. und polygonometr. Winkel- und Linien-Berechnungen. Entworfen und mit den erforderl. Beispielen versehen. Lex.-8. (XL und 115 S. mit vielen in den Text gedr. Holzschn. und 3 Stnt. in qu. gr. Fol.) Würzburg 859, Stahel'sche Buchh. *

Dittmann, C., Coordinaten- u. Tangenten-Tafeln nebst Anleitung zur Erleichterung u. Abkürzung trigonometr. u. polygonometr. Winkel- u. Linien-Berechnungen ohne Logarithmen. Entw. u. mit den erforderlichen Beispielen versehen. 2., genau revid. Ausg. Mit vielen in den Text gedr. Holzschn. u. 3 lith. Taff. (in 4.) Würzburg 861. Stahel. Lex.-8. (XL, 150 S.) n. 20 ngr

Dittmann, C., Coordinaten- und Tangenten-Tafeln nebst Anleitung zur Erleichterung und Abkürzung trigonometr. und polygonometr. Winkel- und Linien-Berechnungen ohne Logarithmen. Entworfen und mit den erforderl. Beispielen versehen. 2., genau revid. (Titel-)Ausg. Lex.-8. (XL und 150 S. mit vielen in den Text gedr. Holzschn. und 3 Stnt. in qu. gr. 4.) Würzburg (859)66, Stahel'sche Buchh. *

Dittmann, Ch., Wartburgvergangenheit. Historische Erzählgn. Illustriert v. Ernst Marx. gr. 8. (IV, 236 S.) Gotha (901). [G. Schloeßmann.] Verlagsbureau. n.n. 2. 60; geb. n. 3. 60

Dittmann, Charlotte, Passiflora. Novelle. (163 S.) 8. Berlin (910). Verlag Berlin-Wien. 2.50; geb. in Leinw. 3. 50

Dittmann, D., Petronella, die poln. Einsiedlerin auf d. Anna-Berge in Ober-Schlesien. Histor. Erzähl. a. d. Zeit d. letzten Unruhen in Polen. 2 Thle. gr. 12. Leipzig 831, (Kayser.) [1. (11¼ B.), 2. (9½ B.) à 1 Thlr.]

Dittmann, D., Petronella, die poln, Einsiedlerin auf dem Anna-Berge in Ober-Schlesien. Histor. Erzähl. aus d. Zeit der letzten Unruhen in Polen. 2 Thle. gr. 12. Leipz. 831. Wolbrecht. 2 ß

Dittmann, (Ed.), die asiatische Cholera. Anleitung zur hydropath. Behandlung derselben, begleitet m. den darüber schon gemachten Erfahrungen. 2. Aufl., verm. mit einem Nachtrage üb. die jetzigen Erfolge der Wasserkur u. m. einer nähern auf eigene Erfahrg. gegründeten Anleitung. gr. 8. (36 S.) Bromberg 848, Fischer. 6 ngr

Dittmann, Ed., die Rezeptir-Kunst nach preuß. Medizinal-Gesetzen, oder Anleitung, die vorkommenden Magistral-Formeln kunstgerecht anzufertigen. Ein Handbuch für angehende Rezeptarien u. zur Controlle für Aerzte verfaßt. gr. 8. Frankfurt a/O. 842, Horwitzky. 1 ß

Dittmann, Erich: Die Haftung der Emissionshäuser. Greifswald 1906: F. W. Kunike. (34 S.) 8°
Greifswald, Jur. Fak., Ref. Frommhold, Diss. v. 20. Juli 1906
[Geb. 23. Dez. 80 Stettin; Wohnort: Stettin; Staatsangeh.: Preußen; Vorbildung: Friedr.-Wilh.-Realgymn. Stettin Reife M. 99; Studium: Greifswald 6, Berlin 1 S.; Rig. 15. Juni 06.]

Dittmann, Eugen [app. Arzt aus Nürnberg]: Ueber Wurmfortsatzperitonitis und deren operative Behandlung. . . . Nürnberg, Druck v. Friedrich Haffner, 1890; 27 S. 8°
Erlangen, Med. Fak., Inaug.-Diss. v. 10. März 1890

Dittmann, Frdr., der Begriff des Volksgeistes bei Hegel, s.a. Beiträge zur Kultur- u. Universalgeschichte. 10.

Dittmann, Friedrich: Der Begriff des Volksgeistes bei Hegel. Zugleich e. Beitrag z. Gesch. d. Begriffs d. Entwicklung im 19. Jh. Leipzig: Voigtländer 1909. 108 S. 8° ¶(Ersch. auch als: Beiträge z. Kultur- u. Universalgeschichte. H. 10.)
Leipzig, Phil. Diss. v. 20. April 1909, Ref. Lamprecht, Wundt
[Geb. 13. Mai 85 Kl.-Wehnendorf; Wohnort: Altona; Staatsangeh.: Mecklenburg-Schwerin; Vorbildung: Realgymn. Altona Reife O. 05; Studium: Rostock 1, Leipzig 7 S.; Rig. 15. Dez. 08.] [U 09. 2943

Dittmann, Friedr., Walter Ralegh. Eine histor. Skizze. Vortrag. gr. 8. (20 S.) Philadelphia 868, (Schäfer und Koradi.) *

—— Maria Stuart. Eine historisch-biograph. Skizze. Vortrag gehalten am 9. Febr. 1869. gr. 8. (12 S.) (Philadelphia 870, Schäfer und Koradi.) *

Dittmann, Georgius, Saxo-Borussus: De **Hygino** Arati interprete. *Lipsiae 1900: B. G. Teubner.* (54 S.) 8°
Göttingen, Phil. Diss. v. [7. Aug.] 1900

Dittmann, Georg Friedrich, s. a. Dittmann, H.

Dittmann, Geo. Friedr., vollständ. Anweisung zur Kenntniß u. z. vortheilhaften Betriebe d. schleswig-holstein. Landwirthschaft. 3 Bde. 8. (57 B.) Altona 838, 39, Hammerich.

Dittmann, Geo. Friedr., vollständige Anweisung z. Kenntniß u. zum vortheilhaften Betriebe d. schleswig-holsteinischen Landwirthschaft. 2., verm. u. verb. Aufl. 3 Bde. 8. (69 B.) Altona 845, Hammerich.

Dittmann, Geo. Friedr., vollständige Anweisung zur Kenntniß und zum vortheilhaften Betriebe der schleswigschen und holstein. Landwirthschaft. 3., verm. und verb. Aufl. gr. 8. (XXX und 602 S. mit 1 Holzschnt. in qu. gr. 4. und in den Text gedr. Holzschn.) Altona 858, Hammerich.

Dittmann, G. Fr., Versuch e. Darstellung d. Landwirthschaft auf d. Gütern in d. Hrzgthn. Schleswig u. Holstein. 8. (16 B.) Altona 828, Hammerich.

Dittmann, Geo. Gli., Beitr. zur Geschichte d. Stadt Thorn, aus guten Quellen gesammelt. 1r Bd. 4.... 789.

Dittmann, G. G. Beiträge zur Geschichte der Stadt Thorn. I. 4. Thorn 1789.

Dittmann, H., s. a. Dittmann, Georg Friedrich

Dittmann, H.: „Vollständige Anweisung zur Kenntniss und zum vortheilhaften Betriebe der schleswig-holsteinischen Landwirthschaft", 3 Theile, Altona 1838, 1839 Hammerich).

Dittmann H. Bewegung eines schweren Punktes auf einer um ihre Axe drehbaren Rotationsoberfläche. 1879. 8.
Diss. Rostock.

Dittmann, H.: „Versuch einer Darstellung der Landwirthschaft auf den Gütern in den Herzogthümern Schleswig und Holstein", Altona 1828 (Hammerich).

Dittmann, H. F., Anweisung für junge Comptoiristen ein Conto-Corrent nach den verschiedenen Zinsenberechnungen aufzumachen, nebst beigefügten Schemas. Nach dess. Tode hrsg. v. dess. Wittwe. 4. (2 B.) Hamburg 846, Herold'sche Bh.*

Am Hofe des Kaisers von China oder die Greuelthaten von Tien-Tsin [!]. Eine Erzählung von Holger Dittmann. *Berlin: A. Weichert [1896].* (64 S.) 8° [F.]
— Indianer- u. Volksbibliothek. 71. [03. 1693

— dasselbe, s.a. Indianer- u. Volksbibliothek.

Dittmann, J. C.

— u. K. Kreysing, das Interesse des deutschen Handels im Allgemeinen, besonders in Beziehung auf die Seeräubereien d. Barbaresken u. Englands Handelsgesetzgebung. 8. Hamb. 822. Verf. (Herold).

Dittmann, (J. C.,) geograph.-statist. Uebersicht d. Territorialbesitzungen d. freien u. Hanse-Stadt Hamburg, alphabet. abgefaßt. Mit 1 illum. Karte. gr. 4. Hamburg 826, Verf. (Herold.)

Dittmann, J. C., geograph.-statist. Uebersicht d. Territorialbesitzungen d. freien u. Hanse-Stadt Hamburg, alphab. abgefaßt. Mit 1 ill. Karte. gr. 4. Hamb. 826. Verf. (Nestler u. M.) 12 gl.

Dittmann, Johann

Dittmann, J., aus dem alten Neumünster. Versuch einer Chronik des vormal. Gaues Faldera. gr. 8. (328 S.) Neumünster 879. Brumby. pro 2 Bde. n. 3. 50

Dittmann, Carl Gottlieb (Leipzig), Quaestiones de tela erectili. Diss. med. Lpz. (Staritz) 17. VII. 1835. 39 S. (4.80) 6594
Gew.: Ludw. Heinr. Kabisch Frh. v. Lindenthal.

Dittmann, M., Die drei merkwürdigen Cyclen in unserer Festrechnung, erläutert aus dem Kalenderwesen der Griechen und Römer. Pr. 1844. 29 S. 4°. 1.20

Dittmann, M. Th., was treibt uns in dieser Zeit zu der Frage: Ob wir den Herrn haben? Predigt am Tage nach Neujahr 1848 gehalten zu Zschortau. gr. 8. (15 S.) Delitzsch 848, (Eißner's Buchh.) *

Die Wohlthäter der alten und neuen Schule. Ein Beitrag zur Geschichte derselben, in Erinnerung gebracht v. Michael **Dittmann.** Flensborg. 1860. 8°. Gymn.-Progr.

Dittmann O. C. H. Ueber gemeinschaftliche Systeme conjugirter Durchmesser von concentrischen Curven und Flächen 2. Grades. 1869. 8.
Diss. Rostock.

Dittmann, Otto. Die Getreidepreise in d. St. Leipzig im 17., 18. u. 19. Jahrh., s.a. Mittheilungen d. statist. Amtes d. St. Leipzig.

Dittmann, Otto [aus Bad Kösen]: Die Getreidepreise in der Stadt Leipzig im XVII., XVIII. und XIX. Jahrhundert. (Ein Beitrag zur Geschichte der Preisbewegung. . . . (Leipzig, gedr. bei E. Polz, 1889); 1 Bl. + 41 S. + 1 Bl. u. 7 Taf. 4°
Leipzig, Phil. Fak., Inaug.-Diss. v. 28. Jul. 1889

Dittmann, Otto, Nordlandsfahrt der Berliner Turnerschaft v. 16.—31. 7. 1910, Berlin 1910, 69 S., 8°.

Dittmann, S. C., d. Lehre Jesu, od. Fragen an Confirmanden rc. 3e Aufl. 8. Königsb. 804. Unzer. 4 gl.

— drei Passionspredigten über Luc. 23, 33—47. 8. Elbing. 789.

— Predigten z. Beförderung häusl. Tugenden. 8. Königsb. 798. Unzer. 12 gl.

S. C. DITTMANN, Skizze einer Biographie des verstorbenen Landschafts-Directors, Reichs-Grafen von Finckenstein auf Jäskendorf. Königsberg 1800, gedrukt bei Heering und Haberland. 8°.

Dittmann, Theodor (Hrsg.), s. Bilder aus der Heimat

Dittmann, Wilh., praktisches Handbuch der Fabrication diverser Spirituosen enthaltend 200 Vorschriften zur Anfertigung der beliebtesten Liqueure, doppelten und einfachen Branntweine rc. u. einen Anh. gemeinnütz. Vorschriften. Halle (855). Pfeffer. 8. (2 Bl., 184 S.) n. 1 ₰

Dittmann, Wilh., 200 Vorschriften zur Anfertigung der beliebtesten Liqueure, doppelten und einfachen Branntweine, ingleichen des Rums, Arac de Goa rc., nebst dem Reinigen des rohen Spiritus und einem Anhang gemeinnütziger Vorschriften. 2. (Titel-) Aufl. 8. (184 S.) Altona (855)60, Verlags-Bureau.

Dittmann, W., 260 Vorschriften zur Anfertigung der beliebtesten Liqueure, s. Bibliothek, technologische.

Dittmar, s. a. Ditmar

Dittmar, ..., etwas über die Restitution in moral. Verstande. 8. Marb. 783. Krieger. 3 gl.

Dittmar, Mittheilungen eines Mannes, der zu lesen versteht, s. Mittheilungen.

Dittmar, Diss. de confidentia aegrotandis erga medicum et medicinam necessitate, ejusque mira efficacia. Regiom. 4°.
1723

Dittmar (Resp.): De sanguinis et animae nexu, s. Alberti, M. (Praes.)

Dittmar, Gebr: Preisliste über Messer, Scheeren, Werkzeuge usw. Heilbronn (1897). Fol.

Dittmar: Sammlung von Plänen ausgeführter Arbeiter-Wohnungen im Industrie-Bezirk Aachen. (Eschweiler 1874) Fol.

Dittmar, die Schlachtsteuergesetze im Königr. Sachsen mit Anmerkgn. u. den wichtigsten Bestimmgn., die Rinderpest betr. Harburg 894.

Dittmar, die Schuld d. Familie an d. Schule, s.a. Für d. Schule aus d. Schule.

[F.] Die Schuld der Familie an die Schule. Vortr. v. Dir. Dr. Dittmar. *Neuwied & Leipzig: Heuser [1899].* (12 S.) 1 Bd 8.
= Schule, Aus der, für die Schule. II. 28. [99. 9636]

Dittmar, Adolph (Fürth)
Ueber periodische Volumsveränderungen der menschlichen Milz.
Giessen: W. Keller 1850. 27 S. (in Δ mit „Thesen")
Diss. med. 13.7.1850. vorh. 26. 11.Δ.

Dittmar, Albertus (Ferdinandus Augustus) *(geb. Lübben 23. 1. 1837)*: De perforatione intestinorum spontanea. Vratislaviae (1861). (20 S.) 8°
Breslau, Med. Diss. v. 20. März 1861

v. Dittmar, Alph., die Contorta-Zone [Zone der Avicula contorta Portl.]. Ihre Verbreitung u. ihre organ. Einschlüsse. München 864. Manz in Comm. 4. (2 Bll., 318 S., 3 lith. Taff. u. 1 lith. Karte in Fol.) n. 3 ₰

Dittmar (von), Die Contorta Zone (Zone der Avicula contorta Portt) ihre Verbreitung und ihre organischen Einschlüsse. München 1865. 8.

—— zur Fauna der Hallstädter Kalke, s. Beiträge, geognostisch-paläontologische.

Studien zur lateinischen Moduslehre v. Dr. phil. Armin Dittmar, Lehrer ... zu Grimma ... *Leipzig: B. G. Teubner 1897.* (XI, 346 S.) 1 Bd 8. [97. 4131]

Dittmar, Arminus Maximilianus [Thuringus]: De Atheniensium more exteros coronis publice ornandi quaestiones epigraphicae ... (Aus: Leipz. Studien z. class. Phil. Bd. 13.) Lipsiae, typ. I. B. Hirschfeldi, 1890; 2 Bl. + S. 65—124 + 1 Bl. u. 2 Taf. 8°
Leipzig, Phil. Fak., Inaug.-Diss. v. 20. Jul. 1890

Dittmar, A. M., De Atheniensium more exteros coronis publice ornandi quaestiones epigraphicae. S.-A. 1890. 184 S. u. 2 Taf. 3.—
— — I. Diss. 1890. 60 S. u. 2 Tab. —.90

Dittmar, Arnold [Bertaswaldensis]: De Meleagri Macedonii Leontii re metrica .... Regimonti, Ostpr. Zeit.- u. Verl.-Druck. (1886); 2 Bl. + 32 S. 8°.
Königsberg, Phil. Fak., Inaug.-Diss. v. 4. Nov. 1886.

Dittmar, Arnold, de Meleagri, Macedonii, Leontii re metrica. Dissertatio inauguralis. 8. (30 S.) Königsberg i. Pr. 886, (Koch's Antiq.) **

Dittmar, Aug., Paronamase française, oder ähnlich lautende Wörter mit verschied. Bedeutungen. 8. Berl. 806. Littfas. 10 gl.

Dittmar, B., s.: Prinzregent, unser, u. sein Haus.

Dittmar, C. F. Beiträge zur Geschichte des Gymn. zu P. . . . . . .
Progr. Prenzlau 1825

Dittmar, E. M., Die Schlachtsteuergesetze im Königreich Sachsen vom 25. Mai 52. vom 23. März 58 und vom 25. Mai 67, nebst Ausführungsbestimmungen und Verordnungen, Bestimmungen über die Verbrauchsabgabe vom 20. Mai 65, einigen reichs- und landgerichtlichen Entscheidungen in Schlachtsteuer- etc. Angelegenheiten. einem Schema eines Schlachtsteuer-Heberegisters vom Jahre 76 mit Anmerkungen und den wichtigsten Bestimmungen, die Rinderpest betreffend. Ein Leitfaden für Beamte und Steuerpflichtige. Nach amtl. Quellen herausgeg. Hamburg 77.

Dittmar, E. M., die Schlachtsteuergesetze im Königr. Sachsen vom 25. Mai 1852, vom 23. März 1858 u. vom 15. Mai 1867, nebst Ausführungsbestimmgn. u. Verordngn., Bestimmgn. üb. die Verbrauchsabgabe vom 30. Mai 1865, einigen reichs- u. landgerichtl. Entscheidgn. in Schlachtsteuer- u. s. w. Angelegenheiten, e. Schema e. Schlachtsteuer-Heberegisters vom J. 1876 m. Anmerkgn. u. den wichtigsten Bestimmgn., die Rinderpest betr. Ein Leitfaden f. Beamte u. Steuerpflichtige, nach amtl. Quellen hrsg. gr. 8. (IV, 123 S.) Harburg 894. G. Elkan. n. 1. 80; geb. n. 2. 30

Dittmar, Eduard [aus Blankenheim b. Bebra]: Die Blankenheimer Mundart. Eine lautl. Untersuchg ... Darmstadt, G. Otto's Hof-Buchdr., 1891; 2 Bl., 48 S. 8.
Jena, Phil. Fak., Inaug.-Diss. v. 1891

Dittmar, Ed., die Blankenheimer Mundart. Eine lautl. Untersuchg. Diss. gr. 8. (48 S.) Darmstadt 891. (Rudolstadt, H. Dabis.) n. 1. 20

Dittmar, Frau Elisabeth Caroline (Gunderloch). Die Einwandg gebildeter weiblicher Erwerbsbedürftiger nach d VS. Mit einem Anhang: Die Einwanderung junger Männer. Bielefeld and Lpz, 1909.

Dittmar, E. C., die Einwanderg. gebildet. weibl. Erwerbsbedürftiger nach den Vereinigten Staaten. Mit e. Anh.: Die Einwanderg. junger Männer. (IV, 172 S.) 8. Bielefeld 909. Velhagen & Klasing. 1. 50; geb. 2. —

Dittmar, Emil (geb. Klein-Sierakowitz in Schles. 14. 12. 1847): Ueber puerperale Diphtheritis. Berlin (1872). (38 S.) 8°
Berlin, Med. Diss. v. 17. Apr. 1872

Dittmar, Ernst Friedr., das gerichtl. Rechnungswesen. 1. u. 2. Abhdlg. gr. 4. Darmstadt, Leske.
Abhdlg. 1. Vormundschaftsrechnungswesen; dargest. in ein. Instruct. f. Vormünder u. Obervormünder. (8¼ B.) 836. 20 Gr.
" 2. Das Concurs-Verwaltungs- u. Rechnungswesen. — A. u. d. T.: Das gemeinrechtl. gerichtl. Verfahren bei nicht streit. Verwalt., Verrechn. u. Vertheil. v. Concurs-Massen. Versuch e. vollständ. theoret.-prakt., Erörterung dies. wicht. Gegenstands. (32½ B.) 838. 2 Thlr. 12 Gr.

Dittmar, Er. Fr., das gerichtl. Rechnungswesen. Drei Abhandlungen. 1e Abhandl. Vormundschaftswesen; dargestellt in e. Instruktion f. Vormünder u. Obervormünder. gr. 4. Darmstadt 836. Leske. 5/6 ₰ — 2e Abhandl. A. u. d. T.: Das gemeinrechtliche gerichtliche Verfahren bei nicht streitiger Verwaltung, Verrechnung u. Vertheilung von Concurs-Massen. Versuch e. vollständ. theoret.-prakt. Erörterung dieses wichtigen Gegenstands. gr. 4. Ebd. 838. 2 ₰

Dittmar, Ferdinandus *(geb. Friedland in Westpr. 13. 11. 1838)*: De conjunctionibus quibusdam chymicis quae inter sodae fabricationem nascuntur. Vratislaviae (1862). (16 S.) 8°
Breslau, Phil. Diss. v. 31. Okt. 1862

Dittmar, Franz

Dittmar, Frz., auf zur Maifahrt! Eine Reihe v. acht Gesängen m. verbind. Worten, gedichtet v. F. D. Für gemischte Stimmen u. Klavierbegleitg. zum Gebrauche bei Maifesten u. sonst. feierl. Anlässen f. Gymnasien, Seminarien, Latein-, Real-, höhere Bürgerschulen 2c. in Musik gesetzt v. Ant. Maier. Op. 47. Lex.-8. (32 S.) Gütersloh 890. Bertelsmann. n. 1. 50

— Nürnberger Ausflugsbuch. Ein Ratgeber u. Führer b. Ausflügen in d. untere, mittlere u. obere Pegnitzthal. Neue [Titel-]Ausg. Mit 1 Karte. 12. (16, 14 u. 16 S.) Nürnberg (893). J. Ph. Raw's Verl. n. — 30

Dittmar, Frz., Balladen u. poetische Erzählungen. 12. (47 S.) Dresden 895. E. Pierson. n. — 75; geb. m. Goldschn. n. 1. 50

— s.: Ballhorn's Nürnberger Wanderbuch.

Dittmar, Frz., Bilder a. d. deutschen u. bayerischen Geschichte. F. d. Hand d. Schüler bearb. 2. Aufl. 8. (29 S.) München 896. R. Oldenbourg, Abteilg. für Schulbücher. n.n. — 20

Dittmar, Frz., Bilder aus der deutschen u. bayerischen Geschichte. Für die Hand der Schüler bearb. 3. Aufl. 8. (29 S.) München (901). R. Oldenbourg. n.n. — 20

Dittmar, Frz., 20 Bilder aus der bayerischen Geschichte. Für die Hand der Schüler bearb. 8. (15 S.) München 887. Oldenbourg, Abteilg. f. Schulbücher. n.n. — 20

Dittmar, Frz., 20 Bilder a. d. bayerischen Geschichte. F. d. Hand d. Schüler bearb. 2. Aufl. 8. (16 S.) München 897. R. Oldenbourg. n.n. — 15

Dittmar, Frz., 20 Bilder aus der bayerischen Geschichte. Für die Hand der Schüler bearb. 2. Aufl. (17 S.) 8. München (903). R. Oldenbourg. n.n. — 15

[F.] Neues Dichteralbum. Hrsg. v. Franz Dittmar u. Friedrich Leber. *Berlin: O. Nahmmacher [1896].* (VII, 272 S.) 1 Bd 8.

— u. Frdr. Leber, neues Dichteralbum. 2. u. 3. Aufl. 8. (à VII, 272 S. m. eingedr. Bildnissen.) Berlin (901. 902). O. Nahmmacher. Geb. i. Leinw. m. Goldschn. n. 3.—

Bayerisches Dichterbuch zur 2. bayer. Landesausstellung 1896. Hrsg. von Franz Dittmar u. Friedrich Leber. *Nürnberg: A. Gutmann & Co 1896.* (VII, 272 S.) 8°

Führer durchs Altmühltal. Von Nürnberg, Regensburg u. Ingolstadt aus durchs Altmühltal (Pappenheim bis Kelheim), Donautal (Ingolstadt bis Donaustauf) u. durch d. benachbarten Gegenden. Von Franz Dittmar. Mit 1 Generalstabskarte. *Nürnberg: F. Korn [1903].* (54 S.) 8° [F.]

Dittmar, Frz., Führer durchs Altmühltal. Von Nürnberg, Regensburg u. Ingolstadt aus durchs Altmühltal (Pappenheim bis Kelheim), Donautal (Ingolstadt bis Donaustauf) u. durch d. benachbart. Gegenden. 2. verb. Aufl. Mit 1 Generalstabskarte. (56 S.) kl. 8. Nürnberg (910). F. Korn. 1. —

— Führer üb. den Brenner nach Bozen, an d. Gardasee u. nach Venedig, m. Berücksicht. v. Innsbruck, Meran, Trient, Arco, Verona. 3., verm. u. verb. Aufl. Mit e. Gardasee-Karte u. 2 Plänen. (82 S.) kl. 8. München 908. M. Kellerer. — 85

— Führer f. die Strecke München-Brennerbahn nach Bozen-Gries, Meran, Trient, Arco u. an den Gardasee, nach Verona u. Venedig. 2. verm. u. verb. Aufl. (74 S. m. 1 Karte.) kl. 8. München 905. M. Kellerer. Kart. n. — 80

— vaterländische Gedichte zur Geschichte Bayerns. Für Haus u. Schule gesammelt u. hrsg. gr. 8. (XII, 267 S. m. 1 Bildnis.) Bamberg 891. C. C. Buchner Verl. n. 3. —; kart. n. 4. —

— Geographie v. Bayern auf Grundlage der Anschauung. Für die Hand der Schüler bearb. 8. (23 S. m. Abbildgn. u. 1 Karte.) Ebd. 889. n.n. — 20

— Geographie v. Bayern u. dem deutschen Reiche. Mit vorausgeh. Heimatskunde. Für die Hand der Schüler bearb. Mit Abbildgn. u. Karte. 8. (36 S.) Münch. 890, Oldenbourg. ** — 35

— Geographie v. Europa u. den übrigen Erdteilen. Anh.: Allgemeine Geographie. Für die Hand der Schüler bearb. Mit Abbildgn. u. mit Karten vom Deutschen Reiche, v. Europa u. den übr. Erdteilen. 8. (43 S.) Ebd. 890. n.n. — 40

— Geographie u. Geschichte v. Bayern auf Grundlage der Anschauung. Für die Hand der Schüler bearb. 8. (35 S. m. Abbildgn. u. 1 Karte.) Ebd. 889. n.n. — 25

— Geographie, Geschichte, Naturkunde auf Grundlage der Anschauung. Für bayr. Volksschulen bearb. 1. u. 2. Abtlg. 8. Ebd. n.n. — 95
1. Für die Mittelklasse ungeteilter Schulen. (57 S. m. Abbildgn. u. 1 Karte.) 889. n.n. — 30
2. Für die Oberklasse. Mit zahlr. Abbildgn. im Texte u. mit Karten vom Deutschen Reiche, v. Europa u. von den 5 Erdteilen. (132 S.) 890. n.n. — 65

— Geographie, Geschichte, Naturkunde auf Grundlage der Anschauung. Für bayer. Volksschulen bearb. 2 Abtlgn. 8. (Mit Abbildgn.) München 894. R. Oldenbourg, Abteilg. f. Schulbücher. n.n. — 75; m. Karten n.n. — 95
1. Für die Mittelklasse. 5. Aufl. (58 S.) n.n. — 25; m. 1 Karte n.n. — 30
2. Für die Oberklasse. 4. Aufl. (132 S.) n.n. — 50; m. 3 Karten n.n. — 65

— Geographie, Geschichte, Naturkunde auf Grundlage d. Anschauung. F. bayer. Volksschulen bearb. 2 Abtlgn. 8. (M. Abb.) München, R. Oldenbourg. n.n. — 90
1. F. d. Mittelklasse. 6. Aufl. (62 S.) 897. n.n. — 25; m. farb. Karte v. Bayern n.n. — 30
2. F. d. Oberklasse. M. zahlr. Abb. im Text u. m. Karten v. Deutschen Reiche, v. Europa u. v. d. 5 Erdteilen. 6. Aufl. (136 S.) 898. n.n. — 65

— Geographie, Geschichte, Naturkunde auf Grundlage der Anschauung. Für bayer. Volksschulen bearb. 2 Abtlgn. 8. (Mit Abbildgn.) Ebd. n.n. — 75; Karten n.n. — 95
1. Für die Mittelklasse. 9. Aufl. (62 S.) 901. n.n. — 25; m. farb. Karte v. Bayern. n.n. — 30
2. Für die Oberklasse. 9. Aufl. (136 S.) 902. n.n. — 50; m. farb. Karten v. Deutschen Reiche, v. Europa u. v. den 5 Erdteilen. n.n. — 65

— Geographie, Geschichte, Naturkunde auf Grundlage der Anschauung. Für bayer. Volksschulen bearb. 2 Abtlgn. (Mit Abbildgn.) 8. München (906). R. Oldenbourg. n.n. — 75; m. Karten n.n. — 95
1. Für die Mittelklasse. 12. Aufl. (62 S.) n.n. — 25; m. farb. Karte v. Bayern n.n. — 30
2. Für die Oberklasse. 13. Aufl. (136 S.) n.n. — 50; m. farb. Karten vom Deutschen Reiche, v. Europa u. v. den 5 Erdteilen. n.n. — 65

— Geographie, Geschichte, Naturkunde auf Grundlage der Anschauung. Für bayer. Volksschulen bearb. 2 Abteilgn. (Mit Abbildgn.) 8. München (910). R. Oldenbourg. nn — 75; m. farb. Karten nn — 95
1. Für die Mittelklasse. 17. unveränd. Aufl. (62 S.) nn — 25; m. farb. Karte v. Bayern nn — 30
2. Für die Oberklasse. 17. unveränd. Aufl. (136 S.) nn — 50; m. farb. Karten v. Deutschen Reiche, v. Europa, Österreich-Ungarn, der Schweiz u. den 5 Erdteilen. nn — 65

Gesänge der Grossen Landesloge. Zweiter Teil [Hrsg. von Franz Dittmar u. Fritz Hempel.] Berlin: Selbstverlag der Gr. L. L. 1908. 3 Bl., 219 S., 2 Bl. 8°.

Enth. 60 Gesänge mit Noten, zumeist Quartette

— u. Hans Pfösch, Geschäftsaufsätze u. Handelsbriefe. Erklärungen, Beispiele, Aufgaben. Für die Hand der Schüler in Handels- u. Fortbildungsschulen bearb. In 3 Hftn. gr. 8. Nürnberg 906. F. Korn. Kart. n. 1. 70
1. Geschäftsaufsätze. (48 S.) Kart n. — 50
2. 3. 2. Hft.: Nach Stoffgebieten geordnete Handelsbriefe. 3. Hft.: Zusammenhängende Korrespondenzen u. Kontorarbeiten. (125 S.) Kart. n. 1. 20

1855—1905. Geschichte der Johannis-Loge Friedrich Wilhelm zur Morgenröte. Fest-Schrift zur 50jährigen Jubelfeier 5t. Nov. 1905. [Von Franz **Dittmar.** Ms. f. Frmr. Zossen-Berlin 1905: Deutsche Buch- u. Kunstdr.] XII, 241 S. 5 Taf. 8⁰ [Lithogr., kol.]
Recens: H. 16 (1905) No 46 (K. Pistorius). S. 220—236: Verzeichn. der Mitgl. von 1855 bis 1905.

— u. **Bernh. Graf**, vaterländische Geschichte. Den Kindern Bayerns erzählt. Mit Berücksicht. der einschläg. deutschen Geschichte, sowie der Kulturgeschichte. gr. 8. (V, 119 S.) Nürnberg 895. F. Korn. Kart. n. 1.—

— u. Leonh. **Graf**, vaterländische Geschichte. Der Jugend Bayerns erzählt. Mit Berücksicht. d. einschläg. deutschen Geschichte sowie d. Kulturgeschichte. 2. Aufl. (IV, 123 S.) 8. Nürnberg 909. F. Korn. Kart. 1.40

Dittmar, Franz: Die Gründung Egers. Volksschausp. in 1 Aufz. Musik v. Heinrich Schmidt. Mit e. Einführg in d. Musik d. Festzugs u. d. Festspiels. Eger [um '10]. 31 S.

Dittmar, Frz., aus der Jugendzeit. Gedichte f. die Kinderwelt. Illustrirt v. Jul. Kleinmichel. gr. 4. (17 Bl.) Leipzig 886. E. Twietmeyer. geb. n. 6.—

Dittmar, Frz., ein deutscher Knabe. Festspiel für Kinder in 1 Aufzuge. Zum 700jähr. Jubiläum der Regierung der Wittelsbacher über Bayern. 8. (16 S.) Wolfenbüttel 880, Zwißler.

—— Lernstoff für den Unterricht in den Realien. [Zugleich Übungsstoff für Sprachlehre und Aufsatz.] Zum Gebrauch in geteilten Schulen für die Hand der Schüler bearb. 4. und 5. Schulj. 1.—3. Aufl. 8. (31; 32 S.) München 885—87, Oldenbourg, Abteilung für Schulbücher. à Schulj. **
Mit Karte von Bayern, resp. von Deutschland à Schulj. **

—— und Geo. Glaser, Lernstoff für den Unterricht in den Realien. [Zugleich Übungsstoff für Sprachlehre und Aufsatz.] Zum Gebrauche in geteilten Schulen [nach Maßgabe des mittelfränk. Kreislehrplanes] für die Hand der Schüler bearb. 6. Schulj. 8. (79 S.) München 888, Oldenbourg, Abteilung für Schulbücher. **

—— Lernstoff für den Unterricht in den Realien. [Zugleich Übungsstoff für Sprachlehre u. Aufsatz.] Zum Gebrauch in geteilten Schulen f. die Hand d. Schüler bearb. Ausg. A in 4 Heften. 4.—7. Schulj. 8. Ebd. 891. ** 1 30; mit Karten ** 1 50
4. Schulj. 5. Aufl. (31 S.) ** — 20; m. Karten ** — 25.
5. Schulj. 6. Aufl. (32 S.) ** — 20; m. Karten ** — 25.
6. Schulj., bearb. v. F. Dittmar u. G. Glaser. 2. Aufl. (116 S.) ** — 40; m. Karten ** — 45.
7. Schulj. bearb. v. F. Dittmar u. G. Glaser. 2. Aufl. (116 S.) ** — 50 m. Karten ** — 55.

— u. **Geo. Glaser**, Lernstoff f. den Unterricht in den Realien. Zum Gebrauche in geteilten Schulen [nach Maßgabe des mittelfränk. Kreislehrplanes] f. die Hand der Schüler bearb. 6. u. 7. Schulj. 8. Ebd. 893. n.n. —90; m. Karten n.n. 1.—
6. 4. Aufl. (79 S.) n.n. —40; m. Karten n.n. —45
7. 3. Aufl. (116 S.) n.n. —50; m. Karten n.n. —55

Dittmar, Frz, Lernstoff f. den Unterricht in den Realien. (Zugleich Übungsstoff f. Sprachlehre u. Aufsatz.) Zum Gebrauch in geteilten Schulen f. die Hand der Schüler bearb. Ausg. A in 4 Hftn. 4.—6. Schuljahr. 8. München 894. R. Oldenbourg, Abteilg. f. Schulbücher. n.n. —80; m. Karten n.n. —95
4. 8. Aufl. (31 S.) n.n. —20; m. Karte n.n. —25
5. 9. Aufl. (32 S.) n.n. —20; m. Karte n.n. —25
6. Bearb. v. D. u. Geo. Glaser. 4. u. 5. Aufl. (79 S.) n.n. —40; m. Karte n.n. —45

— Lernstoff f. d. Unterricht in d. Realien. (Zugl. Übungsstoff f. Sprachlehre u. Aufsatz.) Zum Gebr. in geteilten Schulen f. d. Hand d. Schüler bearb. 4.—7. Schulj. 8. Ebd. n.n. — 90; m. Karten n.n. 1.05
4. 10. Aufl. (31 S.) 898. n.n. —20; m. 1 farb. Karte n.n. —25
5. 12. Aufl. (36 S.) 898. n.n. — 20; m. Karte n.n. —25
6. Bearb. v. D. u. Geo. Glaser. 6. Aufl. (79 S.) 896. n.n. — 40; m. Karte n.n. — 45
7. Von D. u. Geo. Glaser. 4. Aufl. (118 S.) 898. n.n. —50; m. Karte n.n. —55

— **Lernstoff f. den Unterricht in den Realien. (Zugleich Übungsstoff f. Sprachlehre u. Aufsatz.) Zum Gebrauche in geteilten Schulen f. die Hand der Schüler bearb. 4.—7. Schulj. 8. Ebd. (902). n.n. 1.20; m. (farb.) Karten n.n. 1.40**
IV. 17. Aufl. (40 S.) n.n. —20; m. Karte n.n. —25
V. 16. Aufl. (36 S.) n.n. —20; m. Karte n.n. —25
VI. 11. Aufl. (58 S.) n.n. —40; m. Karte n.n. —45
VII. 8. Aufl. (96 S.) n.n. —40; m. Karte n.n. —45

— Lernstoff f. den Unterricht in den Realien. (Zugleich Uebungsstoff f. Sprachlehre u. Aufsatz.) Zum Gebrauche in geteilten Schulen f. die Hand der Schüler bearb. IV.—VII. Schulj. 8. Ebd. n.n. 1.20; m. (farb.) Karten n.n. 1.40
IV. 24. Aufl. (40 S.) (906). n.n. —20; m. Karte n.n. —25
V. Nach Maßgabe des mittelfränk. Kreislehrplans bearb. 22. Aufl. (36 S.) (906.) n.n. —20; m. Karte n.n. —25
VI. 13. Aufl. (58 S.) (904.) n.n. —40; m. Karte n.n. —45
VII. 9. Aufl. (96 S.) (905.) n.n. —40; m. Karte n.n. —45

— **Lernstoff f. den Unterricht in den Realien. (Zugleich Übungsstoff f. Sprachlehre u. Aufsatz.) Zum Gebrauche in geteilten Schulen f. die Hand der Schüler bearb. IV—VII. Schulj. 8. Ebd. (910). nn 1.20; m. (farb.) Karten nn 1.40**
IV. 28. unveränd. Aufl. (40 S.) nn — 20; m. Karte nn — 25
V. Nach Maßgabe des mittelfränk. Kreislehrplans bearb. 20. unveränd. Aufl. (36 S.) nn — 20; m. Karte nn — 25
VI. 17. unveränd. Aufl. (58 S.) nn — 40; m. Karte nn — 45
VII. 13. unveränd. Aufl. (96 S.) nn — 40; m. Karte nn — 45

— **in Nürnbergs Mauern, s.: Aus unsrer Väter Tagen.**

Dittmar, Frz., von München nach Bozen-Gries, Meran, Trient, Arco u. an den Gardasee. 12. (46 S. m. 1 Karte.) München 903. M. Kellerer. n. — 80

— **Naturlehre f. Volksschulen. Für die Hand der Schüler bearb. 8. (28 S. m. 8 Abbildgn. im Text.) München 890. Oldenbourg, Abteilg. f. Schulbücher. n.n. —15**

— **Nürnberger Novellen. Albrecht Dürers Holzschuher-Bild. Auf der Reichsburg. Sigena, Nürnbergs erste Bürgerin. 8. (78 S. m. Abbildgn. u. 1 Photograv.) Nürnberg 901. J. A. Stein. n. 2.—**

Dittmar. [Franz]: [Rede bei der Gedächtnisfeier für den am 27. Dezember 1907 verstorbenen Prof. Dr. Felix Seckt.] S. 47—51. 4.
Kgl. Friedrich-Wilhelms-Gymn. u. Kgl. Vorschule *Berlin* 1908 (67).
Progr.

— vaterländische Schulfeier. 8. (31 S.) München 901. R. Oldenbourg. n.n. — 20

— **Schulfreude. Eine Sammlg. der besten Gedichte aus dem Schulleben. Mit zahlreichen Bildern v. Fed. Flinzer, Jul. Kleinmichel, Osk. Pletsch u. a. 8. (126 S.) München 891. R. Oldenbourg, Abteilg. f. Schulbücher. Geb. n.n. 1.—; in Leinw. n.n. 1.25**

— **Schulgeschichten. Erzählungen aus dem Schülerleben deutscher Vergangenheit. 3. [Titel-]Aufl. v. „Schulstaub u. Sonnenschein". Zeichnungen v. M. Ebersberger. (V, 139 S.) 8. Leipzig [890] 904. O. Spamer. n. 2.—; geb. in Leinw. n.n. 3.50**

— Schulstaub u. Sonnenschein. Erzählgn. a. d. Schülerleben deutscher Vergangenheit. 2. [Titel-]Aufl. Zeichngn. v. M. Ebersberger. gr. 8. (V, 139 S.) Leipzig (890) 899. O. Spamer. n. 2.—; geb. in Leinw. n. 3.50

Dittmar, Franciscus Prolegomenon ad hymnum in Cererem Homericum specimen Halis Saxonum 1882 Frommann in Jena. 40 S. 8°
Halle-Wittenberg, Phil. Diss. v [30. Sept.] 1882
Geb Zanow (Kr Schlawe, Pomm.) 5 8. 1855. V

—— s. a. Sprachübungen auf Grundlage des Sachunterrichtes.

—— und Ferd. Krieger, Sprachübungen auf Grundlage des Sachunterrichtes für den engverbundenen Unterricht in Rechtschreiben, Sprachlehre und Aufsatz. Mit thunlichster Berücksicht. sämtl. bayer. Kreislehrpläne. Unter Mitwirkung von L. Bauer, D. Börtzler, Jos. Fischer 2c. hrsg. Ausg. A.: Für geteilte Schulen. 1.—5. Heft. 8. Ebendas. 887. [1.—3. Heft. (24; 32; 52 S.) à ** 20 Pf.; 4. und 5. Heft. (à 52 S.) à ** 25 Pf.] **

—— —— dass. — Ausg. B. in 3 Heften. 8. Ebendas. 887. **
Inhalt:
Heft 1. Unterstufe. (2. und 3. Schulj.) (44 S.) ** 20 Pf.
» 2. Mittelstufe. (4. und 5. Schulj.) (73 S.) ** 25 Pf.
» 3. Oberstufe. (6. und 7. Schulj.) 4. Aufl. (88 S.) ** 25 Pf.

—— —— Sprachübungen auf Grundlage des Sachunterrichtes für den engverbundenen Unterricht in Aufsatz, Sprachlehre, Rechtschreiben und Wortbildung. Mit thunlichster Berücksicht. sämtl. bayer. Kreislehrpläne. Unter Mitwirkung von L. Bauer, D. Börtzler, Jos. Fischer 2c. hrsg. Ausg. A. Für geteilte Schulen. 7 Hefte. 7. Aufl. 8. Ebendas. 888. [1.—5. Heft. (24; 32; 52; 52; 54 S.) à ** 20 Pf.; 6. Heft. (54 S.) ** 25 Pf.; 7. Heft. Mitbearb. von Johs. Krober. (95 S.) ** 25 Pf.] **

—— —— dass. — Ausg. B. 3 Hefte. 5. Aufl. 8. Ebendas. 888. [1. Heft. (45 S.) ** 20 Pf.; 2. und 3. Heft. (76; 90 S.) à ** 25 Pf.] **

—— Sprachübungen auf Grundlage d. Sachunterrichtes f. den engverbundenen Unterricht in Aufsatz, Sprachlehre, Rechtschreiben u. Wortbildung. Mit thunlichster Berücksicht. sämtl. bayer. Kreislehrpläne. C. Vereinfachte Ausg. 3 Hefte. 8. Münch. 889, Oldenburg. [1. (48 S.) ** — 20. — 2. u. 3. (à 88 S.) à ** — 25.] ** — 70

A u. B, s. Dittmar, Frz. u. Ferd. Krieger.

—— u. Ferd. Krieger. Sprachübungen auf Grundlage des Sachunterrichtes für den engverbundenen Unterricht in Aufsatz, Sprachlehre, Rechtschreiben u. Wortbildung. Mit thunlichster Berücksicht. sämtl. bayer. Kreislehrpläne. Unter Mitwirkung v. L. Bauer, D. Börtzler u. and. bearb. A. Für geteilte Schulen. 7 Hefte. 8. München, Oldenbourg. [1. Heft. 8. Aufl. (24 S.) 890. ** — 20; 2. Heft. 11. Aufl. (32 S.) 891. ** — 20; 3. Heft. 13. Aufl. (52 S.) 890. * — 20; 4. Heft. 14. Aufl. (52 S.) 892. ** — 20; 5. Heft. 12. Aufl. (52 S.) 891. ** — 20; 6. Heft. 10. Aufl. (52 S.) 891. ** — 25; 7. Heft. 6. Aufl. (95 S.) 892. ** — 25.] ** 1 50

—— dass. — Ausg. B. 3 Hefte. 8. Ebd. 892. ** — 70
1. Unterklasse. [2. u. 3. Schulj.] 41. Aufl. (44 S.) ** — 20.
2. Mittelklasse. [4. u. 5. Schulj.] 38. Aufl. (74 S.) ** — 25.
3. Oberklasse. [6. u. 7. Schulj.] 27. Aufl. (88 S.) ** — 25.

— u. Ferd. **Krieger**, Sprachübungen auf Grundlage des Sachunterrichtes f. den engverbundenen Unterricht in Sprachlehre, Wortbildung, Rechtschreiben u. Aufsatz. Mit thunlichster Berücksicht. sämtl. bayer. Kreislehrpläne. Unter Mitwirkg. v. L. Bauer, D. Börtzler, Jos. Fischer u. anderen hervorrag. Schulmännern hrsg. Ausg. A. (Für geteilte Schulen.) 7 Hfte. 8. München 894. R. Oldenbourg, Ableilg. f. Schulbücher. n.n. 1. 50
1. 11., verb. Aufl (20 S.) n.n. — 20. — 2. 16., verb. Aufl (41 S.) n.n. — 20. — 3. 16., verb. Aufl. (62 S.) n.n. — 20 — 4. 19. Aufl. (88 S.) n.n. — 20. — 5. 15., verb. Aufl. (78 S.) n n. — 20. — 6. 11. Aufl. (80 S.) n.n. — 25. — 7. 7., verb. Aufl. (69 S.) n.n. — 25.

— — dasselbe. Ausg. B. 3 Hfte. 8. Ebd. 894. n.n. — 70
1. 2. u. 3. Schulj. 58., verb. Aufl. (46 S.) n.n. — 20. — 2. 4. u. 5. Schulj. 51., verb. Aufl. (90 S.) n.n. — 25. — 3. 6. u. 7. Schulj. 37., verb. Aufl. (96 S.) n.n. — 25.

— u. Ferd. **Krieger**, Sprachübungen auf Grundlage d. Sachunterrichtes f d. engverbund. Unterr. in Sprachlehre, Wortbildg., Rechtschreiben u. Aufsatz. M. thunl. Berücksicht. sämtl. bayer. Kreislehrpläne. Unt. Mitwirkg. v. L. Bauer, D. Börtzler, Jos Fischer u. and. hervorrag. Schulmännern hrsg. Ausg. A. 7 Hfte. 8. Ebd. n.n. 1.50
1. 22.—23. Taus. (20 S.) 897. n.n. — 20
2. 24.—25. Taus (44 S.) 898. n.n. — 20
3. 39.—40. Taus. (60 S.) 898. n.n. — 20
4. 41.—42 Taus. (88 S.) 898. n.n. — 20
5. 33.—34 Taus (76 S.) 897. n.n. — 20
6. 26.—27 Taus. (80 S.) 897. n.n. — 25
7 7., verb Aufl. (68 S.) 897 n.n — 25

- dasselbe. Ausg. B. In 3 Hftn. 8. Ebd. n.n. — 70
1. (2. u. 3. Schulj.) 155—162. Taus. (44 S.) 898. n.n. — 20
2. (4. u. 5. Schulj.) 137.—146. Taus. (88 S.) 898. n.n — 25
3 (6. u. 7. Schulj.) 90.—99. Taus. (96 S.) 897. n.n. — 25

— u. Ferd. **Krieger**, Sprachübungen auf Grundlage des Sprachunterrichtes f. den engverbundenen Unterricht in Sprachlehre, Wortbildung, Rechtschreiben u. Aufsatz. Mit thunl. Berücksichtl. sämtl. bayer. Kreislehrpläne. Unter Mitwirkg. v. L. Bauer, D. Börtzler, Jos. Fischer u. anderen hervorrag. Schulmännern hrsg. Ausg. A. In 7 Hftn. 8. Ebd. (902). n.n. 1. 50
I. 27. Taus. (22 S.) n.n. — 20. — II. 44.—45. Taus. (46 S.) n.n. — 20. — III. 47. Taus. (62 S.) n.n. — 20. — IV. 49.—50. Taus. (90 S.) n.n. — 20. — V. 41.—42. Taus. (78 S.) n.n. — 20. — VI. 32.—33. Taus. (80 S.) n.n, — 25. — VII. 19. Taus. (69 S.) n.n. — 25.

— — dasselbe. Ausg. B. In 3 Hftn. 8. Ebd. (902). n.n. — 70
1. (2. u. 3. Schulj.) 204.—208. Taus. (44 S.) n.n. — 20
2. (4. u. 5. Schulj.) 173.—182. Taus. (88 S.) n.n. — 25
3. (6. u. 7. Schulj.) 128.—134. Taus. (96 S.) n.n. — 25

— Sprachübungen f. den engverbundenen Unterricht in Sprachlehre u. Rechtschreiben. Mit Berücksicht. sämtl. bayer. Kreislehrpläne. Ausg. C. In 3 Hftn. 8. Ebd. (901). n.n. — 70
I. (2. u. 3. Schulj.) (40 S.) n.n. — 20. — II. (4. u. 5. Schulj.) (76 S.) n.n. — 25. — III. (6. u. 7. Schulj.) (72 S.) n.n. — 25.

— u. Ferd. **Krieger**, Sprachübungen f. den engverbundenen Unterricht in Sprachlehre, Rechtschreiben u. Aufsatz. Mit Berücksicht. sämtl. bayer. Kreislehrpläne. Unter Mitwirkg. v. L. Bauer, D. Börtzler, Jos. Fischer u. anderen hervorrag. Schulmännern hrsg. Ausg. A. In 7 Hftn. 8. München (906). R. Oldenbourg. n.n. 1. 50
I. 30.—31. Taus. (20 S.) n.n. — 20. — II. 53.—54. Taus. (44 S.) n.n. — 20. — III. 55.—56. Taus. (60 S.) n.n. — 20. IV. 59.—60. Taus. (88 S.) n n. — 20. V. 50.—51. Taus. (76 S.) n.n. — 20. — VI. 39.—40. Taus. (76 S.) n.n. — 25. — VII. 22.—23. Taus. (68 S.) n.n. — 25.

— — dasselbe. Ausg. B. In 3 Hftn. 8. Ebd. (906). n.n. — 70
I. (2. u. 3. Schulj.) 274—283. Taus. (44 S.) n.n. — 20
II. (4. u. 5. Schulj.) 253.—257. Taus. (88 S.) n.n. — 25
III. (6. u. 7. Schulj.) 185.—194. Taus. (96 S.) n.n. — 25

— u. Ferd. **Krieger**, Sprachübungen f. d. engverbundenen Unterricht in Sprachlehre, Rechtschreiben u. Aufsatz. Mit Berücksicht. sämtl. bayer. Kreislehrpläne. Unter Mitwirkg. v. L. Bauer, D. Börtzler, Jos. Fischer usw. u. anderen hervorrag. Schulmännern hrsg. Ausg. A. In 7 Heften. 8. München, R. Oldenbourg. nn 1. 50
I. 32—33. Taus. (20 S.) (908.) nn — 20
II. 61—63. Taus. Unveränd. Abdr. (44 S.) (909.) nn — 20
III 65—67. Taus. Unveränd. Aufl. (60 S.) (909.) nn — 20
IV. 71—72. Taus. Unveränd. Aufl. (88 S.) (910.) nn — 20
V 61—63. Taus. Unveränd. Abdr. (76 S.) (910.) nn — 20
VI. (6. Schulj.) 44—46. Taus. Unveränd. Aufl. (76 S.) (909.) nn — 25
VII 27—29 Taus. Unveränd. Aufl. (68 S.) (910.) nn — 25

— — dasselbe. Ausg. B. In 3 Heften. 8. Ebd. nn — 70
I. (2. u. 3. Schulj.) 364—383. Taus. Unveränd. Abdr. (44 S.) (910). nn — 20
II. (4. u. 5. Schulj.) 323—342. Taus. Unveränd. Abdr. (88 S.) (900.) nn — 25
III. (6. u. 7. Schulj.) 245—259. Taus. Unveränd. Abdr. (96 S.) (909.) nn — 25

— zur Umgestaltung d. Sprachunterrichts in der Volksschule m. Würdigung der von Prof. Franz Kern angestrebten Reformen. Vortrag. gr. 8. (12 S.) Ebd. 890. n. — 20

—— und Geo. Scherzer, Nürnberger Wanderbuch. Ein Führer bei Wanderungen in der Umgegend Nürnbergs in den Gebieten der Pegnitz, Regnitz, Altmühl. Im Vereine mit kund. Freunden hrsg. Mit 1 Uebersichtskärtchen. 12. (VIII, 105 S.) Nürnberg 884, v. Ebner'sche Buchh.

— **Fried. Alexander** (St. Petersburg), De sanguinis per hirudines detractione. Diss. med. Bln. (Nietack) 7. XII. 1835. 36 S. mit Biogr. (M.: J. Schnoor.) (4.50) 6598
Oppon.: F. Wiedemann, D. Rosenkrantz, A. Hitzeroth. — Gew.: Carl Fried. Hornung.

Dittmar, F. A., Petropolitanus, de sanguinis per hirudines detractione Dissertatio. 8. Sangerh. 835. Dittmar. 1/4 ß

Dittmar, F. A., de sanguinis per hirudines detractione. Dissert. 8. Sangerhusae 835. [Rohland.]

Dittmar, G.; De fontibus historiae Friderici I. Barbarossae. Regim. 34 p.
Schul-/Univ.-Schrift. 1864.

Dittmar, G., deutsche Geschichte bis zum Westfälischen Frieden,
—— die brandenburgisch-preußische Geschichte seit 1648, im Zusammenhang mit der deutschen Geschichte,
} s. Hilfsbücher für den geschichtlichen Unterricht in höheren Lehranstalten.

Dittmar, G., Geschichte d. deutschen Volkes. Vollendet u. hrsg. v. E. Stutzer. 8.—15. (Schluß-)Lfg. gr. 8. (1. Bd. S. 241—566; 2. Bd. XII, 544 S. m. 1 Bildnis; 3. Bd. XVI, 592 S. m. 1 Bildnis.) Heidelberg 891—893. C. Winter. à n. 1. —; in Bdn. à n. 5. —; geb. in Leinw. à n. 6. —

Dittmar, G. A. H., s. Dittmar, Wilhelm Ant. Heinr.

Dittmar, Glob.

Dittmar, Glob., kleine deutsche Geschichte in drei sich erweiternden Kursen. Ein Leitfaden für Volksschulen. 8. (III, 66 S.) Neuwied 880, Heuser's Verlag. *

—— die Klassiker der deutschen Nationalliteratur, vorgeführt in Proben und Inhaltsangaben ihrer Werke sowie in kurzen Biographien. Ein Handbuch für Freunde der deutschen Literatur. gr. 8. (X, 375 S.) Neuwied 874, Heuser's Verlag. *

—— die Klassiker der deutschen Nationalliteratur, vorgeführt in Proben und Inhaltsangaben ihrer Werke, sowie in kurzen Biographien. Ein Handbuch für Freunde der deutschen Literatur. 10 Lfgn. (376 S.) Neuwied 876, Heuser'sche Buchh. à Lfg. * 40 Pf. * M. 4.; geb. *

—— deutsches Lesebuch für die weibliche Jugend in Schule und Haus. 3 Thle. gr. 8. Neuwied, Heuser's Verlag. *

Inhalt:

Abthl. 1. [Untere Stufe.] (IX, 407 S.) 873. * M. 2,60.
" 2. [Mittlere Stufe.] (VIII, 446 S.) 873. * M. 2,60.
" 3. [Obere Stufe] zugleich Lesebuch zu den klassischen Perioden der Literatur. (XII, 375 S.) 874. * M. 4.

— deutsches Lesebuch f. die weibliche Jugend in Schule u. Haus. 2., gänzlich umgearbeitete Aufl. 1. Tl., bearb. von W. Boehm. gr. 8. (XII, 384 S.) Berlin 882. Wiegandt & Grieben. n. 3. 20

— dasselbe. 2., gänzlich umgearb. Aufl., 2. Tl., bearb. von Glob. Dittmar. gr. 8. (XVI, 598 S.) Ebend. 882. n. 4. 80.

—— Lesebuch zu den klassischen Perioden der deutschen Literatur. Zum Gebrauche in Real- und höheren Bürgerschulen, Kadettenschulen und Seminarien ꝛc. 1. und 2. Abthl. gr. 8. Neuwied 874, Heuser's Verlag. *

Inhalt:

Abthl. 1. Klassische Periode der mittelalterlichen Literatur. (XII, 226 S.) * M. 1,50.
" 2. Klassische Periode der neueren Literatur. (X, 375 S.) * M. 2,50.

Dittmar, Glob., der Kinder Lust. Für Mütter und Kinder zusammengestellt. Mit Illustr. von J. Simmler und Ludw. Richter (in eingedr. Holzschn.). gr. 8. (XV, 288 S.) Bielefeld 872, Velhagen und Klasing. geb. *

—— dass. — 2. sehr verm. und bereich. Aufl. Mit Illustr. (in eingedr. Holzschn.) von C. Andreä, H. Bürkner, S. Dahl, G. Hammer, L. Richter, F. Simmler, P. Thumann, L. Venus u. A. gr. 8. (XIV, 328 S.) Ebendas. 874. cart. *

Dittmar, Glob., der Kinder Lust. Für Mütter u. Kinder zusammengestellt. 2. sehr verm. u. bereich. Aufl. Mit Illustr. (in eingedr. Holzschn.) v. C. Andreä, H. Bürkner, S. Dahl u. A. gr. 8. (XIV, 328 S.) Bielefeld 873. Velhagen & Klasing. n. 4. —

Dittmar, Glob., der Kinder Lust. Für Mütter u. Kinder zusammengestellt. 3., wiederum sehr verm. u. bereicherte Aufl. Mit (eingedr. Holzschn.-)Illustr. v. C. Andreä, H. Bürkner, S. Dahl ꝛc. gr. 8. (XII, 252 S.) Bielefeld 878. Velhagen & Klasing. geb. n. 4. —

— dasselbe. 4. Aufl. Mit (eingedr. Holzschn.-)Illustr. von Andreä, H. Bürkner, S. Dahl ꝛc. gr. 8. (XII, 252 S.) Ebend. 881. cart. n. 4. —

Dittmar, Glob., der Kinder Lust. Für Mütter u. Kinder zusammengestellt. 5. Aufl. Mit Illustr. v. Andreae, H. Bürkner, S. Dahl ꝛc. gr. 8. (XII, 252 S.) Bielefeld 884. Velhagen & Klasing. cart. n. 4. —

Dittmar, G., der Kinder Lust. Für Mütter u. Kinder zusammengestellt. 6. Aufl. gr. 8. (X, 250 S. m. Illustr. u. Melodienbuch 48 S.) Bielefeld 890. Velhagen & Klasing. geb. u. geh. n. 4. —

[F.] Der Kinder Lust. F. Mütter u. Kinder zsgest. v. Gottlob Dittmar. 7. Aufl. M. Ill. ... [Nebst] Melodienbuch. *Bielefeld & Leipzig: Velhagen & Klasing 1897.* 2 Bde 8.
[Text.] (XII, 250 S.) Melodienbuch. (48 S.) [97. 9732

Der Kinder Lust. Für Mütter u. Kinder zsgest. von Gottlob Dittmar. Ill. von Andreä, H. Bürkner, S. Dahl, G. Hammer, Ludwig Richter, J. Simmter, Paul Thumann, L. Venus u. a. 8. Aufl. [Nebst] Melodienbuch. Bielefeld & Leipzig: Velhagen & Klasing 1906. (XII, 252 S.) 8° [F.] [06. 8074 8

Dittmar, Gustav

Dittmar, G., der landwirthschaftliche Pachtvertrag. Ein Handbuch für Gutsbesitzer und Pächter. gr. 8. (XV, 160 S.) Bonn 884, Strauß. geb. *

[F.] Der landwirthschaftliche Pachtvertrag. E. Handb. f. Gutsbesitzer u. Pächter. Von G[ustav] Dittmar. 2. verb. Aufl. *Neudamm: J. Neumann 1895.* (XIV S., 1 Bl., 159 S.) 1 Bd 8.
(J. Neumanns Landwirtschaftl. Büchersammlg.) [96. 7480

Der landwirtschaftliche Pachtvertrag. Ein Handb. f. Gutsbesitzer u. Pächter. Von G[ustav] Dittmar u. Dr. Ludw. Fuld. 3., auf Grund d. BGB. verm. u. verb. Aufl. *Neudamm: J. Neumann 1900.* (177 S.) 8° [F.]
(J. Neumanns Landwirtschaftl. Büchersammlung.) [01. 9908

Dittmar, Gustav, Referendar: Der Personenkreis der zur Regentschaft Berufenen nach dem Verfassungsrechte der deutschen Bundesstaaten. *Greifswald 1902: F. W. Kunike.* (IX, 40 S.) 8°
Greifswald, Jur. Diss. v. [21. Apr.] 1902

Dittmar, Gust., die Urheilkunde d. Natur u. d. Praxis d. Heilmagnetismus. 5., verm. u. verb. Aufl. gr. 8. (IV, 184 u. XV S. m. Bildn.) Leipzig 898. O. Weber. n. 2. —

Dittmar, H. Die Handschriften und alten Drucke des Domgymnasiums. 51 S. — Verzeichnis der dem Domgymnasium zu Magdeburg gehörenden älteren Druckwerke bis zum Jahre 1500. In alphabetischer Reihenfolge der Verfasser zusammengestellt. II. Teil. 52 S. — Verzeichnis der dem Domgymnasium zu Magdeburg gehörenden Handschriften. 112 S.
Progr. Domg. *Magdeburg* 1878. 1879. 1880.

Dittmar, Hans: Das Atomgewicht des Rhodiums. Erlangen 1909: Junge. 21 S. 8°
Erlangen, Phil. Diss. v. 12. Mai 1909, Ref. Fischer
[Geb. 24. März 84 Nürnberg; Wohnort: Nürnberg; Staatsangeh.: Bayern; Vorbildung: Realgymn. Nürnberg Reife 03; Studium: Erlangen 9 S.; Rig. 5. März 08.] [U 09. 804

Dittmar, Heinr., Abriß der Bayrischen Geschichte Heidelberg 857. K. Winter. gr. 8. (VI, 90 S. u. 2 S. Tab.) n. 8 ngl

Dittmar, Heinr., Abriß der bayerischen Geschichte. Ein Anh. zur deutschen Geschichte desselben Verf. 2., verb. Aufl. gr. 8. (IV und 99 S.) Heidelberg 864, C. Winter's Universitäts-Buchh. *

Dittmar, Heinr., Abriß der bairischen Geschichte. Zugleich als Anhang zur deutschen Geschichte desselben Verf. 3. verb. Aufl. besorgt von J. Dreykorn. gr. 8. (93 S.) Heidelberg 872, C. Winter's Universitäts-Buchh. *

Dittmar, Heinr., Abriß der bairischen Geschichte. Zugleich als Anhang zur Deutschen Geschichte desselben Verf. 4. vielfach bericht. Aufl., besorgt von J. Dreykorn. gr. 8. (IV, 90 S.) Heidelberg 882, C. Winter's Universitäts-Buchh. *

— Abriß der Geschichte des österreich. Kaiserstaats. Ein Anhang zur deutschen Geschichte rc. desselben Verf. Ebend. 857. gr. 8. (32 S. u. 2 Tab.) n. 4 ngl

— Abriß der Geschichte des preußischen Staates. Ein Anhang zur deutschen Geschichte rc. desselben Verf. Ebend. 857. gr. 8. (2 Bl., 60 S. u. 2 Tab.) n. 6 ngl

—— Abriß der Geschichte des preußischen Staates. Zugleich als Anhang zur deutschen Geschichte und zum Umrisse der Weltgeschichte desselben Verf. 2. Aufl. Umgearb. und bis auf die neueste Zeit fortgeführt von K. Abicht. 1873, und Neue Ausg. mit 1 histor. (chromolithogr.) Karte von Preußen. gr. 8. (122 S.) Heidelberg 874, C. Winter's Universitäts-Buchh. *

(—) Historischer Atlas, nach Angaben von H. Dittmar. 3. Aufl. Revid., neu bearb. u. ergänzt von D. Völter. 2 Abthlgn. Ebend. 857. gr. 4. (18 lith. u. color. Bl.) n. 1 ₰ 24 ngl

(—) Historischer Atlas nach Angaben von H. Dittmar. 4. Aufl. Revid., neu bearb. und ergänzt von Völter. Supplem. zu Dittmar's Geschichte der Welt. 3 Liefgn. Heidelberg 862. K. Winter. qu. 4. (18 lith. u. 6 in Kpfr. gest. Bll.) Jede Liefg. n. 20 ngr.

Dittmar, Heinr., historischer Atlas. 2 Abthlgn. 5. Aufl. 866. n. 2 ₰ — 6. Aufl. revid., neu bearb. u. ergänzt von D. Völter. Heidelberg 867. C. Winter. gr. 4. n. 1 ₰ 28 ngr.

1. Abth.: Atlas der alten Welt. (7 lith. Karten.) n. 20 ngr.
2. Abth.: Atlas der mittlern u. neuern Geschichte. (12 lith. Karten.) n. 1 ₰ 8 ngr.

Dittmar-Völter's historischer Atlas. 8. Aufl. 2 Abtlgn. gr. 4. Heidelberg 884. C. Winter. In Lex.-8. geh. n. 4.—; in 1 Bd. Lex.-8. geb. n. 4.—; in 4. geb. n. 4. 40

1. Atlas der alten Welt in 7 (chromolith.) Karten. n. 1. 20
2. Atlas der mittleren u. neueren Geschichte in 12 (chromolith.) Karten. n. 2. 80

Dittmar, Heinr., bibl. Christenlehre od. die Lehre v. Gesetz u. Evangelium, aufgestellt in faßl. u. unmittelbar m. den Aussprüchen d. h. Schrift beantwort. Fragen. Zum Gebr. f. Schule u. Haus, zugl. als Hülfsmittel z. näheren Begründung jedes Landes-Katechismus. 2., verb. Aufl. gr. 12. (10⅓ B.) Sulzbach 846, v. Seidel'sche Buchh.

— s. Eichen- u. Buchenzweige.

Einiges über den Zustand der deutschen Sprach- und Sittenbildung im siebzehnten Jahrhundert. Ein literarhistorischer Excurs von Dr Heinrich Dittmar, Lehr. — 1854. 4to., Kranzbühler. — S. 1—XXX. Progr. Zweibrücken.

Dittmar, Heinr., über Eintheilung d. Schulen. Eine allgem. Betrachtung. 8. (3 B.) München 827, Lentner.

— u. Hermann's, Erziehungs- u. Unterrichtsanstalten f. Knaben. 8. Nürnb. 819. (Riegel u. W.) 8 K

Dittmar, Heinr., Festvortrag bei der 300jährigen Jubelfeier des k. b. Gymnasiums in Zweibrücken am 9. August 1859 gehalten. gr. 8. (III und 39 S.) Zweibrücken 859. Landau, Kaußler. *

Dittmar, Heinr., die deutsche Geschichte nach ihren wesentlichsten Grundzügen in e. übersichtl. Zusammenhange. Ein Leitfaden f. d. Unterr. in mittl. Lehranstalten, namentl. in niedern Gelehrtenschulen rc. 8. (16¼ B.) Carlsruhe 840, Holtzmann. *

—— die deutsche Geschichte in ihren wesentlichsten Grundzügen u. in ein. übersichtl. Zusammenhange. Ein Leitf. f. d. mittlere histor. Lehrstufe in Schulen, wie im Selbstunterr. 2., verb. u. verm. Aufl. gr. 8. (24⅚ B.) Carlsruhe 843, Holtzmann. *.

— die deutsche Geschichte in ihren wesentlichsten Grundzügen u. einem übersichtlichen Zusammenhange. Ein Leitfaden für die mittlere histor. Lehrstufe in Schulen, wie im Selbstunterrichte. 2. verb. u. verm. Aufl. gr. 8. Carlsruhe 843, Heidelberg, K. Winter. n. ¾ ₰

Dittmar, Heinr., die deutsche Geschichte in ihren wesentlichsten Grundzügen und in einem übersichtl. Zusammenhang. Für die mittlere histor. Lehrstufe im Schul- und Selbstunterricht. 3., verb. Aufl. gr. 8. (VIII und 439 S.) Heidelberg 851, K. Winter. *

—— die deutsche Geschichte in ihren wesentlichen Grundzügen und in einem übersichtl. Zusammenhang. Für den Schul- und Selbstunterricht. 4., neu überarb. Aufl. Mit einem Anhang. (Abriß der Geschichte des bayer., preuß. und österreich. Staats.) gr. 8. (XVIII und 658 S.) Heidelberg 857, C. Winter. *
Hieraus einzeln:

—— die deutsche Geschichte in ihren wesentlichen Grundzügen und in einem übersichtl. Zusammenhang. 5., verb. und verm. Aufl. gr. 8. (VIII und 603 S.) Heidelberg 863, C. Winter's Universitäts-Buchh. *

Dittmar, Heinr., die deutsche Geschichte in ihren wesentlichen Grundzügen und in einem übersichtlichen Zusammenhang. 6. Aufl. Durchgesehen und bis auf die neueste Zeit fortgeführt von Wilh. Müller. 4 Lfgn. gr. 8. (VII, 565 S.) Heidelberg 869, C. Winter's Universitäts-Buchh. à Lfg. * M 1. * compl. geb. *

—— dass. — 7. Aufl. Durchgesehen und bis auf die neueste Zeit fortgeführt von K. Abicht. gr. 8. (VII, 588 S.) Ebendas. 873. *

—— die deutsche Geschichte in ihren wesentlichen Grundzügen und in einem übersichtlichen Zusammenhang. 8. Aufl. Durchgesehen und bis auf die neueste Zeit fortgeführt von K. Abicht. gr. 8. (VIII, 586 S.) Ebendas. 880. * M 4.; geb. mit Kpfr. *

—— die Geschichte des Mittelalters. Für das allgemeine Bildungsbedürfniß dargestellt. 2 Bde. 3. Aufl. gr. 8. (VIII und 1258 S.) Heidelberg 863, C. Winter's Universitäts-Buchh. *

—— die Geschichte der Alten Welt. Für das allgemeine Bildungsbedürfniß dargestellt. 2 Bde. 4. Aufl. gr. 8. (VIII und 1225 S.) Heidelberg 863, C. Winter's Universitäts-Buchh. *

—— die Geschichte der Welt vor u. nach Christus, m. Rücksicht auf d. Entwickelung des Lebens in Religion u. Politik, Kunst u. Wissenschaft, Handel u. Industrie d. welthistor. Völker. Für d. allgem. Bildungsbedürfniß dargest. In 4 Bdn. 1. u. 2. Bd. à 2 Lfgn. gr. 8. Heidelberg, Karl Winter. [1. Bd. (39¾ B.) 845, 46. * 1 Thlr. 20 Ngr., 2. (54 B.) 47. * 2 Thlr. 8 Ngr.] *

—— die Geschichte der Welt vor und nach Christus, mit Rücksicht auf die Entwicklung des Lebens in Religion und Politik, Kunst und Wissenschaft, Handel und Industrie der welthistor. Völker. Für das allgem. Bildungsbedürfniß dargestellt. 3. Bd. 2 Hälften und 4. Bd. 1. Hälfte 1. Lfg. gr. 8. Heidelberg, K. Winter. [3. 1. Hälfte. (XXIV und 577 S.) 848. * 1 Thlr. 20 Ngr., 2. Hälfte. (XXVII und 820 S.) 849—50. * 2 Thlr. 4 Ngr., 4. Bd. 1. Hälfte 1. Lfg. (S. 1—272.) 851. * 22½ Ngr.] *
Hieraus besonders abgedruckt.

Dittmar, Heinr., die Geschichte der Welt vor u. nach Christus, mit Rücksicht auf die Entwickelung des Lebens in Religion u. Politik, Kunst u. Wissenschaft, Handel u. Industrie der welthistor. Völker. In 4 Bdn. 2. Bd. 2 Lfgn. gr. 8. (XXIV u. 839 S.) Heidelberg 847, K. Winter. n. 2 ₰ 8 ngl — 3. Bd. 1. Hälfte. gr. 8. (XXX u. 577 S.) Ebd. 848. n. 1⅔ ₰ — 3. Bd. 2. Hälfte. 2 Lfgn. gr. 8. (XXVIII u. 820 S.) Ebd. 849. 50. 1. Lfg. n. 28 ngl 2. Lfg. n. 1 ₰ 6 ngl — 4. Bd. 1. Hlfte. 1. u. 2. Lfg. gr. 8. (S. 1—560.) Ebd. 852. 1. Lfg. n. ⅚ ₰ 2. Lfg. n. 24 ngl (1—IV, 1. 1. 2. n. 9 ₰ 8½ ngl) (Die Abnehmer dieses Werkes u. des Supplementes (Fromman's Atlas) erhalten 2 Stahlst. „Homer u. d. griech. Volk u.: Roma, die Völkerbezwingerin" als Titelkupfer gratis.)

Dittmar, Heinr., die Geschichte der Welt vor und nach Christus, mit Rücksicht auf die Entwicklung des Lebens in Religion und Politik, Kunst und Wissenschaft, Handel und Industrie der welthistor. Völker. Für das allgemeine Bedürfniß dargestellt. 4. Bd. 1. Hälfte. 2. und 3. Lfg. und 2. Hälfte (Schluß.) gr. 8. Heidelberg, K. Winter. [4. Bd. 2. und 3. Lfg. (XXV und S. 273—922.) 852—53. * 1 Thlr. 24 Ngr., 4. Bd. 2. Hälfte. (XLIV und 1148 S.) 855—56. * 3 Thlr. 5 Ngr.] *

4. Bd. A. u. d. T.: Geschichte der neueren und neuesten Zeit vom 15. Jahrh. bis auf unsere Tage. n. 6 Thlr

—— dass. — 1. und 2. Bd. 3. Aufl. gr. 8. (XXII und 482 S.) Heidelberg 855, K. Winter. [1. (XXII und 482 S.) * 1 Thlr. 20 Ngr., 2. (XVIII und 686 S.) * 2 Thlr. 8 Ngr.] *

Bd. 1—3. und 4. Bd. 1. Hälfte. 1. Lfg. Ebendas. 1845—51. * 8 Thlr. $14^1/_2$ Ngr.

— die Geschichte der Welt vor und nach Christus, mit Rücksicht auf die Entwicklung des Lebens in Religion u. Politik, Kunst u. Wissenschaft, Handel u. Industrie der welthistor. Völker. Für das allgemeine Bildungsbedürfniß dargestellt. 1. Bd. 2. Abdr. 853. (XXVIII, 603 S.) n. 1 Thlr 16 ngr — 3. Aufl. 855. (XXII, 482 S.) n. 1 Thlr 20 ngr — 2. Bd. 3. Aufl. 855. (XVIII, 686 S.) n. 2 Thlr 8 ngr Ebend. 855. gr. 8. n. 3 Thlr 28 ngr

— die Geschichte der Welt vor und nach Christus, mit Rücksicht auf die Entwickelung des Lebens in Religion und Politik, Kunst und Wissenschaft, Handel und Industrie der welthistorischen Völker. Für das allgemeine Bildungsbedürfniß dargestellt. Neue verb. u. verm. Gesammt-Ausg. 6 Bde. in 27 Liefgn. Heidelberg 860—62. K. Winter. gr. 8. Jede Liefg. n. 12 ngr; Velinp. n. 15 ngr

1. Bd. 4. Aufl. (IV, 644 S.); 2. Bd. 4. Aufl. (IV, 581 S.); 3. Bd. 3. Aufl. (IV, 698 S.); 4. Bd. 3. Aufl. (IV, 560 S.); 5. Bd. 2. Aufl. (816 S.); 6. Bd. 2. Aufl. (775 S.)

— — Namen- und Sach-Register von K. A. v. Schmitz-Aurbach. Ebend. 863. gr. 8. (208 S.) n. 20 ngr

Dittmar, Heinr., die Geschichte der Welt vor und nach Christus, mit Rücksicht auf die Entwickelung des Lebens in Religion und Politik, Kunst- und Wissenschaft, Handel und Industrie der welthistor. Völker. Für das allgemeine Bildungsbedürfniß dargestellt. Namen- und Sach-Register von K. A. Frhr. v. Schmitz-Aurbach. gr. 8. (208 S.) Heidelberg 864, C. Winter's Universitäts-Buchh. *

1.—24. Lfg. Ebendas. 1860,61. * 9 Thlr. 18 Ngr.; Vlnp. * 12 Thlr.

— die Geschichte der Welt vor u. nach Christus mit Rücksicht auf die Entwicklung des Lebens in Religion u. Politik, Kunst u. Wissenschaft, Handel u. Industrie der welthistor. Völker. Für das allgemeine Bildungsbedürfniß dargestellt. Neue Gesammtausg. in 6 Bdn. 4. Aufl. Ebend. 866. gr. 8. (XXX, 4074 S.) n. 8 Thlr; geb. n. 10 Thlr; feinere Ausg. n. 10 Thlr; geb. n. 12 Thlr

— — Namen- u. Sach-Register von K. A. v. Schmitz-Aurbach. Ebend. 866. ar. 8. (208 S.) n. 20 ngr

Dittmar, Heinr. Die Geschichte der Welt vor u. nach Christus, m. Rücksicht auf die Entwicklung d. Lebens in Religion u. Politik, Kunst u. Wissenschaft, Handel u. Industrie der welthistor. Völker. Für das allgemeine Bildungsbedürfnis dargestellt. Ergänzungsbd.: Welt- u. Zeitgeschichte von 1862—90. Dargestellt v. Wilh. Vogt. gr. 8. (VI, 559 S.) Heidelberg 892, C. Winter. * 8 —

Hauptwerk in 6 Bdn. u. Namen- u. Sachregister. Ebd. 1866. * 26 —.

Dittmar, Heinr., die Geschichte d. griech. Welt v. ihrem Ursprung bis zu ihrer Berührung mit der röm., unter besond. Berücksichtigung des griech. u. hellenist. Lebens in Religion u. Sitte, Kunst u. Wissenschaft, Handel u. Gewerbe. Mit 1 Titelkpfr. u. 3 (lith. u. color.) histor.-geograph. Charten. (Aus: „Die Geschichte der Welt" besonders abgedr.) gr. 8. (XVIII u. 590 S.) Heidelberg 848, K. Winter. In Engl. Einb. n. $2^1/_3$ Thlr

— die Geschichte der römischen Welt von der Urzeit Rom's bis zur Verwandlung der Republik in das Kaiserreich, mit fortlaufender Rücksicht auf die gesammten Culturverhältnisse des welthistor. Römervolks. Mit 1 Titelkpfr. u. 2 (lith. u. color.) histor.-geograph. Charten (auf 1 Bl. in qu. 4.) (Aus: „Die Geschichte der Welt" besonders abgedr.) gr. 8. (XIV u. 553 S.) Ebd. 848. In Engl. Einb. n. $2^1/_3$ Thlr

—— die Geschichte der neueren und neuesten Zeit. Für das allgemeine Bildungsbedürfniß dargestellt. 2 Bde. 2. Aufl. gr. 8. (XII und 1591 S.) Heidelberg 863, C. Winter's Universitäts-Buchh. *

Dittmar, H., 7 Geschichts-Karten zum Leitfaden der Weltgeschichte. 10. Aufl., neu bearb. von G. Dittmar. Lithogr. und color. qu. gr. 4. Heidelberg 888, C. Winter's Universitäts-Buchh. *

Dittmar, (H.,) Hauspostille f. d. mittlere Jugend. 1e Abtheil. die Evangelien von d. Zukunft Christi. 4. Nürnberg 821, Riegel u. W.

Der Jahresbericht für $18^{78}/_{79}$ — Kirchheimbolanden, Hahn-Thieme. — enthält S. 3—6 einen Rückblick auf die im J. 1579 im Kloster Höningen gegründete und mit dem Kloster im 30jährigen Kriege zerstörte Schule, welche von dem Grafen Georg Hermann von Alt-Leiningen 1729 zu Grünstadt wieder ins Leben gerufen wurde und bis 1817 die Würde eines Gymnasiums behauptete, von Dr. Dittmar, Subr. Progr. Grünstadt.

— s. Lebensspiegel.

—— Leitfaden der Weltgeschichte, s.a. Leitfaden.

Dittmar, Heinr., Leitfaden der Weltgeschichte für untere Gymnasialklassen oder latein. Schulen, Real- und Bürgerschulen, Pädagogien und Töchteranstalten. 8., gänzlich umgearb. Ausg. gr. 8. (VIII und 248 S.) Heidelberg 859, C. Winter. *

—— Leitfaden der Weltgeschichte für untere Gymnasialklassen oder lateinische Schulen, Real- und Bürgerschulen, Pädagogien und andere Anstalten. 4. Ausg. 1862. und 5. Ausg., durchgesehen und bis auf die neueste Zeit fortgesetzt von Glob. Dittmar. gr. 8. (VIII und 260 S.) Heidelberg 867, C. Winter's Universitäts-Buchh. *

—— Leitfaden der Weltgeschichte für untere Gymnasialklassen oder lateinische Schulen, Real- und Bürgerschulen, Pädagogien und andere Anstalten. 6. Ausg., durchgesehen und bis auf die neueste Zeit fortgesetzt von Glob. Dittmar. gr. 8. (VIII, (263 S.) Heidelberg 870, C. Winter's Universitäts-Buchh. *

—— dass. — für mittlere und untere Gymnasialklassen oder latein. Schulen, Real- und Bürgerschulen, Pädagogien und andere Anstalten. 7. Aufl., durchgeseh. und bis auf die neueste Zeit fortgesetzt von Glob. Dittmar. gr. 8. (251 S.) Ebendas. 873. *

Dittmar, Heinr., Leitfaden der Weltgeschichte für mittlere und untere Gymnasialklassen oder lateinische Schulen, Real- und Bürgerschulen, Pädagogien und andere Anstalten. Durchgesehen und bis auf die neueste Zeit fortgesetzt von Glob. Dittmar. 8. Aufl. (VIII, 248 S.) 1875; 9. Aufl. gr. 8. (VIII, 258 S.) Heidelberg 879, C. Winter's Universitäts-Buchh. *

—— Leitfaden der Weltgeschichte für mittlere Gymnasialklassen, lateinische Schulen, Real- und Bürgerschulen, Pädagogien, Seminare und andere Anstalten. Neu bearb. von G. Dittmar. 10. Aufl. gr. 8. (VII, 236 S.) Ebendas. 887. *

Ausg. mit 7 Karten in Leinwbd. *

— Leitfaden der Weltgeschichte f. mittlere Gymnasialklassen, lateinische Schulen, Real- u. Bürgerschulen, Seminare, höhere Mädchenschulen u. andere Anstalten. Neu bearb. v. G. Dittmar. 11., durchgeseh. [Doppel-] Aufl. gr. 8. (VIII, 240 S. m. 7 farb. Karten.) Ebd. 891. Geb. in Leinw. n. 2. 80; ohne Karten n. 2. 20

—— Spiegel d. alten christl.-deutschen Erziehung, aufgestellt in d. Vermächtnisse e. treuen Vaters an d. Seinen. Eine pädagog. Reliquie a. d. Zeiten d. 30jähr. Krieges, Aeltern u. Kindern, Lehrern u. Freunden d. Jugend mitgetheilt. 12. ($17^1/_2$ B.) Frankfurt a. M. 833, Brönner. 16 Gr., Vlnp.

(—) Umriß der Weltgeschichte. Auszug daraus (von F. Nürdter), s. Leitfaden der Weltgeschichte.

Dittmar, der Waldbau. Ein Leitfaden f. den Unterricht u. d. Praxis, e. Handbuch f. d. Privatwaldbesitzer. (280 S.) 8. Neudamm 910. J. Neumann. Geb. 4. 50

—— einfacher Wegweiser durch die heil. Schrift für den Schul- und Hausgebrauch. Eine Angabe des Wesentlichsten was von den sämmtl. Schriften alten und neuen Testaments zu wissen nothwendig ist. 2., verb. und verm. Aufl. (XVI und 356 S.) Sulzbach 847, v. Seidel'sche Buchh.

— einfacher Wegweiser durch die Heilige Schrift für den Schul- u. Hausgebrauch. Eine Angabe des Wesentlichsten, was von den sämmtl. Schriften des Alten u. Neuen Bundes zu wissen nothwendig ist. 3. verb. rc. Aufl. Sulzbach 856. v. Seidel. 8. (XVI, 392 S.) 12 ngr

—— einfacher Wegweiser durch die heilige Schrift für den Schul- und Hausgebrauch. Eine Angabe des Wesentlichsten, was von den sämmtl. Schriften Alten und Neuen Bundes zu wissen nothwendig ist. 4. Aufl. besorgt von G. Dittmar. gr. 8. (X, 286 S.) Heidelberg 868, C. Winter's Universitäts-Buchh. *

— kurzer Wegweiser durch die heil. Schrift, mit Angabe des Wesentlichsten, was von den sämmtl. Schriften des Alten u. Neuen Testamentes der Jugend zu wissen nothwendig ist, so wie insbesondere dessen, was aus dem A. T. zum Lesen mit Schülern ausgehoben werden soll. Für latein. Schulen u. für die untern u. mittlern Klassen der Gymnasien; für Real- u. Gewerbschulen rc. rc. gr. 12. Sulzbach 846, v. Seidel. 1/2 rf

— Waizenkörner, gestreut in junge Herzen. Mit Kupf. 12. Frankf. a. M. 827, Sauerländer. 1 Rthlr. 12 gr. Vel.-P.

—— neue Waizenkörner f. junge Herzen. (2. Gabe.) (M. 6 Kpfrt.) 8. (14 B.) Nürnberg 830, Campe.

— neue Waizenkörner für junge Herzen. Mit 6 Kpfr. N. Aufl. 8. Nürnberg 833. Fr. Campe. 1 1/3 rf

— neue Waizenkörner für junge Herzen. Hundert kleine Erzählungen. 3. (Titel-)Aufl. Mit 6 color. Kpfrn. 8. (XVI u. 211 S.) Nürnberg (833) 852, Lotzbeck. 1/2 rf

Dittmar, Heinr., neueste Waizenkörner f. junge Herzen. 3. (letzt.) Gabe. gr. 12. (10 1/6 B.) Stuttgart 833, Cotta. Thlr.
(1. Gabe.) Waizenkörner, gestreut in junge Herzen. Mit Kpfrn. 12. Frankfurt a. M., Sauerländer. 1827. 1 Thlr. 12 Gr.
Vgl Dietmar.

— die Weltgeschichte in einem leicht überschaulichen, in sich zusammenhängenden Grundrisse. Ein Leitfaden für den Unterricht u. Selbstunterricht. gr. 8. Carlsruhe 841, Holtzmann. n. 5/6 rf — 2. verb. u. verm. Aufl. gr. 8. Ebend. 842. 5/6 rf — 3. verb. Aufl. gr. 8. Ebend. 844. Heidelberg, K. Winter. n. 1/2 rf

—— die Weltgeschichte in einem leicht überschaul., in sich zusammenhängenden Grundrisse. Ein Leitf. f. d. Unterr. in untern Gymnasien u. latein. Schulen, in Schullehrer-Seminarien u. in Real- u. höhern Bürgerschulen, so wie auch z. Gebr. beim Selbstunterr. 3. Aufl. 844. 18 3/4 Ngr. u. 4. Aufl. gr. 8. (à 22 1/2 B.) Carlsruhe 845, Holtzmann. *

—— die Weltgeschichte in einem leicht überschaulichen Umrisse für den Schul- und Selbstunterricht. 2 Hälften. (Geschichte der Welt vor Christus. — Geschichte der Welt nach Christus.) 4. Aufl. (X und 536 S.) 848—49. 27 Ngr. und 5., verb. Aufl. gr. 8. (XIV und 524 S.) Heidelberg 851 (52,) K. Winter. *

— die Weltgeschichte in einem leicht überschaulichen Umrisse für den Schul- u. Selbstunterricht. 4. verm. u. zum Theil umgearb. Aufl. 2. Hälfte. gr. 8. (X u. 536 S.) Heidelberg 849, K. Winter. n. 27 ngr — 2 Hälften. [Geschichte der Welt vor Christus. — Geschichte der Welt nach Christus.] 5. verb. Aufl. gr. 8. (XIV u. 524 S.) Ebd. 850. n. 28 ngr

— die Weltgeschichte in einem leicht überschaulichen, in sich zusammenhängenden Umrisse für den Schul- u. Selbstunterricht. 1. Hälfte: Geschichte der Welt vor Christus. — 2. Hälfte: Geschichte der Welt nach Christus. Mit einem Anhang von genealogischen u. synchronistischen Tafeln. 6. neu bearb. Aufl. Heidelberg 854. K. Winter. gr. 8. (VIII, 272; VI, 334 S.) n. 1 rf

—— die Weltgeschichte in einem leicht überschaulichen, in sich zusammenhängenden Umrisse für den Schul- und Selbstunterricht. 2 Thle. (in 1 Bd.) 8., auf's Neue überarb. Ausg. gr. 8. (XIV und 684 S.) Heidelberg 859, C. Winter. *
Mit 6 Stahlst. geb. *

—— die Weltgeschichte in einem leicht überschaulichen, in sich zusammenhängenden Umrisse für den Schul- und Selbstunterricht. 9., verb. und verm. Ausg. gr. 8. (684 S.) Heidelberg 864, C. Winter's Universitäts-Buchh. *

—— die Weltgeschichte in einem leicht überschaulichen, in sich zusammenhängenden Umrisse für den Schul- und Selbstunterricht. 10. Aufl. Durchgesehen und bis auf die neueste Zeit fortgeführt von K. Abicht. 2 Thle. gr. 8. Heidelberg 870, C. Winter's Universitäts-Buchh. [1. Thl. (VIII, 243 S.) *ℳ 1,60.; 2. Thl. (VI, 432 S.) *ℳ 2,80.] *
geb. mit 5 Stahlst. *

—— dass. — 10. Aufl. Neue Ausg. mit Anhang: Geschichte des deutsch-französ. Kriegs und der Wiederaufrichtung des deutschen Reichs von K. Abicht. gr. 8. (XIV, 675 und Anhang 36 S.) Ebendas. 873. *

—— dass. — in einem leicht überschaulichen, in sich selbst zusammenhängenden Umrisse für den Schul- und Selbstunterricht. 2 Thle. 11. Aufl. Durchgesehen und bis auf die neueste Zeit fortgeführt von K. Abicht. gr. 8. Ebendas. 874. *
geb. *
Inhalt:
Thl. 1. Geschichte der Welt vor Christus. (VI, 226 S.) *ℳ 1,80.
„ 2. Geschichte der Welt nach Christus. (VI, 430 S.) *ℳ 3.

—— die Weltgeschichte in einem übersichtlichen, in sich zusammenhängenden Umriß für den Schul- und Selbstunterricht. 2 Tle. 12. Aufl. Verb. und bis auf die neueste Zeit fortgeführt von K. Abicht. gr. 8. Ebendas. *
geb. in 1 Bd. mit 5 Kpfrn. *
Inhalt:
Tl. 1. Geschichte der Welt vor Christus. (VIII, 240 S.) 880. Einzelpr. *ℳ 1,80.
„ 2. Geschichte der Welt nach Christus. (VI, 456 S.) 881. Einzelpr. *ℳ 3.

Dittmar, Heinr., die Weltgeschichte in e. übersichtl., in sich zusammenhäng. Umriß f. d. Schul- u. Selbstunterr. Neu bearb. u. b. auf d. neueste Zeit fortgef. v. Karl Abicht. 2 Tle. 13. Aufl. gr. 8. Heidelberg 898. C. Winter. n. 5. — (Kplt. in 1 Bd: n. 5. —; geb. in Leinw. n. 6. —; in Halbfrz. m. 7 Bild. n. 8. —)
1. Geschichte d. Welt v. Christus. M. 3 Karten. (VIII, 248 S.) n. 2. —
2. Geschichte d. Welt n. Christus. M. 4 Karten. (VIII, 515 S.) n. 3. —

Dittmar, H[ermann]: *Ueber die altdeutsche negationspartikel „ne" in abhängigen sätzen. 167 gez. Bl. 4° (2°)
Halle-Wittenberg, Phil. Diss. v. 19. Febr. 1872
Geb. [Magdeburg 27. 3. 1845]
Diplom v. 8. (hs. korrig. in 19.).

Dittmar, Hermann, Referendar in Posen: Das Recht der Eingemeindung in Preussen. Meiningen 1908: Keyssner. (62 S.) 8°
Rostock, Jur. Fak., Ref. Hübner, Diss. v. 25. Mai 1908
[Geb. 5. März 82 Meiningen; Wohnort: Posen; Staatsangeh.: Sachsen-Meiningen u. Preußen; Vorbildung: Gymn. Meiningen Reife O. 02; Studium: Grenoble 1, München 2, Berlin 1, Göttingen 2 S.; Rig. 26. Febr. 08.]

Dittmar, Hermannus [Dr.]: Horati libri II satiram VI interpretatus est. P. I. Magdeburg, Druck v. E. Baensch jun., 1892; 1 Bl., 26 S. 4.
Magdeburg, '(st.)' König Wilhelms-G, OP 1892 (239)

Dittmar, Hermannus [Dr.]: Horati libri II satiram VI interpretatus est. P. II. [Forts. d. P-Beil. 1892.] (Forts. folgt an and. Stelle.) Magdeburg, Druck v. E. Baensch jun., 1893; 1 Bl., 15 S. 4.
Magdeburg, '(st.)' König Wilhelms-G, OP 1893 (242)

Dittmar, Jac. F., s.a. Ditmar

Dittmar, Jac. F. (Resp.): De daemonibus eorumque existentia ..., s. Breithaupt, Chr. (Praes.)

Dittmar, Johann Otto (Nieder-Ohmen)
Bestimmung und Attraction, die eine homogen materielle Kreislinie, resp. Kreisscheibe, auf einen materiellen Punkt von beliebig gegebener Lage nach dem Newton'schen Attractionsgesetze ausübt.
Bonn: C. Georgi 1883. 25 S.
Diss. phil. Giessen 4.1.1883. vorh. 26.

Bericht über die Lothringische Bezirks-Irren-Anstalt bei Saargemünd mit bes. Berücks. d. letzten 10 Jahre ihres Bestehens dem Kais. Bezirkspräsidium zu Metz vorgelegt von San.R. Dr. [Karl] **Dittmar,** Dir. *Saargemünd 1899: Völcker.* (Getr. Pag.) 4° [03. ... 10

Dittmar, Carl, über regulatorische und über cyclische Geistesstörungen. Zwei Vorträge, gehalten in der Niederrhein. Gesellschaft für Natur- und Heilkunde. gr. 8. (32 S.) Bonn 877, Cohen und Sohn. *
Aus: Sitzungsberichte der Niederrheinischen Gesellschaft für Natur- und Heilkunde, besonders abgedruckt.

Dittmar, Karl, s.: Kalender f. das Vermessungswesen in Bayern.

Dittmar, Carl, aus Greifenberg i. P.: Über den Liederdichter Johann Möller, den Gründer der Gottsingenden Gesellschaft zu Greifenberg i. P. *Greifswald 1904: F. W. Kunike.* (91 S.) 8°
Greifswald, Phil. Diss. v. 14. Mai 1904

Dittmar, Carl, das Nitroglycerin [Nobel's Patent-Sprengöl]. Seine gefahrlose Aufbewahrung, Transport u. Anwendung. Berlin 866. J. Springer. gr. 8. (21 S.) n. 5 ngr.

Dittmar, Carl: **Mikroskopische Untersuchung der aus krystallinischen Gesteinen insbesondre aus Schiefer herrührenden Auswürflinge des Laacher Sees ....** Bonn, Univ.-Buchdr. v. Carl Georgi, 1887; 36 + 1 S. + 1 Bl. 8°.
Bonn, Phil. Fak., Inaug.-Diss. v. 11. Aug. 1887.

Dittmar, Carl, mikroskopische Untersuchung der aus krystallinischen Gesteinen insbesondre aus Schiefer herrührenden Auswürflinge des Laacher Sees. Diss. Bonn 1887, Emil Strauss. 8°. 35 S.

—— Vorlesungen über Psychiatrie für Studirende und Aerzte. 1. Abthl.: Grundlegungen der Psychiatrie. gr. 8. (152 S.) Bonn 878, Strauss. *

Dittmar, Carl Ant. Ludw. (Dresden), De superficiei notione. Lpz. (Gottfr. Bruder) 22. V. 1810. 63 S. (5.—) 6597

Dittmar, Car. Frid. Aug(ustus) (geb. Königsberg i. Pr. 12. 6. 1819): De oedemate glottidis. Berolini (1841). (27 S.) 8°
Berlin, Med. Diss. v. 9. Aug. 1841

Dittmar, L. P. F., neuer Beitrag zur lithograph. Kenntn. d. südbaltischen Länder, s. A. C. Siemssen.

Dittmar, Louise, Brutus-Michel. (Gedichte.) 2., verm. Aufl. 12. (22 S.) Darmstadt 848, Leske.

— zur Charakterisirung der nordischen Mythologie im Verhältniß zu andern Naturreligionen. Eine Skizze. gr. 12. (51 S.) Darmstadt 848, Leske. 1/4 Thlr

— siehe: Gedichte, wühlerische. — Lessing u. Feuerbach.

—— Lessing und Feuerbach, oder Auswahl aus G. E. Lessing's theol. Schriften nebst Originalbeiträgen und Belegstellen aus L. Feuerbach's Wesen des Christenthum's. 8. (93 S.) Offenbach 847, G. André.

— Vide: Mensch (Der) und sein Gott.

—— das Wesen der Ehe. 8. (73 S.) Leipzig 850, O. Wigand.

—— dass. Nebst einigen Aufsätzen über die soziale Reform der Frauen. hoch 4. (120 S.) Ebds. 849. *

— dass. Nebst einigen Aufsätzen üb. die soziale Reform d. Frauen. hoch 4. (120 S.) Ebd. 851. n. 5/6 Thlr

— **vier Zeitfragen.** Beantwortet in einer Versammlung des Mannheimer Montag-Verein's. 8. (VIII u. 26 S.) Offenbach 847, G. André. — 2. Aufl. 8. (VIII u. 26 S.) Ebd. 847. 3 ngr.

Dittmar, M., d. sächs. Fleischer. E. Lehrbuch f. alle d. Fleischergewerbe Betreibenden u. Lernenden. gr. 8. (30 S.) Zittau 894. (W. Fiedler.) n. — 80

Dittmar, Max

Dittmar, M., Beiträge zur Geschichte d. Stadt Magdeburg in den ersten Jahren nach ihrer Zerstörung 1631, s.a. Abhandlungen, Halle'sche, zur neueren Geschichte. H. 19.

Dittmar, Max: Beiträge zur Geschichte der Stadt Magdeburg in den ersten Jahren nach ihrer Zerstörung 1631. Th. 1: Magdeburg unter kaiserlicher Hfrrschaft [!] ⟨vom 10. Mai 1631 bis 8. Januar 1632⟩. Halle a/S. 1884: Karras. 55 S. 8°
Halle-Wittenberg, Phil. Diss. v. 1. März 1884
Geb. Magdeburg 11. 9. 1858. V.

Dittmar, Max, Beiträge zur Geschichte der Stadt Magdeburg in den ersten Jahren nach ihrer Zerstörung 1631. I. Thl. Magdeburg unter kaiserl. Herrschaft, vom 10. Mai 1631 bis 8. Jan. 1632. gr. 8. (XII, 420 S.) Halle 885. Niemeyer. n. 10. —

[Kopft.:] [J.] Zum Zweihundertundfünfzigjährigen Jubiläum der Faberschen Buchdruckerei. (Vf.: Max **Dittmar.**) *(Magdeburg: Faber'sche Buchdr. 1897.)* (4, 15 S., 4 Bl.) 1 Bd 2.(4.) [98. 3362 Ha

Dittmar, Osc., die magnetische Heil-Methode auf Grund der enthüllten Geheimnisse des Magnetismus. Ein Lehr- u. Handbuch zum Selbstunterricht. (IV, 800 S.) 8. Leipzig (904). [O. Dittmar.] Modern-medizin. Verlag. n. 5. —; ern. Pr. n. 3. 50

Dittmar, Osk., eine neue Heilmethode durch Magnetismus. Auf Grundlage der epochemach. Entdeckgn. u. Erkenntnisse e. zweiten Kopernikus der Physik aus allerneuester Zeit. gr. 8. (20 S.) Leipzig 902. A. Strauch. n. — 50

Dittmar, Otto [Dr.]: Neue Permutationsverfahren und Determinantenberechnungen. Wimpfen, Buchdr. v. S. Dohany, 1892; 19 S. 4.
Wimpfen a. N., grossh. R, OP 1892 (644)

Dittmar, Otto [Dr.]: Potential und Attraction des homogenen materiellen Kreisbogens und Potential des Kreissectors auf einen beliebig gegebenen massiven Punkt (Umschlagt.: ... materiellen Punkt). Wimpfen, Buchdr. v. Ch. Elser, 1894; 13—22 S., 1 Bl. 4.
Wimpfen a. B. '(Neckar)', grossh. R, OP 1894 (649)

Plan von Spandau und Umgegend. Gez. P. **Dittmar,** Oberfeuerw. Massst. 1:12,500. 2. Aufl. *Spandau: H. Mund 1900.* (1 Kartenbl. 59×85 cm.) gr. 2° [kol.] [02. 300

Plan von Spandau und Umgegend. (Gez. P. **Dittmar,** Oberfeuerw. Neubearb. durch R. Gerloff. 1:12,500. 3. Aufl. *Spandau: H. Mund 1904.)* (1 Kartenbl. 60×85 cm.) [Kopft. lith.] [kol.] [04. 14474

Dittmar, Paul [aus Obornick [sic!]]: Ueber recidivirende Glaskörperblutungen. . . . Berlin, gedr. bei W. Röwer, 1890; 28 S. + 2 Bl. 8°
Berlin, Med. Fak., Inaug.-Diss. v. 6. Mai 1890

Dittmar, Peter [aus Nieder-Ohmen]: **Das Büschel von Kegelschnitten, welches ein Ebenenbüschel aus einem Kegel II. Ordnung ausschneidet** . . . . Giessen, Druck v. Wilhelm Keller, 1888; 19 + 1 S. 4°
Giessen, Phil. Fak., Inaug. Diss. v. 1888

[Kopft.:] **Dittmar,** Peter [Lehramts-Assessor Dr.]: Der Ort der Brennpunkte eines Büschels von Kegelschnitten, das von einem Ebenenbüschel aus einem Kegel n. Ordnung ausgeschnitten wird. *Oppenheim a. Rh., 1894;* 26 S., 10 Taf. 4.
Oppenheim, grossh. R, OP 1894 (647)

Dittmar, Rhold., patriot. Festlieder, f. Männerchor komponiert. 8. (31 S.) Halle 895. H. Gesenius. n. — 40

Dittmar, Rhold., Jubilate Deo! 100 Festlieder u. Gelegenheitsgesänge f. Männerchor, zum Gebrauch an höh. Schulen, bei Lehrerkonferenzen u. in Kirchengesangvereinen bearb. (VIII, 227 S.) 8. Halle 908. H. Schroedel. nn 1. 40

— Klänge der Heimat. 111 Schul- u. Volkslieder f. d. Provv. Ost- u. Westpreußen, auf Grund der amtl. Bestimmgn. ausgewählt u. bearb., unterrichtlich geordn. u. m. Violinbogenstrich versehen. (VII, 80 S.) 8. Ebd. 910. nn — 35; geb. nn — 40

12 Meisterstücke für zwei- und mehrstimmigen Violinchor, Piano und Orgel... z. Gebr. an Lehrerbildungsanst.... bearb. von Reinhold **Dittmar**. [1. 2.] Halle a. S.: H. Schroedel 1907. 2 Bde 4°
[1.] Partitur. [2.] Violinchor. **[illegible]**

Dittmar, Siegm. Gf., (eigentl. Dietmar), Aurora, Zeitschrift in monatl. Heften über Witterungs-, Erd- u. Menschenkunde. gr. 4. 1s—6s Hft. Berl. 820. Christiani. 3 ₰ 8 gr 7s—12 Hft. gr. 4. Ebd. 821. Cosmar u. Kr. 3 ₰

Dittmar, S. G. Das Erhabenste der Natur und Kunst auf der Erdfläche, durch eine Berghöhenkarte dargestellt. Berlin. 1821. 4.

— das Erhabenste der Natur u. Kunst auf der Erdfläche. Mit 1 Berghöhen-Karte. 4. Berl. 822. Christiani. 6 gr

Dittmar, S. G., Erinnerung. an mein. Umgang m. Garve. 8. Berlin, Unger. 801.

— Erinnerung an meinen Umgang mit Garve. 8. Berl. 804. Unger. 16 gr

— — vom Frühlingsanfange bis Ende Octobers im Jahr 1819, nebst Vorerinnerungen über einige zur Witterungskunde gehörigen Gegenstände. 8. Berlin, Christiani.

— vom Frühlingsanfange bis Ende October im Jahre 1820, nebst einer Naturgeschichte des vergang. Winters u. andern Mitthll., mit 1 Kpf. 8. Berl. 820. Christiani. 12 gr

— s. Gibraltar et ses destinées.

— Lebensbeschr. des Oberforstm. v. Burgsdorf, a. Leonhardis Jagdmagazin 12s Heft. 4. Leipz. Ind. C. 805.

Dittmar, Siegm. Gf., Lebensbeschreibung des Oberforstmeisters v. Burgsdorf, (aus Leonhardis Magazin, 12s Heft apart abgedruckt). 4. Leipz. 808. Magazin f. Ind. 8 gr

— über Lehr- u. Erziehungs-Anstalten. 8. Berl. 799.

— s. Meteorik.

— der Polarschein, oder: das Nordlicht. Nach e. neuen naturgemäßen Theorie erklärt. Mit 4 Steindr. 8. Berl. 831. Struve. 9 gr

— d. Sieges-Denkmal auf d. Kreutzberge bei Berlin. Mit Abbildd. 8. Berl., Logier. 8 gr

— s. a. Sirius oder d. Hundspost.

SIRIUS, oder die Hundepost von Spandau nach Berlin. (Komischer Roman von Sigmund Gottfried Dittmar.) 2 Thle. Mit Kpftit. Osterholz (Braun in Berlin) 1808. 16°. 232 + 236 S. Rar! (8 Mk. 50 Pfg. Hugo Streisand, sand, Berlin, 1908.)
„Den Manen des hochberühmten altgriechischen Hundes am Hofe des Alkibiades gewidmet.

Voraussicht der Beschaffenheit eines jeden künftigen Winters für Europa und Asien zwischen dem dreißigsten und neun und siebenzigsten Grade nördlicher Breite. ... Von Sigismund Gottfr[ied] Dittmar. Berlin: Christiani 1819. VI, 12 S. 4

— Voraussicht der Beschaffenheit eines jeden künftigen Winters f. Europa u. Asien, zwischen dem 30n u. 79n Grad nördl. Breite, aus der Form des Erdballes u. seines äußern Baues hergeleitet, nebst 1 ill. Witterungskarte. gr. 4. Berl. ... 2e A. 820. Christiani. (Schubert u. N. in Hamb.) 8 gr

— der mildstrenge Winter v. 1822—23, oder d. für u. wieder aller Voranzeigen bevorstehenden Witterungs-Veränderungen. 8. Berlin 823, Flittner.

— der mildstrenge Winter v. 1822—23, oder d. für u. wieder aller Voranzeigen bevorstehenden Witterungs-Veränderungen. 8. Berl. 823. (Sander). 6 gr

— die bevorstehende Witterung von d. Mitte des Novembers 1820 bis Frühlingsanfang 1821, nebst e. Naturgeschichte der vergang. Sommerwitterung, einigen Gedanken üb. klimat. u. Lokal-Wetter rc. 8. Berl. 820. Christiani. 6 gr Dass. vom April bis Ende October 1821. 8. Ebd. 821. 8 gr

— die diesjährige zu erwartende Witterung im Sommerhalbjahre vom Frühlingsanfange bis Ende October im Jahre 1818. 8. Berl. 818. 2e Aufl. 818. Maurers B. 4 gr

— Dies., vom Frühlingsanfange bis Ende Octobers im J. 1819 rc. 8. Berl. 819. Christiani. 8 gr

— Witterungsblatt, enth. die zu erwartende Winter- (oder Sommer-) Witterung v. M. April bis Ende März 1824, nebst Maaßregeln zur Beförder. meteorolog. Kenntnisse rc., eine Zeitschrift. 1s—5s Heft. 8. Berl. 821—23. Flittner. (Sander). 2 ₰ 2 gr

— Dass., v. Nov. 1823 bis Ende März 1824. 8. Berl., Boicke. 10 gr

— allgem. Witterungskarte v. Europa, nebst Text. 4. Berl. 819. Christiani. 10 gr

— die Zonal-Witterung von Europa. Mit 1 Karte. 8. Berl. 819. Neuer Abdr. 821. Christiani. 8 gr

Dittmar, W., Robinson Crusoe, s.: Defoe, Dan.

Dittmar, (W.), Fest- und Passions-Predigten. gr. 8. (IV und 179 S.) Stuttgart 856, J. F. Steinkopf. Thlr. -

Dittmar, W., die Gesetze vom 31. Dezbr. 1842 und 6. Jan. 1843 über die Erwerbung und den Verlust der Eigenschaft als preußischer Unterthan, über die Aufnahme neuanziehender Personen, über die Verpflichtung zur Armenpflege und über die Bestrafung der Landstreicher, Bettler und Arbeitsscheuen nebst den dieselben ergänz. und erläut. Gesetzen, Verordnungen, Ministerial-Reskripten rc. sowie die Vorschriften über die Beförderung von Auswanderern, über die Verpflichtung zur Uebernahme der Auszuweisenden und Heimathlosen rc. gr. 8. (XIX und 468 S.) Magdeburg 862, Baensch. *

Dittmar, W. D. Heeres-Ergänzg i. Frieden. Magdeburg 1843.

Dittmar, W., die Heeres-Ergänzung. Eine Sammlung der über die Verpflichtung zum Militairdienste, über die jährl. Ersatzaushebungen, über den freiwilligen Eintritt in den Militärdienst, über die Ergänzung des Offizier-Korps des stehenden Heeres, über das Fortdienen der Soldaten, über die Entlassung von den Fahnen u. über die Kontrole der Militairpersonen des Beurlaubtenstandes bestehenden offiziellen Vorschriften. Zum Gebrauche für die Königl. Militairbehörden rc. zusammengestellt. 2. verm. Aufl. gr. 8. (VIII u. 683 S.) Magdeburg 851, Baensch. n. 3 ₰

— s. Heeres-Ergänzungen, die, im Frieden.

—— Sammlung militairdienstlicher Vorschriften üb. die Anstellung gedienter Unteroffiziere im Civil, u. üb. die Entlassung u. Versorgung der Invaliden. gr. 8. (5½ B. u. 9 Tab.) Magdeburg 842. (Baensch.) *

—— die Versorgung der Militairpersonen, s. a. Versorgung.

Dittmar, W. Versorgung d. Militärpersonen i. Zivildiensten. Magdeburg 1845.

Dittmar, W., die Waldenser u. ihre Colonie Walldorf, s.: Robert.

Dittmar, W. F. C., s. D i t m a r , Woldemar Karl Fr.

Dittmar, Dr. Wilh. (prot. Dekan zu Bayreuth), *Aventin.* (Motto.) Von der histor. Commiss. bei d. k. b. Akad. d. Wiss. gekrönte Preisschrift. Nördlingen, C. H. Beck, 1862. 8°. Eleg. Hfrzb.
VIII–302 S., 1 Bl. Err.

Dittmar, Wilh., Predigten. gr. 8. (9 B.) Erlangen 845, Heyder.

—— Predigten evangelischer Geistlichen in Bayern, s. Predigten &c.

W. Dittmar, Das Staats-Kassen- und Rechnungswesen. Köln, 1844.

– dass. s.a. D i t m a r , Wilhelm

Vetus Testamentum in Novo. Die alttestamentl. Parallelen d. Neuen Testaments im Wortlaut d. Urtexte u. der Septuaginta zsgest. von W(ilhelm) **Dittmar**, Pfarrer. Hälfte 1. 2. *Göttingen: Vandenhoeck & Ruprecht 1899–1903.* 2 Bde 8°
1. Evangelien u. Apostelgesch. 1899. 2. Briefe u. Apokalypse. 1903. [03. 1047*

Dittmar, Wilhelm Ant. Heinr.

Dittmar, G. A. H., de nomine, actate, studiis ac scriptis Gaii Icti romani Specimen I. 4 maj. Lpz. 820. (Göthe). 16 gl.

— **Wilh. Ant. Heinr.** (Dresden), De nomine aetate studiis ac scriptis Gaii icti Romani. Spec. I. Lpz. (Tauchnitz) 2. V. 1820. 148 S. (6.—) 6599

– Dass., s.a. D i t m a r , K. F. Wald.

Dittmar-Völter: Historischer A t l a s , s. D i t t m a r , Heinrich

Dittmarsch, A. die Gewinnung der nutzbaren Mineralien v. den Lagerstätten, s.a. **Bibliothek** d. gesamt. Technik.

Dittmarsch (A.), Die Gewinnung der nutzbaren Mineralien von den Lagerstätten. ⟨Grubenbaue, Gruben, Ausrichtung, Vorrichtung u. Abbau. Tagebau u. Gräbereien.⟩ M. 79 Abb. i. T. Leipzig (1907.) 84 S.
(Der Bergbau. Bd 2.)
(Bibliothek d. gesamt. Technik. Bd 58.)

— **Grubenausbau,** s.a. **Bibliothek** d. gesamt. Technik.

Grubenausbau. Von A. Dittmarsch. Mit 243 Abb. Hannover: Jänecke 1908. 155 S. 8°
(Bibliothek d. gesamten Technik. Bd 102.) [09. 10985 7

Dittmarsch, A. L., s. D i t t m a r s c h , A.

Dittmarsch, C., die neuesten Fortschritte auf dem Gebiete der graphischen Künste in Oesterreich. Vorgetragen am 23. April 1858. Wien 858. Typograph.-literar.-artist. Anstalt. Imp.-8. (16 S. u. 4 Holzschnitttaf. in Farbendr.) n. 10 ngr.

Dittmayer, H. [appr. Arzt aus Würzburg]: Über traumatische Epiphysen-Trennung mit folgender Hemmung des Längenwachstums .... Würzburg, k. Universitätsdr. v. H. Stürtz, 1887; 16 S. 8°
Würzburg, Med. Fak., Inaug.-Diss. v. 1887

Dittmayer, H., über traumatische Epiphysen — Trennung mit folgender Hemmung des Längenwachstums. Diss. Würzburg 1887, Stahelsche Univ.-Buchh. 8°. 16 S.

Dittmer, Adolf ⟨geb. am 2 Okt. 1849 in Hamm a. d. Sieg⟩: Ueber die diagnostische Bedeutung des Gesichtsäusseren ... Bonn, Druck v. J. Trapp (1873). 25 S., 1 Bl. 8.
Bonn, Med. Fak., Diss. v. 31 Juli 1873

Dittmer, Albert, appr. Tierarzt a. Ladenthin in Pommern: Klinische Untersuchungen über die Wirkung des Lokalanästhetikums Alypin beim Pferde. Stuttgart 1907: Union. (31 S.) 8° ¶ (Aus: Monatshefte für praktische Tierheilkunde Bd 18.)
Gießen, Veterinär-Med. Koll., Ref. Pfeiffer, Diss. v. 14. Febr. 1907
[Geb. 31. Dez. 78 Ladenthin (Pommern); Wohnort: Berlin; Staatsangeh.: Preußen; Vorbildung: Friedrich-Wilhelms-Realgymn. Stettin Reife M. 00; Studium: Tierärztl. Hochsch. Berlin 10 S.; Rig. 13. Nov. 06.]

Dittmer, Arthur Frh. v. Mantey-s. Mantey

Dittmer, C., u. C. Messer, Satzlehre für den deutschen Unterricht. [Aus: „Übungsaufgaben f. d. deutschen Sprachunterricht".] 8. Aufl. gr. 8. (44 S.) Hamburg 890. O. Meißner's Verl. n. —40

Dittmer, C., u. C. Messer, Uebungsaufgaben f. den deutschen Sprachunterricht in den Unterklassen d. Realschulen. gr. 8. (IV, 160 S.) Hamburg 875. O. Meißner. 1. 50

Dittmer, C. u. C. Messer. Übungsaufgaben für den deutschen Sprachunterricht in den Unter- u. Mittelklassen höherer Lehranstalten. 3. Aufl. gr. 8. (IV, 196 S.) Hamburg 890, Meißner's Verlag. 1 50
Daraus apart: Satzlehre für den deutschen Unterricht.

Dittmer, C., u. C. Messer, Übungsaufgaben f. d. deutschen Sprachunterricht in d. Unter- u. Mittelklassen höh. Lehranstalten. 5. Aufl. (IV, 196 S.) 8. Hamburg 907. O. Meißner's Verl. 1.50; geb. 2. —

Dittmer, C. L., Vorschriften zum Situationszeichnen. Nach den Bestimmungen des königl. hannoverschen General-Stabes gestochen. Zunächst für die militair. Unterrichts-Anstalten der königl. hannoverschen Armee bestimmt. qu. 4. (14 Kpfrt.) Hannover 850, (Helwingsche Hofbuchh.) **

Lohn- und Arbeitsverhältnisse der städtischen Arbeiter Berlins 1906–1907. Von Emil **Dittmer**. Berlin: (Selbstverl.) 1906. (139 S.) 8° [F.]
[Umschlagt.:] Die Stadt Berlin u. ihre Arbeiter. Ein Beitrag z. Sozialpolitik d. größten deutschen Gemeinde. Von E. Dittmer. [07. 104

Dittmer, Emil, Lohn- u. Arbeitsverhältnisse der städtischen Arbeiter Berlins 1906—1907. (Umschlag: Die Stadt Berlin u. ihre Arbeiter. Ein Beitrag zur Sozialpolitik der größten deutschen Gemeinde.) (189 S. m. 1 Tab.) 8. Berlin 906. (Buchh. Vorwärts.) n. 1.—

Dittmer, F., die deutsche Wasch- und Plättkunst. Handbuch zur Erlernung der Wäschebehandlung in ihrem gesammten Umfange nach erprobt bester und billigster Methode unter Beobachtung größtmöglichster Schonung der Wäschegewebsfaser, mit 75 (eingedr. Holzschn.-)Illustr. und einem Anhang über Mittel zur Beseitigung von Flecken aller Art. 8. (91 S.) Berlin 881. (Leipzig, O. Klemm.)

Dittmer, Fr. Aug., Familiengeschichten. 18 Bdchen. 8. Riga 803. Müller. (Meinshausen). 18 gl.

Dittmer, Fr. Aug., Graf von Wallensee, oder der ungerechte Argwohn. Schspl. in 2 A. 8. Riga 803. Meinshausen. 6 gl.

Dittmer, Friedrich, approb. Arzt aus Havekost: Aus d. Kgl. chirurg. Universitäts-Klinik zu Kiel. Beitrag zur Aetiologie, Behandlung und Heilung der Fistula stercoralis. *Oldesloe 1903: J. Schüthe.* (29 S.) 8°
Kiel, Med. Diss. v. [16. Nov.] 1903

Dittmer, G. W., das heil. Geist Hospital u. d. St. Clemens Kaland zu Lübeck, nach ihren früh. u. jetzigen Verhältnissen, aus d. Urkunden u. Acten beider Stiftungen dargest. 2., verm. u. verb. Abdr. 8. (12¾ B.) Lübeck 838, v. Rohden'sche Buchh.

Dittmer, G. W., Geschichte des Krieges der See- oder Wendischen Städte mit Dänemark u. Norwegen, in Folge der Cöllner Conföderation vom Jahre 1367; nach Urkunden verfaßt. Lübeck 853. Dittmer. 8. (VI, 77 S.) 9 ngr.

Dittmer, (G. W.,) Geschichte u. Verfassung des St. Joh. Jungfrauen-Klosters zu Lübeck, von dessen Gründung bis auf unsere Zeit. gr. 8. Lübeck 825, Aschenfeldt. Rthlr.

—— **die lübeckischen Familien Greverade und Warneböke im 16. Jahrh.; ein Beitrag zur Culturgeschichte dieser Zeit. gr. 8. (24 S.) Lübeck 859, Dittmer'sche Buchh.** *

— das Hufen-Areal und die Hufen-Häuer in den theils zum Lübeckischen Staatsgebiete gehörigen, theils in Holstein belegenen Dörfern des St. Johannis-Klosters zu Lübeck, während des 16. u. 17. Jahrhunderts; ein Beitrag zur Deutschen Rechtsgeschichte. Lübeck 856. Dittmer. Lex.-8. (57 S.) n. 10 ngr.

—— genealogische und biographische Nachrichten über lübeckische Familien aus älterer Zeit. Lex.-8. (VIII und 112 S.) Lübeck 859, Dittmer'sche Buchh. *

— die Reichsvögte der freien Stadt Lübeck, während des 13. u. 14. Jahrh., u. der ihnen verliehene Reichszins. Eine Gedenkschrift in Veranlassung der 3. Säkularfeier der Universität Jena. Lübeck 858. Dittmer. gr. 8. (26 S.) n. 6 ngr

Dittmer, G. W., Sammlung vermischter Abhandlungen aus dem Gebiete des Rechts und der Geschichte, zur Erläuterung vaterländ. Zustände. gr. 8. (VI und 252 S.) Lübeck 851, v. Rohden'sche Buchh. *

Dittmer, G. W., das Sassen- u. Holsten-Recht, in pract. Anwendung auf einige im 16. Jahrh. vorgekommene Civil- u. Criminalfälle; nach den im Archive d. St. Johannis-Klosters zu Lübeck aufbewahrten Protokollen des vormal. klösterl. Vogteigerichts, nebst e. tabell. Uebersicht der vorgekommenen Criminalfälle. gr. 8. (11¾ B.) Lübeck 843, v. Rohden'sche Buchh. *

Dittmer, G. W., Urkunden-Verzeichnisse zur Geschichte Lübeckischer Wohlthätigkeits-Anstalten: 1. des St. Johannis-Klosters, 2. des Hospitals zum heil. Geist, 3. des St. Clemens-Kalands. Lex.-8. (115 S.) Lübeck 864, Dittmer'sche Buchh. *

—— Ursprung, Verlauf und Ausgang eines 90jährigen Rechtsstreits zwischen dem St. Johanniskloster zu Lübeck und der Stadt Heiligenhafen, nach den Acten dargestellt. hoch 4. Lübeck 851, (Dittmer.)

—— die lübeckischen Wassermühlen im 13. Jahrhunderte, und die bei ihnen verordnete Matte; ein Beitrag zur deutschen Rechtsgeschichte. hoch 4. (29 S.) Lübeck 857, Dittmer'sche Buchh. *

Dittmer, Georg Wilhelm

Der Lübeckische Bischof **Burchard** von Serken und seine Zeit, vom Jahre 1276 bis zum Jahre 1317. Ein Beitrag zur Lübeckischen Staats- u. Kirchengeschichte, von G[eorg] W[ilhelm] Dittmer. — Lübeck: Dittmer 1860. VIII, 42 S. 8°

Dittmer, H. Der Reichsbank-Ausweis. (»Die Welt des Kaufmanns«. August 1910.)

Dittmer, H. C.: „Geschichtliche Darstellung der Münzfüsse von den zu Lübeck vorgekommenen und theils noch vorkommenden gröberen Silbermünzen", Lübeck 1845. — Vorh.: Com. Bibl. Hamburg.

Dittmer, H. C.: „Geschichte der Einführung des jüngsten lübeckischen Münzfusses", Lübeck 1845. — Vorh.: Com. Bibl. Hamburg.

Dittmer, Heinrich. Authentische und vollständige Beschreibung aller Feyerlichkeiten, welche in dem Hannoverschen Lande bey der Anwesenheit ... Georgs des Vierten während dem Monate October 1821 veranstaltet worden sind ... Nebst einer Zugabe: Rückblicke auf ähnliche Volksfeste der Hannoveraner im 18ten Jahrhunderte ... herausgegeben von Heinrich Dittmer ... Hannover 1822, beym Herausgeber.
Tit., 1 Bl., XVI S., 2 Bl., 349 S., 7 Bl.; 19 Taf. in Kupferst. von Schwerdgeburth, Riepenhausen u. Schwab (2 kol.), 3 Taf. in Lithogr. 8°.
Vinet 727.

Dittmer, Hnr. II., authent. u. vollst. Beschreib. aller Feierlichkeiten, welche in d. Hannöv. Landen bei d. Anwesenheit Sr. Königl. Maj. Georg des IV. im Octobr. 1821 veranstaltet worden sind. Mit d. Königs Bildniß u. 21 Kpf. gr. 4. Hannov. 822. (Helwing). 3 rß 8 gl Hbg. Pr. 2 rß 12 ß

Dittmer, Hnr. I., (oder Dittmar?) Geist d. deutschen Musenalmanache; e. Beitr. zur lyr. Anthologie v. Matthison. ... 808.

– s. Magendie: 2 Abhandlungen.

— s. Sphinx.

Dittmer, Herm., s. a. Dittmers, H.

Dittmer, Herm., Pädagogische Studien für Eltern, Lehrer und Erzieher, s.a. Sammelmappe, pädagogische.

Dittmer H, pädagogische Studien für Eltern, Lehrer und Erzieher. Heft 1. 2. (Pädagogische Sammelmappe 45. 54) Leipzig

Dittmer, Herm., pädagogische Studien f. Eltern, Lehrer u. Erzieher. 8. (124 S.) Leipzig 880. Siegismund & Volkening. n. 1. 50

—— Temperament und Erziehung. Eine psychologisch-pädagog. Betrachtung. Vortrag, gehalten im hiesigen „Verein für Volkswohl". gr. 8. (53 S.) Emden 884, Schwalbe. *

Dittmer, Herm., Temperament und Erziehung. Eine psychologisch-pädagog. Betrachtung. Vortrag, gehalten im „Verein für Volkswohl" zu Emden. 2. durchgeseh. und verb. Aufl. 8. (VII, 57 S.) Emden 885, Schwalbe. *
geb. *

Dittmer, Johann Karl

Dittmer, J. C., kurze Behandlung d. vornehmsten Heilswahrheiten als Gedenkbuch für die heranwachsende Jugend u. als Lehr- u. Erbauungsbuch für Schule u. Haus zur Förderung in der Gottseligkeit. 1.—3. Hft. gr. 8. Kiel 842. (Bünsow.) n. 1½ rß

Dittmer, J. C., kurze Behandlung der vornehmsten Heilswahrheiten als Gedenkbuch f. d. heranwachsende Jugend u. als Lehr- u. Erbauungsb. f. Schule u. Haus zur Förderung in d. Gottseligkeit. 1—3. Hft. gr. 8. (15 B.) Kiel 842. (Naeck.) *

Dittmer, Johannes *Hinrich* [!] [app. Arzt aus Havekost]: Aus d. Kgl. Augenklinik zu Kiel. Beitrag zur Statistik der modificierten Linear-Extraktion ... Kiel, Druck v. C. Böckel, 1892; 17 S. 8.
Kiel, Med. Fak., Inaug.-Diss. v. [14. Mai] 1892

Dittmer, Leop., Geschäfts-Tagebuch f. prakt. Heilkünstler, s.a. Geschäfts-Tagebuch.

Dittmer, (L.,) Geschäftstagebuch f. prakt. Heilkünstler a. d. J. 1827. 8. Danzig, Gerhard.

Dittmer, Leopold Friedrich (Königsberg/Pr.), De vera acidi hydro-cyanici in organismum efficacia. Dissert. med. Bln. (Brueschck) 28. IX. 1822. 55 S. (5.—) 6600
Oppon.: E. Cohen, E. Rambach. — Gew.: J. Buettner.

Dittmer, Ludw. (geb. Berlin 7. 6. 1851): Zur Lehre von den Doppelmissgeburten. Berlin (1874). (87 S.) 8°
Berlin, Med. Diss. v. 8. Aug. 1874

Dittmer, Minna, s. Werner, Margot.

Dittmer, Otto, a. Bremen: Ueber Morphenol und seine Derivate. Jena 1907: G. Neuenhahn. (38 S.) 8°
Jena, Phil. Fak., Ref. Vongerichten, Diss. v. 24. April 1907
[Geb. 4. Nov. 83 Bremen; Wohnort: Jena; Staatsangeh.: Bremen; Vorbildung: Realgymn. Darmstadt Reife O. 02; Studium: T.H. Darmstadt 2, Univ. Würzburg 3, Jena 3 S.; Rig. 5. März 07.]

Dittmer, Ottokar, Kemi und das Nilsystem unter Ergründung der wahren Quellen nebst seinen Monumenten und Inschriften. Mit 1 (lithogr.) Karte des heutigen Aegyptens mit neu aufgenommenem Flußsystem (in Fol.) und 4 (lithogr.) Taf. noch nicht publicirter, bis jetzt unbekannter Regentenringe, angehörend 76 sich folgenden Königen, von Osortasen d. Gr. ab, aufwärts. gr. 8. (VIII, 470 S.) Berlin 874, Weber. *

Dittmer (Paul), Dr.: La Magdeleine, eine Magdalenenlegende aus dem Anfange des 17. Jahrhunderts. Magdeburg 1907: E. Baensch jun. (10 S.) 4°
Magdeburg, st. R OP 1907 (331)

Dittmer, Paul, Oberlehrer am Königl. Kadettenkorps: Pronomen, Artikel und Zahlwort in dem 1617 erschienenen Gedicht „La Magdeleine" von F. Remy de Beauvais. Greifswald 1907: F. W. Kunike. (55 S.) 8°
Greifswald, Phil. Fak., Ref. Stengel, Diss. v. 18. März 1907
[Geb. 19. Okt. 80 Magdeburg; Wohnort: Plön; Staatsangeh.: Preußen; Vorbildung: Oberrealsch. Magdeburg Reife M. 00; Studium: Halle 7 S.; Rig. 28. Juli 06.]

Dittmer, Richard [aus Charlottenburg]: Aus d. chirurg. Klinik zu Bonn. Ueber epigastrische Brüche. . . . Bonn, Univ.-Buchdr. v. Carl Georgi, 1889: 37 + 1 S + 1 Bl. 8°
Bonn, Med. Fak., Inaug.-Diss. v. [24. Jul.] 1889

Dittmer, R., die Deviation der Compasse an Bord eiserner Schiffe. Nach engl. Quellen bearb. gr. 8. (V, 100 S. mit eingedr. Holzschn.) Berlin 872, Mittler und Sohn. *

Dittmer, Rich., Handbuch der Seeschiffahrtskunde. 8. (X, 420 S. m. 155 Abbildgn.) Leipzig 894. J. J. Weber. n. 5. 50

Dittmer R, deutsche Handelsmarine. (Weber's illustr. Katechismen 141) Leipzig 1892

Dittmer, R., die deutsche Hochsee-, See- Küstenfischerei im 19. Jahrh. u. bis zum J. 1902. Bearb. im Auftrage des deutschen Seefischereivereins. gr. 8. (III, 70 S.) Hannover 902. Hahn. n. 1. —

Dittmer, Katechismus der deutschen Handelsmarine; desgl. d. Kriegsmarine, s.a. Weber's illustr. Katechismen, Nr. 141. 101.

Katechismus der deutschen Handelsmarine. Von Richard Dittmer. Mit e. Kt. u. 66 Abb. Leipzig: J. J. Weber 1892. VIII, 383 S. 8°
(Webers Ill. Katechismen. No 141.) A11.11b7611

— Katechismus der deutsch. Kriegsmarine, s.a. Weber's illustr. Katechismen.

Dittmer, Katechismus der deutschen Kriegsmarine. 8. (XII, 210 S. m. 126 Abbildgn.) Leipzig 890. J. J. Weber. geb. n. 3. —

– dass. 2. verm. Aufl. 1899.

— Die deutsche Kriegsmarine. (Weber's illustrierte Katechismen 101) Leipzig 1890

Das Nord-Polarmeer. Nach Tagebüchern u. Aufnahmen während d. Reise mit Sr. Maj. Schiff 'Olga', von R. Dittmer, Kais. Kapitän z. See a. D. Hrsg. vom Deutsch. Seefischerei-Ver. Mit 7 Karten u. 101 Abb. *Hannover & Leipzig: Hahn 1901.* (XVI, 361 S.) 8°

Dittmer, R., Rettungs- u. Hülfsmittel in Seenot, sowie Winke f. die Handhabung v. Seefischereifahrzeugen u. Booten. Hrsg. vom deutschen Seefischerei-Verein. (31 S. m. Abbildgn.) 12. Hannover 903. Hahn. In Leinw. kart. n. — 20
Sonderabdruck aus: „Deut. Seefischerei-Almanach".

— dasselbe. 2. verm. u. verb. Aufl. (IX, 47 S.) 12. Ebd. 903. — 30

— s.: Seefischerei-Almanach, deutscher.

Seefischereifahrzeuge und -Boote ohne und mit Hülfsmaschinen. Von R. Dittmer, Kais. Kapitän a. D., u. H[arald] V[aldemar] Buhl, Frederikshavn. Hrsg. v. Deutschen Seefischerei-Ver. Hannover & Leipzig: Hahn 1904. (IX, 184 S.) 8° [F.]

Dittmer, Rich.: D. Seefischerschulen d. Deutsch. Seefischerei-Vereins, s. Jahre, 25, im Dienste der deutschen Seefischerei. Festschrift.

Dittmer, Th. (Hrsg.), s. a. Bilder aus d. Leben deiner braunen Schwestern in Indien.

Bilder aus dem Leben deiner braunen Schwestern in Indien, gesammelt von Pastor (Th.) Dittmer, Breklum. H. 1. Breklum: Missionshaus 1904. 8°
(Kleine Missionsschriften hrsg. v. Missionshause in Breklum.)

Dittmer, Th., Bilder aus dem Leben deiner braunen Schwestern in Indien. (Kleine Missionsschriften, hrsg. vom Missionshause in Breklum.) 1.—3. Hft. (Je 16 S. m. Abbildgn.) gr. 16. Breklum (904). (Christl. Buchh.) à n.n. — 10

Dittmer, Th., Bilder a. d. Leben deiner braunen Schwestern in Indien. (Kl. Missionsschriften, hrsg. v. Missionshause in Breklum.) 4. Heft. (20 S. m. Abb.) 8. Breklum 904. (Christl. Buchh.) — 10

— die Kaste, das stärkste Bollwerk des Heidentums in Indien, s.a. Morgenrot in Indien. Nr. 6.

Die Kaste, das stärkste Bollwerk des Heidentums in Indien. Von Pastor Th. Dittmer, Missionssekr. Breklum: Missionshaus 1903. (20 S.) 8° [F.]
= Morgenrot in Indien. No 6.
(Kleine Missionschriften hrsg. v. Missionshause in Breklum.)

Dittmer, unser Missionshaus in Breklum od. die segensreichen Fußstapfen des noch lebenden u. waltenden liebreichen u. getreuen Heilandes. gr. 8. (32 S. m. Abb.) Breklum 902. (Christl. Buchh.) n. — 20

Noni, ein indisches Frauenleben hinter den Mauern der Senana v. Theodor Dittmer. Breklum. 1906. 8°

Der Siegeszug der Weltmission v. Theodor Dittmer. Breklum. 1906. 8°

Vicelin, „der Apostel der Wagrier". 2. Aufl. v. [Theodor] Dittmer. Breklum. 1905. 8°

Dittmer, Wilhelm

Dittmer, Wilh., 20 Bilder a. d. Hamburger Hafen. (20 Taf. u. Titelbl.) 26,5×35 cm. Hamburg (908). A. Janssen. In Mappe 12. —

— Hamburger Hafenbilder. (145 S. m. Vollbildern.) gr. 8. Ebd. 908. Geb. in Leinw. 6. —

— dasselbe. (145 S. m. Abb.) gr. 8. Ebd. 909. 2. —

Dittmer, Wilhelm [aus Mecklenburg-Schwerin]: Die Pronomina possessiva im Altfranzösischen. . . . Greifswald, Druck v. Julius Abel, 1888; 2 Bl. + IV + 81 S. 8°
Greifswald, Phil. Fak., Inaug.-Diss. v. 29. Aug. 1888

— **Te Tohunga. Alte Sagen aus Maoriland. In Bild u. Wort.** (VII, 119 S.) 31×24 cm. Ebd. (907). Geb. in Leinw. 20.—; in Ldr. 25. —

Dittmers, H., s.a. Dittmer, Herm.

Dittmers, H., Anleitung zum Unterricht im Rechnen. Ein method. Handbuch für Lehrer, Seminaristen u. Präparanden. Hrsg. vom Vorstande der Lehrer-Witwen- u. Waisenkasse f. den Bezirk der Landdrostei Lüneburg. 1. Hft. gr. 8. (V, 247 S.) Harburg 879. Elkan. 3. –

Dittmers, H., Anleitung zum Unterricht im Rechnen. Ein method. Handbuch für Lehrer, Seminaristen und Präparanden. Hrsg. vom Vorstande der Lehrer-Witwen- und Waisenkasse für den Bezirk der Landdrostei Lüneburg. 2. und 3. Heft. gr. 8. Harburg, Elkan. [2. Heft. (VIII, 295 S.) 881; 3. Heft. (VIII, 335 S.) 883.] à Heft *M 4. *
1. Heft. Ebendas. 1879. *M 3.

—— Geometrie für Stadt- und Landschulen. Ausg. A. gr. 8. (VIII, 102 S. mit 130 in den Text eingedr. Fig. und 1 Taf. Körpernetze.) Ebendas. 884. geb.

Dittmers, H., geometrische Rechenaufgaben. Geometrie für Stadt- und Landschulen. Ausg. B. gr. 8. (47 S. mit eingedr. Fig.) Harburg 884, Elkan.
Antworten (24 S.)

Dittmers, H., Rechenaufgaben zur Invaliden-, Alters-, Kranken- u. Unfallversicherung. 1. u. 2. Aufl. gr. 8. (22 S.) Harburg 892. G. Elkan. n.n. — 15;
Antworten dazu (5 S.) n. — 20

— dasselbe. (Anh. zu den Rechenbüchern.) gr. 8. (15 S.) Ebd. 893. n.n. — 10

Dittmers, H., Rechenaufgaben zur Invaliden-, Alters-, Kranken- u. Unfall-Versicherung. Anh. zu den Rechenbüchern. 8. (15 S.) Harburg (900). G. Elkan. n.n. —10;
Auflösungen. (5 S.) n.n. — 10

—— Rechenbuch für höhere Mädchenschulen, s. Soltmann, H.

— Rechenbuch für Stadt- u. Landschulen. Hrsg. vom Vorstande der Lehrer-Witwen- u. Waisenkasse für den Bezirk der Landdrostei Lüneburg. 1—3. Hft. u. 4. Hft. 2 Tle. gr. 8. Ebend. 879–82. n. 5. 5
1. 2. unveränd. Aufl. (VIII, 92 S.) n. — 50. — 2. (VIII, 127 S.) n. — 65. — 3. (VIII, 208 S.) n. 1. 20. — 4. 1. Das kaufmännische Rechnen. Ein Handbuch der im kaufmänn. Leben vorkomm. Rechnungsarten. (VII, 87 S.) n. 1. 20. — 2. Arithmetik u. Algebra. Eine Sammlg. leicht faßl. Übungsaufgaben. (VII, 109 S.) n. 1. 50

— dasselbe. Antworten 1—4. Hft. gr. 8. Ebend. 879. 80. n. 3. 35
1. (32 S.) — 40. — 2. (82 S.) — 40. — 3. (IV, 174 S.) 1. 20. — IV. 1. (34 S.) n. — 60. — 2. (39 S.) n. — 75

—— Rechenbuch für Stadt- und Landschulen. Hrsg. vom Vorstande der Lehrer-Witwen- und Waisenkasse für den Bezirk der Landdrostei Lüneburg. 1., 2. und 4. Heft. gr. 8. Ebendas. [1. Heft. 2. Aufl. (X, 92 S.) 882. * 50 Pf.; 2. Heft. 2. Aufl. (128 S.) 882. * 65 Pf.; Anhang. (20 S.) 883. 15 Pf.; 4. Heft. 1. Thl. (VII, 87 S.) 880. * ℳ 1,20.; 2 Thl. (VII, 109 S.) 880. * ℳ 1,50.] *
3. Heft. Ebendas. 1879. * ℳ 1,20.

—— Rechenbuch für Stadt- und Landschulen. Hrsg. vom Vorstande der Lehrer-Witwen- und Waisenkasse für den Bezirk der Landdrostei Lüneburg. 1.—3. Heft. gr. 8. Harburg, Elkan. [1. Heft. 3.—12. Aufl. (X, 92 S.) 883—88. * 50 Pf.; 2. Heft. 3.—7. Aufl. (128 S.) 885—87. * 65 Pf.; 3. Heft. 2. und 3. Aufl. (VIII, 208 S.) 885,88. * ℳ 1.20.] *
4. Heft in 2 Thln., und Anhang zum 2. Heft. Ebendas. 1880,83. * ℳ 2.85. — Antworten, 4 Hefte. Ebendas. 1879.80. * ℳ 3.35.

— dasselbe. Anh. zum 2. Hft. Für einfache Schulverhältnisse. 8. (20 S.) Ebend. 883. n. — 15; Antworten dazu (9 S.) n. — 15

— dasselbe. Antworten zum 2. Hft. 2. Aufl. gr. 8. (84 S.) Ebend. 886. n. 1. —

— dasselbe. Ergänzungen zu den Antworten. 3. Hft. 8. (22 S.) Ebend. 886. — 30

Dittmer's, H., Rechenbuch f. Stadt- u. Landschulen. Hrsg. vom Vorstande der Lehrer-Witwen- u. Waisenkasse f. den Bezirk der Landdrostei Lüneburg. 1.—3. Hft. gr. 8. Harburg 889. Elkan. n. 2. 35
1. 14., unveränd. Aufl. (X, 92 S.) n. — 50. — 2. 8. Aufl. (VIII, 127 S.) n. — 65. — 3. 3. Aufl. (VIII, 208 S.) n. 1. 20.

Dittmers, H. Rechenbuch für Stadt- u. Landschulen. Hrsg. vom Vorstande der Lehrer-Witwen- u. Waisenkasse für den Bezirk der Landdrostei Lüneburg. 1. u. 2. Heft. gr. 8. Harburg 892, Elkan. [1. Heft. 16. unveränd. Aufl. (VIII, 92 S.) * — 50; 2. Heft. 10. Aufl. (VIII, 127 S.) * — 65. * 1 15
Heft 3. u. Heft 4 in 2. Tln. Ebd. 1880—85. * 3 90.

Dittmers, H., Rechenbuch f. Stadt- u. Landschulen. Hrsg. vom Vorstande der Lehrer-Witwen- u. Waisenkasse f. den Bezirk der vormal. Landdrostei Lüneburg. 1. u. 2. Hft. à 2 Abtlgn. u. 3. Hft. Vollständig umgearb. Aufl. gr. 8. Harburg 894. G. Elkan. à Hft. od. Abtlg. n. — 30
I, 1. 2. 19. Aufl. (IV, 63 u. IV, 62 S.) — II, 1. 12. Aufl. (IV, 64 S.) — 2. 11. Aufl. (64 S.) — III, 5. Aufl. (61 S.)

— dasselbe. Antworten zur 4.—6. Stufe (2. Hft., 2 Abtlgn., u. 3. Hft.) gr. 8. Ebd. 894. n. 1. —
4. 5. (30 u. 32 S.) à n. — 30. — 6. (38 S.) n. 40 —.

— Rechenbuch f. Stadt- u. Landschulen. Hrsg. v. Vorstande d. Lehrer-Wittwen- u. Waisenkasse f. d. Bezirk d. vormal. Landdrostei Lüneburg. 1. Hft., 2 Abtlgn., 2. Hft., 2 Abtlgn., u. 3. u. 4. Hft. 8. Harburg, G. Elkan. n 2. 50; Einbde. à n.n.n. — 10
I, 1. Zahlenraum v. 1–100. 24 Aufl. (IV, 63 S.) 898. n. — 30
I, 2. 22. Aufl. (IV, 63 S.) 897. n. — 30
II, 1. D. Grundrechngn. in ganzen Zahlen. 15., vollst. umgearb. Aufl. (IV, 64 S.) 898. n. — 30
II, 2. D. Bruchrechngn. u. d. einfachsten Fälle d. bürgerl. Rechnungsarten. 15. Aufl. (IV, 61 S.) 898. n. — 30
III. 6., vollst. umgearb. Aufl. (IV, 61 S.) 895. n. — 30
IV. 7. u. 8. Stufe. F. d. Oberklassen gehob. Schulen. 5., gänzl. umgearb. Aufl. (158 S.) 895. n. 1. —

— Rechenbuch f. Stadt- u. Landschulen. Hrsg. v. Vorstande der Lehrer-Witwen- u. Waisenkasse f. den Bezirk der vorm. Landdrostei Lüneburg. I. u. II. Hft. à 2 Abtlgn. u. III. u. IV. Hft. 8. Ebd. n. — 50; Einbde. der Hfte. I, 1. u. 2., II, 1. u. 2. u. III. à n.n.n. — 10
I. 1. Zahlenraum v. 1 bis 100. 28. Aufl. (IV, 63 S.) 902. n. — 30
2. Zahlenraum v. 1 bis 1000. 25. Aufl. (IV, 62 S.) 901. n. — 30
II. 1. Die vier Grundrechngn. in ganz. Zahlen. 18. Aufl. (IV, 64 S.) 901. n. — 30
2. Die Bruchrechnung u. die einfachsten Fälle der bürgerl. Rechnungsarten. 17. Aufl. (IV, 64 S.) 901. n. — 30
III. Die bürgerl. Rechnungsarten. 9. Aufl. (IV, 51 u. 15 S.) 901. n. — 30
IV. (7. u. 8. Stufe.) (Für die Oberklassen gehobener Schulen.) 6., m. der 5. übereinstimm. Aufl. (IV, 155 S.) 899. n. 1. —; Einbd. n.n. — 30

Dittmers, H., Rechenbuch f. Stadt- u. Landschulen. Hrsg. vom Vorstande der Lehrer-Witwen- u. Waisenkasse f. den Bezirk der vormal. Landdrostei Lüneburg. Nach der neuen Rechtschreibg. I. u. II. Hft. je 2 Abtlgn. u. III. Hft. 8. Harburg, G. Elkan. Geb. n.n. 2. —
I, 1. Zahlenraum von 1–100. 38. Aufl. (IV, 63 S.) (906.) Geb. n.n. — 40
2. Zahlenraum von 1–1000. 30. Aufl. (IV, 62 S.) (905.) Geb. n.n. — 40
II, 1. Die vier Grundrechnungen in ganzen Zahlen. 22. Aufl. (IV, 64 S.) (905.) Geb. n.n. — 40
2. Die Bruchrechnung u. die einfachsten Fälle der bürgerlichen Rechnungsarten. 21. Aufl. (IV, 64 S.) (906.) Geb. n.n. — 40
III. Die bürgerlichen Rechnungsarten. 12. Aufl. (IV, 51 u. 15 S.) (905.) Geb. n.n. — 40

Dittmers, H., Rechenbuch f. Stadt- u. Landschulen. Hrsg. v. Vorstande der Lehrer-Witwen- u. Waisenkasse f. den Bezirk der vormal. Landdrostei Lüneburg. I. u. II. Heft je 2 Abtlgn. u. III. Heft. 8. Harburg (909). G. Elkan. à — 30; geb. à n — 40
I,1. Zahlenraum v. 1—100. 35. Aufl. (IV, 63 S.)
I,2. Zahlenraum v. 1—1000. 32. Aufl. (IV, 62 S.)
II,1. Die vier Grundrechngn. in ganzen Zahlen. 25. Aufl. Nach der neuen Rechtschreibg. (IV, 64 S.)
II,2. Die Bruchrechnung u. die einfachsten Fälle der bürgerlichen Rechnungsarten. 23. Aufl. Nach der neuen Rechtschreibg. (IV, 64 S.)
III. Die bürgerlichen Rechnungsarten. 13. Aufl. (IV, 51 u. 15 S.)

— dasselbe. Bearb. v. E. v. d. Ohe u. W. Schaeffer. 2 Hefte. 8. Ebd. (909). Geb. nn — 90
I. Zahlenraum 1—20. 37. Aufl. (32 S.) Geb. nn — 35
II. Zahlenraum 1—100. 33. Aufl. (58 S.) Geb. nn — 55

— dasselbe. III. u. IV. Heft u. V. Heft. Ausg. A. 8. Ebd. 1.40; geb. 1. 85
III. Zahlreihe 1—1000. 33. Aufl. Bearb. v. B. Konau. (64 S.) (910.) — 40; geb. — 55; Antworten. (36 S.) — 40
IV. Unendliche Zahlreihe. 27. Aufl. Bearb. v. B. Konau. (64 S.) (910.) — 40; geb. — 55; Antworten. (39 S.) — 40
V. Ausg. A. Für 1—3 klass. Schulen. 13. Aufl. Bearb. v. H. Balzer. (96 S.) (910.) — 60; geb. n — 75

— dasselbe. V. Heft Ausg. A. Für 1—3 klass. Schulen. Lehrerheft. Bearb. v. H. Balzer. (128 S.) 8. Ebd. (910). 1.20; geb. n 1. 40

—— Rechenbuch für einfache Volksschulen. Hrsg. vom Vorstande der Lehrer-Witwen- und Waisenkasse für den Bezirk der vormal. Landdrostei Lüneburg. 4 Hefte. 8. Ebendas. 888. [1. Heft. 1. und 2. Aufl. (56 S.) * 30 Pf.; 2. Heft. (48 S.) * 25 Pf.; 3. Heft. (56 S.) * 30 Pf.; 4. Heft. (88 S.) * 40 Pf.] *

— Rechenbuch f. einfache Volksschulen. Hrsg. vom Vorstande der Lehrer-Witwen- u. Waisenkasse f. den Bezirk der vormal. Landdrostei Lüneburg. 4 Hfte. 8. Ebd. 888—890. n. 1. 25
1. 3. Aufl. (56 S.) n. — 30. — 2. (48 S.) n. — 25. — 3. (56 S.) n. — 30. — 4. 3. Aufl. (88 S.) n. — 40.

— dasselbe. Antworten zum 3. u. 4. Hft. 8. (63 S.) Ebd. 888. n. — 50; geb. — 60

—— desgl. — für einfache Volksschulen. Hrsg. vom Vorstande der Lehrer-Witwen- u. Waisenkasse f. den Bezirk der vormal. Landdrostei Lüneburg. 4 Hefte. 8. Ebd. [1. Heft. 5. Aufl. (56 S.) 892. * — 30; 2. Heft. 3. Aufl. (48 S.) 890. * — 20; 3. Heft. 5. Aufl. (56 S.) 892. * — 30; 4. Heft. 4. Aufl. (88 S.) 891. * — 40.] * 1 25

—— dass. — Antworten. 2. u. 3./4. Heft. gr. 8. Ebd. [2. Heft. (26 S.) 891. * — 40; 3./4. Heft. (68 S.) 888. * — 50.] * — 90

— dasselbe f. einfache Volksschulen. Hrsg. vom Vorstande der Lehrer-Witwen- u. Waisenkasse f. den Bezirk der vormal. Landdrostei Lüneburg. 1.—4. Hft. 8. Ebd. 894. à n. — 30
1. 7. Aufl. (56 S.) — 2. 4. Aufl. (48 S.) — 3. 6. Aufl. (56 S.) — 4. 5. Aufl. (88 u. 15 S.)

— dasselbe f. einf. Volksschulen. Hrsg. v. Vorstande d. Lehrer-Witwen- u. Waisenkasse f. d. Bezirk d. vormal. Landdrostei Lüneburg. 4 Hfte. 8. Ebd. 898. n. 1. 25; Einbde. à n.n.n. — 10
1. 11. Aufl. (56 S.) n. — 30
2. 7. Aufl. (48 S.) n. — 25
3. 8. Aufl. (56 S.) n. — 30
4. 7. Aufl. m. Anh., enth. Rechenaufg. z. Invaliden-, Alters-, Kranken- u. Unfall-Versicherg. (88 u. 15 S.) n. — 40

Dittmers, H., Rechenbuch f. einfache Volksschulen. Hrsg. v. Vorstande der Lehrer-Witwen- u. Waisenkasse f. den Bezirk der vormal. Landdrostei Lüneburg. I.—IV. Hft. 8. Harburg (901). G. Elkan. n. 1.25; Einbde. à n.n.n. — 10
I. 14. Aufl. (56 S.) n. — 30. — II. 9. Aufl. (48 S.) n. — 25. — III. 10. Aufl. (56 S.) n. — 30. — IV. 9. Aufl. m. Anh. enth. Rechenaufgaben zur Invaliden-, Alters-, Kranken- u. Unfall-Versicherung. (88 u. 15 S.) n. — 40

— Rechenbuch f. einfache Volksschulen. Hrsg. vom Vorstande der Lehrer-Witwen- u. Waisenkasse f. den Bezirk der vormal. Landdrostei Lüneburg. Nach der neuen Rechtschreibg. 4 Hfte. 8. Ebd. Geb. n.n. 1. 65
I. 19. Aufl. (56 S.) (905.) Geb. n.n. — 40
II. 12. Aufl. (48 S.) (906.) Geb. n.n. — 35
III. 13. Aufl. (56 S.) (905.) Geb. n.n. — 40
IV. 11. Aufl. m. Anh., enth. Rechenaufgaben zur Invaliden-, Alters-, Kranken- u. Unfall-Versicherg. (15 S.) (906.) Geb. n.n. — 50

— Rechenbuch f. einfache Volksschulen. Hrsg. vom Vorstande der Lehrer-Witwen- u. Waisenkasse f. den Bezirk der vorm. Landdrostei Lüneburg. 4 Hefte. 8. Ebd. (909.) Geb. nn 1. 65
I. 22. Aufl. (56 S. m. Fig.) Geb. nn — 40
II. 13. Aufl. Nach der neuen Rechtschreibg. (48 S.) Geb. nn — 35
III. 14. Aufl. (56 S.) Geb. nn — 40
IV. 12. Aufl., m. Anh., enth. Rechenaufgaben zur Invaliden-, Alters-, Kranken- u. Unfall-Versicherg. (88 u. 15 S.) Geb. nn — 50

—— 21 Wandtafeln zur Veranschaulichung, Einübung und Wiederholung der Elemente des Rechnens im Zahlenkreise von 1—100. Imp.-Fol. Nebst Begleitwort: Der erste Rechenunterricht. gr. 8. (34 S.) Ebendas. 884. In Mappe * Begleitwort allein *

Quae ratio inter vetustam Aristotelis Rhetoricorum translationem et graecos codices intercedat. — Von Dr. Leonardus Dittmeyer, Klassverw. — 1883, München, ibid. — S. 1 - 68[8].
Progr. München, Wilhelms-Gymnasium

Dittmeyer, Leonhard, Dr., Prof.: **Untersuchungen über einige Handschriften und lateinische Übersetzungen der Aristotelischen Tiergeschichte.** *Würzburg 1902: H. Stürtz.* (51 S.) 8°
Würzburg, k. neues G, P 1902*

Ditton, Humfr., die Wahrheiten der christl. Religion aus der Auferstehung Jesu Christi; aus d. Engl. 8. Braunschweig 732. 2e Aufl. 734. 3e Aufl. 742. 4e Aufl. von Gabr. Wlh. Götten. Mit e. Vorrede von v. Mosheim. 749. 5e Aufl. 764.

Ditton, Humfr., die Wahrheiten d. christl. Religion aus d. Auferstehung Jesu Christi; a. d. Engl. 8. Braunschw. 764. Schröckh. 1 ℛ 8 gl.

Dittrich

— s. a. **Dieterich, Dieterici, Dietrich.**

Dittrich, die wirthschaftliche Förderg. des gewerbl. Mittelstandes u. das Reichsgesetz vom 26. VII. 1897. gr. 8. (35 S.) Berlin 899. Mitscher & Röstell. n. 1. —

Dittrich: Ueber symetrische Funktionen der Cosinus aliquoter Theile von π. – 36 S. – Breslau kth. G., Progr. 1863

Dittrich und Stendel. Karte vom Stadtkreise **Magdeburg.** Zusammengetragen aus dem städtischen Vermessungsmaterial. 1 : 16 000. Magdeburg 1884. 1 Bl. f.

Dittrich, die mittelalterliche Kunst im Ordenslande Preußen, f. Philosophie und Cultur, die, der Neuzeit und die Philosophie des h. Thomas von Aquino.

Vortrag, am Protector-Feste den 22. Mai 1853 gehalten von Dittrich. o. O. [1853: Heinze & Co.]. 8 S. 4° [Kopftit.]
Widerlegung des Vorwurfs, dass die Frmrei Partei sei u. Parteizwecke verfolge.

Dittrich, f.: Wahlpredigt, geh. z. Hildesheim.

Dittrich: Ueber die Zusammensetzung kubischer Gleichungen. 16 S. – Breslau kth. G., Progr. 1855

Dittrich, A., Einfluss der Stromregulirung auf den Verlauf der Hochwässer u. Eisgänge der oberen Oder. [Aus: „Zeitschr. f. Bauwesen".] Imp.-4. (11 S. m. 1 Taf.) Berlin 891. W. Ernst & Sohn. n. 2. —

Dittrich, A., die Gemeinde-Kirchenräthe, f. Winter, W.

Dittrich, A., k. k. Landwehrhauptmann. Zweifelhafte Trophäen. Siehe: „Jahrbücher für die deutsche Armee und Marine." 105. Bd. 1. Heft. October 1897. Gruppe Ab. Berlin 1897.

Dittrich, A. H., der kleine Catechismus Dr. Martin Luthers mit Worterklärung und Zergliederungsfragen; nebst einer Sammlung bibl. Sprüche, Verzeichniß der bibl. Bücher und der wichtigsten bibl. Geschichten, Zeittafel der heil. Geschichte und Anzeige der sonn- und festtägl. Episteln und Evangelien des Kirchenjahres. 5. unveränd. Aufl. 16. (XVI, 80 S.) Moskau 874, Lang. *

Dittrich, A. H., Luther's kleiner Katechismus, f. Luther.

Dittrich, Adolf

Dittrich, Adf., Erinnerungen an Mainz. Nach den besten Quellen bearb. Wien 858. Seidel in Comm. gr. 8. (2 Bl., 76 S.) n. 15 ngl

Dittrich, Alfred [aus Reichenbach in Schlesien]: **Ueber zwei neue γ Ketonsäuren und über einige Derivate des 1–4 Methylphenylthiophens . . . .** Erlangen, Druck d. Univ.-Buchdr. v. E. Th. Jacob, 1888; 26 S. 8°
Erlangen, Phil. Fak., Inaug.-Diss. v. 1887

Dittrich, Ant., Album f. Teppich-Gärtnerei. Mit 24 (lith.) Taf. Abbildgn. Lex.-8. (26 S.) Leipzig 877. H. Voigt. n. 5. —; geb. n. 6. —

Dittrich, Ant., Pflanzen-Terminologie. Eine Sammlung von Kunstausdrücken für Gärtner und Gartenfreunde. 16. (VI, 73 S.) Prag 880, Reinitzer und Comp. geb. *

Dittrich, Ant. Gust., der fertige Calculateur, od. Calculations-Tabn. d. vorzügl. Handels-Plätze Europa's, wodurch man sogleich d. Calcul-Preis aller correnten, im Handel vorkomm. Material-, Spezerey- u. a. Artikel zu jedem Statt findenden Offert-Preise u. Course in Wiener Gewicht u. Conventions-Münze, od. in sogen. 20-Gulden-Fusse erfahren kann. Mit Berücksichtigung d. neuesten angenomm. Gewichts-, Preis- u. Cours-Systeme, dann Tara u. Gutgewichts-Usanzen. 3 Abthln. qu. Fol. Wien, (Gerold.)
Abthl. 1. Hamburg, Bremen, Genua. Nebst e. Provisions- u. Spesen-Tab. v. 1$\frac{1}{2}$ bis 12 Procent u. 3 Fracht-Tab., für Hamburg anwendbar. (23$\frac{1}{2}$ B.) 831.
- 2. Leipzig, Livorno, Marseille u. St. Petersburg. (23$\frac{1}{2}$ B.) 832.
- 3. Amsterdam, Brody, Lissabon, London u. Paris. (21$\frac{1}{2}$ B.) 834.

Dittrich, Ant. Gust., der fertige Calculateur, oder Calculations-Tabellen der vorzügl. Handels-Plätze Europa's rc. Mit Tabellen. 3 Abthll. qu. Fol. Wien 831—34. Gollinger. (Gerold.) 6 ℛ

Dittrich, Arthur, pract. Arzt, Borgholzhausen (Westf.): **Das angeborene Fehlen des Afters und die Proctoplastik, als die erfolgreichste Operationsmethode.** *Duisburg (1899): G. Ballmann.* (44 S.) 8°
Würzburg, Med. Diss. v. 1899

Dittrich, Arthur, Ref. in Samter bei Posen: Die rechtliche Natur der Versicherung auf Gegenseitigkeit. Borna-Leipzig 1905: R. Noske. (VIII, 87 S.) 8°
Leipzig, Jur. Fak., Diss. v. 1. Nov. 1905
[Geb. 26. Aug. 77 Posen; Wohnort. Samter; Staatsangeh.: Preußen; Vorbildung: Gymn. Culm Reife M. 98; Studium: Marburg 5, Breslau 4, Greifswald 2 S.; Rig. 9. März 05.]

Dittrich, Bruno. Polizeiliche Bekanntmachungen der königl. Amtshauptmannsch. Flöha vom 15. Oktbr. 1874 bis 31. Dezbr. 1888, so weit sie noch in Kraft sind. 8. (XV, 147 S.) Flöha 889, Peitz u. Söhne. 1 20

Dittrich, C. Benno, Abschiedspredigt, am 4. Sonntag p. Trin. 1872 in der Stadtkirche zu Oschatz gehalten gr. 8. (12 S.) Oschatz 872, Oldecop's Erben. *

Dittrich, E. Étude sur Shakspeare. Erfurt, R., 1872. 22 S. 4. Progr.

Dittrich, E. Carl Ferdinand Koch, sein Wesen und Wirken in der Erfurter Realschule. 4 (S. 28—30). Rg. *Erfurt* 1886 (241).
Progr.

Dittrich, E. Ueber Percy Bysshe Shelley. Erfurt, R., 1860. Progr.

Dittrich, Aemil, der Blick ins Verborgene. Ein Noth- und Hilfsbüchlein für Gefangene. Waldheim 1853, Druck von C. F. Seibel. 8°. 216 S.

Am einundneunzigsten Stiftungsfeste der St. Johannis-Freimaurer-Loge Carl zu den drei Adlern im Or.·. v. Erfurt — den 17. Febr. 1878. Fest-Rede des Br. Emil **Dittrich.** Auf Wunsch des BBr. als Ms. f. d. Mitglieder der Loge gedr. [Erfurt 1878: Conrad.] 17 S. 8°
Abriss der Gesch. der Loge. Zweck u. Grundlage des frmrischen Baus.

Rede zum Gedächtniss an die in den ewigen Osten abgerufenen BBr der □ Carl zu den drei Adlern im Or.·. zu Erfurt ... gehalten in der Trauerloge am 25. Nov. 1874 vom Br. [Emil] **Dittrich.** Als Ms. gedr. f. d. BBr. der □. [Erfurt 1874: Bartholomäus.] 8 S. 8° [Umschlagtit.]
Gelegenheitsworte.

Dittrich, Aemil, die Verlornen. Evang. Luc. Cap. 15. Ein Hilferuf an jedes christliche Herz. Freiberg 853. Wolf. gr. 8. (72 S.) n. 8 ngl

Dittrich, Ernst [aus Canth]: Aus d. chem. Institut d. Univ. Breslau. Ueber die Einwirkung von Pikrylchlorid auf Natriumacetessigsäureester. ... Breslau, Druck d. Bresl. Gen.-Buchdr., 1891; 29 S., 1 Bl. 8°
Breslau, Phil. Fak., Inaug.-Diss. v. 10. Apr. 1891

Dittrich, Ernst. Über die Einwirkung von Pikrychlorid auf Natriumacetessigsäureester. Diss. gr. 8. (29 S.) Breslau 891, (Köhler). * 1 —

Dittrich, Ernst Eugen, s. Dittrich, Eugen

Dittrich, Ern. Maur. (geb. Gorlitz 1818): De Cratylo Platonis. Berolini (1841). (40 S.) 8°
Berlin, Phil. Diss. v. 23. Apr. 1841

Dittrich, Ernst Rudolf (Dittersdorf), De luxationibus sterno-clavicularibus. Diss. med.-chir. Lpz. 27. IX. 1850. 16 S. mit Biogr. (M.: Joh. Zigler.) (4.—) 6601

Dittrich, *Ernestus* Eugenius [Eythranus]: De Aetiis Callimacheis ... (Aus: Jahrb. f. Philol., Suppl.-Bd XXIII.) Lipsiae, typ. B. G. Teubneri, 1896; 3 Bl., 167—204 S., 1 Bl. 8.
Leipzig, Phil. Fak., Inaug.-Diss. v. [22. Juni] 1896

Dittrich, Eug., Grundzüge e. historischen Kritik des höheren Schulwesens u. e. Reorganisation desselben. (III, 62 S.) gr. 8. Leipzig 903. (Siegismund & Volkening.) n. 1. 20

DITTRICH, EUGEN. Ueber Methyltaurin und die Bildung von Methyltaurocyamin. Leipzig, 1878.

Dittrich, F. Abriß einer Lehre der Erziehung u. des Unterrichts. 2. Aufl. gr. 8. (IV, 183 S.) Braunsberg 890, Huye. * 2 —

Dittrich, F., über den Laennec'schen Lungen-Infarktus und sein Verhältniss zur Erkrankung der Lungenarterie. Programm zum Eintritt in die medizin. Fakultät der Friedr.-Alexanders-Universität zu Erlangen. (Mit dem Umschlagstitel: Beiträge zur patholog. Anatomie der Lungen-Krankheiten.) gr. 8. (28 S.) Erlangen 850, Blaesing. *

Dittrich, F. J., Sendschreiben an die Egoisten. Mahnruf an die deutschen Spiess- und Mastbürger. 8°. Schandau, Selbstverlag, 1872.

Dittrich, Felix *[geb. Breslau 3. 9. 1821]*: De Langobardorum meta vel methio. Vratislaviae (1846). (24 S.) 4°
Breslau, Jur. Diss. v. 28. Mai 1846

Dittrich, Feodor *(geb. Mewe in Westpr. 19. 3. 1847)*: Thesen ... behufs Erlangung der medicinischen Doctorwürde. Breslau (1870). (1 Bl.) 2°
Breslau, Med. Thesen v. 23. Juli 1870

— **Ferdinand Eduard Joseph** (Schirgiswalde), De asthmate mucoso et Lobeliae infl. in hoc morbo efficacia. Diss. med. Lpz. (E. Stange) 19. IX. 1848. 28 S. mit Biogr. (M.: V. Herlt.) (4.20) 6602
Gew.: Ludw. Cerutti.

Dittrich, Fil., Książka do nabożeństwa dla pobożnych pątników na góry Cykmuntelskie i do Warty. Z niemieckego na polski język przełożona. 8. (132 S.) Ober-Glogau 852, Handel. n. 6 ngl

Dittrich, Fr[anz], Das Ascensionsrecht in den preussischen Domkapiteln. Als Ms. gedr. Braunsberg 1905. 8°.

Dittrich, Franc(iscus), Prof. Dr.: **Catalogus** eorum, qui exeunte saeculo XVII. e syncretistarum Regiomontanorum numero ad catholicam ecclesiam transierunt. — 2. Niedenzu, Franc(iscus), Prof. Dr.: De genere Banisteria. ⟨Pars posterior.⟩ — (Enthält ausserdem: Renuntiatio judiciorum de certamine litterario a commilitonibus anno superiori inito et quaestionum in annum currentem propositarum promulgatio.) *Brunsbergae 1901: Heyne.* (S. 1—25.) 4°
Braunsberg, Ind. lect. SS 1901

Dittrich, Frz., Gasparo Contarini. 1483—1542. Eine Monographie. gr. 8. (XVII, 880 S.) Braunsberg 885, (Peter's Buchh.) [*M 16.—.] *

DITTRICH, Franz (Thegsten): Dionysius der Grosse von Alexandrien. Eine Monographie.- Freiburg i.B.: Herder 1867. 4 Bl.,130 S.
30.11.1865 - Urk (Titel: De Dionysio Magno Alexandrino.); F 44
Diss. Ingolst.-Landsh.-Mchn.

Dittrich, *Heinr.* Franz [app. Arzt aus Clausthal i. Harz]: Aus d. Kgl. chirurg. Univ.-Klinik zu Kiel. Zwei Fälle von multiplen cartilaginären Exostosen mit Wachstumsstörungen der Knochen ... Kiel, Druck v. H. Fiencke, 1892; 16 S., 1 Bl. 8.
Kiel, Med. Fak., Inaug.-Diss. v. [2. Sept.] 1892

Dittrich, Fr., Geschichte des Katholicismus in Altpreußen von 1525 bis zum Ausgange des 18. Jahrh. Ein Beitrag zur Geschichte der brandenb.-preuß. Kirchenpolitik. 1. Bd. Von der Säcularisirg. des Ordensstaates bis zum Tode König Friedrichs I. gr. 8. (XIII, 539 S.) Braunsberg 901. (Huye). n.n. 5.—
Sonderabdruck aus: „Zeitschrift f. d. Gesch. u. Alterthumskde. Ermlands."

Dittrich, Eugen

Dittrich, Fr., Geschichte des Katholicismus in Altpreußen von 1525 bis zum Ausgange des 18. Jahrh. Ein Beitrag zur Geschichte der brandenburgisch-preuß. Kirchenpolitik. 2. Bd. Vom Regierungsantritt König Friedrich Wilhelm I. bis zum Ausgange des 18. Jahrh. (VII u. S. 541—892.) gr. 8. Braunsberg 903. E. Bender. n.n. 4. — (Vollständig: n.n. 9. —)
Sonderabdr. a.: „Ztschr. f. d. Gesch. u. Alterthumskde. Ermlands".

Geschichte des Katholicismus in Altpreussen von 1525 bis zum Ausgange des 18. Jahrhunderts. Ein Beitrag z. Geschichte d. brandenburg.-preuss. Kirchenpolitik von Fr[anz] Dittrich, Prof. Bd 1. 2. Braunsberg 1901–03: Erml. Zeitungs- & Verlagsdr. 8°
1. Von d. Säcularisation d. Ordensstaates bis z. Tode König Friedrichs I. 1901.
2. Vom Regierungsantritt König Friedrich Wilhelms I. bis z. Ausgange d. 18. Jhs. 1903.
Aus: Zeitschr. f. Gesch. u. Alterthumskunde Ermlands. (o4. 5680 5

Index lectionum ... per aest. a d. XV. Apr. a. 1896 instituendarum. — Praecedit Prof. Dr. *Francisci* **Dittrich** commentatio: Lovaniensium et Coloniensium theologorum de antididagmate Ioannis Gropperi iudicia. — ([Enth. ausserdem:] **Renuntiatio iudiciorum** de certamine literario a commilitonibus Lycei Regii Hosiani anno superiore inito et quaestionum in annum currentem propositarum promulgatio.) Brunsbergae ... 1896; 20 S. 4.

Kirchengeschichte des Mittelalters. Nach d. Vorlesungen d. Prof. Dr. Franz Dittrich. (Als Ms. gedr.) *Braunsberg 1901: Ermländ. Zeitungs- u. Verl. Dr.* (144 S.) 8° [F.] (04. 9510 10

Kirchengeschichte der Neuzeit. Nach d. Vorlesungen d. Prof. Dr. Franz Dittrich. (Als Ms. gedr.) *Braunsberg 1901: Ermländ. Zeitungs- u. Verl. Dr.* (171 S.) 8° [F.] (04. 9511 10

Dittrich, Frz., s.: Morone's, Giovanni, Nuntiaturberichte vom deutschen Königshofe.

Dittrich, Frz. Nuntiaturberichte Giovanni Morone's vom deutschen Königshofe, s. Quellen u. Forschungen a. d. Gebiete d. Geschichte.

Dittrich, Frz., observationes quaedam de ordine naturali et morali. Commentatio ethica. Braunsberg 869. (Peter.) 8. (49 S.) n. 6 ngr.

Dittrich, Frz., über tuberculöse Perichondritis d. Rippenknorpel. gr. 8. (22 S.) Kiel 893. Lipsius & Tischer. n. — 60
Sonderabdruck aus: „Festschrift f. Fr. v. Esmarch."

Dittrich, Fr., Regesten und Briefe des Cardinals Gasparo Contarini [1483—1542]. gr. 8. (VIII, 407 S.) Braunsberg 881, Huye's Buchh. *

— **f.: Zeitschrift f. die Geschichte u. Alterthumskunde Ermlands.**

Dittrich, Franz Xav., Betrachtungen über die sieben Schmerzen der allerseligsten Jungfrau Mariä nebst einer Charfreitagsrede, gehalten in der prager k. k. Hofburgkapelle, und gewidmet seinen vieljähr. Zuhörern. 12. (VI und 125 S. mit 1 Stahlst.) Prag 851(52,) Heß.

Dittrich, Franz Xav. — Predigt am Feste des heiligen Landespatrons und Märtyrers Wenzeslaus. Ueber die Erziehung der Jugend gehalten und seinen Zuhörern gewidmet von — —. (Nebst einem Vorworte.) 8. (16 S.) Prag. Druck von Friedrich Rohlicek. In Kommission von Wenzel Heß. 1854.

Dittrich, Friedr. Gust. Mor., Postgesetz und Postordnung für das Königr. Sachsen vom 7. Juni 1859, nebst Ausführungsbestimmungen für den königl. sächs. Postbezirk. Nach amtl. Quellen zusammengestellt und hrsg. gr. 4. (VIII und 110 S.) Leipzig 861, (Kößling'sche Buchh.) **

Dittrich, G., das Lichtheilverfahren u. seine Anwendg. bei Haut-, Nieren-, Stoffwechsel-Krankheiten, Gicht, Rheumatismus, Lupus, Nierenleiden, Blutarmut, Bleichsucht, Schwächezuständen u. s. w. Allgemeinverständl. dargest. gr. 8. (84 S.) Berlin (901). H. Steinitz. n. 2. —

Dittrich, Gustav, aus Oels in Schlesien: **Aus d. Pflanzenphysiolog. Institut d. Universität Breslau. Zur Entwickelungsgeschichte der Helvellineen.** (Gekr. Preisschr.) *Breslau 1898: R. Nischkowsky.* (36 S.) 8°
Breslau, Phil. Diss. v. 15. Aug. 1898

Dittrich, Gustav: Ausgewählte Kapitel der Biologie für einen einjährigen Unterricht in der Prima des Gymnasiums. Breslau 1910: Nischkowsky. 45 S. 8° ¶ (Ersch. auch als Buch b. Quelle & Meyer, Leipzig.)
Breslau, k. kath. St.-Matthias-G P 1910 (261) [S 10. 77

Dittrich, H.: Die logarithmische Spirale. 15 S. u. Taf. – Breslau, St. Math. G., Progr. 1872.

Dittrich, H. L., di deutsche Folksortografi in irer Einfachheit und Natürlichkeit. Nebst Muster-Aufsäzzen. gr. 8. (16 S.) Dresden 881, (v. Zahn und Jaensch.) *

Dittrich, Hans, Referendar am Königl. Amtsgericht zu Neutomischel (Prov. Posen): Die sogenannten Exklusivverträge über prozessuale Rechtsverhältnisse. Borna-Leipzig 1908: R. Noske. (X, 44 S.) 8°
Heidelberg, Jur. Fak., Ref. Heinsheimer, Diss. v. 1908
[Geb. 28. Juli 80 Posen; Wohnort: Neutomischel; Staatsangeh.: Preußen; Vorbildung: Gymn. Rogasen (Posen) Reife O. 03; Studium: Freiburg i. B. 4, Königsberg 3 S.; Rig. 22. Jan. 08.]

Dittrich, Hans, z. 22. März. E. Gedenkblatt. Gedicht. gr. 4. (3 S. m. 1 Ansicht.) Chemnitz 895. C. Winter. n. — 50

Dittrich, Hans [aus Deutsch-Crone]: Ueber Seekrankheit. . . . Jena, Druck v. B. Engau, 1889; 28 S. 8°
Jena, Med. Fak., Inaug.-Diss. v. [6. Aug.] 1889

Dittrich, H., üb. Seekrankheit. Inaug.-Diss. gr. 8. (26 S.) Jena 889. (Rudolstadt, Dabis.) n. — 40

— **Heinrich,** De cathedris feminarum Romanarum. Dissert. quam viro Gottfried Hermann diem natalem offert. Lpz. (Staritz) 1836. 36 Seiten. (4.50) 6603

Dittrich, Heinrich Franz, s. Dittrich, Franz

Dittrich, Heinrich Theodor, gen. Fabricius, Zur Feier der Vermählung des Herrn Dr. Julius Petzholdt ... mit Fräulein Hermine Reichard, den XXI. Sept. 1844. (Beiträge zur Erklärung und Kritik des Theokritos.) Dresden [1844].

Dittrich, Herm., Altlas anatomischer Abbildungen des Pferdes, bezw. Rindes, s.: **Ellenberger, W.**

Dittrich, Herm., Handbuch d. Anatomie d. Tiere f. Künstler, s.: Ellenberger, Wilhelm

Dittrich, J. J.

— Bemerkk. auf e. Reise durch Niederschlesiens schönste Gegenden. 8. Schweidnitz 815. (J. F. Korn in Bresl.) 20 gr Schrbp. 1 ₰

Dittrich, J. J., Bemerkk. auf e. Reise durch d. Grafschaft Glatz u. das angrenz. Schlesien. 8. Bresl. 816. (J. F. Korn). 1 ₰ 4 gr Schrbp. 1 ₰ 8 gr

Dittrich, (J. J.,) Ideen üb. d. Katholicismus überhaupt u. üb. d. katholische Kirche Schlesiens insbesondere. Zur Widerlegung d. Schrift: die kathol. Kirche Schlesiens, dargest. von e. kathol. Geistlichen. gr. 8. Leipz. 827. Hartmann.

Dittrich, J. J., Ideen üb. d. Katholicismus überhaupt u. über d. kathol. Kirche Schlesiens insbesondere. Zur Widerlegung der Schrift: die kathol. Kirche Schlesiens, dargestellt von e. kathol. Geistlichen. gr. 8. Leipz. 827. Lehnhold. 1 ₰ 12 gr

Dittrich, J. J., Ideen üb. d. Katholicismus überh. u. d. kathol. Kirche Schlesiens insbesond.; zur Widerlegung d. Schrift: Die kathol Kirche Schlesiens rc. gr. 8. (21 B.) Leipzig 828, [Lehnhold.]

Dittrich, J. J., Reinerz, seine Heilquellen und Umgegend. Mit 5 lithogr. Ansichten u. 1 Höhentafel der Grafschaft Glatz. 8. Breslau 838. W. G. Korn. $1^1/_2$ ₰

Dittrich, J. J., Unsere Uebergangszeit, betreffend die Erlösung des Proletariats durch die Organisation der Arbeit und des Armenwesens, und durch die Concentration der Hilfen des Staats, der Gemeinden, der Vereine und der Proletarier selbst. gr. 8°. Breslau, 1847.

Dittrich, J. J., unsere Uebergangszeit, betreff. die Erlösung des Proletariats durch die Organisation der Arbeit und des Armenwesens und durch die Concentration der Hilfen des Staats, der Gemeinden, der Vereine und der Proletarier selbst. gr. 8. (XIV und 319 S.) Breslau 848, A. Schulz. *

Dittrich, Jh. Geo., über die Erziehung der Kernobstbäume, vorzügl. in gebirg. Gegenden. Eine Preisbewerbungsschrift. Herausg. von der Königl. Landescultur-Gesellschaft zu Arnsberg. gr. 8. Arnsberg 834. Ritter. 1/8 ℛ

Dittrich, Joh. Geo., systemat. Handbuch d. Obstkunde, nebst Anleit. zur Obstbaumzucht u. zweckmäß. Benutzung d. Obstes. 3 Bde. gr. 8. Jena, Mauke. Thlr.
Bd. 1. Kernobstfrüchte. (22 B. u. 2 Stnt.) 837. 3 Thlr.
„ 2. Steinobstfrüchte. (42 B. u. 6 Stnt.) 837. 3 Thlr.
„ 3. dass. (49 B. u. Liegel's Portr.) 841. 3 Thlr.

— dass. 3. Bd. Mit Dr. Liegel's Portrait. gr. 8. Ebend. 3 ℛ (1—3: 8½ ℛ) — (Abbildungen hierzu, s. Obstcabinet.)

—— dass. 3 Bde., (22 Lfgn.) 2., verm. Aufl. gr. 8. (126½ B., 9 Stnt. u. 2 Tab.) Ebds. 839—41.

—— und J. Ch. Hopf, gründl. u. vollständ. Lehrbuch d. Kochkunst, Kunstbäckerei u. des Einmachens. Neue Ausg. gr. 8. (30 B.) Gotha 841, [Erfurt,] Hennings u. Hopf.
Vgl. Obstcabinet.

Dittrich, J. G., und J. Ch. Hopf, gründliches und vollständiges Lehrbuch der Kochkunst, Kunstbäckerei u. des Einmachens für angehende Mund- und Gahrköche, Wirthe, Hausfrauen, Köchinnen und besonders Haushälterinnen auf mehrjährige eigene Erfahrung gegründet und herausgegeben. 3. sehr verb. u. verm. Aufl. Jena 854. Mauke. 8. (XLVIII, 447 S.) 25 ngr

— die vollkomm. Obstbaumschule, oder gründl Anleitung zur Erziehung der Obstbäume in allen Arten u. Formen. Nebst Anweisung zur Anlegung von Baumschulen u. Obstgärten. Angabe der nöthigen Geräthschaften. Verfertigung guter Baumsalben. Die Krankheiten der Bäume u. ihre Heilung. Mittel zur Vertilgung der dem Obstbaume schädl. Thiere u. Insekten. Mit 5 lithogr. Taf. gr. 8. Jena 839. Mauke. 3/4 ℛ

—— die Obstbenutzung in ihrem ganzen Umfange. Ein Handb. f. Guts- u. Gartenbesitzer, Gastwirthe u. jede Haushalt. M. 1 Kpfrt. gr. 8. (5½ B.) Jena 839, Mauke.

— s. auch Obstkabinet.

Dittrich's deutsches Obstkabinet. Eine Sammlung von naturgetreu in Pappmasse nachgebildeten Obstsorten (Inhaltsverzeichniß), neu hrsg. und fortges. vom thüringer Gartenbau-Verein. zu Gotha unter derzeit. besond. Verwaltung und Redaction von Franz Grützmüller, Otto v. Steinau und Carl Wilh. Koch. gr. 4. (IV und 82 S.) Gotha 817, (Gläser.) *

— die Obstnutzung in ihrem ganzen Umfange. Ein Handbuch für Guts- u. Gartenbesitzer, Gastwirthe u. jede Haushaltung. Mit 1 Kpfrtaf. gr. 8. Jena 839. Mauke. 3/8 ℛ

Dittrich, J. G., und J. Ch. Hopf, praktisches Universal-Kochbuch, enth. 1327 Recepte für die feine und bürgerl. Küche. Auf mehrjähr. Erfahrung gegründet. 4. (Titel-)Aufl. gr. 8. (XLVIII und 447 S.) Jena (854)67, Mauke's Verlag. cart. *

Dittrich, J. G. u. J Ch. Hopf, gründl. u. vollst. Unterricht in d. Koch- u. Backkunst, so wie im Einmachen ꝛc. Mit 4 Kpft. gr. 8. Gotha 827. Hennings. 1 ℛ 6 gl

Dittrich, Jos., († d. 15. Nov. 1825.) christl. Erbauungsbuch für Abgebrannte u. Miteinwohner, wie auch für andere religiös-gesinnte Christen ꝛc. gr. 8. Wittenb. (810).

Dittrich, des sel. Jos., Bischofes von Coryceus, eilf Reden. Gehalten in der königl. sächs. Hofkirche in Dresden. Mit einem biographischen Denkmal. Herausg. von Emilian Wewerka. Regensburg 854. Manz. 8. (XX, 136 S.) 18¾ ngr

Dittrich, Jul. A. W., Antrittspredigt über 2. Cor. 5, v. 17 bis 21, gehalten am Johannistage 1849 zu Arnsdorf. 8. (16 S.) Schreiberhau 849. (Breslau, Dülfer's Buchh.)

—— Eines ist Noth! Hülfsbüchlein für meine Confirmanden, daß sie dieses Eine finden und behalten. 8. (IV und 96 S.) Arnsdorf 854. (Breslau, Dülfer's Buchh.) *

Dittrich, Jul. A. W., Ich und mein Haus, wir wollen dem Herrn dienen! Drei Predigten vom christl. Hausstande, gehalten, u. christl. Häusern dargeboten in einer Zeit, wo es Noth thut. Breslau 855. Dülfer. 8. (46 S.) 3¾ ngr

Dittrich, K. Fr. (Mitarb.), s. Geschichte des deutschen Staatsobergymnasiums in Brünn . . .

Dittrich, C. Fr.: Die Karolinger und die Normannen. 26 S. 4° – Brünn, d. OG., Progr. 1872.

Dittrich C. Fr.: Die Karolinger und die Normannen. Schluss. 38⁴ Brünn I. 74. Vergl. Progr. v. 72.
Progr

Dittrich, Carolus *(geb. Breslau 13. 2. 1830)*: De atrophia hepatis acuta flava. Vratislaviae (1851). (30 S.) 8° *[Verf. erlebte die Diplomerneuerung 1901 als Sanitätsrat in Breslau.]*
Breslau, Med. Diss. v. 10. Okt. 1851

Dittrich, Carl, vollständ. Gebetbuch f. Stadt- u. Landschulen. gr. 8. (11 B.) Zwickau 833, Richter. 16 Gr., weiß Pap.

Dittrich, Carl, des Königs Geburtstag. Ein katechet. Vortrag für sächs. Schulen. Nebst einem Vorworte an seine vaterländ. Amtsbrüder, besonders an seine ehemal. Zöglinge. 8. (XVI und 22 S.) Buchholz 851, Adler. *

—— 50 Gesänge f. Stadt- u. Landschulen. 8. (2¾ B.) Zwickau 832, Richter.

—— der 25. Juni 1830. Eine Unterredung, wie sie evangel. Volksschullehrer mit ihren Schülern an dies. Tage halten können. 2. Aufl. 8. (2 B.) Dresden 830, (Wagner.)

— vollständ. Schulgesangbuch, bestehend in 500 Originalliedern; zugleich als Mitgabe für's ganze Leben. gr. 8. Leipzig 840. Barth. 3/8 ℛ

Dittrich, Carl M., die häusliche Erziehung, oder die erhabenste und nothwendigste unter allen Künsten, die Kunst, Kinder von der Empfängniß und Geburt an bis zum 7. Lebensjahre körperlich und geistig zu pflegen und vernünftig zu erziehen. Mit besond. Rücksicht auf die gewöhnlichsten bei der Erziehung vorkommenden Fehler, für Eltern, vorzügl. für Mütter. gr. 8. (140 S.) Wien 864, (Mayer und Comp.) *

Dittrich, Curt, Ref. in Leipzig: Das Prokura-Indossament nach Artikel 17 der allgemeinen deutschen Wechselordnung. Borna-Leipzig 1906: R. Noske. (VIII, 50 S.) 8°
Leipzig, Jur. Fak., Diss. v. 28. Juli 1906
[Geb. 19. Jan. 82 Leipzig; Wohnort: Leipzig; Staatsangeh.: Sachsen; Vorbildung: König Albert-Gymn. Leipzig Reife O. 01; Studium: Leipzig 4, München 1, Leipzig 4 S.; Rig. 27. Juni 05.]

Dittrich, Curt, Referendar in Wiesbaden: Die Rechtsverhältnisse getrenntlebender Ehegatten nach dem Rechte des BGB. Borna-Leipzig 1907: R. Noske. (VIII, 75 S.) 8° [J.]
Marburg, Jur. Fak., Ref. Leonhard, Diss. v. 2. Mai 1907
[Geb. 17. Febr. 81 Görlitz; Wohnort: Wiesbaden; Staatsangeh.: Preußen; Vorbildung: Gymn. Lauban Reife M. 00; Studium: Genf 2, Berlin 2, Straßburg 1, Marburg 2 S.; Rig. 9. März 04.]

Dittrich, Curt, aus Leipzig: Die Uranylsalze vom physikalisch-chemischen Standpunkte aus betrachtet. 1 Taf. mit 8 Fig. *Leipzig 1899: E. Glausch.* (81 S.) 8°
Leipzig, Phil. Diss. v. [10. Mai] 1899

DITTRICH, C.
Die Uranylsalze von physikalisch- chemischen Standpunkte aus betrachtelt. Leipzig, 1900. 8vo.

Dittrich, M. Erinnerungs-Blätter an den Regimentstag der 105er zu Zwickau am 3., 4. u. 5. Juni 1899. Leipzig 1899. 30 S.

Dittrich, M., ornamentale Füllungen u. Einfassungen, Zierschriften (Vorlagen f. Holzbrandtechnik), s.: Vorlagen-Mappe.

Dittrich, M. Vorlagen f. Holzbrandtechnik, s. Vorlagen-Mappe.

Dittrich, Mart., Reichsgesetz üb. d. Angelegenheiten d. freiwill. Gerichtsbarkeit, s.: Meinhold's jurist. Handbibliothek.

Dittrich, Mart., Reichsgesetz üb. die Angelegenheiten der freiwill. Gerichtsbarkeit vom 17. V. 1898, s.: Handbibliothek, juristische.

Dittrich, Max

[F.] König Albert und Prinz Georg von Sachsen, die ersten Generalfeldmarschälle aus dem Königshause Wettin. Zwei militär. Lebensgeschichten f. d. deutsche Heer u. d. männl. Jugend v. Max Dittrich. M. 2 Bild. *Minden i. W.: J. C. C. Bruns [1896].* (IV, 104 S., 2 Portr.) 1 Bd 8. [97. 197

— der Reichspostdampfer „König Albert" u. d. norddeutsche Lloyd in Bremen. Gedenkblätter an die Lloyddampferfahrt des Sachsenkönigs 1899. Zusammengestellt u. hrsg. gr. 8. (43 S. m. 10 Illustr.) Dresden (899). F. Tittel Nachf. n. — 60

Dittrich, Max, König Albert v. Sachsen. Eine volksthüml. Gedenkschrift. gr. 8. (16 S. m. 16 Abbildgn.) Dresden-Blasewitz 902. Gustav Adolf-Verein. n.n. — 15

—— unter König Albert von Sachsen im Felde 1849, 1866, 1870/71. Vaterländ. Gedenkblätter. gr. 8. (VIII, 96 S. mit 4 Taf.) Dresden 888, Albanus'sche Buchdr. (Chr. Teich.) *

Dittrich, Max, König Albert von Sachsen als Heerführer. Ein deutsches Feldherrnleben. (71 S. m. 1 Bildnis.) gr. 8. Leipzig 907. F. Engelmann. 1. —

Dittrich, Max, König Albert u. seine Sachsen im Felde 1849, 1866, 1870/1871. Vaterländische Gedenkblätter. 2., verm. Aufl. gr. 8. (VII, 125 S. m. 4 Bildern.) Dresden 893. Albanus. n. 1. —

— König Albert u. s. Sachsen im Felde 1849, 1866, 1870—1871. Vaterländ. Gedenkblätter. 3. Aufl. gr. 8. (VII, 152 S. m. 8 Bild.) Berlin 898. K. Siegismund. n. 1. 50; geb. n. 2. 50

Dittrich, Max (Hrsg.), s. Almanach, Parlamentarischer, f. das Königreich Sachsen.

— Kloster „Alt-Zella" u. seine Ruinen. Anläßlich der Wettiner Jubelfeier bearb. Mit 1 Grundriß des alten Klosters, 1 Plan des jetz. Klostergartens m. Umgebg. u. 2 Ansichten. gr. 8. (19 S.) Nossen 889. E. Hensel. — 60

Dittrich, Max, Anleitung zur Gesteinsanalyse. (VIII, 98 S. m. 5 Fig.) 8. Leipzig 905. Veit & Co. Geb. in Leinw. n. 3. 50

— das Armee-Fest in Dresden zur Feier d. 800jähr. Jubiläums d. Hauses Wettin am 14., 16. u. 18. Juni 1889, beschrieben. gr. 8. (59 S.) Zwickau 889. Zückler. (Dresden, Höckner.) n. 1. 50

Einladung zur öffentlichen Probe-Vorlesung, welche Dr. phil. Max Dittrich zur Erlangung der Venia legendi bei der naturwissenschaftlich-mathematischen Facultät der Ruprecht-Carls-Universität zu Heidelberg Samstag, d. 29. Mai 1897 ... abhalten wird. Thema: Die wirksamen chemischen Bestandtheile der Genussmittel. *Heidelberg,* Druck v. J. Hörning, *1897;* 1 Bl. 8.
(Nicht für den Austausch)

[F.] Das grosse Bismarck-Buch. Leben u. Wirken d. Ersten deutschen Reichskanzlers. Nach d. besten Quellen bearb. v. Max Dittrich, unt. Mithilfe v. Franziskus Hähnel ... *Dresden: H. G. Münchmeyer [1896].* (VI, 802 S., 1 Bildert., 8 Portr.) 1 Bd 4. [96. 45

— das große Bismarck-Buch. Leben u. Wirken d. ersten deutschen Reichskanzlers. N. d. besten Quellen geschild. unt. Mithilfe v. Franziskus Hähnel, Fritz Schmidt, Eug. Schurig u. A. (In 33 Lfgn.) 1. u. 2. Lfg. gr. 4. (S. 1—48 m. Abb. u. 3 Taf.) Dresden 898. H. G. Münchmeyer. à n. — 50

— das große Bismarck-Buch. Leben u. Wirken des ersten deutschen Reichskanzlers. Nach den besten Quellen geschildert unter Mithilfe v. Franziskus Hähnel, Fritz Schmidt, Eug. Schurig u. A. 3.—6. Lfg. gr. 4. (S. 49—160 m. Abbildgn. u. 2 Taf.) Dresden 899. Niedersedlitz, H. G. Münchmeyer. à n. — 50

— **Das große Bismarck-Buch. Leben u. Wirken des ersten deutschen Reichskanzlers. Nach den besten Quellen geschildert unter Mithilfe v. Franziskus Hähnel, Fritz Schmidt, Eug. Schurig u. A. 7—33. Lfg. (IV u. S. 161—812 m. Abbildgn. u. Taf.) 34×27 cm. Dresden-Niedersedlitz (899). H. G. Münchmeyer. à — 50 (Kplt. geb. in Leinw.: 20. —)**

Dittrich, Max, Briefe. Intimis an e. Dame. (88 S.) 8. Strassburg 907. J. Singer. 2. —

Dittrich, Max, General v. Fabrice. 1834 — 1. Juli — 1884. Ein Lebensbild. 8. (59 S. mit 1 Lichtdr.-Portr.) Dresden 884, Warnatz und Lehmann. *

— Staatsminister General v. Fabrice. Sein Leben u. sein Streben. Lex.-8. (XII, 156 S. m. 4 Lichtdr.) Dresden-Blasewitz 891. Alwin Arnold. Geb. n. 5. —

— die Feier des 50jährigen Militär-Dienst-Jubiläums Sr. Maj. des Königs Albert v. Sachsen in Dresden am 22./23. Octbr. 1893. Eine Gedenkschrift f. Sachsens Volk u. Heer. 2. Aufl. gr. 8. (66 S.) Dresden 894. F. Tittel Nachf. — 50

—— die Feldzeichen des königl. sächs. [XII.] Armeecorps. Nach offiziellen Quellen bearb. 8. (22 S. mit 1 Tab.) Dresden 882, v. Grumbkow. *

— **Prinz Friedrich August, Herzog zu Sachsen,** s.a. **Soldatenbibliothek.**

Prinz Friedrich August, Herzog zu Sachsen. Ein Lebensbild von Max Dittrich. Rathenow: M. Babenzien 1894. (56 S.) 8° [F.] .
= Soldatenbibliothek. H. 5. [95. 10311

Dittrich, Max, neuer Führer durch Meißen, die Albrechtsburg, den Dom und die königl. Porzellan-Manufactur. gr. 16. (VII, 36 S. mit 1 Stnt.) Meißen 885, (Mosche.) *

— Gedenkblätter deutschen Waffenruhms a. d. Kriege 1870/71. 3. Aufl. 8. (III, 88 S. m. 8 Ill.) Leipzig 895. Greßner & Schramm. n. — 50

[F.] Deutsche Heldengräber im Reichslande. Wanderstudien üb. d. Schlachtfelder v. 1870 in Elsass-Lothringen v. Max Dittrich. M. 4 Abb. ... *Rathenow: M. Babenzien [1895].* (VIII, 74 S., 1 Bl., 4 Taf.) 1 Bd 8. [96. 445

— König Albert Festschrift. E. volksthüml. Biographie. Z. 70. Geburtstag a. 23. IV. 1898. Z. 25jähr. Regierg. a. 29. X. 1898. gr. 8. (16 S. m. 16 Bild.) Dresden-Blasewitz 898. Gustav Adolf-Verlag. — 15

— Sachsens Königshaus im Wettiner Jubeljahr 1889. Nebst e. Anh.: die Fürstengrüfte zu Meißen, Freiberg u. Dresden. Erinnerungsblätter f. das sächs. Volk. 8. (VIII, 123 S.) Dresden 889. Albanus'sche Buchdr. (Chr. Teich). n. 1. —; geb. n. 3. —

— dasselbe. Ausg. m. 10 Lichtdr. 8. (VIII, 123 S.) Ebd. 889. n. 2. —; geb. n. 3. —

— **u. M. Henze, der deutsch-französische Krieg 1870 u. 1871.** Gedenkblätter in Wort u. Bild an die Ehrentage der deutschen Nation. Geschrieben v. M. D.; gez. v. M. H. 1. Hft. qu. gr. Fol. (S. 1—6 m. Text-Abbildgn. u. 2 Farbendr.) Dresden 890. Münchmeyer. (Dresden, Nadelli.) 1. —

Dittrich, Max. Der deutsch-französische Krieg 1870 und 1871. Gedenk-Blätter in Wort und Bild an die Ehrentage der deutschen Nation. Gezeichnet von Max Henze. (Mit 26 Abbild.)
gr. Fol. Dresden und New-York (1893).

— d. deutsch-französ. Krieg 1870 u. 1871. Gedenk-Blätter in Wort u. Bild an d. Ehrentage d. deutschen Nation. Geschrieben v. D. Gezeichn. v. Max Henze. 40. Aufl. Jubel-Ausg. z. 25jähr. Wiederaufrichtg. d. deutschen Reiches. qu. gr. Fol. (86 S. m. Textbild. u. 26 farb. Taf.) Dresden 895. H. G. Münchmeyer.
Geb. in Leinw. 15. —

—— mobile Mannschaft. Soldatengeschichten. 8. (IV, 203 S. mit 36 Illustr. nach Zeichnungen von Fed. Czabran.) Dresden 888, Tittel Nachf. *

Dittrich, Max, Karl May u. seine Schriften. Eine literarisch-psycholog. Studie f. Mayfreunde u. Mayfeinde. 1. u. 2. Aufl. (à 127 S. m. 2 Lichtdr.-Taf.) 8. Dresden 904. C. Weiske. n. 1.20; geb. in Leinw. m. Goldschn. n. 1.80

— Feldmarschall Graf Moltke, s.a. Meyer's Volksbücher.

—— Generalfeldmarschall Graf Moltke, † am 24. Apr. 1891. Ein Lebensbild für das deutsche Heer u. Volk. gr. 8. (24 S. m. Bild.) Dresd. 891. A. Wolf. — 10

— chemisches Praktikum f. Studierende der Naturwissenschaften. Qualitative Analyse. (VIII, 216 S.) 8. Heidelberg 906. C. Winter, Verl. Geb. in Leinw. n. 5. —

Dittrich, Max, chemisches Praktikum f. Studierende der Naturwissenschaften. Quantitative Analyse. (VIII, 166 S. m. Fig.) 8. Heidelberg 908. C. Winter, Verl.
Geb. in Leinw. 4. —

—— beim Regiment des Prinzen Friedrich August 1870/71. Kriegs-Erinnerungen. 8. (IX, 110 S.) Ebendas. 886. *

— meine Schulzeit in Chemnitz 1851—1862. Jugend-Erinnergn. e. Zeitungsschreibers. 8. (56 S.) Leipzig 891. Fr. Geißler. n.n. — 50

—— Soldatenschriften. 1. Heft: General-Feldmarschall Prinz Georg, Herzog zu Sachsen. Ein militärisches Lebensbild. 8. (35 S. m. 1 Portr.) Dresd. 889. Albanus'sche Buchdr. * — 50

Dittrich, Max [aus Görlitz]: Ueber die Structur der Oximidogruppe in den isomeren Benziloximen. . . . Heidelberg, Univ.-Buchdr. v. J. Hörning, 1890; 85 + 1 S. 8°
Heidelberg, Phil. Fak., Inaug.-Diss. v. [9. Mai] 1890

— Tages-Chronik d. deutsch-französischen Krieges 1870/71, s.a. Universal-Bibliothek.

— — Tages-Chronik des deutsch-franz. Krieges 1870—1871 sowie der Kämpfe mit der Pariser Kommune. Leipzig 1897. 212 S.

Dittrich, Max [Dr.]: Das Wasser der Heidelberger Wasserleitung in chemisch-geologischer und bacteriologischer Beziehung ... M. 1 Taf. (Aus: Verhandl. d. Naturhist.-Med. Ver. zu Heidelberg, N. F. Bd. v Heft 5.) Heidelberg, C. Winter's Universitätsbuchh., 1897; 2 Bl., 58 S., 1 Taf., 1 Kt. 8.
Heidelberg, Naturw.-math. Fak., Hab.-Schr. v. [24. März] 1897

Dittrich, Maur., Prolegomena ad Cratylum Platonis. 8maj. (5 B.) Lipsiae 841, Fr. Fleischer. *
Vgl. Dieterich, Dietrich.

Dittrich, Osk. „Ueber Berg u. Thal", s. Gröschel, Adf.

Dittrich, O., Die Fremdwörter der Tonkunst. Vortrag. Dresden 1851. 8.

Dittrich, Osk., die Fremdwörter der Tonkunst. Vortrag, gehalten im Zweigverein Dresden des allgemeinen deutschen Sprachvereins. Nebst einem Verzeichnisse von Verdeutschungen entbehrl. Fremdwörter der Tonkunst. 8. (31 S.) Dresden 888, Albanus'sche Buchdr. *

Die Grenzen der Geschichte. Ein programmat. Versuch von Dr. Ottmar **Dittrich,** Privatd. Leipzig & Berlin: B. G. Teubner 1905. (32 S.) 8°
Aus: Histor. Vierteljahrschrift. Jg. 8. [05. 758 11

— die Grenzen der Sprachwissenschaft. Ein programmat. Versuch. (20 S.) gr. 8. Ebd. 905. n. — 80
Sonderabdruck aus: „Jahrbb. f. d. klass. Altertum, Geschichte u. deut. Lit."

Dittrich, Ottmar, Grundzüge der Sprachpsychologie. 1. Bd.: Einleitung u. allgemeinpsycholog. Grundlegg. 2 Abtlgn. gr. 8. Halle, M. Niemeyer. à n. 12. —
1. (VIII 400 S.) Mit e. Bilderatlas. (64 S.) 903.
2. (IX—XV u. S. 401—786.) Mit e. Bilderatlas. 2. Abtlg. (S. 65—95.) 904.

Dittrich, Ottmar: Über Wortzusammensetzung auf Grund der neufranzösischen Schriftsprache. I. Die Gegenstandsnamen mit Ausschluss der Erinnerungsnamen. *Halle a. S.: M. Niemeyer 1898.* (54 S.) 8° ¶ (Aus: Zeitschrift für romanische Philologie, Bd 22. — Der Schluss erscheint ebenda Bd 23.)
Leipzig, Phil. Diss. v. [8. Juli] 1898

Dittrich, Ottmar, Dr.: Über Wortzusammensetzung auf Grund der neufranzösischen Schriftsprache. IV.: Schluß der Substantiva; Pronomina; Adjektiva; Verba. Halle a. S.: M. Niemeyer 1904. (84 S.) 8° ¶ (Aus: Zeitschrift f. roman. Philol. Bd 29.)
Leipzig, Phil. Fak., Hab.-Schr. v. 26. Nov. 1904

Dittrich, Paul, prakt. Anleitung zur Begutachtg. der häufigsten Unfallschäden der Arbeiter. 8. (XI, 224 S.) Wien 901. W. Braumüller. Geb. in Leinw. n. 5. —

Dittrich, Paul, Chronik v. Lossen, Kreis Trebnitz. 8. (95 S.) Breslau 900. (Müller & Seiffert). n. 1. —

Chronik von Lossen, Kreis Trebnitz, von Paul **Dittrich,** Oberl. *Breslau 1900: R. Nischkowsky.* (95 S.) 8° [F.] [00. 8670 2

Dittrich, Paul, s.: Festschrift, Herrn Hofrat Prof. Dr. Hans Chiari gewidmet.

Dittrich, Paul: Zur Geschichte der Prämonstratenser in Schlesien. (1. Im Fürstentum Öls.) *Breslau 1900: R. Nischkowsky.* (S. I—XV.) 4°
Breslau, k. kath. St. Matthias-G, OP 1900 (190)

— s.a. Handbuch der ärztlichen Sachverständigen-Tätigkeit.

Dittrich, P., Handbuch der ärztlichen Sachverständigentätigkeit. 3. Bd. 2. Lief. Die ärztliche Sachverständigentätigkeit bei der Untersuchung und Begutachtung von Verletzungen zu forensischen Zwecken. Gr.-8°. (Pag. 193—384) K 6.—
Wien: Braumüller 1905.

Dittrich, P., Handbuch der ärztlichen Sachverständigentätigkeit. IX. Bd. [Forensische Psychiatrie. II. Bd.] Gr.-8°. (XI, 1154 S.) Wien: Braumüller 1909. K 40.80, geb. K 45.60

Dittrich, Paul, Lehrbuch d. gerichtlichen Medicin f. Studir. u. Ärzte. gr. 8. (XIX, 270 S. m. 42 Abb.) Wien 897. W. Braumüller. n. 6. —;
geb. in Halbfrz. n. 8. —

— s.: Psychiatrie, forensische.

Dittrich, Paul, die ärztliche Sachverständigen-Tätigkeit bei der Untersuchung u. Begutachtung v. Verletzungen zu forensischen Zwecken, s.a. Handbuch der ärztlichen Sachverständigen-Tätigkeit, III.

Die ärztliche Sachverständigen-Tätigkeit bei der Untersuchung und Begutachtung von Verletzungen zu forensischen Zwecken. Von Dr. Paul **Dittrich,** Prof. in Prag. (Lfg 1.) (Wien & Leipzig: W. Braumüller 1905.) 8°
= Handbuch d. ärztl. Sachverständigen-Tätigkeit. Bd 3, Lfg 1. [05. 9458

Dittrich, Philipp — Andachtsbuch für fromme Wallfahrter nach Maria Hilf bei Zuckmantel in k. k. Schlesien. Verfaßt von — —. Mit Genehmigung des Breslauer General-Vikariats zu Friedeck. Zweite Auflage. Freiwaldau, 1856. Gedr. bei Ernest Titze. (280 S. 8.)

Andachts-Buch für fromme Wallfahrer nach Maria Hilf bei Zuckmantel (Oesterr. Schlesien). Verf. von Philipp **Dittrich,** Stadtpfarrer in Zuckmantel. 8. veränd. Aufl. *Dülmen: A. Laumann 1899.* (120 S.) 8° [F.]
[99. 4.04

Dittrich, Ph., geistl. Reden zur Belehrung des Volkes, über verschiedene Gebräuche u. Ceremonien d. kathol. Kirche; in 5 Bdn. 1r Bd. Gelegenheitsreden. 20 Gr 2r, 3r Bd. Festtagsreden. 1 ß 20 Gr gr. 8. Prag 825—26. Krauß. (Haase S.) (Leipz., Enobloch). 2 ß 16 Gr 4r Bd. Sonntagsreden. 22 Gr 5r Bd. Fastenpredigten. 22 Gr gr. 8. Ebd. 828. (Ebd.) 1 ß 20 Gr

— vergl. Dieterich, Dietrich, Diederich.

Dittrich, R.: Der Verein f. schlesische Insektenkunde zu Breslau während d. 50 Jahre s. Bestehens (1847 – 1897). Breslau 1897,
in: Festschrift z. Feier d. 50j. Bestehens d. Ver. f. schles. Insektenkunde in Breslau.

Dittrich, Rob., Anleitung zum Satz der Musiknoten-Typen. [Aus: Waldow, die Buchdruckerkunst.] 4. (28 S. m. eingedr. Holzschn.) Leipzig 874. Waldow. n. 3. —

Dittrich, Rudolf: Abstandsörter im Polarraume. Breslau 1910: Fleischmann. 119 S. 8°
Breslau, Phil. Diss. v. 29. Juli 1910, Ref. Sturm
[Geb. 1. Mai 86 Breslau; Wohnort: Breslau; Staatsangeh.: Preußen; Vorbildung: Realgymn. am Zwinger Breslau Reife O. 04; Studium: Breslau 2, Tübingen 1, Breslau 2, Berlin Techn. Hochsch. 1, Breslau 5 S.; Rig. 4. Mai 10.]
[U 10. 601

Dittrich, Rudolf Über das Leuchten der Tiere. 8 (70 S.).
Progr. Rg. am Zwinger *Breslau* 1888 (200).

Dittrich, Rudolfus (Franciscus Alexander) *(geb. Neiße 1.7.1849)*: Principia juris civilis et Germanici de periculo rei venditae comprobata et inter se comparata. Vratislaviae 1874. (33 S.) 8°
Breslau, Jur. Diss. v. 23. [vielmehr 24.] März 1874

Dittrich, V., u. M. Dittrich, neue Entwürfe f. Brandmalerei, s.: Vorlagen f. Brandmalerei.

Dittus, W., Alpen-Panorama vom Windhag [Buschel] 710 M. über dem Meere bei Kisslegg. Autogr. qu. schm. Fol. Mit Text. 12. (6 S.) Ravensburg 886, Dorn'sche Buchh.
In Carton *

Dittwar, C., Robert, eine wahre Geschichte. 8. Wien 795. K. Haas. 16 Gr

Dittweiler, Wilh., Anleitung zur thierärztlichen Kranken-Untersuchung und Behandlung. Ein Leitfaden beim Unterricht in der Klinik und allgem. Therapie. gr. 12. (VI und 131 S.) Karlsruhe 850, (Bielefeld.)

— — Handbuch der Veterinär-Sanitätspolizei. S. Delafond.

—— Lehrbuch der Botanik für Thierärzte, Landwirthe, Pharmaceuten rc. und die betreff. Lehranstalten, zum Gebrauch bei Vorlesungen und zum Selbstunterricht mit Berücksichtigung des Linnéschen und des natürl. Systems bearb. gr. 8. (XII und 441 S. mit 191 eingedr. Abbild.) Stuttgart 847, J. F. Steinkopf.

Ditz, Heinr. (I.), Geschichte der Vereinödung im Hochstift Kempten. Inauguralabhandlung. gr. 8. (VIII und 72 S.) Kempten 865, Dannheimer.

Ditz, Heinr. (II.), die ungarische Landwirthschaft. Volkswirthschaftlicher Bericht an das königl. bayer. Staatsministerium des Handels und der öffentl. Arbeiten. gr. 8. (VIII und 470 S.) Leipzig 867, O. Wigand.

Ditz, Hugo, Fluor, Chlor, Brom, Jod, s.: Gmelin u. Kraut's Handbuch der anorganischen Chemie. I, 2.

Handbüchlein für den Export v. H. Ditzel, Registrator ... zu Hannover. *Hannover & Leipzig: Hahn 1897.* (VIII, 112 S.) 1 Bd 8. [98. 3363 Gu

Ditzel, Heinrich, a. Hersfeld: Quellenstudien aus der Umgebung von Marburg. Marburg 1905: (Lüdtke & Martens, Kiel.) (109 S.) 8°
Marburg, Phil. Fak., Ref. Fischer, Diss. v. 4. Okt. 1905
[Geb. 10. Juni 80 Hersfeld; Wohnort: Hersfeld; Staatsangeh.: Preußen; Vorbildung: Realgymn. Kassel Reife O. 00; Studium: Marburg 2, Halle 1, Marburg 6 S.; Rig. 3. Aug. 04.]

Ditzen, H. J., De locis quibusdam Vergilii. Pr. 1865. 22 S.

Ditzen, P. H. J., in's Nordseebad! Ueber Bremen-Bremerhaven m. den Salon-Schnelldampfern des norddeutschen Lloyd nach Norderney, Wittdün a. Amrum, Borkum, Westerland a. Sylt, Helgoland, Wyk a. Föhr, Wangerooge. Unentbehrl. Reisehandbuch m. vielen Abbildgn. u. e. Karte. Neue, vielfach verb. Aufl. 12. (96 S.) Bremerhaven (899). Verlag der nordwestdeutschen Zeitg. n. 1. —

Ditzen, J., ins Nordseebad! Über Bremen-Bremerhaven m. den Salon-Schnelldampfern des Norddeutschen Lloyd nach Norderney, Juist, Borkum, Helgoland, Wittdün auf Amrum, Wyk auf Föhr, Westerland auf Sylt, Wangerooge. Reichillustriertes Reisehandbuch m. 1 Karte u. Hochwasser-Tabelle. 3., gänzlich umgearb. u. erweit. Aufl. (176 S.) 8. Bremerhaven (903). (R. Petermann.) n. — 50

Ditzen, P. H. I., auf dem kürzesten Wege nach den Nordseebädern Norderney, Borkum, Helgoland üb. Bremen-Bremerhaven. Unentbehrliches Reisehandbuch m. vielen Abbildgn. u. 1 Karte. 12. (III, 87 S.) Bremerhaven 894. L. v. Vangerow. n. 1. —

Dizinger, L. K., Bericht von der Redart Luthers, daß ein Gläubiger sagen könne: Ich bin Christus. 4. Altdorf, Monath. 708.

— Denkmal d. heilsam. Reformationswerks. 4. Augsburg. 721.

Ditzler, Ant., der Rhein von Cöln nach Mainz. Taschen-Panorama. Nach der Natur gezeichn. (Mit deutsch-engl. und deutsch-franz. Text.) 8. Köln u. Aachen 843, Kohnen. n. 1⅓ ß

Diurnale

— Breviarii Praemonatrantensis. 12. maj. Virduni. (Göbhard, Bamberg). 762..

— — Romani. 12. maj. Antwerpiae. ibid. 756.

— — idem. 24. ibid. 759.

— — idem. 8. maj. Venetiis. ibid.

— Breviarii Romani ad usum F. M. S. F. Capucinorum. 4. Kempt. 780. Kösel. 1 ß

— Breviarii Romano-Seraphici. 18. Kempt. 795. Kösel. 12 Gr

— Cleri sive horae diurnae Breviarii Rom. ad usum omnium Ecclesiarum. 8. Friburgii. ibid. 745.

— Cleri sive horae diurnae breviarii Rom. ad us. omnium ecclesiarum. 8. Compidonii 802. (Wesché in Frkf.) 16 Gr

— ad usum fratrum Minorum S. Francisci Caputionarum. 18. Campidonii. ibid. 764.

Diurnale, sive Horae diurnae breviarii Praemonstratensis pro usu circariae Bohemiae, eique annexarum provinciarum, decretisque capitulorum generalium accommodatae. 8. (IV, 461 u. CXX S.) Oeniponte 852, Wagner. n. 2 ß

— sive horae diurnae propriae Sanctorum trium ordinum S. F. Francisci.
— — idem. 24. ibid. 754.

— sive horae diurnae propriae Sanctorum trium ordinum S. F. Francisci. 12. maj. Antwerpiae. ibid. 760.

— Monasteriense autor. rever. etc. 8. Münster, Aschendorf. 785.

— Monasteriense autoritate reverendissimi et serenissimi Principis ac Domini Maximiliani Francisci etc. 8. Münster 786. Asschendorf. 1 ß

Diurnale monastic. pro omnib. sub regula Benedicti etc.
— — idem. 8. maj. Einsidl. ibid. 716.

— — pro omnibus sub regula S. Benedicti. 12. Stirae. (Göbhard in Bamberg). 761.

Diurnale monastic. pro omnibus sub regula Benedicti. 8 maj. Bamb. 763. (Wesché in Frankf.) 2 ₰ id. lib. 12. ibd. 765. 16 gr

Diurnale officiorum votivorum. 16. (8 S.) Trier 883. Paulinus-Druckerei. n. — 5

— pro omnibus sub regula S. Benedicti. 12. Stirae 761. (ibid.) 20 gr

— trium ordinum S. Francisci.
— —.idem. 12.maj. Patavi. ibid. 701.

— trium ordinum S. Francisci. 8. maj. ibid. 726.

— — idem. 16. ibid. 733.

— — idem. 32. Venetiis. 749.

— trium ordinum S. Francisci. 8. maj. Venetiis ibid. 751.

Diurnale parvum sive epitome ex horis diurnis continens psalmos quotidie recitandos et commune sanctorum unacum officio B. M. V. per annum atque orationibus propriis sanctorum. 8. (144 S.) Regensburg 889. Pustet. n. 1. 50; geb. in Leinw. n. 1. 90; in Ldr. m. Goldschn. n. 2. 50

Diurnale parvum sive epitome ex horis diurnis. Continens psalmos quotidie recitandos et commune sanctorum, unacum officio B. M. V. per annum atque orationibus propriis sanctorum. 3. ed. 8. (172 S.) Regensburg 893. F. Pustet. n. 1. 80

— dasselbe. 4. ed. 12. (172 S.) Ebd. 893. n. 1. 80; geb. in Leinw. n. 2. 20; in Ldr. m. Goldschn. n. 2. 80

Diurnale parvum sive epitome ex horis diurnis. Continens psalmos quotidie recitandos et commune sanctorum, unacum officio B. M. V. per annum atque orationibus propriis sanctorum. Ed. V. 8. (184 S. in Rot- u. Schwarzdr.) Regensburg 900. F. Pustet. 1. 80; geb. in Leinw. n. 2. 20; in Ldr. m. Goldschn. n. 3. —

— dasselbe. Ed. VI. 12. (188 S. in Rot- u. Schwarzdr.) Ebd. 901. 1. 80; geb. in Leinw. n. 2. 20; in Ldr. m. Goldschn. n. 2. 80

Diurnale Romanum 18. maj. ibid. 723. Rthlr.

— — idem. in IV anni Partes distinctum. 24. Augsb. Wolf 731.

— Romanum. 16. maj. Venetiis. ibid. 739.

— — idem. cum figuris. Viudebonae. ibid 765.

— — 12. Colon. Haas. 783.

Diurnum Monasticum. 18. Kempt. 794. Kösel. 12 gr

Diurnum juxta ritum sacri ordinis Praedicatorum auctoritate apostolica approbatum, et reverendissimi patris Fr. Vinc. Jandel totius ejusdem ordinis vicarii generalis permissu editum. Mechliniae 853. (Mainz, Kirchheim.) 32. (XXXV, 448 u. CXLIV S.) n. 26 ngr

Djurowitsch
s.a. D'urović. 10. 17742 4

Djurowitsch, Milan, Rechtsgrundsätze des montenegrinischen Handels. s.: Handelsgesetze, die, des Erdballs.

Diutiska. Deutsche Sprachproben, s. Nobnagel, A.

Djuvara, Marcel T., wissenschaftliche u. religiöse Weltansicht. Ein Vortrag. (40 S.) gr. 8. Göttingen 906. Vandenhoeck & Ruprecht. n. 1. —
Sonderabdruck aus: „Abhandlgn. d. Fries'schen Schule".

DIVALD, Adolf: Was sollte geschehen, um die Forstwirthschaft in Croatien und Slavonien im staatswirthschaftlichen Interesse des Landes zur Blüthe zu bringen? - Essek 1864. 31 S.

Divald, Karl (Hrsg.), s. Meisterwerke der bildenden Kunst.

Divald, Carl, die Central-Karpathen und deren einzelne Partien. qu. 4. (34 Photogr.) Eperies 873, (Rosenberg.)

Divan, le, d'Ibn Guzman. Texte, traduction, commentaire, enrichi de considérations historiques, philologiques et littéraires sur les poèmes d'Ibn Guzman, sa vie, son temps, sa langue et sa métrique, ainsi que d'une étude sur l'arabe parlé en Espagne au VIe s. de l'Hégire dans ses rapports avec les dialectes arabes en usage aujourd'hui et avec les idiomes de la péninsule ibérienne par le Baron Dav. de Gunzburg. Fasc. I. gr. 4. Berlin 896. S. Calvary & Co. In Mappe n.n. 50. —
Le texte d'après le manuscrit unique du musée asiatique impérial de St. Pétersbourg. (S. 1–8 m. 146 Lichtdr.-Taf.)

Divan, der, Sultan Mehmeds II., des Eroberers v. Konstantinopel, zum 1. Male nach der Upsalaer Handschrift hrsg. v. Geo. Jacob. (19 u. 34 S.) gr. 8. Berlin 904. Mayer & Müller. n. 5. —

Dívčí škola. Stručný výbor vědomostí českým dívkám nejpotřebnějších. Od učitelstva vyšší dívčí školy Písecké, řízením Jos. Pažouta. Prag 862—64. Kober. 8.
I. Historie literatury české. Od Karla Ningra. (76 S.) n. 7½ ngr.; cart. n. 8½ ngr.
II. Nauka o člověku. Od Jos. Pažouta. S 15 vyobrazeními. — Tělocvik pro dívky. Podává Bohdan Ardelt. S 20 vyobrazeními. (96 S.) n. 11 ngr.; cart. n. 13 ngr.
III. Liturgika čili obřady církevní od P. Jos. Ctibora. (VIII, 152 S.) n. 14 ngr.; cart. n. 16 ngr.
IV. Nástin bájesloví slovanského a germanského napsal Alb. Heyduk. S 47 vyobrazeními. (VI, 111 S.) n. 13 ngr.; cart. n. 15 ngr.
V. Nauka o slohu od Vojtěcha Lešetického. (VII, 72 S.) n. 8 ngr.
VI. Chemie a technologie od Frant. Tonnera. S 33 vyobrazeními. (VI, 114 S.) n. 12 ngr.
VII. Počty v příkladech a několik obrázků měřických. Od Jos. Soukupa. S 20 vyobrazeními. (IV, 116 S.) n. 13 ngr.; cart. n. 14½ ngr.
VIII. Fysika. Od Jos. Pažouta. S 98 vyobrazeními. (VII, 105 S.) n. 12 ngr.; cart. n. 14 ngr.
IX. Povaha živočichův. Od Jos. Pažouta. S 136 vyobrazeními. (140 S.) n. 15 ngr.; cart. n. 17½ ngr.
X. Čítací kniha německá. Od K. A. Madiery. (VII, 292 S.) n. 27 ngr.; cart. n. 1 ₰

Die sieben Rechnungsoperationen mit allgemeinen Zahlen. Auf Grundlage d. Anschauung u. unter Anwendung verallgemeinerter Definitionen nach einheitl. Plane dargest. von Dr. Franz Divić, Gymn.Prof. Mit 33 Holzschn. Wien & Leipzig: A. Pichler's Wwe & Sohn in Comm. 1891 (1892). (165 S.) 8° [03. 8560

Dividenden, die, der J. 1862—1871 der an der Berliner Börse Cours habenden betreffenden Papiere in übersichtl. Zusammenstellung. Ein Anhang zu: „Die Börsen-Papiere von A. Saling für Bankiers und Capitalisten." 1. und 2. Aufl. gr. 16. (16 S.) Nordhausen 872, Büchting. *

Dividenden, die, der J. 1862—1871 der an der Berliner Börse Cours habenden betreffenden Papiere in übersichtl. Zusammenstellg. Ein Anh. zu: „Die Börsen-Papiere v. A. Saling f. Bankiers u. Capitalisten." 2. Aufl. gr. 16. (16 S.) Nordhausen 872. Leipzig, Schwabe. n. — 50

Divination, die, auf den nächsten Würtemb. Landtag. Beleuchtet von Einem, der weder Deputirter, noch Minister werden will. gr. 8. Stuttgart 833. Hallberger's Buchh. 1/6 ₰

Divination auf den nächsten Württembergischen Landtag. Beleuchtet von Einem, der weder Deputirter noch Minister werden will. Stuttg. 1838. V: *Gutzkow, Carl Ferdinand.* (Emil Hirsch-München. Kat. Nr. 49. S. 29.) (Gutzkow, Karl, Rückblicke auf mein Leben. Berlin 1875.)

Divine, Julia (Moskau): Über die Atmung der Herzen von Kröten und Fröschen. München 1899. 46 S. 8°. [7. VI. 99.]
Bern. Med. Diss. 1905/1906.

Divine, Julia. Über die Atmung der Herzen von Kröten und Fröschen. Diss. Med. Bern. (... genehmigt ... 7. Juni 1899.) [Mit Figuren.] 46 S. 8. München, R. Oldenbourg, 1899 [*d. i.* 1905].
[Sep.-Abdr. aus: Zeitschrift für Biologie.... Band 47. Neue Folge Band 29. Heft 3. München und Berlin, R. Oldenbourg, 1905. S. 335—378.]

Divinitas domini nostri Jesu Christi. Manifesta in scripturis et traditione. Opus in 4 partes distributum, in quibus Christi divinitas, non omissis quae ad spiritum sanctum attinent, demonstratur. Opera et studio unius ex monachis congregationis S. Mauri (Prudentii Marani). Recusus ad editionem primariam Parisiensem 1746. Lex.-8. (XVI und 792 S.) Würzburg 859, Stahel'sche Buchh. *

Elbogen: Die Elbogener Mittelschule in ihrem 25-jährigen Bestande v. Dr. J. Diviš. 37. 1877.
Progr.

Divis, J.: Otto's Verhältnis zum päpstlichen Stule, 962-972. 18 S.– Znaim,OG., Progr. 1870

Divis, J. V.: Entwurf einer Geschichte der Zucker-industrie . . . , s. Neumann, K. C.

Diviš, J. V., die Wiederbelebung der Knochenkohle mit Rücksicht auf die Methode „Pfleger-Diviš. gr. 8. (VII, 72 S. mit 1 Stnt. in gr. 4.) Kolin 875, (Prag, Rziwnatz.) *

Diviš, Joh. V. Beiträge zur Geschichte der Zuckerindustrie in Böhmen. 2. Epoche 1830—60. Nach dem böhm. Originale übersetzt. gr. 8. (IV, 174 S. m. Abbildgn. u. Fksms.) Kolin 891. (Prag, Řivnáč.) ** 4 40
1. Epoche, s. Neumann, K. C.

Diviš, Jos., s.: Jahrbuch d. höh. Unterrichtswesens in Oesterreich.

Diviš, J., s.a. **Schematismus der Mittelschulen u. Lehrer-Bildungsanstalten in Oesterreich.**

Diviš, Dr. Josef, Schematismus d. Mittelschulen und Lehrerbildungsanstalten in Oesterreich. 1890. 8. (VI, 187 S.) Geb. Prag: Tempsky 1890. 1.50

Divisch. Beziehungen der Longobarden zu Justinian. Oberhollabrunn 1866.

Divisch, Prokop: Procopii Divisch, Theologiae Doctoris et Pastoris zu Prendiz bei Znaim in Mähren, längst verlangte Theorie von der meteorologischen Electricité, welche er selbst Magiam naturalem benamet: samt einem Anhang vom Gebrauch der electrischen Gründe zur Chemie, zum Druck befördert durch Vorsorge des Wirttemb. Superint. in Herrenberg, F. C. Oetinger. – Tübingen: Schramm 1765.

Divisch, Procop., († d. 21. Decbr. 1765.) Theorie der meteorolog. Elektricität. Herausg. v. .... Oettinger. 8. Tüb. 768. Cotta.

Division de l'Armée Fédérale. Arrêté du Conseil fédéral du 6 Avril 1859. 8. Berne [1859].

Divisiones quae vulgo dicuntur Aristoteleae. Praefatus ed. testimoniisque instruxit Herm. Mutschmann. (XLII. 76 S.) kl. 8. Leipzig 907. B. G. Teubner. 2. 80

Divisions-Buch. (Kleine Ausg.) 8. (103 S.) Kiel 880. Universitäts-Buchh. geb. n. 1. —

— dasselbe. (Grosse Ausg.) 8. (243 S.) Ebend. 880. geb. n. 2.—

Divisions- und Brigade-Übungen der 3. und 5. Armee-Division 1889. 0.0. (1889). V.: Geilinger, Rud. (Zuwachsverz. d. Bibliotheken in Zürich 1898 ff.)

Divisions-Übungen der Kavallerie des IV. Armeekorps 1873. — Beigedr.: Die Übungen der Garde-Kavallerie 1873. Berlin 1874. 8°. (Bh. z. M. W. B.)

Divitiis, F[rancesco] De. Saluto alla Bandiera Federale! Parole dell' Avv. F[rancesco] Azzi. Musica di F. De Divitiis.... Partitura per Coro e Banda coll' aggiunta della parte di Pianoforte. II + 10 p. 4. Milano *etc.*, G. Ricordi & C.; Lipsia; *etc.*, (1901). fr. 2. 50, Parte di Canto staccata ⟨B⟩ fr. —.15

Divka hrdinská, s. Bibliotéka obrázková pro mládež.

Divorces et déclarations de nullité de mariage en Suisse pendant l'année 1900 *et* 1901 *et* 1902 *et* 1903. [Publié] Par le Bureau fédéral de statistique. à 4 p. 4. [Berne, Haller,] 24. VI. [19]01 *et* 14. 7. [19]02 *et* 3. 6. [19]03 *et* 31. V. [19]04.
[Extrait de la: Statistique de la Suisse. 133e *etc.* livraison.]

Divorces et déclarations de nullité de mariage en Suisse pendant l'année 1904. [Publié] Par le Bureau fédéral de statistique. [Extrait anticipé de la: Statistique de la Suisse.] 4 p. 4. [Berne, Haller,] 2. VI. 1905.

Divortio, Il, celeste d. i. die himmlische Ehescheidung von der Römischen Braut. Freistatt [Strassburg] 1663. Halle 1722. Berlin 1787. V: *Pallavicino, Ferrante.* (Wr)

Divozioni d'un vero christiano a Dio, a Maria, ed ai Santi. Edizione nuova. 18. (180 S.) Bozen 848, Eberle.

Divozioni giornalieri del Christiano verso Dio, la santa vergine ed i santi. 16. Innsbruck 816. Wagner. 8 xr

Divre Chachamim. Commentar auf Talmud Bracket. Von Markus Herzka. 8. (27 S.) Wien, Knöpflmacher & Söhne in Comm. 50 kr.
1865.

Divre Schalom Weemet. Berlin 1781. II: *Wessely, Hartwich.* (MGT)

Diwald, Adf., zur ungarischen Forstliteratur. — Ueber den ungarischen Forstverein von Erwin Helm sen. Lex.-8. (86 S.) Preßburg 861, (Wigand.) *

Diwald, Alfr., Prüfungsfragen u. Antworten aus der deutschen Rechtsgeschichte, s.a. Prüfungskandidat, der, 12.

(F) **Diwald, A.,** Prüfungsfragen und Antworten aus der deutschen Rechtsgeschichte. [Der Prüfungskandidat. XII.] 8°. (124 S.) K 1.80
Wien: Kuppitsch 1908.

Diwald, A., Prüfungsfragen und Antworten aus der deutschen Rechtsgeschichte. II. Teil. Deutsches Privatrecht, deutsches Strafrecht und deutscher Strafprozeß. [Der Prüfungskandidat. XIV.] 16°. (96 S.) Wien: Kuppitsch 1908. K 1.80

Diwald, Hugo, die Gewerbeordnung, s.: Müller, Frz.

Diwan. Verssammlung deutsch-oriental. Gedichte westl. u. östl. Verfasser, einberufen zur Orientfahrt d. Lesezirkels Hottingen, Samstag den 18. III. 1899. 8. (55 zusammenhäng. S.) Zürich (899). Verlag des Lesezirkels Hottingen. In Form e. Schriftrolle m. 2 Stäben n. 3. —

Diwân poëtae Abu-'l-Walîd Moslim ibno-'l-Walîd al-Ançârî cognomine Çarîo-l-ghawânî, quem e codice Leidensi ed., multis additamentis auxit, et glossario instruxit M. J. de Goeje. gr. 4. (LXXIX, 320 S.) Leiden 875. Brill. n.n. 20. —

Diwan, der, des Lebîd. Nach einer Handschrift zum ersten Male hrsg. von Jûsuf Dijâ-Ad-Dîn Al-Châlidî. gr. 8. (152 S.) Wien 880, (Gerold's Sohn.) *

Mandæischer **Diwân** nach photogr. Aufnahme von Dr. B. Poertner mitgeteilt von Julius Euting. *Straßburg: K. J. Trübner 1904.* (9 S., eine 23teilige Taf.) 4° [04. 8]

— aus Centralarabien, gesammelt etc. v. Alb. Socin, hrsg. v. Hans Stumme, s.: Abhandlungen der kgl. sächs. Gesellsch. d. Wissenschaften. Phil.-hist. Cl. 19.

Diwâne, die, der Regezdichter El'aggâg u. Ezzafajân, s.: Sammlungen alter arabischer Dichter. II.

Diwisch, Otto, d. deutschen Parteien i. Jubeljahr d. neuen Reichs, s.a. Zeitfragen d. christl. Volkslebens.

[S.] Die deutschen Parteien im Jubeljahr des neuen Reiches. Von Otto Diwisch. *Stuttgart: Ch. Belser 1896.* (59 S.) 8.
= Zeitfragen d. christlichen Volkslebens. Bd 21. H. 1. [96. 18]

Diwre hajamira. gr. 8. Wien 826. v. Schmid. 20 gr.

Dix, Anna, Aphorismen u. Sinnsprüche. (69 S.) kl. 8. Dresden (910). C. L. Ungelenk. Geb. in Leinw. 1.—; m. Goldschn. 1. 80

Dix, Anna, zu Freude u. Trost. Dichtungen. (VII, 143 S.) 8. Dresden (906). C. L. Ungelenk. Geb. in Leinw. n. 2. 50

Dix, Anna, aus jungem Herzen. Gedichte. 12. (VIII, 160 S.) Stuttgart 898. Greiner & Pfeiffer. Geb. in Leinw. m. Goldschn. n. 3. —

— Psyche. Novelletten u. Skizzen. 2. Aufl. (VII, 127 S.) 8. Dresden (904). E. Pierson. n. 2. —; geb. n. 3. —

Dix, Anna, im Sonnenglanz. Gedichte. 8. (VIII, 104 S.) Dresden 901. E. Pierson. n. 2. —; geb. n. 3. —

Dix, Arthur

— Bruno Marwitz, Osk. Poensgen, Hjalmar Schacht, jungliberale Abhandlungen. ([Neue Titel-Ausg. v.:] Berliner jungliberale Hammacher-Festschrift.) (III, 312 S.) 8. Berlin [904] (907). H. Paetel. 2. 75

Blockpolitik. Ihre innere Logik, ihre Vorgeschichte u. ihre Aussichten. Von Arthur Dix. Berlin: Buchh. d. Nationallib. Partei [1907]. (67 S.) 8° [F.] [08. 1683

Dix, A., Blockpolitik. Ihre innere Logik, ihre Vorgeschichte und ihre Aussichten. Berlin, [1908]. 67 S.

Der Bund der Landwirte. Entstehung, Wesen u. polit. Tätigkeit von Arthur Dix. Berlin: Buchh. d. Nationallib. Partei 1909. 68 S. 8° [09. 10567

Dix, Arth., Deutschland auf den Hochstraßen des Weltwirtschaftsverkehrs. gr. 8. (X, 218 S.) Jena 901. G. Fischer. n. 4. 50

— s.: Egoismus, der.

Dix, Arth., s.: Hammacher-Festschrift, Berliner jungliberale.

Dix, Arthur, Hausindustrie der Frauen in Danzig. Schriften d. Vereins f. Socialpolitik, Bd. 85. gr. 8°. Leipzig 1899.

— die Jugendlichen in der Sozial- u. Kriminalpolitik. gr. 8. (V, 89 S.) Jena 902. G. Fischer. n. 2. —

Sozialdemokratie, Militarismus und Kolonial-Politik auf den Sozialisten-Kongressen 1907 von Arthur Dix. Berlin: Buchh. d. Nationallib. Partei 1908. (32 S.) 8° [F.] [08. 3864

Dix, Arth., Sozial-Moral. Kriminalpolit. Aufsätze. gr. 8. (66 S.) Leipzig 898. Freund & Wittig. n. 1. 50

Afrikanische Verkehrspolitik von Arthur Dix. Unter Benutzung amtl. u. anderen Materials. Mit Abb. u. 1 Verkehrskarte. Berlin: H. Paetel 1907. (VI, 88 S.) 8° [07. 16691 6

— Die Verteidigungsversuche der Steuermehrheit. (80 S.) 8. Berlin (909). C. Nagel. — 25

[F.] Die Völkerwanderung von 1900. Beiträge z. deutschen Wanderungspolitik v. Arthur Dix. *Leipzig: Freund & Wittig 1898.* (IV, 96 S.) 1 Bd 8. [98. 3364 Gr

— die Wohnungsfrage, s.a. Bücherei, burschenschaftl. 6.

Die Wohnungsfrage. Von Arthur Dix. *Berlin: C. Heymann 1900.* (VIII, 50 S.) 8° [F.]
— Bücherei, Burschenschaftliche. Bd. 1, H. 6. [03. 4969

— Die Wohnungsfrage. gr. 8°. Berlin, C. Heymann, 1901. (Burschenschaftl. Bücherei, Bd. 1, Heft 6.)

Die Wurzeln unserer Kraft. Von Arthur Dix. 2. Aufl. Berlin: Allg. Verein f. Deutsche Literatur 1909. 321 S. 8°
(Allg. Verein f. Deutsche Literatur. Abt. 35, 3.) [10. 7365 11

— Wurzeln der Wirtschaft. Skizzen u. Studien. gr. 8. (IV, 234 S.) Leipzig 899. Freund & Wittig. n. 4. —

Dix, Christian Gottlieb

Dix, C. G.: De motu et exercitatione corporis, eximio sanitas praesidio. Halle, Med. F., Diss. 1811

Dix, Christian Gottlieb (Vetschau/Laus.), De motu et exercitatione corporis, eximio sanitatis praesidio. Diss. med. Präs. Georg Ernst Klette. Wittenbg. (Chr. H. Grässler) 25. XI. 1811. 20 Seiten. (4.80) 6605
Gew.: Chph. Eusebius Raschig, Joh. Aug. Wilh. Heden.

Dix, F.: Friedrich Ludwig Jahn über deutsche Sprache und Erziehung. Leipzig 1879. 16 S. Aus: Vorträge in d. Pädag. Gesellsch. zu Leipzig. 1878—79. 4—5.

Neuere Geschichte der Schulbibel. I. Geschichte d. sächs. Schulbibelstreites 1843—1876. II. Geschichte d. Schulbibel 1876—1898. Von Dr. Fr[anz] Dix. Erg. u. Forts. d. Geschichte d. Schulbibel desselben Verf. Dresden: Meinhold 1898. IV, 43 S. 8° [11. 3763

Dix, Fr., Geschichte der Schulbibel, s.a. Zeit- u. Streitfragen, pädagogische.

Geschichte der Schulbibel. Von Dr. Fr[anz] Dix. Gotha: Behrend 1892; [Bad Sachsa i. Harz: Haacke]. 45 S. 8°
(Pädagogische Zeit- u. Streitfragen. H. 23.) [11. 3762

Dix, *Franz* [Dir. Dr.]: Aus dem Leben der Kaiserin Augusta. Rede zum Gedächtnis der Kaiserin Augusta, gehalten zur Feier des Geburtstags Sr. Majestät des Kaisers 1890 . . . Flensburg, gedr. in d. Buchdr. v. L. P. H. Maass, 1890; S. 3—14; 8°
Flensburg, st. HM, OP 1890

Dix, Frz., Lehrbuch der deutschen Stenographie Gabelsbergers. 1. Tl. Verkehrsschrift: Wortbildung u. Wortkürzg. Nach Herbarts Grundsätzen bearb. (VIII, 127 S.) gr. 8. Leipzig 901. Rossberg'sche Verlagsbuchh. Geb. in Leinw. n. 2. 40

— dasselbe. Nach Herbarts Grundsätzen verf. 2. Aufl. Auf Grund der Berliner Beschlüsse neu bearb. v. Arno Schneider. (VI, 84 S.) gr. 8. Leipzig 904. J. M. Gebhardt. n. 1. 50

Dix, Frz., Lehrbuch der deutschen Stenographie Gabelsbergers. Nach Herbarts Grundsätzen verf. 3. Aufl. Auf Grund d. Berliner Beschlüsse neu bearb. v. Arno Schneider. (VI, 84 S.) 8. Leipzig 904. J. M. Gebhardt. 1.50; Schlüssel. 2. Aufl. Verf. v. Adf. Freytag. (III, 42 S.) 908. 1. —

Dix, F: Lehrbuch der deutschen Stenographie Gabelsbergers. Nach Herbarts Grundsätzen verfaßt. 2. Aufl. von A. Freytag. Leipzig Schlüssel zu [T.] 1. 1908

— dasselbe. II. Tl.: Redeschrift—Satzkürzung. Verf. v. Frz. Dix u. Adf. Freytag. (IV, 77 S.) 8. Ebd. (909). 1.50; Schlüssel. (IV, 38 S.) (910). 1. —

Dix, Fr., und Th. Kersten, deutsches Lesebuch für höhere Mädchenschulen. Nach den Quellen bearb. Ausg. A. 1. Tl.: Unterstufe, 1. Abtl. [2. Schulj.] gr. 8. (140 S.) Breslau 888, F. Hirt. geb. *.

— u. Th. Kersten, deutsches Lesebuch f. höhere Mädchenschulen. Nach den Quellen bearb. Ausg. A. 2.—7. Tl. gr. 8. Breslau, F. Hirt. Geb. n.n. 9. 15

2. Unterstufe, 2. Abtlg. [3. Schulj.] (VII, 160 S.) 890.	n. 1. 20
3. Mittelstufe, 1. Abtlg. [4. Schulj.] (225 S.) 892.	n. 1. 35
4. — dasselbe, 2. Abtlg. [5. Schulj.] (240 S.) 892.	n. 1. 50
5. — dasselbe, 3. Abtlg. [6. Schulj.] (240 S.) 891.	n. 1. 60
6. Oberstufe, 1. Abtlg. [7. Schulj.] (241 S.) 892.	n. 1. 70
7. — dasselbe, 2. Abtlg. [8. Schulj.] (210 S.) 892.	n. 1. 80

... Deutsches Lesebuch für höhere Mädchenschulen. Nach d. Quellen bearb. v. Dr. Fr[anz] Dix u. Dr. Th[eobald] Kersten. Ausgabe B. Auf Grund d. preuss. Bestimmgn v. 31. Mai 1894 veranst. Tl I—IV. *Breslau: F. Hirt 1896.* 4 Bde 8.
I. F. d. zweite u. dritte Schulj (144, 144 S.)
II. F. d. vierte u. fünfte Schulj. (150, 140 S.)
III. F. d. sechste u. siebente Schulj. (168, 191 S.)
IV. Auswahl deutscher Gedichte f. d. vierte bis neunte Schulj. M. e. Anh., enth. kurze Nachr. üb. d. Dichter. (237 S.) [97. 1364

Dix, Frz., deutsches Lesebuch für die Oberklassen höherer Mädchenschulen. gr. 8. (476 S.) Breslau 884, F. Hirt. *
—— dass. — 1. Aufl., 2. revid. Ausg. gr. 8. (476 S.) Ebendas. 884. geb. *

Vom Lesen unserer jungen Mädchen v. Franz Dix. Flensburg 1888. Siehe in: 1. Bericht über die Städt. höh. Mädchenschule zu Flensburg. 8°.

Rede zum Gedächtnis der Kaiserin Augusta v. Franz Dix. Flensburg. 1890. Siehe in: 3. Bericht über die Städt. höh. Mädchenschule zu Flensburg. 8°.

Rede zum 2. September (1893, über Napoleon I. in Deutschland) v. Franz Dix. Flensburg. 1894. Siehe in: 7. Bericht über die Städt. höh. Madchenschule zu Flensburg. 8°.

Dix, Frz., Tabellen zum Geschichtsunterricht für die Mittelclassen höherer Mädchenschulen. gr. 8. (16 S.) Leipzig 874, Brandstetter. cart. *

Dix, Frz., die Vorlage üb. die Änderung d. Gabelsbergerschen Schrift v. Standpunkt d. deutsch. Sprache aus betrachtet, s.: Zeit- u. Streitfragen, stenograph. 2.

—— s. Vorträge, gehalten 1878—80 in der Pädagogischen Gesellschaft zu Leipzig.

Dix, F., Vorträge, gehalten in der Pädagogischen Gesellschaft zu Leipzig, s. Sammelmappe, pädagogische.

Dix, Heinr. Aug. Ludw., All-Lautschrift. Ein fono-stenographischer Versuch. gr. 8. (8 S. mit 1 Schrifttaf., Foto-Lithogr., in qu. gr. Fol.) Leipzig 879, Dix. *

Dix, Hugo, prakt. Arzt, aus Rhaunen (Hunsrück): Aus d. chirurg. Abt. d. St. Marienhospitales (Leiter Prof. O. Witzel) zu Bonn. Zur Pathogenese des Rectumprolapses. *Bonn 1904: C. Georgi.* (38 S.) 8°
Bonn, Med. Diss. v. 17. Febr. 1904

Dix, James, Poet's Corner in Germany. 8. (XXVII, 463 S. mit 1 Chromolithogr.) Leipzig 869, Matthes. geb. mit Goldschn.

Dix, Karl, appr. Arzt a. München: Ueber sekundäre Bauchschwangerschaft nach Tubenruptur mit Mumifikation der Frucht. Mit 2 Abbildungen. München 1905: Kastner & Callwey. (31 S.) 8°
München, Med. Fak., Ref. v. Bollinger, Diss. v. 10. Nov. 1905
[Geb. 6. Febr. 76 München; Wohnort: München; Staatsangeh.: Bayern; Vorbildung: Luitpold-Gymn. München Reife Juli 97; Studium: München 10 S.; Coll. 10. Nov. 05; Approb. 27. Mai 03.]

Über hysterische Epidemien an deutschen Schulen (Meissener Zitterepidemie – Tremor hystericus). Vortrag geh. auf d. Kongr. f. Kinderforschung u. Jugendfürsorge 1906 zu Berlin von Kurt Walther Dix, Lehrer. Langensalza: H. Beyer & Söhne 1907. (42 S.) 8°
= **Beiträge** z. Kinderforschung u. Heilerziehung. H. 33. [07. 13323

Dix, Rob. Krumpholz in Marienbad. Mit 44 Orig.-Illustr., darunter 8 Chromolithogr. qu. 4. (III, 73 S.) Lpz.-Reudnitz 892, Mansfeld. geb. in Leinw. * 8 —

Dix, Rudolf, Referendar a. Leipzig: Die rechtliche Stellung des Verteidigers zum Angeklagten. Leipzig 1907: R. Hahn. (54 S.) 8° [F.]
Leipzig, Jur. Fak., Diss. v. 21. Juni 1907
[Geb. 11. Mai 84 Leipzig; Wohnort: Leipzig-Schleußig; Staatsangeh.: Sachsen; Vorbildung: Thomassch. Leipzig Reife O. 03; Studium: Leipzig 6, München 1, Zürich 1 S.; Rig. 18. Febr. 07.]

Dix, Walth., über hysterische Epidemien an deutschen Schulen. (Meissener Zitterepidemie — Tremor hystericus), s.: Beiträge zur Kinderforschung u. Heilerziehung.

— Gesellenstück e. Schriftmalers, s.: Berufsaufsatz, der, in der Fortbildungsschule 16. Heft.

Dixie, Lady Florence, bei den Patagoniern. Ein Damenritt durch unerforschte Jagdgründe, ausgeführt und geschildert. Einzig autoris. deutsche Ausg. Frei nach dem engl. Orig. übers. durch H. v. Wobeser. 1. und 2. unveränd. Abdr. gr. 8. (VII, 155 S. mit vielen Illustr. [14 Holzschntaf.].) [Leipzig 882, Hirt und Sohn.] Gera, Griesbach's Verlag. ℳ 4,50.; geb.

Dixius, B., Zusammenstellung u. Beurtheilung der dermalen bestehenden allgemeinen Gesetzgebung über die Gemeinde-Behörden in dem am linken Rheinufer geleg. Theile der Kgl. Preuß. Rheinprovinz. gr. 12. (2¼ B.) Trier 841, (Lintz'sche Bh.) *

Dixius, Bernard, der Weinbau an der Mosel, ein Gedicht in 12 Gesängen nebst einem Anhang von Fabeln. 8. (163 S.) Trier 873, Groppe. *

de la Dixmerie, moral. philosoph. Erzählungen. 2 Thle. 8. Lpz. 766. Compt. f. Litt. 20 gr.

Dixmerie, Nicolas Bricaire de la, s. Bricaire de La Dixmerie, Nicolas

Dixon, Reise um die Welt, s. Portlock.

Dixon, C. H., aus dem Leben eines New-Yorker Arztes, s. Bibliothek, amerikanische.

Dixon, Ella Hepworth, one doubtful hour and other sidelights on the feminine temperament. s.a. Collection of British authors.

One doubtful Hour, and other side-lights on the feminine temperament. By Ella Hepworth **Dixon.** Copyright ed. Leipzig: Tauchnitz 1904. 272 S. 8°
(Collection of British authors. Tauchnitz Ed. Vol. 3755) [11. 8570

Dixon, Ella Hepworth, the story of a modern woman, s.a. Collection of British authors.

The Story of a modern woman. By Ella Hepworth **Dixon.** Copyright ed. Leipzig: Tauchnitz 1895. 271 S. 8°
(Collection of British authors. Tauchnitz Ed. Vol. 3035.) [11. 8043

Dixon, G., Oakshott Castle, s. Collection of British Authors.

Dixon, George: Reise nach der nordwestlichen Küste von Amerika. Aus dem Englischen (der Voyage round the world, London 1798, übersetzt von M. C. Sprengel). in: Beiträge zur Völker- und Länderkunde. Th. 12 S. 283—312; Th. 13 S. 3—56. Leipzig 1790. 8°.

Dixon, jr., Thom., the leopard's spots, s.a. Collection of British authors.

The leopard's Spots. A romance of the white man's burden – 1865–1900. By Thomas **Dixon**, jr. Copyright ed. In 2 vol. Vol. 1. 2. Leipzig: Tauchnitz 1903. 8°
(Collection of British authors. Tauchnitz Ed. Vol. 3634/5.) [11. 8482

— Weiß u. Schwarz. Ein Roman aus der Geschichte der Vereinigten Staaten v. Nord-Amerika (1865—1900). (VI, 475 S.) 8. München (904). Leipzig, F. Rothbarth. n. 4.20; geb. n. 5.20

Ⓑ Dixon, Thom., Weiß u. Schwarz. 904. (KBL 33.) Jetzt: Berlin, Hesperus-Verlag.

Weiß und Schwarz. (The Leopard's Spots.) Ein Roman aus d. Geschichte d. Vereinigten Staaten von Nord-Amerika (1865–1900). Von Thomas **Dixon.** (Übertr. von Oscar H. Trenkner.) **Berlin:** Hesperus-Verl. [1906]. 475 S. 8°
(Bibliothek Rothbarth. Bd 8.) [11. 14400

Dixon, William Hepworth

Dixon, W. H., white conquest, s.a. Collection of brit. authors.

Dixon, William Hepworth: White conquest. Vol. 1, 2. Leipzig 1876. 1 Bd. 312; 295 S. 8°.

Dixon, W. H., Diana, Lady Lyle, s.a. Collection of british authors.

—— Diana, Lady Lyle. Roman. Aus dem Engl. Autoris. Ausg. Mit dem (lithogr.) Bildniß des Verf. 3 Bde. gr. 8. (243; 246; 243 S.) Berlin 879, Janke. *

Dixon, William Hepworth, Frei-Rußland. Deutsch von Adf. Strodtmann. Autorisirte Uebersetzung. 2 Bde. gr. 8. (VIII, 355; IV, 352 S.) Berlin 870, F. Duncker. *

– history of William Penn, s.: Asher's collection of english authors.

—— History of William Penn, s. Collection of British Authors.

Dixon, W. H., personal history of Lord Bacon, s. Collection of british authors.

—— History of two Queens, s. Collection of British Authors.

—— das heilige Land. Autorisirte Ausg. für Deutschland. Nach der 4. Aufl. aus dem Engl. von J. E. A. Martin. gr. 8. (X, 422 S. mit 14 Illustr. in eingedr. Holzschn. und 2 Stahlst. nach Orig.-Zeichnungen und Photographien.) Jena 870, Costenoble. [Gera, Griesbach's Verlag.] (*M. 8.) * geb.

Dixon, William Hepworth, Verfasser von „Neu-Amerika", „Seelenbräute" u. s. w. Das heilige Land. Autorisirte Ausgabe für Deutschland. Nach der 4. Auflage aus dem Englischen von J. E. A. Martin, Universitäts-Bibliotheks-Secretär zu Jena. Mit 14 Illustrationen nach Originalzeichnungen und Photographien. 2. Auflage. 8. Gera 1877.

Dixon, W. H., the Holy Land, s. Collection of British authors.

—— Neu-Amerika. Rechtmäßige, vom Verf. autoris. deutsche Ausg. Aus dem Engl. von Rich. Oberländer. Mit Illustr. nach Orig.-Photogr. gr. 8. (XVI, 463 S. mit 5 Holzschntaf.) Jena 868, Costenoble. [Gera, Griesbach's Verlag.] (*M. 8.) geb. *

– New America, s. Collection of British authors.

(Dixon, Hepworth.) William Penn (Gründer und Gesetzgeber der Colonie Pennsylvanien), oder die Zustände Englands 1644—1718. Aus dem Englischen frei übertragen von Ernst Bunsen. 8. Leipzig 1854.

– free Russia, s.: Collection of brit. authors.

—— die Schweizer. Aus dem Engl. Autoris. Uebersetzung. 8. Berlin 872, F. Duncker. *

—— Seelenbräute. Mit Bewilligung des Verf. übers. von Jul. Frese. 2 Bde. 8. (VI, 283 S. mit 1 Stahlst.; VI, 328 S.) Berlin 868, F. Duncker. *

—— Seelenbräute und der Königsberger Religionsprozeß. gr. 8. (8 S.) Basel 868, Riehm.

—— the Switzers. Copyright edit. 8. (X, 281 S.) Berlin 872, F. Duncker. geb. *

– the Switzers. Copyright ed. 8. (X, 281 S.) Berlin 872. Stuttgart, Krabbe. geb. n. 2. —

—— der Tower von London. Mit Bewilligung des Verf. übersetzt und mit Anmerkungen versehen. 2 Bde. gr. 8. (VIII, 413 S. mit Holzschntaf. in Londr. in qu. gr. 4.; VIII, 379 S.) Berlin 870, F. Duncker. à Bd. *M. 6. *

—— Her Majesty's Tower, s. Collection of British Authors.

—— Spiritual Wives, s. Collection of British Authors.
Vgl.: Anti-Dixon. — Fiancées de l'âme. — Kanitz, Ernst, Graf v.

Dizard, François, Médecin diplômé Médecin assistant à l'asile cantonal des aliénés de Genève [von Genf]: Étude sur le morphinisme et son traitement par la suppression totale et définitive des narcotiques et des boissons alcooliques. Genève W. Kündig & F. Impr. 1893. VIII, 103 S. 8°.
Zürich, Med. Diss. [v. 9. Oct. 1893].

Dizinger, Karl Friedr.

– s. 1) Beitrr. z. Beantwortung d. Frage: Worauf gründet sich ꝛc.

Dizinger, Karl Friedr., Beiträge z. Geschichte Würtembergs u. seines Regentenhauses z. Zeit d. Regier. Herzogs Karl Alexander u. während d. Minderjährigkeit seines Erstgebornen. Zum großen Theile nach ungedr. Archival-Urkunden bearb. 1. Hft. Mit Beiln. gr. 8. (13 B.) Tübingen 834, Laupp.

– s. Deduction d. Besteuerungsrechts.

—— Denkwürdigkeiten aus meinem Leben u. a. meiner Zeit. Ein Beitr. z. Gesch. Deutschlands, vornäml. aber Würtembergs u. dess. Verfassung. 1. Thl. gr. 8. (22½ B.) Tübingen 833, (Osiander.)

Dizinger, Karl Fr., wann verliert, nach Würtemberg. Rechte, e. Schuldner d. freie Verfügung über sein Vermögen? e. Beitrag z. Erläuterung d. Landrechts. 8. Stuttg. 802. Sonnewald. 2 gr.

Dizinski, C. W. Die Statuten der Preußischen Rentenversicherungs-Anstalt zu Berlin. Berlin 1839.

Dizionario, s. Dictionnair.

Dizionario, s. *Dictionnaire*.

– ital.-tedesco e todesco-ital. di Castelli corr. d. Flathe IV Tom. v. Castelli.

– – della Lingua Italiana. 6 Vol. in 8. gr. Bologna. 819 — 821.

Dizionario dei luoghi del Cantone Ticino. (Estratto dal dizionario dei luoghi della Svizzera.) Pubblicato dall' Ufficio federale di Statistica. 8. Berna 1894.

Dizionario manuale italiano-tedesco e tedesco-italiano, s. Schade, C. B.

—— nuovo, italiano-francese-armeno-turco, compilato sui migliori vocabularii di queste quattro lingue dai Padri della Congregazione Mechitaristica. Lex.-8. (71 B.) Wien 846, Mechitar.-Congreg.-Buchh. *

Dizionario, nuovo, italiano-tedesco, s. Taschen-Wörterbuch, neuestes deutsch-italienisches.

Nuovo Dizionario Italiano-Tedesco. Edizione electrotipico. 2 voll. (Ital.-deutsch, deutsch-ital.) Vienna & Francfort sul Meno, s. a. (1866?). 16°. Orig.-Srsbde. in Etui.
1: IV—530 S. 2: 1 Bl., 414 S.

Dizionario, nuovo, italiano-tedesco. Ediz. electrot. 2 vol. 16. (IV, 530; 415 S.) Brünn 871, Karafiat. geb.

Dizionario, nuovo, italiano-tedesco et tedesco-italiano, s. Schul- u. Reise-Taschen-Wörterbuch.

Dizionario, nuovo, delle lingue italiana e danese. Ediz. stereot. — Italiensk lomme-Ordbog. Stereot.-Udg. 16. (49½ B.) Lipsia 845, Car. Tauchnitz.

Dizionario, nuovo, delle lingue italiana e danese. Edizione ster. Stampa nuova. 16. (779 S.) Leipzig 867, Holtze.

Dizionario, nuovo, delle lingue italiana e danese. Ediz. stereot. Stampa nuova. — Italiensk og dansk lomme-ordbog. 16. (779 S.) Leipzig 875, Holtze.

Dizionario, nuovo, delle lingue italiana e danese. Ed. ster. Stampa nuova. 12. (IV, 460 u. 319 S.) Leipzig 893. O. Holtze's Nachf. 3.50; geb. in Halbfrz. n. 4.25

— nuovo manuale ital.-tedesco e ted.-ital. secondo i noviss. Vocabulari di Flathe. v. Flathe.

— (nuovo) di politica, un lascite del Conte di Herzberg. 8. Wien 795. Al. Doll. 8 gr.

— nuovo, portatile italiano-francese e francese-italiano, s. Dictionnaire.

— nuovo, portatile italiano-inglese ed inglese-italiano. Ediz. stereotipa. — A. u. d. T.: A new Pocket-Dictionary of the english and italian and italian and english languages. Stereotype Edition. 16. the same 842. 5/6 ₰

— nuovo, portatile italiano-inglese ed inglese-italiano. — A new pocket-dictionary of the English and Italian languages. — Edizione ster. Stampa nuova. 16. (660 S.) Leipzig 867, Holtze.

— nuovo, portatile italiano-inglese ed inglese-italiano. — A new Pocket Dictionary of the English and Italian Languages. — Ediz. ster. Stampa nuova. gr. 16. (660 S.) Leipzig 870, Holtze. (M. 2,50.)

Dizionario, nuovo, portatile italiano-inglese ed inglese-italiano. — A new pocket-dictionary of the English and Italian languages. — Ediz. stereotipa. Stampa nuova. 16. (659 S.) Leipzig 874, Holtze.

— nuovo, portatile italiano-inglese ed inglese-italiano. Ediz. stereot. Stampa nuova. — New Pocket-Dictionary of the English and Italian and Italian and English languages. 16. (660 S.) Ebendas. 884.

Dizionario, Nuovo, portatile Italiano-Tedesco e Tedesco-Italiano . . . Lipsia 1801. V: *Harnisch, Joh. Christian.* (MGT) (Gi) (Ky) (ErschDL)

— nuovo, portatile, italiano-tedesco e tedesco-italiano, (par Jh. Chr. Harnisch). II Tom. 12. Leipz. 801. Ed. n. 819. Rabenhorst. 2 ₰

Dizionario, nuovo portatile, italiano-tedesco, e tedesco-italiano, composto in Compendioso i Dizionari di Jagemann e d'Alberti, da G. Pezzl. II. Tom. 8. Vienne, Degen. 811.

— — idem liber, da Giovanni Pezzl. 2 Tomi. 8. 811. Ist jetzt Verlag von Mösle und Armbruster in Wien.

— — nuovo, portatile, italiano-tedesco e tedesco-ital. Ed. nuova. 2 Tomi. 12. Lipsia, Rabenhorst. 819.

— — idem liber. 2 Parti in 12. Milano. (Vienna, Volke). 820.

— nuovo portatile, italiano-tedesco e tedesco-italiano ad uso delle due Nazioni, comp. da Alberti, Bottarelli, Baretti, Jagemann et Adelung p. una Societa Letteraria. II Tomi. gr. 12. Augsb. Stage. 810.
- Postp.

— — ad uso delle due Nationi, compendiato ad quelli d'Alberti, del Bottarelli, dell' Jagemann e dell' Adelung, per una società letteraria. II Tom. gr. 12. Augsb. Stage. 811.
Postp.

Dizionario nuovo, portatile, italiano-tedesco e tedesco-italiano ad uso delle due nazioni. II Tom. Neue Aufl. gr. 24. Augsb. 822. v. Jenisch u. St. 1 ₰ 12 gr. Fein P. 2 ₰ 8 gr.

— nuovo, portatile italiano-tedesco e tedesco-italiano ad uso delle due nazioni. Per una Societa letteraria in due Tomi. Ediz. nuova. br. 12. (31 B.) Augusta 842, de Jenisch e Stage.

— portatile italiano-tedesco, s. Taschen-Wörterbuch.

— port. nuovo ital.-tedesco e ted.-ital. compend. da quello d'Alberti. II Tom. 12. Leips. Rabenhorst. 801.

Dizionario portatile di pronunzia franc.-ital. e ital.-franc, p. Cormon. v. Cormon.

Dizionario postale della Svizzera s. Ortslexicon. Orts- und Post-Lexikon der Schweiz. (Bern) – Postlexikon der Schweiz. Bern 1896.

— di tasca ital.-tedesco. s. Ital. Taschenwörterbuch.

Dizionario di Dasca nuovo italiano-tedesco e tedesco-italiano. Italien.-deutsches u. deutsch-italien. Taschenwörterbuch. 2 Thle. gr. 12. Stuttg. ... N. Aufl. 802. Sattler. (Hoffmann). 1 ₰ 8 gr.

Dizionario tascabile del dialetto Veneziano come viene usitato anche nelle provincie di Padova, di Vicenza et di Treviso coi termini Toscani corrispondenti or ora abbreviato. gr. 16. (136 S.) Padova 847. (Munchen, Franz.) n. 12 ngr

Dizionario tascabile del dialetto Veneziano come viene usitato anche nelle provincie di Padova, di Vicenza et di Treviso coi termini Toscani corrispondenti or ora abbreviato. gr. 16. (136 S.) Padova 848. (München, Franz.) *

Dizionario, universalo di Commercio, storia naturale, arti o mestieri 6 Tomi. in 4. gr. Venezia 809 — 813.

Dizler C, Neue Art, Annuitäten zu berechnen. (13 S) Berlin 1906

Dizler C, Beitr. z. Ausgleichung n. d. Theorie d. Minimums. (14 S 1 T) Berlin 1906

Dizler, Carl, die Auszahlungsweise in ihrem Einfluss auf die Rentenwerte. (27 S.) hoch 4. Wien 903. (Stuttgart, H. Lindemann.) n.n. 1.—
Sonderabdruck aus: „Österr. Versicherungs-Zeitg."

Dizler C, Beiträge zum Pensionskassenwesen. (63 S) Wien 1910

Dizler K, die Invaliditätszusatzversicherung der im Deutschen Reich arbeitenden Versicherungsgesellschaften. (33 S) Wien (1906)

Dizler, Carl, sofort beginnende Leibrenten m. Rückvergütung der Baareinlagen abzüglich der bereits bezogenen Renten. hoch 4. (62 S.) Wien 901. (Stuttgart, H. Lindemann.) n.n. 1, 60
Sonderabdruck aus: „Oesterr. Versicherungs-Zeitg."

**Dizler, C.* Sofort beginnende Leibrenten mit Rückvergütung der Bareinlagen abzüglich der bereits bezog. Renten. Stuttgart 1902.

Dizler C, kontinuierliche Leibrenten mittels bestimmter Integrale. (24 S) (Wien 1906)

— Nach Massgabe d. rechnungsmässig. Sterblichk. steigende Renten. (48 S) (o. O. 1903)

— in arithmetischen Reihen steigende Renten. (34 S) Wien (1904)

Dizler C, Renten mit Verschiebung des Auszahlungstermins und Ratenzahlung im Eintrittsjahr. (32 S) (Wien 1909)

— die Wirkung der Zinsfussermässigung auf Rentensätze. (50 S. m. Fig.) gr. 8. Stuttgart 906. (H. Lindemann.) n.n. 1.—
Sonderabdruck aus: „Ztschr. f. schweiz. Statistik".

Dla Posagu. Powieść z życia towarzyskiego przez J. D. 2 Tom. 8. (390 S.) Leipzig 847, Gebhardt und Reisland. Thlr.

Dlabač, Frdr., u. Eug. Geleich, das kommerzielle Bildungswesen in Österreich, s.a. Bildungswesen, das kommerzielle, der europäischen u. aussereuropäischen Staaten.

Das kommerzielle Bildungswesen in Österreich. Von Dr. Friedrich Dlabač, Min.R., u. Eugen Gelcich, Hofr. Wien: Hölder 1910. XII, 405 S. 8°
(Das kommerzielle Bildungswesen d. europ. u. außereurop. Staaten. 6.) [10. 15293

Dlabač F und J Żolger, das kommerzielle Bildungswesen in den europäischen und aussereuropäischen Staaten. 1-4. Wien 1903-06

Dlabač F und J Zolger, das kommerzielle Bildungswesen der europäischen und aussereuropäischen Staaten. 5. 6. 7, I. II. Wien 1908. 10. 13

Dlabač, Jan, Studien üb. Probleme der Erdgeschichte. Lex.-8. (195 S.) Jungbunzlau 901. (V. Klement.) n. 3.60

Dlabacz, Gf. Jh.

— Abhandl. v. d. Schicksalen d. Künste in Böhmen. 4. Prag 797.

Dlabacz, Gf. Jh., († d. 4. Jan. 1820.) Berichtigung e. histor. Data f. Böhmen. 4. Görlitz 792.

— Biographie des M. Jh. Campanus von Wodlan, mit e. Verzeichnisse seiner bisher entdeckten Schriften. gr. 8. Prag 819. Krauß. (Haase S.) 12 Kr

— histor. Darstellung des Ursprungs u. d. Schicksale des k. Stiftes Strachow. 1e — 3e Periode, bis 1807. 8. Prag 805 — 7.

— inscriptiones Monumentorum in Regia Ecclesia ordinis Praemonstr. Pragae in Monte Sion hodie superstitum etc. Notis illustr. collegitque etc. 8. Prag 808.

— allgemein histor. Künstler-Lexicon für Böhmen u. zum Theil auch f. Mähren u. Schlesien. 3 Bde. A — Z. 4. Prag 815 — 18. (Calve). 6 Rß 6 Kr

— Leben d. frommen Prager Erzbischofs Jh. Lohelius. 8. Prag 794.

— s. Miscellen f. Böhmen.

— monument. ad Superos elato Viro Adolpho Jos. Schramek. 4. Wien 804.

— Nachricht von dem Prämonstratenser-Frauenstifte zu Kaunitz in Mähren. gr. 8. Prag 817. Krauß. (Haase S.) 10 Kr

— Nachricht von e. bisher noch unbekannten böhmischen neuen Testamente. Mit 1 Kpf. gr. 8. Prag 816. Krauß. (Haase S.) 6 Kr

— Nachrr. von den in Böhmischer Sprache verfaßten u. herausgeg. Zeitungen. gr. 8. Prag 803.

— chronologicum Necrologium Abbatum et Canonicorum Praemonstratensium Sioniorum qui mox a primo ingressu sacri Ordinis in Bohemia, aut Pragae in Monte Sion, aut aliis in locis ad annum usque 1816 obierunt. 8 maj. Prag 817. Krauss. (Haase S.) 12 Kr

Dlask, Laur. Alb., Naturgeschichte f. d. Jugend beiderlei Geschlechts u. ihre Lehrer. gr. 8. (21 B.) Prag 831, (Eggenberger.)

Dlask, Laur. Alb., Versuch e. allgem. Darstell. d. Naturbeschaffenheit Böhmens. 1r Thl. Auch u. d. T.: Versuch e. Naturgesch. Böhmens mit besond. Rücksicht auf Technologie. 1r Bd. Mit 1 Höhenkarte u. e. Uebersicht d. 3 Hauptfluß-Gebiete Böhmens. gr. 8. Prag 822. Enders. 3 Rß 8 Kr

Dlask, Laur. Alb. Versuch einer Naturgeschichte Böhmens. 1. Vol. Geognosie Böhmens. Auch unter dem Titel: Versuch einer allgemeinen Uebersicht der Naturbeschaffenheit Böhmens. Prag. 1822. 8.

Dlauhy, R. J., der Curort Bad Neudorf [Constantinsbad] bei Mies in Böhmen und seine Umgebung. 8. (VIII, 160 S. mit 1 lithogr. Karte in 4.) Wien 876, Braumüller. *

Dlonra, L., der Spaziergang v. Linthal nach Hinterrhein. Eine Skizze a. d. schweizer. Hochgebirge. 62 S. 8. Lenzburg, Druck von J. H. Oechslin. 1877.

Dlugatsch, David. Beiträge zur Psychologie der Erwartung. Diss. Phil. Bern. 15 [+ *Tabellen* 25] S. 8. Rötha, G. Apitz, (1909).

Dlugoss: Die Culmer Pfarrkirche, geschichtliche Abhandlung, s. Seemann.

Dlugoss, I. S., Longini hist. Polonicae. Libri XII. auct. a Groddeck. II Tmi. fol. Lips. Weidmann. 711—712.

Długosz, Joh., liber beneficiorum dioecesis Cracoviensis nunc primum e codice autographo editus. 3 tomi. Cracau 863, 64. (Leipzig, Gerhard.) 4. (XLII, 1937 S. u. 3 lith. Taff.) n. 12 Rß

Dlugosza, J., Dzieje polskie. Przełożone na język Polski przez Bornemann Gustawa. Zęszyt 1—5. Lissa 841, Günther. n. $1^{1}/_{4}$ Rß

* Epitome Arithmeticae oder kurzer Begriff der edlen Rechenkunst von *Andreas Dluskin*. Danzig, 8. 12 Bog. 1703.

Dłużniewski, Marcell., dawna Polska ze stanowiska chrześciańskiego. (Das alte Polen, vom christlichen Standpunkt aus beleuchtet.) gr. 8. (III und 202 S.) Leipzig 861, Deckmann. *

Dłużniewski, Marcel, Wyjawienie sposobu leczenia cholery bez wzywania lekarza, oraz sposobu uchronienia się przed nią, podług instrukcyi Dra. Artura Lutze. 16. (VIII und 80 S.) Leipzig 856(57,) librairie étrangère.

Dluzniowski, W., Grammatyka niemiecka dla poczynajgcych. 8. Warschau 847, Orgelbrand. $13^{1}/_{3}$ ngl

Dmitri et Nadiejda, ou le château d'Oural, nouvelle Russe, par Delaveau. II Vol. 12. Brunsvic, Pluchart. 815.

Dmitriew, s.: Fabelschatz, russischer.

Dmitriewa, Nadeschda, a. Charkow (Rußland): Ueber einen Fall von riesigem retroperitonealen Sarkom. Berlin (1908): E. Ebering. (44 S.) 8°
Berlin, Med. Fak., Ref. Heubner, Diss. v. 7. Aug. 1908
[Geb. 12. Jan. 80 Charkow; Wohnort: Charkow; Staatsangeh.: Rußland; Vorbildung: Gymn. Petersburg Reife M. 02; Studium: Petersburg 5, Berlin 5 S.; Rig. 1. Aug. 08.]

Dmitriewa, Valentine J., Dimka, s.: Deva-Roman-Sammlung.

Dmitrijew-Mamonow, A. J., s.: Wegweiser auf der grossen sibirischen Eisenbahn.

Dmitritsch, Andr., d. getreue russische Dollmetscher, mit d. Aussprache f. Deutsche. 8. Altona, Bechtold. 815

Dmochowski, Roman: Versuche zur quantitativen Cellulosebestimmung und Untersuchungen über die im Blumenkohl vorkommenden Kohlenhydrate. Göttingen 1909: Dieterich. 63 S. 8°
Göttingen, Phil. Diss. v. 10. Febr. 1910, Ref. Tollens
[Geb. 10. Dez. 84 Sarnow; Wohnort: Sarnow; Staatsangeh.: Rußland; Vorbildung: Gymn. Warschau Reife 03; Studium: Berlin 3, Göttingen 1, München 1, Göttingen 3 S.; Rig. 3. Nov. 09.] [U 10. 1405

Dmowski, Jos. Alex., institutiones philosophicae. Vol. I—III. Lex.-8. (48 B.) Lovanii 843. Moguntiae, Kirchheim, Schott et Thielmann. Thlr. *

Dniestrzański, St., das Wesen d. Werklieferungsvertrages i. österr. Rechte. gr. 8. (III, 194 S.) Wien 898. Manz. n. 3. 60

Dniestrzański, Stanisl., die Aufträge zugunsten Dritter. Eine civilist. Untersuchg. m. besond. Berücksicht. des österreich. u. deutschen bürgerl. Gesetzbuchs. 1. Bd. Grundlegung. (IX, 350 S.) gr. 8. Leipzig 904. A. Deichert Nachf. n. 7.50

Do autora trzech psalmów przez ***. gr. 16. (20 S.) Leipzig 849, Librairie étrangère. *

Do matek polskich słów kilka o przyszłości wzrastających pokoleń przez autorkę pierścionków babuni. Wydanie 2. J. N. Bobrowicza. gr. 16. (309 S.) Leipzig 850, Librairie étrangère.

Do mistrzów słowa. Ostatni. Dzień dzisiejszy. gr. 8. (104 S.) Posen 849, (Stefański.)

Do mistrzów słowa. Ostatni. Dzień dzisiejszy. gr. 8. (104 S.) Posen 850, Stefański in Comm. 1/2 ℛ︀

Do wszystkich Polaków. gr. 8. (23 S.) Leipzig 865, Kasprowicz. *

Do you speak english? oder die nützlichsten und nothwendigsten englisch-deutschen Gespräche, Redensarten und Wörtersammlungen. Nebst Uebungen für die Aussprache des Englischen. 1. Aufl. (IV und 124 S.) 847. 10 Ngr., 2. und 3. Aufl. (VII und 135 S.) 849. und 4., verm. und verb. Aufl. 8. (VIII und 167 S.) Leipzig 852, Wengler.

Do you speak English? (Sprechen Sie Englisch?) oder die nützlichsten u. nothwendigsten englisch-deutschen Gespräche, Redensarten u. Wörtersammlungen. Hrsg. v. dem Verfasser des Parlez-vous français? 8. (IV u. 124 S.) Aachen (Leipzig) 847, Wengler. n. 1/3 ℛ︀ — 2. verm. u. verb. Aufl. 8. (VIII u. 135 S.) Ebd. 848. — 3. verb. u. verm Aufl. 16. (VIII u. 135 S.) Ebd. 849. — 4. verm. u. verb. Aufl. 8. (VIII u. 167 S.) Leipzig 852, Wengler. 12 ngr

Do you speak English? oder die nützlichsten und nothwendigsten englisch-deutschen Gespräche, Redensarten und Wörtersammlungen. Nebst kurzer Grammatik, Lesestücken u. Uebungen für die Aussprache des Englischen. 5. Aufl. 854. (VIII, 216 S.) — 6. Aufl. verm. u. verb. durch O. Fiebig. Leipzig 856. Wengler. 16. (VIII, 236 S.) 12 ngr

Do you speak English? oder die nützlichsten und nothwendigsten englisch-deutschen Gespräche, Redensarten und Wörtersammlungen. Nebst kurzer Grammatik, Lesestücken und Uebungen für die Aussprache des Englischen. 7. Aufl. verm. und verb. durch O. Fiebig. 8. (VIII und 236 S.) Leipzig 859, Wengler. Thlr.

—— you speak English? oder die nützlichsten und nothwendigsten englisch-deutschen Gespräche, Redensarten und Wörtersammlungen. Nebst kurzer Grammatik, Lesestücken und Uebungen für die Aussprache des Englischen. 8. und 9. Aufl. 1862,65. und 10. Aufl., verm. und verb. durch O. Fiebig. 8. (VIII und 236 S.) Leipzig 868, Wengler's Nachf. 12 Ngr.; geb. *

Do you speak English? oder die nützlichsten und nothwendigsten englisch-deutschen Gespräche, Redensarten und Wörtersammlungen. Nebst kurzer Grammatik, Lesestücken und Uebungen für die Aussprache des Englischen. 11. Aufl., verm. und verb. durch H. Th. Traut. 8. (VIII, 234 S.) Leipzig 876, C. A. Koch's Verlag.

Do you speak English? oder die nützlichsten und nothwendigsten englisch-deutschen Gespräche, Redensarten und Wörtersammlungen. Nebst kurzer Grammatik, Lesestücken und Uebungen für die Aussprache des Englischen. 12. Aufl., verm. und verb. durch H. Th. Traut. 8. (VIII, 236 S.) Leipzig 884, C. A. Koch's Verlagsh. ℳ 1,20.; geb. *

Do you speak English? od. die nützlichsten u. nothwendigsten englisch-deutschen Gespräche, Redensarten u. Wörtersammlgn. Nebst kurzer Grammatik, Lesestücken u. Uebgn. f. die Aussprache d. Englischen. 12. Aufl., verm. u. verb. durch H. Th. Traut. 8. (VIII, 236 S.) Leipzig 885. C. A. Koch. 1. 20; geb. n. 1. 80

Doaphoron, Das Buch, worinnen enthalten, das große Geheimniß sein Leben lang zu erhalten. Und mit diesem Arcano hat der großmächtige heidnische König Xopholat sein Leben auf dreyhundert Jahr gefristet. Franckfurt u. Leipzig 1765. V: *Korndörffer*, *Barth.* (Lag.-Kat. Richard Bertling-Dresden. Nr. 65. S. 28 sub 400.)

Doaphoron, das Buch, sein Leben lange zu erhalten. 8. Leipz. Fleischer. 765.

Dobay, Jos. v., der Krieg zwischen Oesterreich und Preußen im J. 1866 und die strategische Kritik desselben. gr. 8. (89 S.) Pest 867, Lauffer's Verlag. *

v. Dobay, Jos., der Krieg zwischen Oesterreich u. Preußen im J. 1866 u. die strategische Kritik desselben. Pest 868. W. Lauffer. gr. 8. (89 S.) n. 12 ngr

Dobbe, J., Gedichte. 1r Bd. 8. Köln 815.

Dobbeler, A. de, über geschichtl. Entstehung, Charakter u. zeitgemäße Fortbildung d. landständ. Verfassung d. Herzogthums Braunschweig u. Fürstenth. Blankenburg. gr. 8. (6½ B.) Braunschweig 831, Vieweg.

Merckwürdige Fata der Gross-Britannischen Crone, sint der Zeit, da die Religion reformiret worden; schon damals verkündiget durch den Welt-berühmten Propheten Michael Nostradamus, der Anno 1566 gestorben; jetzt aber aus dessen Vaticiniis, so in jedermanns Händen, mit Fleiss zusammen gesuchet, und mit einer kurtzen Erzehlung der Geschichten erläutert v. D. D. [d. i.: Dietrich de **Dobbeler.**] Hamburg. 1714. Bei: Der Hertzogthümer Schlesswig-Holstein etc. Geschichte. Franckfurth. 1703. 4° k.

Döbbelin, A., De auxiliis sociorum ac Latini nomini fasc. I. Diss. 1851. 28 S.

Döbbelin, Christian(us) Benjam(in): De uniendis vulnerum oris. [Praeses:] Ioannes Fridericus **Meckel.** Halae (1817): Grunert. 22 S. 8°
Halle-Wittenberg, Med. Diss. v. 9. Aug. 1817
Geb. Rathenow 17. 1. 1791. V.

Doebbelin, Eduard. (geb. Samter 1824): De amblyopia et amaurosi alcoholica. Berolini (1850). (24 S.) 8°
Berlin, Med. Diss. v. 19. Aug. 1850

Doebbelin, (Ferd. Leop.) (geb. Samter in Posen 26. 6. 1826): De auxiliis socium ac latini nominis. Fasc. I. Berolini (1851). (28 S.) 8°
Berlin, Phil. Diss. v. 9. Aug. 1851

Doebbelin, Fritz [aus Szczuczyn bei Samter]: Über das αα-Dioxynaphthalin und seine physiologischen Wirkungen .... Berlin, Buchdr. v. Gustav Schade (Otto Francke) (1888); 31 + 1 S. 8°
Berlin, Med. Fak., Inaug.-Diss. v. 14. Jul. 1888

Doebbelin, *Paul Ferdinand* Carl [pr. Arzt]: Pseudoacromegalie und Acromegalie ... Königsberg i. Pr., Druck v. M. Liedtke, 1895; 2 Bl., 40 S., 2 Bl. 8.
Königsberg, Med. Fak., Inaug.-Diss. v. 24. Mai 1895

Doebbelin, Carl, Pseudoacromegalie u. Acromegalie. Diss gr. 8. (40 S.) Königsberg 895. (W. Koch.) n. 1.—

Döbbelin, Karl Gli., († d. 10. Decbr. 1793.) Philidor, oder der 90jähr. Greis; Vorspiel. 8. Berl. 776.

— Psyche in ihrer Kindheit; Vorspiel m. Gesang. 8. Berl. 775.

Döbbelin, O., wie gewöhne ich mir das Rauchen ab? (40 S.) 8. Leipzig 908. M. Spohr. —50

Doebbelin, Paul Ferdinand Karl, s. Doebbelin, Karl

Dobbelmann, Ed., de crimine plagii. 8. (XII und 96 S.) Berlin 866, (Mittler und Sohn.) *

Dobbelmann, P(aul): **Die infektiöse Thrombose des Gehirnsinus nach eitrigen Erkrankungen am Kopfe ⟨Ausgenommen die nach Otitis media⟩.** Bonn 1904: C. Georgi. (29 S.) 8°
Bonn, Med. Fak., Ref. Bier, Diss. v. 20. [vielm. 21.] Dez. 1904
[Geb. 31. Aug. 77 Zweibrücken; Heimatsort: Zweibrücken; Staatsangeh.: Preußen; Vorbildung: Gymn. Rheine i. W. Reife O. 98; Studium: Marburg 2, Bonn 2, Freiburg i. B. 1, Halle 2, Bonn 3 S.; Coll. 21. Dez. 04; Approb. 14. März 03.]

Dobbelstein, O., Das Braunkohlenvorkommen in der Kölner Bucht. Essen-Ruhr, 1899. 11 S. mit 2 Taf.

Doebber, Adolph

Doebber, A., Lauchstädt u. Weimar. Eine theaterbaugeschichtl. Studie. (XIX, 198 S. m. Abbildgn. u. 20 Taf.) gr. 8. Berlin 908. E. S. Mittler & Sohn. 5.—; geb. 6.—; erm. Pr. 2.—; geb. 3. —

Doebber, Johs., Dolcetta, s.: Universal-Bibliothek.

Die Grille. Oper in 3 Aufz. unter Benutzung e. Grundidee d. George Sand von Erich Speth. Musik von Johannes **Doebber.** Textbuch. Berlin: Ries und Erler [1897]. 56 S. 8° [11. 10701

Die Grille. Oper in 3 Aufz. unter Benutzung e. Grundidee von George Sand von Erich Speth [d. i. Georg Frankenberg]. Musik von Johannes Doebber. Regiebuch. Berlin: Ries & Erler [1897]. 60 S. 8° A 12. 11709

Die Grille. Oper in 3 Aufz. unt. Benutzg einer Grundidee v. George Sand v. Erich Speth. Musik v. Johannes **Doebber.** Clavierausz. m. Text v. Componisten ... *Berlin: Ries & Erler [1898].* (209 S.) 1 Bd 4. [98. 5998

Die Rose von Genzano. Oper in 1 Aufz. v. Georg Frankenberg. Mus. v. Johannes **Doebber.** Clav.-Ausz. m. Text v. Comp. ... *Berlin: Ries & Erler [1897].* (98 S.) 1 Bd 4. [97. 2375

Textbuch der Gesänge aus: Die Rose von Genzano. Oper in 1 Aufz. von Georg Frankenberg. Musik von Johannes Doebber. Gotha [1895]: Engelhard-Reyher. 24 S. 8° A 12. 11521

Der Zauberlehrling. Ein dramat. Capriccio ⟨nach J. W. v. Goethe⟩ in 1 Aufz. von Hermann Erler u. Johannes Doebber. Musik von Johannes **Doebber.** [Textbuch.] Berlin: Ries & Erler [1906]. 29 S. 8° [11. 9830

Dobberkau, Heinrich Gustav (Neumühl b. Gardelegen / Altmark), De ventriculi carcinomate. Diss. med. Halle (Gebauer-Schwetschke) 5. III. 1853. 32 S. mit Biogr. (M.: F. L. Vorhauer.) (4.50) 6607
Oppon.: O. Guerike, H. Winkler.

Dobberkau, Lothar: **Ueber Gaumenspalten.** *Berlin (1898): E. Ebering.* (41 S.) 8°
Berlin, Med. Diss. v. 25. März 1898

Dobberke, Frederik Carel, approb. Arzt, **aus** Tiel: **Ueber vokal- und instrumentalmusikalische Störungen bei der Aphasie.** *Haag: M. Nijhoff 1899.* (51 S.) 8°
Freiburg i. B., Med. Diss. v. 1899

Dobberstein, Carl *Ernst* [pr. Arzt]: **Aus d. Ambulatorium d. Privatdoz. Dr. Gerber. Beitrag zur Casuistik der lokalen Tuberkulose ... Königsberg i. Pr., Druck v. M. Liedtke, 1896; 2 Bl., 24 S., 2 Bl. 8.**
Königsberg, Med. Fak., Inaug.-Diss. v. 22. Okt. 1896

Dobbert, E. Zur Entstehungsgeschichte des Crucifixes. (Separatabdruck aus dem Jahrbuch der K. Pr. Kunstsammlungen. Band I. 1880.) 4°.

— Das Evangeliar im Rathause zu Goslar. I. u. II. (S.-A. a. d. „Jahrb. d. Königl. Preuss. Kunstsammlungen, 1898.) Kl. Fol.

Dobbert, E. Ein Gang durch die öffentlichen Sammlungen der St. Petersburger Akademie der Künste. („Statistische und andere wissenschaftliche Mittheilungen aus Russland" Jahrg. 5.) St. Petersburg 1872. 8°.

Dobbert, E. Duccio's Bild „Die Geburt Christi" i. d. K. Gemälde-Galerie zu Berlin. Separat-Abdruck aus dem Jahrb. d. K. Preuss. Kunstsammlungen. VI. 1885.
Gutbier. Museum d. ital. Malerei in Original-Photogr. III.

— s.: Katalog der Bibliothek der königl. Akademie der Künste zu Berlin.

Dobbert, Ed.

—— die monumentale Darstellung der Reformation, s. a. Sammlung gemeinverständl. wissenschaftl. Vorträge.

Dobbert E, die monumentale Darstellung der Reformatian durch Rietschel und Kaulbach. (Sammlung wissenschaftlicher Vorträge 74) Berlin 1869

Dobbert, Eduard. Das Abendmahl Christi in der bildenden Kunst bis gegen den Schluss des 14. Jahrhunderts. (Separatabdruck aus dem Repertorium für Kunstwissenschaft. Bd. XIII f. 1890 f.) 8°.

Dobbert, Eduard. Bau-Akademie, Gewerbe-Akademie und Technische Hochschule zu Berlin. Historische Skizze. Separatabdruck aus der Festschrift der Technischen Hochschule zu Berlin zur Feier der Einweihung ihres neuen Gebäudes. Berlin 1884. 4°.

Dobbert, Ed., Beiträge zur Geschichte der italienischen Kunst gegen Ausgang d. Mittelalters. [Aus: „Kunst u. Künstler des Mittelalters u. der Neuzeit, hrsg. v. Rob. Dohme".] gr. 4. (188 S. m. eingedr. Holzschn. u. Holzschntaf.) Leipzig 877. 78. Seemann. n. 10. —

Dobbert, Eduard. Karl Brülow. Eine Skizze aus der russischen Kunstgeschichte. St. Petersburg 1871. 8°.

Dobbert, Ed., die Darstellung des Abendmahls durch die byzantinische Kunst. gr. 8. (66 S. mit eingedr. Holzschn.) Leipzig 872, Seemann. *
Aus: Jahrbücher für Kunstwissenschaft, besonders abgedruckt.

Dobbert, Ed. Zur byzantinischen Frage. Die Wandgemälde in S. Angelo in Formis. (S.-A. a. d. „Jahrb. der Königl. Preuss. Kunstsammlungen", 1894.) 4.

Dobbert, Eduard. Zur Geschichte der Elfeinbein-Sculptur. (Separatabdruck aus dem Repertorium für Kunstwissenschaft, VIII. Bd. 2. Heft.) Stuttgart 1885. 8°.

– Giotto, s. Kunst und Künstler des Mittelalters und der Neuzeit.

Dobbert, Eduard. Ist „der Knabe auf dem Delphin" ein Werk von Raffael's Hand? (Separat-Abdruck aus der „Russischen Revue".) St. Petersburg. 1878.

Dobbert, Eduard: Die Kunstgeschichte als Wissenschaft und Lehrgegenstand. 1886. 16 S. 4° ¶ Abgedr. in: E. Dobbert: Reden u. Aufsätze kunstgeschichtl. Inhalts. 1900.

Kgl. Akad. d. Künste zu Berlin. Der Kunstunterricht in alter Zeit. Rede z. Feier des ... Geburtst. Sr. Maj. ... am 27. Jan. 1807 ... geh. v. Prof. Dr. Eduard Dobbort ... *Berlin: ([Dr. v.] O. v. Holten) 1897.* (16 S., 1 Bl.) 1 Bd 4. [97. 2733

—— die sienesische Malerschule. — Andrea Orcagna. — Fra Giovanni Angelico da Fiesole,
—— die Pisani,
} s. Kunst und Künstler des Mittelalters u. der Neuzeit.

—— **Chr. D. Rauch. Festrede zu des Künstlers Säcularfeier in der Gesammtsitzung der königl. Akademie der Künste zu Berlin am 3. Jan. 1877 gehalten.** gr. 8. (18 S.) Berlin 877, Schneider und Comp. *

Rede bei der Feier des 25jährigen Regierungsjubiläums Seiner Majestät des Kaisers und Königs in der Aula der Königlichen Technischen Hochschule zu Berlin am 4. Januar 1886 geh. von dem zeitigen Rektor **Eduard Dobbert.** 1886. 16 S. 4° ¶ Abgedr. in: E. Dobbert: Reden u. Aufsätze kunstgeschichtl. Inhalts. 1900. S. 1 ff.

Eduard **Dobbert**. Reden und Aufsätze kunstgeschichtlichen Inhalts. Nach seinem Tode hrsg. (von Prof. Dr. Alfred Gotthold Meyer u. Dr. Oskar Wulff). *Berlin: W. Ernst & Sohn 1900.* (XIV, 239 S.) 4°(8°) (o2. 3451

Dobbert, Ed., Gottfried Schadow. Vortrag, gehalten am Jahresfeste des Architecten-Vereins zu Berlin den 13. März 1887. gr. 8. (25 S.) Berlin 887, Ernst und Korn. *
Aus: Zeitschrift für Bauwesen, besonders abgedruckt.

Dobbert, E. [Mitarb.], s. Schadow, Gottfried: Handzeichnungen.

—— über den Styl Niccolo Pisano's und dessen Ursprung. gr. 8. (V, 89 S.) München 873, Th. Ackermann. *

Dobbert, Eduard. Der Triumph des Todes im Campo Santo zu Pisa. (Separatabdruck aus dem Repertorium für Kunstwissenschaft Bd. IV, 1881.)

Dobbert, Ed., dramaturgische Versuche. gr. 8. (V und 81 S.) St.-Petersburg 865, Röttger. *

Dobbert, Ed., über das Wesen und den Geschäftskreis der Missi dominici. Inauguraldissertation. gr. 8. (46 S.) Heidelberg 861, Rieger'sche Universitäts-Buchh. *

Dobbert, Eduard. Wie ist das Denkmal Friedrichs des Grossen entstanden? Rede, gehalten zur Feier des Geburtsfestes Sr. Majestät des Kaisers Wilhelm I. in der öffentl. Sitzung der Königl. Akademie der Künste zu Berlin, am 22. März 1885. (National-Zeitung 1885 No. 207, 209.) Berlin 1885. 4°.

—— das Wiederaufleben des griechischen Kunstgeistes. Vortrag gehalten am Schinkelfest den 13. März 1876. gr. 8. (28 S.) Berlin 876, Ernst und Korn. *

Dobbert, Emilie, Allerhand vom Zauberland. gr. 4. (18 S. m. Abbildgn. u. 7 farb. Drehbildern.) Nürnberg (900). Th. Stroefer. Geb. 4. 50

Dobbert, E., buntes Allerlei. E. Bilderbuch m. Erzählgn. u. Versen. gr. 4. (36 S. m. z. Tl. farb. Bild.) Nürnberg 896. Th. Stroefer. Kart. 3. —

— Bild u. Reim f. die Kleinen daheim. 4. (16 S. m. Abbildgn. u. 6 farb. Drehbildern.) Ebd. (901). Geb. 3. —

Dobbert, E., im Bilderhaus, m. vielen Erzählungen u. Verslein. gr. 4. (66 S. m. z. Tl. farb. Abbildgn.) Nürnberg 893. Th. Stroefer. Kart. n. 6. —

— zur Dämmerzeit. gr. 4. (36 S. m. z. Tl. farb. Abbildgn.) Ebd. (899). Geb. 3. —

— unser Dörflein. Ein Bilderbuch m. Erzählgn. u. Versen. gr. 4. (27 S. m. z. Tl. farb. Abbildgn.) Ebd. (901). Geb. 2. —

— Familie Fangemans. Reime v. D. qu gr. 4. (16 S. m. farb. Bildern.) Ebd. 895. 1. 50

— für kleine Freunde. qu. 4. (12 S. m. z. Tl. farb. Abbildgn.) Ebd. (902). Geb. — 60

— frohe, kleine Gäste. Ein Bilderbuch m. Erzählgn. u. Versen. Fol. (54 S. m. z. Tl. farb. Illustr.) Ebd. 892. Kart. n. 6. —

— ein treuer Genoß' in Hütte u. Schloß. qu. gr. 4. (13 S. m. z. Tl. farb. Abbildgn.) Ebd. (902). — 75

— Hans u. Grete. Ausgestanzt. qu. schmal Fol. (14 S. m. z. Tl. farb. Bild.) Ebd. 898. Kart. 1. —

— immer rundum. Ein Bilderbuch m. Reimen. 4. (16 S. m. Abb. u. 6 farb. Drehbild.) Ebd. 896. Kart. 3. —

— unsere Kleinen auf Reisen. qu. gr. 4. (16 S. m. z. Tl. farb. Bild.) Ebd. 895. 1. 50

— bunte Kreise. 4. (16 S. m. Abbildgn. u. 6 farb. Drehbildern.) Ebd. (899). Geb. 3. —

— fröhliches Leben. E. Bilderbuch m. Verschen. 4. (10 S. m. Abb. u. 6 farb. Ziehbild.) Nürnberg 898. Th. Stroefer. Geb. 3. —

— Lieblings ABC. 4. (12 S. m. z. Tl. farb. Bild.) Ebd. 897. — 40

— fröhliche Ostern. 8. Aufl. (Ausgestanzt.) 8. (14 S. m. z. Tl. farb. Abbildgn.) Ebd. 894. Kart. n. — 50

— lustiger Reigen. qu. gr. 4. (12 farb. S. m. eingedr. u. 2 S. illustr. Text.) Ebd. 894. n. 1. 50

— Schnipp, Schnapp, Schnurr. gr. 4. (14 S. m. z. Tl. farb. Bild.) Ebd. 897. 1. 50

Dobbert, E., der Kinder Spiel-Kameraden. (16 S. m. z. Tl. farb. Abb.) gr. 4. Nürnberg (903). Th. Stroefer. Kart. 1. —

— am Strande. qu. gr. 4. (14 S. m. z. Tl. farb. Bildern.) Ebd. 894. n. — 75

— aus sonnigen Tagen. Neue Grüße aus dem Bilderlande. gr. 4. (66 S. m. z. Tl. farb. Bildern.) Ebd. 894. Kart. n. 6. —

— die Tierwelt auf dem Lande. gr. 4. (18 S. m. farb. Abb., a. Pappe.) Ebd. (902). Geb. od. in Leporelloform 3. —

— was braven Kindern gefällt. Ein Bilderbuch f. Knaben u. Mädchen. gr. 4. (36 S. m. z. Tl. farb. Abbildgn.) Nürnberg 892. Th. Stroefer. Kart. n. 3. —

— der Kinder Zaubergarten. Verse v. D. (Ziehbilderbuch.) gr. 4. (20 S. m. z. Tl. farb. Bild.) Ebd. 895. Kart. 4. 50

— glückliche Zeiten. qu. gr. 4. (27 S. m. z. Tl. farb. Abbildgn.) Ebd. (900). Geb. 2. —

Dobbert, Gust., über Nervenquetschung. Inaugural-Dissertation. gr. 8. (26 S.) Königsberg 878, (Hartung'sche Verlagsdruckerei.) *

Dobbert, Rich., Lieder des Lebens. (51 S.) 8. Straßburg 908. J. Singer. 1. 50

Dobbert, Thdr., Beiträge zur Innervation des Pylorus. Inaugural-Dissertation. gr. 8. (58 S. mit 1 Taf.) Dorpat 886, (Karow.) *

Dobbert, Thdr., kurz gefaßte deutsche Literaturgeschichte in leichtverständlicher Sprache zum Gebrauch in russischen Lehranstalten. 1. u. 2. Tl. 8. Riga (909). N. Kymmel. Kart. u. geh. à 1. 60

1. Von den Anfängen bis zum Ende des XVII. Jahrh., nebst e. kurzen Übersicht üb. die Geschichte der deutschen Sprache. Mit Illustr. Nebst: Deutsch-russ. Wörterbuch. (61 u. 32 S.)
2. Das XVIII. Jahrh. Nebst: Deutsch-russisches Wörterbuch. 2. Tl. (VIII. 129 S. m. Abbildgn. u. 59 S.) 910.

Dobbert, Th., der „verstärkte Wundschutz" im Lichte e. Serie v. 500 Laporatomien, s.a. Sammlung klinischer Vorträge.

Der 'verstärkte Wundschutz' im Lichte einer Serie von 500 Laparatomien von Th[eodor] **Dobbert**, St. Petersburg. Leipzig: Barth 1909. 22 S. 8° [Umschlagt.]
(Sammlung Klinischer Vorträge. N. F. Nr 517.) [09. 4117

Dobbertin, [August]: Bericht über die Feier des 50jährigen Bestehens des Realprogymnasiums. S. 17—29. 4.
Progr. Städt. Realprogymn. *Langensalza* 1903 (300).

Dobbertin, August [aus Rostock]: Der Gute Gerhard von Rudolf von Ems in seiner Bedeutung für die Sittengeschichte. . . . Rostock, Univ.-Buchdr. v. Adler's Erben, 1889; 52 S. 8°
Rostock, Phil. Fak., Inaug.-Diss. v. 8. Aug. 1889

Dobbertin, Friedrich, Tierarzt a. Schwerin i. M.: Über das Verhalten der weißen Blutkörperchen beim Hunde unter besonderer Berücksichtigung der Bandwurm- und Trichinenkrankheit. Leipzig (1907): Gebr. Gerhardt. (70 S.) 8°
Leipzig, Phil. Fak., Ref. Eber-Chun, Diss. v. 26. Sept. 1907
[Geb. 30. Juni 77 Schwerin i. M.; Wohnort: Schwerin; Staatsangeh.: Mecklenburg-Schwerin; Vorbildung: Realgymn. Schwerin Reife f. Prima M. 95; Studium: Tierärztl. Hochsch. Berlin 8, Hannover 4, Univ. Leipzig 4 S.; Rig. 1. Aug. 07.]

Dobbertin, Richard [cand. med.]: Über die Verbreitung und Anordnung des elastischen Gewebes in den Schichten des gesamten Darmkanals. Durch neuere Untersuchgn festgestellt. Gekr. Preisschrift d. med. Fak. zu Rostock. Rostock, Univ.-Buchdr. v. Adler's Erben, 1896; 33 S., 1 Bl., 2 Taf. 8.

Dobbertin, *Richard Georg August* [Dr., Dir.]: *Bericht über seine Einführung als Direktor der Anstalt.* Langensalza, Druck v. Wendt & Klauwell, 1897; 15—16 S. 4.
Langensalza, st. RPG, P 1897 (272)

Dobbin, Leonard. Ueber einige Zersetzungen des tertiären Butyljodürs und die Einwirkung von Natrium auf das primäre Isobutyljodür. Würzburg, 1880.

Dobblhof, A. v., über die Drainage, s. Ueber.

Dobbriner, Henry, bacc. jur. in Leipzig: Der Nießbrauch an einem Vermögen nach dem Rechte des Bürgerlichen Gesetzbuches. Borna-Leipzig 1904: R. Noske. (29 S.) 8° [J.]
Leipzig, Jur. Fak., Diss. v. 16. Dez. 1904
[Geb. 6. Sept. 80 Leipzig; Wohnort: Leipzig; Staatsangeh.: Sachsen; Vorbildung: Thomassch. Leipzig Reife O. 00; Studium: Leipzig 7 S.; Rig. 23. Febr. 04.]

Dobczynski, B., die Tuberkulose (Schwindsucht) u. deren Bekämpfung nach den Anschauungen e. prakt. Arztes. gr. 8. (38 S.) Frankfurt a/M. 899. J. Alt. n. —80

Dobczynski, Bernhard [pr. Arzt]: 100 Fälle von Ovariotomieen aus der gynäkologischen Universitäts-Klinik zu Königsberg (in der Zeit vom 1. Mai 1883 bis 30. März 1889). . . . Königsberg in Pr., Druck v. M. Liedtke, 1889; 86 S. + 2 Bl. 8°
Königsberg, Med. Fak., Inaug.-Diss. v. 3. Mai 1889

Dobczynski, Bernh. 100 Fälle von Ovariotomieen aus der gynäkologischen Universitäts-Klinik zu Königsberg [in der Zeit vom 1. Mai 1883 bis 30. März 1889]. Diss. gr. 8. (86 S.) Königsberg 889, (Koch). 1 —

Dobel, ..., 112 Vorlegeblätter zu Uebungen im Rechnen, eine Zusammenstellung von Aufgaben über d. Rechnungsarten mit ganzen u. gebrochenen Zahlen u. d. Regel de Tri nebst den Auflösungen. qu. 8. Augsb. 823. Wolf. 14 gr.

Dobel, Chr. Am. H., De myositide et nevritide, praesertim rheumatica, per historiam aegrae illustrata. 28 pp. Tüb. 4°.

1790

Dobel, E., die Abfuhr und Verwerthung der Fäkalstoffe in Stuttgart, s. Sautter, A.

Dobel, E., Kanalisation. Anlage und Bau städt. Abzugscanäle und Hausentwässerungen. Ein Handbuch für Ingenieure und Architekten, Werkmeister und Bautechniker, Ärzte und Gemeindevertreter ꝛc., sowie zum Gebrauch an techn. Schulen. Mit einer Mappe ausführl. Pläne und Detailzeichnungen. (15 Taf.) gr. 8. (VII, 149 S.) Stuttgart 886, Kohlhammer. *

Dobel, E., Kanalisation. Anlage u. Bau städt. Abzugskanäle u. Hausentwässergn. E. Handbuch f. Ingenieure u. Architekten, Werkmeister u. Bautechniker, Ärzte u. Gemeindevertreter ꝛc., sow. z. Gebr. an techn. Schulen. M. 1 Mappe ausführl. Pläne u. Detailzeichngn. (15 lith. Taf. m. 1 Bl. Text.) 2., neu bearb. Aufl. gr. 8. (VII, 159 S.) Stuttgart 896. W. Kohlhammer. n. 4. 80

Dobel, E., Kanalisation. Anlage u. Bau städt. Abzugskanäle u. Hausentwässergn. Ein Handbuch f. Ingenieure u. Architekten, Werkmeister u. Bautechniker, Ärzte und Gemeindevertreter ꝛc., sowie zum Gebrauch an techn. Schulen. Mit 1 Mappe ausführl. Pläne u. Detailzeichngn. (15 lith. Taf. in gr. 4.) 3. durchgeseh. Aufl. gr. 8. (VIII, 159 S. m. Abbildgn.) Stuttgart (901). W. Kohlhammer. n. 4. 80

Dobel, E., Kanalisation. Anlage u. Bau städt. Abzugskanäle u. Hausentwässergn. Ein Handbuch f. Ingenieure u. Architekten, Werkmeister u. Bautechniker, Ärzte u. Gemeindevertreter ꝛc., sowie zum Gebrauch an techn. Schulen. 4. neu bearb. Aufl. Mit 16 Taf. ausführl. Pläne u. Detailzeichngn. (in gr. 4). Nebst e. Anh.: „Abwasserreinigg." v. Emil Maier. (VIII, 178 S. m. Abbildgn.) gr. 8. Stuttgart 903. W. Kohlhammer. In Mappe n. 4. 80

Dobel, Friedr., Memmingen im Reformationszeitalter nach handschriftlichen und gleichzeitigen Quellen. 5 Thle. gr. 8. Augsburg, Lampart und Comp. *

Inhalt:
Thl. 1. Christoph Schappeler, der erste Reformator von Memmingen, 1513–1525. Mit einem (autogr.) Stadtplan von Memmingen im 17. Jahrh. 2. Aufl. (84 S.)
» 2. Das Reformationswerk zu Memmingen unter dem Drucke des Schwäbischen Bundes, 1525–1529. (87 S.) 877.
» 3. Hans Ehinger als Abgeordneter von Memmingen auf dem Reichstage zu Speier und Abgesandter der protestirenden Stände an Kaiser Carl V. 1529. (80 S.) 877.
» 4. Hans Ehinger als Abgeordneter von Memmingen auf dem Reichstage zu Augsburg, 1530. (107 S.) 878.
» 5. Das Reformationswerk zu Memmingen von dessen Eintritt in den Schmalkaldischen Bund bis zum Nürnberger Religionsfrieden, 1531—1532. (60 S.)

Dobel, Friedr., praktischer Wegweiser für Reisende nach London. 16. (VII und 71 S.) Lindau 851, Stettner.

Dobel, Karl Friedr., Antrittspred. üb. II. Kor. 1, 24, am Sonntage Judica, 16. März 1823, gehalten. 8. (1½ B.) Kempten, Dannheimer.

Dobel, Karl Fr., kurze Geschichte der Auswanderung der evangelischen Salzburger. 2e Ausg. 8. Kempten 835. (Dannheimer.) 5/12 ℛ

—— Grundriß d. Naturgesch. f. Gewerbeschulen. gr. 8. (18½ B) Augsburg 834, v. Jenisch u. Stage'sche Buchh.

— neuer Pflanzen-Kalender, oder Anweisung, welche in Deutschland wachsende Pflanzen man in jedem Monate blühend finden könne, und an welchem Standorte. Nach dem jetzigen Standpunkte der Botanik eingerichtet. 2 Bde. 8. Nürnberg 835. Campe. 2 ℛ

Dobel, Karl Frdr., vollständiger Pflanzen-Kalender von Deutschland in einer leichten Uebersicht, welche Pflanzen in jedem Monat zur Blüthe kommen, u. an welchen Standorten dieselben aufzusuchen sind. Zum Gebrauch auf Lotan. Excursionen. Mit Zugrundlegung von Reichenbach's Flora Germaniae Excursoria nebst Angabe der Linnéschen Klassenbestimmungen u. der gebrauchlichsten deutschen Benennungen. Nach dem jetzigen Standpunkt der Botanik zusammengestellt. 2 Bde. 2. (Titel-) Ausg. 8. (1: X u. 367 S. 2: II S. u. S. 368--838.) Nurnberg (835) 852, Lotzbeck. 2/3 Thlr

—— Reden am letzt. Abende d. J. 1824—28. 8. ... Kempten, Dannheimer. à 2 Gr.

—— neuer method. Schul-Atlas in 33 (lith. u. ill.) Bl., zunächst zu „(Aus. And. Casp.) Cammerer's (Lehrbuch d.) neuesten Erdkunde," u. sodann zu jedem and. Lehrbuche d. Geographie. 2. Aufl. qu. Fol. Kempten 830, Dannheimer. Thlr.

Dobel, Karl Friedr., Verteutschungsbuch, s. Haus- u. Handbibliothek, III. Abthl.

— Verdeutschungsbuch der in unserer Sprache gangbaren fremden Wörter u. Redensarten nach d. Buchstabenfolge geordnet. N. verm. Ausg. Lexicon-8. Kempt. 833 (832). Dannheimer. 18 gr (vergl. Haus- u. Handbibliothek 2c., IV. Abtheil.)

—— Verteutschungsbuch der in uns. Sprache gangbaren fremden Wörter u. Redensarten, nach d. Buchstabenfolge geord. 3., verbess., mit ein. Anh. v. Abkürzn. (Abbreviaturen) stark verm. Aufl. gr. 8. (25 1/2 B.) Kempten 836, Dannheimer.

Dobel, Karl Friedr., Verteutschungsbuch der in unserer Sprache gangbaren fremden Wörter u. Redensarten, nebst ein. erklär. Verzeichnisse d. gewöhnl. Abkürzungen. 4., verm. u. verb. Ausg. gr. 8. (23 B.) Kempten 845, Dannheimer.

Dobel, Karl Friedr., Verteutschungsbuch der in unserer Sprache gangbaren fremden Wörter und Redensarten, nebst einem erklärenden Verzeichnisse der gewöhnlichen Abkürzungen. 4., stark verm. u. verb. Aufl. Kempten 853. Dannheimer. gr. 8. (IV, 358 S.) 15 ngr

Dobel, Karl Friedr., Verdeutschungsbuch der in unserer Sprache gangbaren fremden Wörter und Redensarten, nebst einem erklärenden Verzeichnisse der gewöhnl. Abkürzungen. 5. stark verm. und verb. Ausg. gr. 8. (IV, 316 S.) Kempten 878, Dannheimer. *

—— synonym. Wörterbuch d. in d. Arzneikunde u. im Handel vorkomm. Gewächse. Ein Hülfsmittel z. Auffindung der in d. Arzneikunde u. im Handel vorkomm. Erzeugnisse d. Pflanzenreichs nach ihren verschied. latein. u. teutschen Namen. 2 Abthln. Nach d. neuesten, durch Curt Sprengel besorgten, Ausg. d. Linnéischen Systems zusammengest. gr. 8. (33 B.) Kempten 830, Dannheimer.

Doebel, Ernst, approb. Arzt aus Liska-Schaaken, (Ostpr.): Ueber Sehnenverletzungen und Sehnenoperationen. *Leipzig 1901: B. Georgi.* (28 S.) 8°
Leipzig, Med. Diss. v. (7. Juni) 1901

(Dobel, Ernst Ch): Des Wagnergesellen E. Ch Dobel Wanderungen im Morgenlande Herausgegeben von Ludwig Storch. Zweite gänzlich umgearbeitete Auflage. Bd 1. Mit des Wanderers Bild Bd. 2. Mit Stahlstichen und Lithographien. Gotha 1842. 2 Bde. VIII, 250 S., 2 Tf.; XII, 267 S, 11 Tf. 8°.

Döbel, E. Ch., Des Wagnergesellen — Wanderungen im Morgenlande. Herausgegeben von Ludwig Storch. 4. Auflage. Band 1. 2. Gotha 1843.

Döbel, E. Ch., Wanderungen durch einen Theil von Europa, Asien u. Afrika in den Jahren 1830 bis 1836, bearb. von Hnr. Schwerdt. 7 Hfte. Mit Bildniß u. Steintaf. gr. 8. Eisenach 837 — 40. (Gotha, Müller.) n. 2 Thlr

Döbel, E. Ch., Wanderungen durch ein. Theil v. Europa, Asien u. Afrika in d. J. 1830 — 1836, bearb. v. Heinr. Schwerdt. 8 Hfte. gr. 8. (61 1/2 B., Bildn. u. 14 Stnt.) Gotha 837—40, (Müller.) *

v. Döbel, Gabr., Preisschrift über die von der Ackerbaugesellsch. im Herzogth. Steyer für das 1766ste Jahr aufgegebene Frage. 8. Grätz 770.

Döbel, Hnr. Wlh., der geschickte Hausvater, oder Einleit. zur Haushaltung. 8. Leipz. 775. Compt. f. Litt. 12 gr

Döbel H. W.: Geschickter Hausvater u. fleissige Hausmutter, od. kurze, doch gründliche Einleitung z. Haushaltung od. Landwirthschaft; nebst einer nützlichen Hausapothecke. Begl. m. e. Vorr. v. G. H. Zincken. Neue u. verm. Aufl. Leipz. 1771. (24) 384 S. [1. Udg 1747].

DOEBEL Heinrich Neueröffnete Jägerpraktik Wien 1785.

DÖBEL, Heinrich Wilhelm: Eröffnete Jäger-Practica, oder der wohlgeübte und erfahrene Jäger, darinnen eine vollständige Anweisung zur gantzen Hohen und Niedern Jagd-Wissenschaft... - Leipzig 1746. 3 Tl. 142, 258, 240 S., m. Abb. u. Grundriss., umfangr. Reg. - 2. vielverm. u. v. Druckfehlern d. 1. Ausg. gereinigte Aufl. u. d. T.: Neueröffnete Jäger-Practica ... ebd. 1754. 4 Tl. 148, 264, 184, 108 S., m. Abb. u. Grundriss., umfangr. Reg. - 3. verb. u. sonderlich in Forstsachen sehr verm. Aufl. ebd. 1783. 4 Tl. 148, 264, 192, 108 S., m. Abb. u. Grundriss., umfangr. Reg. - 4. Aufl. hrsg. v. Carl Friedrich Leberecht Döbel u. Friedrich Wilhelm Benicken ebd. 1828. 3 Tl. 124, 224, 184 S., m. Taf. - Neue Ausg. n. d. 1. Aufl. Neudamm 1913

Döbel, Heinrich Wilhelm. ... Neueröffnete Jäger-Practica, Oder der wohlgeubte Erfahrne Jäger, Darinnen Eine vollständige Anweisung zur gantzen Hohen und Niedern Jagd-Wissenschaft ... mit ... Kupfern und Grund-Rissen. Nebst einer Vorrede des . . Cantzlers Freyherrns von Wolf. Die zweyte viel vermehrte Auflage Leipzig 1754. Im Verlag Johann Samuel Heinsii sel Erben.
Vortit., Tit., 14 Bl., 148 + 264 + 184 + 108 S., 32 Bl m 1 Holzschn.; 21 Taf. in Kupferst. 2°
1 Auflage 1746
Souhart Sp 143

— neu eröffnete Jägerpractica. 4 Thle., mit Kpf. Fol. Leipz. 783. Gleditsch. 5 Thlr 4e umgearb. Aufl. In Verbind. mit e. Gesellsch. prakt. Forstmänner herausg. von K. Fr. L. Döbel u. Fr. Wlh. Beniken. 3 Thle. Mit Kpf., Plan u. Vign. gr. 4. Lpz. 828 u. 29. (Brockhaus). 10 Thlr Hbg. Pr. 6 Thlr Velinp. 12 Thlr

Döbel, I. Iac., historia acad. Ludensis. 4. Hafn. 740.

— — id. lib. 4. Altona, Mumme. 767.

Doebel, Johann Heinrich

Doebel, J. H., Collegium mnemonicum oder ganz neu eröffnete Geheimnisse der Gedankenkunst, sammt einem Lexicon memoriae. Nürnb. 4°.

1706

Johann Heinrich Doebel

Jo[annis] Henr[ici] Döbelii [Doebel] Collegium mnemonicum, oder Gantz neu eröffnete Geheimnisse der Gedächtniß- Kunst,... samt e. ... Lexico mnemonico. Hamburg: Heyll & Liebezeit 1707. 510 S. 8°

Doebel, Jo. Jac., s. Doebeln

Döbel, Karl Fr. Lbr., s. H. W. Döbel, Jägerpractica.

Doebel, Walther, Referendar am Herzogl. Sächs. Amtsgericht Gotha: Die Bereicherung als Gegenstand der römischen condictio und des Anspruches aus § 812 B.G.B. Gotha 1908: Engelhard-Reyher. (66 S.) 8°
Heidelberg, Jur. Fak., Ref. Endemann, Diss. v. 1908
[Geb. 3. Okt. 85 Gotha; Wohnort: Gotha; Staatsangeh.: Sachsen-Coburg-Gotha; Vorbildung: Gymn. Gotha Reife O. 04; Studium: Heidelberg 3, Berlin 2, Jena 1 S.; Rig. 24. Jan. 08.]

DOBELBAUER, Moritz (Augsburg): Dissertatio inauguralis sistens chlorum ejusque praeparata usumque in arte medicina et technica.- Augustae Vindelicorum 1832. 30 S.
8.2.1832 - Urk (Titel: De chloro eiusque praeparatis et usu in arte medicina atque technica.); F 60
Diss. Ingolst.-Landsh.-Mchn.

Döbeli, [Arnold]. Leichenrede auf den Hochwst. Gnädigen Herrn Columban Brugger, Abt des Stiftes Einsiedeln. Gehalten in der Stiftskirche zu E' am 27. Mai 1905 von Mgr. D' ..., Stadtpfarrer in Basel. [Mit Porträt und 2 Vignetten.] 16 S. 8. Einsiedeln, Hausdruckerei des Benediktinerstiftes E', [1905].

Döbeli, Emil. Ueber die Bildung des Sekrets bei der Ozaena. Diss. Med. Bern. (Sonder-Abdruck aus dem Archiv für Laryngologie. Bd. 15. Heft 1.) *Kopftitel:* (Aus der oto-laryngologischen Poliklinik in Bern.) 21 S. 8. Berlin, L. Schumacher, 1903.

Döbeli, Mario. Schlichte Weisen. Gedichte. 3. vermehrte Aufl. 120 S. 8. Zürich ....
Ausg. A, Orig.-Ausg.: Zürich, Caesar Schmidt, 1899. [fr. 2. —]
Ausg. B, Neu- (Titel-)Ausg.: Z', Schweizer Druck- und Verlagshaus, [1908]. [geb. fr. 3. —]

Döbeli, S.: Schützet die nützlichen Insekten, s. Programm der städtischen Schulen in Aarau.

Döbeli, Samuel. Der Schulgarten als notwendige Stütze des botanischen Unterrichtes. 15 S. 8.
Bericht über die Städtischen Schulen in Aarau. Schuljahr 1904-05. Aarau, A. Villiger-Amsler, Ostern 1905. (Beilagen: [2].)

Döbeling, J. H. C., Selbstunterricht, jede weibliche u. Kinderkleidung zu verfertigen. gr. 8. Stralſ. 817. Löffler. 2 ℛ

Dobelko, Dmitri, der Cäsarewitsch Paul Petrowitsch. [1754—1796.] Histor. Studie. Autoriſ. deutsche Ausg. von Jul. Laurenty. gr. 8. (X, 349 S.) Berlin 885, Deubner. *

Dobelko, Dmitri, der Cäsarewitsch Paul Petrowitsch [1754—1796]. Historische Studie. Autoriſ. deutsche Ausg. v. Jul. Laurenty. gr. 8. (X, 349 S.) Berlin 886. Deubner. n. 6. —

Dobell, Horace, das eigentliche erste Stadium der Schwindsucht. Nach dem englischen Originale von O. Bandlin. 1. Aufl. 1869, und 2. Aufl. gr. 8. (54 S.) Basel 873, Richter. *

Döbeln [Sachliches OW]

Döbeln i. Sa. in Wort u. Bild. Text v. C. C. Schwender. (88 S. m. 1 Plan.) 8. Chemnitz (906). (Döbeln, C. Schmidt's Buchh.) n. — 70

Döbeln [Schlagwort]

— s. a.: **Deutschland, Grundkarte. Kürschner-Peip.**

Döbeln, s.a. **Deutschland. Karte (Abt. Sachsen).**

– s.a. Geologische Karten. Spezialkarte. (Sachs.)

— s.a. **Nossen, Bezirk.**

– s.a. Sachsen. Karte. Messtischblätter.

Döbeln, Amtshauptmannschaft. Gaebler, Ed., neue Spezialkarte d. Amtshauptmannsch. Döbeln. 1 : 200,000. 26 × 23 cm. Farbdr. Döbeln 897. (H. Meltzer.) — 40; aufgez. n. — 60

Döbeln. Müller, Albin, Plan d. Stadt Döbeln. 1 : 6000. 30,5 × 53,5 cm. Farbd. Döbeln 898. H. Meltzer. n. — 50; auf Leinw. — 90

— **Roessel, Th.,** Schulwandkarte der k. s. Amtshauptmannsch. Döbeln. 1 : 50,000. 4 Blatt à 57 × 46,5 cm. Farbendr. Leisnig (886). Th. Fanghänel. 9. —; auf Leinw. m. Stäben n. 13. 50

Döbeln. Schulwandkarte der Amtshauptmannschaft Döbeln. 1 : 50,000. 4 Blatt. gr. Fol. Leisnig 887. Th. Fanghänel. In Mappe. n.n. 10. —; auf Leinw. m. Rollen n.n. 13. 50

Döbeln [Verfasser]

Döbeln, Ferdinand von (Pseud.) s.a. Kiessling, Friedrich Ferdinand

Doebeln, Ferd. v., die Waldfee oder eine Gräfin aus dem Volke. 96 Lfgn. gr. 8. (2302 S. mit 96 Chromolithogr.) Leipzig 886,87, Bergmann. à Lfg. 10 Pf.

Ioannis Iacobi Doebelii [von Doebeln: Historia inediae diuturnae Esthera Norre Obyensis Scanicae. Deutsch:] Vollständiger historischer Bericht von e. schwedischen Frauenzimmer namens Esther Johannem, gebürtig von Norre Oby, und ihrem langweiligen zehnjährigen Fasten... Nach d. Lat. ...übers. Nach dem Coppenhagenschen Ex. Halle: Hendel 1724. 160 S. 8°

[Sondert.1:] Hallenberg, Sven: Gerichtliche Untersuchung der Kranckheit der Esther von Norre Oby, so wegen des langwierigen Fastens u. anderer Zufälle merckwürdig ist... In d.lat. Sprache übers. von Johann Jacob Döbeln. Itzo ...ins Teutsche übers.
[Sondert.2:] [Doebeln] Doebelius: Geschichte des langweiligen Fastens der Esther von Norre Oby aus Schweden. Itzo...ins Teutsche übers.
[Sondert.3:] [Doebeln] Doebel: Academischer Discours von dem Engel, dem Stern, dem weissen Tempel u. denen Ohnmachten der Esther aus Norre Oby. Nach d. ...Lat. Ex. übers.
[Sondert.4:] Kurtze Nachricht von dem anderthalbjährigen Fasten einer annoch lebenden hadersleb ischen Jungfer...

Doebelt, Hugo, a. Diemitz: Beiträge zur Kenntnis eines pigmentbildenden Penicilliums. Halle a. S. 1909: (Hopfer, Burg b. Magdeburg). 30 S. 8° ¶(Aus: Annales mycologici. Bd 7.)
Halle, Phil. Diss. v. 10. Juli 1909, Ref. Küster
[Geb. 15. Juni 85 Halle a. S.; Wohnort: Halle; Staatsangeh.: Preußen; Vorbildung: Oberrealsch. Halle Reife M. 04; Studium: Halle 8 S.; Rig. 9. März 09.] [U 09. 1642

Dobenauer, Max, s.: Fiala, E., Beschreibung der Sammlung böhmischer Münzen d. M. D.

Dobeneck, A. Frhr. v., die Raupen d. Tagfalter, Schwärmer u. Spinner d. mitteleurop. Faunen-Gebietes. M. bes. Berücksicht. d. Schädlinge u. der Bekämpfg Als erster Beitrag f. e. Bestimmungswerk d. Insektenlarven analytisch bearb. M. 96 in d. Text gedr. Abb. gr. 8. (XII, 260 S.) Stuttgart 899. E. Ulmer. n. 9. —; geb. in Leinw. n.n. 10. —

von Dobeneck, Arnold Frh.: Untersuchungen über das Adsorptionsvermögen und die Hygroskopizität der Bodenkonstituenten ... (Aus: Forsch. auf d. Geb. d. Agrikulturphysik. Bd xv. Heft 3/4.) Heidelberg, C. Winters Universitätsbuchh., 1892; 3 Bl., 66 S. 8.
Rostock, Phil. Fak., Inaug.-Diss. v. [29. Apr.] 1892

a Dobeneck, (Joan. Frid.) Ern. L. b. (geb. Trier 21. 2. 1829): De herniae inguinalis origine. Berolini (1852) (26 S.) 8°
Berlin. Med. Diss. v. 19 März 1852

Dobeneck, Frdr. Ldwg Ferd. v., Des deutschen Mittelalters Volksglauben und Heroen-Sagen; herausg. und mit einer Vorrede begleitet von J. Paul (F. Richter). Bd. 1. 2. Mit 1 Tafel in Fol. Berlin 1815. 8. 4 0

Dobeneck, F. L. F. v., des deutschen Mittelalters Volksglauben u. Hexensagen, herausg. v. Jean Paul. 2 Bde. 8. Berl. Realschulbuchh. 815.

v. **Dobeneck, Fr. Ldw. Fd.,** († d. 11. Dec. 1810.) des deutschen Mittelalters Volksglauben u. Hexensagen; herausg. u. mit e. Vorr. begleitet von Jean Paul. 2 Bde. 8. Berl. 815. Reimer. 2 ℛ 16 g/

Dobeneck, Carl Frh. von, Referendar: L. 22 § 1; L. 23; L. 24 D. de evict. ⟨21, 2⟩ Digestorum und ihre Stellung gegenüber dem heutigen Recht. Borna-Leipzig 1908: Noske. x, 56 S. 8°
Heidelberg, Jur. Diss. v. 1908, Ref. Bekker
[Geb. 15. Juni 86 Berlin; Wohnort: Berlin; Staatsangeh.: Preußen; Vorbildung: Bismarck-Gymn. Wilmersdorf Reife O. 05; Studium: Heidelberg 3, München 1, Berlin 2 S.; Rig. 25. Juni 08.] [U 09. 1776

Dobeneck, Carl v., systematische Zusammenstellung d. geltenden allgem. Bestimmungen f. d. protest. Kirche im Königr. Bayern. gr. 8. (20⅜ B.) Ansbach 844, Gummi. *

Dobeneck, Magdalena v., geb. Feuerbach, Briefe u. Tagebuchblätter aus Frankreich, Irland u. Italien, mit ein. klein. Anhang von Compositionen u. Gedichten. gr. 12. (13 B. u. 1 B. Notenbeil.) Nürnberg 843, Raw'sche Buchh. *

Dobenecker, O. Die Schlacht bei Mühldorf und über das Fragment einer österr. Chronik. Diss. Innsbruck 1883. 8°.

Dobenecker, Otto: Antrittsrede des Direktors. Jena (1910): Neuenhahn. S. 13—23. 4°
Jena, G Carolo-Alexandrinum OP 1910 (929) [S 10. 78

Dobenecker, Otto, s.a. Regesta diplomatica necnon epistolaria historiae Thuringiae.

Regesta diplomatica necnon epistolaria historiae Thuringiae. Namens des Vereins für thüringische Geschichte und Altertumskunde bearbeitet und herausgegeben von OTTO DOBENECKER. Bd. 1. (c. 500—1152.) Jena 1896. Gustav Fischer. 4°. — Bd. 2. (1152—1227.) ib. 1900. — Bd. 3. 1. Teil. (1228—1247.) ib. 1904. —

Dobenecker, Otto, s.: Zeitschrift des Vereins f. thüring. Geschichte u. Altertumskunde.

Dobenecker, R., über den pädagogischen Grundsatz: „Heimatkunde nicht bloss Disziplin, sondern Prinzip", s.a. Magazin, pädagogisches, 293. Heft.

Über den pädagogischen Grundsatz: 'Heimatkunde nicht bloss Disziplin, sondern Prinzip'. Vortrag ... Von R. **Dobenecker**. Langensalza: H. Beyer & Söhne 1907. (28 S.) 8°
= **Magazin**, Pädagogisches. H. 293. [07. 5486 S

Dobenecker, R., fürs Vaterland. Volksstück in 5 Akten. 8. (94 S.) Altenburg 887. (Bonde's Verl.) n. 1. 60

Dobenecker, R., aus der Vergangenheit d. Stadt u. Pflege Ronneburg. Für Schule u. Haus zusammengestellt. gr. 8. (IV, 136 S.) Ronneburg 899. (L. Brandes.) 1. 20

Dobeneck, Hanns, s.: Welt, die weite, weite.

Dober, Chr., der Schulfreund, oder Stoff zu Uebungen d. Denkkraft u. des Schönlesens, in sachgemäßer Anordnung für Stadt- u. Landschulen bearb. 1r Thl. 8. Brieg 838. Schwartz. $1/3$ ℛ

Dober, Jh. Gottl., († ... 1769.) wohlbestellte Apotheke. 8. Dresden 764. Gerlach. 16 gr.

— Nachricht v. denj. Stücken aus d. Pflanzenreihe, welche in den Apotheken der meisten Länder aufbehalten werden müssen. 8. Dresd. 764.

Dober, Joh. Leonhard (Dresden), De febre putrida malignitatis aliarum febrium caussa frequentissima. Diss. med. Lpz. (Saalbach) 26. VIII. 1791. 32 S. (4.80) 6608

Doberan [Sachliches OW]

Doberan. Gedicht für eine Singstimme, mit Begleitung des Pianoforte oder der Guitarre, in Musik gesetzt . . . Hamburg 1823. V: *Schultze, Daniel Heinrich.* (NN)

Doberan, seine Curanstalten und Umgebungen kurz geschildert und den Mitgliedern der 44. Versammlung deutscher Naturforscher und Aerzte zur Erinnerung gewidmet. 16. (19 S.) Rostock 871, Kuhn. [Werther's Verlag.]

Doberan [Schlagwort]

Doberan, s.: Deutschland. Kürschner-Peip.

Doberan, s.: Ostseebäder.

Doberauer, Gust., Kunstfehler in der Chirurgie, s.: Wölfler, Ant.

Doberck W. Bahnbestimmung der Cometen I 1801, III 1840 u. II 1869. Kopenhagen 1873. 8.

Doberck, W., Ueber das Gesetz der Stürme in den ostasiatischen Gewässern. Wien 1891.

Doberelner, Phpp., Seelenbrunnen. Katholisches Gebetbuch. Neu bearb. u. hrsg. v. Peter Macherl. 2. Aufl. gr. 16. (XII, 692 S.) Graz 886. Styria. n. 3. —

Doberelner, Ph., Seelenbrunnen. Katholisches Gebetbuch. Neu bearb. v. P. Macherl. Neue Ausg. m. großem Druck. 12. (XVI, 879 S. m. Illustr.) Graz 887. Styria. n. 2. 80; geb. in Leinw. n. 3. 60; in Schwarzldr. m. Goldschn. n. 4. —; in Chagrinldr. n. 4. 60

Doberelner, Phpp., Seelenbrunnen. Katholisches Gebetbuch. Neu bearb. u. hrsg. v. Pet Macherl. 4. Aufl. 16. (XII, 692 S. m. 1 Bild.) Graz 893. Styria. Geb. in Ldr. m. Goldschn. n. 3. 40

Döbereiner, F. W., Altonaisches Adreßbuch, s. Adreßbuch.

Döbereiner, Frz., deutsches Apothekerbuch, s. Döbereiner, J. W.

Döbereiner, Franz, Beschreibung der Fabrikation des Braunbiers in Bayern nach der Angabe der HH. DD. Zierl und Buchner jun. in München. Für die Brauer und Brauberechtigten Thüringens und des nördl. Deutschlands mitgetheilt. 8. (18 S.) Jena 849, (Hochhausen.)

— Chemie in Beziehung auf Leben, Kunst u. Gewerbe. In Form von Vorlesungen bearb. A. u. d. T.: Der angehende Chemiker oder Einleitung in die angewandte Chemie mit Angabe der interessantesten Experimente. Zum Gebrauch für alle, welche sich mit der Chemie nach ihren Gesetzen u. deren Anwendung im Leben beschäftigen oder bekannt machen wollen. 2. völlig umgearb. u. verm. Aufl. 8. (XXIV u. 552 S. m. eingedr. Holzschn.) Stuttgart 850, Becher. 1 ℛ 6 ngr

—— der angeh. Chemiker od. Einleit. in d. techn. Chemie, mit Angabe d. interessant. Experimente. Zum Gebr. f. Alle, welche sich mit d. Chemie nach ihren Gesetzen u. deren Anwend. im Leben beschäftigen od. bekannt machen wollen. gr. 16. (20 B.) Stuttgart 839, Balz'sche Buchh.

— der angehende Chemiker oder Einleitung in die angewandte Chemie mit Angabe der interessantesten Experimente. Zum Gebrauch für Alle, welche sich mit der Chemie nach ihren Gesetzen u. deren Anwendung im Leben beschäftigen oder bekannt machen wollen. 3. verm. Aufl. Stuttgart 854. Becher. 8. (XXIV, 612 S.) 1 ℛ

— die Dünger- und Bodenbestandtheile oder chemische Lehre über die Nahrungsmittel der Pflanzen. Für Land- und Forstwirthe, Gärtner, Blumenzüchter und Freunde der Pflanzenkultur bearbeitet. Dessau 854. Katz. gr. 8. (IV, 76 S.) 9 ngr

— Grundriß der Chemie. [Abdr. aus (J. W. u. F.) Döbereiner's „deutsches Apothekerbuch." 2. Thl.] gr. 8. (XVI u. 473 S.) Ebd. 848. 1 ℛ 24 ngr

—— Grundriß der Chemie. gr. 8. (XVI und 473 S.) Stuttgart 848, Becher's Verlag.
Vgl. Joh. Wolfg. und Franz Döbereiners deutsches Apothekerbuch.

—— Supplement zu J. W. Döbereiner's Grundriß d. Chemie. Tabellar. Darstell. d. organ. Stoffe in alphabet. Ordn. Für Aerzte, Chemiker u. Pharmaceuten. gr. 4. (21 B.) Stuttgart 837, Balz'sche Buchh.
Döbereiner, J. W., Grundriß d. allgem. Chemie. 3. Aufl. Jena 826, Cröker. 2 Thlr.

— Grundriß der Pharmacie. Für angehende Apotheker u. Aerzte nach der neuesten preuß. Pharmacopöe bearb. gr. 8. (XII u. 918 S.) Pforzheim 848, Flammer & Hoffmann. 3 ℛ — Neue wohlf. (Titel-)Ausg. gr. 8. Ebd. 850. 2 ℛ

—— Grundriß der Pharmacie. Für angeh. Apotheker und Aerzte nach der neuesten preuß. Pharmacopöe bearb. gr. 8. (XII und 918 S.) Pforzheim 848. [Stuttgart, Scheitlin's Vrlgsb.]

—— dass. Neue wohlf. Ausg. gr. 8. (XII und 918 S.) Ebds. 850.

— — Grdriss. d. Pharmacie f. angehende Apotheker u. Aerzte. 2. Aufl. 1850. 3.00

Döbereiner, Frz., Handbuch der prakt. Pharmacie, s. J. W. Döbereiner.

— Cameralchemie für Land- u. Forstwirthe, Techniker, Sanitäts-, Cameral- u. Justizbeamte. [In 3 Abthlgn. bearb.] Mit zahlreichen Holzschn. in der 3. Abthlg. gr. 8. (I. Abthlg.: XVI u. 322 S. II. Abthlg.: XX u. 427 S. III. Abthlg. 1. u. 2. Hlfte.: XVI u. 744 S.) Dessau 851. 52, Katz. (1. u. 2. Abthlg.: à 1 1/2 ℛ 3. Abthlg. 1. Hälfte: 1 ℛ 2. Hälfte: 1 1/2 ℛ) 5 1/2 ℛ

Doebereiner, Frz., Cameralchemie für Land- und Forstwirthe, Techniker, Künstler und Gewerbetreibende ꝛc., sowie überhaupt für alle Freunde der Naturwissenschaften. Mit 65 in den Text gedr. Abbild. (in Holzschn.) 2., verb. und verm. Aufl. 3 Abthlgn. (16 Lfgn.) gr. 8. (1. Abthl.: Die allgemeinen Eigenschaften der Materie und die unorgan. Chemie. XX und 322 S., 2. Abthl. XXII und 554 S., 3. Abthl. XVI und 760 S.) Dessau 855, Gebr. Katz. (à Lfg. 7 1/2 Ngr.)

DÖBEREINER, FRANZ.
Lehre (Die) von den giftigen und explosiven Stoffen der unorganischen Natur welche im gewerblichen und häuslichen Leben vorkommen. Populär bearbeitet. Dessau, 1858. 8vo.

Doebereiner, Frz., die Lehren von den giftigen und explosiven Stoffen der unorganischen Natur, welche im gewerblichen und häuslichen Leben vorkommen. Populär bearb. gr. 8. (XX und 243 S.) Dessau 858, Gebr. Katz.

—— Nahrungsmittellehre für Jedermann. 8. (XII und 309 S.) Dessau 856, Gebr. Katz.

— Nahrungsmittellehre für Jedermann. Ebend. 857. 8. (XII, 309 S.) 1 ℛ

Doebereiner, Frz., Nahrungsmittellehre für Jedermann. 2. unveränd. Ausg. Dresden 863. Ehlermann. 8. (XII, 309 S.) 18 ngr.

—— chemische Schule der Pharmacie oder Handbuch der Pharmakochemie. Mit besond. Berücksicht. der österreich. und preuss. Pharmakopöe für Apotheker und Aerzte bearb. 1—7. Lfg. gr. 8. (VI und 930 S.) Leipzig 860. 61. [Hamm, Grote'sche Buchh.] [1—6. Lfg. à 12 1/2 Ngr., 7. Lfg. 20 Ngr.]

— chemische Schule der Pharmacie oder Handbuch der Pharmakochemie. Mit besonderer Berücksichtigung der österreich. und preuss. Pharmakopöe für Apotheker und Ärzte bearb. Leipzig 862. Neumeister. (Hamm, Grote.) gr. 8. (VI, 930 S.) 3 ℛ 20 ngr.

— Synoptische Tabellen ..., s. Döbereiner, Jh. W.

—— die Verbrennungs-Vorgänge der Heiz- und Leuchtmaterialien. Mit besond. Berücksichtigung der hierauf bezüglichen Lehren für das Hauswesen bearb. gr. 8. (IV und 54 S.) Dessau 854, Gebr. Katz.

DÖBEREINER, J. W., und M. PETTENKOFER.
Abhandlungen über die Anfänge des natürlichen Systemes der chemischen Elemente (1829–50), nebst einer geschichtlichen Uebersicht der Weiterentwicklung der Lehre von den Trioden der Elemente. Herausgegeben von L. Meyer. Leipzig, 1895. 8vo.

Doebereiner, J. W., u. Max Pettenkofer, d. Anfänge d. natürl. Systemes d. chem. Elemente, s.a. Ostwald's, W., Klassiker d. exakten Wissenschaften.

Döbereiner JW und M Pettenkofer, die Anfänge des natürlichen Systems der chemischen Elemente. (34 S) (Ostwald's Klassiker 66) Leipzig 1895

— Anfangsgründe der Chemie und Stöchiometrie. Jena, 1819. pp. xiv-424, 8vo. 4 plates.
Zweite Auflage, 1826. pp. x-358, 8vo. 4 folding plates, and tables.

— Anleit. zur kunstmäß. Bereitung aller Arten Essige. 8. Jena 814. 2e Aufl. 816. 3e Aufl. 819; auch 832. Cröker. 10 g.

Döbereiner, Joh. Wolfg., Anleitung z. kunstmäß. Bereitung verschied. Arten Essige. Im Auftrage d. höchsten Landespolizeistelle ausgearb. 3., verm. u. verb. Aufl. 8. (6 1/2 B.) Jena 832, Cröker.

Anleitung zur Darstellung und Anwendung aller Arten der kräftigsten Bäder und Heilwässer welche von Gesunden und Kranken gebraucht werden. Von J[ohann] W[olfgang] Doebereiner. Jena: Cröker 1816. VIII,87 S. 8°

Döbereiner, Jh. Wlfg., Anleit. zur Darstell. u. z. Gebrauch aller Arten der kräftigsten Bäder u. zur künstl. Bereitung der wirksamsten Heilwässer, welche von Gesunden u. Kranken getrunken u. als Bäder gebraucht werden. 8. Jena 816. Cröker. 8 g.

—— und Frz. Döbereiner, deutsches Apothekerbuch. (Handbuch d. prakt. Pharmacie.) Zum Gebr. bei Vorlesn. u. zum Selbstunterr. f. Apotheker, Droguisten, Aerzte u. Medicin-Studirende. I. Thl. (4 Lfgn.) Pharmaceut. Technologie u. Waarenkunde. Lex.-8. (54 1/4 B. u. 1 Tab.) Stuttgart 840, 41, Balz'sche Buchh. à L. 12 Gr.

—— u. Frz. Döbereiner, deutsches Apothekerbuch (Handbuch d. prakt. Pharmacie). 5—15. Lfg. 3. Thl.: Pharmaceut. Chemie. 11 Lfgn. Lex.-8. (107 1/4 B. u. 22 Tab.) Stuttgart 843—47. [Becher's Verl.] à Lfg. 15 Ngr.
Die 9. Lfg. a. u. d. Ttl.:
Synoptische Tabellen der Bereitung galenischer Heilmittel. Als besond. Abthl. desselben zusammengestellt v. Frz. Döbereiner. (8 1/4 B. u. 4 Tab.) 845.
1. Thl. (4 Lfgn.) Ebendas. 1840, 41. 2 Thlr.

—— und Franz Döbereiner, deutsches Apothekerbuch. 16. und 17. Lfg. 2. Thl. Grundriß der gesammten Chemie. 3. Abthl. Grundriß der Physik, von W. Hankel. Mit vielen eingedr. Holzschn. gr. 8. (VIII und 327 S.) Stuttgart 848, Becher's Verlag. à Lfg. 15 Ngr.

—— —— dass. 18—20. Lfg. 2. Thl.: Grundriß der gesammten Chemie. 1. Abthl.: Grundriß der Chemie, von Franz Döbereiner. gr. 8. (XVI und 473 S.) Ebds. 848. à Lfg. 15 Ngr.

—— —— dass. 21. Lfg. 2. Thl.: Grundriß der gesammten Chemie. 2. Abthl. 1. Sect.: Grundriß der Mineralogie von A. Sprengel. gr. 8. (III und 180 S.) Ebds. 851(52.)

Döbereiner, J. W., und Frz. Döbereiner, deutsches Apothekerbuch. 2. Thl.: Grundriß der gesammten Chemie. 2. Abth. 2. Sect.: Grundriß der Botanik von Frz. Döbereiner. (Des ganzen Werkes 22. u. 23. Liefg.) Stuttgart 855. Becher. gr. 8. (VI, 318 S.) Jede Liefg. 15 ngr.

Döbereiner, Johann Wolfgang

Döbereiner, Jh. Wolfg., naturhistor. Atlas, s. Fürnrohr, A. E., Grundzüge der Naturgeschichte.

— Beiträge zur physikalischen Chemie. Jena, 1824–35. 3 parts. 8vo.
Part I *also under the title:* Zur pneumatischen Chemie, Theil 4, 1824.
Part II *also under the title:* Zur pneumatischen Chemie, Theil 5, 1825.
Part III *also under the title:* Döbereiner's neuesten Erfahrungen und Beobachtungen im Gebiete der physikalischen und technischen Chemie. 1835.

Döbereiner, Joh. Wolfg., Beiträge zur physikal. Chemie. 3. Hft. — A. u. d. T.: Döbereiner's neueste Erfahrn. u. Beobachtn. im Gebiete d. physikal. u. techn. Chemie. gr. 8. (9½ B.) Jena 835, Gröker'sche Buchh. Thlr.
1. u. 2. Hft. Ebendas. 1824, 25. 1 Thlr.

–[Beiträge] zur pneumatischen Chemie. Jena, 1821–25. 5 parts. 8vo. Ill.

Döbereiner, J. W., Beiträge z. Gährungs-Chemie. 2., verb. u. verm. Aufl. Mit Holzschn. A. u. d. T.: Aeltere u. neuere Erfahrungen üb. d. Fabrikation u. Verbesserung d. natürl. u. künstl. Weine, üb. Bierbrauerei u. Essigbereitung. 12. (4⅓ B.) Jena 844, Hochhausen.

— **Beiträge zur chemischen Proportions-Lehre als Anhang zur Darstellung der Verhältnisszahlen der irdischen Elemente zu chemischen Verbindungen und zum Grundrisse der allgemeinen Chemie.** Jena, 1816. 8vo.
Also under the title: Döbereiner's neueste Stöchiometrische Untersuchungen und chemische Entdeckungen.

— s. Chr. Fr. Bucholz, Theorie u. Praxis.

—— **zur Chemie d. Platins in wissenschaftl. u. techn. Beziehung. (Für Chemiker, Metallurgen, Platinaarbeiter, Pharmaceuten, Fabrikanten u. d. Besitzer d. Döbereinerschen Platinfeuerzeuge.) M. 1 Taf. 8. (7 B.) Stuttgart 836, Balz'sche Bh.**

— zur pneumatischen Chemie. **1r u. 2r Thl., mit 2 Kpft. (A. u. d. T.:** Mikrochemische Experimentalkunst. **2 Thle.) gr. 8. Jena** 821 u. 22. Cröker. 20 gGr. 3r Thl. A. u. d. T.: Zur pneumat. Phytochemie, mit 1 Kpf. gr. 8. Ebd. 822. 12 gGr. 4r u. 5r Thl. A. u. d. T.: Beitr. z. physikal. Chemie. 1s u. 2s Heft, mit Kpf. gr. 8. Ebd. 824 u. 25. 1 Rthlr.

— zur pneumat. Chemie. 6r Thl. A. u. d. T.: Neueste Erfahrungen u. Beobachtungen im Gebiete der physikal. u. techn. Chemie. (Beiträge zur physikal. Chemie 3s Hft.) gr. 8. Jena 835. Cröcker. ⅔ Rthlr. (1r–6r Thl. 3 Rthlr.)

Döbereiner, Johann Wolfgang.
Darstellung der Verhältnisszahlen der irdischen Elemente zu chemischen Verbindungen. Jena, 1816. Folio. Pages not numbered.

— Darstell. der Zeichen-Verhältnißzahlen der irdischen Elemente zu chem. Verbindungen. Fol. Jena 816. 2e A. 822. Schmid. 12 gGr. Schrbp. 16 gGr.

— Darstell. d. Zeichen- u. Verhältnißzahlen der irdischen Elemente zu chem. Verbindungen. 1r Thl. 2e verb. Aufl. gr. Fol. Jena 823, Cröcker. 12 gr. Schreibpap.

—Ueber neu entdeckte höchst merkwürdige Eigenschaften des Platins und die pneumatisch-capillare Thätigkeit gesprungener Gläser. Ein Beitrag zur corpuscular Philosophie. Jena, 1823. 4to.
Also under the title: Die neuesten und wichtigsten physikalisch-chemischen Entdeckungen.

Döbereiner, J. W., Einleitung in die techn. Chemie. Stuttg. 1839. 12°.

–Elemente der pharmaceutischen Chemie. Jena, 1815. Zweite Auflage, 1819.
Grundriss der allgemeinen Chemie zum Gebrauch bey seinen Vorlesungen. Jena, 1816.
Cf. Anfangsgründe der Chemie.

— Elemente d. pharmaceut. Chemie. gr. 8. Jena 816. 2e A. 819. Gröker. 1 Rthlr. 16 gGr.

Die neuesten und wichtigsten physikalisch-chemischen Entdeckungen von J[ohann] W[olfgang] Doebereiner. Jena: A. Schmid 1823. 19 S. 8°

[Nebent.:] Doebereiner: Ueber neu entdeckte höchst merkwürdige Eigenschaften des Platins.

— die neuesten u. wichtigsten physikal.-chem. Entdeckungen. Auch u. d. T.: Ueber neu entdeckte, höchst merkwürd. Eigenschaften d. Platins u. die pneumatisch-capillare Thätigkeit gesprungener Gläser. 4. Jena 824. Schmid. 12 gGr.

Döbereiner, J. W.: Ältere und neuere Erfahrungen über die Fabrikation und Verbesserung der natürlichen und künstlichen Weine, über Bierbrauerei und Essigbereitung. 2., sehr verb. u. verm. Aufl. Jena: Hochhausen 1844. 102 S. (Döbereiner: Beiträge zur Gährungs-Chemie.) -- 100*
--- Dass. 1. Aufl. Jena: Mauke 1837. -- [Zit. nach Bibliotheca oenologica]
--- Dass. 3. Aufl. Ebd. 1850. 102 S. -- 27*

Döbereiner, J(oh.) W(olfg.), ältere u. neuere Erfahrungen über die Fabrikation u. Verbesserung der natürl. u. künstl. Weine, über Bierbrauerei u. Essigbereitung. 3. (Titel-)Aufl. gr. 12. (102 S.) Jena (844) 850, Mauke. n. ⅓ Rthlr.

Döbereiner, Johann Wolfgang.
Erfahrungen über die Fabrikation und Verbesserung der Weine, über Bierbrauerei und Essigbereitung. Jena, 1844. 8vo.

———— Neueste Erfahrungen und Beobachtungen im Gebiete der physikalischen und technischen Chemie. Jena 1835. 8.

— zur Gährungs-Chemie u. Anleit. zur Darstell. verschied. Arten künstl. Weine, Biere u. s. w. 8. Jena 822. Schmid. 12 gGr.

—Zur Gährungschemie. Jena, 1822. Zweite Auflage, 1844.

— Grundriß d. allgemeinen Chemie z. Gebrauche bei s. Vorlesungen. gr. 8. Jena 816. 2e A. 819. 3e A., mit 4 Kpft. 826. (A. u. d. T.: Anfangsgr. d. Chemie u. Stöchiometrie.) Gröker. 2 Rthlr.

— Supplement zu J. W. D.'s Grundriss der Chemie, von Franz Döbereiner. Stuttgart, 1837. 4to.

— Handb. der pharmaceut. Chemie, s. Chr. Fr. **Bucholz,** Theorie rc.

— u. Fr. Döbereiner, Handb. der Pharmacie. Mit dem Umschlagstitel: Deutsches Apothekerbuch. 16—21. Lfg. gr. 8. 2. Thl.: Grundriß d. gesammten Chemie. 1. Abthlg.: Grundriß der Chemie, v. Frz. Döbereiner. (XVI u. 473 S.) 3. Abthlg.: Grundriß der Physik, v. W. Hankel. Mit vielen eingedr. Holzschn. (VIII u. 327 S.) 2. Thl.: Grundriß der gesammten Chemie. 2. Abthlg. 1. Sect.: Grundriß der Mineralogie, v. A. Sprengel. [Des ganzen Werkes 21. Lfg.] (V u. 180 S.) Stuttgart 848—52, Becher. à Lfg. ½ Rthlr. (1—21.: 10½ Rthlr.)

— u. Frz. Döbereiner, Handbuch der prakt. Pharmacie. Zum Gebrauche bei Vorlesungen u. zum Selbstunterrichte f. Aerzte, Apotheker und Droguisten. 1e Lfrg. Lex.-8. Stuttgart 840. Balz. ½ Rthlr.

— u. Frz. **Döbereiner,** Handbuch der prakt. Pharmacie.— A. m. d. Umschl.-Titel: Deutsches Apothekerbuch. 4 Liefg. (1. Thl.) Lex.-8. Stuttgart 841, 42, **Becher.** ((à) ½ Rthlr.) 2 Rthlr.

— dass. 5.—15. Liefg. 3. Thl. Pharmaceut. Chemie. 11 Liefg. Lex.-8. Ebend. 843—46. (à ½ Rthlr.) 5½ Rthlr. (9.—12. Liefg.) A. u. d. T.: Synoptische Tabellen der Bereitung galenischer Heilmittel. Als besond. Abtheil. desselben zusammengestellt von Frz. Döbereiner. gr. 8. Ebend. 846. (à ½ Rthlr.) 2 Rthlr. (NB. Der 2. Theil ist noch nicht erschienen.)

— über die chemische Constitution der Mineralwässer, oder Beweis, daß auch in den Mineralwässern das Gesetz der bestimmten chem. Mischungsverhältnisse walte. 8. Jena 821. Cröker. 4 gGr.

— Ueber die chemische Constitution der Mineralwässer, od. Beweis, daß auch in den Mineralwässern das Gesetz der bestimmten chem. Mischungsverhältnisse walte. 8. Ebend. 825.

— Lehrbuch der allgem. Chemie. 3 Thle. gr. 8. Jena 811 u. 12. (Neisse, Hennings). 4 ₰ 14 ℊ

— Lehrbuch d. allgem. Chemie. 3 Thle. gr. 8. Jena, Akadem. Buchh.: (Gotha, Hennings.) 811 u. 12. (1r u. 2r 3 Rthlr. 20 gr. 3r 18 gr.)

Döbereiner, Zur Phyto-Chemie. (Aus Gilbert's Annal. der Phys., Bd. 72, St. 4, J. 1822, St. 12.)

Döbereiner, J. W: Zur pneumatischen Phytochemie. Jena 1822

— neueste stöchiometr. Untersuchungen u. chem. Entdeckungen. 1s Heft. 8. Jena 816. Cröker. 10 ℊ (A. u. d. T.: Beitrr. zur chem. Proportionslehre ꝛc.)

— s. Ure, Handwörterb.

Döbereiner, K. Zur Chemie des Platins in wissenschaftlicher und technischer Beziehung. Stuttgart, 1836.

Döbereiner, K., Führer zur Gesundheit. Medicinisch-diätetisches Lexikon. Die Krankheiten des Menschen, deren Erkennen, sowie alle dem Wohlbefinden dien. Mittel und Anleitungen. In populärer Darstellung. 12 Hefte. gr. 8. (IV, 764 S. mit 11 Holzschntaf.) Hamburg 881,82, Kramer. à Heft 50 Pf.; ℳ 6.;
Erschien auch unter folgendem Titel:
illustrirtes medicinisch-diätetisches Lexikon.

Döbereiner, K., illustrirtes medicinisch-diätetisches Lexikon. Die Krankheiten d. Menschen, deren Erkennen, sowie alle dem Wohlbefinden dien. Mittel u. Anleitgn. In populärer Darstellg. Mit 11 Taf. anatom. Abbildgn. (In 24 Hftn.) 1. u. 2. Hft. gr. 8. (64 S.) Hamburg 883. Kramer. à — 25

Döbereiner, K., illustrirtes medicinisch-diätetisches Lexikon. Die Krankheiten d. Menschen, deren Erkennen, sowie alle dem Wohlbefinden dien. Mittel u. Anleitgn. In populärer Darstellg. Mit 11 Taf. anatom. Abbildgn. 3.—24. (Schluß-)Hft. gr. 8. (IV u. S. 65—764.) Hamburg 887. Kramer. à — 25

Döbereiner, R., Das Nordlicht vom 7. Januar 1831, beobachtet zu Jena.

Doberentz, Emil

Doberentz, E., De scholiis in Thucydidem commentatio. Diss. 1875. 82 S.

Doberentz, Emil De scholiis in Thucydidem quaestiones novae. 16 S. [I in dissertat. philol. hal. II (1876) S. 221—254.]
Progr. Domg. Magdeburg 1881.

Doberentz, Geo., Gesetze u. Vorschriften f. d. Ausländer in Rumänien, s.: Fuchs-Henel, Rud.

Doberentz, Otto: Die Länder- und Völkerkunde in der Weltchronik des Rudolf von Hohen-Ems. Halle a. S. 1880: Waisenhaus. 31 S. 8°
Halle-Wittenberg, Phil. Diss. v. 26. Nov. 1880
Geb. Naumburg a. d. S. 26. 11. 1856. V.
Ersch. vollst. in: Zeitschrift f. deutsche Philologie. Bd 12. Halle 1881 S. 257—301 u. 387—454. Bd 13. 1882. S. 29—57 u. 165—223.

Doberenz, A, Zur Frage üb. den Umfang der altclass. Lektüre Pr. 1850. 16 S, 4°.

Doberenz, A., Interpretationes Homericae. Pr. 1862. 25 S. 4°.

— Stoffe zum Memoriren u. Repetiren Pr. 1872. 30 S. 4°.

Doberenz, Albert

— — Einladungs=Programm z. d. öffentl. Prüfung d. Gymnasiums zu Hildburghausen. — I. Ueber e. neue Bearbeitung d. Terenz v. Prof. Dr. Reinhardt. II. Schulnachr. Hildburghausen (Fr. Wilh. Gadow & Sohn) 29./30./31. III. 1855. 29 S. mit Namen. (4.—) 6610
Gew.: Dr. Seebode (Wiesbaden). — Hdschr. Widm. v. Verf.

Doberenz, Albert, Viro Gottfried Hermann praesidi suo diem natalem congratul. societas graeca et regium seminar. philol. — Insunt observat. Demosthenicae. Lpz. (Staritz) 4. XII. 1836. 28 S. mit Namen d. Gratulant. (4.50) 6609

Doberenz, Heinr., La Martelière u. seine Bearbeitung Schiller'scher Dramen auf dem Theater der französischen Revolution. 4. (32 S.) Löbau 883. (Leipzig, Fock.) n. 1. —

Doberenz-Eberlein, Marie

Doberenz-Eberlein, M. (Frau Marie Eberlein), im Bann. (132 S.) 8. Pirna 903. 904. F. J. Eberlein. n. 1. 50

— Goldhaar. Roman. (182 S.) 8. Leipzig 906. Modernes Verlagsbureau. n. 2. —

Goldhaar. Roman von M[arie] Doberenz-Eberlein. Berlin-Leipzig: C. Wigand 1906. (132 S.) 8° (o8. 8465 11

Doberenz-Eberlein, M. (Frau Marie Eberlein), Herzenskrisen, s.: Zehnpfennig-Bibliothek, moderne.

— dasselbe, s.: Zwanzigpfennig-Bibliothek, moderne.

— Um des Kindes willen, s.a. Zehnpfennig-Bibliothek, moderne.

Doberenz, M., um des Kindes Willen. Roman. 8. (237 S.) Dresden 893. Geschäftsstelle der Dresdner Frauenzeitung. 3. —; geb. 4. —

(B) Doberenz, M., um des Kindes willen. 893. (KVZ 27.) Jetzt: Pirna, F. J. Eberlein. Erm. Pr. 2.—; geb. 3. —

Um des Kindes willen. Roman von M[aria] Doberenz-Eberlein. Neurode i. Schl., Hamm i. W., Speyer: W. W. ⟨E.⟩ Klambt [1907]. (128 S.) 8° [F.]
= Zehnpfennig-Bibliothek, Moderne. Jg. 6, Bd 10. (o8. 9444

— Frau Lene, s.a. Zehnpfennig-Bibliothek, moderne.

Frau Lene. Roman von [Maria] Doberenz-Eberlein. Neurode, Hamm i. W., Speyer: W. W. ⟨Ed.⟩ Klambt [1908]. (102 S.) 8° [F.]
= Zehnpfennig-Bibliothek, Moderne. Jg. 6, Bd 8. (o8. 8740

Doeberitz, Elisabeth v. Knebel-
s. Knebel-Doeberitz. (09. 2950

Doeberl, M.

— s.: Festgabe, Karl Theodor v. Heigel gewidmet.

— s.: Forschungen zur Geschichte Bayerns.

Doeberl, M. Das bayer. Hilfskorps in Kölner Diensten z. Zt. des 2. Raubkrieges. o. O. u. J. 37 S. 4°

Doeberl, Michael

Doeberl, M., Bayern u. die deutsche Erhebung wider Napoleon I. (S. 345—482.) Lex. 8. München 907. (G. Franz' Verl.) 3. —
Sonderabdruck aus „Abhandlgn. d. bayer. Akad. d. Wiss.“

Doeberl, M., Bayern u. Frankreich. Vornehmlich unter Kurfürst Ferdinand Maria. gr. 8. (XI, 605 S.) München 900. [C. Haushalter.] E. Koch. n. 9. —; geb. in Halbfrz. n. 11. —

Doeberl, Mich., Bayern u. Frankreich. Vornehmlich unter Kurfürst Ferdinand Maria. II. Archivalische Beiträge. Hrsg. m. Unterstützg. der k. bayer. Akademie der Wissenschaft. (V, 166 S.) gr. 8. München 903. [E Koch.] Th. Ackermann. n. 12.—(Kplt. n. 21.—)

— Entwicklungsgeschichte Bayerns. 1. Bd. Von den ältesten Zeiten bis zum westfäl. Frieden. (IX, 594 S.) Lex.-8. München 906. R. Oldenbourg. n. 12.—; geb. n. 13. 50

— Entwickelungsgeschichte Bayerns. 1. Bd. Von den ältesten Zeiten bis zum westfäl. Frieden. 2. Aufl. (X, 625 S.) Lex. 8. München 908. R. Oldenbourg. 12,50; geb. n 14.—

Doeberl, M., die Landgrafschaft der Leuchtenberger. Eine verfassungsgeschichtl. Studie m. anhäng. Regesten u. Urkunden. gr. 8. (40 S.) München 893. H. Killinger. n. 1. 50

Ⓑ — Landgrafsch. d. Leuchtenberger. 893. (KBL 27.) Jetzt: Bamberg, C. C. Buchner's Verl. Erm. Pr. 1.—

— Lehrbuch der Geschichte f. die oberen Klassen der Gymnasien, s.: Stich, Hans.

— die Markgrafschaft u. die Markgrafen auf dem bayerischen Nordgau. Progr. gr. 8. (VI, 90 S.) München 893. (Bamberg, C. C. Buchner Verl.) n. 2.—

Doeberl, *Michael* [Dr.]: Die Markgrafschaft und die Markgrafen auf dem bayerischen Nordgau. [— Hab.-Schr. v. München 1894.] (Fortges. in des Vfs n. Hab.-Schr.: Berthold v. Vohburg-Hohenburg, d. letzte Vorkämpfer d. deutschen Herrschaft im Kgr. Sizilien. E. Beitr. z. Gesch. d. letzten Staufer.) München, Buchdr. J. Gotteswinter, 1894; VI, 90 S. 8.
München, k. Ludwigs-G, P 1894*

Doeberl, *Michael* [Dr.]: Die Markgrafschaft und die Markgrafen auf dem bayerischen Nordgau ... (Fortges. in des Vfs n. Hab.-Schr.: Berthold v. Vohburg-Hohenburg, d. letzte Vorkämpfer d. deutschen Herrschaft im Kgr. Sizilien. E. Beitr. z. Gesch. d. letzten Staufer.) München, Buchdr. J. Gotteswinter, 1894; VI, 90 S. 8.
München, Phil. Fak., Hab.-Schr. v. 1894
(Nicht für den Austausch.)

— s.: Montgelas. des Grafen Max Jos. v., Denkwürdigkeiten.

Doeberl, M., s.: Monumenta Germaniae selecta 768—1250.

Doeberl, *Michael* [Dr.]: Zum Rechtfertigungsschreiben Gregors VII. an die deutsche Nation vom Sommer 1076. München, Druck d. Akad. Buchdr. v F. Straub, 1891; S. 23—61; 8°
München, k. Ludwigs-G, P 1891 *

Doeberl, *Michael* [Dr.]: Regesten und Urkunden zur Geschichte der Dipoldinger Markgrafen auf dem Nordgau. München, Buchdr. J. Gotteswinter, 1893; 4 Bl., 60 S. 8.
München, k. Ludwigs-G, P 1893*

— Regesten u. Urkunden zur Geschichte der Dipoldinger Markgrafen auf dem Nordgau. Progr. gr. 8. (VII, 60 S.) München 893. (Bamberg, C. C. Buchner Verl.) n. 1. 20

Döberl, Michael: Reichsunmittelbarkeit und Schutzverhältnisse der ehemaligen Cisterzienserabtei Waldsassen in den drei ersten Jahrhunderten ihres Bestehens .... Passau, Druck v. J. Bucher, 1887; 1 Bl. + II + 55 + 1 S. + 1 Bl. 8°
Erlangen, Phil. Fak, Inaug.-Diss. v. 1887

— Reichsunmittelbarkeit u. Schutzverhältnisse der ehemaligen Cisterzienserabtei Waldsassen in den drei ersten Jahrhunderten ihres Bestehens. gr. 8. (57 S.) Passau 887. (Waldbauer.) n. 1.—

Dobermann, Frdr., die großherzogl. sächs. Karl Friedrichs-Ackerbauschule zu Zwätzen. Zur Feier d. 25jähr. Jubiläums am 16. Mai 1881. gr. 8. (28 S.) Jena 881. (Neuenhahn.) — 75

Dobermann, Joh. Gf.

— s. Auszug aus d. N. Testamente.

Dobermann, Jh. Gf., († d. 16. Apr. 1824.) der lehrreiche Erzähler. 3 Jahrgg. f. 1795—97. gr. 8. Jauer.

— s. Mannichfaltigkeiten d. Zeit.

— die Todesfeier d. Christen, oder auserles. Lieder über Tod, Auferstehung, Gericht u. Ewigkeit. 8. Bresl. 799.

Dobermann, Johannes, Referendar: Der Pflichtteilsergänzungsanspruch. Borna-Leipzig 1908: Noske. VIII, 50 S. 8°
Breslau, Jur. Diss. v. 4. Jan. 1909, Ref. Fischer-Leonhard
[Geb. 13. Febr 83 Gleiwitz; Wohnort. Löwenberg i. Schl.; Staatsangeh.: Preußen; Vorbildung: Magdalenen-Gymn. Breslau Reife O. 02; Studium: Breslau 2, Freiburg i. B. 1, Breslau 3 S.; Rig. 3. Dez. 08.] [U 09. 469

Dobermann, Salom. Severin (Ronneburg), De decimatione delinquentium cum principiis suis methodo demonstrativa. Exerc. acad. Präs. Nic. Wilh. Dressel. Jena (Müller) 28. IV. 1731. 58 S. (5.—) 6611

Döbern [Schlagwort]

Döbern, s.: Preussen. Messtischblätter.

Doberneder, Rich., fürs Vaterland. Volksstück in 5 Akten. 8. (94 S.) Altenburg 887, (Bonde's Verlag.) *

Dobernig, Josef Wolfgang. Der Klagenfurter Männergesangverein. Klgft., Leon, 1897. 96 S.

Dobers, M., d. Bekämpfg. d. Stotterübels i. d. Schulen. Erläutergn. z. den Wandtafeln v. D. gr. 8. (15 S.) Wittenberg 895. R. Herrosé. n. — 40

Dobers, M., Formular-Mappe zum Gebrauch in gewerblichen Fortbildungsschulen. Unter-, Mittel- u. Oberstufe. qu. 8. Eberswalde 906. Eberswalder Buchh. n n. 1. 20
Unterstufe. — 30. — Mittelstufe. — 40. — Oberstufe. — 50.

Dobers, M., Formular-Mappe zum Gebrauch in gewerblichen Fortbildungsschulen. Unter-, Mittel- u. Oberstufe. 2. Aufl. 21×28 cm. Eberswalde, H. Langewiesche. nn 1. 50
Unterstufe. 909. nn —40. — Mittelstufe. 910. nn —50. — Oberstufe. 910. nn —60.

Dobers, Max

Die Königl. Friedrichshütte bei Tarnowitz in Oberschlesien. Festschrift z. Feier ihres 100jähr. Bestehens von 1786—1886. Von Max Dobers. Mit Zus. von Ernst Althans. — Berlin: Ernst & Korn 1886. 30 S. 4° 1.

Dobers, Richard [aus Striegau]: Über die Entwicklung der äusseren Ohrmuskulatur bei Schweine- und Schafembryonen mit Berücksichtigung der Ohrmuschel. (M. 4 Tafeln.) Dresden (a. d. Umschlag: Zürich 1903. 80 S. 8°. [20. X. 03.]
Zürich, Phil. Diss. II. S. 1903/1904.

Dobers, Richard. Über die Entwicklung der äusseren Ohrmuskulatur bei Schweine- und Schafembryonen mit Berücksichtigung der Ohrmuschel. Diss. Phil. [II.] Univ. Zürich. Mit vier Tafeln. 80 S. 8. Zürich (Buchdr. Arthur Schönfeld, Dresden,) 1903.

Dobersch, G. B., das Bier, ein lebendes Wesen, dessen Krankheiten, die Mittel gegen dieselben, nebst den einschläglichen Proben in Betreff seiner Stärke u. Schwere. Gnesen 855. Lange in Comm. 12. (VII, 73 S.) 9 ngr

Doberschinsky, Gertr., Marietta. Roman. (241 S.) 8. Dresden (907). E. Pierson. 3.—; geb. n 4. —

DOBERSCHITZ, THOMAS, Sonntagsprediger in Oedenburg: Aechter Lehrmeister christlicher Redkunst, das ist: Heiliger Johannes von Nepomuck, in einer Lob- und Sitten-Rede den 16. May 1773 vorgestellet als ein Lehrmeister, von welchen eine ganze Christen-Welt das Reden und das Schweigen erlernen solle. (Oedenburg) 1773. Gedruckt bey Joh. Jos. Siess. 27 S. - 200 mm

Doberschütz, Laur., Frag: Ob Herr Jos. A. v. Bandel von Jemand mit Recht verachtet werde? Mit e. sichern Nein beantwortet. 4. Augsb. 765. M. Rieger. 2 ℊ

Dobert, Paul, Frauen-Erwerb. Eine Antwort auf die Fragen: Was können unsere Töchter werden? u. Wo u. wie erwerben sie die notwend. Kenntnisse? 8. (169 S.) Leipzig 892. Abb. Fischer. Kart. n. 2. —

Dobert, Paul (Red.), s. Vom Fels zum Meer.

Dobert, W, die Provinz Pommern. Für den Unterricht in der Heimatskunde bearb. 8. (29 S. mit 1 lithogr. und color. Karte in qu. 4.) Magdeburg 875, (Kroening's Söhne.) cart. *

Dobert, W., die Prov. Pommern. Für den Unterricht in der Heimathskunde bearb. 8. (29 S. m. 1 lith. u. color. Karte in qu. 4.) Magdeburg 875. (Leipzig, Siegismund & Volkening.) n. — 40

Dobert, W., die Provinz Sachsen. Für den Unterricht in der Heimathskunde bearb. 8. (37 S.) Magdeburg 873. (Leipzig, Siegismund und Volkening.) cart. *

Dobert, W., die Provinz Sachsen. Für den Unterricht in der Heimatskunde bearb. 2. verb. und verm. Aufl. 8. (47 S. mit 2 lithogr. und color. Karten in gr. 4. und qu. gr. 4.) Magdeburg 875, (Krönig's Sohn.) cart. *
—— dass. — 3. verb. und verm. Aufl. 8. (46 S. mit 1 Karte in Farbendr. in 4.) Ebendas. 878. cart. *

Dobert, W., die Prov. Sachsen. Für den Unterricht in der Heimatskunde bearb. 4. und 5. Aufl. gr. 8. (40 S. mit 1 Karte in Farbendr.) Magdeburg 880,82, (Leipzig, Siegismund und Volkening.) cart.

[F.] Die Provinz Sachsen. F. d. Unterr. in d. Heimatskunde bearb. v. W. **Dobert**, Lehrer ... M. 1 Kt. in Farbendr. 10. Aufl. *Magdeburg: Comm. A. Rathke [1897].* (40 S., 1 Kt.) 1 Bd 8. [98. 1012 II.

—— der preußische Staat. Für den geograph. Unterricht bearb. 8. (52 S. mit 1 Karte in Farbendr. in qu. Fol.) Magdeburg 876, (Creutz'sche Buchh.) * 60 Pf.; cart. *

— u. G. Helmcke, der preußische Staat. Für den geograph. Unterricht bearb. Mit einer kolor. Karte. 2., verb. Aufl. 8. (48 S.) Magdeburg 882. Rathke. cart. n. — 70

Dobert, W., und G. Helmcke, der preußische Staat. Für den geograph. Unterricht bearb. 3. verb. Aufl. 8. (48 S. mit 1 kolor. Karte.) Magdeburg 887, Rathke. cart. *

Dobert, W. u. G. Helmcke. Der preußische Staat. Für den geograph. Unterricht bearb. Mit 1 kolor. Karte. 4. verb. Aufl. 8. (48 S.) Magdeburg 889, Rathke's Verlag. cart. * — 70

— u. G. **Helmcke**, d. preußische Staat. F. d. geograph. Unterricht bearb. 6., verb. Aufl. 8. (48 S. m. 1 farb. Karte.) Ebd. 897. Kart. n.n. — 70

Dobert, W., Übungsstoffe f. den orthographischen Unterricht, s.: Helmcke, G.

Dobert, W., Wandkarte der Prov. Sachsen. 9 Bl. Fol. Magdeburg 875. (Leipzig, Siegismund und Volkening.)
In Mappe * *ℳ* 9.; aufgez. in Mappe *
Mit Stäben *

W[ilhelm] **Doberts** Heimatkunde der Provinz Sachsen. Hrsg. v. Pestalozziverein d. Prov. Sachsen. Mit 1 Karte. 12. Aufl. *Halle a. S.: H. Schroedel in Komm. 1904.* (40 S.) 8° [F.] [04. 1757

Doebert, A . Klinische Erfahrungen über die Digitalis-Dialysate (der Firma Golaz in Saxon). Aus der inneren Abteilung des Krankenhauses Bethanien in Berlin.... Sonder-Abdruck aus Therapie der Gegenwart, Jahrg. 1904. Heft 4. 15 S. 8. Berlin *und* Wien, Urban & Schwarzenberg, 1904.

Doebert, Arthur, approb. Arzt aus Berlin: Über das Fieber bei der Gicht. *Greifswald 1901: H. Adler.* (51 S.) 8°
Leipzig, Med. Diss. v. (19. Juli) 1901

Doberten, Jac. Bos., franz. Sprachlehre. gr. 8. Leipz. Rein. 803.

— — dieselbe. gr. 8. Cöln, Keilisch.

Doberton, Jak. Bnj., französ. Sprachlehre. gr. 8. Köln 803. Keilisch. 16 ℊ (Leipz., Rein). 1 ℛ 8 ℊ

Dobesch, Wilib. Th., kathol. Gebet- u. Gesangbuch, s.: Klein, Wilh.

Dobiaschowsky, s.: Smolatz v. Dobiaschowsky.

Dobiecki, A. Ritter v., s. Gesetz-Ausgabe, Manz'sche.

Dobiecki, Arthur, Organisation des bäuerlichen Bodenkredits und ihre Bedeutung für die Agrarverhältnisse in Russland. Diss. 8°. Heidelberg, Hörning u. Berkenbusch, 1910.

Dobiecki, Arthur von: Organisation des bäuerlichen Bodenkredits und ihre Bedeutung für die Agrarverhältnisse in Russland. Heidelberg: Heidelberger Verlagsanst. u. Dr. 1910. 55 S. 8° ¶ (Soll vollst. ersch. u. d. T.: Untersuchungen d. russ. Agrarverhältn.)
Heidelberg, Phil. Diss. v. 1. Aug. 1910, Ref. Gothein
[Geb. 18. Sept. 81 Cianowice; Wohnort: Cianowice; Staatsangeh.: Rußland; Vorbildung: Gymn. Bakowice Reife Mai 06; Studium: Breslau 3, Leipzig 2, Heidelberg 1 S.; Rig. 26. Juli 10.] [U 10. 2119

Dobiecki, Aug. Ritter v., das Maß- u. Gewichtswesen u. der Eichdienst in Österreich, s.: Thaa, Geo. Ritter v.

Doblado, Leucade, Briefe aus Spanien. Aus d. Engl. übers. von Esther Domeier. Mit e. Briefe an Dr. Tieck. gr. 8. Hamb. 824. Campe. 2 ℛ

Doblen, Das Schloss, in Kurland. [Riga 1807]. V: *Recke, Joh. Friedrich von.* (R-N)

Dobler u. Kettnaker, der Notariatskandidat. Eine Zusammenstellg. der Vorschriften üb. Vorbildg., Ausbildg., Prüfg. u. Verwendg. der Notariatskandidaten, m. e. Aufgabensammlg. aus dem Gebiet der freiwill. Gerichtsbarkeit einschließlich der Prüfungsaufgaben für Notariatskandidaten u. Justizreferendäre, nebst e. Anh. (Muster-Teilungsfall) u. e. Stammbaum. (VI, 290 S.) 8. Stuttgart 905. W. Kohlhammer. n. 3. 60; geb. n. 4. 20

— — dasselbe. II. Buch. Lösungen zur Aufgabensammlung im I. Buch. 1. Lfg. Auseinandersetzungsprotokolle u. Übungsfälle. (VI, 159 S.) 8. Ebd. 906. n. 2. 80

Dobler, Alfr., Neueste Eisenbahn- und Postkarte von Deutschland und den angrenzenden Ländern mit Angabe der Canäle, Bäder u. europäischen Dampfschiffcourse. Düsseldorf 1863. gr. Fol. Lith. u. kolor. . . . . (Br. Mus.)

Dobler, Alfr., Karte des Rheins von Basel bis Rotterdam, mit genauer Angabe der Eisenbahnen und Stationsplätze am Rhein. Coblenz [1873?] . . . . . . (Br. Mus.)

—— Karte des Rheins von Düsseldorf bis Speier, mit genauer Angabe der Eisenbahnen und Stationsplätze am Rhein. Coblenz [1873?] . . . . (Br. Mus.)

Dobler, Alfr., vollständige Sammlung alter u. neuer Schriften, in anerkannt vorschriftsmäßiger Ausführung bearb. f. Lithografen, Kalligrafen, Maler, Bildhauer, Graveure u. verwandte Geschäfte. Nebst genauer Anleitg. zur Erlerng. derselben. qu. Fol. (14 Bl.) Kempten 885. Wenger. n. 3. —

Dobler, Friedrich „Individuelle Ansichten über den formellen Theil des Religionsunterrichtes an öffentlichen Lehranstalten". pg. 3—6. 4°. Cl. Attenkofer.
Straubing, Progr. 1864/65

Dobler, Friedrich (Priester) „Aphorismen über Bedeutung und Werth einer bürgerlichen Buchführung im Handwerkerstande". pg. 3—8. 4°. Cl. Attenkofer.
Straubing, Progr. 1857/58

Dobler, Friedr., bedürfen Bayerns Bildungs-Anstalten e. Reform, od. nicht? Beantwortet. 8. (4¼ B.) Straubing 834. (Schorner.)

Dobler, Friedrich „Die Belagerung und Zerstörung Jerusalems im Jahre 70 nach Christi Geburt". Eine geschichtliche Skizze nach Flavius Josephus. pg. 1—4. 4°. Franz Seraph Lerno.
Straubing, Progr. 1853/54

— s. Boudon, H. M., die heil. Wege d. Kreuzes.

Dobler, Frid., Diurnus sacerdotum cibus, ad mensam altaris praevius, ubi, quae scire, vitare, peragere debet sacerdos, e sacris literis sanctisque patribus summatim sunt collecta. Juxta exemplar Bononiae de anno 1667. 8. (2½ B.) Straubingae 845, libr. Schorner.

Dobler, Friedrich „Albrecht Dürer, der Stolz der deutschen Künstlerwelt". Als Vorbild für werdende Techniker zur Nachbildung aufgestellt. pg. 3 bis 9. 4°. Cl. Attenkofer.
Straubing, Progr. 1863/64

Dobler, Friedr. (Priester) „Ueber Einfluss und Anwendung des geschichtlichen Studiums im menschlichen Leben". pg. 1—8. 4°. F. S. Lerno.
Straubing, Progr. 1857/58

Dobler, Friedr., über den Einfluß des Genius der alten Literatur auf den Entwickelungsgang der deutschen Literatur. gr. 8. (29 S.) Straubing 864, Schorner [Mauter].

Dobler, Friedrich (Religionslehrer) „Ueber den Einfluss der Religion auf die Kunst im Allgemeinen". pg. 16—25. 4°. Franz Seraph Lerno.
Straubing, Progr. 1841/42

—— Epistola didactica ad studiosos litterarum Bavariae de modo conversandi. 8. (1 B.) Straubingae 842, libr. Schorner. -

Dobler, Friedrich „Charakteristische Erläuterungen über altdeutsche Mythologie mit Hinweisung auf vaterländische Geographie und Geschichte, zur richtigen Anwendung symbolischer Darstellungen in der gewerblichen Technik". pg. 3—12. 4°. Franz Seraph Lerno.
Straubing, Progr. 1849/50

Dobler, Friedrich „Charakteristische Erläuterungen" etc (Forts. und Schluss des Programms 1849/50.) pg. 3—15. 4°. Franz Seraph Lerno.
Straubing, Progr. 1850/51

Dobler, Friedr., Ernest u. Albert, od. d. Prinzen-Raub. Eine Gesch. aus d. J. 1455 f. d. reif. Jugend. 12. (2 B.) Straubing 838, Schorner.

—— Gesänge ein. einsamen Muse in Niederbayern. Den Freunden d. vaterländ. Dichtkunst geweiht. gr. 12. (8 B.) Straubing 839, (42,) Schorner.

—— Gott verläßt die Seinen niemals. Dargest. in ein. Familiengemälde aus d. Leben. 8. (6 B.) Straubing 838, Schorner.

Dobler, Friedrich „Gründung des Herzogthums Bayern vor dreizehn Jahrhunderten oder Eroberung der beiden Rhätien durch den vaterländischen Helden Theodor I. aus dem Stamme der Agilolfinger". pg. 3—8. 4°. F. S. Lerno.
Straubing, Progr. 1852/53

—— Jesus, d. Vorbild d. Priester, Glückswunsch zur Primiz-Feier d. hochw. Hrn. Joh. Nep. Neresheimer. gr. 8. (1½ B.) Straubing 834, (Schorner.)

Dobler, Friedr., Leitfaden beim ersten Unterrichte in der Geographie an techn. Unterrichtsanstalten. gr. 8. (97 S.) Straubing 851, Schorner.

Dobler, Friedrich (kgl. Religionslehrer) „Historisch-kritische Mittheilungen über die politische und religiöse Lage der Juden und Römer zur Zeit der Erscheinung Jesu Christi auf Erden". pg. 3—14. 4°. Franz Seraph Lerno.
Straubing, Progr. 1846/47

—— Nenia, Manibus Tillii dicata. 8. (1 B.) Straubingae 846, libr. Schorner.

Dobler, Fr., Dissertatio num poesis latina, an vernacula majori in pretio sit habenda, majorique studio consectanda? 8. Straubingae 842, libr. Schorner. 1¾ ngl

—— Reflexiones piae de tempore bene adhibendo, juxta fontes sacros, nec non profanos. 8. (4 B.) Straubingae 846, libr. Schorner.

— Reflexiones piae de tempore bene adhibendo, juxta fontes sacros, nec non profanos. 8. (64 S.) Ebd. 847. 4 ngl

Dobler, Frid., Saturnus christianus seu ingens temporis pretiosi thesaurus. Ex auctoribus sacris, nec non profanis erutus et juris publici factus. 8. (142 S.) Straubingae 847, Schorner. Thlr. -

—— sind die Realgymnasien in Bayern ein Bedürfniß? Unpartheiisch geprüft und gewissenhaft beantwortet. gr. 8. (15 S.) Straubing 864, Schorner [Mauter].

Dobler, Friedrich „Umrisse zu einem natürlichen Systeme der Erziehungswissenschaft nach christlichen Grundsätzen". pg. 3—10. 4°. Lerno'sche Buchd.
Straubing, Progr. 1859/60

—— monatl. Vorbereitung zu einem glückseligen Tode. Ein Gebet- u. Erbauungsbüchlein f. Heils begierige Seelen. 12. (3⅙ B.) Landshut 837, Thomann'sche Buchh.

—— die Vorzüge d. jetzigen Volks-Schulwesens vor d. früheren. Eine Rede zur Schlußfeyer d. Schuljahres $18\frac{32}{33}$. 8. (1 B.) Straubing 833, Schorner.

— die Würde der Volksschulen. Eine Rede zur Schlußfeier des Schuljahres $18\frac{34}{35}$. gr. 8. Straubing 835. Schorner. 1⅙ ℳ

Dobler, H.: Die Gerichtskostenordnung, s. Schühle, M.

Dobler, Jos., der Gesangunterricht in der Volksschule. Altes u. Neues aus der Gesanglehre u. zur Gesangsmethodik. Ausgearb. u. zusammengestellt. 2., verb. Aufl. 12. (39 S.) Zürich 901. Art. Institut Orell Füssli. Kart. n. — 60

Dobler, K. G., e. neues Weltall. Begr. durch d. Erfindg. d. „Kometograph" u. durch e. vergleich. Astro-Embryologie. Gemeinverständl. bearb. v. d. Erfinder d. Kometographen. 3. (Titel-)Aufl. gr. 8. (VIII, 124 S. m. Abb.) Leipzig (892) 896. W. Friedrich. n. 3. —

Dobler, Mch., moral. Aufsätze, ein Beitrag zur Geistes- u. Herzensbildung. 8. Salzb. 805. Mayr. 8 gl

Geschichte d. Klosters Thierhaupten. Von Nikolaus **Dobler**. Hrsg. v. Hist. Ver. f. Donauwörth u. Umgegend. Hälfte 1. Donauwörth: L. Auer 1908. 8° [F.] [08, 6718 9

Dobler, Paul, a. Knittlingen: Über die Sekundärstrahlung, welche entsteht, wenn die β-Strahlen des Radiums dünne Metallschichten treffen, und den Zusammenhang zwischen Geschwindigkeit der primären Strahlen, Schichtdicke und Intensität der Sekundärstrahlen. Leipzig: J. A. Barth 1907. (227—245 S., 1 Taf.) 8° ¶ (Aus: Annalen der Physik, Folge 4 Bd 22.)
Tübingen, Naturw. Fak., Ref. Paschen, Diss. v. 26. Mai 1906
[Geb. 11. Apr. 83 Knittlingen, O.-A. Maulbronn; Wohnort: Backnang; Staatsangeh.: Württemberg; Vorbildung: Friedrich-Eugen-Realsch. Stuttgart Reife Sommer 01; Studium: Univ. Tübingen 4, T.H. Stuttgart 4 S.; Coll. 26. Mai 06.]

Döbler u. **Bosco**, der neue, oder der allerneueste u. vollkommenste Zauberer. gr. 16. Wien 846 (845), Sommer. baar 6 ngl

Döbler, G., s. Ansichten v. Prag.

Döbler, Ldw., s.a. Tausendkünstler u. Taschenspieler, der.

Döbler II., Ludw., der alle Zeit fertige Tausendkünstler und Taschenspieler. Eine Sammlung der überraschendsten, mannigfaltigsten und am leichtesten, ohne irgend eine Vorbereitung und Einübung ausführbaren Kunststücke. Zur Erheiterung für Jung und Alt. Verm. und verb. Aufl. 12. (60 S.) Hamburg 849, Volksbuchhandlung in St. Pauli.

Doblhoff, A. v., üb. d. Drainage, e. Beitrag z. wissenschaftl. Begründung u. z. prakt. Ausführung dieses Systemes andauernder Bodenverbesserung u. vermehrten Pflanzenbaues. Mit Holzschn. gr. 8. Haag, 1850. 2. Aufl. Leipzig, 1850. T. O. Weigel. — 7⅓

Doblhoff, A. v., über die Drainage, ein Beitrag zur wissenschaftl. Begründung und zur pract. Ausführung dieses Systemes andauernder Bodenverbesserung und vermehrten Pflanzenbaues. 1. Aufl. Haag. 1851. und 2. Aufl. gr. 8. (34 S. mit eingedr. Holzschn.) Leipzig 851, T. O. Weigel.
(Die 1. Aufl. erschien anonym, s.: Drainage.)

de Doblhoff, Franc. Hollerius, Tractatus de morbis capitis, in quo universa doctrina dé morbis capitis dilucide describitur, earumque causa accurate explicatur, et curatio per selectissima remedia, tàm divitibus qvam pauperibus accommodata, exhibetur. Accedunt observationes practicae, copiosae et rariores, ut et quaestiones vel nondum decisae, vel aliter decisae, vel in decisione ambiguae eventilatae. 248 pp. Ratisb. 1721. 4°.

Doblhoff, H. Frhr. v., Rindviehnutzung, }
— Rindviehzucht, } s.: Tafeln, landwirthschaftliche.

Doblhoff, J. v., zwei Erzählungen aus der Schweiz. [Ma Renonce. Madonna.] 2. Aufl. v. „Erzählungen aus der Schweiz". 8. (164 S.) München 887. Callwey. n. 1.—

Doblhoff, Baron J. Der Gotthard-Pass einst und jetzt. Ein Bild aus der Schweizergeschichte. In-8⁰. 31 S. Wien, E. Schlieper. 1879. 1 75

— zur Hebung d. Fremden-Verkehrs in Salzburg v. „Aliquis". [J. D — ff.] gr. 8. (23 S.) Ebd. 888. n. — 40

— der Heiny v. Realp. Erzählung aus der Schweiz. 2. Aufl. v. „Erzählungen aus der Schweiz". 8. (140 S.) Ebd. 887. n. 1.—

— dasselbe. Ein Volksdrama aus dem 16. Jahrh. in 5 Aufzügen. Nach seiner gleichnam. Erzählg. f. die Bühne bearb. 12. (IV, 60 S.) Ebd. 887. n. 1.—

Doblhoff, J. Freiherr von —. Ueber Kommassation. Von — —. (Abdruck aus der allgemeinen land- und forstwirthschaftlichen Zeitung, 3. Quartal 1854.) 8. (42 S.) Wien. Druck und Verlag von Karl Gerold und Sohn. 1854.

Doblhoff, J. von. Crematorien und Columbarien der Neuzeit. Ein Wort zur Feuerbestattungsfrage. Salzburg 1895.

Doblhoff, Josef Frh. von [Wirkl. Name], s.a. Chillonius [Pseud.]

Doblhoff, J., Beiträge zum Quellenstudium Salzburgischer Landeskunde, nebst Hinweis auf die wichtigsten Quellenwerke. I.–V. Hft. gr. 8. Salzburg, (Mayr). à n. 1. 20
I. Hilfswerke — Kunst — Naturwissenschaften — Geographie, Topographie, Kartographie Statistik, Reisen (1. Abth.). 893. (IV, 48 S.)
II. Geographie, Topographie, Kartographie, Statistik, Reisen (2. Abth.) — Volkswirtschaft — Volkskunde im engeren Sinne — Prähistorisches, Archäologie, Geschichte, Chronik (1. Abth.). (S. 49—96.) 893.
III. Prähistorisches, Archäologie, Geschichte, Chronik (2. Abth.) — Litteraturgeschichtliches, Schöne Litteratur u. Poesie — Varia — Fortsetzungen u. Nachträge. (S. 97—152.) 893.
IV. Zur Emigrations-Litteratur — Inhalt der Mittheilgn. der Gesellschaft f. Salzburg. Landeskunde 1860—1893 (Bd. I bis XXXIII) u. der Jahresberichte des Museums Carolino-Augusteum 1850—1892 — Fortsetzungen u. Nachträge bis Dezbr. 1893 (I—IV). (IV u. S. 153—211.) 894.
V. Gastunensia. Aus den Publikationen der k. k. geolog. Reichsanstalt 1850—1891. Numismatik. (IV u. S. 213—260.) 896.

Doblhoff, J., Beiträge z. Quellenstudium salzburg. Landeskunde, nebst Hinweis auf d. wicht. Quellenwerke. 6. u. 7. (Schluß-)Hft. gr. 8. Salzburg 895. (Mayr.) à n. 1. 20
Nachträge u. Nova b. 1894 (Schluß). — Anh. Salisburgensien a. d. Mittheilgn. d. k. k. Central-Commission f. Erforschg. u. Erhaltg. d. Kunst- u. histor. Denkmäler. — Inhaltsangabe f. alle 7 Hfte. (IV u. S. 261—363.)

Doblhoff, Jos. v., Bregenz ein Emporium. Lex.-8. (35 S.) Wien 884, (Schworella und Heick.) *

—— die Dampfmaschine vor Watt mit besond. Berücksicht. der ersten Dampfmaschinen in Oesterreich. Ein Nachtrag zu dem am 18. Febr. 1881 im wissenschaftl. Club gehaltenen Vortrage: „Pfade des Weltverkehres. Ein Zeitbild". Nach neueren Quellen dargestellt. Lex.-8. (13 S.) (Ebendas.) 883. *
Vorstehende zwei Schriften sind aus: Monatsblätter des wissenschaftlichen Club, besonders abgedruckt.

Mamsell Espenlaub. Eine japan. Dorfgeschichte von Chillonius ⟨J[osef Frh.] v. Doblhoff⟩. *Leipzig: R. Baum [1900].* (41 S.) 8° [o3. 6795

Doblhoff, J. v., Julia Festilla. Ein Liebesroman aus Römisch-Helvetien. 3 Bde. 8. (XX, 247, 254 u. 298 S.) Wien 884. Faesy. n. 10. 80

Frondeurs. Lustspiel in 3 Akten ⟨aus d. Wiener Leben⟩ von Chillonius [d. i. Josef Frh. v. Doblhoff]. Leipzig: O. Mutze 1894. (93 S.) 8° [J.] [o4. 10018

—— der Montblanc. Eine topographisch-histor. Skizze mit Berücksicht. der neuesten Literatur. gr. 8. (66 S. mit 1 Lichtdr.) Wien 880, (Gilhofer und Ranschburg.) (*M 2.) *

Doblhoff, J. v., der Montblanc. Eine topographisch-histor. Skizze m. Berücksichtigung der neuesten Literatur. gr. 8. (66 S. m. 1 Lichtdr.) Wien 880. Schlieper in Comm. n. 2. —: ohne Bild n. 1. 60

—— Pfade des Weltverkehres. Ein Zeitbild. Vortrag, gehalten im wissenschaftlichen Club in Wien, am 18. Febr. 1881. Lex.-8. (21 S. mit 1 Photolithogr.) Wien 881, (Schworella und Heick.) *
Aus: Monatsblätter des wissenschaftlichen Club, besonders abgedruckt.

—— von den Pyramyden zum Niagara. Eine Reise um die Erde. Tagebuchnotizen und Schilderungen aus Aegypten, Indien, China, Cochinchina, Japan und Nordamerika. Mit histor. und statist. Angaben und einem Anhang [Rathschläge für Reisende, 30 größere überseeische Touristenrouten ꝛc.] und 65 Orig.-Abbild. [62 Zinkogr. nach Entwürfen und Naturskizzen des Malers Jul. Ritter v. Blaas und des Verf., gezeichnet von J. J. Kirchner (Chemigraphien Angerer und Göschl), sowie 3 Photolithogr. auf 1 Blatte von J. Löwy, k. k. Hofphotograph]. gr. 8. (XXIV, 603 S.) Wien 881, [Schlieper.] Gilhofer und Ranschburg. (*M 15.) *
geb. (*M 17.) *

(D[oblhoff, Joseph von].) Von der Simplonbahn. ⟨Eröffnung April oder Mai 1906.⟩ Separatabdruck aus Mitt[eilungen] d[er] K. K. Geogr. Gesellschaft in Wien. [Band 49, Jahrg.] 1906. Heft 1. I S. + S. 4—10. 8. [Wien, R. Lechner.]

(D[oblhof]f, [Joseph Freiherr von].) «De Monte Simplono» ⟨Historisches vom Simplonwege⟩. Separatabdruck aus Mitt[eilungen] d[er] K. K. Geogr[aphischen] Gesellschaft in Wien. [Band 49, Jahrg.] 1906. Heft 10. II S. + S. 493–503. 8. [Wien, R. Lechner.]

Doblhoff, J[oseph von]. Auf dem Trümmerfelde Aventicums, des „Caput Helvetiorum". Eine Studie. Mit 6 Zinkographien, nach Naturskizzen des Verfassers gez. von H Blamauer, und einer Lichtdruck-Tafel von J. Löwy nach Lithographien aus [Conrad] Bursian's „Aventicum Helvetiorum". ([Nebst] Anhang: Auf Av' bezügliche Literatur.) SA. 4. Wien 1883.

— auf dem Trümmerfelde Aventicums, des „Caput Helvetiorum". Eine Studie. Lex.-8. (40 S. mit eingedr. Fig. und 2 Taf.) Wien 883. (Basel, Schwabe.)
Aus: Monatsblätter des wissenschaftlichen Club, besonders abgedruckt.

v. Doblhoff, Jos. Frhr., Versuche mit der Drillkultur auf einigen Feldern bei Baden. gr. 8. (IV u. 40 S. m. eingedr. Holzschn.) Wien 851. Gerold. n. 1/3 ℳ

Chillonius. „Wasser-Ringe". Zeitgedichte e. Österreichers (III). [1893 bis Juli 1897.] In-8⁰. 66 S. Zürich, Verlagsmagazin (J. Schabelitz). 1 — 1897.

Doblhoff, Walth. Frhr. v., Untersuchung v. Automobilkühlern, s.a. Mitteilungen üb. Forschungsarbeiten auf dem Gebiete des Ingenieurwesens.

Doblhoff, Walther Freiherr von: Untersuchung von Automobilkühlern. 1910. 68 S. 4⁰ ¶ Auch als: Mitteilungen über Forschungsarbeiten auf d. Gebiete d. Ingenieurwesens. H. 93; Ausz. in: Zeitschrift d. Vereines deutscher Ingenieure. Bd 54. 1910, Halbj. 1.
Dresden, Dr.-Ing.-Diss. v. 23. 7. 1909

Doblicka, Karl, Tirols Mineralien. 12. (VIII u. 120 S.) Wien 852, Gerold. n. 16 Ngr

Doblika: Über den Kalkspat des Valentini-u.Kathariniberges und des Isonzo-Ufers bei Görz. 2 S. 8⁰.– Görz, Progr. 1852.

Doblin, Ernst (Hrsg.), s. Tennyson, Alfred: Enoch Arden and lyrical poems.

Doblin, J. C., de bullarum indulgentiarum pontific. antiquitate fucata. Regiom. 1723. 4.

Döblin

— Predigt bei der 52. Hauptversammlung des evangel. Vereins der Gustav-Adolf-Stiftung, s.: Hoffmann.

Doeblin, Braun u. Baur, drei Predigten, bei der 47. Hauptversammlung des Evangel. Vereins der Gustav-Adolf-Stiftung in Darmstadt am 11. u. 12. Septbr. 1894 geh. Liturgischer Gottesdienst am 12. Sept. 1894. gr. 8. (43 S.) Leipzig 894. (J. C. Hinrichs' Sort.) n. — 40

Döblin, A., Festpredigt, s.: Flugschriften des Evang. Bundes.

Döblin, s.: Gustav-Adolf-Bote, der, f. die Prov. Westpreußen.

— s.: Predigten, 9, b. d. 50. Hauptversammlung des evang. Vereins d. Gustav Adolf-Stiftg.

Doeblin, Adolf (Hrsg.), s. Herr, lehre uns beten!

Predigt zur Eröffnung der ausserordentlichen Generalsynode 1. Juli 1900 geh. von Gen.Superint. D. [Adolf] Doeblin in Danzig. *Berlin: Wiegandt & Grieben 1900.* (8 S.) 8° [J.] [ol. 11830

Doeblin, Albert [pr. Arzt aus Berncastel a. d. Mosel]: Die Amennorrhoe [!] und ihre Behandlung mit Elektricität . . . Berlin, Buchdr. v. G. Schade, *1894;* 26 S., 3 Bl. 8.
Berlin, Med. Fak., Inaug.-Diss. v. 14. Aug. 1894

Döblin, Alfred, a. Berlin: Gedächtnisstörungen bei der Korsakoffschen Psychose. Berlin 1905: O. & E. Klett. (63 S.) 8°
Freiburg i. B., Med. Fak., Ref. Hoche, Diss. v. 1905
[Geb. 10. Aug. 78 Stettin; Wohnort: Berlin; Staatsangeh.: Preußen; Vorbildung: Kölln. Gymn. Berlin Reife M. 00; Studium: Berlin 7, Freiburg i. B. 2 S.; Coll. 7. Juli 05.]

Döblin, Alfr., Lydia u. Mäxchen. Tiefe Verbeugg. in 1 Akt. (52 S.) 8. Strassburg 906. J. Singer. n. 1. —

Döblin, Jo. B., praes. Fr. Hoffmann, De dolore ex calculo renum; vom Stein-Schmertz in d. Nieren. 28 pp. Hal. 41731

Doeblin, Maur. (geb. Glogau 19. 5. 1834): De opii effectu in morbis nonnullis febrilibus acutis. Berolini (1858). (32 S.) 8°
Berlin, Med. Diss. v. 2. Sept. 1858

Doeblin, Salomon [aus Berncastel a. d. Mosel]: Über die Einwirkung der Diphtherie auf das Herz. . . . Berlin, Buchdr. v. Gustav Schade (Otto Francke) (1889): 29 + 1 S. + 1 Bl. 8°
Berlin, Med. Fak., Inaug.-Diss. v. 20. Jul. 1889

Döbling [Schlagwort]

Döbling, s.: Wien.

Doblinger, Max, die Herren v. Walsee. Ein Beitrag zur österreich. Adelsgeschichte. (344 S. m. 6 Stammtaf.) gr. 8. Wien 906. (A. Hölder.) 8. —
Sonderabdruck aus „Archiv f. öst. Gesch."

Doeblinger, Hans, die Toiletten-Geheimnisse der Wienerin. schmal gr. 8. (52 S.) Wien 902. J. Eisenstein & Co. n. 1. —

Auszug aus der theoretischen Philosophie und den Anfangsgründen der Mathematik, aufgesetzt von *Marian Dobmaier*. Ingolstadt. Haberberger. 4 B. 8. 1785.

Dobmann, Theodor: Die Technik der Gellertschen Lustspiele. 15 S. 4.
Oberrealschule (Vormalige Höh. Bürgerschule) *Freiburg i. Br.* 1901 (678).
Progr.

Dobmayer, Cl. D. Mariani

— Auszug aus d. theoret. u. prakt. Philosophie u. d. Anfangsgr. der Mathematik. 8. Neuburg 785.

— conspectus theologiae dogmaticae catholicae. 8. Amberg 789.

Dobmayer, Cl. D. Mariani, († d. 21. Dec. 1805.) Bavarici actualis atq. in academia Ingolstadiensi ac lyceo Ambergensis Dogmatices edid. F.P. Senestrey. III Tom. 8 maj. Sulzbach 807–9. v. Seidel. 6 ℳ 4 Gr

Dobmayer, Cl. D. Mariani, Encyklopädie. ... 807. ...

Dobmayer, (Cl. D. M.,) Institutiones theologicae in Compendium redactae, ab E. Salomon. 2 Tomi. 8 maj. Solisbaci 824, de Seidel.

Dobmayer, Cl. D. Mariani, Institutiones theolog. in Compendium redactae ab Emmer. Salomon. II Tomi. Edit. II. corr. 8 maj. (56 B.) Solisbaci 833, de Seidel.

— Lehrsätze aus den Gegenständen der ersten philosoph. Klasse zu Neuburg an d. Donau. 8. Ingolst. 786.

— systema theologiae catholicae, opus posthumum, cura et studio Th. Pant. Senestrey editum. VIII Tom. 8 maj. Sulzb. 807–19. v. Seidel; (a. Bachem in Köln). 14 ℳ 8 Gr

MONTEZ, Lola. — Dobmayer, J. Zustände und Ereignisse in München im Jahre 1847. Berlin 1847. VI, 370 S.

Dobmayr, Karl [cand. med. aus Freising]: Über einen Fall von rekurrierender verruköser Endocarditis mit Embolie der Arteria fossae Sylvii ... München, 1895; 26 S., 1 Taf. 8.
München, Med. Fak., Inaug.-Diss. v. 1895

Dobner, v. Gelasius.

DOBNER, ABRAH. AEGID. Oedenburgisches rothes Ay, in welchem die wahre Freud und Hoffnung der Ur-alt-Catholischen Christen eingeschlossen, das ist: Catholische Anmerkungen über das Lutherische Lied, so von denen Uncatholischen an ihrem sogenannten Jubel-Fest, anno 1717, den 31. October, zu Oedenburg feyerlich in ihrem Oratorio gesungen, und nachmals zu Regensburg offentlich gedrucket worden: Zusammen getragen aus bewehrten Controversisten, und hervorgegeben von denen Catholischen Ständen zu gemeldeten Oedenburg Anno 1718. - Anhang d. i. erörterte Antwort Fabricii Lutherischen Theologi daß zwischen der Augsburger Confession und Catholischer Religion kein sonderlicher Unterschied sey, occasione einer vorgewesenen Vermälung einer Cathol. Königs, und einer Evangel. Prinzessin. Anno 1717. Gedruckt in Wienn, bei Simon Schmid 1718. 214 S. Anhang 14 f. - kl. 8°

DOBNER, ABRAH(AM) AEGYD(IUS): Lob- Rede an dem hohen Ehren-Fest des heiligen Ignatii Loyolae, Stifters und Urhebers der Societaet Jesu. Wiennerisch-Neustadt 1721. Gedruckt bey Sam. Müller. 12 S. - 4°

DOBNER, ABRAH(AM) AEGYD(IUS): Unsterblicher Tugend-Ruhm der weyland. Frauen JUDITHAE DOBNERIN, einer gebohrnen Artnerin, welche den 4. September 1721. Jahrs das Zeitliche gesegnet, und dann darauff den 7. ds. Mts. ... bestattet wurde. Oedenburg in Nieder-Hungarn, druckts Jos. Ant. Streibig. 1721. 10 S. - 2°

Dobner, Gelasius, s. D o b n e r a S. Catharina, Gelasius

Dobner J, Anleitung zum Gebrauche der ganz neu erfundenen Berechnungs-, Ab- und Auftragungs-Apparate von Spiegelglas. Malaczka 1842

Dobner, Joseph, approb. Arzt aus München: Über **Morbus Addisonii.** *München 1901: E. Mühlthaler.* (76 S.) 8°
München, Med. Diss. v. 1901

Dobner, Karl, Vorlagen f. Drechsler-Arbeiten aus dem Gebiete der Möbel- u. Bautischlerei, s.a. **Vorlagen f. gewerbliche Unterrichtsanstalten.**

Dobner, Karl, Vorlagen für Drechsler-Arbeiten aus dem Gebiete der Möbel- und Bautischlerei. 28 Blatt Lithographie. Wien 1894. Anton Schroll u. Comp. (Min.-Erl. v. 18. Nov. 1894, Z. 19091) 6.—

Dobner, a S. Catharina, († d. 8. Mai 1790.) Gelasius, (Felix Job.), Abhandl. üb. d. Böhmische Dogmatik. gr. 8. Prag 775.

— Abhandl. von d. Grenzen Altmährens. gr. 8. Prag 784. 2e A. 794. Widtmann. (W. Vogel in Leipz.) 6 gr

— Beweis, daß die Urkunde Boleslavs II., welche in d. Archive zu Bezemeier aufbewahrt wird, ächt u. die älteste ist. 8. Prag 775. (W. Vogel in Leipz.) 2 gr

— Beweis, daß Johann von Nepomuck wegen des Beichtsiegels gemartert worden, nach s. latein. Original übers. gr. 8. Prag 784. v. Schönfeld. 3 gr

— krit. Beweis, daß d. Mütze (mitra), welche Papst Alexander II. d. böhm. Herzoge Wratislav verliehen, nichts Anderes als eine Chormütze gewesen. gr. 8. Prag 777. (W. Vogel in Lpz.) 2 gr

— epistola apologetica adversus Luciferum urentem non lucentem, qua gentis Czechicae origo a ver. Zecchis asiae populis etc. seu Appendix et elucidatio prodromi Annal. Hageciauorum. 4. Prag 767. Widtmann. 1 ß 4 gr

— examen alterum, quo expenduntur et profligantur dubia nuper a P. Pubitschka S. J. adversus originem Czechorum objecta. 4. Prag 770.

— examen criticum disquisitionis nuper a P. Athanasio in lucem editae. 4. Prag 769.

— s. W. H a g e k a Liboczan, Annales.

— monumenta histor. Bohemica nusquam antehac edita. VI Tom. 4. Prag 764—86. Widtmann. 11 ß 16 gr

— krit. Untersuchung, wenn das Land Mähren ein Markgrafthum geworden. 8. Prag 766. verm. Ausg. von ... Moese. 8. Chemnitz 781. (Heubner in Wien). 8 gr

Dobner, Gelasius. Kritische Untersuchung, wann das Land Mähren ein Markgrafthum geworden... Olmütz 1781. H: *Monse, Jos. Wratislaw von.* (BrMm)

— vindiciae sigillo confessionis divi Joa. Nepomuceni Protomartyris Poenitentiae assertae. 8. Prag u. Wien 784.

Doebner, die Mineralquellen Thüringens. Ein Beitrag zur Naturgeschichte dieser Gegend. gr. 8. (36 S.) Meiningen 851, Brückner und Renner.

Doebner, A. W., die ehernen Denkmale henneberg. Grafen v. Pet. Vischer in d. Stifts-Kirche zu Römhild. Ges. u. beschrieben. Hrsg. v. d. henneberg. Alterthumsforschenden Verein zu Meiningen. gr. Fol. (6 lith. Taf., 1/2 Fol. u. 4 B. Text.) München 840, [Weiss u. Kohler.] *

Doebner, Christian Philipp Wilhelm (Coburg), De probatione nobilitatis avitae et veteri et hodierna ab illis potissimum qui dignitatem ecclesiasticam appetunt expedienda. Präs. Joh. Georg Estor. Marburg (Müller) April 1744. 84 S. u. genealog. Formblätter. (5.50) 6613

Doebner, Eduard: Arbeiterfürsorge und Submissionswesen im Reiche. Tübingen 1910: Laupp. VII, 117 S. 8°
Tübingen, Staatswiss. Diss. v. 8. Aug. 1910, Ref. Wilbrandt
(Nur in beschränkter Anzahl für den Austausch)
[Geb. 13. Juli 77 Aschaffenburg; Wohnort: Steglitz b. Berlin; Staatsangeh.: Bayern; Vorbildung: Gymn. Aschaffenburg Reife M. 92; Studium: Würzburg 8 S.; Rig. erlassen.] [U 10. 4208

Döbner, Ed., naturhistorischer Atlas zum Schulgebrauch, mit besond. Beziehung auf „Dr. Fürnrohr's Grundzüge d. Naturgeschichte" bearb. u. mit erläut. Texte versehen. qu. 1/2 gr. Fol. (15 Steintaf.) Augsburg 840. Kollmann. n. 1 1/8 ß

Döbner, Eduard, naturhistorischer Atlas z. Schulgebr. mit besond. Beziehung auf „Fürnrohr's Grundzüge d. Naturgeschichte" bearb. u. mit erläut. Texte versehen. Supplementheft. qu. gr. Fol. (4 Stnt. u. 1 Bl. Text.) Augsburg 844, Kollmann'sche Buchh. *
Der Atlas mit Supplement * 1 Thlr. 10 Ngr.

Bausteine zu einer Geschichte der Stadt Meiningen. Aufsätze u. Entwürfe von E[duard] **Doebner**, Dir., Meiningen. Meiningen: (Brückner & Renner in Komm.) 1902. (111 S.) 8° [F.]
— **Beiträge,** Neue, z. Geschichte deutschen Altertums. Lfg 17. [cs. 3336 3

Doebner, E., u. W. Simons, Meininger Pastellgemälde, s.a. **Beiträge, neue, zur Geschichte deutschen Altertums. 19. Lfg.**

Meininger Pastellgemälde. Katalog d. Meininger Gemälde-Ausstellung i. J. 1904 nebst Übersicht über Meiningens Maler u. plast. Künstler von E(duard) **Doebner** u. W(alter) S i m o n s. Meiningen 1904: Keyßner. (98 S.) 4°(8°)
= **Beiträge.** Neue, z. Geschichte deutschen Altertums. Lfg 19. [cs. 3613 3

Döbner, Eduard Philipp

Döbner, E. Ph. Botanik für Forstmänner. 2. A. Aschaffenburg 1858.

Döbner's Botanik für Forstmänner. Nebst einem Anh.: Tabellen zur Bestimmung der Holzgewächse während der Blüthe u. im winterl. Zustande. 4. Aufl., vollständig neu bearb. v. Frdr. Nobbe. Mit 430 in den Text gedr. Holzschn. gr. 8. (XI, 704 S.) Berlin 882. Parey. n. 15. —

— Handbuch der Zoologie mit besond. Berücksicht. derjenigen Thiere, welche in Bezug auf Forst- und Landwirthschaft, sowie hinsichtlich der Jagd vorzüglich wichtig sind. 2 Thle. gr. 8. (XVIII und 1102 S. mit in den Text gedr. Holzschn. und 22 Stnt.) Aschaffenburg (861)62, Krebs. *

DÖBNER, Eduard Philipp: Handbuch der Zoologie mit besonderer Berücksichtigung derjenigen Thiere, welche in Bezug auf Forst- und Landwirthschaft, sowie hinsichtlich der Jagd vorzüglich wichtig sind. 2 Tl. - Aschaffenburg 1862. - Tl. 1: Wirbelthiere. 486 S., 8 Taf. - Tl. 2: Wirbellose Thiere. 616 S., 14 Taf.

Döbner, E. Ph., Lehrbuch der Botanik für Forstmänner, nebst einem Anhang: Die Holzgewächse Deutschlands und der Schweiz, unter Zufügung einiger besonders häufig cultivirten ausländischen Arten, nach der analytischen Methode bearbeitet. 853. (VIII, 345, 66 S.) 1 ₰ 20 ngr — 2. verb. Aufl. Aschaffenburg 858. Krebs. gr. 8. (XI, 416, 75 S. u. 1 lith. Taf. in 4.) 1 ₰ 27 ngr

Döbner, E. Ph., Lehrbuch der Botanik für Forstmänner, nebst 3 Tab. zur Bestimmung der Holzgewächse Deutschland's und der Schweiz, während der Blüthe und im winterlichen Zustande; unter Zufügung einiger besonders häufig cultivirten ausländ. Arten. 3. verb. Aufl. gr. 8. (XI, 563 S.) Aschaffenburg 865, Krebs. [Berlin, Wiegandt, Hempel und Parey.]
4. Aufl. u.d.T.: Döbner's Botanik für Forstmänner. (ℳ 6,75.) *

Doebner, Eduard Philipp Dr. (Lehrer der Naturw.) „Ueber die Stellung der Infusionsthiere im zoologischen Systeme". pg. 3—8. 4°. Lauter. Augsburg, Progr. 1841/42

Döbner. E. Ph. Zoologie für Forst- u. Landwirthe. Aschaffenburg 1862. 2 Bde.

— **Heinrich Philipp** (Coburg), De taxa feudali, vulgo Vom Lehn=Tax. Dissert. jur. Erfurt (J. H. Grosch) 27. III. 1719. 46 S. (5.—) 6614
Widm. v.: Nicolaus Einert.

— — Dasselbe. Jena (Croeker) 1739. 40 S. ohne Widm. (5.—) 6615

DOEBNER, OSCAR. Untersuchungen über das Diphenyl. Tübingen, 1873.

Doebner, R., Leibnizens Briefwechsel mit dem Minister v. Bernstorff u. andere Leibniz betr. Briefe u. Aktenstücke aus den Jahren 1705—1716. Mit einer Einleitung hrsg. [Aus: „Zeitschrift d. histor. Vereins für Niedersachsen".] gr. 8. (176 S.) Hannover 882. Hahn. n. 2. 40

— die Städteprivilegien Herzog Otto d. Kindes u. die ältesten Statuten der Stadt Hannover. gr. 8. (41 S.) Ebend. 882. n. 1. 60

Doebner, Richard

Doebner, Rich., s.: Annalen u. Akten der Brüder des gemeinsamen Lebens.

Döbner, Rich., die Auseinandersetzung zwischen Ludwig IV. dem Bayer und Friedrich dem Schönen von Oesterreich im J. 1325. gr. 8. (64 S.) Göttingen 875, Peppmüller. *

— s.: Briefe der Königin Sophie Charlotte v. Preußen.

Doebner, Briefe d. Königin Charlotte v. Preussen, s. Publikationen.

Doebner, Richard (Hrsg.), s. Sophie Charlotte von Preußen: Briefe . . .

Doebner, Rich. Hildesheimische Stadtrechnungen 1379—1450. Urkundenbuch der Stadt Hildesheim, 5. u. 6. Thl. 2 Bde. gr. 8°. Hildesheim, Gerstenberg 1893—96.

Doebner, Rich., die Hildesheimer Stiftsfehde, s.: Roßmann, Wilh.

Doebner, Rich., Studien zur Hildesheimischen Geschichte. gr. 8. (V, 240 S.) Hildesheim 902. Gerstenberg. n. 3. —

Doebner, R., s.a. Urkundenbuch der Stadt Hildesheim.

Urkundenbuch d. Stadt Hildesheim. hrsg. v. **Döbner.** Theil 1—7. Hildesheim 880—99.
I. 14.— II. 16. — III. 18.— IV. 20.— V. 18.— VI. 24.— VII. 24.—

Urkundenbuch der Stadt Hildesheim I-IV . . . hrsg. v. Dr. Richard Doebner . . . Glossar v. Herman **Brandes**. *Hildesheim: Gerstenberg 1897.* (2 Bl., 111 S.) 1 Bd 8. [97. 6294

Aus Bockenems Vergangenheit. Vortrag geh. im Bürgerver. zu Bockenem 1894. Von Dr. R[ichard] Doebner, Archivrath. *Hildesheim 1894: Gebr. Gerstenberg.* (14 S.) 8° [F. u. Ant.] [95. 7033

Dobrá Voda, s.: Král v. Dobrá Voda.

Dobrachowski, Martin. Monographie der Kettenlinie. Diss. Phil. Bern. [Mit Figuren.] 54 S. 8. Bern, K. J. Wyss, 1907.

Dobreano, J., die Rechte der Donaufürstenthümer und das politische Interesse Europas. Berlin 858. Stuhr. gr. 8. (1 Bl., 30 S.) 7½ ngr

Dobree, Peter Paul

Dobree, Petri Pauli, adversaria critica. Ed. in Germania prima cum praefatione Guil. Wagneri. 2 voll. 8. (XII, 352; 220, 147, 298 u. 63 S.) Berlin 875. Calvary & Co. n. 12. —

— idem liber, s.: Calvary's philolog. u. archaeolog. Bibliothek.

Dobree, Petri Pauli, Observationes Aristophaneae ex editione Pluti Cantabrigiensi a. 1820 seorsim expressae. Cura Guil. Wagneri. 8. (67 S.) Berlin 875, Calvary und Comp. *

v. Dobrentei, Gab., s. Theater d. Ausländer.

Dobrescu Nikolaus: Anfänge der Kirchenorganisation in den rumänischen Fürstentümern.
II. 1904 PN 1795 Diss. Wien, Univ. 894

Religionsbuch für evangelische Schulen. Mit 2 Karten. Im Auftr. d. Königsberger Rektoren-Vereins bearb. von E[phr.] **Dobrick**, G[ottl.] Klein, F[r.] Migge, H[erm.] Oltersdorff. Königsberg i. Pr.: Gräfe & Unzer 1908. (IX, 208 S.) 8° [F.] [08. 7195 10

Dobrick, E., G. Klein, F. Migge, H. Oltersdorff, Religionsbuch f. evang. Schulen. Biblische Geschichten. Bilder aus der Kirchengeschichte. Verzeichnis der bibl. Bücher. Beschreibung des Hl. Landes. Dr. Martin Luthers kleiner Katechismus. Gebete. Bibelsprüche. Psalmen. Kirchenlieder. Das christl. Kirchenjahr. Die Einrichtung des Gottesdienstes u. Verzeichnis der kirchl. Perikopen. Mit 2 Karten. (IX, 208 S.) gr. 8. Königsberg 908. Gräfe & Unzer. Geb. 1. 20

Dobrick, Georg, prakt. Arzt: Aus der Maison de santé in Schöneberg-Berlin. Zur Kenntnis der Dementia paralytica beim weiblichen Geschlecht. Rostock 1905: Adlers Erben. (63 S.) 8°
Rostock, Med. Fak., Ref. Schuchardt, Diss. v. 31. Mai 1905
[Geb. 15. Sept. 70 Wehlau; Wohnort: Berlin; Staatsangeh.: Preußen; Vorbildung: Gymn. Wehlau Reife O. 92; Studium: Königsberg 9 S.; Coll. 15. Apr. 05; Approb. 1. Juli 97.]

Dobrick, Hans, a. Breslau: Das Gefälligkeits-Akzept. Gräfenhainichen 1906: C. Schulze & Co. (92 S.) 8°
Erlangen, Jur. Fak., Ref. Sehling, Diss. v. 12. Nov. 1906
[Geb. 27. Nov. 79 Breslau; Wohnort: Breslau; Staatsangeh.: Preußen; Vorbildung: Gymn. Rawitsch Reife O. 01; Studium: Breslau 4, Greifswald 2, Leipzig 2, Erlangen 2 S.; Rig. 28. Juli 06.]

DOBRILLA, Georgius: De confessione sacramentali. — (1842) 52 S. 8° (Handschr.) Diss. 59
Diss. Wien, Univ.

Dobrin, Carl [aus Wangerin]: **Beiträge zur Kenntniss des Cardols** ... Rostock, Univ.-Buchdr. v. Adler's Erben, 1895; 48 S. 8.
Rostock, Phil. Fak., Inaug.-Diss. v. [9. Aug.] 1895

Dobrin, Wolff [app. Arzt aus Schlochau '(Westpr.)']: Über Pseudoaorteninsufficienz ... Lauenburg i. Pom., Druck v. Röhl & Schnell, *1894;* 18 S., 1 Bl. 8.
Leipzig, Med. Fak., Inaug.-Diss. v. 21. Sept. 1894

Dobriner, [Hermann], stellv. Dir. Dr.: **Die Abschiedsfeier** (für den Direktor Herrn Dr. Hermann Baerwald). *Frankfurt a. M. 1900: Kumpf & Reis.* (S. 3—14.) 4°
Frankfurt a. M., R d. isr. Gem. Philanthropin ⟨R u. HM⟩, OP 1900 (445)

Dobriner, Hermann [in Frankfurt a. M.]: Die Flächen constanter Krümmung mit einem System sphärischer Krümmungslinien dargestellt mit Hilfe von Thetafunctionen zweier Variabeln .... (Sep.-Abdr. aus: Acta mathematica 9.) Marburg a. d. Lahn, 1886; 2 Bl. + 32 S. + 1 Bl. 4°.
Marburg, Phil. Fak., Inaug.-Diss. v. [24. Nov.] 1886.

Dobriner, [Hermann], stellv. Dir. Dr.: [**Lebensabriss** des in den Ruhestand getretenen Direktors Dr. Hermann Baerwald, nebst Verzeichnis seiner Schriften.] *Frankfurt a. M. 1900: Kumpf & Reis.* (S. 40—42.) 4°
Frankfurt a. M., R d. isr. Gem. Philanthropin ⟨R u. HM⟩, OP 1900 (415)

Dobriner, Herm., Leitfaden d. Geometrie f. höh. Schulen. M. 375 z. Tl. farb. Fig. gr. 8. (XV, 139 S.) Leipzig 898. R. Voigtländer. n. 2. 40; geb. n. 2. 80

*Dobriner, Hermann: Theorie der Flächen mit ebenen und sphaerischen Krümmungslinien. (Mit Vorbemerkung von Paul Epstein.)
In: Festschrift z. Jahrhundertfeier der Realschule der israelit. Gemeinde (Philanthropin) 1804—1904. Teil II. *Frankfurt a. M.* 1904.
Progr.

Dobriner, Leo, Referendar: Die Sicherungsübereignung eines Warenlagers. Berlin 1910: Blanke. 65 S. 8°
Heidelberg, Jur. Diss. v. 5. Juni 1910, Ref. Endemann
[Geb. 12. Jan. 88 Berlin; Wohnort: Kalkberge, Mark; Staatsangeh.: Preußen; Vorbildung: Luisenstädt. Gymn. Berlin Reife O. 06; Studium: Berlin 6 S.; Rig. 28. Febr. 10.] [U 10. 1852

Dobriner, Paul [aus Schmalleningken]: Bestimmung der Siedepunkte, der Dichte und der Ausdehnung einer Anzahl von homologen und metameren Aethern normaler Fettalkohole .... Königsberg i. Pr., Ostpreuss. Zeit.- u. Verl.-Druck. (1886); 2 Bl. + 43 S. 8°.
Königsberg, Phil. Fak., Inaug.-Diss. v. 16. Aug. 1886.

Dobriner, Paul, Bestimmung der Siedepunkte, der Dichte und der Ausdehnung einer Anzahl von homologen und metameren Aethern normaler Fettalkohole. Diss. Königsberg i. Pr. 1886, Graefe & Unzer. 8°. 43 S.

Dobring, Alfred, Referendar aus Altona: **Die Hemmung des** Fortgangs der Ersitzung des Eigentums nach Gemeinem Recht und Bürgerl. Gesetzbuch. *Blankenese 1903: J. Kröger.* (VIII, 34 S.) 8° [J.]
Rostock, Jur. Diss. v. [17. Sept.] 1903

Dobritz, Frz., die Bonbonfabrikation durch Anwendung des Thermometers. 8. (31 S.) Aschersleben 888, (Huch's Buchh.) **

Dobritz, Frz., die Konditorei u. Feinbäckerei, s.: Jeschke, Frz.

Dobrizhoffer, Mart., Auskunft über die abiponische Sprache. In unveränd. Neudr. hrsg. v. Jul. Platzmann. 8. (60 S. m. 1 Karte.) Leipzig 902. [B. G. Teubner.] O. Harrassowitz. n. 2. 40; erm. Pr. n.n. 2. —

Dobrizhofer, Mt., Geschichte der Abiponer, einer Nation in Paraguay. 3 Thle. m. K. gr. 8. Wien, Camesina. 784.

Dobrizhoffer, Mrt., († d. 17. Juli 1791.) Geschichte der Abiponer, einer Nation in Paraguay; aus d. Latein. (von A. Kreil). 3 Thle., mit Kpf. gr. 8. Wien 783 u. 84. (Heubner). 4 ℛ 16 g

— historia de Abiponibus. III Ptes. c. fig. 8 maj. Wien 784. (Heubner). 4 ℛ 16 g

Dobrobolsky, J., Studien über die Staatsschulden-Tilgung oder keine Staatsschuld mehr! 8. (43 S. mit 1 Tab. in qu. gr. 4.) Jungbunzlau 868. (Kaaden, Uhl.)

Dobrovits, M., u. G. Pávay, wie soll man desinficiren? Ueber Auftrag d. Sanitäts-Ausschusses der kön. Freistadt Pressburg zusammengestellt. gr. 8. (24 S.) Pressburg 886. Stampfel. n. — 40

Dobrovsky, Eman. Dobrosl., stručný přírodopis člověka, vzrůst, ubývání a zotavení jeho. S ohledem na přírodozpyt bylin a některé příčiny oupadku domácího skotu. Pro lékaře a vzdělanější obecenstvo. Prag 857. (Dominicus.) gr. 8. (XXII, 202 S.) n. 1 ℛ

Dobrowolski, S., u. L. Friedmann, ein Blick auf die gynäkologische Therapie in der Klinik, s.: Therapie, die, an den österreichischen Universitätskliniken.

Dobrowolski, Stanislaus, appr. Arzt: Aus d. Kgl. chirurgischen Universitätsklinik zu Königsberg i. Pr. Dir.: Prof. Dr. E. Lexer. Ueber schwere Narbenkontrakturen nach Verbrennung und über Thiosinaminwirkung. Königsberg i. Pr. 1907: O. Kümmel. (38 S.) 8°
Königsberg, Med. Fak., Ref. Lexer, Diss. v. 16. März 1907
[Geb. 21. Aug. 77 Bitonia, Reg.-Bez. Danzig; Wohnort: Hochstüblau in Westpr.; Staatsangeh.: Preußen; Vorbildung: Kgl. Gymn. Konitz Reife O. 00; Studium: Königsberg 8, Berlin 2 S.; Coll. 2. März 07; Approb. 9. Aug. 06.]

Dobrowolsky, W., Beiträge zur Lehre von den Anomalien der Refraction etc., s. Monatsblätter, klinische, für Augenheilkunde.

Dobrowsky, s.: Briefwechsel zwischen D. u. Kopitar.

Dobrowsky, J., Reinigung der ältern böhmischen Gesch. von späterer Erdichtung. gr. 8. Prag, Widtmann. 804.

Dobrowsky, Jos., Abhandl. üb. d. Ursprung des Namens Czech. gr. 8. Prag 782. Schönfeld. 3 g

— s. Ausbertus, historia.

— die Bildsamkeit der Slavischen Sprache, an der Bildung der Substantive und Adjective, in der Böhmischen Sprache dargestellt. gr. 4. Ebend. (Joachim, Leipz.). 799.

— die Bildsamkeit d. Slavischen Sprache, an d. Bildung der Substantive u. Adjective, in der böhm. Sprache dargestellt. gr. 4. Prag 799. Herrl. 14 g

Dobrowsky, s. a. Briefe, neue, v. D.

Neue Briefe v. [Jos.] Dobrowsky, [Bartholomaeus] Kopitar u. and. Süd- u. Westslaven. Hrsg. v. ord. Akad. V[atroslav] Jagić. *Berlin: Commiss. d. Weidmann'schen Buchh. 1897.* (1 Bl., III S., 1 Bl., CII, 928 S.) 1 Bd 8.
[98. 7969

Dobrowsky, (Jos.,) Cyrill u. Method, der Slawen Apostel. Ein histor. krit. Versuch. gr. 8. Prag 823. (Calve 6 gr., bei Krauß das.)

— Cyrill u. Methad, d. Slaven-Apostel. Ein histor. krit. Versuch. Mit 1 Steindr. gr. 8. Prag 823. (Kronberger u. W.) 8 Gr.

— Entwurf zu e. allgem. Etymologicon d. Slavischen Sprache. 8. Prag 813. 2e verm. Aufl. v. Wenc. Hanka. 8. Ebd. 833 (832). Kronberger u. W. 12 Gr.

Dobrowsky, (eig. Daubrowsky,) Jos., Entwurf zu e. allgem. Etymologikon d. Slawischen Sprachen. 2., verm. u. verb. Ausg. v. Wenc. Hanka. 8. (6¼ B. incl. 2 Tab. in qu. Fol.) Prag 833, Kronberger u. Weber.

— Entwurf eines Pflanzensystems nach Zahlen u. Verhältnissen rc. Mit 1 Kpft. 8. Prag 802. Calve. 6 Gr.

Dobrowsky, J., Entwurf e. Pflanzensystems nach Zahlen u. Verhältnissen. Der Schlüssel z. Vereinig. d. künstl. Pflanzensysteme mit d. natürl. Methode. Mit 1 Kpf. gr. 8. Prag, 1802. (Tempsky.) — 7½

— s. Fragmentum Pragense.

— Geschichte d. böhm. Sprache u. Litt. 8. Prag 792. Calve. 14 Gr. 2e umgearb. Aufl. Mit 1 Kpf. Ebd. 818. Krauß. (Enobloch in Leipz.) 1 Thlr. (Haase S.) 14 Gr.

— Glagolitica, über die Glagolitische Litteratur, m. K. 8. Prag. Herrl. (Bruder in Leipz. in Commission). 807.

Dobrowsky, Jos., Glagolitica, über d. Glagolitische Literatur: das Alter der Bukwitza: ihr Muster, nach welchem sie gebildet worden rc. Mit 2 Kpft. 8. Prag 807. Herrl. 12 Gr. 2e, v. W. Hanka verb. u. verm. Aufl. Mit 3 Kpft. 8. Prag 832. v. Mayregg. (Leipz., Magazin f. Ind.) 14 Gr.

Dobrowsky's Glagolitica. 2., verb. u. verm. Ausg. v. Wenceslaw Hanka. 8. (5½ B. u. 3 Stnt.) Prag 845. Wien, Wenedikt'sche Buchh.

— Historia de expeditione Friderici Imperatoris, s. Historia.

— Institutiones ling. Slavicae dialecti veteris, quae cum apud Russos, Serbos aliosque ritus graeci, tum apud Dalmatas Glagolitas ritus latini Slavos in libris sacris obtinet. Cum IV tabb. aer. inc. 8 maj. Wien 822. Beck. (Leipz., Kummer). 3 Thlr. 8 Gr.

— Institutiones ling. slavicae dialecti veteris. Cum tab. aeri incis 4. 8 maj. Vindob. 822. (Lips., Kummer.)

Dobrowsky, Jos., Institutiones linguae slavicae dialecti veteris, quae quum apud Russos, Serbos aliosque ritus graeci, tum apud Dalmatas, Glagolitas ritus latini slavos in libris sacris obtinet. Cum tab. aeri incisis IV. Editio II. pretio viliori parabilis. 8maj. (LXVIII und 722 S.) Vindobonae 852, Wenedikt.

— mährische Legende v. Cyrill u. Methad. gr. 8. Prag 826. (Kronberger u. W.) 10 Gr.

— ausführl. Lehrgebäude der böhm. Sprache. gr. 8. Prag 809. Herrl. 2 Thlr. 12 Gr. 2e, zum Theil verkürzte, zum Theil umgearb. Aufl. gr. 8. Ebd. 819. (Enobloch in Leipz.) 1 Thlr. (Haase S. in Prag). 14 Gr.

— vollständiges Lehrgebäude der böhmischen Sprache. gr. 8. Ebend. 809.

— s. Litteratur, böhm. u. mährische.

— literar. Magazin v. Böhmen u. Mähren. 3 Stcke. 8. Prag 786 u. 87. Schönfeld. 1 Thlr. 8 Gr.

— s. Nachr. v. heidn. Grabhügeln.

— literar. Nachr. von e. Reise nach Schweden u. Rußland. Nebst e. Vergleichung d. Russ. u. Böhm. Sprache rc. im J. 1792. 8. Prag 796. Calve. 10 Gr.

— s. Scriptorum rer. Bohem.

— Slavin. Beitr. zur Kenntniß d. Slavischen Literatur. 1r Bd. 1s—6s Heft, mit Kpf. u. Tabb. 8. Prag 808. Herrl. 2 Thlr. 12 Gr.

Dobrowsky's Slavin. Botschaft aus Böhmen an alle Slavischen Völker, oder Beiträge zu ihrer Charakteristik, z. Kenntniß ihrer Mythologie, ihrer Geschichte u. Alterthümer, ihrer Literatur u. ihrer Sprachkunde nach allen Mundarten. Mit einem Anhange: Der böhmische Cato, vollständ. Ausg. in vier Büchern. 2e verb., berichtigte u. verm. Aufl. von Wenceßl. Hanka. Mit 6 Kpfrtaf., 3 Facsimile u. 4 Tabb. 8. Prag 834. v. Mayregg. (Leipzig, Central-Compt.) 2¾ Thlr.

— Slowanka, z. Kenntniß d. alten u. neuen slavischen Literatur d. Sprachkunde nach allen Mundarten rc. 2 Thle., mit Kpf. 8. Prag 815. Herrl. 2 Thlr. 16 Gr.

— s. Tomsa, Wörterbuch.

— krit. Versuche, die ältere böhm. Geschichte von spätern Erdichtungen zu reinigen. 3 Hefte. gr. 8. Prag 821 u. 22. Krauß. 1 Thlr. (vergl. Versuche.)

— deutsch-böhm. Wörterbuch. 2 Bde. gr. 4. Prag 821. (Leipz., Central-Compt.) 6 Thlr.

Dobruska, Moses, s. a. Frz. Th. v. Schönfeld.

Dobruska, Mos., nachher. Frz. Thom. v. Schönfeld. Schäferspiele. 8. Prag 774. Gerle. 5 Gr.

Dobry, J.: Führer durch die Ausstellung für die Härtetechnik, s. Pösendeiner, H.

Dobrynin, Peter v., über die erste Anlage der Allantois. Lex.-8. (8 S. mit 1 lithogr. Taf.) Wien 871, (Gerold's Sohn.) *

Aus: Sitzungsberichte der k. Akademie der Wissenschaften, besonders abgedruckt.

Dobrzanski, B., Osnowa i uklad tragedyi Sofoklesa p. t. Ajas. Pr. 1889. 48 S.

Dobrzansky, Adolf Ritter von, ungar. Landtags-Abgeordneter, Rede in der Adress-Angelegenheit. gr. 8. (V. 130 S.) Wien, typ.lit. art. Anstalt. 1861. 1 fl.

von Dobrzycki, Ladislaus [aus Byblin (Grossherz. Posen)]: Paraisobutylirte Orthooxybenzolcarbonsäure .... Posen, gedr. bei J. Leitgeber. 1887: 24 S. + 1 Bl. 8°

Rostock, Phil. Fak., Inaug.-Diss. v. 6. Aug. 1887

Dobrzycki, Ladislaus von, paraisobutylirte Orthooxybenzolcarbonsäure. Diss. Rostock 1887, G. B. Leopolds Univ.-Buchh. 8°. 24 S.

Dobrzyńska-Rybicka, Luise v[on]. Die Ethik von Thomas Brown. Ein Beitrag zur Geschichte des Intuitionismus. Diss. Phil. I. Univ. Zürich. 199 S. 8. Posen, Gebrüder Winiewicz, 1909.

Dobrzynski, Isidor, aus Krotoschin, Referendar am kgl. Landgericht in Posen: Der Irrtum im Beweggrunde bei letztwilligen Verfügungen unter Berücksichtigung seiner Besonderheiten. *Berlin 1903: W. Pilz.* (VI, 48 S.) 8°

Erlangen, Jur. Diss. v. 10. Jan. 1903

Dobrzynski, I., der Irrtum im Beweggrunde bei letztwilligen Verfügungen unter Berücksicht. seiner Besonderheiten. (IV, 48 S.) gr. 8. Berlin 903. Struppe & Winckler. n. 1. 50

Dobrzynski, O., tabellarische Uebersicht der französischen unregelmässigen Verba zur Erleichterung der Einübung und Wiederholung. 8. (15 S.) Berlin 879, Kobligk. cart. *

v. Dobscha, Franc., de cute et de morbis cutaneis eorumque curatione. Prs. I. Anatomia et physiologia cutis. 8. Jena 805. (Leipz., Köhler). 1 ₰ 8 ℊ

— das Medicinal-Gericht über alle Systeme aller Zeiten oder Kilians Entwurf e. Systems d. gesammt. Medicin. 8. Jena 805. Exdorf. 1 ₰ 8 ℊ

Dobschall, Gertrud: Wortfügung im Patois von Bournois. (Département du Doubs.) Darmstadt 1901: G. Otto. (98 S.) 8°
Heidelberg, Phil. Diss. v. 1901

Dobschall, J. G., Diesterweg, seine Ankläger u. seine Vertheidiger vor d. Richterstuhle der wahren Pädagogik. Ein Beitrag z. Beförd. d. Einigkeit im Geist unt. den verschied. Partheien unserer Volksbildner. gr. 8. (10½ B.) Liegnitz 844, Kuhlmey.

— Fingerzeige zur Fortbildung d. Volks-Schulwesens, behufs der Erzielung einer höhern christl.-sittlichen Volksbildung. gr. 8. (27¼ B.) Liegnitz 844, Kuhlmey.

Dobschall, J. G., Grundsätze d. Schul-Disciplin, zur Beförderung ein. sichern Einflusses auf d. sittl. Bildung d. Kinder, mit besond. Rücksicht auf d. Bedürfniß städtischer u. ländl. Elementarschulen. 8. (15¾ B.) Liegnitz 841, Kuhlmey.

Dobschall, J. G., Grundsätze der Schul-Disciplin. Ein Beitrag zur Fortbildung d. Volks-Erziehungswesens. Für Volksschulen aller Art. 2. verm. u. verb. Aufl. gr. 8. (XX u. 268 S.) Liegnitz 848, Kuhlmey. ¾ ₰

— über d. vielbesproch. Immoralität uns. Zeit, üb. d. Quellen ders. u. üb. d. Mittel, ihr zu begegnen. Eine fernerweitige Aufmunterung zu christl.-pädagog. Fürsorge f. sittl.-verwahrl. Kinder. gr. 8. (2½ B.) Breslau 837, Schulz u. Cp. *

— die Inspektion der Volksschule im Sinne der wahren Pädagogik; nebst ein. Anhange, betreff. die sogenannte Emanzipation d. Volksschule. gr. 8. (20⅞ B.) Liegnitz 843, Kuhlmey.

Dobschall, J. G., Nachrichten u. beurtheil. Bemerkungen über die in den neuesten Zeiten in der Provinz Schlesien begonnenen Unternehmungen zur Erziehung sittlich-verwahrloster Kinder; nebst einigen Nachrichten über die Kleinkinderschulen in Breslau. gr. 8. Liegnitz 836. Kuhlmey. ¼ ₰

— fernerweitige Nachrichten u. Bemerkn. üb. d. in d. Provinz Schlesien besteh. Vereine z. Erzieh. sittl.-verwahrloster Kinder, u. üb. d. Verein f. Klein-Kinder-Bewahr-Anstalten in Breslau; nebst e. Anh., die Behandl. sittl.-verwahrloster Kinder betreff. II. gr. 8. (5½ B.) Liegnitz 839, Kuhlmey.

— fernerweitige Nachrichten u. Bemerkungen üb. die in d. Provinz Schlesien bestehenden Vereine z. Erziehung sittlich-verwahrloster Kinder, u. üb. d. Verein f. Klein-Kinder-Bewahr-Anstalten zu Breslau; nebst Anh. betreff. die Fortbild. d. Fürsorge f. verwahrloste Kinder. III. gr. 8. (9½ B.) Liegnitz 842, Kuhlmey.
Die Nachrichten I. u. II. Ebendas. 1836, 39. 17½ Ngr.

Dobschall, J. G., über d. Segen religiöser Spaltungen. Ein Wort zur Beleb. d. apostol.-pädagog. Eifers unter Deutschlands Geistlichen u. Volksschullehrern aller christl. Konfessionen. 8. (6½ B.) Liegnitz 845, Kuhlmey. Thlr.

Dobschütz, E[rnst] von. L'âge apostolique. [Par] D-E. von D'... Traduit de l'allemand par J[ules] Breitenstein et L[ouis] Vallette, pasteurs. II + 110 p. 8. Bâle, Ernest Finckh; Paris..., [1908]. [fr. 2.—]

Dobschütz, Ernst v., l'âge apostolique. Traduit de l'allemand par J. Breitenstein et L. Vallette. (110 S.) 8. Basel (909). E. Finckh. 1.60

— s.: Christentum, das.

Dobschütz, Ernst v., Christusbilder, s.a. Texte u. Untersuchungen zur Geschichte der altchristl. Literatur. N. F. III. 3/4.

Christusbilder. Untersuchungen z. christl. Legende v. Ernst v. Dobschütz. (In 2 Hälften.) Leipzig: J. C. Hinrichs 1899. (Getr. Pag.) 8°
= Texte u. Untersuchungen z. Geschichte d. altchristl. Literatur. Bd 18, H. 1–4. [99. 7744

— Christusbilder. Untersuchgn. zur christl. Legende. Einzelausg. des darstell. Teiles. (Unverändert.) (VIII, 296 S.) 8. Leipzig 899. 909. J. C. Hinrichs' Verl. 8.—; geb. in Leinw. 9.50

— die urchristlichen Gemeinden. Sittengeschichtliche Bilder. gr. 8. (XIV, 300 S.) Leipzig 902. J. C. Hinrichs' Verl. n. 6.—; geb. in Leinw. n. 7.—

Dobschütz, Ernst v., das Kerygma Petri kritisch untersucht, s.: Texte u. Untersuchungen zur Geschichte der altchristlichen Literatur.

Dobschütz, Ernst v., Ostern u. Pfingsten. Eine Studie zu I. Korinther 15. (54 S.) gr. 8. Leipzig 903. J. C. Hinrichs' Verl. n. —80

Probleme des Apostolischen Zeitalters. (5 Vorträge in Hannover im Okt. 1903 gehalten) von Ernst v. Dobschütz. Leipzig: J. C. Hinrichs 1904. (138 S.) 8° [04. 1089

— der gegenwärtige Stand der neutestamentlichen Exegese in seiner Bedeutung f. die praktische Auslegung. (40 S.) gr. 8. Tübingen 906. J. C. B. Mohr. n. —60
Sonderabdruck aus: „Ztschr. f. Theologie u. Kirche".

von Dobschütz, Ernst [Lic. theol.]: Studien zur Textkritik der Vulgata ... [Erschien vollst. 1894 bei J. C. Hinrichs in Leipzig.] Leipzig, Druck v. A. Pries, 1893; 1 Bl., 32 S. 8.
Jena, Theol. Fak., Hab.-Schr. v. 1893

de Dobschütz, Ernestus [Saxo Borussus]: Theses theologicae ... pro gradu licentiati in sacrosancta theologia rite obtinendo ... Berolini, typ. expr. G. Schade, 1893; 2 Bl. 4.
Berlin, Theol. Fak., Thes. v. 19. Jan. 1893

— Die Tessalonicherbriefe, s.a. Kommentar, kritisch-exegetischer, üb. das Neue Testament.

Die Thessalonicher-Briefe. Völlig neu bearb. von D. Ernst v. Dobschütz, Prof. Göttingen: Vandenhoeck & Ruprecht 1909. X, 320 S. 8°
(Kritisch-exeget. Kommentar über d. Neue Test. begründet von H. A. W. Meyer. 7. Aufl. Abt. 10.) [09 15100

— das apostolische Zeitalter, s.a. Volksbücher, religionsgeschichtliche.

Das apostolische Zeitalter. Von Prof. D. E[rnst] v. Dobschütz-Straßburg. 1.–10. Taus. Halle a. S.: Gebauer-Schwetschke 1904 (1905). (70 S.) 8° [F.]
— Volksbücher, Religionsgeschichtliche, f. d. deutsche christl. Gegenwart. R. 1, H. 9. [05. 4243

1857–1907. Ein halbes Jahrhundert evangelischer Liebesarbeit. Geschichte d. Oppelner Jungfrauenvereins d. Gustav-Adolf-Stiftung verf. v. Schriftführer d. Ver. Pastor Felix v. Dobschütz. Oppeln: H. Muschner 1907. (16 S.) 8° [F.] [07. 12672

— Memorier-Stoff f. den evang. Religionsunterricht in den Volksschulen der Prov. Schlesien, nebst e. Anh., enth. Gebete u. die sonntägl. Liturgie. Nach den Verfüggn. der königl. Regiergn. der Prov. Schlesien v. 1893. Für Schüler u. Konfirmanden zusammengestellt. (IV, 64 S.) 8. Oppeln 909. H. Muschner. —15; geb. —25

Dobschütz, Fel. v., Predigt zum Reformationsfest am 1. XI. 1908 üb. Psalm 116, 12 u. 13. (8 S.) Oppeln 908. H. Muschner. —15

— dasselbe am 31. X. 1909 üb. Text: Johannes 7,37—38. (8 S.) 8. Ebd. 909. —15

Evangelische Predigten aus der Stadtpfarrkirche in Oppeln von Pastor Felix v. **Dobschütz**. Oppeln: H. Muschner 1907. (126 S.) 8° [F.] [07. 12621

Dobschütz, Lieber [aus Brody]: **Die einfache Bibelexegese der Tannaïm m. bes. Berücks. ihres Verhältnisses z. einfachen** Bibelexegese der Amoraïm ... Halle a. S., *Druck d. Schles. Buchdr., Kunst- u. Verl.-Anst. v. S. Schottlaender*, 1893; 2 Bl., 50 S., 1 Bl. 8.

Halle, Phil. Fak., Inaug.-Diss. v. [24. Mai] 1893

Dobsky, Arth., Alkohol. Ein Schauspiel in 4 Aufzügen. (98 S.) gr. 8. Leipzig-Gohlis 909. B. Volger. 1. 50

— Deutscher Humor im Bilde, s.: Kunst-Hefte, deutsche.

Dobson, Austin. Selected poems, s. Library, the English Nr. 82.

Dobson, B. A., Studie üb. das Krempeln der Baumwolle, üb. den Beschlag u. das Schleifen der Krempeln. Einzig autoris. deutsche Ausg. Aus dem Engl. v. Ernst Müller. gr. 8. (96 S. m. Abbildgn., Bildnis u. 23 Taf.) Leipzig (895). Verlag der Leipz. Monatsschrift f. Textil-Industrie. Geb. in Leinw. n. 6. —

Dobson, Mary, das Testament der Gutsherrin. Orig.-Novelle. Roman-Beilage z. „Preßburger Zeitung". gr. 8. (152 S.) Preßburg 884. (G. Heckenast's Nachf.) 1. 20

Dobson, Matth., Abhandl. üb. die medicin. Kräfte der fixen Luft. Aus d. Engl., mit Anmerkk. u. Zusätzen. gr. 8. Lpz. 781. Weidmann. 12 gl

Docen, Bern. Jos., s. Andenken an H. Sachs.

– s. Hagen, Friedrich Heinrich v. d. Samml. altdeutscher Literatur.

§ * **DOCEN**, Bern. Jos., Miscellaneen zur Geschichte der teutschen Literatur, neuaufgefundene Denkmäler der Sprache, Poesie u. Philosophie unsrer Vorfahren enthaltend. Hrsg. von —. 2 Bde. München, Scherer, 1807. Gr. 8°. (3 Rthl.)

XII—292, XVI—310, 1 Bl. Druckf. (in 1 u. 2). Lat. Lett. Geschätztes Werk, längst vergriffen. Sehr gut rezensirt in der Lpz. Literaturztg., No. 126, vom 5. Octob. 1807. Das Werk enth. u. a. Abdruck vieler Minne- u. Volkslieder (bis in's XVII. Jh. reichend).

Docen, Bhd. Jos., (†...) Miscellaneen zur Gesch. d. deutschen Literatur. 2 Bde. gr. 8. Münch. ... 2e A. 809. Fleischmann. 3 rß

Docen, P. J., erstes Sendschreiben über den Titurel, enth. die Fragmente einer Vor-Eschenbachschen Bearbeitung des Titurel. Aus einer Handschrift d. Kaiserl. Bibliothek herausgegeben und mit einem Commentar begleitet. gr. 8. Berlin, Sommerbrodt auch Rücker.

— erstes Sendschreiben üb. den Titurell, enth. die Fragmente einer Vor-Eschenbachischen Bearbeitung des Titurells. gr. 8. Berl. 810. Rücker; auch Brandenburg das. 8 gl

– s. Spaun, Frz. v.: Polit. Testament.

— über die Ursachen d. Fortdauer d. latein. Sprache seit d. Untergange d. abendländ. Römer-Reichs; e. Abhandl. 4. München 815. J. Lindauer. 8 gl (Franz). 5 gl

Docen, B. J., über die Ursachen der Fortdauer der latein. Sprache. gr. 4. München, Lindauer. 816.

Docen, P. J., s. Docen, Bern. Jos.

Docetur: vim picturae et effectum, non rerum imitatione, aut praevia spectatoris de rebus cognitione, sed quibus accidunt illae, personarum agentium animo sensibusque expressis cerni. Kiliae Hols. 1796. V: *Baden, Torkel.* (Bruun, Bibl. Danica. I, 1104.) (Collin, Anonymer. Kiobenh. 1869.)

Doch die Existenz und Würkung des Teufels auf dieser Erde, gründlich und ausführlich erwiesen. Eine Skizze. Nürnberg 1776. V: *Riebe* [?] (Ky) (BrMm)

Doch noch gerettet. Schicksale e. Handwerksgesellen, nach dem Leben gezeichnet in 5 Aufzügen. Für Arbeiter-, Gesellen- u. Jünglingsvereine. gr. 8. (16 S.) Hagen (898). C. Stracke. n. — 40

Doch, Albert, Akrothinien, Liederproben; nebst einleit. Vorw., Fragen aus der Poetik u. Metrik berührend. 8. Nürnb. 839. Recknagel. n. 1/2 rß

Dochler: Der homeridische Hymnus auf Demeter, metrisch übersetzt und mit einigen Bemerkungen über die griechischen Mysterien begleitet. 20 S.– Brandenburg G., Progr. 1864.

Dochmann, Abraham, F. W. Ostwalds **Energetik**, s.a. Studien, Berner. zur Philosophie u. ihrer Geschichte.

Dochmann, Abraham. F(riedrich) W(ilhelm) Ostwalds Energetik. Teil 1. IV + 59 S. 8. Bern, Scheitlin, Spring & Cie., 1908.

Ausg. A: Diss. Phil. Bern ... von A' D'....
Ausg. B: Von Dr. A' D'.... (fr. 1.—) — Berner Studien zur Philosophie und ihrer Geschichte.... Band 62.

Dochnahl, Friedrich Jakob

—— s.a. Adressbuch der Weinhändler, Schaumweinfabrikanten und Weincommissionaire in Deutschland, Oesterreich-Ungarn und der Schweiz.

Dochnahl sen., Frdr. Jak., Adressbuch der Weinhändler, Schaumweinfabrikanten u. Weinkommissionäre in Deutschland, Oesterreich-Ungarn u. der Schweiz. Für Private u. zum Gebrauche auf Comptoir u. Reise nach den zuverlässigsten Quellen bearb. 2. Aufl. 16. (III, 165 S.) Kreuznach 880. Voigtländer's Verl. geb. n. 2. 50

Dochnahl, Friedr. Jac., die Adressen des deutschen Weinhandels, umfassend die Firmen und die Weinorte, deren Einwohnerzahl und Flächengröße des Reblandes, mit Bemerkungen über die verschiedenen Lagen, den Ertrag und den Werth der Weine. Größtentheils nach amtl. Quellen bearb. 1. Heft: Baden. gr. 8. (63 S.) Frankfurt a. M. 875, Winter. *

Nicht weiter erschienen.

Dochnahl, Friedr. Jac., Anleitung die Holzpflanzen Deutschlands an ihren Blättern und Zweigen zu erkennen. Für Pflanzenfreunde, besonders für Gärtner, Förster und angehende Botaniker. br. 8. (108 S.) Nürnberg 860, W. Schmid.

Dochnahl, Friedr. Jak., Anleitung zur Taxation der Obstbäume für die Expropriation bei Damm-, Bahn- und anderen Bauten. gr. 8. (54 S.) Worms 870, Gönner. ÷

DOCHNAHL, Friedrich Jakob (Sen.): Die Band- und Flecht-Weiden und ihre Kultur als der höchste Ertrag des Bodens. - Frankfurt a. M. 1881. 104 S. - 2. Aufl. Basel 1886. IV, 152 S.

—— die Band- und Flecht-Weiden und ihre Kultur als der höchste Ertrag des Bodens. gr. 8. (105 S.) [Frankfurt a. M. 881, Winter.] Basel, Schwabe.

Dochnahl sen., Frdr. Jak., die Band- u. Flecht-Weiden u. ihre Cultur als der höchste Ertrag d. Bodens. 2. Aufl. gr. 8. (V, 152 S.) Basel 887. Schwabe. n. 2. 40

Dochnahl, Friedrich Jakob: Die Behandlung der Weine im Keller mit besonderer Rücksicht auf ihre vortheilhafteste Bereitung. Ein Beitrag zur Weinpflege. Frankfurt a. M.: Winter 1876. 118 S. (Dochnahl und Gustav Rawald: Der Weinkeller. H. 6.) -- 36°. Gei 1°

F. J. Dochnahl, Bericht über die Vermehrung der Obstbäume durch Stecklinge.
In Nr. 556. — Verf. Schriftführer der Sektion für Obst- und Gartenbau, deren Verhandlungen ebda. SS. 626 bis 653. Vergl. Nr. 2612. (W) 1854 München

Fr. J. Dochnahl, Systematische Beschreibung aller Apfelsorten. (W) 1873 Regensburg

—— **Bibliotheca hortensis,** s.a. **Bibliotheca hortensis.**

Dochnahl, Frdr. Joh., Bibliotheca hortensis. Vollständige Garten-Bibliothek oder alphabet. Verzeichniss aller Bücher, welche über Gärtnerei, Blumen- u. Gemüsezucht, Obst- u. Weinbau, Gartenbotanik u. bildende Gartenkunst von 1750 bis 1860 in Deutschland erschienen sind. Mit Angabe der Verleger und Preise. Nebst einem chronolog. Sachregister. Nürnberg 1861. gr. 8. . . . . (D.)

— Chronik von Neustadt a. d. H., s.a. Chronik.

Dochnahl, Friedr[ich] Jac[ob]: Chronik von Neustadt an der Haardt, nebst den umliegenden Orten und Burgen mit bes. Berücks. der Weinjahre. Unter Mitw. von Andreas Sieber bearb. Mit Abb. u. 1 Kt. der Römerstraßen. Neustadt a.d.Haardt: Gottschick-Witter 1867. IX, 315 S. -- 107*

Dochnahl, Friedr. Jac., der sichere Führer in der Obstkunde auf botanisch-pomologischem Wege oder systemat. Beschreibung aller Obstsorten. Mit Nomenklatur, Angabe der Autoren, Provinzialismen und Synonymen, nebst vollständ. Nachricht über Herkunft, die Zeit der Einführung, Reifzeit, Dauer, Güte, Werth, Gebrauch, Auswahl und die Art der Erziehung. Für Pomologen, Botaniker, Gärtner etc. 1. Bd.: Systematische Beschreibung aller Aepfelsorten. 8. (XXIV und 369 S. mit 1 Tab. in qu. Fol.) Nürnberg 854(55,) Schmid. *

—— dass. — 2. Bd.: Systematische Beschreibung aller Birnensorten. Nebst den Quitten, Speyerlingen, Azerolen und Mispeln. 8. (XII und 300 S. mit 1 Tab. in qu. 4.) Ebds. 856. *

—— **der sichere Führer in der Obstkunde auf botanisch-pomologischem Wege oder systematische Beschreibung aller Obstsorten. Für Pomologen, Botaniker, Gärtner etc. 3. und 4. Bd. 8. Nürnberg, W. Schmid. à Bd. * 1 Thlr. 10 Ngr. ***

Inhalt:

Bd. 3. Steinobst. 3 Hefte. (1. Heft 72 S.) 857.

» 4. Systematische Beschreibung aller Schalen- und Beerenobstsorten. (XV und 453 S.) 860.

1. und 2. Bd. Ebendas. 1854,56. * 3 Thlr. 20 Ngr.

—— der sichere Führer in der Obstkunde auf botanisch-pomologischem Wege oder Systematische Beschreibung aller Obstsorten. Für Pomologen, Botaniker, Gärtner etc. Neue (Titel-)Ausg. 4 Bde. in 9 Lfgn. 4. Regensburg (854—60)873, Coppenrath. à Lfg. 90 Pf.

— s.: Fundgrube.

Dochnahl, F. J., s. Gartenzeitung, Pfälzische.

—— s. Gewerbe- und Handels-Adreßbuch, vollständiges, der bayerischen Pfalz.

—— Katechismus des Weinbaues, s.a. Weber's, J. J., illustr. Katechismen.

Dochnahl, Friedr[ich] Jac[ob]: Katechismus des Weinbaues in seinem ganzen Umfange. Mit 56 in den Text gedruckten Abb. Leipzig: Weber 1855. XII, 139 S. (Weber's illustrirte Katechismen. No 22.) -- 12.11.21*107*. Frei 100*
--- Dass. 2., verm. u. verb. Aufl. Ebd. 1873. VIII, 178 S. (Weber's illustrirte Katechismen. No 22.) -- 107*. UB Brünn
--- Dass. 3., verm. u. verb. Aufl. a.d.T.: Dochnahl: Katechismus des Weinbaues, der Rebencultur und der Weinbereitung. Mit e. Anh.: Die Kellerwirtschaft [von] August Wilhelm von Babo. Ebd. 1896. IX, 231 S., mit 55 Abb. (Webers illustrirte Katechismen. No 22.) -- 36.43*.62*.107. LKRhld.*

—— die Kultur der schwarzen Malve oder das Tagwerk Landfläche 200 Thlr. Ertrag. gr. 8. (30 S.) Nürnberg 856, W. Schmid. *

—— die Lebensdauer der durch ungeschlechtliche Vermehrung erhaltenen Gewächse, besonders der Kulturpflanzen. Beantwortung der von der k. k. Leopoldin.-Carolin. Akademie der Naturforscher rc. gestellten Preisfrage. Eine von der Akademie besonders ausgezeichnete und zum Drucke bestimmte Schrift. gr. 8. (VII und 136 S.) Berlin 854, K. Wiegandt. Thlr. *

Bosselmann

--- Ders.: Die Materialien zur Weinbereitung und Weinpflege alphabetisch geordnet. Ein Beitrag zur Weinveredlung. Frankfurt a.M.: Winter 1874. VIII, 116 S. (Dochnahl und Gustav Rawald: Der Weinkeller. H.7.) -- Gei 1*

F. J. Dochnahl, Obstkunde. 1855–1860 Nürnberg

Dochnahl, Friedrich Jakob (Hrsg.), s. Pomona.

--- Ders.: Die Recepte zur künstlichen Darstellung der Südländischen Weine. Frankfurt a.M.: Winter 1876. 158 S. (Dochnahl und Gustav Rawald: Der Weinkeller. H.8.) -- Gei 1*

--- Ders.: Die Recepte zur Veredlung und künstlichen Darstellung der deutschen Weine. Frankfurt a.M.: Winter 1875. VI, 123 S. (Dochnahl und Gustav Rawald: Der Weinkeller. H.5.) -- Gei 1*

—— neues pomologisches System, oder natürliche Classification der Obst- und Traubensorten nach einem Grundprincip. Nebst einem Anhange: Classification, Beschreibung, Synonymik und neue Nomenclatur aller Pflaumensorten. Zum Zwecke der wissenschaftl. Begründung der Obstkunde. gr. 8. (200 S.) Jena 847, Mauke.

Dochnahl sen., Frdr. Jak., Tabelle z. Stellung d. Trauben-Mostes v. 60—125 Grad n. Oechsle u. 20—4 pro Mille Säure in normale Verhältn. qu. 4. (4 S.) Neustadt a/Hdt. 895. (A. Otto.) n.n. 1. 50

--- Ders.: Traubenzucker oder Rohrzucker? Ein Beitrag zur Weinveredlung. Frankfurt a.M.: Winter 1873. VII, 68 S. (Dochnahl und Gustav Rawald: Der Weinkeller. H.1.) -- Gei 1*

--- Ders.: Der Weinbau in allen Gegenden Deutschlands durch die dauerhaftesten Rebsorten und Fruchtsträucher mit Hülfe der neuen Weinbereitung ohne Presse. Abth. 1.2. Frankfurt a.M.: Winter 1873-75. (Dochnahl, Friedrich Jakob, und Gustav Rawald: Der Weinkeller. H.2.3.) -- F 1*. Gei 1*
1. Weinreben. 2. Fruchtsträucher.

—— die künstliche Weinbereitung und die naturgemäße Verbesserung und Vermehrung des Obst- und Traubenweines nach den neuesten, einfachsten und zuverlässigsten Methoden. Mit Tabellen. Faßlich dargestellt für Jedermann. 1. Aufl. (XI, 115 S.) 1873, und 2. Aufl. 8. (XVI, 150 S.) Frankfurt a. M. 874, Winter. *M 6.; geb. *

—— die künstliche Weinbereitung und die naturgemäße Verbesserung und Vermehrung des Obst- und Traubenweines nach den neuesten, einfachsten und zuverlässigsten Methoden. Mit Tabellen. Faßlich dargestellt für Jedermann. 3. mit einem Nachtrag verm. Ausg. 8. (XVI, 151 S. und Nachtrag 38 S.) Ebendas. 878. *
Nachtrag allein *

— dasselbe. Nachtrag. 8. (III, 38 S.) Ebend. 877. n. 1. —

— d. künstl. Weinbereitung u. d. naturgem. Verbesserg. u. Vermehrg. d. Obst- u. Traubenweines n. d. neuesten, einfachsten u. zuverläss. Methoden. M. Tabellen. Faßlich dargest. f. Jedermann. 4., stark verm. u. verb. Aufl. 8. (XVI, 201 S.) Basel 895. B. Schwabe. n. 7. —

—— die neue Weinbereitung mit und ohne Kelter zur Erzielung eines vermehrten Ertrages der Weinberge. 8. (27 S.) Frankfurt a. M. 873, Winter.

--- Ders.: Die permanente Weinbereitung. Ein Beitrag zur Weinvermehrung. Frankfurt a.M.: Winter 1875. 105 S. (Dochnahl: Der Weinkeller. H.4.) -- Gei 1*

Dochnahl, Friedr[ich] Jak[ob]: Die Weinjahre von 1701-1841 incl. In: Pfälzische Garten-Zeitung. 2. Speyer 1845. S.39; 43; 45. -- 107*

— s.a. Der Weinkeller.

— und Gust. Rawald, der Weinkeller. Praktische Mittheilungen über Weinbau, Obst- und Trauben-Weinbereitung, Kellerwirthschaft und Weinhandel. In zwanglosen Heften hrsg. im Vereine erfahrener Oenologen. 1.—5. und 7. Heft. gr. 8. Frankfurt a. M., Winter.
(1. Bd., 1.—4. Heft *M. 9.; 5. und 7. Heft à *M. 2,40.) *

Inhalt:

Heft 1. Traubenzucker oder Rohrzucker. (VII, 88 S.) 873. *M. 2.
„ 2. Der Weinbau in allen Gegenden Deutschlands durch die dauerhaftesten Rebsorten und Fruchtsträucher mit Hülfe der neuen Weinbereitung ohne Presse. Als höchster Ertrag des Bodens allen Feld- und Gartenbesitzern empfohlen von Friedr. Jak. Dochnahl. 1. Abthl.: Weinreben. (144 S. mit 1 Stnt. in 4.) 873. *M. 2,40.
„ 3. — dass. — 2. Abthl.: Fruchtsträucher. (140 S.) 875. *M. 2,40.
„ 4. Die permanente Weinbereitung. Ein Beitrag zur Weinvermehrung. (105 S.) 875. *M. 2,40.
„ 5. Die Recepte zur Veredlung und künstlichen Darstellung der deutschen Weine kritisch beleuchtet. (VI, 125 S.) 875. *M. 2,40.
„ 7. Die Materialien zur Weinbereitung und Weinpflege alphabetisch geordnet. Ein Beitrag zur Weinveredlung von Friedr. Jak. Dochnahl. (VIII, 116 S.) 874. *M. 2,40.

— der Weinkeller. Praktische Mittheilungen über Weinbau, Obst- und Trauben-Weinbereitung, Kellerwirthschaft und Weinhandel. In zwanglosen Heften hrsg. im Vereine erfahrener Oenologen. 6. und 8. Heft. gr. 8. Ebendas. 876. *

Inhalt:

Heft 6. Die Behandlung der Weine im Keller mit besonderer Rücksicht auf ihre vortheilhafteste Bereitung. Ein Beitrag zur Weinpflege. (120 S.) *M. 2,40.
„ 8. Die Recepte zur künstlichen Bereitung der südländischen Weine kritisch beleuchtet. (159 S.) *M. 3.
1.—5. und 7. Heft. Ebendas. 1873,74. *M. 14.

--- Ders.: Die vorzüglichsten Weintrauben. Neustadt a.d. Haardt: Gottschick 1847. 27 S. -- 36*

– s. Zeitschrift, Rheinische.

Dochnahl, F. J., die allgemeine Centralobstbaumschule (zu Neustadt a. d. H.), ihre Zwecke u. Einrichtung. Nebst einem Anh.: 1. Verzeichniß der vorhand. Obst- u. Traubensorten, zur Kenntnißnahme u. Auswahl bei der unentgeldl. Abgabe von Edelreisern u. Stecklingen. gr. 8. (235 S.) Jena 848, Mauke. 18 ngr

Dochnahl, Frdr. Joh., s. Dochnahl, Friedrich Jakob

Dochnahl, Josef, prakt. Arzt in Schierstein: Ueber traumatische Entstehung von Nervenkrankheiten. Gießen 1907: v. Münchow. (57 S.) 8°
Gießen, Med. Fak., Ref. Sommer, Diss. v. 22. Aug. 1907
[Geb. 26. Sept. 74 Herrnsheim (Kr. Worms); Wohnort: Schierstein a. Rhein; Staatsangeh.: Hessen; Vorbildung: Ludwig-Georgs-Gymn. Darmstadt Reife M. 93; Studium: Gießen 1, München 2, Gießen 2, München 3, Gießen 1 S.; Coll. 30. Jan. 07; Approb. 17. Nov. 99]

Dochnahl, Joseph, Referendar in Frankfurt a. M.: Der Handlungsagent in seiner Rechtsstellung nach früherem und jetzigem Rechte. *Borna-Leipzig 1903: R. Noske.* (x, 167 S.) 8°
Leipzig, Jur. Diss. v. 1903

Dochnahl, Jos., der Handlungsagent in seiner Rechtsstellung nach früherem u. jetzigem Rechte. Diss. (X, 167 S.) gr. 8. Borna 903. (Frankfurt a/M. A. Blažek jun.) n.n. 3. 50

Dochnahl, Jos., Ratgeber bei Verfügungen v. Todes wegen, Schenkungen u. Stiftungen, s.a. Seelsorger-Praxis. XV.

Ratgeber bei Verfügungen von Todes wegen, Schenkungen und Stiftungen. Mit zahlr. Beispielen u. Mustern u. e. Anh. über Steuern, Kosten u. Gebühren. Von Dr. Joseph Dochnahl. Paderborn: F. Schöningh 1905. (XVI, 404 S.) 8° [F.]
= Seelsorger-Praxis. 15. [07. 8135 6

Ratgeber bei Verfügungen von Todes wegen, Schenkungen und Stiftungen ... Von Dr. Joseph Dochnahl. 2. mit e. Nachtr. verm. Aufl. Paderborn: Schöningh 1908. XVI, 404, 9 S. 8°
(Seelsorger-Praxis. 15.) [10. 3418

Dochow, Adf., die Busse im Strafrecht und Strafprozess. Ein Beitrag zur Kritik der Entwürfe einer deutschen Strafprozessordnung. gr. 8. (59 S.) Jena 875, [Dufft.] Fischer. *

Dochow, Adolphus: Ueber den juristischen Charakter der im Reichsstrafrecht vorkommenden Busse. Halis 1875: Hendel. 25 S. 4°
Halle-Wittenberg, Progr. z. akad. Preisverteilung 1872 [vielmehr 1875]
Ersch. vervollständigt u. d. T.: Die Buße im Strafrecht und Strafprozeß. Ein Beitrag zur Kritik der Entwürfe einer deutschen Strafprozeßordnung. 1875 bei Dufft in Jena. 59 S. gr. 8°

Dochow, Adf., zur Lehre von dem gewerbs- und gewohnheitsmäßigen Verbrechen. gr. 8. (III, 104 S.) Jena 871, Dufft. *

Dochow, A., der Reichsstrafprozeß, s.: Hellweg, A.

— dasselbe, s.: Lehrbücher d. deutschen Reichsrechtes.

— der Reichs-Strafprozeß, nach der Strafprozeßordnung für das deutsche Reich und den ergänzenden Reichsgesetzen systematisch dargestellt. 1. und 2. Aufl. 8. (XII, 306 S.) Berlin 879, Guttentag. geb. *

– dass. 3. verb. u. verm. Aufl. (XII, 356 S.) Ebend. 1880. 8°
(Lehrbücher des Deutschen Reichsrechtes. 2.)

Dochow-Hellweg, Reichs-Strafprozess. 4. Aufl. Berlin.

— Strafprozeßordnung nebst Gerichtsverfassungsgesetz für das deutsche Reich. Text-Ausg. mit Anmerkungen und Sachregister. 1. Aufl. (XXIV, 75 und V, 241 S.) 1878; 2. verb. und verm. Aufl. 16. (XXI, IV, 78, V, 257 S.) Ebendas. 879. *

Dochow, A., Strafprozeßordnung nebst Gerichtsverfassungsgesetz f. das Deutsche Reich. Text-Ausg. m. Anmerkgn. u. Sachregister. 3. veränd. u. verm. Aufl., bearb. v. A. Hellweg. 16. (XXVIII, 89 u. V, 289 S.) Berlin 884. Guttentag. cart. n. 1. 60

— Strafrechtsfälle ohne Entscheidungen. Zum akadem. Gebrauch gesammelt u. hrsg. 1. Abth. gr. 8. (IV, 96 S.) Ebend. 875. n. 2. --

— Strafrechtsfälle ohne Entscheidungen. Zum akadem. Gebrauch gesammelt und hrsg. gr. 8. (VIII, 156 S.) Jena 876, [Dufft.] Fischer. *

— Strafrechtsfälle. Zum akademischen Gebrauche gesammelt und hrsg. 2. umgearb. Aufl. 12. (VI, 121 S.) Jena 880, Fischer. cart. *

— Strafrechtsfälle zum akademischen Gebrauch. 3. durchgearb., verm. u. auf das Strafprozeßrecht ausgedehnte Aufl., hrsg. von Frz. v. Liszt. 8. (XII, 180 S.) Jena 884. Fischer. n. 2. 50

Dochow's, Adf. Strafrechtsfälle zum akademischen Gebrauch. (In 2 Heften.) 1. Heft. 4. Aufl., hrsg. von Frz. v. Liszt u. Hans Bennecke. 8. (XI, 157 S.) Jena 891, Fischer. * 2 50; geb. * 2 90

Dochow, Ad., Strafrechtsfälle. 4. Aufl. 2. Hft., s.: Bennecke, Hans, u. Ernst Beling, Fälle a. dem Strafprozessrecht.

— dasselbe. 5. Aufl., s.: Liszt, Frz. v.

Dochow, Adolf (Hrsg.), s. Zeitschrift für die gesamte Strafrechtswissenschaft.

— der Zeugnisszwang. gr. 8. (III, 65 S.) Ebendas. 877. *

Dochow, Frz., die Kriminalität im Amtsbez. Heidelberg, s.a. Abhandlungen des kriminalist. Seminars an der Universität Berlin. V. 1.

Dochow, Franz, Dr. phil.: Die Kriminalität im Amtsbezirk Heidelberg. Heidelberg 1906: (G. Reimer, Berlin). (59 S.) 8° ¶ (Aus: Abhandlungen d. kriminal. Semin. a. d. Univ. Berlin 1906.)
Heidelberg, Jur. Fak., Ref. v. Lilienthal, Diss. v. 25. April 1906
[Geb. 27. Jan. 75 Halle a. S.; Wohnort: Heidelberg; Staatsangeh.: Preußen; Vorbildung: Gymn. Höxter Reife 97; Studium: Halle 6 S.; Rig. 24. April 06.]

Die Kriminalität im Amtsbezirk Heidelberg. Von Dr. Franz **Dochow.** Berlin: J. Guttentag 1906. (59 S.) 8°
— **Abhandlungen** d. kriminalist. Seminars an d. Univ. Berlin. N. F. Bd 5, H. 1.
[06. 6,80 4

Dochow, Frz., Lehrbuch des deutschen Verwaltungsrechtes, s.: **Meyer**, Georg.

Dochow, Franz: Die Organisationsgesetze der inneren Verwaltung in Preußen. 2. Aufl., s. Anschütz, Gerhard.

Dochow, Franz, aus Halle a. S.: **Untersuchung** über die Stellung des Handels in der Volkswirtschaft. *Halle a. S. 1900: H. John.* (VIII, 57 S.) 8° ¶ (Der statist. Teil d. Arbeit erscheint später.)
Halle, Phil. Diss. v. 1900

Dochow, Frz., Untersuchung üb. die Stellg. des Handels in der Volkswirtschaft. gr. 8. (VIII, 57 S.) Halle (900). (E. Anton.) n. — 75

Dochow, Franz, Dr. jur. et phil.: Vereinheitlichung des Arbeiterschutzrechtes durch Staatsverträge. Ein Beitrag zum internationalen Verwaltungsrecht. Berlin 1907: C. Heymann. (111 S.) 8°
Heidelberg, Jur. Fak., Hab.-Schrift v. 1907

— Internationale Verwaltungsverträge. Zum Gebrauch in öffentlich-rechtl. Vorlesgn. u. Konversatorien. (38 S.) 8. Heidelberg 908. K. Gross Nachf. — 75

Dock, Adolf

Dock, Revolution u. Restauration üb. die Souveränetät. Eine weitere Quellensammlg. üb. den Begriff der höchsten Gewalt u. zugleich e. Beitrag zur Geschichte der Staatstheorien. Strassburg 899.

Dock, Adf., Revolution u. Restauration üb. die Souveränetät. Eine weit. Quellensammlg. üb. den Begriff der höchsten Gewalt u. zugleich e. Beitrag z. Geschichte d. Staatstheorien. gr. 8. (XV, 271 S.) Strassburg 900. Schlesier & Schweikhardt. n. 7.—

Dock, *Karl* Adolf [(Bischweiler i. Els.)]: Der Souveränetätsbegriff von Bodin bis zu Friedrich dem Grossen ... Strassburg, *Buchdr. C. Sell, Greifswald*, 1897; VIII, 152 S., 2 Bl. 8.
Strassburg, Rechts- u. staatswiss. Fak., Inaug.-Diss. v. 1897

Dock, Adf., der Souveränetätsbegriff von Bodin b. zu Friedrich d. Grossen. gr. 8. (XI, 152 S.) Strassburg 897. Schlesier & Schweikhardt. n. 3. -

Dock, Christoph. Einfältige u gründlich abgefaßte Schul-Ordnung. ed. Germantown, 1770.

Dock, Friedrich Wilhelm

Dock, F. W., **Arbeit**, Ruhe u. Gesundheit. Populärer Vortrag. 3., verm. Aufl. gr. 8. (45 S.) St. Gallen 890. F. B. Müller. n. — 60

Dock, Fr. Wilh., über die sittliche und gesundheitliche Bedeutung des Vegetarianismus [naturgemäße Lebensweise]. Vortrag, gehalten am Vegetarianer-Vereinstag in Leipzig den 5. Septbr. 1877. gr. 8. (97 S.) St. Gallen 878. (Berlin, Grieben.) *

Dock, Fr. Wilh., über die sittliche und gesundheitliche Bedeutung des Vegetarianismus [naturgemäße Lebensweise]. Vortrag, gehalten am Vegetarianer-Vereinstag in Leipzig, den 5. Septbr. 1877. 2. durchgesl. Aufl. gr. 8. (96 S.) Zürich 882, Schmidt. *

Dock, Fr. Wilh., die sittliche u. gesundheitliche Bedeutung d. Vegetarianismus. [Naturgemäße Lebensweise.] Vortrag. 3., durchgesch. Aufl. gr. 8. (140 S.) St. Gallen 891. F. B. Müller. n. 1. 80

Dock, Fr. Wilh., **Beschaffenheit** der Haut, ihre Pflege in gesunden und kranken Tagen. Populärer Vortrag, gehalten auf Veranstaltung der gemeinnützigen Gesellschaft der Stadt St. Gallen den 1. Febr. 1877. 8. (24 S.) St. Gallen 877. (Berlin, Grieben.) *

Dock, Dr. F. W., Ueber den Einfluss der Arbeit auf die Gesundheit. Populärer Vortrag, geh. in St. Gallen den 18. März 1877 in der Gesellschaft f. Sonntagsruhe. 8°. St. Gallen 1878. (Berlin, Grieben.)

Dock, Fr. Wilh., über den Einfluß der Arbeit auf die Gesundheit. Populärer Vortrag, geh. in St. Gallen den 18. März 1877 in der Gesellschaft für Sonntagsruhe. 8. (28 S.) Zürich 878. Schmidt. n. — 40

Dock, F. W., üb. den **Einfluß** der Bewegung, Arbeit u. Ruhe auf die Gesundheit. Populärer Vortrag. 2. Aufl. 8. (39 S.) St. Gallen 886. Müller. n. — 50

—— **Ernährungstabelle**, nach den neuern Untersuchungen von Voit, Pettenkofer u. A. zusammengestelll. Lithogr. und color. qu. gr. Fol. (Ebendas.) 886.

—— dass. — 2. Aufl. Chromolithogr. qu. Fol. (Ebendas.) 888. *

Dock, [Friedrich Wilhelm]. Freimaurer und Arzt eine Parallele. Bauriss von Br. Dr Dock, Loge Concordia, St. Gallen. II + 16 S. 8. Bern, Büchler & Co., 1901.

Dock, Fr[iedrich] Wilhelm, aus Ittenheim (Elsass): Ueber Haematocele retrouterina in Zusammenhang mit den Ovarialerkrankungen. Zür. J. Schabelitz Dr. 1876. VIII, 99 S., 1 Bl. Thesen. 8°.
Zürich, Med. Diss. [v. 16. März 1876].

Dock, Fr. Wilh., üb. Haematocele retrouterina in Zusammenhang m. den Ovarialerkrankungen. Inaugural-Dissertation. gr. 8. (VIII, 99 S.) Zürich 876. (Schweizer. Antiqu.) n. 1. 80

Dock, [Friedrich Wilhelm]. Das Leben und Wirken von Alex(ander) Lombard (1810–1887).... Vortrag gehalten in der Hauptversammlung des Sonntagsheiligungsvereins zu St. Gallen am 27. November 1887. 8. St. Gallen 1888.

Dock, F. W. Gesunde Seele in gesundem Körper. Populär-wissenschaftlicher Vortrag. Mit Vorrede von Dr. *A. Schoel.* In-8°, 56 S. St. Gallen, F. B. Müller. 1887. **— 90**

— gesunde Seele in gesundem Körper. 2., durchges. Aufl. gr. 8. (53 S.) Ebd. 894. n. — 80

Dock, Karl Adolf, s. Dock, Adolf

Dock, Luvivia L., Geschichte der Krankenpflege, s.: Nutting, M. Adelaide.

Dock, W.: Über Haematocele retrouterina . . ., s. Dock, Friedrich Wilhelm

Dock, W., über naturgemäße Heil- und Lebensweise. Vortrag, gehalten an der Generalversammlung des „Vereins für volksthümliche Heilkunde" in Zofingen den 7. Juni 1874. Lex.-8. (11 S.) Zürich 874. (Berlin, Grieben.) *

DOČKAL, Camillus: De Theophili trium πρὸς Αὐτόλυκον librorum apologetico et dogmatico pro religione christiana momento. — (1906) VI, 128 Bl. 4° (Handschr.) Diss. 649
Diss. Wien, Univ.

DOCKAL, Georgius: Relatio sacrificium crucis inter et sacrificium missae. — (1881) 134 S. 8° (Handschr.) Diss. 447
Diss. Wien, Univ.

Dočkalik, Emerich, fonografischer Faulenzer. Alfabetisch geordnete Sammlung von über 2000 der gebräuchlichsten Abkürzungen in der Fonografie. 8. (64 autogr. S.) Wien 878, Bermann und Altmann. *

Dočkalik, Emerich, fonografischer Faulenzer. Alfabetisch geordnete Sammlung v. über 2000 der gebräuchlichsten Abkürzungen in der Fonografie. 8. (64 autogr. S.) Wien 879. Bermann & Altmann. n. 1. 28

Döcker, J. G. C. Die Döckersche Zeltbauerei. Kopenhagen 1882. 2°.

Döckers, Osc., auf d. Sängerfest, s.a. Bloch's, E., Theater-Korrespondenz.

[F.] Auf dem Sängerfest. Schwank in 1 Akt v. Oscar Döckers. *Berlin: E. Bloch [1895].* (25 S.) 1 Bd 8.
= Theater-Korrespondenz, Eduard Blochs. No 277.

Dockhorn, A., und E. v. Lossow, die preußischen Strafgesetze, s. Strafgesetze, die preußischen.

Dockhorn A., und A. Munckel, Vertheidigungsreden in der Untersuchung wider den Grafen Harry v. Arnim, gehalten vor dem königl. Kammergericht in Berlin am 16. Juni 1875. 8. (96 S.) Berlin 875, Puttkammer und Mühlbrecht. *

Dockhorn, Aug., System des preußischen Handelsrechts. 1. und 2. Lfg. gr. 8. (176 S.) Kempen 863, Dockhorn's Selbstverlag. (Breslau, Gosohorsky's Buchh.) *

Dockhorn, Aemil. Henr. Ign. (geb. Bromberg 23. 10. 1837): De febris puerperalis prophylaxi et therapia. Berolini (1860). (32 S.) 8°
Berlin, Med. Diss. v. 25. Apr. 1860

Dockhorn, Car.: De tribuniciae potestatis origine. Berolini 1858 (57 S.).

Doecks, F. A. E. Der Compagnie-Haushalt der Kgl. Hannöv. Infanterie. Hannover 1863. 8°.

Doecks, Friedrich (Gehrden)
Einige Bemerkungen über die holländischen Sumpffieber, als complicierte und verlarvte Wechselfieber.
Hannover 1827. 8 + 32 S.
Dr. med. Giessen 2.4.1835.
[lt. Dekanatsbuch als Dissertation eingereicht.]

Doecks, (Fr.,) einige Bemerkk. über die holländ. Sumpffieber, als complicirte u. verlarvte Wechselfieber. 8. Hannover 827. (Helwing.)

Docter, Hugo, a. Gießen (Hessen), Polizeitierarzt in Hamburg: Ein Beitrag zur Kenntnis der verminösen Pneumonie des Hasen. Borna-Leipzig 1907: R. Noske. (54 S.) 8°
Leipzig, Phil. Fak., Ref. Eber-Chun, Diss. v. 30. April 1907
[Geb. 20. Apr. 80 Gießen (Hessen); Wohnort: Hamburg; Staatsangeh.: Hessen; Vorbildung: Großh. Gymn. Büdingen Primareife Aug. 99; Studium: Veterinärmed. Gießen 6, Berlin 1, Naturw. Leipzig 3 S.; Rig. 26. Febr. 07.]

Doctor Antonio, s. Collection of british authors.

Doctor, der aufrichtige medizinische, ein Noth- u. Hülfsbuch f. Jedermann. 2te Aufl. 8. Marb. Krieger. 813.

Doctor Eisenbarth. Humoristischer Kalender. 1. Jahrg. 1873. gr. 4. (80 S. m. eingedr. Holzschn. u. e. Chromolith.) Dresden 872. Tittel. n. — 50

— Illustrirtes Witzblatt. 1. Jahrg. 52 Nrn. (1 B.) 4. Ebend. 872. pro Nr. 1—18. 1. 80; in 18 Hftn. mit Bilderbeilage à Hft. — 50; ohne Bilderbeilage à Hft. — 40

Doctor Eisenbart. Familien-Kalender. 1874—1880. 11.—17. Jahrg. 4. (à ca. 56 S. mit eingedr. Holzschn. und 1 Chromolithogr.) Dresden, Tittel. à Jahrg.

Doctor Eisenbart. Familien-Kalender. 1881—1885. 18.—22. Jahrg. 4. (à Jahrg. ca. 56 S. mit eingedr. Holzschn. und 1 Chromolithogr.) Dresden, Tittel Nachf. à Jahrg.

—— —— Humorist. Kalender. 1886—1889. 23.—26. Jahrg. 4. (à Jahrg. ca. 72 S. mit eingedr. Holzschn. und 1 Chromolithogr.) Dresden, Tittel Nachf. à Jahrg.

Doctor Eisenbart. Humorist. Kalender 1890—1893. 28.—31. Jahrg. 4. (à Jahrg. ca. 40 S. m. eingedr. Holzschn., 1 Chromolithogr. u. Portemonnaie-Kalender.) Dresd., Tittel Nachf. à Jahrg. — 50
Erscheint auch u. d. T.: Glückauf-Kalender, Illustrierter.

Doctor Eisenbart oder der barmherzige Samariter. Mit vielen erprobten Heilmitteln und Altweiber-Räthen, welche auch Werth haben können. Von einem Pfarrer aus Vorarlberg. 12. (IV, 46 S. mit 1 Taf.) Innsbruck 885, Vereinsbuchhandlung. *

Doctor, Der Herr. Schwank V: 1 Akt. Von H. v. W. Berlin 1868. in *Wolffradt, H. von.* (Hdschr. Mitth. von Friedrich Müller, München.)

Doctor, Der magnetische, ein Lustspiel; aus dem Franz. Berlin 1791. Ü: *Unger, Friederike Helene geb. von Rothenburg.* (MGT)

Doctor Poschius und sein Diener. Ein Fastnachtsschwank. Gr.-in-8°, 8 S. Aarau, H. R. Sauerländer. 1886. 1 —

Doctor Robin, s.a. Robin.

Doctor Robin, Lustspiel in 1 Aufz. Nach d. Französ. bearb. durch L. W. G. gr. 8. (2¾ B.) Karlsruhe 843, Macklot.

Doctor, Benno [aus Ober-Glogau (Schlesien)]: Über einen neuen Apparat zur qualitativen und quantitativen Bestimmung des Traubenzuckers im menschlichen Harn .... Erlangen, Druck d. Univ.-Buchdr. v. Junge & Sohn, 1888; 19 S. 8°
Erlangen, Med. Fak., Inaug.-Diss. v. 9. Jan. 1888

Doctor, Ernst [app. Arzt aus Meiningen]: Über einen Fall von Dystrophia muscularis progressiva ... Meiningen, Druck d. Keyssner'schen Hofbuchdr., 1896; 36 S. 8.
München, Med. Fak., Inaug.-Diss. v. 1896

Emigration und Immigration. Ein Wort z. jüdischen Auswanderer-Not von Eugen Doctor. Berlin: L. Lamm 1908. (15 S.) 8° [08. 4931

Doctor, Guido, Privat-Assist. bei Hrn Geh. Regierungsrat Prof. Dr. A. Ladenburg: Aus d. chemischen Institut d. Universität Breslau. Über partielle Racemie. Neutrales Strychninracemat und seine Umwandlungstemperatur. *Breslau 1899: R. Galle.* (71 S.) 8°
Breslau, Phil. Diss. v. 4. März 1899

Doctor, Carl, Beziehungen des Bakterium coli commune zur Schwefelwasserstoffgährung des Harnes. (10 S.) gr. 8. Leipzig 904. Verlag der Monatsschrift f. Harnkrankh. n. — 60
Sonderabdr. a.: „Monatsschr. f. Harnkrankh. u. sex. Hygiene".

Doctor, Max, Abram. Jugendgeschichte des Erzvaters Abraham nach der talmud. Sage. (V, 62 S.) kl. 8. Frankfurt a/M. 905. J. Kauffmann. Kart. n. 1. —

Doctor, Max, Lehrbuch der jüd. Geschichte u. Literatur, s.: Hecht, E. u. M. Kayserling.

Doctor, Max, die Philosophie d. Josef (ibn) Zaddik, s.a. Beiträge z. Gesch. d. Philosophie d. Mittelalters.

Doctor, Max [aus Zülz]: Die Philosophie des Josef '(Ibn)' Zaddik, nach ihren Quellen, insbes. nach ihren Beziehgn zu d. lauteren Brüdern u. zu Gabirol untersucht. 1. Tl ... [Erschien vollst. als Heft 2 d. II. Bds von: Beitr. z. Gesch. d. Philos. d. Mittelalt. hrsg. v. Baeumker u. v. Hertling.] Münster, Druck d. Aschendorffschen Buchh., 1895; 2 Bl., 40 S., Bl. 8.
Breslau, Phil. Fak., Inaug.-Diss. v. 29. März 1895

— Proben zur jüdischen Litteratur, s.: **Blach**, Abf.

Doctoren, die, der gegenwärt. Zeit u. ihre Privilegien; von J. M. G, e. Doctor. 8. Augsb. 824. (Lpz., Rein.) Rthlr.

Zu der fünfzigjährigen **Doctor-Jubelfeier** des Herrn Heinrich Limpricht, o. ö. Prof. d. Chemie, am 20. März 1900 bringt ihre herzlichen Glückwünsche dar die philosophische Facultät zu Greifswald. *Greifswald (1900): F. W. Kunike.* (97 S.) 8°

¶(Enthält: 1.) E(dmund) Stengel: Mitteilungen aus dem Briefwechsel der Brüder Grimm und Dorothea Grimms mit Oberappellationsrat Burchardi und dessen Tochter Wilhelmine in Cassel.

2.) F[ranz] Richarz: Theorie des Gesetzes von Dulong und Petit.

3.) E[mil] Cohen: Die beiden Meteoreisen von Los Muchachos, Tucson, Arizona.

4.) W[ilhelm] Deecke: Ueber ein Vorkommen von bearbeiteten Säugethierresten bei Endingen ⟨Kreis Franzburg⟩.

5.) F. W[ilhelm] Semmler: Zur Campherfrage; Constitution von Borneol und Isoborneol.

6.) Theodor Posner: Über die Existenzfähigkeit der Sulfonalcarbonsäuren.

7.) E[duard] Study: Über Nicht-Euklidische und Linien-Geometrie. Nicht gehaltene Vorträge.)

Doctor-Jubiläum, das, des Hrn. Prof. Conr. Jac. Carstanjen, ehemal. Prof. d. Universität Duisburg, Doct. d. Medic. u. Chir., Ritter rc. gefeiert zu Duisburg d. 3. März 1835. gr. 8. (6¾ B.) Duisburg 835. Essen, Bädeker.

Das fünfzigjährige Doctor-Jubiläum des Geheimraths Karl Ernst von Baer, am 29. August 1864. St. Petersburg 1865. 128 S. 4°.

Das fünfzigjährige Doctorjubiläum des Akademikers Geheimrath Johann Friedrich Brandt am 12. (24.) Januar 1876. St. Petersburg 1877. 105 S., 1 Tf. 8°.

Doctor-Jubiläum, Dr. Franz Zellners 50jähriges. Salzburg 1891. V: *Schmued, Ludwig.* (Hr)

Die Operationen der beiden Heere 1866 in Bohmen [!] ⟨Dargest. auf 36 Karten; 16. Juni bis z. Waffenstillstand⟩ von S[vetozar] v. **Doctorovich**, Hptm. im Inf.-Reg. N. 97. 2. Aufl. (Maßst. [ca 1:1,000,000].) Bl. 1–36 & 2 Detail-Skizzen. *Triest: F. H. Schimpff; (Fotolit.) Zanardini.* (36 Kartenbl. je 45×33 cm, 2 Kartenbl. je 22×23 cm.) quer-2° [kol.]
= **Doctorovich**: Situations-Atlas z. Studium d. Kriegsgesch. 1. [04. 1759

Situations-Atlas zum Studium der Kriegsgeschichte... Von S[vetozar] v. **Doctorovich**, Hptm. im Inf.-Reg. N. 97. 2. Aufl. 1. *Triest: F. H. Schimpff [1903].* quer-2° [kol.] [04. 1758

Doctorovich, S. von, k. u. k. Hauptmann im Inft.-Regiment Nr. 97. Situations-Atlas zum Studium der Kriegsgeschichte. I. Die Operationen der beiden Heere 1866 in Böhmen. (Dargestellt auf 36 Karten; 16. Juni bis zum Waffenstillstand.) 2. Auflage.
Fol. Triest (1904).

Doctorowitsch, Fanny. Experimentelle Untersuchungen über blutdrucksteigernde Mittel am gesunden Menschen. Diss. Med. Univ. Zürich. [Sep.-Abdr. aus: Die Therapie der Gegenwart. Jahrg. 47. Neueste Folge, Jahrg. 8, 1906. Heft 8.] *Kopftitel:* Aus dem pharmakologischen Institut zu Zürich. 8 S. gr.-8. (Berlin, Julius Sittenfeld, [1906].)

Doctorowitsch, Fanny, aus Cherson: Aus dem pharmakologischen Institut zu Zürich. Experimentelle Untersuchungen über blutdrucksteigerude Mittel am gesunden Menschen. [Berlin 1907.] 8 S. 8°. S.-A. aus „Therapie der Gegenwart. Bd. 8. Heft 8." [17. VII. 07.]
Zürich. Med. Diss. 1906/1907.

Doctrina 12 apostolorum, s. a. Bibliotheca sanctorum patrum series I.

– Dass., s. a. Elfapostelmoral, Eine.

Doctrina duodecim apostolorum. Canones apostolorum ecclesiastici ac reliquae doctrinae de duabus viis expositiones veteres. Edidit, adnotat. et prolegomenis illustr., versionem lat. addidit F. X. Funk. gr. 8. (VII, LXVII, 116 S.) Tübingen 887. Laupp. n. 3. 60

Διδαχὴ τῶν δώδεκα ἀποστόλων. **Doctrina** XII apostolorum. Una cum antiqua versione Latina prioris partis de duabus viis primum ed. Joseph Schlecht. *Friburgi Brisg.: Herder 1900.* (24 S.) 8° [01. 48

Die Didache [**Doctrina** XII apostolorum]. Mit krit. Apparat hrsg. von Lic. Hans Lietzmann. *Bonn: A. Marcus & E. Weber 1903.* (16 S.) 8°
= **Texte**, Kleine, f. theol. Vorlesungen u. Übungen. 6. [04. 8087 6

Doctrina, Augustiniana ecclesiae Romanae, a Cardinalis Sfondrati nodo extricata per varios S. Augustini discipulos. Coloniae 1700. V: *Cerri, Celsus.* (Wr)

Doctrina christiana, latein. u. deutsch, Bregenz 802. Brentano. 16 ℛ

Doctrina christiano-catholica... Friburgi Helvetiorum 1789. V: *Esseiva, Pierre Louis.* (So) (Jes)

Doctrina, Iansenii, ex Thomisticae Theologiae praeceptis atque institutis damnata... Viennae [1732]. V: *Sanfelice, Joseph.* (So)

Doctrina moralis Jesuitarum. Die Moral der Jesuiten, quellenmässig nachgewiesen aus ihren Schriften v. e. Katholiken. 2. erweit. Ausg. der „Flores theologiae moralis Jesuitarum" — „Blüthen der Jesuiten-Moral." gr. 8. (XVI, 340 S.) Celle 874. liter.-Anstalt.
n. 6. —

— pastoralis c. idea reformationis cleri et populi ad mentem et verba Concilii tridentini de reformat. 8. Augsb. 802. Doll. (Landsh., Krüll). 12 ℛ

— patrum de incarnatione verbi. Ein griech. Florilegium aus der Wende des 7. u. 8. Jahrh., zum ersten Male vollständig hrsg. u. untersucht v. Frz. Diekamp. (XCI, 368 S. m. 2 Taf.) gr. 8. Münster 907. Aschendorff.
20. —

Doctrina de Sacramento Poenitentiae recte administrando tum Cardinalium tum Episcoporum ... Iterum edidit ... [S. Blasii] 1778. H: *Neugart, Trudpertus.* (AarK)

Doctrinae, Catholico-Evangelicae, de septem Sacramentis Neosolii per annum propositae. Tyrnaviae 1754. V: *Uhl, Leopold.* (So) (Jes)

Doctrinae Ecclesiae primorum quinque saeculorum. Claudiopoli 1737. V: *Janossi, Nicolaus.* (Jes)

Doctrinal, der Laien, ein altsassisches gereimtes Sittenbuch; herausgeg. u. mit e. Glossar versehen v. K. F. A. Scheller. gr. 8. Braunschw. 825. (Halberstadt, Vogler.)

Doctrinal der Laien, ein altsassisches gereimtes Sittenbuch; herausg. u. mit e. Glossar versehen von K. F. A. Scheller. gr. 8. Braunschw. 825. (Potsd., Vogler). 20 ℛ

Doctrine, La, des Evangeliques-Luthériens sur la présence réelle et essentielle du corps et du sang de Jesus Christ dans l'Eucharistie. Francfort s. l. M. 1728. V: *Koethen, Johann Jacob.* (Myl) (Adel)

Académie royale de Metz. — DOCUMENS RELATIFS A L'EMPLOI fait par l'académie royale de Metz, des sommes allouées en 1838, par M. le Ministre de l'Agriculture et du Commerce, pour encouragemens à l'agriculture dans le département de la Moselle. Metz. 1839. Typographie de S. Lamort. 8°.

Document, s. D o k u m e n t.

Documenta, Ad Concordata nationis germanicae integra. Fasc. 1-4. Francofurti et Lipsiae 1775-81. H: *Ullheimer, Joseph von.* (Engj)

De c o n g r e g a t i o n i b u s Marianis Documenta et leges ed. Franciscus Beringer, S. J.
Graecii & Viennae: Styria 1909. VI, 215 S. 8°

Documenta, H e i l b r o n n i s c h e nova, s.a. B e c h t, Johann Moritz

Documenta, Heilbronnische Nova, Restitutionis in Sachen Hupfer . . . Wetzlar 1771. H: *Becht, Joh. Moritz.* (MGT) (Holz)

Documenta historiae Forojuliensis, s. **Bianchi.**

Documenta ad illustrandam h i s t o r i a m. I. Liber Axumae, interpretatus est K. Conti Rossini, s. a. C o r p u s scriptorum christianorum orientalium.

Documenta ad illustrandam h i s t o r i a m ed. Karolus Conti Rossini.
1. Parisiis: Poussielgue; Lipsiae: Harrassowitz 1909. 8°
(Corpus scriptorum christian. oriental. Script. Aethiop. Ser. 2. T. 8.)

Documenta historica ex Chronico Windeshemensi . . . Ratisb. 1762. H: *Kraus* [*Krauss*], *Joh. Baptist.* (ML) (Lindner)

Documenta, Hamburg Reich-Stadts, und der Stadt Hamburg Immedietät betreffend. O. O. u. J. H: *Garmers, Vinc.* (Bruun, Bibl. Danica. III, 199.)

Documenta immedietatis hamburgensis germanica. S. l. & a. H: *Garmers, Vincenz.* (Schr)

— ad origines m o n o p h y s i t a r u m illustrandas, ed. I.-B. Chabot, s.: C o r p u s scriptorum christianorum orientalium.

Documenta philosophiae Arabum quae . . . edidit, Latine vertit, commentario illustravit Augustus S c h m o e l d e r s. Bonnae 1836.

D o c u m e n t a religiose politica s. modus juste vivendi in religione an. 1738. in solitud, annotat. 8. Viennae, Monath. 746.

D o c u m e n t a oder alte Uhrkunden und Nachrichtungen, wo hin und wieder im Römischen Reiche, Gold- und Silber-Ertze, Gold-Körner, Wachswerck, Seiffenwerck etc. zu finden seyn sollen. Von einem der Orten wohlkündigen und erfahrnen Metallurgo im Anfange vorigen Seculi auffgezeichnet, und . . . zum Druck befördert durch C[hristian] D[aniel] B[rüherr] o. O. 1747.

Documente, s.a. **D o k u m e n t e.**

D o c u m e n t e privitóre la istoria românilor, culese de Eudoxiu de Hurmuzaki. Publicate sub auspiciile ministeriuluĭ cultelor şi al instructiunei publice. Volumul VI und VII. gr. 8. Bukarest, Sotschek und Comp. [Vol. VI. 1700—1750. (XXIV, 697 S. mit einem Portr.) 878; Vol. VII. 1750—1818. (XXIII, 585 S. mit einem Portr.) 876.] à Bd. **ℳ 40. **
Vol. I—V sind noch nicht erschienen.

D o c u m e n t e privitóre la istoria românilorŭ, culese de Edoxiu de Hurmuzaki. Publicate sub auspiciele ministeruluĭ cultelorŭ şi alŭ instrucţiuneĭ publice şi ale Academieĭ române. Volumul III et IV. gr. 8. Bukarest, Sotschek und Comp. [Vol. III. 1576—1599. (XXX, 600 S. mit 1 Portr.) 880. **ℳ 32.; Vol. IV. 1600—1650. partea 1. (XXXVI, 708 S. mit 1 Portr.) 882. **ℳ 32.; partea 2. (XL, 686 S. mit 1 Portr.) 884. *ℳ 32.] **
Vol. I, II und V noch nicht erschienen. Vol. VI und VII. Ebendas. 1876,78. à **ℳ 32.

D o c u m e n t e, vier, aus römischen Archiven. Ein Beitr. zur Geschichte des Protestantismus vor, während u. nach d. Reformation. gr. 8. (8¾ B.) Leipzig 843, Hahn'sche Vrlsb.

Documentes de véritables broderies anciennes. (24 Taf. im Phototyp.) 49×32,5 cm. Zürich (909). A. Kreutzmann. In Mappe 25. —

D o c u m e n t s de l'année 1815, concernant les rapports entre la Suisse et la Sardaigne. ([Avec] Supplément) = A k t e n s t ü k e aus dem Jahr 1815, betreffend die Verhältnisse zwischen der Schweiz und Sardinien. ([Mit] Nachtrag.) 8. *s. l. n. d.* [1850/70]

D o c u m e n t s de véritables broderies anciennes. 24 Pl. II p. + 24 planches. fol. Zurich ⟨Suisse⟩, M. Kreutzmann, [1909]. *in Mappe* fr. 35. —

Documents de la conférence radiotélégraphique internationale de Berlin, 1906. Publ. par le département des postes de l'Empire d' Allemagne. Berlin 1906: (Reichsdr.) (XI, 374 S.). 4°(2°) 107. 14963

D o c u m e n t s de la C o n f é r e n c e t é l é g r a p h i q u e internationale de Lisbonne (1908), publiés par le Bureau international des Administrations télégraphiques. XII + 1147 p. 4. Berne, B' int' des Adm' tél', 1909.

D o c u m e n t s de la C o n f é r e n c e t é l é g r a p h i q u e internationale de Londres ⟨1903⟩, publiés par le Bureau international des Administrations télégraphiques. XII + 1179 p. 4. Berne, B' i' des A' t', 1904.

D o c u m e n t s de la conférence télégraphique internationale de Rome, publiés par le bureau international des administrations télégraphiques. gr. 4. (VI, 688 S.) Bern 872, (Jent und Reinert.) *

D o c u m e n t s de la conférence télégraphique internationale de St.-Pétersbourg, publiés par le bureau international des administrations télégraphiques. gr. 4. (VII, 677 S.) Bern 876, (Jent und Reinert.) *

D o c u m e n t s de la c o n f é r e n c e t é l é g r a p h i q u e internationale de V i e n n e. Révision de la convention de Paris. 4. Vienne 1868.

Documents, deux, importants, dans l'affaire des duchés de Holstein et de Lauenbourg, savoir I. La plainte présentée à la diète germanique par les états du Lauenbourg, II. La motion du gouvernement royal Hanovrien du 29. Octobre 1857. gr. 8. (60 S.) Hannover 858, C. Rümpler. *

Documents relatifs à l'essai d'arriver à un accomodement des différends entre le royaume de Danemark et les duchés de Schleswig-Holstein par des conférences entre des hommes de confiance. Kiel. 1850. 8°.

Genève. Documents pour servir à l'histoire de l'Académie de Genève. Nro. I: La faculté de théologie de Genève pendant le XIXe siècle. Thèses, concours, étudiants. Trois tableaux par *A. Bouvier.* In-8°, VIII et 96 p. Genève et Bâle, Georg. 1878. 2 —

Documents de l'histoire de la Lorraine, s.: Quellen zur lothringischen Geschichte.

Documents pour servir à l'Histoire de l'Université de Genève. [Tome] 5 [i. e. 6]. 8. Genève, Impr. Albert Kündig — *Aufdruck:* G' et Bâle, Georg & C°, libraires-éditeurs —, 1909. [fr. 10. —]
s. Julliard, Charles, (et) Aubert, Fernand.

Documents inédits pour servir à l'histoire du christianisme en orient. Publ. par le Père Antoine Rabbath de la Comp. de Jésus. T. 1. Paris: A. Picard & Fils; Leipzig: O. Harrassowitz (1905). 8°

Documents concernant les inondations en Suisse dans les années 1876 et 1877. [Avec 1 tableau.] 8. Berne 1878.

— relating to the office of the Revels in the time of Queen Elizabeth, ed. by Alb. Feuillerat, s.a. Materialien zur Kunde des älteren englischen Dramas. XXI.

Documents relating to the office of the revels in the time of Queen Elizabeth ed., with notes and indexes, by Albert Feuillerat. Louvain: A. Uystpruyst; Leipzig: O. Harrassowitz 1908. (XVII, 512 S.) 4°
= Materialien z. Kunde d. älteren Engl. Dramas. Bd 21.

—— officiels, publiés par le gouvernement anglais au sujet du traitement barbare des Uniates en Pologne. [Traduit de l'anglais.] Avec une préface. gr. 8. (68 S.) Zürich 877, Schmidt. **

Documents relatifs aux troubles du pays de Liége etc., s. Collection.

Dóczi, Ludw., der Kuß. Lustspiel in 4 Aufzügen. Aus dem Ungarischen. Von der ungar. Akademie der Wissenschaften mit dem Graf Teleki-Preise gekrönt. 8. (111 S.) Wien 877, Rosner. *

Dóczi, Ludw., der Kuß. Lustspiel i. 4 Aufzüg. A. d. Ungar. 2. Aufl. 8. (111 S.) Wien 878. [L. Rosner.] F. Grottendiek. n. 2. 40

— dasselbe. s.a. Theater, neues Wiener.

Dóczi, Ludw., letzte Liebe. Schauspiel in 4 Acten. 8. (207 S.) Leipzig 887, Klinkhardt. *

Dóczi, Ludw. Letzte Liebe. Schauspiel in 4 Akten. 2. (Titel-)Aufl. 12. (207 S.) Stuttg. 891, Cotta Nachf. * 4 —; geb. * 5 —

—— Carmela Spadaro. Novelle. 1. u. 2. Aufl. 8. (212 S.) Stuttg. 890, Bonz u. Comp. * 3 —; geb. * 4 —

—— Maria Széchy. Schauspiel in 3 Akten. 8. (III, 156 S.) Stuttg. 891, Cotta Nachf. * 4 —; geb. * 5 —

Dodana, ausgewählte Schriften, s.: Bibliothek der katholischen Pädagogik.

Dodd's Beauties of Shakspeare. 32. (360 Seit. u. Shakespeare's Bildn. u. Facsim.) London u. Berlin 837. [Asher u. Comp.] *

—— the same. (Welt-Literatur.) 12. (14½ B.) Stuttgart 838, Neff.

Dodd, Frauen. Novellen. 8. (V, 273 S.) Dresden 898. E. Pierson. n. 3. —

— Lola. 8. (147 S.) Ebd. 897. n. 2. —; geb. n. 3. —

Dodd, Arth., die Wirkung d. Schutzbestimmungen f. d. jugendl. u. weibl. Fabrikarbeiter u. d. Verhältn. im Konfektionsbetriebe in Deutschland, s.a. Sammlung nationalökonom. u. statist. Abhandlgn.

Die Wirkung der Schutzbestimmungen für die jugendlichen und weiblichen Fabrikarbeiter und die Verhältnisse im Konfektionsbetriebe in Deutschland. Vergl. Untersuchgn v. Dr. Arthur Dodd. *Jena: G. Fischer 1898.* (VIII, 236 S.) 8.
= Sammlung nationalökon. u. statist. Abhandlungen d. staatswiss. Seminars zu Halle. Bd 16.

Dodd, Edward Arthur: Die Wirkung des gesetzlichen Schutzes auf die Lage der jugendlichen Fabrikarbeiter Deutschlands. *Halle a. S. 1897: (Lippert & C., Naumburg a. S.).* (59 S.) 8°
• [Erschien vollständig u. d. T.: Die Wirkung der Schutzbestimmungen für die jugendlichen und weiblichen Fabrikarbeiter und die Verhältnisse im Konfektionsbetriebe in Deutschland . . ., als Bd 16 von: Sammlung nationalökonomischer und statistischer Abhandlungen des staatswissenschaftlichen Seminars zu Halle a. d. S.]
Halle, Phil. Diss. v. [14. Jan.] 1898

Dodd, William

Dodd, Wilh., Predigten für Jünglinge; aus d. Engl. von J. K. Velthusen u. K. Chr. W. Koch. 3 Thle. 8. Lemgo 772 — 74. Meyer. 1 ℛ 14 ℊ

— die Schönheiten d. Geschichte, in Beispielen d. Tugend u. Laster; aus d. Engl. 12. Kopenh. 815. Bonnier. 12 ℊ

Dodd, William Edward, aus Clayton, North Carolina: Thomas Jeffersons Rückkehr zur Politik 1796. *Leipzig [1900]: Grübel & Sommerlatte.* (X, 88 S.) 8° [F.]
Leipzig, Phil. Diss. v. [14. Febr.] 1900

Doddridge, Phil., üb. d. Anfang u. Fortgang d. Gottesfurcht in d. Seele. Im Auszuge, s. Leben d. D. Ph. Doddridge.

Doddridge, Phil., Anfang u. Fortgang der wahren Gottseligkeit in der menschlichen Seele. Aus d. Engl. übers. gr. 12. (441 S.) New-York 851. (Philadelphia, Schäfer & Koradi.) In Engl. Einb. n. 1⅓ ℛ

— Anfang u. Fortgang wahrer Gottseligkeit in d. menschl. Seele; mit e. Vorrede v. Mosheim; aus d. Engl., mit d. Leben d. Verf. verm. Aufl. v. Münter. 8. Hannov. 775. Helwing. 20 ℊ Dass. französ. 12. Lausanne 766. Pott. 20 ℊ

Doddridge, Phil., Anfang und Fortgang des geistlichen Lebens in der menschlichen Seele. Aus dem Engl. neu übers. gr. 12. (860 S.) New-York 860. (Bremen, Verlag des Traktat-Hauses.) geb. *

Doddridge, Phil., Betrachtungen über die Macht u. Gnade Jesu, selig zu machen, a. d. Engl. von Fr. Rambach. 8. Magdeburg, Hessenland. (a. v. Schütz). 767.

— paraphr. Erklärung der sämmtl. Schriften N. Test. a. d. Engl. von Rambach. 4 Bde. 8. Ebend. (a. v. Schütz). 758.

— s. Leben Phil. Doddridge's.

Doddridge, Ph., s. Lebensbeschreibungen durch Gottesfurcht rc. ausgezeichn. Männer.

Doddridge, Phil., heil. Reden über auserlesene Wahrheiten d. Evangelii; aus d. Engl., mit e. Vorrede v. Fr. E. Rambach. 8. Rostock 760. Stiller. 20 ℊ

— Reden an die Jugend; aus d. Engl. v. Fr. Eb. Rambach. 8. Magdeb. 752. Scheidhauer. 10 ℊ Dieselben. 8. Basel 755. Thurneisen. 9 ℊ

— Reden über wichtige Wahrheiten der Lehre Jesu. 8. Rostock, Stiller, 760.

— Reden von d. Wiedergeburt; aus d. Engl. v. Fr. E. Rambach. 8. Rostock 761. Stiller. 1 ℛ

— letzte Samml. heil. Reden bei zufälligen Gelegenheiten, herausg. v. F. E. Rambach. 8. Rostock 763. Stiller. 1 ℛ 4 ℊ

— theolog. Sendschreiben; aus d. Engl. v. F. E. Rambach. 8. Rostock 764. Stiller. 20 ℊ

DODDRIDGE, PHIL., Ein merkwürdiger Traum von der zukünftigen Welt. Aus dem Englischen übersetzt von R. P. d. E. Altona. 1790. P

— christl. Unterweisungen u. Watts geistl. Lieder. 8. Basel 769. Schweighäuser. 3 ℊ

Dodecaton od. das Buch d. Zwölf. A. d. Franz. v. Ferd. v. Biedenfeld. 2 Bdchn. 8. (40¼ B.) Weimar 837, Voigt.

—— (dass. m. d. Zusatz:) od. neueste Erzähln. u. Novellen v. zwölf d. beliebtesten franz. Schriftstellern, als Geo. Sand, Löwe Weimars, Roger de Beauvoir, Merimée, Alfred de Musset, Stendhal, Souvestre, Dufongerap, Alex. Dumas, Jul. Janin, Barbier u. Alfr. de Vigny. Hrsg. v. Fr. v. K. 2 Bde. 8. (53 B.) Stuttgart 837, Hallberger'sche Vrlsh. Thlr.

Dodel, Arnold

— u. Carolina **Dodel-Port,** anatomisch-physiologischer Atlas der Botanik für Hoch- u. Mittelschulen. 1—3. Lfg. Imp.-Fol. (à 6 Chromolith.) Nebst Text gr. 4. (12, 16 u. 22 S.) Esslingen 878—80. Schreiber. à n. 15. —

— u. Carolina **Dodel-Port,** anatomisch-physiologischer Atlas der Botanik f. Hoch- u. Mittelschulen. 4—7. (Schluss-)Lfg. Imp.-Fol. (à 6 Chromolith.) Mit Text. gr. 4. (104 S.) Esslingen 881—84. Schreiber. à n. 15. —

Dodel, Arnold, biologischer Atlas der Botanik. Serie „Iris". Ausg. f. Hoch- u. Mittelschulen. 7 Taf. à 120 × 84 cm. Farbendr. Mit erläut. Text. gr. 4. (19 S.) Zürich 894. C. Schmidt. n.n. 40. —; Sekundärschul-Ausg., Taf. 1—4. n.n. 24. —

Ⓑ **Dodel,** Arn., biolog. Atlas d. Botanik. Serie Iris. 894. (KBl. 27.) Jetzt: Esslingen, J. F. Schreiber.

Dodel, Arnold. Beiträge zur Kenntniss der Befruchtungs-Erscheinungen bei Iris sibirica. Imp.-4. (15 S. m. 3 Taf.) Zürich 891, A. Müller's Verlag. * 4 50
Aus: Festschr. zur Feier d. 50jähr. Doctor-Jubiläums der Herren v. Nägeli u. v. Kölliker, besonders abgedruckt.

—— s. a. Deubler, Konrad.

Dodel, A. Konrad Deubler. Leipzig 1886. 2 Bde.

Dodel, Arnold. Konrad Deubler, der monistische Philosoph im Bauernkittel. Sein Entwicklungsgang vom einfältigen Glauben zum klaren Erkennen. Nach authentischen Quellen aus seinen Tagebüchern, seinem Briefwechsel und anderen Schriftstücken dargestellt. [Mit illustriertem Umschlag.] XVI + 327 S. 8. Stuttgart, Fritz Lehmann, 1909. ⟨M. 1. 50⟩ (kart. M. 2. —)
Volksausgabe.

Dodel, Arnold, Entweder — Oder! Eine Abrechng. in Sachen der Frage „Moses od. Darwin?" an der Jahrhundertwende. 1. u. 2. Aufl. gr. 8. (à 176 S.) Stuttgart 902. J. H. W. Dietz Nachf. n. 1. 50

Dodel-Port, Arnold, biologische Fragmente. Beiträge zur Entwicklungsgeschichte der Pflanzen. [1. Thl.: Cystosira barbata, ein Beitrag zur Entwicklungsgeschichte der Fucaceen, mit 10 chromolithogr. Orig.-Taf. — 2. Thl.: Die Excretionen der sexuellen Plasmamassen vor und während der Befruchtung im Pflanzen- und Thierreich, mit 24 in den Text gedr. Illustr. nach Handzeichnungen des Verf.] Fol. (104 S.) Kassel 885, Fischer. cart. *

Dodel, Arnold. Ernst Haeckel als Erzieher, von Professor Dr. A' D', Lugano. [Mit 4 Tafeln und Titel-Vignette.] 66 S. 8. Gera-Untermhaus, W. Koehler, [1906]. [M. 1.50]

Dodel, Arnold, die Kraushaar-Alge, Ulothrix zonata. Ihre geschlechtl. u. ungeschlechtl. Fortpflanzg. Eine entwickelungsgeschichtl. Studie als Beitrag zur Kenntniss der untern Grenze d. pflanzl. Sexuallebens. Mit 8 (lith. u.) color. Taf. [Aus: „Pringsheim's Jahrbb. f. wissenschaftl. Botanik".] gr. 8. (136 S.) Leipzig 876. Engelmann. n. 3. —

— aus Leben u. Wissenschaft. Gesammelte Vorträge u. Aufsätze. 1. u. 2. Lfg. 8. Stuttgart 893. J. H. W. Dietz. à n. — 75
1. Bauer, Arbeiter u. Wissenschafter. 3 gemeinverständl. Vorträge, geh. im Vereinshaus d. deutschen Arbeiterbildungs-Vereins in Zürich (Novbr. u. Dezbr. 1892). (VI, 127 S.)
2. Konrad Deubler, der oberösterreichische Bauernphilosoph. — Vom Weib. Seine soziale Stellg. u. seine Befähigg. — Ueber die ältere Natur-Verachtung u. die neuere Natur-Betrachtung. (S. 129—264.)

Aus Leben und Wissenschaft. Gesammelte Vorträge u. Aufsätze von **Dr.** A[rnold] **Dodel**, Prof., Zürich. [Ser. 1,] Th. 1–3. Ser. 2. *Stuttgart: J. H. W. Dietz 1896–1905.* 4 Bde 8° [F.]
[1], 1–3. 1896. 2 in 3 T. 1905. [04. 18719

— dasselbe, s. a. Bibliothek, internationale. Bd. 26.

—— Moses od. Darwin? Eine Schulfrage. Allen Freunden der Wahrheit zum Nachdenken vorgelegt. 3. verm. Aufl. 7.—11. Tausend. gr. 8. (IV, 112 S.) [Zürich 890, Schmidt.] Stuttg., Dietz. * 1 50
Volks-Ausg. * 1 —
Vorstehende Schrift erschien u. d. Namen Arnold Dodel-Port.
Vgl.: Beck, G. — Dennert, Eberh.

— Moses od. Darwin? Eine Schulfrage. Allen Freunden der Wahrheit zum Nachdenken vorgelegt. 4. Aufl. 12., 13. u. 14. Taus. gr. 8. (VIII, 112 S.) Zürich 892. Ebd. n. 1. —

— Moses od. Darwin? E. Schulfrage. Allen Freunden d. Wahrheit z. Nachdenken vorgelegt. 5., verm. Aufl. 8. (VIII, 166 S.) Ebd. 895. n. 1. —

— Moses od. Darwin? Eine Schulfrage. Allen Freunden der Wahrheit zum Nachdenken vorgelegt. 7. Aufl. 8. (VIII, 165 S.) Ebd. 902. n. 1. —

Dodel, Arnold. Moses oder Darwin? Eine Schulfrage. Allen Freunden der Wahrheit zum Nachdenken vorgelegt von Dr. Arnold Dodel, Ordentl. öffentl. Professor ... [in] Zürich. 8. Aufl. VIII + 166 S. 8. Stuttgart, J. H. W. Dietz Nachf., 1903. (M. 1. —)

Dodel-Port, Arnold, illustrirtes Pflanzenleben. Gemeinverständliche Orig.-Abhandlungen über die interessantesten und wichtigsten Fragen der Pflanzenkunde nach zuverläss. Arbeiten der neuesten wissenschaftl. Forschungen mit zahlreichen Orig.-Illustr. 10 Lfgn. Lex.-8. (XVI, 474 S. mit eingedr. Fig. und Taf.) Zürich 880—83, Schmidt. *ℳ 12.; geb. *

— Eine neue Reformation, s.: Dorsch, Hannah.

Die Religion der Zukunft. Von Prof. Dr. Arnold **Dodel**. München: Deutscher Freidenkerbund 1907. (16 S.) 8° [F.]
Aus: Menschheitsziele. 1907, H. 2.
(Flugschrift d. Deutschen Freidenkerbundes E. V.) [07. 11262

— Die Religion der Zukunft. [Aus: „Menschheitsziele".] (Flugschrift der Ortsgruppe Leipzig des deutschen Monisten-Bundes.) (16 S.) gr. 8. Leipzig (907). O. Wigand. — 15

Dodel, Arnold, die neuere Schöpfungsgeschichte nach dem gegenwärtigen Stande der Naturwissenschaften. In gemeinverständl. Vorlesungen über die Darwin'sche Abstammungslehre und ihre Bedeutung für die wissenschaftl., socialen und religiösen Bestrebungen der Gegenwart dargestellt. gr. 8. (XXVI, 518 S. mit 87 eingedr. Abbild. und 2 Taf. in Holzschn.) Leipzig 875, Brockhaus. *ℳ 12.; geb. *

Dodel, Dr. phil. Arnold, Priv.-Docent am eidgenössischen Polytechnikum: Der Uebergang des Dicotyledonen-Stengels in die Pfahlwurzel. II. Theil. [I als Dissertation erschienen]. Frauenfeld J. Huber Dr. 1870. 23 S. 8°.
Zürich, Phil. Fac., Habilitationsschrift.

Dodel (A.). Der Uebergang der Dicotyledonen . . . Stengels in der Pfahlwurzel. Berlin, 1871. 8°.

—— Wesen und Begründung der Abstammungs- und Zuchtwahl-Theorie in zwei gemeinverständlichen Vorträgen über I. Die Abstammungslehre und ihre Beweismittel. II. Die Darwin'sche Lehre von der natürlichen Zuchtwahl im Kampf um's Dasein. gr. 8. (IV, 78 S.) Zürich 877, Schmidt. *

Dodel, Franz Xaver, appr. Arzt a. Wolfertschwenden ⟨Schwaben⟩: Ein Fall von Konglomerat-Tuberkulose der Leber. München 1908: Kastner & Callwey. (26 S.) 8°
München, Med. Fak., Ref. v. Bollinger, Diss. v. 15. Mai 1908
[Geb. 25. Juni 76 Wolfertschwenden; Wohnort: Villingen; Staatsangeh.: Bayern; Vorbildung: Gymn. Neuburg a. D. Reife Juli 96; Studium: Erlangen 2, Würzburg 1, München 10 S.; Coll. 15. Mai 08; Approb. 20. April 04.]

Dodel, Hans, approb. Arzt aus Wolfertschwenden: Ein seltener Fall von septischer Autoinfektion nach traumatischem Abort. *München 1902: C. Wolf & Sohn.* (19 S.) 8°
München, Med. Diss. v. 1902

DODEL, Xaver (Wolfertschwenden): Ueber den Einfluss der Verletzungen auf das Allgemeinbefinden.- München: Wolf 1882. 32 S.
18.2.1882 - Urk (Titel: De effectu quem laesiones in hominis patientis universum valetudinis statum exerceant.); Chr 1881/82,8
Diss.Ingolst.-Landsh.-Mchn.

Dodel-Port, Arnold, s. Dodel, Arnold

Doden, G., die Homöopathie, e. unparthei. Beurtheilung d. Lehre Hahnemann's f. denkende Leser. gr. 8. (3 B.) Leer 833. (Hannover, Hahn.)

—— Ideen üb. d. Wesen d. asiat. Brechruhr, u. Versuch z. Begründung e. rationellen Vorbauungs- u. Heil-Verfahrens f. diese Krankheit. gr. 8. (2½ B.) Hannover 831. Hahn.

— s. C. J. Thomassen a Thuessink, Abhandl. üb. d. Masern.

Doderer, Wilh. Ritter v., Tafeln für Eisenbahn-Hochbau, zu den Vorlesungen an der k. k. techn. Hochschule in Wien zusammengestellt. gr. Fol. (23 Photolithogr.) Wien 882, [Lehmann und Wentzel.] Spielhagen und Schurich. In Mappe *

Doderer, Wilh. Ritter v., Tafeln f. Eisenbahn-Hochbau, zu d. Vorlesgn. an der k. k. techn. Hochschule in Wien zusammengest. II. Aufl. gr. Fol. (26 photolith. Taf.) Wien 891. (R. v. Waldheim.) In Mappen 10. —

Döderlein, Ludwig von. Rede, geh. an dessen 100. Geburtstage, s. Buchrucker v. u. v. Stählin. — Müller, Iwan v.

Doederlein, A.

— — Das 8. Inf.-Reg. (Großherzog Friedrich von Baden 1753 -1903. (Festschrift zum 150jähr. Jubiläum.) Mit Abb. Metz 1903. 57 S. 4°

Doederlein, A. Geschichte des 8. Inf.-Reg. <vakant Branckh>. 1753—1825. T. 1. 2. Landshut 1895. 1898.

Döderlein, Albert

Döderlein, Alb., Ätiologie u. Anatomie der „Metritis cervicalis", s.a. Sammlung zwangl. Abhandlgn. a. d. Gebiete der Frauenheilkunde u. Geburtshilfe. III. 8.

Ätiologie und Anatomie der 'Metritis cervicalis'. Von [Albert] Döderlein. *Halle a. S.: C. Marhold 1900.* (15 S.) 8°
— Sammlung zwangloser Abhandlungen aus d. Geb. d. Frauenheilk. u. Geburtshilfe. Bd 3, H. 8. [00. 9915 3

Döderlein, Alb., die Atrophia uteri, s.: Handbuch d. Gynäkologie.

— u. F. V. Birch-Hirschfeld, embryonale Drüsengeschwulst der Nierengegend im Kindesalter. [Aus: „Contralbl. f. d. Krankh. d. Harn- u. Sexualorgane".] gr. 8. (88 S. m. Abbildgn. u. 1 Taf.) Ebd. 894. n. 1. 60

– d. Entzündungen d. Gebärmutter, s. Handbuch d. Gynäkologie.

Döderlein, Alb., s.: Ergebnisse, praktische, der Geburtshilfe u. Gynäkologie.

DÖDERLEIN, Albert (Augsburg): Ein Fall von Craniorachischisis.- München: Wolf 1884. 12 S.,Taf. 29.1.1884 - Urk (Titel: De craniorachischisi in foetu quodam observata.); Chr 1883/84,13 Diss.Ingolst.-Landsh.-Mchn.

Operative Gynäkologie von Dr. A[lbert] Döderlein, Prof., Tübingen, [&] Dr. B[ernhard] Krönig, Prof., Freiburg i. B. Mit 182 Abb. u. 1 Taf. Leipzig: G. Thieme 1905. (XV, 612 S.) 4°(8°) [05. 7730

Operative Gynäkologie von Dr. A[lbert] Döderlein, Prof., u. Dr. B[ernhard] Krönig, Prof. Mit 232 Abb. u. 9 Taf. 2., verb. u. erw. Aufl. Leipzig: G. Thieme 1907. (XVI, 721 S.) 4°(8°) [07. 10734 10

Döderlein, Alb., s.: Lehrbuch, kurzes, d. Gynäkologie.

Döderlein, Alb., Leitfaden f. den geburtshilflichen Operationskurs. 8. (VIII, 125 S. m. 98 Abbildgn.) Leipzig 893. E. Besold. Geb. in Leinw. n. 4. —

— Leitfaden f. d. geburtshilflichen Operationskurs. 3. Aufl. 8. (VIII, 167 S. m. 130 Abb.) Leipzig 898. A. Georgi. Geb. in Leinw. n. 4. —

— Leitfaden f. den geburtshilflichen Operationskurs. 4. Aufl. 8. (VIII, 176 S. m. 142 Abbildgn.) Leipzig 900. [A. Georgi.] G. Thieme. Geb. in Leinw. n. 4. —

— dasselbe. 5. verb. Aufl. (VIII, 190 S. m. 149 Abb.) 8. Leipzig 902. G. Thieme. Geb. in Leinw. n. 4. —

— Leitfaden f. den geburtshilflichen Operationskurs. 6. Aufl. (VIII, 192 S. m. 150 z. Tl. farb. Abbildgn.) 8. Leipzig 904. G. Thieme. Geb. in Leinw. n. 4. —

Leitfaden für den geburtshilflichen Operationskurs von Dr. Albert **Döderlein**, Prof. 7., verb. u. verm. Aufl. Mit 151 Abb. Leipzig: Thieme 1907. VIII, 207 S. 8° [11. 8147 11

Leitfaden für den geburtshilflichen Operationskurs von Dr. Albert **Döderlein**, Prof. Mit 163 Abb. 8. verb. u. verm. Aufl. Leipzig: Thieme 1909. VIII, 240 S. 8° [11. 8768 11

— Leitfaden f. den geburtshilflichen Operationskurs. 9. Aufl. (VIII, 243 S. m. 167 Abbildgn.) 8. Leipzig, 910. G. Thieme. Geb. in Leinw. 4. —

— allgem. Peritonitis, s.: Handbuch der Gynäkologie.

Döderlein, Alb. Das Scheidensekret u. seine Bedeutung f. das Puerperalfieber. gr. 8. (VI, 86 S. m. 5 Lichtdr.-Taf. u. 1 Holzschn.) Lpz. 892, Besold. * 4 —

— Ub. Vergangenheit u. Gegenwart d. Geburtshülfe. Rede, geh. b. s. Amtsantritt als ord. Professor d. Geburtshülfe u. Gynäkologie an d. Reichs-Universität zu Groningen a. 1. V. 1897. gr. 8. (32 S.) Ebd. 897. n. 1. —

Döderlein, C. J., Diss. de epilepsia, autocratia naturae curata. Altd. 4°.

1747

Döderlein, Chr. Albr., († d. ... Dec. 1789.) Abhandl. von d. rechten Beweisart d. evangel. Lehre von d. durch Christum geleisteten stellvertretenden Genugthuung. 4. Bützow 787, 88.

— Abhandlung von den Grenzen zwischen Gebrauch u. Mißbrauch der Vernunft. 8. Wismar, Bödner. 761.

— — Fortsetzung dazu. 8. Ebend. 762.

Döderlein, Ch. Alb., Abhandl. über den Umfang der Religion. 4 Bde zu 3 Stück. gr. 8. Ebend. 777—89. Rthlr.

— Abhandll. von dem rechten Gebrauch u. Mißbrauch d. Vernunft in göttl. Dingen. 8. Bützow 760. Bödner. 6 gl. Fortsetz. u. Beschluß. 761. 16 gl.

— theol. Abhandll. über den Umfang d. Religion. 4 Thle à 3 Stcke. gr. 8. Bützow 788—89. Bödner. 7 ℔ 8 gl.

— vermischte Abhandlungen von der Freyheit des menschlichen Willens. 4 Stück. 8. Halle, Waisenh. 754—55.

— vermischte Abhandll. aus allen Theilen d. Rechtsgelehrsamkeit. 4 Stcke. 8. Halle 753, 55. Waisenh.-B. 12 gl. 4s Stck apart: Vertheidigung d. Lehre von d. Vergebung d. Sünde. 758. 7 gl.

— zwey Abhandlungen vom Gebrauch der Vernunft in göttlichen Dingen. 8. Rostock, Stiller. 760.

– Animadversiones de Thaletis ... ratione, s. Doederlein: De Thaletis ... ratione.

— Beweis von der Gottheit des Sohns Gottes. 8. Wismar, Bödner. 789.

— überzeugender Beweis von d. wahren Gottheit Christi, d. Sohnes Gottes. 1r—3r Abschnitt. 8. Wismar 789. Bödner. 10 gl.

— de Ebionaeis, e numero hostium divinit. Christi eximend. 8. ibid. 769.

— Commentarius de Ebionaeis, e numero hostium divinitatis Christi eximendis. (7 zusammengedruckte Programm.) 8. Wism. 799. Bödner. 16 gl.

Döderlein, C. A., Meditatio de Christianis, Christo ex mortuis resurgenti desponsatis. Pr. 1761. 28 S. 4°. 1.—

Döderlein, C. A., de judaicae gentis negligentia in observandis miraculis, quae circa nativ. Chr. acciderunt. Bütz. 1760. 4.

Doederlein, Chr. Alb., Tractatus de Thaletis et Pythagorae theologica ratione. Götting. 750. 8. 6 gr.

— animadvers. de Thaletis et Pythagorae theologica rationali. 8. Götting. 750. (Stiller in Rostock). 6 gr

— animadvers. de Thaletis et Pythagorae theologica ratione. 8. Lips. (Stiller in Rostock). 750.

— Rede von den hohen Vorzügen d. bibl. Theologie vor d. scholastischen. 4. Rostock 758. (Halle, Waisenh.=B.) 2 gr

Döderlein, Ch. Alb., Sammlung vermischter Aufsätze. 8. Wismar, Bödner. 775.

— Schreiben an einen Freund über eine Stelle in Semmlers Lebensbeschreibung. 8. Bützow 782. Bödner. 3 gr

Doederlein, C. A., de vero sensu quaestionis controversae et decreti apostolici Act. 15. I—VI. Bützov. 1769 ss. 4.

— über Toleranz u. Gewissensfreiheit; nebst Nachtrag. 8. Bützow 776 u. 77. Bödner. 1 ß

— über Toleranz u. Gewissensfreyheit rc. nebst Nachtrag. 8. Wismar, Bödner. 776, 77.

– Tractatus de Thaletis ... ratione, s. Doederlein: De Thaletis ... ratione.

— et J. G. Knapp, commentatio theologica inaug. de usu et abusu rationis humanae in rebus divinis. 4. Halle 759. Waisenh.-B. 4 gr

— die Verläugnung seiner selbst u. d. Welt, ein nothwendiges rc. u. sehr vernünftiges Stück des wahren Christenthums. 8. Bützow 786.

— Vertheidigung der Lehre von Vergebung der Sünden rc. 8. Halle. 785.

— kurz entworfene Vorbereitungsgründe d. geoffenbarten Theologie. gr. 8. Wismar 766. Bödner. 4 gr

— Vorbereitungsgründe der geoffenbarten Theologie. gr. 8. Wismar, Bödner. 766.

— das innere Zeugniß des heil. Geistes von d. Göttlichkeit d. heil. Schrift, auf eine faßl. Art erläutert rc. 8. Ansb. 758. Posch. 5 gr

— von d. Zweckmäßigkeit, Zulänglichkeit u. Nothwendigkeit e. gemeinschaftl. Glaubensbekenntnisses. 4. Bützow 788.

Döderlein, D. L., Interpretatio Thucydidis lib. III. capp. 82—83. Pr. 1849. 10
8. 4°. —.90

Doederlein, Friedrich, geb. in Ansbach: Ein primäres Adenokarzinom des Nabels. (Aus d. pathol. Institut Erlangen.) Kiel 1907: Schmidt & Klaunig. (38 S.) 8°
Erlangen, Med. Fak., Ref. Hauser, Diss. v. 18. Nov. 1907
[Geb. 23. Mai 82 Ansbach; Wohnort: Kiel; Staatsangeh.: Bayern; Vorbildung: Gymn. Kempten Reife 01; Studium: München 5, Kiel 2, Erlangen 3 S.; Coll. 25 April 07; Approb. 18. Dez. 06.]

Döderlein, Frdr., s.: Claufs, Frdr., Memminger Chronik.

Doederlinus, Georg. Mich., Exercitatio academica de candelabris Iudaeorum sacris, ad Ex. XXV. &c. Wittenbergae 1711.

Döderlein, Gustav

Döderlein, Gust., Bericht üb. „Nasser u. trockener Kompressvorgang m. selbsttätig. Regel-Verfahren der Kompressions-Kaltdampfmaschinen". Dem I. internationalen Kongress der Kälte-Industrie Paris 1908 vorgelegt. (28 S. m. 3 lith. Taf.) gr. 8. München 908. R. Oldenbourg. 1.20
Sonderabdruck aus „Ztschr. f. d. ges. Kälte-Industrie".

Dr. Ing. Gustav Döderlein. Luftkühlung durch das verdampfende Kältemittel. *Berlin: C. Schmitz 1904.* (13 S., 4 Taf.) 4° [04. 1167]

Döderlein, Gustav: Prüfung und Berechnung ausgeführter Ammoniak-Kompressions-Kältemaschinen an Hand des Indikator-Diagramms. 1903. 113 S., 2 Taf. 8°
¶ Auch bei Oldenbourg in München; aus: Zeitschrift f. d. gesamte Kälte-Industrie. Jg. 10.
München, Dr.-Ing.-Diss. v. 5. 8. 1902

Döderlein, Gust., Prüfung u. Berechng. ausgeführter Ammoniak-Kompressions-Kältemaschinen an d. Hand d. Indikator-Diagramms. Unter besond. Berücksicht. des nassen und trockenen Kompressvorganges, Überhitzungseinrichtg. u. automat. Regulierg. 2. erweit. u. verb. Aufl. (113 S. m. 42 Abbildgn. u. 3 Taf.) gr. 8. München 910. R. Oldenbourg. Geb. in Leinw. 5.—

Döderlein, J. Ch.

— Erklärung des Vaterunsers. 8. Nürnb., Weigel. 788.

— Ekermanns und Löflers Gutachten über alle Religionsgegenstände in Beziehung auf den Religions=Prozeß der Pred. Schulz rc. 8. Görl. Anton. 794.

— Predigten über verschiedene Wahrheiten der Religion. 8. Halle, Curt. 777.

Döderlein, J. J., Fragen auf d. wichtigsten Feste d. evangel. Kirche. 8. Ansb. 792. (Gassert). 3 gr

Doederlein, J. M., de morte per osculum. Altorf. 1706.

— Jo. Georg (Windsheim/Frk.), De deum ex aere conspicuum. Diss. philos. Präs. Joh. Udalr. Tresenreuter. Altdorf (Ww. Meyer) 3. XII. 1736. 40 S. (6.—) 6623
Gew.: Joh. Pet. Reusch, Wolfg. Ludw. Reiz. — Widm. v.: Jac. Wilh. Feuerlin, J. B. Bernhold, Präs., Gg. Friedr. Jacob Köhler (Schwabach), Joh. Chph. Krausenberger, Fried. Carl Vocke (Ansbach), Albert Wilh. Model (Windsheim/Frk.).

Döderlein, Johann Alexander

— antiquitat. Gentilismi Nordgav. m. K. 4. Regensb. 734.

Antiquitates in Nordgavia Romanae, oder Genauere Vorstellung des alten Römischen Valli und Land-Wehre; der Pfahl, oder Pfahl-Heck, auch Teuffels-Mauer, von den Anwohnern heut zu Tag genannt; so ... Käyser. Publius Aelius Hadrianus, und Marcus Aurelius Probus, wider die Einfälle der Teutschen ... im Nordgau und Schwaben, errichten und befestigen lassen. Aus ... monumentis, auch mit Land-Chärtlein erläutert v. Johann Alexander Döderlein. Weissenburg 1731. Bei: Johann Adam Bernhards Antiquitates Wetteraviae. Hanau 1731. 4°.

(Johann Alexander Döderleins) Chronik der Stadt Weißenburg i. B. Hrsg. von Dr. Christian Meyer, Staats-Archivar a. D. *München: Selbstverl. 1904.* (IV, 58 S.) 8° [F.] [04. 164]

— — Ad virum ill. Wolfg. Georg. Welck . . dissert. epistolaris qua in patellarum ut dicuntur iridis quas cum vulgo Regenbogen-Schusselein appelamus. Schwabach (Joh. Jac. Enderes) Juli 1739. 48 S. u. 1 Tafel Abbild. sowie Verzeichn. der Schriften v. Doederlein. (5.50) 6620

Doederlein, Jo. Alexander (Weissenburg), Ad dominum Luc. Schroeck dissertatio epistolaris . . der Regenbogen-Schusselein. Schwabach (J. J. Enderes) 1739. 20 S. (4.80) 6619

* *J. Alex. Doederlini* duae Dissertationes epistolares de Patellis Iridis. Suobaci. 4. m. 1. Fig. 1739.

— Sclavonisch-russisch. Heilsath. mitten in Deutschl. m. K. 4. Nürnb. Stein. 734.

— Landwehen d. Pfahlheck u. Teufelsmauer im Nordgau. m. K. 4. Weissenfels, Monath. 731.

Doederlein, Joh. Alex. Matth. a Pappenheim enucleatus, emendatus, illustratus et continuatus, d. i. historische Nachrichten von dem uralten Haus der Kaiserlichen und des Reichs Marschallen von Calatin und der davon abstammenden ehe- und dermaligen Reichs-Erb-Marschallen Herren und Grafen zu Pappenheim. 2 Bde. 4. Schwabach 1739—41.

— hist. Nachr. von den Marschall v. Calatin u. davon abstammenden Grafen zu Pappenheim. 4. Schwabach, Enderes. 739.

Dœderlein, J. A., de numis Germaniæ mediæ, quos vulgo bracteatos et cavos, vernacule Blech- und Hohl-Münzen adpellant. C. figg. æn. Norimb. 1729. Pgtbd. 4. 1874. 2. 50

Doederlein, J. Alex., de nummis Germaniae mediae q. vulgo Blech- u. Hohlmünzen vocant. c. fig. 4. Nürnberg, Stein. 729.

Doederlein, J. A. Schediasma historicum impp. P. Ael. Adriani. et M. Aur. Prob. Vallum et Murum. vulgo Die Pfahl-Heck, Pfahlrarn, item. Die Teufels-Mauer dictum . . . exhibens. (Mit Krt.) Normbergae 1723. 75 S.

— Schediasma von der Pfahlheck, Pfahlrehn und sogenannten Teufelsmauer im Nordgau. 4. Nürnb. Stein. 723.

Döderlein, Johann Christoph

– Accessiones ad novissimam quintam institutionem . . ., s. Döderlein: Institutio theologi christiani . . .

— s. Biblia hebraica.

Döderlein, Jh. Cph., († d. 2. Dec. 1792.) auserlesene theolog. Bibliothek. 4 Bde in 12 Stck. 8. Leipz. 780—92. Breitkopf u. H. 4 rß Fortgesetzt unt. d. T.: theolog. Journal. 1r Bd. 6 Stcke. 8. Nürnb. 793. Monath u. K. 1 rß Dass., Forsetz., s. Journal, neues theolog., v. Hänlein rc.

Döderlein, J. C., de Christo a legibus civilibus ferendis alieno Jen. 1787. 4; rep. in ejsd. opusc. p 73—92.

— Joh. Chrph., De difficultatibus in tradenda morum doctrina. Jena (Strankmann) 25. I. 1783. (Ad audiendam orat. muneris theolog. ausp. causa.) 23 S. (4.50) 6621

— kurzer Entwurf d. christl. Sittenlehre. 8. Jena 789. 2e Aufl. 791. 3e A. 794. Stahl. (Schmid). 18 gl

— Erläuterungen des Vater Unsers für gemeine Christen. 8. 780. 2e Aufl. Nürnb. 782. Schneider u. W. 6 gl

— s. J. A. Ernesti, theolog. Bibliothek.

— Esaias, s.a. *Jesaias.*

— Esajas ex rec. textus hebr. etc. lat. vert. 8. maj. Nürnb. Monath. 789.

– s.a. Fragmente u. Antifragmente.

— Fragmente u. Antifragmente über Lessings Beyträge zur Literatur, 2 Thle. 8. Nürnb. Grattenauer. 782.

Döderlein, J. C., Fragmente und Antifragmente. 2 Thle. N. A. 8. 788. Jetzt Eichhorn in Nürnberg.

— über d. christl. Fürbitte. 8. Jena 781. Stahel. 6 gl

— christl. Gesinnungen eines Lehrers zur Erweckung seiner Zuhörer. 4. Altd. 773.

— giebt uns d. Bibel Hoffnung zu e. allgem. Judenbekehrung? 8. Nürnb. 781. Grattenauer. 2 gl

— s. H. Grotii annotatt. in V. T. — et ejusd. auctarium.

Döderlein, Jh. Cph., Gutachten über einige wichtige Religionsgegenstände, s. J. F. C. Löffler.

— Institutio theologi christiani in capitibus religionis theoreticis, nostris tempor accommodata. Prs I. et II. Sect. 1. 2. 8maj. Altd. 780, 81. Monath u. K. Ed. II. 781, 82. Ed. III. 784. Ed. IV et V. 787. Ed. VI. Nürnb. 797. ibid. 4 rß

— accessiones ad novissimam quintam institut. theologi christ. post quartam separatam editae. 8 maj. Nürnb. 792. Monath u. K. 7 gl

– Journal, Theolog., s.a. Döderlein: Bibliothek.

— theologisches Journal. 1r Bd. in 6 Stück. Nürnb. Monath. u. K. 793. (à 4 gr.).

— — Forts. dess. s. n. theol. Journal.

— Leben u. Verdienste J. S. Mörls. gr. 8. Nürnb. 793. Monath u. K. 3 gl

– s. Materialien zu Kanzelvorträgen.

— — De mutatione religionis publicae. Dissert. theol. Jena (Fickelscherr/Stranckmann) 16. VIII. 1783. 22 S. (4.80) 6622

Döderlein, J. C., de historiae Jesu tenendae tradendaeque necessitate ac modo. I—IV. Jen. 1783—86. 4; rep. in ejsd. opusc. p. 1—58.

— opuscula theol. 8. maj. Ienae, Stahl. 788.

— opuscula theologica. 8. Jena 789. Stahel. (Schmid). 12 gl

— einige Predigten zur christl. Belehrung über verschiedene Wahrheiten d. Religion. 8. Halle 777. (Laue in Berl.) 12 gl

Doederlein, J. C., de redemtione a potestate diaboli, ut insigni Christi beneficio. Altorf. 1774. 4; rep. in ejsd. opusc. p. 93—160.

— christl. Religionsunterricht nach den Bedürfnissen unsrer Zeit. 12 Thle. 8. Nürnb. 785—803. (1r, 2r, 4r Thl. 2e A. 790—94. 6r u. folg. nach d. Verf. Tode v. C. G. Junge herausg.) Monath u. K. 12 rß 1 gl

— s. Salomo, d. Prediger u. dessen Sprüche.

– s. Samml. vorzügl. geistl. Lieder.

— Scholie in libr. V. Test. post. etc. v. Grotii annot. auctar. 1r T.

Döderlein, Johann Christoph. Curarum exegetic. et crit. in quaedam Veteris testamenti oracula specimen. Altorfii 1770. V (Vorrede): *Riederer, Joh. Bartholomäus.* (Ky)

— curarum exeget. et crit. in quaedam Vet. Test. oracula specimen, (c. praef. J. B. Riederer). 8. Altorf 770. Monath u. K. in Nürnb. 6 gl

— die Sprüche Salomonis übersetzt und mit Anmerk. 8. Nürnb. Monath. 786.

— summa institutionis theologi christiani in usum praelect. 8. Nürnb. 782. Monath u. K. Ed. II. 787. Ed. III. post obitum auctoris denuo curata a C. G. Junge. 8. Nürnb. 793. Monath u. K. 10 gl

Döderlein, Joh. Chr. Summa institutionis theologi christiani . . . Editio tertia. Altorfi 1793. H: *Junge, Christian Gottfried.* (will)

– Dass. deutsch, s. Döderlein: Unterweisung in den Lehrwahrheiten . . .

— Unterweisung in den Lehrwahrheiten d. christl. Religion. 2 Thle. 8. Nürnb. 791 u. 92. Monath u. K. 23 gl.

Doederlein, J. C., de vi et usu formulae, Christum de coelo venisse. Jen. 1782. 4; rep. in ejsd. opusc. p. 59—72.

— Jo. Georg Zachar. (Weissenburg/Frk.), De lilio convallium. Dissert. botan.-med. Altdorf (J. W. Kohles) 17. VI. 1718. 20 S. (5.—) 6624
Widm. v.: Jo. Jac. Baier, Jac. Chph. Scheffler (Altdorf).

Döderlein, Johann Ludwig Christoph Wilhelm von,
s. Döderlein, Ludwig von

Döderlein, Jul., Gottes Dasein bewiesen am Wissen und Sein. Ein Beitrag zur Rechenschaft unsres Glaubens. gr. 8. (IV, 64 S.) Erlangen 871, Besold.

Döderlein, Jul. Unsere Väter Kirchenr. Christof Döderlein, Oberconsist.-R. Immanuel, v. Niethammer u. Hofr. Ludwig v. Döderlein. 8. (68 S.) Lpz. 891, Deichert Nachf. * 1 —

— Philosophia divina. Gottes Dreieinigkeit, bewiesen an Kraft, Raum u. Zeit. gr. 8. (X, 102 S.) [Erl. 889.] Lpz., Besold. * 2 —

Döderlein, Jul., wie sind die Kinder in die Bibel einzuführen? Vortrag, gehalten bei der Generalversammlung des evangel. Schulvereins in Bayern zu Nürnberg am 15. Juni 1887. gr. 8. (8 S.) Nürnberg 887, Raw'sche Buchh. *

Döderlein, Ludwig

Döderlein, L., De Sophoclis Ajace. Ak. 1887. 24 S. 4°.

— — Commentationem de *ἈΛΦΑ* intensivo sermonis Graeci. (Prorector Friedr. Christ. Carl Schunck . . successor. suum . .) Erlangen (Junge) 24. XI. 1830. 24 S. (4.20) 6631
Joh. Mich. Leupoldt.

Doederlein, (Joh. Chrstph. Guil.) Lud., Comment. de *ἀλφα* intensivo sermonis graeci. 4 maj. (3 B.) Erlangae 830, (Palm et Enke.)

— De aoristis quibusdam secundis linguae Graecae. Pr. 1857. 10 S. 4°.

— Aphorismi grammatici lexici critici. Pr. 1848. 8 S. 4°. —.80

Döderlein, Ludw., Aristologie f. den Vortrag der Poetik u. Rhetorik. gr. 4. (3 B.) Erlangen 843. (Blaesing.) *

Döderlein, Ludw., Asterina lüderitziana, e. neue Art aus Südwest-Afrika. (S. 295—298 m. 1 Taf.) gr. 8. Wiesbaden (908). J. F. Bergmann. — 80
Sonderabdruck aus „Jahrbb. d. nass. Ver. f. Naturkde."

— Asteroidea, Ophiuroidea, Echinoidea vom westlichen u. zentralen Südafrika, s.: Denkschriften der medicinisch-naturwiss. Gesellschaft zu Jena. XVI, 1.

Döderlein, Ludw., Beiträge zur Entwicklungsgeschichte der Reptilien, s.: Voeltzkow, A.

Döderlein, L., Beiträge zur Kenntniss der Fische Japan's, s. Steindachner, Frz.

— philosoph. Beiträge, s. J. H. Bremi.

Döderlein, Ludw., pädagog. Bemerkungen u. Bekenntnisse. gr. 4. (3 B.) Erlangen 838, (Bläsing.)

Döderlein, L., Bericht üb. die v. Semon b. Amboina u. Thursday Island ges. Crinoidea, **— Bericht üb. d. v. Semon b. Amboina u. Thursday Island ges. Ophiuroidea u. Asteroidea,**	**s.: Denkschriften d. medicin.-naturwissen-schaftl. Gesellschaft z. Jena.**

Döderlein, Ludw., Bericht üb. die v. Professor Semon bei Amboina u. Thursday Island gesammelten Echinoidea, s.: Denkschriften der medic.-naturwiss. Gesellschaft zu Jena. VIII. 6.

— s. Bibliotheca Scriptorum Latinorum.

— — De brachylogia sermonis Graeci et Latini. (Prorector Jo. Mich. Leupoldt . . successor. suum . .) Erlang. (Junge) 1831. 19 S. (3.50) 6632
Joh. Gg. Vit. Engelhardt.

— Comment. de brachylogia sermonis Graeci et Latini. 4 maj. (2½ B.) Erlangae 831, (Palm et Enke.)

— Briefe des Gymnasiasten D. in Pforta aus den J. 1807 bis 1810. Hrsg. v. J. Simon. Progr. gr. 8. (77 S.) Kaiserslautern 900. (E. Crusius.) n. 1. —

Döderlein, Ludwig: Cholecystitis phlegmonosa calculosa. Phlegmonöse Gallenblasenentzündung. *Erlangen 1897:* A. *Vollrath.* (32 S.) 8°
Erlangen, Med. Diss. v. 23. Juli 1892

— de vocum aliquot Latinarum Sabinarum Umbricarum Tuscarum cognitione Graecae. 4maj. (2 B) Erlangae 837, Blaesing.

— De coena Nasidieni ad Horatii Satiram II, 8. Pr. 1855. 17 S. 4°.

Arktische Crinoiden von Prof. Dr. Ludwig **Döderlein** in Straßburg i. E. (Jena: G. Fischer 1905.) (S. 397—406.) 4°
= **Fauna Arctica.** Bd 4, Lfg 2, [3.] [06. 9415

Die gestielten Crinoiden der Siboga-Expedition. Von L[udwig] **Döderlein,** Prof. in Strassburg. Mit 23 Taf. u. 12 Fig. Leiden: E. J. Brill 1907. (52 S.) 4°
— **Siboga-Expeditie.** 42ª. [08. 437

Viro Summe venerabili D. Joanni Adamo Schaefero pot. regi Bavar. a consil. ecclesiast. et philolog. in class. lyceal. gymnasii Onolsbacensis professori Semisaecularia muneris solemnia prid. Kal. Maj. MDCCCXXVIII gratulatur Gymnasium Erlangense interprete D. Ludovico Doederlein philol. atque eloq. prof. p. o. et semin. philol. directore gymnasii rectore. — Inest lectionum Horatianarum decas. — Ibid. — S. 3—22.
Progr. Erlangen

Döderlein, L., Variarum lectionum decas. (Theogn. 78; Aesch. Theb. 550; Soph. Trach. 480; Eurip. Iphig. T. 778; Demosth. Olynth. I. p. 28; Terent. Heaut. II, 2, 4; Cic. Orat. 47, 157; Tac. Hist. V, 8; Tac. Germ. 1; Plin. Epist. VIII, 22.) Pr. 1882. 8 S. 4°.

— — Lectionum variarum decadem. (Prorector Joh. Gg. Vit. Engelhardt . . successor. suum . .) Erlang. (Junge) 27. XII. 1832. 8 S. (2.50) 6633
Carl Bucher.

— die Echinoiden der deutschen Tiefsee-Expedition, s. a. Ergebnisse, wissenschaftliche, der deutschen Tiefsee-Expedition.

Die Echinoiden der deutschen Tiefsee-Expedition. Von Dr. Ludwig **Döderlein,** Prof. Mit Taf. 9—50 (1—42) u. 46 Abb. Text. Taf. (Jena: G. Fischer 1906.) (290 S., 42 Taf.) 4°
— **Ergebnisse,** Wissenschaftl., d. deutschen Tiefsee-Expedition auf d. Dampfer Valdivia 1898—1899. Bd 5, Lfg. 2. [06. 11481

Döderlein, Ludw. Elemente d. Paläontologie, s. Steinmann, Gust.

— Emendationes Historiarum Taciti. Pr. 1841. 8 S. 4°.

Doederlein, Ludov., Emendationes Homericae. gr. 4. (14 S.) Erlangen 858, Blaesing. *

— Emendationes Taciti. Pr. 1844. 12 S. 4°.

— Lectionum variarum enneas. (De vocabulis τρώκτης et ἀτρεκής Od. XV, 416; XIV, 289 Hesiod. Opp. 820; Theocr. XXII, 80; Eur. Jon. 394; Terent. Heaut. II, 1, 15; Cic. Tusc. IV 19, 44; Verg. Ann. V 422; Tac. Ann. XIII 27 et XIII 42.) Pr. 1834. 8 S. 4°. —.75

— — Lectionum variarum enneadem. (Prorector Adolph Christ. Heinr. Henke . . successor. suum . .) Erlang. (Junge) 25. XI. 1834. 8 Seiten. (2.50) 6634
Theoph. Ernst Aug. Mehmel.

Doederlein, Ludw., didactische Erfahrungen u. Uebungen. [Jahresbericht v. der k. Studienanstalt zu Erlangen.] gr. 4. (24 S.) Erlangen 849. (Blaesing.) n. 6 ngr

— Vocabulorum Homericorum Etyma sive ad emendat. glossarii Passoviani Symbolae. 4maj. Erlangen 835. Blaesing. 1/6 ℔, Velinp. 1/4 ℔

— Ludwig, Actus sollemnes in ill. gymnasio Erlangensi. — Inest comment. de Aeschyli Eumenidibus. Erlangen (Junge) 8. IX. 1820. 12 S. mit handschr. Widm. (4.—) 6625

– s. Fegefeuer, Das.

—— zur Feier der 50jähr. Einverleibung des Fürstenth. Bayreuth in das Königr. Bayern. Festrede im Auftrag des königl. academ. Senats gehalten am 2. Juli 1860. Fol. (19 S.) Erlangen 860, Blaesing. (Deichert.) *

—— Festrede in Anwesenheit Sr. Maj. des Königs Maximilians II. als des Rector magnificentissimus der Friderico-Alexandrina gehalten im Auftrag des königl. academ. Senats am 26. Juli 1855. Fol. (15 S.) Erlangen 855, (Blaesing.)

—— Festrede an Friedrich Schiller's 100jährigen Geburtstag, gehalten am 10. Novbr. 1859 im Auftrag des königl. akadem. Senats. gr. 8. (22 S.) Erlangen 859, Blaesing.

—— Festrede bei d. 100jähr. Stiftungsfest der kgl. Studienanstalt zu Erlangen am 14. Julius 1845 geh. gr. 8. (1⅛ B.) Erlangen, Bläsing.

—— Frustula, s. a. Frustula.

(——) Frustula. qu. 16. (1½ B.) Erlangen 839, Blaesing.

Doederlein, Ludw., Frustula. 8., verm. Aufl. 12. (24 S.) Erlangen 858, Blaesing. Thlr. *

Doederlein, Ludw., Frustula. Gesammelt. 5. Aufl. 1870, und 6. Aufl. qu. 8. (24 S.) Erlangen 875, Deichert.

Döderlein, L., Frustula. 9. Aufl., besorgt v. G. Landgraf. qu. 16. (24 S.) Leipzig 893. A. Deichert Nachf. n. — 20

Die Korallengattung Fungia. Von Dr. Ludwig Döderlein, Prof. in Strassburg. Mit 25 Taf. *(Frankfurt a. M.: M. Diesterweg in Komm. 1902.)* (III, 162 S.) 4°
= Ergebnisse, Wiss., d. Reisen in Madagaskar u. Ostafrika. Bd 3, H. 1.
= Abhandlungen hrsg. v. d. Senckenbergischen naturf. Gesellschaft. Bd 27, H. 1. [03. 1164

(B) — Korallengattg. Fungia. 902. (KBL 31.) Jetzt: Frankfurt a/M. (Viktoria-Alle 7), Senckenberg. naturforsch. Gesellschaft. Erm. Pr. nn 20. —

—— Gedächtnißrede für Hrn. Dr. Carl Friedrich v. Nägelsbach, ordentl. Prof. der Philologie an der Universität Erlangen, gehalten am 21. Mai 1859 im Auftrag des königl. akadem. Senates. 4. (18 S.) Erlangen 859, (Blaesing.) *

— Homerisches Glossarium. 2 Bde. Lex. 8. (1: XIV u. 260 S. 2: X u. 384 S.) Erlangen 850. 53, Enke. (1: n. 1 ℛ 18 ngℛ 2: n. 2 ℛ 2 ngℛ) n. 3⅔ ℛ

—— Homerisches Glossarium. 3. Bd. (Schluss.) Lex.-8. (XI und 408 S.) Erlangen 858, Enke's Verlagsbuchh. *
1. und 2. Bd. Ebendas. 1850,53. * 3 Thlr. 20 Ngr.

—— Handbuch d. latein. Etymologie. gr. 8. (14⅓ B.) Leipzig 841, Vogel.

—— Handbuch d. latein. Synonymik. gr. 8. (16 B.) Leipzig 840, Vogel.

— Handbuch der latein. Synonymik. 2. u. verb. Ausg. gr. 8. (VIII u. 251 S.) Leipzig 849, Vogel. 1 ℛ

— — Lectionum variarum hebdomadem. (Prorector Joh. Gg. Vit. Engelhardt . . successor. suum . .). Erlangen (Junge) 23. XI. 1836. 8 Seiten. (2.—) 6635

— — Actus solemnes in gymnasio regio Erlangensi. — Inest lectionum Horatianarum heptas. Erlangen (Junge) 25. VIII. 1830. 16 S. mit Namen. (3.50) 6630

— Lectionum variarum hexas. (De vocab. παιπαλόεις; Simonid. fr. de mulier. 12; Soph. Aj. 1348; Soph. Oed. Tyr. 1055; Soph. Phil. 642; Theocr. Id. IV, 88.) Pr. 1833. 8 S. 4°. —.75

Friderico Thierschio gradum jura privilegia Doctoris Philosophiae industrie feliciter gloriose usurpata peracto lustro decimo d. XVIII. m. Junii a. MDCCCLVIII. gratulatur Gymnasium Erlangense interpretibus D. Lud. Döderlein et D. Gothof. Friedlein. — 1858. Ibid. — P. 3—11. Homerica particula γάρ nusquam refertur ad insequentem sententiam. Scrips. Ludov. Döderlein. — P. 11—16. Ueber perinde quasi und proinde quasi bei Cicero. Von Dr. Gottfr. Friedlein.
Progr. Erlangen

Döderlein, L. Index vocabulorum quorundam Teutonicorum cum Graecis Latinisque congruentium. Univ. Erlangen 1851. 16 S. 4.
— Dasselbe. Fortsetzung. Ebd., 1852. 20 S. 4.
— Dasselbe. Schlufs. — 1853. 12 S. 4.
Progr.

—— Index vocabulorum quorundam teutonicorum cum graecis latinisque congruentium. 4maj. (16 S.) Erlangae 851, (Blaesing.) *

—— Index vocabulorum quorundam teutonicorum cum graecis latinisque congruentium continuat absolvitque. 4maj. (12 S.) Erlangae 852, (Blaesing.)

—— Interpretatio orationis Cleonis demagogi ex Thucydide III, 37 sqq. (Programma reg. Friderico-Alexandrinae liter. universitatis.) 4maj. (13 S.) Erlangae 856, Blaesing.

—— Interpretatio orationis funebris Pericleae ex Thucydide II, 35 sqq. (Programma reg. Friderico-Alexandrinae literarum universitatis.) 4maj. (16 S.) Erlangae 853, (Bläsing.)

—— Interpretatio orationis Pericleae supremae ex Thucydide II, 60 sqq. (Programma reg. Frederico-Alexandrinae literarum universitatis.) 4maj. (14 S.) Erlangae 854, (Blaesing.)

—— Interpretatio Thyonichi Theocritei sive idyllii XIV. (Programma academicum.) 4maj. (12 S.) Erlangae 850, (Blaesing.) *

Döderlein, Ludw., Commentare zu Döderlein's lateinischem Vocabularium. gr. 8. (25 S.) Erlangen 856, Blaesing. *

– Ueb. „Krystallkörper“ b. Seesternen u. üb. d. Wachsthumserscheingn. u. Verwandtschaftsbeziehgn. v. Goniodiscus sebae, s. Denkschriften d. medicin.-naturwissenschaftl. Gesellschaft z. Jena.

Doederlein, L., Lectiones Theocriteae. Pr. 1843. 12 S. 4°.

—— Lectiones Theocriteae. 4. (1½ B.) Erlangen 845. (Blaesing.)

—— Lob des Schulpedantismus. Eine Schulrede gehalten am 8. Aug. 1855. Lex.-8. (16 S.) Erlangen 855, (Blaesing.)

Döderlein, Jh. Cph. Wlh. Ldw., Memoria Dr. Lud. Helleri. 4maj. Erlang. 827. Palm u. E. 4 gℛ

— Minutiae Sophocleae. Pr. 1842. 12 S. 4°.
— — 1. Fortsetzg. Pr. 1845. 8 S. 4°.
— — 2. Fortsetzg. Pr. 1846. 9 S. 4°.

— — minutiae Sophocleae. 4 maj. (1½ B.) Erlangen 843, Blaesing.

—— gegen Misologie, Präcocität u. Plebejität. Eine öffentl. Rede, beim Schluß d. Studienjahres 18³⁶/₃₇ gehalten. gr. 8. (1¼ B.) Erlangen 837, Bläsing.

— De aliquot deorum Homericorum nominibus et cognominibus. Pr. 1859. 11 S. 4°.

— Lectionum variarum ogdoas. (Hesiod. Opp. 875; Solonis Fr. IV; Aesch. Pers. 178; Juvenal Sat. XIV, 22; Eur. Hippol. 1881; Cic. Pis. 7, 15; Horat. Epist. II, 1; Valer. Maxim. IX, 2, 7.) Pr. 1835. 8 S. 4°.

– Ueb. ein. epizoisch leb. Ophiuroidea, s. Denkschriften d. medicin.-naturwissenschaftl. Gesellschaft z. Jena.

— Originatio vocabuli „papilio“ similiumque. Pr. 1852. 10 S. 4°.

— De adverbio Homerico πάγχυ. Pr. 1861. 8 S. 4°.

— Miscellorum philologicorum pempas. Pr. 1868. 10 S. 4°.

Die erste olynthische Rede des Demosthenes übers. v. Dr. Lud. Döderlein, Stdr. — 1848. E., Junge. — S. 3—8.
Progr. Erlangen

—— Reden u. Aufsätze. Ein Beitr. z. Gymnasialpädagogik u. Philologie. gr. 8. (26 B.) Erlangen 843, Enke. *

—— Reden und Aufsätze. Ein Beitrag zur Gymnasialpädagogik und Philologie. 2. Sammlung. gr. 8. (VIII und 319 S.) Erlangen 847, Enke's Vrlgsh. *
1. Samml. Ebendas. 1843. * 2 Thlr. 10 Ngr.

—— öffentliche Reden mit einem Anhange pädagog. und philolog. Beiträge. gr. 8. (X und 446 S.) Frankfurt a. M. 860, Heyder und Zimmer. *

(——) Regem clementissimum leundemque rectorem magnificentissimum Maximilianum IId. XXVI. Julii 1855 venerabunde exceptum pie consalutat Universitas Friderico-Alexandrino Erlangensis. Fol. (7 S.) Erlangae 855, Blaesing. *

—— Scherflein zum Verständniss des Horatius. Schulprogramm. gr. 4. (28 S.) Erlangen 853, (Blaesing.)

Doederlein, Ludw., s.: Schiller-Reden.

Arktische Seeigel von Prof. Dr. Ludwig **Döderlein** in Straßburg i. E. (Jena: G. Fischer 1905.) (S. 375–394.) 4°
= **Fauna** Arctica. Bd 4, Lfg 2, [2.] [06. 9414

—— die japanischen Seeigel. 1. Thl.: Familie Cidaridae und Saleniidae. gr. 4. (III, 59 S. mit 11 Taf.) Stuttgart 887, Schweizerbart'sche Verlagsh. In Mappe *

Döderlein, Ludwig [aus Bayreuth, Assistent am zoologischen Institut zu Strassburg]: Ueber das Skelet des Tapirus Pinchacus. Bonn, Universitäts-Buchdruckerei von Carl Georgi, 1877. 8. 56 S.

– f. Sophoclis Tragoediae III.

– specimen novae editionis tragoediarum Sophoclearum. 8maj. Erlangen 814. (Sulzb., v. Seidel). 10 gr Schrbp. 12 gr

—— **Glossarii Homerici spec.** 4maj. (1½ B.) Erlangae 840, (Blaesing.)

— — Lectionum Homericarum spec. I. (Prorector Ad. Chn. Heinr. Henke . . successor. suum . .). Erlangen (Junge) 20. XI. 1827. 8 S. (2.50) 6627
Theoph. Ernst Aug. Mehmel.

— — Dasselbe. II. (Prorector Theoph. Ernst Aug. Mehmel . . successorum suum . .) Erlang. (Junge) 8. XII. 1828. 12 S. mit hdschr. Widm. (4.—) 6628
Gg. Bened. Winer.

— — Dasselbe. III. (Prorector Gg. Bened. Winer . . successor. suum . .). Erlangen (Junge) 1829. 12 S. (2.50) 6629
Fried. Chph. Carl Schunck.

—— s. Steinmann, G., Elemente der Paläontologie.

– lateinische Synonyme u. Etymologien. 4 Thle. gr. 8. Leipz. 826–31. W. Vogel. 4 ₰ 15 gr

—— lateinische Synonyme u. Etymologieen. 5. u. 6. Thl. gr. 8. Leipzig, Vogel. [5. (25½ B.) 836. 1½ Thlr., 6. (26½ B.) 838. 1¾ Thlr.]
1–4. Thl. Ebendas. 1826–31. 4 Thlr. 15 Gr.

—— dass. — Beilage. — A. u. d. T.: Die latein. Wortbildung. gr. 8. (15 B.) Leipzig 839, Vogel.

– de Tacito Transpositione verborum emendando. 4maj. Erlangen 838. Blaesing. ⅙ ₰

– s. Tacitus: Agricola.

— — Actus solemnes in gymnasio regio Erlangensi. — Inest comment. de vocabulo τηλυγετος Erlangen (Junge) 7. IX. 1825. 16 S. mit Namen. (2.50) 6626

—— **50 Themata disponirt für den Schulgebrauch.** 1. Lfg. gr. 8. (XVI und S. 1–62.) Erlangen 857, Blaesing. *

– Lectionum variarum trias. (Catulliana. Tacitea. Terentiana.) Pr. 1889. 8 S. 4°.

Uebersetzungsproben aus griechischen und lateinischen Schriftstellern von Dr. Ludw. Doederlein, St. R. — 1833. Ebend. — S. 3–16.
Progr. Erlangen

– De quodam aspiratarum Graecarum usu. Pr. 1847. 9 S. 4°.

— über die Verbindung der allgemeinen mit den Fachstudien auf der Universität. Eine Rede in Auftrag des Königl. academ. Senates gehalten am 20. Julius 1844. 4. Erlangen 844, Bläsing. ⅙ ₰

– Vocabularium f. den lateinischen Elementarunterricht. gr. 8. (102 S.) Erlangen 852, Blaesing. n. 8 ngr

– Erläuterungen zu Obigem. gr. 8. (IV u. 59 S.) Ebd. 852. n. 9 ngr

—. Vokabularium für den lateinischen Elementarunterricht. 7. u. verb. Aufl. Erlangen 862. Bläsing. (Deichert.) gr. 8. (IV, 106 S.) n. 8 ngr

Döderlein, Ludw., Vokabularium für den lateinischen Elementarunterricht. 7. Aufl. 1862. und 8., verb. Aufl. gr. 8. (IV und 106 S.) Erlangen 865, Deichert. *

—— dass. — Erläuterungen dazu. (2. Aufl.) gr. 8. (III und 59 S.) Ebendas. 862. *

Döderlein, L., Vocabularium f. d. latein. Elem.-Unterricht. 10. Aufl. Erl. 1869. Pb. 8. 1. –

—— Vocabularium für den lateinischen Elementarunterricht. 11. verb. Aufl. 1872, und 12. Aufl. gr. 8. (IV, 110 S.) Erlangen 875, Deichert.

Döderlein, Ludw. v., Vocabularium für den lateinischen Elementarunterricht. 13. Aufl. (IV, 110 S.) 1878; 14. Aufl. gr. 8. (III, 107 S.) Erlangen 883, Deichert.

Lateinische Votivtafel, gewidmet dem Herrn Rektor Dr. Döderlein von dem dasigen Lehrerkollegium zur Feier seiner 25jährigen Amtsführung. — Erlangae die XX. mensis Maii MDCCCXLIV. — 1 Bog. größten Formats in extenso.
Progr. Erlangen

Döderlein, Sam. Chr., von d. Ehrfurcht gegen Gott bei d. unbegreifl. Gang seiner Vorsehung im frühen Tode großer Regenten, in e. Gedächtnißpredigt auf Kaiser Leopold II. gr. 8. Nürnb. 792. Monath u. K. 2 gr

Doederlein, W., Grabrede, geh. bei der Beerdigung des k. ev. Pfarrers Ludwig Wisbacher, s.: Wisbacher, Fritz, Ludwig Wisbacher.

Döderlein, W., Religionsedikt u. Konkordat in Bayern. 2 Vorträge, geh. in den Versammlungen d. evangel. Bundes vom 26. Juni u. 30. Septbr. 1889 zu Augsburg. gr. 8. (68 S.) Augsb. 890, Schlosser. * — 60

Döderlein, Wilh., kleine griechische Grammatik für Lateinschulen. Nach Maßgabe der revid. Ordnung der Lateinschulen und Gymnasien im Königreich Bayern. Landau 856, Kaußler. gr. 8. (VIII, 92 S.) n. 10 ngr

— **120 Lieder Geistlich und Weltlich. Für den Gesangunterricht in Mittelschulen zusammengestellt. Nördlingen 858. Beck. 16. (VIII, 168 S.)** n. 8 ngr

Döderlein, Wilh., kleine griechische Schulgrammatik für Lateinschulen. Nach Maßgabe der rev. Ordnung der Lateinschulen und Gymnasien im Königr. Bayern. gr. 8. (VIII und 92 S.) Landau 856, Kaußler. *

Döderlein, Wilhelm: Verhältnis von Puls und Temperatur bei Typhus abdominalis. Strassburg i. E. 1910: Elsäss. Dr. 23 S. 8°
Straßburg, Med. Diss. v. 10. Aug. 1910, Ref. Moritz
[Geb. 28. Juni 85 Straßburg; Wohnort: Neunkirchen b. Trier; Staatsangeh.: Elsaß-Lothringen; Vorbildung: Gymn. Gebweiler Reife Sommer 04; Studium: Straßburg 5, München 1, Straßburg 4 S.; Coll. 16. Juni 10; Approb. 16. Dez. 09.] [U 10. 4041

Doederlinus, s. Döderlein

Dodermann, J. G., die Todesfeyer der Christen. 8. Breslau. Gehr. 799.

Dodes Danz, des. Nach den Lübecker Drucken von 1489 und 1496 hrsg. von Hermann Baethke, s. Bibliothek des litterarischen Vereins in Stuttgart, 127. Bd.

Doedes, J. J., der Angriff eines Materialisten [Dr. Ludw. Büchner] auf den Glauben an Gott. Uebersetzt und bevorwortet von Wilh. Weiffenbach. gr. 8. (XIV, 55 S.) Jena 875, [Dufft.] Fischer. *

Doedes, J. I., s. Büchlein, das, vom Brotbrechen.

Doedes, J. J., hast du d. Kosten überschlagen? E. Wort an d. Glieder d. christl. Kirche üb. d. Nachfolge Jesu. In d. Deutsche übertr. v. G. Holtey-Weber. 12. (45 S.) Leipzig 898. E. Sonnenhol. n. — 40

Doedes, J. I., de Leer van den Doop en het Avondmaal op nieuw onderzocht. 1 Stuck. Het Avondmaal. gr. 8. (324 S.) Utrecht 847, Kemink & Zoon. n. 1⅓ ℳ

Doedes, J. J., 3 Predigten, s. Zeugnisse des Evangeliums aus der holländischen Kirche.

Doedes, Isaac Jac., Handleitung beim Unterricht in der biblischen Geschichte. Nach dem Holländ. von L. M. 8. (79 S.) Kaiserslautern 861, Tascher.

— oratio de critica studiose a theologis exercenda. Utrecht 859. Kemink & Sohn. gr. 8. (34 S.) n. 7½ ngr.

Doedes, Jac. Isaaci, oratio de libertate cum theologiae, tum etiam ecclesiae christianae, strenue vindicanda, in auditorio academiae Rheno-Trajectinae habita d. 28 m. martii a. 1865, quum magistratum academicum deponeret. Accedit rerum academicarum enarratio. Utrecht 865. Komink & S. gr. 8. (46 S.) n. 10 ngr.

Doedes, e Pago Langerak, Jac. Isaäcus, Dissertat. theolog. de Jesu in vitam reditu. 8maj. (17¼ B.) Trajecti ad Rhen. 841, (Kemink et fil.) *

Dodet, A., Fromont jr. u. Risler sr., s.: Theater, neues Wiener.

Dodge, M. M., Hans Brinker, s.: Jacobi, Marie.

Dodge, Raymond

— Psycholog. Untersuchungen üb. d. Lesen, s.: Erdmann, Benno.

Dodge, Raymond, d. motor. Wortvorstellungen, s.a. Abhandlungen z. Philosophie u. ihrer Geschichte.

Dodge, Raymond: Die motorischen Wortvorstellungen. E. Beitr. z. Psychologie d. Sprache ... [Erschien vollst. als Heft 8 von: Abh. z. Philos. u. ihrer Gesch. hrsg. v. B. Erdmann.] Halle a. S., Druck v. E. Karras, 1896; 2 Bl., 40 S., 1 Bl. 8.
Halle, Phil. Fak., Inaug.-Diss. v. [12. Sept.] 1896

Die motorischen Wortvorstellungen v. Dr. Raymond **Dodge.** *Halle a. S.: M. Niemeyer 1896.* (2 Bl., 78 S.) 1 Bd 8.
= Abhandlungen z. Philosophie u. ihrer Geschichte. H. VIII. [96. 9989

Dodge, Rich. Irving, die heutigen Indianer des fernen Westens. Aus 30jähr. persönl. Anschauung geschildert. Mit einer Einleitung von Will. Blackmore. Autoris. deutsche Bearbeitung von Karl Müller-Mylius. 8. (VIII, 330 S. mit 16 Illustr.) Wien 884, Hartleben's Verlag.

Dodge County Banner: Jahrgang 1—24, no. 7. Feb.? 1897—Mar. 28, 1918.
Democratic weekly. Title varies: DODGE COUNTY POST, 1897—1901. Circulation. 1905, 1600; 1910, 1950. Edited by F. W. Grumm, & published by Dodge County Publishing Co., 1897—1901; edited & published by E. Schwartz Printing Co., 1902—11; edited by Hans H. Forkmann [or, Formann], 1912—15; by August Hahne, 1916; published by E. Schwartz Printing Co., 1912—16; edited by Carl M. Diederich, & published by The Banner Co., 1917—18.
Mayville, WI

Dodge County Pionier: 1876—1946?
Weekly, 1876—96; semi-weekly, 1897—1917; weekly, 1918—46. Only paper in Mayville, 1876—86. Democratic, 1876—98; Independent, 1899—1946. For supplement, see UNTERHALTUNGS-BLATT. Circulation: 1880, 1300; 1890, 1820; 1895, *2700*; 1900, 2850; 1901, *3100*; 1910, 2600; 1920, 2400; 1930, 1800; 1940, 1400; 1946, 1200. Edited & published by H. Spiering & Rudolph B. Bogisch, 1876—79; by Rudolph B. Bogisch, 1880—81; by A. Brunke, 1882; by Dr. John Maasmann & Henry Spiering, 1883—84; edited by John Maasmann, & published by Jacob Müller, 1885—86; by Jacob Müller, 1887—97; edited by J. M. Sevenich, & published by Jacob Müller, 1898—1904; edited & published by Jacob Müller, 1905—20; by Conrad Müller, 1921—46.
Mayville, WI

Dodge County Volksfreund: 1885?—1908?
Democratic weekly. Circulation: 1890, 500. Edited & published by Henry Spiering, 1885—90; by Ernst Tetzlaff, 1891.
Mayville, WI

Dodgson, Campbell, die illustr. Ausgaben d. Sapphischen Ode des Konrad Celtis an St. Sebald, s.a. Jahrbuch der kunsthistor. Sammlgn. d. Allerhöchst. Kaiserhauses.

Die illustrierten Ausgaben der sapphischen Ode des Konrad Celtis an St. Sebald von Campbell Dodgson. Mit 2 Taf. u. 1 Textill. *Wien: F. Tempsky; Leipzig: G. Freytag 1902.* (S. 45—52). 2°
= Jahrbuch d. kunsthist. Sammlungen d. Allerhöchsten Kaiserhauses. Bd 23, H. 2, [1]. [02. 8087

Dodgson, Campbell, eine Gruppe v. Holzschnittporträten Karls V. um die Zeit der Kaiserwahl, s.a. **Jahrbuch der kunsthistor. Sammlungen des allerhöchsten Kaiserhauses.**

Eine Gruppe von Holzschnittporträten Karls V. um die Zeit der Kaiserwahl. Von Campbell **Dodgson.** Mit 4 Taf. u. 1 Textabb. Leipzig: G. Freytag 1905. (S. 238—244.) 2°(4°)
= **Jahrbuch** d. kunsthist. Sammlungen d. Allerhöchsten Kaiserhauses. Bd 25, H. 5, [2.] [06. 8638

Dodgson, Campbell, Holzschnitte zu zwei Nürnberger Andachtsbüchern aus dem Anfange des 16. Jahrh., s.a. Veröffentlichung der graphischen Gesellschaft. XI.

Holzschnitte zu zwei Nürnberger Andachtsbüchern aus dem Anfange des 16. Jahrhunderts. 106 Abb. von Campbell **Dodgson.** Berlin: B. Cassirer 1909. 20 S. 2°
(Graphische Gesellschaft. Veröffentlichung. 11.) [10. 2193

— **Drei Studien,** s.a. **Jahrbuch der kunsthistorischen Sammlungen des allerhöchsten Kaiserhauses.**

Drei Studien von Campbell **Dodgson.** Mit 1 Taf. u. 3 Textabb. Dürers Entwürfe für das Triumphrelief Kaiser Maximilians I. im Louvre. Eine Studie z. Entwicklungsgeschichte d. Triumphzuges von Karl Giehlow. Mit 2 Taf. u. 19 Textabb. Wien: Tempsky; Leipzig: Freytag 1910. 84 S. 2°(4°)
(Jahrbuch d. kunsthist. Sammlungen d. Allerh. Kaiserhauses. Bd 29, H. 1.) [11. 199

Dodillet, Rosa, Gänseliesel, s.: Weihnachts- u. Neujahrs-Aufführungen.

— Rumpelstilzchen, s.: Weihnachts- u. Neujahrs-Aufführungen.

Dodl, L., Mensch und Thier. Humoristische Beweise für die Darwin'sche Abstammungs-Theorie. 8. (78 S.) München 875, Fritsch. **

Dodl, L., Schalkschwänke, Humoresken u. Satyren. Gedichte. 8. (199 S.) München 893. C. Fritsch. n. 2.50; geb. in Leinw. m. Goldschn. n. 3.50

Dödl, Alois, was der Handwerker üb. die Kalkulation wissen muß. Für Fortbildungsschulen, zur Vorbereitg. auf die Meisterprüfg., sowie zur Selbstbelehrg. f. den Handwerker. (15 S.) 8. Regensburg (905). W. Wunderling. n. — 25

Dodonow, Jacob: Ueber die Spaltung des racem. Kairolinoxyds in optisch aktive Komponenten. (Berlin 1910: Ebering.) 71 S. 8°
Berlin, Phil. Diss. v. 13. Juli 1910, Ref. Gabriel
[Geb. 11. Mai 83 Ardatow; Wohnort: Ardatow; Staatsangeh.: Rußland; Vorbildung: 1. Gymn. Kasan Reife O. 02; Studium: Kasan 5, Berlin 9 S.; Rig. 7. Juli 10.] [U 10. 142

(Jac. Dodsley?): Haushaltungskunst d. menschl. Lebens; a. d. Engl. (v. J. F. Schiller.) *Mainz* u. *Frkf. a. M.*, Vf. u. Varrentrapp. 785. 8° 12 gl

Dodsley, Rob., the Oeconomy of human Life, with a translation in the Italian language. 8. Hamb. 797. 1 ℛ 832. Ebd., Campe. 1 ℛ 8 gl. Dass., italienisch. 8. Ebd. 832. Ebd. 1 ℛ 8 gl.

— — dasselbe Buch Italienisch. 8. Dresd. Walther. 800.

Dodsley, Rob., the economy of human life. With a sketch of the live of the author. (Campe's Edition.) 1/2 12. Nürnberg and New-York 836. Campe. 1/4 ℛ

— s. Weisheit, die, an d. Menschen.

Dodt, s.a. Dodd.

Dodt, Beatus, Hirschholm. Aus dem Dän. 8. (215 S.) Altona 864, Mentzel.

Dodt, Beatus, der Reitknecht. Roman aus dem nördl. Seeland. Deutsch von C. Uterhart. 2 Bde. 8. (475 S.) Leipzig 860, Wiedemann. *

Dodt, J. J., Repertorium Dissertationum Belgicarum, sive index chronolog. et nominali-alphabet. omnium Dissertationum inauguralium, quae ab ao. MDCCCXV. usque ad annum MDCCCXXX. Auspiciis Academiar. Belgicar. sunt impressae. 4maj. (19 1/2 B.) Trajecti ad Rhen. 835. (Lipsiae, Fr. Fleischer.) *

Dodt, Flenopolitanus, J. J., Repertorium Dissertt. Belgicarum, sive index chronol. et nominali-alphabet., omnium Dissertt. inaug., quae ab a. MDCCCXV. usque ad a. MDCCCXXX. Auspic. Academ. Belgicar. sunt impress. 4maj. Utrecht 836. (Natan; Leipzig, Fr. Fleische) 1 1/2 ℛ

Dodt, Julius: I. Elektrolytische Reduktion von Theophyllin und Paraxanthin. II. Die Acidität der Desoxyxanthine. Würzburg 1910: Staudenraus. 51 S. 8°
Würzburg, Phil. Diss. v. 17. Juni 1910, Ref. Tafel
[Geb. 28. Sept. 74 Hersfeld; Wohnort: München; Staatsangeh.: Preußen; Vorbildung: Gymn. Demmin Reife O. 96; Studium: Würzburg 5, Berlin 2, Würzburg 11 S.; Rig. 9. Febr. 10.] [U 10. 4383

Dodt, W., die Schönheiten d. Geschichte, in Beispielen d. Tugend u. Laster, aus d. Engl. 12. Copenhagen, Bonnier. 815

Dodu, Gaston, Géographie de la France, hrsg. v. Ernst Wasserzieher, s.: Gerhard's französische Schulausgaben. Nr. 14.

Dodwell, Eduard

Dodwell, (E.,) Reise durch Griechenland. — Nachträge, Anmerkungen u. Berichtigungen; v. D. F. L. C. Sickler. gr. 8. (22 Steintaf.) Meiningen 824, Keyßner. 15 gr. — Die Reise selbst kostet

— Reise durch Griechenland, f. Freunde der Alterthumskunde u. insbes. f. d. Jugend im Ausz. bearb., nebst e. Anhange, die ältere Geschichte Griechenlands betreffend, herausgeg. v. F. W. v. Schütz. 8. Zerbst 822. (Lauffer in Leipzig.)

Dodwell, Ed., Reise durch Griechenland, f. Freunde d. Alterthumskunde u. insbesond. f. d. Jugend im Auszuge bearb., nebst e. Anh., die ältere Gesch. Griechenlands betreff. Hrsg. v. F. W. v. Schütz. Neue, m. 4 ill. Kpfr. verschön Aufl. 8. (13 1/2 B.) Leipzig 829, Serig.

Dodwell, Eduard: Classische und topographische Reise durch Griechenland während der Jahre 1801, 1805 und 1806 in zwei Bänden. Uebersetzt und mit Anmerkungen herausgegeben von F. K. L. Sickler. Bd. 1. 1. 2. 2. 1. 2. Atlas. (Bibliothek der neuesten Reisen in die classischen Länder der Vorwelt. Herausgegeben von Dr. F. K. L. Sickler.) Meiningen 1821 u. 1822. 3 Bde. 8°.

Dodwell, Ed., († d. 14. Mai 1832.) classische u. typograph. Reise nach Griechenland während d. J. 1801, 5 u. 6. Aus d. Engl. übers. v. F. K. L. Sickler. 2 Bde, mit Nachtrr. u. Steindr. gr. 8. Meiningen 821. Keyßner. 7 ℛ 12 gl. Velinp. 10 ℛ 12 gl. (A. u. d. T.: Bibliothek d. neuesten Reisen in d. class. Länder 2c.)

Doffiné, M., und F. Schrey, Aufsatzbüchlein, s. Schrey, F.

Dofflein, Bestimmungen üb. die Anlegung u. den Betrieb v. Dampfkesseln, s.: Handel u. Gewerbe. 1. Hft.

Von den Antillen zum fernen Westen. Reiseskizzen eines Naturforschers. Von Dr. **Franz Doflein**, München. Mit 83 Abb. im Text. *Jena: G. Fischer 1900.* (180 S.) 8° [01. 59

Doflein, F[ranz], Dr.: Die Augen der Tiefseekrabben. *Leipzig: G. Thieme 1903.* (24 S.) 8°
München, Phil. Hab.-Schr. v. 1903
(Nicht für den Austausch)

Doflein, F., s.: Beiträge zur Naturgeschichte Ostasiens.

Doflein, Frz., Brachyura, s.a. Ergebnisse, wissenschaftliche, der deutschen Tiefsee-Expedition. VI.

Brachyura. Bearb. von Dr. **Franz Doflein**, Privatd., München. Mit 58 Taf., 1 Texttaf. u. 68 Fig. u Karten. Text [&] Atlas. *Jena: G. Fischer 1904.* 2 Bde 4°
= **Ergebnisse**, Wissenschaftl., d. deutschen Tiefsee-Expedition auf d. Dampfer Valdivia 1898–1899. Bd 6. [04. 14486

— ostasiatische Dekapoden. gr. 4. (S. 611—670 m, 6 Taf.) München 902. (G. Franz' Verl.) n. 3. 60
Sonderabdruck aus: „Abhandlgn. d. bayer. Akad. d. Wiss."

Doflein, Franz: Karyokinese des Spermakerns. *Bonn: F. Cohen [1897].* (189—216 S.) 8° ¶ (Aus: Archiv für mikroskopische Anatomie und Entwicklungsgeschichte, Bd 50.)
München, Phil. Diss. v. 1897

— **Lebensgewohnheiten** u. Anpassungen bei dekapoden Krebsen. (III, 76 S. m. 16 Fig. u. 4 [3 farb.] Doppel-Taf.) Lex. 8. Jena 910. G. Fischer. 11. —
Sonderabdr. a. „Festschr. z. 60. Geburtstag Rich. Hertwigs".

— **Lehrbuch** der Protozoenkunde. Eine Darstellg. d. Naturgesch. d. Protozoen m. besond. Berücksicht. d. paras. u. pathogenen Formen. 2. Aufl. d. „Protozoen als Parasiten u. Krankheitserreger". (X, 914 S. m. 825 Abbildgn.) Lex. 8. Ebd. 909. 24.—; geb. 26. 50

— s.: Naturwissenschaft u. Technik.

— **Ostasienfahrt**. Erlebnisse u. Beobachtgn. e. Naturforschers in China, Japan u. Ceylon. Mit zahlreichen Abbildgn. im Text u. auf 18 Taf. sowie m. 4 Karten. (XIII, 511 S.) gr. 8. Leipzig 906. B. G. Teubner. Geb. in Leinw. n. 13. —

F. Doflein, Die Parasitentheorie des Carcinoms. München 1900.
Sitz.-Ber. Ges. Morph. Physiol. München, 16.

— **Probleme** der Protistenkunde. I. Die Trypanosomen, ihre Bedeutg. f. Zoologie, Medizin u. Kolonialwirtschaft. (57 S. m. Abbildgn.) gr. 8. Jena 909. G. Fischer. 1. 20

— die **Protozoen** als Parasiten u. Krankheitserreger, nach biolog. Gesichtspunkten dargestellt. gr. 8. (XIII, 274 S. m. 220 Abbildgn.) Jena 901. G. Fischer. n. 7.—

Doflein, Franz: Protozoen als Parasiten u. Krankheitserreger. 2. Aufl. 1909
s. **Doflein**: Lehrbuch d. Protozoenkunde. [09. 14089

— über e. neue **Süsswasserkrabbe** aus Columbien, gesammelt v. I. k. H. Prinzessin Therese u. weitere Mitteilgn. üb. dekapode Crustaceen der kgl. bayer. Staatssammlgn. gr. 8. (S. 121—145 m. Abbildgn.) München 900. (G. Franz' Verl.) n. — 60
Sonderabdruck aus: „Sitzungsber. d. k. bayr. Akad. d. Wiss."

–Tierbau u. Tierleben in ihrem Zusammenhang betrachtet, s.: Hesse, Rich.

Die Trypanosomen. Ihre Bedeutung f. Zoologie, Medizin u. Kolonialwirtsch. Von F[ranz] Doflein. Jena: Fischer 1909. 57 S. 8°
(Doflein: Probleme d. Protistenkunde. 1.) [09. 811

— sechs Wanderungen durch die Münchener zoologische Staatssammlung. (47 S. m. 1 farb. Kartentaf.) 8. München (Lämmerstr. 1) (906). Val Höfling. n. — 60

— Wir u. die Japaner, s.a. Schriften des „Freiland". 2. Hft.

Doflein, F., Wir u. die Japaner. München, E. Reinhardt. 1910.

— Zell- u. Protoplasmastudien. I. Zur Morphologie u. Physiologie der Korn- u. Zelltheilg. Nach Untersuchungen an Noctilua u. andern Organismen. gr. 8. (60 S. m. 23 Abbildgn. u. 4 Taf.) Jena 900. G. Fischer. n. 7. —
Sonderabdruck aus: „Zool. Jahrbücher."

Doganoff, Alexander N., approb. Arzt aus Rustschuk (Bulgarien): Die Erfolge der letzten 100 Ovariotomien an der Universitäts-Frauenklinik zu Straßburg. *Straßburg i. E. 1903: C. Müh & Co.* (35 S.) 8°
Straßburg, Med. Diss. v. 1903

Doge, Venedigs letzter,. Schausp. in 5 Akt. 8. Breslau, Korn d. ält. 801.

Doge, J., Boissons fermentées, s.a. Weltausstellung, internationale, 1878 in Paris.

Doge, J: Boissons fermentées. (Suisse.) Zürich 1879

Doge, J., Wein, s. Bericht über Gruppe 26 der schweizerischen Landesausstellung Zürich 1883.

Döge, Albert: Untersuchung über die Wasserstände der Ostsee bei Swinemünde in den Jahren 1882/1900. Leipzig 1910: Sturm & Koppe. 48 S. 8°
Leipzig, Phil. Diss. v. 26. April 1910, Ref. Bruns, Hölder
[Geb. 11. Jan. 87 Leipzig; Wohnort: Leipzig; Staatsangeh.: Sachsen; Vorbildung: Realgymn. Leipzig Reife O. 06; Studium: Leipzig 2, Freiburg i. B. 1, Leipzig 4 S.; Rig. 8. Febr. 10.] [U 10. 3115

Döge, Arthur, a. Höfgen b. Grimma: J. J. Haldane Burgess, ein Shetlanddichter. Borna-Leipzig 1908: R. Noske. (127 S.) 8°
Leipzig, Phil. Fak., Ref. Wülker u. Birch-Hirschfeld, Diss. v. 6. Juni 1908
[Geb. 5. Juni 83 Kleinbothen b. Grimma; Wohnort: Höfgen; Staatsangeh.: Sachsen; Vorbildung: Fürstensch. Grimma Reife O. 03; Studium: Leipzig 7, Erlangen 2, Grenoble 1 S.]

Doege, Emil, appr. Arzt aus Falkenburg: Zwei Fälle von Carcinom der Parotis. *Berlin: M. Günther 1901.* (30 S.) 8°
Freiburg i. B., Med. Diss. v. 1901

Doege, Henricus [Marchicus]: Quae ratio intercedat inter Panaetium et Antiochum Ascalonitam in morali philosophia ... Halis Sax., typ. B. Pauli Berolinensis, 1896; 53 S., 1 Bl. 8.
Halle, Phil. Fak., Inaug.-Diss. v. [5. Juni] 1896

Doege, Heinrich. Die Trachtenbücher des 16. Jahrhunderts. Leipzig, Otto Harrassowitz 1903.
S. 429—444. 8°.
Aus: Beiträge zur Bücherkunde und Philologie August Wilmanns zum 25. März 1903 gewidmet.

Die Kohlengruppe Carbo animalis, Carbo vegetabilis, Graphites und ihre Bedeutung für die Therapie. Dr. med. [Karl Maximilian] Doege. Charlottenburg: Homöopath Centralverl. (1908). 39 S. 8°
A 12. 4165 II

Das Beingeschwür, der Salzfluss und seine erfolgreiche Behandlung. Von Dr. [Max] Doege. (Cammin: Formazin & Knauff 1907). 31 S. 8°
[09. 2264 D

Doege, das Beingeschwür, der Salzfluß u. seine erfolgreiche Behandlung. (32 S.) 8. Cammin (909). Formazin & Knauff. 1. 20

Doege, Max [app. Arzt aus Dt. Crone in West Preussen]: Ein Fall von Nierenexstirpation nach subcutaner Verletzung der Niere. . . . Kiel, Druck v. L. Handorff, 1889; 23 S. u. 1 Taf. 8°
Kiel, Med. Fak., Inaug.-Diss. v. 21. März 1889

Doege, Max. Ein Fall v. Nierenexstirpation nach subcutaner Verletzung der Niere. Diss. gr. 8. (20 S. m. 1 Taf.) Kiel 889, (Gnevkow u. v. Gellhorn). * 1 20

Döge, Richard, Referendar in Chemnitz: Fusion von Aktiengesellschaften. Borna-Leipzig 1908: Noske. VI, 44 S. 8°
Leipzig, Jur. Diss. v. 13. Okt. 1908
[Geb. 3. Jan. 82 Delitzsch; Wohnort: Leipzig; Staatsangeh.: Sachsen; Vorbildung: Gymn. Bautzen Reife O. 03; Studium: Leipzig 7 S.; Rig. 1. März 07.] [U 09. 2491

Dogen, Ad., Catechismusmilch in Predigten. 4. Frankfurt 702. Rthlr.

Doegen's, Wilh., Unterrichtshefte f. die selbständige Erlernung fremder Sprachen m. Hilfe der Lautschrift u. der Sprechmaschine. Englisch. I. Bd. 1—3. Heft. gr. 8. Berlin 909. Leipzig, Schulze & Co. à 2. —
1. 2. (48 u. 88 S.)
3. (Grundriss der englischen Grammatik.) (52 S.)

Doeger, Geo., s. Reise Ihrer Maj. des Königs u. der Königin von Preußen.

Doeger, George, der Auswanderer nach Südaustralien. Ein Rathgeber bei der Auswanderung nach Südaustralien u. Australia Felix in Bezug auf Ueberfahrt, Ankunft u. Ansiedelung nebst einer möglichst vollständ. Schilderung Südaustraliens u. genauer Erörterung aller bei der Auswanderung zu berücksichtigenden Punkte. Aus authent. Quellen gezogen u. zusammengestellt. Als Anh.: Briefe von nach Australien ausgewanderten Deutschen u. der Zoll-Tarif f. die Prov. Südaustralien. gr. 8. (IV u. 91 S.) Tangermünde 849, Doeger. — (2. u. 3.?) 4. unveränd. Aufl. gr. 8. (IV u. 91 S.) Ebd. 849. n. 1/3 ₰

Doeger, Georg, der Auswanderer nach Südaustralien. Ein Rathgeber bei der Auswanderung nach Südaustralien und Australia Felix in Bezug auf Ueberfahrt, Ankunft und Ansiedelung, nebst einer möglichst vollständigen Schilderung Südaustraliens ꝛc. Aus authent. Quellen gezogen und zusammengestellt. 5. (Titel-)Aufl. 8. (IV und 91 S.) Tangermünde 854, Doeger'sche Buchh.

Doeger, Rich., Stammbuchverse. Blumenlese aus Deutschlands Dichtern. 1. Aufl. 1867. und 2. Aufl. 16. (24 S.) Osterburg 868, Doeger'sche Hofbuchh. *

Doggett, *Laurence Locke* [Ph. D., State Secret. Ohio Young Men's Christian Associat.]: History of the Young Men's Christian Association. Vol. 1. The Founding of the Association, 1844-1855. New York, The Internat. Committee of Young Men's Christ. Associat., 1896; 191 S., 1 Bl., 1 Portr. 8.
Leipzig, Phil. Fak., Inaug.-Diss. v. [2. Okt.] 1896

Der Bau der Spinalganglien des Menschen und der Säugetiere. Von Dr. A[leksandr] S[tanislavovič] Dogiel, Prof., St. Petersburg. Mit 14 Taf. u. 5 Abb. Jena: G. Fischer 1908. (151 S.) 8° [08. 6280

Dogiel, J., Anatomie und Physiologie des Herzens der Larve von Corethra plumicornis, s. Mémoires de l'Académie impériale des sciences de St.-Pétersbourg.

Dogiel, Joh., die entgegengesetzte Beeinflussung des Tierorganismus durch Chloroform u. Kokain od. Strychnin u. umgekehrt. (S. 357—442 m. Abbildgn. u. 3 Taf.) gr. 8. Bonn 909. M. Hager. 4. —
Sonderabdruck aus „Archiv f. d. ges. Physiol."

— u. K. Archangelsky, die gefässverengernden Nerven der Kranzarterien des Herzens, s.: Bethe, Albr., neue Versuche üb. die Regeneration der Nervenfasern.

Dogiel, J., u. K. Archangelsky, der bewegungshemmende u. der motorische Nervenapparat des Herzens. (96 S. m. 30 Fig. u. 4 Taf.) gr. 8. Bonn 906. M. Hager. n. 6 —
Sonderabdruck aus: „Archiv f. d. ges. Physiologie"

Dogiel, Matth., (†...), s 1) *Codex* diplomat. regni Poloniae. 2) *Limites* regni Poloniae.

Dogma, Das christliche, im Lichte der ewigen Liebe . . . Hirschberg 1894. V: *Hertramph, Ottilie.* (Ky)

Dogma, d. christliche, i. Lichte d. ewigen Liebe. E. Wort a. d. Frauen v. e. Frau (O. Hertramph). gr. 8. (78 S.) Hirschberg 894. (Kuh.) n. 1. —

Dogma y razón. Manuales de actulidad. 8. Freiburg i/B., Herder.
Ballerini, José, Compendio de apologia del christianismo. Versión española de la 4. ed. italiana por el Pedro Rodriguez, O.S.A. (XV, 422 S.) 910. 3.80; geb. in Leinw. 4.40
Bongiorni, Emilio, Catecismo de sociologia cristiana. Arreglado para los paises de lengua española por Canon. Miguel M. de la Mora. (XIII, 157 S.) 909. 1.60; geb. in Leinw. 2.08

Dogma scholasticorum de unitate et trinitate, collatum cum celeberrimorum Ecclesiae patrum eadem de re doctrina . . . Nova editio. Bamb. 1773. V: *Stürmer, Placidus Bernhard.* (Ky)

Dogma, das, v. der Unfehlbarkeit d. Papstes. Im Tageslicht der geschichtl. Wahrheit seiner Entstehg. u. Bedeutg. nach dargestellt v. Verus. 12. (100 S.) Barmen 890, Klein. * — 75

— das, v. d. sogen. Unfehlbarkeit d. röm. Bischofs od. Papstes i. Lichte d. hl. Schrift u. d. Kirchenväter, nebst e. Anh. üb. verschied. Auswüchse d. röm. Kirche. Weck- u. Mahnruf e. Laien an alle christl. Brüder. (Von K. Waldmüller.) 8. (65 S.) Barmen 896. D. B. Wiemann. n. — 50

Calwer Dogmatik, Christliche Glaubenslehre. Stuttgart 1855—58. 2 Bde. in 4 Abthlgn. 8.

Dogme. Du d' et de l'histoire de la Réformation. Berne s.a. [Steck, Gabriel].

du Dogme et de l'histoire de la reformation, pour servir de guide aux instructions publiques et particulières de la jeunesse; trad. de l'Allemand. Bern 828. Jenni. 4 gr

Dogmen, Die christlichen, oder die Glaubenslehren der christlichen Kirche . . . Leipzig 1800-1. V: *Rose, Carl.* (MGT) (Ky)

Dogmen, die christl., oder d. Glaubenslehren d. christl. Kirche rc. v. C. R. (K. Rose). 2 Thle. gr. 8. Leipz. 800. Graffé. 2 ₰ 8 gr

Dogmengeschichte u. Symbolik, s.: Repetitorien über die theologischen Disciplinen.

Dogs, Karl, pract. Arzt aus Westpreussen: Uber [!] Sprachstörungen nach Schädelfrakturen. *Greifswald 1900: J. Abel.* (35 S.) 8°
Greifswald, Med. Diss. v. 15. März 1900

Dogs, Walter: Metamorphose der Respirationsorgane bei Nepa cinerea. Greifswald: Kunike 1908. 59 S. 8° ¶ (Aus: Mitteilungen d. naturwiss. Vereins f. Neuvorpomm. u. Rügen. Jg. 40.)
Greifswald, Phil. Diss. v. 7. Dez. 1908, Ref. Müller
[Geb. 24. Mai 81 Hansfelde Wpr.; Wohnort: Hansfelde; Staatsangeh.: Preußen; Vorbildung: Gymn. Neustettin Reife O. 03; Studium: Greifswald 5, Berlin 1, Greifswald 4 S.; Rig. 20. Juli 08.] [U 09. 1518

Dohany, Conrad (Hrsg.), s. Index Medicus Novus.

Dohany, S., der Erbe von Grenwitz. Drama in 5 Akten nach Spielhagen's „Problematische Naturen". gr. 8. (66 S.) Bremerhaven 880, Tienken.

Doherty, Hugh, English Grammar on universal principles, written specially for the use of students who cannot spend much time and money on confused methods; and for tutors who wish to render study of grammar clear and easy. gr. 12. (13⅔ B.) Stuttgart 842, Neff. —

Doehl, preuss. Baurecht. Berlin 868.

— Reform d. Armenpflege. Bremen 880.

Doehl, C., Anlage und Betrieb der Dampfkessel nach den Bestimmungen der Gewerbe-Ordnung am 29. Juni 1869 unter besond. Berücksicht. der für den preuß. Staat bis 1872 erlass. Vorschriften. Systematisch bearb. 8. (VII, 128 S.) Berlin 872, Hempel. *

Doehl, C., die Anstellung der Subalternen-Beamten im preuß. Civil-Staats-, Kommunal- u. Institutendienst, mit Rücksicht auf die Anstellungs- u. Versorgungsansprüche der Militair-Anwärter, sowie unter Berücksichtigung der für die neuerworbenen Landestheile ergangenen Bestimmungen. Systematisch bearb. u. dargestellt. Berlin 869. C. Heymann. (Imme.) gr. 8. (XVI, 179 S.) 1 ₰

Döhl, C., die Armenpflege des Preußischen Staates. Bearb. und nach authentischen Interpretationen erläutert. Berlin 860. Bosselmann. (Wiegandt & Hempel.) gr. 8. (XIX, 298 S.) n. 1 ₰ 20 ngr.

Döhl, C., Das öffentl. Bauwesen des preuss. Staates. Handbuch für Verwaltungsbehörden und Beamte, Baubeamte und solche, welche sich dem Baufache im Staatsdienste widmen. Nach amtlichen Quellen bearbeitet. Kassel 1872. 8°.

Doehl, C., das öffentliche Bauwesen des preußischen Staates. Handbuch für Verwaltungs-Behörden und Beamte, Baubeamte und solche, welche sich dem Baufache im Staatsdienst widmen. Nach amtl. Quellen bearb. gr. 8. (XXXII, 477 S. mit 2 Tab.) Kassel 879, Kay. *

Doehl, C., die Fischerei-Gesetzgebung des preußischen Staates in ihrer durch das Gesetz vom 30. Mai 1874 herbeigeführten Gestaltung, nach den Motiven und Materialien des Gesetzes bearb. 8. (XXXV, 68 S.) Berlin 875, C. Heymann's Verlag. cart. *

—— die Fischerei-Gesetzgebung des preußischen Staates in ihrer durch das Gesetz vom 30. Mai 1874 herbeigeführten Gestaltung, nebst den dazu ergangenen Erläuterungen, provinziellen Ausführungs-Bestimmungen und Ergänzungen. Nach den Motiven und Materialien des Gesetzes bearb. 2. verm. Aufl. 8. (XLII, 196 S.) Berlin 878, C. Heymann's Verlag. cart. *

—— die persönliche Freiheit der preußischen Staatsbürger, deren Schutz-Entziehung und Beschränkung. Im Besonderen: die gesetzl. Bestimmungen über Verhaftung, vorläuf. Ergreifung und Festnahme, polizeil. Verwahrung, Eindringen in Wohnungen rc. nach authent. Interpretationen und den Entscheidungen der höchsten Gerichts-Höfe bearb. und zum Handgebrauch für Verwaltungs- und Executiv-Polizei, Kommunal-, Zoll- und Steuer-Behörden und Beamte rc. zusammengestellt. gr. 8. (XXVI und 174 S.) Berlin 867, C. Heymann's Verlag.

—— Handbuch der Münz-, Maaß- und Gewichtkunde des preußischen Staates enth.: die Vorschriften für den preuß. Staat im besondern sowie die conventionsmäß. Bestimmungen hinsichtlich der deutschen Bundes-Staaten und des Auslandes im Allgemeinen. Zum Gebrauch für Behörden und Beamte, Handel- und Gewerbtreibende des In- und Auslandes. Nach amtl. Quellen und authent. Interpretationen systemat. bearb. und dargestellt. gr. 8. (XVI und 526 S. mit 10 in den Text gedr. Illustr. in Holzschn.) Berlin 866, Liebrecht. *

—— Hauswirth und Miether in ihrem Verhältniß zu einander und dem öffentl. Interesse gegenüber. Mit besond. Berücksichtigung der für die Stadt Berlin gült. Partikular-Bestimmungen. Systematisch bearb. gr. 8. (VIII und 87 S.) Berlin 864, Wegener.

—— die Heimaths-Verhältnisse des Preußischen Staates sowie dessen polizeiliche Beziehung zum Auslande. Nach amtl. Quellen und authent. Interpretationen bearb. und erläutert. gr. 8. (XVI und 584 S.) Berlin 862, Gerschel'sche Verlagsh. *

—— das Konsularwesen des norddeutschen Bundes. gr. 8. (VII, 260 S. mit 4 lithogr. Taf. in Farbendr.) Bremen 870, Kühtmann und Comp. *

—— das Konsularwesen des deutschen Reiches. Nach amtl. Quellen bearb. gr. 8. (VIII, 445 S.) Bremen 873, Kühtmann und Comp. *

—— das Concessions-Wesen. Die Bedingungen der Errichtung und des Beginnes, sowie die Vorschriften über den Betrieb der einer besonderen Genehmigung bedürfenden gewerbl. Anlagen und Gewerbe nach der Gewerbe-Ordnung für das deutsche Reich vom 21. Juni 1869 unter besond. Beziehung auf die für den preuß. Staat ergangenen Ausführungs-Bestimmungen und Special-Verordnungen 2c. Nach amtl. Quellen und Materialien bearb. 2 Thle. 8. Breslau 875, Kern's Verlag.

Inhalt:

Thl. 1. Die gewerblichen Anlagen, welche einer besonderen Genehmigung bedürfen, deren Einrichtung und Betrieb. (XXIV, 136 S.) ℳ 2,70.
„ 2. Die Gewerbe, welche mit Rücksicht auf die Person des Gewerbtreibenden einer besonderen Genehmigung bedürfen, deren Beginn und Betrieb. (XXXII, 218 S.) ℳ 3,90.

Doehl, C., das Concessions-Wesen des preußischen Staates in seiner durch die Gesetzgebung des J. 1861 herbeigeführten Gestaltung oder die Gewerbe, welche einer besondern polizeil. Genehmigung bedürfen systemat. bearb. und dargestellt. gr. 8. (XXVIII und 243 S.) Berlin 862, Gerschel'sche Verlagsh. *

—— das Meliorations-Wesen des preußischen Staates oder die Wasser-Gesetzgebung mit Bezug auf Bewässerung und Entwässerung des Grund und Bodens im Interesse der Landeskultur nach authent. Interpretationen und den Entscheidungen der höchsten Gerichtshöfe bearb. gr. 8. (216 S.) Brandenburg 868, Müller.

—— die Niederlassung innerhalb des preußischen Staates oder: das Gesetz vom 31. Decbr. 1842 über die Aufnahme neu anziehender Personen nebst seinen Ergänzungen und Erläuterungen und den wichtigsten Bestimmungen über Fremden- und Melde-Wesen, unter besond. Berücksichtigung der für Berlin gült. Spezial-Bestimmungen. Nach amtl. Quellen bearb. gr. 8. (XVI und 236 S.) Berlin 865, Gerschel'sche Verlagsh. *

—— die ländliche Polizei-Verwaltung in den Provinzen Schleswig-Holstein, Hannover und Hessen-Nassau. Nach amtl. Quellen und authent. Interpretationen, sowie nach den Entscheidungen der höchsten Gerichtshöfe bearb. gr. 8. (32 S.) Berlin 871, Nicolai's Verlag.

—— die ländliche Polizei-Verwaltung des preußischen Staates. Nach amtl. Quellen und authent. Interpretationen sowie den Entscheidungen der höchsten Gerichtshöfe bearb. und in materieller sowohl als in formeller Beziehung dargestellt. gr. 8. (XVI und 333 S.) Berlin 866, Nicolai's Verlag.

—— die ländliche Polizei-Verwaltung des preußischen Staates. Nach amtl. Quellen und authent. Interpretationen sowie den Entscheidungen der höchsten Gerichtshöfe bearb. und in materieller sowohl als in formeller Beziehung dargestellt. 2. Ausg. vermehrt durch einen Anhang, enth.: die Polizei-Verwaltung in den durch die Gesetze vom 20. Septbr. und 24. Dezbr. 1866 mit der preuß. Monarchie vereinigten Landestheilen. gr. 8. (XVI, 390 S.) Berlin 871, Nicolai's Verlag. cart. *

—— die Polizei-Verwaltung des preußischen Staates in ihrer durch die neuesten Gesetze und Verordnungen herbeigeführten Gestaltung. Zum Handgebrauch für sämmtl. Polizei-Behörden und Beamte nach den Motiven des Gesetzes, authent. Interpretationen und Entscheidungen der höchsten Gerichtshöfe bearb. gr. 8. (XVI und 218 S.) Frankfurt a. M. 868, Boselli's Buchh. *

Doehl, C., Repertorium des Bau-Rechts und der Bau-Polizei für den preußischen Staat. Sowohl im Allgemeinen als im Besonderen für die Haupt- und Residenz-Stadt Berlin. Nach amtl. Quellen und den gegenwärtig bei dem königl. Polizei-Präsidium zu Berlin maßgeb. Ansichten und Grundsätzen bearb. und dargestellt. 8 Lfgn. gr. 8. (516 S.) Berlin 867, Thiele. à Lfg. 7½ Ngr.

—— Repertorium der die Polizei-Verwaltung des preußischen Staates betreffenden Gesetze, Verordnungen und Ministerial-Bestimmungen nebst den wichtigsten im Reg.-Bez. Potsdam gültigen Local-Polizei-Verordnungen. Nach amtl. Quellen bearb. und zusammengestellt. hoch 4. (VI und 99 S.) Berlin 860, A. Jonas. *

—— Repertorium der Polizei-Gesetze und Verordnungen für die Stadt Frankfurt a. M. Nach amtl. Quellen bearb. gr. 8. (XVI, 347 S.) Frankfurt a. M. 869, Auffarth. *

—— die Straf- und Executions-Gewalt der Verwaltungs-Behörden des preußischen Staates. Enth.: das administrative Strafverfahren bei Uebertretungen im Allgemeinen, Feld-Polizei-Uebertretungen, Eisenbahn-, Deich- und Berg-Polizei-Uebertretungen 2c. Zum Handgebrauch für Polizei-, Eisenbahn-, Deich- 2c. Behörden und Beamte nach amtl. Quellen und authent. Interpretationen unter Berücksichtigung der Entscheidungen der höchsten Gerichtshöfe dargestellt. gr. 8. (X und 227 S.) Berlin 867, Nicolai's Verlag.

—— das Transport-Wesen des preußischen Staates oder die General-Transport-Instruktion vom 16. Septbr. 1816 nebst ihren Ergänzungen und Erläuterungen sowie in ihren Beziehungen zum Auslande. Nach amtl. Quellen mit Kommentar hrsg. gr. 8. (XXXII und 336 S.) Berlin 864, Guttentag. *

Doehl, C., die Unfall-Versicherung der gewerblichen Fabrik- und Betriebs-Arbeiter, nach den Materialien des Gesetzes vom 6. Juli 1884, den erlassenen Ausdehnungs- und Ergänzungs-Gesetzen, den ergangenen Ausführungs-Verordnungen und den Beschlüssen, Entscheidungen und Mittheilungen des Reichs-Versicherungsamtes systematisch dargestellt und erläutert. gr. 8. (XXVI, 508 S.) Leipzig 886, O. Wigand. *

Doehl, C., die Unfall-Versicherung der gewerblichen Fabrik- u. Betriebs-Arbeiter, nach den Materialien des Gesetzes vom 6. Juli 1884, den erlassenen Ausdehnungs- und Ergänzungs-Gesetzen, den ergangenen Ausführungs-Verordngn. u. den Beschlüssen, Entscheidgn. u. Mittheilgn. des Reichs-Versicherungsamtes systematisch dargestellt und erläutert. 2., wohlf. (Titel-)Ausg. gr. 8. (XXVI, 508 S.) Leipzig 890. O. Wigand. n. 5.—

—— die Verhältnisse der preußischen Civil-Staatsdiener mit Bezug auf eintretende Inactivität. Nach amtl. Quellen bearb. und nach authent. Interpretationen erläutert. gr. 8. (XII und 186 S.) Berlin 863, Allgemeine Deutsche Verlags-Anstalt. *

—— das Versicherungs-Wesen des preußischen Staates. Nach amtl. Quellen systemat. bearb. und dargestellt. gr. 8. (XVI und 280 S.) Berlin 865, Liebrecht. *

—— die Veterinair-Polizei des preußischen Staates nebst den Bestimmungen über den Vieh-Verkehr im Allgemeinen und die damit in Zusammenhang stehenden Anlagen und Gewerbe. Zum Handgebrauch für Verwaltungs- und Sanitäts-Behörden und Beamte, Thier-Aerzte 2c. nach amtl. Quellen bearb. und systemat. dargestellt. gr. 8. (XIX und 336 S.) Potsdam 864, Döring. *

—— Waldungen und Waldwirthschaft, deren Bedeutung für Nationalwohlstand und Landeskultur, sowie deren Schutz und Pflege im preußischen Staate nach dem Gesetze vom 6. Juli 1875. Nach amtl. Quellen und den Materialien des Gesetzes bearb. gr. 8. (VIII, 280 S.) Elberfeld 876, Loll's Nachf.

—— die Wasser-Gesetzgebung des preußischen Staates mit Bezug auf Bewässerung und Entwässerung des Grund und Bodens im Interesse der Landeskultur, nebst einem Anhange über Errichtung von Wassermühlen und Handhabung der Wassermühlen-Polizei. Nach authent. Interpretationen und den Entscheidungen der höchsten Gerichtshöfe bearb. und dargestellt. 2. verm. Aufl. des Werkes: Das Meliorationswesen des preuß. Staates. gr. 8. (XI, 216 S.) Brandenburg 871, Müller.

—— die Wechselstempel-Steuer im Deutschen Reich. Enth. das Gesetz vom 10. Juni 1869 nebst den dazu ergangenen Ausführungen und Erläuterungen und einem Anhang, enth. die deutsche Wechselordnung und deren Ergänzungen und Erläuterungen. Mit einem vergleichenden Wechselstempeltarif aller vorkommenden Währungen. 8. (78 S. mit 1 Tab. in qu. 4.) Frankfurt a. M. 874, Winter. *

Döhla, Heinr., kurze prakt. Anleitung üb. Torf, dessen Entstehen, Gewinnen u. Verbrauchen. gr. 8. (2 B.) Hof u. Wunsiedel 837, Grau.

Döhla, Johann Conrad

--Marschroute u Beschreibung der merkwürdigsten Begebenheiten in und aus Amerika. Bayreuth, 1811.

Doehle [Dr.]: Beobachtungen über einen Antagonisten des Milzbrandes. . . . Kiel, Druck v. Schmidt & Klaunig, 1889; 15 + 1 S. u. 1 Taf. 8°

Kiel, Med. Fak., Hab.-Schr. v. 6. Mai 1889

Döhle, Fr., die Wandlungen der Wahrheit. Unter Berücksicht. der Rede v. Dr. Ernst Horneffer in Leipzig, geh. in der Versammlg. am 11. VI. 1906 im grossen Stadtparksaale zu Cassel. (22 S.) 8. Cassel 906. Gebr. Müller, Buchdr. (Nur direkt.) n. — 30

Doehle, Frdr., Irmintrut. Roman aus der Vorzeit des Katten- u. Hermundurenkrieges. (145 S.) 8. Leipzig 906. Teutonia-Verlag. n. 3. —; geb. n. 4. —

Doehle, Heini (Heinrich), a. Straßburg, Referendar am kaiserl. Landgericht zu Straßburg i. E.: Der Verwendungsanspruch des Besitzers. Borna-Leipzig 1907: R. Noske. (IX, 81 S.) 8° [F.]

Erlangen, Jur. Fak., Ref. Oertmann, Diss. v. 15. Febr. 1907

[Geb. 23. Sept. 83 Straßburg i. E.; Wohnort: Straßburg; Staatsangeh.: Elsaß-Lothr.; Vorbildung: Lyzeum Straßburg Reife 01; Studium: Straßburg 6, Leipzig 2 S.; Rig. 17. Juli 06.]

Doehle, Waldemar

Doehle, Geschichte Tarents bis auf seine Unterwerfung unter Rom. gr. 4. (52 S.) Strassburg 877. (Trübner.) n. 2. —

Doehle, Valdemarus: De Demosthenis Philippicarum orationum prima. Halis Saxonum (1866): Ploetz. 34 S. 8°

Halle-Wittenberg, Phil. Diss. v. 14. [vielmehr: 18.] Aug. 1866

Geb. Eckartsberga 15. 10. 1842. V.

Im Buchhandel Halle (Berlin: Calvary) 1867. 36 S. 8°

Doehle, Waldemar, de Demosthenis Philippicarum orationum prima. Dissert. inaug. Halle 867. (Berlin, Calvary & Co.) gr. 8. (36 S.) n. 8 ngr.

Döhlemann, G., gedrängte Uebersicht der historischen Verhältnisse der Lateinschule zu Neustadt a. d. A. seit 1567. Neustadt a. d. A. 1867.

Schul-/Univ.-Schrift

Döhlemann, Georg Chr. W.

Zur Chronik der Anstalt. [Schilderung der Feierlichkeiten bei Einweihung des neuen Schulgebäudes am 20. Okt. 1853 von Georg Chr. W. Döhlemann. Subr.] — 1854. Ebend. S. 3—8.
Progr. Neustadt a.d.A.

Zur Chronik der Anstalt. [1567—1640. Von Döhlemann, Subr.] — 1855. Ebd. — S. 3—11.
Progr. Neustadt a.d.A.

Zur Chronik der Anstalt. [1640—1730. Von Döhlemann, Subr.] — 1856. Ebend. — S. 3—0.
Progr. Neustadt a.d.A.

Zur Chronik der Anstalt. [1730—1735. Von Döhlemann, Subr.] — 1857. Ebend. — S. 3—13.
Progr. Neustadt a.d.A.

Zur Chronik der Anstalt. [1735—1752. Von Döhlemann, Subr.] — 1858. Ebend. — S. 3—12.
Progr. Neustadt a.d.A.

Zur Chronik der Anstalt. [Nekrolog des am 2. Maerz 1859 † Zeichnungslehrers Müller von Döhlemann, Subr.] — 1859. Ebend. — S. 3—7.
Progr. Neustadt a.d.A.

Zur Chronik der Anstalt. [Die Rektoren Joh. Balth. Dörffler (1743—1749) und Georg Christoph Oertel (1749 † 1790) von Döhlemann, Subr.] — 1860. Ebend. — S. 3—10.
Progr. Neustadt a.d.A.

Mitteilungen aus der Chronik der Anstalt. — Von Georg Döhlemann, Subr. — 1882, Neustadt, J. C. W. Schmidt. — S. 3—6⁸.

Progr. Neustadt an der Aisch (Mittelfranken),

Isol. lat. Schule

[Umschlagt.:] **Doehlemann, Karl** [Dr.]: Über die festen und involutorischen Gebilde, welche eine ebene Cremona-Tronsformation [!] enthalten kann ... M. e. Taf. (Sondert.: [1.] [Kopft.:] Ueber Cremona-Transformationen in d. Ebene, welche e. Curve enthalten, die sich Punkt f. Punkt selbst entspricht. [2.] Ueber d. involutor. Gebilde, welche e. ebene Cremona-Transformation, speciell d. quadratische enthalten kann.) (1 aus: Mathem. Annalen. XXXIX; 2 aus: Zeitschr. f. Mathem. u. Phys. XXXVI, 6.) München, 1892; 567—597, 24 S., 1 Taf. 8.

München, Phil. Fak., Hab.-Schr. v. [19. Jan.] 1892

(Nicht für den Austausch)

Doehlemann, Karl, Projective Geometrie in synthet. Behandlg., s.a. Sammlung Göschen.

Projektive Geometrie in synthetischer Behandlung. Von Dr. Karl **Doehlemann**, Prof. Mit 91 Fig. 3. verm. u. verb. Aufl. Leipzig: Göschen 1905. 181 S. 8°

(Sammlung Göschen. 72.) [11. 14] 411

Doehlemann, Karl, die Komposition als künstlerisches Ausdrucks-Mittel. (S. 103—122 m. Abbildgn. u. 6 Taf.) 36,5×27 cm. München (909). F. Hanfstaengl. 4. —
Sonderabdruck aus „Die Kunst uns. Zeit".

— Geometrische Transformationen, s.a. Sammlung Schubert.

Geometrische Transformationen von Dr. Karl **Doehlemann**, Privatd., München. T. 1. *Leipzig: G. J. Göschen 1902.* 8°

(Sammlung Schubert 27.) [03-44] 2

Doehlemann, Karl: Untersuchung der Flächen, welche sich durch eindeutig aufeinander bezogene Strahlenbündel erzeugen lassen. . . . München, Theodor Ackermann k. Hof-Buchh., 1889; 2 Bl. + 40 S. 8°

München, Phil. Fak., Inaug.-Diss. v. 1889

Dohlen, die beiden s.a. Gemälde, dramat., (v. Fr. Kind).

Dohlen, Die beyden. Ein Lustspiel . . . O. O. 1805. V: *Kind, Joh. Friedrich.* (BrMm)

Dohler, J. G., s. Döhler, Johann Georg

Dohler, Johann, *Landmann zu Klein-Probstdorf bei Mediasch in Siebenbürgen,* Gedichte. *Wien* 1858. Druck von *M. Auer.* 32 S. 8°. 6 kr.

Doehler, Alfredus, de partibus quibusdam historiarum Herodoti earumque compositionis genere quaestiones. Diss. Erlangen 1886, Th. Blaesing. 8°. 30 S.

Doehler, Alfredus [Brandenburgensis]: De partibus quibusdam historiarum Herodoti earumque compositionis genere quaestiones.... Halis Saxonum, typ. Ploetzianis (R. Nietschmann), 1886; 30 S. + 1 Bl. 8°.

Erlangen, Phil. Fak., Inaug.-Diss. v. 1886.

Döhler, Chr.: „Kurtze Beschreibung der Handwercks-Rechte und Gewohnheiten Nach der heutigen Observanz. Nebst einem Register", Jena o. J. — Vorh.: StB Nürnberg.

Döhler, Chr., Handwerksrecht und Gewohnheit. 8. Jena. 730.

Döhler, Christian (Trebniz/Misn.), De jure fontium. Vom Brunnen=Recht. Diss. jur. Präs. Joh. Bernhard Friesen. Jena (Müller) Jan. 1711. 44 Seiten. (5.—) 6637

Doehler, Ed., Entstehung und Entwickelung der religiösen Kunst bei den Griechen, s.a. Sammlung gemeinverständl. wissenschaftl. Vorträge.

Döhler E, Entstehung und Entwicklung der religiösen Kunst bei den Griechen. (Sammlung gemeinverständlicher wissenschaftlicher Vorträge 205) Berlin 1874

Doehler, Ed., der Homeridische Hymnus auf Demeter, metrisch übers. und mit einigen Bemerkungen über die griech. Mysterien begleitet. gr. 4. (20 S.) Brandenburg 864, (Müller.)

Doehler, Ed.: Theocrito's XXI. Idylle, übersetzt und commentiert. 22 S. – Brandenburg G., Progr. 1869.

—— Materialien zum Uebersetzen aus dem Deutschen ins Französische für die oberen Klassen höherer Schulen. 1. Thl.: Das Alterthum. gr. 8. (VII, 283 S.) Leipzig 872, Teubner.

Doehler, Ed., die Orakel, s.a. Sammlung gemeinverständl. wissenschaftl. Vorträge.

Doehler E, die Orakel. (Samml. wissenschaftl. Vortr. 150) Berlin 1872

Doehler Quintus Smyrnaeus. 42 S. [Inhaltsangabe und Übersetzung des dritten Buches.] . . .
Brandenburg, G., Progr. 1848

—— das Zeitalter des Perikles. Nach M. E. Filleul deutsch bearb. vom Verf. autoris. Ausg. 2 Bde. gr. 8. (XII, 391; VIII, 381 S.) Leipzig 874,75, Teubner. à Bd. *M* 6.

Döhler, Emil: Der Angriff George Villiers's, Herzogs von Buckingham, auf die heroischen Dramen und Dichter Englands im XVII. Jahrhundert.... Halle a. S., Druck v. Ehrhardt Karras, 1887; 40 S. + 1 Bl. 8°. Rostock, Phil. Fak., Inaug.-Diss. v. 4. Aug. 1886.

Döhler, Emil, der Angriff George Villier's, Herzogs von Buckingham, auf die heroischen Dramen und Dichter Englands im XVII. Jahrhundert. Diss. Rostock 1887, G. B. Leopolds Univ.-Buchh. 8°. 40 S.

Döhler, Emil. Coup d'oeil sur l'histoire de la littérature française. Kurzer Überblick üb. die Geschichte der französ. Litteratur. Für den Schulgebrauch bearb. 2. verb. Aufl. gr. 8. (23 S.) Dessau 892, Baumann. cart. * — 40

Döhler, Emil, coup d'oeil sur l'histoire de la littérature française. Kurzer Überblick üb. die Geschichte der französ. Litteratur. Für den Schulgebrauch bearb. 3., verb. Aufl. gr. 8. (23 S.) Dessau 894. P. Baumann. Kart. n. — 40

Döhler, Emil, Coup d'oeil sur l'histoire de la littérature française. Kurzer Überblick üb. d. Geschichte d. französ. Litteratur. Für d. Schulgebr. bearb. 5. Aufl. 8. (27 S.) Dessau 898. P. Baumann. Kart. n. — 50

Döhler, Emil, Coup d'oeil sur l'histoire de la littérature française. Kurzer Überblick üb. die Geschichte der französ. Litteratur. Für den Schulgebrauch bearb. 6. Aufl. 8. (28 S.) Dessau 899. P. Baumann's Nachf. Kart. n. — 60

Döhler, Emil, Coup d'oeil sur l'histoire de la littérature française. Kurzer Überblick üb. die Geschichte der französ. Litteratur. Für den Schulgebrauch bearb. 9. Aufl. (28 S.) 8. Dessau 904. [P. Baumann.] Dresden, L. Ehlermann. Kart. n. — 60

Döhler, Emil, Coup d'oeil sur l'histoire de la littérature française. Kurzer Überblick üb. die Geschichte der französ. Literatur. Für den Schulgebrauch bearb. 12. Aufl. (28 S.) 8. Dresden 908. L. Ehlermann. Kart. — 60

— Dessau u. seine Umgebung, s.: Städtebilder u. Landschaften aus aller Welt.

Grammatik für die Oberstufe der dreibändigen Ausgabe B für höhere Mädchenschulen des Lehrbuchs der englischen Sprache. Im Anschluß an Thiergens 'Hauptregeln d. engl. Syntax', bearb. von Prof. Dr. Emil **Döhler**. Leipzig & Berlin: B. G. Teubner 1906. (88 S.) 8° [F.]
(Dr. Otto Boerners neusprachliches Unterrichtswerk.) [06. 1084

Döhler, Emil (Hrsg.), s. Kipling, Rudyard: Stories from the Jungle book.

— Lehrbuch der englischen Sprache, s.: Thiergen, Osk.

—— An historical sketch of English literature. Kurzer Überblick üb. die Geschichte der engl. Litteratur. Für den Schulgebrauch. gr. 8. (28 S.) Dessau 890, Baumann. cart. * — 50

— An historical skotsch of English literature. Kurzor Überblick üb. d. Geschichte d. engl. Litteratur. Für d. Schulgebr. bearb. 4. Aufl. 8. (32 S.) Ebd. 898. Kart. n. — 60

— an historical sketch of English literature. Kurzer Überblick üb. die Geschichte der engl. Litteratur. Für den Schulgebrauch bearb. 5. Aufl. 8. (32 S.) Ebd. (901). Kart. n. — 60

Döhler, Emil, An historical sketch of English literature. Kurzer Überblick üb. die Geschichte der engl. Litteratur. Für den Schulgebrauch bearb. 7. Aufl. (32 S.) 8. Dessau (905). [P. Baumann.] Dresden, L. Ehlermann. Kart. n. — 60

— An historical sketch of English literature. Kurzer Überblick üb. die Geschichte der engl. Literatur. Für den Schulgebrauch bearb. 10. Aufl. (32 S.) 8. Ebd. 908. Kart. — 60

— kurzer Überblick üb. die Geschichte der englischen Litteratur. Für den Schulgebrauch. 2., verb. Aufl. 8. (29 S.) Dessau 893. P. Baumann. Kart. n. — 50

—— Kurzer Überblick üb. die Geschichte der französ. Litteratur. Für den Schulgebrauch. (In französ. Sprache.) 8. (23 S.) Ebd. 889. cart. * — 40

[F.] Gottfried **Doehler**. Gedichte. M. 11 Bild. a. d. Vogtland. *Gera: A. Nugel 1896.* (118 S.) 1 Bd 8. [97. 37

Doehler, Gfr., Vugtlaenner Liedle. 12. (IV, 59 S.) Plauen 884. Neupert. n. — 75; cart. n. 1. —; geb. n. 1. 25

Doehler, G., die Pflicht. Soziales Drama in 5 Akten. gr. 8. (III, 114 S.) Berlin 890. Fontane. n. 1. 50

Doehler, Gfr. Die Pflicht. Schausp. in 5 Akt. 2. veränd. Ausg. gr. 8. (III, 118 S.) Plauen i. V. 892, F. E. Neupert's Verlag. * 1 —
Die erste Aufl. gr. 8. (III, 114 S.) * 1 50, erschien 1890 im Verlage v. Fontane in Berlin.

— Karl Louis Riedel u. s. Schriften in vogtländ. Mundart, s.a. Riedel's, L., Gedichte u. Erzählgn. in vogtländ. Mundart.

[F.] Karl Louis Riedel und seine Schriften in vogtländ. Mundart. E. Studie v. Gottfried **Doehler**. M. 1 Bild d. Dichters in Lichtdr. *Plauen i. V.: F. E. Neupert 1893* (a. d. Umschl.: 1897). (1 Bl., 71 S., 1 Portr.) 1 Bd 8.
= **Riedel**, L.: Gedichte u. Erzählgn in vogtl. Mundart. Lfg 35. [98. 2208

Doehler, Gottfr., s.: Riedel-Gedenkbuch.

Doehler, Gfr., Heidelberger Tagebuch u. andere Gedichte. 2. (Titel-)Aufl. der lyr. Dichtgn. v. Fritz Hoelder. 8. (IV, 78 S.) Heidelberg 893. vorm. Weiß'sche Univ.-Buchh. n. 1. —

— s.: Vogtland, unser.

Doehler, Gottfr., von Heimat zu Heimat. Ihrer königl. Hoh. der Frau Großherzogin Carolina v. Sachsen, Prinzessin Reuß ältere Linie unterthänigst u. ehrerbietigst gewidmet. (20 S.) gr. 8. Weimar 908. H. Böhlau's Nachf. n. — 50

—— Im Zukunftsstaat. Lustspiel in 4 Akten. gr. 8. (III, 90 S.) Ebd. 892. * 1 —

Döhler, H.

—— Weimars edles Fürstenhaus. Kurzer Abriß der Geschichte d. weimar. Landes u. seiner Regenten von den ältesten Zeiten bis auf die Gegenwart. Für die Jugend erzählt. gr. 8. (II, 127 S. m. 2 Bildnissen.) Ebd. 892. * 1 —; geb. * 1 50

Döhler, H., niemals zurück. Beurteilung der Braasch'schen Schrift: Reform des Religionsunterrichts in der Volksschule. gr. 8. (30 S.) Halle 891. H. Schroedel. n. — 50

Döhler, H. Präparationen f. den Unterricht in der mathematischen Geographie. Ein Hilfsb. f. d. Lehrer. Nach d. formalen Stufen Zillers bearb. Mit 1 Taf., 1 Sternkarte u. 43 Abbildgn. im Texte. gr. 8. (VIII, 176 S.) Jena 891, Mauke. cart. * 2 80; geb. * 3 50

Döhler, Herm., Walburga. Ein Sang vom Mittelrhein. (106 S.) 8. Dresden 903. E. Pierson. n. 2.—; geb. n. 3.—

Jacob Friedrich Döhlers Abhandlung von Domainen, Contributionen, Steuern, Schazungen und Abgaben. Nürnberg: Schwarzkopf 1775. 236 S. 8°

Döhler, Jacob Friedrich: „Abhandlung von Domainen, Contributionen, Steuern, Schatzungen und Abgaben", Nürnberg 1775 (Stein).

— Abhandl. von Ehesachen, besonders in Deutschland. 8. Köln 784. Imhoff. 8 gr.

— Abhandl. von Ehesachen, sowohl in den röm.-kanon., als protest. Consistorialrecht, besonders in Deutschland. 8. Wien 789.

Döhler, Jacob Friedrich: „Kurzgefasste Abhandlung von denen Regalien oder Rechten der obersten Gewalt", Nürnberg 1775 (Stein). — Vorh.: StB Koblenz.

Döhler, Jacob Friedrich: Praktische Abhandlung von Verwaltung eines Landguts. nebst einem Anhang von der Bienenzucht, und dem Weinbau. Frankfurt & Leipzig: Imhof 1783. 63 S. -- 14*.17*
[S. 56-61 über Wein.]
Heinsius: Döhler, Ph. Jac. F. Cöln 1783. -- Kayser: Köln 1783.

Döhler, Jacob Friedrich: „Abhandlung von den Rechten der obersten Gewalt oder Majestätsrechten und Regalien", 2. Auflage, Nürnberg 1785. — Vorh.: Bibl. des Oberlandesgerichts Celle — Qf. 113².

— Abhandl. von den Regalien. 8. Nürnb. 775. 2e Aufl. unt. d. T.: Abhandl. von Rechten d. obersten Gewalt. 4. Ebd. 785. Stein. 1 ß 4 gr.

Döhler, Jak. Fr. Abhandlungen von den Domainen, Contributionen, Steuern etc. 8°. Nürnberg, Stein, 1775.

— Abhandl. von d. Landwirthschaft. 8. Köln 767. (Cröker in Jena). 7 gr.

— histor. Auszüge von den Kirchengesetzen u. ihren Schicksalen. 8. Köln 783. Imhof. 8 gr.

— histor. Auszüge aus den Kirchengesetzen u. ihren Schicksalen, patriot. betrachtet. 8. Wien 789.

Döhler, Ph. Jac. F., histor. Auszüge von den Kirchengesetzen u. ihren Schicksalen. 8. Cöln, Imhof. 790.

Döhler, Jacob Friedrich: „Historisch-critische und politische Bemerkungen über das Commercien-Wesen . . . .", Nürnberg 1775 (Joh. Eberh. Zeh). — Vorh.: StB Nürnberg.

J. F. Döhler, Von Domainen, Steuern, Schatzungen u. s. w. Nürnb. 1717.

— Entdeck. einer wohleinzurichtenden Republik. 8. Regensburg. 744.

– dass. s.a. Döhlers, Ph. Joh. Fr.

— Entwurf e. Reglements für eine fürstl. Hofkammer. gr. 8. Jena 767. Stahl. 1 ß 16 gr.

— s. Etwas über d. Regierung geistl. Staaten.

Döhler, Jak. Fr., Vom Müssiggange und Betteln. (In Döhler: Drei wesentl. Polizeiartikeln.) 8°. Köln 1783.

— drei wesentliche Polizeiartikel, 1) vom Müßiggange u. Betteln, 2) von Manufakturen, 3) von Vermehrung d. Einwohner. 8 Köln 783. Imhof. 5 gr.

Döhler, Jakob Friedrich: „Oekonomisch-politische und vermischte Schriften", Köln 1790 (Imhof).

Döhler, Johann Georg

— — De fortuna jurgiorum sive processuum. Diss. jur. Präs. Christian Wildvogel. Jena (Müller) 11. X. 1702. 44 S., tlws. dtsch. (5.50) 6640
Dtsch. Widm. v.: Aug. Bohse.

Döhler, J. G.: Processualische Mäuse-Fallen, oder kürtzliche Vorstellung, wie es bei Processen insgemein herzugehen pflege. *Coburg*, 723. 8.

— processualische Mäusefallen. 8. Coburg, Hanisch. 745.

— Schein oder Sein des richterlichen Amtes. 8. Coburg, Ahl. 728.

Döhler, Joh. Ge.: Der Schein u. das Seyn der Advocatur, das ist: Ein kurtzer doch gründlicher Unterricht was es vor eine Beschaffenheit um die Advocatur habe? (Eisenach) 1716.

Ders.: Schein und Seyn des richterlichen Ambtes. *Ebend.*, 723. 8.

Dohler, J. G.: „Untersuchung vom heutigen Geldmangel", Leipzig 1712. 4°.

Döhler, Johann Georg: „Untersuchung des heut zu Tage überhand nehmenden Geld- und Nahrungs-Mangels nach seinem Ursprung und Ursachen, auch sichern und bewehrten Hülffs-Mitteln", Leipzig 1712 (Gleditsch).

Döhler, J. G., Untersuchungen des überhandnehmenden Geldmangels, ist jetzt Verlag der Weidmann'schen Buchh. in Leipz.

Doehler, Joh. Carl (Kleinzschocher), Solum virtutis cultorem ad veram sapientiam esse idoneum. Präs. Jo. Chn. Claus. (Leipzig). Lpz. (Schede) 24. III. 1719. 15 Bl. (5.—) 6638

Döhler, Karl, Leipzigs Bildungs- u. Unterrichtsanstalten f. junge Mädchen. (24 S.) gr. 8. Leipzig 906. H. Hahn. n. — 40

Doehler, Max [aus Brandenburg a. H., Adjunkt a. d. Ritterakad. zu Brandenburg a. H.]: Beitrag zur Potentialtheorie. Die Green'sche Funktion für das Rotationsellipsoid, den unendlichen Kreiscylinder und Schalen, die von zwei konfokalen Rotationsellipsoiden resp. zwei koaxialen unendlichen Kreiscylindern begrenzt werden. . . . Brandenburg a. H., Buchdr. v. Gustav Matthes (1889); 2 Bl. + 39 S. + 1 Bl. 4°
Erlangen, Phil. Fak., Inaug.-Diss. v. 1889

Doehler, Max: Beitrag zur Potentialtheorie. Die Green'sche Funktion für das Rotationsellipsoid, den unendlichen Kreiscylinder und Schalen, die von zwei konfokalen Rotationsellipsoiden resp. zwei koaxialen unendlichen Kreiscylindern begrenzt werden. Brandenburg a. d. Havel, Druck v. G. Matthes (1889): 1 Bl., 39 S. 4°
Brandenburg a. H., RAk, OP 1889 (66)

Doehler, M[ax]: [Die Feier der Einweihung der Anstalt.] S. 8—11. 4. Progr. Realprogymn. i. E. *Lankwitz* 1907 (120).

Doehler, M[ax], Prof. Dr.: Unsere heutigen Lehrmittel, besonders für die Naturwissenschaften. Kindermuseen, Schulmuseen und Schulgärten. Lankwitz 1907: Wallmann. (41 S.) 8°
Lankwitz, RPG i. E. OP 1907 (120)

Doehler, M., unsere heutigen Lehrmittel, besonders f. die Naturwissenschaften. Kindermuseen, Schulmuseen u. Schulgärten. (41 S.) gr. 8. Leipzig 907. Quelle & Meyer. — 80

Döhler, Oskar, appr. Arzt: Über Vaccineinfektion des Auges und einen neuen Fall von primärer Kornealinfektion mit Vaccine. Breslau 1906: Breslauer Genoss.-Buchdr. (31 S.) 8°
Breslau, Med. Fak., Ref. Uhthoff, Diss. v. 6. Febr. 1906
[Geb. 22. Nov. 74 Dresden; Wohnort: Dresden; Staatsangeh.: Sachsen; Vorbildung: Real-Gymn.-Dreikönigschule Dresden Reife O. 95; Gymn. Schneeberg Reife O. 98; Studium: Leipzig 3, Würzburg 3, München 5 S.; Coll. 11. Jan. 06; Approb. 12. Aug. 02.]

Doehler, Ph. Jac. F., s. Doehler, Jakob Friedrich

Geschichte des Dorfes Leuba in der Königlich sächsischen Oberlausitz. Nach archival. Quellen bearb. von P. Richard **Doehler.** Zittau: Graun in Komm. 1907. 199 S. 8° [10. 17017

Geschichte der Rittergüter und Dörfer Lomnitz und Bohra im Görlitzer und Laubaner Kreise. Ein Beitrag z. Entwickelungsgeschichte Oberlausitzer Kolonialdörfer. Nach archival. Quellen bearb. von P. Richard **Doehler.** (Görlitz): Oberlausitzische Gesellsch. d. Wiss. [1909]. 95 S. 8° [09. 6692

— Geschichte der Rittergüter u. Dörfer Lomnitz u. Bohra im Görlitzer u. Laubaner Kreise. Ein Beitrag zur Entwickelungsgeschichte Oberlausitzer Kolonialdörfer. Nach archival. Quellen bearb. (Hrsg. v. der Oberlausitz. Gesellschaft der Wissenschaften in Görlitz.) (IV, 95 S. m. 8 Taf. u. 2 Plänen.) gr. 8. Görlitz (909). H. Tzschaschel. 3. —

Döhlers, Ph. Joh. Fr., Entdeckung einer wohl eingerichteten und glücklichen Republick; worinn nicht nur die eigentl. Fehler entdecket etc. etc. 8°. Regensp., Seyff., 1744. 8°. Regensp., Seyf., 1750.

– dass. s.a. Döhler, Jakob Friedrich

Döhlert, Herm., geistl. Lieder auf alle Feste d. Kirchenjahres, größtenth. nach d. Evangelien geord. Eine Festgabe zur häusl. Erbau. f. Bürger u. Landmann. gr. 12. (8½ B.) Leipzig 839, E. Schumann.

Doehlert, Hermannus: De spondylarthrocace cervicali. Halis (1866): Lipke. 30 S. 8°
Halle-Wittenberg, Med. Diss. v. 12. März 1866
Geb. Spielberg bei Naumburg a. d. S. 29. 3. 1841. V.

Dohlhof, s. Dohlhoff

Dohlhoff, Georg Eduard (Übers.):

s.: Bingham, Robert: Praktische Bemerkungen über die Krankheiten und Verletzungen der Blase. (A practical Essay on diseases and injuries of the bladder. Dt.) Magdeburg: 1823

JB 3.767

Dohlhof, G. Ed., s. A. Burn, Bemerkk.

Dohlhoff, Georg Eduard (Halle), De phlegmone. Diss. med. Halle (Baentsch) 5. XI. 1819. 36 S. mit Biogr. (M.: M. L. Humbert.) (4.50) 6711
Gew.: P. Krukenberg, Gg. Petr. Dohlhoff.

Dohlhoff, Georgius Eduardus: De phlegmone. Halae (1819): Baentsch. 36 S. 8°.
Halle-Wittenberg, Med. Diss., nachgeliefert von dem am 5. Nov. 1819 auf Thesen promovierten Verf.
Geb. Halle a. d. S. 24. 7. 1799. V.

Döhling, Ernst, R.-A.: Vergleich der bestehenden Wehrsteuern. Würzburg 1909: Meixner. 58 S. 8°
Würzburg, Jur. Diss. v. 23. Juli 1909, Ref. G. v. Schanz
[Geb. 9. Jan. 81 Röttingen; Wohnort: Würzburg; Staatsangeh.: Bayern; Vorbildung: Gymn. Würzburg Reife Juli 00; Studium: Würzburg 8 S.; Rig. 26. Mai 09.] [U 09. 4045

Dohm, A.: Der Verlauf von Psychosen, s. Arndt, Rudolf

Dohm, Christian Konrad Wilhelm von, s. Dohm, Christian Wilhelm von

Dohm, Christian Wilhelm von

Dohm, Chr. G., l'Alliance des Princes de l'empire germain. 8. Duisburg, Bädecker. 795.

v. Dohm, Chr. Konr. Wlh., († d. 29. Mai 1820.) l'Alliance des Princes de l'empire germanique. 8. Essen 795. Bädecker. 8 gr. (Vergl. Dohm: über d. deutsch. Fürstenbund.)

– s. Bemerkk. auf einer Reise nach d. Levante.

– s. Bonnet: Psychol. Versuch.

— Denkwürdigkeiten meiner Zeit, oder Beitr. zur Geschichte des letzten Viertels d. 18ten u. d. Anfangs d. 19ten Jahrh. von 1778 — 1806. 5 Bde. gr. 8. Lemgo 814 — 19. Meyer. (Hannov., Hellwing). 13 Rthlr 10 gr.

Dohm, Corn. W. v., Denkwürdigkeiten meiner Zeit, oder Beiträge zur Geschichte d. letzten Viertels des achtzehnten u. des Anfangs des neunzehnten Jahrhunderts v. 1778—807. 1r u. 2r Bd. Lemgo, Meyer. (Hannov. Hellwings.) 814 u. 15. (à 2 Rthlr. 12 gr.)

Dohm, Conr. W. v., Entwurf einer verbesserten Constitution der Reichsstadt Aachen. 4. Frankf. Hermann. (Duisburg, Bädecker u. K.). 790.

– s. Extrakt d. Niederrhein. Protokolls.

— über den deutschen Fürstenbund. gr. 8. Berl. 785. Rottmann. 12 gr. Dass. ins Französ. übers. v. H. Renfer: l'Alliance des Princes de l'empire germanique. 8. Haag 786.

— Geschichte der Engländer und Franzosen im östlichen Indien. 8. Leipz. Weygand. 776.

– s.a. Geschichte d. baier. Erbfolgestreits.

(**v. Dohm, C. W.**) Geschichte d. bayerschen Erfolgestreits. 4. Frankfurt u. Leipzig, Hannover 1779. 0,75.

Dohm, Ch. W. von: „Ueber Goslar, seine Bergwerke, Forsten und schutzherrlichen Verhältnisse", Halle 1805. — Vorh.: Preuß. Staatsbibliothek Berlin.

– s. Herzberg v.: Abhandl. über Ursache u. dessen Abhandl. über Veränderung.

— encyclopädisches Journal. s. Journal.

— s. Ive, Reisen.

— s. Kämpfe, Gesch. v. Japan.

– s. Literatur, Über deutsche.

DOHM, Christian Wilhelm 1751 - 1820
Materialien für die Statistick und neuere Staatengeschichte
gesamlet von Christian Wilhelm Dohm
Erste [- Fünfte] Lieferung.
Lemgo: Meyer. 1777 [- 1785]. 8°.
Universitätsbibliothek Marburg
Darin enthalten u.a.:
PAINE, Thomas, Der gesunde Menschenverstand [in Bd. 1]
PAINE, Thomas, Brief an Abbé Raynal, 1782 [in Bd. 5].
Weitere dt. Ausg. v. Common Sense, 1776 und 1794,
Übrige dt. Ausg. d. Letter to the Abbé Raynal, 1786 und 1794,
Separatdruck v. Paine, Gesunder Menschenverstand, 1777 [laut Palmer in Bayerischer Staatsbibliothek München] konnte nicht gefunden werden.
Thomas Paine, 1737-1809
Guillaume-Thomas-François Raynal, 1713-1796

— Materialien zur Statistik d. neuesten Staatengeschichte. 5 Lief. mit Anhang. gr. 8. Lemgo 777—85. Meyer. 5 rß 16 gl

– s. Museum, Deutsches.

— Nachricht, die Urschrift d. Kämpferschen Beschreib. von Japan betreffend. gr. 8. Lemgo 774. Meyer. 1 gl

Dohm, Christ. Conr. W. v., Nachricht von der neuesten Verfassung der Zünfte in Frankreich. 8°. Kassel 1778.

— s. Necker, Rechnung, d. Könige abgelegt.

Dohm, C. W. v. De la Reforme politique des Juifs, traduit de l'Allemand. Berlin 1782. Ü: *Bernoulli, Joh.* (MGT)

Dohm, Christian Wilhelm v., Allerhöchst Ihrer (Kgl. Maj. v. Preussen) Clevischer Geheimer Kreiss-Directorialrath und Bevollmächtigter Gesandter. Die Lütticher Revolution im Jahr 1789 und das Benehmen Sr. königl. Majestät von Preussen bey derselben. 8. Berlin, im Februar 1790.

— die Lütticher Revolution von 1789. gr. 8. Berl. 790. Rottmann. 20 gl

Dohm, Christian Wilhelm von. Auszug aus der Schrift: Die Lüttichische Revolution. Tübingen 1790. H: *Cotta, Christoph Friedr.* (MGT)

– s. Schreiben e. Elbingers.

— über das physiokratische System. 8. Wien, Camesina. 788.

— über d. bürgerl. Verbesserung d. Juden. 2 Thle. 8. Berl. 781, 83. 2e A., mit Anmerkk. v. F. L. Kahle. 789. Nicolai. 1 rß 12 gl

— über Volkskalender und Volksschriften überhaupt. 8. Leipz. Sommer. 796.

Dohm, Chr. Konrad Wilhelm von: „Kurze Vorstellung des physiokratischen Systems nebst einigen Erinnerungen über dasselbe" (= „Festrede zur Feyer des höchsterfreulichen Neunundfünfzigsten Geburtstages des Durchlauchtigsten Fürsten und Herrn Friedrichs II., regierenden Landgrafen zu Hessen, welche das Collegium Illustre im grossen Hörsaale, den 14. August um 10 Uhr begehen wird"), Kassel 1778; Nachdruck Wien 1788. — Vorh. (Ausgabe von 1778): Landesbibliothek Kassel.

— kurze Vorstell. des physiokrat. Systems. 4. Cassel 778. Nachdruck. 8. Wien 788. (Heubner). 4 gl

— über Wichtigkeit u. Einrichtung von Volkskalender u. Volksschriften überhaupt. 8. Leipz. 796. (W. Nauck). 6 gl

Dohm, E., s.a. Dohm, H.

Dohm, E., Almanach zum Lachen für 1854 u. 55; s. Almanach.

—— die spanische National-Literatur in ihrer geschichtlichen Entwicklung nebst den Lebens- und Charakterbildern ihrer klass. Schriftsteller und ausgewählten Proben aus den Werken derselben in deutscher Uebertragung. 11 Lfgn. Lex.-8. (VIII und 608 S.) Berlin 865—67, Hempel. à Lfg. * 10 Ngr. *

—— und Kaiser, harte Steine, s. Kaiser.

Dohm, Ernst

Dohm, E., Album humoristischer Vorträge, s.a. Album.

Dohm, Ernst, Album humoristischer Vorträge. Mit Beiträgen Anderer herausg. 1. 2. Bdchn. Berlin 863. Reichardt & Zander. 8. (160; 160 S.) Jedes Bdchn. n. 10 ngr.

Dohm, Ernst, das erste Debut, s. Bloch's, Ed., Dilettanten-Bühne.

Dohm, E., komm her, s. Bloch's, Ed., Dilettanten-Bühne.

—— der trojanische Krieg. Komödie in 3 Acten. (Den Bühnen gegenüber als Mscr. gedr.) 8. (86 S.) Berlin 864, Hofmann und Comp.

—— s. Lafontaine's Fabeln.

—— ihr Retter, s. Bloch's, E., Dilettanten-Bühne.

Dohm, Ernst, Secundenbilder. Ungereimte Chronik. 1. und 2. (Titel-)Aufl. 8. (IV, 182 S.) Breslau 879, Schottländer. * M. 3.; geb. *

Dohm, Ernst (Red.), s. Die Tribüne.

Dohm, H., s.a. Dohm, E.

Dohm, H., die spanische National-Literatur in ihrer geschichtlichen Entwicklung nebst den Lebens- u. Charakterbildern ihrer klassischen Schriftsteller u. ausgewählten Proben aus den Werken derselben in deutscher Uebertragung. Berlin 867. Hempel. Lex.-8. (VIII, 608 S.) n. 3 rß 20 ngr.

— u. Kaiser, harte Steine, s. Kaiser.

Dohm, Hedwig

Dohm, H. Plain air. Roman. 8. (357 S.) [Berl. 891, Lehmann.] Stuttg., Union. * 3 50.

Die Antifeministen. Ein Buch der Verteidigung von Hedwig Dohm. *Berlin: F. Dümmler 1902.* (167 S.) 8° [F.] [03. 6042]

Dohm, Hedw., die Antifeministen. Ein Buch der Verteidigg. (III, 167 S.) 8. Berlin (907). F. Dümmler's Verlag. 2.—; geb. in Leinw. 3.—

– Sibilla Dalmar. Roman aus dem Ende unseres Jahrhunderts. 2. Aufl. 8. (374 S.) Berlin 897. S. Fischer, Verl. n. 4.—

Dohm, Hedwig, die wissenschaftliche Emancipation der Frau. 8. (188 S.) Berlin 874, Wedekind und Schwieger.

Dohm, Hedwig, Die wissenchaftliche Emancipation der Frau. 8°. Berlin, 1877.

Dohm, Hedwig: Erziehung zum Stimmrecht der Frau. — Berlin: Preuss. Landesverein f. Frauenstimmrecht 1909. 28 S. 8° (Schriften d. preuss. Landesvereins f. Frauenstimmrecht. 6.)

Dohm, Hedwig: Erziehung zum Stimmrecht der Frau. 2. Aufl. Berlin 1910. 8° (Schriften d. Preuß. Landesvereins f. Frauenstimmrecht. 6.)

Dohm, Hedwig: Der Jesuitismus im Hausstande. Ein Beitrag zur Frauenfrage. — Berlin: Wedekind & Schwieger 1873. 227 S. 8°

—— und F. Brunold, Lust und Leid im Liede. Neuere deutsche Lyrik, ausgewählt. 8. (XXX, 285 S. mit eingedr. Holzschn., Holzschn.-Titel und 8 Portr. in Lichtdr.) Leipzig 879, Albrecht. geb. mit Goldschn.

— u. F. Brunold, Lust u. Leid im Liede. Neuere deutsche Lyrik, ausgewählt. 8. (XXX, 285 S. m. eingedr. Holzschn., Holzschn.-Titel u. 8 Portr. in Lichtdr.) Leipzig 879. Erfurt, Bartholomäus. geb. m. Goldschn. n. 6. —

Dohm, Hedwig, u. F. Brunold, Lust u. Leid im Liede. Neuere deutsche Lyrik, ausgewählt. 5. wohlf. Aufl. Hrsg. v. F. Brunold. 8. (XII, 164 S.) Erfurt 885. Bartholomäus. geb. m. Goldschn. n. 2. 50

Dohm, Hedwig, u. F. Brunold, Lust und Leid im Liede. Neuere deutsche Lyrik, ausgewählt. 7. wohlf. Ausg. Hrsg. v. Fr. Brunold. 8. (XII, 164 S. m. Illustr.) Berlin 887. Steinitz. n. 2. 50

Dohm, Hedw., die Mütter. Beitrag zur Erziehungsfrage. (V, 224 S.) 8. Berlin 903. S. Fischer, Verl. n. 3. —; geb. n.n. 4. —

Dohm, Hedw., der Frauen Natur und Recht. Zur Frauenfrage. Zwei Abhandlungen über Eigenschaften und Stimmrecht der Frauen. 8. (185 S.) Berlin 876, [Wedekind und Schwieger.] Commissions- und Exportbuchh.

— der Frauen Natur u. Recht. 2. Aufl. 12. (VIII, 365 S.) Berlin 893. F. Stahn. n. 2. —

Dohm, Hedwig, die Ritter vom goldenen Kalb, s.: Bloch's, E., Theater-Correspondenz.

Hedwig Dohm. Christa Ruland. Roman. *Berlin: S. Fischer 1902.* (313 S.) 8° [F.] [02. 7639

— Schicksale e. Seele. (Drei Generationen I.) Roman. 8. (419 S.) Ebd. 899. n. 4. —

— ein Schuß in's Schwarze, s.: Wallner's Schaubühne.

Schwanenlieder. Novellen von Hedwig **Dohm**. **Berlin: S. Fischer 1906.** (290 S.) 8° [F.] [06. 6998

— der Seelenretter. Lustspiel in 1 Act. gr. 16. (51 S.) Wien 876. Wallishausser. n. 1. 80

— Sommerlieben. Freiluftnovellen. (341 S.) 8. Berlin-Ch. (909). Vita. 3.—; geb. 4. —

Sommerlieben. Freiluftnovellen von Hedwig **Dohm**. Berlin-Ch.: Vita (1910). 341 S. 8° [10. 6034

—— vom Stamme der Afra. Lustspiel in 1 Act nach dem Spanischen des José de Larra. 8. (64 S.) Berlin 876, Lassar's Buchh. *

— dasselbe, s.a. Bloch's, E., Theater-Correspondenz.

— Das Stimmrecht der Frauen in: Dohm: Der Frauen Natur u. Recht. 1876. — 2. Aufl. 1893.

— was die Pastoren v. den Frauen denken. 16. (66 S.) Berlin 872. Leipzig, Fest. n. — 75

—— Was die Pastoren von den Frauen denken. 16. (66 S.) Berlin 872, Schlingmann. *

— wie Frauen werden. Werde, die Du bist. Novellen. 8. (236 S.) Breslau 894. Schles. Verlags-Anstalt. n. 3. —; geb. n. 4. —

Dohm, Hedwig: Wie Frauen werden. — Werde, die du bist. Novellen. — Breslau: Schottländer 1894. 236 S. 8°

Dohm, Konr. W. v., s. Dohm, Christian Wilhelm von

Dohm, P., de metaphysica Pauli. Rint. 1717. 4.

Dohm, Paul, a. Kiel: Holsteinische Ortsnamen, die ältesten urkundlichen Belege gesammelt und erklärt. Kiel 1908: Vollbehr & Riepen. (159 S.) 8° [F.] ¶(Aus: Zeitschrift d. Ges. f. Schleswig-Holstein. Gesch. Bd 38 S. 109ff.)
Kiel, Phil. Fak., Ref. Kauffmann, Diss. v. 31. Juli 1908
[Geb. 13. Aug. 83 Kiel; Wohnort: Kiel; Staatsangeh.: Preußen; Vorbildung: Gymn. Kiel Reife O. 03; Studium: Kiel 3, Heidel-berg 3, Kiel 4 S.; Rig. 29. Febr. 08.]

Dohm R, Beiträge zum Aktienwesen. (54 S) Heidelberg 1901

Dohm, Woldemar Ldw. Wlh., († d. 12. Febr. 1759.), s. Bemühungen, westphälische. 2) B. L. Eskuche, Erläuterungen d. heil. Schrift. 3) E. L. Rathlef, d. Theologe.

Döhmann, die Bau- u. Kunstdenkmäler v. Westfalen, s.: Ludorff, A.

Döhmann, s. Inventare der nichtstaatlichen Archive des Kreises Steinfurt.

Döhmann, Karl [aus Gelsenkirchen]: **König Wilhelm von Holland, die rheinischen Erzbischöfe und der Neuwahlplan von 1255....** Lemgo, Druck v. F. L. Wagener, 1887; 52 S. 8°.
Leipzig, Phil. Fak., Inaug.-Diss. v. 18. Febr. 1887.

Döhmann, Karl, König Wilhelm von Holland, die rheinischen Erzbischöfe und der Neuwahlplan von 1255. Diss. Leipzig 1887, Gustav Fock. 8°. 52 S.

Döhmann, Karl Georg (Umschlagt.: Karl), Dr.: **Beiträge zur** Geschichte der Stadt und Grafschaft Steinfurt. 1. Die Burgmannen von Steinfurt. T. 1. *Burgsteinfurt 1900: F. Winter.* (32 S.) 8° [Ant. u. F.]
Burgsteinfurt, fürstl. Bentheimsches G Arnoldinum m. Realkl., OP 1900 (375)

Döhmann, Karl Georg (auf d. Progr.: Karl), Dr.: **Beiträge** zur Geschichte der Stadt und Grafschaft Steinfurt. 1. Die Burgmannen von Steinfurt. T. 2. *Burgsteinfurt 1901: F. Winter.* (S. 33—83.) 8° [Umschlagt. Ant. u. F.] ¶[Forts. d. P-Beil. 1900.]
Burgsteinfurt, fürstl. Bentheimsches G Arnoldinum m. Realkl., OP 1901 (380)

Döhmann, Karl Georg (auf d. Progr.: Karl), Dr.: **Beiträge** zur Geschichte der Stadt und Grafschaft Steinfurt. 2. Topographie und Altertümer von Steinfurt. T. 1. Zeugnisse. Inschriften. Urkunden. (Umschlagt.: Topographie u. Altertümer von Steinfurt. T. 1.) *Burgsteinfurt 1902: F. Winter.* (52 S.) 8° [Ant. u. F.] ¶[Forts. d. P-Beil. 1900. 1901]
Burgsteinfurt, fürstl. Bentheimsches G Arnoldinum m. Realkl., OP 1902 (388)

Döhmann, Karl Georg, Prof. Dr.: Beiträge zur Geschichte der Stadt und Grafschaft Steinfurt. (T.) 3. Das älteste Lehenbuch der Herrschaft Steinfurt. 1280—1439. Münster i. W. 1906: J. Bredt. (48 S.) 8° [F.] ¶(Forts. d. P-Beil. 1900, 01.)
Burgsteinfurt, G OP 1906 (425)

Döhmann, Karl Georg, Prof. Dr.: Beiträge zur Geschichte der Stadt und Grafschaft Steinfurt. 4. Geschichte des Fürstlich Bentheimschen Parkes Bagno bei Burgsteinfurt. T. 1. Burgsteinfurt 1907: F. Winter. (44 S., 5 Taf.) 8° [F.] ¶[Forts. d. P-Beil. 1900. 01. 06.]
Burgsteinfurt, Fürstl. Bentheimsches G OP 1907 (426)

Döhmann, Karl Georg: Beiträge zur Geschichte der Stadt und Grafschaft Steinfurt. 4. Geschichte des Fürstlich Bentheimschen Parkes Bagno bei Burgsteinfurt. T. 2. Burgsteinfurt 1909: Winter. S. 45—106. 8° ¶[Forts. d. P-Beil. 1900. 01. 06. 07.]
Burgsteinfurt, Fürstl. Bentheimsches G Arnoldinum OP 1909 (465)
[S 09. 72

Döhmann, Karl Georg: Beiträge zur Geschichte der Stadt und Grafschaft Steinfurt. 2. Topographie und Altertümer von Steinfurt. T. 2. Inschriften. Glocken. Baurechnungen. Ortsbeschreibungen. Burgsteinfurt 1910: Winter. S. 53—111. 8° ¶(Forts. d. P-Beil. 1900. 01. 06. 07. 09.)
Burgsteinfurt, Fürstl. Bentheimsches G Arnoldinum OP 1910 (468) [S 10. 79

Döhmann, Karl Georg, Dr.: **Das Leben** des Grafen Arnold von Bentheim 1554—1606. Nach d. Hs. hrsg. *Burgsteinfurt 1903: F. Winter.* (83 S.) 8° [J. u. Ant.]
Burgsteinfurt, fürstl. Bentheimsches G Arnoldinum m. Realkl., P 1903 (404)

Dohme, Dalila v., Generation. Das Gottestum der Gattenschaft. Für Frauen gedeutet. (IV, 97 S.) gr. 8. Leipzig (907). Leipziger Verlag. 2. —

Dohme, R. Die Abteikirchen zu Weingarten, Einsiedeln. St. Gallen. Leipzig, E. A. Seemann.
*** Separat-Abdruck a. d. Zeitschrift f. bildende Kunst, 1878 Heft 11: Studien zur Architecturgesch. des XVII u. XVIII Jahrhunderts. 1878.

Dohme, Robert: Malerische Ansichten aus Nürnberg, s. Ritter, L.

Dohme, Rob., die Ausstellung von Gemälden älterer Meister im Berliner Privatbesitz, s. Bode, Wilh.

—— **Barock- und Rococo-Architektur.** (In 8 Lfgn.) 1. Lfg. Fol. (20 Lichtdr.-Taf.) Berlin 884, Wasmuth. In Mappe *

Dohme, Rob., Barock- und Rococo-Architektur. 2.—7. Lfg. Fol. (à Lfg. 20 Lichtdr.-Taf.) Berlin 884—88, Wasmuth. In Mappe à Lfg. *M 20—. * 1
1. Lfg. Ebendas. 1884. *M 20.—.

Dohme, Rob. Barock- u. Rococo-Architektur. 8.—10. Lfg. Fol. (60 Lichtdr.-Taf. u. 48 S. illustr. Text.) Berl. 891, Wasmuth. In Mappen à Lfg. * 20 —; * 60 —
1.—7. Lfg. Ebd. 1884—88. * 140 —.

Dohme R, Barock- und Rokoko-Architektur. 3 Bde (48 S 200 T) fol Berlin 1892

—— die Baukunst, s. a. Geschichte der deutschen Kunst.

Dohme R, die Baukunst. (Geschichte der deutschen Kunst I) Berlin 1887

— die deutsche Baukunst, s.: Geschichte der deutschen Kunst.

Dohme, R., Lorenzo Bernini, s. Kunst und **Künstler des Mittelalters und der Neuzeit.**

—— **Filippo Brunellesco, s. Semper, H.**

—— **Daniel Chodowiecki, s. Kunst und Künstler des Mittelalters und der Neuzeit.**

—— **Jean Creuze, s.** Kunst und **Künstler des Mittelalters und der Neuzeit.**

—— **s. Decker's, P., fürstlicher Baumeister.**

– Einhart, s. Kunst u. Künstler des Mittelalters u. der Neuzeit.

Dohme, Robert. Geschichte der deutschen Baukunst. Mit Text-Illustrationen, Tafeln und Farbendrucken. (Geschichte der deutschen Kunst, I.) Berlin 1887.

Dohme, Rob., Geschichte der deutschen Baukunst. Mit 332 Text-Ill. u. 34 Taf. in Farbendruck. Berlin 1893. gr. Lex.-8.
Ist. Geschichte der deutschen Kunst. . . . . (D.)

—— **Jules Hardouin-Mansart,** s. Kunst und Künstler **des Mittelalters** und **der Neuzeit.**

—— **das englische Haus. Eine kultur- und baugeschichtl. Skizze. Lex.-8. (64 S. mit Illustr.) Braunschweig 888, Westermann. ***

Dohme, Rob., Die Kirchen des Cistercienserordens in Deutschland während des Mittelalters. Mit eingedr. Holzschn. Berlin 1868. 8. . . . . (D.

Dohme, R., die Kirchen des Cistercienserordens in Deutschland während des Mittelalters. gr. 8. (XII, 152 S. mit eingedr. Holzschn. und 4 Tab. in qu. 4. und qu. Fol.) Leipzig 869, Seemann. *

Unter fünf preussischen Königen. Lebenserinnerungen von R[obert] Dohme, Weil. Geh. Reg.R., Berlin. Hrsg. von Paul Lindenberg. *Berlin: F. Dümmler 1901.* (163 S.) 8° [J.] [01. 1371

Dohme, Rob., Kunst u. Künstler Deutschlands u. der Niederlande. Bd. 1—2. Leipzig.
A. u. d. T.: Dohme, Kunst u. Künstler des Mittelalters u. der Neuzeit. Leipzig 1877—80. 4. . . . (D.)

Dohme, R. Kunst u. Künstler des Mittelalters u. der Neuzeit. Biographien u. Charakteristiken. Unter Mitwirkung von Fachgenossen hrsg. Leipzig 1877-86. 8. [2 Ex.]
Abth. 1. Kunst u. Künstler Deutschlands u. der Niederlande bis gegen die Mitte des 18. Jahrhunderts. Unter Mitwirkung von R. Bergau, W. Bode, O. Eisenmann, C. Lemcke, Fr. Reber, A. Rosenberg, W. Schmidt, A. Schultz, J. E. Wessely, A. Woltmann u. A. v. Wurzbach hrsg. 2 Bde. 1877-78.
Abth. 2. Kunst u. Künstler Italiens bis gegen die Mitte des 18. Jahrhunderts. Unter Mitwirkung von R. Bergau, W. Bode, K. Brun, Ed. Dobbert, Hub Janitschek, Max Jordan, H. Lücke, Fr. Reber, Rud. Redtenbacher, J. P. Richter, C. A. Regnet, Ad. Rosenberg, H. Semper, Ant Springer, Rob. Vischer, J. E. Wessely, K. Woermann u. A. v. Wurzbach hrsg. 2 Bde. 1878-79.
Abth. 3. Kunst u. Künstler Spaniens, Frankreichs u. Englands bis gegen die Mitte des 18. Jahrh. Unter Mitwirkung von J. Beavington-Atkinson, J. Janitsch, H. Lücke, C. A. Regnet u. J. E. Wessely hrsg. 1 Bd. 1880.
Abth. 4. Kunst u. Künstler der ersten Hälfte des 19. Jahrhunderts. Unter Mitwirkung von K. Eggers, R. Graul, Herm. Lücke, C. Alb. Regnet, Ad. Rosenberg, A. Schmarsow, Veit Valentin hrsg. 2 Bde. 1886. 8.

Dohme, Rob., das Leben Rafaels v. Urbino, s.: Riepenhausen, J.

— **s.: Menzel, Adolf, das Werk A. M's.**

—— **Möbel aus den königl. Schlössern zu Berlin und Potsdam. 1. Lfg. Fol. (25 Lichtdr.-Taf.) Berlin 886, Wasmuth. In Mappe ***

—— **Möbel** aus den königl. Schlössern zu Berlin u. Potsdam. 2. (Schluss-) Lfg. Fol. (25 Lichtdr.-Taf. m. 3 S. Text.) Berl. 889, Wasmuth. In Mappe * 25 —
1. Lfg. Ebd. 1886. * 25 —.

– Andrea Palladio, s. Kunst u. Künstler des Mittelalters u. der Neuzeit.

—— **Karl Friedr. Schinkel,** s. Kunst und Künstler des 19. Jahrh.

—— **das königl. Schloss in Berlin. 40 Taf. in Lichtdr. und Lithogr. zur Baugeschichte des Berliner Schlosses, Photogr. Aufnahme von H. Rückwardt, Lichtdr. von Römmler und Jonas und A. Frisch. 10 Lfgn. Imp.-Fol. (38 Lichtdr.-Taf. und 2 chromolithogr. Grundrisse.) Leipzig 875,76, Seemann. à Lfg. M 20.**

— **dasselbe. Eine baugeschichtl. Studie. Mit 12 (eingedr.) Holzschn. Zugleich als Text zu dem v. dem Verf. hrsg. Bilderwerke in Lichtdr. dienend. Imp.-4. (VIII, 56 S.) Ebend. 876. n. 8. —**

– Andreas Schlüter, s. Kunst u. Künstler des Mittelalters u. der Neuzeit.

—— **s. Schlüter, Andr., die Masken sterbender Krieger im Hofe des ehemaligen Zeughauses zu Berlin.**

—— Antoine **Watteau. — François** Boucher, s. Kunst und Künstler des Mittelalters und der Neuzeit.

Döhmel, K. A., s. Döhmel, M. K. A.

Döhmel, (M. K. A.,) Antiphonia, oder Samml. kurzer Kraft- u. Denksprüche d. heil. Schrift, nebst Segenswünschen, in systemat. Ordnung. gr. 8. Leipzig 824. (Reclam.)

— Geschichte des montägigen, oder großen am 13. Nov. 1624 gestift. Predigercollegii zu Leipzig. gr. 8. Leipz. 824. (Reclam.)

Dohmen: Der lateinische Unterricht in Sexta und Quinta. Metz, Buchdr. v. Gebr. Lang, 1889; S. 3—19; 4°
Château-Salins, LS, MP 1889 (477)

Dohmen, Ch., s.: Poet u. Bauer.

Dohmen, F., französisch-deutscher Führer f. Beamte u. Reisende. Guide allemand-français pour l'employé et le voyageur. (41 S.) 8. Gebweiler 909. J. Boltze. — 80

Dohmen, Franz Joseph: Darstellung der Berührungstransformationen in Konnexkoordinaten. Leipzig 1905: B. G. Teubner. (41 S.) 8°
Greifswald, Phil. Fak., Ref. Engel, Diss. v. 25. März 1905
[Geb. 13. Febr. 74 Austin, Texas; Wohnort: Greifswald; Staatsangeh.: Ver. St.; Vorbildung: Staatl. Blindenschule Texas; Studium: Staatsuniversität Texas bis 98, ferner Leipzig 11, Greifswald 1 S.; Rig. 4. März 05.]

Dohmen, *Heinrich* [wiss. Hilfsl.]: Akamas und Demophon. Duisburg, Buchdr. v. J. Ewich, 1893; III—XVI S. 4.
Duisburg, k. G u. VS, P 1893 (436)

Dohmen, Heinrich (geb. am 19 Dez. 1853 in Vossenack Kr. Montjoie): Ueber Stimmband-Lähmung ... Bonn, Univ.-Buchdr. v. C. Georgi (1877). 2 Bl. 8. ¶ Nur Titelbl., Vita u. Thesen.
Bonn, Med. Fak., Thes. v. 13 Okt. 1877

Dohmen, Jb. Jak., dreistimmige Schulgesänge zu den Liedern im 2. u 3 Hefte des Rossel'schen sprechlehrl. Lesebuchs. Aachen ... Roschütz u. Comp. 1/6 ß

Dohmen, Casp., Aufmunterung zum Gesange. Leichte Lieder mit Clavier-Begleitung für die Jugend. qu. 4. (56 S.) Leipzig 853, Wengler. *

Dohmen, Casp., Aufmunterung zum Gesange. Leichte Lieder mit Clavier-Begleitung für die Jugend. 2. Aufl. qu. 4. (55 S.) Leipzig 859, Wengler.

Dohmen, P. J., Commentar f. Lehrer üb. das geometrische Linearzeichnen in der Volksschule nebst Anweisg. zur Ausführg. der Zeichenvorlagen. gr. 16. (42 S.) Aachen 874. Jacobi & Co. n. — 50

—— Zeichen-Vorlagen für die Volksschule. 2. Heft: Krummlinige Figuren. qu. 4. (11 Stnt.) Aachen 874, Jacobi und Comp. *

Dohmen, Gvilelmvs (geb. am 18 Dez. 1842 [nicht 1841] in Düren): De vi, qvam gasa sangvinis in motvs respiratorios habent ... Bonnae, typ. F. Krvegeri (1865). 2 Bl., 25 S., 1 Bl. 8. ¶ Teil einer grösseren preisgekrönten Arbeit. Diese erschien vollständig in d. Untersuchungen aus d. physiol. Lab. zu Bonn hrsg. v. Pflüger 1865 S. 83 ff. *u. d. T.:* Untersuchungen über d. Einfluss, den die Blutgase, d. i. Sauerstoff u. Kohlensäure, auf die Athembewegungen ausüben.
Bonn, Med. Fak., Diss. v. 28 Juli 1865

Dohmeyer, Wilhelm, approb. Arzt aus Walsrode (Prov. Hannov.): Luetische Endaortitis mit Aneurysma der Brustaorta. *München 1902: C. Wolf & Sohn.* (28 S.) 8°
München, Med. Diss. v. 1902

Dohmke, F., Lebensbilder, s.: Hoffmann, F.

Dohmke, Julie, Briefe an e. Jungfrau üb. d. Hauptgegenstände d. Ästhetik, s.: Oeser, Ch.

Dohmke, Julie [Übers.]
s. Broughton, Rhoda: Esther. 1875.

Dohmke, Julie, Liebesgrüße. Blumen aus dem Garten der Poesie, gesammelt. Mit 72 Illustr. in Holzschn. nach Zeichnungen von J. G. Füllhaas. 8. (190 S.) Leipzig 882, Brandstetter. geb. mit Goldschn. *

Dohmke, Julie [Übers.]
s. Oliphant, Margaret: Innocenzia. 1874.

Doehn, Bruno

Doehn, B., der Kaufmann u. sein Recht. Einführung in das neue Handelsgesetzbuch u. die wichtigsten damit zusammenhäng. Bestimmgn. des bürgerlichen Gesetzbuchs. Große Ausg. gr. 8. (IX, 711 S.) Leipzig 900. Dieterich. Geb. in Leinw. n. 4. —; kleine Ausg. (VIII, 296 S.) Geb. in Leinw. n. 2. 50

— wie schütze ich mich vor Nachteilen bei Kaufen, s.: Volksschriften, Dresdner. Nr. 9.

Doehn, R., De speculativo logices Platonicae principio. Diss. 1845. 49 S.

Doehn, Rudolf
—— Beiträge zur Geschichte der nordamerikanischen Union. 1. Bd. A. u. d. T.: Die Administration der Präsidenten U. S. Grant und R. B. Hayes. gr. 8. (VIII, 328 S.) Leipzig 881, Grunow. *

Doehn, Rud., der Bonapartismus und der deutsch-französische Conflict vom J. 1870. Eine historische Studie. 8. (III, 76 S.) Leipzig 870, O. Wigand. *

Doehn, Rud., Aus dem amerikanischen Dichterwald. Literarhistor. Skizzen. gr. 8. (XI, 290 S.) Leipzig 881, O. Wigand. *

—— die politischen Parteien in den Vereinigten Staaten von Amerika mit Rücksicht auf die gegenwärtige politische Parteistellung in Deutschland. Eine politisch-histor. Studie. 8. (XV, 311 S.) Leipzig 868, O. Wigand. *

zu Dohna, Gräfin, geb. Gräfin Dönhoff, s. Darstellungen alter Preuß. Schlösser.

Dohna, Albrecht Burggraf zu, s. Dohna-Schlodien, Albrecht Wilhelm Leopold zu

Dohna, Alex.

Dohna, A., Der Mangel am Tatbestand. Aus: „Festgabe f. K. Güterbock". (S. 35—69.) gr. 8. Berlin, F. Vahlen. 1910. 1. 20.

— Privatgenugtuung, s.a. Darstellung, vergleichende, des deutschen u. ausländischen Strafrechts. I.

Dohna, Alex. Grf zu, Privatgenugtuung. Berlin 1908. 8°.
(Vergl. Darstellung d. deutschen u. ausländ. Strafrechts, hrsg. von Karl v. *Birkmeyer*, [u. a.]. Allg. Tl, Bd 1.)

Die Rechtswidrigkeit als allgemeingültiges Merkmal im Tatbestande strafbarer Handlungen. Ein Beitrag z. allgem. Strafrechtslehre von Dr. Alexander Graf zu Dohna, Privatd., Halle a. S. *Halle a. S.: Waisenhaus 1905.* (152 S.) 8°

Dohna, Alex. Graf zu, die Stellung der Busse im reichsrechtl. System d. Immaterialgüterschutzes, s.a. **Abhandlungen d. kriminalist. Seminars a. d. Universität Berlin.**

Die Stellung der Busse im reichsrechtlichen System des Immaterialgüterschutzes. Von Alexander Graf zu Dohna. *Berlin: J. Guttentag 1902.* (S. 409-467.) 8°
= Abhandlungen d. kriminalist. Seminars an d. Univ. Berlin. N. F. Bd 1, H. 4.

Dohna, Alexander Graf zu, Referendar: **Die Stellung der Busse im reichsrechtlichen System des Immaterialgüterschutzes.** *Berlin (1902): G. Reimer.* (VI, 64 S.) 8° ¶ [Erschien auch als: Abhandl. d. kriminalist. Seminars an d. Univ. Berlin, N. F. Bd 1, H. 4.]
Berlin, Jur. Diss. v. 30. Mai 1902

Willensfreiheit und Verantwortlichkeit. Von Dr. Alexander Graf zu Dohna, Prof. Heidelberg: C. Winter 1907. (26 S.) 8° [J. u. Ant.]
Aus: Monatsschrift f. Kriminalpsychol. u. Strafrechtsreform.

Reit-Erinnerungen und -Erwägungen. Von Graf Alfred zu **Dohna**, Oberst. Berlin: E. S. Mittler & Sohn 1906. (77 S.) 8° [J.]

Dohna, Bernh. Graf zu, Analyse der socialen Noth. Berlin 856. Wohlgemuth. gr. 8. (32 S.) n. 5 ngr

Dohna, Graf Bernh., Bausteine zum Tempel der Wahrheit. Inhalt: Sociales. Politisches. gr. 8. (32 S.) Berlin 850, Schneider & Co. n. 1/6 ß

Dohna, Christoph Graf von.
Mémoires originaux sur le règne et la cour de Frédéric I, roi de Prusse. Berlin 1833.
H: *Raumer, Gg Wilh. von.* (ADB 27, 414.)

Dohna, Chrstphe. Comte de, Mémoires originaux sur le règne et la cour de Frédéric I., Roi de Prusse. gr. in-8. (22 B.) Berlin 833, Nicolai. Thlr.

Die Selbstbiographie des Burggrafen Fabian zu **Dohna** (*1550—†1621) nebst Aktenstücken z. Geschichte d. Sukzession d. Kurfürsten von Brandenburg in Preußen aus d. fürstl. dohnaischen Hausarchive zu Schlobitten. Hrsg. von C[hristian] Krollmann. Leipzig: Duncker & Humblot 1905. (LXVIII, 204 S.) 8°
= **Publikation** d. Vereins f. d. Geschichte v. Ost- u. Westpreußen. [21.]

Dohna, Frédéric de, les mémoires du Burggrave et Comte Frédéric de Dohna, seigneur de Schlobitten, Borchertsdorf, Schlodien, Carwinden en Prusse, Stockenfels et Fischbach en Haut-Palatinat, Coppet et Prangin en Suisse, gouverneur et capitaine-général du principauté d'Orange et des seigneuries voisines en Dauphiné au service de S. A. du Prince d'Orange, général-major des régiments de pied allemands et écossais, Colonel du régiment du Gueldres à pied, au service des Etats-unis. 1621—1688. Hrsg. v. H. Borkowski. gr. 8. (VIII, LXI, 517 S. m. Bildnis.) Königsberg 898. B. Teichert. n. 10. —

Auszug aus den Memoiren des Grafen Friedrich IV., des jüngeren, Dona (Dohna), geb. 1621, — † 1688. Zsgest. von Siegmar Gr[af] Dohna. Buch (1)–3. [Berlin] 1899–1900: [J. Sittenfeld]. 3 Bde 8° [F.]
[1.] 2. 1899. 3. 1900.
— Dohna, Siegmar Graf: Aufzeichnungen über d. Vergangenheit d. Familie Dohna. Nachtr.-H. No 6a–c. [08. 1371

[F.] An der Schwelle des Orients. Wandergn üb. d. Schlachtfelder des russ.-türk. Krieges v. J. 1877/78. Von H. Graf zu Dohna, Generalmajor z. D. *Leipzig: F. W. Grunow 1897.* (VI, 162 S.) 1 Bd 8. [97. 3369

Dohna, H. Graf zu, Studien u. Entwürfe f. e. Normal-Reglement der Infanterie im Sinne der modernen Kampfweise. 1. Hft. Mit 4 (lith.) Fig.-Taf. gr. 8. (VIII, 61 S.) Berlin 873. Mittler & Sohn. n. 1. 50

Dohna, Graf zu, Studien und Entwürfe für ein Normal-Reglement der Infanterie im Sinne der modernen Kampfweise. 2. Heft: Die Friedensschule. gr. 8. (71 S. mit 2 Stnt. in 4.) Berlin 877, Mittler und Sohn. *

Dohna, Hannibal Graf zu (Delphicus), Kulturbilder v. d. Gestaden des Mittel-Meeres. Federzeichnungen e. Dilettanten. (VII, 172 S.) gr. 8. Leipzig 903. G. Wigand. n. 2. 80; geb. n. 4. —

Dohna, Burggraf u. Graf Hannibal zu, Napoleon im Frühj. 1807. Ein Zeitbild. Mit e. Vorwort v. Geo. Burggrafen zu Dohna-Finckenstein u. m. 14 Abb. (Taf.). (VII, 144 S.) gr. 8. Leipzig 907. G. Wigand. 4.—; geb. in Leinw. 5. 50

Lebensskizze und Memoire des Grafen Heinrich zu Dohna a. d. H. Lauck. [Berlin] 1898: [J. Sittenfeld]. (29 S.) 8° [F.]
— Dohna, Siegmar Graf: Aufzeichnungen über d. Vergangenheit d. Familie Dohna. Nachtr.-H. No 4. [08. 1369

zu Dohna, Herm. Graf, die freien Arbeiter im Preuß. Staate. 8. (123 S.) Leipzig 847, O. Wigand. n. 12 ngr

—— zur deutschen Verfassungsfrage. gr. 8. (15 S.) Berlin 848, Schneider und Comp. *

Dohna, Margarete Gräfin zu [Wirkl. Name], s.a. D a h n o w, M. [Pseud.]

Dohna, M. Gräfin zu, aus jungen Tagen. Erzählgn. M. Textillustr. v. Wilh. Schulz. 8. (III, 202 S.) Stuttgart 895. Schmidt & Spring. Geb. in Leinw. 3. —

Dohna, Ottilie zu, Wiesenblumen. Ein Buch f. Kinder gebildeter Stände. 8. (6½ B.) Königsberg 843, Gebr. Bornträger.* -

(Dohna, S. Graf zu.) Das Armee-Kommando des General-Lieutenants Grafen Christoph zu Dohna in den Feldzügen von 1758—59. Berlin 1884. 4°. (Aus: Dohna, S. Graf zu, Aufzeichn. über die Vergangenheit d. Familie Dohna, T. 4.)

Dohna, S. Graf, Aufzeichnungen über die Vergangenheit der Familie Dohna. 4 Bde. Berlin 1877—80. 8.

Dohna, S. Graf zu, Auszug aus der Familiengeschichte der Dohna's. Berlin 1887. 8.

Dohna, S. de, Les comtes Dohna à Orange de 1630 à 1660, trad. par L. Bourgeois. Avec carte et plan. Berlin 1878. 8. Nicht im Handel.

Dohna, Siegmar Graf zu, s.a. Friedrich, Siegmar.

Die Erwerbung des Herzogthums Preussen und deren Konsequenzen. Hist. Studie von Siegmar Friedrich [d. i. Dohna]. *Berlin: A. Duncker 1896.* (92 S.) 4° [F.] [00. 62

Die Erwerbung des Herzogthums Preussen und deren Konsequenzen. Hist. Studie von Siegmar Friedrich [d. i. Siegmar Graf zu Dohna]. *Berlin: K. Siegismund 1900.* (92 S.) 4° [F.] [00. 5538

Dohna, Siegmar Graf zu, kurfürstliche Schlösser in der Mark Brandenburg. 1. Thl. Grunewald. — Oranienburg. — Schönhausen. Lex.-8. (197 S. m. Abbildgn., 4 Karten u. 11 Bilder-Taf.). Berlin 890. A. Duncker. geb. n. 20. —

Dohna, Siegmar Graf zu, kurfürstliche Schlösser in der Mark Brandenburg. 2. u. 3. Thl. Lex.-8. Berlin, A. Duncker. à n. 20. — (1 - 3.: n. 60. —)
2. Köpenick — Königs-Wusterhausen. (205 S. m. Abbildgn., 1 Stammtaf., 4 Karten u. 15 Bilder-Taf.) 890. Geb.
3. Das königl. Schloß in Berlin. (162 S. m. eingedr. Abbildgn. u. 21 Taf.) 893. In Leinw.-Futteral.

Die Zeit der Kriege von 1860 bis zum Schlusse von 1872. Mittheilungen aus d. ungedr. Sammlung s. Lebenserinnerungen von Siegmar Gr[af] Dohna. [Berlin] 1899: [J. Sittenfeld]. (67 S.) 8° [F.]
= Dohna: Aufzeichnungen über d. Vergangenheit d. Familie Dohna. Nachtr.-H. No 5. [08. 1370

Autobiographie des Grafen Stanislaus II. zu Dohna a. d. H. Mallmitz. [Berlin] 1898: [J. Sittenfeld]. (7 S.) 8° [F.]
— Dohna, Siegmar Graf: Aufzeichnungen über d. Vergangenheit d. Familie Dohna. Nachtr.-H. No 3. [08. 1368

Dohna, Stanislaus Graf zu, Hauptmann a. D. aus Breslau: Kants Verhältnis zum Eudämonismus. *Berlin: Reuther & Reichard 1902.* (60 S.) 8°
Berlin, Phil. Diss. v. 19. März 1902

zu Dohna-Kotzenau, ... Graf, s.: Gesetz-Entwurf, die Aufhebung des Jagdrechtes betreffend.

Dohna-Kotzenau, Herm. Graf zu, Das Einkommen des Arbeiters vom nationalökonomischen Standpunkte. 8°. Berlin 1855. 2. verm. Aufl. 8°. Berlin, F. Schneider, 1856.

zu Dohna-Lauck, Frdr. Graf, über die nothwend. Abänderung der beiden Wahlgesetze f. die erste u. die zweite Kammer. Eine Petition an die hohen Kammern. gr. 8. (40 S.) Königsberg 849. (Tag & Koch.) n ⅙ ℛ

Dohna-Schlodien, Albrecht Wilhelm Leopold zu

v. Dohna, Albr. Lp. Wlh., Burg- u. Reichsgraf, († d. 30. Dec. 1815.) der Feldzug d. Preußen gegen d. Franzosen in den Niederlanden in d. J. 1793. 4 Thle, mit Portr. gr. 8. Berl. 793—98. Stendal 798—807. (N. Günthersche B. in Glogau). 6 ℛ

— Instruction f. Commandeurs d. Infant. 8. Ebendas. 802.

— Instruction für Commandeurs d. Infanterie. 8. Ebd. 812. (Ebd.) 12 gr

Dohna, A. R. B. zu. Versuch einer Instruktion für den Kommandeur eines preuß. Inf.-Rgts. Mit 1 Tab. Glogau 1802. 124 S.

Chronik des Hauses Dohna-Carwinden. (Verf.: Burggräfin u. Gräfin Clara zu Dohna-Schlodien.) Als Hs. gedr. Görlitz 1905: C. A. Starke. (19 S.) 4° [F.] [05. 9770 10

Chronik des Hauses Dohna-Schlodien. (Verf.: Burggräfin u. Gräfin Clara zu Dohna-Schlodien.) Als Ms. gedr. Berlin 1904: J. Sittenfeld. (47 S.) 4° [F.] [05. 9771 10

v. Dohna-Wundlack, Graf Hnr. L. Ad., s. W. Marshall, üb. Landeigenthum.

Dohna-Wundlacken, G. Graf zu, der Feind im eignen Lager. Ein Beitrag zur Schulfrage. 8. (16 S.) Königsberg i/Pr. 890. Koch. n. — 50

Dohnal Eugen: Imaginary Conversations by Walter Savage Landor.
H. 1909 PN 2709 Diss. Wien, Univ. 1988

Der Schleier der Pierrette. Pantomime in 3 Bild. von Arthur Schnitzler. Musik von Ernst v. Dohnányi. [Textbuch.] Wien, Leipzig: Doblinger [1910]. 30 S. 8° [11. 1910

Dohnányi, Friedrich von

Dohnányi, F. v., Panstenographia. Kurzschrift f. alle Sprachen. Mit besond. Berücksicht. der ungar. und deutschen, sowie der slav. u. latein. Sprache für Schulen u. zum Selbstunterricht verf. gr. 8. (58 S.) Pressburg 887. Stampfel. n. 1. 40

Dohnberg, Hermann, Die Temperatur am Auge unter physiologischen und pathologischen Verhältnissen. Diss. Dorpat. 8°. 36 pp. mit einer lithographirten Tafel. 1876.

Dohne, Friedr., practisches Rechenbuch. Methodisch geordnete Aufgaben für das schriftl. Rechnen. 1. Thl. gr. 8. (IV, 119 S.) Riga 876, Betz. cart. *

—— dass. — Auflösungen zu dem practischen Rechenbuche. 1. Thl. gr. 8. (64 S.) Ebendas. 876. *

Dohne, Friedr., praktisches Rechenbuch. Methodisch geordnete Aufgaben für das schriftliche Rechnen. 1. Thl. 2. theilweise umgearb. Aufl. 8. (IV, 123 S.) Riga 881, Stieda. cart. *
2. Thl. Ebendas. 1877. * ℳ 1.

Dohne, F., praktisches Rechenbuch. Methodisch geordnete Aufgaben f. das schriftl. Rechnen. 1. Tl. 3., teilweise umgearb. Aufl. gr. 8. (VI, 120 S.) Riga 888. Stieda. cart. n. 1. —

— Rechen-Fibel. Methodisch geordnete Uebgn. im Zahlenraume von 1—1000. 8. (45 S.) Ebend. 875. n. — 30

—— Rechen-Fibel. Methodisch geordnete Uebungen im Zahlenraume von 1—1000. 2. verb. Aufl. 8. (64 S.) Ebendas. 880. cart. *

Dohne, Frdr., Rechen-Fibel. Methodisch geordnete Uebgn. im Zahlenraume von 1—1000. 3. Aufl. 8. (64 S.) Riga 886. Stieda. cart. n. — 50

Döhne, Ferdinand: Ueber Druckwechsel und Stöße bei Maschinen mit Kurbeltrieb. 1911. 40 S., 4 Taf. 4° ¶ Etwas erw. in: Mitteilungen über Forschungsarbeiten auf d. Gebiete d. Ingenieurwesens. H. 118. 1912; Ausz. in: Zeitschrift d. Vereines deutscher Ingenieure. Bd 56. 1912, Halbj. 1.
Hannover, Dr.-Ing.-Diss. v. 31. 10. 1910

Doehne, Friedrich [aus Zierenberg]: Über künstlich erzeugten Nystagmus horizontalis und rotatorius bei Normalen und Taubstummen ... Würzburg, P. Scheiner's Buchdr., 1895; 46 S. 8.
Würzburg, Med. Fak., Inaug.-Diss. v. 1895

Döhne, Jakob Ludw., das Kafferland u. seine Bewohner. 8. (4½ B.) Berlin 843. (Besser, Berl.) *

Doehne, Konrad: Die Bewegungsverhältnisse von Steuergetrieben mit Schwingdaumen. 1908. 69 S. 4° ¶ Aus: Verhandlungen d. Vereins zur Beförderung d. Gewerbfleißes. Jg. 87.
Berlin, Dr.-Ing.-Diss. v. 13. 12. 1907

Döhnel, Fritz, Turnübungen für das Wettturnen an den Geräten. Im Auftrage der Gauturnwarte des 13. Turnkreises [Thüringen] zusammengestellt. 12. (15 S.) Gera 884, Burow. *

Döhnel, Fritz, Vorturnerübungen. Ein Handbuch für Turnlehrer, Turnwarte und Vorturner zum Gebrauche in Turnvereinen und Schulen. Der angestrebten Einheit der deutschen Turnsprache wegen durchgesehen von Karl Waßmannsdorff. 8. (IV, 141 S.) Gera 879, (Burow.) *

Döhnel, Fritz, Vorturnerübungen. Ein Handbuch für Turnlehrer, Turnwarte und Vorturner zum Gebrauche in Turnvereinen und Schulen. Der Einheit der deutschen Turnsprache wegen durchges. von Karl Waßmannsdorff. 2. verb. und verm. Aufl. gr. 8. (XVI, 145 S. mit über 200 in den Text gedr. Holzschn.) Gera 885, Bauch. geb. *

Döhnel, Fritz. Vorturnerübungen. Ein Handbuch für Turnlehrer, Turnwarte u. Vorturner zum Gebrauche in Turnvereinen u. Schulen. 3. verb. u. verm. Aufl. Mit 226 in d. Text gedr. Holzschn. gr. 8. (X, 152 S.) Gera 891, Bauch. geb. * 2 —

Döhnel, Fritz, Vorturnerübungen. Ein Handbuch f. Turnlehrer, Turnwarte u. Vorturner zum Gebrauche in Turnvereinen u. Schulen. Der Einheit der deutschen Turnsprache wegen durchgesehen v. Karl Waßmannsdorff. 3., verm. Aufl. 12. (XIX, 152 S. m. 226 Holzschn.) Gera 893. K. Bauch. Geb. in Leinw. n. 2. —

Döhnel, Fritz, Vorturnerübungen. E. Handbuch f. Turnlehrer, Turnwarte u. Vorturner z. Gebr. in Turnvereinen u. Schulen. D. Einheit d. deutschen Turnsprache wegen durchgesf. v. Karl Waßmannsdorff. 4., verm. u. verb. Aufl. 12. (XIX, 156 S. m. 247 Holzschn.) Gera 899. Th. Schneider. Geb. in Leinw. n. 2. —

Döhnel, Fritz, Vorturnerübungen. Ein Handbuch f. Turnlehrer, Turnwarte u. Vorturner zum Gebrauche in Turnvereinen u. Schulen. Der Einheit der deutschen Turnsprache wegen durchgesehen v. Karl Waßmannsdorff. 4. verm. u. verb. Aufl. (Neue [Titel-]Ausg.) (XIX, 156 S. m. 247 Holzschn.) kl. 8. Gera [899] 908. (K. Bauch.) Kart. 2. —

Ursprung, Beschaffenheit und Behandlung der wichtigsten Handelswaren. Im Auftr. d. Vorstandes d. Verbandes d. Lagerhalter u. Lagerhalterinnen Deutschlands hrsg. von Georg Döhnel. 2. durchges. u. verm. Aufl. Leipzig: Verband 1909. 119 S. 8° [09. 18484

Döhnel, K. F., s. Spitznagel.

Döhnel, Karl Friedrich

— s.a. Aurora Fortuna.

— — Aurora Fortuna oder die Ehe durch das Loos. Eine komische Kleinigkeit in Friedrich Launs Manier. Ebd. 1804. 8°. 86 S. (incl. Tit.).
Ohne Formatsangabe bei Goedeke V, S. 534.

Döhnel, Karl Friedr., die sächsischen Frauen als Mädchen, Gattinnen, Mütter, Erzieherinnen, Wirthinnen, Künstlerinnen, Freundinnen, Trösterinnen nach dem Leben geschildert. Ein Weihgeschenk f. sächs. Frauen. 2. Aufl. 12. (1⅙ B.) Schneeberg 843, Rentzsch.

DÖHNEL (= Dähnel), Karl Frdr. (geb. 12. Juni 1774 zu Schneeberg, Advokat zu Wiesenburg bei Zwickau). — Die Gefahren einer voreiligen Verbindung(,) ein Spiegel für Mädchen, die bei der Wahl ihrer Gatten zu sehr der Stimme des Herzens folgen. Von *K. Fr. Dähnel* (i. e. Döhnel). Ronneburg 1798. 8°. 72 S.
Kayser hat: Zwickau, Schumann. (?)

GEFÄLLIGKEITEN des Herrn von Zagheim auf Zornheim. Ein (durchaus liederl.) Roman (von *Carl Friedr. Döhnel*). Zwickau u. Leipzig, in der Verlagsbuchhdlg. 1807. Kl. 8°. (3 Mk. 20 Pfg. Friedr. Klüber, c. 1898.)
192 S. (incl. Tit. u. 1 Bl. „Erklärung des fehlenden [so!] Titelkupfers").

— — Kleine Romane .... (c. 1805). 8°. (3 Mk. Süddeutsches Antiqu., München, 1908: „Pikant".)

ROMANE und Erzählungen, Kleine, von *K. F. D.* (d. i. *Karl Friedr. Döhnel*). Zwickau und Leipzig 1907. 8°. (3 Mk., unsauberes Expl., Südd. Antiqu., München, 1907:)
„Sehr freie Erzählungen." — Selten!

— — Die Rosaschleife oder das Ideal und der Lehnhardtische Gesundheitstrank oder Liebeswerbung des M. St. Jakobthürmers. Zwei komische (liederliche) Heirathsgeschichten in Friedrich Launs Manier. Zwickau und Leipzig, bei Friedrich Schumann. 1804. 8°. (5 Mk. Adolf Weigel, 1906; 8 Mk. E. Frensdorff, 1907.)
168 S. (incl. Tit., 1 Bl. satyrische „Rezensionen", 3 Bll. Zuschr. „an den Negergeneral Toussaint Louverture", 3 Bll. Zuschr. „an den Nachtwächter Jürgen Immerwach zu Schwalbenschwanz", sowie 3 S. „Nachschrift an Friedrich Laun", S. 166—168, dat. Wiesenburg, den 26. Jun. 1803).

— s. Die Rosenschleife.

— — Die Schulmeisterwahlen. Ein satyrisch-komischer (durchaus liederlicher) Roman. Zwickau, bei Friedr. Schumann 1805. 8°.
192 S. (incl. Tit. u. „Erklärung des fehlenden (so!) Titelkupfers").

— Skelette. (Romant. Erzählungen.) 8. Zwickau 806. Schumann. 20 gr

— — Skelette. (11 zum Theil frivole Erzählgn. u. kl. Romane.) Zwickau u. Leipzig, in der Verlagsbuchhandlung 1806. 8°. (In Dresden.) (6 Mk. Ficker, Lpz., c. 1903.)
Dieses stellenw. sehr drollige Opus ist wegen 2 sehr anstößiger Ehebruchsgeschichten (Nr. 1 u. 6, in welchen merkw. Weise liederliche Pastoren u. Pastorfrauen die Hauptrolle spielen) hierher gehörig. Tit., 1 Bl. Vorw. (dat. Wiesenburg bei Zwickau d. 15. Sept. 1805) u. Inh., 259 S. — Selten!
Inh.: 1. Der Landstand aus Krähwinkel („eine niedrig komische Kleinigkeit", S. 1—66). 2. Das graue Männchen in den Schächten („eine Sage des Bergmanns", S. 67—76). 3. Das Fräulein am Greifenstein („eine Volkssage der erzgebirgischen Gegenden", S. 77—84). 4. Die Wärterin der Blinden (S. 85—98). 5. Liebe, Ehe u. Lebenslauf des Stadtschreibers Gottlob Kurzrum zu Eulenhausen (S. 99—124). 6. Liebe u. Ehe nach der Mode (S. 125 bis 148). 7. Fragment einer Reise durch die Hölle (satyr.-moral., z. Th. freie Schilderungen, wobei viele Verse, S. 149—186). 8. Mondnachtsreisen (auf einen Ball; auf den Gottesacker, S. 187—202). 9. Gottliebs Abentheuer vor der ersten Hochzeit (S. 203—240). 10. Reisebemerkungen eines Vaters an seinen Sohn (Bemerkungen über die gesellschaftl. Verhältnisse und den Umgang mit Menschen, S. 241—252). 11. Der Engel des Todes (der Tod als Erlöser von allen Uebeln gepriesen, S. 253—259). — Selten!

— — Satyrisches Taschenbuch für 1802. Paris (fing.). Pikant und rar! — Weller, fing. Dr.

Doehner, David Friedrich (Zwickau), Viro Johann Friedrich Nobis . . diem Fridericianum gratul. — De iis rebus, quibus adduci adolescentes ad ingrediendam studiorum viam debeant nonnulla diss. Altenburg (P. E. Richter) 1754. 16 Seiten. (4.—) 6641

Döhner, F. P.: Unmaassgebl. Bemerkk. üb. d. Unzweckmässigk. d. Todesstrafe bei Diebstählen u. s. w. *München*. 801. 8.

Döhner, Frz. v. Paula, Bemerkk. über d. Unzweckmäßigkeit d. Todesstrafe bei Diebstählen. 8. Münch. 801. J. Lindauer. 3 gr

— Gotthilf Ferdin., De dictis aliquot Jesu Christi, quo 'ΑΝΑΜΑΡΤΗΣΙ ejus infringere videantur. Diss. exeg.-apolog. Zwickau (Rob. Zueckler) 1840. 34 S. (4.50) 6642

— christl. Hausbuch rc., s. G. W. Caspari.

— s. 1) Lichtfreund, der. 2) Luthers kl. Katechismus.

Döhner, Gotth. Ferd., die Nothwendigkeit zu errichtender Rettungshäuser f. verwahrloste arme Kinder im Zwickauer Kreisdirections-Bezirke auf Grund gesammelter statistischer Notizen. Zwickau 853. Verlhdlg. d. Volksschriften-Vereins. 8. (56 S.) 7½ ngr

Döhner, das Goldammersche Tellurium und Lunarium für Volks- und Sonntagsschulen nebst Anweisung zu seiner Zusammensetzung und seinem Gebrauch. Eine Beigabe zum Wander-Lehrapparat. 8. (18 S.) Zwickau 849, Verein zur Verbreitung von Volksschriften.

Döhner, Gthf. Ferd., u. C. T. Otto, sächs. Volksschulfreund, s. Volksschulfreund.

—— der Zuruf d. scheidenden Jubelfestes unserer Kirche an unser Herz. Eine Pred. am letzten Feyertage d. Jubelfestes d. Augsburg. Confession d. 27. Juny 1830. gr. 8. (1½ B.) Freyberg, (Craz u. Gerlach.)

Doehner née de Scheyterberg, Méry. Épaves d'une Vie d'Institutrice. 159 p. 8. Genève, Impr. Soullier (*Ueberdruck:* Genève et Bâle. Georg & Cie), 1901. [fr. 2. 50]

Döhner, P., vindiciar. Plutarch. liber. Zwickau. 118 p. 1864. Schul-/Univ.-Schrift

Doehner, Reinhard, prakt. Arzt a. Katscher in Oberschlesien: Casuistischer Beitrag zur Kenntnis der Beziehungen zwischen Epilepsie und Hirntumor. Leipzig (1905): A. Edelmann. (63 S.) 8°
Leipzig, Med. Fak., Ref. Hoffmann, Diss. v. 5. Juli 1905
[Geb. 3. Jan. 68 Fürstl.-Langenau, Kr. Leobschütz; Wohnort: Katscher, Kr. Leobschütz; Staatsangeh.: Preußen; Vorbildung: Gymn. Ratibor Reife O. 88; Studium: Breslau 6, Erlangen 1, Breslau 3, Würzburg 7, Greifswald 6 S.; Coll. 15. Juli 05; Approb. 20. Jan. 99.]

Döhner, Sophie, aus der alten u. neuen Welt. 8. (VI, 550 S.) Hamburg 901. O. Meißner's Verl. n. 7. —

Döhner, Sophie, Weltreise e. Hamburgerin 1893—1894. Aus d. Reisetagebuch. 8. (IV, 468 S.) Hamburg 895. O. Meißner's Verl. 6. —; geb. in Halbfrz. n. 7. 50

Döhner, Sophie, aus allen Weltteilen. Reiseschilderungen. (III, 580 S.) 8. Hamburg 910. O. Meißner's Verl. 6.—; geb. in Halbfrz. 7. 50

Döhner, Theodor

Döhner, Thdr., über die verderblichen Folgen rücksichtsloser Zerstörung natürlicher Landeszustände. 2., verm. und verb. Ausg. gr. 8. (44 S.) Leipzig 851, (Klinkhardt.) *

Döhner, Thdr., erster Jahresbericht des Vereins zur Verbreitung guter u. wohlfeiler Volksschriften, nebst den Statuten rc. gr. 8. Zwickau 842. (Leipzig, Klinkhardt.) gratis.

— s. Plutarchi vitae.

Doehner, T., Quaestiones Plutarcheae cum tabula lithogr. Gel. 1840. 55 S.
— — II. Pr. 1858. 50 S. 4°.
— — III. Pr. 1862. 68 S. 4°.
— — IV. Pr. 1868. 88 S. 4°.

Doehner, Theod., Quaestiones Plutarcheae. 4maj. (4 B. u. 1 Stnt.) Lipsiae 841, (Klinkhardt.) *

Doehner, Thdr., quaestionum Plutarchearum part. III. gr. 4. (68 S.) Misniae 862. (Leipzig, O. Klemm.) *

—— dass. — part. IV. gr. 4. (III und 88 S.) (Ebendas.) 863. *
mit 2 photograph. Beilagen *

Doehner, T., Satura critica. Pr. 1874. 56 S.

Doehner, Thdr., satura critica. gr. 8. (IV, 56 S.) Plauen 875. Neupert. n. 2. 80

— vindiciarum Plutarchearum liber. Zwickau 864. Buchhdlg. des Volksschriften-Vereins. gr. 8. (118 S.) n. 27 ngr

Doehnert, Christian Traugott (Gauernitz/Misn.), De eius qui ex sponsa natus est successione in feudo. Diss. Präs. Georg Stephan Wiesand. Wittbg. (C. Chn. Dürr) 11. X. 1782. 20 S. (4.50) 6643

Dohrandt, F., Wassermenge und Suspensionsschlamm des Amu-Darja in seinem Unterlaufe, s. Schmidt, Carl.

(Döhren, J. von): „Bemerkungen über die gegenwärtigen Handlungsverhältnisse Hamburgs und gutgemeinter Rath von dem Verfasser", Hamburg 1799. — Vorh.: Com. Bibl. Hamburg.

Döhren, Jakob von

— s. 1) Beschreib. d. B. Magie. 2) Beschreib. e. Storchschnabels.

Jacob von Dühren zuverläßige Rabatt-Tafel von eins bis zehntausend Mark, sowohl à $4\frac{2}{3}$ als à $8\frac{2}{3}$ pro cent. Hamburg, bey Meiners, 8. 21 Bog. 1767.
— Hamburg, Herold. 8. (1 Rthlr.) 1768.

— Tabellen üb. d. content. Belauf v. roh. u. raffinirt. Zucker. 8. Hamb. Herold. 780.

— Hamburg. Wechselbuch nach d. Duhamelschen Ausg. v. 1702 neu umgearb. u. berechnet. gr. 8. Hamb. 789. Bachmann. 5 rl 8 9/ (Leipz., Wienbrack). 5 rl

* Hamburgisches Wechselbuch nach der Duhamelschen Edit. von 1702. neu umgearbeitet und berechnet von *J. von Dühren.* Hamburg. Meyer. 75 und drey Viertel Bog. (5 Rthlr.) 1789.

Döhren, J.; Hamburg. Wechselbuch. 8. Leipz. Gräff. 789. Rthlr.

Döhrendorff, E., die diagnostische und prognostische Bedeutung der Diazo-Reaction. Inaugural-Dissertation. gr. 8. (33 S.) Lüneburg 884. (Göttingen, Vandenhoeck und Ruprecht's Verlag.)

Döhrer, Heinrich, Oberarzt b. Samländischen Pionier-Bataillon Nr. 18: Ueber die Behandlung eingeklemmter Hernien. Königsberg i. Pr. 1908: O. Kümmel. (30 S.) 8°
Königsberg, Med. Fak., Ref. Lexer, Diss. v. 5. Aug. 1908
[Geb. 25. Nov. 72 Frielendorf (Hessen); Wohnort: Königsberg i. Pr.; Staatsangeh.: Preußen; Vorbildung: Gymn. Eisenach Reife O. 93; Studium: Jura Heidelberg, Berlin, zus. 7, Med. Marburg, Berlin, Leipzig, zus. 11 S.; Coll. 27. Juli 08; Approb. 27. Jan. 02.]

Döhring, A[lfred], Prof.: Etymologische Beiträge zur griechischen und deutschen Mythologie. Königsberg Pr. 1907: Hartung. (30 S.) 4°
Königsberg Pr., k. Friedrichs-K OP 1907 (6)

Döhring, Alfred Die Etymologie der sogenannten Gerundivformen. 4 (21 S.). Progr. Friedrichs-Kollegium *Königsberg* 1888 (7).

Döhring, *Alfred* Zu den griechischen und lateinischen Konjunktionen der Gleichzeitigkeit und der Zeitgrenze. 4 (S. 3—16 = 107—120).
Festschrift z. Einweihung der neuen Gebäude des Kgl. Friedrichs-Kolleg. *Königsberg i. Pr.* 1892.
Progr.

Döhring, A[lfred]: Ovid im lateinischen Anfangsunterricht. Königsberg i. P. 1909: Hartung. 53 S. 8°
Königsberg i. P., k. Friedrichs-K OP 1909 (6) [S 09. 73

Döhring, Alfr., deutsch-lateinische Satzlehre f. Schulen. (VIII, 177 S.) Lex. 8. Königsberg 908. Gräfe & Unzer. 2. 50

Verzeichnis der Bohnenkönige. (1805-1905.) Zur Erinnerung an d. 100jähr. Bestehn [!] d. Gesellschaft d. Freunde Kants den Tischgenossen d. Jahres 1905 überreicht von d. derzeitigen Bohnenkönige (A[lfred] Döhring, Prof.) u. seinen beiden Ministern. Königsberg i. Pr. (1905): Hartung. (7 S.) 8° [Umschlagt. J. u. Ant.] [05. 10160 10

Über die Herkunft der Masuren. Mit besond. Berücks. d. Kreise Osterode u. Neidenburg. Ein Beitrag z. Besiedelungsgeschichte d. Ordenslandes Preußen von Dr. phil. Artur **Döhring**. Mit e. Kt. Königsberg i. Pr.: Beyer in Komm. 1910. 103 S. 8°
Ersch. auch als Inaug.-Diss. Leipzig 1910. [11. 4573 10

Döhring F, die Kriegsversicherung. Stuttgart 1887

Geschichte der Loge zur „Goldenen Harfe" in Marienwerder. Festgabe zum hundertjährigen Jubelfeste am 21. Mai 1903 von G. **Döhring.** Ms. f. Frmr. Marienwerder 1903: Kanter. 171 S. 8°
cf. Bbl. 17 (1903) S. 458—459 (G. Diercks)
Nebst Verzeichn. der vors. Mstr. u. zug. Mstr. der Loge u. Biogr. von E. H. Oelrichs u. Th. G. v. Hippel.

Döhring, G. Das Kassen- u. Rechnungswesen u. der Gemeindehaushalt in den Landgemeinden der 7 östlichen Provinzen. gr. 8. (IV, 145 S.) Marienw. 892. Kanter. * 1 50

Döhring, G. Das Kassen- und Rechnungswesen und der Gemeindehaushalt in den Landgemeinden der 7 östlichen Provinzen. 8°. Marienwerder, Hofbuchdr. Kontor, 1892.

Döhring, G[ustav], Referendar in Danzig: Das deutsche Heer, ein Reichsheer. *Göttingen 1898: Dieterich.* (VII. 80 S.) 8°
Göttingen, Jur. Diss. v. [23. Aug.] 1898

Döhring, J. S. Tagebuch geführt während der Feldzüge 1812—15. Hrsg. von Rogge. (Marienwerder 1911.) 8°. (Aus: Zeitschrift d. histor. Vereins f. d. Reg. Bezirk Marienwerder. 49.)

Döhring, Otto, Referendar: Die Regelung der Reallasten im Bürgerlichen Gesetzbuch. Köslin 1907: C. G. Hendess. (51 S.) 8°
Greifswald, Jur. Fak., Ref. Frommhold, Diss. v. 23. Dez. 1907
[Geb. 3. Sept. 82 Cöln a. Rh.; Wohnort: Neustettin; Staatsangeh.: Preußen; Vorbildung: Gymn. Neustettin Reife M. 01; Studium: Berlin 4, Greifswald 3 S.; Rig. 5. Febr. 06.]

Doehring, P. [pr. Arzt]: Ueber Triaethylcarbinol als Schlafmittel.... Strassburg, Univ.-Buchdr. v. J. H. Ed. Heitz (Heitz & Mündel), 1890; 24 S. 8°
Strassburg, Med. Fak., Inaug.-Diss. v. 1890

Döhring, Rudolf, Referendar a. Straßburg i. E.: Verfügungen über bedingte und zukünftige Rechte. Straßburg 1906: J. H. E. Heitz. (149 S.) 8°
Freiburg i. B., Rechts- u. staatsw. Fak., Ref. Eisele, Diss. v. 5. März 1906
[Geb. 11. Okt. 81 Straßburg i. E.; Wohnort: Straßburg i. E.; Staatsangeh.: Elsaß-Lothringen; Vorbildung: Lyzeum Straßburg bis Aug. 99; Studium: Straßburg 4, Berlin 1, Straßburg 1 S.; Rig. 18. Nov. 04.]

Doehring, W., Erhöhung des Feuerschutzes durch Beseitigung der Rußcalamität. Studie, Bericht u. Beitrag m. besond. Berücksicht. d. pneumat. Reinigungsverfahrens u. der Rußverbrenng. [Mit 61 Holzschn.] gr. 8. (VIII, 132 S. m. 1 Tab.) Leipzig 888. Leiner. n. 3.—

Doehring, W. Das Feuerlöschwesen Berlins. Ergänzungsband zu dessen Handbuch. Berlin 1881.

— s.a. Feuerwehr-Kalender für das Deutsche Reich.

Doehring's Feuerwehr-Kalender für das Deutsche Reich auf das J. 1889. 5. Jahrg. Hrsg. von Wilh. Doehring. 16. (VI, 192 S. mit 24 Abbild.) Leipzig, Leiner.
Command.-Ausg. geb. **
Chargierten-Ausg. geb. **
Mannschafts-Ausg. geb. **
1.—4. Jahrg. s. Feuerwehr-Kalender.

Doehring, W., Handbuch des Feuerlösch- und Rettungswesens, mit besond. Berücksicht. der Brandursachen und der baul. Verhältnisse, sowie der neuesten Apparate und Erfindungen. Für Regierungsbeamte, Gemeindebehörden, Feuerwehr-Commandos, Landwirthe, Hausbesitzer 2c. bearb. Nebst 1 Atlas von 103 (lithogr.) Taf. in gr. 4. gr. 8. (XX, 932 S.) Berlin 881, Parey. *
—— dass. — Ergänzungsbd. Das Feuerlöschwesen Berlins. gr. 8. (X, 310 S. mit 22 lithogr. Taf.) Ebendas. 881. *

Döhring, Walter [pr. Arzt]: Ueber den lokalen Einfluss der Kälte und Wärme auf Haut und Schleimhäute.... Königsberg in Pr., Druck v. R. Leupold, 1889; 42 S. + 1 Bl. 8°
Königsberg, Med. Fak., Inaug.-Diss. v. 22. März 1889

Döhring, Walter. Über den lokalen Einfluss der Kälte u. Wärme auf Haut u. Schleimhäute. Diss. gr. 8. (42 S.) Königsb. 889, (Koch). * 1 —

Dohrmann, Emil, Beiträge zur Kenntniss des Lycaconitins. Inaugural-Dissertation. gr. 8. (53 S.) Dorpat 888, (Karow.) *

Doehrmann, Wilhelmus, Hanoveranus: De versuum lyricorum incisionibus quaestiones selectae. *Lipsiae 1902: B. G. Teubner.* (S. 251—297.) 8° (Aus: Jahrb. f. class. Philol., Suppl.-Bd 28.) — [Erschien vollst. ebenda 1903.]
Göttingen, Phil. Diss. v. [6. Dez.] 1902

Doehrmann, Wilhelm, de versuum lyricorum incisionibus quaestiones selectae. (S. 249—404.) gr. 8. Leipzig 902. B. G. Teubner. n. 4. 80
Sonderabdruck aus: „Jahrbb. f. class. Philol."

Dohrn, d. Behandlg. d. Nachgeburtszeitraumes f. d. Gebrauch d. prakt. Arztes. M. 12 Abb. in Holzschn. gr. 8. (32 S.) Jena 898. G. Fischer. n. 1.—

Dohrn, Anton

Dohrn, A., Catalogus Hemipterorum, s. Catalogus.

Dohrn, Ant., über die Entwickelung des hymen's, s. Schriften der Gesellschaft zur Beförderung der gesammten Naturwissenschaften zu Marburg.

Dohrn, Ant., Eugereon Böckingi, eine neue Insectenform aus dem Todtliegenden. gr. 4. (8 S. mit 1 Stnt. Abbild.) Cassel 866, Fischer. *
Aus: Palaeontographica, besonders abgedruckt.

—— s. Jahresbericht, erster, der zoolog. Station in Neapel.

Dohrn, Ant., Pantopoda, s. Fauna und Flora des Golfes von Neapel und der angrenzenden Meeres-Abschnitte.

Dohrn, Antonius *[geb. Stettin 31.12.1840]*: Quaedam de anatomia hemipterorum. Vratislaviae (1865). (39 S., 1 Taf.) 8°
[Deutsch unt. d. T.: „Zur Anatomie der Hemipteren" in: Entomol. Zeitung hrsg. v. d. entomol. Verein zu Stettin. Jg. 27. 1866.]
Breslau, Phil. Diss. v. 18. Nov. 1865

Dohrn, Ant., Studien zur Urgeschichte d. Wirbelthierkörpers. IX—XV. [Aus: „Mittheilgn. aus d. zoolog. Station zu Neapel".] gr. 8. Berlin, Friedländer & Sohn. n. 39. 50
IX. X. Die Bedeutung der unpaaren Flosse für die Beurtheilung der genealogischen Stellung der Tunicaten und d. Amphioxus, u. die Reste der Beckenflosse bei Petromyzon. — Zur Phylogenese des Wirbelthierauges. (S. 399—480 m. 2 Taf.) 885. n. 6.—
XI. Spritzlochkieme der Selachier, Kiemendeckelkieme der Ganoiden, Pseudobranchie der Teleostier. (S. 127—176 m. 4 Taf.) 886. n. 4. 50
XII. Thyreoidea und Hypobranchialrinne, Spritzlochsack und Pseudobranchialrinne bei Fischen, Ammocoetes u. Tunicaten. (S. 302—337 m. 2 Taf.) 887. n. 4.—
XIII. Über Nerven u. Gefässe bei Ammocoetes u. Petromyzon Planeri. (S. 233—306 m. 6 Taf.) 888. n. 14.—
XIV. Über die erste Anlage und Entwicklung der motorischen Rückenmarksnerven bei den Selachiern. (S. 441—461 m. 1 Taf.) 888. n. 4.—
XV. Neue Grundlagen zur Beurtheilung der Metamerie des Kopfes. (S. 329—434 m. 2 Taf.) 890. n. 7.—
I—VIII sind nicht in Separat-Ausg. erschienen.

Dohrn, Ant., Studien zur Urgeschichte d. Wirbelthierkörpers. XVI. [Aus: „Mittheilgn. der zoolog. Station zu Neapel".] gr. 8. Berlin 891. R. Friedländer & Sohn. n. 7. — (IX—XVI.: n. 46. 50)
Über die erste Anlage u. Entwicklung der Augenmuskelnerven bei Selachiern u. das Einwandern v. Medullarzellen in die motorischen Nerven. (40 S. m. 5 farb. Taf.)

Dohrn, Ant., **Untersuchungen über Bau und Entwicklung der Arthropoden. 1. und 2. Heft. gr. 8. (V, S. 1—103, mit 9 Taf., wovon 2 in Kpfrst. und 7 Lithogr.; VII, S. 105—193 mit 8 lithogr. Taf. in 4., wovon 3 in Buntdr.) Leipzig 870, Engelmann.** à Heft *M. 7. *

Dohrn, Ant., der Ursprung der Wirbelthiere u. das Princip d. Functionswechsels. Genealogische Skizzen. gr. 8. (XV, 87 S.) Leipzig 875. Engelmann. n. 2. —

Dohrn, C. A., s. Dramen, spanische.

Dohrn, C. A., no hay burlas con el amor, s.: Calderon de la Barca, Pedro.

Dohrn, C. A., s.: Zeitung, entomologische.

Dohrn, E. Deutsche und amerikanische Lebensversicherungs-Gesellschaften. Berlin 1902.

Dohrn, Emil, aus Kronprinzenkoog: **Unwirksamkeit** und mangelhafte Wirksamkeit des Versicherungsvertrages. *Göttingen 1900: Dieterich.* (71 S.) 8°
Göttingen, Jur. Diss. v. [9. Apr.] 1900

Dohrn, Emil, Unwirksamkeit u. mangelhafte Wirksamkeit des Versicherungsvertrages. Diss. gr. 8. (71 S.) Göttingen 900. (Vandenhoeck & Ruprecht.) n. 1. 60

Dohrn, Ernst, Die Station zur Messung von Erdtemperaturen zu Königsberg in Pr. und die Berichtigung der dabei verwandten Thermometer. Königsberg 1872.

Dohrn, Eugen, approb. Arzt aus Itzehoe: **Aus d. Psychiatr.** u. Nerven-Klinik zu Kiel. Ein **Fall** von retrograder Amnesie nach Strangulation. *Kiel 1903: H. Fiencke.* (13 S.) 8°
Kiel, Med. Diss. v. [14. Dez.] 1903

Dohrn F. A. R.: De varia variarum cutis partium ponderum impositorum discrimina sentiendi facultate. Diss. inaug. physiolog. Kiliae 1859. 20 S. 1 Tvl. 4°.

Dohrn, H., Fischereiproducte und Wasserthiere, s. Berichte, amtliche, über die internationale Fischerei-Ausstellung zu Berlin.

Dohrn, H., die Körperstrafen, s.: Wrede, Rich.

—— das Problem der Aufmerksamkeit. Eine psycholog. Abhandlung. gr. 8. (52 S.) Schleswig 876, Bergas. *

Dohrn, H. R., d. Strafen d. Chinesen. Nach d. Engl. gr. 8. (47 S. m. 21 Abb. u. 1 Titelbilde.) Dresden 898. H. R. Dohrn. n. 2.—

Beschreibung des am 19. Juni 1840 zu Meldorf gefeierten 300j. **Jubiläums** der Gelehrtenschule daselbst v. **Henning Dohrn.** Itzehoe. 1840. 8°.

— De Demetrio Phalereo peripatetico particula II. Altona. 1823. 4. P. (Skoleprogr. fra Meldorf). [Part I. Sm. St. 1821 mglr.].

— Kleon, der Athenienser, eine historische Nachweisung. Itzehoe. 1838. 4. P. (Skoleprogr. fra Meldorf).

— Nachricht von den bisherigen Conrectoren an der Meldorfer Gelehrtenschule. Itzehoe. 1831. 4. P. (Skoleprogr. fra Meldorf).

Vorläufige Nachricht von der Meldorfer Gelehrtenschule von **Henning Dohrn.** Glückstadt. 1815. 4°.

Nonnulla de vi et efficacia quam habuerint literae renascentes ad instaurationem sacrorum Christianorum per Lutherum factam (scripsit **Henning Dohrn**). Itzehoeae. 1817. Meldorf, Gymn. Progr. 4°.

DOHRN, H[ENN.], Oratio sæcularis in memoriam tertii Reformationis jubilæi habita. Itzehoe. 1818. P. (Skoleprogr. fra Meldorf.)

— De orationibus veterum funebribus. Itzehoe. 1833. 4. P. (Skoleprogr. fra Meldorf).

Zu der . . . öffentlichen Prüfung (später: Zu den öffentlichen Prüfungen) aller Klassen (der Meldorfer Gelehrtenschule) ladet ein **Henning Dohrn.** 1815. Glückstadt. 1815.

DOHRN, H[ENN.], Quidnam vel damni vel utilitatis ex notitia cum peregrinis contracta commerciisque cum iisdem habitis ad Romanos redundaverit? Itzehoe. 1826. 4. P. (Skoleprogr. fra Meldorf).

Zwei Reden, gehalten am 300j. Jubiläo der Meldorfer Gelehrtenschule, den 19. Juni 1840 v. **Henning Dohrn.** Itzehoe. 1841. 4°. Meldorf, Gymn.-Progr.

Sacra Saecularia reformatae per Lutherum ecclesiae Cal. Novembr. 1817 in schola Meldorfica rite celebranda indicit **Henning Dohrn.** Itzehoeae. 1817. 4°.

Dohrn, H., die St. Johanniskirche in Altona. Eine Denkschrift im Auftrage der Kirchenbau-Commission hrsg. Mit Abbildg. (Holzschntaf. in gr. 4.), (lith.) Grundriß u. (lith.) Situationsplan der Kirche (in qu. gr. 4.) Lex.-8. (47 S.) Altona 876. Schlüter in Comm. n. 1. 50

Stoff zu einer Geschichte der (Meldorfer) Schule v. Henning **Dohrn.** Itzehoe. 1840. 4°. Meldorf, Gymn.-Progr.

Wurde von Wilhelm Heinrich Kolster 1857 zum zweiten Male zum Abdruck gebracht u. d. T.:

Stoff zu einer Geschichte der Meldorfer Gelehrtenschule v. Henning **Dohrn.** Meldorf. 1857. Fol.

Ausschnitt aus: Meldorfer Wochenblatt, Jg. 9, 1857, Nr. 28, 30—36 u. 43

— **Verzeichnisz der Lehrer, welche die dritte und vierte Stelle an der Schule zu Meldorf seither verwaltet haben. Itzehoe. 1832. 4. P. (Skoleprogr. fra Meldorf).**

— **De primariis quibusdam boni præceptoris virtutibus disp. Itzehoe. 1832. 4. P. (Progr. i Anl. af Pt. Fr. Hansens 50 Aars Jubilæum som Subrektor i Meldorf).**

— **Commentatio historica de vita et rebus Demetrii Phalerei, peripatetici. Kiliæ. 1825. 4. P.**

— **Wie wichtig der Religionsunterricht für die Gelehrtenschule sey. Itzehoe. 1834. 4. P. (Skoleprogr. fra Meldorf).**

— **Henricus, Analecta ad historiam naturalem astaci fluviatilis. Berolini 1859.**

Dohrn, (Wolfgang Ludw. Heinr.) (geb. Braunschweig [illegible] 1838): Analecta ad historiam naturalem Astaci fluviatilis. Berolini (1861) (30 S.) 8°

Berlin, Phil. Diss. v. 27. März 1861

Dohrn, Karl, Über die geschlechtliche Aufklärung der Jugend. (7 S.) gr. 8. Halle 905. H. Schroedel. n. — 30
Sonderabdruck aus: „Praxis der Volksschule".

Dohrn, Karl, über die geschlechtliche Aufklärung der Jugend. (Nach e. in Kassel am 16. 2. 1905 geh. Volksvortrage.) (7 S.) gr. 8. Halle 908. H. Schrodeel. — 30
Sonderabdruck aus „Praxis d. Volksschule".

Dohrn, Karl: Aus der Königl. Universitäts-Frauenklinik zu Königsberg i. Pr. Über die Behandlung des operabelen Uteruscarcinoms am normalen Ende der Gravidität. *Königsberg i. Pr. (1898): L. Krause & Ewerlien.* (31 S.) 8°
Königsberg, Med. Diss. v. 29. Juni 1898

Dohrn, Karl, üb. d. Behandlg. d. operabelen Uteruscarcinoms am normalen Ende d. Gravidität. Diss. gr. 8. (33 S.) Königsberg 898. (W. Koch.) n. — 80

Dohrn, Max, aus Farnroda bei Eisenach: **Kryoskopische Untersuchungen.** *Heidelberg: F. W. Rochow 1899.* (39 S.) 8°
Heidelberg, Naturw.-math. Diss. v. [28. Juli] 1898

Das Hebbelmuseum in Wesselburen v. [N. J.] **Dohrn.** (Meldorf.) o. J. 8°

Dohrn, Nicolaus

Dohrn, N., die Küstenepidemie v. 1826, insbesondere in Norderdithmarschen. gr. 8. Altona 827. Hammerich. 8 gGr.

Dohrn, N., die Schleswig-Holsteinische **Medicinalverfassung,** in einer systemat. Reihe von Verordnungen dargestellt u. mit einer krit. Einleitung versehen. Für Aerzte, Apotheker u. Juristen. 4. Heidelberg 834. Pauly. (Leipzig, Beyer.) $3\frac{1}{3}$ rß

Dohrn, N., die Schleswig-Holstein. Medicinalverfassung in e. systemat. Reihe v. Verordnungen dargest. u. mit e. krit. Einleit. versehen. Für Aerzte, Apotheker u. Juristen. 4. (49½ B.) Heide 834, Pauly. (Leipzig, Kayser.)

DOHRN, NIC., Diss. med. de cognoscenda et curanda melancholia. Kiliæ. 1815. 4. P.

Dohrn, Reinhard, Neapel: Ueber die Augen einiger Tiefseemacruren. Aus dem Material der Deutschen Tiefsee-Expedition 1898—99. Marburg 1908 (Neapel: Giannini & Figli). (64 S.) 8° ¶(Erscheint vollst. mit 4 Taf. in: Wissenschaftl. Ergebnisse d. Deutschen Tiefsee-Expedition.)
Marburg, Phil. Fak., Ref. Korschelt, Diss. v. 28. April 1908
[Geb. 13. März 80 Neapel; Wohnort: Neapel; Staatsangeh.: Preußen; Vorbildung: Wilhelms-Gymn. München Reife M. 99; Studium: Leipzig 8, Marburg 1 S.; Rig. 10. Mai 05.]

Dohrn, Rudolf

Dohrn, R., über Beckenmessung, s. Sammlung klinischer Vorträge.

Dohrn, R., über Behandlung der Fehlgeburten, s.: Sammlung klin. Vorträge.

Dohrn, R., über Entbindungen in der Agone, s.a. **Sammlung klin. Vorträge.**

Über Entbindungen in der Agone von R[udolf] **Dohrn.** *Leipzig: Breitkopf & Härtel 1901.* (10 S.) 4°(8°)
= **Sammlung** Klinischer Vorträge. No 304. (01. 5768

— über die Entwickelung d. hymen's, s.: Schriften der Gesellschaft zur Beförderung der gesammten Naturwissenschaften zu Marburg.

— über künstliche Frühgeburt bei engem Becken s.: Sammlung klinischer Vorträge.

Dohrn, Rud., Geschichte der Geburtshülfe der Neuzeit. Zugleich als 3. Bd. des „Versuches e. Geschichte der Geburtshülfe" von Eduard v. Siebold. 2 Abthlgn. 8. Tübingen, F. Pietzcker. à n. 7. —; geb. in Leinw. n. 8. —; in Halbfrz. n. 9. 60; in 1 Halbfrz.-Bd. n. 16. 80
1. Zeitraum 1840—1860 (XI, 267 S.) 903.
2. Zeitraum 1860—1880. (VIII, 322 S.) 904.

Dohrn, Rud., d. Kaiserschnitt an verstorbenen Schwangeren, s.a. Sammlung klin. Vorträge.

Der Kaiserschnitt an verstorbenen Schwangeren v. Rudolf **Dohrn,** Königsberg i. P. *Leipzig: Breitkopf & Hartel 1897.* (14 S.) 8.
= **Sammlung** Klinischer Vorträge. N. F. No 188. (97. 3777

—— **zur Kenntniss der Müller'schen Gänge und ihrer Verschmelzung. gr. 8. (9 S. mit 3 Kpfrt.) Marburg 870, Elwert'sche Verlagsh.** *
Aus: Schriften der Gesellschaft zur Beförderung der gesammten Naturwissenschaften, besonders abgedruckt.

Dohrn, Rud., üb. Leistung v. Kunsthilfe in der geburtshilflichen Praxis, s.a. Sammlung klinischer Vorträge.

—— die geburtshülflichen Operationen in Kurhessen und in Nassau, s. Schriften der Gesellschaft zur Beförderung der Naturwissenschaften zu Marburg.

— **über die gesetzl. Verantwortlichkeit d. Arztes** bei **geburtshülfl. Operationen,** s.a. **Sammlung klin. Vortr.**

Uber die gesetzliche Verantwortlichkeit des Arztes bei geburtshülflichen Operationen von R[udolf] **Dohrn.** *Leipzig: Breitkopf & Hartel 1902.* (10 S.) 8°
= **Sammlung** Klinischer Vorträge. N. F. No 336. (02. 8510

Dohrn, Wilh., **Benjamin Neukirch, sein Leben und seine Werke.** Ein Beitrag zur Geschichte der Zweiten Schlesischen Schule. (Diss.) (Litterarhistor. Forschungen. Hrsg. von Dr. Josef Schick [a. o. Prof. i. München] u. Dr. M. Frhr. v. Waldberg (a. o. Prof. in Heidelberg]. Heft IV.) Weimar, Emil Felber (m. Signet), 1897. Gr. 8°. X-140 S. (In Breslau: Lit. hist. I 8° 118.) (Mk. 2,60.) (1 Mk. 75 Pfg. Gust. Fock, Lpz., 1912.)

Dohrn, Wolf, die künstlerische Darstellung als Problem der Ästhetik, s.a. Beiträge zur Ästhetik. X.

Die künstlerische Darstellung als Problem der Ästhetik. Untersuchungen z. Methode u. Begriffsbildung d. Ästhetik mit e. Anwendung auf Goethes Werther. Von Wolf Dohrn. Hamburg & Leipzig: L. Voss 1907. (XII, 232 S.) 8°
— Beiträge z. Ästhetik. 10. [07. 13384

— **Die Gartenstadt Hellerau. Ein Bericht.** (31 S. m. Abb., 1 Taf. u. 2 Plänen.) 8. Jena 908. E. Diederichs. — 50

Dohrn, Wolf, a. Neapel: Zur Theorie der Poetik. Hamburg u. Leipzig: L. Voss 1907. (61 S.) 8° ¶ (Erscheint vollst. im gleichen Verlag u. d. T.: Die künstlerische Darstellung als Problem der Ästhetik. Untersuchungen zur Methode und Begriffsbildung der Ästhetik mit einer Anwendung auf Goethes Werther.)
München, Phil.-Fak., Ref. Lipps, Diss. v. 15. Febr. 1906
[Geb. 3. Apr. 78 a Neapel; Wohnort: Berlin; Staatsangeh.: Preußen; Vorbildung: Wilhelms-Gymn. München Reife Juli 97; Studium: Berlin 1, München 1, Leipzig 7, München 6 S.; Rig. 15. Febr. 06.]

Dohrs, Karl [pr. Arzt in Hannover]: Ein Fall von Pachymeningitis haemorrhagica interna mit doppelseitigem grossen Haematom.... Göttingen, Druck d. Univ.-Buchdr. v. W. F. Kästner, 1890; 13 S. 8°
Göttingen, Med. Fak., Inaug.-Diss. v. [24. Mai] 1890

Dohrs, Karl, e. Fall v. Pachymeningitis haemorrhagica interna mit doppelseitigem grossen Haematom. Diss. gr. 8. (13 S.) Göttingen 890. (Vandenhoeck & Ruprecht.) n. — 60

Dohse, Ed., die preußische Kanonade. Gedichte militär., vorzügl. artillerist. Inhalts. gr. 12. (4 B. u. Titlbild.) Saarlouis 837. (Coblenz, Hergt.)

Grabowski, Georg Ludw. Wilh.: Festlied auf G. L. W. v. Grabowski am Tage seiner maurerischen Jubelfeier den 29. Oct. 1828 vom Br. [Edu. Ludw. Karl] **Dohse.** Minden [1828]: Essmann. 2 Bl. 8° [Umschlagtit.]
„Heil Dir! Du hast es glücklich durchlebt, . . .“

Dohse, Rich., Colley Cibbers Bühnenbearbeitung v. Shakespeares Richard III., s.a. **Beiträge,** Bonner, zur Anglistik. 2. Hft.

Dohse, Richard: Colley Cibber's **Bühnenbearbeitung** von Shakespeare's Richard III. *Bonn: P. Hanstein 1897.* (61 S.) 8° ¶ (Aus: Bonner Beiträge zur Anglistik, H. 2.)
Rostock, Phil. Diss. v. [24. Juli] 1897

Sammelheft: Colley Cibbers Bühnenbearbeitung von Shakespeares Richard III. Von Dr. Richard **Dohse.** Untersuchungen über das altenglische Exoduslied. Von Dr. Gerhard Mürkens. Zu Cynewulfs Runenstellen. Von M[oritz] Trautmann. Berichtigungen, Vermutungen und Erklärungen zum Beowulf. Hälfte 1. Von M. Trautmann. Bonn: Hanstein 1899. 192 S. 8°
(Bonner Beiträge z. Anglistik. H. 2.) [11. 13727

Dohse, Rich., Mecklenburgisches Dichterbuch. (XII, 388 S.) gr. 4. Berlin (903). W. Süsserott. Geb. in Leinw. n. 6. —

Dohse, Rich., Gefahr im Verzuge! Ein Wort zur Erhaltg. des Plattdeutschen, s.a. **Von deutscher Sprache u. Art.**

Dr. R[ichard] **Dohse.** Gefahr im Verzuge! Ein Wort z. Erhaltung d. Plattdeutschen. Der heutige Stand d. niederdeutschen Dichtung. Moderne Bestrebungen z. Pflege d. niederdeutschen Sprache u. Literatur. (Leipzig): Leipz. Verl.- & Komm.-Buchh. 1911. 66 S. 8°
(Von deutscher Sprache u. Art. Bd 2.) [10. 17782 9

— **Kunst f. die Jugend.** gr. 8. (20 S.) Leipzig-R. 902. A. Hoffmann. n. — 50

Wilhelm Lobsien. Ein Dichter der Halligen v. Richard **Dohse.** (Berlin. 1910.) 8° Ausschnitt aus: Eckardt, ein deutsches Literaturblatt. Jg. 4, H. 8.

— s.a. **Meerumschlungen.**

Meerumschlungen. Ein literarisches Heimatbuch für Schleswig-Holstein, Hamburg und Lübeck. Hrgg. v. Richard **Dohse.** Bilder v. Herm. Linde. Hamburg. 1907. 4°

— **Fritz Reuter,** s.a. **Aufwärts!**

Fritz Reuter. Ein Bild s. Lebens u. Schaffens. Von Dr. Richard **Dohse.** Frankfurt a. M.: Grieser [1910]. 71 S. 8°
(Aufwärts! Bücherei z. Belehrung u. Erholung. Nr 12.) [10. 16171 9

Heinrich Seidel un Fritz Stavenhagen. Von Dr. Richard **Dohse.** Vortrag geh. auf d. 19. Allgem. plattdeutschen Verbandstage in Stettin. Altona-Ottensen: Ch. Adolff 1907. (19 S.) 8° [F.]
= **Studien** z. niederdeutschen Literaturgeschichte. H. 1. [08. 1845

— **aus stillen Stunden. Gedichte.** 8. (VI, 74 S.) Dresden 902. E. Pierson. n. 1. —; geb. n. 2. —

— **Von Hart tau Harten. Plattdeutsche Gedichte.** (79 S.) 8. Glückstadt 905. M. Hansen. n. 1. 20; geb. n. 2. —

Doht, Alb., Katechesen üb. d. Heidelberger Katechismus. 1. u. 2. Tl. gr. 8. (IV, 416 u. 288 S.) Lage 894. (Berlin, G. Nauck.) n. 7. —

Doht, A., Katechesen f. den Heidelberger Katechismus. 3. Tl. (Fr. 65—85.) gr. 8. (194 S.) Lage 896. H. Welchert. 3. — Tl. 1 u. 2 jetzt Gbd. 894. n. 7. —.

Doht, Alb., der Kirchherr v. Reelkirchen. Lebensbild nach e. Handschrift aus dem 16. Jahrh. (176 S. m. Titelbild u. Fksm.) 8. Konstanz (910). Christl. Buch- u. Kunstverlag C. Hirsch. Geb. in Leinw. 2. —

Doht, R.

— **und Haager** J.: Über die Einwirkung von salpetriger Säure auf Monophenylharnstoff. 1. Abhandlung. S. 112. IIb. 678 . . . . vgr.
Separatabdruck

— Studien über Chlorphenylharnstoffe. 1. Mitteilung. S. 115. IIb. 35 . . . . vgr.
Separatabdruck

Doht R.: Studien über Monojodphenylharnstoffe. 1. Mitteilung (mit 1 Textfigur). S. 113. IIb. 625 . . . . vgr.
Separatabdruck

Doht, Walther, aus Berlin: **Ueber den Antimonwasserstoff.** *Berlin 1903: A. W. Schade.* (39 S.) 8°
Berlin, Phil. Diss. v. 17. Jan. 1903

DOI, Mamoru (Nagasaki): Ueber die Folgen des vor- und frühzeitigen Blasensprunges bei einer normalen Geburt.- München: Kastner & Callwey 1910. 27 S.
16.2.1911 - Chr 1910/11,25; U 11.3607
Diss.Ingolst.-Landsh.-Mchn.

Doignon, Carl, Gedichte. 8. (8½ B.) Erlangen 839, Palm'sche Vrlsbuchh. *

Doignon, Wilh., Gedichte. 16. (XI und 864 S.) Weissenburg i. N. 860, Meyer. 1 Thlr. 6 Ngr.; geb. *

Doinet, Friedrich Carl (Trarbach/Mosel), De ascite gravidarum. Diss. med.-chir. Bln. (J. F. Starck) 6. XI. 1830. 31 S. mit Biogr. (M.: C. Buss.) (4.20) 6713
Oppon.: C. S. Haese, W. Beck, G. Schmidt. — Gew.: C. G. Ulrich Wagner, Nicol. Doinet.

Doinet, Car. (geb. Sobernheim im Rheinl. 19. 6. 1838): De hepatis, lienis et renum degeneratione amyloidea. Berolini (1862). (31 S.) 8°
Berlin, Med. Diss. v. 28. Juni 1862

Doinet, P. Paul, Rechtsanwalt a. Rappoltsweiler: Die Gesamthypothek des bürgerlichen Gesetzbuches unter vergleichender Berücksichtigung des vor dem 1. Januar 1900 in Elsaß-Lothringen geltenden Rechts. Mühlhausen 1904: „Union“, Elsäss. Druck.- & Verlags-Ges. (120 S.) 8°
Freiburg i. B., rechts- u. staatsw. Fak., Ref. Merkel, Diss. v. 1904
[Geb. 1. Juli 74 Rappoltsweiler; Wohnort: Mühlhausen; Staatsangeh.: Elsaß-Lothringen; Vorbildung: Gymnasium Colmar; Studium: Heidelberg 4, Berlin 1, Straßburg 2 S.; Coll. 26. Juni 02.]

Doisy, ..., allgemeine Grundsätze für d. Guitarre; aus d. Französ. qu. Fol. Leipz. 802. Breitkopf u. H. 1 ₰

Doiwa, Johann

Doiwa, Joh., die methodische Behandlung der astronomischen Geographie an der Volks- u. Bürgerschule. gr. 8. (42 S. mit 3 Fig.) St. Pölten 890. (Sydy.) n. — 60

(F) Dolwa, J., Kleine Heimatskunde von Niederösterreich. Ein Wiederholungsbüchlein für Volksschüler. 8°. (ill. 33 S. mit 5 Kartenskizzen) K 2.40
Wien: A. Pichler's Witwe & Sohn 1905.

Dolwa, Joh., kleine Heimatkunde von Niederösterreich. Ein Wiederholungsbüchlein f. Volksschüler. Mit 5 Kartenskizzen, 19 Ansichten aus Niederösterreich u. e. doppelseit. Titelbilde. 2. Aufl. (33 S.) 8. Wien 906. A. Pichler's Wwe. & Sohn. n. — 40

(F) Dolwa, J., Kleine Heimatkunde von Niederösterreich. 3. Aufl. 8°. (ill. 33 S.) K —.40
Wien: A. Pichler's Witwe & Sohn 1907.

Dolwa, Joh., kleine Heimatkunde v. Niederösterreich. Ein Wiederholungsbüchlein f. Volksschüler. Mit 5 Kartenskizzen, 19 Ansichten aus Niederösterreich u. 1 doppelseit. Titelbilde. 6. Aufl. (33 S.) 8 Wien 911. A. Pichler's Wwe. & Sohn. — 40

Dolwa, Joh., Präparationen f. die Behandlung des Heimatlandes Niederösterreich. gr. 8. (VI, 183 S.) Wien 899. A. Pichler's Wwe. & Sohn. n. 2. 40

— **Präparationen** f. die unterrichtliche Behandlung der österreich-ungarischen Monarchie. gr. 8. (IV, 244 S. m. 15 Fig.) Ebd. 901. n. 2. 40

— dasselbe der österreich-ungarischen Monarchie. 2. Aufl. (IV, 259 S. m. 14 Fig.) 8. Ebd. 904. n. 3. 20

— **Präparationen** f. die unterrichtliche Behandlung der österreich.-ungar. Monarchie. 3. Aufl. (IV, 259 S. m. 14 Fig.) 8. Ebd. 908. 3. 20

— **Präparationen** f. die unterrichtliche Behandlung des Heimatlandes Niederösterreich. 2., umgearb. Aufl. (VIII, 195 S.) 8. Ebd. 906. n. 2. 40

— **Rechen-Taschenbuch des Lehrers.** Eine Aufgabensammlg. fürs mündl. u. schriftl. Rechnen. Genetisch in konzentr. Kreisen geordnet. 5 Hfte. 8. Ebd. n. 5. 80
I. Der Zahlenraum bis 100. (IV, 68 S.) 903. n. — 90
II. (Für das 3. Schulj.) Der Zahlenraum bis 1000 u. Tausendstel. (IV, 44 S.) 903. n. — 60
III. (Für das 4. Schulj.) Der Zahlenraum bis Millionen u. Zehntausendstel. (IV, 64 S.) 903. n. — 90
IV. (Für das 5. Schulj., V. Klasse.) (IV, 64 S.) 903. n. — 90
V. Für die 3 letzten Schuljahre. (IV, 156 S.) 904. n. 2. —

(F) Dolwa, J., Rechentaschenbuch des Lehrers. III. Heft. (Für das 4. Schuljahr.) 2. Aufl. 8°. (63 S.) 1907. K —.90

(F) Dolwa, J., Rechentaschenbuch des Lehrers. IV. Heft. (Für das 5. Schuljahr, V. Klasse.) 2. Aufl. 8°. (63 S.) K —.90
1907.

— **Rechen-Taschenbuch des Lehrers.** Eine Aufgabensammlg. f. mündl. u. schriftl. Rechnen. 5 Hefte. 8. Ebd. 5. 80
I. Der Zahlenraum bis 100. 2. Aufl. (IV, 68 S.) 907. — 90
II. (Für das 3. Schulj.) Der Zahlenraum bis 1000 u. Tausendstel. Geometrisch in konzentr. Kreisen u. nach Sachgebieten geordnet. 3. Aufl. (V, 60 S.) 910. — 90
III. (Für das 4. Schulj.) Der Zahlenraum bis Millionen u. Zehntausendstel. Genetisch in konzentr. Kreisen geordnet. 3. Aufl. (IV, 61 S.) 910. — 90
IV. (Für das 5. Schulj., V. Klasse.) Genetisch in konzentr. Kreisen geordnet. 3. Aufl. (IV, 64 S.) 910. — 90
V. Für die 3 letzten Schuljahre. 2., verb. u. verm. Aufl. (IV, 172 S.) 908. 2. 20

— das 4. u. 5. Schuljahr, s.: **Ambros, Karl.**

— **Übersichtstabelle der Grösse u. der Einwohnerzahl der österreich-ungarischen Monarchie.** 64×81 cm. Wien (902). A. Pichler's Wwe. & Sohn.
Mit Leinw.-Rand u. Oesen n. 1. 20

— **Wiederholungsaufgaben** f. die Ferien. I.—VI. Heft. 8. Wien, A. Pichler's Wwe. & Sohn. 2. 90
I. Aufgaben üb. den Lehrstoff des 2. Schulj. (32 S.) 909. — 40
II. Aufgaben üb. den Lehrstoff des 3. Schulj. Mit e. Beilage, enth. die Resultate der Rechngn., f. den Gebrauch der Eltern. (40 u. III S.) 909. — 50
III. Aufgaben üb. den Lehrstoff des 4. Schulj. Mit e. Beilage, enth. die Resultate der Rechngn., f. den Gebrauch der Eltern. (40 u. III S.) 909. — 50
IV. Aufgaben üb. den Lehrstoff des 5. Schulj. Mit e. Beilage, enth. die Resultate der Rechngn., f. den Gebrauch der Eltern. (40 u. IV S.) 909. — 50
V. Aufgaben üb. den Lehrstoff der 1. Bürgerschulklasse. Mit e. Beilage, enth. die Resultate der Rechngn., f. den Gebrauch der Eltern. (37 u. IV S.) 909. — 50
VI. Aufgaben üb. den Lehrstoff der 2. Bürgerschulklasse. Mit e. Beilage, enth. die Resultate der Rechngn., f. den Gebrauch der Eltern. (37 u. IV S.) 909. — 50
Erschien z. Tl. auch m. d. T.: Wiederholungsbüchlein.

Dokkum, T., De constructionis analyticae vice accusativi cum infinitivo fungentis usu apud Augustinum. Diss. 1900. 112 S. 2,50

Докладъ о управленіи государствомъ поданный Екатеринѣ II., s. **Библіотека, русская.**

Dokładny słownik angielsko polski, s. **Dictionary, a complete, english and polish.**

Dokoupil, Wilh. V., Anwendung der algebraischen Analysis auf die Lösung 30 geometrischer Constructions-Aufgaben. gr. 8. (32 S. m. eingedr. Holzschn.) Brünn 876. Winiker. n. — 80

— die Bauhölzer. Ein Beitrag zur Kenntniss der Baumaterialien. gr. 8. (27 S.) Bistritz 876. Filtsch' Erben. n. — 30

Dokoupil, Wilh. V., die Bauhölzer. Ein Beitrag zur Kenntnis der Baumaterialien. 2., verm. Aufl. gr. 8. (51 S.) Trier 877. Lintz. n. 1. —

Dokowicz, Jos., Recepte für Bierbrauerei, Hefen- und Essigfabrikation. 8. (VII, 218 S.) Halle 883, Knapp. *

Doktamedikus. Plattdeutsche Gedichte, s. **Reinhold, Alb.**

Doktor
v. Dr.

Doktor, der gute schwarze, s.a. **Missions-Traktate,** kleine.

Doktor, der gute schwarze. 1. Aufl. (16 S.) 1873; 2. Aufl. 16. (14 S.) Basel 878, Missionsbuchh. *

Doktor, der Kaisersberger, u. der kleine Mathis. 3. Aufl. Straßburg 867. (Berlin, E. Beck.) 8. (25 S.) n. 2⅓ ngr.

Doktor Lustig, der unübertroffene Spaßmacher. Eine Sammlung der lustigsten Anekdoten und Schwänke, der launigsten Geschichtchen und Gedichtchen zur Erschütterung des Zwerchfells. Illustrirt durch mehr denn 50 (eingedr.) Steinzeichngn. u. Holzschn. Herausg. von Jakob aus den Bergen unter Mitwirkung des Dr. Jokus rc. Mülheim a. d. R. 860. Bagel in Comm. 8. (112 S.) 10 ngr.

Doktor Lustig, der unübertroffene Spaßmacher. Eine Sammlung der lustigsten Anekdoten und Schwänke, der launigsten Geschichtchen und Gedichtchen zur Erschütterung des Zwerchfells. Illustrirt durch mehr denn 50 schöne Steinzeichn. und Holzschn. Hrsg. von Jakob aus den Bergen unter Mitwirkung des Dr. Jocus, Mag. Hocus und Prof. Pocus. 8. (80 S.) Mülheim 873, Bagel. *

Doktor, Raichis Leben u. Wirken, s.: **Beermann.**

Doktoren, die beiden, Possenspiel in 4 Akten. Von Aletheà. 8. (4½ B.) Chur 831. (Leipzig, Wienbrack.)

Franz Büchelers goldenes **Doktorjubiläum.** Bonn: Georgi 1906. 12 S. 8°
Berichtigter Abdr. aus: Bonner Zeitung. 29. April 1906. A 14.7657

Doktorowitsch, Luba. Über Commotio labyrinthi. Diss. Med. Univ. Zürich. 41 S. 8. Zürich, J. J. Meier, 1907.

Dokubil, F., das Richteramt für Elbzollsachen in Böhmen. Eine Zusammenstellung der Competenz und des Verfahrens bei elbzollgerichtlichen Amtshandlungen und Uebertretungen. kl. 8. (60 S.) Prag, Credner. 30 kr. 1860.

– dass. s.a. Dokupil, Frz.

Anleitung für die Herstellung und Justierung geodätischer Instrumente. Von Ing. Dr. Theodor **Dokulil**. T. 1. 2. Nikolassee bei Berlin: Der Mechaniker 1907–11. 8°

1. Instrumenten-Bestandteile u. Instrumente f. d. Absteckung u. Messung horizontaler u. vertikaler Winkel. 1907.
2. Nivellierinstrumente, Tachymeter, photogrammetr. Instrumente, Kartierungsinstrumente u. Planimeter. 1911. A 12. 9737

— Die stereo-photogrammetrischen Instrumente der Firma Carl Zeiss in Jena. (29 S. m. Abbildgn.) Lex. 8. Ebd. 909. 1. 80
Sonderabdruck aus „Der Mechaniker".

Dokulil, Thdr., Rationelle Teilung e. Distanzlatte bei Anwendung e. distanzmessenden Fernrohres, welches m. o. Fadenmikrometer versehen ist. Diss. (68 S. m. Fig.) gr. 8. Wien 905. L. W. Seidel & Sohn. n. 3. 60

— das Universaltachymeter Patent Láska-Rost zur Bestimmung v. Horizontaldistanz u. Höhenunterschied ohne jede Rechnung. (88 S. m. Abbildgn.) gr. 8. Ebd. 906. n. 3. —

Dokument, e., deutscher Kunst: Die Ausstellung der Künstler-Kolonie in Darmstadt 1901. Festschrift. Text v. Pet. Behrens. gr. 4. (47 S. m. Abbildgn. u. 1 Bildnis.) München (901). (Verlagsanstalt F. Bruckmann.) n.n. 2. 50

— dasselbe. Darmstadt 1901. Grossherzog Ernst Ludwig u. die Ausstellg. der Künstler-Kolonie in Darmstadt von Mai bis Oktober 1901. Hrsg. v. Alex. Koch m. Text-Beiträgen von Geo. Fuchs, Kurt Breysig, Fel. Commichau u. Benno Rüttenauer. gr. 4. (354 S. m. Abbildgn. u. z. Tl. farb. Taf. u. 1 Bildnis in Heliograv.) Darmstadt (902). A. Koch. Geb. in Seide n. 36. —

Dokument widma. Fragment dramatyczny z trylogii polityczněj. (Das Document des Geistes. Dramatisches Fragment aus der politischen Trilogie.) 16. (46 S.) Berlin 861, (Behr's Buchh.) *

Dokumentas apie lotyniškas litaras lietuviškoje literaturoje (Ypat. skyr. Mokslo Kom. Minist. Apšv.) Tilžėje 1899: v. Mauderode. 44 S. 8°
[Denkschrift über d. Gebrauch lat. Buchstaben in d. lit. Literatur.]
Aus: 'Varpas'. [10. 13385 10

Dokumente zum Ablassstreit v. 1517, hrsg. v. W. Köhler, s.a. Sammlung ausgewählter kirchen- u. dogmengeschichtl. Quellenschriften. II. 3.

Dokumente zum Ablassstreit von 1517. Hrsg. von Lic. Dr. W[alther] Köhler, Privatd., Giessen. *Tübingen & Leipzig: J. C. B. Mohr 1902.* (VIII, 160 S.) 8°
= Sammlung ausgewählter kirchen- u. dogmengesch. Quellenschriften. Reihe 2, H. 3. [-2 1910]

— üb. Bildersendungen von Venedig nach Wien in d. J. 1816 u. 1838, hrsg. v. G. Ludwig, s.: Jahrbuch der kunsthistor. Sammlungen des allerhöchsten Kaiserhauses. XXII. 6.

Dorner **Dokumente** aus dem Franzisko-Josephinischen Zeitalter. Von Dr. Arthur Loebel. Wien: Hölder 1909. 108 S. 8° [09. 16014

— des Fortschritts. Internationale Revue. Hrsg. v. Rodolphe Broda in Verbindg. m. Herm. Beck. 1.—3. Jahrg. 1908—1910. à 11 Hefte. (VIII, VII, 1160; VIII, VII, 912 u. VIII, VII, 880 S.) gr. 8. Berlin, G. Reimer. à Jhrg. 10. —

Dokumente des Fortschritts
① Internationale Revue. Organ des Instituts für intern. Austausch fortschrittlicher Erfahrungen und des Bundes für Organisierung menschlichen Fortschritts. (2. Titel später geändert) ⑤ 1908—Juli 1918 ⑥ 8° ⑦ vierteljährlich ⑧ Berlin: Georg Reimer (bis Februar 1915); Laupen: Fr. Haggenmacher (April 1915—1917), Polygraphische Gesellschaft (1918) ⑩ Dr. R. Broda, Lausanne—Bern; Verlag: Max Drechsel, Bern und letzte Nummer Paul Haupt, vorm. Max Drechsel, Bern ⑪ Otto Volkart, Bern—Lausanne ⑫ pazifistisch ⑭ Be: L ⑮ Ab November 1917 wurde die Zeitung «Die Versöhnung» als Beilage mitgegeben. — Lt. einer Mitteilung des Verlages Paul Haupt (im Ex. der Landesbibliothek) wären die «Dokumente des Fortschritts» im Juli 1918 eingegangen. In der Zeitung «Die Versöhnung» heißt es dagegen, im Jg. 1919 «Beilage zu den Dokumenten des Fortschritts, 12. Jahr». — v. auch «Dokumente der völkerrechtlichen Entwicklung». — Französische Ausgabe: Documents du Progrès.

— der Frauen. Halbmonatsschrift. Hrsg. v. Marie Lang. 1.—8. Bd. April 1899—März 1903. à 24 Nrn. schmal gr. 8. (à ca. 32 S.) Wien [Administration]. Leipzig, H. Seemann Nachf. à Bd. n. 5. 20

Documente der Frauen. Herausgegeben in Wien von Marie Lang. III. Bd. Wien. 1900 Verlag der Documente der Frauen. Gr.-8°. Monatlich erscheinen 2 Nrn.
Einzelne Nrn. K —.30, halbj. K 3 —

Dokumente der Frauen, Fortsetzg., s.: Frauen-Rundschau.

— geheime, der russischen Orient-Politik 1881—1890. Nach dem in Sofia erschienenen russ. Original hrsg. v. R. Leonow. (Neue [Titel-] Ausg. gr. 8. (XVI, 247 S.) Leipzig [893]. (897). A. Strauch. n. 5. —

Documente, geheime, der russischen Orient-Politik 1881 bis 1890. Nach dem in Sofia erschienenen russ. Original hrsg. v. R. Leonow. gr. 8. (XVI, 247 S.) Berlin 893. R. Wilhelmi. n. 5. —;
französ. Ausg. (XVI, 237 S.) n. 5. —;
russ. Ausg. (256 u. XLVI S.) n. 6. —

Documente z. Gesch. v. Bayern v. Andr. Buchner, s. Buchner, Andr.

Documente zur Geschichte, Beurtheilung und Vertheidigung der Gesellschaft Jesu. A. d. Franz. ... Regensburg 1841. Ü: *Kobler, Andreas.* (Jes)

Dokumente zur Geschichte, Beurtheilung u. Vertheidigung d. Gesellschaft Jesu. A. d. Franz. übers. v. ein. kathol. Priester d. Erzdiözese München-Freysing. 1—4. Lfg. gr. 8. Regensburg, Manz. à 14 Gr.
Lfg. 1. I—IV. Dokument. (13½ B. u. 1 Stahlst.) 841.
" 2. V—VIII. — (12½ B.) 841.
" 3. IX—XI. — (14½ B. u. 1 Stahlst.) 842.
" 4. XII., XIII. — (11 B.) 842.

Dokumente zur Geschichte, Beurtheil. u. Vertheidigung d. Gesellschaft Jesu. A. d. Franz. übers. v. ein. kathol. Priester der Erzdiözese München-Freising. 5—8. Lfg. (Schluß.) gr. 8. Regensburg, Manz.
Lfg. 5. XIV—XVI. Dokument. (16 B. u. 1 Stahlst.) 843. 22½ Ngr.
" 6. XVII., XVIII. Dokument. (18 B.) 844. 22½ Ngr.
" 7., 8. XIX—XXI. Dokument. (24¾ B.) 844. 1 Thlr. 5 Ngr.
1—4. Lfg. Ebendas. 1841, 42. 2 Thlr. 10 Ngr.

Dokumente zur Geschichte d. Eherechtsreform in Österreich. Gesammelt u. hrsg. v. Ludw. Wahrmund. 2 Bde. (IX, 1405 S.) Lex. 8. Innsbruck 908. Wagner. 34.—: auch in 10 Lfgn. à 3. 40

Dokumente zur Geschichte der Juden in Hannover. Hrsg. von M[endel] Zuckermann. H. 1. Hannover 1908: Vereinsbuchdr. 8° [10. 17344 7

Dokumente zur Geschichte der humanistischen Schulen im Gebiet der Bayerischen Pfalz. Mit hist. Einl. hrsg. von Dr. Karl Reissinger, Gymn.Prof. Bd 1. 2. Berlin: Weidmann 1910–11. 8°
1. Hist. Einl. u. Dokumente d. bischöfl. Schulen in Speyer. 1910. 2. Dokumente z. Geschichte d. weltl. Schulen in Zweibrücken, Speyer u. kleineren Orten. 1911.
(Monumenta Germaniae Paedagogica. Bd 47. 49.) A 12. 4270

DOKUMENTE zur Geschichte des menschlichen Sexuallebens. Hrsg. v. Dr. Willy Heine, Bd. 1—3 (soviel ersch.), s. Wonnen, Die, der Rute, von *E. D.*, u. *Trix*, Die Flagellantin.

Documente. Dok' zur Geschichte des Bürgermeisters Hans Waldmann s.a. Liebenau, Theodor von).

Documente zur Geschichte des Bürgermeisters Hans Waldmann. O. O. [1869]. V: *Liebenau, Theod. von.* (Cat. d. Stadtbibl. Zürich. Zürich 1864—97.)

Dokumente zur Geschichte d. Wirthschaftspolitik in Preußen u. im Deutschen Reich. 1.—3. Bd. gr. 8. Berlin, Hennig. n. 29. 50; geb. n.n. 37. 50
1. Poschinger, H. v., Fürst Bismarck als Volkswirth. 1. Bd. Bis zur Uebernahme des Handelsministeriums [1880]. (VII, 288 S.) 889. n. 10. —; geb. n. 12. 50
2. Aktenstücke zur Wirthschaftspolitik des Fürsten Bismarck. Hrsg. von H. v. Poschinger. 1. Bd. Bis zur Uebernahme des Handelsministeriums [1880]. (XXXII, 370 S.) 890. n. 12. —; geb. n.n. 15. —
3. Poschinger, H. v., Fürst Bismarck als Volkswirth. 2. Bd. Von Uebernahme des Handelsministeriums bis Ende 1884. (XXIII, 198 S.) 890. n. 7. 50; geb. n. 10. —

Dokumente zur Geschichte der Wirthschaftspolitik in Preußen u. im Deutschen Reich. 4. u. 5. Bd. gr. 8. Berlin 891. C. Heymanns Verl. n. 16. —; geb. n. 20. — (kplt.: n. 45. 50; geb. n.n. 57. 50)
4. Aktenstücke zur Wirthschaftspolitik d. Fürsten Bismarck. Hrsg. v. Heinr. v. Poschinger. 2. Abtlg. Von Uebernahme d. Handelsministeriums bis Ende 1884. (XV, 178 S.) n. 6. —; geb. n. 8. —
5. Fürst Bismarck als Volkswirth. Dargestellt v. Heinr. v. Poschinger. 3. Bd. Von 1885 bis März 1890. (XLII, 312 S.) n. 10. —; geb. n. 12. —

Documente zur Gründung der schweiz. Steinkohlenbohrgesellschaft. Aarau 1874. 4.

Dokumente betreffend die Constituirung der Unternehmungen der k. k. priv. österr. Staatseisenbahn-Gesellschaft. 3ter und 4ter Thl. Mechitharisten-Druckeri in Wien. (3ter Thl. hat 6 Bl. und 4ter Thl. hat 9 Bl. 4.) (In deutscher und französischer Sprache.) 1857.

— kulturgeschichtliche. 1. Bd. 8. Stuttgart, Schwabacher. 4.—; geb. in Leinw. 5. —
1. Lowe, Sir Hudson, Napoleon auf St. Helena. (Mémorial rolatif à la captivité de Napoléon à Ste-Hélène.) Memoiren. Mit mehreren Taf. nach alten Orig.-Kpfrst. u. m. anderen zeitgenössischen Abbildgn. Hrsg.: W. F. v. Bous. (XI, 219 S. m. 3 Taf. u. 1 Plan.) (910.)

Dokumente des modernen Kunstgewerbes. Hrsg. von Dr. H[einrich] Pudor. Chefs d'oeuvre de l'art décoratif moderne. Ser. A. H. 1. (Berlin: H. Pudor [1902].) 2° [06. 15769

— des modernen Kunstgewerbes. Hrsg. v. H. Pudor. Serie A. Moderne Keramik einschliesslich der Glasindustrie. 1. Hft. Fol. (52 S. m. Abbildgn.) Berlin (902). Verlag der Dokumente des modernen Kunstgewerbes. n. 6. —; ermässigter Preis n. 3. —

— des modernen Kunstgewerbes. Hrsg. v. H. Pudor. Serie A: Keramik u. Glasindustrie. 2.—4. Heft. (IV u. S. 45—156 m. Abbildgn.) Fol. Berlin-Steglitz (903). Dr. H. Pudor. à n. 3. —; erm. Pr. à n. 2. —

— dasselbe. 5. Heft. (S. 1—36 m. Abbildgn.) Fol. Ebd. (903). n. 3. —; erm. Pr. n. 1. 80

— dasselbe. Hrsg. unter Mitwirkg. v. Lichtwark v. Heinr. Pudor. Serie A. Keramik u. Glasindustrie. 6. Heft. (S. 37—76 m. Abbildgn.) Fol. Ebd. (906). n. 3. —; Subskr.-Pr. f. 4 Hefte n. 11. —

— des modernen Kunstgewerbes. Hrsg. unter Mitwirkg. v. Lichtwark u. Heinr. Pudor. Serie A. Keramik u. Glasindusrrie. 7.—9. Heft. (S. 77—148 u. S. 1—38 m. Abbildgn.) 41,5×30 cm. Leipzig-Stötteritz (907. 08). Moderner Kunstverlag Dr. Trenkler & Co. à 3.—; Subskr.-Pr. f. 4 Hefte 11. —

Dokumente des modernen Kunstgewerbes. Serie B. Metall- u. Goldschmiedearbeiten. 1. Hft. Fol. (40 S. m. Abbildgn.) Berlin 902. Verlag der Dokumente des mod. Kunstgewerbes. n. 6.—; ermäßigter Preis n. 3.—

— dasselbe. Hrsg. v. H. Pudor. Serie B. Metall- u. Goldschmiedearbeiten. 2. u. 3. Heft. (S. 41—112 m. Abbildgn.) Fol. Ebd. 903. à n. 3. —; erm. Pr. à n. 2. —

Dokumente des modernen Kunstgewerbes. Serie B. Metall- u. Goldschmiedearbeiten. 4. u. 5. Heft. (S. 113—148 m. Abbildgn. u. 1 farb. Taf. u. S. 1—40 m. Abbildgn.) 41,5×30 cm. Leipzig-Stötteritz 908. Moderner Kunstverlag Dr. Trenkler & Co. à 3.—; Subskr.-Pr. f. 4 Hefte 11. —

— dasselbe. Serie C. Inneneinrichtungen. 1. u. 2. Heft. (S. 1—76 m. Abbildgn.) Fol. Ebd. (903). à n. 3. —; erm. Pr. à n. 2. —

— dasselbe. Serie C. Innenarchitektur u. Möbel. 3.—5. Heft. (S. 77—152 u. S. 1—40 m. Abb.) 41,5×30 cm. Ebd. (907. 08.) à 3,—; Subskr.-Pr. f. 4 Hefte 11. —

— dasselbe. Serie D. Frauenhandarbeiten. 1. Heft. (32 S. m. Abbildgn.) Fol. Ebd. (903). n. 3.—; erm Pr. n. 2.—

— dasselbe. Serie D. Textilarbeiten u. Kleidg. 2. Heft. (S. 33—72 m. Abbildgn.) 41,5×30 cm. Ebd. (908.) 3.—; Subskr.-Pr. f. 4 Hefte 11. —

— dasselbe. Hrsg. unter Mitwirkg. von Lichtwark von Heinr. Pudor. Neue Serie O. 4 Hefte. (1. Heft. 36 S.) Fol. Ebd. (906). n. 11. —; einzelne Hefte n. 3. —

— frühen deutschen Lebens. 1. Reihe. Das deutsche Lied, geistl. u. weltl., bis zum 18. Jahrh. Katalog III. (XI u. S. 277—581 m. Abbildgn. u. 1 Bildnis.) gr. 8. Berlin 908. M. Breslauer. 8. —

Mittelschulgeschichtliche **Dokumente** Altbayerns einschl. Regensburgs, gesammelt u. mit e. geschichtl. Überblick versehen von Dr. Georg Lurz, Gymn.L. Bd 1. 2. Berlin: A. Hofmann & Co. 1907—08. 2 Bde 8°
1. Geschichtl. Überblick u. Dokumente bis z. Mitte d. 16. Jhs. 1907.
2. Seit d. Neuorganisation d. Schulwesens in d. 2. Hälfte d. 16. Jhs bis z. Säkularisation. 1908.

= **Monumenta** Germaniae Paedagogica. Bd 41. 42. [08. 11171

Dokumente des Pacifismus. No 1. Berlin, Wien, Leipzig: Friedens-Warte 1905. 4° [05. 8300

— der Religion. Hrsg. v. Paul Eberhardt. 16. Leipzig, Verlag f. Literatur, Kunst u. Musik.
Eberhardt, Paul, um den Nazarener. Seine Predigt, e. Brief des Paulus, Briefe der Anderen. Eine freie Übertragg. u. Bearbeitg. (90 S.) 910. nn 1. 75

Dokumente der Revolution der Gegenwart s. a. **Schlöffel, G. A.**

Documente der Revolution der Gegenwart, Kampf der jung. Pressfreiheit mit dem alten Beamtenthume . . . Berlin 1848. H: *Schlöffel, Gust. Ad.* (Wa)

— des Socialismus. Hefte f. Geschichte, Urkunden u. Bibliographie des Socialismus. Hrsg. v. Ed. Bernstein. 1. Bd. Oktbr. 1901—Septbr. 1902. 12 Hfte. gr. 8. (568 S.) Berlin, Verlag der socialist. Monatshefte. n. 16. —

— dasselbe. 2. Bd. Nov.—Dez. 1902. 2 Hfte. gr. 8. (124 S.) Ebd. 902. n. 2. 50
Erscheint v. 1. Jan. 1903 an im Verlage v. J. H. W. Dietz Nachf. in Stuttgart.

— des Socialismus. Hrsg. von Ed. Bernstein. 3. u. 4. Bd. 1903 u. 1904. à 12 Hefte. (à ca. 48 S.) gr. 8. Stuttgart, J. H. W. Dietz Nachf. à Jhrg. n. 9. —

— dasselbe. 5. Bd. 1905. 12 Hefte. (à ca. 48 S.) gr. 8. Berlin, Verlag d. sozialist. Monatshefte. n. 9. —
Erscheint nicht mehr.

Dokumente, vier, aus römischen Archiven. Ein Beitrag zur Geschichte des Protestantismus vor, während u. nach der Reformation. gr. 8. Leipzig 843, Hahn'sche Buchh. 2/3 ₰

Documente zur (schleswig-holsteinischen) Zeitgeschichte 1851 und 1857. Ausschnitt aus dem Preussischen Wochenblatt 1857 Nr. 53. Berlin 15. August. 4°.

[Russ.] Tajnye **dokumenty** vostočnoj politiki carskago pravitel'stva ⟨1881–1890⟩. Berlin: G. Stejnic (1906). (48 S.) 8°
[Auf d. Umschl.:] Geheimdokumente [d. oriental. Politik d. zarischen Regierung].
(Sobranie lučšich russkich proizvedenij. Č. 119.) [07. 3618

Dokupil, Frz., das Richteramt für Elbezollsachen in Böhmen. Eine Zusammenstellung der Competenz und des Verfahrens bei elbezollgerichtl. Amtshandlungen und Uibertretungen. 12. (60 S.) Prag 860, Credner. Verlags-Conto. *

– dass. s.a. Dokubil, F.

Dokupil, Ottokar, die Gewerbeordng. vom 16. VIII. 1907, s.: **Handausgabe** der österreich. Gesetze u. Verordnungen. 78a.

Zwei Probleme: Dreitheilung des Winkels und Quadratur des Kreises. Von H. **Dolański**, Staatsr., cand. jur. *Reval: (Tip. G. Gebert) 1898.* (27 S., 1 Taf.) 1 Bd 8. [98. 19374 Bo

Dolańsky, H., zwei Probleme: Dreitheilung d. Winkels u. Quadratur d. Kreises. gr. 8. (27 S. m. 1 Taf.) Reval 898. (F. Kluge.) n. 4.—

Dolar Anton: De accusativi usu Terentiano.
H. 1900 PN 1340 Diss. Wien, Univ. 1574

Dolaeus, Johann: Encyclopaedia chirurgica rationalis, in qua omnes affectus externi, corpus humanum unquam invasisse observati, tam veterum, quam recentiorum...ex fundamentis, quoad causas et curandi methodum solide pertractantur... Editio nova, prioribus ut auctior ita correctior. 800 S., 150 S., gbd.

Francofurti ad Moenum: Knoch 1703

JB 3.194

Dolaeus, Johann: Opera omnia. Editio ultima. 618 S., gbd.

Francofurti ad Moenum: Knoch 1703

JB 1.884

Dolaeus, I., opera omn. medica et chirurg. II Tmi. fol. Francf. Esslinger. 705.

Beobachtungen am Repsoldschen Passagen-Instrument im ersten Vertikal von Dr. F[ranz] **Dolberg**. (Wien: W. Frick 1904.) (47 S.) 4°
— **Publicationen** d. v. Kuffner'schen Sternwarte. Bd 6, T. 4. [06. 8100

Die Polhöhe von Hamburg. Nach Beobachtungen mit d. Repsoldschen Durchgangsinstrument auf d. alten Hamburger Sternwarte am Holstenwall in Hamburg. Nebst e. Beitrag z. Bestimmung d. Polhöhenschwankung i. J. 1905. Von Dr. Franz **Dolberg**. Mit 3 Taf. Hamburg: (Gräfe & Sillem in Komm.) 1909. 130 S. 4°
(Astronom. Abhandlungen d. Hamburger Sternwarte in Bergedorf. Bd 1, Nr 1.)
(Jahrbuch d. Hamburg. Wiss. Anstalten. Jg. 26, Beih. 4, Nr 1.) [10. 141. 3

Dolberg, Franz, aus Wismar ⟨Meckl.⟩: **Theorie der Wärmeleitung in einem homogenen, schalenförmigen Körper, der von zwei nicht concentrischen Kugelflächen begrenzt wird.** *München 1900: Kastner & Lossen.* (39 S.) 8°
München, Phil. Diss. v. 1901

Dolberg, L. L. Ludw., eine Küstenwanderung von der Warnow bis Wustrow durch die Rostocker Haide, Grahl, Müritz, Dändorf und Dierhagen wie das Fischland. Nebst 1 Tafel noch nicht veröffentl. Hausmarken. 8. (III, 210 S.) Ribnitz 885, Biscamp. *

Dolberg, Ludw., die St. Marien-Kirche der ehemaligen Cistercienser-Abtei Doberan in Mecklenburg u. ihre Kunstarbeiten. 8. (IV, 100 S. m. 2 Bildern.) Doberan 893. C. Thiel. n. 2.25

Dolberg, R: Catalog über Feld- und Jndustriebahnen. Rostock i. M. (1897. 1904 u. 1905?)

Dolberg, R: Catalog über Torfmaschinen. Rostock i. M. Berlin (1897. 1904?)

Dolberg, R: Preis-Liste über eine neue patentirte Torfstech-Maschine. Rostock i. M., Berlin (1897?)

Dolbeschew, W. J., Ausgrabungen auf den Gräberfeldern v. Kumbulte in Digorion [Kaukasus]. Nebst erläut. Bemerkgn. v. Frz. Heger. [Aus: „Mittheilgn. d. anthropolog. Gesellsch. in Wien".] gr. 4. (S. 59–68 m. Illustr.) Wien 891. (A. Hölder.) n. 1.20

Dolbreuse, oder der Mann nach der Welt, eine wahre Geschichte, aus dem Franz. 2 Theile, 8. Gera, 786. Rothe. 25 sgl.

Dolbreuse, od. der Mann nach d. Welt; eine wahre Gesch. a. d. Franz. 2 Thle. 8. Gera, Haller. 790.

Dolbreuse, oder der Mann nach der Welt. 2 Thle. 8. Gera 790. Haller. 20 gr

Dolce, s. Friedrich, Jakob.

Dolce, Lodovico, s.a. Kretzschmar, Rud. Wilh.

Dolce, L., Aretino, s.a. Quellenschriften für Kunstgeschichte.

Dolce, Lodovico. Aretino oder Dialog über Malerei. Nach der Ausgabe vom Jahre 1557 aus dem Italienischen übersetzt von Cajetan Cerri. Mit Einleitung, Noten und Index versehen von R. Eitelberger v. Edelberg. (Quellenschriften für Kunstgeschichte und Kunsttechnik des Mittelalters und der Renaissance, herausgegeben von R. Eitelberger v. Edelberg, II.) Wien 1871. 8°.

Dolch, der, ein Roman, v. Karl Grosse, m. K. 4 Th. 8. Berl. Maurer. 795. (I. II. 16 gr. III. 16 gr. IV. 12 gr.) Rthlr. Holländ. Pap. (I. II. 21 gr. III. 21 gr. IV. 14 gr.)

Dolch, C. The love of nature in the early English poetry preceded by some introductory remarks on poetic interpretation of nature. Dresden, Annensch., 1882. 34 S. 4. Progr.

– dass. s.a. Dolch, Osk.

DOLCH, Gustav Adolph (Ingolstadt): Primae lineae geotopographiae organismi pathogeneticae.- Monachii: Deschler 1839. 27 S.
6.4.1838 - Urk; F 64
Diss. Ingolst.-Landsh.-Mchn.

Dolch M.: Zur Stickstofffrage. Leipz. u. Wien. 54 S. 4°.

Dolch, Moritz: Das Verhalten von Zinnanoden in Natronlauge. 1911. VI, 109 S. 8° ¶ Vgl. Zeitschrift f. Elektrochemie. Jg. 16. 1910. Dresden, Dr.-Ing.-Diss. v. 10. 3. 1910

Dolch, Osc., les deux Bassompierre. Comédie en un acte suivant le conte de même nom par Félix Mornand. 16. (47 S.) Dresden 877. Huhle. n. 1.—

Dolch, Osk., Elementarbuch der französischen Sprache. gr. 8. (VI, 86 S.) Leipzig 885, Teubner. cart. *

Dolch, Osk., Geschichte des deutschen Studententhums von der Gründung der deutschen Universitäten bis zu den deutschen Freiheitskriegen. Ein historischer Versuch. Leipzig 858. Brockhaus. 8. (X, 300 S.) n. 1 ₰ 10 ngr

Dolch, Osk. The love of nature in the early english poetry preceded by some introductory remarks on poetic interpretation of nature. 34 S. Progr. Ann. Rg. *Dresden* 1882.

– dass. s.a. Dolch, C.

Dolch, Osc., Schule der französischen Composition nebst Repetitionsgrammatik für Gymnasien, Real-, Gewerb- und Handelsschulen, sowie für den Privatunterricht. — Cours théorique et pratique de langue française rédigé sur un plan entièrement neuf. gr. 8. (XV, 363 S.) Hannover 872, Hahn'sche Hofbuchh. *M.* 2,70.; geb.

—— Schulgrammatik der französischen Sprache. 2 Tle. gr. 8. Ebendas. 885. *
Inhalt:
Tl. 1. Formenlehre. (VIII, 219 S.) * *M.* 2.—.
" 2. Satzlehre. (VIII, 256 S.) * *M.* 2.40.

Dolch, O., Schulgrammatik der französischen Sprache. 2. Tl.: Satzlehre. gr. 8. (VIII, 256 S.) Leipzig 888. Teubner. 2.40 (cplt.: n. 4.40)

— die deutsche Treue. Vortrag, geh. in der Aula der Annen-Realschule zu Dresden, am 23. April, dem Geburtstage Sr. Maj. des Königs v. Sachsen. gr. 8. (23 S.) Dresden 879. v. Zahn's Verl. n. — 50

Katalog der deutschen Handschriften der K. k. öff. und Universitätsbibliothek zu Prag. Hrsg. mit Unterstützung des K. k. Minist. f. Kultus u. Unterricht... (Verf.: Walther Dolch.) T. 1. Prag: Calve in Comm. 1909. 4°(8°) [09. 17603]

Dolch, Walther: Die Verbreitung oberländischer Mystikerwerke im Niederländischen. Auf Grund der Handschriften dargestellt. T. 1. Weida i. Th. 1909: Thomas & Hubert. 91 S. 8° ¶(T. 2, ein beschreib. Verz. d. Hs. enth., ersch. später.)

Leipzig, Phil. Diss. v. 6. Nov. 1909, Ref. Sievers, Köster

[Geb. 7. Juni 83 Gablonz a. N.; Wohnort: Gablonz; Staatsangeh.: Sachsen-Weimar; Vorbildung: Realgymn. Zittau Reife O. 02; Studium: Dresden Techn. Hochsch. 2, München 3, Leipzig 7 S.; Rig. 27. Mai 09.] [U 10. 3117

Dolci, die hl. Cäcilie, s.: Blätter, bunte, aus aller Welt.

Dölcke, s. Doeleke

Dold, Herm., aus Leben u. Traum. Gedichte. (IV, 124 S.) kl. 8. Dresden (908). E. Pierson. 1.75; geb. n 2.75

Dold, Herm., Über die Wirkung des Äthylalkohols u. verwandter Alkohole auf das Froschherz. (S. 600—622 m. 17 Fig.) gr. 8. Bonn 906. M. Hager. n. — 80
Sonderabdruck aus: „Archiv f. d. ges. Physiologie".

Dold, Hermann, appr. Arzt a. Stuttgart: Aus dem Tübinger Physiologischen Institut. Über die Wirkung des Äthylalkohols und verwandter. Alkohole auf das isolierte Froschherz. (Altenburg 1906: S. Geibel.) (23 S.) 8°

Tübingen, Med. Fak., Ref. v. Grützner, Diss. v. 23. Juni 1906

[Geb. 5. Okt. 82 Stuttgart; Wohnort: Tübingen; Staatsangeh.: Württemberg; Vorbildung: Gymn. Stuttgart Reife M. 00; Studium: Tübingen 10, Berlin 1 S.; Coll. 9. Febr. 06; Approb. 28. März 06.]

Dold, J. M., praktische Anleitung zur Ausmessung des beschlagenen und runden Holzes in Kubikmaaß nach dem Decimalsystem, nebst Tab. auf Durchmesser und Umfang berechnet, und Tab. über das Quadratmaaß der Bretter. 8. (94 S. mit erläut. Fig. auf 1 Stnt. in qu. Fol. und eingedr. Holzschn.) Zürich 862, (Höhr.) * —

Dold, J. M., ausführliche Erklärung der metrischen Maße und Gewichte, prakt. Anleitung nach denselben zu rechnen und Maß- und Preisreductionen. gr. 8. (16 S.) Winterthur 872, Westfehling. *

Dold, J. M. (Lehrer), ausführliche Erklärung der metrischen Masse und Gewichte. 8. Zürich, in Commiss. bei S. Höhr. 1872. —. 50

Dold, J. M., Lehrer in Oberweil-Bassersdorf, ausführl. Erklärung der metr. Masse und Gewichte. Prakt. Anleitung nach denselben zu rechnen und Mass- und Preisreduktionen. 2. Aufl. 20 Stn. kl. 8. Zürich, S. Höhr. 1877. —. 50

Dold, J. M., Verhältnisse der Münzen, Maaße und Gewichte aller Länder zu den neu schweizerischen; dargestellt u. für das praktische Leben bearbeitet. Uster 853. (Zürich, Höhr.) br. 8. (12 S.) n. 8 ngl

Dold, Johs., Geschichte der 2. katholischen Bezirksschule in Dresden. Nach urkundl. u. archiv. Quellen. (40 S.) gr. 8. Dresden 903. Verlag der Saxonia-Buchdruckerei. n. — 50

Dold, Paul [app. Arzt aus Villingen]: Ueber metastatische Gelenkeiterungen ... Villingen, Buchdr. v. C. Görlacher, 1896; 29 S. 8.
Freiburg i. B., Med. Fak., Inaug.-Diss. v. 1896

Dold, Stef., Blumenlese der Bauernjugend. Lehr- u. Lesebuch f. landwirtschaftl. Fortbildungsschulen des „Südungar. landw. Bauernvereines". (318 S. m. 4 Bildnissen.) 8. Temesvár 908. Polatsek. Kart 1.20

Doldé, Jean-Jacques. Souvenirs d'un médecin strasbourgeois du XVIIIe siècle: J'-J'D' <1717—1789>. Traduits de l'allemand par le D[r] Er[nest] Wickersheimer. (Extrait de la Revue d'Alsace.) 35 p. 8. Rixheim, F. Sutter & Cie., 1907.

Dolde, Joh. Jac.: Fraustadt, Polonus. Dissertatio inauguralis medica de colostro.
Basel, med. Diss. 1750.

Dolder, Ernst. Henry Fielding's Don Quixote in England. Diss. Phil. Bern. 58 S. 8. Zürich, Gebr. Leemann & Co., 1907.

Dolder, Eugen

Dolder, E., üb. Zustandsverhältnisse strömend. Flüssigkeiten u. deren Wirkungen in Turbinenrädern. (50 S. m. 2 Taf.) 8. Zürich (908). Rascher & Co. 1. —

Dolder, E[ugen]: Über Zustandsverhältnisse strömender Flüssigkeiten und deren Wirkungsweise in Turbinenrädern. (1907.) 49 S., 2 Taf. 8⁰ ¶ Auch bei Rascher in Zürich 1908.
München, Dr.-Ing.-Diss. v. 14. 11. 1907

Dolder, Heinr., die Fabrikation von Seidenstoffen im Kanton Zürich. Mit (29 lithogr. S.) Abbildungen, Rissen, Formularen, Mustern und Tabellen. 4. (IV und 106 S.) Zürich 851, Schultheß. *

Dolder, Herm., die Stellung d. Landarztes zur Perforation u. Sectio caesarea, s.a. Sammlung klinischer Vorträge.

Dolder, Hermann. Die Stellung des Landarztes zur Perforation und Sectio caesarea. Leipzig 1894. H: *Wyder, Theodor.* (Berl)

Dolder, Johann

Dolder, Joh., Pilger-Reise nach dem heiligen Land. gr. 8. (V, 285 S.) Luzern 868, Gebr. Räber. *

Dolderer, J. G., Beschreibung des Oberamts Spaichingen zur Oberamtsschulkarte. gr. 8. (17 S.) Spaichingen 900. M. Kupferschmid. n.n. — 05

Doléances des peuples du continent de l'Europe au sujet de l'interruption de leur commerce ... S. l. 1809. V: *Reimarus, Joh. Albr. Heinrich.* Ü: *Villers, Charles Frç. Dominique de.* (CBII)

Doleczkó, Mich., natürliche Bauart zur Verhinderung von Dammdurchsickerungen u. Dammrutschungen. (8 S. m. 1 Taf.) gr. 8. Wien 904. (Budapest, O. Nagel jun.) n. 1. —
Sonderabdr. a.: „Öst. Wochenschr. f. d. öffentl. Baudienst".

Dolega, Ernst (Panzer b. Osterode/Pr.), Anima quid valeat ad corporis morbos et procreandos et debellandos. Diss. med. Lpz. (C. H. Hossfeld) 17. XI. 1848. 40 S. mit Biogr. (M.: A. Madeika.) (4.50) Gew.: Joh. Chn. Aug. Clarus. 6715

Dolega, Hellmuth Über einige besondere sphärische und ebene Polygone. S. 17—37. Progr. *Allenstein* 1878.

Dolega, M., die Bedeutung u. Technik der Bauchmassage in der Behandlung chronischer Obstipationen, insbesondere der chron. habituellen Obstipation. gr. 8. (15 S.) Leipzig 899. G. Thieme. n. — 60
Sonderabdruck aus: „Zeitschr. f. diätet. u. physikal. Therapie".

Zur Pathologie und Therapie der kindlichen Skoliose u. üb. die Unterscheidg einer habituellen u. constitutionellen Form ders. E. krit. u. klin. Studie v. Dr. med. (M.) **Dolega**, Docent a. d. Univ. Leipzig ... M. 72 im Text enth. Abb. *Leipzig: F. C. W. Vogel 1897.* (VIII, 135 S.) 1 Bd 8. [97. 1922

Dolega, Max, d. Gymnastik in d. Gynaekologie, s.: Jentzer, A.

Dolega, Max, die Massage, ihre Technik u. Anwendung in der praktischen Medicin, s.: Bibliothek, medicinische, f. praktische Ärzte.

Dolega, Silvius Begriffsbestimmungen als Schüleraufsätze. 20 S.
Progr. *Wongrowitz* 1881.

Dolega, Silvius [Dr.]: Die Charakteristik als Schüleraufsatz. Rogasen, Druck v. Jonas Alexander's Wwe, 1889; S. 12–27; 4°
Rogasen, f. G, OP 1889 (153)

Dolega, Silvius (Agathon Maximilianus) *(geb. Panzerei in Ostpr. 2. 11. 1846)*: De Sallustio imitatore Thucydidis, Demosthenis aliorumque scriptorum Graecorum. Vratislaviae (1871). (IX, 59 S.) 8° *[Im Buchhandel 1871 bei Maruschke & Berendt in Breslau.]*
Breslau. Phil. Diss. v. 17. Aug. 1871

Dolega, Silvius, de Sallustio imitatore Thucydidis, Demosthenis aliorumque scriptorum Graecorum. Dissertatio. gr. 8. (IX, 62 S.) Breslau 871, (Maruschke und Berendt.) *

Dolejš, Joh., praktische **Anleitung zur Blumen-, Gemüse- und Gehölzzucht. I. Die monatl. Verrichtungen in der Blumengärtnerei, im Rosengarten, bei der Kultur der Blumen im Zimmer, bei der künstl. Vermehrung der Pflanzen, in den Glashäusern, in der Kultur der officinellen Pflanzen, Gemüse- und Gehölzzucht, Obst- und Weinkultur. gr. 8. (VIII, 87 S. mit 100 eingedr. Illustr.) Prag 881, (André'sche Buchh.)** *

Dolejš, Karl

Dolejš, K., Živnostenské písemnictví. Učebná kniha žákům průmys lových škol pokračovacích, řemestnických, odborných a míshovských, jakož i pomůcka živnostníkům samostatným. Wien 1889. K. k. Schulbücherverlag. Geb. —.38. (Min.-Erl. 15. September 1889. Z. 18414.)

Dolejš, Karl, Živnostenské písemnictví. Učebnice žákům průmyslových škol pokračovacích, řemeslnických odbovných a mistrovských, jakož i pomůcka živnostníkům samostatným. 3. Auflage. Wien 1892 K. k. Schulbücher-Verlag.

Dolejš, Karl, Živnostenské písemnictví. Učebnice žákům škol pokračovacích, řemeslnických odborných a mistrovských, jakož i pomůcka živnostníkům samostatným. 5. Auflage. Wien 1895. K. k. Schulbücherverlag. (Min.-Erl. v. 19. October 1895, Z. 24065.) Geb. —.40

Dolejš, Karl, Živnostenské účetnictví se stručnou naukou o směnkách. Učebnice žákům průmyslových škol pokračovácích a mistrovských jakož i pomůcka živnostníkům samostatným. Wien 1894. K. k. Schulbücher-Verlag. (Min.-Erl. v. 8. April 1894, Z. 6735.) Gebunden 70 h

— — Živnostenské účetnictví se stručnou naukou o směnkách. Učebnice žákům průmyslových škol pokračovacích a mistrovských, jakož i pomůcka živnostníkům samostatným. 2. Auflage. Wien 1895. K. k. Schulbücherverlag. (Min.-Erl. v. 19. October 1895, Z. 24065.)

Dolejš, Karl, Živnostenské účetnictví se stručnou naukou o směnkách, Učebnice žákům průmyslových škol pokračovacích a mistrovských, jakož i pomůcka živnostníkům samostatným. 4., revidierte Auflage. Wien 1903. K. k. Schulbücher-Verlag. Preis, gebunden 1 K.

Doeleke, Wilhelm Heinrich

Doeleke, Guilielmus Henricus:

1. • [De causis linguae Latinae.] 2 Bl. 8° Ist vielleicht lat. Übersetzung aus des Verf.: Die syntaktischen Regeln der lateinischen Sprache mit Übungsstücken zu jeder Regel, zum Übersetzen in d. Latein. Kursus 1. Hannover 1820, oder aus des Verf.: Deutsch-latein. Schulgrammatik. Nebst 2 Tab. Leipzig 1826.
2. • Von den Redetheilen. 2 Bl. 4° [Kopft.] Aus des Verf.: Die syntaktischen Regeln der lateinischen Sprache, mit Übungsstücken zu jeder Regel, zum Übersetzen aus dem Deutschen in das Lateinische. Kursus 1. Hannover 1820.
3. • Bemerkung über Pyal und Hophal. 1 Bl. 8° [Kopft.] Aus des Verf.: Hebräische Grammatik für die ersten Anfänger, mit Übungsstücken zum Übersetzen aus dem Hebräischen ins Deutsche, und aus dem Deutschen in das Hebräische. [Leipzig 1822.]

[Halle-Wittenberg, Phil. Diss. v. 2. Okt. 1819]
Geb. [Nienhagen (Kr. Oschersleben) 26. 8. 1784]

Döleke, Wlh. H., († d. 14. Febr. 1827.) kleine hebräische Grammatik, mit Uebungsstücken zum Uebersetzen. gr. 8. Leipz. 822. Hahn. 10 gr.

— kleines Hülfsbuch beim Erlernen u. Einüben der Formen im Griechischen, besonders des Zeitwortes. gr. 8. Hildesheim 821, Gerstenberg.

Döleke, W. H. Observationes grammaticae. Schleusingen, G., 1823.
— Dasselbe (Fortsetzung). Ebd. 1826. 24 S. 4.
Progr.

Döleke, G. H. Observationes grammaticae. (De causis ling. lat.: Schluß der im Progr. 1823 erschienenen Abhandlung des Verfassers.) 24 S. . . . .
Progr. Schleusingen 1826

Döleke, W. H., die syntaktischen Regeln der lateinischen Sprache mit Uebungsstücken zu jeder Regel, zum Uebersetzen in das Latein. 1r Curs. gr. 8. Hannover, Gebrüd. Hahn. 819.

— d. syntakt. Regeln d. latein. Sprache mit Uebungsstücken zu jeder Regel, zum Uebersetzen in d. Latein. 1r Curs. gr. 8. Hannov. 820. Hahn. 10 gr.

— Schreiben an Hrn. Prof. **Vater über die von ihm herausg.** Samojedische Original-Erzählung u. grammat. Bemerkk. über d. Sprache d. Samojeden. 8. Götting. 812.

— deutsch-latein. Schulgrammatik. gr. 8. nebst 2 Tab. Leipzig 826, Hahn.

— Versuche philosoph.-grammat. Bemerkk. 1r Versuch. A. u. d. T.: Kritik d. Lehre von den französ. Participes. 8. Götting. 812. Deuerlich. (Leipz., Barth). 4 gr. 2r Versuch. A. u. d. T.: über d. Casus, d. Tempora, d. Pronomen u. d. Verbum Substantivum. 8. Halberst. 814. (Leipz., Barth). 8 gr.

Die Verfassung der oesterreichischen Strafgerichte und das Laienrichtertum. Von Dr. Method **Dolenc.** Heidelberg: Winter 1910. S. 467–602. 8°
(Schwurgerichte u. Schöffengerichte. Beiträge z. ihrer Kenntnis u. Beurteilung. Bd 2, H. 4.) [10. 13183 4

DOLENEC, Josephus: De exitu Israel ex Aegypto ejusque transitu per mare rubrum. — (1883) 105 S. 4° (Handschr.) Diss. 370
Diss. Wien, Univ.

Dolenecz, J., Histoire générale d. Hongrois, s.: **Sayous**, Ed.

Dolenga v. Zablensky, Erna, Blumen u. Unkraut. Ernste, heitere Gedichte, kleine Satiren, kleine Vorträge u. Widmungn. (IV, 168 S.) 8. Dresden 904. E. Pierson. n. 2. —; geb. n. 3. —

Dolenz, Carolus, De immortalitate animorum dialogi auctore J. Dom. Paligna S. J. Latine redditi. Viennae 1740, in 8°.

DOLERA, PANTALEONE: Leben, Tugenden und Wunderwerke des . . . Camilli de Lellis, Stifters des Ordens der Clericorum Regular. Krankenpfleger. Samt einem Anhang einiger Wunderwerke . . übersetzt von P. Antonio . . . Raab 1779: Druck Streibig. (68 f.)

Doles, Vater, und seine Freunde (Blätter aus dem Tagebuche eines ehemaligen Thomasschülers.) In: Neue Zeitschrift für Musik. Leipzig 1834. Nr. 12—18. S.-A. V: *Lyser, Johann Peter.* (Friedrich Hirth: J. P. Lyser. München u. Leipzig 1911. S. 546)

Doles, Jh. Fr., († ...) singbare u. leichte Choralvorspiele f. Lehrer u. Organisten. 5 Hfte. Fol. Lpz., Fischer u. Fuchs). 1 ꝛc 16 K

Doles, Joh. Friedrich (Freiberg), De Leonis philosophi constitutionum novellarum auctoritate. Präs. Joh. Theoph. Seger. Lpz. (Langenheim) 18. VI. 1767. 22 S. (4.80) 6716
Gew.: Joh. Friedr. Scheuchler (Kistritz b. Weißenfels).

— — De exceptionibus post interlocutionem super litiscontestatione extra ordinem valide opponendis. Lpz. (Breitkopf) 4. IV. 1776. 36 Seiten. (4.80) 6717

Doleschal Ant.: Eigenthümlichkeiten der Sprache in Thomas Kyds Dramen. 19. Leitmeritz R. 88.
Progr.

Doleschal Anton: Das „participe passé" in activer Verbalconstruction von den ältesten Zeiten der Sprache bis auf die Gegenwart. 80. Steyr R. 88
Progr.

— Der Versbau in Th. Kyds Dramen. Ein Beitrag zur Geschichte der englischen Metrik. Steyr, O. R., 1892. 23 S.
Progr.

Doleschál, C. Ludw., Memoranda der Zoologie und vergleichenden Anatomie. Für Mediciner und angehende Aerzte zusammengestellt. 12. (IV und 120 S.) Wien 853, Sallmayer und Comp. *

Doleschal, L., Systematisches Verzeichniss der im Kaiserthum Oesterreich vorkommenden Spinnen. [Aus d. Jahrg. 1852 der Sitzungsberichte der mathemat.-naturw. Classe d. k. Akad. der Wissensch. abgedr.] gr. 8. (32 S.) Wien 852. (Braumüller.) n. 1/6 ꝛc

—— systematisches Verzeichniss der im Kaiserthum Oesterreich vorkommenden Spinnen. Lex.-8. (32 S.) Wien 853, (Gerold's Sohn.) *

Doleschal, Max. Über das Budgetrecht. Mit besonderer Berücksichtigung der budgetrechtlichen Regelung in England, Frankreich, Deutschland und der Schweiz.
In: Jahrbuch der Basler Juristenfakultät. Heft 8/11. Basel 1935. S. 61–62.

Doleschal, Max [prakt. Arzt von Wien]: Vergleichende Untersuchungen des Gärtner'schen Tonometers mit dem von Basch'schen Sphygmomanometer. Basel 1900. 60 S. 8°.
Basel. Med. Diss. 1900/1901.

Doleschall, Ant. Thom., Diss. inaug. de jure patronatus. 4. Köln 783.

— s. Justus, Kaufmann, Geschichte.

Doleschall, E. A., das erste Jahrhundert aus dem Leben einer hauptstädtischen Gemeinde. Aus Veranlassung des 100jähr. Bestandes der Pester evangel. Kirchengemeinde A. C. geschildert. gr. 8. (VIII, 184 S.) Budapest 887, (Lauffer.) *

Doleschall, E. A., evangelischer Konfirmanden-Unterricht. (26 S.) 1878. * 60 Pf.; 2. verm. Aufl. 8. (40 S.) Budapest 882, (Lauffer's Verlag.) geb. *

Doleschall, E. A., Reformationsprodigt, hrsg. v. Wilh. Majba, s.: **Predigten**, evangelische, hrsg. durch d. Luthergesellschaft in Budapest.

—— Luthers Testament, besprochen. Mit einer Photolithogr. der Orig.-Urkunde. 1. und 2. Aufl. gr. 8. (III, 36 S.) Ebendas. 881. *

Dolezal-Berghaus-Gönczy, Wandkarte der österreich-ungarischen Monarchie. 1 : 864 000. (ungarisch) auf Leinwand in Mappe. Gotha 1871

Doležal, A.: Galicya i Lodomerya z wielkiem ksiestw. Krakowskiem i ksiestw. Bukowiny. (1 : 382.000.) Wien 1874. [Galizien und Lodomerien mit dem Großherzogtum Krakau und dem Herzogtum Bukowina]

Doležal, Ed., theoretische u. praktische Anleitung zum Nivellieren, s.: Stampfer, S.

— Festlegung e. polygonalen Zuges bei Verwendung neuer Instrumente f. optische Distanzmessung. gr. 4. (20 S. m. Abbildgn.) Wien 901. (Leoben, L. Nüssler.) n. 1. —
Sonderabdruck aus: „Zeitschr. d. österr. Ingenieur- u. Architekten-Vereins."

— Paganini's photogrammetrische Instrumente u. Apparate f. die Rekonstruktion photogrammetischer Aufnahmen. hoch 4. (16 S. m. Abb.) Berlin 899. Administration d. Fachzeitschr. „Der Mechaniker." n. 1.20
Sonderabdruck aus: „Der Mechaniker".

— photogrammetrische Lösung des Wolkenproblems aus e. Standpunkte bei Verwendung der Reflexe. gr. 8. (26 S. m. 5 Fig. u. 1 Taf.) Wien 902. (C. Gerold's Sohn.) n. — 70
Sonderabdruck aus: „Sitzungsber. d. k. Akad. d. Wiss."

— über Photogrammetrie u. ihre Anwendungen, s.: Vorträge des Vereines z. Verbreitg. naturwiss. Kenntnisse in Wien. 40. Jahrg. 10. Hft.

— trigonometrische Punktbestimmung durch Einschneiden u. Hansen's Problem. gr. 8. (75 S. m. 5 Tab. u. 1 Taf.) Leoben 902. L. Nüssler. n. 8. —
Sonderabdruck aus: „Berg- u. hüttenmänn. Jahrb. d. Bergakademieen".

Doležal, Eduard

Doležal, Ed., d. Anwendung d. Photographie in d. prakt. Messkunst, s.a. **Encyklopädie** d. Photographie.

Die Anwendung der Photographie in der praktischen Messkunst. Von Eduard Doležal, Prof. d. Geod. . . . zu Sarajevo. M. 31 Fig. im Text u. auf 3 Taf. *Halle a. S.: W. Knapp 1896.* (VII S., 1 Bl., 114 S., 1 Bl., 3 Taf.) 1 Bd 8.
= Encyklopädie d. Photographie. H. 22. (96. 7482)

Doležal, Eduard, s.: **Archiv**, internat. f. Photogrammetrie.

— Über photographische Ballonaufnahmen u. ihre Verwendg., s.a. Vorträge des Vereins z. Verbreitg. naturwiss. Kenntnisse in Wien. 50. Jahrg. 18. Heft.

Dolezal, Eduard: Über photographische Ballonaufnahmen und ihre Verwendung. Vortrag. Wien 1910

Dolezal, Eduard: Über die Bedeutung der photographischen Meßkunst. Rede. Wien 1908

— Über die graphische Bestimmung der Intensität u. Quantität der solaren Bestrahlung. (24 S. m. 5 Fig. u. 8 Taf.) gr. 8. Wien 908. (A. Hölder.) 1.50
Sonderabdruck aus „Sitzungsber. d. k. Akad. d. Wiss."

Doležal, Eduard, Graphische Bestimmung von Zeit, Azimut u. Meridian. (15 S. m. 2 Taf.) gr. 4. Leoben 903. L. Nüssler. n. 2. —
Sonderabdruck aus: Öst. Ztschr. f. Berg- u. Hüttenwesen."

— Hand- u. Lehrbuch der niederen Geodäsie, s.: Hartner, Frdr.

— Das Problem der 6 Strahlen od. der 7 Punkte in der Photogrammetrie. (29 S. m. 3 Fig.) gr. 8. Wien 906. (A. Hölder.) 1. —

— Das Rückwärtseinschneiden auf der Sphäre gelöst auf photogrammetrischem Wege. (1. Abhdlg.) (84 S.) gr. 8. Ebd. 910. — 80

— Das Stampfersche Scheiben-Polarplanimeter. (32 S. m. 5 Fig.) gr. 8. Ebd. 909. 1. 20
S Sonderabdr. aus „Sitzungsber. d. k. Akad. d. Wiss."

— Sechsstellige logarithmisch-trigonometrische Tafeln, s.: Stampfer, S.

— über e. Theil der auf Bosnien entfallenden Wasserscheide zwischen d. Pontus u. der Adria, s.a. Mittheilungen, wissenschaftliche, aus Bosnien u. der Hercegovina. 6. Bd.

DOLEŽAL, Eduard
Über einen Theil der auf Bosnien entfallenden Wasserscheide zwischen dem Pontus und der Adria. Von Eduard Doležal. Mit 4 Tafeln. (Separat-Abdruck aus Wissenschaftliche Mittheilungen aus Bosnien und der Hercegovina. VI. Bd. 1899.) In Comm. Gerold's Sohn. Lex.-8°. 14 S. fl. —.40

Doležal, Franz. Situations-Plan der Landes-Hauptstadt Brünn sammt allen Vorstädten nach den vorzüglichsten und besten Quellen zusammengestellt und gezeichnet. *Brünn* 1858. Verl. v. *Buschak & Irrgang.*
1 Blatt. Höhe 1' 10". Breite 2' 4¼". Massstab 1 W. Z. gleich 80 Klft. Schwarzes Exemplar. Unterhalb des Titels findet sich eine Uebersicht der vorzügl. öffentlichen Aemter und Anstalten mit Angabe ihres Domizils. Die Häusernummern sind nur im Plane der innern Stadt selbst verzeichnet.

Doležal, Franz —. Uebersichtskarte von Mähren und Schlesien nach der neuesten politischen und gerichtlichen Landeseintheilung vom Jahre 1854. Entworfen und gez. von . . . . . Lith. von M. Fahrmbacher. Lithogr. Anstalt von Höfelich's Wtw. in Wien. Eigenthum und Verlag von A. Hauptmann in Brünn. 1 Bl. 20 Z. hoch, 26 Zoll br. Ohne Terrainzeichnung. Mit einer Uebersicht der Landes-Verwaltungs-Eintheilung und einer Zeichenerklärung.

Doležal, Joh., Katholische Gebete und Gesänge für die Jugend. Mähr.-Ostrau, Prokisch's Verl.-Buchh. (Jul. Kittl.) geb. 50 kr. 1883.

Doležal, Joh., Grössere biblische Geschichte f. kath. Volksschulen. Mit 66 Abbildgn. 8°. (226 S.) Mähr.-Ostrau, Prokisch. geb. fl. —.30. 1887.

— — Kleinere biblische Geschichte für kathol. Volksschulen. Mit 40 Abbildgn. 8°. (68 S.) Ebd. Geb. fl. —.16. 1887.

Doležal, Joh., Handbücher-Bibliothek. 1. Bd. Mass-, Gewichts- u. Münztafeln. 1. Hft. gr. 8. (32 S.) Klattau 876. (Prag, Rziwnatz.) n. — 56

Doležal, Joh., Handbücher-Bibliothek. 1. Bd.: Mass-, Gewichts- und Münztafeln. 1. Heft. gr. 8. (32 S.) Klattau 876, Selbstverlag. *
Nicht weiter erschienen.

Dolezalek, Frdr., die Löslichkeit des Bromsilbers u. Jodsilbers im Wasser, s.: Kohlrausch, F.

— die Theorie des Bleiaccumulators. gr. 8. (VII, 122 S. m. Fig.) Halle 901. W. Knapp. n. 6. —

Dolezalek, Friedrich: Zur thermodynamischen Theorie homogener Gemische. I. Beiträge zur Theorie der Dampfspannung homogener Gemische. II. Ueber die chemische Theorie des Bleiakkumulators. *Hannover 1898: Gebr. Jänecke.* (54 S.) 8°
Göttingen, Phil. Diss. v. [7. Mai] 1898

Dolezalek, Carl, der tunnelartige Canalbau in Hannover 1892. gr. 8. (VIII, 71 S. m. 4 Taf.) Hannover 893. Helwing's Verl. n. 1. 50

Dolezalek, Carl, über Sprengmittel. Vortrag, gehalten am 12. und 16. März 1887. Imp.-4. (24 S.) Hannover 888, Schmorl und v. Seefeld. *
Aus: Zeitschrift des Architekten- und Ingenieur-Vereins zu Hannover, besonders abgedruckt.

—— der Tunnelbau. Ein Lehrbuch. 1. Bd.: Die Gewinnungsarbeiten. (In 4 Lfgn.) 1. Lfg. gr. 8. (96 S. mit Fig. und 9 Stnt.) Hannover 888, Helwing's Verlag. *

— der Tunnelbau. Ein Lehrbuch. I. Bd. Die Gewinnungsarbeiten. (In 4 Lfgn.) 1. Lfg. gr. 8. (96 S. m. Fig. u. 9 Steintaf.) Hannover 889. Helwing's Verl. n. 5. —

Dolezalek, Carl. Der Tunnelbau. Ein Lehrbuch. I. Bd.: Die Gewinnungsarbeiten. 2. Lfg. gr. 8. (S. 97—192 m. Fig. u. 5 Stnt.) Hannov. 890, Helwing. * 5 —
1. Bd. 1. Lfg. Ebd. 1888. * 5 —.

Dolezalek, Carl, d. Tunnelbau. Ein Lehrbuch. I. Bd. Die Gewinnungsarbeiten. 3. Lfg. gr. 8. (S. 193—288 m. Abb. u. 1 Taf.) Hannover 896. Helwing. n. 5. —

Dolezalek, C., die Zahnbahnen, s.a. **Eisenbahn-Technik, die, der Gegenwart. IV.**

Dolezalek, [Carl]. Die Zahnbahnen. Bearb. von D', Hannover. Mit 208 Abbildungen im Texte. X + 176 S. gr.-8. Wiesbaden, C. W. Kreidel, 1905. [M. 6. 60]
Zahnbahnen. Städtische Bahnanlagen. Betriebsmittel der Kleinbahnen und elektrischen Bahnen. Betriebsmittel der Zahnbahnen. Seilbahnen. Hrg. von [Alfred] Blum ..., von Borries ..., [Georg] Barkhausen.... Abschnitt A. — *A. u. d. T.:* Die Eisenbahn-Technik der Gegenwart. Unter Mitwirkung von ... hrg. von Blum ..., von Borries ... [und] Barkhausen.... Band 4.... [Abschnitt A.]

Dolezel, Frz., Grundzüge der Tonwaren-Industrie. Zum Gebrauche an fachl. Fortbildungsschulen f. Öfner u. Töpfer. (Lehrtexte f. Fach- u. gewerbl. Fortbildungsschulen.) (IV, 46 S. m. 18 Abbildgn.) 8. Wien 910. A. Hölder. Geb. — 85

Dolezel, Joh. Die Vorbereitung zur heil. Firmung. 8. (36 S.) Mähr.-Ostrau 889, (Prokisch). * — 20

Dolezel, Rob. Frz., († d. 13. März 1814.) Widerlegung d. Bitte, die Volkssprache im öffentl. Gottesdienste einzuführen. 8. Wien 783. Kurzböck. 3 gr.

Dolezych, Max, die Meisterprüfung, s.: Ortlieb, Wilh.

Dolezych, Max, Rechtskand. aus Schoppinitz i. Schl.: Die Rechtsverhältnisse am Fund und Schatz nach gemeinem und bürgerlichem Recht. *Jena 1901: B. Vopelius.* (72 S.) 8°
Jena, Jur. Diss. v. (Nov.) 1901

Dolf, Franciscus Guilelmus (geb. am 25 Nov. 1800 in Bedburg Rgbz. Köln): De ratione quae animi facultatibus cum materie cerebri cinerea intercedit . . . Bonnae, typ. P. Neusseri (1825). IV, 18 S., 1 Bl. 4.
Bonn, Med. Fak., Diss. v. [15] Sept. 1825

Dolf, Ina, das Bild der Mutter. Schicksale eines jungen Mädchens. 8. (VI, 264 S.) Leipzig 890. Spamer. n. 3. —; geb. n. 4. —

Dolf, Ina, das Bild der Mutter. Schicksale e. jungen Mädchens. Erzählung. 2. (Titel-)Aufl. 12. (VI, 264 S.) Leipzig 895. O. Spamer. n. 3. —; geb. in Leinw. n. 4. —

Dolfe, Alwin. Der ewige Jude. Eine Ansprache an Viele, wenn nicht an Alle. 8. (32 S.) Trier 891. [Maas u. Comp.] Mayer. — 30

Dolff, Ferd(inand) Conrad: Aus dem Laboratorium der medicinischen Klinik zu Bonn. Ueber den Einfluss von nucleïnreicher Nahrung und Acidum tannicum auf d. Harnsäureausscheidung beim Menschen. *Bonn 1898: J. Trapp.* (30 S.) 8°
Bonn, Med. Diss. v. [19. März] 1898

Dolff's, G. v., s. D o l f f s , Goswin von

Dölffer, Johann Anton

Processus juris militaris informativus. Worinn nicht nur alle Kriegs-Richter . . . auch alle Hohe und Niedrige Officier, eine vorhin noch nie gehabte völlige Information finden, wie sie sich zu denen abhaltenden Kriegs-Gerichten, habilitiren und geschickt machen mögen . . . ans Licht gegeben v. Johann Anton **Dölffer.** Leipzig. 1702. Bei: Historisch- und Rechtsbegründeter Tractat von dem Verlassungs-Recht. Von Matthaeo Schlütern. Hamburg. 1703. 4° k.

Dolffs, Goswin von, Die Salzwerke am Teutoburger Waldgebirge Gottesgabe und Rothenfelde, technisch-historisch-geognostisch beschrieben.
Berlin 1829.

v. Dolffs, G., die Salzberge am Teutoburger Waldgebirge Gottesgabe u. Rothenfelde, technisch-histor.-geognost. beschrieben. Mit 3 Steint. gr. 8. Berl. 829. Reimer. 20 gr.

Dolffs, Thdr.

— s. D i e n s t - K a l e n d e r f. eine Escadron d. Linien-Cavallerie.

v. Dolffs, Thdr., der Escadron-Dienst. Ein Handbuch für Cavallerie-Offiziere der Königl. Preuß. Armee. gr. 8. Berlin, Posen u. Bromberg 842, Mittler. n. 2⅔ ℳ

Dolffs, v., & Helle: Jll. Preis-Verzeichniß über den Bedarf technischer Gewerbe. Braunschweig (1899?)

Dolffs-Magni, Frh. v., Gedichte, s. **Bockum.**

Dolfin, Fr. Acta Eugenii Francisci Sabaudiae Ducis. 8. Viennae 1735.

Dolfin, Franciscus. Acta serenissimi principis Eugenii sub Ternis Augustissimis Romanis Imperatoribus Leopoldo, Josepho et Carlo etc. (Mit Abbild.) Fol. Viennae 1735.

Dolfin, Franciscus. Augusta quinque C a r o l o r u m Historia augustissimo, invictissimo, maximo imperatori C a r o l o VI. Fol. Viennae **1735.**

Dolfinger, Karl

— die selige gute Betha v. Reute, s.: **Niedermeyer, Gregorius.**

Dolfinger, Karl, das Kind der Kirche. Gebet- u. Erbauungsbuch f. kathol. Christen jeden Standes. 16. (XV, 543 S. m. farb. Titel u. 1 Stahlst.) Münster i/W. 891. Aschendorff. n. 1. 80

D o l f i n g e r , Karl, der Kreuzberg. Ein Gebetbuch für das kathol. Volk, mit besond. Rücksicht auf die Besucher des Kreuzberges bei Bonn. 16. (XII, 467 S.) Bonn 888, Hauptmann. *

D o l f i n g e r , Karl, die Liebe, das Band der Vollkommenheit. [Kolosser 3, 14.] Unterrichts- und Gebetbuch für römisch-katholische Christen, welche Gott von Herzen lieben und ihm vollkommen dienen wollen. Neu bearb. und hrsg. 16. (XV, 595 S. mit Farbendr.-Titel und 1 Stahlst.) Freiburg i. Br. 877, Herder'sche Verlagsh. ℳ 1,50.; feine Ausg.

D o l f i n g e r , Karl, die Liebe, das Band der Vollkommenheit. [Kolosser 3, 14.] Unterrichts- und Gebetbuch für römisch-kathol. Christen. Neu bearb. und hrsg. 2. vielverb. Aufl. Nr. 3. Feine Ausg. 16. (XIX, 596 S. mit Farbentitel und 1 Chromoxylogr.) Freiburg i. Br. 884, Herder'sche Verlagsh.
Nr. 4, gewöhnl. Ausg. mit Farbentitel und 1 Stahlst.

— die Liebe, das Band der Vollkommenheit. (Kolosser 3, 14.) Gebet- u. Unterrichtsbuch f. kathol. Christen jeden Standes. 3., verb. u. verm. Aufl. 16. (IV, 644 S. m. farb. Titel.) Stuttgart 893. J. Roth. n. 1. 50; geb. von n. 2. — bis n. 6. —; feine Ausg. n. 2. —; geb. von n. 3. — bis n. 6. —

Dolfinger, Karl, S. J., die Liebe, das Band der Vollkommenheit. Gebet- u. Unterrichtsbuch für kathol. Christen jeden Standes. 4. verb. Aufl., hrsg. v. Frz. Miller, S. J. (Neue [Titel-]Ausg.) (617 S. m. 1 Farbdr.) 16. Freiburg i/B. [903] (905). Herder. n. 1 50; geb. in Leinw. n. 2. —; m. Goldschn. n. 2. 40; in Ldr. m. Goldschn. n. 2. 80

[D.] Schüttelgedichte von H a r u n Dolfs. *Berlin: H. Steinitz [1896].* (40 S.)
1 Bd 8. [96. 7483

Schüttelgedichte v. H a r u n Dolfs. 2. Aufl. *Berlin: H. Steinitz 1897.* (40 S.)
1 Bd 8. [98. 4410 Bc

Dolfuss, Jean Gaspard, Voyage en France, s. M e i n i n g e r, Ernest.

Dolge, Alfr.
— Vide: Böhmert, V.: Das Lohn- und Arbeitssystem.

Dolge, Alfred. Fest-Rede z Feier des 125 jhr Bestehens d Dten Kirche zu Palatine, NY, 18. Aug 1895. Palatine, 1895.

— s. Vertheilung (Die gerechte) des Geschäftsertrages.

Dolge, Just. Heinrich (Sandstedt/Brem.), De praecedentia gentium. Präs. Lud. Mart. Kahle. Gött. (Mich. Turpe) Juli 1738. 48 S. (5.—) 6718
Gew. (v. Präs.): Gerl. Ad. v. Münchhausen (Strausfurt).

Dölger, Frz. Jos., der Exorcismus im altchristlichen Taufritual, s.a. S t u d i e n zur Gesch. u. Kultur des Altertums.

Der Exorzismus im altchristlichen Taufritual. Eine religionsgeschichtl. Studie von Dr. Franz Jos. **Dölger**, Privatd. Paderborn: Schöningh 1909. XI, 175 S. 8°
(Studien z. Geschichte u. Kultur d. Altertums. Bd 3, H. 1./2.) [09. 13336

Ιχθυς. Das Fischsymbol in frühchristl. Zeit von Dr. Franz Jos. **Dölger**, Privatd. Bd 1. Rom: Herder in Freiburg i. B. in Komm. [usw.] 1910. 8°
(Römische Quartalschrift. Suppl. [17.]) [11. 1444

Dölger, Franz Jos.: Das Sakrament der Firmung. Historisch-dogmatisch dargestellt. Gekrönte Preisschrift. 1905. (F. Jasper, Wien.) (XIV, 228 S.) 8°
Würzburg, Theol. Fak., Diss. v. 1905
(Nur in beschränkter Zahl für den Austausch)

Dölger, Frz. Jos., das Sakrament der Firmung, s.a. **S t u d i e n ,** theologische, der Leo-Gesellschaft. 15.

Das Sakrament der Firmung hist.-dogmat. dargestellt. Gekrönte Preisschrift von Franz Jos. (auf d. Umschl.: Franz X. Jos.) **Dölger**. Wien: Mayer & Co. 1906. (XVIII, 228 S.) 8°
= Studien, Theologische, d. Leo-Gesellschaft. 15. [06. 7384

Dölger, Franz Jos., Dr. theol.: Der Taufexorzismus im christlichen Altertum. Würzburg 1906: P. Scheiner. (87 S.) 8°
¶ (Teil 1 des 2. Abschn. einer größeren Arbeit.)
Würzburg, Theol. Fak., Hab.-Schr. v. 1905

Die Mittelohreiterungen. Auf Grundlage d. statist. Berichte Bezold's ⟨1869 –1896 incl.⟩ u. e. eigenen Fortsetzung derselben bis z. J. 1901 incl. bearb. von Dr. Robert **Dölger**, Oberarzt. *München: J. F. Lehmann 1903.* (145 S.) 8° [03. 910

Dölger, Robert [cand. med. aus Wörth a./Main]: Pneumothorax duplex ... Würzburg, F. Scheiner's Buchdr., 1895; 32 S. 8.
Würzburg, Med. Fak., Inaug.-Diss. v. 1895

Dölger, Rob., die ohrenärztliche Tätigkeit des Sanitätsoffiziers, auf Grundlage der neuen Dienstanweisg. zur Beurteilg. d. Militärdienstfähigkeit vom 13. 10. 1904 bearb. (VII, 60 S.) 8. Wiesbaden 906. J. F. Bergmann. n. 1. 20

Dölger, Rob., die ohrenärztliche Tätigkeit d. Sanitätsoffiziers. I. u. II. Tl. 8. Wiesbaden, J. F. Bergmann. 6. 40
I. Die f. den Sanitätsoffizier wicht. dienstl. Bestimmgn. der Ohrenkrankgn. II. Tl. Einige d. wichtigsten Fragen aus dem Gebiete der Ohrenheilkunde unt. besond. Berücksicht. der Bezold-Edelmannschen kontinuierl. Tonreihe. 2. umgearb. u. verm. Aufl. (XIV, 282 S. m. 2 Abb. u. 1 Taf.) 910. 5. —
II. Einige wicht. Fragen aus dem Gebiete der Ohrenheilkunde unter besond. Berücksicht. der Bezold-Edelmann'schen Tonreihe bearb. (VII, 49 S. m. 1 Taf. u. 2 Tab.) 907. 1. 40

Dolgich, Joseph, aus Riga ⟨Russl.⟩: Ueber den Einfluss der Arbeitsleistung auf die Milchsekretion der Kühe. *Halle a. S. 1902: (J. Pässler, Dresden-N.).* (62 S.) 4°(8°) ¶ [Aus: Berichte aus d. physiol. Laboratorium u. d. Versuchsanst. d. landw. Inst. d. Univ. Halle, H. 16.]
Halle, Phil. Diss. v. 1902

Dolgoroukow, Prince Pierre, Lettre adressée à l'empereur Alexandre II. gr. 8. (7 S.) Leipzig 862, Gerhard. *

Dolgorukow, Prince Pierre, mémoires. Tom. II. 1. Livr. Publiés après la mort de l'auteur par un Russe. gr. 8. (VIII, 121 S.) Basel 871. Georg. n. 2. —

Dolgorouky, Prince Paul, notice sur les principales familles de la Russie. Nouv. édit. Berlin 858. F. Schneider. 8. (2 Bl., 144 S.) n. 24 ngl.

Dolgorouky, Pierre, prince. Notice sur les principales familles de la Russie. Nouvelle édition. 8. Berlin 1859.

—— о перемѣнѣ образа правленія въ Россіи. gr. 16. (136 S.) Paris und Leipzig 862, Franck. *

—— la question russo-polonaise et le budget russe. gr. 16. (III und 112 S.) Leipzig 861, Franck'sche Verlagsh. *

—— la vérité sur la Russie. 2 Vols. 2. Édit., revue et considérablement augmentée. gr. 16. (XII und 617 S.) Leipzig 861, Franck'sche Verlagsh.

—— Wahrheit über Rußland. Deutsch von L. Wachler. 2 Bde. 8. (XXXI und 541 S.) Sondershausen 861,62, Neuse. à Bd. * 25 Ngr. *

Dolgow, Nachom, a. Theodosia ⟨Südrußland⟩: ⟨Aus der Universitätsfrauenklinik in Jena.⟩ ⟨Direktor Prof. Dr. Franz.⟩ Ueber Dauerresultate der operativen Behandlung der Extrauteringravidität. Jena 1906: A. Kämpfe. (37 S.) 8°
Jena, Med. Fak., Ref. Franz, Diss. v. 28. März 1906
[Geb. 18. Aug. 78 Theodosia; Wohnort: Jena; Staatsangeh.: Rußland; Vorbildung: Gymn. Theodosia Reife O. 00; Studium: Berlin 7, Jena 4 S.; Rig. 24. März 06.]

Doliar, Dr., s. Wild's, C. A., prakt. Universal-Rathgeber.

Dollarius, J. C. 2000jährige Kalendertafel. qu. gr. 4. Mit Beiblatt. 8. (13 S.) Lpz. 890, Dyk. * 1 80

Königsberger Lehrergesangverein. Bericht über das erste Jahrzehnt 1900–1910. Im Auftr. d. Vorstandes bearb. von Albert **Doligkeit.** Königsberg i. Pr. 1910: Leupold. 44 S. 8° A11.7210

Dollnn, F. [app. Arzt]: **Zur pathologischen Anatomie des intraocularen Cysticercus. . . . Jena, Gustav Fischer, 1889; 2 Bl. + 24 S. + 1 Bl. 8°**
Königsberg, Med. Fak., Inaug.-Diss. v. 27. Jul. 1889

Dolinar, Giovanni, Metodo pratico per imparare la lingua tedesca. In zwei Stufen. Wien 1892. K. k. Schulbücher Verlag.

Dollnar, Giovanni, Metodo pratico per imparare la lingua tedesca Wien 1902. K. k. Schulbücherverlag.
Preis des I. Teiles, gebunden 60 h.
Preis des II. Teiles, gebunden 90 h.

Dollnar, Giovanni, Metodo pratico per imparare la lingua tedesca. Corso terzo. Wien 1903. K. k. Schulbücher-Verlag. Preis, gebunden 1 K 40 h.

Doellinger, **J.** Ueber die Metamorphose der Erd- und **Steinarten aus der** Kieselreihe Erlangen. 1803. 8.

Haftung des Kontrahenten für seine Gehilfen bei der Abschliessung von obligatorischen Verträgen nach oesterreichischem und gemeinem Recht. Eine civilrechtl. Studie von Dr. Alexander **Doliński**. Th. 1. [Mehr nicht erschienen.] Lemberg: Gubrynowicz & Schmidt 1893. (195 S.) 8° 107. 13615

Doliński Myron, Algebra und politische Arithmetik. Wien und Leipzig 1907. Karl Fromme. Geb. K 5.—.

Dolinski, Myron, Algebra u. politische Arithmetik. 2., verm. u. verb. Aufl. (IV, 401 u. Tab. 39 S.) gr. 8. Wien 910. C. Fromme. Geb. in Leinw. u. geh. 5. —

— Lehrbuch der Physik f. höh. Handelsschulen (Handelsakademien). (IV, 252 S. m. 196 Fig. u. 1 Taf.) gr. 8. Ebd. 910. Geb. in Leinw. 3. 50

Dolinski, Myron, der mathematische u. physikalische Unterricht an d. höh. Handelsschulen, s.: Berichte üb. den mathematischen Unterricht in Österreich.

Doelitzsch, Christian Gotthelff (Freiberg), De indole potestatis patriae ex juris naturalis principiis. Disp. jur. Präs. Aug. Friedr. Schott. Lpz. (Ww. Langenheim) 19. XII. 1766. 36 S. (5.—) 6649
Gew.: Chn. Friedr. Hauck. — Widm. v. Präs.

[Denkschrift.] Zur Feier des 50jähr. Jubiläums des Fr. Mr. Klubs Grossenhain. [Unterz.:] E[mil] **Dölitzsch.** [Grossenhain 1910: Starke.] 19 S. 8°
[Umschlagtit.]
Gesch. des Klubs u. Verzeichn. der Mitgl. seit der Gründung (1860). 109.

Doliwa, Gustav. Beiträge zur Kenntnis der Kolchikumwirkung. Diss. Vet.-Med. Bern. *Kopftitel:* Aus dem hygienischen Institut der tierärztlichen Hochschule Hannover. II + II + 32 S. 8. (Hannover, Leopold's Buchdr., [1909].)

Dölke, s. Doeleke

Dölker, Chrph., und Wilh. Dölker, geistliche Lieder mit Melodieen zu gemeinschaftlicher Erbauung. Gesammelt und für gemischten Chor eingerichtet. 2., verm. Aufl. 8. (IV und 241 S.) Stuttgart 865. (Basel, Riehm.) geb.

Dölker, Chrph., und Wilh. Dölker, geistliche Lieder mit Melodieen zu gemeinschaftlicher Erbauung. Unter Mitwirkung von Benzinger gesammelt und für gemischten Chor eingerichtet. 3. Aufl. (256 S.) 1868; 4. Aufl. (IV, 252 S.) 1873; 5. unveränd. Aufl. (IV, 252 S.) 1876; 6. verm. Aufl. gr. 8. (IV, 268 S.) Stuttgart 877, Evangel. Bücherstiftung. * *M* 1,50.; geb. *

Dölker, Chrph., und M. Benzinger, geistliche Lieder und Melodieen zu gemeinschaftlicher Erbauung. Gesammelt und für gemischten Chor eingerichtet. 3. Aufl. (252 S.) 1868; 4. und 5. Aufl. (254 S.) 1873,76; 6. verm. Aufl. 8. (IV, 268 S.) Stuttgart 879, Buchh. der Evangel. Gesellschaft. *

— u. M. Benzinger, geistliche Lieder mit Melodieen zu gemeinschaftlicher Erbauung. Gesammelt u. für gemischten Chor eingerichtet. 7., verm. Aufl. 8. (IV, 268 S.) Ebend. 881. n. 1. 40

Dölker, Chrph., u. M. **Benzinger,** geistliche Lieder m. Melodien zu gemeinschaftlicher Erbauung. Gesammelt u. f. gemischten Chor eingerichtet. 8. Aufl. 8. (IV, 284 S.) Stuttgart 885. Buchh. d. Evang. Gesellschaft. n. 1. 40; geb. n. 2. —; m. Goldschn. n. 2. 80

Dölker, Chrph., u. M. Benzinger, geistliche Lieder m. Melodien zu gemeinschaftlicher Erbauung. Gesammelt u. f. gemischten Chor eingerichtet. 9., unveränd. Aufl. gr. 8. (IV, 284 S.) Stuttgart 890. Buchhandlg. der Evang. Gesellschaft. geb. n. 2. —

Dölker, Chrph., u. M. Benzinger, geistliche Lieder m. Melodien zu gemeinschaftlicher Erbauung. Gesammelt u. f. gemischten Chor eingerichtet. 10., unveränd. Aufl. gr. 8. (IV, 284 S.) Stuttgart 892. Buchh. der Evang. Gesellschaft. Geb. in Leinw. n. 2. —

— u. M. Benzinger, geistl. Lieder m. Melodien z. gemeinschaftl. Erbauung. Ges. u. f. gem. Chor eingerichtet. 13., unveränd. Aufl. 8. (IV, 284 S.) Ebd. 898. Geb. i. Leinw. n. 2. —; fein i. Leinw. m. Goldschn. n. 2. 80

Dölker, Chrph., u. M. Benzinger, geistliche Lieder u. Melodien zu gemeinschaftl. Erbauung. Gesammelt u. f. gemischten Chor eingerichtet. 14. unveränd. Aufl. 8. (IV, 284 S.) Stuttgart 901. Buchh. der ev. Gesellschaft. Geb. in Leinw. n. 2. —; m. Goldschn. n. 2. 80

Dölker, Chrph., u. M. Benzinger, geistliche Lieder m. Melodien zu gemeinschaftlicher Erbauung. Gesammelt u. für gemischten Chor eingerichtet. 15. Aufl. (IV, 288 S.) 8. Stuttgart 904. Buchh. der ev. Gesellschaft. Geb. in Leinw. n. 2. —; fein in Leinw. m. Goldschn. n. 2. 80

Geistliche Lieder mit Melodien zu gemeinschaftlicher Erbauung. Gesammelt u. f. gemischten Chor eingerichtet von Christoph **Dölker** u. M. Benzinger, † Rektor. [Nebst] Neue Folge. Stuttgart: Buchh. d. Ev. Gesellsch. 1908. 8°
Lieder. 16. Aufl.
Neue Folge [u. d. T.:] Dölker u. Benzinger: Singet dem Herrn! (2. Aufl.)
[11. 7613

Dölker, Chrph., Liederstrauß. 100 2- und 3stimm. Melodieen für Schulen und Familien. Unter Mitwirkung von Benzinger hrsg. 3. Aufl. 8. (104 S.) Stuttgart 882, Buchh. der evangel. Gesellschaft. cart. **

Dölker, Chrph., u. Frdr. Dölker, kirchliche Männerchöre u. Choräle, s.: Bühler, Chr. F.

Dölker, Chrph., singt dem Herrn! Geistliche Lieder u. Chöre f. gemischte Stimmen. Zum Gebr. in Familie, Kirche u. christl. Vereinen unt. Mitwirkg. v. M. Benzinger ges. N. F. d. „Geistl. Lieder m. Melodien". 8. (IV, 236 S.) Stuttgart 897. Buchh. d. Evang. Gesellschaft. Geb. in Leinw. n. 1. 80; elegant geb. n. 2. —

Singet dem Herrn! Geistl. Lieder u. Chöre f. gemischte Stimmen. Begründet von Chr[istoph] **Dölker** u. M. Benzinger, Rektor. (2. Aufl.) Stuttgart: Buchh. d. Ev. Gesellsch. 1908. 354 S. 8°
(Dölker: Geistl. Lieder. Neue Folge.) [11. 7614

Dölker, Frz., s. a. Sammlung v. Rechenaufgaben f. höh. Lehranstalten.

— u. Max Richter, Sammlung v. Rechenaufgaben f. höh. Lehranstalten. 3. Bd. Wiederholung der Bruchrechng. Das bürgerl. Rechnen. Lehrstoff der Klassen IV u. V. 3. Aufl. (VIII, 262 S. m. Abbildgn.) 8. Stuttgart 910. A. Bonz & Co. Geb. in Leinw. 2. 40

Dölker, Frz., der Schwarzwald in Wort u. Bild, s.: Neumann, Ludw.

Dolko der Bandit, Zeitgenosse Rinaldo Rinaldinis... Mainz u. Hamb. 1801. V: *Albrecht, Joh. Friedr. Ernst.* (schr)

Dolko, der Bandit, Zeitgenosse Rinaldo Rinaldini's, (v. J. F. E. Albrecht). 8. Hamb. 801. (Herold jun.) 1 ₰

Dolko, d. Bandit, Zeitgenosse Rinaldo Rinaldinis, v. Verf. der Laurette Pisane, (J. F. E. Albrecht.) 8. Hamb. Vollmer. 801.

Dolkowski, Ed. v., Beitrag zur Histologie der Tracheobronchialschleimhaut, nebst Bemerkungen über ihr Verhalten bei Katarrhalentzündung, insbesondere aber bei der Tuberculose. gr. 8. (III, 52 S. mit 1 lithogr. Taf.) Lemberg 875. (Zürich, Meyer und Zeller.) *

Dołkowski, Leon, aus dem Heiligtum des Lebens. Eine Gedichtefolge. (100 S.) 8. Innsbruck (909). Wagner. Geb. in Leinw. 2. —

Doll u. Paul v. Zimmermann. Zwei Predigten, bei der 44. Hauptversammlung d. Evangel. Vereins der Gustav-Adolf-Stiftung in Mannheim am 16. u. 17. Septbr. 1890 geh. gr. 8. (27 S.) Lpz. 890, (Hinrichs' Sort.). k — 40

Doll, A., Aquarellschule. In fortschreitenden landschaftl. Studien nach der Natur. Im Farbendr. (In 6 Heften.) 2.—4. Heft. Fol. (à Heft 6 Blatt.) Carlsruhe 871—73, Veith. à Heft *M. 5. *
1. Heft, vgl.: Vollweider, J.

—— Neue Sepia-Schule. In fortschreitenden landschaftl. Studien nach der Natur. In einem und mehreren Tönen. (In 6 Heften.) 1. und 2. Heft. Fol. (à Heft 6 Blatt.) Carlsruhe 873,74, Veith. à Heft *M. 4. *

Doll, A., neue Sepia-Schule. In fortschreitenden landwirthschaftlichen Studien nach der Natur. In einem u. mehreren Tönen. 6 Hfte. Fol. (à 6 Chromolith.) Karlsruhe 878. Veith. à 4. —

Doll, A., Vorlagen zum Landschafts-Zeichnen. Nach der Natur aufgenommen. 2 Hefte. Fol. (à Heft 6 Bl. in Tondr.) Karlsruhe 878, Veith. à Heft M. 3.

Doll, Aloys, s. Doll, Johannes

Doll, August, prakt. Arzt in Wallerstein (Bayr. Schwaben): Über die Behandlung frischer nicht komplizierter Patellar-Frakturen auf nicht operativem Wege. *Amberg (1899): H. Böes.* (27 S.) 8°
Würzburg, Med. Diss. v. 1899

Doll, C., das Unser-Vater in Predigten. gr. 8. (101 S.) Neukirchen 895. Missionsbuchh. Stursberg & Co. n. — 80; geb. n. 1. 20

Doll, C. G., Die Hauptmängel sämtlicher Haustiere, für Landwirte, Viehschauer u. Viehhändler. Nebst Anleitg. z. Verhalten in vorkommenden Streitfällen. 2 Aufl. 8. (16 S.) Stuttgart 57. Fischhaber. M. — .40

Doll, C. G., die Hauptmängel sämmtlicher Hausthiere f. Landwirthe, Viehschauer und Viehhändler. Nebst Anleitung zum Verhalten in vorkommenden Streitfällen. 2. Aufl. Schw. Hall. (Stuttgart 858.) Fischhaber. 8. (16 S.) 3¾ ngl

Doll, Franz (Hrsg.), s. Sodalen-Correspondenz.

Doll, Herm., die landwirtsch. Geflügelhaltung, s.: Römer, R.

Doll, Johann (Kurat in München): Die Anfänge der altbayerischen Domkapitel. München: J. Lindauer 1907. (55 S.) 8° [F.] ¶(Aus: Deutingers Beiträge z. Geschichte, Topographie u. Statistik d. Erzbistums München u. Freising, fortgesetzt von Specht, Bd 10, N. F. Bd 4.)
München, Phil. Fak., Ref. v. Riezler, Diss. v. 1. Juni 1906
[Geb. 24. Febr. 74 Hirtelbach, Bez.-A. Dachau, Oberbayern; Wohnort: München; Staatsangeh.: Bayern; Vorbildung: Gymn. Freising Reife Juli 93; Studium: Lyzeum Freising Phil. 2, München Theol. 6, Phil. 5 S.; Rig. 1. Juni 06.]

Doll, Johann Franz Sebastian (Schwäbisch-Gmünd), De spasmo fixo Paracelsi. Diss. med. Direct. Dan. v. Superville. Präs. Christian Samuel Gebauer. Erlangen (J. Fr. Becker) 11. XI. 1746. 36 Seiten. (5.—) 6719

Doll, Johannes

DOLL, JOHANN: Verzeichniß Geistlicher Bücher, welche um beygesetzte Preise zu haben sind bei Johann Doll, Buchhändler in Preßburg. Catalogus librorum theologicorum qui adposito pretio venales prostant apud Joannem Doll, bibliopolam Posoniensem. Preßburg 1784. o. Dr. 120 S. - 160 mm

DOLL, JOHANNES: Verzeichniss geistlicher Bücher, welche in Preßburg bei Johannes Doll Buchhändler zu haben sind. - Catalogus librorum theologicorum, qui adposito pretio venales prostant apud Joannem Doll, bibliopolam Posoniensem. Preßburg 1787. o. Dr. 32 S. - 160 mm

DOLL, ALOYS - SCHWAIGER: Verzeichniss der neuern geistlichen Bücher. Catalogus novorum librorum theologicorum qui reperiuntur apud –. (Preßburg) 1786. 32 S. - 170 mm

Doll, Jos. Leichter Unterr in d Vokal Musik, enthaltend d vornehmsten Kirchen-Melodien. Harrisburg, 1821.

Doll, K. W., Konfirmandenstunden. 2. umgearb. Aufl. 8. (64 S.) Karlsruhe 874, Braun'sche Hofbuchh. *

Doll, K. W., Konfirmandenstunden. 3.—6. unveränd. Aufl. 8. (67 S.) Karlsruhe 878,79, Braun'sche Buchh. *

Doll, K. W., Konfirmandenstunden. 7. und 8. unveränd. Aufl. 8. (67 S.) Karlsruhe 880,81, Braun'sche Hofbuchh. *

Doll, K. W., Konfirmandenstunden. 9. Aufl. (67 S.) Karlsruhe 885, Braun'sche Hofbuchh., Verlag. *

Doll, K. W., Konfirmandenstunden. 10., durchgeseh. Aufl. 8. (67 S.) Karlsruhe 889. Braun. n. — 40

Doll, K. W., Konfirmandenstunden. 11., unveränd. Aufl. 8. (67 S.) Karlsruhe 893. G. Braun. n. — 40

Doll, K. W., eine Osterfeier. Predigten u. Reden. Karlsruhe 869. Braun. gr. 8. (III, 138 S.) n. 16 ngr

Doll, K. W., Predigt, bei dem ersten feierlichen Kirchgang der Neuvermählten, Ihrer königl. Hoheiten d. Erbgroßherzogs u. der Erbgroßherzogin v. Baden in der Schloßkirche zu Karlsruhe am Sonntag den 27. Septbr. 1885 geh. gr. 8. (9 S.) Karlsruhe 885. Braun. n. — 20

— Predigt bei dem Gedächtnisgottesdienst f. S. Großherzogl. Hoh. den in Gott ruhenden Prinzen Ludwig Wilhelm v. Baden in der evangel. Schloßkirche zu Karlsruhe am Sonntag Sexagesimä, den 24. Febr. 1889. 8. (14 S.) Ebd. 889. n. — 20

— Predigten zum Friedens-Dankfeste, s.: Holtzmann, J.

Doll, K. W., u. Paul v. Zimmermann, zwei Predigten, bei der 44. Hauptversammlung d. Evangel. Vereins der Gustav-Adolf-Stiftung in Mannheim am 16. u. 17. Septbr. 1890 geh. gr. 8. (27 S.) Leipzig 890. (Hinrichs' Sort.) n. — 40

—— Trauer-Rede bei der feierlichen Bestattung Sr. Großherzogl. Hoh. des in Gott ruhenden Prinzen Ludwig Wilhelm von Baden, in der evangel. Stadtkirche zu Karlsruhe am Mittwoch den 29. Febr. 1888, gehalten. 8. (14 S.) Ebendas. 888. *

Doll, Karl

Doll, Karl, schwäbische Balladen. 8. (XIV, 272 S.) Stuttgart 883. Kohlhammer. n. 3. —; geb. n. 4. —

Doll, K., Dr. Johann Peter Frank 1745—1821. Der Begründer d. Medizinalpolizei u. d. Hygiene als Wissenschaften. Ein Lebensbild. (85 S. m. 1 Bildnis.) gr. 8. Karlsruhe 909. G. Braun'sche Hofbuchdr. 1. 60

Doll, K., d. Geschichte d. Pocken u. Schutzpockenimpfgn. Z. 100jähr. Gedächtniss d. ersten Jenner'schen Kuhpockenimpfg. Nach e. im naturwissenschaftl. Verein z. Karlsruhe geh. Vortrag. gr. 8. (26 S.) Karlsruhe 896. G. Braun. n. — 60

Doll, K., das württembergische Gesetz üb. die Gemeindeangehörigkeit vom 16. Juni 1885. Mit Erläutergn. u. e. Zusammenstellg. der wichtigsten auf das Leben in der Gemeinde bezügl. Gesetze, Verordngn. u. Verfüggn., nebst e. das Ganze umfass. ausführl. Sachregister. Zum Gebrauche v. Staats- u. Gemeindebehörden, sowie zur Selbstbelehrg. f. Jedermann bearb. 2 Thle. gr. 8. (XIV, 719 S.) Ellwangen 886. Hess. n 10. 80

— u. Neumann, Kurpfuscherei u. Aberglaube in der Medizin, s.a. Veröffentlichungen des deutschen Vereins f. Volks-Hygiene. 12.

Kurpfuscherei und Aberglaube in der Medizin. Von Dr. K[arl] Doll in Karlsruhe u. Oberstabsarzt Dr. [Otto Ph.] Neumann in Bromberg. 1. Aufl. München & Berlin: R. Oldenbourg 1906. (53 S.) 8° [J.]
= Veröffentlichungen d. Deutschen Vereins f. Volks-Hygiene. H. 12.

Doll, v., Nachtrag, s.: Klumpp, G. A. v., das württembergische Gesetz üb. Gebäude-Versicherung.

Doll, K., die häusliche Pflege bei ansteckenden Krankheiten, insbesondere bei ansteckenden Kinderkrankheiten, s.a. Veröffentlichungen des deutschen Vereins f. Volks-Hygiene. 5. Hft.

Die häusliche Pflege bei ansteckenden Krankheiten, insbes. bei ansteckenden Kinderkrankheiten. 3 Vorträge von Dr. K[arl] Doll in Karlsruhe. (1.–20. Taus.) *München & Berlin: R. Oldenbourg 1903.* (70 S.) 8° [J.]
— Veröffentlichungen d. Deutschen Vereins f. Volks-Hygiene. H. 5.

Doll, K., ärztliche Untersuchungen aus der Hilfsschule f. schwachsinnige Kinder zu Karlsruhe. gr. 8. (62 S.) Karlsruhe 902. Macklot. n. — 80

Doll, Karl v., die staatsrechtl Verhältnisse des Deutschen Reichs u. d. Königr. Württemberg. Zu Lehr- u. Studienzwecken u. zum Gebrauch f. weitere Kreise bearb. (VII, 336 S.) gr. 8. Stuttgart 908. W. Kohlhammer. 6.—; geb. 6. 80

Doll, Carl Friedr., Sprachformenlehre für die mittlere u. obere Klasse der Volksschule übersichtlich dargestellt. 1. Thl. Wortformenlehre. Freiburg im Br. 856. Herder. gr. 12. (2 Bl., 168 S.) n. 6 ngr

Doll, Karl Theodor

Doll, Car. Theod. (geb. Schapow bei Prenzlau 9. 11. 1838): De carcinomate uteri. Berolini (1866). (31 S.) 8°
Berlin, Med. Diss. v. 11. Mai 1866

Doll, L., Antritts-Predigt, s.: Bräm, A.

Doll, Ludwig

Doll, Ludw., die Advents- u. Weihnachtsfreude der Kinder Gottes, oder 19 Homilien über die Advents- u. Weihnachtsgeschichten nach Luc. I u. II. 8. (IV, 200 S.) Neukirchen 880. Moers, Spaarmann in Comm. n. 2. —

Doll, Ludw., d. Advents- u. Weihnachtsfreude d. Kinder Gottes. 8. (IV, 200 S.) Neukirchen 880. Missionsbuchh. Stursberg & Co. 2. —; erm. Pr. kart. n. 1. —

Doll, Ludw., Betrachtungen üb. die sieben letzten Worte des gekreuzigten Jesu. 3. Aufl. gr. 8. (48 S.) Neukirchen 902. Missionsbuchh. Stursberg & Co. — 40; kart. n. — 60

Doll, Ludw., himmlische Liebesfunken. Gedichte. 16. (VIII, 191 S.) Moers 877, Spaarmann. geb. *
geb. mit Goldschn. *

— himmlische Liebesfunken. Gedichte. 2. Aufl., rev. u. aus des Verf. Nachlaß verm. v. Carl Doll. 12. (VIII, 263 S.) Ebd. 889. n. 1. 20; geb n. 2. —; m. Goldschn n. 2. 50

Doll, Ludw., d. alte Spies od. d. Leben e. teuren Gottesmannes im Siegerlande, n. Aufzeichngn f. Sohnes hrsg. 2 Aufl. 8. (43 S.) Neukirchen b/Moers 895. Missionsbuchh. n. — 25

— der sichere Weg zur Seligkeit, dargelegt in 8 Predigten über die Seligpreisungen unseres Herrn u. Heilandes, Matth. 5, 3—12. 8. (III, 116 S.) Ebend. 880. n. 1. —

— der sichere Weg z. Seligkeit, dargel. in 8 Predigten üb. die Seligpreisgn. unseres Herrn u. Heilandes, Math. 5, 3—12. 2. Aufl., m. e. Vorw. v. E. Doll. gr. 8. (72 S.) Ebd. 885. n. — 80

Doll, M., Anleitung zum Zeichnen u. Ausarbeiten geometrischer Pläne u. topographischer Karten, bearb. für den Unterricht an technischen Lehranstalten. Mit 14 (lith.) Taff., wovon 11 in Farbendr. Carlsruhe 867. Creuzbauer. qu. Fol. (9 S.) n. 6 ₰

Doll, M., Lehrbuch der praktischen Geometrie, bearb. für den Unterricht an Baugewerkschulen u. technischen Mittelschulen. Mit Fig. im Text. gr. 8. (IV, 77 S.) Leipzig 880. Teubner. n. 2. 40

Doll, M., u. P. Nestle, Lehrbuch der praktischen Geometrie, bearb. f. den Unterricht an den Hoch- u. Tiefbauabteilgn. der Baugewerkschulen u. techn. Mittelschulen, sowie für den Gebrauch in der Praxis. 2. erweit. u. umgearb. Aufl. (VII, 164 S. m. 145 Fig.) gr. 8. Leipzig 905. B. G. Teubner. n. 3. 20; geb. n. 3. 80

Doll, M. Mittheilungen über das badische Präcisionsnivellement. Karlsruhe 1875.

Doll, M., die Nivellirinstrumente u. deren Anwendung. Mit 5 (lith.) Taf. gr. 8. (30 S.) Stuttgart 876. Bonz & Co. n. 3. —

Doll, M. Übungsblätter zum Plan- u. Terrain-Zeichnen. 11 Blatt m. kurzer Anleitg. zum Gebrauch. qu. gr. 4. (2 Blatt.) Karlsr. 888, Veith. * * 2 50

Umgebung von Karlsruhe. Masst. 1:50,000. Bearb. von Dr. M. Doll in Karlsruhe. Rev. 1895 durch F. Güther. *Karlsruhe: J. Bielefeld [1899.]* (1 Kartenbl. 46 × 45 cm.) 8° [99. 7553

Domeier, W., de re militari Atheniensium capita III. Detmold. 4. 34 S.
Schul-/Univ.-Schrift 1865

Doll M. Vorlageblätter zum Planzeichnen. (11 Bl m Text) Stuttgart 1873

Doll, M., Vorlageblätter zum Planzeichnen bearb. für den Unterricht an technischen Lehranstalten. Fol. (14 S. mit 11 lithogr. Blättern in qu. Fol.) Stuttgart 874, Metzler's Verlag. *

Inhalt:

Blatt 1. Die bei Planzeichnungen vorkommenden Schriftarten. * 50 Pf.
» 2. Transversal-Massstäbe mit 8 Scalen und 2 Transporteure für alte und neue Kreistheilung. * 60 Pf.
» 3. Kreuzscheibenaufnahme, als Vorlage zum Auftragen aus den angegebenen Maassen. * M 1,50.
» 4. Theodolithaufnahme, als Vorlage, um das Planbild aus den beigegebenen Coordinaten und den eingetragenen Maassen auftragen zu können. * M 1,50.
» 5. Nivellement, als Vorlage zum Auftragen aus Zahlen. * M 1,50.
» 6. Schraffirübungen ebener Flächen. * 30 Pf.
» 7. Schraffirübungen krummer Flächen. * 30 Pf.
» 8a. Situationsplan Farbendruck, als Vorlage für das Anlegen von Culturarten und die Bezeichnung der verschiedenen Gegenstände. * M 2,25.
» 8b. Dazu die schwarzen Umrisse. * 30 Pf.
» 9. Höhenschichtenplan aus dem Hügelland. * M 1,50.
» 10. Höhenschichtenplan aus dem Mittelgebirge in Farbendruck. * M 2,25.
» 11. Höhenschichtenplan aus dem Hochgebirge. * M 1,50.

Doll, M. (Hrsg.), s. Zeitschrift für Vermessungswesen.

Doll, Paul, aus Anklam: Über die Einwirkung von Toluol auf Bernsteinsäureanhydrid und Succinylchlorid. *Greifswald 1900: J. Abel.* (30 S.) 8°
Greifswald, Phil. Diss. v. 12. März 1900

Doll, Peter: Klinisch-statistische Übersicht über die Fälle von Typhus abdominalis, welche vom 1. Januar 1903 bis zum 31. Dezember 1908 auf der medizinischen Klinik zu Freiburg i. Breisgau behandelt wurden. Freiburg i. B. 1909: Günt[h]er. 31 S. 8°
Freiburg i. B., Med. Diss. v. 1909, Ref. Bäumler
[Geb. 30. Dez. 81 Cöln-Merheim; Wohnort: Freiburg i. B.; Staatsangeh.: Preußen; Vorbildung: Kaiser-Wilhelm-Gymn. Cöln Reife O. 03; Studium: Freiburg i. B. 2, München 1, Freiburg i. B. 4, Bonn 1, Freiburg i. B. 3 S.; Coll. 30. Juli 09.] [U 10. 960

Doell: Das selbsttätige Auftriebwehr. Metz 1904

Döll, s.: Dühringwahrheiten.

Doell. Die Wasserstrassen in Frankreich. Nach e. Berichte v. Holts in Paris. gr. 8. (22 S.) Berl. 891, Ernst u. Sohn. * 1 —

Doell, A., die Reform der Armenpflege. Untersuchungen über die Handhabung der Unterstützungsgesetze u. Vorschläge zu einer Organisation der amtlichen u. der freiwilligen Armenpflege. Eine Denkschrift. gr. 8. (VII, 59 S.) Bremen 880. Schünemann. n. 1. —

Döll, Adolf, aus Karlsruhe i. B.: Die biologische Einwirkung des „Vioform" auf den Tuberkel-Bazillus im Tierkörper. Ein Beitrag zur chirurgischen Behandlung der Peritonealtuberkulose. Gent 1907. 47 S. und drei Tabellen. 8°. S.-A. aus den Archives internationales de chirurgie. Band III, Heft 5. [16. II. 07.]
Bern. Phil. Diss. 1907/08.

Döll, Adolph. Die biologische Einwirkung des « Vioform » auf den Tuberkel-Bazillus im Tierkörper. Ein Beitrag zur chirurgischen Behandlung der Peritonealtuberkulose. Diss. Phil. Bern. Separatabdruck aus den Archives internationales de chirurgie, Band 3, Heft 5. 53 S. 8. Gent, A. Vander Haeghen, 1907.

Döll, Albert, die Anwendung der Gutta Percha zur Verfertigung von Herrenkleidern. Eine fassl. Darstellung des patentirten Verfahrens, Herrenkleider ohne Garnituren [Zwischenlagen] herzustellen. gr. 8. (32 S.) Gotha 852. Leipzig, Spamer. — 2 verm. u. verb. Aufl. gr. 8. (32 S.) Leipzig 852, Spamer. Verklebt n. 1 ₰

Döll, Alb., die gewerbliche Assoziation. Ein Beitrag zur Lösung der Arbeitsfrage. Gekrönte Preisschrift. Dresden 856. Klemm. gr. 8. (V, 55 S.) n. 10 ngr

Döll, Albert: Die gewerbliche Assoziation. Dresden u. Döbeln: Klemm 1856.

Dienst-Vorschriften und Dienst-Aufträge für Fischmeister, Fluß-, Teich- u. Fischereiwärter. Von Baurat [Albert] Doell. Berlin: P. Parey 1903. (100 S.) 8° [F.] [08. 3053

Doell, Dienst-Vorschriften u. Dienst-Aufträge f. Fischmeister, Fluß-, Teich- u. Fischereiwärter. (100 S.) 8. Berlin 908. P. Parey. Kart. n 1. 50

Döll, Alb., s. Phönix, der.

Döll, Alb., 1. Die Reform der Armenpflege. Untersuchungen über die Handhabung der Unterstützungsgesetze und Vorschläge zu einer Organisation der amtl. u. der freiwill. Armenpflege. Eine Denkschrift. gr. 8°. Bremen, Schünemann, 1880.

Doell, Alb., d. Regulierung geschiebeführender Wasserläufe bes. d. Oberrheines durch eiserne Leitwerke, Grundschwellen u. Buhnen, s. Fortschritte d. Ingenieurwissenschaften.

Die Regulierung geschiebeführender Wasserläufe besonders des Oberrheines durch eiserne Leitwerke, Grundschwellen und Buhnen, bearb. v. Albert Doell, Kais. Baurat ... in Metz. M. 33 Textfig. *Leipzig: W. Engelmann 1896.* (VI, 107 S.) 4. (8.)
= Fortschritte d. Ingenieur-Wissenschaften. Gruppe 2. H. 6. [96. 7481

Döll, Alb., zeitgemäße Vorschläge zur Hebung des Gewerbestandes durch wohlorganisirte Associationen mit vielen Beispielen, Aufklärungen und Statutenentwurf zu deren Begründung. Gekrönte Preisschrift. (Neue Titel-Ausg.) gr. 8. (VII und 55 S.) Dresden (856)60. Klemm's Verlag. Thlr.

— Zeitgemässe Vorschläge zur Hebung des Gewerbestandes durch wohlorganisirte Associationen mit vielen Beispielen, Aufklärungen und Statutenentwurf zu deren Begründung. Gekrönte Preisschrift. (N. T.-A.) gr. 8°. Dresden, Klemm, 1860.

Döll, Alfred

Döll, Alfr., Goethes Mitschuldigen, s. a. Bausteine zur Geschichte der neueren deutschen Literatur. III.

Döll, Alfred: 'Die Mitschuldigen' von Goethe. ⟨Bibliographie und Gedankengehalt.⟩ Halle a. S. 1909: Karras. 63 S. 8° ¶ (Ersch. vollst. als: Bausteine z. Gesch. d. neueren dtsch. Liter. Bd 3.)
Halle, Phil. Diss. v. 20. Okt. 1909, Ref. Strauch
[Geb. 13. Dez. 86 Halle a. S.; Wohnort: Halle; Staatsangeh.: Preußen; Vorbildung: Latina Halle Reife O. 06; Studium: Jena 1, Leipzig 1, Halle 5 S.; Rig. 2. Aug. 09.] [U 10. 1721

Goethes Mitschuldigen. Mit Anh.: Abdruck d. ältesten Handschrift (1769). Von Alfred Döll. Halle a. S.: Niemeyer 1909. XIII, 274 S. 8°
(Bausteine z. Geschichte d. neueren deutschen Literatur. Bd 3.) [09. 17806 3

Döll, C., Uebungen für den ersten Unterricht in der lateinischen Sprache. 2. Thl.: Lesebuch. Karlsruhe 864. Braun. gr. 8. (IV, 106 S.) n. 9 ngr.

Döll, Ch., zur Beurtheilung der Zeitbedürfnisse der deutschen Gelehrtenschulen. gr. 8. Mannheim 840. Löffler. 1/3 ₰

Döll, Ch., Elementarbuch d. latein. Sprache. gr. 8. (26 5/8 B.) Mannheim 814, Bassermann. *–

Döll, Ch., Uebungen für den ersten Unterricht in der lateinischen Sprache. gr. 8. (VIII und 177 S.) Karlsruhe 863, Braun'sche Hofbuchh. *

—— dass. — 2. Thl.: Lesebuch. gr. 8. (IV und 106 S.) Ebendas. 864. *

Döll, E. Schreiben an Haidinger. (Der 8. Nov. 1845). Wien 1870.

Döll Eduard: Über die Beobachtung des Falles von Meteoriten und das Aufsammeln derselben. 56. Wien I. R. (Döll.) 03.
Brog.

Döll, Emil

Döll, Eugen Dühring. Etwas v. dessen Charakter, Leistgn. u. reformator. Beruf. Leipzig 892.

Döll, Emil, Eugen Dühring. Etwas v. dessen Charakter, Leistgn. u. reformator. Beruf. Eine populäre Gedenkschrift aus eigenen Wahrnehmgn., mündl. u. briefl. Verkehr. gr. 8. (IV, 120 S. m. Lichtdr.-Bildnis.) Leipzig 893. C. G. Naumann. n. 2. —

Döll, Emil, Fachbildung, Fachtüchtigkeit u. jugendliche Lebensweise. Handelsstudent u. student. Wesen. 2. verb. u. verm. Aufl. gr. 8. (54 S.) Leipzig 900. C. G. Naumann. n. 1. —
Sonderabdruck aus: „Jahresber. d. öffentl. Handelslehranst. zu Leipzig".

— die handelspolitische Grundfrage. Mit entscheid. Gesichtspunkten f. Studium u. Urteilsbildg. 2. Hft. des Handelsstudent. gr. 8. (45 S.) Ebd. (902). n. 1. —

Döll, Emil, Sammlung kaufmännischer Formulare zum Gebrauche für Handelsschulen. 1. und 2. verb. Aufl. 1. Serie. Ausg. A. und B. gr. 4. Leipzig 887,88, C. G. Naumann. geb. *
Inhalt:
A. Deutsche Formulare. (IV, 40 S.) * ℳ 1.25.
B. Deutsche, französische und englische Formulare. (IV, 52 S.) * ℳ 1.50.

—— dass. — 2. Serie: Wechselkunde. 1. und 2. Aufl. qu. schm. Fol. (IV, 29 S.) Ebendas. 887,88. geb. *

Döll, Emil. Sammlung kaufmännischer Druckvorlagen. Zum Gebr. f. Handelsschulen zusammengest. 3. verb. u. verm. Aufl. 1. Folge. Ausg. A u. B. gr. 4. Lpz. 890, C. G. Naumann. geb. * 2 75
A. Deutsche Vorlagen. (60 S.) * 1 25.
B. Deutsche, englische u. französische Vorlagen. (76 S.) * 1 50.

—— dass. — 2. Folge. Wechselkunde. 3. Aufl. qu. schmal gr. 4. (IV, 29 S.) Ebd. 892. geb. * — 75

Döll, Emil, Sammlg. kaufmänn. Druckvorlagen. Zum Gebr. f. Handelsschulen zusammengestellt. 2 Folgen. Leipzig 898. C. G. Naumann. Geb. n. 2. 25
1. 6., verb. u. verm. Aufl. gr. 4. (IV, XV, 124 S. m. 3 Formularen.) n. 1. 50. — 2. 5. Aufl. qu. schmal gr. 8. (IV, 29 S.) n. — 75.

— Sammlung kaufmännischer Druckvorlagen. Zum Gebrauche f. Handelsschulen u. Handelshochschulen zusammengestellt. VII. verb. u. verm. Aufl. I. Folge. hoch 4. (IV, XXV, 80 S. m. farb. Abbildgn., 3 Beilagen, 42 S. Kontokorrent-Vorlagen u. 12 S. Briefpap.) Ebd. 900. Geb. n. 1. 50; Lehrerausg. (ausgefüllt) n. 2. —

— dasselbe. 2. Folge. 6. Aufl. schmal qu. gr. 8. (IV, 31 S.) Ebd. 902. Geb. n. — 75; Lehrerausg. (m. ausgefüllten Formularen). n. 1. —

Döll, Emil, Sammlung kaufmännischer Druckvorlagen. Zum Gebrauche f. Handelsschulen u. Handelshochschulen zusammengestellt. VIII. verb. u. verm. Aufl. I. Folge. (IV, XXXI, 94 S. m. farb. Abbildgn., 39 S. Kontokorrent-Vorlagen u. 16 S. Briefpap.) hoch 4. Leipzig (903). C. G. Naumann. Geb. n. 1. 50
Lehrerausg (ausgefüllt) n. 2. —

Döll, Emil, Sammlung kaufmännischer Druckvorlagen. Zum Gebrauche f. Handelsschulen u. Handelshochschulen zusammengestellt. IX. verb. u. verm. Aufl. I. Folge. (Neue Ausg. m. Postscheckordng.) (XLII S., 94 S. Formulare, 39 S. Kontokorrent-Vorlagen u. 14 S. Briefpap.) Lex. 8. Leipzig (909). [C. G. Naumann.] A. Kröner. Geb. 1. 70

Das Schicksal aller Utopien oder socialen Charlatanerien und das verstandesgemäss Reformatorische. Von Dr. Emil Döll. Leipzig: Naumann (1897). 31 S. 8° [09. 10210

— wie erwirbt sich selbstthätig auf d. kürzest. Wege d. junge Kaufmann e. echte abgeschlossene allgem. Bildung? 2. Aufl. gr. 8. (30 S.) Zittau 894. Leipzig-Schleußig, K. Richter. (Nur direkt.) n. — 80

— wie erwirbt sich selbstthätig auf dem kürzesten Wege der junge Kaufmann e. echte abgeschlossene allgemeine Bildung? Ein Beitrag zur Lösg. d. f. alle prakt. Berufsklassen wicht. Bildungsproblems. 2., verm. Aufl. gr. 8. (30 S.) Zittau 894. Pahl. n. — 80

Döll, Franz

Doell, Frz., Welt-Buchhaltung od. Nachweis des monatl. Reingewinnes, Lagerwertes u. Geschäftswertes ohne Inventur. (36 S. u. Formulare 64 u. 4 S.) 4. München (Canalstr. 7 II l.) 905. Frz. Doell. Geb. n. 13. 50

Döll, Gust., methodische Anleitung zur leichten Aneignung e. guten französischen Aussprache. (16 S.) gr. 8. Leipzig 905. E. Wunderlich. n. — 40

Döll, Gust., Geschichte aus dem Leben Jesu, s.: Religionsunterricht, evangelischer. 6. Bd.

— Leichtfaßliche Interpunktionslehre u. ihre Anwendung in der Praxis auf Grund zahlr. methodisch geordn. Beispiele. (VII, 56 S.) gr. 8. Leipzig 904. E. Wunderlich. n. — 80

Döll, Heinrich, aus Homberg a. d. O.: **Goethe** und Schopenhauer. Ein Beitrag zur Entwicklungsgeschichte d. Schopenhauerschen Philosophie. *Berlin: E. Hofmann & Co. 1903.* (73 S.) 8°
Gießen, Phil. Diss. v. 1903

Döll, Heinr., Goethe u. Schopenhauer. Ein Beitrag zur Entwicklungsgeschichte der Schopenhauerschen Philosophie. (73 S.) gr. 8. Berlin 904. E. Hofmann & Co. n. 1. 50

Doell, J., die Sammlung Cesnola, s.: Memoires de l'académie imperiale de St. Pétersbourg.

Döll, J. Ch., zur Beurtheilung d. Zeitbedürfnisse d. deutschen Gelehrtenschulen. gr. 8. (4½ B.) Mannheim 840, Loeffler.

— zur Erklärung der Laubknospen der Amentaceen. Eine Beigabe zur Rheinischen Flora. gr. 8. (IV u. 28 S. m. eingedr. Holzschn.) Frankfurt a. M. 848, Brönner. 1/6 ℛ

Döll, J. Ch., der Erzähler, ein belehrendes Lesebuch für Jedermann. gr. 8. (X u. 430 S.) Karlsruhe 850, Müller. 27 ngr

Döll, J. Ch., Flora des Grossherzogthums Baden. 1. Bd. 1—3. Heft u. 2. Bd. 1. Heft. Carlsruhe 855—58. Braun. gr. 8. (1. Bd.: VII, 482 S.; 2. Bd.: S. 483—754.) n. 3 ℛ 4 ngr

Döll, J. Ch., Flora des Grossherzogthums Baden. 2. Bd. 2. Heft. 3. Bd. Ebend. 859, 62. gr. 8. (2. Bd.: IV, S. 755—960; 3. Bd.: VI, S. 961—1429.) II. 2.: n. 1 ℛ; III.: n. 24 ngr; compl. n. 4 ℛ 24 ngr

Döll, J. Ch. Flora des Grossherzogthums Baden. Karlsruhe 1857—62. 3 Bde.

Döll, J. Ch., Rheinische Flora. Beschreibung der wildwachsenden und cultivirten Pflanzen des Rheingebietes vom Bodensee bis zur Mosel u. Lahn, mit besond. Berücksichtigung d. Großh. Baden. gr. 8. Frankf. a/M. 843, Brönner. n. 3 1/6 ℛ

Döll, J. Ch., die Gefässkryptogamen des Grossherzogth. Baden. Zugleich als (1—3. Heft) 1. Bd. einer Flora des Grossherzogth. Baden. gr. 8. (VI und 482 S.) Carlsruhe 855—56, Braun'sche Hofbuchh. *

Döll, J. Ch., Lehrbuch d. engl. Sprache nach Hamiltonischen Grundsätzen, mit ein. Samml. v. Musterstücken d. engl. Literatur u. ein. dazu gehör. Wörterbuche. 1. Aufl. 836. 1½ Thlr. u. 2. Aufl. — A. u. d. T.: Manual of the engl. language and literature. gr. 8. (à 28½ B.) Mannheim 838, Hoff. Thlr.

Döll, J. Ch., Manual of the english language and literature. A. u. d. T.: Lehrbuch der engl. Sprache nach Hamilton'schen Grundsätzen. Mit e. Sammlung von Musterstücken der engl. Literatur u. e. dazu gehörigen Wörterbuche. gr. 8. Mannh. 836. Hoff. 1½ ℛ — 2e Aufl. gr. 8. Ebd. 837. 5/6 ℛ

Döll, J. G., s. Döll, J. Ch.

Döll, Johann

Döll, Joh., deutscher Elementarschüler, erstes Lesebuch f. deutsche Kinder. 8. (116 S.) Stuttgart 876. J. F. Steinkopf. n. — 80

Döll, Joh., neues Lehrbuch der englischen Sprache. 1. Tl.: Lese-, Schreib- und Sprechschule. gr. 8. (XVI, 200 S.) Karlsruhe 888, Reiff. geb. *

Döll, Jh. Bapt., († d. 16. April 1799,) s.a. Gedanken etc. z. beff. Nutzung d. Torfs.

DOELL, Johann Baptista: Gedanken und Vorschläge zur besseren Nutzung des Torfs, wobey hierinn befindliche Fragen in Erwägung können gezogen werden. - Salzburg 1791. 3 1/2 Bg.

Döll, Gedanken und Vorschl. z. beff. Benutz. des Torfs. 8. Salzb. Mayr. 791.

Doell, M[atthaeus], Dr.: Die **Benützung** der Antike in Wielands 'Moralischen Briefen'. Beitrag z. Entwicklungs-Geschichte d. deutschen Literatur im 18. Jh. *Eichstätt 1903: Ph. Brönner.* (53 S.) 8°
Eichstätt, k. humanist. G, P 1903*

Doell, *Matthäus* [Dr.]: Die Einflüsse der Antike in Wielands Hermann. Beitrag z. Entwicklgs-Geschichte d. deutschen Literatur im 18. Jh. [Vgl. P-Beil. München, Ludwigs-G 1896.] München, Druck v. M. Schnidtmann, 1897; 64 S. 8.
München, k. Theresien-G, P 1897*

Döll, Matthäus [Dr.]: Studien zur Geographie des alten Makedoniens. Programm des K. alten Gymnasiums zu Regensburg für das Studienjahr 1890/91. Stadtamhof, Druck v. J. & K. Mayr, 1891 68 S. 8°
Würzburg, Phil. Fak., Inaug.-Diss. v. 1891

Döll, Matthäus [Dr.]: Studien zur Geographie des alten Makedoniens. (= Inaug.-Diss. Würzburg 1891.) Stadtamhof, Druck v. J. & K. Mayr, 1891; 68 S. 8°
Regensburg, k. altes G. P 1891*

Doell, *Matthäus* [Dr.]: Wieland und die Antike. Beitrag z. Geschichte d. Entwicklg d. deutschen Literatur im 18. Jh. München, Buchdr. J. Gotteswinter, 1896; 81 S. 8.
München, k. Ludwigs-G, P 1896

Doell, Otto: Die Entwicklung der naturalistischen Form im jüngstdeutschen Drama ⟨1880 bis 1890⟩. Halle a. S.: Gesenius 1909. VIII, 170 S. 8° ¶ (Ersch. m. Sachreg. auch als Buch ebd.)
Leipzig, Phil. Diss. v. 5. Jan. 1910, Ref. Köster, Lamprecht
[Geb. 12. Nov. 82 Naumburg a. S.; Wohnort: Bremen; Staatsangeb.: Preußen; Vorbildung: Landessch. Pforta Reife O. 03; Studium: Leipzig 10 S.; Rig. 27. Mai 09.] [U 10. 3116

Doell, Otto, die Entwicklung der naturalistischen Form im jüngstdtschn. Drama (1880—1890). (VIII, 185 S.) gr. 8. Halle 910. H. Gesenius. 3.—; geb. in Leinw. 4. —

Döll, Th., Litteratur-Verzeichnis z. Badischen Landeskunde betr. Hydrographie nebst Wasserbau- und Wasserversorgungswesen, sowie Klima und Witterungskunde. Bibliographische Beilage zu dem Jahresbericht des Zentralbureaus für Meteorol. u. Hydrogr. im Grossherzogthum Baden f. 1885. Karlsruhe 1886. 8.

Döll, Wilhelm

Döll, Wilh., Liedersammlung d. Deutschen Lesebuchs. (Gesamt-Ausg.) gr. 8. (VIII, 32; 44 u. 96 S.) Gießen 890. Roth. n. — 80

— dasselbe. 3 Hfte. in 1 Bd. gr. 8. (VIII, 32; 44 und 96 S.) Ebd. 890. n. — 80

— dasselbe d. hessischen Lesebuchs. 3 Hfte. Ebd. n. — 85 (in 1 Bd.: n. — 80)
1. Unterstufe. (32 S.) 889. n. — 20. — 2. Mittelstufe. (44 S.) 890. n. — 25. — 3. Oberstufe. (96 S.) 890. n. — 40.

Döll, Wilh., Liedersammlung z. hessischen Lesebuch. 3 Hefte. 2. neubearb. Aufl. In neuester Rechtschreibung. gr. 8. Gießen, E. Roth. n. — 85
1. Unterstufe. (IV, 32 S.) (903.) n. — 20
2. Mittelstufe. (IV, 44 S.) (903.) n. — 25
3. Oberstufe. (IV, 108 S.) (901.) n. — 40

Döll, Wilh., der Rosen-Garten. Anlage und Unterhaltung des Rosariums, Anpflanzung, Hybridisirung und Vermehrung der Rosen, deren Kultur im freien Lande und in Töpfen. Nach William Paul's „The Rose-Garden." Mit einer Beschreibung der neueren und neuesten Rosensorten. Mit 50 in den Text gedr. Abbildgn. (Holzschn.) Leipzig 855. Weber. gr. 8. (XII, 438 S. u. Titel in Holzschn.) n. 2 ℛ 15 ngr

Doell, Wilh. Rudolph: De gemitu ecclesiae suspirantis etc., s. Benner, Johann Hermann [Praes.]

Dolle [Schlagwort]

Dolle, s.: Preussen. Messtischblätter.

Dolle [Verf.]
Dolle, Karl Ant.

— kurzgefaßte Geschichte d. Grafschaft Schaumburg. 1s Stück. 8. Stadthagen 756.

— **Carl Anton** (Rodenberg/HessenSchaumburg), De primis rerum impressionibus per totam vitam foecundissimis. Dissert. philos. Präs. Friedrich Christian Koch. Jena (Ritter) 10. IV. 1739. 20 S. (5.—) 6721

Gew. (v. Präs.): Aug. Wilh., Ludw. Friedr. Carl, Chn. Albr. Ludw., Chn. Friedr. Carl Grafen v. Hohenlohe u. Gleichen

— Leben J. W. Bierlings. 8. Hannover, Helwing. 749.

Dolle, K. Ant., Lebensbeschreib. all. Professor. theologiae zu Rinteln. 2 Thle. 8. Hannov. 752.

Dolle, Käthe, s.: Arius der Libyer.

Dolle, R., s.: Normallehrgang f. die Vorstufe des Knabenhandarbeits-Unterrichts.

Dölle, Edm., praktischer Leitfaden zur gründlichen Erlernung des Zeichnens. 6 Hfte. gr. 8. Budapest 878. Lauffer. n. 6. 40

1. Tab. 1—12 für die 1. Klasse der Volksschulen. (4 S. mit 6 Holzschn.-Taf.) n. — 40
2. Tab. 13—22 für die 2. Klasse der Volksschulen. (4 S. m. 6 Holzschn.-Taf.) n. — 40
3. Tab. 23—44 für die 3. Klasse der Volksschulen. (4 S. mit 11 Holzschn.-Taf.) n. — 80
4. Tab. 45—74 für die 4. Klasse der Volksschulen. (4 S. mit 15 Holzschn.-Taf.) n. 1. —
5. Tab. 75—128 für die 5. Klasse der Volksschulen. (4 S. mit 27 Holzschn.-Taf.) n. 1. 80
6. Tab. 129—184 für die 6. Klasse der Volksschulen. (4 S. mit 28 Holzschn.-Taf.) n. 2. —

Dölle, Edm., das Zeichnen in der Hauptschule f. Lehrer, Lehramtskandidaten u. Schüler geschrieben u. gezeichnet. Pest 869. W. Lauffer. gr. 8. (48 S. u. 52 lith. Taff.) n. 16 ngr.

Dölle, Ferdinand

Beiträge zum Studium und zur wissenschaftlichen Tätigkeit der Franziskaner zu Erfurt. Von P. Ferdinand **Doelle**. (T. 1.) Düsseldorf [1908]: Schwann. 4° [09. 11394 2

DOELLE, Joseph (Gundelfingen): De menstruatione vicaria.- Monachii: Giesser 1836. 20 S.
23.12.1835 - Urk; F 62
Diss.Ingolst.-Landsh.-Mchn.

Dölle, Robert, a. Weimar: Orthogonale Invarianten der Circularkurven 3. Ordnung. Jena 1905: B. Vopelius. (38 S.) 8°

Jena, Phil. Fak., Ref. Thomae, Diss. v. 10. Apr. 1905

[Geb. 15. Jan. 80 Oberweimar; Wohnort: Weimar; Staatsangeh.: Sachsen-Weimar; Vorbildung: Realgymn. Weimar Reife O. 00; Studium: Jena 9 S.; Rig. 24. Febr. 05.]

Dolleczek, Anton

Dolleczek, Ant., Geschichte der österreichischen Artillerie von den frühesten Zeiten bis zur Gegenwart. Nach authent. und grösstentheils officiellen Quellen verfasst. 2 Bde. gr. 8. (VII, 734 S. mit 2 Portr.-Taf.) Wien 887, (Seidel und Sohn.) *

Dolleczek, Anton, Major. Kasaken im österr. Heere. — Siehe: „Streffleur's österr milit. Zeitschrift" 1897. III. Bd. 1. Heft.
Wien 1897.

Dolleczek, Anton, Hauptm. im k. u. k. Corps-Artillerie-Reg. Nr. 14, etc. Monographie der k. u. k. österr.-ung. blanken und Hand-Feuerwaffen. Kriegsmusik, Fahnen und Standarten seit Errichtung des stehenden Heeres bis zur Gegenwart. Nach authentischen Quellen und Originalwaffen bearbeitet. (Ein Farbendruckbild und 20 lithogr. Taf.) gr. 8. Wien 1896.

Dolleczek, Ant., artillerist. Taschenbuch, s.a. Braumüller's militär. Taschenbücher.

Dolleczek, Anton, k. und k. Hauptm. im Corps-Artillerie-Reg. Nr. 14. Artilleristisches Taschenbuch zum Gebrauche für die k. und k. Officiere der Feld-, Gebirgs- und Festungs-Artillerie, sowie jener aller Waffen des activen wie des Reserve-Standes. Mit 8 Fig. im Texte. „Braumüller's milit. Taschenbuch." Bd. 3.
kl. 8. Wien und Leipzig 1895.

Dolleczek, O. (Mitarb.), s. Armee, Die österreichische, von 1700-1867.

Dolleisch, E. Die österreichische Jagdgesetzgebung. Klgft., Leon, 1911. Quart. 104 S. (Waidmanns-Bücherei Nr. 1.)

Döllekes, Heinrich, approb. Arzt aus Cleve ⟨Rheinl.⟩: Zur **Therapie und Prognose der Conjunctivitis gonorrhoica** Erwachsener. *Greifswald 1900: H. Adler.* (44 S.) 8°
Greifswald, Med. Diss. v. 2. Nov. 1900

Dollemann, M., disquisitiones historiae de plerisque apud Belgas septentrionales endemiis morbis. 4maj. Amsterd. 824. Dietrichs. (Leipz., W. Vogel). 2 ₰ 4 gr

Dolleman, M., Disquisitiones histor. de plerisque apud Belgas septentrionales endemiis morbis. 4 maj. (17 B.) Amstelodami 834, Diederichs. (Lipsiae, Vogel.)

Dollen, H. v. d., Streifzüge durch Pommern. 1—12. Hft. gr. 8. Anklam. (Leipzig, Buchh. d. Vereinshauses.) n. 20. 80

1. Bd.: Alt-Vorpommern. 1—3. (VIII, 219, 193 u. 203 S.) 883. 84. n. 4. 30
2. Bd.: Stettin u. die Oderinseln. 4. Stettin. 2. Aufl. (314 S.) 885. n. 2. 50. — 5. Swinemünde u. Wolgast. 2. Aufl. (226 S.) 885. n. 1. 50. — 6. Wollin. Kammin, die Kirche v. Hoff u. Gülzow. 2. Aufl. (196 S.) 885. n. 1. 50
3. Bd.: Hinterpommern. 7. Pyritz, Stargard u. Umgegend. 2. Aufl. (V, 258 S.) 885. n. 2. 50. — 8. Freienwalde, Daber, Naugard, Plathe, Regenwalde, Greifenberg u. Treptow. 2. Aufl. (V, 319 S.) 885. n. 2. —. — 9. Kolberg. 2. Aufl. (V, 233 S.) 885. n. 2. —
4. Bd.: Hinterpommern. 10. Belgard, Neustettin u. Umgegend. (202 S.) 885. n. 1. 50. — 11. Köslin u. der Gollenberg, Schlawe u. Rügenwalde nebst Umgegend. (184 S.) 885. n. 1. 50. — 12. Kassubien, Glowitz, Leba, Lauenburg. (149 S.) 885. n. 1. 50

Döllen, A. L., De fabula Livii Andronici, quae inscribitur Aegisthus. Diss. 1838. 52 S. 4°.

Doellen, A. L., doctrinae metricae summarium. In usum scholarum suarum. gr. 8. (IV, 137 S.) St. Petersburg 876. (Röttger.) n. 3. —

Döllen, Alex., Kurze Geschichte der evang.-luth. Kirche und Gemeinde in Charkow. 1880

Döllen, A.: Kurze Geschichte der evangel.-lutherischen Kirche und Gemeinde zu Kiew. -- Kiew [um 1880].

Döllen, Alex., kurzgefaßte Geschichte und heutiger Standpunkt der Mnemonik. (Abdr. aus dem „Inland.") Dorpat 859. (Gläser.) 12. (74 S.) n. 12 ngr.

Döllen, Alex., der erste Unterricht. Ein Rathgeber für Eltern, die ihre Kinder selbst für die Schule vorbereiten wollen. Dorpat 865. Gläser. gr. 8. (XII, 258 S.) n. 1 ₰ 16 ngr.

Döllen, Alex. Ludw., Beiträge zur Kritik u. Erklärung der Satiren des D. Jun. Juvenalis. gr. 8. (VIII u. 427 S.) Kiew 847. (Leipzig, Fr. Fleischer.) n. 1⅔ ₰

Doellen, Gust.: De quaestoribus Romanis commentationis capita posteriora. Berolini 1847 (48 S.).

Döllen, Nicolai Ed., perpetuum mobile oder Welt, Erde u. Mensch. Entwurf einer kosmologischen Stabilitäts-Theorie. gr. 8. (VI, 121 S.) Riga 881. Kymmel. n. 2. —

(**Döllen**, W.): Aufruf zu durchgehender Umgestaltung der nautischen Astronomie. Nebst Anhang: Tabularum Dorpatensium specimen singulum amplectens latitudinis gradum 58° ad 59°. (Ein Programm. Festschrift zum 3./15. April 1893.) Dorpat 1893. 40 S. 4°.

Döllen, W., über Dr. Wichmann's Bestimmung der Parallaxe des Argelander'schen Sterns. gr. 4. (41 S.) St. Petersburg 854. (Leipzig, Voss.) *
Aus: Bulletin physico-mathématique, besonders abgedruckt.

Döllen, W., Stern-Ephemeriden auf d. J. 1890 zur Bestimmung v. Zeit u. Azimut mittelst des tragbaren Durchgangsinstruments im Verticale des Polarsterns. Lex.-8. (XLIV, 53 S.) St. Petersburg 890. (Leipzig, Voss' Sort.) n. 4. —

Döllen, W., Stern-Ephemeriden auf das Jahr 1893 zur Bestimmung von Zeit und Azimut mittelst des tragbaren Durchgangs-Instruments im Vertikale des Polar-Sternes. Dorpat 1893.

Döllen. W.: Die Zeitbestimmung vermittelst des tragbaren Durchgangsinstruments im Verticale des Polarsterns. St. Petersburg 1863. 34 S. 4°.

Döllen. W.: Die Zeitbestimmung vermittelst des tragbaren Durchgangsinstruments im Verticale des Polarsterns. Zweite Abhandlung. [Mit Hilfstafeln.] St. Petersburg 1874. (II), 88, 68 S. 4°.

Doller, F., Frage: Hat das Rechtsgutachten des Herrn Dr. Koch über das Verfahren des römischen Hofes in der Angelegenheit des Freyherrn von Wessenberg als aufgestellten Konstanzischen Capitel-Vikars die Ansicht der einsichtsvolleren Deutschen? gr. 8. Mainz, Muller. 819.

Doller, Jh. Leop.

— s. Beleuchtung d. Schr.: Werden d. Jesuiten etc.

Doller, Jh. Leop., († d. 30. Jan. 1820.) Frage: Hat d. Rechtsgutachten des Hrn. Dr. Koch über d. Verfahren des röm. Hofes in d. Angelegenheit d. Frhrn. v. Wessenberg als aufgestellten Konstanzischen Capitel-Vikars d. Ansicht d. einsichtsvolleren Deutschen? gr. 8. Mainz 819. Müller. 16 4/

— s. Jesuitenfeind.

— s. Versuche zur Beleuchtung.

— s. Warnung vor d. Gebrauch d. Stunden d. Andacht.

— s. Wessenberg auf d. Kehrseite.

— s. Zeugnisse aus allen Jahrh.

Doller, Joh. Lorenz, Luthers katholisches Monument oder kritische Betrachtung verschiedener Urteile katholischer oder unter Katholiken gerechneter Schriftsteller über Luther u. seine Reformation. Frankfurt a. M., Andreä, 1817, gr. 8°.

Dagegen: J. K. L. Gieseler, Etwas über den Reichstag zu Augsburg im J. 1530, zur Berichtigung mehrer Entstellungen der Geschichte u. zur Erklärung einiger gemißbrauchten Stellen aus Luthers Briefen, zunächst mit Bezug auf die Schrift: „Luthers kathol. Monument" etc. (s. o.). Hamm 1821, 8°.

(Doller, Joh. Lor.,) Zeugnisse aus allen christlichen Jahrhunderten bis auf das J. 1815 für die Gewalt der Kirche u. ihres Oberhauptes; nebst einem prüfenden Blicke auf ihre neuesten Gegner. Frankfurt a. M., Hermann, 1816, 8°, LVI, 360 S.

Recens. Felders Littztg 1817, Bd. 1 S. 257—70.

Doller, Lor., Versuch e. Beitrags zur Pfälzischen Mineralgeschichte. 8. Heidelb. 778.

Doller, Otto

Kettenlied. (Eigentum der Loge: Zum Dom an der Elbe i. O. Magdeburg.) [Unterz.:] Otto Doller. [Magdeburg o. J.] 1 Bl. 8°. [Kopftit.]

Ohne Noten: „Als Brüder des Bundes" ... 21.

Doeller, F. S., Lehrbuch der einfachen Buchhaltung, mit deren Hilfe sich Jedermann seine Bücher ohne alle Vorkenntniss ordnungs- u. gesetzmässig selbst führen kann. Wien 861. (München, Franz.) qu. 4. (55 S.) n. 9 *ngr.*

Döller, F. S., das Lotto in allen seinen Spielformen theoretisch und praktisch. Eine leicht verständl. Anweisung, wie man mit Verstand und Wahrscheinlichkeit sein Glück in der Lotterie versuchen und machen könne. 16. (115 S.) Wien 866, (Wenedikt.)

DÖLLER, GEORG, Sonntags Prediger zu Oedenburg: Trauerrede auf den Tod des Hochwürdigen Herrn Georg Primes etc. Abbtes und Pfarrherrn der königl. Freystadt Oedenburg bey seinen ungemein zahlreichen Leichenbegängnusse vorgetragen. Oedenburg (1776). Gedr. bey Joh. Jos. Siess. 23 S. - 210 mm

Döller, Joh., Rhythmus, Metrik u. Strophik in der biblisch-hebräischen Poesie, systematisch dargestellt. gr. 8. (VII, 100 S.) Paderborn 899. F. Schöningh. n. 2.40

Döller, Johannes

Döller, Johs., Abraham u. seine Zeit, s. a. Zeitfragen, bibl. II, 1.

Abraham und seine Zeit. Von Dr. Johannes **Döller,** Prof. 1. u. 2. Aufl. Münster i. W.: Aschendorff 1909. 54 S. 8°
(Biblische Zeitfragen. Folge 2. H. 1.) [09. 10282

Döller, Johs., die Bedeutung des alttestamentlichen Bibelstudiums u. seine Pflege an der theologischen Fakultät der k. k. Universität Wien. Antrittsvorlesung, geh. am 14. X. 1905. (21 S.) gr. 8. Wien 905. Mayer & Co. n. — 60

— Bibel u. Babel od. Babel u. Bibel? Eine Entgegng. auf Prof. Friedrich Delitzsch' „Babel u. Bibel". (36 S.) 8. Paderborn 903. F. Schöningh. n. — 60

Compendium Hermeneuticae biblicae, quod ed. et ampl. Dr. Ioannes **Doeller,** prof. studii biblici V. T. in seminario clericorum Sanhippolytano. *Paderbornae: F. Schöningh 1898.* (IV, 64 S.) 1 Bd 8. [98. 5490

— Compendium hermeneuticae biblicae. Ed. altera, emendata et aucta. (VII, 167 S.) gr. 8. Paderbornae 910. Paderborn. F. Schöningh. 3.20

DOELLER, Johannes: De examine sponsorum a parochis secundum constitutiones ecclesiasticas suscipiendo habita simul ratione legum civilium Austriacarum. — (1895) 108 S. 4° (Handschr.) Diss. 489
Diss. Wien, Univ.

— geographische u. etnograph. Studien zum III. u. IV. Buche der Könige, s. a. Studien, theolog., der Leo-Gesellschaft. 9.

Geographische und ethnographische Studien zum 3. und 4. Buche der Könige. Von Dr. Johannes **Döller,** Studiendir. in Wien. *Wien: Mayer & Co. 1904.* (XL, 355 S.) 8°
— Studien, Theologische, d. Leo-Gesellschaft. 9. [04. 5375

Dolley, C. S., The Thyrsos of Dionysos and the Palm auflorescence of the Winged Figures of Assyrian Monuments. S.-A. 1893. 8 S. —.80

Dollfs, Theodor v., Rittmeister des k. preuss. 8. Cuirassier-Regiments. Der Escadrons-Dienst. Ein Handbuch für Cavallerie-Officiere der k. preuss. Armee. 8. Berlin 1842.

Dollfus', Jean, Biographie, s.: Zuber, I.

Dollfus, Adrien, Land-Isopoden d. Balkanregion i. Landesmuseum zu Sarajevo, s.a. Mitteilungen, wissenschaftl., aus Bosnien u. d. Hercegovina.

Dollfus Adrien, Land-Isopoden der Balkanregion. (Bosnien, Hercegovina, Serbien und Insel Corfu im Landesmuseum zu Sarajewo. Mit 12 Abbildungen im Texte. Lex.-8. (4 S.) —.15
Wien, Gerold's Sohn, 1896.

Dollfus. Albert D', 1846—1909. (Article du «Journal de Genève» du 28 août 1909 — Discours prononcé à l'église protestante de Lugano par M. N[iclaus] Bolt, pasteur, le 30 août 1909 — Discours prononcé au cimetière de Castagnola par M. Léon Petitpierre, maire de C°, le 30 août 1909.) [Avec 1 portrait hors texte.] II + 13 p. 8. ([Basel, Emil Birkhäuser,] 1909.)

Dollfus, Fritz Edm(und), aus Chemnitz: **Charakteristik von Pseudo-Säuren durch ihr Verhalten gegen Ammoniak.** *Würzburg 1901: F. Scheiner.* (63 S.) 8°
Würzburg, Phil. Diss. v. 1901

Dollfus, G., und R. Merian, über die Wasserversorgung der Stadt Basel. Basel 862. (Bahnmaier.) gr. 8. (12 S.) n. 5 ngr

Dollfus, Gustave s. (Dollfus-Ausset, Daniel.)

Dollfus, Joh.: Dissertatio inauguralis medico-practica de catalepsi.
Basel, med. Diss. 1773.

Dollfus, Joh. Georg: Cerasolo medica.
Basel, med. Diss. 1717.

Dollfus, Joh. Georg: Specimen inaugurale botanico-medicum (aus der Flora Basels und Umgebung: Veronica, Aconitum, Caucalis.)
Basel, med. Diss. 1781.

Dollfus, Joh. Heinr.: Dissertatio inauguralis medica de haemorrhagiis gravidarum.
Basel, med. Diss. 1750.

Dollfus, Johann Heinrich s. Orelli, Joh[ann] Heinrich [von]. Rede an... Herrn Vicomte de Polignac. 1780.

Dollfus, Carl (Mühlhausen)
Combinaisons des Alcaloides avec les acides sulphocyanhydrique, ferrocyanhydrique, et ferricyahhydrique.
[In: Liebigs Annalen Bd 65, 1848, S. 212-229.]
Dr. phil. Giessen 4.4.1848.

Dollfus, Roger: Ueber die Idee der einzigen Steuer. Basel 1897. X,164 S. 8°.
Basel. Phil. Diss. 1897/98.

Dollfus, Roger, Über d. Idee d. einzigen Steuer. Lex.-8. (X, 164 S.) Basel 897. B. Schwabe. n. 4. 80

Dollfus, Walter. Ueber die Configuration der Aldoxime und der γ Ketoximsäuren. (Basel) Chemnitz [1893].

Dollfus-Ausset, Daniel

Dollfus-Ausset. Dan. Beobachtungen auf St. Theodul im Januar 1866. Original-Manuscript. fol.

(Dollfus-Ausset, Daniel.) ([Collection de 28 daguerréotypes représentant les plus anciennes reproductions héliographiques des Alpes, reproduits en photographie et accompagnés d'extraits tirés des Matériaux pour l'étude des glaciers. Publié par] Gustave Dollfus.) fol. *s. l.* (1893).

Dollfuß, Johann Kaspar

Dollfuß, J. C., pharm. chem. Erfahr. üb. d. Entdeck. und Verbesserung. 8. Leipz. Barth. 787.

Pharmaceutisch-chemische Erfahrungen über die neuesten in der praktischen Pharmacie gemachten Entdekkungen und Verbesserungen. Von Johann Caspar Dollfuß. Leipzig: Haug 1787. 136 S. 8°

Dollhardt, Georg [aus Berlin]: Zur Casuistik der Osteomyelitis.... Berlin, Otto v. Holten, Kunst- u. Buchdr. (1889); 20 + 1 S. + 1 Bl. 8°
Berlin, Med. Fak., Inaug.-Diss. v. 14. Nov. 1889

DOLLHOPF, FRANZ: Die / durch Einfalt des Glaubens / und durch / die Strenge ewangelischer Sitten / Bernards von Offida / Laybruders des Kapuzinerordens / beschaemte Aufklaerung / und / Weichlichkeit itzigen Zeitalters, / als am 11. April 1796. die Feyerlichkeit seiner Seligsprechung bey den WW. EE. PP. Kapuzinern zu Ofen begangen wurde, / vorgetragen von Franz Dollhopf vom Kreutzorden mit dem rothen Stern. Ofen 1796: Mit kön. Universitäts-Schriften. 36 S. - 166 mm

DOLLHOPF, FRANZ: Dankfeier gegen Gott, und den Landesfürsten für die wohlthätige Beherrschung am 23 October 1803. da die k. Freystadt Pesth mit Jubel das Jahrhundert feierte ihrer von Leopold dem Ersten erneuerten k. Freiheits Diplomen in einer Rede vorgetragen von Franz Dollhopf. Ofen 1803. Gedr. bey Franz Joseph Patzko. 19 S. - 200 mm

DOLLHOPF, FRANZ: Der Eifer des heiligen Johannes des Vorläufers Christi, das Muster des Eifers der Christen für die Ehre Christi; am Schutzfeste eben dieses Heiligen und bei der Uebergab der Raczkeweer Pfarrei, von dem zur Stuhlweissenburger Domherrnstelle beförderten Hochwürdigsten Herrn Franz Frideczky, an den Hochwürdigen Herrn Johann Ubald Schmidt. Vorgetragen von Franz Dollhopf, des ritterlichen Kreuzherren-Ordens mit dem rothen Stern königl. Hofburgpfarrkaplan. Ofen 1802: Mit kön. Universitäts-Schriften. 29 S. - 190 mm

DOLLHOPF, FRANZ: Die Kirche, die Stütze der Religion, und die Religion die Stütze der Kirche. Vorgetragen in einer Rede bey der Feyerlichkeit der k. freien Stadt Pest. Ofen 1803. Gedr. mit kön. Universitäts-Schriften. 32 S.

DOLLHOPF, FRANZ: Lob- und Sittenrede auf die heilige Elisabeth königliche Stifterin der W. W. E. E. Elisabethinerinnen unter der dritten Regel des heil. Vater Franziskus, zu Ofen gehalten. Ofen 1797. 28 S. - 8°

DOLLHOPF, FRANZ, Hofkaplan in Ofen: Lob- und Sittenrede auf den heiligen Stephan Erzmartyrer und Diakon, vorgetragen am Tage der Feyerlichkeit dieses Schutzheiligen. Ofen 1793. Gedr. bey Kathar. Landerer Wittwe. 29 S. - 8°

DOLLHOPF, FRANZ: Rede von dem Ablaß von Portiunkula. Verfasset und vorgetragen in der Kirche der W.W. E.E. Franciskaner in der freien Stadt Pesth, den 2-ten August 1798. Pesth 1798. Gedr. mit kön. Pester Universitätsschriften. 31 S. - 8°

DOLLHOPF, FRANZ: Rede bey der Feyerlichkeit, da der Grundstein zu dem Gotteshause in der Joseph-Stadt zu Pesth gelegt wurde. Ofen 1797. Gedr. bey Math. Trattner. 32 S. - 8°

DOLLHOPF, FRANZ: Rede / von den / Pflichten, / welche der Christ in bedrängten Kriegszeiten / gegen Gott, dem Staate, und sich selbst, aus / zuüben verbunden ist. Vorgetragen / am Gnadenorte des Ablasses Portiuncula, bey den WW. EE. PP. Franziskanern zu Pesth / von Franz Dollhopf vom Kreutzorden mit dem rothen Stern. Ofen 1796: Mit kön. Universitäts-Schriften. 31 S. - 180 mm

DOLLHOPF, FRANZ: Rede von der Würde des Priesterthums bei der Primiz des W. E. Herrn Franz Xavier Amlacher am Festtage des heil. Franz Xavier, des von der kön. freien Hauptstadt Ofen gewählten Schutzheiligen wieder die Pest. Ofen 1797. Gedr. mit kön. Universitätsschriften. 32 S. - 8°

DOLLHOPF, FRANZ: Der / aus der Verkennung und Verachtung / der Religion/ entstandene / Sittenverfall / unserer Zeit / Durch / Sieben Fastenreden / in der / Hauptpfarrkirche der Festung Ofen / vorgetragen / von / Franz Dollhopf, / des / ritterlichen Kreuzherrenordens mit dem rothen Stern / der freien Wissenschaften, und Weltweisheit Baccalauren, / k. K. Schloßkaplan / Ofen, / gedruckt mit königl. Universitätsschriften 1795. 171 S. - 187 mm

DOLLHOPF, FRANZ: Die Verehrung der Würde des Priesterstandes in dem Gefühle des Christentums der Menschheit. Ofen 1803. Gedr. mit kön. Universitäts-Schriften. 32 S. - 180 mm

DOLLHOPF, FRANZ: Weisheit und Geist zwei unverkennbare Eigenschaften des Christentums. Am Festtage Stephans des Erzmartyrers, und Schutzheiligen des Pfarrsprengels auf der Landstrasser Vorstadt zu Ofen vorgetragen. Ofen 1795. Gedr. mit königl. Universitäts-Schriften. 32 S. - 8°

DOLLHOPF, FRANZ: Uiber den Werth des hohen Alters zur Beruhigung der Greisen bei dem 50-jährigen Priesterjubiläum des Herrn Sebastian Valentin von Eberle. Ofen 1806. Gedr. mit kön. hung. Universitäts-Schriften. 10, 54 S. - 210 mm

DOLLHOPF, FRANZ: Uiber den Werth der Unsterblichkeit der menschlichen Seele aus dem Werke ihrer Natur und Erlösung in sieben Fastenpredigten in der Hauptkirche zu Ofen vorgetragen von Franz Dollhopf Ritterlichen Kreutz-Ordens mit dem rothen Stern, Pfarrer in St. Franz in Prag. Ofen 1808. Gedr. mit Königl. Universitäts-Schriften. (16, 176 S.) - 210 mm

Dollhopf, Karl, der Ring der Nibelungen von R. Wagner. Sachliche u. sprachliche Erläuterungen mit e. kurzen Charakteristik der Dichtung. München 870. (Fritsch.) gr. 8. (36 S.) n. 6 ngr

Dolli u. seine kleine Schwester. 12. (64 S.) Elberfeld (899). Buchh. des Erziehungs-Vereins. Kart. n. — 30

Dolljal, Franz (Hrsg.), s. Brünn samt Vorstädten.

[F.] Es dunkt mi' fein! Gedichte im Innsbrucker Dialect v. Franz **Dolliner**. *Innsbruck: A. Edlinger 1898.* (4 Bl., 88 S.) 1 Bd 8. (98. 6286

Dolliner, Frz., Frau Hitt. Roman m. Benützg. der Sagen. Zeichnungen von Aug. Pezzey. (269 S.) 12. Innsbruck 904. Wagner. n. 2. 80; geb. n. 3. 60

— **Philippine Welser, die Schlossherrin von Ambras.** Kulturhistorische Skizze. (35 S. m. Abbildgn.) kl. 8. Innsbruck 904. E. Lorenz. n. - 60

Dolliner, Frz., Philippine Welser. 904. (KBL 33.) Jetzt: Innsbruck. L. Neurauter's Nf.

Dolliner, Geo., Enumeratio plantarum phanerogamicarum in Austria infer. crescentium. 8maj. Vindobonae 842, Gerold. 7/8 ₰

Dolliner, Gust. Jos., neuestes System einer Geheim- u. Kurzschrift, nach welchem Wörter u. Sätze mit wenigen Buchstaben u. Ziffern dargestellt werden können u. für Uneingeweihte absolut unentzifferbar sind. 8. (7 S.) München 882. Fritsch. n. — 50

DOLLINER, J.: Erklär. d. allgem. deutschen Lehnrechts nach *Böhmer's* Principiis jur. feud., a. d. öffentl. Vorless. auf der Wiener hohen Schule. *Wien*, Kaiserer. 793. gr. 8. (1 Thl.)

Dolliner, Ph., s. Dolliner, Thomas

Dolliner, Thomas

Dolliner, Thom., Codex epistolar. Ottocari II. 4. Wien 804. A. Doll. 1 ß 8 gl.

Dolliner, Th., Darstellung des Rechtes geistlicher Personen, insof. sie nur überh. u. blos als solche betrachtet werden. 8. Wien. (Leipz., F. C. W. Vogel in C.) 817. Rthlr.

[DOLLINER Thomas]. Erklärung des teutschen Staatsrechtes nach [Johann Stefan] Putters kurzem Begriff und den öffentlichen Vorlesungen auf der Wiener hohen Schule. [Verf. –] Kaiserer, Wien 1793. 1 vol. 640 S.

Dolliner, Thom., ausführl. Erläuterung des zweiten Hauptstückes des allgem. bürgerl. Gesetzbuches rc. 3r u. 4r Bd. (Der Ehe-Prozeß. 2 Thle.) gr. 8. Ebd. 835. (III. 1.: $2^1/_4$ ß, III. 2.: $1^2/_3$ ß) $3^{11}/_{12}$ ß — 5r Bd. A. u. d. T.: Das besondere Eherecht der Juden in Oesterreich, von Ign. Grassl. gr. 8. Ebd. 838. 2 ß

Dolliner, Thom., ausführl. Erläuterung d. zweyten Hauptstückes d. allgem. bürgerl. Gesetzbuches v. §. 44—82. 93—130. 5 Bde. gr. 8. (1., 3—5. Bd.) Wien, Braumüller u. Seidel; (2. Bd.) Leipzig, Otto Wigand.
A. u. d. Ttln.:
Bd. 1., 2. Handbuch d. in Oesterr. geltend. Ehe-Rechts. 2 Thle. [1. Erläut. §. 44—77. (29 B. u. 1 Tab.) Neue Aufl. 835. 2 Thlr.; 2. Erläut. §. 78—82. (18 B.) 842. 1 Thlr. 12 Gr.] 3 Thlr. 12 Gr.
" 3., 4. Handbuch d. rc. Ehe-Prozesses. — Erläut. §. 93—122. 2 Thle. (53¼ B.) [1. 2 Thlr. 6 Gr., 2. 1 Thlr. 16 Gr.]. 835. 3 Thlr. 22 Gr.
" 5. Das besondere Ehe-Recht d. Juden in Oesterreich. — Erläut. §. 123—36. Hrsg. v. Ign. Graßl. (22¼ B.) 838. 2 Thlr.

- Erlauterung der deutschen Reichsgeschichte nach Putters Grundriss der Staatsveränderungen des deutschen Reiches. Von –. Wappler, Wien 1794 u. 1801. 3 Bde. in 3 vol.

— von Errichtung u. Umänderung d. Benefizien, wie auch von d. Einrichtung d. Civil- u. Militär-Seelsorge in d. österr. Ländern. gr. 8 Wien 822. Geistinger. 1 ß (Gerold). Hbg. Pr. 12 gl.

Dolliner, (T.,) von Errichtung u. Umänderung der Benefizien wie auch von der Einrichtung der Civil- u. Militär-Seelsorge in den österr. Ländern. gr. 8. Wien 822 Geistinger. (Landshut, Krüll.)

Dolliner, Grundsätze des in Oestreich geltenden Eherechts, zum Gebr. d. Seelensorger u. seiner Zuhörer. gr. 8. Wien, Geistinger. 812.

DOLLINER, Thom.: Handb. des in Oesterr. geltenden Eherechts. 2 Thle. *Wien*, (Gerold.) 813. 17. gr. 8. (2 Thl, 16 Gr.)
Zusätze u. Verbesserungen zum 1. Bande des Eherechts. *Ebend.*, Geistinger. 818. gr. 8. (8 Gr.)

Dolliner, Th., Handbuch des in Oesterreich geltenden Eherechts. 2r Bd. gr. 8. Wien, Geistinger. (Leipzig, F. C. W. Vogel in Comm.) 818.

Dolliner, Thom., Handbuch des in Oesterreich geltenden Eherechtes. 2. Bd. — A. u. d. T.: Ausführliche Erläuterung des zweiten Hauptstückes d. allgemeinen bürgerl. Gesetzbuches von §. 78—82. 2. Bd. gr. 8. Leipzig 842, Otto Wigand. $1^1/_2$ ß (1. Bd. bei Braumüller u. Seidel in Wien: 2 ß)

Dolliner, Thom., und Ign. Graßl, Handbuch des österreich. Eherechtes. Ausführliche Erläuterung des 2. Hauptstückes des bürgerl. Gesetzbuches von § 44—77. 5 Bde. Neue Ausg. gr. 8. Wien 848, Braumüller.
Bd. 1., 2. Das österreich. Eherecht von Thom. Dolliner. 2 Bde. 2., verm. und verb. Aufl. Wohlf. Ausg. (XXII und 728 S. mit 1 Stnt.)
" 3., 4. Der österreich. Eheproceß von Thom. Dolliner. 2 Bde. 2., verm. und verb. Aufl. Wohlf. Ausg. (XXVI und 819 S.)
" 5. Das österreich. Eherecht der Juden von Ign. Graßl. Neue Ausg. (XIV und 342 S.)

Dolliner u. Grassl, Handb. d. österr. Eherechts. 5 Bde. Wien 849.

— Dissertat. de Jure Personarum Ecclesiast. generatim qua talium sine respectu ad beneficia et Ecclesiae officia considerat.; item de Erectione et Innovat. Beneficior., noc non de civili et militari animorum cura in ditionibus austriacis. Latin. donavit M. Juranich. 8 maj. Viennae 824, v. Mösle.

DOLLINER, Thom.: Das Recht geistl. Personen, in sofern sie nur überhaupt u. blos als solche, ohne eigentl. Bezieh. auf Kirchenämter u. Pfründen betrachtet werden, nach den in Oesterreich geltend. Rechtsquellen dargestellt. 2e verm. Aufl. *Wien*, (Gerold.) 817. gr. 8. (12 Gr.)

——, Jos. Kudler u. Mor. Fränzl, Zeitschrift f. österr. Rechtsgelehrsamkeit, s. Zeitschrift.

Dölling, Johann Gottlob

— — **Ad novi seculi primordia gymnasio Plauiensi publ. instaurato solenni magistrorum aliquot inauguratione. Plauen (C. Wieprecht) 7. V. 1835. 4 Bl. (3.50)** **6654**

Doelling, Johann Gottlob, Prolusio animadvers. ad Sulpiciae satiram continens qua ad anniversaria lycei Plauiensis solemnia. Plauen (Wieprecht) 25. IV. 1833. 30 S. mit Schulnachrichten. (Namen.) (4.—) 6653

Dölling, Jh. Glo., des P. Papinius Statius erste Sylve, übersetzt und erläutert, s. Statius.

— — Jahresbericht über d. Gymnasium zu Plauen 1843—44. — Voran: E. Uebersetzung von Statius Silv. III, 1 u. IV, 8. Plauen (Aug. Wieprecht) 16 S. mit Namen. (4.—) 6655
Handschriftl. Widm.

Dollinger, s.a. Döllinger

Dollinger, C., Hausthür, s.: Details, architektonische.

Dollinger, C., architektonische Reise-Skizzen. Neue Folge. 6 Hfte. Fol. (à 6 Steintaf.) Stuttgart 880. 81. Wittwer. à n. 4. — (I. u. II. cplt. in Mappe à n. 25. —)

Dollinger, C., architektonische Reiseskizzen. III. Serie. 28 (lith.) Taf. Fol. (1 Bl. Text.) Stuttgart 887. Wittwer. In Mappe. n. 20. — (I—III.: n. 70. —)

— architektonische Reise-Scizzen aus Deutschland, Frankreich & Italien. 1—6. Hft. gr. Fol. (à 6 Steintaf.) Stuttgart 871—73. Wittwer. à n. 2. 40

Dollinger, F., Que nous enseigne la terre d'Alsace? Tableau de la préhistoire alsacienne. (12 S.) gr. 4. Strassburg 904. J. Noiriel. n. 1. 60
Sonderabdruck aus: „Revue alsacienne illustrée".

Dollinger, Fr., die fürstenbergischen Münzen u. Medaillen, m. 10 Lichtdr.-Taf. (V, 59 S.) gr. 4. Donaueschingen 903. [O. Mory.] Frankfurt a/M., J. St. Goar. 4. 50
Ladenpreis aufgehoben.

Dollinger J.: Additionsverbindungen gewisser aromatischer Amine mit Phenolen. S. 119. Hb. 467 . . . . vgr.
Separatabdruck

Dollinger, J. v., Madame Maintenon. 1890. (S.-A.) 8°. (1 Mk. 20 Pfg. Taussig, 1906.)

Dollinger, J., 110 ganz neu zusammen gesetzte Schach-End-Spiele, Dann 24 verschied. Arten, den Springer durch alle Felder hin u. zurück zu spielen, ohne ein Feld doppelt zu berühren. 2 Abtheill. 8. Wien 806. Schaumburg. 12 gl.

Dollinger, Johann Martin

Dollinger, Joh. Mart., die Bienenzucht, eine unerschöpfliche Goldgrube für Landbewohner aller Stände, wenn sie vernünftig und naturgemäß betrieben und das Abtödten der Bienenstöcke endlich außer Gebrauch gesetzt wird. Ein Wort zu seiner Zeit. Oder Martin des Bienenfreundes gründliche Anweisung zu dem Betriebe einer naturgemäßen und lohnenden Korbbienenzucht ꝛc. 2. umgearb. Aufl. München 862. Gummi. 12. (XVI, 137 S. m. Holzschn. im Text u. 1 Holzschntaf. in Fol.) 15 ngr.

Dollinger, Joh. Mart., die Bienenzucht, eine unerschöpfl. Goldgrube für Landbewohner aller Stände, wenn sie vernünftig und naturgemäß betrieben und das Abtödten der Bienenstöcke endlich außer Gebrauch gesetzt wird. Ein Wort zu seiner Zeit oder Martin des Bienenfreundes gründl. Anweisung zu dem Betriebe einer naturgemäßen und lohnenden Korbbienenzucht; seinen Freunden zur angenehmen Verkürzung langer Winterabende vorgetragen. Ein treuer und zuverlässiger Rathgeber für angehende Korbbienenzüchter, besonders für Landbewohner bearb. 3. Aufl. 8. (XVI, 137 S. mit 1 Holzschntaf.) München 874, Beck.

Dollinger, Joh. Mart., die Bienenzucht, eine unerschöpfliche Goldgrube für Landbewohner aller Stände, wenn sie vernünftig und naturgemäß betrieben und das Abtödten der Bienenstöcke endlich außer Gebrauch gesetzt wird. Ein Wort zu seiner Zeit. Oder Martin des Bienenfreundes gründliche Anweisung zu dem Betriebe einer naturgemäßen und lohnenden Korbbienenzucht, seinen Freunden zur angenehmen Verkürzung langer Winterabende vorgetragen. Ein treuer und zuverlässiger Rathgeber für angehende Korbbienenzüchter, besonders für Landbewohner bearb. 4. (Titel-)Aufl. 8. (XIV, 137 S. mit 1 Holzschntaf. in qu. Fol.) Regensburg (874), Coppenrath. *

Dollinger, Joh. Mart., die Bienenzucht, e. unerschöpfliche Goldgrube f. Landbewohner aller Stände, wenn sie vernünftig u. naturgemäß betrieben u. das Abtödten der Bienenstöcke endlich außer Gebrauch gesetzt wird. Ein Wort zu seiner Zeit. Oder Martin d. Bienenfreundes gründl. Anweisg. zu dem Betriebe e. naturgemäßen u. lohn. Korbbienenzucht, seinen Freunden zur angenehmen Verkürzg. langer Winterabende vorgetragen. Ein treuer u. zuverläss. Rathgeber f. angeh. Korbbienenzüchter, besonders f. Landbewohner bearb. 4. Aufl. 8. (XIV, 137 S. m. 1 Holzschntaf. in qu. Fol.) Regensburg 876. Coppenrath. n. 1. 50

Dollinger's, Mart., Bienenzucht. Ein treuer u. verläßl. Ratgeber f. angeh. Bienenzüchter, besonders f. Korbbienenzüchter u. Landbewohner. Mit Berücksicht. der neuesten Forschgn. u. Erfahrgn. neu hrsg. v. Joh. Witzgall. 5., sehr verm. Aufl. 8. (VIII, 199 S. m. Textillustr.) Regensburg 891. A. Coppenrath's Verl. n. 1. 20

Döllinger, Joh. Mart., die Korb-Bienenzucht, oder leichtfaßliche und gründliche Anweisung, wie man die Bienen vollkommen beherrschen, sie bequem aus einer Wohnung in die andere bringen, das Tödten der Bienen gänzlich vermeiden und überhaupt den möglichsten Nutzen aus der Bienenzucht schöpfen kann. Nach Anton Bitzthums Grundsätzen neu bearb., u. mit eigenen Erfahrungen bereichert. Mit 2 lith. Kpfrtaf. (in 4.). Ansbach 854. Gummi. (München, Giel.) 8. (VII, 52 S.) 7 1/2 ngr.

DOLLINGER, Joseph (Buchdorf): De hernia inguinali et scrotali.- Monachii: Franz 1835. 20 S. 19.12.1835 - Urk; F 60
Diss. Ingolst.-Landsh.-Mchn.

Dollinger, Julius

Dollinger, Jul., die ambulante Behandlg. d. Fracturen d. unteren Extremitäten. s. Klinik, Wiener.

Die ambulante Behandlung der Fracturen der unteren Extremitäten. Von Julius **Dollinger**, ... Prof. ... in Budapest. M. 7 in d. Text gedr. Abb. *Berlin & Wien: Urban & Schwarzenberg 1898.* (317--340 S.) 8.
— **Klinik, Wiener.** 1898. H. 11. [98. 11216

— d. Behandlg. d. tuberculosen Wirbelentzündung, nebst patholog. Erfahrgn. auf Grund v. 700 Fällen gr. 8. (48 S. m. 7 Abb. u. 2 Tab.) Stuttgart 896. F. Enke. n 1. 60

Dollinger, Jul., u. Wilh. **Suppan,** üb. die körperliche Erziehung der Jugend. Zwei Berichte. gr. 8. (VII, 98 S.) Stuttgart 891. F. Enke. n. 2. 80

Dollinger, Jul. Die **Massage.** Für Ärzte u. Studierende. gr. 8. (VIII, 251 S. m. 113 eingedr. Abbildgn.) Stuttg. 890, Enke. * 6 --

Dollinger, Jul., Statistik der Krebskranken in den Ländern der ungar. hl. Krone, s.: **Mitteilungen** ungar. statist.

Dollinger, Martin, s. Dollinger, Johann Martin

Dollinger, Paul, Justizref. in Stuttgart: Die **Haftung** des Verkäufers für Mängel im Recht nach römischem, gemeinem und heutigem deutschem Recht. *Stuttgart 1901: A. Bonz' Erben.* (82 S.) 8°
Tübingen, Jur. Diss. v. 1901

Döllinger, s.a. Dollinger

Doktor Döllinger und die Petition der Bischöfe ans Konzil. Aus der Civiltà cattolica übers. von einem Priester der Diöcese Trier. Trier, Lintz, 1870, 8°, 35 S., 50 Pf.

Deutsche Übertragung einer von einem deutschen Theologen in der Civiltà catt. auf die Döllingerschen „Erwägungen" veröffentlichten Entgegnung.

Döllinger, Handbuch für Tierärzte in Bayern. Die über das Veterinärwesen bestehenden Institutionen und Vorschriften enthaltend. Ebd. 47. Enke. M. 2.40

Döllinger, (Hrsg.), s. Regierungs-Intelligenzblatt, Churfürstlich bayerisches.

Döllinger, Ferdinand, s. Döllinger, Georg Ferdinand

Döllinger, G., prakt. Anleitung d. Amtsgeschäfte insbesondere die Amtspapiere durch Vereinfachung d. Geschäftsmechanismus leicht u. schnell zu ordnen, u. in dieser Ordnung zu erhalten, mit Zeichnungen u. Tabellen. Münch. Fleischmann. 815.

— ist Verf. von: Anstalten u. Anordnungen f. die Geburtshülfe, siehe: Anstalten.

Döllinger, Georg, s. Döllinger, Georg Ferdinand

Döllinger, Georg Ferdinand

Döllinger, Geo. Fd., prakt. Anleit. d. Amtsgeschäfte, insbesondere d. Amtspapiere durch Vereinfachung d. Geschäftsmechanismus leicht u. schnell zu ordnen u. in dieser Ordnung zu erhalten, mit Zeichnungen u. Tabb. gr. 8. Münch. 815. (Erlang., Palm). 18 gr.

Döllinger, Geo., das Brauwesen, Branntweinbrennen u. der Malzaufschlag im Königreiche Bayern in polizeil. u. kameralist. Beziehung. Ein Handbuch für Brauer, Branntweinbrenner, Wirthe u. Müller, so wie insbesondere für Aufschlags-, Rechts-, Polizeibeamte u. Cameralisten überhaupt. 8. (Mit 2 Tab.) Nördlingen 843, Beck'sche B. n. 11/12 ngr.

Döllinger, G. Ferd., üb. die zweckm. Einrichtung d. Registraturen. Eine Abhandlung. 8. München. (Nürnb. Stein.) 811.

Döllinger, Geo. Ferd., die Erhöhung d. National-Wohlstandes durch d. Handel mit Getreid. 8. (4 B. u. 1 Tab.) München 828, [Jaquet.]

Döllinger, G.: „Die Erhöhung des Nationalwohlstandes durch den Handel mit Getreide", München 1828 (Michaelis).

— s. Geistliche, d. katholische.

— der kathol. Geistliche, seine Pflichten u. Dienstverhältnisse u. die kathol. Kirchen in religiöser u. ökonom. Beziehung. gr. 8. (13 1/2 B.) Nördlingen 844, Beck'sche Buchh.

Vgl. Dessen Zusammenstellung.

— der Geschäftsmechanismus nach seinem Endzwecke u. sein. Formen. Eine Anleit. f. angeh. Rechtspraktikanten. gr. 8. (6 1/4 B., 9 Tab. in Fol. u. 2 Kpfr.) München 828, [Jaquet.]

— die in Bayern bestehenden Gesetze und Verordnungen über Landwirthschaft. In Auszügen alphabetisch zusammengestellt. gr. 8. München 845, Franz. 3/4 ngr.

Döllinger, Georg: „Der Getreidehandel nach staatswirthschaftlichen und policeilichen Grundsätzen", Augsburg 1844. — Vorh.: Büch. der Industrie- und Handelskammer Leipzig und Com. Bibliothek Hamburg.

— der Getreidehandel nach staatswirthschaftl. u. polizeil. Grundsätzen. gr. 8. (Mit 1 Tab.) Augsburg 845, Schmid=sche Buchh. 3/8 ℛ

Döllinger, C. F., Magazin zur Vervollkommnung des Registraturwesens. gr. 8. 1r Bd. 2 Stck. u. 2n Bd. 1s Stck. München, Fleischmann. 807–808.

Döllinger, Georg Ferdinand, s. Oesterreicher, Paul: Zeitschrift für Archiv- und Registraturwissenschaft.

—— Register üb. d. in den Regierungs= u. Gesetzblättern v. 1799—1825, u. in d. damals bestanden. Provinzial=Regierungsbln. enthalt. Verordnungen. gr. 4. ... München ..., [Jaquet.]

—— dass. 1. Forts. v. 1826—28. gr. 4. ... Ebds. 829.

—— dass. 2. Forts. v. 1829—31. gr. 4. ... Ebds. 832.

— dritte Fortsetzung des Registers über die in den Regierungs=blättern von den Jahren 1832, 1833 u. 1834 und Gesetzblatt 1834 enthaltenen Verordnungen. gr. 4. München 835. Jaquet. 1 1/3 ℛ — 2e Aufl. 840. 1 1/2 ℛ

Döllinger, Geo. Ferd., vierte Fortsetzung d. Registers üb. die in d. Regierungsblättern von d. J. 1835—1838 u. Gesetzblatt 1837 enthalt. Verordn. Mit ein. allgem. Register d. J. 1799—1838. gr. 4. (26 B. u. lith. Ttl.) München 839, Jaquet. *
Das Hauptwerk nebst 1—3. Forts. Ebendas., ...— 835. 7 Thlr. 16 Gr.

Döllinger, Geo., fünfte Fortsetzung d. Registers über die in den Regierungs=Blättern v. d. Jahren 1841 nebst den in den Gesetzblättern von 1840 enthaltenen Verordnungen. Mit e. besond. Wortregister. gr. 8. (... B.) München 844. [Augsburg, Jaquet's Vrlsb.] *

—— sechste Fortsetzung des Registers üb. die in den Regierungsblättern von 1841—1843 u. Gesetzblatt 1843, so wie Intelligenzblättern von Oberbayern 1841—1843 enthalt. Verordnungen. Mit ein. besond. Wortregister. gr. 4. (14½ B.) München 844. [Augsburg, Jaquet's Vrlsb.] *
Das Hauptwerk u. 1—4. Fortsetzung Ebendas. ... —1839. * 117 Thlr.

Döllinger, Geo., siebente Fortsetzung des Registers üb. die in den Regierungsblättern v. d. J. 1844 bis 1846, enthalt. Verordnungen, m. e. besond. Wort= u. Sach=Register. gr. 4. (112 S.) Augsburg 846, Jaquet. 1 ℛ

Döllinger, G., Register ꝛc. 11. Fortsetzg., s. Jandebeur.

Döllinger, (G.,) Repertorium, s. Repertorium.

Döllinger, Geo., Repertorium über die Kreittmayr'sche u. Mayr'sche Generalien=Sammlung. gr. 4. München 834. (Landshut, Manz.) 5 1/3 ℛ

— s.a. Repertorium d. Staatsverwaltung.

Döllinger, Geo. Fd.: Repertorium der Staats-Verwalt. des Königr. Baiern. 1 — 14. Bd. ***München,*** **Fleischmann. 814 — 26. gr. 8. (22 Thl. 18 Gr.) (Bd. 13 in 2 Abthl. ist für 2 Bde gerechnet.)**

—— Repertor. d. Staats=Verwaltung d. Königr. Bayern. 15—18. Bd. — A. u. d. T.: Samml. d. im Königr. Bayern besteh. Forst= u. Jagdverordn. 1—4. Bd. gr. 8. (108 B. u. 1 lith. Tab. in gr. Fol.) München 831, Cotta.
1—14. Bd., (der 13. Bd. in 2 Abthln. ist für 2 Bde. gerechnet.) München. 1814—26. 22 Thlr. 8 Gr.

— Suppl.-Bd. 1 bis 5. ***Münch.,*** **Fleischmann. 818. 19, gr. 8. (6 Thl. 8 Gr.**

— Suppl.-Bd. 6 bis 10. — A. u. d. T.: Sammlung der v. dem jetzt regier. König Ludwig erlass. organ. Edikte u. Verordn. Mit vollst. Sachregist. 1., 2. Bd. à 2 Abthl. u. 3., 4. Bd. ***München,*** **Jaquet. 826 — 31. gr. 8. (7 Thl. 12 Gr.)**

— s. a. Sammlung d. im k. Bayern besteh. Forst- u. Jagd-Verordnungen.

Döllinger G.: Sammlung d. im Königreich Bayern bestehenden Forst- u. Jagdverordnungen. 4 Bd. Münch. 1831.
(= Repertorium d. Staats-Verwaltung d. K. B. Bd. 15-18. — Bd. 1 mgl. Fællestit.).

Döllinger, Georg Ferdinand (Hrsg.), s. Sammlung aller königl. bayrischer Verordnungen über Religions- u. Kirchenwesen in alph. Ordnung.

Döllinger, Georg Ferdinand (Hrsg.), s. Sammlung aller königl. bayrischen Verordnungen in Unterrichts- u. Bildungssachen in alphabetischer Ordnung.

—— Sammlung d. im Gebiete d. inneren Staats=Verwaltung d. Königr. Bayern besteh. Verordnn. aus amtl. Quellen geschöpft u. systemat. geordnet. 20 Bde. u. Register. gr. 4. (2728 B.) München 835—39, (Franz.) *

Bd. 1. Abthln. I. u. II.: Staatsgebiet u. Staatsverfassung. (54½ B.) 835. * 2 Thlr. 8 Gr.
" 2. Abthln. III. u. IV.: König u. kgl. Familie u. Organisation d. Verwaltungsstellen u. Behörden. (66 B.) 835. * 2 Thlr. 21 Gr.
" 3. Abschn. 1. d. Abthl. V.: Allgem. Rechte u. Pflichten d. Staatsunterthanen. (54 B.) 836. * 2 Thlr. 8 Gr.
" 4. den 1. u. 2. Titel d. Abschn. 2. d. Abthl. V.: Staatsrechtl. Verhältnisse d. vormal. reichsständ. Fürsten, Grafen u. Herren, dann d. Hrn. Herzogs v. Leuchtenberg Durchl. u. einiger Fürsten u. Grafen nach besond. Verträgen enth. (32 B.) 838. * 1 Thlr. 8 Gr.
" 5. den 4., 5. u. 6. Titel d. Abschn. 2. d. Abth. V.: Rechte d. bayer. Adels, d. Guts= u. Gerichtsherren, dann der Siegelmässigkeit enth. (111 B.) 838. * 5 Thlr. 8 Gr.
" 6. die Abschn. 3. u. 4. d. Abth. V.: Verhältnisse d. israelit. Glaubensgenossen. Leistung d. Staatsbürgereides. — Tragen d. Nationalkokarde. (45 B.) 838. * 1 Thlr. 22 Gr.
" 7. Abth. VI. u. VII.: Ständeversammlung u. Landrath. (56½ B.) 836. * 2 Thlr. 12 Gr.
" 8. Abthl. VIII.: Religion u. Cultus. 3 Thle. [1. (107½ B.) * 4 Thlr. 16 Gr., 2. (50½ B.) * 2 Thlr. 6 Gr., 3. (84 B.) 838. * 3 Thlr. 14 Gr.] * 10 Thlr. 12 Gr.
" 9. Abthl. IX.: Unterricht u. Bildung. 3 Thle. [1. (72 B.) * 3 Thlr. 6 Gr., 2. (69½ B.) * 2 Thlr. 12 Gr., 3. (102 B. u. 17 lith. Tab.) 838. * 5 Thlr. 14 Gr.] * 11 Thlr. 8 Gr.
" 10. Abth. X.: Militärgegenstände. 7 Thle. [1. (71½ B.) * 3 Thlr. 6 Gr., 2—7. (86½ B.) 838. * 3 Thlr. 20 Gr.] * 7 Thlr. 2 Gr.
" 11. Abthl. XI.: Gemeinde= u. Stiftungswesen. 4 Thle. (242¾ B. u. 14 lith. B.) 838. * 11 Thlr. 17 Gr.
" 12. Abthln. XII. u. XIII.: Heimath, Ansässigmachung u. Verehelichung, dann das Armenwesen. (76 B. u. 1 Tab.) 837. * 3 Thlr. 4 Gr.
" 13. Abthl. XV.: Allgem. Staats= u. Landespolizei. 2 Thle. [1. (104 B.), 2. (106½ B. u. 18½ B. Tab.) 839.] * 11 Thlr. 20 Gr.
" 14. Abthl. XIV.: Nationalökonomie (Statistik, Gewerbe, Industrie, Handel u. Creditwesen). 6 Thle.
1. Th. Nationalökonomie überhaupt. (25 B. u. 2 Tab.) }
2. " Landwirthschaft. (100½ B.) } 838. * 5 Thlr. 22 Gr.
3. " Gewerbwesen. (91½ B.) 840. * 4 Thlr.
4—6. Th. Handel, Industrie u. Creditanstalten. (107 B. u. 1 lith. Tab.) 840. * 4 Thlr. 16 Gr.
" 15. Abthl. XVI.: Medizinalwesen. (127½ B.) 838. * 5 Thlr. 11 Gr.
" 16. Abthl. XVII.: Bauwesen. 2 Thle. [1. (72½ B. u. 2 lith. Tab.), 2. (106½ B.) 838.] * 8 Thlr. 6 Gr.
" 17. Abschn. 1—6. d. Abthl. XVIII.: Staatsdienst. Dienstesordnung u. Gerichtspolizei, dann Geschäftsgang. 2 Thle. [1. (115 B.) 838. * 4 Thlr. 20 Gr., 2. (58½ B. u. 15 lith. Tab.) 839. * 3 Thlr.] * 7 Thlr. 21 Gr.

Döllinger, Geo. Ferd., Samml. d. im Gebiete ꝛc.
Bd. 18. Abschn. 7. u. 8. d. Abthl. XVIII.: Geschäftsgang u. Geschäftsbehandlung. (49½ B.) 838. * 2 Thlr. 4 Gr.
" 19. Abthl. XIX. u. XX.: Organe öffentl. Bekanntmachungen; dann Tax= u. Stempelgefälle, Etats= u. Rechnungswesen. (62 B.) 839. * 2 Thlr. 16 Gr.
" 20. Abthl. XXI.: Aeußeres öffentl. Verhältniß. (22½ B.) 839. * 1 Thlr.
Alphabet. Register üb. d. Samml. ꝛc. (24 B.) 839.
Chronolog. Register. 3 Bde.
1. Bd. der Jahre 1808—17. (29½ B.)
2. " — 1818—30. (35 B.)
3. " — 1831—38. (33 B.)
Das Werk wird nur zusammen abgegeben. Die bei den einzelnen Bdn. befindlichen Preise waren die Subscript.=Preise.

— Uebersicht der in dem bayerischen Regentenhause geschehenen Ländertheilungen, der dadurch entstandenen verschied. Linien u. ihrer Erlöschung, mit Andeutung der Successions=Verhältnisse. gr. 8. München 844. (Franz.) 1/8 ℛ

— Uebersicht der das Land=, Straßen= u. Wasser=Bauwesen in Bayern betreffenden gesetzlichen Anordnungen. Zur Erleichterung des Nachschlagens alphabetisch geordnet. gr. 8. Nördlingen 845, Beck'sche Buchh. n. 2 ℛ

— Uebersicht der das Schulwesen in Bayern betreffenden gesetzlichen Anordnungen. In kurzen Auszügen nach alphabet. Ordnung zusammengestellt. gr. 8. Nördlingen 844, Beck=sche Buchh. 11/12 ℛ

— Uebersicht der Verordnungen über das Gewerbswesen im Königreiche Bayern in kurzen Auszügen nach alphabet. Ordnung zusammengestellt. gr.8. München 845, Franz. 2/3 ₰

Verfassung d. Königr. Baiern mit d. darin angeführten Königl. Edikten u. Verordnn. zus. gest. v. G. Fd. Döllinger. *München*, (Thienemann.) Finsterlin. 818. 19. 8 Bde. gr. 8. (5 Thl.)

Döllinger, Geo. Fd.: Die Verfassung u. Verwaltung der Gemeinden in Baiern, nach dem Edicte üb. d. Gemeindewesen. 1 Thl. *München*, Lindauer. 820. gr. 8. (2 Thl. 8 Gr.)

— die über das Jagdwesen in Bayern bestehenden Verordnungen. 16. Regensburg 842, Manz. 5/6 ₰

—— Verzeichniß, s. Verzeichniß.

— Wirkungskreis d. Patrimonial-Gerichte zweiter Klasse. Ein Handbuch für diejenigen, so sich diesem Fache widmen wollen. (Mit alphabet. Sachregister u. Verzeichniß sämmtl. Patrimon.-Gerichte zweiter Klasse in Bayern.) gr. 8. Augsburg 845, Kreuzer u. Comp. Subscr.-Pr. 3/4 ₰ Ladenpreis 1 ₰ — Dass. gr. 8. Regensburg 846, Fahrmbacher. 1 ₰

— alphabet. Zusammenstellung aller die kathol. Kirche im Königr. Bayern betr. gesetzl. Bestimmungen. 2. Ausg. des „kathol. Geistlichen". gr. 8. Nördlingen 846, Beck. 27 ngl

—— alphabetische Zusammenstellung aller die kathol. Kirche im Königreich Bayern betreff. gesetzl. Bestimmungen. 2. Ausg. des „kathol. Geistlichen." gr. 8. (IV und 220 S.) Nördlingen 847, Beck'sche Buchh.

—— alphabet. Zusammenstellung aller die kathol. Kirche in Bayern betreff. Bestimmungen. Neue Ausg. gr. 8. (13½ B.) Nördlingen 847, Beck'sche Buchh.
Hat gleichen Inhalt mit dessen der kathol. Geistliche.

Döllinger (J.), Ueber die Metamorphose der Erd- und Steinarten aus der Kieselreihe. Erlangen 1803. 8.

Döllinger, J. J., s. Döllinger, Johann Josef Ignaz

Döllinger, J. J. J. v., s.: Melzer, E.

Döllinger, J. O. v. (Hrsg.), s. Jahrbuch, Münchner historisches.

Döllinger, Ignaz, s. a. Döllinger, Johann Josef Ignaz

Döllinger, Ign., Diss. an coffée adnumerandus sit stomachicis, concoctionem adjuvantibus? Bamb. 4°.
1794

— über d. Afteranwendung des neuesten Systems d. Philosophie, bei Röschlaubs Abreise herausg. 8. Bamb. 802.

Döllinger, Ign., die Baukunst und ihre Bedeutung im Staate, erläutert durch die Naturkunde. Eine Rede rc. gr. 4. Münch. 833. (Franz.) 1/3 ₰

— Beitr. zur Entwickelungsgeschichte des menschl. Gehirns, mit 2 Kpf. gr. Fol. Frankf. a. M. 814. Brönner. 1 ₰ 8 ₰ Hbg. Pr. 18 ₰

— Bericht von dem neu errichteten anatom. Theater d. k. Acad. d. Wissensch. Mit 3 Steindr. 4. Münch. 826. (Franz). 5 ₰

— Betrachtt. über d. Wesen d. deutschen Universitäten. 4. Würzburg 819.

— s. P. Cornelius, Umrisse.

— iconum M. Malpighii ad historiam ovi incubati spectantium explicatio. 4. Würzb. 816.

— von d. Fortschritten, welche d. Physiologie seit Haller gemacht hat. Eine Rede. gr. 4. Münch. 824. Lindauer. 8 ₰ (G. Franz). 5 ₰

— fragmenta de cognoscendis et curandis quibusd. corporis humani simpl. affectionibus. 8maj. Bamb. 794. (Palm in Erlang.) 4 ₰

— fragmenta de dosibus medicamentorum et justo ea propinandi tempore. 8. Bamb. 797.

— Gedächtnißrede auf Samuel Thomas von Sömmerring, gehalten in d. öffentl. Sitzung d. königl. Academie d. Wissensch. am 25. Aug. 1830. gr. 4. Münch. 830. (Weber; a. Franz). 6 ₰

Doellinger, Ignaz: Grundriss der Naturlehre des menschlichen Organismus. 338 S., gbd.

Bamberg u. Wirzburg: Goebhardt 1805

JB 1.036

— Grundriß d. Naturlehre d. menschl. Organismus. gr. 8. Bamb. 805. (Wesche in Frkf.) 2 ₰

Döllinger, Ign., Grundzüge d. Physiologie. 2 Bde. (1. Bd. 1. Abthl.) gr. 8. (Bog. 1—23.) Regensburg 835, Manz. Thlr.

Döllinger, J., Grundzüge der Physiologie der Entwicklung des Zell-, Knochen- u. Blutsystemes. gr. 8. (25⅛ B.) Regensburg 842, Manz.

In memoriam sub auspiciis... Maximiliani Josephi regis Bavariae... restaurati theatri anatomici Illustrationem [Illustratio] ichnographicam fabricae oculi humani auditoribus suis offert Ignatius Doellinger. Wirceburgi 1817: Nitribitt. 19 S., 1 Taf. 8°

– oculi humani illustratio ichnographica.
4. Würzb. 1816

Döllinger, Ignaz: Vom Kreislaufe des Blutes. 60 S.(S.169 - 228), gbd., 3 Taf.(Taf.9 - 11).

O.O.: (1818 ?)

JB 1.265

— vom Kreislaufe des Blutes, e. Abhandl., mit 3 Kpft. gr. 4. Münch. 821. (Franz). 1 ₰ 8 ₰ (Auch in d. Denkschriften d. Acad. d. W.)

— über d. Metamorphose d. Erd- u. Steinarten aus d. Kieselreiche. 8. Erlang. 803. Palm. 6 ₰

Nachricht von einem verbesserten aplanatischen Mikroskop aus dem optischen Institut Utzschneider und Fraunhofer zu München. Mitgetheilt von J[gnaz] Doellinger. o.O. 1829. 18 S. 8°

—— Nachricht von e. verbess. aplanatischen Mikroskop a. d. optischen Institut Utzschneider u. Fraunhofer zu München. gr. 4. (2¼ B. u. 1 Kpfrt.) München 830, (Jaquet.)

— Nachricht von e. verbess. aplanatischen Mikroskop aus d. optischen Institut Utzschneider's u. Frauenhofer's zu München. Mit 1 Kpf. gr. 4. Münch. 830. Lindauer. 8 ₰

De Nisu formativo. [Resp.:] Johannes Baptista Friedreich. Wirceburgi 1818: Nitribitt. 51 S. 8°
Würzburg, Med.Diss.v. Aug.1818

— de physiologiae ad medicinam ratione. 4. Würzb. 818.

— Rede bei d. feierl. Aufstellung d. Büste d. Fürsten u. Erzbischofs Karl Theodor. 4. Würzb. 818.

— Rede bei d. feierl. Publicirung d. Satzungen f. d. Studirenden in München. 12. Münch. 828. Weber. 2 ₰

Ignaz Doellinger. Über das Strahlenblaettchen im menschlichen Auge. Mit e. Kupfertaf. - o. O. [um 1820]. 14 S., 2 Kupfertaf. 8°

Doellinger, Ign., de vasis sanguiferis quae villis intestinor. tenuium hominis brutorumque insunt. Dissert. — Und: Soemmerringia, novum plantar. genus. Constituit C. F. P. de Martius. 8 maj. (4 B. u. 2 Stnt.) Monachii 828, [Jaquet.] Thlr.

— de vasis sanguiferis, quae villis intestinorum tenuium hominis brutorumque insunt. Dissertatio. Und: Soemmerringia, novum plantarum genus. Constituit C. F. P. de Martius. Mit 2 Steint. 8maj. Münch. 828. (J. Lindauer: a. Franz). 13 gl.

De ovorum mammalium Velamentis. [Resp.:] Josephus Samuel. Wirceburgi 1816: Nitribitt. 95 S. 8°

Würzburg, Med. Diss. v. 1816

Döllinger, Ign., was ist Absonderung u. wie geschieht sie? 8. Würzb. 819.

— über d. Werth u. d. Bedeutung d. vergleichenden Anatomie. 8. Würzb. 814.

Döllinger, Johann Josef Ignaz, s. a. Döllinger, Ignaz

Döllinger, Johann Josef Ignaz [wirkl. Name], s. a. Janus [Pseud.]

—— D. Haneberg u. J. B. Herb, Archiv f. theolog. Literatur, s. Archiv.

Döllinger, J. v., Aventin u. seine Zeit. Rede, gehalten im Namen der historischen Classe in der zur Vorfeier des Geburts- u. Namenfestes Sr. Maj. des Königs am 25. Aug. 1877 gehaltenen öffentlichen Sitzung der k. Akademie der Wissenschaften. gr. 4. (29 S.) München 877. (Franz.) n.n. — 80

Döllinger, Joh. Jos. Ignaz v., Beiträge zur politischen, kirchlichen und Cultur-Geschichte, s. Beiträge.

Döllinger, Joh. Jos. Ign. v., Beiträge zur Sektengeschichte d. Mittelalters. 2 Bde. gr. 8. München 890. Beck. n. 25. —
1. Geschichte d. gnostisch-manichäischen Sekten im früheren Mittelalter. (VII, 259 S.)
2. Dokumente vornehmlich zur Geschichte der Valdesier u. Katharer. (IX, 736 S.)

— s.: Bellarmin's Selbstbiographie.

— Briefe u. Erklärungen über die vaticanischen Decrete 1869—1887. 8. (VIII, 163 S.) München 890. Beck. n. 2. 25; geb. n. 3. —

Döllinger, Joh. Jos. Ign. v., Christenthum und Kirche in der Zeit der Grundlegung. Lex.-8. (VIII und 480 S.) Regensburg 860, Manz. *

v. Döllinger, Joh. Jos. Ign., Christenthum u. Kirche in der Zeit der Grundlegung. 2. verb. Aufl. Regensburg 868. Manz. gr. 8. (VIII, 484 S.) n. 2 ₰ 6 ngr.

– Über
— — gemischte Ehen. Eine Stimme zum Frieden .... (von *Joh. Jos. Ignaz Döllinger*). 2. Auflage. Regensburg 1838.
Anon.-Lex. IV. p. 236 (nach Engelmann).

Döllinger, Jh. Jos. Ign.
über gemischte Ehen. Eine Stimme zum Frieden. 4e Aufl. 838. 1/3 ₰ — Ds, durch Kritiken der 3 Artikel der Allgem. Zeitung: „Ueber die europäisch-publicist. Seite der Kölnischen Frage" verm. Aufl. gr. 8. Regensburg 838. Manz. 5/12 ₰

Döllinger's, Joh. Jos. Ign. v., Erklärung an den Erzbischof von München-Freising. gr. 8. (18 S.) München 871, Oldenbourg. *

Döllinger, Joh. Jos. Ign. v., Erwägungen für die Bischöfe des Conciliums, s. a. Erwägungen.

(Döllinger, Ign.,) Erwägungen für die Bischöfe des Conciliums über die Frage der päpstlichen Unfehlbarkeit (Okt. 1869). München (Regensburg, Manz) 1869—70, gr. 8°, 17 S., 1.—4. Aufl., 50 Pf.
Das Schriftchen ist in seinen 20 Theilen ein Résumé der im Janus gegebenen Ausführungen, daß nämlich der Satz von d. päpstl. Unfehlb. weder durch Schrift u. Überlieferung gestützt werde noch die histor. Zeugnisse für sich habe. Recens. Ökum. Konzil. Stimmen rc. Heft 9, S. 130—8. Vgl. auch Hergenröther, Anti-Janus, S. 183. Dazu Scheeben, Ökum. Konzil Bd. 1, S. 223.

— die orientalische Frage in ihren Anfängen, s.: Sammlung öffentlicher Vorträge u. Reden.

Döllinger, Joh. Jos. Ign., die Freiheit der Kirche. Rede, gehalten in der öffentl. Versammlung d. katholischen Vereins v. Deutschland zu Regensburg am 3. Octbr. gr. 8. (38 S.) Regensburg 849, Manz. n. 4 ngr

Döllinger, Ign., Die Freiheit der Kirche. Rede, geh. in der öffentlichen Versammlung des kath. Vereins von Deutschland zu Regensburg am 3. Okt. 1849. Das., Manz, 1849, gr. 8°, 49 S., 40 Pf.

— zum Gedächtniß Seiner Majestät des Königs Ludwig I. u. Seiner Regierung. Rede gehalten in der St. Bonifacius-Kirche am 10. März 1868. 1—4. Aufl. München 868. Manz. 8. (31 S.) 2 ngr.

— zum Gedächtniß Sr. Maj. des Königs Maximilian II. und seiner Regierung. Rede gehalten vor Sr. Maj. dem Könige Ludwig II. in der S. Cajetans-Hofkirche am 15. März 1864. München 864. Manz. gr. 8. (16 S.) n. 2½ ngr.

— Gedächtnissrede auf Alexander Herculano gehalten in der Festsitzung der k. Akademie am 28. März 1878. gr. 8. (30 S.) München 878. (Nördlingen, Beck.) n. 1. —

—— Gedächtnissrede auf König Johann von Sachsen in der öffentl. Sitzung der k. Akademie der Wissenschaften am 28. März 1874 zur Feier ihres 115. Stiftungstages. 4. (16 S.) München 874, (Franz'sche Buchh.) *

— Geschichte der christl. Kirche, s. J. N. Hortig, Handbuch der christl. Kirchengeschichte.

—— u. Fr. Heinr. Reusch. Geschichte der Moralstreitigkeiten in der römisch-katholischen Kirche seit dem 16. Jahrh., m. Beiträgen zur Geschichte u. Charakteristik d. Jesuitenordens. Auf Grund ungedruckter Aktenstücke bearb. u. hrsg. 2 Bde. gr. 8. (VIII, 687; XI, 398 S.) [Nördlingen, 889.] Münch., Beck. * 22 —
Vgl.: Hofmann, J. Chr. K. v. — Denker, deutsche, u. ihre Schöpfungen. — Kobell, Luise v. — Michael, Emil. — Stubenvoll.

Döllinger, Joh. Jos. Ign., Heidentum und Judentum. Vorhalle zur Geschichte des Christentums. Regensburg, Manz (jetzt Verlagsanst.), 1857, gr. 8°, XXIV, 885 S., 12 Mk.

— Hippolytus und Kallistus; oder die Römische Kirche in der ersten Hälfte des dritten Jahrhunderts. Mit Rücksicht auf die Schriften und Abhandlungen der HH. Bunsen, Wordsworth, Baur und Gieseler. Regensburg 853. Manz. gr. 8. (XII, 358 S.) 1 ₰ 20 ngr.

Döllinger, J. v., üb. d. Jesuitenorden, s.: Aktenstücke, kirchliche.

Döllinger, Jh. Jos. Ign., Irrthum, Zweifel u. Wahrheit. Eine Rede an die Studierenden d. kön. Ludwig-Maximilians-Universität in München; gehalten am 11. Jan. 1845. gr. 8. München 845. (Regensburg, Manz.) 6¼ ngl.

— Kirche und Kirchen, Papstthum und Kirchenstaat. Historisch-politische Betrachtungen. 1. u. 2. unveränd. Abdr. München 861. Literar. artist. Anstalt. 8. (XLV, 684 S.) n. 1 ₰ 10 ngr.

— Lehrbuch der Kirchengeschichte. 1r Bd. 1e—3e Lfrg. gr. 8. Regensburg u. Landshut 836. Manz. 1½ ₰

— dass. 2r Bd. 1e Abthl. gr. 8. Ebd. 838. 1½ ₰

— Lehrbuch der Kirchengeschichte. 1. Bd. u. 2. Bd. 1. Abtheil. 2. verb. Aufl. gr. 8. Regensburg 843, Manz. 3 ₰

Döllinger, Ign. J. J., die Lehre von d. Eucharistie in d. 3 ersten Jahrhunderten. Histor.-theolog. Abhandl. (A. u. d. T.: die Eucharistie in d. 3 ersten Jahrh. 1e Abtheil.) gr. 4. Mainz 826. Crenz. 21 ℳ

— Leichenrede gesprochen an der Gruft Sr. Hochw. des Herrn Jac. v. Wisling, königl. bayer. Ober-Kirchen- und Schulrath ꝛc. am 7. Februar 1862. München, Lentner. 8. (7 S.) 2 ngr.

-- Luther, eine Skizze. gr. 8. (62 S.) Freiburg im Br. 848, Herder. 8 ngl

—— Luther, eine Skizze. gr. 8. (62 S.) Freiburg im Br. 851, Herder'sche Vrlgsh.

—— Luther. Eine Skizze. Neuer Abdr. 8. (63 S.) Freib. i. Br. 890, Herder. * — 40
Aus: Wetzer u. Welte, Kirchenlexikon. 1. Aufl., besonders abgedruckt.

—— König Maximilian II. und die Wissenschaft. Rede gehalten in der Festsitzung der k. Akademie der Wissenschaften zu München am 30. März 1864. gr. 8. (III und 48 S.) München 864, (Manz.) *

– s. J. A. Möhler, gesammelte Schriften.

Janus (=Döllinger u. Huber), der Papst und das Concil.
Eine weiter ausgeführte u. mit dem Quellennachweis versehene Neubearbeitung der in der Augsburger Allgemeinen Zeitung erschienenen Artikel: Das Concil u. die Civiltà. Leipzig, E.F. Steinacker, 1869. 8° XIX – 451 S.

— die Papst-Fabeln des Mittelalters. Ein Beitrag zur Kirchengeschichte. München 863. Literar.-artist. Anstalt. gr. 8. (VI, 159 S.) n. 22 ngr.

— die Papst-Fabeln d. Mittelalters. Ein Beitrag zur Kirchengeschichte. 2. Aufl. Mit Anmerkgn. verm. hrsg. v. J. Friedrich. gr. 8. (VII, 188 S.) Stuttgart 890. Cotta Nachf. n. 3. 80

—— Das Papstthum. Neubearbeitung v. Janus: „Der Papst u. das Concil" im Auftrag d. inzwischen heimgegangenen Verf. v. J. Friedrich. gr. 8. (XIX, 579 S.) Münch. 892, Beck. * 8 —; geb. ** 9 50
Die Schrift u. d. Pseudonym Janus erschien Lpz. 1869.

—— Pflicht und Recht der Kirche gegen Verstorbene eines fremden Bekenntnisses. gr. 8. (20 S.) Freiburg im Br. 852, Herder'sche Vrlgsh.

Döllinger, J. J. J., Der Protestantismus in Bayern u. die Kniebeugung. Sendschreiben an Herrn Prof. Harleß, dermaligen Landtagsabgeordneten. Regensburg, Manz (jetzt Verlagsanst.), 1843, gr. 8°, 1 Mk.
Recens. Hist.-pol. Blätter Bd. 12, S. 124–6.

—— Rede in der öffentlichen Sitzung der k. Akademie der Wissenschaften am 25. Juli 1873 zur Vorfeier des allerhöchsten Geburtsfestes Sr. Maj. des Königs Ludwig II. gehalten. gr. 4. (17 S.) München 873, (Franz'sche Buchh.) *

Döllinger, J. von, Rede … zur Vorfeier des Allerhöchsten Geburtsfestes Sr. Majestät des Königs Ludwig II. München 1873.

—— drei Reden, gehalt. auf dem bayerischen Landtage 1846. gr. 8. (5¼ B.) Regensburg 846, Manz.

—— die Reformation, ihre innere Entwicklung u. ihre Wirkungen. 1. Bd. A. u. d. T.: Die Reformation, ihre innere Entwicklung u. ihre Wirkungen im Umfange des Lutherischen Bekenntnisses. 1. Bd. gr. 8. (38½ B.) Regensburg 846, Manz.*

—— die Reformation, ihre innere Entwickelung und ihre Wirkungen im Umfange des lutherischen Bekenntnisses. 2. und 3. Bd. gr. 8. (1402 S.) Regensburg 848, Manz. *
1. Bd. Ebendas. 1846. * 1 Thlr. 25 Ngr.

— die Reformation, ihre innere Entwicklung u. ihre Wirkungen. 1. Bd. 2. verb. u. verm. Aufl. A. u. d. T.: Die Reformation, ihre innere Entwicklung u. ihre Wirkungen im Umfange des Luther. Bekenntnisses. 1. Bd. 2. verb. u. verm. Aufl. gr. 8. (XXVIII u. 636 S.) Regensburg 851, Manz. n. 1⅚ ℛ

Döllinger, Dr. Joh. Jos. Ign. (ord. Prof. d. Theol. an d. Ludwig-Maximilians-Univers.), *Muhammed's Religion* nach ihrer inneren Entwicklung u. ihrem Einflusse auf das Leben der Völker. Eine histor. Betrachtung, geles. in d. öffentl. Sitzung der k. Akad. d. Wiss., zur Feyer ihres 79. Stiftungs-Tages. München 1838. Dr. Carl Wolf'sche Buchdr. 4°. Hsrsb.°), wie neu.
147 S. u. 1 S. Inh.-Verz.

— s.a. Sammlung v. Urkunden zur Geschichte d. Concils v. Trient.

Döllinger, I. v.: Sammlung von Urkunden zur Geschichte des Concils von Trient. Nördlingen.
Bd 1. [einz.] Ungedruckte Berichte und Tagebücher zur Geschichte des Concils von Trient. Abth. 1. 2. 1876.

Döllinger, Joh. Jos. Ign. v.: Kleinere Schriften, gedruckte u. ungedruckte. Gesammelt u. hrsg. von F. H. Reusch. Stuttgart 1890.

[Inhalt:]

Abth. 1. (1848—53.)
1. Kirche u. Staat. (1848.)
2. Rede, geh. in d. Nationalversammlung zu Frankfurt 1848.
3. Reden, geh. auf d. Versammlung d. kath. Vereine zu Mainz 1848.
4. Gutachten, auf der Konferenz d. dt. Bischöfe zu Würzburg im Okt. u. Nov. 1848 abgegeben.
5. Die Freiheit d. Kirche. Rede geh. … zu Regensburg 1849.
6. Rede, geh. in d. Versammlung d. kath. Vereins zu Linz 1850.
7. Betrachtungen üb. d. Frage d. Kaiserkrönung. (1853.)

Abth. 2. (1863—78.)
1. Die Vergangenheit u. Gegenwart d. kath. Theologie. E. Rede, geh. 1863 vor d. Gelehrtenversammlung zu München.
2. Speyerische Seminarfrage u. d. Syllabus. (1865.)
3. Geschichtl. Übersicht d. Konzils zu Trient. (1866.)
4. Die Broschüre „Zur Belehrung f. Könige". (1867.)
5. Rom u. d. Inquisition. (1868.)
6. Die span. u. d. röm. Inquisition. (1868.)
7. Die Lehre von d. päpstl. Unfehlbarkeit seit d. 16. Jahrh. (1869.)
8. Das vatikanische Dogma.
9. Der Weissagungsglaube u. d. Prophetentum in d. christl. Zeit. (1871.)
10. Pius IX. (1878.)

— Sendschreiben an Prof. Harleß, s. Harleß, G. Chr. Ad., die evangel.-luther. Kirche in Baiern.

— Trauerrede auf das Hinscheiden J. Maj. der allerdurchl. Königin Charlotte Louise Friederike Amalie Therese von Bayern, gehalten den 3. Novbr. 1854 in München. München, Rieger. gr. 8. (14 S.) n. 2 ngr; Schreibp. n. 4 ngr

Döllinger, Joh. Jos. Ignaz v., die Universitäten sonst und jetzt. 1. und 2. Aufl. gr. 8. (58 S.) München 867, Manz. *.

—— die Universitäten sonst und jetzt. 2. Ausg. gr. 8. (58 S.) München 871, Manz. *

— die Vergangenheit und Gegenwart der katholischen Theologie. Eine Rede, gehalten am 28. September vor der Gelehrten Versammlung zu München. (Abdr. aus dem Berichte über die katholische Gelehrten-Versammlung zu München.) Regensburg 863. Manz. gr. 8. (36 S.) n. 12 ngr.

— akademische Vorträge. 2 Bde. gr. 8. München, Beck. n. 14. 50; geb. n. 18. 50
1. 1. u. 2. Aufl. (VII, 427 S.) 888. 889. n. 7. —; geb. n. 9. —
2. (VI, 434 S. m. 1 Portr.) 889. n. 7. 50; geb. n. 9. 50

— akademische Vorträge. 3. (Schluß-)Bd. gr. 8. (X, 353 S.) Ebd. 891. n. 6. —; geb. in Halbfrz. n.n. 8. — (kplt.: n. 20. 50; geb. n.n. 26. 50)

—— über die Wiedervereinigung der christlichen Kirchen. Sieben Vorträge, gehalten zu München im J. 1872. 8. (VII, 140 S.) Ebendas. 888. *ℳ 2.—.; geb. *

– s. R. Wisemann, die Lehren und Gebräuche der kathol. Kirche.

— das Haus Wittelsbach u. seine Bedeutung in der deutschen Geschichte. Festrede, zur Feier des Wittelsbach'schen Jubiläums am 28. Juli 1880 gehalten. gr. 4. (34 S.) München 880. (Franz.) n.n. — 60

— dasselbe. gr. 8. (34 S.) Nördlingen 880. Beck. n. — 80

—— einige Worte über die Unfehlbarkeitsadresse und die neue Geschäftsordnung des Concils, s.a. Stimmen aus der kathol. Kirche.
Vgl.: Hergenröther, J.

Döllinger, J. v., Einige Worte über die Unfehlbarkeitsadresse u. die neue Geschäftsordnung des Konzils in ihrer theol. Bedeutung. Zwei Gutachten. München, Oldenbourg, 1870, 8°, 30 S., 50 Pf. (Stimmen aus d. kath. Kirche über die Kirchenfragen der Gegenwart. Bd. 1 Heft 2.)
Betrifft die Erklärung D.s in der Allg. Ztg vom 19. Jan. 1870, worin er gegen die bekannte Petition einer Anzahl Bischöfe an das vatikan. Konzil eine Polemik eröffnet.

Döllinger, Johann Martin, s. D o l l i n g e r, Johann Martin

Doellinger, Iv. Ign. Jos., resp. A. Jos. **Ruegemer,** De effectibus irae, medice consideratae. 32 pp. Wirceb. 4°. 1752

Dolliver, Louis, Jude! Autor. Uebersetzg d. franz. „Sale Juif!" 8. (IV, 243 S) Berlin 899. S. Cronbach. n. 4. —; geb. n. 5. —

Dölken, Aug., die körperlichen Erscheinungen des Delirium tremens. Klinische Studien. gr. 8. (III, 76 S. m. Fig.) Leipzig 901. Veit & Co. n. 3. —

Dölken, *Johann* August [app. Arzt aus Werden]: Ueber Hypnose und Hypnosigenese ... Leipzig, J. A. Barth, 1896; 1 Bl., 37 S. 8.
Leipzig, Med. Fak., Inaug.-Diss. v. 30. Jan. 1896

Dollmann, Alfons [aus München]: Ueber einen Fall von Naevus pilosus. '(M. 2 Abb.)' ... München, Buchdr. v. M. Ernst, 1894; 24 S., 1 Taf. 8.
München, Med. Fak., Inaug.-Diss. v. 1894

Dollmann, Car[illegible] geb. Trier 82[illegible] De spirituosorum effectu Berlin. 1844 12 S. 8°
Berlin, Med. Diss. v 6 Juni 1844

Dollmannn, Karl Friedrich

Dollmann, Carl Friedr., die Entwendung nach d. Quellen d. gemeinen Rechts. (Eine von d. jurist. Fakultät zu München gekr. Preisschr. gr. 8. (8¼ B.) Kempten 834, Dannheimer.

Dollmann, Carl Fr. v.: Die G e s e t z g e b u n g des Königreichs Bayern, s. G e s e t z g e b u n g, die, des Königr. Bayern.

v. **Dollmann, C. F.,** Kommentar zum Strafgesetzbuch für das Königr. Bayern, s. Gesetzgebung, die, des Königr. Bayern.

Döllmann, C. F. v., das Strafgesetzbuch f. das Königr. Bayern, s.: Gesetzgebung, die, d. Königr. Bayern.

Dollmann, das königl. bayerische Strafprozeßgesetz vom 10. Novbr. 1848 s.a. G e s e t z g e b u n g des Königreichs Bayern.

Dollmann, C. F., das königl. bayerische Strafprozeßgesetz vom 10. Novbr. 1848 in Verbindung mit den noch gültigen Bestimmungen des 2. Theils des Strafgesetzbuchs vom J. 1813. Mit Erläuterungen. 1. Heft. Lex.-8. (S. 1—192.) Erlangen 857, Palm und Enke. *

—— dass. — 2. Heft, s. Gesetzgebung, die, des Königr. Bayern.

—— System des bayerischen Strafprozeßrechtes. 1. Abthl.: Die Strafgerichtsverfassung und die allgemeinen Grundsätze des Strafverfahrens. gr. 8. (VIII und 144 S.) Erlangen 864, Palm und Enke. *
Wird nicht fortgesetzt.

Dollmätsch, Bernh., die Badischen Polizei-Gesetze, s. Sammlung sämmtl. Gesetze, Verordnungen u. Anordnungen, welche in den Markgrafschaften rc. Baden rc.

Dollmayr, H., e. Schulbank, nach dem Systeme v. H. D. ausgeführt v. Emil Küffel. 12. (13 S. m. eingedr. Fig.) Wien 885. (Bretzner & Co.) n. — 40

Dollmayr, Hermann

Dollmayr, Herm., Giulio Romano u. das classische Alterthum, s.a. Jahrbuch der kunsthistor. Sammlungen des allerhöchsten Kaiserhauses. XXII. 4.

Giulio Romano und das classische Alterthum von Hermann Dollmayr. Mit e. Lebensskizze d. Verf. versehen u. hrsg. von Franz Wickhoff. Mit 7 Taf. u. 1 Textill. *Wien: F. Tempsky; Leipzig: G. Freytag 1901.* (S. 169—220.) 2°
= Jahrbuch d. kunsthist. Sammlungen d. Allerhöchsten Kaiserhauses. Bd. 22, H. 4.

Dollmayr Hermann: Die Werke Giulio Romanos und ihr Verhältnis zur Antike. **Diss.** Wien, Univ.
D: Erschien unter dem Titel „Giulio Romano und das klassische Altertum". (Jahrbuch d. Kunsthistor. Sammlungen d. A. H. Kaiserh. XXII, 1901).
1888 PN 509 1859

Dollmayr, Joh., prakt. Anleitung, die örtlich primären u. secundär. syphilitischen Krankheitsformen richtig zu beurtheilen u. gründlich zu heilen. 8. Wien 839. Heubner. 1 ₰

—— die Natur, Leiterin d. phys. Kindererziehung. Ein Leitfaden f. Eltern, insbesond. Mütter, nach welchem sie ihre Kinder auf d. einfachste u. naturgemäßeste Art zu gesunden u. kräftigen Menschen bilden u. deren Krankheiten am sichersten vorbeugen können. gr. 12. (16 B. u. 1 Kpfrt.) Wien 841, Heubner.

Dollmayr, Vikt., s. Geschichte, die, des Pfarrers vom Kalenberg.

Dollmayr, Vict., die Sprache der Wiener Genesis, s.a. Quellen u. Forschungen zur Sprach- u. Culturgeschichte der germanischen Völker. 94. Hft.

Die Sprache der Wiener Genesis. Eine grammat. Untersuchung von Victor Dollmayr. *Straßburg: K. J. Trübner 1903.* (XIII, 109 S.) 8°
Erschien zuerst als Inaug.-Diss. Innsbruck 1902.
= Quellen u. Forschungen z. Sprach- u. Kulturgeschichte d. german. Völker. H. 94.

Dollmer, Thom.

— s. 1) Abhandl. üb. d. Verbindlichkeit 2) Beweis, daß d. wahre Geburtsort. 3) Erklärung d. deutschen Lehnrechts. 4) Erläuterung d. deutschen Reichsgesch. 5) Noch einmal. 6) Versuch über d. Verhältnisse rc.

Dollmer, Thom., Darstell. d. Rechtes geistl. Personen, insofern sie nur überhaupt u. blos als solche betrachtet werden. 8. Wien, Geistinger. 21 gr. 2e Aufl. 817. (Gerold). Hbg. Pr. 12 gr.

Dollmetsch, s. D o l m e t s c h.

Dollmetscher, s. D o l m e t s c h e r

Döllner, Georg [aus Danzig]: Beiträge zur Kenntniss der Furfuranverbindungen. . . . Berlin, Druck v. G. Bernstein (1890); 13 + 1 S. 8°
Berlin, Phil. Fak., Inaug.-Diss. v. 18. Jun. 1890

Döllner, Max: Aus der kgl. Universitäts-Frauenklinik zu Würzburg. Aetiologie und Therapie des totalen Uterusprolapses. *Würzburg 1896: P. Scheiner.* (47 S.) 8°
Würzburg, Med. Diss. v. 1896

DOLLNIER, J.: Von Errichtung u. Umänderung d. Beneficien n. von d. Errichtung der Civil- und Militärseelsorge. 8. *Wien.* 822. (5 Gr.)

Dollstein, Johann Bernhard (Lauterbach / Bucha-Franken), De juramento in rem. Diss. jur. Präs. Simon Pet. Gasser. Halle, Juni 1706. (J. Fr. Grunert) 1740. 32 S. (5.—) 6722

Dolly, s.: Halloh!

Dolly, Karl, Reisetagebuch Napoleon Bonaparte's seit seiner ersten Abreise von Korsika bis zu seiner Ankunft zu Longwood. Nach Correspondenzen u. authent. Quellen. Aus d. Französ. v. J. Günther. 8. Arnstadt 843, Meinhardt. ¼ ₰

Dolman, D. H., Vaters Haus, mein Haus. Bibelbetrachtung üb. Phil. 3. (118 S. m. Bildnis.) kl. 8. Wandsbek 906. Verlag des Missionshauses „Bethel". n. 1. —

– s. Hoffnung Israels.

Dolman, D. H., Jesus in d. Stiftshütte. (394 S. m. 1 farb. Taf.) 8. Wandsbeck (907). Verlagsbuchh. „Bethel". Geb. in Leinw. 3. —

— Kraft f. den Tag. Kostbare Perlen aus Gottes Wort (IV, 366 S.) kl. 8. Ebd. (907). Geb. in Leinw. 1.50; Prachtausg. 2. 50

— Der Meister sagt: „Wir". (24 S.) kl. 8. Ebd. (910). — 15

— Wachset aber in der Gnade u. Erkenntnis unseres Herrn u. Heilandes Jesu Christi. 2. Petri 3, 18. (18 S.) 16. Ebd. (909). nn — 10

Dolman, D. H., der Weg zum Überwinden, e. dreifache Segensstätte. Bibelbetrachtung üb. 1. Mose 32, 22—32. (117 S. m. Bildnis.) kl. 8. Wandsbek 906. Verlag des Missionshauses „Bethel". n. 1. —

Dolman-Wandsbek, s. Dolman

Dolmatowsky, Aron, a. Rostow am Don ⟨Rußland⟩: Der Parlamentarismus in der Lehre Benjamin Constants. Tübingen 1907: H. Laupp jr. (46 S.) 8° ¶ (Erscheint in: „Zeitschrift f. d. ges. Staatswissenschaft" Jg. 63, 1907, S. 581—626.)
Heidelberg, Phil. Fak., Ref. Jellinek, Diss. v. 28. Okt. 1907 [Geb. 13. Nov. 80 Rostow; Wohnort: Rostow; Staatsangeh.: Rußland; Vorbildung: Gymn. Rostow Reife O. 99; Studium: Charkow 3, Heidelberg 7, Straßburg 2 S.; Rig. 4. März 07.]

Dolmetsch der Geheimsprache, bearb. nach dem Avé-Lallemant f. Beamte, Gerichtspersonen und besonders Kaufleute. 2. Ausg. d. Buches „Sem u. Japhet". 8. (63 S.) Leipzig 889. Glockner. n. 1. —

Dolmetsch, Kleiner russischer, worin die allernöthigsten Wörter nach alphabetischer Ordnung . . . enthalten sind . . . Leipzig 1813. V: *Schmidt, Joh. Adolph Erdm.* (MGT)

Dolmetsch, Neuer englischer, für Deutsche. Enthaltend die Grundregeln der englischen Grammatik . . . Reutlingen 1850. V: *Krimmel, Julius.* (Ky)

Dolmetsch, Russischer, oder Anweisung sich den Russen auch ohne nähere Kenntniss ihrer Sprache verständlich zu machen. Göttingen 1813. V: *Enslin, Theodor Chn Frdr.* (Ky) (MGT) (Hitzig)

Dollmetsch, der türkische, für deutsche Zeitungsleser u. Reisende nach der Lewante. Eine Erklärung aller, sowohl in früherer Zeit bestand., als auch seit den neuesten Veränderungen im osmanischen Reiche eingeführten Hofämter, geistl. Würden, Militär- u. Civilanstellungen, deren verschied. Grade und ihrer Wirkungskreise, nebst mehreren häufig in der Conversation vorkomm. Ausdrücken. Nach den vorzügl. Quellen in alphab. Ordnung zusammengestellt (von Franz Rittler). gr. 12. Wien 828. Mausberger. (Leipzig, Hunger.) 1/2 ℛ

Dolmetsch, Friedrich

Dolmetsch, Fr., s.a. Schweizerlieder, zweistimmige.

Dolmetsch, Friedr., zweistimm. Schweizerlieder f. d. vaterländ. Jugend. qu. 8. (2 1/4 B.) Zürich 836, Orell, Füßli u. Comp. *

Dolmetsch, H., s.a. Ornamentenschatz, der.

Dolmetsch H. Ornamentenschatz. 1. 2. u 3. Aufl. (100 T m Text) fol Stuttgart 1887-97

Dolmetsch, H., japanische Vorbilder. Ein Sammelwerk zur Veranschaulichung japan. Kunstprodukte aus den Gebieten der Aquarell-, Lack- und Porzellanmalerei, der Bronzetechnik und Emaillierkunst, der Stickerei, Weberei, Schablonentechnik ꝛc. 50 Taf. in Farbendr., Lichtdr. und Zinkätzung, nach japan. Orig.-Mustern hrsg. 15 Lfgn. Fol. (II, 4 S. Text.) Stuttgart 886,87, J. Hoffmann. à Lfg. * ℳ 1.20. * geb. *

Dolmetsch, Heinrich

Dolmetsch, H.: Bericht üb. die Wiederherstellung der Marienkirche zu Reutlingen.

– s. Marienkirche, Die, in Reutlingen.

— die Marienkirche in Reutlingen, s.: Gradmann, E.

Dolmetscher, der, für Amerika. Eine Anweisung die englische Sprache leicht zu lernen und zu verstehen. Bremen 856. (Kaiser.) 16. (32 S.) n. 5 ℊ

— ausführl. deutsch-russischer, neue Aufl. 8. Naumb. 814. Wild. 5 ℊ

—— Dampfschiff- und Eisenbahn-, der deutschen, französischen, englischen, italienischen, russischen, serbischen, neugriechischen und türkischen Sprache, s.a. Dampfschiff.

Dolmetscher, Dampfschiff- u. Eisenbahn-, der deutschen, französischen, englischen, italienischen, russischen, serbischen, neugriechischen u. türkischen Sprache mit genauer, durch deutsche Schriftzeichen veranschaulichter Aussprache und Accentuirung. Als unentbehrlicher Begleiter im conversationellen Leben überhaupt, und auf Reisen nach dem Oriente, nach Italien, England, Frankreich u. Rußland. 8. (IX u. 231 S.) Pest, Lauffer's Verlag. 1 ℛ.
1867

Dolmetscher, der dänische, f. Deutsche, enthalt. die nöthigsten Wörter u. Redensarten um sich verständlich zu machen. 8. (32 S.) Hamburg 849, Hoffmann & Campe. 1/6 ℛ

Dolmetscher, deutsch-dänischer, ein Hilfsmittel für Reisende in Dänemark u. Norwegen. 8. (III, 75 S.) Kopenhagen. Leipzig 877. Schmidt & Günther in Comm. n. 1. 25

— d. deutsche u. polnische. 8. Berlin, Lange. 797.

— d. deutsche u. polnische. 8. Berl. 797. (Reimer). 8 ℊ

– deutsch-englischer, od. populäre Englische Sprachlehre. Das nützlichste Hülfsbuch für jeden Reisenden in England u. Amerika. Nebst einigen beachtenswerthen Notizen für Auswanderer von einem Deutschen, der 20 Jahre in England u. Amerika lebte. gr. 8. Ulm 841, Ebner'sche Buchh. 1/2 ℛ

— deutsch-englischer, od. populäre englische Sprachlehre. Das nützlichste Hülfsbuch für Auswanderer u. jeden Reisenden in Amerika u. England. Nebst einigen beachtenswerthen Notizen f. Auswanderer. Von einem Deutschen, der schon üb. 20 Jahre in England wohnt. 2. Aufl. gr. 8. (144 S.) Ulm 847, F. Ebner. — 2. verb. Aufl. gr. 8. (IV u. 143 S.) Ebd. 849. 16 ℊ

—— deutsch-englischer, für Jeden der möglichst bald englisch zu lernen wünscht, oder kleine englische Sprachlehre. Das nützlichste Hülfsbuch für Auswanderer und jeden Reisenden in Amerika und England. Nebst einigen beachtenswerthen Notizen für Auswanderer. Hrsg. von einem Deutschen, der schon über 20 Jahre in England und Amerika lebt. 2., verb. Aufl. gr. 8. (IV und 143 S.) Ulm 849, Fr. Ebner.

— d. deutsch-französ., oder Anweis., sich den Franzosen verständlich zu machen. 4e Aufl. Halle, Dietlein. 3 ℊ

— d. deutsch-russische, f. Jedermann. Eine Tabelle in gr. Fol. Berl. 813. Schmidt. 4 ℊ

— Deutsch-russischer. gr. 8. Dresd. 813. Hilscher. 6 ℊ

— deutsch-russischer, worin d. nothwendigen russ. Wörter, Gespräche rc. in alphab. Ordnung enthalten sind. Nebst e. kurzen Nachricht über d. russ. Militär v. W. C. v. H. 5e Aufl. 12. Leipz. 813. Magaz. f. Ind. 4 gl.

— — dasselbe. 12. Sondersh. Voigt. 813.

— — dasselbe, od. Sammlung d. nothwend. russischer Wörter u. Redensarten rc. 2te verb. Aufl. 8. Gotha, Ettinger. 811.

— deutsch-russisch-französischer. 3. sehr verm. rc. Aufl. bearb. von Pawloff. Leipzig 856. E. Fleischer. gr. 16. (IV, 91 S.) n. 10 ngr

— d. französ., oder Noth- u. Hülfsbuch für Deutsche, welch d. französ. Sprache nicht mächtig sind. gr. 8. Glogau 807. N. Günthersche B. 2 gl.

Dolmetscher, französischer, f. den deutschen Soldaten. 12. (64 S.) Metz 887. Leipzig, Lang. n. — 40

— d. getreue englische, oder engl.-deutsches Wörterbuch. 8. Ansb. 792. Gassert. 3 gl. (vergl. Buchenröder).

— d. getr. englische, od. engl. deutsch. Wörterb. 8. Ansp. Haueisen. 792.

Dolmetscher, der große amerikanische, mit einem vollständ. Handwörterbuche der engl. und deutschen Sprache, nebst richtiger und sprachgerechter Aussprache der engl. Wörter. Ein Hülfsbuch zur Erlernung der engl. Sprache ohne Lehrer, besonders geeignet für deutsche Einwanderer rc. Mit einem Anhang, die nöthigsten Briefe und Formulare für Rechnungen, Quittungen, Noten rc. enthaltend. Neueste Aufl. gr. 16. (288 S.) New-York 861. (Philadelphia, Schäfer und Koradi.)

— großer deutsch-russischer u. russ.-deutscher. 12. Berl. 813. Braunes. 12 gl.

Dolmetscher, hebräisch-deutscher. Die Verdeutschg. aller nur erdenkl. im Handel u. Verkehr m. Israeliten übl. Zahlen, Handelsausdrücke, Redensarten rc. gr. 16. (6 S.) Gunzenhausen 894. F. A. Graf. — 30

— Interprète pour les Français. — 16. (96 S.) Ulm 871. Wohler. — 50

— juristischer für Unstudirte, enthaltend eine Verdeutschung der in gerichtl. Akten u. Bekanntmachungen vorkomm. latein. Wörter u. Redensarten, in alphabet. Ordnung. 8. Osterode 839. Sorge. 1/3 rthl

— juristischer, für Unstudirte, enthaltend eine Verdeutschung der in gerichtl. Acten und Bekanntmachungen vorkommenden latein. Wörter und Redensarten, in alphabet. Ordnung. 2. verb. u. verm. Aufl. 8. Osterode 844. Sorge. n. 5/12 rthl

Dolmetscher, der kleine, od. der beredte Franzose. Einfache u. prakt. Methode, in kurzer Frist u. ohne Lehrer geläufig französisch sprechen zu lernen. 8. (110 S.) Grenchen (Ct. Solothurn) 897. A. Niederhäuser. — 50

Dolmetscher, der kleine, oder der beredte Franzose. Einfache u. praktische Methode in kurzer Frist und ohne Lehrer geläufig französisch sprechen zu lernen. 8°. 110 S. Grenchen 1898, A. Niederhäuser. 1 —; cart. 1 20

Dollmetscher, der kleine amerikanische. Leichtfaßliche Anweisung für auswandernde Gewerbs- und Landleute, sich die nöthige Kenntniß d. engl. Sprache anzueignen rc. 2. verm. und verb. Aufl. gr. 8. Bayreuth 845. Buchner. 1/6 rthl — 3. verm. Aufl. 8. Ebend. 846. 1/6 rthl

— d. kleine französ., oder Sprachbuch f. deutsche Bürger- u. Landleute. 3e A. 8. Erfurt 810. (Leipz., Weygand). 3 gl.

— — derselbe. 8. Erfurt, Knick. 808.

— d. kleine französ., oder Anweis. zum Französischsprechen f. Deutsche, welche kein Französisch lesen u. aussprechen können. 8. Dortm. 812. (Hamm, Schulz). 3 gl.

— kl. russischer, nebst e. Schilderung d. russ. Krieger, in Hinsicht auf ihren Charakter, Lebensweise, Religion u. Gewohnheiten. 3e verb. A. 8. Leipz. 813. Leo. 4 gl.

— kleiner russischer, oder Verzeichniß d. nöthigen Wörter in deutscher u. russ. Sprache, nebst e. Redensarten rc. 8. Stralf. 813. Loffler. 2 gl.

— kleiner russ., für d. Deutschen, von Kreye. 3e umgearb. Aufl., mit d. russ. Originaltexte. 8. Braunschw. 814. Pluchart. 12 gl.

Dolmetscher, d. curiöse od. Zeitungshandb. m. K. 4. Augsburg. 748.

— kurzgefaßter englischer. Zum Gebrauch f. Auswanderer nach Amerika. 8. (39 S.) Heilbronn 847, Drechsler. — 2. Aufl. 8. Ebd. 847. n. 1/6 rthl

Dollmetscher, kurzgefaßter englischer. Zum Gebrauch für Auswanderer nach Amerika. Nebst Winken und Verhaltungsmaßregeln, wie sich dieselben auf der Reise und beim Eintreffen in Amerika zu verhalten haben. 3. Aufl. Stuttgart 864. Lubrecht & Co. 8. (VIII, 46 S.) 6 ngr

— neu französischer. 8. Leipz. Richter. 808.

— d. neue französ., oder d. Kunst, in acht Tagen durch Gespräche Französisch sprechen zu lernen. 8. Elberf. 811. Mannes. 8 gl.

Dollmetscher, neuer amerikanischer, oder: Anleitung die engl. Sprache in kurzer Zeit zu erlernen, ohne Lehrer, nach einer ganz einfachen u. leichten Methode. Mit besond. Berücksicht. für deutsche Auswanderer nach Amerika bearb. Enthält eine kurze Grammatik, nebst einem Verzeichniß v. Wörtern, sowie eine große Auswahl v. Gesprächen rc., m. Angabe der Aussprache. 16. (IV u. 124 S.) Mainz 850, Le Rour. 9 ngr

Dollmetscher, neuer amerikanischer, oder: Anleitung, die englische Sprache in kurzer Zeit zu erlernen, nach einer ganz einfachen und leichten Methode. Mit besonderer Berücksichtigung für deutsche Auswanderer nach Amerika bearbeitet. Enthält eine kurze Grammatik, nebst einem Verzeichniß von Wörtern, sowie eine große Auswahl von Gesprächen rc. mit Angabe der Aussprache. 2. verm. u. verb. Aufl., nebst einem Anhang enthaltend praktische Anweisungen und Verhaltungsmaßregeln für Auswanderer rc. Mainz 853. Le Rour. gr. 16. (2 Bl., 132 S.) 7 1/2 ngr

Dollmetscher, neuer deutsch-böhmisch-russischer. 4. Prag 814. Enders. 6 gl.

Dollmetscher, neuer deutsch-englischer, enth.: die nöthigsten Wörter u. Redensarten, Zahlen rc., nebst der Aussprache, um sich in engl. Sprache auch ohne die mindeste Kenntniß derselben verständl. auszudrücken. Ein unentbehrl. Rathgeber, besond. für Auswanderer u. Reisende nach Nord-Amerika. 8. Heilbronn 834. Claß. 5 gl. — 3e verb. Aufl. von J. J. Arnold. 8. Ebd. 840. 5 gl.

— neuer engl.-deutscher, ein unentbehrl. Rathgeber, s. a. Arnold, Joh. Frz.

— neuer englisch-deutscher, ein unentbehrl. Rathgeber, besond. für Auswanderer u. Reisende nach Nord-Amerika. 2e verm. u. verb. Ausg. von Jh. Frz. Arnold. 8. Heilbronn 836. Claß. 5 gl. — 3e verm. u. verb. Ausg. 8. Ebd. 840. 5 gl.

— neuer englischer, für Deutsche. Enthaltend die Grundregeln der englischen Grammatik, die allernöthigsten Wörter der verschied. Redetheile u. neue Gespräche (von Jul. Krimmel). 8. (VIII u. 151 S.) Reutlingen 850. Mäcken Sohn. 1/3 rthl

— neuer französ.-deutscher. Ein nützl. Noth- u. Hülfsbuch für d. Bürger u. Landmann. 8. Pirna u. Leipz., Friese. 4 gl.

— neuer russ., nach d. Aussprache. Neue Aufl. 12. Quedlinb. 813. Basse. 3 gl.

— neuer russischer f. Deutsche, welcher alle nöthige Redensarten u. Wörter enthält, um sich mit Russen zu verständigen. 8. Frankf. 814, Eichenberg. 3 gr

— neuer Russischer, für Deutsche. Enthaltend die Grundregeln der russischen Grammatik u. eine kurze Anleitung, die nothwendigsten russischen Wörter u. Redensarten in kürzester Zeit verstehen u. sprechen zu lernen. 8. durchg. verb. u. verm. Aufl. gr. 8. Dorpat 840, Severin. 3/4 rf — 9. verb. u. verm. Aufl. gr. 8. Ebend. 846. 3/4 rf

neuer russischer, für Deutsche. Enthaltend die Grundregeln der russischen Grammatik und eine kurze Anleitung, die nothwendigsten russischen Wörter und Redensarten in kürzester Zeit verstehen und sprechen zu lernen. 10. Aufl. 861. — 11. verb. u. verm. Aufl. Moskau 864. (Leipzig, Wagner.) gr. 8. (VIII, 120 S.) 22½ ngr.

— neuester russ.-deutscher, welcher d. nothwend. Wörter u. Redensarten zur gegenseit. Verständigung enthält. Für d. Bürger u. Landmann. gr. 8. Essen u. Duisb. 813. Bädeker. 5 gr

— neuester russ.-deutscher, mit russ. Schrift u. deutscher Aussprache. 1s u. 2s Heft. Leipz. 813. Klein. 4 gr

— Dass., mit ABC-Buch, als großer Dollmetscher. 8. Ebd. 6 gr

— neuester u. vollständ. englischer, für deutsche Auswanderer nach Nord-Amerika. Ein bequemes Mittel zur leichten Erlernung der engl. Sprache während der Ueberfahrt. Mit 1 Karte von Nord-Amerika. 16. Bremen 840. Kaiser. 1/4 rf

— neuester u. vollständigster Englischer, für deutsche Auswanderer nach Nordamerika. Ein bequemes Mittel zur leichten Erlernung der engl. Sprache während der Ueberfahrt. Mit 1 Karte von Nord-Amerika (illum.). 16. Bremen 841, Kaiser. n. 1/4 rf — (Neue Ausg.) 8. Ebd. 844. n. 6¼ ngr

— neuester u. vollständ. englischer, für deutsche Auswanderer nach Nord-Amerika. Ein bequemes Mittel zur leichten Erlernung der engl. Sprache während der Ueberfahrt. 8. (59 S.) Bremen 847, Kaiser. n. 1/6 rf

— neuester u. vollständigster englischer, od. der kleine Amerikaner f. deutsche Auswanderer. Ein bequemes Mittel zur leichten Erlernung der engl. Sprache während der Ueberfahrt. gr. 12. (48 S.) Bremen 851, Kaiser. n. 1/6 rf

— neuester u. vollständ. russischer, nebst e. Schilderung d. russ. Nation u. d. russ. Militärs, v. E. G. H. Geißler. 16. Leipz. 814. (W. Rauck). 16 gr

— der Nord-Amerikanische, u. unfehlbare Rathgeber f. Einwanderer u. Eingewanderte. Enthält eine kurzgefaßte u. Jedermann verständl. Grammatik der englischen Sprache, nebst Anleitung, in kurzer Zeit ohne Lehrer englisch sprechen u. schreiben zu lernen; außerdem eine vollständige Mustersammlung von Briefen ꝛc. u. ein vollständ. Wörterbuch der engl. u. deutschen Sprache, nebst genauer Aussprache der engl. Wörter. 2. Aufl. 12. (285 S.) Philadelphia 850. (Schäfer & Koradi.) 1/2 rf

Dollmetscher, der nordamerikanische, u. unfehlbare Rathgeber, für Einwanderer u. Eingewanderte. Enthält eine kurzgefaßte u. für Jedermann verständliche Grammatik der engl. Sprache, nebst Anleitung, in kurzer Zeit ohne Lehrer englisch sprechen u. schreiben zu lernen ꝛc. 11. Aufl. Philadelphia 867. Schäfer & Koradi. 16. (286 S.) 22½ ngr.

Dollmetscher, der nordamerikanische, u. unfehlbare Rathgeber f. Einwanderer u. Eingewanderte. Enth. e. kurzgefaßte u. f. Jedermann verständl. Grammatik der engl. Sprache nebst Anleitg. in kurzer Zeit ohne Lehrer englisch sprechen u. schreiben zu lernen: außerdem e. vollständ. Mustersammlg v. Briefen, Rechngn., Quittgn. ꝛc. 15. Aufl. gr. 16. (285 S.) Philadelphia 873. Schäfer & Koradi. 1. 50

— polnisch-deutsch-französ. 5e Aufl. 12. Leipz. 812. Magaz. f. Ind. 4 gr

— d. polnisch-deutsche. s. Reisegefährte.

—— praktischer, für Deutsche und Franzosen mit Bezeichnung der Aussprache und einem alphabet. Wörterbuch. — Interprète pour les Allemands et les Français. 16. (96 S.) Ulm 871, Wohler.

— russ.-deutsch-französ. 12. Leipz., Magaz. f. Ind. 4 gr

— d. russische, oder Samml. d. nöthigsten russ. Wörter ꝛc. 8. Glogau 813. N. Güntersche B. 4 gr

— russischer. 8. Cassel u. Marb. 814. Krieger. 6 gr

— russischer, od. Anweis., sich den Russen auch ohne nähere Kenntniß ihrer Sprache verständlich zu machen, (v. Thdr. Enslin). 8. Götting. 813. Dieterich. 3 gr

— russischer, oder Samml. d. nothwend. russ. Wörter u. Redensarten ꝛc. 2e verb. Aufl. 8. Gotha 814. Ettinger. 3 gr

— russischer, oder Hülfs- u. Handbuch für Deutsche u. Russen, von E. G. H. Geißler. 8. Leipz. 814. Hinrichs. 9 gr

— russischer, für d. Bürger u. Landmann, worin d. nothwendigsten russ. Wörter, Gespräche u. Zahlen enthalten sind, wie solche nach d. deutschen Mundart ausgesprochen werden müssen. 12. Berl. 813. Amelang. 4 gr

— schwedischer, für d. Deutschen. 12. Lüneb. 806. Herold u. W. 4 gr

Dolmetscher, schwedischer, für Reisende. Neuer Leitfaden zu Gespräch-Uebungen in der deutschen und schwedischen Sprache. 5. und 6. verb. Aufl. 16. (336 S.) Leipzig 874,78, Schmidt und Günther. cart. *

Dollmetscher, spanischer. 3e Aufl. 18. Bremen 810. (Heyse). 1 gr (Vandenhoeck u. R. in Gött.) 2 gr

Dolmetscher, vollständiger dänischer. Ein Hülfsbuch zum leichtern Verständniß der dänischen Sprache. Herausg. von einem Dänen. 2. Aufl. Hamburg 869. Verlags-Comptoir. 16. (IV, 116 S.) 9 ngr.

— vollständ. deutsch-englischer, ein prakt. Hülfsbuch zur leichtern Erlernung der engl. Umgangssprache, zunächst für Auswanderer nach Nord-Amerika bestimmt. 8. Holzminden 837. Erdmann. 1/2 rf

— vollständiger deutsch-englischer. Ein prakt. Hülfsbuch zur leichteren Erlernung d. engl. Umgangssprache zunächst f. Auswanderer nach Nordamerika bestimmt. 16. (IV u. 138 S.) Hamburg 852, G. W. Niemeyer. 1/4 rf

Dolnji Milanovac [Sachl. OW]

Dolnji Milanovac, Zone 28 col. 26. [Specialkarte von Serbien.] 1 : 75.000. 55 × 39 cm
Wien: Lechner (Müller) 1902

Dolnji Milanovac [Schlagwort]

Dolnji Milanovac, s.: Serbien.

Dolomien, s. Dolomieu

Dolomieu, Deodat Guy Silvain Tancrède Gratet de.

de Dolomieu, Deodat, Abhandl. über d. Erdbeben in Calabrien; aus d. Französ. 8. Leipz. 789. Müller. (Joachim). 5 gr

— Bemerk. über d. Ponza-Inseln; aus d. Französ., mit Anmerk. v. J. K. W. Voigt. Mit Kpf. 8. Leipz. 789. (Joachim). 1 rf 8 gr

Dolomieu und Fortis. Briefe zweier ausländischen Mineralogen. (Dolomieu und Fortis) über den Basalt. Uebersetzt von C. U. von Salis Marschlins. Nebst einem Anhange. Zürich u. Leipzig. 1792. 8.

Dolomieu, Ueber die Philosophie der Mineralogie und über das mineralogische Geschlecht. Aus dem Französischen übersetzt. Hamburg und Mainz 1802. 8.

— **mineralog. Philosophie od. üb. d. Mineralog. Geschl. ꝛc. a. d. Franz. 8. Hamb. Vollmer. 803.**

— — **däſſ. in e. and. Ueberſetz. 8. Berlin, Himburg. 802.**

— über d. Philoſophie d. Mineralogie u. über d. mineralog. Geſchlecht; aus d. Franzöſ. 8. Hamb. 803. (Herold jun.) 12 gr.

— Reiſe nach den Liparischen Inseln; aus d. Franzöſ. v. L. Chr. Lichtenberg. 8. Leipz. 783. (Joachim). 12 gr.

Dolomieu. Letzte Reise durch die Schweiz in dem J. 1801. Herausgegeben von Bruun-Neergaard. Hamburg u. Mainz. 1802. 8.

—, letzte Reiſe durch d. Schweiz im J. 1801, herausg. v. Brunn u. Neergaard; nebſt Eymers Nachricht über Dolomieu's Reiſe u. Tod. Mit 1 Kpf. 8. Hamb 803. (Herold jun.) 12 gr.

— **letzte Reiſe d. d. Schweiz 1801. herausg. v. Brum, Neergard. n. Eymars Nachricht üb. Dolom. Reiſ. u. Tod. 8. Hamb. Vollmer. 803.**

— — **daſſelbe. 8. Berlin, Himburg. 802.**

Dolomieur, D., Reiſe durch die Schweitz. 8. Leipz. Sommer. 802.

Dolomieur, D., Reiſe durch die Schweiz, a. d. Franz. von Karſten. 8. 802. Iſt jetzt Verlag von Reimer in Berlin.

— Tageb. d. letzten Reiſe durch d. Schweiz; herausg. v. Brunn u. Neergaard; begleitet mit e. Charakteriſtik Dolomieu's von d. Bürger Eymar. Aus d. Franzöſ., mit Anmerkk. von D. L. G. Karſten. 8. Berl. 802. (Reimer; a. W. Nauck in Lpz.) 16 gr.

Dolomieur, s. D o l o m i e u , Deodat Guy Silvain Tancrède Gratet de

Dolomiten [Sachl. OW]

Dolomiten. I. Teil. [J. G. Thöni's Tiroler Weg- und Distanzkarten. 10.] gefalzt K —.30, auf Leinwand K 1.—
Imst: Grissemann 1909.

Dolomiten, II. und III. Teil. [J. G. Thöni's Tiroler Weg- und Distanzkarten. Nr. 11 und 12] à K —.30, auf Leinw. à K 1.—
Imst: Grissemann 1909.

Die **Dolomiten**. Prakt. Reiseführer. Bearb. von Hans Biendl. Mit 3 Kt. Berlin: Goldschmidt 1910–11. 150 S. 8°
(Griebens Reiseführer. Bd 130) A 12. 5932

Die Dolomiten von Süd-Tirol, Bruneck, Bozen, Ampezzo etc. 1 : 129 600. Qu. Folio. (Bl. X v. Maschek's Touristenkarten). Ebds. Gefalzt in 8° 1 fl.
1882

Dolomiten [Schlagwort]

Dolomiten, s.: Alpen. Artaria.

Dolomiten, s.: Alpen. Detailkarten.

Dolomiten, s.: Alpen. Freytag.

Dolomiten, s. T i r o l . Meurer, J.

Dolomiten, s. T i r o l . Thöni

Dolon nor [Schlagwort]

Dolon nor, s.: China. Karte.

Dolopathos, s. Ehret, Philipp.

Dolopathos. — Johannis de Alta Silva Dolopathos sive de rege et septem sapientibus. Hrsg. von Herm. Oesterley. 8. (XXIII, 99 S.) Strassburg 873, Trübner. *

Dolores. Ein Gedicht. (2 Auflagen.) Halle 1853. H: *Kleinsteuber, Hermann.*

Dolores. Ein Gedicht. 1. u. 2. Aufl. Halle 853. Delbrück. 16. (4 Bl., 318 S.) n. 2 ngr

Dolores, der Gräfin von, Armuth, Reichthum, Schuld u. Buße; eine wahre Geſch. z. Unterhalt. f. arme Fräuleins ꝛc. von L. A. v. Arnim. 2 Thle. m. Vignett. 8. Berl. Realſchulbhdl. 810.

Doloroſa (Frau Maria Eichhorn), ſ.: Boucher, Raoul le.

Dolorosa, (Frau Maria Eichhorn), s.: Chöre, die, des Lebens.

Dolorosa (Marie Eichhorn) s.a. Confirmo te chrysmate.

Dolorosa [d. i. Maria Eichhorn]. Confirmo te chrysmate. *Berlin: M. Lilienthal 1902.* (91 S.) 8° [02. 10314 11

Dolorosa [d. i. Maria Eichhorn]. Confirmo te chrysmate. 3. verm. Aufl. Berlin: M. Lilienthal 1903. (95 S.) 8° [F.] [06. 1766 11

— ſ.a. Da ſang die Fraue Troubadour.

— — Da sang die Fraue Troubadour. (Gedichte.) Ebd. 1905. (Mk. 3—.)

DOLOROSA. Ihr Herr. Hiſtoriſcher Roman. Dresden, H. R. Dohrn, 1904. 8°.
Verb. d. Ldg. I Berlin 38 J. 36/12.

— s.: Herren des Lebens.

DOLOROSA (d. i. *Maria Eichhorn-Fischer*, geb. 11. Nov. 1879 zu Giersdorf), Fräulein Don Juan, ein (zahmer) Roman. Berlin 1903. 8°. 234 S. (4 Mk. Taussig, 1904.)
Holzmann & Bohatta, Lex. Pseud.

— ſ.a. Komteßchen (das ſüße), die Scheinheilige.

— — Das süße Komteßchen. Novelle. 1907.

— ſ.a. Korſettgeſchichten.

— — Korsettgeschichten. Novellen. Leipziger Verlag, G. m. b. H., 1906.
Confiscirt anfangs 1912.

DOLOROSA. Korſettgeſchichten. Leipzig 38, Leipziger Verlag (um 1910).
Verb. d. Ldg. I Berlin 38 J. 895/11.

— s.a. Rafaela.

— — Rafaela. Der Roman einer Tänzerin. (c. 1908.) (Mk. 3—.)
Confiscirt anfangs 1912.

— — Sadismus und Masochismus. (Uebersetzt.) 1903.

— — Die Scheinheilige. Novelle. 1907.

— — Die Starken. Roman. 1907.

— **s.a. Tagebuch e. Erzieherin.**

DOLOROSA (i. e. Maria Eichhorn; ſcherzhafterweiſe in Berlin »Dolle Roſa«). Tagebuch einer Erzieherin. (Flagell.) Roman. Dresden 1904. 206 S.

— — Tagebuch einer Erzieherin. Roman. Leipziger Verlag, G. m. b. H., 1904. 200 S. (Mk. 3—.)
Die zwölfte Auflage bereits 1907. — Confiscirt anfangs 1912.

— — Unfruchtbarkeit. Roman. Mit künstlerischem bunten Umschlagsbild von Raphael Kirchner-Paris. Leipziger Verlag (G. m. b. H.) (1905). 8°. Ca. 300 S. (Mk. 5—.) (3 Mk. O. Rauthe, 1909.)
Der Roman schildert zwei Familien, von denen die eine durch Unfruchtbarkeit, die andere durch allzugrosse Fruchtbarkeit untergeht. Großstadt-Tragödie in dezenter Darstellung. (So auch die andern Bücher der Verfasserin.)

Dolp, Dn. Ebh., († d. 8. Aug. 1771.), s.a. A. W. Ertel.

Dolp, Dan. Eberh., gründl. Bericht. v. d. alt. Zuſt. u. Reformat. d. Reichsſt. Nördlingen. 8. Nördlingen, Beck. 758.

Dolp, Dan. Eberh., gründl. Bericht von dem alten Zustand u. erfolgter Reformation der Kirchen, Clöster u. Schulen in des H. Reichs Stadt Nördlingen u. ihrem angehörigen Gebiet, ingleichem von denen in der Stadt annoch befindl. geistl. Casten- u. andern Häussern (!) .... Nördlingen, bey Gg. Gfr. Mundbach, 1738. 8°. Mit 1 Beibd. Ppb.
Tit., 7 Bll. Vorr., 205 num. S. Text, dann Beilagen-Anhang (128 Dokumente u. Urkunden), sign. N 7b—Oo 7b, 5 Bll. Zus. u. Verbess., 7 Bll. Reg.

Dölp, Heinrich

Dölp, H., Aufgaben zur Differential- u. Integralrechnung nebst den Resultaten u. den zur Lösung nöthigen theoret. Erläuterungen. Giessen 869. Ricker. gr. 8. (IV, 153 S.) n. 20 ngr.

Dölp, H., **Aufgaben zur Differential- u. Integralrechnung nebst den Resultaten u. den zur Lösg. nöth. theoret. Erläutergn. 2. umgearb. u. verm. Aufl. gr. 8. (193 S.) Giessen 874. Ricker.** n. 3. —

Dölp, H., Aufgaben zur Differential- u. Integralrechnung, nebst den Resultaten u. den zur Lösung nöthigen theoretischen Erläuterungen. 3., sorgfältig durchgesehene Aufl. gr. 8. (209 S.) Giessen 878. Ricker. n. 3.40

Dölp, H., Aufgaben zur Differential- u. Integralrechnung, nebst den Resultaten u. den zur Lösg. nöth. theoret. Erläutergn. 4. Aufl. gr. 8. (IV, 209 S.) Giessen 884. Ricker. n. 3.40

Dölp, H., Aufgaben zur Differential- u. Integralrechnung, nebst den Resultaten u. den zur Lösg. nöth. theoret. Erläutergn. 5. Aufl. gr. 8. (IV, 209 S.) Giessen 891. J. Ricker. n. 3.40; geb. n. 4. —

Dölp. Aufgaben zur Differential- und Integralrechnung. Giessen, 1874.
6. Auflage. Ebend., 1895.

Dölp, H., Aufgaben z. Differential- u. Integralrechnung, nebst d. Resultaten u. d. z. Lösg. nöt. theoret. Erläuterungen. 7. Aufl., neu bearb. v. Eug. Netto. gr. 8. (III, 216 S.) Giessen 898. J. Ricker. Geb. in Leinw. n. 4. —

Dölp, H., **Aufgaben zur Differential- u. Integralrechnung nebst den Resultaten u. den zur Lösung nötigen theoretischen Erläuterungen, neu bearb. v. Eug. Netto. 8. u. 9. Aufl. gr. 8. (à III, 216 S.) Giessen 900. 901. J. Ricker.** Geb. in Leinw. n. 4. —

Dölp, H., **Aufgaben zur Differential- u. Integralrechnung nebst den Resultaten u. den zur Lösung nötigen theoretischen Erläuterungen, neu bearb. v. Eug. Netto. 10. Aufl. (III, 216 S.) gr. 8. Giessen 903. A. Töpelmann.** Geb. in Leinw. n. 4. —

— **die Determinanten nebst Anwendung auf die Loesung algebraischer u. analytisch-geometrischer Aufgaben. Elementar behandelt. gr. 8. (94 S.) Darmstadt 874. Brill.** n. 2. —

— die Determinanten, nebst Anwendung auf die Lösung algebraischer u. analytisch-geometrischer Aufgaben. Elementar behandelt. 2. Aufl., bearb. von W. Soldan. gr. 8. (V, 94 S.) Darmstadt 877. Brill. n. 2. —

— die Determinanten, nebst Anwendg. auf die Lösg. algebraischer u. analytisch-geometr. Aufgaben. Elementar behandelt. 3. Aufl. gr. 8. (IV, 95 S.) Darmstadt 883. Brill. n. 2. —

— die Determinanten, nebst Anwendg. auf die Lösg. algebraischer u. analytisch-geometrischer Aufgaben. Elementar behandelt. 4. Aufl. gr. 8. (IV, 95 S.) Darmstadt 893. L. Brill. n. 2. —

— **die Determinanten nebst Anwendg. auf die Lösg. algebr. u. analytisch-geometr. Aufgaben. Elementar behandelt. 5. Aufl. gr. 8. (IV, 95 S.) Darmstadt 899. E. Roether.** n. 2. —

— **die Determinanten, nebst Anwendung auf die Lösung algebraischer u. analytisch-geometrischer Aufgaben. Elementar behandelt. 6. Aufl. (IV, 95 S.) gr. 8. Darmstadt 903. E. Roether.** n. 2. —

Dölp, H., die Determinanten nebst Anwendung auf die Lösung algebraischer u. analytisch-geometrischer Aufgaben. Elementar behandelt. 7. Aufl. (IV, 95 S.) gr. 8. Darmstadt 908. E. Roether. 2. —

— die Determinanten als Gegenstand des Gymnasialunterrichts. Gießen 865. (Berlin, Calvary & Co.) 4. (16 S.) n. 8 ngr.

— **Grundzüge u. Aufgaben der Differential- u. Integralrechnung nebst den Resultaten, neu bearb. v. Eug. Netto. 11. Aufl. (IV, 216 S.) 8. Giessen 905. A. Töpelmann.** Geb. in Leinw. n.n. 1.80

Dölp, H., Grundzüge u. Aufg. der Differential- u. Integralrechnung nebst den Resultaten, neu bearb. v. Eug. Netto. 12. Aufl. (IV, 216 S. m. Fig.) 8. Giessen 909. A. Töpelmann. Geb. in Leinw. nn 1.80

Dolph-Heckel, J., 300 Fragen (m. Antworten) aus der Musiklehre, in 20 Capitel zur Erlerng. f. e. Schuljahr in 10 Monate eingeteilt u. zum Gebrauche f. Zöglinge höherer Musikschulen hrsg. (10 Bl.) gr. 4. Wien (XV/1, Mariahilferstr. 173—175) 903. Fünfhauser Musikschule. n. 1.50

— **300 der gebräuchlichsten musikalischen Fremdworte, alphabetisch geordnet, zur Erlernung f. ein Schuljahr in 10 Monate eingetheilt u. zum Gebrauche f. Zöglinge höherer Musikschulen hrsg. (10 Bl.) gr. 4. Ebd. 900.** n. 1.50

Dolscius, Carl Ludwig Rudolph (Halle), De renum inflammatione. Diss. med. Präs. Curt Sprengel. Halle (Gebauer) 30. IX. 1826. 29 S. mit Biogr. (M.: Feldmann.) (4.50) 6726

Doelter, Cornelius

— **u. H. Sirk, Beitrag z. Radioaktivität** d. **Minerale. (I. Mitteilg.) (10 S.) gr. 8. Ebd. 910.** — 35

— — Die Bestimmung des Absolutwertes der Viskosität bei Silikatschmelzen. S. 120. I. 659 . . . . —.40
Separatabdruck

Doelter, C., **die Bestimmung der petrographisch wichtigeren Mineralien durch das Mikroskop. Eine Anleitg. zur mikroskop. Gesteins-Analyse. Für Studirende höherer Lehranstalten, Bergingenieure, Techniker etc. gr. 8. (VII, 36 S.) Wien 876. Hölder.** n. 1. 20

Dölter, C., üb. die Capverden nach dem Rio Grande u. Futah-Djallon. Reiseskizzen aus Nord-West-Afrika. Mit zahlreichen Holzschn., gezeichnet v. Frz. Schlegel u. A. Göring, u. e. (chromolith.) Karte. Lex.-8. (VIII, 263 S.) Leipzig 884. Frohberg. n. 13. —

Doelter, C., üb. die Capverden nach dem Rio Grande u. Futah-Djallon. Reiseskizzen aus Nord-West-Afrika. Mit zahlr. Holzschn., gez. v. F. Schlegel u. A. Göring, u. 1 Karte. 2. Ausg. Lex.-8. (VIII, 263 S.) Leipzig 888. Baldamus. 6. —

Doelter, C., über d. Dissoziation d. Silikatschmelzen. (I. Mitteilg.) (67 S. m. 12 Fig.) gr. 8. Wien 907. (A. Hölder.) 2. 20

— **dasselbe. (II. Mitteilg.) (38 S. m. 11 Fig.) gr. 8. Ebd. 908.** 1. 60

Doelter, C., Edelsteinkunde. Bestimmung u. Unterscheidg. der Edelsteine u. Schmucksteine. Die künstl. Darstellg. der Edelsteine. gr. 8. (VIII, 260 S. m. Abbildgn.) Leipzig 893. Veit & Co. n. 5. —

Doelter, C. und Sirk, H., Über den verschiedenen Einfluß der α-, β- und γ-Strahlen auf die Farben fester Körper. [Aus: Sitzungsber. d. k. Akad. d. Wiss. in Wien. Mathem.-naturw. Klasse.] Gr.-8°. (10 S.) † K —.45
Wien, Hartleben 1910

Doelter, C., über die Einwirkung des Elektromagneten auf verschiedene Mineralien u. seine Anwendung behufs mechanischer Trennung derselben. [Mit 1 (eingedr.) Holzschn.] [Aus: „Sitzungsber. d. k. Akad. d. Wiss."] Lex.-8. (25 S.) Wien 882. (Gerold's Sohn.) n. — 45

Doelter, C., Über die Einwirkung von Radium- und Röntgenstrahlen auf die Farben der Edelsteine. [Aus: Sitzungsber. d. k. Akad. d. Wiss.] Gr.-8°. (ill. 26 S.) † K —.80
Wien: Hölder 1908

— **Über die Einwirkung v. Radium- u. ultraviol. Strahlen auf d. Mineralfarben. (51 S. m. 3 Fig.) gr. 8. Ebd. 908. 1. 45**

— **Die Elektrizitätsleitung in Krystallen bei hohen Temperaturen. (63 S. m. 18 Fig.) gr. 8. Ebd. 910. 2. 25**

— Ein neues Erhitzungsmikroskop. (11 S. m. 3 Fig.) gr. 8. Ebd. 909. — 60
Sonderabdrucke aus „Sitzungsber. d. k. Akad. d. Wiss."

— über die Eruptivgebilde von Fleims nebst einigen Bemerkungen über den Bau älterer Vulkane. Mit 1 (chromolith.) Taf. [Aus: „Sitzungsber. d. k. Akad. d. Wiss."] Lex.-8. (27 S.) Ebend. 877. n. 1. —

— Über einige neue Färbungsversuche durch Radiumstrahlung. S. 121. I. 891 . . „ —.35
Separatabdruck

— der Vulcan Monte Ferru auf Sardinien. Mit einer (chromolith.) Karte. [Aus: „Denkschr. d. k. Akad. d. Wiss."] Imp.-4. (22 S.) Ebend. 877. n. 2. 50

— Über Gleichgewichte in Silikatschmelzen und über die Bestimmung des Schmelzpunktes des Kalziummetasilikates (mit 3 Textfiguren). S. 120. I. 891 . . . . . . —.95
Separatabdruck

— Aus dem Grenzgebiete des Organischen u. Anorganischen. Inaugurations-Rede, geh. am 5. XI. 1906. (25 S.) gr. 8. Graz 906. Leuschner & Lubensky. — 70

— **Korund, s.: Otto, Carl, Verbesserung der Gasfeuerungen.**

— **Über die elektr. Leitfähigkeit fester Silikate. (30 S. m. 11 Fig.) gr. 8. Wien 908. (A. Hölder.) 1. 35**
Sonderabdruck aus „Sitzungsber. d. k. Akad. d. Wiss."

— allgemeine chemische Mineralogie. gr. 8. (IV, 277 S. m. 14 Fig.) Leipzig 890. W. Engelmann. n. 7. —; geb. n.n. 7. 75

Doelter, C., physikalisch-chemische Mineralogie, s. a. Handbuch der angewandten physikalischen Chemie. II.

Physikalisch-chemische Mineralogie von Dr. C[ornelius] **Doelter**, Graz. Mit 66 Abb. Leipzig: J. A. Barth 1905. (XI, 272 S.) 4°(8°)
= **Handbuch** d. Angewandten Physikal. Chemie. Bd 2.

— und **Dittler**, Emil, Dr.: Über einige Mineralsynthesen. S. 121. I. 897 . . . . . . „ —.60
Separatabdruck

— vorläufige Mittheilung üb. den geologischen Bau der pontinischen Inseln. [Mit 1 (lith.) Taf.] [Aus: „Sitzungsber. d. k. Akad. d. Wiss."] Lex.-8. (8 S.) Wien 875. (Gerold's Sohn.) n. — 40

Doelter, C., s.: Mitteilungen d. naturwissenschaftl. Vereines f. Steiermark.

— **der Monzoni u. seine Gesteine. (I. Thl.) (58 S. m. 2 Fig. u. 1 Taf.) gr. 8. Wien 902. (A. Hölder.) n. 1. 40**

— **dasselbe. (II. Tl.) (67 S. m. 1 Fig., 2 Taf. u. 1 Kartenskizze. gr. 8. Ebd. 903. n. 2. —**
2 Sonderabdrucke aus: „Sitzungsber. d. k Akad. d. Wiss."

— **Petrogenesis, s. a. Wissenschaft, die. 13.**

Petrogenesis. Von Dr. C[ornelio] **Doelter**, Prof. Mit 1 Lichtdrucktaf. u. 5 Abb. Braunschweig: F. Vieweg & Sohn 1906. (XII, 261 S.) 8°
= **Wissenschaft**, Die. H. 13.

— **zur Physik des Vulkanismus. (25 S. m. 1 Fig.) gr. 8. Wien 903. (A. Hölder.) n. — 50**

Doelter, C., Zur Physik des Vulkanismus. [Aus d. Sitzungsber. d. k. Akad. d. Wiss.] Gr.-8°. (ill. 25 S.) † K —.50
Wien, Gerold 1904

— die Producte des Vulcans Monte Ferru. [Aus: „Denkschr. d. k. Akad. d. Wiss."] Imp.-4. (56 S.) Ebend. 878. n. 2. —

— **Das Radium u. die Farben. Einwirkung d. Radiums u. ultravioletter Strahlen auf organ. u. anorgan. Stoffe sowie auf Mineralien. (VIII, 133 S.) 8. Dresden 910. Th. Steinkopff. 4.—; geb. 5. —**

— **Über die Schmelzpunkte d. Silikate. (18 S. m. 2 Taf.) gr. 8. Wien 906. (A. Hölder.) 1. —**

Doelter, C., Die Silikatschmelzen. (I. Mitteilung.) [Aus: Sitzungsber. d. k. Akad. d. Wiss., mathem.-naturw. Klasse.] Gr.-8°. (ill. 73 S.) † K 1.50
Wien, Gerold 1904

Doelter, C., Die Silikatschmelzen (II. Mitteilung). [Aus: Sitzungsber. d. kais. Akad. d. Wiss., mathem.-naturw. Klasse.] Gr.-8°. (ill. 17 S.) † K —.50
Wien: Gerold's Sohn, 1905

— **dasselbe. (2. Mitteilg.) (17 S. m. 4 Fig) gr. 8. Ebd. 904. n. — 50**

— **dasselbe. (3. Mitteilg.) (60 S. m. 14 Fig. u. 1 Taf.) gr. 8. Ebd. 905. n. 1. 50**

Doelter, C., Die Silikatschmelzen. (IV. Mitteilung.) [Aus: Sitzungsber. d. k. Akad. d. Wiss., math.-naturw. Klasse.] Gr.-8°. (ill. 33 S. mit 2 Tafeln) † K 1.90
Wien, Hölder 1906

— Die Silikatschmelzen. 6. Mitteilung (mit 2 Taf. und 6 Textfiguren). S. 115. I. 723 . 1.90
Separatabdruck

— über die mechanische Trennung der Mineralien. [Aus: „Sitzungsberichte d. k. Akad. d. Wiss."] Lex.-8. (8 S.) Ebend. 882. n. — 20

— **die Untersuchungsmethoden bei Silikatschmelzen. (32 S. m. 6 Fig.) gr. 8. Ebd. 906. n. 1. 10**
Sonderabdr. aus: „Sitzungsber. d. k. Akad. d. Wiss."

— Einige synthetische Versuche an Silikaten (mit 1 Textfigur). S. 122. I. 3 . . . . —.70
Separatabdruck

— die Vulcane der Capverden u. ihre Producte. Mit 3 lith. Taf., einer (eingedr.) geolog. Karte, 3 (eingedr.) photozinkotyp. Ansichten u. 4 (eingedr.) Profiltaf. in Holzschn. gr. 8. (IV, 173 S.) Graz 882. Leuschner & Lubensky. n. 6. 60

— die Vulcangruppe der Pontinischen Inseln. [Aus: „Denkschr. d. k. Akad. d. Wiss."] Imp.-4. (46 S. m. 4 Steintaf. u. 2 Chromolith.) Ebend. 875. n. 5. —

Doeltz, Johann Christian (Zeulenroda/Vogtl.), Nova experimenta circa quaedam venena ex narcoticorum genere. Diss. med. Altdorf (J. P. Meyer) 2. V. 1793. VIII, 44 S. (5.—) 6656

Döltz, Johann Christian: Neue Versuche und Erfahrungen über einige Pflanzengifte. Herausgeg. von Johann Christian Gottlieb Ackermann. 53 S., gbd.

Nürnberg: Bauer & Mann 1792

JB 1.232

Doeltz, Otto, s.: Zeitung, berg- u. hüttenmännische.

Dolwezel, Ferdinand, a. Stadtamhof, Rechtsprakt. am kgl. Landgericht Fürth: Die handelsrechtliche Gelegenheitsgesellschaft nach altem und neuem Recht. Erlangen 1907: E. Th. Jacob. (VII, 98 S.) 8°
Erlangen, Jur. Fak., Ref. Sehling, Diss. v. 16. Dez. 1907
[Geb. 28. Juni 83 Stadtamhof (Bayern); Wohnort: Fürth; Staatsangeh.: Bayern; Vorbildung: Gymn. Erlangen Reife 02; Studium: Erlangen 8 S.; Rig. 16. Nov. 07.]

v. Dolwigk, K. (F. A. Ph.): Jurist. Aufsätze f. d. gegenwärt. Zeit. *Francf. a. M.*, Andreä. 796. 8. (4 Gr.)

DOLYAK, Paulus: De propagatione Protestantismi in comitatu Scepusiensi. — (1904) 95 Bl. 8° (Handschr.) Diss. 823
Diss. Wien, Univ.

Dolz, Friedrich Wilhelm, Tierarzt: Arbeiten aus d. med. Veterinärklinik d. Univ. Giessen. Dir.: Gmeiner. Der klinische Nachweis von Traubenzucker im Harn der Haustiere. Giessen 1910: Kindt. 104 S. 8°
Gießen, Veterinär-Med. Diss. v. 18. Juli 1910, Ref. Geppert
[Geb. 10. April 86 Tuttlingen; Wohnort: Gießen; Staatsangeh.: Württemberg; Vorbildung: Friedrich-Eugens-Realsch. Stuttgart Reife Juli 03; Studium: Tierärztl. Hochschulen Stuttgart 4, Berlin 1, Stuttgart 2 S.; Rig. 17. Dez. 09.]
[U 10. 1190

Dolz, Johann Christian

— Abriß d. allgem. Menschen- u. Völkergeschichte. 3 Bde. 8. Lpz. 813. Barth. 2 ℛ 15 𝒢 Mit Anh. 3 ℛ

Dolz, Jh. Chr., Andachtsbuch für gebild. Christen bei d. Feier d. Abendmahls. 8. Leipz. 796. 2e A. 798. 3e A. 827. Barth. 1 ℛ

— J. F. W. Döring u. Chr. H. Kotzer, katechet. Andachtsübungen. 2 Thle. 8. Leipz. 804 u. 5. Schmidt. 1 ℛ 8 𝒢

— Anhang zu den christl. Religionsgesängen f. Bürgerschulen, zunächst für d. Rathsfreischule in Leipzig. 8. Leipz. 804.

— Anleit. zu schriftl. Aufsätzen über Gegenstände d. gem. Lebens. 8. Leipz. 796. 6e A. 826. Barth. 1 ℛ

— Anleit. z. schriftl. Aufsätzen rc. 8. Ebend. 807.

— katechet. Anleit. zu d. ersten Denkübungen d. Jugend. 1s Bdch. 8. Leipz. 799. 2e A. 801. 5e A. 820. Barth. 10 𝒢 2s Bdch. 2e A. 801. 5e A. Ebd. 823. 10 𝒢

— catechet. Anleit. z. d. erst. Denkübungen d. Jugend. 2 Bdch. 8. Ebend. 802–5. (à 10 gr.)

— katechetische Anleit. zu den ersten Denkübungen der Jugend. 1s Bdchen. 8. Ebend. 814.

— — 2s Bdchn. 4te Aufl. 8. Ebend. 816.

Dolz, Jh. Chr., katechet. Anleitung zu den ersten Denkübungen der Jugend. 1s u. 2s Bdchn. 6e durchges. Aufl. Nebst 1 Kpfrtaf., welche die Lesemaschine darstellt. 8. Leipzig 836, 37. Barth. (à 10½ 𝒢) ⅞ ℛ

— — praktische Anleitung zu schriftlichen Aufsätzen über Gegenstände des gemeinen Lebens, besonders f. Bürgerschulen. 5te Aufl. 8. Leipzig, Barth. 812.

— praktische Anleitung zu schriftl. Aufsätzen über Gegenstände des gemeinen Lebens, besonders f. Bürger-Schulen. 6e Aufl. 8. Leipzig 825. Barth.

— Anstandslehre für d. Jugend. 8. Leipz. 810. 2e A. 815. 3e A. 825. Barth. 15 𝒢

— s. Bilder aus d. Familienleben.

— s. Bildungsblätter.

J. Ch. Dolz: kleine Denklehre als Vorbereit. zu schriftl. Aufsätzen. (*Lpz.*, Voss. 807.) N. vb. A. *Lpz.*, Barth. 824. 8° 4 𝒢

— — Denksprüche nach den Hauptwahrheiten der Pflichten und Religions-Lehre, als Hülfsmittel zur Erinnerung. 1ste Sammlung. 4te verbesserte Auflage. 8. Ebendas. 815.

— Denksprüche nach d. Hauptwahrheiten d. Pflichten- u. Religionslehre geordnet. 8. Leipz. 800. 5e A. 826. Barth. 8 𝒢 2e Samml. 809. 2e A. 817. Ebd. 8 𝒢

— Ereignisse, d. neuesten, von 1812—20. Ein Beitrag zu d. Abrisse d. allgem. Menschen- u. Völkergeschichte. 8. Leipz. 821. Barth. 9 𝒢

— die neuesten Ereignisse von 1820 bis 1835, ein zweiter Anhang zu dem Abrisse der allgem. Menschen- u. Völkergeschichte. 8. Leipzig 836. Barth. 7½ 𝒢

— s. Förtsch, J. Chr. K., Bilder aus d. Familienleben.

— s. Gesangbuch, Leipziger.

— Grundriß e. allgem. Religionsgeschichte f. Schulen. 8. Leipz. 794. 2e A. 826. Schmidt. 9 𝒢

— s. H. P. K. Henke, Auswahl.

— Hülfsbuch zur Schön- u. Rechtschreibung, auch zum schriftl. Gedankenvortrage. 8. Leipz. ... 3e A. 806. 4e A. 810. 6e A. 820. Barth. 9 𝒢

— Hülfsbuch zur Schön- u. Rechtschreibung. 5te Aufl. Ebend. 813.

— u. Plato, Jubelfeier der Rathsfreischule zu Leipzig am 10. April 1842. Herausgeg. nach dem Wunsche ehemal. Zöglinge der Anstalt. gr. 8. Leipzig 842. Hofmeister. 12 𝒢

— katechet. Jugendbelehr. über moral. u. religiöse Wahrheiten. 1e—5e Samml. 8. Leipz. 805—18. Voß. 3 ℛ 8 𝒢

— s. Jugendzeitung.

— neue Katechisationen über religiöse Gegenstände. 1e—5e Samml. 8. Leipz. 799—800. N. A. 805—27. Voß. 4 ℛ

— Lehrbuch d. nothwendigen u. nützl. Kenntnisse für d. Jugend. 8. Leipz. 815. 2e A. 819. Barth. 1 ℛ 3 𝒢

— Leitfad. z. Unterr. in d. sächs. Gesch. 8. Leipz. Barth. 809.

— Leitfaden zum Unterr. in d. sächs. Geschichte. 8. Leipz. 799. 3e verb. A. 823. Barth. 6 𝒢

— — Leitfaden zum Unterrichte in der allgemeinen Menschengeschichte für Bürgerschulen. 6te verbesserte Aufl. 8. Leipzig, Barth. 819.

— Leitfaden zum Unterr. in d. allgem. Menschengeschichte. 8. Lpz. 797. 7e A. 825. Barth. 7 𝒢

— Leitfaden z. Unterr. in d. allgem. Menschengesch. 8. Leipz. Barth. 805.

— Leitfaden zum Unterrichte in d. allgem. Menschen-Geschichte f. Bürgerschulen. 5te verb. Aufl. 8. Ebend. 813.

— d. Moden in den Taufnamen; mit Angabe d. Wortbedeutung dieser Namen. 8. Leipz. 825. Barth. 12 𝒢

Dolz, Jh. Chr., die Rathsfreischule in Leipzig, während der ersten funfzig Jahre ihres Bestehens. Lex.-8. Leipzig 841. (O. Wigand.) n. ⅔ ℛ

(——) christl. Religionsgesänge, s. Religionsgesänge.

— s. Rosenkunde, die.

— s. J. G. Rosenmüller, Lehren d. Weisheit.

— s. J. A. Schulze, Lehrbuch.

— Taschenbuch f. d. Jugend, s. Taschenbuch.

— s. K. F. Thieme, Gutmann — dess. Erdmann, u. dess. erste Nahrung.

— katechet. Unterredungen über religiöse Gegenstände. Mit einer Vorrede v. Rosenmüller. 4 Bdchen. 8. Leipz. 795—98. N. A. 798, 99. u. 818. Voß. 2 ℛ 16 ℊ

Dolz, J. C., neue Vers. u. Erfahr. üb. ein. Pflanzengifte. 8. Nürnb. Schmidmer. 792.

— Versuch einer Geschichte Leipzigs von seinem Entstehen bis auf d. neuesten Zeiten. 8. Leipz. 818. Voß. 1 ℛ 20 ℊ

Dölz, Jh. Chr., aus Zeulenroda, neue Versuche u. Erfahrr. über einige Pflanzengifte, herausg. v. J. C. G. Ackermann. 8. Nürnb. 792. (Rötter). (Enobloch in Leipz.) 4 ℊ

DOLZAN, Andreas: De schismate occidentali. — (1870) 84 S. 4° (Handschr.) Diss. Wien, Univ. Diss. 338

Dolze, Paul: Über Bernoullische Zahlen und Funktionen, welche zu einer Fundamentaldiskriminante gehören, und deren Anwendung auf die Summation unendlicher Reihen. Dresden 1907: B. G. Teubner. (S. 3—44.) 4°
Dresden-Altstadt, Annen-S ‹RG› OP 1907 (694)

Dom, Der deutsche, auf dem Schlachtfelde bei Leipzig. Hamburg 1814. V: *Sieveking, Carl.* (Ky)

Dom, d. deutsche, auf d. Schlachtfelde bei Leipzig, (v. K. Sieveking). gr. 4. Hamb. 814. Perthes u. B. 4 ℊ

Dom, Der, zu Frankfurt a. M. Das decorative Ornament. Homburg v. d. H. 1884. V: *Medem, Freih. von.* (stBFrankf I, 121)

Dom, Der, zu Fulda. Eine kurze Darstellung seiner Geschichte, Bauart und Merkwürdigkeiten. 2. Aufl. Fulda 1855. V: *Pfaff, Conrad.* (EngG) (Ky)

Dom, der, zu Fulda. Eine kurze Darstellung seiner Geschichte, Bauart und Merkwürdigkeiten. (Von L. Pfaff.) 2. unveränd. Aufl., mit 3 (lith.) artist. Beilagen (in 4.). Fulda 855. (Müller.) 8. (72 S.) nn. 9 ℊ

— der, seine Gemälde u. Bildwerke u. der westfälische Friedenssaal zu Münster im J. 1874. Von Tiresias redivivus (Chr. Schlüter). 16. (V, 60 S.) Münster 884. (Schöningh.) n. 1. —

Dom, der, in Cöln, s. Benzenberg.

Dom, der, zu Cöln. La Cathédrale de Cologne. Lithogr. von E. Gerhardt. 1s—8s Bl. gr. Fol. Cöln 834—39. (Renard.) Auf chines. Papier 6⅙ ℛ

Dom, der, zu Köln im Jahre 1842, vor seiner Vollendung. Lithogr. qu. gr. Fol. Berlin 842, Hübenthal und Comp. Thondruck ½ ℛ

Dom, der, zu Köln. Ein Gedenkblatt an den Tag seiner Vollendung, den 15. Octbr. 1880. Mit einer Ansicht des Domes von Frz. Schmitz (Holzschntaf.). gr. 8. (30 S.) Königsberg 880. Hartung. n. — 50

— der, von Köln in seiner Vollendung. Ansicht von der Südseite. Gezeichnet von Ed. Gerhardt, gestochen v. J. Poppel. ½ gr. Fol. München 842, literar.-artist. Anstalt. n. ¾ ℛ

— der Cölner, ein Denkmal deutscher Baukunst in 4 Stahlstichen, erläut. von A. v. Binzer. gr. 4. (Mit lithogr. Grundriß.) Cöln 840. Kohnen. n. 2⅓ ℛ

— der Cölner, und Deutschlands Einheit. gr. 8. Magdeburg 842, Baensch. n. ⅓ ℛ

—— der, zu Königsberg in Preußen, s. Gebser, Aug. Rud.

Dom, der, zu Lübeck. 12 Bl. Abbildgn. (in Lichtdr.) nach Aufnahmen d. F. Münzenberger u. d. Johs. Nöhring. Text v. Thdr. Hach. Hrsg. vom Vereine v. Kunstfreunden u. vom Vereine f. lübeck. Geschichte u. Alterthumskunde. Fol. (IV, 35 S.) Lübeck 885. (Schmersahl.) In Mappe. n. 24. —

Dom, der, zu Lübeck. 20 Blatt Abbildgn. nach Aufnahmen v. F. Münzenberger u. Johs. Nöhring. Text v. Thdr. Hach. Hrsg. vom Vereine v. Kunstfreunden u. vom Vereine f. Lübeckische Geschichte u. Alterthumskunde. gr. Fol. (IV, 36 S. m. Abbildgn.) Lübeck 888. Berlin, E. Wasmuth. In Mappe. n. 24. —

— der, zu Magdeburg, s. auch Clemens, ...

— der, zu Magdeburg. Gezeichnet u. lithogr. durch J. Böhmer, gedruckt zu Berlin durch Berndt. Imp.-Fol. ...836. (Magdeburg, Mazzucchi.) 1⅓ ℛ

Dom, der, zu Magdeburg. Gez. u. hrsg. v. Clemens, Mellin u. Rosenthal, beendigt v. Rosenthal. 30 (lith.) Taf. m. erklärendem Texte. 5 Lfg. Imp. Fol. (7 lith. Taf. u. 7 Bl. Text.) Magdeburg 852, Creutz. n. 2 ℛ (cplt. cart. n. 10⅔ ℛ)

Dom, der, zu Mainz und seine bedeutendsten Denkmäler in Orig.-Photographien von H. Emden, mit histor. und erläut. Texte von Joh. Wetter. 6 Lfgn. Fol. (36 Taf. und 23 S. Text deutsch und französ.) Mainz 857. 58, v. Zabern. à Lfg. * 2 Thlr. *

Der Dom zu Meissen. Neue Auflage. 22 Tafeln. Potsdam. 1846. Fol.

— der, zu Meissen. Vollständig auf 22 (Kpfr.-) Taf. dargestellt. Neue verb. Ausg. 3 Lfgn. gr. Fol. (8 S.) Potsdam 847—49, Riegels Verlag. (à Lfg. n. 2⅔ ℛ) 8 ℛ

— d., zu Naumburg, in lithogr. Ansichten, mit histor.-artist. Commentar. 3 Bl. 4. Naumb., Wild. 12 ℊ

— der, zu Regensburg. Eine gedrängte Schilderung seiner Merkwürdigkeiten u. Geschichte des Baues von den frühesten Zeiten bis zur Wiederherstellung durch König Ludwig I. von Bayern. Mit 2 Stahlstichen. gr. 4. Regensburg 842, Pustet. n. ⅔ ℛ

— der, zu Trier, oder Statuta des vormal. erzbischöfl. Domkapitels zu Trier, dem Hochwürd. Weihbischofe Hrn. Wilh. Günther, Bischof von Sina, gewidmet am Tage seiner Consekration (14. Sept. 1834). gr. 8. Trier 834. (Lintz.) n. ⅔ ℛ Auch Coblenz, Hergt. ¾ ℛ

Dom, A. [Pseud.], s. a. Domeier, Anna

Dom, A., der Erbe von Mortella. Roman. 2 Bde. 8. (238 u. 177 S.) Breslau 882. Schottländer. n. 6. —; geb. n. 8. —

Dom, A., bis üb. den Ocean. Roman. (186 S.) gr. 8. Leipzig (907). P. List. 3.—; geb. 4. —

Dom, A., so wie wir sind! Erzählung aus dem Leben durch e. halbes Jahrhundert. 8. (287 S.) Breslau 900. Schles. Buchdruckerei ꝛc. n. 4. —; geb. n. 5. —

Dom, A., auf dem Watzmannshof. Roman. 8. (335 S.) Breslau 884. Schottländer. n. 5. —; geb. n. 6. —

DOMABYL, Gustavus: De simonia. — (1891) 133 S. 4° (Handschr.) Diss. 585
Diss. Wien, Univ.

Domac, Jul., über das Hexylon aus Mannit. [Aus dem Universitätslaboratorium v. A. Lieben.] [Aus: „Sitzungsberichte d. k. Akad. d. Wiss."] Lex.-8. (14 S.) Wien 881. (Gerold's Sohn.) n.n. — 30

Domácí sekretář, všeobecný. Praktický kalendář obsahu všeužitečného pro každého občana na rok 1865. Ročník 2. Část hvězdářsko-církevní uspořádal Fr. Boehm. Prag 864. Kober. gr. 4. (76 S. m. Holzschn.) n. 9 *ngr.*

— **tajemník.** Naučení o spisování listů či psaní a dělání listin jednacích, nejvíce potřebných v životě občanském. Sestavil P. J. Š. Prag 864. Kuranda. 8. (IV, 270 S.) 15 *ngr.*

Domaier s. a. Domeier.

Domaier, J. B., Gesch. d. Stadt Hardegsen u. d. Amts. 4. Celle, Schulze. 771.

Domainen . . ., s. D o m ä n e n . . .

Domainko, Johann Eduard

Domainko, (Joh.) Ed., Andacht für das hohe Fronleichnamsfest und für die ganze Octav desselben eingerichtet mit einem Meßgebethe. 4. verm. Aufl. Grätz 856. (Wien, Wendelin.) 24. (96 S. u. 1 Holzschn.) n. 4 *ngr.*

Domainko, Jos. Ed., Andacht für das hohe Fronleichnamsfest und für die ganze Octav desselben eingerichtet mit einem Meßgebethe. 4., verm. Aufl. 24. (96 S. mit 1 Holzschnt.) Gratz 856, (Wießner.) *

— **häusliche Andacht für christl. Familien, auch zum öffentl. Gottesdienste** ꝛc. **geeignet. 3e Aufl. 12. Grätz 835. Kienreich.** ¼ ß

—— **häusl. Andacht f. christl. Familien, auch zum öffentl. Gottesdienste** ꝛc. **3. Aufl. 12. Grätz 836, Kienreich.**

Domainko, Jh. Ed., häusl. Andacht für christl. Familien, auch zum öffentl. Gottesdienste, vorzüglich bei Bittgängen, Processionen u. Wallfahrten geeignet. 4. verb. Aufl. gr. 12. Grätz 843, Kienreich. ⅓ ß

Domainko, Joh. Eduard — Häusliche Andacht für christliche Familien . . . von — —. Aus dessen größerm Werke: Die ganze christkatholische Lehre in Beispielen, mit den gewöhnlichen Kirchengebeten und Gesängen versehen, zum bequemen Gebrauche besonders abgedruckt. 5te verbesserte Auflage. Gratz, 1857. Dr. und Papier von Josef A. Kienreich. Verlegt und zu haben bei Heribert Lampel. (303 S. 8.)

Domainko, Joh. Ed., Andacht zu den 5 Heiligen: Alphons Maria von Liguori, Franz von Hieronimo, Joh. Jos. v. heil. Kreuz, Pacificus v. St. Severin u. Jungfrau Veronika Giuliani. Mit kurzen Lebensgeschichten u. einer Nachricht über ihre Heiligsprechung. 12. Grätz 839. Kienreich. ⅙ ß

—— **Andacht zur schmerzhaften Mutter Gottes Maria auf sieben Feiertage eingerichtet. 4. Aufl. 1854. und 5. verb. Aufl. 12. (104 S. mit 1 Stahlst.) Gratz 859, (Wießner.)**

— Anrede an eine Schaar Wallfahrter zu Maria-Zell. 8. Grätz 836. Kienreich. $^{1}/_{12}$ ß

— Erklärung der heil. Sacramente der Buße u. des Altars nach d. Sinne der kathol. Kirche, mit der Anweisung, sie auch nützlich zu empfangen, nebst Beicht-, Communion- u. Meßgebeten. 3e Aufl. 12. Wien 840. (Mayer u. Comp.) ⅓ ß

— die ganze christkathol. Lehre, in Beispielen aus der heiligen Schrift u. aus den Lebens- u. Leidensgeschichten frommer und heil. Hirten, Dienstboten, Bauern u. Handwerksleute ꝛc. 3e verb. Aufl. Mit Titelkpfr. gr. 4. Grätz 836. Kienreich. n 2½ ß

Domainko, Jh. Ed., die ganze christkathol. Lehre in Beispielen aus der heil. Schrift u. aus den Lebens- u. Leidensgeschichten frommer u. h. Hirten, Dienstboten, Bauern u. Handwerksleute, ein vollständ., prakt.-geschichtl. Katechismus, zur Belehrung u. Erbauung für Jedermann. 1. Abthl.: Geschichte der heil. Schrift. 4. verb. Aufl. Mit Titelkupfer. gr. 4. Wien 844, Mechitaristen-Congreg.-Buchh. n. 2⅓ ß

—— **die ganze christkatholische Lehre in Beispielen aus der heil. Schrift und aus den Lebens- und Leidensgeschichten frommer und heil. Hirten, Dienstboten** ꝛc.**, ein vollständiger, prakt.-geschichtl. Katechismus zur Belehrung und Erbauung für Jedermann. 5. Aufl. 6 Lfgn. gr. 4. (VI und 980 S.) Wien 858–60, Mechitharisten-Congregations-Buchhandlung. à Lfg. 15 Ngr.**

Domainko, E. J., die ganze christkatholische Lehre in Beispielen aus der heiligen Schrift und aus den Lebens- und Leidensgeschichten frommer und heiliger Hirten, Dienstboten ꝛc., einem vollständigen, praktisch-geschichtlichen Katechismus zur Belehrung und Erbauung für Jedermann. 5. Aufl. 5. u. 6. (letzte) Liefg. Wien 860. Mechitharisten-Congreg.-Buchhdlg. gr. 4. (VI, S. 639—980.) Jede Liefg. 15 *ngr.*

Domainko, Joh. Ed., die ganze christkatholische Lehre in Beispielen aus der heiligen Schrift u. aus den Lebens- u. Leidensgeschichten frommer u. heiliger Hirten, Dienstboten, Bauern u. Handwerksleute, e. vollständ., praktisch-geschichtlicher Katechismus zur Belehrung u. Erbauung für Jedermann. 6. unveränd. Aufl. (In 8 Heften, à 7–8 Bgn.) Wien 865. Mechithar.-Congregat.-Buchhdlg. (Kirsch.) gr. 4. Jedes Heft 8 *ngr.*

Domairon, ..., allgem. Grundsätze d. schönen Wissenschaften; nach d. Französ. v. A. K. Stockmann. 1r Thl. 8. Leipz. 786. (Brockhaus). 18 gl. Dass., 2r Thl. A. u. d. T.: Stockmann, Grundsätze d. Dichtkunst. 8. Leipz. 787. N. A. 805. Hinrichs. 1 ß 8 gl.

Domalip, Karl

Domalip, K., über die magnetische Einwirkung auf das durch die negative Entladung in einem evacuirten Raume erzeugte Fluorescenzlicht. Mit 4 (eingedr.) Holzschn. Lex.-8. (11 S.) Wien 880. (Gerold's Sohn.) n.n. — 25

Domalip, Karl, üb. e. Folgerung aus der Analogie der Temperatur u. der Potentialfunktion. [Aus: „Sitzungsber. d. k. Akad. d. Wiss."] Lex.-8. (7 S.) Wien 875. (Gerold's Sohn.) — 15

— über eine Methode, die Widerstände schlechter Elektricitätsleiter zu bestimmen. [Mit 1 (eingedr.) Holzschn.] [Aus: „Sitzungsber. d. k. Akad. d. Wiss."] Lex.-8. (7 S.) Ebend. 877. n. — 20

D o m a l i p, Karl, zur mechanischen Theorie der Elektrolyse. Lex.-8. (12 S.) Wien 873, (Gerold's Sohn.) *
Aus: Sitzungsberichte der k. Akademie der Wissenschaften, besonders abgedruckt.

D o m a l i p, Karl, über den Widerstand einer Kreisscheibe bei verschiedener Lage der Elektroden. Lex.-8. (10 S. mit 1 eingedr. Holzschn.) Wien 874, (Gerold's Sohn.) *
Aus: Sitzungsberichte der k. Akademie der Wissenschaften, besonders abgedruckt.

Domandres, ..., s. Jh. H. *Degener*, Dissertat.

Domäne, die. Centralorgan f. die Interessen der Domänen-Pächter u. Domänen-Verwaltgn., sowie der Gutspächter in Deutschland. Red.: E. Richter. 1. Jahrg. 1901. 24 Nrn. hoch 4. (à ca. 8 S.) Cöthen, P. Schettler's Erben. n. 4. —

— **dasselbe. 2. Jahrg. 1902. 24 Nrn. hoch 4. (à ca. 16 S. m. Abbildgn.) Ebd.** n. 2. —
Erscheint nicht mehr.

Domänen

— die, nebst Bemerkungen zu der Schrift: Der Weimar. Landtag von 1832. 8. Erfurt... Hennings u. Hopf. 1/6 ℛ︀

Domänen, die, nebst Bemerkungen z. d. Schrift: Der Weimar. Landtag v. 1832. 8. ... Weimar, Gräbner.

Domänen, die Exc. Gust. Hilleprand Frhr. v. Prandau'schen, Valpo u. Dolnji-Miholjac in Slavonien. Hrsg. v. der Administration dieser Domänen. Mit in den Text gedr. Holzschn. u. 2 Uebersichtskarten in Farbendr. gr. 8. (VIII, 373 S.) Wien 885. Frick. n. 10. —

Domainen, über, und deren Verwaltung, mit besond. Rücksicht auf die Preuß. Domainen-Verfassung. Von einem schlesischen Landwirth. gr. 8. Breslau 835. W. G. Korn. 1/3 ℛ︀

Domänen (Die) und die **Zivilliste im Grossherzogthum Oldenburg.** gr. 8°. Oldenburg, Schulze, 1848.

Domänenfrage (Zur) in unserem Herzogthum. (Abdruck aus der „Zeitung für Stadt u. Land", No. 93.) 16°. Altenburg, Exped. d. „Zeitung für Stadt u. Land" s. a.

Domänenfrage, die, im Herzogth. Sachsen-Altenburg, mit besond. Rücksicht auf den zwischen dem jüngst verstorbenen Herzoge Georg und der Landschaft des Herzogthums abgeschlossenen Vertrag vom 29. März 1849 behandelt. gr. 8. (III und 100 S.) Frankfurt a. M. 853, [Keller.] *

Domänenfrage (Die) im Herzogthume Sachsen-Altenburg mit besonderer Rücksicht auf den zwischen dem jüngst verstorbenen Herzoge Georg und der Landschaft des Herzogthums abgeschlossenen Vertrag vom 29. März 1849 behandelt. gr. 8°. Frankfurt a. M., Schmerber, 1853.

Domainenfrage (Ueber die) im Herzogthum Sachsen-Meiningen. Zugleich ein Wort zur Verständigung über die rechtliche Natur der Domainen in Deutschland im Allgemeinen (von Vahlkampf). gr. 8°. Darmstadt, C. W. Leske, 1847.

Domänenfrage, Die, im Herzogthum Sachsen-Meiningen. Gutachten über den Bericht des Domänen-Ausschusses vom 18. Januar 1861, betreffend die Prüfung der Domänen-Designation. Meiningen 1861. V: *Oberländer, Ed.* (BMARSCH 843)

Domainenfrage (Zur) im Grossherzogthum Sachsen-Weimar. 8°. Weida, Huth, 1854.

Domainen-Streit, der, im Hrzgth. Nassau, aus seinen Urquellen erläut. u. nach Rechtsgrundsätzen gewürdigt, (v. Herber.) — A. m. d. Umschlags-T.: Das Rechtsverhältniß d. Domainen 2c. gr. 8. (16½ B.) Frankfurt a. M. 831, Sauerländer.

Der Domainenstreit im Herzogthum Nassau. Frankfurt a. M. 1836.

Die **Domanialgesetzgebung** im Vertragsbecken des Kongos. Text d. deutschen Verordnung Das Bodenregime in Französisch Westafrika. Brüssel 1904 · Hayez. (16 S.) 8° [07. 648]

Domanial-Zeitpacht- und Erbpacht-Höfe, die, in Mecklenburg Schwerin. (Aus „Beiträge zur Statistik Mecklenburgs" abgedr.) Schwerin 864. (Stiller.) Lex.-8. (19 S.) n. 5 ngr.

Domanial-Zeitpacht- u. Erbpacht-Höfe, die, in Mecklenburg-Schwerin. Johannis 1869. [Aus den „Beiträgen zur Statistik Mecklenburgs."] Schwerin 869. (Stiller.) 4. (12 S.) n. 5 ngr.

Domaniczky, Stef. v., Grundriß zur Schaffung eines österreichisch-ungarischen International-Rathes. 16. (13 S.) Budapest 879. Knoll. n. — 20

Domanig, Karl

Domanig, K., der Abt v. Fiecht. Eine poet. Erzählg. 8. (88 S.) Innsbruck 887. Wagner. geb. n. 3. —

Domanig, Karl. Der Abt v. Fiecht. Eine poet. Erzählg. 2. mehrfach geänd. Aufl. Illustriert von Ed. v. Luttich. 4. (VI, 81 S.) Innsbr. 890, Wagner. geb. m. Goldschn. * 10 —

Domanig, Karl, der Abt v. Fiecht. Eine poet. Erzählg. 3. Aufl. 12. (95 S.) Innsbruck. 895. Wagner. Geb. in Leinw. n. 3. —

Domanig, Karl, der Abt v. Fiecht. Eine poet. Erzählg. 4. u. 5. Aufl. (93 S.) kl. 8. Innsbruck 906. Wagner. n. 2. —

Braut des Vaterlandes. Eine Begebenheit aus d. Tyroler Freiheitskampfe. Dramat. Scene von Karl **Domanig**. Innsbruck: Wagner 1895. (22 S.) 8° [F.]
— **Domanig**: Der Tyroler Freiheitskampf. Vorspiel. [06. 10803]

Domanig, Karl, e. „katholische Burschenschaft." Im Anh.: Scholarien-Lieder. 2. geänd. Aufl. gr. 8. (67 S.) Innsbruck 873. Wagner. n. 1. 20

Andreas Hofer's Denkmal. Eine Scene nach d. Tyroler Freiheitskampfe dramatisiert von Karl **Domanig**. Innsbruck: Wagner 1897. (S. 157–166.) 8° [F.]
— **Domanig**: Der Tyroler Freiheitskampf. Nachspiel. [06. 10806]

Domanig, Karl, kleine Erzählungen. Mit Zeichngn. v. Phpp. Schumacher. gr. 16. (VII, 138 S.) Innsbruck 893. Wagner. n. 2. —; geb. in Leinw. m. Goldschn. n. 3. 20

— kleine Erzählungen. 2., verm. Aufl. (VII, 216 S.) 8. Kempten 905. J. Kösel. n. 2. 50; geb. in Leinw. n. 3. 50

Domanig, Karl, d. Tyroler Freiheitskampf. Dramat. Trilogie m. e. Vor- u. Nachspiele. I. u. III. 12. Innsbruck, Wagner. à n. 1. 60 (Kplt.: n. 6. 40)
I. Vorspiel: Braut d. Vaterlandes E. Begebenheit a. d. Tyroler Freiheitskampfe Dramat. Scene. — 1. Thl.: Speckbacher, d. Mann v Rinn. E. Episode a. d. Tyroler Freiheitskampfe. Schauspiel in 5 Acten. (147 S.) 895.
III. Andreas Hofer, d. Sandwirth. Eine Episode a. d. Tyroler Freiheitskampfe. Schauspiel in 5 Acten. Nachspiel: Andreas Hofer's Denkmal. (166 S.) 897.
D. II. Tl. erschien 1886 nur u. d. Einzeltitel: D., Josef Straub. d. Kronenwirth v. Hall.

Domanig, Karl, der Tyroler Freiheitskampf. Dramatische Trilogie m. e. Vor- u. e. Nachspiele. Des Gesamtwerkes 2., durchaus verb. Aufl. 3 Tle. 8. Kempten 909. J. Kösel. 4.80; in 1 Bd. geh. 4.—; geb. 5. —
1. Speckbacher, der Mann v. Rinn. Schauspiel in 5 Akten. 2. Aufl. Mit 1 Vorspiel: Braut d. Vaterlandes. Dramatische Szene. 3. Aufl. (S. 1—168 m. 1 Bildnis.) 1. 60
2. Josef Straub, der Kronenwirt v. Hall. Schauspiel in 5 Akten. 4. Aufl. (S. 169—306 m. 1 Bildnis.) 1. 60
3. Andreas Hofer, der Sandwirt. Schauspiel in 5 Akten. Mit e. Nachspiel: Andreas Hofers Denkmal. Eine dramat. Szene. (S. 307—486 m. 1 Bildnis.) 1. 60

— die Fremden E. Roman a. d. Gegenwart. 8. (258 S.) Stuttgart 898. J. Roth. n. 3. —; geb. n. 4. 20

Domanig, Karl, die Fremden. Ein Kulturbild. 2. Aufl. Mit Zeichngn. v. Alb. Stolz. 12. (270 S.) Stuttgart 900. [J. Roth.] München, Allg. Verlags-Gesellschaft. n. 3. 80; geb. n. 5. —
Auch desselb. Verf. „Der Gutsverkauf" ist i. oblg. Verl. übergegangen.

— der Gutsverkauf. Ein Schauspiel aus der Gegenwart in 5 Acten. 12. (140 S.) Innsbruck 890. Wagner. n. 1. 50; geb. n. 3. —

— der Gutsverkauf. E. Schausp. a. d. Gegenwart in 5 Akten. Neue [Titel-] Ausg. 12. (140 S.) Ebd. (890). 899. n. 1. 50; geb. n. 2. 20

— Hausgärtlein, s.: Geschichten, bunte.

Andreas Hofer, der Sandwirth. Eine Episode aus d. Tyroler Freiheitskampfe. Schauspiel in 5 Acten von Karl Domanig. Innsbruck: Wagner 1897. (152 S.) 8° [J.]
— Domanig: Der Tyroler Freiheitskampf. Th. 3.

Domanig, Karl, der Idealist. Schauspiel in 5 Aufzügen. 8. (100 S.) München 902. Allg. Verlags-Gesellschaft. n. 2. 25; geb. n. 3. —

— der „Klôsenaere" Walther's von der Vogelweide. Seine Bedeutg. f. die Heimatfrage d. Dichters. gr. 8. (45 S.) Paderborn 889. F. Schöningh. n. 1. 20

— Die deutsche Medaille in kunst- u. kulturhistor. Hinsicht. Nach dem Bestande der Medaillensammlg. des Allerhöchsten Kaiserhauses. Mit Genehmigg. d. hohen Oberstkämmerer-Amtes Sr. k. u. k. apostol. Majestät. (VIII, 167 S. m. Abb. u. 100 Lichtdr.-Taf.) 37×27 cm. Wien 907. A. Schroll & Co. Geb. in Halbfrz. 63 —

— Die liebe Not. Schauspiel in 5 Akten. (149 S.) 8. Kempten 907. J. Kösel. 2. —

— dasselbe, s.a. Dilettantenbühne, katholische.

— A. Anton Obrist, Stögerbauer in Stans. B. Elias Domanig, Postmeister in Schöneberg. C. Die Kronwirtsleute v. Hall (e. Briefwechsel), s.a. Anno Neun".

A. Anton Obrist, Stögerbauer in Stans. B. Elias Domanig, Postmeister in Schönberg. C. Die Kronenwirtsleute von Hall. (Ein Briefwechsel.) Von Dr. Karl Domanig. Innsbruck: Vereinsbuchh. 1909. 81 S. 8° (Anno Neun. Bdch. 21 u. 22.)

Domanig, Karl, s.: Opus Si. Lucae.

Domanig, Karl, Parzival-Studien. 1. u. 2. Hft. 8. Paderborn 878. 80. F. Schöningh. n. 2. 50
1. Ueber das Verhältniss von Wolframs Titurel u. Parzival. (64 S.) n. 1. —
2. Der Gral des Parzival. (106 S.) n. 1. 50

— Porträtmedaillen des Erzhauses Osterreich von Kaiser Friedrich III. b. Kaiser Franz II. Aus d. Medaillensammlg. d. Kaiserhauses hrsg. m. Genehmigg. d. hohen Oberstkämmerer-Amtes. 50 Taf. in Lichtdr. v. Max Jaffé. Fol. (VII, 40 S.) Wien 896. Gilhofer & Ranschburg. Kart. n. 30. —; geb. in Leinw. n.n. 35. —; in Halbfrz. n.n. 40. —

— die deutsche Privat-Medaille der älteren Zeit. Ein Vortrag, geh. im Wiener Kunstgewerbe-Verein am 7. Febr. 1893. [Aus: „Numismat. Ztschr."] gr. 8. (VI, 42 S. m. 27 Abbildgn. u. 3 Lichtdr.-Taf.) Wien 893 W. Braumüller. Kart. n. 3. —

— Um Pulver u. Blei. Eine epische Dichtg. (80 S. m. 1 Karte.) 8. Kempten 909. J. Kösel. 1.50; geb. 2. —

— Anton Scharff, k. u. k. Kammer-Medailleur (1845—1895). S. Bildungsgang u. s. Schaffen, geschrieben üb. Anregg. d. numismat. Gesellschaft in Wien. [Aus: „Numismat. Zeitschr."] Lex.-8. (54 S. m. 12 Taf. in Kpfrdr.) Wien 895. (Manz.) n. 8. —

Speckbacher, der Mann von Rinn. Eine Episode aus d. Tyroler Freiheitskampfe. Schauspiel in 5 Acten von Karl Domanig. Innsbruck: Wagner 1895. (S. 27–147.) 8° [J.]
= Domanig: Der Tyroler Freiheitskampf. Th. 1.

Domanig, Karl, Josef Straub, der Kronenwirth v. Hall. Eine Episode aus dem Tyroler Freiheitskampfe, dramatisch erzählt. 12. (136 S.) Innsbruck 885. Wagner. geb. n. 3. —

—— Josef Straub, der Kronenwirth von Hall. Eine Episode aus dem Tyroler Freiheitskampfe, dramatisch erzählt. 1.—3. unveränd. Aufl. 12. (136 S.) Ebendas. 885,86. geb. *

— Wanderbüchlein. (57 S.) 8. Ebd. 907. 1. 20

Domanig, Maria, Anthologie katholischer Erzähler. Hrsg. im Auftrage d. Gralbundes. (XIV, 605 S. m. eingedr. Bildn.) 8. Ravensburg 910. F. Alber. Geb. in Leinw. 7. —

— Unsere Dichter. Eine Anthologie aus den neueren kathol. Dichtern. (XV, 160 S. m. Bildnistaf.) kl. 8. Graz (909). Styria. Geb. in Leinw. 1. 50

— dasselbe, s.a. Volksbücherei.

Domann, B. Die Viti- oder Fiji-Inseln. Hauptsächlich nach den Aufnahmen der englischen Admiralität bis 1881, sowie nach den Forschungen von John Horne u. And. 1877—1878. 1 : 1000000. Gotha 1882. 1 Bl. c. L. Ff.

Domann, C. G., Fahrpost-Porto-Taxe für Sendungen von Dresden, Leipzig und Chemnitz. I. nach und aus dem königl. sächs. Post-Bezirk, das Königr. Sachsen und das Herzogth. Altenburg umfassend, II. nach und aus den im deutsch-österreich. Postverein gelegenen grösseren Post-Anstalten, ganz Deutschland, mit Ausnahme der Herzogth. Holstein, Lauenburg und Limburg umfassend. Nach officiellen Quellen zusammengestellt und hrsg. gr. 8. (64 S.) Dresden [Pirna] 863, Domann's Selbstverlag. *

Domann, C. G., Post- und Eisenbahn-Bericht. Übersicht der Eisenbahn-, Post- und Dampfschiff-Fahrten Mittel-Deutschlands und speciell Sachsens. Jhg. 1—33. Dresden 1856—1888. 32.

Domann, C. G., Post- und Eisenbahn-Bericht. Uebersicht der Eisenbahn-, Post- und Dampfschiff-Fahrten Mittel-Deutschlands und speciell Sachsens. Nach officiellen Quellen bearb. 7.—12. Jahrg. 1863—67. à Jahrg. 5 Nrn. (à ca. 88 S.) 32. [Dresden] Pirna, Domann's Selbstverlag. à Nr. * mit lithogr. Karte *

Domann, C. G., Post- und Eisenbahnbericht. Uebersicht der Eisenbahn-, Post- und Dampfschifffahrten Mittel-Deutschlands und speciell Sachsens. Nach officiellen Quellen bearb. 13.—19. Jahrg. 1868—1874. à Jahrg. 4—5 Nrn. (à ca. 130 S.) 32. Pirna, Domann's Selbstverlag. (Leipzig, Siegismund und Volkening.) à Nr. * à Nr. mit lithogr. Karte (in Fol.) * 60 Pf.; à Jahrg. *

Domann, C. G., Post- und Eisenbahn-Bericht. Uebersicht der Eisenbahn-, Post- und Dampf-Schiff-Fahrten Mittel-Deutschlands und speciell Sachsens und Thüringens. Nach offiziellen Quellen bearb. 20.—24. Jahrg. 1875—1879. à Jahrg. 5 Hefte. 16. (à Jahrg. ca. 232 S.) Pirna. (Leipzig, Siegismund und Volkening.) à Jahrg. * Einzelne Nrn. à * Kleine Ausg. à Nr. (VIII, 96 S.) *

Domann, C. G., Post- u. Eisenbahn-Bericht. Uebersicht der Eisenbahn-, Post- u. Dampfschiff-Fahrten Mittel-Deutschlands u. speciell Sachsens u. Thüringens. Nach offiziellen Quellen bearb. 21. Jahrg. 1876. ca. 4 Nrn. 16. (Nr. 1. VIII, 157 S. m. e. lith. Karte in qu. gr. 4.) Pirna. (Leipzig, Siegismund & Volkening.) n. 2. —; einzelne Nrn. à n. — 60

Domann, C. G., Post- und Eisenbahn-Bericht. Uebersicht der Eisenbahn-, Post- und Dampfschiff-Fahrten Mittel-Deutschlands [Sachsen, nördl. Böhmen, Bayern, Thüringen etc.]. Nach offiziellen Quellen bearb. 25.—29. Jahrg. 1880—1884. à Jahrg. ca. 4 Nrn. 16. (à Nr. ca. 120 S. mit 1 lithogr. Karte.) Pirna, Domann. à Jahrg. *

Domann's Post- und Eisenbahn-Bericht. Uebersicht der Eisenbahn-, Post- und Dampfschiff-Fahrten Mittel-Deutschlands [Sachsen, Preussen, Bayern, Thüringen, nördl. Böhmen, Oesterreich etc.]. Nach offiziellen Quellen bearb. 30.—33. Jahrg. 1885—1888. à Jahrg. ca. 4 Nrn. 16. (à Nr. ca. 250 S. mit 2 lithogr. Karten.) Dresden, Schröer. à Nr. * 50 Pf.; à Jahrg. *

Domann's Post- u. Eisenbahn-Bericht. Uebersicht der Eisenbahn-, Post- u. Dampfschiff-Fahrten Mittel-Deutschlands [Sachsen, Preussen, Bayern, Thüringen, nördl. Böhmen, Oesterreich etc.]. Nach offiziellen Quellen bearb. 35. Jahrg. 1890. ca. 4 Nrn. 16. (à Nr. ca. 250 S. m. 2 lithogr. Karten.) Dresden, Schröer. à Nr. n. — 50; à Jahrg. n. 2. —

Domann, Walter, aus Gotha: Ch. R. Dufresnys Lustspiele ⟨Théâtre français⟩. *Lucka, S.-A. [1904]: R. Berger.* (91 S.) 8°
Leipzig, Phil. Diss. v. 1904

Domański, Boleslaus [Priester d. Diöc. Culm]: Die Lehre des Nemesius über das Wesen der Seele ... (Erscheint vollst. u. d. T.: Die Psychologie d. Nemesius.) Münster i. W., Druck d. Aschendorffschen Buchdr., 1897; 2 Bl., 40 S. 8.
Münster, Phil. Fak., Inaug.-Diss. v. 9. Aug. 1897

Domański, B., die Psychologie d. Nemesius, s. a. Beiträge z. Geschichte d. Philosophie d. Mittelalters. III. 1.

Die Psychologie des Nemesius. Von B. Domański. *Münster: Aschendorff 1900.* (XX, 168 S.) 8°
= Beiträge zur Geschichte d. Philosophie d. Mittelalters. Bd 3, 1. [00. 7865 3

Domański, Franz: Parametritis nicht puerperalen Ursprungs. Halle 1880: Karras. 32 S. 8°
Halle-Wittenberg, Med. Diss. v. 18. Juni 1880
Geb. Mixstadt (Posen) 2. 10. 1855. V.

Domański, Julian, approb. Arzt aus Przytarnia ⟨Westpr.⟩: Beitrag zur Differentialdiagnose zwischen Lues und Tumor cerebri. *München 1904: C. Wolf & Sohn.* (31 S.) 8°
München, Med. Diss. v. 1904

Domansky, Karl, Erinnerungen an die erste deutsche Meerturnfahrt nach dem Orient, Thorn 1893, 40 S., 8°.

Domansky, Walther

'Danziger Allerlei'. Gesammelte Aufsätze von Walther Domansky. *Danzig: Ev. Vereinsbuchh. 1903.* (51 S.) 8° [F.] [04. 1019

Domansky, Walth., der Angststein, s. a. Osterglocken. 22.

Der Angststein. Erzählung von W(alther) Domansky. Berlin: Ostdeutscher Jünglingsbund [1902]. (16 S.) 8° [F.]
= Osterglocken. H. 22. [03. 3788

Domansky, Walther. „Heilige Berge". Zehn Predigten. gr. 8. (III, 110 S.) Berl. 889, Gaertner. * 1 80

Domansky, Walth., Bilderbuch aus dem 18. Jahrh. (168 S.) 8. Elberfeld 904. Luther. Bücherverein. Geb. in Leinw. n. 1. —

Bilderbuch aus dem Jahrhundert des 30jährigen Krieges von Walther Domansky. Elberfeld: Luth. Bücherverein 1902. (159 S.) 8° [F.] [06. 4071

Bilderbuch aus dem Jahrhundert der Reformation von Walther Domansky. *Elberfeld: Luth. Bücherver. 1900.* (169 S.) 8° [F.] [00. 1199 11

— Moritz Ferber's Brautwerbung. Historische Erzählg. aus Danzigs alten Tagen. gr. 8. (130 S.) Danzig 901. Ev. Vereins-Buchh. n. 1. —; kart. n. 1. 25

Domansky, Walth., e. Christuskopf. 12. (267 S.) Eisleben 895. Christl. Verein im nördl. Deutschland. Geb. n. — 90

— „Danz'ger Dittchen." Plattdeutsche Gedichte. (51 S.) gr. 8. Danzig 903. L. Saunier. n. — 60

— Dorchen u. andere Erzählungen, s.: Vergißmeinnicht-Erzählungen.

— ein Bundchen Flundern. Neue plattdeutsche Gedichte. (52 S.) gr. 8. Ebd. 904. n. — 60

Die Gartenpforte. Anno Toback. Die Dritte im Bunde. 3 Erzählungen von Walther Domansky. Berlin: A. Sarganek [1907]. (32 S.) 8° [F.]
= Hütte, Für, u. Schloss. No 3. [07. 1104

Marienburger Geschichten von Walther Domansky. Marienburg: Halb 1909. 56 S. 8° [09. 15795 10

— altpreußisches Historienbüchlein. gr. 8. (96 S.) Königsberg 899. Ev. Buchh. des ostpr. Prov.-Vereins f. innere Mission. n. — 50; geb. n. 1. —

— Jean Paul-Büchlein. Prosastellen aus des Dichters Werken, als Gedichte bearb. (66 S.) schmal gr. 8. Ebd. 903. n. 1. 50; erm. Pr. kart. n. 1. —

— Anna Knade, die erste westpreußische Pfarrfrau, s. a. Hefte zur westpreußischen Kirchengeschichte. 3. Hft.

Anna Knade, die erste westpreußische Pfarrfrau. Von Walther Domansky. *Danzig: Ev. Vereinsbuchh. [1904].* (15 S.) 8° [F. u. Ant.]
= Hefte z. westpreußischen Kirchengeschichte. H. 3. [04. 11443

Domansky, Walth., das Kruzifix zu St. Marien, s.: Erzählungen aus der Ostmark.

— aus lauter Lieb' allein. Der Pflaumenmann. Die sprechenden Tiere, s. a. Tannenzweige. 6. Hft.

Aus lauter Lieb' allein. Der Pflaumenmann. Die sprechenden Tiere. (Von Walther Domansky.) Mit Bild. *Barmen: Wupperthaler Trakt.-Ges. [1899].* (39 S.) 8° [F.]
= Tannenzweige. H. 6. [00. 2520 5

— unsere neue Liturgie. Predigt, geh. am Sonntag Cantate 1889. Nebst e. Anh., enth. die Gottesdienstordnung, wie dieselbe in den Gemeinden Sachsenberg u. Neukirchen seit Ostern 1889 im Gebrauch ist. gr. 8. (15 S.) Arolsen 889. Speyer. n. — 35

Domansky, Walth., Missionsröslein. 3 Erzählgn. a. d. Missionsleben d. Heimat. 12. (24 S. m. Abb.) Basel 898. Missionsbuchh. n. — 10

— Stille Nacht, hl. Nacht, s.: Theater, kleines.

— Nerventrost, s. a. Zeitfragen d. christl. Volkslebens.

Nerventrost. Ein Kapitel über d. Krankheit unserer Zeit. Von Walther Domansky-Danzig. Stuttgart: Belser 1900. 54 S. 8°
(Zeitfragen d. christl. Volkslebens. Bd 34, H. 2.) [00. 4678

Ob ein Mann seine Frau zu schlagen befugt sei. Erzählung von Walther Domansky. (32 S.) 8° [Umschlagt. F.]
= Hütte, Für, u. Schloss. No 1. [07. 1102

— aus d. Reformationszeit. Geschichten f. uns. Kinder. gr. 8. (16 S.) Berlin 899. Deutsche Sonntagsschul-Buchh. n. — 10

Domansky, Walth., Resedablüten. Erzählungen u. Gedichte. (290 S.) 8. Kropp (901). Buchh. „Eben-Ezer". Geb. in Leinw. n. 2. 75

— Sommertagebuch v. Ostseestrand. Stimmungsbilder. (104 S.) kl. 8. Danzig 907. L. Saunier. 1. —

— „Sonnenstäubchen." Gesammelte Erzählgn. u. Gedichte. (156 S.) 8. Elberfeld 905. Luther. Bücherverein. Geb. in Leinw. n. 1. —

— „Vom lieben Vieh." Allerlei Tierfreundliches in Poesie u. Prosa. (47 S.) 8. Danzig 905. L. Saunier. n. — 60

Domansky, Walth., aus Danzigs Vorzeit. Drei Erzählgn. f. Jung u. Alt. Mit Illustr. v. Arth. Bendrat. 8. (100 S.) Danzig 891. Th. Bertling. Kart. n. 1. 25

Domansky, Werner, appr. Arzt: Über äußere Ursachen der Epilepsie. Friedenau 1910: Wolff. 34 S. 8°
Halle, Med. Diss. v. 14. Febr. 1910, Ref. Anton
[Geb. 14. Nov. 84 Danzig; Wohnort: Schwetz a. W.; Staatsangeh.: Preußen; Vorbildung: Kgl. Gymn. Danzig Reife M. 03; Studium: Halle 5, München 1, Halle 5 S.; Coll. 12. Aug. 09; Approb. 6. Jan. 10.] [U 10. 1681

Domarus, Alexander von, appr. Arzt a. Berlin: Über Blutbildung in Milz und Leber bei experimentellen Anämien. Aus d. II. med. Klinik München. Direktor: Prof. Friedr. Müller. Leipzig: F. C. W. Vogel 1908. (24 S., 2 Taf.) 8° ¶ (Aus: Archiv f. experim. Pathologie u. Pharmakologie Bd 58, 1908.)
München, Med. Fak., Ref. v. Müller, Diss. v. 11. März 1907
[Geb. 1. Sept. 81 Berlin; Wohnort: Berlin; Staatsangeh.: Preußen; Vorbildung: Französ. Gymn. Berlin Reife O. 01; Studium: Freiburg i. B. 1, Berlin 2, München 7 S.; Coll. 11. März 07; Approb. 4. Febr. 07.]

von Domarus, Max [aus Schlochau]: Die Beziehungen der deutschen Könige von Rudolf von Habsburg bis Ludwig dem Baiern zu Dänemark ... Halle a. d. S., Druck v. G. Jalkowski, Graudenz, 1891; 58 S., 1 Bl. 8.
Halle, Phil. Fak., Inaug.-Diss. v. 17. Dez. 1891

Domascha, Kempenskeho Schtwore Knihi wot Khodźenja sa Khrystußom. Słaczonskeho da Sserskeho Pschełozl J. E. Wanak a Predyspomnenjé pschistajil E. T. Jakub, Duchomny pschi michałskej Wośadźi. 8. Bautzen 845, Schlüssel. n. 2/3 ℳ

Domaschke, M., s.: Wegweiser, biblischer.

Domaschong, J., Taschenbuch für Pferdeliebhaber. 12. Leipz. 797. P. Vogel. 8 ℳ

Domaszewski, Alfred von

Domaszewski, Alfr. v., Abhandlungen zur röm. Religion. (VIII, 240 S. m. 26 Abb. u. 1 Taf.) gr. 8. Leipzig 909. B. G. Teubner. 6.—; geb. 7.—

— Die Anlage der Limeskastelle. (31 S. m. Fig.) gr. 8. Heidelberg 908. C. Winter, Verl. —.80

Domaszewski, Alfr. v., die Provincia Arabia, s.: Brünnow, Rud. Ernst v.

Domaszewski, A. v., Die Chronologie des bellum Germanicum et Sarmaticum 166—175 n. Chr. S.-A. O. J. 12 S. m. 1 K. —.90

Domaszewski, Alfr., s.: Corpus inscriptionum latinarum.

Domaszewsky, A. v., die Fahnen im römischen Heere, s. a. Abhandlungen d. archäologisch-epigraphischen Seminars der Universität Wien.

Domaszewski, A. v. Die Fahnen im röm. Heere. Wien 1885. 8°. (Abh. des archäol.-epigr. Seminars der Univ. Wien. 5.)

— Geschichte der römischen Kaiser. 2 Bde. (VIII, 324 S. m. 6 Bildn. u. 8 Karten u. IV, 328 S. m. 6 Bildn.) gr. 8. Leipzig 909. Quelle & Meyer. à 8.—; geb. in Leinw. à 9.—; in Halbfrz. à 11.—

Domaszewski Alfred von: De libro, qui in editionibus inscribitur „Hygini Gromatici liber de munitionibus castrorum.
1881 PN 213 Diss. Wien, Univ. 667

Domaszewski, Alfr. v., die Marcus-Säule auf Piazza Colonna in Rom, s.: Petersen, Eug.

Domaszewski, A. v., Die Namen röm. Kastelle am Limes Arabicus. Gel. 1898. 5 S.

— Die Rangordnung des römischen Heeres. (V, 275 S.) Lex. 8. Bonn 908. A. Marcus & E. Weber. 12.—
Sonderabdruck aus „Bonner Jahrbb."

— Zwei römische Reliefs, s. a. Sitzungsberichte d. Heidelberger Akad. d. Wiss. Phil.-histor. Kl. 1910, IV.

Zwei römische Reliefs. Von Alfred v. **Domaszewski**. Mit 4 Taf. Heidelberg: Winter 1910. 10 S. 8°
(Sitzungsberichte d. Heidelberger Akad. d. Wiss. Phil.-hist. Kl. Jg. 1910, Abh. 4.) [10. 5177

— die Religion d. röm. Heeres. [Aus: „Westdeutsche Zeitschrift für Geschichte u. Kunst."] gr. 8. (124 S. m. Abb. u. 5 Taf.) Trier 895. F. Lintz. n. 5.—

Domaszewski, Alfr. Inscriptionum Orientis et Illyrici latinarum supplementum, s. Corpus inscriptionum latinarum.

— Die Verwaltung der Provinz Mesopotamien, s. Studien, Wiener, 9. Jahrg.

Domaszewski, Vikt. v., was kostet der unvermeidliche Wasser-Krieg im österreichisch-ungarischen Donau-Gebiete. gr. 8. (14 S.) Wien 879, v. Waldheim. *

Domaszewski, Vikt. v., das Wasser als Quelle der Verwüstungen u. des Reichthums. gr. 8. (128 S.) Wien 879. v. Waldheim in Comm. n. 2.—

Domaszewsky, Alfred von, s. Domaszewski, Alfred von

Dombart, Bernhard

Dombart, B., über die ältesten Ausgaben der Instructionen Commodians. [Aus: „Sitzungsber. d. k. Akad. d. Wiss."] Lex.-8. (29 S.) Wien 880. Gerold's Sohn in Comm. n.n. — 50

Dombart, B., Die Bedeutg. C.'s f. d. Textkritik d. Testimonia Cyprians. S.-A. 1879. 16 S. —.90

— Commodian-Studien. 1. Zu den Instruktionen. 2. Zum *Carmen Apologeticum*. S. 107. 713 . . . . 1.40
Separatabdruck

Dombart, Bernh., Commodian-Studien. Lex.-8. (92 S.) Wien 884, (Gerold's Sohn.)
Aus: Sitzungsberichte der k. Akademie der Wissenschaften, besonders abgedruckt.

[F.] **Dombart,** Bernhard [Dr., Rekt.]: Die Ansbacher Gymnasialbibliothek im 18. Jahrhundert. Ansbach, Druck v. C. Brügel & Sohn, 1893; 1 Bl., 46 S. 8.
Ansbach, k. humanist. G, P 1893

— Handschriftliches z. C. S.-A. 1880. 11 S. —.80

Dombart, B.: Die Kriegsgefangene. Ein Schauspiel von T. Maccius Plautus in deutscher Übersetzung. 29 S. – Bayreuth, Progr. 1870.

Octavius ein Dialog des M. Minucius Felix übersetzt von Bernhard Dombart, G. P. I. Abtheilung. — 1875. Erlangen, E. Th. Jacob. — S. 3—28⁸.
Dasselbe. II. Abtheilung. — Von Bernh. Dombart, G. P. — 1876. Erlangen, Junge und Sohn. — S. 3—34⁸.
Progr. Erlangen, K. Gymn.

Dombart, Bernh., zur Textgeschichte d. Civitas Dei Augustins seit dem Entstehen der ersten Drucke, s. a. Texte u. Untersuchungen zur Gesch. d. altchristl. Literatur. II. 2a.

Zur Textgeschichte der Civitas Dei Augustins seit dem Entstehen der ersten Drucke. Von Bernhard **Dombart** in München. (Hrsg.: Otto Stählin.) Leipzig: J. C. Hinrichs 1908. (56 S.) 8°
= **Texte** u. Untersuchungen z. Geschichte d. altchristl. Literatur. Bd 32, H. 2 a. [08. 71

Dombart, B., Uebersetzungsprobe aus des Minucius Felix „Octavius". Gel. 1864. 8 S. 4°. 1 —

— lateinische Übungsstoffe für Secunda. gr. 8. (III, 107 S.) Erlangen 880. Deichert. n. 1. 20

— lateinische Übungsstoffe für Secunda. (III, 107 S.) 1880. * ℳ 1,20.; 2. verm. Aufl. gr. 8. (VI, 163 S.) Erlangen 882, Deichert.

Dombart, B., lateinische Übungsstoffe f. Secunda. 3., verm. Aufl. gr. 8. (VI, 226 S.) Leipzig 888. Deichert Nachf. n. 2. 40

Dombart, B., lateinische Übungsstoffe f. Secunda. 5. Aufl gr. 8. (V, 224 S.) Leipzig 895. A. Deichert Nachf. n. 2. 40

Dombart, H. B., De codicibus quibusdam librorum Augustinianorum de civitate Dei. Pr. 1862. 20 S. 4°. 1.—

Dombasle, C. J. A. Matthieu

v. Dombasle, G. J. A. Mathieu, Anweisung zur Fabrikation des Runkelrüben-Zuckers, s.a. **Dubrunfaut.**

— Anweisung zur Fabrikation des Runkelrüben-Zuckers auf dem Wege der Maceration. Aus d. Franz. 8. Quedlinburg 840. Basse. $^2/_3$ ℛ

v. Dombasle, (C. J. A. Matthieu), theoret.-prakt. Anweis. zur Bereitung d. Branntweins aus Getreide u. Kartoffeln. Aus d. Französ., mit Anmerkk. 8. Berl. 822. Dümmler. 8 gl

—— **Fabrikation d. Runkelrüben-Zuckers, s. Dubrunfaut.**

de Dombasle, C. J. A. Mathieu, Landwirthschafts-Kalender oder Handbuch für den pract. Oeconomen. Nach der 7. verm. u. verb. Aufl. des Originals aus d. Französ. übers. u. mit Anmerkungen versehen v. Fr. Karl Medicus. 2 Thle. gr. 12. (Mit 1 Steindrucktaf.) Freiburg 841, Herder'sche Verlagsbuchh. n. $1^5/_{12}$ ℛ

Dombasle. Höhere Landwirthschaftslehre. Herausgeg. durch G. H. ImThurn. Schaffhausen 1870. 12.

Dombasle's höhere Landwirthschafts-Lehre, aus seinen hinterlass. Schriften, enth.: die allgemeine Oeconomie der Landwirthschaft; die Wirthschaftsbeamten; die Urbarmachg. unangebauter Ländereien etc. Durch J. Heinr. im Thurn. br. 8. (XXIII, 174 S.) Schaffhausen 871. Brodtmann. n. 1. 60

— die Runkeln-Zuckerbereitung nach dem neuest. Macerationsverfahren, wornach aus Rüben, deren Saft $7^1/_2$ Grad nach Beaumé wiegt, $10^4/_{10}$ Procent kristallisirter Zucker gewonnen wird. Aus d. Französ. übers. von Ernst Berg. gr. 8. Stuttgart 841, Beck u. Fränkel. $^1/_3$ ℛ

Dombasle, G. J. A. Matthieu, s. D o m b a s l e , C. J. A. Matthieu

Dombau, Der, in Linz. Eine Schrift für das kathol. Volk . . . Linz 1862. V: *Wimmer, Florian.* (Gruppenberger, Bibliographie der Diöcese des Bisth. Linz. Linz 1893. S. 242.) (Scriptores ordinis Benedicti. Vindob. 1881.)

METZER DOMBAU-BLATT. Organ des Metzer Dombau-Vereins.
BULLETIN de l'oeuvre de la cathédrale de Metz.
No. 1. (1886. Mit 4 Tafeln. Druck der Lothringer Zeitung.) 4°.
No. 2 & 3. (1888. Mit 7 Tafeln. Druck von Gebrüder Lang.)
Nr. 4. (1889. Mit 9 Tafeln. —)
No. 5. (1890. —)
No. 6. (1890. Mit 13 Tafeln. —)
No. 7. (1891. Mit 10 Tafeln. Druck von Gebrüder Lang in Metz.)
No. 8 u. 9. (1893. Mit Tafel 1—6 und Tafel 7 u. 8. Supplément aux nos VIII et IX du Bulletin de la Cathédrale. Cathédrales françaises du moyen-age. Notes de voyage. Discours prononcé dans la séance de la Société d'Histoire et d'Archéologie Lorraine, le 24 Mars 1892, par M. L. A. DUJARDIN, Metz. Mit Tafel 9. ib. — Lichtdruck von Hofphotograph Kraemer in Kehl.)
No. 10 & 11. (1896. Mit 19 Tafeln. ib. — —)
No. 12 & 13. (1899. Mit 17 Tafeln. ib. — —)
No. 14 & 15. (1902. Mit 22 Tafeln. ib. — —)
No. 16. (1906. Mit 26 Tafeln. ib. Druck in der Graph. Kunstanstalt von Gebr. Lang. —)

METZER DOMBAUBLATT. Organ des Metzer Dombauvereins.
BULLETIN de l'oeuvre de la cathédrale de Metz.
No. 17. (1912. Mit 28 Figuren und 16 Tafeln. ib. Druck von Gebr. Lang. Lichtdruck und Clischees von Schaar & Dathe in Trier.)
Nr. 18. (1912. Mit 4 Tafeln und 19 Figuren. ib. — —)

Dombau-Fest, das, und der Stadtrath von Köln 1863. Köln 863. Assenheimer & Co. in Comm. 8. (15 S.) n. 1 ngr.

Dombausteine. Von einem Vereine deutscher Dichter und Künstler. 1843. Als Beitrag zum Ausbau des Kölner Domes. ([Hrsg.:] August Lewald. [Mit Noten:] „Der Sterbende spricht" ged. v. Adolph Schults, in Musik gesezt für eine Singstimme mit Begleitung des Pianoforte & Violoncellos, von Conrad Baldenecker.)
Karlsruhe: Artist. Inst. (1843). VII, 452 S., 8 S. Noten, 2 Titelbild. davon 1 kol. 8°
[*Mehr nicht ersch.*]

Dombausteine. Von ein. Vereine deutscher Dichter u. Künstler. 1843. Als Beitr. z. Ausbau d. Kölner Domes. gr.-Lex.-8. ($28^3/_4$ B., Ttlbld. u. $^1/_2$ B. Musikbeilage.) Karlsruhe 843. [Berlin, Danz.] * 4 Thlr., Hrbgef. Pr.

—— drei. Den Rheinländern gewidmet von ein. Rheinländer. gr. 8. (1 B.) Christiania 844. Kiel, (Näck.)

Wiener Dombauvereins-Blatt. Herausgegeben vom Dombauvereine zu St. Stefan. Redigirt von Prof. Dr. W. A. Neumann. (Beilage zur kais. Wiener Zeitung.) I. Serie. (Mit 2 Beilagen.) Fol. Wien 1881—1895.

Dombay, Fr. de, s. D o m b a y , Franz Lor. von

Dombay, Franz Lor. von

v. Dombay, Frz. Lor., († d. 21. Dec. 1810.) Beschreib. d. gangbaren Gold-, Silber- u. Kupfermünzen. Mit 1 Kpf. gr. 8. Wien 803. (Heubner). 9 gl

— Beschreib. d. gangbaren maroccan. Münzen. gr. 8. Wien 803. Heubner. 12 gl

— s. G e s c h i c h t e d. Mauritan. Könige.

— Geschichte d. Sherifen oder d. Könige des jetzt regierenden Hauses v. Marocco. 8. Wien 801. Schaumburg u. Comp. 1 ℛ (Heubner), 1 ℛ 12 gl

Dombay, Fr. de, Grammat. l. Mauro-Arab. 4. Viennae, Camesina. 800.

— Grammatica linguae Mauro-Arabicae, juxta vernaculi idiomatis usum. Access. vocabular. Latino-Mauro-Arabicum. Mit 1 Steindr. 4. Wien 800. (Volke). 1 ℛ 12 gl

— Grammatica linguae Persicae. Acced. dialogi, historiae, sententiae etc. 4maj. Wien 804. (Volke). 2 ℛ

Dombay, Franz Lor. von (Hrsg.), s. M a d j a n al-Fasi.

— s. Ebn M e d i n i .

— die Popular-Philosophie d. Araber, Perser u. Türken, theils gesammelt, theils aus oriental. Manuscripten übersetzt. 8. Agram 795. (Heubner in Wien). 12 gl

— — **dies. 8. Agram. (Linz, Haßling.) 795.**

— — **dies. 8. Agram. (Liebeskind, Leipz.) 797.**

Dombek, P., Worte d. Trostes. Gesprochen an den Gräbern der Dom-Gemeinde. gr. 8. (236 S.) Breslau 887. Preuß & Jünger. n. 2. —; geb. n. 2. 75

Domblatt, Kölner. Monatsschrift. Amtliche Mittheilungen d. Central-Dombau-Vereins, m. geschichtl., artist. u. literar. Beiträgen hrsg. vom Vorstande. 1847—1849. — Hrsg.: Jos. Du Mont. Jahrg. 1850 u. 1851. — Hrsg.: J. J. Nelles. 1852. à 12 Nrn. Imp. 4. ($^1/_2$ Bog.) Köln, Du Mont-Schauberg in Comm. à Jahrg. $^1/_2$ ℛ

Domblatt, Kölner, Monatsschrift. Amtliche Mittheilungen des Central-Dombau-Vereins, mit geschichtlichen, artistischen u. literarischen Beiträgen, herausg. vom Vorstande. Herausgeber: J. J. Nelles. Jahrg. 1853—58. à 12 Nrn. (à 1 Bgn.) Köln, Du Mont-Schauberg in Comm. Fol. Jeder Jahrg. nn. 10 ngl

Domblatt, Kölner. Monatsschrift. Amtliche Mittheilungen des Central-Dombau-Vereins, mit geschichtlichen, artistischen und literarischen Beiträgen. Hrsg. vom Vorstande, zum Besten des Dombaues. Jahrg. 1868—1874. à Jahrg. 12 Nrn. gr. 4. Köln, DuMont-Schauberg'sche Buchh. à Jahrg. **

Dombois, Eugen, Einfluss der geringeren oder grösseren Feuchtigkeit der Standorte der Pflanzen auf deren Behaarung. Diss. Freiburg i. B. 1886, Fr. Wagnersche Univ.-Buchh. 8°. 43 S.

Dombre, R., Villa „Hagestolz" (La Garçonnière). Aus dem Franz. v. F. da Costa. (314 S.) 8. Straßburg 908. J. Singer. n 8.—

Dombret, Emil, Prof.: Die Einweihung des neuen Schulgebäudes am 4. April 1906. Aachen 1907: H. Kaatzer. (S. 3—18.) 4° Aachen, Kaiser-Karls-G OP 1907 (525)

Dombrovski, A.

Lernolibro de lingvo internacia por Litovoj eldonis P. A. Dombrovski. Tilzito: Schoenke 1908. 60 S. 8°
[Nebent.:] Mokintuve terptautiszkos kalbos Dro Esperanto ... iszdave K. A. Dąbrauskas. (2. spaudimas.)
[Lehrbuch d. internat. Sprache des Dr. Esperanto f. Litauer.] [10. 10691

Dombrovski, A., Pri unu speco de kurbaj linioj, koncernantaj la Van Eüklidan postulaton. (28 S. m. Fig.) 8. Berlin (904). Esperanto-Verlag Möller & Borel. n. — 50

Pri novaj trigonometriaj sistemoj. Originale verkis Prof. A. Dombrovski. Berlin: Möller & Borel 1906. 35 S. 8° [09. 13399 II

Dombrowica [Schlagwort]

Dombrowica, s.: Europa. Uebersichtskarte.

Dombrowka [Schlagwort]

Dombrowka, s.: Geologische Karten. Preussen 99.

Dombrowski, Alfred, a. Danzig: Über den Einfluß von Alkylen auf die Beständigkeit substituierter Oxybenzylpiperidine und Oxypseudocumylaniline. Greifswald 1905: J. Abel. (74 S.) 8°
Greifswald, Phil. Fak., Ref. Auwers, Diss. v. 14. Nov. 1905
[Geb. 29. Okt. 80 Danzig; Wohnort: Danzig; Staatsangeh.: Preußen; Vorbildung: Realgymn. Danzig Reife O. 01; Studium: Charlottenburg T.H. 1, Berlin 3, Greifswald 3 S.; Rig. 1. Nov. 05.]

Dombrowski, C. (Hrsg.), s. Gasthaus, Das.

Dombrowski, Ed., Der landwirtschaftliche Schutzzoll in Deutschland. gr. 8°. Berlin 1888.

Dombrowski, Emil [Referendar a. D. in Berlin]: Ueber die Belastung des anwachsenden und des durch Anwachsung vergrösserten Erbtheiles. Accrescere cum onere. Accrescere in onus.... Göttingen, Druck d. Univ.-Buchdr. v. W. F. Kaestner, 1890; 44 S. 8°
Göttingen, Jur. Fak., Inaug.-Diss. v. [25. Nov.] 1890

Dombrowski, Emil, üb. die Belastung d. anwachsenden u. d. durch Anwachsung vergrösserten Erbtheiles. Accrescere cum onere. Accrescere in onus. Diss. gr. 8. (44 S.) Göttingen 890. (Vandenhoeck & Ruprecht.) n. 1.—

Dombrowski, Ernst Ritter v., das Auerwild, seine Jagd u. Hege, s. Jagdpraxis, die. II.

Dombrowski, E. R. v., Das Auerwild, seine Jagd und Hege. [Die Jagdpraxis. Bibliothek für Jäger und Jagdfreunde. Bd. II.] 8°. (79 S.) K 1.80
Wien: Mitschke 1905

Die Birsch auf Rot-, Dam-, Reh-, Schwarz- und Gemswild. Von Ernst Rr v. Dombrowski. Mit 8 Vollbild. *Neudamm: J. Neumann 1903.* (227 S.) 8° [F.]
(J. Neumanns Jagdlich-Kynologische Büchersammlung.) [04. [illegible]

Dombrowski, Ernst Ritter v., grüne Brüche, s.: Universal-Bibliothek.

Der Feldhase, seine Hege u. Jagd, s. Jagdpraxis, die, 6. Bd.

DOMBROWSKI, Ernst Ritter v.: Der Feldhase, seine Hege und Jagd. - Wien 1908. 89 S.

— d. Feldhase, dessen Naturgeschichte, Hege u. Jagd. E. Monographie. M. vielen ill. Plänen u. Vignetten. gr. 8. (104 S.) Cöthen 898. P. Schettler's Erben. n. 2. 50; Einbd. n.n.n. 1.—

Dombrowski, Ernst Ritter v. Gertrud. Aus dem Tagebuche e. alten Grünrockes. gr. 8. (48 S.) Klagenfurt 889, Leon sen. * 1 —

Dombrowski, Ernst Ritter v., Grundlagen e. Ornis Nordwestserbiens, s. a. Mitteilungen, wissenschaftliche, aus Bosnien u. d. Hercegovina.

Dombrowski, Ernst, Ritter von, Grundlagen einer Ornis Nordwestserbiens. Lex.-8. (35 S.) —.35
Wien, Gerold 1898

— die Jagd auf Waldschnepfen, s. Jagdpraxis, die. I.

Dombrowski, E. Ritter v., Die Jagd auf Waldschnepfen. [Die Jagdpraxis. Bibliothek für Jäger und Jagdfreunde. I. Bd.] 8°. (64 S.) 1905 K 1.80

— Jagd-ABC für alle, die Jäger werden wollen. 12. (VIII, 113 S. m. 30 Abb.) Berlin 896. P. Parey. Kart. n. 2.—

— Jagd-ABC f. alle, die Jäger werden wollen. 2. Aufl. (VI, 114 S. m. 34 Abb.) 8. Berlin 907. P. Parey. Geb. in Leinw. 2. 50

Dombrowski, Ernst Ritter v., die mittelalterliche Jagdliteratur Frankreichs. Monographische Studie. Mit 18 vom Verf. gezeichneten Faksms. alter Miniaturen u. Holzschn. [Aus: „Deutsche Jäger-Zeitg."] hoch 4. (53 S.) Neudamm 886. J. Neumann. n. 5.—

DOMBROWSKI, Ernst Ritter v., R. GENTHNER u. a. (Hrsg.): Jagdpraxis, die Bibliothek für Jäger und Jagdfreunde. - Wien 1905-1911. 12 Bd.

[F.] Der Jäger als Sammler und Präparator. Prakt. Anleitg z. Sammeln u. Konservieren v. Säugetieren, Vögeln .. Von Ernst v. Dombrowski, Vf. der Werke 'Die Lehren v. d. Zeiten des Rothirsches' ... M. Textabb. *Berlin: P. Parey 1896.* (76 S.) 1 Bd 8. (Weidmannsbücher. [No 6.]) [97. 2734

— aus meinem Jäger- u. Trapperleben. Mit 8 Orig.-Bildern v. Carl Wagner, Otto Vollrath, Ewald Arndt u. Carl R. v. Dombrowski. (IV, 188 S.) gr. 8. Wien 903. K. Mitschke. n. 6.—; geb. n. 6. 75

— dasselbe. 2. [Titel-]Aufl. (V, 188 S.) gr. 8. Ebd. [903] 905. n. 6.—; geb. n. 7.—

Dombrowski, Ernst Ritter v., die Lehre v. den Zeichen d. Rothhirsches in ihrer stufenweisen Entwickelung bis zum Ausgange d. 16. Jahrh. Eine Studie. gr. 8. (36 S.) Blasewitz-Dresden 886. Wolff. n. 2.—

— Weidmann's Praktika, s.: Train, v.

— das Rebhuhn, s. Jagdpraxis, die. 4.

(F) **Dombrowski**, E. R. v., Das Rebhuhn, seine Jagd und Hege. [Die Jagdpraxis. Bibliothek für Jäger und Jagdfreunde. Bd. IV.] 8°. (78 S.) K 1.80
Wien, Mitschke 1905

— Das Rehwild, s. Jagdpraxis, die. 8. Bd.

— das Rotwild, s. Jagdpraxis, die. 3.

DOMBROWSKI, E. Ritter v.: Das Rotwild, seine Jagd und Hege. - Wien 1905. 134 S.

— Selecta der Hirschgeweih- u. Rehgehirn-Sammlung Sr. Erlaucht d. regierenden Grafen Georg Albrecht zu Erbach-Erbach, s.: Störmer, Ed.

— Im Spiel der welken Blätter. Bilder u. Skizzen aus Wald u. Heide. (100 S.) 8. Wien 909. Huber & Lahme Nachf. 2.—; geb. 3. —

— Tannenrauschen aus deutschem Wald. 12 Waldmärchen f. jung u. alt. (V, 251 S. m. Abbildgn.) 8. Neudamm (908) J. Neumann. Geb. in Leinw. 4. —

— Frank Waldfrieds Traum. Eine verwunderlich wahrhaft Mär. (121 S. m. Abbildgn.) 8. München 908. J. F. Lehmann's Verl. 2. —

— die Treibjagd. Ein Lehr- u. Handbuch f. Jagdherren, Berufsjäger u. Jagdfreunde. Mit 1 Titelbilde u. 42 vom Verf. entworfenen Plänen, sowie Skizzen v. Geräten. (VIII, 255 S.) gr. 8. Neudamm 904. J. Neumann. n. 4. —; geb. in Leinw. n. 6. —

Aus der Waldheimat. Deutsche Wald- u. Jägermärchen f. jung u. alt. Von Ernst Rr v. **Dombrowski**. Reich ill. von Hans Rudolf Schulze, Berlin. Neudamm: J. Neumann [1906]. (250 S.) 8° [Ant. u. F.] [07. 7317

— deutsche Weidmannssprache. Mit Zugrundelegg. d. gesamten Quellenmaterials f. den prakt. Jäger bearb. hoch 4. (119 S.) Neudamm 892. J. Neumann. Geb. in Leinw. n. 3. —

— deutsche Weidmannssprache. M. Zugrundelegg. d. ges. Quellenmaterials f. d. prakt. Jäger bearb. 2., verm. u. verb. Aufl. Lex.-8. (132 S.) Neudamm 897. J. Neumann. n. 3. —; geb. in Halbleinw. n. 4. —

Dombrowski, Ernst von, Altdeutsches Weidwerk. Bd. 1. [Wien 1886.] 8. . . . (D.)

DOMBROWSKI, Ernst Ritter v. (Hrsg.): Altdeutsches Weidwerk. Eine Sammlung der hervorragendsten Jagdliteratur des Mittelalters, des 16. und 17. Jahrhunderts. Nach den grösstentheils ungedruckten Original-Quellen im Urtexte. - Wien 1887. - Bd. 1: Meister Eberhard Hiefelt's Aucupatorium Herodiorum. Aus dem 15. Jahrhundert. LXXVIII S., 1 Taf. - Reihe nicht fortges.

Dombrowski, E. Ritter v., s. Weidwerk, altes.

— die eingefried. Wildbahn als Ideal e. Hochwildrevieres i. d. Kulturländern. E. jagdlich-wirtschaftl. Studie. M. 23 Ill. n. Skizzen d. Verf. gr. 8. (92 S.) Cöthen 898. P. Schettler's Erben. n. 2.50; Einbd. n.n.n. 1. —

— Wildpflege. Betrachtgn. üb. d. winterl. Wildverluste u. ihre Ursachen, üb. d. Degeneration d. Wildes u. ihre Verhütg., sowie über die bezügl. Vorschläge v. Drömer, Holfeld u. Neumeister. gr. 8. (III, 66 S. m. 4 Abb.) Neudamm 896. J. Neumann. n. 1. 20; geb. in Leinw. n. 1. 80

— d. Wildschäden. Studien üb. d. Ursachen u. d. Bekämpfg. vermeidl., sow. üb. d. Taxation u. Vergütg. unabwendb. Wildschäden. Unt. gleicher Berücksicht. deutscher u. österreichisch-ungar. Verhältnisse z. Gebrauche f. Jagdbesitzer, Jagdpächter, Forstleute etc. gr. 8. (III, 107 S. m. 2 Abb.) Weimar 896. Leipzig, B. F. Voigt. 2. 25

Dombrowski, *Eugen* [Dr.]: Die Anfänge des Turnunterrichts in Braunsberg. Braunsberg, Heyne'sche Buchdr., *1893;* 23—43 S. 4.
Braunsberg, k. G, OP 1893 (3)

Dombrowski, Eugen Studien zur Geschichte der Landaufteilung bei der Kolonisation des Ermlandes im XIII. Jahrhundert. I. Begrenzung des Bischofsdrittels in der Diöcese Ermland. II. Bischof und Kapitel als Landesherren. 26 S. *Braunsberg* 1885.
Progr.

Dombrowski, Joseph *(geb. Bischofsburg in Ostpr. 5. 12. 1853)*: Ivo, Bischof von Chartres. Sein Leben und Wirken. ⟨Th. 1.⟩ Breslau 1881. (32 S.) 8° *[Im Buchhandel 1881 bei Köhler in Breslau.]*
Breslau, Phil. Diss. v. 19. Nov. 1881

Dombrowski, Jos., Ivo, Bischof v. Chartres. Sein Leben u. Wirken. [1. Thl.] Inaugural-Dissertation. gr. 8. (32 S.) Breslau 881. (Köhler.) n. 1. —

Dombrowski, Jos., experimentelle Untersuchungen üb. den Einfluss einiger Abführmittel auf Secretion u. Zusammensetzung der Galle, sowie üb. deren Wirkg. bei Gallenabwesenheit im Darme. Diss. gr. 8. (51 S.) Jurjew (Dorpat) 891. (E. J. Karow.) n. 1. —

Dombrowski, Norbert Stephan: Der Einfluss der Staatsangehörigkeit auf die Zivilgerichtsbarkeit nach deutschem Prozessrecht. Amorbach 1909: Volkhardt. 72 S. 8°
Erlangen, Jur. Diss. v. 4. Okt. 1909, Ref. Oertmann
[Geb. 13. Juni 85 Botoşani; Wohnort: Botoşani; Staatsangeh.: Rumänien; Vorbildung: Gymn. Botoşani Reife Juni 02; Studium: München 10, Erlangen 3 S.; Rig. 25 Mai 09.] [U 10. 675

Dombrowski, Raoul v., Chronik der Jagdbeute. Ein waidmänn. Tagebuch. gr. 4. (152 S. m. 2 Chromolith. u. 1 Lichtdr.) Wien 884. Facsy. cart. n. 7. 20; geb. n. 9. —

Dombrowski, Raoul v., das Edelwild. Monographischer Beitrag zur Jagdzoologie, nebst e. Abriss mythisch-histor. Ueberlieferungen. Mit 35 Taf. nach Orig.-Zeichnungen d. Verf. gr. 8. (IV, 376 S.) Wien 876. Gerold's Sohn. n. 24. —

Dombrowski, Raoul v., das Edelwild. Monographischer Beitrag zur Jagdzoologie, nebst einem Abriss mythisch-histor. Ueberlieferungen. Mit 35 Taf. nach Orig.-Zeichnungen des Verf. gr. 8. (IV, 376 S.) Wien 877, Gerold's Sohn. geb. *

— Das Edelwild. Monograph. Beitrag z. Jagdzoologie nebst einem Abriss mythisch-histor. Ueberlieferungen. Wien 1878. 373 S. 35 Tvl. (3 kol.; Spor. Gevirer). 4°.

Dombrowski, Raoul Ritter v., s.: Encyklopädie, allgemeine, der gesammten Forst- u. Jagdwissenschaften.

— der Fuchs. Monographischer Beitrag zur Jagd-Zoologie. Mit 8 Taf. nach Orig.-Zeichngn. d. Verf. gr. 8. (VII, 264 S.) Wien 883. Gerold's Sohn. cart. n. 14. —

— zwölf Gebote f. den Waidmann. 12. (161 S.) Berlin 886. Baensch. geb. n. 3. —

— die Geweihbildung der europäischen Hirscharten, m. besond. Berücksicht. anatom., physiolog., patolog. u. patogen. Momente. Imp.-4. (V, 132 S. m. chromolith. Titelbl. u. 40 Chromolith.) Wien 885. Gerold's Sohn. geb. n. 32. —

DOMBROWSKI, Raoul Ritter v.: Geweihe und Gehörne. - Wien 1884. 132 S., 40 Taf.

Dombrowski, R. Ritter v., Jagd, s.: Handbuch der Forstwissenschaft.

Dombrowski, Raoul von (Hrsg.), s.a. Jagdkalender, Illustrierter.

— illustrierter Jagd-Kalender pro 1899. E. Vademecum für Jäger u. Jagdfreunde. 21. Jahrg. Hrsg. unt. Leitg. von Ernst Ritter v. Dombrowski. gr. 16. (IV, 197 S. u. Tagebuch.) Wien, M. Perles. Geb. in Leinw. n. 3. —; in Ldr. n. 4. 40

—, illustrirter Jagdkalender pro 1903. Ein Vademecum f. Jäger u. Jagdfreunde. 25. Jahrg. Hrsg. unter Leitung v. Ernst Ritter v. Dombrowski. 12. (IV, 191 S. u. Tagebuch.) Wien, M. Perles. Geb. in Leinw. n. 3. —; in Ldr. n. 4. 40

Dombrowski's, Raoul v., illustrierter Jagd-Kalender pro 1907. Ein Vademekum f. Jäger u. Jagdfreunde. 29. Jahrg. Hrsg. unter Leitg. v. Ernst Ritter v. Dombrowski. (IV, 188 S. u. Tagebuch.) kl. 8. Wien, M. Perles. Geb. in Leinw. n. 3. —; in Ldr. n. 4. 40

Dombrowski's, Raoul v., illustr. Jagd-Kalender pro 1911. Ein Vademekum f. Jäger u. Jagdfreunde. 33. Jhrg. Red. v. A. Künzl u. Ernst Ritter v. Dombrowski. (IV, 193 S. u. Tagebuch.) kl. 8. Wien, M. Perles. Geb. in Leinw. 3. —; in Ldr. n 4. 40

— das Jagd-Revier, dessen Verwaltung u. Pflege. Prakt. Handbuch f. Jäger u. Jagdfreunde. Mit 25 Abbildgn. im Text u. 5 Taf. gr. 8. (VII, 180 S.) Tübingen 890. Laupp. n. 3. —; geb. n. 4. —

— der Jäger, dessen naturhistorische Beschreibung, Hege, Jagd u. Fang. Humoreske zu Nutz u. Frommen der reiferen weibl. Jugend. 12. (83 S.) Berlin 886. Baensch. geb. n. 2. —

DOMBROWSKI, Raoul Ritter v.: Collectiv-Ausstellung land- und forstwirthschaftlicher Producte des Königr. Böhmen, geordnet mit Rücksicht auf den Kreislauf der Stoffe. - Prag 1873. 15 S. - Beilage: Skizzen über die Verwaltungs-Organisation von Großgrundbesitz-Complexen in Böhmen. 128 S.

Dombrowski, Raoul Ritter v., Culturschutz u. Wildhege. Krit. Betrachtg. u. prakt. Rathschläge. E. zeitgem. Studie z. Versöhng. d. landwirthschaftl., forstl. u. weidmänn. Interessen. [Aus: „Oesterreich. Forst- u. Jagd-Zeitg."] (Archiv f. Landwirthschaft. [Beilage z. „Wiener landwirthschaftl. Zeitg."] Hrsg. v. Hugo H. Hitschmann.) gr. 8. (VII, 87 S. m. 16 Abb.) Wien 897. (C. Gerold's Sohn.) n. 2. —

[F.] Culturschutz und Wildhege. Krit. Betrachtg u. prakt. Rathschläge. E. zeitgem. Studie z. Versöhng d. landw. ... Interessen. Von Raoul R' v. Dombrowski. (Vorr.: Ernst R' v. Dombrowski.) M. 16 in d. Text gedr. Abb. SA. a. d. 'Oesterr. Forst- u. Jagd-Zeitg'. *Wien: H. H. Hitschmann 1897.* (4 Bl., 87 S.) 1 Bd 8.
== Archiv f. Landwirthschaft. Beil. z. 'Wiener Landw. Zeitg.' [No] 22.
97. 385

v. Dombrowsky, Raoul, Landwirthschaft u. Industrie. Ein volkswirthschaftliches Princip nebst e. Monografie über dessen prakt. Durchführung. Prag 808. Steinhauser. gr. 8. (35 S.) n. 4 ngr.

— Lehr- u. Handbuch f. Berufsjäger. gr. 8. (VI, 537 S.) Wien 884. Perles. n. 10. —

— Lehr- u. Handbuch f. Berufsjäger. 2. Aufl. 10 Lfgn. gr. 8. (VI, 537 S.) Wien 888. Perles. à n. 1. —

— Lehr- u. Handbuch d. Weidwerks f. Berufsjäger u. Jagdfreunde. 3., verm. Aufl. 20 Lfgn. gr. 8. (IV, 564 S. m. Abb.) Ebd. 896. à n. — 60

— harmvolle Lieder, s. Lieder, harmvolle.

Dombrowski, Raoul v., das Reh. Ein monograph. Beitrag zur Jagdzoologie. Mit 15 (Holzschn.-)Taf. Abbildgn. v. Rehgehörnen, nach der Natur gezeichnet vom Verf. gr. 8. (VII, 95 S.) Wien 876. Wallishausser. n. 10. —

— das Reh. Ein monograph. Beitrag zur Jagdzoologie. (Neue Ausg.) 8. (90 S. m. 15 Taf.) Wien 887. Künast. n. 7. 20

— Splitter. Schlichte Gedanken. 12. (120 S.) Wien 884. Perles. geb. in Schweinsleder-Imitation m. Metallschließen. n. 6. —

— das Streifen, Treibjagd in Feld u. Wald auf Niederwild, s.: Bibliothek für Jäger u. Jagdfreunde.

—— aus dem Tagebuche eines Wildtödters. Jagdskizzen für Freunde des Waidwerkes und deren Frauen. Mit 8 (Holzschn.-) Illustr. und 4 Kpfrt. nach Orig.-Zeichnungen des Verf. gr. 8. (III, 170 S.) Wien 877, Gerold's Sohn. *

— aus dem Tagebuche eines Wildtödters. Jagdskizzen für Freunde des Waidwerkes u. deren Frauen. Mit 8 (Holzschn.-)Illustr. u. 4 Kpfrtaf. nach Orig.-Zeichnungen des Verf. gr. 8. (III, 170 S.) Wien 878. Gerold's Sohn. geb. n. 20. —

— die Urproduction u. Industrie der Land- u. Forstwirthschaft. Volkswirthschaftliche Essays über sämmtliche Zweige der Rohproduction mit besonderer Berücksichtigung Oesterreichs u. Ungarns. Prag 869. Calve. gr. 8. (IX, 126 S.) n. 24 ngr.; Velinp. n. 1 Thlr 6 ngr.

Dombrowski Rv, die Urproduktion und Industrie gegenüber den Forderungen unserer Zeit u das Genossenschaftsprinzip. Volkswirtschaftl. Essays. 2. A. Prag 1871

— Wald-Brevier. 12 Waldbilder. Illustriert v. Alb. Richter. qu. 4. (124 S.) Blasewitz-Dresden 885. Wolff. geb. n. 8. —

— ungereimte Waldpoesie. gr. 16. (III, 210 S. m. 5 Lichtdr.-Bildern.) Klagenfurt 888. Leon sen. geb. m. Goldschn. n. 5. —

— das Wildern, dessen verschiedene Arten u. wirksame Bekämpfg. Mit vielen Illustr., Initialen u. Zierleisten u. e. Bildnis d. Verf. gr. 8. (202 S.) Cöthen 894. P. Schettler's Erben. n. 3. —; geb. n.n. 4. —

— der Wildpark, seine Einrichtung u. Administration, m. 16 Taf., Orig.-Entwürfe techn. Objecte u. Situationspläne. Lex.-8. (IV, 192 S.) Wien 885. Gerold's Sohn. n. 9. —

Dombrowski, Xav., zur orthopädischen Behandlung der fungösen Gelenkkrankheiten u. Frakturen an den unteren Extremitäten. Inaugural-Dissertation. gr. 8. (71 S. m. 1 Steintaf.) Dorpat 881. (Karow.) n. 1. 50

Dombrowski W.: Die Hefen in Milch u. Milchproduktion ... Diss. Gött. 1910. 59 S. 2 Tvl. (Särtr.). P.

Dombrowsky, L. (Hrsg.), s. Versicherungs-Presse, Allgemeine.

Dombrowsky, Ign., Idylle, s.: Weber's mod. Bibliothek.

Dombrowsky, Constantin: Über die Einwirkung der verschiedenen Stoffe, insbesondere des Wasserstoffsuperoxyds auf die photographische Platte. Borna-Leipzig 1908: Noske. 68 S. 8°
Leipzig, Phil. Diss. v. 12. Sept. 1908, Ref. Le Blanc, Des Coudres
[Geb. 21. März 81 Moskau; Wohnort: Petersburg; Staatsangeh.: Rußland; Vorbildung: Gymn. Gurewitsch Petersburg Reife O. 99; Studium: Petersburg 2, Göttingen 3, Leipzig 10 S.; Rig. 28. Juli 08.] U 09. 2944

Dombrowsky, Raoul von, s. Dombrowski, Raoul von

Dombrück, Pet., Pit Breuer, s. Meyer's, Ulr., Bücherei.

Pit Breuer. Eine Erzählung von Peter **Dombrück**. Mit 3 Ill. von Karl Storch. Berlin: U. Meyer [1907]. (78 S.) 8° [F.]
= **Bücherei,** Ulrich Meyer's. No 26. 08. 2301

Dom-Candidaten-Stift, das evangelische, zu Berlin. (Abdr. aus der „Neuen Evangel. Kirchenzeitung.") Berlin 859. Fr. Schulze. gr. 8. (18 S.) 3 ngr.

Domdey, Heinrich, appr. Arzt: Aus der Psychiatr. u. Nervenklinik zu Kiel. Zur Lehre vom Tic général. Kiel 1909: Schmidt & Klaunig. 29 S. 8°
Kiel, Med. Diss. v. 22. Juli 1909, Ref. Siemerling
[Geb. 15. Dez. 73 Schönlanke; Wohnort: Schönlanke; Staatsangeh.: Preußen; Vorbildung: Gymn. Schneidemühl Reife O. 95; Studium: Berlin 13 S.; Coll. 13. Mai 09; Approb. 31. Aug. 08.] U 09. 2255

Dôme, le, de Spire et ses fresques. Notice à l'usage des visiteurs du dôme. Speyer 863. Bregenzer in Comm. gr. 8. (23 S.) 5 ngr.; m. 1 Photogr. 18 ngr.

Dôme, le, de Spire et ses fresques. Notice à l'usage des visiteurs du dôme. gr. 8. (23 S.) Speyer 863. (Kleeberger.) mit 1 Photogr.

von dem Dome, Fr., Gedichte. gr. 8. Berlin 845. (Springer.) n. 1⅙ Thlr

Domeier, Anna

So wie wir sind! Erzählung aus d. Leben durch ein halbes Jahrh. von A. Dom [d. i. Anna **Domeier**]. *Breslau: S. Schottlaender 1900.* (287 S.) 8° [F.] [00. 4400

Domeier, Börr. Edw., s. J. G. Domeier.

Domeier, Esther

— s. Auseinandersetzung, kritische.

Domeier, Esther, geb. Gad, (vormal. Bernard), gesammelte Blätter. 1r Thl. gr. 8. Leipz. 805. Reclam. 1 rß 6 gr

— Briefe, während meines Aufenthalts in England u. Portugal. 2 Thle, mit 1 Kpf. gr. 8. Hamb. 803. N. A. 808. Campe. 3 rß 20 gr Velinp. 6 rß

— s. Doblado, Briefe

Domeier, Johann Gabr.

Domeier. Geschichte der Stadt u. d. Amtes Hardegsen. 4. Celle 1771.

— Geschichte d. Stadt Mohringen u. des anliegenden Amts, aus archival. Urkunden. 4. Götting. 753. 2e A. 786. (Hannov., Hahn). 20 gr

Domeier, Jh. Gabr., († d. 24. Jan. 1796.) Topographie d. Stadt Hardegsen u. ihrer Umgebungen. 4. Celle 771. Schulze. 4 gr Neue Ausg., berichtigt u. verm. rc. v. B. L. Domeier. 8. Einbeck 813.

Domeier, Victor

Domeier, Vict. Die Absetzung Adolfs von Nassau. gr. 8. (VII, 58 S.) Berl. 889, (Mayer u. Müller.) * 1 60

Domeier, Vict., eine Magdalene der Großstadt. Novelle. (X, 134 S.) 8. Dresden 908. E. Pierson. 2.—; geb. n 3.—

Domeier, Vict., d. Päpste als Richter üb. d. deutschen Könige v. d. Mitte d. 11. b. z. Ausgang d. 13. Jahrh., s. a. Untersuchungen zur deutschen Staats- und Rechtsgeschichte.

Die Päpste als Richter über die deutschen Könige v. d. Mitte d. 11. bis z. Ausgang d. 13. Jhs. E. Beitr. z. Gesch. d. päbstl. Einflusses in Deutschland v. Victor **Domeier**, Dr. phil. *Breslau: W. Koebner 1897.* (IX, 115 S.) 1 Bd 8.
= **Untersuchungen** z. Deutschen Staats- u. Rechtsgeschichte. H. 53. [97. 3370

Domeier, W. de re militari Atheniensium capita III. Detmold. 4. 34 S.
Schul-/Univ.-Schrift 1865

Domeier, Wilhelm Friedrich

— s. Blaine, Grundlinien u. dessen Heilung.

Domeier, W. F., Grundlinien der Tierarzneikunde. Aus dem Englischen des Blaine. 2. Bd. Leipzig 08. Reclam. M. 18.—

Domeier, Hebung einig. Besorgnisse, welche d. Impfung d. Kuhpocken verurs. 8. Berl. Schöne. 800.

Domeier: Hebung einiger Besorgnisse welche die Impfung d. Kuhpocken etwa verursachen mögen. An den Herrn Herz. Berl. 1802. 78 S.

— üb. d. Schlagfluß. s. a. Schlagfluß.

Domeier, Wilhelm Friedrich: Ueber den Schlagfluss, vorzüglich der Nerven. In e. freien Uebersetzung. Hannover 1791. VI, 267 S.

— de viribus naturae medicatricibus in reparandis et coadunandis partibus corporis humani abscissis. 4. Gött. 784. Dieterich. 3 gr

— s. G. Wedekind, Fragmente.

— s. F. Zulian, über d. Schlagfluß.

Domek, Ernst, das Emissionsspektrum d. Eisenoxyds im elektr. Lichtbogen. (16 S. m. 1 Taf.) gr. 8. Wien 910. A. Hölder. — 70
Sonderabdruck aus „Sitzungsber. d. k. Akad. d. Wiss."

Domela-Nieuwenhuis, Adriaan Jacobus [aus Amsterdam]: Das Sparen, ein ökonomischer und socialer Grundsatz. . . . Halle a. S., Druck d. Buchdr. d. Waisenhauses, 1889; 2 Bl. + 142 S. + 1 Bl. 8°
Halle, Phil. Fak., Inaug.-Diss. v. 25. Jul. 1889

Domela-Nieuwenhuis, A. J., das Sparen, ein ökonomischer u. socialer Grundsatz. Ein Versuch zur begriffl. Fassung des Spargedankens an der Hand der volkswirthschaftl. Litteratur. gr. 8. (140 S.) Halle a/S. 889. (Niemeyer.) n. 4.—

Domela-Nieuwenhuis, Theodor [aus Beverwyk, Holland, prakt. Arzt, Zürich etc.]: Über die retrobulbäre Chirurgie der Orbita. Tübingen 1900. 146 S. 2 Taf. 8°. (S.-A. aus Beiträge zur klinischen Chirurgie. Bd. 27.)
Zürich. Med. Diss. 1900/1901.

Domenech, Eman., Erinnerungen aus Amerika, insbesondere aus Texas. Aus dem Tagebuche von rc. Marburg 856. Elwert. gr. 12. (IV, 95 S.) 8 ngr

Domeneck, Emanuel. Erinnerungen an Amerika. Berl. 1856.

Domenichino's Biographie u. Charakteristik, s.: Janitschek, H., die Malerschule von Bologna.

Kurort Gries bei Bozen, Südtirol. Verf. von Karl **Doménigg**. Gries b. Bozen: Kur-Vorstehung [1904]. 34 S. 8° [10. 11020

Doemens, Alb., s.: Brau-Industrie-Kalender.

Dömény, Alex. v., Anweisung Pianoforte richtig zu spielen. Besteh. in 62 Etüden, gewählt aus d. Werken v. Haendel, Clementi, Cramer Schmitt, Kalkbrenner, Steibelt, Moscheles, Beker, Potter, Ries u. Passy, f. Lehrer u. Lernende. Mit ein. Einleit. v. G. W. Fink, br. Fol. (31 ½ B.) Leipzig 837. [Berlin, Klemann.]

v. Dömény, Alex, Anweisung, Pianoforte richtig zu spielen. Bestehend in 62 Etüden, gewählt aus den Werken von Händel, Clementi, Cramer, Schmitt, Kalkbrenner, Steibelt, Moscheles, Beker, Potter, Ries u. Passy, für Lehrer u. Lernende. Mit einer Einleitung von G. W. Fink. br. Fol. Leipzig 837. G. Wigand. 2 rß

Domergue: Leichte und gewisse Mittel die Gesundheit zu erhalten, ohne daß man einige andere Mittel gebrauche, als nur die natürlichen Leibes-Kräffte, die ein iedweder hat, indem man selbige würcken läßt... Aus dem Frantzösischen nach der andern und vermehrten Edition. 66 S. (S.121 - 186), gbd.

Leipzig: Gleditsch & Weidmann 1717
(Englisches Artzney-Büchlein... Übers. von C(hristian) Ludovici. 6. Ed. Th. 2/2)

JB 1.344/2,2

Domergue, U., Abhandl. über d. Richtigkeit u. Schönheit d. französ. Aussprache u. des Lesens; aus d. Französ. übers. v. J. Lang. gr. 8. Kempt. 808. Dannheimer. 8 gr

— Grammaire franç. 12. Berne, Soc. Typ.

Domergue, U., la Prononciation franç. etc. 8. Paris. (Levrault, Straßb.) 797.

Dömes, be, Daoge, hrsg. v. Hans Löhe, s. a. Beiträge, Bonner, zur Anglistik. 22. Heft.

Be **Dömes Daege**. Hrsg. u. erl. von Dr. Hans Löhe. Bonn: P. Hanstein 1907. (106 S.) 8°
= **Beiträge**, Bonner, z. Anglistik. H. 22. [08. 10963 4

Domes, Wendelin, u. Heinr. **Maresch**, die Correspondenz (die Schriftstücke) d. Landwirtes. Lehrbuch f. landwirtschaftl. Lehranstalten, zugl. Hilfsbuch f. Landwirte. gr. 8. (84 S.) Wien 897. C. Graeser. Kart. n. 1. —

— — Rechenbuch für landwirtschaftl. Winter- u. Ackerbauschulen. gr. 8. (98 S.) Ebd. 897. Kart. n. 1. 20

Domestikenstreiche oder fünf sind Zwei. Lustspiel in einem Akt, nach dem Französischen. Wien 1805. V: *Castelli*, *Ignaz Franz.* (Ky)

Domestikenstreiche. Lstspl. in 1 A., nach d. Französ. (v. Ign. Fr. Castelli). 8. Wien 805. Wallishausser. 5 gr

Die Suahelisprache von S. **Domet**, Lehrer d. Suahelisprache f. d. Kais. Schutztruppe. Jerusalem 1898: Syr. Waisenhaus. 517 S. 8° [09. 1048]

Domeyer, L. C., gesamm. Blätter. 1r Thl. gr. 8. Leipz. Reclam. 805.

Illustrirte Zeitung. Die Kölner **Dom-Feier**. Leipzig ... 1880. [Verlag von J. J. Weber.] ... [Umschlagtit.]
401—420 S. m. 6 Holzschn. 2°.

Domherr, Der. Von der Verfasserin der Clementine und Jenny: Vergissmeinnicht. Taschenb. f. 1848. Hg. von K. Herlosssohn. Leipzig. S. 85/156. V: *Lewald, Fanny.* (DARP)

Domicil-Ordnung, die, für das Königr. Hannover und der sogen. gothaer Vertrag wegen Uebernahme Auszuweisender. Mit Anmerkungen versehen von G. Niemeyer. 2., unveränd. Abdr. gr. 8. (25 S.) Hannover 855, Lohse. *

Domin, Alfons von, s. Domin-Petrushevecz, Alfons von

Domin, I. F., ars electricit. aegris tuto. adhib. etc. 8. maj. Pest, Eggenberger. 796.

— Beschreib. d. besten Art elektrischer Lampen. gr. 8. Pesth 800. Eggenberger. 5 gr

Domin, Karl, ein Beitrag zur Kenntniss der Phanerogamenflora v. Böhmen. gr. 8. (16 S.) Prag 902. (F. Řivnáč.) n. — 24
Sonderabdruck aus: „Sitzungsber. d. böhm. Gesellsch. d. Wiss."

Domin, Karl, zweiter Beitrag zur Kenntnis der Phanerogamenflora v. Böhmen. (52 S.) gr. 8. Prag 903. (F. Řivnáč.) n. — 80

— dasselbe. Dritter Beitrag. (81 S. m. 1 Taf.) Lex.-8. Ebd. 904. n. 1. 20

— dasselbe. Vierter Beitrag. (60 S. m. 1 Abbildg. u. 1 Taf.) Lex.-8. Ebd. 905. n. — 90

— Beiträge zur Kenntnis der böhmischen Potentillenarten. (47 S. m. 1 Taf.) gr. 8. Ebd. 903. n. — 80

— dasselbe. Neue Beiträge. (12 S. m. 1 Taf.) Lex.-8. Ebd. 904. n. — 40
5 Sonderabdr. a.: „Sitzungsber. d. böhm. Gesellsch. d. Wiss."

— das böhmische Erzgebirge u. sein Vorland, s. a. Archiv f. die naturwissensch. Landesdurchforschung v. Böhmen. XII, 5.

Das Böhmische Erzgebirge und sein Vorland. Eine phytogeogr. Studie von Dr. Karl **Domin**. Mit 5 Taf. Prag: F. Řivnáč in Komm. 1905. (159 S.) 4°(8°)
— **Archiv** f. d. naturw. Landesdurchforschung v. Böhmen. Bd 12, No 5. [06. 1406]

Domin, Karl (Hrsg.), s. Lindner, G. A.: Grundriß der Pädagogik als Wissenschaft.

Domin, Karl, Monographie der Gattung Didiscus (D C). (76 S. m. 4 Taf.) gr. 8. Prag 908. (F. Řivnáč.) 1. 80
Sonderabdr. a. „Sitzungsber. d. böhm. Gesellsch. d. Wiss."

— Monographie der Gattung Koeleria, s. a. Bibliotheca botanica. 65.

Monographie der Gattung Koeleria. Von Dr. Karl **Domin**. Mit 22 Taf. u. 3 Karten. (In 4 Lfgen.) Stuttgart: E. Schweizerbart 1907. (VII, 354 S.) 4°
— **Bibliotheca** botanica. H. 65. [07. 13616]

Domin, Karl (Mitverf.): Obecné vyučovatelstvi, s. Lindner, A. G.

Domin, Ludwig

— — Die heilige Kirche, der Sitz der Weisheit. Die Väter und die Kinder. Eine kurze Anleitung, die bis zu Ende des am 8. December 1869 zu eröffnenden allgemeinen Conciliums dauernde Gnadenzeit würdig und nützlich zuzubringen. Bei Gelegenheit des vollkommenen Ablasses in der Weise und Ausdehnung eines Jubiläums. 16. S. (63 S.) Ebds. 12 kr.
1869

Domin-Petrushevecz, Alfons von

v. Domin-Petrushevecz, Alph., Normalien für den administrativen Dienst bei den Justizbehörden in Oesterreich. Wien 869. Manz. gr. 8. (IV, 224 S.) n. 1 *rf* 10 *ngr.*

Domin-Petrushevecz, Adph. de, précis d'un code du droit international. Edition orig. Leipzig 861. Brockhaus. gr. 8. (134 S.) n. 24 *ngr.*

—— neuere oesterreichische Rechtsgeschichte. gr. 8. (VII, 379 S.) Wien 869, Manz. *

Domin (Petrushevecz), Alfons v., Europa's Stellung in einem natürlichen Staatensysteme. gr. 8. (15 S.) Wien 859, Manz und Comp. Thlr.

Domine, doce nos orare! Libellus precum. 12. (Mit 1 Stahlstich.) Oeniponte 846, Wagner. 12 *ngl*

Domine Kurze Geschichte des Gymn. zu B. 11 S. . . . . .
Progr. Bonn 1825

Domingo de Sancto Thomas, arte de la lengua Quichua. Publicada de nuevo por Julio Platzmann. Ed. facsimilar. 12. (XVI, 98 S.) Leipzig 891. B. G. Teubner. n. 10. —

(8) **Domingo de Sancto Thomas,** Arte de la lengua Quichua. 891. (KBL 27.) Jetzt: Leipzig, O. Harrassowitz. Erm. Pr. nn 6. —

Domingo, Edw., s. P de Rock, Georgnette.

Domingo, Santo, s. Santo-Domingo.

Domingo, Santo, s.: Taschenbuch der Handelskorrespondenz in deutscher u. spanischer Sprache.

Domingo, Santo, s.: Taschenbuch d. Handelskorrespondenz i. span. u. deutscher Sprache.

Domingo, Santo, s.: Taschenbücher der Handelskorrespondenz.

Domini, Graf Vinc., der allgemeine, schnelle Rechner bei Bestimmungen eines bestehenden Geld-Curses od. Waarenwerthes, eines Sconto od. Interesses f. ein gegebenes Capital. 2 Bog. in Imp. Fol. (Italienisch u. Deutsch.) Fiume 851. (Wien, Wittenbecher, Siegel & Kollmann.) baar n. 1 1/3 *rf*

Dominia Anglorum in America Septentrionali specialibus Mappis Londini primum a Mollino edita, nunc recusa ab Homannianis Hered:
1. New Foundland } 1: 5,000,000.
2. New Schotland
3. New England
4. New York } 1: 3,500,000.
5. et 6. New Yersey u Pensilvania.
7. Virginia } 1: 8,000,000.
8. Maryland
9. Carolina nebst einem Theil von Florida. 1: 5,700,000.
1 Bl. Sieh überdiess geographische Specialkarten der vereinigten Staaten von N. Am.

Dominic, Wilhelm von

Dominić, Wilh. v., der „Schiess-Instructor". In 5 Armeesprachen. (Deutsch.) 3., verb. Aufl. 12. (60 S.) Wien 896. (L. W. Seidel & Sohn.) n. — 30

— dasselbe. (Ungarisch u. deutsch.) III., verb. Aufl. 12. (107 S.) Ebd. 896. n. — 50

Dominici's, Johs., Erziehungslehre, s.: Bibliothek der katholischen Pädagogik.

Dominick, Fr., Rathgeber über Pflege u. Fütterung der Pferde im Kriege. Für Kavalleristen verfaßt. Berlin 866. Geelhaar. 8. (29 S.) n. 5 ngr.

Dominick, Kurt, Referendar: Die Pfändbarkeit des Anspruchs des Erfinders auf Patenterteilung. Berlin [1909]: Imberg & Lefson. 82 S. 8°
Heidelberg, Jur. Diss. v. 19. Jan. 1909, Ref. Endemann
[Geb. 29. Sept. 86 Kremmen; Wohnort: Belzig; Staatsangeh.: Preußen; Vorbildung: Realgymn. Potsdam Reife O. 05; Studium: Berlin 6 S.; Rig. 14. Dez. 08.] [U 09. 1777

Dominicus, s. a.: Dominikus.

Dominicus, O. M. Cap., Ablaßgebete. Besonderer Abdruck aus „Gnadenschätze". (16 S.) 11,6×7,5 cm. Saarlouis (909). F. Stein Nachf. n — 05

Dominicus, Die Aufgaben von Reich, Staat und Gemeinden gegenüber dem Arbeitsnachweis. 8°. Strassburg i. E., Selbstverlag, 1908.

Der leidende Heiland. 7 Fastenpredigten. Hrsg. von P. Dominicus, O. M. Cap. Dülmen: A. Laumann 1905. (142 S.) 8° [F.] [05. 1377

Dominicus, s. Kerler, Dietr. Aus dem siebenjährigen Krieg.

Dominicus, Marienblumen. Erzählungen für die Jugend. Mit (6 lith. u. color.) Bildern von F. Flinzer. Meißen (857). Goedsche. 8. (198 S.) 1 ß

Dominicus, Marienblumen. Erzählungen für die Jugend. 8. (198 S. mit 6 ill. Stnt. von F. Flinzer.) Meißen 858. [Dresden, Löser Wolf.]

Dominicus, die Zahnpflege in der Schule, s.: Jessen, Ernst

Dominicus Gundissalinus, De divisione philosophiae, hrsg. u. untersucht v. Ludw. Baur, s.a. Beiträge zur Geschichte der Philosophie des Mittelalters. IV. 2. 3.

Dominicus Gundissalinus [Gundisalvi]. De divisione philosophiae. Hrsg. u. philosophiegeschichtl. untersucht, nebst e. Gesch. d. philos. Einleitung bis z. Ende d. Scholastik, von Ludwig Baur, Repetent, Tübingen. *Münster: Aschendorff 1903.* (XII, 408 S.) 8°
— Beiträge z. Geschichte d. Philosophie d. Mittelalt. Bd 4, H. 2. 3. [03. 9437 9

Dominicus a Jesu Maria, Fr., (Fr. Sartori,) Brodsamen für Arme. Fasten-, Fest- und Gelegenheits-Predigten. gr. 8. (VI und 308 S.) Gratz 854(55,) Ferstl'sche Buchh. *

Dominicus a Jesu Maria, P. Fr. — Jesus der Gekreuzigte, Maria die Schmerzenreiche. Betrachtungen und Andachten zum Leiden unseres Herrn und Heilandes. Mit einem Anhange, enthaltend: Andacht für die heil. Charwoche, Morgen-, Abend-, Meß-, Beicht- und Kommunion-Gebete. Herausgegeben von — — Zweite Auflage. 8. (471 S. 2 Illustr.) Gratz, Druck J. A. Kienreich, Verl. Jos. Sirolla, 1853.

Dominicus a Jesu Maria, der heilige Johann vom Kreuze, der erste barfüßige Carmelit. Zur erbaulichen Lesung bearb. Mit e. Anh., enth.: Gesänge, einige Briefe, die Hauptgrundsätze u. Sprüche des Heiligen. gr. 8. (VIII u. 240 S.) Wien 852, Mechitharisten-Congr.-Buchhandl. 1 ß

Dominicus, Alex.

Dominicus, Alex. De Appiano Rerum Romanarum scriptore Graeco. Nic. Georg. 29 S.
Coblenz, Progr. 1844

Dominicus, Al., Baldewin v. Lützelburg, Erzbischof und Kurfürst von Trier, ein Zeitbild aus der 1. Hälfte des 14. Jahrhunderts. Gekrönte Preisschrift. Coblenz 862. Hölscher. gr. 8. (XIX, 607 S.) n. 2 ß 20 ngr.

Dominicus, Al., Griechisches Elementarbuch. gr. 12. (X u. 280 S.) Coblenz 848, Hölscher. n. 16 ngr

Dominicus, Alex., griechisches Elementarbuch. 2. verb. u. verm. Aufl. Coblenz 856. Hölscher. gr. 12. (VII, 309 S.) n. 20 ngr

griechisches Elementarbuch. 3. Aufl. 860. — 4 Aufl. Ebend. 863. gr. 8. (VII, 264 S.) n. 20 ngr

Dominicus, Al., griechisches Elementarbuch. 6. verb. Aufl. gr. 8. (IV, 275 S.) Coblenz 875. Hölscher. n. 2. 25

Dominicus, Alex., Festrede zur Vorfeier des Jubelfestes der silbernen Hochzeit J. königl. HH. des Prinzen und der Frau Prinzessin von Preußen, gehalten am 10. Juni 1854 im Saale des königl. Gymnasiums zu Coblenz. gr. 8. (26 S.) Coblenz 854, Hölscher's Verlag.

Dominicus, Alex.: Zur Geschichte des Trierschen Erzbischofs Balduin von Lützelburg. 32 S. (1308-1354.)– Coblenz, Progr. 1859.

Dominicus, Alex.: Geschichte des Collegiums societatis Jesu zu Coblenz. Forts. v. 1862. 30 S.– Coblenz, Progr. 1872.

Dominicus, Al., Coblenz unter dem letzten Kurfürsten von Trier, Clemens Wenzeslaus 1768—1794. Mit 1 (lith.) Plane der Stadt aus dieser Zeit (in 4.). Coblenz 869. Hölscher. 8. (IV. 241 S.) n. 1 ß

Dominicus, Alex.: Das Erzstift Trier unter Boemund von Warnesburg und Diether von Nassau. (Eine Einleitung zu der Geschichte des großen Erzbischofs Balduin von Lützelburg.) 40 S.– Coblenz, Progr. 1853.

Dominicus jr., D., die notwendigen Eigenschaften guter Sägen u. Werkzeuge. (In 2 Tln.) 1. Tl. Theoretische, empir. u. prakt. Untersuchgn. u. ihre Ergebnisse. (VIII, 116 S. m. Abbildgn.) gr. 8. Berlin 903. (Polytechn. Buchh. A. Seydel.) Geb. in Leinw. n. 1. 80

Dominicus, Frz., Bilder ohne Bilderbuch. Aus Wien im März 1848. gr. 16. (132 S.) Wien 848. (Schmidt & Leo.) 1/2 ß

Dominicus, J., vor der Auferstehung. Aus alten Familienpapieren. Roman. 8. (216 S.) Berlin 894. Deutsche Schriftsteller-Genossenschaft. n. 3. —

Dominicus, J., Erfurt u. d. Gebiet. in geogr. ec. Hins. 2 Bde. mit K. gr. 8. Gotha, Ettinger. 793. Rthlr.

Dominicus, J., Errungen. Roman. 12. (333 S.) Sorau 885. (Zeidler.) n. 3. —

Dominicus, J., Frauenart. 2 Novellen. 8. (233 u. 272 S.) Breslau 875. Trewendt. n. 9. —

— über Geburtstage. Erfurt, Beyer u. Maring. 808.

— Lorelei. Roman. gr. 8. (287 S.) Köln 876. Du Mont-Schauberg. n. 5. —

—— Lorelei. Roman. gr. 8. (287 S.) Köln 877, DuMont-Schauberg'sche Buchh. *

— Samml. versch. Reden u. Schrift. z. Andenken der vierten acad. Jubelfeyer z. Erfurt. 8. Erfurt, Gerling. 795.

— aus Thüringen. Novelle. 2. Aufl. gr. 16. (233 S.) Ebend. 878. 2. —

Dominicus, J., was ist das Schönste auf Erden. Novelle. 2. Aufl. gr. 8. (272 S.) Breslau 878. Trewendt. 2. —

Dominicus, J., was that d. Akademie nützl. Wissensch. zu Erfurt f. Aufklär., Geistescultur 2c. gr. 8. Erf. Beyer. 804.

DOMINICUS, J. D. u. Söhne: Illustrirtes Handbuch über Sägen und Werkzeuge für die Holzindustrie. Ein Lehr- und Hülfsbuch für alle im Sägen- und Werkzeuggeschäft interessirten Kreise... - Berlin 1890. - 2. wesentl. verm. u. verb. Aufl. ebd. 1891. 183 S., etwa 330 Abb.

Dominicus, J. D., u. Söhne, illustrirtes Handbuch üb. Sägen u. Werkzeuge f. die Holzindustrie. Ein Lehr- u. Hülfsbuch f. alle im Sägen- u. Werkzeuggeschäft interessirten Kreise. Deutsche Ausg. 2., verm. Aufl. [2.–6. Taus] m. Vorw. v. Hess, sowie m. e. Anh. Schutzvorrichtungen an Holzbearbeitungsmaschinen, bearb. v. G. Braune. gr. 8. (XIV, 183 S. m. ca. 330 Abbildgn.) Berlin 891. Polytechn. Buchh. n. 2. 50; geb. n. 3. —

Dominicus, J. J. Aus dem siebenjährigen Krieg. Tagebuch des preuß. Musketiers ... Hrsg. von D. Kerler. München 1891. 8°.

Dominicus, Johs., Lessings Stellung zum Judenthum. gr. 8. (39 S.) Dresden 894. Druckerei Glöß. n. 1. —

Dominicus-Kalender, s.a. Dominikus-Kalender

Dominicus-Kalender für das Jahr 1893. IV. Jahrg von P. Nicolaus Putzer O. P. 8. (180 S.) —.36
Graz, Moser 1892.

Dominicus-Kalender f. d. J. 1905. Von Nik. Putzer, O. P. 16. Jahrg. (176 S. m. Abbildgn. u. Titelbild.) 8. Graz, „Styria". n. — 50

Dominicus-Kalender für die Tertiaren des Prediger-Ordens und die Mitglieder der Rosenkranz-Bruderschaft für das Jahr 1890, von Fr. Nikolaus Putzer, O. P. I. Jahrg. 8. (156 S.) —.36
Graz, Moser 1889

Dominicus-Kalender f. die Terziaren d. Prediger-Ordens u. die Mitglieder der Rosenkranz-Bruderschaft f. d. J. 1891 v. Fr. Nik. Putzer. 2. Jahrg. 8. (159 S. m. Illustr.) Graz, Moser. n. — 50

Dominicus-Kalender für die Terziaren des Prediger-Ordens und die Mitglieder der Rosenkranz-Bruderschaft für das Jahr 1894. Von P. Nikolaus Putzer, O. P. X. Jahrg. 8. (196 S.)

Dominicus-Kalender f. die Terziaren des Prediger-Ordens u. die Mitglieder der Rosenkranz-Bruderschaft f. d. J. 1895 v. Nik. Putzer. 6. Jahrg. 8. (205 S. m. Abbildgn. u. Titelbild.) Dülmen, A. Laumann. — 40

Dominicus-Kalender f. d. Terziaren d. Prediger-Ordens u. d. Mitglieder d. Rosenkranz-Bruderschaft f. d. J. 1899. Von P. Nik. Putzer, O. P. 10. Jahrg. 8. (158 u. 32 S. m. Abb. u. Titelbild.) Dülmen, A. Laumann. — 40; Ausg. f. Österreich n. — 40

Dominicus-Kalender, zunächst f. die Terziaren des Prediger-Ordens u. die Mitglieder der Rosenkranz-Bruderschaft f. d. J. 1903. Von Nik. Putzer, O. P. 14. Jahrg. 8. (160 S. m. Abbildgn. u. Titelbild.) Graz, „Styria". n. — 50

Dominien, J., üb. Weltgesch. u. ihr Princip. e. Vers. 8. Erfurt, Keyser. 791.

Dominien-Schematismus, Nieder-Oesterreichischer, für das Jahr 1843. (Ein Handbuch des ganzen Personalstandes von d. sämmtl. Dominien in Wien 2c. Herausgeg. v. ... Gechnat. gr. 8. Wien 843. (Braumüller u. Seidel.) n. 1¾ ₰

Dominik, E., neueste theoret.-prakt. Violinschule in 2 Abtheilk. Regensb., Reitmayr jun. 1 ₰ 12 ℊ

Dominik, Emil, quer durch u. rings um Berlin. Eine Fahrt auf der Berliner Stadt- u. Ringbahn. Etwas Geschichte u. viel Geschichten. Mit 28 (eingedr.) Illustr. v. H. Lüders u. A. gr. 8. (VI, 193 S.) Berlin 883. Gebr. Paetel. n. 3. —; geb. n. 4. —

Dominik, Fr., theoretisch-practische Anleitung zur Ausübung des rationellen Hufbeschlags. gr. 8. (X, 138 S.) Berlin 870, Hirschwald. *

Dominik F.: Der rationelle Hufbeschlag. 3. verb. u. verm. Aufl. Berl. 1879. 286 S. Fig.

— — Lehrbuch über Hufbeschlag. Mit 6 Tafeln und 256 Holzschnitten. (VI.) Ebd. 91. A. Hirschwald. M. 7.—

Dominik, Fr., Ratgeber über Pflege und Fütterung der Pferde im Kriege. (29 S.) Berlin 66. Geelhaar. M. —.50

Dominik, Frid. Henr. Werner. (geb. Wahlstadt 5. 3. 1842): De otitide interna ejusque morbis consecutivis. Berolini (1865). (32 S.) 8°
Berlin, Med. Diss. v. 17. März 1865

Aus meinen Kameruner Forschungstagen. (Vom Atlantic zum Tschadsee. Ausz.) Von Hauptm. Hans Dominik. [Stenogr.] Berlin: Steffenhagen [1909]. 70 S. 8°
(Im Strome der Zeit. Bd 3.) A 12. 9446

— s.: Kalender f. Ingenieure des Maschinenbaues.

— s.: Kalender f. Maschinenbautechniker.

Dominik, Hans, Kamerun. 6 Kriegs- u. Friedensjahre in deutschen Tropen. Mit 26 Taf. u. 51 Abbildgn. im Text sowie 1 Uebersichtskarte. gr. 8. (VIII, 315 S.) Berlin 901. E. S. Mittler & Sohn. n. 11. —; geb. in Leinw. n. 12. 50

— technische Märchen. (156 S.) 8. Berlin 908. H. Steinitz. n. 2. —

Hans Dominik. Wissenschaftliche Plaudereien. Entdeckungen u. Erfindungen, Fortschritte d. Wissenschaft u. Industrie. *Berlin: H. Steinitz 1903.* (190 S.) 8° [03. 7458

— Unter Tage verschüttet, s.: Aus 1001 Gefahr.

Vom Atlantik zum Tschadsee. Kriegs- u. Forschungsfahrten in Kamerun. Von Hans Dominik, Hauptm. Mit zahlr. Abb. u. 1 Karte. Berlin: E. S. Mittler & Sohn 1908. (VII, 308 S.) 8° [F.] [08. 2086

Dominik, Hans, was muss man v. der Dampfmaschine wissen? gr. 8. (127 S. m. Abbildgn.) Berlin (902). H. Steinitz. n. 2. —

Dominik, Hans, was muß man v. der Naturlehre wissen? (64 S.) gr. 8. Berlin (903). H. Steinitz. n. 1. —

Dominik, Hans, was muß man von der organischen Chemie wissen? (80 S. m. Fig.) gr. 8. Berlin (904). H. Steinitz. n. 1. —

— vom Wasser, s.: Schulze's Zehnpfennigbücher. Nr. 42.

Das Wernerwerk von Siemens & Halske A. G. Berlin-Nonnendamm. Beschrieben von Ingen. Hans **Dominik.** (Berlin [1906]: O. Elsner.) (201 S.) quer-8° [07. 7867

— das Wernerwerk von Siemens & Halske A.-G., Berlin-Nonnendamm. (202 S. m. Abbildgn.) qu. 8. Berlin (906). (J. Springer.) Geb. in Leinw. n.n. 10. —

Dominik H, das Wernerwerk von Siemens & Halske A.-G. Berlin-Nonnendamm. (202 S) qu 4° (Berlin 1907)

— Amüsante Wissenschaft. Belehrende u. unterhalt. Experimente f. jung u. alt. 6. Aufl. (III, 288 S. m. 213 Abbildgn.) kl. 8. Stuttgart (910). Union. Geb in Lw. 4.50

— u. Kurt Matull, John Workmann der Zeitungsboy. Eine Erzählg. aus der amerikan. Groß-Industrie. Mit 4 Vollbildern v. Max Tilke. 1. Bd. Im Reiche des Zeitungsriesen. (190 S.) 8. Berlin (909). H. Steinitz. Geb. 2. 50

Dominik, J., s. Primerose.

(DOMINIK, KARL:) Andacht des heiligen Rosenkranzes. Dritte Auflage. Pressburg 1841. Gedr. bey Anton Edlen von Schmid. 36 S. 1 t. - 160 mm
- Dass. Preßburg 1854: C. F. Wigand. 128, 1 S. - 12°
- Dass. Budapest 1900: Druck von Martin Bagó u. Sohn. 168 S. - 150 mm

(DOMINIK, KARL:) Sammlung einiger Andachten, welche in jetziger Zeit in der katholischen Kirche besonders üblich, von derselben anempfohlen und den Gläubigen von grossem Nutzen sind. Aus mehreren approbirten Gebet- und Erbauungsbüchern zusammengetragen von einem Weltpriester. Pressburg 1841: Anton Edler v. Schmid. 282, V S. 4 t. - 8°
- Dass. Pressburg 1842. Gedr. bei Anton Edlen v. Schmid. 496 S. - 12°

Dominik, Karl, Sammlg. einiger Andachten, welche in jetziger Zeit in der kathol. Kirche besonders üblich, von derselben anempfohlen u. den Gläubigen von großem Nutzen sind. Aus mehreren approbirten Gebet- u. Erbauungsbüchern zusammengetragen. [Mit 12 (lith.) Bildern.] 16. (496 S.) Preßburg 852. Wigand. n. 16 ngl

Dominik, Karl, Sammlung einiger Andachten, welche in jetziger Zeit in der katholischen Kirche besonders üblich, von derselben anempfohlen und den Gläubigen von großem Nutzen sind. Aus mehreren approbirten Gebet- und Erbauungsbüchern zusammengetragen. 12., rechtmäß. Aufl. Mit 12 (lith.) Bildern. Preßburg 858. Wigand. 16. (496 S.) n. 16 ngl

Dominikaner, der; Staatskomödie in 5 Aufz. gr. 8. Leipz. 806. Kummer. 12 gl

Dominikanerinnenkloster, das, Töss, s. Mitteilungen der antiquarischen Gesellschaft in Zürich, XXVI. 3.

Dominikanerkloster. Das D'-K' in Bern von 1269–1400. Njbl. Bern s.a. [Howald, Carl Z. und Studer, Gottlieb].

Dominikaner-Kloster, das, in Bern von 1269—1400. Neujahrsblatt 1857. Bern, Huber u. Co. gr. 4. (1 Bl., 44 S. u. 1 Lithogr.) 12 ngl

DOMINIKOVICS, MODESTUS: Seraphisches Hand-Büchel, / In sich haltend / Die Seraphische Ordens-Regel, das Testament / des Seraphischen H. Vatters FRANCISCI, / Samt Summarischen In/halt der Gebotten zu Nutz de/ren Seraphischen Brüdern / Auf Anordnung / A. R. P. Modesti Dominkovics, Ordens der mindern Brüdern / S. Francisci, reformirter Ma/rianischen Provinz, in Ungarn / Lect. Gener. Diff. Ex-Custodis / und Provincial-Ministri, / Auf das Neue aufgelegt. / Preßburg 1753: Gedruckt bey Joh. / Michael Landerer. 72 S. - 100 mm

Dominikus, s.a. Dominicus

Dominikus, d. hl., s.: Kinderlegende, Laumann'sche.

Dominikus [de Guzmann], Leben d. hl., s. Lacordaire, Heinr. Dom.

Dominikus, O. M. Cap., St. Antonius, der glorreiche Wundertäter v. Padua. Andachtsbuch zur Verehrg. des hl. Antonius. (XIV, 406 S. m. farb. Titelbild.) 16. Freiburg i/B. 904. Herder. n. 1. —; geb. in Leinw. n. 1. 25

— der leidende Heiland. Sieben Fastenpredigten. (143 S.) kl. 8. Dülmen 905. A. Laumann. n. 1. 50

Dominikus, Bischof von Limburg
s. Willi, Dominikus. [10. 14001

Dominikus, Jakob

– s. v. Alba, Herzog.

Dominikus, Jakob. Ferdinand Alvarez von Toledo, Herzog von Alba; eine treue Copie seines Characters, seiner Feldzüge und seiner Statthalterschaft in den Niederlanden. 2 Bde. 8. Leipzig 1798.

– s. Arnould, System.

— Erfurt u. dessen Gebiet; in geograph., phys., statist., polit. u. geschichtl. Verhältnissen. 2 Bde in 3 Abtheill. Mit 2 Kpf. u. 1 Karte. gr. 8. Gotha 793. Ettinger. 2 rf 21 gl

— über d. Feier d. Geburtstage bei den Alten. gr. 8. Erfurt 808. Maring. (Otto). 4 gl

– s.a. Heinrich IV.

[Dominikus, Jacob.] Heinrich der Vierte, König von Navarra und Frankreich. Eine Biographie. Mit Hinsicht auf unsere Zeit aus Geschichtsquellen bearb. In zwey Theilen .... Mit einem Kupfer [Porträt-Tafel]. 8. Zürich 1797.

(Dominikus, Jak.) Heinrich IV., König von Frankreich und Navarra. 2 Bde. 8. Zürich 1798. — 3 Bde. 8. ib. 1818.

— — Dasselbe. Ebd. 1818. Gr. 8°. 596 S. (3 Mk. F. Waldau, Fürstenwalde, 1909.)

– s. Kampf um Europens Stiefel.

– s. Landung d. Franzosen.

– s. Osorio's Don Emanuel.

– s. P. F. A. Ritsch, Völkergesch.

— Samml. verschied. Reden u. Schriften, zum Andenken d. 4ten academ. Jubelfeier zu Erfurt. 8. Erfurt 795. Gerling. 14 gl

Dominikus, Jak., († d. 17. Juli 1819.) was that d. Academie d. nützl. Wissenschaften zu Erfurt f. Aufklärung, Geisteskultur rc. gr. 8. Erfurt 804. (Otto). 6 gl

— über Weltgeschichte u. ihr Princip. 8. Erf. 790. Keyser. 3 gl

Dominikus-Kalender, s.a. Dominicus-Kalender

(F) **Dominikuskalender** für das Jahr 1908. XIX. Jahrg. 8°. (162 S.) K —.70
Graz, Moser 1907

(F) **Dominikus-Kalender** für das Jahr 1909. XX. Jahrg. 8°. (155 S) K —.50
Graz, Moser 1908.

(F) **Dominikus-Kalender** für das Jahr 1910. 21. Jahrg. 8°. (188 S.) K —.70
Graz, Moser 1909

Dominikus-Kalender. Begründet v. Nikol. Putzer, O. P. Für d. J. 1911. Hrsg. v. Reginald M. Schultes, O. P. 22. Jahrg. (VIII, 187 S. Abbildgn.) 8. Graz, U. Moser. 60

Dominikus-Kalender f. die Tertianer des Prediger Ordens und die Mitglieder der Rosenkranz-Bruderschaft für das Jahr 1892, von P. Fr. Nikolaus Patzer O. P. III. Jahrg. 8. (168 S.) —.36

Dominikuskalender zunächst für die Terziaren des Predigerordens und die Mitglieder der Rosenkranzbruderschaft für das Jahr 1904. 15. Jahrg. Gr.-8°. 102 S.) † kart. K —.70

de Dominio Nobilium Hungariae, deque Cladis ad Mohátsium causa, c. Appendice in regis Colomanni Decret. L. I. cap. 15. 16. vindiciae contra Ad. Kollár. Smaj. Pressb., Weber. 16 gr.

Dominique et Seraphine; histoire Corse. gr. 12. Hanau, Schulz. 771.

DOMINIQUE und Seraphine. Eisenach, in Commiss. b. J. G. E. Wittekindten. 8°.
M. M. V. 1779. S. 746.
Orig.: Dominique et Seraphine, histoire Corse. Hanau, Schoultz, 1771. pet. in-8°. (Kayser p. 27.)

— — Dasselbe. Wien (Barth in Leipzig) 1784. 8°.
Kayser l. c.

— u. Seraphine; e. Geschichte. 8. Wien 784. Gerold. 4 gr.

Dominium 2c. über, s. Studien, jurist., philosoph., 16 Hft.

Dominković, Vj., das Unterrichtswesen in Kroatien-Slavonien, s.: Szöllösi, Eug., das öffentliche Unterrichtswesen Ungarns.

Dominkusch, J., über die Theilnahme der englischen und französischen Könige an den Kämpfen zwischen den Welfen und Hohenstaufen. Krainburg.
Schul-/Univ.-Schrift 1867

Domino, s.: Miniatur-Bibliothek.

Domino, das offene. Allen Freunden d. sinn- u. abwechslungsreichen Spieles gewidmet v. e. k. u. k. Officier d. R. gr. 8. (48 S. m. Fig.) Wien 901. (F. Stock.) n. 1.—

Domino, der schwarze. (1. Jahrg.) 1847. April — Decbr. 3 Bde. (à 9 Lfgn.) (à 2 Bog. mit eingedr. Holzschn.) Imp.-4. Wien, (Haas'sche Buchh.) à Bd. * 2 Thlr. *
Der 2. Jahrg. erschien unter dem etwas veränderten Titel:

Domino, der schwarze, auf dem Maskenballe des Lebens. 2. Jahrg. 1848. oder 4—7. Bd. à 12 Nrn. (ca. 60 Bog. mit eingedr. Holzschn. und ca. 30 Stnt.) Lex.-8. Ebds. à Bd. * 2 Thlr. *

Domino, s.a. Cirkus, der, und die Cirkuswelt.

DOMINO, Signor (ps.), Der Cirkus und die Cirkuswelt. Berlin 1888. 8°. (Bibl. d. Vereins f. d. Gesch. Berlins, no. 3495.)

Domino, Signor, s.: Dressirte u. Dresseure.

— s.: Künstler, wandernde.

Domino, W. [Referendar]: Über Rückziehung, insbesondere bei bedingten Rechtsgeschäften .... Göttingen, Druck d. Univ.-Buchdr. v. W. Fr. Kästner, 1888; 44 S. 8°
Göttingen, Jur. Fak., Inaug.-Diss. v. 4. Jul. 1888

Domino, W., über Rückziehung, insbesondere bei bedingten Rechtsgeschäften. Inaug.-Diss. gr. 8. (44 S.) Göttingen 888. (Vandenhoeck & Ruprecht's Verl.) n. 1. 20

Domino-Spiel, das alte u. neue, mit e. Beschreib. Quedlinb., Ernst. 8 gr.

Dominus vobiscum! Der Herr sei mit Euch! Kleines Brevier für Katholiken jedes Standes besonders für die reifere Jugend. Nach P. Sturmlerner u. A. herausg. von einem katholischen Seelsorger. Mit 1 Titelbilde (Stahlst.). Augsburg 858. Schmid. 32. (VIII, 392 S.) 7½ ngr

Domitian und Cremutius Cordus. Mitau 1861. V: *Paucker*, *Carl von*. (BSCE)

Domitor, Jh., (Jak. Hemmer), Grundriß einer dauerhaften Rechtschreibung; Deutschland z. Prüfung vorgelegt. 8. Manh. 776. (Münch., G. Franz). 4 gr.

Domitrovich, Af. Die Obstkultur. Eine der vorzüglichsten Nahrungs- und Erwerbsquellen der Gebirgsbewohner. Nach eigenen praktischen Erfahrungen für das Landvolk dargestellt. (A Gyümolcs-Tenyésztés . . .) Mit Deutschem und Ungarischem Texte.) gr. 8. (58 S.) Pesth, Landerer und Heckenast 1853.

Domitrovich, Alois Fr., neue Brennmaterial-Darre. Mit 1 lith. Taf. (in Fol.) gr. 8. (27 S.) Pesth 851. (Edelmann.) ½ ngr

Domitrovich, Armin v., statische Berechng. v. Balkendecken, Säulen u. Stützen im Hochbaufache. Mit 39 Abb. gr. 8. (VIII, 122 S.) Wien 897. A. Hartleben. Geb. in Leinw. n. 3. 60

Dr. Richard Greeff, Augenärztliche und hygienische Schuluntersuchungen. Angestellt u. bearb. im Auftr. d. kgl. Preuß. Ministeriums d. geistl. ... Angelegenheiten. Sonderdruck aus d. 'Klinischen Jahrbuch' 1904, Bd 13. Besprochen von Armin v. Domitrovitch. Berlin: C. Heymann (1905). (10 S.) 4°
Aus: Technisches Gemeindeblatt 1905, No 9. u. 10. [05. 11330 4

Max Gruber, Die Versorgung der Schulzimmer mit Tageslicht ... Besprochen von Armin v. Domitrovich. *(Burg 1904: A. Hopfer.)* (11 S.) 8°
Aus: Techn. Gemeindeblatt. 1904. No 13. [04. [illegible] 8

Grundzüge der Entwicklung der Schulbank ⟨auf Grund amtl. Mitteilungen bearbeitet⟩ und Kritik über d. Behandlung d. Schulbanksache von Armin v. Domitrovich. Mit 37 Fig. Leipzig: W. Engelmann 1907. (113 S.) 8°
Aus: Internat. Archiv f. Schulhygiene. Bd 3, H. 4. [07. 10755

Die Hygiene des Schulzimmers. Von Armin v. Domitrovich, Architekt. Mit 8 Fig. Berlin: C. Heymann (1905). (34 S.) 8°
Aus: Techn. Gemeindeblatt. 1905, No 20—22. [06. 3114 2

Die Hygiene des Schulzimmers. Von Armin v. Domitrovich. Mit 10 Abb. Berlin: Selbstverl. (1906). (43 S.) 8° [F.]
Erschien teilweise im Technischen Gemeindeblatt 1906, No 20—22. [06. 8866

Der Hygieniker und die Schulbank. Von Armin v. Domitrovich. Leipzig: W. Engelmann [1905]. (S. 105–122.) 8° [Umschlagt.]
Aus: Internat. Archiv f. Schulhygiene. Bd 1, H. 1. [05. 1975 2

Ist bei der Gruppenbank die Bereithaltung von Reservebänken notwendig? Von Armin v. Domitrovich, Architekt. Mit 6 Fig. Leipzig: W. Engelmann 1906. (S. 205–225.) 8° [Umschlagt.]
Aus: Internat. Archiv f. Schulhygiene. Bd 2, H. 1. 2. [06. [illegible] 9

— Mahnrufe an die führenden Kreise der deutschen Nation. Regeneration des phys. Bestandes der Nation. (IV, 68 S.) gr. 8. Leipzig 905. G. Wigand. n. 1. 50

Über die Prinzipien, mit welchen man zur Zeit die Lösung der Schulbankfrage anstrebt. Von Armin v. Domitrovich. *Berlin: C. Heymann (1904).* (14 S.) 8°
Aus: Techn. Gemeindeblatt. 1904, No 6. [04. [illegible] 3

Domitrovich A v, über die Prinzipien, mit welchen man zur Zeit die Lösung der Schulbankfrage anstrebt. (14 S) Berlin (1905)

Domitrovich, Armin v., Regeneration des physischen Bestandes der Nation, Leipzig 1905, 68 S., 8°.

Dr. Schneider, Zur Schulbankfrage. 'Zeitschrift f. Medizinalbeamte', 1904, No 22. Besprochen von Armin v. Domitrovich. Berlin: C. Heymann (1905). (13 S.) 8°
Aus: Techn. Gemeindeblatt. 1905, No 21. 22. [05. [illegible] 9

Systematisierung der Schulbankfrage. Von Armin v. Domitrovich. München (1905): R. Oldenbourg. (10 S.) 8° [Umschlagt.]
Aus: Gesundheits-Ingenieur. 1905, No 2. [05. 4074 9

Der Techniker und die Schulbank. Von Armin v. Domitrovich. Berlin: C. Heymann [1905]. (12 S.) 8°
Aus: Techn. Gemeindeblatt. 1905, No 20. [05. 1576 2

Domizio, Carlo di: Englisch f. Anfänger, s. Neokosmos-Sprachbücher.

Domizio, Carlo di: Französisch f. Anfänger, s. Neokosmos-Sprachbücher.

Domizio, Carlo di: Italienisch f. Anfänger, s. Neokosmos-Sprachbücher.

— u. Emilio Rombela y Campos, nach Barcelona, Madrid, Sevilla einsteigen, s.: Neokosmos-Sprachbücher.

— u. M. Henry, nach Brüssel, Paris, Lyon, Nizza einsteigen!, s.: Neokosmos-Sprachbücher.

— u. Charles M. Smith, nach Dover, London, Southampton, New York einsteigen, s.: Neokosmos-Sprachbücher.

Domizio, Carlo di: Nach Mailand, Genua, Rom, Neapel einsteigen, s. Neokosmos-Sprachbücher.

Domizio, Carlo di: Wie lernt man Sprachen?, s. Neokosmos-Sprachbücher.

Domizlaff, Karl

*Domizlaff, K. Feuerversicherung im Versicherungslexikon nebst Ergänzungsband von *Manes*. Tübingen 1909 und 1913.

Domizlaff, Karl, der jetzige u. d. demnächstige Feuerversicherungs-Vertrag. Material u. Vorschläge f. neue allgem. Feuer-Versicherungsbedinggn. (VIII, 158 S.) Lex. 8. Gr.-Lichterfelde 908. Wallmann. nn 10.—

Der Feuerversicherungsvertrag nach künftigem deutschem, schweizerischem und österreichischem Recht. Vortrag, gehalten in der allgemeinen Mitgliederversammlung des Deutschen Vereins für Versicherungs-Wissenschaft von Justizrat Direktor DOMIZLAFF in Hannover. Sonderabdruck aus der vom Deutschen Verein für Versicherungs-Wissenschaft herausgegebenen Zeitschrift für die gesamte Versicherungs-Wissenschaft. Jahrg. IX, 1909, Heft 1. ib. 1909. — 8°.

— Überblick über die landesrechtl., die Feuerversicherung betr. Vorschriften, s. a. Veröffentlichungen d. deutsch. Vereins f. Versicherungs-Wissenschaft. 13. Hft.

Überblick über die landesrechtlichen, die Feuerversicherung betr. Vorschriften, die nach d. Inkrafttreten d. Reichsgesetze über d. privaten Versicherungsunternehmungen u. über d. Versicherungsvertrag weitere Geltung behalten. Von Just.R. Dr. Karl **Domizlaff**. Berlin: E. S. Mittler & Sohn 1907. (99 S.) 8°
— **Veröffentlichungen** d. Deutschen Vereins f. Versicherungs-Wissenschaft. H. 13. l07. 17108

— Die allgemeinen Versicherungsbedingungen f. Feuerversicherungen, nebst Zusatzbedingungen f. Landwirtschaft, m. Einleitg., Erläutergn. u. Sachregister bearb. (VIII, 134 S.) kl. 8. Gr. Lichterfelde 909. Wallmann. Geb. in Leinw. nn 4.

Domkapitel, das Breslauer, gegen den „Erlaß d. evangelischen Ober-Kirchenraths vom 29. Juli 1852." gr. 8. (15 S.) Breslau 852, Aderholz. 1/12 ℛ

Domkapitel, die evangelischen, in der Provinz Sachsen. Eine Denkschrift zur Mahnung an die Vertreter des preuß. Volkes in erster und zweiter Kammer. gr. 8. (46 S.) Halle 850, Buchhandlung des Waisenhauses. Thlr.

— die evangelischen, in der Provinz Sachsen. Eine Denkschrift zur Mahnung an die Vertreter des preuß. Volkes in erster u. zweiter Kammer. gr. 8. (46 S.) Halle 851, Buchhandlung des Waisenhauses. 1/4 ℛ

Domke, Kapillaritäts-Untersuchungen nach der Methode der Steighöhen, s.: Abhandlungen, wissenschaftl., der kaiserl. Normal-Aichungs-Kommission. 3. Hft.

Domke, F., nautische, astronomische u. logarithmische Tafeln nebst Erklärung u. Gebrauchs-Anweisung f. die königl. preuss. Navigations-Schulen bearb. Hrsg. im Auftrage d. königl. Ministeriums f. Handel etc. Lex. 8. (L u. 353 S.) Berlin 852, Decker. 2 ℛ; in Engl. Einb. n. 2 1/3 ℛ

Domke, F., nautische astronomische und logarithmische Tafeln nebst Erklärung u. Gebrauchs-Anweisung für die Königl. Preuss. Navigations-Schulen bearb. 2. Aufl. Berlin 855. Decker. Lex.-8. (1 Bl., L, 358 S.) 2 ℛ

Domke, F., nautische, astronomische und logarithmische Tafeln nebst Erklärung und Gebrauchs-Anweisung für die königl. preuss. Navigations-Schulen bearb. Hrsg. im Auftrage des königl. Ministeriums für Handel etc. 1. Aufl. 1852. und 2. Aufl. Lex.-8. (L und 358 S.) Berlin 856, Deckersche geheime Ober-Hofbuchdr. Thlr.

Domke, F., nautische, astronomische und logarithmische Tafeln, nebst Erklärung und Gebrauchs-Anweisung für die königlich preuss. Navigations-Schulen. 3. Aufl. Berlin 862. v. Decker. Lex.-8. (LVI, 503 S.). n. 2 ℛ 10 ngr.

Domke, F., nautische, astronomische u. logarithmische Tafeln nebst Erklärung u. Gebrauchs-Anweisung für die königl. preuss. Navigations-Schulen bearb. Hersg. im Auftrage des königl. Ministeriums für Handel etc. 4. Aufl. 865. (LIV, 534 S.) n. 2 ℛ 10 ngr. — 5. Aufl. Berlin 869. v. Decker. gr. 8. (L, 345 S.) n. 1 ℛ 5 ngr.; geb. n. 1 ℛ 10 ngr.

Domke, F., nautische, astronomische u. logarithmische Tafeln nebst Erklärg. u. Gebrauchs-Anweisg. f. die königl. preuss. Navigations-Schulen. Hrsg. im Auftrage d. königl. Ministeriums f. Handel, Gewerbe u. öffentl. Arbeiten. 6. Aufl. gr. 8. (L, 345 S.) Berlin 874. v. Decker. n. 4. —; geb. n. 4. 50

Domke, F., nautische, astronomische u. logarithmische Tafeln, nebst Erklärung u. Gebrauchs-Anweisung für die königl. preuss. Navigations-Schulen. Hrsg. im Auftrage d. königl. Ministeriums f. Handel u. Gewerbe. 7. Aufl. gr. 8. (LV, 379 S.) Berlin 879. v. Decker. n. 4. 50; geb. n.n. 5. 25

Domke, F., nautische, astronomische u. logarithmische Tafeln, nebst Erklärg. u. Gebrauchs-Anweisg. f. die königl. preuss. Navigations-Schulen. Hrsg. im Auftrage d. königl. Ministeriums f. Handel u. Gewerbe. 8. Aufl. gr. 8. (L, 380 S.) Berlin 885. v. Decker. n. 4. 50.; geb. n.n. 5.25

Domke, F., nautische, astronomische u. logarithmische Tafeln, nebst Erklärg. u. Gebrauchs-Anweisg. f. die königl. preuss. Navigations-Schulen. 9. Aufl. gr. 8. (VI, 50, 373 S.) Berlin 892. R. v. Decker. n. 4. 50; geb. in Leinw. n.n. 5. 25

Domke, F., nautische, astronomische u. logarithmische Tafeln nebst Erklärung u. Gebrauchs-Anweisung f. die königl. preuß. Navigations-Schulen. Hrsg. im Auftrage des königl. Ministeriums f. Handel u. Gewerbe. 10. Aufl. Neu bearb. v. O. Canin. Lex.-8. (XXIII, 360 S.) Berlin 900. R. v. Decker. n.n. 9. 80; geb. in Leinw. n.n. 10. 80; in Halbfrz. n. 12. —

Domke, F., nautische, astronomische u. logarithmische Taf. nebst Erklärung u. Gebrauchs-Anweisung f. die königl. preuß. Navigations-Schulen. Hrsg. im Auftrage d. kgl. Ministeriums f. Handel u. Gewerbe. 11. Aufl. Bearb. v. O. Canin. (XXIII 371 S.) Lex. 8. Berlin 910. R. v. Decker. 10.—; geb. in Leinw. 11.—; in Halbfrz. 12.25

— s. Verzeichniss der Seebuchten.

Domke, F., und E. Engel, Verzeichniss der Seeleuchten oder Leuchtfeuer der Erde. Nach amtl. Bekanntmachungen zusammengestellt. Hrsg. im Auftrage des königl. Ministeriums für Handel, Gewerbe und öffentl. Arbeiten. Lex.-8. (VI und 142 S.) Berlin 860, Decker'sche geheime Ober-Hofbuchdruckerei. *

Domke, Felix, prakt. Arzt: Die Behandlung der Encephalocelen. Breslau 1906: Breslauer Genossenschafts-Buchdruckerei. (24 S.) 8°

Breslau, Med. Fak., Ref. Küstner, Diss. v. 11. Okt. 1906

[Geb. 16. Jan. 71 Labischinek; Wohnort: Schildberg i. Pos.; Staatsangeh.: Preußen; Vorbildung: Gymn. Greifenberg i. Pom. Reife O. 93; Studium: Breslau 5, Greifswald 3, Erlangen 1, Leipzig 5 S.; Coll. 25. Sept. 06; Approb. 4. Jan. 01.]

Domke, Herm. Über den Gebrauch der Praepositionen ab, ex und de bei Justin. 22 S. **Progr.** Rg. h. G. *Breslau* 1877.

Domke, Hermann Über die französischen Participien. 14 S.
Progr. *Greifenberg Po.* 1876.

Domke, *Hermann Eduard Ludwig* Trauerrede auf den Tod Kaiser Friedrichs III., gehalten am 18. Juni 1888. 4 (S. 6—8).
Progr. Rg. z. heil. Geist *Breslau* 1889 (203).

Domke, J., astronomisch-geodätische Hilfstafeln, s.: Ambronn, L.

— Zeit- u. Orts-Bestimmungen der deutschen Südpolar-Expedition, s.: Südpolar-Expediton, deutsche, 1901—03.

Domke, Johannes

Domke, Johannes *Friedrich* [aus Berlin]: Beiträge zur theoretischen und rechnerischen Behandlung der Ausgleichung periodischer Schraubenfehler ... Marburg, *Druck v. Th. Hofmann in Gera,* 1891; 1 Bl., 46 S., 1 Bl. 8.
Marburg, Phil. Fak., Inaug.-Diss. v. [28. März] 1892

Domke, Johs., Beiträge zur theoretischen u. rechnerischen Behandlung der Ausgleichung periodischer Schraubenfehler. gr. 8. (III, 46 S.) Berlin 892. J. Springer. n. 2. —

Domke, J., die Dichte, Ausdehnung u. Kapillarität v. Lösungen reinen Rohrzuckers in Wasser, s. Plato, F.

Die Dichte und Ausdehnung von chemisch reinen Schwefelsäure-Wasser-Mischungen. Unter Mitw. von Dr. W[illy] Bein, Dr. H. Bode, Dr. F. Fischer, K. v. Höegh untersucht u. bearb. von Dr. J[oh.] Domke. *(Berlin: J. Springer 1904.)* (152 S.) 4°
— Abhandlungen, Wissenschaftl., d. kais. Normal-Aichungs-Kommission. 11. 5, 11.) [04. 504

Domke, Joh., deutsche Gebühren-Ordnung f. Rechtsanwälte v. 7. VII. 1879 [in der Fassung der Bekanntmachung des Reichskanzlers vom 20. V. 1898 (R.G.Bl. 692)], nebst dem Gesetz, enth. die landesgesetzl. Vorschriften üb. die Gebühren der Rechtsanwälte u. der Gerichtsvollzieher vom 27. IX. 1899. In alphabet. Stichwörtern hrsg. Anh.: I. Wertsberechnung. II. Gebühren-Tabellen. (104 S.) 8. Berlin 903. F. Siemenroth. Kart. n. 1. 50

Domke, Johs., deutsche Gebühren-Ordnung für Rechtsanwälte vom 7. VII. 1879 in der Fassung des Gesetzes vom 1. VI. 1909, nebst dem preuß. Gesetz üb. die Gebühren der Rechtsanwälte vom 27. IX. 1899 in alphabet. Stoffanordng. Mit Anh.: I. Wertsberechnung. II—V. Gebühren-Tabellen. VI. Gerichtskosten-Tabelle. VII. Text der Gebühren-Ordng. 2. verb. Aufl. (140 S.) 8. Berlin 910. F. Siemenroth. 2. —

Domke, Johannes, s. Untersuchungen über Kapillarität und Benetzungs-Erscheinungen.

Domke, Johannes Friedrich, s. Domke, Johannes

Domke, W., kurzgefasstes chemisches Repetitorium f. Mediziner. 8. (VIII, 203 S.) Würzburg 899. A. Stuber's Verl. n. 2.50; geb. n. 3. —

Domke, W. H. Der Aufstand in Berlin, seine Ursachen und Folgen. Berlin 1848. 14 S. 12.

Domke, W. H. Neues Rechen-Exempel. Wo ist der Staatsschatz? Bescheidene Anfrage an die Herren Exminister Thiele und Consorten. Berlin 1848. 8 S. 8.

Domke, Waldemar

Domke, W., die Viril-Stimmen im Reichs-Fürstenrath v. 1495—1654, s. a. Untersuchungen zur deutschen Staats- u. Rechtsgeschichte.

Domke, (Fried. Gottlieb) Waldemar (geb. Marienwerder 4. 6. 1859): Die Virilstimmen im Reichsfürstenrath von 1495-1654. Warmbrunn (1881). (34 S.) 8° • Vollst. ersch. als: Untersuchungen z. deutschen Staats- und Rechtsgeschichte hrsg. von Otto Gierke. Heft 11. Breslau 1882.
Berlin, Phil. Diss. v. 21. Dez. 1881

Domke, Wald.: Die Viril-Stimmen im Reichs-Fürstenrath von 1495—1654. Breslau 1882.

Domkirche, Die, zu Breslau. Ihre Merkwürdigkeiten ... Breslau 1843. V: *Schreiber, Ferd.* (LVS) (BrMm)

Domkirche, die, zu Breslau. Ihre Merkwürdigkeiten und Denkmäler. Mit 1 Abbild. 8. Breslau 843. (Verlags-Compt.) ⅙ ℛ

Domkirche. Die D' zu Chur und ihre Sehenswürdigkeiten. 8. Chur 1878.

die, zu Magdeburg. Mit 3 Ansichten in Stahlstich. gr. 16. Magdeburg 842, Baensch. n. ⅝ ℛ

Domkirche, Die, zu Magdeburg. Magdeburg 1843. V: *Hoffmann, Friedrich Wilhelm.* (EngG)

Domkirche, die, St. Petri zu Schleswig. Zum Jahresfeste d. Vereins f. inn. Mission am 18. u. 19. d. Wonnemondes 1897 d. Gästen als Festgabe dargeboten v. Prov.-Konservator (Rich. Haupt). 8. (IV, 36 S.) Schleswig 897. (Leipzig, E. Strauch.) n. — 40

Domkreuzgang, Den Freiberger, betreffend. [Freiberg 1887.] V: *Gerlach, Hnr.* (Kat. d. stat. Bureaus. Dresden 1890.)

Domlieder. Lieder und Romanzen vom Kaiserdom in Speyer. Speyer 1846. V: *Molitor, Wilhelm.* (Kn)

Domlieder. (Lieder u. Romanzen v. Kaiserdom zu Speyer.) 11. 8. Speyer 846. (Mainz, Kirchheim, Schott u. Thielmann.) n. 24 *ngl*

Doemling, s.: Zeitschrift, juristische, f. das Reichsland Elsaß-Lothringen.

Dömling, Adelb., im Bivouac. Zur Erinnerung an die Siege vom 30. Aug. bis 2. Sept. 1870. Bamberg 870. Buchner. gr. 8. (7 S.) n. 2 *ngr.*

Doemling, Franz Josef

Nisi quae in M. Tullio Cicerone potissimum eminent atque elucent, ingenii virtute et doctrinae dignitate aliquantum praeceptis, juvenum vel aemulantium studia coetus ad amplectenda viri hujus in omni ferme dicendi genere omnium facile praestantissimi opera nequidquam hortabere. Scrips. Franc. Jos. Doemling. — 1829. Ebend. — S. 3—14.
Progr. Würzburg.

Dömling, Johann Josef

— s. Archiv f. d. Theorie d. Heilkunde.

Doemling, J(ohann) Jos(eph): Gibt es ursprüngliche Krankheiten der Säfte, welche sind es, und welche sind es nicht? 167 S., gbd.

Bamberg u. Würzburg: Göbhardt 1800

JB 1.028

Dömling, Jos., († d. 7. März 1803.) giebt es ursprüngl. Krankheiten d. Säfte, welche sind es, u. welche sind es nicht? 8. Bamb. 800. (Wesché in Frankf.) 16 gl

— ist d. Leber Reinigungs-Organ? e. physiolog.-patholog. Abhandl. 8. Wien 798. (Heubner). 7 gl (Schaumburg). 5 gl

Dömling, (Johann) Joseph: Ist die Leber Reinigungsorgan? Eine physiologisch-pathologische Abhandlung. 87 S., gbd.

Wien: Rötzel 1798

JB 955

— Kritik d. vorzügl. Vorstellungsarten über Organisation u. Lebensprincip. gr. 8. Würzb. 802. Rienner. 8 gr

— Lehrbuch d. Physiologie des Menschen. 2 Bdchen. gr. 8. Gött. 802 u. 3. Dieterich. 1 ℛ 2 gr

— Dissert. inaug. sistens morborum gastricorum acutorum pathologiam. 4. Würzb. 797. Köl. 8 gr

Doemling, Johann Joseph (Merkershausen), Morborum gastricorum acutorum pathologiam. Diss. med. Präs. Carl Caspar Siebold. Würzburg (F. E. Nitribitt) 23. VI. 1797. 110 S. (6.50) 6657

Dömling, Josef, s. Dömling, Johann Josef

Dominik, Fr., theoretisch-practische Anleitung zur Ausübung des rationellen Hufbeschlags. Berlin 870. Hirschwald. gr. 8. (X, 138 S.) n. 1 ℛ 15 ngr

Dommartin, Léon, s.: D'Ardenne, Jean.

Dommasch, Ernst [app. Arzt]: Beitrag zur Kenntnis der hypertrophischen Lebercirrhose ... M. e. Taf. München, Buchdr. v. M. Ernst, 1893; 27 S., 1 Taf. 8.
München, Med. Fak., Inaug.-Diss. v. 1893

Dommer, A. v., die ältesten Drucke aus Marburg in Hessen 1527—1566. gr. 8. (XI, 32 u. 182 S.) Marburg i/H. 892. N. G. Elwert's Verl. n. 7.—

Dommer, A. v., Lutherdrucke auf der Hamburger Stadtbibliothek 1516—1523. gr. 8. (V, 277 S.) Leipzig 888. Grunow. n. 10.—

Dommer, A. v., Mittheilungen aus der Stadtbibliothek zu Hamburg, s.: Eyssenhardt, F.

Dommer, Arrey v., Elemente der Musik. Mit 152 musikal. Beispielen. Lex.-8. (VI und 368 S.) Leipzig 862, T. O. Weigel. *

v. **Dommer, Arrey**, Handbuch der Musikgeschichte von den ersten Anfängen bis zum Tode Beethovens in gemeinfasslicher Darstellung. Leipzig 868. Grunow. gr. 8. (V, 607 S.) n. 3 ℛ

Dommer, Arrey v., Handbuch der Musik-Geschichte von den ersten Anfängen bis zum Tode Beethoven's in gemeinfasslicher Darstellung. 2. verb. Aufl. gr. 8. (VII, 625 S.) Leipzig 878. Grunow. n. 12.—

— musikalisches Lexicon, s. Koch, H. Ch.

Dommer, Bruno, Referendar: Die Grenze zwischen der streitigen und der freiwilligen Gerichtsbarkeit. Rawitsch 1907: R. F. Frank. (IX, 37 S.) 8° [F.]
Breslau, Jur. Fak., Ref. Fischer-Gretener, Diss. v. 7. Jan. 1908
[Geb. 13. Okt. 79 Kolmar (Prov. Posen); Wohnort: Kolmar; Staatsangeh.: Preußen; Vorbildung: Gymn. Gnesen Reife O. 99; Studium: Berlin 4, Breslau 2 S.; Rig. 22. Mai 03.]

Dommer, F., Calciumkarbid u. Acetylen. Ihre Eigenschaften, Herstellg. u. Verwendg. Autor. Uebersetzg. v. Wilh. Landgraf. gr. 8. (VI, 120 S. m. 66 Abb.) München 898. R. Oldenbourg. n. 3.—

Dommer, Friedrich

Dommer, Frdr., zur Diagnostik u. Therapie d. männl. Gonorrhoe. (Aus der Poliklinik v. Kollmann in Leipzig.) [Aus: „Deut. Praxis".] gr. 8. (15 S. m. 14 Abb.) München 898. Seitz & Schauer. n. — 80

(B) **Dommer, F.**, Diagnostik u. Therapie d. männl. Gonorrhöe. 898. (KBL 29.) Jetzt: München, Verl. d. ärztl. Rundsch.

Dommer, Frdr., Vorsichtsmaßregeln beim Selbstkatheterismus, zur Verteilung an Blasenkranke v. Seite des Arztes. 8. (64 Bl.) München 900. Seitz & Schauer. n. — 50

Dommerich, urkundliche Geschichte der allmähligen Vergrößerung der Grafschaft Hanau von der Mitte des 13. Jahrhunderts bis zum Aussterben des gräflichen Hauses im Jahre 1736. Eine historische Untersuchung mit besonderer Berücksichtigung der vier großen Erbschaften der hanauer Grafen. Mit einer genealogischen Taf. (in Fol.) Hanau 860. König. gr. 8. (IV, 164 S.) n. 20 ngr

Dommerich, E., sollen wir Milchvieh züchten oder kaufen? Ein Beitrag zur Rindviehzucht. Braunschweig 857. Vieweg u. Sohn. 8. (32 S.) 7½ ngr

Dommerich, F., s. Dommerich, F. A.

Dommerich, F. A., Lehrbuch der vergleichenden Erdkunde für Gymnasien u. andere höhere Unterrichtsanstalten in 3 Lehrstufen. 1. Stufe: Vorschule. gr. 8. (XVIII u. 175 S.) Hanau 852, Edler. 13 ngr

Dommerich, F. A., Lehrbuch der vergleichenden Erdkunde für Gymnasien und andere höhere Unterrichtsanstalten in 3 Lehrstufen. Nach des Verfassers Tode herausg. von Th. Flathe. Leipzig 862, 63. Teubner. gr. 8. 2 ℛ 9 ngr
1. Lehrst. 2. verb. Aufl. (VI, 167 S. m. Holzschn.) 15 ngr — 2. Lehrst. (VI, 314 S. m. Holzschn.) 27 ngr — 3. Lehrst. (VIII, 302 S.) 27 ngr

Dommerich, F. A., Lehrbuch der vergleichenden Erdkunde für Gymnasien u. andere höhere Unterrichtsanstalten in drei Lehrstufen. Nach des Verf. Tode herausg. von Th. Flathe. 1. Lehrstufe. 2. Ausg. der 2. verb. Aufl. mit Berücksichtigung der seit 1866 in Deutschland eingetretenen territorialen Veränderungen. Leipzig 870. Teubner. gr. 8. (VI, 167 S. mit Holzschn.) 15 ngr

— — 2. u. 3. Lehrstufe. 2. Aufl. Ebend. 867. gr. 8. 1 ℛ 19½ ngr
2. (VIII, 235 S. mit Holzschn.) 22½ ngr — 3. (VIII, 362 S. mit Holzschn.) 27 ngr

Dommerich, F., method. Schulatlas der Erd-, Völker- u. Staatenkunde nach d. neueren Ansichten. 1—5. Hft. kl. Fol. (28 lith. u. ill. Kart.) Cassel 842—46, Fischer. à Hft. *

Dommerich, F., methodischer Schulatlas der Erd-, Völker- u. Staatenkunde nach den neueren Ansichten. 1. Abtheil. — 1. u. 2. Hälfte. 3.—5. Hft. Enth. 2. Abthl. kl. Fol. (Mit Erläuterungen auf d. Umschlage.) Cassel 843—46, Fischer. (1.—3. à n. ⅔ ℛ 4. u. 5. à n. ½ ℛ) 1.—5. n. 3 ℛ

— method. Schulatlas der Erd-, Völker- u. Staatenkunde. 6. Hft. Imp. 4. (5 lith. u. color. Bl.) Cassel 847, Fischer. n. ½ ℛ (cplt. 6 Hfte. n. 3½ ℛ)

Dommerich, Johann Christoph

— ad P. Papinii Statii Achilleida ex membranis bibliothecae, sua anecdota. 4. Wolfenb. 759. Meissner. 3 gr

— Anweis. z. wahr. Beredsamkeit rc. 8. Ebend. 747.

— vernünftige theoret. Anweisung zur wahren Beredsamkeit. 8. Lemgo 750. Meyer. 5 gr

Dommerich, J. C., Betr. üb. d. Anklage des Satans. 8. Lemgo, Meyer. 748.

Beweis, daſs einem geiſtlichen Redner eine mathematiſche Erkenntniſs nöthig ſey, von *Joh. Chr. Dommerich.* Lemgo. 8. 1746.

Dommerich, Jh. Chr., († d. 28. Mai 1767.) Entwurf e. deutschen Dichtkunst für Schulen. 8. Braunschw. 758. Schulbuchh. 3 ggr

— Entw. e. deutsch. Dichtkunst. 8. Braunsch. Waisenh. 759.

— — Fragmentum codicis Horatii chartae pergamenae. Helmstedt (Drimborn) Okt. 1759. 8 S. (3.—) 6731

— schriftm. Gedank. v. d. Salbung d. Erlösers d. Mensch. 8. Halle, Franke. (auch Graffé in Leipz.) 754.

— Gedanken über den Skepticismus. 8. Braunschw. 767. Schröder. 4 ggr

— s. Hermiae philosophi.

— hist. scholae Wolfenbüttel. diatr. III. 4. Wolfenbüttel. 750.

— theolog. Compend. 8. Halle, Hemmerde. 759.

— theologisches Compendium zum Gebrauch f. Schulen. 8. Halle u. Helmstädt 759. Schwetschke u. S. 6 ggr

— primae lineae didactices scholasticae. 8. Wolfenbütt. Meissner. 763.

— — Ad locum Plutarchi in Alexandro de metaphysices praestantia. Helmstedt (Schnorr) 6. V. 1759. 16 S. (3.50) 6730

— logica. 8. Lemgo, Meyer. 749.

— Logica in usum lectionum suarum edita. 8. Lemgo 750. Meyer. 4 ggr

— Mnemonik u. Heuristik. 8. Halle. Hemmerde. 765.

— Mnemonik u. Heuristik, nach ihren ersten Zügen entworfen. 8. Halle 765. Schwetschke u. S. 5 ggr

Dommerich, Johann Christoph, Immaturam mortem juvenis Johann Christian Falcke (Wolfenbüttel). — De morte philosophica quaedam disputat. Wolfenbüttel (Bartsch) 1751. 18 S. (4.50) 6729

— de officio principis circa scholas. 4. Wolfenbüttel, Meissner. 749.

— schriftm. Prüfung d. Lehre v. d. persönl. Fürsprache des heil. Geistes. 4. Lemgo, Meyer. 748.

— Sphärologia, oder Unterr., wie d. Himmels- u. Erdkugel beschaffen ist. gr. 8. Lemgo 745. N. A. 761. Meyer. 8 ggr

Dommerque, Christine, die Näherinnen, } s. Theater, kleines.
—— Zufriedenheit macht reich, }

Dommerque, J. A., die hypothetischen Sätze. Bensheim.
Schul-/Univ.-Schrift 1867

Dommerque, die hypothetischen Sätze in der griechischen Sprache, mit besond. Berücksichtigung der Partikeln ἄν und κέν. gr. 4. (34 S.) Bensheim 867, Verlag der Lehrmittelanstalt. *

Dommerque, die hypothetischen Sätze in der griechischen Sprache, mit besonderer Berücksichtigung der Partikeln ἄν u. κέν. Bensheim 868. Lehrmittelanstalt. 4. (34 S.) n. 7 ngr.

Dommershausen [Schlagwort]

Dommershausen, s.: Preussen. Messtischblätter.

Dommershausen [Verfasser]
Dommershausen, Christian

Dommershausen, Chrn., das Denkmal d. Rheinprovinz f. Kaiser Wilhelm d. Grossen am Deutschen Eck zu Coblenz. Festschrift z. Feier d. Vollendung am 31. VIII. 1897 m. e. Ansicht d. Denkmals nach der Vollendg. desselben u. and. Illustr. Nach amtlichen Quellen verf. 8. (47 S.) Coblenz 897. (W. Groos.) n. — 50

Festschrift zum 300jährigen Jubiläum der Marianischen Bürger-Sodalität in Coblenz 1909 ... Im Auftr. d. Vorstandes verf. von Ch[rist.] **Dommershausen.** Coblenz 1909: Görres-Dr. 31 S. 8° [09. 10643 6

Die Kirche zum hl. Kreuz in Ehrenbreitstein. Festschrift z. Erinnerung an d. 200. Jahrestag ihrer Einweihung 1907. Hrsg. von Christian **Dommershausen** nach Urkunden d. Kgl. Pr. Staatsarchivs u. d. Pfarrarchivs zu Ehrenbreitstein. Coblenz 1907: Görres-Dr. (15 S.) 8° [J.] 08.30545

Dommershausen, C., das Stadttheater in Coblenz. Eine Festschrift zum 100jähr. Jubiläum am 23. Nov. 1887. Mit e. Ansicht des Innern d. Theaters, e. Plane der numerirten Sitze u. 2 Theaterzetteln v. 1788 u. 1791. gr. 16. (40 S.) Coblenz 887. (Groos.) n.n. — 50

Dommes, Bernhard

Dommes, Bernh., aus tiefer Not ... Ein Lebensschicksal (222 S.) 8. Stuttgart 905. Strecker & Schröder. n. 3. —; geb. n. 4. —

Dommes, Bernh., wer trägt die Schuld? Roman. (159 S.) 8. Berlin 907. Herm. Walther. 2. —

Dommes, E., Archiv d. Klosters St. Michael zu Lüneburg, s.: Urkundenbuch, Lüneburger.

Dommes, Georg Ludwig (Hannover), Signa morborum cordis non sincera. Diss. med. Bln. (Nietack) 17. X. 1836. 40 S. mit Biograph. (M.: H. Schlemm.) (4.50) 6732

Dommes, H., Harzburg und seine Umgebung. Mit 1 (lith.) Promenadenplane (in Fol.). Goslar 862. Brückner. 16. (63 S.) n. 17½ ngr.

Dommes, Hermann: Drei deutsche Hafersorten und einige Besonderheiten des Rispenhafers. Beitrag zur Morphologie u. Systematik d. Getreidesorten. Merseburg 1908: F. Stollberg. (155 S., 7 Taf.) 8°
Breslau, Phil. Fak., Ref. v. Rümker, Diss. v. 30. Juni 1908
[Geb. 31. Dez. 65 Adorf, Kr. Arolsen; Wohnort: Breslau; Staatsangeh.: Waldeck; Vorbildung: Gymn. Bromberg Reife M. 86; Studium: Breslau 12 S.; Rig. 26. Febr. 08.]

Dommes, Kuno [Referendar]: Die Freiheits-Ersitzung ... Göttingen, Druck d. Dieterich'schen Univ.-Buchdr., 1895; 46 S. 8.
Göttingen, Jur. Fak., Inaug.-Diss. v. [11. Juni] 1895

*) Die Promotionsdaten sind den Akten entnommen.

Dommes, Werner [prakt. Arzt aus Harzburg Herzogth. Braunschweig]: Radicaloperation einer Prostatahypertrophie complicirt mit suppurativer Cystitis .... Greifswald, Druck v. Julius Abel, 1887; 36 S. 8°
Greifswald, Med. Fak., Inaug.-Diss. v. 22. Aug. 1887

Doemming, v., s.: Pfarrarchiv, preußisches.

Doemming, Alfred

Doemming, A. v., die Rechtsstellung des Kirchenpatrons im Geltungsgebiete des allgemeinen Landrechts. gr. 8. (VIII, 36 S.) Berlin 901. C. Heymann. n. — 80
Sonderabdruck aus: „Verwaltungs-Archiv".

Doemming, Ernst v., Gedichte. gr. 8. (IV, 46 S.) Dresden 902. E. Pierson. n. 1.—; geb. n. 2. —

Doemming, Pauline v., Blumenstudien. 3 Lfgn. Fol. (à Lfg. 6 Chromolithogr.) Leipzig 884, (Baldamus.) à Lfg. * M. 7,50. * Einzelne Bl. à

Doemming, Pauline v., Blumenstudien. 3 Lfgn. Fol. (à 6 Chromolith.) Leipzig 885. (Baldamus.) à n. 7. 50; einzelne Blätter à 1. 80

RaoulDomna, Nur – für heute! Berlin: Romanwelt 1897. (S. 89–107.) 8° [F.] = Geschichten, Kurze. 1, 7, [3.] [05. 3336

Domnauer, Nathan [app. Arzt aus Berlin]: Über Tetanie bei Kindern ... Berlin, Druck v. Th. F. Schemmel, 1895; 33 S. 8.
Leipzig, Med. Fak., Inaug.-Diss. v. 8. Okt. 1895

Domnenj o patentu aneb srdečné upominánj lidu ewangelického Augsburgského wyznánj w Uhřjch z ohledu wydaného cýsařského patenta, ode dne 1. Sept. 1859 a ministerialného narjzenj, ode dne 2. Sept. 1859. (Ueber das Patent, oder freudige Erinnerung der evangel. Bevölkerung augsburgischer Confession in Ungarn, in Bezug auf das kaiserl. Patent vom 1. Sept. 1859 und dem Ministerialbeschluß vom 2. Sept. 1859.) gr. 8. (24 S.) Leipzig 860, O. Wigand. *

Domnich, H., Méthode de Premier et de Second Cor. Fol. (30½ B.) Mayence 829, Schott fils.

Domning, F., die Trichinenschau. Kurz zusammengef. gr. 8. (15 S.) Königsberg i/Pr. 896. Selbstverlag. — 50

Domo, Eli, Pralinéanfertigung am Familientische. gr. 8. (31 S. m. 8 Taf. u. Textabbildgn.) Neubrandenburg 892. O. Nahmmacher. n. 1. —

Domodossola [Schlagwort]

Domodossola, s.: Schweiz. Atlas.

Dömök, Gregor, Ungarn. Theses medicae de praesidiis, quibus mechanismus utitur in morbis curandis.
Basel, Med. Diss. 1758.

Dömötör, Géza, u. Dionys Kozma, Vorlagen f. Kindergärten, Kinderbewahranstalten, sowie f. den Gebrauch in Familien. 30 Hfte. 8. Wien 893. A. Pichler's Wwe. & Sohn. à n. — 60
1. Der 1. Baukasten. (4 S. u. 6 Taf. m. 80 Fig.)
2. Der 2. Baukasten. (2 S. u. 6 Taf. m. 77 Fig.)
3. Die vereinigten 2 ersten Baukasten. (2 S. u. 8 Taf. m. 56 Fig.)
4. Der 3. Baukasten. (3 S. u. 6 Taf. m. 63 Fig.)
5. Der 4. Baukasten. (2 S. u. 8 Taf. m. 56 Fig.)
6. Der 5. (Goldammer'sche) Baukasten. (2 S. u. 8 Taf. m. 17 Fig.)
7. Legetäfelchen. (3 S. u. 7 farb. Taf. m. 11 Fig.)
8. Legetäfelchen (rechtwinkelige, gleichschenkelige Dreiecke). (3 S. u. 6 farb. Taf. m. 98 Fig.)
9. Legetäfelchen (rechtwinkelige, ungleichseitige Dreiecke). (2 S. u. 7 farb. Taf. m. 82 Fig.)
10. Legetäfelchen (gleichseitige Dreiecke). (2 S. u. 8 farb. Taf. m. 62 Fig.)
11. Das Verschränken. (2 S. u. 7 Taf. m. 40 Fig.)
12. Das Stäbchenlegen. (3 S. u. 8 Taf. m. 132 Fig.)
13. Das Ringelegen. (2 S. u. 8 Taf. m. 62 Fig.)
14. Das vereinigte Ringe- u. Stäbchenlegen. (2 S. u. 8 Taf. m. 49 Fig.)
15. Das Aufnähen der Stäbchen. (2 S. u. 8 Taf. m. 24 Fig.)
16. Das Stäbchenauflegen. (2 S. u. 8 Taf. m. 24 Fig.)
17. Das Aufkleben v. Samenkernen. (2 S. u. 8 farb. Taf. m. 25 Fig.)
18. Das Aufkleben v. Samen. (2 S. u. 8 farb. Taf. m. 12 Fig.)
19. Das Netzzeichnen. (4 S. u. 8 Taf. m. 71 Fig.)
20. Das Freihandzeichnen. (2 S. u. 6 Taf. m. 80 Fig.)
21 u. 22. Das Flechten. (3 S. u. 16 farb. Taf. m. 42 Fig.)
23. Das Freiflechten. (2 S. u. 8 farb. Taf. m. 38 Fig.)
24. Das Stäbchenbinden. (2 S. u. 8 Taf. m. 14 Fig.)
25. Das Verschnüren. (2 S. u. 8 Taf. m. 40 Fig.)
26. Das Papierausschneiden u. Aufkleben. (2 S. u. 8 z. Tl. farb. Taf. m. 62 Fig.)
27. Das Falten. (2 S. u. 8 Taf. m. 46 Fig.)
28. Die Erbsenarbeit. (2 S. u. 8 Taf. m. 87 Fig.)
29. Die zusammengesetzte Erbsenarbeit. (2 S. u. 8 farb. Taf. m. 23 Fig.)
30. Das Thonformen. (3 S. u. 8 Taf. m. 81 Fig.)

Dompnig, Heinrich. Eine Breslauer Criminalgeschichte. Breslau 1823. V: *Fischer, Johann Wilhelm.* (GGr)

Dompropsteigebäude, das, in Halberstadt. (16 S. m. 1 Abbildg.) kl. 8. Goslar 906. J. Brumby. n. — 20

DOMRESTAURIRUNGS-Verein-Statuten. Főtemplom építkezési egylet Alapszabályok. Pressburg 1. J. o. Dr.

Domrich, Christian Heinrich

Domrich, Chn. Heinr. (Rudolstadt), Quaestionem explicans, quatenus articulorum impertinentia ante definitivam sententiam consideranda sit? Diss. jur. Präs. Jo. Aug. Reichardt. Jena (Strauß) 8. V. 1767. 42 S. (5.—) 6733
Widm. v. Adam Ludw. Friedr. Schmid, Chph. Heinr. Krüger (Wolfenbüttel), Jo. Heinr. Hoffmann (Schwarzburg).

Domrich, Herm., pädagogische Briefe. Als Programm des Knabeninstituts zu Oldisleben bei Sachsenburg in Thüringen. Jena 853. (Doebereiner.) gr. 8. (VIII, 1 Bl., 84 S.) n. 12 ngr

Domrich, O(ttomar), jenaische Annalen für Physiologie etc., s. Annalen.

—— und H. Häser, Verhandlungen deutscher Universitätslehrer, s. Verhandlungen.

Domrich, Ottomar, die psychischen Zustände, ihre organ. Vermittelung u. ihre Wirkung in Erzeugung körperlicher Krankheiten. gr. 8. (X u. 370 S.) Jena 849, Mauke. n. 2 ₰

Doms'sche Schnell-Rechnenmethode von Franz Doms. Hrsg. von Alfred Doms. *Berlin: R. Mewes 1900.* (60 S.) 8° [01. 6757

Doms, Em., cours complet de langue flamande, s.: Verstraeten, Fr.

Doms, F. A.

Vor dem Festaltare. Vier Vorträge, in der St. Johannis-Loge Maria zum goldenen Schwert, Or. Cöslin, gehalten vom Br. F. A. Doms. Als Ms. f. die Bbr. gedr. [Köslin 1879]: Hendess. 49 S. 8°
Enth. 2 Joh.fest- u. 2 Kaisers-Geburtstagsreden. 343.

Doms, Frz., Doms'sche Rechnenmethode. Hrsg. v. Alfr. Doms. gr. 8. (60 S.) Berlin 893. A. Friedländer's Buchdr. n. 2. —

Doms, Frz., Doms'sche Schnell-Rechnenmethode. Hrsg. v. Alfr. Doms. (Neue [Titel-] Ausg.) gr. 8. (60 S.) Berlin [893.] 900. R. Mewes. (Nur direkt.) n. — 75

Doms, Wilhelm

Doms, Wilh., Grotesken. 12 Radiergn. (12 Bl. m. 4 Bl. Text.) 40,5×30,5 cm. München (908). R. Piper & Co. In Leinw.-Mappe 30. —

— Die Odyssee der Seele. Tagebuchblätter. Mit Federzeichngn. des Verf. (XV, 516 S.) gr. 8. Ebd. 907. Geb. 6. —

Domsbach, Chr.: Die Verfassung u. d. Processverfahren d. Untergerichte im Grossherz. Baden, mit Vorschlägen z. Verbesserr. durch Trennung d. Justiz v. d. Administration u. Oeffentlichk. u. Mündlichk. d. Verfahrens. *Carlsruhe*, Braun. 822. gr. 8. (14 Gr.) — Zusatz zum 2. d. Werks. *Ebend.* 824. gr. 8. (3 Gr.)

Domsch, H., Lustiges aus'm Schwarzwald, s.: Reiß, Fritz.

Domsch, *Paul Richard* Über die Darstellung des Imaginären in der Geometrie. 4 (S. 3—24). Progr. Rg. *Borna* 1888 (519).

Domschatz, der Mainzer. In treuen (lithochrom.) Abbildgn. nach einem in der K. bayer. Hofbibliothek zu Aschaffenburg befindl. Miniaturwerke aus d. 16. Jahrh. Hrsg. v. Jos. Merkel. 1—6. Hft. gr. Fol. (6 S. u. 13 lith. Taf.) Aschaffenburg 848. (Pergay.) n. n. 2 ₰

Domschke, Bernhard

Domschke, Bernh., zwanzig Monate in Kriegs-Gefangenschaft. Erinnerungen. Nebst e. Anh. Milwaukee 865. (Philadelphia, Schäfer & Koradi.) gr. 16. (247 S.) n. 2 ß

Domschke, Bernhard. Zwanzig Monate in Kriegs-Gefangenschaft. Milw, 1866

Domschke, Karl

Domschke, C., methodische Anleitung zum Freihandzeichnen. 6 Hefte nebst erläut. Text. qu. gr. 4. (à 12 Stnt.) Berlin 870—75, Landau. [Loewenstein'sche Verlagsh.] [1. und 2. Heft. 1.—8. veränd. und verb. Aufl. à Heft 50 Pf.; 3. Heft. 1.—8. veränd. und verb. Aufl., und 9. Aufl. 60 Pf.; 4. Heft. 1.—5. veränd. und verb. Aufl. und 6. Aufl. 75 Pf.; 5. und 6. Heft. 1.—4. veränd. und verb. Aufl. à 75 Pf.]

—— dass. — Text dazu. 1. Aufl. 1871, und 2. Aufl. gr. 8. (16 S.) Ebendas. 872.

Domschke, Carl, methodische Anleitung zum Freihandzeichnen. 8 Hefte mit erläut. Text. qu. gr. 4. (à Heft 12 Stnt.) [Berlin] 875—78, Dresden-Blasewitz, Löwenstein'sche Verlagsh. [1. Heft. 9.—17. Aufl. 50 Pf.; 2. Heft. 9.—15. Aufl. 50 Pf.; 3. Heft. 10. und 11. Aufl. 60 Pf.; 4. Heft. 7.—9. wesentl. verb. Aufl. 75 Pf.; 5. Heft. 5.—7. Aufl. 75 Pf.; 6. Heft. 5. und 6. Aufl. 75 Pf.; 7. und 8. Heft à 80 Pf. — Text zum 7. und 8. Heft (à 8 S.) à Heft 10 Pf.]

Domschke, C., methodische Anleitung zum Freihandzeichnen. 6 Hfte. nebst erläut. Texte. qu. 4. Berlin 874—76. Löwenstein. 3. 85

1. Heft. 11. Aufl. (12 Steintaf.) n. — 50. — 2. Heft. 11. veränd. u. verb. Aufl. (12 Steintaf.) — 50. — 3. Hft. 9. veränd. u. verb. Aufl. (12 Steintaf.) — 60. — 4 Heft. 5. veränd. u. verb. Aufl. (12 Steintaf.) — 75. — 5. Hft. 5. Aufl. — 75. — 6. Hft. 4. Aufl. (12 Steintaf.) — 75.

Domschke, C., methodische Anleitung zum Freihandzeichnen. 1—8. Hft. qu. gr. 4. (à 12 Steintaf.) Dresden 877. 78. Löwenstein. 5. 45

1. 13—16. Aufl. — 50. — 2. 15. Aufl. — 50. — 3. 10. u. 11. Aufl. — 60. — 4. 9. wesentlich verb. Aufl. — 75. — 5. 7. wesentlich verb. Aufl. — 75. — 6. 6. Aufl. — 75. — 7. u. 8. à — 80

Domschke, C., methodische Anleitung zum Freihandzeichnen. Text zum 7. u. 8. Hft. gr. 8. (8 S.) Dresden 877. Löwenstein — 10

Domschke: Das Freihandzeichnen als Hauptmoment des Zeichnenunterrichts in Schulen. 20 S.–Berlin Fr., Progr. 1868

— Handbuch der plastischen Anatomie des Menschen. Für Kunstakademien, Künstlerinnen u. Dilettanten. qu. Fol. (31 S. m. 8 Chromolith.) Dresden 879. Löwenstein. In Mappe. n. 15. —

—— Handbuch zur Proportionslehre des menschlichen Körpers von Mann, Weib und dreijährigem Knaben, nach der Natur und mit Benutzung des Polyclet von Schadow, mit Angabe der wirkl. Natur-[Normal-]Größe nach dem rheinländ. Zollstock und dem Metermaße. Für Schulen, mit Berücksicht. der Damen-Zeichen-Akademien und zum Selbstunterricht. Schul-Ausg. 1.—3. Aufl. qu. Fol. (14 Stnt. mit 8 S. Text.) [Berlin], Dresden-Blasewitz 878, Löwenstein'sche Verlagsh. In Mappe

—— dass. — Pracht-Ausg. 1. und 2. Aufl. qu. gr. Fol. (14 Stnt. mit 8 S. Text.) Ebendas. 878. In Mappe

Domschke, C., der Ornamentenzeichner, eine vollständ. Schule zum Unterricht im Ornamentenzeichnen. 1—3. Hft. à 14 (lith.) Bl. qu. Fol. Berlin 850, Winckelmann & Söhne. à 2/3 ß — 4. Hft. [14 (lith.) Bl. (in Tondr.)] qu. gr. Fol. Ebd. 850. 1 2/3 ß (1—4. 3 2/3 ß)

Domschke, C., Wegweiser für den praktischen Unterricht im Freihandzeichnen. Zum Schulgebrauch u. zum Selbstunterricht. 4 Abthlgn. Berlin 869, 70. Landau. gr. 8. n. 7 ß 15 ngr.

1. Abth.: Mit 1 Atlas, 28 lith. Taff. enth. (XVI, 103 S. u. 1 lith. Taf.) n. 1 ß 25 ngr.
2. Abth.: Mit 1 Atlas, 40 lith. Taff. enth. (VIII, 67 S.) n. 2 ß
3. Abth.: Mit 1 Atlas, 16 lith. Taff. enth. (XII, 56 S.) n. 1 ß 15 ngr.
4. Abth.: Mit 1 Atlas, 22 lith. Taff. enth. (XIV, 42 S.) n. 2 ß 5 ngr.

— **Wegweiser** f. den praktischen Unterricht im Freihandzeichnen. Zum Schulgebrauch u. zum Selbstunterricht. 2. Ausg. 4 Abthlgn. Nebst je 1 (cart.) Atlas (in qu. 4.) gr. 8. Ebend. 876. 22. 50

1. (XVI, 103 S. m. 1 lith. Titelbild u. 28 Steintaf.) n. 5. 50. — 2. (VIII, 67 S. m. 40 Steintaf.) n. 6. —. — 3. (VIII, 56 S. m. 16 Steintaf.) n. 4. 50. — 4. (XIV, 42 S. m. 22 Steintaf.) n. 6. 50.

Domschke C, Wegweiser f. d. prakt. Unterr. im Freihandzeichnen. 3 Abt. Berlin 1889

Domschke, P. C.

— Tupf's Leben u. Abenteuer. Ein Bilderbuch f. allerlei artige Kinder. 4. (8 Chromolith. m. eingedr. Text.) Ebd. 887. cart. n. — 50; als Leinwand-Bilderbuch 1.20

Domschke, P. C., kniffliche Scherze. Ein Bilderbuch für recht kluge Kinder. Erfunden v. P. C. D. u. gezeichnet v. W. Schäfer. qu. gr. 8. (11 Chromolith. m. Text.) Wesel 888. Düms. cart. — 50

Domschke, Pet. Corn., Merkbüchlein f. junge u. alte Knaben, die Freude am edlen Skatspiel haben. gr. 8. (11 chromolith. Taf.) Berlin 884. Mitscher. cart. n. 2. —

Domschütz, der, u. seine Genossen. Schausp. in 5 Aufz. v. Albrecht.

Domschütz, der, u. seine Gesellen, von K. G. Cramer, m. Kpf. u. Musik. 2 Bde. 8. Leipz. Joachim. 803. Schreibp.

Domstifts-Calender, Halberstaedtischer, f. . . . . 1804. M. 25 Wappen u. 17 Taf. Halberstadt.

Domus, Regia, Lotharingiae . . . S. l. 1711. V: *Kauth, Johann.* (JES)

Domus sapientiae peripateticae Integro biennio belle elaborata, hodie perfecta labore . . . S. l. 1762. V: *Deckelmann, Christoph.* (JES)

Domus Wittelsbachensis numismatica oder Sammlung aller existirenden Münzen . . . [München] 1784-85. V: *Widder, Johann Goswin.* (BrMm) (MS) (ML)

Kolibri 360 GmbH
Ferdinand-Jühlke-Straße 7
99095 Erfurt, Deutschland
produktsicherheit@kolibri360.de